Química orgânica experimental

Técnicas de escala pequena

Dados Internacionais de Catalogação na Publicação (CIP)
(Câmara Brasileira do Livro, SP, Brasil)

Química orgânica experimental : técnicas de escala pequena / Randall G. Engel...[et al.] ; tradução Solange Aparecida Visconti ; revisão técnica Flavio Maron Vich, Robson Mendes Matos. -- 3. ed. -- São Paulo : Cengage Learning, 2012.

Outros autores: George S. Kriz, Gary M. Lampman, Donald L. Pavia
3. ed. norte-americana.

Bibliografia
ISBN 978-85-221-1127-5

1. Química orgânica I. Engel, Randall. II. Kriz, George S. III. Lampman, Gary M. IV. Pavia, Donald L.

12-03460 CDD-547

Índices para catálogo sistemático:

1. Química orgânica 547

Química orgânica experimental

Técnicas de escala pequena

Tradução da 3ª edição norte-americana
3ª edição brasileira

Randall G. Engel
North Seattle Community College

George S. Kriz
Western Washington University

Gary M. Lampman

Donald L. Pavia

Tradução

Solange Aparecida Visconti

Revisão Técnica

Flavio Maron Vich
Doutor em Química pela Unicamp com pós-doutorado pela University of Wisconsin.
Professor-doutor do Departamento de Química Fundamental do Instituto de Química da Universidade de São Paulo.

Robson Mendes Matos
D. Phil. University of Sussex at Brighton, Inglaterra.
Professor Associado III da Universidade Federal do Rio de Janeiro – Campus Macaé.

Austrália • Brasil • Japão • Coreia • México • Cingapura • Espanha • Reino Unido • Estados Unidos

Química orgânica experimental: técnicas de escala pequena
Tradução da 3ª edição norte-americana
3ª edição brasileira
Randall G. Engel, George S. Kriz, Gary M. Lampman e Donald L. Pavia

Gerente Editorial: Patricia La Rosa

Supervisora Editorial: Noelma Brocanelli

Editora de Desenvolvimento: Marileide Gomes

Supervisora de Produção Editorial e Gráfica: Fabiana Alencar Albuquerque

Título original: Introduction to organic laboratory techniques: a small scale approach, Third edition

ISBN 13: 978-0-538-73328-1
ISBN 10: 0-538-73328-4

Tradução: Solange Aparecida Visconti

Revisão técnica: Flavio Maron Vich (Parte 1)
Robson Mendes Matos (Partes 2, 3, 4, 5, 6 e 7, Pré-textuais e Apêndices)

Copidesque: Miriam dos Santos e Maria Alice da Costa

Revisão: Mônica de Aguiar Rocha e
Ana Maria de Carvalho Tavares

Diagramação: ERJ Composição Editorial

Capa: MSDE / Manu Santos Design

Indexação: Casa Editorial Maluhy & Co.

Pesquisa iconográfica: Josiane Camacho

Editora de direitos de aquisição e iconografia: Vivian Rosa

Para informações sobre nossos produtos, entre em contato pelo telefone **0800 11 19 39**

Para permissão de uso de material desta obra, envie seu pedido para **direitosautorais@cengage.com**

ISBN 13: 978-85-221-1127-5
ISBN 10: 85-221-1127-8

Cengage Learning
Condomínio E-Business Park
Rua Werner Siemens, 111 – Prédio 20
Espaço 4 – Lapa de Baixo
CEP 05069-900 – São Paulo – SP
Tel.: (11) 3665-9900 – Fax: (11) 3665-9901
SAC: 0800 11 19 39

Para suas soluções de curso e aprendizado, visite **www.cengage.com.br**

Impresso no Brasil.
Printed in Brasil
1 2 3 4 15 14 13 12

Este livro é dedicado a nossos alunos de química orgânica de laboratório.

Sumário

PARTE 2

PARTE 3

PARTE 4

PARTE 5

PARTE 6

PARTE 7

APÊNDICE 1

APÊNDICE 2

APÊNDICE 3

Prefácio

Declaração da missão e do propósito da nova edição deste livro

A finalidade deste livro sobre laboratório é ensinar aos estudantes as técnicas da química orgânica. Desejamos compartilhar o amor pela química orgânica de laboratório, e a satisfação que ela nos proporciona, com os alunos! Nesta edição, apresentamos muitos experimentos novos atualizados, que vão demonstrar como a química orgânica está evoluindo. Por exemplo, novos experimentos envolvendo nanotecnologia e biocombustíveis estão incluídos neste livro. Também selecionamos vários novos experimentos, com base em Prêmios Nobel, como pelo uso de catalisadores organometálicos para síntese (acoplamento de Sonogashira utilizando um catalisador de paládio e polimerização da metátese de abertura em anel, empregando um catalisador de Grubbs). Estão incluídos ainda diversos novos experimentos envolvendo a Química Verde, e os aspectos "verdes" dos experimentos do livro anterior foram aperfeiçoados. Acreditamos que você se entusiasmará com esta nova edição. Muitos dos novos experimentos não serão encontrados em outros manuais de laboratório, mas tivemos o cuidado de manter todas as reações e técnicas padrão, como a reação de Friedel-Crafts, a condensação aldólica, a síntese de Grignard e experimentos básicos desenvolvidos para ensinar cristalização, cromatografia e destilação.

Escala no laboratório orgânico

Quando decidimos escrever a primeira edição deste livro inicialmente, imaginamos que este seria como uma "quarta edição" do bem-sucedido livro sobre laboratórios de química orgânica em "macroescala". Durante esse período, ganhamos experiência com técnicas em microescala no laboratório orgânico, com base no desenvolvimento de experimentos para versões em microescala de nosso livro sobre laboratórios. Essa experiência nos ensinou que alunos *podem* aprender a realizar um cuidadoso trabalho no laboratório orgânico, em escala pequena. Uma vez que existem muitas vantagens em trabalhar em uma escala menor, reformulamos o nosso livro em "macroescala" para uma abordagem em **escala pequena**. Essa alternativa reduz muito o custo, visto que são necessários menos produtos químicos e o desperdício é menor. Além disso, existem grandes benefícios para a segurança, em razão da liberação de gases menos perigosos no laboratório e da menor possibilidade de ocorrer incêndios ou explosões.

Na tradicional abordagem em macroescala, as quantidades químicas utilizadas são da ordem de 5 a 100 gramas. Em nossa versão na abordagem em macroescala, chamada **escala pequena**, os experimentos utilizam menores quantidades de produtos químicos (1 a 10 gramas) e empregam frascos cônicos em Ŧ, padrão 19/22. A abordagem em microescala é descrita em um de nossos livros, intitulado *Introduction to organic laboratory techniques: a microscale approach, fourth edition.* Os experimentos no livro em microescala utilizam quantidades muito pequenas de produtos químicos (0,050 a 1.000 g) e frascos cônicos em Ŧ, padrão 14/10.

Importantes características deste livro, que vão beneficiar os alunos

No mundo real, a química orgânica afeta profundamente nossa vida e representa um papel crucial na indústria, na medicina e nos produtos para consumidores. Cada vez mais, plásticos compostos estão sendo utilizados em carros e aviões, a fim de diminuir o peso, ao passo que aumenta a força. Atualmente, o biodiesel é um assunto de enorme importância, à medida que tentamos encontrar meios de diminuir nossa necessidade de utilizar petróleo, substituindo-o por materiais que são renováveis. Aqui, a sustentabilidade é a palavra-chave. É necessário substituir os recursos que consumimos.

Diversos experimentos estão vinculados entre si para criar sínteses em várias etapas. A vantagem dessa abordagem é que você fará algo diferente de seu colega no laboratório. Você não gostaria de realizar um experimento diferente daquele de seu colega? Talvez conseguisse sintetizar um novo composto que não tivesse sido relatado na literatura de química! Você e seus colegas estudantes não vão preparar as mesmas reações, com os mesmos compostos: por exemplo, alguns vão realizar a reação chalcona; outros reproduzirão a epoxidação verde, e outros se dedicarão à ciclopropanação das chalconas resultantes.

Novidades desta edição

Desde a publicação da segunda edição em escala pequena, em 2005, novos desenvolvimentos ocorreram no ensino da química orgânica, nos laboratórios. Esta terceira edição inclui muitos novos experimentos que refletem esses novos desenvolvimentos, e também apresenta importantes atualizações dos ensaios e capítulos relacionados a técnicas.

Os novos experimentos adicionados a esta edição incluem:

Experimento 1	Solubilidade: Parte F Demonstração de nanotecnologia
Experimento 25	Biodiesel
Experimento 26	Etanol de milho
Experimento 29	Redução de cetonas utilizando extrato de cenouras como agentes de redução biológicos
Experimento 34	Reações de organozinco baseadas em solução aquosa
Experimento 35	Acoplamento de Sonogashira de compostos aromáticos substituídos por iodo com alcinos utilizando um catalisador de paládio
Experimento 36	Metátese do eugenol com 1,4-butenodiol, catalisada pelo método de Grubbs para preparar um produto natural
Experimento 38	Uma reação verde, enantiosseletiva de condensação adólica
Experimento 40	Preparação da trifenilpiridina
Experimento 48	Polimerização de metátese com abertura de anel (ROMP), utilizando um catalisador de Grubbs: a síntese de um polímero, em três etapas
Experimento 50	Reação de Diels-Alder com o antraceno-9-metanol
Experimento 58	Nucleófilos concorrentes nas reações SN1 e SN2: investigações utilizando 2-pentanol e 3-pentanol
Experimento 64	Epoxidação verde de chalconas
Experimento 65	Ciclopropanação de chalconas

Incluímos ainda um novo ensaio sobre biocombustíveis. Foram efetuadas importantes revisões no ensaio *Petróleo e Combustíveis Fósseis*, e outros ensaios também foram atualizados.

Realizaram-se várias melhorias nesta edição, que aumentaram muito a segurança no laboratório. Também acrescentamos vários experimentos novos, que incorporam os princípios da Química Verde. Tais experimentos diminuem a necessidade de descarte de lixo tóxico, levando à diminuição da contaminação do ambiente. Outros experimentos foram modificados para reduzir seu uso de solventes tóxicos. Em nossa visão, é mais oportuno que os estudantes comecem a pensar sobre como conduzir experimentos químicos de uma maneira mais ambientalmente correta. Muitos outros experimentos foram modificados para melhorar sua confiabilidade e segurança.

Para o experimento de análise qualitativa (Experimento 55), adicionamos um novo teste opcional, que pode ser utilizado no lugar do tradicional teste do ácido crômico. Esse novo teste é mais seguro e não requer contato com compostos de cromo perigosos. Prosseguindo com a abordagem da Química Verde, sugerimos um modo alternativo de tratar da análise orgânica qualitativa. Essa abordagem faz amplo uso da espectroscopia para resolver a estrutura de compostos desconhecidos e, de acordo com ela, alguns dos testes tradicionais foram mantidos, mas a principal ênfase está no uso da espectroscopia. Dessa maneira, também tentamos mostrar aos alunos como resolver estruturas, de uma maneira mais moderna, similar à utilizada em um laboratório de pesquisa. A vantagem extra dessa abordagem é que os resíduos são reduzidos consideravelmente. As tabelas de compostos desconhecidos para o experimento de análise qualitativa (Experimento 55 e Apêndice 1) foram ampliadas significativamente.

Novas técnicas também foram incluídas nesta edição. Dois experimentos relacionados à Química Verde envolvem técnicas como extração de fase sólida e o uso de um sistema de reação em micro-ondas. Além disso, foi incluída a cromatografia quiral em fase gasosa, na análise dos produtos obtidos nos dois experimentos. Acrescentou-se uma coluna de cromatografia com exclusão por tamanho a uma unidade de HPLC, a fim de obter as massas moleculares de polímeros. Foi inserido um novo método de obtenção de pontos de ebulição, utilizando uma sonda de temperatura com interface Vernier LabPro e computador laptop.

Foram atualizados muitos dos capítulos sobre técnicas e acrescentados novos problemas aos capítulos sobre espectroscopia no infravermelho e de RMN – ressonância magnética nuclear (Técnicas 25, 26 e 27). Muitos dos antigos espectros de RMN de 60 MHz foram substituídos por espectros mais modernos, de 300 MHz. Assim como nas edições anteriores, os capítulos sobre técnicas incluem métodos de microescala e macroescala.

RECURSO DE APOIO

Instructor's manual (Manual do professor)

Na página do livro, no site da editora em www.cengage.com.br, está disponível (em inglês) o *Instructor's manual* (Manual do professor). Esse manual contém instruções completas para a preparação de reagentes e equipamento para cada experimento, assim como respostas a cada uma das questões neste livro. Em alguns casos, são incluídos mais experimentos opcionais. Outros comentários que deverão ser úteis para os professores incluem o tempo estimado para completar cada experimento – e também notas referentes à manipulação de equipamentos especiais ou reagentes.

AGRADECIMENTOS

Devemos sinceros agradecimentos a muitos colegas que utilizaram nossos livros e apresentaram suas sugestões de modificações e melhorias para os procedimentos de laboratório ou as discussões. Apesar de não termos condições de mencionar todos que fizeram importantes contribuições, devemos fazer menção especial a Albert Burns (North Seattle Community College), Charles Wandler (Western Washington University), Emily Borda (Western Washington University), Frank Deering (North Seattle Community College), Gregory O'Neil (Western Washington University), James Vyvyan (Western Washington University), Jeff Covey (North Seattle Community College), Kalyn Owens (North Seattle Community College), Nadine Fattaleh (Clark College), Timothy Clark (Western Washington University) e Tracy Furutani (North Seattle Community College).

Ao prepararmos esta nova edição, também tentamos incorporar os diversos aperfeiçoamentos e as várias sugestões que nos foram encaminhados por muitos professores que utilizaram nossos materiais, ao longo dos últimos anos.

Agradecemos a todos os que contribuíram, especialmente, à nossa editora executiva, Lisa Lockwood; ao editor de desenvolvimento sênior, Peter McGahey; à editora-assistente, Elizabeth Woods; ao gerente sênior de projeto de conteúdo, Matthew Ballantyne; à editora de mídia, Stephanie VanCamp; à gerente de marketing, Nicole Hamm; editor de pré-produção na Pre-Press PMG; e à Rebecca Heider, que substituiu Peter McGahey de forma admirável, durante sua licença-paternidade.

Estamos especialmente gratos aos estudantes e amigos que decidiram participar voluntariamente no desenvolvimento de experimentos ou que ofereceram sua ajuda e suas críticas. Nosso obrigado a

Gretchen Bartleson, Greta Bowen, Heather Brogan, Gail Butler, Sara Champoux, Danielle Conrardy, Natalia DeKalb, Courtney Engles, Erin Gilmore, Heather Hanson, Katie Holmstrom, Peter Lechner, Matt Lockett, Lisa Mammoser, Brian Michel, Sherri Phillips, Sean Rumberger, Sian Thornton e Tuan Truong.

Por fim, desejamos agradecer a nossas famílias e nossos amigos, especialmente a Neva-Jean Pavia, Marian Lampman, Carolyn Kriz e Karin Granstrom, por seu incentivo, seu apoio e sua paciência.

Donald L. Pavia (pavia@chem.wwu.edu)
Gary M. Lampman (lampman@chem.wwu.edu)
George S. Kriz (George.Kriz@wwu.edu)
Randall G. Engel (rengel@sccd.ctc.edu)

Novembro de 2009

Como utilizar este livro

Estrutura geral do livro

Este livro é dividido em duas seções principais (veja o Sumário). A primeira seção, que inclui da Parte 2 a Parte 6, contém todos os experimentos nesta obra. A segunda principal seção inclui somente a Parte 1 e apresenta todas as técnicas importantes que serão utilizadas na realização dos experimentos neste livro. Intercalados entre os experimentos, da Parte 2 a Parte 4, estão diversos ensaios, os quais oferecem um contexto para muitos dos experimentos e, frequentemente, relacionam os experimentos a aplicações no mundo real. Quando seu professor designa que um experimento seja realizado por você, geralmente, ele indica um ensaio e/ou diversos capítulos sobre técnicas, junto com o experimento. Antes de ir até o laboratório, você deverá ler esse material. Além disso, é provável que seja preciso preparar algumas seções em seu caderno de laboratório (veja a Técnica 3), antes de se dirigir ao laboratório.

Estrutura dos experimentos

Nesta seção, discutimos como cada experimento é organizado no livro. Para tanto, você pode consultar um experimento específico, como o Experimento 11.

Experimentos divididos em partes

Alguns experimentos, como o Experimento 11, são divididos em duas ou mais partes, que são identificadas pelo respectivo número e por letras, A, B etc. Em certos casos, por exemplo, o Experimento 11, cada parte é um experimento separado, mas que está relacionado e, mais provavelmente, você realizará apenas uma parte dele. No exemplo mencionado, será preciso efetuar o Experimento 11A (Isolamento da cafeína contida em folhas de chá) ou o Experimento 11B (Isolamento da cafeína contida em um saquinho de chá). Em outros casos, como no Experimento 32, as várias partes podem estar ligadas para formar uma síntese em diversas etapas. Em outras situações, como no Experimento 20, a última parte descreve como é preciso analisar seu produto final.

Tópicos e listas técnicas apresentados

Logo depois do título de cada experimento (ver o Experimento 11) consta uma lista de tópicos, que podem explicar de que tipo de experimento se trata; por exemplo, o isolamento de um produto natural ou Química Verde. Os tópicos também podem incluir importantes técnicas que são necessárias para a realização do experimento, como a cristalização ou extração.

Leitura exigida

Na introdução de cada experimento, há uma seção intitulada Leitura exigida, na qual algumas leituras são identificadas como **Revisão** e outras são chamadas **Novo**. É preciso que você leia, sempre, os capítulos enumerados na seção Novo. Algumas vezes, também será útil a leitura da seção **Revisão**.

Instruções especiais

Também é necessário, sempre, fazer a leitura desta seção, uma vez que ela pode incluir instruções que são essenciais ao sucesso do experimento.

Meio sugerido para o descarte de rejeitos

Esta seção muito importante apresenta instruções sobre como descartar os resíduos resultantes do experimento. Geralmente, seu professor vai fornecer mais instruções relacionadas a como manipular esses resíduos.

Notas para o professor

Normalmente, não será necessário ler esta seção, que traz instruções especiais para auxiliar o professor a realizar o experimento com sucesso.

Procedimento

Nesta seção, você encontrará instruções detalhadas para efetuar os experimentos. No procedimento, há muitas referências aos capítulos sobre técnicas, que talvez você tenha de consultar, a fim de fazer um experimento.

Relatório

Em alguns casos, serão dadas sugestões específicas sobre o que deve ser incluído no relatório de laboratório. Seu professor pode consultar essas instruções ou apresentar outras, que você deverá seguir.

Questões

No final da maioria dos experimentos está uma lista de questões referentes a eles. É provável que seu professor peça para você responder pelo menos uma dessas perguntas, junto com a apresentação do relatório de laboratório.

Introdução

Bem-vindo à química orgânica!

A química orgânica pode ser divertida, e esperamos poder provar isso a você. O trabalho neste curso de laboratório vai ensinar muito. Será grande a satisfação pessoal resultante de conseguir realizar, com habilidade, um experimento sofisticado.

Para aproveitar ao máximo este curso de laboratório, será preciso fazer muitas coisas. Primeiro, você deverá revisar todo o material relevante para a segurança. Em segundo lugar, terá de compreender a organização deste livro e saber como utilizá-lo efetivamente, pois ele é seu guia de aprendizado. Terceiro, é necessário que tente entender o propósito e os princípios relacionados a cada experimento que fizer. Por fim, você deve tentar organizar seu tempo efetivamente, antes de cada período no laboratório.

Segurança no laboratório

Antes de iniciar qualquer trabalho em laboratório, é essencial se familiarizar com os procedimentos de segurança adequados e entender quais precauções deverá tomar. É fundamental que leia a Técnica 1, "Segurança no laboratório", antes de começar quaisquer experimentos. É sua responsabilidade saber como realizar os experimentos de maneira segura e também compreender e avaliar os riscos que estão associados a eles. Saber o que fazer e o que não fazer é de vital importância, uma vez que um laboratório tem muitos perigos potenciais associados a ele.

Organização do livro

Considere rapidamente como este livro é organizado. De acordo com esta introdução, ele está dividido em sete partes. A Parte 2 consiste em 16 experimentos que apresentam as mais importantes técnicas básicas de laboratório na química orgânica. A Parte 3 contém dois experimentos que abordam modernas técnicas de computador para a modelagem molecular e a química computacional. A Parte 4 é formada por 36 experimentos que podem ser considerados como parte de seu curso de laboratório. Seu professor escolherá um conjunto de experimentos que você deverá realizar.

A Parte 5 é dedicada à identificação de substâncias orgânicas e traz um experimento que proporciona experiência nos aspectos analíticos da química orgânica. Intercalados a essas quatro partes do livro estão inúmeras referências a inúmeros ensaios que oferecem informações básicas relacionadas a experimentos e os colocam em um contexto geral mais amplo, mostrando como os experimentos e compostos podem ser aplicados a áreas referentes e de interesse à vida diária. Todos esses ensaios podem ser encontrados na Parte 7. A Parte 6 contém 13 experimentos com base em projetos, que exigem que você desenvolva importantes habilidades de raciocínio crítico. Muitos desses experimentos têm um resultado que não é facilmente previsto. Para chegar a uma conclusão apropriada, é preciso utilizar muitos processos de raciocínio que são importantes na pesquisa. A Parte 1 é composta por uma série de instruções e explicações detalhadas, que lidam com as técnicas da química orgânica.

As técnicas são amplamente desenvolvidas e utilizadas, e você ficará familiarizado com elas no contexto dos experimentos. Os capítulos sobre técnicas abrangem espectroscopia no infravermelho, ressonância magnética nuclear, ressonância magnética nuclear de ^{13}C, e espectrometria de massas. Muitos experimentos incluídos na Parte 2 até a Parte 6 utilizam essas técnicas espectroscópicas, e seu professor poderá escolher acrescentá-las a outros experimentos. Em cada experimento, você encontrará a seção "Leitura exigida", que indica as técnicas que devem ser estudadas, a fim de efetuar aquele experimento. Uma abrangente referência cruzada aos capítulos sobre técnicas, na Parte 1, está inserida nos experimentos. Além disso, diversos experimentos também contêm uma seção denominada "Instruções especiais", que apresenta precauções quanto à segurança e instruções específicas especiais, destinadas ao estudante. Por fim, a maioria dos experimentos tem uma seção intitulada "Meio sugerido para o descarte de rejeitos" que fornece instruções sobre os meios corretos para descartar reagentes e materiais utilizados durante o experimento.

Preparação antecipada

É essencial planejar cuidadosamente cada período de uso do laboratório, lendo, antecipadamente, o experimento, junto com o capítulo sobre técnicas que for necessário. Em vez de seguir as instruções cegamente, é preciso tentar entender o propósito de cada etapa em um procedimento. Desse modo, você estará em condições de interpretar seus resultados, enquanto estiver realizando uma experiência, e de resolver algum problema com o experimento, caso obtenha resultados inesperados. Não podemos enfatizar suficientemente a importância de ir para o laboratório devidamente *preparado*.

Se houver etapas em um procedimento ou aspectos de técnicas que não tenha compreendido, não hesite em fazer as perguntas necessárias. Contudo, você aprenderá mais se, primeiro, tentar resolver suas dúvidas por conta própria. Não dependa de que outras pessoas raciocinem por você.

Leia, de imediato, a Técnica 2, "Caderno de laboratório, cálculos e registros no laboratório". Embora seu professor tenha, sem dúvida, um formato preferido para manter os registros, grande parte desse material vai ajudá-lo a raciocinar antecipadamente e de maneira construtiva sobre os experimentos e também a poupar seu tempo se, quanto antes, você ler os primeiros nove capítulos sobre técnicas, na Parte 1. Essas técnicas são básicas para todos os experimentos neste livro. A aula em laboratório iniciará com experimentos quase imediatamente e, se estiver totalmente familiarizado com esse material em particular, você economizará valioso tempo no laboratório.

Estimativa de tempo

Assim como mencionamos em "Preparação antecipada", você deverá ler os diversos capítulos sobre técnicas, neste livro, bem como o experimento escolhido, antes mesmo de sua primeira aula em laboratório. Concluir essa leitura permitirá programar seu tempo de maneira inteligente e, em geral, você efetuará mais de um experimento de cada vez. Experimentos como a fermentação do açúcar ou a redução quiral do acetoacetato de etila exigem alguns minutos de preparação antecipada, a ser feita alguns dias antes do experimento propriamente dito. Outras vezes, será necessário resolver alguns detalhes inacabados de um experimento anterior. Por exemplo, normalmente, não é possível determinar com precisão o rendimento ou o ponto de fusão de um produto, imediatamente após serem obtidos da primeira vez. Os produtos devem estar livres de solventes, a fim de se poder registrar uma massa exata ou o intervalo específico do ponto de fusão; eles precisam estar "secos". Frequentemente, essa secagem é realizada deixando-se o produto em um recipiente aberto em sua mesa ou em seu armário. Assim, quando tiver uma pausa em seu horário, durante o experimento subsequente, você poderá determinar esses dados que faltam, a partir de uma amostra seca. Planejando cuidadosamente, é possível especificar o tempo requerido para cumprir com esses diversos detalhes experimentais.

Propósito

A principal finalidade de um curso de laboratório orgânico é ensinar ao aluno as técnicas necessárias para lidar com produtos químicos orgânicos. Você também aprenderá as técnicas exigidas para separar e purificar compostos orgânicos. Se os experimentos apropriados estiverem incluídos em seu curso, também será possível aprender identificar compostos orgânicos desconhecidos. Os experimentos em si são o único veículo para aprender essas técnicas, e os respectivos capítulos, na Parte 1, são o núcleo deste livro; de modo que é preciso compreender totalmente essas técnicas. Talvez seu professor queira apresentar palestras e demonstrações explicando tais técnicas, mas o mais importante é que você as domine, ao se familiarizar com o conteúdo dos capítulos na Parte 1.

Além da boa técnica e dos métodos para realizar os procedimentos básicos de laboratório, também é preciso aprender outros aspectos, como:

1. Registrar os dados cuidadosamente.
2. Registrar observações relevantes.
3. Utilizar seu tempo de maneira efetiva.
4. Avaliar a eficiência de seu método experimental.
5. Planejar o isolamento e a purificação da substância que você prepara.
6. Trabalhar com segurança.
7. Resolver problemas e pensar como um químico.

Ao escolhermos experimentos, tentamos, sempre que possível, torná-los relevantes e, o mais importante, interessantes. Com isso em mente, procuramos transformá-los em uma experiência de aprendizado diferente. A maioria dos experimentos é prefaciada por um ensaio que tem o propósito de fornecer o contexto, e também informações novas. Esperamos conseguir demonstrar que a química orgânica permeia sua vida, em virtude de seus muitos usos comuns (medicamentos, alimentos, plásticos, perfumes e assim por diante). Além disso, ao terminar o curso você deverá estar bem treinado em técnicas de laboratório orgânico. Estamos muito empolgados com nosso assunto e esperamos que você o receba com o mesmo entusiasmo.

Este livro aborda as importantes técnicas de laboratório da química orgânica e ilustra muitos conceitos e diversas reações importantes. De acordo com o enfoque tradicional de ensino desta matéria (chamada **macroescala**), as quantidades de produtos químicos utilizados são da ordem de 5 a 100 gramas. Neste livro, empregamos a abordagem em **escala pequena**, que difere do laboratório tradicional no sentido de que quase todos os experimentos utilizam quantidades menores de produtos químicos (1 a 10 gramas). Entretanto, os objetos de vidro e os métodos utilizados em experimentos em escala pequena são idênticos aos empregados nos de macroescala.

As vantagens da abordagem em escala pequena incluem maior segurança no laboratório, risco reduzido de incêndios e explosões, e menor exposição a vapores tóxicos. Além do mais, essa abordagem também diminui a necessidade de eliminação de resíduos tóxicos, levando a menor contaminação do ambiente.

Outra abordagem, em **microescala**, difere do laboratório tradicional, no sentido de que os experimentos utilizam pequenas quantidades de produtos químicos (0,050 a 1,000 grama). Parte dos objetos de vidros utilizada na microescala é muito diferente da que é aplicada em macroescala, e algumas técnicas são exclusivas do laboratório em microescala. Em virtude do amplo uso de métodos em microescala, será preciso fazer alguma consulta às técnicas em microescala, nos capítulos sobre técnica. Determinados experimentos neste livro apresentam métodos em microescala e foram projetados para o uso de objetos de vidros comum; eles não exigem equipamento em microescala especializado.

PARTE 1

As técnicas

Técnica 1

Segurança no laboratório

Em qualquer curso de laboratório, é fundamental estar familiarizado com os fundamentos de segurança específicos. Qualquer laboratório de química, e particularmente um de química orgânica, pode ser um lugar perigoso para se trabalhar. A compreensão dos potenciais perigos será muito importante para minimizá-los. Sem dúvida nenhuma, é sua responsabilidade, juntamente com seu instrutor, assegurar que todo o trabalho no laboratório será realizado de maneira segura.

1.1 Diretrizes de segurança

É vital que tome as precauções necessárias, e seu instrutor indicará as regras específicas para o laboratório em que você trabalha. A lista de diretrizes de segurança, mostrada a seguir, deverá ser observada em todos os laboratórios de química orgânica.

A. Segurança dos olhos

SEMPRE USE ÓCULOS DE GRAU OU DE PROTEÇÃO. É essencial utilizar proteção para os olhos sempre que estiver no laboratório. Mesmo que você não esteja efetivamente realizando um experimento, é possível que alguém que esteja próximo cause um acidente capaz de colocar seus olhos em perigo. Até mesmo a lavagem de material pode ser prejudicial. Sabemos de casos em que uma pessoa limpava objetos de vidro de um laboratório e um pouco de material reativo, não detectado, explodiu, lançando fragmentos em seus olhos. Para evitar acidentes desse tipo, utilize sempre óculos de proteção.

SAIBA ONDE ESTÃO OS LAVA-OLHOS. Se houver esse tipo de equipamento em seu laboratório, identifique qual está mais perto de você, antes de iniciar seu trabalho. Se algum produto químico entrar em seus olhos, vá imediatamente ao lava-olhos e lave bem seus olhos e o rosto com muita água. Se não houver nenhum lava-olhos disponível, o laboratório deverá ter pelo menos uma pia adaptada com uma mangueira flexível. Ao abrir a torneira, a mangueira deve ser direcionada para cima e a água tem de ser dirigida ao rosto, agindo de modo muito semelhante a um lava-olhos. Para evitar danos aos olhos, o fluxo de água não deve ser grande demais, e a temperatura da água precisa ser ligeiramente morna.

B. Incêndios

TENHA CUIDADO COM CHAMAS ABERTAS, NO LABORATÓRIO. Uma vez que o curso de Laboratório de Química Orgânica lida com solventes orgânicos inflamáveis, o perigo de incêndios está sempre presente. Por esse motivo, NÃO FUME NO LABORATÓRIO. Além do mais, tenha extremo cuidado ao acender fósforos ou utilizar qualquer chama aberta. Verifique sempre se as pessoas presentes no laboratório, em ambos os lados da bancada e também atrás de você, estão utilizando solventes inflamáveis. Em caso afirmativo, espere que terminem a atividade ou vá para um local seguro, que tenha um exaustor, para utilizar sua chama aberta. Muitas substâncias orgânicas inflamáveis são fonte de vapores densos que podem percorrer certa distância ao longo da bancada. Tais vapores representam perigo de incêndio e é necessário ter muito cuidado, pois a fonte desses vapores pode estar bastante longe de você. Não use as pias de bancada para jogar fora solventes inflamáveis. E se essa bancada tiver uma calha, jogue nela somente *água* (nunca solventes inflamáveis!). As calhas e pias são projetadas para conduzir água – não solventes inflamáveis – a partir de mangueiras e aspiradores de condensadores.

IDENTIFIQUE A LOCALIZAÇÃO DOS EXTINTORES, CHUVEIROS E COBERTORES ESPECÍFICOS CONTRA INCÊNDIOS. Para a própria proteção, em caso de incêndio, identifique imediatamente a localização do extintor, do chuveiro e do cobertor de incêndio mais próximos. Aprenda operar esses equipamentos de segurança, principalmente, o extintor de incêndio; seu instrutor poderá demonstrá-lo isso. Se ocorrer um incêndio, o melhor a fazer é se afastar ao máximo e deixar que o instrutor ou o assistente de laboratório cuide da situação. NÃO ENTRE EM PÂNICO! O tempo dedicado a pensar antes de agir nunca será um desperdício. Se ocorrer um pequeno incêndio em um recipiente, em geral, ele pode ser apagado rapidamente colocando-se uma tela metálica com um centro de fibra cerâmica ou, talvez, um vidro de relógio sobre o bocal do recipiente. É recomendável ter uma tela metálica ou um vidro de relógio, que esteja facilmente acessível, sempre que estiver utilizando uma chama. Se esse método não apagar o incêndio e não for possível obter prontamente a ajuda de uma pessoa experiente, então, é melhor que você mesmo apague o incêndio com um extintor. Caso sua roupa pegue fogo, NÃO CORRA! Caminhe *diretamente* para o chuveiro de incêndio ou cobertor de incêndio mais próximo. Correr vai atiçar as chamas e intensificá-las.

C. Solventes orgânicos: riscos

EVITE O CONTATO COM SOLVENTES ORGÂNICOS. É essencial lembrar que a maioria dos solventes orgânicos é inflamável e poderá pegar fogo, se ocorrer exposição a uma chama aberta ou a um fósforo. Lembre-se também de que, com a exposição repetida ou excessiva, alguns solventes orgânicos podem ser tóxicos, carcinogênicos (causadores de câncer) ou ambos. Por exemplo, muitos solventes clorados, quando acumulados no corpo, resultam na deterioração do fígado, de modo semelhante à cirrose provocada pelo uso excessivo de etanol. O corpo não consegue eliminar facilmente os compostos clorados nem se desintoxicar deles; eles se acumulam, com o passar do tempo, e podem causar doenças, no futuro. Suspeita-se de que alguns compostos clorados sejam carcinogênicos.

REDUZA AO MÁXIMO SUA EXPOSIÇÃO. A exposição prolongada ao benzeno pode causar um tipo de leucemia. Não aspire benzeno e evite derramá-lo em si mesmo. Muitos outros solventes, como clorofórmio e éter, são bons anestésicos, que podem fazer você dormir, se aspirar uma grande quantidade deles e, posteriormente, também causarão náusea. Muitos desses solventes têm efeito sinérgico quando associados ao etanol, ou seja, eles aumentam o efeito desse último. A piridina provoca impotência temporária. Em outras palavras, os solventes orgânicos são tão prejudiciais quanto os produtos químicos corrosivos, como o ácido sulfúrico, mas manifestam sua natureza nociva de outras maneiras mais sutis.

Em caso de gravidez, talvez deva considerar a realização deste curso em outro momento. É inevitável que ocorra alguma exposição a vapores orgânicos, e qualquer risco possível para o feto precisa ser evitado. Minimize toda exposição direta a solventes e manipule-os com o devido cuidado. É necessário que a sala de laboratório seja bem ventilada. A manipulação normal, desde que efetuada com as devidas precauções, não deverá causar nenhum problema de saúde.

Se você estiver tentando evaporar uma solução em um recipiente aberto, deverá fazer a evaporação na capela de exaustão. O excesso de solventes precisa ser descartado em um recipiente especificamente destinado ao descarte de solventes, em vez de ser jogado pelo ralo da bancada de laboratório. Uma precaução importante é o uso de luvas, quando se trabalha com solventes. As luvas feitas de polietileno são baratas e proporcionam boa proteção, mas sua desvantagem é que são escorregadias. Luvas cirúrgicas descartáveis oferecem maior aderência a objetos de vidro e a outros equipamentos, mas não asseguram tanta proteção quanto as de polietileno, ao passo que luvas de borracha nitrílica propiciam uma proteção melhor.

NÃO INALE VAPORES DE SOLVENTES. Ao verificar o odor de uma substância, tenha o cuidado de não inalar muito desse material. Nesse caso, a técnica para cheirar flores não é recomendável; é possível ocorrer a inalação de quantidades nocivas do composto. Em vez disso, deve ser empregada uma técnica específica para cheirar quantidades mínimas de uma substância. Caso trate de um líquido, passe sob seu nariz uma rolha ou uma espátula umedecida com a substância. Ou, então, segure a substância longe e abane os vapores em sua direção, utilizando a mão. Mas *nunca* mantenha seu nariz sobre o recipiente nem respire fundo! Os perigos associados aos solventes orgânicos, que provavelmente você encontrará no laboratório de química orgânica, são discutidos detalhadamente na Seção 1.3. Se forem empregadas as precauções de segurança apropriadas, sua exposição a vapores orgânicos nocivos será minimizada e não deverá representar nenhum risco à saúde.

Transporte seguro de produtos químicos. Ao transportar produtos químicos de um local para outro, particularmente, de uma sala para outra, sempre é melhor utilizar alguma forma de **contenção secundária**. Isso significa que a garrafa ou o frasco é transportado dentro de outro recipiente, que é maior. Esse recipiente mais externo serve para conter o conteúdo do recipiente mais interno, em caso de quebra ou vazamento. Fornecedores de equipamentos científicos oferecem diversos materiais de transporte que são resistentes a produtos químicos, com essa finalidade.

D. Eliminação de resíduos

Não despeje nenhum resíduo sólido ou líquido em pias; utilize os recipientes apropriados para descarte. Muitas substâncias são tóxicas, inflamáveis e difíceis de serem degradadas; além de ser ilegal, não é recomendável descartar solventes orgânicos nem outros reagentes, sólidos ou líquidos, despejando-os na pia.

O método correto para a eliminação de resíduos é colocá-los em recipientes apropriados, devidamente identificados, que deverão ser postos próximo dos exaustores no laboratório. Os recipientes para eliminação precisam ser descartados de modo seguro, por pessoas qualificadas utilizando protocolos aprovados.

As diretrizes específicas para o descarte dos resíduos serão determinadas pelas pessoas encarregadas de seu laboratório, em particular, e pelas regulamentações legais. Aqui, são apresentados dois sistemas alternativos para lidar com a eliminação de resíduos. Para cada experimento ao qual for designado, você será instruído a eliminar todos os desperdícios de acordo com o sistema que estiver em operação em seu laboratório.

Em um modelo de coleta de resíduos, um recipiente separado para cada experimento é colocado no laboratório. Em alguns casos, mais de um recipiente; cada um deles rotulado de acordo com o tipo de resíduo para o qual está destinado. Os recipientes serão rotulados com uma lista que detalha cada substância que está no contêiner. Nesse modelo, é comum utilizar recipientes separados para a eliminação de soluções aquosas, solventes orgânicos halogenados e outros materiais orgânicos não halogenados. Ao final de cada aula, os recipientes para eliminação são transportados para um local central, destinado ao armazenamento de materiais nocivos. Posteriormente, esses resíduos podem ser consolidados e despejados em grandes tambores, para o devido transporte. É exigida a rotulagem completa, detalhando cada produto químico contido no resíduo, em cada estágio desse processo de manipulação, mesmo quando os resíduos são consolidados em tambores.

Em um segundo modelo de coleta de resíduos, você será instruído a descartar todos os resíduos, conforme uma das seguintes maneiras:

Sólidos não nocivos. Sólidos não nocivos, como papéis e rolhas, podem ser colocados em um cesto de lixo comum.

Objetos de vidro quebrado. Objetos de vidro quebrado deverão ser postos em um recipiente especificamente designado.

Sólidos orgânicos. Produtos sólidos que não são aproveitados ou quaisquer outros sólidos orgânicos deverão ser eliminados no recipiente destinado a eles.

Sólidos inorgânicos. Sólidos tais como alumina e sílica gel têm de ser colocados em um recipiente especificamente designado para eles.

SOLVENTES ORGÂNICOS NÃO HALOGENADOS. Solventes orgânicos como éter dietílico, hexano e tolueno, ou qualquer solvente que não contenha um átomo de halogênio, devem ser descartados no recipiente específico para solventes orgânicos não halogenados.

SOLVENTES HALOGENADOS. O cloreto de metileno (diclorometano), clorofórmio e tetracloreto de carbono são exemplos de solventes orgânicos halogenados comuns. Elimine todos os solventes halogenados no recipiente reservado para eles.

BASES E ÁCIDOS INORGÂNICOS FORTES. É necessário que ácidos fortes, como clorídrico, sulfúrico e nítrico, sejam coletados em recipientes especificamente identificados. Bases fortes, como o hidróxido de sódio e hidróxido de potássio, também precisam ser coletadas em recipientes especialmente destinados a elas.

SOLUÇÕES AQUOSAS. As soluções aquosas devem ser coletadas em recipientes para resíduos, especificamente identificados. Não é necessário separar cada tipo de solução aquosa (a menos que a solução contenha metais pesados); em vez disso, a menos que seja dada alguma instrução em contrário, você deve combinar todas as soluções aquosas no mesmo recipiente para resíduos. Embora muitos tipos de soluções (bicarbonato de sódio aquoso, cloreto de sódio aquoso e assim por diante) possam parecer inócuos e que seu descarte no ralo de uma pia provavelmente não causará nenhum dano, muitas comunidades estão ficando cada vez mais restritivas quanto a quais substâncias podem entrar nos sistemas municipais de tratamento de esgoto. À luz dessa tendência de se tomar cuidado ainda maior, é importante desenvolver boas práticas de laboratório em relação à eliminação de *todos* os produtos químicos.

METAIS PESADOS. Muitos íons de metais pesados, como mercúrio e cromo, são altamente tóxicos e devem ser eliminados em recipientes especificamente destinados a eles.

Qualquer que seja o método utilizado, é necessário que os recipientes para resíduos sejam rotulados com uma lista completa de cada substância que estiver presente nos resíduos. Os recipientes individuais para resíduos são coletados e seu conteúdo é consolidado e colocado em tambores para ser transportado até o local de descarte de resíduos. Mesmo esses tambores precisam ter rótulos detalhando cada uma das substâncias contidas nos resíduos.

Em qualquer um dos métodos de manipulação de resíduos, alguns princípios sempre se aplicam:

- As soluções aquosas não devem ser misturadas com líquidos orgânicos.
- Ácidos concentrados devem ser armazenados em recipientes separados; e certamente eles *nunca* poderão entrar em contado com resíduos orgânicos.
- Materiais orgânicos que contêm átomos de halogênios (flúor, cloro, bromo ou iodo) precisam ser armazenados em recipientes separados daqueles utilizados para armazenar materiais que não contêm átomos de halogênio.

Em cada experimento neste livro, sugerimos um método para a coleta e o armazenamento de resíduos. Seu instrutor poderá optar por utilizar outro método para coletar resíduos.

E. Uso de chamas

Embora os solventes orgânicos sejam geralmente inflamáveis (por exemplo, hexano, éter dietílico, metanol, acetona e éter de petróleo), existem certos procedimentos de laboratório para os quais deve ser utilizada uma chama. Em geral, esses procedimentos envolvem uma solução aquosa. Na verdade, como regra, uma chama deve ser utilizada para aquecer somente soluções aquosas. Os métodos de aquecimento que não utilizam chama são discutidos detalhadamente na Técnica 6. A maior parte dos solventes orgânicos entra em ebulição abaixo dos 100 °C, e um bloco de alumínio, uma manta de aquecimento ou um banho de areia ou de água podem ser empregados para aquecer esses solventes com segurança.

Solventes orgânicos comuns estão enumerados na Técnica 10, Tabela 10.3. Os solventes marcados com negrito na tabela são inflamáveis. Éter dietílico, pentano e hexano são especialmente nocivos, porque, em combinação com a quantidade correta de ar, podem explodir.

Algumas regras de senso comum se aplicam ao uso de uma chama na presença de solventes inflamáveis. Mais uma vez, enfatizamos que é preciso verificar se alguém próximo está utilizando solventes inflamáveis, antes de usar uma chama aberta. Em caso positivo, vá para um local mais seguro, antes de acender sua chama. Seu laboratório deve ter uma área destinada especialmente ao uso de um queimador, a fim de preparar micropipetas ou outros tipos de objetos de vidro.

As calhas ou canaletas de drenagem nunca devem ser utilizadas para descartar solventes orgânicos inflamáveis. Eles evaporarão, se tiverem um baixo ponto de ebulição e poderão encontrar uma chama ao longo da bancada, em seu caminho em direção à pia.

F. Produtos químicos misturados inadvertidamente

Para evitar perigos desnecessários de incêndio e explosão, nunca recoloque nenhum reagente dentro de um frasco de reagente. Sempre existe a possibilidade de você, acidentalmente, recolocar alguma substância estranha que reagirá explosivamente com o produto químico dentro do frasco. Naturalmente, ao recolocar reagentes nos frascos de origem, é possível que também introduza impurezas que podem prejudicar o experimento da pessoa que utilizar o reagente armazenado no frasco, depois de você. Recolocar reagentes em frascos não somente é uma prática perigosa, como também imprudente. Desse modo, você não deve utilizar mais produtos químicos do que for preciso.

G. Experimentos não autorizados

Nunca realize qualquer experimento que não tenha sido autorizado. É muito grande o risco de ocorrer um acidente, particularmente, se este não tiver sido completamente verificado, a fim de reduzir os riscos. Nunca trabalhe sozinho no laboratório; o instrutor ou supervisor sempre precisa estar presente.

H. Alimentação no laboratório

Uma vez que todos os produtos químicos são, potencialmente, tóxicos, evite ingerir acidentalmente qualquer substância tóxica; portanto, nunca coma ou beba nada enquanto estiver no laboratório. Sempre é possível que qualquer coisa que estiver comendo ou bebendo fique contaminada com algum material potencialmente nocivo.

I. Vestuário

Sempre use sapatos fechados no laboratório; sandálias oferecem proteção inadequada contra produtos químicos derramados ou vidro quebrado. Não use roupas boas ao trabalhar no laboratório, porque alguns produtos químicos podem fazer buracos ou manchas permanentes em suas roupas. Para proteger a si mesmo e suas roupas, é recomendável usar um avental ou jaleco que cubra o corpo inteiro.

Ao trabalhar com produtos químicos muito tóxicos, utilize algum tipo de luva. As luvas descartáveis são baratas, oferecem boa proteção, proporcionam uma sensação de tato e podem ser compradas em um grande número de lojas especializadas. Luvas cirúrgicas de látex ou luvas de polietileno são os tipos que custam menos; elas são satisfatórias quando se trabalha com soluções e reagentes inorgânicos. Luvas nitrílicas descartáveis oferecem melhor proteção contra produtos químicos e solventes orgânicos. Também existem luvas nitrílicas que são mais pesadas.

Por fim, o cabelo que estiver na altura dos ombros ou que for mais longo deve ser preso para trás da cabeça. Essa precaução é especialmente importante, se você estiver trabalhando com um queimador.

J. Primeiros socorros: cortes, queimaduras leves e queimaduras com ácido ou base

Se qualquer produto químico entrar em contato com seus olhos, lave-os imediatamente com água em abundância. É preferível utilizar água morna (levemente aquecida), se possível. Certifique-se de que as pálpebras fiquem abertas. Continue lavando os olhos desse modo durante quinze minutos.

No caso de um corte, lave bem o ferimento com água, a menos que seja instruído especificamente para tomar outra medida. Se necessário, pressione o ferimento, a fim de interromper o fluxo de sangue.

Queimaduras leves causadas por uma chama ou pelo contato com objetos quentes podem ser amenizadas imergindo-se imediatamente a área queimada, em água fria ou gelo picado, permanecendo assim até que a pessoa não sinta mais a sensação de queimadura. Não é recomendável a aplicação de pomadas para queimaduras. Muitas queimaduras precisam ser examinadas e tratadas por um médico. No caso de queimaduras com bases ou ácidos, lave a área queimada com água em abundância durante pelo menos, quinze minutos.

Se você ingerir acidentalmente algum produto químico, chame a central de controle de envenenamento local, para receber as devidas instruções. Não beba nada, até que seja recomendado a fazer isso. É importante que o médico que estiver examinando seja informado com exatidão sobre a natureza da substância ingerida.

1.2 Leis de Divulgação Obrigatória nos Estados Unidos[1]

Nos Estados Unidos, o governo federal e a maioria dos governos estaduais exigem que as companhias ofereçam a seus funcionários informações completas sobre os perigos no local de trabalho. Essas regulamentações geralmente são chamadas **Leis de Divulgação Obrigatória**. No âmbito federal, a OSHA (Occupational Safety and Health Administration, ou Administração para a Segurança e Saúde Ocupacionais) é encarregada de exigir o cumprimento dessas regulamentações.

Em 1990, o governo federal ampliou a Hazard Communication Act (Lei para a Comunicação sobre Perigos), que estabeleceu as Leis de Divulgação Obrigatória, a fim de incluir uma cláusula que exige o estabelecimento de um Plano de Higiene Química em todos os laboratórios acadêmicos. Cada departamento de química de todas as faculdades e universidades precisa ter um Plano de Higiene Química, pois isso significa que todas as regulamentações de segurança e todos os procedimentos de segurança em laboratório devem ser escritos em um manual. Esse plano também proporciona treinamento sobre segurança no laboratório para todos os funcionários. É necessário que seu instrutor e os assistentes de laboratório tenham esse treinamento.

Um dos componentes das Leis de Divulgação Obrigatória define que os funcionários e alunos devem ter acesso a informações sobre os perigos de quaisquer produtos químicos com os quais estão trabalhando. Seu instrutor vai alertá-lo quanto a perigos aos quais é preciso dar atenção especial. Contudo, talvez você queira procurar informações adicionais. Duas excelentes fontes de informação são os rótulos nos frascos fornecidos por um fabricante de produtos químicos e nas MSDSs **(Material Safety Data Sheets, ou Planilhas de Dados sobre Segurança de Materiais)**. As MSDSs também são fornecidas pelo fabricante e devem permanecer disponíveis para todos os produtos químicos utilizados em instituições de ensino.

[1] Esse item descreve a legislação dos Estados Unidos referente à segurança em laboratórios de pesquisa, sejam acadêmicos ou industriais. Embora as leis sejam diferentes das encontradas na legislação brasileira, trata-se de exemplo ilustrativo de uma política de regulação de resíduos químicos. (N. do RT.)

A. Planilhas de Dados sobre Materiais de Segurança[2]

A leitura de uma MSDS para um produto químico pode ser uma experiência assustadora, até mesmo para um químico experiente. As MSDSs contêm muitas informações valiosas, e parte delas precisa ser decodificada, para que seja entendida. A MSDS para o metanol é mostrada a seguir. Apenas as informações que podem ser de seu interesse estão descritas nos parágrafos que se seguem.

SEÇÃO 1. A primeira parte da Seção 1 identifica a substância por nome, fórmula e diversos números e códigos. A maioria dos compostos orgânicos tem mais de um nome. Nesse caso, o nome sistemático (IUPAC, International Union of Pure and Applied Chemistry, ou União Internacional para Química Pura e Aplicada) é metanol, e os outros nomes são os mais comuns ou se originam de um sistema de nomenclatura mais antigo. O CAS N° (Chemical Abstract Service Number) frequentemente é empregado para identificar uma substância, e pode ser utilizado para acessar amplas informações sobre uma substância encontrada em muitos bancos de dados de computadores ou em uma biblioteca.

SEÇÃO 3. O Baker SAF-T-DATA System (Sistema Baker de Dados de Segurança) é encontrado em todas as MSDSs e também em todos os rótulos de frascos de produtos químicos fornecidos pela J. T. Baker, Inc. Para cada categoria na lista, o número indica o grau de perigo. O menor número é 0 (perigo mínimo) e o maior número é 4 (perigo extremo). A categoria Health (Saúde) refere-se a danos envolvidos quando a substância é inalada, ingerida ou absorvida. A inflamabilidade indica a tendência que uma substância tem de queimar. A reatividade corresponde a quanto uma substância é reativa com o ar, a água ou outras substâncias. A última categoria, Contato, está relacionada a quanto uma substância é nociva quando entra em contato com partes externas do corpo. Note que essa escala de classificação é aplicável somente às MSDSs e aos rótulos da Baker; outras escalas de classificação, com diferentes significados, também são de uso comum.

SEÇÃO 4. Esta seção oferece informações úteis para casos de emergência e procedimentos de primeiros socorros.

SEÇÃO 6. Esta parte das MSDSs está relacionada com procedimentos para lidar com derramamentos e descarte. As informações podem ser muito úteis, particularmente, se for derramada uma grande quantidade de produto químico. Mais informações sobre descarte também são apresentadas na Seção 13.

SEÇÃO 8. Informações muito valiosas são encontradas na Seção 8. Para ajudar a compreender esse material, eis aqui a definição de alguns dos mais importantes termos utilizados nesta seção:

VALOR LIMITE DE EXPOSIÇÃO (VLE). A ACGIH (American Conference of Governmental Industrial Hygienists, ou Conferência Americana de Higienistas Industriais Governamentais) desenvolveu o VLE: trata-se da concentração máxima de uma substância no ar, à qual uma pessoa deve ser exposta regularmente, que em geral é expressa em ppm ou mg/m^3. Observe que esse valor assume que uma pessoa é exposta à substância quarenta horas por semana, em longo prazo. Esse valor pode não ser particularmente aplicável, no caso de um aluno que faz uma experiência em um único período, em um laboratório.

LIMITE DE EXPOSIÇÃO PERMITIDO (LEP). Este limite tem o mesmo significado que o VLE; contudo, os LEPs foram criados pela OSHA. Note que, para o metanol, o VLE e o LEP são ambos iguais a 200 ppm.

[2] Embora as MSDSs possam ser traduzidas para o português, na imensa maioria dos casos, são usadas as MSDSs originais em inglês e, por esse motivo, manteremos as expressões em inglês. (N. do RT.)

MSDS nº M2015 | Data efetiva: 12/08/96

Planilha de dados sobre segurança de materiais

De: Mallinckrodt Baker, Inc.
222, Red School Lane
Phillipsburg, NJ 08865

Telefone de emergência 24 horas: 908-859-2151
CHEMTREC: 1-800-424-9300

Reposta de alcance nacional no Canadá
CANUTEC: 613-996-6666

Fora dos Estados Unidos e do Canadá
Chemtrec: 202-483-7616

NOTA: Os números de emergência da CHEMTREC, CANUTEC e do Centro Nacional de Respostas devem ser utilizados somente em casos de emergências com produtos químicos, que envolvem derramamento, vazamento, incêndio, exposição ou acidentes com produtos químicos.

Todas as perguntas que não tiverem caráter de emergência devem ser encaminhadas ao Serviço de Atendimento ao Cliente (1-800-582-2537), para que se obtenha ajuda

ÁLCOOL METÍLICO

1. Identificação do produto

Sinônimos: álcool de madeira, metanol, carbinol

CAS nº: 67-56-1

Massa molecular: 32,04

Fórmula química: CH_3OH

Códigos de produto: **J. T. Baker:**

5217, 5370, 5794, 5807, 5811, 5842, 5869, 9049, 9063, 9066, 9067, 9069, 9070, 9071, 9073, 9075, 9076, 9077, 9091, 9093, 9096, 9097, 9098, 9263, 9893

Mallinckrodt:

3004, 3006, 3016, 3017, 3018, 3024, 3041, 3701, 4295, 5160, 8814, H080, H488, H603, V079, V571

2. Composição/informações sobre ingredientes

Ingrediente	CAS nº	Percentual	Perigoso
Álcool metílico	67-56-1	100%	Sim

3. Identificação dos perigos

Visão geral da emergência

VENENO! PERIGO! VAPOR NOCIVO! PODE SER FATAL OU CAUSAR CEGUEIRA, SE INGERIDO. NOCIVO, SE INALADO OU ABSORVIDO PELA PELE. NÃO PODE SER TRANSFORMADO EM SUBSTÂNCIA INÓCUA. LÍQUIDO E VAPOR INFLAMÁVEIS. CAUSA IRRITAÇÃO À PELE, AOS OLHOS E AO APARELHO RESPIRATÓRIO. AFETA O FÍGADO.

Classificações de acordo com J. T. Baker SAF-T-DATA(™)

(Apresentadas aqui para sua conveniência)

Saúde:	Inflamabilidade:	Reatividade:	Contato:
3. Grave (veneno)	4. Extrema (inflamável)	1. Baixa	1. Leve

Equipamento de proteção no laboratório: óculos e anteparo protetor, avental e jaleco, exaustor, luvas apropriadas, extintor de incêndio classe B.

Código de cores para armazenamento: Vermelho (inflamável)

Possíveis efeitos à saúde

Inalação:

Leve irritação das membranas mucosas. Efeitos tóxicos exercidos no sistema nervoso, particularmente, o nervo óptico. Depois de ser absorvido pelo corpo, é eliminado muito lentamente. Os sintomas da superexposição podem incluir dores de cabeça, sonolência, náuseas, vômito, visão embaçada, cegueira, coma e morte. Quem tiver inalado a substância, pode melhorar e, depois, piorar novamente, após um período de até trinta horas.

Ingestão:

Tóxico. Sintomas semelhantes aos causados pela inalação. Pode intoxicar e causar cegueira. Dose letal comum: de 100 a 125 mililitros.

Contato com a pele:

O álcool metílico é um agente desengordurante e pode fazer a pele ficar ressecada e rachada. Pode ocorrer a absorção através da pele, e os sintomas causados podem ser equivalentes aos da exposição à inalação.

Contato com os olhos:

Provoca irritação. A irritação contínua pode causar lesões nos olhos.

Exposição crônica:

Têm sido relatados graves danos à visão e inchaço do fígado. A exposição repetida ou prolongada pode provocar irritação na pele.

Agravamento de condições preexistentes:

Pessoas com disfunções de pele preexistentes, com problemas nos olhos, ou com as funções do fígado ou dos rins afetadas podem ser mais suscetíveis aos efeitos da substância.

4. Medidas de primeiros socorros

Inalação:

Remover a pessoa para um local ventilado. Se ela não estiver respirando, deve ser aplicada respiração artificial. Se houver dificuldade de respiração, deve ser dado oxigênio à pessoa. Chame um médico.

Ingestão:

Induza o vômito imediatamente, conforme orientação médica. Nunca dê nada para ser ingerido a uma pessoa inconsciente.

Contato com a pele:

Remova qualquer roupa contaminada. Lave a pele com sabão ou detergente neutro e água por pelo menos, quinze minutos. Procure um médico, se surgir ou persistir a irritação.

Contato com os olhos:

Lave os olhos imediatamente com água em abundância por, pelo menos, quinze minutos, levantando as pálpebras superiores e inferiores. Procure um médico imediatamente.

5. Medidas de combate a incêndio

Incêndio:

Ponto de fulgor: 12 °C (54 °F) CC
Temperatura de autoignição: 464 °C (867 °F)
Limites de inflamabilidade no ar, por % em volume:
Menor limite explosivo: 7,3; maior limite explosivo: 36

Explosão:

Acima do ponto de fulgor, misturas vapor-ar são explosivas, dentro dos limites de inflamabilidade observados anteriormente. Perigo de explosão moderado e grande perigo de incêndio, quando da exposição a calor, faíscas ou chamas. Sensível a descargas estáticas.

Meios de extinção de incêndio:

Spray de água, pó químico, espuma de álcool ou dióxido de carbono.

Informações especiais:

Em caso de incêndio, utilize o completo vestuário de proteção e aparelho de respiração em circuito fechado, aprovado pelo NIOSH (**National Institute for Occupational Safety and Health, ou Instituto Nacional para Segurança e Saúde Ocupacionais, dos Estados Unidos**), com cobertura facial completa, operada de acordo com a pressão ou outro modo de pressão positiva. Utilize spray de água para abafar o fogo, resfriar recipientes expostos ao fogo e para afastar derramamentos ou vapores não inflamados para longe do incêndio. Os vapores podem fluir ao longo de superfícies para fontes de ignição distantes, causando retroignição.

6. Medidas em caso de liberação acidental

Ventile a área de vazamento ou derramamento. Remova todas as fontes de ignição. Utilize equipamento de proteção pessoal apropriado, conforme especificado na Seção 8. Isole a área de perigo. Não permita que pessoas desnecessárias ou desprotegidas entrem no local. Contenha e recupere líquidos, sempre que possível. Utilize ferramentas e equipamentos que não provoquem faíscas. Colete líquidos em um recipiente adequado ou absorva-os com um material inerte (por exemplo, vermiculita, areia seca, terra), e os coloque em um recipiente para eliminação de produtos químicos. Não utilize materiais combustíveis, como serragem. Não os jogue no esgoto.
O absorvedor de solventes SOLUSORB®, da J. T. Baker, é ecomendado, no caso de vazamentos desse produto.

7. Manuseio e armazenamento

Proteja o recipiente contra danos físicos. Armazene-o em um local fresco, seco e bem ventilado, longe de qualquer área onde o perigo de incêndio seja grave. O armazenamento externo ou em separado é preferível. Mantenha longe de produtos incompatíveis. Os recipientes precisam estar interligados e aterrados, no momento das transferências, a fim de evitar faíscas causadas por eletricidade estática. Deve ser proibido fumar nas áreas de uso e armazenamento. Utilize ferramentas e equipamentos que não provoquem faíscas, incluindo ventilação à prova de explosões. Os recipientes desse material podem ser perigosos, quando vazios, pois podem reter resíduos do produto (vapores, líquidos): respeite todas as advertências e precauções indicadas para o produto.

8. Controles de exposição/Proteção pessoal

Limites de exposição em ambientes abertos:
Para o álcool metílico:
- Limite de exposição permitido (LEP) segundo a OSHA:
  200 ppm (TWA)
- Valor limite (LV), estabelecido pela ACGIH
  200 ppm (TWA), 250 ppm (STEL), na pele

Sistema de ventilação:
Um sistema de exaustão local e/ou geral é recomendado para manter a exposição dos funcionários abaixo dos limites de exposição em ambientes abertos. Em geral, a ventilação local é preferível, porque ela pode controlar as emissões de contaminantes em sua fonte, evitando sua dispersão em toda a área de trabalho. Consulte a edição mais recente da documentação da ACGIH, "Ventilação industrial, um manual de práticas recomendadas", para saber mais detalhes.

Respirador pessoal (aprovado pelo NIOSH)
Se o limite de exposição for excedido, você deve utilizar um respirador de ar que proteja o rosto por completo, uma máscara autônoma, ou um aparelho de respiração autônomo, com cobertura facial total.

Proteção da pele:
Luvas de borracha ou neoprene e proteção adicional, incluindo botas impermeáveis, avental ou capa, conforme for necessário em áreas de exposição incomum.

Proteção dos olhos:
Utilize óculos de segurança contra produtos químicos. Mantenha dispositivos para lava-olhos e enxágue, na área de trabalho.

9. Propriedades físicas e químicas

Aparência:
Líquido claro, incolor.
Odor:
Odor característico.
Solubilidade:
Miscível em água.
Gravidade específica:
0,8
pH:
Nenhuma informação disponível.
% volátil por volume @ 21 °C (70 °F):
100

Ponto de ebulição:
64,5 °C (147 °F)
Ponto de fusão:
–98 °C (–144 °F)
Densidade do vapor (ar = 1)
1,1
Pressão de vapor (mmHg)
97@ 20 °C (68 °F)
Taxa de evaporação (BuAc = 1)
5,9

10. Estabilidade e reatividade

Estabilidade:
Estável sob condições normais de uso e armazenamento.
Produtos de decomposição perigosos:
Pode formar dióxido de carbono, monóxido de carbono e formaldeído, quando aquecido até a decomposição.
Polimerização perigosa:
Não ocorre.
Incompatibilidades:
Agentes oxidantes fortes, como nitratos, percloratos ou ácido sulfúrico. Atacam algumas formas de plásticos, borracha e revestimentos. Pode reagir com alumínio metálico e gerar gás hidrogênio.
Condições a serem evitadas:
Calor, chamas, fontes de ignição e produtos incompatíveis.

11. Informações toxicológicas

Álcool metílico (metanol): Oral (rato) LD50: 5.628 mg/kg; inalação (rato): LC50: 64.000 ppm/4H; pele (coelho) LD50: 15.800 mg/kg; Dados sobre irritação: teste padrão de Draize: pele de coelho: 100 mg/24h, moderado; olhos de coelho: 100 mg/24h. Moderado; investigado como um causador de efeito mutagênico e reprodutivo.

Lista relacionada ao câncer

	Carcinogênico NTP		
Ingrediente	**Conhecido**	**Previsto**	**Categoria IARC**
Álcool metílico (67-56-1)	Não	Não	Nenhuma

12. Informações ecológicas:

Destinação ambiental:
Quando liberado no solo, espera-se que esse material seja prontamente biodegradado, que ocorra lixiviação para águas subterrâneas e que se evapore rapidamente. Ao ser liberado na água, espera-se que esse material tenha meia-vida entre um e dez dias e que seja prontamente biodegradado. Quando liberado no ar, a expectativa é de que esse material exista na fase aerossol com meia-vida curta, que seja prontamente degradado pela reação com radicais hidroxila produzidos fotoquimicamente, que tenha meia-vida entre dez e trinta dias e que seja prontamente removido da atmosfera por deposição úmida

Toxicidade ambiental:
É esperado que o material seja levemente tóxico para a vida aquática.

13. Considerações sobre o descarte:

Sempre que não houver possibilidade de serem mantidos para recuperação ou reciclagem, os resíduos devem ser manipulados como lixo tóxico e enviados a um incinerador aprovado pela RCRA (Resource Conservation and Recovery Act, ou Lei para Conservação e Recuperação de Recursos) ou descartado em um local apropriado, também aprovado pela RCRA. O processamento, o uso ou a contaminação desse produto podem modificar as opções de manipulação de resíduos. Nos Estados Unidos, as regulamentações estaduais e locais quanto ao descarte podem diferir das regulamentações federais para descarte.
O descarte de recipientes e de conteúdo não utilizados deve ser feito de acordo com as exigências federais, estaduais e locais.

14. Informações sobre o transporte:

Doméstico (Departamento de Transportes, terrestre)

Nome apropriado para embarque:	METANOL		
Classe de risco:	3		
UN/NA:	UN1230	**Grupo de embalagem:** II	
Informações relatadas para produto/tamanho:		350LB	

Internacional (Organização Marítima Internacional, marítimo)

Nome apropriado para embarque:	METANOL		
Classe de risco:	3,2; 6,1		
UN/NA:	UN1230	**Grupo de embalagem:** II	
Informações relatadas para produto/tamanho:		350LB	

15. Informações sobre a regulamentação:

***Status* do inventário de substâncias químicas**

Ingrediente	TSCA	EC	Japão	Austrália	Coreia	– Canada – DSL	NDSL	Filipinas
Álcool metílico (67-56-1)	Sim	Sim	Sim	Sim	Sim	Não		Sim

Regulamentações federais, estaduais e internacionais

	– Sara 302 –		– Sara 313 –			– RCRA –	– TSCA –
Ingrediente	**RQ**	**TPQ**	**Lista**	**Categ. química**	**CERCLA**	**261,33**	**8(d)**
Álcool metílico (67-56-1)	Não	Não	Sim	Não	5.000	U154	Não

Convenção para armas químicas: Não **TSCA 12(b): Não** **CDTA: Não**
SARA 311/312: Aguda: Sim Crônica: Sim Incêndio: Sim Pressão: Não Reatividade: Não (Puro/Líquido)
Código australiano de Hazchem: 2PE **Tabela australiana para venenos:** S6
WHMIS: Esta MSDS é preparada de acordo com os critérios referentes a riscos das CPR (Controlled Products Regulations, ou Regulamentações para Produtos Controlados) e contém todas as informações exigidas pelas CPR.

16. Outras informações:

Classificações da NFPA (National Flight Paramedics Association, ou Associação Nacional dos Paramédicos)
Saúde: 1 Inflamabilidade: 3 Reatividade: 0

Advertência de perigo em rótulo:
VENENO! PERIGO! VAPOR NOCIVO. PODE SER FATAL OU CAUSAR CEGUEIRA, SE INGERIDO. NOCIVO, SE INALADO OU ABSORVIDO PELA PELE. NÃO PODE SER TRANSFORMADO EM SUBSTÂNCIA INÓCUA. LÍQUIDO E VAPOR INFLAMÁVEIS. CAUSA IRRITAÇÃO À PELE, AOS OLHOS E AO TRATO RESPIRATÓRIO. AFETA O FÍGADO.

Precauções contidas em rótulo:
Mantenha longe do calor, das faíscas e das chamas.
Mantenha o recipiente fechado.
Utilize somente com ventilação.
Lave bem as mãos após o uso.
Evite respirar o vapor.
Evite o contato com os olhos, com a pele e com as roupas.

Orientações de primeiros socorros contidas em rótulo:
Se for ingerido, induza o vômito imediatamente, conforme orientação médica. Nunca dê nada para ser ingerido a uma pessoa inconsciente. Em caso de contato, lave imediatamente os olhos ou a pele com água em abundância por, pelo menos, quinze minutos, e também remova roupas e sapatos contaminados. Lave as roupas antes de utilizá-las novamente. Se ocorrer inalação, vá imediatamente a um local bem ventilado, com ar fresco. Se a respiração for interrompida, deve ser aplicada respiração artificial. Se houver dificuldade de respiração, deve ser dado oxigênio à pessoa. Em qualquer um dos casos, procure um médico imediatamente.

Uso do produto:
Reagente de laboratório.

Informações da revisão:
Novo formato, conforme a Seção 16 da MSDS; todas as seções foram revisadas.

Notificação legal:
A Mallinckrodt Baker, Inc. fornece todas as informações aqui contidas, de boa-fé, mas não apresenta garantia quanto à sua abrangência ou precisão. Este documento deve ser utilizado somente como um guia para tomar as apropriadas precauções quanto à manipulação do material por uma pessoa corretamente treinada que esteja utilizando este produto. As pessoas que receberem estas informações devem fazer seu julgamento independente, a fim de determinar se seu uso é apropriado para determinado propósito. A MALLINCKRODT BAKER, INC. NÃO DÁ NENHUMA GARANTIA, EXPLÍCITA OU IMPLÍCITA, INCLUINDO, SEM LIMITAÇÕES, QUAISQUER GARANTIAS OU POSSIBILIDADES DE COMERCIALIZAÇÃO, ADEQUAÇÃO A UMA FINALIDADE COM RELAÇÃO ÀS INFORMAÇÕES AQUI APRESENTADAS OU AO PRODUTO AO QUAL AS INFORMAÇÕES SE REFEREM. DESSE MODO, A MALLINCKRODT BAKER, INC. NÃO SERÁ RESPONSÁVEL POR DANOS RESULTANTES DO USO DESSAS INFORMAÇÕES OU DA CONFIANÇA NELAS.
Preparado pela: Divisão de serviços estratégicos
Telefone: (314) 539-1600 (EUA)

SEÇÃO 10. As informações contidas na Seção 10 referem-se à estabilidade dos compostos e aos perigos associados à mistura de produtos químicos. É importante considerarmos essa informação antes de realizar um experimento que não tenha sido efetuado anteriormente.

SEÇÃO 11. Mais informações sobre a toxicidade são apresentadas nesta seção. Outro termo importante deve ser definido primeiro:

> **DOSE LETAL, 50% DE MORTALIDADE (DL_{50}).** Esta é a dose de uma substância capaz de matar 50% dos animais aos quais for administrada uma única dose. São utilizados diferentes meios de administração, como por via oral, intraperitoneal (por injeção no revestimento da cavidade abdominal), subcutânea (sob a pele), e pela aplicação na superfície da pele. A DL_{50} geralmente é expressa em miligramas (mg) de substância por quilograma (kg) de peso do animal. Quanto menor o valor de DL_{50}, mais tóxica é a substância. Considera-se que a toxicidade em seres humanos deva ser similar.

A menos que você tenha um conhecimento consideravelmente maior sobre toxicidade química, as informações nas Seções 8 e 11 são mais úteis para comparar a toxicidade de uma substância com a de outra. Por exemplo, o VLE para o metanol é de 200 ppm, ao passo que o VLE para o benzeno é de 10 ppm. Obviamente, a realização de um experimento envolvendo benzeno vai exigir precauções muito mais restritas que as de uma experiência que envolvem o metanol. Um dos valores da DL_{50} para o metanol é 5.628 mg/kg. O valor comparável de DL_{50} da anilina é 250 mg/kg. Claramente, a anilina é muito mais tóxica, e, uma vez que é facilmente absorvida através da pele, ela é muito perigosa. Também deve ser mencionado que os valores de VLE e LEP assumem que o funcionário entra em contato com uma substância repetidamente e por longo tempo. Desse modo, mesmo que um produto químico tenha um VLE ou LEP relativamente baixo, isso não significa que utilizá-lo para um experimento representará risco. Além disso, realizando experimentos com base em pequenas quantidades de produtos químicos e com as precauções de segurança apropriadas, sua exposição a tais produtos, durante este curso, será mínima.

SEÇÃO 16. A Seção 16 contém a classificação da NFPA (National Fire Protection Association, ou Associação Nacional para Proteção contra Incêndios, dos Estados Unidos), que é semelhante à classificação SAF-T-DATA, de Baker (discutida na Seção 3), exceto que o número representa os perigos quando houver um incêndio. A ordem aqui é Saúde, Inflamabilidade e Reatividade. Geralmente, isso é apresentado na forma de gráfico em um rótulo (veja a figura). Os pequenos diamantes, normalmente, são codificados por cores: azul, para Saúde; vermelho, para Inflamabilidade, e Amarelo, para Reatividade. O diamante na parte inferior (branco), algumas vezes, é utilizado para mostrar símbolos gráficos denotando reatividade incomum, perigos ou precauções especiais a serem tomadas.

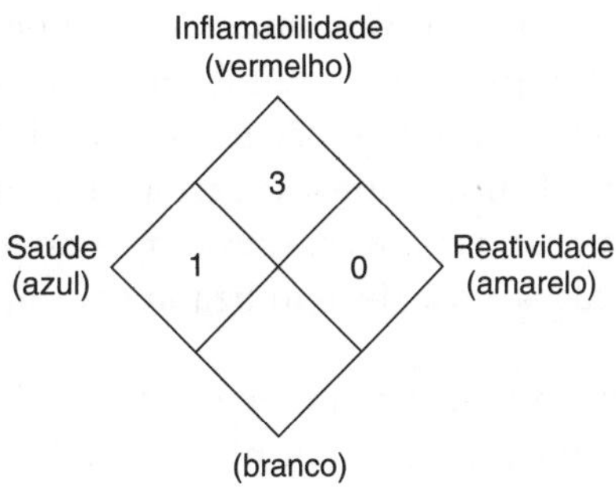

B. Rótulos de frascos

Ler o rótulo de um frasco pode ser um meio muito útil de aprender sobre os perigos de um produto químico. A quantidade de informações varia muito, dependendo da companhia que forneceu o produto químico.

Recorra ao bom-senso quando ler as MSDSs e rótulos de frascos. O uso desses produtos químicos não significa que você sofrerá as consequências que podem resultar da exposição a cada produto químico. Por exemplo, uma MSDS para o cloreto de sódio afirma que "A exposição a esse produto pode ter sérios efeitos adversos à saúde". Apesar da aparente severidade dessa afirmação de advertência, não é razoável esperar que as pessoas parem de utilizar cloreto de sódio em um experimento químico ou parem de colocar pequenas quantidades dele (como sal de cozinha) em ovos, para melhorar seu sabor. Em muitos casos, as consequências da exposição a produtos químicos, descritas em MSDSs, são um pouco exageradas, particularmente, para alunos que utilizam esses produtos químicos para realizar uma experiência de laboratório.

1.3 Solventes comuns

A maioria dos experimentos químicos envolve um solvente orgânico em alguma etapa do procedimento. Veja a seguir uma lista de solventes orgânicos comuns, com uma análise sobre toxicidade, possíveis propriedades carcinogênicas e precauções que devem ser tomadas ao lidar com esses solventes. Uma tabulação dos compostos que atualmente se suspeita que sejam carcinogênicos é exibida no final da Técnica 1.

ÁCIDO ACÉTICO. O ácido acético glacial é suficientemente corrosivo para provocar sérias queimaduras na pele. Seus vapores podem irritar os olhos e as cavidades nasais. É preciso ter cuidado para não respirar os vapores nem permitir que eles escapem no laboratório.

ACETONA. Em comparação com outros solventes orgânicos, a acetona não é muito tóxica. Contudo, ela é inflamável. Não use acetona perto de chamas abertas.

BENZENO. O benzeno pode danificar a medula óssea, é capaz de causar diversas alterações no sangue e seus efeitos podem levar à leucemia. O benzeno é considerado um sério perigo carcinogênico. Ele é absorvido rapidamente através da pele e também ataca o fígado e os rins. Além disso, o benzeno é inflamável, e, por causa de sua toxicidade e de suas propriedades carcinogênicas, ele não deve ser utilizado em laboratório; em vez disso, você deve recorrer a algum solvente menos perigoso. O tolueno é considerado a alternativa mais segura em procedimentos que especificam o uso de benzeno.

TETRACLORETO DE CARBONO. O tetracloreto de carbono pode causar graves danos ao fígado e aos rins, assim como irritação na pele e outros problemas. Ele é absorvido rapidamente através da pele e em altas concentrações pode causar morte, como resultado de uma deficiência respiratória. Além do mais, existe a suspeita de que o tetracloreto de carbono seja um material carcinogênico. Embora esse solvente tenha a vantagem de ser não inflamável (no passado, era utilizado ocasionalmente como extintor de incêndios), pode causar problemas de saúde e por isso não se deve utilizá-lo rotineiramente no laboratório. Entretanto, se não houver nenhum substituto que seja razoável, ele deve ser empregado em pequenas quantidades, como no preparo de amostras para espectroscopia no infravermelho (IV) e de ressonância magnética nuclear (RMN). Nesses casos, você deve utilizá-lo em um local com exaustor.

CLOROFÓRMIO. O clorofórmio é semelhante ao tetracloreto de carbono, em sua toxicidade, e tem sido utilizado como anestésico. Todavia, atualmente o clorofórmio está na lista de compostos suspeitos de serem carcinogênicos. Por isso, não utilize clorofórmio rotineiramente, como um solvente, no laboratório. Se, ocasionalmente, for necessário utilizá-lo como solvente para amostras especiais, então, isso deve ocorrer em uma capela de exaustão. O cloreto de metileno geralmente é considerado um substituto mais seguro em procedimentos que especificam o clorofórmio como solvente. O deuteroclorofórmio, $CDCl_3$, é um solvente comum para a espectroscopia de RMN. Por precaução, deve-se tratá-lo com o mesmo respeito dedicado ao clorofórmio.

1,2-DIMETOXIETANO (ÉTER DIMETÍLICO DE ETILENOGLICOL OU MONOGLIME). Por ser miscível em água, o 1,2-dimetoxietano é a alternativa útil para solventes como o dioxano e o tetra-hidrofurano, que pode ser mais perigoso. O 1,2-dimetoxietano é inflamável e não deverá ser manipulado próximo de uma chama aberta. Com a exposição do 1,2-dimetoxietano à luz e ao oxigênio, durante longos períodos, pode ocorrer a formação de peróxidos explosivos. O 1,2-dimetoxietano também é uma possível toxina reprodutiva.

DIOXANO. O dioxano tem sido amplamente utilizado, porque é um solvente miscível em água conveniente. Atualmente, no entanto, suspeita-se de que ele seja carcinogênico. Além disso, é um composto tóxico que afeta o sistema nervoso central, o fígado, os rins, a pele, os pulmões e as membranas mucosas. O dioxano também é inflamável e tende a formar peróxidos explosivos, quando exposto à luz e ao ar. Em virtude de suas propriedades carcinogênicas, não é mais utilizado em laboratórios, a menos que seja absolutamente necessário. O 1,2-dimetoxietano ou o tetra-hidrofurano são solventes alternativos adequados, miscíveis em água.

ETANOL. O etanol tem propriedades bem conhecidas como um intoxicante. No laboratório, o principal perigo surge dos incêndios, porque o etanol é um solvente inflamável. Ao utilizar o etanol, tome o cuidado de trabalhar onde não existir chamas abertas.

ÉTER (ÉTER DIETÍLICO). O principal perigo associado com o éter dietílico é a ocorrência de incêndios ou explosões. O éter é provavelmente o solvente mais inflamável encontrado em laboratórios. Como os vapores de éter são muito mais densos do que o ar, eles podem percorrer uma distância considerável, ao longo de uma bancada de laboratório a partir de sua fonte, antes de serem incinerados. Previamente ao uso do éter, é muito importante ter certeza de que ninguém está trabalhando com fósforos ou com alguma chama aberta. O éter não é um solvente particularmente tóxico, embora em concentrações suficientemente elevadas possa causar sonolência e, possivelmente, náusea. Ele tem sido utilizado como um anestésico geral. O éter pode formar peróxidos altamente explosivos, quando exposto ao ar. Consequentemente, você nunca deve destilá-lo até secar.

HEXANO. O hexano pode ser irritante para o trato respiratório, pode ter ação intoxicante e atuar como depressor do sistema nervoso central, e também é capaz de causar irritação na pele, uma vez que é um excelente solvente de óleos da pele. Entretanto, o risco mais sério vem de sua inflamabilidade. As precauções recomendadas para o uso do éter dietílico na presença de chamas abertas se aplicam igualmente ao hexano.

LIGROÍNA. Veja hexano.

METANOL. Grande parte do material que define os perigos do etanol se aplica ao metanol, que é mais tóxico que o etanol; a ingestão pode causar cegueira e, até mesmo, morte. Uma vez que o metanol é mais volátil, o perigo de incêndios é maior.

CLORETO DE METILENO (DICLOROMETANO). O cloreto de metileno não é inflamável. Diferentemente de outros membros da classe dos clorocarbonos, atualmente, não é considerado grave risco carcinogênico. No entanto, recentemente, tem sido objeto de muitas investigações sérias, e existem propostas para regulamentá-lo em situações industriais, nas quais trabalhadores sofrem altos níveis de exposição diariamente. O cloreto de metileno é menos tóxico que o clorofórmio e o tetracloreto de carbono. Porém, pode provocar danos no fígado, quando ingerido, e seus vapores podem causar sonolência ou náusea.

PENTANO. Veja hexano.

ÉTER DE PETRÓLEO. Veja hexano.

PIRIDINA. Algum perigo de incêndio é associado à piridina. Contudo, o risco mais sério surge em virtude de sua toxicidade. A piridina pode deprimir o sistema nervoso central; irritar a pele e o trato respiratório; danificar o fígado, os rins e o sistema gastrointestinal; e pode até mesmo causar esterilidade temporária. É preciso tratar a piridina como um solvente altamente tóxico e manipulá-lo somente próximo de um exaustor.

TETRA-HIDROFURANO. O tetra-hidrofurano pode provocar irritação na pele, nos olhos e no trato respiratório. Ele nunca deverá ser destilado até secar, porque tende a formar peróxidos potencialmente explosivos quando expostos ao ar. O tetra-hidrofurano apresenta perigo de incêndio.

TOLUENO. Diferentemente do benzeno, o tolueno não é considerado carcinogênico. Contudo, é, pelo menos, tão tóxico quanto o benzeno e pode agir como um anestésico e também danificar o sistema nervoso central. Se o benzeno estiver presente como uma impureza no tolueno, é possível esperar os perigos usuais associados ao benzeno. O tolueno também é um solvente inflamável e, portanto, é necessário recorrer às precauções comuns quanto a trabalhar próximo de chamas abertas.

Não se deve utilizar determinados solventes no laboratório, por causa de suas propriedades carcinogênicas. Benzeno, tetracloreto de carbono, clorofórmio e dioxano estão entre esses solventes. Para determinadas aplicações, entretanto, notavelmente como solventes para espectroscopia no infravermelho ou de RMN, é possível que não exista nenhuma alternativa apropriada. Quando for necessário utilizar um desses solventes, recorra às precauções de segurança e consulte a abordagem relativa às Técnicas 25 a 28. Uma vez que podem ser utilizadas quantidades relativamente grandes de solventes em uma aula de laboratório de química orgânica, seu supervisor precisa tomar cuidado ao armazenar essas substâncias com segurança. Somente a quantidade de solvente necessária para uma experiência em particular deverá ser mantida no laboratório. O local de preferência para frascos de solventes sendo utilizados durante uma aula é no interior de uma capela de exaustão. Quando os solventes não estiverem sendo utilizados, deverão ser armazenados em um gabinete de armazenamento que seja à prova de incêndios, específico para solventes. Se possível, esse gabinete deverá ser ventilado, com os vapores conduzidos para a capela de exaustão.

1.4 Substâncias carcinogênicas

Uma substância **carcinogênica** é aquela que causa câncer em tecidos vivos. O procedimento comum para determinar se uma substância é carcinogênica consiste em expor animais de laboratório a elevadas dosagens durante um longo período. Não está claro se a exposição em curto prazo a esses produtos químicos apresenta um risco comparável, mas é prudente utilizar essas substâncias mediante cuidados especiais.

Muitas agências regulatórias compilaram listagens de substâncias carcinogênicas ou suspeitas de serem carcinogênicas. Uma vez que essas relações são inconsistentes, é difícil compilar uma lista definitiva de substâncias carcinogênicas. As seguintes substâncias comuns estão incluídas em muitas dessas listas.

Acetamida	4-metil-2-oxetanona (β-butirolactona)
Acrilonitrila	1-Naftilamina
Amianto	2-Naftilamina
Benzeno	Compostos *N*-nitrosos
Benzidina	2-Oxetanona (β-propiolactona)
Tetracloreto de carbono	Fenacetina

Clorofórmio
Óxido crômico
Cumarina
Diazometano
1,2-Dibromoetano
Dimetilsulfato
p-Dioxano
Óxido de etileno
Formaldeído
Hidrazina e seus sais
Acetato de chumbo (II)
Fenil-hidrazina e seus sais
Bifenilos policlorados (PCB)
Progesterona
Óxido de estireno
Taninos
Testosterona
Tioacetamida
Tioureia
o-Toluidina
Tricloroetileno
Cloreto de vinila

REFERÊNCIAS

ENDEREÇOS ÚTEIS NA INTERNET, RELACIONADOS À SEGURANÇA

Aldrich Catalog and Handbook of Fine Chemicals. Aldrich Chemical Co.: Milwaukee, WI, current edition.

Armour, M. A., *Pollution Prevention and Waste Minimization in Laboratories.* Reinhardt, P. A., Leonard, K. L., Ashbrook P. C., Eds.; Lewis Publishers: Boca Raton, Florida, 1996.

Fire Protection Guide on Hazardous Materials, 10th ed. National Fire Protection Quincy, MA: Association 1991.

Flinn Chemical Catalog Reference Manual. Flinn Scientific: Batavia, IL, current edition.

Gosselin, R. E., Smith, R. P., Hodge, H. C. *Clinical Toxicology of Commercial Products,* 5th ed. Williams & Wilkins: Baltimore, MD 1984.

Lenga, R. E., ed. *The Sigma-Aldrich Library of Chemical Safety Data.* Sigma-Aldrich: Milwaukee, WI 1985.

Lewis, R. J. *Carcinogenically Active Chemicals: A Reference Guide.* Van Nostrand Reinhold: New York 1990.

Lewis, R. J., *Sax's Dangerous Properties of Industrial Materials,* 11th edition, Van Nostrand Reinhold: New York 2007.

The Merck Index, 14th ed. Merck and Co.: Rahway, NJ 2006.

Prudent Practices in the Laboratory: Handling and Disposal of Chemicals. Washington, DC: Committee on Prudent Practices for Handling, Storage, and Disposal of Chemicals in Laboratories; Board on Chemical Sciences and Technology; Commission on Physical Sciences, Mathematics, and Applications; National Research Council, National Academy Press, 1995.

Renfrew, M. M., ed. *Safety in the Chemical Laboratory.* Division of Chemical Education, American Chemical Society; Easton, PA 1967–1991.

Safety in Academic Chemistry Laboratories, 4th ed. Committee on Chemical Safety, American Chemical Society: Washington, DC 1985.

Sax, N. I., Lewis, R. J., eds. *Rapid Guide to Hazardous Chemicals in the Work Place*, 4th ed. Van Nostrand Reinhold: New York 2000.

Interactive Learning Paradigms, Inc. http://www.ilpi.com/msds/
Este é um excelente site genérico para planilhas de MSDS, que enumera fabricantes e fornecedores de produtos químicos. Ao selecionar uma companhia, você será encaminhado diretamente ao local apropriado para obter uma dessas planilhas. Muitos sites aqui relacionados requerem que você se registre, a fim de conseguir uma planilha de MSDS para um produto químico específico. Peça ao supervisor de segurança de seu departamento ou a faculdade para lhe fornecer informações.

Produtos químicos Acros e Fisher Scientific
https://www1.fishersci.com/

Alfa Aesar
http://www.alfa.com/alf/index.htm

Departamento de Saúde e Segurança Ambiental, na Cornell University
http://msds.pdc.cornell.edu/msdssrch.asp
Este é um excelente banco de dados de busca contendo mais de 325 mil arquivos de MSDS. Não é necessário efetuar nenhum registro.

Eastman Kodak
http://msds.kodak.com/ehswww/external/index.jsp

EMD Chemicals (anteriormente, denominada EM Science) e Merck
http://www.emdchemicals.com/corporate/emd_corporate.asp

J. T. Baker e Mallinckrodt Laboratory Chemicals
http://www.jtbaker.com/asp/Catalog.asp

O NIOSH (National Institute for Occupational Safety and Health, ou Instituto Nacional para Segurança e Saúde Ocupacional) tem um ótimo site que abrange bancos de dados e recursos de informações, incluindo links: http://www.cdc.gov/niosh/topics/chemical-safety/default.html

Sigma, Aldrich e Fluka
http://www.sigmaaldrich.com/Area_of_Interest/The_Americas/United_States.html

VWR Scientific Products
http://www.vwrsp.com/search/index.cgi?tmpl=msds

Técnica 2

Caderno de laboratório, cálculos e registros no laboratório

Na introdução deste livro, mencionamos a importância da preparação antecipada para o trabalho de laboratório. Aqui, são apresentadas algumas sugestões sobre quais informações específicas você deve tentar obter em seu planejamento experimental. Visto que grande parte dessas informações precisa ser obtida durante a preparação de seu caderno de laboratório, as duas tarefas, o planejamento experimental e a preparação do caderno de laboratório, são desenvolvidas simultaneamente.

Uma parte importante de qualquer experiência de laboratório consiste em aprender a manter registros minuciosos de todos os experimentos realizados e de todos os dados obtidos. Com frequência demasiada, o registro de dados e as informações, sem o devido cuidado, resultaram em erros, frustração e perda de tempo, em virtude da repetição desnecessária de experimentos. Se forem exigidos relatórios, você descobrirá que a coleta e o registro de dados, de maneira apropriada, tornará muito mais fácil a tarefa de redigir seu relatório.

Uma vez que reações orgânicas raramente são quantitativas, isso resulta em problemas específicos. Frequentemente, os reagentes precisam ser utilizados em grande excesso, a fim de aumentar a quantidade de produto. Alguns reagentes são caros e, portanto, é necessário tomar muito cuidado ao medir as quantidades dessas substâncias. Muitas vezes, ocorrem bem mais reações do que se deseja. Essas reações extras, ou **reações colaterais**, podem formar produtos diferentes do desejado, chamados **produtos colaterais**. Por todos esses motivos, é preciso planejar cuidadosamente seu procedimento, antes de iniciar o experimento propriamente dito.

2.1 O caderno de laboratório

Para registrar dados e observações durante experimentos, utilize um *caderno de laboratório do tipo brochura*, que deverá ter páginas numeradas consecutivamente. Caso contrário, numere as páginas imediatamente. Um caderno comum em espiral, ou qualquer outro cujas páginas possam ser removidas facilmente, não é aceitável, pois a possibilidade de perder páginas é grande.

Todos os dados e todas as observações devem ser registrados no caderno de laboratório. Papel toalha, guardanapos, papel higiênico ou papel de rascunho podem ser facilmente perdidos ou destruídos. É má prática de laboratório registrar informações em folhas avulsas e perecíveis. Todas as anotações têm de ser registradas com *tinta permanente*. Pode ser frustrante que informações importantes desapareçam do caderno de laboratório, por terem sido registradas com tinta lavável ou com lápis; e talvez não resistam, se o aluno ao seu lado na bancada derramar algum líquido nessas anotações. Como você estará utilizando seu caderno no laboratório, ele provavelmente ficará sujo ou manchado por produtos químicos, repleto de registros rabiscados ou, até mesmo, ligeiramente queimado. Isso é esperado e também é considerada parte normal do trabalho de laboratório.

Seu instrutor pode verificar o caderno de laboratório a qualquer momento, por isso você sempre deve mantê-lo atualizado. Caso seu instrutor exija a apresentação de relatórios, prepare-os rapidamente a partir do material registrado no caderno de laboratório.

2.2 Formato do caderno de laboratório

A. Preparação antecipada

Os instrutores, individualmente, variam muito em sua preferência pelo formato do caderno de laboratório, e essa variação decorre das diferenças entre filosofias adotadas e experiências pessoais. É necessário obter orientações específicas de seu instrutor, a fim de preparar um caderno de laboratório. No entanto, certas características são comuns à maioria dos formatos de cadernos de laboratório. A abordagem a seguir indica o que pode estar incluído em um típico caderno de laboratório.

Isso será bastante útil, e você pode poupar muito tempo no laboratório se, para cada experimento, conhecer as principais reações, as possíveis reações colaterais, o mecanismo e a estequiometria, e, então, entenderá completamente o procedimento e a teoria que o fundamenta, antes de ir para o laboratório. Também é muito importante compreender o procedimento pelo qual o produto desejado precisa ser separado de materiais indesejados. Se você examinar cada um desses tópicos antes de ir para a aula, estará preparado para executar o experimento de forma eficiente. Seu equipamento e os reagentes já estarão preparados, quando tiverem de ser utilizados. Seu material de consulta estará pronto para uso quando precisar dele. Por fim, com seu tempo eficientemente organizado, você estará em condições de aproveitar longos períodos de reação ou refluxo para desempenhar outras tarefas, como fazer experiências mais curtas ou concluir experimentos anteriores.

Para experimentos nos quais um composto é sintetizado a partir de outros reagentes, ou seja, **experimentos preparatórios**, é essencial conhecer a reação principal. A fim de realizar cálculos estequiométricos, é preciso balancear a equação para a reação principal. Portanto, antes de começar o experimento, seu caderno de laboratório deverá conter a equação balanceada para a reação pertinente. Utilizando a preparação do acetato de isopentila, ou óleo de banana, como exemplo, escreva o seguinte:

$$\underset{\text{Ácido acético}}{CH_3-\overset{\overset{\displaystyle O}{\|}}{C}-OH} + \underset{\text{Álcool isopentílico}}{CH_3-\overset{\overset{\displaystyle CH_3}{|}}{CH}-CH_2-CH_2-OH} \xrightarrow{H^+}$$

$$\underset{\text{Acetato de isopentila}}{CH_3-\overset{\overset{\displaystyle O}{\|}}{C}-O-CH_2-CH_2-\overset{\overset{\displaystyle CH_3}{|}}{CH}-CH_3} + H_2O$$

Além disso, antes de iniciar o experimento, registre no caderno de laboratório as possíveis reações colaterais que desviam os reagentes para a formação de contaminantes (produtos colaterais).

Você terá de separar esses produtos colaterais do produto principal, durante a purificação; deverá anotar constantes físicas, como pontos de fusão, pontos de ebulição, densidades e pesos moleculares, no caderno de laboratório, quando essas informações forem necessárias para realizar um experimento ou fizer cálculos. Esses dados estão localizados em fontes, tais como *CRC Handbook of Chemistry and Physics, The Merck Index, Lange's Handbook of Chemistry* ou *Aldrich Handbook of Fine Chemicals.* Escreva as constantes físicas exigidas para um experimento em seu caderno de laboratório, antes de ir para a aula.

A preparação antecipada também pode incluir a revisão de algum tópico – informações que não estão, necessariamente, registradas no caderno e que deverão ser úteis para a compreensão do experimento. Entre esses assuntos estão o entendimento do mecanismo da reação, um exame de outros métodos pelos quais o mesmo composto pode ser preparado, e um estudo detalhado do procedimento experimental. Muitos alunos consideram que uma descrição do procedimento, preparada *antes* de ir para a aula, os ajuda a utilizar seu tempo de modo mais eficiente, quando iniciam o experimento. Essa descrição pode ser muito bem preparada em algumas folhas de papel soltas, em vez de no caderno de laboratório propriamente dito.

Uma vez que a reação tiver sido concluída, o produto desejado não aparecerá como por mágica na forma de material purificado; ele deverá ser purificado a partir de uma mistura, geralmente complexa, de produtos colaterais, matérias-primas, solventes e catalisadores, que não tenham reagido. Você deve tentar descrever um **esquema de separação**, em seu caderno de laboratório, a fim de isolar o produto de seus contaminantes, e, em cada estágio, procure entender a razão para a instrução em particular, dada no procedimento experimental. Isso não somente vai deixá-lo familiarizado com as técnicas básicas de separação e purificação utilizadas na química orgânica, mas também ajudará a compreender quando usar essas técnicas. Essa descrição pode assumir a forma de um fluxograma. Por exemplo, veja o esquema de separação para o acetato de isopentila (veja a Figura 2.1). Preste muita atenção à compreensão da separação, que, além de deixá-lo familiarizado com o procedimento pelo qual o produto desejado é separado de impurezas em seus experimentos particulares, poderá prepará-lo para pesquisas originais, para as quais não existe nenhum procedimento experimental previamente descrito.

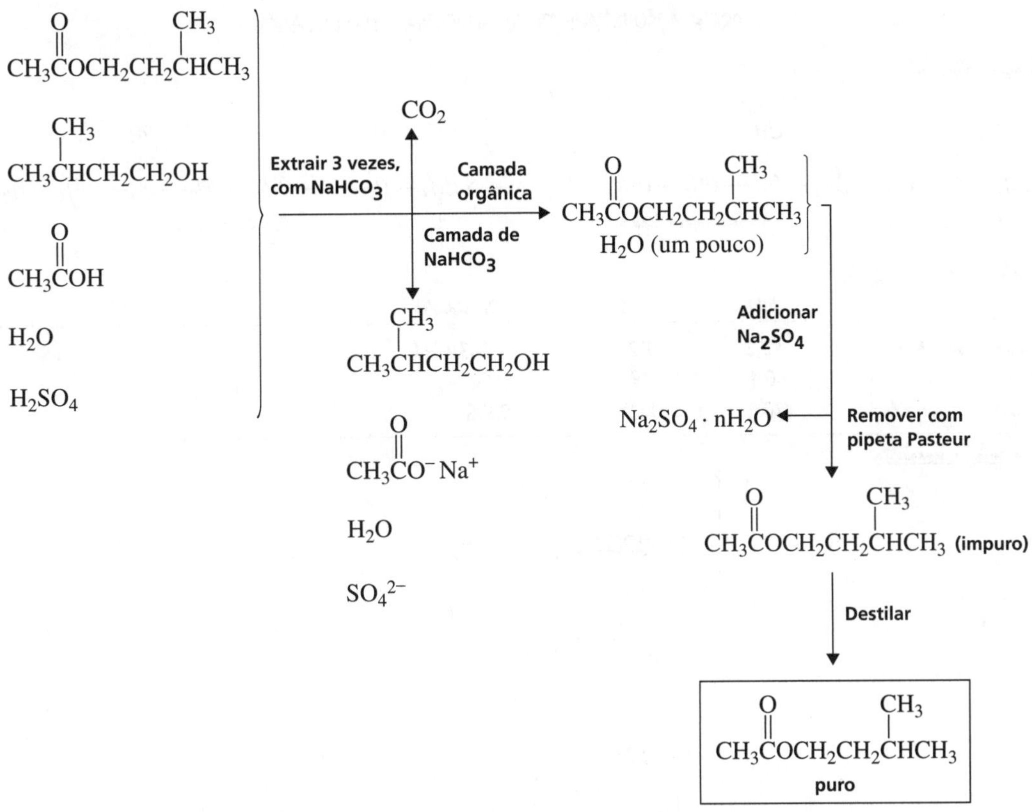

FIGURA 2.1 ■ Esquema de separação para o acetato de isopentila.

Ao projetar um esquema de separação, note que ele descreve as etapas realizadas, uma vez que o período de reação tenha sido concluído. Por essa razão, o esquema representado não inclui etapas como a adição dos reagentes (álcool isopentílico e ácido acético) e o catalisador (ácido sulfúrico) ou o aquecimento da mistura da reação.

Para experimentos nos quais um composto é isolado de determinada fonte e não é preparado a partir de outros reagentes, algumas informações descritas nesta seção não serão aplicáveis. Tais experimentos são chamados **experimentos de isolamento**. Um típico experimento de isolamento envolve isolar um composto puro de uma fonte natural. Exemplos incluem o isolamento da cafeína do chá ou o isolamento do cinamaldeído da canela. Embora experimentos de isolamento exijam uma preparação antecipada um pouco diferente, este estudo antecipado pode incluir a procura de constantes físicas para o composto isolado e descrever o procedimento de isolamento. Um exame detalhado do esquema de separação é muito importante aqui, porque este é o núcleo de tal experimento.

B. Registros de laboratório

Ao começar o experimento propriamente dito, mantenha seu caderno de laboratório por perto, para que tenha condições de registrar as operações que você realiza. Quando estiver trabalhando no laboratório, seu caderno de laboratório servirá como um local para registrar uma transcrição aproximada de seu método experimental. Dados das pesagens reais, medições de volume e determinação de constantes físicas também são anotadas. Essa seção de seu caderno de laboratório *não* deve ser preparada antecipadamente. A finalidade não é escrever uma receita, mas, sim, registrar o que você *fez* e o que *observou*. As observações ajudarão a escrever relatórios, sem precisar recorrer à sua memória, e também ajudarão você ou outras pessoas que trabalham no laboratório a repetir o experimento o mais próximo possível da maneira como realizou antes. As páginas de amostra de seu caderno de laboratório, apresentadas nas Figuras 2.2 e 2.3, ilustram o tipo de dados e observações que deverão ser escritos em seu caderno.

A PREPARAÇÃO DO ACETATO DE ISOPENTILA (ÓLEO DE BANANA)

Reação principal

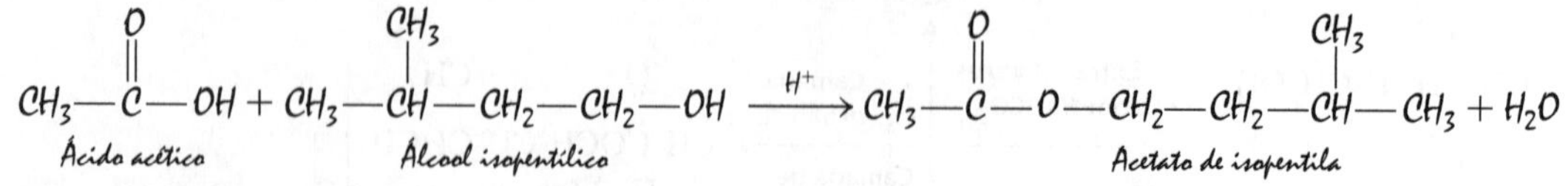

$$CH_3-\overset{O}{\overset{\|}{C}}-OH + CH_3-\overset{CH_3}{\overset{|}{CH}}-CH_2-CH_2-OH \xrightarrow{H^+} CH_3-\overset{O}{\overset{\|}{C}}-O-CH_2-CH_2-\overset{CH_3}{\overset{|}{CH}}-CH_3 + H_2O$$

Ácido acético — Álcool isopentílico — Acetato de isopentila

Tabela de constantes físicas

	MM	PE	Densidade
Álcool isopentílico	88,2	132 °C	0,813 g/mL
Ácido acético	60,1	118	1,06
Acetato de isopentila	130,2	142	0,876

Esquema de separação

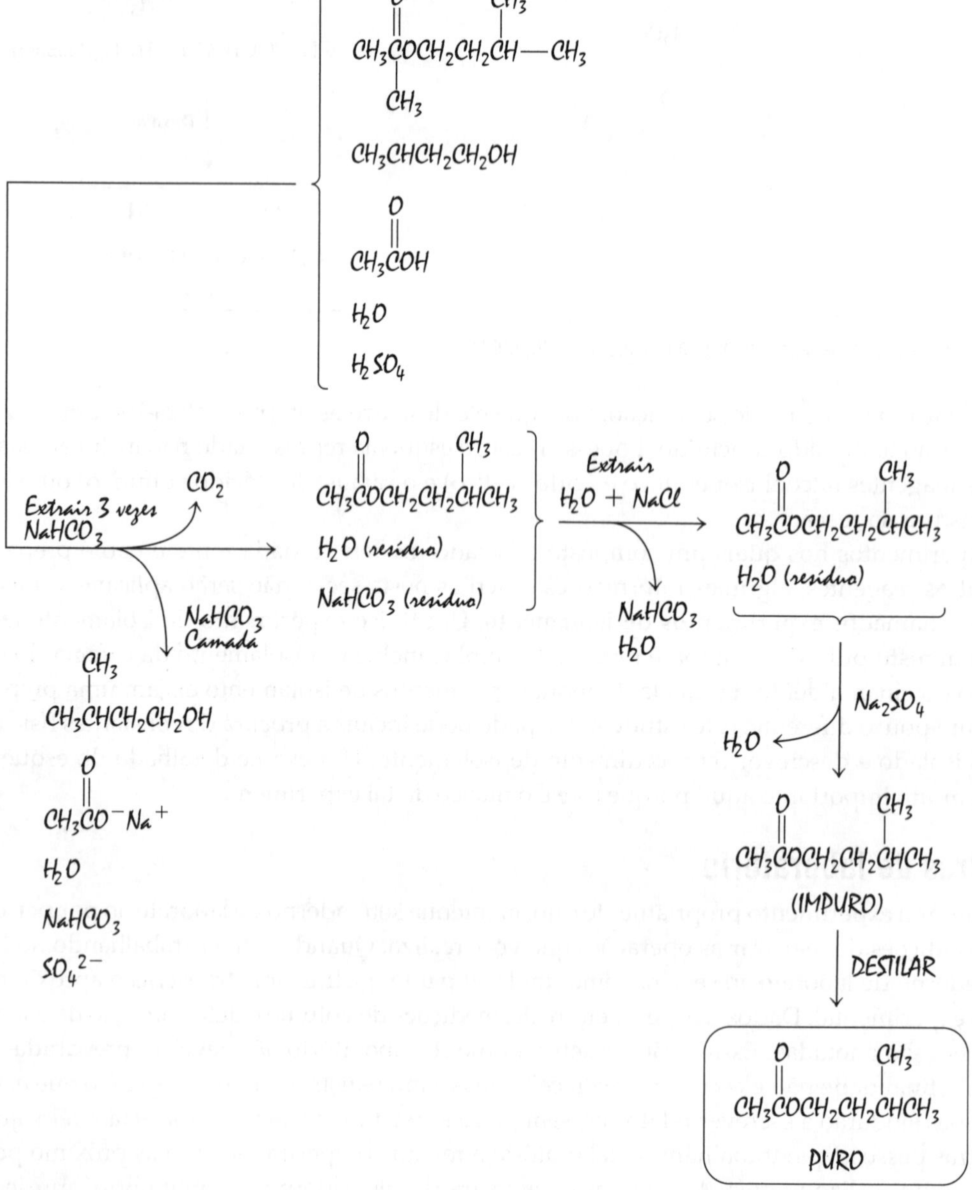

$CH_3\overset{O}{\overset{\|}{C}}OCH_2CH_2\overset{CH_3}{\overset{|}{CH}}-CH_3$

$CH_3CH(CH_3)CH_2CH_2OH$

$CH_3\overset{O}{\overset{\|}{C}}OH$

H_2O

H_2SO_4

Extrair 3 vezes $NaHCO_3$ → CO_2

$CH_3\overset{O}{\overset{\|}{C}}OCH_2CH_2\overset{CH_3}{\overset{|}{CH}}CH_3$, H_2O (resíduo), $NaHCO_3$ (resíduo)

$NaHCO_3$ Camada:

$CH_3\overset{CH_3}{\overset{|}{CH}}CH_2CH_2OH$

$CH_3\overset{O}{\overset{\|}{C}}O^-Na^+$

H_2O

$NaHCO_3$

SO_4^{2-}

Extrair $H_2O + NaCl$ → $NaHCO_3$, H_2O

$CH_3\overset{O}{\overset{\|}{C}}OCH_2CH_2\overset{CH_3}{\overset{|}{CH}}CH_3$, H_2O (resíduo)

Na_2SO_4 → H_2O

$CH_3\overset{O}{\overset{\|}{C}}OCH_2CH_2\overset{CH_3}{\overset{|}{CH}}CH_3$ (IMPURO)

DESTILAR

$CH_3\overset{O}{\overset{\|}{C}}OCH_2CH_2\overset{CH_3}{\overset{|}{CH}}CH_3$ PURO

FIGURA 2.2 ■ Uma amostra de um caderno de laboratório, página 1.

Dados e observações

7,5 mL de álcool isopentílico foram adicionadas a um balão de fundo redondo com capacidade de 50 mL, previamente pesado:

Balão + álcool	139,75 g
Balão	133,63 g
	6,12 g álcool isopentílico

Ácido acético glacial (10 mL) e 2 mL de ácido sulfúrico concentrado também foram acrescentados ao balão, sendo agitados, juntamente com várias pedras de ebulição. Um condensador resfriado com água foi conectado ao balão. A reação foi mantida em ebulição, utilizando-se uma manta de aquecimento, durante cerca de uma hora. A cor resultante da mistura da reação foi castanho-amarelada.

Após a mistura da reação ter sido resfriada à temperatura ambiente, as pedras de ebulição foram removidas e a mistura reacional foi despejada em um funil de separação, no qual foram adicionados cerca de 30 mL de água fria. O balão de reação foi lavado com 5 mL de água fria, e a água também foi adicionada ao funil de separação, que foi agitado, e depois a camada aquosa inferior foi retirada e descartada. A camada orgânica foi extraída duas vezes, com duas porções de 10 e 15 mL de bicarbonato de sódio 5% aquoso. Durante a primeira extração, grande quantidade de CO_2 foi liberada, mas a quantidade de gás liberado foi significativamente menor durante a segunda extração. A camada orgânica tinha cor amarelo-clara e, depois da segunda extração, a camada aquosa fez o papel de tornassol vermelho se tornar azul. As camadas de bicarbonato foram descartadas e a camada orgânica foi extraída com uma porção de 10 a 15 mL de água. Uma porção de 2 a 3 mL de solução de cloreto de sódio saturada foi adicionada durante essa extração. Quando a camada aquosa foi removida, a fase superior, orgânica, foi transferida para um frasco Erlenmeyer de 15 mL, e foram adicionados cerca de 2 g de sulfato de magnésio anidro. O frasco foi tampado, agitado suavemente e, depois, ficou em repouso por 15 minutos.

O produto foi transferido para um balão de fundo redondo de 25 mL e foi destilado por destilação simples, até que não fosse possível observar nenhum líquido pingando. Após a destilação, o éster foi transferido para um frasco de amostra previamente pesado.

Frasco + produto	9,92 g
Frasco vazio	6,11 g
	3,81 g acetato de isopentila

O produto era claro e incolor. O ponto de ebulição observado, obtido durante a destilação, foi de 140 °C. Foi obtido um espectro de infravermelho do produto.

Cálculos

Determine o reagente limitante:

$$\text{álcool isopentílico } 6{,}12\ \text{g}\left(\frac{1\ \text{mol de álcool isopentílico}}{88{,}2\ \text{g}}\right) = 6{,}94 \times 10^{-2}\ \text{mol}$$

$$\text{ácido acético: } (10\ \text{mL})\left(\frac{1{,}06\ \text{g}}{\text{mL}}\right)\left(\frac{1\ \text{mol de ácido acético}}{60{,}1\ \text{g}}\right) = 1{,}76 \times 10^{-1}\ \text{mol}$$

Uma vez que eles reagem em uma proporção de 1:1, o álcool isopentílico é o reagente limitante.

$$(6{,}94\ 3\ 10^{-2}\ \text{mol de álcool isopentílico})\left(\frac{1\ \text{mol acetato de isopentila}}{1\ \text{mol de álcool isopentílico}}\right)\left(\frac{130{,}2\ \text{g acetato de isopentila}}{1\ \text{mol de álcool isopentílico}}\right)$$

$$= 9{,}03\ \text{g de acetato de isopentila}$$

$$\text{Rendimento percentual} = \frac{3{,}81\ \text{g}}{9{,}03\ \text{g}} \times 100 = 42{,}2\,\%$$

FIGURA 2.3 ■ Uma amostra de um caderno de laboratório, página 2.

Quando seu produto tiver sido preparado e purificado, ou isolado, caso trate de um experimento de isolamento, registre os dados pertinentes, como o ponto de fusão ou o ponto de ebulição da substância, sua densidade, seu índice de refração, e as condições nas quais os espectros forem determinados.

C. Cálculos

Uma equação química para a conversão geral das matérias-primas em produtos é escrita com base na suposição de uma estequiometria ideal simples. Na verdade, essa suposição raramente se realiza. Também ocorrerão reações colaterais ou simultâneas, resultando em outros produtos. No caso de algumas reações sintéticas, será atingido um estado de equilíbrio, no qual uma quantidade considerável de material de partida ainda estará presente e poderá ser recuperada. Talvez parte do reagente também permaneça, caso esteja presente em excesso ou se a reação estiver incompleta. Uma reação envolvendo um reagente caro ilustra outro motivo pelo qual é necessário saber até que ponto determinado tipo de reação converte reagentes em produtos. Nesse caso, é preferível utilizar o método mais eficiente para essa conversão. Sendo assim, as informações sobre a eficiência da conversão em várias reações são de interesse para a pessoa contemplar o uso dessas reações.

A expressão quantitativa da eficiência de uma reação é encontrada calculando-se o **rendimento** para a reação. O **rendimento teórico** é o número de gramas do produto esperado a partir da reação, tendo como base e estequiometria ideal, com as reações colaterais, a reversibilidade e as perdas sendo ignoradas. Para calcular o rendimento teórico, primeiro, é necessário determinar o **reagente limitante**, ou seja, o reagente que não está presente em excesso, e do qual depende o rendimento geral do produto. O método para determinar o reagente limitante no experimento com acetato de isopentila é ilustrado nas páginas de amostra do caderno de laboratório, pelas Figuras 2.2 e 2.3. Consulte seu livro de química geral para conhecer exemplos mais complicados. Desse modo, o rendimento teórico é calculado a partir da expressão:

Rendimento teórico = (moles de reagente limitante)(proporção)(peso molecular do produto)

Nesse caso, utilizamos a proporção estequiométrica do produto para limitar o reagente. Ao preparar o acetato de isopentila, essa proporção é 1:1. Um mol de álcool isopentílico, sob circunstâncias ideais, deverá resultar em 1 mol de acetato de isopentila.

O **rendimento real** é simplesmente o número de gramas do produto desejado, que é obtido. A **porcentagem do rendimento** descreve a eficiência da reação e é determinada pelo

$$\text{Rendimento em porcentagem} = \frac{\text{Rendimento real}}{\text{Rendimento teórico}} \times 100$$

O cálculo do rendimento teórico e do rendimento percentual pode ser ilustrado utilizando-se dados hipotéticos para a preparação do acetato de isopentila:

$$\text{Rendimento teórico} = (6{,}94 \times 10^{-2}\,\cancel{\text{mol de álcool isopentílico}})\left(\frac{1\,\cancel{\text{mol de acetato de isopentila}}}{1\,\cancel{\text{mol de álcool isopentílico}}}\right)$$

$$\times \left(\frac{130{,}2\text{ g de acetato de isopentila}}{1\text{ mol de acetato de isopentila}}\right) = 9{,}03\text{ g de acetato de isopentila}$$

Rendimento real = 3,81 g de acetato de isopentila

$$\text{Rendimento percentual} = \frac{3{,}81\text{ g}}{9{,}03\text{ g}} \times 100 = 42{,}2\%$$

Para experimentos que têm como principal objetivo isolar uma substância como um produto natural, em vez de preparar e purificar algum produto de reação, é calculado o **percentual de massa recuperada**, não o rendimento percentual. Esse valor é determinado por

$$\text{Percentual de massa recuperada} = \frac{\text{Massa da substância isolada}}{\text{Massa do material original}} \times 100$$

Desse modo, por exemplo, se 0,014 g de cafeína tiver sido obtido a partir de 2,3 g de chá, o percentual de massa recuperada da cafeína será de

$$\text{Percentual de massa recuperada} = \frac{0{,}014 \text{ g de cafeína}}{2{,}3 \text{ g de chá}} \times 100 = 0{,}61\%$$

2.3 Relatórios de laboratório

É possível utilizar diversos formatos para relatar os resultados de experimentos de laboratório. Você pode redigir o relatório diretamente em seu caderno de laboratório em um formato semelhante ao das páginas de amostra incluídas nesta seção. Ou então, seu instrutor pode exigir um relatório mais formal, que não seja redigido em seu caderno de laboratório. Quando fizer uma pesquisa original, esses relatórios deverão incluir uma descrição detalhada de todas as etapas experimentais que foram realizadas. Frequentemente, o estilo utilizado em jornais científicos, como o *Journal of the American Chemical Society*, é empregado para redigir relatórios de laboratório. Provavelmente, seu instrutor fará as próprias exigências quanto aos relatórios de laboratório e, portanto, deverá explicar tais exigências.

2.4 Envio de amostras

Em todos os experimentos preparatórios e em algumas experiências de isolamento, você terá de enviar a seu instrutor a amostra da substância que foi preparada ou isolada. É muito importante observar o modo como essa amostra é rotulada. Mais uma vez, lembre-se de que aprender o modo correto de rotular frascos e tubos pode poupar tempo no laboratório, pois, assim, serão cometidos menos erros. E o mais importante é que saber como identificar apropriadamente permite reduzir o perigo inerente de ter amostras de material que não possam ser identificadas corretamente mais tarde.

Materiais sólidos devem ser armazenados e enviados em recipientes que possibilitem que a substância seja removida facilmente. Por essa razão, frascos ou tubos com bocal estreito não são utilizados para substâncias sólidas. Os líquidos precisam ser armazenados em recipientes que não os deixem escapar através de um vazamento. Tenha o cuidado de não armazenar líquidos voláteis em recipientes com tampas plásticas, a menos que a tampa seja revestida com um material inerte, como teflon. Do contrário, provavelmente, os vapores do líquido entrarão em contato com o plástico e dissolverão parte dele, contaminando, assim, a substância armazenada.

No rótulo, imprima o nome da substância, seu ponto de fusão ou ebulição, o rendimento real e a porcentagem de rendimento, e também seu nome. Veja a seguir uma ilustração de um rótulo adequadamente preparado:

Acetato de isopentila
Ponto de ebulição 140 °C
Rendimento de 3,81 g (42,2%)
Joe Schmedlock

Técnica **3**

Objetos de vidro de laboratório: cuidado e limpeza

Uma vez que seus objetos de vidro têm um custo elevado e você é responsável por eles, será necessário dedicar-lhes o cuidado e o respeito adequados. Se você ler esta seção com a devida atenção e seguir os procedimentos aqui apresentados, estará em condições de evitar algumas despesas desnecessárias e também poderá poupar tempo, porque a limpeza ou a substituição dos objetos de vidro quebrados consomem muito tempo.

Caso não esteja familiarizado com o equipamento encontrado em um laboratório de química orgânica ou não tenha certeza sobre como esse equipamento deva ser tratado, esta seção fornece algumas informações úteis, como orientações quanto à limpeza e ao cuidado ao utilizar reagentes corrosivos ou cáusticos. No final da seção existem ilustrações que mostram e identificam a maior parte do equipamento que você provavelmente encontrará em sua gaveta ou em seu armário.

3.1 Limpeza dos objetos de vidro

Objetos de vidro podem ser limpos facilmente, se isso for feito imediatamente após o uso. Desse modo, é recomendável "lavar a louça" quanto antes. Com o tempo, os materiais orgânicos viscosos deixados em um recipiente começam a atacar a superfície do vidro. Quanto mais tempo esperar para limpá-los, mais extensivamente essa interação terá progredido e a limpeza será mais difícil porque a água não mais molhará a superfície do vidro tão efetivamente. Se não puder lavá-los imediatamente após o uso, mergulhe as peças sujas em água e sabão. Um recipiente plástico com capacidade de dois litros é conveniente para deixá-los de molho e depois lavá-los. Utilizar um recipiente plástico também ajuda a prevenir a perda de pequenas peças de equipamento.

Vários sabões e detergentes estão disponíveis, e eles devem ser experimentados primeiro ao se lavar os objetos de vidro. Solventes orgânicos também podem ser usados, pois os resíduos remanescentes provavelmente são solúveis. Depois da utilização de solvente, o item de vidro provavelmente terá de ser lavado com água e sabão, a fim de remover o solvente residual. Quando utilizar solventes, tome cuidado, porque são perigosos (veja a Técnica 1). Aplique quantidades bastante pequenas de um solvente, para fins de limpeza. Geralmente, serão suficientes menos de 5 mL (ou de 1 a 2 mL para objetos em microescala). Normalmente, utiliza-se acetona, mas este é um produto caro. Sua **acetona para lavagem** pode ser utilizada efetivamente diversas vezes, antes de ficar "gasta". Quando sua acetona estiver gasta, jogue-a fora, de acordo com as orientações de seu instrutor. Se a acetona não funcionar, poderão ser utilizados outros solventes orgânicos, como cloreto de metileno ou tolueno.

A acetona é muito inflamável. Não a utilize próximo de chamas.

Para manchas e resíduos difíceis, que aderem ao vidro apesar de seus melhores esforços, utilize uma mistura de ácido sulfúrico e ácido nítrico. Adicione cuidadosamente cerca de vinte gotas de ácido sulfúrico concentrado e cinco gotas de ácido nítrico concentrado ao balão ou frasco.

⇨ ADVERTÊNCIA

Você deve usar óculos de proteção quando estiver manipulando uma solução de limpeza composta por ácido sulfúrico e ácido nítrico. Não deixe que a solução entre em contato com sua pele ou suas roupas, pois isso causará queimaduras graves na pele e fará buracos em suas roupas. Os ácidos também podem reagir com os resíduos no recipiente.

Agite a mistura ácida no recipiente por alguns minutos. Se necessário, coloque os objetos em banho-maria e aqueça-os cuidadosamente para acelerar o processo de limpeza. Continue a aquecê-los, até cessar qualquer sinal de reação. Quando o procedimento de limpeza estiver concluído, faça a decantação da mistura em um recipiente de descarte adequado.

⇨ ADVERTÊNCIA

Não despeje a solução ácida em um recipiente para descarte que seja destinado para resíduos orgânicos.

Lave muito bem com água a peça de vidro e, depois, com água e sabão. No caso de aplicações da química orgânica consideradas mais comuns, todas as manchas que resistirem a esse tratamento não deverão causar dificuldades em procedimentos laboratoriais posteriores.

Se a peça estiver contaminada com graxa de torneira, lave o vidro com uma pequena quantidade (1 mL a 2 mL) de cloreto de metileno. Descarte a solução resultante da limpeza em um recipiente para descarte de resíduos. Uma vez que a graxa tiver sido removida, lave os objetos de vidro com sabão ou detergente e água.

3.2 Secagem dos objetos de vidro

O modo mais fácil de secar os objetos de vidro é deixá-los em repouso durante a noite. Coloque frascos em geral, e béqueres, de cabeça para baixo, em cima de um pedaço de papel toalha, a fim de permitir que a água escorra desses recipientes. Fornos de secagem podem ser utilizados para secar, se estiverem disponíveis e sem ser utilizados para outras finalidades. É possível conseguir uma secagem rápida ao se lavar com acetona e fazer a secagem com ar ou colocá-los em um forno. Primeiro, deixe escorrer totalmente a água da vidraria e, em seguida, enxágue com uma ou duas porções *pequenas* (1 a 2 mL) de acetona. Não use mais acetona do que é sugerido aqui. Recoloque a acetona utilizada em um recipiente específico para seu descarte, a fim de que seja reciclada. Depois de lavar os objetos de vidro com acetona, seque-os, colocando em um forno de secagem por alguns minutos ou deixe em repouso no ar, à temperatura ambiente. A acetona também pode ser removida pela sucção de um aspirador. Em alguns laboratórios, pode ser possível secar os objetos usando-se um jato *suave* de ar comprimido seco no recipiente. (Seu instrutor indicará se você deve fazer isso.) Antes de secar os objetos com ar, certifique-se de que a linha de ar comprimido não contenha óleo. Do contrário, o óleo será soprado no recipiente, e você terá de limpá-lo novamente. Não é necessário expulsar a acetona do frasco com um jato muito forte de ar comprimido; um fluxo suave de ar tem a mesma eficiência e não incomodará as pessoas que estiverem no ambiente.

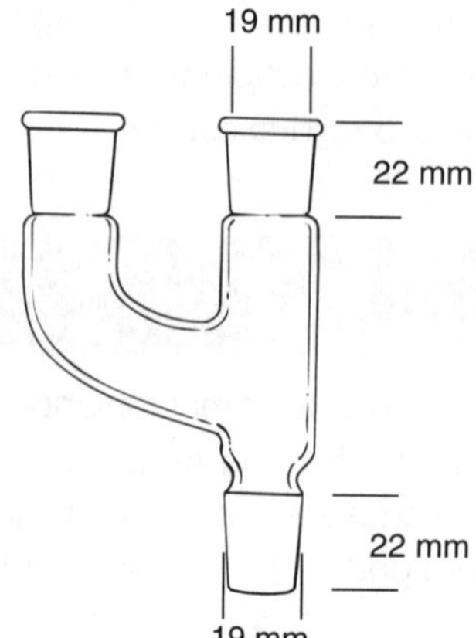

FIGURA 3.1 ■ Ilustração de juntas internas e externas, mostrando dimensões. Uma cabeça de destilação, de Claisen, com juntas ₮19/22.

Não tente secar os objetos de vidro com papel toalha, a menos que tenha certeza de que este não solte fiapos. A maioria dos papéis deixa fiapos nos vidros, e isso pode interferir nos procedimentos subsequentes. Algumas vezes, não é necessário secar completamente uma peça de equipamento. Por exemplo, se tiver de colocar água ou uma solução aquosa em um recipiente, não é preciso secá-lo totalmente.

3.3 Juntas de vidro esmerilhado

É provável que os objetos de vidro em seu kit de laboratório orgânico tenha **juntas de vidro esmerilhado padronizadas**. Por exemplo, a cabeça de destilação de Claisen, na Figura 3.1, consiste em uma junta de vidro esmerilhado interna (macho) no fundo e de duas juntas externas (fêmeas) na parte superior. Cada extremidade é específica para um tamanho preciso, que é designado pelo símbolo ₮, seguido por dois números. Um tamanho de junta comum, em muitos kits de objetos de vidro em macroescala para uso em laboratórios orgânicos, é ₮19/22. O primeiro número indica o diâmetro (em milímetros) da junta em seu ponto mais largo, e o segundo número refere-se ao comprimento (veja a Figura 3.1). Uma vantagem das juntas padronizadas é que as peças se encaixam perfeitamente e formam uma boa vedação. Além disso, as juntas padronizadas permitem que todos os componentes dos objetos de vidro com juntas de mesmo tamanho sejam conectados, possibilitando, assim, a montagem de ampla variedade de aparatos. No entanto, uma desvantagem é que ela é cara.

3.4 Conexão de juntas de vidro esmerilhado

Conectar peças de vidro em macroescala utilizando juntas de vidro esmerilhado padronizadas é um processo simples. A Figura 3.2B ilustra a conexão de um condensador a um balão de fundo redondo. Às vezes, contudo, pode ser difícil fixar a conexão de modo que ela não se solte inesperadamente. A Figura 3.2A mostra um clipe plástico que serve para fixar a conexão. Os métodos para fixar conexões entre vidro esmerilhado e aparatos em macroescala, incluindo o uso de clipes plásticos, são abordados na Técnica 7. É importante assegurar que nenhum sólido ou líquido esteja nas superfícies das juntas, pois, se isso acontecer, a eficiência da vedação diminuirá e poderá ocorrer vazamentos nas juntas. Com objetos de vidro em microescala, a presença de partículas sólidas poderá fazer as juntas de vidro esmerilhado se quebrarem, quando a tampa plástica for apertada. Além disso, se o aparato tiver de ser aquecido, o material que ficar entre as superfícies das juntas aumentará a tendência de as juntas grudarem. Se as superfícies das juntas forem revestidas com líquidos ou sólidos aderentes, você deverá limpar as superfícies com um pano ou uma folha de papel toalha que não solte fiapos, antes de fazer a montagem.

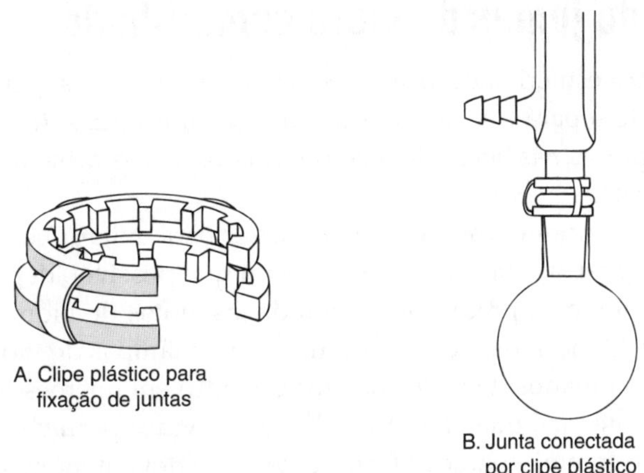

FIGURA 3.2 ■ Conexão de juntas de vidro esmerilhado. O uso de um clipe plástico (A) também é mostrado (B).

3.5 Fechamento de balões, frascos cônicos e aberturas

Os gargalos laterais em balões de fundo redondo, com duas ou três bocas podem ser tampados utilizando-se rolhas de vidro esmerilhado ₸ 19/22, que são parte de um kit normal de laboratório orgânico em macroescala. A Figura 3.3 mostra uma rolha sendo utilizada para tampar as bocas laterais de um balão de três bocas.

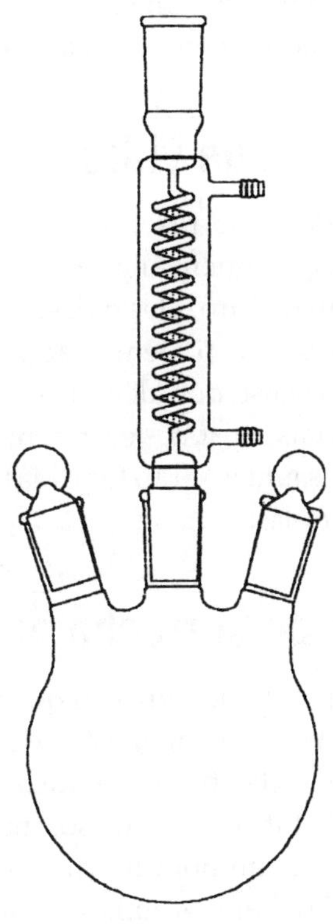

FIGURA 3.3 ■ Fechamento de um gargalo com uma rolha ₸ 19/22.

3.6 Separando juntas de vidro esmerilhado

Quando juntas de vidro esmerilhado ficam "coladas" ou grudadas, geralmente, você terá de enfrentar o difícil problema de separá-las. As técnicas para separar juntas de vidro esmerilhado ou para remover rolhas que estão presas nas bocas de balões e frascos são as mesmas para objetos de vidro em macroescala e em microescala.

Uma das coisas mais importantes que você pode fazer para evitar que juntas de vidro esmerilhado fiquem coladas é desmontar os objetos de vidro assim que possível, depois que um procedimento for concluído. Mesmo quando essa precaução é seguida, as juntas de vidro esmerilhado podem ficar firmemente presas entre si. O mesmo é verdadeiro no caso de tampas de vidro em garrafas ou frascos cônicos. Uma vez que determinados itens dos objetos de vidro em microescala podem ser pequenos e muito frágeis, é relativamente fácil que algum os objetos de vidro se quebre quando se tenta separar duas peças. Se as peças não forem separadas facilmente, você deverá ter cuidado ao tentar separá-las. O melhor meio de fazer isso é segurá-las firmemente, com ambas as mãos, o mais próximo possível da junta. Segurando firmemente, tente soltar as juntas com um leve movimento de torção (não aplique muita força ao fazer esse movimento). Se isso não funcionar, tente separar as mãos sem empurrar as laterais dos objetos de vidro.

Se não for possível separar as peças, os métodos a seguir podem ajudar. Algumas vezes, uma junta congelada pode ser solta, se você bater *levemente* com o cabo de madeira de uma espátula. Então, tente separá-la, conforme já foi descrito. Se esse procedimento falhar, tente aquecer a junta com água quente ou banho a vapor. E se o aquecimento falhar, seu instrutor poderá orientá-lo. Como último recurso, você pode tentar aquecer a junta com uma chama, mas não tente fazer isso a menos que não tenha mais opções, porque o aquecimento com uma chama geralmente faz a junta se expandir rapidamente, podendo rachar ou quebrar. Se resolver utilizar uma chama, certifique-se de que a junta esteja limpa e seca. Aqueça lentamente a parte externa da junta, na parte amarela de uma chama fraca, até que se expanda e separe da seção interna. Aqueça a junta muito lenta e cuidadosamente, ou ela poderá se quebrar.

3.7 Desgastando objetos de vidro

Objetos de vidro que foram utilizados para reações envolvendo bases fortes, como hidróxido de sódio ou alcóxidos de sódio, deve ser completamente limpo, *imediatamente* após o uso. Se esses materiais cáusticos forem deixados em contato com o vidro, eles o desgastarão permanentemente, dificultando a limpeza posterior, uma vez que partículas sujas podem ficar presas dentro das microscópicas irregularidades da superfície do vidro que está desgastado. Além disso, o vidro fica enfraquecido, de modo que seu tempo de duração se reduz. Se materiais cáusticos entrarem em contato com juntas de vidro esmerilhado, sem ser removidos prontamente, as juntas serão fundidas ou ficarão "coladas". E é extremamente difícil separar juntas fundidas sem quebrá-las.

3.8 Conectando tubos de borracha ao equipamento

Ao conectar tubos de borracha ao aparato de vidro ou quando inserir tubos de vidro em rolhas de borracha, primeiro, lubrifique o tubo de borracha ou a rolha de borracha, utilizando água ou glicerina. Sem essa lubrificação, pode ser difícil conectar tubos de borracha às conexões laterais dos objetos de vidro, como condensadores ou frascos de filtro. Além disso, tubos de vidro podem se quebrar quando inseridos em rolhas de borracha. A água é um bom lubrificante, para a maioria dos propósitos, mas não use água como lubrificante quando houver possibilidade de contaminar a reação. A glicerina é um lubrificante melhor que a água e deve ser utilizada quando existir fricção considerável entre o vidro e a borracha. Se glicerina estiver sendo usada como lubrificante, tenha cuidado de não usá-la em demasia.

3.9 Descrição do equipamento

As Figuras 3.4 e 3.5 incluem exemplos de objetos de vidro e equipamentos comumente utilizados em laboratórios orgânicos, e podem variar um pouco em relação às peças aqui mostradas.

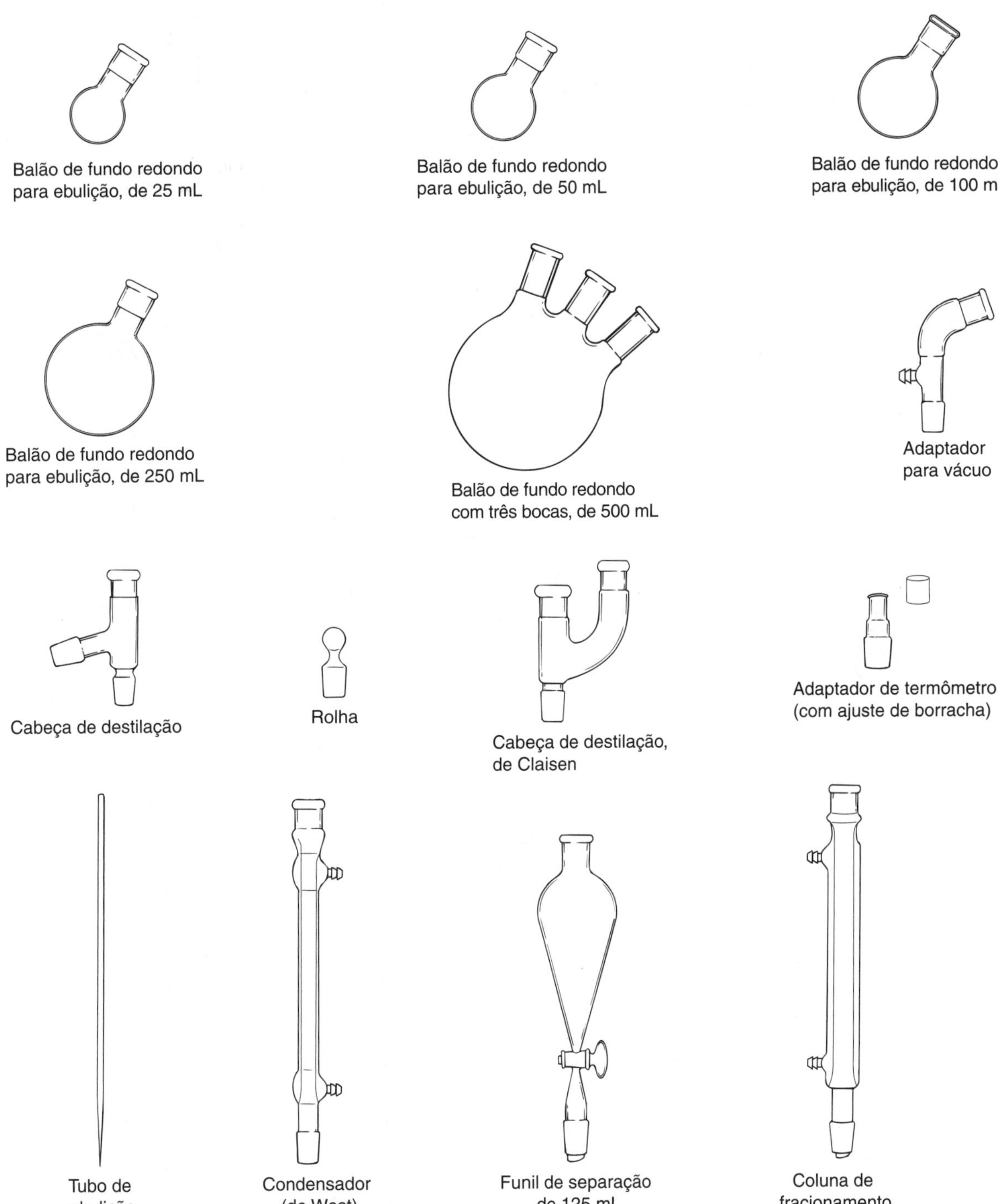

Figura 3.4 ■ Componentes do kit de laboratório de química orgânica, em macroescala.

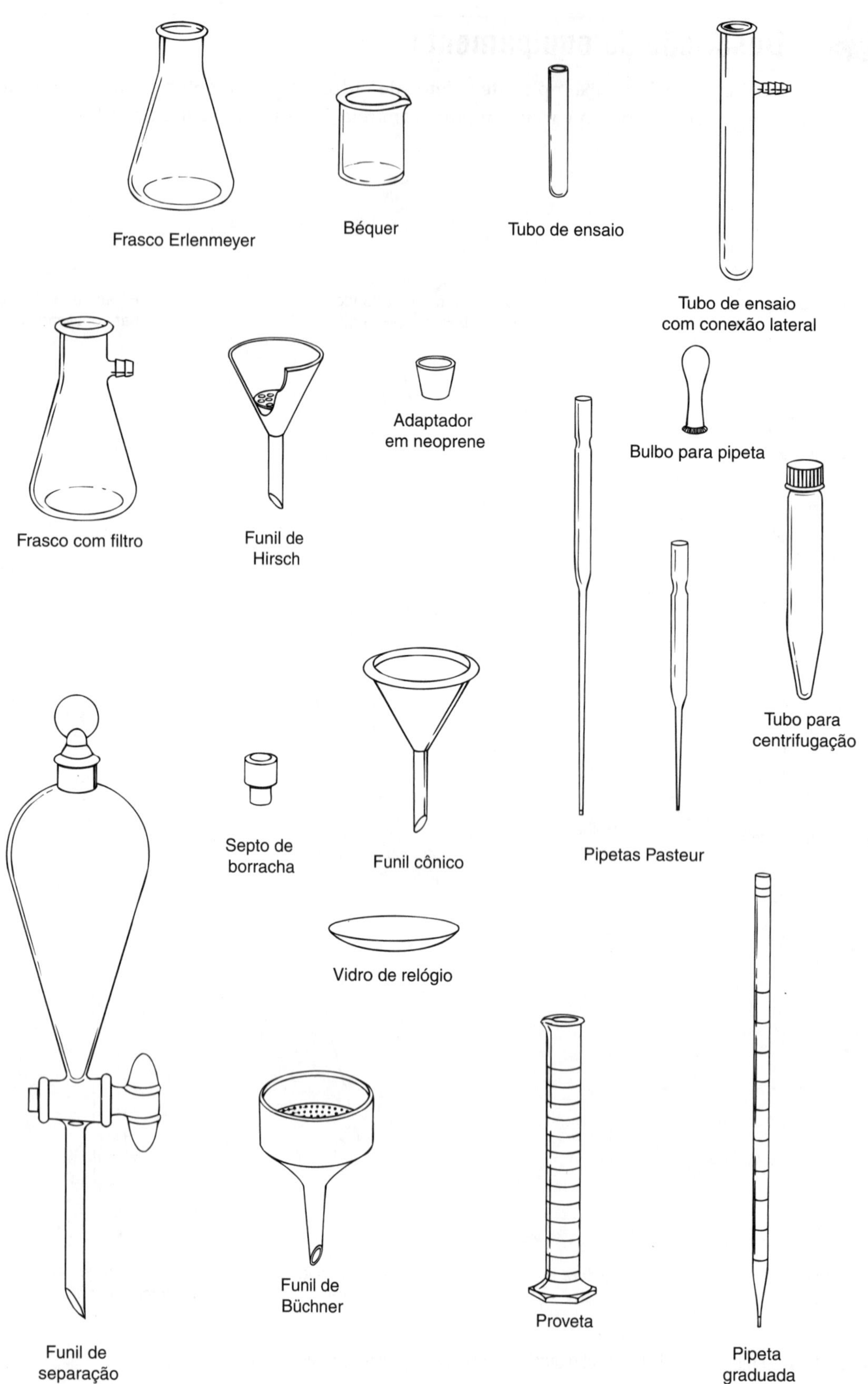

FIGURA 3.5 ■ Equipamento comumente utilizado no laboratório de química orgânica.

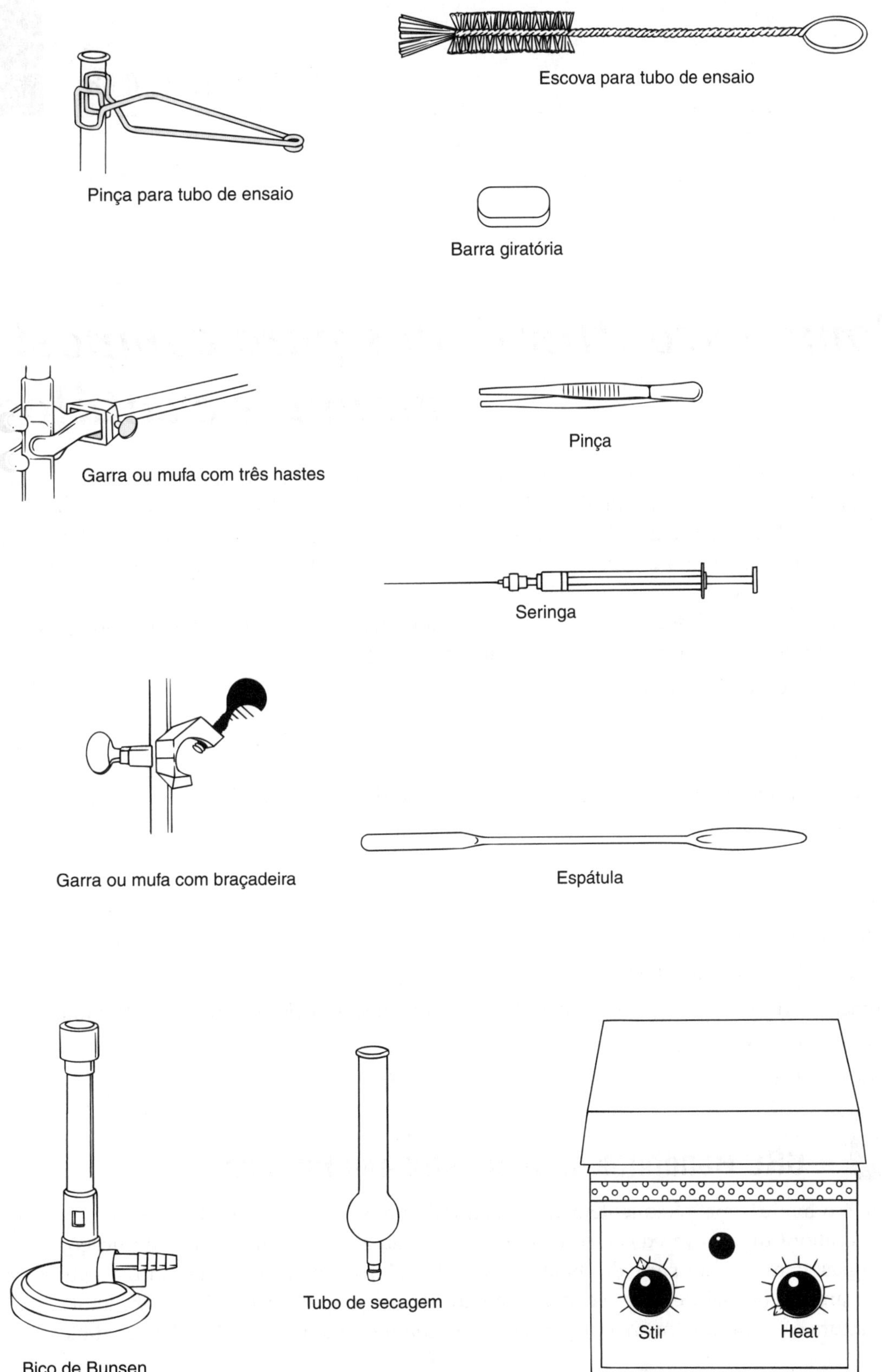
Escova para tubo de ensaio
Pinça para tubo de ensaio
Barra giratória
Garra ou mufa com três hastes
Pinça
Seringa
Garra ou mufa com braçadeira
Espátula
Bico de Bunsen
Tubo de secagem
Stir
Heat
Placa de aquecimento/agitador

Técnica 4

Como encontrar dados para compostos: manuais e catálogos

A melhor maneira de encontrar rapidamente informações sobre compostos orgânicos é consultar um manual. Discutiremos o uso do *CRC Handbook of Chemistry and Physics*, do *Lange's Handbook of Chemistry*, do *The Merck Index* e do *Aldrich Handbook of Fine Chemicals*. Citações completas desses manuais são apresentadas na Técnica 29. Dependendo do tipo de manual consultado, poderão ser encontradas as seguintes informações:

Citações completas desses manuais são apresentadas na Técnica 29. Dependendo do tipo de manual consultado, poderão ser encontradas as seguintes informações:

Nome e sinônimos comuns

Fórmula

Massa molecular

Ponto de ebulição para um líquido e ponto de fusão para um sólido

Referência de Beilstein

Dados sobre solubilidade

Densidade

Índice de refração

Ponto de fulgor ou de inflamação

Número de registro no CAS (*Chemical Abstracts Service*, ou Serviço de Resumos sobre Produtos Químicos)

Dados sobre toxicidade

Usos e sínteses

4.1 CRC Handbook of Chemistry and Physics

Este é o manual mais frequentemente consultado para a obtenção de dados sobre compostos orgânicos. Embora uma nova edição seja publicada a cada ano, geralmente as modificações efetuadas são mínimas. Para a maior parte das finalidades pretendidas, uma edição mais antiga será satisfatória. Além das amplas tabelas de propriedades de compostos orgânicos, o *CRC Handbook* inclui seções sobre nomenclatura e estruturas em anéis, um índice de sinônimos e um índice de fórmulas moleculares.

TABELA 4.1 ■ Exemplos de nomes de compostos no *CRC Manual*

Nome do composto orgânico	Localização no CRC Manual
1-Cloropentano	Pentano, 1-cloro-
1,4-Diclorobenzeno	Benzeno, 1,4-dicloro-
4-Clorotolueno	Benzeno, 1-cloro-4-metil-
Ácido etanoico	Ácido acético
Acetato (etanoato) de *tert*-butila	Ácido acético, 1,1-dimetiletil éster
Propanoato de etila	Ácido propanoico, éster etílico
Álcool isopentílico	1-Butanol, 3-metil-
Acetato de isopentila (óleo de banana)	1-Butanol, 3-metil-, acetato
Ácido salicílico	Ácido benzoico, 2-hidróxi-
Ácido acetilsalicílico (aspirina)	Ácido benzoico, 2-acetiloxi-

A nomenclatura utilizada neste livro segue, mais estritamente, o sistema do *Chemical Abstracts* para a nomenclatura de compostos orgânicos. Esse sistema difere, mas apenas ligeiramente, da nomenclatura conforme o padrão IUPAC (International Union of Pure and Applied Chemistry, ou União Internacional de Química Pura e Aplicada). A Tabela 4.1 enumera alguns exemplos de como alguns compostos comumente encontrados são nomeados neste livro. A primeira coisa que você observará é que este manual não é como um dicionário. Em vez disso, é preciso, primeiro, identificar o *nome original* do composto de seu interesse. Os nomes originais são encontrados em ordem alfabética. Assim que o nome original for identificado e encontrado, você deve procurar pelo substituto ou pelos substitutos específicos, que podem ser vinculados ao nome original.

Para a maioria dos compostos, é fácil encontrar o que se está procurando, desde que você saiba o nome original. Os álcoois são, como esperado, nomeados conforme a nomenclatura padrão IUPAC. Note, na Tabela 4.1, que o álcool isopentílico, um álcool de cadeia ramificada, é apresentado como 1-butanol, 3-metil.

Ésteres, amidos e haletos ácidos geralmente são nomeados como derivados do ácido carboxílico, original. Assim, na Tabela 4.1, você encontrará o propanoato de etila listado após o ácido carboxílico do qual ele é derivado, ácido propanoico. Se tiver problemas em encontrar um éster específico após o ácido carboxílico do qual ele é derivado, tente procurar depois da parte do nome que é referente ao álcool. Por exemplo, o acetato de isopentila não está relacionado depois do ácido acético, como é esperado, mas, em vez disso, é encontrado após a parte do nome que se corresponde ao álcool (veja a Tabela 4.1). Felizmente, este manual tem um Índice de Sinônimos que localiza facilmente o acetato de isopentila na parte principal do manual.

Assim que localizar o composto utilizando seu nome, encontrará as seguintes informações úteis:

NÚMERO NO CRC Este é um número de identificação para o composto, que pode ser utilizado para encontrar a estrutura molecular localizada em outra parte no manual. Isso é especialmente útil quando o composto tem uma estrutura complicada.

NOME E SINÔNIMO O nome de Resumos Químicos e possíveis sinônimos.

FÓRMULA MOLECULAR Fórmula molecular para o composto.

MASSA MOLECULAR Massa molecular.

CAS RN Número de Registro no Serviço de Resumos sobre Produtos Químicos. Esse número é útil para a localização de informações adicionais sobre o composto, na literatura química principal (veja a Técnica 29, Seção 29.11).

MP/°C Ponto de fusão do composto em graus Celsius.

BP/°C Ponto de ebulição do composto em graus Celsius.
Um número sem um sobrescrito indica que o ponto de ebulição registrado foi obtido à pressão de 760 mmHg (pressão atmosférica). Um número com um sobrescrito indica que o ponto de ebulição foi obtido à pressão reduzida. Por exemplo, para um registro de 234, 122^{16} indicaria que o composto ferve a 234 °C, a 760 mmHg, e a 122 °C, à pressão de 16 mmHg.

DEN/g cm^{-3} Densidade de um líquido. Um sobrescrito indica a temperatura em graus Celsius, na qual a densidade foi obtida.

N_D Índice de refração determinado no comprimento de onda de 589 nm, a linha amarela em uma lâmpada de sódio (linha D). Um sobrescrito indica a temperatura na qual o índice de refração foi obtido (veja a Técnica 24).

SOLUBILIDADE

Classificação da solubilidade	Abreviações de solventes
1 = insolúvel	ace = acetona
2 = levemente solúvel	bz = benzeno
3 = solúvel	cl = clorofórmio
4 = muito solúvel	EtOH = etanol
5 = miscível	et = éter
6 = se decompõe	hx = hexano

REFERÊNCIA DE BEILSTEIN O registro 4-02-00-00157 indicaria que o composto é encontrado no 4° suplemento no volume 2, sem subvolume, na página 157 (veja a Técnica 29, Seção 29.10, para saber detalhes do uso da referência Beilstein).

N° MERCK Número no *Merck Index*, na 11ª edição do manual. Esses números são modificados cada vez que uma nova edição do *Índice Merck* é lançada.

Exemplos de registros no manual amostral, para o álcool isopentílico (1-butanol, 3-metil) e acetato de isopentila (1-butanol, 3-metil acetato) são mostrados na Tabela 4.2.

4.2 Lange's Handbook of Chemistry

Este manual normalmente não está tão disponível quanto o *l CRC Handbook,* mas apresenta algumas diferenças e vantagens interessantes. O *Lange's Handbook* tem sinônimos enumerados no final de cada página, juntamente com estruturas de moléculas mais complexas. A diferença mais notável está no modo como os compostos são nomeados. Para muitos compostos, o sistema apresenta nomes da forma como eles apareceriam em um dicionário. A Tabela 4.3 mostra exemplos de como alguns compostos comumente encontrados são nomeados nesse manual. Na maioria das vezes, não é preciso identificar o nome de *origem*. Infelizmente, o *Lange´s Handbook* normalmente emprega nomes comuns, que estão se tornando obsoletos. Por exemplo, utilize-se propionato, em vez de propanoato. No entanto, esse manual frequentemente nomeia compostos como um químico orgânico praticante tenderia a nomeá-los. Observe como é fácil encontrar os registros para o acetato de isopentila e o ácido acetilsalicílico (aspirina), neste manual.

Tabela 4.2 ■ Propriedades do álcool isopentílico e do acetato de isopentila, conforme apresentadas no *CRC Handbook*

N°	Nome Sinônimo	Fórmula molecular Peso molecular	CAS RN mp/°C	N° Merck bp/°C	Referência de Beilstein den/g cm^{-3}	Solubilidade n_D
3627	1-Butanol, 3-metil	$C_5H_{12}O$	123-51-3	5081	4-01-00-01677	ace 4; eth 4; EtOH 4
	Álcool isopentílico	88,15	–117,2	131,1	$0{,}8104^{20}$	$1{,}4053^{20}$
3631	1-Butanol, 3-metil, acetato	$C_7H_{14}O_2$	123-92-2	4993	4-02-00-00157	H_2O 2; EtOH 5; eth 5; ace 3
	Acetato de isopentila	130,19	–78,5	142,5	$0{,}876^{15}$	$1{,}4000^{20}$

Tabela 4.3 ■ Exemplos de nomes de compostos no *Lange's Handbook*

Nome do composto orgânico	Localização no Lange´s Handbook
1-Cloropentano	1- Cloropentano
1,4-Diclorobenzeno	1,4-Diclorobenzeno
4-Clorotolueno	4-Clorotolueno
Ácido etanoico	Ácido acético
tert-Acetato de butila (etanoato)	*tert*- Acetato de butila
Propanoato de etila	Propanoato de etila
Álcool isopentílico	3-Metil-1-butanol
Acetato de isopentila (óleo de banana)	Acetato de isopentila
Ácido salicílico	2-Ácido hidroxibenzoico
Ácido acetilsalicílico (aspirina)	Ácido acetilsalicílico

Quando você tiver localizado o composto pelo seu nome, encontrará as seguintes informações úteis:

Número de Lange Trata-se de um número de identificação para o composto.

Nome Veja exemplos na Tabela 4.3.

Fórmula As estruturas são muito extensas, e se forem complexas, então, serão mostradas na parte inferior da página.

Peso da fórmula Peso molecular do composto.

Referência de Beilstein O registro 2, 132 indicaria que o composto é encontrado no volume 2 do trabalho principal, na página 132. Um registro igual a 3^2, 188 significaria que o composto pode ser encontrado no volume 3 do segundo suplemento, na página 188 (veja a Técnica 29, Seção 29.10, para obter detalhes sobre o uso da referência de *Beilstein*).

DENSIDADE

Geralmente, a densidade é expressa nas unidades g/mL ou g/cm^3. Um sobrescrito indica a temperatura na qual a densidade foi medida. Se a densidade também for subscrita, normalmente, 4°, isso representa que a densidade foi medida à determinada temperatura relativa à água em sua densidade máxima, 4 °C. Na maioria das vezes, você pode simplesmente ignorar os subscritos e sobrescritos.

ÍNDICE DE REFRAÇÃO

Um sobrescrito indica a temperatura na qual o índice de refração foi determinado (veja a Técnica 24).

PONTO DE FUSÃO

O ponto de fusão de compostos, representado em graus Celsius. Quando aparecer um "d" ou "dec", junto com o ponto de fusão, isso indica que o composto se decompõe no ponto de fusão. Quando ocorrer decomposição, frequentemente você vai observar uma alteração na cor do sólido.

PONTO DE EBULIÇÃO

Ponto de ebulição do composto, em graus Celsius. Um número sem um sobrescrito indica que o ponto de ebulição registrado foi obtido à pressão de 760 mmHg (pressão atmosférica). Um número com um sobrescrito quer dizer que o ponto de ebulição foi obtido à pressão reduzida. Por exemplo, um registro igual a 102^{11mm} indicaria que o composto ferve a 102 °C, e à pressão de 11 mmHg.

PONTO DE FULGOR

Esse número se refere à temperatura em graus Celsius, na qual o composto se inflamará ao ser aquecido no ar e quando uma faísca for introduzida no vapor. Existe uma série de diferentes métodos que são utilizados para medir tal valor, por isso, esse número varia muito; mas ele apresenta uma indicação em bruto, da inflamabilidade. Talvez você vá precisar dessa informação, quando aquecer uma substância com uma placa a quente. As placas quentes podem ser uma séria fonte de problemas, por causa da ação de faíscas que podem ocorrer nos interruptores e termostatos que fazem parte das placas quentes.

SOLUBILIDADE EM 100 PARTES DE SOLVENTE

Partes por massa de um composto que podem ser dissolvidas em 100 partes por massa de solvente, à temperatura ambiente. Em alguns casos, os valores dados são expressos como a massa em gramas que pode ser dissolvida em 100 mL de solvente. O manual não é consistente, quando descreve a solubilidade. Por vezes, são fornecidas quantias em gramas, mas, em outras ocasiões, a descrição é mais vaga, utilizando termos como *solúvel, insolúvel* ou *levemente solúvel.*

Abreviações de solventes	Características de solubilidade
acet = acetona	i = insolúvel
bz = benzeno	s = solúvel
chl = clorofórmio	sls = levemente solúvel
aq = água	vs = muito solúvel
alc = etanol	misc = miscível
eth = éter	
HOAc = ácido acético	

Exemplos de registros no manual, para o álcool isopentílico (3-metil-1-butanol) e o acetato de isopentila são mostrados na Tabela 4.4.

TABELA 4.4 ■ Propriedades do 3-metil-1-butanol e do acetato de isopentila estão enumeradas no *Lange's Handbook*

N°	Nome	Fórmula molecular	Massa	Referência de Beilstein	Densidade	Índice de refração	Ponto de fusão	Ponto de ebulição	Ponto de inflamação	Solubilidade em 100 partes de solvente
m155	3-metil-1--butanol	$(CH_3)_2CHCH_2CH_2OH$	88,15	1,392	$0,8129^{15}_{4}$	$1,4085^{15}$	–117,2	132,0	45	2 aq; misc alc, bz, chl, eth, HOAc
i80	Acetato de iso-pentila	$CH_3COOCH_2CH_2CH(CH_3)_2$	130,19	2,132	$0,876^{15}_{4}$	$1,4007^{20}$	–78,5	142,0	80	0,25 aq; misc alc, eth

4.3 O Merck Index

O *Merck Index* é um livro muito útil, porque reúne informações adicionais que não são encontradas nos outros dois livros. Contudo, este manual tende a enfatizar compostos com atividade medicinal, como medicamentos e compostos biológicos, embora também enumere muitos outros compostos orgânicos comuns. Ele não é revisado todos os anos; novas edições são publicadas a cada ciclo de cinco ou seis anos; e também não contém todos os compostos relacionados no *Lange's Handbook* ou no *CRC Handbook*. Entretanto, para os compostos que estão enumerados, apresenta uma grande variedade de informações úteis. O manual trará alguns ou todos os dados que se seguem, para cada registro.

Número Merck, que é modificado a cada nova edição publicada

Nome, incluindo sinônimos e designação estereoquímica

Fórmula e estrutura molecular

Massa molecular

Porcentagens de cada um dos elementos no composto

Utilizações

Fonte e síntese, incluindo referências à literatura principal

Rotação óptica para moléculas quirais

Densidade, ponto de ebulição e ponto de fusão

Características de solubilidade, incluindo a forma cristalina

Informações farmacológicas

Dados sobre toxicidade

Um dos problemas para se procurar um composto neste manual é precisar decidir o nome com que o composto será relacionado. Por exemplo, o álcool isopentílico também pode receber o nome 3-metil-1--butanol ou álcool isoamílico. Na sua 12ª edição é apresentado com o nome álcool isopentílico (n° 5212), na página 886. Encontrar o acetato de isopentila é uma tarefa ainda mais desafiadora. Ele está localizado no manual sob o nome acetato de isoamila (n° 5125), na página 876. Frequentemente, é mais fácil procurar o nome no índice de nomes ou encontrá-lo no índice de fórmula.

O manual tem alguns apêndices úteis, que incluem os números de registro no CAS, um índice de atividade biológica, um índice de fórmulas e um índice de nomes, que também inclui sinônimos. Ao procurar um composto em um desses índices, é preciso lembrar que os números fornecidos são números compostos, e não números de páginas. Existe também uma seção muito útil a respeito de nomes de reações orgânicas, que inclui referências à literatura principal.

4.4 Aldrich Handbook of Fine Chemicals

O *Aldrich Handbook*, na verdade, é um catálogo de produtos químicos que são vendidos pela Aldrich Chemical Company. A companhia inclui em seu catálogo uma grande quantidade de dados úteis sobre cada composto que vende. Uma vez que o catálogo é reeditado a cada ano, sem nenhum custo para o usuário, você poderá conseguir uma edição mais antiga quando uma nova for lançada. Uma vez que esteja interessado principalmente nos dados sobre determinado composto, e não no preço, um volume antigo é perfeitamente adequado. O álcool isopentílico está relacionado como 3-metil-1-butanol, e o acetato de isopentila está enumerado como acetato de isoamila, no *Aldrich Handbook*. Veja a seguir algumas das propriedades e informações apresentadas para compostos individuais.

Número no *Aldrich Handbook* catálogo Aldrich

Nome: A Aldrich utiliza uma mistura de nomes comuns e nomes classificados de acordo com a IUPAC. É um pouco demorado aprender a dominar o uso desses nomes. Felizmente, o catálogo realiza um bom trabalho de referência cruzada de compostos e também tem ótimo índice de formulas moleculares.

Número de registro no CAS

Estrutura

Sinônimo

Massa molecular

Ponto de ebulição/ponto de fusão

Índice de refração

Densidade

Referência de *Beilstein*

Referência de *Merck*

Referência ao espectro de infravermelho na Aldrich Library, para o espectro de FT-IR

Referência ao espectro de RMN, na Aldrich Library, para o ^{13}C e o espectro de ^{1}H FT- RMN

Referências à principal literatura sobre os usos de compostos

Toxicidade

Dados e precauções sobre segurança

Ponto de inflamação

Preços de produtos químicos

4.5 Estratégia para encontrar informações: sumário

A maioria dos alunos e professores considera que o *Merck Index* e o *Lange´s Handbook* são mais fáceis e mais "intuitivos" de utilizar que o *CRC Handbook*. Você pode encontrar diretamente um composto, sem precisar rearranjar o nome de acordo com o nome de origem ou o nome básico, seguido por seus substitutos. Outra ótima fonte de informações é o *Aldrich Handbook* , que contém aqueles compostos que estão facilmente disponíveis a partir de uma fonte comercial. Muitos compostos, que talvez você nunca encontrará em qualquer um dos outros manuais, são encontrados no *Aldrich Handbook*. O *site* Sigma–Aldrich (*http://www.sigmaaldrich.com/*) permite procurar por nome, sinônimo e número do catálogo.

■ PROBLEMAS ■

1. Utilizando o *Merck Index*, encontre e desenhe estruturas para os seguintes compostos:
   a. atropina
   b. quinino
   c. sacarina
   d. benzo[*a*]pireno (benzpireno)
   e. ácido itacônico
   f. adrenosterona
   g. ácido crisantêmico
   h. colesterol
   i. vitamina C (ácido ascórbico)
2. Encontre os pontos de fusão para os seguintes compostos no *CRC Handbook*, *Lange's Handbook* ou *Aldrich Handbook*:
   a. bifenilo
   b. ácido 4-bromobenzoico
   c. 3-nitrofenol
3. Encontre o ponto de ebulição para cada composto nas referências enumeradas no problema 2:
   a. Ácido octanoico à pressão reduzida
   b. 4-cloroacetofenona à pressão atmosférica e à pressão reduzida
   c. 2-metil-2-heptanol
4. Encontre o índice de refração n_D e a densidade para os líquidos relacionados no problema 3.
5. Utilizando o *Aldrich Handbook*, relate as rotações específicas para os enantiômeros de cânfora.
6. Leia a seção sobre o tetracloreto de carbono, no *Merck Index*, e enumere alguns dos perigos para a saúde, referentes a esse composto.

Técnica 

Medição de volume e massa

A realização bem-sucedida de experimentos de química orgânica exige a capacidade de medir precisamente sólidos e líquidos. Essa habilidade envolve selecionar o dispositivo de medição apropriado e sua utilização correta.

Os **líquidos** a serem utilizados para um experimento geralmente serão encontrados em pequenos recipientes em uma capela de exaustão. Para experimentos em *macroescala*, uma proveta, uma bomba de dosagem ou uma pipeta graduada serão utilizadas para medir o volume de um líquido. Para **reagentes limitantes**, é melhor determinar antecipadamente a massa (**tara**) do recipiente, antes de adicionar o líquido nele e, então, estabelecer a massa novamente, depois de adicioná-lo. Isso fornece um peso exato e evita o erro experimental envolvido no uso de densidades para calcular massas, ao se trabalhar com menores quantidades de um líquido. Para reagentes líquidos **não limitantes**, você pode calcular a massa do líquido a partir do volume fornecido e da densidade do líquido:

$$\text{Massa (g)} = \text{densidade (g/mL)} \times \text{volume (mL)}$$

Para experimentos em *microescala*, uma pipeta automática, uma bomba doseadora ou uma pipeta Pasteur calibrada serão utilizadas para medir o volume de um líquido. Isso é ainda mais importante do que pesar os reagentes limitantes conforme descrito no parágrafo anterior. A medição de um pequeno volume de um líquido está sujeita a um grande erro experimental quando convertida para uma massa usando a densidade do líquido. Contudo, massas de reagentes líquidos não limitantes podem ser calculadas utilizando-se a expressão anterior.

Em geral, será preciso transferir o volume necessário do líquido para um balão de fundo redondo ou um frasco Erlenmeyer, no caso de experimentos em macroescala, ou então, para um frasco cônico ou um balão de fundo redondo, em experimentos em microescala. Ao transferir o líquido para um balão de fundo redondo, coloque o balão em um béquer e faça a pesagem (tara) do balão e do béquer. O béquer mantém o balão de fundo redondo na posição vertical e impede que algo seja derramado. A mesma recomendação deve ser seguida caso esteja sendo utilizado um frasco cônico.

Ao utilizar uma proveta para medir pequenos volumes de um reagente limitante, é importante fazer a pesagem prévia da proveta e transferir a quantidade necessária do reagente líquido para ela, utilizando uma pipeta Pasteur. Faça a repesagem da proveta, a fim de obter a massa exata do reagente líquido. Para transferir *quantitativamente* o líquido da proveta graduada, despeje o máximo de líquido possível no recipiente da reação. O líquido restante poderá ser removido lavando-se a proveta com pequenas quantidades do solvente que está sendo utilizado para a reação. Seguindo esse procedimento, todo o reagente limitante será transferido da proveta para o recipiente da reação.

O uso de uma pequena quantidade de solvente para transferir um líquido quantitativamente também pode ser aplicado em outras situações. Por exemplo, se seu produto for dissolvido em um solvente e o procedimento instruir para que se transfira a mistura da reação de um balão de fundo redondo para um funil de separação, depois de despejar a maior parte do líquido no funil, uma pequena quantidade de solvente poderá ser utilizada para transferir o restante do produto quantitativamente.

Os **sólidos** geralmente são encontrados perto da balança. Para experimentos em *macroescala*, normalmente é suficiente pesar sólidos em uma balança capaz de ler o mais próximo possível de decigramas (0,01 g). No caso de experimentos em *microescala*, os sólidos precisam ser pesados em uma balança que leia o mais perto possível de miligramas (0,001 g) ou de um décimo de miligrama (0,0001 g). Para pesar um sólido, coloque seu frasco cônico ou seu balão de fundo redondo em um pequeno béquer e leve-os para a balança. Coloque sobre o prato da balança um papel liso que tenha sido dobrado uma vez, e este permitirá que você despeje o sólido no frasco, sem derramar. Use uma espátula para ajudar a transferir o sólido para o papel. Nunca faça a pesagem diretamente em um frasco ou balão, e nunca despeje, derrame nem agite um frasco de reagente para dispensar um material sólido. Enquanto ainda está na balança, transfira cuidadosamente o sólido para seu frasco ou balão, que deverá estar em um béquer, enquanto você transfere o sólido. O béquer coleta qualquer material que cair e vai retê-lo no recipiente, e também atua como apoio para o frasco ou para o balão, de modo que jamais caia. Não é necessário obter a quantidade exata especificada no procedimento, pois tentar ser exato requer tempo demais na balança. Por exemplo, se tiver obtido 0,140 g de um sólido, em vez de 0,136 g especificado em um procedimento, poderá utilizá-lo, mas a quantidade real pesada deverá ser registrada em seu caderno de laboratório, e essa quantidade também precisa ser pesada para calcular o rendimento teórico, caso esse sólido seja o agente limitante.

Descartar líquidos e sólidos, sem o devido cuidado, é um perigo, em qualquer laboratório. Quando reagentes são derramados, você pode ficar sujeito a um perigo desnecessário para sua saúde ou a um risco de incêndio. Além disso, é possível que você termine desperdiçando produtos químicos que têm um custo elevado, destruindo pratos de uma balança e roupas, e danificando o ambiente. Sempre limpe imediatamente qualquer substância que for derramada.

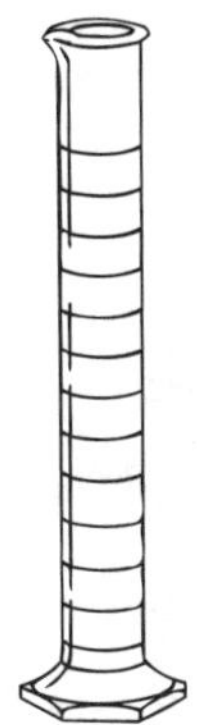

FIGURA 5.1 ■ Proveta.

5.1 Provetas

Com grande frequência, provetas são utilizadas para medir líquidos destinados a experimentos em macroescala (veja a Figura 5.1). Os tamanhos mais comuns são 10 mL, 25 mL, 50 mL e 100 mL, mas é possível que nem todos eles estejam disponíveis em seu laboratório. Volumes de cerca de 2 mL a 100 mL podem ser medidos com precisão razoavelmente boa, desde que seja utilizada a proveta correta. Você deverá utilizar a *menor* proveta disponível que puder conter todo o líquido que estiver sendo medido. Por exemplo, se um procedimento exigir 4,5 mL de um reagente, use uma proveta com capacidade de 10 mL. Nesse caso, utilizar uma proveta maior resultará em uma medição menos precisa. Além disso, usar qualquer proveta para medir menos de 10% da capacidade total desta provavelmente resultará em uma medição imprecisa. Nunca se esqueça de que, sempre que uma proveta for utilizada para medir o volume de um reagente limitante, é preciso pesar o líquido, a fim de determinar precisamente a quantidade que foi empregada. Será necessário usar uma pipeta graduada, uma bomba doseadora ou uma pipeta automática para realizar a transferência exata de líquidos com um volume menor que 2 mL.

Se o recipiente de armazenamento for razoavelmente pequeno (< 1,0 L) e tiver um gargalo estreito, você pode despejar a maior parte do líquido na proveta e utilizar uma pipeta Pasteur para ajustar a linha final. Se o recipiente de armazenamento for grande (> 1,0 L) ou tiver uma boca larga, é possível utilizar duas estratégias. Primeira, você pode usar uma pipeta para transferir o líquido para a proveta. Como alternativa, pode, de início, despejar parte do líquido em um béquer e, depois, despejar esse líquido em uma proveta. Utilize uma pipeta Pasteur para ajustar a linha final. Lembre-se de que você não deve pegar mais material do que o necessário, e o material em excesso nunca deve ser devolvido ao recipiente de armazenamento. A menos que consiga convencer alguém a utilizá-lo, ele deve ser despejado no recipiente de descarte apropriado, mas você deve ser moderado ao estimar as quantidades necessárias.

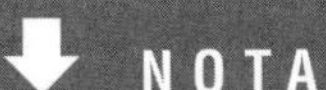

NOTA

Nunca devolva reagentes utilizados ao recipiente de armazenamento.

5.2 Bombas doseadoras

As bombas doseadoras são simples de ser operadas, quimicamente inertes e bastante precisas. Uma vez que o êmbolo é feito de teflon, elas podem ser utilizadas com a maioria dos líquidos corrosivos e solventes orgânicos, e são fornecidas em diversos tamanhos, variando de 1 mL a 300 mL. Quando empregadas corretamente, as bombas doseadoras podem ser utilizadas para fornecer

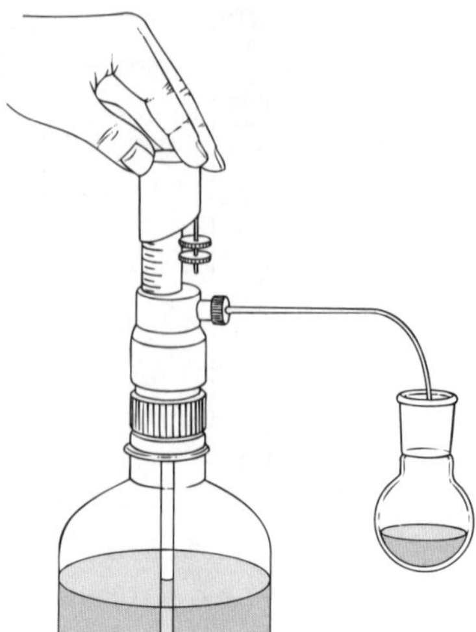

Figura 5.2 ■ Uso de uma bomba doseadora.

volumes exatos, variando de 0,1 mL até a capacidade máxima da bomba, que é conectada ao frasco contendo o líquido a ser dosado. O líquido é extraído de seu reservatório no êmbolo de montagem, através de uma peça de tubo plástico inerte.

As bombas doseadoras são um pouco difíceis de se ajustarem ao volume apropriado. Normalmente, o instrutor ou assistente terá de ajustar cuidadosamente a unidade, a fim de fornecer a quantidade adequada de líquido. Como mostra a Figura 5.2, o êmbolo é puxado para cima até que o líquido seja retirado do reservatório de vidro. A fim de expelir o líquido através do bico para um recipiente, é preciso empurrar o êmbolo lentamente para baixo. No caso de líquidos com baixa viscosidade, a própria massa do êmbolo expelirá o líquido; porém, com líquidos mais viscosos, pode ser necessário empurrar o êmbolo delicadamente para que o líquido passe para um recipiente. Remova a última gota do líquido na extremidade do bico, tocando a ponta na parede interna do recipiente. Quando o líquido a ser transferido for um reagente limitante ou quando for preciso saber a massa exatamente, você deverá pesar o líquido, a fim de determinar a quantidade precisamente.

À medida que puxar o êmbolo, procure verificar se o líquido está sendo transferido para a unidade da bomba. Alguns líquidos voláteis podem não ser transferidos da maneira esperada, e você observará uma bolha de ar. Geralmente, as bolhas de ar ocorrem quando a bomba não é utilizada durante certo tempo, e podem ser removidas da bomba. A bolha de ar pode ser retirada da bomba doseadora e descartada; vários volumes de líquido "reprimem" a bomba doseadora. Verifique também se o bico está completamente cheio de líquido. Um volume exato não será dispensado, a menos que o bico seja preenchido com líquido, antes que o êmbolo seja levantado.

5.3 Pipetas graduadas

Um dispositivo de medição amplamente utilizado é a pipeta sorológica graduada. Essas pipetas de *vidro* estão comercialmente disponíveis em diversos tamanhos. Pipetas graduadas "descartáveis" podem ser utilizadas muitas vezes e, depois, serem descartadas somente quando as graduações se tornarem muito fracas para serem vistas. Veja a seguir uma boa classificação dessas pipetas:

Pipetas de 1,00 mL calibradas em divisões de 0,01 mL (1 em 1/100 mL)

Pipetas de 2,00 mL calibradas em divisões de 0,01 mL (2 em 1/100 mL)

Pipetas de 5,0 mL calibradas em divisões de 0,1 mL (5 em 1/10 mL)

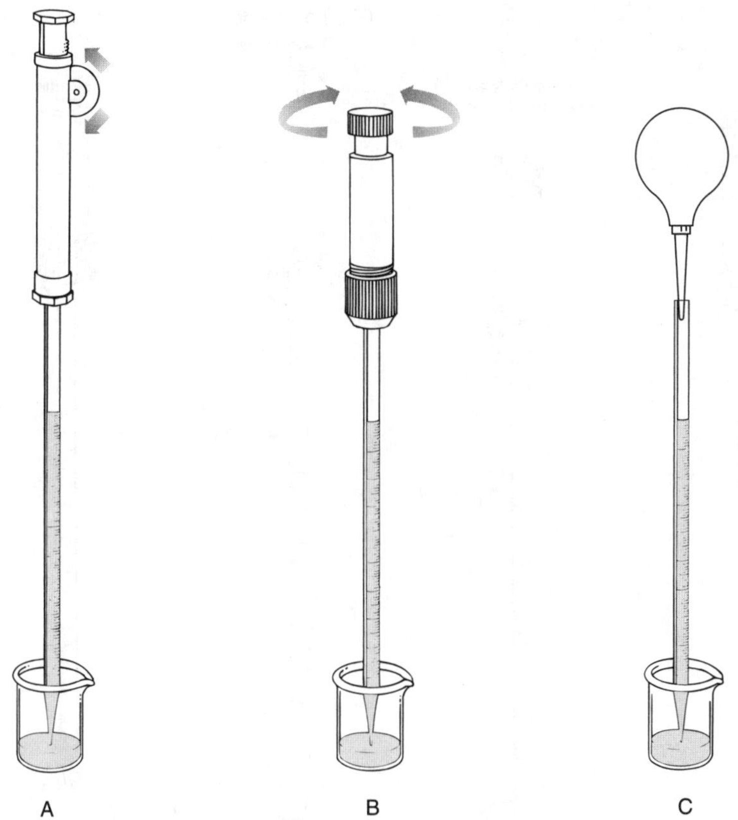

FIGURA 5.3 ■ Pipetadores (A, B) e uma pipeta com bulbo (C).

Nunca aspire líquidos em pipetas utilizando a boca. Um pipetador, não um conta-gotas de borracha, deve ser utilizado para encher pipetas. Três tipos de pipetadores são mostrados na Figura 5.3. Uma pipeta se encaixa perfeitamente no pipetador, que pode ser controlado para fornecer volumes exatos de líquidos. O controle do pipetador é realizado pela rotação de um botão na bomba. A sucção criada quando o botão é girado faz o líquido entrar na pipeta. O líquido é expelido da pipeta girando-se o botão na direção oposta. Os pipetadores funcionam satisfatoriamente com líquidos orgânicos e com substâncias aquosas.

Os pipetadores mostrados na Figura 5.3A estão disponíveis em quatro tamanhos. A parte superior da pipeta deve ser inserida firmemente no pipetador e segurada com uma mão, a fim de obter uma vedação adequada. A outra mão é utilizada para puxar e liberar o líquido. O pipetador mostrado na Figura 5.3B também pode ser utilizado com pipetas graduadas. Nesse caso, a parte superior da pipeta fica firmemente segura por um anel de borracha, e pode facilmente ser manipulada com apenas uma mão. Certifique-se de que a pipeta esteja firmemente segura pelo anel de vedação, antes de utilizá-la. As pipetas descartáveis podem não se ajustar perfeitamente no anel de vedação, porque em geral elas têm diâmetros menores que os das pipetas não descartáveis.

Uma abordagem alternativa e de menor custo é utilizar uma pipeta com um bulbo de borracha, mostrada na Figura 5.3C. O uso de uma pipeta com bulbo se torna mais conveniente quando se insere uma ponta plástica de pipeta automática na pipeta com bulbo de borracha.[1] A extremidade cônica da ponta da pipeta se encaixa perfeitamente à extremidade de uma pipeta. A retirada do líquido da pipeta fica mais fácil, e também é conveniente remover a pipeta com bulbo e pôr um dedo sobre a abertura da pipeta, a fim de controlar o fluxo do líquido.

---

[1] Essa técnica foi descrita na matéria escrita por G. Deckey, "A Versatile and Inexpensive Pipet Bulb", *Journal of Chemical Education, 57* (julho de 1980): 526.

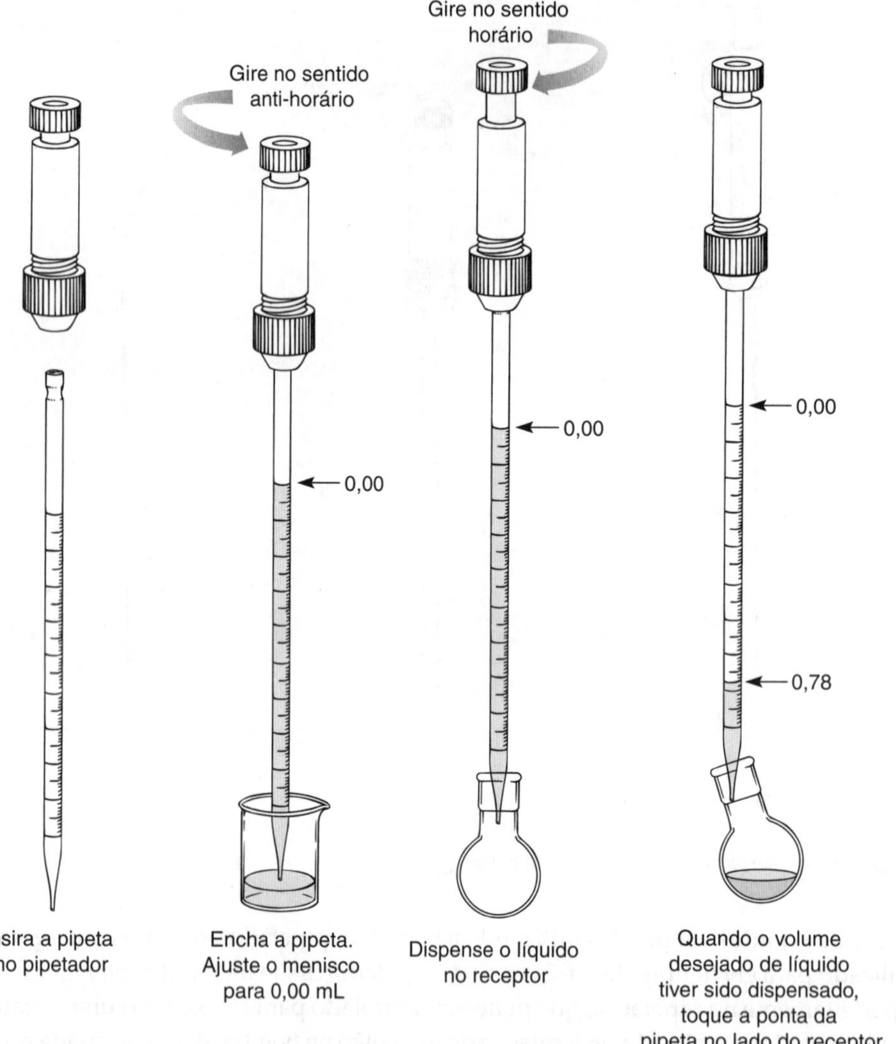

FIGURA 5.4 ■ Uso de uma pipeta graduada. (A figura mostra, como ilustração, a técnica requerida para se obter um volume de 0,78 mL de uma pipeta de 1,00 mL.)

As calibrações impressas em pipetas graduadas são razoavelmente precisas, mas é necessário praticar utilizando as pipetas, a fim de conseguir essa exatidão. Quando se exigem quantidades exatas de líquidos, a melhor técnica é pesar o reagente medido na pipeta.

A descrição a seguir, juntamente com a Figura 5.4, ilustra como utilizar uma pipeta graduada. Insira a extremidade da pipeta firmemente no pipetador. Gire o botão do pipetador no sentido correto (anti-horário ou para cima) a fim de encher a pipeta. Encha a pipeta até um ponto logo acima da marca na posição superior e, então, reverta o sentido da rotação do botão, para permitir que o líquido escorra da pipeta, até que o menisco esteja ajustado na marca de 0,00 mL. Leve a pipeta até o vaso receptor. Gire o botão do pipetador (no sentido horário ou para baixo) para forçar o líquido da pipeta. Deixe que o líquido escoe da pipeta até que o menisco chegue à marca correspondente ao volume que você deseja dispensar. Certifique-se de empurrar a ponta da pipeta para dentro do recipiente, antes de retirá-la. Remova a pipeta e deixe escorrer o líquido restante em um recipiente de descarte. Quando for medir volumes com uma pipeta, evite transferir todo o seu conteúdo. Lembre-se de que, para obter maior precisão possível com esse método, é preciso fornecer volumes como uma *diferença* entre duas calibrações anotadas.

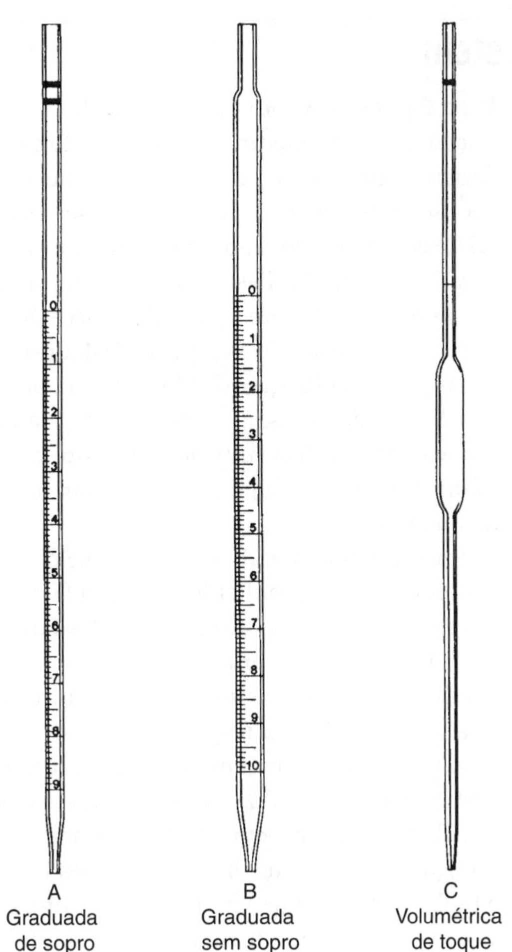

FIGURA 5.5 ■ Pipetas.

As pipetas podem ser obtidas em vários estilos, mas somente três tipos serão descritos aqui (veja a Figura 5.5). Um tipo de pipeta graduada é calibrada "para propiciar" (TD, do inglês *to deliver*) sua capacidade total, quando a última gota é soprada para fora. Esse estilo de pipeta mostrado na Figura 5.5A provavelmente seja o tipo mais comum de pipeta graduada em uso no laboratório, sendo designada por dois anéis na parte superior. Naturalmente, não é necessário transferir todo o volume para um recipiente. A fim de obter um volume mais preciso, é necessário transferir uma quantidade menor do que a capacidade total da pipeta, utilizando as graduações na pipeta como um guia.

Outro tipo de pipeta graduada é mostrado na Figura 5.5B, a qual é calibrada para proporcionar sua capacidade total quando o menisco estiver localizado na última marca de graduação, perto do fundo da pipeta. Por exemplo, a pipeta mostrada na Figura 5.5B fornece 10,0 mL de líquido quando tiver sido drenada até o ponto onde o menisco está localizado na marca de 10,0 mL. Com esse tipo, não se deve drenar toda a pipeta nem soprá-la. Por outro lado, observe que a pipeta da Figura 5.5A tem sua última graduação em 0,90 mL. O último volume, de 0,10 mL, é soprado para fora para dar o volume de 1,00 mL.

Uma pipeta volumétrica não graduada é mostrada na Figura 5.5C. Ela é facilmente identificada pelo grande bulbo na parte central. Essa pipeta é calibrada para reter sua última gota depois que a ponta é tocada no lado do recipiente, e não deve ser soprada. Frequentemente, elas têm uma única faixa colorida na parte superior, que as identificam como pipeta "de toque". A cor da faixa é ajustada ao seu volume total. Esse tipo de pipeta é comumente utilizada em química analítica.

5.4 Pipetas Pasteur

A pipeta Pasteur é mostrada na Figura 5.6A com um bulbo de borracha de 2 mL conectado. Existem dois tamanhos de pipetas Pasteur: uma curta (medindo 15 centímetros), apresentada na figura, e uma longa (de 23 centímetros). É importante que o bulbo se encaixe firmemente na pipeta. Você não deve utilizar um conta-gotas do tipo usado em medicamentos, por causa de sua pequena capacidade. Uma pipeta Pasteur é uma peça indispensável de equipamento para a rotina de transferência de líquidos. Ela também é utilizada para separações (Técnica 12). As pipetas Pasteur podem preenchidas com algodão para uso em filtração por gravidade (Técnica 8) ou preenchida com material adsorvente absorvente para cromatografia de coluna em escala pequena (Técnica 19). Apesar de as pipetas Pasteur serem consideradas descartáveis, você deve ter condições de limpá-las para reutilização, desde que sua ponta permaneça intacta.

Uma pipeta Pasteur pode ser fornecida por seu instrutor para a adição de gotas de um reagente específico à mistura da reação. Por exemplo, ácido sulfúrico concentrado geralmente é dispensado dessa maneira. Quando o ácido sulfúrico é transferido, é preciso tomar cuidado para evitar que entre em contato com o bulbo de borracha ou látex.

O bulbo de borracha pode ser totalmente evitado utilizando-se pipetas de transferência formadas de uma única peça e fabricadas inteiramente com polietileno (veja a Figura 5.6B). Essas pipetas plásticas estão disponíveis nos tamanhos: 1 mL ou 2 mL e são fornecidas pelos fabricantes com marcas de calibração aproximadas, que são gravadas nelas; podem ser utilizadas com todas as soluções aquosas e com a maioria dos líquidos orgânicos, mas não com alguns solventes orgânicos ou com ácidos concentrados.

As pipetas Pasteur podem ser calibradas para uso em operações nas quais o volume não precisa ser conhecido exatamente. Exemplos disso incluem a medição de solventes necessários para a extração e para a lavagem de um sólido obtido após a cristalização. Uma pipeta Pasteur calibrada é mostrada na Figura 5.6C. Sugere-se que você calibre várias pipetas de 15 centímetros utilizando o procedimento a seguir. Em uma balança, pese 0,5 g (0,5 mL) de água em um pequeno tubo de ensaio. Selecione uma pipeta Pasteur curta e conecte um bulbo de borracha. Aperte o bulbo antes de inserir a ponta da pipeta na água. Tente controlar quanto você aperta o bulbo, de modo que, quando a pipeta for colocada na água e o bulbo for totalmente liberado, somente a quantidade desejada de líquido seja absorvida pela pipeta. Quando a água tiver sido captada, faça uma marca com uma caneta de tinta indelével, na posição do menisco. Uma marca mais durável pode ser feita riscando-se a pipeta com uma lima. Repita esse procedimento com 1,0 g de água e faça uma marca na altura de 1 mL, na mesma pipeta.

Seu instrutor pode lhe fornecer uma pipeta Pasteur calibrada e um bulbo para transferir líquidos, quando não for necessário um volume preciso. A pipeta pode ser utilizada para transferir um volume de 1,5 mL ou menos. Você poderá notar que seu instrutor fixou um tubo de ensaio ao lado do frasco de armazenamento usando fita adesiva. A pipeta é armazenada no tubo de ensaio com aquele determinado reagente.

NOTA

Você não deve supor que determinado número de gotas seja igual a um volume de 1 mL. A regra comum de que 20 gotas equivalem a 1 mL, frequentemente utilizada para uma bureta, em geral não se aplica a uma pipeta Pasteur!

Uma pipeta Pasteur pode ser preenchida com algodão para criar uma pipeta com ponta de filtro, como mostra a Figura 5.6D. Essa pipeta é preparada de acordo com as instruções apresentadas na Técnica 8, Seção 8.6. Pipetas desse tipo são muito úteis na transferência de solventes voláteis durante extrações e na filtração de pequenas quantidades de impurezas sólidas de soluções. Uma pipeta com ponta de filtro é muito útil para a remoção de pequenas partículas de uma solução de uma amostra preparada para análise de RMN (ressonância magnética nuclear).

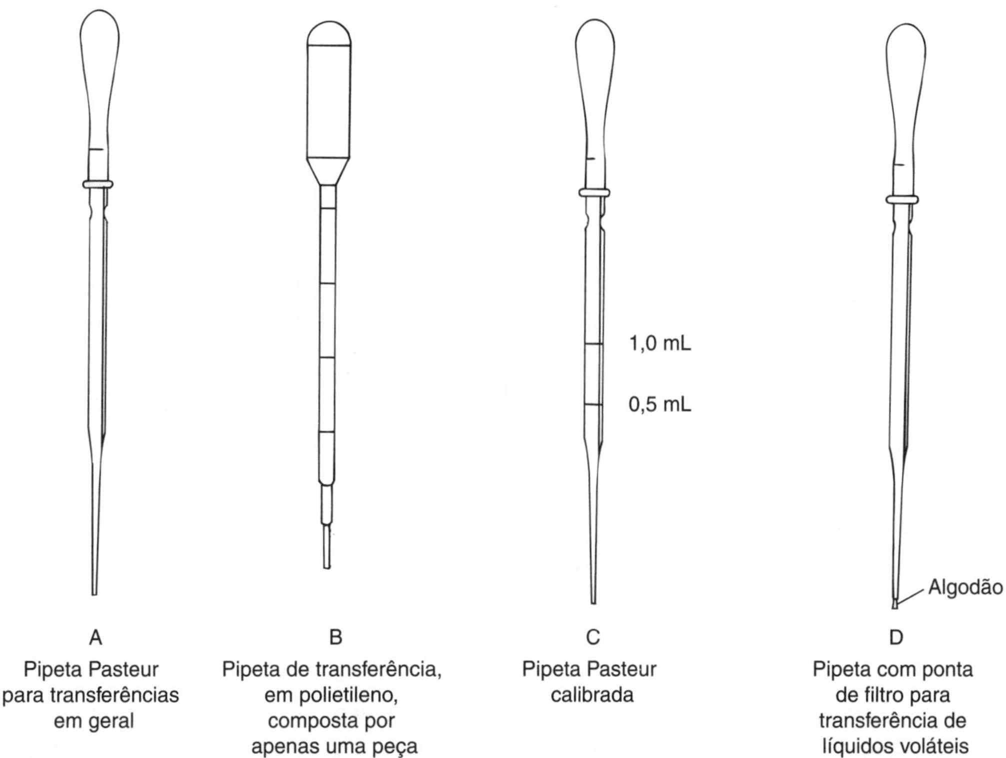

FIGURA 5.6 ■ Pipeta Pasteur (A, C, D) e pipetas de transferência (B).

5.5 Seringas

As seringas podem ser utilizadas para adicionar um líquido puro ou uma solução a uma mistura reacional. Elas são especialmente úteis quando condições anidras tenham de ser mantidas. A agulha é introduzida através de um septo, e o líquido é acrescentado à mistura reacional. É preciso tomar cuidado com algumas seringas descartáveis, uma vez que, frequentemente, elas utilizam em seus êmbolos gaxetas de borracha solúveis em solventes. Depois de cada utilização, uma seringa precisa ser limpa cuidadosamente, aplicando-se nela acetona ou outro solvente volátil e expelindo-se o solvente com o êmbolo. Repita esse procedimento diversas vezes para limpar completamente a seringa. Remova o êmbolo e retire o ar do interior da seringa com um aspirador, a fim de secá-la.

Normalmente, as seringas são fornecidas com graduações de volume inscritas no corpo. Seringas para grandes volumes não são suficientemente precisas para serem utilizadas na medição de líquidos, no caso de experimentos em escala pequena. Uma pequena seringa para microlitros, como a usada em cromatografia gasosa, proporciona um volume muito preciso.

5.6 Pipetas automáticas

Geralmente, as pipetas automáticas são utilizadas em experimentos em microescada, realizados em laboratórios de química orgânica e em laboratórios de bioquímica. Diversos tipos de pipetas automáticas ajustáveis são mostradas na Figura 5.7. A pipeta automática é muito precisa, quando aplicada a soluções aquosas, mas essa precisão não é obtida no caso de líquidos orgânicos. Essas pipetas estão disponíveis em diferentes tamanhos e podem oferecer volumes exatos, variando de 0,10 mL a 1,0 mL; mas são muito caras e seu uso precisa ser compartilhado por todo o laboratório. As pipetas automáticas nunca devem ser utilizadas com líquidos corrosivos, como ácido sulfúrico ou ácido clorídrico. *Sempre use a pipeta com uma ponteira plástica.*

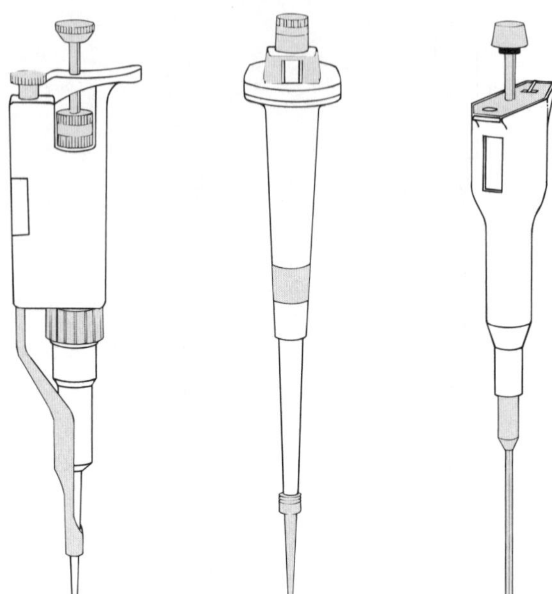

FIGURA 5.7 ■ A pipeta automática ajustável.

As pipetas automáticas podem variar em seu design, de acordo com o fabricante. No entanto, a descrição a seguir se aplica à maioria dos modelos. Esse tipo de pipeta consiste em um manete que contém um êmbolo acionado por mola e um botão rotativo com escala em micrômetros. O botão controla o percurso do êmbolo e é o meio utilizado para selecionar a quantidade de líquido que a pipeta deve dispensar. As pipetas automáticas são projetadas para fornecer líquidos em determinada variedade de volumes. Por exemplo, uma pipeta pode ser projetada para abranger o intervalo de 10 a 100 µL (0,010–0,100 mL) ou 100 a 1000 µL (0,100–1,000 mL).

5.7 Medição de volumes com frascos cônicos, béqueres e frascos de Erlenmeyer

Frascos cônicos, béqueres e frascos de Erlenmeyer têm graduações inscritas neles. Os béqueres e frascos podem ser utilizados para oferecer uma aproximação razoável do volume. Eles têm precisão muito menor que as provetas para medir volume. Em alguns casos, um frasco cônico pode ser utilizado para estimar volumes. Por exemplo, as graduações são suficientemente precisas para medir um solvente necessário para lavar um sólido obtido em um funil de Hirsch, depois da cristalização. Você deve usar uma pipeta automática, uma bomba doseadora ou pipeta graduada de transferência, a fim de medir precisamente líquidos em experimentos em microescala.

5.8 Balanças

Os sólidos e alguns líquidos devem ser pesados em uma balança capaz de fornecer uma leitura o mais próximo possível de miligramas (0,001 g), no caso de experimentos em microescala, ou, pelo menos, o mais próximo de decigramas (0,01 g), para experimentos em macroescala. Uma balança de prato (veja a Figura 5.8) funciona bem se o prato da balança estiver protegido de correntes de ar revestido com uma câmara protetora de plástico. Essa proteção deve ter uma tampa que se abra para permitir o acesso ao prato da balança. Uma balança analítica (veja a Figura 5.9) também pode ser utilizada, e vai pesar com a maior aproximação possível de miligramas (0,0001 g), quando equipada com uma câmara protetora de vidro para proteger o prato da influência de correntes de ar.

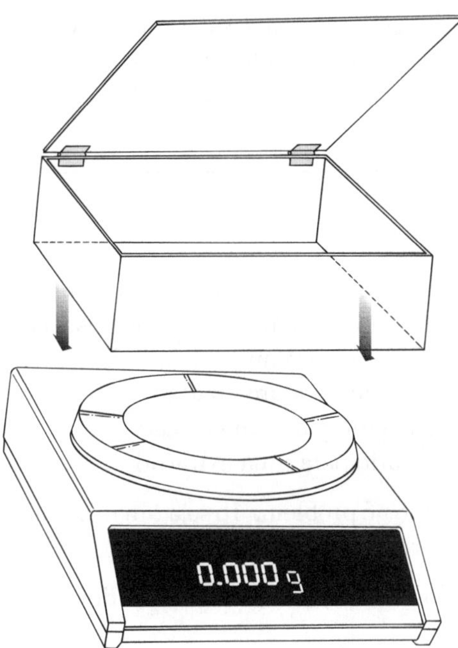

FIGURA 5.8 ■ Uma balança de prato, com uma câmara plástica de proteção.

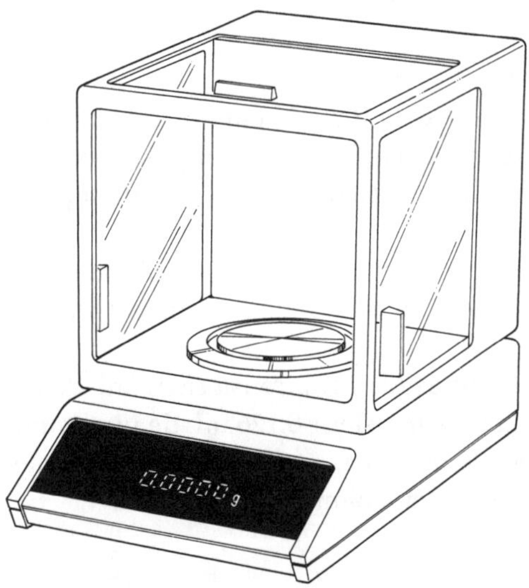

FIGURA 5.9 ■ Uma balança analítica com uma câmara protetora de vidro.

As balanças eletrônicas modernas têm um dispositivo de pesagem (tara) que subtrai automaticamente a massa de um recipiente ou um pedaço de papel da massa combinada para se obter a massa da amostra. Quando se trata de sólidos, é fácil colocar um pedaço de papel no prato da balança, pressionar o dispositivo de pesagem de modo que o papel pareça ter massa zero e, então acrescentar seu sólido até que a balança apresente a massa que você deseja. Em seguida, você pode transferir o sólido pesado para um recipiente. Sempre utilize uma espátula para transferir um sólido e nunca despeje o material diretamente de um frasco. Além disso, os sólidos devem ser pesados em papel, e não diretamente no prato da balança. Lembre-se de limpar qualquer derramamento ocorrido.

Com líquidos, é necessário pesar o frasco para determinar a tara; transferir o líquido com uma proveta, uma bomba doseadora ou uma pipeta graduada para o frasco; e refazer a pesagem. No caso de líquidos, em geral, é preciso pesar somente o reagente limitante. Os outros líquidos podem ser transferidos utilizando uma proveta, uma bomba doseadora ou uma pipeta graduada. Suas massas podem ser calculadas conhecendo-se os volumes e as densidades dos líquidos.

■ PROBLEMAS ■

1. Que dispositivo de medição você utilizaria para medir o volume, em cada uma das condições descritas a seguir? Em alguns casos, existe mais de uma resposta correta.
   a. 25 mL de um solvente necessário para uma cristalização
   b. 2,4 mL de um líquido necessário para uma reação
   c. 0,64 mL de um líquido necessário para uma reação
   d. 5 mL de um solvente necessário para uma extração
2. Suponha que o líquido utilizado no problema 1b seja um reagente limitante para uma reação. O que você faria depois de medir o volume?
3. Calcule a massa de uma amostra de 2,5 mL de cada um dos seguintes líquidos:
   a. Éter dietílico (éter)
   b. Cloreto de metileno (diclorometano)
   c. Acetona
4. Um procedimento de laboratório requer 5,46 g de anidrido acético. Calcule o volume desse reagente necessário na reação.
5. Avalie as seguintes técnicas:
   a. Uma proveta, com capacidade de 100 mL, para medir precisamente um volume de 2,8 mL.
   b. Uma pipeta de transferência, em polietileno, composta por uma única peça (veja a Figura 5.6B), é utilizada para transferir precisamente 0,75 mL de um líquido que está sendo utilizado como reagente limitante.
   c. Uma pipeta Pasteur calibrada (veja a Figura 5.6C) é utilizada para transferir 25 mL de um solvente.
   d. As marcações de volume em um béquer de 100 mL são utilizadas para transferir precisamente 5 mL de um líquido.
   e. Uma pipeta automática é utilizada para transferir 10 mL de um líquido.
   f. Uma proveta é utilizada para transferir 0,126 mL de um líquido.
   g. Para uma reação em escala pequena, a massa de um reagente limitante líquido é calculada a partir de sua densidade e de seu volume.

Técnica 6

Métodos de aquecimento e resfriamento

A maioria das misturas de reações orgânicas precisa ser aquecida, a fim de que a reação se complete. Na química geral, você utilizou um bico de Bunsen em aquecimentos, porque foram empregadas soluções aquosas não inflamáveis. No entanto, em um laboratório de química orgânica, o aluno

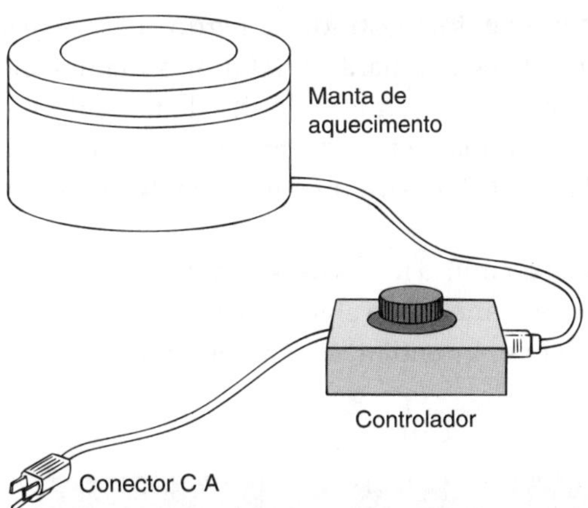

FIGURA 6.1 ■ Uma manta de aquecimento.

precisa aquecer soluções não aquosas que podem conter solventes *altamente inflamáveis*. *Não se deve aquecer misturas orgânicas com um bico de Bunsen* a não ser por recomendação de seu instrutor de laboratório. Chamas abertas apresentam um potencial perigo de incêndio. Sempre que possível, utilize um dos seguintes métodos de aquecimento, conforme descrito nas próximas seções.

6.1 Mantas de aquecimento

Uma fonte de aquecimento útil para a maioria dos experimentos em macroescala é a manta de aquecimento, ilustrada na Figura 6.1, que consiste em um reservatório de aquecimento em cerâmica, com bobinas de aquecimento elétrico embutidas. A temperatura dessa manta é regulada pelo controlador de calor. Embora seja difícil monitorar a temperatura real da manta de aquecimento, o controlador é calibrado para que seja bastante fácil duplicar níveis de aquecimento aproximados depois que se adquire alguma experiência com esse aparato. Reações ou destilações que exijam temperaturas relativamente altas podem ser realizadas facilmente com uma manta de aquecimento. Para temperaturas no intervalo entre 50 °C e 80 °C, é preciso utilizar banho-maria (veja a Seção 6.3) ou um banho de vapor (veja a Seção 6.8).

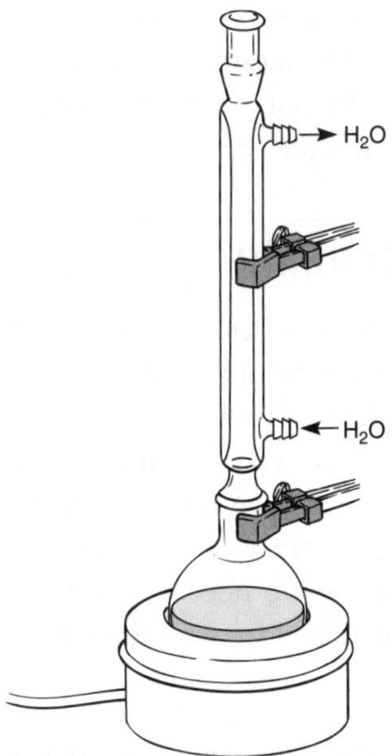

FIGURA 6.2 ■ Aquecimento realizado com uma manta de aquecimento.

No centro da manta de aquecimento, mostrada na Figura 6.1, existe um orifício que pode acomodar balões de fundo redondo com diversos tamanhos. Algumas mantas, no entanto, são projetadas para que se possa encaixar somente balões de fundo redondo de tamanhos específicos. Outras se destinam a serem utilizadas com um agitador magnético, de modo que a mistura da reação pode ser aquecida e agitada, ao mesmo tempo. A Figura 6.2 mostra uma mistura de reação sendo aquecida com uma manta de aquecimento.

As mantas de aquecimento são muito fáceis de serem utilizadas, e sua operação é bastante segura. A caixa metálica é aterrada para evitar choque elétrico, caso o líquido seja derramado no orifício; no entanto, líquidos inflamáveis podem se incendiar, se houver um derramamento no orifício de uma manta de aquecimento.

ADVERTÊNCIA

É preciso ter muito cuidado para evitar derramar líquidos no orifício da manta de aquecimento. A superfície do recipiente de cerâmica pode estar muito quente e fazer com que o líquido se incendeie. 

Elevar e abaixar o aparato é um método muito mais rápido de modificar a temperatura dentro de um frasco do que alterar a temperatura com o controlador. Por essa razão, o aparato inteiro deve ficar fixado acima da manta de aquecimento, para que possa ser elevado se ocorrer superaquecimento. Alguns laboratórios podem providenciar um suporte retrátil ou blocos de madeira que possam ser colocados sob a manta de aquecimento. Nesse caso, a manta propriamente dita é abaixada e o aparato permanece fixo na mesma posição.

Existem duas situações nas quais é relativamente fácil superaquecer a mistura da reação. A primeira ocorre quando uma manta de aquecimento maior é utilizada para aquecer um frasco relativamente pequeno. É necessário ter muito cuidado ao fazer isso. Muitos laboratórios providenciam mantas de aquecimento de diferentes tamanhos para evitar que isso aconteça. Uma segunda situação ocorre quando a mistura da reação é, inicialmente, levada à fervura. Para que a mistura comece a ferver o mais rápido possível, o controlador de calor geralmente terá sua temperatura aumentada para mais que o necessário, a fim de manter a mistura fervendo. Quando a mistura começa a ferver muito rapidamente, mude o controlador para uma temperatura menor e eleve o aparato até que a mistura ferva mais lentamente. À medida que a temperatura da manta de aquecimento diminui, abaixe o aparato, até que o frasco fique em repouso no fundo do orifício.

6.2 Placas de aquecimento

Placas de aquecimento é uma fonte de calor muito conveniente; entretanto, é difícil monitorar a temperatura real, e as mudanças de temperatura ocorrem um pouco lentamente. É preciso ter muito cuidado com solventes inflamáveis, a fim de prevenir contra incêndios causados por *flashing*[1] quando os vapores de solventes entram em contato com a superfície da placa de aquecimento. Nunca deixe evaporar grandes quantidades de um solvente com esse método; o perigo de incêndio é grande demais.

Algumas placas de aquecimento *se mantêm constantemente aquecidas* em determinadas circunstâncias. Elas não têm nenhum termostato, sendo necessário controlar a temperatura manualmente, seja removendo o recipiente que está sendo aquecido ou ajustando a temperatura para mais ou para menos,

[1] Evaporação *flash*, ou parcial, ocorre quando uma quantidade de líquido sofre vaporização muito rápida. Se esse vapor entrar em contato com uma fonte de calor, por exemplo, uma manta de aquecimento ou uma placa de aquecimento, haverá sério risco de explosão. (N. do RT.)

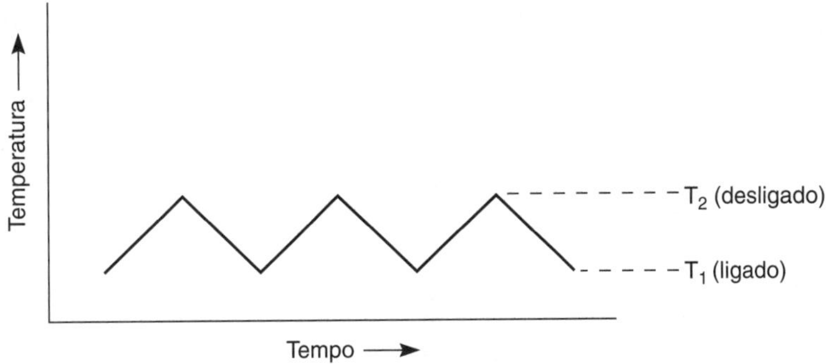

FIGURA 6.3 ■ Resposta da temperatura para uma placa de aquecimento com um termostato.

até que seja encontrado um ponto de equilíbrio. Algumas placas de aquecimento têm um termostato para controlar a temperatura. Um bom termostato manterá a temperatura inalterada. Porém, em muitas placas de aquecimento, a temperatura pode variar muito (> 10 a 20 °C), dependendo de se o aquecedor está em seu ciclo "ligado" ou em seu ciclo "desligado". Essas placas de aquecimento terão uma temperatura de ciclo (ou oscilação), como mostra a Figura 6.3, e também terão de ser ajustadas continuamente para manter o calor estável.

Algumas placas de aquecimento também têm agitadores magnéticos com motor, integrados, que permitem que a mistura da reação seja agitada e aquecida simultaneamente. Seu uso é descrito na Seção 6.5.

6.3 Banho-maria com placa de aquecimento/agitador

Um banho-maria é uma fonte de calor muito eficiente, quando se necessita de temperaturas abaixo de 80 °C. Um béquer (de 250 mL ou 400 mL) é parcialmente preenchido com água e aquecido em uma placa de aquecimento. Um termômetro é fixado na posição dentro do banho. Pode ser necessário cobrir o banho com papel alumínio, a fim de evitar a evaporação, especialmente em temperaturas mais elevadas. O banho-maria é ilustrado na Figura 6.4. Uma mistura pode ser agitada com uma barra agitadora magnética (veja a Técnica 7, Seção 7.3). Um banho-maria tem uma vantagem em relação a uma manta de aquecimento, no sentido de que temperatura no banho é uniforme. Além disso, algumas vezes, é fácil estabelecer uma temperatura mais baixa com um banho-maria do que com outros dispositivos de aquecimento. Por fim, a temperatura da mistura da reação será mais próxima da temperatura da água, o que possibilita um controle mais preciso das condições da reação.

6.4 Banho de óleo com placa de aquecimento/agitador

Em alguns laboratórios, podem estar disponíveis banhos de óleo, podendo ser utilizados ao realizar uma destilação ou aquecer uma mistura de reação que necessita de uma temperatura acima de 100 °C. Um banho de óleo pode ser aquecido, de modo mais conveniente, com uma placa de aquecimento, e um béquer de *paredes grossas* é um recipiente adequado para o óleo.[2] Um termômetro é fixado na posição, dentro do banho de óleo. Em alguns laboratórios, o óleo pode ser aquecido eletricamente por uma bobina de imersão. Como os banhos de óleo têm uma grande capacidade calorífica e se aquecem lentamente, é recomendável aquecer o banho de óleo parcialmente algum tempo antes do horário em que será usado.

Um banho de óleo feito com óleo mineral comum não pode ser utilizado em temperatura maior que 200 a 220 °C. Acima dessa temperatura, o banho de óleo pode sofrer vaporização *flashing* ou se incendiar

[2] É muito perigoso utilizar um béquer de paredes finas para um banho de óleo. É possível ocorrer a quebra devido ao aquecimento, derramando óleo por todos os lados!

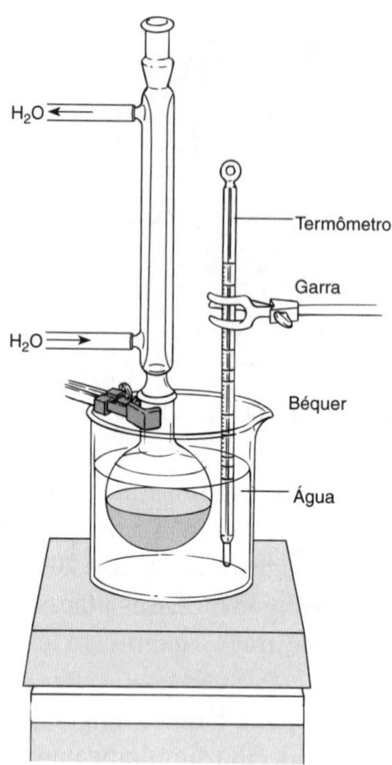

FIGURA 6.4 ■ Um banho de água com uma placa de aquecimento/agitador.

repentinamente. Um incêndio em óleo quente não pode ser apagado facilmente. Se o óleo começar a soltar fumaça, é porque pode estar perto de seu ponto de flash,[3] interrompa o aquecimento. Óleo velho, que é escuro, é mais provável de entrar em combustão que óleo novo. Além disso, o óleo quente provoca queimaduras graves. A água deve ser mantida distante de um banho de óleo quente, porque ela faz o óleo espirrar. Nunca utilize um banho de óleo quando for óbvio que existe água no óleo. Se houver água, substitua o óleo antes de utilizar o banho de aquecimento. Um banho de óleo tem um tempo de duração. Óleo novo é claro e incolor, mas após o uso repetido, ele fica marrom-escuro e grudento, em virtude da oxidação.

Além do óleo mineral comum, diversos outros tipos podem ser utilizados em um banho de óleo. O óleo de silicone não começa a se decompor a uma temperatura baixa, como acontece com o óleo mineral. No entanto, quando o óleo de silicone é aquecido o suficiente para se decompor, seus vapores são muito mais nocivos que os vapores do óleo mineral. Os polietilenoglicóis podem ser utilizados em banhos de óleo. Eles são solúveis em água, o que torna muito mais fácil a limpeza, depois de utilizar um banho de óleo, do que quando se usa o óleo mineral. É possível escolher qualquer um dentre vários tamanhos de polímeros de polietilenoglicol, dependendo da faixa de temperatura desejada. Os polímeros de grande massa molecular geralmente são sólidos na temperatura ambiente. A temperaturas mais elevadas, também se pode utilizar cera, mas esse material se torna sólido à temperatura ambiente. Alguns profissionais preferem utilizar um material que se solidifica quando não está sendo usado, porque isso minimiza os problemas com armazenamento e derramamento.

[3] Ponto de *flash* é a temperatura necessária para que o vapor liberado por um combustível aquecido entre em combustão. (N. do RT.)

6.5 Bloco de alumínio, com uma placa de aquecimento/agitador

Apesar de os blocos de alumínio serem mais utilizados em laboratórios de química orgânica em microescala, também podem ser empregados com balões de fundo redondo menores, destinados a experimentos em macroescala.[4] O bloco de alumínio mostrado na Figura 6.5A pode ser utilizado para se colocar balões de fundo redondo com capacidade de 25, 50 ou 100 mL, assim como um termômetro. O aquecimento ocorrerá mais rapidamente se o balão se encaixar totalmente no orifício; contudo, o aquecimento também é efetivo, se o balão se encaixar apenas parcialmente no orifício. O bloco de alumínio com orifícios menores, como mostra a Figura 6.5B, é projetado para objetos de vidro em microescala e tem capacidade para se colocar um frasco cônico, um tubo de Craig ou pequenos tubos de ensaio, e um termômetro.

Existem muitas vantagens quanto ao aquecimento com um bloco de alumínio. O metal se aquece com muita rapidez, temperaturas elevadas podem ser obtidas, e você pode resfriar o alumínio rapidamente, removendo-o com pinças para cadinho e mergulhando-o em água fria. Os blocos de alumínio também são baratos ou podem ser fabricados rapidamente em uma oficina mecânica.

A Figura 6.6 mostra uma mistura de reação sendo aquecida com um bloco de alumínio em uma placa de aquecimento/um agitador. O termômetro na figura é utilizado para determinar a temperatura do bloco de alumínio. *Não utilize termômetro de mercúrio:* use um termômetro contendo um líquido que não seja mercúrio ou um termômetro com disco de metal, que pode ser inserido em um orifício com diâmetro menor, perfurado do lado do bloco.[5] Certifique-se de que o termômetro se encaixe livremente no orifício, ou ele poderá quebrar. Imobilize o termômetro com uma garra.

Para evitar a possibilidade de quebrar um termômetro de vidro, a placa de aquecimento pode ter um orifício perfurado na chapa de metal, de modo que um termômetro metálico com mostrador possa ser inserido na unidade (veja a Figura 6.7A). Esses termômetros metálicos, como os que são mostrados na Figura 6.7B, podem ser adquiridos com diversos intervalos de temperatura. Por exemplo, um termômetro com graduação de 0 a 250 °C e divisões a cada 2 graus pode ser obtido por um preço razoável. A Figura 6.7 (inserção) também mostra um bloco de alumínio com um pequeno orifício perfurado nele, para que um termômetro de metal possa ser inserido. Uma opção para o termômetro de metal é um dispositivo digital eletrônico para a medição de temperatura, que pode ser inserido no bloco de alumínio ou na placa de aquecimento. Recomenda-se enfaticamernte que termômetros de mercúrio sejam evitados ao se medir a temperatura de superfície da placa de aquecimento ou do bloco de alumínio. Se um termômetro de mercúrio se quebrar em uma superfície quente, vapores de mercúrio se espalharão pelo laboratório. Termômetros que não sejam de mercúrio, preenchidos com líquidos coloridos e de alto ponto de ebulição, estão disponíveis, como alternativa.

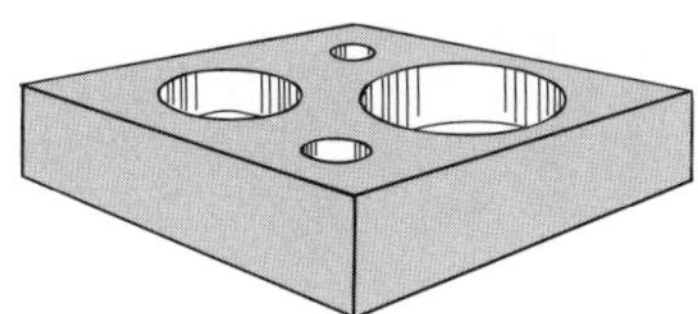

A. Grandes orifícios para balões de fundo redondo, com capacidade de 25, 50, ou 100 mL

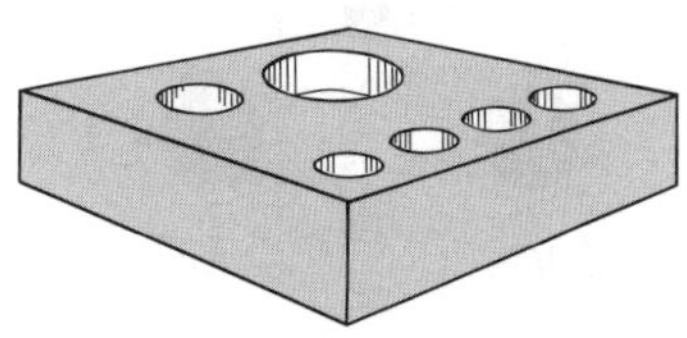

B. Pequenos orifícios para tubos de Craig, frascos cônicos de 3 mL e 5 mL, e pequenos tubos de ensaio

FIGURA 6.5 ■ Blocos de aquecimento feitos de alumínio.

[4] O uso de dispositivos de aquecimento feitos de alumínio sólido foi desenvolvido por Siegfried Lodwig, na Centralia College, Centralia, WA: Lodwig, S. N., *Journal of Chemical Education, 66* (1989): p. 77.

[5] C. M. Garner, "A Mercury-Free Alternative for Temperature Measurement in Aluminum Blocks, "*Journal of Chemical Education, 68* (1991): p. A244.

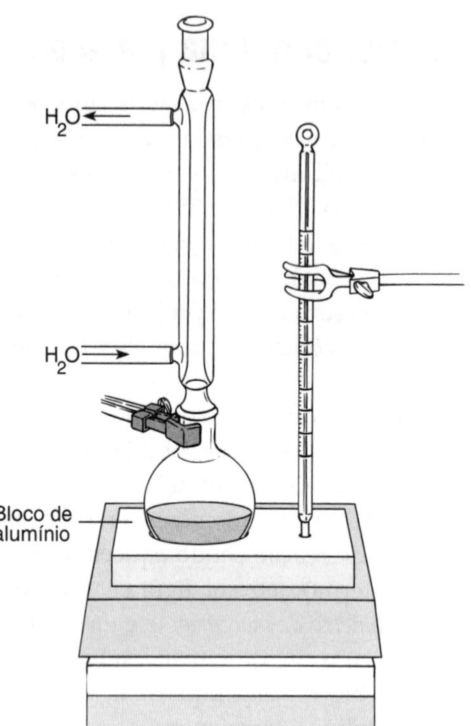

FIGURA 6.6 ■ AQUECIMENTO COM UM BLOCO DE ALUMÍNIO.

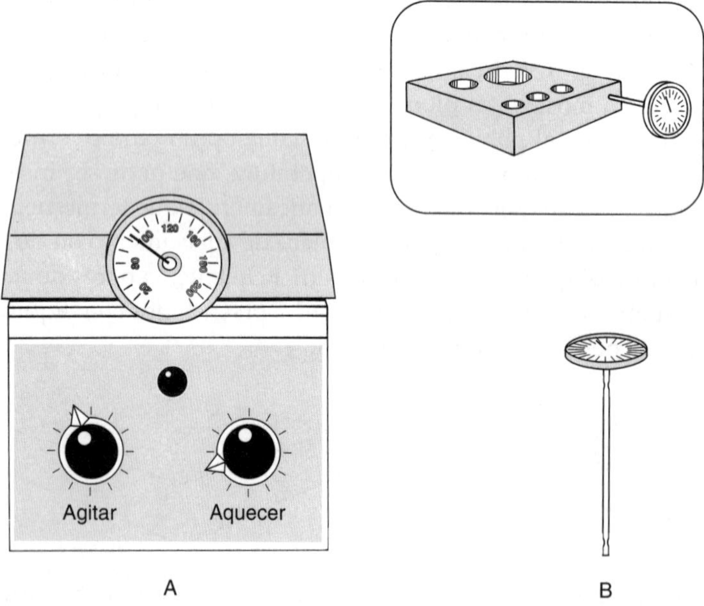

FIGURA 6.7 ■ Termometrôs com mostradores.

Como já foi mencionado, blocos de alumínio geralmente são utilizados em laboratórios de química orgânica em microescala. A Figura 6.8 mostra o uso de um bloco de alumínio para aquecer um aparato de refluxo em microescala. O vaso de reação na figura é um frasco cônico usado em muitos experimentos em microescala. A Figura 6.8 também mostra uma braçadeira de alumínio dividida, que pode ser utilizada quando são necessárias temperaturas muito elevadas. A braçadeira é dividida para possibilitar a fácil colocação em torno de um frasco cônico de 5 mL. Ela ajuda a distribuir melhor o calor na parede do frasco.

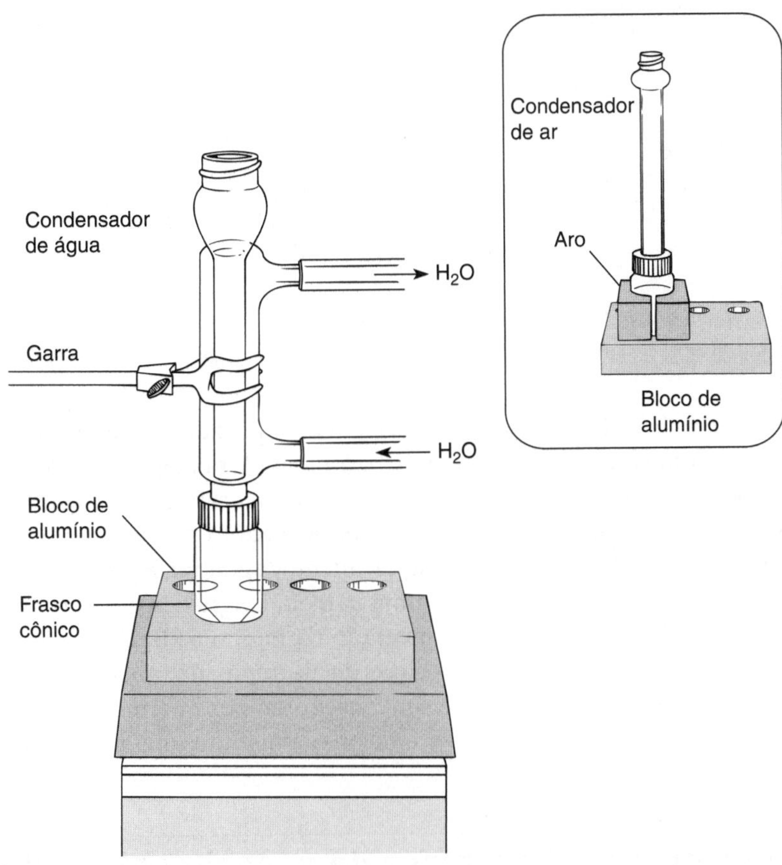

FIGURA 6.8 ■ Aquecimento com um bloco de alumínio (microescala).

Primeiro, é preciso calibrar o bloco de alumínio, para que você tenha uma ideia aproximada de onde ajustar o controle na placa de aquecimento, a fim de conseguir a temperatura desejada. Coloque o bloco de alumínio na chapa de aquecimento e insira um termômetro no pequeno orifício no bloco. Selecione cinco graduações de temperatura igualmente espaçadas, incluindo a menor e a maior graduação, no controle de aquecimento da placa de aquecimento. Ajuste o selector para a primeira dessas graduações e monitore a temperatura registrada no termômetro. Quando a leitura do termômetro atingir um valor constante,[6] registre essa temperatura final, juntamente com a graduação no seletor. Repita esse procedimento com as quatro graduações restantes. Utilizando esses dados, prepare uma curva de calibração para referência futura.

É uma boa ideia utilizar a mesma placa de aquecimento todas as vezes, pois é muito provável que duas placas de aquecimento do mesmo tipo apresentem diferentes temperaturas com graduações idênticas. Registre em seu caderno de laboratório o número de identificação impresso na unidade que você está utilizando a fim de assegurar que a placa de aquecimento seja sempre a mesma.

Para muitos experimentos, você pode determinar qual deve ser a graduação aproximada na placa de aquecimento, a partir do ponto de ebulição do líquido que está sendo aquecido. Como a temperatura dentro do frasco é menor que a no bloco de alumínio, é preciso adicionar, pelo menos, 20 °C ao ponto de ebulição do líquido e fazer a graduação no bloco de alumínio, nessa temperatura mais elevada. Na verdade, talvez precise aumentar a temperatura ainda mais, para que o líquido ferva.

[6] Contudo, veja a Seção 6.2.

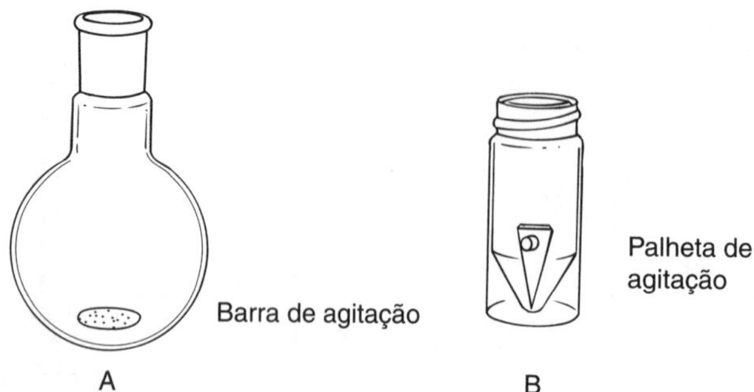

FIGURA 6.9 ■ Métodos de agitação em um balão de fundo redondo ou frasco cônico.

Muitas misturas orgânicas têm de ser agitadas, além de aquecidas, para que se obtenha resultados satisfatórios. Para agitar uma mistura, coloque uma barra agitadora magnética (veja a Técnica 7, Figura 7.8A) em um balão de fundo redondo contendo a mistura de reação, como mostra a Figura 6.9A. Se a mistura tiver de ser aquecida e agitada, conecte um condensador de água, como mostra a Figura 6.6. Com a combinação de uma unidade de placa de aquecimento/agitador, é possível agitar e aquecer uma mistura simultaneamente. Com frascos cônicos, uma palheta magnética deve ser utilizada para agitar misturas (veja a Técnica 7, Figura 7.8B). Isso é mostrado na Figura 6.9B. Uma agitação mais uniforme será obtida se o balão ou frasco for colocado no bloco de alumínio, de modo que fique centralizado na placa de aquecimento. A mistura também pode ser conseguida por intermédio de fervura. Uma pedra de ebulição (veja a Técnica 7, Seção 7.4) deve ser adicionada quando uma mistura é fervida sem a agitação magnética.

6.6 Banho de areia com placa de aquecimento/agitador

O banho de areia é utilizado em alguns laboratórios em microescala para aquecer misturas orgânicas e também como uma fonte de calor em alguns experimentos em macroescala. A areia possibilita uma maneira limpa de distribuir calor para uma mistura de reação. Para preparar um banho de areia para uso em microescala, coloque cerca de 1 cm de areia (em profundidade) em uma cuba de cristalização e, então, coloque a cuba sobre uma chapa de aquecimento/agitador. O aparato é mostrado na Figura 6.10. Fixe o termômetro em posição dentro do banho de areia. É necessário calibrar o banho de areia de maneira similar à utilizada com o bloco de alumínio (veja a seção anterior). Como a areia é aquecida mais lentamente do que o bloco de alumínio, será preciso começar a aquecer o banho de areia bem antes de utilizá-lo.

Não aqueça o banho de areia muito acima de 200 °C, ou a cuba poderá se quebrar. Se for preciso aquecer a temperaturas muito elevadas, você terá de utilizar uma manta de aquecimento ou um bloco de alumínio, em vez de um banho de areia. Com banhos de areia, pode ser necessário cobrir o prato com uma folha de alumínio para atingir uma temperatura perto de 200 °C. Por causa da condutividade térmica relativamente pequena da areia, um gradiente de temperatura é estabelecido no banho de areia. Para determinada graduação na placa de aquecimento, a região próxima do fundo do banho é mais quente que no topo. Para utilizar esse gradiente, pode ser conveniente enterrar o balão ou o frasco na areia para aquecer uma mistura mais rapidamente. Quando a mistura estiver fervendo, você pode então diminuir a taxa de aquecimento elevando o balão ou frasco. Esses ajustes podem ser realizados facilmente e não requerem mudança na graduação da placa de aquecimento.

6.7 Chamas

A técnica mais simples para aquecer chamas é utilizar um bico de Bunsen. Por causa do grande perigo de incêndios, no entanto, o uso de um bico de Bunsen deve ser estritamente limitado aos casos em

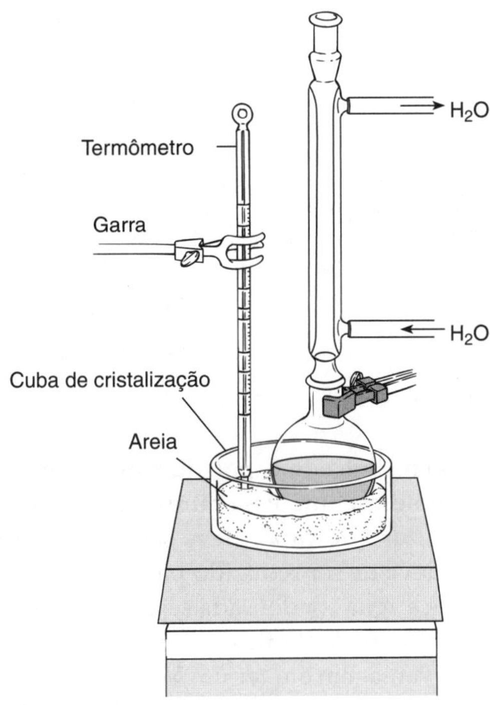

FIGURA 6.10 ■ Aquecimento com um banho de areia.

que o perigo seja pequeno ou quando nenhuma fonte de calor alternativa, que seja razoável, estiver disponível. Em geral, uma chama deve ser utilizada somente para aquecer soluções aquosas ou soluções com pontos de ebulição elevados. Sempre é preciso verificar com seu instrutor quanto ao uso de um queimador. Se você usar um queimador em sua bancada, tome muito cuidado para assegurar que as pessoas ao seu redor não estejam utilizando solventes inflamáveis.

Ao aquecer um frasco com um bico de Bunsen, você perceberá que o uso de uma tela metálica pode proporcionar um aquecimento mais uniforme em uma área mais ampla. A tela metálica, quando colocada sob o objeto que está sendo aquecido, distribui a chama para evitar que o frasco seja aquecido somente em uma pequena área.

Os bicos de Bunsen podem ser utilizados na confecção de micropipetas capilares para cromatografia em camada delgada ou quando a confecção de outros objetos de vidro de laboratório exija o uso de uma chama aberta. Para essas finalidades, os queimadores devem ser utilizados em determinadas áreas no laboratório, não em sua bancada.

6.8 Banhos de vapor

O banho de vapor ou cone de vapor é uma boa fonte de calor quando são necessárias temperaturas em torno de 100 °C. Os banhos de vapor são usados para aquecer misturas de reação e solventes necessários para a cristalização. A Figura 6.11 mostra um cone de vapor e um banho de vapor portátil. Esses métodos de aquecimento têm a desvantagem de que o vapor de água pode ser introduzido, através da condensação, na mistura que está sendo aquecida.[7] Uma redução no fluxo de vapor pode minimizar essa dificuldade.

[7] No original: ..."*water vapor may be introduced, though the condensation of steam*...". Notar o uso de *vapor* e *steam* na mesma frase. Em português, ambas as palavras são traduzidas por "vapor". Na língua inglesa, entretanto, há diferença entre os significados de *steam* e *vapor*: *Steam* é água em estado gasoso, um gás invisível como N2 ou O2. *Vapor* é a condensação de minúsculas gotículas de água devido ao resfriamento da água em estado gasoso, que enxergamos como névoa ou fumaça branca. (N. do RT.)

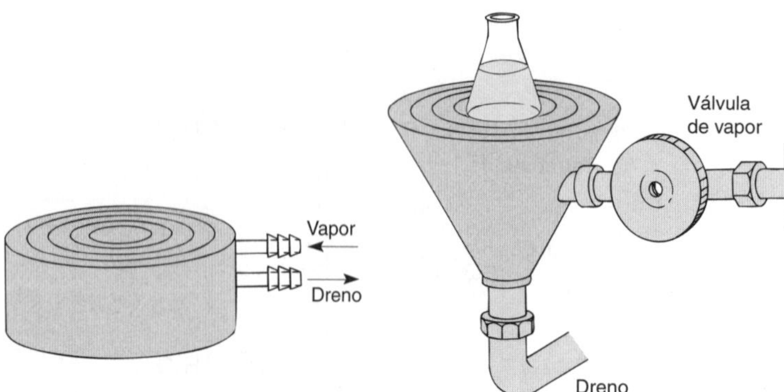

FIGURA 6.11 ■ Um banho de vapor e um cone de vapor.

Uma vez que a água se condensa na linha de vapor, quando não está em uso, é necessário purgar a linha de água, antes que o vapor comece a fluir. Essa purgação deve ser realizada antes que o frasco seja colocado no banho de vapor. O fluxo de vapor deve ser iniciado a uma taxa elevada, a fim de purgar a linha; em seguida, o fluxo deve de ser reduzido para a taxa desejada. Ao utilizar um banho de vapor portátil, certifique-se de que a água condensada seja drenada para uma pia. Quando o banho de vapor ou cone de vapor é aquecido, um lento fluxo de vapor manterá a temperatura da mistura que está sendo aquecida. Não existe vantagem em ter um Vesúvio sobre sua mesa! Um fluxo de calor excessivo pode causar problemas com a condensação no frasco. Em geral, esse problema de condensação pode ser evitado escolhendo-se o lugar correto para se colocar o frasco, acima do banho de vapor.

A parte superior do banho de vapor consiste em vários anéis concêntricos planos. A quantidade de calor liberada no frasco que está sendo aquecido pode ser controlada selecionando-se os tamanhos corretos desses anéis. O aquecimento é mais eficiente quando se utiliza a maior abertura que dará suporte ao frasco. Aquecer frascos grandes em um banho de vapor utilizando-se a abertura menor faz que o aquecimento seja lento e leva ao desperdício de tempo no laboratório.

6.9 Banhos frios

Às vezes, pode ser necessário resfriar um Erlenmeyer ou um balão de fundo redondo a uma temperatura menor que a ambiente, e, para esse propósito, utiliza-se um banho frio. O tipo de banho frio mais comum é o **banho de gelo**, que é uma fonte de temperatura 0 °C muito conveniente. Um banho de gelo requer água e gelo, para se obter um bom resultado. Se um banho de gelo tiver apenas gelo, não será um resfriador muito eficiente, porque os pedaços de gelo grandes não manterão um bom contato com o frasco. É preciso que haja água suficiente no frasco, juntamente com o gelo, para que o frasco fique envolto em água, mas não tanto que a temperatura se modifique, deixando de permenecer em 0 °C. Além disso, se houver água demais, a flutuabilidade de um balão em repouso no banho de gelo pode fazê-lo tombar, portanto, é preciso que haja gelo suficiente no banho, para permitir que o frasco se mantenha firme.

Para temperaturas um pouco abaixo de 0 °C, você pode acrescentar um pouco de cloreto de sódio sólido ao banho de gelo-água. O sal iônico reduz o ponto de congelamento do gelo, de modo que é possível atingir temperaturas no intervalo de 0 a –10 °C. Temperaturas menores são obtidas com misturas de gelo-água que contêm relativamente pouca água.

Uma temperatura de –78,5°C pode ser obtida com dióxido de carbono sólido ou gelo seco. Contudo, grandes pedaços de gelo seco não permitem um contato uniforme com um frasco sendo resfriado. Um líquido como o álcool isopropílico é misturado com pequenos pedaços de gelo seco, a fim de proporcionar uma mistura de resfriamento eficiente. A acetona e o etanol podem ser utilizados no lugar do álcool isopropílico. Tenha cuidado ao manipular gelo seco, porque é possível que você sofra queimaduras graves. Temperaturas extremamente baixas podem ser obtidas com nitrogênio líquido (–195,8 °C).

■ PROBLEMAS ■

1. Qual seria o(s) melhor(es) dispositivo(s) de aquecimento, em cada uma das seguintes situações?
   a. Refluxo de um solvente, com um ponto de ebulição de 56 °C
   b. Refluxo de um solvente, com um ponto de ebulição de 110 °C
   c. Destilação de uma substância que ferve a 220 °C
2. Obtenha os pontos de ebulição para os seguintes compostos, utilizando um manual (veja a Técnica 4). Em cada um dos casos, sugira um(ns) dispositivo(s) de aquecimento, que deverá ser utilizado para o refluxo da substância.
   a. Benzoato de butila
   b. 1-Pentanol
   c. 1-Cloropropano
3. Que tipo de banho você utilizaria para obter uma temperatura de –10 °C?
4. Obtenha o ponto de fusão e o ponto de ebulição para o benzeno e a amônia, a partir de um manual (veja a Técnica 4) e responda às seguintes questões.
   a. Uma reação foi conduzida usando-se benzeno como o solvente. Como a reação era muito exotérmica, a mistura foi resfriada em um banho de gelo-sal. Esta foi uma má escolha. Por quê?
   b. Que banho deveria ter sido utilizado para uma reação que é conduzida em amônia líquida como o solvente?
5. Analise as seguintes técnicas:
   a. Refluxo de uma mistura que contém éter dietílico, utilizando um bico de Bunsen
   b. Refluxo de uma mistura que contém uma grande quantidade de tolueno, utilizando um banho de água quente
   c. Refluxo de uma mistura utilizando o aparato mostrado na Figura 6.6, mas com um termômetro não fixado por garra.
   d. Utilizando um termômetro de mercúrio, que é inserido em um bloco de alumínio em uma placa de aquecimento
   e. Promovendo uma reação com álcool *tert*-butílico (2-metil-2-propanol), que é resfriado a 0 °C em um banho de gelo.

Técnica 7

Métodos de reação

A realização bem-sucedida de uma reação orgânica requer que o químico esteja familiarizado com uma variedade de técnicas de laboratório, que incluem a operação com segurança, montagem do aparato, aquecimento e agitação de misturas de reação, adição de reagentes líquidos, manutenção das condições anidras e inertes na reação, e a coleta de produtos gasosos. Aqui, são discutidas diversas técnicas utilizadas para que a reação seja concluída com sucesso.

7.1 Montagem do aparato

É necessário tomar muito cuidado ao montar os componentes de vidro para obter o aparato desejado, e você precisa se lembrar de que a física newtoniana se aplica aos aparatos químicos, portanto, objetos de vidro que não estiverem presos certamente reagirão à gravidade.

A montagem de um aparato da maneira correta exige que os objetos de vidro individuais estejam conectados todos uns aos outros de forma segura e que o aparato inteiro seja mantido na posição correta. Isso pode ser conseguido utilizando-se **garras de metal ajustáveis** ou uma combinação de garras de metal ajustáveis e **grampos de plástico comuns**.

Dois tipos de garras de metal ajustáveis estão na Figura 7.1. Embora esses dois tipos de garra geralmente possam ser alternados, a garra de extensão é mais comumente utilizada para fixar balões de fundo redondo no lugar, e a garra de três dedos é usada frequentemente para fixar condensadores. Esses dois tipos de garra devem ser conectados a um suporte universal utilizando-se uma garra mufa, como mostra a Figura 7.1C.

A. Assegurando a montagem de aparelhos em macroescala

É possível montar um aparato utilizando somente garras de metal adjustáveis. Um aparelho usado para realizar destilação é mostrado na Figura 7.2. Ele é fixado seguramente com três garras de metal. Por causa do tamanho do aparelho e de sua geometria, as diversas garras provavelmente serão conectadas a três diferentes anéis de suporte. Esse aparato pode ser um pouco difícil de montar, porque é necessário garantir que as peças individuais permaneçam juntas, ao mesmo tempo em que se segura e ajusta as garras necessárias para fixar o aparelho inteiro. Além disso, deve-se ter muito cuidado para não bater nenhuma parte do aparelho nem o suporte universal, depois que o aparelho for montado.

Uma alternativa mais conveniente é utilizar uma combinação de garras de metal e grampos de plástico comuns. Um grampo de plástico é mostrado na Figura 7.3A. Esses grampos são muito fáceis de serem utilizados (eles simplesmente ficam presos), resistem a temperaturas de até 140 °C e são muito duráveis. Eles mantêm fixas dois objetos de vidro que são conectados por juntas de vidro esmerilhado, como mostra a Figura 7.3B. Esses grampos são fornecidos em diferentes tamanhos para que possam se ajustar a juntas de vidro esmerilhado também de tamanhos diferentes, e eles são codificados por cores correspondentes a cada tamanho.

Quando utilizados juntamente com garras de metal, os clipes de plástico comuns tornam muito mais fácil montar a maior parte dos aparelhos, de maneira segura. Nesse caso, a possibilidade de deixar objetos de vidro cair é menor quando se monta o aparelho, e uma vez que o aparato estiver montado, ele fica mais firme. A Figura 7.4 mostra o mesmo aparelho de destilação fixado no lugar com as garras de metal e os grampos de plástico.

Para montar esse aparelho, primeiro conecte todas as peças individuais utilizando os grampos de plástico. Em seguida, o aparato inteiro é conectado ao suporte universal usando as garras de metal ajustáveis. Observe que são necessários apenas dois suportes e que os blocos de madeira não são requeridos.

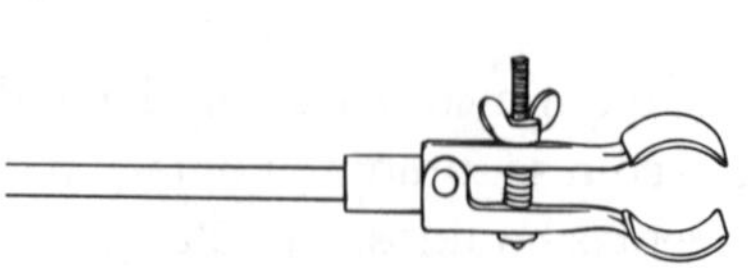

A. Garra de extensão

B. Garra com três dedos

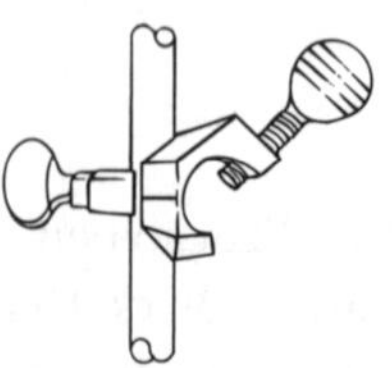

C. garra mufa

FIGURA 7.1 ■ Garras de metal ajustáveis.

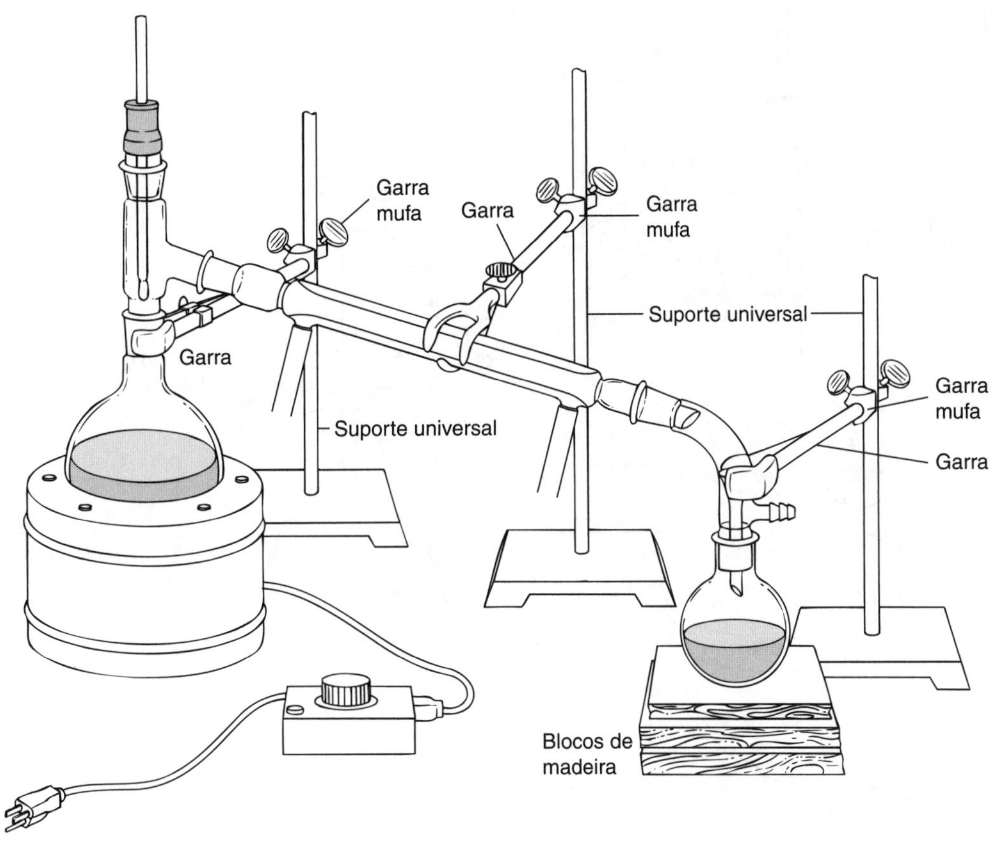

FIGURA 7.2 ■ Aparelho de destilação fixado com garras de metal.

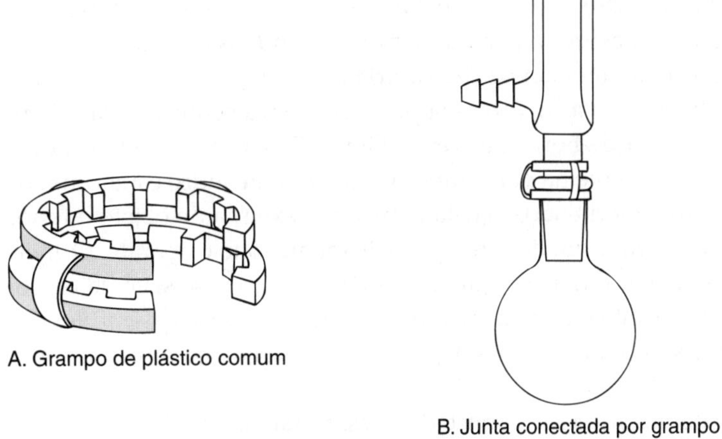

FIGURA 7.3 ■ Grampo de plástico comum.

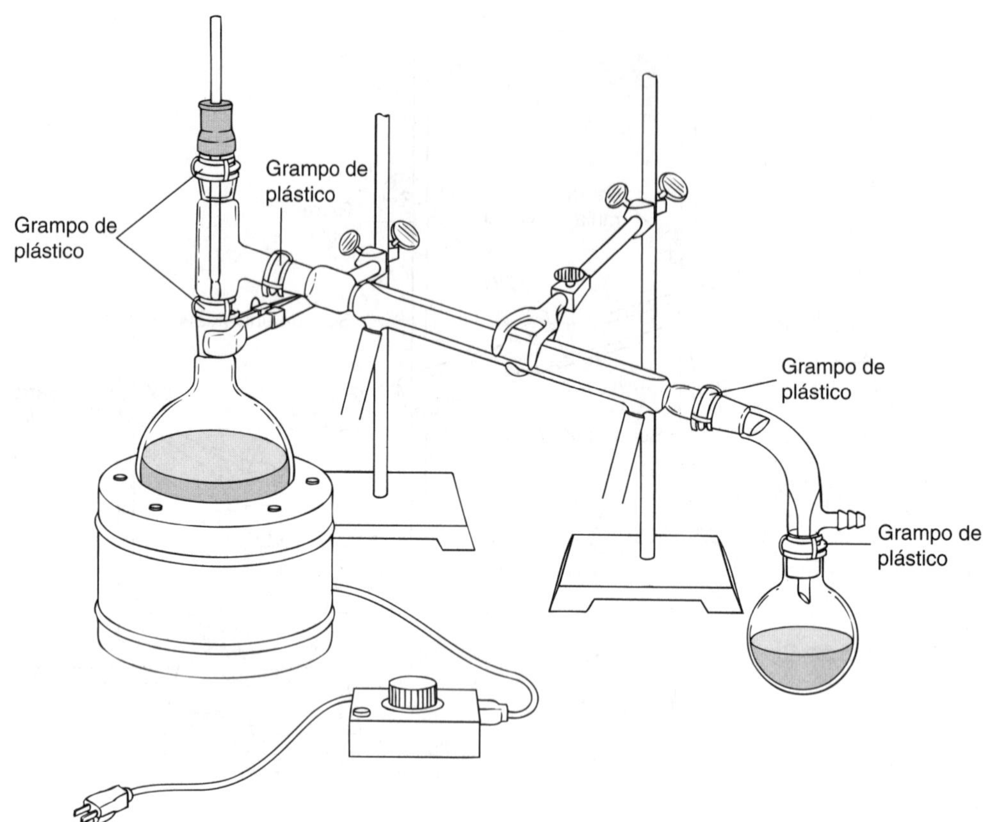

FIGURA 7.4 ■ Aparelho de destilação fixado com garras de metal e grampos de plástico comum.

B. Assegurando a montagem de aparelho em microescala

Os objetos de vidro, na maioria dos kits em microescala, são feitos com juntas de rosca padrão, de vidro esmerilhado. O tamanho de junta mais comum é ₮ 14/10. Alguns materiais desses objetos em microescala, com juntas de vidro esmerilhado, também têm segmentos arranjados na superfície externa das articulações exteriores (observe a parte superior do condensador de ar, na Figura 7.5). A junta segmentada possibilita o uso de uma tampa plástica de rosca, com um furo na parede superior para fixar com segurança dois objetos de vidro. A tampa plástica desliza sobre a junta interna do objeto superior, seguida por um anel circular de borracha (veja a Figura 7.5). O anel circular deve ser empurrado para baixo, para se fixar perfeitamente na parte superior da junta de vidro esmerilhado. Em seguida, a parte interna da junta de vidro esmerilhado é ajustada na junta externa do objeto inferior. A tampa de rosca é apertada, sem força excessiva, a fim de conectar firmemente todo o aparato. O anel circular proporciona uma vedagem adicional, que torna essa junta hermética. Com esse sistema de conexão, não é preciso utilizar nenhum tipo de selante para vedar a junta. O anel circular *deve ser utilizado* para se obter boa vedação e para reduzir a possibilidade de os objetos se quebrarem, no momento em que a tampa plástica for apertada.

Objetos de vidro em microescala, conectados dessa maneira, podem ser montados com muita facilidade. O aparato inteiro é fixado com segurança, e geralmente apenas uma garra de metal é necessária para prender o aparelho em um suporte universal.

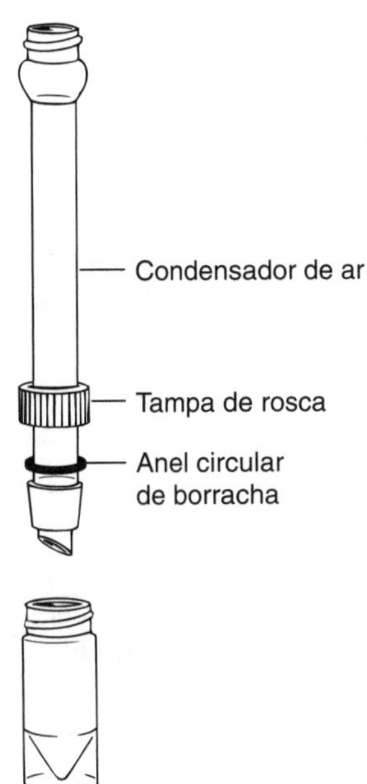

FIGURA 7.5 ■ Uma montagem de juntas com rosca padrão, em microescala.

7.2 Aquecimento mediante refluxo

Muitas vezes, queremos aquecer uma mistura por um longo tempo e deixá-la em repouso. Um **aparelho de refluxo** (veja a Figura 7.6) permite esse tipo de aquecimento. O líquido é aquecido até a fervura, e os vapores quentes são resfriados e condensados, à medida que sobem no condensador revestido com câmera de água. Portanto, muito pouco líquido é perdido por evaporação, e a mistura é mantida a uma temperatura constante, o ponto de ebulição do líquido. Diz-se, então, que a mistura líquida é **aquecida mediante refluxo**.

CONDENSADOR. O **condensador revestido com câmera de água**, mostrado na Figura 7.6, consiste em dois tubos concêntricos, com o tubo de refrigeração externo selado ao tubo interno. Os vapores sobem dentro do tubo interno, e a água circula pelo tubo externo. A água circulando remove calor dos vapores e os condensa. A Figura 7.6 também mostra um típico aparelho em microescala, destinado ao aquecimento de pequenas quantidades de material, mediante refluxo (veja a Figura 7.6B).

Ao utilizar um condensador revestido com câmera de água, certifique-se de que a direção do fluxo da água é tal que o condensador será preenchido com água em refrigeração. A água deverá entrar pela parte debaixo do condensador e terá de sair pela parte de cima. A água deverá fluir suficientemente rápido para resistir a quaisquer alterações na pressão nas linhas de água, mas o fluxo não deverá ser nem um pouco mais rápido do que o absolutamente necessário. Um fluxo excessivo aumentará muito a possibilidade de um vazamento, e a pressão elevada da água pode forçar a mangueira do condensador. A água em refrigeração precisa fluir antes que o aquecimento se inicie! Se a água tiver de permanecer fluindo durante a noite, é recomendável prender firmemente o tubo de borracha com um fio ao condensador. Se for empregada uma chama como fonte de calor, é melhor utilizar uma rede metálica embaixo do balão, a fim de proporcionar uma distribuição uniforme do calor da chama. Na maioria dos casos, uma manta de aquecimento, um banho-maria, um banho de óleo, blocos de alumínio, um banho de areia ou um banho de vapor é preferível em relação à chama.

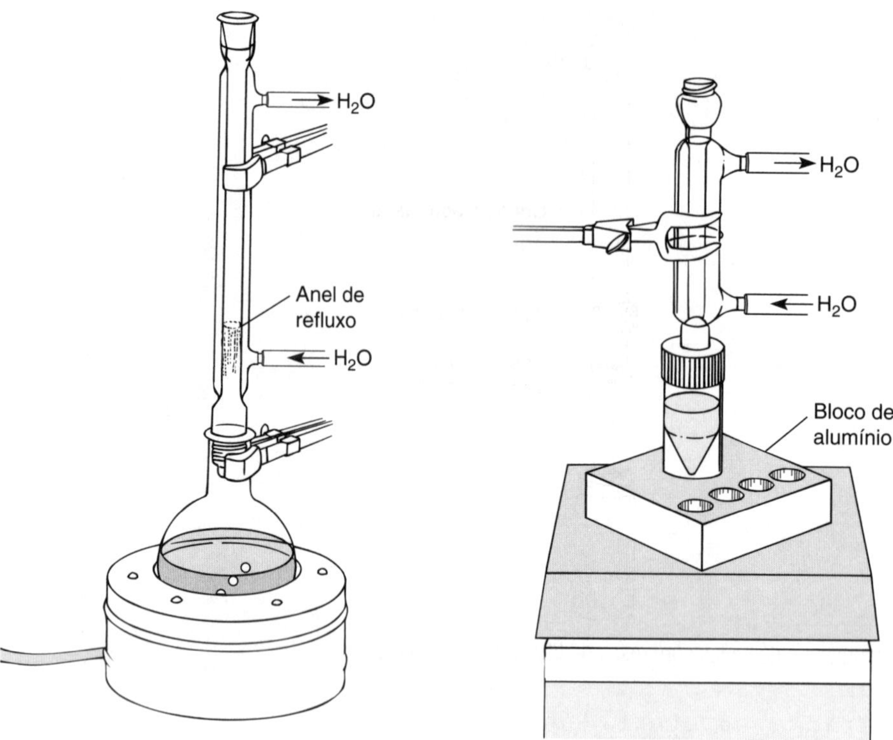

A. Aparelho de refluxo para reações em macroescala, utilizando uma manta de aquecimento e um condensador revestido com câmera de água

B. Aparelho de refluxo para reações em microescala, utilizando uma placa de aquecimento, um bloco de alumínio e um condensador revestido com câmera de água

FIGURA 7.6 ■ Aquecimento mediante refluxo.

AGITAÇÃO. Ao aquecer uma solução, sempre utilize um agitador magnético ou uma pedra de ebulição (veja as Seções 7.3 e 7.4), para evitar a "colisão" da solução (observe a seção seguinte).

TAXA DE AQUECIMENTO. Se a taxa de aquecimento tiver sido corretamente ajustada, o líquido que está sendo aquecido mediante refluxo percorrerá apenas parcialmente o tubo condensador, antes que tenha início a condensação. Abaixo do ponto de condensação, será possível perceber o solvente percorrendo novamente o balão; acima dele, o interior do condensador parecerá estar seco. O limite entre as duas regiões será claramente demarcado, e um **anel de refluxo**, ou anel de líquido, aparecerá. O anel de refluxo pode ser visto na Figura 7.6A. No aquecimento mediante refluxo, a taxa de aquecimento deverá ser ajustada de modo que o anel de refluxo não esteja mais alto do que entre um terço e metade da distância até o topo do condensador. No caso de experimentos em microescala, frequentemente as quantidades de vapor aumentando no condensador, são tão pequenas que não é possível ver nítido anel de refluxo. Nesses casos, a taxa de aquecimento deve ser ajustada para que o líquido ferva tranquilamente, mas não tão rapidamente que o solvente possa escapar do condensador. Com volumes assim pequenos, até mesmo a perda de uma pequena quantidade de solvente pode afetar a reação. Com reações em macroescala, é muito mais fácil de ver o anel de refluxo, e é possível ajustar a taxa de aquecimento naturalmente.

TENDÊNCIA DE REFLUXO. É possível aquecer pequenas quantidades de um solvente mediante refluxo em um frasco de Erlenmeyer. Aquecendo levemente, o solvente evaporado se condensará no gargalo do frasco, que está relativamente frio, e voltará à consistência de solução. Essa técnica (veja a Figura 7.7) exige atenção constante. O frasco precisa ser agitado constantemente e removido da fonte de aquecimento por um breve período, se a fervura ficar muito intensa. Durante o aquecimento, o anel de refluxo não pode subir até o gargalo do frasco.

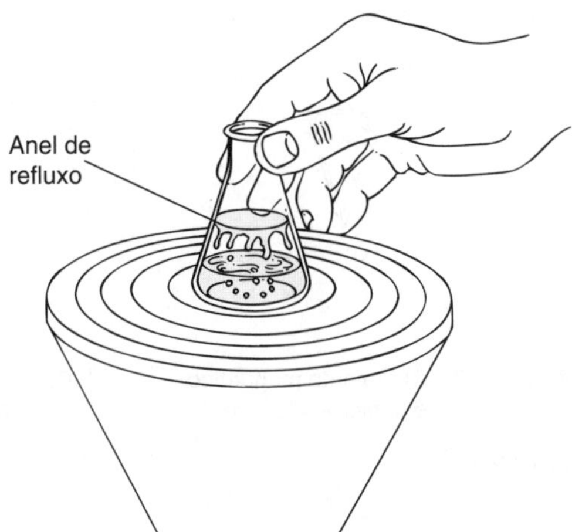

FIGURA 7.7 ■ Tendência de refluxo de pequenas quantidades em um cone de vapor (isso também pode ser feito com uma placa de aquecimento).

7.3 Métodos de agitação

Quando uma solução é aquecida, existe o perigo de que ela se torne superaquecida. Quando isso acontece, é possível que bolhas muito grandes venham a eclodir na solução; Isso é chamado **colisão**, que deve ser evitada por causa do risco de perda de material no aparato, de que ocorra um incêndio ou de que o aparelho se quebre.

AGITADORES MAGNÉTICOS são utilizados para evitar colisões, porque estas produzem turbulência na solução. A turbulência estoura as bolhas que se formam nas soluções em ebulição. Outra finalidade dos agitadores magnéticos é agitar a reação, a fim de garantir que todos os reagentes sejam completamente misturados. Um sistema de agitação magnético consiste em um ímã que é girado por um motor elétrico. A frequência com que esse ímã gira pode ser ajustada por um controle potenciométrico. Um pequeno ímã, revestido de material não reativo, como teflon ou vidro, é colocado no frasco e, então, gira em resposta ao campo magnético giratório gerado pelo ímã motorizado. O resultado é que o ímã interno agita a solução, à medida que ele gira. Um tipo de agitador magnético muito comum inclui o sistema de agitação dentro de uma placa de aquecimento. Esse tipo de placa de aquecimento/agitador permite aquecer a reação e agitá-la, simultaneamente. Para que o agitador magnético seja efetivo, o conteúdo do frasco que está sendo aquecido deve ser colocado o mais perto possível do centro da placa de aquecimento, e não deslocado.

Para aparelhos em macroescala, estão disponíveis barras de agitação magnéticas de vários tamanhos e formatos. No caso de aparatos em microescala, geralmente é utilizado um **cata-vento magnético**. Esse tipo de aparelho é projetado para conter uma minúscula barra magnética e ter um formato adequado ao fundo cônico de um frasco de reação. Uma pequena barra de agitação magnética revestida de Teflon funciona bem com muitos dos pequenos balões de ebulição com fundo redondo. Essas pequenas barras de agitação (geralmente, vendidas como barras "descartáveis") podem ser adquiridas por um preço muito baixo. Várias barras de agitação magnéticas são mostradas na Figura 7.8.

Também existem diversas técnicas simples que podem ser utilizadas para agitar uma mistura líquida em um tubo centrífugo ou um frasco cônico. Uma completa mistura dos componentes de um líquido pode ser conseguida extraindo-se repetidamente o líquido em uma pipeta Pasteur e, depois, ejetando o líquido novamente no recipiente, pressionando fortemente o bulbo do conta-gotas. É possível agitar líquidos de forma efetiva, colocando a extremidade achatada da espátula no recipiente e girando-a rapidamente.

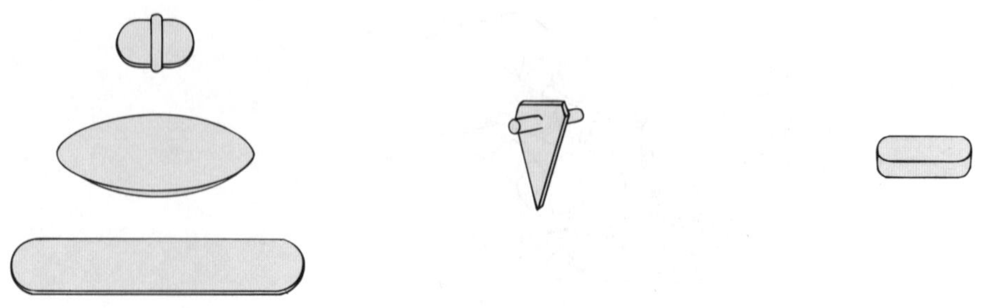

A. Barras de agitação magnética tamanho padrão
B. Cata-vento magnético em microescala
C. Pequena barra de agitação magnética (do tipo "descartável")

FIGURA 7.8 ■ Barras de agitação magnéticas.

7.4 Pedras de ebulição

Uma **pedra de ebulição**, também conhecida como um **chip de ebulição** ou **ebulidor**, é uma pequena massa de material poroso, que produz um fluxo constante de finas bolhas de ar quando é aquecido em um solvente. Esse fluxo de bolhas e a turbulência que o acompanha fazem romper as grandes bolhas de gases no líquido. Dessa maneira, reduz- se a tendência de o líquido ficar superaquecido, promovendo também o desempenho correto da ebulição do líquido. A pedra de ebulição diminui as chances de colisão.

Dois tipos comuns de pedras de ebulição são fragmentos de carborundo e mármore. As pedras de ebulição de carborundo são mais inertes, e as peças geralmente são muito pequenas, adequadas à maioria das aplicações. Se estiverem disponíveis, as pedras de ebulição de carborundo são preferíveis, para a maior parte das finalidades. Os fragmentos de mármore podem se dissolver em soluções fortemente ácidas, e as peças são maiores. A vantagem dos fragmentos de mármore é que são mais baratos.

Uma vez que as pedras de ebulição atuam para promover a ebulição adequada de líquidos, é preciso que você se certifique, sempre, de que uma pedra de ebulição foi colocada em um líquido, *antes* que se inicie o aquecimento. Se esperar até que o líquido esteja quente, pode ser que ele fique superaquecido. Acrescentar uma pedra em ebulição a um líquido superaquecido fará que todo o líquido possa ferver de uma só vez. Como resultado, o líquido irromperá totalmente para fora do frasco ou espumará intensamente.

Assim que a fervura cessa em um líquido contendo uma pedra de ebulição, o líquido é absorvido pelos poros da pedra de ebulição. Quando isso acontece, a pedra de ebulição não pode mais produzir um fino fluxo de bolhas; ela foi consumida. Talvez, seja necessário adicionar uma nova pedra de ebulição, se tiver deixado interromper a fervura por um longo período.

Em algumas aplicações, são utilizadas varetas aplicadoras feitas de madeira, que funcionam da mesma maneira que as pedras de ebulição. Ocasionalmente, são utilizados grânulos de vidro. Sua presença também causa turbulência suficiente no líquido para evitar a colisão.

7.5 Adição de reagentes líquidos

Soluções e reagentes líquidos são acrescentados a uma reação, de diversas maneiras, algumas das quais são mostradas na Figura 7.9. O tipo de montagem mais comum para experimentos em macroescala é ilustrado na Figura 7.9A. Nesse aparato, um funil de separação é conectado ao braço lateral de um adaptador de Claisen, com cabeça. O funil de separação deve ser equipado com uma junta padrão, de vidro esmerilhado, com rosca, para ser utilizado dessa maneira. O líquido é armazenado no funil de separação (que é chamado **funil de adição**, nessa aplicação) e é acrescentado à reação. A taxa de adição é controlada ajustando-se a torneira. Quando utilizada como funil de adição, a abertura superior deve ser mantida aberta, voltada para a atmosfera. Se o orifício superior for tampado, vai se desenvolver um vácuo no funil, evitando que o líquido passe para o recipiente da reação. Uma vez que o funil estiver aberto, voltado para a atmosfera, existe o perigo de que a umidade atmosférica possa contaminar o reagente líquido, enquanto ele estiver sendo adicionado. Para evitar esse resultado, um tubo de secagem (veja a Seção 7.6) pode ser conectado à abertura superior do funil de adição. O tubo de secagem permite que o funil mantenha a pressão atmosférica, sem possibilitar a passagem do vapor de água para a reação. Para reações particularmente sensíveis à umidade, também é recomendável conectar um segundo tubo de secagem à parte superior do condensador.

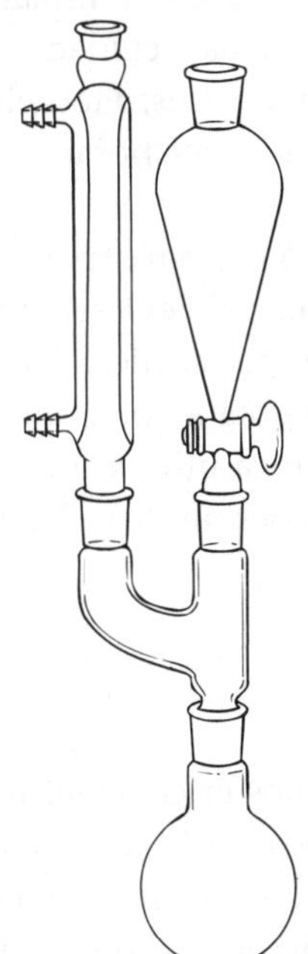

A. Equipamento em macroescala, utilizando um funil de separação como um funil de adição

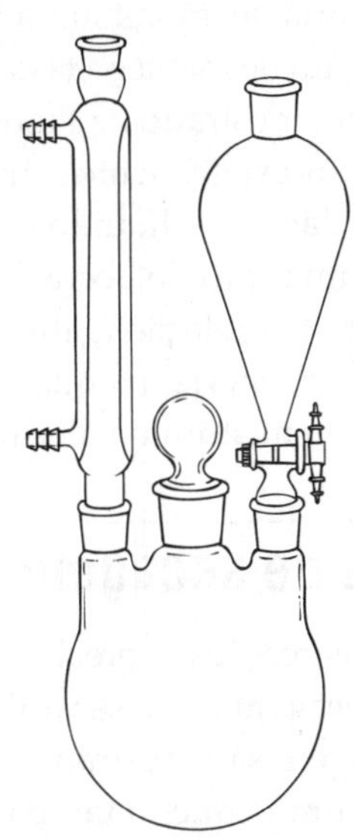

B. Macroescala, para quantidades maiores

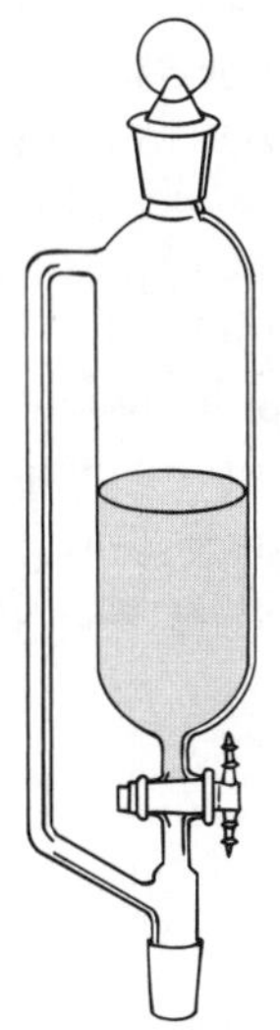

C. Um funil de adição com equalização de pressão

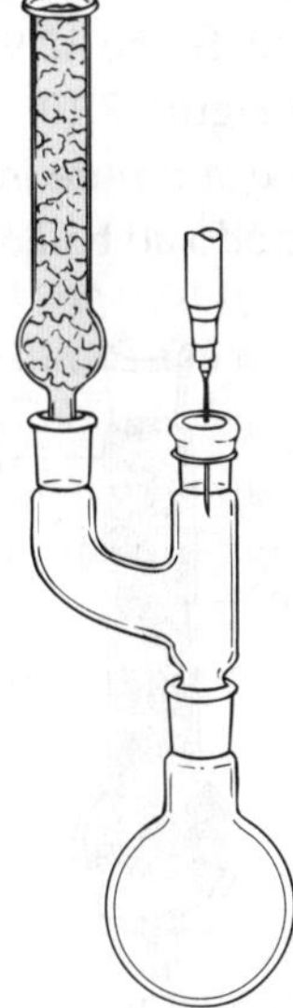

D. Adição com uma seringa hipodérmica inserida através de um septo de borracha

FIGURA 7.9 ■ Métodos para acrescentar reagentes líquidos à reação.

Outra montagem em macroescala, adequada para maiores quantidades de material, é mostrada na Figura 7.9B. Tubos de secagem também podem ser utilizados com esse aparelho, a fim de evitar a contaminação da mistura atmosférica.

A Figura 7.9C mostra um tipo alternativo de funil de adição que é útil para reações que precisam ser mantidas em uma atmosfera de gás inerte. Trata-se do **funil de adição com equalização de pressão**. Com esse equipamento, a abertura superior é tampada. O braço lateral possibilita que a pressão acima do líquido no funil esteja em equilíbrio com a pressão no restante do aparato, e permite que o gás inerte circule por cima do líquido que está sendo adicionado.

Com qualquer um dos tipos de funil de adição em macroescala, você pode controlar a taxa de adição do líquido, ajustando cuidadosamente a torneira. Mesmo depois de um ajuste cuidadoso, podem ocorrer mudanças na pressão, causando a modificação da taxa de fluxo. Em alguns casos, a torneira pode ficar obstruída. Portanto, é importante, monitorar a taxa de adição atenciosamente e melhorar o ajuste da torneira, conforme necessário, a fim de manter a taxa de adição desejada.

Um quarto método, mostrado na Figura 7.9D, é apropriado para o uso em experimentos em microescala, em geral, e alguns experimentos em macroescala, nos quais a reação deve ser mantida isolada da atmosfera. Nessa abordagem, o líquido é mantido em uma seringa hipodérmica. A agulha da seringa é inserida através de um septo de borracha, e o líquido é adicionado gota a gota, por meio da seringa. O septo veda o aparato em relação à atmosfera, o que torna essa técnica útil para reações conduzidas em uma atmosfera de gás inerte, na qual devem ser mantidas condições anidro. O tubo de secagem é utilizado para proteger a mistura da reação da umidade atmosférica.

7.6 Tubos de secagem

Com determinadas reações, é preciso impedir que a umidade atmosférica penetre no recipiente da reação. Um **tubo de secagem** pode ser utilizado para manter condições anidro dentro do aparato. Dois tipos de tubos de secagem são mostrados na Figura 7.10. Um tubo de secagem típico é preparado por meio da colocação de um pequeno tampão de lã de vidro ou algodão, inserido suavemente para bloquear a extremidade do tubo, o mais próximo possível da junta de vidro esmerilhado ou da conexão da mangueira. O tampão é colocado suavemente com um bastão de vidro ou um pedaço de arame, a fim de ajustá-lo na posição correta. Um agente secante, normalmente, sulfato de cálcio ("drierita") ou cloreto de cálcio (veja a Técnica 12, Seção 12.9), é derramado em cima do tampão, até atingir a profundidade aproximada mostrada na Figura 7.10. Outro tampão de lã de vidro ou algodão é colocado suavemente em cima do agente secante, a fim de evitar que o material sólido caia para fora do tubo de secagem, o qual, por sua vez, é conectado ao balão ou condensador.

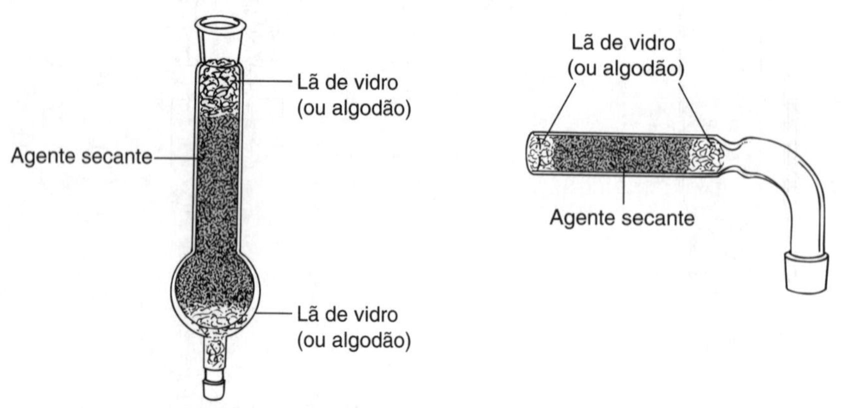

FIGURA 7.10 ■ Tubos de secagem.

O ar que entra no aparato deve passar pelo tubo de secagem. O agente de secagem absorve qualquer umidade presente no ar que passa através dele, de modo que o ar que entra no recipiente de reação tenha o vapor de água removido dele.

7.7 Reações conduzidas em uma atmosfera inerte

Algumas reações são muito sensíveis ao oxigênio e ao vapor de água presente no ar, e exigem uma atmosfera inerte para que se obtenha resultados satisfatórios. As reações comuns, nas quais se deseja excluir o ar, geralmente incluem reagentes organometálicos, como os reagentes organomagnésio ou organolítio, onde o vapor d'água e o oxigênio (ar) reagem com esses compostos. Os gases inertes mais comuns disponíveis em um laboratório são nitrogênio e argônio, que são fornecidos em cilindros de gás. O nitrogênio, provavelmente, é o gás mais frequentemente utilizado para se realizar reações em uma atmosfera inerte, embora o argônio tenha uma vantagem distinta, porque ele é mais denso que o ar. Isso permite que o argônio empurre o ar para longe da mistura da reação.

Quando os laboratórios não são equipados com linhas de gás individuais para bancadas ou exaustores, é muito útil fornecer nitrogênio ou argônio para o aparelho de reação utilizando uma estrutura com balão (mostrada na Figura 7.11). Seu instrutor lhe fornecerá o aparato.

Construa a estrutura com balão cortando a parte superior de uma seringa plástica descartável, com capacidade de 3 mL. Conecte firmemente um pequeno balão no topo da seringa, fixando-a com um pequeno elástico dobrado, a fim de manter o balão preso ao corpo da seringa. Conecte uma agulha à seringa. Encha o balão com o gás inerte através da agulha, utilizando um tubo de borracha conectado à

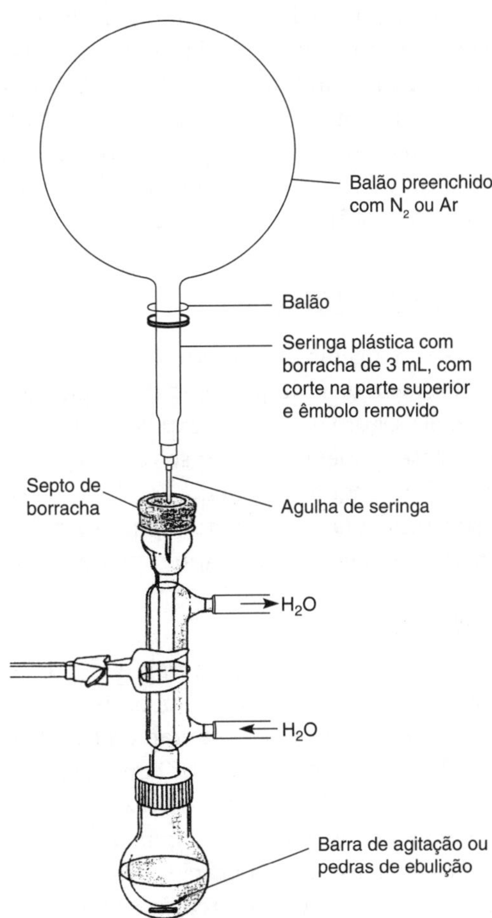

FIGURA 7.11 ■ Condução de uma reação em uma atmosfera inerte, utilizando um conjunto de balões.

fonte de gás. Quando o balão estiver inflado, apresentando um diâmetro de 2 a 3 polegadas, rapidamente, aperte o pescoço do balão, ao mesmo tempo em que remove a fonte de gás. Em seguida, empurre a agulha em uma rolha de borracha para manter o balão inflado. É possível manter uma estrutura como esta preenchida com gás inerte durante vários dias, sem que o balão murche.

Antes de iniciar a reação, talvez seja necessário secar totalmente seu aparelho, utilizando um forno. Adicione cuidadosamente todos os reagentes, evitando a água. As instruções a seguir são baseadas na suposição de que está sendo usado um aparelho que consiste em um balão de fundo redondo, equipado com um condensador. Conecte um septo de borracha na parte superior de seu condensador. Agora, empurre o gás para fora do aparelho com o gás inerte. É melhor não utilizar o conjunto com balão para essa finalidade, a menos que esteja empregando argônio (veja o parágrafo seguinte). Em vez disso, remova o balão com fundo redondo do aparato e, com a ajuda de seu instrutor, lave-o com o gás inerte utilizando uma pipeta Pasteur para fazer o gás borbulhar através do solvente e da mistura de reação no frasco. Dessa maneira, você pode remover ar da estrutura de reação, antes de conectar o conjunto com balão. Rapidamente, reconecte o balão ao aparato. Pressione o gargalo do balão entre seus dedos, remova a rolha de borracha e insira a agulha no septo de borracha. Agora, o aparato da reação está pronto para uso.

Quando o argônio é empregado como um gás inerte, é possível usar o conjunto com balão para remover ar do aparelho de reação, da seguinte maneira. Insira o conjunto com balão no septo de borracha, conforme descrito anteriormente. Insira também uma segunda agulha (não conectada à seringa) através do septo. A pressão do balão forçará o argônio para baixo do condensador de refluxo (o argônio é mais denso que o ar) e empurre o ar menos denso para fora, através da segunda agulha de seringa. Quando o aparato tiver sido completamente lavado com argônio, remova a segunda agulha. O nitrogênio não funciona tão bem com esse método, porque ele é menos denso que o ar, e será difícil remover o ar que está em contato com a mistura da reação, no balão com fundo redondo.

Para reações conduzidas à temperatura ambiente, é possível remover o condensador, como mostra a Figura 7.11. Conecte o septo de borracha diretamente ao balão de fundo redondo e insira a agulha de um conjunto de balões preenchidos com argônio através do septo de borracha. Para soltar o ar do balão de reação, insira uma segunda agulha de seringa no septo de borracha. Qualquer ar presente no frasco será liberado através dessa segunda agulha, e o ar será substituído por argônio. Agora, remova a segunda agulha, e você terá uma mistura de reação sem a presença de ar.

7.8 Captura de gases nocivos

Muitas reações orgânicas envolvem a geração de produtos gasosos nocivos. Um gás pode ser corrosivo, como o cloreto de hidrogênio, brometo de hidrogênio ou dióxido de enxofre, ou pode ser tóxico, como o monóxido de carbono. O modo mais seguro de evitar a exposição a esses gases é realizar uma reação em um exaustor de ventilação, onde os gases podem ser dispersos com segurança, pelo sistema de ventilação.

Em muitos casos, no entanto, é bem seguro e eficiente conduzir o experimento na bancada do laboratório, distante do exaustor. Isso é particularmente verdadeiro quando os gases são solúveis em água. Algumas técnicas para a captura de gases nocivos são apresentadas nesta seção.

A. Captadores de gás externos

Uma abordagem para capturar gases é preparar uma trap que é separada do aparelho de reação. Os gases são levados da reação para a armadilha, através do tubo. Existem diversas variações nesse tipo de trap. No caso de reações em macroescala, emprega-se uma trap utilizando um funil invertido, colocado em um béquer. Uma peça de tubo de vidro, inserida através de um adaptador de termômetro, conectado ao aparelho da reação é conectada ao tubo flexível, que, por sua vez, é conectado a um funil cônico. O funil é fixado, na posição invertida, sobre um béquer contendo água, de modo que seus "lábios" *quase tocam* a superfície da água, mas não é colocado abaixo da superfície. Dessa maneira, a água não pode ser sugada novamente para a reação, se a pressão no recipiente da reação se modificar repentinamente. Esse tipo de trap também pode ser utilizado em aplicações em microescala. Um exemplo de funil invertido de uma trap para capturar gás é mostrado na Figura 7.12.

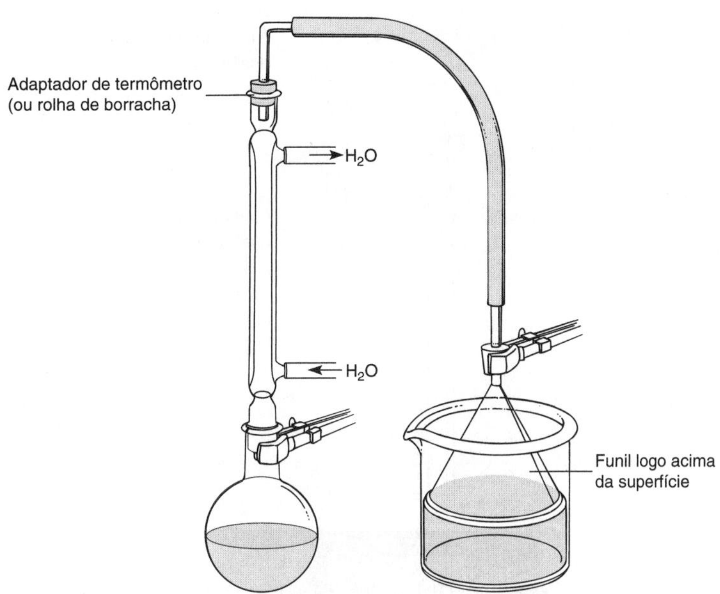

FIGURA 7.12 ■ Uma trap de gás com funil invertido.

Um método que funciona bem para experimentos em macroescala e microescala é colocar um adaptador de termômetro na abertura do aparelho de reação. Uma pipeta Pasteur é inserida de cabeça para baixo através do adaptador, e uma peça de tubo flexível é encaixada na ponta estreita. Pode ser útil quebrar a pipeta Pasteur antes de utilizá-la para essa finalidade, de modo que sejam utilizadas somente a ponta estreita e uma pequena seção do barril. A outra extremidade do tubo flexível é colocada através de um tampão de lã de vidro umedecida, em um tubo de ensaio. A água na lã de vidro absorve os gases solúveis em água. Esse método é mostrado na Figura 7.13.

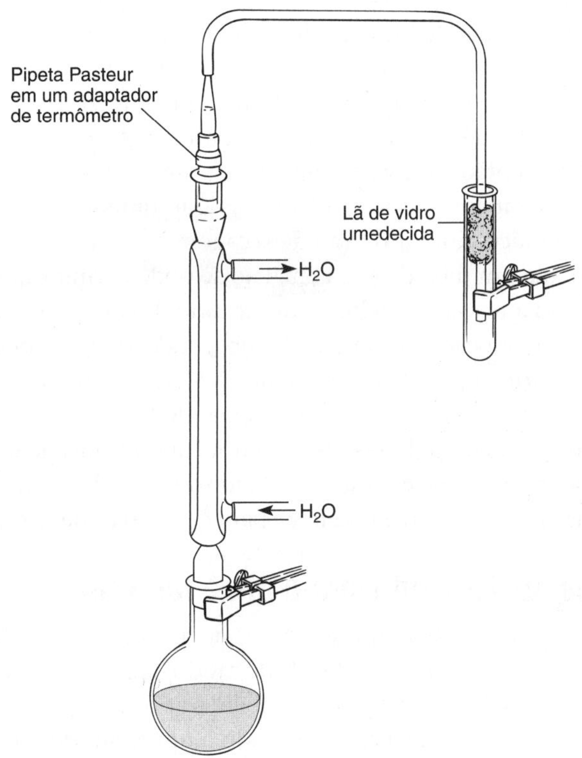

FIGURA 7.13 ■ Uma trap de gás externa.

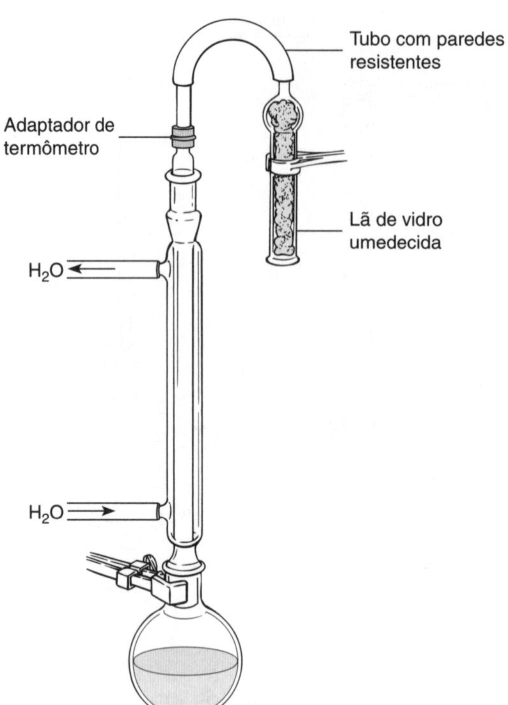

FIGURA 7.14 ■ Um tubo de secagem utilizado para capturar os gases liberados.

B. Método do tubo de secagem

Alguns experimentos em macroescala e a maioria em microescala apresentam a vantagem de que as quantidades de gases produzidos são muito pequenas. Assim, é fácil capturá-los e evitar que escapem para a sala de laboratório. Você pode tirar proveito da solubilidade em água dos gases corrosivos, como cloreto de hidrogênio, brometo de hidrogênio e dióxido de enxofre.

Uma técnica simples é conectar o tubo de secagem (veja a Figura 7.10) à parte superior do balão de reação ou condensador. O tubo de secagem é preenchido com lã de vidro umedecida. A umidade na lã de vidro absorve o gás, evitando que ele escape. Para preparar esse tipo de trap de gás, preencha o tubo de secagem com lã de vidro e, então, acrescente água com um conta-gotas até que a lã de vidro esteja suficientemente umedecida. Também se pode utilizar algodão umedecido, apesar de que a lã de vidro absorverá tanta água que será fácil tampar o tubo de secagem.

Ao utilizar a lã de vidro em um tubo de secagem, não se pode permitir que a umidade da lã de vidro passe do tubo de secagem para a reação. É melhor utilizar um tubo de secagem que tenha uma constrição entre a parte onde a lã de vidro é colocada e o gargalo do tubo, onde a junta é conectada (veja a Figura 7.10B). A constrição atua como uma barreira parcial, evitando que a água penetre no gargalo do tubo de secagem. Certifique-se de não deixar a lã de vidro úmida demais. Quando for necessário utilizar o tubo de secagem mostrado na Figura 7.10A como uma trap de gás e for essencial que a água não penetre no frasco de reação, é preciso utilizar a modificação mostrada na Figura 7.14. O tubo de borracha entre o adaptador de termômetro e o tubo de secagem deve ser suficientemente resistente para que não fique enrugado.

C. Remoção de gases nocivos utilizando um aspirador

É possível utilizar um aspirador para remover gases nocivos da reação. A abordagem mais simples consiste em prender uma pipeta Pasteur descartável, de modo que sua ponta seja adequadamente colocada no condensador, acima do frasco de reação, e também se pode empregar um funil invertido fixado sobre o aparelho. A pipeta ou o funil deve ficar conectado a um aspirador com tubo flexível. Em seguida, é preciso colocar a trap entre a pipeta ou o funil e o aspirador. À medida que os gases são liberados

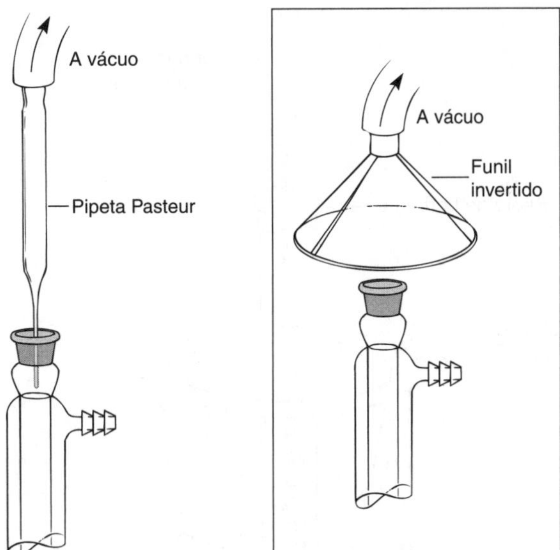

FIGURA 7.15 ■ Remoção, a vácuo, de gases nocivos. (A ilustração inserida mostra uma montagem alternativa, utilizando um funil invertido no lugar da pipeta Pasteur.)

a partir da reação, eles sobem dentro do condensador. O vácuo afasta os gases para longe do aparelho. Os dois tipos de sistemas são mostrados na Figura 7.15. No caso especial, em que os gases nocivos são solúveis em água, conectar um aspirador de água ao funil ou à pipeta removerá os gases da reação, que serão capturados na água corrente, sem a necessidade de uma trap de gás separada.

7.9 Coletando produtos gasosos

Na Seção 7.8, examinamos meios de remover produtos gasosos indesejados do sistema de reação. Alguns experimentos geram produtos gasosos que devem ser coletados e analisados, e os métodos para a coleta desses produtos gasosos são todos baseados no mesmo princípio. O gás é transportado através do tubo de reação para a abertura de um frasco ou tubo de ensaio que esteja cheio de água, e este é invertido em um recipiente contendo água. O gás poderá borbulhar dentro do tubo (ou frasco) de coleta invertido. À medida que o tubo de coleta é preenchido com gás, a água é deslocada para o recipiente com água. Se esse tubo for graduado, como no caso de um cilindro graduado ou um tubo centrífugo, é possível monitorar a quantidade de gás produzido na reação.

Se o tubo de coleta de gás, na posição invertida, for construído por meio de uma peça de tubo de vidro, pode ser utilizado um septo de borracha para fechar a extremidade superior do recipiente. Esse tipo de tubo de coleta é mostrado na Figura 7.16. Uma amostra do gás pode ser removida, utilizando-se uma seringa à prova de gás, equipada com uma agulha. O gás que é removido pode ser analisado por cromatografia de gás (veja a Técnica 22).

Na Figura 7.16, um tubo de vidro é conectado à extremidade livre da mangueira flexível. Esse tipo de tubo, às vezes, torna mais fácil ajustar a extremidade aberta na posição adequada na abertura to tubo ou frasco de coleta. A outra extremidade do tubo flexível é conectada ao tubo de vidro ou pipeta Pasteur, que foi inserida em um adaptador de termômetro.

7.10 Evaporação de solventes

Em muitos experimentos, é necessário remover o excesso de solvente de uma solução. Uma abordagem óbvia consiste em permitir que o recipiente fique aberto no exaustor, durante várias horas, até que o solvente tenha evaporado. No entanto, em geral, esse método não é prático, portanto, deve ser empregado um modo mais rápido e mais eficiente de evaporar solventes.

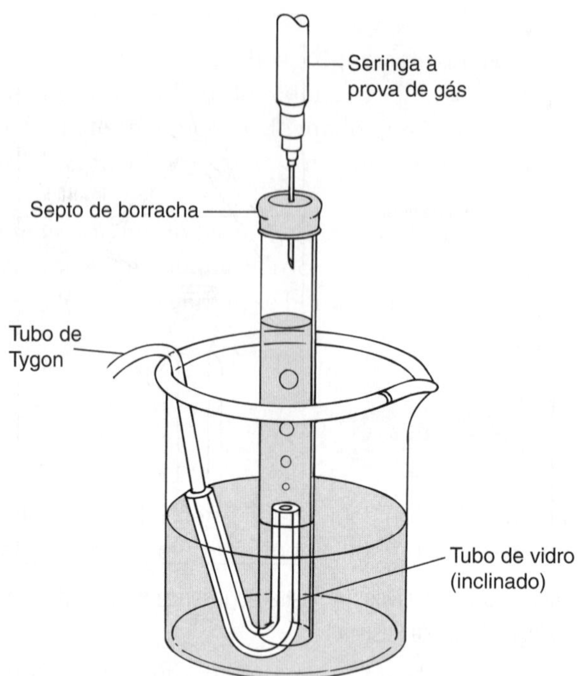

FIGURA 7.16 ■ Um tubo de coleta de gás, com septo de borracha.

ADVERTÊNCIA

É necessário, sempre, deixar evaporar solventes no exaustor. 

A. Métodos em escala grande

Um método em escala grande para remover o excesso de solvente é deixar evaporar o solvente a partir de um frasco de Erlenmeyer aberto (Figuras 7.17A e B). Essa evaporação deve ser conduzida em um exaustor, porque muitos vapores de solventes são tóxicos ou inflamáveis. Deve ser utilizada uma pedra de ebulição. Uma suave corrente de ar dirigida para a superfície do líquido removerá vapores que estão em equilíbrio com a solução e acelerará a evaporação. Uma pipeta Pasteur conectada por um pequeno tubo de borracha à linha de ar comprimido vai agir como um conveniente bico de ar (veja a Figura 7.17A). Também pode ser utilizado um tubo ou um funil invertido conectado a um aspirador (veja a Figura 7.17B). Nesse caso, os vapores são removidos por sucção. É melhor utilizar um frasco de Erlenmeyer que um béquer, para esse procedimento, porque depósitos de resíduos sólidos geralmente se depositam nas paredes do béquer onde o solvente evapora. A ação de refluxo em um frasco de Erlenmeyer não permite essa deposição. Se for utilizada uma chapa quente como fonte de calor, tome cuidado com solventes inflamáveis, a fim de se proteger contra incêndios causados por "faíscas" quando os vapores de solventes entram em contato com a superfície da placa de aquecimento.

Também é possível remover solventes com baixo ponto de ebulição, sob pressão reduzida (veja a Figura 7.17C). Com esse método, a solução é colocada em um frasco com filtro, juntamente com uma vareta aplicadora feita de madeira ou com um pequeno pedaço de tubo capilar. O frasco é tampado e o braço lateral é conectado a um aspirador (por uma trap), conforme descrito na Técnica 8, Seção 8.3. Sob pressão reduzida, o solvente começa a ferver. A vareta de madeira ou o tubo capilar tem a mesma

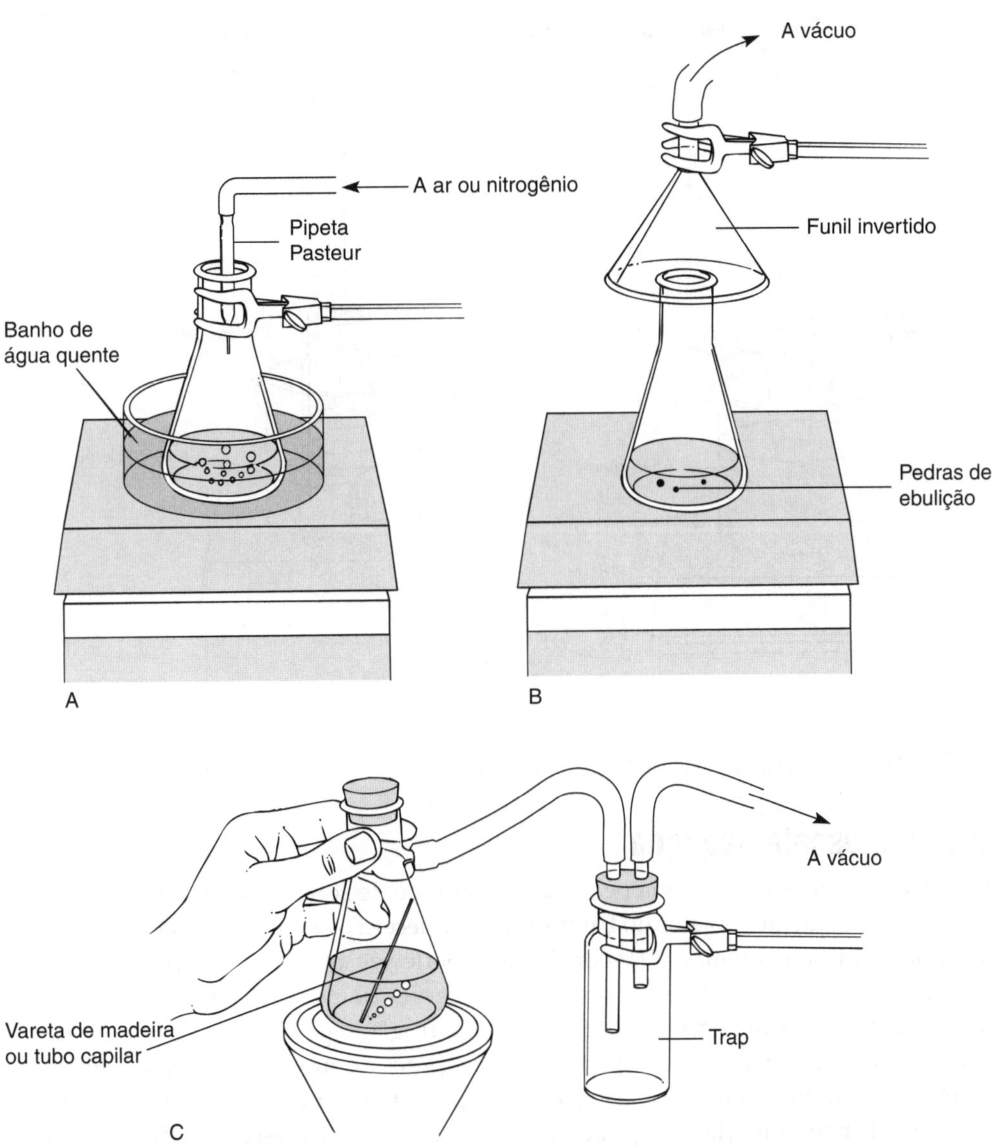

Figura 7.17 ■ Evaporação de solventes (a fonte de calor pode variar entre estas que são mostradas aqui).

função que uma pedra de ebulição. Com esse método, solventes podem ser evaporados a partir de uma solução, sem utilizar muito calor. Geralmente, essa técnica é utilizada quando for possível que o aquecimento da solução decomponha substâncias termossensíveis. O método tem a desvantagem de que quando são utilizados solventes com baixo ponto de ebulição, a evaporação do solvente resfria o frasco a uma temperatura abaixo do ponto de congelamento da água. Quando isso acontece, forma-se uma camada de gelo do lado de fora do balão. Como o gelo é isolante, ele precisa ser removido, a fim de manter o processo de evaporação a uma taxa razoável. Um dos dois métodos a seguir é melhor para remover o gelo: ou o frasco é colocado em um banho de água quente (sob agitação constante) ou ele é aquecido em um banho de vapor (também sob agitação). Ambos os métodos promovem uma eficiente transferência de calor.

Grandes quantidades de um solvente devem ser removidas por destilação (veja a Técnica 14). *Nunca evapore soluções de éter por meio de secagem,* exceto em um banho de vapor ou pelo método de pressão reduzida. A tendência do éter de formar peróxidos explosivos é um sério perigo potencial. Se for necessário que peróxidos estejam presentes, um grande e rápido aumento de temperatura no frasco, assim que o éter evaporar, poderá causar a detonação de quaisquer peróxidos residuais. A temperatura de um banho de vapor não é suficientemente elevada para causar tal detonação.

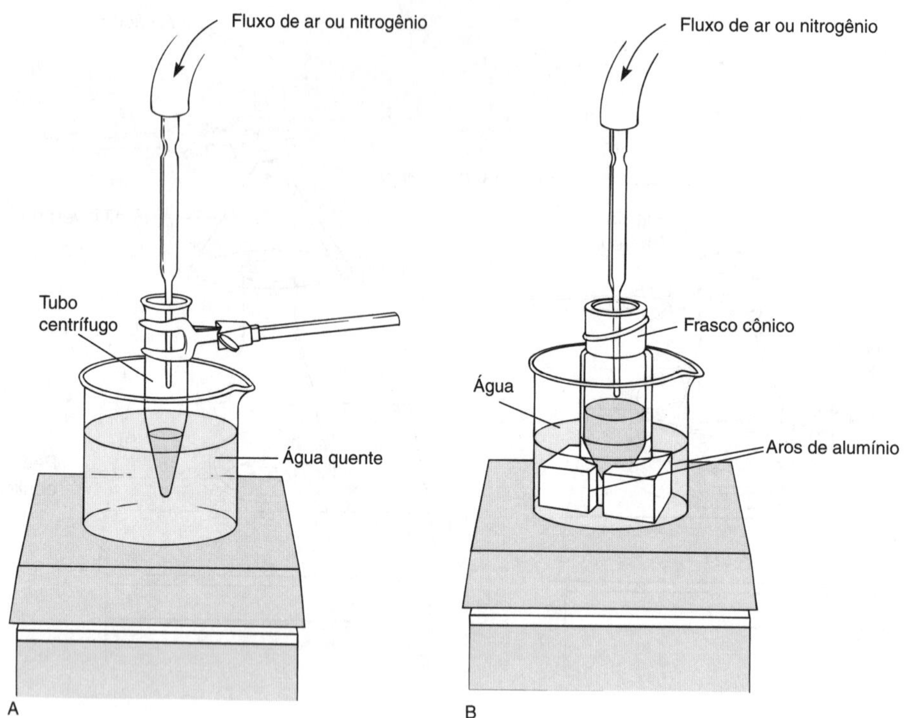

FIGURA 7.18 ■ Evaporação de solventes (métodos em escala pequena).

B. Métodos em escala pequena

Um meio simples de evaporar uma pequena quantidade de solvente é colocar um tubo centrífugo em um banho de água quente. O calor do banho-maria aquecerá o solvente a uma temperatura na qual ele pode evaporar em pouco tempo. O calor da água pode ser ajustado para proporcionar a melhor taxa de evaporação, mas não se deve deixar o líquido ferver demais. A taxa de evaporação pode ser aumentada direcionando-se uma corrente de ar seco ou nitrogênio para o tubo centrífugo (veja a Figura 7.18A). O movimento da corrente de gás dispersará os vapores do tubo e acelerará a evaporação. Como alternativa, é possível aplicar um vácuo acima do tubo para dissipar os vapores de solvente.

Um conveniente banho-maria, apropriado para métodos em microescala, pode ser preparado colocando-se os aros de alumínio, que geralmente são utilizados com blocos de aquecimento também feitos de alumínio, em um béquer com capacidade de 150 mL (veja a Figura 7.18B). Em alguns casos, pode ser necessário arredondar as bordas pontiagudas dos aros com um estilete, a fim de permitir que as bordas se encaixem corretamente no béquer. Fixado pelos aros de alumínio, o frasco cônico ficará preso seguramente no béquer. Essa montagem pode ser preenchida com água e colocada em uma placa de aquecimento para uso na evaporação de pequenas quantidades de solvente.

7.11 Evaporador rotativo

Em alguns laboratórios de química orgânica, os solventes são evaporados sob pressão reduzida utilizando-se um **evaporador rotativo**. Trata-se de um dispositivo motorizado, que é projetado para a rápida evaporação de solventes, com aquecimento, enquanto minimiza a possibilidade de colisão. Um vácuo é aplicado ao frasco, e o motor faz o frasco girar. A rotação do frasco espalha uma fina película de líquido sobre a superfície do vidro, o que acelera a reação. A rotação também agita a solução o suficiente para reduzir o problema da colisão. Um banho-maria pode ser colocado sob o frasco para aquecer a solução e aumentar a pressão de vapor do solvente. É possível selecionar a velocidade com que o frasco gira e a temperatura do banho-maria para manter a taxa de evaporação desejada. À medida que o

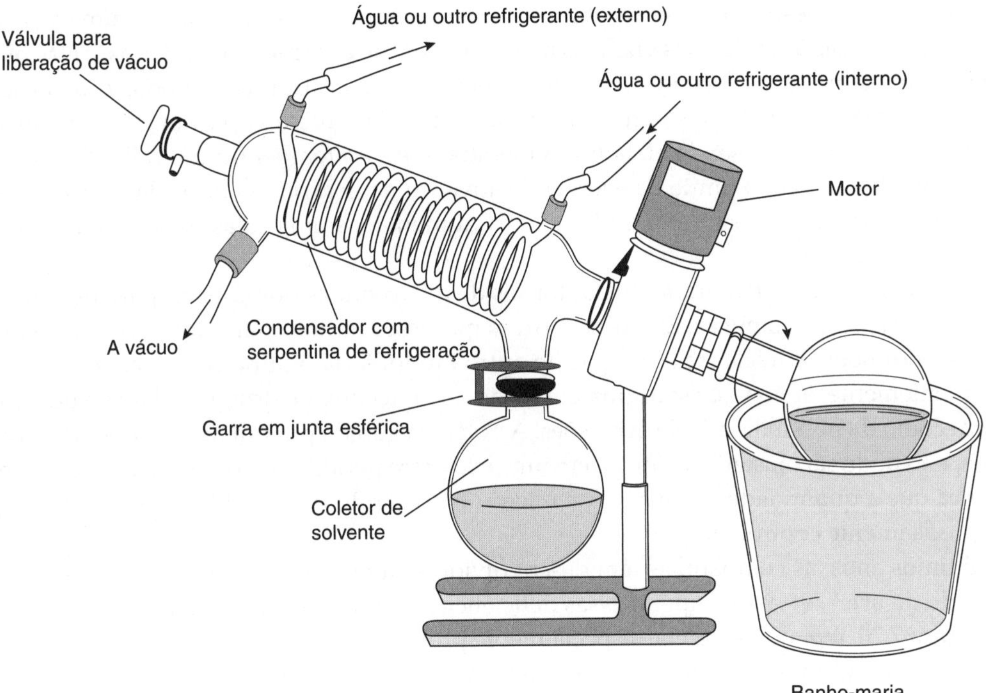

FIGURA 7.19 ■ Evaporador rotativo.

solvente evapora a partir do frasco rotativo, os vapores são resfriados pelo condensador, e o líquido resultante é coletado no frasco. O produto permanence atrás do frasco rotativo. Uma montagem completa de um evaporador rotativo está na Figura 7.19. Se o refrigerante estiver suficientemente frio, praticamente todo o solvente pode ser recuperado e reciclado. Esse é um bom exemplo de *Química Verde* (veja o Ensaio 15, "Química Verde").

7.12 Química orgânica com o auxílio de micro-ondas

Todos nós estamos familiarizados com o uso de um forno de micro-ondas na cozinha e com suas vantagens específicas. Cozinhar refeições em um forno de micro-ondas é muito mais rápido que em um forno convencional, e também é muito mais simples, não requer o uso de muita louça, e não ocorre desperdício de energia no aquecimento do recipiente.

Todas essas vantagens também podem ser aplicadas a um laboratório de química. É possível conduzir reações químicas em muito menos tempo do que recorrendo a métodos de laboratório comuns. Desde meados da década de 1980, os químicos vêm trabalhando para desenvolver métodos para aplicar o aquecimento em micro-ondas à síntese química. Os métodos de química orgânica com o auxílio de micro-ondas, ou a **química em micro-ondas**, têm ganhado ampla aceitação, especialmente em laboratórios industriais e de pesquisa. Com o uso do micro-ondas é possível aquecer reagentes químicos sem desperdiçar energia para aquecer seu recipiente. Nas aplicações de "química verde", o químico pode conduzir reações químicas empregando menos energia, em menos tempo, frequentemente, utilizando água como solvente, e geralmente sem aplicar nenhum tipo de solvente.

Aparentemente, não existe um consenso quanto ao mecanismo de aquecimento em micro-ondas. Os argumentos são complexos demais para serem incluídos aqui. Contudo, é possível se obter um entendimento básico. A radiação de micro-ondas é uma forma de *radiação eletromagnética*; isso significa que a radiação de micro-ondas consiste em campo de oscilação elétrica e magnética. Quando um campo de oscilação elétrica passa através de um meio que contém substâncias polares ou iônicas, essas moléculas tentarão orientar a si mesmas ou oscilar em resposta ao campo elétrico. Contudo, uma vez que essas moléculas estão ligadas às moléculas vizinhas no meio, seus movimentos são restritos, e elas não podem responder completamente às oscilações do campo elétrico. Isso causa uma condição de desequilíbrio que resulta em uma temperatura isntantânea elevada na região microscópica imediatamente circunvizinha às moléculas que estão sendo afetadas. À medida que essa temperatura localizada aumenta, moléculas são ativadas acima do limite da energia de ativação necessária. As taxas das reações dependem da temperatura; conforme a temperatura localizada aumenta, as moléculas nessa região microscópica reagirão mais rapidamente.

Os químicos, primeiro, tentaram utilizar fornos de micro-ondas domésticos, para uso em cozinhas, a fim de acelerar reações químicas. Eles descobriram que esses fornos eram capazes de acelerar reações, aumentar o rendimento e iniciar reações que, de outro modo, seriam impossíveis. No entanto, os resultados, frequentemente, eram insatisfatórios, em razão do aquecimento desigual, da falta de reprodutibilidade, bem como da possibilidade de explosões. A potência gerada por um típico forno de micro-ondas, de cozinha, não pode ser ajustada. O forno tem um ciclo entre períodos de potência total e potência zero. Isso significa que a quantidade de energia de micro-ondas sendo transmitida em um experimento não pode ser precisamente controlada.

Nos últimos anos, as companhias têm desenvolvido sistemas de reação em micro-ondas, considerados "estado da arte", visando superar essas deficiências. Um moderno sistema de reação, como mostrado na Figura 7.20, tem um recipiente especialmente projetado, que focaliza a energia do micro-ondas, para se obter um aquecimento eficiente. Esses sistemas em geral são equipados com agitação automática e controles de computador. Frequentemente, um sistema de controle de pressão pode ser incluído; isso permite que se conduza uma reação a temperatura e pressão elevadas, na presença de solventes ou reagentes voláteis. Um amostrador automático é um acessório útil; isso possibilita que o químico conduza uma série de experimentos repetidos, sem ter de perder tempo observando o sistema.

Trabalhos descrevendo as vantagens da química em micro-ondas estão surgindo com uma crescente frequência na literatura química. Exemplos de experimentos que podem ser conduzidos utilizando sistemas de reação em micro-ondas incluem esterificações, reações de condensação, hidrogenações, adições de ciclo e, até mesmo, sínteses de peptídeos. Além de oferecerem um método versátil de síntese química, os sistemas de reação em micro-ondas também incluem as vantagens de muitas das reações que podem ser conduzidas em água, em vez de em solventes orgânicos nocivos, ou mesmo na completa ausência de solventes. Essa capacidade torna a química com micro-ondas uma importante ferramenta na "química verde".

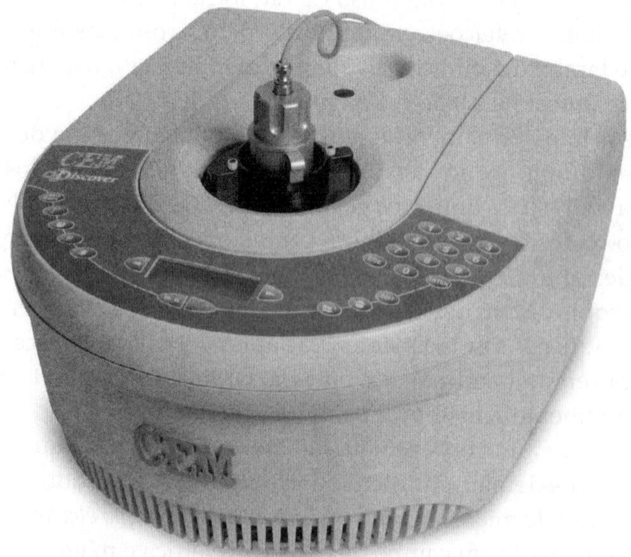

Figura 7.20 ■ Um sistema de reação de micro-ondas. (Reimpresso como cortesia da CEM Corporation.)

■ PROBLEMAS ■

1. Qual é o melhor tipo de dispositivo de agitação que se deve utilizar para agitar uma reação que ocorre no tipo de objetos de vidro a seguir?

a. Um frasco cônico

b. Um balão de fundo redondo com capacidade de 10 mL

c. Um balão de fundo redondo com capacidade de 250 mL

2. É recomendável utilizar um tubo de secagem para a reação a seguir? Explique.

$$CH_3-\overset{\overset{\displaystyle O}{\|}}{C}-OH + CH_3-\underset{\underset{\displaystyle CH_3}{|}}{CH}-CH_2-CH_2-OH \rightleftharpoons CH_3-\overset{\overset{\displaystyle O}{\|}}{C}-O-CH_2-CH_2-\underset{\underset{\displaystyle CH_3}{|}}{CH}-CH_3 + H_2O$$

3. Para quais das seguintes reações você deve utilizar uma trap para coletar gases nocivos?

a. $$C_6H_5-\overset{\overset{\displaystyle O}{\|}}{C}-OH + SOCl_2 \xrightarrow{\text{calor}} C_6H_5-\overset{\overset{\displaystyle O}{\|}}{C}-Cl + SO_2 + HCl$$

b. $$C_6H_5-\overset{\overset{\displaystyle O}{\|}}{C}-Cl + CH_3-CH_2-OH \longrightarrow C_6H_5-\overset{\overset{\displaystyle O}{\|}}{C}-O-CH_2-CH_3 + HCl$$

c. $$\underset{\text{(Sacarose)}}{C_{12}H_{22}O_{11}} + H_2O \longrightarrow 4\,CH_3-CH_2-OH + 4\,CO_2$$

d. $$CH_3-\underset{\underset{\displaystyle H}{|}}{C}{=}NH + H_2O \xrightarrow[\text{calor}]{\text{base}} CH_3-\underset{\underset{\displaystyle H}{|}}{C}{=}O + NH_3$$

4. Analise as seguintes técnicas:

a. Um refluxo é conduzido com uma rolha na parte superior do condensador.

b. A água passa através do condensador de refluxo à taxa de 1 galão por minuto.

c. Nenhuma mangueira de água é conectada ao condensador durante um refluxo.

d. Uma pedra de ebulição não é adicionada ao balão de fundo redondo até que a mistura esteja fervendo intensamente.

e. Para economizar dinheiro, você decide guardar suas pedras de ebulição para outro experimento.

f. O anel de refluxo está localizado perto do topo do condensador em uma estrutura de refluxo.

g. Um anel circular é omitido quando o condensador de água é conectado a um frasco cônico.

h. Uma trap de gás é montada com o funil na Figura 7.12 completamente submerso na água no béquer.

i. É utilizado um agente de secagem em pó, em vez do material.

j. Uma reação envolvendo cloreto de hidrogênio é realizada na bancada de laboratório, não em um exaustor.

k. Um aparelho de reação sensível ao ar é preparado, conforme mostra a Figura 7.6.

l. O ar é utilizado para evaporar solvente de um composto sensível ao ar.

Técnica 8

Filtração

A filtração é uma técnica utilizada para duas principais finalidades. A primeira é para remover impurezas sólidas de um líquido, a segunda, para separar um sólido desejado da solução da qual tenha sido precipitado ou cristalizado. Várias técnicas de filtração são comumente utilizadas: dois métodos gerais incluem filtração por gravidade e filtração por vácuo (ou sucção). Duas técnicas específicas para laboratórios em microescala são a filtração empregando uma pipeta com ponta de filtro e a filtração com um tubo de Craig. As várias técnicas de filtração e suas aplicações são resumidas na Tabela 8.1. Essas técnicas são discutidas mais detalhadamente nas seções a seguir.

TABELA 8.1 ■ Métodos de filtração

Método	Aplicação	Seção
Filtração por gravidade		
Filtros cônicos	O volume de líquido a ser filtrado é de cerca de 10 mL ou mais, e o sólido coletado no filtro é preservado.	8.1A
Filtros pregueados	O volume de líquido a ser filtrado é maior que cerca de 10 mL, e as impurezas sólidas são removidas de uma solução; geralmente, utilizada em procedimentos de cristalização.	8.1B
Pipetas de filtração	Utilizadas com volumes menores de 10 mL para remover impurezas sólidas de um líquido.	8.1C
Decantação	Embora não seja uma técnica de filtração, a decantação pode ser usada para separar um líquido de grandes partículas insolúveis.	8.1D
Filtração a vácuo		
Funis de Büchner	Utilizados principalmente para coletar um sólido desejado de um líquido quando o volume for maior que cerca de 10 mL; empregados frequentemente para coletar os cristais obtidos a partir da cristalização.	8.3
Funis de Hirsch	Utilizados da mesma maneira que os funis de Büchner, exceto que o volume de líquido geralmente é menor (1–10 mL).	8.3
Meio filtrante	Utilizado para remover impurezas finamente fragmentadas.	8.4
Pipetas com ponta de filtro	Podem ser utilizadas para remover uma pequena quantidade de impurezas sólidas de um pequeno volume (1 a 2 mL) de líquido; também útil para pipetagem de líquidos voláteis, especialmente em procedimentos de extração.	8.6
Tubos de Craig	Utilizados para coletar uma pequena quantidade de cristais resultantes de cristalizações nas quais o volume da solução é menor que 2 mL.	8.7
Centrifugação	Embora não seja estritamente uma técnica de filtração, a centrifugação pode ser utilizada para remover impurezas suspensas em um líquido (1 a 25 mL).	8.8

8.1 Filtração por gravidade

A técnica de filtração mais comum, provavelmente, é a de uma solução através de um filtro de papel colocado em um funil, permitindo que a gravidade elimine o líquido através do papel. Uma vez que até mesmo um pequeno pedaço de filtro de papel é capaz de absorver um significativo volume de líquido, essa técnica é útil somente quando o volume da mistura a ser filtrada for maior que 10 mL. Para muitos procedimentos em macroescala e microescala, uma técnica mais apropriada, que também faz uso da gravidade, é utilizar uma pipeta Pasteur (ou descartável), com um tampão de algodão ou lã de vidro (chamada pipeta de filtração).

A. Filtro cônico

Esta técnica de filtração é mais útil quando o material sólido que está sendo separado de uma mistura precisa ser coletado e utilizado posteriormente. Os lados lisos do filtro cônico facilitam a remoção do sólido coletado. Por causa de suas muitas dobras, o filtro pregueado, descrito na seção seguinte, não pode ser raspado facilmente. O filtro cônico pode ser utilizado em experimentos apenas quando um volume relativamente grande (maior que 10 mL) estiver sendo filtrado e quando um funil de Büchner ou de Hirsch (veja a Seção 8.3) não for apropriado.

O filtro cônico é preparado conforme indica a Figura 8.1. Em seguida, ele é colocado em um funil de tamanho apropriado. No caso de filtrações utilizando um filtro cônico simples, o solvente pode formar uma vedação entre o filtro e o funil, e entre o funil e o bocal do frasco receptor. Quando se formam essas vedações, a filtração é interrompida, porque o ar deslocado não tem como escapar. Para evitar que o solvente forme uma vedação, você pode inserir um pequeno pedaço de papel, um clipe ou algum outro tipo de arame dobrado, entre o funil e o bocal do frasco, para permitir a saída do ar deslocado. Uma alternativa é fixar o funil com uma garra *acima* do frasco, em vez de apoiá-lo na boca do frasco. A filtração por gravidade utilizando um filtro cônico é mostrada na Figura 8.2.

B. Filtros pregueado

Este método de filtração também é mais utilizado na filtragem de uma quantidade de líquido relativamente grande. Uma vez que um filtro pregueado é utilizado quando se espera que o material desejado permaneça na solução, esse filtro é empregado para remover materiais sólidos indesejados, como partículas de sujeira, carvão vegetal (descolorante) e cristais impuros não dissolvidos. Em geral, usa-se um filtro pregueado para filtrar uma solução quente saturada com um soluto durante um procedimento de cristalização.

A técnica para dobrar um filtro pregueado é mostrada na Figura 8.3. Uma vantagem de um filtro pregueado é que ele aumenta a velocidade da filtração de duas maneiras. Primeiro, ele aumenta a área de superfície do papel de filtro através do qual o solvente escoa; segundo, ele permite que o ar entre no frasco ao longo de suas laterais possibilitando a rápida equalização da pressão. Se a pressão no balão aumentar em razão dos vapores quentes, a filtração tem sua velocidade diminuída. Esse problema é especialmente pronunciado, no caso dos filtros cônicos. O filtro

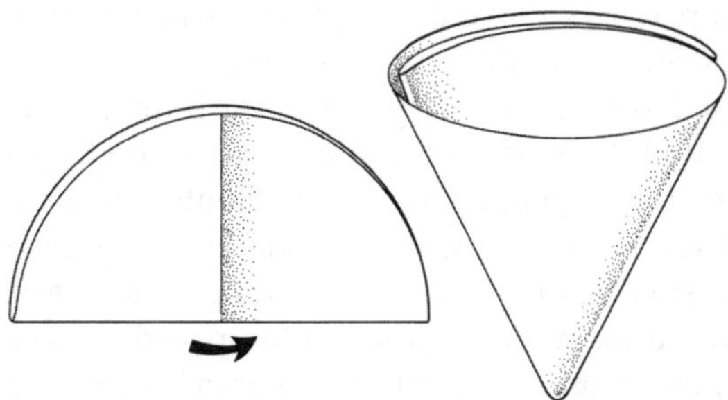

FIGURA 8.1 ■ Dobrando um Filtro cônico.

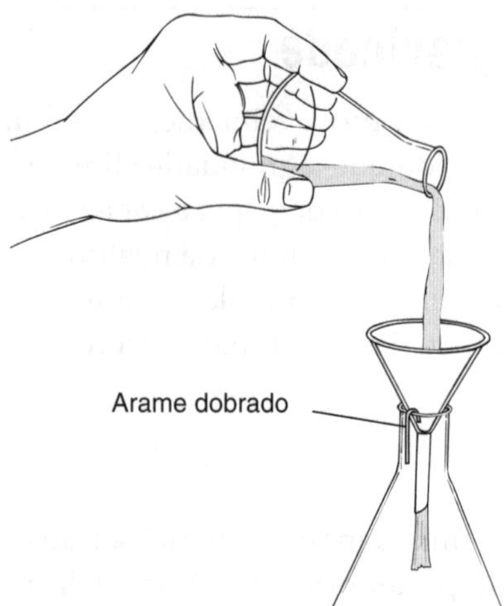

FIGURA 8.2 ■ Filtração por gravidade com um Filtro cônico.

pregueado tende a reduzir bastante esse problema, mas pode ser boa ideia fixar o funil acima do frasco receptor ou utilizar um pedaço de papel, um clipe ou um arame entre o funil e o bocal do frasco como uma precaução extra contra a vedação por solventes.

A filtração com um filtro pregueado é relativamente fácil de ser realizada quando a mistura está à temperatura ambiente. Contudo, quando é preciso filtrar uma solução quente saturada com um soluto dissolvido, deve-se seguir uma série de etapas para garantir que o filtro não fique obstruído por material sólido acumulado na haste do funil ou no papel de filtro. Quando a solução quente, saturada, entra em contato com um funil relativamente frio (ou um frasco frio, nesse caso), a solução é resfriada e pode se tornar supersaturada. Se ocorrer então cristalização no filtro, os cristais não passarão através do papel de filtro ou se acumularão na haste do funil.

Para evitar o entupimento do filtro, recorra a um dos quatro métodos descritos a seguir. O primeiro deles é utilizar um filtro com uma haste curta ou sem haste, pois assim é menos provável que a haste do funil fique entupida com material sólido. O segundo método é manter o líquido a ser filtrado em seu ponto de ebulição, ou próximo dele, o tempo todo. A terceira opção é preaquecer o funil despejando solvente quente através dele, antes da efetiva filtração. Isso evita que o vidro frio provoque cristalização instantânea. E em quarto lugar, é útil manter o **filtrado** (a solução filtrada) no recipiente sob fervura *branda* (colocando-o sobre uma placa de aquecimento, por exemplo). O refluxo de solvente aquece o frasco receptor e a haste do funil, e os lava, mantendo-os livres de sólidos. Essa fervura da solução filtrada também mantém aquecido o líquido no funil.

C. Pipetas de filtração

Uma pipeta de filtração é uma técnica de microescala mais frequentemente utilizada para remover impurezas sólidas de um líquido com um volume menor que 10 mL. É importante que a mistura que está sendo filtrada esteja à temperatura ambiente, ou próximo dela, porque é difícil evitar a cristalização prematura em uma solução quente saturada com um soluto.

Para preparar esse dispositivo de filtração, é preciso inserir um pequeno pedaço de algodão na parte superior de uma pipeta Pasteur (descartável) e empurrá-lo para baixo até o início da constrição na parte inferior da pipeta, como mostra a Figura 8.4. É importante utilizar algodão suficiente para coletar todo o sólido que está sendo filtrado; entretanto, a quantidade de algodão utilizado não deve ser grande a ponto de restringir muito a taxa de escoamento através da pipeta. Pelo mesmo motivo, o algodão não deve ser comprimido com muita força. Em seguida, o tampão de algodão deve ser empurrado para baixo suavemente com um objeto comprido e fino, como uma bagueta de vidro ou um palito longo de madeira. É recomendável lavar o tampão de algodão fazendo passar cerca de 1 mL de solvente (geralmente, o mesmo solvente que deverá ser filtrado) através do filtro.

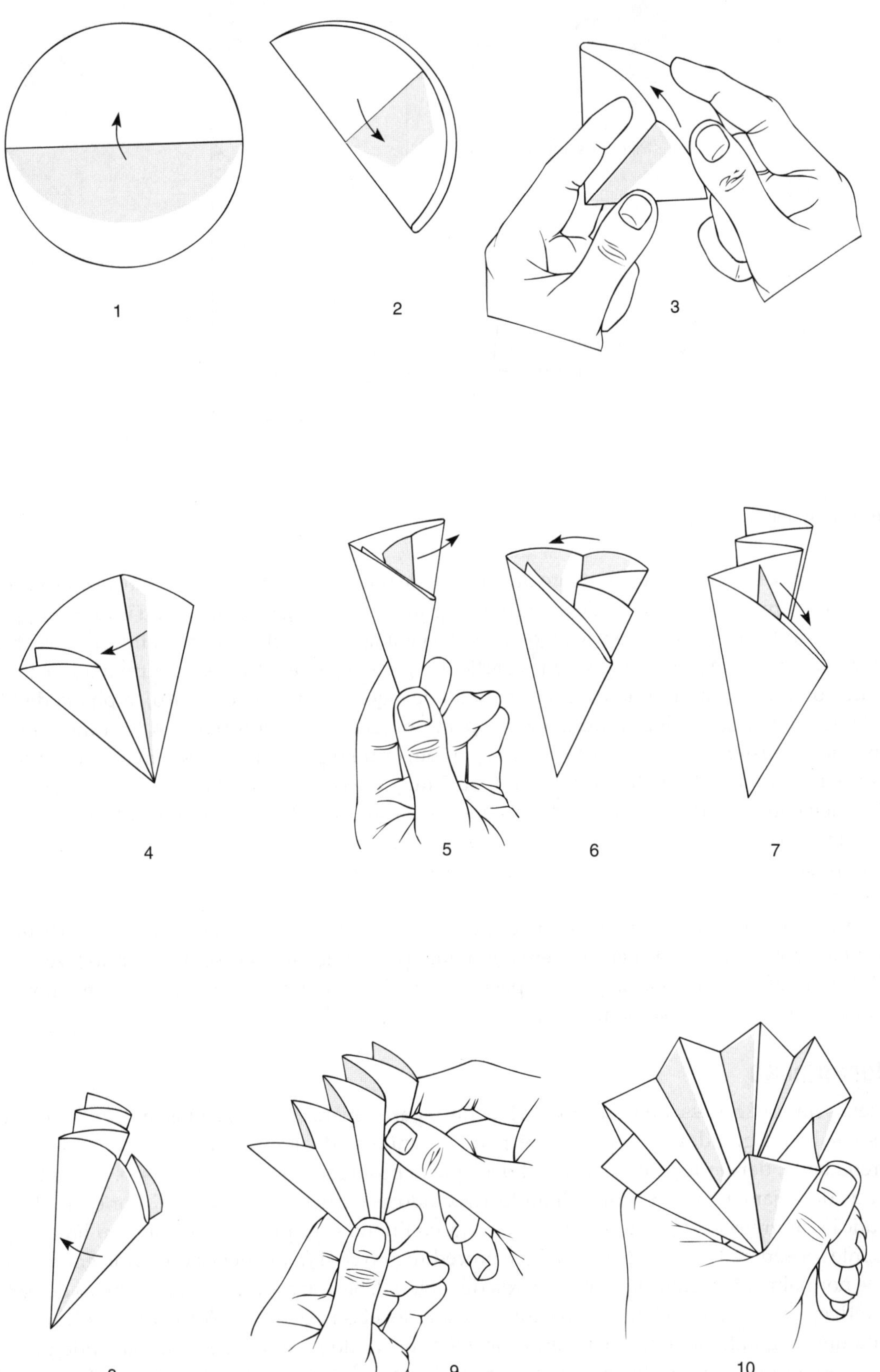

FIGURA 8.3 ■ Como dobrar um filtro pregueado, ou origami, em ação no laboratório de química orgânica.

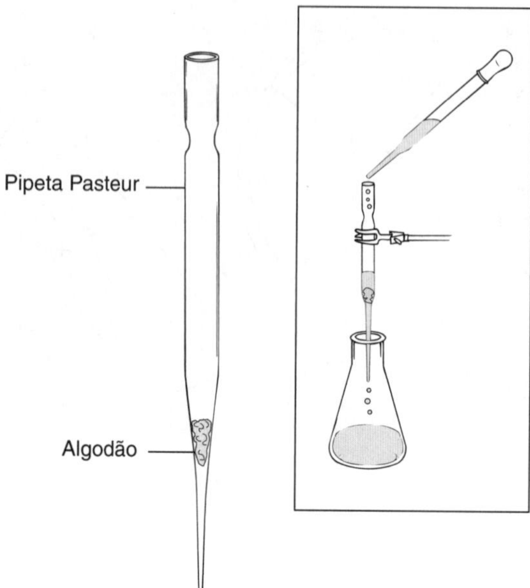

FIGURA 8.4 ■ Pipeta de filtração.

Em alguns casos, como no momento da filtração de uma mistura muito ácida ou ao realizar uma filtração muito rápida para remover de uma solução grandes partículas de sujeira ou impurezas, pode ser melhor utilizar lã de vidro em vez do algodão. A desvantagem de utilizar lã de vidro é que as fibras não se empacotam tão firmemente, e pequenas partículas podem passar através do filtro mais facilmente.

Para conduzir uma filtração (com um tampão de algodão ou de lã de vidro), a pipeta de filtração é fixada de modo que a solução filtrada escoe para um recipiente apropriado. A mistura a ser filtrada geralmente é transferida para a pipeta de filtração com outra pipeta Pasteur. Se um pequeno volume de líquido estiver sendo filtrado (menos de 1 mL ou 2 mL), é recomendável lavar o filtro e o tampão com uma pequena quantidade de solvente depois que toda a solução filtrada tiver passado através do filtro. A lavagem com solvente é, então, combinada com a solução filtrada original. Se for desejado, a taxa de filtração pode ser elevada aplicando-se pressão delicadamente à parte superior da pipeta utilizando uma pipeta com bulbo.

Dependendo da quantidade de sólido que estiver sendo filtrado e do tamanho das partículas (partículas pequenas são mais difíceis de serem removidas por filtração), pode ser necessário fazer a solução filtrada passar através de uma segunda pipeta de filtração. Isso deverá ser feito com uma nova pipeta de filtração, não com a que já foi utilizada.

D. Decantação

Nem sempre é necessário utilizar papel de filtro para separar partículas insolúveis. Se houver partículas insolúveis grandes e pesadas, você pode decantá-las da solução despejando cuidadosamente o sobrenadante, deixando as partículas sólidas, que depositarão no fundo do frasco. O termo *decantar* significa "despejar cuidadosamente o líquido, deixando as partículas insolúveis". Por exemplo, pedras de ebulição ou grãos de areia no fundo de um frasco Erlenmeyer preenchido com um líquido podem facilmente ser separados dessa maneira. Esse procedimento com frequência é preferido em relação à filtração e normalmente resulta em menor perda de material. Se houver um grande número de partículas e elas retiverem uma quantidade significativa do líquido, elas podem ser lavadas com solvente, e pode ser feita uma segunda decantação. O termo *decantar* foi criado na indústria vinícola, onde geralmente é necessário deixar o vinho "descansar" e, depois, despejá-lo cuidadosamente da garrafa original para uma garrafa limpa, deixando o mosto (partículas insolúveis).

TABELA 8.2 ■ Alguns tipos de papel de filtro comuns, comparados qualitativamente, e suas velocidades e retentividades relativas aproximadas

Porosidade	Retentividade	Velocidade	Velocidade	Tipo (por número) E&D	S&S	Whatman
Fina ↓	Alta ↓	Lenta ↓	Muito lenta	610	576	5
			Lenta	613	602	3
			Média	615	597	2
			Rápida	617	595	1
Larga	Baixa	Rápida	Muito rápida	—	604	4

8.2 Papel de filtro

Muitos tipos e qualidades de papel de filtro estão disponíveis. O papel deve ser o adequado para determinada aplicação, e ao escolher o papel de filtro você precisa estar consciente de suas várias propriedades. A **porosidade** é uma medida do tamanho das partículas que podem passar através do papel. Um papel altamente poroso não remove pequenas partículas da solução; um papel com baixa porosidade é capaz de remover partículas muito pequenas. A **retentividade** é uma propriedade oposta à porosidade, e o papel com baixa retentividade não remove pequenas partículas da solução filtrada. A **velocidade** do papel de filtro é uma medida do tempo que demora para que o líquido escoe através do filtro. Um papel rápido permite que o líquido escoe rapidamente; com um papel lento, a filtração demora muito mais para se completar. Uma vez que todas essas propriedades estão relacionadas, o filtro rápido geralmente tem uma baixa retentividade e alta porosidade, e um filtro lento normalmente tem alta retentividade e baixa porosidade.

A Tabela 8.2 compara qualitativamente alguns tipos de papéis de filtro disponíveis e os classifica de acordo com porosidade, retentividade e velocidade. Eaton–Dikeman (E&D), Schleicher e Schuell (S&S), e Whatman são marcas de filtro de papel comuns. Os números na Tabela se referem aos tipos de papel utilizados por companhia.

8.3 Filtração a Vácuo

A filtração a vácuo, ou por sucção, é mais rápida que a filtração por gravidade e é utilizada com maior frequência para coletar produtos sólidos resultantes da precipitação ou cristalização. Esta técnica é empregada principalmente quando o volume de líquido que está sendo filtrado for maior que 1 a 2 mL. Com volumes menores, o uso do tubo de Craig (veja a Seção 8.7) é a técnica preferida. Em uma filtração a vácuo, utiliza-se um frasco receptor com um conector lateral, um **frasco de filtração ou Kitasato**. Para trabalhos de laboratório em macroescala, os tamanhos de Kitasato considerados mais úteis variam de 50 mL a 500 mL, dependendo do volume de líquido que está sendo filtrado. Para trabalhos em microescala, o mais útil é um Kitasato, com capacidade de 50 mL. O conector lateral é conectado a uma fonte de vácuo por meio de um tubo de borracha com *paredes grossas* (veja a Técnica 16, Figura 16.2). Um tubo com paredes finas vai ceder sob vácuo, devido à pressão atmosférica em suas paredes externas, e vai isolar a fonte de vácuo do frasco. Como esse aparato é instável e pode cair facilmente, ele deve ficar preso, como mostra a Figura 8.5.

ADVERTÊNCIA

É essencial que o Kitasato fique preso. 

Dois tipos de funis são úteis para a filtração a vácuo, o funil de Büchner e o funil de Hirsch. O **funil de Büchner** é utilizado para a filtração de quantidades maiores de sólido da solução em aplicações em macroescala. Os funis de Büchner geralmente são feitos de polipropileno ou porcelana. Um funil de Büchner (veja as Figuras 8.5 e 8.5A) é conectado hermeticamente ao Kitasato por meio de uma rolha de borracha ou um adaptador de filtro (neoprene). O fundo chato do funil de Büchner é coberto com um pedaço de papel de filtro circular. Para evitar que materiais sólidos passem pelo funil, é preciso se certificar de que o papel de filtro se encaixa exatamente no funil. Ele deve cobrir todos os orifícios no fundo do funil, mas não pode subir pelos lados. Antes de iniciar a filtração, é recomendável umedecer o papel com uma pequena quantidade de solvente. O papel de filtro umedecido adere mais fortemente ao fundo do funil e evita que a mistura não filtrada passe pelas bordas do papel de filtro.

O **funil de Hirsch**, mostrado nas Figuras 8.5B e C, opera sob o mesmo princípio que o funil de Büchner, mas geralmente é menor e seus lados são inclinados, e não verticais. O funil de Hirsch é utilizado principalmente em experimentos em microescala. O funil de Hirsch de polipropileno (veja a Figura 8.5B) é conectado hermeticamente a um frasco de filtro de 50 mL, por meio de um pequeno pedaço de um tubo de Gooch ou de uma rolha de borracha com um furo. Esse tipo de funil de Hirsch tem um adaptador integrado, que forma uma boa vedação com alguns Kitasatos com capacidade de 25 mL sem necessidade de usar o tubo de Gooch. Um disco de polietileno poroso se encaixa na parte inferior do funil. Para evitar que os orifícios nesse disco fiquem entupidos com material sólido, o funil sempre deve ser utilizado com um papel de filtro circular que tenha o mesmo diâmetro (1,27 cm) que o disco de polietileno. Com um funil de Hirsch de polipropileno, também é importante umedecer o papel com uma pequena quantidade de solvente antes de iniciar a filtração.

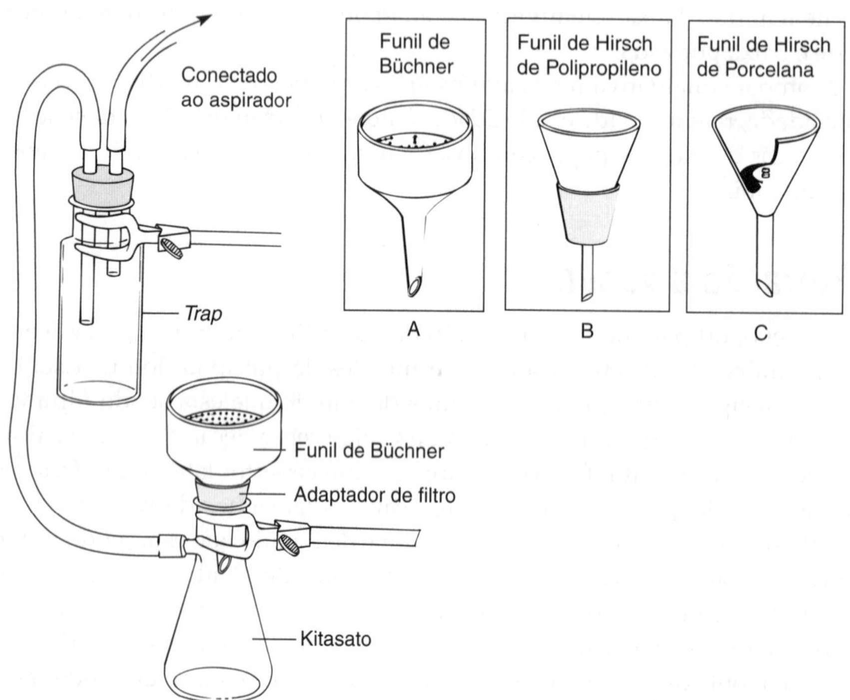

FIGURA 8.5 ■ Filtração a vácuo.

O funil de Hirsch de porcelana é conectado hermeticamente ao Kitasato por meio de uma rolha de borracha ou um adaptador de neoprene. Nesse tipo de funil de Hirsch, o papel de filtro também precisa cobrir todos os buracos no fundo, mas não pode se estender para os lados.

Como o Kitasato é conectado a uma fonte de vácuo, uma solução despejada em um funil de Büchner ou funil de Hirsch é literalmente "sugada" rapidamente através do papel de filtro. Por essa razão, a filtração a vácuo geralmente não é utilizada para separar partículas finas, como as do carvão vegetal descolorante, porque as partículas pequenas provavelmente seriam sugadas através do papel de filtro. Contudo, esse problema pode ser diminuído, quando desejado, pelo uso de leitos filtrantes especialmente preparados (veja a Seção 8.4).

8.4 Meio filtrante

Ocasionalmente, é necessário utilizar leitos filtrantes especialmente preparados para separar partículas, quando se recorre à filtração a vácuo. Em geral, partículas muito finas podem passar diretamente através de um filtro de papel ou entupi-lo tão completamente que a filtração é interrompida. Isso pode ser evitado utilizando-se uma substância chamada Filter Aid, ou celite. Esse material também é chamado **terra diatomácea**, por causa de sua fonte. Trata-se de um material inerte finamente dividido, derivado das conchas microscópicas de diatomáceas (um tipo de fitoplâncton que cresce no mar) mortas.

⇨ ADVERTÊNCIA

A terra diatomácea causa irritação nos pulmões. Ao utilizá-la, tome o cuidado de não respirar a poeira.

A terra diatomácea não entope os poros da fibra de papel de filtro. Ela é **suspensa**, misturada com um solvente para formar uma pasta bastante fina, e filtrada através de um funil de Hirsch ou de Büchner (com papel de filtro no lugar) até que uma camada de diatomáceas com cerca de 2 mm a 3 mm de espessura seja formada na parte superior do papel de filtro. O solvente no qual as diatomáceas foram suspensas é removido do Kitasato e, se necessário, o Kitasato é limpo, antes que tenha início a filtração propriamente dita. Partículas finamente divididas podem agora ser filtradas por sucção através dessa camada, e serão capturadas pela terra diatomácea. Essa técnica é empregada para remover impurezas, não para coletar um produto. A solução filtrada é o material desejado nesse procedimento. Se o material capturado no filtro for o desejado, é preciso tentar separar o produto de todas aquelas diatomáceas! A filtração com terra diatomácea não é apropriada quando é provável que a substância desejada precipite ou cristalize a partir solução.

Nos trabalhos em microescala, algumas vezes pode ser mais conveniente utilizar uma coluna preparada com uma pipeta Pasteur para separar as partículas finas de uma solução. A pipeta Pasteur é preenchida com alumínio ou sílica gel, como mostra a Figura 8.6.

8.5 O aspirador

A fonte de vácuo mais comum (aproximadamente, de 10 mmHg a 20 mmHg) no laboratório é o trompa de água, ou "bomba de água", ilustrada na Figura 8.7. Esse dispositivo faz passar água rapidamente em paralelo a um pequeno orifício ao qual um braço lateral é conectado. A água puxa o ar para dentro, através do braço lateral. Esse fenômeno, chamado efeito Bernoulli, causa uma redução de pressão ao longo da lateral do curso d'água que se move rapidamente e cria um vácuo parcial no braço lateral.

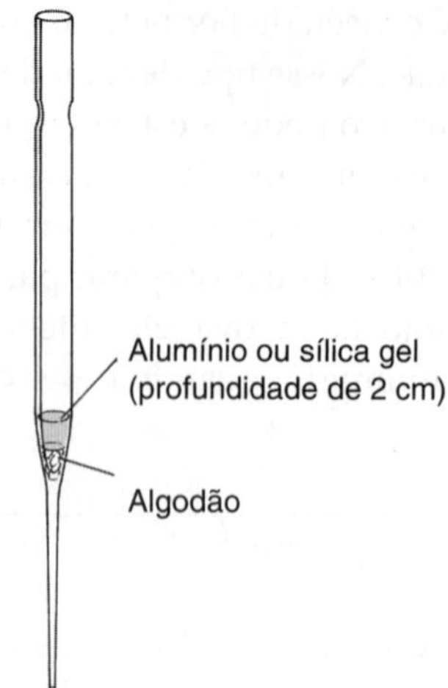

FIGURA 8.6 ■ Uma pipeta Pasteur com meio filtrante.

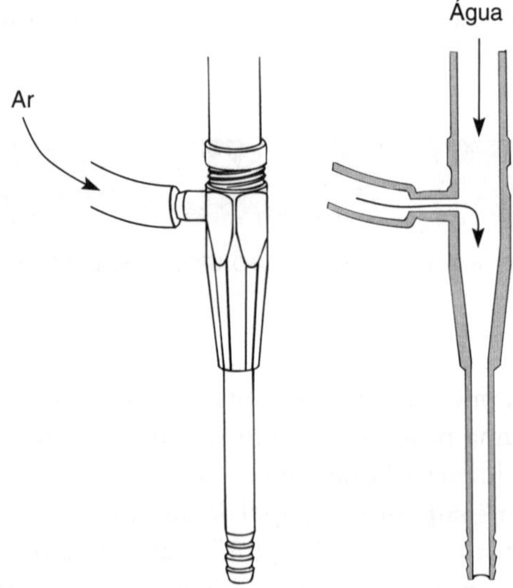

FIGURA 8.7 ■ Um aspirador.

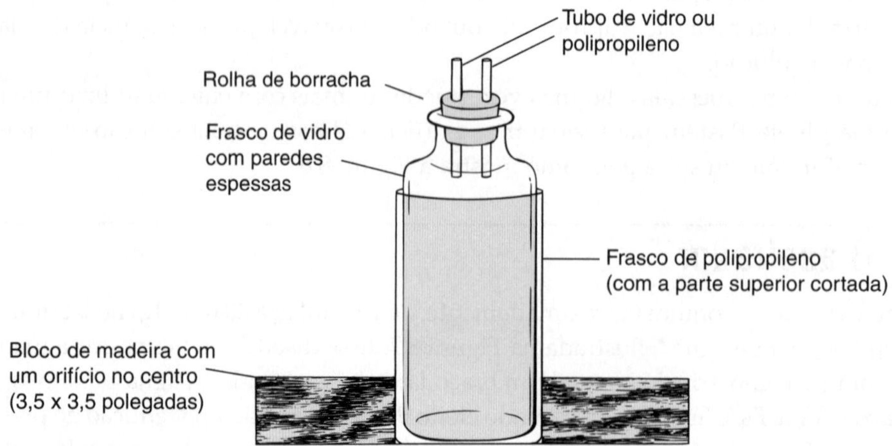

FIGURA 8.8 ■ *Trap* e suporte de um aspirador simples.

NOTA

O aspirador funciona mais efetivamente quando a torneira de água está aberta o máximo possível.

Uma trompa de água nunca pode reduzir a pressão além da pressão de vapor da água utilizada para criar o vácuo. Desse modo, existe um limite inferior para a pressão (nos dias frios) de 9 mmHg a 10 mmHg. Uma trompa de água não proporciona um vácuo tão elevado no verão como no inverno, por causa desse efeito da temperatura da água.

Um *trap* precisa ser utilizado com uma trompa de água. Um tipo de *trap* está ilustrado na Figura 8.5. Outro método para fixar esse tipo de *trap* é mostrado na Figura 8.8. Esse suporte simples pode ser construído a partir de material prontamente disponível e pode ser colocado em qualquer lugar na bancada de laboratório. Embora geralmente não seja necessário, um *trap* pode evitar que a água contamine seu experimento. Se a pressão da água no laboratório cair repentinamente, a pressão do Kitasato pode momentaneamente se tornar menor que a da trompa de água. Isso poderá fazer que a água seja drenada do fluxo de aspiração para o Kitasato, contaminando a solução filtrada ou até mesmo o material no filtro. O *trap* interrompe esse fluxo reverso. Um fluxo similar ocorrerá se o fluxo de água que atravessa a trompa for interrompido antes que o tubo conectado ao braço lateral da trompa seja desconectado.

NOTA

Sempre desconecte o tubo antes de parar o aspirador.

Se começar a ocorrer um "retorno", desconecte o tubo o mais rápido possível, antes que o *trap* fique cheio de água. Alguns químicos preferem fixar uma torneira na rolha, na parte superior do *trap*. Para essa finalidade, é necessário utilizar uma rolha com três orifícios. Com uma torneira no *trap*, o sistema pode ser aberto antes que a trompa seja desligada. Desse modo, não é possível que a água volte para o *trap*.

Os aspiradores não funcionam muito bem se um número demasiado de pessoas estiver utilizando a linha de água ao mesmo tempo, porque, assim, a pressão da água fica reduzida. Além disso, as pias nas extremidades das bancadas de laboratório ou as linhas que eliminam o fluxo de água podem ter uma capacidade limitada para drenar o fluxo de água resultante de aspiradores em demasia. Tome cuidado para evitar inundações.

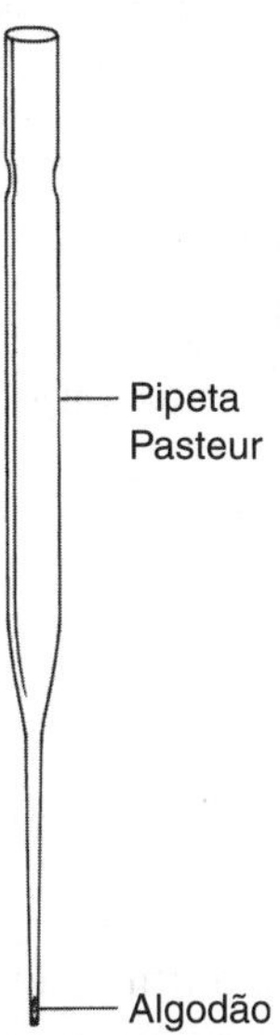

FIGURA 8.9 ■ Uma pipeta com ponta de filtro.

8.6 Pipeta com ponta de filtro

A pipeta com ponta de filtro, ilustrada na Figura 8.9, tem dois usos comuns. O primeiro é remover uma pequena quantidade de sólidos, tais como pó ou fibras de papel de filtro, de um pequeno volume de líquido (1 mL a 2 mL). Ela também pode ser útil ao se utilizar uma pipeta Pasteur para transferir um líquido altamente volátil, especialmente durante um procedimento de extração (veja a Técnica 12, Seção 12.5).

Preparar uma pipeta com ponta de filtro é similar a preparar uma pipeta de filtração, exceto que é utilizada uma quantidade de algodão muito menor. Deve-se pegar um pedaço de algodão *muito pequeno* e moldá-lo levemente em formato esférico e colocá-lo na extremidade maior de uma pipeta Pasteur. Utilizando-se um arame com diâmetro um pouco menor que o diâmetro interno da extremidade estreita da pipeta, empurre a bola de algodão para o fundo da pipeta. Se ficar difícil empurrar o algodão, provavelmente é porque você usou um pedaço de algodão grande demais; se o algodão deslizar pela extremidade estreita sofrendo pouca resistência, é possível que não tenha utilizado algodão suficiente.

Para utilizar uma pipeta com ponta de filtro como se fosse um filtro, a mistura é sugada para dentro da pipeta Pasteur utilizando pipeta com bulbo e, então, é expelida. Com esse procedimento, uma pequena quantidade de sólido será capturada pelo algodão. Todavia, partículas muito finas, como as de carvão ativado, não podem ser removidas eficientemente com uma pipeta com ponta de filtro, e essa técnica não é efetiva para remover mais que uma quantidade residual de um líquido.

Muitos líquidos orgânicos são de difícil transferência com uma pipeta Pasteur por duas razões. Primeiro, é possível que não ocorra boa aderência do líquido ao vidro. Segundo, à medida que se lida com a pipeta Pasteur, a temperatura do líquido na pipeta aumenta um pouco, e a maior pressão de vapor pode fazer o líquido "espirrar" para fora da extremidade da pipeta. Essa situação pode ser particularmente difícil ao se separar dois líquidos durante um procedimento de extração. A finalidade do tampão de algodão, nesse caso, é reduzir a taxa de fluxo através da extremidade da pipeta para que seja possível controlar o movimento do líquido na pipeta Pasteur mais facilmente.

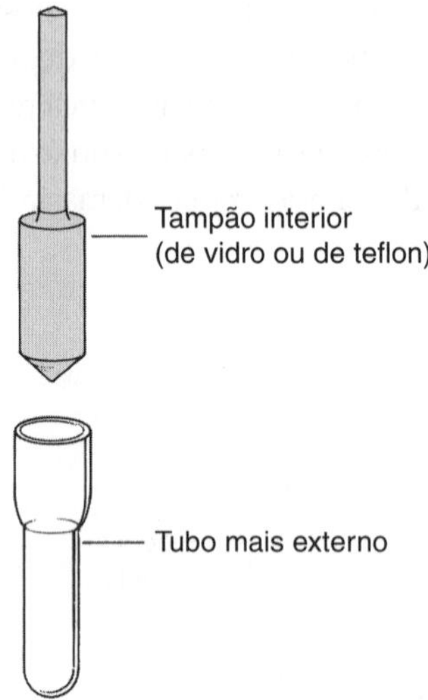

FIGURA 8.10 ■ Um tubo de Craig (2 mL).

8.7 Tubos de Craig

O **tubo de Craig**, ilustrado na Figura 8.10, é utilizado principalmente para separar cristais de uma solução depois que um procedimento de cristalização em microescala tiver sido realizado (veja a Técnica 11, Seção 11.4). Embora não se trate de um procedimento de filtração no sentido tradicional, o resultado é similar. A parte mais externa do tubo de Craig é similar a um tubo de ensaio, exceto pelo fato de que o diâmetro do tubo se torna mais largo em um trecho do tubo, e o vidro é esmerilhado nesse ponto, de modo que a superfície interna é áspera. A parte de dentro (tampão) do tubo de Craig pode ser feita de teflon ou de vidro. Se essa parte for de vidro, a extremidade do tampão também será esmerilhada. Com um tampão interno de vidro ou de teflon, existe somente uma vedação parcial onde o tampão e o tubo mais externo se encontram. O líquido poderá escoar, mas o sólido não vai passar. É nesse ponto que a solução é separada dos cristais.

Depois que a cristalização tiver sido concluída no tubo de Craig mais externo, substitua o tampão interno (se necessário) e conecte um fio de cobre fino ou um cordão resistente à parte estreita do tampão interno, como indica a Figura 8.11A. Mantendo o tubo de Craig na posição vertical, coloque um tubo de centrifugação de plástico sobre o tubo de Craig, de modo que a parte inferior do tubo de centrifugação repouse sobre o tampão interno, como mostra a Figura 8.11B. O fio de cobre deverá se estender somente até embaixo do bocal do tubo de centrifugação, e agora é dobrado para cima, em torno do bocal do tubo de centrifugação. O conjunto é então virado, de modo que o tubo de centrifugação fique na posição vertical. O tubo de Craig é girado em uma centrífuga (certifique-se de que esteja equilibrado, colocando outro tubo cheio de água no lado oposto da centrífuga) por vários minutos até que a **água-mãe** (solução a partir da qual os cristais cresceram) vá para o fundo do tubo de centrifugação e os cristais sejam coletados na extremidade do tampão interno (veja a Figura 8.11C). Dependendo da consistência dos cristais e da velocidade da centrífuga, os cristais podem descer para o tampão interno ou (se você estiver sem sorte) podem permanecer na outra extremidade do tubo de Craig.[1] Caso ocorra a última situação, pode ser útil centrifugar mais um pouco o tubo de Craig ou, se esse problema tiver sido previsto, agitar a mistura de cristal e solução com uma espátula ou haste, antes da centrifugação.

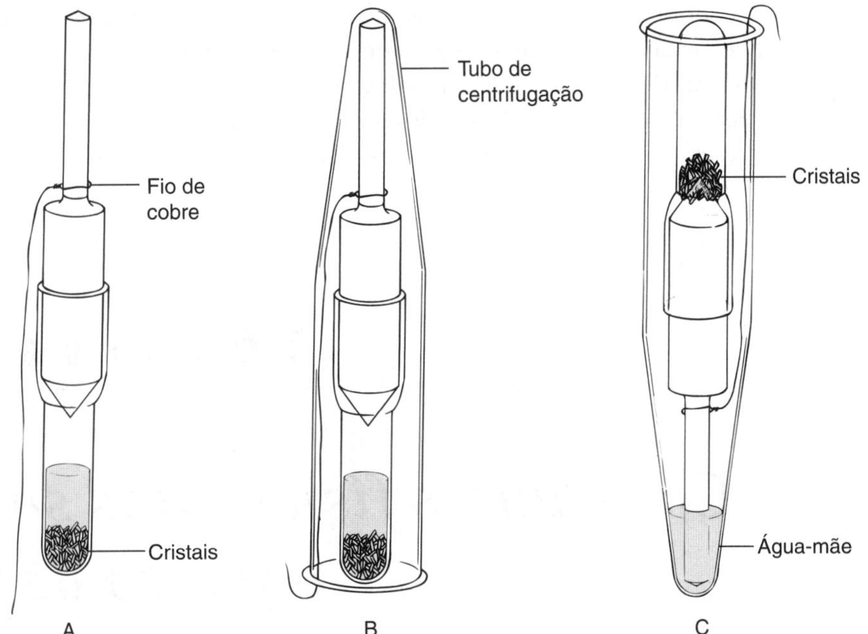

Figura 8.11 ■ Separação com um tubo de Craig.

[1] Observação para o instrutor: em algumas centrífugas, o fundo do tubo de Craig pode ficar muito próximo do centro, quando a montagem do tubo for colocada na centrífuga. Nessa situação, muito pouca força centrífuga será aplicada aos cristais, e é provável que os cristais não decantem por centrifugação. Então, pode ser útil utilizar um tampão interno com uma haste mais curta. A haste em um tampão interno feito de teflon pode ser facilmente cortada em aproximadamente 1,2 cm, com um alicate. Isso ajudará os cristais a descer para o tampão interno, e a centrífuga também pode funcionar a uma velocidade menor, o que pode ajudar a prevenir a quebra do tubo de Craig.

Utilizando o fio de cobre, puxe o tubo de Craig para fora do tubo de centrifugação. Se os cristais forem coletados na extremidade do tampão interno, a remoção do tampão e retirada dos cristais com uma espátula sobre um vidro de relógio, um prato de argila ou um pedaço de papel fino torna-se um procedimento simples. Do contrário, será preciso retirar os cristais da superfície interna da parte externa do tubo de Craig.

8.8 Centrifugação

Algumas vezes, a centrifugação é mais efetiva que as técnicas de filtração convencionais na remoção de impurezas sólidas. A centrifugação é particularmente eficiente na remoção de partículas suspensas, que são tão pequenas que poderiam passar através da maioria dos dispositivos de filtração. A centrifugação também pode ser útil quando a mistura tiver de ser mantida quente, a fim de evitar a cristalização prematura enquanto as impurezas sólidas são removidas.

A centrifugação é realizada colocando-se a mistura em um ou dois tubos de centrifugação (certifique-se de equilibrar a centrífuga) e centrifugando por vários minutos. Então, o líquido na superfície é decantado (despejado) ou removido com uma pipeta Pasteur.

■ PROBLEMAS ■

1. Em cada uma das seguintes situações, que tipo de dispositivo de filtração você utilizaria?
   a. Remover carvão ativo descolorante em pó de 20 mL de solução.
   b. Coletar cristais obtidos na cristalização de uma substância em aproximadamente 1 mL de solução.
   c. Remover uma pequena quantidade de sujeira de 1 mL de líquido.
   d. Isolar 2,0 g de cristais de cerca de 50 mL de solução, depois de realizar uma cristalização.
   e. Remover impurezas coloridas dissolvidas de cerca de 3 mL de solução.
   f. Remover impurezas sólidas de 5 mL de líquido, à temperatura ambiente.

Técnica 9

Constantes físicas dos sólidos: o ponto de fusão

9.1 Propriedades físicas

As propriedades físicas de um composto são aquelas intrínsecas a determinado composto, quando ele é puro. Frequentemente, um composto pode ser identificado pela determinação de uma série dessas propriedades. As propriedades físicas mais comumente reconhecidas de um composto incluem cor, pontos de fusão, de ebulição, densidade, índice de refração, massa molecular e rotação óptica. Os químicos modernos incluem os vários tipos de espectros (infravermelho, ressonância magnética nuclear, massa e UV-visível) entre as propriedades físicas de um composto. Os espectros de um composto não variam de uma amostra para outra. Aqui, observamos os métodos de determinação do ponto de fusão. O ponto de ebulição e a densidade de compostos serão abordados na Técnica 13. O índice de refração, a rotação óptica e os espectros também serão considerados separadamente.

Muitos manuais de referência enumeram as propriedades físicas de substâncias. Você deve consultar a Técnica 4 para ter acesso a uma completa discussão sobre como localizar dados para compostos específicos. As obras mais úteis para encontrar listas de valores para propriedades físicas não espectroscópicas incluem:

The Merck Index
The CRC Handbook of Chemistry and Physics
Lange's Handbook of Chemistry
Aldrich Handbook of Fine Chemicals

Citações completas dessas referências podem ser encontradas na Técnica 29. Embora o *CRC Handbook* apresente tabelas muito boas, ele se aplica estritamente à nomenclatura estabelecida pela Iupac (International Union of Pure and Applied Chemistry, ou União Internacional para a Química Pura e Aplicada). Por essa razão, pode ser mais fácil utilizar uma das outras fontes de referência, particularmente, o *Merck Index* ou o *Aldrich Handbook of Fine Chemicals*, em sua primeira tentativa de localizar informações (veja a Técnica 4).

9.2 O ponto de fusão

O ponto de fusão de um composto é utilizado pela química orgânica não somente para identificar o composto, mas também para estabelecer sua pureza. Uma pequena quantidade de material é aquecido *lentamente* em um aparelho especial, equipado com um termômetro ou termopar, um banho de aquecimento ou bobina de aquecimento, e uma lente de aumento para observar a amostra. Duas temperaturas são verificadas. A primeira refere-se ao ponto em que a primeira gota de líquido se forma entre os cristais; a segunda é o ponto no qual toda a massa de cristais se transforma em um líquido *límpido*. O ponto de fusão é registrado fornecendo-se esse intervalo de fusão. Você pode dizer, por exemplo, que o ponto de fusão de uma substância é de 51 °C a 54 °C. Isto é, a substância se fundiu em um intervalo de 3 graus.

O ponto de fusão indica pureza de duas maneiras. Primeiro, quanto mais puro o material, maior é seu ponto de fusão. Segundo, quanto mais puro o material, mais estreito é seu intervalo de ponto de fusão. Adicionar sucessivas quantidades de uma impureza a uma substância pura geralmente faz que seu ponto de fusão diminua em proporção à quantidade de impurezas. Por outro lado, a adição de impurezas reduz o ponto de congelamento. O ponto de congelamento, uma propriedade coligativa, é simplesmente o ponto de fusão (sólido → líquido) abordado pelo sentido oposto (líquido → sólido).

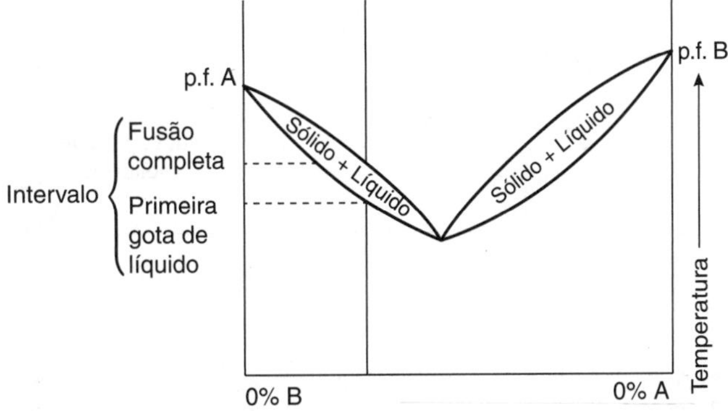

Figura 9.1 ■ Uma curva de composição de ponto de fusão.

A Figura 9.1 é um gráfico do comportamento usual do ponto de fusão de misturas de duas substâncias, A e B. Os dois extremos do intervalo de fusão (as temperaturas alta e baixa) são mostrados para várias misturas das duas. As curvas superiores indicam as temperaturas nas quais todas as amostras são fundidas. As curvas inferiores indicam a temperatura na qual se observa a fusão iniciar. Quando se trata de compostos puros, a fusão é nítida e sem nenhum intervalo. Isso é mostrado nas laterais esquerda e direita do gráfico. Se você começar com A puro, o ponto de fusão diminui à medida que a impureza B é adicionada. Em determinado ponto, uma temperatura mínima, ou **eutética**, é atingida, e o ponto de fusão começa a aumentar até chegar ao da substância B. A distância vertical entre as curvas inferiores e superiores representa o intervalo de fusão. Note que para misturas que contêm quantidades de impureza relativamente pequenas (< 15%) e não estão próximas da temperatura eutética, o intervalo de fusão aumenta à medida que a amostra se torna menos pura. O intervalo indicado pelas linhas na Figura 9.1 representa o comportamento típico.

Podemos generalizar o comportamento mostrado na Figura 9.1. Substâncias puras se fundem dentro de um estreito intervalo. No caso de substâncias impuras, o intervalo de fusão se torna maior, e o intervalo global de fusão é reduzido. Contudo, tenha o cuidado de observar que em um ponto mínimo da composição das curvas do ponto de fusão, a mistura frequentemente forma um eutético, que também se funde em um intervalo estreito. Nem todas as misturas binárias formam eutéticos, e é preciso tomar certo cuidado ao assumir que toda mistura binária segue o comportamento descrito anteriormente. Algumas misturas podem formar mais de um eutético; outras podem não formar nem sequer um. Apesar dessas variações, tanto o ponto de fusão como seu intervalo são indicativos úteis de pureza, e são facilmente determinados por meio de métodos experimentais simples.

9.3 Teoria do ponto de fusão

A Figura 9.2 é um diagrama de fase descrevendo o comportamento usual de uma mistura de dois componentes (A + B) em fusão. O comportamento em fusão depende das quantidades relativas de A e B na mistura. Se A é uma substância pura (sem B), então A se funde bruscamente em seu ponto de fusão t_A. Isso é representado pelo ponto A à esquerda do diagrama. Quando B é uma substância pura, ele se funde em t_B; seu ponto de fusão é representado pelo ponto B à direita do diagrama. No ponto A ou no ponto B, o sólido puro passa rapidamente, com um pequeno intervalo, de sólido para líquido.

Nas misturas de A e B, o comportamento é diferente. Utilizando a Figura 9.2, considere uma mistura de 80% de A e 20% de B em uma base de mol por mol (isto é, porcentagem em mols). O ponto de fusão desta mistura é dado por t_M no ponto M no diagrama. Ou seja, adicionar B a A diminui o ponto de fusão de A de t_A para t_M. Isso expande o intervalo de fusão. A temperatura t_M corresponde ao **limite superior** do intervalo de fusão.

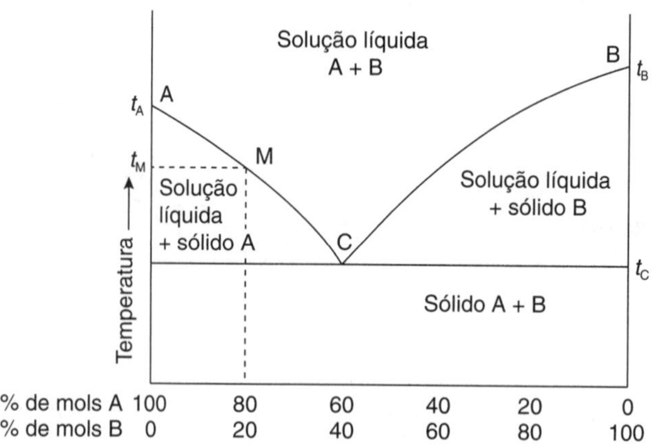

FIGURA 9.2 ■ Um diagrama de fases para a fusão em um sistema de dois componentes.

A diminuição do ponto de fusão de A pela adição da impureza B acontece da seguinte maneira. A substância A tem o menor ponto de fusão no diagrama de fases que foi mostrado, e se aquecida, começa a fundir primeiro. À medida que A começa a fundir, o sólido B começa a se dissolver no líquido A que é formado. Quando o sólido B se dissolve no líquido A, o ponto de fusão é diminuído. Para entender isso, considere o ponto de fusão a partir do sentido oposto. Quando um líquido a uma temperatura elevada se resfria, ele atinge um ponto no qual se solidifica, ou "congela". A temperatura na qual um líquido congela é idêntica ao seu ponto de fusão. Lembre-se de que o ponto de congelamento de um líquido pode ser reduzido adicionando-se uma impureza. Uma vez que o ponto de congelamento e o ponto de fusão são idênticos, diminuir o ponto de congelamento corresponde a diminuir o ponto de fusão. Portanto, à medida que mais impurezas são acrescentadas a um sólido, seu ponto de fusão se torna menor. Contudo, existe um limite até onde o ponto de fusão pode ser reduzido. Não é possível dissolver uma quantidade infinita da impureza no líquido. Em determinado ponto, o líquido se tornará saturado com a impureza. A solubilidade de B em A tem um limite superior. Na Figura 9.2, o limite de solubilidade de B no líquido A é atingido no ponto C, o **ponto eutético**. O ponto de fusão da mistura não pode ser reduzido abaixo de t_C, a temperatura de fusão do eutético.

Considere agora o que acontece quando ocorre a aproximação do ponto de fusão de uma mistura de 80% de A e 20% de B. à medida que a temperatura aumenta, A começa a se "fundir". Este não é um fenômeno realmente visível nos estágios iniciais; ele acontece antes que o líquido seja visível. Ocorre um amolecimento do composto até um ponto em que ele começa a se misturar com a impureza. À medida que A começa a amolecer, ele dissolve B, e à medida que dissolve B, o ponto de fusão é reduzido. Essa redução continua até que B esteja totalmente dissolvido ou que a composição eutética (saturação) seja atingida. Quando a máxima quantidade possível de B tiver sido dissolvida, tem início a fusão propriamente dita, e se pode observar a primeira aparição de líquido. A temperatura inicial de fusão será abaixo de t_A. O valor abaixo de t_A, em que a fusão tem início, é determinado pela quantidade de B dissolvido em A, mas nunca ficará abaixo de t_C. Uma vez que B tenha sido dissolvido, o ponto de fusão da mistura começa a aumentar à medida que mais A começa a se fundir. E à medida que mais A se funde, a solução semissólida é diluída por mais A, e seu ponto de fusão aumenta. Enquanto tudo isso está acontecendo, é possível observar *ambos*, sólido e líquido, no capilar usado para determinar o ponto de fusão. Assim que A começa a se fundir totalmente, a composição da mistura M se torna uniforme e atingirá 80% de A e 20% de B. Nesse ponto, a mistura por fim se funde bruscamente, formando uma solução límpida. O intervalo máximo do ponto de fusão será $t_C - t_M$, porque t_A é diminuído pela impureza B que está presente. A extremidade menor do intervalo de fusão será sempre t_C; contudo, a fusão nem sempre será observada a esta temperatura. Uma fusão observável em t_C ocorre somente quando uma grande quantidade de B está presente. Do contrário, a quantidade de líquido formada em t_C será pequena demais para ser observada. Portanto, o comportamento de fusão que realmente é observado terá um intervalo menor, como mostra a Figura 9.1.

9.4 Pontos de fusão de misturas

O ponto de fusão pode ser utilizado como evidência de suporte na identificação de um composto, de duas maneiras diferentes. Não somente os pontos de fusão de dois compostos individuais podem ser comparados, mas um procedimento especial, chamado **ponto de fusão de misturas** também pode ser realizado. O ponto de fusão da mistura requer que uma amostra autêntica do mesmo composto esteja disponível a partir de outra fonte. Nesse procedimento, os dois compostos (o autêntico e o investigado) são finamente pulverizados e misturados entre si, em quantidades iguais. O ponto de fusão da mistura é então determinado. Se houver uma diminuição no ponto de fusão ou se o intervalo de fusão for muito expandido, em comparação com o das substâncias individuais, você pode concluir que um composto atua como uma impureza em relação ao outro e que eles não são o mesmo composto. Se não houver redução do ponto de fusão para a mistura (o ponto de fusão é idêntico ao de A puro e B puro), então, A e B são quase certamente o mesmo composto.

9.5 Preenchimento do tubo de ponto de fusão

Geralmente, os pontos de fusão são determinados pelo aquecimento da amostra em um pedaço de tubo capilar com paredes finas (1 mm X 100 mm), vedado em uma das extremidades. Para empacotar o conteúdo no tubo, pressione delicadamente a extremidade aberta em uma amostra *pulverizada* do material cristalino. Os cristais ficarão grudados na extremidade aberta do tubo. A quantidade de sólido pressionada no tubo deverá corresponder a uma coluna com não mais que 1 mm a 2 mm de altura. Para fazer que os cristais desçam à extremidade fechada do tubo, deixe-o cair, com a extremidade fechada para baixo, dentro de um pedaço de tubo de vidro de cerca de 2/3 m mantido na posição vertical, sobre a bancada de trabalho. Quando o tubo capilar atingir a mesa de trabalho, os cristais vão se sedimentar no fundo do tubo. Esse procedimento é repetido, se for necessário. Bater o tubo capilar na mesa de trabalho com os dedos não é recomendado porque é fácil ferir os dedos caso o capilar se quebre.

Alguns instrumentos de ponto de fusão, de uso comercial, têm um dispositivo vibratório integrado que é projetado para o preenchimento de tubos capilares. Com esses instrumentos, a amostra é pressionada na extremidade aberta do tubo capilar, e o tubo é colocado na abertura do vibrador. A ação do vibrador vai transferir a amostra para o fundo do tubo, empacotando-a firmemente.

9.6 Determinação do ponto de fusão — o tubo de Thiele

Existem dois tipos principais de aparelhos de ponto de fusão disponíveis: o tubo de Thiele e instrumentos elétricos de aquecimento comercialmente disponíveis. O tubo de Thiele, mostrado na Figura 9.3, é o dispositivo mais simples, e já foi amplamente utilizado. Trata-se de um tubo de vidro projetado para conter um óleo de aquecimento (óleo mineral ou óleo de silicone) e um termômetro ao qual é conectado um tubo capilar contendo a amostra. O formato do tubo de Thiele permite que correntes de convecção se formem no óleo, quando este é aquecido. Essas correntes mantêm uma distribuição de temperatura uniforme pelo óleo no tubo. O braço lateral do tubo é projetado para gerar essas correntes de convecção e, assim, transferir o calor da chama rapidamente e por igual, por todo o óleo. A amostra, que está em um tubo capilar conectado ao termômetro, fica presa por um elástico ou por uma fina tira de tubo de borracha. É importante que esse elástico esteja acima do nível do óleo (considerando a expansão do óleo durante o aquecimento), de modo que o óleo não amoleça a borracha, permitindo a queda do tubo capilar no óleo. Se uma rolha ou tampa de borracha for utilizada para segurar o termômetro, uma cunha triangular deverá ser recortada nesta , para permitir a equalização da pressão.

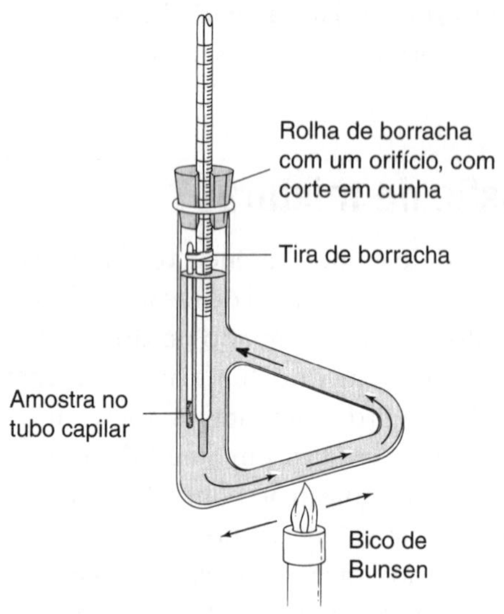

FIGURA 9.3 ■ Um tubo de Thiele.

O tubo de Thiele em geral é aquecido por um bico de Bunsen pequeno. Durante o aquecimento, a taxa de aumento da temperatura deve ser regulada. Segure o bico pela base e, utilizando uma chama pequena, movimente-o lentamente para trás e para a frente ao longo do fundo da haste do tubo de Thiele. Se o aquecimento estiver ocorrendo rápido demais, remova o bico por alguns segundos e, depois, reinicie o aquecimento. A taxa de aquecimento deverá ser *lenta*, próximo do ponto de fusão (cerca de 1 °C por minuto), a fim de assegurar que o aumento de temperatura não seja mais rápido que a taxa na qual o calor pode ser transferido para a amostra que está sendo observada. No ponto de fusão, é necessário que o mercúrio no termômetro e a amostra no tubo capilar estejam em equilíbrio térmico.

9.7 Determinando o ponto de fusão – instrumentos elétricos

Três tipos de instrumentos de ponto de fusão eletricamente aquecidos estão ilustrados na Figura 9.4. Em cada um dos casos, o tubo de ponto de fusão é preenchido da maneira descrita na Seção 9.5 e colocado em um suporte localizado logo atrás da lente de aumento. O aparelho é operado movendo-se o interruptor para a posição LIGADO, ajustando o seletor de controle potenciométrico para a taxa de aquecimento desejada e observando a amostra através da lente de aumento. A temperatura é lida por meio de um termômetro ou, nos instrumentos mais modernos, por meio de um visor digital conectado a um termopar. Seu instrutor vai demonstrar e explicar o tipo utilizado em seu laboratório.

A maioria dos instrumentos eletricamente aquecidos não aquece ou aumenta a temperatura da amostra linearmente. Embora a taxa de aumento possa ser linear nos primeiros estágios de aquecimento, geralmente ela diminui e leva a uma temperatura constante, em algum limite superior. A temperatura do limite superior é determinada pelo ajuste do controle de aquecimento. Assim, uma família de curvas de aquecimento em geral é obtida para diversos ajustes de controle, como mostra a Figura 9.5. As quatro curvas hipotéticas mostradas (1 a 4) podem corresponder a diferentes ajustes de controle. Para um composto que entra em fusão à temperatura t_1, o ajuste correspondente à curva 3 deve ser ideal. No início da curva, a temperatura está aumentando rápido demais para permitir que se determine precisamente um ponto de fusão, mas depois da mudança na inclinação da curva, o aumento de temperatura diminuirá para uma taxa mais utilizável.

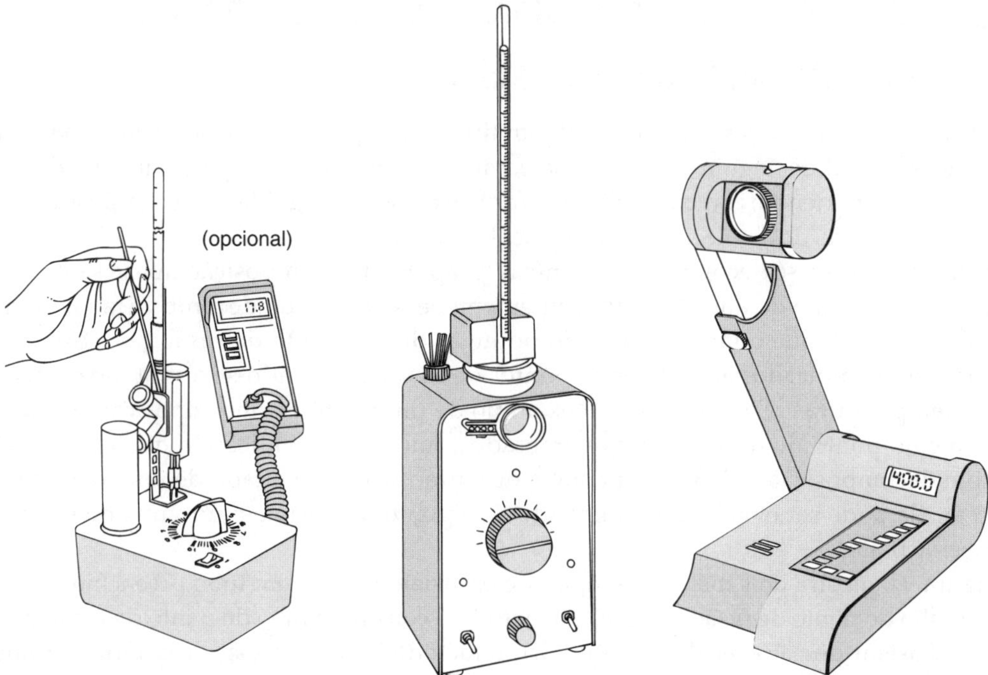

FIGURA 9.4 ■ Aparelho de ponto de fusão.

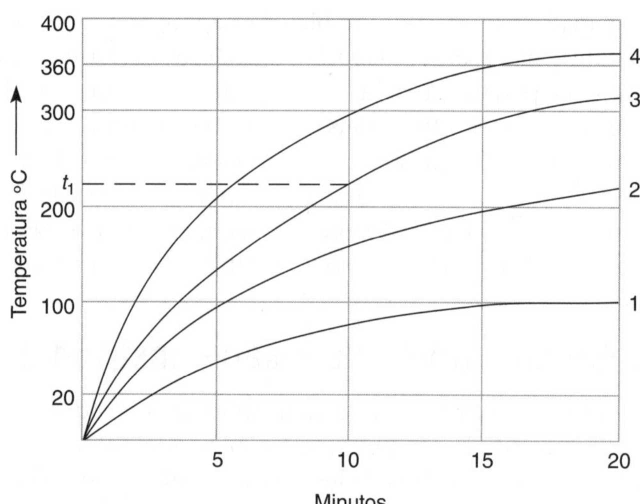

FIGURA 9.5 ■ Curvas de taxa de aquecimento.

Se o ponto de fusão da amostra for desconhecido, você pode poupar tempo preparando duas amostras para a determinação do ponto de fusão. Com uma amostra, você rapidamente pode determinar um valor aproximado para o ponto de fusão. Em seguida, repita o experimento mais cuidadosamente, utilizando a segunda amostra. Para a segunda determinação, você já tem uma ideia aproximada de qual deve ser a temperatura do ponto de fusão, e uma taxa de aquecimento apropriada pode ser escolhida.

Ao medir temperaturas acima de 150 °C, possíveis erros do termômetro podem se tornar significativos. Para obter um ponto de fusão preciso de um sólido com ponto de fusão elevado, talvez você queira aplicar uma **correção** ao termômetro, conforme descrito na Técnica 13, Seção 13.4. Uma solução ainda melhor é calibrar o termômetro, segundo foi demonstrado na Seção 9.9.

9.8 Decomposição, descoloração, amolecimento, encolhimento e sublimação

Muitas substâncias sólidas apresentam algum tipo de comportamento incomum antes da fusão. Às vezes, pode ser difícil distinguir esses tipos de comportamento da fusão propriamente dita. É preciso aprender, com a experiência, como reconhecer a fusão e como distingui-la da decomposição, descoloração e, particularmente, do amolecimento e do encolhimento.

Alguns compostos se decompõem durante a fusão. Essa decomposição quase sempre é evidenciada pela descoloração da amostra. Frequentemente, esse ponto de decomposição é uma propriedade física confiável, que pode ser utilizado no lugar de um ponto de fusão real. Esses pontos de decomposição são indicados em tabelas de pontos de fusão, colocando-se o símbolo *d* imediatamente após as temperaturas relacionadas. Um exemplo de um ponto de decomposição é o hidrocloreto de tiamina cujo ponto de fusão estaria enumerado como 248 °*d*, indicando que essa substância se funde, com decomposição, a 248 °C. Quando a decomposição é resultado de uma reação com o oxigênio no ar, ela pode ser evitada determinando-se o ponto de fusão em um tubo de ponto de fusão vedado e evacuado.

A Figura 9.6 mostra dois métodos simples de esvaziamento de um tubo preenchido. O método A utilize um tubo de ponto de fusão comum, e o método B constrói o tubo de ponto de fusão por meio de uma pipeta Pasteur descartável. Antes de utilizar o método B, certifique-se de determinar que a ponta da pipeta se encaixará no suporte da amostra de seu instrumento de determinação do ponto de fusão.

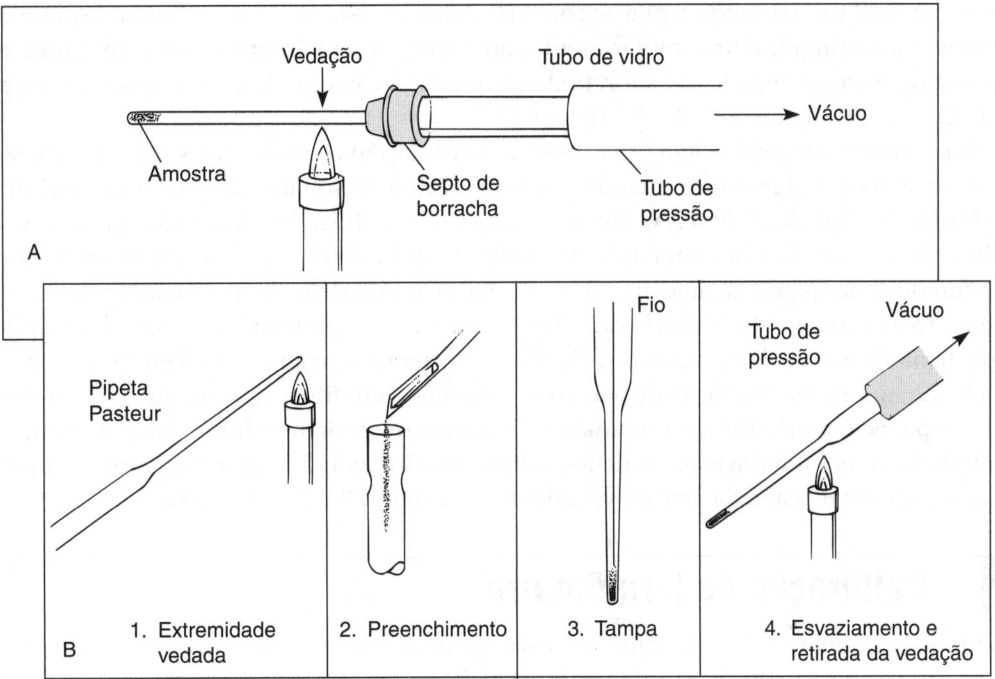

FIGURA 9.6 ■ Esvaziamento e vedação de um capilar para determinação do ponto de fusão.

Método A

No método A, um orifício é perfurado através de um septo de borracha utilizando-se um alfinete grande ou um prego pequeno, e o tubo capilar é inserido de dentro para fora, a extremidade selada primeiro. O septo é colocado sobre um pedaço de tubo de vidro conectado a uma linha de vácuo. Depois que o tubo é esvaziado, a outra extremidade do tubo pode ser vedada aquecendo-a e puxando-a, para que seja fechada.

Método B

No método B, a parte estreita de uma pipeta Pasteur de 9 polegadas é utilizada para construir o tubo de ponto de fusão. Vede cuidadosamente a ponta da pipeta utilizando uma chama. Certifique-se de manter a ponta *virada para* cima ao fazer a vedação. Isso evitará a condensação de vapor de água dentro da pipeta. Quando a pipeta vedada é resfriada, a amostra pode ser adicionada através da extremidade aberta utilizando-se uma microespátula. Um pequeno fio pode ser utilizado para comprimir a amostra na ponta fechada. (Se seu aparelho de ponto de fusão tiver um vibrador, ele pode ser utilizado no lugar do fio para simplificar o empacotamento.) Quando a amostra está no lugar, a pipeta é conectada à linha de vácuo com o tubo e, então, é esvaziada. O tubo de amostra esvaziado é vedado aquecendo-se com uma chama e puxando, para que seja fechado.

Algumas substâncias começam a se decompor *abaixo* de seus pontos de fusão. Substâncias termicamente instáveis podem sofrer reações de eliminação ou reações de formação de anidrido durante o aquecimento. Os produtos em decomposição que são formados representam impurezas na amostra original, de modo que o ponto de fusão da substância pode ser reduzido devido à sua presença.

É normal, para muitos compostos, ocorrer amolecimento ou encolhimento imediatamente antes da fusão. Esse comportamento não representa a decomposição, mas uma alteração na estrutura do cristal ou uma mistura com impurezas. Algumas substâncias "suam", ou liberam solvente da cristalização, antes da fusão. Essas alterações não indicam o início de fusão. A fusão propriamente dita começa quando a primeira gota de líquido se torna visível, e o intervalo de fusão continua até que seja atingida uma temperatura na qual todo o sólido tenha se convertido para o estado líquido. Com a experiência, logo você aprenderá a distinguir entre amolecimento, ou "suor", e a fusão em si. Se você quiser, a temperatura de início de amolecimento, ou suor, pode ser relatada como parte de seu intervalo de ponto de fusão: 211 °C (amolecimento), 223–225 °C (fusão).

Algumas substâncias sólidas têm uma pressão de vapor tão elevada, que sublimam em seu ponto de fusão ou abaixo deles. Em muitos manuais, a temperatura de sublimação é relacionada junto com o ponto de fusão. Os símbolos *sub, subl* e, algumas vezes, *s*, são utilizados para designar uma substância que sublima. Nesses casos, a determinação do ponto de fusão deve ser realizada em um tubo capilar vedado, a fim de evitar perda da amostra. O modo mais simples de realizar a vedação de um tubo preenchido é aquecer a extremidade aberta do tubo em uma chama e puxar para fechá-la, usando pinças ou fórceps. Uma técnica melhor, embora mais difícil de dominar, é aquecer o centro do tubo em uma pequena chama, girando-o em torno de seu eixo, e mantê-lo em linha reta até que o centro amoleça e o tubo se rompa. Se isso não for feito rapidamente, a amostra poderá se fundir ou sublimar, enquanto você está trabalhando. Com um espaço menor, a amostra não poderá migrar para a parte superior, fria, do tubo, que pode estar acima da área de visualização. A Figura 9.7 ilustra o método.

9.9 Calibração de termômetro

Quando a determinação de um ponto de fusão ou ponto de ebulição tiver sido concluída, espera-se obter um resultado que duplica exatamente o resultado registrado em um manual ou na literatura original. Entretanto, não é difícil encontrar uma discrepância de vários graus e relação ao valor descrito na literatura. Tal discrepância não indica, necessariamente, que o experimento tenha sido realizado incorretamente ou que o material seja impuro; em vez disso, ela pode indicar que o termômetro utilizado para a determinação estava ligeiramente errado. A maioria dos termômetros não mede a temperatura com uma exatidão perfeita.

A fim de determinar valores precisos, é necessário calibrar o termômetro utilizado. Essa calibração é feita determinando-se os pontos de fusão de várias substâncias padrão com o termômetro. Em seguida, deve-se desenhar um gráfico da temperatura observada em relação ao valor publicado de cada substância padrão. Uma linha suave é traçada entre esses pontos para completar o gráfico. A Figura 9.8 mostra um gráfico de correção preparado dessa maneira. Esse gráfico é empregado para corrigir qualquer ponto de fusão determinado com o referido termômetro. Cada termômetro exige a própria curva de calibração. Uma lista de substâncias padrão adequadas para a calibração de termômetros é fornecida na Tabela 9.1. Naturalmente, as substâncias padrão devem ser puras, para que as correções sejam válidas.

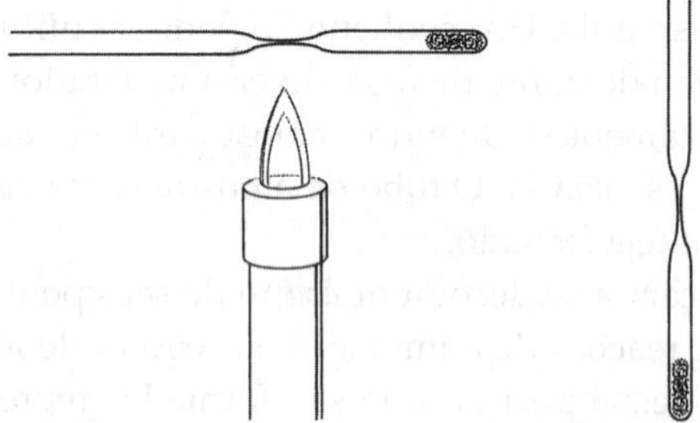

FIGURA 9.7 ■ Vedação de um tubo para uma substância que sublima.

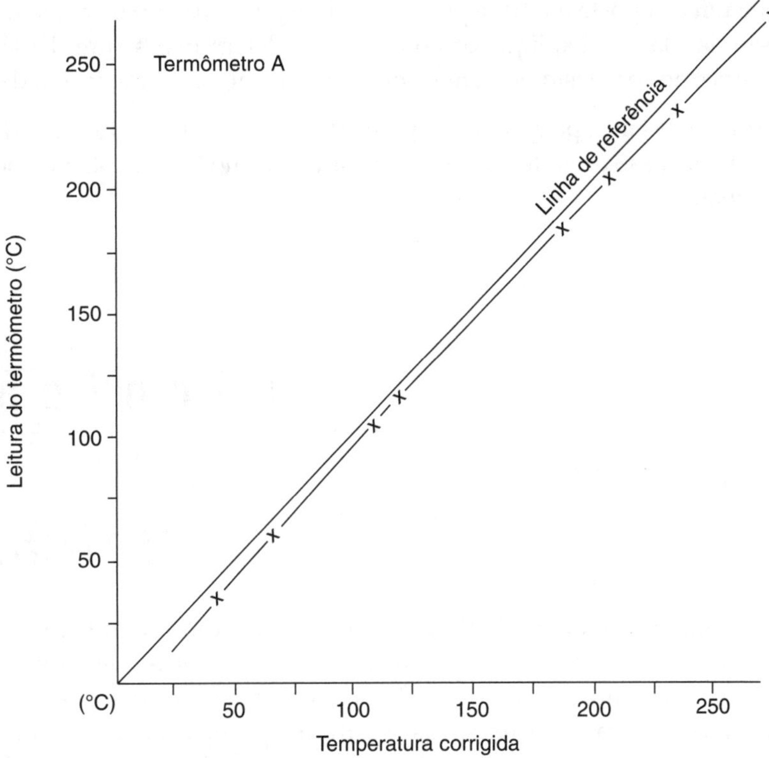

FIGURA 9.8 ■ Uma curva de calibração de termômetro.

TABELA 9.1 ■ Padrões de ponto de fusão

Composto	Ponto de fusão (°C)
Gelo (água sólida–líquida)	0
Acetanilida	115
Benzamida	128
Ureia	132
Ácido succínico	189
Ácido 3,5-dinitrobenzoico	205

■ PROBLEMAS ■

1. Duas substâncias, A e B, têm o mesmo ponto de fusão. Como é possível determinar se são a mesma substância, sem utilizar nenhuma forma de espectroscopia? Explique com detalhes.
2. Utilizando a Figura 9.5, determine qual curva de aquecimento seria mais apropriada para uma substância com um ponto de fusão de aproximadamente 150 °C.
3. Quais etapas você pode seguir para determinar o ponto de fusão de uma substância que sublima antes de fundir?

4. Suspeita-se que um composto em fusão a 134 °C seja aspirina (ponto de fusão de 135 °C) ou ureia (ponto de fusão de 133 °C). Explique como é possível determinar se um desses dois compostos suspeitos é idêntico ao composto desconhecido, sem utilizar nenhuma forma de espectroscopia.
5. Um composto desconhecido apresentou um ponto de fusão de 230 °C. Quando o líquido fundido se solidifica, o ponto de fusão é redeterminado e registrado como 131 °C. Dê uma possível explicação para essa discrepância.

Técnica 10

Solubilidade

A solubilidade de um **soluto** (uma substância dissolvida) em um **solvente** (o meio de dissolução) é o princípio químico subjacente mais importante de três técnicas básicas que você estudará no laboratório de química orgânica: cristalização, extração e cromatografia. Nesta discussão sobre solubilidade, você obterá uma compreensão das características estruturais de uma substância que determinam sua solubilidade em vários solventes. O entendimento ajudará a prever o comportamento de solubilidade e a compreender as técnicas baseadas nessa propriedade. Conhecer o comportamento da solubilidade também auxiliará no entendimento do que está acontecendo durante uma reação, especialmente quando há mais de uma fase líquida presente ou quando se forma um precipitado.

10.1 Definição de solubilidade

Apesar de frequentemente descrevermos o comportamento de solubilidade em termos de uma substância ser **solúvel** (dissolvida) ou **insolúvel** (não dissolvida) em um solvente, a solubilidade pode ser descrita mais precisamente em termos de *até que ponto* uma substância é solúvel. A solubilidade pode ser expressa em termos de gramas de soluto por litro (g/L) ou miligramas de soluto por mililitro (mg/mL) de solvente. Considere as solubilidades em água à temperatura ambiente para as três seguintes substâncias:

Colesterol	0,002 mg/mL
Cafeína	22 mg/mL
Ácido cítrico	620 mg/mL

Em um típico teste de solubilidade, 40 mg de soluto são adicionadas a 1 mL de solvente. Portanto, se estiver testando a solubilidade dessas três substâncias, perceberá que o colesterol será insolúvel, a cafeína será parcialmente solúvel e o ácido cítrico será solúvel. Note que uma pequena quantidade (0,002 mg) de colesterol se dissolverá. Contudo, é muito improvável que existam condições de observar essa pequena quantidade se dissolvendo, e você relatará que o colesterol é insolúvel. Por outro lado, 22 mg (55%) da cafeína vai se dissolver. Provavelmente, será possível observar isso, e você afirmará que a cafeína é parcialmente solúvel.

Quando se descreve a solubilidade de um soluto líquido em um solvente, às vezes é útil empregar os termos **miscível** e **imiscível**. Dois líquidos miscíveis vão se misturar homogeneamente (uma fase) em todas as proporções. Por exemplo, água e álcool etílico são miscíveis. Quando misturados em qualquer proporção, somente uma fase será observada. Quando dois líquidos são miscíveis, também é verdade que um deles será completamente solúvel no outro. Dois líquidos imiscíveis não se misturam homogeneamente em todas as proporções; e em determinadas condições, formarão duas camadas ou fases. A água e o éter dietílico são imiscíveis. Ao se misturarem em quantidades aproximadamente iguais, eles formam duas fases. No entanto, cada líquido é levemente solúvel no outro. Mesmo quando duas fases estão presentes, uma pequena quantidade de água será solúvel no éter dietílico e uma pequena quantidade de éter dietílico será solúvel em água. Além disso, se somente uma pequena quantidade de um dos dois for adicionada ao outro, ela pode se dissolver completamente e apenas uma fase será observada. Por exemplo, se uma pequena quantidade de água (menos de 1,2%, a 20 °C) for adicionada ao éter dietílico, a água se dissolverá completamente no éter dietílico e somente uma camada será observada. Quando mais água for adicionada (mais de 1,2%), parte dela não se dissolverá e duas fases estarão presentes.

Embora os termos *solubilidade* e *miscibilidade* sejam relacionados em seu significado, é importante entender que existe uma diferença essencial. Podem ocorrer três diferentes graus de solubilidade, isto é, levemente, parcialmente, muito e assim por diante. Diferentemente da solubilidade, a miscibilidade não tem nenhum grau — um par de líquidos é miscível ou não.

10.2 Prevendo o comportamento de solubilidade

Um objetivo importante desta seção é explicar como prever se uma substância será solúvel em determinado solvente. Isso nem sempre é fácil, até mesmo para um químico experiente. Entretanto, algumas diretrizes vão ajudá-lo a dar um bom palpite sobre a solubilidade de um composto em um solvente específico. Ao discutirmos essas diretrizes, é útil separar em duas categorias os tipos de soluções que analisaremos: soluções nas quais o solvente e o soluto são covalentes (moleculares) e soluções iônicas, nas quais o soluto se ioniza e se dissocia.

A. Soluções nas quais o solvente e o soluto são moleculares

Uma generalização útil na previsão da solubilidade é a regra amplamente utilizada, que afirma "igual dissolve igual". Essa regra é mais comumente aplicada a compostos polares e apolares. De acordo com ela, um solvente polar dissolverá compostos polares (ou iônicos) e um solvente apolar dissolverá compostos apolares.

A razão para esse comportamento envolve a natureza das forças de atração intermoleculares. Embora não estejamos tratando da natureza dessas forças, é importante saber como são chamadas. A força de atração entre moléculas polares é chamada **interação dipolo–dipolo**; entre moléculas apolares, as forças de atração são chamadas **forças de Van der Waals** (também conhecidas como **forças de London** ou **de dispersão**). Em ambos os casos, as forças atrativas podem ocorrer entre moléculas do mesmo composto ou de diferentes compostos. Consulte um livro-texto para obter mais informações sobre essas forças.

Para aplicar a regra "igual dissolve igual", primeiro, é necessário determinar se uma substância é polar ou apolar. A polaridade de um composto depende de ambas as polaridades das ligações individuais e do formato da molécula. Para a maioria dos compostos orgânicos, avaliar esses fatores pode se tornar muito complicado em virtude da complexidade das moléculas. Porém, é possível fazer algumas previsões razoáveis apenas observando os tipos de átomos que um composto possui. À medida que você lê as seguintes diretrizes, é importante compreender que, apesar de frequentemente descrevermos compostos como polares ou apolares, a polaridade é uma questão de grau, variando de apolar para altamente polar.

Diretrizes para a previsão de polaridade e solubilidade

1. Todos os hidrocarbonetos são apolares.
Exemplos:

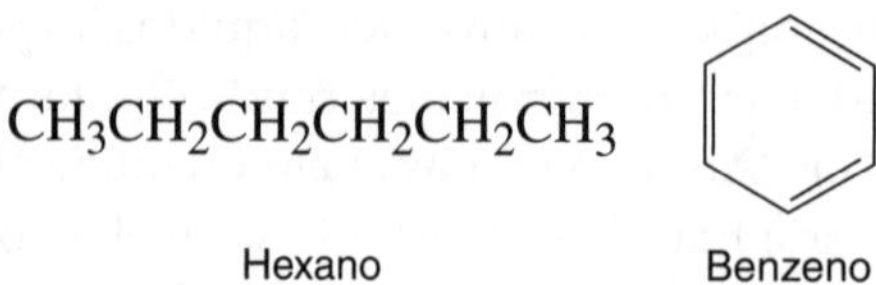

Hidrocarbonetos como o benzeno são ligeiramente mais polares que o hexano por causa de suas ligações pi (π), que permitem a existência de forças de Van der Waals ou de London mais atrativas.

2. Compostos que têm os elementos oxigênio ou nitrogênio eletronegativos são polares.
Exemplos:

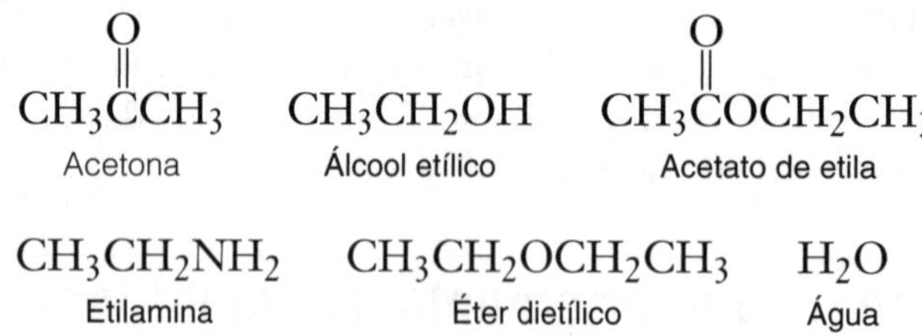

A polaridade desses compostos depende da presença de ligações polares C—O, C=O, OH, NH e CN. Os compostos mais polares são capazes de formar ligações de hidrogênio (veja a Diretriz 6) e de ter ligações NH ou OH. Embora todos esses compostos sejam polares, o grau de polaridade varia de levemente polar até altamente polar. Isso se deve ao efeito do formato da molécula sobre a polaridade e do tamanho da cadeia carbônica, e também de o composto ser capaz de formar ligações de hidrogênio.

3. A presença de átomos de halogênio, mesmo com suas eletronegatividades relativamente altas, não altera a polaridade de um composto orgânico de maneira significativa. Portanto, esses compostos são apenas levemente polares. As polaridades desses compostos são mais similares às dos hidrocarbonetos, que são apolares, do que às da água, que é altamente polar.
Exemplos:

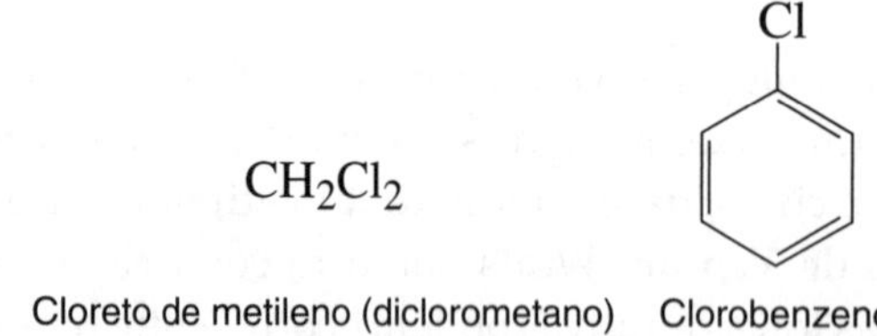

4. Ao comparar compostos orgânicos dentro da mesma família, observe que adicionar átomos de carbono à cadeia diminui a polaridade. Por exemplo, o álcool metílico (CH_3OH) é mais polar que o álcool propílico ($CH_3CH_2CH_2OH$). A razão para isso é que hidrocarbonetos são apolares, e aumentar o comprimento da cadeia carbônica torna o composto mais semelhante ao hidrocarboneto.

5. Compostos que contêm quatro carbonos ou menos e que também contêm oxigênio ou nitrogênio são frequentemente solúveis em água. Praticamente qualquer grupo funcional contendo esses elementos levará à solubilidade em água para compostos com baixo peso molecular (até C_4). Compostos tendo cinco ou seis carbonos e contendo um desses elementos geralmente são insolúveis em água ou têm solubilidade limitada.

6. Como mencionamos anteriormente, a força de atração entre moléculas polares é a interação dipolo–dipolo. Um caso especial de interação dipolo–dipolo é a ligação de hidrogênio, que é possível quando um composto tem um átomo de hidrogênio ligado a um átomo de nitrogênio, oxigênio ou flúor. A ligação é formada pela atração entre esse átomo de hidrogênio e um átomo de nitrogênio, oxigênio ou flúor em outra molécula. A ligação de hidrogênio pode ocorrer entre duas moléculas do mesmo composto ou entre moléculas de diferentes compostos:

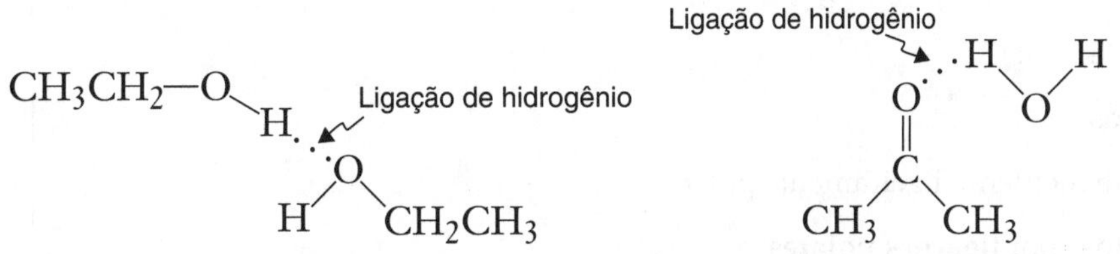

$CH_3CH_2—O—H\cdots O(H)CH_2CH_3$ Ligação de hidrogênio

$(CH_3)_2C=O\cdots H—O—H$ Ligação de hidrogênio

A ligação de hidrogênio é o tipo mais forte de interação dipolo–dipolo. Quando é possível a ligação de hidrogênio entre soluto e solvente, a solubilidade é maior do que se poderia esperar para compostos de polaridade similar, que não sejam capazes de formar ligações de hidrogênio. A ligação de hidrogênio é muito importante no laboratório de química orgânica, e você deverá ficar alerta quanto a situações nas quais ela pode ocorrer.

7. Outro fator que pode afetar a solubilidade é o grau de ramificação da cadeia alquílica de um composto. A ramificação da cadeia alquílica de um composto diminui as forças intermoleculares entre as moléculas. Em geral, isso se reflete em uma solubilidade maior em água para o composto ramificado do que para o composto correspondente de cadeia linear. Isso ocorre simplesmente porque as moléculas dos compostos ramificados são separados mais facilmente umas das outras.

8. A regra de solubilidade ("igual dissolve igual") pode ser aplicada a compostos orgânicos que pertencem à mesma família. Por exemplo, 1-octanol (um álcool) é solúvel no solvente álcool etílico. A maioria dos compostos dentro da mesma família tem polaridade similar. Todavia, essa generalização pode não se aplicar se houver uma diferença significativa de tamanho entre os dois compostos. Por exemplo, o colesterol, um álcool com massa molecular (MM) 386,64, é apenas ligeiramente solúvel em metanol (MM 32,04). A grande porção hidrocarboneto do colesterol anula o fato de que eles pertencem à mesma família

9. Quase todos os compostos orgânicos que estão na forma iônica são solúveis em água (veja a seção B, a seguir – Soluções nas quais o soluto se ioniza e se dissocia).

10. A estabilidade do retículo cristalino também afeta a solubilidade. Se os outros fatores forem iguais, quanto mais elevado é o ponto de fusão (mais estável o cristal), menos solúvel é o composto. Por exemplo, o ácido *p*-nitrobenzoico (pf 242 °C) é menos solúvel em uma quantidade fixa de etanol do que os isômeros *orto* (pf 147 °C) e *meta* (pf 141 °C) por um fator de 10.

Você pode verificar sua compreensão de algumas dessas diretrizes estudando a lista apresentada na Tabela 10.1, que é mostrada em ordem de polaridade crescente. As estruturas desses compostos foram dadas anteriormente.

Essa lista pode ser utilizada para fazer algumas previsões sobre solubilidade, com base na regra "igual dissolve igual". As substâncias que estão próximas umas das outras nessa lista terão polaridades similares. Assim, pode-se esperar que o hexano seja solúvel em cloreto de metileno, mas não em água. A acetona deve ser solúvel em álcool etílico. Por outro lado, você poderia prever que o álcool etílico será insolúvel em hexano. Todavia, o álcool etílico é solúvel em hexano porque ele é um pouco menos polar que o álcool metílico ou a água. Esse último exemplo mostra que é preciso ter cuidado ao utilizar as diretrizes sobre polaridade para prever solubilidades. Por fim, testes de solubilidade devem ser realizados para confirmar as previsões, até que se ganhe mais experiência.

TABELA 10.1 ■ Compostos em ordem crescente de polaridade

	Polaridade crescente
Hidrocarbonetos alifáticos	↓
Hexano (apolar)	
Hidrocarbonetos aromáticos (ligações π)	
Benzeno (apolar)	
Halocarbonos	
Cloreto de metileno (ligeiramente polar)	
Compostos com ligações polares	
Éter dietílico (ligeiramente polar)	
Acetato de etila (polaridade intermediária)	
Acetona (polaridade intermediária)	
Compostos com ligações polares e ligações de hidrogênio	
Álcool etílico (polaridade intermediária)	
Álcool metílico (polaridade intermediária)	
Água (altamente polar)	↓

A tendência em polaridades, mostrada na Tabela 10.1, pode ser expandida incluindo-se mais famílias orgânicas. A lista na Tabela 10.2 fornece uma ordem crescente aproximada para a polaridade de grupos funcionais orgânicos. Pode parecer que existem algumas discrepâncias entre as informações nessas duas tabelas. O motivo é que a Tabela 10.1 apresenta informações sobre compostos específicos, ao passo que a tendência mostrada na Tabela 10.2 está relacionada a importantes famílias orgânicas, e é aproximada.

TABELA 10.2 ■ Solventes em ordem crescente de polaridade

Polaridade crescente (aproximada)		
↓	RH	Alcanos (hexano, éter de petróleo)
	ArH	Aromáticos (benzeno, tolueno)
	ROR	Éteres (éter dietílico)
	RX	Haletos ($CH_2Cl_2 > CHCl_3 > CCl_4$)
	RCOOR	Ésteres (acetato de etila)
	RCOR	Aldeídos, cetonas (acetona)
	RNH_2	Aminas (trietilamina, piridina)
	ROH	Álcoois (metanol, etanol)
	$RCONH_2$	Amidos (N,N-dimetilformamida)
	RCOOH	Ácidos orgânicos (ácido acético)
↓	H_2O	Água

B. Soluções nas quais o soluto se ioniza e se dissocia

Muitos compostos iônicos são altamente solúveis em água por causa da forte atração entre íons e as moléculas de água altamente polares. Isso também se aplica a compostos orgânicos que podem existir como íons. Por exemplo, o acetato de sódio consiste em íons Na^+ e CH_3COO^-, que são altamente solúveis em água. Apesar de existirem algumas exceções, você pode considerar que todos os compostos orgânicos que estão na forma iônica serão solúveis em água.

O modo mais comum pelo qual os compostos orgânicos se tornam íons são as reações ácido–base. Por exemplo, ácidos carboxílicos podem ser convertidos em sais solúveis em água quando reagem com NaOH aquoso diluído:

$$CH_3CH_2CH_2CH_2CH_2CH_2\overset{\overset{\large O}{\|}}{C}OH + NaOH\,(aq) \longrightarrow$$

Ácido carboxílico insolúvel em água

$$CH_3CH_2CH_2CH_2CH_2CH_2\overset{\overset{\large O}{\|}}{C}O^- Na^+ + H_2O$$

Sal solúvel em água

O sal solúvel em água pode, então, ser convertido de volta para o ácido carboxílico original (que é insolúvel em água) pela adição de outro ácido (geralmente, HCl aquoso) à solução do sal. O ácido carboxílico se precipita da solução.

As aminas, que são bases orgânicas, também podem ser convertidas em sais solúveis em água quando reagem com HCl aquoso diluído:

$$C_6H_{11}NH_2 + HCl\,(aq) \longrightarrow C_6H_{11}NH_3^+\,Cl^-$$

Amina insolúvel em água — Sal solúvel em água

Esse sal pode ser convertido de volta à amina original acrescentando-se uma base (em geral, NaOH aquoso) à solução do sal.

10.3 Solventes orgânicos

Os solventes orgânicos devem ser manipulados com segurança. Lembre-se sempre de que os solventes orgânicos são todos, no mínimo, moderadamente tóxicos, e que muitos são inflamáveis. Você deverá ter total familiaridade com a segurança de laboratório (veja a Técnica 1).

Os solventes orgânicos mais comuns estão relacionados na Tabela 10.3, junto com seus pontos de ebulição. Os solventes marcados em negrito são inflamáveis. Éter, pentano e hexano são especialmente perigosos; quando combinados com a quantidade correta de ar, explodirão.

Os termos **éter de petróleo** e **ligroína** são geralmente confundidos. O éter de petróleo é uma mistura de hidrocarbonetos com predomínio dos isômeros de fórmulas C_5H_{12} e C_6H_{14}. O éter de petróleo não é absolutamente um éter, porque não existem compostos contendo oxigênio na mistura. Em química orgânica, em geral, um éter é um composto contendo um átomo de oxigênio ao qual dois grupos alquila são conectados. A Figura 10.1 mostra alguns dos hidrocarbonetos que aparecem comumente em éter de petróleo e também apresenta a estrutura do éter (éter dietílico). Dedique especial atenção quando as instruções se referirem a **éter** ou **éter de petróleo**; eles não devem ser confundidos. É particularmente fácil haver alguma confusão quando uma pessoa estiver selecionando um recipiente de solvente em uma prateleira de suprimentos.

TABELA 10.3 ■ Solventes orgânicos comuns

Solvente	PE (°C)	Solvente	PE (°C)
Hidrocarbonetos		Éteres	
Pentano	36	**Éter** (dietílico)	35
Hexano	69	**Dioxano**[a]	101
Benzeno[a]	80	**1,2-Dimetoxietano**	83
Tolueno	111	Outros	
Misturas hidrocarboneto		Ácido acético	118
Éter de petróleo	30–60	Anidrido acético	140
Ligroína	60–90	**Piridina**	115
Clorocarbonos		**Acetona**	56
Cloreto de metileno	40	**Acetato de etila**	77
Clorofórmio[a]	61	Dimetilformamida	153
Tetracloreto de carbono[a]	77	Dimetilsulfóxido	189
Álcoois			
Metanol	65		
Etanol	78		
Álcool isopropílico	82		

Nota: O **tipo negrito** indica inflamabilidade.
[a]Suspeito de ser carcinogênico.

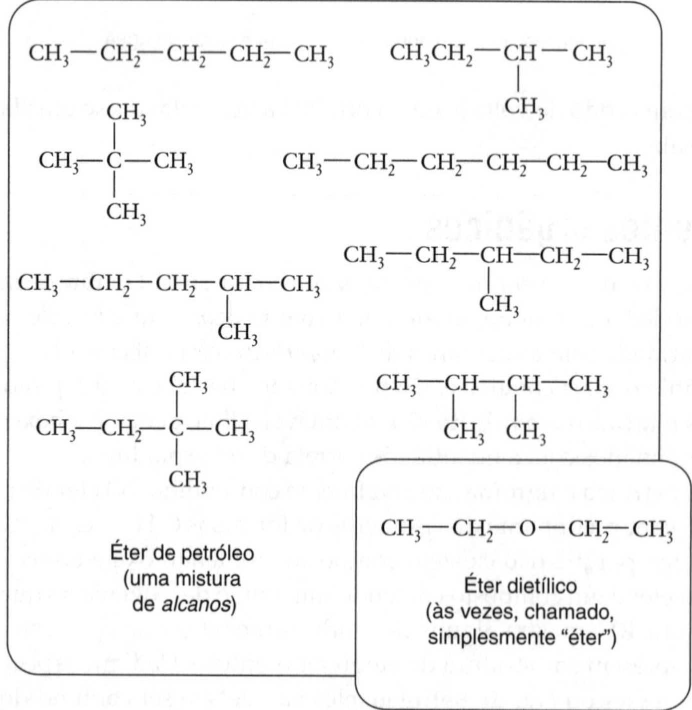

FIGURA 10.1 ■ Uma comparação entre "éter" (éter dietílico) e "éter de petróleo".

A ligroína, ou éter de petróleo de alto ponto de ebulição, é como o éter de petróleo, em sua composição, exceto que, em comparação com o éter de petróleo, a ligroína geralmente inclui isômeros de alcanos com ponto de ebulição mais elevado. Dependendo do fornecedor, a ligroína pode ter diferentes intervalos de ebulição. Enquanto algumas marcas de ligroína têm pontos de ebulição entre cerca de 60 °C e 90 °C, outras marcas têm os pontos de ebulição entre cerca de 60 °C e 75 °C. Os intervalos de ponto de ebulição do éter de petróleo e da ligroína em geral são incluídos nos rótulos das embalagens.

■ PROBLEMAS ■

1. Para cada um dos seguintes pares de soluto e solvente, faça a previsão quanto a se o soluto seria solúvel ou insolúvel. Depois de realizar suas previsões, verifique suas respostas observando os compostos em *The Merck Index* ou em *CRC Handbook of Chemistry and Physics.* Geralmente, *The Merck Index* é o livro de consulta mais fácil de utilizar. Se a substância tiver uma solubilidade maior que 40 mg/mL, você pode concluir que esta é solúvel.

a. Ácido málico em água

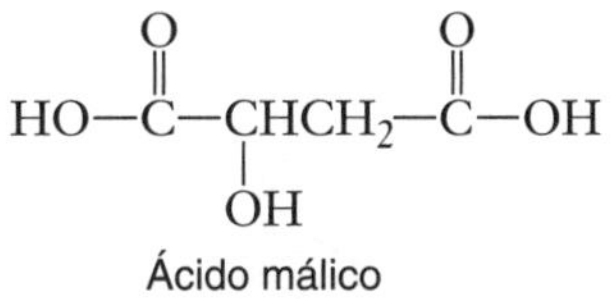

$$HO-\overset{\overset{O}{\|}}{C}-\underset{\underset{OH}{|}}{C}HCH_2-\overset{\overset{O}{\|}}{C}-OH$$

Ácido málico

b. Naftaleno em água

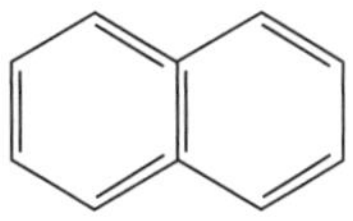

Naftaleno

c. Anfetamina em álcool etílico

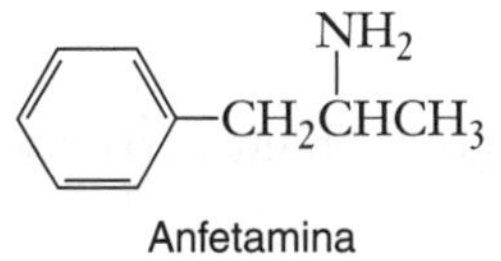

$$C_6H_5-CH_2\overset{\overset{NH_2}{|}}{C}HCH_3$$

Anfetamina

d. Aspirina em água

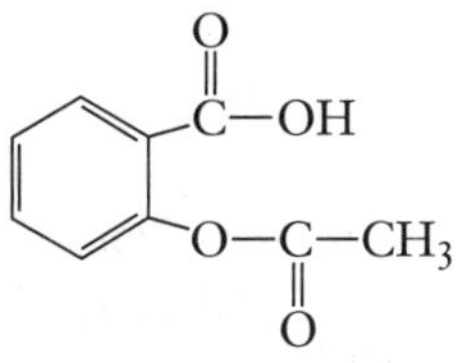

Aspirina

e. Ácido succínico em hexano (*Nota*: a polaridade do hexano é similar à do éter de petróleo.)

$$HO-\overset{\overset{O}{\|}}{C}-CH_2CH_2-\overset{\overset{O}{\|}}{C}-OH$$

Ácido succínico

f. Ibuprofeno em éter dietílico

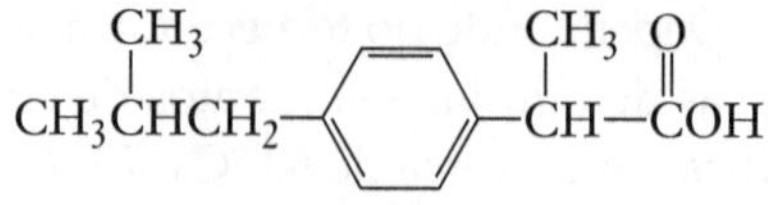

$$CH_3CH(CH_3)CH_2-C_6H_4-CH(CH_3)-COOH$$

Ibuprofeno

g. 1-Decanol (álcool *n*-decil) em água

$$CH_3(CH_2)_8CH_2OH$$

1-Decanol

2. Preveja se os seguintes pares de líquidos serão miscíveis ou imiscíveis:

a. Água e álcool etílico
b. Hexano e benzeno
c. Cloreto de metileno e benzeno
d. Água e tolueno

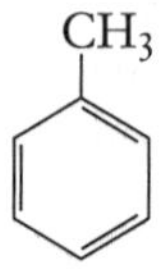

CH_3 (anel benzênico)

Tolueno

e. Álcool etílico e álcool isopropílico

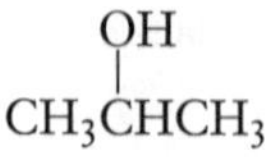

$$CH_3CH(OH)CH_3$$

Álcool isopropílico

3. Você esperaria que o ibuprofeno (veja o Problema 1f) fosse solúvel ou insolúvel em 1,0 M de NaOH? Explique.

4. O timol é muito pouco solúvel em água e muito solúvel em 1,0 M de NaOH. Explique.

CH_3, OH, $CH-CH_3$, CH_3 (anel benzênico)

Timol

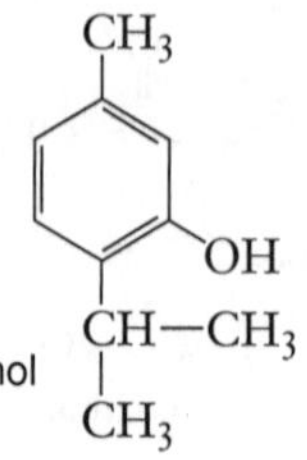

5. Embora o canabinol e o álcool metílico sejam álcoois, o canabinol é muito pouco solúvel em álcool metílico à temperatura ambiente. Explique.

CH_3
OH
CH_3
CH_3
O
$CH_2CH_2CH_2CH_2CH_3$

Canabinol

6. Qual é a diferença entre os compostos em cada um dos seguintes pares?
   a. Éter e éter de petróleo
   b. Éter e éter dietílico
   c. Ligroína e éter de petróleo

Técnica 

Cristalização: purificação de sólidos

Na maioria dos experimentos de química orgânica, o produto desejado é inicialmente isolado em uma forma impura. Se esse produto for um sólido, o método de purificação mais comum é a cristalização. A técnica geral envolve a dissolução do material a ser cristalizado em um solvente (ou mistura de solventes) *quente* seguido pelo resfriamento lento da solução. O material dissolvido tem a solubilidade diminuída a temperaturas mais baixas e vai se separar da solução à medida que esta for resfriada. Esse fenômeno é chamado **cristalização**, se o crescimento do cristal for relativamente lento e seletivo, ou **precipitação**, se o processo for rápido e não seletivo. A cristalização é um processo em equilíbrio e produz material muito puro. Um pequeno cristal, chamado semente do cristal, é formado inicialmente, e ele então cresce, camada por camada, de maneira reversível. Em certo sentido, o cristal "seleciona" as moléculas corretas a partir da solução. Na precipitação, o retículo cristalino é formado tão rapidamente que as impurezas são capturadas no interior do retículo. Desse modo, qualquer tentativa de purificação com um processo demasiadamente rápido deve ser evitada. Uma vez que as impurezas normalmente estão presentes em quantidades muito menores que o composto que está sendo cristalizado, a maior parte destas permanecerá no solvente mesmo quando for resfriada. A substância purificada pode então ser separada do solvente e das impurezas por filtração.

O método de cristalização descrito aqui é chamado **cristalização em macroescala**. Essa técnica, que é realizada com um frasco de Erlenmeyer para dissolver o material e com um funil de Büchner para filtrar os cristais, geralmente é empregada quando a massa do sólido a ser cristalizado for maior que 0,1 g. Outro método, que é realizado com um tubo de Craig, é utilizado com menores quantidades de sólido. Denominada **cristalização em microescala**, essa técnica é discutida brevemente na Seção 11.4.

Às vezes, quando o procedimento de cristalização em macroescala, descrito na Seção 11.3, é utilizado com um funil de Hirsch, é chamado **cristalização em semimicroescala**. Frequentemente, esse procedimento é empregado em trabalhos em microescala quando a quantidade de sólido for maior que 0,1 g, ou em trabalhos em macroescala quando a quantidade de sólido for menor que cerca de 0,5 g.

PARTE A. TEORIA

11.1 Solubilidade

O primeiro problema ao se realizar uma cristalização é selecionar um solvente no qual o material a ser cristalizado apresenta o comportamento de solubilidade desejado. Em um caso ideal, o material será moderadamente solúvel à temperatura ambiente, mas será bastante solúvel no ponto de ebulição do solvente selecionado. A curva de solubilidade deverá ser bastante inclinada, como se pode ver na linha A da Figura 11.1. Uma curva com coeficiente angular pequeno (linha B) não levará a cristalização significativa quando a temperatura da solução for reduzida. Um solvente no qual o material é muito solúvel em todas as temperaturas (linha C) também não será um solvente de cristalização adequado. O problema básico em efetuar uma cristalização é selecionar um solvente (ou mistura de solventes) que ofereça uma acentuada curva de solubilidade *versus* temperatura bastante inclinada para o material a ser cristalizado. Um solvente que apresenta o comportamento mostrado na linha A é de cristalização ideal. Também é preciso mencionar que a curva de solubilidades nem sempre é linear, como descreve a Figura 11.1. Essa figura representa uma forma idealizada do comportamento de solubilidade. A curva de solubilidade para a sulfanilamida em álcool etílico 95%, da Figura 11.2, é típica de muitos compostos orgânicos e mostra o comportamento de solubilidade de uma substância real.

A solubilidade de compostos orgânicos é uma função das polaridades do solvente e do **soluto** (material dissolvido). Uma regra geral afirma "igual dissolve igual". Se o soluto for muito polar, é necessário um solvente muito polar para dissolvê-lo; se o soluto for apolar, um solvente apolar é necessário. Aplicações dessa regra são amplamente discutidas na Técnica 10, Seção 10.2, e na Técnica 11, Seção 11.5.

11.2 Teoria da cristalização

Uma cristalização bem-sucedida depende de uma grande diferença entre a solubilidade de um material em um solvente quente e sua solubilidade no mesmo solvente quando este está frio. Se as impurezas em uma substância são igualmente solúveis no solvente quente e no solvente frio, não é possível atingir uma purificação efetiva por meio da cristalização. Um material pode ser purificado por cristalização quando a substância desejada e a impureza têm solubilidades similares, mas somente quando a impureza representa uma pequena fração do sólido total. A substância desejada vai se cristalizar mediante resfriamento, mas as impurezas não resfriarão.

Por exemplo, considere um caso no qual as solubilidades da substância A e de sua impureza B são, ambas, 1 g/100 mL de solvente a 20 °C e 10 g/100 mL de solvente a 100 °C. Na amostra impura de A, a composição é 9 g de A e 2 g de B. Nos cálculos para esse exemplo, assume-se que as solubilidades de A e de B não são afetadas pela presença da outra substância. Para que os cálculos fiquem mais fáceis de entender, 100 mL de solvente são utilizados em cada cristalização. Normalmente, seria utilizada a quantidade mínima necessária de solvente para dissolver o sólido.

A 20 °C, essa quantidade total de material não se dissolverá em 100 mL de solvente. Contudo, se o solvente for aquecido a 100 °C, todos os 11 g se dissolverão. O solvente tem a capacidade de dissolver 10 g de A *e* 10 g de B a essa temperatura. Se a solução for resfriada a 20 °C, somente 1 g de cada soluto poderá permanecer dissolvido, de modo que 8 g de A e 1 g de B se cristalizam, deixando 2 g de material na solução. Essa cristalização é mostrada na Figura 11.3. A solução que permanence depois de uma cristalização é chamada **água-mãe**. Se o processo agora for repetido pelo tratamento dos cristais com outros 100 mL de solvente puro, 7 g de A vão se cristalizar novamente, deixando 1 g de A e 1 g de B na água-mãe. Como resultado dessas operações, 7 g de A puro são obtidos, mas com a perda de 4 g de material (2 g de A mais 2 g de B). Mais uma vez, essa segunda etapa de cristalização é ilustrada na Figura 11.3.

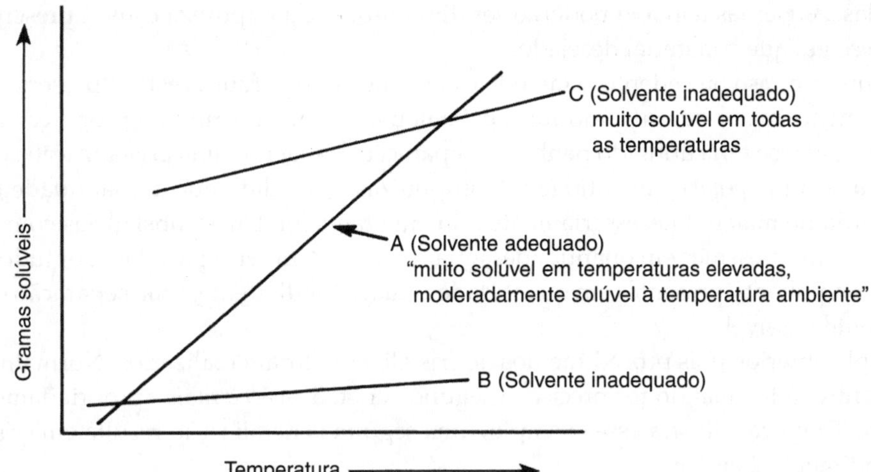

FIGURA 11.1 ■ Gráfico da solubilidade *versus* temperatura.

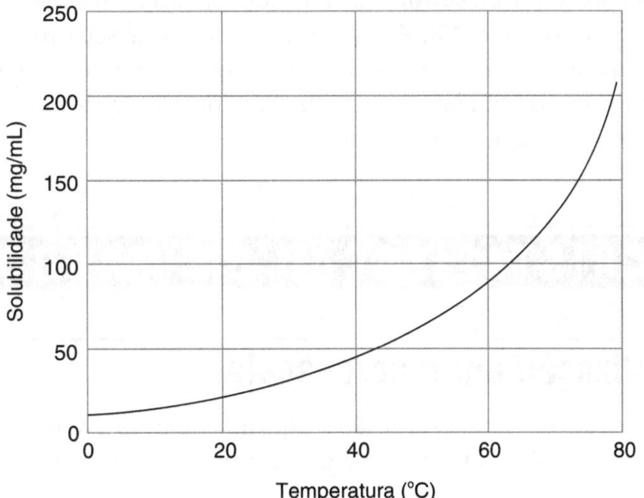

FIGURA 11.2 ■ Solubilidade da sulfanilamida em álcool etílico 95%.

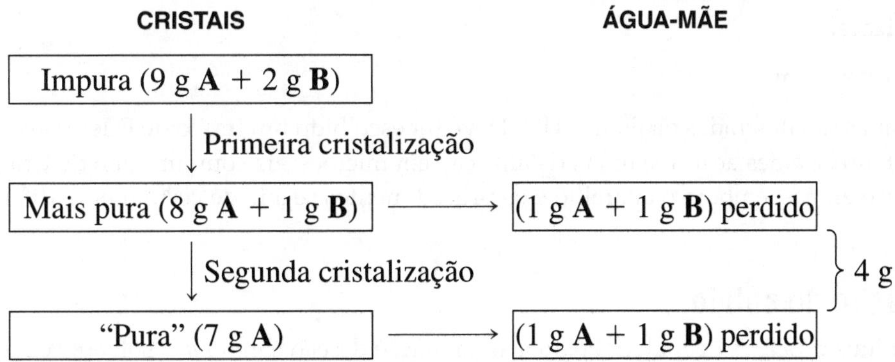

FIGURA 11.3 ■ Purificação de uma mistura por cristalização.

O resultado final ilustra um importante aspecto da cristalização — há um desperdício. Nada pode ser feito para se evitar esse desperdício; parte de A deve ser perdida junto com a impureza B para que o método seja bem-sucedido. Naturalmente, se a impureza B for *mais* solúvel que A no solvente, as perdas serão reduzidas. As perdas também poderão ser diminuídas se a impureza estiver presente em quantidades *muito menores* que o material desejado.

Observe que, no caso precedente, o método é bem-sucedido porque A estava presente em quantidade substancialmente maior que sua impureza B. Se houvesse uma mistura na proporção de 50–50 de A e B inicialmente, não se teria atingido nenhuma separação. Em geral, uma cristalização somente obtém sucesso se houver uma *pequena* quantidade de impurezas. À medida que a quantidade de impurezas aumenta, a perda de material necessariamente aumenta também. Duas substâncias com solubilidades praticamente iguais, presentes em quantidades iguais, não podem ser separadas. Contudo, se a solubilidade de dois components, presentes em quantidades iguais, for diferente, uma separação ou purificação é frequentemente possível.

No exemplo anterior, dois procedimentos de cristalização foram realizados. Normalmente isso não é necessário; entretanto, quando for preciso, a segunda cristalização é mais apropriadamente chamada **recristalização**. Conforme ilustra esse exemplo, uma segunda cristalização resulta em cristais mais puros, mas o rendimento é menor.

Em alguns experimentos, você será instruído a resfriar a mistura de cristalização em um banho de gelo-água antes de coletar os cristais por filtração. O resfriamento da mistura aumenta o rendimento através da redução da solubilidade da substância; no entanto, mesmo nessa temperatura reduzida, parte do produto será solúvel no solvente. Não é possível recuperar todo seu produto em um procedimento de cristalização mesmo quando a mistura é resfriada em um banho de gelo-água. Um bom exemplo disso é ilustrado pela curva de solubilidade para sulfanilamida, mostrada na Figura 11.2. A solubilidade da sulfanilamida a 0 °C ainda é significativa, 14 mg/mL.

PARTE B. CRISTALIZAÇÃO EM MACROESCALA

11.3 Cristalização em macroescala

A técnica de cristalização descrita nesta seção é utilizada quando a massa do sólido a ser cristalizado é maior que 0,1 g. Existem quatro etapas principais em uma cristalização em macroescala:

1. Dissolução do sólido
2. Remoção de impurezas insolúveis (quando necessário)
3. Cristalização
4. Coleta e secagem

Essas etapas são ilustradas na Figura 11.4. Deve ser escolhido um frasco de Erlenmeyer de tamanho apropriado. É preciso destacar que uma cristalização em microescala com um tubo de Craig envolve as mesmas quatro etapas, embora o aparelho e os procedimentos sejam, de certo modo, diferentes (veja a Seção 11.4).

A. Dissolução do sólido

Para minimizar perdas de material para a água-mãe, é desejável *saturar* o solvente em ebulição com soluto. Essa solução, quando resfriada, vai fornecer a máxima quantidade possível de soluto na forma de cristais. Para se obter um retorno elevado, o solvente é levado ao seu ponto de ebulição, e o soluto é dissolvido na *quantidade mínima* (!) *de solvente em ebulição*. Para esse procedimento, é recomendável manter um recipiente de solvente em ebulição (em uma placa de aquecimento). A partir desse recipiente, uma pequena porção (cerca de 1 a 2 mL) do solvente é adicionada ao frasco de Erlenmeyer contendo o sólido a ser cristalizado, e essa mistura é aquecida, sendo agitada ocasionalmente, até que a ebulição reinicie.

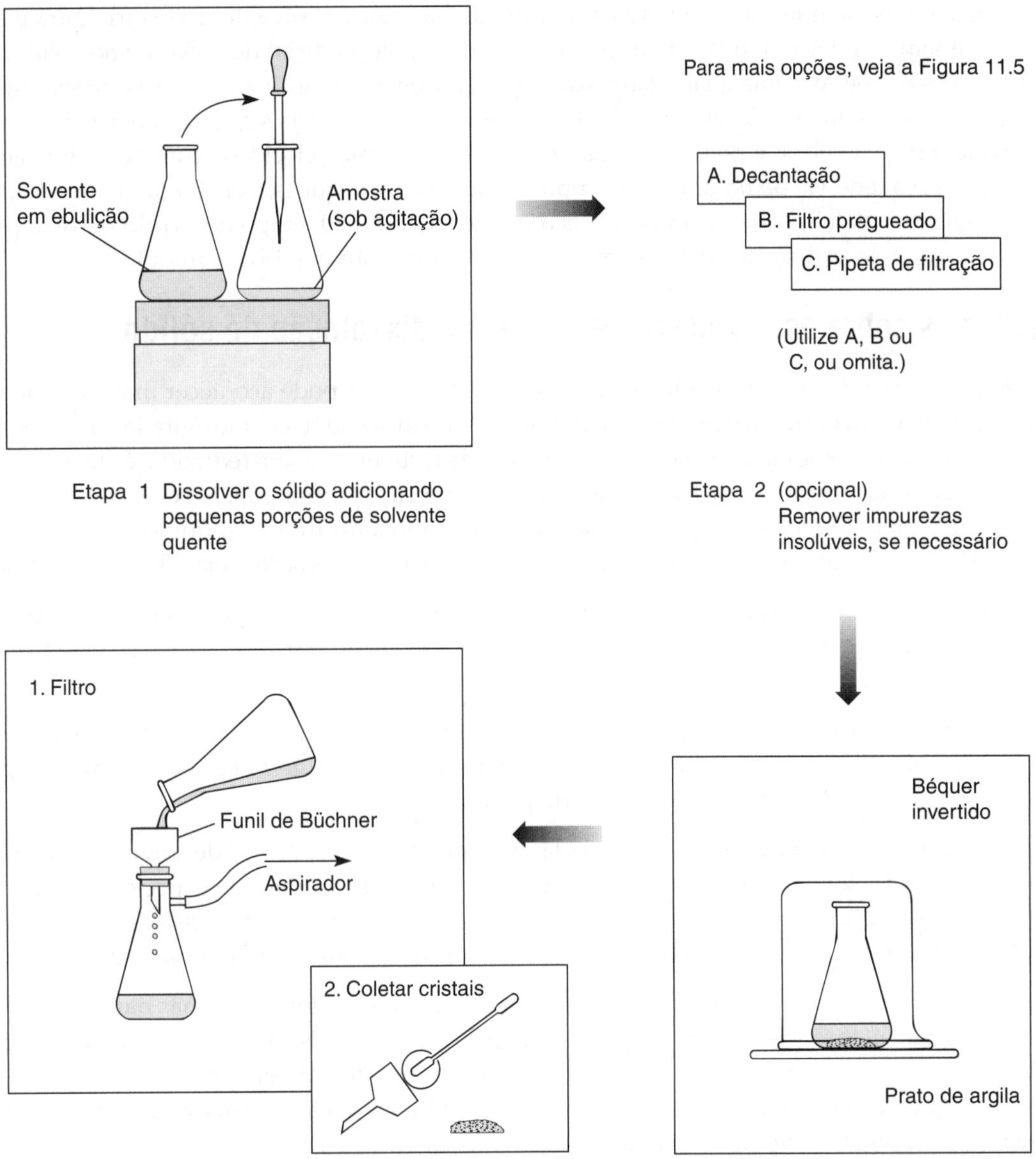

Solvente em ebulição

Amostra (sob agitação)

Etapa 1 Dissolver o sólido adicionando pequenas porções de solvente quente

Para mais opções, veja a Figura 11.5

A. Decantação

B. Filtro pregueado

C. Pipeta de filtração

(Utilize A, B ou C, ou omita.)

Etapa 2 (opcional) Remover impurezas insolúveis, se necessário

Béquer invertido

Prato de argila

Etapa 3 Deixar esfriar e cristalizar

1. Filtro

Funil de Büchner

Aspirador

2. Coletar cristais

Etapa 4 Coletar cristais com um funil de Büchner

FIGURA 11.4 ■ Etapas em uma cristalização em macroescala (sem descoloração).

ADVERTÊNCIA

Não aqueça o frasco contendo o sólido antes de ter adicionado a primeira porção de solvente. 

Se o sólido não se dissolver na primeira porção do solvente em ebulição, outra pequena porção de solvente em ebulição é adicionada ao frasco. A mistura é agitada e aquecida novamente, até que reinicie a ebulição. Se o sólido se dissolver, não é necessário adicionar mais solvente. Mas se o sólido não tiver sido dissolvido, outra porção de solvente em ebulição é acrescentada, como antes, e o processo é repetido até que o sólido se dissolva. É importante ressaltar que as porções de solvente adicionadas a cada vez são pequenas, de modo que é acrescentada a quantidade *mínima* de solvente necessária para dissolver o sólido. Também se deve enfatizar que o procedimento requer a adição de solvente ao sólido. Jamais adicione porções de sólido a uma quantidade fixa de solvente em ebulição. Nesse caso, pode ser impossível determinar quando a saturação foi atingida. Todo esse procedimento deverá ser realizado bem rapidamente, ou você poderá perder solvente por evaporação quase com a mesma velocidade com que o está acrescentando, e o processo todo vai demorar muito tempo. É mais provável que isso aconteça quando se utilizam líquidos altamente voláteis, como o álcool metílico ou álcool etílico. O tempo decorrido desde a primeira adição até que o sólido se dissolva completamente não deve ser maior que 15 a 20 minutos.

Comentários sobre este procedimento para a dissolução do sólido

1. Um dos erros mais comuns é adicionar solvente demais. Isso pode acontecer mais facilmente se o solvente não estiver suficientemente quente ou se a mistura não tiver sido agitada o bastante. Se for acrescentado solvente em demasia, a porcentagem de recuperação será reduzida; é até mesmo possível que nenhum cristal venha a se formar quando a solução for resfriada. No caso de ser adicionado solvente demais, é preciso evaporar o excesso aquecendo a mistura. Um fluxo de nitrogênio ou ar comprimido dirigido ao recipiente acelerará o processo de evaporação (veja a Técnica 7, Seção 7.10).
2. É muito importante não aquecer o sólido antes de adicionar algum solvente. Do contrário, o sólido pode se fundir e, possivelmente, formar um óleo ou se decompor, e pode não se cristalizar facilmente (veja a Seção 11.5).
3. Também é importante utilizar um frasco de Erlenmeyer em vez de um béquer para realizar a cristalização. Não se deve usar um béquer, pois sua boca larga permite a evaporação muito rápida do solvente e facilita a entrada de partículas de poeira.
4. Em alguns experimentos, será recomendada uma quantidade específica de solvente para determinada massa de sólido. Nesses casos, você deverá utilizar a quantidade especificada, em vez da quantidade mínima de solvente necessária para dissolver o sólido. A quantidade recomendada de solvente foi selecionada visando proporcionar as condições ótimas para uma formação do cristal.
5. Ocasionalmente, é possível encontrar um sólido impuro que contém pequenas partículas de impurezas insolúveis, grãos de poeira ou fibras de papel que não se dissolveram no solvente de cristalização quente. Um erro comum é adicionar solvente quente demais, em uma tentativa de dissolver essas pequenas partículas, sem perceber que são insolúveis. Nesses casos, é preciso ter o cuidado de não acrescentar solvente em excesso.
6. Às vezes, é necessário descolorizar a solução adicionando carvão ativado ou fazendo a solução passar através de uma coluna contendo alumina ou sílica gel (veja a Seção 11.7 e a Técnica 19, Seção 19.15). Uma etapa de descoloração deverá ser realizada somente se a mistura for *fortemente* colorida e se estiver claro que a cor se deve a impurezas, e não devido à substância que está sendo cristalizada. Se a descoloração for necessária, deverá ser efetuada antes da etapa de filtração a seguir.

B. Removendo impurezas insolúveis

É necessário utilizar um dos três métodos a seguir somente se algum material insolúvel permanecer na solução quente ou se tiver sido utilizado carvão ativado.

⇨ ADVERTÊNCIA

O uso indiscriminado do procedimento pode levar à perda desnecessária de seu produto. 

A decantação é o método mais fácil de remover impurezas sólidas e deve ser considerada em primeiro lugar. Se a filtração for necessária, uma pipeta de filtração é empregada quando o volume de líquido a ser filtrado for menor que 10 mL (veja a Técnica 8, Seção 8.1C), e deve-se empregar a filtração por gravidade através de um filtro pregueado, quando o volume for de 10 mL ou maior (veja a Técnica 8, Seção 8.1B). Esses três métodos são ilustrados na Figura 11.5, e cada um deles é discutido a seguir.

DECANTAÇÃO. Se as partículas sólidas forem relativamente grandes ou se elas se depositarem facilmente no fundo do frasco, pode ser possível separar a solução quente das impurezas, despejando-se o líquido, deixando o sólido para trás. Isso é realizado mais facilmente segurando uma bagueta de vidro na parte superior do frasco e inclinando o frasco, de modo que o líquido seja derramado ao longo da bagueta em outro recipiente. Uma técnica similar, em princípio, à decantação, que deve ser mais fácil de realizar com quantidades menores de líquido, é utilizar uma **pipeta Pasteur preaquecida** para remover a solução quente. Com esse método, pode ser útil encostar a ponta da pipeta no fundo do frasco ao remover a última porção da solução. O pequeno espaço entre a ponta da pipeta e a superfície interna do frasco evita que o material sólido seja drenado para a pipeta. Um meio fácil de preaquecer a pipeta é sugar uma pequena porção de *solvente* quente (não a *solução* sendo transferida) com a pipeta e expelir o líquido. Repita o processo diversas vezes.

FILTRO PREGUEADO. Este método é o mais efetivo para remover impurezas sólidas quando o volume de líquido for maior que 10 mL ou quando carvão ativado tiver sido utilizado (veja a Técnica 8, Seção 8.1B e Seção 11.7). Primeiro, você precisa adicionar uma pequena quantidade de solvente extra à mistura quente. Essa ação ajuda a evitar a formação de cristais no papel de filtro ou na haste do funil durante a filtração. Em seguida, o funil é preenchido com um filtro pregueado e fixado na parte superior do frasco de Erlenmeyer a ser usado na filtração.. É recomendável colocar um pequeno pedaço de fio entre o funil e o bocal do frasco para liberar qualquer aumento na pressão causado pelo filtrado quente.

O frasco de Erlenmeyer contendo o funil e o papel pregueado é colocado sobre uma placa de aquecimento. O líquido a ser filtrado é levado ao seu ponto de ebulição e despejado em porções através do filtro. (Se o volume da mistura for menor que 10 mL, pode ser mais conveniente transferir a mistura para o filtro com uma pipeta Pasteur preaquecida.) É necessário manter as soluções em ambos os frascos em suas temperaturas de ebulição para evitar a cristalização prematura. O refluxo do filtrado mantém o funil aquecido e reduz a chance de que o filtro fique entupido com cristais que possam ter se formado durante a filtração. No caso de solventes com baixo ponto de ebulição, esteja ciente de que uma parte do solvente pode ser perdida por evaporação. Consequentemente, é preciso adicionar solvente em excesso para compensar essa perda. Se cristais começarem a se formar no filtro durante a filtração, uma quantidade mínima de solvente em ebulição é acrescentada para redissolver os cristais e permitir que a solução passe pelo funil. Se o volume de líquido sendo filtrado for menor que 10 mL, uma pequena quantidade de solvente quente deverá ser utilizada para lavar o filtro depois que todo o filtrado tiver sido coletado. O solvente de lavagem é então adicionado ao filtrado original.

Depois da filtração, pode ser necessário remover solvente em excesso por evaporação até que a solução se torne novamente saturada no ponto de ebulição do solvente (veja a Técnica 7, Seção 7.10).

PIPETA DE FILTRAÇÃO. Se o volume da solução depois da dissolução do sólido em solvente quente for menor que 10 mL, a filtração por gravidade com uma pipeta de filtração pode ser utilizada para remover impurezas sólidas. Contudo, utilizar uma pipeta de filtração para filtrar uma solução quente saturada com soluto sem que ocorra cristalização prematura pode ser difícil. A melhor maneira de evitar que isso ocorra é acrescentar solvente suficiente para dissolver o produto desejado à temperatura ambiente (certifique-se de não adicionar solvente demais) e realizar a filtração à temperatura ambiente, como descreve a Técnica 8, Seção 8.1C. Depois da filtração, o solvente em excesso é evaporado por ebulição até que a solução se torne saturada no ponto de ebulição da mistura (veja a Técnica 7, Seção 7.10). Se for utilizado carvão ativado em pó, provavelmente será preciso efetuar duas filtrações com uma pipeta de filtração para remover todo o carvão, ou então, pode ser utilizado um filtro pregueado.

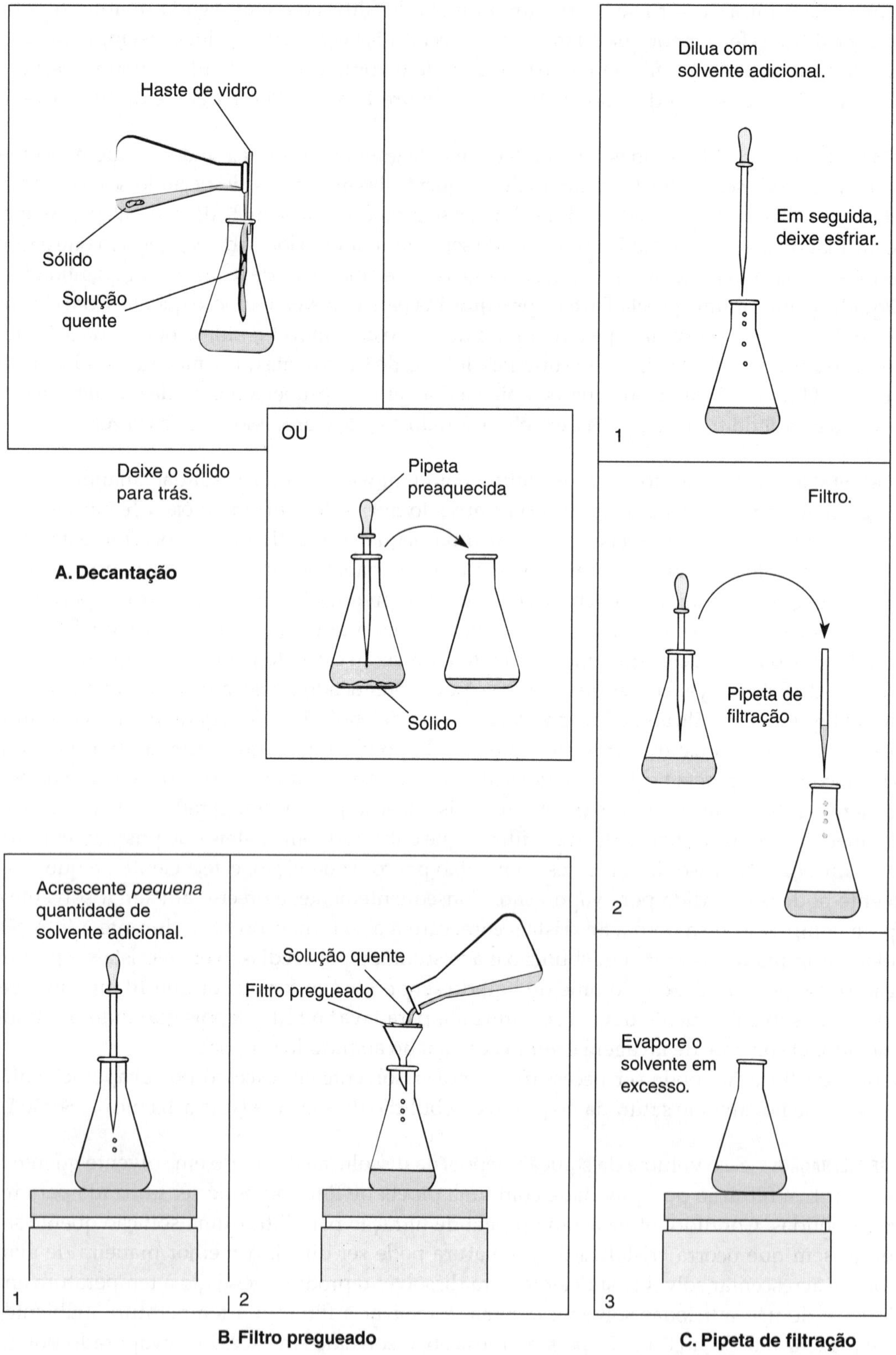

FIGURA 11.5 ■ Métodos para remover impurezas insolúveis em uma cristalização em macroescala.

C. Cristalização

Um frasco de Erlenmeyer, não um béquer, deverá ser utilizado para a cristalização. A boca larga de um béquer o torna excelente captador de poeira. A abertura estreita do frasco de Erlenmeyer reduz a contaminação por poeira e permite que o frasco seja tampado, caso ele tenha de ser deixado em repouso por um longo período. Misturas em repouso por longos períodos devem ser tampadas após o resfriamento, à temperatura ambiente, para evitar a evaporação do solvente. Se todo o solvente se evaporar, nenhuma purificação será obtida, e os cristais originalmente formados se tornarão revestidos com o conteúdo seco da água-mãe. Mesmo se o tempo necessário para que a cristalização ocorra for relativamente curto, recomenda-se cobrir a parte superior do frasco de Erlenmeyer com um pequeno vidro de relógio ou um béquer invertido, para evitar a evaporação do solvente enquanto a solução está se resfriando à temperatura ambiente.

As chances de obter cristais puros aumentam se a solução se resfriar lentamente até a temperatura ambiente. Quando o volume da solução for 10 mL ou menos, a solução provavelmente se resfriará mais rapidamente que o desejado. Isso pode ser evitado colocando-se o frasco em uma superfície que seja um fraco condutor de calor e cobrindo-se o frasco com um béquer para proporcionar uma camada isolante de ar. Superfícies apropriadas incluem um prato de argila ou vários pedaços de papel de filtro sobre a bancada de laboratório. Também pode ser útil recorrer a um prato de argila que tenha sido levemente aquecido em uma placa de aquecimento ou em um forno.

Depois que a cristalização tiver ocorrido, às vezes, é desejável resfriar o frasco em um banho de gelo-água. Como o soluto é menos solúvel a temperaturas mais baixas, isso aumentará o rendimento dos cristais.

Se uma solução resfriada não se cristalizar, será preciso induzir a cristalização. Diversas técnicas são descritas na Seção 11.8A.

D. Coleta e secagem

Depois que o frasco foi resfriado, os cristais são coletados por filtração a vácuo através de um funil de Büchner, ou de Hirsch (veja a Técnica 8, Seção 8.3 e a Figura 8.5). Os cristais deverão ser lavados com uma pequena quantidade de solvente *frio* para remover qualquer água-mãe aderida à sua superfície. Um solvente quente ou morno dissolverá alguns dos cristais. Os cristais, então, deverão ser deixados por curto período (geralmente, de cinco a dez minutos) no funil, onde o fluxo natural de ar removerá a maior parte do solvente. Em geral, é recomendável cobrir o funil de Büchner com um papel de filtro grande ou com uma toalha de papel, durante a secagem com ar. Essa precaução evita o acúmulo de poeira nos cristais. Quando os cristais estiverem praticamente secos, eles devem ser removidos cuidadosamente do papel de filtro (de modo que as fibras de papel não sejam removidas com os cristais) para um vidro de relógio ou prato de argila para nova secagem (veja a Seção 11.9).

As quatro etapas em uma cristalização em macroescala são resumidas na Tabela 11.1.

TABELA 11.1 ■ Etapas em uma cristalização em macroescala

A. Dissolvendo o sólido

1. Encontre um solvente com uma curva de solubilidade *versus* temperatura com grande coeficiente angular (obtido por tentativa e erro, utilizando pequenas quantidades de material ou consultando um manual).
2. Aqueça o solvente desejado até o seu ponto de ebulição.
3. Dissolva o sólido em uma quantidade **mínima** de solvente em ebulição em um frasco.
4. Se necessário, adicione carvão ativado ou descolorize a solução em uma coluna de sílica-gel ou alumina.

Continua

Continuação

B. Removendo impurezas insolúveis

1. Decante ou remova a solução com uma pipeta Pasteur.
2. Como alternativa, filtre a solução quente através de um filtro pregueado, uma pipeta de filtração ou a pipeta com ponta de papel para remover impurezas insolúveis ou carvão.

 **NOTA**

Se não tiver sido adicionado nenhum carvão ativado ou se não houver partículas que não foram dissolvidas, a Parte B deve ser omitida.

C. Cristalização

1. Deixe a solução resfriar.
2. Se surgirem cristais, resfrie a mistura em um banho de gelo-água (se desejado) e prossiga para a Parte D. Se não surgirem cristais, vá para a etapa seguinte.
3. Induza a cristalização.
   a. Risque o frasco com um bastão de vidro.
   b. Semeie a solução com o sólido original, se estiver disponível.
   c. Resfrie a solução em um banho de gelo-água.
   d. Evapore o solvente em excesso e deixe a solução esfriar novamente.

D. Coleta e secagem

1. Colete cristais por meio de filtração a vácuo utilizando um funil de Büchner.
2. Lave os cristais com uma pequena porção de solvente **frio**.
3. Mantenha a sucção até que os cristais estejam praticamente secos.
4. Secagem (três opções).
   a. Seque os cristais com ar.
   b. Coloque os cristais em uma estufa de secagem.
   c. Seque os cristais sob vácuo.

PARTE C. CRISTALIZAÇÃO EM MICROESCALA

11.4 Cristalização em microescala

Em muitos experimentos em microescala, a quantidade de sólido a ser cristalizado é suficientemente pequena (geralmente menor que 0,1 g) para que um **tubo de Craig** (veja a Técnica 8, Figura 8.10) seja o método preferido para a cristalização. A principal vantagem do tubo de Craig é que ele minimiza o número de transferências de material sólido, resultando assim em maior rendimento dos cristais. Além disso, a separação dos cristais da água-mãe com o tubo de Craig é muito eficiente, e é necessário pouco tempo para a secagem dos cristais. As etapas envolvidas são, em princípio, as mesmas que as realizadas quando uma cristalização é realizada com um frasco de Erlenmeyer e um funil de Büchner.

O sólido é transferido para o tubo de Craig, e pequenas porções de solvente quente são adicionadas ao tubo enquanto a mistura é aquecida e agitada com uma espátula. Se houver quaisquer impurezas insolúveis presentes, elas podem ser removidas utilizando-se uma pipeta com ponta de filtro. O tampão interno, então, é inserido no tubo de Craig, e a solução quente é resfriada lentamente até a temperatura ambiente. Quando os cristais tiverem se formado, o tubo de Craig é colocado em um tubo de centrifugação, e os cristais são separados da água-mãe por centrifugação (veja a Técnica 8, Seção 8.7). Os cristais, agora, são removidos da extremidade do tampão interno ou de dentro do tubo de Craig para um vidro de relógio ou pedaço de papel. Pouca secagem será necessária (veja a Seção 11.9).

PARTE D. CONSIDERAÇÕES EXPERIMENTAIS ADICIONAIS: MACROESCALA E MICROESCALA

11.5 Selecionando um solvente

Um solvente que dissolve pouco do material a ser cristalizado quando está frio, mas dissolve muito material quando está quente é apropriado para cristalização. Em geral os solventes de cristalização corretos são indicados nos procedimentos experimentais que você estiver seguindo. Quando um solvente não é especificado em um procedimento, é possível determiná-lo consultando um manual ou fazendo uma suposição baseada em polaridades, ambas opções discutidas nesta seção. Uma terceira abordagem, envolvendo experimentação, é discutida na Seção 11.6.

Com compostos bastante conhecidos, o solvente de cristalização correto já foi determinado pelos experimentos de pesquisadores anteriores. Nesses casos, a literatura química pode ser consultada para determinar qual deve ser utilizado. Fontes como *The Merck Index* ou o *CRC Handbook of Chemistry and Physics* podem fornecer essas infromações.

Por exemplo, considere o naftaleno, que é encontrado no *The Merck Index*. No registro para o naftaleno encontra-se a expressão "Placas monoclínicas prismáticas a partir de éter". Essa afirmação significa que o naftaleno pode ser cristalizado a partir do éter e também fornece o tipo de estrutura cristalina. Infelizmente, a estrutura cristalina pode ser informada sem referência ao solvente. Outra maneira de determinar o melhor solvente é observando os dados de solubilidade *versus* temperatura. Quando isso é dado, um bom solvente é aquele no qual a solubilidade do composto aumenta significativamente à medida que aumenta a temperatura. Algumas vezes, os dados da solubilidade serão fornecidos somente para solventes frio e em ebulição. Isso deverá fornecer informações suficientes para determinar se este deve ser um bom solvente para a cristalização.

Na maioria dos casos, entretanto, os manuais definirão apenas se um composto é solúvel ou não em determinado solvente, geralmente à temperatura ambiente. Determinar um bom solvente para cristalização a partir dessas informações pode ser difícil. O solvente no qual o composto é solúvel pode ou não ser apropriado para cristalização. Às vezes, o composto pode ser muito solúvel no solvente em todas as temperaturas, e você recuperará muito pouco de seu produto se esse solvente for utilizado para cristalização. É possível que um solvente apropriado seja aquele no qual o composto é praticamente insolúvel à temperatura ambiente porque a curva de solubilidade *versus* temperatura é muito acentuada. Embora as informações quanto à solubilidade possam dar algumas ideias sobre quais solventes experimentar, é mais provável que você precise determinar um bom solvente de cristalização por experimentação, conforme descrito na Seção 11.6.

Ao utilizar o *The Merck Index* ou o *Handbook of Chemistry and Physics*, você deve estar ciente de que em geral o álcool é relacionado como um solvente. Frequentemente, isso se refere a álcool etílico 95% ou 100%. Uma vez que o álcool etílico 100% (absoluto) é mais caro que o álcool etílico 95%, a opção mais barata é quase sempre utilizada no laboratório de química. Outro solvente que em geral é apresentado na lista é o benzeno, que é um produto reconhecidamente carcinogênico, e por isso raramente é utilizado por alunos em laboratórios. O tolueno é um substituto adequado; o comportamento de solubilidade de uma substância em benzeno e em tolueno é tão similar que é possível supor que qualquer afirmação feita sobre o benzeno também se aplica ao tolueno.

Outra forma de identificar um solvente para cristalização é considerar as polaridades do composto e dos solventes. Em geral, você procura por um solvente que tenha uma polaridade relativamente similar àquela do composto a ser cristalizado. Considere o composto sulfanilamida, mostrado na figura. Existem diversas ligações polares na sulfanilamida, as ligações NH e as SO. Além disso, os grupos NH_2 e os átomos de oxigênio na sulfanilamida podem formar ligações de hidrogênio.

NH_2

O=S=O

NH_2

Sulfanilamida

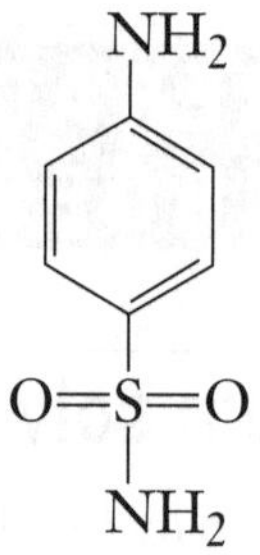

Embora o anel benzênico da sulfanilamida seja apolar, a sulfanilamida tem uma polaridade intermediária, por causa dos grupos polares. Um solvente orgânico comum, que tem polaridade intermediária, é o álcool etílico 95%. Portanto, é provável que a sulfanilamida será solúvel em álcool etílico 95%, porque eles têm polaridades semelhantes. (Observe que os outros 5% no álcool etílico 95% geralmente se referem a uma substância como água ou álcool isopropílico, que não alteram a polaridade geral do solvente.) Embora esse tipo de análise seja um bom primeiro passo na determinação de um solvente para cristalização apropriado, sem mais informações não é possível prever o formato da curva de solubilidade a partir dos dados sobre temperatura *versus* solubilidade (veja a Figura 11.1). Desse modo, saber que a sulfanilamida é solúvel em álcool etílico 95% não significa necessariamente que este seja um bom solvente para cristalizar a sulfanilamida. Você ainda precisará testar o solvente para verificar se ele é apropriado. A curva de solubilidade para a sulfanilamida (veja a Figura 11.2) indica que o álcool etílico 95% é um bom solvente para a cristalização dessa substância.

Ao escolher um solvente de cristalização, não selecione um cujo ponto de ebulição seja maior que o ponto de fusão da substância (soluto) a ser cristalizada. Se o ponto de ebulição do solvente for muito alto, a substância pode se separar da solução na forma de um líquido, em vez de um sólido cristalino. Nesse caso, o sólido pode **formar um óleo** A formação de óleo ocorre quando, sob resfriamento da solução para induzir a cristalização, o soluto começa a se separar da solução a uma temperatura acima de seu ponto de fusão. O soluto, então, sairá da solução na forma de um líquido. Além disso, à medida que o resfriamento continua, pode ser que a substância ainda assim não se cristalize; em vez disso, ela se tornará um líquido super-resfriado. Eventualmente, óleos podem se solidificar se a temperatura for reduzida, mas em geral não vão se cristalizar de fato. Em vez disso, o óleo solidificado será um sólido amorfo ou uma massa endurecida. Nesse caso, a purificação da substância não ocorreria como acontece quando o sólido é cristalino. Pode ser muito difícil lidar com óleos quando se tenta obter uma substância pura. É preciso tentar redissolvê-los e esperar que a substância se cristalize com um resfriamento lento e cuidadoso. Durante o período de resfriamento, pode ser útil raspar o recipiente de vidro onde o óleo estiver presente, utilizando uma bagueta de vidro, que não tenha sido polida. Semear o óleo à medida que ele resfria, com uma pequena amostra do sólido original, é outra técnica que, algumas vezes, é útil quando se trabalha com óleos difíceis. Outros métodos de indução de cristalização são discutidos na Seção 11.8.

Outro critério para a seleção do solvente de cristalização correto é a **volatilidade**. Solventes voláteis têm baixo ponto de ebulição ou evaporam facilmente. Um solvente com um baixo ponto de ebulição pode ser removido dos cristais por meio de evaporação, sem muita dificuldade, mas é difícil remover dos cristais um solvente que tenha alto ponto de ebulição, sem aquecê-los sob vácuo. Por outro lado, solventes com pontos de ebulição muito baixos não são ideais para cristalizações. A

TABELA 11.2 ■ Solventes comuns para cristalização

	Ferve (°C)	Congela (°C)	Solúvel em H_2O	Flamabilidade
Água	100	0	+	–
Metanol	65	*	+	+
Etanol 95%	78	*	+	+
Ligroína	60–90	*	–	+
Tolueno	111	*	–	+
Clorofórmio**	61	*	–	–
Ácido acético	118	17	+	+
Dioxano**	101	11	+	+
Acetona	56	*	+	+
Éter dietílico	35	*	Levemente	++
Éter de petróleo	30–60	*	–	++
Cloreto de metileno	41	*	–	–
Tetracloreto de carbono**	77	*	–	–

*Menor que 0 °C (temperatura do gelo)
**Suspeito de ser carcinogênico.

recuperação não será tão boa com esses solventes porque não podem ser aquecidos além do ponto de ebulição. O éter dietílico (pe = 35 °C) e o cloreto de metileno (pe = 41 °C) não são utilizados frequentemente como solventes de cristalização.

A Tabela 11.2 enumera solventes de cristalização comuns, e os que são utilizados mais frequentemente aparecem primeiro na tabela.

11.6 Testando solventes para cristalização

Quando o solvente apropriado não é conhecido, selecione um solvente para cristalização experimentando vários deles e uma quantidade muito pequena do material a ser cristalizado. Experimentos são conduzidos em um tubo de ensaio em microescola, antes que a quantidade total do material seja comprometida com determinado solvente. Esses métodos de tentativa e erro são comuns quando se tenta purificar um material sólido que não tenha sido estudado anteriormente.

Procedimento

1. Coloque quase 0,05 g da amostra em um tubo de ensaio.
2. Adicione aproximadamente 0,5 mL de solvente à temperatura ambiente e agite a mistura girando rapidamente uma microespátula entre seus dedos. Se todo o sólido (ou quase todo) se dissolver à temperatura ambiente, então, seu sólido ***provavelmente*** é demasiadamente solúvel nesse solvente e pouco composto será recuperado se esse solvente for utilizado. Escolha outro solvente.
3. Se nenhum (ou muito pouco) sólido se dissolver à temperatura ambiente, aqueça o tubo cuidadosamente e agite com uma espátula. (Um banho de água quente talvez seja melhor que um bloco de alumínio, porque você pode controlar mais facilmente a temperatura da água, que deverá ser ligeiramente maior que a do ponto de ebulição do solvente.) Adicione mais solvente com um con-

ta-gotas, enquanto continua a aquecer e agitar. Continue adicionando solvente até que o sólido se dissolva, mas não acrescente mais do que aproximadamente de 1,5 mL (total) de solvente. Se todo o sólido se dissolver, prossiga para a etapa 4. Se todo o sólido não tiver se dissolvido depois da adição de 1,5 mL de solvente, provavelmente, este não é um bom solvente. Entretanto, se a maior parte do sólido tiver se dissolvido até este ponto, tente adicionar um pouco mais de solvente. Lembre-se de aquecer e agitar continuamente, durante esta etapa.

4. Se o sólido se dissolver em quase 1,5 mL ou menos do solvente em ebulição, então, remova o tubo de ensaio da fonte de calor, tampe o tubo e deixe-o esfriar à temperatura ambiente. Em seguida, coloque-o em um banho de gelo-água. Se surgirem muitos cristais, é bem provável que este seja um bom solvente. Se não se formarem cristais, raspe os lados do tubo com uma bagueta de vidro para induzir a cristalização. Se mesmo assim não se formarem cristais, provavelmente este não é um bom solvente.

Comentários sobre esse procedimento

1. Selecionar um bom solvente é como uma arte. Não existe um procedimento perfeito, que possa ser utilizado em todos os casos. Você deve pensar sobre o que está fazendo e usar o bom-senso para decidir se deve utilizar determinado solvente.

2. Não aqueça a mistura acima do ponto de fusão de seu sólido. Isso pode ocorrer mais facilmente quando o ponto de ebulição do solvente for maior que o ponto de fusão do sólido. Normalmente, não se deve selecionar um solvente que tenha um ponto de ebulição maior que o ponto de fusão da substância. Se fizer isso, certifique-se de não aquecer a mistura além do ponto de fusão de seu sólido.

11.7 Descoloração

Pequenas quantidades de impurezas fortemente coloridas fazem a solução de cristalização original parecer colorida; essa cor geralmente pode ser removida por **descoloração**, seja utilizando carvão ativado (comumente, chamado Norit) ou passando-a por uma coluna preenchida com alumina ou sílica-gel. Uma etapa descolorante deve ser realizada somente se a cor for devida a impurezas, não devido à cor do produto desejado e se a coloração for significativa. Pequenas quantidades de impurezas coloridas permanecerão na solução durante a cristalização, tornando desnecessária a etapa descolorante. O uso de carvão ativado é descrito separadamente para cristalização em macroescala e microescala, e então a técnica da coluna, que pode ser empregada com as duas técnicas de cristalização, é descrita.

A. Macroescala – Carvão em pó

Assim que o soluto for dissolvido na quantidade mínima de solvente em ebulição, deixa-se a solução resfriar um pouco, e uma pequena quantidade de Norit (carvão em pó) é adicionada à mistura. O Norit adsorve as impurezas. Ao realizar uma cristalização na qual a filtração é efetuada com um filtro pregueado, é preciso adicionar Norit em pó, porque este tem uma área superficial maior e pode remover impurezas mais efetivamente. Uma quantidade razoável de Norit é aquela que pode ser coletada na extremidade de uma microespátula, ou cerca de 00,1 a 0,02 g. Se for utilizado Norit em demasia, este adsorverá o produto além das impurezas. Deve ser utilizada uma pequena quantidade de Norit, e seu uso deve ser repetido, se necessário. (É difícil determinar se a quantidade inicial é suficiente até depois que a solução for filtrada, pois as partículas suspensas de carvão vão obscurecer a cor do líquido.) É preciso tomar cuidado, de modo que a solução não comece a espumar nem sofra erupção quando for adicionado o carvão finamente dividido. A mistura é fervida com o Norit por diversos minutos e, então, é filtrada por gravidade, utilizando-se um filtro pregueado (veja a Seção 11.3 e a Técnica 8, Seção 8.1B), e a cristalização é levada adiante, como descreve a Seção 11.3.

O Norit adsorve, preferencialmente, as impurezas coloridas e as remove da solução. A técnica parece ser mais efetiva com solventes hidroxílicos. Ao utilizar o Norit, tenha o cuidado de não respirar a poeira. Normalmente, são utilizadas pequenas quantidades, de modo que existe somente um pequeno risco de irritação dos pulmões.

B. Microescala – Norit peletizado

Se a cristalização estiver sendo realizada em um tubo de Craig, é recomendável utilizar Norit peletizado. Embora isso não seja tão efetivo na remoção de impurezas quanto o Norit em pó, ele é mais simples de ser removido, e a quantidade de Norit peletizado necessária é mais facilmente determinada porque você pode ver a solução, à medida que está sendo descolorizada. Assim como no caso do pó, o Norit peletizado é adicionado à solução quente (a solução não deve estar em ebulição) depois que o sólido tiver se dissolvido. Esse procedimento deve ser realizado em um tubo de ensaio, não em um tubo de Craig. Adiciona-se quase 0,02 g e a mistura é mantida em ebulição por aproximadamente um minuto, para verificar se é necessário mais Norit. Se necessário, acrescenta-se mais Norit e o líquido é novamente levado à ebulição. É importante não adicionar Norit peletizado em excesso, pois ele também adsorverá parte do material desejado, e é possível que nem toda a cor possa ser removida, não importa quanto Norit seja adicionado. Em seguida, a solução descolorizada é removida com uma pipeta com ponta de filtro preaquecida (veja a Técnica 8, Seção 8.6) para filtrar a mistura, e é transferida para um tubo de Craig para cristalização, conforme descreve a Seção 11.4.

C. Descoloração em uma coluna

O outro método parar descolorir uma solução é fazer que ela passe por uma coluna contendo alumina ou sílica-gel. O adsorvente remove as impurezas coloridas, ao mesmo tempo em que permite que o material desejado passe pela coluna (veja a Técnica 8, Figura 8.6 e Técnica 19, Seção 19.15). Se essa técnica for utilizada, será necessário diluir a solução com mais solvente, a fim de evitar que a cristalização ocorra durante o processo. O excesso de solvente deve ser evaporado depois que a solução houver passado pela coluna (veja a Técnica 7, Seção 7.10), e o procedimento de cristalização continua, conforme descreve as Seções 11.3 ou 11.4.

11.8 Induzindo a cristalização

Se uma solução resfriada não se cristalizar, diversas técnicas podem ser utilizadas para induzir a cristalização. Embora idênticos em princípio, os procedimentos variam um pouco ao se realizar cristalizações em macroescala e microescala.

A. Macroescala

Na primeira técnica, você deve tentar riscar vigorosamente a superfície interna do frasco com uma bagueta que *não tenha sido* polida. O movimento da haste deve ser vertical (para dentro e para fora da solução) e deve ser suficientemente forte para ser audível. Geralmente, esse ato de riscar induz a cristalização, embora o efeito não seja bem compreendido. As vibrações em alta frequência podem ter algo a ver com o início da cristalização; ou talvez — mais provavelmente — pequenas porções da solução secam nas paredes do frasco e o soluto seco é empurrado de volta para a solução. Essas pequenas quantidades de material fornecem "cristais-semente" ou núcleos, nos quais a cristalização pode começar.

Uma segunda técnica que pode ser utilizada para induzir a cristalização é resfriar a solução em um banho de gelo. Esse método reduz a solubilidade do soluto.

Uma terceira técnica é útil quando pequenas quantidades do material original a ser cristalizado são preservadas. O material preservado pode ser utilizado para "semear" a solução resfriada. Em geral, um pequeno cristal jogado no frasco resfriado iniciará a cristalização — esse processo é chamado **semeadura**.

Se todas essas medidas falharem em induzir a cristalização, é provável que tenha sido adicionado solvente em excesso, o qual deve, então, ser evaporado (veja a Técnica 7, Seção 7.10) e a solução deixada para resfriar.

B. Microescala

A estratégia é basicamente a mesma que a descrita para cristalizações em macroescala. Contudo, *evite* riscar vigorosamente com uma bagueta porque o tubo de Craig é frágil e caro, mas você pode raspá-lo *delicadamente*.

Outra medida é mergulhar na solução uma espátula ou uma bagueta de vidro e deixar o solvente evaporar de modo que uma pequena quantidade de sólido se forme na superfície da espátula ou bagueta. Quando colocado de volta na solução, o sólido semeará a solução. Uma pequena quantidade do material original, se algum tiver sido preservado, também pode ser utilizado para semear a solução.

Uma terceira técnica é resfriar o tubo de Craig em um banho de gelo-água. Esse método também pode ser combinado com uma das sugestões anteriores.

Se nenhuma dessas medidas for bem-sucedida, é possível que haja solvente em excesso, e talvez seja necessário evaporar parte do solvente (veja a Técnica 7, Seção 7.10) e deixar que a solução resfrie novamente.

11.9 Secagem de cristais

O método mais comum de secagem de cristais é deixar que sequem no ar. Vários procedimentos são ilustrados na Figura 11.6, a seguir. Nos três, os cristais devem ser cobertos para evitar o acúmulo de partículas de poeira. Observe que em cada método, o bico do béquer proporciona uma abertura para que o vapor de solvente possa escapar do sistema. A vantagem desse método é que não é necessário calor, reduzindo, assim, o perigo de decomposição ou fusão; contudo, a exposição à umidade atmosférica pode causar a hidratação de materiais fortemente higroscópicos. Uma substância **higroscópica** é a que absorve umidade do ar.

Outro método de secagem consiste em colocar os cristais em um vidro de relógio, um prato de argila ou pedaço de papel absorvente, dentro de uma estufa. Embora esse procedimento seja simples, algumas possíveis dificuldades merecem ser mencionadas. Cristais que sublimam facilmente não devem ser secos em estufa, pois podem vaporizar e desaparecer. Tome cuidado para que a temperatura do forno não exceda o ponto de fusão dos cristais. Lembre-se de que o ponto de fusão de cristais é reduzido pela presença de solvente; considere essa depressão do ponto de fusão ao selecionar uma temperatura adequada para a estufa. Alguns materiais se decompõem quando expostos ao calor, e não devem secar em estufa. Por fim, quando muitas amostras diferentes estiverem sendo secas na mesma estufa, é possível

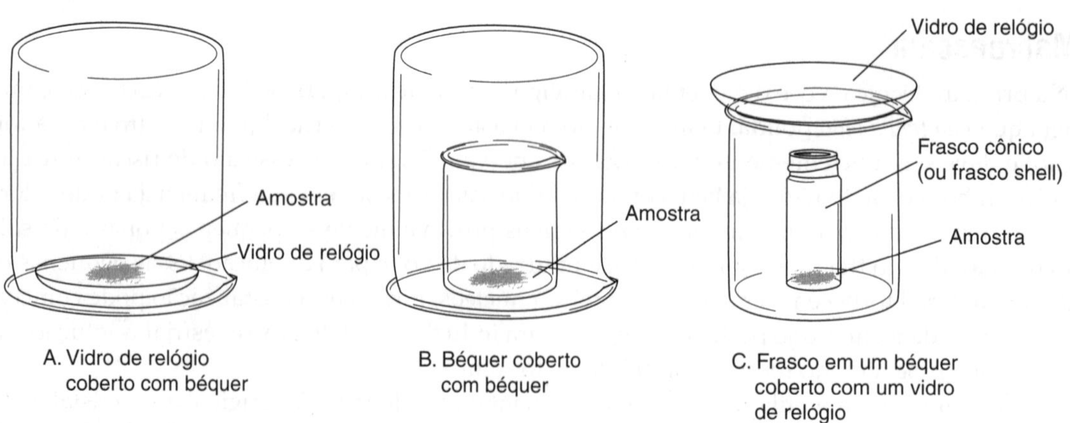

FIGURA 11.6 ■ Métodos para secagem de cristais com ar.

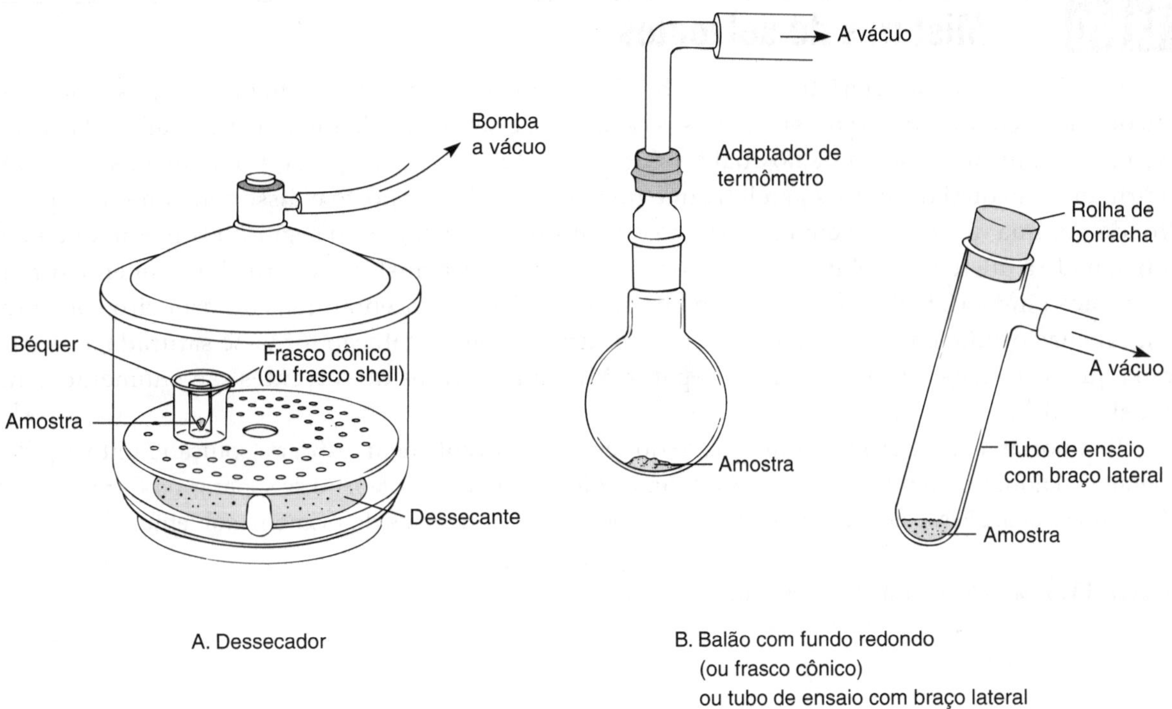

FIGURA 11.7 ■ Métodos para secagem de cristais a vácuo.

ocorrer perda de cristais devido à confusão ou à reação com a amostra colocada por outra pessoa. É importante identificar os cristais quando estes forem colocados na estufa.

Um terceiro método, que não requer calor ou exposição à umidade atmosférica, é a secagem *a vácuo*. Dois procedimentos são ilustrados na Figura 11.7.

Procedimento A

Neste método, é utilizado um dessecador. A amostra é colocada sob vácuo na presença de um agente secante. Dois problemas potenciais devem ser observados. O primeiro lida com amostras que sublimam facilmente. Sob vácuo, a probabilidade de sublimação aumenta. O segundo problema lida com o dessecador a vácuo propriamente dito. Como a área de superfície do vidro que está sob vácuo é grande, existe algum perigo de que o dessecador possa implodir. Um dessecador a vácuo nunca deve ser utilizado, a menos que seja colocado dentro de um recipiente protetor (gaiola), feito de metal. Se não houver uma gaiola disponível, o dessecador pode ser enrolado com uma fita isolante ou uma fita adesiva. Se empregar um aspirador como fonte de vácuo, você deverá utilizar um trap de água (veja a Técnica 8, Figura 8.5).

Procedimento B

Este método pode ser realizado com um balão de fundo redondo e um adaptador de termômetro equipado com um pequeno pedaço de tubo de vidro, conforme ilustra a Figura 11.7B. Em um trabalho em microescala, o aparelho com o balão de fundo redondo pode ser modificado substituindo-se o balão por um frasco cônico. O tubo de vidro é conectado por um tubo de vácuo a um aspirador ou a uma bomba de vácuo. Uma alternativa conveniente, utilizando um tubo de ensaio com braço lateral, também é mostrada na Figura 11.7B. Com qualquer um desses aparelhos, instale um trap de água quando for utilizado um aspirador.

11.10 Misturas de solventes

Geralmente, as características de solubilidade desejadas para determinado composto não são encontradas em um único solvente. Nesses casos, pode ser utilizada uma mistura deles. Basta selecionar um primeiro solvente no qual o soluto seja solúvel, e um segundo solvente, miscível com o primeiro, no qual o soluto seja relativamente insolúvel. O composto é dissolvido em uma quantidade mínima do solvente em ebulição no qual é solúvel. A seguir, o segundo solvente quente é adicionado à mistura em ebulição, com conta-gotas, até que a mistura se torne ligeiramente turva. A turvação indica precipitação. Nesse ponto, é necessário acrescentar mais do primeiro solvente, mas apenas o suficiente para clarear a mistura turva. Assim a solução torna-se saturada, e, à medida que resfria, os cristais devem se separar. Misturas comuns de solventes são enumeradas na Tabela 11.3.

É importante não adicionar um excesso do segundo solvente nem resfriar a solução muito rapidamente. Qualquer uma dessas ações pode fazer o soluto formar um óleo, ou se separar na forma de um líquido viscoso. Se isso acontecer, reaqueça a solução e adicione mais do primeiro solvente.

TABELA 11.3 ■ Pares comuns de solventes para cristalização

Metanol – água	Éter – acetona
Etanol – água	Éter – éter de petróleo
Ácido acético – água	Tolueno – ligrína
Acetona – água	Cloreto de metileno – metanol
Éter – metanol	Dioxano[a] – água

[a]Suspeito de ser carcinogênico.

■ PROBLEMAS ■

1. A seguir, são apresentados os dados referentes a solubilidade *versus* temperatura para uma substância orgânica A, dissolvida em água.

Temperatura (°C)	Solubilidade de A em 100 mL de água (g)
0	1,5
20	3,0
40	6,5
60	11,0
80	17,0

a. Faça um gráfico da solubilidade de A *versus* temperatura. Use os dados apresentados na tabela. Conecte os pontos referentes aos dados com uma curva suave.
b. Suponha que 0,1 g de A e 1,0 mL de água foram misturados e aquecidos a 80 °C. A substância A vai se dissolver totalmente?
c. A solução preparada em (b) é resfriada. A que temperatura surgirão cristais de A?
d. Suponha que o resfriamento descrito em (c) continuasse até atingir 0 °C. Quantos gramas de A surgiriam a partir da solução? Explique como você obteve sua resposta.

2. O que provavelmente aconteceria se uma solução quente saturada fosse filtrada por filtração a vácuo utilizando um funil de Büchner? (*Dica*: A mistura resfriará à medida que entrar em contato com o funil de Büchner.)

3. Um composto que você preparou é relatado na literatura como tendo uma cor amarelo-pálida. Quando a substância é dissolvida em solvente quente para purificá-la por cristalização, a solução resultante é amarela. É preciso utilizar carvão descolorante antes de deixar a solução resfriar? Explique sua resposta.

4. Enquanto realiza a cristalização, você obtém uma solução castanho-clara depois de dissolver seu produto bruto em solvente quente. Uma etapa descolorante é desnecessária, e não existem impurezas sólidas presentes. É preciso realizar uma filtração para remover impurezas antes de permitir que a solução resfrie? Por que sim ou por que não?

5. a. Desenhe um gráfico de uma curva de resfriamento (temperatura *versus* tempo) para uma solução de substância sólida que não apresente efeitos de super-resfriamento. Assuma que o solvente não congela.
b. Repita as instruções em (a), referente à solução, para uma substância sólida que mostra algum comportamento de super-resfriamento, mas eventualmente produz cristais se a solução for suficientemente resfriada.

6. Uma substância sólida A é solúvel em água até se obter 10 mg/mL de água a 25 °C, e 100 mg/mL de água a 100 °C. Você tem uma amostra que contém 100 mg de A e uma impureza B.

a. Supondo que 2 mg de B estão presentes junto com 100 mg de A, descreva como é possível purificar A se B for completamente insolúvel em água. Sua descrição deverá incluir o volume de solvente necessário.
b. Considerando que 2 mg da impureza B estão presentes junto com 100 mg de A, descreva como é possível purificar A se B tiver o mesmo comportamento de solubilidade que A. Uma cristalização produzirá A puro? (Suponha que as solubilidades de A e de B não sejam afetadas pela presença da outra substância.)
c. Considere que 25 mg da impureza B estão presentes junto com 100 mg de A. Descreva como é possível purificar A se B tiver o mesmo comportamento de solubilidade de A. A cada vez, utilize uma quantidade minima de água, apenas para dissolver o sólido. A cristalização produzirá A absolutamente puro? Quantas cristalizações serão necessárias para produzir A puro? Quanto de A terá sido recuperado quando as cristalizações tiverem sido concluídas?

7. Considere a cristalização da sulfanilamida a partir de álcool etílico 95%. Se a sulfanilamida impura for dissolvida na quantidade mínima de álcool etílico 95%, a 40 °C, em vez de 78 °C (o ponto de ebulição do álcool etílico), como isso afetaria a porcentagem de recuperação da sulfanilamida pura? Explique sua resposta.

Técnica 12

Extrações, separações e agentes secantes

PARTE A. TEORIA

12.1 Extração

A transferência de um soluto de um solvente para outro é chamada **extração**, ou, mais precisamente, extração líquido–líquido. O soluto é extraído de um solvente para outro porque o soluto é mais solúvel no segundo solvente que no primeiro. Os dois solventes não podem ser **miscíveis** (se misturar completamente) e devem formar duas **fases** ou camadas separadas, para que esse procedimento funcione. A extração é utilizada de muitas maneiras, na química orgânica. Muitos **produtos naturais** (produtos químicos orgânicos que existem na natureza) estão presentes em tecidos animais e vegetais que tenham muita água. Extrair esses tecidos com um solvente imiscível em água é útil para isolar os produtos naturais. Frequentemente, o éter dietílico (comumente chamado "éter") é utilizado para esse propósito. Às vezes, são usados solventes alternativos imiscíveis em água, como hexano, éter de petróleo, ligroína e cloreto de metileno. Por exemplo, a cafeína, um produto natural, pode ser extraída de uma solução aquosa de chá agitando-se a solução sucessivamente com várias porções de cloreto de metileno.

Um processo de extração generalizado, utilizando um equipamento de vidro especial, chamado **funil de separação**, é ilustrado na Figura 12.1. O primeiro solvente contém uma mistura de moléculas brancas e pretas (veja a Figura 12.1A). Então, é adicionado um segundo solvente, que não é miscível com o primeiro. Depois que o funil de separação for fechado e agitado, as camadas se separam. Neste exemplo, o segundo solvente (sombreado) é menos denso que o primeiro, de modo que ele forma a camada superior (veja a Figura 12.1B). Em virtude das diferenças nas propriedades físicas, as moléculas brancas são mais solúveis no segundo solvente, ao passo que as pretas são mais solúveis no primeiro solvente. A maior parte das moléculas brancas está na camada superior, mas existem também algumas pretas nessa camada. De modo semelhante, a maioria das moléculas pretas está na camada inferior. Contudo, existem ainda algumas moléculas brancas nessa fase inferior, a qual pode ser separada da fase superior abrindo-se a torneira do funil de separação e possibilitando que a camada inferior escoe para um béquer (veja a Figura 12.1C). Neste exemplo, observe que não era possível efetuar uma completa separação dos dois tipos de moléculas com uma única extração. Essa é uma ocorrência comum na química orgânica.

Muitas substâncias são solúveis em água e em solventes orgânicos. A água pode ser utilizada para extrair, ou "lavar", impurezas solúveis em água de uma mistura de reação orgânica. Para realizar uma operação de "lavagem", é preciso adicionar água e um solvente orgânico imiscível à mistura de reação contida em um funil de separação. Depois de tampar o funil e agitá-lo, você deixará que a fase orgânica e a fase aquosa (água) se separem. A lavagem com água remove materiais altamente polares e solúveis em água, como ácido sulfúrico, ácido clorídrico e hidróxido de sódio, da fase orgânica. A operação de lavagem ajuda a purificar o composto orgânico desejado presente na mistura de reação original.

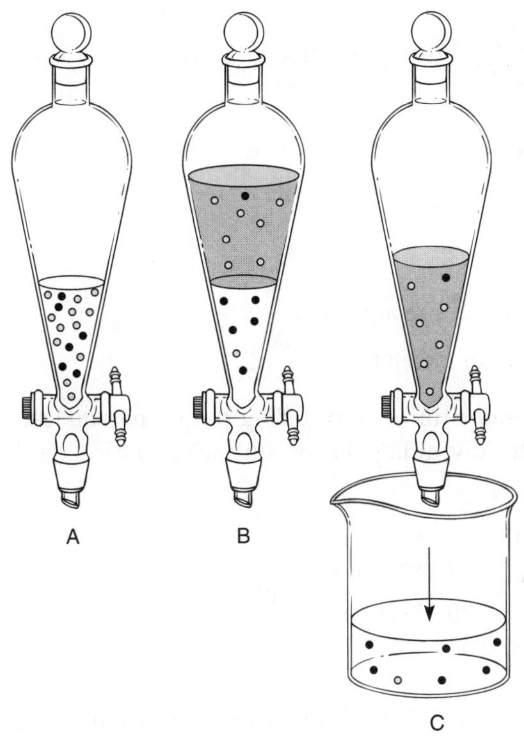

A. O solvente 1 contém uma mistura de moléculas (pretas e brancas).

B. Depois de agitar com o solvente 2 (sombreado), a maioria das moléculas brancas é extraída pelo novo solvente. As moléculas brancas são mais solúveis no segundo solvente, ao passo que as moléculas pretas são mais solúveis no solvente original.

C. Com a remoção da parte inferior da fase, as moléculas brancas e pretas são parcialmente separadas.

FIGURA 12.1 ■ O processo de extração.

12.2 Coeficiente de distribuição

Quando uma solução (soluto A no solvente 1) é agitada com um segundo solvente (solvente 2) com o qual não é miscível, o soluto se distribui entre as duas fases líquidas. Quando as duas fases se separam novamente em duas camadas de solventes distintas, um equilíbrio terá sido atingido, de modo que a proporção das concentrações do soluto em cada camada é uma constante. A constante, chamada **coeficiente de distribuição** (ou coeficiente de partição) *K*, é definida por

$$K = \frac{C_2}{C_1}$$

em que C_1 e C_2 são as concentrações em equilíbrio, em gramas por litro ou miligramas por mililitro de soluto A no solvente 1 e no solvente 2, respectivamente. Essa relação é uma proporção de duas concentrações e é independente das quantidades reais dos dois solventes misturados. O coeficiente de distribuição tem um valor constante para cada soluto considerado e depende da natureza dos solventes utilizados em cada caso.

Nem todo o soluto será transferido para o solvente 2 em uma única extração, a menos que *K* seja muito grande. Geralmente, várias extrações são necessárias para remover todo o soluto do solvente 1. Ao extrair um soluto de uma solução, sempre é melhor utilizar várias pequenas porções do segundo solvente do que fazer uma única extração com uma grande porção. Suponha, como uma ilustração, que determinada extração seja feita com um coeficiente de distribuição de 10. O sistema consiste em 5,0 g de composto orgânico dissolvido em 100 mL água (solvente 1). Nessa ilustração, a efetividade de três extrações de 50 mL com éter (solvente 2) é comparada com uma extração de 150 mL com éter. Na primeira extração de 50 mL, a quantidade extraída na camada de éter é dada pelo cálculo a seguir. A quantidade do composto restante na fase aquosa é dada por *x*.

$$K = 10 = \frac{C_2}{C_1} = \frac{\left(\frac{5{,}0 - x}{50}\frac{\text{g}}{\text{mL de éter}}\right)}{\left(\frac{x}{100}\frac{\text{g}}{\text{mL H}_2\text{O}}\right)}\ ; \quad 10 = \frac{(5{,}0 - x)(100)}{50x}$$

$$500x = 500 - 100x$$

$$600x = 500$$

$$x = 0{,}83 \text{ g restante na fase aquosa}$$

$$5{,}0 - x = 4{,}17 \text{ g na camada de éter}$$

Como uma verificação do cálculo, é possível substituir o valor 0,83 g para x na equação original e demonstrar que a concentração na camada de éter dividida pela concentração na camada de água é igual ao coeficiente de distribuição.

$$\frac{\left(\frac{5{,}0 - x}{50}\frac{\text{g}}{\text{mL de éter}}\right)}{\left(\frac{x}{100}\frac{\text{g}}{\text{mL H}_2\text{O}}\right)} = \frac{\frac{4{,}17}{50}}{\frac{0{,}83}{100}} = \frac{0{,}083 \text{ g/mL}}{0{,}0083 \text{ g/mL}} = 10 = K$$

A segunda extração com outra porção de 50 mL de éter fresco é realizada na fase aquosa, que agora contém 0,83 g do soluto. A quantidade de soluto extraído é dada pelo cálculo mostrado na Figura 12.2, que também apresenta um cálculo para uma terceira extração, com outra porção de 50 mL de éter. Essa terceira extração transferirá 0,12 g de soluto na camada de éter, deixando 0,02 g de soluto restante na camada de água. Um total de 4,98 g de soluto serão extraídos nas camadas de éter combinadas, e 0,02 g permanecerá na fase aquosa.

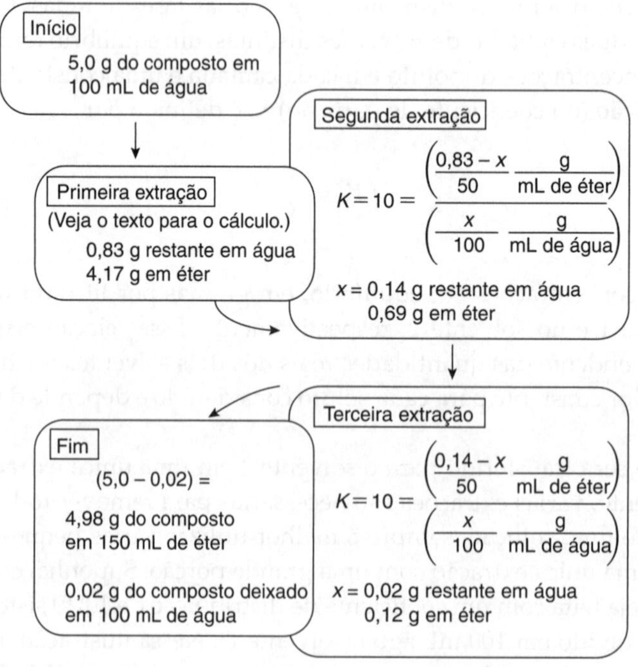

FIGURA 12.2 ■ O resultado da extração de 5,0 g de composto em 100 mL de água por três sucessivas porções de 50 mL de éter. Compare esse resultado com o da Figura 12.3.

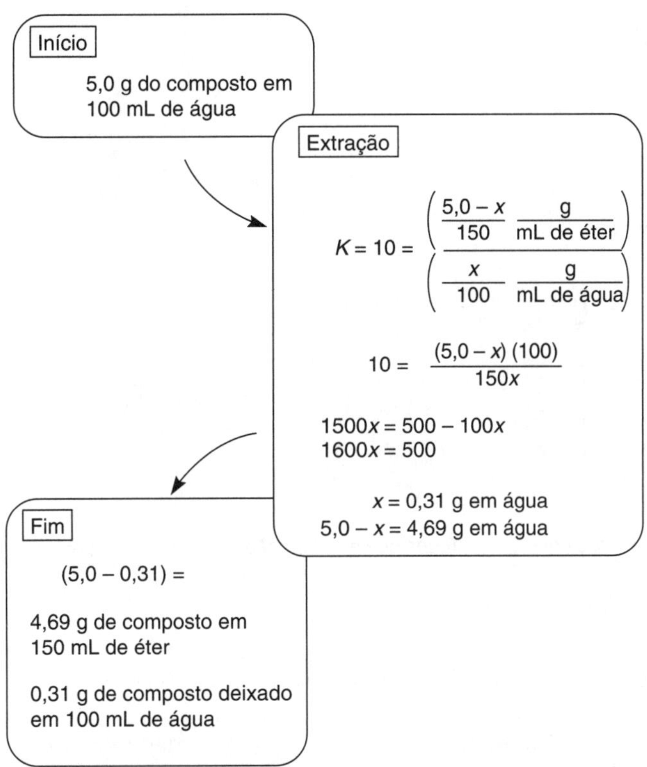

Início
5,0 g do composto em
100 mL de água
Extração
$K = 10 = \dfrac{\left(\dfrac{5{,}0 - x}{150}\ \dfrac{\text{g}}{\text{mL de éter}}\right)}{\left(\dfrac{x}{100}\ \dfrac{\text{g}}{\text{mL de água}}\right)}$
$10 = \dfrac{(5{,}0 - x)(100)}{150x}$
$1500x = 500 - 100x$
$1600x = 500$
$x = 0{,}31$ g em água
$5{,}0 - x = 4{,}69$ g em água
Fim
(5,0 – 0,31) =
4,69 g de composto em
150 mL de éter
0,31 g de composto deixado
em 100 mL de água

FIGURA 12.3 ■ O resultado da extração de 5,0 g de composto em 100 mL de água com uma porção de éter de 150 mL. Compare esse resultado com o da Figura 12.2.

A Figura 12.3 apresenta o resultado de uma *única* extração com 150 mL de éter. Como é indicado, 4,69 g de soluto foram extraídos na camada de éter, deixando 0,31 g de composto na fase aquosa. Três sucessivas extrações de éter, de 50 mL (veja a Figura 12.2), conseguiram remover 0,29 g mais soluto da fase aquosa do que utilizando uma porção de 150 mL de éter (veja a Figura 12.3). Essa diferença representa 5,8% do material total.

NOTA

Diversas extrações com menores quantidades de solvente são mais eficientes que uma extração com grande quantidade de solvente.

12.3 A escolha de um método de extração e de um solvente

Três tipos de aparelhos são utilizados para extrações: frascos cônicos, tubos de centrifugação e funis de separação (veja a Figura 12.4). Frascos cônicos podem ser utilizados com volumes menores que 4 mL; volumes de até 10 mL podem ser manipulados em tubos de centrifugação. Um tubo de centrifugação equipado com uma tampa de rosca é particularmente útil para extrações. Frascos cônicos e tubos de centrifugação são mais frequentemente empregados em experimentos em microescala, apesar de um tubo de centrifugação também poder ser utilizado em algumas aplicações em macroescala. Recorre-se ao funil de separação com volumes maiores de líquido em experimentos em macroescala. O funil de separação é discutido na Parte B e o frasco cônico e o tubo de centrifugação são analisados na Parte C.

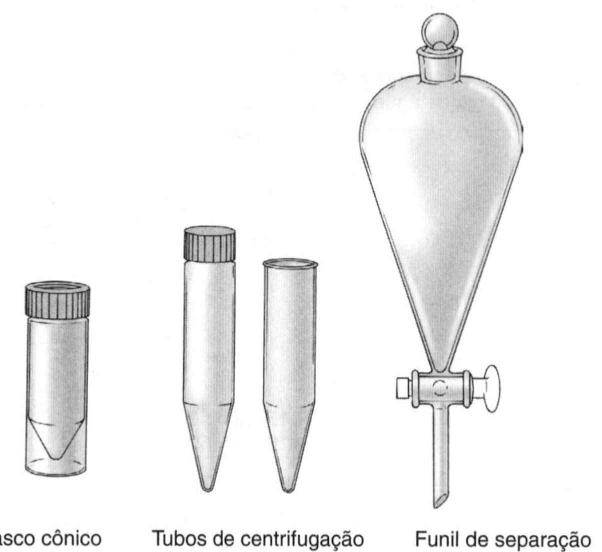

FIGURA 12.4 ■ O aparelho utilizado na extração.

TABELA 12.1 ■ Densidades de solventes de extração comuns

Solvente	Densidade (g/mL)
Ligroína	0,67–0,69
Éter etílico	0,71
Tolueno	1,00
Água	1,00
Cloreto de metileno	1,330

A maioria das extrações consiste em uma fase aquosa e uma fase orgânica. Para extrair uma substância de uma fase aquosa, é preciso utilizar um solvente orgânico que não seja miscível com água. A Tabela 12.1 relaciona uma série de solventes orgânicos comuns que não são miscíveis com água e são utilizados para extrações.

Solventes que têm uma densidade menor que a da água (1,00 g/mL) vão se separar como a camada superior, quando agitados com água. Solventes que apresentam uma densidade maior que a da água vão se separar na camada inferior. Por exemplo, o éter dietílico (d = 0,71 g/mL) quando agitado com água formará a camada superior, ao passo que o cloreto de metileno (d = 1,33 g/mL) formará a camada inferior. Quando uma extração é realizada, são empregados, para separar a camada inferior (quer esta seja a fase aquosa ou fase orgânica), métodos ligeiramente diferentes que os utilizados para separar a camada superior.

PARTE B. EXTRAÇÃO EM MACROESCALA

12.4 O funil de separação

Um funil de separação é ilustrado na Figura 12.5. Trata-se de um equipamento utilizado para realizar extrações com quantidades de material que variam de médias a grandes. Para encher o funil de

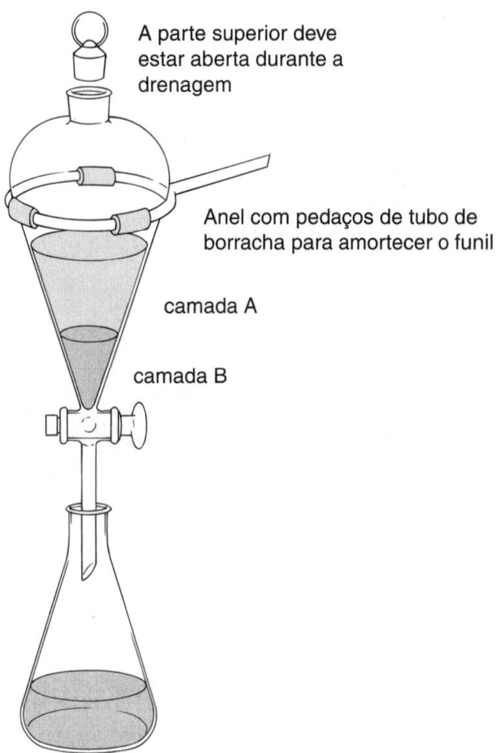

FIGURA 12.5 ■ Um funil de separação.

separação, deve-se apoiá-lo em um anel de ferro conectado a um suporte universal. Uma vez que é fácil quebrar um funil de separação se este se chocar com o anel de metal, geralmente, pedaços de tubo de borracha são conectados ao anel para amortecer o funil, como mostra a Figura 12.5. Estes são pequenos pedaços de tubo cortados com um comprimento de cerca de 3 cm e com uma fenda aberta em sua extensão. Quando colocados no interior do anel, eles amortecem o funil em seu local de repouso.

Ao começar uma extração, primeiro, feche a torneira. (Não se esqueça deste detalhe!) Utilizando um funil de pó (com haste de diâmetro largo) colocado na parte superior do funil de separação, encha o funil com a solução a ser extraída e com o solvente de extração. Agite o funil delicadamente, segurando-o pelo seu pescoço e, então, tape-o. Pegue o funil de separação com as duas mãos e segure-o, como mostra a Figura 12.6. Segure firmemente a tampa, porque os dois líquidos imiscíveis vão gerar pressão quando se misturarem, e essa pressão pode forçar a tampa para fora do funil de separação. A fim de eliminar essa pressão, vire o funil de cabeça para baixo (segure firmemente a tampa) e abra, lentamente, a torneira. Em geral, é possível ouvir o ruído da saída dos vapores pela abertura. Permaneça agitando e liberando esses vapores até que esse ruído não seja mais ouvido. Agora, continue agitando delicadamente por cerca de um minuto. Isso pode ser feito invertendo-se o funil e fazendo, repetidamente, um movimento semelhante ao de um balanço, ou se a formação de uma emulsão não for problema (veja a Seção 12.10), agitando-se o funil com mais força, mas por menos tempo.

NOTA

Existe uma arte na agitação e no arejamento de um funil de separação, feitos corretamente, e essa técnica parece estranha para um iniciante. É possível aprender melhor a técnica pela observação de uma pessoa que a pratica, como seu instrutor, que está perfeitamente familiarizado com o uso do funil de separação.

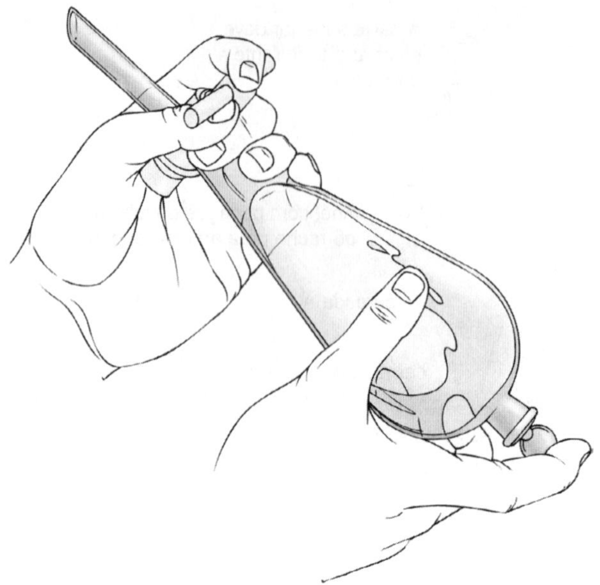

FIGURA 12.6 ■ O modo correto de agitar e arejar um funil de separação.

Ao terminar de misturar os líquidos, coloque o funil de separação no anel de ferro e remova a tampa imediatamente. Os dois solventes imiscíveis se separam em duas camadas depois de um breve período, e elas podem ser separadas uma da outra escoando-se a maior parte da camada inferior através da torneira.[1] Aguarde alguns minutos, de modo que qualquer resíduo da fase inferior que tenha aderido à superfície interna do funil de separação possa escorrer para baixo. Abra a torneira novamente e deixe o restante da camada inferior escoar até que a interface entre a fase superior e a inferior comece a descer pela torneira. Neste momento, feche a torneira e remova o restante da camada superior derramando-a através da abertura na parte superior do funil de separação.

NOTA

Para minimizar a contaminação das duas camadas, a camada inferior sempre deve ser drenada a partir do fundo do funil e a camada superior deve de ser despejada pela parte superior do funil.

Quando se utiliza cloreto de metileno como o solvente de extração com uma fase aquosa, ele vai se sedimentar no fundo e será removido pela torneira. A fase aquosa permanece no funil. Uma segunda extração da fase aquosa restante com cloreto de metileno fresco pode ser necessária.

Na extração de uma fase aquosa com éter dietílico (éter), uma fase orgânica se formará na parte superior. Remova a fase aquosa inferior pela torneira e despeje a camada superior, de éter, pela parte de cima do funil de separação. Despeje a fase aquosa de volta no funil de separação e extraia uma segunda vez, com éter fresco. As fases orgânicas combinadas devem ser secas utilizando-se um agente secante adequado (veja a Seção 12.9), antes que o solvente seja removido.

O procedimento comum em macroescala requer o uso de um funil de separação de 125 mL ou 250 mL. Para procedimentos em microescala, é recomendado um funil de separação com capacidade de 60 mL ou 125 mL. Em virtude da tensão superficial, o escoamento da água através de orifícios menores torna-se cada vez mais difícil.

[1] Um erro comum é tentar esvaziar o funil de separação sem remover a tampa superior. Nessas circunstâncias, o líquido no funil não escoará porque se forma um vácuo parcial no espaço acima do líquido.

PARTE C. EXTRAÇÃO EM MICROESCALA

12.5 O frasco cônico – separando a camada inferior

Antes de usar um frasco cônico para uma extração, certifique-se de que o frasco tampado não vazará quando for agitado. Para fazer isso, coloque um pouco de água nele, aplique o forro de teflon na tampa e aperte-a firmemente no frasco. Agite o frasco vigorosamente e verifique se há vazamento. Frascos cônicos que são utilizados para extrações não podem estar lascados na borda, ou não poderão ser selados adequadamente. Se houver um vazamento, tente apertar a tampa ou substituir o forro de teflon por outro. Às vezes, ajuda utilizar o lado do forro que é feito de borracha de silicone para selar o frasco cônico. Em alguns laboratórios, pode-se encontrar tampas de teflon que se encaixam em frascos cônicos de 5 mL. Você poderá notar que essa tampa elimina vazamentos.

Ao agitar o frasco cônico, primeiro, faça-o delicadamente, com um movimento de balanço. Quando ficar claro que não se formará uma emulsão (veja a Seção 12.10), você pode agitá-lo com mais força.

Em alguns casos, a mistura adequada pode ser obtida girando sua microespátula por pelo menos dez minutos no frasco cônico. Outra técnica de mistura envolve drenar a mistura para uma pipeta Pasteur e esguichá-la rapidamente de volta no frasco. Repita esse processo por pelo menos cinco minutos para conseguir uma extração adequada.

O frasco cônico de 5 mL é o equipamento mais útil para realizar extrações em um nível de microescala. Nesta seção, consideramos o método para remover a camada inferior. Um exemplo concreto seria a extração de um produto de uma fase aquosa utilizando cloreto de metileno (d = 1,33 g/mL) como solvente de extração. Nesta seção, são discutidos os métodos para a remoção da camada superior.

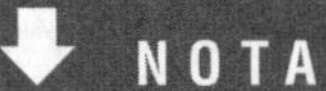

NOTA

Sempre coloque um frasco cônico em um pequeno béquer para evitar que o frasco caia.

Remoção da camada inferior. Suponha que extraímos uma solução aquosa com cloreto de metileno. Esse solvente é mais denso que a água e se depositará no fundo do frasco cônico. Utilize o procedimento a seguir, ilustrado na Figura 12.7, para remover a camada inferior.

1. Coloque a fase aquosa contendo o produto dissolvido em um frasco cônico de 5 mL (veja a Figura 12.7A).

2. Adicione cerca de 1 mL de cloreto de metileno, tampe o frasco e agite a mistura, primeiro, delicadamente, com um movimento de balanço e, depois, com mais força, quando ficar claro que não se formará uma emulsão. Abra ou solte a tampa delicadamente para liberar a pressão no frasco. Deixe que as fases se separem completamente, de modo que você possa detectar duas camadas distintas no frasco. A fase orgânica será a camada inferior no frasco (veja a Figura 12.7B). Se necessário, bata levemente no frasco com o dedo ou agite a mistura delicadamente, caso um pouco da fase orgânica esteja suspensa na fase aquosa.

3. Prepare uma pipeta Pasteur com ponta de filtro (veja a Técnica 8, Seção 8.6) utilizando uma pipeta de 15 cm. Conecte um bulbo de borracha de 2 mL à pipeta, pressione o bulbo e insira a pipeta no frasco, de modo que a ponta toque o fundo (veja a Figura 12.7C). A pipeta com ponta de filtro proporciona melhor controle na remoção da camada inferior. Entretanto, em alguns casos, talvez você consiga utilizar uma pipeta Pasteur (sem ponta de filtro), mas será preciso tomar muito mais cuidado para evitar a perda de líquido da pipeta, durante a operação de transferência. Adquirindo experiência, você deverá ser capaz de avaliar quanto deve apertar o bulbo para aspirar o volume de líquido desejado.

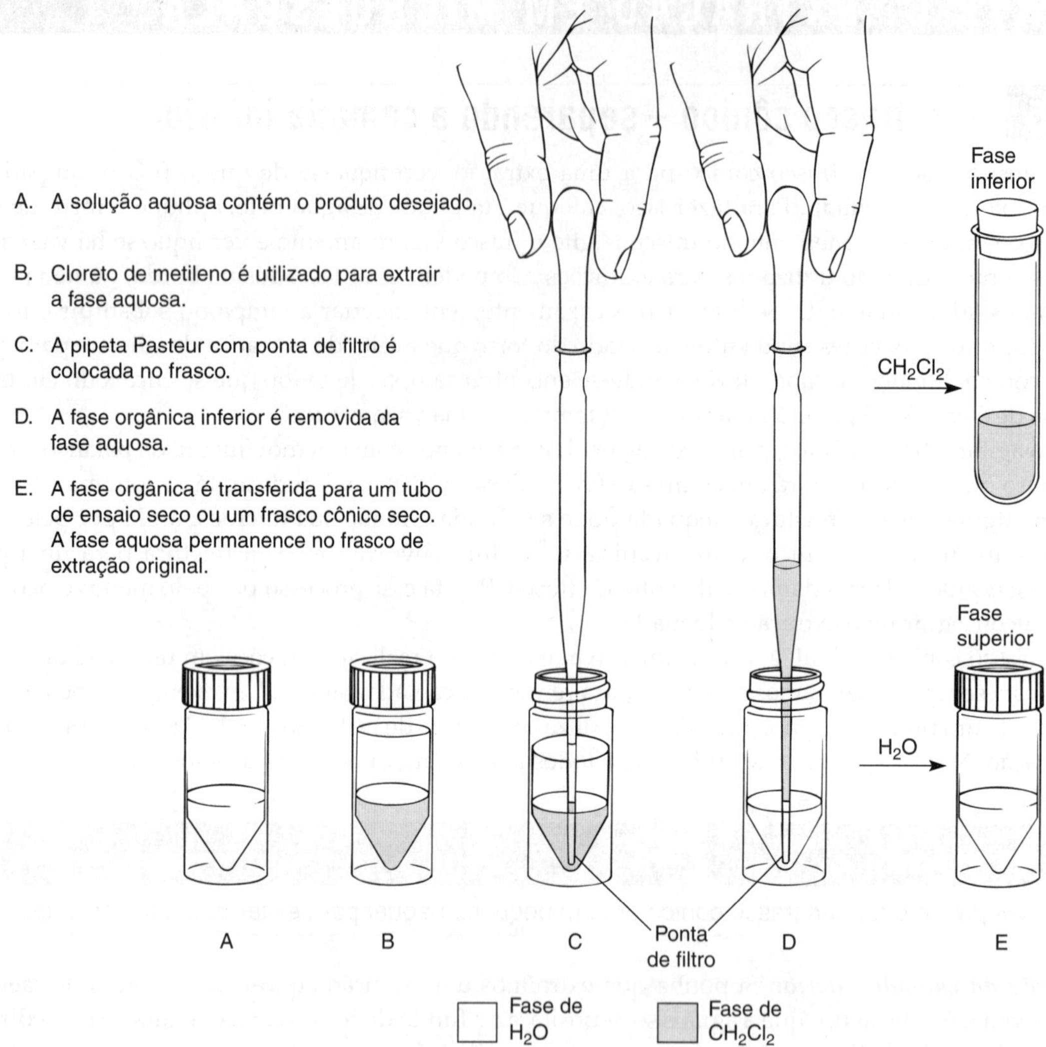

A. A solução aquosa contém o produto desejado.
B. Cloreto de metileno é utilizado para extrair a fase aquosa.
C. A pipeta Pasteur com ponta de filtro é colocada no frasco.
D. A fase orgânica inferior é removida da fase aquosa.
E. A fase orgânica é transferida para um tubo de ensaio seco ou um frasco cônico seco. A fase aquosa permanence no frasco de extração original.
Fase inferior
CH_2Cl_2
Fase superior
H_2O
A
B
C
Ponta de filtro
D
E
Fase de H_2O
Fase de CH_2Cl_2

Figura 12.7 ■ Extração de uma solução aquosa utilizando um solvente mais denso que a água: cloreto de metileno.

4. Aspire lentamente a camada inferior (cloreto de metileno) para dentro da pipeta, de modo que exclua a fase aquosa e qualquer emulsão (veja a Seção 12.10) que possa estar na interface entre as camadas (veja a Figura 12.7D). Certifique-se de manter a ponta da pipeta diretamente no V, no fundo do frasco.
5. Transfira a fase orgânica retirada para um tubo de ensaio *seco* ou outro frasco cônico *seco*, se houver um disponível. É melhor deixar o tubo de ensaio ou o frasco localizado próximo ao frasco de extração. Segure os frascos na mesma mão, entre seu dedo indicador e o polegar, como mostra a Figura 12.8. Isso evitará transferências sujas e desastrosas. A fase aquosa (camada superior) é deixada no frasco cônico original (veja a Figura 12.7E).

Ao realizar uma extração real no laboratório, você extrairá a fase aquosa com uma segunda porção de 1 mL de cloreto de metileno fresco para conseguir uma extração mais completa. As Etapas de 2 a 5 devem ser repetidas, e as camadas orgânicas de ambas as extrações serão combinadas. Em alguns casos, poderá ser necessária uma terceira extração com outra porção de 1 mL de cloreto de metileno. Novamente, o cloreto de metileno será combinado com os outros extratos. O processo total utilizará três porções de 1 mL de cloreto de metileno para transferir o produto da camada de água para o cloreto de

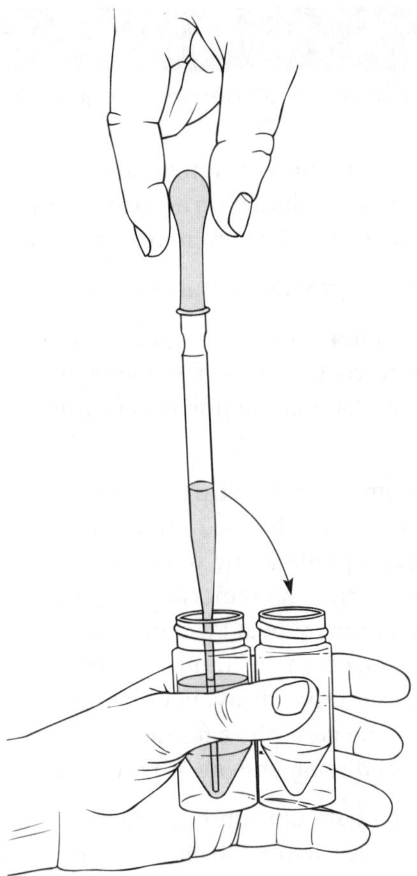

FIGURA 12.8 ■ Método para segurar frascos enquanto se transfere líquidos.

metileno. Às vezes, você verá a declaração "extraia a fase aquosa com três porções de 1 mL de cloreto de metileno", em um procedimento experimental. Essa afirmação descreve resumidamente o processo apresentado anteriormente. Por fim, os extratos de cloreto de metileno conterão um pouco de água e deverão ser secos com um agente secante, como indica a Seção 12.9.

NOTA

Se um solvente orgânico tiver sido extraído com água, ele deverá ser seco com um agente secante (veja a Seção 12.9), antes do procedimento.

Neste exemplo, extraímos a água com o solvente mais denso, cloreto de metileno, e a removemos como a camada inferior. Se estiver extraindo um solvente menos denso (por exemplo, o éter dietílico) com água e quiser manter a fase aquosa, a água será a fase inferior e será removida utilizando-se o mesmo procedimento. Porém, você não secaria a fase aquosa.

12.6 O frasco cônico – separação da fase superior

Nesta seção, considere o método utilizado quando se deseja remover a fase superior. Um exemplo concreto seria a extração de um produto de uma fase aquosa utilizando-se éter dietílico (d = 0,71 g/mL) como o solvente de extração. Métodos para a remoção da camada inferior foram discutidos anteriormente.

Sempre coloque um frasco cônico em um pequeno béquer para evitar que o frasco caia.

Remoção da camada superior. Suponha que extraímos uma solução aquosa com éter dietílico (éter). Esse solvente é menos denso que a água e subirá para a parte superior do frasco cônico. Utilize o seguinte procedimento, que é ilustrado na Figura 12.9 para remover a camada superior.

1. Coloque a fase aquosa contendo o produto dissolvido em um frasco cônico de 5 mL (Figura 12.9A).
2. Adicione cerca de 1 mL de éter, tampe o frasco e agite a mistura com força. Abra um pouco a tampa, a fim de liberar a pressão no frasco. Deixe que fases se separem completamente, de modo que seja possível detectar duas camadas distintas no frasco. A fase de éter será a camada superior no frasco (veja a Figura 12.9B).
3. Prepare uma pipeta Pasteur com ponta de filtro (veja a Técnica 8, Seção 8.6) utilizando uma pipeta de 15 cm. Conecte um bulbo de borracha de 2 mL à pipeta, aperte o bulbo para baixo e insira a pipeta no frasco, de modo que a ponta toque o fundo (veja a Figura 12.7C). A pipeta com ponta de filtro proporciona melhor controle na remoção da camada inferior. Entretanto, em alguns casos, talvez você consiga utilizar uma pipeta Pasteur (sem ponta de filtro), mas será preciso tomar muito mais cuidado para evitar a perda de líquido da pipeta, durante a operação de transferência. Com experiência, você deverá ser capaz de avaliar quanto deve apertar o bulbo para aspirar o volume de líquido desejado. Lentamente, aspire a fase aquosa inferior para dentro da pipeta. Certifique-se de manter a ponta da pipeta diretamente no V, no fundo do frasco (veja a Figura 12.9C).
4. Transfira a fase aquosa retirada para um tubo de ensaio ou outro frasco cônico, para armazenamento temporário. É melhor deixar o tubo de ensaio ou o frasco localizado próximo ao frasco de extração. Isso evitará transferências sujas e desastrosas. Segure os frascos na mesma mão, entre o dedo indicador e o polegar, como mostra a Figura 12.8. A fase de éter é deixada no frasco cônico (veja a Figura 12.9D).
5. A fase de éter restante no frasco cônico original deverá ser transferida com uma pipeta Pasteur para um tubo de ensaio, para armazenamento, e a fase aquosa será devolvida para o frasco cônico original (veja a Figura 12.9E).

Ao realizar uma extração real, você deverá retirar a fase aquosa com outra porção de 1 mL de éter fresco para conseguir uma extração mais completa. As etapas de 2 a 5 devem ser repetidas, e as camadas orgânicas de ambas as extrações serão combinadas no tubo de ensaio. Em alguns casos, talvez seja preciso extrair a fase aquosa uma terceira vez com outra porção de 1 mL de éter. Mais uma vez, o éter será combinado com as outras duas camadas. Esse processo total utilizará três porções de 1 mL de éter para transferir o produto da camada de água para o éter. Os extratos de éter contêm um pouco de água, que deve ser eliminada com um agente secante, conforme indica a Seção 12.9.

12.7 O tubo de centrifugação com tampa de rosca

Se for necessária uma extração que utiliza um volume maior que a capacidade de um frasco cônico (cerca de 4 mL), um tubo de centrifugação geralmente pode ser utilizado. Pode-se também usar um tubo de centrifugação em vez de um funil de separação, para algumas aplicações em macroescala, nas quais o volume total de líquido seja menor que cerca de 12 mL. Um tubo de centrifugação comumente disponível tem um volume aproximado de 15 mL e é fornecido com uma tampa de rosca. Ao realizar uma extração utilizando um tubo de centrifugação com tampa de rosca, utilize os mesmos procedimentos descritos para o frasco cônico (veja as Seções 12.5 e 12.6). Assim como no caso de um frasco cônico, o fundo cônico do tubo de centrifugação facilita a retirada da camada inferior com uma pipeta Pasteur.

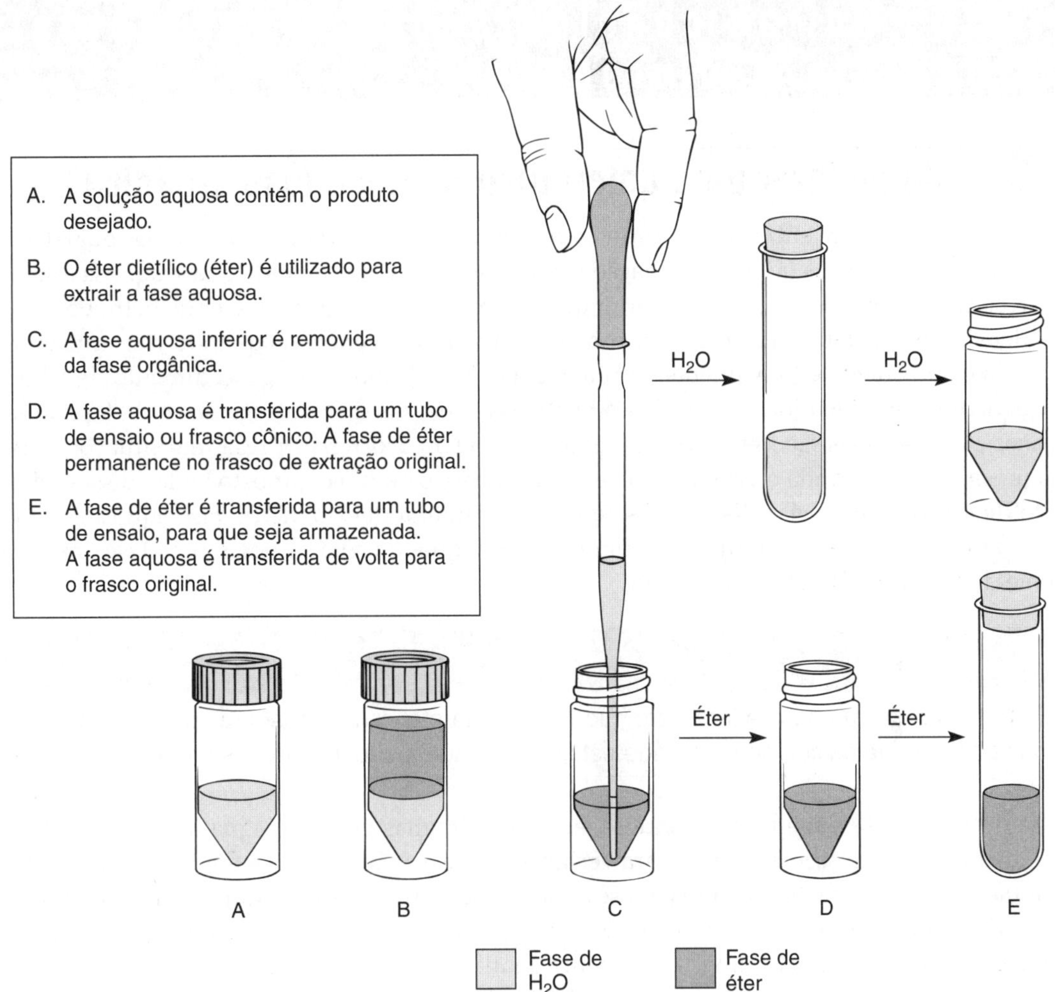

A. A solução aquosa contém o produto desejado.
B. O éter dietílico (éter) é utilizado para extrair a fase aquosa.
C. A fase aquosa inferior é removida da fase orgânica.
D. A fase aquosa é transferida para um tubo de ensaio ou frasco cônico. A fase de éter permanence no frasco de extração original.
E. A fase de éter é transferida para um tubo de ensaio, para que seja armazenada. A fase aquosa é transferida de volta para o frasco original.
H2O
H2O
Éter
Éter
A
B
C
D
E
Fase de H2O
Fase de éter

FIGURA 12.9 ■ Extração de uma solução aquosa utilizando um solvente menos denso que a água: o éter dietílico.

NOTA

Um tubo de centrifugação tem uma grande vantagem em relação aos outros métodos de extração. Se uma emulsão (Seção 12.10) se formar, você poderá utilizar uma centrífuga para auxiliar na separação das camadas.

É preciso verificar se há vazamento no tubo de centrifugação tampado, preenchendo-o com água e agitando-o vigorosamente. Se houver vazamento, tente substituir a tampa. Um **agitador tipo vórtex**, se estiver disponível, oferece uma alternativa para agitar o tubo. Na verdade, um agitador tipo vórtex funciona bem com diversos recipientes, incluindo pequenos frascos, tubos de ensaio, frascos cônicos e tubos de centrifugação. Deve-se começar o uso de um agitador tipo vórtex segurando-se o tubo de ensaio, ou outro recipiente, sobre um dos apoios de neoprene. A unidade mistura a amostra por meio de vibração de alta frequência.

Parte D. Outras considerações experimentais: macroescala e microescala

12.8 Como fazer para determinar qual é a fase orgânica?

Um problema comum encontrado durante uma extração está em tentar determinar qual das fases é a orgânica e qual é a aquosa (água). A situação mais frequente ocorre quando a fase aquosa está no fundo, na presença de uma fase orgânica superior que consiste em éter, ligroína, éter de petróleo ou hexano (veja as densidades na Tabela 12.1). Contudo, a fase aquosa estará em cima quando você utilizar cloreto de metileno como solvente (novamente, veja a Tabela 12.1). Embora um procedimento de laboratório possa frequentemente identificar as posições relativas esperadas da fase orgânica e da fase aquosa, às vezes, suas posições reais são invertidas. Geralmente, podem ocorrer surpresas em situações nas quais a fase aquosa contém elevada concentração de ácido sulfúrico ou um composto iônico dissolvido, como o cloreto de sódio. Substâncias dissolvidas aumentam muito a densidade da fase aquosa, o que pode fazer que a fase aquosa seja encontrada no fundo, mesmo quando coexistir com uma fase orgânica relativamente densa, como cloreto de metileno.

NOTA

Sempre reserve ambas as fases até que você tenha efetivamente isolado o composto desejado ou até se certificar de onde esteja localizada a substância desejada.

Para determinar se dada fase é a aquosa, adicione algumas gotas de água à camada. Observe de perto, à medida que acrescenta a água, para verificar aonde ela vai. Se a fase for a aquosa, então, as gotas de água adicionadas se dissolverão na fase aquosa e aumentarão seu volume. No entanto, se a água acrescentada formar gotas ou uma nova fase, considere que a fase supostamente aquosa é, na verdade, orgânica. Você pode utilizar um procedimento similar para identificar uma suposta fase orgânica. Desta vez, tente adicionar mais solvente, como cloreto de metileno. A fase orgânica deverá aumentar de volume, sem a separação de uma nova fase, se a fase testada realmente for orgânica.

Ao realizar um procedimento de extração em nível de microescala, você pode utilizar a seguinte abordagem para identificar as fases. Quando ambas as fases estiverem presentes, sempre é bom pensar cuidadosamente sobre os volumes de materiais que você tenha adicionado ao frasco cônico. É possível utilizar as graduações no frasco para ajudar a determinar os volumes das fases no frasco. Se, por exemplo, você tiver 1 mL de cloreto de metileno em um frasco e adicionar 2 mL de água, espere até a água estar na parte superior, porque ela é menos densa que o cloreto de metileno. Enquanto você adiciona a água, *observe aonde ela vai.* Verificando os volumes relativos das duas fases, você poderá dizer qual é a fase aquosa e qual é a fase orgânica. Essa abordagem também pode ser utilizada quando se realiza um procedimento de extração empregando um tubo de centrifugação. Naturalmente, sempre é possível determinar qual é a fase aquosa, acrescentando uma ou duas gotas de água, conforme foi descrito anteriormente.

12.9 Agentes secantes

Depois que um solvente orgânico é agitado com uma solução aquosa, ele ficará "úmido"; isto é, terá dissolvido um pouco de água, mesmo no caso de sua solubilidade em água não ser grande. A quantidade de água dissolvida varia de um solvente para outro; o éter dietílico é um solvente no qual uma quantidade de água bastante grande se dissolve. Para remover água da fase orgânica, utilize um **agente secante**, que é um sal inorgânico *anidro* que adquire águas de hidratação quando exposto ao ar úmido ou a uma solução úmida:

$$\underset{\substack{\text{Agente secante}\\ \text{anidro}}}{\overset{\text{Insolúvel}}{Na_2SO_4(s)}} + \text{Solução úmida } (nH_2O) \longrightarrow \underset{\substack{\text{Agente secante}\\ \text{hidratado}}}{\overset{\text{Insolúvel}}{Na_2SO_4 \cdot nH_2O\ (s)}} + \text{Solução seca}$$

O agente secante insolúvel é colocado diretamente na solução, onde adquire moléculas de água e se torna hidratado. Se for utilizado agente secante suficiente, toda a água pode ser removida de uma solução úmida, tornando-a "seca", ou livre de água.

Os sais anidros a seguir são comumente utilizados: sulfato de sódio, sulfato de magnésio, cloreto de cálcio, sulfato de cálcio (Drierite) e carbonato de potássio. Esses sais variam em suas propriedades e aplicações. Por exemplo, nem todos absorverão a mesma quantidade de água para determinada massa nem secarão a solução na mesma medida. A **capacidade** refere-se à quantidade de água que um agente secante absorve por unidade de massa. Os sulfatos de sódio e magnésio absorvem uma grande quantidade de água (têm alta capacidade), mas o sulfato de magnésio seca uma solução mais completamente. A **efetividade** diz respeito à capacidade de um composto para remover toda a água de uma solução até que o equilíbrio tenha sido atingido. O íon magnésio, um forte ácido de Lewis, causa às vezes rearranjos de compostos, tais como epóxidos. O cloreto de cálcio é um bom agente secante, mas não pode ser utilizado com muitos compostos contendo oxigênio ou nitrogênio, porque ele forma complexos. O cloreto de cálcio absorve metanol e etanol, além de água, de modo que ele é útil na remoção desses materiais quando estão presentes como impurezas. O carbonato de potássio é uma base utilizada para secar soluções de substâncias básicas, como aminas. O sulfato de cálcio seca uma solução completamente, mas sua capacidade é pequena.

O sulfato de sódio anidro é o agente secante mais amplamente utilizado. A variedade granulada é recomendada porque é mais fácil de ser removida da solução seca que a variedade em pó. O sulfato de sódio é brando e eficaz, sendo capaz de remover a água dos solventes mais comuns, com a possível exceção do éter dietílico, e, nesse caso, pode ser recomendável uma secagem prévia com uma solução de sal saturada. O sulfato de sódio deve ser utilizado à temperatura ambiente, para que seja efetivo; ele não pode ser usado com soluções em ebulição. A Tabela 12.2 compara os vários agentes secantes comuns.

Procedimento de secagem com sulfato de sódio anidro. Em experimentos que requerem uma etapa de secagem, as instruções são geralmente dadas da seguinte maneira: seque a fase orgânica (ou camada) sobre o sulfato de sódio granular anidro (ou algum outro agente secante). Instruções mais específicas, como a quantidade de agente secante a ser adicionada, não são normalmente fornecidas, e será preciso determinar esses fatores cada vez que for realizada uma etapa de secagem. O procedimento de secagem consiste em quatro etapas:

1. Remova a fase orgânica de qualquer água que estiver visível.
2. Adicione a quantidade apropriada de sulfato de sódio granular anidro (ou outro agente secante).
3. Permita um período de secagem durante o qual a água dissolvida é removida da fase orgânica pelo agente secante.
4. Separe a fase orgânica seca do agente secante.

Instruções mais específicas são apresentadas a seguir para os procedimentos em macroescala e microescala. As únicas diferenças entre esses dois procedimentos é que eles se destinam a diferentes volumes de líquido e exigem objetos de vidro diferentes. Frequentemente, o procedimento em microescala é designado para volumes de até cerca de 5 mL, e o procedimento em macroescala é adequado para volumes de 5 mL ou mais.

TABELA 12.2 ■ Agentes secantes comuns

	Acidez	Hidratado	Capacidade[a]	Efetividade[b]	Velocidade[c]	Uso
Sulfato de magnésio	Neutro	$MgSO_4 \cdot 7H_2O$	Alta	Média	Rápida	Geral
Sulfato de sódio	Neutro	$Na_2SO_4 \cdot 7H_2O$ $Na_2SO_4 \cdot 10H_2O$	Alta	Baixa	Média	Geral
Cloreto de cálcio	Neutro	$CaCl_2 \cdot 2H_2O$ $CaCl_2 \cdot 6H_2O$	Baixa	Alta	Rápida	Hidrocarbonetos Haletos
Sulfato de cálcio (Drierite)	Neutro	$CaSO_4 \cdot \frac{1}{2}H_2O$ $CaSO_4 \cdot 2H_2O$	Baixa	Alta	Rápida	Geral
Carbonato de potássio	Básico	$K_2CO_3 \cdot 1\frac{1}{2}H_2O$ $K_2CO_3 \cdot 2H_2O$	Média	Média	Média	Aminas, ésteres, bases, cetonas
Hidróxido de potássio	Básico	–	–	–	Rápida	Somente aminas
Peneiras moleculares (3 ou 4 Å)	Neutro	–	Alta	Extremamente alta	–	Geral

[a] Quantidade de água removida por determinada massa de agente secante.
[b] Refere-se à quantidade de H_2O restante na solução, em equilíbrio com o agente secante.
[c] Corresponde à velocidade de ação (secagem).

A. PROCEDIMENTO DE SECAGEM EM MACROESCALA

Etapa 1. Remoção da água visível. Antes de tentar secar uma fase orgânica, verifique atentamente se não existem sinais visíveis de água. Se houver uma camada de água separada (na parte superior ou inferior), gotas ou um glóbulo de água flutuando na fase orgânica, ou gotículas de água presas às laterais do recipiente, transfira a fase orgânica para um frasco de Erlenmeyer limpo e seco, antes de adicionar qualquer agente secante. Se houver uma grande quantidade de água, talvez, seja melhor separar as camadas utilizando um funil de separação. Do contrário, você pode utilizar uma pipeta Pasteur seca para fazer a transferência. O tamanho do frasco de Erlenmeyer não é importante, mas é melhor que o frasco não seja preenchido com a solução até mais do que sua metade, e é preferível ter uma camada de líquido no frasco de ao menos 1 cm de profundidade. Se houver qualquer dúvida em relação à presença de água, é recomendável fazer uma transferência para um frasco seco. Realizar essa etapa quando necessário poupará tempo, posteriormente, no procedimento de secagem, e resultará em maior recuperação da substância desejada.

Etapa 2. Adição de agente secante. Cada vez que um procedimento de secagem é efetuado, é preciso determinar quanto de sulfato de sódio granular anidro (ou outro agente secante) deve ser adicionado. Isso dependerá do volume total da fase orgânica e da quantidade água dissolvida no solvente. Solventes orgânicos apolares, como o cloreto de metileno ou hidrocarbonetos (hexano, pentano etc.), podem dissolver quantidades de água relativamente pequenas e geralmente exigem menos agente secante, ao passo que um solvente orgânico mais polar, como o éter e o acetato de etila, que pode dissolver mais água e, assim, mais agente secante será exigido. Uma diretriz comum consiste em adicionar sulfato de sódio granular anidro (ou outro agente secante) suficiente para resultar em uma camada de 1 a 3 mm no fundo

FIGURA 12.10 ■ Microespátulas.

do frasco, dependendo do volume da solução. Contudo, é melhor acrescentar o agente secante em pequenas porções, da maneira descrita a seguir. Nesse procedimento, utilize a microespátula maior, mostrada na Figura 12.10, para adicionar o agente secante. Geralmente, uma porção adequada para se acrescentar a cada vez é de quase 0,5 a 1,0 g. (Você deve fazer a pesagem, da primeira vez, para saber quanto deve adicionar.) Comece acrescentando uma porção de sulfato de sódio granular anidro (ou outro agente secante) à solução. Se todo o agente secante se aglomerar, adicione outra porção. Para determinar se o secante se aglomerou, é útil agitar a mistura com uma espátula limpa e seca ou agitar rapidamente o frasco. Se qualquer porção de agente ficar solta (sem se aglomerar) no fundo do recipiente, quando este for mexido ou agitado, pode-se presumir que foi adicionada uma quantidade suficiente de agente secante. Do contrário, é preciso continuar adicionando uma nova porção de agente secante até que uma parte dele claramente deixe de se aglomerar. Mexa ou agite a mistura depois de adicionar cada porção do agente secante. É provável que você vá precisar adicionar várias porções de agente secante. Entretanto, a quantidade real deve ser determinada por experimentação, conforme foi descrito. É melhor empregar um ligeiro excesso de agente secante; mas se esse excesso for em demasia, a recuperação pode não ser adequada porque parte da solução sempre adere ao agente secante sólido depois que o líquido é separado dele (Etapa 4). Tome cuidado para não adicionar agente secante demais, a ponto de absorver todo o líquido. Se fizer isso, será necessário adicionar mais solvente, a fim de recuperar seu produto a partir do agente secante!

Etapa 3. Período de secagem. Coloque uma rolha ou tampa no recipiente e deixe a solução secar por, pelo menos, quinze minutos.

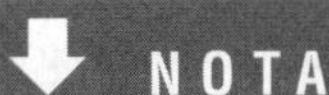

NOTA

É importante que você coloque uma rolha ou tampa no recipiente, a fim de evitar a evaporação e a exposição à umidade atmosférica.

Agite a mistura ocasionalmente, durante o período de secagem. A mistura estará seca se estiver límpida (sem estar turva) e mostrar os sinais comuns de uma solução seca, dados na Tabela 12.3. Observe que uma solução "límpida" pode ser incolor ou colorida. Se a solução continuar turva depois do tratamento com a primeira porção de agente secante, adicione mais agente secante e repita o procedimento de secagem. Todavia, se uma camada de água se formar ou se gotas de água estiverem visíveis, transfira a fase orgânica para um recipiente seco, antes de acrescentar agente secante novamente, como descreve a Etapa 2. Também será preciso repetir a fase de secagem, com duração de quinze minutos, descrita na Etapa 3.

Etapa 4. Remoção de líquido do agente secante. Quando a solução estiver seca, o agente secante deverá ser removido utilizando-se decantação (despeje cuidadosamente, para que o agente secante permaneça). Transfira o líquido para um frasco de Erlenmeyer seco. Se o volume de líquido for relativamente pequeno (menor que 10 mL), pode ser mais fácil completar essa etapa empregando-se uma pipeta Pasteur seca ou uma pipeta com ponta de filtro seca (veja a Técnica 8, Seção 8.6) para remover a fase orgânica seca. Com sulfato de sódio granulado, é fácil efetuar a decantação, em razão do tamanho das partículas de

TABELA 12.3 ■ Sinais comuns que indicam que uma solução está seca

1. Não há gotículas de água visíveis na lateral do frasco nem suspensas em solução.
2. Não existe uma camada de líquido separada ou uma "poça".
3. A solução está límpida, não está turva. A turbidez indica a presença de água.
4. O agente secante (ou uma porção dele) move-se livremente no fundo do recipiente quando este é mexido ou agitado, e não se "aglomera", como uma massa sólida.

agente secante. Se for utilizado um agente secante em pó, como o sulfato de magnésio, talvez seja preciso usar a filtração por gravidade (veja a Técnica 8, Seção 8.1B) para remover o agente secante. Por fim, para isolar o material desejado, remova o solvente por meio de destilação (veja a Técnica 14, Seção 14.3) ou evaporação (veja a Técnica 7, Seção 7.10).

B. PROCEDIMENTO DE SECAGEM EM MICROESCALA

Para secar uma pequena quantidade de líquido orgânico (menos de cerca de 5 mL), siga as mesmas quatro etapas que foram descritas para o "Procedimento de secagem em macroescala". As principais diferenças são o emprego de um tubo de ensaio ou um frasco cônico, em vez de um frasco de Erlenmeyer, e menos agente secante será necessário.

Etapa 1. Remoção da água visível. Consulte a Etapa 1, mostrada anteriormente, para obter mais informações. Caso haja uma camada de água separada (na parte superior ou inferior), gotículas ou um glóbulo de água flutuando na fase orgânica, ou gotículas de água aderidas às laterais do recipiente, então, transfira a fase orgânica, com uma pipeta Pasteur seca, para um recipiente seco, geralmente um frasco cônico ou tubo de ensaio, antes de adicionar qualquer agente secante. Se houver qualquer dúvida quanto à presença de água, é recomendável fazer uma transferência para um recipiente seco.

Etapa 2. Adição de agente secante. Consulte a Etapa 2, no "Procedimento de secagem em macroescala", para obter instruções básicas. A única diferença é que, neste procedimento em microescala, será necessário menos agente secante. Comece adicionando uma espátula cheia de sulfato de sódio granular anidro (ou outro agente secante), com a extremidade de uma microespátula que tem um V gravado (a microespátula menor, na Figura 12.10) na solução. Se todo o agente secante "se aglomerar", adicione outra espátula cheia de sulfato de sódio. Para determinar se o agente secante está aglomerado, agite a mistura com uma espátula seca e limpa, ou agite rapidamente o recipiente. Se qualquer porção do agente secante se mover livremente (sem se aglomerar) no fundo do recipiente, quando este for agitado, então, você pode considerar que adicionou agente secante suficiente. Do contrário, é preciso continuar adicionando uma espátula cheia de agente secante, a cada vez, até que esteja claro que o agente secante cessou de aglomerar. Agite a mistura depois de adicionar cada espátula cheia de agente secante. No caso de pequenas quantidades de líquido (menos de 5 mL), geralmente, serão necessárias de uma a seis microespátulas cheias de agente secante. No entanto, a quantidade real deve ser determinada por experimentação, conforme foi descrito. É melhor empregar um ligeiro excesso de agente secante; mas se esse excesso for em demasia, a recuperação pode não ser adequada porque parte da solução sempre adere ao agente secante sólido, depois que o líquido é separado dele (Etapa 4). Tome cuidado para não adicionar agente secante demais, a ponto de absorver todo o líquido. Se fizer isso, será necessário adicionar mais solvente, a fim de recuperar seu produto por meio do agente secante!

Etapa 3. Período de secagem. As instruções são as mesmas que as da Etapa 3, no "Procedimento de secagem em macroescala".

Etapa 4. Remoção de líquido do agente secante. Quando a fase orgânica estiver seca, utilize uma pipeta Pasteur seca ou uma pipeta com ponta de filtro seca (veja a Técnica 8, Seção 8.6) para remover a fase orgânica seca do agente secante e transfira a solução para um frasco cônico ou tubo de ensaio seco. Tenha o cuidado de não transferir nada do agente secante quando realizar esta etapa. Lave o agente secante com uma pequena quantidade de solvente fresco e transfira esse solvente adicional para o frasco contendo a fase orgânica seca. Para isolar o material desejado, remova o solvente por evaporação utilizando calor e uma corrente de ar ou nitrogênio (veja a Técnica 7, Seção 7.10).

Uma alternativa para secar um pequeno volume de fase orgânica é passá-la através de uma pipeta de filtração (veja a Técnica 8, Seção 8.1C) preenchida com uma pequena quantidade (cerca de 2 cm) de agente secante. Mais uma vez, o solvente é removido por evaporação.

Solução saturada de sal. À temperatura ambiente, o éter dietílico (éter) dissolve 1,5% por peso de água, e a água dissolve 7,5% de éter. O éter, no entanto, dissolve uma quantidade de água muito menor de uma solução aquosa de cloreto de sódio saturada. Desse modo, um volume maior da água em éter, ou do éter em água, pode ser removido por agitação com uma solução aquosa saturada de cloreto de sódio. Uma solução de elevada força iônica geralmente não é compatível com um solvente orgânico e força sua separação da fase aquosa. A água migra para a solução de sal concentrada. A fase de éter (fase orgânica) estará na parte de cima, e a solução saturada de cloreto de sódio estará embaixo (d = 1,2 g/mL). Depois de remover a fase orgânica do cloreto de sódio aquoso, seque totalmente a fase orgânica com sulfato de sódio ou com um dos outros agentes secantes relacionados na Tabela 12.2.

12.10 Emulsões

Uma **emulsão** é uma suspensão coloidal de um líquido em outro. Minúsculas gotículas de um solvente orgânico em geral são mantidas em suspensão em uma solução aquosa quando os dois são misturados ou agitados vigorosamente; essas gotículas formam uma emulsão. Isso é especialmente verdadeiro se houver qualquer material pastoso ou viscoso presente na solução. As emulsões ocorrem normalmente durante a realização de extrações, podem exigir um longo tempo para se separar em duas fases e são um transtorno para os químicos orgânicos.

Felizmente, podem ser utilizadas diversas técnicas para quebrar uma emulsão difícil, depois que ela foi formada.

1. Geralmente, uma emulsão se quebrará se for deixada em repouso por algum tempo. Nesse caso, a paciência é importante. Também pode ser útil agitar delicadamente com uma haste ou espátula agitadora.

2. Se um dos solventes for água, adicionar uma solução aquosa saturada de cloreto de sódio ajudará a destruir a emulsão. A água na fase orgânica migra para a solução de sal concentrada.

3. Se o volume total for menor que 13 mL, a mistura pode ser transferida para um tubo de centrifugação. A emulsão normalmente se quebrará durante a centrifugação. Lembre-se de colocar outro tubo preenchido com água no lado oposto da centrífuga, para equilibrar. Ambos os tubos devem ter o mesmo peso.

4. Outra boa medida é adicionar uma pequena quantidade de detergente solúvel em água. Esse método foi utilizado no passado para combater vazamentos de óleo. O detergente ajuda a solubilizar as gotículas de óleo fortemente ligadas entre si.

5. A filtração por gravidade (veja a Técnica 8, Seção 8.1) pode auxiliar na destruição de uma emulsão por meio da remoção de substâncias poliméricas pegajosas. No caso de grandes volumes, você pode tentar filtrar a mistura através de um filtro pregueado (veja a Técnica 8, Seção 8.1B) ou um pedaço de algodão. Com reações em escala pequena, uma pipeta de filtração pode funcionar (veja

a Técnica 8, Seção 8.1C). Em muitos casos, uma vez que a goma é removida, a emulsão se quebra rapidamente.

6. Se estiver utilizando um funil de separação, pode tentar mexer delicadamente o funil para ajudar a quebrar uma emulsão. Agitar suavemente com uma haste agitadora também pode ajudar.

Quando você sabe, com base em sua experiência anterior, que uma mistura pode formar uma emulsão difícil, evite agitar a mistura com muita força. Ao utilizar frascos cônicos para fazer extrações, pode ser melhor utilizar uma palheta magnética para misturar, sem agitar a mistura. Ao empregar funis de separação, as extrações deverão ser realizadas com movimentos lentos, em vez de agitar, ou com várias inversões delicadas do funil de separação. Nesses casos, não agite o funil de separação com força. É importante utilizar um período de extração mais longo, se estiverem sendo empregadas as técnicas mais delicadas, descritas nesse parágrafo. Do contrário, não será possível transferir todo o material da primeira fase para a segunda.

12.11 Métodos de purificação e separação

Em quase todos os experimentos sintéticos realizados no laboratório de química orgânica, uma série de operações envolvendo extrações é utilizada depois que a reação propriamente tiver sido concluída. Essas extrações formam uma parte importante da purificação. Ao utilizá-las, você separa o produto desejado das matérias-primas que não reagiram ou de produtos secundários indesejados na mistura da reação. Essas extrações podem ser agrupadas em três categorias, dependendo da natureza das impurezas que elas devem remover.

A primeira categoria envolve a extração ou "lavagem" de uma mistura orgânica, com água. As lavagens com água são destinadas a remover materiais altamente polares, como sais inorgânicos, ácidos ou bases fortes e substâncias polares de baixo peso molecular, incluindo álcoois, ácidos carboxílicos e aminas. Muitos compostos orgânicos contendo menos que cinco carbonos são solúveis em água. As extrações com água também são utilizadas imediatamente após extrações de uma mistura com ácido ou base, a fim de garantir que todos os resíduos de ácido ou base tenham sido removidos.

A segunda categoria se refere à extração de uma mistura orgânica com um ácido diluído, geralmente, ácido clorídrico 1–2 *M*. As extrações com ácido visam remover impurezas básicas, especialmente, aminas orgânicas. As bases são convertidas em seus sais catiônicos correspondentes pelo ácido utilizado na extração. Se uma amina for um dos reagentes ou se a piridina ou outra amina for um solvente, uma extração pode ser utilizada para remover qualquer amina em excesso presente no fim de uma reação.

$$RNH_2 + HCl \longrightarrow RNH_3^+Cl^-$$

(sal de amônio solúvel em água)

Em geral, sais de amônio catiônicos são solúveis na solução aquosa e, portanto, são extraídos do material orgânico. Uma extração com água pode ser utilizada imediatamente após a extração com ácido, a fim de assegurar que todos os resíduos do ácido tenham sido removidos do material orgânico.

A terceira categoria é a extração de uma mistura orgânica com uma base diluída, geralmente, bicarbonato de sódio 1 *M*, embora extrações com hidróxido de sódio diluído também possam ser utilizadas. Essas extrações básicas se destinam a converter impurezas ácidas, como ácidos orgânicos, em seus sais aniônicos correspondentes. Por exemplo, na preparação de um éster, uma extração com bicarbonato de sódio pode ser utilizada para remover qualquer ácido carboxílico que estiver presente.

$$RCOOH + NaHCO_3 \longrightarrow RCOO^-Na^+ + H_2O + CO_2$$

($pK_a \sim 5$) (sal de carboxilato solúvel em água)

Sais de carboxilato aniônicos, sendo altamente polares, são solúveis na fase aquosa. Como resultado, essas impurezas ácidas são extraídas do material orgânico na solução básica. A extração com água pode ser utilizada depois da extração básica para garantir que toda a base foi removida do material orgânico.

Ocasionalmente, fenóis podem estar presentes em uma mistura de reação, na forma de impurezas, e pode ser preciso removê-los por extração. Uma vez que os fenóis, apesar de serem ácidos, são aproximadamente 10^5 vezes menos ácidos que os ácidos carboxílicos, extrações básicas podem ser utilizadas para separar fenóis dos ácidos carboxílicos, por meio de uma cuidadosa seleção da base. Se o bicarbonato de sódio for utilizado como uma base, ácidos carboxílicos são extraídos na base aquosa, ao contrário dos fenóis. Os fenóis não são suficientemente ácidos para serem desprotonados pelo bicarbonato, uma base fraca. A extração com hidróxido de sódio, por outro lado, extrai tanto os ácidos carboxílicos como os fenóis na solução aquosa básica, uma vez que o íon hidróxido é uma base suficientemente forte para desprotonar fenóis.

$$R\text{-}C_6H_4\text{-}OH + NaOH \longrightarrow R\text{-}C_6H_4\text{-}O^- \, Na^+ + H_2O$$

(pK_a ~10) (sal solúvel em água)

Misturas de compostos ácidos, básicos e neutros são facilmente separadas usando-se técnicas de extração. Um exemplo disso é mostrado na Figura 12.10.

Ácidos ou bases orgânicos que foram extraídos podem ser regenerados neutralizando-se o reagente de extração. Isso será feito se o ácido orgânico ou a base orgânica for um produto de uma reação, em vez de uma impureza. Por exemplo, se um ácido carboxílico tiver sido extraído com a base aquosa, o composto pode ser regenerado pela acidificação do extrato com HCl 6 *M*, até que a solução se torne levemente ácida, conforme indicado pelo papel de tornassol ou papel de pH. Quando a solução se torna ácida, o ácido carboxílico se separa da solução aquosa. Se o ácido for sólido à temperatura ambiente, ele precipitará e poderá ser purificado por filtração e cristalização. Se o ácido for um líquido, formará uma camada separada. Nesse caso, geralmente será necessário extrair a mistura com éter ou cloreto de metileno. Depois de remover a fase orgânica e secá-la, o solvente pode ser evaporado para fornecer o ácido carboxílico.

No exemplo da Figura 12.10, também é preciso realizar uma etapa de secagem em (3) antes de isolar o composto neutro. Quando o solvente for éter, primeiro, você deverá extrair a solução de éter com cloreto de sódio aquoso saturado, a fim de remover grande parte da água. A camada de éter, então, é seca por meio de um agente secante como o sulfato de sódio anidro. Se o solvente for cloreto de metileno, não será preciso efetuar a etapa com cloreto de sódio saturado.

Ao efetuar extrações ácido–base, é prática comum extrair uma mistura diversas vezes, com o reagente apropriado. Por exemplo, se você estiver extraindo um ácido carboxílico de uma mistura, poderá extrair a mistura três vezes com porções de 2 mL de NaOH 1 *M*. Nos experimentos mais publicados, o procedimento especificará o volume e a concentração do reagente de extração e o número de vezes que as extrações devem ser feitas. Se essas informações não forem fornecidas, você deverá desenvolver seu procedimento. Utilizando um ácido carboxílico como exemplo, se conhecer a identidade do ácido e a quantidade aproximada que está presente, poderá efetivamente calcular quanto hidróxido de sódio é necessário. Uma vez que o ácido carboxílico (assumindo que ele seja monoprótico) reagirá com o hidróxido de sódio em uma proporção de 1:1, será preciso um número de mols de hidróxido de sódio igual ao número de mols de ácido. Para garantir que o ácido carboxílico é extraído, você deve utilizar cerca de duas vezes a quantidade necessária de base. A partir disso, é possível calcular quantos mililitros de base são necessários, e esse número deverá ser dividido em duas ou três porções iguais, sendo uma porção para cada extração. De maneira similar, você poderá calcular a quantidade de bicarbonato de sódio

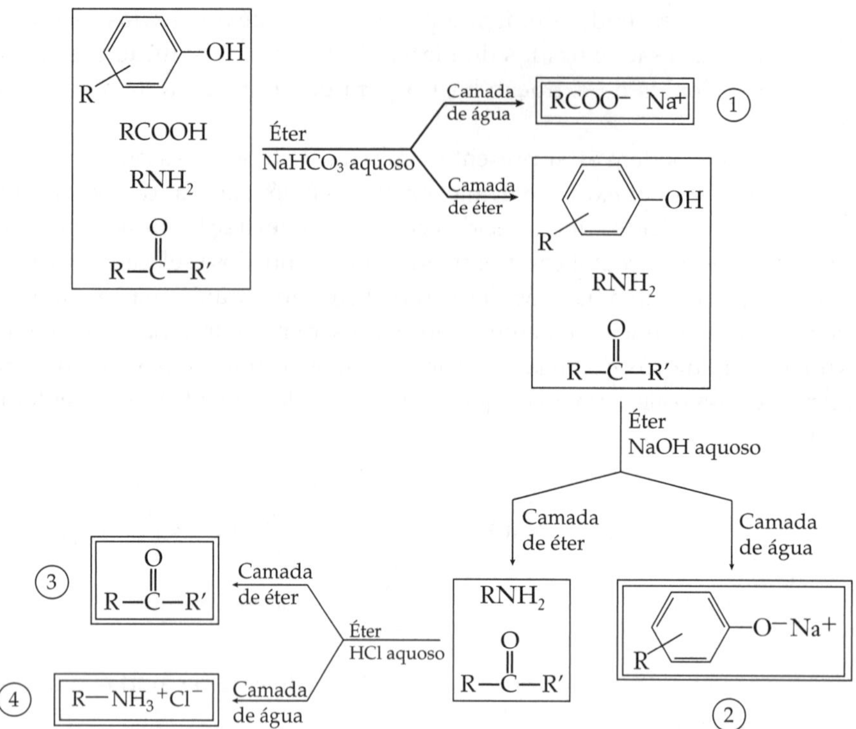

FIGURA 12.11 ■ Separação de uma mistura de quatro componentes por extração.

5% necessária para extrair um ácido ou quantidade de 1 *M* de HCl exigido para extrair uma base. Se a quantidade de ácido ou base orgânica não for conhecida, então a situação é mais difícil. Uma diretriz que algumas vezes funciona é fazer duas ou três extrações, de modo que o volume total do reagente de extração seja aproximadamente igual ao volume da fase orgânica. Para testar esse procedimento, neutralize a fase aquosa da última extração. Se o resultado for um precipitado ou uma turvação, faça outra extração e teste novamente. Quando nenhum precipitado se formar, você saberá que toda a base ou o ácido orgânico foi removido.

Para algumas aplicações de extração ácido–base, uma etapa adicional, chamada **retrolavagem** ou **retroextração**, é adicionada ao esquema mostrado na Figura 12.11. Considere a primeira etapa, na qual o ácido carboxílico é extraído pelo bicarbonato de sódio. Essa fase aquosa pode conter algum material orgânico neutro indesejado, da mistura original. Para remover essa contaminação, faça a retrolavagem da fase aquosa com um solvente orgânico, como o éter ou cloreto de metileno. Depois de agitar a mistura e deixar que as camadas se separem, remova e descarte a fase orgânica. Essa técnica também pode ser utilizada quando uma amina é extraída com ácido clorídrico. Faz-se a retrolavagem da fase aquosa, utilizando-se um solvente orgânico para remover material neutro indesejado.

PARTE E. OUTROS MÉTODOS DE EXTRAÇÃO

12.12 Extração contínua sólido–líquido

A técnica de extração líquido–líquido foi descrita nas Seções 12.1 a 12.8. Nesta seção, abordamos a extração sólido–líquido, que, geralmente, é utilizada para extrair um produto natural sólido de uma fonte natural, como uma planta. Escolhe-se um solvente que, seletivamente, dissolve o composto desejado, mas deixa para trás o sólido insolúvel indesejado. Um aparelho de extração contínua, sólido–líquido, chamado extrator de Soxhlet, é comumente utilizado em laboratórios de pesquisa.

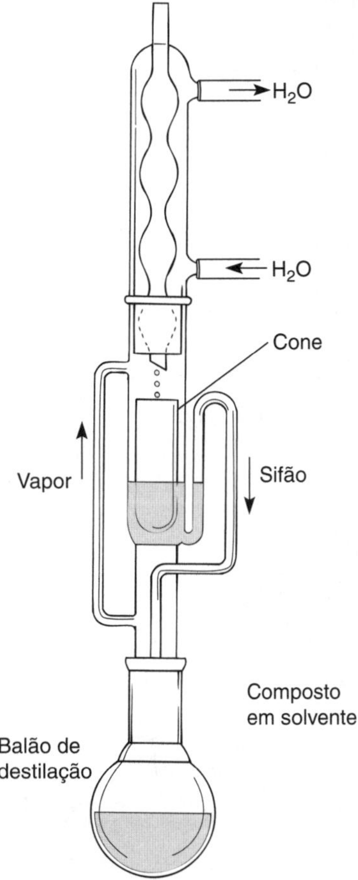

FIGURA 12.12 ■ Extração sólido–líquido contínua, utilizando um extrator de Soxhlet.

Como mostra a Figura 12.12, o sólido a ser extraído é colocado em um a cone feito de papel de filtro, e o cone é inserido na câmara central. Um solvente de baixo ponto de ebulição, como o éter dietílico, é colocado no balão de destilação com fundo redondo e é aquecido até o refluxo. O vapor sobe pelo braço lateral esquerdo, no condensador, onde se liquefaz. O condensado (líquido) goteja dentro do cone contendo o sólido. O solvente quente começa a preencher o cone e extrai do sólido o composto desejado. Quando o cone estiver preenchido com o solvente, o braço lateral à direita age como um sifão, e o solvente, que agora contém o composto dissolvido, é drenado de volta para o balão de destilação. O processo de vaporização–condensação–extração–sifonagem é repetido centenas de vezes, e produto desejado é concentrado no balão de destilação. O produto é concentrado no balão porque tem um ponto de ebulição maior que o do solvente ou porque é sólido.

12.13 Extração líquido–líquido contínua

Quando um produto é muito solúvel em água, em geral, é difícil fazer uma extração utilizando-se as técnicas descritas nas Seções 12.4 a 12.7 em virtude de um coeficiente de distribuição desfavorável. Nesse caso, você precisa extrair a solução aquosa diversas vezes, com porções frescas de um solvente orgânico imiscível, a fim de remover da água o produto desejado. Uma técnica menos trabalhosa envolve o uso de um aparelho de extração líquido–líquido contínua. Um tipo de extrator, utilizado com solventes que são menos densos do que a água, é mostrado na Figura 12.13. O éter dietílico geralmente é a escolhe ideal de solvente.

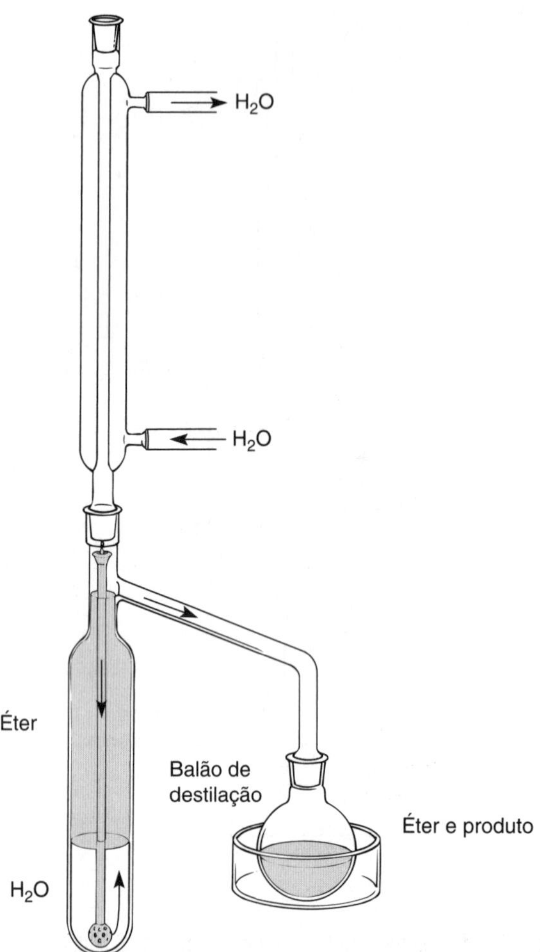

FIGURA 12.13 ■ Extração líquido-líquido contínua, utilizando um solvente menos denso do que a água.

A fase aquosa é colocada no extrator, que, então, é preenchido com éter dietílico até o braço lateral. O balão de destilação com fundo redondo é parcialmente preenchido com éter, que é aquecido até ocorrer refluxo, no balão de fundo redondo, e o vapor é liquefeito no condensador de água resfriada. O éter goteja no tubo central, passa através da ponta porosa de vidro sinterizado e flui pela fase aquosa. O solvente extrai da fase aquosa o composto desejado, e o éter é reciclado de volta para o balão de fundo redondo. O produto é concentrado no balão. A extração é bastante ineficiente e deve ser colocada em operação por, pelo menos, 24 horas para remover o composto da fase aquosa.

12.14 Extração em fase sólida

A SPE (Solid Phase Extraction, ou Extração em Fase Sólida) é uma técnica relativamente nova, que é similar, em aparência e função, à cromatografia em coluna e à cromatografia líquida de alta performance (Técnicas 19 e 21). Em algumas aplicações, a SPE também é similar à extração líquido-líquido, discutida neste capítulo. Além de realizar processos de separação, ela também pode ser utilizada para efetuar reações nas quais novos compostos são preparados.

Uma típica coluna SPE é construída a partir do corpo de uma seringa plástica, que é empacotado com um **sorvente**. O termo *sorvente* é utilizado por muitos fabricantes como um termo geral para materiais que tanto podem adsorver (atrair para a superfície do sorvente por meio de uma atração física) ou absorver (penetrar no material como uma esponja). Uma placa porosa é colocada na parte inferior da coluna, para dar apoio ao sorvente. Depois que o sorvente tiver sido adicionado, outra placa porosa é

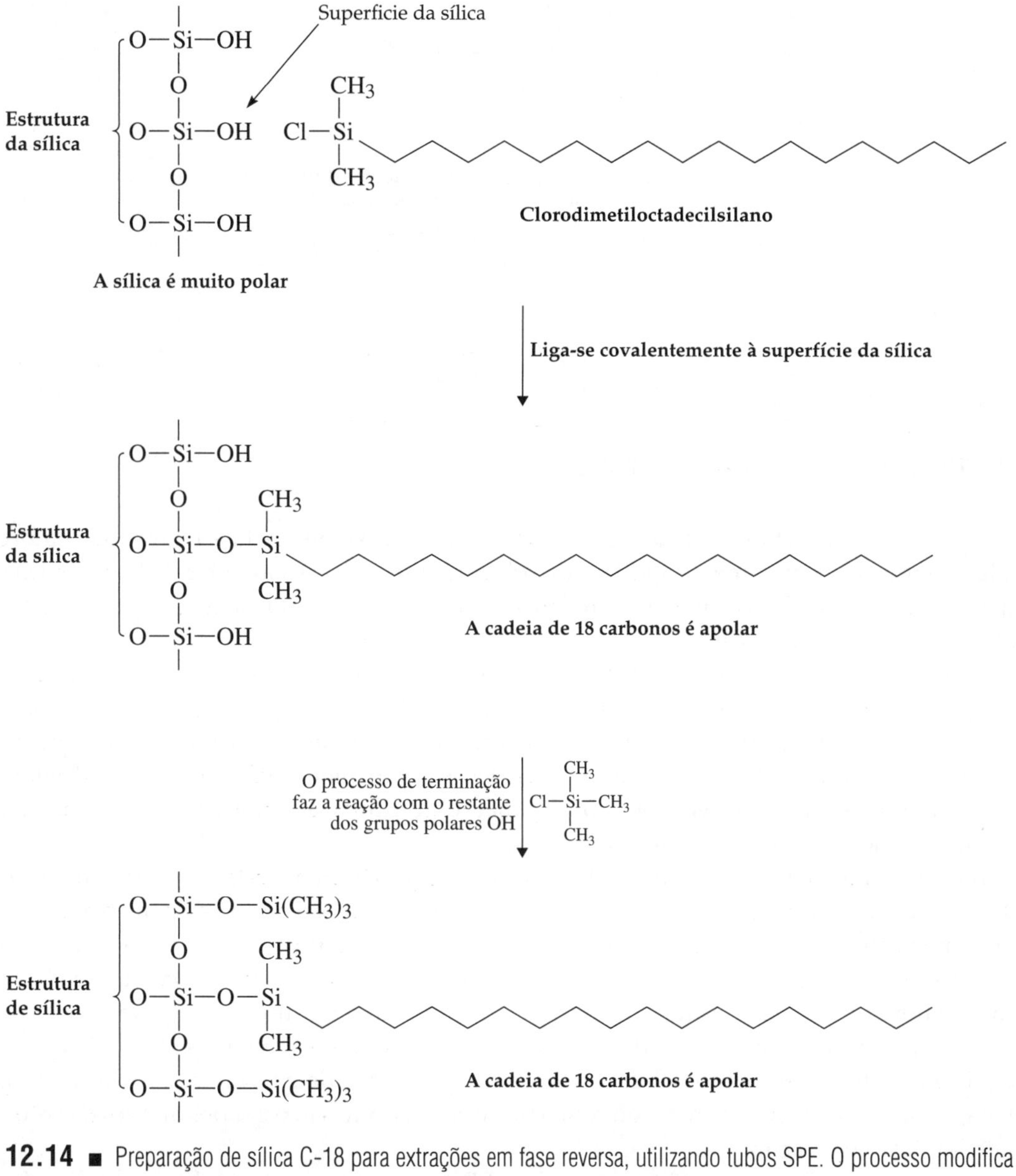

Estrutura da sílica

Superfície da sílica

Clorodimetiloctadecilsilano

A sílica é muito polar

Liga-se covalentemente à superfície da sílica

A cadeia de 18 carbonos é apolar

O processo de terminação faz a reação com o restante dos grupos polares OH

Estrutura de sílica

A cadeia de 18 carbonos é apolar

FIGURA 12.14 ■ Preparação de sílica C-18 para extrações em fase reversa, utilizando tubos SPE. O processo modifica a sílica polar (material hidrofílico) para sílica apolar (material hidrofóbico).

colocada sobre o sorvente para mantê-lo no lugar. O restante do tubo serve como um reservatório para o solvente. Geralmente, a coluna já vem empacotada com o sorvente pelo fabricante, mas colunas não empacotadas também podem ser adquiridas e empacotadas, posteriormente, pelo usuário, para aplicações específicas. A ponta tipo Luer-Lock, na parte inferior, é conectada a uma fonte de vácuo que puxa os solventes através da coluna.

Colunas SPE podem ser empacotadas com muitos tipos de sorventes, dependendo de como a coluna será utilizada. Alguns tipos comuns são identificados da mesma maneira que os adsorventes na cromatografia em colunas são classificados (veja a Técnica 21, Seção 21.1): fase normal, fase reversa e troca iônica. Exemplos de sorventes de fase normal, que são polares, incluem sílica e alumina. Essas colunas são utilizadas para isolar compostos polares de um solvente apolar. Os sorventes de fase reversa são feitos por alquilação de sílica. Como resultado, grupos alquil apolares são ligados à superfície da sílica, tornando o sorvente apolar. Uma coluna comum desse tipo, conhecida como coluna C_{18}, é preparada ligando-se um grupo octadecila ($—C_8H_{18}$) à superfície da sílica (veja a Figura 12.14). As colunas C_{18}

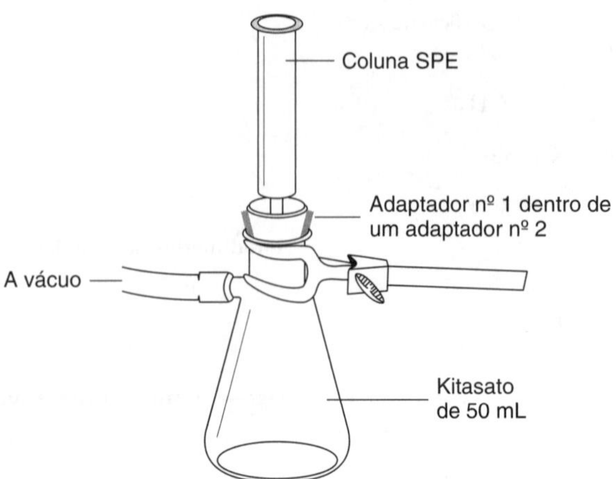

FIGURA 12.15 ■ Arranjo experimental para a coluna SPE.

funcionam provavelmente por um processo de adsorção. Os sorventes de fase reversa são empregados para isolar compostos relativamente apolares de solventes polares. Os sorventes de troca iônica consistem em materiais carregados ou altamente polares, e são utilizados para isolar compostos carregados, seja na forma de ânions ou de cátions.

Uma importante vantagem das colunas é que elas são muito mais fáceis e convenientes de utilizar em comparação com a cromatografia em coluna tradicional ou a extração líquido-líquido. Contudo, podem existir outras vantagens que são benéficas para o meio ambiente, e seu uso é um bom exemplo de química verde (veja o Ensaio 15: "Química Verde"). Essas vantagens incluem o uso de solventes mais ambientalmente corretos, maior recuperação, eliminação de emulsões, enorme redução no uso de solventes e diminuição da geração de resíduos tóxicos.

Um bom exemplo do uso de colunas SPE para a realização de uma tarefa que normalmente é efetuada pela extração líquido-líquido consiste no isolamento da cafeína do chá ou do café. Nessa aplicação, é utilizada uma coluna C_{18}. À medida que o chá ou o café escoam através da coluna, a cafeína é atraída para o sorvente, e as impurezas polares são removidas com a água. Então, o acetato de etila é utilizado para remover a cafeína da coluna. O arranjo experimental é mostrado na Figura 12.15. A coluna[2] SPE é conectada ao Kitasato utilizando dois adaptadores de neoprene (tamanhos n° 1 e n° 2). O Kitasato é conectado a uma linha de vácuo ou a uma trompa de água, a fim de proporcionar o vácuo. Depois de cada etapa, os solventes com impurezas ou com o produto desejado são passados através da coluna para o Kitasato, utilizando o vácuo.

As etapas a seguir são utilizadas com um tubo SPE para remover cafeína do chá ou do café (veja a Figura 12.16):

A. Condicione a coluna C_{18}, de sílica de fase reversa, fazendo passar metanol e água pelo tubo.
B. Aplique a amostra de bebida cafeinada à coluna.
C. Lave com água as impurezas polares da coluna.
D. Faça a eluição da cafeína do tubo, com acetato de etila.

Ainda que o procedimento mostrado na Figura 12.16 tenha sido aplicado no isolamento da cafeína, o esquema geral pode ser utilizado em qualquer aplicação na qual se queira separar substâncias polares, como a água, de uma substância relativamente apolar. Inúmeras aplicações são encontradas no campo da medicina, nas quais a análise dos fluidos corporais é importante.

[2] Esta é uma coluna SPE Strata, disponível a partir de Phenomenex, 411 Madrid Ave, Torrance, CA; 90501-1430; telefone: (310) 212-0555. Número de série: 8B-S001-JCH-S, Strata C-18-E; 1,000 mg de sorvente / tubo de 6 mL.

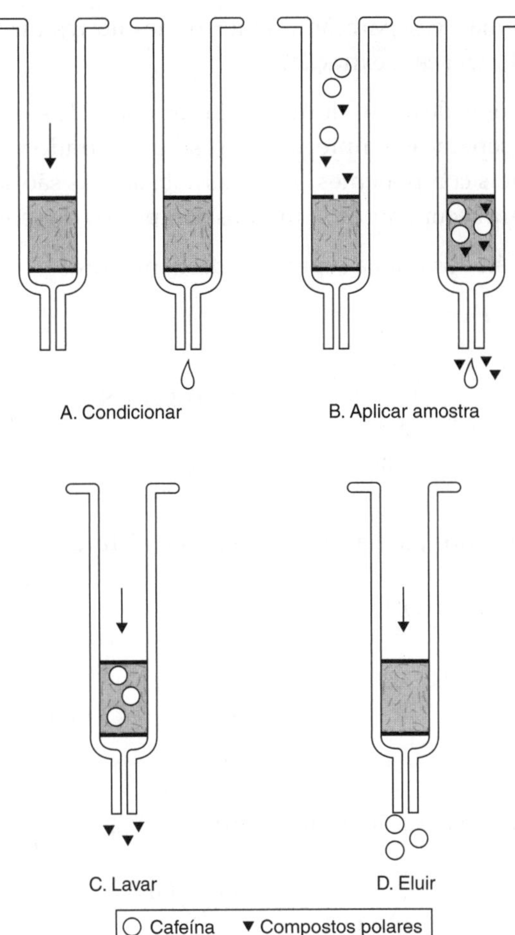

FIGURA 12.16 ■ Etapas necessárias para remover a cafeína do chá ou do café.

Existem muitas outras diferentes aplicações nas quais as colunas de SPE podem ser utilizadas. Ao modificarmos a sílica com reagentes químicos específicos, novos compostos podem ser preparados em colunas de SPE. Por exemplo, reações de oxidação podem ser realizadas misturando-se a sílica com os agentes oxidantes apropriados. Também é possível conduzir reações de condensação aldólica em colunas de SPE. Em outro tipo de aplicação, a SPE foi adotada como uma alternativa para a extração líquido–líquido.

■ PROBLEMAS ■

1. Suponha que um soluto A tenha um coeficiente de distribuição de 1,0 entre a água e o éter dietílico. Demonstre que se 100 mL de uma solução de 5,0 g de A em água forem extraídos com duas porções de 25 mL de éter, uma quantidade menor de A permanecerá na água do que se a solução for extraída com uma porção de 50 mL de éter.

2. Escreva uma equação para mostrar como é possível recuperar os compostos originais de seus respectivos sais (1, 2 e 4), mostrados na Figura 12.11.

3. Ácido clorídrico aquoso foi utilizado *depois* das extrações com bicarbonato de sódio e com hidróxido de sódio, no esquema de separação mostrado na Figura 12.11. É possível utilizar esse reagente

anteriormente no esquema de separação e obter o mesmo resultado global? Em caso positivo, explique onde você realizaria essa extração.

4. Utilizando soluções aquosas de ácido clorídrico, bicarbonato de sódio ou hidróxido de sódio, proponha um esquema de separação empregando o estilo mostrado na Figura 12.11 para separar as seguintes misturas de dois componentes. Todas as substâncias são solúveis em éter. Indique também como você faria para recuperar cada um dos compostos de seus respectivos sais.

   a. Dê dois diferentes métodos para a separação desta mistura.

OH Br Br

$(CH_3CH_2CH_2CH_2)_3N$

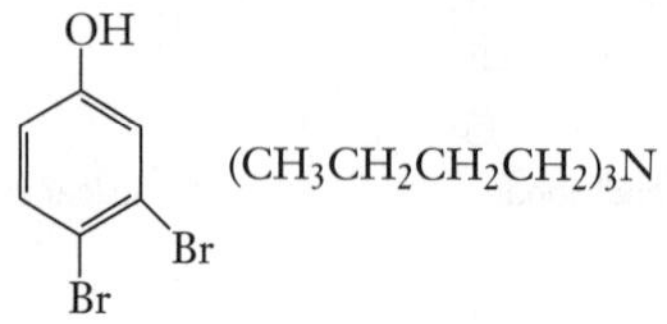

   b. Dê dois diferentes métodos para a separação desta mistura.

O OH C

$CH_3CH_2CH_2CH_2CH_2CH_2OH$

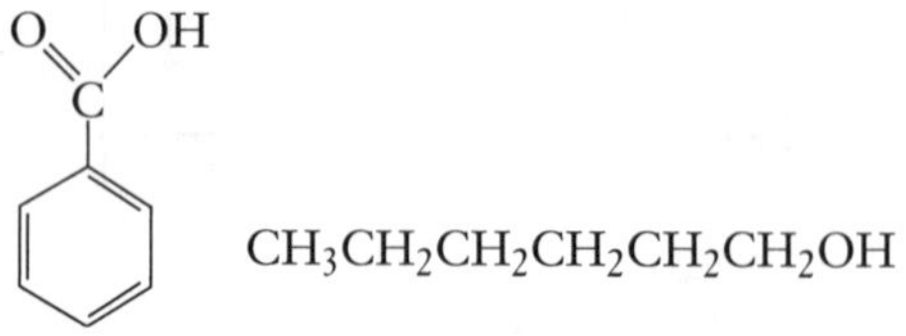

   c. Cite um método para a separação desta mistura.

OH Br Br

O OH C

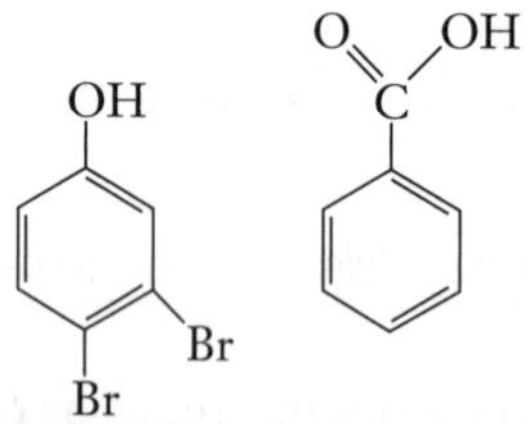

5. Solventes diferentes dos relacionados na Tabela 12.1 podem ser utilizados para extrações. Determine as posições relativas da fase orgânica e da fase aquosa em um frasco cônico ou funil de separação depois de agitar cada um dos seguintes solventes com uma fase aquosa. Encontre as densidades para cada um desses solventes em um manual (veja a Técnica 4).

   a. 1,1,1-Tricloroetano
   b. Hexano

6. Um aluno prepara benzoato de etila pela reação de ácido benzoico com etanol utilizando um catalisador de ácido sulfúrico. Os seguintes compostos são encontrados na mistura bruta de reação: benzoato de etila (principal componente), ácido benzoico, etanol e ácido sulfúrico. Utilizando um manual, obtenha as propriedades de solubilidade para cada um desses compostos (veja a Técnica 4). Indique como você faria para remover o ácido benzoico, etanol e ácido sulfúrico do benzoato de etila. Em algum ponto na purificação, seria preciso também utilizar uma solução aquosa de bicarbonato de sódio.

7. Calcule a massa de água que poderia ser removida de uma fase orgânica úmida utilizando-se 50,0 mg de sulfato de magnésio. Suponha que o produto seja o hidrato relacionado na Tabela 12.2.

8. Explique exatamente como você aplicaria as seguintes instruções de laboratório:
   a. "Lave a fase orgânica com 5,0 mL de 1 *M* de bicarbonato de sódio aquoso."
   b. "Extraia a fase aquosa três vezes com porções de 2 mL de cloreto de metileno."

9. Pouco antes da secagem de uma fase orgânica com um agente secante, você nota gotículas de água na fase orgânica. O que é preciso fazer em seguida?

10. O que você faria se tivesse alguma dúvida sobre qual camada é a orgânica, durante um procedimento de extração?

11. Adiciona-se cloreto de sódio aquoso saturado (d = 1,2 g/mL) às seguintes misturas, a fim de secar a fase orgânica. Qual camada provavelmente está no fundo, em cada um dos casos?
   a. Uma camada de cloreto de sódio ou uma camada contendo um composto orgânico de alta densidade dissolvido em cloreto de metileno (d = 1,4 g/mL)
   b. Uma camada de cloreto de sódio ou uma camada contendo um composto orgânico de baixa densidade dissolvido em cloreto de metileno (d = 1,1 g/mL)

Técnica 13

Constantes físicas de líquidos: o ponto de ebulição e a densidade

PARTE A. PONTOS DE EBULICÃO E CORREÇÃO DE TERMÔMETRO

13.1 O ponto de ebulição

À medida que um líquido é aquecido, sua pressão de vapor aumenta até o ponto no qual se iguala exatamente à pressão aplicada (geralmente, a pressão atmosférica). Nesse ponto, observa-se que o líquido começa a ferver. O ponto de ebulição normal é medido a 760 mmHg (760 torr) ou 1 atm. Sob menor pressão aplicada, a pressão de vapor necessária para ebulição também diminui, e o líquido ferve a uma temperatura mais baixa. A relação entre a pressão aplicada e a temperatura de ebulição para um líquido é determinada por seu comportamento de pressão de vapor–temperatura. A Figura 13.1 é uma idealização do típico comportamento de pressão de vapor–temperatura, apresentado por líquido.

Como o ponto de ebulição é sensível à pressão, é importante registrar a pressão barométrica no momento em que se determina o ponto de ebulição, caso a determinação esteja sendo conduzida a uma altitude significativamente acima ou abaixo do nível do mar. Variações atmosféricas normais podem afetar o ponto de ebulição, mas, em geral, elas são de menor importância. Contudo, se um ponto de ebulição estiver sendo monitorado durante o curso de uma destilação a vácuo (Técnica 16), que está sendo feita com um aspirador ou uma bomba a vácuo, a variação em relação ao valor atmosférico será especialmente acentuada. Nesses casos, é muito importante saber, com a maior precisão possível, qual é a pressão.

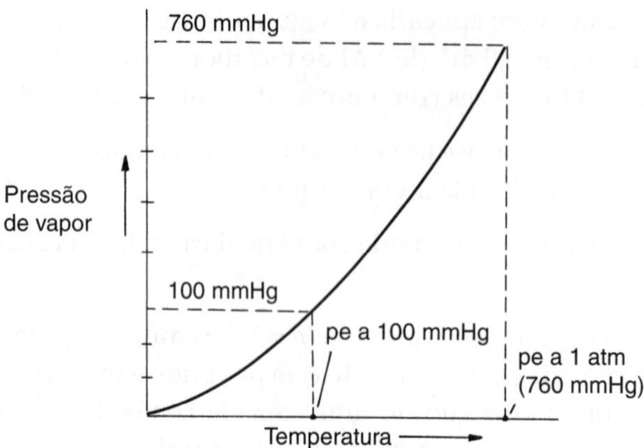

FIGURA 13.1 ■ A curva de pressão de vapor–temperatura para um líquido típico.

Como regra básica, o ponto de ebulição de muitos líquidos cai aproximadamente 0,5 °C para uma diminuição de 10 mm na pressão, quando próximo de 760 mmHg. Sob pressões menores, observa-se uma queda de 10 °C no ponto de ebulição cada vez que a pressão é reduzida pela metade. Por exemplo, se o ponto de ebulição observado para um líquido for 150 °C à pressão de 10 mm, então o ponto de ebulição será de cerca de 140 °C a 5 mmHg.

Uma estimativa mais precisa da alteração no ponto de ebulição mediante uma alteração da pressão pode ser feita utilizando-se um nomógrafo. Na Figura 13.2, é apresentado um nomógrafo, junto com a descrição de um método para utilizá-lo, a fim de obter os pontos de ebulição em diversas pressões quando o ponto de ebulição for conhecido em outra pressão.

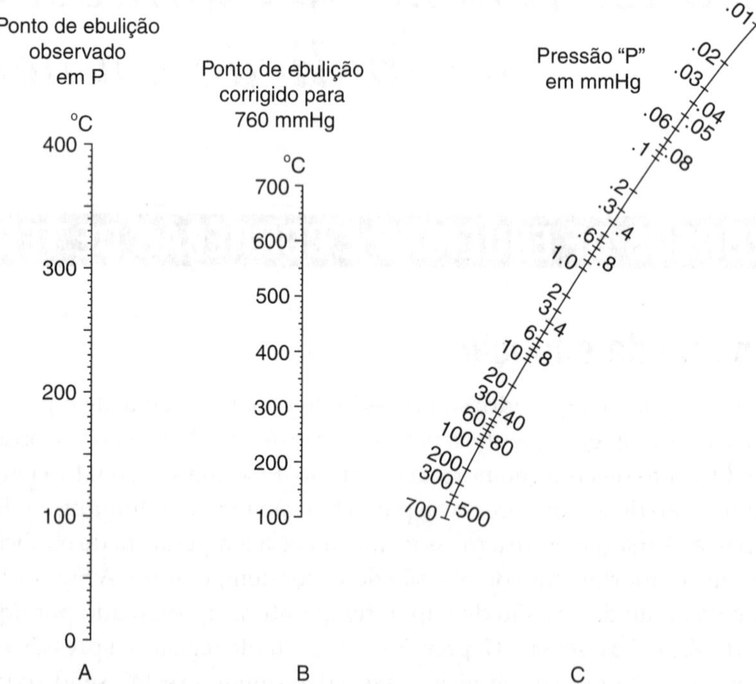

FIGURA 13.2 ■ Nomógrafo do alinhamento da pressão–temperatura. Como utilizar o nomógrafo: considere um ponto de ebulição registrado de 100 °C (coluna A) a 1 mmHg. Para determinar o ponto de ebulição a 18 mmHg, conecte 100 °C (coluna A) a 1 mmHg (coluna C) com uma régua de plástico transparente e observe onde essa linha intersecta a coluna B (por volta de 280 °C). Esse valor será correspondente ao ponto de ebulição normal. Em seguida, conecte 280 °C (coluna B) a 18 mmHg (coluna C) e verifique onde este intersecta a coluna A (151 °C). O ponto de ebulição aproximado será de 151 °C a 18 mmHg. (Reimpresso por cortesia da EMD Chemicals, Inc.)

13.2 Determinação do ponto de ebulição – métodos em macroescala

Dois métodos experimentais para determinar pontos de ebulição são de fácil realização. Quando houver grandes quantidades de material, você pode simplesmente registrar o ponto de ebulição (ou intervalo de ebulição) do modo como ele é observado em um termômetro enquanto realiza uma destilação simples (veja a Técnica 14).

Como alternativa, você pode utilizar um método direto, mostrado na Figura 13.3. Nesse método, o bulbo do termômetro pode ser imerso no vapor do líquido em ebulição por um período suficientemente longo para permitir que se equilibre e apresente uma boa leitura da temperatura. Um tubo de ensaio de 13 mm × 100 mm funciona bem nesse procedimento. Utilize de 0,3 a 0,5 mL de líquido e uma pequena pedra de ebulição, de carborundo inerte (preto). Conforme a Seção 13.4, esse procedimento tem melhor resultado com um termômetro de mercúrio de imersão parcial (76 mm). Não é necessário realizar uma correção de coluna emersa[1] com esse tipo de termômetro. O método também funciona bem com uma sonda de temperatura e uma interface com um computador (veja a Seção 13.5).

Coloque o bulbo do termômetro o mais perto possível do líquido em ebulição, mas sem tocá-lo. O melhor dispositivo de aquecimento é uma placa de aquecimento com um bloco de alumínio ou um banho de areia.[2]

Enquanto estiver aquecendo o líquido, é útil registrar a temperatura em intervalos de um minuto, pois isso facilita manter o controle das alterações na temperatura e saber quando se atingiu o ponto de ebulição. O líquido deve ferver vigorosamente, de modo que você veja um anel de refluxo acima do bulbo do termômetro e gotas de líquido se condensando nas laterais do tubo de ensaio. Note que, com alguns líquidos, o anel de refluxo será muito tênue, sendo preciso olhar bem de perto para conseguir vê-lo. O ponto de ebulição é atingido quando a leitura da temperatura no termômetro permanecer constante em seu maior valor observado, durante dois a três minutos. Em geral, é melhor regular o controle de temperatura na placa de aquecimento para um valor relativamente alto, no início, especialmente se

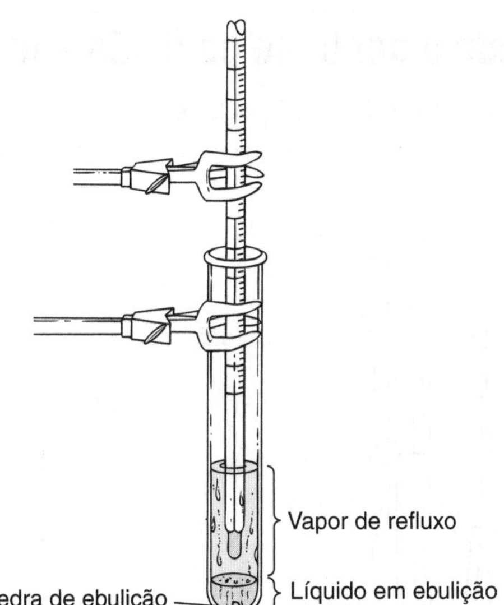

FIGURA 13.3 ■ Método em macroescala para se determinar o ponto de ebulição.

[1] N. do RT.: A correção da coluna emersa de um termômetro refere-se à correção necessária quando um termômetro de imersão é usado em uma situação na qual não é possível inseri-lo totalmente no líquido cuja temperatura está sendo determinada.

[2] Nota para o instrutor: O bloco de alumínio deve ter um orifício perfurado que o *atravesse completamente* e seja ligeiramente maior que o diâmetro externo do tubo de ensaio. Um banho de areia pode ser convenientemente preparado adicionando-se 40 mL de areia a um béquer de 150 mL ou utilizando uma manta de aquecimento parcialmente preenchida com areia. Para verificar mais comentários sobre esses métodos de aquecimento, consulte o Experiment 7 do *Instructor's manual*, "Infrared Spectroscopy and Boiling-Point Determination", disponível em inglês em www.cengage.com.br.

você estiver começando com uma placa de aquecimento ainda fria e um bloco de alumínio ou banho de areia. Caso a temperatura comece a se estabilizar ainda relativamente baixa (abaixo de 100 °C) ou se o anel de refluxo atingir o anel de imersão no termômetro, diminua o nível do controle de temperatura imediatamente.

Dois problemas podem ocorrer na realização desse procedimento para o ponto de ebulição. O primeiro é muito mais comum e ocorre quando a temperatura parece estar se estabilizando abaixo do ponto de ebulição do líquido. É mais provável que isso aconteça com um líquido com ponto de ebulição relativamente alto (pontos de ebulição maiores do que aproximadamente 150 °C) ou quando a amostra não tiver sido suficientemente aquecida. A melhor maneira de evitar o problema é aquecer mais a amostra. Com líquidos de alto ponto de ebulição, talvez seja melhor esperar até que a temperatura permaneça constante por três a quatro minutos, para garantir que se atingiu o ponto de ebulição real.

O segundo problema, que é raro, ocorre quando o líquido se evapora completamente e a temperatura dentro do tubo de ensaio seco pode aumentar além do real ponto de ebulição do líquido. É mais provável que isso aconteça com um líquido com baixo ponto de ebulição (ponto de ebulição menor que 100 °C) ou se a temperatura na placa de aquecimento se mantiver muito quente, por tempo demais. Para verificar essa possibilidade, observe a quantidade de líquido restante no tubo de ensaio assim que terminar o procedimento. Se não houver nenhum líquido restante, é possível que a temperatura mais elevada que você observou seja maior que o ponto de ebulição do líquido. Nesse caso, é necessário repetir a determinação, aquecendo menos a amostra ou utilizando menor quantidade da amostra.

Dependendo da habilidade da pessoa para desenvolver essa técnica, os pontos de ebulição podem ser um pouco imprecisos. Quando pontos de ebulição experimentais são imprecisos, é mais comum que estes sejam menores que o valor especificado na literatura, e é mais provável que essas imprecisões ocorram para líquidos com ponto de ebulição maior, com os quais a diferença pode ser de até 5 °C. Seguindo cuidadosamente as instruções anteriores, é mais provável que seu valor fique mais próximo que aquele definido na literatura.

13.3 Determinando o ponto de ebulição – métodos em microescala

Com menores quantidades de material, você pode realizar uma determinação do ponto de ebulição em microescala ou semimicroescala, utilizando o aparelho mostrado na Figura 13.4.

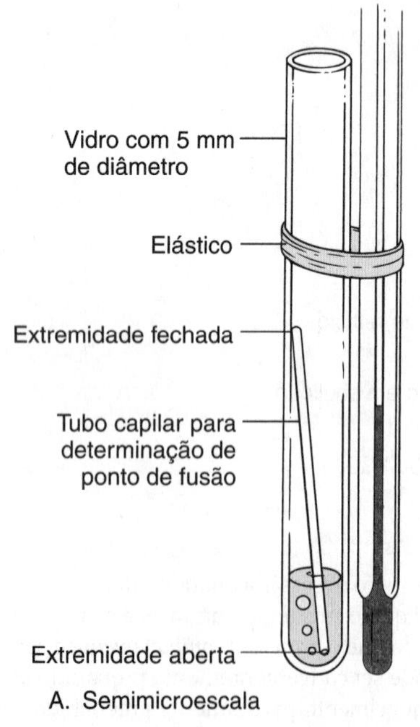

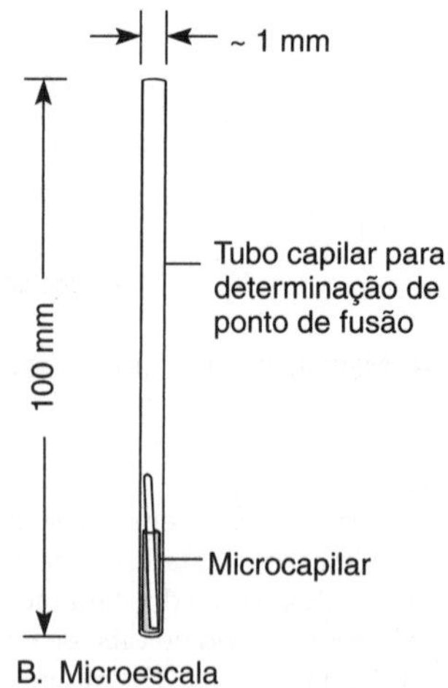

FIGURA 13.4 ■ Determinação dos pontos de ebulição.

Método em semimicroescala. Para efetuar a determinação em semimicroescala, conecte um tubo de vidro de 5 mm (vedado em uma extremidade) a um termômetro, utilizando um elástico ou uma fina tira de borracha. O líquido cujo ponto de ebulição está sendo determinado é introduzido com uma pipeta Pasteur nesse pedaço de tubo, e um pequeno pedaço de tubo capilar para determinação de ponto de fusão (vedado em uma extremidade) é inserido com a extremidade aberta voltada para baixo. A unidade completa é colocada em um tubo de Thiele. O elástico deverá ser colocado acima do nível do óleo no tubo de Thiele; do contrário, ele pode amolecer no óleo quente. Ao posicionar o elástico, tenha em mente que o óleo se expandirá ao ser aquecido. Em seguida, o tubo de Thiele é aquecido do mesmo modo descrito na Técnica 9, Seção 9.6, para a determinação de um ponto de fusão. O aquecimento deve continuar até que um rápido e contínuo fluxo de bolhas surja do tubo capilar invertido. Nesse ponto, o aquecimento deve ser interrompido. Pouco depois, o fluxo de bolhas é reduzido e, então, cessa. Quando isso ocorre, o líquido entra no tubo capilar. O momento no qual o líquido entra no tubo capilar corresponde ao ponto de ebulição do líquido, e a temperatura é registrada.

Método em microescala. Nos experimentos em microescala, frequentemente, existe muito pouco produto disponível para poder utilizar o método em semimicroescala, que acaba de ser descrito. Contudo, o método pode ser reduzido da seguinte maneira. O líquido é colocado em um tubo capilar de ponto de fusão, de 1 mm, a uma profundidade de cerca de 4 a 6 mm. Utilize uma seringa ou uma pipeta Pasteur de ponta mais fina para transferir o líquido para o tubo capilar. Talvez, seja preciso utilizar uma centrífuga para transferir o líquido para o fundo do tubo. Em seguida, prepare um capilar invertido, de tamanho apropriado, ou um **microcapilar**.

A maneira mais fácil de preparar um microcapilar é utilizar uma micropipeta comercial, por exemplo, um "microcap" de 10 μL da Drummond. Esses microcapilares podem ser adquiridos em frascos contendo 50 ou 100 unidades e são muito baratos. Para preparar um microcapilar invertido, corte um microcapilar ao meio, utilizando uma lima ou cortador de vidro e então vede uma extremidade aberta colocando-a em uma chama, girando-a em seu eixo até que a abertura se feche.

Se não houver microcapilares disponíveis, um tubo capilar de extremidade aberta, de 1 mm (do mesmo tamanho de um capilar de ponto de fusão), pode ser girado em torno de seu eixo, em uma chama, enquanto é mantido na horizontal. Utilize os dedos para girar o tubo; ao girar, não altere a distância entre as mãos. Quando o tubo estiver amolecido, retire-o da chama e puxe-o até obter um diâmetro menor. Ao puxá-lo, mantenha o tubo reto *movendo ambas as mãos e os cotovelos para fora* cerca de 10 cm. Segure o tubo durante alguns instantes, até que ele esfrie. Utilizando a ponta de uma lima ou sua unha, quebre a parte central, mais fina. Vede uma extremidade da parte fina na chama; em seguida, quebre-a de modo que tenha cerca de uma vez e meia a altura de sua amostra líquida (de 6 a 9 mm). Certifique-se de que a ruptura fique reta. Inverta o microcapilar (com a extremidade aberta para baixo) e coloque-a no tubo capilar contendo a amostra líquida. Empurre-a para o fundo com um fio de cobre fino, se ele aderir à lateral do tubo capilar. Se preferir, pode utilizar uma centrífuga. A Figura 13.5 mostra o método de confecção do microcapilar e também a montagem final.

Coloque o conjunto de microescala em um aparelho de ponto de fusão padrão (ou um tubo de Thiele, se não houver um aparelho elétrico disponível) para determinar o ponto de ebulição. O aquecimento deve continuar até que um rápido e contínuo fluxo de bolhas surja do capilar invertido. Nesse momento, interrompa o aquecimento. Logo, o fluxo de bolhas diminui e cessa. Quando isso ocorre, o líquido entra no tubo capilar. O momento no qual o líquido entra no tubo capilar corresponde ao ponto de ebulição do líquido, e a temperatura é registrada.

Explicação do método. Durante o aquecimento inicial, o ar retido no microcapilar invertido se expande e sai do tubo, dando origem a uma corrente de bolhas. Quando o líquido começa a ferver, a maior parte do ar já foi expelida; as bolhas de gás se devem à ebulição do líquido. Quando o aquecimento é interrompido, a maior parte da pressão de vapor restante no microcapilar vem do vapor do líquido aquecido que sela sua extremidade aberta. Sempre existe vapor em equilíbrio com um líquido aquecido. Se a

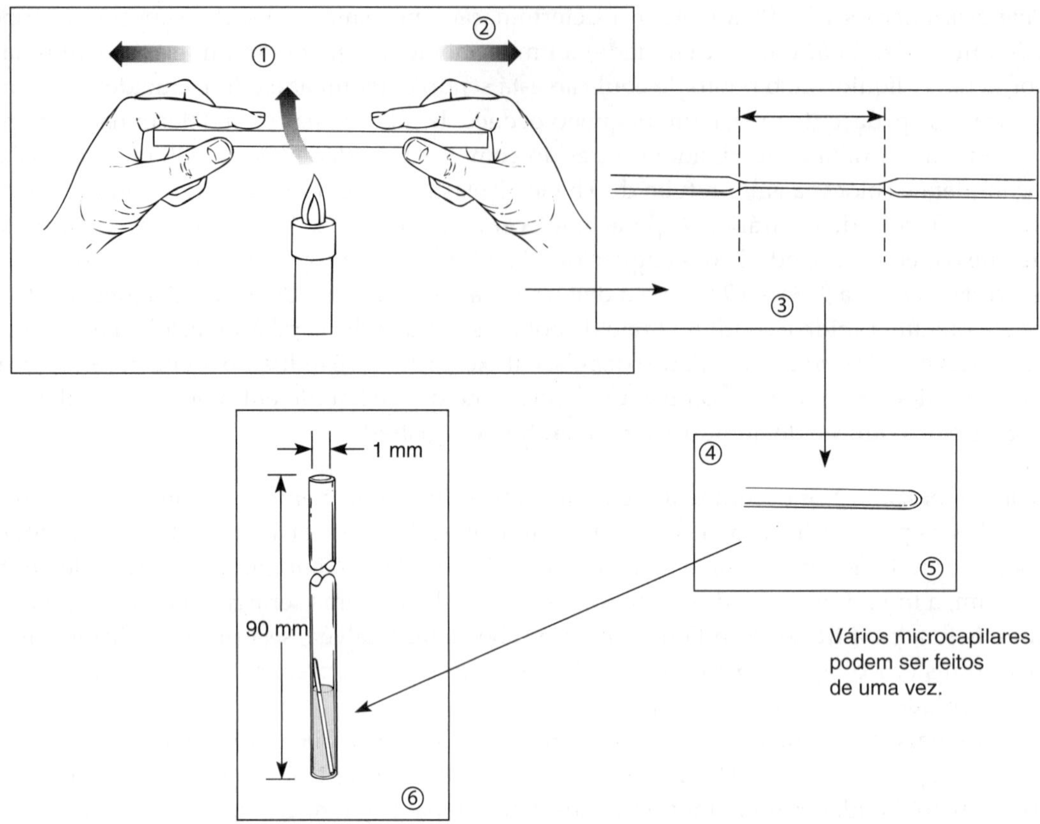

1. Gire o tubo na chama até que ele amoleça.
2. Retire-o da chama e puxe-o.
3. Quebre a parte que foi puxada.
4. Vede uma extremidade.
5. Quebre no sentido do comprimento.
6. Coloque o microcapilar no tubo.

FIGURA 13.5 ■ A construção de um sino microcapilar para a determinação do ponto de ebulição, em microescala.

temperatura do líquido estiver acima de seu ponto de ebulição, a pressão do vapor retido será maior ou igual à pressão atmosférica. À medida que o líquido resfria, sua pressão de vapor diminui. Quando a pressão de vapor cai até logo abaixo da pressão atmosférica (logo abaixo do ponto de ebulição), o líquido é forçado a penetrar no tubo capilar.

Dificuldades. Três problemas são comuns a esse método. O primeiro surge quando o líquido é aquecido a tal ponto que se evapora ou ferva. O segundo problema ocorre quando o líquido não é aquecido além de seu ponto de ebulição antes de o aquecimento ser interrompido. Se o aquecimento for interrompido a qualquer ponto abaixo do real ponto de ebulição da amostra, o líquido entrará no microcapilar *imediatamente,* indicando um ponto de ebulição aparente muito baixo. Certifique-se de observar um fluxo contínuo de bolhas, rápido demais para que as bolhas possam ser distinguidas individualmente, antes de diminuir a temperatura. Não se esqueça também de que o borbulhamento diminui lentamente antes de o líquido entrar no microcapilar. Caso seu aparelho de ponto de fusão tenha um controle suficientemente preciso e rápida resposta, você pode, efetivamente, começar o aquecimento novamente e forçar o líquido para fora do microcapilar antes que ele seja completamente preenchido com o líquido. Isso permite que uma segunda determinação seja realizada com a mesma amostra. O terceiro problema é que o microcapilar pode ser tão leve que a ação de borbulhar do líquido faz com que ele se mova para cima no tubo capilar. Algumas vezes, o problema pode ser resolvido utilizando-se um microcapilar maior (mais pesado) ou vedando-o de modo que uma quantidade maior de vidro sólido seja formada na sua extremidade vedada.

Ao medirmos temperaturas acima de 150 °C, os erros no termômetro podem se tornar significativos. Para obter um ponto de ebulição preciso de um líquido apresentando alto ponto de ebulição, talvez você queira aplicar uma *correção de coluna emersa* ao termômetro, conforme descreve a Seção 13.4, ou, então, calibrar o termômetro, de acordo com o que demonstra a Técnica 9, Seção 9.9.

13.4 Termômetros e correções de coluna emersa

Três tipos de termômetros estão disponíveis: imersão de bulbo, imersão parcial (imersão de haste) e imersão total. Termômetros de imersão de bulbo são calibrados pelo fabricante, a fim de proporcionar leituras de temperatura corretas somente quando o bulbo (não o restante do termômetro) é colocado no meio a ser medido. Termômetros de imersão parcial são calibrados para possibilitar leituras de temperatura corretas quando são imersos a uma profundidade específica no meio a ser medido. Termômetros de imersão parcial são facilmente reconhecidos porque o fabricante sempre grava uma marca, ou anel de imersão, em torno da haste, na profundidade de imersão especificada. O anel de imersão normalmente é encontrado abaixo de qualquer uma das calibrações de temperatura. Os termômetros de imersão total são calibrados quando o termômetro inteiro é imerso no meio a ser medido. Os três tipos de termômetros geralmente são marcados na parte de trás (do lado oposto das calibrações) pelas palavras *bulbo, imersão* ou *total,* mas esse detalhe pode variar de um fabricante para outro.

A determinação do ponto de ebulição e a destilação são duas técnicas nas quais uma leitura de temperatura precisa pode ser obtida mais facilmente com um termômetro de imersão parcial. Um comprimento de imersão comum para esse tipo de termômetro é 76 mm. Esse comprimento funciona bem para essas duas técnicas porque os vapores quentes provavelmente vão cercar a parte inferior do termômetro até um ponto bastante próximo da linha de imersão. Se for utilizado um termômetro de imersão total nessas aplicações, uma correção de coluna emersa, que será descrita posteriormente, deverá ser aplicada para se obter uma leitura precisa da temperatura.

O líquido utilizado em termômetros pode ser mercúrio ou um líquido orgânico colorido, como um álcool. Uma vez que o mercúrio é altamente venenoso e difícil de ser recolhido totalmente quando um termômetro é quebrado, atualmente, muitos laboratórios utilizam termômetros que não são de mercúrio. Quando é necessário obter uma leitura de temperatura altamente precisa, como uma determinação do ponto de ebulição ou algumas destilações, termômetros de mercúrio podem apresentar uma vantagem em relação aos termômetros com outros líquidos, por dois motivos. O mercúrio tem um coeficiente de expansão menor que os outros líquidos utilizados em termômetros. Portanto, um termômetro de mercúrio de imersão parcial proporcionará uma leitura mais precisa quando não estiver imerso nos vapores quentes até exatamente a linha de imersão. Em outras palavras, o termômetro de mercúrio é mais tolerante. Além disso, como o mercúrio é melhor condutor de calor, um termômetro de mercúrio responderá mais rapidamente às variações na temperatura dos vapores quentes. Se a temperatura for lida antes de a leitura do termômetro ter se estabilizado, o que é mais provável ocorrer com um termômetro que não é de mercúrio, a leitura de temperatura será inexata.

Os fabricantes projetam termômetros de imersão total para fazer leituras corretas somente quando são totalmente imersos no meio a ser medido. Toda a coluna de mercúrio deve ser coberta. Uma vez que essa situação é rara, uma **correção de coluna emersa** deverá ser adicionada à temperatura observada. Essa correção, que é positiva, pode ser bastante grande ao se medir temperaturas. Tenha em mente que se o termômetro tiver sido calibrado para seu uso pretendido (como descreve a Técnica 9, Seção 9.9, para um aparelho de ponto de fusão), uma correção de coluna emersa não é necessária para qualquer temperatura dentro dos limites de calibração. É mais provável que queira realizar uma correção de coluna emersa quando estiver efetuando uma destilação. Se tiver determinado um ponto de fusão ou ponto de ebulição utilizando um termômetro de imersão total, não calibrado, também pode optar por aplicar uma correção de coluna emersa.

Ao fazer uma correção de coluna emersa para um termômetro de imersão total, pode ser utilizada a seguinte fórmula, que é baseada no fato de que a parte da coluna de mercúrio na haste é mais fria que a parte imersa no vapor ou a área aquecida ao redor do termômetro. O mercúrio não se expandirá tanto na haste fria quando na seção aquecida do termômetro. A equação utilizada é

$$(0{,}000154)\ (T - t_1)(T - t_2) = \text{correção que deve ser adicionada ao valor observado de } T$$

1. O fator 0,000154 é uma constante, o coeficiente de expansão para o mercúrio no termômetro.
2. O termo $T - t_1$ corresponde ao comprimento do segmento de mercúrio que não está imerso na área aquecida. Utilize a escala de temperatura no termômetro, propriamente dita, para essa medição, em vez de empregar uma unidade real de comprimento. T é a temperatura observada, e t_1 é o local *aproximado* onde a parte aquecida da haste termina e a parte mais fria começa.
3. O termo $T - t_2$ corresponde à diferença entre a temperatura do mercúrio no vapor T e a temperatura do mercúrio no ar externamente à área aquecida (temperatura ambiente). O termo T é a temperatura observada, e t_2 é determinada segurando-se outro termômetro, de modo que o bulbo esteja perto da haste do termômetro principal.

A Figura 13.6 mostra como aplicar esse método para uma destilação. Pela fórmula que acaba de ser apresentada, pode-se mostrar que temperaturas elevadas vão, mais provavelmente, exigir uma correção de coluna emersa e que baixas temperaturas não precisam ser corrigidas. Os seguintes cálculos amostrais ilustram esse aspecto.

Exemplo 1	Exemplo 2
T = 200 °C	T = 100 °C
t_1 = 0 °C	t_1 = 0 °C
t_2 = 35 °C	t_2 = 35 °C
(0,000154)(200)(165) = correção de coluna emersa de 5,1 °C	(0,000154)(100)(165) = correção de coluna emersa de 1,0 °C
200 °C + 5 °C = 205 °C temperatura corrigida	100 °C + 1 °C = 101 °C temperatura corrigida

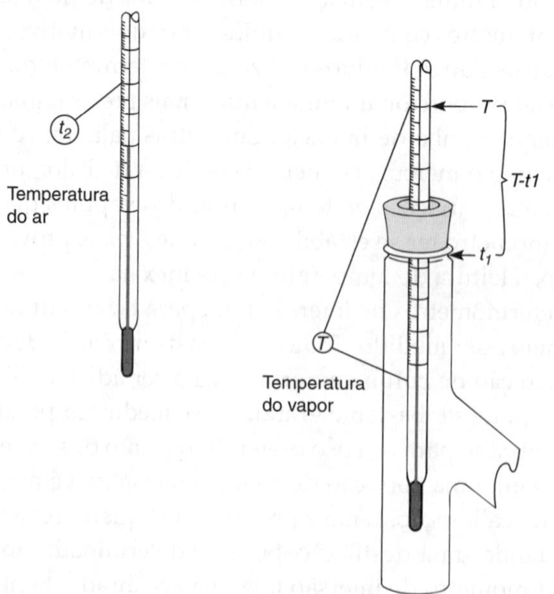

FIGURA 13.6 ■ Medição de uma correção de coluna emersa de termômetro durante a destilação.

13.5 Interface de computador e sonda de temperatura

Em vez de utilizar um termômetro para determinar um ponto de ebulição ou para monitorar a temperatura durante a destilação, é possível recorrer a uma interface Vernier LabPro com uma sonda de temperatura feita de aço inoxidável e um computador laptop. Esse sistema oferece um modo muito preciso de medir a temperatura. Os dados (temperatura *versus* tempo) são mostrados no monitor enquanto estão sendo coletados. Ao realizar a determinação do ponto de ebulição, a apresentação visual da temperatura torna fácil saber quando a temperatura máxima (o ponto de ebulição) foi atingida. Quando uma sonda de temperatura é utilizada com o método em macroescala de determinação do ponto de ebulição (veja a Seção 13.2), geralmente, o ponto de ebulição pode ser determinado com um intervalo de mais ou menos 2 °C em relação ao valor estabelecido na literatura. A possibilidade de verificar um gráfico da temperatura *versus* tempo enquanto efetua uma destilação dá aos alunos melhor percepção de quando os diferentes líquidos estão destilando.

As sondas de temperatura (ou termopares) funcionam somente em determinado intervalo de temperatura. Desse modo, é importante selecionar uma sonda que tenha uma temperatura máxima que seja um pouco maior que os pontos de ebulição dos líquidos com os quais você está trabalhando. Consulte o *Instructor's Manual*, Experiment 6, Simple and Fractional Distillation, disponível (em inglês) no *site* da editora em www.cengage.com.br, para obter informações mais específicas sobre selecionar uma sonda de temperatura apropriada.

PARTE B. DENSIDADE

13.6 Densidade

A densidade é definida como massa por unidade de volume e em geral é expressa em unidades de gramas por mililitro (g/mL) para um líquido, e em gramas por centímetro cúbico (g/cm^3) para um sólido.

$$\text{Densidade} = \frac{\text{massa}}{\text{volume}} \quad \text{ou} \quad D = \frac{M}{V}$$

Na química orgânica, a densidade é mais comumente utilizada na conversão da massa do líquido para um volume correspondente, ou vice-versa. Frequentemente, é mais fácil medir o volume de um líquido do que determinar sua massa. Como propriedade física, a densidade também é útil para identificar líquidos, de modo semelhante ao que os pontos de ebulição são utilizados.

Embora já tenham sido desenvolvidos métodos precisos, que permitem a determinação das densidades dos líquidos em microescala, geralmente eles são difíceis de serem realizados. Um método aproximado para a determinação de densidades pode ser encontrado na utilização de uma pipeta automática de 100 μL (0,100 mL), de acordo com a Técnica 5, Seção 5.6. Limpe, seque e faça a pesagem prévia de um ou mais frascos cônicos (incluindo suas tampas e respectivos forros), e registre suas massas. Ao manipular esses frascos, utilize algum tecido para evitar deixar suas impressões digitais marcadas neles. Ajuste a pipeta automática para a capacidade de 100 μL e coloque uma ponteira nova e limpa. Utilize a pipeta para transferir 100 μL do líquido desconhecido para cada um dos frascos que foram pesados. Tampe-os, de modo que o líquido não se evapore. Refaça a pesagem dos frascos e utilize a massa dos 100 μL de líquido transferido para calcular a densidade em cada caso. Recomenda-se que sejam efetuadas de três a cinco determinações, que os cálculos sejam feitos com três algarismos significativos e que se obtenha uma média dos cálculos realizados, para se chegar ao resultado final. Essa determinação da densidade terá precisão até dois algarismos significativos. A Tabela 13.1 compara alguns valores mencionados na literatura com aqueles que podem ser obtidos por esse método.

TABELA 13.1 ■ Densidades determinadas pelo método da pipeta automática (g/mL)

Substância	PE	Literatura	100 μL
Água	100	1,000	1,01
Hexano	69	0,660	0,66
Acetona	56	0,788	0,77
Diclorometano	40	1,330	1,27
Éter dietílico	35	0,713	0,67

■ PROBLEMAS ■

1. Utilizando o gráfico de alinhamento pressão–temperatura, na Figura 13.2, responda às seguintes questões.
   a. Qual é o ponto de ebulição normal (a 760 mmHg) para um composto que ferve a 150 °C, a uma pressão de 10 mmHg?
   b. A que temperatura o composto em (a) entraria em ebulição, se a pressão fosse de 40 mmHg?
   c. Um composto foi destilado à pressão atmosférica e teve um ponto de ebulição de 285 °C. Qual seria o intervalo de ebulição aproximado para esse composto a 15 mmHg?
2. Calcule o ponto de ebulição corrigido para o nitrobenzeno utilizando o método apresentado na Seção 13.4. O ponto de ebulição foi determinado empregando-se um aparelho semelhante ao mostrado na Figura 13.3. Considere que foi utilizado um termômetro de imersão. O ponto de ebulição observado foi de 205 °C. O anel de refluxo no tubo de ensaio atingiu a marca correspondente a 0 °C, no termômetro. Um segundo termômetro suspenso, ao lado do tubo de ensaio, em um nível um pouco mais elevado do que o interno, apresentou leitura de 35 °C.
3. Suponha que você tenha calibrado o termômetro em seu aparelho de ponto de fusão em relação a uma série de padrões de ponto de fusão. Depois de ler a temperatura e de convertê-la utilizando o gráfico de calibração, também é preciso aplicar a correção de coluna emersa? Explique.
4. A densidade de um líquido foi determinada pelo método da pipeta automática. Foi usada uma pipeta de 100 μL. O líquido apresentou uma massa de 0,082 g. Qual é a densidade do líquido, em gramas por mililitro?
5. Durante a determinação do ponto de ebulição de um líquido desconhecido, em microescala, o aquecimento foi interrompido a 154 °C e o líquido imediatamente começou a entrar no microcapilar invertido. O aquecimento foi reiniciado e o líquido foi forçado para fora do microcapilar. Mais uma vez, o aquecimento foi interrompido, a 165 °C, momento em que um rápido fluxo de bolhas emergiu do microcapilar. Durante o resfriamento, a taxa de borbulhamento diminuiu gradualmente até que o líquido atingiu a temperatura de 161 °C e, então, entrou no microcapilar e o preencheu. Explique essa sequência de eventos. Qual é o ponto de ebulição do líquido?

Técnica 14

Destilação simples

A destilação é o processo de vaporização de um líquido, condensação do vapor e coleta do produto condensado em outro recipiente. Essa técnica é muito útil para a separação de uma mistura líquida quando os componentes têm diferentes pontos de ebulição ou quando um dos componentes não destilará. Trata-se de um dos principais métodos de purificação de um líquido, sendo quatro métodos de destilação básicos usados pelos químicos: destilação simples, destilação fracionada, destilação a vácuo (sob pressão reduzida) e destilação a vapor. A destilação fracionada será discutida na Técnica 15; a destilação a vácuo, na Técnica 16; e a destilação a vapor, na Técnica 18.

Um típico aparelho de destilação moderno é mostrado na Figura 14.1. O líquido a ser destilado é colocado no balão de destilação e aquecido, geralmente por meio de uma manta de aquecimento. O líquido aquecido evapora e é forçado para cima, passando pelo termômetro, e para dentro do condensador. O vapor condensa o líquido no condensador de resfriamento, e o líquido escoa para baixo através do adaptador de vácuo (nenhum vácuo é utilizado), para o balão coletor.

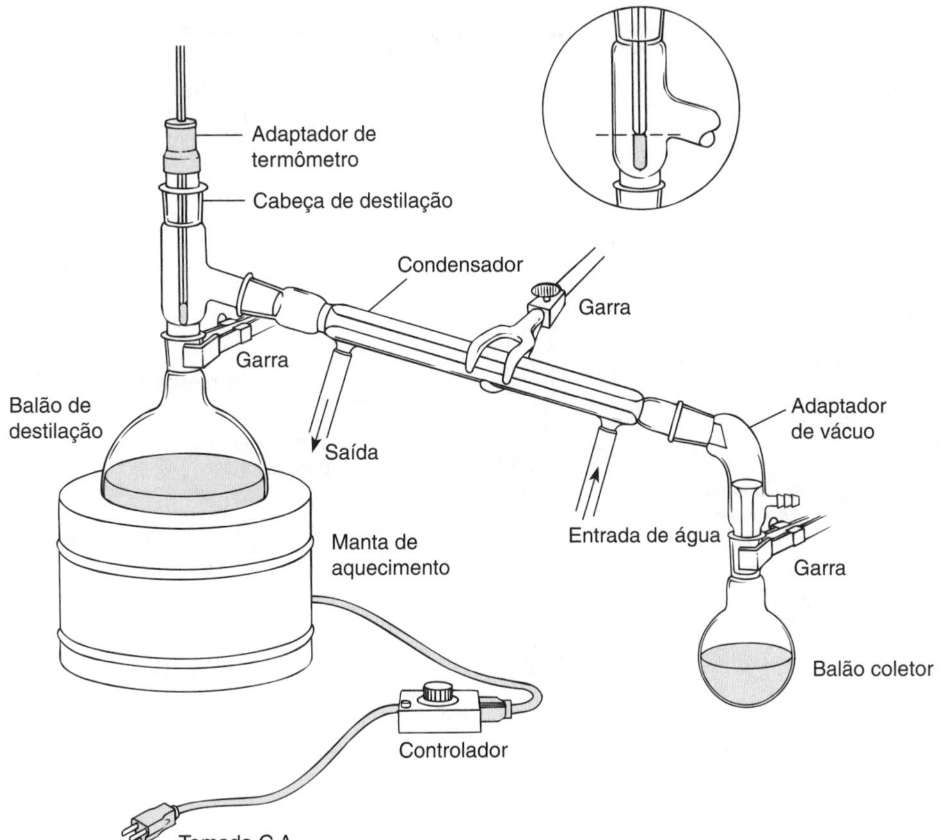

FIGURA 14.1 ■ Destilação com o kit padrão de laboratório em macroescala.

14.1 A evolução dos equipamentos de destilação

Existem provavelmente mais tipos e estilos de aparelhos de destilação do que para qualquer outra técnica em química. Ao longo dos séculos, os químicos imaginaram praticamente todos os projetos concebíveis. Os primeiros tipos de aparelhos de destilação conhecidos foram o **alambique** e a **retorta** (veja a Figura 14.2), que eram utilizados pelos alquimistas na Idade Média e na Renascença, e provavelmente até mesmo antes, pelos químicos árabes. A maior parte dos outros equipamentos de destilação foi desenvolvida como variações desses projetos.

A Figura 14.2 mostra diversos estágios na evolução de equipamentos de destilação, à medida que estes se relacionam ao laboratório de química orgânica. A intenção não é mostrar uma história completa; na verdade, essa figura é representativa. Até recentemente, equipamentos com base no desenho da retorta ainda eram comuns nos laboratórios.

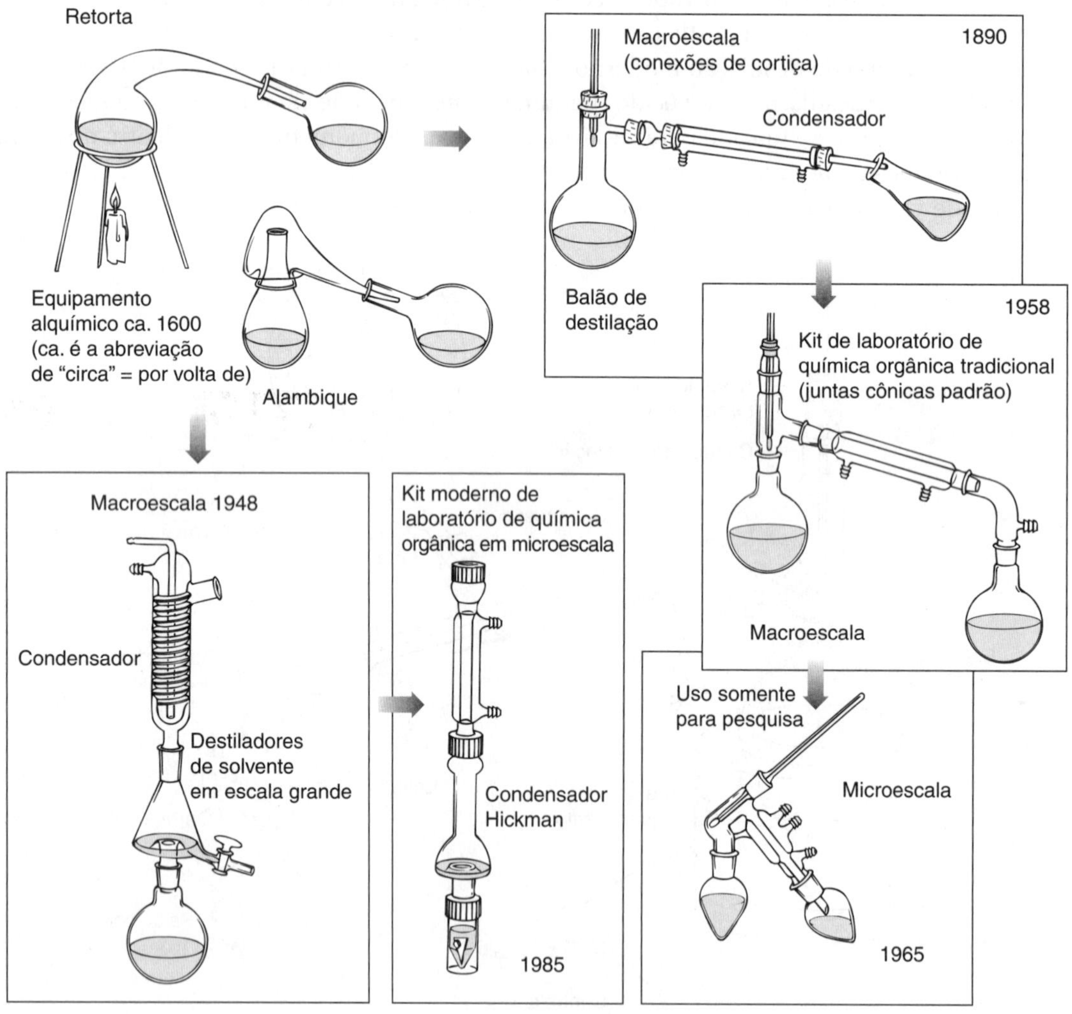

FIGURA 14.2 ■ Alguns estágios na evolução dos equipamentos de destilação com base nos equipamentos alquímicos (as datas representam, aproximadamente, sua época de uso).

Embora a retorta propriamente dita ainda estivesse em uso no início do século passado, ela havia evoluído, com o passar do tempo, para uma combinação de balão de destilação e condensador resfriado a água. Esse equipamento primitivo era conectado por meio de rolhas perfuradas. Por volta de 1958, a maior parte dos laboratórios de experimentos introdutórios já usava "kits de laboratório de química orgânica", que incluíam objetos de vidro conectados por juntas de vidro esmerilhado padrão. Os kits de laboratório originais tinham juntas ₮ 24/40 grandes. Em pouco tempo, eles se tornaram menores, com juntas ₮ 19/22 e, até mesmo, ₮ 14/20. Esses kits mais recentes ainda estão sendo utilizados em muitos cursos de laboratório em "macroescala".

Na década de 1960, pesquisadores desenvolveram versões ainda menores desses kits para trabalhos em "microescala" (na Figura 14.2, veja o quadro denominado "Uso somente para pesquisa"), mas esses objetos de vidro geralmente são caros demais para um laboratório de uso introdutório. Contudo, em meados dos anos 1980, vários grupos desenvolveram um estilo diferente de equipamentos de destilação em microescala, baseados no desenho de um alambique (veja o quadro intitulado "Kit moderno de laboratório de química orgânica em microescala"). Esse novo equipamento em microescala tem juntas cônicas padrão ₮ 14/10; juntas externas com rosca, com conectores rosqueáveis, e um anel interno do tipo O-ring para vedação por compressão. Atualmente, equipamentos em microescala similares a esse são utilizados em muitos cursos introdutórios. As vantagens desses objetos de vidro são a menor quantidade de material a ser usado (menor custo), a menor exposição do pessoal de laboratório a produtos químicos, e a menor quantidade de lixo gerado. Uma vez que os dois tipos de equipamentos estão em uso, hoje, depois de descrevermos equipamentos em macroescala, também mostraremos o aparelho de destilação em microescala equivalente.

14.2 Teoria da destilação

Na destilação tradicional de uma substância pura, o vapor deixa o balão de destilação e entra em contato com um termômetro que registra sua temperatura. O vapor, então, passa por um condensador, que reliquefaz o vapor e o faz passar para o balão coletor. A temperatura observada durante a destilação de uma **substância pura** permanece constante durante toda a destilação, desde que ambos, vapor *e* líquido, estejam presentes no sistema (veja a Figura 14.3A). Quando uma **mistura líquida** é destilada, geralmente a temperatura não se mantém constante, mas aumenta ao longo da destilação. A razão para isso é que a composição do vapor que está destilando varia continuamente durante a destilação (veja a Figura 14.3B).

Para uma mistura líquida, a composição do vapor em equilíbrio com a solução aquecida é diferente da composição da solução em si. Isso é mostrado na Figura 14.4, que é um diagrama de fase da típica relação vapor–líquido para um sistema com dois componentes (A + B).

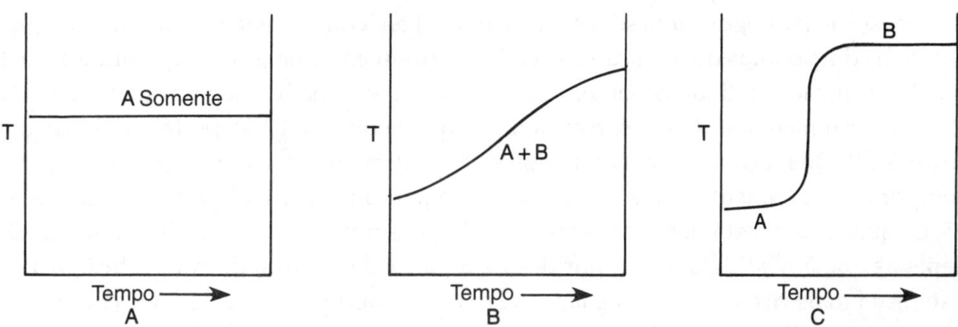

FIGURA 14.3 ■ Três tipos de comportamento de temperatura durante uma destilação simples. (A) Um único componente puro. (B) Dois componentes com pontos de ebulição similares. (C) Dois componentes com pontos de ebulição muito diferentes. Boas separações são obtidas em A e C.

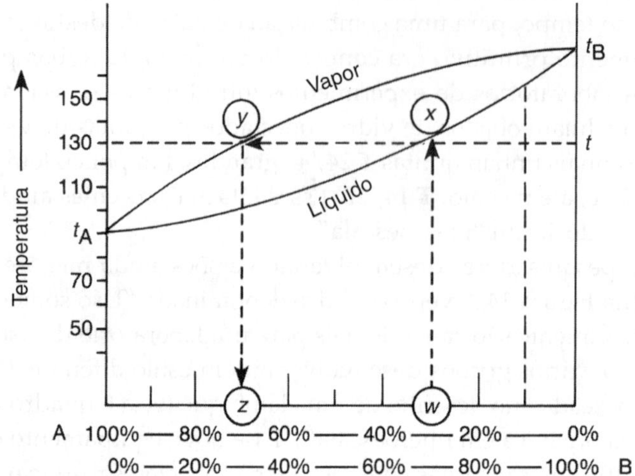

FIGURA 14.4 ■ Diagrama de fases para uma típica mistura líquida de dois componentes.

Na Figura 14.4, as linhas horizontais representam temperaturas constantes. A curva superior representa a composição do vapor, e a curva inferior se refere à composição do líquido. Para qualquer linha horizontal (temperatura constante), como a que é mostrada em t, as intersecções da linha com as curvas dão as composições do líquido e vapor que estão em equilíbrio entre si, àquela temperatura. No diagrama, à temperatura t, a intersecção da curva em x indica que o líquido da composição w estará em equilíbrio com o vapor da composição z, que corresponde à intersecção em y. A composição é dada como uma porcentagem de A e B na mistura. O componente A puro, que ferve à temperatura t_A, é representado à esquerda. O componente B puro, que ferve à temperatura t_B, é representado à direita. Para A puro ou B puro, as curvas do vapor e do líquido se encontram no ponto de ebulição. Assim, tanto A puro como B puro destilarão a uma temperatura constante (t_A ou t_B). Tanto o vapor quanto o líquido devem ter a mesma composição, em ambos os casos. Este não é o caso para as misturas de A e B.

Uma mistura de A e B da composição w terá o seguinte comportamento, quando aquecida. A temperatura da mistura líquida aumentará até que o ponto de ebulição da mistura seja atingido. Isso corresponde a acompanhar a linha wx, que vai de w até x, o ponto de ebulição da mistura t. À temperatura t, o líquido começa a evaporar, o que corresponde à linha xy. O vapor tem a composição correspondente a z. Em outras palavras, o primeiro vapor obtido na destilação de uma mistura de A e B não consiste em A puro. Ele é mais rico em A do que a mistura original, mas ainda contém uma quantidade significativa do componente B cujo ponto de ebulição é mais elevado, *mesmo logo no início da destilação.* Como resultado, nunca é possível separar completamente uma mistura por meio de destilação simples. Entretanto, em dois casos, é possível conseguir uma separação aceitável em componentes relativamente puros. No primeiro caso, se os dois pontos de ebulição de A e B diferirem em uma grande quantidade (> 100 °C) e se a destilação for realizada cuidadosamente, será possível obter uma boa separação de A e B. No segundo caso, se A contiver uma quantidade relativamente pequena de B (< 10%), pode ser obtida uma razoável separação de A e B. Quando as diferenças no ponto de ebulição não são muito grandes e quando se deseja obter componentes altamente puros, é necessário efetuar uma **destilação fracionada**, que é descrita na Técnica 15, na qual o comportamento durante a destilação simples também é abordado detalhadamente. Observe apenas que à medida que o vapor destila a partir da mistura da composição w (veja a Figura 14.4), ele se torna mais rico em A do que a solução. Desse modo, a composição do material restante na destilação se torna mais rico em B (se move para a direita, indo de w em direção a B puro, no gráfico). Uma mistura de 90% de B (linha pontilhada ao lado da Figura 14.4) tem um ponto de ebulição maior do que em w. Portanto, a temperatura do líquido no balão de destilação aumentará durante a destilação, e a composição do destilado se modificará (como mostra a Figura 14.3B).

Quando se destila uma mistura de dois componentes com grande diferença de pontos de ebulição, a temperatura permanece constante enquanto o primeiro componente é destilado. Se a temperatura permanece constante, uma substância relativamente pura está sendo destilada. Depois que a primeira substância é destilada, a temperatura dos vapores aumenta, e o segundo componente é destilado, novamente, a uma temperatura constante. Isso é mostrado na Figura 14.3C. Uma típica aplicação desse tipo de destilação pode ser um exemplo de uma mistura de reação contendo o componente desejado, A (pe 140 °C), contaminado com uma pequena quantidade do componente indesejado, B (pe 250 °C), e misturado com um solvente como o éter dietílico (pe 36 °C). O éter é removido facilmente a baixa temperatura. O componente A puro é removido a uma temperatura maior e coletado em um recipiente separado. O componente B pode, então, ser destilado, mas geralmente é deixado como um resíduo, não destilado. A separação não é difícil e representa um caso em que a destilação simples pode ser utilizada com vantagens.

14.3 Destilação simples – aparelho padrão

Para uma destilação simples, é utilizado o aparelho mostrado na Figura 14.1. São usados seis tipos de objetos de vidro especializados:

1. Balão de destilação
2. Cabeça de destilação
3. Adaptador de termômetro
4. Condensador de água
5. Adaptador de vácuo
6. Balão coletor

Em geral, a aparelhagem é aquecida eletricamente, utilizando-se uma manta de aquecimento. O balão de destilação, o condensador e o adaptador de vácuo devem ser fixados com garras. Dois diferentes métodos de fixação com garras, para essa aparelhagem, são mostrados na Técnica 7 (Figura 7.2, página 625 e Figura 7.4, página 626). O balão coletor deve ser apoiado em blocos de madeira removíveis ou uma tela metálica sobre um anel de ferro preso a um suporte. Os vários componentes são discutidos individualmente nas seções a seguir, junto com alguns outros aspectos importantes.

Balão de destilação. O balão de destilação deve ter um fundo redondo, projetado para suportar a entrada do calor necessário e para se ajustar à ação de ebulição. Seu formato propicia maior superfície de aquecimento. O tamanho do balão de destilação deverá ser escolhido de modo que nunca seja preenchido em mais que dois terços. Quando o balão é preenchido além desse ponto, a boca se constringe e "sufoca" a ação de ebulição resultando em ebulição violenta em razão do superaquecimento. A área de superfície do líquido em ebulição deve ser tão grande quanto possível. Entretanto, deve-se evitar um balão de destilação grande demais, pois, nesse caso, ocorre uma **retenção** excessiva; retenção é a quantidade de material que não pode ser destilado porque parte do vapor deve preencher o balão vazio. Quando se resfria o aparelho no final, esse material cai novamente no balão de destilação.

Pedras de ebulição. Uma pedra de ebulição (Técnica 7, Seção 7.4, página 72) deve ser utilizada durante a destilação para evitar ebulição violenta. Como alternativa, pode-se agitar rapidamente o líquido que está sendo destilado, utilizando-se um agitador magnético ou uma barra agitadora (Técnica 7, Seção 7.3, página 71). Caso esqueça da pedra de ebulição, resfrie a mistura antes de adicioná-la. Se for adicionada uma pedra de ebuliçao a um liquido superaquecido, ele pode irromper em uma ebulição violenta, quebrando seu aparelho e espalhando solvente quente por todos os lados.

Graxa. Na maioria dos casos, não é necessário aplicar graxa em juntas cônicas padrão, para uma destilação simples. Essa alternativa dificulta a limpeza e pode contaminar seu produto.

Cabeça de destilação. A cabeça de destilação direciona os vapores de destilação para o condensador e permite a conexão de um termômetro por meio do adaptador de termômetro. O termômetro deve ser posicionado na cabeça de destilação, de modo que esteja diretamente no fluxo de vapor que está sendo destilado. Isso pode ser realizado se o bulbo do termômetro, por inteiro, estiver posicionado *abaixo* do braço lateral da cabeça de destilação (veja o detalhe na Figura 14.1, destacado com um círculo). O bulbo precisa estar imerso no vapor, por inteiro, para que se possa obter uma leitura precisa da temperatura. Ao realizar a destilação, é preciso que você consiga ver o anel de refluxo (Técnica 7, Seção 7.2, página 69) bem acima tanto do bulbo do termômetro como da parte inferior do braço lateral.

Adaptador de termômetro. O adaptador de termômetro se conecta à parte superior da cabeça de destilação (veja a Figura 14.1). Existem duas partes no adaptador de termômetro: uma junta de vidro com uma borda circular aberta no topo e um adaptador de borracha que se encaixa na borda circular e mantém o termômetro fixo. O termômetro se encaixa no topo do adaptador de borracha e pode ser ajustado para cima ou para baixo deslizando-o no orifício. Ajuste o bulbo em um ponto abaixo do braço lateral. A temperatura de destilação pode ser monitorada mais precisamente utilizando-se um termômetro de mercúrio de imersão parcial (veja a Técnica 13, Seção 13.4).

Condensador de água. A junta entre a cabeça de destilação e o condensador de água é a mais propensa a vazar no aparelho inteiro. Uma vez que o líquido da destilação está quente e vaporizado quando atinge essa junta, ele vazará por qualquer pequena abertura entre as superfícies das duas juntas. O ângulo incomum da junta, pois não está nem na horizontal nem na vertical, também torna mais difícil uma boa conexão. Certifique-se de que essa junta esteja bem vedada. Se possível, use uma das juntas plásticas comuns, descritas na Técnica 7, Figura 7.3. Ou então, ajuste suas garras para garantir que as superfícies das juntas estão unidas, não separadas.

O condensador permanecerá cheio de água gelada somente se a água fluir *para cima*, não para baixo. A mangueira de entrada de água deve ser conectada à abertura inferior, e a mangueira de saída tem de estar conectada à abertura superior. Coloque a outra extremidade da mangueira de saída em uma pia. Um fluxo de água moderado propiciará um bom resfriamento. Um fluxo de água elevado pode fazer que o tubo se desconecte das juntas e cause uma inundação. Se você segurar a mangueira de saída horizontalmente e apontar sua extremidade para uma pia, a taxa de fluxo será correta se o fluxo de água continuar na horizontal por cerca de duas polegadas, antes de começar a cair.

Se um aparelho de destilação tiver de ser deixado sem vigilância por algum tempo, é uma boa ideia enrolar um fio de cobre em torno das extremidades do tubo e apertá-lo firmemente. Isso ajudará a evitar que as mangueiras se soltem dos conectores, se houver uma alteração inesperada na pressão da água.

Adaptador de vácuo. Em uma destilação simples, o adaptador de vácuo não é conectado ao vácuo, mas deixado aberto. Trata-se meramente de uma abertura para o ar do lado de fora, de modo que a pressão não aumente no sistema de destilação. Se tampar essa abertura, terá um **sistema fechado** (sem nenhuma saída). Sempre é perigoso aquecer um sistema fechado, pois é possível que a pressão aumente o suficiente para causar uma explosão. O adaptador de vácuo, nesse caso, apenas direciona o destilado para o frasco coletor, ou coletor.

Se a substância que está sendo destilada for sensível à água, você pode conectar um tubo de secagem contendo cloreto de cálcio à conexão a vácuo, a fim de proteger o líquido que acaba de ser destilado do vapor d'água atmosférico. O ar que entra no aparelho terá de passar através do cloreto de cálcio e será seco. Dependendo da gravidade do problema, podem ser utilizados outros agentes secantes, e não o cloreto de cálcio.

O adaptador de vácuo tem uma perturbadora tendência de obedecer às leis da física newtoniana, soltar-se do condensador inclinado e cair sobre a bancada, quebrando-se. Se houver conectores de plástico comuns disponíveis, é bom utilizá-los nas duas extremidades desse equipamento. O conector na parte superior fixará o adaptador de vácuo no condensador, e o conector na parte de baixo fixará o balão coletor, evitando que ele caia.

Taxa de aquecimento. A taxa de aquecimento referente à destilação pode ser ajustada para a taxa de **eliminação** adequada, a taxa na qual o destilado deixa o condensador, observando-se gotas de líquido emergirem do fundo do adaptador de vácuo. Uma taxa de uma a três gotas por segundo é considerada apropriada, para a maior parte das aplicações. Com uma taxa maior, o equilíbrio não é estabelecido dentro do aparelho de destilação, e a separação pode ser insatisfatória. Uma taxa de eliminação mais lenta também é insatisfatória porque a temperatura registrada no termômetro não é mantida por um fluxo de vapor constante, levando, assim, a um ponto de ebulição baixo, impreciso.

Balão coletor. O balão coletor, que geralmente é um balão de fundo redondo, coleta o líquido destilado. Se o líquido que estiver sendo destilado for extremamente volátil e houver perigo de perder parte dele por evaporação, torna-se recomendável resfriar um balão coletor em um banho de água gelada.

Frações. O material que está sendo destilado recebe o nome de **destilado**. Frequentemente, um destilado é coletado em porções contíguas, chamadas **frações**. Isso é realizado substituindo-se o frasco coletor por outro, limpo, em intervalos regulares. Se uma pequena quantidade de líquido for coletada no início de uma destilação e não for guardada nem utilizada novamente, ela será denominada **precursora**. Frações subsequentes terão taxas de ebulição mais elevadas, e cada fração terá de ser identificada com seu intervalo de ebulição correto, quando a fração for recolhida. Para uma destilação simples de um material puro, a maior parte do material será coletada em uma única fração, macroescala e **intermediária**, com apenas uma pequena fração precursora. Em algumas destilações em escala pequena, o volume da fração precursora é tão pequeno, que não será possível coletá-la separadamente da fração intermediária. O material restante é chamado **resíduo**. Geralmente, é recomendado que a destilação seja interrompida antes que o balão de destilação fique vazio. Tipicamente, o resíduo fica com uma cor cada vez mais escura durante a destilação, e normalmente contém produtos da decomposição térmica. Além disso, um resíduo seco pode explodir com o superaquecimento, ou o balão pode se derreter ou rachar, quando secar. Não efetue uma destilação até que o balão de destilação esteja completamente seco!

14.4 Equipamento em microescala e semimicroescala

Quando quiser destilar quantidades menores do que 4 a 5 mL, será necessário usar um equipamento diferente, e a escolha deste dependerá de quão pequena é a quantidade a ser destilada.

A. Semimicroescala

Uma possibilidade é utilizar equipamento idêntico em estilo àquele empregado em procedimentos em macroescala convencionais, mas "reduzindo-o" usando juntas ₸ 14/10. Os principais fabricantes produzem cabeças de destilação e adaptadores de vácuo, com juntas ₸ 14/10. Esse equipamento permitirá manipular quantidades de 5 a 15 mL. Um exemplo de aparelho em "semimicroescala" é dado na Figura 14.5. Embora os fabricantes produzam condensadores com juntas ₸ 14/10, o condensador foi deixado de fora nesse exemplo. Isso pode ser feito se o material a ser destilado não for extremamente volátil ou se tiver um elevado ponto de ebulição. Também é possível omitir o condensador se tiver uma grande quantidade de material e não puder resfriar o balão coletor em um banho de água gelada, conforme mostra a figura.

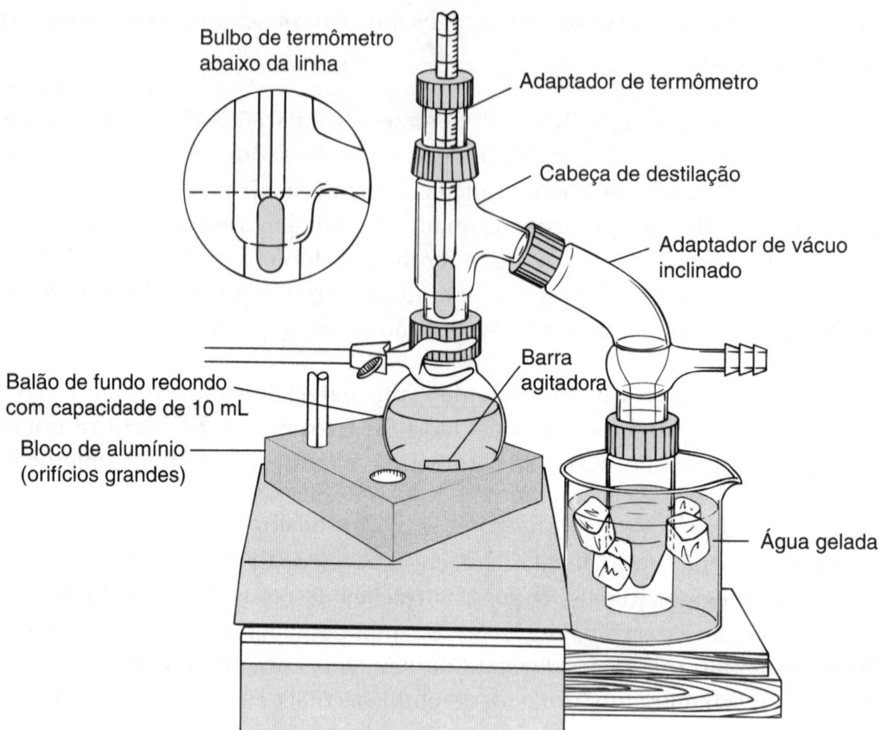

FIGURA 14.5 ■ Destilação em semimicroescala.

B. Microescala – equipamento do aluno

A Figura 14.6 mostra a típica configuração de destilação para aqueles alunos que estão fazendo um curso de laboratório em microescala. Em vez de uma cabeça de destilação, do condensador e de um adaptador de vácuo, esse equipamento utiliza uma única peça de vidro, chamada **condensador Hickman**, a qual proporciona um "atalho" que é percorrido pelo líquido destilado, antes de ser coletado.

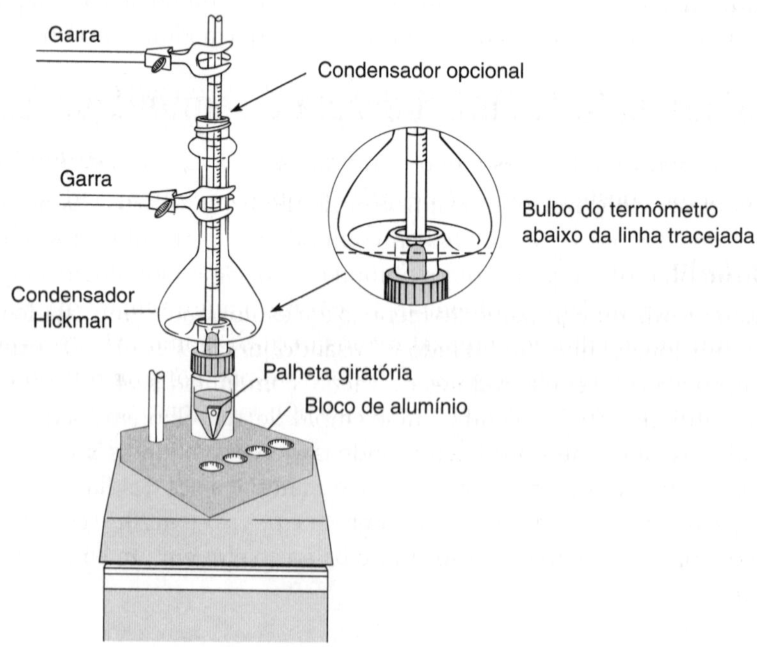

FIGURA 14.6 ■ Destilação básica em microescala.

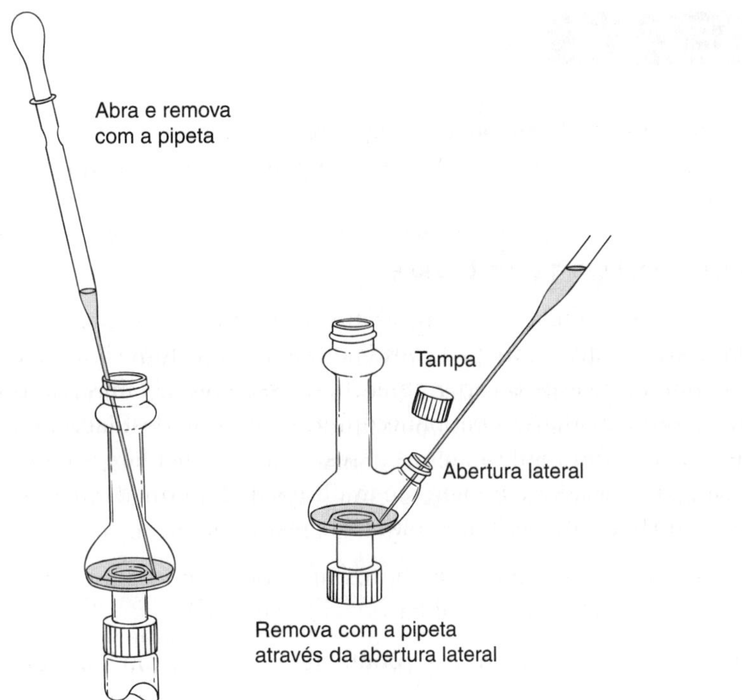

FIGURA 14.7 ■ Dois estilos de condensador Hickman.

O líquido é fervido, se move para cima pela haste central do condensador Hickman, se condensa nas paredes da "chaminé" e, então, escorre pelas laterais o poço circular em torno da haste. Com líquidos muito voláteis, um condensador pode ser colocado no topo do condensador Hickman, para melhorar sua eficiência. O aparelho mostrado utiliza um frasco cônico de 5 mL como balão de destilação, o que significa que esse aparelho pode destilar de 1 a 3 mL de líquido. Infelizmente, o poço, na maior parte dos condensadores Hickman, retém somente quase 0,5 a 1,0 mL. Portanto, o poço precisa ser esvaziado diversas vezes, utilizando-se uma pipeta Pasteur descartável, como mostra a Figura 14.7, que apresenta dois diferentes estilos de condensador Hickman. O que tem a abertura lateral torna mais fácil a remoção do destilado.

C. Microescala – equipamento de pesquisa

A Figura 14.8 mostra uma cabeça de destilação com atalho muito bem projetado, do tipo utilizado em pesquisa. Note como o equipamento é bem "unificado", eliminando diversas juntas e reduzindo a retenção.

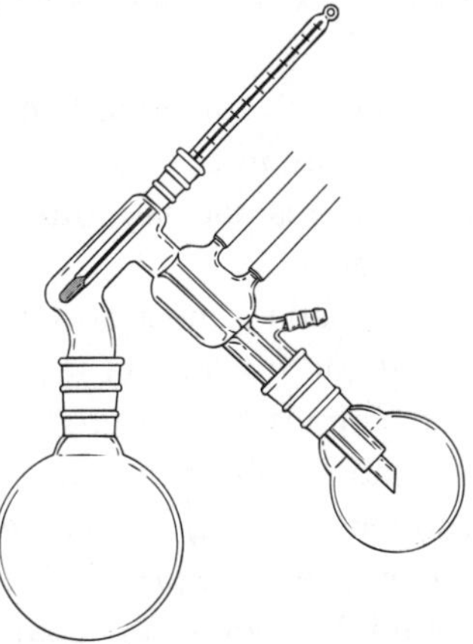

FIGURA 14.8 ■ Um aparelho de destilação com atalho, no estilo usado em pesquisa.

■ PROBLEMAS ■

1. Utilizando a Figura 14.4, responda às seguintes questões.
   a. Qual é a composição molar do vapor em equilíbrio com um líquido em ebulição cuja composição é de 60% de A e 40% de B?
   b. Uma amostra de vapor tem a composição de 50% de A e 50% de B. Qual é a composição do líquido em ebulição que produziu esse vapor?
2. Utilize um aparelho similar àquele mostrado na Figura 14.1 e suponha que o balão de fundo redondo contém 100 mL e que a cabeça de destilação tem um volume interno de 12 mL na seção vertical. No fim de uma destilação, o vapor preencherá esse volume, mas não poderá ser forçado através do sistema. Nenhum líquido permaneceria no balão de destilação. Considerando esse volume retido, de 112 mL, empregue a lei dos gases ideais e considere um ponto de ebulição de 100 °C (760 mmHg) para calcular o número de mililitros de líquido (d = 0,9 g/mL, MW = 200) que se recondensarão no balão de destilação mediante resfriamento.
3. Explique o significado de uma linha horizontal conectando um ponto na curva inferior com um ponto na curva superior (como a linha xy) na Figura 14.4.
4. Recorrendo à Figura 14.4, determine o ponto de ebulição de um líquido que tem composição molar de 50% de A e 50% de B.
5. Onde o bulbo do termômetro deve estar localizado nas seguintes configurações:
   a. Um aparelho de destilação em microescala utilizando um condensador Hickman?
   b. Um aparelho de destilação em macroescala utilizando cabeça de destilação, condensador e adaptador de vácuo.
6. Sob quais condições pode ser obtida uma boa separação com uma destilação simples?

Técnica 15

Destilação fracionada, azeótropos

A destilação simples, descrita na Técnica 14, funciona bem para a maioria dos procedimentos de rotina de separação e purificação de líquidos orgânicos. Contudo, quando as diferenças entre os pontos de ebulição dos componentes a serem separados não são muito grandes, a destilação fracionada deve ser utilizada para se obter uma boa separação.

Um típico aparelho de destilação fracionada é mostrado na Figura 15.2, na Seção 15.1, em que as diferenças entre destilação simples e destilação fracionada são discutidas detalhadamente. Esse aparelho difere daquele destinado à destilação simples pela inserção de uma **coluna de fracionamento** entre o balão de destilação e a cabeça de destilação. A coluna de fracionamento é preenchida com um **recheio**, um material que faz que o líquido se condense e revaporize repetidamente à medida que passa através da coluna. Com uma boa coluna de fracionamento, é possível realizar melhores separações, e líquidos com pequenas diferenças no ponto de ebulição podem ser separados utilizando-se esta técnica.

PARTE A. DESTILAÇÃO FRACIONADA

15.1 Diferenças entre destilação simples e fracionada

Quando uma solução ideal de dois líquidos, como o benzeno (pe 80 °C) e o tolueno (pe 110 °C), é destilada por meio de destilação simples, o primeiro vapor produzido será enriquecido no componente com menor ponto de ebulição (benzeno). Todavia, quando esse vapor inicial é condensado e analisado, o destilado não será o benzeno puro. A diferença entre os pontos de ebulição do benzeno e do tolueno (30 °C) é pequena demais para se conseguir uma completa separação por destilação simples. Seguindo os princípios traçados na Técnica 14, Seção 14.2 e utilizando a curva de composição vapor–líquido, dada na Figura 15.1, é possível ver o que aconteceria se você iniciasse com uma mistura equimolar de benzeno e tolueno.

Acompanhando as linhas tracejadas se percebe que uma mistura equimolar (50% em mol de benzeno) entra em ebulição por volta de 91 °C e, longe dos 100% de benzeno, o destilado contém aproximadamente 74% em mol de benzeno e 26% em mol de tolueno. À medida que a destilação continua, a composição do líquido não destilado se move na direção de A′ (há um aumento do tolueno em virtude da remoção de mais benzeno que de tolueno), e o vapor correspondente contém uma quantidade progressivamente menor de benzeno. De fato, a temperatura continua a aumentar ao longo de toda a destilação (como na Figura 14.3B), e é impossível obter qualquer fração que consistisse em benzeno puro.

Contudo, suponha que sejamos capazes de coletar uma pequena quantidade do primeiro destilado, que consiste em 74% em mol de benzeno, e refazer sua destilação. Utilizando a Figura 15.1, podemos verificar que esse líquido entra em ebulição a aproximadamente 84 °C e resulta em um destilado inicial contendo 90% em mol de benzeno. Se houvesse condições experimentais de continuarmos coletando pequenas frações no início de cada destilação e redestilá-las, poderíamos, eventualmente, obter um líquido com uma composição de cerca de 100% em mol de benzeno. Contudo, uma vez que retiramos apenas uma pequena quantidade de material no início de cada destilação, teríamos perdido a maior parte do material com que começamos. Para recapturar uma quantidade razoável de benzeno, teríamos de processar cada uma das frações restantes da mesma maneira que nossas primeiras frações. Como cada uma delas foi parcialmente destilada, o material recolhido se tornaria cada vez mais rico em benzeno, e o material restante ficaria cada vez mais rico em tolueno. Serão necessários milhares (talvez, milhões) dessas microdestilações para separar o benzeno do tolueno.

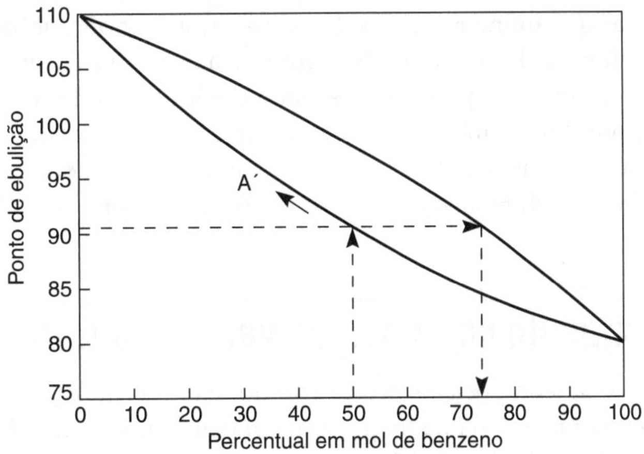

FIGURA 15.1 ■ A curva de composição vapor–líquido para misturas de benzeno e tolueno.

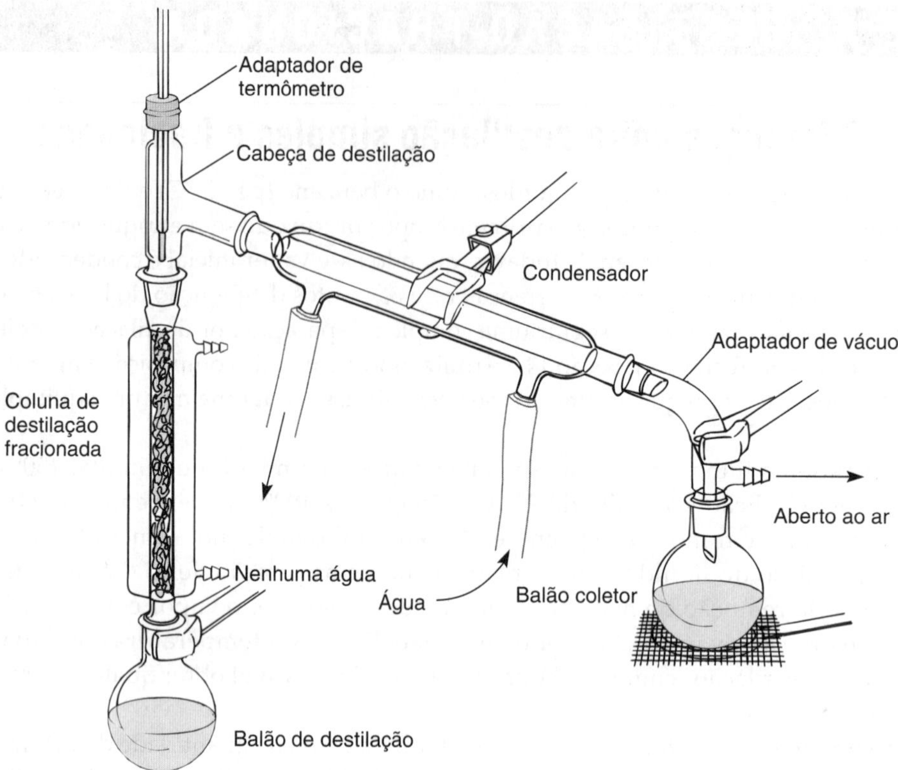

FIGURA 15.2 ■ Aparelho de destilação fracionada.

Obviamente, o procedimento que acabamos de descrever seria muito tedioso; felizmente, não é necessário que ele seja realizado na prática usual de laboratório. A **destilação fracionada** obtém o mesmo resultado. Basta utilizar uma coluna inserida entre o balão de destilação e a cabeça de destilação, como mostra a Figura 15.2. Essa **coluna de fracionamento** é preenchida, ou **recheada**, com um material apropriado, tal como uma esponja de aço inoxidável. Esse recheio permite que a mistura de benzeno e tolueno esteja sujeita continuamente a muitos ciclos de vaporização–condensação à medida que o material sobe pela coluna. Em cada ciclo dentro da coluna, a composição do vapor é progressivamente enriquecida no componente com o ponto de ebulição mais baixo (benzeno). O benzeno quase puro (pe 80 °C) finalmente emerge da parte de cima da coluna, condensa e passa para a cabeça coletora ou o frasco coletor. Esse processo continua até que o benzeno seja removido. A destilação precisa ser realizada lentamente, a fim de assegurar que inúmeros ciclos de vaporização–condensação ocorram. Quando quase todo o benzeno tiver sido removido, a temperatura começa a aumentar, e uma pequena quantidade de uma segunda fração, que contém um pouco de benzeno e tolueno, pode ser coletada. Quando a temperatura atinge 110 °C, ponto de ebulição do tolueno puro, o vapor é condensado e coletado como a terceira fração. Um gráfico do ponto de ebulição *versus* volume do condensado (destilado) se pareceria com a Figura 14.3C, na Técnica 14. Essa separação seria muito melhor que a obtida por destilação simples (veja a Figura 14.3B).

15.2 Diagramas de composição vapor–líquido

Um diagrama de fases da composição vapor–líquido, como o da Figura 15.3, pode ser utilizado para explicar a operação de uma coluna de fracionamento com uma **solução ideal** de dois líquidos A e B. Uma solução ideal é aquela na qual os dois líquidos são quimicamente similares, são miscíveis (mutuamente solúveis) em todas as proporções, e não interagem. As soluções ideais obedecem à **lei de Raoult**, explicada detalhadamente na Seção 15.3.

O diagrama de fases relaciona as composições do líquido em ebulição (curva inferior) e seu vapor (curva superior) como uma função da temperatura. Qualquer linha horizontal desenhada através do diagrama (uma linha representando temperatura constante) intersecta o diagrama em dois locais. Essas intersecções relacionam a composição do vapor à composição do líquido em ebulição que produz esse vapor. Por convenção, a composição é expressa como **fração molar** ou **porcentagem molar**. A fração molar é definida como se segue:

$$\text{Fração molar de A} = N_A = \frac{\text{Mol de A}}{\text{Mol de A} + \text{Mol de B}}$$

$$\text{Fração molar de B} = N_B = \frac{\text{Mol de B}}{\text{Mol de A} + \text{Mol de B}}$$

$$N_A + N_B = 1$$

$$\text{Porcentagem de A em mol} = N_A \times 100$$

$$\text{Porcentagem de B em mol} = N_B \times 100$$

As linhas horizontal e vertical, mostradas na Figura 15.3, representam os processos que ocorrem durante a destilação fracionada. Cada uma das **linhas horizontais** (L_1 V_1, L_2 V_2 e assim por diante) representa a etapa de **vaporização** de determinado ciclo de vaporização–condensação e a composição do vapor em equilíbrio com o líquido a determinada temperatura. Por exemplo, a 63 °C um líquido com uma composição de 50% de A (L_3 no diagrama) geraria um vapor de composição de 80% de A (V_3 no diagrama) em equilíbrio. O vapor é mais rico no componente A, com ponto de ebulição mais baixo, do que era o líquido original.

Cada uma das **linhas verticais** (V_1L_2, V_2L_3 e assim por diante) representa a etapa de **condensação** de determinado ciclo de vaporização–condensação. A composição não se altera à medida que a temperatura cai, na condensação. O vapor em V_3, por exemplo, condensa resultando em um líquido (L_4, no diagrama) de composição de 80% de A, com uma queda na temperatura de 63 °C para 53 °C.

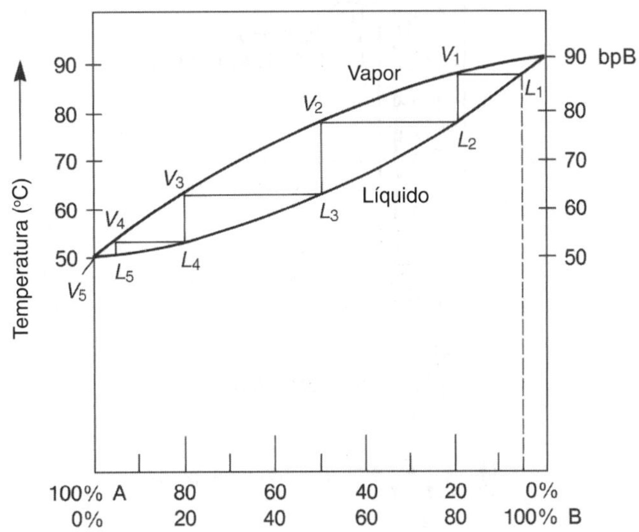

FIGURA 15.3 ■ Diagrama de fases para uma destilação fracionada de um sistema ideal de dois componentes.

No exemplo mostrado na Figura 15.3, A puro entra em ebulição a 50 °C, e B puro entra em ebulição a 90 °C. Esses dois pontos de ebulição são representados nas extremidades esquerda e direita do diagrama, respectivamente. Agora, considere uma solução que contém somente 5% de A, mas 95% de B. (Lembre-se de que estas são porcentagens em *mol.*) Essa solução é aquecida (seguindo a linha tracejada) até que seja observada ebulição em L_1 (87 °C). O vapor resultante tem composição V_1 (20% de A, 80% de B). O vapor é mais rico em A que no líquido original, mas não é, de forma alguma, A puro. Em um aparelho de destilação simples, esse vapor seria condensado e passado para o receptor em um estado muito impuro. Entretanto, com uma coluna de fracionamento apropriada, o vapor é condensado na **coluna** resultando no líquido L_2 (20% de A, 80% de B). O líquido L_2 é imediatamente revaporizado (pe 78 °C) resultando em um vapor de composição V_2 (50% de A, 50% de B), que é condensado resultando no líquido L_3. O líquido L_3 é revaporizado (pe 63 °C) resultando no vapor de composição V_3 (80% de A, 20% de B), que é condensado, resultando no líquido L_4, que é revaporizado (pe 53 °C) resultando no vapor de composição V_4 (95% de A, 5% de B). Esse processo continua até atingir V_5, que condensa resultando no líquido A quase puro. O processo de fracionamento segue as linhas tracejadas na figura para baixo e para a esquerda.

À medida que esse processo continua, todo o líquido A é removido do balão de destilação ou frasco, deixando para trás B quase puro. Se a temperatura aumentar, o líquido B pode ser destilado como uma fração quase pura. A destilação fracionada terá atingido uma separação de A e B, uma separação que seria quase impossível com a destilação simples. Observe que o ponto de ebulição do líquido se torna menor sempre que ele vaporiza. Pelo fato de a temperatura na base de uma coluna normalmente ser maior que a temperatura na parte de cima, sucessivas vaporizações ocorrem cada vez mais alto na coluna à medida que a composição do destilado se aproxima do A puro. Esse processo é ilustrado na Figura 15.4, em que a composição dos líquidos, seus pontos de ebulição e a composição dos vapores presentes são mostrados ao longo da coluna de fracionamento.

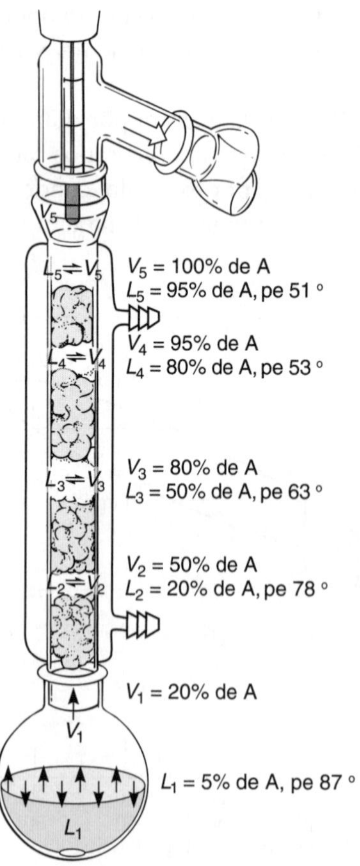

FIGURA 15.4 ■ Vaporização–condensação em uma coluna de fracionamento.

15.3 Lei de Raoult

Dois líquidos (A e B) que são miscíveis e que não interagem formam uma **solução ideal** e seguem a lei de Raoult, que estabelece que a pressão parcial do vapor do componente A na solução (P_A) é igual à pressão do vapor de A puro (P°_A) vez sua fração molar (N_A) (equação 1). Uma expressão similar pode ser escrita para o componente B (equação 2). As frações molares, N_A e N_B, foram definidas na Seção 15.2.

$$\text{Pressão parcial do vapor de A na solução} = P_A = (P^\circ_A)(N_A) \quad (1)$$

$$\text{Pressão parcial do vapor de B na solução} = P_B = (P^\circ_B)(N_B) \quad (2)$$

P°_A é a pressão de vapor de A puro, independentemente de B. P°_B é a pressão de vapor de B puro, independentemente de A. Em uma mistura de A e B, as pressões de vapor parciais são somadas para resultar na pressão total de vapor acima da solução (equação 3). Quando a pressão total (soma das pressões parciais) é igual à pressão aplicada, a solução entra em ebulição.

$$P_{total} = P_A + P_B = P^\circ_A N_A + P^\circ_B N_B \quad (3)$$

A composição de A e B no vapor produzido é dada pelas equações 4 e 5.

$$N_A(\text{vapor}) = \frac{P_A}{P_{total}} \quad (4)$$

$$N_B(\text{vapor}) = \frac{P_B}{P_{total}} \quad (5)$$

Diversos exercícios envolvendo aplicações da lei de Raoult são ilustrados na Tabela 15.1. Note, particularmente, no resultado da equação 4, que o vapor é mais rico ($N_A = 0{,}67$) no componente A, com baixo ponto de ebulição (maior pressão de vapor), do que era antes da vaporização ($N_A = 0{,}50$). Isso prova matematicamente o que foi descrito na Seção 15.2.

TABELA 15.1 ■ Amostras de cálculos com a lei de Raoult

Considere uma solução a 100 °C, onde $N_A = 0{,}5$ e $N_B = 0{,}5$.

1. Qual é a pressão parcial do vapor de A na solução se a pressão de vapor de A puro a 100 °C for de 1.020 mmHg?
   Resposta: $P_A = P^\circ_A N_A = (1.020)(0{,}5) = 510$ mmHg
2. Qual é a pressão parcial do vapor de B na solução se a pressão de vapor de B puro a 100 °C for de 500 mmHg?
   Resposta: $P_B = P^\circ_B N_B = (500)(0{,}5) = 250$ mmHg
3. A solução entraria em ebulição a 100 °C se a pressão aplicada fosse de 760 mmHg?
   Resposta: Sim. $P_{total} = P_A = P_B = (510 = 250) = 760$ mmHg
4. Qual é a composição do vapor no ponto de ebulição?
   Resposta: O ponto de ebulição é de 100 °C.

$$N_A(\text{vapor}) = \frac{P_A}{P_{total}} = 510/760 = 0{,}67$$

$$N_B(\text{vapor}) = \frac{P_B}{P_{total}} = 250/760 = 0{,}33$$

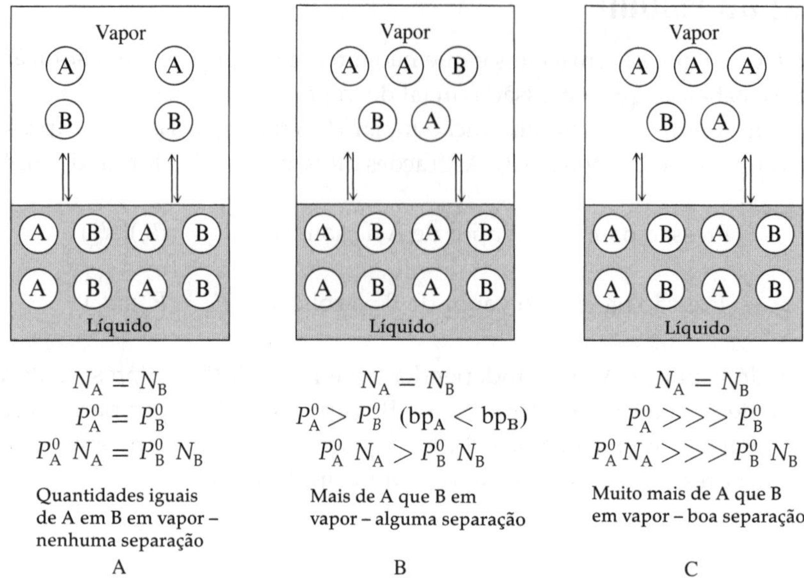

FIGURA 15.5 ■ Consequências da lei de Raoult. (A) Pontos de ebulição (pressões de vapor) são idênticos – não ocorre separação. (B) Pontos de ebulição um pouco menores para A que para B – é requerida destilação fracionada. (C) Pontos de ebulição muito menores para A que para B – a destilação simples será suficiente.

As consequências da lei de Raoult para destilações são mostradas esquematicamente na Figura 15.5. Na Parte A, os pontos de ebulição são idênticos (as pressões de vapor são as mesmas), e não ocorre nenhuma separação, independentemente de como a destilação é conduzida. Na Parte B, uma destilação fracionada é necessária, enquanto na Parte C a destilação simples proporciona uma separação adequada.

Quando um sólido B (em vez de outro líquido) é dissolvido em um líquido A, o ponto de ebulição aumenta. Nesse caso extremo, a pressão de vapor de B é desprezível, e o vapor será A puro, não importando quanto B sólido seja adicionado. Considere uma solução de sal em água.

$$P_{\text{total}} = P°_{\text{água}} N_{\text{água}} + P°_{\text{sal}} N_{\text{sal}}$$

$$P°_{\text{sal}} = 0$$

$$P_{\text{total}} = P°_{\text{água}} N_{\text{água}}$$

Uma solução cuja fração molar de água é 0,7 não entra em ebulição a 100 °C, porque P_{total} = (760)(0,7) = 532 mmHg e é menor que a pressão atmosférica. Se a solução for aquecida até 110 °C, ela não entrará em ebulição, pois P_{total} = (1.085)(0,7) = 760 mmHg. Embora a solução deva ser aquecida a 110 °C para entrar em ebulição, o vapor é água pura e tem uma temperatura de ponto de ebulição de 100 °C. (A pressão de vapor da água a 110 °C pode ser verificada em um manual; ela é de 1.085 mmHg.)

15.4 Eficiência da coluna

Uma medida comum da eficiência de uma coluna é dada pelo número de **pratos teóricos**. O número de pratos teóricos em uma coluna está relacionado ao número de ciclos de vaporização–condensação que ocorrem à medida que uma mistura líquida o percorre. Utilizando como exemplo a mistura na Figura 15.3, se o primeiro destilado (vapor condensado) tivesse a composição em L_2 ao iniciar com o líquido de composição L_1, poderíamos dizer que a coluna tem *um prato teórico*. Isso corresponderia a uma

TABELA 15.2 ■ Pratos teóricos requeridos para separar misturas com base nas diferenças de ponto de ebulição dos componentes

Diferença de pontos de ebulição	Número de pratos teóricos
108	1
72	2
54	3
43	4
36	5
20	10
10	20
7	30
4	50
2	100

destilação simples, ou um ciclo de vaporização–condensação. Uma coluna teria dois pratos teóricos se o primeiro destilado tivesse a composição em L_3. A coluna com dois pratos teóricos, essencialmente realiza "duas destilações simples". De acordo com a Figura 15.3, *cinco pratos teóricos* seriam necessários para separar a mistura que iniciou com a composição L_1. Observe que isso corresponde ao número de "etapas" que precisam ser desenhadas na figura para se chegar a uma composição de 100% de A.

A maior parte das colunas não permite a destilação em etapas distintas, conforme indica a Figura 15.3. Em vez disso, o processo é *contínuo*, possibilitando que vapores estejam continuamente em contato com líquido de composição variável, à medida que eles passam através da coluna. Qualquer material pode ser utilizado para rechear a coluna, desde que possa ser molhado pelo líquido e que não fique tão compacto a ponto de impedir a passagem do vapor.

A relação aproximada entre o número de pratos teóricos necessário para separar uma mistura ideal de dois componentes e a diferença nos pontos de ebulição é dada na Tabela 15.2. Observe que mais pratos teóricos são requeridos à medida que diminuem as diferenças de ponto de ebulição entre os componentes. Por exemplo, uma mistura de A (pe 130 °C) e B (pe 166 °C) com uma diferença de ponto de ebulição de 36 °C seria esperada para exigir uma coluna com um mínimo de cinco pratos teóricos.

15.5 Tipos de coluna de fracionamentos e recheios

Diversos tipos de colunas de fracionamento são mostrados na Figura 15.6. A coluna de Vigreux (A) tem endentações que se inclinam para baixo em ângulos de 45° e estão em pares, em lados opostos da coluna. As projeções na coluna proporcionam maiores possibilidades de condensação para o vapor se equilibrar com o líquido. As colunas de Vigreux são populares em casos nos quais somente um pequeno número de pratos teóricos é requerido. Eles não são muito eficientes (uma coluna de 20 cm pode ter somente 2,5 pratos teóricos), mas permitem rápida destilação e têm uma pequena **retenção** (a quantidade de líquido retido pela coluna). Uma coluna recheada com uma esponja de aço inoxidável é uma coluna de fracionamento mais efetiva que uma coluna de Vigreux, mas não por uma grande margem. Pérolas de vidro ou hélices de vidro também podem ser utilizadas como recheios, e elas têm uma eficiência um pouco maior. O condensador de ar ou condensador de água pode ser empregado como uma coluna improvisada se não houver uma coluna de fracionamento real disponível. Se um condensador for recheado com pérolas de vidro, hélices de vidro ou seções de tubos de vidro, o recheio precisa ser retido no lugar pela inserção de um chumaço de esponja de aço inoxidável no fundo do condensador.

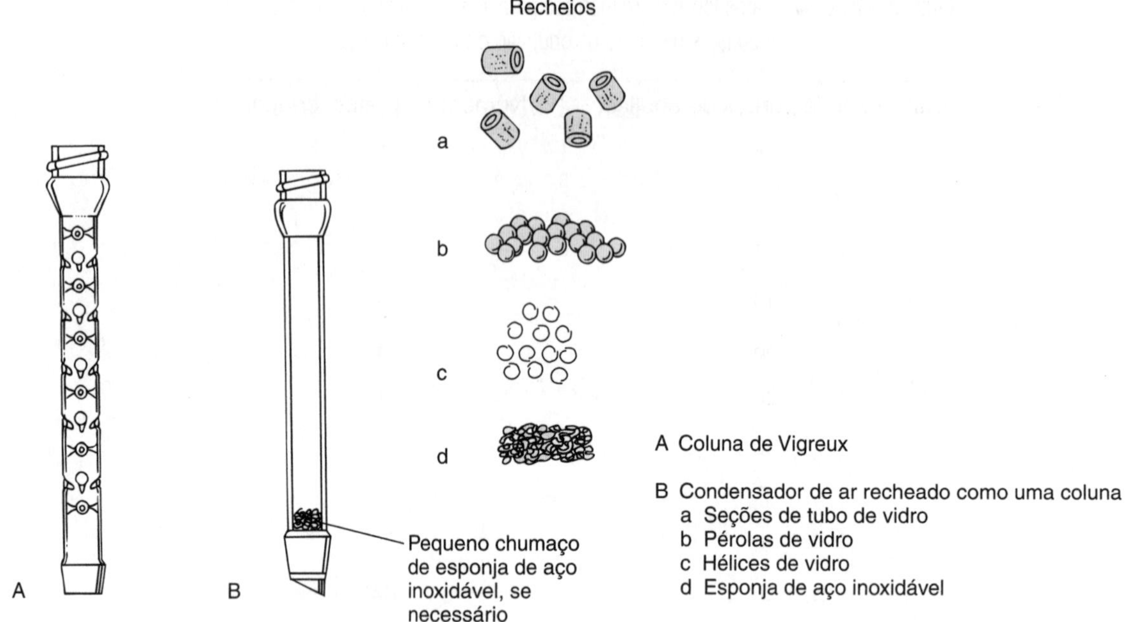

FIGURA 15.6 ■ Colunas para destilação fracionada.

O tipo de coluna mais efetiva é a **coluna de espiral giratória**. Na forma mais elegante desse dispositivo, uma tela de platina torcida firmemente ajustada ou uma haste de teflon com espirais helicoidais é girada rapidamente no interior da coluna (veja a Figura 15.7). Uma coluna de espiral giratória que está disponível para o trabalho em microescala é mostrada na Figura 15.8. Essa coluna de espiral giratória tem uma faixa de cerca de 2 a 3 cm de comprimento e oferece quatro ou cinco pratos teóricos. Ela pode separar 1 a 2 mL de uma mistura com uma diferença de ponto de ebulição de 30 °C. Modelos de pesquisa mais amplos dessa coluna de espiral giratória podem proporcionar vinte ou trinta pratos teóricos e podem separar misturas com uma diferença de ponto de ebulição tão pequenas quanto de 5 °C a 10 °C.

Fabricantes de colunas de fracionamento geralmente as fornecem em diversos comprimentos. Uma vez que a eficiência de uma coluna é uma função de seu comprimento, colunas mais longas têm mais pratos teóricos que as colunas mais curtas. É comum expressar a eficiência de uma coluna em uma unidade chamada **HETP**, **H**eight **E**quivalent to one **T**heoretical **P**late (altura equivalente a um prato teórico, e a altura refere-se a uma coluna). A HETP normalmente é expressa em unidades de cm/prato. Quando a altura da coluna (em centímetros) é dividida por esse valor, o número total de pratos teóricos é especificado.

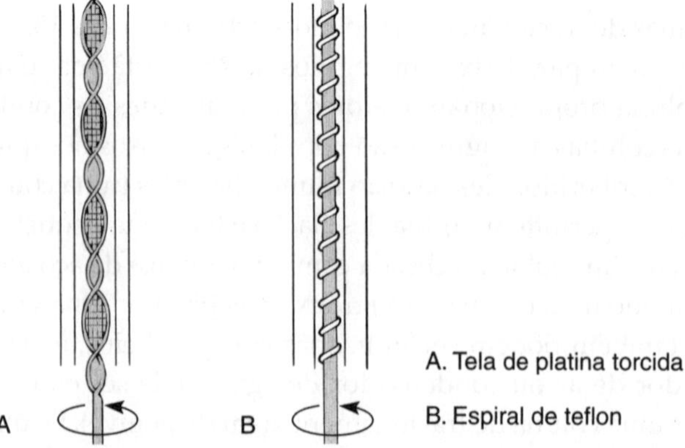

FIGURA 15.7 ■ Espirais para colunas de espiral giratória.

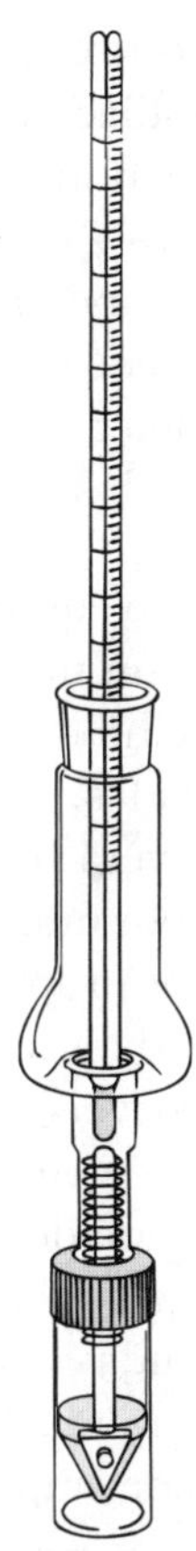

FIGURA 15.8 ■ Uma coluna de espiral giratória, em microescala, comercialmente disponível.

Colunas de fracionamento precisam ser isoladas, de modo que o equilíbrio de temperatura seja mantido o tempo todo. Flutuações da temperatura externa vão interferir com uma boa separação. Muitas colunas de fracionamento são protegidas por jaquetas, assim como acontece com um condensador, mas, em vez de a água passar pela jaqueta externa, ela é esvaziada e vedada. Uma jaqueta esvaziada proporciona um isolamento muito bom da coluna interna em relação à temperatura do ar externo. Na maioria dos kits de macroescala destinados a alunos, a coluna de fracionamento não é esvaziada, mas tem uma jaqueta para garantir o isolamento. Essa jaqueta, apesar de não ser esvaziada, geralmente é suficiente para as demandas de um laboratório introdutório. A coluna de fracionamento se parece muito com um condensador de água; contudo, ela tem um diâmetro maior tanto para o tubo interno quanto para a jaqueta. Certifique-se de distinguir a coluna de fracionamento, com diâmetro maior, do condensador de água, com diâmetro menor.

15.6 Destilação fracionada: métodos e prática

Muitas colunas de fracionamento precisam ser isoladas, de modo que o equilíbrio da temperatura seja mantido todas as vezes. Não será necessário nenhum isolamento adicional para colunas que tenham uma jaqueta externa, mas as que não tiverem poderão ser enroladas com algum material isolante.

Frequentemente, algodão e papel-alumínio (com o lado brilhante para dentro) são utilizados para o isolamento. Você pode envolver a coluna com algodão e, então, utilizar um embrulho de folha de alumínio para mantê-la no lugar. Outra versão desse método, que é especialmente efetiva, consiste em fazer uma manta de isolamento, colocando uma camada de algodão entre dois retângulos de papel-alumínio, com o lado brilhante para dentro. O "sanduíche" é unido com fita adesiva. Essa manta, que é reutilizável, pode ser enrolada em torno da coluna e fixada no local com laços de torção ou fita.

A **taxa de refluxo** é definida como a razão entre o número de gotas de destilado que retornam para o balão de destilação e o número de gotas de destilado coletado. Em uma coluna eficiente, a taxa de refluxo deverá ser igual ou maior que o número de pratos teóricos. Uma elevada taxa de refluxo garante que a coluna atingirá o equilíbrio de temperatura e chegará à sua eficiência máxima. Essa proporção não é fácil de ser determinada e, na verdade, é impossível de determinar quando se deve utilizar um condensador Hickman, e isso não deve causar preocupação em um aluno iniciante. Em alguns casos, o **rendimento**, ou **taxa de eliminação**, de uma coluna pode ser especificado. Isso é expresso como o número de mililitros de destilado que podem ser coletados por unidade de tempo, geralmente, em mL/min.

Aparelho em macroescala. A Figura 15.2 ilustra o equipamento de destilação fracionada que pode ser utilizado para destilações em macroescala. Ele tem uma coluna de vidro com jaqueta que é recheada com uma esponja de aço inoxidável. Esse aparelho é comum em situações nas quais quantidades de líquido excedentes a 10 mL tiverem de ser destiladas.

Em uma destilação fracionada, a coluna deverá ser fixada na posição vertical com uma garra. O balão de destilação normalmente será aquecido por uma manta de aquecimento, que permite um ajuste preciso da temperatura. Usar uma taxa de destilação apropriada é extremamente importante. A destilação deverá ser conduzida o mais lentamente possível, a fim de possibilitar a ocorrência de tantos ciclos de vaporização–condensação quantos forem possíveis, à medida que o vapor passa através da coluna. No entanto, a taxa de destilação tem de ser suficientemente estável para produzir uma leitura de temperatura constante no termômetro. Uma taxa rápida demais fará que a coluna "inunde" ou fique "obstruída". Nesse caso, é tão grande a quantidade de líquido em condensação escoando pela coluna que o vapor não consegue subir, e a coluna fica preenchida com líquido. A inundação também pode ocorrer se a coluna não estiver bem isolada e houver uma grande diferença de temperatura entre a parte de baixo e a parte de cima. Essa situação pode ser remediada empregando-se um dos métodos de isolamento que utiliza algodão ou papel-alumínio, conforme descreve a Seção 15.5. Também pode ser necessário isolar a cabeça de destilação na parte superior da coluna. Se a cabeça de destilação estiver fria, ela interromperá o progresso do vapor de destilação. A temperatura de destilação pode ser monitorada mais precisamente utilizando-se um termômetro de mercúrio de imersão parcial (veja a Técnica 13, Seção 13.4).

Aparelho em microescala. O aparelho mostrado na Figura 15.9 é um daqueles que você utilizaria no laboratório em microescala. Se seu laboratório for bem equipado, você pode ter acesso a colunas de espiral giratória, como a mostra a Figura 15.8.

PARTE B. AZEÓTROPOS

15.7 Soluções não ideais: azeótropos

Algumas misturas de líquidos, em virtude de atrações ou repulsões entre as moléculas, não se comportam de maneira ideal; elas não seguem a lei de Raoult. Existem dois tipos de diagramas de composição de vapor–líquido que resultam desse comportamento não ideal: diagramas de **ponto de ebulição mínimo** e de **ponto de ebulição máximo**. Os pontos mínimo e máximo nesses diagramas correspondem a uma mistura de ponto de ebulição constante, chamada **azeótropo**. Um azeótropo é uma mistura com uma composição fixa que não pode ser alterada por destilação simples nem por destilação fracionada. Um azeótropo se comporta como se fosse um composto puro, e do início ao fim do seu processo de destilação mantém uma temperatura constante, resultando em um destilado de composição constante (azeotrópica). O vapor em equilíbrio com um líquido azeotrópico tem a mesma composição que o azeótropo. Por causa disso, um azeótropo é representado como um *ponto* em um diagrama de composição vapor–líquido.

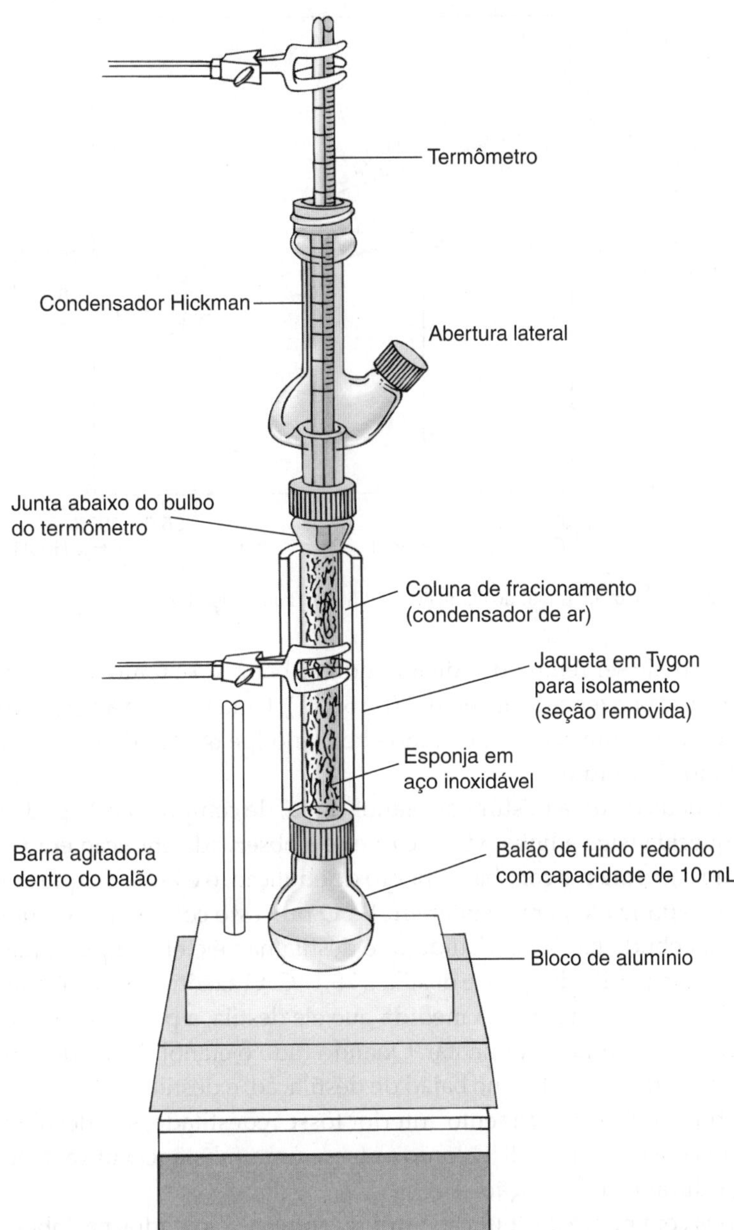

FIGURA 15.9 ■ Aparelho em microescala para destilação fracionada.

A. Diagramas de ponto de ebulição mínimo

Um azeótropo com ponto de ebulição mínimo resulta de uma ligeira incompatibilidade (repulsão) entre os líquidos que estão sendo misturados. Essa incompatibilidade leva a uma pressão de vapor combinada da solução cujo valor é maior que o esperado. A maior pressão de vapor combinada leva a um menor ponto de ebulição para a mistura do que o observado para os componentes puros. A mistura mais comum de dois componentes que resulta em um azeótropo com ponto de ebulição mínimo é o sistema etanol–água, mostrado na Figura 15.10. O azeótropo em V_3 tem uma composição de 96% de etanol e 4% de água, e um ponto de ebulição de 78,1 °C. Esse ponto de ebulição não é muito menor que o do etanol puro (78,3 °C), mas isso significa que é impossível obter etanol puro a partir da destilação de qualquer mistura de etanol–água que contenha mais que 4% de água. Mesmo com a melhor coluna de fracionamento, não se pode obter 100% de etanol.

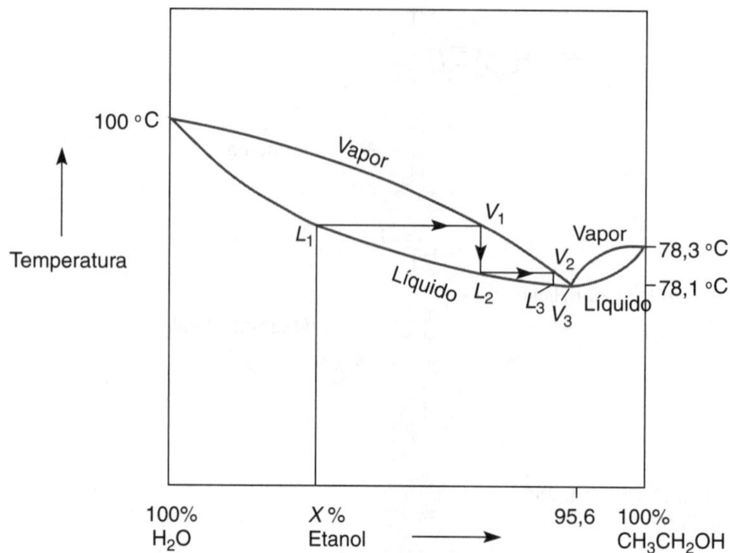

FIGURA 15.10 ■ Diagrama de fases de ponto de ebulição mínimo do etanol–água.

Os 4% de água restante pode ser removida adicionando-se benzeno e removendo-se um azeótropo diferente, o azeótropo ternário benzeno–água–etanol (pe 65 °C). Uma vez que a água é removida, o benzeno em excesso é removido como um azeótropo etanol–benzeno (pe 68 °C). O material resultante é livre de água e é chamado etanol "absoluto".

A destilação fracionada de uma mistura de etanol–água, de composição X, pode ser descrita como se segue. A mistura é aquecida (siga a linha XL_1) até que seja observada ebulição em L_1. O vapor resultante em V_1 será mais rico no componente com baixo ponto de ebulição, o etanol, do que era a mistura original.[1] O condensado em L_2 é vaporizado para resultar em V_2. O processo continua, seguindo as linhas à direita, até que o azeótropo seja obtido em V_3. O líquido que destila não é o etanol puro, mas tem a composição azeotrópica de 96% de etanol e 4% de água, e destila a 78,1 °C. O azeótropo, que é mais rico em etanol que era a mistura original, continua a destilar. À medida que ele destila, a porcentagem de água deixada para trás no balão de destilação continua a aumentar. Quando todo o etanol tiver sido destilado (na forma de azeótropo), a água pura permanece atrás no balão de destilação, e destila a 100 °C.

Se o azeótropo obtido pelo procedimento anterior fosse redestilado, sua destilação, do início ao fim, se daria à temperatura constante de 78,1 °C como se fosse uma substância pura. Não existe mudança na composição do vapor durante a destilação.

Alguns azeótropos com ponto de ebulição mínimo comuns são dados na Tabela 15.3. Inúmeros outros azeótropos são formados em sistemas com dois e três componentes; tais azeótropos são comuns. A água forma azeótropos com muitas substâncias; portanto, a água precisa ser cuidadosamente removida com **agentes secantes**, sempre que possível, antes que os compostos sejam destilados. Dados extensos sobre azeótropos estão disponíveis em material de consulta como o *CRC Handbook of Chemistry and Physics*.[2]

B. Diagramas do ponto de ebulição máximo

Um azeótropo com ponto de ebulição máximo resulta de uma ligeira atração entre as moléculas do componente. Essa atração leva a uma pressão de vapor combinada menor que a esperada na solução.

---

[1] Tenha em mente que esse destilado não é etanol puro, mas, sim, uma mistura de etanol e água.

[2] Mais exemplos de azeótropos, com suas composições e seus pontos de ebulição, podem ser encontrados no *CRC Handbook of Chemistry and Physics;* e também em L. H. Horsley, ed., *Advances in Chemistry Series*, n° 116, Azeotropic Data, III (Washington, DC: American Chemical Society, 1973).

TABELA 15.3 ■ Azeótropos com ponto de ebulição mínimo comuns

Azeótropo	Composição (porcentagem em massa)	Ponto de ebulição (ºC)
Etanol–água	95,6% C_2H_5OH, 4,4% H_2O	78,17
Benzeno–água	91,1% C_6H_6, 8,9% H_2O	69,4
Benzeno–água–etanol	74,1% C_6H_6, 7,4% H_2O, 18,5% C_2H_5OH	64,9
Metanol–tetracloreto de carbono	20,6% CH_3OH, 79,4% CCl_4	55,7
Etanol–benzeno	32,4% C_2H_5OH, 67,6% C_6H_6	67,8
Metanol–tolueno	72,4% CH_3OH, 27,6% $C_6H_5CH_3$	63,7
Metanol–benzeno	39,5% CH_3OH, 60,5% C_6H_6	58,3
Ciclo-hexano–etanol	69,5% C_6H_{12}, 30,5% C_2H_5OH	64,9
2-Propanol–água	87,8% $(CH_3)_2CHOH$, 12,2% H_2O	80,4
Acetato de butil–água	72,9% $CH_3COOC_4H_9$, 27,1% H_2O	90,7
Fenol–água	9,2% C_6H_5OH, 90,8% H_2O	99,5

As menores pressões de vapor combinadas levam a um ponto de ebulição maior do que seria característico para os componentes. Um azeótropo de dois componentes, com ponto de ebulição máximo, é ilustrado na Figura 15.11. Uma vez que o azeótropo tem um ponto de ebulição maior que qualquer um dos componentes, ele ficará concentrado no balão de destilação à medida que o destilado (B puro) é removido. A destilação de uma solução de composição X seguiria para a direita, junto com as linhas na Figura 15.11. Assim que a composição do material remanescente no balão tiver atingido a do azeótropo, a temperatura aumentará, e o azeótropo começará a destilar. O azeótropo continuará a destilar até que todo o material no balão de destilação tiver se esgotado.

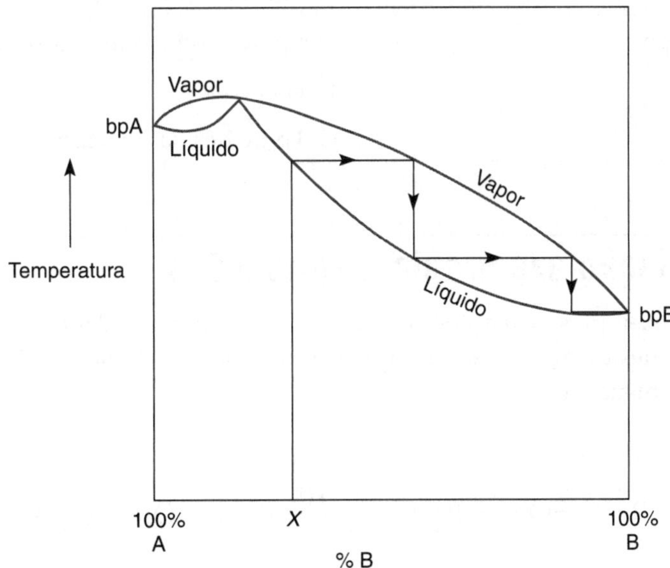

FIGURA 15.11 ■ Um diagrama de fases de ponto de ebulição máximo.

TABELA 15.4 ■ Azeótropos com ponto de ebulição máximo

Azeótropo	Composição (porcentagem de peso)	Ponto de ebulição (°C)
Acetona–clorofórmio	20,0% CH_3COCH_3, 80,0% $CHCl_3$	64,7
Clorofórmio–metiletilcetona	17,0% $CHCl_3$, 83,0% $CH_3COCH_2CH_3$	79,9
Ácido hidroclórico	20,2% HCl, 79,8% H_2O	108,6
Ácido acético–dioxano	77,0% CH_3COCH, 23,0% $C_4H_8O_2$	119,5
Benzaldeído–fenol	49,0% C_6H_5CHO, 51,0% C_6H_5OH	185,6

Alguns azeótropos com ponto de ebulição máximo estão enumerados na Tabela 15.4. Eles não são tão comuns quanto azeótropos com ponto de ebulição mínimo.[3]

C. Generalizações

Existem algumas generalizações que podem ser feitas sobre o comportamento azeotrópico, que são apresentadas aqui sem explicação, mas você tem condições de verificá-las pensando em cada um dos casos, com base nos diagramas de fase fornecidos. (Observe que o A puro sempre está à esquerda do azeótropo nesses diagramas, e o B puro está à direita do azeótropo.)

Azeótropos com ponto de ebulição mínimo

Composição inicial	Resultado experimental
À esquerda do azeótropo	O azeótropo destila primeiro, A puro em segundo
Azeótropo	Inseparável
À direita do azeótropo	O azeótropo destila primeiro, B puro em segundo

Azeótropos com ponto de ebulição máximo

Composição inicial	Resultado experimental
À esquerda do azeótropo	O A puro destila primeiro, o azeótropo em segundo
Azeótropo	Inseparável
À direita do azeótropo	O B puro destila primeiro, o azeótropo em segundo

15.8 Destilação azeotrópica: aplicações

Existem inúmeros exemplos de reações químicas nas quais a quantidade de produto é pequena por causa de um equilíbrio desfavorável. Um exemplo é a esterificação direta, catalisada por ácido, de um ácido carboxílico com um álcool:

$$\mathrm{R{-}\overset{\displaystyle O}{\overset{\|}{C}}{-}OH + R{-}O{-}H \overset{H^+}{\rightleftharpoons} R{-}\overset{\displaystyle O}{\overset{\|}{C}}{-}OR + H_2O}$$

[3] Veja a nota de rodapé 2.

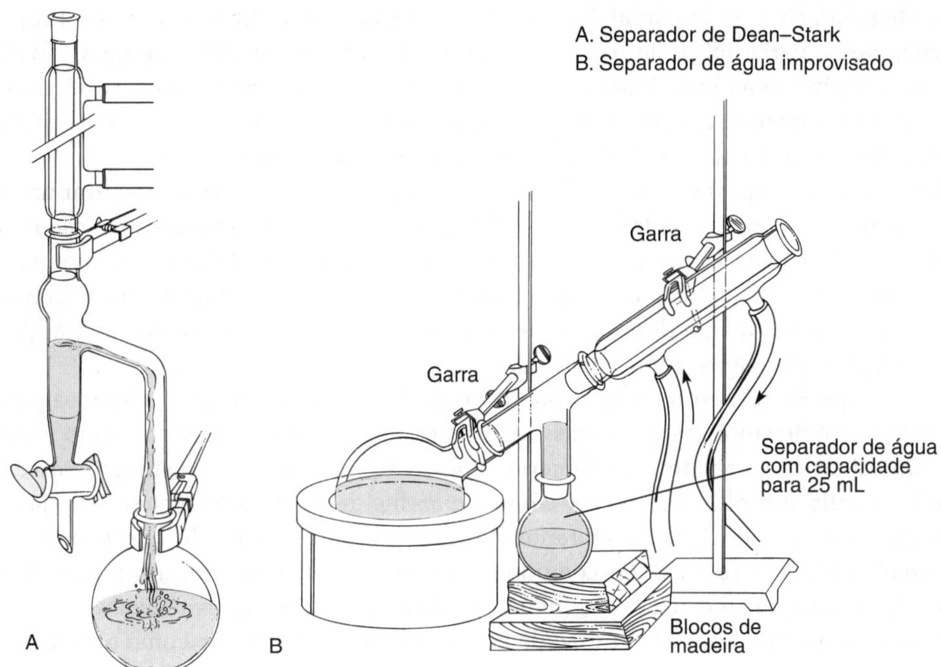

FIGURA 15.12 ■ Separadores de água em escala grande.

Como o equilíbrio não favorece a formação do éster, ele deve ser deslocado para a direita, em favor do produto, utilizando-se excesso de uma das matérias-primas. Na maioria dos casos, o álcool é o reagente de menor custo e é o material empregado em excesso. O acetato de isopentila (Experimento 12) é um exemplo de um éster preparado utilizando-se uma das matérias-primas em excesso.

Outra maneira de deslocar o equilíbrio para a direita é remover um dos produtos da mistura reacional, à medida que ele é formado. No exemplo anterior, a água pode ser removida à medida que é formada por meio da **destilação azeotrópica**. Um método em escala grande, considerado comum, consiste em utilizar o separador de água de Dean–Stark, mostrado na Figura 15.12A. Nessa técnica, um solvente inerte, geralmente benzeno ou tolueno, é adicionado à mistura reacional contida no balão de fundo redondo. O braço lateral do separador de água também é preenchido com esse solvente. Se for utilizado benzeno, à medida que a mistura é aquecida sob refluxo, o azeótropo benzeno–água (pe 69,4 °C, Tabela 15.3) destila para fora do balão.[4] Quando o vapor condensa, ele entra no braço lateral diretamente abaixo do condensador, e a água se separa do condensado benzeno–água; o benzeno e a água se misturam quando se encontram na forma de vapor, mas não são miscíveis na forma de líquidos resfriados. Assim que a água (fase inferior) se separa do benzeno (fase superior), o benzeno líquido transborda do braço lateral, retornando ao balão. O ciclo é repetido continuamente até que não se forme mais água no braço lateral. Você pode calcular a massa da água que, teoricamente, será produzida, e comparar esse valor com a quantidade de água coletada no braço lateral. Como a densidade da água é 1,0, o volume de água coletada pode ser comparado diretamente com a quantidade calculada, assumindo 100% de rendimento.

Um separador de água improvisado, construído a partir dos componentes encontrados no kit de química orgânica tradicional, é mostrado na Figura 15.12B. Embora exija que o condensador seja colocado em uma posição não vertical, ele funciona muito bem.

Em microescala, a separação de água pode ser feita utilizando-se uma montagem de destilação padrão com um condensador de água e um condensador Hickman (veja a Figura 15.13). A variação do

[4] Na verdade, com o etanol, um azeótropo de três componentes, com ponto de ebulição menor, destila a 64,9 °C (veja a Tabela 15.3). Ele consiste em benzeno–água–etanol. Como parte do etanol se perde na destilação azeotrópica, um grande excesso de etanol é utilizado nas reações de esterificação. O excesso também ajuda a deslocar o equilíbrio para a direita.

condensador Hickman com porta lateral é a mais conveniente a ser utilizada para esse propósito, mas não é essencial. Nessa variação, basta remover todo o destilado (o solvente e a água) diversas vezes durante a reação. Utilize uma pipeta Pasteur para remover o destilado, como mostra a Técnica 14 (veja a Figura 14.7). Como o solvente e a água são removidos nesse procedimento, pode ser desejável adicionar mais solvente ocasionalmente, por meio do condensador, com uma pipeta Pasteur.

A consideração mais importante ao se utilizar a destilação azeotrópica para preparar um éster (descrita na página anterior) é que o azeótropo contendo água deve ter um **ponto de ebulição menor** que o do álcool utilizado. Com etanol, o azeótropo benzeno–água entra em ebulição a uma temperatura mais baixa (69,4 °C) que o etanol (78,3 °C), e a técnica descrita anteriormente funciona bem. Com álcoois de ponto de ebulição mais elevado, a destilação azeotrópica funciona bem por causa da grande diferença de ponto de ebulição entre o azeótropo e o álcool.

Com metanol (pe 65 °C), entretanto, o ponto de ebulição do azeótropo benzeno–água é de fato cerca de 5 °C *maior*, e o metanol destila primeiro. Portanto, em esterificações envolvendo metanol, deve ser aplicada uma abordagem totalmente diferente. Por exemplo, é possível misturar ácido carboxílico, metanol, o ácido catalisador, e *1,2-dicloroetano* em um aparelho de refluxo convencional (veja a Técnica 7, Figura 7.6), sem um separador de água. Durante a reação, a água se separa do 1,2-dicloroetano porque ele não é miscível; contudo, o restante dos componentes é solúvel, de modo que a reação pode continuar. O equilíbrio é deslocado para a direita pela "remoção" da água da mistura reacional.

A destilação azeotrópica também é utilizada em outros tipos de reações, como a formação de cetal ou acetal, e a formação da enaminas.

Formação de acetal

$$R-\overset{O}{\overset{\|}{C}}-H + 2\ ROH \underset{}{\overset{H^+}{\rightleftharpoons}} R-\underset{OR}{\overset{OR}{C}}-H + H_2O$$

Formação de enamina

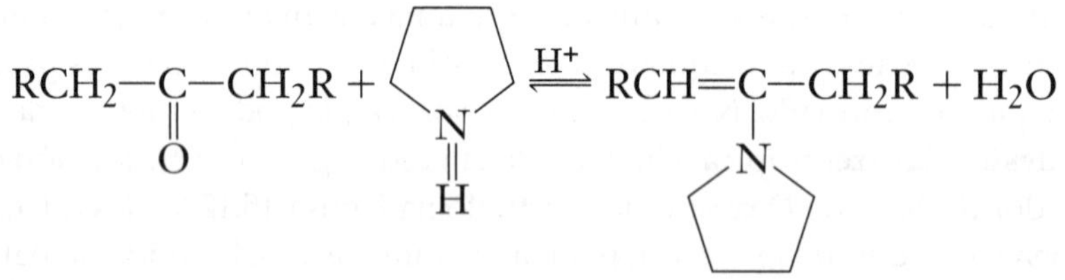

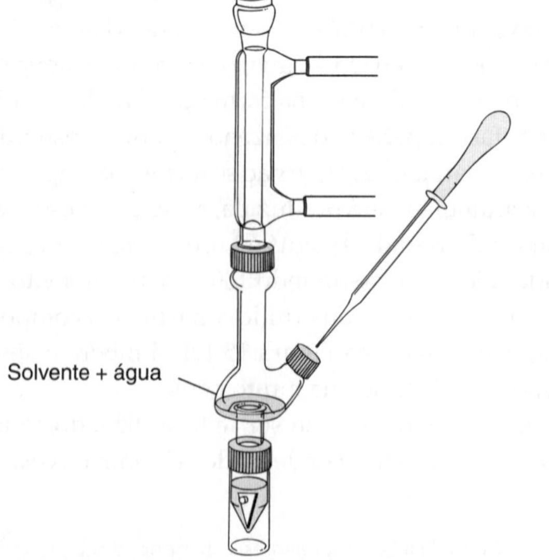

$$RCH_2-\underset{O}{\underset{\|}{C}}-CH_2R + \text{pirrolidina (N–H)} \overset{H^+}{\rightleftharpoons} RCH=\underset{N\text{(pirrolidinil)}}{C}-CH_2R + H_2O$$

FIGURA 15.13 ■ Separador de água em microescala (as duas camadas são removidas).

■ PROBLEMAS ■

1. No gráfico a seguir estão as pressões de vapor aproximadas para o benzeno e o tolueno a várias temperaturas.

	Temperatura (ºC)	mmHg		Temperatura (ºC)	mmHg
Benzeno	30	120	Tolueno	30	37
	40	180		40	60
	50	270		50	95
	60	390		60	140
	70	550		70	200
	80	760		80	290
	90	1010		90	405
	100	1340		100	560
				110	760

a. Qual é a fração molar de cada componente se 3,9 g de benzeno (C_6H_6) forem dissolvidos em 4,6 g de tolueno (C_7H_8)?
b. Assumindo que essa mistura é ideal, isto é, segue a lei de Raoult, qual é a pressão de vapor parcial do benzeno nessa mistura a 50 °C?
c. Faça a estimativa da temperatura em graus mais próxima, na qual a pressão do vapor da solução é igual a 1 atm (ponto de ebulição da solução).
d. Calcule a composição do vapor (fração molar de cada componente) que está em equilíbrio na solução, no ponto de ebulição dessa solução.
e. Calcule a composição percentual em massa do vapor que está em equilíbrio com a solução.

2. Faça a estimativa de quantos pratos teóricos são necessários para separar uma mistura que tem uma fração molar de B igual a 0,70 (70% B), na Figura 15.3.

3. Dois moles de sacarose são dissolvidos em 8 moles de água. Assuma que a solução segue a lei de Raoult e que a pressão de vapor da sacarose é desprezível. O ponto de ebulição da água é 100 °C. A destilação é realizada a 1 atm (760 mmHg).
a. Calcule a pressão de vapor da solução quando a temperatura atinge 100 °C.
b. Qual temperatura seria observada durante toda a destilação?
c. Qual seria a composição do destilado?
d. Se um termômetro for imerso abaixo da superfície do líquido do balão de ebulição, que temperatura seria observada?

4. Explique por que o ponto de ebulição de uma mistura com dois componentes aumenta lentamente durante toda a destilação simples quando as diferenças de ponto de ebulição não são grandes.

5. Considerando os pontos de ebulição de diversas misturas conhecidas de A e B (as frações molares são conhecidas) e as pressões de vapor de A e B no estado puro (P°_A e P°_B) nessas mesmas temperaturas, como você construiria um diagrama de fase da composição do ponto de ebulição para A e B? Dê uma explicação passo a passo.

6. Descreva o comportamento, durante a destilação de uma solução de 98% de etanol através de uma coluna eficiente. Consulte a Figura 15.10.

7. Construa um diagrama aproximado da composição do ponto de ebulição para um sistema de benzeno–metanol. A mistura mostra comportamento azeotrópico (veja a Tabela 15.3). Inclua no gráfico os pontos de ebulição do benzeno puro e do metanol puro, e o ponto de ebulição do azeótropo. Descreva o comportamento para uma mistura que inicialmente é rica em benzeno (90%) e, então, para uma mistura que inicialmente é rica em metanol (90%).

8. Construa um diagrama aproximado da composição do ponto de ebulição para um sistema de acetona–clorofórmio, que forma um azeótropo no ponto de ebulição máximo (veja a Tabela 15.4). Descreva o comportamento durante a destilação de uma mistura que inicialmente é rica em acetona (90%), e então, descreva o comportamento de uma mistura que inicialmente é rica em clorofórmio (90%).

9. Dois componentes têm pontos de ebulição de 130 °C e 150 °C. Faça a estimativa do número de pratos teóricos necessários para separar essas substâncias em uma destilação fracionada.

10. Uma coluna de espiral giratória tem uma HETP de 0,25 polegada/prato. Se a coluna tiver 12 pratos teóricos, qual é seu comprimento?

Técnica 16

Destilação a vácuo, manômetros

A destilação a vácuo (destilação a pressão reduzida) é utilizada para compostos que têm elevados pontos de ebulição (acima de 200°C). Tais compostos frequentemente sofrem decomposição térmica nas temperaturas requeridas para sua destilação à pressão atmosférica. O ponto de ebulição de um composto é reduzido substancialmente pela diminuição da pressão aplicada. A destilação a vácuo também é empregada para compostos que, quando aquecidos, podem reagir com o oxigênio presente no ar, assim como quando é mais conveniente destilar a uma temperatura mais baixa devido a limitações experimentais. Por exemplo, um dispositivo de aquecimento pode ter dificuldade de aquecer a temperaturas que excedam 250°C.

O efeito da pressão no ponto de ebulição é discutido mais completamente na Técnica 13 (veja a Seção 13.1). É fornecido um nomograma (veja a Figura 13.2) que permite estimar o ponto de ebulição de um líquido a uma pressão diferente daquela na qual é relatada. Por exemplo, foi relatado que um líquido entrou em ebulição a 200°C, a 760 mmHg, quando se esperava que a ebulição ocorresse a 90°C, a 20 mmHg. Esta é uma redução significativa na temperatura, e seria útil usar uma destilação a vácuo se fossem esperados quaisquer problemas. Entretanto, para contrabalançar essa vantagem, está o fato de que separações de líquidos que têm diferentes pontos de ebulição podem não ser tão efetivas com uma destilação a vácuo como ocorre com uma destilação simples.

16.1 Métodos em macroescala

Ao trabalhar com objetos de vidro de laboratório sob vácuo você tem de utilizar óculos de segurança, o tempo todo. Existe sempre o perigo de uma implosão.

➪ ADVERTÊNCIA

Os óculos de segurança têm de ser utilizados o tempo todo, durante a destilação a vácuo. 

É uma boa ideia trabalhar em uma capela de exaustão, quando realizar uma destilação a vácuo. Se o experimento for envolver temperaturas elevadas (> 220°C) para destilação ou uma pressão extremamente baixa (< 0,1 mmHg), para sua própria segurança, você com certeza deve trabalhar em uma capela de exaustão, atrás de um anteparo.

Um aparelho básico, similar ao mostrado na Figura 16.1, pode ser utilizado para destilação a vácuo. As principais diferenças a serem encontradas quando se compara este conjunto a um conjunto para destilação simples (veja a Técnica 14, Figura 14.1) são que uma cabeça de destilação Claisen tem de ser inserida entre o balão de destilação e a cabeça de destilação, e que a abertura para a atmosfera tem de ser substituída por uma conexão (A) a uma fonte de vácuo. Além disso, um tubo de entrada de ar (B) foi adicionado à parte superior da cabeça de Claisen. Ao se fazer a conexão com uma fonte de vácuo, pode ser utilizada uma trompa de vácuo (veja a Técnica 8, Seção 8.5), uma bomba mecânica a vácuo (veja a Seção 16.6), ou uma linha de vácuo conectada diretamente à bancada de laboratório. A trompa é provavelmente a mais simples dessas fontes, e a fonte a vácuo com maior probabilidade de estar disponível. Contudo, se pressões abaixo de 10–20 mmHg forem necessárias, deve ser utilizada uma bomba mecânica a vácuo.

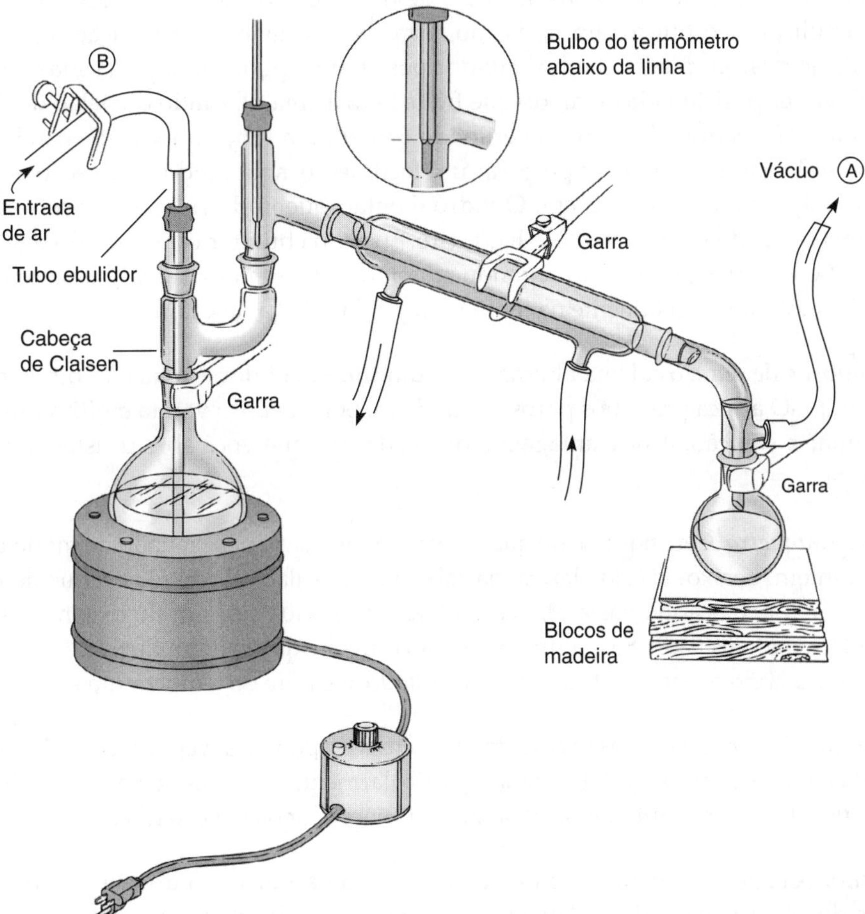

FIGURA 16.1 ■ Destilação a vácuo em macroescala utilizando um kit padrão de laboratório de química orgânica.

Montagem do aparelho

Ao montar um aparelho para destilação a vácuo, é importante verificar os seguintes detalhes.

Objetos de vidro. Antes da montagem, verifique todos os objetos de vidro para se certificar de que não existam rachaduras nem trincas nas juntas cônicas padrão. Se os objetos de vidro estiverem rachados, poderão se quebrar ao serem manipulados. juntas que apresentem trincas podem não ser herméticos, e vazarem.

Juntas lubrificadas. Com equipamento em macroescala, é necessário lubrificar levemente todas as juntas cônicas padrão. Tome cuidado para não utilizar lubrificante em excesso, pois este pode se tornar um contaminante muito importante, se escorrer para fora da parte inferior das juntas em seu sistema. Aplique uma pequena quantidade de lubrificante (uma fina película) completamente em torno da parte superior da junta interna, então, alinhe as juntas e pressione ou gire-as ligeiramente para espalhar a graxa por igual. Se você estiver utilizado a quantidade correta de lubrificante, ele não irá vazar para fora do fundo da junta; em vez disso, a junta inteira parecerá transparente e sem estrias ou áreas não cobertas.

Cabeça de Claisen. A cabeça de Claisen é colocada entre o balão de destilação e a cabeça de destilação para ajudar a evitar que o material seja ejetado no condensador no caso de ebulição descontrolada.

Tubo ebulidor. O tubo para entrada de ar no topo da cabeça de Claisen é chamado de tubo ebulidor. O uso de uma pinça com rosca, ou pinça de Hoffman (B) na parte superior do tubo de paredes grossas (veja a discussão a seguir acerca de tubos e pressão), permite que se ajuste o ebulidor para permitir a entrada de um fluxo contínuo de bolhas no balão de destilação durante o experimento. Uma vez que as pérolas de ebulição não funcionam no vácuo, estas bolhas mantêm a solução agitada e ajudam a prevenir a ebulição descontrolada. O tubo ebulidor possui uma ponta afinada na sua extremidade. Esta extremidade deve ser posicionada de modo que fique logo acima do fundo do balão de destilação.

A maioria dos *kits* padrão de vidro esmerilhado contém um tubo ebulidor. Se não houver disponibilidade de um tudo ebulidor, pode-se preparar um facilmente, aquecendo uma seção de tudo de vidro e puxando-o em aproximadamente 3 cm. O vidro é então quebrado na metade dessa seção puxada, produzindo dois tubos de uma só vez. Na Figura 16.1 o tubo ebulidor está inserido em um adaptador de termômetro. Se você não possuir um segundo adaptador de termômetro, use uma rolha de borracha com um orifício encaixada diretamente na junta no topo da cabeça de Claisen.

Varetas aplicadoras de madeira. Uma alternativa a um tubo ebulidor, é a tala de pinho ou vareta aplicadora de madeira. O ar fica preso nos poros da madeira. Sob vácuo, a vareta emitirá um lento fluxo de bolhas para agitar a solução. A desvantagem é que cada vez que você abre o sistema, precisa utilizar uma nova vareta.

Colocação do termômetro. Certifique-se de que o termômetro esteja posicionado de modo que o bulbo de mercúrio esteja inteiro abaixo da saída lateral na cabeça de destilação (veja o destaque dentro do círculo, na Figura 16.1). Se for colocado mais alto, não poderá ser cercado por um fluxo constante de vapor do material que está sendo destilado. Se o termômetro não estiver exposto a um fluxo contínuo de vapor, não poderá atingir o equilíbrio da temperatura. Como resultado, a leitura da temperatura será incorreta (baixa).

Garras para juntas. Se garras plásticas para juntas estiverem disponíveis (veja a Técnica 7, Figura 7.3), deverão ser utilizadas para fixar as juntas lubrificadas, particularmente as que estão em cada lado do condensador e a que se encontra na parte inferior do adaptador de vácuo, onde o balão receptor está conectado.

Tubo de pressão. A conexão com a fonte de vácuo (A) é feita por meio do tubo de pressão (também chamado tubo de vácuo) que – diferentemente do tubo de paredes finas, mais comum, que é utilizado para transportar água ou gás – tem paredes grossas, portanto sofrerá colapso ao ser esvaziado. Uma comparação dos dois tipos de tubos é mostrada na Figura 16.2.

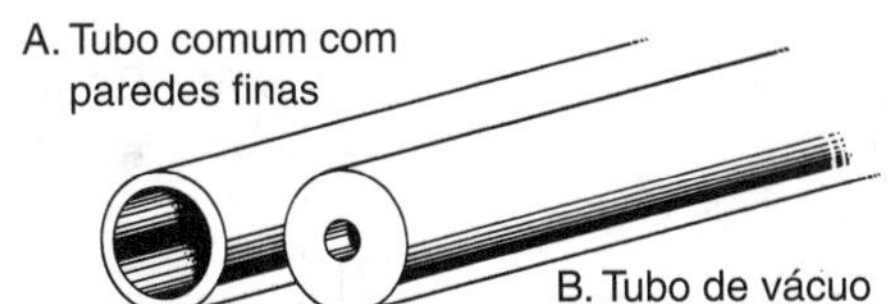

FIGURA 16.2 ■ Comparação de tubos.

Certifique-se duas vezes de que as conexões com o tubo de vácuo estão firmes. Se não for possível obter uma conexão firme, pode ser que você esteja utilizando o tubo de tamanho errado (seja o tubo de borracha ou o tubo de vidro ao qual ele está conectado). Mantenha o comprimento dos tubos de vácuo relativamente pequeno. O tubo de vácuo deve ser relativamente novo e sem rachaduras. Caso o tubo apresente rachaduras quando você esticá-lo ou dobrá-lo, pode ser que ele esteja velho e deixe vazar ar no sistema. Substitua qualquer tubo que pareça estar desgastado.

Rolhas de borracha. Sempre utilize rolhas de borracha macias no aparelho a vácuo; rolhas de cortiça não possibilitam uma vedação hermética. As rolhas de borracha endurecem com o tempo e o uso. Se uma rolha de borracha não for macia (se não ceder ao ser apertada), descarte-a. O tubo de vidro deve se encaixar firmemente em qualquer rolha de borracha. Se você puder mover o tubo para cima e para baixo somente com uma pequena força, ele está muito solto, e é preciso obter um tubo de diâmetro maior.

Balão coletor. Quando se espera obter mais do que uma fração de uma destilação a vácuo, é recomendável dispor de diversos balões coletores, previamente pesados, incluindo o original, disponível antes de a destilação começar. Essa preparação permite a rápida troca de balões receptores durante a destilação. A pesagem prévia permite um rápido cálculo da massa do destilado em cada fração, sem a necessidade de transferir o destilado para outro balão.

Para trocar balões receptores, o aquecimento deve ser interrompido, e o sistema tem de ser ventilado nas duas extremidades, antes de substituir o balão. Na Seção 16.2, são apresentadas orientações completas para este procedimento.

Traps ou Traps de vácuo. Ao realizar uma destilação a vácuo, é habitual colocar uma "armadilha", ou "trap", na linha conectada à fonte de vácuo. Dois modelos comuns de traps são mostrados nas Figuras 16.3 e 16.4. Esse tipo de trap é essencial se a fonte de vácuo for uma trompa ou uma linha de vácuo "doméstica" (uma linha de vácuo instalada no laboratório, geralmente conectada a uma fonte de vácuo) externa. Uma bomba de vácuo mecânica requer um tipo diferente de trap (veja a Figura 16.8). Esperam-se variações na pressão quando se utiliza uma trompa ou uma linha de vácuo. Com uma trompa, se a pressão diminuir o suficiente, o vácuo no sistema irá puxar a água do aspirador para a linha de conexão. O trap permite que você veja que isto está acontecendo, a fim de tomar medidas corretivas (isto é, evitar que a água entre no aparelho de destilação). A ação correta para qualquer situação, exceto uma pequena quantidade de água é "ventilar" o sistema. Isso pode ser conseguido abrindo-se a pinça de Hoffman (C) na parte de cima do trap para deixar o ar entrar no sistema. É também desse modo que o ar é admitido no sistema no final da destilação.

⇨ ADVERTÊNCIA

Observe também que sempre é necessário ventilar o sistema antes que a trompa seja desligada. Se o sistema não for ventilado, a água pode entrar nele, contaminando seu produto. Contudo, certifique-se de ventilar ambas as extremidades do sistema. Após ventilar o trap a vácuo, você deve abrir imediatamente a pinça de Hoffman, na parte superior do tubo ebulidor.

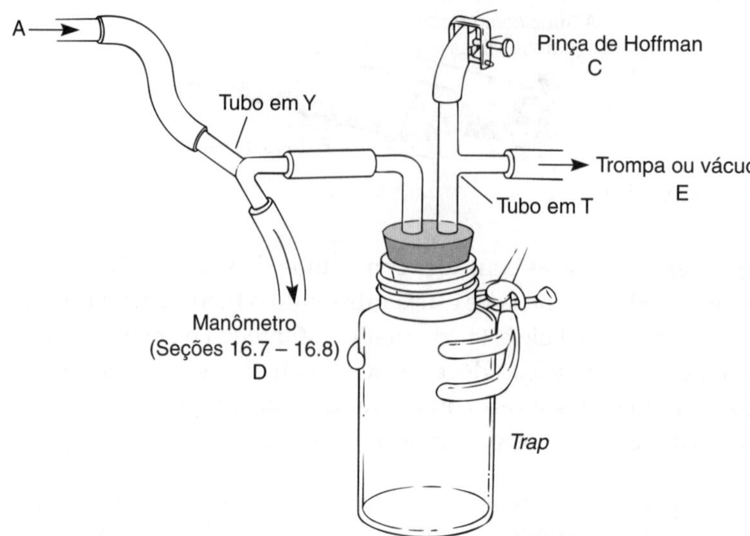

Figura 16.3 ■ Trap a vácuo utilizando uma garrafa de gás. O conjunto se conecta à Figura 16.1, unindo o tubo ao ponto A. (A conexão do tubo Y ao manômetro é opcional.)

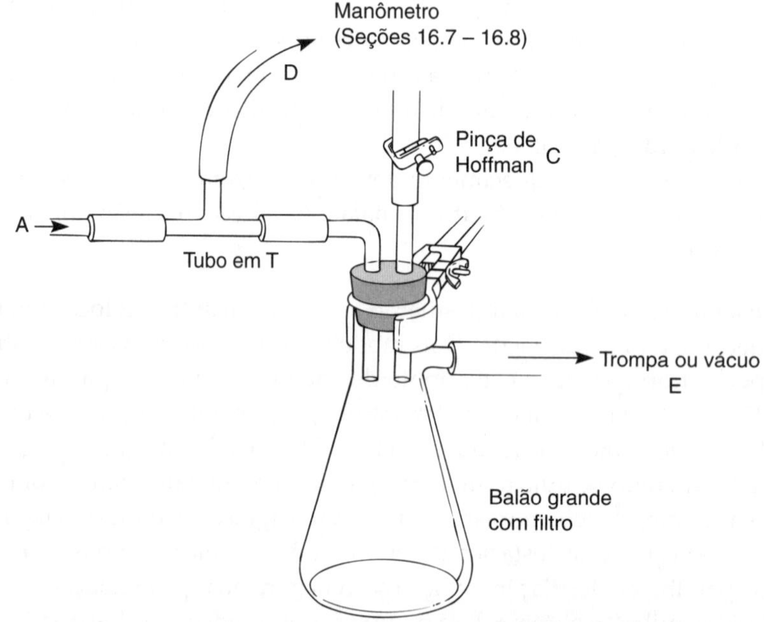

Figura 16.4 ■ Trap a vácuo utilizando um frasco Kitassato com paredes espessas. O conjunto se conecta à Figura 16.1 unindo o tubo ao ponto A. (A conexão do tubo T ao manômetro é opcional.)

O trap, que contém um grande volume, também atua como um amortecedor no caso de alterações na pressão, nivelando pequenas variações na linha. Nas linhas de vácuo domésticas, o *trap* evita que o óleo e a água (frequentemente presentes em linhas domésticas) entrem em seu sistema.

Conexão do manômetro. Um manômetro permite a medição da pressão. Um tubo de conexão (D) em formato de Y (ou em formato de T) é mostrado na linha do aparelho para o *trap*. Essa conexão ramificada é opcional, mas é necessária se você quiser monitorar a pressão real de seu sistema, quando utilizar um manômetro. A operação de manômetros é discutida nas Seções 16.7 e 16.8. Um manômetro adequado deve ser incluído no sistema, pelo menos parte do tempo, durante a destilação, a fim de medir a pressão na qual a destilação está sendo conduzida. Um ponto de ebulição tem pouco valor, se a pressão não for conhecida! Após o uso, o manômetro pode ser removido, se uma pinça de Hoffman for empregada para fechar a conexão.

⇨ ADVERTÊNCIA

O manômetro precisa ser ventilado muito lentamente, a fim de evitar que o mercúrio saia pela extremidade do tubo.

Um manômetro também é muito útil na solução de problemas em seu sistema. Ele pode ser conectado a um aspirador ou sistema de vácuo para determinar a pressão de trabalho. Dessa maneira, um aspirador defeituoso (o que não é incomum) pode ser identificado e substituído. Ao conectar seu aparelho, você pode ajustar todas as juntas e conexões para obter a melhor pressão de trabalho, *antes* de iniciar a destilação. Geralmente, uma pressão de trabalho de 25–50 mmHg é adequada para os procedimentos abordados.

Aspiradores. Em muitos laboratórios, a fonte de vácuo mais conveniente para uma destilação sob pressão reduzida é o aspirador. Ele, ou outra fonte de vácuo, é conectado ao captador. Teoricamente, a trompa pode imprimir um vácuo igual à pressão de vapor de água que flui através dele. A pressão de vapor de água fluindo depende de sua temperatura (24 mmHg, a 25°C; 18 mmHg, a 20°C; 9 mmHg, a 10°C). No entanto, no laboratório típico, as pressões obtidas são mais elevadas que o esperado por causa da redução na pressão da água devido à utilização simultânea dos aspiradores pelos alunos. Boas práticas de laboratório exigem que somente alguns alunos em uma determinada bancada usem o aspirador ao mesmo tempo. Pode ser necessário estabelecer um cronograma para o seu uso ou, pelo menos, fazer com que alguns alunos esperem até que outros tenham terminado.

Sistema de Vácuo. Assim como para os aspiradores, dependendo da capacidade do sistema, talvez não seja possível que todos utilizem o sistema de vácuo ao mesmo tempo, sendo necessário que os alunos se revezem ou trabalhem em ciclos. Um típico sistema de vácuo terá uma pressão base de aproximadamente 35–100 mmHg, quando não está sobrecarregado.

16.2 Destilação a vácuo: instruções passo a passo

Os procedimentos na aplicação da destilação a vácuo são descritos nesta seção.

⇨ ADVERTÊNCIA

Os óculos de segurança precisam ser utilizados o tempo todo, durante a destilação a vácuo.

Esvaziamento do aparelho

1. Monte o aparelho mostrado na Figura 16.1 conforme orientação na Seção 16.1 e conecte um trap (veja a Figura 16.3 ou 16.4). A conexão é feita nos pontos identificados como A. Em seguida, co-

necte o trap a um aspirador ou um sistema de vácuo no ponto E. Não feche nenhuma das garras, neste momento.

2. Pese todos os balões coletores vazios a serem utilizados para receber as várias frações durante a destilação.
3. Concentre o material a ser destilado em um frasco de Erlenmeyer ou béquer, removendo todos os solventes voláteis, como o éter, utilize um banho de vapor ou um banho de água na capela de exaustão. Use pedras de ebulição e um fluxo de ar para ajudar na remoção do solvente.
4. Remova o balão de destilação do aparelho de destilação a vácuo, remova a graxa limpando com uma toalha, e transfira o concentrado para o balão, utilizando um funil. Complete a transferência lavando com uma *pequena quantidade* de solvente. Mais uma vez, concentre o material até que mais nenhum solvente volátil possa ser removido (a ebulição será interrompida). O balão não deverá ser preenchido além de metade de sua capacidade após a concentração. Lubrifique novamente a junta e reconecte o balão ao aparelho de destilação. Certifique-se de que todos as juntas estão firmes.
5. Na montagem do trap (veja a Figura 16.3 ou 16.4), abra a pinça de Hoffman em C e conecte um manômetro no ponto D.
6. Ligue o aspirador (ou sistema a vácuo; veja a Figura 16.3) até a potência máxima.
7. Aperte a pinça de Hoffman em B (veja a Figura 16.1) até que o tubo esteja quase fechado.
8. Volte ao trap (veja a Figura 16.3), aperte lentamente a pinça de Hoffman no ponto C. Observe a ação de borbulhar, no tubo ebulidor, para verificar se não está apertado ou solto demais. Quaisquer solventes voláteis que não puderam ser removidos durante a concentração serão removidos agora. Assim que a perda de voláteis diminuir, aperte ao máximo a pinça de Hoffman C.
9. Ajuste o tubo ebulidor em B até que se forme um fluxo de bolhas leve e contínuo.
10. Espere alguns minutos e, então, registre a pressão obtida.
11. Se a pressão não for satisfatória, verifique todas as conexões para checar se estão apertadas. Gire delicadamente as mangueiras para ajustá-las melhor. Aperte as rolhas de borracha. Verifique as juntas de todos os tubos de vidro. Aperte as juntas umas contra as outras até que estejam uniformemente lubrificadas e bem encaixados. Se você estrangular com suas mãos o tubo de borracha entre o aparelho e o trap, e a pressão diminuir, você perceberá se existe algum vazamento na montagem dos objetos de vidro. Se não houver nenhuma mudança, o problema pode ser com o aspirador ou o trap. Reajuste a pinça de Hoffman do ebulidor, em B, se necessário.

 **NOTA**

Não prossiga até que você tenha obtido um bom vácuo. Peça ajuda ao seu instrutor, se necessário.

12. Assim que o vácuo tiver sido estabelecido, registre a pressão. O manômetro pode então ser removido para ser utilizado por outro aluno, se necessário. Coloque a pinça de Hoffman à frente do manômetro, em D, e aperte-a. O manômetro, ventilado cuidadosamente, agora, pode ser removido.

Início da destilação

13. Eleve a fonte de calor até a posição adequada, utilizando blocos de madeira, ou outros meios, e inicie o aquecimento.

14. Aumente a temperatura. Eventualmente, um anel de refluxo entrará em contato com o bulbo do termômetro, e a destilação terá início.

15. Registre o intervalo de temperatura e a variação de pressão (se o manômetro ainda estiver conectado) durante a destilação. O destilado deverá ser coletado a uma taxa de aproximadamente uma gota por segundo.

16. Se o anel de refluxo estiver na cabeça de Claisen, mas não subir para a cabeça de destilação, pode ser necessário isolar essas peças envolvendo-as com algodão e papel-alumínio (com o lado brilhante para dentro). O isolamento deverá ajudar o destilado a passar para o condensador.

17. O ponto de ebulição deverá ser relativamente constante, desde que a pressão seja constante. Um rápido aumento da pressão pode ser em decorrência do maior uso dos aspiradores no laboratório (ou a mais conexões com o sistema de vácuo). Mas também pode ser em razão da decomposição do material que está sendo destilado. A decomposição produzirá uma densa nuvem branca no balão de destilação. Se isso acontecer, diminua a temperatura da fonte de calor ou remova a fonte, e *espere* até que o sistema esfrie. Quando a nuvem se dissipar, você poderá investigar a causa.

Troca dos balões receptores

18. Para trocar os balões receptores, durante a destilação, quando um novo componente começar a destilar (maior ponto de ebulição sob a mesma pressão), abra cuidadosamente a pinça de Hoffman no topo do trap, em C, e abaixe a fonte de calor imediatamente.

⇨ ADVERTÊNCIA

Verifique se o ebulidor não contém excessivo acúmulo de resíduos! Também pode ser necessário abrir a pinça de Hoffman, em B. 

19. Remova os blocos de madeira ou outro suporte sob o balão receptor, solte a garra e substitua o balão utilizado por um que esteja limpo, faça a pesagem prévia do receptor. Use uma pequena quantidade de graxa, se for preciso, para restabelecer uma boa vedação.

20. Feche novamente a pinça de Hoffman em C, e espere alguns minutos para que o sistema restabeleça a pressão reduzida. Se você abriu a pinça de Hoffman do ebulidor em B, terá de fechá-la e reajustá-la. As bolhas não se formarão até que o líquido retorne para fora do ebulidor. Esse líquido pode ter sido forçado para dentro do ebulidor quando o vácuo foi interrompido.

21. Eleve a fonte de calor de volta para a posição sob o balão de destilação e continue a destilação.

22. Quando a temperatura cair no termômetro, isto geralmente indica que a destilação está completa. Contudo, se uma quantidade significativa de líquido permanecer, as bolhas podem ter parado de se formar, a pressão pode ter aumentado, a fonte de calor pode não estar quente o suficiente ou, talvez, o isolamento da cabeça de destilação seja necessário. Faça os ajustes necessários.

Desligando o aparelho

23. No final da destilação, remova a fonte de calor e, lentamente, abra as pinças de Hoffman, em C e B. Quando o sistema for ventilado, você poderá desligar o aspirador ou o sistema a vácuo e desconectar o tubo.

24. Remova o balão coletor e limpe todos os objetos de vidro assim que possível, logo após a desmontagem (deixe esfriar um pouco), para evitar que as juntas de vidro esmerilhado grudem.

NOTA

Se você usou graxa, limpe muito bem as juntas, eliminando qualquer vestígio de graxa, ou esta irá contaminar suas amostras em experimentos posteriores.

16.3 Coletores de fração rotativos

Com os tipos de aparelhos que discutimos anteriormente, o vácuo deve ser interrompido para que seja possível remover frações quando uma nova substância (fração) começar a destilar. São necessárias algumas etapas para efetuar esta mudança, que é bastante inconveniente quando existem várias frações a serem coletadas. Duas peças de um aparelho em semimicroescala, que são projetadas para diminuir a dificuldade de coletar frações enquanto se está trabalhando sob vácuo, são apresentadas na Figura 16.5. O coletor, que é mostrado à direita, algumas vezes é chamado "teta de vaca", por causa de sua aparência. Com esses dispositivos de coleta de fração rotativos, basta girar o dispositivo para coletar frações.

16.4 Métodos em microescala – aparelho do aluno

A Figura 16.6 mostra o tipo de equipamento de destilação a vácuo que seria utilizado por um aluno em um curso de laboratório em microescala. Este aparelho, que utiliza um frasco cônico de 5 mL como balão de destilação, pode destilar de 1 a 3 mL de líquido. O condensador de Hickman substitui a cabeça de Claisen, cabeça de destilação, o condensador e o balão receptor por uma única peça de vidro.

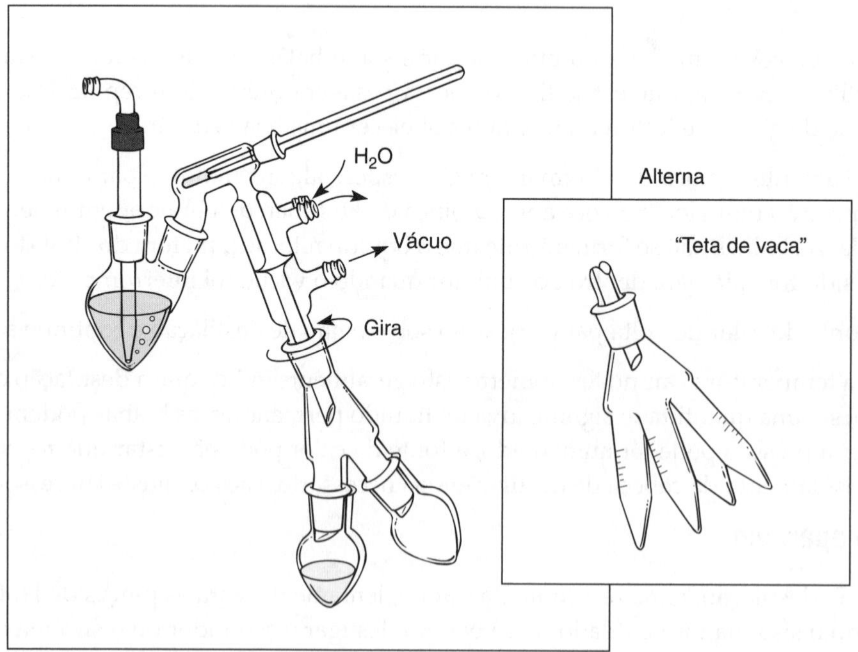

FIGURA 16.5 ■ Coletor de frações rotativo.

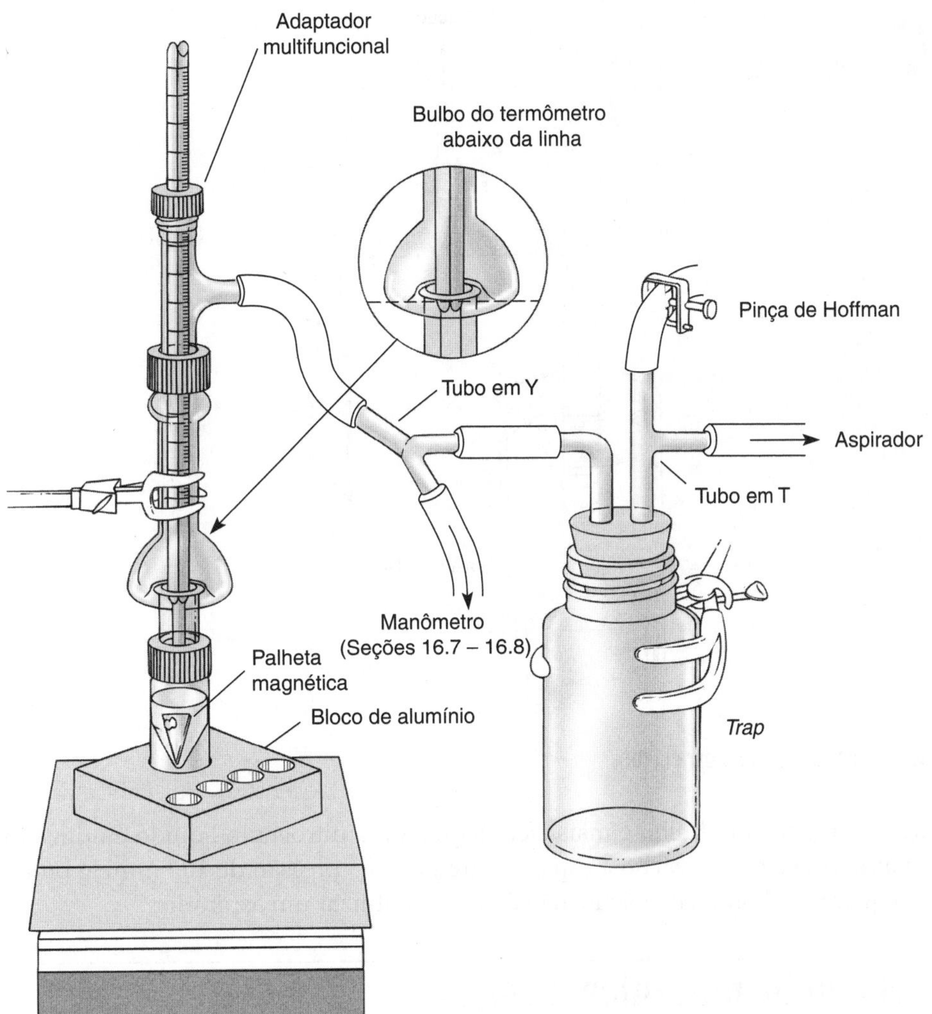

FIGURA 16.6 ■ Destilação em microescala sob pressão reduzida.

16.5 Destilação de bulbo para bulbo

A última palavra em métodos em microescala é utilizar um aparelho de destilação de bulbo para bulbo, mostrado na Figura 16.7. A amostra a ser destilada é colocada no recipiente de vidro conectado a um dos braços do aparelho. A amostra é congelada, geralmente utilizando nitrogênio líquido, mas gelo seco em 2-propanol ou em uma mistura de gelo, sal e água também pode ser utilizado. O recipiente de refrigerante mostrado na figura é um **frasco de Dewar**, que tem uma parede dupla, com o espaço entre as paredes esvaziado e vedado. O vácuo é um bom isolante térmico, e há pouca perda de calor da solução refrigerante.

Depois de congelar a amostra, esvazie todo o aparelho abrindo a torneira. Quando o esvaziamento estiver completo, a torneira é fechada, e o frasco de Dewar é removido. Deixa-se que a amostra descongele e então, é congelada novamente. Este ciclo de congelamento – descongelamento – congelamento remove todo o ar ou todos os gases que ficaram retidos na amostra congelada. Em seguida, a torneira é aberta, a fim de esvaziar o sistema novamente. Quando o segundo esvaziamento estiver concluído, a torneira é fechada, e o frasco de Dewar é movido para o outro braço, a fim de resfriar o recipiente vazio. À medida que a amostra aquece, ela se vaporiza, passa para o outro lado, e é congelada ou liquefeita pela solução refrigerante. A transferência do líquido de um braço para outro pode demorar um pouco, mas *nenhum aquecimento é necessário.*

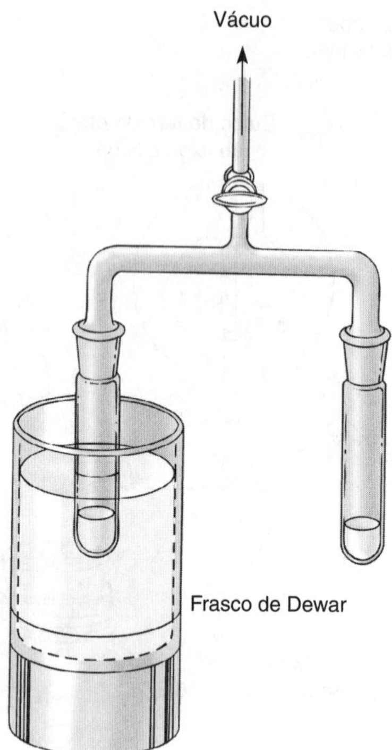

FIGURA 16.7 ■ Destilação de bulbo para bulbo.

A destilação de bulbo para bulbo é mais efetiva quando o nitrogênio líquido é utilizado como refrigerante e quando o sistema de vácuo é capaz de atingir uma pressão de 10^{-3} mmHg ou menor. Esse procedimento requer uma bomba de vácuo; não é possível utilizar um aspirador.

16.6 A bomba mecânica a vácuo

O aspirador não é capaz de produzir pressões abaixo de 5 mmHg. Esta é a pressão do vapor de água a 0°C, e a água congela a esta temperatura. Um valor de pressão mais realista para um aspirador é de cerca de 20 mmHg. Quando forem necessárias pressões abaixo de 20 mmHg, uma bomba de vácuo terá de ser empregada. A Figura 16.8 ilustra uma bomba de vácuo mecânica e os objetos de vidro a ela associada. A bomba de vácuo opera com base em um princípio similar ao do aspirador, mas ela utiliza um óleo com elevado ponto de ebulição, em vez de água, para remover ar do sistema conectado. O óleo utilizado, nesse caso, um óleo de silicone ou um óleo baseado em hidrocarbonetos com alta massa molecular, tem uma pressão de vapor muito baixa, e pressões de sistema muito baixas podem ser atingidas. Uma boa bomba de vácuo com óleo novo pode atingir pressões de 10^{-3} ou 10^{-4} mmHg. Em vez de descartar o óleo, depois que é utilizado, ele é reciclado continuamente através do sistema.

Um trap resfriado é necessário quando se utiliza uma bomba de vácuo. Este trap protege o óleo na bomba de quaisquer vapores que possam estar presentes no sistema. Se vapores de solventes orgânicos ou de compostos orgânicos – que estão sendo destilados – se dissolverem no óleo, a pressão de vapor do óleo irá aumentar, tornando-o menos eficaz. Um tipo específico de trap a vácuo é ilustrado na Figura 16.8. Ele é projetado para se encaixar em um frasco de Dewar isolado, de modo que o líquido refrigerante dure um longo período. No mínimo, o frasco deve ser preenchido com água gelada, mas uma mistura de acetona e gelo seco ou nitrogênio líquido é necessário para se obter temperaturas mais baixas e proteger melhor o óleo. Em geral, são utilizados dois traps: o primeiro deles contém água gelada, e o segundo, uma mistura de gelo seco e acetona ou nitrogênio líquido. O primeiro trap liquefaz vapores com baixo ponto de ebulição, que podem congelar ou solidificar no segundo trap e bloqueá-lo.

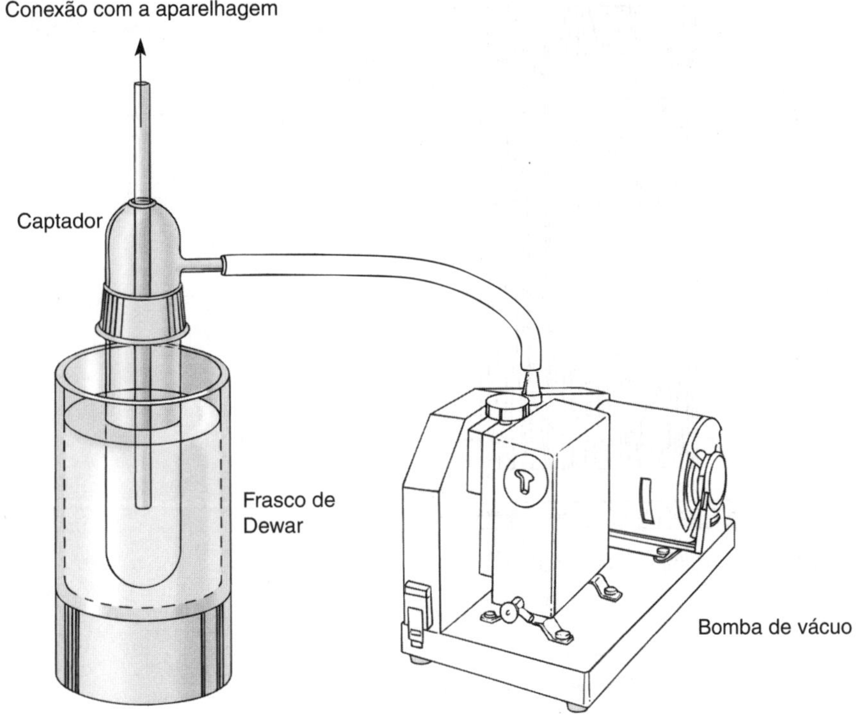

FIGURA 16.8 ■ Uma bomba de vácuo e seu captador.

16.7 O manômetro com extremidade fechada

O principal dispositivo utilizado para medir pressões em uma destilação a vácuo é o **manômetro com extremidade fechada**. Dois tipos básicos estão nas Figuras 16.9 e 16.10. O manômetro mostrado na Figura 16.9 é amplamente utilizado porque é relativamente fácil de ser construído. Ele consiste em um tubo em formato de U, que é fechado em uma extremidade e montado em um suporte de madeira. Você pode construir o manômetro com tubos capilares de vidro de 9 mm e enchê-lo, como mostra a Figura 16.11.

Um pequeno dispositivo de preenchimento é conectado ao tubo em U, com uma mangueira de pressão. O tubo em U é esvaziado com uma boa bomba de vácuo; e então o mercúrio é introduzido, inclinando-se o reservatório de mercúrio. Toda a operação de preenchimento deve ser conduzida em uma panela rasa, para conter quaisquer derramamentos que possam ocorrer. É preciso adicionar mercúrio suficiente para formar uma coluna de aproximadamente 20 cm, em seu comprimento total. Quando o vácuo é interrompido pela entrada do ar, o mercúrio é forçado pela pressão atmosférica para a extremidade do tubo esvaziado. Então, o manômetro está pronto para uso. A constrição mostrada na Figura 16.11 ajuda a proteger o manômetro contra a possibilidade de se quebrar quando a pressão for liberada. Certifique-se de que a coluna de mercúrio seja suficientemente longa para passar por essa constrição.

⇨ ADVERTÊNCIA

O mercúrio é um metal muito tóxico, apresentando efeitos cumulativos. Como o mercúrio tem uma pressão de vapor elevada, ele não deve ser derramado no laboratório. Você não deve deixá-lo tocar sua pele. Procure ajuda imediata de um instrutor se houver qualquer derramamento de mercúrio ou se um manômetro se quebrar. Derramamentos devem ser limpos imediatamente. 

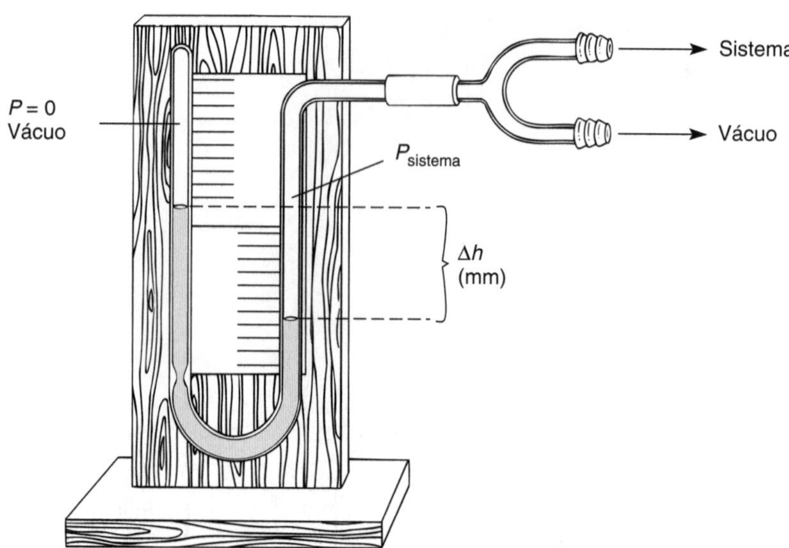

FIGURA 16.9 ■ Um manômetro simples com tubo em U.

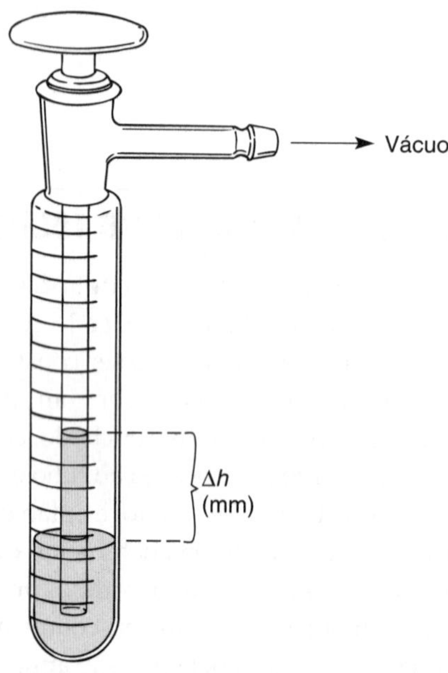

FIGURA 16.10 ■ Manômetro comercial em forma de haste.

Quando um aspirador ou qualquer outra fonte de vácuo for utilizada, um manômetro pode ser conectado ao sistema. À medida que a pressão é reduzida, o mercúrio se eleva no tubo à direita e cai, no tubo à esquerda, até que Δh corresponda à pressão aproximada do sistema (veja a Figura 16.9).

$$\Delta h = (P_{\text{sistema}} - P_{\text{braço de referência}}) = (P_{\text{sistema}} - 10^{-3}\ \text{mmHg}) \approx P\text{sistema}$$

Um pequeno segmento de régua ou um pedaço de papel milimetrado é colocado na placa de suporte, a fim de permitir que Δh seja lido. Não é necessária nenhuma adição ou subtração, porque a pressão de referência (criada pelo esvaziamento inicial, quando ocorre o preenchimento) é aproximadamente zero (10^{-3} mmHg), quando se trata de leituras no intervalo de 10–50 mmHg. Para determinar a pressão, conte o número de milímetros, iniciando do topo da coluna de mercúrio, à esquerda, e continuando

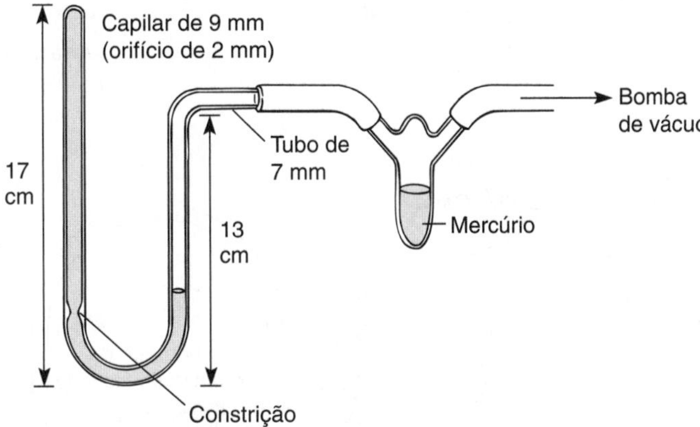

FIGURA 16.11 ■ Preenchendo um manômetro com tubo em U.

para baixo, em direção ao topo da coluna de mercúrio à direita. Este é a diferença de altura Δh que fornece diretamente a pressão no sistema.

Um modelo equivalente ao manômetro com tubo em U, utilizado comercialmente, é mostrado na Figura 16.10. Com esse manômetro, a pressão é fornecida pela diferença nos níveis de mercúrio nos tubos interno e externo.

Os manômetros descritos aqui têm um intervalo de cerca de 1–150 mmHg na pressão. Eles são convenientes quando um aspirador é a fonte de vácuo. Para sistemas de alto vácuo (com pressões inferiores a 1 mmHg), deve ser empregado um manômetro mais elaborado ou um dispositivo de medição eletrônico. Esses dispositivos não serão discutidos aqui.

16.8 Conectando e utilizando um manômetro

O uso mais comum de um manômetro com extremidade fechada é para monitorar a pressão durante uma destilação sob pressão reduzida. O manômetro é colocado em um sistema de destilação a vácuo, como mostra a Figura 16.12. Geralmente, um aspirador é a fonte de vácuo. Tanto o manômetro como o aparelho de destilação devem ser protegidos por um trap contra possíveis retornos na linha de água. Alternativas aos traps mostrados na Figura 16.12 aparecem nas Figuras 16.3 e 16.4. Observe, em cada caso, que os traps têm um dispositivo (pinça de Hoffman ou torneira) para abrir o sistema para a atmosfera. Isso é especificamente importante ao se utilizar um manômetro, porque as alterações de pressão sempre devem ser feitas lentamente. Se isso não for feito, existe o perigo de espalhar mercúrio em todo o sistema, quebrando o manômetro, ou de espirrar mercúrio pelo laboratório. Se um sistema utilizando um manômetro com extremidade fechada for aberto repentinamente, o mercúrio corre para a extremidade fechada do tubo em U, com tanta velocidade e força que a extremidade irá se quebrar. O ar deve ser admitido *lentamente*, abrindo-se a válvula com cuidado. De maneira similar, a válvula deverá ser fechada lentamente quando o vácuo for iniciado, ou o mercúrio pode ser forçado para dentro do sistema através da extremidade aberta do manômetro.

Se a pressão em uma destilação com pressão reduzida estiver abaixo do desejado, é possível ajustá-la por meio de uma **válvula de sangria**. A torneira pode cumprir essa função na Figura 16.12, se for aberta somente um pouco. Nesses sistemas com uma pinça de Hoffman no trap (veja as Figuras 16.3 e 16.4), remova a pinça de Hoffman da válvula do trap e conecte a base de um bico de Bunsen no estilo Tirrill. A válvula de agulha na base do bico pode ser utilizada para ajustar precisamente a quantidade de ar que é admitida no sistema (sangria) e, desse modo, controlar a pressão.

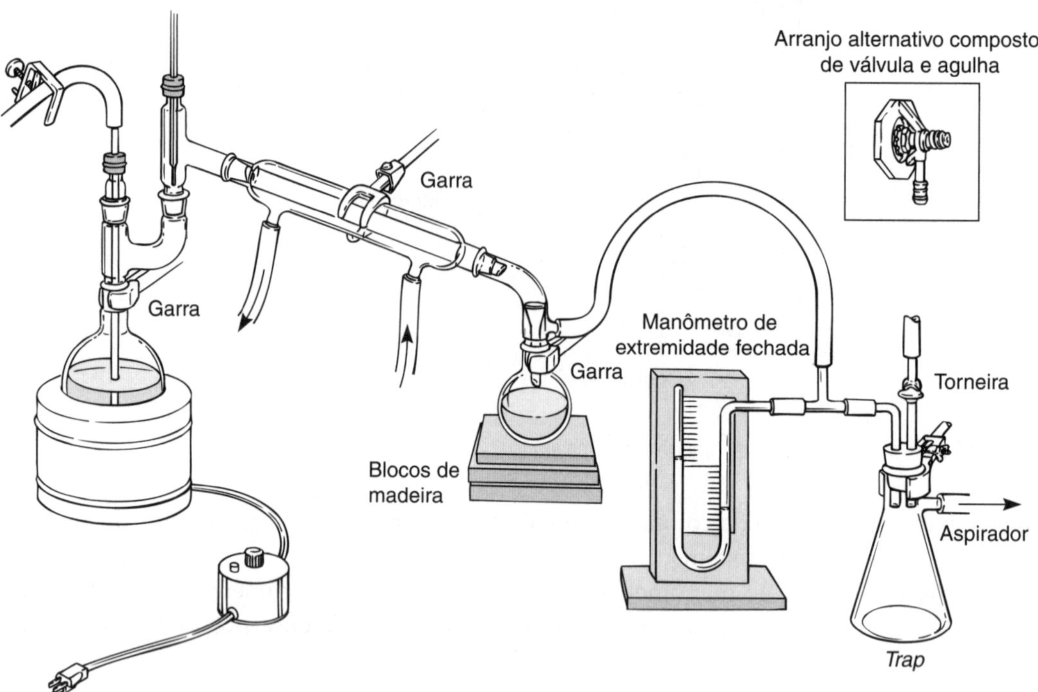

FIGURA 16.12 ■ Conectando um manômetro ao sistema. Na montagem de uma "sangria", a válvula da agulha pode substituir a torneira.

■ PROBLEMAS ■

1. Dê algumas razões que levariam você a purificar um líquido utilizando destilação a vácuo em vez de destilação simples.
2. Ao utilizar um aspirador como fonte de vácuo em uma destilação a vácuo, é preciso desligar o aspirador antes de ventilar o sistema? Explique.
3. Um composto foi destilado à pressão atmosférica e teve um intervalo de ebulição de 310–325 °C. Qual seria o intervalo de ebulição aproximado desse líquido, se fosse destilado sob vácuo a 20 mmHg?
4. Pedras de ebulição geralmente não funcionam bem quando se está fazendo uma destilação a vácuo. Quais substitutos podem ser utilizados?
5. Qual é a finalidade do trap que é usado durante uma destilação a vácuo realizada com um aspirador?

Técnica 17

Sublimação

Na Técnica 13, foi considerada a influência da temperatura na alteração da pressão de vapor de um líquido (veja a Figura 13.1). Foi demonstrado que a pressão de vapor de um líquido aumenta com a temperatura. Uma vez que o ponto de ebulição ocorre quando sua pressão de vapor é igual à pressão aplicada (normalmente, a pressão atmosférica), a pressão de vapor de um líquido é igual a 760 mmHg em seu ponto de ebulição. A pressão de vapor de um sólido também varia com a temperatura. Por causa desse comportamento, alguns sólidos podem passar diretamente para a fase de vapor sem ter passado pela fase líquida. O processo é chamado **sublimação**. Considerando que o vapor pode ser ressolidificado, o ciclo total de vaporização–solidificação pode ser utilizado como um método de purificação. A purificação pode ser bem-sucedida somente se as impurezas tiverem pressões de vapor significativamente menores que o material que está sendo sublimado.

PARTE A. TEORIA

17.1 Comportamento da pressão de vapor de sólidos e líquidos

Na Figura 17.1, são mostradas as curvas da pressão de vapor das fases sólida e líquida, para duas substâncias diferentes. Ao longo das linhas *AB* e *DF*, as curvas de sublimação, o sólido e o vapor estão em equilíbrio. À esquerda dessas linhas, existe a fase sólida, e à direita, está a fase gasosa. Ao longo das linhas *BC* e *FG*, o líquido e o vapor estão em equilíbrio. À esquerda dessas linhas, está a fase líquida, e à direita, a fase gasosa. As duas substâncias variam muito em suas propriedades físicas, como mostra a Figura 17.1.

No primeiro caso (veja a Figura 17.1A), a substância mostra um comportamento normal de mudança de estado, enquanto está sendo aquecida, passando de sólido para líquido e para gás. A linha tracejada, que representa uma pressão atmosférica de 760 mmHg, está localizada *acima* do ponto de fusão *B*, na Figura 17.1A. Portanto, a pressão aplicada (760 mmHg) é *maior* que a pressão de vapor da fase sólido–líquido no ponto de fusão. Começando em *A*, à medida que a temperatura do sólido aumenta, a pressão de vapor se eleva ao longo de *AB* até que seja possível observar o sólido se fundir em *B*. Em *B*, as pressões de vapor de *ambos*, o sólido e o líquido, são idênticas. À medida que a temperatura continua a se elevar, a pressão de vapor aumenta ao longo de *BC* até que se possa observar a ebulição em *C*. A descrição apresentada se refere ao comportamento "normal" esperado para uma substância sólida. Todos os três estados (sólido, líquido e gasoso) são observados sequencialmente durante a mudança na temperatura.

No segundo caso (veja a Figura 17.1B), a substância desenvolve pressão de vapor suficiente para se vaporizar completamente a uma temperatura abaixo de seu ponto de fusão. A substância mostra somente uma transição de sólido para gás. Agora, a linha tracejada está localizada *abaixo* do ponto de fusão *F* desta substância. Desse modo, a pressão aplicada (760 mmHg) é *menor* que a pressão de vapor da fase sólido–líquido, no ponto de fusão.

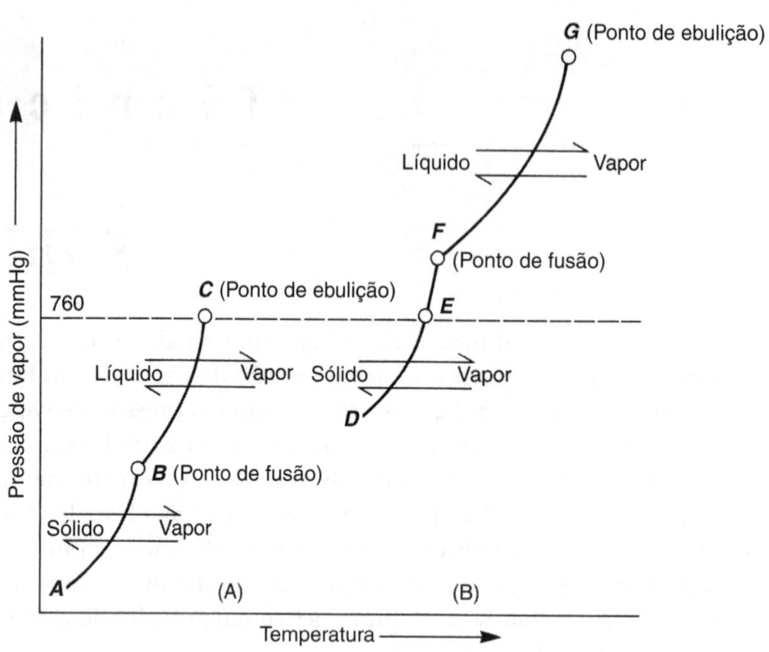

FIGURA 17.1 ■ As curvas de pressão de vapor para sólidos e líquidos. (A) Esta substância mostra as transições normais de sólido para líquido para gás, à pressão de 760 mmHg. (B) Esta substância mostra uma transição de sólido para gás, à pressão de 760 mmHg.

Começando em *D*, a pressão de vapor do sólido se eleva à medida que a temperatura aumenta ao longo da linha *DF*. Contudo, a pressão de vapor do sólido atinge a pressão atmosférica (ponto *E*) *antes* que o ponto de fusão *F* seja atingido. Desse modo, a sublimação ocorre em *E*. Nenhum comportamento de fusão será observado na pressão atmosférica para esta substância. Com a finalidade de que um ponto de fusão seja atingido e que seja observado o comportamento ao longo da linha *FG*, será exigida uma pressão aplicada maior que pressão de vapor da substância no ponto *F*. Isso pode ser conseguido utilizando--se um aparelho de pressão vedado.

O comportamento de sublimação que acaba de ser descrito é relativamente raro para substâncias à pressão atmosférica. Diversos compostos exibindo este comportamento – dióxido de carbono, perfluorociclohexano e hexacloroetano – são enumerados na Tabela 17.1. Observe que esses compostos têm pressões de vapor *acima de* 760 mmHg em seus pontos de fusão. Em outras palavras, suas pressões de vapor atingem 760 mmHg abaixo de seus pontos de fusão, e eles sublimam, em vez de fundir. Qualquer pessoa que tentar determinar o ponto de fusão do hexacloroetano à pressão atmosférica perceberá o vapor saindo da extremidade do tubo do ponto de fusão! Utilizando um tubo capilar vedado, você observará o ponto de fusão de 186 °C.

17.2 Comportamento de sublimação de sólidos

A sublimação em geral é uma propriedade de substâncias relativamente apolares que também possuem estruturas altamente simétricas. Compostos simétricos apresentam pontos de fusão relativamente altos e pressões de vapor elevadas. A facilidade com que uma substância pode escapar do estado sólido é determinada pela intensidade das forças intermoleculares. Estruturas moleculares simétricas têm uma distribuição de densidade eletrônica relativamente uniforme e um pequeno momento dipolar. Um menor momento dipolar significa uma maior pressão de vapor por causa das forças eletrostáticas atrativas menores no cristal.

TABELA 17.1 ■ Pressões de vapor de sólidos em seus pontos de fusão

Composto	Pressão de vapor de um sólido no PF (mmHg)	Ponto de fusão (°C)
Dióxido de carbono	3876 (5,1 atm)	−57
Perfluorociclohexano	950	59
Hexacloroetano	780	186
Cânfora	370	179
Iodo	90	114
Naftaleno	7	80
Ácido benzoico	6	122
p-Nitrobenzaldeído	0,009	106

Os sólidos sublimam se suas pressões de vapor forem maiores que a pressão atmosférica em seus pontos de fusão. Alguns compostos com as pressões de vapor em seus pontos de fusão estão enumerados na Tabela 17.1. Os três primeiros itens na tabela foram discutidos na Seção 17.1. À pressão atmosférica, eles irão sublimar, em vez de fundir, como mostra a Figura 17.1B.

Os quatro itens seguintes na Tabela 17.1 (cânfora, iodo, naftaleno e ácido benzoico) exibem um típico comportamento de mudança de estado (sólido, líquido e gás) na pressão atmosférica, como mostra a Figura 17.1A. No entanto, esses compostos sublimam facilmente sob pressão reduzida. A sublimação a vácuo é discutida na Seção 17.3.

Em comparação com muitos outros compostos orgânicos, cânfora, iodo e naftaleno têm pressões de vapor relativamente altas a temperaturas relativamente baixas. Por exemplo, eles têm uma pressão de vapor de 1 mmHg, a 42 °C, 39 °C e 53 °C, respectivamente. Embora essa pressão de vapor aparentemente não seja muito grande, ela é suficientemente alta para levar, após algum tempo, à **evaporação** do sólido a partir de um recipiente aberto. Produtos para combater traças (como o naftaleno e o 1,4-diclorobenzeno) mostram esse comportamento. Quando o iodo permanece em um recipiente fechado durante certo tempo, é possível observar movimento de cristais de uma parte do recipiente para outra.

Embora os químicos geralmente se refiram a qualquer transição de sólido para vapor como uma sublimação, o processo descrito para cânfora, iodo e naftleno é, na verdade, uma **evaporação** de um sólido. Estritamente falando, um ponto de sublimação é como um ponto de fusão ou um ponto de ebulição, sendo definido como o ponto no qual a pressão de vapor do sólido é *igual* à pressão aplicada. Muitos líquidos evaporam facilmente a temperaturas que estão muito abaixo de seus pontos de ebulição. Contudo, a evaporação de sólidos é muito menos comum. Sólidos que sublimam facilmente (evaporam) precisam ser armazenados em recipientes vedados. Quando o ponto de fusão desse tipo de sólido está sendo determinado, parte do sólido pode sublimar e se acumular na extremidade aberta do tubo de ponto de fusão, enquanto o restante da amostra derrete. Para resolver o problema da sublimação, veda o tubo capilar ou determine rapidamente o ponto de fusão. É possível utilizar o comportamento de sublimação para purificar uma substância. Por exemplo, à pressão atmosférica, a cânfora pode ser facilmente sublimada, logo abaixo de seu ponto de fusão, a 175 °C, sendo que nesta temperatura, a pressão de vapor da cânfora é de 320 mmHg. O vapor se solidifica sobre uma superfície fria.

17.3 Sublimação a vácuo

Muitos compostos orgânicos sublimam facilmente sob pressão reduzida. Quando a pressão de vapor do sólido é igual à pressão aplicada, ocorre sublimação, e o comportamento é idêntico ao mostrado na Figura 17.1B. A fase sólida passa diretamente para a gasosa. Com base nos dados apresentados na Tabela 17.1, deve-se esperar que a cânfora, o naftaleno e o ácido benzoico sublimem em pressões iguais ou inferiores às respectivas pressões aplicadas, de 370 mmHg, 7 mmHg e 6 mmHg. Em princípio, é possível sublimar o *p*-nitrobenzaldeído (último item na tabela), mas isso não seria prático, por causa da baixa pressão aplicada que é necessária.

17.4 Vantagens da sublimação

Uma vantagem da sublimação é que nenhum solvente é utilizado e, portanto, não é necessária a remoção posterior de nenhum solvente. A sublimação também remove material ocluído, como moléculas de solvente, da substância sublimada. Por exemplo, a cafeína (que sublima a 178 °C e funde a 236 °C) absorve água gradualmente da atmosfera, formando um hidrato. Durante a sublimação, a água é perdida, e é obtida cafeína anidra. Porém, se houver solvente demais presente em uma amostra a ser sublimada, ele condensa na superfície resfriada em vez de escapar e, desse modo, interfere com a sublimação.

A sublimação é um método de purificação mais rápido que a cristalização, mas não é tão seletivo. Frequentemente, pressões de vapor similares é um aspecto a ser considerado no caso de sólidos que sublimam; consequentemente, pode haver muito pouca separação. Por esse motivo, sólidos são purificados por cristalização com muito mais frequência. A sublimação é mais efetiva na remoção de uma substância volátil a partir de um composto não volátil, particularmente, um sal ou outro material inorgânico. A sublimação também é efetiva na remoção de moléculas bicíclicas altamente voláteis ou outras moléculas simétricas de produtos de reação menos voláteis. Exemplos de compostos bicíclicos voláteis são: borneol, cânfora e isoborneol.

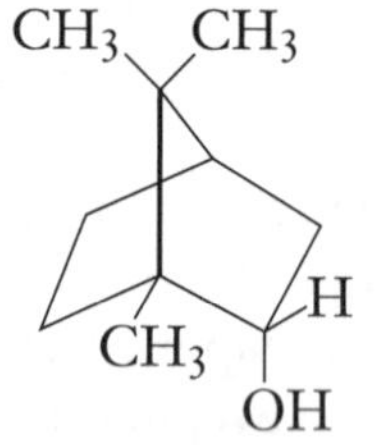

Borneol 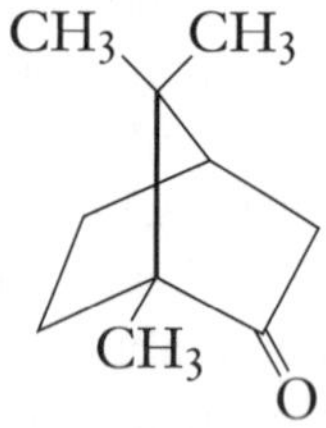　　Cânfora 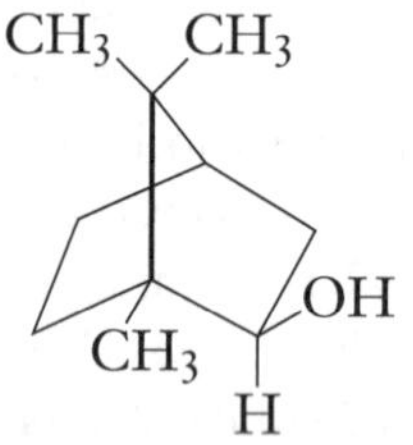　　Isoborneol

PARTE B. SUBLIMAÇÃO EM MACROESCALA E MICROESCALA

17.5 Sublimação – Métodos

Uma sublimação pode ser utilizada para purificar sólidos. Um sólido é aquecido até que sua pressão de vapor se torne suficientemente alta para vaporizar e se condensar como um sólido em uma superfície resfriada, colocada logo acima. Três tipos de aparelhos são ilustrados na Figura 17.2. Uma vez que todas as peças se encaixam firmemente, todos eles são capazes de manter um vácuo. Geralmente, os químicos realizam sublimações a vácuo porque a maioria dos sólidos passam pela transição de sólido para gás somente sob baixas pressões. A redução de pressão também ajuda a evitar a decomposição térmica de substâncias que precisariam de temperaturas elevadas para sublimar sob pressões comuns. Uma extremidade do tubo de vácuo, feito de borracha, é conectada ao aparelho, e a outra extremidade é conectada a um aspirador, ao sistema de vácuo doméstico ou a uma bomba de vácuo.

Provavelmente, uma sublimação é mais bem efetuada utilizando-se um dos equipamentos para microescala mostrados nas Figuras 17.2A e 17.2B. É recomendável que o instrutor de laboratório forneça um desses tipos para uso em comum. Cada aparelho mostrado emprega um tubo central (fechado em

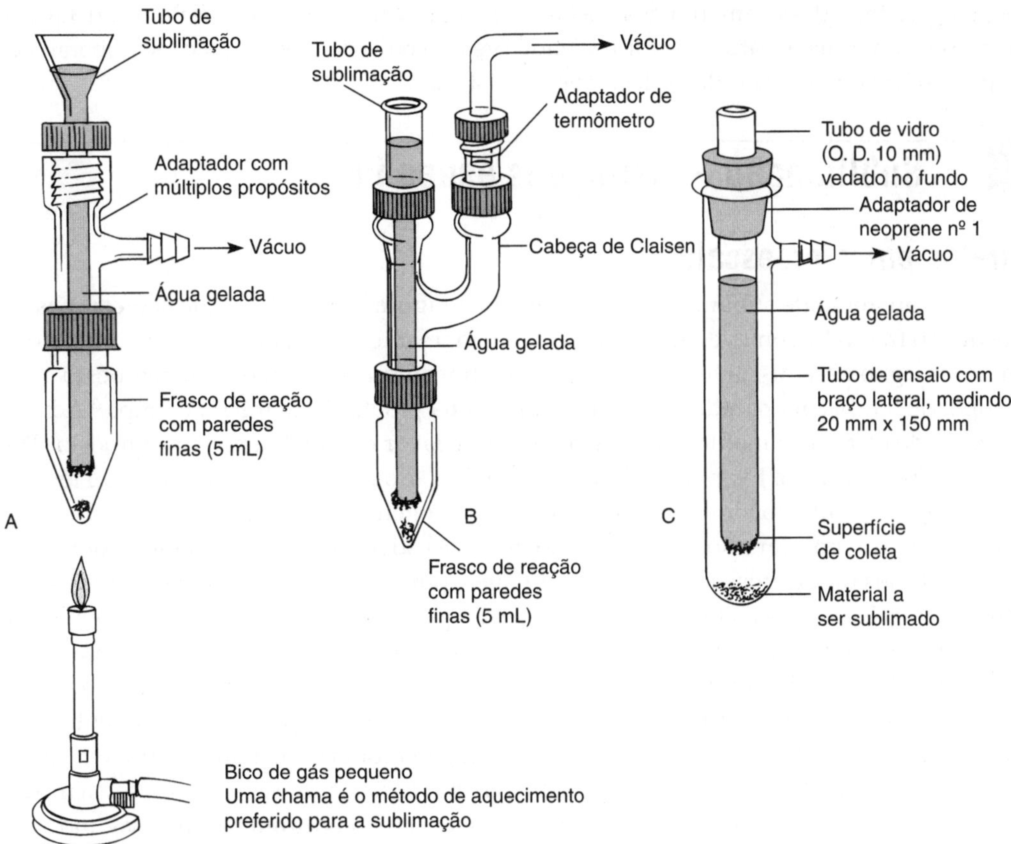

FIGURA 17.2 ■ Um aparelho de sublimação.

uma das extremidades) preenchido com água gelada, que serve como uma superfície de condensação. O tubo é preenchido com pedaços de gelo e um mínimo de água. Se a água refrigerante se tornar aquecida antes que a sublimação esteja concluída, pode ser utilizada uma pipeta Pasteur para remover a água quente. O tubo, então, é preenchido novamente com mais água gelada. A água quente é indesejável porque o vapor não se condensará de maneira eficiente em um sólido tão facilmente sobre uma superfície quente como sobre uma superfície fria. O resultado é uma recuperação de sólido insatisfatória.

O aparelho mostrado na Figura 17.2C pode ser construído a partir de um tubo de ensaio com braço lateral, um adaptador de neoprene e um pedaço de tubo de vidro vedado em uma das extremidades. Como alternativa, pode ser empregado um tubo de ensaio de 15 mm x 125 mm, em vez de um pedaço de tubo de vidro. O tubo de ensaio é inserido em um adaptador de n° 1 utilizando um pouco de água como lubrificante. Todas as peças se ajustam firmemente para se obter um bom vácuo e para evitar que a água vaze para dentro do tubo de ensaio com lateral, através do adaptador de borracha. Para obter uma veação adequada, talvez seja preciso aplicar uma chama no tubo de ensaio.

A chama é o dispositivo de aquecimento preferido porque a sublimação ocorrerá mais rapidamente que com outros dispositivos de aquecimento. A sublimação será encerrada antes que a água gelada se aqueça muito. O queimador pode ser segurado por sua base fria (não pelo tubo quente!) e movido para cima e para baixo nas laterais do tubo externo, para "afastar" qualquer sólido que tenha se formado nos lados, em direção ao tubo frio no centro. Ao utilizar o aparelho como mostram as Figuras 17.2A e 17.2B com uma chama, será preciso empregar um frasco com paredes finas. Vidro mais espesso pode se quebrar, quando aquecido com uma chama.

Lembre-se de que ao realizar uma sublimação, é importante manter a temperatura abaixo do ponto de fusão do sólido. Depois da sublimação, o material que foi recolhido na superfície de refrigeração é recuperado pela remoção do tubo central (chamado de dedo frio) do aparelho. Tome cuidado ao remover esse tubo, para evitar o deslocamento dos cristais que foram coletados. O depósito de cristais é raspado do tubo interno com uma espátula. Se for utilizada pressão reduzida, esta tem de ser liberada cuidadosamente para evitar que um jato de ar desloque os cristais.

17.6 Sublimação – instruções específicas

A. Aparelho em microescala

Monte um aparelho de sublimação, como mostra a Figura 17.2A.[1] Coloque seu composto impuro em um pequeno frasco Erlenmeyer. Adicione aproximadamente 0,5 mL de cloreto de metileno ao frasco de Erlenmeyer, agite para dissolver o sólido e, então, transfira a solução de seu composto a um frasco cônico limpo, de 5 mL, com paredes finas, utilizando uma pipeta Pasteur seca e limpa.[2] Adicione mais algumas gotas de cloreto de metileno ao frasco, a fim de lavar completamente o composto. Transfira o líquido para o frasco cônico. Evapore o cloreto de metileno do frasco cônico, aquecendo levemente em um banho de água quente, sob um fluxo de ar seco ou nitrogênio.

Insira o dedo frio no aparelho de sublimação. Se você estiver utilizando o sublimador com o adaptador com múltiplos propósitos, ajuste-o de modo que a ponta do dedo frio fique posicionada cerca de 1 cm acima do fundo do frasco cônico. Certifique-se de que o interior do aparelho montado esteja limpo e seco. Se você estiver utilizando um aspirador, instale um captador entre o aspirador e o aparelho de sublimação. Ligue o vácuo e verifique se todas as juntas no aparelho estão firmemente vedadas. Coloque água *gelada* no tubo interno do aparelho. Aqueça a amostra leve e cuidadosamente com um microqueimador para sublimar seu composto. Segure o queimador em sua mão (segure em sua base, *não* pelo tubo quente) e aplique o calor movimentando a chama para a frente e para trás, sob o frasco cônico, e pelas laterais. Se a amostra começar a derreter, remova a chama durante alguns segundos, antes de reiniciar o aquecimento. Quando a sublimação estiver completa, interrompa o aquecimento. Retire a água fria e o gelo restante do tubo interno, e deixe o aparelho esfriar enquanto continua a aplicar o vácuo.

Quando o aparelho estiver à temperatura ambiente, ventile lentamente o vácuo e remova *cuidadosamente* o tubo interno. Se a operação não for feita com cuidado, os cristais sublimados podem ser deslocados do tubo interno e cair novamente no frasco cônico. Raspe o composto sublimado sobre um pedaço de papel liso, devidamente pesado, e determine a massa de seu composto recuperado.

B. Aparelho de tubo de ensaio com braço lateral

Monte o aparelho de sublimação, como mostra a Figura 17.2C. Insira um tubo de ensaio de 15 mm × 125 mm em um adaptador de neoprene n° 1, utilizando um *pouco* de água como lubrificante, até que o tubo esteja totalmente inserido. Coloque o composto puro em um tubo de ensaio com braço lateral, de 20 mm × 150 mm. Em seguida, coloque o tubo de ensaio de 15 mm × 120 mm no tubo de ensaio com braço lateral e certifique-se de que eles se encaixam perfeitamente. Ligue o aspirador ou sistema de vácuo e verifique se há uma boa vedação. Quando for atingida uma boa vedação, será possível ouvir ou observar uma alteração na velocidade da água no ventilador. Nesse momento, certifique-se também de que o tubo central esteja centralizado no tubo de ensaio com braço lateral; isso permitirá uma melhor coleta do composto purificado. Assim que o vácuo tiver sido estabelecido, coloque pequenos pedados de gelo no tubo de ensaio, a fim de preenchê-lo.[3] Quando se estabelecer um bom vácuo e o gelo tiver sido adicionado ao tubo de ensaio, aqueça a amostra delicada e cuidadosamente, com um bico de gás pequeno, para sublimar seu composto.

[1] Se você estiver utilizando outro tipo de aparelho de sublimação, seu instrutor lhe dará instruções específicas sobre como montá-lo corretamente.

[2] Se o seu composto não se dissolver totalmente no cloreto de metileno, utilize algum solvente apropriado, com baixo ponto de ebulição, como éter, acetona ou pentano.

[3] É muito importante não adicionar gelo ao tubo de ensaio interno até que tenha se estabelecido o vácuo, pois se isso ocorrer, a condensação nas paredes externas do tubo interno contaminará o composto sublimado.

Segure o bico de gás em sua mão (segure em sua base, *não* pelo tubo quente) e aplique o calor movimentando a chama para a frente e para trás, sob o frasco cônico, e pelas laterais. Se a amostra começar a derreter, remova a chama durante alguns segundos, antes de reiniciar o aquecimento. Quando a sublimação estiver completa, remova o bico de gás e deixe o aparelho esfriar. Enquanto o aparelho está resfriando, e antes de desconectar o vácuo, remova a água e o gelo do tubo interno, utilizando uma pipeta Pasteur.

Quando o aparelho tiver esfriado e a água removida do tubo, você pode desconectar o vácuo. O vácuo deve ser removido cuidadosamente para evitar o deslocamento dos cristais do tubo interno, devido à súbita entrada de ar no aparelho. Remova *cuidadosamente* o tubo interno do aparelho de sublimação. Se essa operação não for feita com cuidado, os cristais sublimados podem ser deslocados do tubo interno e cair no resíduo. Raspe o composto sublimado sobre um pedaço de papel liso, devidamente pesado, utilizando uma pequena espátula, e determine a massa deste composto purificado.

PROBLEMAS

1. Por que o dióxido de carbono sólido é chamado de gelo seco? Como ele difere da água sólida em seu comportamento?
2. Sob que condições você tem dióxido de carbono *líquido*?
3. Uma substância sólida tem uma pressão de vapor de 800 mmHg em seu ponto de fusão (80 °C). Descreva como o sólido se comporta à medida que a temperatura aumenta da temperatura ambiente para 80 °C enquanto a pressão atmosférica é mantida constante a 760 mmHg.
4. Uma substância sólida tem uma pressão de vapor de 100 mmHg no ponto de fusão (100 °C). Considerando uma pressão atmosférica de 760 mmHg, descreva o comportamento deste sólido à medida que a temperatura aumenta da temperatura ambiente para seu ponto de fusão.
5. Uma substância tem uma pressão de vapor de 50 mmHg no ponto de fusão (100 °C). Descreva como você faria esta substância sublimar experimentalmente.

Técnica 18

Destilação a vapor[1]

As destilações simples, fracionadas e a vácuo, descritas nas Técnicas 14, 15 e 16, são aplicáveis somente a misturas completamente solúveis (miscíveis). Quando líquidos *não* são mutuamente solúveis (imiscíveis), eles podem ser destilados, mas com um resultado um pouco diferente. A mistura de líquidos imiscíveis entrará em ebulição a uma temperatura menor que os pontos de ebulição de quaisquer dos componentes puros separados. Quando o vapor é utilizado como uma das fases imiscíveis, o processo é chamado **destilação a vapor**. A vantagem desta técnica é que o material desejado destila a uma tempe-

[1] N. R.T.: No original, *Steam Distillation*. Na língua inglesa há distinção entre as palavras *steam* e *vapor*. *Vapor* corresponde à água no estado gasoso, um gás invisível; *steam* se refere a minúsculas gotículas de água que se formam quando ocorre a condensação da água gasosa, e que geralmente percebemos como uma fumaça branca. No segundo caso, a água está em estado líquido. Em português, usamos a palavra "vapor" em ambos os casos.

ratura abaixo de 100 °C. Portanto, se substâncias instáveis ou com ponto de ebulição muito alto tiverem de ser removidas de uma mistura, a decomposição é evitada. Uma vez que todos os gases se misturam, as duas substâncias podem se misturar no vapor e codestilar. Assim que o destilado é resfriado, o componente desejado, que não é miscível, se separa da água. A destilação a vapor é amplamente utilizada para isolar líquidos de fontes naturais, e também é empregada na remoção de um produto da reação a partir de uma mistura de reação muito viscosa.

PARTE A. TEORIA

18.1 Diferenças entre destilação de misturas miscíveis e imiscíveis

$$\text{Líquidos miscíveis} \quad P_{\text{total}} = P^0_A N_A + P^0_B N_B \tag{1}$$

Dois líquidos, A e B, que são mutuamente solúveis (miscíveis) e não interagem, formam uma solução ideal e seguem a Lei de Raoult, como mostra a equação 1. Note que as pressões de vapor de líquidos puros, P^0_A e P^0_B, não são diretamente somadas para resultar na pressão total, P_{total}, mas são reduzidas pelas respectivas frações molares, N_A e N_B. A pressão total sobre uma solução miscível ou homogênea dependerá de P^0_A e P^0_B e também de N_A e N_B. Assim, a composição do vapor dependerá de *ambos* os fatores, as pressões de vapor e as frações molares de cada componente.

$$\text{Líquidos imiscíveis} \quad P_{\text{total}} = P^0_A + P^0_B \tag{2}$$

Em comparação, quando dois líquidos mutuamente insolúveis (imiscíveis) são "misturados" para resultar uma mistura heterogênea, cada um deles exerce sua própria pressão de vapor, independentemente do outro, como mostra a equação 2. O termo fração molar não aparece nessa equação, porque os compostos não são miscíveis. Você simplesmente soma as pressões de vapor de líquidos puros P^0_A e P^0_B e, a uma determinada temperatura, obtém a pressão total sobre a mistura. Quando a pressão total é igual a 760 mmHg, a mistura entra em ebulição. A composição do vapor a partir de uma mistura imiscível, em comparação com a de uma mistura miscível, é determinada somente pelas pressões de vapor das duas substâncias codestilando. A equação 3 define a composição do vapor de uma mistura imiscível. Os cálculos envolvendo esta equação são dados na Seção 18.2.

$$\frac{\text{Mols de A}}{\text{Mols de B}} = \frac{P^0_A}{P^0_B} \tag{3}$$

Uma mistura de dois líquidos imiscíveis entra em ebulição a uma temperatura menor que os pontos de ebulição de ambos os componentes. A explicação para esse comportamento é similar àquela dada para azeótropos com ponto de ebulição mínimo (veja a Técnica 15, Seção 15.7). Líquidos imiscíveis se comportam desse modo porque uma extrema incompatibilidade entre os líquidos leva a uma pressão de vapor combinada maior que a Lei de Raoult poderia prever. Maiores pressões de vapor, quando combinadas, causam um ponto de ebulição para a mistura menor que o de cada componente individualmente. Assim, você pode pensar na destilação a vapor como um tipo especial de destilação azeotrópica, na qual a substância é completamente insolúvel na água.

As diferenças em comportamento dos líquidos miscíveis e imiscíveis, onde se presume que P^0_A é igual a P^0_B, são mostradas na Figura 18.1. Observe que com líquidos miscíveis, a composição do vapor depende das quantidades relativas de A e B que estão presentes (veja a Figura 18.1A). Portanto, a composição

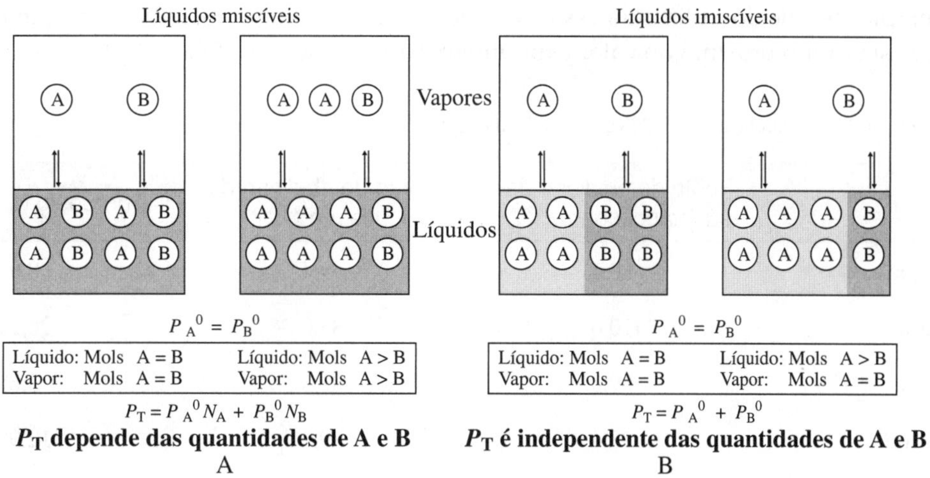

FIGURA 18.1 ■ O comportamento de pressão total para líquidos miscíveis e imiscíveis. (A) Os líquidos miscíveis ideais seguem a Lei de Raoult: P_T depende das frações molares e das pressões de vapor de A e B. (B) Os líquidos imiscíveis não seguem a Lei de Raoult: P_T depende somente das pressões de vapor de A e B.

do vapor deve se modificar durante a destilação. Em comparação, a composição do vapor com líquidos imiscíveis é independente das quantidades de A e B que estão presentes (veja a Figura 18.1B). Desse modo, a composição do vapor deve permanecer *constante* durante a destilação desses líquidos, como é previsto pela equação 3. Líquidos imiscíveis agem como se estivessem sendo destilados simultaneamente a partir de compartimentos separados, como mostra a Figura 18.1B, mesmo que na prática sejam "misturados" durante a destilação a vapor. Uma vez que todos os gases se misturam, eles dão origem a um vapor homogêneo e codestilam.

18.2 Misturas imiscíveis: cálculos

A composição do destilado é constante durante uma destilação a vapor, assim como o ponto de ebulição da mistura. Os pontos de ebulição de misturas destiladas a vapor sempre estarão abaixo do ponto de ebulição da água (pe 100 °C), assim como do ponto de ebulição de quaisquer outras substâncias destiladas. Alguns pontos de ebulição e composições de destilados a vapor representativos são dados na Tabela 18.1. Note que quanto maior o ponto de ebulição de uma substância pura, mais a temperatura do destilado a vapor se aproxima de 100 °C, mas não ultrapassa este limite. Esta é uma temperatura razoavelmente baixa e evita a decomposição que pode resultar de uma destilação simples a temperaturas elevadas..

Para líquidos imiscíveis, as proporções molares de dois componentes em um destilado são iguais à proporção de suas pressões de vapor na mistura em ebulição, como mostra equação 3. Quando a equação 3 é reescrita para uma mistura envolvendo água, o resultado é a equação 4, que pode ser modificada substituindo-se a relação de mols = (peso/peso molecular) para dar a equação 5.

$$\frac{\text{Substância em mols}}{\text{Água em mols}} = \frac{P^0_{\text{substância}}}{P^0_{\text{água}}} \qquad (4)$$

$$\frac{\text{m Substância}}{\text{m Água}} = \frac{(P^0_{\text{substância}})\,(\text{Massa molecular}_{\text{substância}})}{(P^0_{\text{água}})\,(\text{Massa molecular}_{\text{água}})} \qquad (5)$$

Um exemplo de cálculo utilizando essa equação é dado na Tabela 18.2. Observe que o resultado desse cálculo está muito próximo do valor experimental apresentado na Tabela 18.1.

TABELA 18.1 ■ Pontos de ebulição e composições de destilados a vapor

Mistura	Ponto de ebulição da substância pura (°C)	Ponto de ebulição da mistura (°C)	Composição (% água)
Benzeno–água	80,1	69,4	8,9%
Tolueno–água	110,6	85,0	20,2%
Hexano–água	69,0	61,6	5,6%
Heptano–água	98,4	79,2	12,9%
Octano–água	125,7	89,6	25,5%
Nonano–água	150,8	95,0	39,8%
1-Octanol–água	195,0	99,4	90,0%

TABELA 18.2 ■ Exemplos de cálculos para uma destilação a vapor

Problema: Quantos gramas de água devem ser destilados para destilar a vapor 1,55 g de 1-octanol de uma solução aquosa? Qual será a composição em massa (m%) do destilado? A mistura destila a 99,4 °C.

Resposta: A pressão de vapor da água a 99,4 °C deve ser obtida a partir do *CRC Handbook* (= 744 mmHg).

a. Obtenha a pressão parcial de 1-octanol.

$$P^{\circ}_{\text{1-octanol}} = P_{\text{total}} - P^{\circ}_{\text{água}}$$

$$P^{\circ}_{\text{1-octanol}} = (760 - 744) = 16 \text{ mmHg}$$

b. Obtenha a composição do destilado.

$$\frac{\text{m 1-octanol}}{\text{m água}} = \frac{(16)(130)}{(744)(18)} = 0{,}155 \text{ g/g-água}$$

c. Naturalmente, 10 g de água devem ser destilados.

$$(0{,}155 \text{ g/g-água})(10 \text{ g-água}) = 1{,}55 \text{ g 1-octanol}$$

d. Calcule as porcentagens em massa.

$$\text{1-octanol} = 1{,}55 \text{ g}/(10 \text{ g} + 1{,}55 \text{ g}) = 13{,}4\cdots$$

$$\text{água} = 10 \text{ g}/(10 \text{ g} + 1{,}55 \text{ g}) = 86{,}6\cdots$$

PARTE B. DESTILAÇÃO EM MACROESCALA

18.3 Destilação a vapor – métodos em macroescala

Dois métodos de destilação a vapor são geralmente utilizados no laboratório: o **método direto** e o **método indireto**. No primeiro método, é gerado vapor *in situ* (no local) aquecendo-se um balão de destilação contendo o composto e água. No segundo método, o vapor é gerado externamente e é transferido para o balão de destilação com três bocas utilizando-se um tubo de entrada.

A. Método direto

Um método direto de destilação a vapor em macroescala é ilustrado na Figura 18.2. Embora possa ser utilizada uma manta de aquecimento, provavelmente é melhor usar uma chama com este método, porque um grande volume de água precisa ser aquecido rapidamente. É necessário utilizar uma pedra de ebulição para evitar a ebulição descontrolada. O funil de separação permite que mais água seja adicionada no decorrer da destilação.

O destilado é coletado, desde que esteja turvo ou com aparência de branco leitoso. A turbidez indica que um líquido imiscível está em separação. Quando o destilado fica límpido na destilação, geralmente é um sinal de que somente a água está destilando. Contudo, existem algumas destilações a vapor em que o destilado nunca fica turvo, mesmo que o material tenha codestilado. Você deve observar cuidadosamente e se certificar de coletar destilado suficiente, de modo que todo o material orgânico seja codestilado.

B. Método indireto

Uma destilação em macroescala a vapor utilizando o método de vapor indireto é mostrada na Figura 18.3. Se houver linhas de vapor no laboratório, elas podem ser conectadas diretamente ao trap de vapor (primeiro, retire-as, para drenar a água). Se não houver linhas de vapor disponíveis, um gerador externo de vapor (veja o destaque) deve ser preparado. Esse gerador normalmente irá requerer uma chama para produzir vapor a uma taxa suficientemente rápida para a destilação. Quando a destilação tiver iniciado, a pinça no fundo do trap de vapor deve ficar aberta. As linhas de vapor irão acumular uma grande quantidade de água condensada, até que fiquem bem aquecidas. Quando as linhas ficarem aquecidas e a condensação de vapor cessar, a pinça poderá ser fechada. Ocasionalmente, a pinça terá de ser reaberta, a fim de remover o condensado. Neste método, o vapor agita a mistura, à medida que entra no fundo do balão, e não será necessário utilizar um agitador ou uma pedra de ebulição.

⇨ ADVERTÊNCIA

Vapor quente pode produzir queimaduras muito graves. 

Às vezes, é útil aquecer o balão de destilação com três bocas por meio de uma manta de aquecimento (ou chama), a fim de evitar a condensação excessiva naquele ponto. O vapor deve entrar a uma taxa suficientemente rápida, para que você possa ver o destilado condensando como um fluido branco leitoso, no condensador. Os vapores que codestilam irão se separar por resfriamento, resultando neste efeito. Quando o condensado se torna límpido, a destilação está próxima do fim. O fluxo de água através do condensador deverá ser mais rápido que em outros tipos de destilação, a fim de ajudar a resfriar os vapores. Certifique-se de que o adaptador de vácuo permaneça frio ao toque. Um banho de gelo pode ser utilizado para resfriar o balão coletor, se desejado. Quando a destilação tiver de ser interrompida, a pinça de Hoffmann, no trap de vapor, deverá ser aberta, e o tubo de entrada de vapor deve ser removido do balão com três bocas; caso contrário, o líquido voltará para o tubo e o trap de vapor.

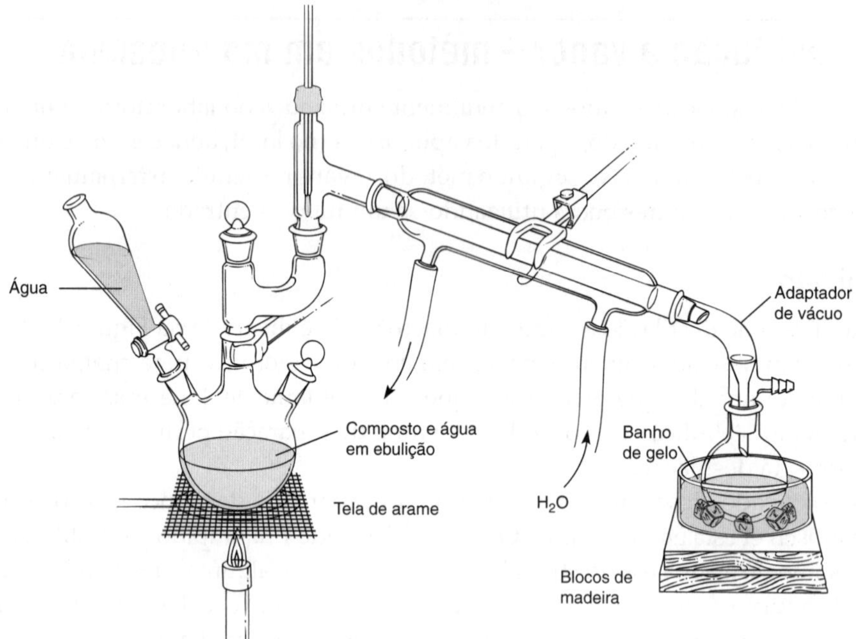

FIGURA 18.2 ■ Um método direto de destilação a vapor em macroescala.

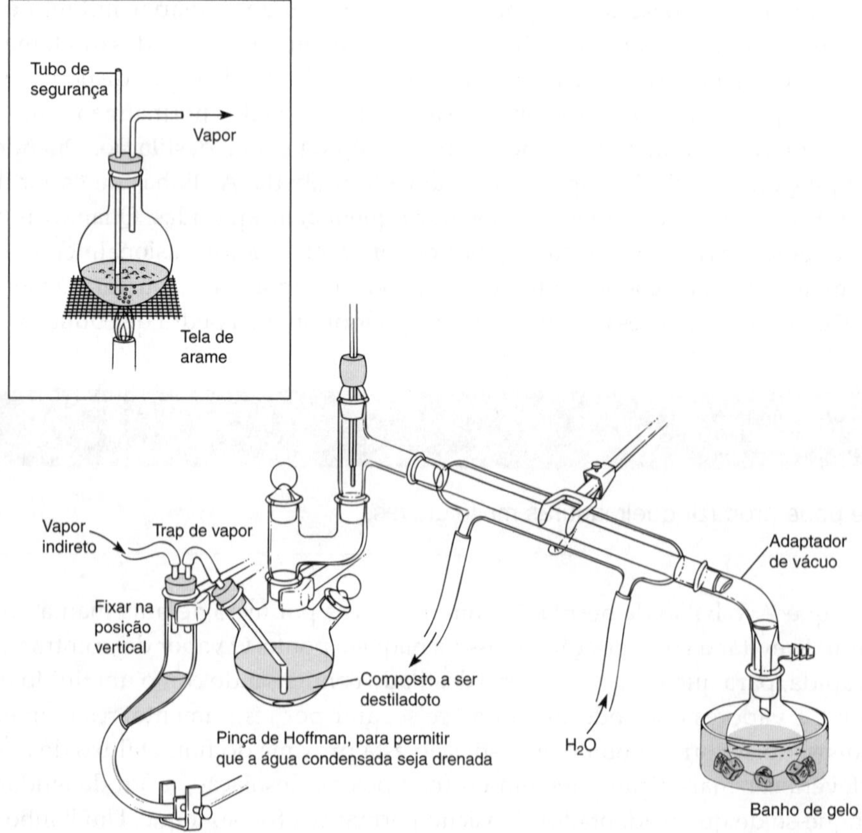

FIGURA 18.3 ■ Uma destilação a vapor em macroescala utilizando vapor indireto.

PARTE C. DESTILAÇÃO EM MICROESCALA

18.4 Destilação a vapor – métodos em microescala

O método direto de destilação a vapor é o único apropriado para experimentos em microescala. O vapor é produzido no frasco cônico ou no balão de destilação (*in situ*), aquecendo-se a água até seu ponto de ebulição, na presença do composto a ser destilado. Este método funciona bem para pequenas quantidades de material. Um aparelho de destilação a vapor em microescala é mostrado na Figura 18.4. A água e o composto a ser destilado são colocados no frasco e aquecidos. É preciso recorrer a uma barra agitadora ou uma pedra de ebulição, a fim de evitar ebulição descontrolada. Os vapores da água e do composto desejado codestilam quando são aquecidos. Eles são condensados na cabeça de destilação Hickman, e quando esta é preenchida, o destilado é removido com uma pipeta Pasteur e colocado em outro frasco, para armazenamento. Em um típico experimento em microescala, será necessário preencher o poço e remover o destilado três ou quatro vezes. Todas essas frações destiladas são colocadas no mesmo recipiente de coleta. A eficiência em coletar o destilado pode algumas vezes ser aprimorada se as paredes internas da cabeça de Hickman forem lavadas várias vezes, coletando-se o solvente de lavagem no poço. Uma pipeta Pasteur é utilizada para efetuar a lavagem. O destilado é retirado do poço e, então, é utilizado para lavar as paredes da cabeça de Hickman em todo o seu entorno. Depois que as paredes forem lavadas e quando o poço estiver cheio, o destilado pode ser retirado e transferido para o recipiente de armazenamento. Talvez, seja preciso adicionar mais água no decorrer da destilação. Mais água é adicionada (remova o condensador, se tiver sido utilizado) através do centro da cabeça de Hickman, com uma pipeta Pasteur.

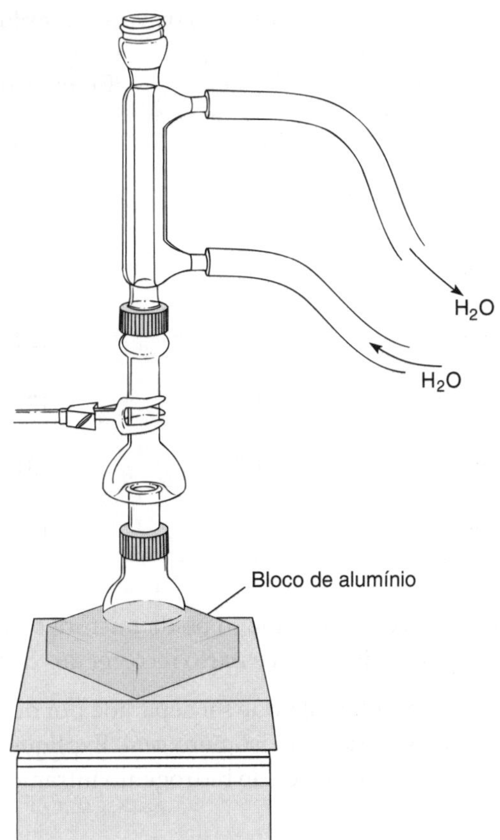

FIGURA 18.4 ■ Destilação a vapor em microescala.

PARTE D. DESTILAÇÃO EM SEMIMICROESCALA

18.5 Destilação a vapor – métodos em semimicroescala

O aparelho mostrado na Técnica 14, Figura 14.5, também pode ser utilizado para realizar uma destilação a vapor, ao nível de microescala, ou um pouco superior. Esse aparelho evita a necessidade de esvaziar o destilado coletado no decorrer da destilação, como acontece quando se utiliza uma cabeça de Hickman.

■ PROBLEMAS ■

1. Calcule a massa do benzeno codestilada com cada grama de água e a composição percentual do vapor produzido durante uma destilação a vapor. O ponto de ebulição da mistura é 69,4 °C. A pressão de vapor da água a 69,4 °C é de 227,7 mmHg. Compare o resultado com os dados na Tabela 18.1.
2. Calcule o ponto de ebulição aproximado de uma mistura de bromobenzeno e água à pressão atmosférica. É fornecida uma tabela da pressão de vapor de água e bromobenzeno, a várias temperaturas.

Pressões de vapor (mmHg)

Temperatura (°C)	Água	Bromobenzeno
93	588	110
94	611	114
95	634	118
96	657	122
97	682	127
98	707	131
99	733	136

3. Calcule a massa de nitrobenzeno que codestila (o pe da mistura é 99 °C) com cada grama de água durante uma destilação a vapor. Pode ser necessário recorrer aos dados fornecidos no problema 2.
4. Uma mistura de *p*-nitrofenol e *o*-nitrofenol pode ser separada por destilação a vapor. O *o*-nitrofenol é volátil com vapor de água, ao contrário do isômero *para*. Explique. Fundamente sua resposta na capacidade dos isômeros de formar ligações de hidrogênio intramoleculares.

Técnica 19

Cromatografia em coluna

Todos os métodos mais modernos e sofisticados de separação de misturas disponíveis para os químicos orgânicos envolvem a **cromatografia**. A cromatografia é definida como a separação de uma mistura de dois ou mais diferentes compostos ou íons pela distribuição entre duas fases, uma das quais é a fase estacionária, e a outra é a fase móvel. Vários tipos de cromatografia são possíveis, dependendo da natureza das duas fases envolvidas: os métodos cromatográficos **sólido–líquido** (em colunas, em camada delgada, e em papel), **líquido–líquido** (líquido de alto desempenho) e **gás–líquido** (na fase de vapor) são comuns.

Toda cromatografia funciona, em grande parte, com base no mesmo princípio que a extração com solventes (veja a Técnica 12). Basicamente, os métodos dependem das solubilidades ou capacidades de adsorção diferenciais das substâncias a serem separadas com relação às duas fases entre as quais elas têm de ser particionadas. Aqui, é considerada a cromatografia em coluna, um método sólido–líquido. A cromatografia em camada delgada é examinada na Técnica 20; a cromatografia líquida de alto desempenho é discutida na Técnica 21; e a cromatografia gasosa, um método gás–líquido, é abordada na Técnica 22.

19.1 Adsorventes

A cromatografia em coluna é uma técnica baseada na capacidade de adsorção e na solubilidade. Trata-se de uma técnica de particionamento de fases envolvendo sólido–líquido. O sólido pode ser praticamente qualquer material que não se dissolva na fase líquida associada; os sólidos utilizados mais comumente são sílica-gel, $SiO_2 \cdot xH_2O$, também chamada de ácido silícico, e a alumina, $Al_2O_3 \cdot xH_2O$. Esses compostos são utilizados em pó ou finamente divididos (geralmente 200–400 mesh).[1]

A maior parte da alumina utilizada para cromatografia é preparada a partir de minério bauxita impuro, $Al_2O_3 \cdot xH_2O{+}Fe_2O_3$. A bauxita é dissolvida em hidróxido de sódio quente e filtrada, a fim de remover os óxidos de ferro insolúveis; a alumina no minério forma o hidróxido anfotérico solúvel, $Al(OH)_4^-$. O hidróxido é precipitado pelo CO_2, que reduz o pH, na forma $Al(OH)_3$. Quando aquecido, o $Al(OH)_3$ perde água para formar alumina pura, Al_2O_3.

$$\text{Bauxita (bruta)} \xrightarrow{\text{NaOH quente}} \text{AL(OH)}_4^- \text{ (aq)} + \text{Fe}_2\text{O}_3 \text{ (insolúvel)}$$

$$\text{Al(OH)}_4^-\text{(aq)} + \text{CO}_2 \longrightarrow \text{Al(OH)}_3 + \text{HCO}_3^-$$

$$2\text{Al(OH)}_3 \xrightarrow{\text{calor}} \text{Al}_2\text{O}_3\text{(s)} + 3\text{H}_2\text{O}$$

A alumina preparada dessa maneira é chamada **alumina básica** porque ela ainda contém alguns grupos hidroxila. A alumina básica não pode ser utilizada para a cromatografia de compostos sensíveis a bases. Portanto, ela é lavada com ácido para neutralizar a base, dando a **alumina lavada com ácido**. Esse

[1] O termo "mesh" se refere ao número de aberturas por polegada linear encontradas em uma tela. Um número grande significa uma tela fina (fios mais finos, com menor espaço entre si). Quando as partículas são peneiradas através de uma série dessas telas, elas são classificadas de acordo com a menor tela de malha pela qual elas vão passar. Mesh 5 representaria um cascalho grosso, e mesh 800 seria um pó fino.

material é insatisfatório, a menos que seja lavado com água suficiente para remover *todo* o ácido; quando lavado desse modo, se torna o melhor material cromatográfico, chamado **alumina neutra**. Se um composto for sensível ao ácido, deverá ser utilizada a alumina básica ou neutra. É preciso ter o cuidado de se certificar quanto ao tipo de alumina que está sendo utilizado para a cromatografia. A sílica-gel não está disponível em nenhuma forma que não seja a adequada para a cromatografia.

19.2 Interações

Se a alumina em pó ou finamente moída (ou sílica-gel) for adicionada a uma solução contendo um composto orgânico, parte do composto orgânico será **adsorvido** ou irá aderir às finas partículas de alumina. Muitos tipos de forças intermoleculares fazem com que moléculas orgânicas sejam ligadas à alumina. Essas forças variam em intensidade, de acordo com seu tipo. Compostos apolares se ligam à alumina utilizando somente as forças de *van der Waals*, que são consideradas fracas, e as moléculas apolares não se ligam fortemente, a menos que tenham massas moleculares extremamente altas. As interações mais importantes são aquelas típicas de compostos polares orgânicos. Essas forças são do tipo dipolo–dipolo ou envolvem alguma interação direta (coordenação, ligação de hidrogênio ou formação de sal). Os tipos de interações são ilustrados na Figura 19.1, que, por questões de conveniência, mostra somente uma parte da estrutura da alumina. Interações similares ocorrem com a sílica-gel. As forças de tais interações variam na seguinte ordem aproximada:

Formação de sal > coordenação > ligação de hidrogênio > dipolo–dipolo > *van der Waals*

Quanto mais polar for o grupo funcional, mais forte será a ligação com a alumina (ou sílica-gel).

A intensidade da interação varia entre compostos. Por exemplo, uma amina fortemente básica interage mais intensamente que uma pouco básica (por coordenação). Na verdade, bases fortes e ácidos fortes geralmente interagem com tamanha intensidade que **dissolvem** parcialmente a alumina. Você pode utilizar a seguinte regra geral.

Uma regra similar se aplica à solubilidade. Solventes polares dissolvem compostos polares mais efetivamente que solventes apolares; compostos apolares são mais bem dissolvidos por solventes apolares. Portanto, o ponto até o qual qualquer solvente pode lavar um composto adsorvido da alumina depende quase diretamente da polaridade relativa do solvente. Por exemplo, embora uma cetona adsorvida

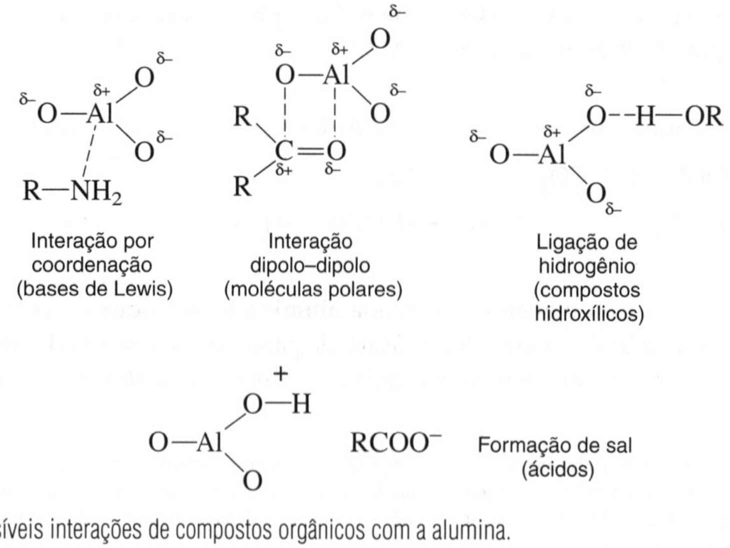

Interação por coordenação (bases de Lewis) — $R{-}NH_2$

Interação dipolo–dipolo (moléculas polares)

Ligação de hidrogênio (compostos hidroxílicos)

$RCOO^-$ Formação de sal (ácidos)

FIGURA 19.1 ■ Possíveis interações de compostos orgânicos com a alumina.

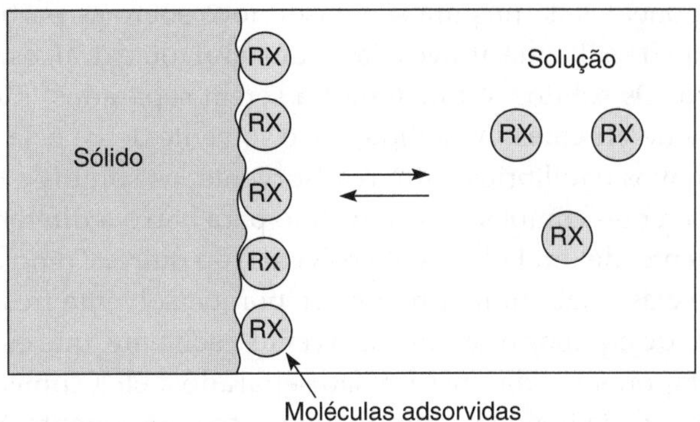

FIGURA 19.2 ■ Equilíbrio dinâmico da adsorção.

em alumina possa não ser removida pelo hexano, ela pode ser completamente removida pelo clorofórmio. Para qualquer material adsorvido, pode-se imaginar um tipo de equilíbrio de **distribuição** entre o material adsorvente e o solvente. Isso é ilustrado na Figura 19.2.

O equilíbrio de distribuição é **dinâmico**, com moléculas sendo constantemente **adsorvidas** a partir da solução e simultanteamente sendo **dessorvidas** de volta à solução. O número médio de moléculas restantes adsorvidas nas partículas sólidas em equilíbrio depende da molécula específica (**RX**) envolvida e do poder de dissolução do solvente com o qual o adsorvente deve competir.

19.3 Princípio da separação cromatográfica em colunas

O equilíbrio dinâmico mencionado anteriormente e as variações na medida em que diferentes compostos são adsorvidos na alumina ou sílica-gel são a base de um método versátil e engenhoso de **separação** de misturas de compostos orgânicos. Nesse método, a mistura de compostos a serem separados é introduzida na parte de cima de uma coluna de vidro cilíndrica (veja a Figura 19.3) **empacotada** ou preenchida com finas partículas de alumina (fase sólida estacionária). O adsorvente é continuamente lavado por um fluxo de solvente (fase móvel) passando através da coluna.

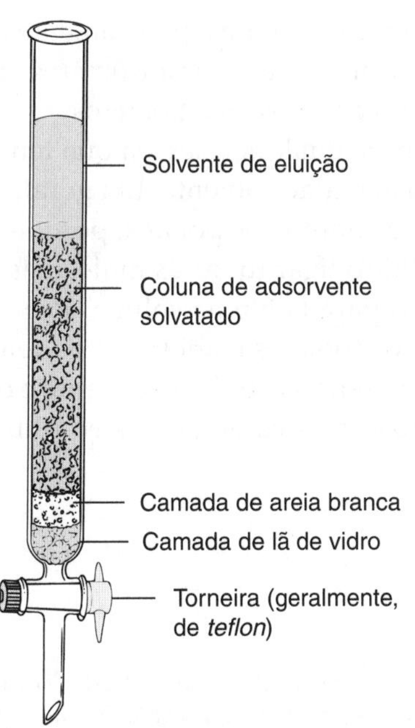

FIGURA 19.3 ■ Uma coluna cromatográfica.

Inicialmente, os componentes da mistura são adsorvidos sobre as partículas de alumina no topo da coluna. O fluxo contínuo de solvente através da coluna **elui**, ou extrai, os solutos da alumina, transportando-os coluna abaixo. Os solutos (ou materiais a serem separados) são chamados de **eluatos**, e os solventes são chamados de **eluentes**. À medida que o solvente desce pela a coluna e atinge alumina fresca, são estabelecidos novos equilíbrios entre o adsorvente, os solutos e o solvente. A equilibração constante significa que diferentes compostos se moverão para baixo a diferentes taxas, dependendo de sua afinidade pelo adsorvente, de um lado, e pelo solvente, do outro. Como o número de partículas de alumina é grande, porque elas estão muito próximas e porque solvente fresco é adicionado continuamente, é enorme o número de equilíbrios entre adsorvente e solvente, que os solutos experimentam.

À medida que os componentes da mistura são separados, eles começam a formar bandas (ou zonas) em movimento, com cada banda contendo um único componente. Se a coluna for suficientemente longa e os outros parâmetros (diâmetro da coluna, adsorvente, solvente e índice do fluxo) forem escolhidos corretamente, as bandas se separam umas das outras, deixando lacunas de solvente puro entre elas. À medida que cada banda (solvente e soluto) passa pelo fundo da coluna, ela pode ser coletada antes que chegue a banda seguinte. Se os parâmetros mencionados forem escolhidos inadequadamente, as várias bandas se sobrepõem ou coincidem, o que, em ambos os casos, resultará numa separação insatisfatória ou inexistente. Uma separação cromatográfica bem-sucedida é ilustrada na Figura 19.4.

19.4 Parâmetros que afetam a separação

A versatilidade da cromatografia em colunas resulta dos muitos fatores que podem ser ajustados, incluindo:

1. Escolha do adsorvente.
2. Escolha da polaridade dos solventes.
3. Tamanho da coluna (em comprimento e em diâmetro) relativo à quantidade de material a ser cromatografado.
4. Taxa de eluição (ou fluxo).

Se as condições forem cuidadosamente escolhidas, praticamente qualquer mistura pode ser separada. Esta técnica tem sido utilizada até mesmo para separar isômeros ópticos. Um adsorvente em fase sólida opticamente ativo foi utilizado para separar os enantiômeros.

Duas escolhas fundamentais para qualquer pessoa que tente fazer uma separação cromatográfica são o tipo de adsorvente e o sistema de solvente. Em geral, compostos apolares passam através da coluna mais rapidamente que os compostos polares, porque eles têm uma menor afinidade pelo adsorvente. Se o adsorvente escolhido ligar todas as moléculas de soluto (polares e apolares) mais intensamente, elas não se moverão para baixo na coluna. Por outro lado, se for escolhido um solvente polar demais, todos os solutos (polares e apolares) podem simplesmente ser lavados através da coluna, sem que ocorra nenhuma separação. O adsorvente e o solvente deverão ser escolhidos de modo que nenhum seja favorecido excessivamente nos equilíbrios entre as moléculas de solvente e de soluto.[2]

[2] Frequentemente, o químico utiliza a cromatografia em camada delgada (TLC), que é descrita na Técnica 20, para chegar às melhores escolhas de solventes e adsorventes para a melhor separação. Um teste com a TLC pode ser realizado rapidamente e com quantidades extremamente pequenas (microgramas) da mistura a ser separada. Isto poupa muito tempo e material. A Técnica 20, Seção 20.10, descreve esse uso da TLC.

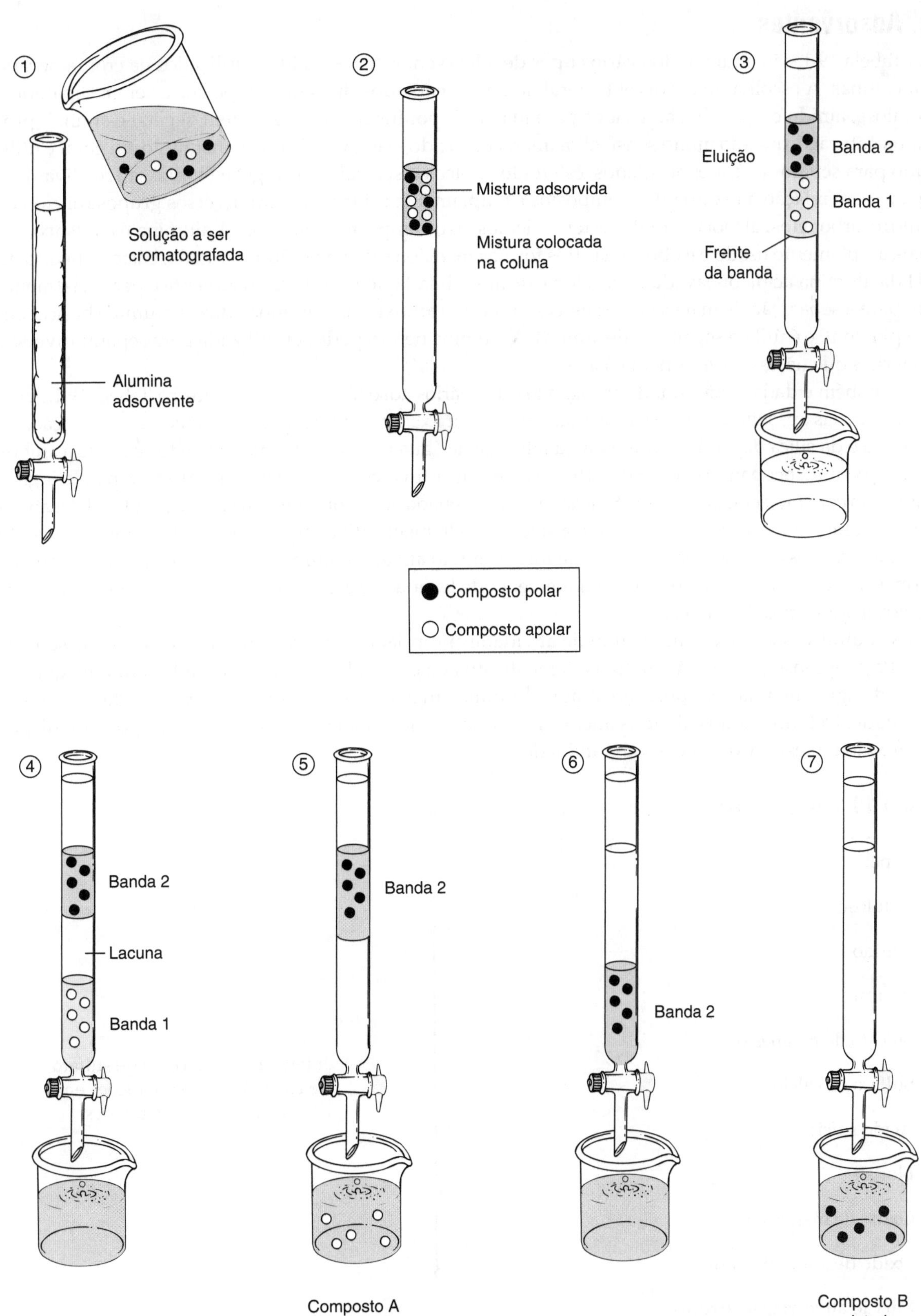

FIGURA 19.4 ■ Sequência de etapas na separação cromatográfica.

A. Adsorventes

Na Tabela 19.1, são enumerados vários tipos de adsorventes (fases sólidas) utilizados na cromatografia em colunas. A escolha do adsorvente geralmente depende dos tipos de compostos a serem separados. Celulose, amido e açúcares são usados para materiais polifuncionais, de origem vegetal e animal (produtos naturais), que são muito sensíveis a interações ácido–base. O silicato de magnésio em geral é utilizado para separar açúcares acetilados, esteroides e óleos essenciais. Sílica-gel e Florisil são relativamente leves em relação à maioria dos compostos e amplamente utilizados para diversos grupos funcionais – hidrocarbonetos, álcoois, cetonas, ésteres, ácidos, azo compostos e aminas. A alumina é o adsorvente mais amplamente usado e é obtido nas três formas mencionadas na Seção 19.1: ácida, básica e neutra. O pH da alumina ácida ou lavada com ácido é de aproximadamente 4. Esse adsorvente é particularmente útil para a separação de materiais ácidos, como ácidos carboxílicos e aminoácidos. A alumina básica tem um pH de 10 e é útil na separação de aminas. A alumina neutra pode ser utilizada para separar diversos materiais que não são ácidos nem básicos.

Também é dada a intensidade aproximada dos vários adsorventes enumerados na Tabela 19.1. A ordem é apenas aproximada e, portanto, pode variar. Por exemplo, a força, ou capacidade de separação, da alumina e da sílica dependem muito da quantidade de água presente. A água se liga fortemente a ambos os adsorventes, ocupando sítios nas partículas que, de outro modo, poderiam ser utilizados para atingir o equilíbrio com moléculas de soluto. Se a água for adicionada ao adsorvente, dizemos que este foi **desativado**. A alumina ou sílica-gel anidras são consideradas altamente **ativadas**. A elevada atividade geralmente é evitada com esses adsorventes. O uso de formas muito ativas de alumina ou de sílica-gel, ou o uso das formas ácida ou básica da alumina geralmente, pode levar ao rearranjo ou decomposição molecular, em determinados tipos de solutos.

O químico pode selecionar o grau de atividade apropriado para realizar uma determinada separação. Para se conseguir isso, a alumina altamente ativada é completamente misturada com uma quantidade de água medida com precisão. A água hidrata parcialmente a alumina e, desse modo, reduz sua atividade. Determinando cuidadosamente a quantidade de água necessária, o químico pode ter disponível todo um espectro de possíveis atividades.

TABELA 19.1 ■ Sólidos adsorventes para cromatografia em colunas

Adsorvente		
Papel		
Celulose	↓	
Amido	↓	
Açúcares	↓	
Silicato de magnésio	↓	
Sulfato de cálcio	↓	Intensidade crescente de sulfato de cálcio ligando interações em direção a compostos polares
Ácido silícico	↓	
Florisil	↓	
Óxido de magnésio	↓	
Óxido de alumínio (alumina)[a]	↓	
Carvão ativo vegetal (Norit)		

[a]Básica, lavada com ácido e neutra.

B. Solventes

Na Tabela 19.2, estão relacionados alguns solventes cromatográficos comuns, com sua capacidade relativa de dissolver compostos polares. Algumas vezes, pode ser encontrado um único solvente que irá separar todos os componentes de uma mistura. Outras vezes, pode ser encontrada uma mistura de solventes que atingirá a separação. Mais frequentemente, você deve iniciar a eluição com um solvente apolar para remover compostos relativamente apolares da coluna e, então, aumentar gradualmente a polaridade do solvente para forçar que compostos de maior polaridade desçam na coluna, ou eluam. A ordem aproximada na qual várias classes de compostos eluem por este procedimento é dada na Tabela 19.3. Em geral, compostos apolares percorrem mais rapidamente a coluna (eluem primeiro), e compostos polares percorrem mais lentamente (eluem depois). Contudo, a massa molecular também é um fator determinante na ordem de eluição. Um composto apolar de elevada massa molecular percorre mais lentamente que um composto apolar de baixa massa molecular, e pode até mesmo ser ultrapassado por alguns compostos polares.

A polaridade do solvente funciona de duas maneiras na cromatografia em coluna. Primeiro, um solvente polar irá dissolver melhor um composto polar e movê-lo mais rapidamente para baixo, na coluna. Desse modo, como já foi mencionado, a polaridade do solvente geralmente aumenta durante a cromatografia em coluna, a fim de eluir compostos de polaridade crescente. Em segundo lugar, à medida que a polaridade do solvente aumenta, o solvente propriamente dito deslocará moléculas adsorvidas na alumina ou sílica, tomando seu lugar na coluna. Por causa desse segundo efeito, um solvente polar eluirá **todos os tipos de compostos**, polares e não polares, para baixo na coluna, a uma velocidade mais rápida do que ocorreria com um solvente apolar.

TABELA 19.2 ■ Solventes (eluentes) para cromatografia

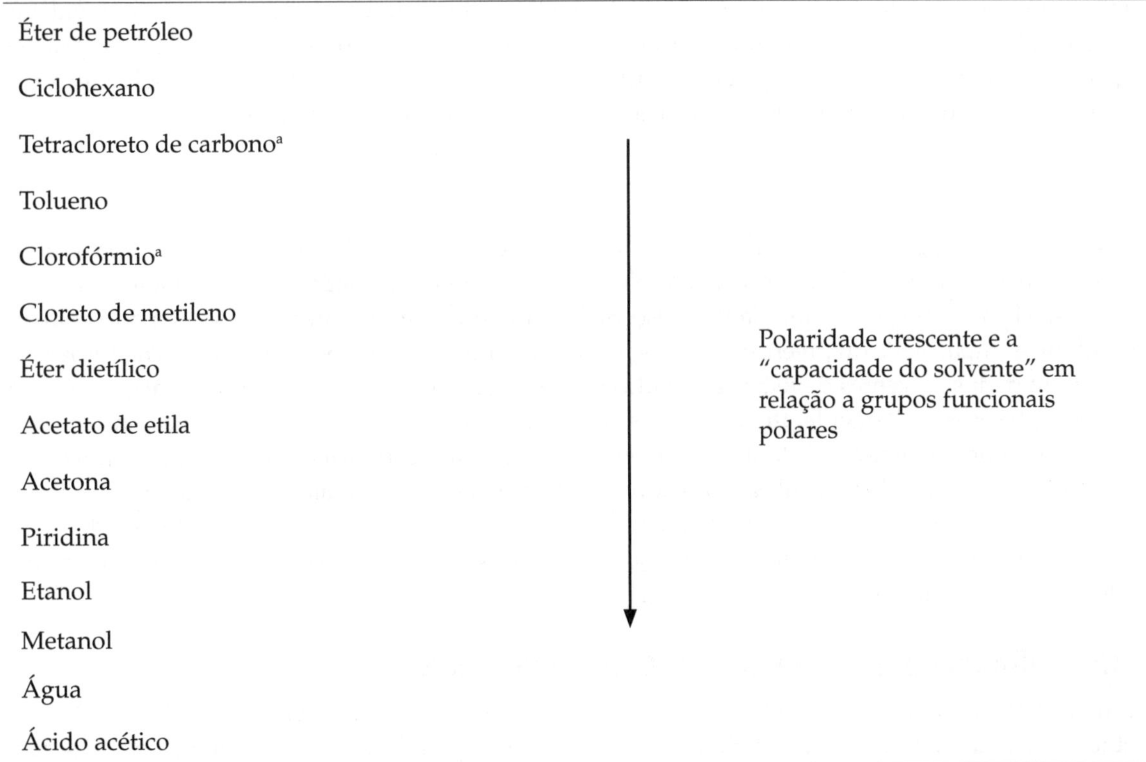

Solvente	
Éter de petróleo	
Ciclohexano	
Tetracloreto de carbono[a]	↓
Tolueno	
Clorofórmio[a]	
Cloreto de metileno	
Éter dietílico	Polaridade crescente e a "capacidade do solvente" em relação a grupos funcionais polares
Acetato de etila	
Acetona	
Piridina	
Etanol	
Metanol	
Água	
Ácido acético	

[a]Suspeitos de serem carcinogênicos.

TABELA 19.3 ■ Sequência de eluição para compostos

Hidrocarbonetos		Mais rápidos (passam por eluição com solvente apolar)
Olefinas	↓	
Éteres		
Halocarbonos		
Aromáticos		
Cetonas		Ordem de eluição
Aldeídos		
Ésteres		
Álcoois		
Aminas	↓	
Ácidos, bases fortes		Mais lentos (precisam de um solvente polar)

Quando a polaridade do solvente tem de ser modificada durante uma separação cromatográfica, devem ser tomadas algumas precauções. Mudanças rápidas de um solvente para outro têm de ser evitadas (especialmente quando estiver envolvida a sílica-gel ou a alumina). Em geral, pequenas porcentagens de um novo solvente são misturadas lentamente no que estiver em uso até que a porcentagem atinja o nível desejado. Se isso não for feito, em geral, o empacotamento ou recheio da coluna "racha", como resultado do calor liberado quando a alumina ou sílica-gel é misturada com um solvente. O solvente promove a solvatação do adsorvente, e a formação de uma ligação fraca gera calor.

$$\text{Solvente} + \text{alumina} \longrightarrow (\text{alumina} \cdot \text{solvente}) + \text{calor}$$

Normalmente, é gerado calor suficiente, no local, para evaporar o solvente. A formação de vapor cria bolhas, o que força a separação do recheio da coluna; isto é chamado **rachadura**. Uma coluna rachada não produz uma boa separação porque ela tem descontinuidades no material empacotado. O modo pelo qual uma coluna é empacotada ou preenchida também é muito importante na prevenção de rachaduras.

Determinados solventes devem ser evitados com alumina ou sílica-gel, especialmente, com as formas ácidas, básicas e altamente ativas. Por exemplo, com um desses adsorventes, a acetona dimeriza por meio de uma condensação aldólica formando a diacetona álcool. Misturas de ésteres **transesterificam** (trocam suas porções alcoólicas) quando o acetato de etila ou um álcool é o eluente. Por fim, os solventes mais ativos (piridina, metanol, água e ácido acético) dissolvem e eluem parte do adsorvente propriamente dito. Geralmente, tente evitar solventes mais polares que o éter dietílico ou cloreto de metileno nas séries eluentes (veja a Tabela 19.2).

C. Tamanho da coluna e quantidade de adsorvente

O tamanho da coluna e a quantidade de adsorvente também devem ser corretamente selecionados para se obter uma boa separação da amostra. Como regra geral, a quantidade de adsorvente deverá ser 25 a 30 vezes, em massa, a quantidade de material a ser separada por cromatografia. Além disso, a coluna deverá ter uma proporção da altura em relação ao diâmetro, de cerca de 8:1. Algumas típicas relações desse tipo são dadas na Tabela 19.4.

TABELA 19.4 ■ Tamanho da coluna e quantidade de adsorvente para tamanhos de amostra típicos

Quantidade de amostra (g)	Quantidade de adsorvente (g)	Diâmetro da coluna (mm)	Altura da coluna (mm)
0,01	0,3	3,5	30
0,10	3,0	7,5	60
1,00	30,0	16,0	130
10,00	300,0	35,0	280

Observe, como precaução, que a dificuldade da separação também é um fator na determinação do tamanho e do comprimento da coluna a ser utilizada, e da quantidade de adsorvente necessária. Compostos que não se separam facilmente podem requerer colunas mais longas e mais adsorventes do que é especificado na Tabela 19.4. Para compostos que são facilmente separados, pode ser suficiente uma coluna menor e menos adsorvente.

D. Taxa de fluxo

A taxa na qual o solvente flui através da coluna também é significativa na efetividade de uma separação. Em geral, o tempo que a mistura a ser separada permanece na coluna é diretamente proporcional à extensão do equilíbrio entre a fase estacionária e a fase móvel. Desse modo, compostos similares eventualmente se separam se permanecerem na coluna por tempo suficiente. O tempo que um material permanece na coluna depende da taxa de fluxo do solvente. No entanto, se o fluxo for lento demais, as substâncias dissolvidas na mistura podem se difundir mais rapidamente que a taxa na qual elas se movem para baixo na coluna. Nesse caso, as bandas se tornam mais largas e difusas, e a separação, inadequada.

19.5 Empacotando a coluna: problemas típicos

A operação mais importante na cromatografia em colunas é o empacotamento (preenchimento) da coluna com adsorvente. **O empacotamento da coluna** deve ocorrer por igual e sem irregularidades, bolhas de ar e lacunas. À medida que um composto segue para baixo na coluna, ele se move em uma zona que avança, ou **banda**. É importante que o limite dianteiro, ou **frente**, dessa banda seja horizontal, ou perpendicular ao eixo longitudinal da coluna. Se duas bandas estiverem próximas e não apresentarem frentes horizontais, é impossível coletar uma banda, excluindo completamente a outra. O limite dianteiro da segunda banda começa a eluir antes que a primeira banda tenha terminado a eluição. Essa condição pode ser vista na Figura 19.5. Existem duas principais razões para tal problema. Primeiro, se a borda da superfície superior do adsorvente empacotado não estiver nivelada, surgirão bandas não horizontais. Em segundo lugar, as bandas podem ser não horizontais se a coluna não estiver fixada em uma posição exatamente vertical, em ambos os planos (de frente para trás e de um lado ao outro). Ao preparar uma coluna, você deve observar esses dois fatores cuidadosamente.

Outro fenômeno, denominado **formação de canais**, ocorre quando parte da frente de avanço da banda se move mais rápido que o resto da banda. A formação de canais acontece se houver quaisquer rachaduras ou irregularidades na superfície adsorvente, ou irregularidades causadas por bolhas de ar no empacotamento. Um trecho da parte frontal avança e se posiciona adiante do restante da banda, percorrendo o canal. Dois exemplos de canalização são mostrados na Figura 19.6.

Os métodos descritos nas Seções 19.6–19.8 são utilizados para evitar problemas resultantes do empacotamento desigual e de irregularidades na coluna. Esses procedimentos devem ser seguidos cuidadosamente quando se prepara uma coluna para cromatografia, pois a falta de atenção na preparação da coluna poderá afetar a qualidade da separação.

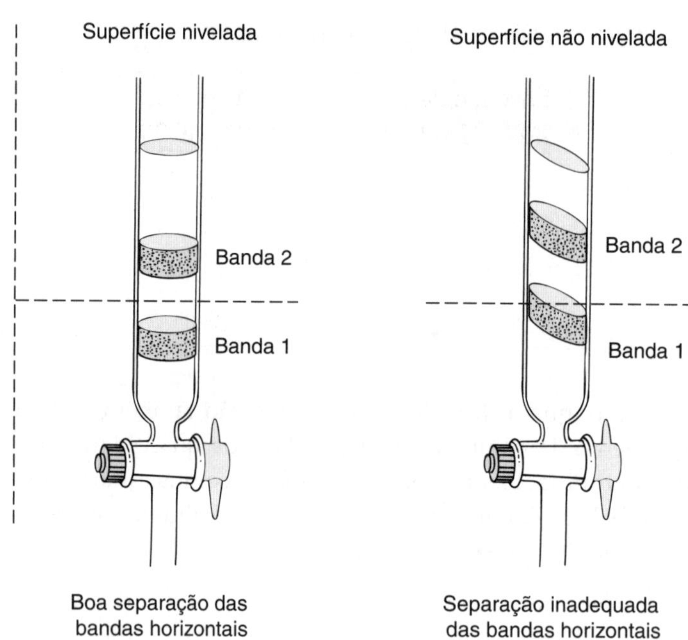

FIGURA 19.5 ■ Comparação entre as bandas frontais horizontais, e não horizontais.

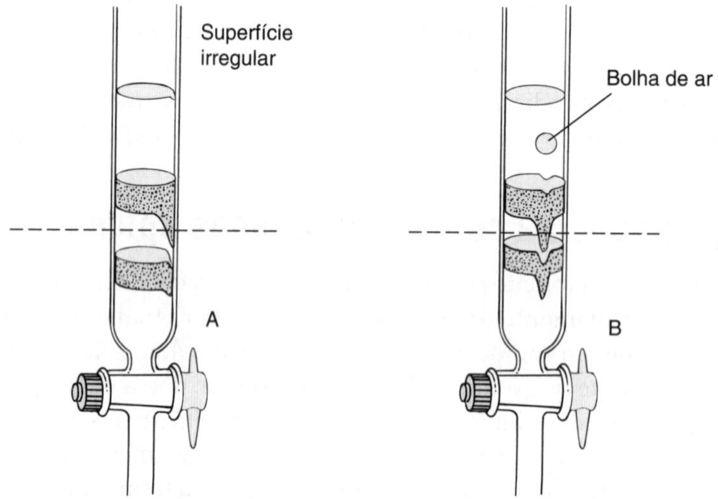

FIGURA 19.6 ■ Complicações devido à formação de canais.

19.6 Empacotamento da coluna: preparando a base de apoio

A preparação de uma coluna envolve dois estágios distintos. No primeiro estágio, é preparada uma base de apoio sobre a qual o empacotamento irá se assentar. Isso deve ser feito de modo que o empacotamento, um material finamente dividido, não seja eliminado no fundo da coluna. No segundo estágio, a coluna de adsorvente é depositada sobre a base de apoio.

A. Colunas em macroescala

Para aplicações em macroescala, uma coluna de cromatografia é fixada na posição vertical. A coluna (veja a Figura 19.3) é um pedaço de tubo de vidro cilíndrico com uma torneira conectada a uma

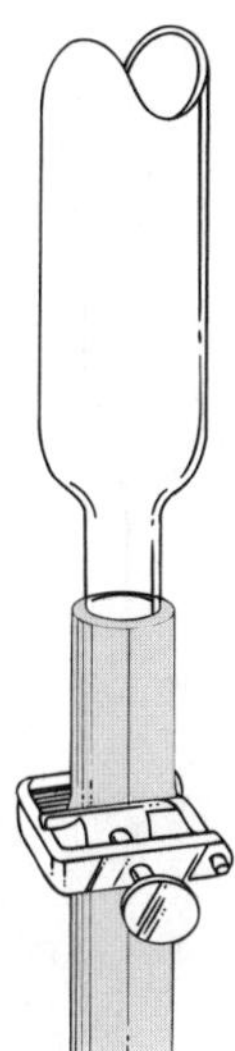

FIGURA 19.7 ■ Tubo com pinça de Hoffman para regular o fluxo de solvente em uma cromatografia em coluna.

das extremidades. Em geral, a torneira tem um tampão de teflon, porque a graxa lubrificante (utilizada em tampões de vidro) dissolve em muitos dos solventes orgânicos empregados como eluentes. O lubrificante da torneira no eluente irá contaminar os eluatos.

No lugar de uma torneira, pode-se conectar um pedaço de tubo flexível ao fundo da coluna, com uma pinça de Hoffman utilizada para interromper ou regular o fluxo (Veja a Figura 19.7). Quando se recorre a uma pinça de Hoffman, é preciso tomar cuidado para que o tubo utilizado não seja dissolvido pelos solventes que irão passar através da coluna durante o experimento. A borracha, por exemplo, dissolve em clorofórmio, benzeno, cloreto de metileno, tolueno ou tetrahidrofurano (THF). Um tubo de *tygon* dissolve (na verdade, o plastificante é removido) em muitos solventes, incluindo benzeno, cloreto de metileno, clorofórmio, éter, acetato de etil, tolueno e THF. Um tubo de polietileno é a melhor opção a ser utilizada na extremidade de uma coluna porque este material é inerte com a maioria dos solventes.

Em seguida, a coluna é parcialmente preenchida com uma quantidade de solvente, normalmente, um solvente apolar, como o hexano, e um suporte para o adsorvente finamente dividido é preparado, da seguinte maneira. Um chumaço de lã de vidro solta é colocado no fundo da coluna, por meio de uma longa haste de vidro, até que todo o ar preso seja forçado a sair na forma de bolhas. Tome cuidado para não tampar a coluna totalmente, portanto, não pressione a lã de vidro com força demais. Uma pequena camada de areia branca, limpa, é formada em cima da lã de vidro, vertendo-se areia na coluna. Em seguida, é preciso bater levemente na coluna, a fim de nivelar a superfície da areia. A areia que vier a aderir às laterais da coluna é eliminada com uma pequena quantidade de solvente. A areia forma uma base que dá apoio à coluna de adsorvente e evita que ele seja eliminade através torneira. Uma coluna é empacotada recorrendo-se a uma de duas maneiras: pelo método da suspensão (veja a Seção 9.8) ou pelo método do empacotamento a seco (veja a Seção 9.7).

B. Colunas em semimicroescala

Um aparelho alternativo para a cromatografia em coluna, em macroescala, quando se trabalha com quantidades menores, é uma coluna comercial, como mostra a Figura 19.8. Este tipo de coluna é feita de vidro e tem, no fundo, uma torneira de plástico resistente a solventes.[3] A montagem com a torneira contém um disco de filtro para dar apoio à coluna adsorvente. Um acessório opcional na parte de cima, também feito de plástico resistente a solventes, serve como reservatório de solvente.

[3] Nota para o instrutor: com determinados solventes orgânicos, descobrimos que a torneira de plástico"resistente a solventes" tende a dissolver! Recomendamos que os instrutores testem seus equipamentos com o solvente que eles pretendem utilizar, antes de iniciar a aula de laboratório.

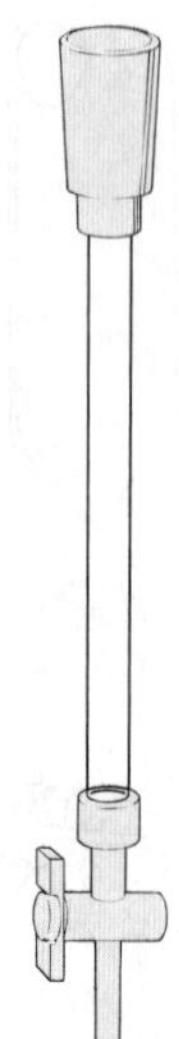

FIGURA 19.8 ■ Uma coluna para cromatografia de uso comercial, em semimicroescala. (A coluna mostrada é equipada com um reservatório de solvente opcional.)

A coluna mostrada na Figura 19.8 é equipada com um reservatório de solvente. Esse tipo de coluna está disponível em diversos comprimentos, variando de 100 mm a 300 mm. Uma vez que a coluna tem um disco de filtro integrado, não é necessário preparar uma base de apoio, antes que o adsorvente seja adicionado.

C. Colunas em microescala

Nas aplicações em microescala, é utilizada uma pipeta Pasteur (com 15 cm); ela é fixada na vertical. Para reduzir a quantidade de solvente necessário para preencher a coluna, você pode quebrar grande parte da ponta da pipeta. Uma bolinha de algodão é colocada na pipeta e fixada na posição utilizando uma haste de vidro ou um pedaço de arame. Tome cuidado para não tampar a coluna totalmente, portanto, não aperte o algodão com força demais. A posição correta do algodão é mostrada na Figura 19.9. Uma cromatografia em coluna em microescala é empacotada por um dos métodos de empacotamento a seco, descritos na Seção 19.7.

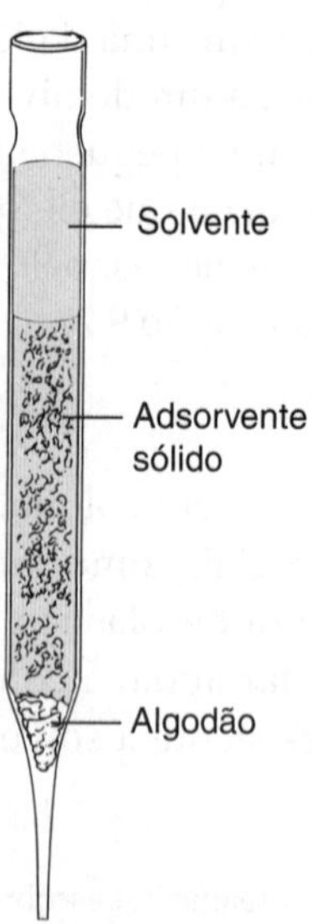

FIGURA 19.9 ■ Uma coluna para cromatografia em microescala.

19.7 Empacotando a coluna: depositando o adsorvente – métodos de empacotamento a seco

A. Método de empacotamento a seco 1

Colunas em macroescala. No primeiro dos métodos de empacotamento a seco, apresentado aqui, a coluna é preenchida com solvente e, então, se permite sua drenagem *lenta*. O adsorvente seco é adicionado, pouco a pouco, e enquanto isso, é preciso bater delicadamente na coluna, com um lápis, um dedo, ou uma haste de vidro.

Um tampão de algodão é colocado na base da coluna, e se forma uma camada de areia uniforme no topo (veja a Seção 19.6, A. "Colunas em macroescala"). A coluna é preenchida até a metade com solvente, e o adsorvente sólido é adicionado cuidadosamente a partir de um béquer, deixando-se o solvente escoar lentamente pela coluna. À medida que o sólido é adicionado, é necessário bater levemente na coluna, conforme descrito para o método da suspensão (veja a Seção 19.8), para garantir que a coluna seja empacotada por igual. Quando a coluna tiver o tamanho desejado, não deve ser acrescentado mais nenhum adsorvente. Este método produz uma coluna empacotada por igual. O solvente deve ser ciclado através dessa coluna (para aplicações em macroescala) diversas vezes, antes de cada utilização. A mesma porção de solvente que foi drenado da coluna durante o empacotamento é passada pela coluna.

Colunas em semimicroescala. O procedimento para preencher uma coluna em semimicroescala, de uso comercial, é essencialmente o mesmo utilizado para preencher uma pipeta Pasteur (veja o parágrafo a seguir). A coluna comercial tem a vantagem de que é muito mais fácil controlar o fluxo de solvente a partir da coluna durante o processo de preenchimento, porque a torneira pode ser ajustada apropriadamente. Não é necessário utilizar um tampão de algodão nem depositar uma camada de areia antes de adicionar o adsorvente. A presença do disco poroso na base da coluna evita que o adsorvente escape pela torneira.

Colunas em microescala. Para preencher uma coluna em microescala, preencha a pipeta Pasteur (com o tampão de algodão, preparado como descrito na Seção 19.6), aproximadamente até a metade, com solvente. Utilizando uma microespátula, lentamente, adicione o sólido adsorvente ao solvente na coluna. Enquanto se acrescenta o sólido, bata *delicadamente* na coluna com um lápis, um dedo, ou uma haste de vidro, pois isso promove uma mistura e sedimentação uniforme, e resulta em uma coluna com empacotamento uniforme, livre de bolhas de ar. À medida que o adsorvente é adicionado, o solvente escoa para fora da pipeta Pasteur. Uma vez que o adsorvente não pode secar durante o processo de empacotamento, é preciso utilizar um meio de controlar o fluxo do solvente. Se estiver disponível um pedaço de tubo de plástico com diâmetro pequeno, ele pode ser encaixado sobre a ponta estreita da pipeta Pasteur. A taxa de fluxo pode, então, ser controlada utilizando-se uma pinça de Hoffman. Uma abordagem simples para controlar a taxa de fluxo consiste em utilizar um dedo sobre o topo da pipeta Pasteur, em grande parte, como se faria para controlar o fluxo de líquido em uma pipeta volumétrica. Continue adicionando o adsorvente lentamente, batendo constantemente, até que o nível desejado seja atingido. À medida que você empacota a coluna, tenha o cuidado de não deixar a coluna secar. A coluna final deverá se parecer com o que a Figura 19.9 apresenta.

B. Método de empacotamento a seco 2

Colunas em macroescala. As colunas em macroescala também podem ser empacotadas por um método de empacotamento a seco, que é comumente utilizado no empacotamento de colunas em microescala (veja "Colunas em microescala", a seguir). Neste método, a coluna é preenchida com adsorvente seco, sem nenhum solvente. Quando a quantidade desejada de adsorvente tiver sido adicionada, permite-se que o solvente percorra através da coluna. As desvantagens descritas para o método em microescala também se aplicam ao método em macroescala, que não é recomendado para uso com sílica-gel ou alumina, porque esta combinação leva a um empacotamento desigual, bolhas de ar e rachaduras, especialmente se for utilizado um solvente que tenha um calor de solvatação altamente exotérmico.

Colunas em semimicroescala. O método de empacotamento a seco 2, para colunas em semimicroescala, é similar ao que foi descrito para pipetas Pasteur (veja o próximo parágrafo), exceto que o tampão não é necessário. A taxa de fluxo de solvente, através da coluna, pode ser controlada por meio da torneira, que é parte do conjunto da coluna (veja a Figura 19.8).

Colunas em microescala. Um método alternativo de empacotamento a seco para colunas em microescala consiste em preencher a pipeta Pasteur com adsorvente *seco*, sem nenhum solvente. Posicione um tampão de algodão no fundo da pipeta Pasteur. A quantidade desejada de adsorvente é acrescentada lentamente e, então, deve-se bater constantemente na pipeta, com delicadeza, até que o nível de adsorvente tenha atingido a altura pretendida. A Figura 19.9 pode ser utilizada como diretriz para se avaliar a altura correta da coluna de adsorvente. Quando a coluna é empacotada, permite-se que o solvente percole através do adsorvente até que a coluna inteira fique umedecida. O solvente só é adicionado pouco antes de a coluna ser utilizada.

Este método é útil quando o adsorvente é a alumina, mas ele não produz resultados satisfatórios com a sílica-gel. Mesmo com a alumina, podem ocorrer separações insatisfatórias, em razão de um empacotamento desigual, bolhas de ar e rachaduras, especialmente se for usado um solvente que tenha um calor de solvatação altamente exotérmico.

19.8 Empacotamento de uma coluna: depositando o adsorvente – o método da suspensão

O método da suspensão não é recomendado como uma técnica em microescala para utilização com pipetas Pasteur. Em uma escala muito pequena, é difícil demais empacotar a coluna com a suspensão sem perder o solvente antes que o empacotamento tenha sido concluído. Colunas em microescala devem ser empacotadas por meio de um dos métodos de empacotamento a seco, como descreve a Seção 19.7.

Além disso, no método da suspensão, o adsorvente é empacotado na coluna como uma mistura de um solvente e um sólido não dissolvido. A suspensão é preparada em um recipiente separado (frasco de Erlenmeyer), adicionando-se o adsorvente sólido, um pouco de cada vez, a uma quantidade do solvente. Essa ordem de adição (adsorvente adicionada ao solvente) deve ser seguida estritamente, porque o adsorvente é solvatado e libera calor. Se o solvente for adicionado ao adsorvente, ele poderá entrar em ebulição quase tão rapidamente quanto é adicionado, em razão do calor gerado. Isso é especialmente verdadeiro se for utilizado éter ou outro solvente com baixo ponto de ebulição. Quando isso acontece, a mistura final será irregular e "empelotada". Acrescenta-se adsorvente suficiente ao solvente, agitando-se manualmente, até que se forme uma suspensão espessa, mas que flui. O recipiente deve ser agitado até que a mistura esteja homogênea e relativamente livre de bolhas de ar presas.

Para uma coluna em macroescala, o procedimento é o que se segue. Quando a suspensão tiver sido preparada, a coluna é preenchida com solvente até cerca da metade, e a torneira é aberta para permitir que o solvente escoe lentamente para um béquer grande. A suspensão é misturada, ao ser agitada e, então, derramada em porções, no topo da coluna de drenagem (aqui, pode ser útil um funil com gargalo grande). Certifique-se de agitar a suspensão completamente, antes de cada adição à coluna. Deve-se bater constantemente na lateral da coluna, mas *com delicadeza*, durante a operação de derramamento, com os dedos ou com um lápis ajustado em uma rolha de borracha. Um pequeno pedaço de tubo de vácuo com diâmetro grande também pode ser utilizado para bater na coluna, pois essa ação promove uma mistura e sedimentação uniforme, e resulta em uma coluna com empacotamento uniforme, livre de bolhas de ar. Deve-se continuar batendo até que todo o material tenha sedimentado, mostrando um nível bem definido no topo da coluna. O solvente do béquer de coleta pode ser adicionado novamente à suspensão, caso se torne espessa demais para ser derramada na coluna de uma única vez. Na verdade, o solvente coletado precisa circular pela coluna várias vezes para garantir que a sedimentação esteja completa e que a coluna esteja firmemente empacotada. O fluxo descendente do solvente tende a compactar o adsorvente. Tome o cuidado de nunca deixar a coluna "secar" durante o empacotamento. Sempre deve haver solvente no topo da coluna de absorvente.

19.9 Aplicação de uma amostra à coluna

O solvente (ou mistura de solventes) utilizado para empacotar a coluna normalmente é o solvente de eluição menos polar que pode ser utilizado durante a cromatografia. Os compostos a serem cromatografados não são muito solúveis no solvente. Se isso ocorresse, provavelmente teriam maior afinidade com o solvente que com o adsorvente e passariam diretamente pela coluna, sem entrar em equilíbrio com a fase estacionária.

No entanto, o primeiro solvente de eluição geralmente não é um bom solvente para se utilizar na preparação da amostra a ser colocada na coluna. Uma vez que os compostos não são altamente solúveis em solventes apolares, é preciso uma grande quantidade do solvente inicial para dissolver os compostos, e é difícil obter a mistura para formar uma banda estreita no topo da coluna. Uma banda estreita é ideal para uma separação ótima dos componentes. Portanto, para a melhor separação, o composto é aplicado no topo da coluna não diluído, caso se trate de um líquido, ou em uma quantidade *muito pequena* de solvente polar, caso seja um sólido. Não se deve utilizar água para dissolver a amostra inicial que está sendo cromatografada, porque ela reage com o empacotamento da coluna.

Ao adicionar a amostra à coluna, utilize o procedimento a seguir. Abaixe o nível do solvente até o topo da coluna do adsorvente, por meio da drenagem do solvente da coluna. Adicione a amostra (quer seja um líquido puro ou uma solução) para formar uma pequena camada no topo do adsorvente. Uma pipeta Pasteur é conveniente para adicionar a amostra à coluna. Tome cuidado para não perturbar a superfície do adsorvente. Isso é conseguido de uma melhor maneira tocando-se a pipeta do interior da coluna de vidro e escoando-a lentamente para permitir que a amostra se espalhe em uma película fina, que desce lentamente, a fim de cobrir toda a superfície adsorvente. Escoe a pipeta próximo da superfície do adsorvente. Quando toda a amostra tiver sido adicionada, escoe esta pequena camada de líquido para a coluna até que a superfície em cima da coluna *comece* a secar. Em seguida, adicione uma pequena camada do solvente cromatográfico, com muita atenção, utilizando novamente uma pipeta Pasteur, com o cuidado de não causar distúrbios na superfície. Escoe esta pequena camada de solvente na coluna até que a superfície de cima da coluna comece a secar. Adicione outra pequena camada de solvente, se necessário, e repita o processo até ficar claro que a amostra está fortemente adsorvida no topo da coluna. Se a amostra for colorida e a camada recém-adicionada de solvente adquirir alguma dessas cores, a amostra não foi apropriadamente adsorvida. Quando a amostra tiver sido aplicada adequadamente, você pode proteger a superfície do nível do adsorvente, preenchendo com solvente, cuidadosamente, o topo da coluna e aspergindo areia branca, limpa, na coluna, a fim de formar uma pequena camada protetora no topo do adsorvente. Para aplicações em microescala, esta camada de areia não é necessária.

Em geral, as separações são melhores se for possível que a amostra fique por algum tempo na coluna, antes da eluição. Isso permite que um verdadeiro equilíbrio seja estabelecido. Contudo, nas colunas que se mantêm por muito tempo, geralmente, o adsorvente se compacta ou, até mesmo, incha, e o fluxo pode se tornar irritantemente lento. A difusão da amostra, formando bandas largas também se torna um problema, se uma coluna permanecer parada durante um período prolongado. Na cromatografia em escala pequena usando pipetas Pasteur, não há torneira, e não é possível interromper o fluxo. Nesse caso, não é necessário deixar a coluna em repouso.

19.10 Técnicas de eluição

Solventes para cromatografia analítica e preparatória devem ser reagentes puros. Frequentemente, solventes comerciais contêm pequenas quantidades de resíduos, que permanecem quando o solvente é evaporado. Para trabalho de rotina e para separações relativamente fáceis, que utilizam somente pequenas quantidades de solvente, em geral, o resíduo apresenta poucos problemas. Para trabalhos em escala grande, solventes comerciais têm de ser redestilados, antes de sua utilização. Isso é especialmente verdadeiro para os hidrocarnonetos, que tendem a ter mais resíduos que outros tipos de solventes.

A eluição dos produtos geralmente começa com um solvente apolar, como hexano ou éter de petróleo. A polaridade do solvente de eluição pode ser aumentada gradualmente, adicionando-se porcentagens sucessivamente maiores de éter ou tolueno (por exemplo, 1, 2, 5, 10, 15, 25, 50 ou 100%), ou algum outro solvente de maior capacidade solvente (polaridade) que o hexano. A transição de um solvente para outro não deve ser rápida demais, na maior parte das alterações de solventes. Se os dois solventes a serem modificados diferirem muito em seus calores de solvatação na ligação com o adsorvente, pode ser gerado calor suficiente para rachar a coluna. O éter é especialmente problemático quanto a esse aspecto, uma vez que ele tem um baixo ponto de ebulição e um calor de solvatação relativamente alto. A maioria dos compostos orgânicos pode ser separada em sílica-gel ou alumina, utilizando-se combinações de hexano–éter ou hexano–tolueno para eluição e, em seguida, por cloreto de metileno puro. Solventes de maior polaridade geralmente são evitados, pelas várias razões mencionadas anteriormente. Nos trabalhos em microescala, o procedimento comum é utilizar apenas um solvente para a cromatografia.

O fluxo de solvente através da coluna não deve ser rápido demais, ou os solutos não terão tempo de se equilibrar com o adsorvente, à medida que eles seguem coluna abaixo. Se a taxa de escoamento for baixa demais ou se for interrompida durante um período, a difusão pode se tornar um problema – a banda de soluto irá se difundir, ou espalhar, em todas as direções. Nesses dois casos, a separação será insatisfatória. Como regra geral (e apenas aproximada), a maior parte das colunas em macroescala é executada com taxas de fluxo que variam de 5 a 50 gotas de eluente por minuto; um escoamento constante de solvente geralmente é evitado. Colunas em microescala, feitas com pipetas Pasteur, não têm meios de controlar a taxa de fluxo do solvente, mas colunas comerciais em microescala são equipadas com torneiras. A taxa de escoamento do solvente nesse tipo de coluna pode ser ajustada de maneira similar àquela utilizada com colunas maiores. Para evitar a difusão das bandas, não interrompa a coluna nem a deixe em repouso durante a noite.

Em alguns casos, a cromatografia pode ocorrer muito lentamente; a taxa de fluxo de solvente pode ser acelerada pela conexão de um bulbo de conta-gotas de borracha ao topo da coluna de pipeta Pasteur, e apertando este bulbo *delicadamente.* A pressão de ar adicional força o solvente através da coluna mais rapidamente. No entanto, se essa técnica for utilizada, tome muito cuidado para remover o bulbo de borracha da coluna, antes de liberá-lo. Do contrário, o ar poderá escapar pelo fundo da coluna, destruindo o empacotamento da coluna.

19.11 Reservatórios

Quando grandes quantidades de solvente são utilizadas em uma separação cromatográfica, em geral é conveniente utilizar um reservatório de solvente para evitar ter de adicionar pequenas porções de solvente continuamente. O tipo mais simples de reservatório, uma característica de muitas colunas, é criado pela fusão do topo da coluna a um balão de fundo redondo (veja a Figura 19.10A). Se a coluna tiver, junta padrão em seu topo, pode ser criado um reservatório acoplando-se um funil de separação padrão à coluna (veja a Figura 19.10B). Nesse modelo, a torneira fica aberta, e não se coloca uma rolha no topo do funil de separação. Um terceiro modelo comum é mostrado na Figura 19.10C. Um funil de separação é preenchido com solvente; sua tampa é umedecida com solvente e o funil é tampado *firmemente.* O funil é inserido no espaço vazio de preenchimento, no topo da coluna cromatográfica, e a torneira é aberta. O solvente escoa para fora do funil, preenchendo o espaço no topo da coluna, até que

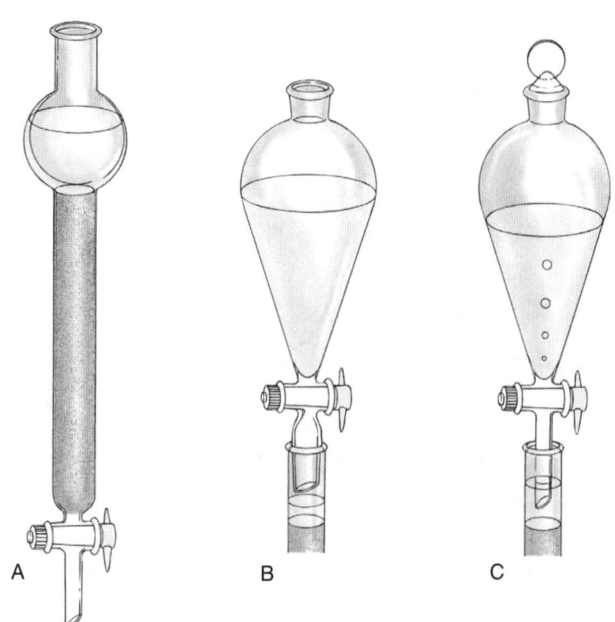

FIGURA 19.10 ■ Diversos tipos de estruturas de reservatórios de solventes, para colunas cromatográficas.

o nível de solvente esteja bem acima da saída do funil de separação. À medida que o solvente é escoado para fora da coluna, este arranjo automaticamente preenche novamente o espaço no topo da coluna, permitindo que o ar entre pela haste do funil de separação.

Algumas colunas em semimicroescala, como mostra a Figura 19.8, são equipadas com um reservatório de solvente, que se encaixa no topo da coluna. Ele funciona do mesmo modo que os reservatórios descritos nesta seção.

Para uma cromatografia em microescala, a parte da pipeta Pasteur acima do adsorvente é utilizada como um reservatório de solvente. Solvente fresco, conforme for necessário, é adicionado por meio de outra pipeta Pasteur. Quando for mudar o solvente, o novo solvente também será adicionado desta maneira.

19.12 Monitoramento da coluna

É uma circunstância de sorte quando os compostos a serem separados são coloridos. A separação pode então ser acompanhada visualmente, assim como as diversas bandas coletadas separadamente, à medida que elas eluem da coluna. Contudo, para a maior parte dos compostos orgânicos, essa circunstância de sorte não existe, e outros métodos precisam ser utilizados para determinar as posições das bandas. O método mais comum de acompanhar uma separação de compostos incolores é coletar *frações* de volume constante em balões ou tubos de ensaio previamente pesados, evaporar o solvente de cada fração, e refazer a pesagem do recipiente e de qualquer resíduo restante. Um gráfico do número de frações *versus* a massa dos resíduos após a evaporação de solvente resulta em um gráfico similar ao da Figura 19.11. Obviamente, as frações de 2 a 7 (pico 1) podem ser combinadas como um único composto, do mesmo modo que as frações de 8 a 11 (pico 2), e de 12 a 15 (pico 3). O tamanho das frações coletadas (1, 10, 100 ou 500 mL) depende do tamanho da coluna e da facilidade da separação.

Outro método comum de monitoramento da coluna consiste em misturar um fósforo inorgânico ao adsorvente utilizado no empacotamento. Quando a coluna é iluminada com uma luz ultravioleta, o adsorvente tratado dessa maneira fluoresce. Todavia, muitos solutos têm a capacidade de **extinguir** a fluorescência do fósforo indicador. Em áreas nas quais os solutos estão presentes, o adsorvente não fluoresce e uma banda negra se torna visível. Nesse tipo de coluna, a separação também pode ser acompanhada visualmente.

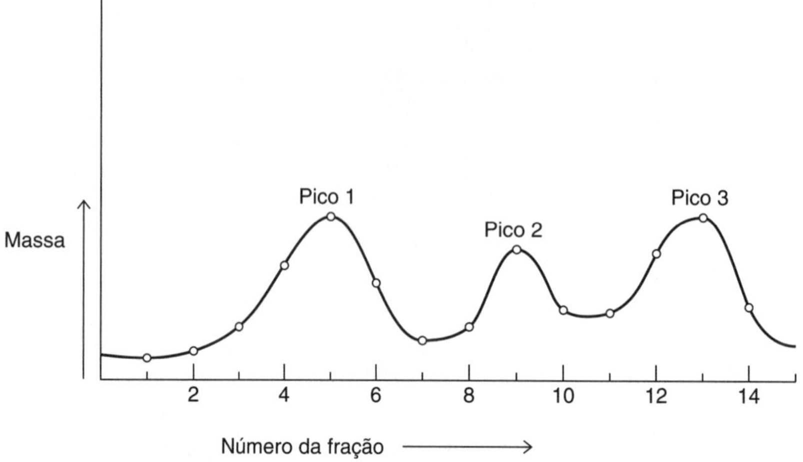

FIGURA 19.11 ■ Um típico gráfico de eluição.

A cromatografia em camada delgada é frequentemente utilizada para monitorar uma coluna. O método é descrito na Técnica 20 (veja a Seção 20.10). Diversos métodos instrumentais e espectroscópicos sofisticados, que não comentaremos em detalhes, também podem monitorar uma separação cromatográfica.

19.13 Formação de cauda

Quando um único solvente é utilizado para a eluição, frequentemente, é observada uma curva de eluição (massa *versus* fração) como mostra a linha sólida, na Figura 19.12. Uma curva de eluição ideal é demonstrada por linhas tracejadas. Na curva não ideal, diz-se que o composto **forma uma cauda**. A formação de cauda pode interferir com o início de uma curva ou com o pico de um segundo componente, e levar a uma separação inadequada. Um meio de evitar isso é aumentar constantemente a polaridade do solvente, durante a eluição. Dessa maneira, na cauda do pico, onde a polaridade do solvente é crescente, o composto irá se mover um pouco mais rápido que na parte frontal e permitirá que a cauda se retraia, formando uma banda mais perto do ideal.

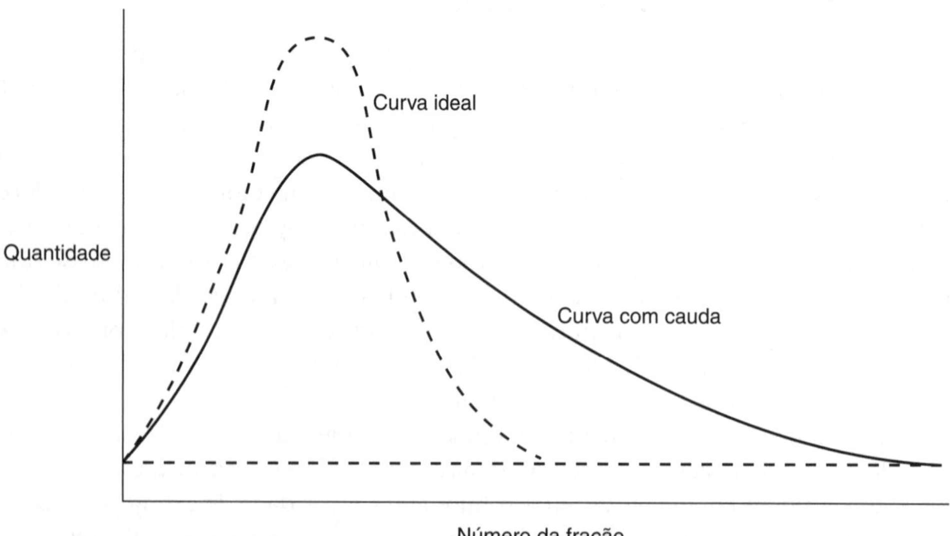

FIGURA 19.12 ■ Curvas de eluição : uma ideal e outra com "cauda".

19.14 Recuperação de compostos separados

Na recuperação de cada um dos compostos separados de uma separação cromatográfica, quando são sólidos, as várias frações corretas são combinadas e evaporadas. Se as frações combinadas contêm material suficiente, elas podem ser purificadas por recristalização. Se os compostos forem líquidos, as frações corretas são combinadas, e o solvente é evaporado. Se tiver sido coletado material suficiente, as amostras líquidas podem ser purificadas por destilação. A combinação de cromatografia–cristalização ou cromatografia–destilação geralmente resulta em compostos muito puros. Para aplicações em microescala, a quantidade de amostras coletadas é pequena demais para possibilitar uma purificação por cristalização ou destilação. As amostras obtidas depois que o solvente foi evaporado são consideradas suficientemente puras, e não ocorre nenhum tentativa de purificação adicional.

19.15 Descoloração por cromatografia em colunas

Um resultado comum de reações orgânicas é a formação de um produto que é contaminado por impurezas fortemente coloridas. Com grande frequência, essas impurezas são muito polares e têm uma elevada massa molecular e também são coloridas. A purificação do produto desejado requer que essas impurezas sejam removidas. A Seção 11.7 da Técnica 11 detalha métodos de descoloração de um produto orgânico. Na maior parte dos casos, esses métodos envolvem o uso de uma forma de carvão ativado, ou Norit.

Uma alternativa, que é aplicada convenientemente em experimentos em microescala, consiste em remover a impureza colorida por meio da cromatografia em coluna. Por causa da polaridade das impurezas, os componentes coloridos são fortemente adsorvidos na fase estacionária da coluna, e o produto desejado menos polar passa através da coluna e é coletado.

A descoloração em microescala de uma solução em uma cromatografia em coluna requer que uma coluna seja preparada em uma pipeta Pasteur, utilizando alumina ou sílica-gel como adsorvente (veja as Seções 19.6 e 19.7). A amostra a ser descolorida é diluída ao ponto em que não ocorrerá a cristalização dentro da coluna, e ela, então, é passada através da coluna, da maneira usual. O composto desejado é coletado à medida que sai da coluna, e o solvente em excesso é removido por evaporação (veja a Técnica 7, Seção 7.10).

19.16 Cromatografia em gel

A fase estacionária na cromatografia em gel consiste em um material polimérico reticulado. As moléculas são separadas de acordo com seu *tamanho*, por sua capacidade de penetrar uma estrutura semelhante a uma peneira. As moléculas permeiam a fase estacionária porosa à medida que se movem para baixo na coluna. Moléculas pequenas penetram a estrutura porosa mais facilmente que as grandes. Desse modo, as moléculas grandes se movem pela coluna mais rapidamente que as pequenas, e eluem primeiro. A separação de moléculas por cromatografia em gel é descrita na Figura 19.13. Na cromatografia por adsorção utilizando materiais como alumina ou sílica, geralmente a ordem é inversa. Moléculas pequenas (com baixa massa molecular) passam *mais rapidamente* através da coluna que as moléculas grandes (com elevada massa molecular), porque as moléculas grandes são mais fortemente atraídas para a fase polar estacionária.

Termos equivalentes utilizados pelos químicos para a técnica de cromatografia em gel são **cromatografia de filtração em gel** (termo da bioquímica), **cromatografia de permeação em gel** (termo da química de polímeros) e **cromatografia em peneira molecular**. A **cromatografia por exclusão de tamanho** é um termo geral para a técnica e, talvez, seja o mais descritivo para o que ocorre em um nível molecular.

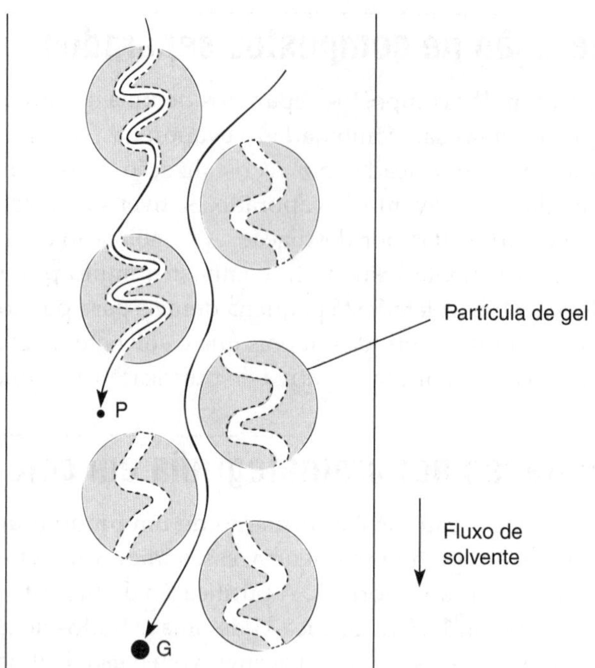

FIGURA 19.13 ■ Cromatografia com gel. Comparação dos caminhos percorridos por moléculas grandes (G) e pequenas (P) através da coluna, durante o mesmo intervalo de tempo.

O **Sephadex** é um dos materiais mais populares para a cromatografia em gel, sendo amplamente utilizado por bioquímicos para a separação de proteínas, ácidos nucleicos, enzimas e carbo-hidratos. Mais frequentemente, água ou soluções aquosas de tampões são utilizadas como a fase móvel. Quimicamente, o Sephadex é um carbo-hidrato polimérico reticulado. O grau de reticulação determina o tamanho dos "orifícios" na matriz polimérica. Além disso, os grupos hidroxila no polímero podem adsorver água, o que faz o material inchar. À medida que ele expande, são criados "orifícios" na matriz. Vários diferentes géis estão disponíveis nos fabricantes, cada um com seu próprio conjunto de características. Por exemplo, um típico gel Sephadex, como o G-75, pode separar moléculas no intervalo de massa molecular (MM) que vai de 3.000 a 70.000. Considere uma mistura de quatro componentes, contendo compostos com massas moleculares de 10.000, 20.000, 50.000 e 100.000. O composto, com MM 100.000, irá passar, primeiro, através da coluna, porque ele não é capaz de penetrar na matriz polimérica. Os compostos com MM 50.000, 20.000 e 10.000 penetram na matriz em diferentes graus, e seriam separados. As moléculas irão eluir na ordem dada (ordem decrescente de massas moleculares). O gel faz a separação com base no tamanho e na configuração molecular, em vez de na massa molecular.

O Sephadex LH-20 foi desenvolvido para solventes não aquosos. Alguns dos grupos hidroxila são alquilados e, portanto, o material pode inchar sob condições aquosas e não aquosas (ele agora tem caráter "orgânico"). Esse material pode ser utilizado com diversos solventes orgânicos, como álcool, acetona, cloreto de metileno e hidrocarbonetos aromáticos.

Outro tipo de gel é baseado em uma estrutura de poliacrilamida (Bio-Gel P e Poly-Sep AA). Uma parte de uma cadeia poliacrilamida é mostrada a seguir:

$$
\begin{array}{c}
-CH_2-\underset{\substack{|\\ C=O\\ |\\ NH_2}}{CH}-CH_2-\underset{\substack{|\\ C=O\\ |\\ NH_2}}{CH}-CH_2-\underset{\substack{|\\ C=O\\ |\\ NH_2}}{CH}-
\end{array}
$$

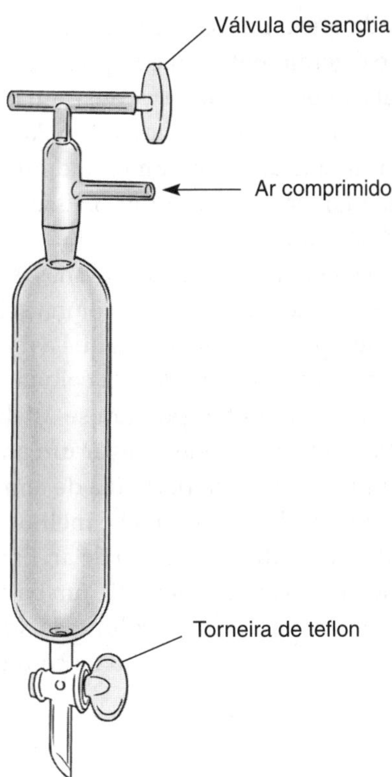

FIGURA 19.14 ■ Aparelho para cromatografia *flash*.

Géis desse tipo também podem ser utilizados com água e com alguns solventes orgânicos polares. Eles tendem a ser mais estáveis do que o Sephadex, especialmente sob condições ácidas. As poliacrilamidas podem ser usadas para muitas aplicações bioquímicas envolvendo macromoléculas. Para separar polímeros sintéticos, grânulos de poliestireno reticulado (copolímero de estireno e divinilbenzeno) encontram aplicação comum. Mais uma vez, os grânulos incham, antes do uso. Solventes orgânicos comuns podem ser utilizados para eluir os polímeros. Assim como acontece com outros géis, os compostos com maior massa molecular eluem antes dos compostos com menor massa molecular.

19.17 Cromatografia flash

Um dos inconvenientes da cromatografia em colunas é que para separações preparatórias em escala grande, o tempo necessário para completar uma separação pode ser muito longo. Além do mais, a resolução que é possível para um determinado experimento tende a se deteriorar, à medida que aumenta o tempo necessário para o experimento. Este último efeito surge porque as bandas de compostos que se movem muito lentamente através de uma coluna tendem a formar "cauda".

Foi desenvolvida uma técnica que pode ser útil para superar esses problemas. A técnica, chamada **cromatografia *flash***, na verdade, é uma modificação muito simples de uma cromatografia em coluna comum. Na cromatografia *flash*, o adsorvente é empacotado em uma coluna de vidro relativamente curta, e emprega-se ar comprimido para forçar o solvente através do adsorvente.

O aparelho utilizado para cromatografia *flash* é mostrado na Figura 19.14. A coluna de vidro é equipada com uma torneira de *teflon*, no fundo, para controlar a taxa de escoamento do solvente. Um tampão de lã de vidro é colocado no fundo da coluna para atuar como suporte para o adsorvente. Também pode ser adicionada uma camada de areia sobre a lã de vidro. A coluna é preenchida com adsorvente utilizando-se o método de empacotamento a seco. Quando a coluna estiver preenchida, um encaixe é conectado ao topo da coluna, e o aparelho inteiro é conectado a uma fonte de ar comprimido ou nitrogênio. O encaixe é projetado de modo que a pressão aplicada no topo da coluna possa ser precisamente ajustada. A fonte de ar comprimido é geralmente um compressor de ar especialmente adaptado.

Uma típica coluna utilizaria sílica-gel como adsorvente (tamanho da partícula = 40–63 μm) empacotada a uma altura de 12, 7 cm em uma coluna de vidro com 20 mm de diâmetro. A pressão aplicada à coluna seria ajustada para atingir uma taxa de escoamento de solvente tal que o nível de solvente na coluna diminuiria cerca de aproximadamente 5 cm/minuto. Esse sistema seria apropriado para separar os componentes de uma amostra de 250 mg.

A elevada pressão de ar força o solvente através da coluna de adsorvente a uma taxa que é muito maior que a que seria atingida se o solvente escoasse pela coluna sob a ação da gravidade. Uma vez que o solvente flui mais rapidamente, o tempo necessário para que as substâncias passem através da coluna é reduzido. Por si só, a simples aplicação de pressão de ar à coluna pode reduzir a clareza da separação, porque os componentes da mistura não teriam tempo para se estabelecer em bandas distintamente separadas. Contudo, na cromatografia *flash*, você pode utilizar um adsorvente muito mais fino que o que seria utilizado na cromatografia comum. Com uma partícula de tamanho muito menor para o adsorvente, a área superficial aumenta e, assim, resolução possível é melhorada.

Uma simples variação dessa ideia não utiliza pressão de ar. Em vez disso, a extremidade menor da coluna é inserida em uma rolha, que é encaixada no topo de um balão de sucção. Aplica-se vácuo ao sistema, e este vácuo age puxando o solvente através da coluna de adsorvente. O efeito geral da variação é similar ao obtido quando se aplica pressão de ar no topo da coluna.

REFERÊNCIAS

Deyl, Z., Macek, K. e Janák, J. *Liquid Column Chromatography*. Amsterdã: Elsevier, 1975.

Heftmann, E. *Chromatography*, 3ª edição. Nova York: Van Nostrand Reinhold, 1975.

Jacobson, B. M. "An Inexpensive Way to Do Flash *Chromatography*". *Journal of Chemical Education, 65*, maio 1988, p. 459.

Still, W. C., Kahn, M. e Mitra, A. "Rapid Chromatographic Technique for Preparative Separations with Moderate Resolution". *Journal of Organic Chemistry, 43* (1978): p. 2923.

■ PROBLEMAS ■

1. Uma amostra foi colocada em uma coluna cromatográfica. Cloreto de metileno foi utilizado como o solvente de eluição. Todos os componentes são eluídos da coluna, mas nenhuma separação foi observada. O que deve ter acontecido durante o experimento? Como você modificaria o experimento para superar esse problema?

2. Você está prestes a purificar uma amostra de naftalina impura, utilizando a cromatografia em colunas. Qual solvente deverá ser utilizado para eluir a amostra?

3. Considere uma mistura composta de bifenilo, ácido benzóico e álcool benzílico. Preveja a ordem de eluição dos componentes nessa mistura. Suponha que a cromatografia utiliza uma coluna de sílica e que o sistema de solvente tem como base o ciclohexano, com uma crescente proporção de cloreto de metileno adicionado, em função do tempo.

4. Um composto laranja é adicionado ao topo de uma coluna cromatográfica. Foi acrescentado solvente imediatamente, e todo o volume de solvente contido no respectivo reservatório se tornou cor de laranja. Nenhuma separação foi obtida a partir do experimento de cromatografia. O que aconteceu de errado?

5. Um composto amarelo dissolvido em cloreto de metileno é adicionado a uma coluna cromatográfica. A eluição começa utilizando éter de petróleo como solvente. Depois que 6 L passaram através da coluna, a banda amarela ainda não desceu muito na coluna. O que deve ser feito para que o experimento funcione melhor?
6. Você tem 0,50 g de uma mistura que deseja purificar por cromatografia em coluna. Quanto adsorvente deverá ser utilizado para empacotar a coluna? Faça a estimativa do diâmetro e da altura apropriados para a coluna.
7. Em determinada amostra, você quer coletar o componente com a *maior* massa molecular como a *primeira* fração. Qual técnica cromatográfica deve ser utilizada?
8. Uma banda colorida mostra uma cauda muito longa, à medida que ela passa pela coluna. O que é possível fazer para retificar esse problema?
9. Como você faria para monitorar o progresso de uma cromatografia em coluna quando a amostra é incolor? Descreva pelo menos dois métodos.

Técnica 20

Cromatografia em camada delgada

A cromatografia em camada delgada (TLC, do inglês thin layer cromotography) é uma técnica muito importante para a separação rápida e a análise qualitativa de pequenas quantidades de material. Ela é perfeitamente adequada para a análise de misturas e produtos de reação, em experimentos em macroescala e microescala. A técnica está estritamente relacionada à cromatografia em coluna. Na verdade, a TLC pode ser considerada a cromatografia em colunas *ao contrário*, com o solvente subindo pelo adsorvente, em vez de descer. Em virtude dessa estreita relação com a cromatografia em colunas e porque os princípios que regem as duas técnicas são similares, a Técnica 19, sobre cromatografia em colunas, deve ser lida primeiro.

20.1 Princípios da Cromatografia em camada delgada

Assim como a cromatografia em colunas, a TLC é uma técnica de partição sólido–líquido. Contudo, a fase móvel líquida não percola para baixo no adsorvente; ela *sobe* por uma fina camada a de adsorvente que reveste um suporte de apoio. O tipo de suporte mais típico é um material plástico, mas outros materiais também são utilizados. Uma camada fina de adsorvente é espalhada sobre a placa e, então, deixada para secar. Uma placa seca e revestida é chamada **placa de camada** ou **lâmina de camada delgada**. (Frequentemente, eram utilizadas lâminas de microscopia para preparar pequenas placas de camada fina, por isso, a referência a *lâminas*.) Quando uma placa de camada delgada é colocada na vertical em um recipiente que contém uma camada rasa de solvente, o solvente sobe pela camada de adsorvente na placa, por meio de ação capilar.

Na TLC, a amostra é aplicada à placa antes que o solvente possa subir pela camada de adsorvente. A amostra geralmente é aplicada na forma de uma pequena mancha perto da base da placa; essa técnica normalmente é chamada **aplicação de mancha**. A placa é colocada por repetidas aplicações de uma solução da amostra, usando-se uma pequena pipeta capilar. Quando a pipeta preenchida toca a placa, a ação capilar libera seu conteúdo na placa, e uma pequena mancha é formada.

À medida que o solvente sobe pela placa, a amostra é particionada entre a fase líquida, móvel e a fase sólida, estacionária. Durante esse processo, você está **desenvolvendo, ou correndo,** a placa de camada delgada. Ao desenvolver a placa, você estará separando os vários componentes na mistura. A separação é baseada nos vários processos de equilíbrio que os solutos experimentam entre a fase móvel e a fase estacionária. (A natureza desse equilíbrio foi totalmente discutida na Técnica 19, Seções 19.2 e 19.3.) Assim como na cromatografia em colunas, as substâncias menos polares avançam mais rapidamente que as substâncias mais polares. Uma separação resulta das diferenças nas taxas com que os componentes individuais da mistura avançam pela placa. Quando muitas substâncias estão presentes em uma mistura, cada uma tem suas próprias propriedades características quanto à solubilidade e capacidade de adsorção, dependendo dos grupos funcionais em sua estrutura. Em geral, a fase estacionária é muito polar e liga fortemente substâncias polares. A fase móvel líquida geralmente é menos polar que o adsorvente e dissolve mais facilmente substâncias menos polares ou, até mesmo, apolares. Portanto, as substâncias mais polares percorrem lentamente na vertical, ou nem mesmo se movem, e substâncias apolares a mais rapidamente.

Após o desenvolvimento, a placa de camada delgada é removida do tanque de desenvolvimento e deixada para secar, até que esteja livre de solvente. Se a mistura que foi originalmente aplicada na placa tiver sido separada, haverá uma série vertical de manchas na placa. Cada mancha corresponde a um componente ou composto separado da mistura original. Se os componentes da mistura forem substâncias coloridas, as várias manchas serão claramente visíveis depois do desenvolvimento. Contudo, mais frequentemente, as "manchas" não serão visíveis porque elas correspondem a substâncias incolores. Se não houver manchas aparentes, elas poderão se tornar visíveis somente se for utilizado um **método de visualização.** Geralmente, manchas podem ser vistas quando a placa de camada delgada for mantida sob luz ultravioleta; a lâmpada ultravioleta é um método de visualização comum. Também é comum o uso de vapor de iodo. As placas são colocadas em uma câmara contendo cristais de iodo e deixadas em repouso por pequeno período. O iodo reage com os vários compostos adsorvidos na placa, formando complexos coloridos que são claramente visíveis. Uma vez que o iodo geralmente altera os compostos por meio de uma reação, os componentes da mistura normalmente não podem ser recuperados da placa quando é utilizado o método baseado em iodo. (Outros métodos de visualização são discutidos na Seção 20.7.)

20.2 Placas de TLC comercialmente preparadas

O tipo mais conveniente de placa de TLC é preparado comercialmente e vendido pronto para uso. Muitos fabricantes fornecem placas de vidro pré-revestidas com uma camada durável de sílica-gel ou alumina. Como opção mais conveniente, também estão disponíveis placas cujo suporte consiste em plástico flexível ou alumínio. Os tipos mais comuns de placas de TLC comerciais consistem em folhas plásticas revestidas com sílica-gel e ácido poliacrílico, que atua como um *binder* ou ligante Um indicador fluorescente pode ser misturado com a sílica-gel. Em decorrência da presença de compostos na amostra, o indicador torna as manchas visíveis sob a luz ultravioleta (veja a Seção 20.7). Embora essas placas sejam relativamente caras, em comparação às preparadas no laboratório, elas são muito mais convenientes de utilizar e oferecem resultados mais consistentes. As placas são fabricadas de maneira bastante uniforme. Uma vez que o suporte plástico é flexível, uma vantagem adicional é que o revestimento não desprende facilmente das placas. As folhas plásticas (geralmente quadrados medindo 20 cm × 20 cm) também podem ser cortadas com uma tesoura ou um cortador de papel, em qualquer tamanho desejado.

Se a embalagem de placas de TLC comercialmente preparadas tiver sido aberta anteriormente ou se as placas não tiverem sido compradas recentemente, elas devem ser secas antes de serem utilizadas. Seque as placas colocando-as em um forno, a 100 °C, durante 30 minutos, e armazene-as em um dessecador até serem utilizadas.

20.3 A preparação de lâminas e placas de camada delgada

Placas comercialmente preparadas (veja a Seção 20.2) são mais convenientes de utilizar, e recomendamos seu uso para a maioria das aplicações. Se você tiver de preparar suas próprias *lâminas* ou placas, esta seção fornece as orientações necessárias. Os dois materiais adsorventes utilizados mais frequentemente para TLC são alumina G (óxido de alumínio) e sílica-gel G (ácido silícico). A designação G se refere à gipsita (sulfato de cálcio). A gipsita calcinada, $CaSO_4 \cdot \frac{1}{2}H_2O$, é mais conhecida como gesso. Quando exposta à água ou à umidade, a gipsita forma uma massa rígida de $CaSO_4 \cdot 2H_2O$, que agrega adsorvente e se liga às placas de vidro, utilizadas como suporte. Nos adsorventes empregados para TLC, cerca de 10% a 13% em massa de gipsita são adicionadas como binder. Descontando-se essa diferença, os materiais adsorventes são similares aos utilizados na cromatografia em colunas; mas os adsorventes utilizados na cromatografia em colunas têm um maior tamanho de partícula. O material usado na camada delgada é um pó fino. O pequeno tamanho da partícula, juntamente com a gipsita adicionada, torna impossível utilizar a sílica-gel G ou a alumina G para o trabalho em colunas. Em uma coluna, esses adsorventes em geral se agrupam tão rigidamente que o solvente praticamente para de fluir através da coluna.

Para separações envolvendo grandes quantidades de material ou para separações difíceis, pode ser necessário utilizar placas de camada delgada que sejam maiores. Nessas circunstâncias, pode ser preciso preparar suas próprias placas. Placas com dimensões de até 200–250 cm^2 são comuns. Com placas maiores, é recomendado ter um revestimento mais durável, e uma suspensão do adsorvente em água deverá ser utilizada para prepará-las. Se for utilizada a sílica-gel, essa suspensão deverá ser preparada na proporção de cerca de 1 g de sílica-gel G para cada 2 mL de água. A placa de vidro para preparar a placa de camada delgada deve ser lavada, seca e colocada sobre uma folha de jornal. Coloque duas tiras de fita adesiva ao longo de duas bordas da placa. Utilize mais de uma camada de fita adesiva, se for desejado um recobrimento mais espesso na placa. Uma suspensão é preparada, bem misturada e derramada ao longo de uma das bordas da placa que estiver sem a fita adesiva.

⇨ ADVERTÊNCIA

Evite aspirar pó de sílica ou cloreto de metileno, prepare e utilize a suspensão em uma capela, e evite que cloreto de metileno ou a mistura da suspensão caia em sua pele. Realize a operação de revestimento sob uma capela. 

Um pedaço pesado de haste de vidro, longa o suficiente para alcançar ambas as bordas com fita adesiva, é utilizado para nivelar e espalhar a suspensão sobre a placa. A haste EME apoiada sobre a fita e é empurrada ao longo da placa, da extremidade em que a suspensão foi despejada, em direção ao lado oposto da placa. Isso é ilustrado na Figura 20.1. Depois que a suspensão é espalhada, as tiras de fita adesiva são removidas, e as placas secas em um forno, a 110 °C, por cerca de 1 hora. Placas de 200–250 cm^2 são facilmente preparadas por este método. Placas maiores apresentam mais dificuldades. Muitos laboratórios têm uma máquina de recobrimento fabricada comercialmente, que torna toda a operação mais simples.

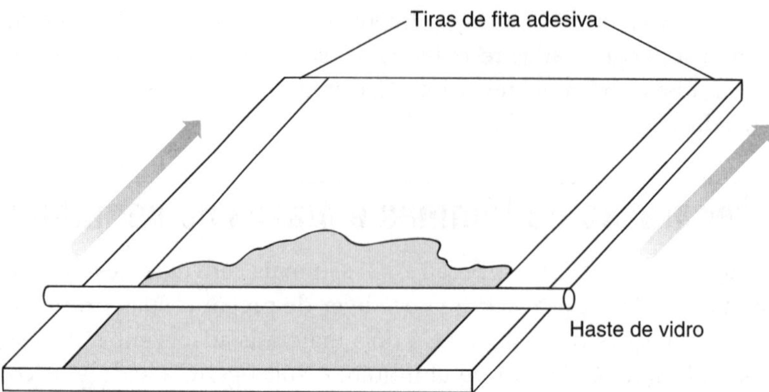
Tiras de fita adesiva
Haste de vidro

FIGURA 20.1 ■ Preparação de uma placa grande de cromatografia em camada delgada.

20.4 Aplicação de amostra: aplicação de manchas às placas

A. Preparando uma micropipeta

Para aplicar a amostra que deve ser separada à placa de camada delgada, utilize uma micropipeta, que é facilmente confeccionada a partir de um tubo capilar curto e com paredes finas, como o utilizado para a determinação de pontos de fusão, mas aberto em ambas as extremidades. A parte central do tubo capilar é aquecida por meio de um bico de Bünsen e girada até amolecer. Quando isso acontecer, a parte aquecida do tubo é puxada, até que se forme um trecho de constrição no tubo, com 4–5 cm de comprimento. Depois de resfriado, o trecho do tubo que sofreu constrição é marcado com uma lima ou cortador de vidro e é quebrado. As duas metades formam duas micropipetas capilares. Procure fazer um corte limpo, sem bordas irregulares ou cortantes. A Figura 20.2 mostra como fazer essas pipetas.

B. Aplicando uma mancha à placa

Para aplicar uma amostra à placa, comece colocando cerca de 1 mg de uma substância de teste sólida ou 1 gota de uma substância de teste líquida em um pequeno recipiente, como um vidro de relógio ou um tubo de ensaio. Dissolva a amostra em algumas gotas de um solvente volátil. Em geral,

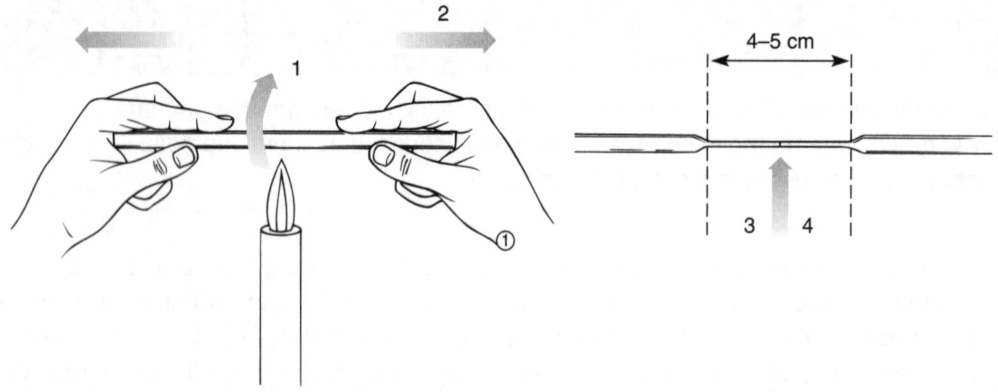
2
1
①
4–5 cm
3
4
① Gire na chama até que fique amolecido.
② Remova da chama e puxe.
③ Faça uma leve marca no centro da seção puxada.
④ Quebre na metade para formar duas pipetas.

FIGURA 20.2 ■ A construção de duas micropipetas capilares.

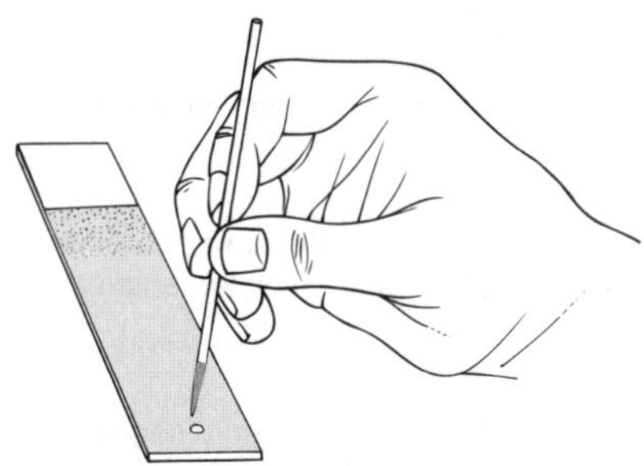

FIGURA 20.3 ■ Aplicando uma mancha à placa de cromatografia em camada delgada, com uma pipeta capilar.

acetona ou cloreto de metileno são solventes adequados. Para testar uma solução, pode-se normalmente usá-la diretamente (não diluída). A pequena pipeta capilar, preparada de acordo com a descrição, é preenchida mergulhando-se a extremidade estreita na solução a ser examinada. A ação capilar preenche a pipeta. Esvazie a pipeta tocando-a levemente na placa de camada delgada, em um ponto cerca de 1 cm distante do fundo (veja a Figura 20.3). A mancha deve ficar suficientemente alta para que não se dissolva no solvente de desenvolvimento. É importante tocar a placa muito levemente e não fazer um buraco no adsorvente. Quando a pipeta toca a placa, a solução é transferida para a placa na forma de uma pequena mancha. A pipeta deve ser tocada na placa muito rapidamente e, então, tem de ser removida. Se a pipeta ficar em contato com a placa, todo o seu conteúdo será transferido para a placa. Somente uma pequena quantidade de material é necessária. É bom soprar delicadamente a placa enquanto a amostra é aplicada. Isso ajuda a manter a mancha pequena ao evaporar o solvente antes que ele se espalhe na placa. Quanto menor a mancha formada, melhor a separação que pode ser obtida. Se for preciso, pode ser aplicado mais material à placa repetindo-se o procedimento da colocação da mancha. Você deve repetir o procedimento com diversas pequenas quantidades, em vez de aplicar uma grande quantidade. É necessário deixar que o solvente evapore entre as aplicações. Se a mancha não for pequena (cerca de 2 mm de diâmetro), é preciso preparar uma nova placa. A pipeta capilar pode ser utilizada várias vezes, desde que seja lavada após cada utilização. Mergulhe a pipeta capilar repetidamente em uma pequena quantidade de solvente, para que seja lavada e, então, a encoste em um papel toalha, para esvaziá-la.

Até três manchas diferentes podem ser aplicadas em uma placa de TLC com 2,5 cm de largura. Cada mancha deverá ficar cerca de 1 cm distante do fundo da placa; todas têm de ser separadas por um espaço igual entre elas e uma mancha deve estar no centro da placa. Por causa da difusão, geralmente as manchas aumentam em diâmetro ao corrermos a placa. Para evitar que manchas contendo diferentes materiais se misturem, confundindo as amostras, não coloque mais de três manchas em uma placa. Quando se utilizam placas maiores, é possível colocar muito mais amostras.

20.5 Desenvolvendo (correndo) placas de TLC

A. Preparando uma câmara de desenvolvimento

Uma câmara de desenvolvimento adequada para placas de TLC pode ser feita com um frasco de boca larga, com capacidade para 120 ml. Uma câmara de desenvolvimento alternativa pode ser construída com um béquer, utilizando um pedaço de papel alumínio para cobrir a abertura. O interior do jarro ou béquer deve ser forrado com um pedaço de papel de filtro, cortado de um modo que não cubra toda a parede interna do jarro. Uma pequena abertura vertical (2–3 cm) deve ser deixada no papel de filtro para que o desenvolvimento possa ser observado. Antes do desenvolvimento, o papel de filtro dentro do jarro ou béquer deve estar totalmente umedecido com o solvente em desenvolvimento. O revestimento saturado com solvente ajuda a manter a câmara saturada com vapores

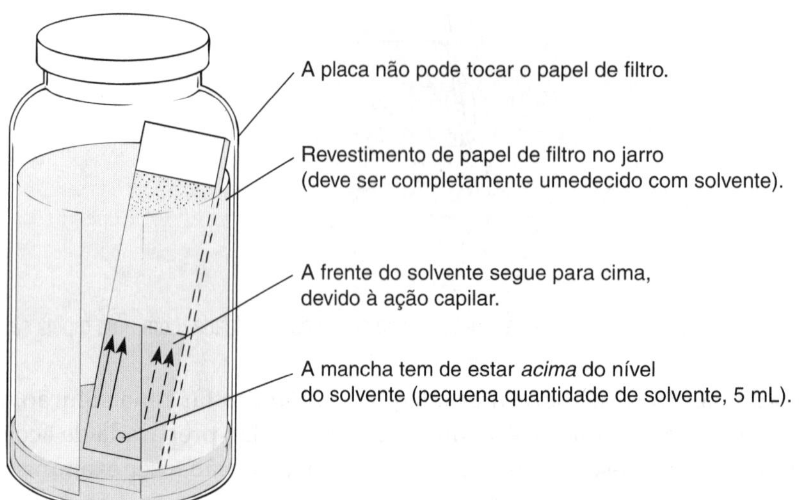
A placa não pode tocar o papel de filtro.
Revestimento de papel de filtro no jarro (deve ser completamente umedecido com solvente).
A frente do solvente segue para cima, devido à ação capilar.
A mancha tem de estar *acima* do nível do solvente (pequena quantidade de solvente, 5 mL).

FIGURA 20.4 ■ Uma câmara de desenvolvimento com uma placa de Cromatografia em camada delgada.

de solvente agilizando assim o desenvolvimento. Quando o revestimento estiver saturado, o nível de solvente no fundo da câmara de desenvolvimento é ajustado para uma profundidade de cerca de 5 mm, e a câmara é tampada (ou coberta com papel alumínio) e reservada até o momento de ser utilizada. Uma câmara de desenvolvimento corretamente preparada (com a placa de TLC colocada) está na Figura 20.4.

B. Desenvolvendo a placa de TLC

Uma vez que a mancha tiver sido aplicada à placa de camada delgada e o solvente tiver sido escolhido (veja a Seção 20.6), a placa é "colocada para correr" na câmara. A placa deve ser colocada na câmara cuidadosamente para que nenhuma parte toque o revestimento de papel de filtro. Além disso, o nível de solvente no fundo da câmara não pode estar acima da mancha que foi aplicada à placa, ou o material com a mancha irá dissolver no solvente em vez de passar pela cromatografia. Quando a placa estiver colocada corretamente, recoloque a tampa na câmara de desenvolvimento e espere até que o solvente avance até a placa, pela ação capilar. Em geral, isso ocorre rapidamente, e você deve observar com atenção. À medida que o solvente sobe, a placa se torna visivelmente úmida. Quando o solvente tiver avançado até 5 mm do final da superfície revestida, a placa deve ser removida e a posição da frente do solvente deve ser definida imediatamente, marcando-se a placa ao longo da linha do solvente, com um lápis. Não se deve permitir que a frente de solvente percorra além do final da superfície revestida. A placa deve ser removida antes que isso aconteça. O solvente não vai realmente avançar além do final da placa, mas as manchas ficarão em uma placa totalmente umedecida, na qual o solvente não está se expandindo por difusão. Assim que a tiver secado, quaisquer manchas visíveis deverão ser marcadas na placa com um lápis. Se não houver manchas aparentes, pode ser necessário aplicar um método de visualização (veja a Seção 20.7).

20.6 Escolhendo um solvente para o desenvolvimento

O solvente que será utilizado no desenvolvimento depende dos materiais a serem separados. Você pode experimentar vários solventes antes que uma separação satisfatória seja obtida. Uma vez que pequenas placas de TLC podem ser preparadas e desenvolvidas rapidamente, em geral não é difícil fazer uma escolha empírica. Um solvente que faz com que todo o material da mancha aplicada se mova com a frente de solvente é muito polar. Um solvente que não faça nenhum material na mancha se mover não é suficientemente polar. Consulte a Tabela 19.2, na Técnica 19, como um guia da polaridade relativa dos solventes.

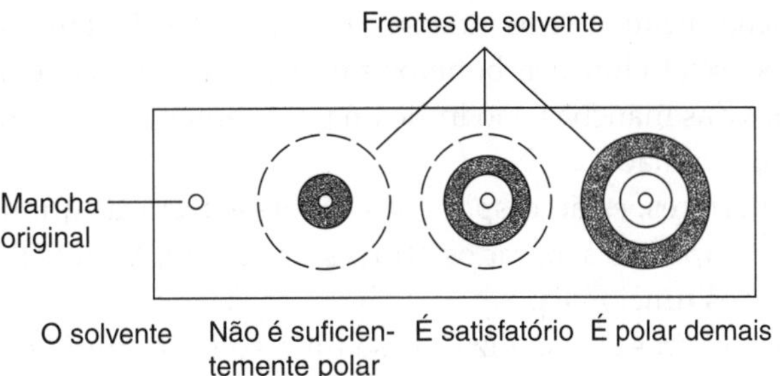

FIGURA 20.5 ■ O método de anel concêntrico para testar solventes.

O cloreto de metileno e o tolueno são solventes de polaridade intermediária e representam uma boa opção para uma ampla variedade de grupos funcionais a serem separados. Para hidrocarbonetos, as melhores opções são hexano, éter de petróleo (ligroína) ou tolueno. O hexano ou éter de petróleo com proporções variáveis de éter ou tolueno resulta em misturas de solventes de polaridade moderada, úteis para muitos grupos funcionais comuns. Materiais polares podem requerer acetato de etila, acetona ou metanol.

Um meio rápido de determinar um bom solvente é aplicar diversas manchas de amostra a uma única placa. As manchas deverão ser separadas, no mínimo, em 1 cm. Uma pipeta capilar é preenchida com um solvente, e tocada delicadamente em uma das manchas. O solvente se expande para fora em um círculo. A frente de solvente deverá ser marcada com um lápis. Um solvente diferente é aplicado a cada mancha. À medida que os solventes se expandem para fora, as manchas se expandem como anéis concêntricos. Com base na aparência dos anéis, você pode ter uma avaliação aproximada da adequação do solvente. Vários comportamentos verificados com este método de teste estão na Figura 20.5.

20.7 Métodos de visualização e revelação[1]

Em casos afortunados, os compostos separados por TLC são coloridos, e a separação pode ser acompanhada visualmente. No entanto, frequentemente os compostos são incolores. Nesse caso, é preciso utilizar algum reagente ou algum método, a fim de tornar visíveis os materiais separados. Os reagentes que dão origem a manchas coloridas são chamados **reagentes de revelação**. Os métodos que tornam as manchas aparentes são os **métodos de visualização**.

O método de visualização mais comum é por meio de uma lâmpada ultravioleta (UV). Sob a luz UV, compostos geralmente se parecem com manchas brilhantes, na placa. Normalmente, isso sugere a estrutura do composto. Certos tipos de compostos brilham muito intensamente sob a luz UV, porque fluorescem.

É possível adquirir placas com um indicador fluorescente adicionado ao adsorvente. Frequentemente, é utilizada uma mistura dos sulfetos de zinco e cádmio. Quando tratada dessa maneira e mantida sob luz UV, a placa inteira fluoresce. Contudo, manchas escuras aparecem na placa, onde é possível verificar os compostos separados extinguindo a fluorescência.

O iodo também é utilizado para revelar placas. O iodo reage com muitos materiais orgânicos formando complexos marrons ou amarelos. Neste método de visualização, a placa de TLC, desenvolvida e seca, é colocada em um jarro de boca larga, com tampa de rosca, com capacidade 120 ml, juntamente com alguns cristais de iodo. O jarro é tampado e levemente aquecido em um banho de vapor ou uma chapa de aquecimento com pouco calor. O jarro é preenchido com vapores de iodo, e as manchas começam a aparecer. Quando as manchas se mostram suficientemente intensas, a placa é removida do jarro e as manchas são marcadas com um lápis. As manchas não são permanentes. Sua aparência resulta da formação de complexos que o iodo forma com as substâncias orgânicas. À medida que o iodo sublima

[1] N. R.T.: No original, *Visualization methods*. No Brasil empregamos o termo visualização quando nos referimos a métodos não reativos de observação das placas (por exemplo, observação sob luz ultravioleta). Quando se utilizam métodos reativos de visualização, como, por exemplo, na exposição da placa a vapores de iodo, usa-se a expressão "revelação".

para fora da placa, as manchas ficam menos intensas. Por isso, elas devem ser imediatamente marcadas. Quase todos os compostos, exceto hidrocarbonetos saturados e haletos de alquila, formam complexos com o iodo. As intensidades das manchas não indicam precisamente a quantidade de material presente, exceto de maneira muito aproximada.

Além dos métodos anteriores, estão disponíveis diversas técnicas químicas que destroem ou alteram permanentemente os compostos separados através da reação. Muitos desses métodos são específicos para determinados grupos funcionais.

Os haletos de alquila podem ser visualizados se uma solução diluída de nitrato de prata for pulverizada nas placas. Formam-se haletos de prata, que se decompõem quando expostos à luz, dando origem a manchas escuras (prata livre) na placa de TLC.

A maior parte dos grupos orgânicos funcionais pode se tornar visível, se forem carbonizados com ácido sulfúrico. Ácido sulfúrico concentrado é pulverizado na placa, que é então aquecida em um forno, a 110 °C, para completar a carbonização. Desse modo, são criadas manchas permanentes.

Compostos coloridos podem ser preparados a partir de compostos incolores, formando derivados, antes de aplicar as manchas na placa. Um exemplo é a preparação de 2,4-dinitrofenilhidrazonas a partir de aldeídos e cetonas, a fim de produzir compostos amarelos e cor de laranja. Você também pode pulverizar o reagente 2,4-dinitrofenilhidrazina na placa, depois que cetonas ou aldeídos forem separados. Manchas vermelhas e amarelas se formam onde os compostos estão localizados. Outros exemplos desse método são o uso de cloreto férrico para visualizar fenóis e o uso de verde de bromocressol para detectar ácidos carboxílicos. Trióxido de cromo, dicromato de potássio e permanganato de potássio podem ser utilizados para visualizar compostos facilmente oxidados. O *p*-dimetilaminobenzaldeído detecta aminas facilmente. A ninidrina reage com aminoácidos tornando-os visíveis. Inúmeros outros reagentes e métodos estão disponíveis para determinados tipo de grupos funcionais, que são capazes de revelar somente a classe de compostos de interesse.

20.8 Placas preparativas

Se você utilizar placas grandes (veja a Seção 20.3), materiais podem ser separados, e os componentes separados podem ser recuperados individualmente das placas. As placas utilizadas dessa maneira são chamadas **placas preparativas**, para as quais, geralmente se utiliza uma camada espessa de adsorvente. Em vez de ser aplicada como uma mancha ou uma série de manchas, a mistura a ser separada é aplicada como uma linha de material cerca de 1 cm distante do fundo da placa. À medida que a placa é corrida, os materiais separados formam faixas. Depois da corrida, você pode observar as faixas separadas, geralmente, pela luz UV, e marcar as zonas com um lápis. Se o método de visualização for destrutivo, a maior parte da placa é coberta com papel para que se possa protegê-las, e o reagente é aplicado somente na borda extrema da placa.

Uma vez que as zonas tiverem sido identificadas, o adsorvente nessas faixas é raspado da placa e extraído com solvente para remover o material adsorvido. A filtração remove o adsorvente, e a evaporação do solvente fornece o componente recuperado a partir da mistura.

20.9 O valor de R_f

As condições para a cromatografia em camada delgada incluem:

1. Sistema de solventes.
2. Adsorvente.
3. Espessura da camada adsorvente.
4. Quantidade relativa de material aplicado.

Sob um conjunto de condições específicas, determinado composto sempre percorre uma distância fixa relativa à distância que a frente de solvente percorre. A proporção entre a distância que o composto percorre e a distância que a frente do solvente percorre é chamada **valor de R_f**. O símbolo R_f se refere a "retardation factor" ("fator de atraso") ou "ratio to front" ("razão até a frente"), e é expresso como uma fração decimal:

$$R_f = \frac{\text{distância percorrida pela substância}}{\text{distância percorrida pela frente de solvente}}$$

Quando as condições de medição são completamente especificadas, o valor de R_f é constante para qualquer composto dado, e corresponde a uma propriedade física desse composto.

O valor de R_f pode ser utilizado para identificar um composto desconhecido, mas assim como acontece com outras identificações baseadas em um uma única fonte de dados, o valor de R_f é confirmado com maior precisão mediante alguns dados adicionais. Muitos compostos podem ter o mesmo valor de R_f, assim como muitos compostos têm o mesmo ponto de fusão.

Nem sempre é possível, ao medir um valor de R_f, duplicar exatamente as condições de medição que outro pesquisador tenha utilizado. Portanto, valores de R_f tendem a ser mais úteis para um único pesquisador em um laboratório que para pesquisadores em diferentes laboratórios. A única exceção ocorre quando dois pesquisadores utilizam placas de TLC originárias da mesma fonte, como acontece com as placas comerciais, ou quando eles conhecem os detalhes exatos de como as placas foram preparadas. Não obstante, o valor de R_f pode ser um bom guia. Se não for possível recorrer a valores exatos, os valores relativos podem proporcionar a outro pesquisador informações úteis sobre o que se deve esperar. Qualquer pessoa utilizando valores de R_f irá descobrir que é uma boa ideia verificá-los, comparando-os com substâncias padrão, cuja identidade e cujos valores de R_f são conhecidos.

Para calcular o valor de R_f de determinado composto, meça a distância que o composto percorreu desde o ponto em que a mancha foi aplicada. Quando as manchas não forem muito grandes, meça até o seu centro. No caso de manchas grandes, a medição deve ser repetida em uma nova placa, utilizando menos material. Para as manchas que mostram caudas, a medição é feita até o "centro de gravidade" da mancha. Em seguida, a primeira medição de distância é dividida pela distância que a frente de solvente percorreu a partir da mesma mancha original. Um exemplo de cálculo dos valores R_f de dois compostos é ilustrado na Figura 20.6.

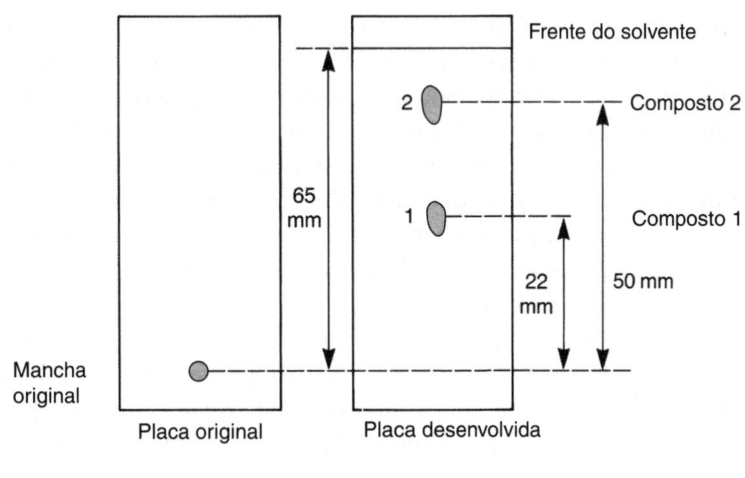

$R_f(\text{composto 1}) = \frac{22}{65} = 0.34$ $\quad$ $R_f(\text{composto 2}) = \frac{50}{65} = 0.77$

FIGURA 20.6 ■ Cálculo amostral de valores de R_f.

20.10 Cromatografia em camada delgada aplicada à química orgânica

A cromatografia em camada delgada tem diversos usos importantes na química orgânica. Ela pode ser utilizada nas seguintes aplicações:

1. Para demonstrar que dois compostos são idênticos.
2. Para determinar o número de componentes em uma mistura.
3. Para determinar o solvente apropriado para uma separação por cromatografia em coluna.
4. Para monitorar uma separação cromatográfica em coluna.
5. Para verificar a efetividade de uma separação em uma coluna, por cristalização ou por extração.
6. Para monitorar o progresso de uma reação.

Em todas essas aplicações, a TLC tem a vantagem de que são necessárias apenas pequenas quantidades de material. Não há desperdício de material. Com muitos dos métodos de visualização, pode ser detectado menos de um décimo de um micrograma (10^{-7} g) de material. Por outro lado, podem ser utilizadas amostras com um miligrama. No caso de placas preparativas que são grandes (com cerca de 9 polegadas de lado) e que têm um revestimento de adsorvente relativamente espesso (>500 μm), geralmente, é possível separar de 0,2 g a 0,5 g de material de uma só vez. A principal desvantagem da TLC é que esses materiais voláteis não podem ser utilizados porque se evaporam das placas.

A cromatografia em camada delgada pode demonstrar que dois compostos suspeitos de serem idênticos são, de fato, idênticos. Simplesmente aplique uma mancha de cada composto, de lado a lado, em uma única placa e corra a placa. Se ambos os compostos percorrerem a mesma distância na placa (eles têm o mesmo valor de R_f), e são provavelmente idênticos. Se as posições das manchas não forem as mesmas, os compostos definitivamente não são idênticos. É importante aplicar as manchas dos compostos *na mesma placa.* Isso é especialmente importante com *lâminas* e placas que você mesmo prepara. Como as placas variam muito de uma amostra para outra, não existem duas placas com exatamente a mesma espessura de adsorvente. Se você utilizar placas comerciais, essa precaução não é necessária, embora seja efetivamente recomendada.

A cromatografia em camada delgada também pode estabelecer se a amostra é uma única substância ou uma mistura. Uma única substância resulta em uma única mancha, não importando qual seja o solvente utilizado para correr a placa. Contudo, o número de componentes em uma mistura pode ser estabelecido experimentando-se vários solventes em uma mistura. Entretanto, deve-se fazer uma advertência. Pode ser difícil, ao lidar com compostos apresentando propriedades muito similares, como os isômeros, encontrar um solvente que separe a mistura. A impossibilidade de conseguir a separação não é uma prova absoluta de que se trata de uma única substância pura. Muitos compostos podem ser separados somente por meio de *várias corridas* da lâmina de TLC com um solvente bastante apolar. Nesse método, você remove a placa após a primeira corrida e a deixa secar. Depois de seca, ela é colocada novamente na câmara e corrida mais uma vez. Isso duplica, efetivamente, o comprimento da lâmina. Às vezes, podem ser necessárias várias corridas.

Quando uma mistura tiver de ser separada, você pode utilizar a TLC a fim de escolher o melhor solvente para separá-la, se não for possível recorrer à cromatografia em coluna. Pode-se experimentar vários solventes em uma placa revestida com o mesmo adsorvente utilizado na coluna. O solvente que resolver melhor os componentes provavelmente funcionará bem na coluna. Esses experimentos em escala pequena são rápidos, utilizam muito pouco material e economizam o tempo que seria gasto na tentativa de separar toda a mistura na coluna. De modo similar, as placas de TLC podem *monitorar* uma coluna. Uma situação hipotética é mostrada na Figura 20.7. Foi encontrado um solvente que iria

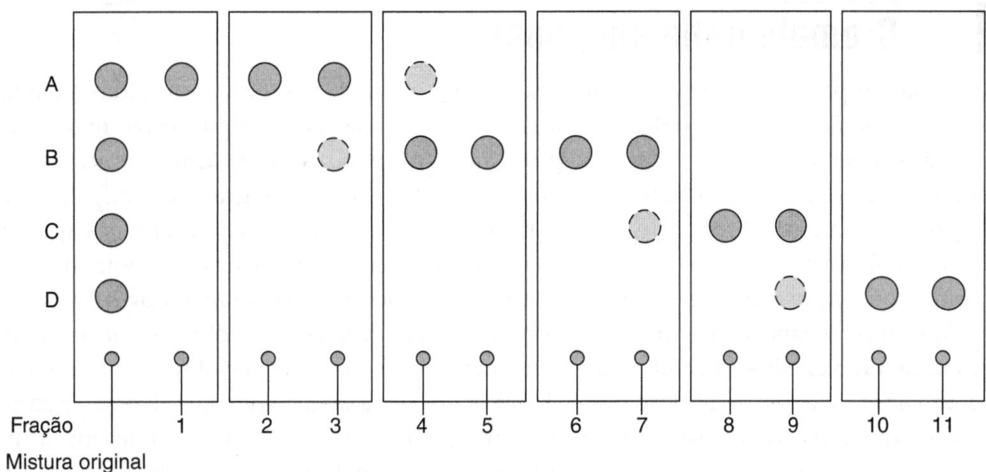

FIGURA 20.7 ■ Monitoramento da cromatografia em colunas com placas de TLC.

separar a mistura em quatro componentes (A–D). Uma coluna foi corrida utilizando-se esse solvente, e foram coletadas 11 frações com 15 mL cada. A análise em camada delgada das várias frações mostrou que as frações de 1–3 continham o componente A; as frações de 4–7, o componente B; as frações de 8–9, o componente C; e as frações de 10–11, o componente D. Uma pequena quantidade de contaminação foi observada nas frações 3, 4, 7, e 9.

Em outro exemplo de TLC, um pesquisador descobriu que um produto de uma reação é uma mistura. Surgiram duas manchas, A e B, na placa de TLC. Depois que o produto foi cristalizado, verificou-se que os cristais descobertos pela TLC são A puro, ao passo que no água-mãe foi encontrada uma mistura de A e B. Considerou-se que a cristalização purificou A satisfatoriamente.

Por fim, frequentemente é possível monitorar o progresso de uma reação por meio de TLC. Em diversos pontos durante uma reação, foram coletadas amostras da mistura reacional, as quais foram submetidas à análise com TLC. Um exemplo é dado na Figura 20.8. Neste caso, a reação desejada era a conversão de A em B. No início da reação (0 hora), foi preparada uma placa de TLC à qual foi aplicada uma mancha de A puro, B puro, e a mistura da reação. Placas similares foram preparadas 0,5, 1, 2 e 3 horas depois do início da reação. As placas mostraram que a reação foi concluída em duas horas. Quando a reação é executada durante mais de duas horas, um novo composto, produto lateral C, começa a aparecer. Desse modo, o tempo ótimo da reação foi considerado duas horas.

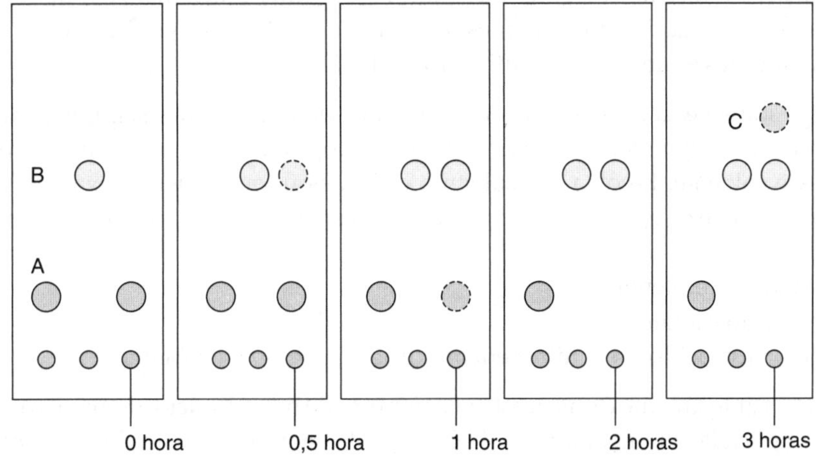

FIGURA 20.8 ■ Monitoramento de uma reação com placas de TLC.

20.11 Cromatografia em papel

A cromatografia em papel é geralmente relacionada com a cromatografia em camada delgada. As técnicas experimentais são, de certo modo, similares às da TLC, mas os princípios estão mais estritamente relacionados aos de uma extração. A cromatografia em papel é, na verdade, uma técnica de particionamento líquido–líquido, e não uma técnica sólido–líquido. Para a cromatografia em papel, uma mancha é colocada próximo da parte inferior de uma pedaço de papel de filtro de alta qualidade (geralmente se utiliza o tipo Whatman n° 1). Então, o papel é colocado em uma câmara de desenvolvimento. O solvente sobe pelo papel pela ação capilar e move para cima os componentes da mancha de mistura com taxas diferentes. Apesar de o papel consistir principalmente em celulose pura, a celulose em si não atua como fase estacionária. Em vez disso, a celulose absorve água da atmosfera, especialmente, de uma atmosfera saturada com vapor de água. A celulose pode absorver até cerca de 22% de água. É essa água adsorvida sobre a celulose que atua como fase estacionária. Para garantir que a celulose se mantém saturada com água, muitos solventes de desenvolvimento utilizados na cromatografia em papel contêm água como componente. À medida que o solvente sobe pelo papel, os compostos são particionados entre a fase estacionária, a água, e a fase móvel, o solvente. Uma vez que a fase aquosa é estacionária, os componentes em uma mistura que são mais altamente solúveis em água, ou os que têm a maior capacidade de ligação de hidrogênio, são aqueles que ficam retidos e se movem mais lentamente. A cromatografia em papel se aplica principalmente a compostos altamente polares ou compostos polifuncionais. O uso mais comum da cromatografia em papel é para açúcares, aminoácidos e pigmentos naturais. Como o papel de filtro é fabricado de maneira consistente, pode-se geralmente confiar nos valores de R_f na cromatografia em papel. Contudo, os valores de R_f costumam ser medidos a partir da extremidade superior (topo) da mancha – não de seu centro, como é habitual em TLC.

■ PROBLEMAS ■

1. Um aluno aplica uma amostra desconhecida em uma placa de TLC, e a corre no solvente diclorometano. Somente uma mancha, cujo valor de R_f é 0,95, é observada. Isso indica que o material desconhecido é um composto puro? O que pode ser feito para verificar a pureza da amostra utilizando a cromatografia em camada delgada?

2. Você e outro aluno receberam, cada um, um composto desconhecido. Ambas as amostras continham material incolor. Cada um utilizou a mesma marca de placa de TLC comercial e correu as placas utilizando o mesmo solvente. Cada um obteve uma única mancha, de R_f = 0,75. As duas amostras eram, necessariamente, as mesmas substâncias? Como você pode provar, de maneira inequívoca, que elas eram idênticas, utilizando TLC?

3. Cada um dos solventes dados devem, efetivamente, separar uma das seguintes misturas por meio de TLC. Faça a correspondência entre o solvente apropriado e a mistura que você espera separar bem com esse solvente. Escolha seu solvente entre os que se seguem: hexano, cloreto de metileno ou acetona. Talvez, seja necessário observar as estruturas dos solventes e compostos, em um Handbook.

a. 2-feniletanol e acetofenona

b. Bromobenzeno e *p*-xileno

c. Ácido benzoico, ácido 2,4-dinitrobenzoico e ácido 2,4,6-trinitrobenzoico

4. Considere uma amostra que é uma mistura composta de bifenilo, ácido benzoico e álcool benzílico. A amostra é aplicada em uma placa de TLC e corrida em uma mistura dos solventes diclorometano–ciclohexano. Preveja os valores relativos de R_f para os três componentes na amostra. (*Dica:* veja a Tabela 19.3.)

5. Considere os seguintes erros que poderiam ser cometidos ao se executar uma TLC. Indique o que deveria ser feito para corrigir cada erro.
   a. Uma mistura de dois componentes, contendo 1-octeno e 1,4-dimetiletilbenzeno, apresentou apenas uma mancha, com um valor de R_f igual a 0,95. O solvente utilizado foi a acetona.
   b. Uma mistura de dois componentes, contendo um ácido dicarboxílico e um ácido tricarboxílico, apresentou apenas uma mancha, com um valor de R_f igual a 0,05. O solvente utilizado foi o hexano.
   c. Ao correr uma placa de TLC, a frente de solvente percorreu até o topo da placa.
6. Calcule o valor de R_f de uma mancha que percorre 5,7 cm, com uma frente de solvente que percorre 13 cm.
7. Um aluno aplica uma amostra desconhecida em uma placa de TLC e corre a placa no solvente pentano. É observada somente uma mancha, para a qual o valor de R_f é 0,05. O material desconhecido é um composto puro? O que pode ser feito para verificar a pureza da amostra utilizando a cromatografia em camada delgada?
8. Uma substância incolor, desconhecida, é aplicada em uma placa de TLC e corrida no solvente correto. As manchas não aparecem quando se tenta a visualização com uma lâmpada UV ou vapores de iodo. O que se pode fazer para visualizar as manchas, se o composto for o seguinte?
   a. Um haleto de alquila.
   b. Uma cetona.
   c. Um aminoácido.

Técnica 21

Cromatografia líquida de alta eficiência (CLAE)[1]

A separação que pode ser obtida é maior se o recheio da coluna utilizada na cromatografia em coluna for mais denso, utilizando-se um adsorvente que tenha um menor tamanho de partícula. As moléculas de soluto encontram uma área superficial muito maior, na qual elas podem ser adsorvidas, à medida que passam através do recheio da coluna. Ao mesmo tempo, os espaços ocupados pelo solvente entre as partículas têm seu tamanho reduzido. Como resultado dessa compactação do recheio, o equilíbrio entre as fases líquida e sólida pode ser estabelecido muito rapidamente, com uma coluna bastante curta, e o grau de separação é notavelmente melhorado. A desvantagem de tornar o recheio da coluna mais denso é que a taxa de fluxo do solvente se torna muito lenta ou é até mesmo interrompida. A gravidade não é suficientemente forte para puxar o solvente através de uma coluna recheada de forma compacta.

Uma técnica desenvolvida recentemente pode ser aplicada para obter separações muito melhores com colunas com recheio compacto. Uma bomba força o solvente através do recheio da coluna. Como resultado, a taxa de fluxo do solvente aumenta, e se mantém a vantagem quanto à obtenção de uma

[1] N. R.T.: No original, HPLC, do inglês *High Performance* (ou *Pressure*) *Liquid Chromatography*. No Brasil, os químicos costumam se referir à técnica usando a abreviação em inglês.

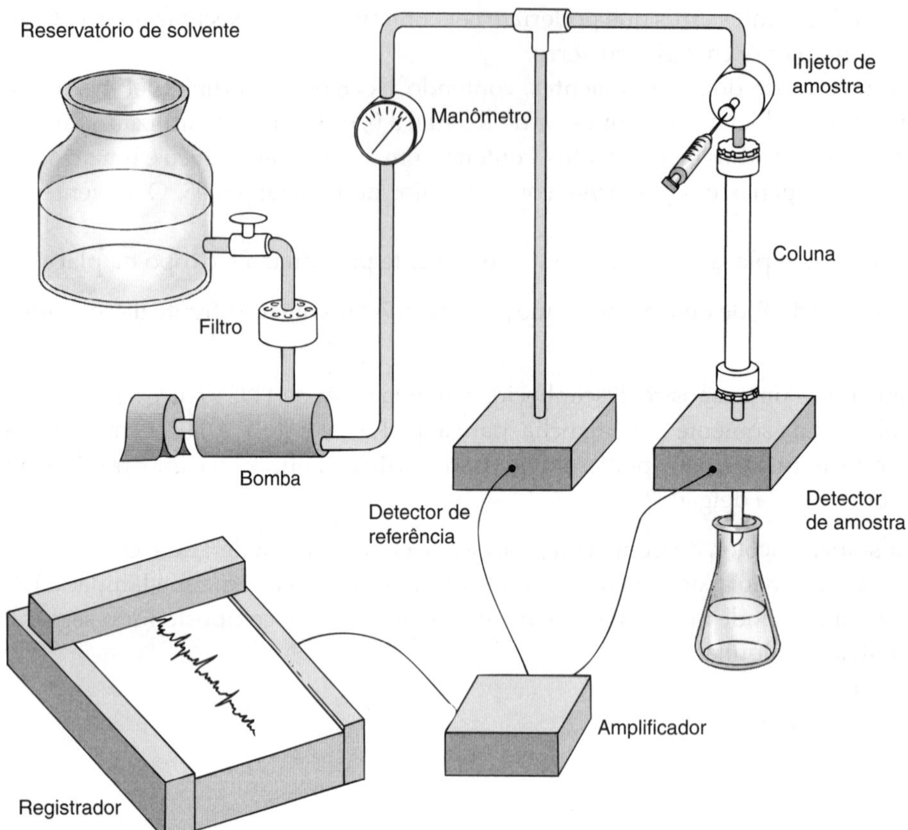

FIGURA 21.1 ■ Um diagrama esquemático de uma cromatografia em líquido de alta performance.

melhor separação. Essa técnica, chamada **cromatografia líquida de alta eficiência (CLAE** ou **HPLC**, do inglês *High Performance/Pressure Liquid Chromatography*), está se tornando amplamente utilizada em problemas nos quais a separação por meio da cromatografia em coluna tradicional é insatisfatória. Uma vez que a bomba geralmente proporciona pressões que excedem a 1000 libras por polegada quadrada (psi)[2], este método também é conhecido como **cromatografia em líquido de alta pressão**. Contudo, não se exige pressões elevadas e é possível conseguir separações satisfatórias com pressões tão baixas quanto 100 psi.

O design básico de um instrumento de HPLC é mostrado na Figura 21.1. O instrumento contém os seguintes componentes essenciais:

1. Reservatório de solvente.
2. Filtro e desgaseificador de solvente.
3. Bomba.
4. Manômetro.
5. Sistema de injeção simples.
6. Coluna.
7. Detector.
8. Amplificador de controles eletrônicos.
9. Registrador gráfico.

---

[2] N. R.T. : Aproximadamente 6900 kPa ou 69 atmosferas.

Pode haver outras variações neste design simples. Alguns instrumentos têm fornos aquecidos para manter a coluna a uma temperatura específica, assim como coletores de frações e sistemas de manipulação de dados, controlado por microprocessador. Também podem ser incluídos filtros adicionais para o solvente e a amostra. Pode ser interessante comparar este diagrama esquemático com a Figura 22.2, na Técnica 22, para um instrumento de cromatografia gasosa. Muitos dos componentes essenciais são comuns aos dois tipos de instrumentos.

21.1 Adsorventes e colunas

O fator mais importante a ser considerado quando se escolhe um conjunto de condições experimentais é a natureza do material de empacotamento aplicado na coluna. Você também pode considerar o tamanho da coluna que será selecionada. A coluna cromatográfica em geral é empacotada (recheada) com adsorventes de sílica ou alumina. Contudo, os adsorventes utilizados na HPLC possuem um tamanho de partícula muito menor que os utilizados na cromatografia em coluna. Tipicamente, o tamanho da partícula varia de 5 μm a 20 μm em diâmetro, para HPLC, e na ordem de 100 μm para a cromatografia em coluna.

O adsorvente é empacotado em uma coluna capaz de suportar as elevadas pressões que são comuns neste tipo de experimento. Geralmente, a coluna é construída com aço inoxidável, embora estejam disponíveis comercialmente algumas construídas com um rígido material polimérico (PEEK, Poly Ether Ether Ketone, ou poli éter éter cetona). É necessária uma coluna forte para suportar as elevadas pressões que podem ser utilizadas. As colunas são equipadas com conectores de aço inoxidável, que asseguram um ajuste perfeito sob pressão entre a coluna e o tubo que a conecta aos outros componentes do instrumento. Estão disponíveis colunas que atendem a muitos propósitos especializados. Aqui, consideramos somente os quatro tipos mais importantes de colunas:

1. Cromatografia em fase normal.
2. Cromatografia em fase reversa.
3. Cromatografia de troca iônica.
4. Cromatografia de exclusão molecular.

Na maior parte dos tipos de cromatografia, o adsorvente é mais polar que a fase móvel. Por exemplo, o material sólido para empacotamento, que pode ser sílica ou alumina, tem maior afinidade com moléculas polares que o solvente. Como resultado, as moléculas na amostra aderem firmemente à fase sólida, e seu percurso coluna abaixo é muito mais lento que a taxa com a qual o solvente se move através da coluna. O tempo requerido para que uma substância se mova através da coluna pode ser alterado modificando-se a polaridade do solvente. Em geral, à medida que o solvente se torna mais polar, mais rapidamente as substâncias se movem pela coluna. Esse tipo de comportamento é conhecido como **cromatografia em fase normal**. Em HPLC, injeta-se uma amostra em uma coluna de fase normal e faz-se a eluição variando-se polaridade do solvente, de modo muito semelhante ao procedimento adotado na cromatografia em coluna comum. As desvantagens da cromatografia em fase normal são que os tempos de retenção tendem a ser longos e as bandas têm tendência à formação de "cauda".

Essas desvantagens podem ser eliminadas selecionando-se uma coluna em que o suporte sólido é *menos polar* que a fase móvel de solvente. Esse tipo de cromatografia é conhecido como **cromatografia em fase reversa**. Nesse tipo de cromatografia, o recheio da coluna de sílica é tratado com agentes alquilantes. Como resultado, grupos alquila apolares são ligados à superfície de sílica, tornando o adsorvente apolar. Os agentes alquilantes utilizados mais comumente podem conectar grupos metila ($—CH_3$), octila ($—C_8H_{17}$) ou octadecila ($—C_{18}H_{37}$) à superfície de sílica. Esta última variação, na qual uma cadeia de 18 carbonos é conectada à sílica, é a mais comum. Esse tipo de coluna é conhecido como **coluna C_{18}**.

Os grupos alquila que estão ligados têm um efeito similar àquele que seria produzido por uma finíssima camada de solvente orgânico recobrindo a superfície das partículas de sílica. Assim, as interações que ocorrem entre as substâncias dissolvidas no solvente e a fase estacionária se tornam mais semelhantes àquelas observadas em uma extração líquido–líquido. As partículas de soluto se distribuem entre os dois "solventes"– isto é, entre o solvente em movimento e o revestimento orgânico na sílica. Quanto mais longas as cadeias dos grupos alquila que estão ligados à sílica, mais efetiva é a interação dos grupos alquila com as moléculas de soluto.

A cromatografia em fase reversa é amplamente utilizada porque a taxa com que as moléculas de soluto intercambiam entre a fase em movimento e a fase estacionária é muito rápida, o que significa que substâncias passam através da coluna com relativa rapidez. Além do mais, os problemas decorrentes da "formação de cauda" nos picos são reduzidos. Porém, uma desvantagem desse tipo de coluna é que as fases sólidas quimicamente modificadas tendem a se decompor. Os grupos orgânicos são lentamente hidrolisados e retirados da superfície da sílica, expondo uma superfície de sílica normal. Assim, o processo cromatográfico que ocorre lentamente na coluna muda de um mecanismo de separação de fase reversa para um de fase normal.

Outro tipo de suporte sólido que, às vezes é utilizado na cromatografia em fase reversa consiste em grânulos de polímeros orgânicos. Esses grânulos exibem uma superfície de natureza predominantemente orgânica para a fase móvel.

Para soluções de íons, selecione uma coluna que é empacotada com uma resina de troca iônica. Esse tipo de cromatografia é conhecido como **cromatografia de troca iônica**. A resina de troca iônica escolhida pode ser uma resina de troca aniônica ou uma resina de troca catiônica, dependendo da natureza da amostra que está sendo examinada.

Um quarto tipo de coluna é conhecido como **coluna de exclusão molecular** ou **coluna de filtração em gel**. A interação que ocorre nesse tipo de coluna é similar àquela descrita na Técnica 19, Seção 19.16.

21.2 Dimensões de coluna

As dimensões da coluna que você utiliza dependem da aplicação. Para aplicações analíticas, uma típica coluna é construída com um tubo com um diâmetro interno entre 4 mm e 5 mm, embora também estejam disponíveis colunas analíticas com diâmetro interno de 1 mm ou 2 mm. Uma típica coluna analítica tem um comprimento de cerca de 7,5 cm até 30 cm. Esse tipo é adequado para a separação de uma amostra de 0,1 mg a 5 mg. Com colunas de diâmetro menor, é possível realizar uma análise com amostras menores que 1 *micrograma*.

A cromatografia líquida de alta eficiência é uma excelente técnica analítica, mas os compostos separados também podem ser isolados. Essa técnica pode ser empregada para experimentos preparatórios. Assim como na cromatografia em coluna, as frações podem ser coletadas em recipientes coletores individuais, à medida que elas passam através da coluna. Os solventes podem ser evaporados dessas frações, permitindo isolar componentes separados da mistura original. Amostras que variam em tamanho, de 5 mg a 100 mg, podem ser separadas em uma coluna semipreparatória. As dimensões de uma coluna semipreparatória geralmente são: diâmetro interno de 8 mm e 10 cm de comprimento. Uma coluna desse tipo é uma escolha prática, quando se quer utilizar a mesma coluna para separações analíticas e preparatórias. A coluna semipreparatória é suficientemente pequena para proporcionar sensibilidade suficiente nas análises, mas também possibilita lidar com amostras de tamanho moderado, quando você precisa isolar os componentes de uma mistura. Até mesmo amostras maiores podem ser separadas utilizando-se uma **coluna preparatória**. Esse tipo de coluna é útil quando se deseja coletar os componentes de uma mistura e, então, utilizar as amostras puras para estudos complementares (por exemplo, para uma reação química subsequente ou uma análise espectroscópica). Uma coluna preparatória pode ter 20 mm de diâmetro interno e 30 cm de comprimento, e permite lidar com amostras de 1 g por injeção.

21.3 Solventes

A escolha do solvente utilizado para uma separação em HPLC depende do tipo de processo cromatográfico selecionado. Para uma separação em fase normal, o solvente é selecionado com base em sua polaridade. São empregados os critérios descritos na Técnica 19, Seção 19.4B. Um solvente com polaridade muito baixa pode ser o pentano, éter de petróleo, hexano ou tetracloreto de carbono; um solvente com polaridade muito alta pode ser água, ácido acético, metanol ou 1-propanol.

Para um experimento em fase reversa, um solvente menos polar faz com que os solutos migrem *mais rápido*. Por exemplo, para um solvente misto de metanol–água, à medida que aumenta a porcentagem de metanol no solvente (o solvente se torna menos polar), diminui o tempo necessário para eluir os componentes de uma mistura, a partir de uma coluna. O comportamento de solventes como eluentes em uma cromatografia em fase reversa será o inverso da ordem mostrada na Tabela 19.2, na Técnica 19, Seção 19.4B.

Se um único solvente (ou mistura de solventes) for utilizado para a separação completa, se diz que o cromatograma é **isocrático**. Dispositivos eletrônicos especiais estão disponíveis em instrumentos de HPLC que permitem programar modificações na composição do solvente, do início ao fim da cromatografia. Estes são chamados **sistemas com gradiente de eluição**. Com o gradiente de eluição, o tempo necessário para uma separação pode ser reduzido consideravelmente.

A necessidade de solventes puros é especialmente crítica na HPLC. O estreito orifício da coluna e tamanho de partícula muito pequeno do recheio da coluna requer que solventes sejam particularmente puros e livres de resíduos insolúveis. Na maioria dos casos, os solventes devem ser filtrados através de filtros ultrafinos e **desgaseificados** (os gases dissolvidos são removidos) antes que possam ser utilizados.

O gradiente de solvente é escolhido de modo que a sua capacidade de eluição aumente ao longo da duração do experimento. O resultado é que componentes da mistura que tendem a se mover muito lentamente pela coluna são levados a se mover mais rapidamente à medida que a capacidade de eluição do solvente aumenta gradualmente. O instrumento pode ser programado para modificar a composição do solvente seguindo um gradiente linear ou um gradiente não linear, dependendo das exigências específicas da separação.

21.4 Detectores

Um **detector** de fluxo deve ser fornecido para determinar quando uma substância passou pela coluna. Na maioria das aplicações, o detector detecta a mudança no índice de refração do líquido à medida que sua composição se altera, ou a presença de soluto devido à sua absorção de luz ultravioleta ou luz visível. O sinal gerado pelo detector é amplificado e tratado eletronicamente, de maneira similar à observada na cromatografia gasosa (veja a Técnica 22, Seção 22.6).

Um detector que responde às alterações no índice de refração da solução pode ser considerado o mais universal dos detectores com HPLC. O índice de refração do líquido que passa através do detector se modifica levemente, mas significativamente, à medida que o líquido se modifica de solvente puro para um líquido no qual o solvente contém algum tipo de soluto orgânico. Essa mudança no índice de refração pode ser detectada e comparada ao índice de refração do solvente puro. Em seguida, a diferença nos valores do índice é registrada como um pico no gráfico. Uma desvantagem desse tipo de detector é que ele precisa responder a alterações muito pequenas no índice de refração. Como resultado, o detector tende a ser instável e difícil de ser equilibrado.

Quando os componentes da mistura apresentam algum tipo de absorção nas regiões ultravioleta ou de visível espectro, pode-se então utilizar um detector ajustado para detectar absorção em um determinado comprimento de onda da luz. Esse tipo de detector é muito mais estável, e as leituras tendem a ser mais confiáveis. Infelizmente, muitos compostos orgânicos não absorvem luz ultravioleta, e esse tipo de detector não pode ser utilizado.

21.5 Apresentação de dados

Os dados produzidos por um instrumento de HPLC aparecem na forma de um gráfico, no qual a resposta do detector está no eixo vertical, e o tempo é representado no eixo horizontal. Os dados são registrados em uma tira de papel gráfico em movimento contínuo, embora também possam ser observados na forma de gráfico em um monitor de computador. Praticamente em todos os aspectos, a forma dos dados é idêntica àquela produzida por cromatógrafo a gás; na verdade, em muitos casos, o sistema de manipulação de dados para os dois tipos de instrumentos é, essencialmente, idêntico. Para entender como analisar os dados de um instrumento de HPLC, leia as Seções 22.11 e 22.12, na Técnica 22.

REFERÊNCIAS

Bidlingmeyer, B. A. *Practical HPLC Metodhology and Applications*, New York: Wiley, 1992.

Katz, E., editor. *Handbook of HPLC*. Volume 78 in Chromatographic Science Series, New York: M. Dekker, 1998.

Lough, W. J., e Wainer, I. W., editores. *High Performance Liquid Chromatograph: Fundamental Principles and Practice*. Londom e New York: Blackie Academic & Professional, 1996.

Rubinson, K. A. "Liquid Chromatography". Capítulo 14, em *Chemical Analysis*. Boston: Little, Brown and Co., 1987.

■ PROBLEMAS ■

1. Para uma mistura de bifenilo, ácido benzoico e álcool benzílico, preveja a ordem de eluição e descreva quaisquer diferenças que você esperaria para um experimento de HPLC de fase normal (no solvente hexano), em comparação com um experimento de fase reversa (no solvente tetrahidrofurano–água).
2. Como o programa de eluição por gradiente difere entre a cromatografia em fase normal e a cromatografia em fase reversa?

Técnica 22

Cromatografia gasosa

A Cromatografia gasosa é uma das mais úteis ferramentas instrumentais para a separação e análise de compostos orgânicos que podem ser vaporizados sem decomposição. Os usos comuns incluem testar a pureza de uma substância e a separação dos componentes de uma mistura. As quantidades relativas dos componentes em uma mistura também podem ser determinadas. Em alguns casos, a cromatografia gasosa pode ser empregada para identificar um composto. Nos trabalhos em microescala, ela também pode ser utilizada como um método preparatório para isolar compostos puros de uma pequena quantidade de uma mistura.

A cromatografia gasosa se assemelha, em princípio, à cromatografia em colunas, mas difere em três aspectos. Primeiro, os processos de particionamento para os compostos que serão separados são desenvolvidos entre uma **fase gasosa móvel** e uma **fase líquida estacionária**. (Lembre-se de que na cromatografia em colunas, a fase móvel é um líquido, e a fase estacionária é um sólido adsorvente.) Em segundo, a temperatura do sistema a gás pode ser controlada porque a coluna é contida em um forno isolado. E em terceiro, a concentração de qualquer composto na fase gasosa é uma função somente de sua pressão de vapor. Uma vez que a cromatografia gasosa separa os componentes de uma mistura, principalmente, com base em suas pressões de vapor (ou pontos de ebulição), esta técnica também é similar, em princípio, à destilação fracionada. No trabalho em microescala, a destilação fracionada é algumas vezes utilizada para separar e isolar compostos de uma mistura; a destilação fracionada normalmente será utilizada com quantidades maiores de material.

A cromatografia gasosa (GC-MS) também é conhecida como cromatografia em fase de vapor (CFV) e como cromatografia de partição gás–líquido (CPGL). Todos os três nomes, conforme indicam suas abreviações, frequentemente, são encontrados na literatura sobre a Química Orgânica. Com relação à técnica, o último termo, CPGL, é o mais estritamente correto e também o preferido pela maioria dos autores.

22.1 O cromatógrafo a gás

O aparelho utilizado para realizar uma separação cromatográfica gás–líquido geralmente é chamado **cromatógrafo a gás**. Um típico modelo para ensino de cromatógrafo a gás, o GOW-MAC modelo 69-350, é ilustrado na Figura 22.1. Um diagrama em bloco esquematizado, de uma cromatografia gasosa básica, é mostrado na Figura 22.2. Os elementos básicos no aparelho são aparentes. A amostra é injetada no cromatógrafo, e é imediatamente vaporizada em uma câmara de injeção aquecida, sendo então introduzida em um fluxo de gás em movimento, chamado **gás de arraste**. Em seguida, a amostra vaporizada é levada para uma coluna preenchida com partículas revestidas com um líquido adsorvente. A coluna está contida em um forno com temperatura controlada. À medida que a amostra passa através da coluna, ela está sujeita a muitos processos de particionamento gás–líquido, e os componentes são separados. À medida que cada componente deixa a coluna, sua presença é detectada por um detector elétrico que gera um sinal que é gravado em um registrador gráfico.

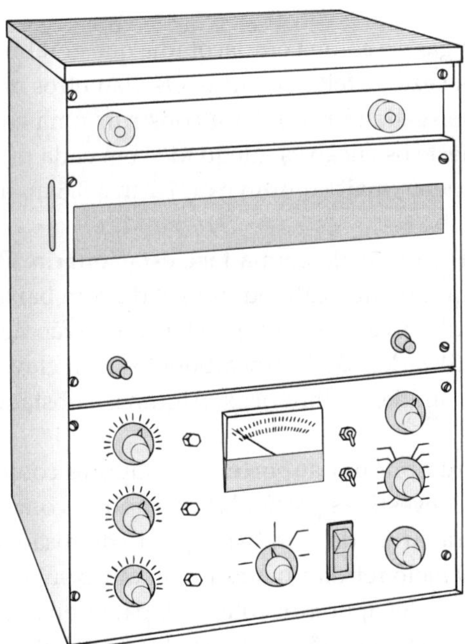

FIGURA 22.1 ■ Um cromatógrafo a gás.

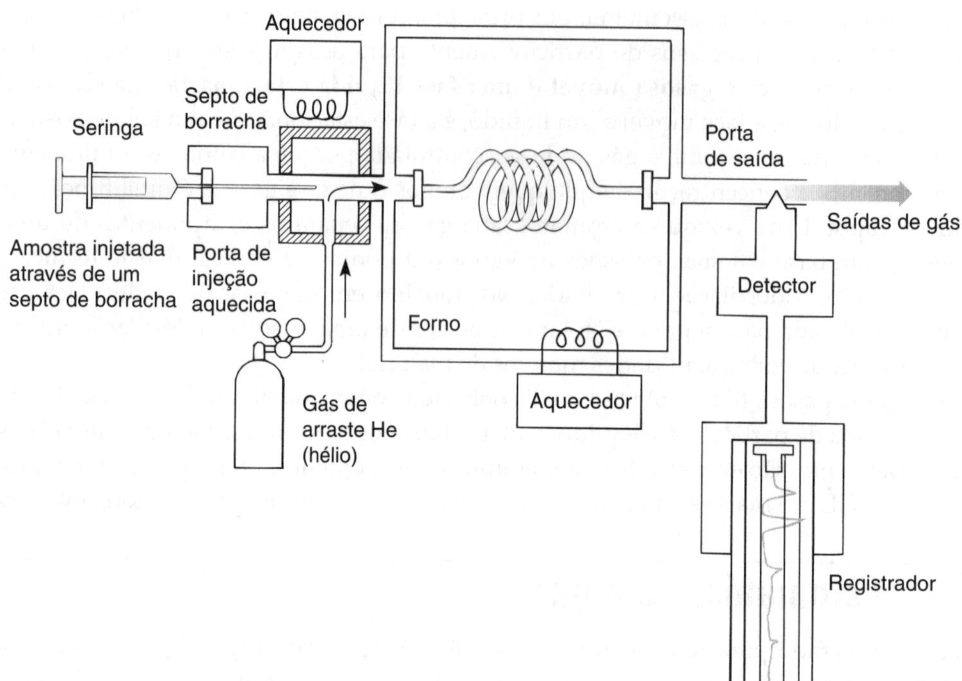

FIGURA 22.2 ■ Um diagrama esquemático de um cromatógrafo a gás.

Muitos instrumentos modernos também são equipados com um microprocessador, que pode ser programado para modificar parâmetros, como a temperatura do forno, enquanto uma mistura está sendo separada em uma coluna. Com essa capacidade, é possível otimizar a separação de componentes e completar uma execução em um tempo relativamente curto.

22.2 A coluna

O núcleo do cromatógrafo a gás é a coluna empacotada, que geralmente é feita de um tubo de cobre ou aço inoxidável, mas, algumas vezes, é feita de vidro. Os diâmetros mais comuns de tubos são de 1/8 de polegada (3 mm) e 1/4 de polegada (6 mm). Para construir uma coluna, corte um pedaço de tubo no comprimento desejado e conecte os encaixes adequados em cada uma das duas extremidades, para conectar ao aparelho. O comprimento mais comum é de 1,2 m a 3,6 m, mas algumas colunas podem ter até 15 m de comprimento.

Em seguida, o tubo (coluna) é recheado com a **fase estacionária**. O material escolhido para a fase estacionária geralmente é um líquido, uma cera ou um sólido com baixo ponto de fusão. Esse material deve ser relativamente não volátil; isto é, deve ter uma baixa pressão de vapor e um alto ponto de ebulição. Os líquidos comumente utilizados são hidrocarbonetos com elevado ponto de ebulição, óleos de silicone, ceras e ésteres, éteres e amidas poliméricos. Algumas substâncias típicas são enumeradas na Tabela 22.1.

A fase líquida geralmente recobre um **suporte**. Um suporte comum é o tijolo refratário moído. Existem muitos métodos para se revestir as partículas de suporte com uma fase líquida. O modo mais fácil é dissolver o líquido (ou cera ou sólido com baixo ponto de fusão) em um solvente volátil como o cloreto de metileno (pe 40 °C). O tijolo refratário moído (ou outro suporte) é adicionado a essa solução, que, então, é lentamente evaporada (evaporador rotativo), para deixar cada partícula de suporte igualmente revestida. Outros materiais de apoio são enumerados na Tabela 22.2.

TABELA 22.1 ■ Típicas fases líquidas

	Tipo		Composição	Temperatura máxima (°C)	Uso típico
Polaridade Crescente ↓	Apiezons (L, M, N etc.)	Graxas de hidrocarbonetos (MM variável)	Misturas de hidrocarbonetos	250–300	Hidrocarbonetos
	SE-30	Borracha de metil silicone	Semelhante ao óleo de silicone, mas reticulado	350	Aplicações gerais
	DC-200	Óleo de silicone ($R = CH_3$)	$R_3Si{-}O{-}[Si(R)_2{-}O]_n{-}SiR_3$	225	Aldeídos, cetonas, halocarbonos
	CD-710	Óleo de silicone ($R = CH_3$) ($R' = C_6H_5$)	$[Si(R')(R){-}O]_n{-}$	300	Aplicações gerais
	Ceras de carbono	Glicóis de polietileno (tamanhos de cadeia variáveis)	Poliéter $HO{-}(CH_2CH_2{-}O)n{-}CH_2CH_2OH$	Até 250	Álcoois, éteres, halocarbonos
	DEGS	Succinato dietilenoglicol	Poliéster $\left(CH_2CH_2{-}O{-}\underset{\|\|}{C}(O){-}(CH_2)_2{-}\underset{\|\|}{C}(C){-}O\right)_n$	200	Aplicações gerais

TABELA 22.2 ■ Típicos suportes sólidos

Tijolo refratário em pó	Chromosorb T
Microesferas de nylon	(microesferas de teflon)
Microesferas de vidro	Chromosorb P
Sílica	(terra diatomácea rosa,
Alumina	absortividade elevada, pH 6–7)
Carvão vegetal	Chromosorb W
Peneiras moleculares	(terra diatomácea branca,
	absortividade média, pH 8–10)
	Chromosorb G
	(como acima, baixa capacidade
	de absorção, pH 8,5)

Na etapa final, o suporte revestido na fase líquida é empacotado no tubo de modo mais uniforme possível. O tubo deve ser dobrado ou enrolado, para se encaixar no forno do cromatógrafo, com as duas extremidades conectadas à entrada de gás e às portas de saída.

A seleção de uma fase líquida geralmente gira em torno de dois fatores. Primeiro, a maioria das fases líquidas tem um limite de temperatura superior, além do qual elas não podem ser utilizadas. Acima do limite de temperatura especificado, a fase líquida propriamente dita começará a "sangrar" para fora da coluna. Segundo, devem ser considerados os materiais a serem separados. No caso de amostras polares, normalmente é melhor utilizar uma fase líquida polar; para amostras apolares, é indicada uma fase líquida apolar. A fase líquida apresenta melhor desempenho quando as substâncias a serem separadas se *dissolvem* nela.

Atualmente, a maioria dos pesquisadores adquire colunas empacotadas de fontes comerciais, em vez de fazerem sua própria coluna. Existe disponível uma ampla variedade de tipos e comprimentos de colunas.

As alternativas às colunas empacotadas são as colunas de Golay ou as colunas capilares de vidro, com diâmetros de 0,1–0,2 mm. Nesses casos, não é necessário nenhum suporte sólido, e o líquido é revestido diretamente nas paredes internas do tubo. As fases líquidas comumente utilizadas em colunas capilares de vidro são similares, em composição, às utilizadas em colunas empacotadas. Elas incluem DB–1 (similar à SE-30), DB–17 (similar à DC–710), e DB–WAX (similar à Carbowax 20M). O comprimento de uma coluna capilar geralmente é muito grande; comumente 15–30 m. Por causa do comprimento e do pequeno diâmetro, existe maior interação entre a amostra e a fase estacionária. Os cromatógrafos a gás equipados com essas colunas de pequeno diâmetro são capazes de separar componentes mais eficientemente do que os instrumentos que usam colunas empacotadas maiores.

22.3 Princípios da separação

Depois que uma coluna é selecionada, empacotada e instalada, icicia-se o fluxo de **gás de arraste** (em geral, hélio, argônio ou nitrogênio) pela coluna que suporta a fase líquida. A mistura de compostos a serem separados é introduzida no fluxo de gás de arraste, onde seus componentes são equilibrados (ou particionados) entre a fase gasosa em movimento e a fase líquida estacionária (veja a Figura 22.3). Essa fase é considerada estacionária porque é absorvida nas superfícies do suporte.

A amostra é introduzida no cromatógrafo a gás por meio de uma microsseringa, e é injetada na forma líquida ou em solução, através de um septo de borracha em uma câmara aquecida, chamada **porta de injeção**, onde é vaporizada e misturada com o gás de arraste.

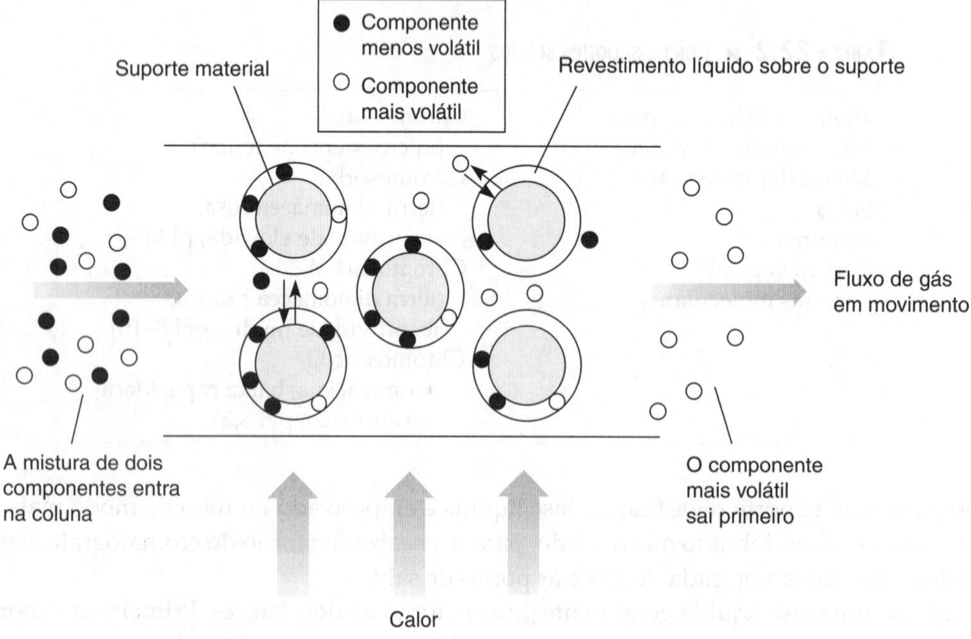

FIGURA 22.3 ■ O processo de separação.

Assim que a mistura atinge a coluna, que é aquecida em um forno controlado, ela começa a se equilibrar entre as fases líquida e gasosa. O tempo necessário para uma amostra percorrer a coluna depende de quanto tempo a amostra permanece na fase de vapor e de quanto tempo ela permanece na fase líquida. Quanto mais tempo a amostra permanece na fase de vapor, mais rápido chega à extremidade da coluna. Na maioria das separações, os componentes de uma amostra têm solubilidades similares na fase líquida. Portanto, o tempo que os diferentes compostos permanecem na fase de vapor é principalmente uma função da pressão de vapor dos compostos, e o componente mais volátil chega primeiro à extremidade da coluna, conforme ilustra a Figura 22.3. Quando a temperatura correta do forno e a fase líquida correta são selecionadas, os compostos na mistura injetada percorrem a coluna a diferentes taxas, e são separados.

22.4 Fatores que afetam a separação

Diversos fatores determinam a taxa com que determinado composto percorre um cromatógrafo a gás. Primeiro, compostos com baixos pontos de ebulição geralmente irão percorrer esse aparelho mais rapidamente que os compostos com pontos de ebulição mais elevados. A razão para isso é que a coluna é aquecida, e os compostos com baixo ponto de ebulição sempre apresentam pressões de vapor mais elevadas que os compostos com pontos de ebulição mais altos. Assim, em geral, para compostos com o mesmo grupo funcional, quanto maior a massa molecular, mais longo é o tempo de retenção. Para a maior parte das moléculas, o ponto de ebulição aumenta à medida que a massa molecular se eleva. Contudo, se a coluna é aquecida a uma temperatura demasiadamente alta, toda a mistura a ser separada é carregada através da coluna à mesma taxa que o gás de arraste, e não ocorre nenhum equilíbrio com a fase líquida. Por outro lado, a uma temperatura muito baixa, a mistura dissolve na fase líquida e não volta a vaporizar. Desse modo, ela fica retida na coluna.

O segundo fator é a taxa de fluxo do gás de arraste. O gás de arraste não deve se mover tão rapidamente que as moléculas da amostra na fase de vapor não possam se equilibrar com as dissolvidas na fase líquida. Isso pode resultar em uma separação inadequada entre os componentes na mistura injetada. Porém, se a taxa de fluxo for lenta demais, as bandas se alargam significativamente, levando a uma baixa resolução (veja a Seção 22.8).

O terceiro fator é a escolha da fase líquida utilizada na coluna. As massas moleculares, os grupos funcionais e as polaridades das moléculas componentes na mistura a serem separadas devem ser considerados quando uma fase líquida está sendo escolhida. Em geral, um diferente tipo de material é utilizado para hidrocarbonetos, por exemplo, do que para ésteres. Os materiais a serem separados deverão dissolver no líquido. Também deve ser considerado o limite de temperatura útil da fase líquida selecionada.

O quarto fator é o comprimento da coluna. Compostos muito semelhantes entre si geralmente exigem colunas mais longas que compostos que não são similares. Muitos tipos de misturas isoméricas se encaixam na categoria "difícil". Os componentes de misturas isoméricas são tão semelhantes, que percorrem a coluna a taxas muito similares. Portanto, é preciso uma coluna mais longa, para tirar proveito de quaisquer diferenças que possam existir.

22.5 Vantagens da cromatografia gasosa

Todos os fatores que foram mencionados precisam ser ajustados pelo químico, para qualquer mistura a ser separada. Frequentemente, é necessária considerável investigação preliminar antes que uma mistura possa ser separada, com sucesso, em seus componentes, pelo cromatógrafo a gás. No entanto, são muitas as vantagens da técnica.

Primeiramente, muitas misturas podem ser separadas por essa técnica quando nenhum outro método for adequado. Em segundo lugar, quantidades tão pequenas quanto 1–10 μL (1 μL = 10^{-6} L) de uma mistura podem ser separadas por essa técnica. Essa vantagem é particularmente importante quando se trabalha em microescala. Terceiro, quando a cromatografia gasosa é acoplada a um dispositivo de registro eletrônico (veja a discussão a seguir), a quantidade de cada componente presente na mistura separada pode ser estimada quantitativamente.

A variedade de compostos que podem ser separados por cromatografia gasosa abrange de gases, como o oxigênio (pe –183 °C) e nitrogênio (pe –196 °C), até compostos orgânicos com pontos de ebulição superiores a 400 °C. A única exigência para os compostos a serem separados é que eles tenham uma pressão de vapor considerável, a uma temperatura na qual podem ser separados e que sejam termicamente estáveis a essa temperatura.

22.6 Monitoramento da coluna (o detector)

Para acompanhar a separação da mistura injetada no cromatógrafo a gas, é necessário utilizar um dispositivo elétrico chamado **detector**. Dois tipos de detectores de uso comum são o **detector de condutividade térmica (TCD, thermal conductivity detector)** e o **detector de ionização de chama (FID, flame-ionozation detector)**.

O detector de condutividade térmica é simplesmente um fio aquecido colocado no fluxo de gás, na saída da coluna. O fio é aquecido por voltagem elétrica constante. Quando um fluxo contínuo de um gás de arraste passa por esse fio, a taxa na qual ele perde calor e sua condutância elétrica têm valores constantes. Quando a composição do fluxo de vapor se modifica, a taxa de fluxo de calor do fio, e, portanto, sua resistência, se modifica. O hélio, que tem uma condutividade térmica maior que a da maioria das substâncias orgânicas, é um gás de arraste comum. Desse modo, quando uma substância elui no fluxo de vapor, a condutividade térmica dos gases em movimento será menor que com o hélio sozinho. O fio então se aquece, e sua resistência diminui.

Um típico TCD opera por diferença. Dois detectores são utilizados: um deles, exposto ao fluxo de gás efluente, e o outro, exposto a um fluxo de referência do gás de arraste puro. Para obter essa situação, uma parte do fluxo do gás de arraste é desviada, antes de entrar na porta de injeção. O gás desviado é roteado através de uma coluna de referência na qual nenhuma amostra tenha sido admitida. Os detectores montados na amostra e as colunas de referência são arranjados para formar os braços de um circuito de ponte de Wheatstone, como mostra a Figura 22.4. Enquanto houver um fluxo de gás de arraste puro atingindo ambos os detectores, o circuito está em equilíbrio. Contudo, quando uma amostra elui a partir da coluna de amostra, o circuito de ponte se desequilibra, criando um sinal elétrico. O sinal pode ser amplificado e utilizado para ativar um registrador gráfico. O registrador é um instrumento que assinala, por meio de uma caneta em movimento, a corrente na ponte em desequilíbrio em função do tempo sobre um rolo de papel gráfico em movimento contínuo. O registro da resposta (corrente) do detector *versus* tempo é chamado **cromatograma**. Um típico cromatograma é ilustrado na Figura 22.5. Os desvios da caneta são chamados de **picos**.

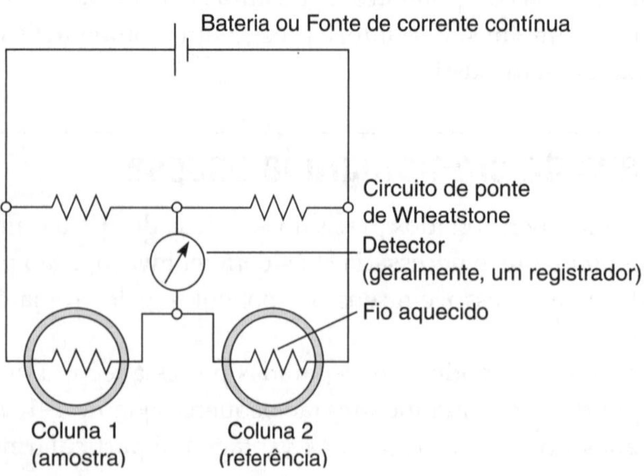

FIGURA 22.4 ■ Um típico detector de condutividade térmica.

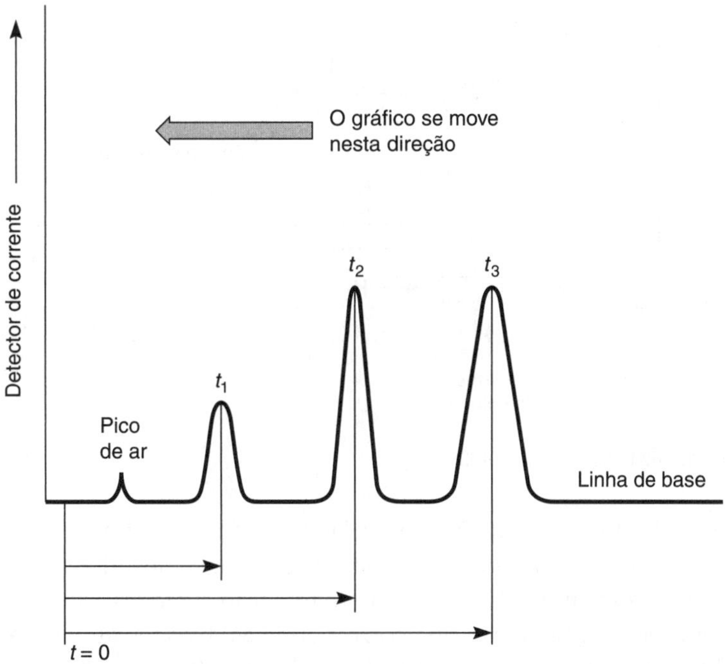

FIGURA 22.5 ■ Uma típica cromatografia gasosa.

Quando uma amostra é injetada, um pouco de ar (CO_2, H_2O, N_2 e O_2) é introduzido juntamente com a amostra. O ar percorre a coluna quase tão rapidamente quanto o gás de arraste; à medida que o ar passa pelo detector, provoca uma pequena resposta da caneta, gerando assim, um pico, chamado **pico de ar**. Em momentos posteriores (t_1, t_2, t_3), os componentes também dão origem a picos no cromatograma, à medida que deixam a coluna e passam pelo detector.

Em um detector de ionização de chama, o efluente da coluna é dirigido para uma chama produzida pela combustão do hidrogênio, conforme ilustra a Figura 22.6. À medida que compostos orgânicos queimam na chama, fragmentos de íons são produzidos e coletados no anel acima da chama. O sinal elétrico resultante é amplificado e enviado para um registrador, de maneira similar àquela para um TCD, exceto que um FID não produz um pico de ar. A principal vantagem do FID é que ele é mais sensível e pode ser utilizado para analisar quantidades menores de amostras. Além disso, como um FID não responde à água, um cromatógrafo a gás com esse detector pode ser utilizado para analisar soluções aquosas. Duas desvantagens são que ele é mais difícil de operar e que o processo de detecção destrói a amostra. Portanto, um cromatógrafo a gás com FID não pode ser utilizado para realizar trabalho preparatório.

22.7 Tempo de retenção

O período necessário para que um composto passe através da coluna após a injeção é chamado **tempo de retenção** desse composto. Para um determinado conjunto de condições constantes (taxa de fluxo do gás de arraste, temperatura da coluna, comprimento da coluna, fase líquida, temperatura da porta de injeção, gás de arraste), o tempo de retenção de qualquer composto é sempre constante (muito semelhante ao valor de R_f, na cromatografia em camada delgada, conforme descreve a Técnica 20, Seção 20.9). O tempo de retenção é medido do tempo de injeção até o tempo da máxima deflexão da caneta (corrente do detector) para o componente sendo observado.

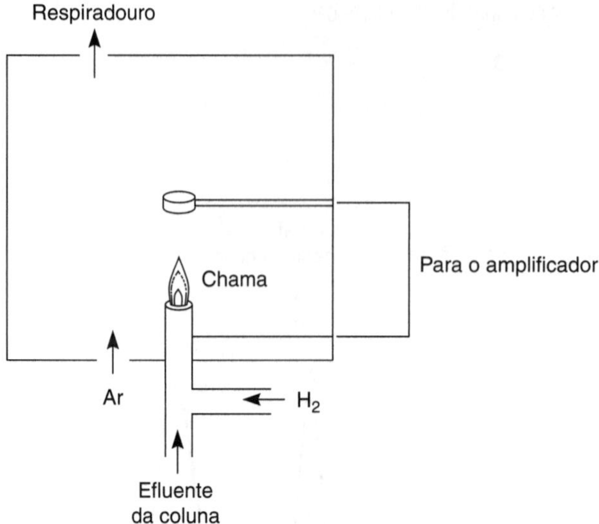

FIGURA 22.6 ■ Um detector de ionização de chama.

Esse valor, quando obtido sob condições controladas, pode identificar um composto por meio de uma comparação direta deste com valores para compostos conhecidos, determinados sob as mesmas condições. Para uma medição mais fácil dos tempos de retenção, a maioria dos registradores de agulha é ajustada para mover o papel a uma taxa que corresponde às divisões de tempo calibradas no papel gráfico. Os tempos de retenção (t_1, t_2, t_3) são indicados na Figura 22.5 para os três picos ilustrados.

A maioria dos cromatógrafos a gás modernos é conectada a uma "estação de dados", que utiliza um computador ou um microprocessador para processar os dados. Com esses instrumentos, o gráfico geralmente não tem divisões. Em vez disso, o computador imprime o tempo de retenção, geralmente com precisão de 0,01 minuto, acima de cada pico. Uma abordagem mais completa dos resultados obtidos a partir de uma moderna estação de dados e de como esses dados são tratados pode ser encontrada na Seção 22.13.

22.8 Fases estacionárias quirais

Uma recente inovação na cromatografia gasosa consiste em utilizar materiais adsorventes quirais para se obter separações de estereoisômeros. A interação entre um estereoisômero em particular e o adsorvente quiral pode ser diferente da interação entre o estereoisômero oposto e o mesmo adsorvente quiral. Como resultado, os tempos de retenção para os dois estereoisômeros provavelmente serão suficientemente diferentes para permitir uma separação limpa. As interações entre uma substância quiral e o adsorvente quiral incluirão ligações de hidrogênio e forças de atração dipolo-dipolo, embora outras propriedades também possam estar envolvidas. Um enantiômero deve interagir mais fortemente com o adsorvente que com sua forma oposta. Assim, um enantiômero deverá passar pela coluna de cromatografia gasosa mais lentamente que sua forma oposta.

A capacidade dos adsorventes quirais de separar estereoisômeros está rapidamente encontrando muitas aplicações úteis, particularmente, na síntese de agentes farmacêuticos. A atividade biológica das substâncias quirais frequentemente depende de sua estereoquímica, porque o organismo vivo é um ambiente altamente quiral. Um grande número de compostos farmacêuticos apresenta duas formas enantioméricas que, em muitos casos, mostram diferenças significativas em seu comportamento e em sua atividade. A habilidade de preparar medicamentos enantiomericamente puros é muito importante porque essas substâncias puras são muito mais potentes (e geralmente apresentam menos efeitos colaterais) que seus análogos racêmicos.

Outro tipo de fase estacionária na cromatografia gasosa é baseada em moléculas tais como as **ciclodextrinas**. Com esses materiais, a discriminação entre enantiômeros depende das interações entre os estereoisômeros e a cavidade quiral formada dentro desses materiais. Uma vez que os enantiômeros diferem em formato, eles se ajustarão de modos distintos dentro da cavidade quiral. O resultado será que os enantiômeros irão passar pela fase estacionária da ciclodextrina com diferentes taxas, levando, assim, a uma separação.

As ciclodextrinas devem sua especificidade à sua estrutura, que é baseada em polímeros de D-(+)-glicose. Os grupos hidroxila da glicose são alquilados de modo que a cavidade seja relativamente apolar. Os grupos hidroxila externos das ciclodextrinas também são substituídos por grupos *terc*-butildimetilsilila. O resultado é um material que também pode utilizar diferenças em ligações de hidrogênio e interações dipolo-dipolo para separar estereoisômeros.

A estrutura de um importante adsorvente quiral baseado em ciclodextrina é mostrada na Figura 22.7. A cromatografia gasosa utilizando esse adsorvente quiral como uma fase estacionária tem sido utilizada para separar uma ampla variedade de estereoisômeros. Em uma publicação recente, o método foi empregado para isolar uma amostra pura de (S)-(+)-2-metil-4-octanol, um composto (feromônio), liberado especificamente por insetos machos da espécie conhecida como bicudo da cana-de-açúcar, *Sphenophorus levis*.[1]

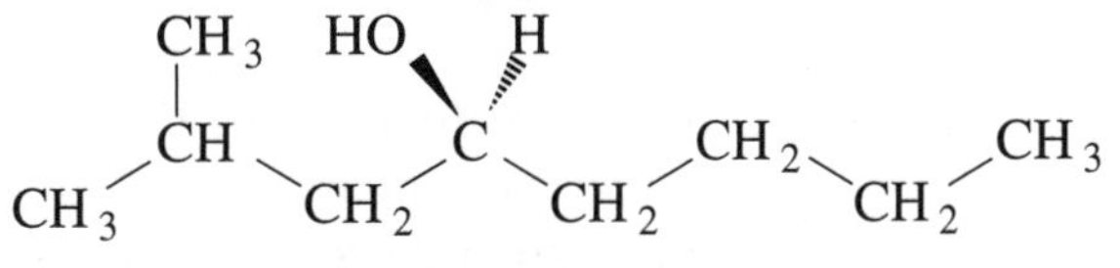

(S)-(+)-2-Metil-4-octanol

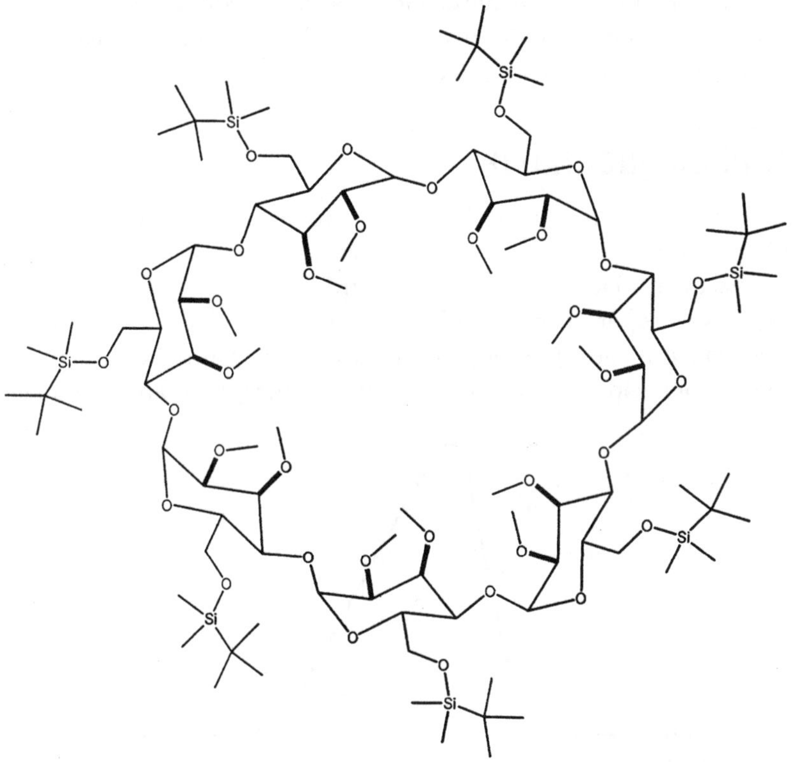

Figura 22.7 ■ Derivado da ciclodextrina utilizado como adsorvente quiral na cromatografia gasosa.

[1] Zarbin, P. H. G., Princival, J. L., dos Santos, A. A., e de Oliveira, A. R. M. "Synthesis of (S)-()-2-Methyl-4-octanol: Male-Specific Compound Released by Sugarcane Weevil, *Sphenophorus levis*". *Journal of the Brazilian Chemical Society*, 15 (2004): p. 331–334

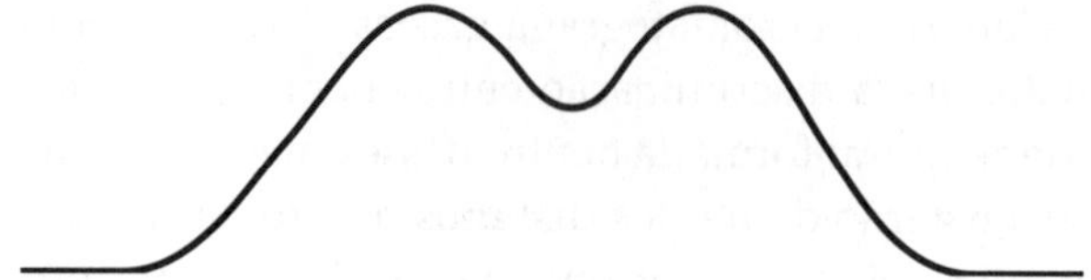

FIGURA 22.8 ■ Baixa resolução ou sobreposição de picos.

22.9 Baixa resolução e formação de cauda

Os picos, na Figura 22.5, apresentam boa **resolução**. Isto é, os picos são separados uns dos outros e, entre cada par de picos adjacentes, o traçado retorna para a linha base. Na Figura 22.8, os picos se sobrepõem e a resolução não é boa. Frequentemente, uma resolução ruim é causada pelo uso de uma quantidade excessiva de amostra; pelo fato de uma coluna ser muito curta, por apresentar uma temperatura alta demais, ou por ter um grande diâmetro; por uma fase líquida que não distingue bem entre os dois componentes; ou, em resumo, por praticamente qualquer parâmetro inadequadamente ajustado. Quando os picos apresentam resolução insatisfatória, é mais difícil determinar a quantidade relativa de cada componente. Métodos para a determinação das porcentagens relativas de cada componente são apresentados na Seção 22.12.

Outra característica desejável, ilustrada pelo cromatograma na Figura 22.5, é que cada pico seja simétrico. Um exemplo comum de um pico assimétrico é aquele no qual ocorre **a formação de uma cauda** como mostra a Figura 22.9. A cauda geralmente resulta de se injetar amostra em excesso no cromatógrafo a gás. Outra causa de formação de cauda ocorre com compostos polares, como álcoois e aldeídos. Esses compostos podem ser temporariamente adsorvidos nas paredes da coluna ou em áreas do suporte que não estejam adequadamente revestidas pela fase líquida. Portanto, eles não deixam a coluna como uma banda, resultando na formação de uma cauda.

22.10 Análise qualitativa

Uma desvantagem do cromatógrafo a gás é que não fornece informações sobre as identidades das substâncias separadas. A pouca informação que ele fornece é dada pelo tempo de retenção. Contudo, é difícil reproduzir essa quantidade de um dia para outro, e pode ser difícil realizar, num determinado mês, duplicações exatas de separações efetuadas no mês anterior. Normalmente, é preciso **calibrar** a coluna cada vez que ela é utilizada. Ou seja, é necessário coletar individualmente amostras puras de todos os componentes conhecidos e supostos, de uma mistura, logo antes de fazer a cromatografia

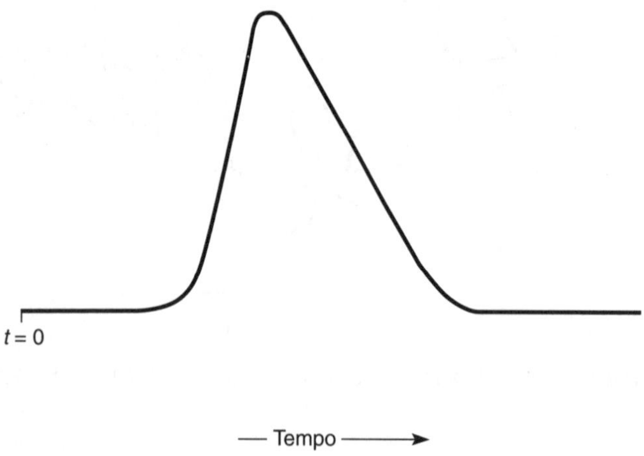

FIGURA 22.9 ■ Formação de cauda.

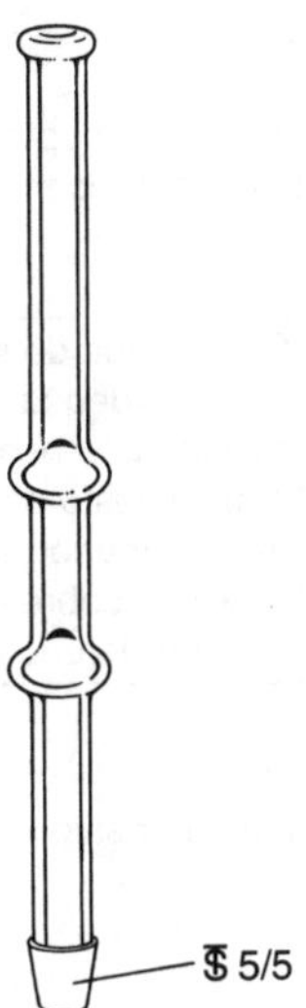

FIGURA 22.10 ■ Um tubo de coleta para cromatografia gasosa.

da mistura, a fim de obter o tempo de retenção de cada composto conhecido. Como alternativa, cada suposto componente pode ser adicionado, um a um, à mistura desconhecida, enquanto o operador verifica qual pico tem sua intensidade aumentada em relação à mistura não modificada. Outra solução é coletar os componentes individualmente à medida que emergem do cromatógrafo a gás. Cada componente pode, então, ser identificado por outros meios, como espectroscopia no infravermelho ou espectroscopia por ressonância magnética nuclear ou por espectrometria de massa.

22.11 Coleta da amostra

Para cromatógrafos a gás com um detector de condutividade térmica, é possível coletar amostras que tenham passado através da coluna. Um método utiliza um tubo de coleta de gás (veja a Figura 22.10), que é incluído na maioria dos kits de objetos de vidro para microescala. Um tubo de coleta é conectado à porta de saída da coluna por meio da inserção da junta interna $ 5/5 a um adaptador de metal, que é conectado à porta de saída. Quando uma amostra é eluída da coluna no estado de vapor, ela é resfriada conectando-se o adaptador e o tubo de coleta de gás, e condensa no tubo de coleta. Em seguida, o tubo de coleta de gás é removido do adaptador quando o registrador indica que a amostra desejada passou completamente através da coluna. Depois que a primeira amostra tiver sido coletada, o processo pode ser repetido com outro tubo de coleta de gás.

Para isolar o líquido, insira a junta de vidro esmerilhado do tubo de coleta em um frasco cônico de 0,1 mL, que tem uma junta externa de $ 5/5. Coloque a montagem em um tubo de ensaio, como ilustra a Figura 22.11. Durante a centrifugação, a amostra é forçada para o fundo do frasco cônico. Depois de desmontar o aparelho, o líquido pode ser removido do frasco com uma seringa para a determinação do ponto de ebulição ou a análise por espectroscopia no infravermelho. Se for desejada a determinação da massa de uma amostra, o frasco cônico vazio e a tampa devem ser tarados e a pesagem deve ser refeita, depois que o líquido tiver sido coletado. É recomendável secar o tubo de coleta de gás e o frasco cônico em um forno antes de sua utilização, a fim de evitar a contaminação por água ou outros solventes utilizados na limpeza desse tipo de objeto de vidro.

Outro método para coletar amostras consiste em conectar um trap resfriado à porta de saída da coluna. Um trap simples, adequado para trabalho em microescala, é ilustrado na Figura 22.12. Refrigerantes adequados incluem água gelada, nitrogênio líquido ou gelo seco–acetona. Por exemplo, se o refrigerante for o nitrogênio líquido (pe –196 °C) e o gás de arraste for o hélio (pe –269 °C), compostos em ebulição acima da temperatura do nitrogênio líquido geralmente são condensados ou capturados no tubo pequeno,

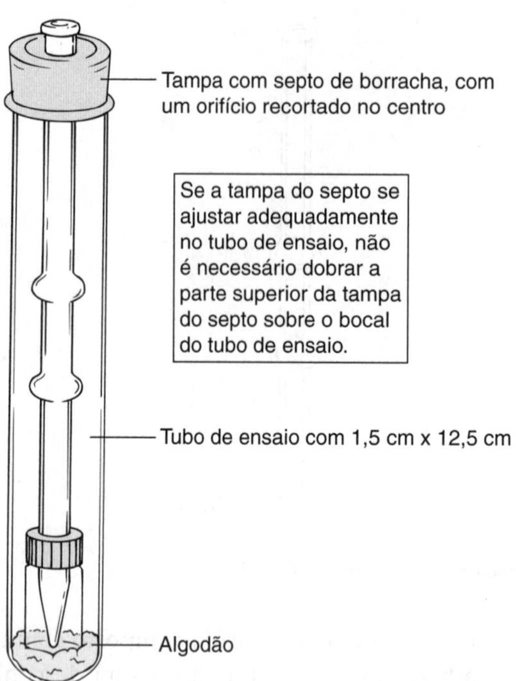

FIGURA 22.11 ■ Um tubo de coleta para cromatografia gasosa e um frasco cônico de 0,1 mL.

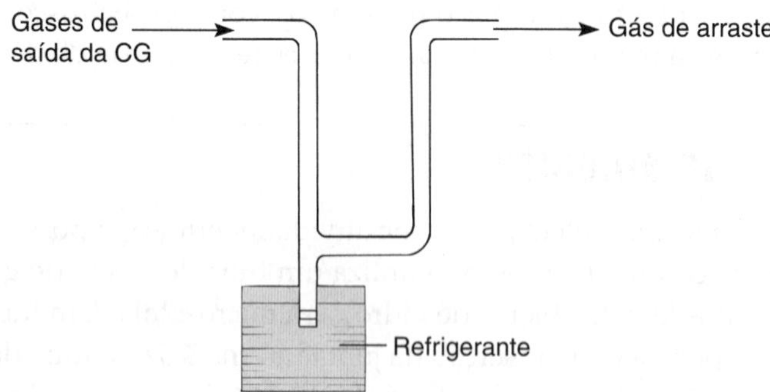

FIGURA 22.12 ■ Um captador para coleta.

no fundo do tubo em formato de U. O tubo pequeno é marcado com uma lima, logo abaixo do ponto no qual ele está conectado ao tubo maior. Em seguida o tubo é quebrado e a amostra é removida para análise. Para coletar cada componente da mistura, é preciso trocar o trap após cada amostra ser coletada.

22.12 Análise quantitativa

A área sob o pico de um cromatograma é proporcional a quantidade (mols) de composto eluído. Assim, a composição percentual molar de uma mistura pode ser aproximada comparando-se áreas de pico relativas. Esse método de análise assume que o detector é igualmente sensível a todos os compostos eluídos e que ele fornece uma resposta linear em relação à quantidade. No entanto, apresenta resultados razoavelmente precisos.

O método mais simples de medição da área de um pico é por meio de aproximação geométrica, ou triangulação. Nesse método, você multiplica a altura, *h*, do pico acima da linha base do cromatograma pela largura do pico na metade de sua altura, *l*1/2. Isso é ilustrado na Figura 22.13. A linha de base é aproximada desenhando-se uma linha entre os dois braços laterais do pico. Esse método funciona bem somente se o pico for simétrico. Se o pico apresentar cauda ou se for assimétrico, é melhor recortá-lo com

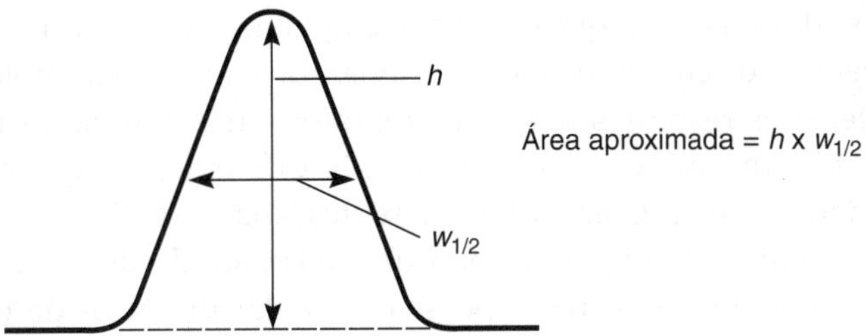

FIGURA 22.13 ■ Triangulação de um pico.

uma tesoura e pesar os pedaços de papel em uma **balança analítica**. Como a massa por área de um pedaço de papel gráfico de boa qualidade é razoavelmente constante de um local para outro, a proporção das áreas é igual à proporção das massas. A fim de obter uma composição percentual para a mistura, primeiro some todas as áreas de pico (massas). Em seguida, para calcular a porcentagem de qualquer componente na mistura, divida sua área individual pela área total e multiplique o resultado por 100. Um exemplo desse cálculo é ilustrado na Figura 22.14. Se houver sobreposição de picos (veja a Figura 22.8), ou as condições do cromatógrafo a gás precisam ser reajustadas para se conseguir uma melhor resolução dos picos ou o formato do pico precisa ser estimado.

Existem vários meios instrumentais, que são integrados nos registradores, de detecção das quantidades de cada amostra automaticamente. Um método utiliza uma caneta separada que produz um traço que integra a área sob cada pico. Outro método emprega um dispositivo eletrônico que imprime automaticamente a área sob cada pico e a composição percentual da amostra.

As estações de dados mais modernas (veja a Seção 22.13) identificam o topo de cada pico com seu tempo de retenção em minutos. Quando o traçado é concluído, o computador gera uma tabela de todos os picos com seus tempos de retenção, suas áreas e a porcentagem da área total (soma de todos os picos) que cada pico representa. É preciso ter certo cuidado com esses resultados, porque frequentemente o computador não inclui os picos menores e, ocasionalmente, não resolve picos estreitos que estão tão próximos a ponto de se sobrepor. Se o traçado tiver vários picos e você desejar conhecer a proporção de somente dois deles, será preciso que você mesmo determine suas porcentagens utilizando apenas suas duas áreas ou programe o instrumento para integrar somente esses dois picos.

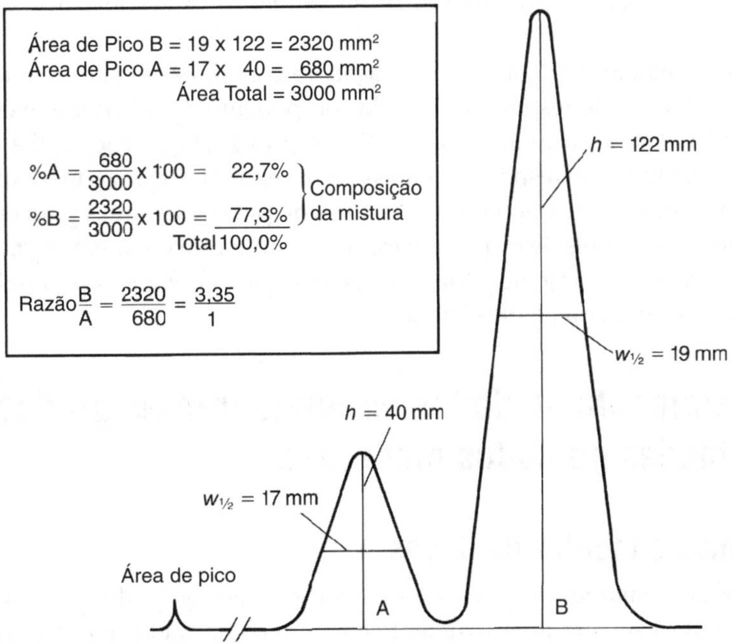

FIGURA 22.14 ■ Cálculo da composição percentual da amostra.

Para muitas aplicações, se deve assumir que o detector é igualmente sensível a todos os compostos eluídos. Contudo, compostos com diferentes grupos funcionais ou com massas moleculares que variam amplamente produzem diferentes respostas, em cromatógrafos a gás equipados tanto com detector TCD quanto com detector FID. Com um TCD, as respostas são diferentes porque nem todos os compostos têm a mesma condutividade térmica. Compostos diferentes, analisados em um cromatógrafo a gás com FID, também apresentam diferentes respostas, porque a resposta do detector varia com o tipo de íon produzido. Para os dois tipos de detectores, é possível calcular um **fator de resposta** para cada composto em uma mistura. Em geral, fatores de resposta são determinados pela formação de uma mistura equimolar de dois compostos, um dos quais é considerado como referência. A mistura é separada em um cromatógrafo a gás, e as porcentagens relativas são calculadas utilizando-se um dos métodos descritos anteriormente. A partir dessas porcentagens, você pode determinar um fator de resposta para o composto que está sendo comparado à referência. Se for feito isso para todos os componentes em uma mistura, é possível utilizar os fatores de correção para realizar cálculos mais precisos das porcentagens relativas para os compostos na mistura.

A fim de ilustrar como os fatores de resposta são determinados, considere o exemplo a seguir. Uma mistura equimolar de benzeno, hexano e acetato de etila é preparada e analisada utilizando-se um cromatógrafo a gás com ionização de chama. As áreas dos pico obtidos são:

Hexano	831158
Acetato de etila	1449695
Benzeno	966463

Na maioria dos casos, benzeno é considerado o padrão, e seu fator de resposta é definido como sendo igual a 1,00. O cálculo dos fatores de resposta para os outros componentes da mistura em teste é feito da seguinte maneira:

Hexano	831158/966463 = 0,86
Acetato de etila	1449695/966463 = 1,50
Benzeno	966463/966463 = 1,00 (por definição)

Observe que os fatores de resposta calculados nesse exemplo são fatores de resposta molares. É necessário corrigir os valores pelas massas moleculares relativas de cada substância, a fim de obter fatores de resposta em massa.

Ao utilizar um cromatógrafo a gás por ionização de chama para análise quantitativa, primeiro é preciso determinar os fatores de resposta para cada componente da mistura que está sendo analisada, como foi demonstrado. Para uma análise quantitativa, é provável que você tenha de converter fatores de resposta molares em fatores de resposta em massa. Em seguida, é realizado o experimento de cromatografia utilizando as amostras desconhecidas. As áreas de pico observadas para cada componente são corrigidas utilizando-se os fatores de resposta para conseguir a porcentagem em massa correta de cada componente na amostra. A aplicação de fatores de resposta para corrigir os resultados originais de uma análise quantitativa será ilustrada na próxima seção.

22.13 Tratamento de dados: cromatogramas produzidos por estações de dados modernas

A. Cromatogramas e tabelas de dados

Os instrumentos de cromatografia gasosa mais modernos são equipados com estações de dados computadorizadas. O interfaceamento do instrumento com um computador permite que o operador exiba

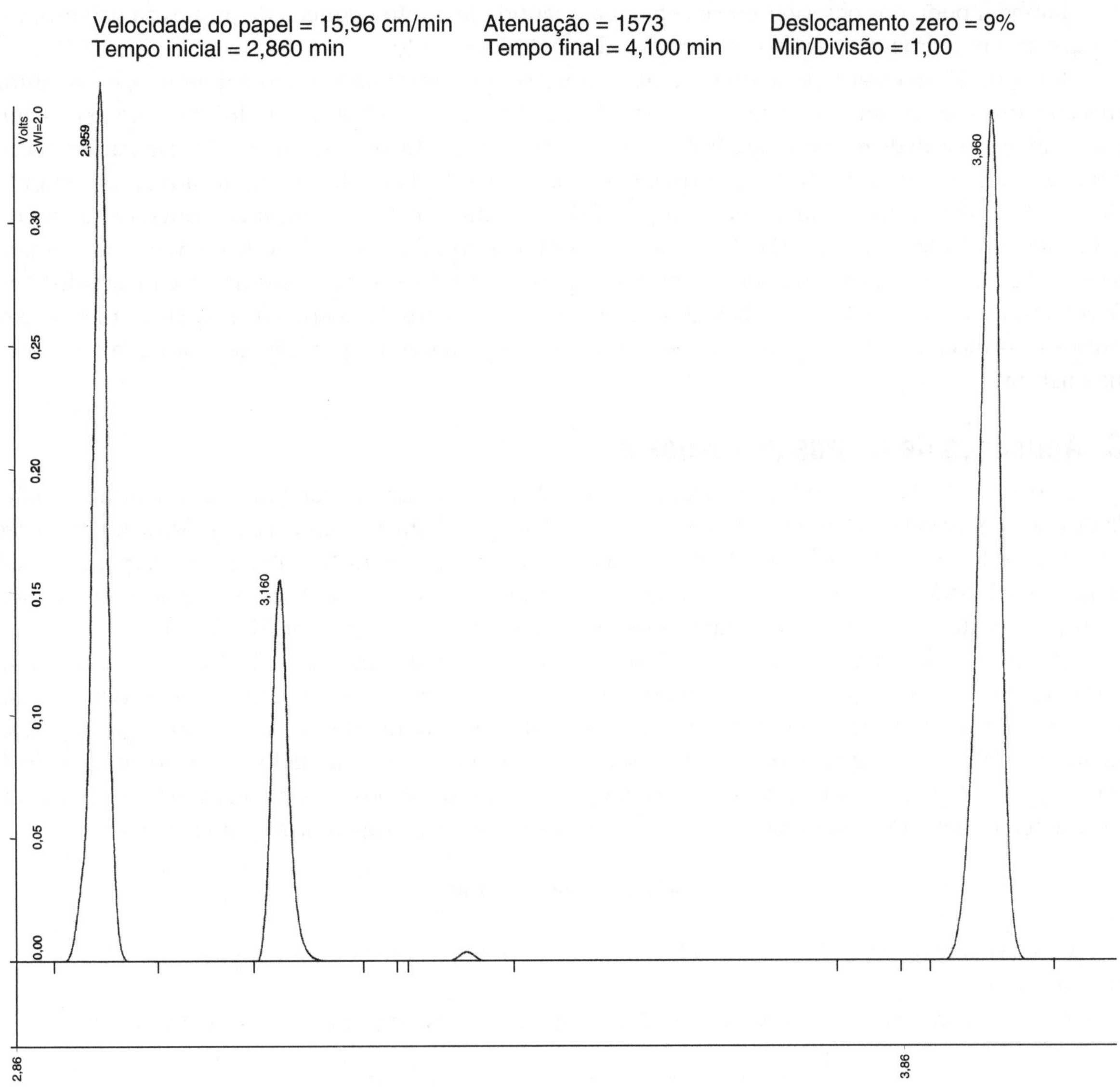

FIGURA 22.15 ■ Um cromatograma de uma amostra obtida a partir de uma estação de dados.

e manipule os resultados da maneira desejada. Desse modo, o operador pode visualizar o resultado de forma conveniente. O computador pode exibir o cromatograma real e os resultados da integração; e pode até mesmo exibir simultaneamente o resultado de dois experimentos, tornando conveniente uma comparação apropriada de experimentos paralelos.

A Figura 22.15 mostra um cromatograma de uma mistura de hexano, acetato de etila e benzeno. Podem ser vistos os picos correspondentes a cada um, e estes são identificados com seus respectivos tempos de retenção:

	Tempo de retenção (minutos)
Hexano	2,959
Acetato de etila	3,160
Benzeno	3,960

Também podemos observar que existe uma quantidade muito pequena de impureza não especificada, com um tempo de retenção de aproximadamente 3,4 minutos.

A Figura 22.16 mostra parte do resultado impresso que acompanha o cromatograma, e essa informação é utilizada na análise quantitativa da mistura. De acordo com o resultado impresso, o primeiro pico tem um tempo de retenção de 2,954 minutos (a diferença entre os tempos de retenção que aparecem como legenda no gráfico e aqueles apresentados na tabela de dados não é significativa). O computador também determinou a área sob esse pico (422373 contagens). Por fim, o computador calculou a porcentagem da primeira substância (hexano) determinando a área total de todos os picos no cromatograma (1227054 contagens) e dividindo pela área para o pico de hexano. O resultado é mostrado como 34,4217%. De maneira similar, a tabela de dados mostra os tempos de retenção e as áreas de pico para os outros dois picos na amostra, juntamente com uma determinação da porcentagem de cada substância na mistura.

B. Aplicação de fatores de resposta

Se o detector tiver respondido com igual sensibilidade a cada um dos componentes da mistura, a tabela de dados mostrada na Figura 22.16 irá conter a análise quantitativa completa da amostra. Infelizmente, como já verificamos (veja a Seção 22.12), os detectores usados em cromatografia gasosa respondem com mais sensibilidade a algumas substâncias que a outras. Para corrigir essa discrepância, é preciso aplicar correções que tenham como base os **fatores de resposta** para cada componente da mistura.

O método para determinar os fatores de resposta foi apresentado na Seção 22.12, na qual vemos como essas informações são aplicadas para se obter uma análise correta. Esse exemplo deve servir para demonstrar o procedimento referente à correção dos resultados não tratados de uma cromatografia gasosa, quando os fatores de resposta são conhecidos. De acordo com a tabela de dados, a área de pico relatada para o primeiro pico (hexano) é de 422373 contagens. O fator de resposta para o hexano foi determinado previamente como 0,86. Desse modo, a área do pico de hexano é corrigida da seguinte maneira:

$$422373/0{,}86 = 491000$$

Observe que o resultado calculado foi ajustado para refletir uma quantidade razoável de números significativos.

As áreas para os outros picos no cromatograma a gás são corrigidas de modo semelhante:

Hexano	422373/0,86 =	491000
Acetato de etila	204426/1,50 =	136000
Benzeno	600255/1,00 =	600000
Área de pico total		1227000

Utilizando as áreas corrigidas, as porcentagens reais de cada componente podem ser facilmente determinadas:

		Composição
Hexano	491000/1227000	40,0%
Acetato de etila	136000/1227000	11,1%
Benzeno	600000/1227000	48,9%
Total		100,0%

C. Determinação das porcentagens relativas de componentes em uma mistura complexa

Em algumas circunstâncias, talvez se queira determinar as porcentagens relativas de dois componentes quando a mistura que está sendo analisada for mais complexa, podendo conter mais que dois componentes. Exemplos dessa situação podem incluir a análise de um produto de reação em que o profissional de laboratório esteja interessado nas porcentagens relativas de dois produtos isoméricos, quando a amostra pode também conter picos que se originam do solvente, de material de partida que não tenha reagido, ou de algum outro produto ou impureza.

O exemplo fornecido nas figuras 22.15 e 22.16 pode ser utilizado para ilustrar o método de determinação das porcentagens relativas de alguns, mas não todos, componentes na amostra. Assuma que estejamos interessados nas porcentagens relativas de hexano e acetato de etila, na amostra, mas não na porcentagem de benzeno, que pode ser um solvente ou uma impureza. Sabemos, de acordo com a discussão anterior, que as áreas relativas *corrigidas* dos dois picos de interesse são as que se seguem:

	Área relativa
Hexano	491000
Acetato de etila	136000
Total	627000

Podemos determinar as porcentagens relativas dos dois componentes simplesmente dividindo a área de cada pico pela área total dos dois picos:

		Porcentagem
Hexano	491000/627000	78,3%
Acetato de etila	136000/627000	21,7%
Total		100,0%

```
Modo de corrida : Análise
Medida de Pico  : Área de pico
Tipo de cálculo : Porcentagem

                             Tempo de    Tempo de                               Largura
Pico      Nome    Resultado  retenção  deslocamento    Área      Código de    1/2     Código de
 No.     do pico     ()        (min)       (min)     (unidades)  separação   (seg)    situação
----    --------  --------   --------   --------     --------     --------   --------  --------
   1               34,4217    2,954      0,000       422.373        BB        1,0
   2               16,6599    3,155      0,000       204.426        BB        1,2
   3               48,9184    3,954      0,000       600.255        BB        1,6
----    --------  --------   --------   --------     --------     --------   --------  --------
Totais:           100,0000              0,000     1.227.054

Total de unidades não identificadas 1.227.054 unidades

Picos detectados: 8      Picos rejeitados: 5      Picos identificados: 0

Multiplicador: 1       Divisor: 1         Fator de pico não identificado: 0

Deslocamento da linha de base: 1 microvolt

Ruído (usado): 28 microvolts - determinado antes desta corrida

Injeção manual
******************************************************************************
```

FIGURA 22.16 ■ Uma tabela de dados para acompanhar o cromatograma mostrado na Figura 22.14.

22.14 Cromatografia gasosa-espectrometria de massa (GC-MS)

Uma variação da cromatografia gasosa, desenvolvida recentemente, é a **cromatografia gasosa--espectrometria de massa**, também conhecida como **GC-MS**. Nesta técnica, um cromatógrafo a gás é acoplado a um espectrômetro de massa (veja a Técnica 28). Na verdade, o espectrômetro de massa atua como um detector. O fluxo de gás que emerge do cromatógrafo a gás é admitido através de uma válvula em um tubo, onde ele passa sobre o sistema de entrada da amostra do espectrômetro de massa. Assim, parte do fluxo de gás é admitida na câmara de ionização do espectrômetro de massa.

As moléculas no fluxo de gás são convertidas na câmara de ionização e, desse modo, o cromatograma, é, na verdade, um gráfico do tempo *versus* a **corrente iônica**, uma medida do número de íons produzidos. Ao mesmo tempo em que as moléculas são convertidas em íons, elas também são aceleradas e conduzidas através do **analisador de massa** do instrumento. Portanto, o instrumento determina o espectro de massa de cada fração eluindo da coluna de cromatografia gasosa.

Uma desvantagem deste método envolve a necessidade de uma varredura rápida pelo espectrômetro de massa. O instrumento precisa determinar o espectro de massa de cada componente na mistura, antes que o próximo componente saia da coluna, de modo que o espectro de uma substância não seja contaminado pelo espectro da fração seguinte.

Como são usadas colunas capilares de alta eficiência na cromatografia gasosa, na maioria dos casos os compostos são completamente separados antes de o fluxo de gás ser analisado. Um instrumento de GC-MS típico tem a capacidade de obter pelo menos uma varredura por segundo, no intervalo de 10–300 uma (unidade de massa atômica). É possível um número ainda maior de varreduras, se for analisado um intervalo estreito de massas. No entanto, o uso de colunas capilares requer que o usuário tome o cuidado especial de assegurar que a amostra não contenha nenhuma partícula que possa obstruir o fluxo de gases através da coluna. Por essa razão, a amostra é cuidadosamente filtrada através de um filtro muito fino, antes de ser injetada no cromatógrafo.

Com um sistema de GC-MS, pode-se analisar uma mistura, e os resultados obtidos se assemelham muito aos mostrados nas Figuras 22.14 e 22.15. Também pode ser realizada uma pesquisa em biblioteca, a respeito de cada componente da mistura. As estações de dados da maioria dos instrumentos contêm um banco de dados com espectros de massa padrão na memória de seu computador. Se os componentes forem compostos conhecidos, eles podem ser tentativamente identificados, por meio de uma comparação de seu espectro de massa com os espectros de compostos encontrados na base de dados do computador. Dessa maneira, pode ser gerada uma "lista de ocorrências" que relata a probabilidade de que o composto na biblioteca corresponda com a substância conhecida. Uma típica impressão de um instrumento de GC-MS irá enumerar prováveis compostos que se encaixam no espectro de massa do componente, os nomes dos compostos, seus números de registro no Chemical Abstracts (CAS number) (veja a Técnica 29, Seção 29.11), e um número relacionado à "qualidade" ou "confiança". O último número fornece uma estimativa de quanto o espectro de massa do componente se assemelha ao espectro de massa da substância na base de dados do computador.

Uma variação da técnica de GC-MS inclui o acoplamento de um espectrômetro no infravermelho com transformada de Fourier (FT–IR) a um cromatógrafo a gás. As substâncias que eluem do cromatógrafo a gás são detectadas determinando-se seus espectros no infravermelho, em vez de seus espectros de massa. Uma nova técnica que também se assemelha à CG-MS é a **cromatografia líquida de alta eficiência – espectrometria de massa (HPLC–MS)**. Um instrumento de HPLC é acoplado a um espectrômetro de massa através de uma interface especial. As substâncias que eluem da coluna de HPLC são detectadas pelo espectrômetro de massa, e seus espectros de massa podem ser mostrados, analisados e comparados com espectros padrão encontrados na base de dados do computador, integrada no instrumento.

■ PROBLEMAS ■

1. **a.** Uma amostra consistindo em 1-bromopropano e 1-cloropropano é injetada em um cromatógrafo a gás equipado com uma coluna apolar. Qual composto tem o menor tempo de retenção? Explique sua resposta.
   b. Se a mesma amostra fosse analisada vários dias depois, com as condições tão semelhantes quanto possível, você esperaria que os tempos de retenção fossem idênticos aos obtidos da primeira vez? Explique.
2. Utilizando triangulação, calcule a porcentagem de cada componente em uma mistura composta de duas substâncias, A e B. O cromatograma é mostrado na Figura 22.17.
3. Faça uma fotocópia do cromatograma na Figura 22.17. Recorte os picos e determine sua massa em uma balança analítica. Utilize as massas para calcular a porcentagem de cada componente na mistura. Compare sua resposta com aquela que você calculou no problema 2.
4. O que aconteceria ao tempo de retenção de um composto, se fossem feitas as seguintes modificações?
   a. Diminuição da taxa de fluxo do gás de arraste.
   b. Aumento da temperatura da coluna.
   c. Aumento do comprimento da coluna.

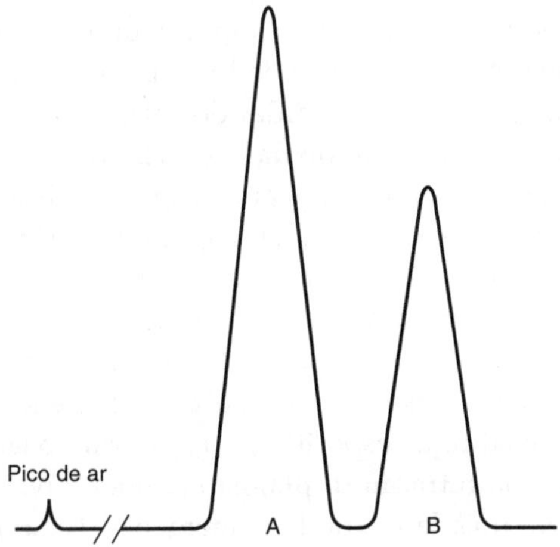

FIGURA 22.17 ■ Um cromatograma para o problema 2.

Técnica 23

Polarimetria

23.1 Natureza da luz polarizada

A luz tem uma natureza dupla porque apresenta as propriedades tanto de ondas como de partículas. A natureza ondulatória da luz pode ser demonstrada por dois experimentos: polarização e interferência. Dos dois, a polarização é o mais interessante para os químicos orgânicos, porque eles podem tirar proveito dos experimentos de polarização para aprender algo sobre a estrutura de uma molécula desconhecida.

A luz branca comum consiste em movimento ondulatório no qual as ondas têm uma variedade de comprimentos de onda e vibram em todos os possíveis planos perpendiculares à direção da propagação. A luz pode se tornar **monocromática** (com somente um comprimento de onda ou uma só cor) utilizando-se de filtros ou fontes de luz especiais. Frequentemente é utilizada uma lâmpada de sódio (linha D de sódio = 5893 Å).[1] Embora a luz dessa lâmpada consista, essencialmente, em ondas com um comprimento de onda, as ondas de luz individuais ainda vibram em todos os possíveis planos perpendiculares ao feixe. Se imaginarmos que o feixe de luz é projetado na direção do observador, a luz comum pode ser representada mostrando-se as bordas dos planos orientados aleatoriamente em torno do caminho do feixe, como indica o lado esquerdo da Figura 23.1.

Um prisma de Nicol, que consiste em um cristal de espato da Islândia (ou calcita) especialmente preparado, tem a propriedade de atuar como uma tela capaz de restringir a passagem de ondas de luz. Ondas que estão vibrando em um plano são transmitidas; aquelas que estão em todos os outros planos são rejeitadas (sendo refratadas em outra direção ou absorvidas). A luz que passa através do prisma é chamada **luz plano-polarizada,** e consiste em ondas que vibram somente em um plano. Um feixe de luz no plano polarizado apontado diretamente no visualizador pode ser representado mostrando-se as bordas do plano orientado em uma direção específica, como mostra o lado direito da Figura 23.1.

A calcita tem a propriedade da **refração dupla**; isto é, pode dividir ou refratar duplamente um feixe incidente de luz comum em dois feixes de luz emergentes separados. Cada um dos dois feixes emergentes (identificados como A e B, na Figura 23.2) tem somente um único plano de vibração, e o plano de vibração no feixe A é perpendicular ao plano do feixe B. Em outras palavras, o cristal separa o feixe de luz comum incidente em dois feixes de luz plano-polarizada, com o plano de polarização do feixe A perpendicular ao plano do feixe B.

Para gerar um único feixe de luz plano-polarizada, é possível tirar proveito da propriedade de refração dupla do espato da Islândia. Um prisma de Nicol, inventado pelo físico escocês William Nicol, consiste em dois cristais de calcita cortados em ângulos específicos e cimentados com bálsamo do Canadá. Esse prisma transmite um dos dois feixes da luz plano-polarizada enquanto reflete o outro em um ângulo perfeito, para não interferir com o feixe transmitido.

[1] Uma lâmpada de emissão de sódio, na verdade, emite *duas* linhas amarelas próximas de 5893 Å, mas elas têm um espaço muito pequeno entre si e são separadas somente por monocromadores de alta resolução.

FIGURA 23.1 ■ Luz comum *versus* luz plano-polarizada.

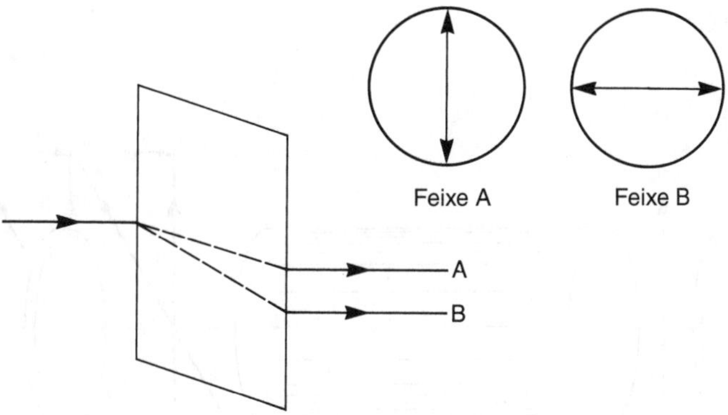

FIGURA 23.2 ■ Refração dupla.

A luz plano-polarizada também pode ser gerada por um filtro Polaroid, um dispositivo inventado por E. H. Land, um físico norte-americano. Os filtros Polaroid consistem em determinados tipos de cristais capazes de produzir luz plano-polarizada embutidos em plástico.

Depois de passar através de um primeiro prisma de Nicol, a luz plano-polarizada pode passar através de um segundo prisma de Nicol, mas somente se o segundo prisma tiver seu eixo orientado de modo que seja *paralelo* ao plano de polarização da luz incidente. A luz plano-polarizada é *absorvida* por um prisma de Nicol que é orientado de modo que seu eixo seja *perpendicular* ao plano de polarização da luz incidente. Essas situações podem ser ilustradas pela analogia da cerca de tábuas, como mostra a Figura 23.3. A luz plano-polarizada pode passar através de uma cerca cujas tábuas estejam orientadas na direção apropriada, mas é bloqueada por uma cerca cujas tábuas estejam orientadas perpendicularmente.

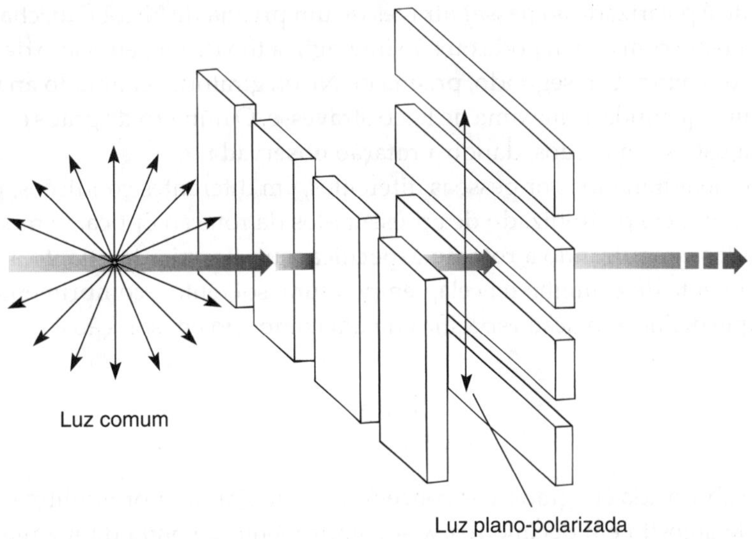

FIGURA 23.3 ■ A analogia da cerca de tábuas.

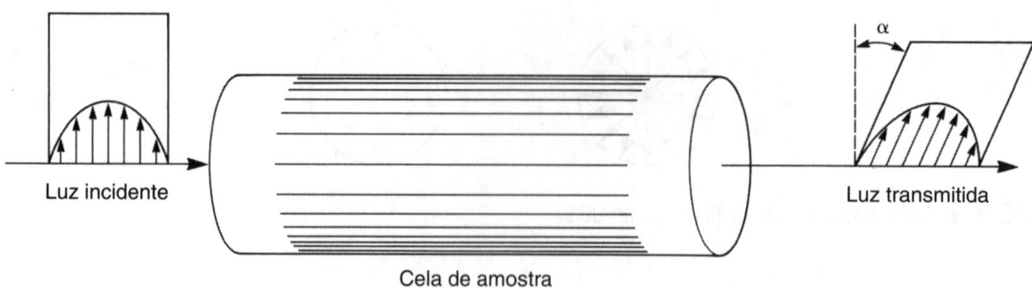

FIGURA 23.4 ■ Atividade ótica.

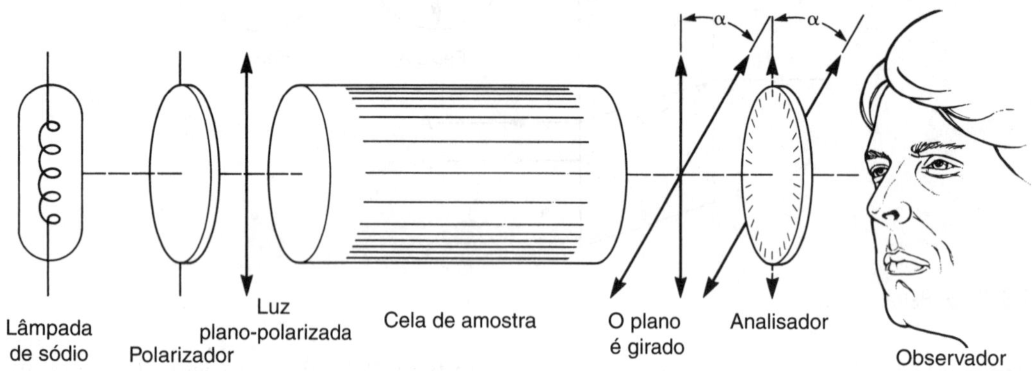

FIGURA 23.5 ■ Diagrama esquemático de um polarímetro.

Uma **substância opticamente ativa** é aquela que interage com a luz polarizada, girando o plano de polarização através de algum ângulo. A Figura 23.4 ilustra este fenômeno.

23.2 O polarímetro

Um instrumento chamado de **polarímetro** é utilizado para medir até que ponto uma substância interage com a luz polarizada. Um diagrama esquemático de um polarímetro é mostrado na Figura 23.5. A luz da lâmpada fonte é polarizada ao passar através de um prisma de Nicol fixo, chamado **polarizador**. A luz atravessa a amostra com a qual pode ou não interagir, a fim de ter seu plano de polarização girado em uma direção ou em outra. Um segundo, prisma de Nicol, giratório, chamado **analisador**, é ajustado para permitir que uma quantidade máxima de luz o atravesse. O número de graus e a direção da rotação exigidos para esse ajuste são medidos, dando a **rotação observada** α.

Para que dados determinados por pessoas diferentes, em diferentes condições, possam ser comparados, é necessário um meio padronizado de apresentá-los da rotação óptica. O modo mais comum de apresentar esses dados é registrando a **rotação específica**, que é corrigida quanto a diferenças em concentração, o comprimento do caminho na cela, temperatura, solvente e comprimento de onda da fonte de luz. A equação que define a rotação específica de um composto em solução é

$$[\alpha]_\lambda^t = \frac{\alpha}{cl}$$

em que α = rotação observada em graus, c = concentração em gramas por mililitro de solução, l = comprimento do tubo de amostra em decímetros, λ = comprimento de onda da luz (geralmente, indicada como "D", para a linha D de sódio), e t = temperatura em graus Celsius. Para líquidos puros, a densidade *d* do líquido em gramas por mililitro substitui *c* na fórmula anterior. Você pode ocasionalmente querer comparar compostos de diferentes massas moleculares, de modo que uma **rotação molecular**, com base em mols, em vez de gramas, é mais conveniente que uma rotação específica. A rotação molecular M_λ^t é derivada da rotação específica $[\alpha]_\lambda^t$, por

$$M_\lambda^t = \frac{[\alpha]_\lambda^t \times \text{Massa molecular}}{100}$$

Geralmente, medições são feitas a 25 °C, com a linha D de sódio como fonte de luz; e consequentemente as rotações específicas são relatadas como $[\alpha]_D^{25}$.

Os polarímetros disponíveis atualmente incorporam recursos eletrônicos para determinar o ângulo de rotação de moléculas quirais. Esses instrumentos são essencialmente automáticos. A única diferença real entre um polarímetro automático e um manual é que um detector de luz substitui os olhos. Nenhuma observação visual, de qualquer tipo, é efetuada com um instrumento automático. Um microprocessador ajusta o analisador, até que a luz, atingindo o detector, esteja em um mínimo. O ângulo de rotação é exibido digitalmente em um visor de LCD, incluindo o sinal de rotação. O instrumento mais simples é equipado com uma lâmpada de sódio que fornece rotações com base na linha D de sódio (589 nm). Instrumentos mais caros utilizam uma lâmpada de tungstênio e filtros, de modo que é possível variar os comprimentos de onda em série de valores. Utilizando este último instrumento, um químico pode observar rotações em diferentes comprimentos de onda.

23.3 Preparação da amostra, a cela de amostra

É importante que a solução cuja rotação óptica deve ser determinada não contenha nenhuma partícula suspensa de poeira, sujeira ou material não dissolvido, que possa dispersar a luz polarizada incidente. Portanto, é preciso limpar a cela de amostra cuidadosamente, e sua amostra deve necessariamente estar livre de partículas suspensas. Também é necessário evitar a presença de quaisquer bolhas de ar no orifício, ao preencher a cela. A maioria das celas tem uma haste no centro, ou uma área em uma extremidade da cela, onde o diâmetro do tubo aumenta. Essas características são projetadas para ajudar a capturar quaisquer bolhas na área que está acima do caminho que a luz percorre através do orifício principal.

Duas modernas **celas de polarimetria** são mostradas na Figura 23.6. No primeiro caso, a cela é preenchida até que o líquido encha completamente o orifício e uma pequena parte da haste central. Então, se a cela for movida, delicadamente, para a frente e para trás, ao longo de seu eixo, as bolhas irão subir e serão coletadas na haste onde estarão acima do caminho da luz. Uma rolha é colocada na haste, quando você tiver terminado. No segundo caso, a cela é preenchida verticalmente, e a extremidade é rosqueada. As bolhas são capturadas ao subirem, quando a cela é movida no sentido horizontal.

FIGURA 23.6 ■ Duas modernas celas de polarimetria (Rudolph Research).

As celas de amostras estão disponíveis em diversos comprimentos, sendo que os mais comuns são 0,5 dm e 1,0 dm. Uma típica cela de 0,5 dm pode conter cerca de 3–5 mL de solução, mas muitas empresas vendem **microcelas** que têm um orifício com diâmetro muito estreito e necessitam de uma quantidade muito menor de solução. As celas de polarímetros são bastante caras, porque as janelas precisam ser feitas de quartzo, em vez de vidro comum. Certifique-se de manipulá-las cuidadosamente e de evitar que suas impressões digitais fiquem marcadas nas janelas das extremidades, pois isso também irá dispersar a luz polarizada.

Com amostras líquidas, geralmente, é bastante possível utilizar o líquido **puro** (não diluído) como amostra. Nesse caso, a concentração da amostra é exatamente a densidade do líquido (g/mL). Se você tiver uma amostra sólida ou se dispuser de muito pouco líquido para preencher a cela, terá de dissolver ou diluir a amostra com um solvente. Desse modo, é preciso pesar (em gramas) a quantidade de material utilizado e dividir o volume total (mL) para obter a concentração em g/mL. Água, metanol e etanol são os melhores solventes para se utilizar porque é improvável que ataquem a cela que você está utilizando. Muitas celas têm partes de borracha ou utilizam um cimento para conectar as janelas à extremidade do orifício. Borracha e cimentos geralmente dissolvem em solventes mais fortes, como acetona ou cloreto de metileno, danificando, então, a cela. Verifique com seu instrutor, antes de utilizar qualquer solvente mais forte que água, metanol ou etanol. Estes também são solventes preferidos para serem utilizados na limpeza das celas.

23.4 Operação do polarímetro

A. O polarímetro Zeiss, um instrumento clássico

Os procedimentos apresentados aqui se referem à operação do polarímetro Zeiss (veja a Figura 23.7), um clássico instrumento analógico com uma escala circular e uma lâmpada de sódio. Muitos outros modelos antigos de polarímetros são operados de maneira similar. Antes de realizar quaisquer medições, ligue a lâmpada de sódio e espere por 5–10 minutos, para que se aqueça e estabilize. Depois que o período de aquecimento estiver completo, faça uma verificação inicial do instrumento realizando uma leitura em branco, com uma cela de amostra preenchida apenas com solvente. Se a leitura em branco não corresponder à marca de calibração equivalente a zero grau (0°), então, a diferença nas leituras deve ser utilizada para corrigir todas as leituras subsequentes.

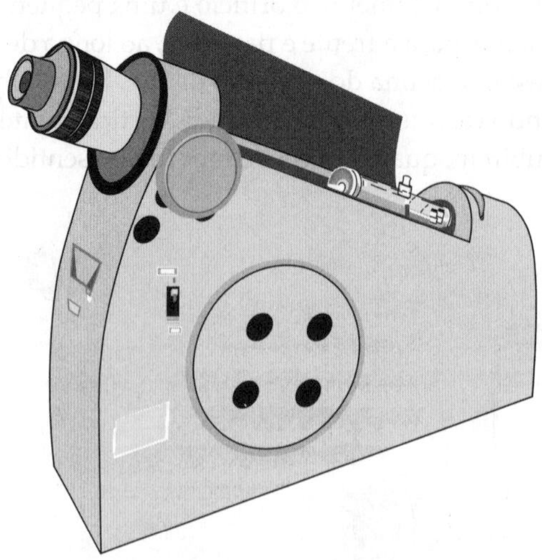

FIGURA 23.7 ■ O polarímetro Zeiss.

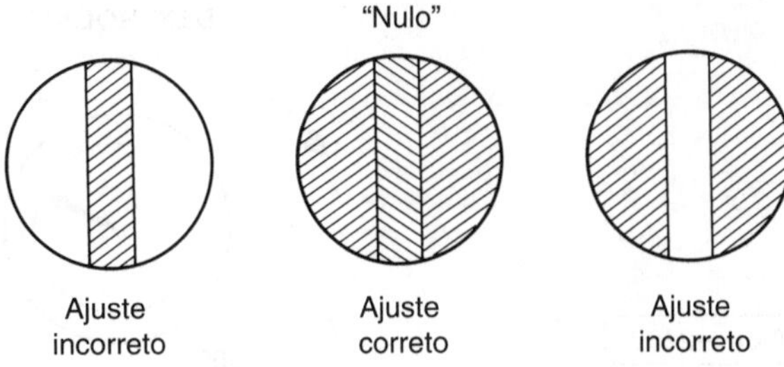

FIGURA 23.8 ■ Setores do campo de imagem no polarímetro.

Para efetuar a medição do branco, coloque a cela do polarímetro com a amostra no suporte inclinado, dentro do instrumento. Se você estiver utilizando uma cela com uma extremidade alargada, essa extremidade deve ser colocada na parte elevada do suporte, assegurando que não existam bolhas no orifício da cela. Depois de fechar a tampa e enquanto observa através da lente ocular, gire o botão ou anel do analisador até atingir o ângulo apropriado (o ângulo que permite que a luz passe através do instrumento). A maioria dos instrumentos analógicos, incluindo o polarímetro Zeiss, é do tipo que tem campo dividido. Ao olhar através da ocular, você vê um círculo dividido em três setores (veja a Figura 23.8), com o setor central mais iluminado ou mais escuro que os setores laterais. O prisma do analisador é girado até que todos os setores apresentem igual intensidade, geralmente, a cor mais escura (veja a Figura 23.8). Esse procedimento é chamado leitura **nula**. Ao olhar para baixo, na ocular, é possível ver o valor do ângulo através do qual o plano da luz polarizada é girado (se houver), indicado em uma escala vernier em graus (veja a Figura 23.9). Alguns polarímetros, como o polarímetro Rudolph original, têm uma grande escala circular, como um halo, conectada diretamente ao botão que você gira.

Depois de determinar a condição zero na solução em branco, coloque a cela contendo sua amostra no polarímetro, e meça o ângulo de rotação observado, da mesma maneira que foi descrita para a medição do branco. Certifique-se de registrar não somente o valor numérico da leitura, mas também a direção da rotação. Registre também o solvente, a temperatura e a concentração, uma vez que essas também são informações vitais para a medida. As rotações no sentido horário se devem a substâncias dextrógiras e são indicadas pelo sinal "+". As rotações no sentido anti-horário se devem a substâncias levógiras e são indicadas pelo sinal "–". É preciso fazer várias leituras, incluindo leituras para as quais o valor foi aproximado a partir de ambos os lados. Em outras palavras, onde a leitura real puder ser +75°, primeiro, faça a aproximação dessa leitura na ascendente, a partir de algum ponto entre 0° e 75°; na medição seguinte, aproxime da posição de leitura nula a partir de um ângulo maior que 75°. A duplicação de leituras, a aproximação da rotação observada de ambos os lados e a média das leituras são iniciativas que reduzem os erros.

Se você não estiver certo de que tem uma substância dextrógira ou levógira, poderá fazer essa determinação dividindo pela metade a concentração de seu composto, reduzindo o comprimento da cela pela metade, ou diminuindo a intensidade da luz. A confusão entre dextrógiro e levógiro surge porque você está lendo uma escala circular. A leitura nula pode ser aproximada nas duas direções (sentido horário ou sentido anti-horário), começando a partir do zero (veja a Figura 23.10). Por exemplo, seu nulo está

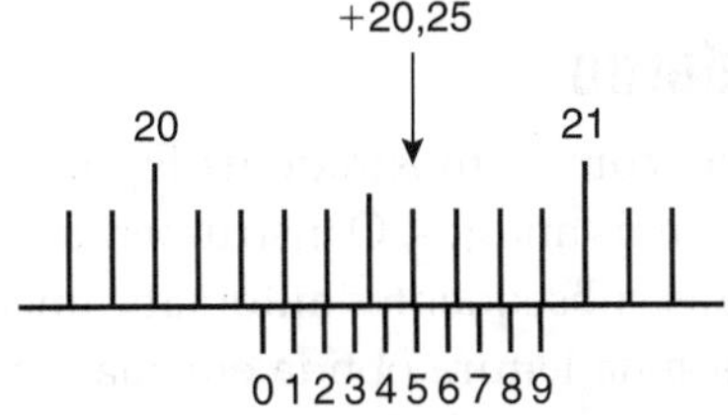

FIGURA 23.9 ■ A escala vernier em graus vista no campo inferior do polarímetro de Zeiss.

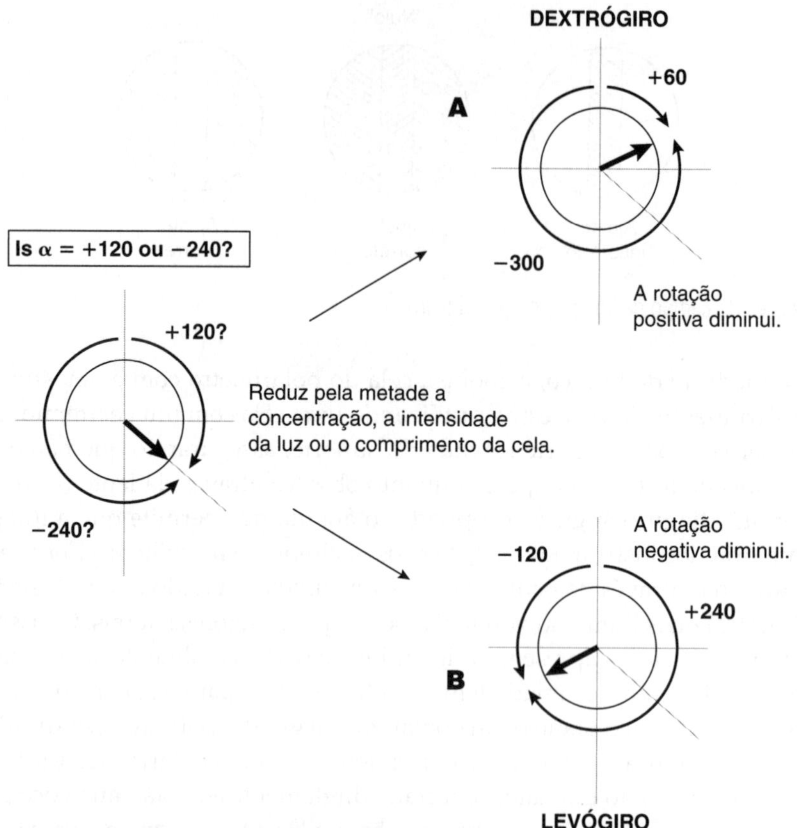

FIGURA 23.10 ■ Como determinar a direção de rotação. Este diagrama mostra o efeito na rotação observada, se você reduzir pela metade a concentração do composto, a intensidade da luz ou o comprimento da cela. Com este método, é fácil determinar se o composto é dextrógiro (A) ou levógiro (B).

em +120°, ou em −240°? Ambas as leituras estão no mesmo ponto, na escala. A Figura 23.10 mostra que pela redução da concentração, do comprimento da cela ou da intensidade da luz pela metade (qualquer um desses fatores), a leitura irá se modificar. Portanto para substâncias levógiras, a leitura irá se mover em uma direção diferente daquela para substâncias dextrógiras. Na maioria das vezes, a direção da rotação é determinada por medições efetuadas em diferentes diluições.

Assim que tiver determinado o valor e a direção da rotação observada α, você deve corrigi-los pelo valor zero e, então, utilizar as fórmulas da Seção 23.2 para convertê-lo para uma rotação específica $[\alpha]_D$. A rotação específica é sempre relatada em função da temperatura, indicando o comprimento de onda por "D", se uma lâmpada de sódio foi utilizada, e o solvente e a concentração utilizados também são relatados. Por exemplo:

$$[\alpha]_D = +43{,}8 \ (c = 7{,}5 \text{ g}/100 \text{ mL, em etanol absoluto})$$

B. O polarímetro digital moderno

Um polarímetro digital moderno, como é mostrado na Figura 23.11, é muito mais fácil de ser operado que os instrumentos analógicos mais antigos. O instrumento moderno armazena a leitura do zero, subtrai essa leitura de todas as leituras subsequentes automaticamente, determina a direção da rotação e calcula a rotação específica com base na leitura obtida em sua amostra. Ao terminar, ele pode imprimir tudo em uma folha de papel que você pode levar consigo. Em um instrumento típico, primeiro, determine a leitura do zero e, então, armazene-a na memória eletrônica. Uma vez que a leitura do zero

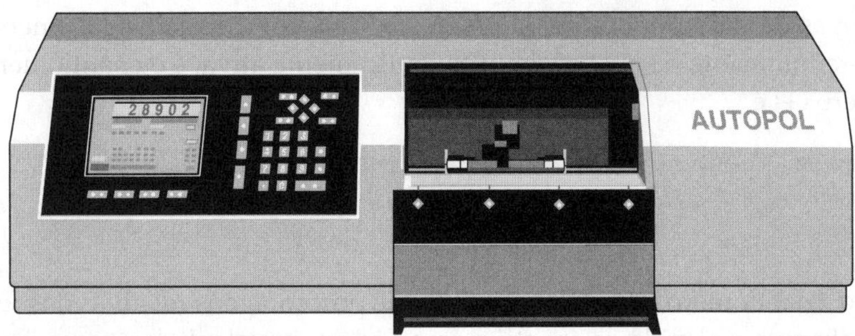

FIGURA 23.11 ■ O modelo Autopol IV (Rudolph Research), um polarímetro digital moderno.

tiver sido determinada, coloque sua amostra no instrumento, que automaticamente encontrará o ângulo nulo e a direção de rotação, exibindo-os em um visor LED. O instrumento faz aproximação do nulo várias vezes para garantir sua leitura e determina a direção de rotação reduzindo a intensidade da luz. Isso pode ser feito de diferentes maneiras. Um método comum é atenuar (reduzir) a intensidade da luz incidente do feixe de luz polarizada e ver que efeito tem sobre o ângulo de rotação. Contudo, nem mesmo um polarímetro digital pode extrair uma leitura de uma amostra inadequada, que, por exemplo, esteja turva, que contenha bolhas ou material sólido suspenso. Ter uma amostra adequada ainda é sua responsabilidade.

23.5 Pureza óptica

Quando você prepara a amostra de um enantiômero por meio de um método de resolução, a amostra nem sempre consiste em 100% de um único enantiômero. Frequentemente, ela é contaminada por quantidades residuais do estereoisômero oposto. Caso conheça a quantidade de cada enantiômero em uma mistura, você pode calcular a **pureza óptica**. Alguns químicos preferem utilizar o termo **excesso enantiomérico (ee)** em vez de pureza óptica. Os dois termos podem ser utilizados alternadamente. A porcentagem de excesso enantiomérico ou pureza óptica é calculada como se segue:

$$\text{\% de pureza óptica} = \frac{\text{mols de um enantiômero} - \text{mols de outro enantiômero}}{\text{total de mols dos dois enantiômeros}} \times 100$$

$$\text{\% de pureza óptica} = \text{\% de excesso enantiomérico (ee)}$$

Geralmente, é difícil aplicar a equação anterior, porque não se sabe a quantidade exata de cada enantiômero presente em uma mistura. É muito mais fácil calcular a pureza óptica (ee) utilizando-se a rotação específica observada, da mistura, e dividindo-a pela rotação específica do enantiômero puro. Algumas vezes, valores para os enantiômeros puros podem ser encontrados na literatura científica.

$$\text{\% de pureza óptica} = \text{\% excesso enantiomérico} = \frac{\text{observado rotação específica}}{\text{rotação específica de enantiômero puro}} \times 100$$

Esta última equação se mantém verdadeira somente para misturas de duas moléculas quirais que são imagens especulares uma da outra (enantiômeros). Se alguma outra substância quiral estiver presente na mistura como uma impureza, então, a pureza óptica real irá desviar do valor calculado.

Em uma mistura racêmica (±), não existe enantiômero em excesso e a pureza óptica (excesso enantiomérico) é igual a zero; em um material completamente resolvido, a pureza óptica (excesso enantiomérico) é de 100%. Um composto que é x% opticamente puro contém x% de um enantiômero e $(100 - x)$% de uma mistura racêmica. Uma vez que a pureza óptica é conhecida (excesso enantiomérico), as porcentagens relativas de cada um dos enantiômeros podem ser calculadas facilmente. Se considerarmos que a forma predominante na mistura impura, opticamente ativa, é o enantiômero (+), a porcentagem do enantiômero (+) é

$$\left[x + \left(\frac{100 - x}{2}\right)\right]\%$$

e a porcentagem do enantiômero (–) é $[(100 - x)/2]\%$. As porcentagens relativas das formas (+) e (–) em uma mistura parcialmente resolvida de enantiômeros podem ser calculadas, como é mostrado a seguir. Considere uma mistura parcialmente resolvida de enantiômeros de cânfora. A rotação específica para a (+)-cânfora é +43,8° em etanol absoluto, mas a mistura mostra uma rotação específica de +26,3°.

$$\text{Pureza óptica} = \frac{+\ 26{,}3°}{+\ 43{,}8°} \times 100 = 60\%\ \text{opticamente puro}$$

$$\%\ (+)\ \text{enantiômero} = 60 + \left(\frac{100 - 60}{2}\right) = 80\%$$

$$\%\ (-)\ \text{enantiômero} = \left(\frac{100 - 60}{2}\right) = 20\%$$

Observe que a diferença entre esses dois valores calculados é igual à pureza óptica ou excesso enantiomérico.

■ PROBLEMAS ■

1. Calcule a rotação específica de uma substância que é dissolvida em um solvente (0,4 g/mL) e que tem uma rotação observada de –10°, conforme determinado com uma cela de 0,5 dm.
2. Calcule a rotação observada para a solução de uma substância (2,0 g/mL), que é 80% opticamente pura. É utilizada uma cela de 2 dm. A rotação específica para a substância opticamente pura é +20°.
3. Qual é a pureza óptica de um produto parcialmente racemizado, se a rotação específica calculada for –8° e o enantiômero puro tiver uma rotação específica de –10°? Calcule a porcentagem de cada um dos enantiômeros no produto parcialmente racemizado.

Técnica 24

Refratometria

O **índice de refração** é uma propriedade física útil de líquidos. Geralmente, um líquido pode ser identificado por meio de uma medida de seu índice de refração. O índice de refração também pode fornecer uma medida da pureza da amostra que está sendo examinada. Isso é realizado comparando-se o índice de refração medido experimentalmente com o valor relatado na literatura para uma amostra ultrapura do composto. Quanto mais próximo o valor medido da amostra em relação ao valor encontrado na literatura, mais pura é a amostra.

24.1 O índice de refração

O índice de refração tem como sua base o fato de que a luz, em fases condensadas, viaja a uma velocidade diferente (líquidos, sólidos) do que no ar. O índice de refração *n* é definido como a proporção entre a velocidade da luz no ar e a velocidade da luz no meio que está sendo medido:

$$n = \frac{V_{\text{ar}}}{V_{\text{líquido}}} = \frac{\text{sen }\theta}{\text{sen }\phi}$$

Não é difícil medir a proporção das velocidades experimentalmente. Ela corresponde a (sen θ/sen ϕ), em que θ é o ângulo de incidência para um feixe de luz que atinge a superfície do meio e ϕ é o ângulo de refração do feixe de luz *dentro* do meio. Isso é ilustrado na Figura 24.1.

O índice de refração para um determinado meio depende de dois fatores variáveis. Primeiro, ele depende da *temperatura*. A densidade do meio varia com a temperatura; assim, a velocidade da luz no meio também se modifica. Em segundo, o índice de refração é dependente do *comprimento de onda*. Feixes de luz com diferentes comprimentos de onda são refratados em diferentes extensões no mesmo meio e fornecem diferentes índices de refração para aquele meio. É comum relatar índices de refração medidos a 20 °C, com uma lâmpada de descarga de sódio como fonte de iluminação. A lâmpada de sódio emite luz amarela com comprimento de onda de 589 nm, a chamada linha D de sódio. Sob essas condições, o índice de refração é relatado da seguinte maneira:

$$n_{\text{D}}^{20} = 1{,}4892$$

O sobrescrito indica a temperatura e o subscrito indica que a linha D de sódio foi utilizada para a medição. Se outro comprimento de onda for utilizado para a determinação, o D é substituído pelo valor apropriado, geralmente, em nanômetros (1 nm = 10^{-9} m).

Observe que o valor hipotético relatado tem quatro casas decimais. É fácil determinar o índice de refração com precisão de algumas partes em 10.000. Portanto, n_{D} é uma constante física muito precisa para uma determinada substância e pode ser utilizada para identificação. Contudo, ela é sensível até

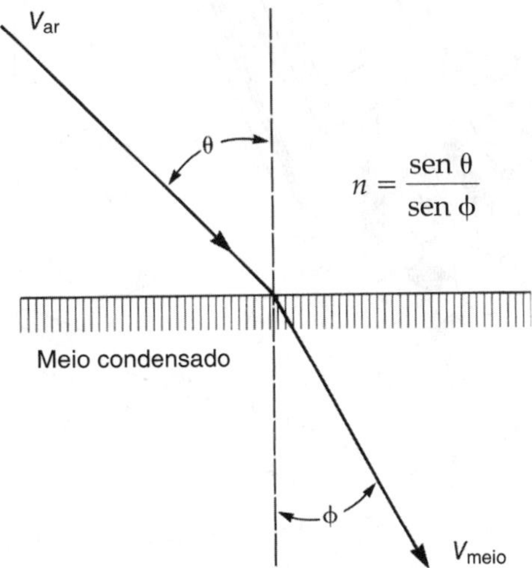

FIGURA 24.1 ■ O índice de refração.

mesmo a pequenas quantidades de impureza na substância medida. A menos que a substância seja *extensivamente* purificada, em geral, você não será capaz de reproduzir as duas últimas casas decimais dadas em um manual ou em outra fonte de literatura. Líquidos orgânicos típicos apresentam valores de índice de refração entre 1,3400 e 1,5600.

24.2 O refratômetro de Abbé

O instrumento utilizado para medir o índice de refração é chamado **refratômetro**. Embora existam muitos estilos de refratômetro, com certeza o instrumento mais comum é o refratômetro de Abbé. Este estilo de refratômetro oferece as seguintes vantagens:

1. A luz branca pode ser utilizada para iluminação; no entanto, o instrumento é compensado, de modo que o índice de refração obtido seja, na verdade, o índice para a linha D de sódio.
2. Pode-se controlar a temperatura dos prismas.
3. Somente uma amostra é necessária (algumas gotas de líquido utilizando o método padrão, ou cerca de 5μL, utilizando uma técnica modificada).

Um tipo comum de refratômetro de Abbé é mostrado na Figura 24.2.

O arranjo óptico do refratômetro é muito complexo; um diagrama simplificado do funcionamento interno é dado na Figura 24.3. As letras *A, B, C* e *D* identificam partes correspondentes nas Figuras 24.2 e 24.3. Uma descrição completa da óptica do refratômetro é difícil demais para se tentar aqui, mas a Figura 24.3 apresenta um diagrama simplificado dos princípios operacionais essenciais.

Utilizando o método padrão, introduza a amostra a ser medida entre os dois prismas. Caso se trate de um líquido que flui livremente, ele pode ser introduzido em um canal ao longo da lateral dos prismas, injetado com uma pipeta Pasteur. Se for uma amostra viscosa, os prismas devem ser abertos (eles

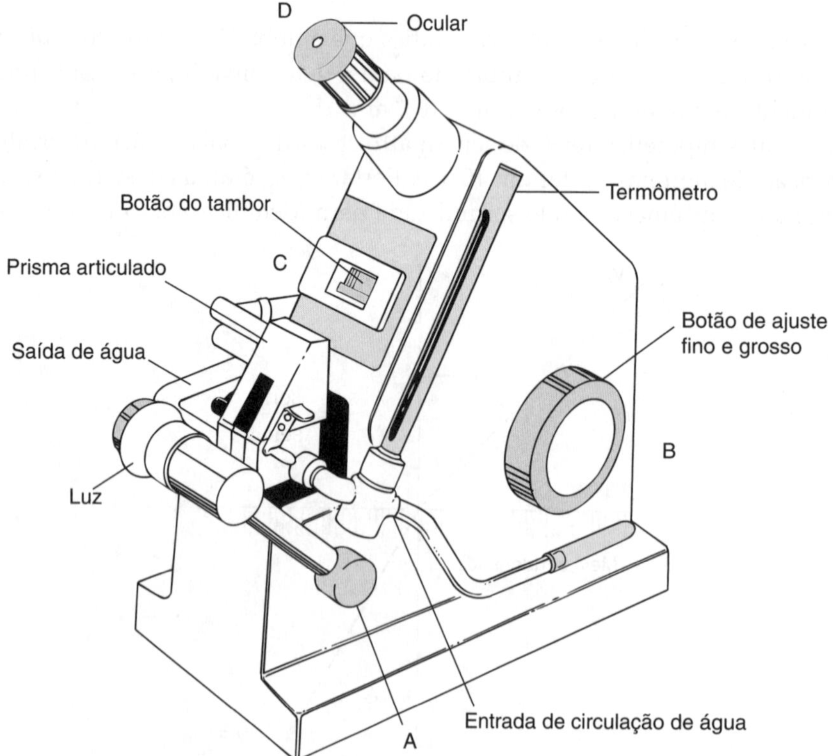

FIGURA 24.2 ■ Refratômetro de Abbé (Bausch e Lomb Abbé 3L).

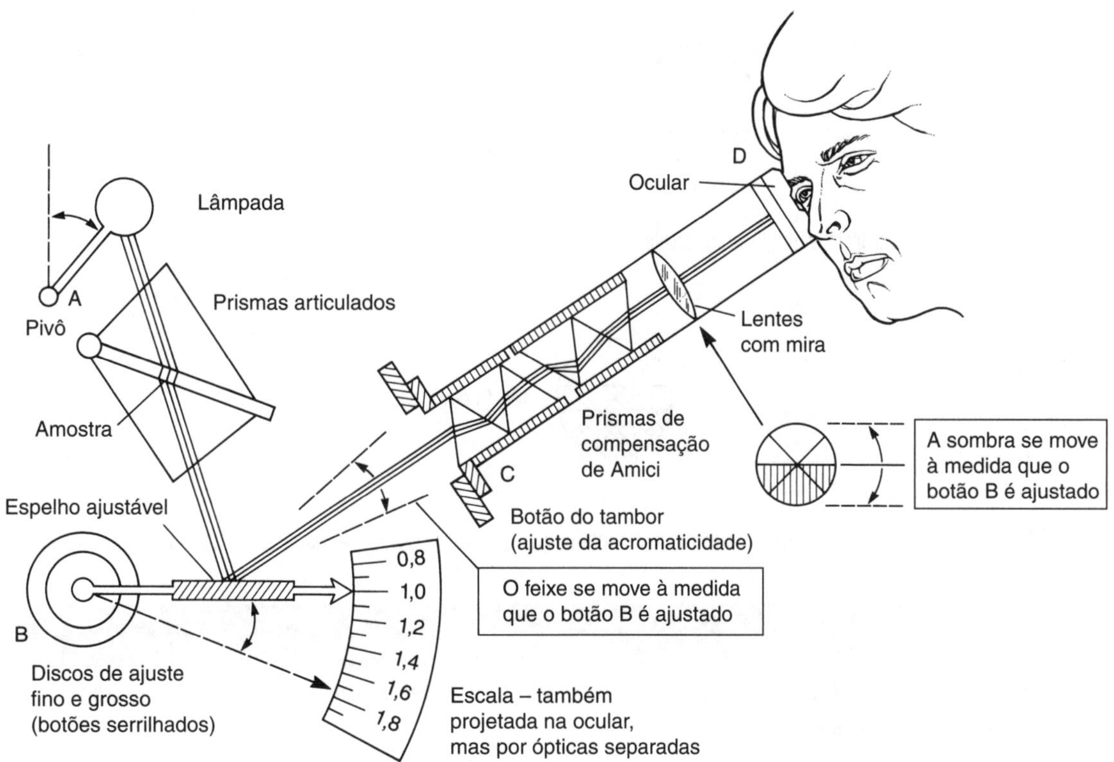

Figura 24.3 ■ Diagrama simplificado de um refratômetro.

são articulados) levantando-se o prisma superior; no prisma inferior, são aplicadas algumas gotas de líquido com uma pipeta Pasteur ou um aplicador de madeira. Se for utilizada uma pipeta Pasteur, tome cuidado para não tocar os prismas porque podem ser arranhados facilmente. Quando os prismas forem fechados, o líquido deverá se espalhar igualmente, a fim de formar uma película fina. Com amostras altamente voláteis, as operações restantes têm de ser realizadas rapidamente. Mesmo quando os prismas estiverem fechados, a evaporação de líquidos voláteis pode ocorrer rapidamente.

Em seguida, acenda a luz e observe através do ocular (D). A lâmpada articulada é ajustada para proporcionar a máxima iluminação ao campo visível no ocular. A luz gira no pivô (A).

Gire os botões de ajuste fino e grosso, em (B), até que a linha divisória entre as metades iluminada e escura do campo de visão coincidam com o centro da mira (veja a Figura 24.4). Se a mira não estiver em um foco preciso, ajuste a ocular para focalizá-la. Se a linha horizontal, que divide as áreas iluminada e escura, aparecer como uma faixa colorida, como na Figura 24.5, o refratômetro mostra **aberração cromática** (dispersão de cores). Esse aspecto pode ser ajustado com o botão do tambor (C) (veja a Figura 24.3). O botão serrilhado faz girar uma série de prismas, chamados prismas de Amici, que compensam as cores no refratômetro e cancelam a dispersão. Ajuste o botão do tambor para proporcionar uma divisão exata, incolor, entre os segmentos iluminado e escuro. Depois que você tiver ajustado tudo corretamente (como mostra a Figura 24.4B), faça a leitura do índice de refração. No instrumento que foi descrito aqui, pressione o pequeno botão no lado esquerdo do aparelho para tornar a escala visível na ocular. Em outros refratômetros, a escala é visível o tempo todo, frequentemente através de uma ocular separada.

Ocasionalmente, o refratômetro estará tão fora de ajuste, que poderá ser difícil medir um índice de refração desconhecido. Quando isso acontece, é recomendável colocar uma amostra pura, de índice de refração conhecido, no instrumento, definir a escala para o valor correto do índice de refração e ajustar os controles para obter a linha mais nítida possível. Depois de fazer isso, fica mais fácil medir uma amostra desconhecida. É especialmente útil realizar tal procedimento antes de medir o índice de refração de uma amostra altamente volátil.

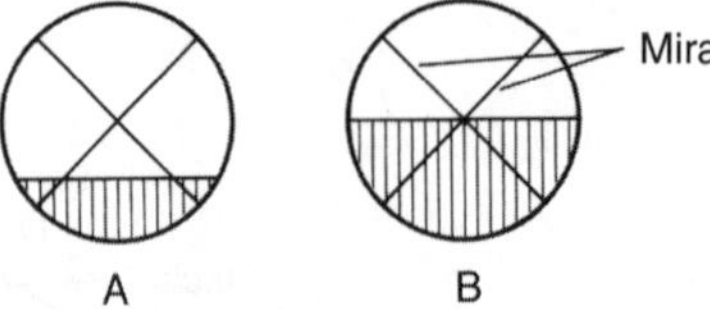

FIGURA 24.4 ■ (A) Refratômetro ajustado incorretamente. (B) Ajuste correto.

FIGURA 24.5 ■ Refratômetro mostrando aberração cromática (dispersão de cores). A dispersão está incorretamente ajustada.

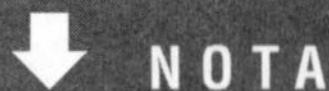 **NOTA**

Existem muitos estilos de refratômetro, mas a maioria deles tem ajustes similares aos que foram descritos aqui.

No procedimento descrito, são necessárias várias gotas de um líquido para se obter o índice de refração. Em alguns experimentos, pode não haver amostra suficiente disponível para utilizar este método padrão. É possível modificar o procedimento de modo que possa ser obtido um índice de refração razoavelmente preciso, em cerca de 5 μL de líquido. Em vez de colocar a amostra diretamente no prisma, deve-se aplicar a amostra em um pequeno pedaço de papel para limpeza de lentes, que pode ser cortado de maneira adequada utilizando-se um perfurador de papel manual[1], e o disco de papel (0,6 cm de diâmetro) é colocado no centro do prisma inferior do refratômetro. Para evitar que o prisma seja arranhado, utilize pinças com pontas de plástico para manipular o disco. Coloque cerca de 5 μL de líquido cuidadosamente, no papel para limpeza de lentes utilizando uma seringa com capacidade para microlitro. Depois de fechar os prismas, ajuste o refratômetro conforme foi descrito anteriormente e faça a leitura do índice de refração. Com esse método, a linha horizontal que divide as áreas iluminada e escura pode não ser tão nítida como ocorre na ausência do papel. Também pode ser impossível eliminar completamente a dispersão de cores. No entanto os valores do índice de refração determinados por esse método, geralmente, estão dentro de 10 partes em 10.000 dos valores determinados pelo procedimento padrão.

24.3 Limpeza do refratômetro

Ao utilizar o refratômetro, é preciso sempre se lembrar de que se os prismas estiverem arranhados, o instrumento estará inutilizado.

NOTA

Não toque os prismas com nenhum objeto duro.

---

[1] Para cortar o papel para limpeza de lentes mais facilmente, coloque várias folhas entre dois pedaços de papel mais pesados, como aqueles utilizados para pastas de arquivos.

FIGURA 24.6 ■ O refratômetro Rudolph J-series, um refratômetro digital moderno. Para fazer uma medição, coloque a amostra no prisma inferior (veja o destaque) e feche a tampa.

Essa advertência inclui pipetas Pasteur e bastões de vidro.

Quando as medições estiverem concluídas, os prismas deverão ser limpos com etanol ou éter de petróleo. Umedeça um tecido *macio* com o solvente e limpe os prismas *delicadamente*. Quando o solvente tiver evaporado da superfície dos prismas, estes deverão ser travados juntos. O refratômetro deve ser deixado com os prismas fechados, a fim de evitar acúmulo de poeira no espaço entre eles. O instrumento também deverá ser desligado, quando não estiver mais em uso.

24.4 O refratômetro digital

Atualmente, existem disponíveis refratômetros digitais modernos que determinam eletronicamente o índice de refração de um líquido (veja a Figura 24.6). Quando o instrumento tiver sido calibrado, basta colocar uma gota de seu líquido entre os prismas (veja o destaque na Figura 24.6), feche a tampa e faça a leitura do visor. O instrumento pode fazer correções de temperatura e armazenar os valores de suas leituras na memória de seu microprocessador. Mais uma vez, esses instrumentos devem ser tratados com atenção, tomando o cuidado de não arranhar os prismas e de limpá-los após o uso.

24.5 Correções de temperatura

A maioria dos refratômetros é projetada para permitir que a circulação de água a uma temperatura constante possa manter os prismas a 20 °C. Se o sistema de controle de temperatura não for utilizado ou se a água não estiver a 20 °C, é preciso efetuar uma correção de temperatura. Embora a magnitude da correção de temperatura possa variar de uma classe de composto para outra, um valor de 0,00045 por grau Celsius é uma aproximação útil para a maior parte das substâncias. O índice de refração de uma substância *diminui* com o *aumento* da temperatura. Portanto, deve-se adicionar a correção ao valor n_D observado para temperaturas maiores que 20 °C e subtraí-la para temperaturas menores que 20 °C. Por exemplo, o valor n_D relatado para o nitrobenzeno é 1,5529. É possível observar um valor de 1,5506 a 25 °C. A correção de temperatura é efetuada da seguinte maneira:

$$n_D^{20} = 1{,}5506 + 5(0{,}00045) = 1{,}5529$$

■ PROBLEMAS ■

1. Sabe-se que uma solução de brometo de isobutila e cloreto de isobutila tem um índice de refração de 1,3931 a 20 °C. Os índices de refração a 20 °C do brometo de isobutila e cloreto de isobutila são 1,4368 e 1,3785, respectivamente. Determine a composição molar (em porcentagem) da mistura, assumindo uma relação linear entre o índice de refração e a composição molar da mistura.
2. O índice de refração de um composto a 16 °C é 1,3982. Corrija o índice de refração para 20 °C.

Técnica 25

Espectroscopia no infravermelho

Sabe-se que, praticamente, qualquer composto que tenha ligações covalentes, seja este orgânico ou inorgânico, absorve frequências de radiação eletromagnética na região do infravermelho do espectro. A região do infravermelho do espectro eletromagnético se localiza em maiores comprimentos de onda que aqueles associados à luz visível, – o que inclui comprimentos de onda que vão de aproximadamente 400 nm a 800 nm (1 nm = 10^{-9} m) –, mas em comprimentos de onda mais curtos que os associados com as ondas de rádio, as quais têm comprimentos de onda maiores que 1 cm. Para propósitos químicos, estamos interessados na parte *vibracional* da região do infravermelho, a qual inclui radiações com comprimentos de onda (λ) entre 2,5 μm e 15 μm (1 μm = 10^{-6} m). A relação da região do infravermelho com outras regiões do espectro eletromagnético é ilustrada na Figura 25.1.

Assim como acontece com outros tipos de absorção de energia, as moléculas são excitadas a um estado mais alto de energia, quando absorvem radiação no infravermelho. A absorção é, como outros processos de absorção, um processo quantizado. Apenas frequências (energias) específicas da radiação no infravermelho são absorvidas por uma molécula. A absorção de radiação no infravermelho corresponde a variações de energia da ordem de 8–40 kJ/mol (2–10 kcal/mol). A radiação nesse intervalo de energia corresponde ao intervalo abrangendo as frequências vibracionais de estiramento e

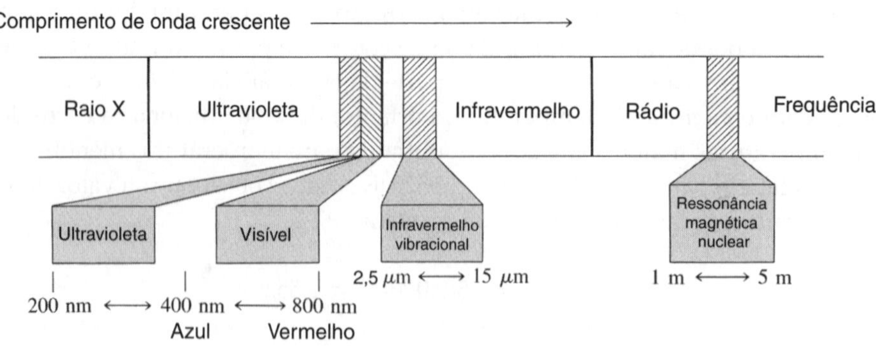

FIGURA 25.1 ■ Uma parte do espectro eletromagnético mostrando a relação da radiação no infravermelho vibracional com outros tipos de radiação.

deformação angular das ligações, na maioria das moléculas covalentes. No processo de absorção, essas frequências de radiação no infravermelho, que correspondem às frequências vibracionais naturais da molécula em questão, são absorvidas, e a energia absorvida aumenta a *amplitude* dos movimentos vibracionais das ligações na molécula.

A maior parte dos químicos se refere à radiação na região do infravermelho vibracional do espectro eletromagnético como unidades chamadas **números de onda** ($\bar{\nu}$). Os números de onda são expressos em centímetros recíprocos (cm^{-1}) e são facilmente computados considerando-se a recíproca do comprimento de onda (λ) expressa em centímetros. Essa unidade tem a vantagem, para a realização desses cálculos, de ser diretamente proporcional à energia. Portanto, a região do infravermelho vibracional do espectro se estende de cerca de 4000 cm^{-1} até 650 cm^{-1} (ou números de onda).

Comprimentos de onda (μm) e números de onda (cm^{-1}) podem ser interconvertidos pelas seguintes relações:

$$cm^{-1} = \frac{1}{(\mu m)} \times 10.000$$

PARTE A. PREPARAÇÃO DA AMOSTRA E REGISTRO DO ESPECTRO

25.1 Introdução

Para obter o espectro infravermelho do composto, é preciso colocar o composto em um suporte ou cela de amostra. Na espectroscopia no infravermelho, isso imediatamente constitui um problema. Vidro, quartzo e plásticos absorvem intensamente na região do infravermelho do espectro (qualquer composto com ligações covalentes geralmente absorve) e não podem ser utilizados para construir celas amostrais. Substâncias iônicas têm de ser utilizadas na construção da cela. Haletos metálicos (cloreto de sódio, brometo de potássio, cloreto de prata) são comumente utilizados para esse propósito.

Celas de cloreto de sódio. Monocristais de cloreto de sódio são cortados e polidos, resultando em placas que são transparentes em toda a região do infravermelho. Essas placas são então utilizadas para fabricar celas que podem ser empregadas para conter amostras *líquidas*. Uma vez que o cloreto de sódio é solúvel em água, as amostras têm de ser *secas*, antes que um espectro possa ser obtido. Em geral, placas de cloreto de sódio são preferidas para a maioria das aplicações envolvendo amostras líquidas. Placas de brometo de potássio também podem ser utilizadas, no lugar do cloreto de sódio.

Celas de cloreto de prata. As celas podem ser construídas com cloreto de prata. É possível utilizar essas placas para *amostras líquidas* que contenham pequenas quantidades de água, porque o cloreto de prata é insolúvel em água. Contudo, uma vez que a água absorve na região do infravermelho, é necessário remover tanta água quanto for possível, mesmo ao utilizar cloreto de prata. As placas de cloreto de prata precisam ser armazenadas em ambiente escuro, pois escurecem quando são expostas à luz e não podem ser utilizadas com compostos que tenham um grupo funcional amino. As aminas reagem com o cloreto de prata.

Amostras sólidas. O modo mais fácil de fixar uma *amostra sólida* no lugar é dissolvê-la em um solvente orgânico volátil, colocar várias gotas desta solução em uma placa de sal e deixar que o solvente evapore. Esse método do filme seco pode ser utilizado somente com espectrômetros FT-IR modernos. Os outros métodos descritos aqui podem ser utilizados com espectrômetros FT-IR e dispersivos. Uma amostra sólida também pode ser mantida no local preparando-se uma pastilha de brometo de potássio que contenha uma pequena quantidade de composto disperso. Uma amostra sólida também pode ser suspensa em óleo mineral, que absorve somente em regiões específicas do espectro infravermelho. Outro método consiste em dissolver o composto sólido em um solvente apropriado e colocar a solução entre duas placas de cloreto de sódio ou de cloreto de prata.

25.2 Amostras líquidas – placas de NaCl

O método mais simples de preparação da amostra, caso se trate de um líquido, é colocar uma fina camada do líquido entre duas placas de cloreto de sódio planas e polidas. Este é o método preferido, quando é necessário obter o espectro infravermelho de um líquido puro.

Um espectro obtido por este método é chamado espectro **puro**. Não é utilizado nenhum solvente. As placas polidas são caras porque são cortadas de um único cristal de cloreto de sódio, de tamanho grande. As placas de sal se quebram facilmente e são solúveis em água.

Preparação da amostra. Obtenha duas placas de cloreto de sódio e um porta-amostras do dessecador onde elas são armazenadas. A umidade dos dedos irá danificar e obstruir as superfícies polidas. Amostras que contiverem água destruirão as placas.

NOTA

As placas deverão ser tocadas somente em suas bordas. Certifique-se de utilizar uma amostra que esteja seca ou livre de água.

Adicione 1 ou 2 gotas do líquido à superfície de uma placa, e então coloque a segunda placa em cima.[1] A pressão da segunda placa faz com que o líquido se espalhe e forme um filme fino capilar entre as duas placas. Como mostra a Figura 25.2, ajuste as placas entre os parafusos do porta-amostras e coloque o anel de metal cuidadosamente sobre as placas de sal. Utilize as porcas hexagonais para fixar as placas de sal no lugar.

NOTA

Não aperte demais as porcas, ou as placas de sal irão lascar ou se partir.

Aperte as porcas firmemente, mas não aplique nenhuma força para girá-las. Gire-as com os dedos até que parem; em seguida, gire-as em mais uma fração de uma volta completa, e elas estarão suficientemente apertadas. Se as porcas tiverem sido apertadas cuidadosamente, você deverá observar um *filme transparente de amostra* (um umedecimento uniforme da superfície). Se não for obtido um filme fino, solte uma ou mais porcas hexagonais e ajuste-as para que seja obtido um filme uniforme, ou acrescente mais amostra.

A espessura do filme obtido entre as duas placas é uma função de dois fatores: (1) a quantidade de líquido colocado na primeira placa (1 gota, 2 gotas e assim por diante), e (2) a pressão utilizada para fixar as placas juntas. Se tiverem sido utilizadas mais de 1 ou 2 gotas de líquido, a quantidade provavelmente será demasiada, e o espectro resultante mostrará fortes absorções que estão fora da escala do papel gráfico. É necessário apenas líquido suficiente para umedecer as duas superfícies.

[1] Utilize uma pipeta Pasteur ou um tubo microcapilar curto. Se optar pelo tubo microcapilar, saiba que ele pode ser preenchido tocando-o na amostra líquida. Ao tocá-lo (levemente) na placa de sal, ela irá se esvaziar. Tenha cuidado para não arranhar a placa.

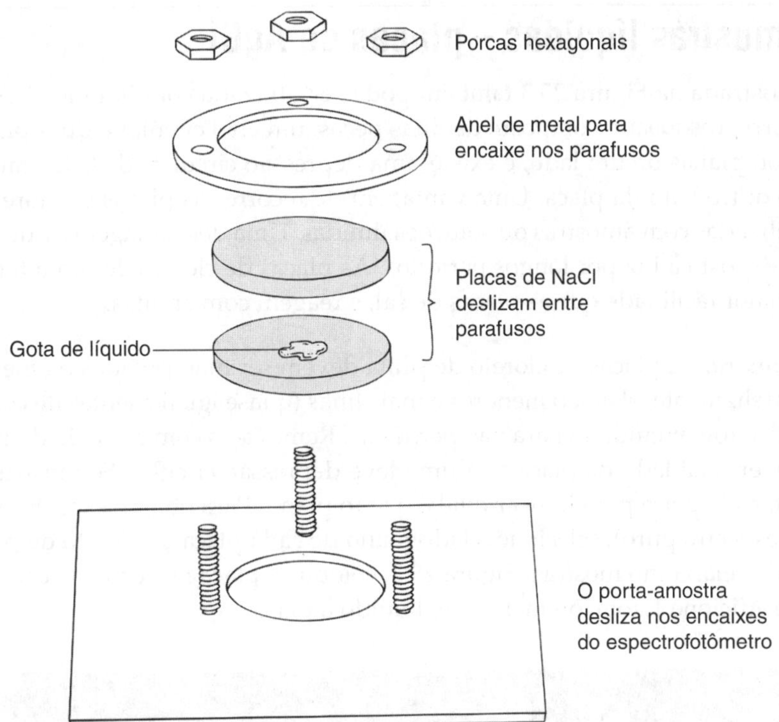

FIGURA 25.2 ■ Placas de sal e porta-amostras.

Se a amostra tiver uma viscosidade muito baixa, o filme capilar pode ser fino demais para produzir um bom espectro. Outro problema que você pode encontrar é o líquido ser tão volátil que a amostra evapora antes que o espectro possa ser obtido. Nesses casos, talvez seja preciso utilizar as placas de cloreto de prata, discutidas na Seção 25.3 ou a cela da solução, descrita na Seção 25.6. Geralmente, é possível obter um espectro razoável montando-se a cela rapidamente e obtendo o espectro antes que a amostra se esgote nas placas de sal ou evapore.

Obtenção do espectro no infravermelho. Deslize o suporte no encaixe do feixe de amostra do espectrofotômetro. Obtenha o espectro de acordo com as instruções fornecidas por seu instrutor. Em alguns casos, seu instrutor poderá pedir para você calibrar seu espectro. Se for esse o caso, consulte a Seção 25.8.

Limpeza e armazenamento das placas de sal. Quando o espectro tiver sido obtido, desmonte o suporte e lave as placas de sal com cloreto de metileno (ou *acetona seca*). (Mantenha as placas longe da água!) Utilize um tecido macio, umedecido com o solvente, para limpar as placas. Se uma parte de seu composto permanecer nas placas, você poderá observar uma superfície brilhante. Continue a limpar as placas com solvente até que não reste mais nenhum composto nas superfícies das placas.

ADVERTÊNCIA

Evite o contato direto com o cloreto de metileno. Devolva as placas de sal e o suporte no dessecador, para armazenamento. 

25.3 Amostras líquidas – placas de AgCl

A minicela mostrada na Figura 25.3 também pode ser utilizada com líquidos.[2] O conjunto da cela consiste em um corpo rosqueado composto de duas peças, um anel circular e duas placas de cloreto de prata. As placas são planas de um lado, e existe uma depressão circular (de 0,025 mm ou 0,10 mm de profundidade) no outro lado da placa. Uma vantagem de recorrer às placas de cloreto de prata é que elas podem ser utilizadas com amostras ou soluções úmidas. Uma desvantagem é que o cloreto de prata escurece, quando exposto à luz por longos períodos. As placas de cloreto de prata também podem ser arranhadas com maior facilidade que as placas de sal, e reagem com aminas.

Preparação da amostra. As placas de cloreto de prata devem ser manipuladas da mesma maneira que as placas de sal. Infelizmente, elas são menores e mais finas (quase igual a lentes de contato) que as placas de sal, e é preciso tomar cuidado para não perdê-las! Remova-as com cuidado do recipiente à prova de luz. É difícil dizer qual lado da placa tem uma leve depressão circular. Seu instrutor pode ter gravado uma letra em cada placa para indicar qual é o lado plano. Para obter o espectro infravermelho de um líquido puro (espectro puro), selecione o lado plano de cada placa de cloreto de prata. Insira o anel circular no corpo da cela, como mostra a Figura 25.3, coloque a placa no corpo da cela, com a superfície plana para cima, e adicione 1 gota, ou menos, de líquido à placa.

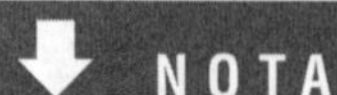

NOTA

Não utilize aminas com placas de AgCl.

Coloque a segunda placa sobre a primeira, com o lado plano para baixo. A orientação das placas de cloreto de prata é mostrada na Figura 25.4A. Esse arranjo é utilizado para se obter um filme capilar de sua amostra. Rosqueie a parte superior da minicela no corpo da cela, de modo que as placas de cloreto de prata sejam fixadas firmemente uma à outra. Forma-se uma boa vedação porque o AgCl se deforma sob pressão.

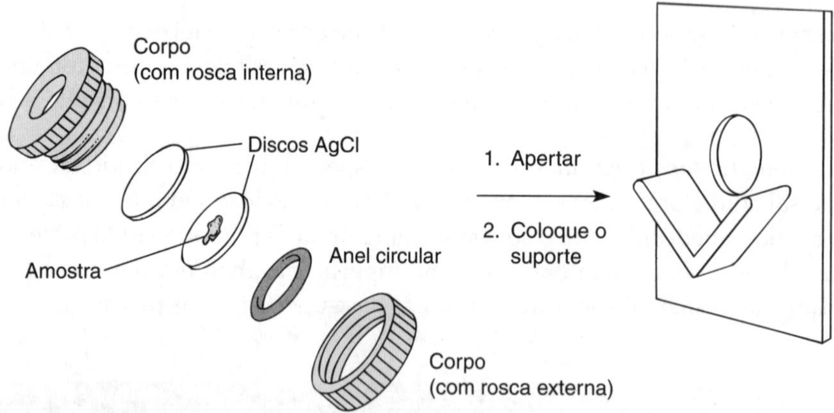

FIGURA 25.3 ■ Amostra líquida de uma minicela de AgCl e suporte em V.

[2] O suporte da amostra líquida de uma minicela de Wilks está disponível pela Foxboro Company, 151 Woodward Avenue, South Norwalk, CT 06856. Recomendamos que as janelas da cela de AgCl tenham uma depressão de 0,10 mm, em vez da depressão de 0,025 mm.

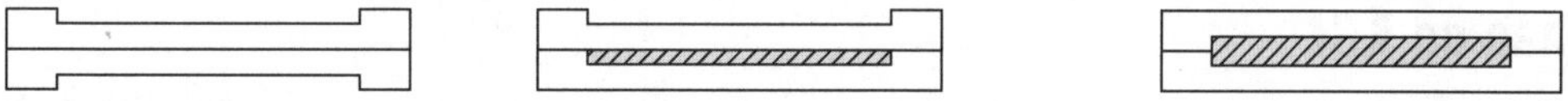

A. Filme capilar B. Extensão do caminho de 0,10 mm C. Extensão do caminho de 0,20 mm

FIGURA 25.4 ■ Variações da extensão do caminho para placas de AgCl.

Outras combinações podem ser utilizadas com essas placas. Por exemplo, você pode variar a extensão do caminho da amostra recorrendo às orientações mostradas nas Figuras 25.4B e C. Se adicionar sua amostra e a depressão de 0,10 mm de uma placa estiver coberta com o lado plano da outra, você obterá uma extensão de caminho de 0,10 mm (veja a Figura 25.4B). Esse arranjo é útil para analisar líquidos voláteis ou com baixa viscosidade. A colocação das duas placas com suas depressões direcionadas uma para a outra proporciona uma extensão de caminho de 0,20 mm (veja a Figura 25.4C). Essa orientação pode ser aplicada a uma solução de um sólido (ou líquido) em tetracloreto de carbono (veja a Seção 25.6B).

Obtenção do espectro. Deslize o suporte montado em V, mostrado na Figura 25.3, no encaixe no espectrofotômetro de infravermelho. Coloque a cela montada no suporte montado em V e obtenha o espectro infravermelho do líquido.

Limpeza e armazenamento das placas de AgCl. Uma vez que o espectro tiver sido obtido, o conjunto com a cela deve ser desmontado e as placas de AgCl precisam ser lavadas com cloreto de metileno ou acetona. Não utilize tecido para limpar as placas, porque elas podem ser arranhadas facilmente. As placas de AgCl são sensíveis à luz. Armazene-as em um recipiente à prova de luz.

25.4 Amostras sólidas – filme seco

Um método simples para obter o espectro no infravermelho de uma amostra sólida é o método do **filme seco**, que é mais fácil que os outros que foram descritos aqui, pois não requer nenhum equipamento especializado e os espectros são excelentes.[3] A desvantagem é que o método do filme seco pode ser utilizado somente com espectrômetros FT-IR modernos.

Para utilizar este método, coloque cerca de 5 mg de sua amostra sólida em um tubo de ensaio pequeno e limpo. Adicione aproximadamente 5 gotas de cloreto de metileno (ou éter dietílico, pentano, ou acetona seca) e agite a mistura para dissolver o sólido. Com uma pipeta Pasteur (não um tubo capilar), coloque várias gotas da solução sobre a face de uma placa de sal. Deixe que o solvente evapore; um depósito uniforme de seu produto permanecerá como um filme seco revestindo a placa de sal. Monte a placa de sal em um suporte com formato de V no feixe infravermelho. Observe que somente uma placa de sal é utilizada; a segunda placa de sal não é usada para cobrir a primeira. Uma vez que a placa de sal esteja adequadamente posicionada, você pode obter o espectro normalmente. Com este método, é *muito importante* que seu material seja eliminado da placa de sal. Quando tiver acabado, utilize cloreto de metileno ou acetona seca para limpar a placa de sal.

25.5 Amostras sólidas – pastilhas de KBr e suspensões de Nujol

Os métodos descritos nesta seção podem ser utilizados com espectrômetros FT-IR e dispersivos.

[3] Feist, P. L."Sampling Techniques for Organic Solids in IR Spectroscopy: Thin Solid Films as the Method of Choice in Teaching Laboratories". *Journal of Chemical Education,* 78 (2001): 351.

A. Pastilhas de KBr

Um método de preparação de uma amostra sólida consiste em preparar uma **pastilha de brometo de potássio (KBr)**. Quando o KBr é submetido a pressão, ele se funde, flui e sela a amostra em uma solução sólida ou matriz. Como o brometo de potássio não é capaz de absorver no espectro infravermelho, é possível obter um espectro de uma amostra sem interferência.

Preparação da amostra. Remova o almofariz e o pistilo de ágata do dessecador para utilizar no preparo da amostra. (Tome cuidado com este material; ele é caro.) Triture 1 mg (0.001 g) da amostra sólida por 1 minuto no almofariz de ágata. Nesse ponto, o tamanho da partícula se tornará tão pequeno, que a superfície do sólido parece brilhar. Acrescente 80 mg (0,080 g) de KBr *em pó* e triture a mistura por cerca de 30 segundos, com o pistilo. Raspe a mistura para o centro do almofariz com uma espátula e triture a mistura novamente por aproximadamente 15 segundos. A operação de moagem ajuda a misturar a amostra completamente com o KBr. É preciso trabalhar o mais rapidamente possível porque o KBr absorve água. A amostra e o KBr devem ser finamente moídos, ou a mistura irá dispersar excessivamente a radiação infravermelha. Utilizando sua espátula, reúna a mistura no centro do almofariz. Coloque o frasco de brometo de potássio novamente no dessecador onde deve ficar armazenado, quando não estiver em uso.

A amostra e o brometo de potássio devem ser pesados em uma balança analítica nas primeiras vezes em que uma pastilha for preparada. Depois de ganhar alguma experiência, é possível estimar essas quantidades com bastante precisão a olho nu.

Preparação de uma pastilha utilizando uma prensa manual de KBr. Normalmente, são utilizados dois métodos para preparar pastilhas de KBr. O primeiro consiste em utilizar a prensa manual mostrada na Figura 25.5.[4] Remova o conjunto de molde do recipiente de armazenamento, tomando extremo cuidado para não arranhar suas superfícies polidas. Coloque a bigorna com o pino de molde mais curto (a bigorna inferior, na Figura 25.5) em uma bancada. Deslize o colar sobre o pino. Remova cerca de um quarto de sua mistura de KBr, com uma espátula, e transfira-a para o colar. Pode ser que o pó não cubra a cabeça do pino completamente, mas não se preocupe com isso. Coloque a bigorna com o pino de molde mais longo no colar, de modo que o pino de molde entre em contato com a amostra, mas nunca o pressione, a menos que ele contenha uma amostra.

Levante o conjunto de molde cuidadosamente, segurando a bigorna inferior, de modo que o colar permaneça no lugar. Se você não tomar cuidado ao realizar essa operação, o colar poderá se mover o suficiente para deixar o pó escapar. Abra levemente a alça da prensa manual, incline a prensa um pouco para trás e insira o conjunto do molde na prensa. Certifique-se de que o conjunto do molde esteja assentado junto à parede lateral da câmara. Feche a alça. É imperativo que o conjunto do molde seja posicionado junto à parede lateral da câmara, de modo que o molde esteja centralizado na câmara. Pressionar o encaixe em uma posição descentralizada poderá entortar os pinos da bigorna.

Com a alça na posição fechada, gire o seletor de pressão de modo que o pistão superior da prensa manual apenas toque a parte de cima da bigorna do conjunto do molde. Dobre a unidade para trás, para que o conjunto do molde não caia da prensa manual. Abra a alça e gire o seletor de pressão cerca de meia volta no sentido horário. Comprima levemente a mistura de KBr, fechando a alça. A pressão não deverá ser maior que a exercida por um aperto de mão firme. Não pressione demais, ou os moldes poderão ser danificados. Se estiver em dúvida, gire o seletor de pressão no sentido anti-horário para diminuir a pressão. Se a alça for fechada com muita facilidade, abra-a, gire o seletor de pressão no sentido horário e comprima a amostra novamente, por cerca de 60 segundos.

[4] A unidade KBr Quick Press pode ser adquirida em Wilmad Vidro Company, Inc., Route 40 e Oak Road, Buena, NJ 08310.

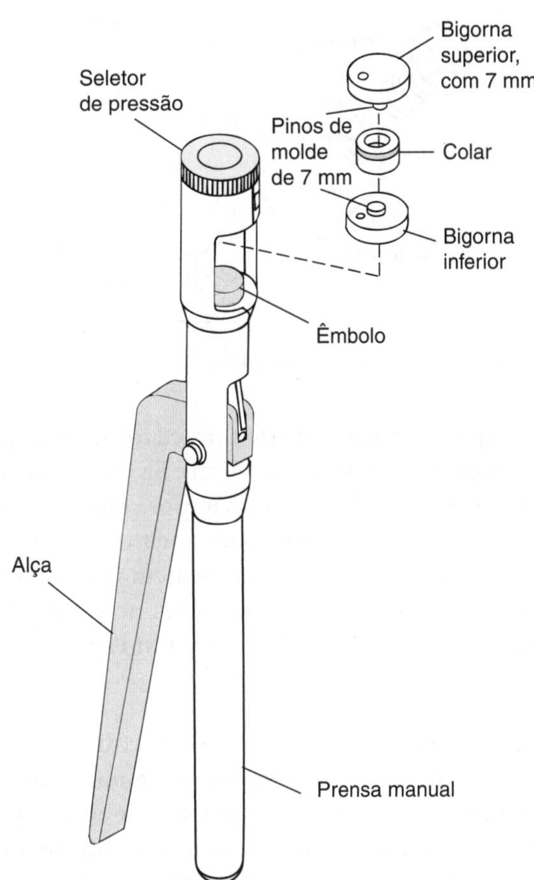

FIGURA 25.5 ■ Preparação de uma pastilha translúcida com uma prensa manual.

Depois desse período, incline a unidade para trás para que o conjunto do molde não caia para fora da prensa manual. Abra a alça e, cuidadosamente, remova o conjunto do molde da unidade. Gire o seletor de pressão no sentido anti-horário cerca de uma volta completa. Separe o conjunto do molde e verifique a pastilha de KBr. O ideal é que a pastilha tenha um aspecto límpido como um pedaço de vidro, mas geralmente sua aparência será translúcida ou um pouco opaca. Pode haver alguns buracos ou rachaduras na pastilha. A pastilha produzirá um bom espectro, mesmo com imperfeições, desde que a luz possa passar através dela. Limpe os moldes recorrendo ao procedimento descrito a seguir, em "Limpeza e armazenamento do equipamento".

Preparação de uma pastilha com uma miniprensa de KBr. O segundo método de preparação de uma pastilha utiliza a miniprensa, mostrada na Figura 25.6. Obtenha uma mistura de KBr moído, conforme descrito no item "Preparação da amostra" e transfira uma parte do pó finamente moído (em geral, mais da metade) para um molde que possa comprimi-lo em uma pastilha translúcida. De acordo com o que a Figura 25.6 mostra, o molde consiste em dois parafusos de aço inoxidável e um cilindro rosqueado. Os parafusos têm suas extremidades planas. Para utilizar esse molde, rosqueie um dos parafusos no cilindro, mas não completamente; deixe uma ou duas voltas. Adicione o pó cuidadosamente, com uma espátula, na extremidade aberta do molde parcialmente montado e bata-a levemente na tampa da bancada para que se forme uma camada uniforme na face do parafuso. Enquanto mantém o cilindro na vertical, rosqueie cuidadosamente com a mão o segundo parafuso no cilindro até que ele esteja bem apertado. Insira a cabeça do parafuso inferior no orifício hexagonal de uma placa aparafusada no topo da bancada. Essa placa impede que a cabeça de um dos parafusos gire em falso. O parafuso superior deve ser apertado com uma chave de torque para comprimir a mistura de KBr. Continue a girar a chave

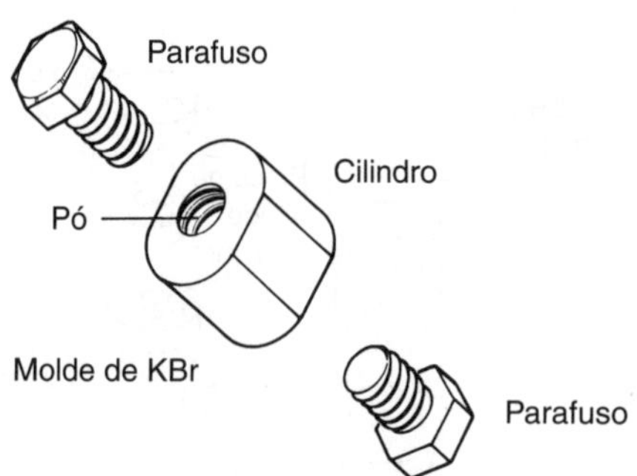

FIGURA 25.6 ■ Preparando uma pastilha de KBr com uma miniprensa.

de torque até ouvir um suave clique (o mecanismo de catraca torna os cliques mais suaves) ou até que você atinja o valor de torque apropriado (20 ft-lb = 27 N.m). Se você apertar além desse ponto, poderá quebrar a cabeça do parafuso. Deixe o molde sob pressão por cerca de 60 segundos; em seguida, vire a catraca na direção oposta, com a chave de torque, para abrir o conjunto. Quando os dois parafusos estiverem soltos, fixe o cilindro horizontalmente e remova cuidadosamente os dois parafusos. Você deverá observar uma pastilha de KBr límpida ou translúcida no centro do cilindro. Mesmo se a pastilha não estiver totalmente transparente, é possível obter um espectro satisfatório, desde que a luz atravesse a pastilha.

Obtenção do espectro no infravermelho. A fim de obter o espectro, deslize o suporte apropriado para o tipo de molde que você estiver utilizando, no trilho de porta-amostras do espectrofotômetro de infravermelho. Ajuste o encaixe contendo a pastilha no suporte, de modo que a amostra esteja centrada no caminho óptico. Obtenha o espectro infravermelho. Se estiver utilizando um instrumento de duplo feixe, você poderá compensar (pelo menos, parcialmente) uma pastilha que não seja totalmente transparente colocando uma tela de arame ou um atenuador no feixe de referência, equilibrando, deste modo, a transmitância reduzida da pastilha. Um instrumento FT-IR irá automaticamente lidar com a baixa intensidade, se você escolher a opção "autoescala".

Problemas com uma pastilha insatisfatória. Se a pastilha for insatisfatória (turva demais para permitir que a luz passe), um de vários aspectos pode estar errado:

1. A mistura de KBr pode não ter sido triturada o suficiente, e o tamanho de partícula pode ser grande demais. O tamanho de partícula grande cria dispersão de luz em demasia.
2. A amostra pode não estar seca.
3. Pode ter sido utilizada uma quantidade excessiva de amostra em relação ao KBr empregado.
4. A pastilha pode ser espessa demais, pois muito da mistura em pó foi colocado no molde.
5. O KBr pode ter sido "molhado" ou pode ter absorvido umidade do ar enquanto a mistura estava sendo triturada no almofariz.
6. A amostra pode ter um baixo ponto de fusão. Sólidos com baixo ponto de fusão, além de serem difíceis de secar, também se fundem sob pressão. Talvez você precise dissolver o composto em um solvente e obter o espectro em solução (veja a Seção 25.6).

Limpeza e armazenamento do equipamento. Depois que tiver obtido o espectro, empurre a pastilha para fora do molde, com uma vareta aplicadora de madeira (não se deve utilizar uma espátula, pois ela pode arranhar os moldes). Lembre-se de que as faces polidas do conjunto de molde não podem ser arranhadas, ou elas se tornarão inúteis. Assim que a pastilha tiver sido retirada, lave com água quente todas as peças do conjunto de molde ou miniprensa. Em seguida, enxágue as peças com acetona e seque-as

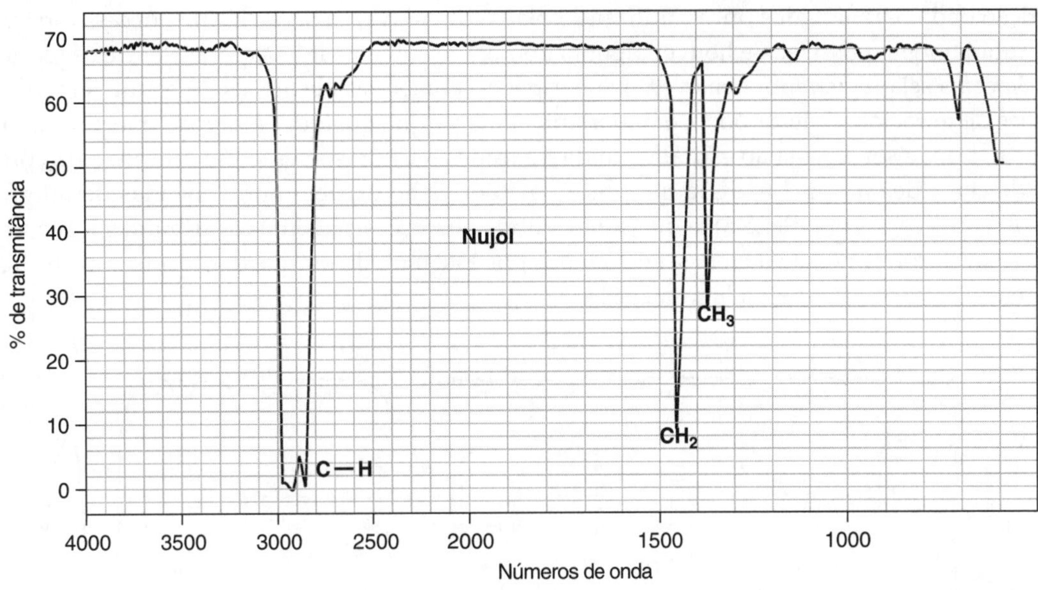

FIGURA 25.7 ■ Espectro no infravermelho do Nujol (óleo mineral).

utilizando um lenço de papel macio. Verifique, com seu instrutor, se existem mais instruções para a limpeza do conjunto de molde. Coloque os moldes novamente no recipiente de armazenamento. Lave o almofariz e o pistilo com água, seque-os cuidadosamente com toalhas de papel e coloque-os no dessecador. Retorne o KBr em pó para seu dessecador.

B. Suspensões em Nujol

Se uma pastilha de KBr adequada não puder ser obtida ou se o sólido for insolúvel em um solvente adequado, o espectro de um sólido pode ser obtido como uma **suspensão em Nujol**. Neste método, triture finamente, com um pistilo, cerca de 5 mg da amostra sólida em um almofariz de ágata. E então, adicione 1 ou 2 gotas de óleo mineral Nujol (branco) e triture a mistura até atingir uma dispersão muito fina. O sólido não é dissolvido no Nujol; na realidade, ele é uma suspensão. Essa **suspensão**, então, é colocada entre duas placas de sal utilizando um aplicador de borracha. Monte as placas de sal no suporte da mesma maneira utilizada para as amostras líquidas (veja a Seção 25.2).

O Nujol é uma mistura de hidrocarbonetos de elevado peso molecular. Desse modo, ele tem absorções nas regiões de estiramento C—H e deformação angular CH_2 e CH_3 do espectro (veja a Figura 25.7). Naturalmente, se for utilizado o Nujol, não é possível obter nenhuma informação nessas porções do espectro. Ao interpretar o espectro, você deve ignorar esses picos de Nujol. É importante identificar o espectro imediatamente depois de ter sido obtido, anotando que ele foi obtido de uma **suspensão em Nujol**. Do contrário, você poderá se esquecer de que os picos C—H pertencem ao Nujol, e não ao sólido dispersado.

25.6 Amostras sólidas – espectros em solução

A. Método A – solução entre placas de sal (NaCl)

Para substâncias que são solúveis em tetracloreto de carbono, está disponível um método rápido e fácil de determinar os espectros de sólidos. Dissolva tanto sólido quanto for possível em 0,1 mL de tetracloreto de carbono. Coloque 1 ou 2 gotas da solução entre placas de cloreto de sódio, exatamente da mesma maneira empregada para líquidos puros (veja a Seção 25.2). O espectro é determinado conforme a descrição dada para líquidos puros, utilizando placas de sal (veja a Seção 25.2). É necessário trabalhar o mais rapidamente possível. Se houver alguma demora, o solvente irá evaporar dentre as placas antes que o espectro seja registrado. Uma vez que o espectro contém as absorções do soluto superpostas às absorções de tetracloreto de carbono, é importante lembrar que qualquer absorção que pareça próxima de 800 cm^{-1} pode ser devida ao estiramento da ligação C—Cl do solvente. As informações contidas à direita de cerca de 900 cm^{-1} não são úteis neste método. Não existem outras bandas de interferência deste solvente (veja a Figura 25.8), e quaisquer outras absorções podem ser atribuídas à sua amostra. Soluções em clorofórmio não devem ser estudadas por este método porque o solvente tem absorções de interferência em demasia (veja a Figura 25.9).

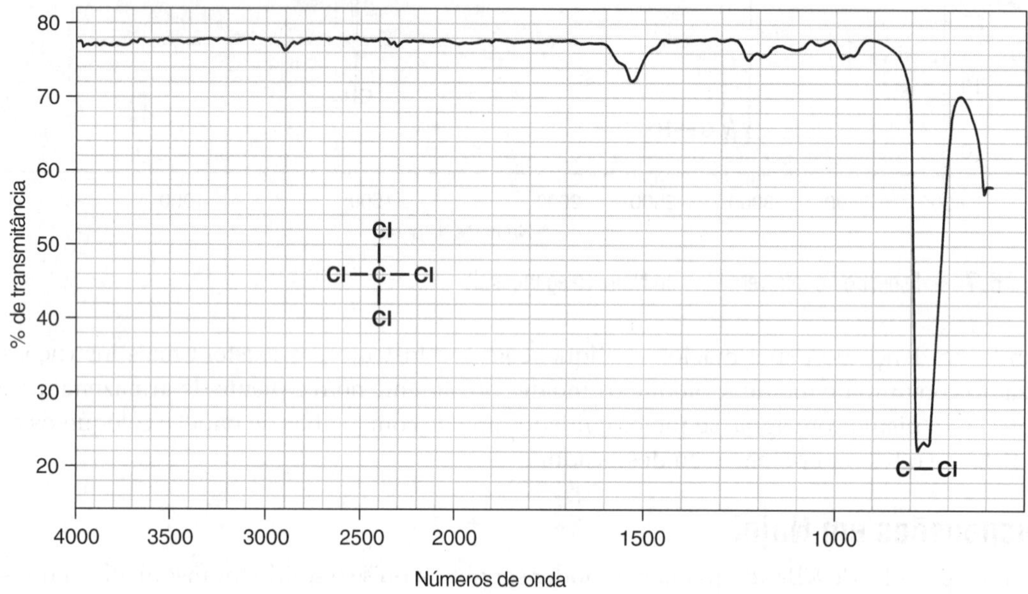

FIGURA 25.8 ■ Espectro infravermelho do tetracloreto de carbono.

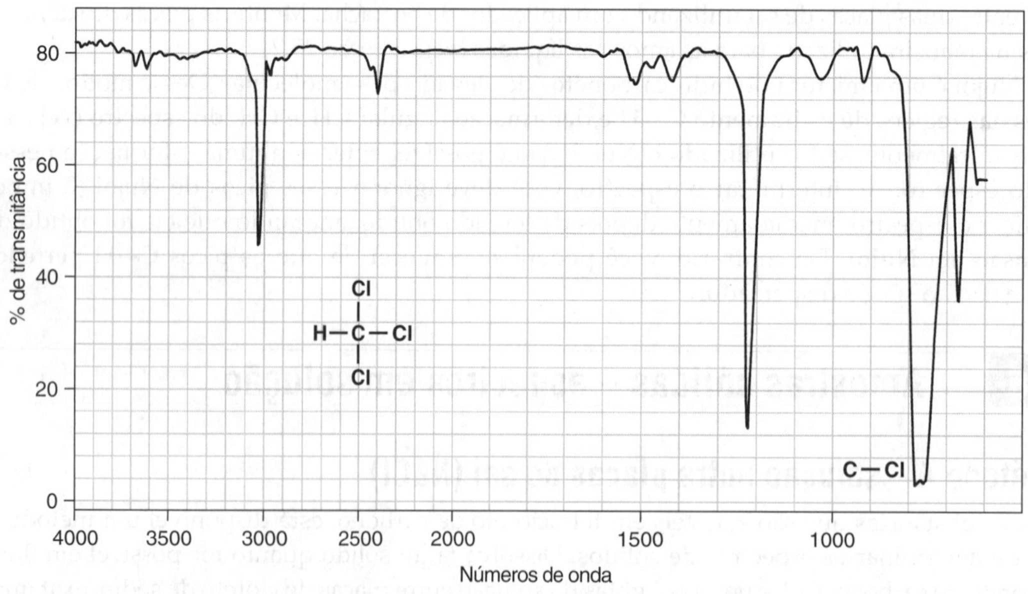

FIGURA 25.9 ■ Espectro infravermelho do clorofórmio.

ADVERTÊNCIA

O tetracloreto de carbono é um solvente perigoso. Trabalhe na capela de exaustão! 

O tetracloreto de carbono, além de ser tóxico, é um possível carcinogênico. Apesar dos problemas de saúde associados ao seu uso, não existe nenhum solvente alternativo apropriado para a espectroscopia no infravermelho. Outros solventes têm bandas de interferência na absorção de infravermelho em demasia. Manipule o tetracloreto de carbono cuidadosamente, a fim de minimizar os efeitos adversos à saúde. O tetracloreto de carbono de grau espectroscópico deverá ser armazenado em um frasco com tampa de vidro esmerilhado, em uma capela de exaustão. Uma pipeta Pasteur deve ser associada ao frasco, possivelmente armazenando-a em um tubo de ensaio preso com fita adesiva à lateral do frasco. Toda a preparação da amostra deve ser conduzida sob capela de exaustão e é necessário utilizar luvas de borracha ou de plástico. As celas também devem ser limpas sob capela de exaustão. Todo o tetracloreto de carbono utilizado no preparo de amostras deve ser descartado em um recipiente para resíduos apropriadamente identificado.

B. Método B – minicela de AgCl

A minicela de AgCl, descrita na Seção 25.3, pode ser utilizada para se obter o espectro infravermelho de um sólido dissolvido em tetracloreto de carbono. Prepare uma solução de 5–10% (5–10 mg em 0,1 mL) em tetracloreto de carbono. Se não for possível preparar uma solução dessa concentração por causa da baixa solubilidade, dissolva tanto sólido quanto for possível no solvente. Seguindo as instruções dadas na Seção 25.3, posicione as placas de AgCl como mostra a Figura 25.4C, a fim de obter a maior extensão de caminho possível, com 0,20 mm. Quando a cela for apertada firmemente, ela não irá vazar.

Conforme indicado no método A, o espectro irá conter as absorções do sólido dissolvido sobrepostas às absorções do tetracloreto de carbono. Uma absorção forte aparece próximo de 800 cm^{-1} para o estiramento do C–Cl no solvente. Não é possível obter nenhuma informação útil para a amostra à direita de cerca de 900 cm^{-1}, mas outras bandas que aparecerem no espectro pertencerão a sua amostra. Leia o material de segurança fornecido no método A. O tetracloreto de carbono é tóxico, e deve ser utilizado sob uma capela de exaustão.

NOTA

Tome cuidado ao limpar as placas de AgCl. Uma vez que estas placas podem ser arranhadas facilmente, não devem ser limpas com tecido. Lave-as com cloreto de metileno e mantenha-as em um lugar escuro. As aminas destruirão as placas.

C. Método C – celas de solução (NaCl)

Os espectros de sólidos também podem ser determinados em um tipo de cela de amostra permanente, chamada **cela de solução**. (Espectros no infravermelho de líquidos também podem ser determinados nesta cela.) A cela de solução, mostrada na Figura 25.10, é composta de duas placas de sal, montadas com um espaçador de Teflon entre elas para controlar a espessura da amostra. A placa superior de cloreto de sódio tem dois orifícios perfurados, de modo que a amostra pode ser introduzida na cavidade entre as duas placas. Esses orifícios são alargados ao longo da placa frontal por duas extensões tubulares projetadas para fixar tampões de teflon, que vedam a câmara interna e evitam a evaporação. As extensões tubulares são cônicas, para que uma seringa (conector Luer-Lock, sem agulha) se encaixe firmemente nelas, pela parte externa. Desse modo, as celas são preenchidas com uma seringa, são mantidas na vertical e preenchidas a partir da entrada inferior.

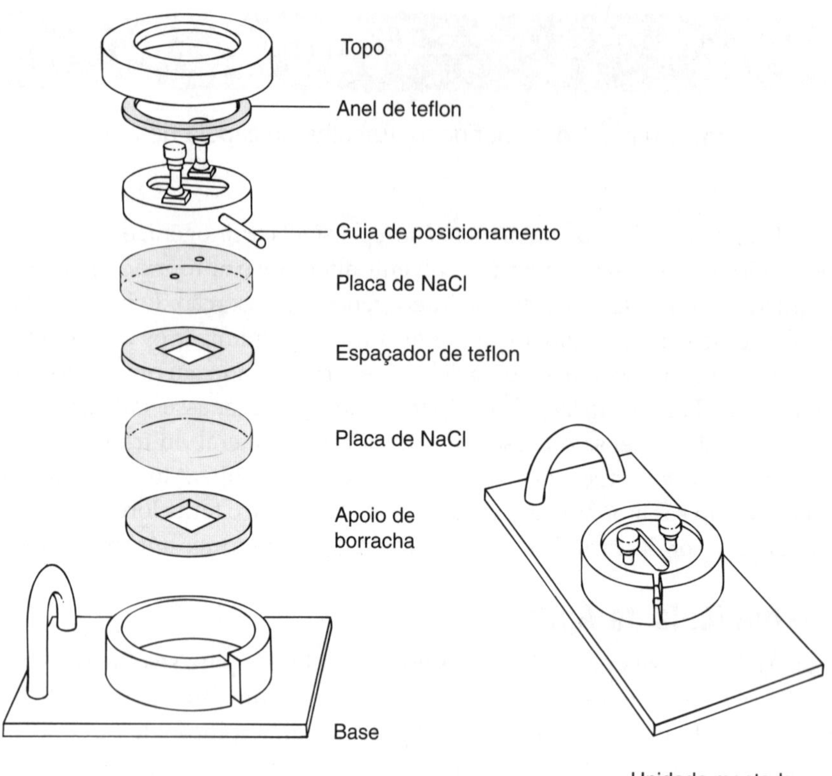

FIGURA 25.10 ■ Uma cela da solução.

Essas celas são caras, e você deve experimentar o método A ou o B antes de utilizar as celas de solução. Se precisar delas, peça a permissão de seu instrutor e receba instruções, antes de utilizá-las. As celas são compradas em pares, com extensões de caminho idênticas. Dissolva um sólido em um solvente apropriado, geralmente, tetracloreto de carbono, e adicione a solução a uma das celas (**cela amostral**), conforme descrito no parágrafo anterior. O solvente puro, idêntico ao utilizado para dissolver o sólido, é colocado em outra cela (**cela de referência**). O espectro do solvente é subtraído do espectro da solução (nem sempre completamente) e, portanto, um espectro do soluto é o resultado. Para que a compensação do solvente seja tão exata quanto possível e para evitar a contaminação da cela de referência, é essencial que uma cela seja utilizada como referência e que a outra seja utilizada como cela amostral, sem jamais serem trocadas. Depois que o espectro é obtido, é importante limpar as celas lavando-as com solvente. Elas devem ser secas por meio de um jato de ar seco dirigido a elas.

Os solventes mais frequentemente utilizados na determinação de espectros de infravermelho são tetracloreto de carbono (veja a Figura 25.8), clorofórmio (veja a Figura 25.9) e dissulfeto de carbono (veja a Figura 25.11). Uma solução de 5–10% de sólido em um desses solventes geralmente resulta em um bom espectro. O tetracloreto de carbono e o clorofórmio são suspeitos de serem carcinogênicos; contudo, como não existem solventes alternativos adequados, esses compostos devem ser utilizados na espectroscopia no infravermelho. O procedimento descrito anteriormente para o tetracloreto de carbono deve ser seguido, e ele serve igualmente para o clorofórmio.

NOTA

Antes de utilizar as celas de solução, você precisa obter permissão e orientação do instrutor sobre como preencher e limpá-las.

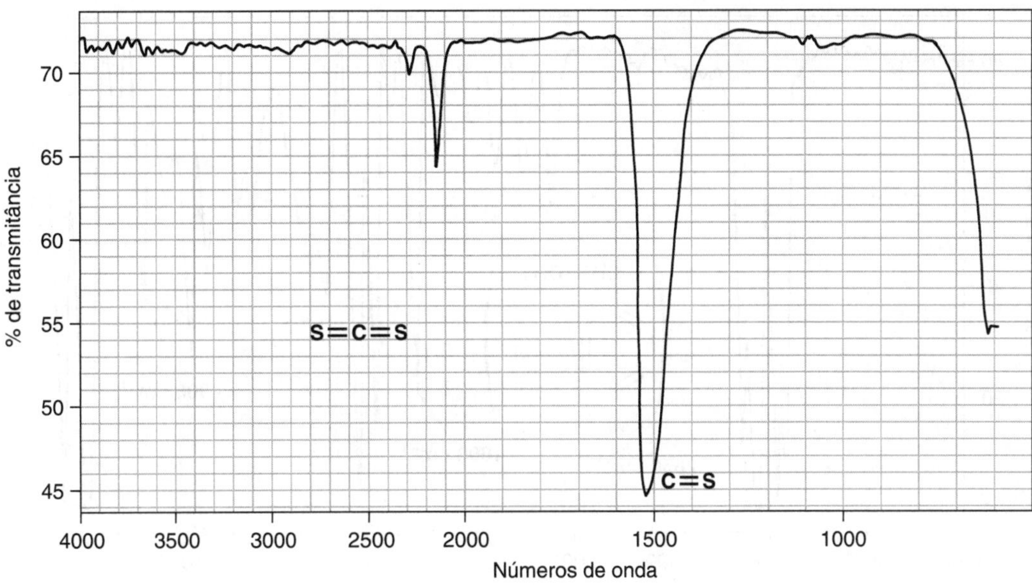

FIGURA 25.11 ■ Espectro infravermelho do dissulfeto de carbono.

25.7 Registrando o espectro

O instrutor descreverá como operar o espectrofotômetro de infravermelho, porque os controles variam muito, dependendo do fabricante, e do modelo e tipo do instrumento. Por exemplo, alguns instrumentos envolvem apertar apenas alguns botões, ao passo que outros utilizam um sistema de interface de computador mais complexo.

Em todos os casos, é importante que a amostra, o solvente, o tipo de cela ou método utilizado, e quaisquer outras informações pertinentes, sejam escritos sobre o espectro imediatamente após sua aquisição. Essas informações podem ser importantes e são facilmente esquecidas se não forem registradas. É possível que também seja necessário calibrar o instrumento (veja a Seção 25.8).

25.8 Calibração

Para alguns instrumentos, a escala de frequência do espectro deve ser calibrada de modo que você conheça precisamente a posição de cada pico de absorção. Você pode recalibrar registrando uma parte muito pequena do espectro de poliestireno sobre o espectro de sua amostra. O espectro completo do poliestireno é mostrado na Figura 25.12. O mais importante desses picos é a 1603 cm^{-1}; outros picos úteis são a 2850 cm^{-1} e 906 cm^{-1}. Depois de registrar o espectro de sua amostra, substitua a cela de amostra por uma um filme fino de poliestireno registre os picos (não o espectro inteiro) mais importantes sobre o espectro da amostra.

Sempre é bom calibrar um espectro quando o instrumento utiliza papel gráfico com uma escala pré-impressa. É difícil alinhar o papel apropriadamente, de modo que a escala corresponda precisamente às linhas de absorção. Frequentemente, é preciso conhecer os valores exatos de determinados grupos funcionais (por exemplo, o grupo carbonila). A calibração é essencial nesses casos.

Instrumentos interfaceados por computador não precisam ser calibrados. Com esse tipo de instrumento, o espectro e a escala são impressos em papel em branco ao mesmo tempo. Os instrumentos têm uma calibração interna que garante que as posições das absorções sejam conhecidas precisamente e que sejam colocadas nas posições adequadas na escala. Com esse tipo de instrumento, normalmente, é possível imprimir uma lista de localizações dos principais picos, assim como obter o espectro completo de seu composto.

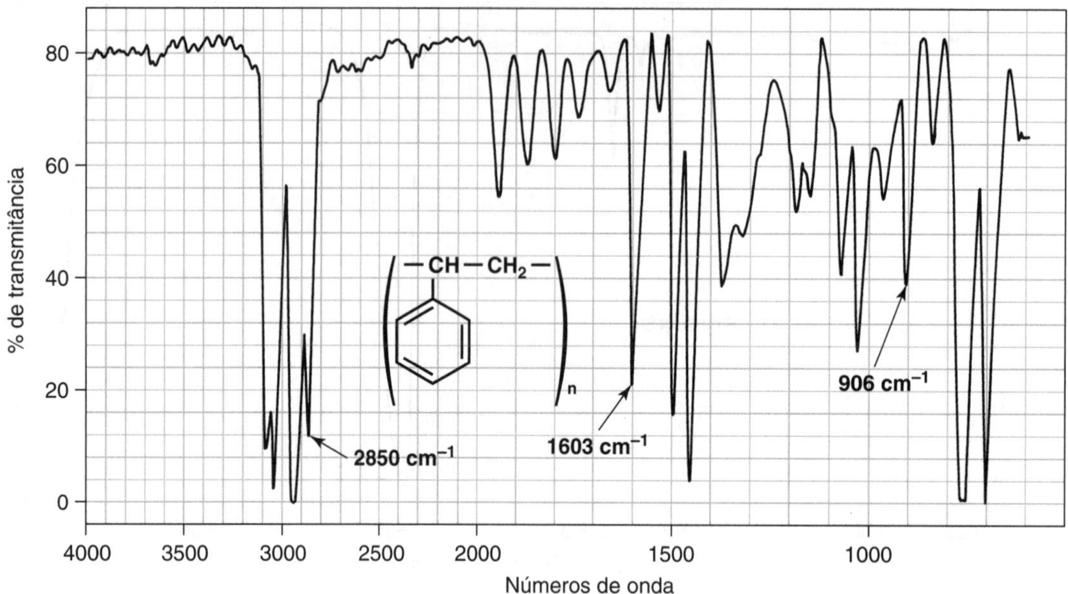

FIGURA 25.12 ■ Espectro infravermelho de poliestireno (filme fino).

PARTE B. ESPECTROSCOPIA NO INFRAVERMELHO

25.9 Usos do espectro infravermelho

Como cada tipo de ligação tem uma frequência de vibração natural diferente e uma vez que o mesmo tipo de ligação em dois diferentes compostos está em ambiente ligeiramente diferente, não há duas moléculas de estrutura diferente que apresentem exatamente o mesmo padrão de absorção no infravermelho ou **espectro infravermelho.** Embora algumas das frequências absorvidas nos dois casos possam ser as mesmas, não há nenhum caso de duas moléculas diferentes que apresentam espectros no infravermelho (padrões de absorção) idênticos. Portanto, o espectro infravermelho pode ser utilizado para identificar moléculas, assim como a impressão digital pode ser utilizada para identificar pessoas. Comparar os espectros no infravermelho de duas substâncias consideradas idênticas estabelecerá se elas de fato são ou não idênticas. Se os espectros de infravermelho de duas substâncias coincidirem, pico por pico (absorção por absorção), na maioria dos casos, as substâncias são idênticas.

Um segundo e mais importante uso do espectro infravermelho é que ele fornece informações estruturais sobre uma molécula. As absorções de cada tipo de ligação (N—H, C—H, O—H, C—X, C=O, C—O, C—C, C=C, C≡C, C≡N e assim por diante) são encontradas regularmente apenas em pequenas determinadas porções da região vibracional de infravermelho. Um pequeno intervalo de absorção pode ser definido para cada tipo de ligação. Fora desse intervalo, as absorções normalmente serão em consequência de algum outro tipo de ligação. Portanto, por exemplo, qualquer absorção no intervalo $3000 \pm 150\ cm^{-1}$ quase sempre será por causa da presença de uma ligação CH na molécula; uma absorção no intervalo $1700 \pm 100\ cm^{-1}$ normalmente se deverá à presença de uma ligação C=O (grupo carbonila) na molécula. O mesmo tipo de intervalo se aplica a cada tipo de ligação. O modo como as vibrações são distribuídas ao longo do infravermelho vibracional está ilustrado esquematicamente na Figura 25.13. É bom lembrar-se deste esquema geral, para sua futura conveniência.

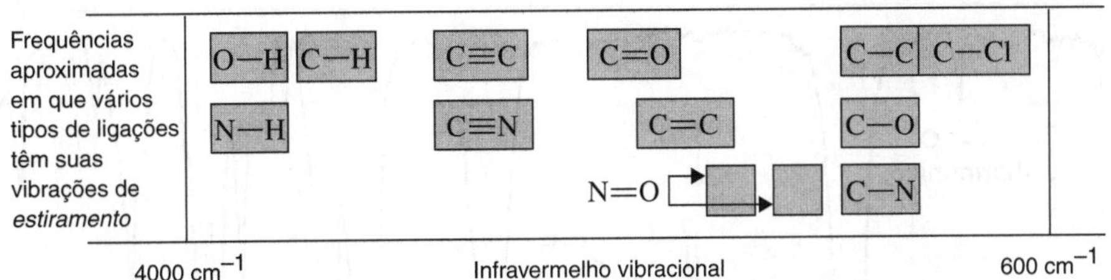

FIGURA 25.13 ■ Regiões aproximadas em que vários tipos comuns de ligações absorvem. (Deformação angular, torção e outros tipos de vibração de ligação foram omitidos, por questões de clareza.)

25.10 Modos de vibração

Os tipos, ou **modos**, mais simples de movimento vibracional em uma molécula, que são **ativos no infravermelho**, isto é, que dão origem a absorções, são os modos de estiramento e deformação angular.

C—H — Estiramento; C–O–H — Deformação angular

Porém, outros tipos de estiramento e deformação angular mais complexos também são ativos. Para apresentar vários termos desta terminologia, os modos normais de vibração para um grupo metileno são mostrados a seguir.

Em qualquer grupo de três ou mais átomos – em que pelo menos dois são idênticos – existem *dois* modos de estiramento ou deformação angular: o modo simétrico e o modo assimétrico. Exemplos desses agrupamentos são: —CH_3, —CH_2O, —NO_2, —NH_2 e anidridos $(CO)_2O$. Para o anidrido, por causa dos modos de estiramento assimétrico e simétrico, este grupo funcional apresenta *duas* absorções na região C=O. Um fenômeno similar é visto para grupos amino, em que aminas primárias geralmente têm *duas* absorções na região de estiramento NH, ao passo que as aminas secundárias R_2NH apresentam somente um pico de absorção. As amidas mostram bandas similares. Existem dois picos de estiramento N=O fortes para o grupo nitro, que são causados pelos modos de estiramento assimétrico e simétrico.

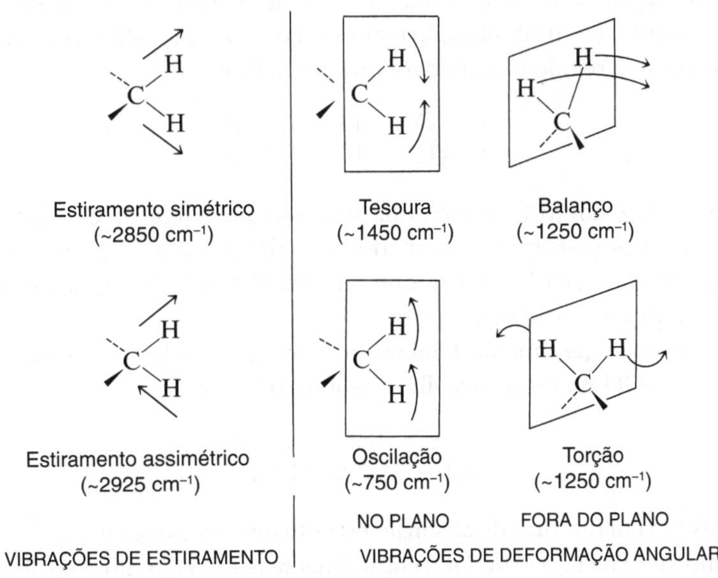

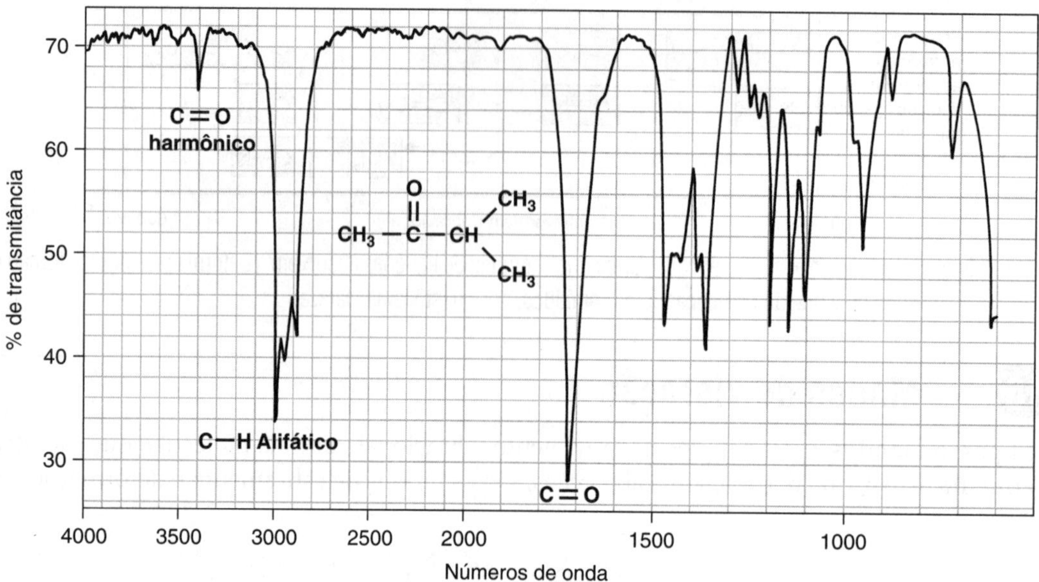

FIGURA 25.14 ■ Espectro infravermelho da metil isopropil cetona (líquido puro, placas de sal).

25.11 O que se deve observar ao examinar espectros no infravermelho

O instrumento que determina o espectro de absorção para um composto é chamado **espectrofotômetro de infravermelho.** O espectrofotômetro determina as forças e posições relativas de todas as absorções na região do infravermelho e representa estas informações em um pedaço de papel. Esta representação da intensidade de absorção *versus* o número de onda ou comprimento de onda é chamada **espectro infravermelho do** composto. Um típico espectro infravermelho, o da metil isopropil cetona, é mostrado na Figura 25.14.

A forte absorção no meio do espectro corresponde ao grupo carbonila, C=O. Observe que o pico C=O é muito intenso. Além da posição de absorção característica, o **formato** e a **intensidade** deste pico também são únicos para a ligação C=O. Isso é verdadeiro para quase todos os tipos de picos de absorção; as características de formato e intensidade podem ser descritas, e essas características geralmente permitem distinguir o pico, em uma situação confusa. Por exemplo, até certo ponto, as ligações C=O e C=C absorvem na mesma região do espectro infravermelho:

C=O	1850–1630 cm^{-1}
C=C	1680–1620 cm^{-1}

Contudo, a ligação C=O é um forte absorvedor, ao passo que a ligação C=C em geral absorve apenas fracamente. Desse modo, um observador treinado normalmente não interpretará um pico forte em 1670 cm^{-1} como uma ligação dupla carbono–carbono ou uma absorção fraca, nesta frequência, como sendo em decorrência de um grupo carbonila.

O formato de um pico geralmente também fornece uma indicação de sua identidade. Portanto, embora as regiões NH e OH do infravermelho se sobreponham,

OH	3650–3200 cm^{-1}
NH	3500–3300 cm^{-1}

o NH geralmente resulta em um pico de absorção **estreito** (absorve um intervalo de frequências muito estreito), e o OH, quando está na região do NH, normalmente resulta em um pico de absorção **largo**. Aminas primárias resultam em *duas* absorções nesta região, ao passo que os álcoois resultam em apenas uma.

Desse modo, enquanto estiver estudando os espectros amostrais nas páginas seguintes, você também deverá observar formatos e intensidades, pois estes são tão importantes quanto a frequência na qual uma absorção ocorre, e é preciso treinar seus olhos para reconhecer essas características. Na literatura de química orgânica, você frequentemente encontrará absorções identificadas como fortes (F), médias (m), fracas (f), largas ou estreitas. O autor está tentando transmitir uma ideia de como o pico se parece, sem realmente desenhar o espectro. Apesar de a intensidade de uma absorção normalmente oferecer informações úteis sobre a identidade de um pico, esteja ciente de que as intensidades relativas de todos os picos no espectro dependem da quantidade de amostra que é utilizada e da sensibilidade definida do instrumento. Portanto, a *verdadeira* intensidade de um determinado pico pode variar de um espectro para outro, e é preciso prestar atenção às intensidades *relativas*.

25.12 Gráficos e tabelas de correlação

Para extrair informações estruturais dos espectros de infravermelho, é necessário conhecer as frequências ou comprimentos de onda em que diversos grupos funcionais absorvem. As **tabelas de correlação** no infravermelho apresentam todas as informações conhecidas sobre onde os vários grupos funcionais absorvem. Os livros enumerados no final deste capítulo trazem extensas listas de tabelas de correlação. Algumas vezes, as informações sobre absorção são dadas em um gráfico, chamado **gráfico de correlação**. Uma tabela de correlação simplificada é dada na Tabela 25.1.

TABELA 25.1 ■ Uma tabela de correlação simplificada

	Tipo de vibração		Frequência (cm^{-1})	Intensidade[a]
C—H	Alcanos	(estiramento)	3000–2850	F
	$—CH_3$	(deformação angular)	1450 e 1375	m
	$—CH_2—$	(deformação angular)	1465	m
	Alcenos	(estiramento)	3100–3000	m
		(deformação angular)	1700–1000	F
	Aromáticos	(estiramento)	3150–3050	F
		(deformação fora do plano)	1000–700	F
	Alcino	(estiramento)	ca. 3300	F
	Aldeído		2900–2800	f
			2800–2700	f
C—C	Alcano	Não interpretativamente útil		
C=C	Alceno		1680–1600	m–f
	Aromático		1600–1400	m–f
C=C	Alcino		2250–2100	m–f
C—O	Aldeído		1740–1720	F
	Cetona (acíclico)		1725–1705	F
	Ácido carboxílico		1725–1700	F
	Éster		1750–1730	F
	Amida		1700–1640	F
	Anidrido		ca. 1810	F
			ca. 1760	F
C—O	Álcoois , éteres, ésteres, ácidos carboxílicos		1300–1000	F
O—H	Álcool, fenóis			
	Livre		3650–3600	m

Continua

Continuação

	Tipo de vibração	Frequência (cm^{-1})	Intensidade[a]
	Com ligação de H	3400–3200	m
	Ácidos carboxílicos	3300–2500	m
N—H	Aminas primárias e secundárias	ca. 3500	m
C≡N	Nitrilas	2260–2240	m
N=O	Nitro (R—NO_2)	1600–1500	F
		1400–1300	F
C—X	Fluoreto	1400–1000	F
	Cloreto	800–600	F
	Brometo, iodeto	<600	F

[a] F, forte; m, médio; f, fraco.

TABELA 25.2 ■ Valores-base para absorções de ligações

O—H	3400 cm^{-1}	C≡C	2150 cm^{-1}
N—H	3500 cm^{-1}	C=O	1715 cm^{-1}
C—H	3000 cm^{-1}	C=C	1650 cm^{-1}
C≡N	2250 cm^{-1}	C—O	1100 cm^{-1}

Embora talvez se acredite que será difícil assimilar todos os dados na Tabela 25.1, isso, necessariamente, não é verdade, se você começar primeiro se familiarizando para, depois, ir gradualmente se aprofundando nesses dados. Após isso, você terá capacidade de interpretar mais detalhadamente o espectro no infravermelho; o que pode ser conseguido com mais facilidade tendo-se bem definidos em mente, de início, os amplos padrões visuais da Figura 25.13. Em seguida, como uma segunda etapa, pode ser memorizado um "típico valor de absorção" para cada um dos grupos funcionais neste padrão. Esse valor será um número único, que pode ser usado como um valor central para a memória. Por exemplo, comece com uma cetona alifática simples como um modelo para todos os típicos compostos carbonila. A cetona alifática típica tem uma absorção de carbonila em 1715 ± 10 cm^{-1}. Sem se preocupar com a variação, memorize 1715 cm^{-1} como o valor-base para a absorção da carbonila. Depois, conheça a extensão do intervalo para a carbonila e o padrão visual de como os diferentes tipos de grupos carbonila se arranjam nessa região. Veja, por exemplo, a Figura 25.27, que apresenta valores típicos para compostos carbonilados. Aprenda também de que modo fatores como tamanho do anel (quando o grupo funcional está contido em um anel) e conjugação afetam os valores-base (isto é, para que direção os valores são deslocados). Conheça as tendências – lembrando-se, sempre, do valor-base (1715 cm^{-1}). Isso pode ser útil como um início para memorizar os valores-base na Tabela 25.2, para esta abordagem. Observe que existem somente oito valores.

25.13 Analisando um espectro (ou o que você pode dizer, à primeira vista)

Ao analisar o espectro de um composto desconhecido, concentre-se primeiro em estabelecer a presença (ou ausência) de alguns grupos funcionais importantes. Os picos mais importantes são C=O, O—H, N—H, C—O, C=C, C≡C, C≡N e NO_2. Se eles estiverem presentes, fornecerão informações estruturais imediatamente. Não tente analisar detalhadamente as absorções de CH próximas de 3000 cm^{-1}; quase todos os compostos apresentam essas absorções. Não se preocupe com as sutilezas quanto ao tipo exato de ambiente no qual o grupo funcional é encontrado. Veja a seguir uma lista de verificação das características mais importantes:

1. A carbonila é um grupo presente?
   O grupo C═O dá origem a uma forte absorção na região 1820–1600 cm^{-1}. O pico geralmente é o mais intenso no espectro e apresenta largura média. Não há como ignorá-lo.

2. Se o grupo C═O estiver presente, verifique os seguintes tipos. (Na sua ausência, prossiga para o item 3.)

Ácidos	O grupo O—H também está presente? Absorção **larga**, próxima de 3300–2500 cm^{-1} (geralmente, se sobrepõe ao C—H).
Amidos	O grupo N—H também está presente? Absorção média, próxima de 3500 cm^{-1}, às vezes, um pico duplo, com metades equivalentes.
Ésteres	O grupo C—O também está presente? Absorções de intensidade média, próximas de 1300–1000 cm^{-1}.
Anidridos	Há *duas* absorções C═O, próximas de 1810 e 1760 cm^{-1}.
Aldeídos	O grupo C—H de aldeído está presente? Duas absorções fracas, próximas de 2850 cm^{-1} e 2750 cm^{-1}, do lado direito das absorções C—H.
Cetonas	As cinco opções anteriores foram eliminadas.

3. Se C═O estiver ausente.

Álcoois ou fenóis	Verifique quanto ao O—H. Absorção **larga**, próxima de 3600–3300 cm^{-1}. Confirme isto encontrando C—O próximo de 1300–1000 cm^{-1}.
Aminas	Verifique quanto ao N—H. Absorção(ões) média(s), próxima de 3500 cm^{-1}.
Éteres	Verifique quanto ao C—O (e a ausência de O—H), próxima de 1300–1000 cm^{-1}.

4. Ligações duplas ou anéis aromáticos, ou ambos.

   C═C é uma absorção **fraca**, perto de 1650 cm^{-1}.
   Absorções de médias a fortes na região 1650–1450 cm^{-1} geralmente implicam um anel aromático.
   Confirme a afirmação anterior consultando a região C—H.
   C—H aromático e vinila ocorrem à esquerda de 3000 cm^{-1} (C—H alifático ocorre à direita deste valor).

5. Ligações triplas — C≡N é uma absorção média, estreita, próxima de 2250 cm^{-1}.
   C≡C é uma absorção fraca, mas estreita, próxima de 2150 cm^{-1}.
   Verifique também quanto ao C—H acetilênico, próximo de 3300 cm^{-1}.

6. Grupos nitro — *Duas* absorções fortes, próximas de 1600–1500 cm^{-1} e 1390–1300 cm^{-1}.

7. Hidrocarbonetos — Nenhum dos anteriores é encontrado.
   As absorções principais estão na região C-H, próximo de 3000 cm^{-1}.
   Espectro muito simples, as outras únicas absorções estão próximas de 1450 cm^{-1} e 1375 cm^{-1}.

O aluno iniciante deve resistir à ideia de tentar atribuir ou interpretar *todos* os picos do espectro. Você simplesmente não está em condições de fazer isso. Concentre-se primeiro em conhecer os picos principais e em reconhecer sua presença ou ausência. Isso é mais bem efetuado estudando-se cuidadosamente os espectros ilustrativos, na seção a seguir.

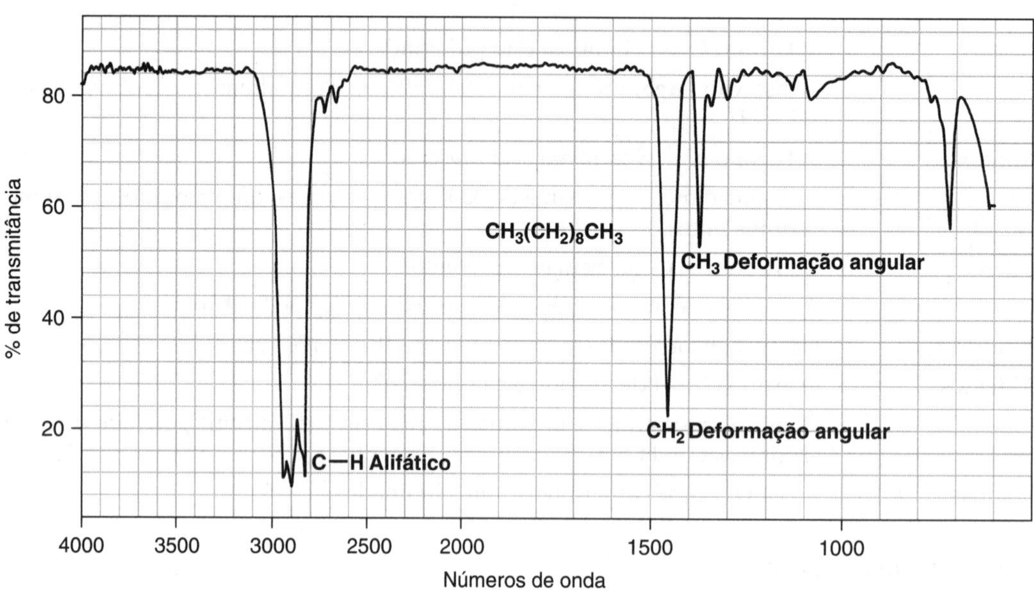

FIGURA 25.15 ■ Espectro infravermelho do decano (líquido puro, placas de sal).

NOTA

Ao descrevermos os deslocamentos nos picos de absorção ou suas posições relativas, utilizamos as frases "à esquerda" e "à direita". Isso foi feito para simplificar descrições das posições dos picos. O significado é claro porque todos os espectros são convencionalmente apresentados da esquerda para a direita de 4000 a 600 cm^{-1}.

25.14 Exame dos grupos funcionais importantes

A. Alcanos

Geralmente, o espectro é simples, com alguns picos.

C—H O estiramento ocorre em torno de 3000 cm^{-1}.

1. Em alcanos (exceto compostos com anel tensionado), a absorção sempre ocorre à direita de 3000 cm^{-1}.
2. Se um composto possuir hidrogênios vinílicos, aromáticos, acetilênicos ou do grupociclopropila, a absorção de CH ocorre à esquerda de 3000 cm^{-1}.

CH_2 Os grupos metileno têm uma absorção característica em aproximadamente 1450 cm^{-1}.

CH_3 Grupos metila têm uma absorção característica em aproximadamente 1375 cm^{-1}.

C—C Estiramento – não interpretativamente útil – apresenta muitos picos.

O espectro do decano é mostrado na Figura 25.15.

B. Alcenos

=C—H	O estiramento ocorre à esquerda de 3000 cm^{-1}.
=C—H	A deformação angular fora do plano (fp) ocorre em 1000–650 cm^{-1}.
	As absorções fp C—H normalmente permitem determinar o tipo de padrão de substituição na ligação dupla, de acordo com o número de absorções e de suas posições. O gráfico de correlação na Figura 25.16 mostra as posições dessas bandas.
C=C	O estiramento em 1675–1600 cm^{-1}, geralmente, fraco.
	A conjugação desloca o estiramento C=C para a direita.
	Ligações simetricamente substituídas, como no 2,3-dimetil-2-buteno, não absorvem na região do infravermelho (nenhuma variação de dipolo). Ligações duplas altamente substituídas frequentemente apresentam absorções extremamente fracas.

Os espectros do 4-metilciclohexeno e do estireno são mostrados nas Figuras 25.17 e 25.18.

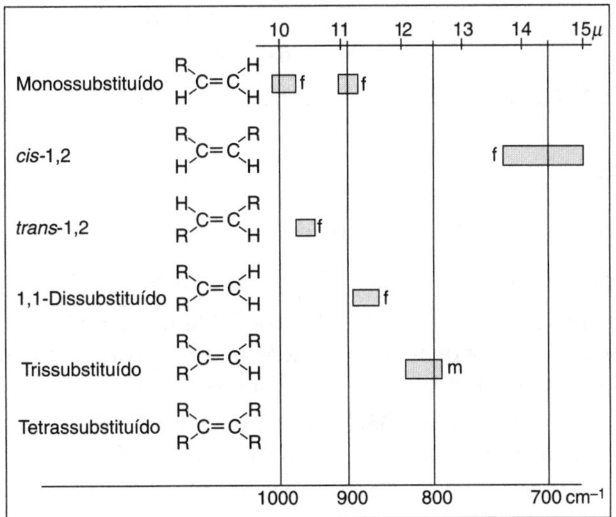

FIGURA 25.16 ■ As vibrações de deformação angular C—H, fora do plano, para alcenos substituídos.

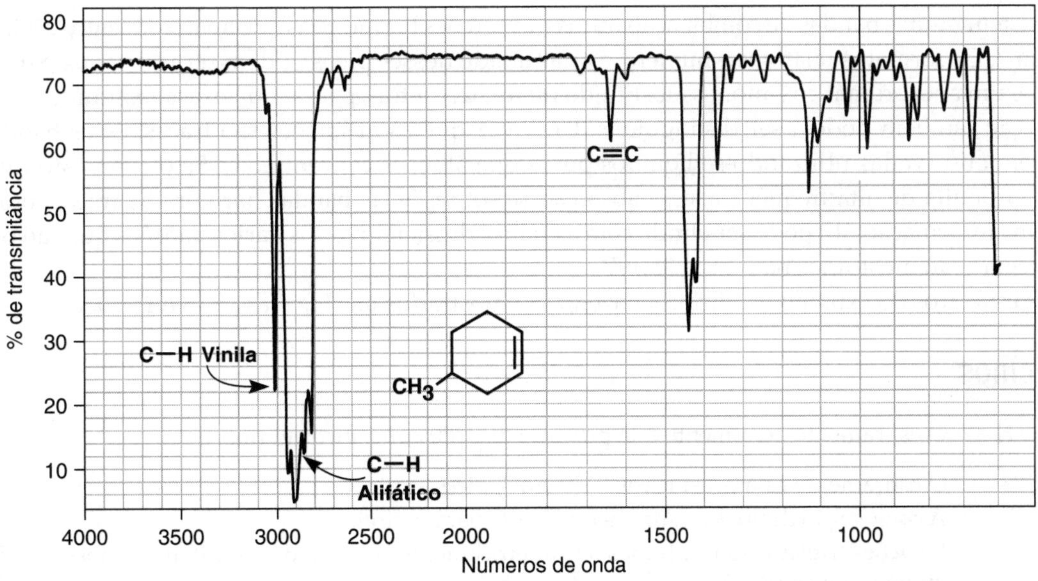

FIGURA 25.17 ■ Espectro infravermelho do 4-metilciclohexeno (líquido puro, placas de sal).

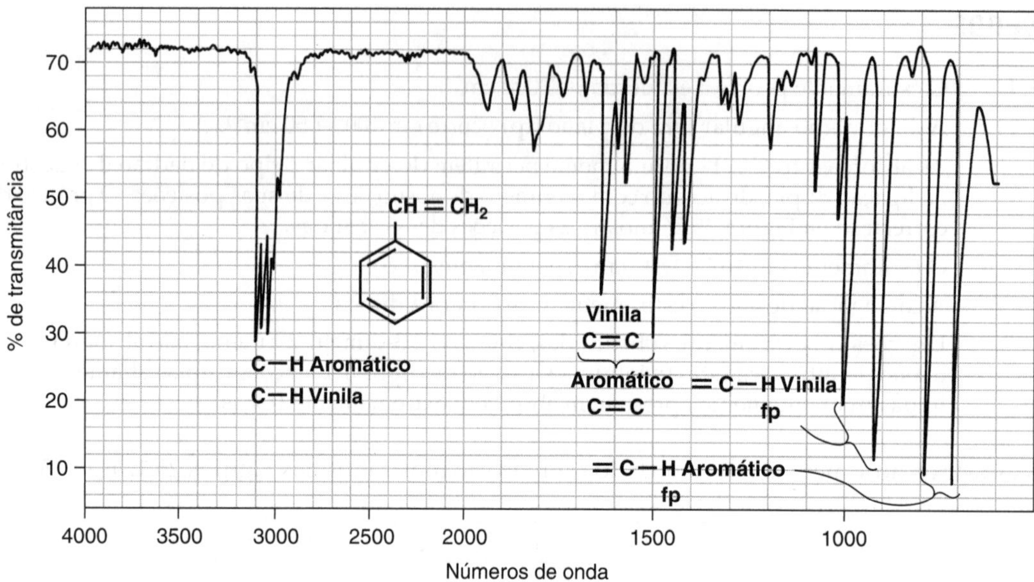

FIGURA 25.18 ■ Espectro infravermelho do estireno (líquido puro, placas de sal).

C. Anéis aromáticos

=C—H O estiramento sempre está à esquerda de 3000 cm^{-1}.

=C—H A deformação angular fora do plano fp ocorre entre 900 e 690 cm^{-1}.

Frequentemente, as absorções fp C—H possibilitam determinar o tipo de substituição no anel, por meio de sua quantidade, intensidades e posições. O gráfico de correlação, na Figura 25.19 A, indica as posições dessas bandas.

Os padrões geralmente são confiáveis – eles são mais confiáveis para anéis com substituintes alquila e são menos confiáveis para substituintes polares.

Absorções de anéis (C=C). Normalmente, existem quatro absorções estreitas, que ocorrem em pares a 1600 cm^{-1} e 1450 cm^{-1} e são características de um anel aromático. Veja, por exemplo, os espectros de anisol (Figura 25.23), benzonitrila (Figura 25.26) e benzoato de metila (Figura 25.35).

Existem muitas bandas de combinação fracas e absorções harmônicas que aparecem entre 2000 cm^{-1} e 1667 cm^{-1}. Os formatos relativos e numerosa quantidade desses picos podem ser utilizados para determinar se um anel aromático é monossubstituído ou di-, tri-, tetra-, penta- ou hexassubstituído. Isômeros de posição também podem ser distinguidos. Uma vez que as absorções são fracas, essas bandas são mais bem observadas utilizando-se líquidos puros ou soluções concentradas. Se o composto tiver um grupo carbonila de alta frequência, essa absorção se sobrepõe às bandas harmônicas fracas, portanto, nenhuma informação útil pode ser obtida com a análise dessa região. Os vários padrões que são obtidos nessa região são mostrados na Figura 25.19B.

Os espectros do estireno e *o*-diclorobenzeno são mostrados nas Figuras 25.18 e 25.20.

D. Alcinos

≡C—H O estiramento geralmente está próximo de 3300 cm^{-1}, pico agudo.

C≡C O estiramento está próximo de 2150 cm^{-1}, pico agudo.
A conjugação desloca o estiramento C≡C para a direita.
Ligações triplas dissubstituídas ou simetricamente substituídas resultam em absorção fraca ou nenhuma absorção.

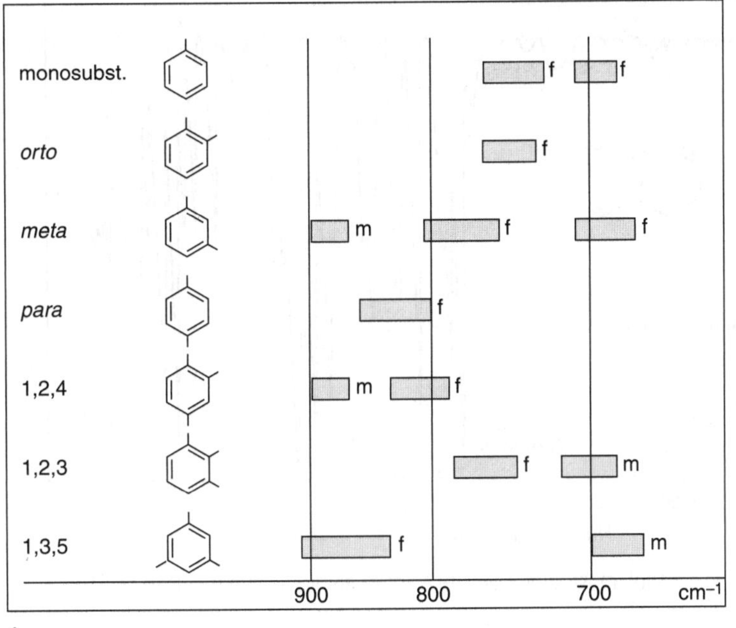

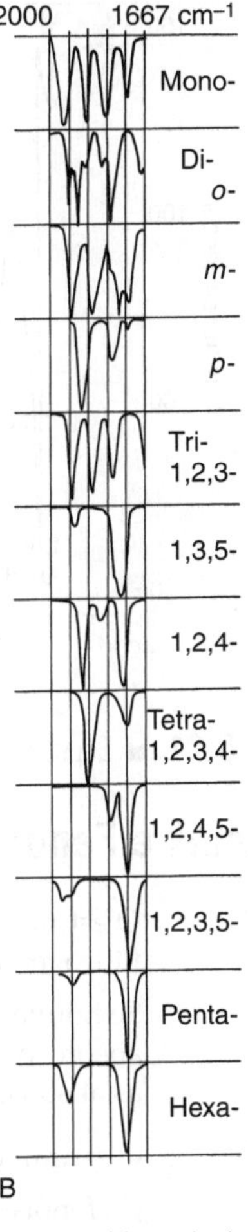

FIGURA 25.19 ■ (A) As vibrações de deformação angular C — H, fora do plano, para compostos benzenoides substituídos. (B) A região 2000–1667 cm^{-1} para compostos benzenoides substituídos. (Extraído de Dyer, J. R., *Applications of Absortion Spectroscopy of Organic Compounds*, Englewood Cliffs, NJ: Prentice Hall, 1965.)

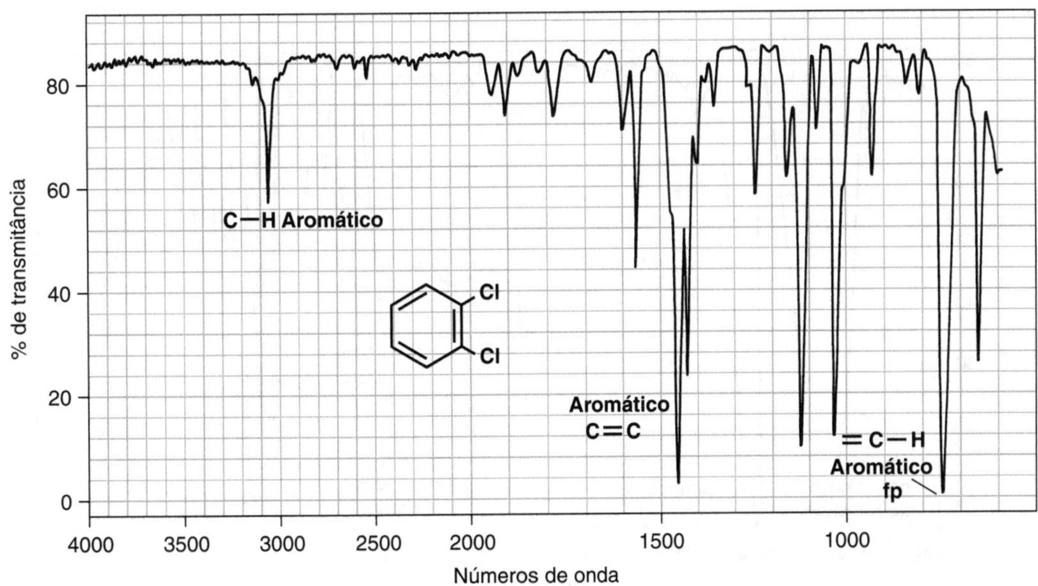

FIGURA 25.20 ■ Espectro infravermelho do o-diclorobenzeno (líquido puro, placas de sal).

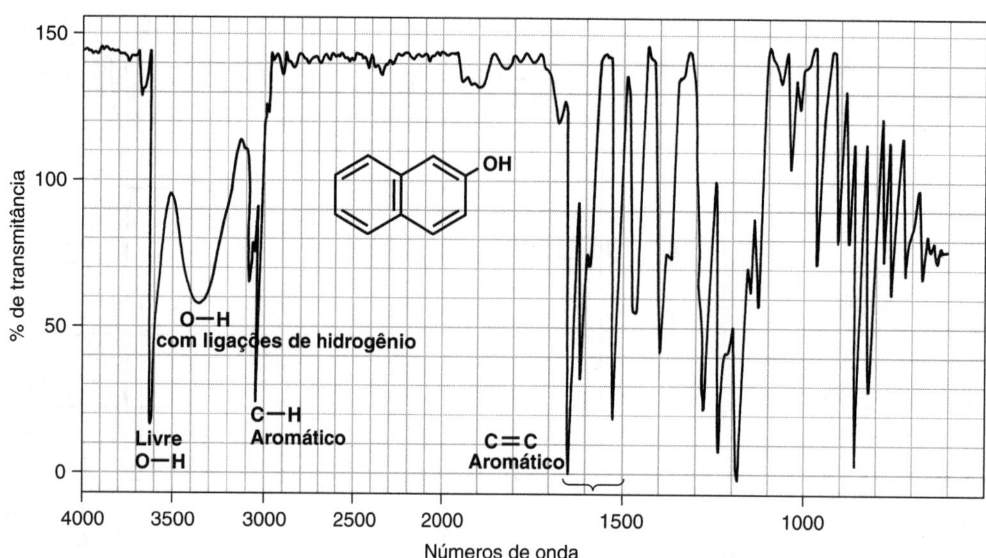

FIGURA 25.21 ■ Espectro infravermelho do 2-naftol, mostrando OH livre e ligado ao hidrogênio (solução de $CHCl_3$).

E. Álcoois e Fenóis

O—H O estiramento é um pico estreito a 3650–3600 cm^{-1}, se não ocorrer nenhuma ligação de hidrogênio. (Isso geralmente é observado em soluções diluídas.)

Se houver uma ligação de hidrogênio (comum em soluções puras ou concentradas), a absorção é *larga* e ocorre mais à direita em 3500–3200 cm^{-1}, algumas vezes se sobrepondo às absorções de estiramento C—H.

C—O O estiramento geralmente está no intervalo 1300–1000 cm^{-1}.

Os fenóis são como os álcoois. O 2-naftol, mostrado na Figura 25.21, tem algumas moléculas com ligações de hidrogênio e algumas livres. O espectro do 4-metilciclohexanol é mostrado na Figura 25.22. Esse álcool, que foi determinado na forma pura, também poderia ter uma banda estreita de OH à esquerda da banda associada a ligações de hidrogênio, se tivesse sido determinada na solução diluída.

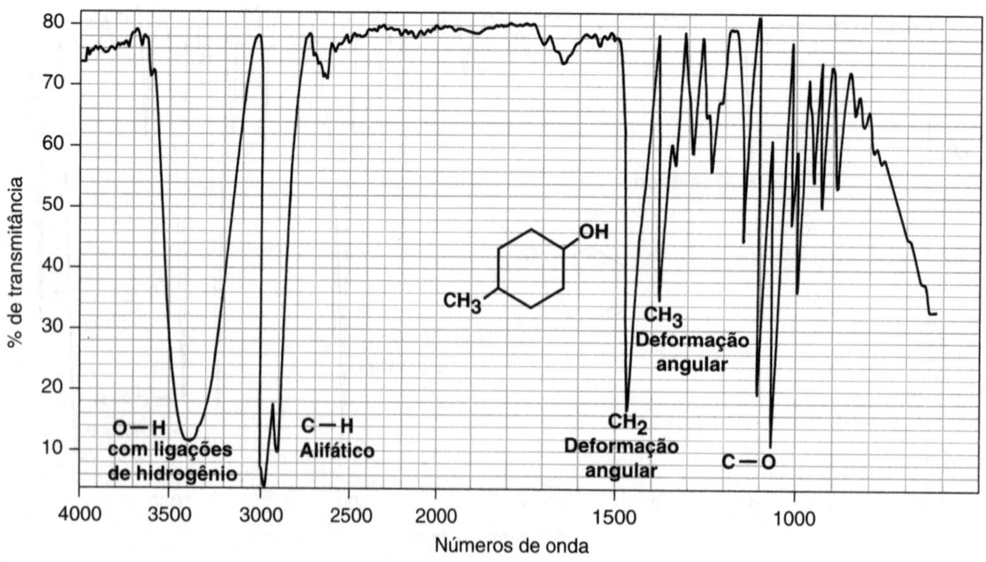

FIGURA 25.22 ■ Espectro infravermelho do 4-metilciclohexanol (líquido puro, placas de sal).

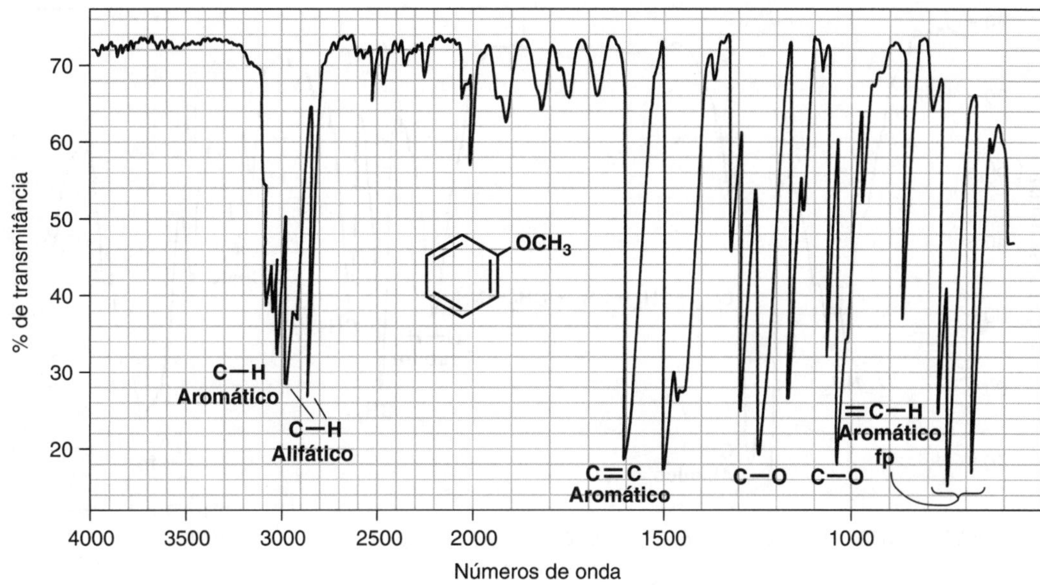

FIGURA 25.23 ■ Espectro infravermelho do anisol (líquido puro, placas de sal).

F. Éteres

C—O A banda mais proeminente se deve ao estiramento C—O em 1300–1000 cm^{-1}. A ausência de bandas C=O e O—H é necessária para assegurar que o estiramento C—O não se deve a um álcool ou éster. Éteres de fenila e vinila são encontrados na porção esquerda do intervalo, éteres alifáticos ficam à direita. (A conjugação com o oxigênio desloca a absorção para a esquerda.)

O espectro do anisol é mostrado na Figura 25.23.

G. Aminas

N—H O estiramento ocorre no intervalo 3500–3300 cm^{-1}.

Aminas primárias têm *duas* bandas, geralmente, separadas em 30 cm^{-1}.

Aminas secundárias têm, em geral, uma banda extremamente fraca.

Aminas terciárias não apresentam estiramento NH.

C—N A banda de estiramento é fraca e ocorre no intervalo de 1350–1000 cm^{-1}.

N—H O modo de deformação angular do tipo tesoura ocorre no intervalo de 1640–1560 cm^{-1} (largo).

Uma absorção por deformação angular fp, pode algumas vezes ser observada em aproximadamente 800 cm^{-1}.

O espectro da *n*-butilamina é mostrado na Figura 25.24.

H. Compostos nitro

N=O A banda de estiramento geralmente consiste em duas bandas fortes em 1600–1500 cm^{-1} e 1390–1300 cm^{-1}.

O espectro do nitrobenzeno é mostrado na Figura 25.25.

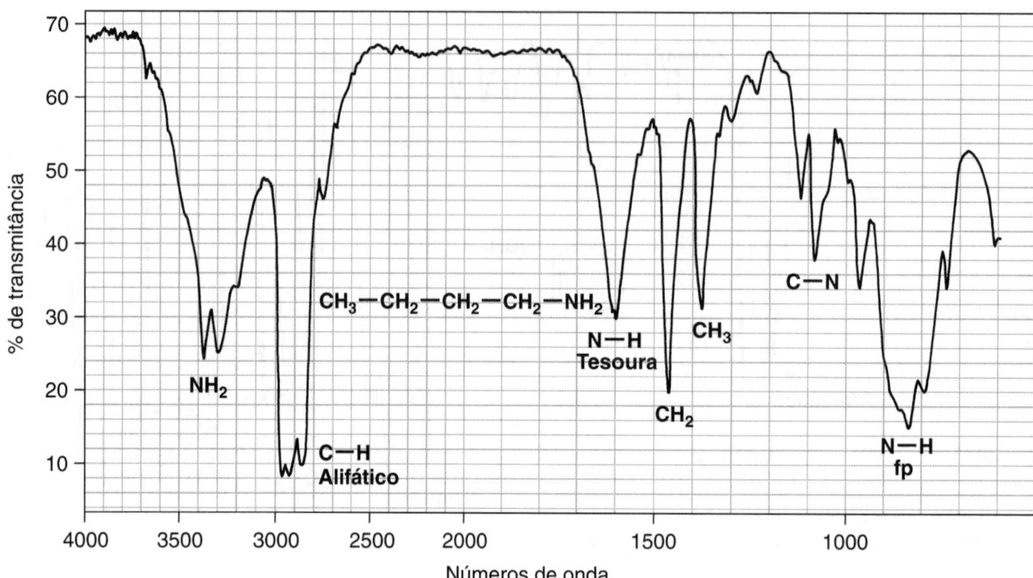

FIGURA 25.24 ■ Espectro infravermelho da *n*-butilamina (líquido puro, placas de sal).

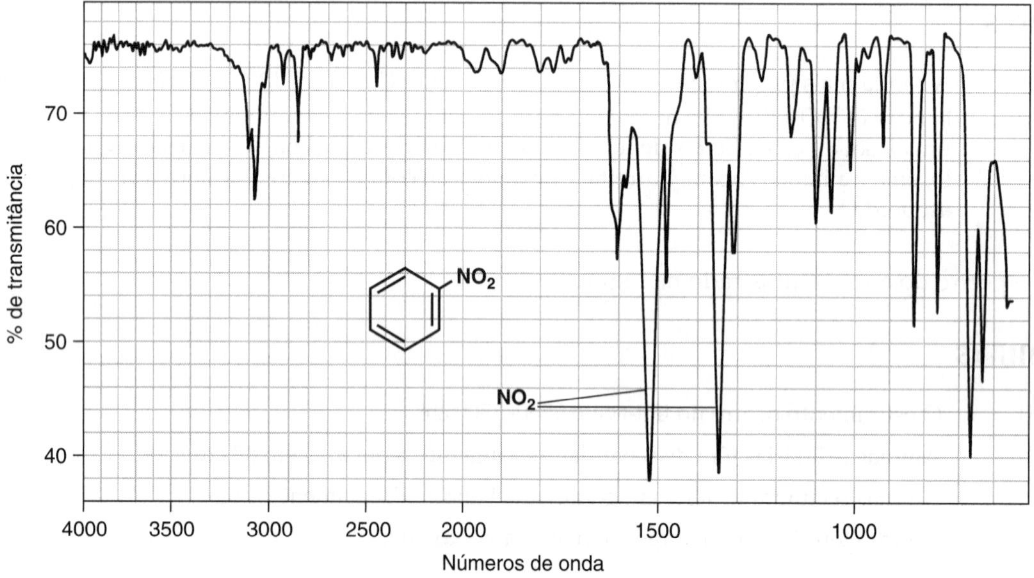

FIGURA 25.25 ■ Espectro infravermelho do nitrobenzeno (líquido puro, placas de sal).

I. Nitrilas

C≡N

O estiramento é uma absorção estreita, próxima de 2250 cm^{-1}. A conjugação com ligações duplas ou anéis aromáticos desloca a absorção para a direita. O espectro da benzonitrila é mostrado na Figura 25.26.

J. Compostos carbonílicos

O grupo carbonila é um dos que absorvem mais intensamente na região do infravermelho do espectro. Isso se deve principalmente a seu grande momento dipolar. Ele absorve em uma variedade de compostos (aldeídos, cetonas, ácidos, ésteres, amidas, anidridos e cloretos ácidos) no intervalo 1850–1650 cm^{-1}. Na Figura 25.27, são comparados os valores normais para os diversos tipos de grupos carbonila. Nas seções seguintes, cada tipo é examinado separadamente.

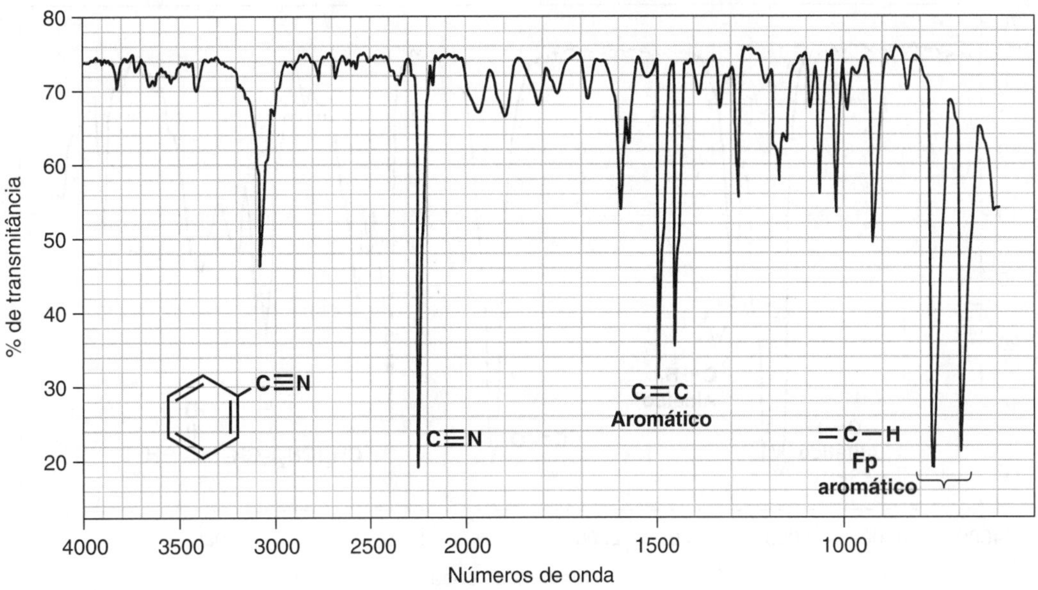

Figura 25.26 ■ Espectro infravermelho da benzonitrila (líquido puro, placas de sal).

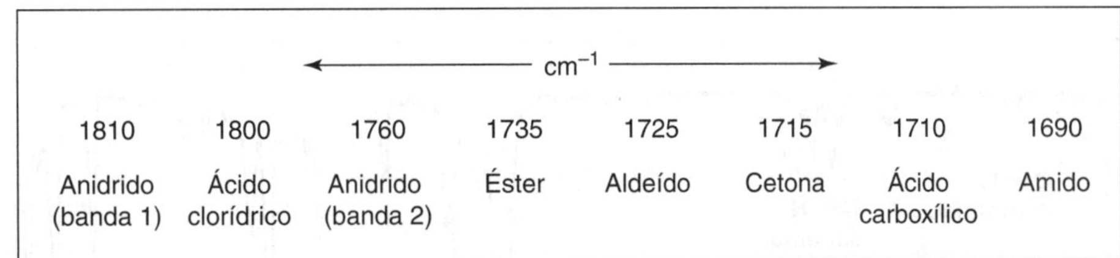

← cm^{-1} →

1810	1800	1760	1735	1725	1715	1710	1690
Anidrido (banda 1)	Ácido clorídrico	Anidrido (banda 2)	Éster	Aldeído	Cetona	Ácido carboxílico	Amido

Figura 25.27 ■ Valores-base normais para as vibrações de estiramento C=O para grupos carbonila.

K. Aldeídos

C=O O estiramento em aproximadamente 1725 cm^{-1} é normal. Aldeídos *raramente* absorvem à esquerda desse valor. A conjugação desloca a absorção para a direita.

C—H O estiramento do hidrogênio do grupo aldeído (—CHO), consiste em bandas *fracas* aproximadamente em 2750 cm^{-1} e 2850 cm^{-1}. Observe que o estiramento CH em cadeias alquila geralmente não é observado tão à direita.
O espectro de um aldeído não conjugado, o nonanal, é mostrado na Figura 25.28, e o aldeído conjugado, benzaldeído, é mostrado na Figura 25.29.

L. Cetonas

C=O O estiramento aproximadamente em 1715 cm^{-1} é normal.

A conjugação desloca a absorção para a direita.

A tensão do anel desloca a absorção para a esquerda nas cetonas cíclicas (veja a Figura 25.30).

Os espectros da metil isopropil cetona e do óxido de mesitila são mostrados nas Figuras 25.14 e 25.31. O espectro da cânfora, mostrado na Figura 25.32, tem um grupo carbonila deslocado para uma frequência superior por causa da tensão do anel (1745 cm^{-1}).

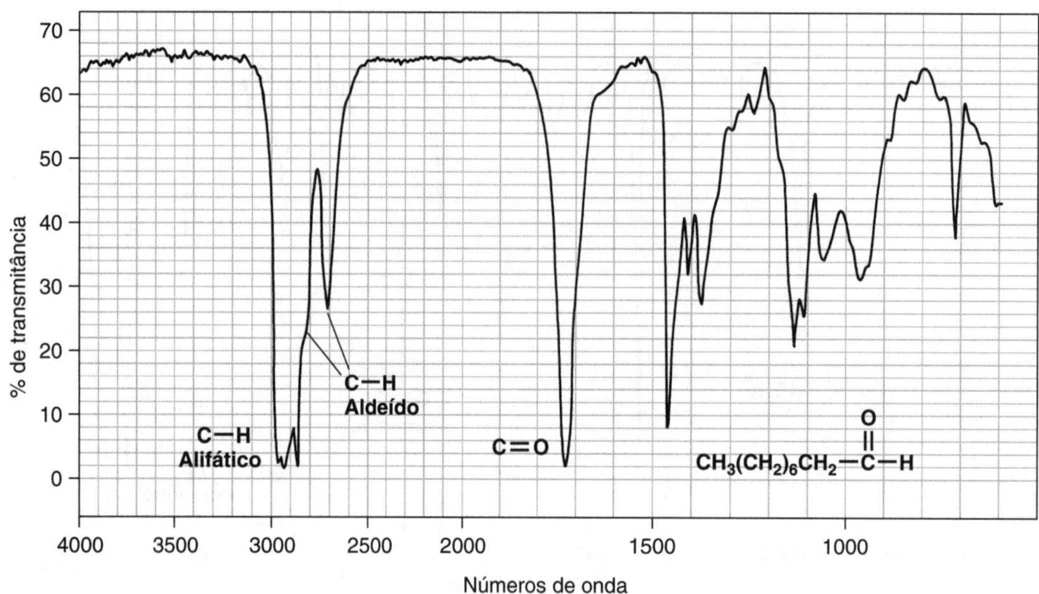

FIGURA 25.28 ■ Espectro infravermelho do nonanal (líquido puro, placas de sal).

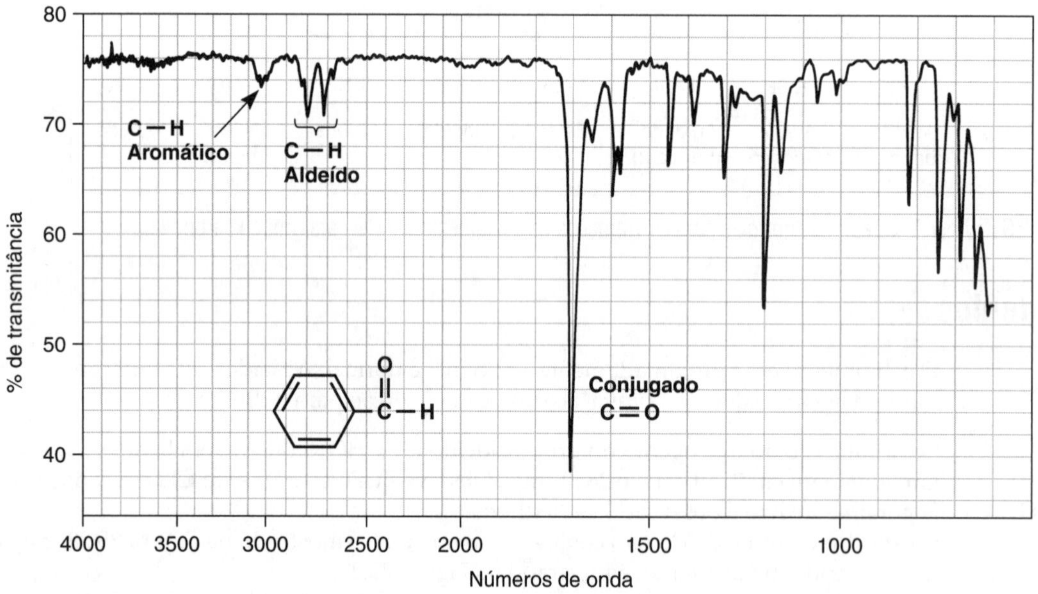

FIGURA 25.29 ■ Espectro infravermelho do benzaldeído (líquido puro, placas de sal).

M. Ácidos

O—H	Estiramento, em geral, *muito largo* (ligações de hidrogênio fortes), em 3300–2500 cm^{-1}, geralmente interfere com absorções C—H.
C=O	Estiramento, largo, 1730–1700 cm^{-1}. A conjugação desloca a absorção para a direita.
C—O	Estiramento, no intervalo 1320–1210 cm^{-1}, é forte.

O espectro do ácido benzoico é mostrado na Figura 25.33.

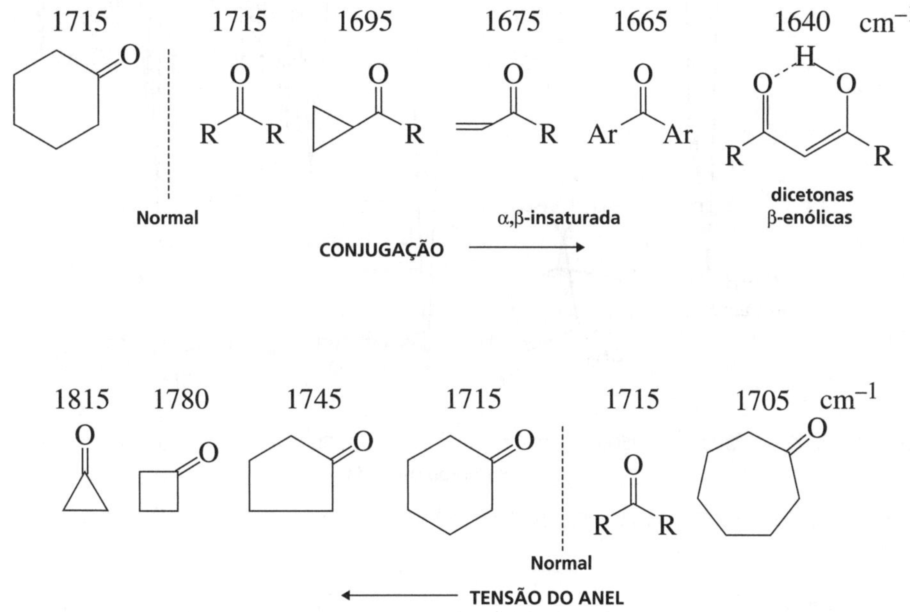

1715
1715
1695
1675
1665
1640 cm⁻¹
Normal
α,β-insaturada
dicetonas β-enólicas
CONJUGAÇÃO
1815
1780
1745
1715
1715
1705 cm⁻¹
Normal
TENSÃO DO ANEL

FIGURA 25.30 ■ Efeitos da conjugação e da tensão do anel nas frequências do grupo carbonila em cetonas.

C=O
Harmônico
C—H
Vinila
C—H
Alifático
C=O
Conjugado
C=C
C=C
H
fp
% de transmitância
Números de onda

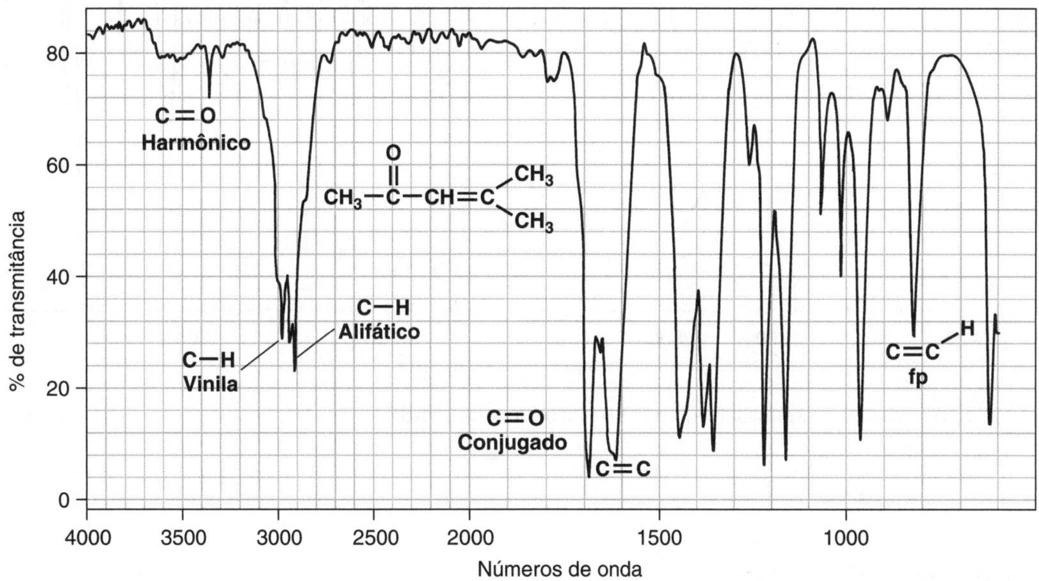

FIGURA 25.31 ■ Espectro infravermelho do óxido de mesitil (líquido puro, placas de sal).

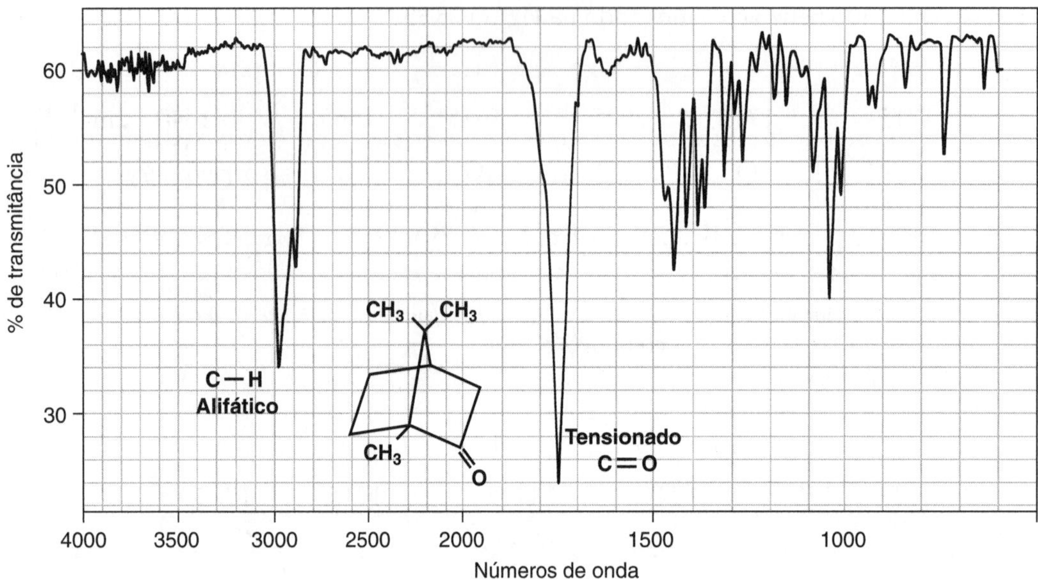

FIGURA 25.32 ■ Espectro infravermelho da cânfora (pastilha de KBr).

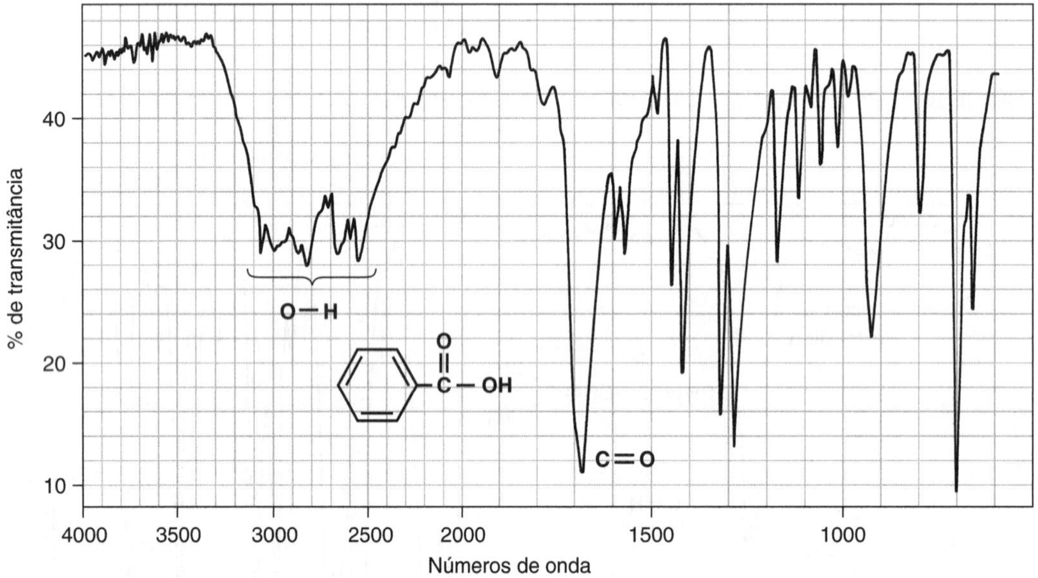

FIGURA 25.33 ■ Espectro infravermelho do ácido benzoico (pastilha de KBr).

N. Ésteres (R—C(=O)—OR')

C=O Estiramento ocorre aproximadamente em 1735 cm^{-1} em ésteres normais.

1. A conjugação na parte R move a absorção para a direita.
2. A conjugação com O na parte R' desloca a absorção para a esquerda.
3. O anel tensionado (lactonas) desloca a absorção para a esquerda.

C—O O estiramento, duas bandas ou mais, sendo uma mais forte que as outras, está no intervalo 1300–1000 cm^{-1}.

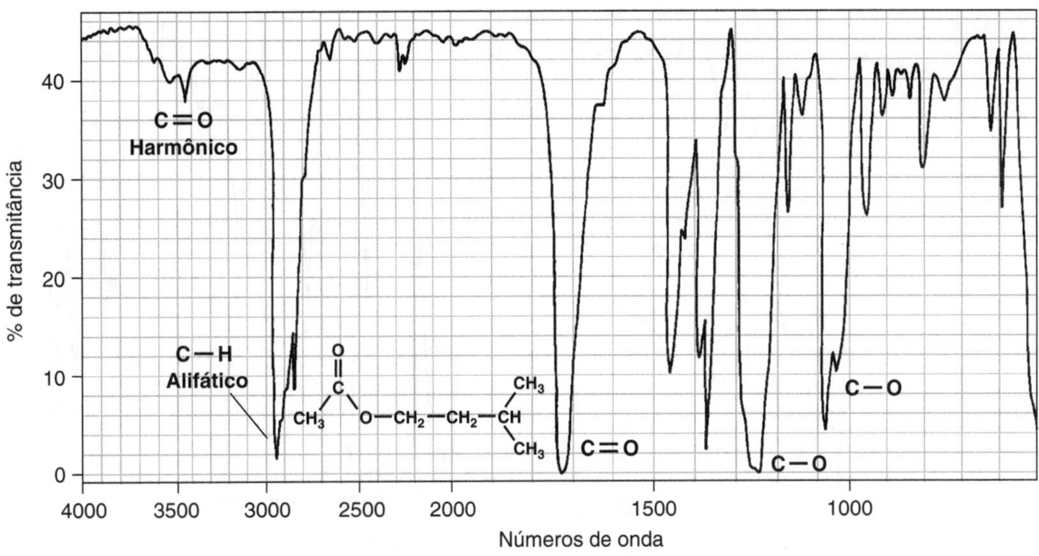

FIGURA 25.34 ■ Espectro infravermelho do acetato de isopentila (líquido puro, placas de sal).

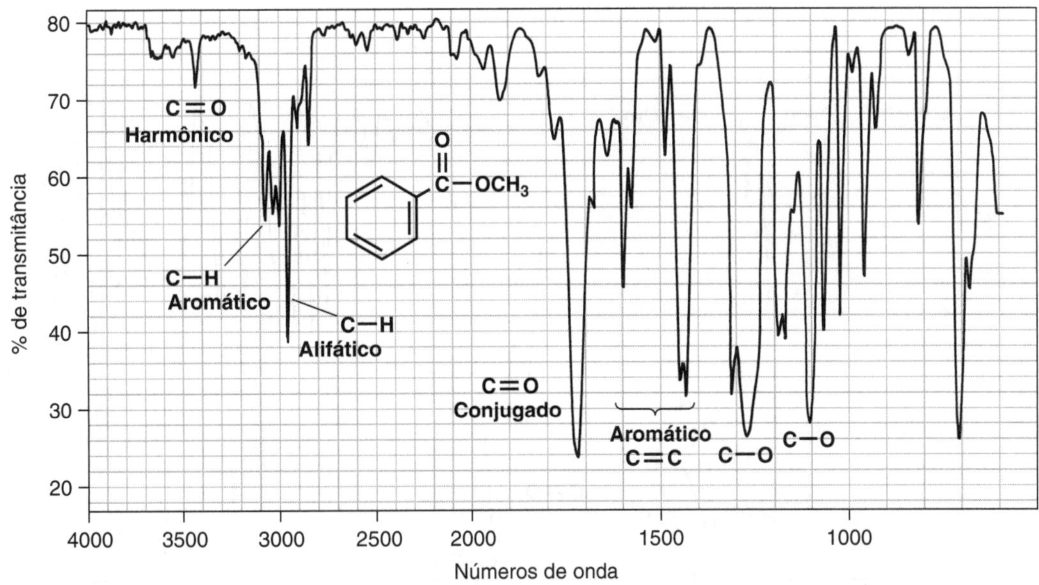

FIGURA 25.35 ■ Espectro infravermelho do benzoato de metila (líquido puro, placas de sal).

O espectro de um éster não conjugado, o acetato de isopentila, é mostrado na Figura 25.34 (C=O aparece em 1740 cm^{-1}). Um éster conjugado, benzoato de metila, é mostrado na Figura 25.35 (C=O aparece em 1720 cm^{-1}).

O. Amidas

C=O — O estiramento está aproximadamente em 1670–1640 cm^{-1}. O tamanho da conjugação e do anel (lactamas) apresentam os efeitos usuais.

N—H — Estiramento (monossubstituído ou não substituído) está em 3500–3100 cm^{-1}.
As amidas não substituídas têm duas bandas (—NH_2) nesta região.

N—H — Deformação angular em torno de 1640–1550 cm^{-1}.

O espectro da benzamida é mostrado na Figura 25.36.

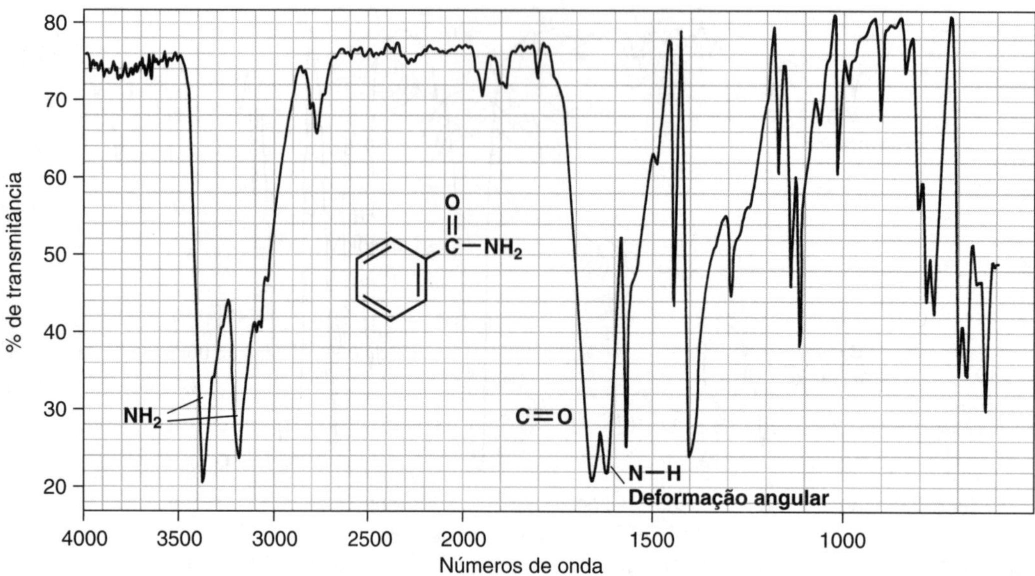

FIGURA 25.36 ■ Espectro infravermelho da benzamida (fase sólida, KBr).

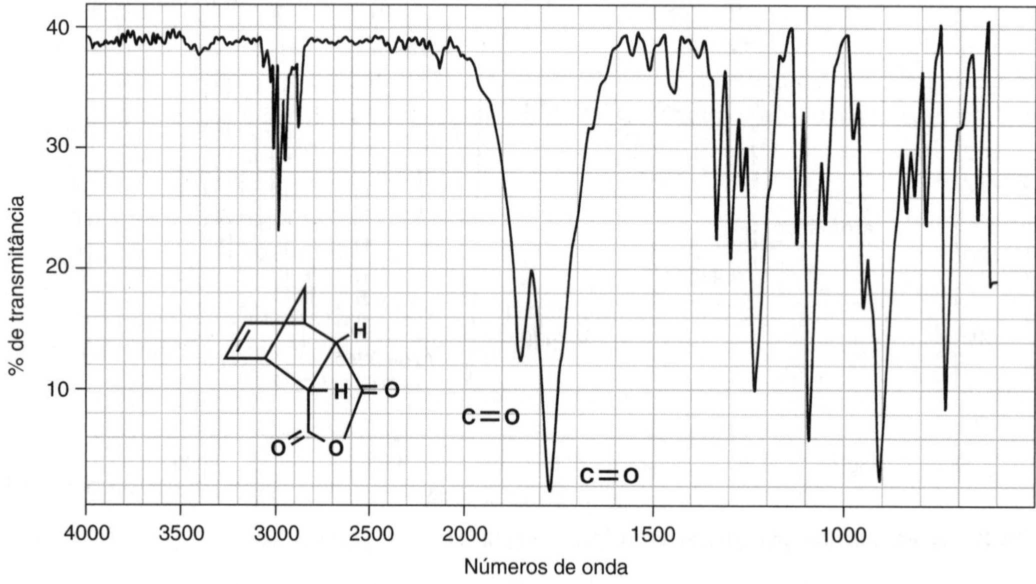

FIGURA 25.37 ■ Espectro infravermelho do anidrido cis-norborneno-5,6-endo-dicarboxílico (pastilha de KBr).

P. Anidridos

C=O	O estiramento sempre tem *duas* bandas: 1830–1800 cm^{-1} e 1775–1740 cm^{-1}. A insaturação desloca as absorções para a direita. A tensão do anel (anidridos cíclicos) desloca as absorções para a esquerda.
C—O	O estiramento está em 1300–900 cm^{-1}. O espectro do anidrido *cis*-norborneno-5,6-*endo*-dicarboxílico é mostrado na Figura 25.37.

Q. Cloretos ácidos

C=O	O estiramento ocorre no intervalo 1810–1775 cm^{-1} em cloretos não conjugados. A conjugação diminui a frequência para 1780–1760 cm^{-1}.
C—O	O estiramento ocorre no intervalo 730–550 cm^{-1}.

R. Haletos

Normalmente, é difícil determinar a presença ou a ausência de um haleto em um composto por espectroscopia no infravermelho. As bandas de absorção não são confiáveis, especialmente se o espectro estiver sendo determinado com o composto dissolvido em solução de CCl_4 ou $CHCl_3$.

C—F	Estiramento, 1350–960 cm^{-1}.
C—Cl	Estiramento, 850–500 cm^{-1}.
C—Br	Estiramento, à direita de 667 cm^{-1}.
C—I	Estiramento, à direita de 667 cm^{-1}.

Os espectros dos solventes, tetracloreto de carbono e clorofórmio, são mostrados nas Figuras 25.8 e 25.9, respectivamente.

REFERÊNCIAS

Bellamy, L. J. *The Infra-Red Spectra of Complex Molecules*, 3rd ed.; New York: Methuen, 1975.

Colthup, N. B.; Daly, L. H.; Wiberly, S. E. *Introduction to Infrared and Raman Spectroscopy*, 3rd ed.; San Diego, CA: Academic Press, 1990.

Dyer, J. R. *Applications of Absortion Spectroscopy of Organic Compounds*; Englewood Cliffs, NJ: Prentice Hall, 1965.

Lin-Vien, D.; Colthup, N. B.; Fateley, W. G.; Grasselli, J. G. *Infrared and Raman Characteristic Frequencies of Organic Molecules*; San Diego, CA: Academic Press, 1991.

Nakanishi, K.; Soloman, P. H. *Infrared Absortion Spectroscopy*, 2nd ed.; San Francisco: Holden-Day, 1977.

Pavia, D. L.; Lampman, G. M.; Kriz, G. S.; Vyryan, J. R. *Introduction to Spectroscopy: A Guide for Students of Organic Chemistry*, 4th ed. Brooks/Cole, 2008.

Silverstein, R. M.; Webster, F. X.; Kiemle, D. J. *Spectrometric Identification of Organic Compounds*, 7th ed.; New York: Wiley & Sons, 2005.

■ PROBLEMAS ■

1. Comente sobre a adequação de se obter o espectro infravermelho em cada uma das seguintes condições. Se houver um problema com as condições dadas, apresente um método alternativo adequado.

a. Um espectro de um líquido puro com um ponto de fusão de 150 °C é determinado utilizando-se placas de sal.

b. Um espectro de um líquido puro com um ponto de fusão de 35 °C é determinado utilizando-se placas de sal.

c. Uma pastilha de KBr é preparada com um composto que funde a 200 °C.
d. Uma pastilha de KBr é preparada com um composto que funde a 30 °C.
e. Um composto de hidrocarbonetos alifáticos sólidos é determinado como uma suspensão em Nujol.
f. Placas de cloreto de prata são utilizadas para determinar o espectro da anilina.
g. Placas de cloreto de sódio são selecionadas para obter o espectro de um composto que contém um pouco de água.

2. Indique como você pode distinguir entre os seguintes pares de compostos utilizando a espectroscopia no infravermelho.

a. $CH_3CH_2CH_2C(=O)—H$ $\qquad$ $CH_3CH_2C(=O)CH_3$

b. 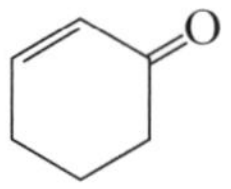 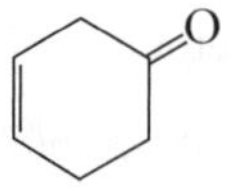 O $\qquad$ O

c. $CH_3CH_2N(H)CH_2CH_3$ $\qquad$ $CH_3CH_2CH_2CH_2NH_2$

d. $CH_3CH_2C(=O)OCH_2CH_3$ $\qquad$ $CH_3CH_2C(=O)CH_2OCH_3$

e. $CH_3CH_2C(=O)OH$ $\qquad$ $CH_3CH_2CH_2OH$

f. 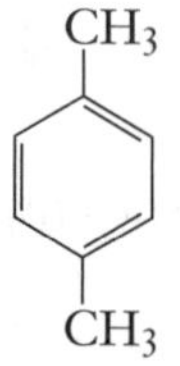 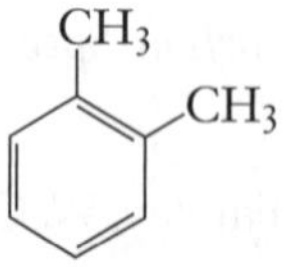 CH_3, CH_3 $\qquad$ CH_3, CH_3

g. $CH_3CH_2CH{=}CH_2$ $\qquad$ $CH_3CH{=}CHCH_3$ (trans)

h. $CH_3CH_2CH_2C{\equiv}CH$ $\qquad$ $CH_3CH_2CH_2CH{=}CH_2$

i. 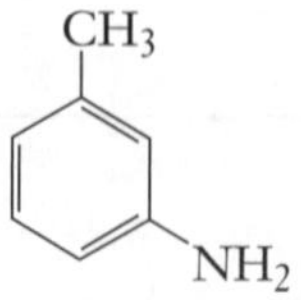 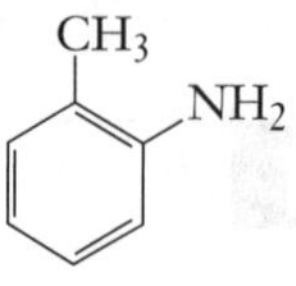 CH_3, NH_2 $\qquad$ CH_3, NH_2

j. $CH_3CH_2CH_2CH_2C(=O)—OH$ $\qquad$ $CH_3CH_2CH_2C(=O)OCH_3$

k. $CH_3CH_2CH_2CH_2CH_3$ $\qquad$ $CH_2{=}CHCH_2CH_2CH_2CH_3$

l. $CH_3CH_2CH_2CH_2C{\equiv}CH$ $\qquad$ $CH_3CH_2CH_2C{\equiv}CCH_3$

Técnica **26**

Espectroscopia de ressonância magnética nuclear (RMN de prótons)

A espectroscopia de ressonância magnética nuclear (RMN) é uma técnica instrumental que permite determinar o número, o tipo e as posições relativas de determinados átomos em uma molécula. Este tipo de espectroscopia se aplica somente àqueles átomos que têm momentos magnéticos nucleares, por causa de suas propriedades de spin nuclear. Embora muitos átomos atendam a essa exigência, os átomos de hidrogênio ($^{1}_{1}H$) são de maior interesse para o químico orgânico. Átomos dos isótopos comuns de carbono ($^{12}_{6}C$) e oxigênio ($^{16}_{8}O$) não possuem momentos magnéticos nucleares, e átomos comuns de nitrogênio ($^{14}_{7}N$), embora tenham momentos magnéticos, geralmente falham em mostrar típico comportamento de RMN, por outras razões. O mesmo é verdadeiro para os átomos dos halogênios, exceto quanto ao flúor ($^{19}_{9}F$), que mostra comportamento RMN ativo. Dos átomos mencionados aqui, o núcleo de hidrogênio ($^{1}_{1}H$) e núcleos de carbono-13 ($^{13}_{6}C$) são os mais importantes para os químicos orgânicos. A RMN de prótons (^{1}H) é discutida aqui e a RMN de carbono (^{13}C) é descrita na Técnica 27.

Núcleos de átomos ativos para RMN colocados em um campo magnético podem ser considerados minúsculas barras de ímãs. No hidrogênio, que tem dois possíveis estados de spin nuclear (+½ e –½), os ímãs nucleares de átomos individuais podem ficar alinhados com o campo magnético (spin +½) ou podem ficar opostos a ele (spin –½). Uma ligeira maioria dos núcleos fica alinhada com o campo, porque esta orientação de spin constitui um estado de spin com uma energia ligeiramente mais baixa. Se forem fornecidas ondas de radiofrequência de energia apropriada, os núcleos alinhados com o campo podem absorver a radiação e reverter sua direção de spin ou podem ser reorientados de modo que o ímã nuclear se oponha ao campo magnético aplicado (veja a Figura 26.1).

A frequência de radiação necessária para induzir a conversão de spin é uma função direta da força do campo magnético aplicado. Quando um núcleo de hidrogênio em rotação é colocado em um campo magnético, o núcleo passa a ter um movimento de precessão com frequência angular ω, de modo muito semelhante à parte superior de um pião. O movimento de precessão é descrito na Figura 26.2. A frequência angular da precessão nuclear ω aumenta à medida que a força do campo magnético aumenta. A radiação que deve ser fornecida para induzir a conversão spin em um núcleo de hidrogênio de spin +½ precisa ter uma frequência que apenas corresponda à frequência de precessão ω. Isso é chamado condição de ressonância, e a conversão spin é dita como um processo de ressonância.

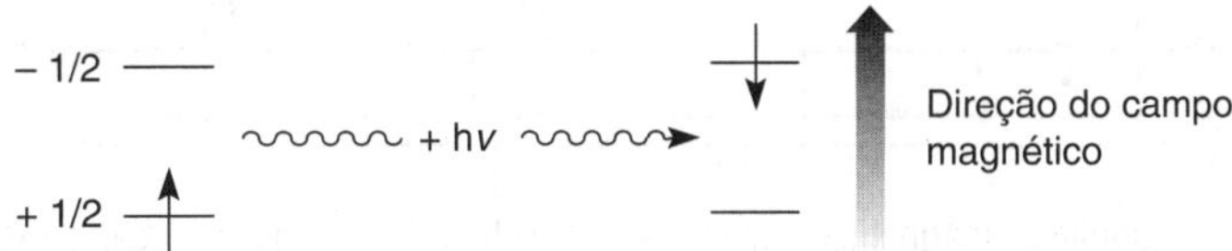

FIGURA 26.1 ■ O processo de absorção na RMN.

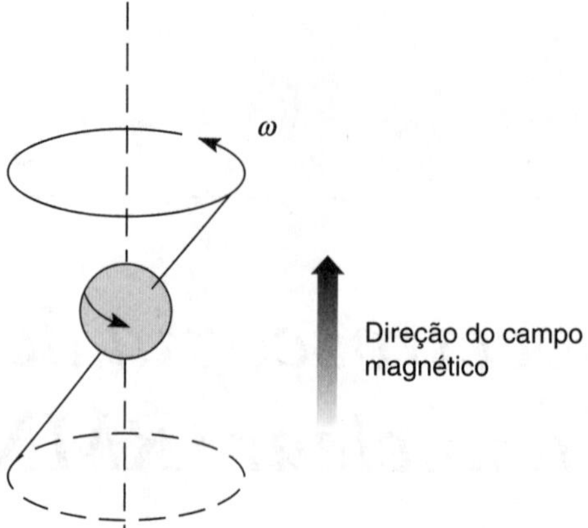

FIGURA 26.2 ■ Movimento de precessão de um núcleo em rotação em um campo magnético aplicado.

Para o próton típico (átomo de hidrogênio), se for aplicado um campo magnético de aproximadamente 1,4 tesla, é necessária uma radiação de radiofrequência de 60 MHz para induzir uma transição de spin.[1] Felizmente, a força do campo magnético exigida para induzir os vários prótons em uma molécula a absorver radiação de 60 MHz varia de próton para próton dentro da molécula, e é uma função sensível ao ambiente *eletrônico* imediato de cada próton. O espectrômetro de ressonância magnética nuclear de prótons fornece uma radiação de radiofrequência básica de 60 MHz para a amostra que está sendo medida e *aumenta* a força do campo magnético aplicado em um intervalo de diversas partes por milhão, a partir do valor base do campo. À medida que o campo aumenta, vários prótons entram em ressonância (absorvem energia de 60 MHz), e um sinal de ressonância é gerado para cada próton. Um espectro de RMN é um gráfico do valor do campo magnético *versus* a intensidade das absorções. Um típico espectro de RMN de 60 MHz é mostrado na Figura 26.3.

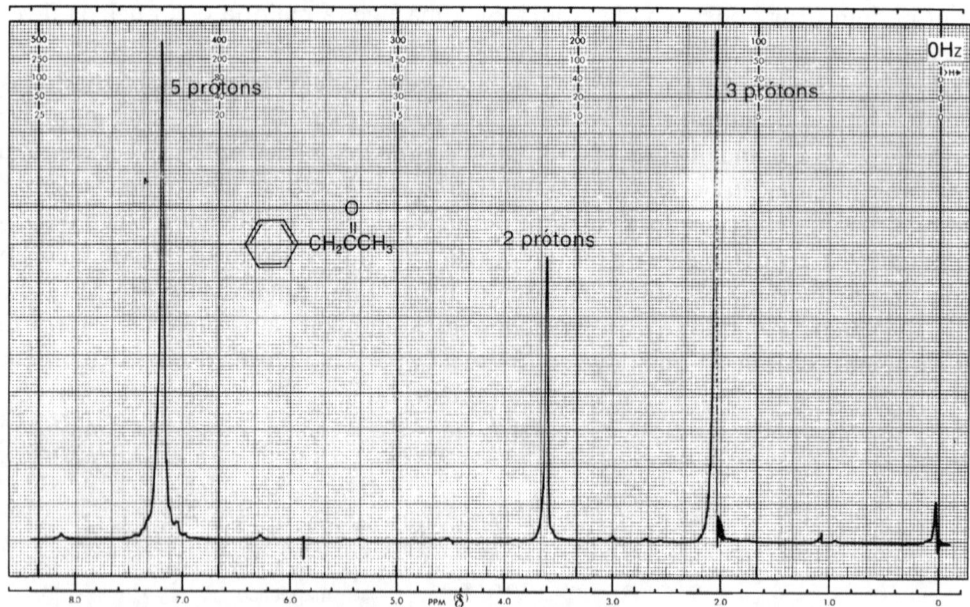

FIGURA 26.3 ■ Espectro de ressonância magnética nuclear da fenilacetona (o pico de absorção à extrema direita é causado pela substância de referência adicionada, o tetrametilsilano).

[1] Instrumentos mais modernos (instrumentos de FT-RMN) utilizam campos maiores que os descritos aqui e operam diferentemente. O clássico instrumento de onda contínua (CW, *continuous wave*) de 60 MHz é empregado aqui como um exemplo simples.

Modernos instrumentos de FT–RMN produzem o mesmo tipo de espectro de RMN que acabou de ser descrito, ainda que façam isso por meio de um método diferente. Consulte seu livro texto para ver uma discussão das diferenças entre clássicos instrumentos de CW e modernos instrumentos de FT–RMN. Espectrômetros com base em transformada de Fourier, operando em valores de campo magnético de pelo menos 7,1 tesla e em frequências de espectrômetro de 300 MHz e superiores, permitem aos químicos obter espectros de RMN de prótons e de carbono na mesma amostra.

PARTE A. PREPARAÇÃO DE UMA AMOSTRA PARA ESPECTROSCOPIA DE RMN

Os tubos de amostra para RMN, utilizados na maioria dos instrumentos, apresentam dimensão geral de aproximadamente 0,5 cm x 18 cm e são fabricados com tubos de vidro uniformemente finos. Esses tubos são muito frágeis e caros, por isso, é preciso tomar cuidado para evitar quebrá-los.

ADVERTÊNCIA

Os tubos de RMN são feitos de vidro muito fino e se quebram facilmente. Nunca coloque a tampa com muita força e tome cuidado especial ao removê-la. 

Para preparar a solução, é preciso, primeiro, escolher o solvente apropriado. O solvente não deve ter seus próprios picos de absorção de RMN, isto é, não deve conter prótons. O tetracloreto de carbono (CCl_4) atende a essa exigência e pode ser utilizado em alguns instrumentos. Contudo, uma vez que espectrômetros de FT-RMN precisam de deutério para estabilizar (travar) o campo, os químicos orgânicos geralmente utilizam clorofórmio deuterado ($CDCl_3$) como solvente. Esse solvente dissolve a maioria dos compostos orgânicos e é relativamente barato. Você pode utilizá-lo com qualquer instrumento de RMN e não deve utilizar clorofórmio normal $CHCl_3$, porque o solvente contém um próton. O deutério ^2H não absorve na região dos prótons e, desse modo, é "invisível", ou imperceptível, no espectro de RMN de prótons. Utilize clorofórmio deuterado para dissolver sua amostra, a menos que você receba orientação para empregar outro solvente, como derivados deuterados de água, acetona ou dimetilsulfóxido.

26.1 Rotina de preparação de amostra utilizando clorofórmio deuterado

1. A maioria dos líquidos orgânicos e sólidos com baixo ponto de fusão dissolve em clorofórmio deuterado. No entanto, primeiro é necessário determinar se sua amostra irá dissolver em $CHCl_3$ comum, antes de utilizar o solvente deuterado. Se sua amostra não dissolver em clorofórmio, consulte seu instrutor sobre um possível solvente alternativo ou recorra à Seção 26.2.

ADVERTÊNCIA

Clorofórmio, clorofórmio deuterado e tetracloreto de carbono são solventes tóxicos. Além disso, eles podem ser substâncias carcinogênicas. 

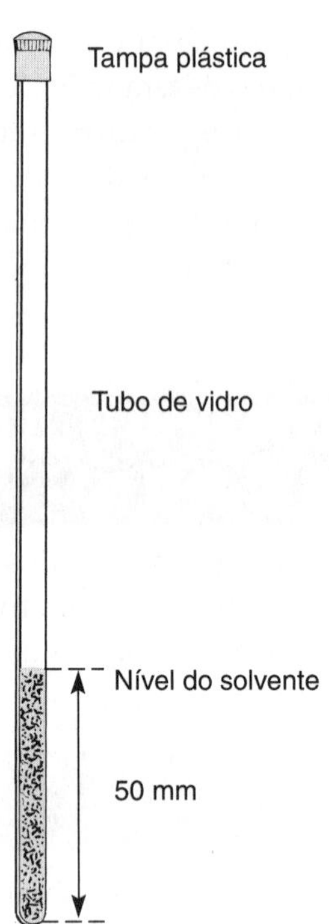

FIGURA 26.4 ■ Um tubo de amostra de RMN.

2. Se você estiver utilizando um espectrômetro de FT-RMN, adicione 30 mg (0,030 g) de sua amostra líquida ou sólida a um frasco cônico ou tubo de ensaio devidamente pesado. Utilize uma pipeta Pasteur para transferir um líquido ou uma espátula para transferir um sólido. Instrumentos que não utilizam FT normalmente requerem uma solução mais concentrada para se obter um espectro adequado. Geralmente, utiliza-se uma concentração de amostra de 10–30% (massa/massa).

3. Transfira 0,5 mL de clorofórmio deuterado, com uma pipeta Pasteur limpa e seca, para sua amostra. Agite o tubo de ensaio ou frasco cônico para ajudar a dissolver a amostra. Nesse ponto, a amostra deve estar completamente dissolvida. Adicione um pouco mais de solvente, se necessário, para dissolver totalmente a amostra.

4. Transfira a solução para o tubo de RMN utilizando uma pipeta Pasteur limpa e seca. Tenha cuidado quando transferir a solução para evitar quebrar a borda do frágil tubo de RMN. Ao fazer a transferência é melhor segurar o tubo de RMN e o recipiente com a solução na mesma mão.

5. Uma vez que a solução tiver sido transferida para o tubo de RMN, utilize uma pipeta limpa para adicionar clorofórmio deuterado suficiente para elevar a altura da solução total para cerca de 50 mm (veja a Figura 26.4). Em alguns casos, será necessário adicionar uma pequena quantidade de tetrametilsilano (TMS) como substância de referência (veja a Seção 26.3). Verifique, com seu instrutor, se é preciso acrescentar TMS à sua amostra. O clorofórmio deuterado tem uma pequena quantidade de impurezas de $CHCl_3$, que dá origem a um pico de baixa intensidade no espectro de RMN a 7,27 partes por milhão (ppm). A impureza também pode ajudá-lo a estabelecer uma "referência" em seu espectro.

6. Tampe o tubo de RMN. Faça isso firmemente, mas não aperte demais. Se a tampa ficar presa, é possível que você tenha dificuldades para removê-la, posteriormente, sem quebrar a extremidade do tubo fino de vidro. Certifique-se de que a tampa esteja reta. Inverta o tubo de RMN várias vezes para misturar o conteúdo.

7. Agora, você está pronto para registrar o espectro de RMN de sua amostra. Insira o tubo de RMN em seu suporte e ajuste sua profundidade utilizando o medidor que lhe foi fornecido.

Limpeza do tubo de RMN

1. Remova cuidadosamente a tampa do tubo, evitando quebrá-lo. Vire o tubo de cabeça para baixo e segure-o verticalmente sobre um béquer. Agite o tubo para cima e para baixo, delicadamente, de modo que seu conteúdo se esvazie no béquer.
2. Preencha parcialmente o tubo de RMN com acetona utilizando uma pipeta Pasteur. Substitua a tampa cuidadosamente e inverta o tubo várias vezes, para lavá-lo.
3. Remova a tampa e seque o tubo, como antes. Coloque o tubo aberto, virado de cabeça para baixo, em um béquer forrado com um lenço de papel ou um pedaço de papel toalha. Deixe o tubo parado nessa posição por pelo menos um período de funcionamento do laboratório, para que a acetona se evapore completamente. Como alternativa, você pode colocar o béquer e o tubo de RMN em um forno por, no mínimo, duas horas. Se for preciso utilizar o tubo de RMN antes que a acetona evapore totalmente, conecte um pedaço de tubo de pressão e faça um vácuo com um aspirador. Depois de alguns minutos, a acetona deverá ter evaporado completamente. Uma vez que a acetona contém prótons, não se deve utilizar o tubo de RMN até que a acetona evapore totalmente[2].
4. Quando a evaporação da acetona estiver concluída, coloque o tubo limpo e sua tampa (não tampe o tubo) em seu recipiente de armazenamento e coloque-o em sua mesa. O recipiente de armazenamento evitará que o tubo se quebre.

Perigos para a saúde associados com o uso de solventes em RMN

Tetracloreto de carbono, clorofórmio (e clorofórmio-d) e benzeno (e benzeno-d_6) são solventes perigosos. Além de serem altamente tóxicos, existe a suspeita de que sejam carcinogênicos. Apesar desses problemas para a saúde, esses solventes são comumente utilizados na espectroscopia de RMN. A acetona deuterada pode ser uma alternativa mais segura. Esses solventes são utilizados porque não contêm prótons e são excelentes para a maioria dos compostos orgânicos. Portanto, você deve aprender a lidar com esses solventes com muito cuidado, a fim de minimizar o perigo. Eles devem ser armazenados sob uma capela de exaustão ou em frascos tampados com um septo. Se os frascos tiverem tampas com rosca, você deve prender uma pipeta em cada garrafa. Uma recomendação de como conectar a pipeta é armazená-la em um tubo de ensaio preso com fita adesiva ao lado do frasco. Para retirar solventes de frascos tampados com um septo, use uma seringa hipodérmica designada exclusivamente para este uso. Todas as amostras devem ser preparadas sob exaustão, e as soluções devem ser descartadas em um recipiente apropriadamente designado, que é armazenado sob uma capela de exaustão. Use luvas de borracha ou de plástico ao preparar ou descartar amostras.

26.2 Preparação não rotineira de amostras

Alguns compostos não dissolvem prontamente em $CDCl_3$. Um solvente comercial, chamado Unisol, geralmente dissolve os casos difíceis. O Unisol é uma mistura de $CDCl_3$ e DMSO-d_6. A acetona deuterada também pode dissolver substâncias mais polares.

Com substâncias altamente polares, você pode descobrir que sua amostra não dissolverá em clorofórmio deuterado ou Unisol. Se esse for o caso, você pode estar em condições de dissolver a amostra em óxido de deutério, D_2O. Espectros determinados em D_2O geralmente apresentam um pequeno pico em cerca de 5 ppm, por causa da impureza do OH. Se o composto da amostra tiver hidrogênios ácidos, pode

[2] Se não for possível esperar para ter certeza de que toda a acetona se evaporou, você pode lavar o tubo uma ou duas vezes com uma quantidade *muito pequena* de $CDCl^3$ antes de utilizá-lo.

haver uma *troca* com o D_2O, levando ao surgimento de um pico de OH no espectro e à *perda* da absorção original devida ao próton ácido, em decorrência do hidrogênio trocado. Em muitos casos, isso também vai alterar os padrões de desdobramento de um composto.

Muitos ácidos carboxílicos sólidos não dissolvem em $CDCl_3$ ou mesmo em D_2O. Nesses casos, acrescente um pequeno pedaço de sódio metálico a cerca de 1 mL de D_2O. O ácido, então, é dissolvido nessa solução. A solução básica resultante aumenta a solubilidade do ácido carboxílico. Nessas circunstâncias, o próton da hidroxila do ácido carboxílico não pode ser observado no espectro de RMN porque ele é trocado com o solvente. No entanto, um grande pico de DOH é observado, por causa da troca e à impureza do H_2O no solvente D_2O.

$$R{-}C(=O){-}O{-}H + D_2O \rightleftharpoons R{-}C(=O){-}O{-}D + D{-}OH$$

~12,0 ppm (O–H); se torna invisível (O–D); o pico do OH aparece (D–OH)

$$CH_3{-}C(=O){-}CH_3 + D_2O \rightleftharpoons D{-}CH_2{-}C(=O){-}CH_3 + D{-}OH$$

$$CH_3CH_2OH + D_2O \rightleftharpoons CH_3CH_2OD + D{-}OH$$

Quando os solventes acima falham, outros solventes especiais podem ser utilizados. Acetona, acetonitrila, dimetilsulfóxido, piridina, benzeno e dimetilformamida podem ser usados se você não estiver interessado na região ou nas regiões do espectro de RMN nas quais eles dão origem à absorção. Os análogos deuterados desses compostos (que são caros) também são utilizados em circunstâncias especiais (por exemplo, acetona-d6, dimetilsulfóxido-d_6, dimetilformamida-d_7 e benzeno-d_6). Se a amostra não for sensível a ácidos, você pode usar o ácido trifluoroacético (que não tem prótons com $\delta < 12$). Esteja ciente de que esses solventes normalmente levam a valores de deslocamento químico diferentes dos que são determinados em CCl_4 ou $CDCl_3$. Variações de 0,5–1,0 ppm têm sido observadas. Na verdade, algumas vezes é possível separar picos que se sobrepõem quando são utilizadas soluções de CCl_4 ou $CDCl_3$ trocando os solventes por piridina, benzeno, acetona ou dimetilsulfóxido,

26.3 Substâncias de referência

Para fornecer um padrão de referência interna, deve-se adicionar TMS à solução da amostra. Essa substância tem a fórmula $(CH_3)_4Si$. Segundo a convenção universal, os deslocamentos químicos dos prótons nessa substância são definidas como 0,00 ppm. O espectro deve ser deslocado de modo que o sinal de TMS apareça nessa posição em papel pré-calibrado.

A concentração de TMS na amostra deve variar de 1%–3%. Algumas pessoas preferem adicionar uma a duas gotas de TMS à amostra um pouco antes de determinar o espectro. Como o TMS tem 12 prótons equivalentes, não é preciso adicionar muito mais do que isso. Pode-se utilizar uma pipeta Pasteur ou uma seringa para realizar a adição. É muito mais fácil ter disponível no laboratório um solvente preparado que já contenha TMS. Clorofórmio deuterado e tetracloreto de carbono geralmente têm TMS adicionado a eles. Uma vez que o TMS é altamente volátil (pe 26,5 °C), tais soluções devem ser armazenadas em um refrigerador, muito bem fechadas. O próprio tetrametilsilano também é mais bem armazenado em um refrigerador.

O tetrametilsilano não dissolve em D_2O. Para espectros determinados em D_2O, deve ser empregado um padrão interno diferente, 2,2-dimetil-2-silapentano-5-sulfonato de sódio. Esse padrão é solúvel em água e exibe um pico em 0,00 ppm.

$$\begin{array}{c} CH_3 \\ | \\ CH_3{-}Si{-}CH_2{-}CH_2{-}CH_2{-}SO_3^{-}Na^{+} \\ | \\ CH_3 \end{array}$$

2,2-dimetil-2-silapentano-5-sulfonato de sódio (DSS)

PARTE B. RESSONÂNCIA MAGNÉTICA NUCLEAR (^1H RMN)

26.4 O deslocamento químico

As diferenças nas forças do campo aplicado, em que os vários prótons em uma molécula absorvem radiação de 60 MHz, são extremamente pequenas. As diferentes posições de absorção correspondem a uma diferença de apenas algumas partes por milhão (ppm) na força do campo magnético. Como é experimentalmente difícil medir a exata força de campo em que cada próton absorve em um intervalo menor que uma parte em um milhão, foi desenvolvida uma técnica pela qual a *diferença* entre duas posições de absorção é medida diretamente. Uma substância de referência padrão é utilizada para se obter a medida, e as posições das absorções de todos os outros prótons são determinadas em relação aos valores para a substância de referência. O **tetrametilsilano** $(CH_3)_4Si$, também denominado **TMS**, é a substância de referência que tem sido universalmente aceita. As ressonâncias de prótons nessa molécula aparecem a uma força de campo maior que as ressonâncias de prótons da maioria das outras moléculas, e todos os prótons do TMS têm ressonância à mesma força de campo.

Para fornecer a posição de absorção de um próton, foi definida uma medida quantitativa, um parâmetro chamado **deslocamento químico** (δ). Uma unidade corresponde a uma variação de uma ppm na força do campo magnético. A fim de determinar o valor do deslocamento químico para os vários prótons em uma molécula, o operador obtém um espectro de RMN da molécula com uma pequena quantidade de TMS adicionado diretamente à amostra. Ou seja, ambos os espectros são determinados *simultaneamente*. A absorção do TMS é ajustada para corresponder à posição δ = 0 ppm no gráfico de registro, que é calibrado em unidades δ, e os valores dos picos de absorção para todos os outros prótons podem ser lidos diretamente no gráfico.

Como o espectrômetro de RMN aumenta o campo magnético à medida que a caneta se move da esquerda para a direita no gráfico, a absorção do TMS aparece na extrema direita do espectro (δ = 0 ppm) ou na extremidade de *campo alto* do espectro. O gráfico é calibrado em unidades (ou ppm), e a maioria dos outros prótons absorve a uma força de campo menor (ou *campo baixo*) do TMS.

O deslocamento em relação ao TMS para um determinado próton depende da força do campo magnético aplicado. Em um campo aplicado de 1,41 tesla, a ressonância de um próton é de aproximadamente 60 MHz, ao passo que em um campo aplicado de 2,35 tesla (23.500 gauss), a ressonância aparece em aproximadamente 100 MHz. A proporção das frequências de ressonância é a mesma proporção das duas forças de campo:

$$\frac{100\ \text{MHz}}{60\ \text{MHz}} = \frac{2{,}35\ \text{Tesla}}{1{,}41\ \text{Tesla}} = \frac{23.500\ \text{Gauss}}{14.100\ \text{Gauss}} = \frac{5}{3}$$

Portanto, para um determinado próton, o deslocamento (em hertz) a partir do TMS é cinco terços maior no intervalo de 100 MHz que no intervalo de 60 MHz. Isso pode ser confuso para pesquisadores tentando comparar dados, se os espectrômetros utilizados forem diferentes na força do campo magnético aplicado. A confusão pode ser facilmente superada definindo-se um novo parâmetro que seja independente da força de campo – por exemplo, dividindo o deslocamento, em hertz, de um determinado próton pela frequência em megahertz do espectrômetro com o qual o valor deslocado foi obtido. Dessa maneira, se obtém uma medida independente do campo, chamada **deslocamento químico** (δ):

$$\delta = \frac{\text{(deslocamento em Hz)}}{\text{(frequência do espectrômetro em MHz)}} \qquad (1)$$

O deslocamento químico em unidades δ expressa quanto a ressonância de um próton é deslocada a partir do TMS, em partes por milhão (ppm), em relação à frequência de operação básica do espectrômetro. Os valores de δ para um determinado próton são sempre os mesmos, seja a medida feita em 60 MHz, 100 MHz ou 300 MHz. Por exemplo, em 60 MHz, o deslocamento dos prótons em CH_3Br está a 162 Hz do TMS; a 100 MHz, o deslocamento está a 270 Hz; e a 300 MHz, o deslocamento está a 810 Hz. Contudo, todos os três correspondem ao mesmo valor de δ = 2,70 ppm:

$$\delta = \frac{162\ \text{Hz}}{60\ \text{MHz}} = \frac{270\ \text{Hz}}{100\ \text{MHz}} = \frac{810\ \text{Hz}}{300\ \text{MHz}} = 2{,}70\ \text{ppm}$$

26.5 Equivalência química – integrais

Todos os prótons em uma molécula que estiverem em ambientes quimicamente idênticos geralmente exibirão o mesmo deslocamento químico. Portanto, todos os prótons no TMS ou todos os prótons no benzeno, ciclopentano ou acetona têm seus próprios valores de ressonância respectivos, no mesmo valor de δ. Cada um dos compostos dá origem a um único pico de absorção em seu espectro de RMN. Diz-se que os prótons são **quimicamente equivalentes**. Por outro lado, moléculas que têm conjuntos de prótons que são quimicamente distintos uns dos outros podem dar origem a um pico de absorção a partir de cada conjunto.

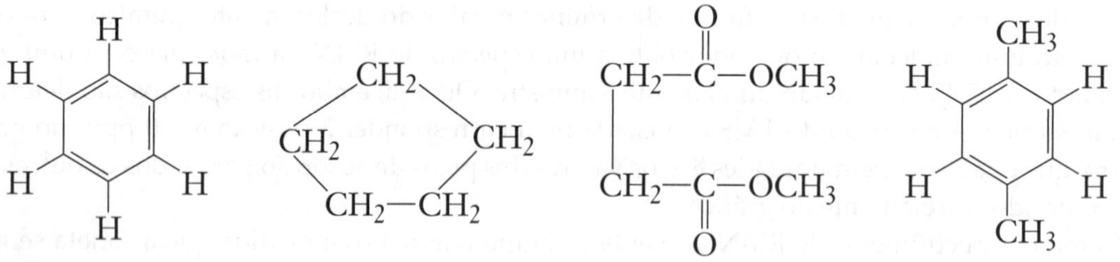

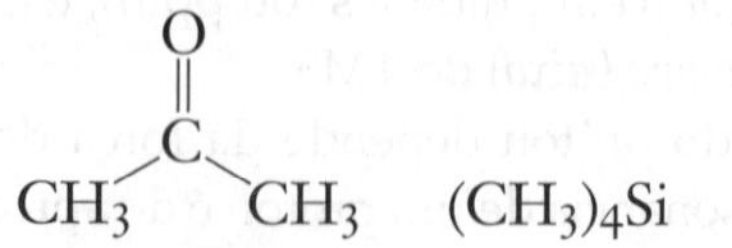

CH_3—C(=O)—CH_3 $(CH_3)_4Si$

Moléculas que dão origem a um pico de absorção RMN – todos os prótons quimicamente equivalentes

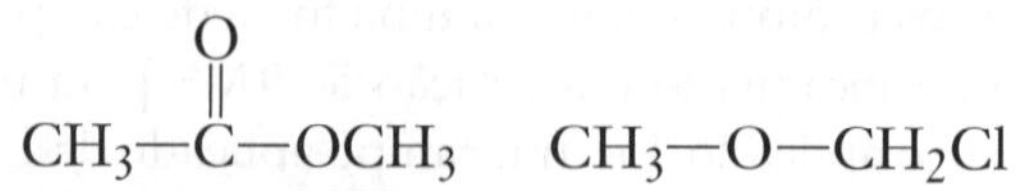

CH_3—C(=O)—OCH_3 CH_3—O—CH_2Cl

Moléculas que dão origem a dois picos de absorção RMN – dois diferentes conjuntos de prótons quimicamente equivalentes

O espectro de RMN mostrado na Figura 26.3 é o da fenilacetona, um composto que tem *três* tipos de prótons quimicamente distintos:

C_6H_5—CH_2—C(=O)—CH_3

2,1 ppm (3 prótons)

3,6 ppm (2 prótons)

7,2 ppm (5 prótons)

Você pode perceber imediatamente que o espectro de RMN fornece informações valiosas apenas com base nisso. Na verdade, o espectro de RMN não somente pode distinguir quantos tipos de prótons uma molécula tem, mas também pode revelar *quantos* prótons de cada tipo estão contidos dentro da molécula.

No espectro de RMN, a área sob cada pico é proporcional ao número de hidrogênios gerando esse pico. Desse modo, no caso da fenilacetona, a proporção da área dos três picos é 5:2:3, a mesma proporção que a da quantidade de cada tipo de hidrogênio. O espectrômetro de RMN é capaz de "integrar" eletronicamente a área sob cada pico. Ele faz isso traçando, sobre cada tipo, uma linha verticalmente ascendente, que cresce em altura em uma quantidade proporcional à área sob o pico. A Figura 26.5 mostra um espectro de RMN do acetato de benzila, com cada um dos picos integrado dessa maneira.

É importante observar que a altura da linha integral não fornece o número absoluto de hidrogênios; ela fornece os números *relativos* de cada tipo de hidrogênio. Para que uma determinada integral seja útil, deve haver uma segunda integral à qual ela se refira. O caso do acetato de benzila representa um bom exemplo. A primeira integral cresce em 55,5 divisões do papel gráfico, a segunda, em 22,0 divisões, e a terceira, em 32,5 divisões. Esses números são relativos e dão as *proporções* dos vários tipos de prótons. Você pode encontrar essas proporções dividindo cada um dos números maiores pelo menor número:

$$\frac{55{,}5 \text{ div}}{22{,}0 \text{ div}} = 2{,}52 \qquad \frac{22{,}0 \text{ div}}{22{,}0 \text{ div}} = 1{,}00 \qquad \frac{32{,}5 \text{ div}}{22{,}0 \text{ div}} = 1{,}48$$

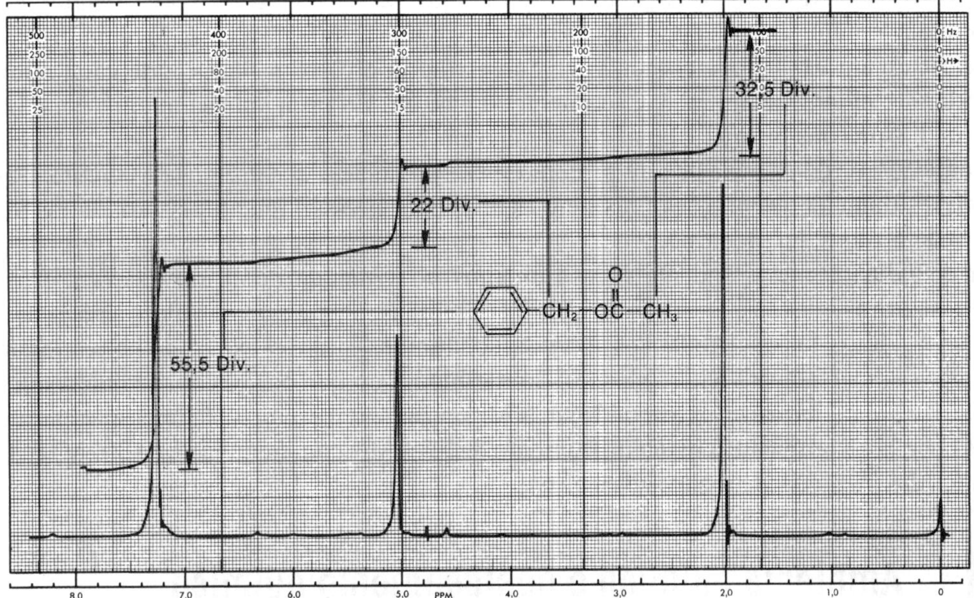

FIGURA 26.5 ■ Determinação das razões integrais para o acetato de benzila.

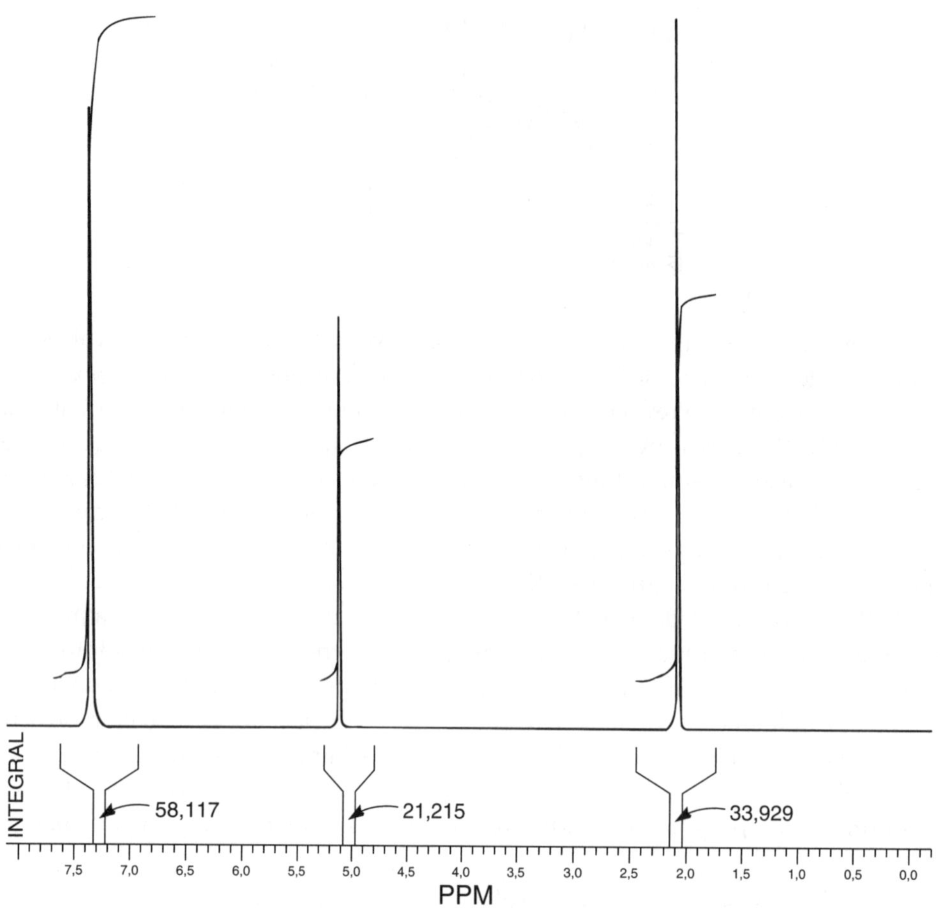

FIGURA 26.6 ■ Um espectro integrado de acetato de benzila, determinado em um espectrômetro FT-RMN de 300 MHz.

Portanto, a proporção do número de prótons de cada tipo é 2,52:1,00:1,48. Se você considerar que o pico em 5,1 ppm é realmente causado por dois hidrogênios e que as integrais estão levemente erradas (este erro pode ser de até 10%), pode chegar às verdadeiras proporções, multiplicando cada número por 2 e arredondando; obterá, então, 5:2:3. Claramente, o pico em 7,3 ppm, que se integra para 5, surge da ressonância dos prótons do anel aromático, e o pico em 2,0 ppm, que se integra para 3, é gerado pelos prótons metílicos. A ressonância de dois prótons em 5,1 ppm surge dos prótons da benzila. Observe que as integrais resultam nas proporções mais simples, mas não necessariamente as verdadeiras proporções, do número de prótons em cada tipo.

Além da linha integral ascendente, os instrumentos modernos, em geral, fornecem valores numéricos digitalizados para as integrais. Assim como a altura das linhas integrais, esses valores integrais digitalizados não são absolutos, mas, sim, relativos, e devem ser tratados como foi explicado no parágrafo anterior. Esses valores digitais também não são exatos; do mesmo modo que ocorre com as linhas integrais, eles podem resultar em pequenos erros (de até 10%). A Figura 26.6 é um exemplo de um espectro integrado do acetato de benzila, determinado em um instrumento de FT–RMN com frequência de 300 MHz. Os valores digitalizados das integrais aparecem sob os picos.

26.6 Ambiente químico e deslocamento químico

Se as frequências de ressonância de todos os prótons em uma molécula forem as mesmas, a RMN terá pouca utilidade para o químico orgânico. Entretanto, diferentes tipos de prótons não somente têm diferentes deslocamentos químicos, mas também apresentam um valor de deslocamento químico que caracteriza o tipo de próton que representam. Todos os tipos de prótons têm apenas um intervalo limitado de valores de δ sobre os quais ele apresenta ressonância. Sendo assim, o valor numérico do deslocamento químico para um próton indica o *tipo de próton* que origina o sinal, do mesmo modo como a frequência no infravermelho sugere o tipo de ligação ou grupo funcional. Observe, por exemplo, que os prótons aromáticos tanto da fenilacetona (veja a Figura 26.3) como do acetato de benzila (veja a Figura 26.5) têm ressonância próxima de 7,3 ppm e que os dois grupos metila ligados diretamente a um grupo carbonila têm uma ressonância de aproximadamente 2,1 ppm. Caracteristicamente, os prótons aromáticos têm ressonância próxima de 7–8 ppm, e os grupos acetila (os prótons metílicos) têm sua ressonância perto de 2 ppm. Esses valores do deslocamento químico são diagnósticos. Observe também como a ressonância dos prótons da benzila (—CH_2—) surgem a um maior valor de deslocamento químico (5,1 ppm) no acetato de benzila que na fenilacetona (3,6 ppm). Sendo ligados ao elemento eletronegativo, o oxigênio, esses prótons são mais desblindados (veja a Seção 26.7) que os prótons na fenilacetona. Um químico treinado teria reconhecido imediatamente a provável presença do oxigênio pelo deslocamento químico exibido por esses prótons.

É importante conhecer os intervalos dos deslocamentos químicos nos quais os tipos de prótons mais comuns têm ressonância. A Figura 26.7 é um gráfico de correlação que contém os tipos de prótons mais essenciais e mais frequentemente encontrados. A Tabela 26.1 enumera os intervalos de deslocamento químico para tipos de prótons selecionados. Para o iniciante, geralmente, é difícil memorizar uma grande lista de números relacionados a deslocamentos químicos e tipos de prótons. No entanto, isso precisa ser feito apenas aproximadamente. É mais importante "obter uma percepção" das regiões e dos tipos de prótons que conhecer uma sequência de números efetivos. Para tanto, estude cuidadosamente a Figura 26.7.

Os valores de deslocamento químico dados na Figura 26.7 e na Tabela 26.1 podem ser facilmente compreendidos em termos de dois fatores: blindagem diamagnética local e anisotropia. Esses dois fatores são discutidos nas Seções 26.7 e 26.8.

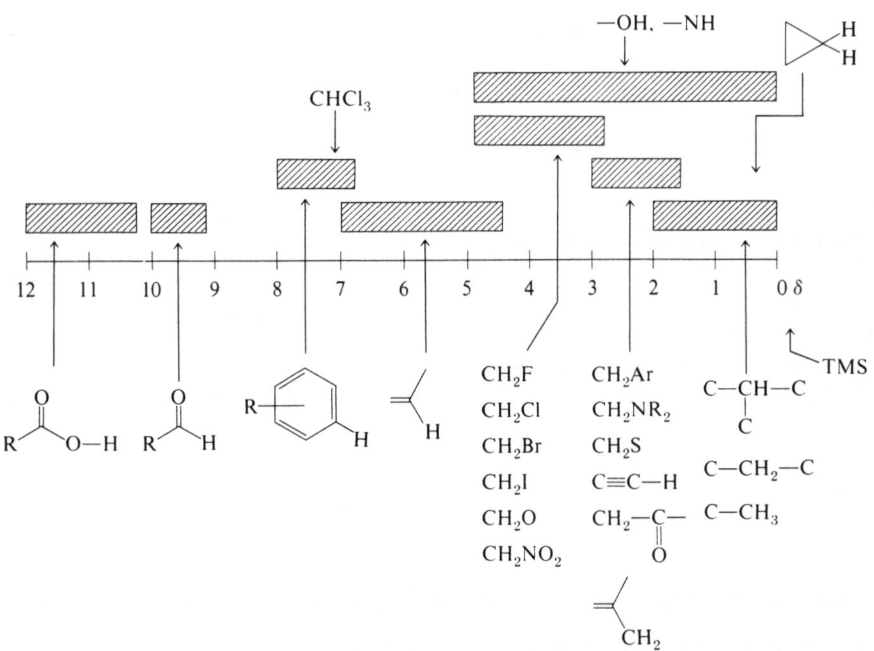

FIGURA 26.7 ■ Um gráfico de correlação simplificado para valores de deslocamento químico de prótons.

TABELA 26.1 ■ Intervalos aproximados dos deslocamentos químicos (ppm) para tipos de prótons selecionados

Tipo de próton		ppm
$R-CH_3$		0,7–1,3
$R-CH_2-R$		1,2–1,4
R_3CH		1,4–1,7
$R-C=C-C-H$		1,6 – 2,6
$R-C(=O)-C-H$, $H-C(=O)-C-H$		2,1 – 2,4
$RO-C(=O)-C-H$, $HO-C(=O)-C-H$		2,1 – 2,5
$N\equiv C-C-H$		2,1 – 3,0
C_6H_5-C-H		2,3 – 2,7
$R-C\equiv C-H$		1,7 – 2,7
$R-S-H$	var	1,0 – 4,0[a]
$R-N-H$	var	0,5 – 4,0[a]
$R-O-H$	var	0,5 – 5,0[a]
C_6H_5-O-H	var	4,0 – 7,0[a]
C_6H_5-N-H	var	3,0 – 5,0[a]
$R-C(=O)-N-H$	var	5,0 – 9,0[a]

Tipo de próton	ppm
$R-N-C-H$	2,2–2,9
$R-S-C-H$	2,0–3,0
$I-C-H$	2,0–4,0
$Br-C-H$	2,7–4,1
$Cl-C-H$	3,1–4,1
$R-S(=O)_2-O-C-H$	ca. 3,0
$RO-C-H$, $HO-C-H$	3,2–3,8
$R-C(=O)-O-C-H$	3,5–4,8
O_2N-C-H	4,1–4,3
$F-C-H$	4,2–4,8
$R-C=C-H$	4,5–6,5
C_6H_5-H	6,5–8,0
$R-C(=O)-H$	9,0–10,0
$R-C(=O)-OH$	11,0–12,0

Nota: Para os hidrogênios mostrados como $-C-H$, se esse hidrogênio for parte de um grupo metila (CH_3), a mudança geralmente ocorre na extremidade inferior do intervalo dado; se o hidrogênio estiver em um grupo metileno ($-CH_2-$), a mudança é intermediária; e se o hidrogênio estiver em um grupo metino ($-CH-$), a mudança se dá, tipicamente, na extremidade superior do intervalo dado.

[a] O deslocamento químico desses grupos é variável, dependendo do ambiente químico na molécula e da concentração, da temperatura e do solvente.

TABELA 26.2 ■ Dependência do deslocamento químico do CH_3X em relação ao elemento X

Composto CH_3X	CH_3F	CH_3OH	CH_3Cl	CH_3Br	CH_3I	CH_4	$(CH_3)_4Si$
Elemento X	F	O	Cl	Br	I	H	Si
Eletronegatividade de X	4,0	3,5	3,1	2,8	2,5	2,1	1,8
Deslocamento químico (ppm)	4,26	3,40	3,05	2,68	2,16	0,23	0

TABELA 26.3 ■ Efeitos da substituição

	$C\underline{H}Cl_3$	$C\underline{H}_2C_{12}$	$C\underline{H}_3Cl$	$-C\underline{H}_2Br$	$-C\underline{H}2-C\underline{H}_2Br$	$-C\underline{H}_2-C\underline{H}_2C\underline{H}_2Br$
δ (ppm)	7,27	5,30	3,05	3,3	1,69	1,25

Nota: Os valores se aplicam aos hidrogênios sublinhados.

26.7 Blindagem diamagnética local

A tendência dos deslocamentos químicos mais fácil de explicar é a que envolve elementos eletronegativos substituídos no mesmo carbono ao qual os prótons de interesse estão ligados. O deslocamento químico simplesmente aumenta à medida que aumenta a eletronegatividade do elemento ligado. Isso é ilustrado na Tabela 26.2, para diversos compostos do tipo CH_3X.

Diversos substituintes têm um efeito mais forte que um único substituinte. A influência do substituinte diminui rapidamente com a distância. Um elemento eletronegativo tem pouco efeito nos prótons que estão a mais de três carbonos de distância dele. Esses efeitos são ilustrados na Tabela 26.3.

Substituintes eletronegativos ligados a um átomo de carbono, por causa de seus efeitos de retirada de elétrons, reduzem a densidade eletrônica de valência em torno dos prótons ligados àquele carbono. Esses elétrons *blindam* o próton do campo magnético aplicado. Esse efeito, chamado **blindagem diamagnética local**, ocorre porque o campo magnético aplicado induz os elétrons de valência a circular. A circulação gera um campo magnético induzido que se *opõe* ao campo aplicado. Isso é ilustrado na Figura 26.8. Substituintes eletronegativos no carbono reduzem a blindagem diamagnética local na vizinhança dos prótons ligados porque diminuem a densidade eletrônica em torno desses prótons. Pode-se dizer que os substituintes que produzem esse efeito *desblindam* o próton. Quanto maior a eletronegatividade do substituinte, maior a desblindagem dos prótons e, consequentemente, maior é o deslocamento químico desses prótons.

26.8 Anisotropia

A Figura 26.7 mostra claramente que diversos tipos de prótons têm deslocamentos químicos que não são facilmente explicados por uma simples consideração da eletronegatividade dos grupos ligados. Considere, por exemplo, os prótons do benzeno ou outros sistemas aromáticos. Prótons de arila geralmente têm um deslocamento químico que é tão grande quanto o do próton do clorofórmio. Alcenos, alcinos e aldeídos também têm prótons cujos valores de ressonância não condizem com a magnitude esperada de quaisquer efeitos de retirada de elétrons. Em cada um desses casos, o efeito se deve à presença de um sistema insaturado (elétrons π) na vizinhança do próton em questão. No benzeno, por exemplo, quando os elétrons π do anel aromático são colocados em um campo magnético, eles são induzidos a circular ao redor do anel. A circulação é chamada de **corrente do anel**. Os elétrons em movimento (a corrente do anel) geram um campo magnético muito semelhante ao gerado em um anel metálico através do qual uma corrente é induzida a fluir. O campo magnético cobre um volume espacial suficientemente grande para influenciar a blindagem dos hidrogênios do benzeno. Isso é ilustrado na

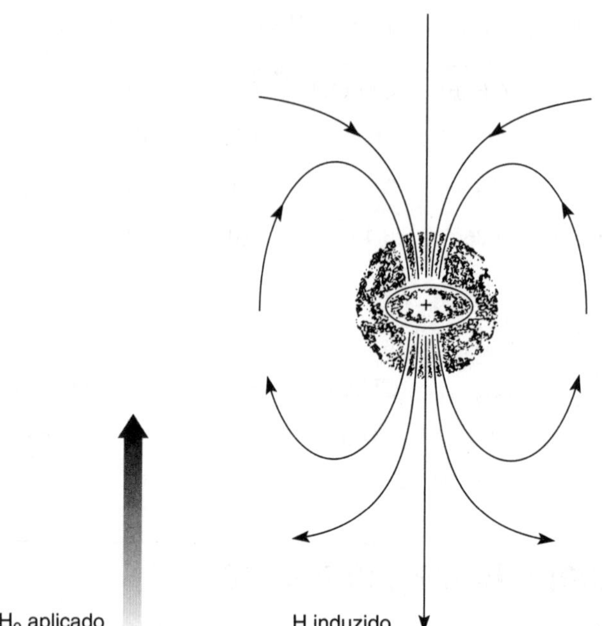

FIGURA 26.8 ■ Blindagem diamagnética local de um próton devido aos seus elétrons de valência.

Figura 26.9. Os hidrogênios do benzeno são desblindados pela **anisotropia diamagnética** do anel. Um campo magnético aplicado é não uniforme (anisotrópico) na vizinhança de uma molécula de benzeno por causa dos elétrons lábeis no anel que interagem com o campo aplicado. Assim, um próton ligado a um anel de benzeno é influenciado por *três* campos magnéticos: o campo magnético forte aplicado pelos ímãs do espectrômetro de RMN, e dois campos mais fracos, um deles em decorrência da blindagem usual proporcionada pelos elétrons de valência em torno do próton e o outro devido à anisotropia gerada pelos elétrons do anel. É esse efeito anisotrópico que proporciona aos prótons de benzeno um deslocamento químico maior do que o esperado. Esses prótons apenas estão em uma região **desblindante** do campo anisotrópico. Se um próton fosse colocado no centro do anel, em vez de em sua periferia, o próton seria protegido porque as linhas do campo teriam a direção oposta.

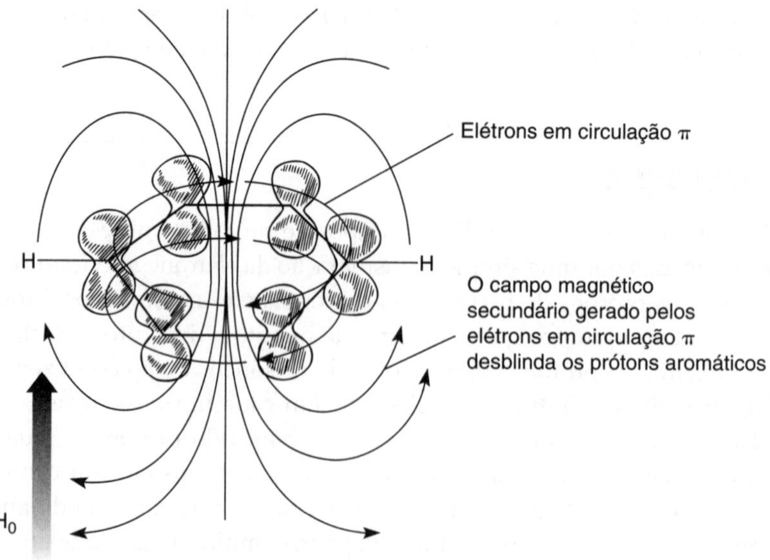

FIGURA 26.9 ■ Anisotropia diamagnética no benzeno.

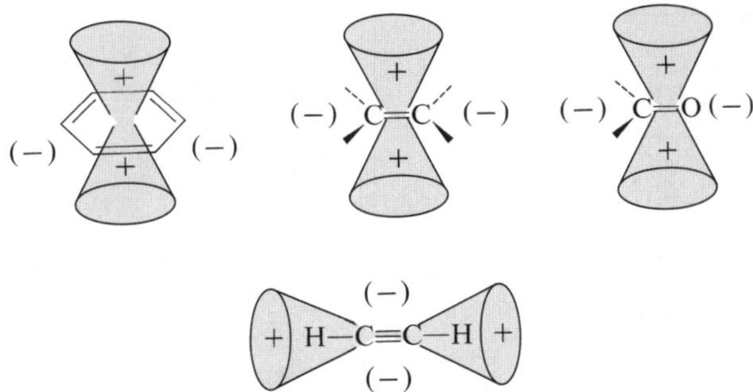

FIGURA 26.10 ■ Anisotropia causada pela presença de elétrons π em alguns sistemas comuns de ligações múltiplas.

Todos os grupos em uma molécula que têm elétrons π geram campos anisotrópicos secundários. No acetileno, o campo magnético gerado pela circulação induzida de elétrons π tem uma geometria tal que os hidrogênios do acetileno são **blindados**. Portanto, os hidrogênios acetilênicos aparecem em um campo maior que o esperado. As regiões de proteção e desproteção em decorrência dos vários grupos funcionais de elétrons π têm formatos e direções características, que são ilustradas na Figura 26.10. Prótons situados dentro dos cones são blindados, e aqueles situados fora das áreas cônicas são desblindados. Como a magnitude do campo anisotrópico diminui com a distância, a partir de uma determinada distância, a anisotropia essencialmente não tem efeito.

26.9 Desdobramento spin–spin (regra do *n* + 1)

Já consideramos como o deslocamento químico e a integral (área de pico) podem dar informações sobre os números e tipos de hidrogênios contidos em uma molécula. Um terceiro tipo de informação disponível por meio do espectro de RMN é derivado do desdobramento spin-spin. Mesmo em moléculas simples, cada tipo de próton raramente fornece um pico de ressonância único. Por exemplo, no 1,1,2-tricloroetano existem dois tipos de hidrogênio quimicamente distintos:

$$\mathrm{Cl{-}\overset{\overset{\displaystyle H}{|}}{\underset{\underset{\displaystyle Cl}{|}}{C}}{-}CH_2{-}Cl}$$

Com base nas informações dadas até agora, é possível prever *dois* picos de ressonância no espectro de RMN do 1,1,2-tricloroetano com uma proporção de área (proporção integral) de 2:1. Na verdade, o espectro de RMN deste composto apresenta *cinco* picos. Um grupo de três picos (chamado *tripleto*) aparece a 5,77 ppm, e um grupo de dois picos (chamado *dubleto*) é encontrado a 3,95 ppm. O espectro é mostrado na Figura 26.11. A ressonância (5,77 ppm) do metino (CH) é dividida em um tripleto, e a ressonância (3,95 ppm) do metileno é dividida em um dubleto. A área sob os três picos tripletos é *um*, relativa a uma área de *dois* sob os dois picos dubletos.

Esse fenômeno é chamado **desdobramento spin–spin**. Empiricamente, um desdobramento spin–spin pode ser explicado pela regra do "n + 1". Cada tipo de próton "sente" o número (n) de prótons equivalentes no átomo ou átomos de carbono próximos àquele ao qual ele está ligado, e seu pico de ressonância é dividido em $n + 1$ componentes.

Vamos examinar o caso em questão, o 1,1,2-tricloroetano, utilizando a regra do $n + 1$. Primeiro, o hidrogênio do metino, sozinho, está situado próximo a um carbono que tem dois prótons metilênicos. De acordo com a regra, ele tem dois vizinhos equivalentes ($n = 2$) e é dividido em $n + 1 = 3$ picos (um tripleto). Os prótons metilênicos estão situados próximo ao carbono que tem somente um hidrogênio de metino. De acordo com a regra, eles têm um vizinho ($n = 1$) e são divididos em $n + 1 = 2$ picos (um dubleto).

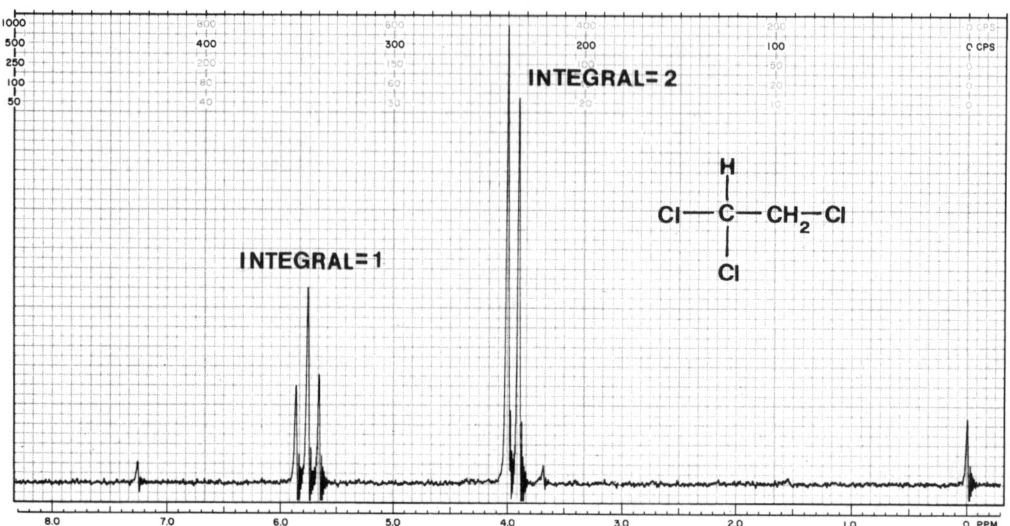

FIGURA 26.11 ■ O espectro de RMN do 1,1,2-tricloroetano. (Cortesia da Varian Associates.)

Dois vizinhos resultam em um tripleto ($n + 1 = 3$) (área = 1)

Um vizinho resulta em um dubleto ($n + 1 = 2$) (área = 2)

Prótons equivalentes se comportam como um grupo

O espectro do 1,1,2-tricloroetano pode ser facilmente explicado pela interação, ou acoplamento, dos spins de prótons em átomos de carbono adjacentes. A posição da absorção do próton H_a é afetada pelos spins dos prótons H_b e H_c ligados ao átomo de carbono vizinho (adjacente). Se os spins desses prótons estiverem alinhados com o campo magnético aplicado, o pequeno campo magnético gerado por suas propriedades de spin nucleares aumentará a força do campo experimentado pelo próton H_a mencionado primeiramente. Desse modo, o próton H_a será *desblindado*. Se os spins de H_b e H_c forem opostos ao campo aplicado, eles diminuirão o campo experimentado pelo próton H_a. Assim, ele será *blindado*. Em cada uma dessas situações, a posição de absorção de H_a será alterada. Entre as muitas moléculas na solução, você encontrará todas as diversas possíveis combinações de spin para H_b e H_c; portanto, o espectro de RMN da solução molecular resultará *três* picos de absorção (um tripleto) para H_a, porque H_b e H_c têm três diferentes combinações de spin possíveis (Figura 26.12). Por uma análise similar, pode ser visto que prótons H_b e H_c devem se parecer como um dubleto.

Alguns padrões de desdobramento comuns que podem ser previstos pela regra do $n + 1$, e que são observados frequentemente em uma série de moléculas, são mostrados na Figura 26.13. Observe particularmente o último registro, em que *ambos* os grupos metila (seis prótons ao todo) funcionam como uma unidade e desdobram o próton de metino em um septeto ($6 + 1 = 7$).

26.10 A constante de acoplamento

O montante quantitativo da interação spin–spin entre dois prótons pode ser definido pela **constante de acoplamento.** O espaçamento entre os picos componentes em um único multiplete é chamado constante de acoplamento, *J*. Essa distância é medida na mesma escala que o deslocamento químico, e é expressa em hertz (Hz).

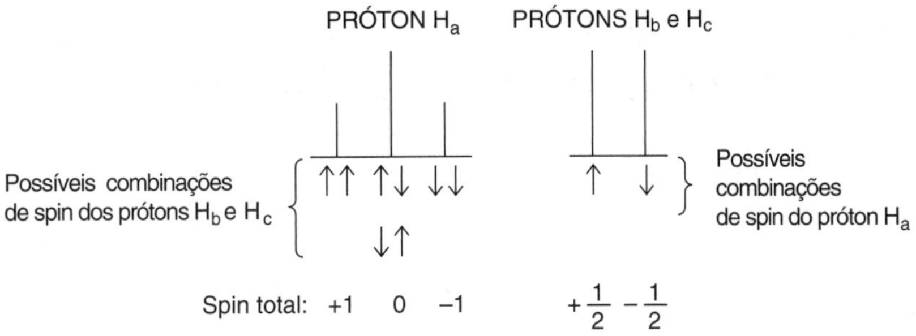

FIGURE 26.12 ■ Análise do padrão de desdobramento spin–spin para o 1,1,2-tricloroetano.

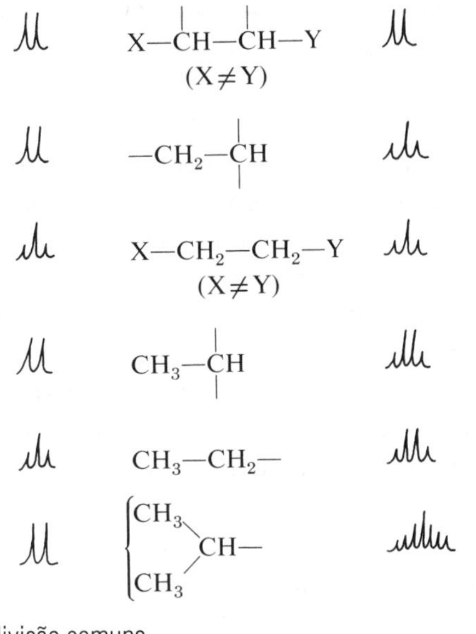

X—CH—CH—Y
(X≠Y)

—CH_2—CH

X—CH_2—CH_2—Y
(X≠Y)

CH_3—CH

CH_3—CH_2—

CH_3
CH—
CH_3

FIGURE 26.13 ■ Alguns padrões de divisão comuns.

As constantes de acoplamento para prótons nos átomos de carbono adjacentes têm magnitudes de cerca de 6 Hz a 8 Hz (veja a Tabela 26.4). Espere observar uma constante de acoplamento neste intervalo para compostos em que houver rotação livre em torno de uma ligação simples. Uma vez que três ligações separam os prótons uns dos outros em átomos de carbono adjacentes, identificamos essas constantes de acoplamento como ^3J. Por exemplo, a constante de acoplamento para o composto mostrado na Figura 26.11 seria escrita como $^3J = 6$ Hz. As linhas em negrito no diagrama da página seguinte mostram como os prótons em átomos de carbono adjacentes estão três ligações distantes uma da outra.

Nos compostos em que existe uma dupla ligação C=C, a rotação livre é restrita. Em compostos desse tipo, geralmente encontramos dois tipos de constantes de acoplamentos ^3J; $3J_{trans}$ e $^3J_{cis}$. Essas constantes de acoplamentos variam em valor, como mostra a Tabela 26.4, mas $^3J_{trans}$ quase sempre é maior que $3J_{cis}$. Frequentemente, as magnitudes desses ^3J_s fornecem importantes indicações estruturais. É possível distinguir, por exemplo, entre um alceno *cis* e um alceno *trans* com base nas constantes de acoplamento observadas para os dois prótons vinílicos em alcenos dissubstituídos. A maioria das constantes de acoplamento, mostradas na primeira coluna da Tabela 26.4, são acoplamentos de três ligações, mas você observará que existe, enumerada, uma constante de acoplamento de duas ligações(^2J). Esses prótons que são ligados a um átomo de carbono comum, normalmente, são chamados prótons *geminais* e podem ser identificados como $^2J_{gem}$. Repare que as constantes de acoplamento para prótons *geminais* são muito pequenas para alcenos. Os acoplamentos ^2J são observados somente quando os prótons em um grupo metileno estão em um ambiente diferente (veja a Seção 26.11). A estrutura que se segue mostra os vários tipos de acoplamentos que se pode observar para prótons em uma dupla ligação C=C em um alceno típico, o acetato de vinila. O espectro deste composto é descrito detalhadamente na Seção 26.11.

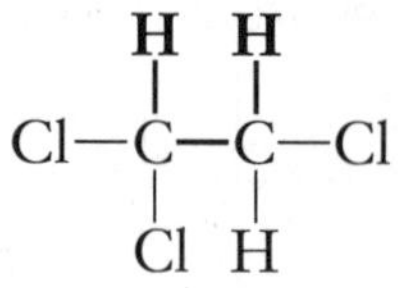

$$Cl-\underset{Cl}{\overset{\mathbf{H}}{C}}-\underset{H}{\overset{\mathbf{H}}{C}}-Cl \quad \text{ou} \quad Cl-\underset{Cl}{\overset{\mathbf{H}}{C}}-\underset{\mathbf{H}}{\overset{H}{C}}-Cl$$

$^3J_{cis}$, $^2J_{gem}$, $^3J_{trans}$ — $H_2C{=}CH-O-C(=O)-CH_3$

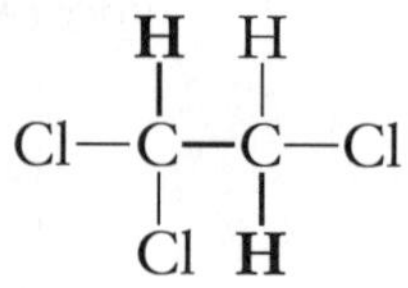

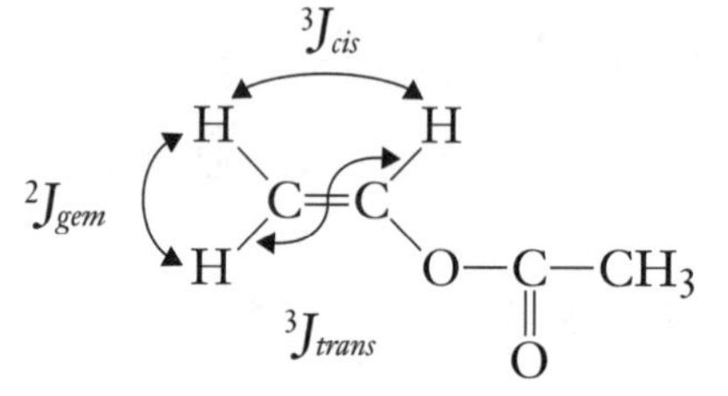

Acetato de vinila

Acoplamentos com intervalos maiores, que ocorrem ao longo de quatro ligações ou mais, são observados em alguns alcenos e também em compostos aromáticos. Assim, na Tabela 26.4, vemos que é possível observar um pequeno acoplamento H—H (^4J = 0–3 Hz) ocorrendo ao longo de quatro ligações em um alceno. Frequentemente, em um composto aromático, se pode verificar um acoplamento pequeno, mas mensurável, entre prótons *meta* que estão quatro ligações distantes um do outro (^4J = 1–4 Hz). Acoplamentos ao longo de cinco ligações normalmente são muito pequenos, com valores próximos de 0 Hz. Os acoplamentos de longa distância são comumente observados somente em compostos *insaturados*. Em geral, os espectros de compostos saturados são mais facilmente interpretados porque têm apenas três acoplamentos de ligações. Os compostos aromáticos são analisados na Seção 26.13.

TABELA 26.4 ■ Constantes de acoplamento representativas e valores aproximados (Hz)

Estrutura	J	Hz	Estrutura	J	Tipo	Hz	Estrutura	J	Tipo	Hz
 H—C—C—H	^3J	6 – 8	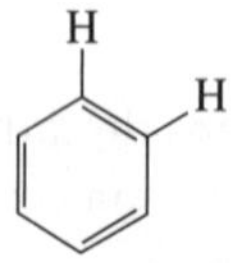 benzeno (H, H orto)	^3J	*orto*	6 – 10	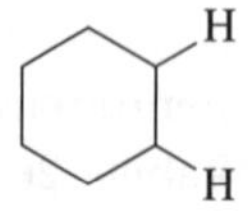 ciclo-hexano (H, H)	^3J	a,a a,e e,e	8 – 14 0 – 7 0 – 5
alceno H/H trans	$^3J_{trans}$	11 – 18								
alceno H/H cis	$^3J_{cis}$	6 – 15	benzeno (H, H meta)	^4J	*meta*	1 – 4	ciclopropano (H, H)	^3J	*cis* *trans*	6 – 12 4 – 8
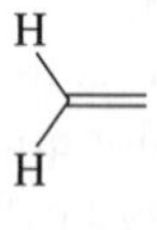 alceno geminal H, H	$^2J_{gem}$	0 – 5	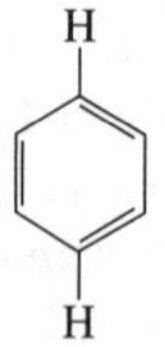 benzeno (H, H para)	^5J	*para*	≈ 0	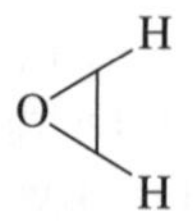 epóxido (H, H)	^3J	*cis* *trans*	2 – 5 1 – 3
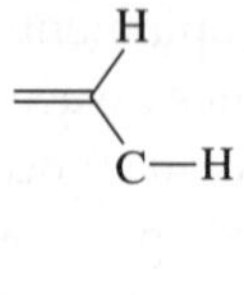 =CH—C—H	^3J	4 – 10	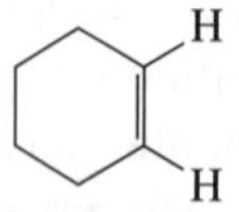 ciclo-hexeno (H, H)	^3J		8 – 11	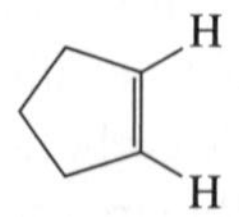 ciclopenteno (H, H)	^3J		5 – 7
H—C=C—C—H	^4J	0 – 3								

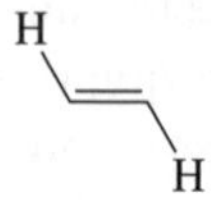

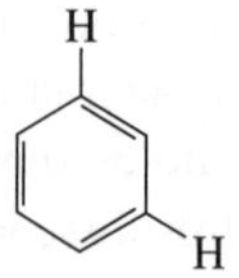

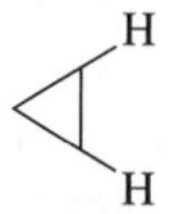

26.11 Equivalência magnética

No exemplo do desdobramento spin–spin no 1,1,2-tricloroetano (veja a Figura 26.11), observe que os dois prótons H_b e H_c, que são ligados ao mesmo átomo de carbono, não desdobram um ao outro. Eles se comportam como um grupo inteiro. Na verdade, os dois prótons H_b e H_c *estão* acoplados um ao outro; contudo, por razões que não podemos explicar completamente aqui, os prótons que são ligados ao mesmo carbono, sendo que ambos têm o mesmo deslocamento químico, não apresentam desdobramento spin–spin. Outra maneira de especificar isso é que os prótons acoplados, na mesma medida, a *todos* os outros prótons em uma molécula, não mostram desdobramento spin–spin. Prótons que apresentam o mesmo deslocamento químico e são equivalentemente acoplados a todos os outros prótons são magneticamente equivalentes e não mostram desdobramento spin–spin. Logo, no 1,1,2-tricloroetano (veja a Figura 26.11), os prótons H_b e H_c têm o mesmo valor de δ e são acoplados pelo mesmo valor de J ao próton H_a. Eles são magneticamente equivalentes, e $^2J_{gem} = 0$.

É importante diferenciar equivalência magnética e equivalência química. Veja os dois compostos a seguir.

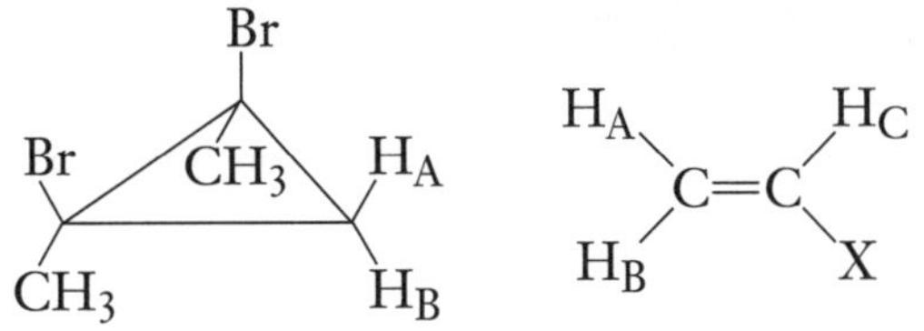

No composto cicloproprano, os dois hidrogênios geminais, H_A e H_B, são quimicamente equivalentes; entretanto, não são magneticamente equivalentes. O próton H_A está do mesmo lado do anel que os dois halogênios. O próton H_B está do mesmo lado do anel que os dois grupos metila. Os prótons H_A e H_B terão diferentes deslocamentos químicos, se acoplarão entre si, e mostrarão desdobramento spin–spin. Dois dubletos serão vistos para H_A e H_B. Para os anéis de cicloproprano, $^2J_{gem}$, geralmente fica em torno de 5 Hz.

A estrutura geral da vinila (alceno), mostrada na figura anterior, e o exemplo específico do acetato de vinila, ilustrado na Figura 26.14, são exemplos de casos nos quais os prótons de metileno, H_A e H_B, não são equivalentes. Eles aparecem em diferentes valores de deslocamento químico e desdobram um ao outro. Normalmente, essa constante de acoplamento, $^2J_{gem}$, é pequena, com compostos vinílicos (cerca de 2 Hz).

O espectro do acetato de vinila é mostrado na Figura 26.14. O H_C aparece campo abaixo em 7,3 ppm por causa da eletronegatividade do átomo de oxigênio ligado. Esse próton é desdobrado por H_B em um dubleto ($^3J_{trans} = {}^3J_{BC} = 15$ Hz) e, então, cada perna do dubleto é desdobrada por H_A em um dubleto ($^3J_{cis} = {}^3J_{AC} = 7$ Hz). Observe que a regra do $n + 1$ é aplicada individualmente a cada próton adjacente. O padrão resultante geralmente é denominado um dubleto de dubletos (dd). A análise gráfica mostrada na Figura 26.15 deverá ajudá-lo a compreender o padrão obtido para o próton H_C.

Agora, observe o padrão mostrado na Figura 26.14 para o próton H_B a 4,85 ppm. Esse também é um dubleto de dubletos. O próton H_B é desdobrado pelo próton H_C em um dubleto ($^3J_{trans} = {}^3J_{BC} = 15$ Hz) e, então, cada perna do dubleto é desdobrada pelo próton geminal H_A em dubletos ($^2J_{gem} = {}^2J_{AB} = 2$HZ).

O próton H_A, mostrado na Figura 26.14, aparece a 4,55 ppm. Esse padrão também é um dubleto de dubletos. O próton H_A é desdobrado pelo próton H_C em um dubleto ($^3J_{cis} = {}^3J_{AB} = 7$ Hz) e, então, cada perna do dubleto é desdobrada pelo próton geminal H_B em dubletos ($^2J_{gem} = {}^2J_{AB} = 2$ Hz). Para cada próton mostrado na Figura 26.14, o espectro de RMN precisa ser analisado graficamente, desdobramento por desdobramento. Essa análise gráfica completa é demonstrada na Figura 26.15.

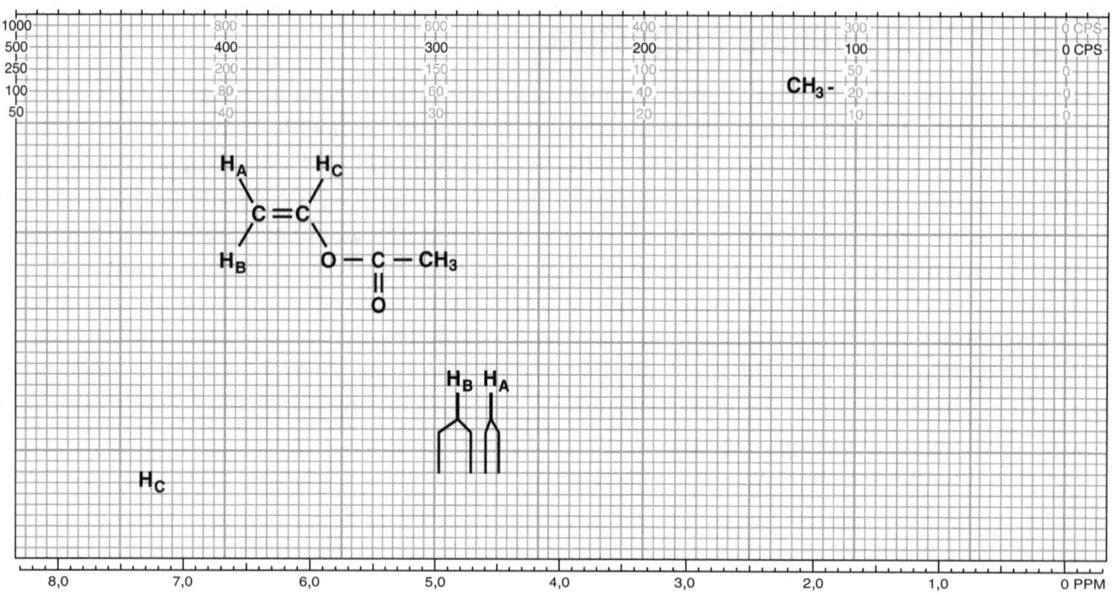

FIGURA 26.14 ■ Espectro de RMN do acetato de vinila. (Cortesia da Varian Associates.)

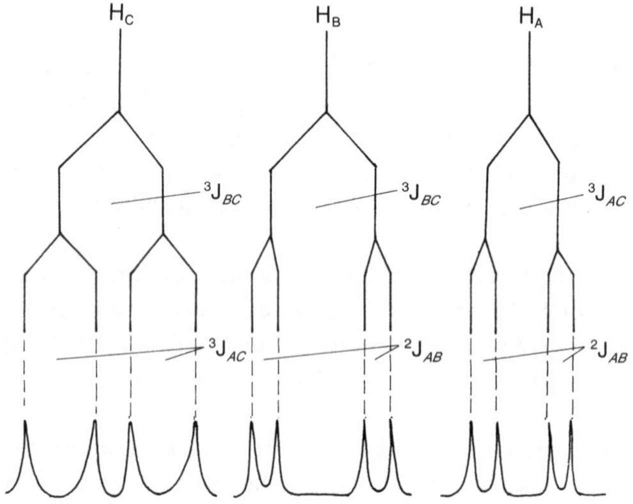

FIGURA 26.15 ■ Análise dos desdobramentos no acetato de vinila.

26.12 Espectros em força de campo maior

Ocasionalmente, o espectro em 60 MHz de um composto orgânico, ou uma parte dele, é quase indecifrável, porque os deslocamentos químicos de diversos grupos de prótons são muito similares. Nesses casos, todas as ressonâncias de prótons ocorrem na mesma área do espectro e, frequentemente, picos se sobrepõem tão extensivamente, que não é possível extrair picos e desdobramentos individuais. Um modo de simplificar essa situação é utilizar um espectrômetro que opera em uma frequência maior. Embora instrumentos de 60 MHz e de 100 MHz ainda estejam em uso, está se tornando cada vez mais comum encontrar instrumentos operando em campos muito superiores e com frequências de espectrômetro de 300, 400 ou 500 MHz.

Apesar de as constantes de acoplamento de RMN não dependerem da frequência ou da força de campo de operação do espectrômetro de RMN, os deslocamentos químicos em hertz dependem desses parâmetros. Frequentemente, essa circunstância pode ser utilizada para simplificar um espectro que, de outra forma, seria indecifrável. Suponha, por exemplo, que um composto contivesse três multipletos derivados de grupos de prótons com deslocamentos químicos muito similares. A 60 MHz, esses picos podem se sobrepor, conforme ilustra a Figura 26.16, e simplesmente resultam em um envelope de absorção não resolvido. Acontece que a regra do $n + 1$ falha em realizar previsões apropriadas quando os deslocamentos químicos são similares para os prótons em uma molécula. Os padrões espectrais resultantes são ditos de **segunda ordem**, e o que você acaba observando é uma mancha amorfa de padrões irreconhecíveis!

A Figura 26.16 também mostra o espectro do mesmo composto em duas frequências superiores (100 MHz e 300 MHz). Quando o espectro é obtido a uma frequência maior, as constantes de acoplamento (J) não se alteram, mas aumentam os deslocamentos químicos em *hertz* (não em ppm) dos grupos de prótons (H_A, H_B, H_C) responsáveis pelos multipletos. No entanto, é importante notar que o deslocamento químico em *ppm* é uma constante, e não se modificará quando a frequência do espectrômetro for elevada (veja a equação 1, na Seção 26.4).

Note que, a 300 MHz, os multipletos individuais são nitidamente separados e resolvidos. A uma frequência elevada, aumentam as diferenças nos deslocamentos químicos de cada próton, resultando em padrões mais claramente reconhecíveis (isto é, tripletos, quartetos e assim por diante) e em uma menor sobreposição de padrões de prótons no espectro. Nessa frequência, as diferenças nos deslocamentos químicos são grandes e, mais provavelmente, a regra do $n + 1$ irá prever corretamente os padrões. Assim, é uma clara vantagem utilizar espectrômetros de RMN operando a uma alta frequência (300 MHz ou mais) porque existe maior probabilidade de que os espectros resultantes forneçam picos mais bem resolvidos e não sobrepostos. Quando os prótons em um espectro seguem a regra do $n + 1$, diz-se que o espectro é de **primeira ordem**. O resultado é que você obterá um espectro com padrões muito mais reconhecíveis, como mostra a Figura 26.16.

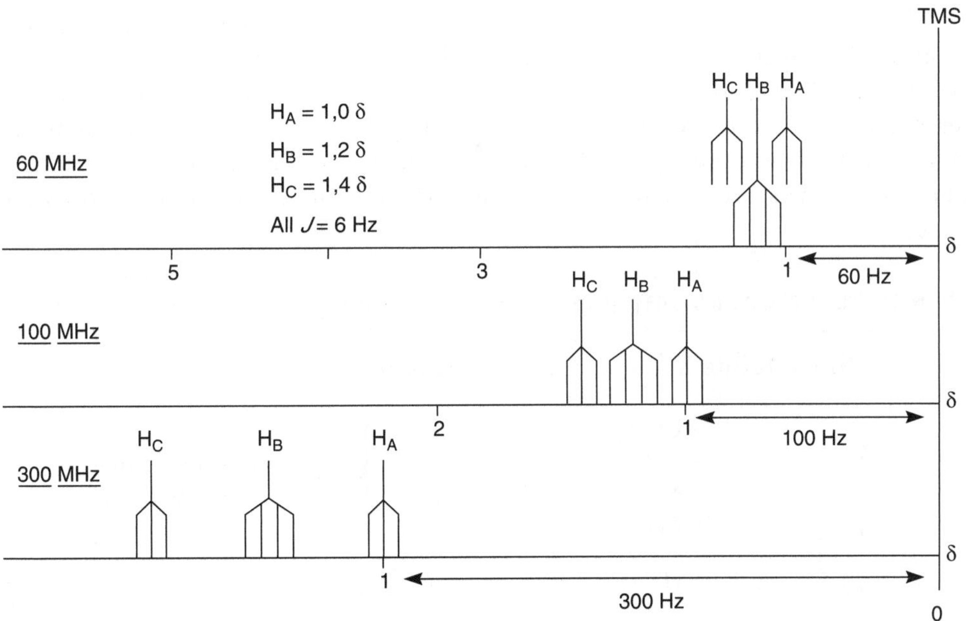

FIGURA 26.16 ■ Uma comparação do espectro de um composto com multipletos sobrepostos em 60 MHz, com espectros do mesmo composto, determinados também em 100 MHz e 300 MHz.

26.13 Compostos aromáticos – anéis de benzeno substituídos

Os anéis fenila são tão comuns em compostos orgânicos, que é importante conhecer alguns fatos sobre as absorções de RMN em compostos que os contêm. Em geral, os prótons de anel de um sistema benzenoide têm ressonância próxima de 7,3 ppm; contudo, substituintes no anel, que retiram elétrons (por exemplo, nitro, ciano, carboxila ou carbonila), movem a ressonância desses prótons para o campo mais baixo (maiores valores de ppm), e substituintes no anel, que doam elétrons (por exemplo, metoxi ou amina), movem a ressonância desses prótons para o campo mais alto (menores valores de ppm). A Tabela 26.5 mostra essas tendências para uma série de compostos de benzeno simetricamente *p*-dissubstituídos. Os compostos *p*-dissubstituídos foram escolhidos porque seus dois planos de simetria tornam equivalentes todos os hidrogênios. Cada composto fornece apenas um pico aromático (um singleto) no espectro de RMN de prótons. Posteriormente, você verá que algumas posições são afetadas mais intensamente do que outras em sistemas com padrões de substituição diferentes deste.

Nas seções que se seguem, tentaremos abordar alguns dos mais importantes tipos de substituição do anel de benzeno. Em alguns casos, será necessário examinar espectros de amostras obtidos em 60 MHz e 300 MHz. Muitos anéis benzenoides mostram desdobramentos de segunda ordem a 60 MHz, mas são essencialmente de primeira ordem a 300 MHz.

A. Anéis monossubstituídos

Alquilbenzenos. Em benzenos monossubstituídos, nos quais o substituinte não é nem um grupo com forte retirada de elétrons nem um grupo com forte doação de elétrons, todos os prótons do anel dão origem ao que parece ser uma *ressonância única* quando o espectro é obtido a 60 MHz. Essa é uma ocorrência particularmente comum em benzenos alquil-substituídos. Embora os prótons *orto, meta* e *para* do substituinte não sejam quimicamente equivalentes, eles em geral dão origem a um único pico de absorção não resolvido. Uma possível explicação é que as diferenças nos deslocamentos químicos, que, em qualquer situação, devem ser pequenas, são, de algum modo, eliminadas pela presença da corrente do anel, que tende a equalizá-las. Todos os prótons são praticamente equivalentes sob essas condições. Os espectros de RMN das porções aromáticas dos compostos alquilbenzenos são bons exemplos deste tipo de circunstância. A Figura 26.17A é o espectro ^1H do etilbenzeno a 60 MHz.

O espectro do etilbenzeno a 300 MHz, mostrado na Figura 26.17B, apresenta uma imagem um pouco diferente. Com os crescentes deslocamentos de frequência a 300 MHz, os prótons praticamente equivalentes (a 60 MHz) estão ordenadamente separados em dois grupos. Os prótons *orto* e *para* aparecem em campo mais alto dos que prótons *meta*. Claramente, o padrão de desdobramento é de segunda ordem.

TABELA 26.5 ■ Deslocamentos químicos de prótons em compostos de benzeno *p*-dissubstituídos

Substituinte X	δ (ppm)	
$-OCH_3$	6,80	Doação de elétrons (blindagem)
$-OH$	6,60	
$-NH_2$	6,36	
$-CH_3$	7,05	
$-H$	7,32	
$-COOH$	8,20	Retirada de elétrons (desblindagem)
$-NO_2$	8,48	

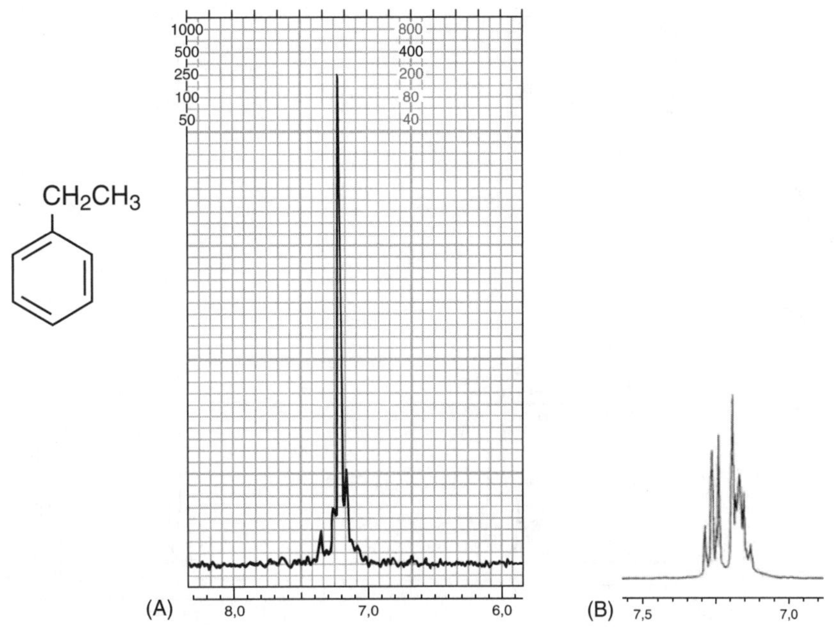

FIGURA 26.17 ■ As porções de anel aromático do espectro de RMN ¹H do etilbenzeno a (A) 60 MHz e (B) 300 MHz.

Grupos doadores de elétrons. Quando grupos doadores de elétrons são ligados ao anel, os prótons do anel não são equivalentes, mesmo a 60 MHz. Um substituinte com alta capacidade de ativação, como o metóxi, claramente aumenta a densidade dos elétrons nas posições *orto* e *para* do anel (por ressonância) e ajuda a dar a esses prótons maior blindagem que nas posições *meta e*, portanto, um deslocamento químico substancialmente diferente.

A 60 MHz, essa diferença de deslocamento químico resulta em um complicado padrão de desdobramento de segunda ordem para o anisol (metoxibenzeno), mas os prótons são, naturalmente, classificados em dois grupos, os prótons *orto/para* e os prótons *meta*. O espectro da porção aromática do anisol a 60 MHz RMN (veja a Figura 26.18A) tem um multipleto complexo para os prótons *o, p,* (integrando para três prótons) que está em campo mais alto que os prótons *meta* (integrando para dois prótons), com uma clara distinção (lacuna) entre os dois tipos. A anilina (aminobenzeno) apresenta um espectro similar, também com uma divisão de 3:2, em decorrência do efeito de liberação de elétrons do grupo amino.

O espectro do anisol a 300 MHz (veja a Figura 26.18B) mostra o mesmo desdobramento entre os hidrogênios *orto/para* (campo alto) e os hidrogênios *meta* (campo baixo). Contudo, uma vez que o verdadeiro deslocamento, em Hertz, entre os dois tipos de hidrogênios, é maior, existem menos interações de segunda ordem e as linhas no padrão são mais definidas a 300 MHz. Na realidade, pode ser tentadora a possibilidade de tentar interpretar o padrão observado como se fosse de primeira ordem, um tripleto a 7,25 ppm (*meta*, 2 H) e um tripleto em sobreposição (para, 1 H) com um dubleto (*orto*, 2 H) em cerca de 6,9 ppm.

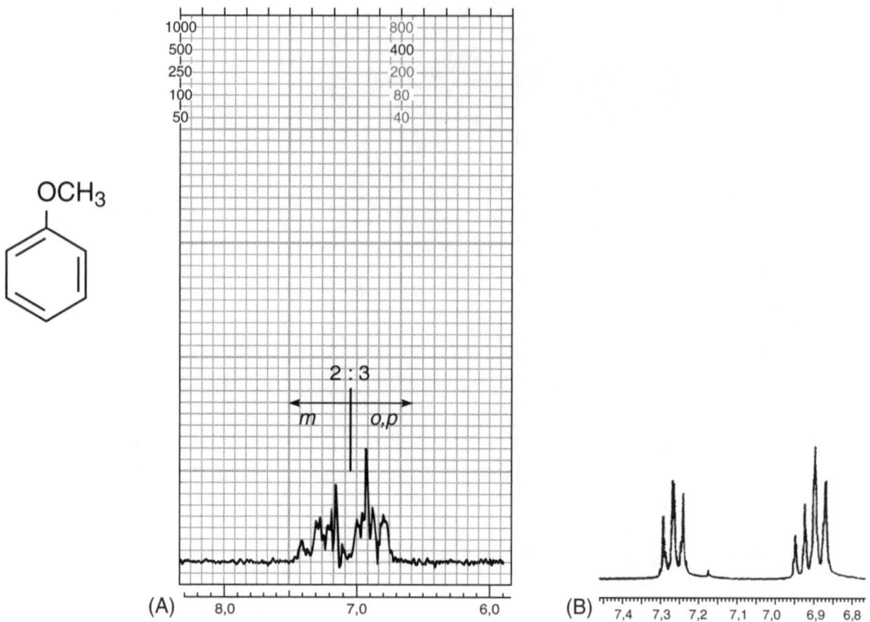

FIGURA 26.18 ■ As porções do anel aromático dos espectros de RMN ^{1}H do anisol a (A) 60 MHz e (B) 300 MHz.

Anisotropia – grupos retiradores elétrons. Pode-se esperar que um grupo carbonila ou um grupo nitro mostre (além dos efeitos de anisotropia) um efeito reverso, porque esses grupos retiram elétrons. Também se pode esperar que o grupo irá agir para diminuir a densidade eletrônica em torno das posições *orto* e *para*, desblindando, assim, os hidrogênios *orto* e *para* e fornecendo um padrão que é exatamente o reverso daquele mostrado para o anisol (proporção de 3:2, campo baixo:campo alto). Para se convencer disso, desenhe as estruturas de ressonância. No entanto, os espectros de RMN reais do nitrobenzeno e do benzaldeído não têm a aparência que seria prevista com base nas estruturas de ressonância. Em vez disso, os prótons *orto* são muito mais desblindados que os prótons *meta* e *para*, em virtude da anisotropia magnética das ligações π nesses grupos.

A anisotropia é observada quando um grupo substituinte liga um grupo carbonila diretamente ao anel de benzeno (veja a Figura 26.19). Mais uma vez, os prótons do anel são classificados em dois grupos, com os prótons *orto* em campo mais baixo do que os prótons *meta/para*. O benzaldeído (veja a Figura 26.20) e a acetofenona mostram esse efeito em seus espectros de RMN. Algumas vezes, um efeito similar é observado quando uma ligação dupla carbono–carbono é ligada ao anel. O espectro do benzaldeído a 300 MHz (veja a Figura 26.20B) é praticamente um espectro de primeira ordem e mostra um dubleto (H_C, 2 H), um tripleto (H_B, 1 H) e um tripleto (H_A, 2 H). Isso pode ser analisado pela regra do $n + 1$.

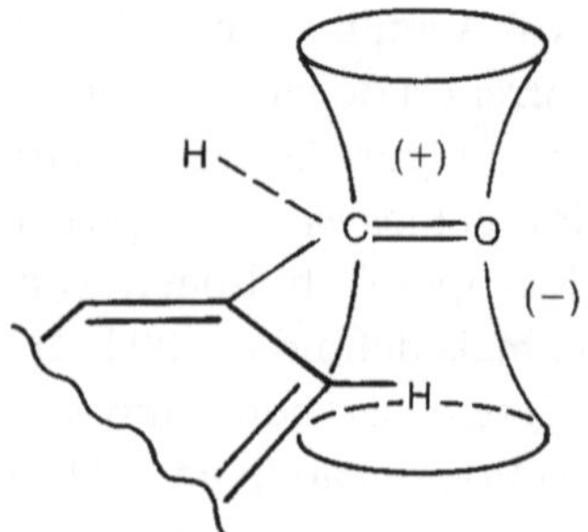

FIGURA 26.19 ■ Desblindagem anisotrópica dos prótons orto do benzaldeído.

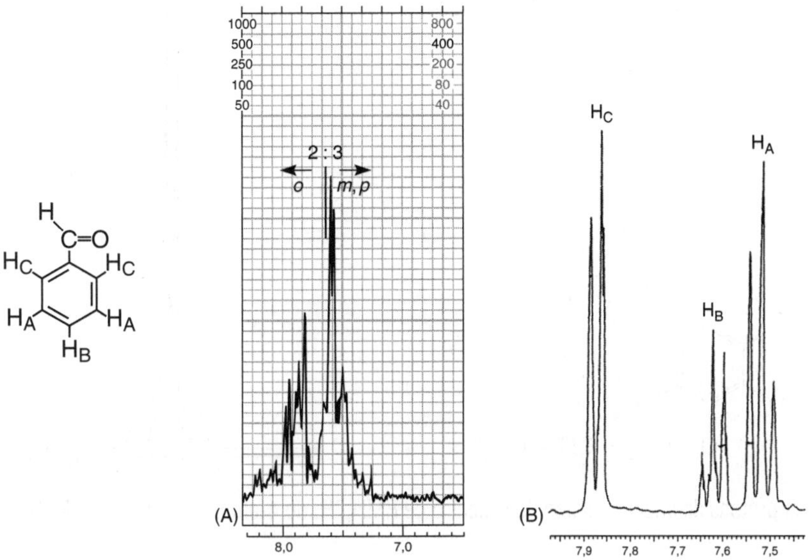

FIGURA 26.20 ■ As porções do anel aromático dos espectros de RMN ^{1}H, do benzaldeído a (A) 60 MHZ e (B) 300 MHZ.

B. Anéis para-dissubstituídos

Dos possíveis padrões de substituição de um anel de benzeno, alguns são facilmente reconhecidos, e um deles é o anel de benzeno para-dissubstituído. Examine o anetol (veja a Figura 26.21) como um primeiro exemplo.

Em um lado do anel de anetol, mostrado na Figura 26.21, o próton H_a está acoplado a H_b, ^3J = 8 Hz, resultando em um dubleto em cerca de 6,80 ppm no espectro. O próton H_a aparece em campo mais alto (menor valor de ppm) relativo a H_b por causa da blindagem causada pelo efeito de liberação de elétrons, do grupo metóxi. De modo semelhante, o H_b é acoplado ao H_a, 3*J* = 8 Hz, produzindo outro dubleto a 7,25 ppm para este próton. Em virtude do plano de simetria, as duas metades do anel são equivalentes. Desse modo, H_a e H_b, no outro lado do anel, também aparecem a 6,80 ppm e 7,25 ppm, respectivamente. Portanto, cada dubleto é integrado para dois prótons. Um anel *para*-dissubstituído, com dois substituintes diferentes ligados, é facilmente reconhecido pelo surgimento de dois dubletos, cada um deles integrado para dois prótons.

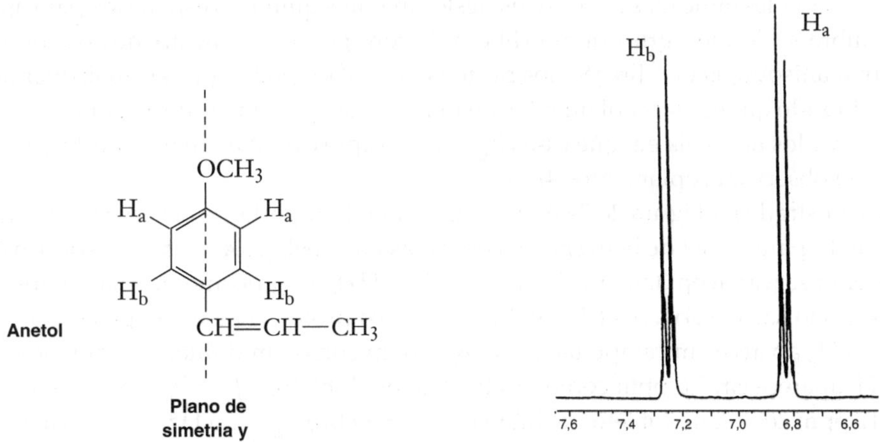

FIGURA 26.21 ■ Os prótons do anel aromático do espectro de RMN, ^{1}H, do anetol, a 300 MHz, mostrando um padrão para--dissubstituído.

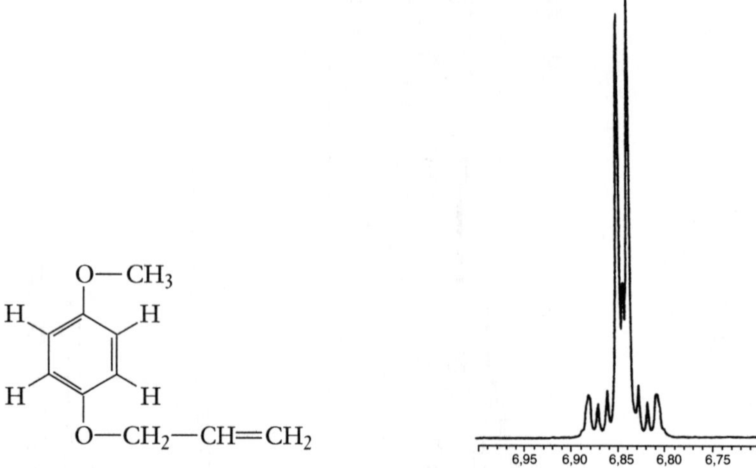

FIGURA 26.22 ■ Os prótons do anel aromático do espectro de RMN, ^{1}H, do 4-aliloxi-anisol, a 300 MHz.

À medida que os deslocamentos químicos de H_a e H_b se aproximam um do outro, em valor, o padrão para-dissubstituído se torna similar ao do 4-aliloxi-anisol (veja a Figura 26.22). Os picos internos se aproximam um do outro, e os externos se tornam menores ou, até mesmo, desaparecem. Por fim, quando H_a e H_b se aproximam o suficiente um do outro em deslocamento químico, os picos externos desaparecem, e os dois picos internos se fundem em um *singleto*; o 1,4-dimetilbenzeno (*para*-xileno), por exemplo, resulta em um singleto a 7,05 ppm.

Consequentemente, uma única ressonância aromática integrada para quatro prótons poderá facilmente representar um anel *para*-dissubstituído, mas os substituintes serão, obviamente, idênticos ou muito similares.

C. Outras substituições

A Figura 26.23 mostra os espectros ^{1}H a 300 MHz, das porções do anel aromático da 2-, 3- e 4-nitroanilina (os isômeros *orto*, *meta* e *para*). O padrão característico de um anel *para*-dissubstituído, com seu par de dubletos, facilita o reconhecimento da 4-nitroanilina. Os padrões de desdobramento para a 2- e 3-nitroanilina são de primeira ordem e podem ser analisados pela regra do $n + 1$. Como exercício, verifique se é possível analisar esses padrões, atribuindo os multipletos aos prótons específicos no anel. Utilize as multiplicidades indicadas (s, d, t) e os deslocamentos químicos esperados para ajudar em suas atribuições. Lembre-se de que o grupo amino libera elétrons por ressonância, e que o grupo nitro mostra uma significativa anisotropia em direção aos prótons orto. Você pode ignorar quaisquer acoplamentos *meta* e *para*, lembrando que esses acoplamentos de longa distância serão muito pequenos em magnitude para serem observados na escala em que essas figuras são apresentadas. Se os espectros forem expandidos, será possível observar acoplamentos $4J$.

O espectro mostrado na Figura 26.24 é do 2-nitrofenol. É importante observar também as constantes de acoplamento para o anel de benzeno, encontradas na Tabela 26.4. Como o espectro é expandido, agora é possível observar acoplamentos ^3J (a cerca de 8 Hz), assim como acoplamentos ^4J (a 1,5 Hz). Acoplamentos ^5J não são observados ($^5J \approx 0$). Cada um dos prótons nesse composto é atribuído no espectro. O próton H_d aparece em campo baixo em 8,11 ppm como um dubleto de dubletos ($^3J_{ad}$ = 8 Hz e $^4J_{cd}$ = 1,5 Hz); H_c aparece em 7,6 ppm como um tripleto de dubletos ($^3J_{ac} = {^3J_{bc}}$ = 8 Hz e $^4J_{cd}$ = 1,5 Hz); H_b aparece em 7,17 ppm como um dubleto de dubletos ($^3J_{bc}$ = 8 Hz e $^4J_{ab}$ = 1,5 Hz); e H_a aparece em 7,0 ppm como um tripleto de dubletos ($^3J_{ac} = {^3J_{ad}}$ = 8 Hz e $^4J_{ab}$ = 1,5 Hz). H_d aparece no campo mais baixo por causa da anisotropia do grupo nitro. H_a e H_b são relativamente blindados por causa do efeito de liberação de ressonância do grupo hidroxila, que blinda esses dois prótons. H_c é atribuído por um processo de eliminação, na ausência desses dois efeitos.

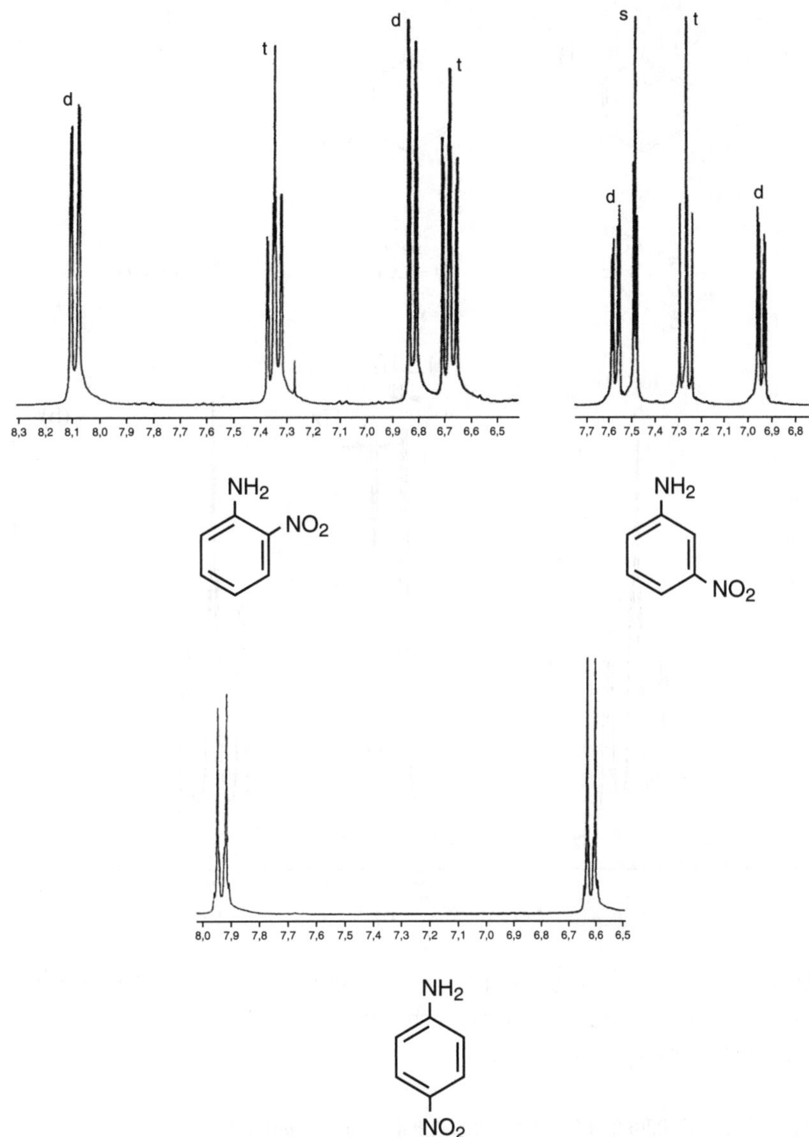

FIGURA 26.23 ■ Os espectros de RMN, ^{1}H, a 300 MHz, das porções do anel aromático da 2-, 3- e 4-nitroanilina (s, singleto; d, dubleto; t, tripleto). O grupo NH_2 não é mostrado.

26.14 Prótons ligados a átomos diferentes do carbono

Prótons ligados a átomos que não são de carbono, geralmente, têm um intervalo de absorções amplamente variável. Diversos desses grupos são apresentados na Tabela 26.6. Além disso, nas condições comuns de determinação de um espectro de RMN, os prótons em heteroelementos normalmente não se acoplam com prótons em átomos de carbono adjacentes para resultar no desdobramento spin–spin. A principal razão disso é que tais prótons frequentemente trocam de lugar rapidamente com os do meio solvente. A posição de absorção é variável porque esses grupos também se submetem a vários graus de ligações de hidrogênio em soluções de diferentes concentrações.

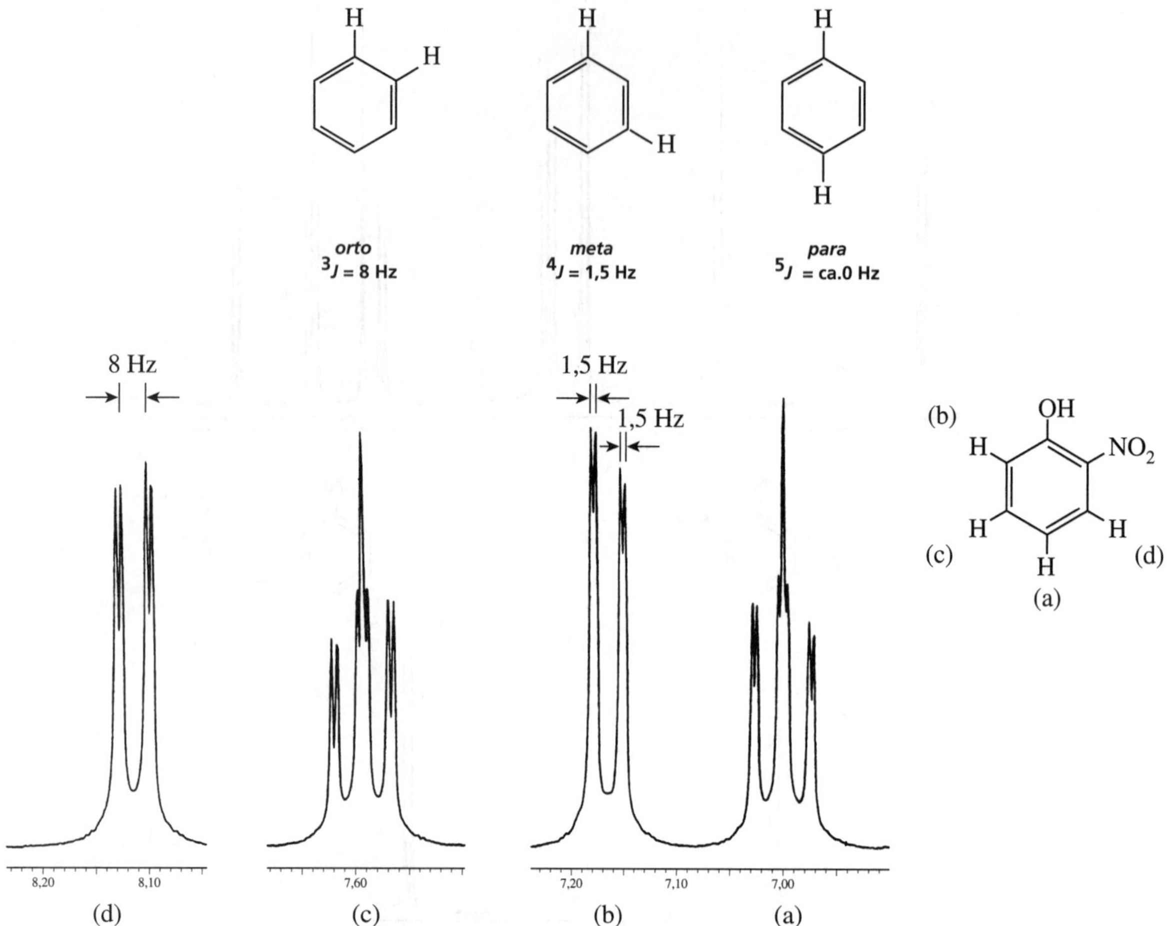

FIGURA 26.24 ■ Expansões dos multipletos do próton do anel aromático do espectro ^{1}H, a 300 MHz, do 2-nitrofenol. A absorção da hidroxila (OH) não é mostrada. As constantes de acoplamento são indicadas em alguns dos picos do espectro para dar uma ideia de escala.

TABELA 26.6 ■ Intervalos típicos para grupos com deslocamento químico variável

Ácidos	RCOOH	10,5–12,0 ppm
Fenóis	ArOH	4,0–7,0
Álcoois	ROH	0,5–5,0
Aminas	RNH_2	0,5–5,0
Amidos	$RCONH_2$	5,0–8,0
Enóis	CH=CH—OH	≥15

A intensidade das ligações de hidrogênio que ocorre com um próton afeta radicalmente a densidade eletrônica de valência em torno daquele próton e produz alterações correspondentemente grandes no deslocamento químico. Os picos de absorção para prótons que têm ligação de hidrogênio ou que passam por troca geralmente são largos em relação a outros singletos e normalmente podem ser reconhecidos com base nisso. Por uma razão diferente, chamada **alargamento quadrupolar**, prótons ligados a átomos de nitrogênio geralmente mostram um pico de ressonância extremamente largo, normalmente quase indistinguível da linha de base.

26.15 Reagentes de deslocamento químico

Os pesquisadores sabem, já há algum tempo, que interações entre moléculas e solventes, como as que se devem a ligações de hidrogênio, podem provocar mudanças nas posições de ressonância de determinados tipos de prótons (por exemplo, hidroxila e amino). Eles também sabem que as posições de ressonância de alguns grupos de prótons podem ser muito afetadas pelas mudança dos habituais solventes utilizados em RMN, como CCl_4 e $CDCl_3$, para solventes como o benzeno, que impõe efeitos anisotrópicos locais nas moléculas vizinhas. Em muitos casos, é possível resolver parcialmente a sobreposição de multipletos por meio dessa mudança de solvente. O uso de **reagentes de deslocamento químico** para esse propósito data, aproximadamente, de 1969. A maioria desses reagentes de deslocamento químico são complexos orgânicos de metais de terras raras paramagnéticos, da série dos elementos lantanoides. Quando esses complexos metálicos são adicionados ao composto cujo espectro está sendo determinado, são observadas profundas modificações nas posições de ressonância dos vários grupos de prótons. A direção da mudança (para o campo alto ou campo baixo) depende principalmente de qual metal está sendo utilizado. Complexos de európio, érbio, túlio e itérbio deslocam as ressonâncias para o campo baixo; complexos de cério, praseodímio, neodímio, samário, térbio e hólmio geralmente deslocam as ressonâncias para o campo alto. A vantagem de utilizar esses reagentes é que mudanças similares às observadas em campo mais alto podem ser induzidas sem a necessidade de adquirir-se um instrumento mais caro de campo mais alto.

Dos lantanoides, o európio é provavelmente o metal mais utilizado. Dois de seus complexos amplamente utilizados são o európio *tris*-(dipivalometanato) e európio *tris*-(6,6,7,7,8,8,8-heptafluoro-2,2-dimetil-3,5-octanodionato), que são, com frequência, abreviados como $Eu(dpm)_3$ e $Eu(fod)_3$, respectivamente.

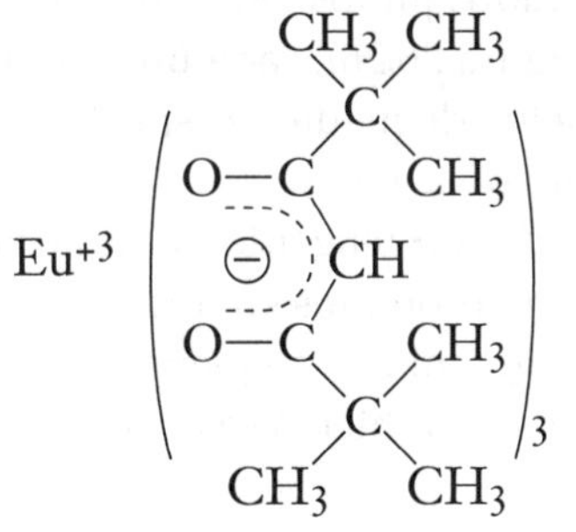

Eu^{+3} (O—C(C(CH$_3$)$_3$)⋯CH⋯C(C(CH$_3$)$_3$)—O, ⊖)$_3$

$Eu(dpm)_3$
ou $Eu(thd)_3$

Eu^{+3} (O—C(CF$_2$CF$_2$CF$_3$)⋯CH⋯C(C(CH$_3$)$_3$)—O, ⊖)$_3$

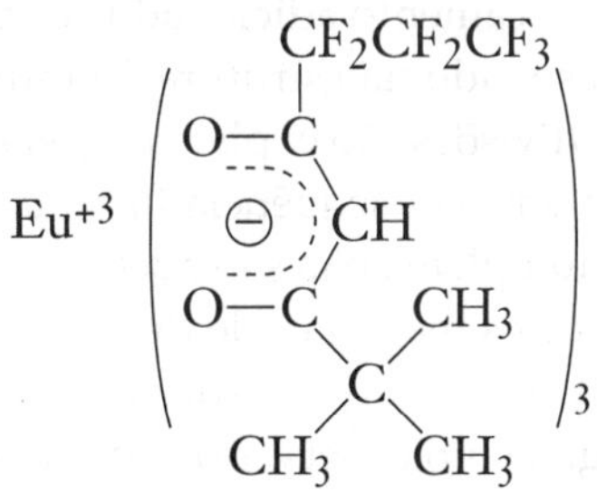

$Eu(fod)_3$

Esses complexos de lantanoides produzem simplificações espectrais no espectro de RMN de qualquer composto que tenha um par de elétrons relativamente básico (par não compartilhado) que pode se coordenar ao Eu^{3+}. Geralmente, aldeídos, cetonas, álcoois, tióis, éteres e aminas irão interagir:

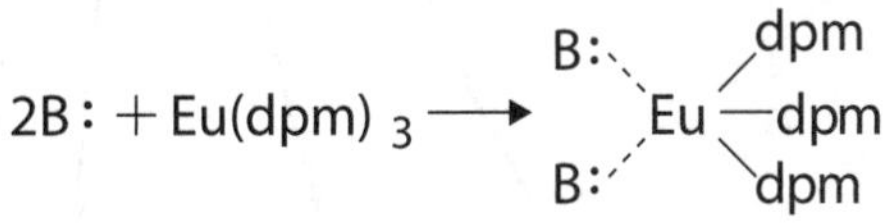

$$2B: + Eu(dpm)_3 \longrightarrow (B:)_2Eu(dpm)_3$$

A magnitude do desdobramento que um determinado grupo de prótons irá experimentar depende (1) da distância que separa o metal (Eu^{3+}) desse grupo de prótons, e (2) da concentração do reagente de deslocamento na solução. Por causa dessa última dependência, ao relatar um espectro deslocado por lantanoide, é necessário registrar o número de mols do reagente de deslocamento utilizado ou sua concentração molar.

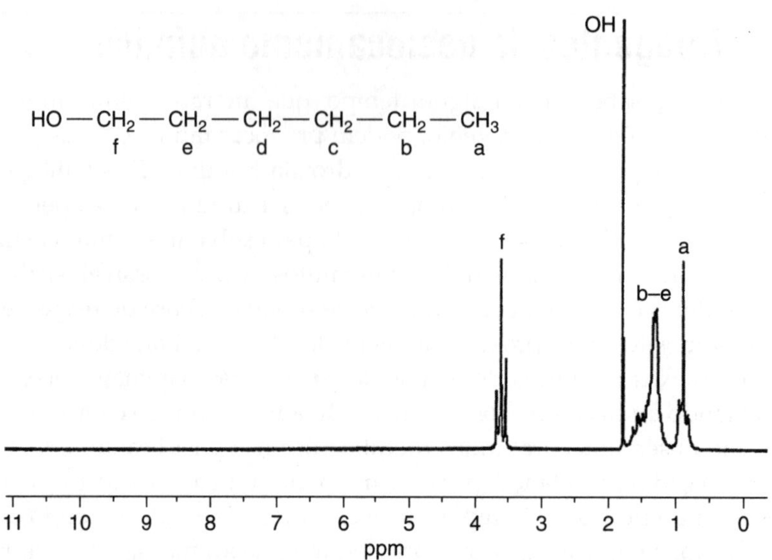

FIGURA 26.25 ■ O espectro de RMN, ^{1}H, a 90 MHz, do hexanol, determinado sem o $Eu(dpm)_3$ © National Institute of Advanced Industrial Science and Technology.

O fator distância é ilustrado nos espectros do hexanol, que são dados nas Figuras 26.25 e 26.26. Na ausência do reagente de deslocamento, é obtido o espectro normal (veja a Figura 26.25). Somente o tripleto do grupo metila terminal e o tripleto do grupo metileno próximo à hidroxila são resolvidos no espectro. Os outros prótons (além do OH) são encontrados juntos, em um grupo largo não resolvido. Com o reagente de deslocamento adicionado (veja a Figura 26.26), cada um dos grupos metileno é claramente separado e resolvido na estrutura de multipleto adequada. O espectro é de primeira ordem e simplificado; todas as divisões são explicadas pela regra do $n + 1$.

Deve-se observar uma consequência final do uso de um reagente de deslocamento. Verifique, na Figura 26.26, que os multipletos não são adequadamente resolvidos em picos definidos, como é o esperado. Isso ocorre porque os reagentes de deslocamento geram um pequeno alargamento dos picos. Em concentrações de reagente com elevado deslocamento, esse problema se torna grave, mas em concentrações mais úteis o alargamento observado é tolerável.

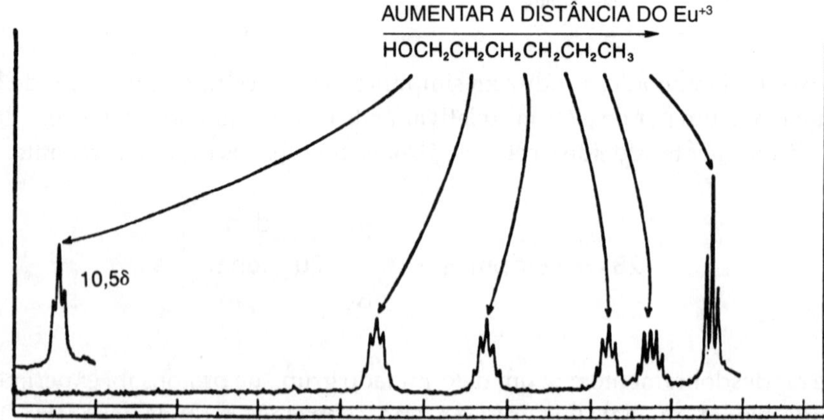

FIGURA 26.26 ■ O espectro de RMN, 1H, a 100 MHz, do hexanol, com 0,29 mols equivalentes de Eu(dpm)3 adicionado. Obtido de Sanders J. K. M. e Williams, D. H. Chemical Communications, (1970): p. 422. Reproduzido mediante permissão da Royal Society of Chemistry.

REFERÊNCIAS

LIVROS

Friebolin, H. *Basic One- and Two-Dimensional NMR Spectroscopy*, 3rd ed. New York: VCH Publishers, 1998.

Gunther, H. *NMR Spectroscopy*, 2nd ed. New York: John Wiley & Sons, 1995.

Jackman, L. M. e Sternhell, S. *Nuclear Magnetic Resonance Spectroscopy* in *Organic Chemistry*, 2nd ed. New York: Pergamon Press, 1969.

Macomber, R. S. *A Complete Introduction to Modern NMR Spectroscopy*. New York: John Wiley & Sons, 1997.

Macomber, R. S. *NMR Spectroscopy: Essential Theory and Practice*. New York: College Outline Series, Harcourt Brace Jovanovich, 1988.

Pavia, D. L., Lampman, G. M. e vyvyan, J. R. Kriz, G. S. Brooks Cole 2008. *Introduction to Spectroscopy*, 4th ed.

Sanders, J. K. M. e Hunter, B. K. *Modern NMR Spectroscopy – A Guide for Chemists*, 2nd ed. Oxford: Oxford University Press, 1993.

Silverstein, R. M. e Webster, F. X. e Kiemle, D. *Spectrometric Identification of Organic Compounds*, 7th ed. New York: John Wiley & Sons, 2005.

COMPILAÇÕES DE ESPECTROS

Pouchert, C. J. *The Aldrich Library of NMR Spectra, 60 MHz*, 2nd ed. Milwaukee, WI: Aldrich Chemical Company, 1983.

Pouchert, C. J. e Behnke, J. *The Aldrich Library of ^{13}C and ^{1}H FT–NMR Spectra, 300 MHz*. Milwaukee, WI: Aldrich Chemical Company, 1993.

Pretsch, E., Clerc, T., Seibl, J. e Simon,W. *Tables of Spectral Data for Structure Determination of Organic Compounds*, 2nd ed. Berlin e New York: Springer-Verlag, 1989. Traduzido do alemão por K. Biemann.

SITES

http://www.aist.go.jp/RIODB/SDBS/menu-e.html
Integrated Spectral DataBase System for Organic Compounds, National Institute of Materials and Chemical Research, Tsukuba, Ibaraki 305-8565, Japão. Este banco de dados inclui informações sobre espectros no infravermelho, de massa e RMN (próton e carbono-13) para um grande número de compostos.

http://www.chem.ucla.edu/~webspectra/
O Departamento de Química e Bioquímica da UCLA, em conjunto com Cambridge University Isotope Laboratories, mantém um *site*, denominado WebSpectra, que apresenta problemas de espectroscopia de RMN e IR para que os alunos possam interpretar. São disponibilizados *links* para outros *sites* com problemas para os alunos resolverem.

■ PROBLEMAS ■

1. Descreva o método que deve ser utilizado para determinar espectro de RMN de prótons, de um ácido carboxílico, que é insolúvel em *todos* os solventes orgânicos comuns que seu instrutor provavelmente tornará disponível.

2. Para economizar dinheiro, um aluno utiliza clorofórmio em vez de clorofórmio deuterado para realizar espectro de RMN de prótons. Essa é uma boa ideia?

3. Observe as solubilidades dos seguintes compostos e decida se deve selecionar clorofórmio deuterado ou água deuterada para dissolver as substâncias para a espectroscopia de RMN.
   a. Glicerol (1,2,3-propanotriol)
   b. 1,4-Dietoxibenzeno
   c. Pentanoato de propila (éster propílico do ácido pentanoico)

4. Atribua cada um dos padrões de prótons nos espectros da 2-, 3- e 4-nitroanilina, como mostra a Figura 26.23.

5. Os dois seguintes compostos são ésteres isoméricos derivados do ácido acético, cada um deles com fórmula $C_5H_{10}O_2$. Esses espectros expandidos mostram claramente os padrões de desdobramento: singleto, dubleto, tripleto, quarteto etc. Curvas integrais são desenhadas nos espectros com valores de integração relativos fornecidos acima da escala e sob cada conjunto de picos. Esses números indicam a quantidade de prótons atribuída a cada padrão. Lembre-se de que esses valores integrais são aproximados. Você precisará arredondar os valores para o número inteiro mais próximo. Desenhe a estrutura de cada composto.

   a.

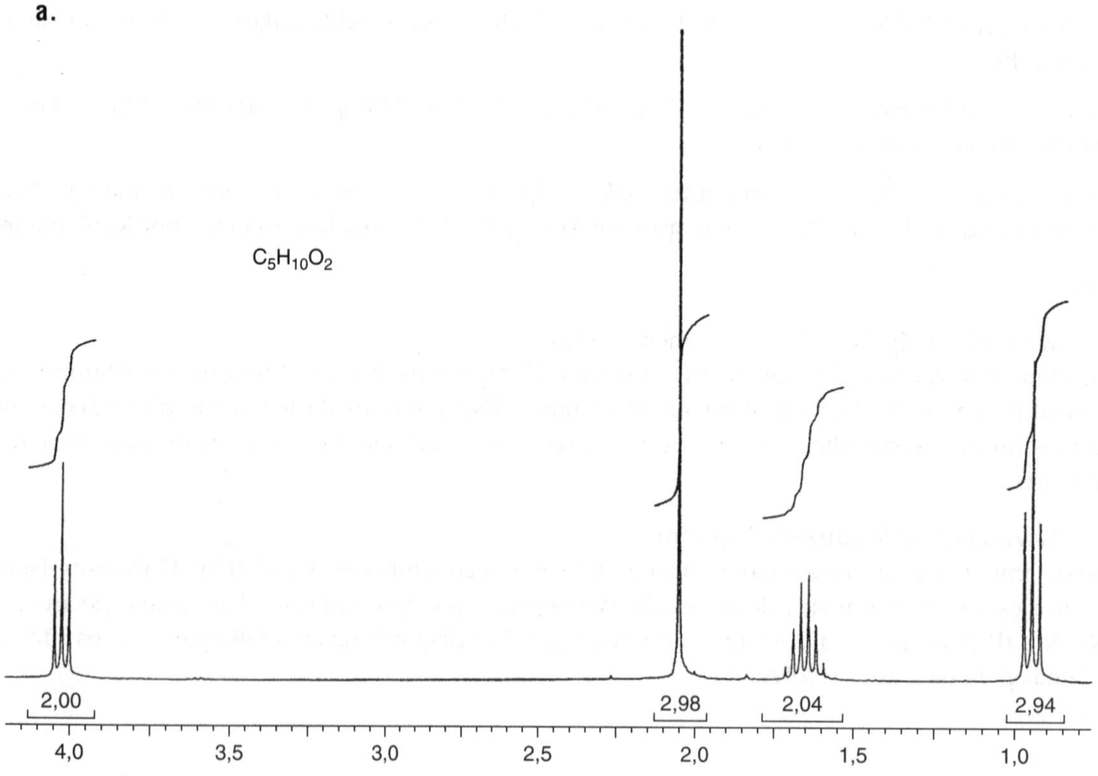

b. O conjunto de picos centrados em 5 ppm é expandido nas direções *x* e *y*, a fim de mostrar o padrão mais claramente. Esse padrão expandido é demonstrado em destaque no espectro completo.

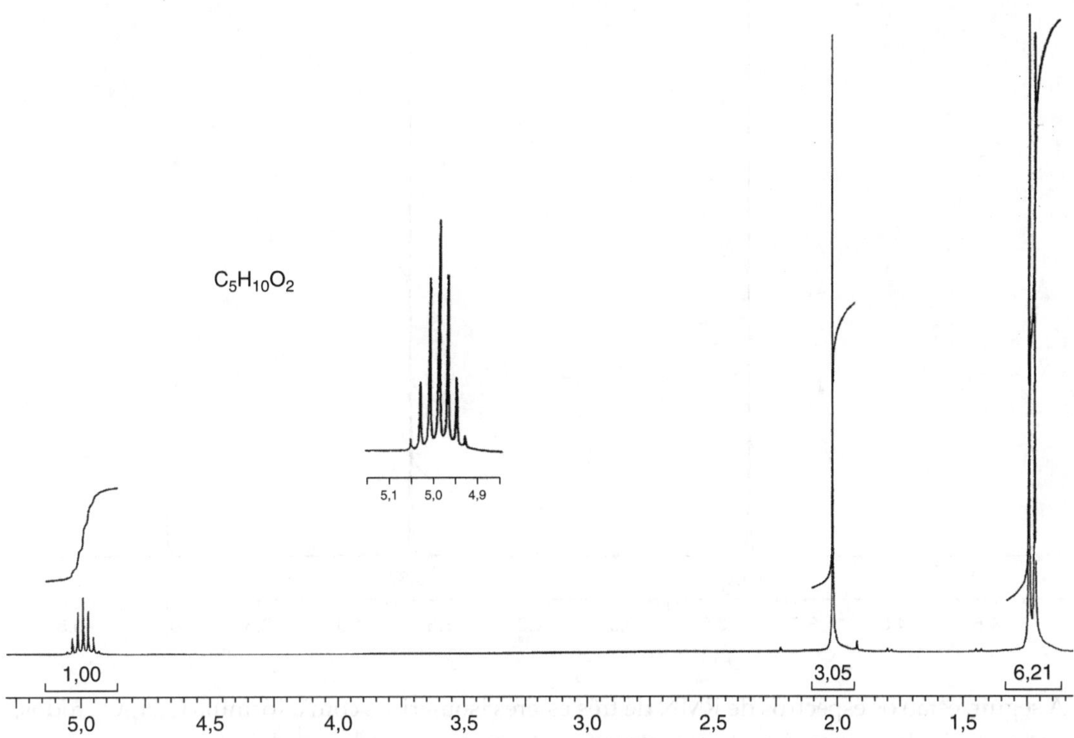

6. O composto que fornece o seguinte espectro de RMN tem a fórmula $C_3H_6Br_2$. Desenhe a estrutura.

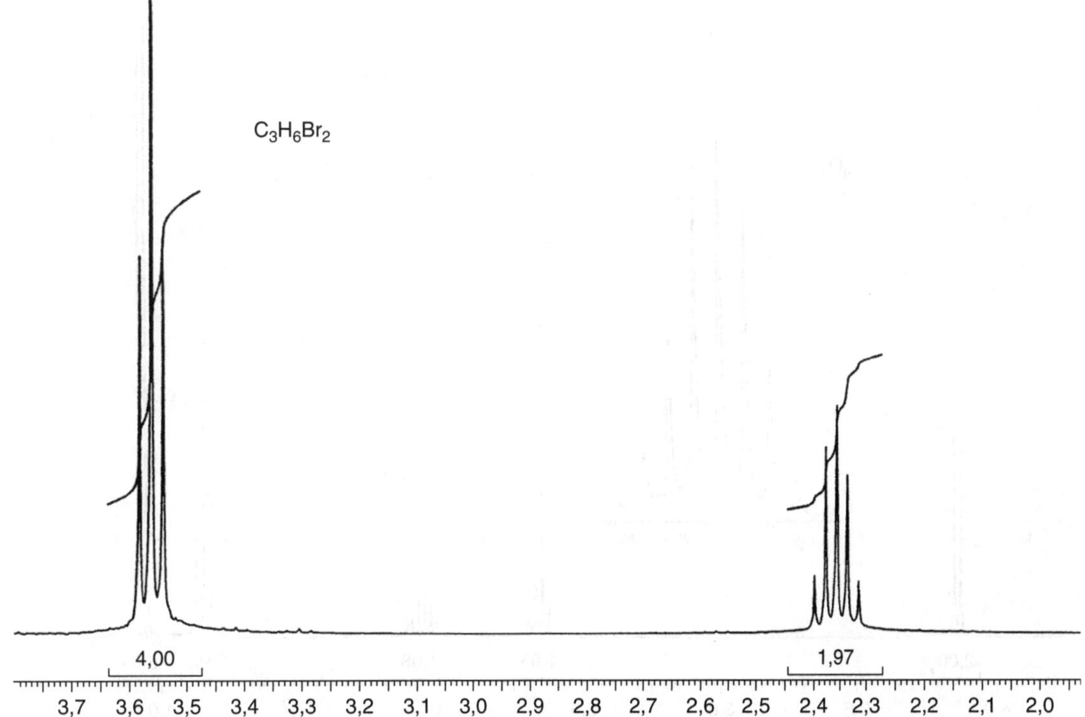

7. Desenhe a estrutura de um éter com fórmula $C_5H_{12}O_2$ que se ajuste ao seguinte espectro de RMN.

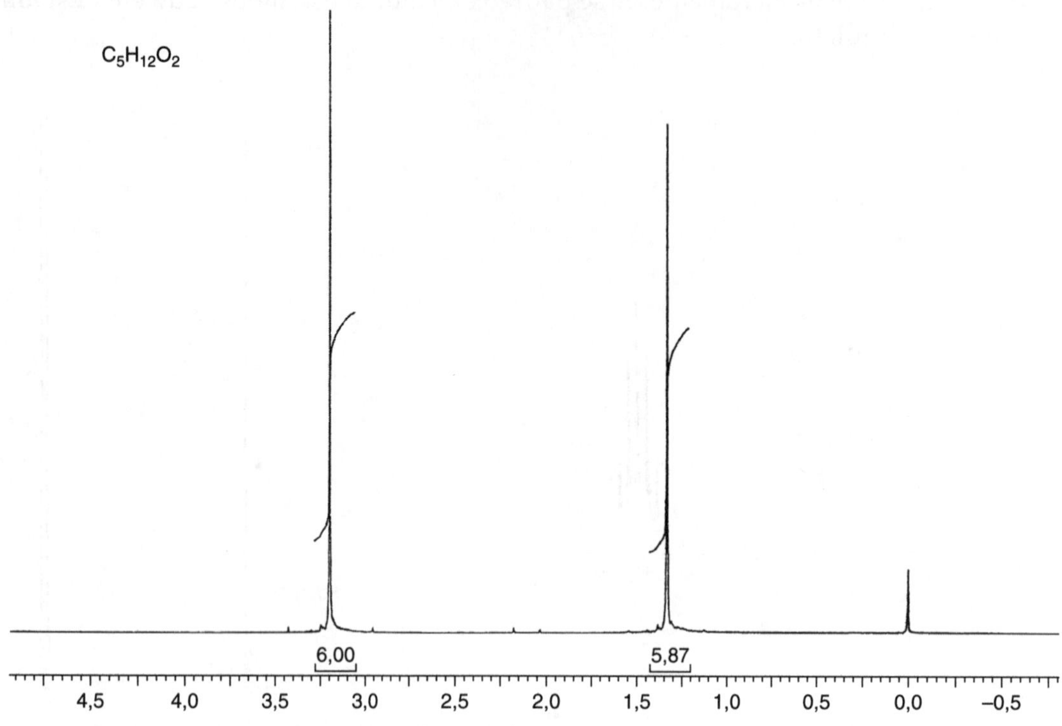

8. A seguir, estão os espectros de RMN de três ésteres isoméricos com a fórmula $C_7H_{14}O_2$, todos, derivados do ácido propanoico. Apresente uma estrutura para cada um deles.
   a. O conjunto de picos centrados em cerca de 1,9 ppm é expandido nas direções x e y, a fim de mostrar o padrão mais claramente. Esse padrão expandido é mostrado em destaque no espectro completo.

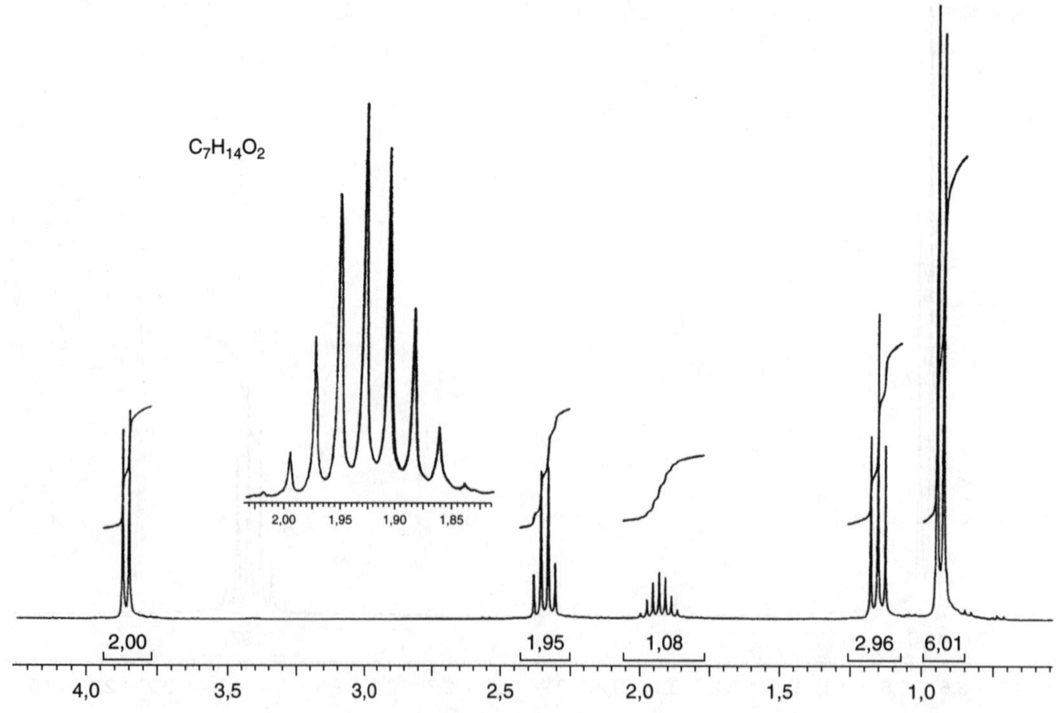

b.

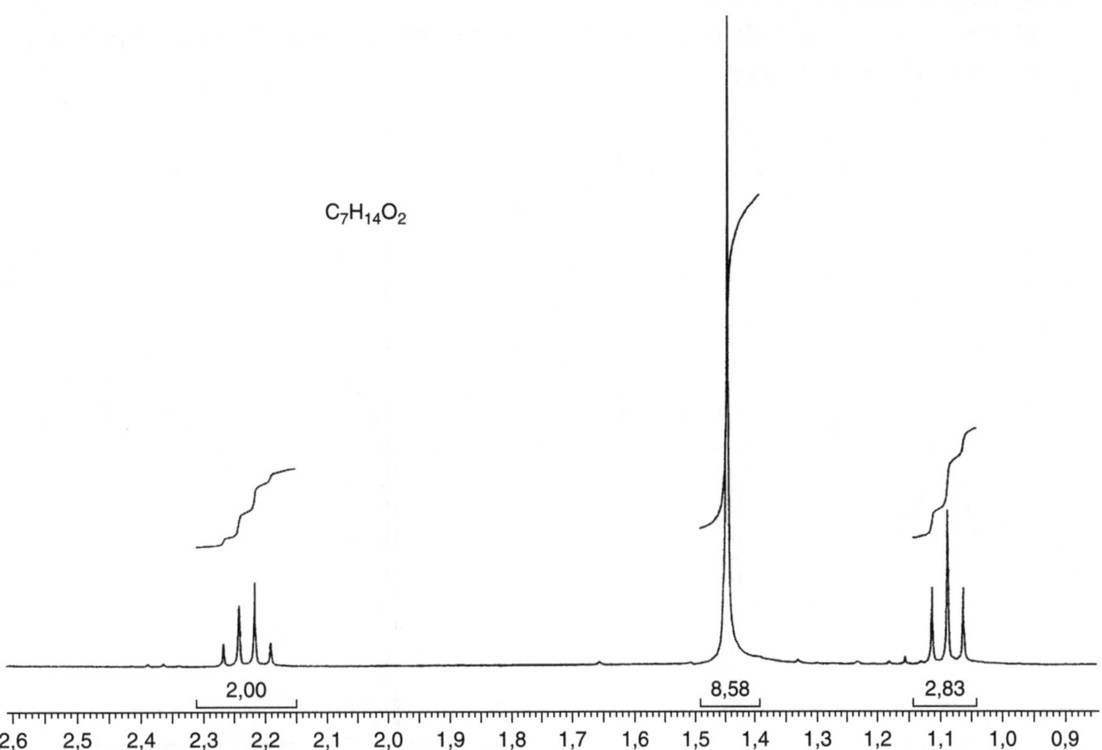
$C_7H_{14}O_2$
2,00
8,58
2,83
2,6 2,5 2,4 2,3 2,2 2,1 2,0 1,9 1,8 1,7 1,6 1,5 1,4 1,3 1,2 1,1 1,0 0,9

c.

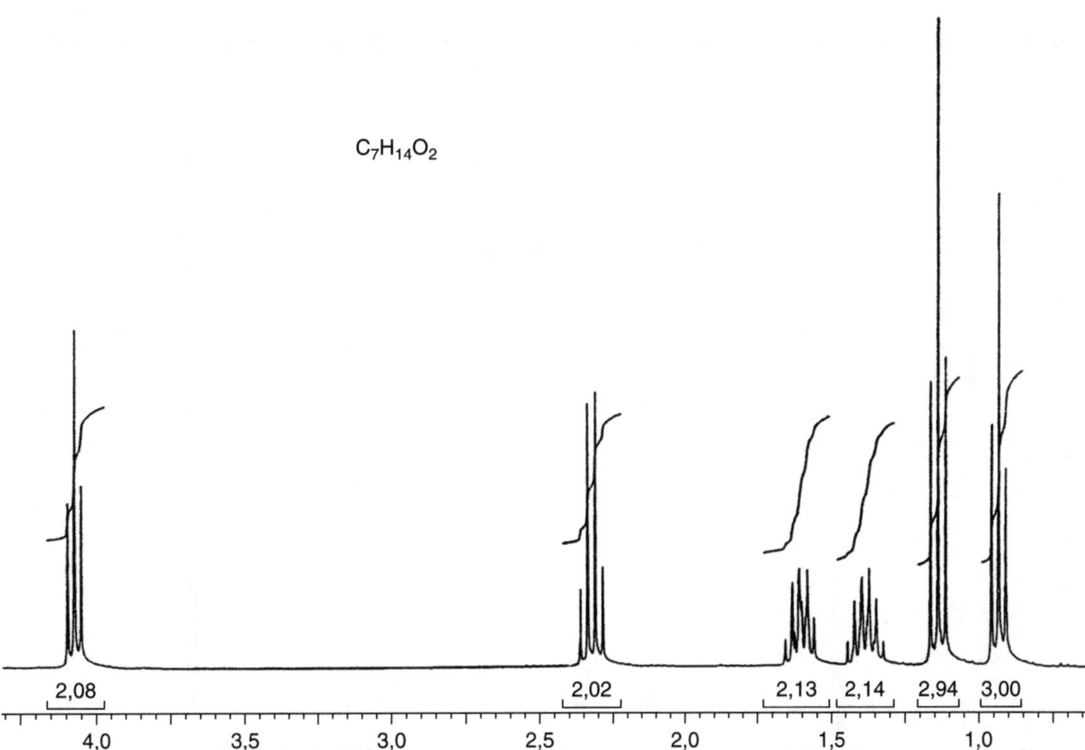
$C_7H_{14}O_2$
2,08
2,02
2,13
2,14
2,94
3,00
4,0 3,5 3,0 2,5 2,0 1,5 1,0

9. Os dois ácidos carboxílicos isoméricos que dão os seguintes espectros de RMN têm a fórmula $C_3H_5ClO_2$. Desenhe suas estruturas.

a. O singleto largo integrado para um próton que é mostrado em destaque no espectro aparece em campo baixo a 11,5 ppm.

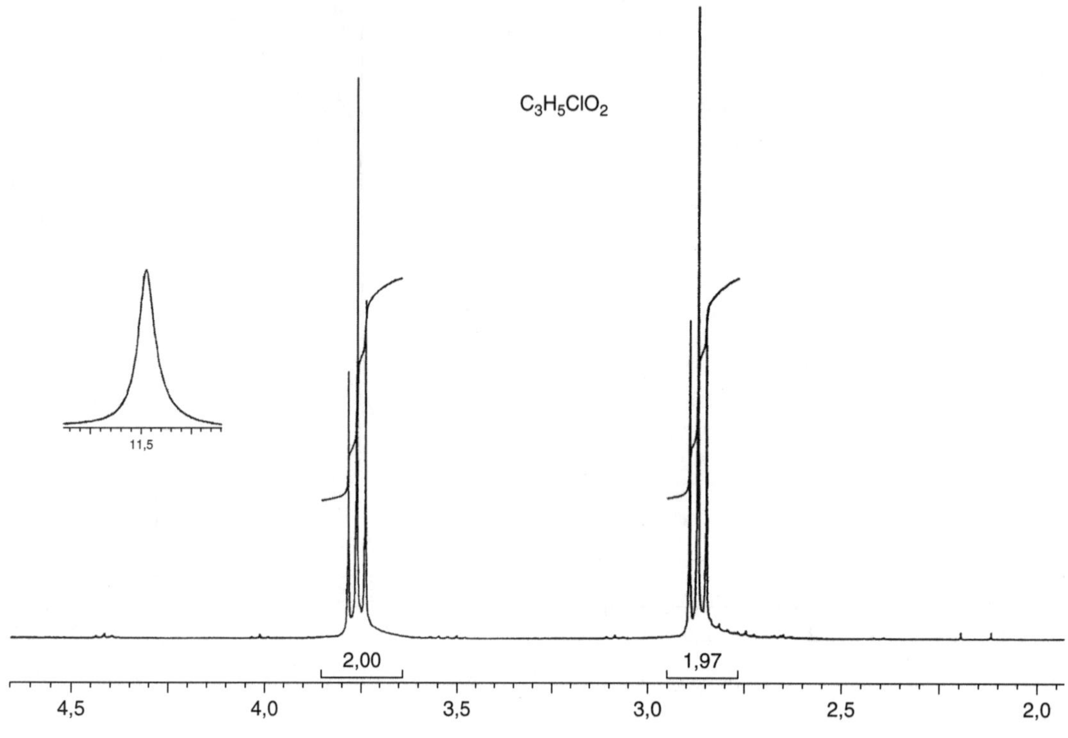

b. O singleto integrado para um próton, que é mostrado em destaque no espectro aparece em campo baixo, a 12,0 ppm.

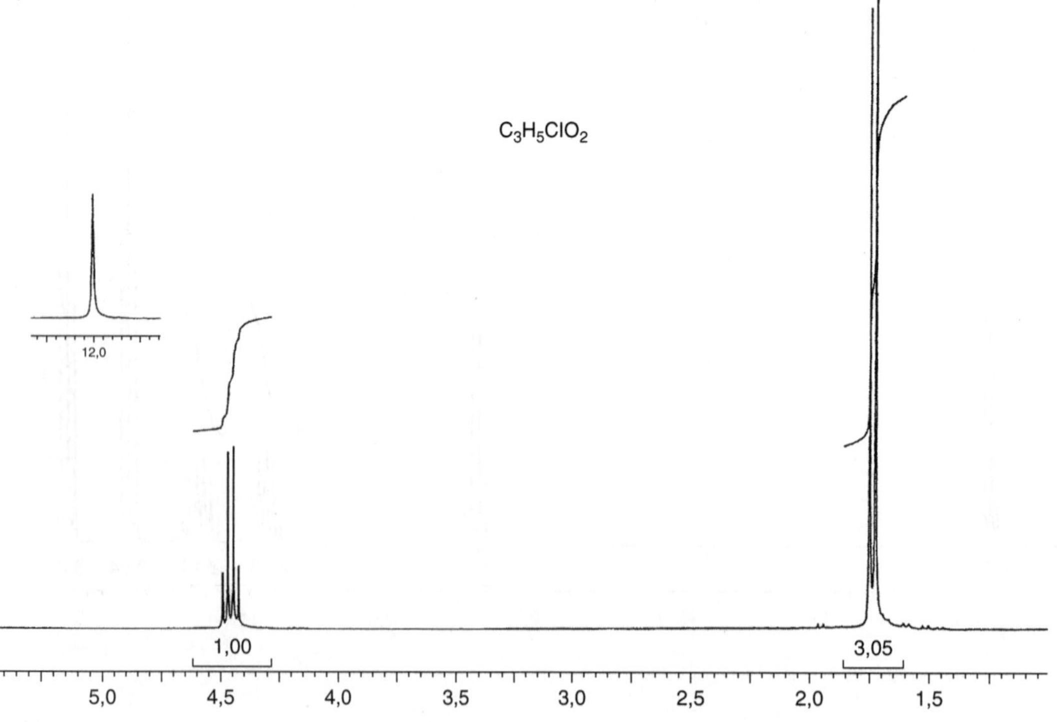

10. Os seguintes compostos são isômeros com a fórmula $C_{10}H_{12}O$. Seus espectros no infravermelho mostram bandas fortes perto de 1715 cm^{-1} e no intervalo de 1600 cm^{-1} a 1450 cm^{-1}. Desenhe suas estruturas.

a.

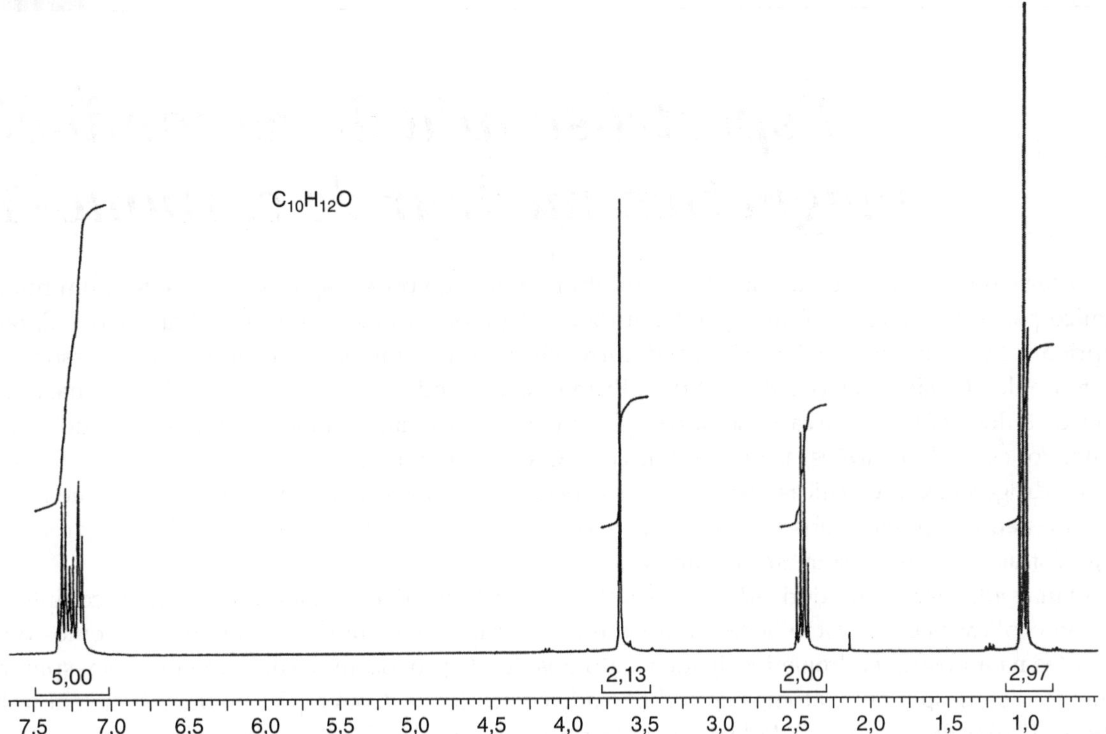

b.

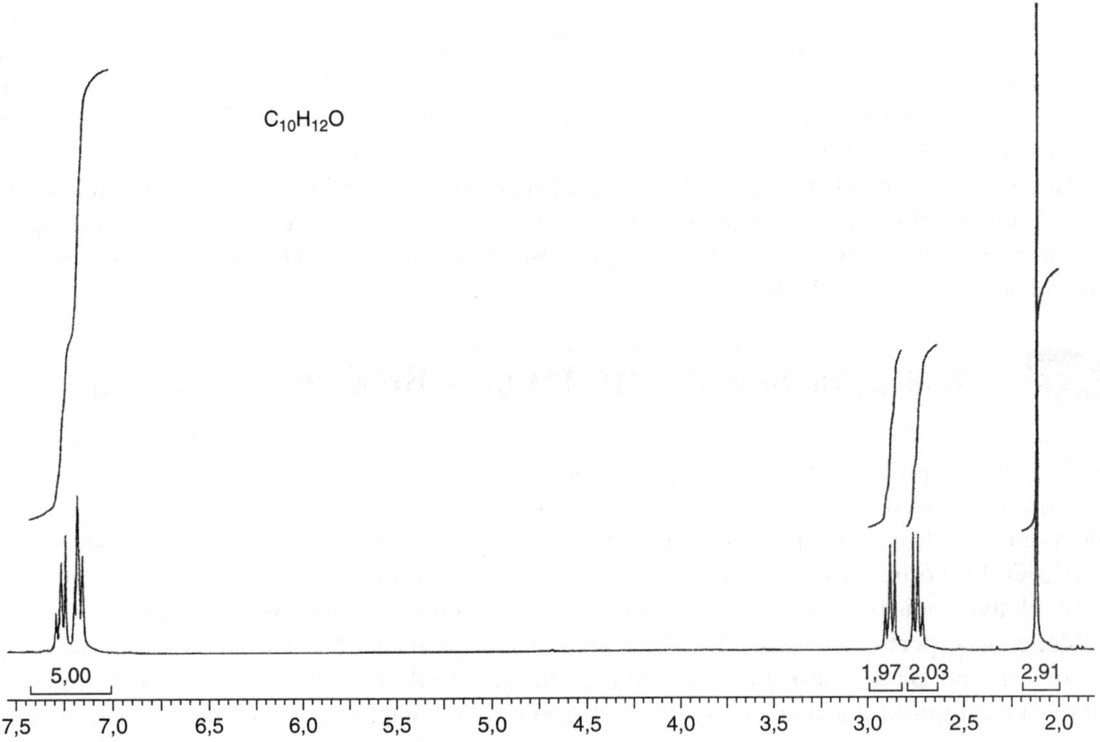

Técnica 27

Espectroscopia de ressonância magnética nuclear de carbono-13

O carbono-12, o isótopo de carbono mais abundante, não possui spin ($I = 0$); ele tem um número atômico par e uma massa atômica par. Contudo, o segundo principal isótopo de carbono, ^{13}C, tem a propriedade de spin nuclear (I = 1/2). Em decorrência de uma combinação de dois fatores, ressonâncias do átomo de ^{13}C não são fáceis de observar. Primeiro, a abundância natural do ^{13}C é pequena; apenas 1,08% de todos os átomos de carbono são de ^{13}C. Em segundo lugar, o momento magnético μ do ^{13}C é pequeno. Por essas duas razões, as ressonâncias do ^{13}C são aproximadamente 6.000 vezes mais fracas que as do hidrogênio. Com técnicas instrumentais especiais de transformada de Fourier (FT), que não são discutidas aqui, é possível observar a ressonância magnética nuclear dos espectros de ^{13}C (carbono-13) em amostras que contêm somente a abundância natural do ^{13}C.

O mais útil parâmetro derivado dos espectros de carbono-13 é o deslocamento químico. Integrais não são confiáveis e não estão necessariamente relacionadas aos números relativos de átomos de ^{13}C presentes na amostra. Hidrogênios ligados a átomos de ^{13}C provocam desdobramento spin–spin, mas a interação spin–spin entre átomos de carbono adjacentes é rara. Com a pouca abundância natural do carbono-13 (0,0108), a probabilidade de encontrar dois átomos de ^{13}C adjacentes um ao outro é extremamente pequena.

Espectros de carbono podem ser utilizados para determinar o número de carbonos não equivalentes e identificar os tipos de átomos de carbono (metila, metileno, aromático, carbonila e assim por diante) que podem estar presentes em um composto. Portanto, o RMN de carbono fornece informações diretas sobre o esqueleto de carbono de uma molécula. Em virtude da pouca abundância natural do carbono-13 em uma amostra, geralmente é preciso realizar múltiplas varreduras em relação ao que é necessário para a RMN de próton.

Para uma determinada força de campo magnético, a frequência de ressonância de um núcleo de ^{13}C é cerca de um quarto da frequência necessária para observar ressonâncias em prótons. Por exemplo, em um campo magnético aplicado de 7,05 tesla, são observados prótons a 300 MHz, e núcleos de ^{13}C são observados em torno de 75 MHz.

27.1 Preparação de uma amostra para RMN de carbono-13

A Técnica 26, Seção 26.1, descreve o método de preparação de amostras para RMN de prótons. Grande parte do que é descrito nessa seção também se aplica à RMN de carbono. No entanto, existem algumas diferenças ao se obter um espectro de carbono. Os instrumentos de transformada de Fourier exigem um sinal de deutério para estabilizar (travar) o campo. Desse modo, os solventes devem conter deutério. O clorofórmio deuterado, $CDCl_3$, é utilizado mais comumente para esse propósito porque seu custo é relativamente baixo. Outros solventes deuterados também podem ser utilizados.

Modernos espectrômetros de FT–RMN permitem aos químicos obter os espectros de RMN de próton e de carbono, para a mesma amostra no mesmo tubo de RMN. Depois de modificar diversos parâmetros no programa que opera o espectrômetro, você pode obter ambos os espectros sem remover a

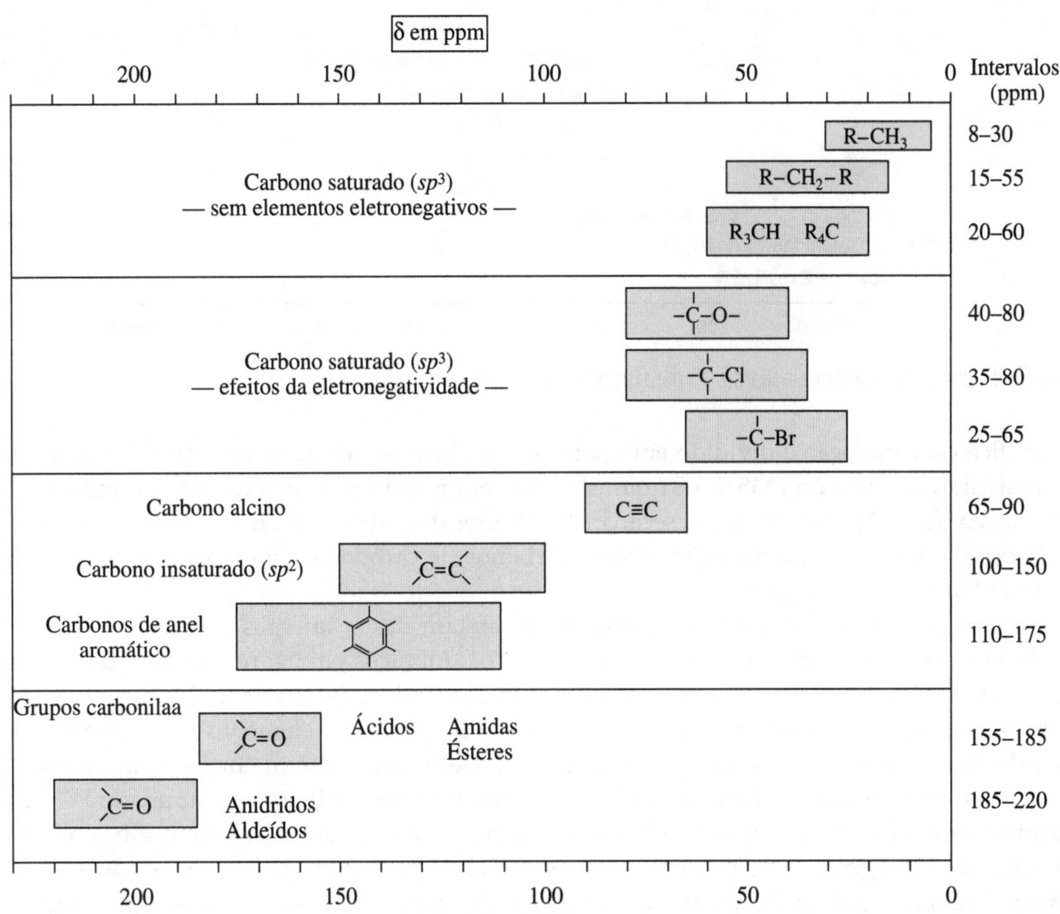

FIGURA 27.1 Um gráfico de correlação para deslocamentos químicos no ^{13}C (deslocamentos químicos são relacionados em partes por milhão, a partir do tetrametilsilano).

amostra da sonda. A única diferença real é que um espectro de próton pode ser obtido depois de apenas algumas varreduras, ao passo que o espectro de carbono pode exigir um número de varreduras 10 a 100 vezes maior.

O tetrametilsilano (TMS) pode ser adicionado como um padrão de referência interno, pelo qual o deslocamento químico do carbono metílico é definido como 0,00 ppm. Como alternativa, você pode utilizar o pico central do padrão $CDCl_3$, que é encontrado a 77,0 ppm. Esse padrão pode ser observado como um pequeno "tripleto" próximo a 77,0 ppm em diversos dos espectros dados neste capítulo.

27.2 Deslocamentos químicos no carbono-13

Um importante parâmetro, derivado dos espectros de carbono-13, é o deslocamento químico. O gráfico de correlação na Figura 27.1 mostra típicos deslocamentos químicos no ^{13}C, relacionados em partes por milhão (ppm) a partir do TMS, e os carbonos dos grupos metila de TMS (não os hidrogênios) são utilizados como referência. Observe que os deslocamentos químicos aparecem ao longo de um intervalo (0–220 ppm) muito maior que o observado para prótons (0–12 ppm). Em virtude de o intervalo de valores ser muito grande, quase todo átomo de carbono não equivalente em uma molécula orgânica dá origem a um pico com um diferente deslocamento químico. Os picos raramente se sobrepõem, como ocorre frequentemente na RMN de próton.

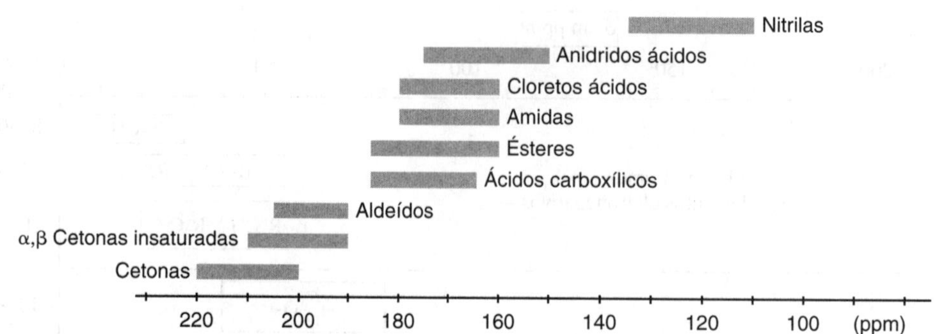

FIGURA 27.2 Um gráfico de correlação do ^{13}C para grupos funcionais carbonila e nitrila.

O gráfico de correlação é dividido em quatro seções. Átomos de carbono saturados aparecem no campo mais alto, próximo do TMS (8–60 ppm). A seção seguinte do gráfico demonstra o efeito de átomos eletronegativos (40–80 ppm). A terceira seção inclui átomos de carbono de alcenos e de anéis aromáticos (100–175 ppm). Por fim, a quarta seção contém carbonos de carbonilas, que aparecem nos valores de campo mais baixos (155–220 ppm).

A eletronegatividade, hibridização e anisotropia afetam deslocamentos químicos no ^{13}C praticamente da mesma maneira que afetam os deslocamentos químicos em ^{1}H; no entanto, deslocamentos químicos em ^{13}C são cerca de 20 vezes maiores. A eletronegatividade (veja a Seção 26.7) produz o mesmo efeito de desblindagem na RMN de carbono que na RMN de próton – o elemento eletronegativo produz um grande deslocamento para o campo mais baixo. O deslocamento é maior para um átomo de ^{13}C que para um próton porque o átomo eletronegativo está diretamente ligado ao átomo de ^{13}C e o efeito ocorre através de uma única ligação, C—X. Com prótons, os átomos eletronegativos são conectados ao carbono, não ao hidrogênio; o efeito ocorre através de duas ligações, H—C—X, em vez de apenas uma.

De modo análogo aos deslocamentos em ^{1}H, as alterações na hibridização também produzem deslocamentos maiores para o carbono-13 que está *diretamente envolvido* (sem ligações), do que para os hidrogênios conectados a esse carbono (uma ligação). Na ^{13}C RMN, os carbonos de grupos carbonila têm os maiores deslocamentos químicos, em razão da hibridização sp^2 e ao fato de que um oxigênio eletronegativo está diretamente ligado ao carbono da carbonila, desblindando-o ainda mais. A anisotropia (veja a Seção 26.8) é responsável pelos grandes deslocamentos químicos dos carbonos em anéis aromáticos e alcenos.

Observe que o intervalo de deslocamentos químicos é maior para átomos de carbono que para átomos de hidrogênio. Como os fatores que afetam os deslocamentos de carbono operam através de uma ligação ou diretamente no carbono, eles são maiores que aqueles para o hidrogênio, que operam por meio de mais ligações. Como resultado, o intervalo completo de deslocamentos químicos se torna maior para ^{13}C (0–220 ppm) que para ^{1}H (0–12 ppm).

Muitos dos importantes grupos funcionais da química orgânica contêm um grupo carbonila. Ao determinar a estrutura de um composto contendo um grupo carbonila, geralmente, é útil ter alguma ideia do tipo de grupo carbonila no composto desconhecido. A Figura 27.2 ilustra os típicos intervalos dos deslocamentos químicos do ^{13}C para grupos funcionais contendo carbonila. Embora exista alguma sobreposição nos intervalos, cetonas e aldeídos são fáceis de distinguir dos outros tipos. Os dados do deslocamento químico para carbonos carbonila são particularmente poderosos quando combinados com dados de um espectro no infravermelho.

27.3 Espectros de ^{13}C acoplados a prótons – desdobramento spin–spin de sinais de carbono-13

A menos que uma molécula seja artificialmente enriquecida por síntese, a probabilidade de encontrar dois átomos de ^{13}C na mesma molécula é pequena. A probabilidade de encontrar dois átomos de ^{13}C

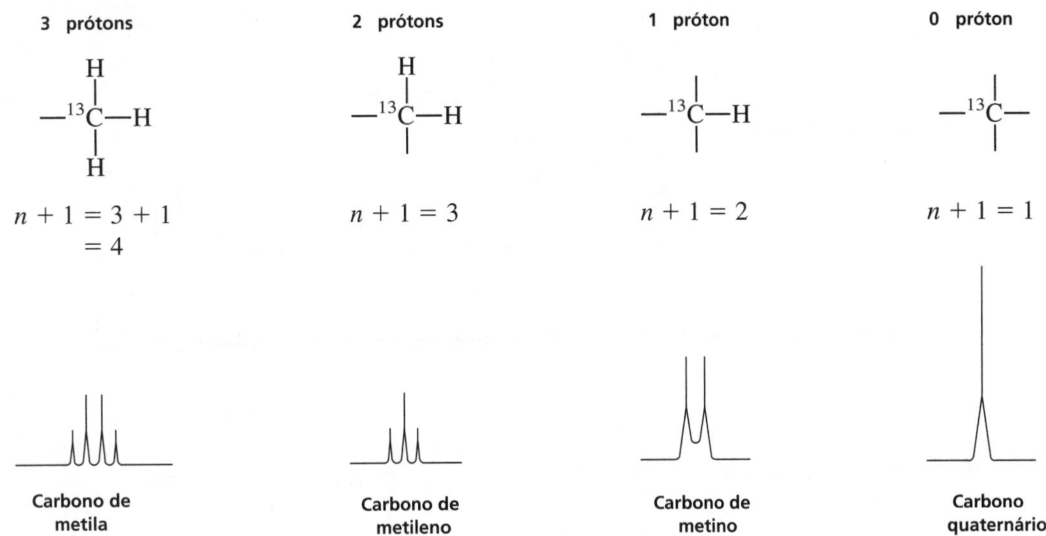

FIGURA 27.3 O efeito dos prótons ligados nas ressonâncias em ^{13}C.

adjacentes um ao outro na mesma molécula é ainda menor. Portanto, raramente observamos padrões de desdobramento spin–spin **homonuclear** (carbono–carbono), em que a interação ocorre entre dois átomos de ^{13}C. Contudo, os spins de prótons ligados diretamente a átomos de ^{13}C interagem com o spin do carbono e fazem com que o sinal do carbono se divida de acordo com a regra do $n + 1$. Esse é um acoplamento **heteronuclear** (carbono–hidrogênio) envolvendo dois diferentes tipos de átomos. Com a RMN de ^{13}C, geralmente examinamos o desdobramento que se origina dos prótons *diretamente ligados* ao átomo de carbono que está sendo estudado. Esse é um acoplamento de uma ligação. Na RMN de próton, os desdobramentos mais comuns são *homonucleares* (hidrogênio–hidrogênio), e ocorrem entre prótons ligados a átomos de carbono *adjacentes*. Nesses casos, a interação é um acoplamento ao longo de três ligações, H—C—C—H.

A Figura 27.3 ilustra o efeito de prótons diretamente ligados a um átomo de ^{13}C. A regra do n + 1 prevê o grau de desdobramento em cada caso. A ressonância de um átomo de ^{13}C com três prótons conectados, por exemplo, é dividida em um quarteto ($n + 1 = 3 + 1 = 4$). Como os hidrogênios estão diretamente ligados ao carbono-13 (acoplamentos de uma ligação), as constantes de acoplamento para esta interação são muito grandes, com valores de J de cerca de 100 Hz a 250 Hz. Compare os típicos acoplamentos de três ligações, H—C—C—H, que são comuns em espectros de RMN, que têm valores de J de aproximadamente 4 Hz a 18 Hz.

É importante notar, enquanto examina a Figura 27.3, que não se está "vendo" prótons diretamente quando observa um espectro de ^{13}C (ressonâncias de prótons ocorrem em frequências diferentes do intervalo utilizado para obter espectros de ^{13}C); você está observando apenas o efeito dos prótons em átomos de ^{13}C. Lembre-se também de que não é possível observar ^{12}C, porque este átomo é inativo para RMN.

Espectros que mostram o desdobramento spin–spin, ou acoplamento, entre o carbono-13 e os prótons diretamente conectados são chamados **espectros acoplados de prótons**. A Figura 27.4A é o espectro de RMN de ^{13}C, do fenilacetato de etila, acoplado de prótons. Nesse espectro, o primeiro quarteto no campo inferior do TMS (14,2 ppm) corresponde ao carbono do grupo metila. Ele é desdobrado em um quarteto (J = 127 Hz) pelos três átomos de hidrogênio ligados (^{13}C —H, acoplamentos de uma ligação). Alem disso, apesar de não ser possível ver esse espectro em escala (deve ser utilizada uma expansão), cada uma das linhas do quarteto é dividida em um tripleto muito pouco espaçado (J = ca. 1 Hz). O desdobramento fino adicional é causado pelos dois prótons no grupo —CH_2— adjacente. Esses são acoplamentos de duas ligações (H—C—^{13}C) de um tipo que ocorre comumente em espectros de ^{13}C, com constantes de acoplamento que em geral são muito pequenas (J = 0–2 Hz) para sistemas com átomos

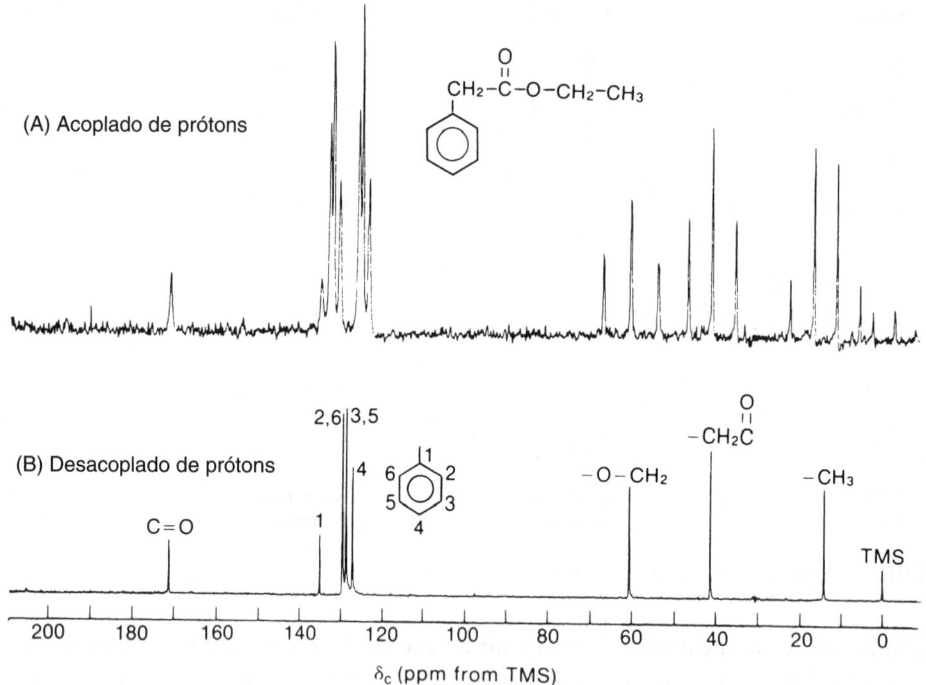

FIGURA 27.4 Fenilacetato de etila. (A) O espectro de RMN do ^{13}C acoplado de prótons (20 MHz). (B) O espectro do ^{13}C, desacoplado de prótons (20 MHz). (Obtido de Moore, J. A., Dalrymple, D. L. e Rodig, O. R. Experimental Methods in Organic Chemistry, 3rd ed. [Filadelfia: W. B. Saunders, 1982].)

de carbono em uma cadeia alifática. Por causa de seu pequeno tamanho, esses acoplamentos frequentemente são ignorados na análise de rotina de espectros, com maior atenção dedicada aos desdobramentos de uma ligação maiores verificados no quarteto propriamente dito.

Existem dois grupos —CH_2— no fenilacetato de etila. O grupo que corresponde à etila —CH_2— é encontrado no campo mais baixo (60,6 ppm), uma vez que este carbono é desblindado pelo oxigênio ligado. Este é um tripleto, por causa dos dois hidrogênios ligados (acoplamentos de uma ligação). Novamente, embora não seja possível ver nesse espectro, não expandido, os três hidrogênios no grupo metila adjacente causam o desdobramento fino de cada um dos picos do tripleto em um quarteto. O carbono benzílico—CH2— é o tripleto intermediário (41,4 ppm). Em campo ainda mais baixo aparece o carbono no grupo carbonila (171,1 ppm). Na escala dessa representação, é um singleto (não há hidrogênios diretamente ligados), mas devido ao grupo benzila adjacente — CH_2 —, ele, na verdade, é desdobrado finamente em um tripleto. Os carbonos do anel aromático também aparecem no espectro, e eles têm ressonâncias no intervalo de 127 ppm a 136 ppm. A Seção 27.7 discutirá as ressonâncias do ^{13}C no anel aromático.

Em geral, espectros acoplados de prótons para moléculas grandes são difíceis de serem interpretados. Os multipletos de diferentes carbonos normalmente se sobrepõem porque as constantes de acoplamento do ^{13}C—H geralmente são maiores que as diferenças de deslocamento químico dos carbonos no espectro. Algumas vezes, até mesmo moléculas simples, como as de fenilacetato de etila (veja a Figura 27.4A), são difíceis de interpretar. O desacoplamento de prótons, que é discutido na seção seguinte, evita este problema.

27.4 Espectros de ^{13}C, desacoplados de prótons

Sem dúvida, a grande maioria dos espectros de ^{13}C RMN são obtidos como **espectros desacoplados de prótons**. A técnica de desacoplamento oblitera todas as interações entre prótons e núcleos de ^{13}C; portanto, apenas **singletos** são observados em um espectro de RMN de ^{13}C desacoplado.

Embora esta técnica simplifique o espectro e evite a sobreposição de multipletos, ela tem a desvantagem de que as informações sobre os hidrogênios ligados são perdidas.

O **desacoplamento** de prótons é conseguido durante processo de obtenção de um espectro de RMN do ^{13}C irradiando-se simultaneamente todos os prótons da molécula com um amplo espectro de frequências no intervalo apropriado para prótons. Espectrômetros de RMN modernos fornecem um segundo gerador de radiofrequência sintonizável, o **desacoplador**, para esse propósito. A irradiação faz com que os prótons se tornem saturados, e eles passam por rápidas transições, para cima e para baixo, entre todos os seus possíveis estados de spin. Essas transições rápidas desacoplam quaisquer interações spin–spin entre os hidrogênios e os núcleos do ^{13}C que estão sendo observados. Na verdade, a média de todas as interações de spin torna-se zero devido às rápidas variações. O núcleo de carbono "sente" apenas um estado de spin médio para os hidrogênios ligados, em vez de dois ou mais estados de spin distintos.

A Figura 27.4B é um espectro desacoplado de prótons do fenilacetato de etila. O espectro acoplado de prótons (veja a Figura 27.4A) foi discutido na Seção 27.3. É interessante comparar os dois espectros para ver como a técnica de desacoplamento de prótons simplifica o espectro. Todos os carbonos química e magneticamente distintos resultam em apenas um único pico. Todavia, observe que os dois carbonos do anel *orto* (carbonos 2 e 6) e os dois carbonos do anel *meta* (carbonos 3 e 5) são equivalentes por simetria e que cada par resulta somente em um único pico.

A Figura 27.5 é um segundo exemplo de um espectro desacoplado de prótons. Observe que o espectro mostra três picos correspondentes ao número exato de átomos de carbono no 1-propanol. Se não existirem átomos de carbono equivalentes em uma molécula, será observado um pico de ^{13}C para *cada* carbono. Veja que as atribuições dadas na Figura 27.5 são consistentes com os valores no quadro de deslocamentos químicos (veja a Figura 27.1). O átomo de carbono mais próximo do oxigênio eletronegativo está no campo mais baixo, e o carbono metílico está no campo mais alto.

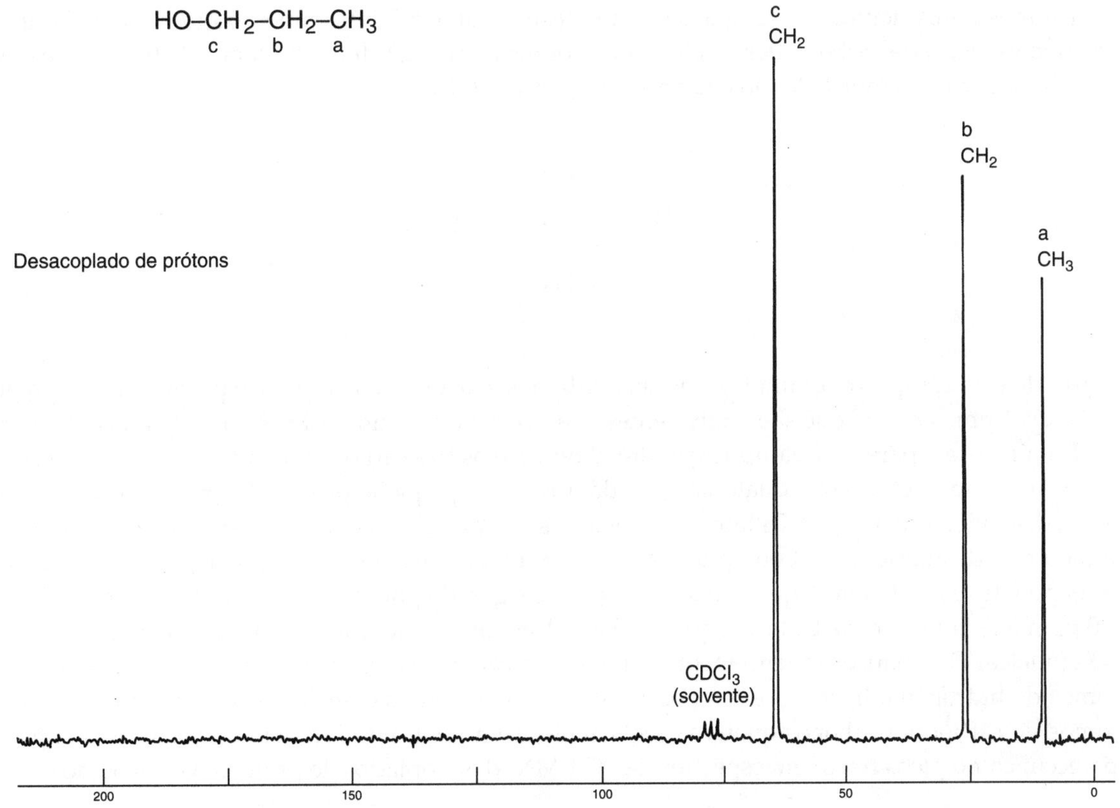

Figura 27.5 O espectro de ^{13}C RMN desacoplado de prótons, do 1-propanol (22,5 MHz).

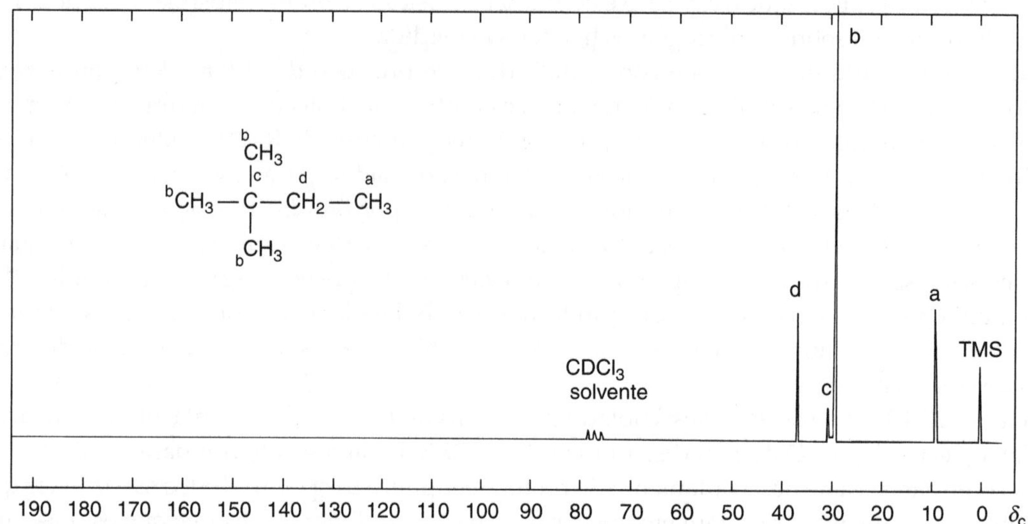

FIGURA 27.6 O espectro de ^{13}C RMN desacoplado de prótons, do 2,2-dimetilbutano.

O padrão de três picos centrado em $\delta = 77$ ppm se deve ao solvente $CDCl_3$. Esse padrão resulta do acoplamento de um núcleo de deutério (^2H) ao núcleo de ^{13}C. Frequentemente, o padrão $CDCl_3$ é utilizado como referência interna, no lugar do TMS.

27.5 Algumas amostras de espectros – carbonos equivalentes

Átomos equivalentes de ^{13}C aparecem no mesmo valor de deslocamento químico. A Figura 27.6 mostra o espectro de carbono desacoplado de prótons para o 2,2-dimetilbutano. Os três grupos metila do lado esquerdo da molécula são equivalentes, por simetria.

$$CH_3-C(CH_3)_2-CH_2-CH_3$$

Apesar de esse composto ter um total de seis carbonos, existem apenas quatro picos no espectro de ^{13}C RMN. Os átomos de ^{13}C que são equivalentes aparecem no mesmo deslocamento químico. O carbono metílico único, a, aparece no campo mais alto (9 ppm), e os três carbonos metílicos equivalentes, b, aparecem em 29 ppm. O carbono quaternário, c, dá origem ao pequeno pico em 30 ppm, e o carbono metilênico, d, aparece em 37 ppm. Os tamanhos relativos dos picos são relacionados, em parte, à quantidade de cada tipo de átomo de carbono presente na molécula. Por exemplo, note, na Figura 27.6, que o pico em 29 ppm (b) é muito maior que os outros. Esse pico é gerado por três carbonos. O carbono quaternário a 30 ppm (c) é muito fraco. Uma vez que não há hidrogênios ligados a esse carbono, existe muito pouco NOE (nuclear Overhauser enhancement, ou intensificação nuclear Overhauser), (veja a Seção 27.6). Sem átomos de hidrogênio ligados, os tempos de relaxação também são maiores que os referentes a outros átomos de carbono. Carbonos quaternários, aqueles sem nenhum hidrogênio ligado, frequentemente aparecem como picos fracos em espectros de ^{13}C RMN, desacoplados de prótons (veja a Seção 27.6).

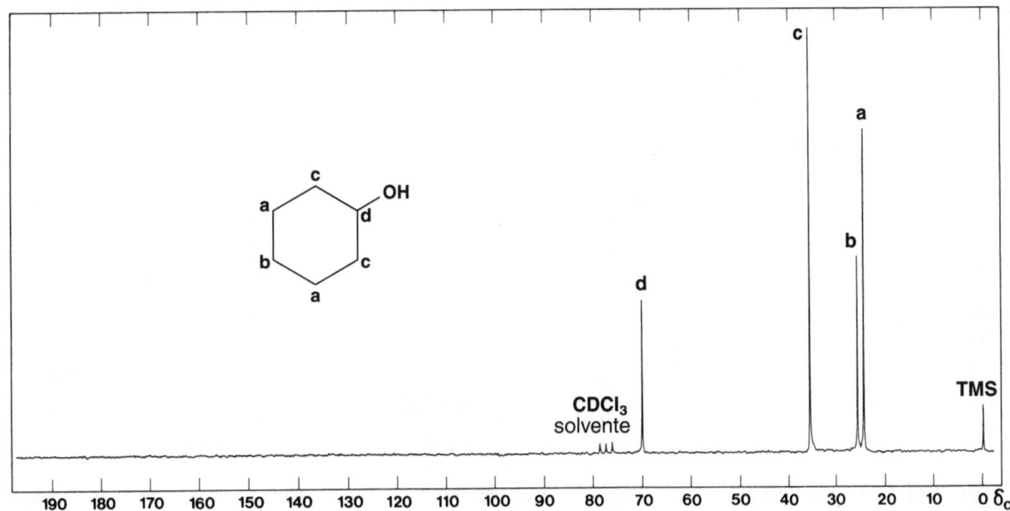

FIGURA 27.7 O espectro de ^{13}C RMN, desacoplado de prótons, do ciclohexanol.

A Figura 27.7 é um espectro de ^{13}C RMN, desacoplado de prótons, do ciclohexanol. Esse composto tem um plano de simetria que passa através de seu grupo hidroxila, e mostra somente quatro ressonâncias de carbono. Os carbonos a e c são duplicados por causa da simetria e resultam em picos maiores que os dos carbonos b e d. O carbono d, que tem um grupo hidroxila, é desblindado pelo oxigênio e tem seu pico em 70,0 ppm. Observe que esse pico tem a menor intensidade de todos os picos. Sua intensidade é menor que a do carbono b, em parte, porque o pico do carbono d recebe a menor quantidade de NOE; existe apenas um hidrogênio ligado ao carbono da hidroxila, ao passo que cada um dos outros carbonos tem dois hidrogênios.

Um carbono ligado a uma ligação dupla é desblindado em razão da sua hibridização sp^2 e a alguma anisotropia diamagnética. Esse efeito pode ser visto no espectro de ^{13}C RMN, do ciclohexeno (veja a Figura 27.8). O ciclohexeno tem um plano de simetria perpendicular à dupla ligação. Como resultado, observamos apenas três picos de absorção. Existem dois de cada tipo de carbono sp^3. Cada um dos carbonos c da dupla ligação tem somente um hidrogênio, ao passo que cada um dos carbonos restantes tem dois hidrogênios. Como resultado de uma NOE reduzida, os carbonos com dupla ligação (127 ppm) têm um pico com menor intensidade no espectro.

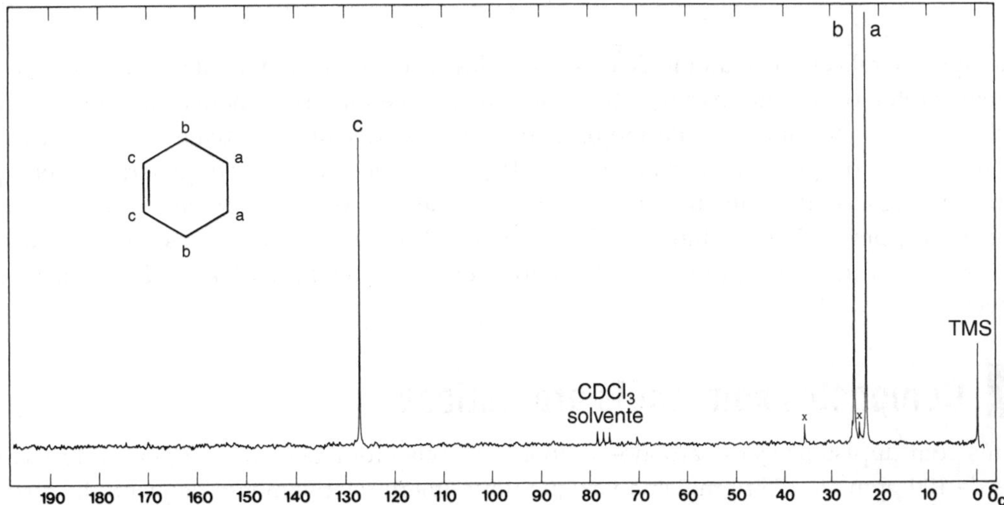

FIGURA 27.8 O espectro de ^{13}C RMN, desacoplado de prótons, da ciclohexanona. (O pico marcado com um x se refere a impurezas.)

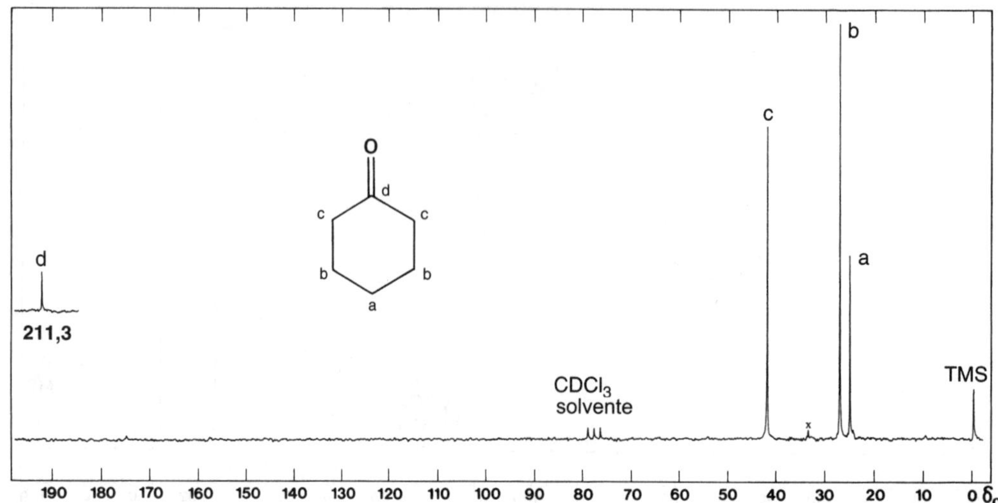

FIGURA 27.9 O espectro de ^{13}C RMN, desacoplado de prótons, da ciclohexanona. (O pico marcado com um x se refere a uma impureza.)

Na Figura 27.9, o espectro da ciclohexanona, o carbono da carbonila tem a menor intensidade. Isso se deve não somente à NOE reduzida (nenhum hidrogênio ligado), mas também ao longo tempo de relaxação do carbono da carbonila (veja a Seção 27.6). Observe também que a Figura 27.2 prevê o grande deslocamento químico para esse carbono carbonila (211 ppm).

27.6 Intensificação nuclear Overhauser (NOE)

Quando obtemos um espectro de ^{13}C desacoplado de prótons, as intensidades de muitas das ressonâncias do carbono aumentam significativamente em relação às que são observadas em um experimento acoplado de prótons. Átomos de carbono com átomos de hidrogênio diretamente ligados são intensificados ao máximo, e a intensificação aumenta (mas nem sempre linearmente) à medida que mais hidrogênios são ligados. Esse efeito é conhecido como efeito nuclear Overhauser, e o grau de aumento no sinal é chamado **intensificação nuclear Overhauser (NOE)**. Portanto, espera-se que a intensidade dos picos de carbono aumente na seguinte ordem em um típico espectro de ^{13}C RMN:

$$CH_3 > CH_2 > CH > C$$

Os tempos de relaxação do átomo de carbono influenciam a intensidade de picos em um espectro. Quanto mais prótons estão ligados a um átomo de carbono, menores se tornam os tempos de relaxação, resultando em picos mais intensos. Portanto, esperamos que os grupos metila e metileno sejam relativamente mais intensos que a intensidade observada para átomos de carbono quaternário, em que não existem prótons ligados. Portanto, um pico com intensidade fraca é observado para o átomo de carbono quaternário a 30 ppm no 2,2-dimetilbutano (veja a Figura 27.6). Além disso, picos fracos de carbono de carbonila são observados a 171 ppm no fenilacetato de etila (veja a Figura 27.4), e a 211 ppm, na ciclohexanona (veja a Figura 27.9).

27.7 Compostos com anéis aromáticos

Compostos com duplas ligações carbono–carbono ou anéis aromáticos dão origem a deslocamentos químicos de 100 ppm até 175 ppm. Uma vez que um número relativamente pequeno de outros picos aparece nesse intervalo, muitas informações úteis estão disponíveis quando picos aparecem aqui.

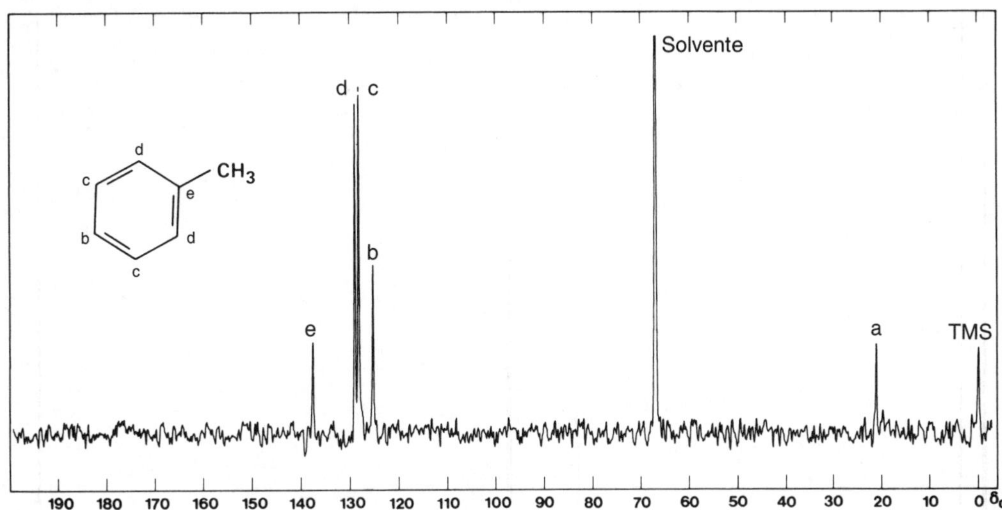

FIGURA 27.10 O espectro de ^{13}C RMN desacoplado de prótons do tolueno.

Um anel de benzeno **monossubstituído** mostra *quatro* picos na área do carbono aromático de um espectro de ^{13}C desacoplado de prótons porque os carbonos *orto* e *meta* são duplicados por simetria. Geralmente, o carbono sem prótons ligados, o carbono *ipso*, tem um pico muito fraco em decorrência de um longo tempo de relaxação e de uma NOE fraca. Além disso, existem dois picos maiores para os carbonos *orto* e *meta* duplicados e um pico de tamanho médio para o carbono *para*. Em muitos casos, não é importante poder atribuir todos os picos precisamente. No exemplo do tolueno, mostrado na Figura 27.10, observe que os carbonos c e d não são fáceis de atribuir por inspeção do espectro.

Tolueno — a CH_3, e, c,d / c,d, b — Difícil de atribuir

Em um espectro de ^{13}C acoplado de prótons, um anel de benzeno monossubstituído mostra três dubletos e um singleto. O singleto surge do carbono *ipso*, que não tem hidrogênios ligados. Cada um dos outros carbonos no anel (*orto, meta* e *para*) tem um hidrogênio ligado e gera um dubleto.

A Figura 27.4B representa o espectro desacoplado de prótons do fenilacetato de etila, com as atribuições observadas próximo dos picos. Verifique que a região do anel aromático mostra quatro picos entre 125 ppm e 135 ppm, consistente com o anel monossubstituído. Existe um pico para o carbono da metila (13 ppm) e existem dois picos para os carbonos metilênicos. Um dos carbonos metilênicos é diretamente ligado a um átomo de oxigênio eletronegativo e aparece em 61 ppm, e o outro é mais blindado (41 ppm). O carbono da carbonila (um éster) tem ressonância em 171 ppm. Todos os deslocamentos químicos de carbono concordam com os valores no gráfico de correlação (veja a Figura 27.1).

Dependendo do modo de substituição, um anel de benzeno simetricamente **dissubstituído** pode mostrar dois, três ou quatro picos no espectro de ^{13}C desacoplado de prótons. Os desenhos a seguir ilustram essa ocorrência para os isômeros do diclorobenzeno.

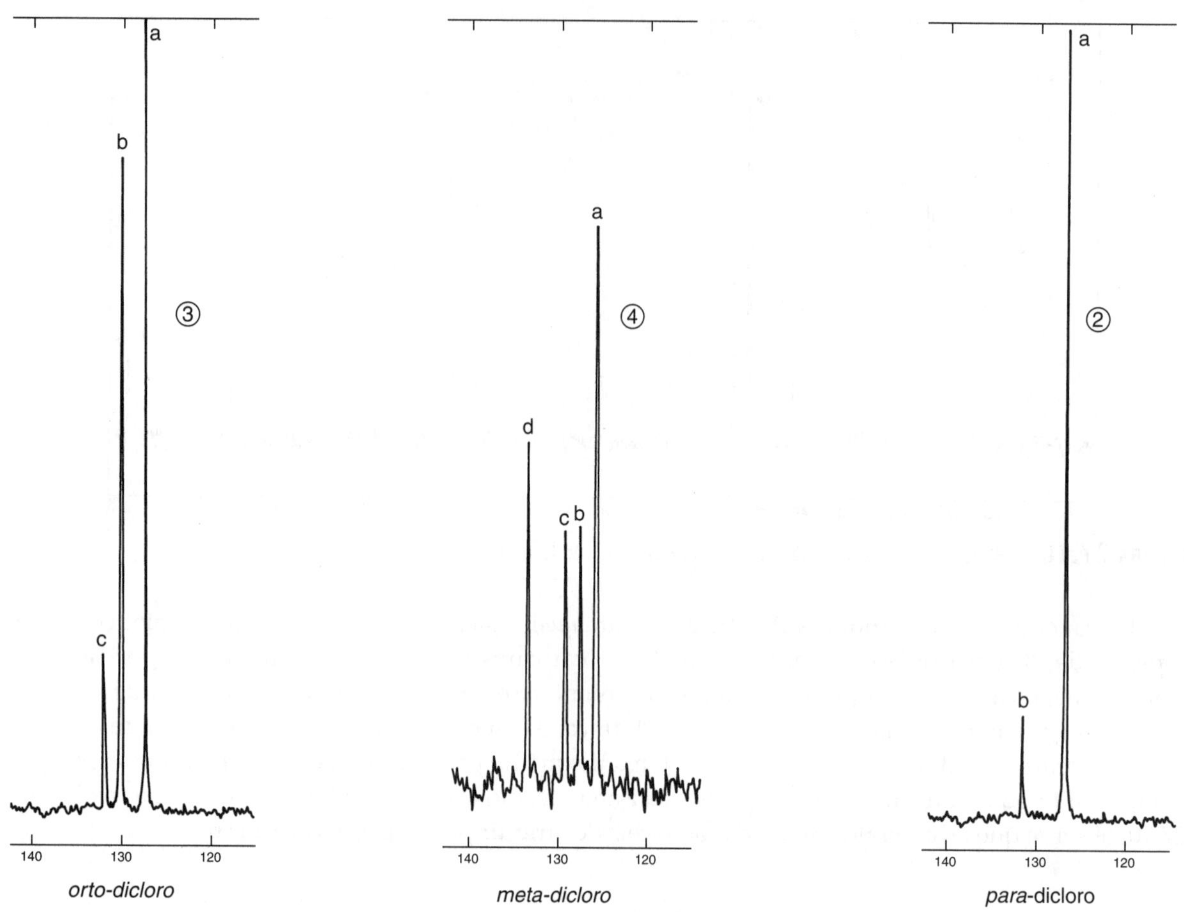

FIGURA 27.11 Os espectros de ^{13}C RMN, desacoplados de prótons, dos três isômeros do diclorobenzeno (25 MHz).

A Figura 27.11 mostra os espectros dos três diclorobenzenos, sendo que cada um deles tem o número de picos consistente com a análise que acaba de ser apresentada. É possível perceber que a espectroscopia de ^{13}C RMN é muito útil na identificação de isômeros.

A maioria dos outros padrões de polissubstituição em um anel de benzeno gera seis picos no espectro de ^{13}C RMN desacoplado de prótons, um para cada carbono. Contudo, quando substitutos idênticos estão presentes, observe cuidadosamente os planos de simetria que podem reduzir o número de picos.

REFERÊNCIAS

LIVROS

Friebolin, H. *Basic One- and Two-Dimensional RMN Spectroscopy,* 3rd ed. New York: VCH Publishers, 1998.

Gunther, H. *RMN Spectroscopy,* 2nd ed. New York: John Wiley & Sons, 1995.

Levy, G. C. *Topics in Carbon-13 Spectroscopy.* New York: John Wiley & Sons, 1984.

Levy, G. C., Lichter, R. L. e Nelson, G. L. *Carbon-13 Nuclear Magnetic Resonance Spectroscopy,* 2nd ed. New York: John Wiley & Sons, 1980.

Macomber, R. S. *A Complete Introduction to Modern RMN Spectroscopy.* New York: John Wiley & Sons, 1997.

Macomber, R. S. *RMN Spectroscopy–Essential Theory and Practice.* New York: College Outline Series, Harcourt Brace Jovanovich, 1988.

Pavia, D. L., Lampman, G. M. e Kriz, G. S. *Introduction to Spectroscopy,* 4th ed. e vyvyan, J. R. Brooks/Cole 2008.

Sander, J. K. M. e Hunter, B. K. *Modern RMN Spectroscopy–A Guide for Chemists,* 2nd ed. Oxford, England: Oxford University Press, 1993.

Silverstein, R. M., Webster, F. X. e Kiemle, D. *Spectrometric Identification of Organic Compounds,* 7th ed. New York: John Wiley & Sons, 2005.

COMPILAÇÕES SOBRE ESPECTROS

Johnson, L. F. e Jankowski, W. C. *Carbon-13 RMN Spectra: A Collection of Assigned, Coded, and Indexed Spectra, 25 MHz.* New York: Wiley-Interscience, 1972.

Pouchert, C. J. e Behnke, J. *The Aldrich Library of 13C and ^{1}H FT–RMN Spectra, 75 and 300 MHz.* Milwaukee, WI: Aldrich Chemical Company, 1993.

Pretsch, E., Clerc, T., Seibl, J. Simon, W. *Tables of Spectral Data for Structure Determination of Organic Compounds,* 2nd ed. Berlin e New York: Springer-Verlag, 1989. Traduzido do alemão por K. Biemann.

SITES

http://www.aist.go.jp/RIODB/SDBS/menu-e.html
Sistema Integrado de Bancos de Dados Espectrais para Compostos Orgânicos, National Institute of Materials and Chemical Research, Tsukuba, Ibaraki 305-8565, Japão. Este banco de dados inclui dados referentes a espectros de infravermelho e de massa e RMN (próton e carbono-13) para uma série de compostos.

http://www.chem.ucla.edu/~webspectra
UCLA Department of Chemistry and Biochemistry, em conjunto com os Cambridge University Isotope Laboratories, mantém um site, denominado WebEspectros, que apresenta problemas de espectroscopia em RMN e IR a serem interpretados pelos alunos. Eles fornecem *links* para outros sites, os quais contêm problemas que os alunos devem resolver.

■ PROBLEMAS ■

1. Preveja o número de picos que se pode esperar no espectro do ^{13}C desacoplado de prótons de cada um dos seguintes compostos. Os problemas 1a e 1b são apresentados como exemplos. Os pontos são utilizados para mostrar os átomos de carbono não equivalentes, nesses dois exemplos.

a. 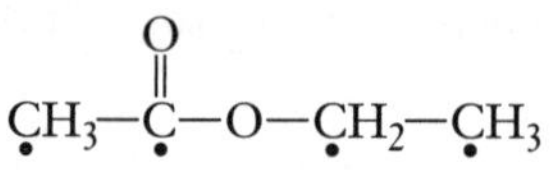 $CH_3-C(=O)-O-CH_2-CH_3$ **Quatro picos**

b. 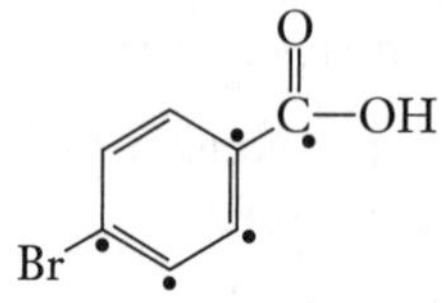 Br–C$_6$H$_4$–C(=O)–OH **Cinco picos**

c. 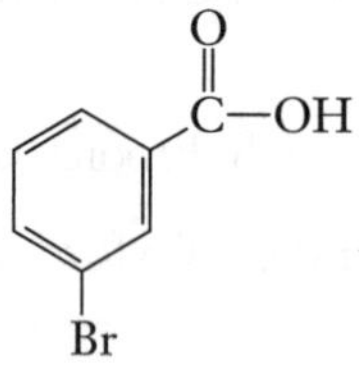 O, C—OH, Br

d. 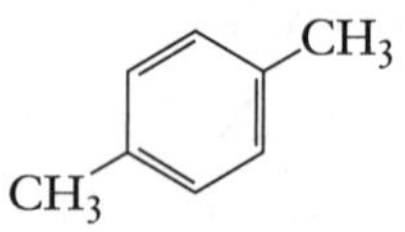 CH_3, CH_3

e. 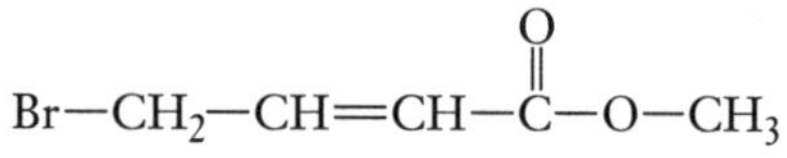 $Br-CH_2-CH=CH-C(=O)-O-CH_3$

f. 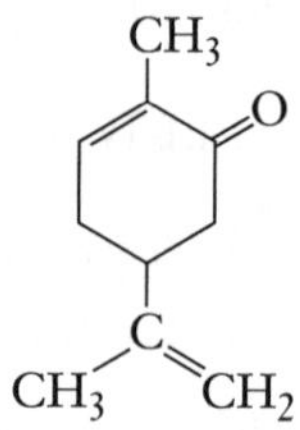 CH_3, O, C, CH_3, CH_2

g. 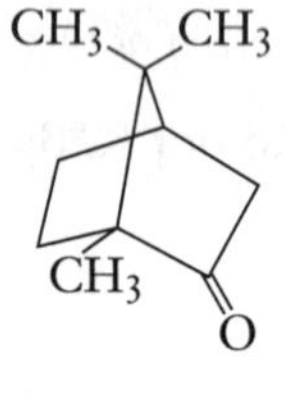 CH_3, CH_3, CH_3, O

h. 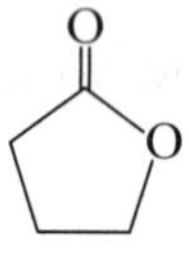 O, O

i. 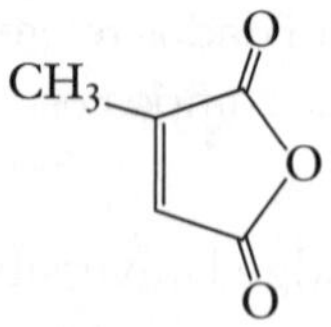 O, CH_3, O, O

j. 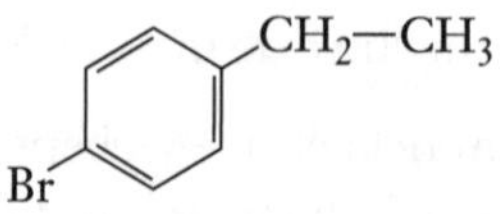 CH_2-CH_3, Br

k. 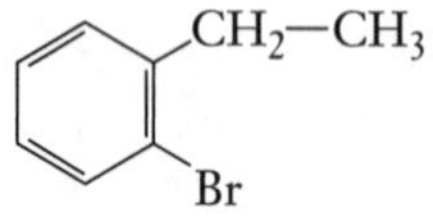 CH_2-CH_3, Br

2. A seguir, estão os espectros de ^{13}C e ^{1}H para dois bromoalcanos isoméricos (**A** e **B**) com fórmula C_4H_9Br. Curvas integrais são desenhadas nos espectros, com valores integrais relativos fornecidos acima da escala e sob cada conjunto de picos. Esses números indicam o número relativo de prótons atribuídos a cada padrão. Lembre-se de que esses valores integrais são aproximados. Será preciso arredondar os valores para o número inteiro mais próximo. Além disso, em alguns casos, são dadas as menores proporções de números inteiros. Nesses casos, os valores fornecidos podem precisar ser multiplicados por dois ou três, a fim de obter o real número de prótons em cada padrão.

^{1}H
A

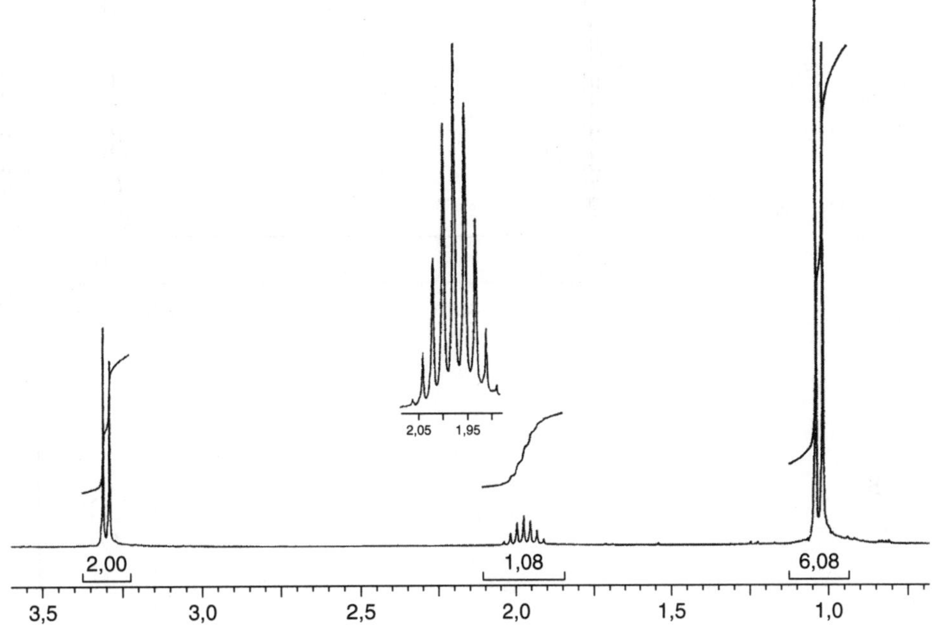

^{13}C
A

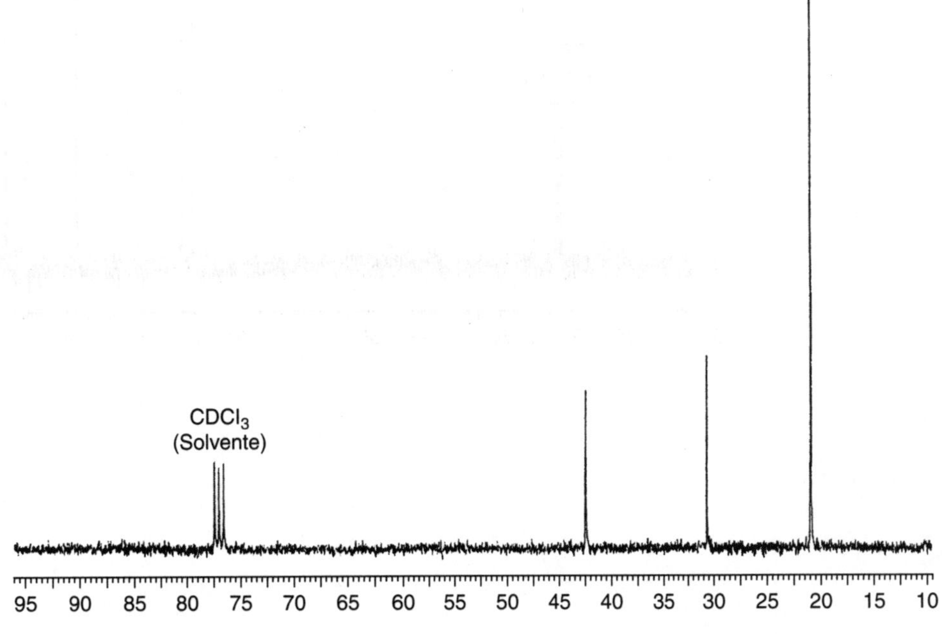

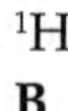

^{1}H
B

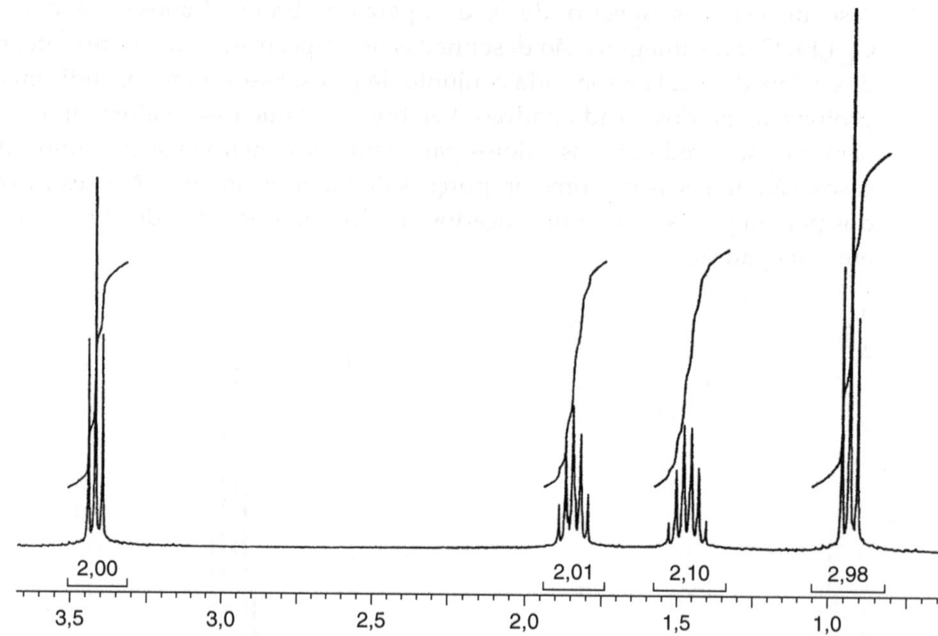
2,00
2,01
2,10
2,98
3,5
3,0
2,5
2,0
1,5
1,0

^{13}C
B

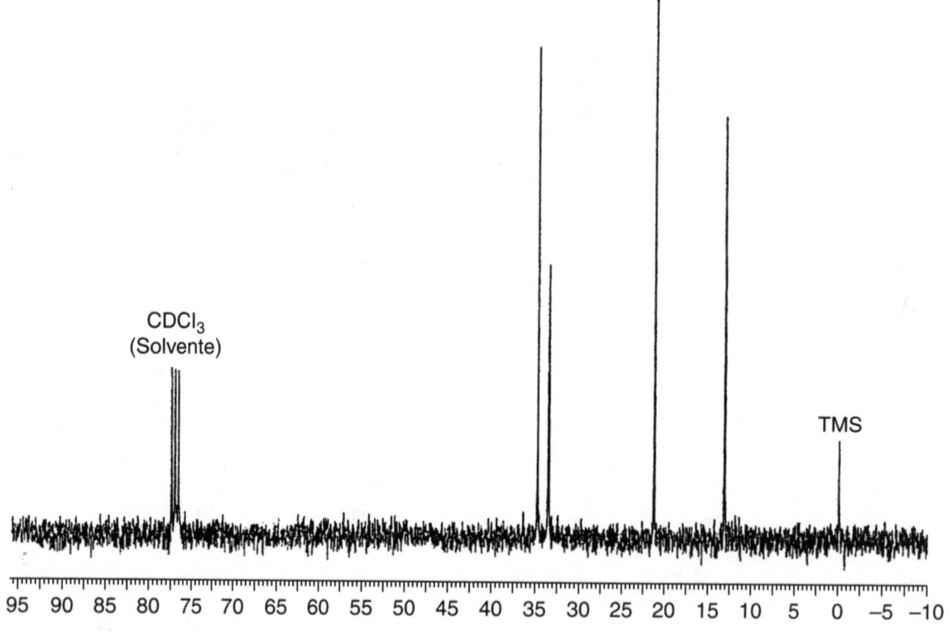
CDCl3
(Solvente)
TMS
95 90 85 80 75 70 65 60 55 50 45 40 35 30 25 20 15 10 5 0 –5 –10

3. A seguir, estão os espectros do ^{13}C e ^{1}H para cada uma de três cetonas isoméricas (**A**, **B** e **C**) com fórmula $C_7H_{14}O$. Curvas integrais são desenhadas nos espectros, com valores integrais relativos fornecidos logo acima da escada e sob cada conjunto de picos. Esses números indicam a quantidade reativa de prótons atribuídos a cada padrão. Lembre-se de que esses valores integrais são aproximados. Será preciso arredondar os valores para o número inteiro mais próximo. Além disso, em alguns casos, são dadas as proporções dos números inteiros. Nesses casos, pode ser necessário multiplicar os valores fornecidos por dois ou três, a fim de obter o real número de prótons em cada padrão.

^{1}H
A

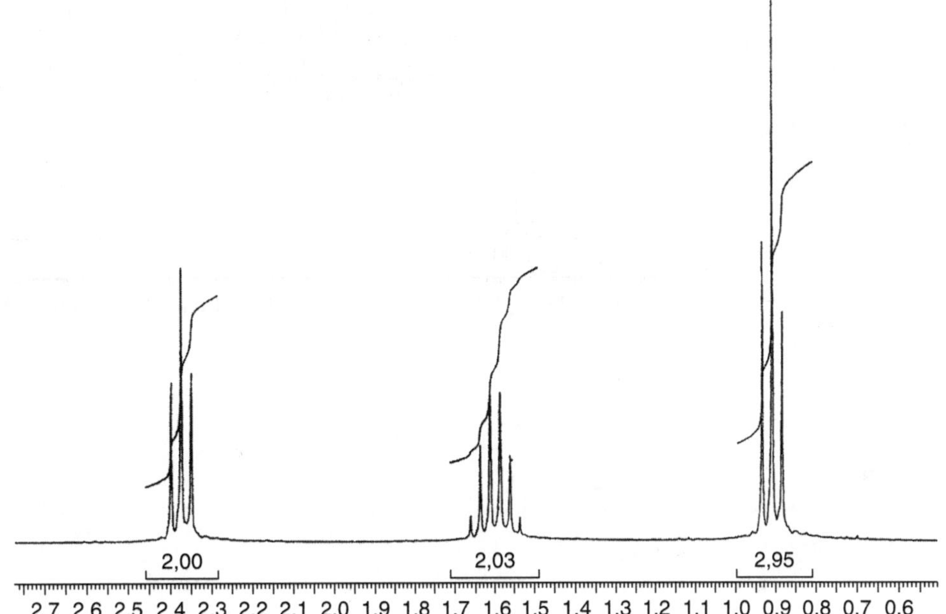

^{13}C
A

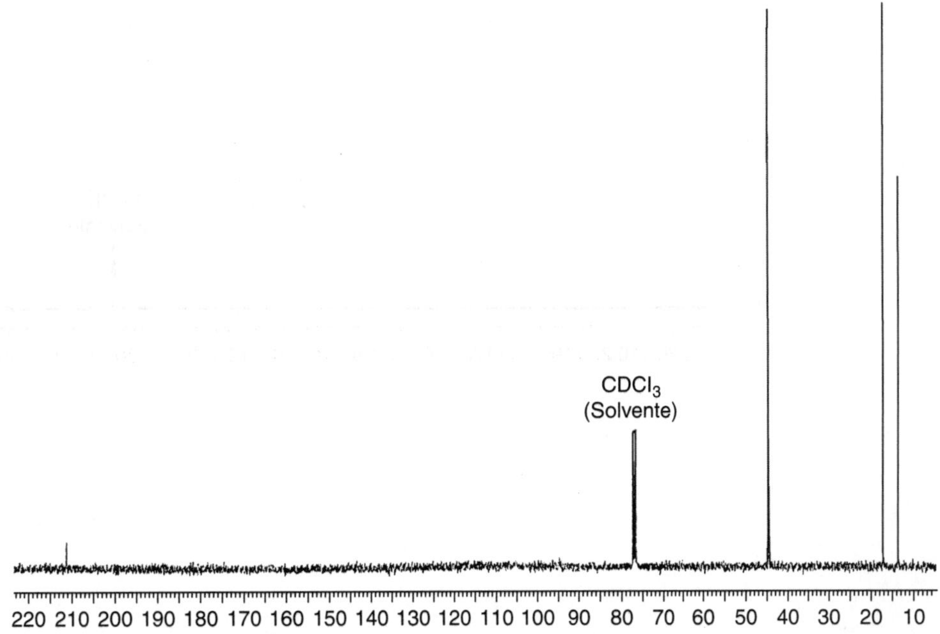

^{1}H
B

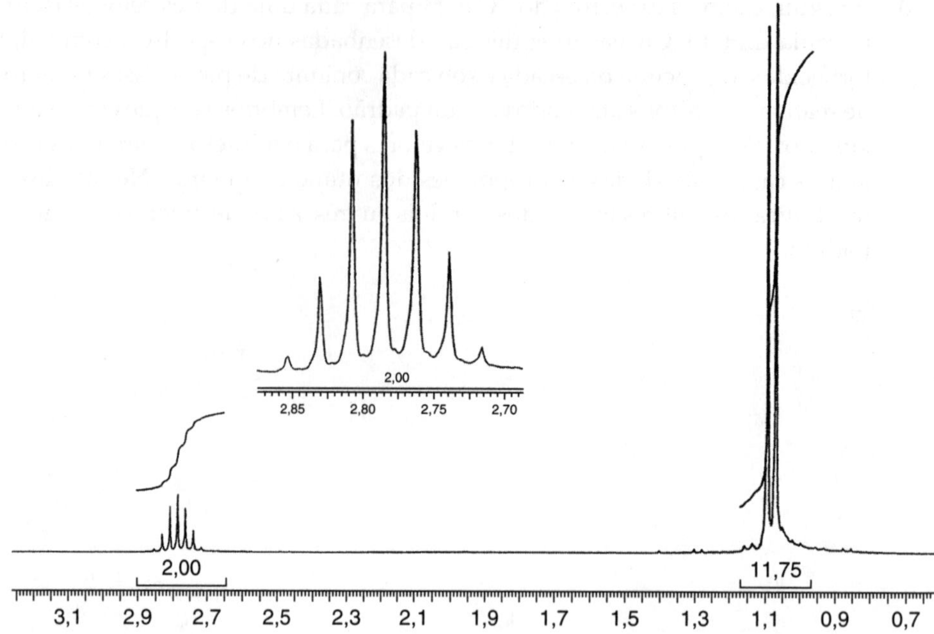
2,00
2,85
2,80
2,75
2,70
2,00
11,75
3,1
2,9
2,7
2,5
2,3
2,1
1,9
1,7
1,5
1,3
1,1
0,9
0,7

^{13}C
B

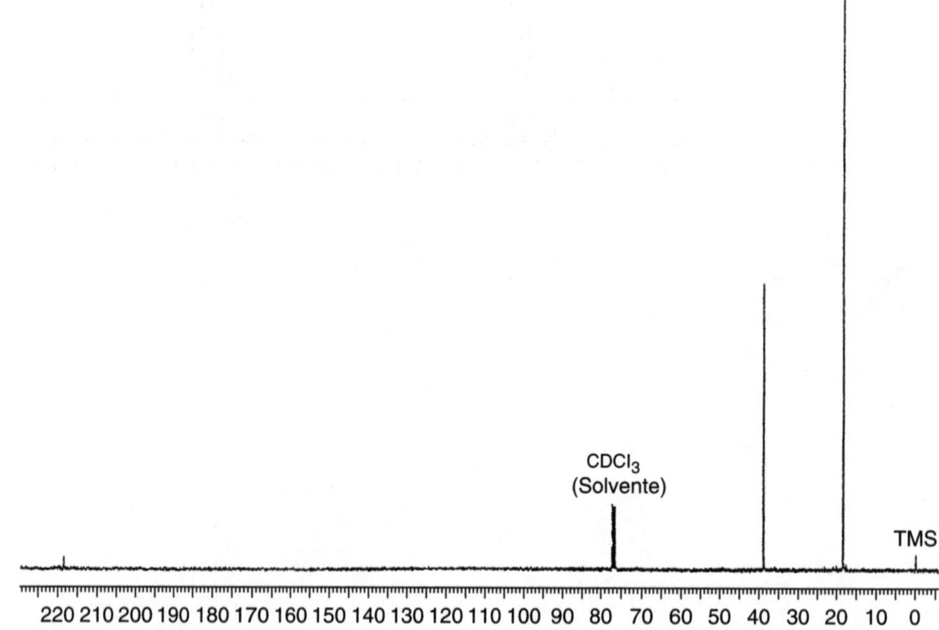
CDCl3
(Solvente)
TMS
220 210 200 190 180 170 160 150 140 130 120 110 100 90 80 70 60 50 40 30 20 10 0

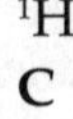
^1H
C

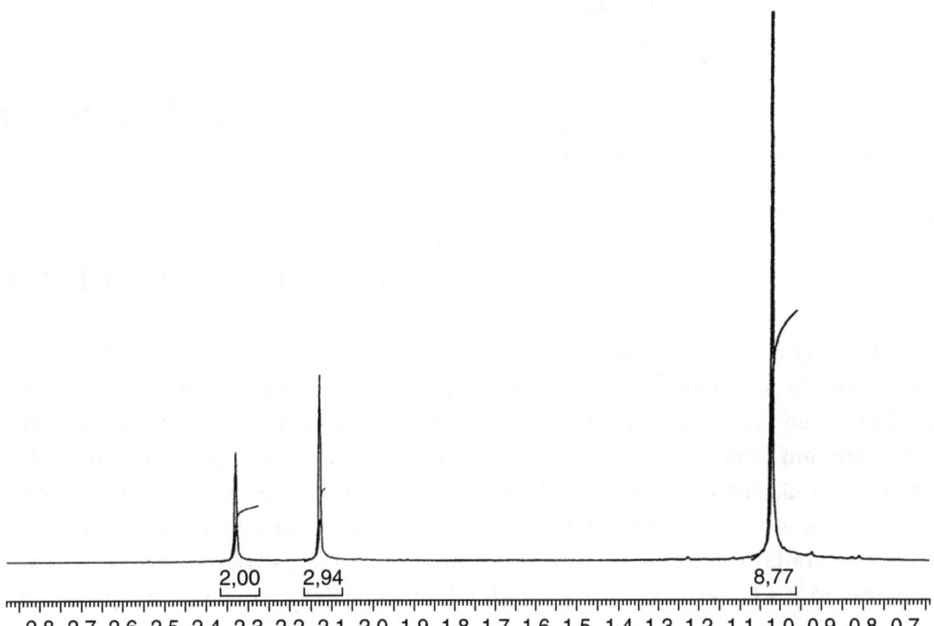
2,00
2,94
8,77
2,8 2,7 2,6 2,5 2,4 2,3 2,2 2,1 2,0 1,9 1,8 1,7 1,6 1,5 1,4 1,3 1,2 1,1 1,0 0,9 0,8 0,7

^{13}C
C

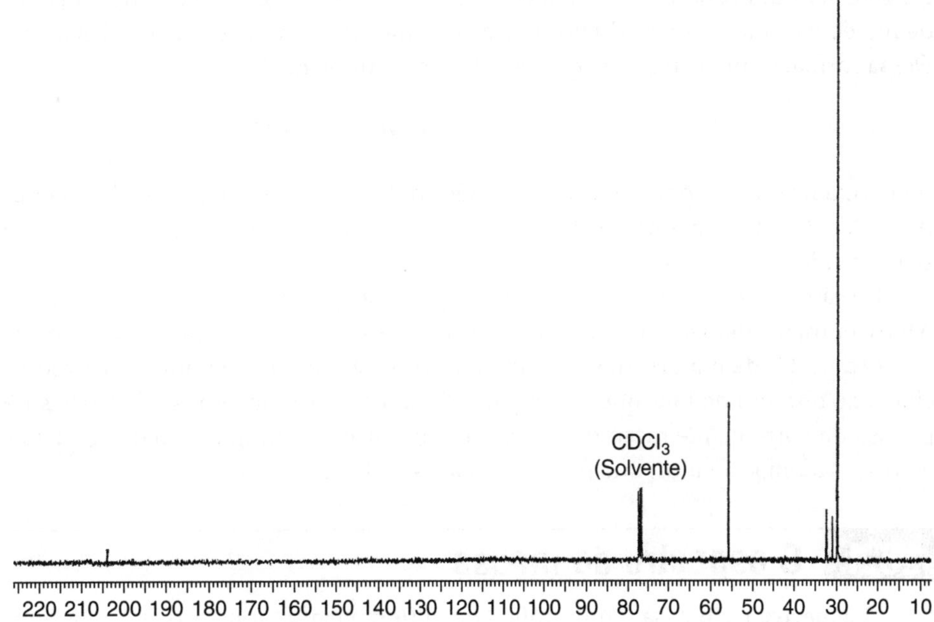
$CDCl_3$
(Solvente)
220 210 200 190 180 170 160 150 140 130 120 110 100 90 80 70 60 50 40 30 20 10

Técnica **28**

Espectrometria de massa

Em sua forma mais simples, o espectrômetro de massa realiza três funções essenciais. Primeiro, as moléculas são bombardeadas por um fluxo de elétrons de alta energia, convertendo algumas das moléculas em íons positivos. Em virtude de sua alta energia, alguns desses íons se **fragmentam**, ou se quebram, em íons menores. Todos esses íons são acelerados em um campo elétrico. Segundo, os íons acelerados são separados de acordo com sua relação massa-carga em um campo magnético ou elétrico. Terceiro, os íons com uma determinada relação massa-carga são detectados por um dispositivo que é capaz de contar o número de íons que o atingem. O registro do detector é amplificado e enviado para um gravador. O traço obtido do gravador é um **espectro de massa** – um gráfico do número de partículas detectado em função da relação massa-carga.

Os íons são formados em uma **câmara de ionização**. A amostra é introduzida na câmara de ionização utilizando-se um sistema de entrada da amostra. Na câmara de ionização, um **filamento** aquecido a vários milhares de graus Celsius emite um feixe de elétrons de alta energia. Em operação normal, os elétrons têm uma energia de cerca de 70 elétrons-volt. Esses elétrons de alta energia atingem um fluxo de moléculas que foi recebido no sistema da amostra e retiram elétrons destas moléculas, ionizando-as. Dessa forma, as moléculas são convertidas em **cátions radicais**.

$$e^- + M \rightarrow 2e^- + M^{\overset{+}{\bullet}}$$

A energia necessária para remover um elétron de um átomo ou molécula é seu **potencial de ionização**. As moléculas ionizadas são aceleradas e focalizadas por meio de placas carregadas em um feixe de íons se movendo rapidamente

Da câmara de ionização, o feixe de íons passa através de uma curta região livre de campo. A partir daí, o feixe entra no **analisador de massa**, onde os íons são separados de acordo com sua relação massa-carga.

O detector da maioria dos instrumentos consiste em um contador que produz uma corrente proporcional ao número de íons que o atingem. Circuitos multiplicadores de elétrons permitem uma medição precisa da corrente até mesmo a partir de um único íon atingindo o detector. O sinal do detector é enviado para um **gravador**, que produz o real espectro de massa.

28.1 O espectro de massa

O **espectro de massa** é um gráfico da abundância de íons *versus* a relação massa-carga (m/e). Um típico espectro de massa é ilustrado na Figura 28.1. O espectro mostrado é o da dopamina, uma substância que age como um neurotransmissor no sistema nervoso central. O espectro é exibido como um gráfico de barras da abundância percentual de íons (abundância relativa) representado em relação a m/e.

HO

HO—⟨benzeno⟩—CH_2—CH_2—NH_2

Dopamina

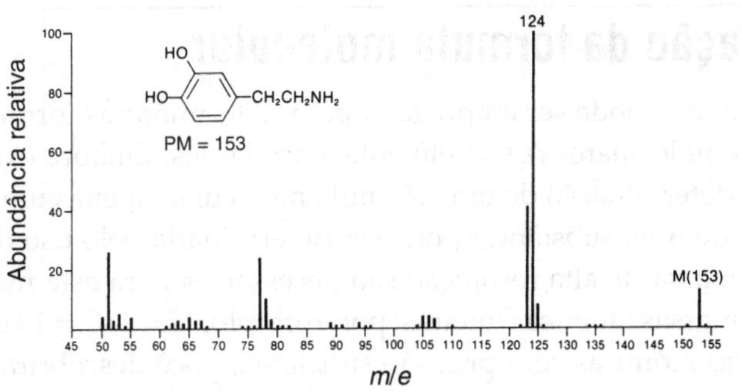

FIGURA 28.1 O espectro de massa da dopamina.

O íon mais abundante formado na câmara de ionização dá origem ao pico mais alto no espectro de massa, chamado **pico-base**. Para a dopamina, o pico-base aparece em *m/e* = 124. As abundâncias relativas de todos os outros picos no espectro são relatadas como porcentagens da abundância do pico base.

O feixe de elétrons na câmara de ionização converte algumas moléculas da amostra em íons positivos. A remoção de um único elétron de uma molécula gera um íon cuja massa é a massa molecular real da molécula original. Esse íon é o **íon molecular**, frequentemente, simbolizado como M^+. O valor de *m/e* em que o íon molecular aparece no espectro de massa, assumindo que o íon tem somente um elétron removido, dá a massa molecular da molécula original. No espectro de massa da dopamina, o íon molecular aparece em *m/e* = 153, a massa molecular da dopamina. Se for possível identificar o pico do íon molecular no espectro de massa, você pode utilizar o espectro para determinar a massa molecular de uma substância desconhecida. Se a presença de isótopos for ignorada nesse momento, o pico do íon molecular corresponde à partícula mais pesada observada no espectro de massa.

Moléculas não ocorrem na natureza como espécies isotopicamente puras. Praticamente, todos os átomos têm isótopos mais pesados que ocorrem em abundâncias naturais variáveis. O hidrogênio ocorre majoritariamente como ^1H, mas um pequeno percentual de átomos de hidrogênio ocorre como o isótopo ^2H. Além disso, normalmente, o carbono ocorre como ^{12}C, mas um pequeno percentual de átomos de carbono é o isótopo mais pesado, ^{13}C. Com exceção do flúor, a maioria dos outros elementos tem certa porcentagem de isótopos mais pesados que ocorrem naturalmente. Picos causados por íons que têm esses isótopos mais pesados também são encontrados no espectro de massa. As abundâncias relativas desses picos isotópicos são proporcionais às abundâncias dos isótopos na natureza. Mais frequentemente, os isótopos ocorrem a uma ou duas unidades de massa acima da massa do átomo "normal". Portanto, além de procurar pelo pico do íon molecular (M^+), você também deve tentar localizar os picos M + 1 e M + 2. Como será demonstrado posteriormente, é possível utilizar as abundâncias relativas desses picos M + 1 e M + 2 para determinar a fórmula molecular da substância que está sendo estudada.

O feixe de elétrons na câmara de ionização pode produzir o íon molecular, e ele também tem energia suficiente para romper algumas das ligações na molécula, produzindo uma série de fragmentos moleculares. Fragmentos que são positivamente carregados também são acelerados na câmara de ionização, enviados através do analisador, detectados e registrados no espectro de massa. Esses **picos de fragmentos** aparecem em valores de *m/e* correspondentes a suas massas individuais. Muito frequentemente, um íon fragmento, em vez do íon molecular, será o íon mais abundante produzido no espectro de massa (o pico-base). Um segundo meio de produção de íons fragmento ocorre com o íon molecular, que, uma vez formado, é tão instável que se desintegra antes que possa passar na região de aceleração da câmara de ionização. Períodos de duração menores do que 10^{-5} segundos são típicos nesse tipo de fragmentação. Esses fragmentos que são carregados, então, aparecem como íons fragmento no espectro de massa. Como resultado desses processos de fragmentação, o típico espectro de massa pode ser complexo demais, contendo mais picos que o íon molecular e os picos M+1 e M+2. Informações estruturais sobre uma substância podem ser determinadas pelo exame do padrão de fragmentação no espectro de massa. Os padrões de fragmentação são discutidos mais detalhadamente na Seção 28.3.

28.2 Determinação da fórmula molecular

A espectrometria de massa pode ser empregada para determinar as fórmulas moleculares de moléculas que fornecem íons moleculares razoavelmente abundantes. Embora existam, pelo menos, duas técnicas principais para a determinação de uma fórmula molecular, apenas uma será descrita aqui.

A fórmula molecular de uma substância pode ser determinada pelo uso de **massas atômicas precisas**. Espectrômetros de massa de alta resolução são necessários para este método. Normalmente, os átomos são considerados massas atômicas inteiras; por exemplo, H = 1, C = 12 e O = 16. Contudo, se for possível determinar massas atômicas com precisão suficiente, você descobrirá que as massas não têm valores que sejam exatamente inteiros. As massas de cada átomo efetivamente diferem de um número de massa inteiro por uma pequena fração de uma unidade de massa. As massas reais de alguns átomos são dadas na Tabela 28.1.

TABELA 28.1 Massas precisas de alguns elementos comuns

Elemento	Massa atômica	Nuclídeo	Massa precisa
Hidrogênio	1,00797	^{1}H	1,00783
		^{2}H	2,01410
Carbono	12,01115	^{12}C	12,0000
		^{13}C	13,00336
Nitrogênio	14,0067	^{14}N	14,0031
		^{15}N	15,0001
Oxigênio	15,9994	^{16}O	15,9949
		^{17}O	16,9991
		^{18}O	17,9992
Flúor	18,9984	^{19}F	18,9984
Silicone	28,086	^{28}Si	27,9769
		^{29}Si	28,9765
		^{30}Si	29,9738
Fósforo	30,974	^{31}P	30,9738
Enxofre	32,064	^{32}S	31,9721
		^{33}S	32,9715
		^{34}S	33,9679
Cloro	35,453	^{35}Cl	34,9689
		^{37}Cl	36,9659
Bromo	79,909	^{79}Br	78,9183
		^{81}Br	80,9163
Iodo	126,904	^{127}I	126,9045

Dependendo dos átomos que estão contidos em uma molécula, é possível que partículas de mesma massa nominal tenham massas medidas ligeiramente diferentes quando puderem ser realizadas determinações precisas das massas. Para ilustrar, uma molécula cujo massa molecular é 60 poderia ser C_3H_8O, $C_2H_8N_2$, $C_2H_4O_2$ ou CH_4N_2O. As espécies têm as seguintes massas precisas:

C_3H_8O	60,05754
$C_2H_8N_2$	60,06884
$C_2H_4O_2$	60,02112
CH_4N_2O	60,03242

A observação de um íon molecular com uma massa de 60,058 estabelece que a molécula desconhecida corresponde a C_3H_8O. Distinguir entre essas possibilidades está dentro da capacidade de um instrumento de alta resolução moderno.

Em outro método, esses quatro compostos também podem ser distinguidos por diferenças nas intensidades relativas de seus picos M, M + 1 e M + 2. As intensidades previstas são calculadas por fórmula ou verificada em tabelas. Detalhes sobre esse método podem ser encontrados nas Referências, no final deste capítulo.

28.3 Detecção de halogênios

Quando o cloro ou o bromo está presente em uma molécula, o pico isótopo que é duas unidades de massa mais pesado que o íon molecular (o pico M + 2) se torna muito significativo. O isótopo pesado de cada um desses elementos é duas unidades de massa mais pesado que o isótopo mais leve. A abundância natural do ^{37}Cl é 32,5% daquela do ^{35}Cl; a abundância natural do ^{81}Br é 98,0% daquela do ^{79}Br. Quando esses elementos estão presentes, o pico M + 2 se torna bastante intenso, e o padrão é característico do halogênio específico presente. Se um composto contiver dois átomos de cloro ou bromo, um pico M + 4 bastante distinto deve ser observado, assim como um intenso pico M + 2. Nesses casos, é preciso ter cuidado ao identificar o pico do íon molecular em um espectro de massa, mas o padrão de picos é característico da natureza da substituição do halogênio na molécula. A Tabela 28.2 dá as intensidades relativas dos picos de isótopos para várias combinações de átomos de bromo e cloro. Os padrões de íon molecular e picos isotópicos observados com a substituição de halogênio são mostrados na Figura 28.2. Exemplos desses padrões podem ser vistos nos espectros de massa do cloroetano (veja a Figura 28.3) e do bromoetano (veja a Figura 28.4).

TABELA 28.2 Intensidades relativas de picos de isótopos para várias combinações de bromo e cloro

Halogênio	M	M + 2	M + 4	M + 6
Br	100	97,7	—	—
Br^2	100	195,0	95,4	—
Br^3	100	293,0	286,0	93,4
Cl	100	32,6	—	—
Cl^2	100	65,3	10,6	—
Cl^3	100	97,8	31,9	3,47
BrCl	100	130,0	31,9	—
Br^2Cl	100	228,0	159,0	31,2
$BrCl^2$	100	163,0	74,4	10,4

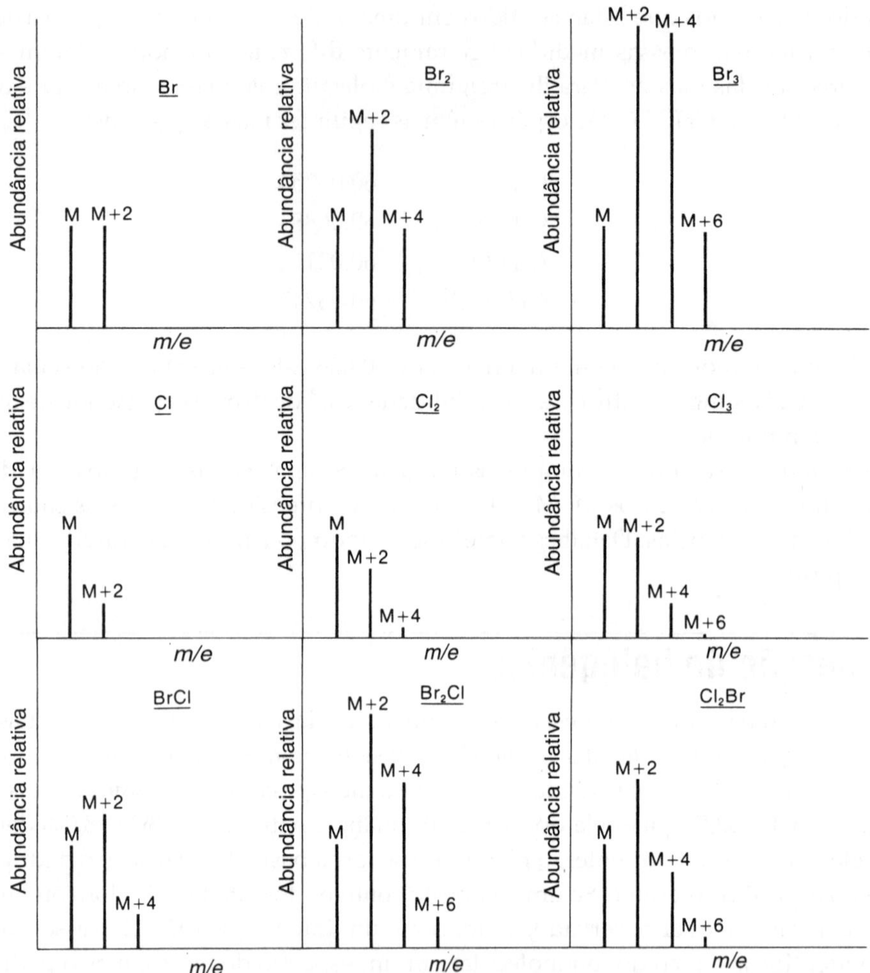

FIGURA 28.2 Espectros de massa esperados para várias combinações de bromo e cloro.

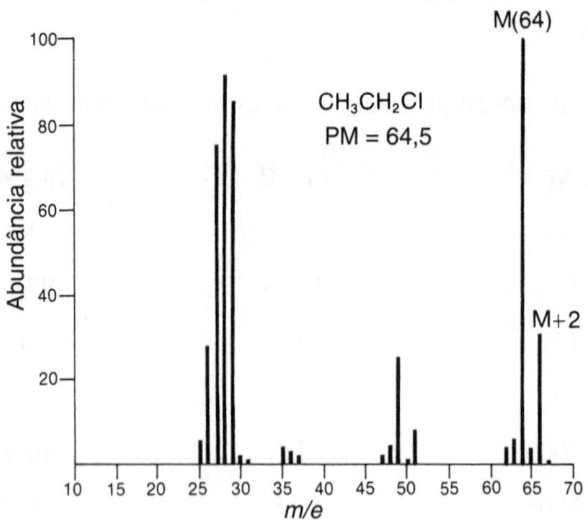

FIGURA 28.3 O espectro de massa do cloroetano.

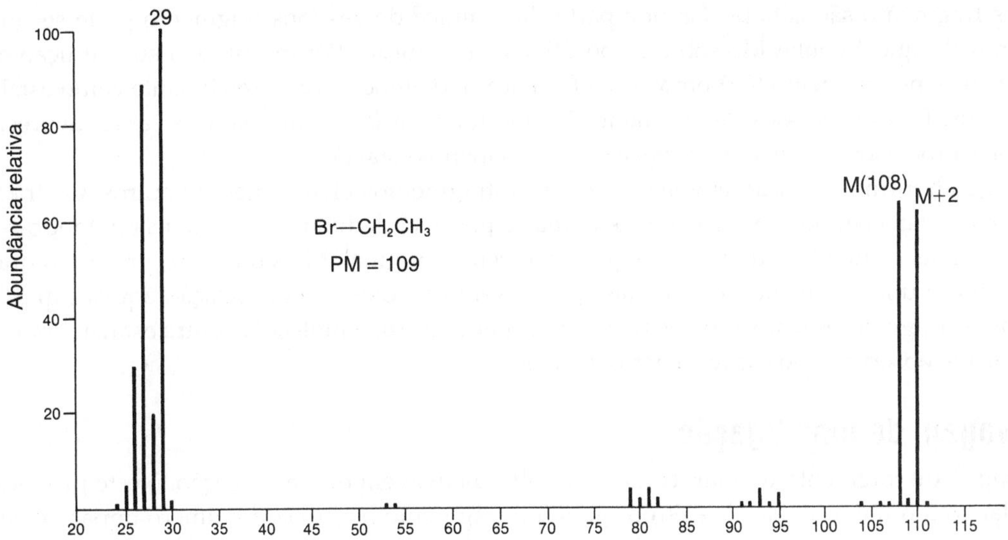

FIGURA 28.4 O espectro de massa do bromoetano.

28.4 Padrões de fragmentação

Quando a molécula é bombardeada por elétrons de alta energia na câmara de ionização de um espectrômetro de massa, além de perder um elétron para formar um íon, também absorve parte da energia transferida na colisão entre a molécula e os elétrons incidentes. A energia extra coloca o íon molecular em um estado vibracional excitado, frequentemente, fazendo com que este íon seja instável e possa perder parte da energia extra, dividindo-se em fragmentos. Se o tempo de duração de um íon molecular individual for maior que 10^{-5} segundos, um pico correspondente ao íon molecular será observado no espectro de massa. Os íons moleculares com tempos de duração menores que 10^{-5} segundos se dividirão em fragmentos, antes de serem acelerados dentro da câmara de ionização. Nesses casos, os picos correspondentes à relação massa-carga para esses fragmentos também aparecerão no espectro de massa. Para determinado composto, nem todos os íons moleculares formados pela ionização têm precisamente o mesmo período de duração. Os íons têm diversos períodos de duração; alguns íons individuais podem ter períodos de duração menores que os de outros. Como resultado disso, geralmente, os picos são observados surgindo tanto do íon molecular quanto dos íons fragmento, em um típico espectro de massa.

Para a maioria das classes de compostos, o modo de fragmentação é relativamente característico. Em muitos casos, é possível prever como a molécula irá se fragmentar. Lembre-se de que a ionização da molécula da amostra forma um íon molecular que não somente apresenta uma carga positiva, mas também tem um elétron desemparelhado. Assim, o íon molecular é, na verdade, um **cátion-radical**, e ele contém um número ímpar de elétrons. Nas fórmulas estruturais que se seguem, o cátion-radical é indicado colocando-se a estrutura entre colchetes. A carga positiva e o elétron não compartilhado são mostrados como sobrescritos.

$$[R—CH_3]^{+\cdot}$$

Quando íons fragmento se formam no espectrômetro de massa, quase sempre se formam por meio de processos unimoleculares. A pressão da amostra na câmara de ionização é baixa demais para permitir um número significativo de colisões bimoleculares. Esses processos unimoleculares que exigem a menor energia dão origem aos íons fragmento mais abundantes.

Íons fragmento são cátions. Grande parte da química desses íons fragmento pode ser explicada em termos do que é conhecido sobre carbocátions em solução. Por exemplo, a substituição alquílica estabiliza os íons fragmento (e promove sua formação), de modo muito semelhante como estabiliza os carbocátions. Esses processos de fragmentação que levam a íons mais estáveis serão favorecidos em relação aos processos que levam à formação de íons menos estáveis.

Em geral, a fragmentação envolve a perda de fragmentos eletricamente neutros. Os fragmentos neutros não aparecem no espectro de massa, mas é possível deduzir sua existência notando-se a diferença entre massas dos íons fragmento e o íon molecular original. Mais uma vez, processos que levam à formação de um fragmento neutro mais estável serão favorecidos em relação àqueles que levam à formação de fragmentos neutros menos estáveis. A perda de uma molécula neutra estável, como a água, é comumente observada no espectrômetro de massa.

A. Clivagem de uma ligação

O modo de fragmentação mais comum envolve a clivagem de uma ligação. Neste processo, o íon molecular com número ímpar de elétrons gera um fragmento neutro com número ímpar de elétrons e um fragmento neutro com número par de elétrons. Os fragmentos neutros que são perdidos constituem um **radical livre**, ao passo que os fragmentos iônicos são do tipo carbocátion. Clivagens que levam à formação de carbocátions mais estáveis serão favorecidas. Portanto, a facilidade da fragmentação para formar íons aumenta, na seguinte ordem:

$$CH_3^+ < RCH_2^+ < R_2CH^+ < R_3C^+ < CH_2{=}CH{-}CH_2^+ < C_6H_5{-}CH_2^+$$

As reações que se seguem mostram exemplos de fragmentação que ocorrem com a clivagem de uma ligação:

$$[R \vdots CH_3]^{+\cdot} \longrightarrow R^+ + \cdot CH_3$$

$$[R \vdots C(=O){-}R'']^{+\cdot} \longrightarrow {}^+C(=O){-}R' + \cdot R$$

$$[R \vdots X]^{+\cdot} \longrightarrow R^+ + \cdot X$$

onde X = halogênio, OR, SR ou NR_2, e onde R = H, alquil, ou arila

B. Clivagem de duas ligações

O tipo de fragmentação mais importante seguinte envolve a clivagem de duas ligações. Neste tipo de processo, o íon molecular com número ímpar de elétrons gera um íon fragmento com número ímpar de elétrons e um fragmento neutro com número par de elétrons; geralmente, uma molécula estável. Exemplos deste tipo de clivagem são mostrados a seguir:

$$\left[\begin{matrix} H & & OH \\ | & & | \\ RCH & — & CHR' \end{matrix}\right]^{+\cdot} \longrightarrow [RCH{=}CHR']^{+\cdot} + H_2O$$

$$\left[\begin{array}{c}CH_2—CH_2\\ RCH—CH_2\end{array}\right]^{+\cdot} \longrightarrow [RCH{=}CH_2]^{+\cdot} + CH_2{=}CH_2$$

$$\left[RCH(H)—CH_2—O—\overset{O}{\overset{\|}{C}}—CH_3\right]^{+\cdot} \longrightarrow [RCH{=}CH_2]^{+\cdot} + HO—\overset{O}{\overset{\|}{C}}—CH_3$$

C. Outros processos de clivagem

Além dos processos que já foram mencionados, também são possíveis as reações de fragmentação envolvendo rearranjos, migrações de grupos e fragmentações secundárias de íons. Esses processos ocorrem com menos frequência que os tipos de processos que foram descritos anteriormente. No entanto, o padrão de íon molecular e os picos de íons fragmento observados no espectro de massa típico são bastante complexos e únicos para cada molécula em particular. Como resultado, o padrão de espectro de massa verificado para uma substância específica pode ser comparado com espectros de massa de compostos conhecidos como um meio de identificação. O espectro de massa é como uma impressão digital. Para uma melhor abordagem dos modos de fragmentação específicos, característicos de determinadas classes de compostos, consulte livros mais avançados (veja Referências, no fim deste capítulo). A aparência única do espectro de massa para um composto em questão é a base para identificar os componentes de uma mistura na técnica de **cromatografia gasosa–espectrometria de massa** (GC–MS; veja a Técnica 22, Seção 22.14). O espectro de massa de cada componente em uma mistura é comparado com espectros padrão armazenados na memória do computador do instrumento. O resultado impresso, produzido por um instrumento de GC–MS, inclui identificação baseada nos resultados do computador correspondentes aos espectros de massa.

28.5 Espectros de massa interpretados

Nesta seção, são apresentados os espectros de massa de alguns compostos orgânicos representativos, e são identificados os picos de íons fragmento importantes, em cada espectro de massa. Em alguns dos exemplos, a identificação dos fragmentos é apresentada sem explicação, embora alguma interpretação seja oferecida quando ocorrer um processo incomum ou interessante. No primeiro exemplo, o do butano, é apresentada uma explicação mais completa do simbolismo utilizado.

Butano; C_4H_{10}, MM = 58 (veja a Figura 28.5)

$$CH_3 \,\vdots\, CH_2 \,\vdots\, CH_2 \,\vdots\, CH_3$$

15 29 43

Na fórmula estrutural do butano, as linhas tracejadas representam a localização dos processos de rompimento de ligação que ocorrem durante a fragmentação. Em cada caso, o processo de fragmentação envolve o rompimento de uma ligação para gerar um radical neutro e um cátion. As setas apontam em direção aos fragmentos que têm a carga positiva. Os fragmentos positivos correspondem ao íon que aparece no espectro de massa. A massa dos íons fragmento é indicada sob a seta.

O espectro de massa mostra o íon molecular em *m/e* = 58. O rompimento da ligação C1—C2 gera um fragmento de três carbonos, com massa igual a 43.

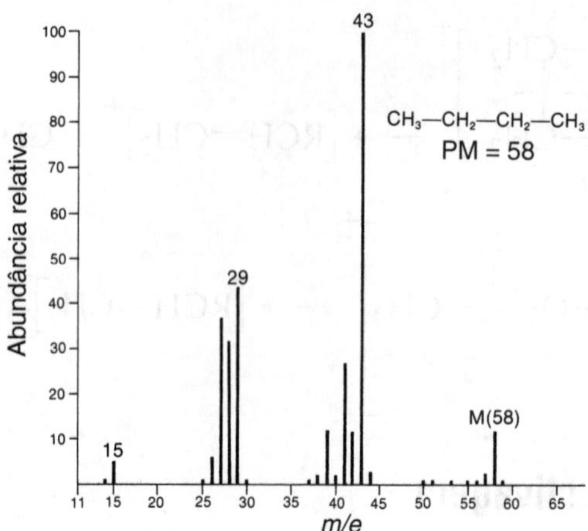

FIGURA 28.5 O espectro de massa do butano.

$$CH_3{-}CH_2{-}CH_2 \vdots CH_3 \longrightarrow CH_3{-}CH_2{-}CH_2^+ + \cdot CH_3 \quad m/e = 43$$

A clivagem da ligação central gera um cátion etila, com massa igual a 29.

$$CH_3{-}CH_2 \vdots CH_2{-}CH_3 \longrightarrow CH_3{-}CH_2^+ + \cdot CH_2{-}CH_3 \quad m/e = 29$$

A ligação terminal também pode se romper para gerar um cátion metila, que tem massa igual a 15.

$$CH_3 \vdots CH_2{-}CH_2{-}CH_3 \longrightarrow CH_3^+ + \cdot CH_2{-}CH_2{-}CH_3 \quad m/e = 15$$

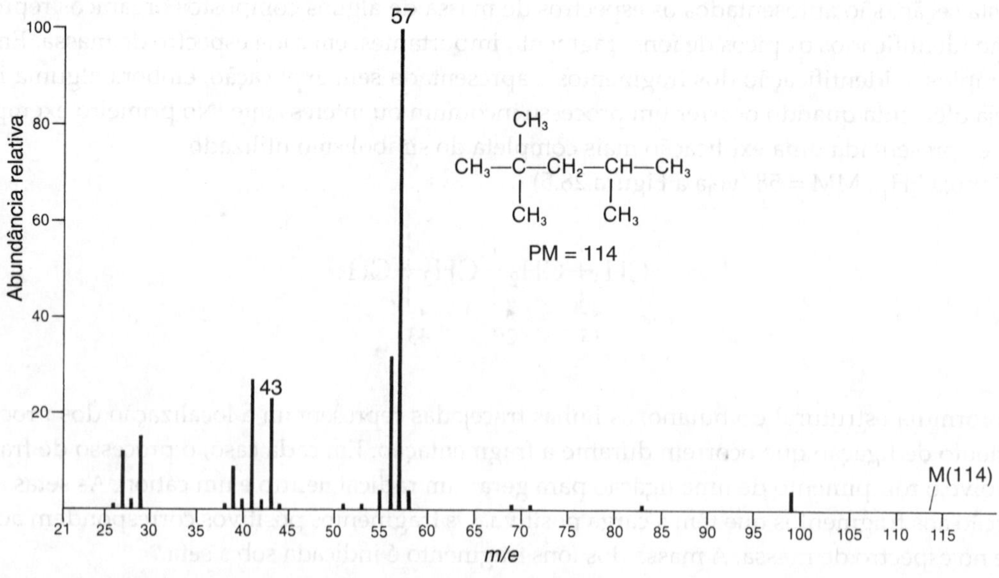

FIGURA 28.6 O espectro de massa do 2,2,4-trimetilpentano ("iso-octano").

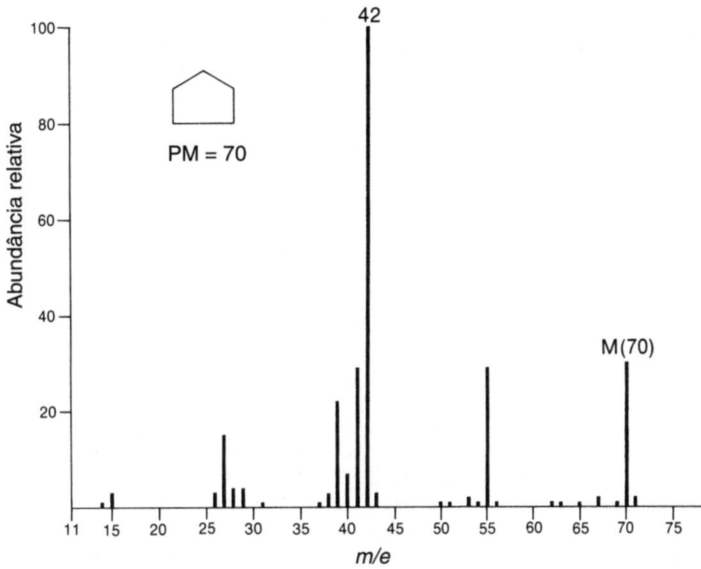

FIGURA 28.7 O espectro de massa do ciclopentano.

Cada um desses fragmentos aparece no espectro de massa do butano e foi identificado.

2,2,4-Trimetilpentano; C_8H_{18}, MM = 114 (veja a Figura 28.6)

```
        CH3 ¦          ¦
        |   ¦          ¦
  CH3—C—————+CH2—+—CH—CH3
        |   ¦          ¦  |
        CH3 ¦          ¦ CH3
    ◄---    ---►
     57       43
```

Observe que no caso do 2,2,4-trimetilpentano, sem dúvida, os fragmentos mais abundantes são do cátion *tert*-butila (*m/e* = 57). Esse resultado não é surpreendente quando se considera que o cátion *tert*-butila é um carbocátion particularmente estável.

Ciclopentano; C_5H_{10}, MM = 70 (veja a Figura 28.7)

```
      CH2
    /     \
  CH2     CH2  ▲ 42
 -\---------/---¦
  CH2 — CH2
```

No caso do ciclopentano, os fragmentos mais abundantes resultam da clivagem simultânea de duas ligações. Esse modo de fragmentação elimina uma molécula neutra de eteno (MM = 28), e resulta na formação de um cátion em *m/e* = 42.

1-Buteno; C_4H_8, MM = 56 (veja a Figura 28.8)

```
CH2=CH—CH2—+—CH3
          ◄-¦
           41
```

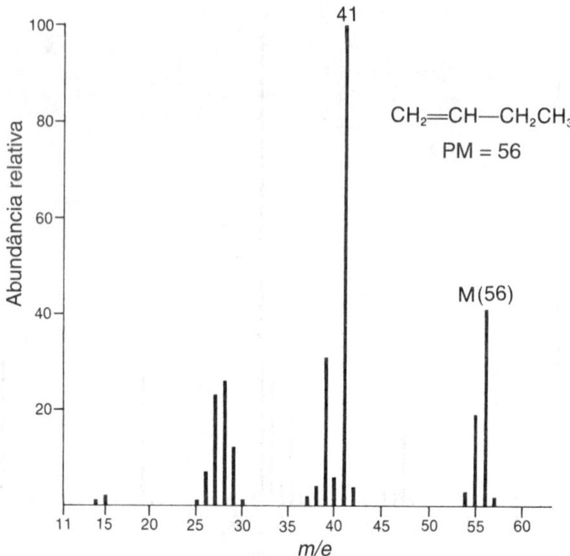

FIGURA 28.8 O espectro de massa do 1-buteno.

Um importante fragmento nos espectros de massa de alcenos é o cátion alila (*m/e* = 41). Esse cátion é particularmente estável devido à ressonância.

$$[^{+}CH_2—CH{=}CH_2 \leftrightarrow CH_2{=}CH—CH_2^{+}]$$

Tolueno; C_7H_8, MM = 92 (veja a Figura 28.9)

C_6H_5—CH_2 ┆ H

91

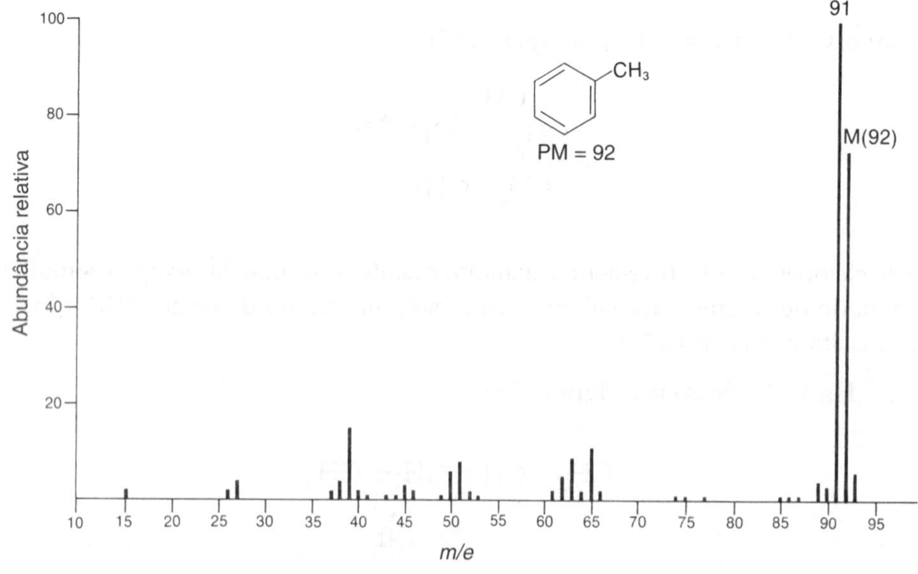

FIGURA 28.9 O espectro de massa do tolueno.

Quando um grupo alquila é conectado a um anel de benzeno, a fragmentação preferencial ocorre em uma posição benzílica para formar um íon fragmento da fórmula C_7H_7 + (*m/e* = 91). No espectro de massa do tolueno, a perda de hidrogênio do íon molecular resulta em um pico intenso em *m/e* = 91. Embora se possa esperar que esse pico de íon fragmento seja em decorrência do carbocátion benzila, as evidências sugerem que o carbocátion benzila efetivamente se rearranja para formar o **íon tropílio**. Experimentos de identificação de isótopos tendem a confirmar a formação do íon tropílio, que é um sistema de anel com sete carbonos, que contém seis elétrons em orbitais moleculares π e, portanto, estabilizado por ressonância, de maneira similar à observada no benzeno.

$$\overset{+}{C}H_2 \longrightarrow +$$

Cátion benzila   Íon tropílio

1-Butanol; $C_4H_{10}O$, MM = 74 (veja a Figura 28.10)

$$CH_3{-}CH_2{-}CH_2{-}|{-}CH_2{-}OH \quad (31)$$

A mais importante reação de fragmentação para álcoois é a perda de um grupo alquila:

$$\left[R{-}\underset{R''}{\overset{R'}{C}}{-}OH \right]^{+\cdot} \longrightarrow R\cdot + \underset{R''}{\overset{R'}{\diagdown}}C{=}OH^+$$

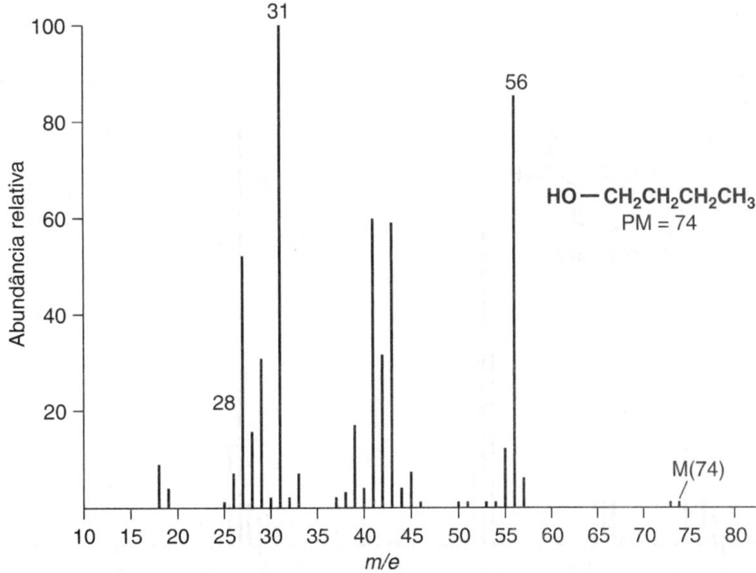

FIGURA 28.10 O espectro de massa do 1-butanol.

O maior grupo alquila é o que é perdido mais rapidamente. No espectro do 1-butanol, o pico intenso em *m/e* = 31 se deve à perda de um grupo propila para formar

$$\begin{matrix} H \\ & \diagdown \\ & & C{=}OH^{+} \\ & \diagup \\ H \end{matrix}$$

Um segundo modo de fragmentação comum envolve a desidratação. A perda de uma molécula de água do 1-butanol resulta em um cátion de massa igual a 56.

$$CH_3{-}CH_2{-}\underset{H}{CH}{-}\underset{OH}{CH_2} \quad 56$$

Benzaldeído; C_7H_6O, MM = 106 (veja a Figura 28.11)

77 105

A perda de um átomo de hidrogênio de um aldeído é um processo favorável. O íon fragmento resultante é um cátion benzoíla, um tipo de carbocátion particularmente estável.

$$C_6H_5{-}C(=O){-}H \longrightarrow C_6H_5{-}C^{+}(=O) + H\cdot$$

m/e = 105

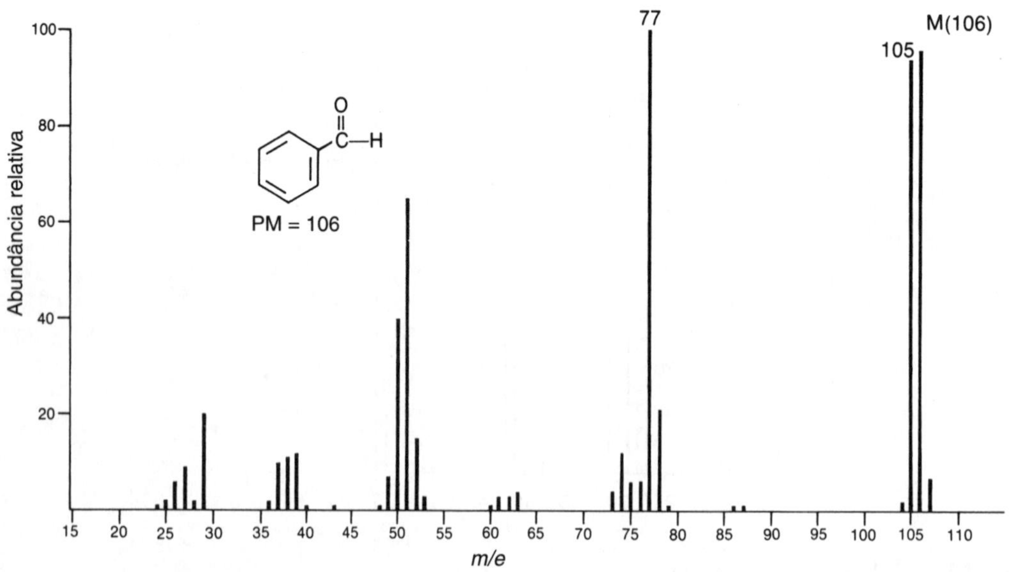

FIGURA 28.11 O espectro de massa do benzaldeído.

A perda total do grupo funcional aldeído resulta em um cátion fenila. Esse íon pode ser visto no espectro de um valor de *m/e* igual a 77.

2-Butanona; C_4H_8O, MM = 72 (veja a Figura 28.12)

$$CH_3—CH_2—\overset{\overset{\displaystyle O}{\|}}{C}—CH_3$$

57 ← 43 →

Se o grupo metila for perdido como um fragmento neutro, o cátion resultante, um **íon acílio**, tem um valor de *m/e* igual a 57. Se o grupo etila for perdido, o íon acílio resultante aparece em um valor de *m/e* igual a 43.

$$CH_3—CH_2—\overset{\overset{\displaystyle O}{\|}}{C}—CH_3 \longrightarrow \underset{m/e\,=\,57}{CH_3—CH_2—\overset{\overset{\displaystyle O}{\|}}{C^+}} + \cdot CH_3$$

$$CH_3—CH_2—\overset{\overset{\displaystyle O}{\|}}{C}—CH_3 \longrightarrow \underset{m/e\,=\,43}{CH_3—\overset{\overset{\displaystyle O}{\|}}{C^+}} + \cdot CH_2CH_3$$

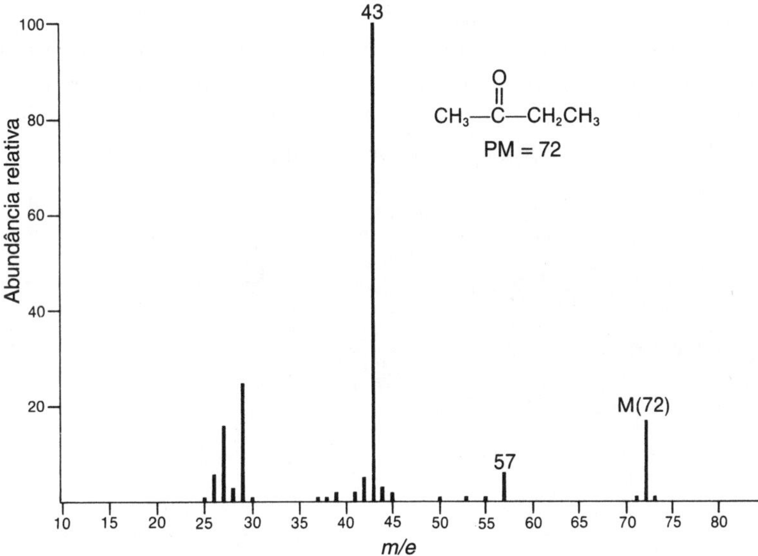

FIGURA 28.12 O espectro de massa da 2-butanona.

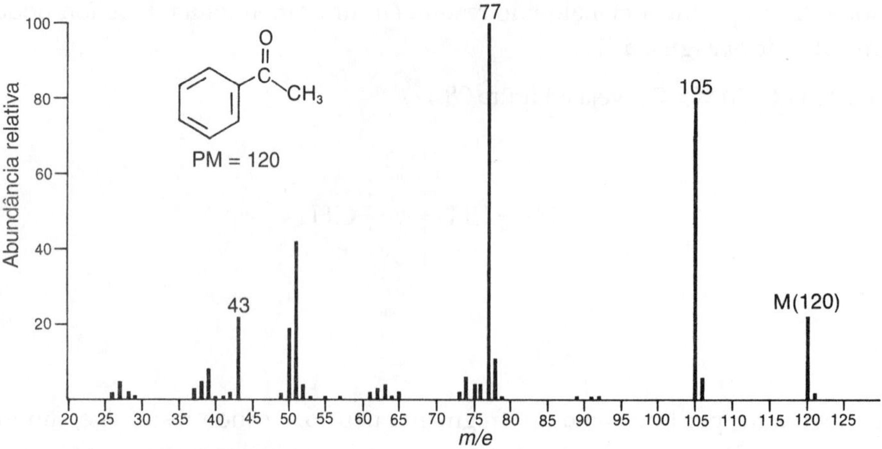

FIGURA 28.13 O espectro de massa da acetofenona.

Acetofenona; C_8H_8O, MM = 120 (veja a Figura 28.13)

105

C_6H_5–C(=O)–CH_3

77 43

Cetonas aromáticas passam por clivagem α para perder o grupo alquila e formar o cátion benzoíla (*m*/*e* = 105). Esse íon perde subsequentemente monóxido de carbono para formar o cátion fenila (*m*/*e* = 77). Cetonas aromáticas também sofrem clivagem α do outro lado do grupo carbonila, formando um íon alquil acílio. No caso da acetofenona, íon aparece em um valor de *m*/*e* igual a 43.

$$C_6H_5\text{–}C(=O)\text{–}CH_3 \longrightarrow C_6H_5\text{–}C^+(=O) + \cdot CH_3$$

m/*e* = 105

$$C_6H_5\text{–}C^+(=O) \longrightarrow C_6H_5^+ + CO$$

m/*e* = 77

$$C_6H_5\text{–}C(=O)\text{–}CH_3 \longrightarrow CH_3\text{–}C^+(=O) + C_6H_5\cdot$$

m/*e* = 43

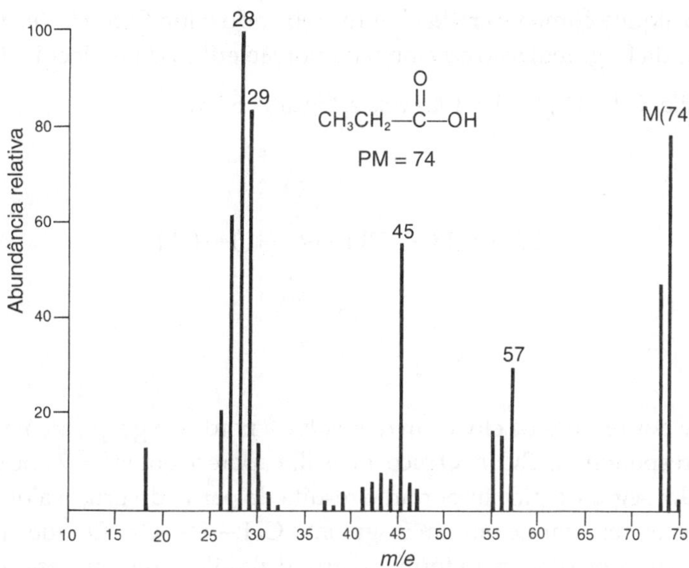

FIGURA 28.14 O espectro de massa do ácido propanoico.

Ácido propanoico; $C_3H_6O_2$, MM = 74 (veja a Figura 28.14)

$$CH_3—CH_2 \,|\, \overset{O}{\overset{\|}{C}} \,|\, O \,|\, H$$

29 | 57 | 73

45

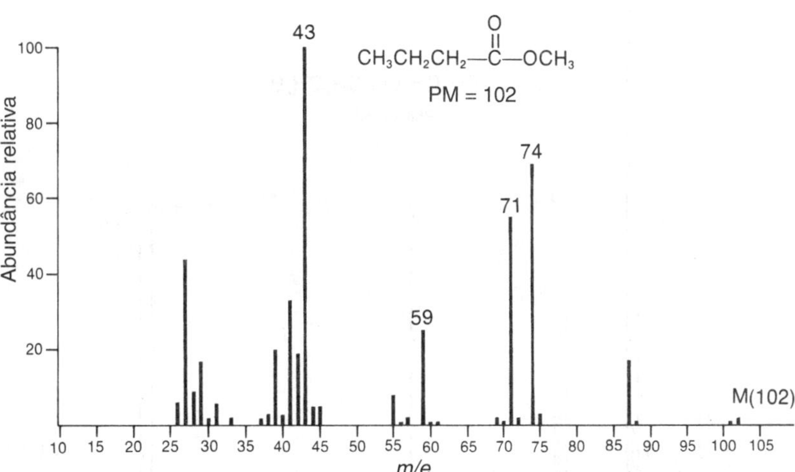

FIGURA 28.15 O espectro de massa do butanoato de metila.

Com ácidos carboxílicos de cadeia curta, pode ser observada a perda de OH e COOH através de clivagem α em um dos lados do grupo C=O. No espectro de massa do ácido propanoico, a perda de OH dá origem a um pico em *m/e* = 57. A perda de COOH dá origem a um pico em *m/e* = 29. Também ocorre perda do grupo alquila como um radical livre, deixando o íon $COOH^+$ (*m/e* = 45). O pico intenso em *m/e* = 28 é em razão da fragmentação adicional da porção etílica da molécula de ácido.

Butanoato de metila; $C_5H_{10}O_2$, MM = 102 (veja a Figura 28.15)

$$CH_3{-}CH_2{-}CH_2{-}\overset{\overset{\displaystyle O}{\|}}{C}{-}O{-}CH_3$$

43 59 71

A mais importante das reações de clivagem α envolve a perda do grupo alcóxi a partir do éster para formar o íon acílio correspondente, RCO^+. O pico íon acílio aparece em *m/e* = 71 no espectro de massa do butanoato de metila. Um segundo pico importante resulta da perda do grupo alquila a partir da porção acila da molécula de éster, resultando em um fragmento $CH_3{-}O{-}C{=}O^+$ que aparece em *m/e* = 59. A perda do grupo funcional carboxilato para formar o grupo alquila como um cátion dá origem a um pico em *m/e* = 43. O pico intenso em *m/e* = 74 resulta de um processo de rearranjo (veja a Seção 28.6).

1-Bromohexano; $C_6H_{13}Br$, MM = 165 (veja a Figura 28.16)

$$CH_3{-}CH_2{-}CH_2{-}CH_2{-}CH_2{-}CH_2{-}Br$$

43 85 135/137

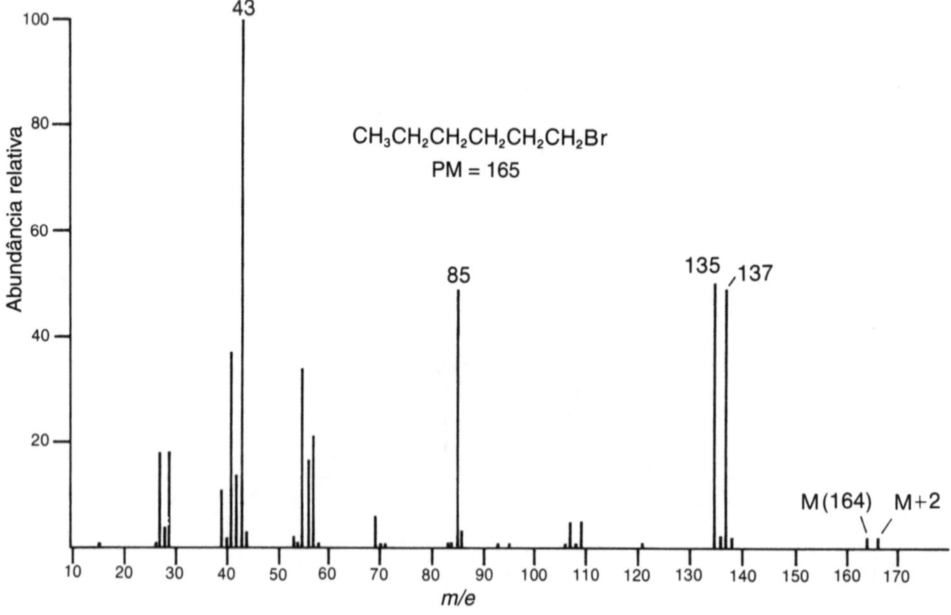

Figura 28.16 O espectro de massa do 1-bromohexano.

A característica mais interessante do espectro de massa do 1-bromohexano é a presença de um dupleto no íon molecular. Esses dois picos, de igual altura e separados por duas unidades de massa, são uma forte evidência de que o bromo está presente na substância. Observe também que a perda do grupo etila terminal gera um íon fragmento que ainda contém bromo (m/e = 135 e 137). A presença do dupleto demonstra que esse fragmento contém bromo.

28.6 Reações de rearranjo

Como os íons fragmento detectados em um espectro de massa são cátions, podemos esperar que esses íons irão exibir o comportamento que estamos acostumados a associar com carbocátions. É bem conhecido o fato de que carbocátions tendem a reações de rearranjo, convertendo o carbocátion menos estável em um mais estável. Esses tipos de rearranjo também são observados no espectro de massa. Se a abundância de um cátion for especialmente grande, se assume que deve ter ocorrido um rearranjo para gerar um cátion com maior tempo de duração.

Outros tipos de rearranjos também são conhecidos. Um exemplo de rearranjo que normalmente não é observado na química de soluções é o de um cátion benzila para um íon tropílio, e este é visto no espectro de massa do tolueno (veja a Figura 28.9).

Um tipo particular de processo de rearranjo, que é exclusivo da espectrometria de massa, é o **rearranjo de McLafferty**, que ocorre quando uma cadeia alquílica de pelo menos três carbonos de comprimento é conectada a uma estrutura que absorve energia, como um grupo fenila ou carbonila, que pode aceitar a transferência de um íon hidrogênio. O espectro de massa do butanoato de metila (veja a Figura 28.15) contém um pico proeminente em m/e = 74. Esse pico surge devido ao rearranjo de McLafferty do íon molecular.

$$\left[CH_3{-}O{-}C({=}O){-}CH_2{-}CH_2{-}CH(H){-}R\right]^{+\cdot} \longrightarrow \underset{m/e\,=\,74}{\left[CH_3{-}O{-}C(OH){=}CH_2\right]^{+\cdot}} + \underset{CH_2}{\overset{H\quad R}{\overset{\diagdown\,\diagup}{\underset{\|}{C}}}}$$

REFERÊNCIAS

Beynon, J. H. *Mass Spectrometry and Its Applications to Organic Chemistry. Elsevier*: Amsterdam, 1960.

Biemann, K. *Mass Spectrometry: Organic Chemical Applications*. McGraw-Hill: New York, 1962.

Budzikiewicz, H.; Djerassi, C; Williams, D. H. *Mass Spectrometry of Organic Compounds*. Holden-Day: San Francisco, 1967.

McLafferty, F. W.; Turec¢ek, F. *Interpretation of Mass Spectra*, 4ª ed. University Science Books: Mill Valley, CA, 1993.

Pavia, D. L.; Lampman, G. M.; Kriz, G. S., *Introduction to Spectroscopy, A Guide for Students of Organic Chemistry*, 4th ed. e vyvya., J.R. Brooks/Cole 2008.

Silverstein, R. M.; Webster, F. X. e Kiemele, D, J. *Spectrometric Identification of Organic Compounds*, 7th ed. John Wiley & Sons: New York, 2005.

Técnica 29

Guia para a literatura sobre química

Frequentemente, você poderá precisar ir além das informações contidas em um típico livro de química orgânica e utilizar material de consulta na biblioteca. À primeira vista, recorrer a materiais de biblioteca pode parecer muito complicado, por causa das inúmeras fontes ali contidas. Contudo, se for adotada uma abordagem sistemática, essa tarefa poderá se mostrar bastante útil. A descrição de diversas fontes mais comuns e um esboço das etapas lógicas a serem seguidas na procura da literatura típica deverão ser úteis.

29.1 Localização de constantes físicas: manuais

Para encontrar informações sobre constantes físicas de rotina, como pontos de fusão, pontos de ebulição, índices de refração e densidades, primeiro, você deve considerar o uso de um manual. Exemplos de manuais apropriados são

Aldrich Handbook of Fine Chemicals. Sigma-Aldrich: Milwaukee WI, 2009–2010.
Budavari, S., ed. *The Merck Index,* 14th ed. Merck: Whitehouse Station, NJ, 2006.
Dean, J. A., ed. *Lange's Handbook of Chemistry,* 14th ed. McGraw-Hill: New York, 1999.
Lide, D. R., ed. *CRC Handbook of Chemistry and Physics,* 89th ed. CRC Press: Boca Raton, FL, 2008–2009.

Cada um desses materiais de consulta é discutido detalhadamente na Técnica 4. O *CRC Handbook* é o material de referência mais frequentemente consultado, em virtude de este livro estar tão amplamente disponível. Porém, existem diferentes vantagens em se utilizar os outros manuais. O *CRC Handbook* emprega o sistema de nomenclatura conhecido como *Chemical Abstracts,* que exige que a identificação do nome de origem, 3-methyl-1-butanol, seja relacionada como 1-butanol, 3-methyl[1].

The Merck Index enumera um número menor de compostos, mas fornece muito mais informações sobre os compostos enumerados. Se o composto for um produto medicinal ou natural, este é o material de consulta mais indicado. O manual contém referências na literatura para o isolamento e a síntese de um composto, juntamente com determinadas propriedades de interesse medicinal, como toxicidade. O *Lange's Handbook* e o *Aldrich Handbook* relacionam compostos em ordem alfabética; o 3-methyl-1-butanol é enumerado como 3-methyl-1-butanol.

Um manual mais completo, que geralmente é mantido na biblioteca é o

Buckingham, J., ed. *Dictionary of Organic Compostos.* Chapman & Hall/Methuen: New York, 1982–1992.

Trata-se de uma versão revisada de um manual composto de quatro volumes, publicado anteriormente, editado por I. M. Heilbron e H. M. Bunbury. Em sua forma atual, ele consiste em sete volumes, com dez suplementos.

[1] N. R.T.: A grande maioria das obras de referência na literatura em química está disponível somente na língua inglesa. Por esse motivo, optamos por manter aqui a nomenclatura dos exemplos em inglês.

29.2 Métodos gerais de síntese

Muitos livros introdutórios, considerados padrão na Química Orgânica, apresentam tabelas que resumem a maioria das reações comuns, incluindo reações colaterais, para uma determinada classe de compostos. Estes livros também descrevem métodos alternativos de preparação de compostos.

Brown, W. H.; Foote, C. S.; Iverson, B. L.; Anslyn, E. *Organic chemistry,* 5th ed. Brooks/Cole: Pacific Grove, CA, 2009.
Bruice, P. Y. *Organic chemistry,* 5th ed. Prentice-Hall: New York, 2007.
Carey, F. A. *Organic chemistry, 7th* ed. McGraw-Hill: New York, 2008.
Ege, S. *Organic chemistry,* 5th ed. Boston: Houghton-Mifflin, 2004.
Fessenden, R. J.; Fessenden, J. S. *Organic chemistry,* 6th ed. Brooks/Cole: Pacific Grove, CA, 1998.
Fox, M. A.; Whitesell, J. K. *Organic chemistry,* 3rd ed. Jones & Bartlett: Boston, 2004.
Hornback, J. *Organic chemistry,* 2nd ed. Brooks/Cole: Pacific Grove, CA, 2006.
Jones, M., Jr. *Organic chemistry,* 3rd ed. W. W. Norton: New York, 2003.
Loudon, G. M. *Organic chemistry,* 4th ed. Benjamin/Cummings: Menlo Park, CA, 2004.
McMurry, J. *Organic chemistry,* 7th ed. Brooks/Cole: Pacific Grove, CA, 2008.
Morrison, R. T.; Boyd, R. N. *Organic chemistry,* 7th ed. Prentice-Hall: Englewood Cliffs, NJ, 1999.
Smith, M. B.; March, J. *Advanced Organic Chemistry,* 6th ed. John Wiley & Sons: New York, 2007.
Solomons, T. W. G.; Fryhle, C. *Organic Chemistry,* 8th ed. John Wiley & Sons: New York, 2003.
Streitwieser, A.; Heathcock, C. H.; Kosower, E. M. *Introduction to Organic chemistry,* 4th ed. Prentice-Hall: New York, 1992.
Vollhardt, K. P. C.; Schore, N. E. *Organic chemistry,* 5th ed. W. H. Freeman: New York, 2007.
Wade, L. G., Jr. *Organic chemistry, 7th* ed. Prentice-Hall: Englewood Cliffs, NJ, 2009.

29.3 Procurando a literatura química

Se as informações que você está procurando não estiverem disponíveis em nenhum dos manuais mencionados na Seção 29.1 ou se você precisar de informações mais detalhadas o ideal é fazer uma revisão bibliográfica propriamente dita. Embora um exame nos livros-texto comuns possa proporcionar alguma ajuda, frequentemente, será preciso utilizar todos os recursos da biblioteca, incluindo periódicos, coleções de referência e resumos. As seções que se seguem descrevem como os vários tipos de fontes devem ser utilizados e que tipo de informações pode ser obtido a partir deles.

Os métodos discutidos para uma busca na literatura utilizam, principalmente, materiais impressos. Modernos métodos de busca também recorrem a bancos de dados computadorizados e são abordados na Seção 29.11. Existe uma vasta coleção de dados e materiais bibliográficos que podem ser consultados rapidamente em terminais de computador remotos. Apesar de a busca computadorizada estar amplamente disponível, ela pode não ser prontamente acessível para estudantes não graduados. As referências a seguir apresentam excelentes introduções à literatura de Química Orgânica:

Carr, C. Teaching and Using Chemical Informações. *Journal of Chemical Education,* 1993, 719.
Maizell, R. E. *How to Find Chemical Information,* 3rd ed. John Wiley & Sons: *New York,* 1998.
Smith, M. B.; March, J. *Advanced Organic chemistry,* 6th ed. John Wiley & Sons: New York, 2007.
Somerville, A. N. Information Sources for Organic Chemistry, 1: Searching by Name Reaction and Reaction Type. *Journal of Chemical Education,* 1991, 553.
Somerville, A. N. Information Sources for Organic Chemistry, 2: Searching by Function. *Journal of Chemical Education,* 1991, 842.
Somerville, A. N. Information Sources for Organic Chemistry, 3: Searching by Reagent. *Journal of Chemical Education,* 1992, 379.

Wiggins, G. *Chemical* Information *Sources.* McGraw-Hill: New York, 1991. Integrates printed materials and computer sources of information.

29.4 Coleções de espectros

Coleções de espectros no infravermelho, de ressonância magnética nuclear e de massa podem ser encontradas nos seguintes catálogos de espectros:

Cornu, A.; Massot, R. *Compilation of Mass Spectral Data,* 2nd ed. Heyden and Sons: London, 1975.
High-Resolution NMR Spectra Catalog. Palo Alto, CA: Varian Associates. Vol. 1, 1962; Vol. 2, 1963.
Johnson, L. F.; Jankowski, W. C. *Carbon-13 NMR Spectra.* John Wiley & Sons: New York, 1972.
Pouchert, C. J. *Aldrich Biblioteca of Infrared Spectra,* 3rd ed. Aldrich Chemical Co.: Milwaukee, 1981.
Pouchert, C. J. *Aldrich Biblioteca of FT-IR Spectra,* 2nd ed. Aldrich Chemical Co.: Milwaukee, 1997.
Pouchert, C. J. *Aldrich Biblioteca of NMR Spectra,* 2nd ed. Aldrich Chemical Co.: Milwaukee, 1983.
Pouchert, C. J.; Behnke, J. *Aldrich Biblioteca of* ^{13}C *and* ^{1}H *FT NMR Spectra.* Aldrich Chemical Co.: Milwaukee, 1993.
Sadtler Standard Spectra. Philadelphia: Sadtler Research Laboratories. Continuing collection.
Stenhagen, E.; Abrahamsson, S.; McLafferty, F. W. *Registry of Mass Spectral Data,* 4 vols. Wiley-Interscience: New York, 1974.

O American Petroleum Institute (Instituto Norte-Americano de Petróleo) também publicou catálogos referentes a espectros no infravermelho, de ressonância magnética nuclear e de massa.

29.5 Livros avançados

Muitas informações sobre métodos de síntese, mecanismos de reação e reações de compostos orgânicos estão disponíveis em qualquer um dos muitos dos livros avançados sobre Química Orgânica atuais. Exemplos destes livros são

Carey, F. A.; Sundberg, R. J. *Advanced Organic chemistry. Parte A. Structure and Mechanisms; Parte B. Reactions and Synthesis,* 4th ed. Kluwer Academic: New York, 2000.
Carruthers, W. *Some Modern Methods of Organic Synthesis,* 4th ed. Cambridge University Press: Cambridge, UK, 2004.
Corey, E. J.; Cheng, X. -M. *The Logic of Chemical Synthesis.* John Wiley & Sons: New York, 1995.
Fieser, L. F.; Fieser, M. *Advanced Organic chemistry.* Reinhold: New York, 1961.
Finar, I. L. *Organic chemistry,* 6th ed. Longman Group: London, 1986.
House, H. O. *Modern Synthetic Reactions,* 2nd ed. W. H. Benjamin: Menlo Park, CA, 1972.
Noller, C. R. *Chemistry of Organic Compounds,* 3rd ed. W. B. Saunders: Philadelphia, 1965.
Smith, M. B. *Organic Synthesis,* 2nd ed. McGraw-Hill: New York, 2002.
Smith, M. B.; March, J. *Advanced Organic chemistry,* 6th ed. John Wiley & Sons: New York, 2007.
Stowell, J. C. *Intermediate Organic Chemistry,* 2nd ed. John Wiley & Sons: New York, 1993.
Warren, S.; Wyatt, P. *Organic Synthesis: The Disconnection Approach,* 2nd ed. John Wiley & Sons: New York, 2009.
Zweifel, G. S.; Nantz, M. H. *Modern Organic Synthesis.* W. H. Freeman and Company: New York, 2007.

Geralmente, esses livros contêm referências aos trabalhos originais na literatura para os estudantes que querem se aprofundar no assunto. Consequentemente, você poderá obter não somente uma análise do tema por meio de um desses livros, mas também um importante material de consulta para levar a uma busca mais ampla na literatura. O livro de Smith e March é particularmente útil para esse propósito.

29.6 Métodos específicos de síntese

Quem estiver interessado em localizar informações a respeito de determinado método de síntese de um composto deverá, primeiramente, consultar um dos muitos livros gerais sobre o assunto. Alguns úteis são

Anand, N.; Bindra, J. S.; Ranganathan, S. *Art in Organic Synthesis*, 2nd ed. John Wiley & Sons: New York, 1988.
Barton, D.; Ollis, W. D., eds. *Comprehensive Organic chemistry*, 6 vols. Pergamon Press: Oxford, 1979.
Buehler, C. A.; Pearson, D. E. *Survey of Organic Syntheses*. Wiley-Interscience: New York, 1970, 2 vols., 1977.
Carey, F. A.; Sundberg, R. J. *Advanced Organic chemistry. Parte B. Reactions and Synthesis*, 4th ed. Kluwer: New York, 2000.
Compendium of Organic Synthetic Methods. Wiley-Interscience: Nova York, 1971–2002. Esta é uma série contínua, agora, em 10 volumes.
Fieser, L. F.; Fieser, M. *Reagents for Organic Synthesis*. Wiley-Interscience: New York, 1967–2008. Esta é uma série contínua, agora, em 24 volumes.
Greene, T. W.; Wuts, P. G. M. *Protective Groups in Organic Synthesis*, 4th ed. John Wiley & Sons: New York, 2007.
House, H. O. *Modern Synthetic Reactions*, 2nd ed. W. H. Benjamin: Menlo Park, CA, 1972.
Larock, R. C. *Comprehensive Organic Transformations*, 2nd ed. Wiley-VCH: New York, 1999.
Mundy, B. P.; Ellerd, M. G. *Name Reactions and Reagents in Organic Synthesis*. 2nd ed. John Wiley & Sons: New York, 2005.
Patai, S., ed. *The Chemistry of the Functional Groups*. Interscience, 1964–present: London, 2005. Esta série consiste em muitos volumes, cada um deles, especializado em determinado grupo funcional.
Smith, M. B.; March, J. *Advanced Organic chemistry*, 6th ed. John Wiley & Sons: New York, 2007.
Trost, B. M.; Fleming, I. *Comprehensive Organic Synthesis*. Pergamon/Elsevier Science: Amsterdam, 1992. Esta série consiste em 9 volumes mais os suplementos.
Vogel, A. I. *Vogel's Textbook of Practical Organic chemistry, Including Qualitative Organic Analysis*, 5th ed. Longman Group: London, 1989. Revised by members of the School of Chemistry, Thames Polytechnic.
Wagner, R. B.; Zook, H. D. *Synthetic Organic chemistry*. John Wiley & Sons: New York, 1956.
Wang, Z. *Comprehensive Organic Name Reactions and Reagents*, John Wiley: New York, 2009.

Mais informações específicas, incluindo condições reais de reação, estão disponíveis em coleções especializadas em métodos de síntese orgânica. Entre as mais importantes, estão

Organic Syntheses. John Wiley & Sons: New York, 1921–present. Publicado anualmente.
Organic Syntheses, Collective Volumes. John Wiley & Sons: New York, 1941–2004.
Vol. 1, 1941, Volumes anuais 1–9
Vol. 2, 1943, Volumes anuais 10–19
Vol. 3, 1955, Volumes anuais 20–29
Vol. 4, 1963, Volumes anuais 30–39
Vol. 5, 1973, Volumes anuais 40–49
Vol. 6, 1988, Volumes anuais 50–59
Vol. 7, 1990, Volumes anuais 60–64
Vol. 8, 1993, Volumes anuais 65–69
Vol. 9, 1998, Volumes anuais 70–74
Vol. 10, 2004, Volumes anuais 75–79

É muito mais conveniente utilizar os volumes coletivos, em que os volumes anuais anteriores da publicação *Organic Syntheses (Síntese Orgânica)* são combinados em grupos de 9 ou 10 edições nos primeiros seis volumes coletivos (Volumes 1–6), e então, em grupos de 5 para os três volumes seguintes (Volumes 7, 8, 9 e 10). Índices úteis estão incluídos no final de cada um dos volumes coletivos que classificam métodos de acordo com o tipo de reação, tipo de composto preparado, fórmula do composto preparado, preparação ou purificação de solventes e reagentes, e o uso de diversos tipos de aparelhos especializados.

A principal vantagem de utilizar um dos procedimentos de *Organic Syntheses* é que eles foram testados para assegurar que funcionam do modo como está escrito. Normalmente, um químico orgânico adaptará um desses procedimentos testados à preparação de outro composto. Uma das características do livro de química orgânica avançada, de Smith e March, é que inclui referências a métodos de preparação específicos, contidos em *Organic Syntheses.*

Material mais avançado sobre reações químicas orgânicas e métodos sintéticos podem ser encontrados em qualquer uma das diversas publicações anuais que revisam a literatura original e a resumem. Exemplos incluem

Advances in Organic Chemistry: Methods and Results. John Wiley & Sons: New York, 1960–atualmente.
Annual Reports in Organic Synthesis. Academic Press: Orlando, FL, 1985–1995.
Annual Reports of the Chemical Society, Section B. Chemical Society: Londres, 1905–present. Especificamente, a seção "Synthetic Methods".
Organic Reactions. John Wiley & Sons: New York, 1942–atualmente.
Progress in Organic chemistry. John Wiley & Sons: New York, 1952–1973.

Cada uma dessas publicações contém inúmeras citações dos artigos apropriados na literatura original.

29.7 Técnicas de laboratório avançadas

O estudante que estiver interessado em ler sobre técnicas mais avançadas que as descritas neste livro, ou em descrições mais completas das técnicas, deve consultar um dos modernos livros especializados em técnicas de laboratório de química orgânica. Além de focar na construção do aparelho e no desempenho de reações complexas, estes livros fornecem orientações sobre a purificação de reagentes e solventes. Fontes de informações úteis referentes sobre técnicas orgânicas de laboratório incluem

Bates, R. B.; Schaefer, J. P. *Research Techniques in Organic chemistry.* Prentice-Hall: Englewood Cliffs, NJ, 1971.
Krubsack, A. J. *Experimental Organic chemistry.* Allyn & Bacon: Boston, 1973.
Leonard, J.; Lygo, B.; Procter, G. *Advanced Practical Organic chemistry,* 2nd ed. Chapman & Hall: London, 1995.
Monson, R. S. *Advanced Organic Synthesis: Methods and Techniques.* Academic Press: New York, 1971.
Pirrung, M. C. *The Synthetic Organic Chemist's Companion,* John Wiley: New York, 2009.
Techniques of Chemistry. John Wiley & Sons: Nova York, 1970–atualmente. Atualmente, em 23 volumes. Sucessor do livro *Technique of Organic Chemistry,* esta série abrange métodos de química experimental, como a purificação de solventes, métodos espectrais e métodos cinéticos.
Weissberger, A., et al., eds. *Technique of Organic Chemistry,* 3rd ed., 14 vols. Wiley-Interscience: New York, 1959–1969.
Wiberg, K. B. *Laboratory Technique in Organic Chemistry.* McGraw-Hill: New York, 1960.

Inúmeros trabalhos e alguns livros gerais se especializam em determinadas técnicas. A lista anterior representa somente os livros mais comuns nessa categoria. Os livros abaixo tratam especificamente de técnicas em microescala e semimicroescala.

Cheronis, N. D. "Micro and Semimicro Methods". In A. Weissberger, ed., *Technique of Organic Chemistry,* Vol. 6.
Wiley-Interscience: New York, 1954.
Cheronis, N. D.; Ma, T. S. *Organic Functional Group Analysis by Micro and Semimicro Methods.* Wiley-Interscience: New York, 1964.
Ma, T. S.; Horak, V. *Microscale Manipulations in Chemistry.* Wiley-Interscience: New York, 1976.

29.8 Mecanismos de reação

Assim como no caso da localização de informações acerca de métodos de síntese, é possível obter grande quantidade de informações quanto a mecanismos de reação, consultando um dos livros comuns que abordam a físico-química orgânica. Os livros enumerados aqui fornecem uma descrição geral de mecanismos, mas não contêm citações da literatura específica. Livros bastante gerais incluem

Bruckner, R. *Advanced Organic Chemistry: Reaction Mechanisms.* Academic Press: New York, 2001.
Miller, A.; Solomon, P. *Writing Reaction Mechanisms in Organic chemistry,* 2nd ed. Academic Press: San Diego, CA, 1999.
Sykes, P. *A Primer to Mechanisms in Organic chemistry.* Benjamin/Cummings: Menlo Park, CA, 1995.

Livros mais avançados incluem

Carey, F. A.; Sundberg, R. J. *Advanced Organic chemistry. Part A. Structure and Mechanisms,* 4th ed. Kluwer: New York, 2000.
Hammett, L. P. *Physical Organic Chemistry: Reaction Rates, Equilibria, and Mechanisms,* 2nd ed. McGraw-Hill: New York, 1970.
Hine, J. *Physical Organic Chemistry,* 2nd ed. McGraw-Hill: New York, 1962.
Ingold, C. K. *Structure and Mechanism in Organic Chemistry,* 2nd ed. Cornell University Press: Ithaca, NY, 1969.
Isaacs, N. S. *Physical Organic Chemistry,* 2nd ed. John Wiley & Sons: New York, 1995.
Jones, R. A. Y. *Physical and Mechanistic Organic Chemistry,* 2nd ed. Cambridge University Press: Cambridge, 1984.
Lowry, T. H.; Richardson, K. S. *Mechanism and Theory in Organic Chemistry,* 3rd ed. Harper & Row: New York, 1987.
Moore, J. W.; Pearson, R. G. *Kinetics and Mechanism,* 3rd ed. John Wiley & Sons: New York, 1981.
Smith, M. B.; March, J. *Advanced Organic Chemistry,* 6th ed. John Wiley & Sons: New York, 2007.

Esses livros abrangem extensivas bibliografias que permitem ao leitor se aprofundar mais no assunto.

A maioria das bibliotecas também recebe por assinatura uma série de publicações anuais especializadas em artigos que tratam de mecanismos de reação, entre os quais, estão

Advances in Physical Organic Chemistry. Academic Press: London, 1963–present.
Annual Reports of the Chemical Society. Seção B. Chemical Society: London, 1905–atualmente. Especificamente, a seção "Reaction Mechanisms" ("Mecanismos de Reação").
Organic Reaction Mechanisms. John Wiley & Sons: Chichester, 1965–atualmente.
Progress in Physical Organic chemistry. Interscience: New York, 1963–atualmente.

Essas publicações oferecem ao leitor citações extraídas da literatura original, que podem auxiliar muito em buscas amplas na literatura.

29.9 Análise orgânica qualitativa

Muitos manuais de laboratório apresentam procedimentos básicos para a identificação de compostos orgânicos, por meio de uma série de testes e reações químicas. Ocasionalmente, você poderá precisar de uma descrição mais completa dos métodos analíticos ou de um conjunto mais abrangente de tabelas de derivados. Livros especializados em análise orgânica qualitativa devem atender a essa necessidade. Exemplos de fontes para tais informações incluem

Cheronis, N. D.; Entriken, J. B. *Identification of Organic Compounds: A Student's Text Using Semimicro Techniques.* Interscience: New York, 1963.
Pasto, D. J.; Johnson, C. R. *Laboratory Text for Organic Chemistry: A Source Book of Chemical and Physical Techniques.* Prentice-Hall: Englewood Cliffs, NJ, 1979.

Rappoport, Z. ed. *Handbook of Tables for Organic Compound Identification,* 3rd ed. CRC Press: Boca Raton, FL, 1967.
Shriner, R. L.; Hermann, C. K. F.; Merrill, T. C.; Curtin, D. Y.; Fuson, R. C. *The Systematic Identification of Organic Compounds,* 7th ed. John Wiley & Sons: New York, 1998.
Vogel, A. I. *Elementary Practical Organic Chemistry. Parte 2. Qualitative Organic Analysis,* 2nd ed. John Wiley & Sons: New York, 1966.
Vogel, A. I. *Vogel's Textbook of Practical Organic Chemistry, Including Qualitative Organic Analysis,* 5th ed. Longman Group: London, 1989. Revised by members of the School of Chemistry, Thames Polytechnic.

29.10 Beilstein e resumos de química

Uma das mais úteis fontes de informação sobre propriedades físicas, sínteses e reações de compostos orgânicos é o *Beilsteins Handbuch der Organischen Chemie.* Trata-se de um trabalho monumental, inicialmente editado por Friedrich Konrad Beilstein e atualizado por meio de diversas revisões realizadas pelo Beilstein Institute, em Frankfurt am Main, Alemanha. A edição original (denominada *Hauptwerk,* abreviada por H) foi publicada em 1918 e aborda completamente a literatura até 1909. Desde então, cinco séries suplementares (*Ergänzungswerken*) foram publicadas. O primeiro suplemento (*Erstes Ergänzungswerk,* abreviado como E I) trata da literatura que vai de 1910 a 1919; o segundo suplemento (*Zweites Ergänzungswerk,* E II) se refere à literatura que vai do período 1920–1929; o terceiro suplemento (*Drittes Ergänzungswerk,* E III) cobre de 1930–1949; o quarto suplemento (*Viertes Ergänzungswerk,* E IV) diz respeito a 1950–1959; e o quinto suplemento (em inglês) abrange 1960–1979. Os volumes 17–27 das séries suplementares III e IV, que tratam dos compostos heterocíclicos, são combinados em uma edição conjunta, E III/IV. As séries suplementares III, IV, e V não são completas, portanto, a cobertura do *Handbuch der Organischen Chemie* pode ser considerada completa até 1929, com cobertura parcial até 1979.

O Beilsteins Handbuch der Organischen Chemie, em geral denominado simplesmente como *Beilstein,* também contém dois tipos de índices cumulativos. O primeiro deles é um índice de nomes (*Sachregister*) e o segundo é um índice de fórmulas (*Formelregister*). Ambos são particularmente úteis para quem quiser localizar um composto em *Beilstein.*

A principal dificuldade em utilizar *Beilstein* é que ele é escrito em alemão até o quarto suplemento. O quinto suplemento está em inglês. Embora seja útil ter algum conhecimento de leitura em alemão, você poderá obter informações sobre esse trabalho aprendendo algumas frases-chave. Por exemplo, *Bildung* significa "formação" ou "estrutura". *Darst* ou *Darstellung* quer dizer "preparação", *Kp* ou *Siedepunkt* é "ponto de ebulição" e *F* ou *Schmelzpunkt* significa "ponto de fusão". Além disso, os nomes de alguns compostos em alemão não são cognatos dos nomes em inglês. Alguns exemplos são *Apfelsäure* para "ácido málico" (*säure* significa "ácido"), *Harnstoff* corresponde a "ureia", *Jod* equivale a "iodo" e *Zimtsäure* se aplica a "ácido cinâmico". Se você tiver acesso a um dicionário alemão/inglês, específico para químicos, muitas dessas dificuldades poderão ser superadas. O melhor desses dicionários é

Patterson, A. M. *German–English Dictionary for Chemists,* 4th ed. John Wiley & Sons: New York, 1991.

Beilstein é organizado de acordo com um sistema muito sofisticado e complicado. Entretanto, a maior parte dos estudantes não pretende se tornar especialista em *Beilstein* até este ponto. Um método mais simples, embora um pouco menos confiável, consiste em procurar pelo composto no índice de fórmulas que acompanha o segundo suplemento. Procurando pela fórmula molecular, você encontrará os nomes de compostos que têm aquela fórmula. Depois do nome, estará uma série de números que indicam as páginas e o volume no qual aquele composto está relacionado. Suponha, como exemplo, que você esteja buscando informações sobre a *p*-nitroanilina. Esse composto tem a fórmula molecular $C_6H_6N_2O_2$. Procurando por essa fórmula no respectivo índice, no segundo suplemento, você encontrará

4-Nitro-anilin **12** 711, **I** 349, **II** 383

Estas informações dizem que a *p*-nitroanilina está relacionada na edição principal, *Hauptwerk*, no Volume 12, página 711. Localize esse volume, que é dedicado às monoaminas isocíclicas, e volte à página 711 para encontrar o início da seção sobre a *p*-nitroanilina. Do lado esquerdo, na parte superior da página, está "Syst. n° 1671", que é um número de sistema dado a compostos nessa parte do Volume 12. O número do sistema é útil, uma vez que ele pode ajudar a encontrar referências a esse composto nos suplementos subsequentes. A organização do *Beilstein* é tão boa que todas as referências à *p*-nitroanilina em cada um dos suplementos serão encontradas no Volume 12. A referência no índice de fórmulas também indica que o material relacionado ao composto pode ser encontrado no primeiro suplemento, na página 349, e no segundo suplemento, na página 383. Na página 349 do Volume 12 do primeiro suplemento, existe um título, "XII, 710–712", e à esquerda está "Syst. No. 1671". O material sobre a *p*-nitroanilina é encontrado em cada suplemento, em uma página intitulada com o volume e a página do *Hauptwerk* em que o mesmo composto é encontrado. Na página 383 do Volume 12 do segundo suplemento, o título no centro da parte superior da página é "H12, 710–712". À esquerda, você encontrará "Syst. No. 1671". Mais uma vez, como a *p*-nitroanilina apareceu no Volume 12, página 711, da edição principal, é possível localizá-la procurando no Volume 12 de qualquer suplemento até encontrar uma página com o título correspondente ao Volume 12, página 711.

Uma vez que o terceiro e o quarto suplementos não são completos, não existe um índice abrangente de fórmulas para eles. Todavia, você ainda pode encontrar material sobre a *p*-nitroanilina utilizando o número de sistema e o volume e a página, no trabalho principal. No terceiro suplemento, como a quantidade de informações disponíveis tem aumentado muito, desde os primeiros dias do trabalho de Beilstein, o Volume 12, atualmente, foi expandido a ponto de poder ser encontrado em diversas partes vinculadas. Contudo, você seleciona a parte que inclui o número do sistema, 1671. Nessa parte do Volume 12, é preciso folhear as páginas até encontrar a que apresenta o título "Syst. No. 1671/H711". As informações sobre a *p*-nitroanilina são encontradas nesta página (página 1580). Se o Volume 12 do quarto suplemento estiver disponível, você poderá seguir as mesmas etapas para localizar dados mais recentes sobre a *p*-nitroanilina. Esse exemplo pretende ilustrar como é possível encontrar informações sobre determinados compostos, sem precisar aprender o sistema *Beilstein* de classificação. Você poderá testar bem sua capacidade de encontrar compostos em *Beilstein*, do modo como descrevemos aqui.

Guias sobre como utilizar *Beilstein*, que incluem uma descrição do sistema *Beilstein*, são recomendados para quem quiser trabalhar extensivamente com este sistema. Entre as fontes, estão

Heller, S. R. *The Beilstein System: Strategies for Effective Searching.* Oxford University Press: New York, 1997.

How to Use Beilstein. Beilstein Institute, Frankfurt am Main. Springer-Verlag: Berlim,

Huntress, E. H. *A Brief Introduction to the Use of* Beilsteins Handbuch der Organischen Chemie, 2nd ed. John Wiley &
Sons: New York, 1938.

Weissbach, O. *The Beilstein Guide: A Manual for the Use of* Beilsteins Handbuch der Organischen Chemie. Springer-Verlag: New York, 1976.

Os números de referência relacionados a *Beilstein* estão relacionados em manuais como *CRC Handbook of Chemistry and Physics* e *Lange's Handbook of Chemistry.* Além disso, os números em *Beilstein* estão incluídos no *Aldrich Handbook of Fine Chemicals*, publicado pela Aldrich Chemical Company. Se o composto que procura estiver enumerado em um desses manuais, você descobrirá que é simples utilizar *Beilstein.*

Outra publicação muito útil para se procurar referências de pesquisa sobre um determinado tópico é o *Chemical Abstracts (Resumos sobre Química)*, publicado pelo Chemical Abstracts Service of the American Chemical Society (Serviço de Resumos sobre Química da Sociedade Norte-Americana de Química). O *Chemical Abstracts* contém resumos de artigos divulgados em mais de 10 mil periódicos de praticamente todos os países que conduzem pesquisas científicas. Tais resumos enumeram os autores, o periódico no qual o artigo foi publicado, o título do artigo e um breve resumo do conteúdo do artigo. Resumos de artigos divulgados originalmente em um idioma diferente do inglês são disponibilizados em inglês, com uma notação indicando o idioma original.

Para utilizar o *Chemical Abstracts*, é preciso saber como usar os vários índices que o acompanham. No final de cada volume, é apresentado um conjunto de índices, incluindo um índice de fórmulas, um índice geral de assuntos, um índice de substâncias químicas, um índice de autores e um índice de patentes. As listagens em cada índice conduzem o leitor ao resumo apropriado, de acordo com o número atribuído a ele. Existem também índices coletivos que combinam todo o material indexado apresentado durante um período de 5 anos (antes de 1956, o período era de 10 anos). Nos índices coletivos, as listagens incluem o número do volume e também o número do resumo.

Para material posterior a 1929, o *Chemical Abstracts* oferece a mais completa abordagem da literatura, e sobre material anterior a 1929, recorra a *Beilstein* antes de consultar o *Chemical Abstracts*, pois embora esta fonte tenha a vantagem de ser escrita totalmente em inglês, a maior parte dos alunos faz uma pesquisa na literatura para encontrar um composto relativamente simples. Encontrar o registro desejado referente a um composto simples é uma tarefa mais fácil em *Beilstein* que em *Chemical Abstracts*. Para compostos simples, os índices em *Chemical Abstracts* provavelmente contêm muito mais entradas, e para localizar informações, é preciso combinar uma infinidade de listagens – o que pode ser uma tarefa muito demorada.

As páginas iniciais em cada índice de *Chemical Abstracts* contêm um breve conjunto de instruções relacionado ao uso daquele índice. Se você quiser um guia mais completo sobre o *Chemical Abstracts*, consulte um livro projetado para que você se familiarize com esses resumos e índices. Dois desses livros são

CAS Printed Access Tools: A Workbook. Chemical Abstracts Service, American Chemical Society: Washington, DC, 1977.

How to Search Printed CA. Chemical Abstracts Service, American Chemical Society: Washington, DC, 1989.

O Chemical Abstracts Service mantém um banco de dados computadorizado que permite aos usuários procurar, de forma rápida e abrangente, em *Chemical Abstracts*. Esse serviço, denominado *CA On-line*, está descrito na Seção 29.11. *Beilstein* também está disponível para busca on-line por computador.

29.11 Busca on-line em computador

Você pode procurar em uma série de bancos de dados sobre química, on-line, utilizando um computador e um modem, ou por uma conexão direta com a internet. Muitas bibliotecas acadêmicas e industriais podem acessar esses bancos de dados por intermédio de seus computadores. Uma organização que mantém um grande número de bancos de dados é a STN International (Scientific and Technical Information Network, ou Rede de Informações Científicas e Técnicas). A taxa cobrada em uma biblioteca, por esse serviço, depende do tempo total utilizado na realização de uma busca, do tipo de informações que estão sendo solicitadas, da hora do dia em que a busca está sendo conduzida e do tipo de banco de dados que está sendo pesquisado.

O banco de dados do Chemical Abstracts Service database (*CA On-line*) é um dos muitos bancos de dados disponíveis na STN e é particularmente útil aos químicos. Infelizmente, abrange apenas o período posterior a 1967, aproximadamente, embora estejam disponíveis algumas referências anteriores. As buscas por referências anteriores a 1967 devem ser feitas com resumos impressos (veja a Seção 29.10). A procura on-line é muito mais rápida que a busca por meio de resumos impressos. Além disso, é possível adequar a busca de diversas maneiras empregando palavras-chave e o CAS Number (Chemical Abstracts Service Registry Number, ou Número de Registro no Serviço de Resumos sobre Química), como parte da rotina de busca. O CAS Number é um número específico atribuído a todo composto enumerado no banco de dados de *Chemical Abstracts*. O CAS Number é utilizado como termo-chave em uma busca on-line para localizar informações referentes ao composto. Quanto aos compostos orgânicos mais comuns, você pode facilmente obter CAS Numbers em catálogos de muitas das companhias que fornecem produtos químicos. Outra vantagem de efetuar uma busca on-line é que os arquivos em *Chemical Abstracts* são atualizados muito mais rapidamente que as versões impressas dos resumos. Isso significa que é mais provável que sua busca revele as informações disponíveis mais atualizadas.

Outros bancos de dados úteis, disponíveis na STN incluem *Beilstein* e *CASREACTS*. Conforme descrito na Seção 29.10, *Beilstein* é muito útil para os químicos orgânicos. Atualmente, existem mais de 3,5 milhões de compostos relacionados no banco de dados. É possível utilizar o CAS Number para ajudar em uma busca que pode abranger até 1.830. *CASREACTS* é um banco de dados de reações químicas derivado de mais de 100 periódicos abordados pelo *Chemical Abstracts*, começando em 1985. Com ele, você pode especificar uma matéria-prima e um produto recorrendo ao CAS Numbers. Mais informações sobre *CA Online, Beilstein, CASREACTS* e outros bancos de dados podem ser obtidas nas seguintes referências:

Heller, S. R., ed. *The Beilstein Online Database: Implementation, Content and Retrival.* American Chemical Society: Washington, DC, 1990.

Smith, M. B.; March, J. *Advanced Organic Chemistry*, 5th ed. John Wiley & Sons: New York, 2001.

Somerville, A. N. Informações Sources for Organic Chemistry, 2: Searching by Functional Group. *Journal of Chemical Education*, 1991, 842.

Somerville, A. N. Subject Searching of Chemical Abstracts Online. *Journal of Chemical Education*, 1993, 200.

Wiggins, G. *Chemical Informações Sources.* McGraw-Hill: New York, 1990. Integrado com material impresso e fontes de informações em computadores.

29.12 SciFinder e SciFinder Scholar

As mais recentes ferramentas de busca on-line são SciFinder e SciFinder Scholar, sendo a última a versão acadêmica do software. Este serviço on-line requer uma assinatura anual e está disponível para uso em muitas faculdades e universidades. O SciFinder permite procurar em diversos bancos de dados de CAS multidisciplinares que contêm informações que remontam até 1907 e chegam até a atualidade. Este banco de dados pode ser pesquisado de várias maneiras: por nome, substância química, reação, tópico de pesquisa, número no CAS ou autor. O programa tem ferramentas de desenho similares às do ChemDraw, e o que o torna extremamente útil é a capacidade de desenhar uma estrutura na tela e, então, procurar por ela. Isso evita a necessidade de, primeiro, nomear a estrutura. Além disso, é possível efetuar a busca de subestrutura, o que significa que você pode informar uma estrutura parcial, e o programa encontrará todas as referências que tenham compostos com as características que indicou. Depois que tiver coletado referências na literatura, os hiperlinks possibilitam visualizar resumos dos documentos ou recuperar informações sobre propriedades físicas. O SciFinder é de fácil utilização e exige um mínimo de treinamento. Um livro recente explica o programa em sua totalidade:

Ridley, D. D. *Informações Retrieval: SciFinder and SciFinder Scholar.* Wiley: New York, 2002.

Para quem estiver em uma universidade que tenha assinatura deste serviço, existe um tutorial on-line em www.cas.org/SCIFINDER/SCHOLAR.

29.13 Periódicos científicos

Por fim, quem quiser informações referentes a uma área de pesquisa específica terá de ler artigos de periódicos científicos. Esses são de dois tipos básicos: periódicos de revisão e os principais periódicos científicos. Periódicos especializados em artigos de revisão resumem todo o trabalho relativo a um tópico específico. Tais artigos podem focar as contribuições de um pesquisador específico, mas geralmente consideram as contribuições de muitos estudiosos sobre o assunto. Além disso, tais artigos apresentam extensivas bibliografias, que indicam os artigos de pesquisa originais. Entre os importantes periódicos dedicados, pelo menos parcialmente, a artigos de revisão, estão

Accounts of Chemical Research
Angewandte Chemie (International Edition, em inglês)
Chemical Reviews
Chemical Society Reviews (antes, conhecido como *Quarterly Reviews*)
Nature
Science

Os detalhes da pesquisa de interesse aparecem nos principais periódicos científicos. Embora existam milhares publicados no mundo, alguns importantes, especializados em artigos que lidam com química orgânica, incluem

Canadian Journal of Chemistry
European Journal of Organic chemistry (anteriormente conhecido como *Chemische Berichte*)
Journal of Organic Chemistry
Journal of the American Chemical Society
Journal of the Chemical Society, Chemical Communications
Journal of the Chemical Society, Perkin Transactions (Partes I e II)
Journal of Organometallic Chemistry
Organic Letters
Organometallics
Synlett
Synthesis
Tetrahedron
Tetrahedron Letters

29.14 Tópicos atuais de interesse

Os periódicos e revistas a seguir são boas fontes de tópicos de interesse educativo e atual. Eles se especializam em artigos de notícias e focalizam os eventos atuais na área de química e ciências em geral. Artigos nesses periódicos (revistas) podem ajudar a manter o leitor a par dos desenvolvimentos na ciência, que não são parte de sua leitura científica especializada habitual.

American Scientist
Chemical and Engineering News
Chemistry and Industry
Chemistry in Britain
Chemtech
Discover
Journal of Chemical Education
Nature
Omni
Science
Scientific American

Outras fontes relativas a tópicos de atual interesse incluem o seguinte:

Encyclopedia of Chemical Technology, 4th ed., 25 vols; mais índice e suplementos, 1992. Também conhecido como *Kirk-Othmer Encyclopedia of Chemical Technology*.
McGraw-Hill Encyclopedia of Science and Technology, 20 volumes e suplementos, 1997.

29.15 Como realizar uma busca na literatura

O método mais fácil de realizar uma busca na literatura é começar com fontes secundárias e, depois, recorrer a fontes primárias. Em outras palavras, iniciar tentando localizar material em um livro-texto, *Beilstein* ou *Chemical Abstracts.* Com base nos resultados obtidos, consultar um dos principais periódicos científicos.

Uma busca na literatura que, em última análise, requer que você leia um ou mais artigos nos periódicos científicos é melhor conduzida se for possível identificar um artigo central em particular, para o estudo. Geralmente, você obtém essa referência de um livro ou um artigo de revisão sobre o assunto. Se não houver nenhum disponível, será necessária uma busca por intermédio de *Beilstein.* Uma busca com um desses manuais, que fornece números de referência a *Beilstein* (veja a Seção 29.10), pode ser útil. Procurar utilizando o *Chemical Abstracts* seria considerada a próxima etapa lógica. A partir dessas fontes, você terá condições de identificar citações da literatura original referente ao assunto.

Citações adicionais podem ser encontradas nas referências mencionadas no artigo do periódico. Dessa maneira, pode ser examinado o conhecimento que dirigiu a pesquisa. Também é possível conduzir uma busca avançando no tempo, tendo como base a data do artigo do periódico, por meio do *Science Citation Index (Índice de Citações Científicas).* Essa publicação oferece o serviço de listagem de artigos e os documentos nos quais os artigos foram citados. Embora o *Science Citation Index* consista em diversos tipos de índices, o *Citation Index (Índice de Citações) é mais útil para os propósitos descritos aqui.* Uma pessoa que conhecer uma referência-chave específica sobre um assunto poderá examinar o *Science Citation Index* a fim de conseguir uma lista de documentos que tenham utilizado essas referências inspiradoras como apoio ao trabalho descrito. O *Citation Index* relaciona documentos de acordo com seu autor principal, periódico, volume, página e data, seguido por citações de documentos que tenham se referido àquele artigo, autor, periódico, volume, página e data de cada um deles. O *Citation Index* é publicado em volumes anuais, com suplementos trimestrais durante o ano corrente. Cada volume contém uma lista completa das citações de artigos-chave elaborados durante aquele ano. Uma desvantagem é que o *Science Citation Index* se tornou disponível somente a partir de 1961, outra desvantagem é que você pode perder artigos do periódico sobre o assunto de seu interesse, caso o *Citation Index* tenha falhado em citar a referência-chave específica em suas bibliografias – uma possibilidade razoavelmente provável.

Naturalmente, é possível conduzir uma busca por literatura por meio de um método de "força bruta", começando pela procura utilizando *Beilstein* ou mesmo com os índices em *Chemical Abstracts.* Contudo, a tarefa pode ser realizada muito mais facilmente recorrendo a uma busca por computador (veja a Seção 29.11) ou iniciando por um livro ou um artigo que apresente uma abordagem geral e ampla, que pode oferecer algumas citações como pontos de partida na busca.

Os guias a seguir, destinados à orientação para o uso da literatura química, são oferecidos para o leitor que estiver interessado em se aprofundar no assunto.

Bottle, R. T.; Rowland, J. F. B., eds. *Information Sources in Chemistry,* 4th ed. Bowker-Saur: New York, 1992.

Maizell, R. E. *How to Find Chemical Information: A Guide for Practicing Chemists, Educators, and Students,* 3rd ed.
John Wiley & Sons: New York, 1998.

Mellon, M. G. *Chemical Publications,* 5th ed. McGraw-Hill: New York, 1982.

Wiggins, G. *Chemical Information Sources.* McGraw-Hill: New York, 1991. Integrado por materiais impressos e fontes de informações em computadores.

■ PROBLEMAS ■

1. Encontre os seguintes compostos no índice de fórmulas, no *Second Supplement of Beilstein* (veja a Seção 29.10). (1) Relacione os números da página a partir do trabalho principal e dos suplementos (primeiro e segundo). (2) Utilizando esses números de página, procure o número do sistema (Syst.

No.) e o número do trabalho principal (número de *Hauptwerk*, H) para cada composto no trabalho principal e no primeiro e segundo suplementos. Em alguns casos, um composto pode não ser encontrado nos três locais. (3) Agora, use o número do sistema e o número do trabalho principal para encontrar cada um desses compostos no terceiro e no quarto suplementos. Relacione os números de página nos quais os compostos são encontrados.

a. 2,5-hexanodiona (acetonilacetona)
b. 3-nitroacetofenona
c. 4-*tert*-butilciclohexanona
d. **ácido** 4-fenilbutanóico (ácido 4-fenilbutírico, γ-fenilbuttersäure)

2. Utilizando o *Science Citation Index* (veja a Seção 29.15), relacione cinco documentos de pesquisa pelo título completo e pela citação no periódico, para cada um dos seguintes químicos que receberam o Prêmio Nobel. Recorra ao *Five-Year Cumulative Source Index, para os anos de* 1980–1984, como sua fonte.

a. H. C. Brown
b. R. B. Woodward
c. D. J. Cram
d. G. Olah

3. O livro de consulta, elaborado por Smith e March, está enumerado na Seção 29.2. Utilizando o Apêndice 2 neste livro, indique dois métodos para o preparo dos seguintes grupos funcionais. Você precisará fornecer equações.

a. **ácidos** carboxílicos
b. aldeídos
c. ésteres (ésteres carboxílicos)

4. O *Organic Syntheses* é descrito na Seção 29.6. Existem atualmente nove volumes coletivos na série, cada um deles com seu próprio índice. Encontre os compostos relacionados a seguir e forneça as equações para o preparo de cada composto.

a. 2-metilciclopentano-1,3-diona
b. anidrido *cis*-Δ^4-tetrahidroftálico (relacionado como anidrido tetrahidroftálico)

5. Mencione quatro métodos que podem ser utilizados para oxidar um álcool a um aldeído. Forneça referências completas na literatura, para cada método, e também equações. Utilize o *Compendium of Organic Synthetic Methods* ou *Survey of Organic Syntheses, de* Buehler e Pearson (veja a Seção 29.6).

PARTE 2

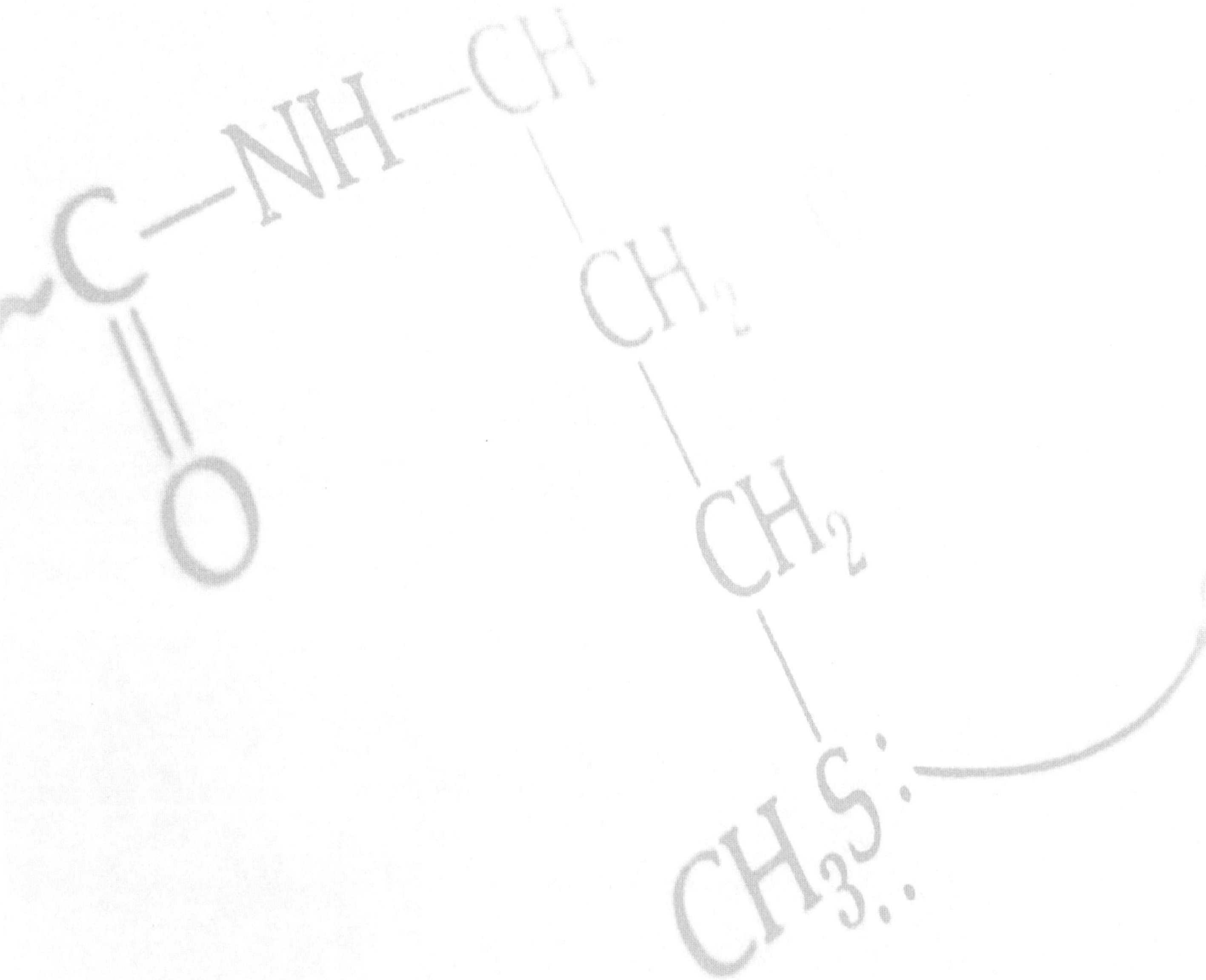

Introdução às Técnicas Básicas de Laboratório

Experimento 1

Solubilidade

Solubilidade

Polaridade

Química de ácido-base

Aplicações do pensamento crítico

Nanotecnologia

Ter boa compreensão do comportamento de solubilidade é essencial para se entender muitos procedimentos e diversas técnicas no laboratório de química orgânica. A fim de conhecer uma abordagem completa da solubilidade, leia o capítulo sobre este assunto (Técnica 10), antes de prosseguir, uma vez que é necessário o entendimento desse material neste experimento.

Nas Partes A e B deste experimento, você vai investigar a solubilidade de várias substâncias em diferentes solventes. À medida que realiza esses testes, é importante prestar atenção às polaridades dos solutos e solventes e, até mesmo, fazer previsões baseadas neles (veja o item "Diretrizes para a previsão de polaridade e solubilidade", Técnica 10, Seção 10.2). O objetivo da Parte C é similar ao das Partes A e B, exceto que você estará observando pares de líquidos miscíveis e imiscíveis. Na Parte D, ocorrerá a investigação da solubilidade de ácidos e bases orgânicos. A Seção 10.2B ajudará a compreender e explicar esses resultados.

Na Parte E, serão efetuados diversos exercícios que envolvem a aplicação dos princípios da solubilidade aprendidos nas Partes A a D deste experimento. A Parte F é um experimento único sobre nanotecnologia, que também está relacionado com a solubilidade.

LEITURA EXIGIDA

Novo:	Técnica 5	Medida de volume e massa
	Técnica 10	Solubilidade

MEIO SUGERIDO PARA O DESCARTE DE REJEITOS

Descarte todos os restos contendo cloreto de metileno no recipiente destinado a rejeitos halogenados. Coloque todos os outros rejeitos orgânicos no recipiente reservado para o rejeito orgânico não halogenado.

NOTAS PARA OS INSTRUTORES

Na Parte A do procedimento, os alunos devem seguir cuidadosamente as instruções. Do contrário, os resultados podem ser difíceis de interpretar. É particularmente importante uma agitação de modo consistente para cada teste de solubilidade, e isso pode ser feito utilizando-se a microespátula maior, encontrada em sua gaveta.

Verificamos que alguns alunos encontram dificuldade em desenvolver a Parte E, "Aplicações do pensamento crítico 2" no mesmo dia em que completam o restante deste experimento. Muitos alunos precisam de tempo para assimilar o material antes que possam concluir o exercício com sucesso. Uma possível abordagem consiste em deixar a Parte E para depois da realização de diversos experimentos técnicos (por exemplo, os Experimentos 1 a 3). Ou seja, realizá-la em um período no laboratório, depois que os alunos completarem os experimentos técnicos individuais. Isso proporciona um modo efetivo de revisar algumas das técnicas básicas.

PROCEDIMENTO

 NOTA

É muito importante que você siga estas instruções cuidadosamente e que seja feita uma agitação de modo consistente para cada teste de solubilidade.

Parte A. Solubilidade de compostos sólidos

Coloque cerca de 40 mg (0,040 g) de benzofenona em cada um dos quatro tubos de ensaio *secos*.[1] (Não tente ser exato: mesmo com a diferença de 1 a 2 mg, o experimento ainda vai funcionar.) Rotule os tubos de ensaio e, então, adicione 1 mL de água ao primeiro tubo; 1 mL de álcool metílico ao segundo tubo, e 1 mL de hexano ao terceiro tubo. O quarto tubo servirá para controle. Determine a solubilidade de cada amostra, da seguinte maneira: utilizando a extremidade arredondada de uma microespátula (a Técnica 2 de estilo maior, Figura 2.10), agite cada amostra de forma contínua, por 60 segundos, girando a espátula rapidamente. Se um sólido se dissolver por completo, observe quanto tempo demora até que o sólido se dissolva. Após 60 segundos (não agite por mais tempo que isso), verifique se o composto é solúvel (se está completamente dissolvido), insolúvel (se nenhuma parte se dissolve) ou parcialmente solúvel. É preciso comparar cada tubo com o tubo de controle, ao fazer essas determinações. A amostra deve ser definida como parcialmente solúvel somente se uma quantidade significativa (pelo menos, 50%) do sólido tiver se dissolvido. Para os propósitos deste experimento, se não estiver claro que uma quantidade significativa de sólido foi dissolvida, então, defina que a amostra é insolúvel. Se todo o conteúdo, exceto alguns grânulos, tiver se dissolvido, estabeleça que a amostra é solúvel. Mais uma dica para a determinação parcial da solubilidade é dada no parágrafo a seguir. Registre os resultados em seu caderno de laboratório, na forma de uma tabela, como mostrado em seguida. Para substâncias que se dissolvem completamente, observe quanto tempo leva para que o sólido se dissolva.

Apesar de as instruções que acabaram de ser dadas possibilitarem determinar se uma substância é parcialmente solúvel, é possível utilizar o procedimento a seguir para confirmar isso. Com uma pipeta Pasteur, remova cuidadosamente a maior parte do solvente do tubo de ensaio, *deixando o sólido ficar*. Transfira o líquido para outro tubo de ensaio e, então, evapore o solvente aquecendo o tubo em um banho de água quente. Direcionar uma corrente de ar ou nitrogênio para o tubo agilizará a evaporação (veja a Técnica 7, Seção 7.10). Quando o solvente tiver evaporado completamente, examine o tubo de ensaio para verificar se há algum sólido remanescente. Em caso positivo, o composto é parcialmente solúvel. Em caso negativo, ou se restar muito pouco sólido, você pode presumir que o composto seja insolúvel.

Agora, repita as orientações apresentadas aqui, substituindo primeiro a benzofenona pelo ácido malônico e, depois, por bifenil. Registre os resultados obtidos em seu caderno de laboratório.

[1] *Nota para o instrutor*: é preciso moer o conteúdo dos frascos de benzenofenona até se tornar pó.

Parte B. Solubilidade de diferentes álcoois

Para cada teste de solubilidade (veja a tabela a seguir), adicione 1 mL de solvente (água ou hexano) a um tubo de ensaio e acrescente gota a gota um dos álcoois. Observe cuidadosamente o que acontece à medida que adiciona cada *gota*. Se o líquido soluto é solúvel no solvente, você poderá ver minúsculas linhas horizontais no solvente. Essas linhas misturadas indicam que a dissolução está ocorrendo. *Agite o tubo após acrescentar cada gota.* Enquanto agita o tubo, o líquido adicionado pode se fragmentar em pequenas bolas que desaparecem em alguns segundos. Isso também indica que a dissolução está ocorrendo. Continue acrescentando o álcool e agitando, até ter adicionado um total de 20 gotas. Se o álcool for parcialmente solúvel, você observará que as primeiras gotas se dissolverão, mas, eventualmente, uma segunda camada de líquido (álcool não dissolvido) se formará no tubo de ensaio. Registre os resultados verificados (solúvel, insolúvel ou parcialmente solúvel) em seu caderno de laboratório, na forma de tabela.

Compostos orgânicos sólidos	Solventes		
	Água (altamente polar)	Álcool metílico (polaridade intermediária)	Hexano (apolar)
Benzofenona $C_6H_5-C(=O)-C_6H_5$			
Ácido malônico $HO-C(=O)-CH_2-C(=O)-OH$			
Bifenil $C_6H_5-C_6H_5$			

Álcoois	Solventes	
	Água	Hexano
1-Octanol $CH_3(CH_2)_6CH_2OH$		
1-Butanol $CH_3CH_2CH_2CH_2OH$		
Álcool metílico CH_3OH		

Parte C. Pares miscíveis ou imiscíveis

Para cada um dos seguintes pares de compostos, adicione 1 mL de cada líquido ao mesmo tubo de ensaio. Utilize um tubo de ensaio diferente para cada par. Agite o tubo de ensaio por dez a vinte segundos para determinar se os dois líquidos são miscíveis (formam uma camada) ou imiscíveis (formam duas camadas). Registre os resultados em seu caderno de laboratório.

Água e álcool etílico

Água e éter dietil

Água e cloreto de metileno

Água e hexano

Hexano e cloreto de metileno

Parte D. Solubilidade de ácidos e bases orgânicos

Coloque cerca de 30 mg (0,030 g) de ácido benzoico em cada um dos três tubos de ensaio *secos*. Rotule os tubos de ensaio e então adicione 1 mL de água ao primeiro tubo de ensaio, 1 mL de 1,0 mol L^{-1} de NaOH ao segundo tubo, e 1 mL de 1,0 mol L^{-1} de HCl ao terceiro tubo. Agite a mistura em cada tubo de ensaio com uma microespátula, por dez a vinte segundos. Observe se o composto é solúvel (se dissolve completamente) ou se é insolúvel (nenhuma parte se dissolve). Registre esses resultados na forma de tabela. Agora, pegue o segundo tubo, contendo ácido benzoico, e 1,0 mol L^{-1} de NaOH. Enquanto o agita, adicione HCl 1,0 mol L^{-1} gota a gota até que a mistura esteja ácida. Teste a mistura com tornassol ou papel de pH para determinar quando ela é ácida.[2] Quando for ácida, agite a mistura durante dez a vinte segundos e anote o resultado (solúvel ou insolúvel) na tabela.

Repita esse experimento utilizando 4-aminobenzoato de etila e os mesmos três solventes. Registre os resultados. Agora, pegue o tubo contendo 4-aminobenzoato de etila e HCl 1,0 mol L^{-1}. Enquanto agita, acrescente NaOH 6,0 mol L^{-1} gota a gota até que a mistura se torne básica. Teste a mistura com tornassol ou papel de pH para determinar quando ela é básica. Agite a mistura durante dez a vinte segundos e anote o resultado.

Compostos	Solventes		
	Água	NaOH 1,0 mol L^{-1}	HCl 1,0 mol L^{-1}
Ácido benzoico $C_6H_5{-}C(=O){-}OH$			
		Adicione HCl 6,0 mol L^{-1}	
4-aminobenzoato de etila $H_2N{-}C_6H_4{-}C(=O){-}OCH_2CH_3$			
			Adicione NaOH 6,0 mol L^{-1}

[2] Não coloque o tornassol ou o papel de pH na amostra; o corante vai se dissolver. Em vez disso, coloque uma gota de solução com sua espátula no papel de teste. Com esse método, diversos testes podem ser realizados utilizando uma única tira de papel.

Parte E. Aplicações do pensamento crítico

1. Determine através do experimento se cada um dos seguintes pares de líquidos é miscível ou imiscível.
   Acetona e água
   Acetona e hexano
   Como você pode explicar esses resultados, considerando que a água e o hexano sejam imiscíveis?

2. Você receberá um tubo de ensaio com dois líquidos imiscíveis e um composto orgânico sólido que está dissolvido em um dos líquidos.[3] Será dito a você a identidade dos dois líquidos e do composto sólido, mas você não saberá as posições relativas dos dois líquidos ou em qual líquido o sólido está dissolvido. Considere o exemplo a seguir, em que os líquidos são água e hexano, e o composto sólido é o bifenil.

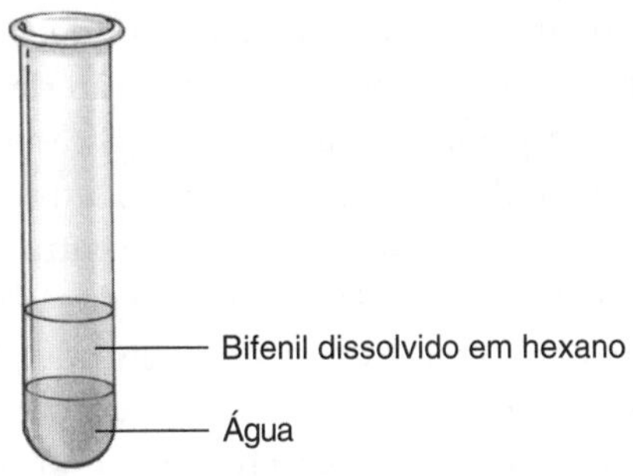

   a. Sem realizar qualquer trabalho experimental, preveja onde cada líquido está (na parte de cima ou de baixo) e em que líquido o sólido está dissolvido. Justifique sua previsão. Você pode querer consultar um manual, como *The Merck Index* ou o *CRC Handbook of Chemistry and Physics* para determinar a estrutura molecular de um composto ou para encontrar qualquer outra informação relevante. Observe que as soluções diluídas, como HCl 1 mol L^{-1}, são compostas principalmente de água e que a densidade estará próxima de 1,0 g/mL. Além disso, você deve assumir que a densidade de um solvente não é alterada significativamente quando um sólido se dissolve no solvente.
   b. Agora, tente comprovar sua previsão experimentalmente. Isto é, demonstre em que líquido o composto sólido está dissolvido e as posições relativas dos dois líquidos. É possível utilizar qualquer técnica experimental discutida neste experimento ou outra técnica que seu professor permita experimentar. Para realizar esta parte do experimento, pode ser útil separar as duas camadas no tubo de ensaio, o que pode ser efetuado facilmente com uma pipeta Pasteur. Aperte o bulbo na pipeta Pasteur e, então, coloque a ponta da pipeta no fundo do tubo de ensaio. Agora, retire somente a camada inferior e transfira-a para outro tubo de ensaio. Note que a evaporação da água a partir de uma amostra aquosa demora muito tempo; desse modo, esta pode ser uma boa maneira de mostrar que uma solução aquosa contém um composto dissolvido. Contudo, outros solventes podem ser evaporados mais facilmente. Explique o que você fez e se os resultados de seu trabalho experimental foram ou não consistentes com sua previsão.

---

[3] A amostra que você recebeu pode conter uma das seguintes combinações de sólido e líquidos (o sólido é relacionado primeiro): fluoreno, cloreto de metileno, água; trifenilmetanol, éter dietílico, água; ácido salicílico, cloreto de metileno, NaOH 1 mol L^{-1}; 4-aminobenzoato de etila, éter dietílico, HCl 1 mol L^{-1}; naftaleno, hexano, água; ácido benzoico, éter dietílico, NaOH 1 mol L^{-1}; *p*-aminoacetofenona, cloreto de metileno, HCl 1 mol L^{-1}.

3. Adicione 0,025 g de tetrafenilciclopentadienona a um tubo de ensaio seco. Acrescente 1 mL de álcool metílico ao tubo e agite-o por sessenta segundos. O sólido é solúvel, parcialmente solúvel ou insolúvel? Explique sua resposta.

Parte F. Demonstração de nanotecnologia[4]

Neste exercício, você reagirá um tiol (R-SH) com uma superfície de ouro para formar uma **SAM (self-assembled monolayer, ou monocamada automontada)** de moléculas de tiol na camada de ouro. A espessura dessa camada é de cerca de 2 nm (nanômetros). Um sistema molecular como este, com dimensões em nanômetros, é um exemplo de **nanotecnologia**. A automontagem molecular também é o mecanismo principal utilizado na natureza para a criação de estruturas complexas, como a dupla hélice de DNA, proteínas, enzimas e a bicamada de lipídeos das paredes celulares.

O tiol que é utilizado neste experimento é o 11-mercaptoundecano-l-ol, $HS(CH_2)_{11}OH$. A automontagem desse tiol na camada de ouro é causada por uma interação da atração entre o enxofre e o ouro e visa minimizar a energia do sistema, organizando a cadeia de alcano dos tióis em um arranjo ótimo. A energia da ligação entre enxofre e ouro é de quase 45 kcal mol^{-1}, a força de uma ligação covalente parcial. À medida que mais tióis chegam à superfície de ouro, a interação entre as cadeias de alcano se tornam cada vez mais importantes. Isso é provocado por uma atração de Van der Waals entre os grupos metileno (CH_2) que empacotam as cadeias em uma monocamada aparentemente cristalina. O processo de automontagem ocorre rapidamente (em questão de segundos) e resulta na formação de uma superfície ordenada que tem a espessura de apenas uma molécula. Essa superfície é chamada monocamada automontada.

O tiol utilizado neste experimento consiste em um grupo mercapto terminal (-SH), um grupo espaçador (cadeia de unidades de CH_2), e um grupo principal (-OH). Diferentes grupos principais podem ser utilizados, o que torna as SAMs de tiol poderosas ferramentas de engenharia de superfície. Como um grupo hidroxila atrai água, diz-se que ele é hidrofílico. Uma vez que o grupo hidroxila está posicionado na superfície externa da SAM, a superfície exterior capta as propriedades do grupo principal e também é hidrofílica.

A primeira etapa neste experimento consiste em utilizar uma tocha de butano para limpar a lâmina de ouro (placa de vidro revestida com ouro). A finalidade desta etapa é remover hidrocarbonetos do ar, que se depositaram na superfície de ouro, com o decorrer do tempo. Se a lâmina for mergulhada em água imediatamente após ser limpa, a superfície de ouro deve ser revestida com água. Isso ocorre porque a superfície de ouro puro apresenta alta energia, o que atrai as moléculas de água. Depois de alguns minutos, a superfície de ouro estará coberta com hidrocarbonetos. Neste experimento, é preciso esperar alguns minutos depois que a lâmina for limpa com a tocha de butano. A lâmina, então, é mergulhada em água e seca com papel absorvente. Grave uma palavra na lâmina de ouro utilizando uma caneta especialmente preparada, contendo o tiol. Depois de lavar o lâmina em água, mais uma vez, você observará o que ocorreu na superfície da lâmina.

PROCEDIMENTO

Primeiro, seu professor vai "apagar" o ouro utilizando uma tocha de butano.

[4] Este experimento é baseado no Kit de Demonstração Monocamada Automontada, produzido pela Asemblon, Inc., 15340 NE 92° St., Suite B, Redmond, WA 98052; telefone: 425–558–5100. O Dr. Daniel Graham, cientista diretor e fundador da Asemnlon, sugeriu que esta demonstração fosse incluída neste livro e ajudou a redigir o experimento.

ADVERTÊNCIA

Ao manipular a lâmina de ouro, é importante evitar tocar a superfície, pois isso pode provocar a transferência de contaminantes de seus dedos ou luvas, que podem interferir com o experimento. Se você, inadvertidamente, tocar a superfície e deixar nela impressões digitais ou outros contaminantes, pode limpar a lâmina lavando-a com metanol e, então, com acetona, até que esteja limpa. 

Selecione uma lâmina de ouro, que tenha sido aquecida por seu professor. Você deverá esperar vários minutos depois que a lâmina estiver limpa, antes de prosseguir para a próxima etapa. Segurando em uma mão a lâmina revestida de ouro, **por suas bordas laterais**, lave a lâmina mergulhando-a completamente em um béquer preenchido com água deionizada. A água deverá rolar para da lâmina, quando inclinada. Se as gotículas de água ficarem grudadas, limpe delicadamente a lâmina com um papel absorvente e mergulhe-a na água novamente. Repita esse processo até que a lâmina fique, em sua maior parte, seca. Seque a lâmina completamente com um papel absorvente. Sopre levemente a lâmina como se você estivesse tentando embaçar uma janela. Imediatamente após soprar na lâmina, observe-a antes que a umidade de seu sopro tenha se evaporado. Não deverá aparecer nada escrito na lâmina. Se isso ocorrer, seu professor deverá repetir a etapa destinada a "apagar" com a tocha de butano. Em seguida, repita o procedimento de lavagem, descrito anteriormente, até que a lâmina esteja quase seca. Com delicadeza, seque-a totalmente com papel absorvente.

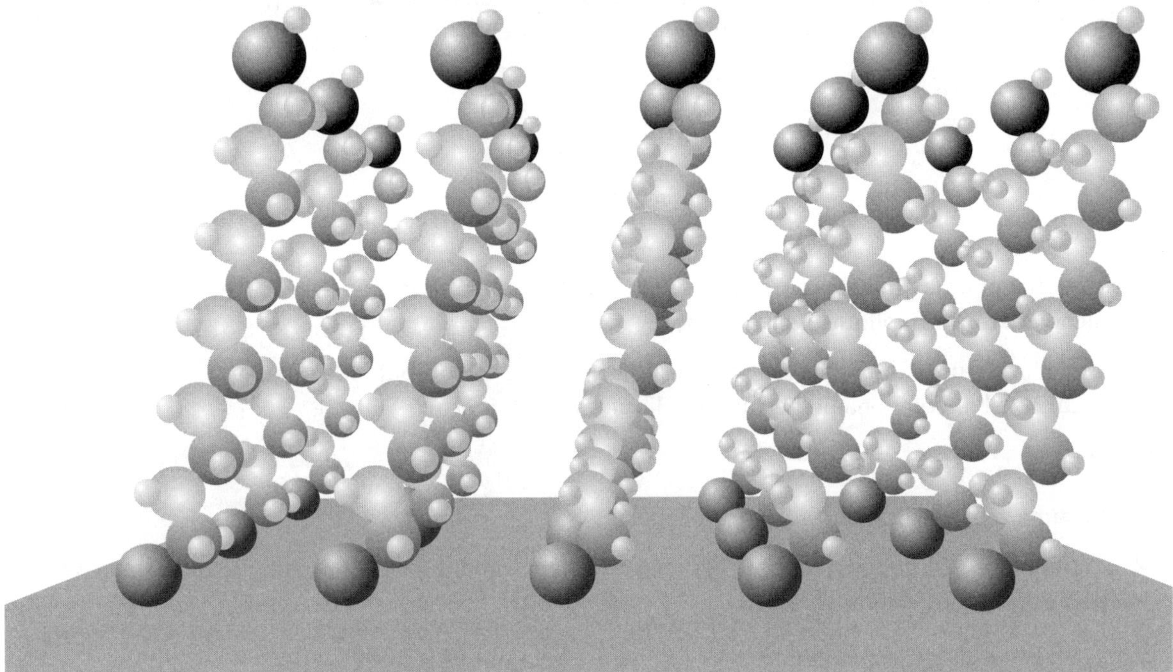

Monocamada automontada, de 11-mercaptoundecano-1-ol.

Coloque a lâmina com o lado dourado para cima, em uma superfície plana. Pegue a caneta Asemblon com tiol e grave a palavra que quiser. Para obter melhores resultados, utilize uma pressão constante e escreva em letras de forma grandes. A tinta deve umedecer a superfície, e as linhas em cada letra têm de ser contínuas. A montagem do tiol acontece quase instantaneamente, mas para se obter letras com bom formato, a tinta deve umedecer totalmente todas as partes de cada letra. Se a tinta não aderir a determinada parte de uma letra, à medida que você a escreve, passe novamente a caneta sobre ela. Deixe a tinta penetrar na superfície dourada por trinta segundos. Com cuidado, pegue a lâmina pelas bordas, em uma das extremidades, sem tocar a superfície dourada. Mergulhe a lâmina no béquer cheio com água deionizada e depois a retire. Repita esse procedimento de lavagem quatro ou cinco vezes.

Examine a lâmina e registre o que observar. A água deve aderir às letras que foram escritas, e o restante da lâmina tem de permanecer seco. As letras que possuem um círculo fechado geralmente prendem água em seu interior devido à alta tensão de superfície da água. Se isso ocorrer, tente eliminar o excesso de água agitando a superfície. Se a água ainda permanecer nos círculos, utilize um pedaço de papel absorvente úmido e passe na superfície delicadamente. Isso deverá remover a água que está dentro dos círculos, mas não a água que adere às letras.

RELATÓRIO

Parte A

1. Resuma seus resultados na forma de tabela.
2. Explique os resultados para todos os testes realizados. Ao fazer isso, é preciso considerar as polaridades do composto e do solvente, e o potencial para ligações de hidrogênio. Por exemplo, considere um teste de solubilidade similar para o *p*-diclorobenzeno em hexano. O teste indica que o *p*-diclorobenzeno é solúvel no hexano. Esse resultado pode ser explicado pela definição de que o hexano é apolar, ao passo que o *p*-diclorobenzeno é levemente polar. Uma vez que as polaridades do solvente e do soluto são similares, o sólido é solúvel. (Lembre-se de que a presença de um halogênio não aumenta significativamente a polaridade de um composto.)

Cl—C₆H₄—Cl

***p*-Diclorobenzeno**

3. Deve haver uma diferença em seus resultados entre as solubilidades do bifenil e da benzofenona em álcool metílico. Explique essa diferença.
4. Deve haver uma diferença em seus resultados entre as solubilidades da benzofenona em álcool metílico e benzofenona no hexano. Explique essa diferença.

Parte B

1. Resuma seus resultados na forma de tabela.
2. Explique os resultados para os testes realizados em água. Ao explicá-los, você deve considerar as polaridades dos álcoois e da água.
3. Explique, em termos de polaridades, os resultados para os testes efetuados no hexano.

Parte C

1. Resuma seus resultados na forma de tabela.
2. Explique os resultados, em termos de polaridades e/ou de ligações de hidrogênio.

Parte D

1. Resuma seus resultados na forma de tabela.
2. Explique os resultados para o tubo no qual foi adicionado NaOH 1,0 mol L^{-1} ao ácido benzoico. Escreva uma equação e forneça as estruturas completas para todas as substâncias orgânicas. Agora, descreva o que aconteceu quando HCl 6,0 mol L^{-1} foi acrescentado a esse mesmo tubo, e explique o resultado.
3. Explique os resultados para o tubo no qual HCl 1,0 mol L^{-1} foi adicionado ao 4-aminobenzoato de etila. Escreva uma equação para isso. Agora, descreva o que aconteceu quando HCl 6,0 mol L^{-1} foi acrescentado a esse mesmo tubo e explique.

Parte E

Dê os resultados para quaisquer "Aplicações do pensamento crítico" concluídas, e responda a todas as questões apresentadas no Procedimento para esses exercícios.

Parte F

Registre o que você observa depois de fazer a gravação escrita na placa e de mergulhá-la em água deionizada.

■ QUESTÕES ■

1. Para cada um dos seguintes pares de soluto e solvente, preveja se o soluto será solúvel ou insolúvel. Depois de fazer suas previsões, você pode verificar suas respostas procurando os compostos no *The Merck Index* ou no *CRC Handbook of Chemistry e Physics*. Geralmente, *The Merck Index* é o livro de consulta mais fácil de ser utilizado. Se a substância tiver uma solubilidade maior que 40 mg mL^{-1}, pode-se concluir que ela é solúvel.

   a. Ácido málico em água

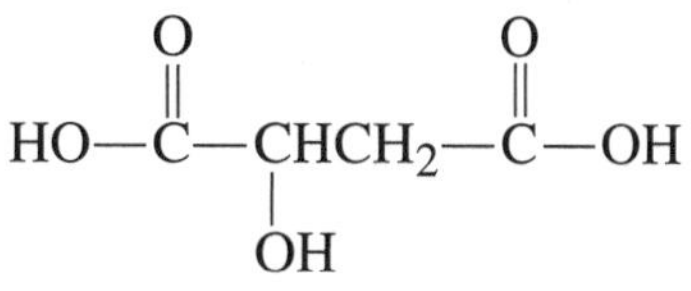

   $$HO{-}\overset{\overset{\large O}{\|}}{C}{-}\underset{\underset{\large OH}{|}}{C}HCH_2{-}\overset{\overset{\large O}{\|}}{C}{-}OH$$

   Ácido málico

   b. Naftaleno em água

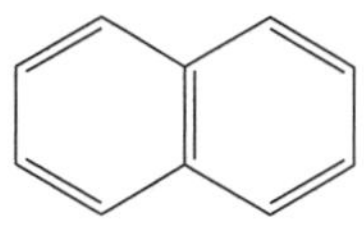

   Naftaleno

   c. Anfetamina em álcool etílico

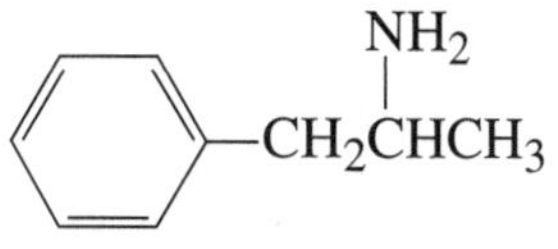

   $$C_6H_5{-}CH_2\underset{}{\overset{\overset{\large NH_2}{|}}{C}}HCH_3$$

   Anfetamina

d. Aspirina em água

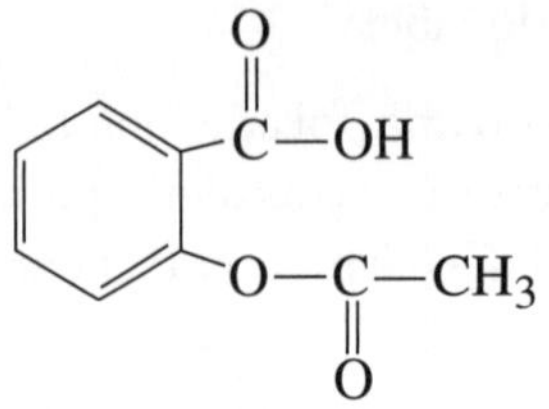

Aspirina

e. Ácido succínico em hexano (*Nota*: a polaridade do hexano é similar à do éter de petróleo.)

$HO-C(=O)-CH_2CH_2-C(=O)-OH$

Ácido succínico

f. Ibuprofeno em éter dietílico

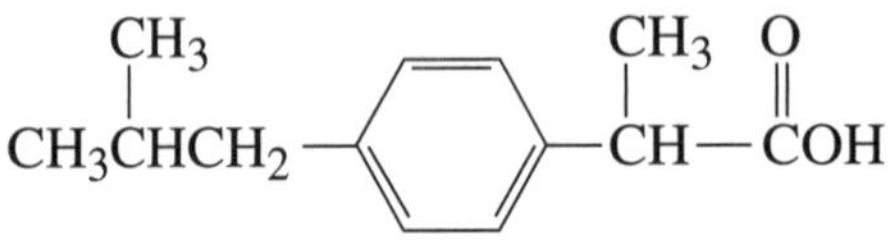

Ibuprofeno

g. 1-Decanol (álcool *n*-decílico) em água

$CH_3(CH_2)_8CH_2OH$

1-Decanol

2. Preveja se os pares de líquidos a seguir serão miscíveis ou imiscíveis:
   a. Água e álcool metílico
   b. Hexano e benzeno
   c. Cloreto de metileno e benzeno
   d. Água e tolueno

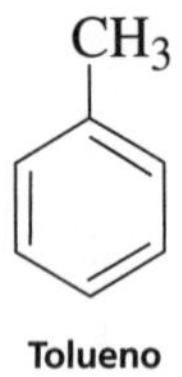

Tolueno

   e. Ciclo-hexanona e água

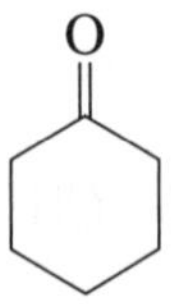

Ciclo-hexanona

f. Álcool etílico e álcool isopropílico

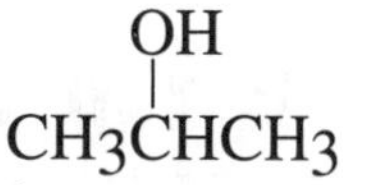

$$\begin{array}{c} OH \\ | \\ CH_3CHCH_3 \end{array}$$

Álcool isopropílico

3. Pode se esperar que o ibuprofeno (veja o item 1f) seja solúvel ou insolúvel em NaOH1,0 mol L^{-1}? Explique.

4. O timol é muito pouco solúvel em água e muito solúvel em NaOH 1,0 mol L^{-1}. Explique.

CH_3

OH

$CH—CH_3$

CH_3

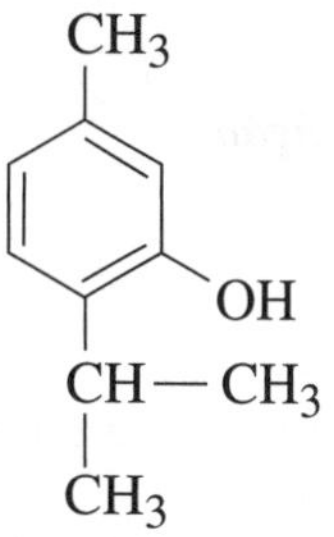

Timol

5. Embora o canabinol e álcool metílico sejam dois álcoois, o canabinol é muito pouco solúvel em álcool metílico à temperatura ambiente. Explique.

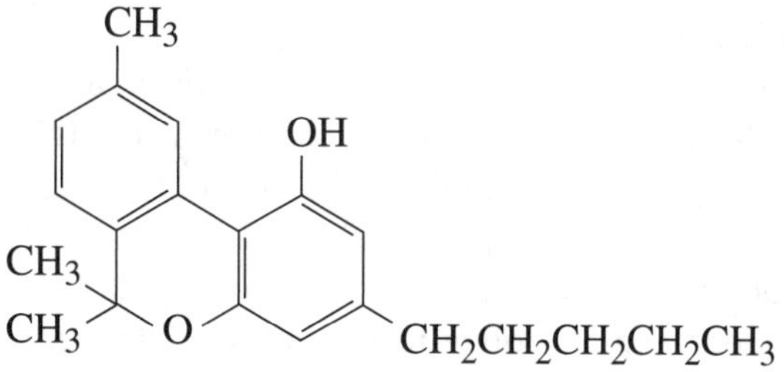

CH_3

OH

CH_3

CH_3 O $CH_2CH_2CH_2CH_2CH_3$

Canabinol

Questões de 6 a 11, relativas à Parte F. Demonstração de nanotecnologia

6. Por que as letras permanecem úmidas enquanto o restante da superfície está seco?

7. Imediatamente após limpar a superfície de ouro com uma chama, a água vai aderir à superfície quando a lâmina for mergulhada na água. Se essa água for eliminada da lâmina e esta ficar exposta ao ar durante alguns minutos, a água não mais vai aderir à superfície quando a lâmina for lavada em água. Explique por quê.

8. Um grupo hidroxila na extremidade da molécula faz com que a superfície de ouro se torne hidrofílica. Como um grupo metila afetaria a superfície? Qual é o nome desse efeito?

9. Por que aquecer a lâmina com uma tocha de butano "apaga" a gravação escrita?

10. Como este exercício difere daquele em que se escreve em uma superfície de vidro com um lápis de cera ou crayon?

11. Por que, algumas vezes, a água fica retida no meio de algumas letras, como P, O ou B, onde não deveria existir nenhum tiol?

Experimento 2

Cristalização

Filtração a vácuo

Ponto de fusão

Encontrando um solvente de cristalização

Ponto de fusão de misturas

Aplicação do pensamento crítico

O propósito deste experimento é introduzir a técnica de cristalização, o procedimento mais comum utilizado para purificar sólidos em estado bruto, no laboratório orgânico. Para uma discussão completa sobre cristalização, leia a Técnica 11 antes de prosseguir, para compreender o método, considerado neste experimento.

Na Parte A, você desenvolverá uma cristalização de sulfanilamida impura utilizando álcool etílico 95% como solvente. A sulfanilamida é um dos medicamentos à base de sulfa, a primeira geração de antibióticos que foi usado com sucesso no tratamento de muitas doenças importantes, como malária, tuberculose e lepra (veja o Ensaio 18, "Sulfas").

Ainda na Parte A, e na maioria dos experimentos neste livro, a orientação é sobre que solvente utilizar para o procedimento de cristalização. Alguns dos fatores envolvidos na seleção de um solvente de cristalização para a sulfanilamida são discutidos na Técnica 11, Seção 11.5. A consideração mais importante é o formato da curva de solubilidade para os dados relativos à solubilidade *versus* temperatura. Como pode ser visto na Técnica 11, Figura 11.2, a curva de solubilidade para a sulfanilamida em álcool etílico 95% indica que o álcool etílico é um solvente ideal para cristalizar a sulfanilamida.

A pureza do material final, depois da cristalização, será determinada encontrando-se o ponto de fusão de sua amostra. Você também vai pesar sua amostra e calcular a recuperação percentual. É impossível obter uma recuperação de 100%. Isso é verdadeiro, por várias razões: haverá alguma perda experimental, a amostra original não é 100% de sulfanilamida, e parte da sulfanilamida é solúvel no solvente, mesmo a 0 °C. Por causa desse último fato, parte da sulfanilamida permanecerá dissolvida na **água-mãe** (o líquido restante depois de a cristalização ter ocorrido). Às vezes, vale a pena isolar uma segunda porção de cristais a partir da água-mãe, especialmente, se você tiver realizado uma síntese que exija muitas horas de trabalho e a quantidade do produto for relativamente pequena. Isso pode ser concluído aquecendo-se a água-mãe para que parte do solvente evapore e, então, resfriando a solução resultante para induzir uma segunda cristalização. Contudo, a pureza da segunda porção não será tão boa como a da primeira, porque a concentração das impurezas será maior na água-mãe depois que parte do solvente tiver evaporado.

Na Parte B, você receberá uma amostra impura do composto orgânico fluoreno (veja a estrutura a seguir). Será utilizado um procedimento experimental para determinar qual dos três possíveis solventes é o mais apropriado. Os três solventes ilustrarão três comportamentos de solubilidade muito diferentes: um deles será o solvente apropriado para cristalizar o fluoreno. Em um segundo solvente, o fluoreno será altamente solúvel, mesmo à temperatura ambiente. O fluoreno será relativamente insolúvel no terceiro solvente, até mesmo no ponto de ebulição do solvente. Sua tarefa será encontrar o solvente apropriado para a cristalização e, então, realizar a cristalização nessa amostra.

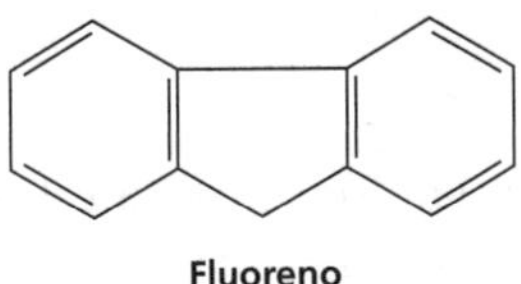

Fluoreno

Esteja ciente de que nem todas as cristalizações parecerão iguais. Os cristais têm formatos e tamanhos muito diferentes, e a quantidade de água-mãe visível no final da cristalização pode variar significativamente. As cristalizações da sulfanilamida e do fluoreno parecerão bastante diferentes, mesmo que a pureza dos cristais em cada caso seja muito boa. Na Parte C, terá de ser determinada a identidade de um composto desconhecido utilizando a técnica do ponto de fusão. A técnica do **ponto de fusão da mistura** é apresentada nesta seção.

LEITURA EXIGIDA

Revisão:	Técnica 10	Solubilidade
Novo:	*Técnica 8	Filtração, Seções 8.3 e 8.5
	Técnica 9	Constantes físicas dos sólidos: o ponto de fusão
	*Técnica 11	Cristalização: purificação de sólidos

MEIO SUGERIDO PARA O DESCARTE DE REJEITOS

Descarte todos os rejeitos orgânicos no recipiente destinado aos rejeitos orgânicos não halogenados.

Parte A. Cristalização em macroescala

Este experimento assume uma familiaridade com o procedimento geral de cristalização em macroescala (veja a Técnica 11, Seção 11.3). Neste experimento, a etapa 2, Figura 11.4 (remoção de impurezas insolúveis), não será necessária. Embora a amostra impura possa ter uma cor clara, também não será preciso utilizar um agente descolorante (veja a Técnica 11, Seção 11.7). Ignorar essas etapas facilita realizar a cristalização. Além disso, muito poucos experimentos neste livro requerem uma dessas técnicas. Se uma etapa de filtração ou descoloração sempre for requerida, você pode consultar a Técnica 11, que descreve esses procedimentos detalhadamente.

Cálculos antes da prática no laboratório (Cálculo Pré-Lab)

1. Calcule quanto de álcool etílico 95% será preciso para dissolver 0,75 g de sulfanilamida a 78 °C. Use o gráfico na Técnica 11, Figura 11.2, para efetuar esse cálculo. A razão para realizar o cálculo é que você conhecerá antecipadamente a quantidade aproximada de solvente quente que será adicionado.

2. Utilizando o volume do solvente calculado na etapa 1, calcule quanto de sulfanilamida permanecerá dissolvida na água-mãe depois que a mistura for resfriada a 0 °C.

Para dissolver a sulfanilamida na quantidade mínima de solvente quente (em ebulição ou quase em ebulição), é preciso manter a mistura no ponto de ebulição (ou próximo) do álcool etílico 95%, durante todo o procedimento. Provavelmente você adicionará mais solvente do que a quantidade calculada, uma vez que parte do solvente evaporará. A quantidade de solvente é calculada somente para indicar um valor aproximado do solvente exigido. É necessário seguir o procedimento para determinar a quantidade correta de solvente necessário.

PROCEDIMENTO

Preparações. Pese 0,75 g de sulfanilamida impura e transfira esse sólido para um Erlenmeyer com capacidade de 25 mL.[1] Observe a cor da sulfanilamida impura. Em um segundo Erlenmeyer, adicione quase 15 mL de álcool etílico 95% e uma pérola de ebulição. Aqueça o solvente em uma *placa* de aquecimento até que o solvente esteja em ebulição.[2] Como o álcool etílico 95% ferve a uma temperatura relativamente baixa (78 °C), ele se evapora muito rapidamente. Definir a temperatura da placa de aquecimento para muito alta resultará em demasiada perda de solvente por meio da evaporação.

Dissolução da sulfanilamida. *Antes de aquecer o frasco contendo a sulfanilamida*, adicione uma quantidade suficiente de solvente quente com uma pipeta Pasteur apenas para cobrir os cristais. Em seguida, aqueça o frasco com a sulfanilamida até que o solvente esteja em ebulição. A princípio, isso pode ser difícil de ver, porque o solvente presente é muito pouco. Adicione outra pequena porção de solvente (aproximadamente 0,5 mL), continue a aquecer o frasco e agite-o frequentemente. É possível agitar o frasco enquanto ele está na placa de aquecimento ou, para obter uma agitação mais forte, remova-o da placa de aquecimento por alguns segundos, enquanto o agita. Depois que tiver agitado o frasco por dez a quinze segundos, verifique se o sólido se dissolveu. Em caso negativo, acrescente outra porção de solvente. Aqueça o frasco novamente, agitando-o ocasionalmente até que o solvente entre em ebulição. Em seguida, agite o frasco por dez a quinze segundos, retornando o frasco constantemente para a placa de aquecimento, de modo que a temperatura da mistura não caia. Continue repetindo o processo de adicionar solvente, aquecer e agitar, até que todo o sólido tenha se dissolvido completamente. Note que é essencial adicionar apenas solvente suficiente para dissolver o sólido – nem demais, nem de menos. Como o álcool etílico 95% é muito volátil, você precisa realizar esse procedimento completo muito rapidamente. Do contrário, é possível que perca solvente quase com a mesma rapidez com que o está acrescentando, e o procedimento vai demorar muito tempo. O período decorrido da primeira adição de solvente até que o sólido se dissolva totalmente não deverá ser superior a dez a quinze minutos.

Cristalização. Remova o frasco da fonte de calor e deixe que ele esfrie *lentamente* (veja a Técnica 11, Seção 11.3, Parte C, para obter sugestões). Cubra o frasco com um pequeno vidro de relógio, ou coloque uma tampa no frasco. A cristalização deverá começar no momento em que o frasco estiver resfriado à temperatura ambiente. Se não iniciar, raspe a superfície interna do frasco com uma haste de vidro (não polida a fogo) para induzir a cristalização (veja a Técnica 11, Seção 11.8). Quando, aparentemente, a cristalização não mais estiver ocorrendo à temperatura ambiente, coloque o frasco em um béquer contendo água gelada (veja a Técnica 6, Seção 6.9). Certifique-se de que água e gelo estejam presentes e que o béquer seja suficientemente pequeno para evitar que o frasco caia.

Filtração. Quando a cristalização estiver completa, filtre os cristais a vácuo utilizando um pequeno funil de Büchner (veja a Técnica 8, Seção 8.3, e a Figura 8.5). (Se estiver realizando o Exercício Opcional, no final deste procedimento, você deve reservar a água-mãe do procedimento de filtração. Portanto, o frasco do filtro deverá estar limpo e seco.) Umedeça o papel de filtro com algumas gotas de álcool etílico 95%, e ligue o aparelho de vácuo (ou aspirador) em sua potência máxima. Utilize uma espátula para desalojar os cristais do fundo do frasco antes de transferir o material para o funil de Büchner. Agite a mistura no frasco e despeje-a no funil, na tentativa de transferir cristais e solvente. Você precisará despejar a mistura rapidamente, antes que os cristais tenham se depositado completamente, mais uma vez, no fundo do frasco. (Talvez seja necessário fazer isso em porções, dependendo do tamanho de seu funil de Büchner.) Quando o líquido do funil de Büchner tiver passado através do filtro, repita o procedimento até ter transferido todo o líquido para o funil de Büchner. Em geral, nesse ponto, haverá alguns cristais remanescentes no frasco. Utilizando sua espátula, retire os cristais do frasco o máximo possível. Adicione ao frasco cerca de 2 mL de álcool etílico 95%, *gelado* (medido com

---

[1] A sulfanilamida impura contém 5% de fluorenona, um composto amarelo, como impureza.

[2] Para evitar a colisão no solvente em ebulição, talvez você queira colocar uma pipeta Pasteur no frasco. Utilize um frasco de 50 mL, de modo que a pipeta Pasteur não permita que o frasco caia. Esse é um método conveniente porque uma pipeta Pasteur também será utilizada para transferir o solvente.

uma pipeta Pasteur calibrada). Misture o líquido no frasco e, então, os cristais restantes e o álcool no funil de Büchner. Esse solvente adicional ajuda a transferir os cristais restantes para o funil, e o álcool também lava os cristais que já estão no funil. Essa etapa de lavagem deverá ser realizada, seja necessário ou não, para utilizar o solvente de lavagem para transferir cristais. Se for preciso, repita com outra porção de 2 mL de álcool gelado. Lave os cristais com um total de cerca de 4 mL de solvente gelado.

Continue extraindo o ar através dos cristais no funil de Büchner, utilizando sucção, durante aproximadamente cinco minutos. Transfira os cristais para um vidro de relógio previamente pesado, para a secagem ao ar. (Reserve a água-mãe no frasco de filtro, se estiver fazendo o Exercício Opcional.) Separe-os o máximo possível, com a espátula. Os cristais deverão estar completamente secos em dez a quinze minutos. Em geral, você pode determinar se os cristais ainda estão úmidos observando se grudam ou não em uma espátula ou se ficam amontoados. Pese os cristais secos e calcule a recuperação percentual. Compare a cor da sulfanilamida pura com a da sulfanilamida impura, no início do experimento. Determine o ponto de fusão da sulfanilamida pura e o material impuro original. O ponto de fusão, especificado na literatura, para a sulfanilamida pura, é 163 °C a 164 °C. De acordo com a opção do professor, você deve colocar seu material cristalizado em um recipiente adequadamente identificado.

Comentários sobre o procedimento de cristalização

1. Não aqueça a sulfanilamida bruta até ter adicionado algum solvente. Do contrário, o sólido poderá se fundir e, possivelmente, formar um óleo, que talvez não cristalize facilmente.

2. Quando estiver dissolvendo o sólido no solvente quente, este deverá ser acrescentado em pequenas porções, mexendo e aquecendo. O procedimento requer uma quantidade específica (aproximadamente 0,5 mL), que é apropriada para este experimento. Contudo, a real quantidade que deve ser adicionada cada vez que você realiza uma cristalização pode variar, dependendo do tamanho de sua amostra e da natureza do sólido e do solvente. Será necessário fazer essa avaliação quando efetuar essa etapa.

3. Um dos erros mais comuns é adicionar solvente demais. Isso pode acontecer mais facilmente, se o solvente não estiver suficientemente quente ou se a mistura não for suficientemente agitada. Caso seja acrescentado solvente demais, a recuperação percentual será reduzida; é até mesmo possível que não se forme nenhum cristal quando a solução for resfriada. Se for adicionado solvente demais, é preciso evaporar o excesso aquecendo a mistura. Utilizar um fluxo de nitrogênio ou de ar dirigido para o recipiente vai acelerar o processo de evaporação (veja a Técnica 7, Seção 7.10).

4. A sulfanilamida deverá se cristalizar na forma de grandes e belas agulhas. No entanto, nem sempre isso acontece. Se os cristais se formarem muito rapidamente ou se não houver solvente suficiente, esses cristais deverão ser menores, talvez, até mesmo se parecendo com um pó. Compostos diferentes da sulfanilamida podem se cristalizar em outros formatos característicos, como placas ou prismas.

5. Quando o solvente for a água ou quando os cristais assumirem a forma de um pó, será preciso secar os cristais por mais que dez a quinze minutos. Talvez seja necessária a secagem durante uma noite toda, especialmente quando a água for o solvente.

Exercício opcional. Transfira a água-mãe para um Erlenmeyer de 25 mL devidamente aferido (previamente pesado). Coloque o frasco em um banho de água quente e evapore todo o solvente da água-mãe. Utilize um fluxo de nitrogênio ou ar dirigido para o frasco para acelerar a velocidade de evaporação (veja a Técnica 7, Seção 7.10). Resfrie o frasco à temperatura ambiente e seque sua parte externa. Pese o frasco com o sólido. Compare essa massa àquela definida na seção "Cálculos antes da prática no laboratório (Cálculo Pré-Lab)".

Determine o ponto de fusão desse sólido e compare-o ao ponto de fusão dos cristais obtidos pela cristalização.

Parte B. Seleção de um solvente para cristalizar uma substância

Neste experimento, você receberá uma amostra impura de fluoreno.[3] Seu objetivo será encontrar um bom solvente para cristalizar a amostra. Você deverá experimentar água, álcool metílico e tolueno. Depois que tiver determinado qual é o melhor solvente, cristalize o material restante. Por fim, defina o ponto de fusão do composto purificado e da amostra impura.

PROCEDIMENTO

Seleção de um solvente. Realize o procedimento apresentado na Técnica 11, Seção 11.6, com três amostras separadas de fluoreno impuro. Utilize os seguintes solventes: álcool metílico, água e tolueno.

Cristalização da amostra. Depois que tiver encontrado um bom solvente, cristalize 0,75 g de fluoreno impuro utilizando o procedimento dado na Parte A deste experimento. Pese a amostra impura cuidadosamente e certifique-se de reservar um pouco dela para, posteriormente, determinar o ponto de fusão. Após a filtragem dos cristais no funil de Büchner, transfira os cristais para um vidro de relógio previamente pesado e deixe-o no ar para secar. Se a água tiver sido utilizada como solvente, talvez você precise deixar os cristais em repouso durante a noite para secar, pois a água é menos volátil que a maioria dos solventes orgânicos. Pese a amostra seca e calcule a recuperação percentual. Determine o ponto de fusão da amostra pura e do material impuro original. O ponto de fusão, especificado na literatura, para o fluoreno puro, é 116 °C a 117 °C. Conforme a opção do professor, despeje seu material cristalizado em um recipiente apropriadamente identificado.

Parte C. Ponto de fusão de misturas

Nas Partes A e B, o ponto de fusão foi utilizado para determinar a pureza de uma substância conhecida. Em algumas situações, o ponto de fusão também pode ser empregado para determinar a identidade de uma substância desconhecida.

Na Parte C, você receberá uma amostra pura de uma substância desconhecida, da seguinte lista:

Composto	Ponto de fusão (°C)
Ácido acetilsalicílico	138 a 140
Ácido benzoico	121 a 122
Benzoina	135 a 136
Etileno de dibenzoila	108 a 111
Succinimida	122 a 124
Ácido *o*-toluico	108 a 110

[3] O fluoreno impuro contém 5% de fluorenona, um composto amarelo.

Seu objetivo é determinar a identidade da substância desconhecida utilizando a técnica de ponto de fusão. Se todos os compostos na lista tiverem pontos de fusão distintamente diferente, será possível determinar a identidade da substância desconhecida simplesmente definindo seu ponto de fusão. Contudo, cada um dos compostos nessa lista tem um ponto de fusão próximo do ponto de fusão de outro composto apresentado nela. Desse modo, determinar o ponto de fusão da substância desconhecida permitirá diminuir as opções para dois compostos. A fim de determinar a identidade de seu composto, é preciso definir o ponto de fusão da mistura de sua substância desconhecida e de cada um dos dois compostos com pontos de fusão similares. Um ponto de fusão da mistura que é reduzido e tem amplo intervalo indica que os dois compostos na mistura são diferentes.

PROCEDIMENTO

Obtenha uma amostra da substância desconhecida e determine seu ponto de fusão. Defina o ponto de fusão da mistura (veja a Técnica 9, Seção 9.4) de sua substância desconhecida e de todos os compostos da lista anterior, que tenham pontos de fusão similares. A fim de preparar uma amostra para um ponto de fusão da mistura, utilize uma espátula ou uma haste agitadora de vidro para moer iguais quantidades de sua substância desconhecida e do composto conhecido, em um vidro de relógio. Registre todos os pontos de fusão e defina a identidade de sua substância desconhecida.

Parte D. Aplicação do pensamento crítico

O objetivo do exercício é encontrar um solvente apropriado para cristalizar determinado composto. Em vez de fazer isso experimentalmente, tente prever qual dos três solventes dados é o melhor. Para cada composto, um dos solventes tem as características de solubilidade desejadas para ser um bom solvente de cristalização. Em um segundo solvente, o composto será altamente solúvel, mesmo à temperatura ambiente, e será relativamente insolúvel no terceiro solvente, mesmo no ponto de ebulição desse último. Depois de fazer suas previsões, verifique-as procurando as informações apropriadas no *The Merck Index*.

Por exemplo, considere o naftaleno, que tem a seguinte estrutura:

Naftaleno

Considere os três solventes: éter, água e tolueno. (Observe suas estruturas, se não tiver certeza. Lembre-se de que o éter também é chamado de éter dietílico.) Com base em seu conhecimento sobre os comportamentos de polaridade e solubilidade, faça suas previsões. Deve ficar claro que o naftaleno é insolúvel em água, porque o naftaleno é um hidrocarboneto apolar e a água é muito polar. Tanto o tolueno como o éter são relativamente apolares, de modo que o naftaleno será, mais provavelmente, solúvel em cada um deles. Pode-se esperar que o naftaleno seja mais solúvel no tolueno, pois ambos são hidrocarbonetos. Além disso, os dois contêm anéis de benzeno, o que significa que suas estruturas são muito similares. Portanto, de acordo com a regra da solubilidade "Semelhante dissolve semelhante", pode-se prever que o naftaleno seja muito solúvel no tolueno. É possível que ele seja solúvel demais no tolueno para ser um bom solvente cristalizante? Em caso positivo, então, o éter seria o melhor solvente para cristalizar o naftaleno.

Essas previsões podem ser verificadas com informações obtidas no *The Merck Index*. Encontrar as informações apropriadas pode ser um pouco difícil, especialmente para os estudantes iniciantes em química orgânica. Procure pelo naftaleno no *The Merck Index*. O registro para o naftaleno o define como

"Placas prismáticas monoclínicas do éter". Essa declaração significa que o naftaleno pode ser cristalizada a partir do éter. Isso também indica o tipo da estrutura do cristal. Infelizmente, algumas vezes, a estrutura do cristal é dada sem referência ao solvente. Outra maneira de determinar os melhores solventes é observando os dados da solubilidade *versus* temperatura. Um bom solvente é aquele no qual a solubilidade do composto aumenta significativamente à medida que a temperatura aumenta. Para determinar se o sólido é solúvel demais no solvente, verifique a solubilidade à temperatura ambiente. Na Técnica 11, Seção 11.6, você foi instruído a adicionar 0,5 mL de solvente a 0,05 g de composto. Se o sólido for completamente dissolvido, então a solubilidade à temperatura ambiente era muito grande. Siga, aqui, essa mesma orientação. Para o naftaleno, a solubilidade no tolueno é dada como 1 g em 3,5 mL. Quando não é indicada nenhuma temperatura, assume-se a temperatura ambiente. Ao comparar esta à proporção de 0,05 g em 0,5 mL, fica claro que o naftaleno é solúvel demais no tolueno, à temperatura ambiente, para que o tolueno seja um bom solvente cristalizante. Por fim, o *The Merck Index* estabelece que o naftaleno é insolúvel em água. Às vezes, não é dada nenhuma informação sobre os solventes nos quais o composto é insolúvel. Nesse caso, você dependerá de seu entendimento sobre o comportamento de solubilidade para confirmar suas previsões.

Ao utilizar o *The Merck Index*, esteja ciente de que, frequentemente, o álcool está relacionado como um solvente. Em geral, isso se refere ao álcool etílico 95% ou 100%. Como o álcool etílico 100% (absoluto) normalmente é mais caro que o álcool etílico 95%, o álcool de percentual menor é o encontrado em laboratórios de química. Por fim, geralmente, o benzeno é relacionado como um solvente. Uma vez que o benzeno é um conhecido carcinógeno, ele raramente é utilizado nos laboratórios de alunos. O tolueno é um substituto adequado; o comportamento de solubilidade de uma substância no benzeno e no tolueno é tão similar que se pode assumir que qualquer declaração feita a respeito do benzeno também se aplica ao tolueno.

Para cada um dos seguintes conjuntos de compostos (o sólido é relacionado em primeiro lugar, seguido pelos três solventes), utilize seu entendimento sobre a polaridade e a solubilidade para prever:

1. O melhor solvente para a cristalização.
2. O solvente no qual o composto é muito solúvel.
3. O solvente no qual o composto não é suficientemente solúvel.

Em seguida, verifique suas previsões procurando cada composto no *The Merck Index*.

1. Fenantreno; tolueno, álcool etílico 95%, água

Fenantreno

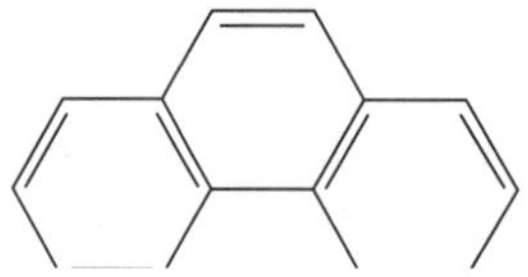

2. Colesterol; éter, álcool etílico 95%, água

Colesterol

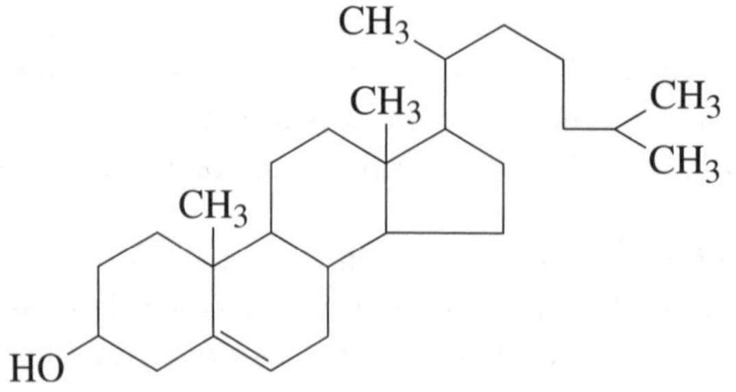

CH_3 CH_3 CH_3 CH_3 CH_3 HO

3. Acetaminofeno; tolueno, álcool etílico 95%, água

Acetaminofeno

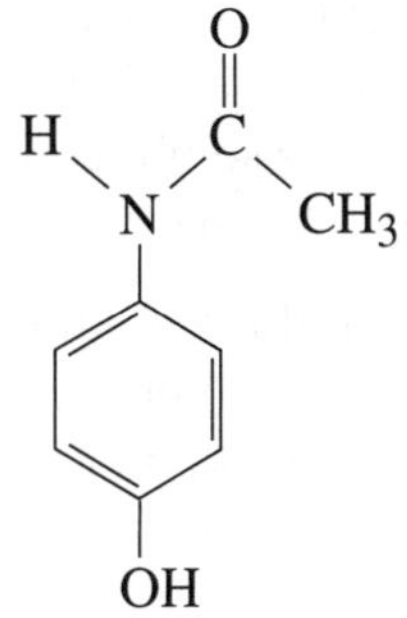

4. Ureia; hexano, álcool etílico 95%, água

$$H_2N-\overset{\overset{\displaystyle O}{\|}}{C}-NH_2$$

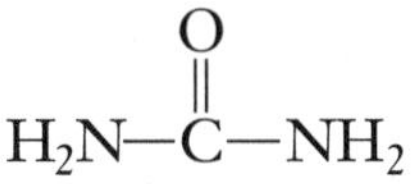

Ureia

RELATÓRIO

Parte A

1. Relate os pontos de fusão da sulfanilamida impura e da sulfanilamida cristalizada, e comente sobre as diferenças. Além disso, compare essas diferenças ao valor estabelecido na literatura. Com base no ponto de fusão da sulfanilamida cristalizada, ela é pura? Comente também sobre a pureza, com base nas cores dos cristais. Relate a massa original da sulfanilamida impura e a massa da sulfanilamida cristalizada. Calcule a recuperação percentual e comente a respeito de diversas fontes de perda.

2. Se você concluiu o Exercício Opcional (isolando o sólido dissolvido na água-mãe), faça o seguinte:
   a. Crie uma tabela com as seguintes informações:
      i. A massa da sulfanilamida impura utilizada no procedimento de cristalização;
      ii. A massa da sulfanilamida pura depois da cristalização;
      iii. A massa da sulfanilamida mais a impureza recuperada a partir da água-mãe (veja a Parte A, Exercício opcional);
      iv. O total dos itens ii e iii (massa total da sulfanilamida mais a impureza isolada);
      v. A massa calculada da sulfanilamida na água-mãe. Veja as seções Parte A e "Cálculo antes da prática no laboratório (Cálculo Pré-Lab)".
   b. Comente sobre quaisquer diferenças entre os valores nos itens i e iv. Eles deveriam ser iguais? Explique.
   c. Comente sobre quaisquer diferenças entre os valores nos itens iii e v. Eles deveriam ser os mesmos? Explique.
   d. Relate o ponto de fusão do sólido recuperado a partir da água-mãe. Compare isso aos pontos de fusão da sulfanilamida cristalizada. Eles deveriam ser iguais? Explique.

Parte B

1. Para cada um dos três solventes (álcool metílico, água e tolueno), descreva os resultados dos testes para a seleção de um bom solvente cristalizante para o fluoreno. Explique esses resultados em termos das previsões da polaridade e solubilidade (veja as "Diretrizes para previsão da polaridade e solubilidade", Técnica 10, Seção 10.2A).
2. Relate os pontos de fusão para o fluoreno impuro e o fluoreno cristalizado, e comente sobre as diferenças. Qual é o valor, definido na literatura, para o ponto de fusão do fluoreno? Relate a massa original do fluoreno impuro e a massa do fluoreno cristalizado. Calcule a recuperação percentual e comente sobre várias fontes de perda.
3. A solubilidade do fluoreno em cada solvente utilizado na Parte B corresponde a uma das três curvas mostradas na Técnica 11, Figura 11.1. Para cada solvente, indique qual curva descreve melhor a solubilidade do fluoreno nesses solventes.

Parte C

Registre todos os pontos de fusão e estabeleça a identidade de sua substância desconhecida.

Parte D

Para cada composto atribuído, defina suas previsões, juntamente com uma explicação. Então, dê informações relevantes a partir do *The Merck Index* que apoiem ou se oponham a suas previsões. Tente explicar quaisquer diferenças entre suas previsões e as informações encontradas no *The Merck Index*.

■ QUESTÕES ■

1. Considere uma cristalização de sulfanilamida, na qual 10 mL de álcool etílico 95%, quente, é adicionado a 0,10 g de sulfanilamida impura. Após o sólido ter se dissolvido, a solução é resfriada à temperatura ambiente e, então, colocada em um banho de água gelada. Não ocorre a formação de nenhum cristal, mesmo depois da raspagem com uma haste de vidro. Explique por que essa cristalização falhou. O que você tem de fazer, neste ponto, para que a cristalização funcione? Assuma que começar outra vez, com uma nova amostra, não é uma opção. (Talvez você precise consultar a Técnica 11, Figura 11.2.)
2. O álcool benzílico (pe 205 °C) foi escolhido por um aluno para cristalizar o fluorenol (pf 153 °C a 154 °C), porque as características de solubilidade desse solvente são apropriadas. No entanto, esse solvente não é uma boa opção. Explique.
3. Um aluno realiza a cristalização de uma amostra impura de bifenil. A amostra tem massa de 0,5 g e contém cerca de 5% de impureza. Com base em seu conhecimento sobre solubilidade, ele decide utilizar o benzeno como solvente. Após a cristalização, os cristais são secos e se descobre que o peso final é 0,02 g. Considere que todas as etapas na cristalização foram realizadas corretamente, que não houve derramamentos e que o aluno perdeu muito pouco sólido nos objetos de vidro ou em qualquer uma das transferências. Por que a recuperação é tão lenta?

Experimento 3

Extração

Extração

Aplicação do pensamento crítico

A extração é uma das mais importantes técnicas para o isolamento e a purificação de substâncias orgânicas. Neste método, uma solução é completamente misturada com um segundo solvente que é **imiscível** com o primeiro solvente. (Lembre-se de que líquidos imiscíveis não se misturam; eles formam duas fases ou camadas.) O soluto é extraído de um solvente para outro porque ele é mais solúvel no segundo solvente que no primeiro.

A teoria da extração é descrita detalhadamente na Técnica 12, Seções 12.1 a 12.2. Leia essas seções antes de continuar este experimento. Uma vez que a solubilidade é o princípio básico da extração, talvez você queira reler a Técnica 10.

A extração é uma técnica empregada pelos químicos orgânicos, mas também é utilizada para fabricar produtos comuns, com os quais você está familiarizado. Por exemplo, extrato de baunilha, o popular agente aromatizante, foi originalmente extraído de grãos de baunilha utilizando-se álcool como solvente orgânico. O café descafeinado é feito de grãos de café que foram descafeinados por meio de uma técnica de extração (veja o Ensaio 4, "Cafeína"). Esse processo é similar ao procedimento na Parte A deste experimento, pelo qual será extraída a cafeína de uma solução aquosa.

O propósito deste experimento é introduzir a técnica em macroescala para efetuar extrações e possibilitar que você pratique essa técnica. Este experimento também demonstra como a extração é utilizada em experimentos orgânicos.

LEITURA EXIGIDA

Revisão:	Técnica 10	Solubilidade
Novo:	*Técnica 12	Extração, separações e agentes secantes
	Ensaio 4	Cafeína

INSTRUÇÕES ESPECIAIS

Tenha cuidado ao manipular o cloreto de metileno, pois este é um solvente tóxico, e você não pode respirar excessivamente seus vapores nem derramar em si mesmo.

Na Parte B, é recomendável pesquisar os dados quanto aos coeficientes de distribuição e calcular as médias da classe. Isso vai compensar as diferenças nos valores, em virtude do erro experimental.

MEIO SUGERIDO PARA O DESCARTE DE REJEITOS

Descarte todo o cloreto de metileno em um recipiente para dejetos, destinado à eliminação de dejetos orgânicos halogenados. Coloque todos os outros dejetos orgânicos no recipiente para dejetos orgânicos não halogenados. As soluções aquosas obtidas após as etapas de extração devem ser descartadas no recipiente designado para os resíduos aquosos.

Parte A. Extração de cafeína

Um dos procedimentos de extração mais comuns envolve o uso de um solvente orgânico (apolar ou levemente polar) para extrair um composto orgânico de uma solução aquosa. Uma vez que a água é altamente polar, a mistura vai se separar em duas camadas ou fases: uma camada aquosa e uma camada orgânica (apolar).

Neste experimento, você extrairá a cafeína de uma solução aquosa com a utilização do cloreto de metileno. Efetue a etapa de extração três vezes, usando três porções separadas de cloreto de metileno. Como o cloreto de metileno é mais denso que a água, a camada orgânica (cloreto de metileno) estará no fundo. Depois de cada extração, remova a camada orgânica. As camadas orgânicas das três extrações serão combinadas e secas utilizando-se sulfato de sódio anidro. Após transferir a solução seca para um recipiente previamente pesado, evapore o cloreto de metileno e determine a massa de cafeína extraída da solução aquosa. Esse procedimento de extração é bem-sucedido porque a cafeína é muito mais solúvel no cloreto de metileno que na água.

Cálculos antes da prática no laboratório (Cálculo Pré-Lab)

Neste experimento, 0,170 g de cafeína é dissolvido em 10,0 mL de água. A cafeína é extraída da solução aquosa três vezes com porções de 5,0 mL de cloreto de metileno. Calcule a quantidade total de cafeína que pode ser extraída nas três porções de cloreto de metileno (veja a Técnica 12, Seção 12.2). A cafeína tem um coeficiente de distribuição de 4,6 entre o cloreto de metileno e a água.

PROCEDIMENTO

NOTA

Para obter bons resultados, faça todas as pesagens precisamente, de preferência, em uma balança com precisão para até 0,001 g.

Preparação. Adicione exatamente 0,170 g de cafeína e 10,0 mL de água a um tubo para centrifugação com tampa de rosca. Tampe o tubo e agite-o vigorosamente por vários minutos, até que a cafeína se dissolva por completo. Pode ser útil aquecer levemente a mistura para dissolver toda a cafeína.

Extração. Com uma pipeta Pasteur, transfira a solução de cafeína para um funil de separação de 125 mL. (Não se esqueça de fechar a torneira!) Utilizando uma proveta com capacidade de 10 mL, obtenha 5,0 mL de cloreto de metileno e adicione ao funil de separação. Coloque a rolha no funil e segure-o conforme *mostra* a Técnica 12, Figura 12.6. Coloque *firmemente* a rolha e inverta o funil de separação. Enquanto o funil é invertido, libere a pressão abrindo lentamente a torneira. Continue invertendo e ventilando até que não se possa mais ouvir o "som do vapor". Agora, as duas camadas precisam ser misturadas completamente, de modo que seja transferida tanta cafeína quanto for possível, da camada aquosa para a camada de cloreto de metileno. Contudo, se for empregada força demais para obter esta, é possível que se forme uma emulsão. As emulsões se parecem com uma terceira camada espumosa entre as duas camadas originais e podem dificultar a separação das camadas. Siga estas instruções cuidadosamente para evitar a formação de uma emulsão. Agite a mistura delicadamente invertendo o funil várias vezes, em um movimento oscilante. Inicialmente, uma boa frequência de oscilação é de cerca de duas oscilações a cada dois segundos. Quando ficar claro que não está ocorrendo a formação de uma emulsão, agite a mistura com mais força, talvez, uma vez por segundo. (Note que geralmente não é prudente agitar mais do que isso!) Agite a mistura por, pelo menos, um minuto. Após ter terminado a mistura dos líquidos, coloque o funil de separação no anel de ferro e deixe em repouso até que as camadas se separem por completo.[1] Coloque um frasco de

[1] Se houver se formado uma emulsão, é possível que as duas camadas não se separem rapidamente. Se elas não se separarem depois de cerca de um a dois minutos, primeiro, tente agitar o funil de separação para romper a emulsão. Caso isso não funcione, experimente o Método 5, na Técnica 12, Seção 12.10.

Erlenmeyer de 50 mL sob o funil de separação e remova a rolha superior do funil. Deixe a camada do fundo (orgânica) drenar lentamente, abrindo parcialmente a torneira. Assim que a interface entre a fase superior e a inferior começar a entrar no orifício da torneira, feche a torneira imediatamente. Repita essa extração mais duas vezes, utilizando 5,0 mL de cloreto de metileno fresco a cada vez. Combine a camada orgânica de cada uma dessas extrações com a solução de cloreto de metileno da primeira extração.

Secagem das camadas orgânicas. Seque as camadas orgânicas combinadas com sulfato de sódio anidro granular, seguindo as instruções dadas na Técnica 12, Seção 12.9, "O procedimento de secagem com sulfato de sódio anidro". Leia essas instruções cuidadosamente e complete as etapas de 1 a 3 na Parte "A. Procedimento de secagem em macroescala". A Etapa 4 é descrita na seção seguinte deste experimento.

Evaporação do solvente. Transfira a solução de cloreto de metileno seco com uma pipeta Pasteur limpa e seca para um frasco de Erlenmeyer seco, previamente pesado, com capacidade de 50 mL, deixando o agente secante para trás. Evapore o cloreto de metileno aquecendo o frasco em um banho de água quente, a aproximadamente 45 °C.[2] Isso deverá ser feito em uma capela de exaustão e pode ser efetuado mais rapidamente se um fluxo de ar seco ou gás nitrogênio for direcionado para a superfície do líquido (veja a Técnica 7, Seção 7.10). Quando o solvente tiver evaporado, remova o frasco do banho e seque a parte externa do frasco. Não deixe o frasco no banho de água por muito tempo, depois que o solvente tiver evaporado, porque a cafeína pode sublimar. Quando o frasco tiver sido resfriado à temperatura ambiente, pese-o para determinar a quantidade de cafeína que havia na solução de cloreto de metileno. Compare esse peso com a quantidade de cafeína estimada no na seção "Cálculos antes da prática no laboratório (Cálculo Pré-Lab)".

Parte B. Distribuição de um soluto entre dois solventes imiscíveis

Neste experimento, você vai investigar como vários sólidos orgânicos diferentes se distribuem entre a água e o cloreto de metileno. Um composto sólido é misturado com os dois solventes até atingir o equilíbrio. A camada orgânica é removida, seca com sulfato de sódio anidro e transferida para um recipiente aferido. Depois da evaporação do cloreto de metileno, determine a massa do sólido orgânico que estava na camada orgânica. Ao encontrar a diferença, você também pode determinar a quantidade de soluto na camada aquosa. O coeficiente de distribuição do sólido entre as duas camadas pode, então, ser calculado e relacionado à polaridade do sólido e às polaridades dos dois líquidos.

Três diferentes compostos serão utilizados: ácido benzoico, ácido succínico e benzoato de sódio. Suas estruturas são dadas a seguir. Você deve realizar este experimento em um dos sólidos e compartilhar seus dados com dois outros alunos que estejam trabalhando com os outros dois sólidos. Como alternativa, os dados de toda a classe podem ser agrupados e ter sua média estabelecida.

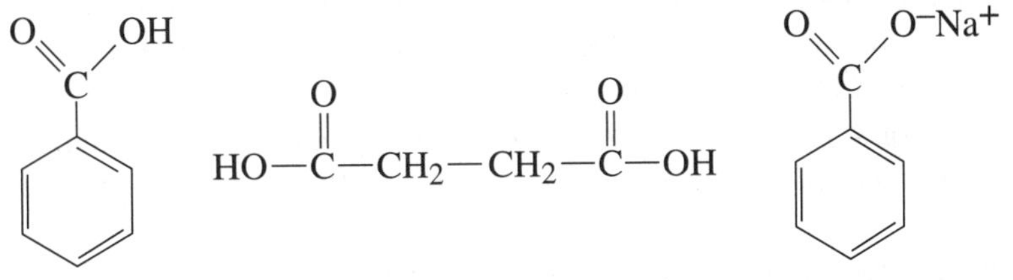

C_6H_5—C(=O)OH

Ácido benzoico

$HO—C(=O)—CH_2—CH_2—C(=O)—OH$

Ácido succínico

C_6H_5—C(=O)O^-Na^+

Benzoato de sódio

[2] Um procedimento mais ambientalmente correto consiste em utilizar um evaporador rotatório (veja a Técnica 7, Seção 7.11). Com esse método, o cloreto de metileno é recuperado e pode ser reutilizado.

PROCEDIMENTO

 NOTA

Para obter bons resultados, você deverá fazer todas as pesagens cuidadosamente, de preferência, em uma balança que tenha precisão de até 0,001 g.

Coloque 0,100 g de um dos sólidos (ácido benzoico, ácido succínico ou benzoato de sódio) em um tubo para centrifugação com tampa de rosca. Adicione 4,0 mL de cloreto de metileno e 4,0 mL de água ao tubo. Tampe o tubo e agite-o por um minuto. O modo correto de agitar é inverter o tubo e colocá-lo em pé de novo, em um movimento de oscilação. Uma boa frequência de oscilação é de cerca de duas oscilações por segundo. Quando ficar claro que não está ocorrendo a formação de uma emulsão, agite a mistura com mais força, quem sabe uma vez por segundo; talvez duas a três vezes por segundo. Verifique se há algum sólido que não foi dissolvido. Continue agitando o tubo até que todo o sólido esteja dissolvido.

Deixe o tubo para centrifugação em repouso, até que as camadas tenham se separado. Com uma pipeta Pasteur, você agora deverá transferir a camada orgânica (no fundo) para um tubo de ensaio. O objetivo ideal é remover toda a camada orgânica sem transferir nada da camada aquosa. Contudo, é difícil fazer isso. Tente apertar o bulbo, de modo que, quando for completamente solto, você consiga extrair a quantidade de líquido desejada. Caso tenha segurado o bulbo em uma posição parcialmente comprimida enquanto faz uma transferência, é provável que derrame algum líquido. Também é necessário transferir o líquido em duas ou três etapas. Primeiro, comprima o bulbo totalmente, de modo que seja extraído para a pipeta tanto líquido quanto possível, a partir da camada no fundo. Coloque a ponta da pipeta diretamente no **V**, no fundo do tubo para centrifugação, e solte o bulbo lentamente. Ao fazer a transferência, é essencial que o tubo para centrifugação e o tubo de ensaio sejam mantidos próximos um do outro. Uma boa técnica para isso é ilustrada na Figura 12.8. Depois de transferir a primeira porção, repita esse processo até que toda a camada do fundo tenha sido transferida para o tubo de ensaio. A cada vez, comprima o bulbo somente o necessário e coloque a ponta da pipeta no fundo do tubo.

Seque a camada orgânica com sulfato de sódio anidro granular, seguindo as instruções dadas na Técnica 12, Seção 12.9, "Procedimento de secagem com sulfato de sódio anidro". Leia essas instruções cuidadosamente e complete as etapas de 1 a 3 no "Procedimento de secagem em microescala". A Etapa 4 é descrita no parágrafo a seguir.

Transfira a solução de cloreto de metileno seco com uma pipeta Pasteur limpa e seca, para um tubo de ensaio seco, previamente pesado, deixando para trás o agente secante. Evapore o cloreto de metileno aquecendo o tubo de ensaio em um banho de água quente, enquanto direciona um fluxo de ar seco ou nitrogênio gasoso na superfície do líquido. Quando o solvente tiver evaporado, remova o tubo de ensaio do banho e seque sua parte externa. Quando o tubo de ensaio tiver resfriado à temperatura ambiente, pese o tubo de ensaio para determinar a quantidade de soluto sólido que estava na camada de cloreto de metileno. Determine por diferença a quantidade do sólido que estava dissolvido na camada aquosa. Calcule o coeficiente de distribuição para o sólido entre o cloreto de metileno e a água. Como o volume do cloreto de metileno e da água era o mesmo, o coeficiente de distribuição pode ser calculado dividindo a massa do soluto no cloreto de metileno pela massa do soluto em água.

Exercício opcional. Repita o procedimento anterior utilizando 0,075 g de cafeína, 3,0 mL de cloreto de metileno e 3,0 mL de água. Determine o coeficiente de distribuição para a cafeína, entre o cloreto de metileno e a água. Compare esse valor ao de 4,6, que é definido na literatura.

Parte C. Como você determina qual é a camada orgânica?

Um problema comum que pode ser encontrado durante um procedimento de extração é não saber ao certo qual camada é orgânica e qual é aquosa. Apesar de os procedimentos neste livro geralmente indicarem as posições relativas esperadas das duas camadas, nem todos os procedimentos fornecerão essas informações, e você deve se preparar para surpresas. Algumas vezes, conhecer as densidades dos dois solventes não é suficiente, porque substâncias dissolvidas podem aumentar significativamente a densidade de uma solução. É muito importante saber a localização das duas camadas, porque em geral uma camada contém o produto desejado e a outra camada é descartada. Um erro cometido neste ponto, em um experimento, seria desastroso!

A finalidade deste experimento é proporcionar alguma prática na determinação de qual camada é a aquosa e qual é a orgânica (veja a Técnica 12, Seção 12.8). Conforme descrito na Seção 12.8, uma técnica efetiva consiste em acrescentar algumas gotas de água a cada camada depois que as camadas tiverem se separado. Se a camada for de água, então, as gotas de água acrescentadas se dissolverão na camada aquosa e aumentarão seu volume. Se a água adicionada formar gotas ou uma nova camada, então, a camada é orgânica.

PROCEDIMENTO

Obtenha três tubos de ensaio, cada um contendo duas camadas.[3] Para cada tubo, você será informado sobre a identidade das duas camadas, mas não a respeito de suas posições relativas. Determine experimentalmente qual camada é orgânica e qual é aquosa. Descarte todas essas misturas no recipiente designado para dejetos orgânicos halogenados. Depois de determinar as camadas experimentalmente, procure as densidades dos vários líquidos em um manual para verificar se existe uma correlação entre as densidades e seus resultados.

Parte D. Uso de extração para isolar um composto neutro de uma mistura contendo uma impureza ácida ou básica

Neste experimento, você receberá uma amostra sólida contendo um composto neutro desconhecido e uma impureza ácida ou básica. O objetivo é remover o ácido ou a base pela extração e isolar o composto neutro. Determinando o ponto de fusão do composto neutro, você identificará em uma lista de possíveis compostos. Existem muitas reações orgânicas nas quais o produto desejado, um composto neutro, é contaminado por uma impureza ácida ou básica. Este experimento ilustra como a extração é utilizada para isolar o produto nessa situação.

Na Técnica 10, "Solubilidade", você aprendeu que ácidos e bases orgânicos podem se transformar em íons, em reações ácido–base (veja a Seção 10.2 B "Soluções nas quais o soluto se ioniza e se dissocia"). Antes de ler esta seção, reveja esse material, se necessário. Utilizando esse princípio, você pode separar uma impureza ácida ou básica de um composto neutro. O esquema a seguir, que mostra como a impureza ácida e a básica são removidas do produto desejado, ilustra como isso é conseguido:

[3] As três misturas provavelmente serão (1) água e cloreto de *n*-butila, (2) água e brometo de *n*-butila, e (3) brometo de *n*-butila e brometo de sódio aquoso saturado.

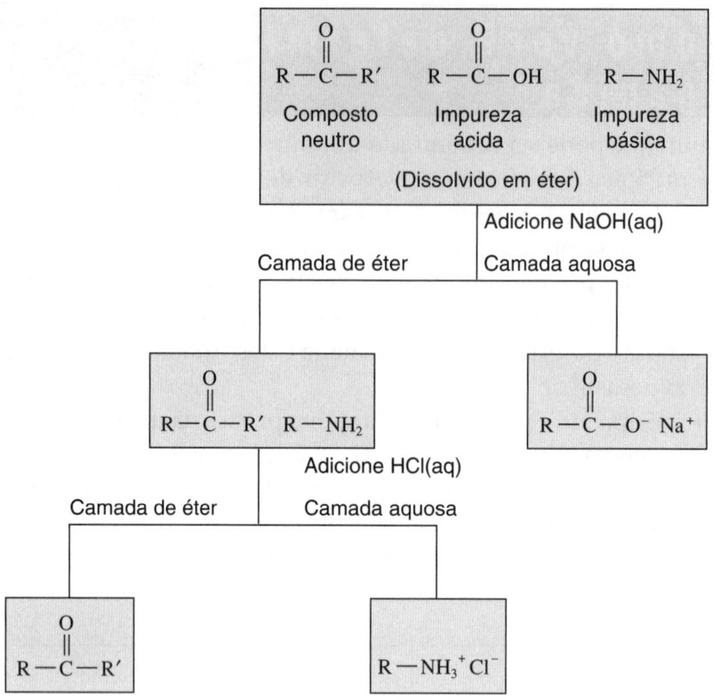

Diagrama mostrando como impurezas ácidas e básicas são removidas do produto desejado.

O composto neutro pode agora ser isolado pela remoção da água dissolvida no éter e pela evaporação do éter. Como o éter dissolve uma quantidade de água relativamente grande (1,5%), a água deve ser removida em duas etapas. Na primeira etapa, a solução de éter é misturada com uma solução saturada de NaCl aquoso. A maior parte da água na camada de éter será transferida para a camada aquosa nessa etapa (veja a Técnica 12, Seção 12.9). Por fim, o restante da água é removido pela secagem da camada de éter sobre sulfato de sódio anidro. O composto neutro pode então ser isolado pela evaporação do éter. Na maior parte dos experimentos orgânicos que utilizam um esquema de separação como este, será necessário realizar uma etapa de cristalização para purificar o composto neutro. Entretanto, neste experimento, o composto neutro deve estar suficientemente puro, nesse ponto, para identificá-lo pelo ponto de fusão.

O solvente orgânico utilizado neste experimento é o éter. Lembre-se de que o nome completo do éter é éter dietílico. Uma vez que o éter é menos denso que a água, este experimento proporcionará prática na realização de extrações em que o solvente apolar é menos denso que a água.

O procedimento seguinte fornece instruções sobre a remoção de uma impureza ácida de um composto neutro e o isolamento do composto neutro. Ele contém uma etapa adicional que normalmente não é parte desse tipo de esquema de separação: a camada aquosa de cada extração é segregada e acidificada com HCl aquoso. O propósito dessa etapa é verificar que a impureza ácida foi removida completamente da camada de éter. No Exercício Opcional, a amostra contém um composto neutro com uma impureza básica; no entanto, não é fornecido um procedimento detalhado. Caso esse exercício seja designado a você, será preciso criar um procedimento utilizando os princípios discutidos nesta introdução e estudando o próximo procedimento para isolar o composto neutro de uma impureza ácida.

PROCEDIMENTO

Isolamento de um composto neutro de uma mistura contendo uma impureza ácida. Adicione 0,36 g de uma mistura desconhecida a um tubo para centrifugação com tampa de rosca.[4] Acrescente 10,0 mL

[4] A mistura contém 0,24 g de um dos compostos neutros dados na tabela a seguir e 0,12 g ácido benzoico, a impureza ácida.

de éter ao tubo e, então, tampe-o. Agite o tubo até que o sólido se dissolva completamente. Transfira essa solução para um funil de separação com capacidade de 125 mL.

Acrescente 5,0 mL de NaOH 1,0 mol L^{-1} ao funil de separação e misture durante trinta segundos, utilizando o mesmo procedimento descrito na Parte A. Deixe as camadas se separarem. Remova a camada do fundo (aquosa) e coloque-a em um frasco de Erlenmeyer rotulado como "1ª extração de NaOH". Adicione outra porção de 5,0 mL de NaOH 1,0 mol L^{-1} ao funil e agite por trinta segundos. Quando as camadas tiverem se separado, remova a camada aquosa e coloque-a em um frasco de Erlenmeyer rotulado como "2ª extração de NaOH".

Ao agitar, acrescente gota a gota HCl 6 mol L^{-1} a cada um dos dois frascos de teste contendo os extratos de NaOH até que as misturas estejam ácidas. Teste as misturas com papel tornassol ou papel indicador de pH para determinar quando elas estão ácidas. Observe a quantidade de precipitado que se forma. Qual é o precipitado?

A quantidade de precipitado em cada frasco indica que toda a impureza ácida foi removida da camada de éter contendo o composto neutro desconhecido?

O procedimento de secagem para uma camada de éter requer a seguinte etapa adicional, que não está incluída no procedimento para a secagem de uma camada de cloreto de metileno (veja a Técnica 12, Seção 12.9, "Solução de sal saturada"). Para a camada de éter no funil de separação, adicione 5,0 mL de cloreto de sódio aquoso saturado. Agite durante trinta segundos e deixe que as camadas se separem. Remova e descarte a camada aquosa. Despeje a camada de éter (sem nenhuma água) da parte superior do funil de separação em um frasco de Erlenmeyer limpo e seco. Agora, seque a camada de éter com sulfato de sódio anidro granular (veja a Técnica 12, Seção 12.9, "Procedimento de secagem com sulfato de sódio anidro"). Complete as etapas de 1 a 3 na seção "A. Procedimento de secagem em macroescala". A Etapa 4 é descrita no parágrafo seguinte deste experimento.

Transfira a solução de éter seco, utilizando uma pipeta Pasteur seca, para um frasco de Erlenmeyer seco, previamente pesado, deixando o agente secante para trás. Evapore o éter aquecendo o frasco em um banho de água quente. Isso deverá ser feito em uma capela de exaustão, e pode ser efetuado mais rapidamente se uma corrente de ar seco ou gás nitrogênio for dirigida para a superfície do líquido (veja a Técnica 7, Seção 7.10).[5] Quando o solvente tiver evaporado, remova o frasco do banho e seque a parte externa do frasco. Depois que o frasco tiver resfriado à temperatura ambiente, pese-o para determinar a quantidade de soluto sólido que estava na camada de éter. Obtenha o ponto de fusão do sólido e identifique-o na seguinte tabela:

	Ponto de fusão (°C)
Fluorenona	82–85
Fluoreno	116–117
1, 2, 4, 5-Tetraclorobenzeno	139–142
Trifenilmetanol	162–164

Parte D. Aplicação do pensamento crítico

Exercício opcional: isolamento de um composto neutro de uma mistura contendo uma impureza básica. Obtenha 0,36 g de uma mistura desconhecida contendo um composto neutro e uma impureza básica.[6] Desenvolva um procedimento para isolar o composto neutro, utilizando o procedimento anterior

[5] Veja a nota de rodapé 3.

[6] A mistura contém 0,24 g de um dos compostos neutros apresentados na lista desta página, e 0,12 g de 4-aminobenzoato de etila, a impureza básica.

como modelo. Depois de isolar o composto neutro, obtenha o ponto de fusão e identifique-o na lista de compostos que acaba de ser dada.

PROCEDIMENTO

1. Adicione 4 mL de água e 2 mL de cloreto de metileno a um tubo para centrifugação com tampa de rosca.
2. Adicione 4 gotas da solução A ao tubo para centrifugação. A solução A é uma solução aquosa diluída, de hidróxido de sódio contendo um composto orgânico.[7] Agite a mistura por aproximadamente trinta segundos, utilizando um rápido movimento de oscilação. Descreva a cor de cada camada (veja a tabela a seguir).
3. Adicione 2 gotas de HCl 1 mol L^{-1}. Deixe a solução em repouso por um minuto e observe a mudança de cor. Em seguida, agite por cerca de um minuto, com um rápido movimento de oscilação. Descreva a cor de cada camada.
4. Adicione 4 gotas de NaOH 1 mol L^{-1} e agite durante aproximadamente um minuto. Descreva a cor de cada camada.

Etapa 2	Aquosa	Cor
	Cloreto de metileno	
Etapa 3	Aquosa	
	Cloreto de metileno	
Etapa 4	Aquosa	
	Cloreto de metileno	

RELATÓRIO

Parte A

1. Mostre seus cálculos para a quantidade de cafeína que deveria ser extraída pelas três porções de 5,0 mL de cloreto de metileno (veja a seção "Cálculos antes da prática no laboratório (Cálculo Pré-Lab)".
2. Relate a quantidade de cafeína isolada. Compare essa massa com a quantidade de cafeína calculada na seção "Cálculos antes da prática no laboratório (Cálculo Pré-Lab)". Comente sobre a similaridade ou diferença

Parte B

1. Relate em forma de tabela os coeficientes de distribuição dos três sólidos: ácido benzoico, ácido succínico e benzoato de sódio.
2. Existe uma correlação entre os valores dos coeficientes de distribuição e as polaridades dos três compostos? Explique.

[7] Solução A: Mistura 25 mg de 2, 6-dicloroindofenol (sal de sódio) com 50 mL de água e 1 mL de NaOH 1 mol L^{-1}. Essa solução deve ser preparada no mesmo dia em que for utilizada.

3. Se tiver concluído o Exercício Opcional, compare o coeficiente de distribuição obtido para a cafeína com o valor correspondente apresentado na respectiva literatura. Comente sobre a similaridade ou diferença.

Parte C

1. Para cada uma das três misturas, relate qual camada estava no fundo e qual estava no topo. Explique como determinou isso para cada mistura.
2. Registre as densidades para os líquidos apresentadas em um manual.
3. Existe uma correlação entre as densidades e seus resultados? Explique.

Parte D

1. Responda às seguintes perguntas sobre o primeiro e o segundo extratos de NaOH.
   a. Comente sobre a quantidade de precipitado para ambos os extratos quando se adiciona HCl.
   b. Qual é o precipitado formado quando se adiciona HCl?
   c. A quantidade de precipitado em cada tubo indica que toda a impureza ácida foi removida da camada de éter contendo o composto neutro desconhecido?
2. Relate o ponto de fusão e a massa do composto neutro que você isolou.
3. Com base no ponto de fusão, qual é a identidade desse composto?
4. Calcule a recuperação percentual para o composto neutro. Relacione possíveis fontes de perda. Se tiver concluído o Exercício Opcional, complete as etapas de 1 a 4 para a Parte D.

Parte E

Descreva completamente o que ocorreu nas etapas 2, 3 e 4. Para cada etapa, inclua (1) a natureza (cátion, ânion ou espécies neutras) do composto orgânico, (2) uma explicação para todas as mudanças de cor, e (3) uma explicação sobre por que cada camada apresenta determinada cor. Sua explicação para o item (3) deverá ser fundamentada nos princípios de solubilidade e nas polaridades dos dois solventes. (*Dica*: Pode ser útil rever as seções em seu livro de química geral que lidam com ácidos, bases e indicadores ácido–base.)

REFERÊNCIA

Kelly, T. R. "A Simple, Colorful Demonstration of Solubility and Acid/Base Extraction". *Journal of Chemical Education, 70* (1993): 848.

■ QUESTÕES ■

1. A cafeína tem um coeficiente de distribuição de 4,6 entre o cloreto de metileno e a água. Se forem adicionados 52 mg de cafeína a um frasco cônico contendo 2 mL de água e 2 mL de cloreto de metileno, quanto de cafeína deverá estar em cada camada depois que a mistura tiver sido completada?

Experimento 4

Um esquema de separação e de purificação

Extração

Cristalização

Planejando um procedimento

Aplicação do pensamento crítico

Existem muitos experimentos orgânicos nos quais os componentes de uma mistura devem ser separados, isolados e purificados. Embora os procedimentos geralmente sejam dados para realizar isso, criar o próprio esquema pode ajudar a compreender mais completamente essas técnicas. Neste experimento, você projetará um esquema de separação e purificação para uma mistura de três componentes que lhe será entregue. A mistura conterá um composto orgânico neutro e um ácido orgânico e uma base orgânica, em quantidades aproximadamente iguais. O terceiro componente, também um composto neutro, estará presente em uma quantidade muito menor. Seu objetivo será isolar, na forma pura, *dois* dos três compostos. Os componentes de sua mistura podem ser separados e purificados por uma combinação de extrações e cristalizações envolvendo ácido-base. Você será informado sobre a composição de sua mistura bem antes do período de trabalho no laboratório, para que tenha tempo de redigir um procedimento para este experimento.

Este experimento pode ser realizado em duas escalas diferentes. No Experimento 4A, o procedimento requer 1,0 g da mistura designada, e os procedimentos de extração são efetuados com um funil de separação. No Experimento 4B, os procedimentos de extração são desempenhados com um tubo centrífugo utilizando 0,5 g da mistura designada. Seu instrutor lhe dirá qual procedimento seguir.

LEITURA EXIGIDA

Novo:	Técnica 11	Cristalização: purificação de sólidos
	Técnica 12	Extrações, separações e agentes secantes

MEIO SUGERIDO PARA O DESCARTE DE REJEITOS

Descarte todos os filtrados que possam conter 1,4-dibromobenzeno ou cloreto de metileno no recipiente designado para dejetos orgânicos halogenados. Todos os outros filtrados podem ser descartados no recipiente destinado a dejetos orgânicos não halogenados.

O Experimento 4 é baseado em um experimento similar, desenvolvido por James Patterson, do North Seattle Community College, Seattle.

NOTA PARA OS PROFESSORES

Os alunos devem ser informados a respeito da composição de sua mistura, bem antes do período de trabalho no laboratório, para que tenham tempo suficiente de projetar um procedimento. É recomendável exigir que os alunos entreguem uma cópia de seu procedimento no início do período de trabalho de laboratório. Talvez você queira dar tempo suficiente para que os alunos repitam o experimento, caso este não tenha funcionado bem da primeira vez, se eles quiserem aumentar sua recuperação percentual e também a pureza. Se o tempo determinado for suficiente para que o experimento seja efetuado apenas uma vez, será útil descartar amostras puras dos compostos nas misturas, de modo que os alunos possam experimentar diferentes solventes, a fim de definir um bom solvente para a cristalização de cada composto.

Experimento 

Extrações com um funil de separação

PROCEDIMENTO

Preparação avançada. A cada aluno será designada uma mistura de três compostos.[1] Antes de chegar ao laboratório, você precisa elaborar um procedimento detalhado que possa ser utilizado para separar, isolar e purificar *dois* dos compostos em sua mistura. Talvez não consiga especificar todos os reagentes ou os volumes exigidos, antecipadamente, mas o procedimento deverá estar tão completo quanto possível. Será útil consultar os seguintes experimentos e estas técnicas:

Experimento 1, "Solubilidade", Parte D

Experimento 3, "Extração", Parte D

Técnica 10, Seção 10.2B

Técnica 12, Seções 12.9 e 12.11

Os reagentes a seguir estarão disponíveis: NaOH1 mol L^{-1}, NaOH6 mol L^{-1}, 1 HCl mol L^{-1}, HC l6 mol L^{-1}, $NaHCO_3$ 1 mol L^{-1}, cloreto de sódio saturado, éter dietílico, etanol 95%, metanol, álcool isopropílico, acetona, hexano, tolueno, cloreto de metileno e sulfato de sódio anidro. Outros solventes a serem utilizados para a cristalização também podem estar disponíveis.

Separação. A primeira etapa em seu procedimento deverá ser dissolver aproximadamente 1,0 g (registre a massa exata) da mistura na quantidade mínima de éter dietílico ou cloreto de metileno. Se for necessário mais de cerca de 10 mL de um solvente, você deve utilizar outro solvente. A maioria dos compostos nas misturas é mais solúvel no cloreto de metileno que no éter dietílico; entretanto, talvez seja preciso determinar o solvente apropriado por meio de experimentação. Depois que tiver selecionado

[1] Sua mistura pode ser uma das seguintes: (1) 50% de ácido benzoico, 40% de benzoina, 1, 4-dibromobenzeno 10%; (2) fluoreno 50%, ácido *o*-toluico 40%, 1,4-dibromobenzeno 10%; (3) fenantreno 50%, 4-aminobenzoato de metila 40%, 1,4-dibromobenzeno 10%; ou (4) 4-aminoacetofenona 50%, 1,2,4,5-tetraclorobenzeno 40%, 1,4-dibromobenzeno 10%. Outras misturas são apresentadas no *Instructor's Manual* (manual do professor) junto com outras sugestões sobre essas misturas. O *Instructor's Manual* está disponível (em inglês) no site da editora em www.cengage.com.br.

um solvente, este deverá ser utilizado em todo o procedimento quando for exigido um solvente orgânico. Se for utilizado o éter dietílico, você deverá empregar duas etapas para secar a camada orgânica. Primeiro, a camada orgânica deve ser misturada com cloreto de sódio saturado (veja a Técnica 12, Seção 12.9, "Solução saturada de sal") e, então, o líquido seco com sulfato de sódio anidro (veja a Técnica 12, Seção 12.9, "Procedimento de secagem com sulfato de sódio anidro"). Para todos os procedimentos de extração neste experimento, deverá ser utilizado um funil de separação.

Purificação. Para aumentar a pureza de suas amostras finais, você deverá incluir uma etapa de enxague no local apropriado em seu procedimento. Veja a Técnica 12, Seção 12.11, para uma discussão desse método. A cristalização, mais provavelmente, será necessária para purificar os dois compostos que você isolou. Para encontrar um solvente apropriado, consulte um manual. Você também pode utilizar o procedimento na Técnica 11, Seção 11.6, para determinar um bom solvente experimentalmente. Observe que o éter dietílico ou outros solventes com ponto de ebulição muito baixo geralmente não são bons para realizar uma cristalização. Se utilizar água como solvente, será necessário deixar os cristais para secar, expostos ao ar, durante a noite. Seu procedimento deverá incluir, pelo menos, um método para determinar se obteve os dois compostos na forma pura. Manipule cada composto em um frasco rotulado. Ao realizar o trabalho de laboratório, será preciso se esforçar para obter elevada recuperação de ambos os compostos em uma forma altamente pura. Se seu procedimento falhar, modifique-o e repita o experimento.

RELATÓRIO

Redija um procedimento completo, pelo qual você tenha separado e isolado amostras puras de dois dos compostos em sua mistura. Descreva como determinou que seu procedimento foi bem-sucedido e forneça quaisquer dados ou resultados utilizados para esse propósito. Calcule a recuperação percentual para ambos os compostos.

Experimento 4B

Extrações com um tubo para centrifugação com tampa de rosca

PROCEDIMENTO

Siga o procedimento dado no Experimento 4A, exceto para as seguintes modificações nas seções "Separação" e "Purificação". Dissolva aproximadamente 0,5 g da mistura designada na quantidade mínima de éter dietílico ou cloreto de metileno.[2] Se forem necessários mais que aproximadamente 4 mL de solvente, utilize o outro solvente. Para todos os procedimentos de extração neste experimento, empregue um tubo para centrifugação com tampa de rosca.

Lembre-se de que, quando você está removendo uma das camadas, sempre deverá retirar a camada inferior do tubo para centrifugação.

[2] Veja a nota de rodapé 1.

Experimento 5

Cromatografia

Cromatografia em camada fina

Cromatografia em colunas

Seguindo a reação com cromatografia em camada fina

A cromatografia, provavelmente, é a mais importante técnica utilizada pelos químicos orgânicos para separar os componentes de uma mistura. Ela envolve a distribuição dos diferentes compostos ou íons na mistura entre duas fases, uma das quais é estacionária, e a outra, em movimento. A cromatografia funciona, em grande parte, com base no mesmo princípio que a extração de solvente. Na extração, os componentes de uma mistura são distribuídos entre dois solventes, de acordo com suas solubilidades relativas nos dois solventes. O processo de separação na cromatografia depende das diferenças na força com que os componentes da mistura são adsorvidos na fase estacionária e quanto eles são solúveis na fase em movimento. Essas diferenças dependem principalmente das polaridades relativas dos componentes na mistura. Existem muitos tipos de técnicas cromatográficas, que variam da cromatografia em camada fina, que é relativamente simples e barata, à cromatografia em líquido de alto desempenho, que é muito sofisticada e tem um custo alto. Neste experimento, você utilizará duas das técnicas cromatográficas mais amplamente empregadas: cromatografia em camada fina e cromatografia em colunas. A finalidade é propiciar a prática na realização dessas duas técnicas, para ilustrar os princípios de separações cromatográficas e para demonstrar como as técnicas são utilizadas na química orgânica.

LEITURA EXIGIDA

Novo:	Técnica 19	Cromatografia em colunas
	Técnica 20	Cromatografia em camada fina

INSTRUÇÕES ESPECIAIS

Muitos solventes inflamáveis são utilizados neste experimento. Utilize bicos de Bunsen para fazer micropipetas em uma parte do laboratório separada de onde os solventes estão sendo utilizados. A cromatografia em camada fina deverá ser realizada sob capela de exaustão.

MEIO SUGERIDO PARA O DESCARTE DE REJEITOS

Descarte o cloreto de metileno no recipiente designado para dejetos orgânicos halogenados. Jogue fora todos os outros solventes orgânicos no recipiente para solventes orgânicos não halogenados. Coloque a alumina no recipiente destinado para a alumina úmida.

NOTAS PARA OS PROFESSORES

A cromatografia em colunas deverá ser realizada com alumina ativada da EM Science (n° AX0612-1). Os tamanhos de partícula são equivalentes a uma malha de 80–200, e o material é do Tipo F-20. A alumina deverá ser seca durante a noite em um forno, a 110 °C, e armazenada em um frasco hermeticamente fechado. Talvez a alumina que tenha sido fabricada há muitos anos precise ser seca por um período maior a uma temperatura mais elevada.

Para a cromatografia em camada fina (TLC), utilize placas de sílica-gel flexíveis, de Whatman, com um indicador fluorescente (n° 4410 222). Se as placas de TLC não tiverem sido adquiridas recentemente, deverão ser colocadas em um forno a 100 °C durante trinta minutos e armazenadas em um dessecador até serem utilizadas. Se fizer uso de alumina diferente ou de placas de camada fina diferentes, tente o experimento antes de utilizá-la na sala de aula. Outros materiais diferentes daqueles especificados aqui podem apresentar resultados distintos dos que foram indicados neste experimento.

Faça a moagem dos flocos de fluorenona em pedaços menores, para facilitar seu descarte. Em geral, o fluorenol comercialmente disponível é contaminado com fluorenona e fluoreno, e a fluorenona comumente é contaminada com fluoreno. Se for utilizado o iodo para visualizar as manchas, na Parte A, provavelmente, esses contaminantes serão invisíveis. Contudo, se for utilizada uma lâmpada UV (ultravioleta), que é mais sensível, os contaminantes deverão ser visíveis. Esses compostos podem ser purificados por cristalização (veja o *Instructor's Manual*, disponível em inglês, no site da editora em www.cengage.com.br), e é provável que sejam invisíveis mesmo quando as manchas forem visualizadas sob iluminação UV. É melhor usar iodo para visualizar as manchas na Parte C, mesmo que a fluorenona seja pura. Considerando que o iodo não é tão sensível quanto uma lâmpada UV, os alunos observarão uma mudança mais gradual nas intensidades das manchas para os dois compostos, quando o iodo for utilizado.

Experimento 

Cromatografia em camada fina

Neste experimento, você utilizará a cromatografia em camada fina para separar uma mistura de três compostos, fluoreno, fluorenol e fluorenona:

OH O

Fluoreno Fluorenol Fluorenona

Com base nos resultados obtidos com amostras desses compostos conhecidos, determine quais são encontrados em uma amostra desconhecida. A utilização da TLC para identificar os componentes em uma amostra é uma aplicação comum dessa técnica.

PROCEDIMENTO

Preparando a placa de TLC. A Técnica 20 descreve os procedimentos utilizados para a cromatografia em camada fina. Utilize uma placa de TLC com as seguintes dimensões: 10 cm 3 5,3 cm (placas de sílica-gel da Whatman, n° 4410 222). Essas placas têm uma base flexível, mas não podem ser dobradas excessivamente e devem ser manuseadas com cuidado, ou o adsorvente pode ser expelido. Além disso, é preciso segurá-las somente pelas bordas; não toque na superfície. Utilizando a ponta de um lápis (não uma caneta), desenhe levemente uma linha cruzando a placa (uma linha curta), começando a cerca de 1 cm da base (veja a figura). Com uma régua em centímetros, mova seu índice aproximadamente 0,6 cm a partir da borda da placa e, levemente, marque na linha cinco intervalos de 1 cm. Estes são os pontos nos quais as amostras serão colocadas.

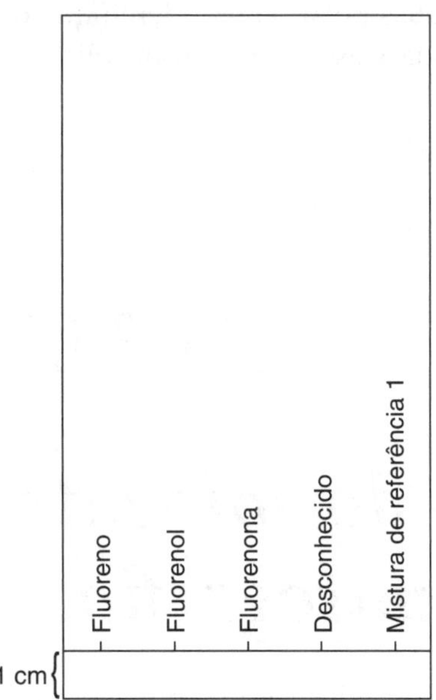

Prepare cinco micropipetas para colocar as amostras na placa. A preparação dessas pipetas é descrita e ilustrada na Técnica 20, Seção 20.4. Prepare uma câmara de desenvolvimento da TLC, com cloreto de metileno (veja a Técnica 20, Seção 20.5). Um béquer coberto com folha de alumínio ou um frasco com boca larga e tampa de rosca é um recipiente adequado para essa finalidade (veja a Técnica 20, Figura 20.4). A base das placas de TLC é fina, de modo que, se ela tocar o papel de filtro da câmara de desenvolvimento em qualquer ponto, o solvente começará a se difundir na superfície adsorvente, naquele ponto. Para evitar isso, certifique-se de que o papel de filtro não circule completamente o interior do recipiente. Deve ser proporcionado amplo espaço de cerca de 2,5 polegadas. (*Nota*: Essa câmara de desenvolvimento também será utilizada para as Partes C e D neste experimento.)

Na placa, começando da esquerda para a direita, coloque o fluoreno, o fluorenol, a fluorenona, a mistura desconhecida e a mistura de referência padrão, que contém todos os três compostos.[1] Para cada uma das cinco amostras, utilize uma micropipeta diferente para identificar a amostra na placa. O método correto de identificar uma placa de TLC é descrito na Técnica 20, Seção 20.4. Retire parte da amostra na pipeta (não use um bulbo; a ação capilar vai retirar o líquido). Aplique a amostra tocando a pipeta levemente na placa de camada fina. A mancha deve ter um diâmetro que não exceda 2 mm. Em geral, será suficiente colocar cada amostra uma ou duas vezes. Caso seja necessário colocar a amostra mais de

[1] *Nota para o professor*: Os compostos individuais e a mistura de referência contendo todos os três compostos são preparados como soluções a 2% em acetona. A mistura desconhecida pode conter um, dois ou todos os três compostos dissolvidos em acetona.

uma vez, deixe o solvente evaporar completamente entre sucessivas aplicações e coloque a amostra na placa exatamente na mesma posição a cada vez. Reserve as amostras, caso precise repetir a TLC.[2]

Desenvolvimento da placa de TLC. Coloque a placa de TLC na câmara de desenvolvimento e certifique-se de que não entre em contato com o papel de filtro. Remova a placa quando a linha superior do solvente estiver 1 a 2 cm do topo da placa. Com a ponta de um lápis, marque a posição da linha superior do solvente. Coloque a placa em um pedaço de papel toalha para secar. Quando a placa estiver seca, coloque a placa em uma jarra contendo alguns cristais de iodo, tampe a jarra e aqueça-a *lentamente* em uma placa até que as manchas comecem a aparecer. Remova a placa da jarra e contorne levemente todas as manchas que se tornaram visíveis com o tratamento de iodo. Utilizando uma régua com marcação em milímetros, meça a distância que cada mancha percorreu relativamente à linha superior do solvente. Calcule os valores de R_f para cada mancha (veja a Técnica 20, Seção 20.9). Explique as posições relativas dos três compostos em termos de suas polaridades. Identifique o composto ou os compostos que são encontrados na mistura desconhecida. Caso seu professor solicite, encaminhe a placa de TLC junto com seu relatório.

Experimento 

Seleção do solvente correto para a cromatografia em camada fina

No Experimento 5A, você receberá a instrução sobre que solvente utilizar para o desenvolvimento da placa de TLC. Em alguns experimentos, no entanto, será necessário determinar, por experimentação, um solvente com desenvolvimento apropriado (veja a Técnica 20, Seção 20.6). Neste experimento, você deverá experimentar três solventes para separar um par de compostos relacionados, que diferem um pouco em polaridade. Somente um desses solventes vai separar suficientemente os dois compostos, de modo que eles possam ser facilmente identificados. Para os dois outros solventes, será preciso explicar, em termos de suas polaridades, por que falharam.

PROCEDIMENTO

Preparação. Seu professor lhe dará um par de compostos para serem executados na TLC ou, então, você escolherá seu par.[3] Será preciso obter aproximadamente 0,5 mL de três soluções: uma solução de cada um dos dois compostos individuais e uma solução contendo ambos os compostos. Prepare três

[2] Depois de ter desenvolvido a placa e de ter visto as manchas, você terá condições de saber se precisa refazer a placa de TLC. Se as manchas forem muito fracas e não puderem ser vistas claramente, é necessário colocar melhor a amostra. Se alguma das manchas deixar rastros (Técnica 19, Seção 19.12), então, será preciso uma amostra menor.

[3] *Nota para o professor*: Possíveis pares de compostos são dados na lista a seguir. Os dois compostos a serem resolvidos são apresentados primeiro, seguidos pelos três solventes de desenvolvimento a serem experimentados: (1) benzoina e benzila; acetona, cloreto de metileno, hexano; (2) vanilina e álcool vanílico; acetona, 50% de tolueno–50% de acetato de etila, hexano; (3) difenilmetanol e benzofenona; acetona, 70% de hexano–30% de acetona, hexano. Cada composto em um par deve ser preparado individualmente e como uma mistura dos dois compostos

placas de camada fina, do mesmo modo que fez no Experimento 5A, exceto que cada placa deve ter cerca de 10 cm × 3,3 cm. Quando você fizer a marca com um lápis para colocar a amostra, faça três marcas com espaço de 1 cm entre elas. Prepare três micropipetas para colocar as amostras na placa. Prepare três câmaras de desenvolvimento, do mesmo modo que no Experimento 5A, com cada câmara contendo um dos três solventes sugeridos para seu par de compostos.

Desenvolvimento da placa de TLC. Em cada placa, coloque os dois compostos individuais e a mistura de ambos. Para cada uma das três amostras, utilize uma micropipeta diferente para colocar a amostra nas placas. Coloque cada placa de TLC em uma das três câmaras de desenvolvimento, certificando-se de que a placa não entre em contato com o papel de filtro.

Remova cada placa quando a linha superior do solvente estiver de 1 a 2 cm do topo da placa. Utilizando a ponta de um lápis, marque a posição da linha superior do solvente. Coloque a placa em um pedaço de papel toalha, para a secagem. Quando a placa estiver seca, observe-a sob uma lâmpada de UV com pequeno comprimento de onda, preferivelmente, sob uma capela de exaustão escura ou em uma sala escura. Com um lápis, contorne levemente quaisquer manchas que aparecerem. Em seguida, coloque a placa em uma jarra contendo alguns cristais de iodo, tampe a jarra e aqueça-a *levemente* em uma placa de aquecimento até que as manchas comecem a aparecer. Remova a placa da jarra e contorne levemente todas as manchas que se tornarem visíveis com o tratamento de iodo. Utilizando uma régua marcada em milímetros, meça a distância que cada mancha percorreu relativamente à linha superior do solvente. Calcule os valores de R_f para cada mancha. Caso seu professor solicite, encaminhe as placas de TLC junto com seu relatório.

Qual dos três solventes resolveu os dois compostos com sucesso? Para os dois solventes que não funcionaram bem, explique, em termos de suas polaridades, por que falharam.

Experimento 

Monitorando uma reação com cromatografia em camada fina

A cromatografia em camada fina é um método conveniente para monitorar o progresso de uma reação (veja a Técnica 20, Seção 20.10). Essa técnica é especialmente útil quando as condições de reação apropriadas ainda não tiverem dado resultado. A utilização da TLC para acompanhar o desaparecimento de reagente e o surgimento de um produto, é relativamente fácil para decidir quando a reação está completa. Neste experimento, você vai monitorar a redução da fluorenona para formar o fluorenol:

O — OH

$\xrightarrow[CH_3OH]{NaBH_4}$

Fluorenona — Fluorenol

Embora as condições apropriadas para essa reação já sejam conhecidas, utilizar a TLC para monitorar a reação demonstrará como utilizar a técnica.

PROCEDIMENTO

Preparação. Trabalhe em conjunto com um colega, nesta parte do experimento. Prepare duas placas de camada fina da mesma maneira que foi feito na Parte A, exceto que uma placa deverá ter 10 cm × 5,3 cm, e outra, 10 cm × 4,3 cm. Ao marcá-las com um lápis para identificar as posições das amostras, faça cinco marcas com 1 cm de espaço entre a primeira placa e as quatro marcas na segunda placa. Durante a reação, você vai retirar cinco amostras da mistura da reação, nos seguintes momentos: 0, 15, 30, 60 e 120 segundos. Três dessas amostras deverão ser colocadas na placa maior, e as outras duas, na placa menor. Além disso, em cada placa deverá ser colocada duas soluções de referência, uma delas contendo fluorenona, e a outra, fluorenol. Com um lápis para fazer marcas muito suaves, indique na parte superior de cada placa onde cada amostra será identificada, de modo que você possa manter o controle delas. Registre o número de segundos e uma abreviação para os dois compostos de referência. Utilize a mesma câmara de desenvolvimento de TLC com cloreto de metileno, que foi utilizada na Parte A. Prepare sete micropipetas para identificar as placas.

Executando a reação. Depois que o boroidreto de sódio tiver sido adicionado à mistura de reação (veja o parágrafo a seguir), colete amostras apenas nos tempos indicados. Como isso deve ser realizado em um período tão curto, você precisa estar bem preparado, antes de iniciar a reação. Uma pessoa deverá marcar o tempo, e a outra tem de coletar as amostras e colocá-las nas placas. Coloque cada amostra apenas uma vez, utilizando uma pipeta diferente para cada amostra.

Coloque uma barra de agitação magnética (Técnica 7, Figura 7.8A ou 7.8C) em um Erlenmeyer de 25 mL. Adicione 0,40 g de fluorenona e 8 mL de metanol ao frasco. Ajuste o frasco em um agitador magnético. Agite a mistura até que o todo o sólido tenha se dissolvido. Agora, colete a primeira amostra (a amostra no "segundo 0") e a coloque na placa. Utilizando um papel liso para pesagem, pese 0,040 g de boroidreto de sódio e o acrescente imediatamente à mistura de reação.[4] Se esperar tempo demais para adicioná-lo, o boroidreto de sódio se tornará pegajoso, à medida que absorve umidade do ar. Inicie cronometrando a reação assim que o boroidreto de sódio for adicionado. Empregue as micropipetas para remover amostras da mistura da reação, nos seguintes momentos: 15, 30, 60 e 150 segundos. Utilize uma micropipeta diferente a cada vez e coloque em uma placa de TLC com cada amostra. Em cada placa, coloque também as duas soluções de referência da fluorenona e do fluorenol na acetona. Depois de desenvolver as placas e deixá-las para secar, visualize as manchas com o iodo, conforme descreve a Parte A. Faça um esboço de suas placas e registre os resultados em seu caderno de laboratório. Esses resultados indicam que a reação foi concluída? Além dos resultados da TLC, que outra evidência visível indicou que a reação foi concluída? Explique.

Exercício opcional: isolamento do fluorenol. Com uma pipeta Pasteur, transfira a mistura de reação para outro Erlenmeyer de 25 mL, deixando para trás a barra de agitação magnética. Adicione 2 mL de água e aqueça a mistura quase ao ponto de ebulição, por cerca de dois minutos. Deixe o frasco resfriar lentamente à temperatura ambiente, a fim de cristalizar o produto. Depois, coloque o frasco em um banho com água gelada durante vários minutos para concluir a cristalização. Colete os cristais por meio de filtração a vácuo, recorrendo a um funil de Büchner (veja a Técnica 8, Seção 8.3). Lave os cristais com três porções de 2 mL de uma mistura gelada de 80% de metanol e 20% de água. Depois de os cristais terem secado, pese-os e determine o ponto de fusão (conforme a literatura, 153 °C a 54 °C).

[4] *Nota para o professor*: O boroidreto de sódio deve ser verificado para definir se está ativo: coloque uma pequena quantidade de material em pó em um pouco de metanol e aqueça-o suavemente. Se o hidreto estiver ativo, a solução deverá borbulhar vigorosamente. Se empregar um frasco já utilizado, também é importante verificar se o material está pegajoso devido à absorção da água. Se estiver muito pegajoso, poderá ser difícil para os alunos fazerem a pesagem.

Experimento 

Cromatografia em colunas

Os princípios da cromatografia em colunas são similares aos da cromatografia em camada fina. A principal diferença é que a fase em movimento na cromatografia em colunas percorre para baixo, ao passo que na TLC o solvente sobe ao longo da placa. A cromatografia em colunas é empregada mais frequentemente que a TLC para separar quantidades de compostos relativamente grandes. Com a cromatografia em colunas, é possível coletar amostras puras dos compostos separados e realizar testes adicionais nelas.

Neste experimento, o fluoreno e a fluorenona serão separados pela cromatografia em colunas utilizando a alumina como o adsorvente. Como a fluorenona é mais polar do que o fluoreno, ela será adsorvida mais intensamente para a alumina. O fluoreno vai eluir da coluna com um hexano solvente apolar, ao passo que a fluorenona não vai eluir até que um solvente mais polar (30% de acetona–70% de hexano) seja colocado na coluna. A pureza dos dois compostos separados será testada pela TLC e pelos pontos de fusão.

PROCEDIMENTO

Preparação antecipada. Antes de correr a coluna, monte os seguintes objetos de vidro e os líquidos. Obtenha quatro tubos de ensaio secos (16 mm × 100 mm) e numere-os de 1 a 4. Prepare duas pipetas Pasteur secas, com os bulbos conectados. Coloque 9,0 mL de hexano, 2,0 mL de acetona e 2,0 mL de uma solução de 70% de hexano–30% de acetona (por volume) nos três Erlenmeyer. Rotule claramente e coloque uma rolha em cada frasco. Coloque 0,3 mL de uma solução contendo fluoreno e fluorenona em um tubo de ensaio pequeno.[5] Feche o tubo de ensaio com uma rolha. Prepare uma placa com as dimensões 10 cm × 3,3 cm, com quatro marcas para colocar as amostras. Utilize a mesma câmara de desenvolvimento de TLC com cloreto de metileno, que foi utilizada na Parte A. Prepare quatro micropipetas para colocar as amostras nas placas.

Prepare uma coluna de cromatografia que esteja empacotada com alumina. Coloque um tampão de algodão, sem apertar muito, em uma pipeta Pasteur (com 5¾ polegadas) e empurre-o levemente para a posição utilizando uma haste de vidro (veja a figura ilustrando a coluna de cromatografia a seguir para verificar a posição correta do algodão). *Não aperte muito o algodão, pois isso pode resultar no solvente fluir na coluna muito lentamente.* Com um estilete, faça uma marca na pipeta Pasteur, cerca de 1 cm abaixo do tampão de algodão. Para quebrar a pipeta, coloque seus polegares juntos, no local da pipeta, no qual você marcou e puxe rapidamente com os dois polegares.

⇨ ADVERTÊNCIA

Use luvas ou uma toalha para evitar que suas mãos sofram algum corte, quando quebrar a pipeta. 

[5] *Nota para o professor*: Essa solução deverá ser preparada para a classe inteira, dissolvendo 0,3 g de fluoreno e 0,3 g de fluorenona em 9,0 mL de uma mistura de 5% de cloreto de metileno–95% de hexano. Armazene essa solução em um recipiente fechado para evitar a evaporação do solvente. Isso proporcionará solução suficiente para 20 alunos, considerando pequenos derramamentos e outros tipos de desperdício.

Adicione 1,25 g de alumina (EM Science, n° AX0612-1) à pipeta e bata na coluna, delicadamente, com seu dedo.[6] Quando toda a alumina tiver sido adicionada, bata na coluna com seu dedo, durante vários segundos, para garantir que esteja firmemente empacotada. Prenda a coluna na posição vertical, de modo que a coluna fique logo acima da altura dos tubos de ensaio que utilizará para coletar as frações. Coloque o tubo de ensaio 1 sob a coluna.

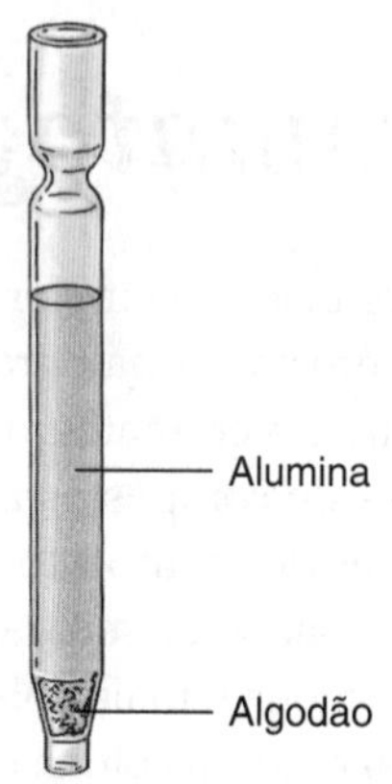

Coluna de cromatografia

Preparando a coluna. Utilizando uma pipeta Pasteur, acrescente 3 mL de hexano à coluna. A coluna deve estar completamente umedecida pelo solvente. Retire o excesso de hexano até que seu nível chegue ao topo da alumina. Uma vez que o hexano tiver sido acrescentado à alumina, o topo da coluna não pode secar. Se for necessário, adicione mais hexano.

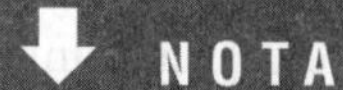

É essencial não permitir que o nível do líquido seque, chegando abaixo da superfície da alumina em qualquer ponto desse procedimento.

Quando o nível do hexano atingir o topo da alumina, adicione a solução de fluoreno e fluorenona à coluna, utilizando uma pipeta Pasteur. Comece coletando o eluente no tubo de ensaio 2. Assim que a solução penetrar a coluna, adicione 1 mL de hexano e seque até que a superfície do líquido tenha atingido a alumina. Acrescente outros 5 mL de hexano. À medida que o fluoreno elui da coluna, parte do solvente evaporará, deixando o fluoreno sólido na ponta da pipeta. Utilizando uma pipeta Pasteur, dissolva esse sólido na coluna, com algumas gotas de acetona. Pode ser necessário fazer isso diversas vezes, e a solução de acetona também é coletada no tubo 2.

Depois que tiver adicionado todo o hexano, mude para o solvente mais polar (70% de hexano–30% de acetona).[7] Ao mudar os solventes, não adicione o novo solvente até que o último tenha praticamente penetrado a alumina. A faixa amarela (fluorenona), agora, deverá se mover para baixo na coluna. Logo antes de a faixa amarela atingir o fundo da coluna, coloque o tubo de ensaio 3 sob a coluna. Quando o eluente novamente se tornar incolor, coloque o tubo de ensaio 4 sob a coluna e interrompa o procedimento.

[6] Como opção, os alunos podem preparar um microfunil a partir de uma pipeta plástica descartável, com capacidade de 1 mL. O microfunil é preparado (1) cortando o bulbo na metade, com uma tesoura, e (2) cortando a haste em um ângulo de cerca de 1/2 polegada abaixo do bulbo. Esse funil pode ser colocado no topo da coluna (pipeta Pasteur) para ajudar a empacotar a coluna com alumina ou com os solventes (veja a Técnica 19, Seção 19.6).

[7] Algumas vezes, a fluorenona também se move através da coluna com hexano. Portanto, certifique-se de trocar o tubo de ensaio 3, se a faixa amarela começar a emergir da coluna.

O tubo 2 deverá conter fluoreno, e o tubo 3, fluorenona. Teste a pureza dessas duas amostras utilizando a TLC. Você deve colocar a solução do tubo 2 diversas vezes na placa, a fim de lhe aplicar amostra suficiente, para poder visualizar as manchas. Na placa, marque também as duas soluções de referência contendo fluoreno e fluorenona. Depois de desenvolver a placa e deixá-la para secar, visualize as manchas, utilizando iodo. O que os resultados da TLC indicam sobre a pureza das duas amostras?

Utilizando um banho de água quente (40 °C a 60 °C) e um fluxo de gás nitrogênio ou ar, evapore o solvente dos tubos de ensaio 2 e 3. Assim que todo o solvente tiver evaporado de cada um dos tubos, remova-os do banho de água. Poderá haver um óleo amarelo no tubo 3, mas ele deverá se solidificar quando o tubo se resfriar à temperatura ambiente. Caso isso não ocorra, resfrie o tubo em um banho de água gelada e raspe o fundo do tubo de ensaio com uma haste agitadora de vidro ou uma espátula. Determine os pontos de fusão do fluoreno e da fluorenona. O ponto de fusão do fluoreno é 116 °C a 117°C, e o da fluorenona é 82 °C a 85 °C.

RELATÓRIO

Experimento 5A

1. Calcule os valores de R_f para cada mancha. Inclua a placa ou um esboço dela em seu relatório.
2. Explique os valores de R_f relativos para o fluoreno, fluorenol e a fluorenona, em termos de suas polaridades e estruturas.
3. Dê a composição do composto desconhecido que lhe foi entregue.

Experimento 5B

1. Registre os nomes e as estruturas dos dois compostos que foram revelados na TLC.
2. Qual solvente resolveu os dois compostos com sucesso?
3. Para os outros dois solventes, explique, em termos de suas polaridades, por que eles falharam.

Experimento 5C

1. Faça um esboço da placa de TLC ou inclua a placa junto com seu relatório. Interprete os resultados. Quando a reação foi concluída?
2. Que outras evidências visíveis indicam que a reação foi concluída?
3. Se você isolou o fluorenol, registre o ponto de fusão e a massa desse produto.

Experimento 5D

1. Descreva os resultados da TLC nas amostras nos tubos de ensaio 2 e 3. O que isso indica sobre a pureza das duas amostras?
2. Registre os pontos de fusão para os sólidos secos encontrados nos tubos 2 e 3. O que eles indicam sobre a pureza das duas amostras?

■ QUESTÕES ■

1. Cada um dos solventes apresentados deverá separar efetivamente uma das seguintes misturas por meio da TLC. Relacione o solvente apropriado com a mistura da qual você espera obter boa separação com aquele solvente. Escolha seu solvente entre os seguintes: hexano, cloreto de metileno ou acetona. Talvez você precise procurar as estruturas dos solventes e dos compostos em um manual.
   a. 2-feniletanol e acetofenona
   b. Bromobenzeno e *p*-xileno
   c. Ácido benzoico, ácido 2,4-dinitrobenzoico e ácido 2,4, 6-trinitrobenzoico
2. As questões a seguir se relacionam ao experimento de cromatografia em colunas realizado no Experimento 5D.
   a. Por que o fluoreno elui primeiro da coluna?
   b. Por que o solvente foi trocado no meio do procedimento na coluna?
3. Considere os seguintes erros que poderiam ser cometidos ao realizar a TLC. Indique o que deve ser feito para corrigir o erro.
   a. Uma mistura de dois componentes, contendo 1-octeno e 1,4-dimetilbenzeno resultou em somente uma mancha, com um valor de R_f igual a 0,95. O solvente utilizado foi a acetona.
   b. Uma mistura de dois componentes contendo um ácido dicarboxílico e um ácido tricarboxílico resultou em somente uma mancha, com um valor de R_f igual a 0,05. O solvente utilizado foi o hexano.
   c. Quando uma placa de TLC foi desenvolvida, a linha superior do solvente saiu pelo topo da placa.

Experimento 6

Destilação simples e fracionada

Destilação simples

Destilação fracionada

Cromatografia gasosa

A destilação é uma técnica utilizada frequentemente para separar e purificar um componente líquido de uma mistura. Simplificando, a destilação envolve aquecer uma mistura líquida até seu ponto de ebulição, no qual o líquido é rapidamente convertido em vapor. Os vapores, mais ricos no componente mais volátil, são, então, condensados em um recipiente separado. Quando os componentes na mistura têm pressões de vapor (ou pontos de ebulição) suficientemente diferentes, eles podem ser separados por destilação.

O Experimento 6 é baseado em um experimento similar desenvolvido por James Patterson da North Seattle Community College, Seattle.

O propósito deste experimento é ilustrar o uso da destilação para separar uma mistura de dois líquidos voláteis com diferentes pontos de ebulição. Cada mistura, que será considerada desconhecida, consistirá em dois líquidos da tabela a seguir.

Composto	Ponto de ebulição (°C)
Hexano	69
Ciclo-hexano	80,7
Heptano	98,4
Tolueno	110,6
Etilbenzeno	136

Os líquidos na mistura serão separados por duas técnicas de destilação diferentes: a destilação simples e a destilação fracionada. Os resultados desses dois métodos serão comparados pela análise da composição do **destilado** (o líquido destilado) utilizando a cromatografia na fase gasosa. Construa também um gráfico da temperatura de destilação *versus* o volume total do destilado coletado. Esse gráfico permitirá a você determinar os pontos de ebulição aproximados dos dois líquidos e fazer uma comparação gráfica dos dois diferentes métodos de destilação.

LEITURA EXIGIDA

Novo: Técnica 14 — Destilação simples
Técnica 15 — Destilação fracionada, azeótropos
Técnica 22 — Cromatografia gasosa

INSTRUÇÕES ESPECIAIS

Muitos solventes inflamáveis são empregados neste experimento; portanto, não utilize quaisquer chamas no laboratório.

Neste experimento, trabalhe em duplas. Cada dupla de alunos receberá uma mistura desconhecida contendo dois líquidos encontrados na tabela anterior. Um dos integrantes da dupla deverá realizar uma destilação simples, e o outro aluno, uma destilação fracionada. Os resultados desses dois métodos serão comparados.

MEIO SUGERIDO PARA O DESCARTE DE REJEITOS

Descarte todos os líquidos orgânicos no recipiente destinado a solventes orgânicos não halogenados.

NOTAS PARA O PROFESSOR

O aparelho para o procedimento de destilação fracionada deverá ser isolado, conforme descrito nas instruções específicas; do contrário, a perda de calor poderá tornar impossível completar a destilação. O modo mais conveniente de medir a temperatura durante a destilação é utilizar uma interface Vernier LabPro, com um laptop e uma sonda de temperatura, feita de aço inoxidável (ou um termopar). Se resolver usar a interface Vernier LabPro, precisará dar instruções aos alunos sobre o modo de utilizá-la. Se for usado um termômetro, a temperatura será mais precisa se a opção for por um termômetro de mercúrio de imersão parcial.

Prepare misturas desconhecidas consistindo nos seguintes pares de líquidos: hexano–heptano, hexano–tolueno, ciclo-hexano–tolueno e heptano–etilbenzeno. Para cada mistura, empregue um volume igual de ambos os líquidos. A destilação dessas misturas deverá proporcionar um bom contraste entre os dois métodos de destilação. Você deverá testar a configuração experimental que os alunos utilizarão com a mistura heptano–etilbenzeno, para se certificar de que o dispositivo de aquecimento ficará suficientemente quente para destilar o etilbenzeno em um tempo razoável.

A menos que as amostras sejam analisadas pela cromatografia na fase gasosa imediatamente após a destilação, é essencial que as amostras sejam armazenadas em frascos à prova de vazamento. Consideramos que frascos GC-MS são ideais para esse propósito.

A cromatografia na fase gasosa é preparada da seguinte maneira: temperatura da coluna, 140 °C; temperatura de injeção 150 °C; temperatura do detector, 140 °C; taxa de fluxo de gás transportador, 100 mL/min. A coluna recomendada é de aproximadamente 2,5 metros de comprimento, com uma fase estacionária Carbowax 20 M.

É preciso determinar os tempos de retenção e os fatores de resposta para os cinco compostos dados na tabela apresentada no início deste experimento. Uma vez que os dados neste experimento são expressos como volume, os fatores de resposta também deverão ser baseados no volume. Injete uma mistura contendo volumes iguais de todos os cinco compostos e determine as áreas de pico relativas. Escolha um composto como o padrão e defina seu fator de resposta igual a 1,00. Calcule os outros fatores de resposta com base nessa referência. Fatores de resposta típicos são dados na nota de rodapé 2.

PROCEDIMENTO

Neste experimento, trabalhe em duplas. Cada dupla de alunos receberá uma mistura desconhecida contendo volumes iguais de dois dos líquidos encontrados na tabela mostrada no início do experimento na página 467. Um dos integrantes da dupla deverá realizar uma destilação simples na mistura, e o outro aluno, uma destilação fracionada.

Aparelho. Se estiver realizando uma destilação simples, monte o aparelho mostrado na Figura 14.1. Se a destilação for fracionada, monte o aparelho mostrado na Técnica 15, Figura 15.2. Em cada aparelho, utilize um balão de fundo redondo de 50 mL como balão de destilação e substitua o frasco receptor por uma proveta de 25 mL. Será mais fácil montar o aparelho de maneira segura se utilizar grampos de plástico comum (veja a Técnica 7, Seção 7.1, Parte A). Observe cuidadosamente a posição do termômetro na Técnica 14, Figura 14.1, e na Técnica 15, Figura 15.2. O bulbo do termômetro ou o fundo da sonda de temperatura deve ser colocado abaixo do braço lateral, ou a leitura da temperatura não será feita corretamente.

Se estiver realizando a destilação fracionada, embale a coluna de fracionamento (condensador com o diâmetro interno maior), com 3,6 g de esponja de aço inoxidável de limpeza. O modo mais fácil de embalar a coluna é cortar diversas tiras da esponja de limpeza com a massa correta. Utilizando um fio longo, com uma das pontas dobrada, puxe a esponja de limpeza através do condensador. Depois de soltar o fio longo, utilize uma espátula de metal ou uma haste agitadora de vidro para ajustar a posição da embalagem. Não embale o material com muita força em nenhum ponto no condensador.

⇨ ADVERTÊNCIA

Você deve usar luvas de algodão grossas quando manusear a esponja de limpeza de aço inoxidável. As bordas são muito afiadas e podem facilmente cortar a pele.

Isole a coluna de fracionamento e a cabeça de destilação embalando-as com um único pedaço de esponja de algodão. Segure a esponja de algodão no lugar, envolvendo-a completamente com a folha de alumínio (com o lado brilhante para dentro).

Para a destilação simples ou a destilação fracionada, coloque várias pérolas de ebulição no balão de fundo redondo de 50 mL. Adicione também 28,0 mL da mistura desconhecida (medida com uma proveta) ao balão. Aqueça com uma manta de aquecimento.

Destilação. Essas instruções se aplicam à destilação simples e à destilação fracionada. Inicie fazendo circular a água refrigerante no condensador e ajuste o calor para que o líquido entre em ebulição rapidamente. Durante os estágios iniciais da destilação, continue mantendo uma rápida taxa de ebulição. À medida que os vapores sobem, eles rapidamente aquecerão os objetos de vidro e, no caso da destilação fracionada, também aquecerão a coluna de fracionamento. Uma vez que a massa do vidro e de outros materiais é bastante grande, o aquecimento levará de dez a vinte minutos, antes que a temperatura de destilação comece a aumentar rapidamente e se aproxime do ponto de ebulição do destilado. (Observe que esse tempo pode ser maior, no caso da destilação fracionada.) Quando a temperatura começar a aumentar, logo será possível ver gotas do destilado caindo na proveta.

 **NOTA**

Para o restante da destilação, é muito importante regular a temperatura da manta de aquecimento, de modo que a destilação ocorra à taxa de cerca de 1 gota a cada 2 segundos. Se a destilação for realizada mais rapidamente que isso, talvez você não consiga obter uma boa separação entre os líquidos.

Talvez, agora, seja preciso diminuir o controle de calor, para atingir a taxa de destilação desejada. Além disso, pode ser útil colocar a manta de aquecimento um pouco abaixo do balão de fundo redondo, por cerca de um minuto, para resfriar a mistura mais rapidamente. Comece também a registrar a temperatura de destilação como uma função do volume total de destilado coletado. Se estiver utilizando uma sonda de temperatura com uma interface Vernier LabPro, aperte o botão "Iniciar coleta", na tela, e a temperatura será monitorada pelo computador. Começando com um volume de 1,0 mL, registre a temperatura a cada intervalo de 1,0 mL, conforme determinado pelo volume de destilado na proveta de 25 mL. Depois que tiver coletado 4 mL de destilado, remova a proveta e colete algumas das próximas gotas de destilado em um pequeno frasco à prova de vazamentos.[1] Rotule o frasco com a indicação "amostra de 4 mL". Tampe o frasco firmemente; do contrário, o componente mais volátil evaporará mais rapidamente, e a composição da mistura se alterará. Reinicie a coleta do destilado na proveta. À medida que a temperatura de destilação subir, talvez seja preciso aumentar o calor, pelo controle de calor, a fim de manter a mesma taxa de destilação. Depois que o primeiro componente tiver sido destilado, é possível que a temperatura de destilação caia bastante. Continue a registrar os dados referentes à temperatura e o volume. Quando tiver coletado um total de 20 mL de destilado, coloque outra pequena amostra de destilado em um segundo frasco pequeno. (Se o volume total de destilado coletado for menor que 20 mL, colete as últimas gotas como sua segunda amostra.) Tampe o frasco e rotule-o como "amostra de 20 mL". Em seguida, continue a destilação até restar uma pequena quantidade (cerca de 1,0 mL) de líquido no balão de destilação.

 **NOTA**

Não destile até secar! Um frasco seco pode rachar, se for aquecido demais.

A melhor maneira de interromper a destilação é desligar o calor e abaixar a manta de aquecimento imediatamente.

[1] Os frascos de GC-MS são ideais para esse propósito.

ANÁLISE

Curva de destilação. Utilizando os dados que foram coletados para a temperatura de destilação e o volume total de destilado, elabore gráficos separados para a destilação simples e a destilação fracionada. Represente o volume em graduações de 1,0 mL no eixo *x*, e a temperatura, no eixo *y*. A comparação dos dois gráficos deverá tornar claro que a destilação fracionada resultou em melhor separação dos dois líquidos. Recorrendo ao gráfico para a destilação fracionada, estime os pontos de ebulição dos dois componentes em sua mistura anotando as duas regiões no gráfico, onde as temperaturas caíram. A partir desses pontos de ebulição aproximados, tente identificar os dois líquidos em sua mistura (veja a tabela mostrada no início deste experimento). Observe que o ponto de ebulição para o primeiro componente pode ser um pouco maior que o ponto de ebulição real, e o ponto de ebulição observado para o segundo componente pode ser ligeiramente menor que o ponto de ebulição real. A razão para isso é que a coluna de fracionamento pode não ser suficientemente eficiente para separar completamente todos os pares de líquidos neste experimento. Portanto, pode ser mais fácil identificar os dois líquidos em sua mistura a partir da cromatografia na fase gasosa, conforme descreve a seção seguinte.

Cromatografia na fase gasosa. A cromatografia na fase gasosa é um método instrumental que separa os componentes de uma mistura com base em seus pontos de ebulição. O componente com menor ponto de ebulição passa primeiro através da coluna, seguido pelos componentes com maior ponto de ebulição. O tempo real exigido para que um composto passe pela coluna é chamado **tempo de retenção** desse composto. À medida que cada componente sai da coluna, ele é detectado, e é registrado um pico proporcional em tamanho à quantidade do composto que foi colocado na coluna.

A cromatografia na fase gasosa pode ser utilizada para determinar as composições das duas amostras que você coletou nos pequenos frascos. O professor, ou um assistente de laboratório, pode fazer as injeções de amostra ou deixar que você as faça. No segundo caso, seu professor fornecerá antecipadamente as instruções adequadas. Um tamanho de amostra razoável é 2,5 μL. Injete a amostra no cromatógrafo de fase gasosa e registre o cromatograma na fase gasosa. Dependendo da eficiência com que os dois compostos foram separados pela destilação, será possível observar um ou dois picos. O componente com menor ponto de ebulição apresenta menor tempo de retenção que o componente com maior ponto de ebulição. Seu instrutor fornecerá os tempos de retenção reais para cada composto, para que você possa identificar o composto em cada pico. Isso permitirá identificar os dois líquidos em sua mistura.

Assim que o cromatograma na fase gasosa tiver sido obtido, determine as áreas relativas dos dois picos (veja a Técnica 22, Seção 22.11). Você pode calcular isso por triangulação, ou o instrumento pode fazer isso eletronicamente. Em cada caso, divida cada área por um fator de resposta para captar diferenças no modo como o detector responde a diferentes compostos.[2] Calcule as porcentagens dos dois compostos em ambas as amostras. Compare esses resultados para a destilação simples e a destilação fracionada.

RELATÓRIO

Curva de destilação

Registre os dados da temperatura de destilação como uma função do volume de destilado. Elabore um gráfico para esses dados (veja a seção "Análise", apresentada anteriormente). Compare os gráficos

[2] Os fatores de resposta são específicos de cada instrumento, portanto, serão dados a você os fatores de resposta somente para seu instrumento. Os fatores de resposta típicos obtidos em um cromatógrafo na fase gasosa 69-350 GowMac são hexano (1,50), ciclo-hexano (1,80), heptano (1,63), tolueno (1,41) e etilbenzeno (1,00). Esses valores foram determinados pela injeção de uma mistura de volumes iguais de cinco líquidos e pelas áreas relativas de pico.

para a destilação simples e a destilação fracionada da mesma mistura. Qual destilação resultou em melhor separação? Explique. Relate os pontos de ebulição aproximados dos dois compostos em sua mistura e identifique os compostos, se possível.

Cromatografia na fase gasosa

Para a amostra de 4 mL e a de 20 mL, determine as áreas relativas dos dois picos, a menos que exista somente um pico. Divida as áreas pelos fatores de resposta apropriados e calcule a composição percentual dos dois compostos em cada amostra. Compare esses resultados para a destilação simples e a destilação fracionada da mesma mistura. Qual destilação resultou em melhor separação? Explique. Identifique os dois compostos em sua mistura. Se seu professor solicitar, entregue os cromatogramas na fase gasosa junto com seu relatório.

Experimento 

Espectroscopia no infravermelho e determinação do ponto de ebulição

Espectroscopia no infravermelho

Determinação do ponto de ebulição

Nomenclatura orgânica

Aplicação de pensamento crítico

A habilidade em identificar compostos orgânicos é uma importante prática, frequentemente utilizada no laboratório. Apesar de existirem diversos métodos espectroscópicos e muitos testes químicos e físicos que podem ser utilizados para identificação, o objetivo deste experimento é identificar um líquido desconhecido utilizando a espectroscopia no infravermelho e uma determinação do ponto de ebulição. Ambos os métodos são apresentados neste experimento.

LEITURA EXIGIDA

Novo:	Técnica 4	Como encontrar dados para compostos: manuais e catálogos
	Técnica 13	Constantes físicas de líquidos: o ponto de ebulição e a densidade, Parte A. "Pontos de ebulição e correção de termômetros"
	Técnica 25	Espectroscopia no infravermelho

INSTRUÇÕES ESPECIAIS

Muitos dos líquidos desconhecidos utilizados para este experimento são inflamáveis; portanto, não use quaisquer chamas no laboratório. Além disso, tenha cuidado ao manipular todos os líquidos porque vários deles são potencialmente tóxicos.

Este experimento pode ser realizado individualmente, com cada aluno trabalhando com uma amostra desconhecida. No entanto, a oportunidade de aprender é maior se os alunos trabalharem em grupos de três. Nesse caso, a cada grupo são designadas três amostras desconhecidas diferentes. Cada aluno no grupo obtém um espectro no infravermelho e faz a determinação do ponto de ebulição de uma das substâncias. Em seguida, o aluno compartilha essas informações com os outros dois alunos do grupo. Então, cada aluno analisa os resultados coletivos para as três amostras desconhecidas e redige um relatório de laboratório sobre todas elas. Seu professor irá informar se você deve trabalhar sozinho ou em grupo.

MEIO SUGERIDO PARA O DESCARTE DE REJEITOS

Se você não tiver identificado o líquido desconhecido ao final do período de trabalho no laboratório, devolva-o ao seu professor no recipiente original em que lhe foi entregue. Se tiver identificado o composto, descarte-o no recipiente destinado a dejetos halogenados ou a dejetos não halogenados; o que for mais apropriado.

NOTAS PARA OS PROFESSORES

Se você preferir que os alunos trabalhem em grupos de três, certifique-se de designar líquidos desconhecidos que diferem na estrutura *e* nos grupos funcionais, com pelo menos um composto aromático em cada conjunto. Se o experimento for realizado no começo do ano, os alunos podem encontrar alguma dificuldade em encontrar as estruturas dos compostos que estão na lista de possíveis líquidos desconhecidos e podem precisar de ajuda. Para cada um deles, devem ser considerados compostos com pontos de ebulição que sejam 5 °C mais altos que o ponto de ebulição experimental, porque os pontos de ebulição determinados pelos alunos geralmente são baixos. Isso dependerá do método utilizado e da habilidade da pessoa em realizar a técnica. *The Merck Index, CRC Handbook of Chemistry and Physics* e o livro de instruções podem ser úteis para determinar essas estruturas. A Técnica 4, "Como encontrar dados para compostos: manuais e catálogos", apresenta informações importantes para alunos que estão apenas começando a utilizar manuais. A parte do experimento relacionada à ressonância magnética nuclear é opcional. Sugerimos que se permita o acesso ao RMN somente depois que tiver sido proposta uma solução plausível. Se não houver RMN disponível, existem diversos bancos de dados *on-line* nos quais você pode obter uma cópia impressa do espectro para entregar aos alunos.

A melhor maneira de efetuar a determinação do ponto de ebulição é utilizar uma interface Vernier LabPro com um computador *laptop* e uma sonda de temperatura feita de aço inoxidável (ou termopar). Consulte o *Instructor's Manual* (disponível em inglês, em www.cengage.com.br, na página do livro) para conhecer mais comentários sobre sondas de temperatura adequadas a este experimento. Se for utilizada a interface Vernier LabPro, será preciso dar instruções aos alunos sobre como empregá-la. Se for utilizado um termômetro, os resultados serão mais precisos com um termômetro de mercúrio de imersão parcial em vez de termômetros que não são de mercúrio. No caso de usar o termômetro de mercúrio de imersão parcial, não é necessário realizar uma correção de haste.

PROCEDIMENTO

Parte A. Espectro no infravermelho

Obtenha o espectro no infravermelho de seu líquido desconhecido (veja a Técnica 25, Seção 25.2). Caso esteja trabalhando em grupo, forneça cópias de seu espectro para todos os membros de seu grupo. Identifique os picos de absorção significativos rotulando-os *à direita no espectro* e inclua o espectro em seu relatório de laboratório. Deverão ser identificados os picos de absorção correspondentes aos seguintes grupos:

C—H (SP^3)
C—H (SP^2)
C—H (aldeído)
O—H
C=O
C=C (aromático)
padrão de substituição aromático
C—O
C—X (se for aplicável)
N—H

Parte B. Determinação do ponto de ebulição

Faça a determinação do ponto de ebulição de seu líquido desconhecido (veja a Técnica 13, Seção 13.2). Seu professor indicará qual método utilizar. Dependendo do método escolhido e da habilidade da pessoa em desempenhar a técnica, algumas vezes, os pontos de ebulição podem sem ligeiramente imprecisos. Quando os pontos de ebulição experimentais forem imprecisos, é mais comum que eles sejam menores que o valor especificado na literatura. A diferença pode ser de até 5 °C, especialmente para líquidos com pontos de ebulição maiores e se você estiver utilizando um termômetro que não seja de mercúrio. Caso utilize uma interface Vernier LabPro com uma sonda de temperatura de aço inoxidável ou um termômetro de mercúrio de imersão parcial, os resultados deverão estar entre 1–2 °C. Seu professor poderá fornecer mais orientações sobre qual nível de precisão você pode esperar.

Parte C. Análise e relatório

Utilizando as informações estruturais do espectro no infravermelho e do ponto de ebulição de seu líquido desconhecido, identifique o líquido na lista de compostos apresentada na tabela incluída com este experimento. Se estiver trabalhando em grupo, você precisará fazer isso para todos os três compostos. A fim de utilizar as informações estruturais determinadas a partir do espectro no infravermelho, será necessário conhecer as estruturas dos compostos que têm os pontos de ebulição próximos do valor que foi determinado experimentalmente. Talvez, seja preciso consultar *The Merck Index* ou *CRC Handbook of Chemistry and Physics*. Também pode ser útil procurar por esses compostos no índice de seu livro de consulta. Se houver mais de um composto que se ajuste ao espectro no infravermelho e que esteja entre alguns graus do ponto de ebulição experimental, você poderá relacioná-los em seu relatório de laboratório.

Portanto, em seu relatório, inclua (1) o espectro no infravermelho com os picos de absorção significativos identificados à direita no espectro, (2) o ponto de ebulição experimental para seu líquido desconhecido, e (3) sua identificação do líquido desconhecido. Explique suas justificativas para essa identificação e escreva a estrutura do composto.

Exercício opcional: espectro de RMN. Seu professor pode pedir que você obtenha o espectro de ressonância magnética nuclear de seu líquido desconhecido (veja a Técnica 26, Seção 26.1). Como alternativa, seu professor pode apresentar a você um espectro de seu composto, que tenha sido obtido anteriormente. Forneça atribuições estruturais para todos os grupos de hidrogênios que estiverem presentes. Faça isso à direita do espectro. Se tiver determinado corretamente a identidade de seu líquido desconhecido, todos os grupos de hidrogênios (e seus deslocamentos químicos) deverão se encaixar à sua estrutura. Inclua o espectro apropriadamente rotulado em seu relatório e explique por que ele se encaixa à estrutura sugerida.

Lista de possíveis líquidos desconhecidos			
Composto	PE (°C)	Composto	PE (°C)
acetona	56	acetato de butil	127
2-metilpentano	62	2-hexanona	128
sec-butalamina	63	morfolina	129
isobutiraldeído	64	3-metil-1-butanol	130
metanol	65	hexanal	130
isobutilamina	69	clorobenzeno	132
hexano	69	2, 4-pentanodiona	134
acetato de vinil	72	ciclohexilamina	135
1, 3, 5-trifluorobenzeno	75	etilbenzeno	136
butanal	75	p-xileno	138
acetato de etil	77	1-pentanol	138
butilamina	78	ácido propiônico	141
etanol	78	acetato de pentila	142
2-butanona	80	4-heptanona	144
ciclohexano	81	2-etil-1-butanol	146
álcool isopropílico	82	N-metilciclohexilamina	148
ciclohexeno	83	2, 2, 2-tricloroetanol	151
acetato de isopropila	85	2-heptanona	151
trietilamina	89	heptanal	153
3-metilbutanal	92	ácido isobutírico	154
3-metil-2-butanona	94	bromobenzeno	156
1-propanol	97	ciclohexanona	156
heptano	98	dibutilamina	159
acetato de *tert*-butila	98	ciclohexanol	160
2, 2, 4-trimetilpentano	99	ácido butírico	162
2-butanol	99	furfural	162
ácido fórmico	101	diisobutil cetona	168
2-pentanona	101	álcool furfurílico	170
2-metil-2-butanol	102	octanal	171
pentanal	102	decano	174

Continua

Continuação

Composto	PE (°C)	Composto	PE (°C)
3-pentanona	102	ácido isovalérico	176
acetato de propila	102	limoneno	176
piperidina	106	1-heptanol	176
2-metil-1-propanol	108	benzaldeído	179
1-metilciclohexeno	110	cicloheptanona	181
tolueno	111	1,4-dietilbenzeno	184
acetato de *sec*-butila	111	iodobenzeno	186
piridina	115	1-octanol	195
4-metil-2-pentanona	117	benzoato de metila	199
2-etilbutanal	117	fenil cetona	202
3-metilbutanoato de metila	117	álcool benzílico	204
ácido acético	118	4-metilbenzaldeído	204
1-butanol	118	benzoato de etila	212
octano	126		

Experimento 8

Ácido acetilsalicílico

Para obter mais informações sobre este experimento, consulte o Ensaio sobre Aspirina, na página 861.

Cristalização

Filtração a vácuo

Ponto de fusão

Esterificação

A aspirina (ácido acetilsalicílico) pode ser preparada por uma reação entre o ácido salicílico e o anidrido acético:

$$\text{Ácido salicílico} + \underset{\text{Anidrido acético}}{CH_3COOCOCH_3} \overset{H^+}{\rightleftharpoons} \text{Ácido acetilsalicílico} + \underset{\text{Ácido acético}}{CH_3COOH}$$

Ácido salicílico **Anidrido acético** **Ácido acetilsalicílico** **Ácido acético**

Nesta reação, o **grupo hidroxila** (—OH) no anel de benzeno, no ácido salicílico, reage com o anidrido acético para formar um grupo funcional **éster**. Desse modo, a formação do ácido acetilsalicílico é chamada reação de **esterificação**. Essa reação exige a presença de um catalisador ácido, indicado pelo H^+ acima das setas de equilíbrio.

Quando a reação estiver concluída, parte do ácido salicílico e do anidrido acético que não reagiu estará presente com ácido acetilsalicílico, ácido acético e o catalisador. A técnica utilizada para purificar o ácido acetilsalicílico das outras substâncias é chamada **cristalização**. O princípio básico é bastante simples. No final, a mistura da reação estará quente e todas as substâncias estarão em solução. Assim que a solução for deixada para esfriar, a solubilidade do ácido acetilsalicílico irá diminuir e, gradualmente, sairá da solução ou se cristalizará. Uma vez que as outras substâncias são líquidas à temperatura ambiente ou estão presentes em quantidades muito menores, os cristais formados serão constituídos principalmente de ácido acetilsalicílico. Portanto, uma separação de ácido acetilsalicílico dos outros materiais terá sido atingida em grande parte. O processo de purificação é facilitado pela adição de água depois que os cristais tiverem se formado. A água diminui a solubilidade do ácido acetilsalicílico e dissolve algumas das impurezas.

Para purificar o produto ainda mais, deverá ser realizado um procedimento de recristalização. A fim de evitar a decomposição do ácido acetilsalicílico, em vez da água, deverá ser utilizado o acetato de etila como o solvente para recristalização.

A mais provável impureza no produto após a purificação é o próprio ácido salicílico, que pode surgir da reação incompleta dos materiais de partida ou da **hidrólise** (reação com a água) do produto durante as etapas de isolamento. A reação de hidrólise do ácido acetilsalicílico produz ácido salicílico. O ácido salicílico e outros compostos que contêm um grupo hidroxila no anel de benzeno são chamados **fenóis**. Os fenóis formam um complexo altamente colorido com o cloreto férrico (o íon Fe^{3+}). A aspirina não é um fenol, porque não possui um grupo hidroxila diretamente ligado ao anel de benzeno. Como a aspirina não dará a reação com o cloreto férrico, a presença de ácido salicílico no produto final é facilmente detectada. A pureza de seu produto também será determinada pela obtenção do ponto de fusão.

LEITURA EXIGIDA

Revisão:	Técnica 8	Filtração, Seções 8.1–8.6
	Técnica 9	Constantes físicas de sólidos: o ponto de fusão
Novo:	Técnica 5	Medição de volume e massa
	Técnica 6	Métodos de aquecimento e resfriamento
	Técnica 7	Métodos de reação, Seções 7.1, 7.4–7.6
	Técnica 11	Cristalização: purificação de sólidos
	Ensaio 1	Aspirina

INSTRUÇÕES ESPECIAIS

Este experimento envolve ácido sulfúrico concentrado, que é altamente corrosivo, podendo causar queimaduras se entrar em contato com a pele. Tenha cuidado ao manipulá-lo.

MEIO SUGERIDO PARA O DESCARTE DE REJEITOS

Descarte o filtrado aquoso no recipiente destinado a dejetos aquosos. O filtrado da recristalização no acetato de etila deve ser descartado no recipiente para dejetos orgânicos não halogenados.

PROCEDIMENTO

Preparação do ácido acetilsalicílico (aspirina). Pese 2,0 g de ácido salicílico (*MM* = 138,1) e coloque em um frasco de Erlenmeyer com capacidade de 125 mL. Adicione 5,0 mL de anidrido acético (*MM* = 102,1, *d* = 1,08 g mL^{-1}), seguido de 5 gotas de ácido sulfúrico concentrado, e agite o frasco delicadamente até que o ácido salicílico se dissolva.

⇨ ADVERTÊNCIA

O ácido sulfúrico concentrado é altamente corrosivo. Manipule-o com muito cuidado. 

Aqueça ligeiramente o frasco em um banho de vapor ou banho de água quente a aproximadamente 50 °C (veja a Técnica 6, Figura 6.4) por, pelo menos, dez minutos. Deixe o frasco resfriar à temperatura ambiente, tempo durante o qual o ácido acetilsalicílico deverá começar a se cristalizar da mistura de reação. Se isso não ocorrer, raspe as paredes do frasco com uma haste de vidro e misture levemente em um banho de gelo, até que a cristalização tenha ocorrido. Depois que a formação do cristal estiver completa (geralmente quando o produto aparecer como uma massa sólida), adicione 50 mL de água e esfrie a mistura em um banho de gelo.

Filtração a vácuo. Colete o produto obtido pela filtração a vácuo em um funil de Büchner (veja a Técnica 8, Seção 8.3 e Figura 8.5). Uma pequena quantidade de água fria adicional pode ser utilizada na transferência de cristais para o funil. Enxague os cristais diversas vezes, com pequenas porções de água fria. Continue retirando ar através dos cristais no funil de Büchner, por sucção, até que os cristais estejam livres do solvente (cinco a dez minutos). Remova os cristais para a secagem com ar. Pese o produto bruto, que pode conter algum ácido salicílico que não reagiu, e calcule a porcentagem gerada de ácido acetilsalicílico bruto (MM = 180,2).

Teste de pureza com cloreto férrico. Você pode realizar este teste em uma amostra de seu produto que não esteja completamente seca. Para determinar se existe qualquer ácido salicílico remanescente em seu produto, realize o procedimento a seguir. Obtenha três pequenos tubos de ensaio. Adicione 0,5 mL de água a cada tubo de ensaio. Dissolva uma pequena quantidade de ácido salicílico no primeiro tubo. Acrescente uma quantidade similar de seu produto ao segundo tubo. O terceiro tubo de ensaio, que contém somente solvente, servirá como controle. Adicione 1 gota de solução de cloreto férrico a 1% a cada tubo e anote a cor que surge depois de agitar. A formação de um complexo ferro–fenol com Fe(III) resulta uma cor definitiva, que varia do vermelho ao violeta, dependendo do fenol presente, em particular.

Exercício opcional: recristalização.[1] A água não é um solvente adequado para a cristalização porque a aspirina irá se decompor parcialmente quando aquecida em água. Siga as instruções gerais, descritas na Técnica 11, Seção 11.3 e Figura 11.4. Dissolva o produto em uma quantidade mínima de acetato de etila quente (não mais que 2–3 mL) em um frasco de Erlenmeyer de 25 mL, enquanto aquece, lenta e continuamente, a mistura no banho de vapor ou em uma placa de aquecimento.[2]

Quando a mistura esfriar, à temperatura ambiente, a aspirina deverá se cristalizar. Caso contrário, evapore parte do solvente acetato de etila para concentrar e esfrie a solução em água gelada, enquanto

[1] A cristalização não é necessária. O produto bruto é bastante puro e, algumas vezes, é degradado pela cristalização (conforme avaliado pelo $FeCl_3$).

[2] Em geral, não será preciso filtrar a mistura quente. Se uma quantidade apreciável de material sólido permanecer, adicione mais 5 mL de acetato de etila, aqueça a solução até entrar em ebulição e filtre a solução quente por gravidade em um frasco de Erlenmeyer através de um filtro plissado. Certifique-se de preaquecer o funil de cano curto, despejando acetato de etila quente através dele (veja a Técnica 8, Seção 8.1 e Técnica 11, Seção 11.3). Reduza o volume até que os cristais apareçam. Adicione uma quantidade mínima adicional do acetato de etila quente até que os cristais se dissolvam. Deixe a solução filtrada em repouso.

raspa a parte interior do frasco com uma haste de vidro (não com um vidro polido a fogo). Colete o produto por filtração a vácuo utilizando um funil de Büchner. Qualquer material restante pode ser lavado do frasco com alguns mililitros de éter de petróleo frio. Descarte os solventes residuais no recipiente para dejetos orgânicos não halogenados. Teste a aspirina quanto à pureza, com cloreto férrico, como foi descrito anteriormente. Determine o ponto de fusão de seu produto (veja a Técnica 9, Seções 9.5–9.8). O ponto de fusão deve ser obtido com uma amostra completamente seca. A aspirina tem um ponto de fusão de 135 – 136 °C.

Coloque seu produto em um pequeno frasco, rotule-o apropriadamente, conforme a Técnica 2, Seção 2.4, e encaminhe ao seu professor.

COMPRIMIDOS DE ASPIRINA

Os comprimidos de aspirina consistem em ácido acetilsalicílico pressionado juntamente com uma pequena quantidade de material aglutinante inerte. Substâncias aglutinantes comuns incluem amido, metilcelulose e celulose microcristalina. Você pode fazer um teste quanto à presença de amido, fervendo aproximadamente um quarto de um comprimido de aspirina com 2 mL de água. Resfrie o líquido e adicione uma gota de solução de iodo. Se houver amido presente, ele formará um complexo com o iodo. O complexo amido–iodo tem uma cor azul-violeta intenso. Repita o teste com um comprimido de aspirina comercial e com o ácido acetilsalicílico preparado neste experimento.

■ QUESTÕES ■

1. Qual é o propósito do ácido sulfúrico concentrado utilizado na primeira etapa?
2. O que aconteceria se o ácido sulfúrico fosse deixado de fora?
3. Se você utilizou 5,0 g de ácido salicílico e anidrido acético em excesso, na síntese de aspirina, realizada anteriormente, qual seria o rendimento teórico de ácido acetilsalicílico em mols? E em gramas?
4. Qual é a equação para a reação de decomposição que pode ocorrer com a aspirina?
5. A maioria dos comprimidos de aspirina contém cinco unidades e massa equivalente a 0,065 g de ácido acetilsalicílico. Quanto é isso em miligramas?
6. Um aluno efetuou a reação neste experimento utilizando um banho de água a 90 °C, em vez de 50 °C. O produto final foi testado quanto à presença de fenóis com cloreto férrico. Este teste resultou negativo (nenhuma cor foi observada); contudo, o ponto de fusão do produto seco era 122–125 °C. Explique os resultados tão completamente quanto for possível.
7. Se os cristais de aspirina não forem completamente secos antes que o ponto de fusão tenha sido determinado, que efeito teria no ponto de fusão observado?

Experimento 9

Acetaminofeno

Para saber mais informações sobre este experimento, consulte o Ensaio sobre Analgésicos, na página 864.

Filtração a vácuo

Descoloração

Cristalização

Preparação de uma amida

A preparação do acetaminofeno envolve tratar uma amina com um anidrido de ácido para formar uma amida. Nesse caso, o *p*-aminofenol, amina, é tratado com anidrido acético para formar o acetaminofeno (*p*-acetamidofenol), a amida.

O acetaminofeno sólido bruto contém impurezas escuras transportadas com o material de partida *p*-aminofenol. Essas impurezas, que são corantes de estrutura desconhecida, são formadas pela oxidação do fenol inicial.

$$HO-C_6H_4-NH_2 + CH_3-C(=O)-O-C(=O)-CH_3 \longrightarrow HO-C_6H_4-NH-C(=O)-CH_3 + CH_3COOH$$

p-Aminofenol · Anidrido acético · Acetaminofeno · Ácido acético

Apesar de a quantidade de impureza do corante ser pequena, ela é suficientemente intensa para transmitir a cor ao acetaminofeno bruto. A maior parte das impurezas coloridas é destruída pelo aquecimento do produto bruto com ditionito de sódio (hidrossulfito de sódio $Na_2S_2O_4$). O ditionito reduz ligações duplas no corante colorido para produzir substâncias incolores.

O acetaminofeno descolorido é coletado em um funil de Büchner. Ele também é purificado pela cristalização de uma mistura de etanol e água.

LEITURA EXIGIDA

Revisão:	Técnicas 5 e 6	
	Técnica 7	Métodos de reação, Seção 7.4
	Técnica 8	Filtração, Seções 8.1–8.5
	Técnica 9	Constantes físicas de sólidos: o ponto de fusão
Novo:	Técnica 11	Cristalização: purificação de sólidos
	Ensaio 2	Analgésicos

INSTRUÇÕES ESPECIAIS

O anidrido acético pode causar irritação nos tecidos, especialmente, nas cavidades nasais. Evite respirar o vapor e evite o contato com a pele e os olhos. O *p*-aminofenol irrita a pele e é toxico.

MEIO SUGERIDO PARA O DESCARTE DE REJEITOS

As soluções aquosas obtidas de operações de filtração devem ser despejadas no recipiente destinado a dejetos aquosos. Isso inclui o filtrado do metanol e as etapas de cristalização da água.

NOTAS PARA O PROFESSOR

O *p*-aminofenol adquire uma cor preta, após algum tempo de espera, em razão da oxidação ao ar. É melhor utilizar uma amostra recente, que geralmente tem uma cor cinza. Se necessário, o material preto pode ser descolorido pelo aquecimento em uma solução aquosa a 10% de ditionito de sódio (hidrossulfito de sódio) antes de iniciar o experimento.

PROCEDIMENTO

Mistura da reação. Pese cerca de 1,5 g de *p*-aminofenol (MM = 109,1) e coloque em um frasco de Erlenmeyer de 50 mL. Utilizando uma proveta, adicione 4,5 mL de água e 1,7 mL de anidrido acético (*MM* = 102,1, d = 1,08 g mL^{-1}). Coloque uma barra de agitação magnética no frasco.

Aquecimento. Aqueça a mistura da reação, agitando, diretamente em uma placa de aquecimento, utilizando um termômetro para monitorar a temperatura interna (cerca de 100 °C). Depois que o sólido tiver se dissolvido (ele pode se dissolver, precipitar e redissolver), aqueça a mistura por mais dez minutos a cerca de 100 °C para completar a reação.

Isolamento do acetaminofeno bruto. Remova o frasco da placa de aquecimento quente e deixe esfriar à temperatura ambiente. Se a cristalização não tiver ocorrido, raspe a parte interior do frasco com uma haste agitadora de vidro para iniciar a cristalização (veja a Técnica 11, Seção 11.8). Resfrie totalmente a mistura em um banho de gelo, por quinze a vinte minutos, e colete os cristais por filtração a vácuo em um pequeno funil de Büchner (veja a Técnica 8, Seção 8.3). Lave o balão com cerca de 5 mL de água gelada e transfira a mistura para o funil de Büchner. Lave os cristais no funil, com mais duas porções de 5 mL de água gelada. Seque os cristais durante cinco a dez minutos, deixando o ar ser eliminado através deles enquanto estão no funil de Büchner. Nesse período, elimine todas as grandes aglomerações de cristais com uma espátula. Transfira o produto para um vidro de relógio e deixe os cristais secarem com o ar. Pode demorar diversas horas até que os cristais sequem completamente, mas você pode prosseguir para a próxima etapa, antes que eles estejam totalmente secos. Pese o produto bruto e reserve uma pequena amostra para a determinação do ponto de fusão e uma comparação de cores, depois da próxima etapa. Calcule o rendimento percentual do acetaminofeno bruto (*MM* = 151,2). Registre o aparecimento dos cristais em seu caderno de laboratório.

Descoloração do acetaminofeno bruto. Dissolva 2,0 g de ditionito de sódio (hidrossulfito de sódio) em 15 mL de água, em um frasco de Erlenmeyer de 50 mL. Adicione acetaminofeno bruto ao frasco. Aqueça a mistura a cerca de 100 °C durante quinze minutos, mexendo ocasionalmente com uma espátula. Parte do acetaminofeno se dissolverá durante o processo de descoloração. Resfrie totalmente a mistura em um banho de gelo, por aproximadamente dez minutos para fazer precipitar novamente o acetaminofeno descolorido (raspe o interior do frasco, se necessário, para induzir a cristalização). Colete o material purificado por filtração a vácuo em um pequeno funil de Büchner, utilizando pequenas porções (um total de cerca de 5 mL) de água gelada para ajudar na transferência. Seque os cristais durante cinco a dez minutos, deixando o ar ser eliminado através deles, enquanto estão no funil de Büchner. Prossiga para a próxima etapa, antes que o material esteja completamente seco. Pese o acetaminofeno purificado e compare a cor do material purificado ao que foi obtido anteriormente.

Cristalização do acetaminofeno. Coloque o acetaminofeno purificado em um frasco de Erlenmeyer de 50 mL. Cristalize o material a partir de uma mistura de solventes composta de 50% de água e 50% de metanol por volume. Siga o procedimento de cristalização descrito na Técnica 11, Seção 11.3. A solubilidade do acetaminofeno nesse solvente quente (quase em ebulição) é de cerca de 1 g/5 mL. Apesar de poder utilizar isso como uma indicação aproximada de quanto solvente é necessário para dissolver o sólido, você deve utilizar a técnica mostrada na Figura 11.4 para determinar quanto de solvente precisa ser acrescentado. Adicione pequenas porções de solvente quente até que o sólido se dissolva. A Etapa 2 na Figura 11.4 (remoção de impurezas insolúveis) não deverá ser exigida nessa cristalização. Quando o sólido tiver se dissolvido, deixe a mistura esfriar lentamente à temperatura ambiente.

Quando a mistura tiver resfriado à temperatura ambiente, coloque o frasco em um banho de gelo por, pelo menos, dez minutos. Se necessário, induza a cristalização raspando o interior do frasco com uma haste agitadora de vidro. Uma vez que o acetaminofeno pode se cristalizar lentamente do solvente, é preciso resfriar o frasco em um banho de gelo por um período de dez minutos. Colete os cristais utilizando um funil de Büchner, como mostra a Técnica 8, Figura 8.5. Seque os cristais durante cinco a dez minutos, deixando o ar ser eliminado através deles, enquanto permanecem no funil de Büchner. Como alternativa, você pode deixar os cristais secarem até o próximo período de trabalho no laboratório.

Cálculo de rendimento e determinação do ponto de fusão. Pese o acetaminofeno cristalizado (*MM* = 151,2) e calcule o rendimento percentual. Esse cálculo deve ser baseado na quantidade original de *p*-aminofenol utilizado no início deste procedimento. Determine o ponto de fusão do produto. Compare o ponto de fusão do produto final com o acetaminofeno bruto. Compare também as cores do acetaminofeno bruto, descolorido e puro. O acetaminofeno puro se funde a 169,5–171 °C. Coloque seu produto em um frasco apropriadamente rotulado e encaminhe-o ao seu professor.

■ QUESTÕES ■

1. Durante a cristalização do acetaminofeno, por que a mistura foi resfriada em um banho de gelo?
2. Na reação entre o *p*-aminofenol e o anidrido acético para formar acetaminofeno, foram adicionados 4,5 mL de água. Qual foi o propósito da água?
3. Por que você deve utilizar uma quantidade mínima de água para lavar o frasco enquanto transfere o acetaminofeno purificado para o funil de Büchner?
4. Se 1,30 g de *p*-aminofenol reagir com o excesso de anidrido acético, qual é o rendimento teórico do acetaminofeno em mols? E em gramas?
5. Apresente duas razões para o produto bruto, na maioria das reações, não ser puro.

6. A fenacetina tem a estrutura que é mostrada aqui. Escreva uma equação para sua preparação, começando com a 4- etoxianilina.

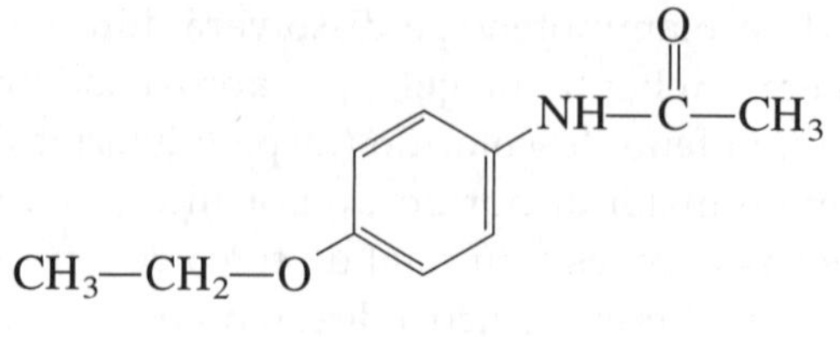

$$CH_3-CH_2-O-C_6H_4-NH-\overset{\overset{\displaystyle O}{\|}}{C}-CH_3$$

Experimento 10

Análise da TLC de medicamentos analgésicos

Para obter mais informações sobre este experimento, consulte o Ensaio sobre Identificação de medicamentos, na página 868.

Cromatografia em camada fina

Neste experimento, a cromatografia em camada fina (TLC) será utilizada para determinar a composição de vários analgésicos vendidos sem receita médica. Se o professor escolher, talvez você também tenha de identificar os componentes e a real identidade (nome comercial) de um analgésico desconhecido. Você receberá duas placas de TLC preparadas comercialmente com uma estrutura flexível e um revestimento de sílica-gel com um indicador fluorescente. Na primeira placa de TLC, uma placa de referência, você colocará cinco compostos padrão frequentemente utilizados em formulações analgésicas. Além disso, uma mistura de referência padrão contendo quatro dos mesmos compostos será colocada na placa. O ibuprofeno é omitido a partir da mistura padrão, porque ela irá se sobrepor com a salicilamida depois que a placa tiver sido desenvolvida. Na segunda placa (a placa de amostra), você colocará o naproxeno sódico como um padrão adicional e quatro fórmulas analgésicas comerciais, a fim de determinar sua composição. Conforme a opção de seu professor, uma ou mais dessas podem ser desconhecidas.

Os compostos padrão estarão disponíveis como soluções de 1 g de cada dissolvido em 20 mL de uma mistura, na proporção de 50:50, de cloreto de metileno e etanol. O propósito da primeira placa de referência é determinar a ordem de eluição (valores de R_f) das substâncias conhecidas para indexar a mistura de referência padrão. Diversas dessas substâncias têm valores de R_f similares, mas será possível observar um comportamento diferente para cada mancha, com os métodos de visualização. Na placa de amostra, a mistura de referência padrão será colocada, com o naproxeno sódico e várias soluções que você irá preparar a partir de comprimidos analgésicos comerciais. Esses comprimidos serão, cada um deles, esmagado e dissolvido em uma mistura de cloreto de metileno–etanol, na proporção de 50:50, para identificação.

Placa de referência		Placa de amostra	
Acetaminofeno	(Ac)	Naproxeno sódico	(Nap)
Aspirina	(Asp)	Amostra 1*	(1)
Cafeína	(Cf)	Amostra 2*	(2)
Ibuprofeno	(Ibu)	Amostra 3*	(3)
Salicilamida	(Sal)	Amostra 4*	(4)
Mistura de referência	(Ref)	Mistura de referência	(Ref)

* Conforme a opção dos professores, uma ou mais das amostras podem ser desconhecidas.

Dois métodos de visualização devem ser utilizados para observar as posições das manchas nas placas de TLC desenvolvidas. Primeiro, as placas serão observadas sob a iluminação de uma lâmpada ultravioleta (UV) com pequeno comprimento de onda. Isso é mais bem efetuado em uma capela de exaustão que tenha sido escurecida pela colocação de papel de açougue ou folha de alumínio sobre a tampa de vidro abaixada. Nessas condições, algumas das manchas aparecerão como áreas escuras nas placas, ao passo que outras irão fluorescer intensamente. A diferença na aparição sob a iluminação UV ajudará a distinguir as substâncias umas das outras. Você perceberá que é conveniente contornar muito levemente, com um *lápis*, as manchas observadas e colocar um pequeno **x** dentro dessas manchas que fluorescem. O vapor de iodo será utilizado como um segundo meio de visualização. Nem todas as manchas se tornarão visíveis quando tratadas com iodo, mas algumas irão desenvolver as cores amarela, bronze ou marrom-escuro. As diferenças de comportamento das várias manchas com iodo podem ser utilizadas para aumentar a diferenciação entre elas.

É possível utilizar diversos solventes de desenvolvimento para este experimento, mas a preferência é pelo acetato de etila com ácido acético glacial 0,5%. A pequena quantidade de ácido acético glacial libera prótons e elimina a ionização da aspirina, do ibuprofeno e do naproxeno sódico, possibilitando que eles corram para cima nas placas, em sua forma protonada. Sem o ácido, esses compostos não se movem.

Em alguns analgésicos, é possível encontrar outros ingredientes além dos cinco mencionados anteriormente. Alguns deles incluem um anti-histamínico e outros contêm um sedativo suave. Por exemplo, o Midol contém N-cinamilefedrina (cinamedrina), um anti-histamínico, e o Excedrin PM contém o sedativo hidrocloreto de metapirileno. O Cope contém o sedativo similar fumarato de metapirileno. Alguns comprimidos podem ser coloridos com um corante químico.

LEITURA EXIGIDA

Revisão:	Ensaio 2	Analgésicos
Novo:	Técnica 19	Cromatografia de coluna, Seções 19.1–19.3
	Técnica 20	Cromatografia em camada fina
	Ensaio 3	Identificação de medicamentos

INSTRUÇÕES ESPECIAIS

Em primeiro lugar, você precisa examinar as placas desenvolvidas sob a luz ultravioleta. Depois que a comparação de *todas* as placas tiver sido realizada com luz UV, pode ser utilizado vapor de iodo. O iodo afeta permanentemente algumas das manchas, tornando impossível voltar e repetir a visualização mediante UV. Tenha o cuidado especial de observar essas substâncias que têm valores de R_f similares; essas identificações têm, cada uma delas, uma aparência diferente, quando visualizadas sob a iluminação UV, ou uma diferente coloração, quando misturadas com o iodo, permitindo distinguir-se entre elas.

A aspirina demonstra alguns problemas especiais, porque ela está presente em uma grande quantidade em muitos dos analgésicos e porque se hidrolisa facilmente. Por essas razões, geralmente, as manchas na aspirina mostram excessiva mesclagem.

MEIO SUGERIDO PARA O DESCARTE DE REJEITOS

Descarte todo o solvente de desenvolvimento no recipiente destinado a solventes orgânicos não halogenados. Descarte a mistura etanol–cloreto de metileno no recipiente específico para solventes orgânicos halogenados. As micropipetas utilizadas para identificar a solução devem ser colocadas em um recipiente especial rotulado para esse propósito. As placas de TLC devem ser grampeadas em seu caderno de laboratório.

NOTAS PARA O PROFESSOR

Se o professor preferir, os alunos podem trabalhar em duplas neste experimento, cada uma delas preparando uma das duas placas.

Realize a cromatografia em camada fina com placas de sílica-gel 60 F-254, flexíveis (EM Science, n° 5554-7). Se as placas de TLC não tiverem sido adquiridas recentemente, coloque-as em um forno a 100 °C, durante trinta minutos, e armazene-as em um dessecador até serem utilizadas. Se forem utilizadas diferentes placas de camada fina, tente efetuar o experimento antes de utilizá-las na aula. Outras placas podem não resolver todas as cinco substâncias.

O ibuprofeno e a salicilamida têm, aproximadamente, os mesmos valores de R_f, mas se mostram diferentes mediante os métodos de detecção. Por motivos que ainda não estão claros, o ibuprofeno, às vezes, resulta em duas ou, até mesmo, três manchas. O naproxeno sódico tem, aproximadamente, o mesmo R_f que a aspirina. Contudo, mais uma vez, esses analgésicos se mostram diferentes, mediante os métodos de detecção. Felizmente, o naproxeno sódico não é combinado com a aspirina ou o ibuprofeno em nenhum produto comercial atual.

PROCEDIMENTO

Preparações iniciais. Você precisará, pelo menos, de 12 micropipetas capilares para colocar as amostras nas placas. A preparação dessas pipetas é descrita e ilustrada na Técnica 20, Seção 20.4. Um erro comum é puxar a seção central muito para fora quando fizer essas pipetas, com o resultado de que muito pouca amostra é aplicada à placa. Se isso ocorrer, não será possível observar nenhuma identificação. Siga as orientações cuidadosamente.

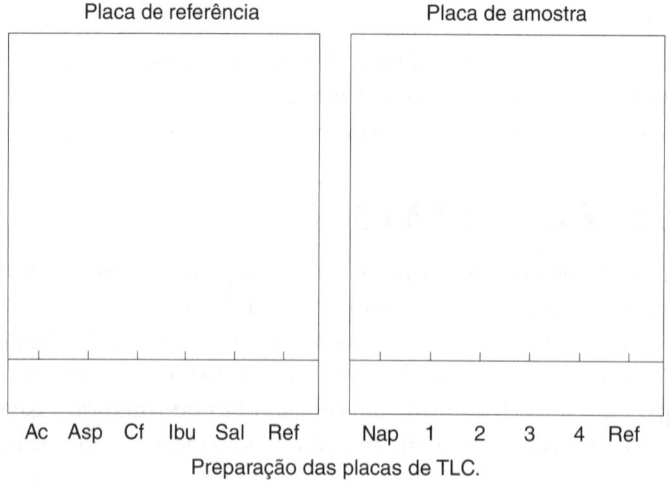

Preparação das placas de TLC.

Após a preparação das micropipetas, obtenha duas placas de TLC, de 100 cm *x* 6,6 cm (EM Science Silica Gel 60 F-254, n° 5554-7) com seu instrutor. Essas placas têm uma base flexível, mas não podem ser dobradas excessivamente. Manipule-as cuidadosamente, ou o adsorvente poderá descamar. Além disso, você deve segurá-las somente pelas bordas; não toque sua superfície. Utilizando a ponta de um lápis (não com uma caneta), desenhe levemente uma linha ao longo das placas (uma linha pequena), com aproximadamente 1 cm, da parte de baixo. Utilizando uma régua com graduação em centímetros, mova seu índice aproximadamente 0,6 cm a partir da borda da placa e marque levemente seis intervalos de 1 cm na linha (veja a figura mostrada anteriormente). Esses são os pontos em que as amostras serão colocadas. Caso você esteja preparando duas placas de referência, é uma boa ideia marcar um pequeno número **1** ou **2** no canto superior direito de cada placa, para possibilitar uma fácil identificação.

Identificação na placa de referência. Na primeira placa, comece da esquerda para a direita, coloque o acetaminofeno, depois, a aspirina, a cafeína, o ibuprofeno e a salicilamida. Essa ordem é alfabética e irá evitar quaisquer outros problemas de memória ou qualquer possível confusão. Soluções desses compostos serão encontradas em pequenos frascos na prateleira de suprimentos. A mistura de referência padrão (Ref), também encontrada na prateleira de suprimentos, é colocada na última posição. O método correto de colocar as amostras em uma placa de TLC está descrito na Técnica 20, Seção 20.4. É importante que as amostras sejam colocadas no menor tamanho possível (cerca de 1–2 mm de diâmetro). Com amostra em demasia, as manchas irão se misturar e sobrepor umas às outras, depois do desenvolvimento. Com muito pouca amostra, não serão observadas manchas após o desenvolvimento. A mancha ideal aplicada deverá ter aproximadamente 1–2 mm (1/6 polegada) de diâmetro. Se estiverem disponíveis pedaços raspados das placas de TLC, é uma boa ideia praticar a colocação, antes de preparar as reais placas de amostra.

Preparação da câmara de desenvolvimento. Quando as amostras tiverem sido colocadas na placa de referência, obtenha um jarro com boca larga, capacidade de 500 mL e tampa de rosca (ou outro recipiente adequado) para utilizar como câmara de desenvolvimento. A preparação de uma câmara de desenvolvimento é descrita na Técnica 20, Seção 20.5. Uma vez que a estrutura nas placas de TLC é muito fina, se elas tocarem o forro do papel de filtro da câmara de desenvolvimento em qualquer ponto, o solvente começará a se difundir na superfície absorvente, naquele ponto. Para evitar isso, você pode omitir o forro ou fazer a modificação a seguir.

Caso queira recorrer a um forro, utilize uma tira bastante estreita de papel de filtro (com aproximadamente 5 cm de largura). Dobre-a no formato de L que tenha comprimento suficiente para atravessar o fundo da jarra e alcançar o topo da jarra. As placas de TLC colocadas na jarra para desenvolvimento deverão transpor esta tira de forro, mas não podem tocá-la.

Quando a câmara de desenvolvimento tiver sido preparada, obtenha uma pequena quantidade do solvente de desenvolvimento (0,5% de ácido acético glacial em acetato de etila). Seu professor deverá preparar essa mistura; ela contém uma quantidade tão pequena de ácido acético que é difícil preparar pequenas porções individuais. Preencha a câmara com o solvente de desenvolvimento até uma profundidade de aproximadamente 0,5–0,7 cm. Se você estiver utilizando um forro, certifique-se de que ele esteja saturado com o solvente. Lembre-se de que o nível do solvente não pode estar acima das manchas das amostras nas placas, ou as amostras se dissolverão para fora da placa, no reservatório, em vez de correrem na placa.

Desenvolvimento da placa de TLC de referência. Coloque a placa com as manchas de amostra (ou placas) na câmara (transponha o forro delineador se houver algum) e deixe as manchas correrem. Se você estiver desenvolvendo duas placas de referência, ambas têm de ser colocadas na mesma jarra de desenvolvimento. Certifique-se de que as placas estejam colocadas na jarra de desenvolvimento, de modo que sua borda inferior esteja paralela ao fundo da jarra (em linha reta, não inclinada); caso contrário, a parte frontal do solvente não irá avançar por igual, aumentando a dificuldade em fazer boas comparações. As placas deverão ficar de frente uma para a outra e se inclinar ou oscilar em direções opostas. Quando o solvente tiver corrido a um nível de aproximadamente 0,5 cm do topo da placa, remova cada placa da câmara (na capela de exaustão) e, utilizando a ponta de um lápis, marque a posição da parte superior do solvente.

Coloque a placa em um pedaço de papel toalha, para secar. Pode ser útil colocar um pequeno objeto sob uma extremidade e deixar um fluxo de ar ideal fluir em torno da placa que está secando.

Visualização sob UV da placa de referência. Quando a placa estiver seca, observe-a sob uma lâmpada UV de pequeno comprimento de onda, de preferência, em uma capela de exaustão escura ou em uma sala escura. Contorne levemente com um lápis todas as manchas observadas. Anote cuidadosamente quaisquer diferenças no comportamento das substâncias identificadas. Diversos compostos apresentam valores de R_f similares, mas as manchas têm aparência diferente, mediante iluminação com UV ou coloração de iodo. Atualmente, não existem preparações analgésicas comerciais contendo quaisquer compostos que apresentem os mesmos valores de R_f, mas você deve estar em condições de distingui-las uma da outra, a fim de identificar qual delas está presente. Antes de prosseguir, faça um esboço das placas em seu caderno de laboratório e registre as diferenças na imagem que você observou. Utilizando uma régua com marcação em milímetros, meça a distância que cada mancha percorreu em relação ao nível superior do solvente. Calcule os valores de R_f para cada mancha (veja a Técnica 20, Seção 20.9).

Análise de analgésicos comerciais ou desconhecidos (placa de amostra). Em seguida, obtenha meio comprimido de cada um dos analgésicos a serem analisados na placa de TLC final. Se você tiver obtido um analgésico desconhecido, poderá analisar quatro outros analgésicos de sua escolha; caso contrário, pode analisar cinco. O experimento será mais interessante se você fizer suas escolhas para possibilitar um amplo espectro de resultados. Tente escolher pelo menos um analgésico, cada um contendo aspirina, acetaminofeno, ibuprofeno, um analgésico mais novo e, se estiver disponível, salicilamida. Se tiver um analgésico favorito, talvez você queira incluí-lo entre suas amostras. Pegue cada meio comprimido de analgésico, coloque em um pedaço liso de papel do caderno de laboratório e esmague-o bem com a espátula. Transfira cada meio comprimido esmagado para um tubo de ensaio rotulado ou um pequeno frasco de Erlenmeyer. Utilizando uma proveta, misture 15 mL de etanol absoluto e 15 mL de cloreto de metileno. Misture bem a solução. Adicione 5 mL desse solvente a cada um dos meios comprimidos esmagados e, então, aqueça *levemente* cada um deles por alguns minutos em um banho de vapor ou banho de areia a aproximadamente 100 °C. Nem todo o material do comprimido irá se dissolver, porque os analgésicos geralmente contêm um aglutinador insolúvel. Além disso, muitos deles contêm agentes tampão inorgânicos ou revestimentos que são insolúveis nessa mistura de solventes. Depois de aquecer as amostras, deixe-as em repouso e, então, identifique os extratos líquidos claros (1–4) na placa de amostra. Coloque a solução padrão de naproxeno na borda esquerda da placa, e coloque a solução de referência padrão (Ref) na borda direita da placa (veja a ilustração anterior). Desenvolva a placa em ácido acético glacial 0,5%–acetato de etila, como foi feito antes. Observe a placa sob a iluminação UV e marque as manchas visíveis, assim como ocorreu com a primeira placa. Faça um esboço da placa em seu caderno de laboratório e registre suas conclusões sobre a constituição de cada comprimido. Isso pode ser feito diretamente pela comparação de sua placa com as placas de referência – elas podem ser colocadas, ao mesmo tempo, sob a luz UV. Se você tiver obtido um composto desconhecido, tente determinar sua identidade (nome comercial).

Análise com o iodo. Não realize esta etapa até que as comparações mediante UV de todas as placas estejam completas. Ao terminar, coloque as placas em uma jarra contendo alguns cristais de iodo, tampe-a e aqueça-a levemente em um banho de vapor ou em uma placa de aquecimento, até que as manchas comecem a aparecer. Observe quais manchas se tornam visíveis e anote suas cores relativas. Você pode comparar, diretamente, as cores das manchas de referência às cores na(s) placa(s) desconhecida(s). Remova as placas da jarra e registre suas observações em seu caderno de laboratório.

■ QUESTÕES ■

1. O que acontece se as manchas forem feitas com tamanho muito grande ao se preparar uma placa de TLC para desenvolvimento?

2. O que acontece se forem feitas com tamanho muito pequeno ao se preparar uma placa de TLC para desenvolvimento?
3. Por que as manchas devem estar acima do nível do solvente de desenvolvimento na câmara de desenvolvimento?
4. O que aconteceria se a linha de colocação das amostras e as posições forem marcadas na placa com uma caneta esferográfica?
5. É possível distinguir duas manchas que tenham o mesmo valor de *Rf*, mas representem diferentes compostos? Cite dois diferentes métodos.
6. Mencione algumas vantagens de utilizar acetaminofeno (Tylenol), em vez de aspirina, como um analgésico.

Experimento 

Isolamento de cafeína das folhas de chá

Para obter mais informações sobre este experimento, consulte o Ensaio sobre Cafeína, na página 870.

Isolamento de uma cafeína

Isolamento de um produto natural

Extração

Sublimação

Neste experimento, a cafeína é isolada de folhas de chá. O principal problema em relação ao isolamento é que a cafeína não existe sozinha em folhas de chá, mas é acompanhada de outras substâncias naturais, das quais deve ser separada. O mais importante componente de folhas de chá é a celulose, que é o principal material estrutural de todas as células de plantas. A celulose é um polímero da glicose. Uma vez que a celulose é praticamente insolúvel em água, ela não apresenta problemas no procedimento de isolamento. A cafeína, por outro lado, é solúvel em água e é uma das principais substâncias extraídas na solução chamada chá. A cafeína constitui um total de 5% da massa do material da folha nas plantas de chá.

Os taninos também se dissolvem em água quente, utilizada para extrair cafeína das folhas de chá. O termo **tanino** não se refere a um único composto homogêneo ou mesmo a substâncias que apresentam estrutura química similar. Em vez disso, ele se refere a uma classe de compostos que têm determinadas propriedades em comum. Os taninos são compostos fenólicos que têm massas moleculares entre 500 e 3000, que são amplamente utilizados para curtir couro. Eles precipitam alcaloides e proteínas de soluções aquosas. Os taninos geralmente são divididos em duas classes: aquelas que podem ser **hidrolisadas** (reagem com água) e as que não podem. Taninos do primeiro tipo, que são encontrados no chá, em geral produzem glicose e ácido gálico quando são hidrolisados. Esses taninos são ésteres do ácido gálico e da glicose, e representam estruturas nas quais alguns dos grupos hidroxila na glicose são esterificados em grupos digaloila. Os taninos não hidrolisáveis encontrados em chás são polímeros de condensação de catequina. Tais polímeros não são uniformes em sua estrutura; as moléculas de catequina geralmente são ligadas nas posições anelares 4 e 8.

Quando taninos são extraídos em água quente, alguns desses compostos são parcialmente hidrolisados para formar ácido gálico livre. Os taninos, em virtude de seus grupos fenólicos, e o ácido gálico, por causa de seus grupos carboxílicos, são, ambos, ácidos. Se o carbonato de sódio, uma base, for adicionado à água do chá, esses ácidos são convertidos aos seus sais de sódio, que são altamente solúveis em água.

Embora a cafeína seja solúvel em água, ela é muito mais solúvel no solvente orgânico cloreto de metileno. A cafeína pode ser extraída da solução de chá básica com cloreto de metileno, mas os sais de sódio do ácido gálico e os taninos permanecem na camada aquosa.

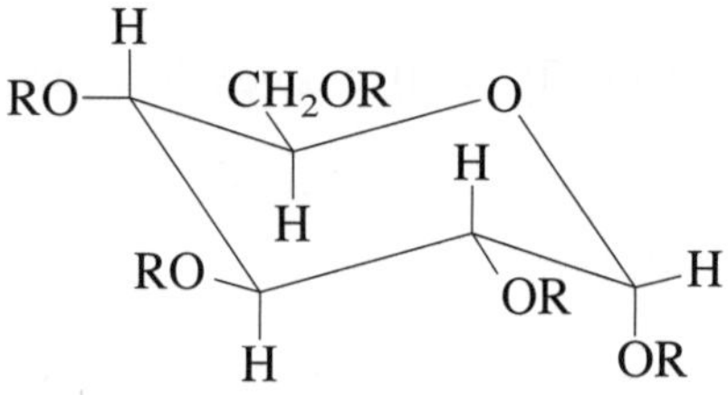

H RO CH_2OR O H H RO OR H H OR

Glicose se R = H
Um tanino, se algum R = digaloila

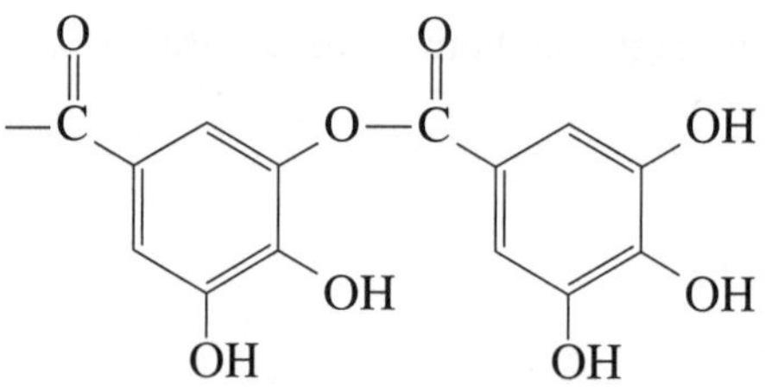

O O —C O—C OH OH OH OH OH

Um grupo digaloila

OH OH HO 8 O OH 4 OH

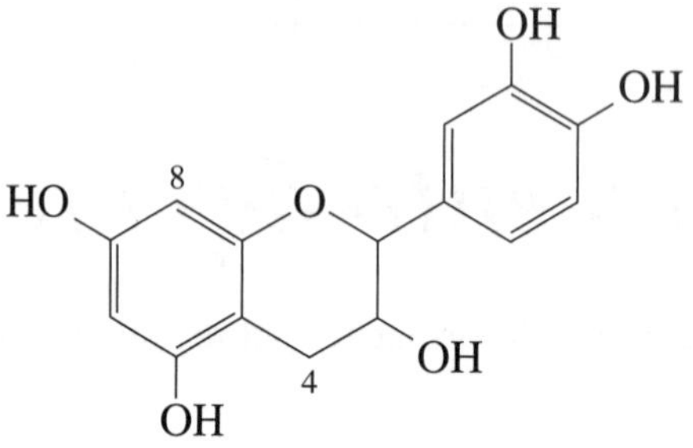

Catequina

A cor marrom de uma solução de chá é devida aos pigmentos e clorofilas flavonoides e aos seus respectivos produtos de oxidação. Apesar de as clorofilas serem solúveis em cloreto de metileno, a maioria das outras substâncias não está no chá. Portanto, a extração com cloreto de metileno da solução de chá básica remove praticamente cafeína pura. O cloreto de metileno é facilmente removido pela evaporação (pe 40 °C) para deixar a cafeína bruta. A cafeína, então, é purificada por sublimação.

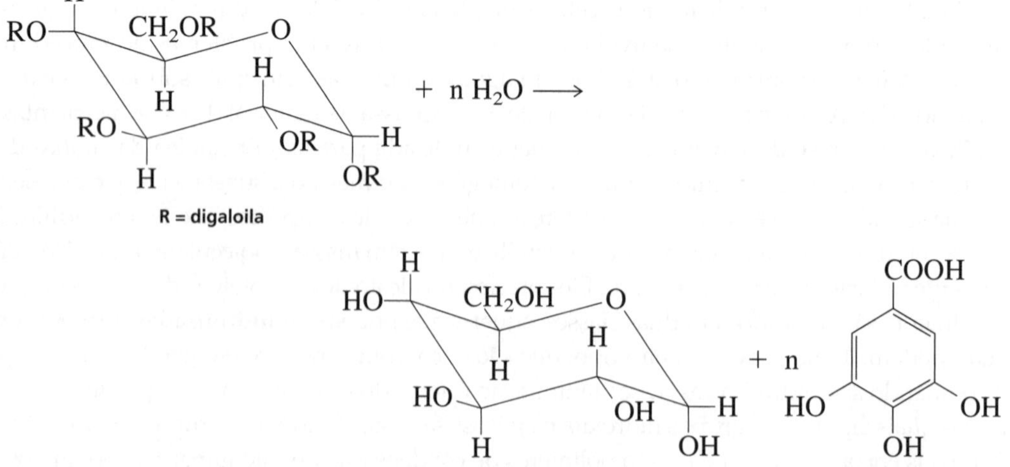

H RO CH_2OR O H H RO OR H H OR $+ \text{ n } H_2O \longrightarrow$

R = digaloila

H HO CH_2OH O H H HO OH H H OH $+ \text{ n}$ COOH HO OH OH

Glicose

Ácido gálico

O Experimento 11A descreve o isolamento da cafeína do chá utilizando técnicas em macroescala. Um procedimento opcional no Experimento 11A permite ao aluno converter cafeína em um **derivado**. O derivado de um composto é um segundo composto, com ponto de fusão conhecido, formado do composto original por uma simples reação química. Ao tentar fazer uma identificação positiva de um composto orgânico, geralmente, é necessário convertê-lo em um derivado. Se o primeiro composto, a cafeína neste caso, e seu derivado tiverem pontos de fusão que correspondem àqueles relatados na literatura química (um manual, por exemplo), considera-se que isso não é coincidência, e que a identidade do primeiro composto, a cafeína, foi estabelecida de maneira conclusiva.

Cafeína + Ácido salicílico → Salicilato de cafeína

A cafeína é uma base e irá reagir com um ácido para resultar em um sal. Com o ácido salicílico, um **sal** derivado da cafeína, o salicilato de cafeína, pode ser produzido para estabelecer a identidade da cafeína isolada das folhas de chá.

No Experimento 11B, o isolamento da cafeína é concluído utilizando-se métodos em microescala. Nesse experimento, será solicitado que você isole a cafeína do chá contido em um único saquinho de chá.

LEITURA EXIGIDA

Revisão:	Técnicas 5 e 6	
	Técnica 7	Métodos de reação, Seções 7.2 e 7.10
	Técnica 9	Constantes físicas de sólidos: o ponto de fusão
Novo:	Técnica 12	Extrações, separações e agentes secantes, Seções 12.1–12.5 e 12.7–12.9
	Técnica 17	Sublimação
	Ensaio 4	Cafeína

INSTRUÇÕES ESPECIAIS

Tenha cuidado ao manipular o cloreto de metileno. Trata-se de um solvente tóxico, por isso, não se deve respirá-lo em excesso nem deixá-lo espirrar em você. No Experimento 11B, o procedimento de extração com cloreto de metileno requer dois tubos para centrifugação com tampas de rosca. Também é possível utilizar rolhas para vedar os tubos; contudo, as rolhas absorverão uma pequena quantidade do líquido. Em vez de agitar o tubo para centrifugação, você pode facilmente efetuar a agitação com um agitador vórtex.

MEIO SUGERIDO PARA O DESCARTE DE REJEITOS

Você pode descartar o cloreto de metileno em um recipiente destinado ao descarte de rejeitos orgânicos halogenados. Ao descartar folhas de chá, não as coloque na pia; elas entupirão o encanamento. Descarte-as em um recipiente para rejeitos. Descarte os saquinhos de chá no recipiente para rejeitos, não na pia. As soluções aquosas obtidas depois das etapas de extração devem ser descartadas em um recipiente apropriado, identificado para rejeitos aquosos.

Experimento 11A

Isolamento de cafeína das folhas de chá

PROCEDIMENTO

Preparação da solução de chá. Coloque 5 g de folhas de chá, 2 g de pó de carbonato de cálcio e 50 mL de água em um balão de fundo redondo de 100 mL, equipado com um condensador para refluxo (veja a Técnica 7, Figura 7.6). Aqueça a mistura sob um leve refluxo, tendo o cuidado de evitar qualquer colisão, por cerca de vinte minutos. Utilize uma manta de aquecimento para aquecer a mistura. Agite o frasco ocasionalmente durante o período de aquecimento. Embora a solução ainda esteja quente, filtre-a a vácuo através de uma rápida passagem por um filtro de papel, como E&D n° 617 ou S&S n° 595 (veja a Técnica 8, Seção 8.3). Um frasco com filtro, com capacidade de 125 mL, é apropriado para esta etapa.

Extração e secagem. Resfrie o filtrado (líquido filtrado) à temperatura ambiente e, utilizando um funil de separação de 125 mL, extraia-o (veja a Técnica 12, Seção 12.4) com uma porção de 10 mL de cloreto de metileno (diclorometano). Agite a mistura intensamente, durante um minuto. As camadas deverão se separar após repousar por vários minutos, apesar de que alguma emulsão estará presente na camada orgânica inferior (veja a Técnica 12, Seção 12.10). A emulsão pode ser quebrada e a camada orgânica seca, ao mesmo tempo, passando a camada inferior lentamente por sulfato de magnésio anidro, de acordo com o seguinte método. Coloque um pequeno pedaço de algodão (não lã de vidro) no gargalo de um funil cônico e acrescente uma camada de 1 cm de sulfato de magnésio anidro em cima do algodão. Passe a camada orgânica diretamente do funil de separação no agente secante e colete o filtrado em um frasco de Erlenmeyer seco. Lave o sulfato de magnésio com 1 ou 2 mL de cloreto de metileno solvente fresco. Repita a extração com outra porção de 10 mL de cloreto de metileno na camada aquosa restante no funil de separação e repita a secagem, conforme descrito anteriormente, com uma porção fresca de sulfato de magnésio anidro. Colete a camada orgânica no frasco contendo o primeiro extrato de cloreto de metileno. Esses extratos devem agora estar claros, sem mostrar sinais visíveis de contaminação com água. Se um pouco de água passar pelo filtro, repita a secagem, conforme a orientação já fornecida, com uma porção fresca de sulfato de magnésio. Colete os extratos secos em um frasco de Erlenmeyer seco.

Destilação. Despeje os extratos orgânicos secos em um balão de fundo redondo de 50 mL. Monte um aparelho para destilação simples (veja a Técnica 14, Figura 14.1), adicione uma pérola de ebulição e remova o cloreto de metileno por destilação em um banho de vapor ou manta de aquecimento. O resíduo no balão de destilação contém a cafeína e é purificado por cristalização e sublimação. Reserve o cloreto de metileno que foi destilado; você pode utilizar parte dele na etapa seguinte. O cloreto de metileno restante deve ser colocado em um recipiente destinado a dejetos halogenados; ele não pode ser descartado na pia.

Cristalização (purificação). Dissolva o resíduo da extração do cloreto de metileno da solução de chá em cerca de 5 mL do cloreto de metileno que foi reservado da destilação. Talvez, seja necessário aquecer a mistura em um banho de vapor ou manta de aquecimento para dissolver o sólido. Transfira a solução para um frasco de Erlenmeyer de 25 mL. Lave o balão de destilação com 2-3 mL de cloreto de metileno e combine a solução com o conteúdo do frasco de Erlenmeyer. Adicione uma pérola de ebulição e evapore a solução, que agora está verde-clara, até secar, aquecendo-a em um banho de vapor ou placa de aquecimento, na capela de exaustão.

Em seguida, o resíduo obtido na evaporação do cloreto de metileno é cristalizado pelo método de mistura de solventes (veja a Técnica 11, Seção 11.10). Utilizando um banho de vapor ou uma placa de aquecimento, dissolva o resíduo em uma pequena quantidade (cerca de 2 mL) de acetona quente e acrescente, com um conta-gotas, apenas a quantidade suficiente de éter de petróleo com baixo ponto de ebulição (pe 30°–60 °C) para tornar a solução levemente turva.[1] Resfrie a solução e colete o produto cristalino por filtração a vácuo, utilizando um pequeno funil de Büchner. Uma pequena quantidade de éter de petróleo pode ser empregada para ajudar a transferir os cristais para o funil de Büchner. Um segundo grupo de cristais pode ser obtido pela concentração do filtrado. Pese o produto (pode ser necessário usar uma balança analítica). Calcule o rendimento percentual em massa (veja a Técnica 2, final da Seção 2.2) com base nos 5 g de chá originalmente utilizados e determine o ponto de fusão. O ponto de fusão da cafeína pura é 238 °C. Observe a cor do sólido para comparação com o material obtido depois da sublimação.

Sublimação da cafeína. A cafeína pode ser purificada por sublimação (veja a Técnica 17). Monte um aparelho de sublimação, como mostra a Figura 17.2C. Se estiver disponível, o aparelho mostrado na Figura 17.2A apresentará resultados superiores. Insira um tubo de ensaio de 15 mm *x* 125 mm em um adaptador de neoprene n° 2, colocando um pouco de água como lubrificante, até que o tubo esteja completamente inserido. Coloque a cafeína bruta em um tubo de ensaio com saida lateral, de 20 mm *x* 150 mm. Então, coloque um tubo de ensaio de 15 mm *x* 125 mm no tubo de ensaio com saida lateral, certificando-se de que eles se ajustam firmemente. Ligue o aspirador ou sistema de vácuo e garanta a obtenção de uma boa vedação. No ponto em que uma boa vedação tiver sido obtida, ouça ou observe a mudança na velocidade da água no aspirador. Nesse momento, certifique-se de que o tubo central está centrado no tubo de ensaio com saida lateral; isso permitirá a coleta ideal da cafeína purificada. Uma vez que o vácuo tiver sido estabelecido, coloque pequenos fragmentos de gelo no tubo de ensaio interno para preenchê-lo.[2] Quando uma boa vedação a vácuo for conseguida e o gelo tiver sido adicionado ao tubo de ensaio interno, aqueça a amostra leve e cuidadosamente com um microqueimador, para sublimar a cafeína. Segure o queimador em sua mão (segure-o pela base, não pela haste quente) e aplique calor movendo a chama para trás e para a frente sob o tubo externo e acima, pelas laterais. Se a amostra começar a derreter, remova a chama por alguns segundos antes de reiniciar o aquecimento. Quando a sublimação estiver concluída, remova o queimador e deixe o aparelho esfriar. À medida que o aparelho estiver resfriando e antes de desconectar o vácuo, remova a água e o gelo do tubo interno utilizando uma pipeta Pasteur.

Quando o aparelho tiver resfriado e a água e o gelo tiverem sido removidos do tubo interno, você pode desconectar o vácuo, que deve ser removido cuidadosamente para evitar o deslocamento dos cristais no tubo interno, pelo repentino fluxo de ar no aparelho. Remova *cuidadosamente* o tubo interno do aparelho de sublimação. Se a operação for realizada sem o devido cuidado, os cristais sublimados podem ser deslocados do tubo interno e cair nos resíduos. Raspe a cafeína sublimada no papel de pesagem, utilizando uma pequena espátula. Determine o ponto de fusão da cafeína purificada e compare seu ponto de fusão e sua cor com os da cafeína, obtida após a cristalização. Encaminhe a amostra ao professor em um frasco rotulado, ou, se o professor solicitar, prepare o derivado, salicilato de cafeína.

[1] Se o resíduo não se dissolver nessa quantidade de acetona, o sulfato de magnésio pode estar presente como uma impureza (agente de secagem). Adicione mais acetona (até cerca de 5 mL), utilize a filtração por gravidade para filtrar a mistura, a fim de remover a impureza sólida, e reduza o volume do filtrado para cerca de 2 mL. Agora, acrescente éter de petróleo, conforme indica o procedimento.

[2] É muito importante que o gelo não seja adicionado ao tubo de ensaio interno até que o vácuo tenha sido estabelecido. Se o gelo for acrescentado antes que o vácuo seja ativado, a condensação nas paredes externas do tubo interno irá contaminar a cafeína sublimada.

O DERIVADO (OPCIONAL)

As quantidades apresentadas nesta parte, incluindo solventes, devem ser ajustadas de acordo com a quantidade de cafeína que você obteve. Utilize uma balança analítica. Dissolva 25 mg de cafeína e 18 mg de ácido salicílico em 2 mL de tolueno em um pequeno frasco de Erlenmeyer, aquecendo a mistura em um banho de vapor ou uma placa de aquecimento. Adicione aproximadament 0,5 mL (10 gotas) de éter de petróleo de elevado ponto de ebulição (pe 60°–90 °C) ou ligroína e deixe a mistura esfriar e cristalizar. Talvez, seja necessário resfriar o frasco em um banho de água gelada ou adicionar uma pequena quantidade extra de éter de petróleo para induzir a cristalização. Colete o produto cristalino por meio de filtração a vácuo, utilizando um funil de Hirsch ou um pequeno funil de Büchner. Seque o produto deixando-o repousar no ar e determine seu ponto de fusão. O salicilato de cafeína puro se funde a 137 °C. Encaminhe a amostra ao seu professor em um frasco rotulado.

Experimento

Isolamento de cafeína de um saquinho de chá

PROCEDIMENTO

Preparação da solução de chá. Coloque 20 mL de água em um béquer com capacidade de 50 mL. Cubra o béquer com um vidro de relógio e aqueça a água em uma placa de aquecimento até que a água esteja quase fervendo. Coloque um saquinho de chá na água quente, de modo que ele repouse no fundo do béquer e seja coberto com água tanto quanto for possível.[3] Substitua o vidro de relógio e continue aquecendo por cerca de 15 minutos. Durante este período de aquecimento, é importante empurrar o saquinho de chá para baixo *delicadamente*, com um tubo de ensaio, de modo que todas as folhas de chá estejam em constante contato com a água. À medida que a água evapora durante esta etapa de aquecimento, faça a reposição acrescentando água com uma pipeta de Pasteur.

Usando uma pipeta de Pasteur transfira a solução concentrada de chá para dois tubos de centrífuga encaixados com tampas de rosca. Tente manter aproximadamente o mesmo volume do líquido em cada tubo de centrífuga. Para conseguir mais líquido do saquinho de chá, segure-o na parede interna do béquer e gire o tubo de ensaio para a frente e para trás, pressionando levemente o saquinho de chá. Obtenha tanto líquido quanto for possível sem rasgar o saquinho. Combine este líquido com a solução do tubo de centrífuga. Coloque o saquinho de chá no fundo do béquer novamente e despeje 2 mL de água quente sobre o saquinho. Esprema o líquido, como foi descrito anteriormente, e transfira este líquido para os tubos de centrífuga. Adicione 0,5 g de carbonato de sódio ao líquido quente em cada tubo de centrífuga. Tampe os tubos e agite a mistura até que o sólido se dissolva.

---

[3] A massa do chá no saquinho será fornecida pelo seu professor. Isso pode ser determinado despejando o conteúdo de vários saquinhos de chá e determinando a massa média. Se isso for feito cuidadosamente, o chá pode ser devolvido aos saquinhos, que podem ser grampeados.

Extração e secagem. Resfrie a solução de chá à temperatura ambiente. Utilizando uma pipeta Pasteur calibrada (Técnica 5, Seção 5.4), adicione 3 mL de cloreto de metileno a cada tubo de centrífuga para extrair a cafeína (veja a Técnica 12, Seção 12.7). Tampe os tubos para centrifugação e agite delicadamente a mistura por vários segundos. Abra os tubos para liberar a pressão, tomando cuidado para que o líquido não espirre em sua direção. Agite a mistura por mais trinta segundos, abrindo de vez em quando. Para separar as camadas e fragmentar a emulsão (veja a Técnica 12, Seção 12.10), centrifugue a mistura durante alguns minutos (certifique-se de equilibrar os tubos para centrifugação, colocando-os em lados opostos). Se ainda permanecer alguma emulsão (indicada por uma camada marrom-esverdeada entre a camada clara de cloreto de metileno e a camada aquosa superior), centrifugue a mistura novamente.

Remova a camada orgânica inferior com uma pipeta Pasteur e transfira-a para um tubo de ensaio. Certifique-se de apertar o bulbo antes de colocar a ponta da pipeta Pasteur no líquido, e tente não transferir nem um pouco da solução aquosa escura com a camada de cloreto de metileno. Adicione uma porção fresca de 3 mL de cloreto de metileno à camada aquosa restante em cada tubo para centrifugação, tampe os tubos e agite a mistura a fim de realizar uma segunda extração. Separe as camadas por meio de centrifugação, conforme descrito anteriormente. Combine as camadas orgânicas de cada extração em um tubo de ensaio. Se houver gotas visíveis da solução aquosa escura no tubo de ensaio, transfira a solução de cloreto de metileno para outro tubo de ensaio utilizando uma pipeta de Pasteur limpa e seca. Se necessário, deixe uma pequena quantidade da solução de cloreto de metileno para evitar a transferência da mistura aquosa. Adicione uma pequena quantidade de sulfato de sódio anidro granular para secar a camada orgânica (veja a Técnica 12, Seção 12.9). Se todo o sulfato de sódio se aglutinar quando a mistura for agitada com uma espátula, acrescente mais um pouco de agente secante. Deixe a mistura "descansar" por dez a quinze minutos. Agite de vez em quando com uma espátula.

Evaporação. Transfira a solução de cloreto de metileno seca com uma pipeta Pasteur para um frasco de Erlenmeyer seco, previamente pesado e com capacidade de 25 mL, deixando para trás o agente secante. Evapore o cloreto de metileno aquecendo o frasco em um banho de água quente (veja a Técnica 7, Seção 7.10). Isso deverá ser feito em uma capela de exaustão e pode ser realizado mais rapidamente se um fluxo de ar seco ou gás nitrogênio for dirigido para a superfície do líquido. Quando o solvente tiver evaporado, a cafeína bruta irá revestir o fundo do frasco. Não aqueça o frasco depois que o solvente tiver evaporado, ou parte da cafeína poderá sublimar. Pese o frasco e determine a massa da cafeína bruta. Calcule a recuperação percentual em massa (veja a Técnica 2, final da Seção 2.2) da cafeína dos saquinhos de chá, utilizando a massa do chá informado pelo seu professor. Você pode armazenar a cafeína colocando firmemente uma rolha no frasco.

Sublimação da cafeína. A cafeína pode ser purificada por sublimação (veja a Técnica 17, Seção 17.5). Siga o método descrito no Experimento 11A. Adicione aproximadamente 1,0 mL de cloreto de metileno ao frasco de Erlenmeyer e transfira a solução para o aparelho de sublimação com uma pipeta Pasteur limpa e seca. Acrescente mais algumas gotas de cloreto de metileno ao frasco a fim de eliminar a cafeína completamente. Transfira o líquido para o aparelho de sublimação. Evapore o cloreto de metileno do tubo externo do aparelho de sublimação aquecendo-o delicadamente em um banho de água quente sob um fluxo de ar seco ou nitrogênio.

Monte o aparelho conforme descrito no Experimento 11A, ou utilize o aparelho mostrado na Figura 17.2A, se estiver disponível. Certifique-se de que o interior do aparelho montado esteja limpo e seco. Se você estiver utilizando um aspirador, instale uma retenção entre o aspirador e o aparelho de sublimação. Ligue o vácuo e verifique se todos os encaixes no aparelho estão firmemente vedados. Coloque água gelada dentro do tubo do aparelho. Aqueça a amostra leve e cuidadosamente com um microqueimador para sublimar a cafeína. Segure o queimador em sua mão (segure pela base, não pela haste quente) e aplique o calor movendo a chama para trás e para a frente sob a parte externa do tubo de ensaio e em suas laterais. Se a amostra começar a derreter, remova a chama por alguns segundos, antes de reiniciar o aquecimento. Quando a sublimação estiver concluída, interrompa o aquecimento.

Remova a água fria e o gelo restante da parte interna do tubo e deixe o aparelho esfriar, enquanto continua a aplicar o vácuo.

Quando o aparelho estiver à temperatura ambiente, remova o vácuo e *cuidadosamente* remova o tubo interno. Se essa operação não for feita com o devido cuidado, os cristais sublimados podem se deslocar do tubo interno e cair no resíduo no fundo do tubo de ensaio externo. Raspe a cafeína sublimada em um pedaço aferido de papel liso e determine a massa da cafeína recuperada. Calcule a recuperação percentual em massa (veja a Técnica 2, final da Seção 2.2) da cafeína após a sublimação. Compare esse valor à recuperação percentual, determinada depois da etapa de evaporação. Determine o ponto de fusão da cafeína purificada. O ponto de fusão da cafeína pura é 236 °C; contudo, o ponto de fusão observado será menor. Encaminhe a amostra para seu professor em um frasco rotulado.

■ QUESTÕES ■

1. Descreva um esquema de separação para o isolamento da cafeína do chá (Experimento 11A ou Experimento 11B). Utilize um fluxograma similar, em formato, ao mostrado na Técnica 2.
2. Por que o carbonato de sódio foi adicionado, no Experimento 11B? Por que o carbonato de cálcio foi adicionado, no Experimento 11A?
3. A cafeína bruta isolada do chá tem uma coloração verde. Por quê?
4. Quais são algumas das possíveis explicações sobre por que o ponto de fusão de sua cafeína isolada pode ser menor que o valor especificado na literatura (236 °C)?
5. O que aconteceria à cafeína se a etapa de sublimação fosse realizada à pressão atmosférica?

Experimento 

Acetato de isopentila (óleo de banana)

Para obter mais informações sobre este experimento, consulte o Ensaio sobre Ésteres–Sabores e fragrâncias, na página 873.

Esterificação

Aquecimento sob refluxo

Funil de separação

Extração

Destilação simples

Neste experimento, você irá preparar um éster, o acetato de isopentila, que, geralmente, é chamado óleo de banana, porque tem o odor familiar dessa fruta.

$$CH_3-\overset{\overset{\displaystyle O}{\|}}{C}-OH + CH_3-\overset{\overset{\displaystyle CH_3}{|}}{CH}-CH_2-CH_2-OH \underset{}{\overset{H^+}{\rightleftarrows}}$$

Ácido acético (excesso) — Álcool isopentílico

$$CH_3-\overset{\overset{\displaystyle O}{\|}}{C}-O-CH_2-CH_2-\overset{\overset{\displaystyle CH_3}{|}}{CH}-CH_3 + H_2O$$

Acetato de isopentilaa

O acetato de isopentilaa é preparado por esterificação direta do ácido acético com álcool isopentílico. Uma vez que o equilíbrio não favorece a formação do éster, ele deve ser movido para a direita, no sentido do produto, utilizando o excesso de um dos materiais de partida. O ácido acético é empregado em excesso porque seu custo é menor que o do álcool isopentílico e ele é mais facilmente removido da mistura de reação.

No procedimento de isolamento, grande parte do excesso de ácido acético e o álcool isopentílico restante são removidos por extração com bicarbonato de sódio e água. Depois da secagem com sulfato de sódio anidro, o éster é purificado por destilação. A pureza do produto líquido é analisada determinando-se o espectro no infravermelho.

LEITURA EXIGIDA

Revisão:	Técnicas 5 e 6	
Novo:	Técnica 7	Métodos de reação
	Técnica 12	Extrações, separações e agentes secantes
	Técnica 13	Constantes físicas de líquidos, Parte A Pontos de ebulição e correção de termômetro
	Técnica 14	Destilação simples
	Ensaio 5	Ésteres–aromas e fragrâncias

Se for efetuada a espectroscopia no infravermelho opcional, leia também a Técnica 25, Parte A.

INSTRUÇÕES ESPECIAIS

Tenha cuidado ao descartar os ácidos sulfúrico e acético glacial, pois são muito corrosivos e irão danificar sua pele, se você entrar em contato com eles. Caso um desses ácidos toque em sua pele, lave a área afetada com água corrente em abundância durante dez a quinze minutos.

Uma vez que é necessário um refluxo de uma hora, comece o experimento bem no início do período de trabalho no laboratório. Durante o período de refluxo, você pode realizar outro trabalho experimental.

MEIO SUGERIDO PARA O DESCARTE DE REJEITOS

Quaisquer soluções aquosas deverão ser colocadas em um recipiente especialmente destinado a diluir o dejeto aquoso. Coloque qualquer éster em excesso no recipiente para rejeitos orgânicos não halogenados.

NOTAS PARA O PROFESSOR

Este experimento foi realizado com sucesso utilizando a resina de troca iônica, denominada Dowex 50X2-100, em vez do ácido sulfúrico.

PROCEDIMENTO

Aparelho. Monte um aparelho de refluxo utilizando um balão de fundo redondo de 25 mL e um condensador refrigerado à água (consulte a Técnica 7, Figura 7.6). Para aquecer, utilize uma manta de aquecimento. Para controlar vapores, coloque um tubo de secagem preenchido com cloreto de cálcio no topo do condensador.

Mistura de reação. Pese (faça a aferição) uma proveta vazia, com capacidade de 10 mL, e registre sua massa. Coloque aproximadamente 5,0 mL de álcool isopentílico na proveta e refaça a pesagem para determinar a massa do álcool. Desconecte o balão de fundo redondo do aparelho de refluxo e transfira o álcool para ele. Não limpe nem lave a proveta. Utilizando a mesma proveta, meça aproximadamente 7,0 mL de ácido acético glacial (MM = 60,1, d = 1,06 g mL^{-1}) e adicione-o ao álcool que já está no frasco. Utilizando uma pipeta Pasteur calibrada, acrescente 1 mL de ácido sulfúrico concentrado, misturando imediatamente (por agitação), à mistura de reação contida no frasco. Adicione uma pérola de ebulição (de corindo) e reconecte o frasco. Não utilize pérola de ebulição de carbonato de cálcio (mármore), porque esta se dissolverá no meio ácido.

Refluxo. Inicie a circulação da água no condensador e faça a mistura ferver. Continue a aquecer mediante refluxo por sessenta a setenta e cinco minutos. Em seguida, desconecte ou remova a fonte de aquecimento e deixe a mistura esfriar à temperatura ambiente.

Extrações. Desmonte o aparelho e transfira a mistura de reação para um funil de separação (de 125 mL) colocado em um anel que está conectado a um suporte de anel. Certifique-se de que a torneira esteja fechada e, utilizando um funil, despeje a mistura na parte superior do funil de separação. Além disso, evite transferir a pérola de ebulição, ou será preciso removê-la após a transferência. Adicione 10 mL de água, tampe o funil e misture as fases, agitando e ventilando cuidadosamente (veja a Técnica 12, Seção 12.4 e Figura 12.6). Deixe as fases se separarem e, depois, destampe o funil e retire a camada aquosa inferior, através da torneira, para um béquer ou outro recipiente adequado. Em seguida, extraia a camada orgânica com 5 mL de bicarbonato de sódio aquoso 5%, assim como foi feito anteriormente com a água. Extraia a camada orgânica mais uma vez, agora, com 5 mL de cloreto de sódio aquoso saturado.

Secagem. Transfira o éster bruto para um frasco de Erlenmeyer de 25 mL, limpo e seco, e acrescente aproximadamente 1,0 g de sulfato de sódio anidro granular. Tampe a mistura com uma rolha e deixe-a "descansar" por dez a quinze minutos enquanto você prepara o aparelho para destilação. Se a mistura não parecer seca (o agente secante se aglutinará e não "fluirá", a solução ficará turva ou, então, gotas de água estarão visíveis), transfira o éster para um novo frasco de Erlenmeyer de 25 mL, limpo e seco, e acrescente uma nova porção de 0,5 g de sulfato de sódio anidro para completar a secagem.

Destilação. Monte um aparelho de destilação utilizando seu menor balão de fundo redondo para destilar (veja a Técnica 14, Figura 14.1). Aqueça com uma manta de aquecimento. Pese previamente (faça a aferição) e utilize outro pequeno balão de fundo redondo, ou um Erlenmeyer, para coletar o produto. Mergulhe o frasco de coleta em um béquer contendo gelo para assegurar a condensação e reduzir possíveis odores. Verifique em um manual o ponto de ebulição do produto que você espera obter, para saber o que prever. Continue a destilação até restar apenas uma ou duas gotas do líquido no balão de destilação. Registre em seu caderno de laboratório o intervalo do ponto de ebulição observado.

Determinação do rendimento. Pese o produto e calcule o rendimento percentual do éster. Se o seu professor solicitar, determine o ponto de ebulição utilizando um dos métodos descritos na Técnica 13, Seções 13.2 e 13.3.

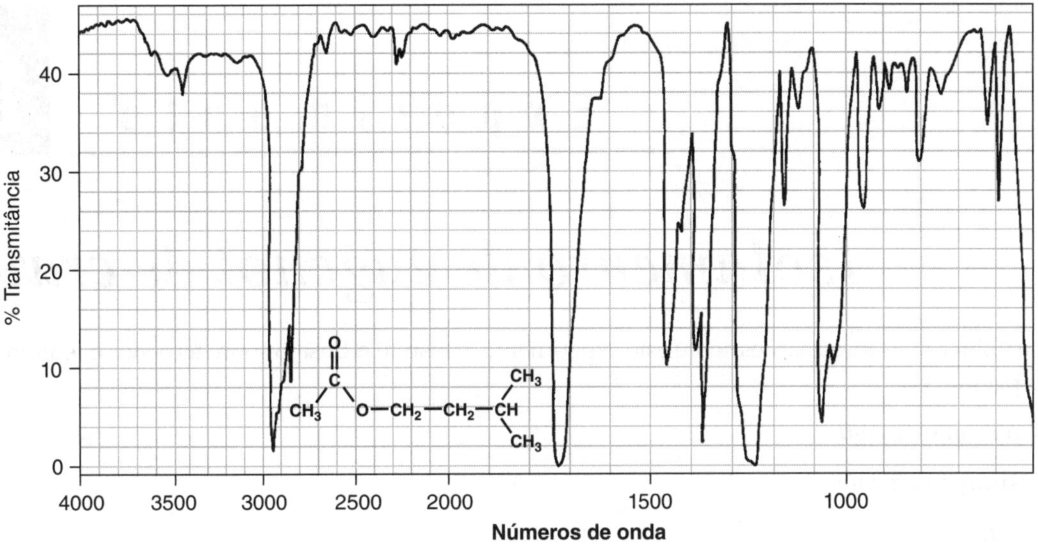

Espectroscopia. Caso seu professor solicite, obtenha um espectro no infravermelho utilizando placas de sal (veja a Técnica 25, Seção 25.2). Compare seu espectro com um que tenha sido reproduzido no livro. Interprete o espectro e inclua-o em seu relatório para o professor. Talvez também seja solicitado que você determine e interprete os espectros de hidrogênio e de carbono 13 por RMN (veja a Técnica 26, Parte A e Técnica 27, Seção 27.1). Encaminhe sua amostra, em um frasco adequadamente rotulado, com seu relatório.

■ QUESTÕES ■

1. Um método para favorecer a formação de um éster consiste em adicionar ácido acético em excesso. Sugira outro método, envolvendo o lado direito da equação, que irá favorecer a formação do éster.
2. Por que a mistura é extraída com bicarbonato de sódio? Forneça uma equação e explique sua relevância.
3. Por que são observadas bolhas de gás quando o bicarbonato de sódio é adicionado?
4. Qual material inicial é o reagente limitante neste procedimento? Qual reagente é utilizado em excesso? Quão grande é o excesso em mols (quantas vezes ele é maior)?
5. Descreva um esquema de separação para o isolamento do acetato de isopentila puro da mistura de reação.
6. Interprete as principais faixas de absorção no espectro no infravermelho do acetato de isopentila ou, caso você não tenha obtido o espectro no infravermelho de seu éster, faça isso para o espectro do acetato de isopentila, mostrado na figura anterior. (A Técnica 25 pode ajudar.)
7. Crie um mecanismo para a esterificação do ácido acético, catalisada por ácido, com o álcool isopentílico.
8. Por que o ácido acético glacial é designado como "glacial"? (*Dica:* consulte um manual de propriedades físicas.)

Experimento 13

Isolamento de eugenol de cravos

Para obter mais informações sobre este experimento, consulte o Ensaio sobre terpenos e fenilpropanoides, na página 886.

Uso de um manual

Destilação a vapor

Extração

Espectroscopia no infravermelho

Neste experimento, você irá destilar a vapor o óleo essencial de eugenol de cravos utilizados como especiaria. Depois de isolar o eugenol, será preciso obter seu espectro no infravermelho e atribuir os principais picos observados no espectro para as características estruturais presentes na molécula. Se a espectroscopia de RMN estiver disponível, talvez seu professor também queira que você obtenha o espectro de RMN de hidrogênio ou de carbono 13, e também os interprete.

Antes de chegar à sala de aula, verifique a estrutura do eugenol e suas propriedades físicas em um manual, como *The Merck Index* ou *CRC Handbook of Chemistry and Physics.* A Técnica 4 fornecerá algumas diretrizes para encontrar essas informações.

LEITURA EXIGIDA

Revisão:	Técnicas 4 e 12	
Novo:	Ensaio 6	Terpenos e fenilpropanoides
	Técnica 18	Destilação a vapor

INSTRUÇÕES ESPECIAIS

A formação de espuma pode ser um problema sério se você utilizar especiarias finamente moídas. Recomenda-se utilizar brotos de cravos, em vez de especiarias moídas. Contudo, certifique-se de fragmentar os pedaços maiores ou esmagá-los utilizando um pilão.

MEIO SUGERIDO PARA O DESCARTE DE REJEITOS

Quaisquer soluções aquosas devem ser colocadas no recipiente especialmente designado para rejeitos aquosos. Certifique-se de colocar alguns resíduos de especiarias sólidas no lixo, pois entupirão a pia, se forem jogados ali.

NOTAS PARA O PROFESSOR

Se forem utilizadas especiarias moídas (o que não é recomendado), você poderá preferir que os alunos insiram uma cabeça de Claisen entre o balão de fundo redondo e a cabeça de destilação, a fim de permitir um volume extra, caso a mistura forme espuma.

PROCEDIMENTO

Aparelho. Utilizando um balão de fundo redondo com capacidade de 100 mL para destilar e um balão de fundo redondo de 50 mL para coletar, monte um aparelho de destilação similar ao mostrado na Técnica 14, Figura 14.1. Utilize uma manta de aquecimento para aquecer. O frasco de coleta pode ser imerso em gelo para garantir a condensação do destilado.

Preparação da especiaria. Pese aproximadamente 3,0 g de sua especiaria em um papel de pesagem e registre a massa exata. Se a especiaria já estiver moída, prossiga sem fazer a moagem; do contrário, quebre as sementes utilizando um pilão ou pegue os pedaços maiores e corte-os em menores, utilizando uma tesoura. Misture a especiaria com 35–40 mL de água no balão de fundo redondo de 100 mL, adicione uma pérola de ebulição e reconecte-o ao seu aparelho de destilação. Deixe a especiaria embebida na água por aproximadamente quinze minutos, antes de iniciar o aquecimento. Certifique-se de que toda a especiaria fique totalmente umedecida. Gire o frasco delicadamente, se for necessário.

Destilação a vapor. Ligue a água refrigerante no condensador e comece a aquecer a mistura, a fim de proporcionar uma taxa de destilação constante. Se ocorrer a aproximação do ponto de ebulição muito rapidamente, você poderá encontrar dificuldade com espumação ou projeção do líquido. Será preciso descobrir qual total de aquecimento propicia uma taxa de destilação constante, mas evita a espumação e/ou projeção do líquido. Uma boa taxa de destilação permitirá que uma gota de líquido seja coletada a cada dois ou cinco segundos. Continue a destilação até que pelo menos 15 mL de destilado tenham sido coletados.

Normalmente, em uma destilação a vapor, o destilado será um pouco turvo em decorrência da separação do óleo, essencial à medida que o vapor esfria. Contudo, talvez você não consiga notar isso e ainda obtenha resultados satisfatórios.

Extração do óleo essencial. Transfira o destilado para um funil de separação e acrescente 5,0 mL de cloreto de metileno (diclorometano) para extrair o destilado. Agite o funil intensamente, com ventilação constante. Deixe as camadas se separarem.

A mistura pode ser rotacionada em um tubo para centrifugação se as camadas não se separarem bem. Algumas vezes, misturar delicadamente com uma espátula ajuda a resolver uma emulsão. Também pode ser útil adicionar cerca de 1 mL de uma solução saturada de cloreto de sódio. No entanto, para seguir as próximas diretrizes, esteja ciente de que a solução de sal saturada é bastante densa, e a camada aquosa pode mudar de lugar com a camada de cloreto de metileno, que normalmente está no fundo.

Transfira a camada inferior de cloreto de metileno para um frasco de Erlenmeyer limpo e seco. Repita o procedimento de extração com uma porção fresca de 5,0 mL de cloreto de metileno e coloque-a no mesmo frasco de Erlenmeyer utilizado para colocar a primeira extração. Se houver gotas de água visíveis, é preciso transferir a solução de cloreto de metileno cuidadosamente para um frasco limpo e seco, deixando as gotas de água para trás.

Secagem. Seque a solução de cloreto de metileno adicionando cerca de 1 g de sulfato de sódio anidro granular ao frasco de Erlenmeyer (veja a Técnica 12, Seção 12.9). Deixe a solução em repouso por dez a quinze minutos e mexa de vez em quando.

Evaporação. Enquanto a solução orgânica está secando, pegue um tubo de ensaio de tamanho médio, limpo e seco, e pese-o (por aferição) com precisão. Decante uma porção (cerca de um terço) da camada orgânica seca a esse tubo de ensaio aferido, deixando o agente secante para trás. Adicione uma pérola de ebulição e, trabalhando em uma capela, evapore o cloreto de metileno da solução utilizando um delicado fluxo de ar ou nitrogênio e aquecendo ao redor com um banho de água (veja a Técnica 7, Seção 7.10). Quando a primeira porção estiver reduzida a um pequeno volume de líquido, adicione uma segunda porção da solução de cloreto de metileno e evapore, como foi feito antes. Ao adicionar a porção final, utilize pequenas quantidades de cloreto de metileno limpo para enxaguar o agente secante, permitindo transferir toda a solução restante para o tubo de ensaio aferido. Tenha cuidado para evitar que qualquer parte do sulfato de sódio seja transferida.

⇨ ADVERTÊNCIA

O fluxo de ar ou nitrogênio deve ser suave, ou ele fará com que a solução transborde do tubo de ensaio. Além disso, não aqueça demais a amostra, ou ela também poderá "transbordar" do tubo. Não continue com a evaporação além do ponto em que todo o cloreto de metileno tiver evaporado. Seu produto é um óleo volátil (ou seja, líquido). Se você continuar a aquecê-lo e evaporá-lo, ele se perderá. Será melhor deixar algum cloreto de metileno que perder sua amostra.

Determinação do rendimento. Quando o solvente tiver sido removido, faça a repesagem do tubo de ensaio. Calcule a recuperação percentual da massa do óleo a partir da quantidade original da especiaria utilizada.

ESPECTROSCOPIA

Infravermelho. Obtenha o espectro no infravermelho do óleo como uma amostra líquida pura (veja a Técnica 25, Seção 25.2). Pode ser necessário utilizar uma pipeta Pasteur com uma ponta estreita para transferir uma quantidade suficiente para as placas de sal. Se até mesmo isso falhar, você pode adicionar uma ou duas gotas de tetracloreto de carbono (tetraclorometano) para ajudar na transferência. O solvente não irá interferir com o espectro no infravermelho. Inclua o espectro no infravermelho em seu relatório de laboratório, com uma interpretação dos picos principais.

Ressonância magnética nuclear (RMN). Caso seu professor solicite, determine o espectro de ressonância magnética nuclear do óleo (veja a Técnica 26, Parte A).

RELATÓRIO

Anexe o espectro no infravermelho ao seu relatório e identifique os picos principais com o tipo de ligação ou grupo de átomos que é responsável pela absorção. Se você tiver determinado o espectro de RMN, associe os picos aos átomos de hidrogênio ou carbono e explique quaisquer padrões de desdobramentos. Certifique-se também de incluir seu cálculo da recuperação percentual em massa.

■ QUESTÕES ■

1. Utilizando um manual, como *CRC Handbook of Chemistry and Physics* ou *The Merck Index*, Procure as seguintes propriedades do eugenol:

   ponto de fusão — densidade — solubilidade em água, clorofórmio, etanol e éter dietílico

   ponto de ebulição — índice de refração

2. Utilizando o *Physicians' Desk Reference* (PDR) ou o *PDR for Nonprescription Drugs and Dietary Supplements*, encontre uma aplicação medicinal para o eugenol (óleo de cravos).

3. Um terpeno denominado cariofileno é o principal subproduto no óleo de cravos. Encontre a estrutura do cariofileno em um manual e mostre como ela se ajusta à "regra do terpeno" (veja o Ensaio 6, "Terpenos e fenilpropanoides").

4. Encontre o ponto de ebulição do cariofileno. Se o ponto de ebulição registrado não estiver à pressão atmosférica, corrija para 760 mmHg (veja a Técnica 13, Seção 13.2).

5. O cariofileno é uma molécula quiral. Procure a rotação específica do cariofileno; em seguida, desenhe sua estrutura e identifique quaisquer centros quirais colocando um asterisco próximo a eles. O eugenol é quiral?
6. Por que é utilizada a destilação a vapor, em vez da destilação simples, para isolar o eugenol?
7. Por que o vapor destilado que acaba de ser condensado parece turvo?
8. Depois da etapa de secagem, que observações permitirão que você determine se o produto está "seco" (ou seja, livre de água)?
9. Um produto natural (*MM* = 150) se destila com vapor à temperatura de ebulição de 99 °C, sob a pressão atmosférica. A pressão do vapor da água a 99 °C é de 733 mm Hg.
   a. Calcule a massa do produto natural que codestila com cada grama de água a 99 °C.
   b. Quanto de água deve ser removida por destilação a vapor para recuperar esse produto natural a partir de 3,0 g de uma especiaria que contém 10% da substância desejada?

Experimento 14

Óleos de hortelã e cominho: (+)- e (–)-carvonas

Para obter mais informações sobre este experimento, consulte o Ensaio sobre Teoria estereoquímica do odor, na página 880.

Estereoquímica

Cromatografia na fase gasosa

Polarimetria

Espectroscopia

Refratometria

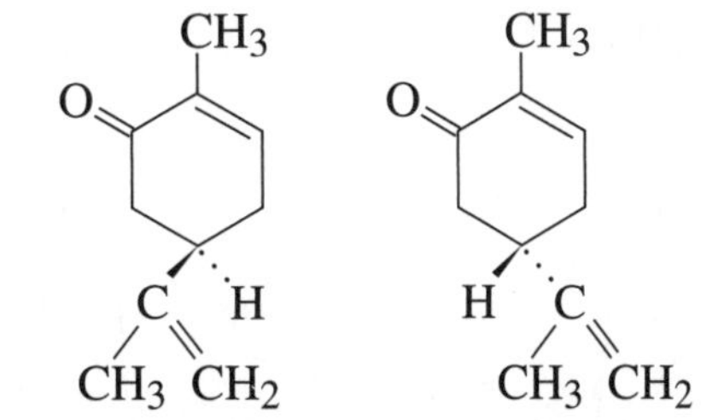

(R)-(–)-Carvona do óleo de hortelã **(S)-(+)-Carvona do óleo de cominho**

Neste experimento, você irá comparar a (+)-carvona, do óleo de cominho, à (–)-carvona, do óleo de hortelã, utilizando a cromatografia na fase gasosa. Se você tiver o equipamento de cromatografia na fase gasosa adequado para a escala de preparação, poderá preparar amostras puras de cada uma das carvonas por meio de seus respectivos óleos. Se esse equipamento não estiver disponível, seu professor fornecerá amostras puras das duas carvonas obtidas de uma fonte comercial, e qualquer trabalho de cromatografia na fase gasosa será estritamente analítico.

Os odores das duas carvonas enantioméricas são muito diferentes um do outro. A presença de um ou outro isômero é responsável pelos odores característicos de cada óleo. A diferença nos odores é esperada, porque os receptores de odores no nariz são quirais (veja o Ensaio 7, "Teoria estereoquímica do odor"). Esse fenômeno, no qual um receptor quiral interage de modo diferente com cada um dos enantiômeros de um composto quiral, é chamado **reconhecimento quiral**.

Apesar de devermos esperar que as rotações óticas dos isômeros (enantiômeros) tenham sinais opostos, as outras propriedades físicas devem ser idênticas. Portanto, para ambas as carvonas, (+) e (–), prevemos que o espectro no infravermelho e de ressonância magnética nuclear, os tempos de retenção da cromatografia na fase gasosa, os índices de refração e os pontos de ebulição serão idênticos. Assim, as únicas diferenças nas propriedades, que deverão ser observadas para as duas carvonas, são os odores e os sinais de rotação em um polarímetro.

CH_3 CH_2 CH_3

CH_3 CH_3 CH_3 CH_3 CH_3 CH_2

α-Felandreno **β-Felandreno** **Limoneno**

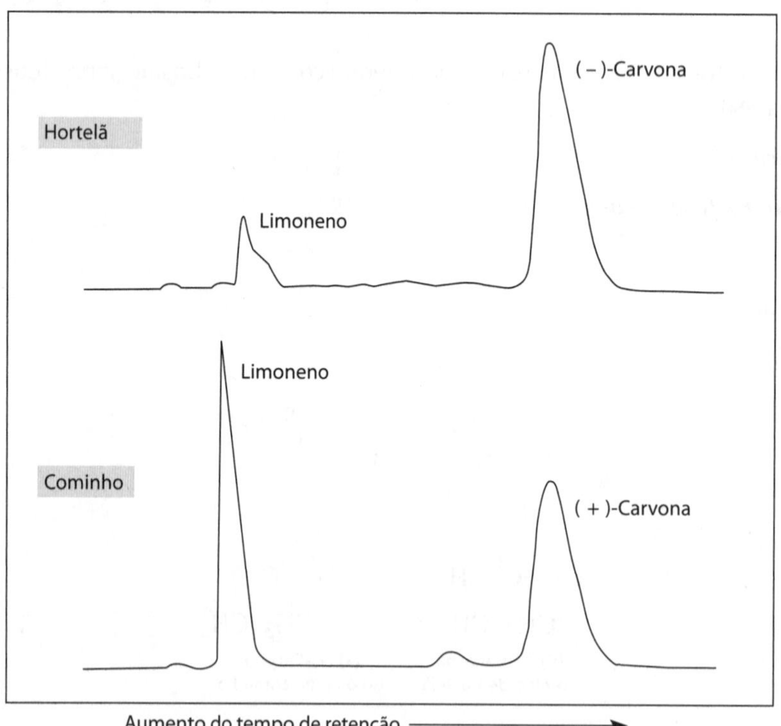

O **óleo de cominho** contém principalmente limoneno e (+)-carvona. O cromatograma na fase gasosa para esse óleo é mostrado na figura anterior. A (+)-carvona, (pe 203 °C) pode facilmente ser separada do limoneno com menor ponto de ebulição (pe 177 °C) por meio da cromatografia na fase gasosa, como mostra a figura. Se alguém tiver um cromatógrafo preparatório em fase gasosa, a (+)-carvona e o limoneno podem ser coletados separadamente, à medida que eluem por meio da coluna de cromatografia na fase gasosa. O **óleo de hortelã** contém principalmente (–)-carvona com menor quantidade de limoneno e quantidades muito pequenas dos terpenos com menor ponto de ebulição, α- e β-felandreno. O cromatograma em fase gasosa para esse óleo também é mostrado na figura. Com equipamento preparatório, você pode facilmente coletar a (–)-carvona, à medida que ela sai da coluna. Entretanto, é mais difícil coletar limoneno em uma forma pura. É provável que ele seja contaminado com os outros terpenos, porque todos têm pontos de ebulição similares.

LEITURA EXIGIDA

Revisão:	Técnicas 25	Espectroscopia no infravermelho
Novo:	Técnica 22	Cromatografia gasosa
	Ensaio 7	Teoria estereoquímica do odor

Se você realizar qualquer um dos procedimentos opcionais, leia, conforme apropriado:

Técnica 13	Constantes físicas de líquidos: o ponto de ebulição e a densidade
Técnica 24	Refratometria
Técnica 26	Espectroscopia de ressonância magnética nuclear
Técnica 27	Espectroscopia de ressonância magnética nuclear de carbono-13

INSTRUÇÕES ESPECIAIS

Seu professor designará o óleo de hortelã ou cominho, ou você terá de escolher um óleo. Além disso, você receberá instruções sobre quais procedimentos da Parte A deverá realizar. Compare seus dados obtidos com os de outra pessoa que tenha estudado o outro enantiômero.

 NOTA

Se um cromatógrafo em fase gasosa não estiver disponível, este experimento pode ser efetuado com os óleos de hortelã e cominho, e amostras comerciais puras das (+)- e (–)-carvonas.

Caso o equipamento apropriado esteja disponível, seu professor poderá exigir que você faça uma análise cromatográfica em fase gasosa e, nesse caso, será preciso isolar a carvona de seu óleo (Parte B). Do contrário, se você estiver utilizando equipamento analítico, terá condições de comparar somente os tempos de retenção e integrais de seu óleo com os do outro óleo essencial.

Apesar de a cromatografia preparatória na fase gasosa gerar amostra suficiente para efetuar espectros, não fornecerá material bastante para fazer a polarimetria. Desse modo, se você tiver de determinar a rotação óptica das amostras puras, quer realize ou não a cromatografia preparatória na fase gasosa, seu professor fornecerá um tubo de polarímetro previamente preenchido para cada amostra.

NOTAS PARA O PROFESSOR

Este experimento pode ser agendado com outro experimento. É melhor que os alunos trabalhem em duplas, com cada aluno utilizando um óleo diferente. Um cronograma dos experimentos para utilização do cromatógrafo em fase gasosa deve ser programado, de modo que os alunos tenham condições de utilizar seu tempo com eficiência. Prepare cromatogramas utilizando isômeros da carvona e limoneno como padrões de referência. Padrões de referência apropriados incluem uma mistura de (+)-carvona e limoneno, e uma segunda mistura de (–)-carvona e limoneno. Os cromatogramas devem ser encaminhados com os tempos de retenção, ou então, cada aluno deverá receber uma cópia do cromatograma apropriado.

O cromatógrafo em fase gasosa deverá ser preparado da seguinte maneira: temperatura da coluna, 200 °C; temperatura da injeção e do detector, 210 °C; taxa de fluxo do gás transportador, 20 mL/min. A coluna recomendada tem cerca de 2,5 metros de comprimento, com uma fase estacionária, como o Carbowax 20M. É conveniente utilizar um instrumento do tipo Gow-Mac 69-350, com um sistema de preparação acessório para este experimento.

Preencha as células do polarímetro (0,5 dm), antecipadamente, com as (+)- e (–)-carvonas não diluídas. Também deve haver quatro frascos contendo os óleos de hortelã e cominho, e (–)- e (+)-carvona. Ambos os enantiômeros da carvona estão comercialmente disponíveis.

PROCEDIMENTO

Parte A. Análise das carvonas

As amostras (tanto as obtidas da cromatografia na fase gasosa, Parte B, como as amostras comerciais) têm de ser analisadas pelos seguintes métodos. Seu professor indicará que métodos utilizar. Compare seus resultados com aqueles obtidos com alguém que tenha utilizado um óleo diferente. Além disso, meça a rotação observada das amostras comerciais da (+)-carvona e (–)-carvona. Seu professor lhe fornecerá tubos de polarímetro previamente preenchidos.

Análises a serem realizadas em relação aos óleos de hortelã cominho

Odor. Procure sentir, cuidadosamente, o odor dos recipientes com óleo de hortelã e cominho, e das duas carvonas. Cerca de 8–10% das pessoas não conseguem detectar a diferença nos odores dos isômeros óticos. No entanto, a maior parte das pessoas considera que a diferença é bastante óbvia. Registre suas impressões.

Cromatografia analítica na fase gasosa. Caso você tenha separado sua amostra por meio de uma cromatografia preparatória na fase gasosa, na Parte B, você já deverá ter seu cromatograma. Nesse caso, compare-o com um que tenha sido efetuado utilizando o outro óleo. Certifique-se de obter os tempos de retenção e integrais, ou consiga uma cópia do cromatograma de outra pessoa.

Se você não concluir a Parte B, obtenha o cromatograma analítico em fase gasosa do óleo que lhe foi designado – hortelã ou cominho – e obtenha o resultado do outro óleo com outra pessoa. Seu professor poderá preferir realizar injeções de amostra ou pedir que um assistente de laboratório as efetue. O procedimento de injeção de amostra exige técnica cuidadosa, e as seringas especiais necessárias, destinadas a microlitros, são muito caras e delicadas. Caso você mesmo precise realizar as injeções, seu professor lhe fornecerá, antecipadamente, as instruções adequadas.

Para ambos os óleos, determine os tempos de retenção dos componentes (veja a Técnica 22, Seção 22.7). Calcule a composição percentual dos dois óleos essenciais por meio de um dos métodos explicados na seção.

Análises a serem efetuadas nas carvonas purificadas

Polarimetria. Com a ajuda do professor ou do assistente, obtenha a rotação ótica observada, α, das amostras puras de (+)- e (–)-carvona. Tais amostras são fornecidas em tubos de polarímetros previamente preenchidos. A rotação específica $[\alpha]_D$ é calculada da primeira equação na Técnica 23, Seção 23.2. A concentração *c* irá igualar a densidade das substâncias analisadas a 20 °C. Os valores, obtidos de amostras comerciais reais, são 0,968 g mL^{-1} para a (+)-carvona, e 0,9593 g mL^{-1} para a (–)-carvona. Os valores encontrados na literatura referente às rotações específicas são os seguintes:

$[\alpha]_D^{20}$ = +61,7° para a (+)-carvona e –62,5° para a (–)-carvona. Esses valores não são idênticos porque quantidades residuais de impurezas estão presentes.

A polarimetria não funciona bem nos óleos brutos de hortelã e cominho, por causa da presença de grandes quantidades de limoneno e outras impurezas.

Espectroscopia no infravermelho. Obtenha o espectro de infravermelho da amostra de (–)-carvona da hortelã ou da amostra de (+)-carvona do cominho (veja a Técnica 25, Seção 25.2). Compare seu resultado com o da pessoa que estiver trabalhando com o outro isômero. Caso seu professor solicite, obtenha o espectro no infravermelho do (+)-limoneno, que é encontrado nos dois óleos. Se possível, determine todos os espectros utilizando as amostras puras. Se tiver isolado a amostra por meio de cromatografia preparatória na fase gasosa, poderá ser necessário adicionar uma ou duas gotas de tetracloreto de carbono à amostra. Misture totalmente os líquidos coletando a mistura em uma pipeta Pasteur e expelindo diversas vezes. Pode ser útil conectar a extremidade da pipeta a uma ponta estreita, a fim de retirar todo o líquido no frasco cônico. Como alternativa, utilize uma microsseringa. Obtenha o espectro solução, conforme descrito na Técnica 25, Seção 25.7.

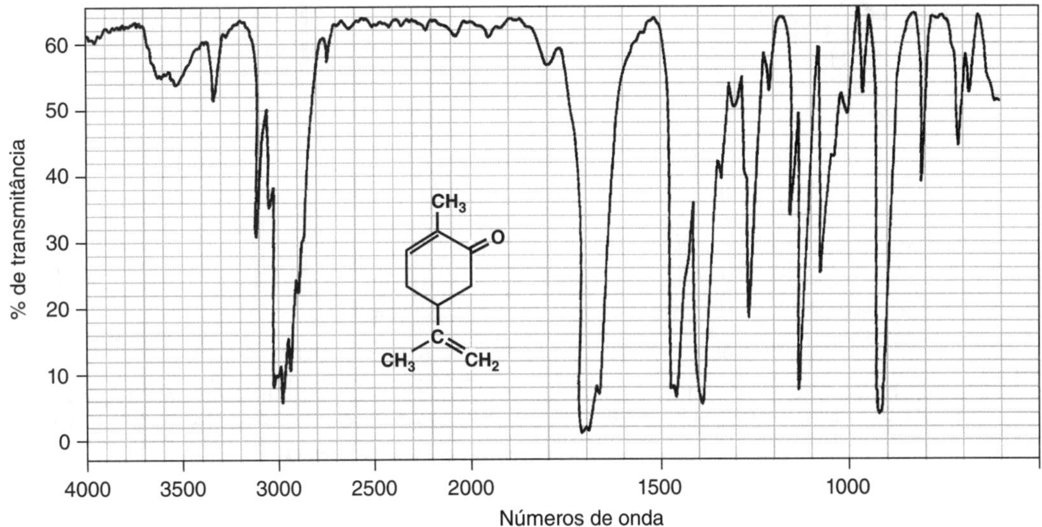

Espectro no infravermelho da carvona (pura).

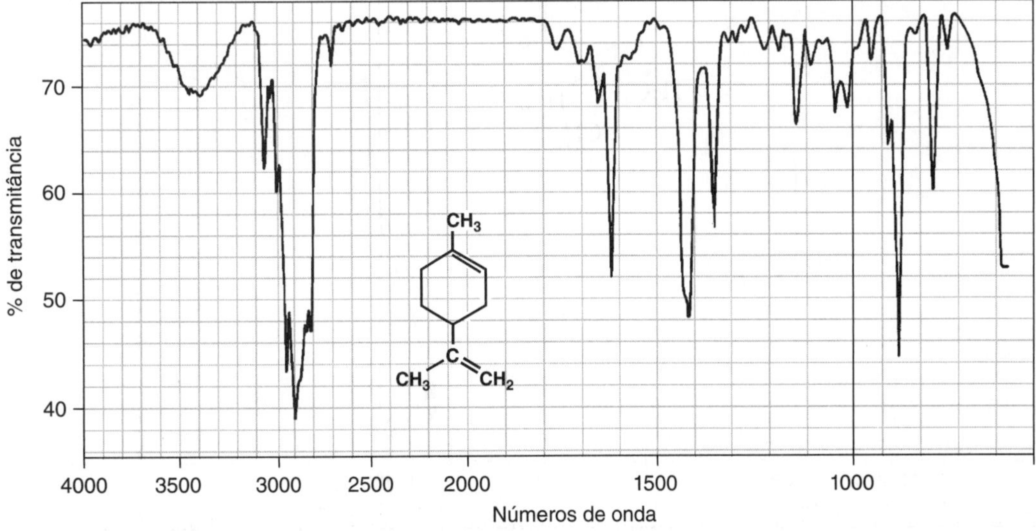

Espectro no infravermelho do limoneno (puro).

Espectroscopia de ressonância magnética nuclear. Utilizando um instrumento de RMN, obtenha o espectro de RMN de hidrogênio de sua carvona. Compare seu espectro com os espectros de RMN da (–)-carvona e do (+)-limoneno, mostrados neste experimento. Tente atribuir tantos picos quanto forem possíveis. Se o seu instrumento de RMN for capaz de obter um espectro de RMN de carbono 13 obtenha este espectro. Compare seu espectro de carvona com o espectro de RMN de carbono 13, mostrado neste experimento. Mais uma vez, tente atribuir os picos.

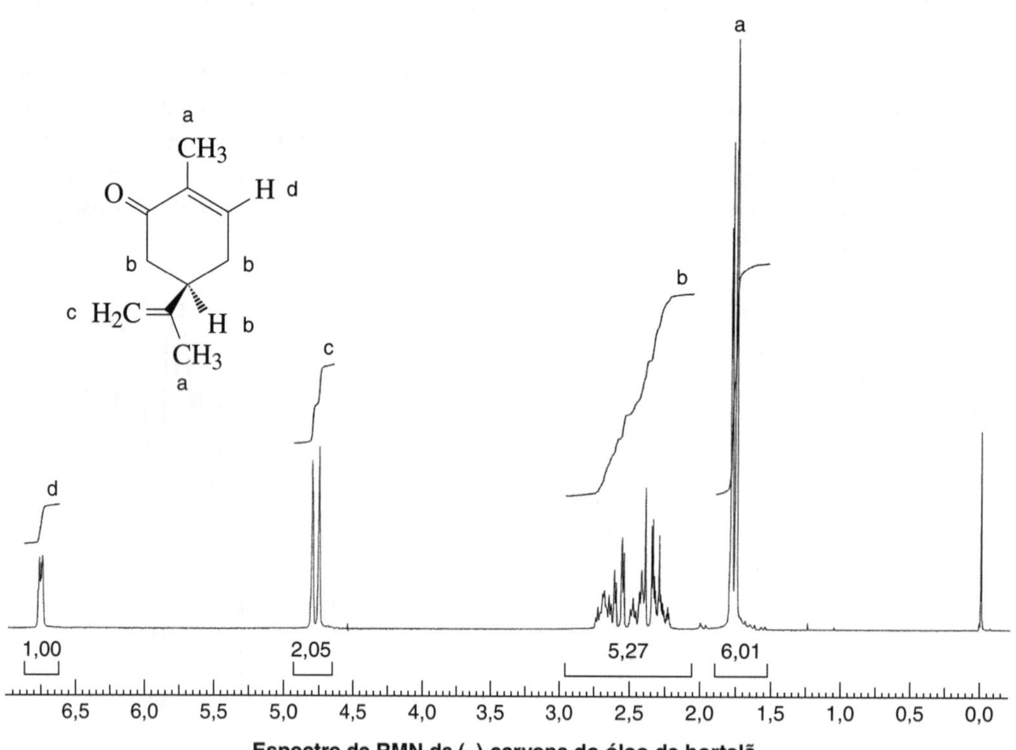

Espectro de RMN da (–)-carvona do óleo de hortelã.

Espectro de RMN do (+)-limoneno.

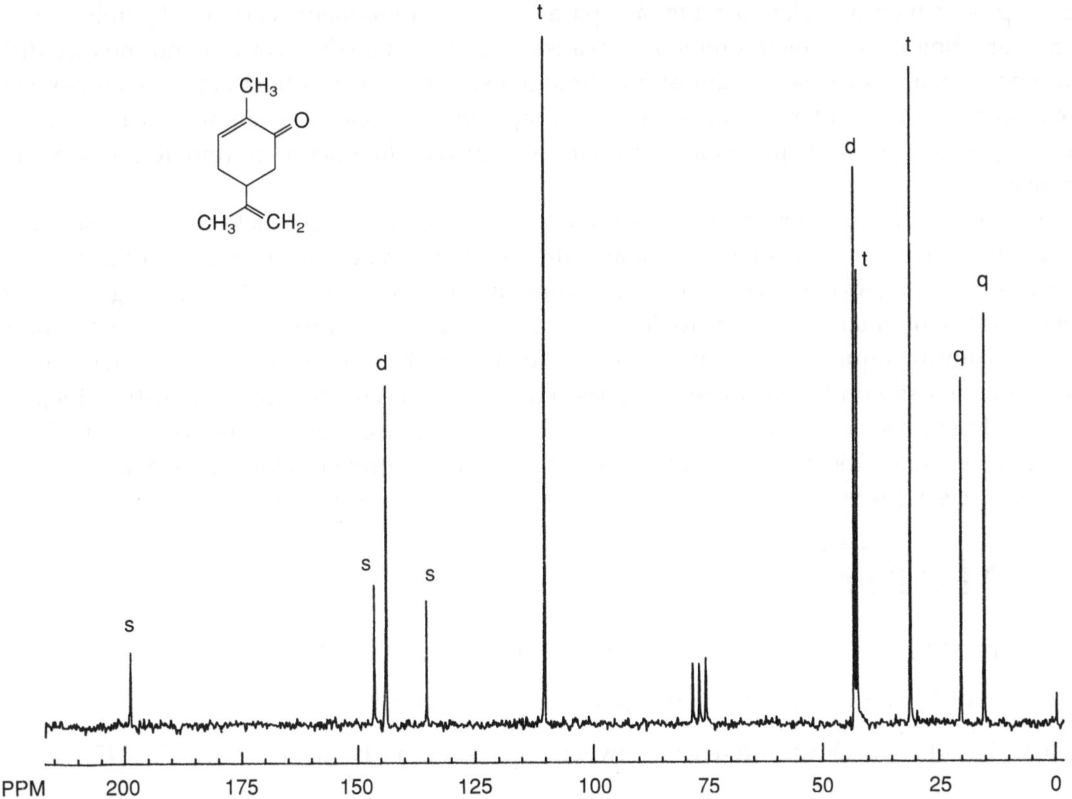

Espectro de carbono 13 desacoplado da carvona em $CDCl_3$. As letras indicam o surgimento do espectro quando os carbonos estão acoplados a prótons (s = simpleto, d = dupleto, t = tripleto, q = quarteto).

Ponto de ebulição. Determine o ponto de ebulição da carvona que lhe foi fornecida. Utilize a técnica do microponto de ebulição (veja a Técnica 13, Seção 13.2). Os pontos de ebulição de ambas as carvonas são 230 °C à pressão atmosférica. Compare seu resultado ao obtido por alguém utilizando a outra carvona.

Índice de refração. Utilize a técnica para obter o índice de refração em um pequeno volume de líquido, conforme descreve a Técnica 24, Seção 24.2. Determine o índice de refração para a carvona que você separou (Parte B) ou para a que foi designada. Compare seu valor ao que foi obtido por alguém utilizando o outro isômero. A 20 °C, as (+)- e (–)-carvonas têm o mesmo índice de refração, igual a 1,4989.

Parte B. Separação por cromatografia na fase gasosa (opcional)

O professor pode preferir realizar as injeções de amostra ou solicitar que um assistente as realize. O procedimento de amostra requer técnica cuidadosa, e as seringas especiais com capacidade para microlitros, que são exigidas, são delicadas e caras. Se você tiver de efetuar as injeções de amostra, seu professor fornecerá antecipadamente as instruções apropriadas.

Injete 50 µL de óleo de cominho ou hortelã na coluna de cromatografia na fase gasosa. Logo antes de um componente do óleo (limoneno ou carvona) eluir da coluna, instale um tubo de coleta de gás na porta de saída, conforme descrito na Técnica 22, Seção 22.11. A fim de determinar quando conectar o tubo de coleta de gás, consulte os cromatogramas preparados por seu professor. Esses cromatogramas foram realizados no mesmo instrumento que você está utilizando, sob as mesmas condições. O ideal seria que você conectasse o tubo de coleta de gás logo antes de o limoneno ou a carvona eluir da coluna. Remova o tubo assim que todo o componente tiver sido coletado, mas antes que qualquer outro composto comece a eluir da coluna. Isso pode ser realizado mais facilmente observando o registrador à medida que sua amostra passa pela coluna. O tubo de coleta é conectado (se possível) logo antes que um pico seja produzido, ou assim que tiver sido observado um desvio. Quando a caneta retornar à linha de base, remova o tubo de coleta de gás.

Esse procedimento é relativamente fácil para coletar o componente carvona de ambos os óleos e para coletar o limoneno no óleo cominho. Por causa da presença de diversos terpenos no óleo de hortelã, é um pouco mais difícil isolar a amostra de limoneno pura do óleo de hortelã (veja o cromatograma). Nesse caso, você deve tentar coletar somente o componente limoneno, e não qualquer um dos outros compostos, como o terpeno, que produz uma curva no pico do limoneno no cromatograma para o óleo de hortelã.

Depois de coletar as amostras, insira a junta de conexão do tubo de coleta em um frasco cônico de 0,1 mL, utilizando um anel circular e uma tampa de rosca para prender firmemente as duas peças juntas. Coloque essa montagem em um tubo de ensaio, como mostra a Figura 22.11. Coloque algodão no fundo do tubo e utilize uma tampa com septo de borracha na parte de cima para fixar a montagem no local e para evitar ruptura. Equilibre a centrífuga colocando um tubo com peso igual no lado oposto (esta pode ser sua outra amostra ou a amostra de outra pessoa). Durante a centrifugação, a amostra é forçada para o fundo do frasco cônico. Desmonte o aparelho, tampe o frasco e efetue a análise descrita na Parte A. É preciso ter amostra suficiente para realizar a espectroscopia no infravermelho e de RMN, mas talvez seja necessário que seu professor forneça mais amostra para concluir os outros procedimentos.

REFERÊNCIAS

Friedman, L.; Miller, J. G. Odor, Incongruity and Chirality. *Science* 1971, *172*, 1044.

Murov, S. L.; Pickering, M. The Odor of Optical Isomers. *J. Chem. Educ.* 1973, *50*, 74.

Russell, G. F.; Hills, J. I. Odor Differences between Enantiômeroic Isomers. *Science* 1971, *172*, 1043.

■ QUESTÕES ■

1. Interprete os espectros no infravermelho para a carvona e o limoneno, e os espectros de RMN de hidrogênio e de carbono 13, da carvona.
2. Identifique os centros quirais no α-felandreno, β-felandreno e limoneno.
3. Explique como a carvona se ajusta à regra do isopreno (veja o Ensaio 7, "Teoria estereoquímica do odor").
4. Utilizando as regras de sequência de Cahn–Ingold–Prelog, atribua prioridades aos grupos em torno do carbono quiral na carvona. Desenhe as fórmulas estruturais para a (+)- e (–)-carvona, com as moléculas orientadas na posição correta para mostrar as configurações R e S.
5. Explique por que o limoneno elui da coluna antes da (+)-carvona ou da (–)-carvona.
6. Explique por que os tempos de retenção para os dois isômeros da carvona são iguais.
7. A toxicidade da (+)-carvona em ratos é cerca de 400 vezes maior que a da (–)-carvona. Como você explica isso?

Experimento 15

Isolamento da clorofila e de pigmentos carotenoides do espinafre

Para obter mais informações sobre este experimento, consulte o Ensaio sobre química da visão, na página 894.

Isolamento de um produto natural

Extração

Cromatografia em colunas

Cromatografia em camada fina

A fotossíntese nos vegetais ocorre em organelas chamadas **cloroplastos**, os quais contêm uma série de compostos coloridos (pigmentos) que se classificam em duas categorias: **clorofilas** e **carotenoides**.

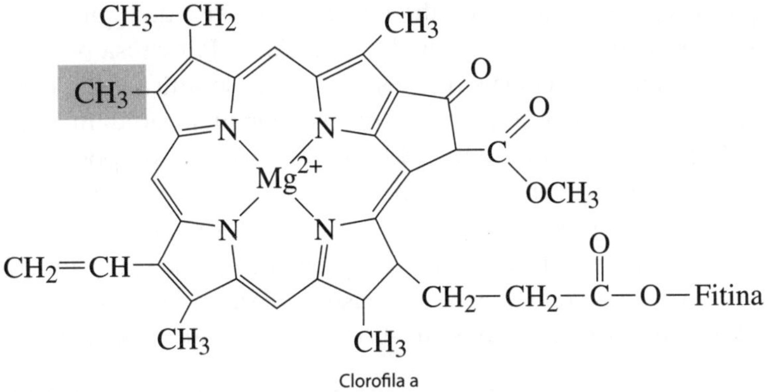

CH_3-CH_2, CH_3, CH_3, Mg^{2+}, $CH_2{=}CH$, $C(=O)OCH_3$, $CH_2-CH_2-C(=O)-O-$Fitina, CH_3, CH_3

Clorofila a

$$\text{Fitina} = -CH_2-CH{=}\underset{}{\overset{CH_3}{\overset{|}{C}}}-CH_2-(CH_2-CH_2-\overset{CH_3}{\overset{|}{C}H}-CH_2)_2-CH_2-CH_2-\overset{CH_3}{\overset{|}{C}H}-CH_3$$

Os carotenoides são pigmentos amarelos que também são envolvidos no processo fotossintético. As estruturas do α e β **caroteno** são dadas no Ensaio 8: "A química da visão". Além disso, os cloroplastos também apresentam diversos derivados de carotenos contendo oxigênio, chamados **xantofilas**.

Neste experimento, você extrairá a clorofila e os pigmentos carotenoides das folhas de espinafre utilizando acetona como solvente. Os pigmentos serão separados por cromatografia em colunas tendo a alumina como adsorvente. Solventes cada vez mais polares serão utilizados para eluir os vários componentes da coluna. As frações coloridas coletadas serão, então, analisadas por meio de cromatografia em camada fina. Deve ser possível identificar a maior parte dos pigmentos já discutidos em sua placa de camada fina, após o desenvolvimento.

Clorofilas são os pigmentos verdes que atuam como as principais moléculas fotorreceptoras dos vegetais. Elas são capazes de absorver determinados comprimentos de onda de luz visível, que são então convertidos pelos vegetais em energia química. Duas formas desses pigmentos, encontrados nos vegetais, são a **clorofila *a*** e a **clorofila *b***, as quais são idênticas, exceto porque o grupo metila que está sombreado na fórmula estrutural da clorofila *a* é substituído por um grupo – CHO na clorofila *b*. A **feofitina *a*** e a **feofitina *b*** são idênticas à clorofila *a* e à clorofila *b*, respectivamente, exceto que em cada caso o íon magnésio, Mg^{2+}, foi substituído por dois íons de hidrogênio, $2H^+$.

LEITURA EXIGIDA

Revisão:	Técnicas 5 e 6	
	Técnica 7	Reações, Seção 7.9
	Técnica 12	Extrações, separações e agentes secantes, Seções 12.5 e 12.9
	Técnica 20	Cromatografia em camada delgada
Novo:	Técnica 19	Cromatografia em colunas
	Ensaio 8	A química da visão

INSTRUÇÕES ESPECIAIS

O hexano e a acetona são altamente inflamáveis. Evite utilizar chamas enquanto estiver trabalhando com esses solventes. Efetue a cromatografia em camada fina na capela de exaustão. O procedimento requer um tubo para centrifugação com uma tampa colocada firmemente. Se não houver um disponível, você pode utilizar um misturador com vórtice para misturar os líquidos. Outra alternativa é utilizar uma rolha para tampar o tubo; no entanto, a rolha irá absorver parte do líquido.

É preferível utilizar espinafre fresco a espinafre congelado. Por causa da manipulação, o espinafre congelado contém pigmentos adicionais difíceis de serem identificados, e como os pigmentos são sensíveis à luz e podem sofrer a oxidação pelo ar, é preciso trabalhar rapidamente. As amostras devem ser armazenadas em recipientes fechados e mantidas no escuro, quando possível. O procedimento de cromatografia em colunas demora menos de quinze minutos para ser realizado e não pode ser interrompido até ser concluído. Desse modo, é importante que todos os materiais necessários para esta parte do experimento sejam preparados antecipadamente e que você esteja totalmente familiarizado com o procedimento antes de finalizar a coluna. Se for preciso preparar a mistura de solventes composta de 70% hexano–30% acetona, certifique-se de misturá-la completamente antes de utilizá-la.

MEIO SUGERIDO PARA O DESCARTE DE REJEITOS

Descarte todos os solventes orgânicos no recipiente destinado a solventes orgânicos não halogenados. Coloque a alumina no recipiente designado para a alumina úmida.

NOTAS PARA O PROFESSOR

A cromatografia em colunas deve ser realizada com alumina ativada da EM Science (N° AX0612-1). Os tamanhos de partícula são uma malha de 80–120, e o material é do Tipo F-20. Seque a alumina durante a noite em um forno a 110 °C e armazene-a em um frasco muito bem selado. Talvez seja necessário secar a alumina existente há muitos anos por um tempo mais longo e a uma temperatura mais elevada. Dependendo do quanto a alumina é seca, serão precisos solventes de diferente polaridade para eluir os componentes da coluna.

Para a cromatografia em camada fina, utilize placas de sílica-gel flexíveis, da Whatman, com um indicador fluorescente (N° 4410 222). Se as placas de TLC não tiverem sido adquiridas recentemente, coloque--as em um forno a 110 °C por trinta minutos e armazene-as em um dessecador até serem utilizadas.

Se você utilizar uma alumina diferente ou diferentes placas de camada fina, tente realizar o experimento antes que os alunos se encaminhem para a aula. Materiais diferentes daqueles especificados aqui podem apresentar resultados diferentes dos indicados neste experimento.

PROCEDIMENTO

Parte A. Extração dos pigmentos

Pese aproximadamente 0,5 g de folhas de espinafre fresco (ou 0,25 g de espinafre congelado; e evite utilizar os talos ou ramos grossos). O espinafre fresco é preferível, se estiver disponível. Se for utilizado espinafre congelado, seque as folhas descongeladas pressionando-as entre diversas camadas de toalhas de papel. Corte ou pique as folhas de espinafre em pedaços pequenos e coloque-os em um almofariz, juntamente com 1,0 mL de acetona fria. Amasse-as com um pistilo até que as folhas de espinafre tenham sido fragmentadas em partículas pequenas demais para serem vistas claramente. Caso tenha evaporado acetona demais, é possível adicionar outra porção de acetona (0,5–1,0 mL) para efetuar a etapa seguinte. Com uma pipeta Pasteur, transfira a mistura para um tubo para centrifugação. Lave o almofariz e o pistilo com 1,0 mL de acetona fria e transfira a mistura restante para o tubo para centrifugação. Centrifugue a mistura (certifique-se de equilibrar o tubo). Utilizando uma Pipeta Pasteur, transfira o líquido para um tubo para centrifugação com uma tampa firmemente colocada (veja o item "Instruções especiais", se não houver nenhuma disponível).

Adicione 2,0 mL de hexano ao tubo, tampe-o e agite completamente a mistura. Em seguida, acrescente 2,0 mL de água e agite completamente ventilando ocasionalmente. Centrifugue a mistura para romper a emulsão, que geralmente aparece como uma camada verde, turva, no meio da mistura. Remova a camada aquosa no fundo com uma pipeta Pasteur. Também com uma pipeta Pasteur, prepare uma coluna contendo sulfato de sódio anidro para secar a camada de hexano restante, que contém os pigmentos dissolvidos. Coloque um tampão de algodão em uma pipeta Pasteur (de 5 3⁄4 polegadas) e ajuste-o em posição com um bastão de vidro. A posição correta do algodão é mostrada na figura nesta página. Acrescente aproximadamente 0,5 g de sulfato de sódio anidro em pó ou em grãos e tampe a coluna com seu dedo para completar o material.

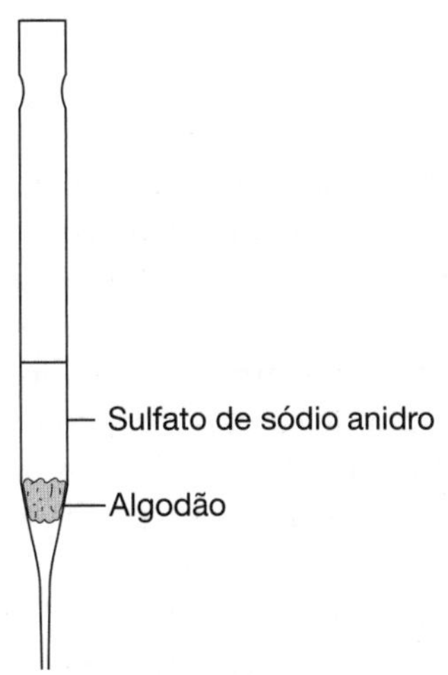

Coluna para secagem do extrato.

Fixe a coluna na posição vertical e coloque um tubo de ensaio seco (13 mm *x* 100 mm) na parte de baixo da coluna. Rotule-o com um *E*, referente a extrato, para não confundi-lo com os tubos de ensaio com os quais você irá trabalhar posteriormente neste experimento. Com uma pipeta Pasteur, transfira a camada de hexano para a coluna. Quando toda a solução tiver sido retirada, adicione 0,5 mL de hexano à coluna para extrair todos os pigmentos do agente secante. Evapore o solvente colocando o tubo de ensaio em um banho de água quente (40–60 °C) e direcionando um fluxo de gás nitrogênio (ou ar seco) no tubo. Dissolva o resíduo em 0,5 mL de hexano. Tampe o tubo de ensaio e coloque-o em sua gaveta até que você esteja pronto para preparar a coluna de cromatografia de alumina.

Parte B. Cromatografia em colunas

Introdução. Os pigmentos são separados em uma coluna empacotada com alumina. Embora existam muitos componentes em sua amostra, em geral, eles se separam em duas principais faixas na coluna. A primeira faixa a passar através da coluna é amarela e consiste em carotenos. Essa faixa pode ter menos de 1 mm de largura e pode passar pela coluna rapidamente. É fácil acontecer de a faixa não ser vista à medida que passa através da alumina. A segunda faixa consiste em todos os outros pigmentos analisados na introdução deste experimento. Embora seja formada de pigmentos verdes e amarelos, ela aparece como uma faixa verde da coluna. A faixa verde se expande para fora da coluna mais que a faixa amarela, e se move mais lentamente. Ocasionalmente, os componentes verdes e amarelos nessa faixa irão se separar à medida que a faixa se move para baixo na coluna. Caso isso comece a ocorrer, mude para um solvente de maior polaridade, de modo que os componentes apareçam como uma única faixa. À medida que as amostras eluem da coluna, colete faixa amarela (carotenos) em um tubo de ensaio, e a faixa verde, em outro tubo de ensaio.

Uma vez que o caráter higroscópico da alumina é difícil de controlar, diferentes amostras podem ter diferentes atividades. A atividade da alumina é um fator importante para se determinar a polaridade do solvente necessária para eluir cada faixa de pigmentos. Diversos solventes com um intervalo de polaridades são utilizados neste experimento. Veja a seguir os solventes e suas polaridades relativas:

Hexano	Polaridade
70% de hexano–30% de acetona	crescente
Acetona	↓
80% de acetona–20% de metanol	

Um solvente de menor polaridade faz eluir a faixa amarela; um solvente de maior polaridade deve fazer eluir a faixa verde. Neste procedimento, primeiramente, você tentará fazer eluir a faixa amarela com hexano. Se a faixa amarela não se mover com o hexano, é preciso então adicionar o próximo solvente mais polar. Continue com o processo até encontrar um solvente que mova a faixa amarela. Quando encontrar o solvente apropriado, continue utilizando-o até que a faixa amarela seja eluída da coluna. Quando isso acontecer, mude para o próximo solvente mais polar. Ao encontrar um solvente que mova a faixa verde, continue utilizando-o até que a faixa seja eluída. Lembre-se de que, ocasionalmente, uma segunda faixa amarela começará a se mover para baixo na coluna antes que a faixa verde se mova. Essa faixa amarela será muito mais larga que a primeira. Caso isso ocorra, mude para um solvente mais polar. Fará com que todos os componentes na faixa verde desçam ao mesmo tempo.

Preparação antecipada. Antes de correr a coluna, separe os seguintes líquidos e objetos de vidro. Pegue cinco tubos de ensaio secos (16 mm *x* 100 mm) e numere-os de 1 a 5. Prepare duas pipetas Pasteur secas com bulbos conectados. Calibre um deles para proporcionar um volume de aproximadamente 0,25 mL (veja a Técnica 5, Seção 5.4). Coloque 10,0 mL de hexano, 6,0 mL de solução de 70% de hexano–30% de acetona (por volume), 6,0 mL de acetona e 6,0 mL de solução de 80% de acetona–20% de metanol (por volume) em quatro recipientes separados. Rotule claramente cada recipiente.

Prepare uma coluna de cromatografia empacotada com alumina. Coloque um tampão de algodão apertado levemente em uma pipeta Pasteur (53⁄4 polegadas) e empurre-o suavemente para a posição utilizando um bastão de vidro (veja a Figura da página 511, para saber qual é a posição correta do algodão). Adicione 1,25 g de alumina (EM Science, N° AX0612-1) à pipeta[1], batendo levemente na coluna,

[1] Como opção, os alunos podem preparar um microfunil de uma pipeta plástica descartável, com capacidade de 1 mL. O microfunil é preparado da seguinte maneira: (1) corte o bulbo pela metade, com uma tesoura, e (2) corte a haste em um ângulo de cerca de 1/2 polegada abaixo do bulbo. O funil pode ser colocado no topo da coluna (a pipeta Pasteur ajuda a preencher a coluna com alumina ou com os solventes; veja a Técnica 19, Seção 19.6).

com seu dedo. Quando toda a alumina tiver sido adicionada, bata na coluna com o dedo, durante vários segundos, a fim de garantir que a alumina esteja firmemente empacotada. Fixe a coluna na posição vertical, de modo que seu fundo fique logo acima da altura dos tubos de ensaio que serão utilizados para coletar as frações. Coloque o tubo de ensaio 1 sob a coluna.

NOTA

Leia o procedimento a seguir, sobre como correr uma coluna. O procedimento de cromatografia dura menos de quinze minutos, e você não pode interrompê-lo até que todo o material seja eluído da coluna. É preciso que você tenha uma boa compreensão de todo o procedimento, antes de correr a coluna.

Preparação da coluna. Utilizando uma pipeta Pasteur, adicione lentamente cerca de 3,0 mL de hexano à coluna, que deve estar totalmente umedecida pelo solvente. Seque o excesso de hexano até que o nível atinja o topo da alumina. Depois de ter acrescentado hexano à alumina, não se deve deixar o topo da coluna secar. Se necessário, adicione mais hexano.

NOTA

É essencial que o nível do líquido não diminua abaixo da superfície da alumina em nenhum momento, durante o procedimento.

Quando o nível do hexano atingir o topo da alumina, adicione cerca de metade (0,25 mL) dos pigmentos dissolvidos à coluna. Deixe o restante no tubo de ensaio para o procedimento de cromatografia em camada fina. (Coloque uma rolha no tubo e coloque-o novamente em sua gaveta). Continue coletando o eluente no tubo de ensaio 1. Assim que a solução do pigmento penetrar a coluna, adicione 1 mL de hexano e drene até que a superfície do líquido tenha atingido a alumina.

Adicione aproximadamente 4 mL de hexano. Se a faixa amarela começar a se separar da faixa verde, continue a adicionar hexano até que a faixa amarela passe através da coluna. Caso a faixa amarela não se separe da faixa verde, mude para o próximo solvente mais polar (70% de hexano–30% de acetona). Ao trocar os solventes, não adicione o novo solvente até que o último tenha praticamente penetrado a alumina. Quando o solvente apropriado tiver sido encontrado, adicione-o até que a faixa amarela passe pela coluna. Pouco antes de a faixa amarela atingir o fundo da coluna, coloque o tubo de ensaio 2 sob a coluna. Quando o eluente novamente se tornar incolor (o volume total do material amarelo deve ser menor que 2 mL), coloque o tubo de ensaio 3 sob a coluna.

Adicione diversos mL do próximo solvente mais polar quando o nível do último solvente estiver quase no topo da alumina. Se a faixa verde se mover para baixo na coluna, continue a adicionar o solvente até que a faixa verde seja eluída da coluna. Se a faixa verde não se mover ou se uma faixa amarela difusa começar a se mover, mude para o próximo solvente mais polar. Mude de solvente novamente, se for necessário. Colete a faixa verde no tubo de ensaio 4. Quando houver pouca ou nenhuma cor verde no eluente, coloque o tubo de ensaio 5 sob a coluna e interrompa o procedimento.

Utilizando um banho de água quente (40°–60 °C) e um fluxo de gás nitrogênio, evapore o solvente do tubo contendo a faixa amarela (tubo 2), do tubo contendo a faixa verde (tubo 4) e do tubo contendo a solução de pigmento original (tubo E). Assim que todo o solvente tiver evaporado de cada um dos tubos, remova-os do banho de água. Não deixe que nenhum dos tubos permaneça no banho de água depois que o solvente tiver evaporado. Tampe os tubos e coloque-os em sua gaveta.

Parte C. Cromatografia em camada fina

Preparação da placa de TLC. A Técnica 20 descreve os procedimentos para a cromatografia em camada fina. Utilize uma placa de TLC de 10 cm *x* 3,3 cm (placas de sílica-gel, da Whatman, N° 4410 222). Essas placas têm uma estrutura flexível, mas não podem dobrar excessivamente. Manipule-as cuidadosamente, ou o adsorvente poderá descamá-las. Além disso, você deverá manipulá-las somente pelas bordas; não toque a superfície. Com a ponta de um lápis (não uma caneta), desenhe levemente uma linha que cruze a placa (uma linha pequena), a cerca de 1 cm do fundo (veja a próxima figura). Utilizando uma régua em centímetros, mova seu índice aproximadamente de 0,6 cm da borda da placa e marque levemente três intervalos de 1 cm na linha. Esses são os pontos nos quais as amostras serão colocadas.

Prepare três micropipetas para colocar as amostras na placa. A preparação dessas pipetas é descrita e ilustrada na Técnica 20, Seção 20.4. Prepare uma câmara de desenvolvimento de TLC com 70% de hexano–30% de acetona (veja a Técnica 20, Seção 20.5). Um béquer coberto com folha de alumínio ou um frasco de boca larga, com tampa de rosca, é um recipiente adequado para se utilizar (veja a Técnica 20, Figura 20.5). A estrutura das placas de TLC é fina, de modo que se elas tocarem o contorno do papel de filtro em qualquer parte, o solvente começará a se difundir na superfície absorvente em qualquer ponto. Para evitar isso, certifique-se de que o contorno do papel de filtro não contorne completamente o interior do recipiente. É preciso proporcionar um espaço de cerca de 2 polegadas.

Preparação da placa de TLC.

Utilizando uma pipeta Pasteur, adicione 2 gotas de 70% de hexano–30% de acetona a cada um dos três tubos de ensaio contendo pigmentos secos. Agite os tubos para que as gotas de solvente dissolvam os pigmentos tanto quanto for possível. A placa de TLC deverá ser marcada com três amostras: o extrato, a faixa amarela da coluna e a faixa verde. Para cada uma das três amostras, utilize uma micropipeta diferente para colocar a amostra na placa. O método de colocar a amostra na placa de TLC é descrito na Técnica 20, Seção 20.4. Capte parte da amostra na pipeta (não utilize um bulbo; ação capilar irá retirar o líquido). Para o extrato (tubo rotulado com a letra E) e a faixa verde (tubo 4), toque a placa uma vez, levemente, e deixe o solvente evaporar. A marca não poderá ter mais que 2 mm de diâmetro e deve ter uma cor verde razoavelmente escura. Para a faixa amarela (tubo 2), repita a técnica para colocar a amostra na placa de 5 a 10 vezes, até que a marca apresente uma cor amarela bem definida. Deixe o solvente evaporar completamente entre sucessivas aplicações e colocque a amostra na placa exatamente na mesma posição, a cada vez. Reserve as amostras líquidas, caso você precise repetir a TLC.

Desenvolvimento da placa de TLC. Coloque a placa de TLC na câmara de desenvolvimento, certificando-se de que não entre em contato com o contorno do papel de filtro. Remova a placa quando a parte frontal do solvente estiver a 1–2 cm do topo da placa. Utilizando a ponta de um lápis, marque a posição da parte superior do solvente. Assim que as placas estiverem secas, faça o contorno das marcas com um lápis e indique as cores. É importante fazer isso logo depois que as placas estiverem secas, porque alguns dos pigmentos mudarão de cor quando expostos ao ar.

Análise dos resultados. No extrato bruto, você deverá ser capaz de ver os seguintes componentes (na ordem decrescente de valores):

Carotenos (1 mancha) (amarelo-laranja)

Feofitina *a* (cinza, pode ser quase tão intensa quanto à clorofila *b*)

Feofitina *b* (cinza, pode não ser visível)

Clorofila *a* (verde-azulado, mais intensa que a clorofila *b*)

Clorofila *b* (verde)

Xantofilas (possivelmente, três manchas: amarelas)

Dependendo da amostra de espinafre, das condições do experimento e do quanto da amostra foi identificado na placa de TLC, é possível observar outros pigmentos. Os componentes adicionais podem resultar da oxidação pelo ar, da hidrólise ou de outras reações químicas envolvendo os pigmentos discutidos neste experimento. É comum observar outros pigmentos nas amostras de espinafre congelado. Também é comum observar componentes na faixa verde que não estavam presentes no extrato.

Identifique nas amostras tantas manchas quanto for possível. Determine quais pigmentos estavam presentes na faixa amarela e quais estavam presentes na faixa verde. Faça um desenho da placa de TLC em seu caderno de laboratório. Rotule cada mancha com sua cor e sua identidade, quando possível. Calcule os valores de R_f para cada mancha produzida pela cromatografia do extrato (veja a Técnica 20, Seção 20.9). Caso seu professor solicite, encaminhe a placa de TLC com seu relatório.

■ QUESTÕES ■

1. Por que as clorofilas são menos móveis na cromatografia em colunas e por que apresentam menores valores de R_f que os carotenos?
2. Proponha fórmulas estruturais para a feofitina *a* e a feofitina *b*.
3. O que aconteceria aos valores dos pigmentos se você tivesse de aumentar a concentração relativa da acetona no solvente de desenvolvimento?
4. Utilizando seus resultados como guia, comente sobre a pureza do material nas faixas verde e amarela; ou seja, cada faixa consiste em um único componente?

Experimento 16

Etanol por meio da sacarose

Para obter mais informações sobre este experimento, consulte o Ensaio sobre o Etanol e a química da fermentação, na página 888.

Fermentação

Destilação fracionada

Azeótropos

Tanto a sacarose como a maltose podem ser utilizadas como a matéria-prima para produzir o etanol. A sacarose é um dissacarídeo, de fórmula $C_{12}H_{22}O_{11}$, que tem uma molécula de glicose combinada com a frutose. A maltose consiste em duas moléculas de glicose. A enzima **invertase** é empregada para catalisar a hidrólise da sacarose. A **maltase** é mais efetiva para catalisar a hidrólise da maltose, que é discutida no Ensaio 9, "Etanol e fermentação". A **zímase** é utilizada para converter os açúcares hidrolisados em álcool e dióxido de carbono. Pasteur observou que o crescimento e a fermentação eram promovidos pela adição de pequenas quantidades de sais minerais ao meio nutriente. Posteriormente, foi descoberto que antes de a fermentação realmente iniciar, os açúcares da hexose se combinam com o ácido fosfórico, e a combinação resultante, hexose–ácido fosfórico, é então, degradada em dióxido de carbono e etanol. O dióxido de carbono não é desperdiçado no processo comercial porque é convertido em gelo seco.

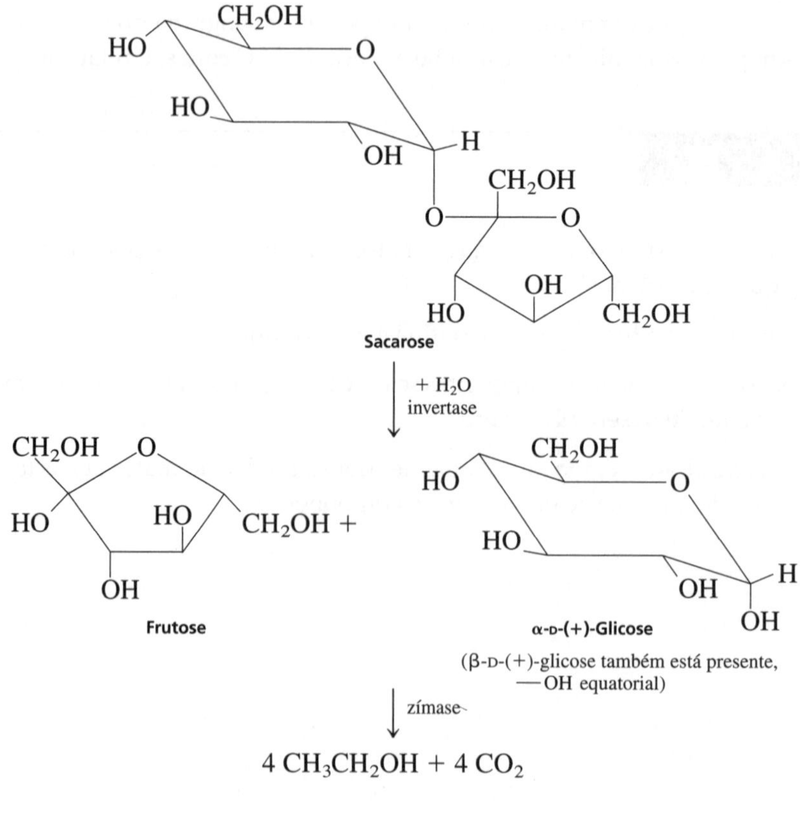

Sacarose

$\downarrow$ $+ H_2O$, invertase

Frutose + **α-D-(+)-Glicose**

(β-D-(+)-glicose também está presente, —OH equatorial)

$\downarrow$ zímase

$$4\ CH_3CH_2OH + 4\ CO_2$$

A fermentação é inibida por seu produto final, o etanol; não é possível preparar soluções contendo mais de 10–15% de etanol, por meio deste método. O etanol mais concentrado pode ser isolado pela destilação fracionada. O etanol e a água formam uma mistura azeotrópica que consiste em 95% de etanol e 5% de água em massa, que é o etanol mais concentrado que pode ser obtido pelo fracionamento das misturas diluídas de etanol–água.

LEITURA EXIGIDA

Revisão:	Técnica 8	Filtração, Seções 8.3 e 8.4
	Técnica 13	Constantes físicas de líquidos, Parte A
		Pontos de ebulição e correção de termômetro
Novo:	Técnica 13	Constantes físicas de líquidos, Parte B. Densidade
	Técnica 15	Destilação fracionada, azeótropos
	Ensaio 9	Etanol e a química da fermentação

INSTRUÇÕES ESPECIAIS

Dê início ao processo de fermentação pelo menos uma semana antes do período no qual o etanol será isolado. Quando a solução aquosa de etanol tiver de ser separada por meio das células de fermento, é importante transferir cuidadosamente tanto do líquido claro, que flutua na superfície, quanto for possível, sem agitar a mistura.

MEIO SUGERIDO PARA O DESCARTE DE REJEITOS

Descarte todas as soluções aquosas no recipiente destinado a rejeitos aquosos. O filtro auxiliar pode ser descartado em recipientes para lixo.

NOTAS PARA O PROFESSOR

Pode ser necessário utilizar uma fonte de aquecimento externa para manter uma temperatura de 30–35 °C. Coloque uma lâmpada na capela de exaustão para agir como fonte de calor.

Este experimento também pode ser realizado sem efetuar a fermentação. Forneça a cada aluno 20 mL de uma solução de 10% de etanol, que é utilizada para colocar a mistura em fermentação na seção de destilação fracionada do procedimento.

PROCEDIMENTO

Fermentação. Coloque 20,0 g de sacarose em um frasco de Erlenmeyer de 250 mL. Adicione 175 mL de água aquecida a 25–30 °C, 20 mL de sais de Pasteur,[1] e 2,0 g de fermento seco. Agite intensamente o conteúdo, para misturar bem, e então, coloque no frasco uma tampa de borracha com um orifício central, encaixada em um tubo de vidro conectado a um béquer ou tubo de ensaio contendo uma solução saturada de hidróxido de cálcio.[2] Proteja o hidróxido de cálcio do ar, adicionando um pouco de óleo mineral ou xileno para formar uma camada em cima do hidróxido de cálcio (veja a figura da página 518). Ocorrerá a formação de um precipitado de carbonato de cálcio, indicando que o CO_2 está se desenvolvendo. Como alternativa, um balão pode ser substituído por um trap de hidróxido de cálcio. O oxigênio da atmosfera

[1] Uma solução de sais de Pasteur consiste em 2,0 g de fosfato de potássio; 0,20 g de fosfato de cálcio; 0,20 g de sulfato de magnésio, e 10,0 g de tartarato de amônia, dissolvidos em 860 mL de água.

[2] Como alternativa, você pode cobrir a abertura do frasco com uma embalagem de plástico saran ou outra embalagem plástica, utilizando um elástico para segurar a embalagem plástica firmemente no lugar.

é excluído da reação química, por meio dessas técnicas. Se o oxigênio puder continuar em contato com a solução que está fermentando, o etanol poderá ser ainda mais oxidado para ácido acético, ou mesmo completamente, até formar dióxido de carbono e água. Enquanto o dióxido de carbono continuar a ser liberado, o etanol está sendo formado.

Deixe a mistura em repouso, a cerca de 30–35 °C, até que a fermentação esteja concluída, conforme indicado pela interrupção da evolução do gás. Geralmente, é necessário decorrer uma semana. Depois desse período, mova cuidadosamente o frasco para longe da fonte de calor e retire a tampa. Sem mover o sedimento, transfira para outro recipiente a solução líquida clara que flutua na superfície, por meio de decantação.

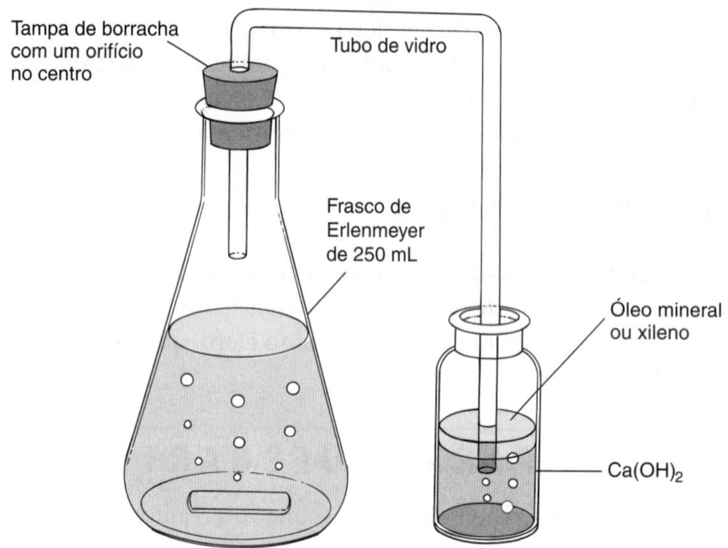

Aparelho para o experimento de fermentação.

Se o líquido não estiver claro, clareie-o de acordo com o seguinte método. Coloque aproximadamente 1 colher de sopa de filtro auxiliar, da marca Johns-Manville Celite, em um béquer contendo cerca de 100 mL de água. Agite bem a mistura e, então, despeje o conteúdo em um funil de Büchner (com filtro de papel), enquanto aplica um vácuo, como na filtração a vácuo (veja a Técnica 8, Seção 8.3). Esse procedimento fará com que uma fina camada de filtro auxiliar) seja depositada no papel de filtro (veja a Técnica 8, Seção 8.4). Descarte a água que passar através do filtro. Em seguida, o líquido decantado contendo etanol passa pelo filtro, por meio de delicada sucção. As partículas de fermento extremamente finas são capturadas nos poros do filtro auxiliar. O líquido contém etanol em água, além de pequenas quantidades de metabólitos dissolvidos (óleos fúseis) a partir do fermento.

Destilação fracionada. Monte o aparelho mostrado na Técnica 15, Figura 15.2; selecione um balão de fundo redondo que será preenchido até entre metade e dois terços, com o líquido a ser destilado. Isole a cabeça de destilação cobrindo-a com uma camada de algodão fixada no lugar com uma folha de alumínio. Como fonte de calor, utilize uma manta de aquecimento. Embale o condensador (aquele de seu kit que tem o diâmetro maior) uniformemente, com cerca de 3 g de material de esponja de limpeza, feita de aço inoxidável (sem sabão!), (veja o Experimento 6).

ADVERTÊNCIA

Ao manusear a esponja de aço inoxidável, você deve utilizar grossas luvas de algodão. As bordas são muito afiadas e podem facilmente cortar a pele. 

Adicione cerca de 10 g de carbonato de potássio à solução filtrada para cada 20 mL de líquido. Depois que a solução se tornar saturada com o carbonato de potássio, transfira-a para o balão de fundo redondo do aparelho de destilação. É importante destilar o líquido **lentamente** até que a coluna de fracionamento obtenha a melhor separação possível. Isso pode ser feito seguindo cuidadosamente as próximas instruções: uma vez que o etanol se move para cima na coluna de destilação, ele não irá umedecer a esponja de aço inoxidável e você não terá condições de ver o etanol. Depois que todo o etanol tiver começado a se mover para cima na coluna, a água passará a entrar na coluna. Já que a água umedecerá a esponja de aço inoxidável, será possível ver a água se movendo gradualmente para a parte de cima da coluna. Para obter uma boa separação, será necessário controlar a temperatura no balão de destilação, de modo que demore cerca de dez a quinze minutos para que a água se mova para cima na coluna. Assim que o etanol atingir o topo da coluna, a temperatura na cabeça de destilação aumentará para aproximadamente 78 °C e, então, se elevará gradualmente até que a fração de etanol seja destilada. Colete a fração em ebulição entre 78 °C e 84 °C, e descarte os resíduos no balão de destilação. Você deverá coletar aproximadamente 4–5 mL de destilado. A destilação deverá, então, ser interrompida removendo-se o aparelho da fonte de calor.

Análise do destilado. Determine o peso total do destilado. Determine a densidade aproximada do destilado transferindo um volume conhecido do líquido com uma pipeta automática ou uma pipeta graduada para um frasco aferido. Faça a repesagem do frasco e calcule a densidade. Esse método é bom para dois algarismos significativos. Utilizando a tabela a seguir, determine a composição percentual em massa, do etanol, em seu destilado, com base na densidade de sua amostra. A extensão da purificação do etanol é limitada porque o etanol e a água formam uma mistura de ebulição constante, um azeotrópo, com uma composição de 95% de etanol e 5% de água.

Porcentagem de etanol em massa	Densidade a 20 °C (g/mL)	Densidade a 25 °C (g/mL)
75	0,856	0,851
80	0,843	0,839
85	0,831	0,827
90	0,818	0,814
95	0,804	0,800
100	0,789	0,785

Calcule o rendimento percentual do álcool e encaminhe o etanol para o professor em um frasco rotulado.[3]

[3] Uma análise cuidadosa por meio da cromatografia na fase gasosa por ionização com chama, realizada em uma típica amostra de etanol preparada por um aluno, apresentou os seguintes resultados:

Acetaldeído	0,060%
Dietilacetal de acetaldeído	0,005%
Etanol	88,3% (pelo hidrômetro)
1-Propanol	0,032%
2-Metil-1-propanol	0,092%
5-Carbono e álcoois superiores	0,140%
Metanol	0,040%
Água	11,3% (por diferença)

■ QUESTÕES ■

1. Escreva uma equação balanceada para a conversão da sacarose em etanol.
2. Ao fazer uma pesquisa na biblioteca, tente descobrir qual é o método, ou métodos, comercial utilizado para produzir **etanol absoluto**.
3. Por que é necessário um trap de ar na fermentação?
4. Como a impureza do acetaldeído surge na fermentação?
5. O dietilacetal de acetaldeído pode ser detectado pela cromatografia na fase gasosa. Como essa impureza surge na fermentação?
6. Calcule quantos mililitros de dióxido de carbono serão produzidos, teoricamente, a partir de 20 g de sacarose a 25 °C e pressão de 1 atmosfera.

PARTE 3

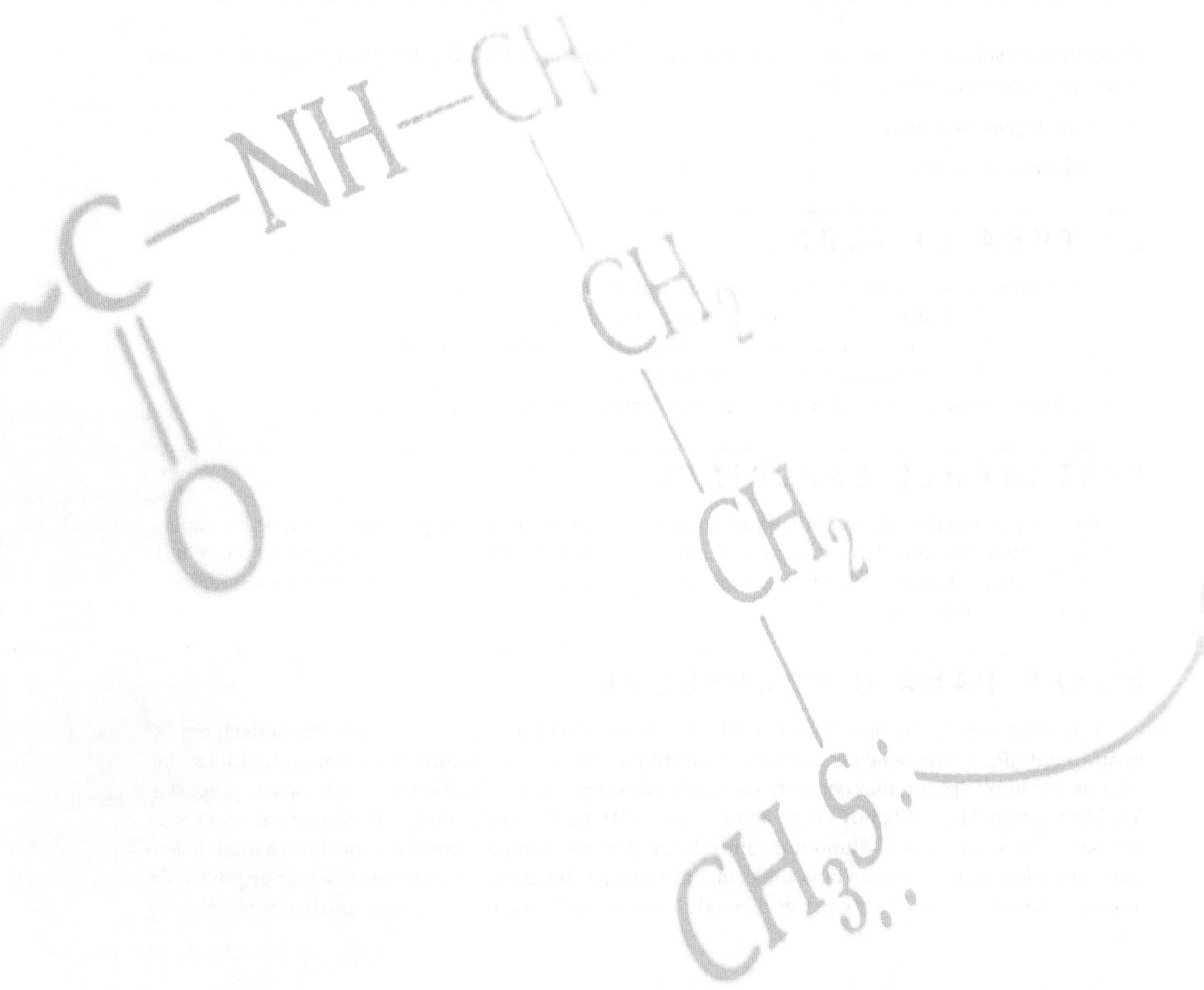

Introdução à Modelagem Molecular

Experimento 17

Uma introdução à modelagem molecular

Para obter mais informações sobre este experimento, consulte o Ensaio sobre Modelagem molecular e mecânica molecular, na página 891.

Modelagem molecular

Mecânica molecular

LEITURA EXIGIDA

Revisão: As seções de seu livro de estudo tratam da:

1. Conformação de compostos cíclicos e acíclicos

2. As energias de alcenos, com relação ao grau de substituição

3. As energias relativas de *cis-* e *trans-*alcenos

Novo: Ensaio 10: Modelagem molecular e mecânica molecular

INSTRUÇÕES ESPECIAIS

Para realizar este experimento, é preciso utilizar software de computador que tenha a capacidade de efetuar cálculos de mecânica molecular (MM2 ou MM3), com minimização da energia de tensão. Ou seu professor lhe fornecerá a devida orientação para o uso do software ou você receberá um folheto com instruções.

NOTAS PARA O PROFESSOR

Este experimento de mecânica molecular foi elaborado utilizando o programa de modelagem PC Sparta; contudo, aparentemente, é possível usar muitas outras implementações de mecânica molecular. Alguns dos outros programas compatíveis, que estão disponíveis, são: Alchemy 2000, Spartan, Spartan '08, MacSpartan, HyperChem, CAChe and Personal CAChe, PCModel, Insight II, Nemesis e Sybyl. Será necessário fornecer aos seus alunos uma introdução para a sua implementação específica, a qual deverá mostrar a eles como construir uma molécula, minimizar sua energia e carregar e salvar arquivos. Os alunos também precisarão ser capazes de medir comprimentos de ligação e ângulos de ligação.

Experimento 17A

As conformações do n-butano: mínimo local

A molécula do butano acíclico tem diversas conformações derivadas da rotação em torno da ligação C2–C3. As energias relativas dessas conformações foram bem estabelecidas experimentalmente e são apresentadas na tabela a seguir.

Conformação	Ângulo de torção	Energia relativa (kcal/mol)	Energia relativa (kJ/mol)	Tipos de tensão
Sin	0°	6,0	25,0	Estérica/torcional
Gauche	60°	1,0	4,2	Estérica
Eclipsada 120	120°	3,4	14,2	Torcional
Anti	180°	0	0	Sem tensão

Nesta seção, mostraremos que, embora a mecânica molecular não calcule as energias termodinâmicas exatas para as conformações do butano, ela fornecerá as energias de tensão que preveem corretamente a *ordem* de estabilidade. Também investigaremos a diferença entre um mínimo local e um mínimo global.

Ao construir uma estrutura de butano, você pode esperar que o minimizador sempre chegue à conformação *anti* (menor energia). Na verdade, na maior parte dos programas de mecânica molecular, isso acontecerá somente se você influenciar o minimizador iniciando com uma estrutura de butano que lembra muito a conformação *anti*. Se isso for feito, o minimizador encontrará a conformação *anti* (o mínimo *global*). Entretanto, se for construída uma estrutura que não se pareça muito com a conformação *anti*, o butano geralmente minimizará a conformação *gauche* (o mínimo *local* mais próximo) e não prosseguirá para o mínimo global. Para as conformações alternadas, você deverá começar criando suas moléculas iniciais de butano, com ângulos torcionais ligeiramente removidos dos dois mínimos. No entanto, as conformações eclipsadas serão definidas nos ângulos exatos para verificar se eles vão se minimizar. Seus dados serão registrados em uma tabela com os seguintes títulos: *Ângulo inicial, Ângulo Minimizado, Conformação final e Energia minimizada.*

Seu programa deverá ter uma característica que permite estabelecer comprimentos de ligação, ângulos de ligação e ângulos torcionais.[1] Nesse caso, você pode simplesmente selecionar o ângulo de torção C1–C2–C3–C4 e especificar 160° para definir a primeira forma inicial. Selecione o minimizador e deixe-o funcionar até que a operação seja concluída. A conformação *anti* é encontrada (180°)? Registre a energia. Repita o processo, começando com ângulos de torção de 0°, 45° e 120° para a estrutura do butano. Registre as energias de tensão e relate as conformações finais formadas em cada caso. Quais são suas conclusões? Seus resultados finais coincidem com os que são apresentados na tabela?

Se seu minimizador tiver rotacionado as duas formações eclipsadas (0° e 120°) para seus mínimos alternados mais próximos, talvez, seja preciso restringir o minimizador a uma única iteração, a fim de calcular

[1] Se seu programa não tiver esse recurso, é possível fazer a aproximação dos ângulos especificados pela construção de suas moléculas iniciais na tela, em formato de Z, para uma delas, e em formato de U, para a outra.

suas energias. Essa restrição calcula uma **energia de ponto único**, e a energia da estrutura não é minimizada. Se necessário, calcule as energias de ponto único das conformações eclipsadas e registre seus resultados.

Nesse caso, a lição é que você pode precisar experimentar vários pontos iniciais para encontrar a estrutura correta para a menor conformação de energia de uma molécula! Não aceite seu primeiro resultado sem questionar, mas observe-o com o olhar cético de um químico experiente e teste-o novamente.

Exercício opcional. Registre as energias de ponto único para toda rotação de 30°, começando em 0° e terminando em 360°. Quando essas energias tiverem sido representadas, em função de seus ângulos, o gráfico deverá lembrar a curva de energia rotacional mostrada para o butano na maioria dos livros de química orgânica.

Experimento 17B

Conformações em cadeira e em barco, do ciclo-hexano

Neste exercício, investigaremos as conformações em cadeira e em barco, do ciclo-hexano. Muitos programas terão essas conformações armazenadas em disco como modelos ou fragmentos. Se estiverem disponíveis como modelos ou fragmentos, você precisará somente adicionar hidrogênios ao modelo. Não é difícil construir a cadeira; basta representar seu ciclo-hexano na tela de modo que ele se pareça com uma cadeira (ou seja, do mesmo modo como se pode desenhá-lo no papel). Esse desenho básico geralmente vai se minimizar para uma cadeira. O barco é mais difícil de construir. Quando se desenha uma estrutura de barco na tela, ele vai se minimizar para um barco *torcido*, em vez do barco simétrico, que é desejado.

Antes de construir qualquer um dos ciclo-hexanos, crie uma molécula de propano. Minimize-a e meça os comprimentos das ligações CH e CC e o ângulo de ligação CCC. Registre esses valores; você vai utilizá-los como referência.

Agora, crie uma cadeira de ciclo-hexano e minimize-a. Meça os comprimentos das ligações CH e CC e o ângulo CCC no anel. Compare esses valores aos do propano. O que você conclui? Gire a molécula de modo que possa vê-la pela extremidade, olhando para baixo, para duas ligações, simultaneamente (como em uma projeção de Newman). Todos os hidrogênios estão alternados? Gire a cadeira e observe-a a partir de um ângulo de extremidade diferente. Todos os hidrogênios ainda estão alternados? O raio de Van der Waals de um átomo de hidrogênio é de 1,20 Ångstrom. Os átomos de hidrogênio que estiverem mais próximos que 2,40 Ångstroms vão se "tocar" entre si e criar tensão estérica. Alguns dos hidrogênios na cadeira de ciclo-hexano estão suficientemente próximos para causar tensão estérica? Quais são suas conclusões?

Agora, crie um ciclo-hexano em barco (a partir de um modelo), mas não o minimize.[1] Meça os comprimentos das ligações CH e CC e os ângulos de ligação CCC em ambos os picos e no canto inferior do anel. Compare esses valores aos do propano. Gire a molécula de modo que possa vê-la pela extremidade, olhando para baixo, para as duas ligações paralelas nos lados do barco. Os hidrogênios são eclipsados ou alternados? Meça as distâncias entre os vários hidrogênios no anel, incluindo os hidrogênios proa–mastro e os hidrogênios axial e equatorial, no lado do anel. Algum dos hidrogênios está gerando tensão estérica?

Minimize o barco para um barco torcido e repita todas as medições. Escreva todas as suas conclusões sobre cadeiras, barcos e barcos torcidos em seu relatório.

[1] Se desejar, poderá obter uma energia de ponto único.

Experimento 17C

Anéis de ciclo-hexano substitutos (Exercícios do pensamento crítico)

Estes exercícios são projetados para que você descubra princípios que não são tão óbvios. Quaisquer conclusões e explicações que forem solicitadas deverão ser registradas em seu caderno de laboratório.

Dimetilciclo-hexanos. Utilizando um modelo do ciclo-hexano, construa: *cis*(a,a)-1,3-dimetilciclo-hexano, *cis*(e,e)-1,3-dimetilciclo-hexano e *trans*(a,e)-1,3-dimetilciclo-hexano e meça suas energias. No isômero diaxial, meça a distância entre os dois grupos metila. O que você conclui? Explique o resultado. Comparações similares podem ser feitas para *cis* e *trans*-1,2-dimetilciclo-hexanos, e *cis* e *trans*-1,4-dimetilciclo-hexanos.

***cis*-1,4-Di-*tert*-butilciclo-hexano.** Utilizando desenhos de cadeiras e barcos, feitos à mão, preveja a conformação esperada dessa molécula. Em seguida, construa *cis*(a,e)-1, 4-di-*tert*-butilciclo-hexano em uma conformação de cadeira, minimize-a e registre sua energia. Em seguida, construa *cis*(e,e)-1,4-di-*tert*-butilciclo-hexano em uma conformação de barco, colocando os grupos *tert*-butila em posições equatoriais nos picos (átomos de carbono empacotados). Minimize essa conformação para um barco torcido e registre sua energia. Devemos sempre esperar conformações em cadeira para ter energia menor que conformações em barco? Explique. Qual conformação você prevê para o estereoisômero *trans*?

***trans*-1,2-Dicloro e dibromociclo-hexanos.** Construa um modelo do *trans*(a,a)-1, 2-diclorociclo-hexano, minimize-o e registre sua energia. Crie um modelo de *trans*(e,e)-1,2-diclorociclo-hexano, minimize-o e registre sua energia. Qual é sua conclusão? Agora, preveja o resultado para as mesmas duas conformações do *trans*-1,2-diclorociclo-hexano. Quando fizer uma previsão, prossiga e modele os dois isômeros do dibromo e registre as energias. O que você descobriu? Explique o resultado. Você acredita que o resultado seria o mesmo em um solvente altamente polar?

Construa agora o *cis*-1,2-dicloro e dibromociclo-hexano e compare suas energias. Mais uma vez, explique o que descobriu.

Experimento

cis e trans-2-Buteno

Os calores de hidrogenação dos três isômeros de buteno são dados na tabela a seguir. Construa *cis*- e *trans*-2-buteno, minimize-os e relate suas energias. Qual desses isômeros tem a menor energia? Você pode determinar por quê?

Composto	ΔH (kcal/mol)	ΔH (kJ/mol)
trans-2-buteno	−27,6	−115
cis-2-buteno	−28,6	−120
1-buteno	−30,3	−126

Desta vez, construa e minimize o 1-buteno. Registre sua energia. Obviamente, o 1-buteno não se ajusta aos dados da hidrogenação. A mecânica molecular funciona muito bem para *cis* e *trans*-2-buteno porque eles são isômeros muito similares. Ambos são alcenos 1,2-dissubstituídos. Contudo, o 1-buteno é um alceno monossubstituído e a comparação direta dos 2-butenos não pode ser feita. As diferenças na estabilidade de alcenos mono e dissubstituídos exigem que sejam empregados fatores diferentes daqueles utilizados na mecânica molecular. Esses fatores são causados por diferenças eletrônicas e de ressonância. Os orbitais moleculares dos grupos metila interagem com as ligações pi dos alcenos dissubstituídos (hiperconjugação) e ajuda a estabilizá-los. Dois desses grupos (como no 2-buteno) são melhores que um (como em 1-buteno). Portanto, embora os comprimentos e os ângulos de ligação surgem muito bem para o 1-buteno, a energia derivada para 1-buteno não se compara diretamente às energias dos 2-butenos. A mecânica molecular não inclui termos que permitam que esses fatores sejam incluídos; é necessário utilizar métodos de mecânica quântica semiempíricos ou *ab initio*, que são baseados em orbitais moleculares.

Experimento 

Química computacional

Para obter mais informações sobre este experimento, consulte o Ensaio sobre Química computacional – métodos *ab initio* e semiempíricos, na página 896.

Métodos semiempíricos

Calores de formação

Superfícies mapeadas

LEITURA EXIGIDA

Revisão: as seções de seu livro que lidam com os experimentos

18A: Isômeros de alcenos, tautomerismo e regioeletividade – as regras de Zaitsev e Markovnikoff

18B: Substituição nucleofílica – velocidades relativas de substratos nas reações S_N1

18C: Ácidos e bases – efeitos indutivos

18D: Estabilidade do carbocátion

18E: Adições de carbonila – orbitais moleculares de fronteira

Novo: Ensaio 11: Química computacional – métodos *ab initio* e semiempíricos

INSTRUÇÕES ESPECIAIS

Para efetuar este experimento, você deve utilizar software de computador que possa realizar cálculos semiempíricos de orbitais moleculares, em nível AM1 ou MNDO. Além disso, os últimos experimentos requerem um programa capaz de exibir formatos de orbitais e de mapear várias propriedades em uma superfície de densidade eletrônica. Seu professor lhe fornecerá as orientações necessárias para utilizar o software ou então você receberá um folheto com instruções.

NOTAS PARA O PROFESSOR

Esta série de experimentos computacionais foi projetada utilizando-se programas PC Spartan e MacSpartan; contudo, deverá ser possível utilizar muitas outras implementações da teoria semiempírica de orbitais moleculares. Alguns dos outros programas capacitados para PC e Macintosh incluem HyperChem Release 5 e CAChe Workstation. Será preciso fornecer a seus alunos uma introdução de sua implementação específica. A introdução deverá mostrar aos alunos como construir uma molécula, como selecionar e encaminhar cálculos e modelos de superfície, e como carregar e salvar arquivos.

Não existe a pretenção de que todos esses experimentos sejam realizados em uma única sessão. Eles têm a finalidade de ilustrar o que é possível fazer com a química computacional, mas não são abrangentes. Talvez você queira atribuí-los a tópicos de estudo específicos ou, então, complementar um experimento específico. Como alternativa, você pode querer utilizá-los como padrão que alunos possam usar para desenvolver os próprios procedimentos computacionais, a fim de resolver um novo problema.

Para os Experimentos 18A e 18B, caso seu software vá realizar cálculos AM1 (ou um procedimento MNDO similar) e cálculos que incluem o efeito da solvatação aquosa (como AM1-SM2), pode ser instrutivo que os alunos trabalhem em duplas. Um aluno pode efetuar cálculos na fase gasosa, enquanto o outro pode fazer os mesmos cálculos, incluindo o efeito do solvente. Eles podem então comparar resultados em seus relatórios.

Experimento 

Calores de formação: isomerismo, tautomerismo e regiosseletividade

Parte A. Isomerismo

A estabilidade de isômeros pode ser comparada diretamente examinando-se seus calores de formação. Em cálculos separados, construa modelos de *cis*-2-buteno, *trans*-2-buteno e 1-buteno. Submeta cada um deles ao cálculo de energia AM1 (calor de formação). Utilize a opção de otimização de geometria em cada caso, a fim de encontrar a melhor energia possível para cada isômero. O que seus resultados sugerem? Eles concordam com os dados experimentais apresentados no Experimento 17D?

Parte B. Acetona e seu enol

Neste exercício, vamos comparar as energias de um par de tautômeros utilizando os calores de formação calculados pelo método semiempírico AM1. Esses dois tautômeros podem ser diretamente comparados porque têm a mesma fórmula molecular: C_3H_6O. A maioria dos livros sobre química orgânica aborda a estabilidade relativa de cetonas e suas formas tautoméricas de enol. Para a acetona, existem dois tautômeros em equilíbrio:

$$\underset{\textbf{Ceto}}{CH_3-\overset{\overset{\displaystyle O}{\|}}{C}-CH_3} \rightleftharpoons \underset{\textbf{Enol}}{CH_3-\overset{\overset{\displaystyle OH}{|}}{C}=CH_2}$$

Em cálculos separados, construa modelos da acetona e de seu enol. Submeta cada modelo ao cálculo de energia AM1 (calor de formação). Utilize a opção de otimização de geometria em cada caso, a fim de encontrar a melhor energia possível para cada tautômero.

Resultados experimentais indicam que existe muito pouco enol (<0,0002%) em equilíbrio com a acetona. Seus cálculos sugerem um motivo para isso?

Parte C. regiosseletividade

Reações iônicas de adição de alcenos são bastante regiosseletivas. Por exemplo, a adição de HCl concentrado ao 2-metilpropeno produz uma grande quantidade de 2-cloro-2-metilpropano e uma quantia muito menor de 1-cloro-2-metilpropano. Isso pode ser explicado pelo exame das energias dos dois carbocátions intermediários que podem ser formados pela adição de um próton na primeira etapa da reação:

$$H_3C-\underset{\underset{\displaystyle H}{|}}{\overset{\overset{\displaystyle CH_3}{|}}{C}}-\overset{+}{C}H_2 \xleftarrow{+H^+} H_3C-\overset{\overset{\displaystyle CH_3}{|}}{C}=CH_2 \xrightarrow{+H^+} H_3C-\overset{\overset{\displaystyle CH_3}{|}}{\underset{+}{C}}-CH_3$$

Essa primeira etapa (adição de um próton) é a que se refere à determinação da velocidade de reação, e se espera que as energias de ativação para a formação desses dois intermediários reflitam suas energias relativas. Isto é, a energia de ativação que leva ao intermediário de menor energia será menor que a energia de ativação que leva ao intermediário com maior energia. Por causa dessa diferença de energia, a reação vai seguir, predominantemente, o caminho que passa pelo intermediário de menor energia. Uma vez que os dois carbocátions são isômeros e porque ambos são formados do mesmo material inicial, uma comparação direta de suas energias (calores de formação) determinará o curso principal da reação.

Em cálculos separados, construa modelos dos dois carbocátions e submeta-os aos cálculos de suas energias AM1. Utilize uma otimização de geometria. Ao construir os modelos, a maioria dos programas exigirá que você crie o esqueleto do hidrocarboneto cuja estrutura é mais próxima à do carbocátion e, então, exclua o hidrogênio necessário *e sua valência livre.*

$$H_3C-\overset{\overset{\displaystyle CH_3}{|}}{CH}-\underset{\underset{\displaystyle H}{|}}{CH_2} \xrightarrow{\text{apagar hidrogênio}} H_3C-\overset{\overset{\displaystyle CH_3}{|}}{CH}-\underset{|}{CH_2} \xrightarrow{\text{apagar valência}} H_3C-\overset{\overset{\displaystyle CH_3}{|}}{CH}-CH_2 \longrightarrow \text{adicionar + carga}$$

Lembre-se também de atribuir uma carga positiva à molécula antes de submetê-la ao cálculo. Isso geralmente é feito nos menus onde se seleciona o tipo de cálculo. Compare seus resultados para os dois cálculos. Qual carbocátion levará ao principal produto? Seus resultados concordam com a previsão feita pela regra de Markovnikoff?

Experimento 18B

Calores de reação: velocidades de reação S_N1

Neste experimento, tentaremos determinar as velocidades relativas de substratos selecionados na reação S_N1. O efeito do grau de substituição será examinado para os seguintes compostos:

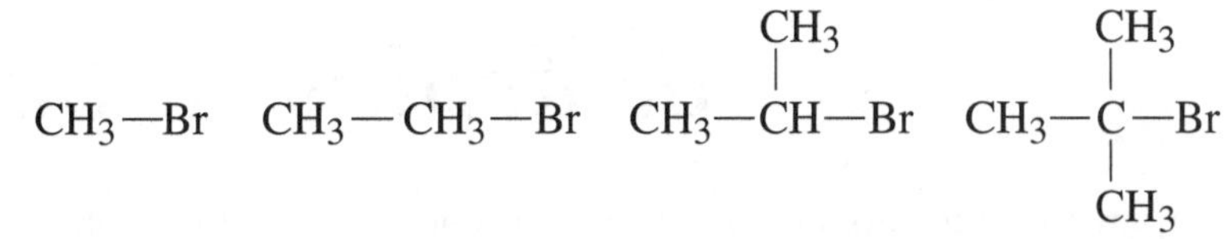

$$CH_3{-}Br \qquad CH_3{-}CH_3{-}Br \qquad CH_3{-}\underset{}{\overset{CH_3}{\overset{|}{C}H}}{-}Br \qquad CH_3{-}\underset{\underset{CH_3}{|}}{\overset{\overset{CH_3}{|}}{C}}{-}Br$$

Metil **Etil** **Isopropil** ***t*-Butil**

Como os quatro carbocátions não são isômeros, não podemos comparar diretamente seus calores de formação. Para determinarmos as velocidades relativas nas quais esses compostos reagem, precisamos determinar a *energia de ativação* requerida para formar o carbocátion intermediário em cada caso. A ionização é a etapa de determinação da velocidade, e vamos considerar que a energia de ativação para cada ionização deverá ser *similar em grandeza* (Postulado de Hammond) à diferença de energia calculada entre o haleto de alquila e os dois íons que ele forma.

$$\text{R–Br} \rightarrow \text{R}^+ + \text{Br}^- \qquad [1]$$

$$\Delta E_{\text{ativação}} \cong \Delta H_f(\text{produtos}) - \Delta H_f(\text{reagentes}) \qquad [2]$$

$$\Delta E_{\text{ativação}} \cong \Delta H_f(\text{R}^+) + \Delta H_f(\text{Br}^-) - \Delta H_f(\text{RBr}) \qquad [3]$$

Como a energia do íon brometo é uma constante, ela poderia ser omitida do cálculo, mas a incluiremos porque tem de ser computada somente uma vez.

Parte A. Energias de ionização

Utilizando o nível de cálculo semiempírico AM1, calcule as energias (calores de formação) de cada um dos materiais iniciais e registre-as. Em seguida, calcule as energias de cada um dos carbocátions que resultariam da ionização de cada substrato — siga as instruções dadas na Parte C do Experimento 18A — e registre os resultados. Certifique-se de adicionar a carga positiva. Por fim, calcule a energia do íon brometo, lembrando-se de excluir a valência livre e acrescentar uma carga negativa. Assim que todos os cálculos tiverem sido realizados, utilize a equação 3 para calcular a energia exigida para formar o carbocátion em cada caso. O que você conclui sobre as velocidades relativas dos quatro compostos?

Parte B. Efeitos da solvatação (opcional)

Os cálculos que realizou na Parte A não levam em conta o efeito da solvatação dos íons. Conforme a opção de seu professor (e se tiver o software correto), talvez você precise repetir seus cálculos utilizando um método computacional que inclua a estabilização dos íons por solvatação. A solvatação vai aumentar ou diminuir as energias de ionização? Quais serão mais solvatados, os reagentes ou os produtos da etapa de ionização? O que você conclui com base em seus resultados?

Experimento 18C

Mapas de potencial de densidade eletrostática: índices de acidez de ácidos carboxílicos

Aqui, vamos comparar a acidez dos ácidos acético, cloroacético e tricloroacético. Este experimento pode ser aproximado da mesma maneira que as velocidades relativas, no Experimento 18B, utilizando as energias de ionização para determinar os índices de acidez relativa.

$$RCOOH + H_2O \rightarrow RCOO^- + H_3O^+$$

$$\Delta E = [\Delta H_f(RCOO^-) + \Delta H_f(H_3O^+)] - [\Delta H_f(RCOOH) + \Delta H_f(H_2O)]$$

Na verdade, os termos água e íon hidrônio podem ser omitidos, porque eles seriam constantes, em cada um dos casos.

Em vez de calcularmos as energias de ionização, utilizaremos uma abordagem mais visual envolvendo um mapa de propriedades. Efetue um cálculo de otimização de energia AM1 para cada um dos ácidos. Além disso, solicite que seja calculada uma superfície de densidade eletrônica, com o potencial eletrostático mapeado em cores, em sua superfície. Neste procedimento, o programa representa a superfície de densidade e determina a densidade eletrônica em cada ponto, colocando aí uma carga positiva de teste e determinando a interação em coulomb. A superfície deve ser colorida utilizando-se as cores do espectro — o azul é empregado para áreas positivas (baixa densidade eletrônica) e o vermelho destina-se a áreas mais negativas (alta densidade eletrônicas). O gráfico mostrará a polarização da molécula.

Quando tiver concluído os cálculos, exiba os três mapas na tela, ao mesmo tempo. Para compará-los, é preciso ajustar todos eles ao mesmo conjunto de valores de cores. Isso pode ser feito observando-se os valores máximo e mínimo para cada mapa nos menus de exibição na superfície. Quando tiver todos os seis valores (salve-os), determine quais dois números fornecem os valores máximo e mínimo. Retorne ao menu do gráfico de superfície para cada uma das moléculas e reajuste os limites dos valores de cores aos mesmos valores máximo e mínimo. Agora, os gráficos serão todos ajustados a escalas de cores idênticas. O que você observa para os prótons da carboxila do ácido acético, ácido cloroacético e ácido tricloroacético? Os três valores mínimos que você salvou podem ser comparados para determinar a densidade relativa de elétrons em cada próton.

Experimento 

Mapas do potencial de densidade eletrostática: carbocátions

Parte A. Substituição crescente

Neste experimento, utilizaremos um mapa de densidade para determinar com que eficiência uma série de carbocátions dispersa a carga positiva. De acordo com a teoria, aumentar o número de grupos alquila conectados ao centro do carbocátion ajuda a dispersar a carga (através da hiperconjugação) e diminui a energia do carbocátion. Fizemos a aproximação desse problema a partir de um ângulo computacional (numérico) no Experimento 18B. Agora, vamos preparar uma solução visual para o problema.

Comece realizando uma otimização de geometria AM1 nos carbocátions metila, etila, isopropila e *tert*-butila. Esses carbocátions são construídos conforme está descrito na Parte C do Experimento 18A. Não se esqueça de especificar que cada um tem uma carga positiva. Além disso, selecione uma superfície de densidade para cada um, com o potencial eletrostático mapeado na superfície.

Quando os cálculos estiverem concluídos, exiba todos os quatro mapas do potencial de densidade eletrostática na mesma tela e ajuste os valores de cores para o mesmo intervalo, conforme descrito no Experimento 18C. O que você observa? A carga positiva é tão localizada no carbocátion *tert*-butila como em seu correspondente metila?

Parte B. Ressonância

Repita o experimento computacional descrito na Parte A, utilizando mapas de potencial de densidade eletrostática para os carbocátions alila e benzila. Esses dois experimentos podem ser efetuados sem precisar exibir ambos na mesma tela. O que você observa sobre a distribuição de carga nesses dois carbocátions?

Experimento 

Densidade – mapas de LUMO: reatividades de grupos carbonila

Neste experimento, investigaremos como a teoria do orbital molecular de fronteira se aplica à reatividade de composto carbonila. Considere a reação de um nucleófilo como o hidreto ou cianeto com o um composto carbonila. De acordo com a teoria do orbital molecular de fronteira (veja a seção "Modelos gráficos e visualização, no Ensaio 11: Química computacional – métodos *ab initio* e semiempíricos"), o nucleófilo, que está doando elétrons, deve colocá-los em um orbital vazio da carbonila. Logicamente, esse orbital vazio será o LUMO — orbital molecular vazio de mais baixa energia (a breviatura em inglês para **L**owest **U**noccupied **M**olecular **O**rbital)

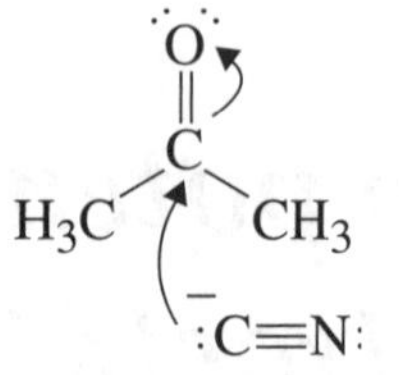

O
C
H_3C CH_3
:C≡N:

Faça um modelo da acetona e submeta-o a um cálculo AM1 com otimização de geometria. Além disso, selecione duas superfícies para serem exibidas, o LUMO e um mapeamento do LUMO em uma superfície de densidade.

Quando os cálculos estiverem concluídos, exiba ambas as superfícies na tela, ao mesmo tempo. Onde está o lóbulo maior do LUMO, no carbono ou no oxigênio? Onde o nucleófilo ataca? A superfície de densidade do LUMO exibe a mesma coisa, mas com codificação em cores. Esse gráfico mostra uma marca azul na superfície onde o LUMO tem sua maior densidade (lóbulo maior).

Em seguida, continue este experimento calculando os gráficos de LUMO e densidade do LUMO para as cetonas 2-ciclo-hexenona e norbornanona.

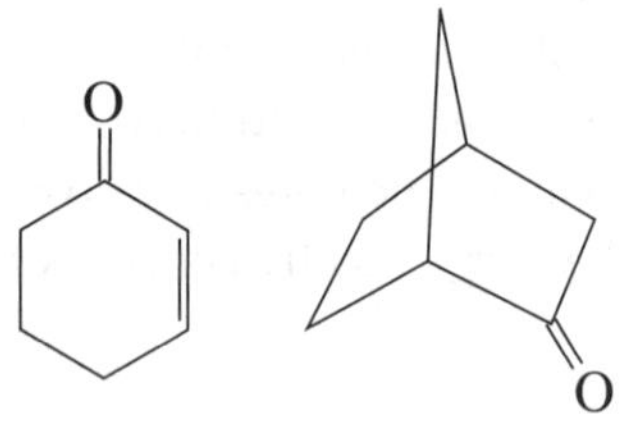

O O

Onde estão os locais reativos na ciclo-hexenona? De acordo com a literatura, bases fortes, como os reagentes de Grignard, atacam a carbonila, e bases fracas ou nucleófilos melhores, como as aminas, atacam o carbono beta da ligação dupla, realizando uma adição conjugada. Você pode explicar isso? Um nucleófilo atacará a norbornanona a partir da face exo (superior) ou endo (inferior) da molécula? Veja o Experimento 31, para saber a resposta.

PARTE 4

Propriedades e reações dos compostos orgânicos

Experimento 19

Reatividades de alguns haletos de alquila

Reações S_N1/S_N2

Velocidades relativas

Reatividades

As reatividades de haletos de alquila em reações de substituição nucleofílicas dependem de dois importantes fatores: as condições da reação e a estrutura do substrato. As reatividades de diversos tipos de substratos serão examinadas sob as condições de reação S_N1 e S_N2, neste experimento.

Iodeto de sódio ou iodeto de potássio em acetona

Um reagente composto de iodeto de sódio ou iodeto de potássio dissolvido em acetona é útil na classificação de haletos de alquila de acordo com sua reatividade em uma reação S_N2. O íon iodeto é um excelente nucleófilo, e a acetona é um solvente apolar. A tendência de formar um precipitado aumenta a integralidade da reação. O iodeto de sódio e o iodeto de potássio são solúveis em acetona, mas os brometos e cloretos correspondentes não são solúveis. Consequentemente, à medida que o íon brometo ou o íon cloreto é produzido, o íon é precipitado a partir da solução. Segundo o Princípio de LeChâtelier, a precipitação de um produto da solução da reação direciona o equilíbrio para o lado direito, que é o caso da reação descrita a seguir:

$$R—Cl + Na^+I^- \longrightarrow RI + NaCl\ (s)$$

$$R—Br + Na^+I^- \longrightarrow RI + NaBr\ (s)$$

Nitrato de prata em etanol

Um reagente composto de nitrato de prata dissolvido em etanol é útil na classificação de haletos de alquila, de acordo com sua reatividade em uma reação S_N1. O íon nitrato é um nucleófilo fraco, e o etanol é um solvente ionizante moderadamente forte. O íon prata, por causa de sua capacidade de coordenar o íon haleto remanescente para formar um precipitado de haleto de prata, ajuda muito na ionização do haleto de alquila. Mais uma vez, um precipitado, como o dos produtos da reação, também aprimora a reação.

$$R—Cl \longrightarrow R^+ + Cl^-; \quad R^+ \xrightarrow{C_2H_5OH} R—OC_2H_5; \quad Cl^- \xrightarrow{Ag^+} AgCl\ (s)$$

$$R—Br \longrightarrow R^+ + Br^-; \quad R^+ \xrightarrow{C_2H_5OH} R—OC_2H_5; \quad Br^- \xrightarrow{Ag^+} AgBr\ (s)$$

LEITURA EXIGIDA

Antes de começar esse experimento, revise os capítulos que lidam com substituição nucleofílica em seu livro.

INSTRUÇÕES ESPECIAIS

Alguns compostos utilizados nesse experimento, particularmente o cloreto de crotila e o cloreto de benzila, são lacrimejantes poderosos. **Lacrimejantes** causam irritação nos olhos e a formação de lágrimas.

⇨ ADVERTÊNCIA

Uma vez que alguns desses compostos são lacrimejantes, realize estes testes em uma capela. Tenha o cuidado de descartar as soluções do teste em um recipiente específico, identificado para dejetos orgânicos halogenados. Após o teste, lave os tubos de ensaio com acetona e despeje o conteúdo no mesmo recipiente para dejetos. 

MEIO SUGERIDO PARA O DESCARTE DE REJEITOS

Descarte todos os rejeitos de haletos no recipiente identificado para dejetos halogenados. Quaisquer lavagens com acetona também devem ser colocadas no mesmo recipiente.

NOTAS PARA O PROFESSOR

Cada um dos haletos deve ser verificado com NaI/acetona e $AgNO_3$/etanol, a fim de testar quanto à sua pureza, antes de a turma realizar este experimento. Se um *software* de modelagem molecular estiver disponível, talvez você queira designar os exercícios incluídos no final desse experimento.

Uma abordagem alternativa[1] para conduzir esse experimento consiste em restringir a lista de compostos para o teste dos cinco seguintes substratos: 1-clorobutano, 1-bromobutano, 2-clorobutano, 2-bromobutano e 2-cloro-2-metilpropano (cloreto de *tert*-butila). Caso seja realizado dessa maneira, é possível simplificar o experimento eliminando os alcanos alílicos, benzílicos e halocíclicos, e também utilizá-lo melhor, se este for designado *antes* que as reações S_N1 e S_N2 tenham sido discutidas no estudo! Uma experiência excelente e significativa, guiada pelo questionamento, pode ser obtida se os alunos submeterem seus resultados a um fórum de discussão no *campus*, como o BlackBoard, antes de qualquer análise dos resultados pelo professor. Uma vez que os resultados da classe tenham sido divulgados EM BLACKBOARD, os alunos devem estudar os dados da classe para procurar padrões. Incentive a classe a tentar "descobrir" como as reatividades no iodeto de sódio/acetona e nitrato de prata/etanol dependem da estrutura do substrato e do grupo abandonador.

[1] Essa abordagem foi sugerida e utilizada com sucesso pela professora Emily Borda, do Departamento de Química, da Western Washington University, Bellingham, WA 98225. Os autores agradecem à professora Borda por sua excelente contribuição.

PROCEDIMENTO

Parte A. Iodeto de sódio em acetona

O experimento. Rotule uma série de dez tubos de ensaio limpos e secos (podem ser utilizados tubos de ensaio de 10 × 75 mm) com números de 1 a 10. Em cada tubo de ensaio, coloque 2 mL de uma solução de NaI em acetona, a 15%. Agora, adicione 4 gotas de um dos seguintes haletos ao tubo de ensaio apropriado: (1) 2-clorobutano, (2) 2-bromobutano, (3) 1-clorobutano, (4) 1-bromobutano, (5) 2-cloro-2-metilpropano (*t*-cloreto de butila), (6) cloreto de crotila $CH_3CH{=}CHCH_2Cl$ (veja o item Instruções especiais), (7) cloreto de benzila (α-clorotolueno) (veja o item Instruções especiais), (8) bromobenzeno, (9) bromociclohexano e (10) bromociclopentano. Assegure-se de devolver o conta-gotas para o recipiente apropriado, a fim de evitar a contaminação cruzada desses haletos.

Reação à temperatura ambiente. Depois de adicionar o haleto, agite bem o tubo de ensaio[2] para garantir a mistura adequada do haleto de alquila e do solvente. Registre os tempos necessários para a formação de qualquer precipitado ou turvação.

Reação à temperatura elevada. Após cerca de 5 minutos, coloque quaisquer tubos de ensaio que não contenham um precipitado em um banho com água a 50 °C. Tenha o cuidado de não deixar que a temperatura do banho de água exceda os 50 °C, porque a acetona irá evaporar ou ebulir para fora do tubo de ensaio. Depois de aproximadamente 1 minuto de aquecimento, resfrie os tubos de ensaio à temperatura ambiente, e anote se tiver ocorrido uma reação. Registre os resultados.

Observações. Geralmente, haletos reativos resultam em um precipitado dentro de 3 minutos à temperatura ambiente, haletos moderadamente reativos fornecem um precipitado quando são aquecidos, e haletos não reativos não apresentam um precipitado, mesmo depois de terem sido aquecidos. Ignore quaisquer mudanças de cores.

Relatório. Registre seus resultados na forma de tabela em seu caderno de anotações. Explique por que cada composto tem a reatividade que você observou. Explique as reatividades em termos da estrutura. Compare as reatividades relativas para compostos de estrutura similar.

Parte B. Nitrato de prata em etanol

O experimento. Rotule uma série de dez tubos de ensaio limpos e secos, conforme descrito na seção anterior. Adicione 2 mL de uma solução de nitrato de prata etanólico a 1%, em cada tubo de ensaio. Agora, adicione 4 gotas do haleto apropriado a cada tubo de ensaio, utilizando o mesmo esquema de numeração indicado para o teste com o iodeto de sódio. Para evitar a contaminação cruzada desses haletos, devolva o conta-gotas ao recipiente apropriado.

Reação à temperatura ambiente. Depois de adicionar o haleto, agite bem o tubo de ensaio para garantir a mistura adequada do haleto de alquila e do solvente. Após misturar completamente as amostras, registre os tempos necessários para a formação de quaisquer precipitados ou turvações. Registre seus resultados como precipitado denso, turvação, ou sem precipitado/turvação.

Reação à temperatura elevada. Após cerca de 5 minutos, coloque quaisquer tubos de ensaio que não contenham um precipitado ou turvação em um banho de água quente a aproximadamente 100 °C. Depois de cerca de 1 minuto de aquecimento, resfrie os tubos de ensaio à temperatura ambiente e anote se tiver ocorrido uma reação. Registre seus resultados como precipitado denso, turvação, ou sem precipitado/turvação.

Observações. Haletos reativos fornecem um precipitado (ou turvação) dentro de 3 minutos à temperatura ambiente, haletos moderadamente reativos resultam em um precipitado (ou turvação) quando são aquecidos, e haletos não reativos não fornecem um precipitado, mesmo depois de serem aquecidos. Ignore quaisquer mudanças de cores.

---

[2] Não utilize seu polegar ou uma tampa. Em vez disso, segure a parte superior do tubo de ensaio entre o polegar e o dedo indicador de uma das mãos e "dê uma batidinha" no fundo do tubo de ensaio utilizando o dedo indicador de sua outra mão.

Relatório. Registre seus resultados na forma de tabelas em seu caderno de anotações. Explique por que cada composto tem a reatividade que você observou. Explique as reatividades em termos da estrutura. Compare as reatividades relativas para compostos de estrutura similar.

MODELAGEM MOLECULAR (OPCIONAL)

Muitos aspectos desenvolvidos nesse experimento podem ser confirmados através do uso da modelagem molecular. Os experimentos seguintes foram desenvolvidos com o programa PC Spartan. Deverá ser possível utilizar outro *software*, mas talvez o professor tenha de fazer algumas modificações.

Reatividades S_N1

Parte um. A velocidade de uma reação S_N1 está relacionada à energia do carbocátion intermediário que é formado na etapa de ionização para determinação da velocidade de reação. Espera-se que a energia de ativação necessária para formar um intermediário seja próxima à energia do intermediário. Quando dois intermediários são comparados, a energia de ativação que leva ao intermediário de menor energia deve ser menor que a energia de ativação que leva ao intermediário de maior energia. Quanto maior a facilidade de formar o carbocátion, mais rapidamente a reação irá prosseguir. Um método semiempírico AM1 para determinar as energias aproximadas dos carbocátions intermediários são descritas no Experimento 18B. Complete os exercícios computacionais no Experimento 18B e compare os resultados calculados aos resultados experimentais que você obteve nesse experimento. Os resultados experimentais são paralelos aos resultados calculados?

Parte dois. Utilizando o gráfico de superfície de densidade – elpot, descrito no Experimento 18D, é possível comparar a quantidade de deslocalização de carga em vários carbocátions por meio da visualização dos íons. Complete o Experimento 18D e determine se as distribuições de carga (deslocalização) são como você esperaria para a série de carbocátions estudada.

Parte três. Os haletos de benzila (e alila) são um caso especial; eles têm ressonância. Para ver como a carga está deslocalizada no carbocátion de benzila, solicite dois gráficos: o potencial eletrostático mapeado em uma superfície de densidade e o LUMO mapeado em uma superfície de densidade. Submeta-os para cálculo no nível semiempírico AM1. Em um pedaço de papel, desenhe as estruturas que contribuem na ressonância para o cátion de benzila. Os resultados computacionais concordam com as conclusões que você obteve a partir de seu híbrido de ressonância?

Parte quatro. Repita o cálculo descrito na Parte Três para o cátion de benzila; contudo, neste cálculo, recorra ao grupo CH_2, de modo que seus hidrogênios sejam perpendiculares ao plano do anel de benzeno. Compare seus resultados aos que foram obtidos na Parte Três.

Reatividades S_N2

O problema na reação S_N2 não é elétrico, mas, sim, um problema estérico. Utilizando o método semiempírico AM1, solicite uma superfície LUMO e uma superfície de densidade para cada substrato. O modo mais simples de visualizar o problema estérico é representar o LUMO dentro de uma superfície de densidade mapeada em uma superfície como uma rede ou uma superfície transparente. Agora, imagine ter de atacar o lóbulo posterior do LUMO. Compare bromometano, 2-bromo-2-metilpropano (brometo de *tert*-butila) e 1-bromo-2,2-dimetilpropano (brometo de neopentila). Existe alguma densidade eletrônica (átomos) no caminho do nucleófilo? Solicite e calcule outra superfície, mapeando o LUMO na superfície de densidade. Quais são suas conclusões? Você pode encontrar o "ponto-chave" no qual o nucleófilo irá atacar? Existe algum impedimento estérico?

■ QUESTÕES ■

1. Nos testes com iodeto de sódio em acetona e nitrato de prata em etanol, por que o 2-bromobutano deveria reagir mais rapidamente que o 2-clorobutano?

2. Por que o cloreto de benzila é reativo em ambos os testes, ao passo que o bromobenzeno é não reativo?
3. Quando o cloreto de benzila é tratado com iodeto de sódio em acetona, ele reage muito mais rapidamente que o 1-clorobutano, mesmo os dois compostos sendo cloretos de alquila primários. Explique essa diferença de velocidade.
4. O 2-clorobutano reage muito mais lentamente que o 2-cloro-2-metilpropano no teste com nitrato de prata. Explique essa diferença na reatividade.
5. O bromociclopentano é mais reativo que o bromociclohexano quando aquecido com iodeto de sódio em acetona. Explique essa diferença na reatividade.
6. Como você espera que as seguintes séries de compostos sejam comparadas em comportamento nos dois testes?

$$CH_3{-}CH{=}CH{-}CH_2{-}Br \qquad CH_3{-}\underset{\displaystyle Br}{\underset{|}{C}}{=}CH{-}CH_3 \qquad CH_3{-}CH_2{-}CH_2{-}CH_2{-}Br$$

Experimento 20

Reações de substituição nucleofílica: nucleófilos concorrentes

Substituição nucleofílica

Aquecimento sob refluxo

Extração

Cromatografia em fase gasosa

Espectroscopia de RMN

Nesse experimento, você irá comparar as nucleofilicidades relativas de íons cloreto e íons brometo em relação a cada um dos seguintes álcoois: 1-butanol (álcool *n*-butílico), 2-butanol (álcool *sec*-butílico) e 2-metil-2-propanol (álcool *t*-butílico). Os dois nucleófilos estarão presentes ao mesmo tempo em cada reação, em concentrações equimolares, e estarão concorrendo pelo substrato. Um solvente aprótico é utilizado nessas reações.

Em geral, álcoois não reagem prontamente em simples reações de deslocamento nucleofílico. Se eles forem atacadas por nucleófilos diretamente, o íon hidróxido, uma base forte, deverá ser deslocado. Tal deslocamento não é energeticamente favorável e não pode ocorrer em nenhuma medida razoável:

$$X^- + ROH \not\longrightarrow R{-}X + OH^-$$

Para evitar esse problema, você precisa realizar reações de deslocamento nucleofílico em álcoois, em meio ácido. Em uma rápida etapa inicial, o álcool é protonado; em seguida, a água, uma molécula estável, é deslocada. Esse deslocamento é energeticamente favorável, e a reação prossegue com alto rendimento:

$$ROH + H^+ \rightleftharpoons R{-}\overset{+}{O}H_2$$

$$X^- + R{-}\overset{+}{O}H_2 \longrightarrow R{-}X + H_2O$$

Uma vez que o álcool é protonado, ele reage pelo mecanismo S^N1 ou S^N2, dependendo da estrutura do grupo alquila do álcool. Para uma breve revisão desses mecanismos, consulte os capítulos sobre substituição necleofílica, em seu livro.

Você analisará os produtos das três reações nesse experimento empregando uma variedade de técnicas para determinar as quantidades relativas de cloreto de alquila e brometo de alquila formadas em cada reação. Ou seja, utilizando concentrações equimolares de íons cloreto e íons brometo reagindo com 1-butanol, 2-butanol e 2-metil-2-propanol, você determinará qual íon é o melhor nucleófilo. Além disso, você irá determinar para qual dos três substratos (reações) esta diferença é importante e se um mecanismo S^N1 ou S^N2 predomina em cada caso.

LEITURA EXIGIDA

Revisão: Técnicas de 1 a 6

Técnica 7	Métodos de reação, Seções 7.2, 7.4 e 7.8
Técnica 12	Extrações, Separações e Agentes secantes Seções 12.7, 12.9 e 12.11
Técnica 22	Cromatografia gasosa
Técnica 26	Espectroscopia por ressonância magnética nuclear

Antes de iniciar esse experimento, reveja os capítulos apropriados sobre substituição nucleofílica em seu livro de estudo.

INSTRUÇÕES ESPECIAIS

Cada aluno irá desenvolver a reação com 2-metil-2-propanol. Seu professor também irá designar a você o 1-butanol ou o 2-butanol. Ao compartilhar seus resultados com outros alunos, você será capaz de coletar dados para todos os três álcoois. É preciso iniciar com o Experimento 20A. Durante todo esse período de refluxo, você será instruído a prosseguir para o Experimento 20B. Quando você tiver preparado o produto desse experimento, deverá retornar para completar o Experimento 20A. Para analisar os resultados dos dois experimentos, seu professor irá designar procedimentos de análise específicos no Experimento 20C, que a classe deve efetuar.

O meio solvente-nucleófilo contém uma elevada concentração de ácido sulfúrico, que é corrosivo, portanto, seja cuidadoso ao lidar com ele.

Em cada experimento, quanto mais tempo seu produto permanece em contato com a água ou o bicarbonato de sódio aquoso, maior o risco de que seu produto se decomponha, levando a erros em seus resultados analíticos. Antes de ir para a aula, prepare-se para que você saiba exatamente o que deverá fazer durante o estágio de purificação do experimento.

MEIO SUGERIDO PARA O DESCARTE DE REJEITOS

Quando tiver terminado os três experimentos e todas as análises tiverem sido concluídas, descarte qualquer mistura de haleto de alquila restante no recipiente para dejetos orgânicos, identificados para o descarte de substâncias halogenadas. Todas as soluções aquosas produzidas nesse experimento deverão ser descartadas no recipiente destinado a dejetos aquosos.

NOTAS PARA O PROFESSOR

O meio solvente-nucleófilo deve ser preparado antecipadamente para a classe inteira. Utilize o procedimento a seguir para preparar o meio.

Este procedimento proporcionará meio solvente-nucleófilo suficiente para cerca de 10 alunos (considerando que não ocorram derramamentos ou outros tipos de desperdício). Coloque 100 g de gelo em um Erlenmeyer de 500 mL e adicione cuidadosamente 76 mL de ácido sulfúrico concentrado. Pese cuidadosamente 19,0 g de cloreto de amônio e 35,0 g de brometo de amônio em um béquer. Esmague todos os acúmulos dos reagentes até virarem pó e, então, utilizando um funil para pó, transfira os haletos para um Erlenmeyer. Com cuidado, adicione a mistura de ácido sulfúrico aos sais de amônio, um pouco de cada vez. Agite a mistura intensamente para dissolver os sais. Provavelmente, será necessário aquecer a mistura em um banho de vapor ou em uma placa de aquecimento para obter uma solução total. Mantenha um termômetro na mistura e certifique-se de que a temperatura não exceda 45 °C. Se for preciso, você pode adicionar até 10 mL de água, nesse estágio. Não se preocupe caso alguns pequenos grânulos não se dissolvam. Quando uma solução tiver sido obtida, despeje-a em um recipiente que possa permanecer aquecido até que todos os alunos tenham obtido suas porções. A temperatura da mistura deve ser mantida em aproximadamente 45 °C, para evitar a precipitação dos sais. Contudo, tenha cuidado para que a temperatura da solução não exceda 45 °C. Coloque na mistura uma pipeta calibrada, de 10 mL ou 20 mL, ajustada a uma bomba de pipeta. A pipeta deverá sempre ser deixada na mistura, para mantê-la aquecida.

Certifique-se de que o álcool *tert*-butílico foi derretido, antes de iniciar o período de atividade no laboratório.

A cromatografia em fase gasosa deverá ser preparada, como se segue: temperatura da coluna, 100 °C; temperatura da injeção e do detector, 130 °C; taxa de fluxo do gás de transporte, 50 mL min^{-1}. A coluna recomendada tem um comprimento de cerca de 2,5 m, com uma fase estacionária como Carbowax 20M. Se você quiser analisar os produtos da reação do álcool *tert*-butílico (Experimento 20B) por meio de cromatografia em fase gasosa, certifique-se de que os haletos de *tert*-butila não sofram decomposição mediante as condições estabelecidas para a cromatografia em fase gasosa. O brometo de *tert*-butila é suscetível a eliminação.

A menos que as amostras sejam analisadas por cromatografia em fase gasosa imediatamente após serem preparadas, é essencial que elas sejam armazenadas em frascos à prova de vazamento. As porcentagens relativas dos produtos serão modificadas caso ocorra qualquer perda de amostra. Descobrimos que os frascos de GC-MS são ideais para esse propósito.

Experimento

Nucleófilos concorrentes com o 1-butanol ou 2-butanol

PROCEDIMENTO

Aparelho. Monte um aparelho para refluxo utilizando um balão de fundo redondo com capacidade de 25 mL, um condensador de refluxo e um captador, como mostra a figura. Utilize uma manta de aquecimento como fonte de calor. O béquer com água irá capturar os gases cloreto de hidrogênio e brometo de hidrogênio, produzidos durante a reação. Não coloque o balão de fundo redondo na manta de aquecimento até que a mistura da reação tenha sido adicionada ao balão. Diversas pipetas de Pasteur e dois tubos de centrífuga com tampas forradas de Teflon também devem ser montadas para utilização.

⇨ ADVERTÊNCIA

O meio solvente-nucleófilo contém uma elevada concentração de ácido sulfúrico. Esse líquido causará queimaduras graves, se tocar sua pele.

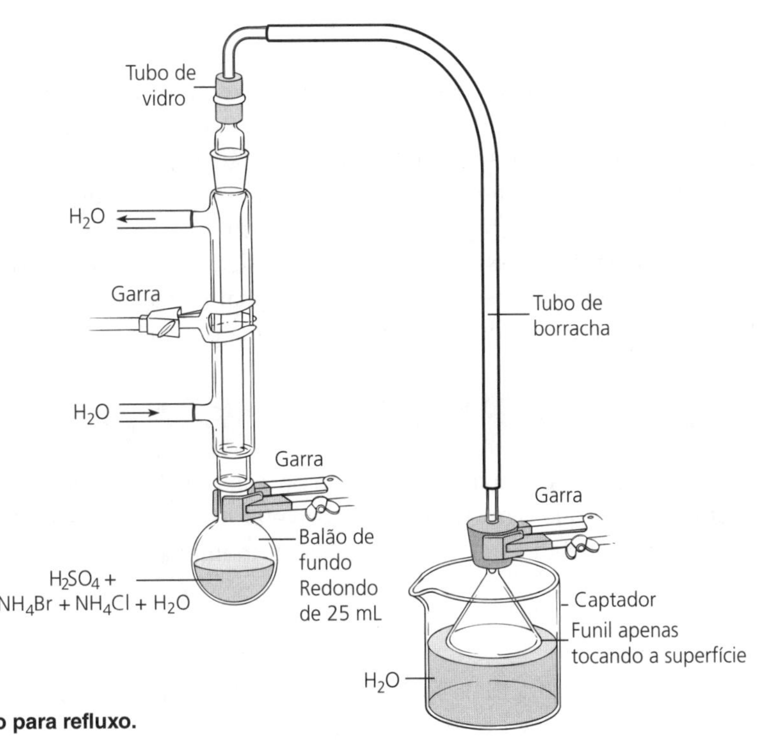

Aparelho para refluxo.

Preparação de reagentes. Se estiver disponível uma pipeta calibrada com uma pera, você pode ajustar a pipeta em 10 mL e fornecer o meio solvente–nucleófilo diretamente em seu balão de fundo redondo de 25 mL (temporariamente colocado em um béquer, para manter a estabilidade). Como alternativa, é possível utilizar uma proveta de 10 mL, aquecida, para obter 10,0 mL do meio solvente-nucleófilo. A proveta tem de ser aquecida para evitar a precipitação dos sais. Aqueça-a despejando água quente sobre a sua parte externa ou colocando-a no forno por alguns minutos. Imediatamente, despeje a mistura no balão de fundo redondo. Com outro método, uma pequena porção de sais no balão pode se precipitar, à medida que a solução esfria. Não se preocupe com isso; os sais irão redissolver durante a reação. Agora, coloque o balão de fundo redondo na manta de aquecimento e conecte o condensador, como mostra a figura.

Refluxo. Utilizando o procedimento a seguir, adicione 0,75 mL de 1-butanol (álcool *n*-butílico) ou 0,75 mL de 2-butanol (álcool *sec*-butílico), dependendo do que álcool lhe foi designado, à mistura solvente–nucleófilo contida no aparelho de refluxo. Dispense o álcool da pipeta automática ou pera doseadora em um tubo de ensaio. Remova o condensador e, com uma pipeta de Pasteur, dispense o álcool diretamente no balão de fundo redondo. Adicione também uma pedra de ebulição inerte.[1] Recoloque o condensador e inicie a circulação da água refrigeradora. Abaixe o aparelho de refluxo, de modo que o balão de fundo redondo fique na manta de aquecimento. Ajuste o calor da manta de aquecimento de modo que a mistura mantenha uma leve ação de ebulição. Tenha muito cuidado ao ajustar o anel de refluxo, se algum estiver visível, para que ele se mantenha no quarto inferior do condensador. A ebulição violenta causará perda de produto. Continue aquecendo a mistura da reação contendo 1-butanol por 75 minutos. Aqueça a mistura contendo 2-butanol por 60 minutos. Durante esse período de aquecimento, prossiga para o Experimento 20B e complete tanto dele quanto for possível, antes de retornar a este procedimento.

Purificação. Quando o período de refluxo tiver sido concluído, interrompa o aquecimento, levante o aparelho para fora da manta de aquecimento e deixe que a mistura da reação esfrie. Não remova o condensador até que o balão tenha esfriado. Tenha cuidado para não agitar a solução quente enquanto a levanta da manta de aquecimento, ou isso resultará em uma violenta ação de ebulição e borbulhamento; isto poderá fazer com que algum material se perca pela parte de cima do condensador. Depois que a mistura tiver esfriado por cerca de 5 minutos, mergulhe o balão de fundo redondo (com o condensador conectado) em um béquer com água fria de torneira (não com gelo) e espere que essa mistura esfrie até atingir a temperatura ambiente.

Uma camada orgânica deverá estar presente no topo da mistura da reação. Adicione 1,0 mL de pentano à mistura e agite o balão delicadamente. A finalidade do pentano é aumentar o volume da camada orgânica para que as operações seguintes sejam mais fáceis de realizar. Utilizando uma pipeta de Pasteur, transfira a maior parte (cerca de 7 mL) da camada inferior (aquosa) para outro recipiente. Tenha cuidado para que toda a camada orgânica superior permaneça no frasco em ebulição. Transfira a camada aquosa e a camada orgânica restante para um tubo de centrífuga com tampa de rosca, com a devida cautela, para deixar para trás quaisquer sólidos que possam ter se precipitado. Deixe que as fases se separem e remova a camada inferior (aquosa) utilizando uma pipeta de Pasteur.

NOTA

Para a sequência de etapas a seguir, certifique-se de estar bem preparado. Se descobrir que está demorando mais que 5 minutos para completar toda a sequência de extração, você provavelmente terá afetado seus resultados contrariamente!

[1] Não utilize pedras com base em carbonato de cálcio ou ebulidores, porque eles irão se dissolver parcialmente na mistura de reação altamente ácida.

Adicione 1,5 mL de água ao tubo e agite delicadamente essa mistura. Deixe que as camadas se separem e remova a camada aquosa, que ainda está no fundo. Extraia a camada orgânica com 1,5 mL de solução de bicarbonato de sódio saturada e remova a camada aquosa inferior.

Secagem. Utilizando uma pipeta de Pasteur limpa e seca, transfira a camada orgânica restante para um pequeno tubo de ensaio (10 × 75 mm) e seque sobre sulfato de sódio granular anidro (veja a Técnica 12, Seção 12.9). Transfira a solução de haleto seca com uma pipeta de Pasteur limpa e seca para um pequeno frasco seco, à prova de vazamento, cuidando para não transferir nenhum sólido.[2] *Certifique-se de que a tampa esteja hermeticamente fechada.* Não armazene o líquido em um recipiente com uma rolha ou tampa de borracha, porque estas irão absorver os haletos. Essa amostra pode agora ser analisada por tantos métodos do Experimento 21C quantos seu professor indicar. Se possível, analise a amostra no mesmo dia.

Experimento 

Nucleófilos concorrentes com 2-metil-2-propanol

PROCEDIMENTO

Coloque 6,0 mL do meio solvente-nucleófilo em um tubo de centrífuga de 15 mL, utilizando o mesmo procedimento descrito na seção "Preparação de reagentes", no início do Experimento 20A. Coloque o tubo de centrífuga em água fria de torneira e espere até que alguns cristais de sais de haleto de amônio comecem a aparecer. Utilizando uma pipeta automática ou pera doseadora, transfira 1,0 mL de 2-metil-2-propanol (álcool *tert*-butílico, pf 25 °C) para o tubo de centrífuga de 15-mL. Recoloque a tampa e certifique-se de que não há nenhum vazamento.

⇨ ADVERTÊNCIA

A mistura solvente-nucleófilo contém ácido sulfúrico concentrado. 

Agite o tubo intensamente, ventilando ocasionalmente, por 5 minutos (utilize luvas). Quaisquer sólidos que estiverem presentes originalmente no tubo de centrífuga deverão se dissolver, durante esse período. Depois de agitar, deixe que a camada de haletos de alquila se separe (10–15 minutos, no máximo). Uma camada superior bastante distinta contendo os produtos deverá ter se formado, nesse momento.

[2] Descobrimos que frascos de GC-MS são ideais para esse propósito.

ADVERTÊNCIA

Haletos de *tert*-butila são voláteis e não deverão ser deixados em um recipiente aberto por mais tempo que o necessário.

Lentamente, remova a maior parte da camada aquosa inferior com uma pipeta Pasteur e transfira-a para um béquer. Depois de esperar 10-15 segundos, remova a camada inferior restante no tubo de centrífuga, incluindo uma pequena quantidade da camada orgânica superior para ter certeza de que a camada orgânica não está contaminada por nenhuma água.

NOTA

Para a sequência de purificação a seguir, certifique-se de estar bem preparado. Se descobrir que está demorando mais que 5 minutos para completar toda a sequência, você provavelmente terá afetado seus resultados contrariamente!

Utilizando uma pipeta de Pasteur seca, transfira o restante da camada de haleto de alquila para um pequeno tubo de ensaio (10 × 75 mm) contendo aproximadamente 0,05 g de bicarbonato de sódio sólido. Assim que a formação de bolhas terminar e for obtido um líquido claro, transfira-o com uma pipeta de Pasteur para um pequeno frasco seco, à prova de vazamento, tomando cuidado para não transferir nenhum sólido.[3] Certifique-se de que a tampa está hermeticamente fechada. Não armazene o líquido em um recipiente com uma rolha ou tampa de borracha, porque estas irão absorver os haletos. Essa amostra pode agora ser analisada por tantos métodos do Experimento 20C quantos seu professor indicar. Se possível, analise a amostra no mesmo dia. Ao terminar esse procedimento, volte para o Experimento 20A.

Experimento 20C

Análise

PROCEDIMENTO

A proporção do 1-clorobutano em relação ao 1-bromobutano, do 2-clorobutano em relação ao 2-bromobutano, ou do cloreto de *tert*-butila em relação ao brometo de *tert*-butila deve ser determinada. De acordo com a opção de seu professor, você poderá fazer isso seguindo um dos três métodos: cromatografia em fase gasosa, índice de refração ou espectroscopia de RMN. No entanto, os produtos obtidos a partir das reações entre 1-butanol e 2-butanol não podem ser analisados pelo método do índice de

[3] Veja a nota de rodapé nº 2.

refração (eles contêm pentano). Os produtos da reação do álcool *tert*-butílico podem ser difíceis de se analisar pela cromatografia em fase gasosa porque os haletos de *tert*-butila, algumas vezes, passam por eliminação no cromatógrafo em fase gasosa.[4]

Cromatografia em fase gasosa[5]

O professor ou um assistente de laboratório pode fazer as injeções de amostras ou deixar que você as faça. No último caso, seu professor lhe fornecerá antecipadamente as instruções adequadas. Um tamanho de amostra razoável é 2,5 μL. Injete a amostra no cromatógrafo de fase gasosa e registre o cromatograma na fase gasosa. O cloreto de alquila, por causa de sua maior volatilidade, tem um menor tempo de retenção que o brometo de alquila. Uma vez que o cromatograma na fase gasosa tenha sido obtido, determine as áreas relativas dos dois picos (veja a Técnica 22, Seção 22.12). Se o cromatógrafo em fase gasosa tiver um integrador, ele reportará as áreas. A triangulação é o método preferido para determinar áreas, caso um integrador não esteja disponível. Registre as porcentagens de cloreto de alquila e brometo de alquila na mistura da reação.

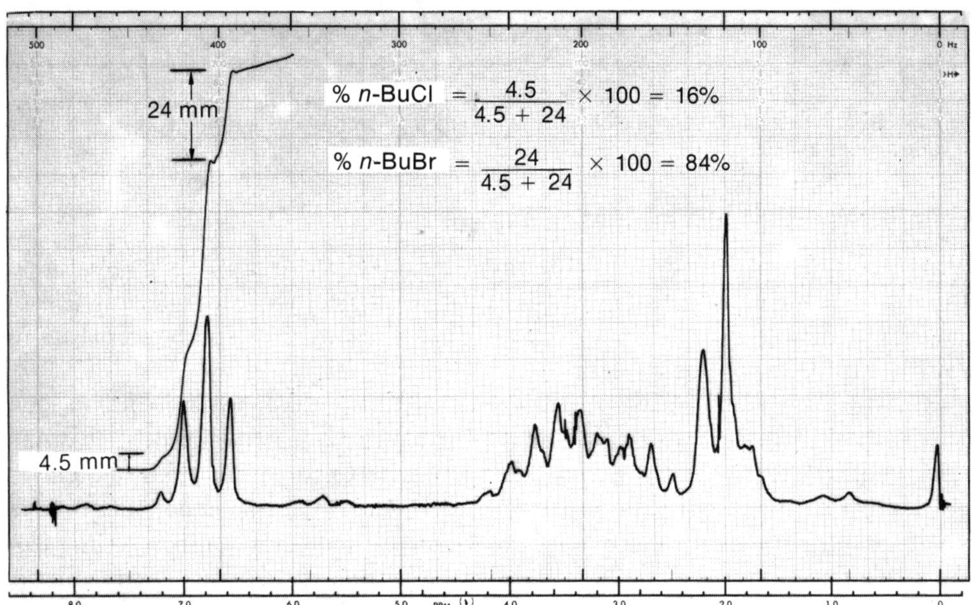

Um espectro de RMN de 60 MHz do 1-clorobutano e 1-bromobutano, com amplitude de varredura de 250 Hz (sem pentano na amostra).

[4] *Nota para o professor:* Se estiverem disponíveis amostras puras de cada produto, verifique a suposição, aqui, de que a cromatografia em fase gasosa responde igualmente a cada substância. Fatores de resposta (sensibilidades relativas) são facilmente determinadas pela injeção de uma mistura equimolar de produtos e comparação das áreas de pico.

[5] *Nota para o professor:* Para obter resultados razoáveis na análise cromatográfica em fase gasosa dos haletos de *tert*-butila, pode ser necessário fornecer aos alunos a correção do fator de resposta (veja a Técnica 22, Seção 22.13).

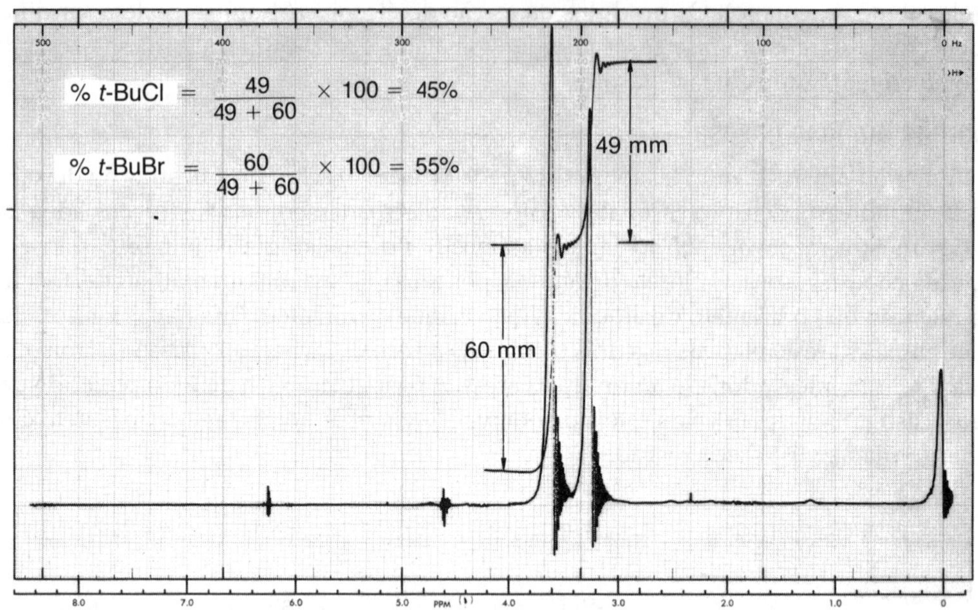

Um espectro de RMN de 60 MHz do cloreto de *tert*-butila e do brometo de *tert*-butila, com amplitude de varredura de 250 Hz.

Espectroscopia de ressonância magnética nuclear

O professor ou um assistente de laboratório registrará o espectro de RMN da mistura da reação.[6] Submeta um frasco de amostra contendo a mistura para essa determinação espectral. O espectro também irá conter a integração dos picos importantes, veja a Técnica 26, Espectroscopia de ressonância magnética nuclear (RMN de prótons).

Se o substrato de álcool for o 1-butanol, o haleto e a mistura de pentano darão origem a um espectro complicado. Cada haleto de alquila mostrará um tripleto em campo baixo causado pelo grupo CH_2 próximo do halogênio. Esse tripleto aparecerá em campo mais baixo para o cloreto de alquila do que para o brometo de alquila. Em um espectro de 60 MHz, esses tripletos irão se sobrepor, mas uma ramificação de cada tripleto estará disponível para comparação. Compare a integral ramificação do *campo baixo* do tripleto para o 1-clorobutano com a ramificação do *campo mais alto* do tripleto para o 1-bromobutano. O espectro superior na página anterior fornece um exemplo. As alturas relativas dessas integrais correspondem às quantidades relativas de cada haleto na mistura.

Se o substrato de álcool for o 2-metil-2-propanol, a mistura de haleto resultante mostrará dois picos no espectro de RMN. Cada haleto mostrará um simpleto porque todos os grupos CH_3 são equivalentes e não estão acoplados. Na mistura da reação, o pico do campo alto se deve ao cloreto de *tert*-butila, e o pico do campo baixo é causado pelo brometo de *tert*-butila. Compare as integrais desses picos. O espectro de RMN da mistura entre cloreto e brometo de *tert*-butila, mostrado aqui, fornece um exemplo. As alturas relativas dessas integrais correspondem às quantidades relativas de cada haleto na mistura.

RELATÓRIO

Registre as porcentagens do cloreto de alquila e do brometo de alquila na mistura da reação para cada um dos três álcoois. Você precisa compartilhar seus dados da reação com 1-butanol ou 2-butanol com outros alunos que também queiram fazer isso. O relatório deve incluir as porcentagens de cada haleto de alquila determinado por cada método utilizado nesse experimento para os dois álcoois que

[6] É difícil determinar a proporção do 2-clorobutano em relação ao 2-bromobutano utilizando ressonância magnética nuclear. Esse método requer, pelo menos, um instrumento de 90 MHz. A 300 MHz, todos os picos em campo baixo são completamente resolvidos.

você estudou. Com base na distribuição do produto, desenvolva um argumento sobre qual mecanismo (S^N1 ou S^N2) predominou para cada um dos três álcoois estudados. O relatório também deve incluir uma discussão sobre qual é o melhor nucleófilo, o íon cloreto ou o íon brometo, com base nos resultados experimentais. Todos os cromatogramas em fase gasosa e os espectros deverão ser anexados ao relatório.

■ QUESTÕES ■

1. Desenhe mecanismos completos que expliquem as distribuições observadas do produto resultante para as reações do álcool *tert*-butílico e 1-butanol sob as condições de reação desse experimento.
2. Qual é o melhor nucleófilo em um solvente prótico, íon cloreto ou íon brometo? Tente explicar isto em termos da natureza do íon cloreto e do íon brometo.
3. Qual é o principal subproduto orgânico para cada uma dessas reações?
4. Um aluno deixou alguns haletos de alquila (RCl e RBr) em um recipiente aberto durante vários minutos. O que aconteceu com a composição da mistura do haleto durante esse tempo? Suponha que algum líquido permaneça no recipiente.
5. O que aconteceria se todos os sólidos no meio nucleófilo não fossem dissolvidos? Como isso poderia afetar o resultado do experimento?
6. Quais poderiam ter sido as proporções de produto, observadas nesse experimento, se um solvente aprótico, como o sulfóxido de dimetila, tivesse sido utilizado, em vez da água?
7. Explique a ordem de eluição que você observou enquanto realizava a cromatografia em fase gasosa para esse experimento. Qual propriedade das moléculas do produto parece ser mais importante na determinação dos tempos de retenção relativos?
8. Quando você calcula a composição percentual da mistura do produto, exatamente com que tipo de "porcentagem" (isto é, porcentagem em volume, porcentagem em massa, porcentagem em quantidade de matéria) está lidando?
9. Quando uma amostra pura de brometo de *tert*-butila é analisada pela cromatografia em fase gasosa, geralmente, dois componentes são observados. Um deles é o brometo de *tert*-butila, e o outro é um produto de decomposição. À medida que a temperatura do injetor aumenta, a quantidade do produto de decomposição aumenta e a quantidade do brometo de *tert*-butila diminui.
   (a) Qual é a estrutura do produto de decomposição?
   (b) Por que a quantidade da decomposição aumenta com a temperatura crescente?
   (c) Por que o brometo de *tert*-butila se decompõe muito mais facilmente que o cloreto de *tert*-butila?

Experimento 21

Síntese de brometo de n-butila e cloreto de t-pentila

Síntese de haletos de alquila

Extração

Destilação simples

A síntese de dois haletos de alquila de álcoois é a base para esses experimentos. No primeiro experimento, um haleto de alquila primário, brometo de *n*-butila, é preparado como mostra a equação 1.

$$\underset{\text{álcool } n\text{-butílico}}{CH_3\text{-}CH_2\text{-}CH_2\text{-}CH_2\text{-}OH} + NaBr + H_2SO_4 \longrightarrow \underset{\text{brometo de } n\text{-butila}}{CH_3\text{-}CH_2\text{-}CH_2\text{-}CH_2\text{-}Br} + NaHSO_4 + H_2O \quad [1]$$

No segundo experimento, um haleto de alquila terciário, cloreto de *t*-pentila, é preparado como mostra a equação 2.

$$\underset{\text{álcool } n\text{-pentílico}}{CH_3{-}CH_2{-}\overset{\displaystyle CH_3}{\underset{\displaystyle OH}{\overset{|}{\underset{|}{C}}}}{-}CH_3} + HCl \longrightarrow \underset{\text{cloreto de } n\text{-pentila}}{CH_3{-}CH_2{-}\overset{\displaystyle CH_3}{\underset{\displaystyle Cl}{\overset{|}{\underset{|}{C}}}}{-}CH_3} + H_2O \quad [2]$$

Essas reações oferecem um interessante contraste nos mecanismos. A síntese do brometo de *n*-butila prossegue por um mecanismo S_N2, ao passo que o cloreto de *t*-pentila é preparado por uma reação S_N1.

Brometo de *n*-butila

O haleto de alquila primário brometo de *n*-butila pode ser preparado facilmente ao se permitir que o álcool *n*-butílico reaja com brometo de sódio e ácido sulfúrico pela equação 1. O brometo de sódio reage com o ácido sulfúrico para produzir ácido bromídrico.

$$2\ NaBr + H_2SO_4 \longrightarrow 2\ HBr + Na_2SO_4$$

O excesso de ácido sulfúrico serve para mudar o equilíbrio e, portanto, para acelerar a reação produzindo uma maior concentração de ácido bromídrico. O ácido sulfúrico também irá protonar o grupo hidroxila do álcool *n*-butílico, de modo que a água seja deslocada, em vez de o íon hidróxido, OH^-. O ácido também vai protonar a água à medida que ela é produzida na reação e a desativa como um nucleófilo.

A desativação da água evita que o haleto de alquila seja convertido de volta para o álcool pelo ataque nucleofílico da água. A reação do substrato primário prossegue por meio de um mecanismo S_N2.

$$CH_3-CH_2-CH_2-CH_2-O-H + H^+ \xrightarrow{\text{rápido}} CH_3-CH_2-CH_2-CH_2-\overset{+}{O}(H)-H$$

$$CH_3-CH_2-CH_2-CH_2-\overset{+}{O}(H)-H + Br^- \xrightarrow[S_N2]{\text{lento}} CH_3-CH_2-CH_2-CH_2-Br + H_2O$$

Durante o isolamento do brometo de *n*-butila, o produto bruto é lavado com ácido sulfúrico, água e bicarbonato de sódio para remover qualquer ácido ou álcool *n*-butílico restante.

cloreto de t-pentila

O haleto de alquila terciário pode ser preparado permitindo-se que o álcool *t*-pentílico reaja com ácido clorídrico concentrado, de acordo com a equação 2. A reação é concluída simplesmente agitando os dois reagentes em um funil de separação. À medida que a reação prossegue, o produto do haleto de alquila insolúvel forma uma fase superior. A reação do substrato terciário ocorre por meio de um mecanismo S_N1.

$$CH_3-CH_2-C(CH_3)(OH)-CH_3 + H^+ \xrightarrow{\text{rápido}} CH_3-CH_2-C(CH_3)(\overset{+}{O}H_2)-CH_3$$

$$CH_3-CH_2-C(CH_3)(\overset{+}{O}H_2)-CH_3 \xrightarrow{\text{lento}} CH_3-CH_2-\overset{+}{C}(CH_3)-CH_3 + H_2O$$

$$CH_3-CH_2-\overset{+}{C}(CH_3)-CH_3 + Cl^- \xrightarrow{\text{rápido}} CH_3-CH_2-C(CH_3)(Cl)-CH_3$$

Uma pequena quantidade de alceno, 2-metil-2-buteno, é produzida como um subproduto nessa reação. Se tivesse utilizado ácido sulfúrico, assim como foi empregado para o brometo de *n*-butila, uma quantidade muito maior desse alceno teria sido produzida.

LEITURA EXIGIDA

Revisão: Técnicas 5, 6, 7, 12 e 14

INSTRUÇÕES ESPECIAIS

ADVERTÊNCIA

Tome cuidado especial com o ácido sulfúrico concentrado; ele causa queimaduras graves.

Como seu professor indica, você deve efetuar o procedimento com brometo de *n*-butila ou cloreto de *t*-pentila, ou ambos.

MEIO SUGERIDO PARA O DESCARTE DE REJEITOS

Jogue fora todas as soluções aquosas produzidas nesse experimento no recipiente marcado para o descarte de rejeitos aquosos. Caso seu professor peça que você descarte seu produto, haleto de alquila, utilize o recipiente marcado para o descarte de haletos de alquila. Note que seu professor pode ter instruções específicas para esse procedimento, que são diferentes das apresentadas aqui.

Experimento 21A

Brometo de n*-butila*

PROCEDIMENTO

Preparação do brometo de *n*-butila. Coloque 17,0 g de brometo de sódio em um balão de fundo redondo de 100 mL e adicione 17 mL de água e 10,0 mL de álcool *n*-butílico (1-butanol, MM = 74,1, *d* = 0,81 g mL^{-1}). Esfrie a mistura em um banho de gelo e, lentamente, adicione 14 mL de ácido sulfúrico concentrado, agitando continuamente no banho de gelo. Adicione diversas pedras de ebulição à mistura e monte o aparelho de refluxo e o captador, mostrados na figura, na próxima página. O captador absorve o brometo de hidrogênio gasoso desenvolvido durante o período da reação. Aqueça a mistura até entrar em leve ebulição, por 60–75 minutos.

Extração. Remova a fonte de calor e deixe o aparelho esfriar até que seja possível desconectar o balão de fundo redondo sem queimar seus dedos.

NOTA

Não deixe que a mistura da reação esfrie à temperatura ambiente. Complete as operações nesse parágrafo tão rapidamente quanto possível. Do contrário, sais podem se precipitar, tornando esse procedimento mais difícil de ser realizado.

Desconecte o balão de fundo redondo e despeje cuidadosamente a mistura da reação em um funil de separação de 125 mL. A camada de brometo de *n*-butila deverá estar no topo. Se a reação ainda não estiver completa, o álcool *n*-butílico restante, algumas vezes, formará uma segunda camada orgânica no topo da camada de brometo de *n*-butila. Trate as duas camadas orgânicas como se fossem uma só. Drene a camada aquosa inferior do funil.

As camadas orgânica e aquosa deverão se separar conforme descrevem as instruções a seguir. Contudo, para garantir que você não irá descartar a camada errada, é uma boa ideia adicionar uma gota de água a qualquer camada aquosa que pretenda descartar. Se uma gota de água se dissolver no líquido, você pode estar seguro de que esta é uma camada aquosa. Adicione 14 mL de H_2SO_4 9 mol L^{-1} ao funil de separação e agite a mistura (veja a Técnica 12, Seção 12.4). Deixe que as camadas se separem. Uma vez que qualquer álcool *n*-butílico restante é extraído pela solução de H_2SO_4, deve haver agora somente uma camada orgânica. A camada orgânica deverá ser a camada superior. Drene e descarte a camada aquosa inferior.

Adicione 14 mL de H_2O ao funil de separação. Tampe o funil e agite-o, ventilando ocasionalmente. Deixe as camadas se separarem. Drene a camada inferior, que contém o brometo de *n*-butila (d = 1,27 g mL^{-1}), em um pequeno béquer. Descarte a camada aquosa depois de assegurar que a camada correta foi preservada. Devolva o haleto de alquila ao funil. Adicione 14 mL de bicarbonato de sódio aquoso saturado, um pouco de cada vez, enquanto agita o funil. Tampe o funil e agite-o por um 1 minuto, ventilando frequentemente para aliviar qualquer pressão que seja produzida. Drene a camada inferior de haleto de alquila em um Erlenmeyer seco. Adicione 1,0 g de cloreto de cálcio anidro para secar a solução (veja a Técnica 12, Seção 12.9). Tampe o frasco e agite o conteúdo até que o líquido esteja claro. O processo de secagem pode ser acelerado aquecendo levemente a mistura em um banho de vapor.

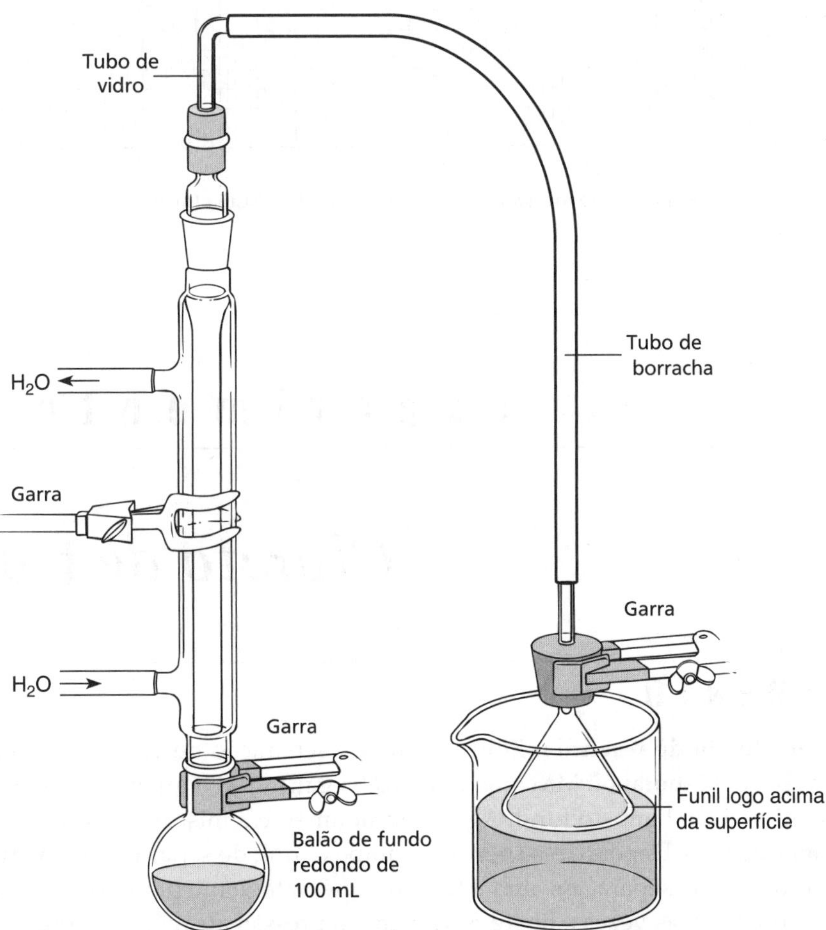

Aparelho para a preparação do brometo de *n*-butila.

Destilação. Transfira o líquido claro para um balão de fundo redondo de 25 mL, seco, utilizando uma pipeta de Pasteur. Adicione uma pérola de ebulição e destile o brometo de *n*-butila bruto em um aparelho seco (veja a Técnica 14, Seção 14.1, Figura 14.1). Colete o material quando ferver entre 94° e 102 °C. Durante a destilação, preste muita atenção à medida que o líquido destila para determinar o intervalo no qual a maior parte do líquido é destilado. Este será o valor que você deverá mencionar para o ponto de ebulição do 1-bromobutano em seu relatório. Pese o produto e calcule o rendimento percentual. Determine o espectro no infravermelho do produto utilizando pastilhas de sal (veja a Técnica 25, Seção 25.2). Determine um ponto de ebulição utilizando o método de ponto de ebulição em microescala (veja a Técnica 13, Seção 13.3). Envie o restante da amostra em um frasco apropriadamente rotulado, juntamente com o espectro no infravermelho, quando enviar seu relatório ao professor.

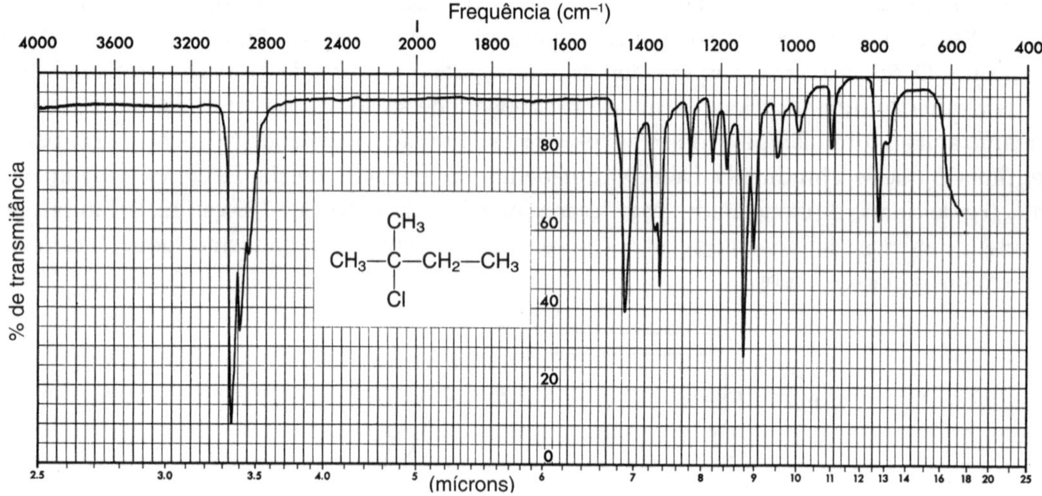

Espectro no infravermelho do brometo de *n*-butila (puro).

Experimento 21B

Cloreto de t-pentila

PROCEDIMENTO

Preparação do cloreto de *t*-pentila. Em um funil de separação de 125 mL, coloque 10,0 mL de álcool *t*-pentílico (2-metil-2-butanol, MM = 88,2, d = 0,805 g mL^{-1}) e 25 mL de ácido clorídrico concentrado (d = 1,18 g mL^{-1}). Não tampe o funil. Agite delicadamente a mistura no funil de separação por aproximadamente 1 minuto. Depois desse período, tampe o funil de separação e inverta-o cuidadosamente. Sem agitar o funil de separação, abra a torneira imediatamente para liberar a pressão. Feche a torneira, agite o funil diversas vezes e libere novamente a pressão através da torneira (veja a Técnica 12, Seção 12.4). Agite o funil por 2–3 minutos, ventilando ocasionalmente. Deixe a mistura em repouso no funil de separação até que as duas camadas tenham se separado completamente. O cloreto de *t*-pentila (d = 0,865 g mL^{-1}) deverá estar na camada superior, mas verifique isso acrescentando algumas gotas de água. A água deverá se dissolver na camada inferior (aquosa). Drene e descarte a camada inferior.

Extração. As operações neste parágrafo deverão ser efetuadas tão rapidamente quanto possível porque o cloreto de *t*-pentila é instável em uma solução de água e bicarbonato de sódio. Ele é facilmente hidrolisado novamente para o álcool. Em cada uma das etapas a seguir, a camada orgânica deverá estar no topo; contudo, será preciso adicionar algumas gotas de água para garantir. Lave (agite e chacoalhe) a camada orgânica com 10 mL de água. Separe as camadas e descarte a fase aquosa depois de assegurar que a camada adequada foi preservada. Adicione uma porção de 10 mL de bicarbonato de sódio aquoso a 5%, ao funil de separação. Agite delicadamente o funil (destampado) até que o conteúdo esteja totalmente misturado. Tampe o funil e inverta-o cuidadosamente. Libere o excesso de pressão através da torneira. Agite delicadamente o funil de separação, com frequente liberação da pressão. Depois disso, agite intensamente o funil, mais uma vez liberando a pressão, por aproximadamente 1 minuto. Deixe que as camadas se separem e drene a camada aquosa inferior. Lave (agite e chacoalhe) a camada orgânica com uma porção de 10 mL de água e drene novamente a camada aquosa inferior.

Transfira a camada orgânica para um pequeno Erlenmeyer seco, transferindo-a do topo do funil de separação. Seque o cloreto de *t*-pentila bruto sobre 1,0 g de cloreto de cálcio anidro até que ele fique claro (veja a Técnica 12, Seção 12.9). Agite o haleto de alquila com o agente secante para ajudar na secagem.

Destilação. Transfira o líquido claro para um balão de fundo redondo seco, com capacidade de 25 mL, utilizando uma pipeta de Pasteur. Adicione uma pérola de ebulição e destile o cloreto de *t*-pentila bruto em um aparelho seco (veja a Técnica 14, Seção 14.1, Figura 14.1). Colete o cloreto de *t*-pentila puro em um receptor resfriado com gelo. Colete o material quando ferver entre 78 °C e 84 °C.

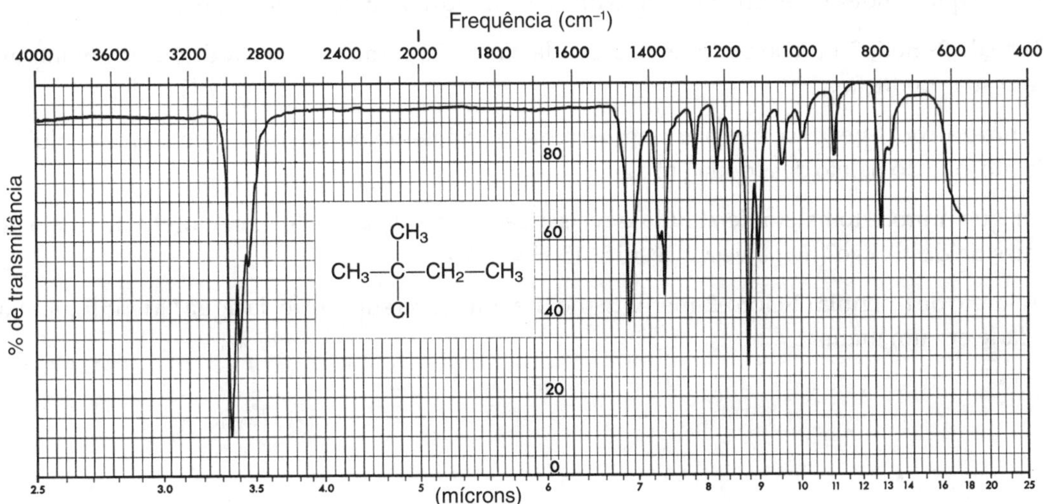

Espectro no infravermelho do cloreto de *n*-pentila (puro).

Durante a destilação, preste muita atenção à medida que o líquido se destila para determinar o intervalo no qual ocorre a maior parte desse processo. Este será o valor que deverá ser registrado como o ponto de ebulição para o cloreto de *t*-pentila em seu relatório. Pese o produto e calcule o rendimento percentual. Determine o espectro de infravermelho do produto utilizando pastilhas de sal (veja a Técnica 25, Seção 25.2). Seu professor pode pedir que você determine um ponto de ebulição empregando o método de ponto de ebulição em microescala (veja a Técnica 13, Seção 13.3). Envie o restante da amostra em um frasco apropriadamente rotulado, juntamente com o espectro no infravermelho, quando encaminhar seu relatório para o professor.

■ QUESTÕES ■

Brometo de *n*-butila

1. Quais são as fórmulas dos sais que podem se precipitar quando a mistura da reação é resfriada?
2. Por que a camada de haleto de alquila muda da camada superior para a camada inferior no ponto em que a água é utilizada para extrair a camada orgânica?
3. Um éter e um alceno são formados como subprodutos nessa reação. Desenhe as estruturas desses subprodutos e forneça mecanismos para sua formação.
4. O bicarbonato de sódio aquoso foi utilizado para lavar o brometo de *n*-butila bruto.
   a. Qual é o propósito dessa lavagem? Dê equações.
   b. Por que é indesejável lavar o haleto bruto com hidróxido de sódio aquoso?
5. Identifique a densidade do cloreto de *n*-butila (1-clorobutano). Assuma que este haleto de alquila foi preparado, no lugar do brometo. Decida se o cloreto de alquila irá aparecer como a fase superior ou inferior em cada estágio do procedimento de separação: depois do refluxo, depois da adição de água e após a adição de bicarbonato de sódio.
6. Por que o produto haleto de alquila deve ser seco cuidadosamente com cloreto de cálcio anidro antes da destilação? (*Dica:* veja a Técnica 15, Seção 15.8.)

Cloreto de *t*-pentila

1. Foi utilizado bicarbonato de sódio aquoso para lavar o cloreto de *t*-pentila bruto.
   a. Qual é o propósito dessa lavagem? Dê equações.
   b. Por que é indesejável lavar o haleto bruto com hidróxido de sódio aquoso?
2. Parte do 2-metil-2-buteno pode ser produzida na reação como um subproduto. Dê um mecanismo para sua produção.
3. Como o álcool *t*-pentílico que não reagiu é removido nesse experimento? Identifique a solubilidade do álcool e do haleto de alquila em água.
4. Por que o produto haleto de alquila deve ser seco cuidadosamente com cloreto de cálcio anidro, antes da destilação? (*Dica:* veja a Técnica 15, Seção 15.8.)
5. O cloreto de *t*-pentila (2-cloro-2-metilbutano) irá flutuar na superfície da água? Identifique sua densidade em um manual.

Experimento 22

4-Metilciclohexeno

Preparação de um alceno

Desidratação de um álcool

Destilação

Testes com bromo e permanganato para insaturação

4-Metilciclohexanol $\xrightarrow[\Delta]{H_3PO_4/H_2SO_4}$ 4-Metilciclohexeno + H_2O

A desidratação do álcool é uma reação catalisada por ácido, realizada por ácidos minerais concentrados, fortes, tais como o ácido sulfúrico e o ácido fosfórico. O ácido irá protonar o grupo hidroxila alcoólico, permitindo que ele se dissocie como água. A perda de um próton do intermediário (eliminação) faz surgir um alceno. Uma vez que o ácido sulfúrico geralmente causa extensa carbonização nessa reação, o ácido fosfórico, que, comparativamente, está livre deste problema, é uma melhor opção. Contudo, para que as reações prossigam mais rapidamente, você também utilizará uma quantidade mínima de ácido sulfúrico.

O equilíbrio presente nessas reações será mudado em favor do produto, destilando-o a partir da mistura da reação, à medida que ele é formado. O 4-metilciclohexeno (pe 101–102 °C) irá codestilar com a água que também é formada. Removendo continuamente os produtos, você pode obter um elevado rendimento de 4-metilciclohexeno. Uma vez que o material inicial, 4-metilciclohexanol, também tem um ponto de ebulição um pouco alto (pe 171–173 °C), a destilação deve ser realizada cuidadosamente para que o álcool também não seja destilado.

Inevitavelmente, uma pequena quantidade de ácido fosfórico irá se codestilar com o produto. Ele é removido pela lavagem da mistura do destilado com uma solução saturada de cloreto de sódio. Essa etapa também remove parcialmente a água da camada de 4-metilciclohexeno; o processo de secagem estará concluído, permitindo que o produto fique em repouso sobre o sulfato de sódio anidro.

Compostos contendo ligações duplas reagem com uma solução de bromo (vermelha) para descolori--la. De modo similar, elas reagem com uma solução de permanganato de potássio (púrpura) para descarregar sua cor e produzir um precipitado marrom (MnO_2). Essas reações são frequentemente utilizadas como testes qualitativos para determinar a presença de uma ligação dupla em uma molécula orgânica (veja o Experimento 55C). Ambos os testes serão realizados no 4-metilciclohexeno formado nesse experimento.

dibromo (incolor) $\xleftarrow{Br_2}$ (vermelho) 4-metilciclohexeno $\xrightarrow{KMnO_4}$ (púrpura) diol (incolor) + MnO_2 (marrom)

LEITURA EXIGIDA

Revisão:	Técnicas 5 e 6	
	Técnica 12	Extrações, Separações e Agentes secantes, Seções 12.7, 12.8 e 12.9
Novo:	Técnica 14	Destilação simples

Ao efetuar a espectroscopia no infravermelho opcional, leia também a Técnica 25, Espectroscopia no infravermelho.

INSTRUÇÕES ESPECIAIS

Os ácidos fosfórico e sulfúrico são muito corrosivos. Não deixe que nenhum dos ácidos toque sua pele.

MEIO SUGERIDO PARA O DESCARTE DE REJEITOS

Descarte os rejeitos aquosos despejando-os no recipiente especificamente designado para eles. Os resíduos que permanecerem após a primeira destilação também podem ser colocados no recipiente para dejetos aquosos. Depois do teste com bromo quanto à instauração, descarte as soluções que restarem em um recipiente específico destinado a dejetos orgânicos *halogenados*. As soluções que permanecerem, após o teste com permanganato de potássio, deverão ser descartadas em um recipiente especialmente designado ao descarte de dejetos de permanganato de potássio.

PROCEDIMENTO

Montagem do aparelho. Coloque 7,5 mL de 4-metilciclohexanol (*MM* = 114,2) em um balão de fundo redondo de 50 mL devidamente aferido, e faça a repesagem do balão para determinar a massa exata do álcool. Adicione 2,0 mL de ácido fosfórico 85% e 30 gotas (0,40 mL) de ácido sulfúrico concentrado ao balão. Misture os líquidos completamente utilizando um bastão de vidro para agitar e acrescente uma pérola de ebulição. Monte um aparelho de destilação, conforme mostra a Técnica 14, Figura 14.1 (omita o condensador), utilizando um frasco de 25 mL como receptor. Mergulhe o frasco receptor em um banho de água gelada para minimizar a possibilidade de que vapores do 4-metilciclohexeno escapem para o laboratório.

Desidratação. Comece fazendo circular a água para refrigeração no condensador e aqueça a mistura com uma manta de aquecimento até que o produto comece a destilar, e colete no receptor. O aquecimento deverá ser regulado, de modo que a destilação dure cerca de 30 minutos. A destilação rápida demais leva a reações não concluídas e ao isolamento do material inicial, o 4-metilciclohexanol. Continue a destilação até que mais nenhum líquido seja coletado. O destilado contém 4-metilciclohexeno e também água.

Isolamento e secagem do produto. Transfira o destilado para um tubo de centrífuga, com a ajuda de 1 ou 2 mL de solução saturada de cloreto de sódio. Deixe que as camadas se separem e remova a camada aquosa inferior com uma pipeta de Pasteur (descarte-a). Utilizando uma pipeta de Pasteur seca, transfira a camada orgânica restante no tubo de centrífuga para um Erlenmeyer contendo uma pequena quantidade de sulfato de sódio anidro granular. Coloque uma tampa no frasco e deixe-o em repouso por 10-15 minutos para remover os últimos vestígios de água. Durante esse período, lave e seque o aparelho de destilação, utilizando pequenas quantidades de acetona e um fluxo de ar para ajudar no processo de secagem.

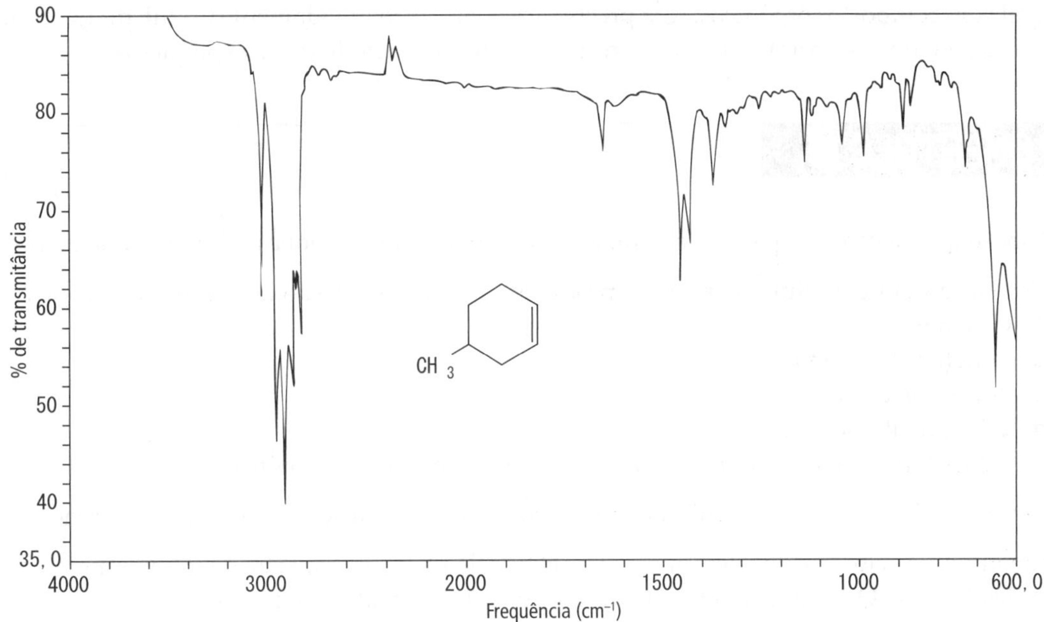

Espectro no infravermelho do 4-metilciclohexeno (puro).

Destilação. Transfira tanto do líquido seco quanto for possível para o balão de fundo redondo limpo e seco, com capacidade de 50 mL, tendo o cuidado de deixar para trás tanto agente secante sólido quanto puder. Adicione uma pérola de ebulição ao frasco e monte o aparelho de destilação do mesmo modo que antes, utilizando um frasco receptor de 25 mL, previamente pesado. Como o 4-metilciclohexeno é muito volátil, você irá recuperar mais produto se resfriar o receptor em um banho de água gelada. Utilizando uma manta de aquecimento, destile o 4-metilciclohexeno, coletando o material que entra em ebulição no intervalo entre 100 °C–105 °C. Registre o intervalo do ponto de ebulição que você observou em seu caderno de laboratório. Haverá pouco ou nenhum precursor, e permanecerá muito pouco líquido no balão de destilação, no final da destilação. Faça a pesagem do frasco receptor para determinar quanto 4-metilciclohexeno foi preparado. Calcule o rendimento percentual do 4-metilciclohexeno (*MM* = 96,2).

Espectroscopia. Se for solicitado por seu professor, determine o espectro no infravermelho do 4-metilciclohexeno (veja a Técnica 25, Seção 25.2 ou 25.3). Uma vez que o 4-metilciclohexeno é muito volátil, é preciso trabalhar rapidamente para obter um bom espectro utilizando pastilhas de cloreto de sódio. Compare o espectro com aquele mostrado nesse experimento. Depois de efetuar os testes que se seguem, encaminhe sua amostra, juntamente com seu relatório, para o professor.[1]

Testes de Insaturação

Coloque 4-5 gotas de 4-metilciclohexanol em cada um dos dois pequenos tubos de ensaio. Em cada um dos tubos do outro par de pequenos tubos de ensaio, coloque 4-5 gotas do 4-metilciclohexeno que você preparou. Não confunda os tubos de ensaio. Pegue um tubo de ensaio de cada grupo e adicione uma solução de bromo em tetracloreto de carbono ou cloreto de metileno, gota por gota, ao conteúdo do tubo de ensaio, até que a cor vermelha não mais seja descolorida. Registre o resultado em cada caso, incluindo o número de gotas necessárias. Teste os dois tubos de ensaio restantes de um modo similar, com uma solução de permanganato de potássio. Uma vez que o permanganato de potássio aquoso não

[1] O produto da destilação também pode ser analisado pela cromatografia em fase gasosa. Descobrimos que ao utilizar cromatografia em fase gasosa-espectrometria de massas para analisar os produtos desta reação, é possível observar a presença de metilciclohexenos isoméricos. Esses isômeros surgem das reações de rearranjo que ocorrem durante a desidratação.

é miscível com compostos orgânicos, será preciso adicionar aproximadamente 0,3 mL de 1,2-dimetoxietano a cada tubo de ensaio antes de fazer o teste. Registre seus resultados e explique-os.

■ QUESTÕES ■

1. Esboce um mecanismo para a desidratação do 4-metilciclohexanol catalisada por ácido fosfórico.
2. Qual importante produto do alceno é produzido pela desidratação dos seguintes álcoois?
   a. Ciclohexanol
   b. 1-Metilciclohexanol
   c. 2-Metilciclohexanol
   d. 2,2-Dimetilciclohexanol
   e. 1,2-Ciclohexanediol (*Dica:* considere o tautomerismo do ceto-enólico.)
3. Compare e interprete os espectros no infravermelho do 4-metilciclohexeno e do 4-metilciclohexanol.
4. Identifique as vibrações de deformação C—H fora do plano, no espectro no infravermelho do 4-metilciclohexeno. Que informações estruturais podem ser obtidas dessas bandas?
5. Nesse experimento, serão utilizados 1-2 mL de cloreto de sódio saturado para transferir o produto bruto depois da destilação inicial. Por que se utiliza cloreto de sódio saturado, em vez de água pura, para esse procedimento?

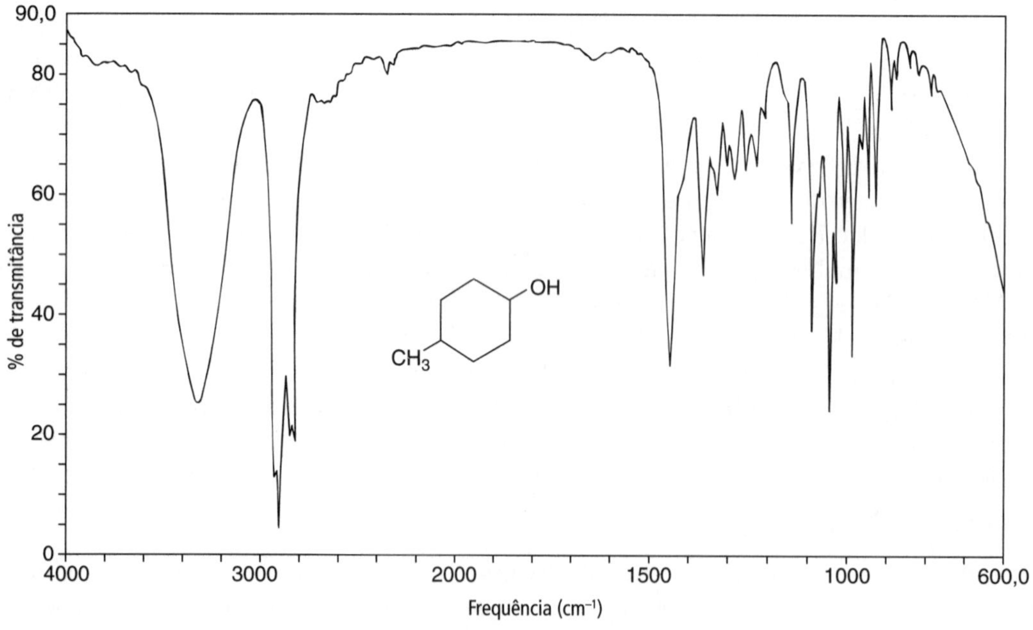

Espectro no infravermelho do 4-metilciclohexanol (puro).

Experimento 23

Estearato de metila a partir de oleato de metila

Para obter mais informações sobre esse experimento, consulte o Ensaio sobre Gorduras e óleos, na página 903.

Hidrogenação catalítica

Filtração (pipeta de Pasteur)

Recristalização

Testes de insaturação

Nesse experimento, você irá converter o oleato de metila líquido, um éster de ácido graxo "insaturado", em estearato de metila sólido, um éster de ácido graxo "saturado", por hidrogenação catalítica.

$$CH_3(CH_2)_7{-}CH{=}CH{-}(CH_2)_7{-}\overset{\overset{\displaystyle O}{\|}}{C}{-}O{-}CH_3 \xrightarrow[H_2]{Pd/C}$$

Oleato de metila
(cis-9-octadecenoato de metila)

$$CH_3(CH_2)_7{-}\underset{\underset{\displaystyle H}{|}}{C}H{-}\underset{\underset{\displaystyle H}{|}}{C}H{-}(CH_2)_7{-}\overset{\overset{\displaystyle O}{\|}}{C}{-}O{-}CH_3$$

Estearato de metila
(octadecanoato de metila)

Com métodos comerciais similares aos que foram descritos nesse experimento, os ácidos graxos insaturados de óleos vegetais são convertidos em margarina (veja o Ensaio 12: "Gorduras e óleos"). Contudo, em vez de utilizar a mistura de triglicérides que estaria presente em um óleo de cozinha, como Mazola (óleo de milho), empregamos como modelo o reagente oleato de metila puro.

Para esse procedimento, um químico utilizaria um cilindro de gás hidrogênio. Contudo, como muitos alunos irão seguir o procedimento simultaneamente, utilizamos o expediente mais simples, de fazer que o zinco metálico reaja com ácido sulfúrico diluído:

$$Zn + H_2SO_4 \xrightarrow{H_2O} H_2(g) + ZnSO_4$$

O hidrogênio gerado será passado para uma solução contendo oleato de metila e catalisador paládio em carbono (10% de Pd/C).

LEITURA EXIGIDA

Revisão: Técnicas 5, 6 e 8

Novo: Técnica 8 — Filtração, Seções 8.3-8.5

Técnica 9 — Constantes físicas de sólidos: o ponto de fusão

Ensaio 12 — Gorduras e óleos

Você também precisa ler as seções, em seu livro, que tratam da hidrogenação catalítica. Se o professor indicar que você deve realizar os testes de insaturação opcionais com seu material e produto inicial, leia as descrições do teste Br_2/CH_2Cl_2, no final desse experimento e na introdução do Experimento 22.

INSTRUÇÕES ESPECIAIS

Como esse experimento requer a geração de gás hidrogênio, não é permitido utilizar nenhuma chama no laboratório.

⇨ ADVERTÊNCIA

Não é permitida nenhuma chama. 

Uma vez que é possível um acúmulo de hidrogênio dentro do aparelho, é especialmente importante se lembrar de usar óculos de segurança; assim, você pode se proteger contra a possibilidade de "explosões" menores de juntas se abrindo, de pequenos incêndios ou de qualquer vidro que possa se quebrar acidentalmente sob pressão.

⇨ ADVERTÊNCIA

Use óculos de segurança. 

Quando você operar o gerador de hidrogênio, certifique-se de adicionar ácido sulfúrico a uma taxa que não faça o gás hidrogênio se formar muito rapidamente. A pressão do hidrogênio no frasco não deve se elevar muito acima da pressão atmosférica; nem se deve deixar que a produção do hidrogênio seja interrompida. Se isso acontecer, sua mistura de reação pode ser "reabsorvida" em seu gerador de hidrogênio.

MEIO SUGERIDO PARA O DESCARTE DE REJEITOS

Dilua cuidadosamente o ácido sulfúrico (a partir do gerador de hidrogênio) com água e coloque-o em um recipiente fornecido para esse propósito. Coloque qualquer zinco restante no recipiente para sólidos, designado para o zinco que não reagiu. Depois da centrifugação, transfira o catalisador Pd/C para um recipiente especialmente projetado para reciclagem posterior. Depois de coletar o estearato de metila por filtração, coloque o metanol filtrado nos dejetos orgânicos não halogenados. Descarte as soluções que restarem, depois do teste com bromo quanto à saturação, em um recipiente para dejetos destinados ao descarte de solventes orgânicos não halogenados. Note que seu professor pode estabelecer um método diferente para coletar dejetos nesse experimento.

NOTAS PARA O PROFESSOR

Utilize oleato de metila que esteja 100% (ou quase 100%) puro. Evite os graus práticos, que podem ser somente de 70–80% de oleato de metila. Recorremos a Aldrich Chemical Co., nº 31,111-1. Um óleo de cozinha comercial pode ser substituído por oleato de metila, nesse experimento, mas os resultados não serão tão nítidos.

Os professores podem decidir substituir uma forma menos pirofórica do catalisador paládio para esse experimento. A GFS Chemical, 800 Mckinley Ave, Columbus, OH 43222, (614) 224-2689, vende "Royer Palladium Catalyst Powder/Beads, 3% Pd, em polietilenoimina/SiO_2", cujos fabricantes afirmam ser menos pirofórico que o catalisador padrão paládio em carbono. O uso desse catalisador alternativo ainda não foi verificado, mas esta parece ser uma escolha razoável. Agradecemos ao professor Matt Koutroulis, do Rio Hondo College, em Whittier, Califórnia, pela sugestão.

PROCEDIMENTO

Aparelho. Monte o aparelho de hidrogenação, conforme ilustra a figura a seguir. O aparelho consiste basicamente de três partes:

1. Gerador de hidrogênio
2. Frasco de reação
3. Captador do borbulhador de óleo mineral

O **gerador de hidrogênio** é um tubo de ensaio com saída lateral, com 20 × 150 mm, adaptado com uma tampa de borracha nº 3. O **frasco de reação** é um balão de fundo redondo de 50 mL, com uma cabeça de Claisen conectada. O hidrogênio entra no frasco de reação através de um tubo borbulhador (ebulidor) conectado ao topo da cabeça de Claisen, utilizando o adaptador de termômetro. Uma pequena barra magnética de agitação é colocada no balão de fundo redondo, e o tubo borbulhador é ajustado a fim de ter a altura suficiente para evitar contato, mas permitindo que o hidrogênio borbulhe por toda a solução. Um segundo adaptador de termômetro, adaptado com um pequeno pedaço de tubo de vidro, possibilita a conexão ao borbulhador de óleo mineral. (Tampas de borracha nº 2, com um único orifício, podem ser substituídas por adaptadores de termômetro, se o tamanho da sua junta for ₸19/22.) Um béquer de 150 mL, preenchido com água e colocado em uma chapa de aquecimento com agitação, proporciona o banho de aquecimento. O **borbulhador de óleo mineral**, um tubo de ensaio de 20 × 150 mm, com saída lateral, tem duas funções. Primeiramente, ele permite manter uma pressão de hidrogênio dentro do sistema, que é ligeiramente superior à pressão atmosférica. Em segundo lugar, ele evita a retrodifusão de ar no sistema. As funções das duas outras unidades são autoexplicativas.

Para evitar o vazamento de hidrogênio, o tubo utilizado para conectar as várias subunidades do aparelho deve ser um tubo de borracha relativamente novo, sem rachaduras ou fissuras, ou um tubo Tygon. O tubo pode ser verificado quanto a rachaduras ou fissuras simplesmente esticando-o e dobrando-o, antes de utilizá-lo. Ele deve ter um tamanho que se adapte firmemente a todas as conexões. De modo similar, se forem utilizadas quaisquer tampas de borracha, eles devem ser adaptados com um tamanho de tubo de vidro que se encaixe firmemente através dos orifícios em seus centros. Se a vedação for muito firme, não será fácil deslizar o tubo de vidro para cima e para baixo no orifício.

Preparação para a reação. Preencha o captador do borbulhador (segundo tubo de ensaio com saída lateral) a cerca de um quarto, com óleo mineral. A extremidade do tubo de vidro deverá ser mergulhada abaixo da superfície do óleo.

Para carregar o gerador de hidrogênio, pese aproximadamente 3 g de zinco musgoso e coloque-o no tubo de ensaio com saída lateral. Vede a abertura maior em seu topo utilizando uma tampa de borracha. Obtenha cerca de 10 mL de ácido sulfúrico 6 mol L^{-1} e coloque-o em um pequeno Erlenmeyer ou béquer, mas não o adicione ainda.

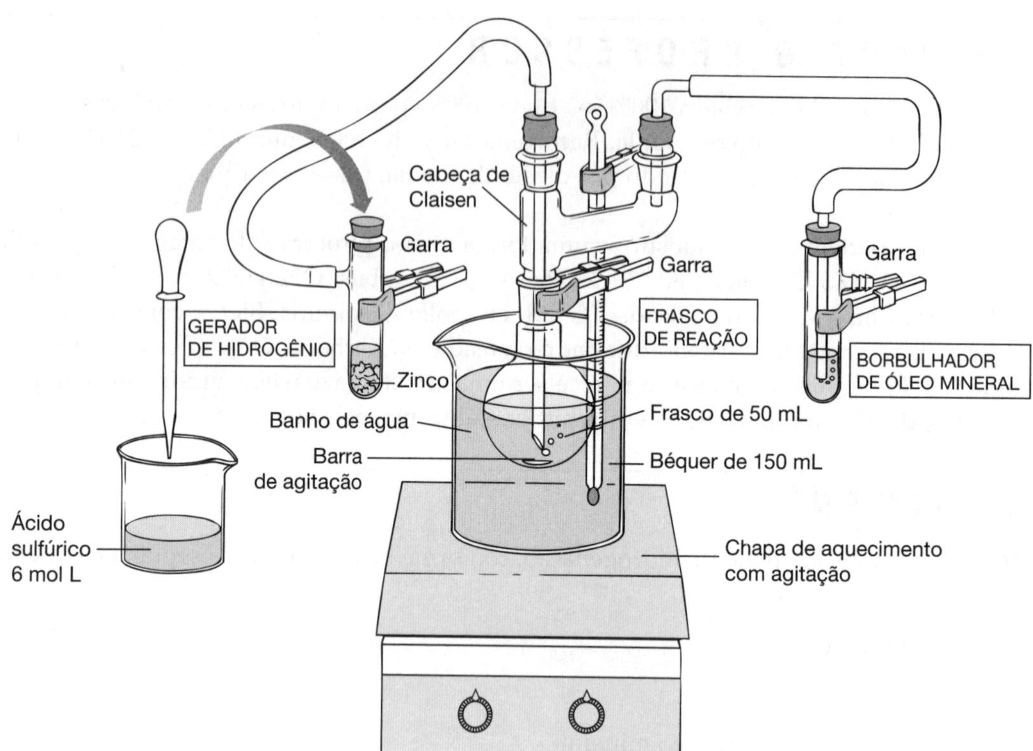

Aparelho de hidrogenação para o Experimento 26.

Pese um cilindro graduado de 10 mL e registre sua massa. Coloque nele 2,5 mL de oleato de metila. Refaça a pesagem do cilindro a fim de obter a quantidade exata de oleato de metila utilizado. Desconecte o balão de fundo redondo de 50 mL, coloque-o em um pequeno béquer para mantê-lo na vertical, e transfira o oleato de metila. Não limpe o cilindro graduado. Em vez disso, despeje duas porções de 8 mL, consecutivas, do solvente metanol (total de 16 mL) no cilindro, para lavá-lo, e coloque cada um deles no frasco de reação. Além disso, lembre-se de colocar uma barra magnética de agitação no frasco. Utilizando papel de pesagem leve, pese cerca de 0,050 g (50 mg) de Pd/C 10%. Coloque, cuidadosamente, cerca de um terço do catalisador no frasco e agite delicadamente o líquido até que o catalisador sólido afunde no líquido. Repita esse procedimento com o restante do catalisador, adicionando um terço da quantidade original a cada vez.

⇨ ADVERTÊNCIA

Tenha cuidado ao adicionar o catalisador; algumas vezes, ele provocará uma chama. Não o mantenha no frasco; ele deverá ficar em um pequeno béquer na bancada do laboratório. Tenha um vidro de relógio à mão para cobrir a abertura e diminuir a chama, caso esta ocorra. 

Prosseguindo com a reação. Complete a montagem do aparelho, certificando-se de que todas as vedações estão firmes, impedindo a saída de gás. Coloque o balão de fundo redondo em um banho de água quente mantido a 40 °C. Isto ajudará a manter o produto dissolvido na solução durante toda a reação. Se a temperatura aumentar acima de 40 °C, você perderá uma quantidade significativa do solvente metanol (pe 65 °C). Caso isto ocorra, não hesite em adicionar mais metanol ao frasco de reação através da saída lateral da cabeça de Claisen. Comece a agitar a mistura da reação com a barra magnética de agitação. Evite agitar muito rapidamente ou se formará um vórtice, deixando o tubo borbulhador fora da solução. Inicie a produção do hidrogênio removendo a tampa de borracha e adicionando uma porção de solução de ácido sulfúrico 6 mol L^{-1} (cerca de 6 mL) ao gerador de hidrogênio (utilize uma pequena pipeta de Pasteur descartável). Recoloque a tampa de borracha. Uma boa taxa de borbulhamento no frasco de reação é de cerca de três bolhas por segundo. Continue a produção do hidrogênio por, pelo menos, 60 minutos. Se necessário, abra o gerador, esvazie-o e renove o zinco e o ácido sulfúrico. (Tenha em mente que o ácido é utilizado à medida que o hidrogênio é produzido e se torna mais diluído à medida que o zinco reage. Conforme a solução ácida se torna mais diluída, a taxa de produção do hidrogênio irá diminuir.)

Interrupção da reação. Depois que a reação estiver concluída, interrompa-a desconectando o gerador do frasco de reação. Decante o ácido no tubo de ensaio com saída lateral em um recipiente específico para dejetos, tomando cuidado para não transferir nenhum zinco metálico. Lave o zinco no tubo de ensaio diversas vezes com água e, então, coloque qualquer zinco que não tenha reagido em um recipiente para dejetos, fornecido para esse propósito.

Mantenha a temperatura da mistura da reação a cerca de 40 °C até realizar a centrifugação; do contrário, o estearato de metila pode se cristalizar e interferir com a remoção do catalisador. Não deverá haver nenhum sólido branco (produto) no balão de fundo redondo. Se houver um sólido branco, adicione mais metanol e agite até que o sólido se dissolva.

Remoção do catalisador. Despeje a mistura da reação em um tubo de centrífuga. Coloque o tubo de centrífuga no banho de água a 40 °C até logo antes de você estar pronto para centrifugar a mistura. (Se a solução não couber em um único tubo de centrífuga, divida-a entre dois tubos e coloque-os na centrífuga, um do lado oposto ao outro.) Centrifugue a mistura por vários minutos. Após a centrifugação, o catalisador preto deverá estar no fundo do tubo. Se alguma parte do catalisador ainda estiver suspensa no líquido, aqueça a mistura a 40 °C e centrifugue a mistura novamente. Despeje cuidadosamente (ou remova com uma pipeta de Pasteur) o líquido flutuante (deixando o catalisador preto no tubo de centrífuga) em um pequeno béquer e resfrie à temperatura ambiente.

Cristalização e isolamento do produto. Coloque o béquer em um banho de gelo para induzir a cristalização. Se não se formarem cristais ou se ocorrer a formação de apenas alguns cristais, talvez, seja preciso reduzir o volume de solvente. Faça isso aquecendo o béquer em um banho de água e direcionando um lento fluxo de ar para o béquer, utilizando uma pipeta de Pasteur para esguicho (veja a Técnica 7, Figura 7.18A). Se cristais começarem a se formar enquanto você está evaporando o solvente, remova o béquer do banho de água. Se não se formarem cristais, reduza o volume do solvente em cerca de um terço. Deixe a solução resfriar e, então, coloque-a em um banho de gelo.

Colete os cristais por meio de filtração a vácuo, utilizando um pequeno funil de Büchner (veja a Técnica 8, Seção 8.3). Reserve os cristais e o cristal filtrado para os testes a seguir. Depois que os cristais estiverem secos, pese-os e determine seu ponto de fusão (de acordo com a literatura, 39 °C). Calcule o rendimento percentual. Encaminhe sua amostra restante para seu professor em um recipiente apropriadamente rotulado, juntamente com seu relatório.

Opcional: testes de insaturação. Utilizando uma solução de bromo em cloreto de metileno, teste quanto ao número de gotas desta solução descolorida por:

1. Aproximadamente 0,1 mL de oleato de metila dissolvido em uma pequena quantidade de cloreto de metileno
2. Uma pequena espátula cheia de seu produto estearato de metila dissolvido em uma pequena quantidade de cloreto de metileno
3. Aproximadamente 0,1 mL do filtrado que você reservou, conforme foi orientado anteriormente.

Utilize pequenos tubos de ensaio e pipetas de Pasteur para fazer esses testes. Inclua os resultados dos testes e suas conclusões em seu relatório.

■ QUESTÕES ■

1. Utilizando as informações no ensaio sobre gorduras e óleos, desenhe a estrutura do triacilglicerol (triglicéride) formada a partir do ácido oleico, ácido linoleico e ácido esteárico. Dê uma equação balanceada e mostre quanto hidrogênio seria necessário para reduzir completamente o triacilglicerol; mostre o produto.
2. Uma amostra de 0,150 g de um composto puro sujeito à hidrogenação catalítica consome até 25,0 mL de H_2 a 25 °C e pressão de 1 atm. Calcule a massa molecular do composto, assumindo que ele tem apenas uma ligação dupla.
3. Um composto com a fórmula C_5H_6 consome até 2 mols de H_2 em hidrogenação catalítica. Dê uma possível estrutura que se adequaria às informações dadas.
4. Um composto com fórmula C_6H_{10} consome até 1 mol de H_2 sob redução. Dê uma possível estrutura que se adequaria às informações dadas.
5. Como esse experimento seria diferente em seu resultado, se você utilizasse um óleo de cozinha comercial, no lugar de oleato de metila?

Experimento 

Análise cromatográfica em fase gasosa, aplicada a gasolinas

Para obter mais informações sobre este experimento, consulte o Ensaio sobre Petróleo e combustíveis fósseis, na página 909.

Gasolina

Cromatografia em fase gasosa

Neste experimento, você irá analisar amostras de gasolina utilizando cromatografia em fase gasosa. A partir de sua análise, será preciso aprender algo sobre a composição desses combustíveis. Embora todas as gasolinas sejam formadas dos mesmos componentes hidrocarbonetos básicos, cada companhia mescla esses componentes em diferentes proporções para obter uma gasolina com propriedades similares àquelas das marcas concorrentes.

Algumas vezes, a composição da gasolina pode variar dependendo da composição do petróleo cru, do qual a gasolina foi derivada. Frequentemente, as refinarias variam a composição da gasolina em resposta às diferenças do clima, mudanças sazonais ou preocupações com o ambiente. No inverno ou em climas frios, a proporção relativa dos isômeros de butano e pentano cresce para aumentar a volatilidade do combustível. Esse aumento na volatilidade permite um início mais fácil. No verão ou em climas quentes, a proporção relativa desses hidrocarbonetos voláteis é reduzida. A menor volatilidade reduz a possibilidade de formação de um dique de vapores. Ocasionalmente, diferenças na composição podem ser detectadas examinando-se os cromatogramas em fase gasosa de uma gasolina específica, ao longo de diversos meses. Neste experimento, não tentaremos detectar essas pequenas divergências.

Existem diferentes exigências de classificação quanto ao octano para as gasolinas "comum" e "aditivada". Você pode conseguir observar diferenças na composição desses dois tipos de combustíveis e precisa prestar atenção, particularmente, ao aumento nas proporções desses dois hidrocarbonetos que elevam as octanagens nos combustíveis aditivados.

Nos Estados Unidos, em algumas regiões, existe a exigência de que os fabricantes, no período de novembro a fevereiro, controlem a quantidade de monóxido de carbono produzido quando ocorre a queima de gasolina. Para fazer isso, eles adicionam reagentes oxigenados, como etanol ou éter metil *tert*-butílico (MTBE), à gasolina. Tente observar a presença desses oxigenados, que podem ser verificados nas gasolinas produzidas em áreas de contenção de monóxido de carbono. Como o MTBE foi banido, ou parcialmente banido, na maioria dos estados norte-americanos (veja o Ensaio 13: "Petróleo e Combustíveis Fósseis"), é improvável que se possa observar MTBE.

A classe irá analisar amostras de gasolina comum sem chumbo e gasolina aditivada sem chumbo, e, se for possível, também analisará combustíveis oxigenados. Se forem analisadas diferentes marcas, então, deverão ser comparadas as composições equivalentes de diferentes companhias.

Postos de gasolina que vendem com desconto geralmente compram sua gasolina de uma das grandes empresas refinadoras de petróleo. Se você analisar a gasolina adquirida de um posto de gasolina que vende com desconto, poderá descobrir que é interessante comparar essa gasolina com uma composição equivalente, de um fornecedor de maior porte, notando, particularmente, as similaridades.

LEITURA EXIGIDA

Novo:	Técnica 22	Cromatografia gasosa
	Ensaio 13	Petróleo e combustíveis fósseis

INSTRUÇÕES ESPECIAIS

Talvez, seu professor queira que cada aluno na sala de aula obtenha uma amostra de gasolina em um posto de serviços, e ele irá compilar uma lista das várias distribuidoras representadas na área. Cada aluno terá de coletar uma amostra de uma companhia diferente. Colete a amostra em um frasco com tampa de rosca, devidamente rotulado. Uma maneira fácil de coletar uma amostra de gasolina para este experimento é drenar o excesso de gasolina do bico e da mangueira dentro do frasco, depois que o tanque de gasolina de um carro tiver sido preenchido. A coleta de gasolina dessa maneira deve ser realizada *imediatamente após* a bomba de gás ter sido utilizada. Caso contrário, os componentes voláteis da gasolina podem evaporar, modificando, assim, a composição da gasolina. Somente uma pequena amostra (alguns *mililitros*) é necessária, porque a análise cromatográfica em fase gasosa não requer mais do que alguns *microlitros* (μL) de material. Certifique-se de fechar firmemente a tampa do frasco com a amostra, a fim de evitar a evaporação seletiva da maior parte dos componentes voláteis. O rótulo no frasco deverá apresentar a marca da gasolina e a composição (comum sem chumbo, aditivada sem chumbo, oxigenada sem chumbo etc.). Como alternativa, seu professor poderá lhe fornecer amostras.

⇨ ADVERTÊNCIA

A gasolina contém muitos componentes altamente voláteis e inflamáveis. Não respire os vapores nem utilize chamas perto da gasolina. 

Este experimento pode ser designado com outro breve experimento, porque são necessários somente alguns minutos do tempo de cada aluno para efetuar a real cromatografia em fase gasosa. Para que este experimento seja conduzido de modo tão eficiente quanto possível, pode ser solicitado que você agende um horário para utilizar a cromatografia em fase gasosa.

MEIO SUGERIDO PARA O DESCARTE DE REJEITOS

Descarte todas as amostras de gasolina no recipiente destinado a rejeitos não halogenados.

NOTAS PARA O PROFESSOR

Você precisa ajustar sua cromatografia em fase gasosa às condições apropriadas para a análise. Recomendamos preparar e analisar a mistura de referência apresentada na seção Procedimento. A maioria dos cromatógrafos tem condições de separar essa mistura, de maneira limpa, com a possível exceção dos xilenos. A seguir, está um possível conjunto de condições para uma cromatografia utilizando Gow-Mac, modelo 69-350; temperatura da coluna, 110-115 °C; temperatura da porta de injeção, 110-115 °C; taxa de fluxo de gás do transportador, 40-50 mL min^{-1}; comprimento da coluna, aproximadamente 45 m. A coluna deverá ser completada com fase estacionária apolar similar ao óleo de silicone (SE-30) do Chromosorb W ou com alguma outra fase estacionária que separa componentes principalmente de acordo com o ponto de ebulição.

Os cromatogramas mostrados neste experimento foram obtidos em um cromatógrafo em fase gasosa Hewlett Packard, modelo 5890. Foi utilizado medidor A30, coluna capilar DB 5 (0,32 mm, com película de 0,25 mícron). Um programa para temperatura foi executado iniciando a 5 °C e com a temperatura subindo até 105°C. Cada operação levou cerca de 8 minutos. Foi empregado um detector de ionização de chamas. As condições são apresentadas no *Instructor's Manual* (material disponível em inglês, na página do livro, em www.cengage.com.br). Separações superiores são obtidas utilizando-se colunas capilares, as quais são recomendadas. Resultados ainda melhores são obtidos com colunas mais extensas.

PROCEDIMENTO

Mistura de referência. Primeiramente, analise uma mistura padrão que inclui pentano, hexano (ou hexanos), benzeno, heptano, tolueno e xilenos (uma mistura de isômeros *meta*, *para* e *orto*). Injete uma amostra de 0,5 μL ou uma amostra com tamanho alternativo, conforme indicado por seu professor no cromatógrafo em fase gasosa. Meça o tempo de retenção de cada componente na mistura de referência em seu cromatograma (veja a Técnica 22, Seção 22.7). Os compostos anteriormente relacionados eluem na ordem dada (o pentano primeiro, e os xilenos por último). Compare seu cromatograma ao divulgado próximo do cromatógrafo em fase gasosa ou ao que é reproduzido neste experimento.

Seu professor ou um assistente de laboratório pode preferir realizar as injeções de amostra. As seringas especiais, graduadas em microlitros, que são utilizadas no experimento são caras e delicadas. Se você mesmo estiver efetuando as injeções, certifique-se de obter instruções antecipadamente.

Mistura de referência com combustível oxigenado. Compostos oxigenados são acrescentados a gasolinas em áreas de contenção de monóxido de carbono durante o período de novembro a fevereiro. Atualmente, o etanol é utilizado com mais frequência. É muito menos provável que o éter metil *tert*-butílico seja encontrado. Seu professor pode ter disponível uma mistura de referência que inclui todos os compostos anteriormente relacionados e também etanol ou éter metil *tert*-butílico. Mais uma vez, é preciso injetar uma amostra dessa mistura e analisar o cromatograma para obter os tempos de retenção para cada componente nessa mistura.

Amostras de gasolina. Injete uma amostra de gasolina comum sem chumbo, gasolina aditivada sem chumbo ou gasolina oxigenada no cromatógrafo em fase gasosa e espere que o cromatograma na fase gasosa seja registrado. Compare o cromatograma à mistura de referência. Determine os tempos de retenção para os principais componentes e identifique tantos componentes quantos forem possíveis. Para efeito de comparação, os cromatogramas na fase gasosa de uma gasolina aditivada sem chumbo e da mistura de referência são mostrados a seguir. Na lista dos componentes principais nas gasolinas, observe que o éter metil *tert*-butílico (oxigenado) aparece na região C_6. Seu combustível oxigenado mostra esse componente? Veja se você pode notar uma diferença entre as gasolinas comum e aditivada, sem chumbo.

Análise. Certifique-se de comparar cuidadosamente os tempos de retenção dos componentes em cada amostra de combustível com os padrões na mistura de referência. Os tempos de retenção de compostos variam de acordo com as condições sob as quais eles são determinados. É melhor analisar a mistura de referência e cada uma das amostras de gasolina em sequência, a fim de reduzir as variações nos tempos de retenção, que podem ocorrer ao longo do tempo. Compare os cromatogramas na fase gasosa com os dos alunos que analisaram gasolinas de outros fornecedores.

Relatório. O relatório para o professor deverá incluir os reais cromatogramas na fase gasosa, assim como uma identificação de quantos componentes em cada cromatograma for possível.

Principais componentes nas gasolinas*	
Compostos C_4	Isobutano
	Butano
Compostos C_5	Isopentano
	Pentano
Compostos C_6 e oxigenados	2,3-Dimetilbutano
	2-Metilpentano
	3-Metilpentano
	Hexano
	Éter metil *tert*-butílico (oxigenado)
Compostos C_7 e aromáticos (benzeno)	2,4-Dimetilpentano
	Benzeno (C_6H_6)
	2-Metilhexano
	3-Metilhexano
	Heptano
Compostos C_8 e aromáticos (tolueno, etilbenzeno e xilenos)	2,2,4-Trimetilpentano (iso-octano)
	2,5-Dimetilhexano
	2,4-Dimetilhexano
	2,3,4-Trimetilpentano
	2,3-Dimetilhexano
	Tolueno (C_7H_8)
	Etilbenzeno (C_8H_{10})
	m-, *p*-, *o*-xilenos (C_8H_{10})
Compostos C_9 aromáticos	1-Etil-3-metilbenzeno
	1,3,5-Trimetilbenzeno
	1,2,4-Trimetilbenzeno
	1,2,3-Trimetilbenzeno

*Ordem de eluição aproximada.

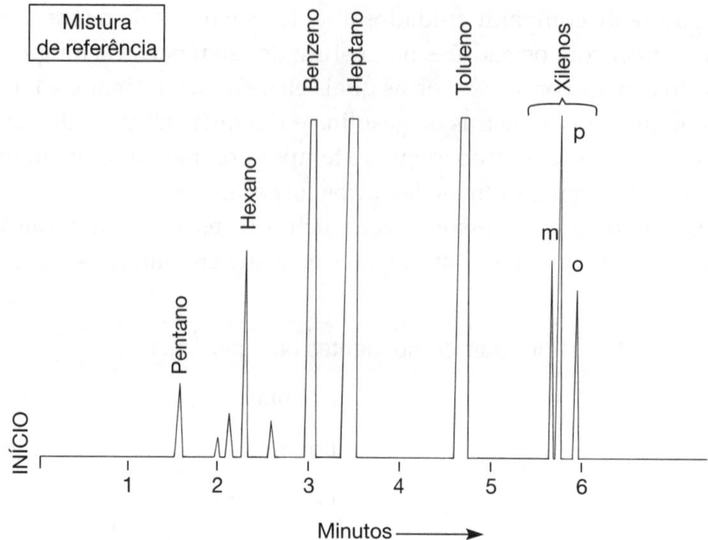

Cromatograma na fase gasosa da mistura de referência.

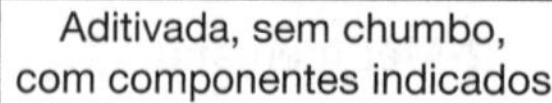

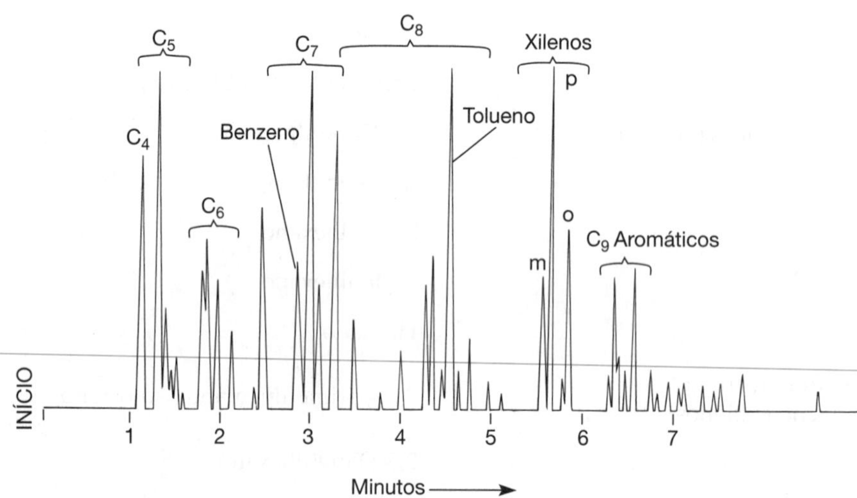

Cromatograma na fase gasosa de uma gasolina aditivada sem chumbo.

■ QUESTÕES ■

1. Se você tivesse uma mistura de benzeno, tolueno e *m*-xileno, qual seria a ordem esperada dos tempos de retenção? Explique.

2. Se você fosse um químico forense trabalhando para o departamento de polícia, e o corpo de bombeiros entregasse a você uma amostra de gasolina encontrada na cena de uma tentativa de provocar um incêndio, seria possível identificar o posto de gasolina em que o incendiário adquiriu a gasolina? Explique.

3. Como você utilizaria a espectroscopia no infravermelho para detectar a presença do etanol em um combustível oxigenado?

Experimento 25

Biodiesel[1]

Para obter mais informações sobre este experimento, consulte o Ensaio sobre Biocombustíveis, na página 918.

Neste Experimento, você irá preparar biodiesel a partir de um óleo vegetal em uma reação de transesterificação catalisada com uma base:

$$\begin{array}{c}\text{H-C(H)-O-C(=O)-R}\\ \text{H-C-O-C(=O)-R}'\\ \text{H-C(H)-O-C(=O)-R}''\end{array} + 3\,CH_3OH \xrightarrow{NaOH} \begin{array}{c}CH_3O-C(=O)-R\\ CH_3O-C(=O)-R'\\ CH_3O-C(=O)-R''\end{array} + \begin{array}{c}\text{H-C(H)-OH}\\ \text{H-C-OH}\\ \text{H-C(H)-OH}\end{array}$$

Gordura ou óleo **Álcool metílico** **Biodiesel** **Glicerol**

A primeira etapa no mecanismo para essa síntese é uma reação ácido-base, reação entre hidróxido de sódio e álcool metílico:

$$NaOH + CH_3OH \longrightarrow \underset{\text{Metóxido de sódio}}{Na^+\ OCH_3^-} + H_2O$$

O íon metóxido é um nucleófilo forte que agora ataca os três grupos carbonila na molécula de óleo vegetal. Na última etapa, são produzidos glicerol e biodiesel.

Uma vez que os grupos R podem ter diferentes números de carbonos e podem ser saturados (sem ligações duplas) ou podem ter uma ou duas ligações duplas, o biodiesel é uma mistura de diferentes moléculas – todas as quais são ésteres metílicos de ácidos graxos que compõem o óleo vegetal original. A maior parte dos grupos R tem entre 10-18 carbonos que são arranjados em cadeias em linha reta.

Quando a reação está concluída, a mistura é resfriada e, então, é centrifugada, a fim de separar as camadas mais completamente. Como parte do álcool metílico que não reagiu estará dissolvido na camada de biodiesel, essa camada é aquecida em um recipiente aberto para remover todo o álcool metílico. O líquido restante deverá ser biodiesel puro.

[1] Este experimento tem como base um experimento similar desenvolvido por John Thompson, Lane Community College, Eugene, Oregon. Ele foi divulgado em Greener Educational Materials (GEMs), um banco de dados interativo sobre química verde, que é encontrado no *site* (http://greenchem.uoregon.edu/) referente à química verde, da University of Oregon.

Quando o biodiesel queima como um combustível, ocorre a seguinte reação:

$$\underset{\text{Uma possível molécula de biodiesel}}{CH_3O\text{-}\overset{\overset{O}{||}}{C}\text{-}(CH_2)_{15}CH_3} + 26\ O_2 \longrightarrow 18\ CO_2 + 18\ H_2O_{15} + \text{energia}$$

A queima de biodiesel irá produzir uma quantidade específica de energia, que pode ser medida utilizando um bomba calorimétrica. Pela combustão da massa específica de seu biodiesel pela medição do aumento da temperatura do calorímetro, é possível calcular o calor de combustão do biodiesel.

No Experimento 25A, o óleo de coco é convertido em biodiesel, e outros óleos são convertidos no Experimento 25B. No Experimento 25C, o biodiesel é analisado pela espectrometria no infravermelho, pela espectroscopia de RMN e por cromatografia em fase gasosa acoplada à espectrometria de massas (GC-MS). O calor de combustão do biodiesel também pode ser determinado no Experimento 25C.

LEITURA EXIGIDA

Novo:	Técnica 22	Cromatografia gasosa, Seção 22.13
	Técnica 25	Espectrometria no infravermelho
	Técnica 26	Espectroscopia de ressonância magnética nuclear
	Ensaio 12	Gorduras e óleos
	Ensaio 14	Biocombustíveis

MEIO SUGERIDO PARA O DESCARTE DE REJEITOS

Descarte a camada de glicerol e o biodiesel restante no recipiente destinado à eliminação de rejeitos orgânicos não halogenados.

NOTAS PARA O PROFESSOR

Descobrimos que este experimento é uma boa maneira de introduzir a espectroscopia no infravermelho, a espectroscopia de RMN e a GC-MS. É útil colocar a garrafa contendo o óleo de coco em um béquer com água quente para manter o óleo no estado líquido.

Experimento 

Biodiesel de óleo de coco

PROCEDIMENTO

Prepare um banho de água quente em um béquer de 250 mL. Utilize cerca de 50 mL de água e aqueça a água a 55-60 °C em uma placa de aquecimento. (Durante a reação, quando estiver na placa de aquecimento, não deixe a temperatura exceder 60 °C .) Pese um balão de fundo redondo de 25 mL. Adicione 10 mL de óleo de coco ao balão e refaça e pesagem para obter a massa de óleo. (Nota: o óleo de coco deve ser ligeiramente aquecido, a fim de convertê-lo em um líquido que possa ser medido em um cilindro graduado. Também pode ser recomendável aquecer o cilindro graduado.) Transfira 2,0 mL de hidróxido de sódio dissolvido em uma solução de álcool metílico para o balão.[2] (Nota: agite a mistura de hidróxido de sódio antes de coletar a porção de 2 mL para assegurar que a mistura é homogênea.) Coloque uma barra magnética de agitação no balão de fundo redondo e conecte o balão a um condensador de água. (Não é preciso que a água percorra o condensador de água.) Fixe o condensador de modo que o balão de fundo redondo fique próximo do fundo do béquer. Ligue o agitador magnético no nível mais alto possível (esta pode não ser a maior configuração no agitador, se a barra de agitação não girar suavemente em altas velocidades). Agite por 30 minutos.

Transfira todo o líquido do frasco para um tubo plástico de centrífuga com tampa, de 15 mL, e deixe-o em repouso por aproximadamente 15 minutos. A mistura deverá se separar em duas camadas: a camada maior, no topo, é formada de biodiesel, e a camada inferior é composta principalmente de glicerol. Para separar as camadas mais completamente, coloque o tubo em uma centrífuga e faça centrifugar por cerca de 5 minutos (não se esqueça de contrabalançar a centrífuga). Se as camadas não tiverem se separado completamente após a centrifugação, continue a centrifugar por mais 5-10 minutos a uma maior velocidade.

Utilizando uma pipeta de Pasteur, remova cuidadosamente a camada superior do biodiesel e a transfira para um béquer de 50 mL previamente pesado. Deixe ficar um pouco da camada de biodiesel para garantir não contaminá-la com a camada inferior.

Coloque o béquer em uma placa de aquecimento e insira um termômetro no biodiesel, segurando o termômetro no local, com uma garra. Aqueça o biodiesel a aproximadamente 70 °C por 15-20 minutos para remover todo o álcool metílico. Quando o biodiesel tiver esfriado à temperatura ambiente, pese o béquer e o líquido, e calcule a massa de biodiesel produzido. Registre a aparência do biodiesel.

Para analisar seu biodiesel, prossiga para o Experimento 25C.

Experimento 

Biodiesel de outros óleos

Siga o procedimento no Experimento 25A (biodiesel de óleo de coco), exceto por utilizar um óleo que não seja o de coco. Pode ser utilizado qualquer um dos óleos apresentados na parte inferior da Tabela 2, no Ensaio 12: "Gorduras e óleos". Não será necessário aquecer o óleo ao medir os 10 mL de óleo, uma vez que todos esses óleos são líquidos à temperatura ambiente.

Para analisar seu biodiesel, prossiga para o Experimento 25C.

[2] Nota para o professor: Seque as pelotas de hidróxido de sódio durante a noite, em um forno, a 100°C. Depois de moer o hidróxido de sódio seco utilizando um almofariz com pistilo, adicione 0,875 g desta substância a um Erlenmeyer contendo 50 mL de metanol altamente puro. Coloque uma barra magnética de agitação no frasco e agite até que todo o hidróxido de sódio tenha se dissolvido. A mistura se mostrará ligeiramente turva.

Experimento 

Análise de biodiesel

Espectroscopia. Obtenha um espectro no infravermelho utilizando pastilhas de sal (veja a Técnica 25, Seção 25.2). Determine o espectro de RMN de hidrogênio utilizando 3–4 gotas de seu biodiesel em 0,7 mL de clorofórmio deuterado. Como o biodiesel consiste de uma mistura de diferentes moléculas, não é útil fazer uma integração da área sob os picos. Compare o espectro de RMN do biodiesel em relação ao espectro do óleo vegetal mostrado aqui. Por fim, analise sua amostra utilizando a cromatografia em fase gasosa acoplada à espectrometria de massas (GC-MS). Seu professor lhe fornecerá instruções sobre como fazer isso.

Calorimetria (opcional). Determine o calor de combustão (em quilojoules grama^{-1}) de seu biodiesel. Seu professor lhe fornecerá instruções sobre como utilizar a bomba calorimétrica e como realizar os cálculos.

RELATÓRIO

Calcule o rendimento percentual do biodiesel. Isso é difícil de se fazer de modo normal, com base na quantidade de matéria, porque as moléculas do óleo vegetal e do biodiesel têm composição variável. Portanto, você pode basear esse cálculo na massa de óleo utilizado e na massa de biodiesel produzido.

Analise o espectro no infravermelho identificando as principais bandas de absorção. Procure no espectro picos que possam indicar possível contaminação por metanol, por glicerol, ou por ácidos graxos livres. Indique quaisquer impurezas encontradas em suas bases de biodiesel no espectro no infravermelho.

Analise o espectro de RMN comparando-o ao espectro de RMN do óleo vegetal com alguns dos sinais rotulados, que são mostrados a seguir. Procure evidências no espectro de RMN quanto à contaminação por metanol, ácidos gordurosos livres ou óleo vegetal original. Indique quaisquer impurezas encontradas com base no espectro de RMN.

A busca na biblioteca contida no *software* para o instrumento de GC-MS fornecerá uma lista de componentes detectados em sua amostra, assim como o tempo de retenção e a área relativa (porcentagem) para cada componente. Os resultados também irão enumerar possíveis substâncias das quais o computador tentou fazer a correspondência com o espectro de massas de cada componente. Essa lista – geralmente, chamada "lista principal" – incluirá o nome de todos os possíveis compostos, seu número no CAS (Chemical Abstracts Registry, e uma medida de "qualidade" ("confiança") expressa como uma porcentagem. O parâmetro de "qualidade" estima o quanto o espectro de massas da substância na "lista principal" se adéqua ao espectro observado desse componente no cromatograma na fase gasosa. Os componentes que você identificar a partir do GC-MS serão os ésteres metílico dos ácidos graxos que inicialmente faziam parte da molécula de óleo vegetal. A partir dos dados do GC-MS, você pode determinar a composição do ácido graxo (em porcentagens) no óleo vegetal original. Faça uma tabela dos principais componentes do ácido graxo e as relativas porcentagens. Compare isso com a composição do ácido graxo dada para esse óleo na Tabela 2, no Ensaio 12: "Gorduras e óleos". A composição do ácido graxo é a mesma, e como as porcentagens relativas se comparam?

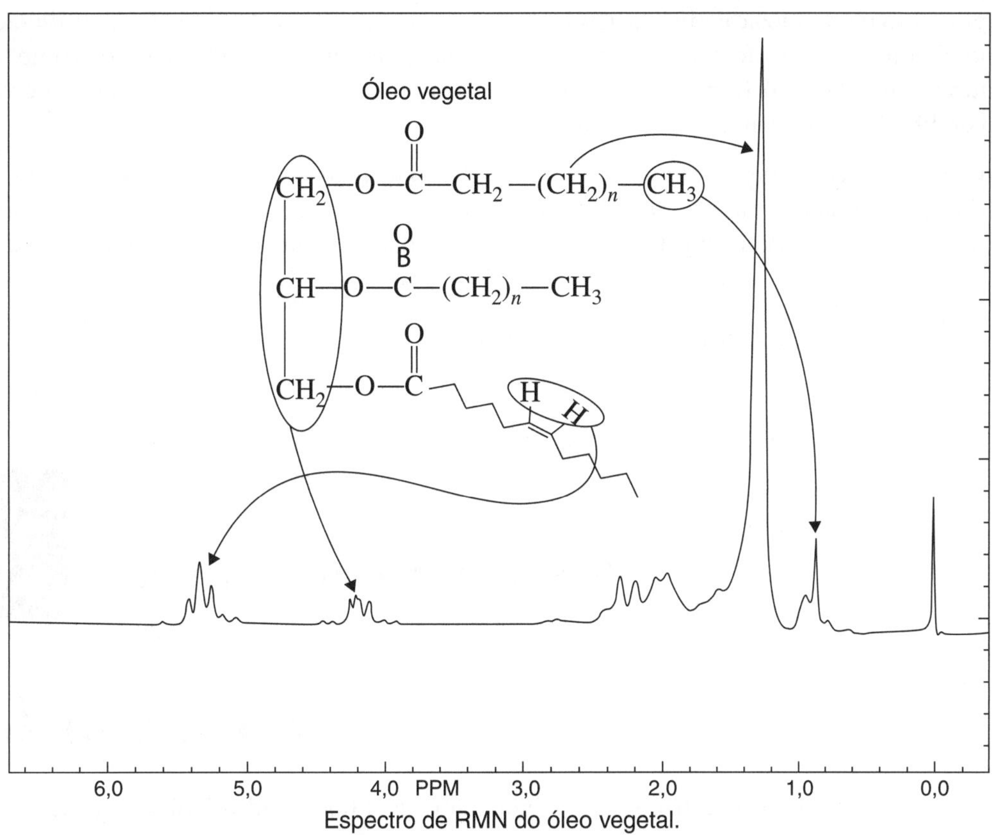

Espectro de RMN do óleo vegetal.

Se você efetuou o Experimento com a bomba calorimétrica, relacione os dados e calcule o calor de combustão para o biodiesel em kJ g^{-1}. O calor de combustão para o heptano, um componente da gasolina, é de 45 kJ g^{-1}. Como eles são comparados? Se você também determinou o calor de combustão do etanol no Experimento 26 (Etanol do milho), compare os calores de combustão com o biodiesel e o etanol.

■ QUESTÕES ■

1. Escreva um mecanismo de reação completo para esta reação de transesterificação catalisada por bases. Em vez de começar com uma molécula de óleo completa, dê o mecanismo para a reação entre os seguintes éster e metanol, na presença de NaOH.

$$CH_3CH_2\overset{\overset{\displaystyle O}{\|}}{C}OCH_2CH_3 + CH_3OH \xrightarrow{NaOH} CH_3CH_2\overset{\overset{\displaystyle O}{\|}}{C}OCH_3 + CH_3CH_2OH$$

2. Se você tiver calculado o calor de combustão do biodiesel e do etanol utilizando bomba calorimétrica, responda às seguintes questões:
   a. Compare o calor de combustão do biodiesel com o do heptano. Por que o heptano tem um calor de combustão maior? O calor de combustão do heptano é de 45 kJ g^{-1}. (*Dica:* ao responder a essa questão, pode ser útil comparar as fórmulas moleculares do biodiesel e do heptano).
   b. Se você tiver determinado o calor de combustão do etanol, compare os calores de combustão do biodiesel e do etanol. Por que o biodiesel tem um calor de combustão maior que o do etanol?

3. Um argumento para utilização do biodiesel em vez da gasolina é a quantidade pura de dióxido de carbono liberada na atmosfera da combustão do biodiesel, algumas vezes, é definida como sendo zero (ou próximo de zero). Como essa argumentação pode ser realizada, considerando que a combustão do biodiesel também libera dióxido de carbono?

4. Quando ocorre a reação para produção do biodiesel, são formadas duas camadas: biodiesel e glicerol. Em qual camada será encontrada a maior parte de cada uma das seguintes substâncias? Caso uma substância seja encontrada em grande quantidade em ambas as camadas, você deverá indicar isso.

CH_3OH OCH_3^- H_2O Na^+ OH^-

Experimento 26

Etanol de milho

A maior parte do etanol que é utilizado como biocombustível nos Estados Unidos é produzida do milho. Neste experimento, você irá produzir etanol a partir de grãos de milho congelados, utilizando um processo similar ao método empregado na indústria. A primeira etapa consiste em quebrar o amido de milho em moléculas de glicose. Isso é obtido com duas enzimas, a amilase e a amiloglicosidase. O amido não se dissolve em água a temperaturas mais baixas e não pode ser hidrolisado por essas enzimas, a menos que esteja dissolvido. Para dissolver o amido, é preciso aquecê-lo em água a 100 °C, pois isso faz com que as ligações internas de hidrogênio no amido sejam quebradas, permitindo que a água seja absorvida pelo amido. Quando a mistura é resfriada, o amido permanece em solução.

O amido é um polímero da D-glicose composto de dois diferentes componentes, amilose e amilopectina. A amilose é um polímero linear da D-glicose conectado por uniões α (1→4). A amilopectina é um polímero ramificado da D-glicose com uniões α (1→4), como na amilose, e uniões α (1→6), nas ramificações.

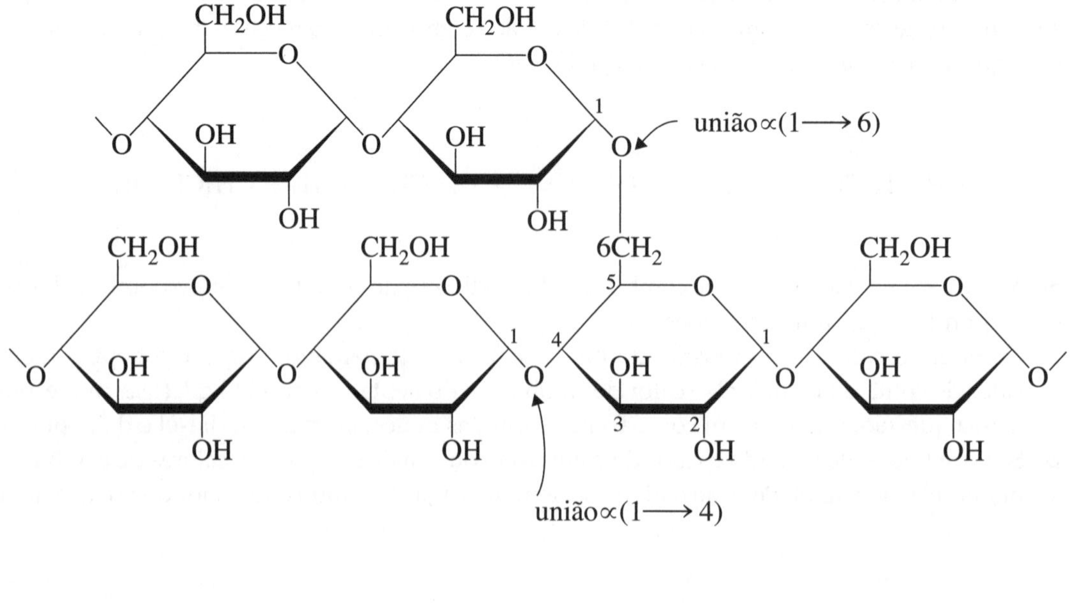

união α(1 ⟶ 6)

união α(1 ⟶ 4)

A amilase hidrolisa aleatoriamente as ligações α (1 ⟶ 4) para produzir fragmentos menores de amido. A amiloglicosidase pode atacar as uniões 1 ⟶ 4 e 1 ⟶ 6, e ela quebra unidades individuais de glicose no final do polímero. Com o passar do tempo, a combinação das duas enzimas irá quebrar completamente o amido em glicose.

A levedura, que também é adicionada à mistura, fornece as enzimas que catalisam a fermentação da glicose em etanol e dióxido de carbono:

$$C_6H_{12}O_6 \longrightarrow 2\ CH_3CH_2OH + 2\ CO_2$$

Quando a fermentação estiver completa, a mistura é filtrada para remover a maior parte do resíduo sólido. Utilizando a destilação fracionada, o etanol é isolado da mistura. É necessário adicionar agente antiespuma para evitar a formação de espuma em excesso durante a destilação. O etanol e a água formam uma mistura azeotrópica consistindo de 95% de etanol e 5% de água em massa, que é o etanol mais concentrado, que pode ser obtido a partir da destilação fracionada de misturas diluídas de etanol-água.

LEITURA EXIGIDA

Revisão:	Técnica 8	Filtração, Seções 8.3 e 8.4
	Técnica 13	Constantes físicas de líquidos, Parte A Pontos de ebulição e correção de termômetro
Novo:	Técnica 13	Constantes físicas de líquidos, Parte B. Densidade
	Técnica 15	Destilação fracionada, azeótropos
	Ensaio 9	Etanol e a química da fermentação
	Ensaio 14	Biocombustíveis

INSTRUÇÕES ESPECIAIS

Inicie a fermentação pelo menos uma semana antes do período no qual o etanol será isolado.

MEIO SUGERIDO PARA O DESCARTE DE REJEITOS

Descarte todas as soluções aquosas no recipiente destinado ao descarte de rejeitos aquosos.

NOTAS PARA O PROFESSOR

Durante o período de fermentação, pode ser necessário utilizar uma fonte de aquecimento externa para manter uma temperatura de 30-35 °C. Coloque uma lâmpada na capela para agir como fonte de calor. Durante a destilação, é melhor utilizar um termômetro de mercúrio na cabeça de destilação, para que a temperatura possa ser monitorada mais precisamente. Como alternativa, a temperatura pode ser controlada com uma interface Vernier LabPro, com um computador *laptop* e uma sonda de temperatura de aço inoxidável. Se você utilizar interface Vernier LabPro, precisará dar aos alunos instruções sobre como utilizá-la.

PROCEDIMENTO

Moa 150 g de milho (milho descongelado) por vários minutos em um almofariz com pistilo. Transfira o milho para um Erlenmeyer de 500 mL e adicione 150 mL de água. A água também pode ser utilizada para lavar o almofariz, de modo que todo o milho seja transferido. Ferva a mistura lentamente, por 15 minutos, adicionando mais água, caso a mistura seque. Depois de deixar a mistura esfriar, até que a temperatura esteja em aproximadamente 55 °C, adicione 50 mL de água, 15 mL de solução de amilase[1], e 15 mL de solução de acetato de cálcio[2]. Misture completamente e deixe em repouso por 10 minutos. Adicione 55 mL de solução tampão[3], 15 mL de solução de amiloglicosidase[4] e 1,0 g de fermento de padaria seco. Misture completamente e pese o frasco. Cubra a abertura do frasco com plástico Saran ou outro invólucro de plástico, utilizando o elástico para fixar o invólucro de plástico firmemente no lugar. Como alternativa, você pode montar o aparelho de fermentação mostrado no Experimento 16. Deixe a mistura descansar a cerca de 30 – 35 °C até que a fermentação esteja concluída, conforme indicado pela cessação da evolução do gás. Geralmente, são necessários 4–7 dias.

Quando a fermentação estiver concluída, pese o frasco e compare essa massa ao que foi registrado antes da fermentação. A diferença na massa corresponde à quantidade de dióxido de carbono produzido durante a fermentação. Despeje essa mistura através de um quadrado, medindo 23 centímetros, de 4–5 camadas de gaze, em um béquer de 250 mL, a maior parte do resíduo do milho deverá ficar presa na gaze. Depois que a maioria do líquido tiver sido drenada fora da gaze, aperte cuidadosamente a gaze com suas mãos, para que o líquido restante seja recuperado. Parte do sólido irá permanecer, mas isso não deve interferir na etapa de destilação.

Destilação fracionada. Adicione 3 mL de emulsão antiespumante[5] ao líquido filtrado para evitar a formação de espuma durante a destilação. Monte o aparelho mostrado na Técnica 15, Figura 15.2, utilizando um balão de fundo redondo de 500 mL como balão de destilação. É útil utilizar um frasco com três gargalos, de modo que a temperatura do líquido no balão de destilação possa ser monitorada com um termômetro, o qual é mantido no lugar com um adaptador de termômetro. Coloque o bulbo do termômetro abaixo da superfície do líquido no frasco. Tampe o terceiro gargalo com uma tampa de vidro. É melhor utilizar um termômetro de mercúrio na cabeça de destilação, de modo que a temperatura da destilação possa ser monitorada mais precisamente (veja a Técnica 13, Seção 13.4). O bulbo do termômetro deve ser colocado abaixo da saída lateral, ou não será possível ler a temperatura corretamente. Se você utilizar uma sonda de temperatura com a interface Vernier LabPro, o fundo da sonda de temperatura tem de ser colocado abaixo da saída lateral (veja a Técnica 13, Seção 13.5). Isole a cabeça de destilação, cobrindo-a com uma camada de algodão fixada no local com uma folha de papel-alumínio. Utilize um balão de fundo redondo de 25 mL, previamente pesado, como o balão receptor e uma manta de aquecimento como fonte de calor. Complete a coluna de fracionamento (condensador com o diâmetro interno maior) uniformemente com 2 g de esponja de aço inoxidável (veja a seção Aparelho, no Experimento 6).

⇨ ADVERTÊNCIA

Use luvas de algodão grosso quando for manipular a esponja de aço inoxidável. As bordas são muito afiadas e podem facilmente cortar a pele. 

É importante destilar o líquido **lentamente** através da coluna de fracionamento para obter a melhor separação possível. Isso pode ser feito seguindo cuidadosamente as próximas instruções: a destilação irá iniciar quando a temperatura do líquido no balão de destilação estiver aproximadamente em 85–90 °C. No momento em que o líquido começar a ferver, é melhor diminuir o calor imediatamente e, então, aumentá-lo gradualmente para que o calor específico necessário para manter a

[1] Solução de amilase: misture 3 mL de solução estoque (amilase bacteriana, de Carolina Biological), com 97 mL de água.
[2] Solução de acetato de cálcio: dissolva 0,5 g de acetato de cálcio em 100 mL de água.
[3] Solução-tampão: 3,75 g ácido acético glacial e 3,125 g de acetato de sódio em 250 mL de água.
[4] Solução de amiloglicosidase: misture 3 mL de solução estoque (amiloglicosidase, de Carolina Biological), com 97 mL de água.
[5] Faça uma diluição de 1/10 de emulsão de silicone antiespuma B (de JT Baker) em água.

ebulição permaneça no menor nível possível. Se estiver utilizando uma sonda de temperatura com a interface Vernier LabPro, você precisará apertar o botão "Iniciar coleta" na tela, e a temperatura será monitorada pelo computador. À medida que o etanol se move para cima na coluna de destilação, ele não irá molhar a esponja de aço inoxidável, portanto, não será possível ver o etanol. Depois que todo o etanol tiver começado a se mover para cima na coluna, a água passará a entrar na coluna. Como a água irá molhar a esponja de aço inoxidável, você poderá ver a água se movendo gradualmente para a parte superior da coluna. A fim de obter uma boa separação, é preciso controlar a temperatura no balão de destilação, de modo que demore cerca de 10–15 minutos para que a água se mova para cima, na coluna. Assim que o etanol atingir o topo da coluna, a temperatura na cabeça de destilação aumentará para aproximadamente 78 °C e, então, aumentará gradualmente até que a fração de etanol esteja destilada. Colete a fração em ebulição entre 78 e 84 °C, e descarte os resíduos no balão de destilação. Você deverá coletar aproximadamente de 2-4 mL de destilado. A destilação deverá, então, ser interrompida removendo-se o aparelho da fonte de calor.

Análise do destilado. Determine a massa total do destilado. Especifique a densidade aproximada do destilado utilizando o método apresentado na seção Análise de Destilação, no Experimento 16. Recorrendo à tabela no Experimento 16, determine a composição percentual em massa do etanol em seu destilado a partir da densidade de sua amostra. O grau de purificação do etanol é limitado porque o etanol e a água formam uma mistura em ebulição constante, um azeótropo, com uma composição de 95% de etanol e 5% de água. Encaminhe o etanol para o professor em um frasco devidamente rotulado.

Calorimetria (opcional). Determine o calor de combustão (em quilojoules grama^{-1}) de seu biodiesel. Seu professor fornecerá as orientações sobre como utilizar a bomba calorimétrica e como efetuar os cálculos.

REFERÊNCIA

Maslowsky, E. Ethanol from Corn: One Route to Gasohol. *J. Chem. Educ.* 1983, *60,* 752.

■ QUESTÕES ■

1. Utilizando a massa do dióxido de carbono que foi produzido durante a fermentação, calcule a massa do etanol que deveria ter sido produzido (veja a equação balanceada dada anteriormente na introdução a este experimento geral). Com base nessa massa, calcule o percentual de recuperação do etanol obtido a partir da destilação fracionada. Para fazer esse cálculo, também será preciso saber a massa do destilado e a composição percentual em massa do etanol definido a partir da determinação da densidade.

2. Se você também tiver determinado o calor de combustão do biodiesel no Experimento 25 (Biodiesel), compare os calores de combustão do biodiesel e do etanol. Por que o biodiesel tem um calor de combustão maior que o do etanol?

Experimento 27

Redução quiral do acetoacetato de etila; determinação da pureza ótica

Para obter mais informações sobre este experimento, consulte o Ensaio sobre Química verde, na página 922.

Química verde

Estereoquímica

Redução com levedura

Uso de um funil de separação

Cromatografia em gasosa quiral

Polarimetria

Determinação da pureza ótica (excesso enantiomérico)

Ressonância magnética nuclear (opcional)

Reagentes de deslocamentos químicos quirais (opcional)

O experimento descrito no Experimento 27A utiliza fermento de padaria, de uso comum, como um meio de redução quiral para transformar um material inicial aquiral, o acetoacetato de etila, em um produto quiral. Quando um único estereoisômero é formado em uma reação química a partir do material de partida aquiral, se diz que o processo é **enantioespecífico**. Em outras palavras, um estereoisômero (enantiômero) é formado em detrimento de sua imagem especular. Neste experimento, é formado preferencialmente o estereoisômero (*S*)-3-hidroxibutanoato de etila. Contudo, na verdade, parte do (*R*)-enantiômero também é formada na reação. Portanto, a reação é descrita como um processo **enantiosseletivo** porque a reação não produz exclusivamente um estereoisômero. A cromatografia em fase gasosa quiral e a polarimetria serão empregadas para determinar as porcentagens de cada um dos enantiômeros. Geralmente, a redução quiral produz menos de 8% do (*R*)-3-hidroxibutanoato de etila.

Fermento de padaria; sacarose, H_2O

Acetoacetato de etila → **(S)-3-hidroxibutanoato de etila**

Por outro lado, quando o acetoacetato de etila é reduzido com boroidreto de sódio em metanol, a reação gera uma mistura, na proporção 50-50, dos estereoisômeros (*R*) e (*S*). Uma mistura racêmica é formada porque a reação não está sendo conduzida em um meio quiral.

Agradecemos ao Dr. Snorri Sigurdsson e a James Patterson, University of Washington, Seattle, pelas melhorias sugeridas.

$$CH_3COCH_2COOEt \xrightarrow[CH_3OH]{NaBH_4} (S) + (R)$$

No Experimento 27B (opcional), você pode utilizar espectroscopia de ressonância magnética nuclear para determinar as quantidades relativas dos enantiômeros (*R*) e (*S*) produzidas na redução quiral do acetoacetato de etila. Essa parte do experimento requer o uso de um reagente de deslocamento quiral.

Experimento 

Redução quiral do acetoacetato de etila

LEITURA EXIGIDA

Revisão:	Técnica 8	Filtração, Seções 8.3 e 8.4
	Técnica 12	Extrações, separações e agentes secantes, Seções 12.4 e 12.10
	Técnicas 22 e 25	
	Técnicas 26 e 27 (opcional)	
Novo:	Técnica 23	Polarimetria
	Ensaio 15	Química Verde

INSTRUÇÕES ESPECIAIS

O 1º dia do experimento envolve a montagem da reação. Outro experimento pode ser conduzido simultaneamente com este experimento. Parte desse primeiro período de atividade no laboratório é utilizada para misturar a levedura, a sacarose e o acetoacetato de etila em um Erlenmeyer de 500 mL. A mistura é agitada durante parte desse primeiro período. A mistura é, então, coberta e armazenada até o período seguinte. A redução requer pelo menos 2 dias.

O 2º dia do experimento é destinado a isolar o 3-hidroxibutanoato de etila quiral. Depois que o isolamento tiver sido realizado, o produto de cada aluno é analisado por cromatografia em fase gasosa quiral e polarimetria, a fim de determinar as porcentagens de cada um dos enantiômeros. Como experimento opcional (Experimento 27B), os produtos também podem ser analisados por RMN utilizando um reagente de deslocamento quiral para determinar as porcentagens de cada um dos enantiômeros presentes no 3-hidroxibutanoato de etila produzido na redução quiral.

MEIO SUGERIDO PARA O DESCARTE DE REJEITOS

A Celite, a levedura residual e a gaze utilizada na redução podem ser descartadas no lixo. As soluções aquosas e a emulsão restante da extração com cloreto de metileno deverão ser colocadas no recipiente destinado a rejeitos aquosos. O resto do cloreto de metileno deve ser despejado no recipiente específico para rejeitos halogenados.

NOTAS PARA O PROFESSOR

Para este experimento, é imprescindível que estejam disponíveis evaporadores totatórios. Aproximadamente 90 mL de cloreto de metileno são utilizados por cada aluno. O experimento será mais "verde" se for possível recuperar o solvente. O professor precisará disponibilizar para cada aluno um grande funil de Büchner (10 cm), um frasco de filtro de 500 mL, um Erlenmeyer de 500 mL, uma barra magnética de agitação de 1,5 ou 2 polegadas e um funil de separação de 500 mL. É aconselhável utilizar levedura seca embalada. Sugerimos utilizar fermento (de padaria) Rapid Rise (de rápido crescimento), da Fleischmann, que contém 7 g de fermento por pacote. Compre pacotes de gaze 100% de algodão, que tem três camadas (não separe as camadas). Corte a gaze de três camadas em tiras de 10 × 20 centímetros, a serem dobradas em partes de 10 × 10 centímetros, para o funil de Büchner. Em alguns casos, o fermento não cresce substancialmente durante a primeira meia hora. É melhor descartar a mistura e iniciar a reação novamente, se parecer que o fermento não está crescendo. Na maioria dos casos, a temperatura pode não estar sendo controlada cuidadosamente. Recomenda-se que os frascos contendo a mistura da reação sejam armazenados em uma área onde a temperatura seja mantida a aproximadamente 25 °C, se possível. O período de redução ideal é de quatro dias. Uma pequena quantidade de acetoacetato de etila não reduzido, depois de uma redução de dois dias (menos de 1%), e uma redução de 4 dias, não deixa acetoacetato de etila restante. O rendimento esperado do hidroxiéster quiral é de aproximadamente 65%, consistindo de 92-94% de (*S*)-3-hidroxibutanoato de etila.

PROCEDIMENTO

Redução de levedura. Em um Erlenmeyer de 500 mL, adicione 150 mL de água desionizada (DI) e uma barra de agitação de 4 ou 5 centímetros. Aqueça a água a aproximadamente 35-40 °C utilizando uma placa de aquecimento com a temperatura baixa. Adicione ao frasco 7 g de sacarose e 7 g de fermento (de padaria) Rapid Rise (de rápido crescimento) da Fleischmann. Agite o conteúdo do frasco para distribuir o fermento na solução aquosa; do contrário, ele permanecerá na parte superior da solução. Agite a mistura por 15 minutos enquanto mantém a temperatura a 35 °C. Durante esse período, o fermento entrará em ação e crescerá muito. Adicione 3,0 g de acetoacetato de etila e 8 mL de hexano à mistura de fermento. Agite a mistura com um agitador magnético durante 1,5 hora. Como a mistura pode se tornar espessa, verifique periodicamente para observar se a mistura está sendo agitada. A reação é um pouco exotérmica, portanto você pode não precisar aquecer a mistura. No entanto, você precisará monitorar a temperatura para garantir que ela se mantenha perto dos 30 °C. Ajuste a temperatura em 30°C, se houver uma diminuição abaixo desse valor.

Rotule o Erlenmeyer com seu nome e peça para seu professor armazenar o frasco. Cubra a parte superior do frasco levemente com uma folha de papel-alumínio, de modo que o dióxido de carbono possa ser expelido durante a redução. A mistura deve ficar em repouso, sem ser agitada, até o próximo período de atividade no laboratório (2-4 dias). Em algum momento durante esse período, obtenha o espectro no infravermelho do acetoacetato de etila para fins de comparação com o produto reduzido.

⇨ ADVERTÊNCIA

Não respire o pó de Celite. 

Isolamento do produto de álcool. Obtenha com seu professor um funil de separação de 500 mL, um funil de Büchner grande (10 cm) e um frasco de filtro de 500 mL. Para a solução de fermento, adicione 5 g de Celite e agite a mistura vigorosamente por 1 minuto (veja a Técnica 8, Seção 8.4). Deixe o sólido se depositar tanto quanto for possível (pelo menos, 5 minutos). Monte um aparelho de filtração a vácuo utilizando o funil de Büchner de tamanho grande (veja a Técnica 8, Seção 8.3). Molhe um pedaço de papel de filtro com água e coloque-o no funil. Obtenha uma tira de gaze de 10 × 20 centímetros e dobre-a formando um quadrado de 10 × 10 centímetros. Molhe-o com água e coloque-o em cima do papel de filtro de modo a cobri-lo completamente e fique parcialmente à lateral do funil de Büchner. Agora, você está pronto para filtrar sua solução. Ligue a fonte de vácuo (aspirador profissional ou aspirador doméstico). Decante lentamente o líquido claro que está flutuando no funil de Büchner. Se você fizer isso vagarosamente, evitará entupir o papel de filtro com pequenas partículas. Assim que o líquido que flutua tiver sido despejado no papel de filtro, adicione a pasta de Celite ao funil de Büchner. Lave o frasco com 20 mL de água e despeje a mistura restante, de Celite-fermento, no funil de Büchner. Descarte no lixo a Celite, o fermento e os restos de gaze. A Celite ajuda a capturar as partículas de fermento muito pequenas. Parte do fermento e da Celite irá passar através do filtro para o frasco de filtro. Isso é inevitável.

Adicione 20 g de cloreto de sódio ao filtrado no frasco de filtro e agite o frasco delicadamente até que o cloreto de sódio se dissolva. Caso se forme uma emulsão, pode ser que você esteja agitando o frasco com muita força. Despeje o filtrado em um funil de separação de 500 mL. Acrescente 30 mL de cloreto de metileno ao funil e tampe o funil (veja a Técnica 12, Seção 12.4). A fim de evitar uma emulsão difícil, não agite o funil de separação; em vez disso, inverta lentamente o funil e, depois, posicione-o lentamente na posição vertical. Repita esse movimento por um período de 5 minutos. Abra o funil ocasionalmente, para aliviar a pressão. Drene a camada inferior, de cloreto de metileno, do funil de separação, em um Erlenmeyer de 250 mL, deixando para trás uma pequena quantidade de emulsão e a camada aquosa no funil de separação. Adicione outra porção de 30 mL de cloreto de metileno ao funil de separação e repita o procedimento de extração. Drene a camada inferior, de cloreto de metileno, no mesmo Erlenmeyer, reservando o primeiro extrato de cloreto de metileno. Repita o processo de extração uma segunda vez com uma porção de 30 mL de cloreto de metileno. Descarte a emulsão e a camada aquosa remanescente no funil de separação em um recipiente apropriado para dejetos aquosos.

Seque os três extratos de cloreto de metileno combinados em cerca de 1 g de sulfato de sódio granular anidro por, pelo menos, 5 minutos. Ocasionalmente, agite o conteúdo do frasco para ajudar a secar a solução. Decante o líquido em um béquer de 250 mL e evapore o solvente utilizando um fluxo de ar ou nitrogênio até que o volume do líquido se mantenha constante (aproximadamente 1-2 mL). (Como alternativa, pode ser utilizada destilação ou um evaporador rotatório para remover o cloreto de metileno do produto).[1] Geralmente, o líquido restante contém um pouco de água.

Para remover a água, adicione 10 mL de cloreto de metileno para dissolver o produto e acrescente 0,5 g de sulfato de sódio granular anidro à solução. Decante a solução de cloreto de metileno do agente secante em um béquer de 50 mL previamente pesado. Evapore o solvente utilizando um fluxo de ar ou nitrogênio até que o volume do líquido permaneça constante. O líquido mãe contém o (S)-3-hidroxibutanoato de etila que foi produzido por redução quiral do acetoacetato de etila. Uma pequena quantidade de acetoacetato de etila pode permanecer, sem ser reduzido, na amostra. Refaça a pesagem do béquer para determinar a massa do produto. Calcule o rendimento percentual do produto.

Espectroscopia no infravermelho. Determine o espectro de seu produto isolado. O espectro no infravermelho oferece a melhor evidência direta para a redução do acetoacetato de etila. Procure sinais da presença de um grupo hidroxila (cerca de 3.440 cm^{-1}) que foi produzido na redução do grupo carbonila. Compare o espectro do produto, 3-hidroxibutanoato de etila, ao material de partida, acetoacetato de etila. Quais diferenças você observa nos dois espectros? Rotule os dois espectros com atribuições de pico e inclua-os juntamente com seu relatório de laboratório.

---

[1] Despeje os extratos de cloreto de metileno secos em um balão de fundo redondo e remova o solvente com um evaporador rotatório ou por destilação. Depois de remover o solvente, adicione 10 mL de cloreto de metileno fresco e 0,5 g de sulfato de sódio granular anidro ao balão de fundo redondo. Decante a solução do agente secante, em um béquer previamente pesado, conforme indicado no procedimento.

Cromatografia em fase gasosa quiral. A cromatografia em fase gasosa quiral fornecerá uma medida direta das quantidades de cada estereoisômero presente em sua amostra quiral de 3-hidroxibutanoato de etila. Um aparelho Varian CP-3800 equipado com uma coluna capilar Alltech Cyclosil B (30 m, ID de 0,25 mm, 0,25 μm) proporciona uma excelente separação de enantiômeros (R) e (S). Configure o detector de FID a 270 °C, e a temperatura do injetor, a 250 °C, com uma divisão na proporção de 50:1. Defina a temperatura do forno da coluna em 90 °C e mantenha esta temperatura durante 20 minutos. A taxa de fluxo do hélio é de 1 mL min^{-1}. Os compostos eluem na seguinte ordem: o (S)-3-hidroxibutanoato de etila (14,3 min.), e o enantiômero (R), (15,0 min.). Qualquer acetoacetato de etil restante, que estiver presente na amostra, produzirá um pico com tempo de retenção de 14,1 minutos. Seus tempos de retenção observados podem variar em relação àqueles apresentados aqui, mas a ordem de eluição será a mesma. Calcule as porcentagens de cada um dos enantiômeros dos resultados da cromatografia em fase gasosa quiral. Em geral, aproximadamente 92-94% do enantiômero (S) são obtidos a partir da redução.

Polarimetria. Preencha uma célula de polarímetro de 0,5 dm com seu hidroxiéster quiral (são necessários cerca de 2 mL). Talvez, seja preciso combinar seu produto com o material obtido por outro aluno, a fim de ter material suficiente para preencher a célula. Determine a rotação ótica observada para o material quiral. Seu professor mostrará como utilizar o polarímetro. Calcule a rotação específica para sua amostra utilizando a equação apresentada na Técnica 23. O valor da concentração, c, na equação, é de 1,02 g mL^{-1}. Utilizando o valor divulgado para a rotação específica do (S)-(+)-3-hidroxibutanoato de etil, de $[\mu^{25}D] = +43{,}5°$, calcule a pureza ótica (excesso enantiomérico) de sua amostra (veja a Técnica 23, Seção 23.5). Relate para o professor a rotação observada, a rotação específica calculada, e a pureza ótica (excesso enantiomérico) e as porcentagens de cada um dos enantiômeros. Como as porcentagens de cada enantiômero calculado a partir da medição do polarímetro se comparam aos valores obtidos pela cromatografia em fase gasosa quiral?[2]

Espectroscopia de RMN de hidrogênio e de carbono (opcional). De acordo com a opção do professor, você pode obter o espectro de hidrogênio (como mostram as figuras 1 e 2, e segundo é interpretado no Experimento 27B) e os espectros de RMN de carbono do produto. O espectro de RMN do carbono mostra picos em 14,3, 22,6, 43,1, 60,7, 64,3 e 172,7 ppm.

Experimento

(OPCIONAL)

Determinação por RMN da pureza ótica do (S)-3-hidroxibutanoato de etila

No Experimento 27A, a redução do fermento do acetoacetato de etila forma um produto que é predominantemente o enantiômero (*S*) do 3-hidroxibutanoato de etila. Nesta parte do experimento,

[2] As porcentagens calculadas a partir da polarimetria podem variar consideravelmente daquelas obtidas por cromatografia em fase gasosa quiral. Geralmente, as amostras contêm algum solvente e outras impurezas que reduzem o valor da rotação ótica observada. O solvente e as impurezas não influenciam as porcentagens mais precisas obtidas diretamente pela porcentagem na cromatografia em fase gasosa quiral.

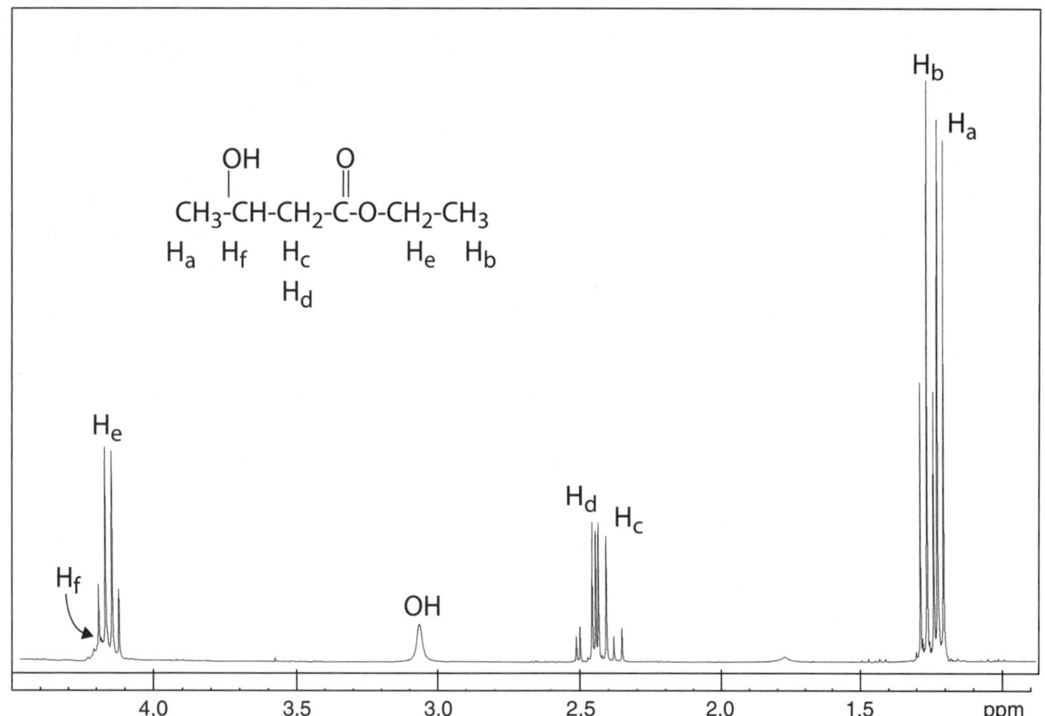

Figura 1 Espectro de RMN (300 MHz) do 3-hidroxibutanoato de etila racêmico, sem nenhum reagente de deslocamento quiral presente.

utilizaremos a RMN para determinar as porcentagens de cada um dos enantiômeros no produto. O espectro de RMN de hidrogênio, de 300 MHz, do 3-hidroxibutanoato etila racêmico é mostrado na Figura 1. As expansões dos padrões individuais a partir da Figura 1 são mostradas na Figura 2. Os hidrogênios do metil (Ha) aparecem como um dupleto em 1,23 ppm, e os hidrogênios do metil (Hb) aparecem como um tripleto em 1,28 ppm. Os hidrogênios do metileno (Hc e Hd) são diastereotópicos (não equivalentes) e aparecem em 2,40 e 2,49 ppm (cada um deles, um dupleto de dupletos). O grupo hidroxila aparece em aproximadamente 3,1 ppm. O quarteto em 4,17 ppm resulta dos hidrogênios do metileno (He) desdobrados pelos hidrogênios (Hb). O hidrogênio do metano (Hf) é ocultado sob o quarteto em aproximadamente 4,2 ppm.

OH O

CH_3-CH-CH_2-C-O-CH_2-CH_3

H_a H_f H_c H_e H_b

H_d

Embora o espectro de RMN normal de hidrogênio para o 3-hidroxibutanoato de etila racêmico não deve ser diferente dos espectros de RMN de hidrogênios de cada um dos enantiômeros em um **ambiente aquiral**, a introdução de um reagente de deslocamento quiral cria um **ambiente quiral**, o qual permite que os dois enantiômeros sejam distintos um do outro. Uma abordagem genérica sobre reagentes de deslocamentos químicos não quirais é encontrada na Técnica 26, Seção 26.15. Esses reagentes expandem as ressonâncias do composto com que eles são utilizados, aumentando com a maior quantidade de deslocamentos químicos dos hidrogênios que estão próximos do centro do complexo metálico. Como os espectros de ambos os enantiômeros são idênticos sob essas condições, o reagente de deslocamento químico usual não ajudará em nossa análise. Contudo, se utilizarmos um reagente de deslocamento químico que seja, ele próprio, quiral, podemos distinguir os dois enantiômeros através

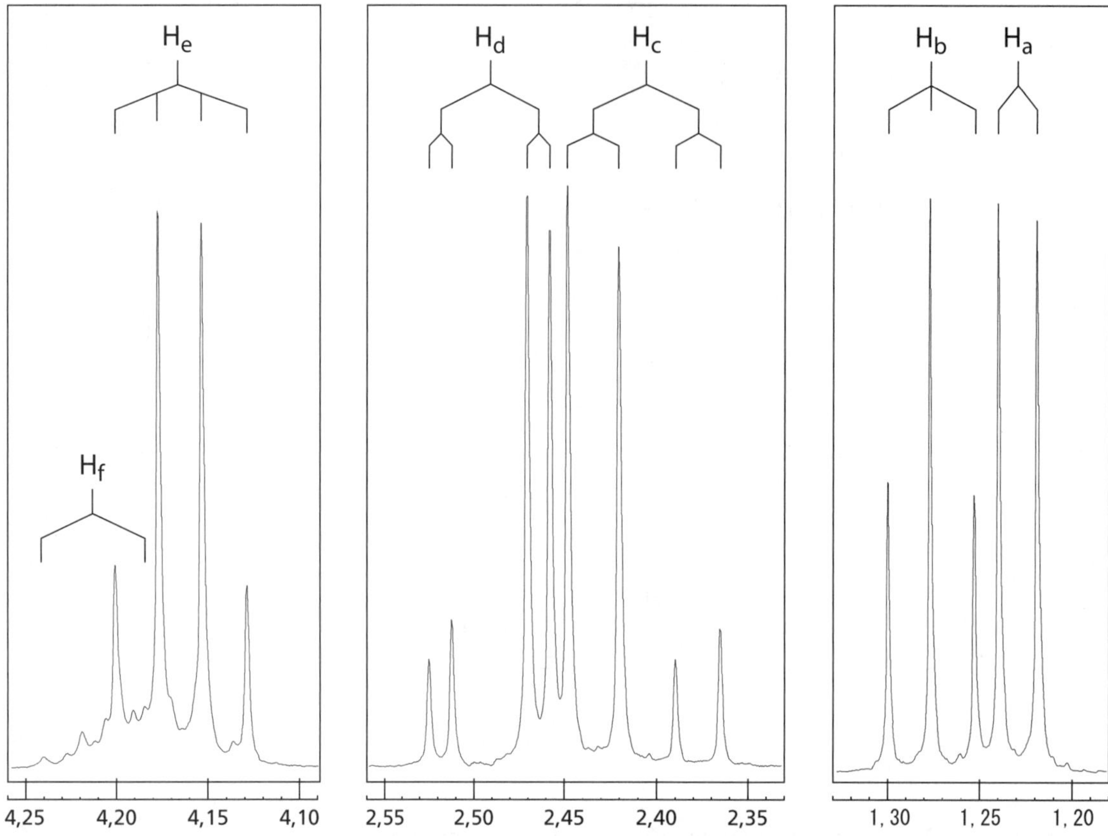

Figura 2. Expansões do espectro de RMN do 3-hidroxibutanoato de etila racêmico.

de seus espectros de RMN. Os dois enantiômeros, que são quirais, irão interagir diferentemente com o reagente de deslocamento quiral. Os complexos formados a partir dos enantiômeros (*R*) e (*S*) e com o reagente de deslocamento quiral serão diastereômeros. Em geral, os diastereômeros têm diferentes propriedades físicas, e os espectros de RMN não são exceção. Os dois complexos serão formados com geometrias ligeiramente distintas. Embora o efeito possa ser pequeno, ele é suficientemente grande a ponto de se poder observar as diferenças nos espectros de RMN dos dois enantiômeros.

O reagente de deslocamento quiral utilizado neste experimento é o *tris*-[3-(heptafluoropropilhidroximetileno)-(+)-canforato] európio (III), ou $Eu(hfc)_3$. Nesse complexo, o európio está em um ambiente quiral porque ele está complexado com a cânfora, que é uma molécula quiral. O $Eu(hfc)_3$ tem a estrutura mostrada depois do espectro de RMN apresentado.

LEITURA EXIGIDA

Novo: Técnica 26 Espectroscopia de ressonância magnética nuclear, Seção 26.15

INSTRUÇÕES ESPECIAIS

Este experimento exige o uso de um espectrômetro de RMN de campo alto, a fim de se obter suficiente separação de picos para os dois enantiômeros. O reagente de deslocamento quiral gera algum alargamento, ampliação, do pico, por isso, tome cuidado para não acrescentar muito desse reagente à amostra de 3-hidroxibutanoato de etila quiral. Uma amostra de 0,035 g do material quiral e de 8-11 mg de reagente de deslocamento quiral deverão ser suficientes para proporcionar bons resultados.

MEIO SUGERIDO PARA O DESCARTE DE REJEITOS

Descarte a solução restante em seu tubo de RMN no recipiente destinado ao descarte de rejeitos orgânicos halogenados.

PROCEDIMENTO

Utilizando uma pipeta de Pasteur para auxiliar na transferência, pese 0,035 g de 3-hidroxibutanoato de etila quiral do Experimento 27A diretamente em um tubo de RMN. Pese de 8-11 mg do reagente de deslocamento quiral *tris*-[3-(heptafluoropropilhidroximetileno)-(+)-canforato]európio (III) em um pedaço de papel de pesagem e adicione o reagente de deslocamento quiral ao hidroxiéster quiral no tubo de RMN. Tome o cuidado de evitar a quebra do frágil tubo de RMN quando adicionar o reagente de deslocamento com uma microespátula. Adicione o solvente $CDCl_3$ ao tubo de RMN até o nível atingir 50 mm. Tampe o tubo e inverta-o para misturar a amostra. Deixe a amostra de RMN em repouso por, pelo menos, 5-8 minutos antes de determinar o espectro de RMN. Registre em seu caderno de anotações as massas exatas da amostra e do reagente de deslocamento quiral que você utilizou.

Determine o espectro de RMN da amostra. Os picos de interesse são os hidrogênios do metil, Ha (dupleto) e Hb (tripleto). Observe, na Figura 3, que os picos dupleto e tripleto para os dois grupos metila no 3-hidroxibutanoato de etila **racêmico** são duplicados. Os picos do dupleto (1,412 e 1,391 ppm) e do tripleto (1,322, 1,298 e 1,274 ppm) em campo baixo são atribuídos ao enantiômero (S). Os picos do dupleto (1,405 e 1,384 ppm) e do tripleto (1,316, 1,293 e 1,269 ppm) de campo alto são atribuídos ao enantiômero (R). Sua expansão dessa área do espectro de RMN também deverá mostrar uma duplicação dos picos, como na Figura 3, mas o dupleto no campo alto para o enantiômero (R) será menor. O mesmo é verdadeiro para o enantiômero (R) no tripleto padrão. Por integração, determine as porcentagens dos enantiômeros (S) e (R) no 3-hidroxibutanoato de etila quiral a partir do Experimento 27A. Embora as posições dos picos possam variar um pouco em relação àquelas mostradas na Figura 3, você ainda deverá descobrir que o dupleto e o tripleto para o enantiômero (S) estarão sempre em campo mais baixo em relação ao enantiômero (R).

As atribuições para os enantiômeros (S) e (R), mostrados na Figura 3, foram determinadas pela obtenção do espectro de RMN de amostras puras de cada enantiômero na presença do reagente de deslocamento quiral (Figuras 4 e 5). Você pode ter observado que o dupleto se moveu mais além em campo baixo em relação ao tripleto (compare as Figuras 2 e 3). A razão para isso é que a complexação do reagente de deslocamento quiral ocorre no grupo hidroxila. Uma vez que o grupo metila (Ha) está mais próximo do átomo de európio, espera-se que o grupo seja deslocado mais para o campo baixo em relação ao outro grupo metila (Hb).

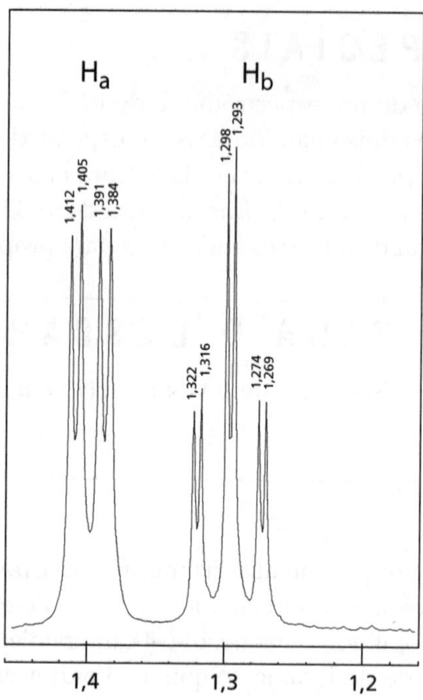

Figura 3. Espectro de RMN (300 MHz) do 3-hidroxibutanoato de etila racêmico, com adição de reagente de deslocamento quiral.

Nota: H_a para o enantiômero (*S*) = 1,412, 1,391; H_b para o enantiômero (*S*) = 1,322, 1,298, 1,274; H_a para o enantiômero (*R*) = 1,405, 1,384; H_b para o enantiômero (*R*) = 1,316, 1,293, 1,269.

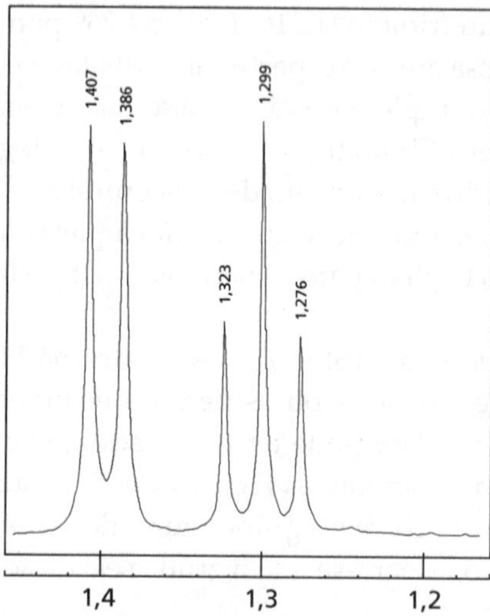

Figura 4. Espectro de RMN (300 MHz) do (S)-3-hidroxibutanoato de etila, com adição de reagente de deslocamento quiral.

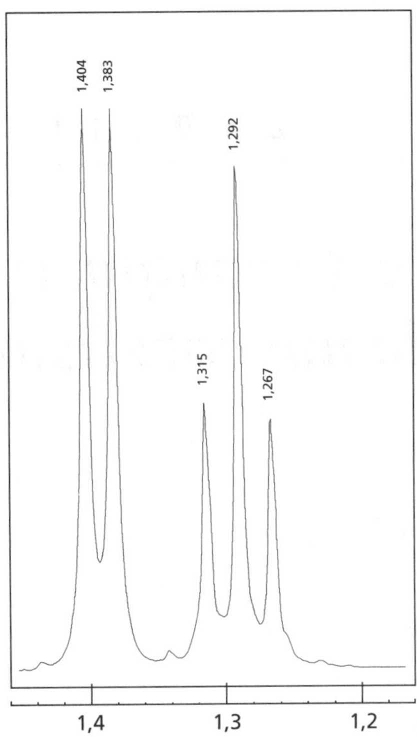

Figura 5. Espectro de RMN (300 MHz) do (R)-3-hidroxibutanoato de etila, com adição de reagente de deslocamento quiral.

REFERÊNCIAS

Cui, J-N.; Ema, T.; Sakai, T.; Utaka, M. Control of Enantioselectivity in the Baker's Yeast Asymmetric Reduction of Chlorodiketones to Chloro (S)-Hydroxyketones. *Tetrahedron: Asymmetry* 1998, *9*, 2681–2691.

Naoshima, Y.; Maeda, J.; Munakata, Y. Control of the Enantioselectivity of Bioreduction with Immobilized Bakers' Yeast in a Hexane Solvent System. *J. Chem. Soc. Perkin Trans. 1* 1992, 659–660.

Seebach, D.; Sutter, M. A.; Weber, R. H.; Züger, M. F. Yeast Reduction of Ethyl Acetoacetate: (*S*)-(+)-Ethyl 3-Hydryoxybutanoate. *Org. Synth.* 1984**,** *63,* 1–9.

■ QUESTÕES ■

1. Você esperaria observar uma diferença nos tempos de retenção para o (*S*)-3-hidroxibutanoato de etila e o enantiômero (*R*) nas colunas de cromatografia em fase gasosa, descritas na Técnica 22?

2. Qual é o agente de redução biológico que dá origem à formação do 3-hidroxibutanoato de etila quiral? Talvez, seja preciso procurar em um livro de consulta para encontrar uma resposta para essa pergunta.

3. Explique os padrões de RMN para os hidrogênios Hc e Hd mostrados na Figura 2. (*Dicas:* esses hidrogênios não são equivalentes por causa de sua localização adjacente a um estereocentro. As constantes de acoplamento ^2J para hidrogênios conectados a um carbono sp^3 são muito grandes – neste caso, 16,5 Hz. As constantes de acoplamento ^3J não são iguais. Desenhe, para a molécula, uma projeção em cavalete. Você pode verificar por que as constantes de acoplamento ^3J podem ser diferentes?)

Experimento 28

Nitração de compostos aromáticos utilizando um catalisador reciclável

Química verde

Nitração

Reação com economia de átomos

Catalisador reciclável

Evaporador rotatório (opcional)

Espectrometria de massas

Cromatografia em fase gasosa

Os químicos, tanto no setor acadêmico quanto na indústria, estão tentando efetuar reações químicas que sejam mais adequadas ao ambiente (veja o Ensaio 15: "Química verde"). Uma maneira de conseguir isso é utilizar quantidades exatas (estequiométricas) de reagentes de partida, de modo que não seja preciso descartar nenhum material em excesso, contribuindo, assim, para uma maior economia de átomos. Outro aspecto da Química verde é que os químicos têm de utilizar catalisadores. Esses materiais apresentam a vantagem de possibilitar reações que ocorrem sob as condições mais fáceis, e os catalisadores também podem ser reutilizados. Desse modo, a Química verde ajuda a manter o ambiente limpo, enquanto gera produtos úteis.

Neste experimento, empregamos um ácido de Lewis, o trifluorometanosulfonato de itérbio (III), como catalisador para a nitração de uma série de substratos com ácido nítrico. Esse catalisador será reciclado (recuperado) e reutilizado.

$$\text{R-C}_6\text{H}_5 \xrightarrow[\text{Yb(OSO}_2\text{CF}_3)_3]{\text{HNO}_3} \text{R-C}_6\text{H}_4\text{-NO}_2$$

O solvente utilizado nesta reação, o 1,2-dicloroetano, não é ambientalmente "amigável", mas pode ser recuperado utilizando-se um evaporador rotatório.

Um mecanismo proposto para essa reação envolve as três etapas a seguir para gerar o íon nitrônio.[1] Os íons do trifluorometanosulfonato (triflato) agem como espectadores. Acredita-se que o cátion do itérbio seja hidratado pela água presente na solução aquosa de ácido nítrico, que tem uma ligação forte com o cátion do itérbio hidratado, como mostra a equação 1. Um próton é gerado, como mostra a equação 2, pelo forte efeito polarizante do metal. Os íons de nitrônio são, então, formados pelo processo apresentado na equação 3. Embora o íon nitrônio possa servir como a espécie eletrofílica ativa, é mais

[1] C. Braddock, "Novel Recyclable Catalysts for Atom Economic Aromatic Nitration". *Green Chemistry*, 3 (2001): G26-G32.

provável que um portador de nitrônio, como o intermediário formado na equação 2, possa servir como o eletrófilo. De qualquer maneira, a reação gera um composto aromático nitrado.

$$Yb(H_2O)_x^{3+} + H{-}O{-}\overset{+}{N}(=O){-}O^- \longrightarrow H{-}O{-}N(O)(O^-){\cdots}Yb(H_2O)_y^{3+} \quad (1)$$

Ácido nítrico

$$H{-}O{-}\overset{+}{N}(O)(O^-){\cdots}Yb(H_2O)_y^{3+} \longrightarrow O{=}\overset{+}{N}(O^-)(O^-){\cdots}Yb(H_2O)_y^{3+} \text{ H } H^+ \quad (2)$$

$$H^+ + HNO_3 \longrightarrow NO_2^+ \text{ H } H_2O \quad (3)$$

Íon nitrônio

Neste experimento, você irá fazer a nitração de um substrato aromático e analisar a composição da mistura obtida pela cromatografia em fase gasosa acoplada à espectrometria de massas (GC-MS). Em alguns casos, o material de partida também será apresentado na mistura. Você deverá ser capaz de explicar, mecanicamente, porque os produtos observados são obtidos a partir da reação.

LEITURA EXIGIDA

Revisão:	Técnica 7	Métodos de reação, Seções 7.2 e 7.10
	Técnica 7	Seção 7.11 (opcional)
	Técnica 12	Extrações, separações e agentes secantes, Seções 12.4 e 12.9
	Técnica 22	Cromatografia gasosa
Novo:	Ensaio 15	Química verde
	Técnica 28	Espectrometria de massas

INSTRUÇÕES ESPECIAIS

Alguns dos produtos nitrados podem ser tóxicos. Todo trabalho deverá ser conduzido em uma capela. Use luvas protetoras para evitar o contato da pele com produtos nitrados.

MEIO SUGERIDO PARA O DESCARTE DE REJEITOS

A camada aquosa contém o catalisador, triflato de itérbio. Não a dercarte. Em vez disso, recicle o catalisador para utilizar posteriormente evaporando a água em uma placa de aquecimento. Transfira o sólido incolor para um recipiente de armazenamento ou encaminhe-o para o professor. Se o material for intensamente colorido, peça instruções a seu professor. Se o solvente, o 1,2-dicloroetano, tiver sido recuperado utilizando um evaporador rotatório, despeje-o em um recipiente, de modo que ele possa ser reciclado.

NOTAS PARA O PROFESSOR

Recomenda-se que cada dupla de alunos selecione um substrato diferente na lista fornecida. Na maioria dos casos, a reação não será concluída e, conforme esperado, resultará em produtos isoméricos.

Por exemplo, o tolueno gera os produtos *orto* e *para*, que são esperados, mas uma pequena quantidade do produto *meta* também é formada. Os produtos são analisados por GC-MS. Este experimento oferece uma excelente oportunidade para discutir a espectrometria de massas, porque a maior parte dos compostos gera íons moleculares em abundância. Os produtos são identificados por meio de pesquisa no banco de dados do NIST (National Institute of Standards and Technology, ou Instituto Nacional de Padrões e Tecnologia). Apesar de ser melhor procurar no banco de dados para identificar os compostos, o experimento também pode ser conduzido com a cromatografia em fase gasosa. Se isso for feito, geralmente, é possível supor que os compostos nitro surgirão na seguinte ordem: *orto, meta* e *para*. Separações adequadas podem ser obtidas em um instrumento de GC-MS utilizando uma coluna capilar J & W DB-5MS ou Varian CP-Sil 5CB (30 m, ID 0,25 mm ID, 0,25 μm). Defina a temperatura do injetor em 260 °C. As condições do forno da coluna são as seguintes: iniciar em 60 °C (manter por um minuto), aumentar para 280 °C a 20 °C min^{-1} (por 12 minutos) e, então, manter em 280 °C (por 4,5 minutos). Cada etapa demora aproximadamente 17 minutos. A taxa de fluxo do hélio é de 1 mL min^{-1}. O intervalo da massa é especificado em 40 a 400 m/e.

PROCEDIMENTO

Selecione um dos seguintes substratos aromáticos:

Tolueno	Bifenil
Butilbenzeno	4-Metilbifenil
Isopropilbenzeno	Difenilmetano
tert-Butilbenzeno	Ácido fenilacético
orto-Xileno	Fluorobenzeno
meta-Xileno	Iodobenzeno
para-Xileno	Naftaleno
Anisol	Fluoreno
1,2-Dimetoxibenzeno (Veratrol)	Acetanilido
1,3-Dimetoxibenzeno	Fenol
1,4-Dimetoxibenzeno	α-Naftol
4-Metoxitolueno	β-Naftol

Coloque, 0,375 g do catalisador hidrato de trifluorometanosulfonato de itérbio (III), ou triflato de itérbio, em um balão de fundo redondo de 25 mL. Adicione 10 mL do solvente 1,2-dicloroetano, seguido de 0,400 mL de ácido nítrico concentrado (pipeta automática). Acrescente duas pérolas de ebulição ao frasco. Para essa solução, pese e acrescente aproximadamente 6 milimols do substrato aromático. Conecte o balão de fundo redondo a um condensador de refluxo e fixe-o no local em um anel fixo. Utilize um fluxo de água muito lento no condensador. Com uma placa de aquecimento, aqueça a mistura para refluxo durante uma hora.

Depois aplique o refluxo à mistura por 1 hora, deixe a mistura esfriar à temperatura ambiente e adicione 8 mL de água. Transfira a mistura para um funil de separação. Agite a mistura delicadamente e deixe as duas fases se separarem. Drene a camada orgânica (camada inferior) em um Erlenmeyer de 25 mL. Seque a camada orgânica com uma pequena colher de sulfato de magnésio anidro (aproximadamente 0,5 g). Se houver um evaporador rotatório disponível, transfira a camada orgânica para um balão de fundo redondo de 50 mL, previamente pesado, para remover o solvente. O aparelho permite a possibilidade de recuperar a maior parte do 1,2-dicloroetano. Quando o solvente tiver sido removido, retire o frasco e pese-o.

Como alternativa, o solvente pode ser removido utilizando o aparelho mostrado na Técnica 7, Figura 7.17C. Transfira a camada orgânica seca para um kitasato de 125 mL, pesado previamente. Adicione ao frasco um tubo capilar para ponto de fusão (com a extremidade inferior para baixo) e, então, tampe a parte superior. O tubo capilar para ponto de fusão ajuda a acelerar o processo de evaporação. Conecte a saída lateral do kitasato ao sistema de vácuo ou aspirador, utilizando um captador resfriado em gelo. Haverá um efeito refrigerante enquanto ocorre a evaporação, portanto, você precisará aquecer levemente o frasco (definindo a menor temperatura em uma placa de aquecimento). A maior parte de seu solvente deverá ser evaporada em menos de 1 hora, sob o vácuo e aquecendo suavemente. Pese o kitasato.

A camada aquosa restante no funil de separação contém o catalisador itérbio. Despeje a camada aquosa da parte superior do funil de separação em um Erlenmeyer de 50 mL previamente pesado. Evapore completamente a água em uma placa de aquecimento. Pese o frasco para determinar quanto catalisador você consegue recuperar. Coloque o catalisador em um recipiente para armazenar o catalisador reciclado que será reutilizado em outras aulas.

A menos que você receba instruções diferentes, prepare uma amostra para análise por GC-MS dissolvendo 2 gotas da mistura de compostos aromáticos nitrados em cerca de 1 mL de cloreto de metileno. Essas amostras serão executadas utilizando o *software* de automação no sistema de GC-MS.

Quando sua amostra estiver sendo executada, você terá a oportunidade de procurar na biblioteca de espectros de massas do NIST (National Institute of Standards and Technology, ou Instituto Nacional de Padrões e Tecnologia) para determinar as estruturas dos produtos da nitração. Determine as estruturas dos produtos e as porcentagens de cada componente. Provavelmente, haverá parte do material de partida restante na mistura da reação. Seria interessante verificar como as proporções de seu produto se comparam aos valores obtidos da literatura (veja Referências).

REFERÊNCIAS

Braddock, C. Novel Recyclable Catalysts for Atom Economic Aromatic Nitration. *Green Chem.* 2001, *3*, G26-G32.

Schofield, K. *Aromatic Nitration*; Cambridge University Press: London, 1980.

Waller, F. J.; Barrett, G. M.; Braddock, D. C.; Ramprasad, D. Lanthanide (III) Triflates as Recyclable Catalysts for Atom Economic Aromatic Nitration. *Chem. Comm.* 1997, 613-614.

■ QUESTÕES ■

1. Interprete o espectro de massas dos compostos formados na nitração de seu substrato aromático.
2. Desenhe um mecanismo que explique como foram formados os produtos aromáticos nitro-substituídos observados em sua reação.

Experimento 29

Redução de cetonas utilizando cenouras como agentes de redução biológicos

Química verde

Uso de um agente de redução biológico

Redução de uma cetona para um álcool

Uma reação muito comum na química orgânica é a redução de cetona para álcool secundário.

$$CH_3-C(=O)-R \xrightarrow[\text{redução}]{\text{agente de}} CH_3-CH(OH)-R$$

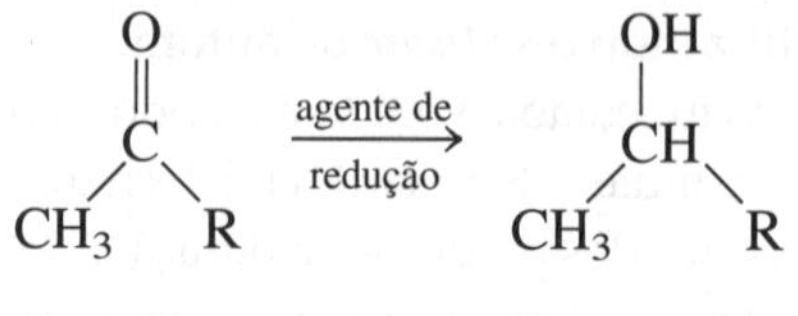

Os agentes de redução mais amplamente utilizados incluem hidreto de lítio e alumínio, borohidreto de sódio (veja o Experimento 31) e hidrogenação catalítica. A reação ocorre em um solvente orgânico, como éter dietílico ou metanol.

Os agentes de redução biológicos também podem ser utilizados para provocar a redução de cetona para álcool secundário. A redução do grupo carbonila do acetoacetato de etila (Experimento 27) é realizada utilizando-se fermento "de padaria" como meio de redução. Neste experimento, se utiliza cenoura ralada para provocar uma reação similar. Esse tipo de reação é um exemplo de uma aplicação da química verde, porque a água é o único solvente, e o principal reagente é um vegetal comum da horta.

Em cada um destes experimentos de redução biológica, uma molécula orgânica é utilizada pelo sistema biológico como o verdadeiro agente de redução, que é a **nicotinamida adenina dinucleotídeo** (**NADH**). A NADH atua como um *cofator*; suas propriedades químicas são expressas em coordenação com uma enzima, que regula o processo.

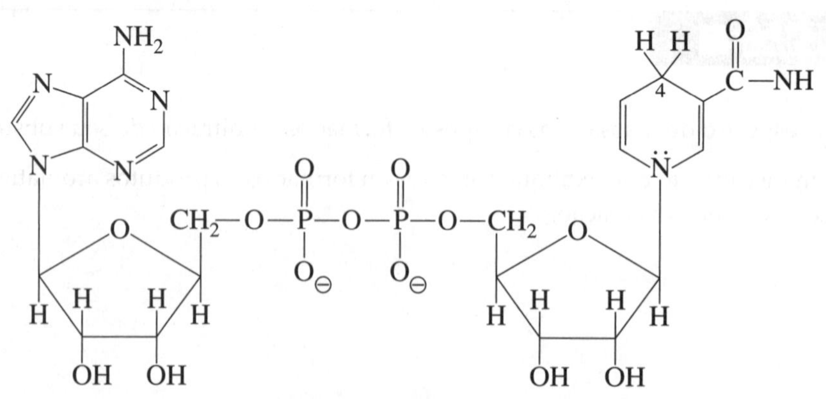

Nicotinamida adenina dinucleotídeo
(NADH)

Embora a estrutura da NADH possa parecer excessivamente complexa, ela é necessária somente para focar no anel de nicotinamida – especificamente os átomos de hidrogênio conectados ao C4. Esse é o verdadeiro local reativo da molécula de NADH; o restante da estrutura é importante para a ligação enzima-substrato, solubilidade em água, facilidade de transporte através das células etc.

Na redução biológica da cetona, um dos hidrogênios no C4 do anel de nicotinamida é transferido *com* seu par de elétrons, na forma de um hidreto, para o carbono da carbonila da cetona. Note que o hidreto está agindo como um *nucleófilo*, uma vez que ele ataca o carbono da carbonila.

$$CH_3-C(=O)-R \xrightarrow{H^+} CH_3-CH(OH)-R$$

NADH

NAD^+

No processo de redução da cetona, a NADH é oxidada para NAD^+. Essa reação é energeticamente favorável, porque a propriedade aromática do anel de piridina é restaurada – um ganho em *energia de ressonância*.

Neste experimento, a fonte biológica de NADH será uma cenoura comum, de horta. A reação é a seguinte:

$$\text{Benzofuran-2-il metil cetona} \xrightarrow[\text{H}_2\text{O, temperatura ambiente}]{\text{pedaços de cenoura}} \text{1-Benzofuran-2-il etanol}$$

Benzofuran-2-il metil cetona **1-Benzofuran-2-il etanol**

Os resultados da redução serão analisados por espectroscopia no infravermelho. Apesar de que podemos esperar que essa redução seja estereosseletiva, a escala da reação utilizada aqui não permite uma análise da pureza óptica pela polarimetria.

LEITURA EXIGIDA

Revisão: Ensaio 15 Química verde
Técnica 8 Filtração
Técnica 12 Extrações, separações e agentes secantes
Técnica 25 Espectroscopia no infravermelho

INSTRUÇÕES ESPECIAIS

É necessário que este experimento fique em repouso, separadamente, por um período de, pelo menos, 24 horas. É possível programar a realização de outro experimento simultaneamente a este.

MEIO SUGERIDO PARA O DESCARTE DE REJEITOS

Os resíduos da cenoura podem ser jogados no lixo com total segurança. O solvente éter dietílico pode ser recuperado depois de sua etapa de evaporação, se houver um evaporador rotatório disponível.

PROCEDIMENTO

Rale uma cenoura crua para obter aproximadamente 25 g de cenoura ralada e lave o material resultante com água destilada. Pese a cenoura ralada em um Erlenmeyer de 150 mL e adicione 75 mL de água destilada e uma barra magnética de agitação. Adicione ao frasco 50 mg de benzofuran-2-il metil cetona, tampe o frasco com uma rolha e fixe-o na posição acima do agitador magnético. Deixe a mistura agitar por, pelo menos, 24 horas. Certifique-se de fixar o frasco de modo que exista algum espaço entre o fundo do frasco e o topo do agitador magnético. Isso tem a finalidade de evitar qualquer aquecimento do motor do agitador, o que pode interromper a reação.

Após a agitação ser interrompida, filtre a mistura da reação através de uma camada de gaze para remover os pedaços maiores de cenoura. Remova o resíduo remanescente da cenoura por filtração a vácuo utilizando um funil de Hirsch (veja a Técnica 8, Seção 8.3).

Extraia o filtrado três vezes, com porções de 10 mL de éter dietílico. Seque o extrato de éter sobre sulfato de magnésio anidro. Transfira a solução seca para um frasco limpo e remova o solvente éter por meio de evaporação (se houver um evaporador rotatório disponível, é melhor utilizá-lo).

Determine o espectro no infravermelho do produto como um líquido puro (veja a Técnica 25, Seção 25.2). Você deverá ser capaz de observar a extensão da redução através do desaparecimento do pico de estiramento da carbonila em torno de 1700 cm^{-1} e o surgimento de um intenso pico de estiramento O-H em aproximadamente 3450 cm^{-1}. Certifique-se de encaminhar seu espectro com seu relatório de laboratório.

REFERÊNCIA

Ravia, S.; Gamenara, D.; Schapiro, V.; Bellomo, A.; Adum, J.; Seoane, G.; Gonzalez, D. Enantioselective Reduction by Crude Plant Parts: Reduction of Benzofuran-2-yl Methyl Ketone with Carrot (*Daucus carota*) Bits. *J. Chem. Educ.* 2006, *83*, 1049-1051.

Experimento 30

Resolução da (±)-α-feniletilamina e determinação da pureza ótica

Resolução de enantiômeros

Uso de um funil de separação

Polarimetria

Cromatografia em fase gasosa quiral

Espectroscopiade RMN

Agente de resolução quiral

Grupos metila diastereoméricos

Embora a (±)-α-feniletilamina racêmica esteja facilmente disponível em pontos comerciais, os enantiômeros puros são mais difíceis de serem obtidos. Neste experimento, você irá isolar um dos enantiômeros, o levógiro, em um elevado estado de pureza ótica (grande excesso enantiomérico). Uma **resolução**, ou separação, de enantiômeros será realizada, utilizando ácido (+)-tartárico como o agente de resolução.

Resolução de enantiômeros

O agente de resolução a ser utilizado é o ácido (+)-tartárico, que forma sais diastereoméricos com α-feniletilamina racêmica. As reações importantes para este experimento são as que se seguem.

$$C_6H_5\text{—}CH(NH_2)\text{—}CH_3 + HOOC\text{—}CH(OH)\text{—}CH(OH)\text{—}COOH \longrightarrow C_6H_5\text{—}CH(NH_3^+)\text{—}CH_3 \;\; {}^-OOC\text{—}CH(OH)\text{—}CH(OH)\text{—}COOH$$

(±)-amina   Ácido (+)-tartárico   (+)-Tartarato de (+)-amina

+

$$C_6H_5\text{—}CH(NH_3^+)\text{—}CH_3 \;\; {}^-OOC\text{—}CH(OH)\text{—}CH(OH)\text{—}COOH$$

(+)-Tartarato de (–)-amina

O ácido (+)-tartárico oticamente puro é abundante na natureza. Frequentemente, ele é obtido como um subproduto da vinificação. A separação depende do fato de que os diastereômeros geralmente apresentam diferentes propriedades físicas e químicas. O sal (+)-tartarato de (–)-amina tem menor solubilidade que seu correspondente diastereomérico, o sal (+)-tartarato de (+)-amina. Com algum cuidado, o sal de (+)-tartarato de (–)-amina pode ser induzido à cristalização, deixando o (+)-tartarato de (+)-amina em solução. Os cristais são removidos por filtração e purificados. A (–)-amina pode ser obtida de cristais, tratando-os com base. Isso separa o sal pela remoção do próton e, então, regenera a (–)-amina livre, não protonada.

Será utilizado um polarímetro para medir a rotação observada, α, da amostra de amina resolvida. A partir desse valor, você irá calcular a rotação específica $[\alpha]_D$ e a pureza ótica (excesso enantiomérico) da amina. Em seguida, irá calcular as porcentagens de cada um dos enantiômeros presentes na amostra resolvida. A (S)-α-feniletilamina predomina na amostra. Um método cromatográfico em fase gasosa quiral pode ser utilizado para determinar diretamente as porcentagens de cada um dos enantiômeros na amostra.

Determinação da pureza ótica por RMN

Um meio alternativo de determinar a pureza ótica da amostra utiliza a espectroscopia de RMN (veja o Experimento 30B). Um grupo ligado a um carbono estereogênico (quiral) normalmente tem o mesmo deslocamento químico que o do carbono, que tem uma configuração *R* ou *S*. Contudo, esse grupo pode se tornar diastereomérico no espectro de RMN (tem diferentes deslocamentos químicos) quando o composto original racêmico é tratado com um agente de resolução quiral oticamente puro para produzir diastereômeros. Neste caso, o grupo não é mais encontrado em dois enantiômeros, mas, em vez disso, em dois diferentes diastereômeros, e seu deslocamento químico será diferente em cada ambiente.

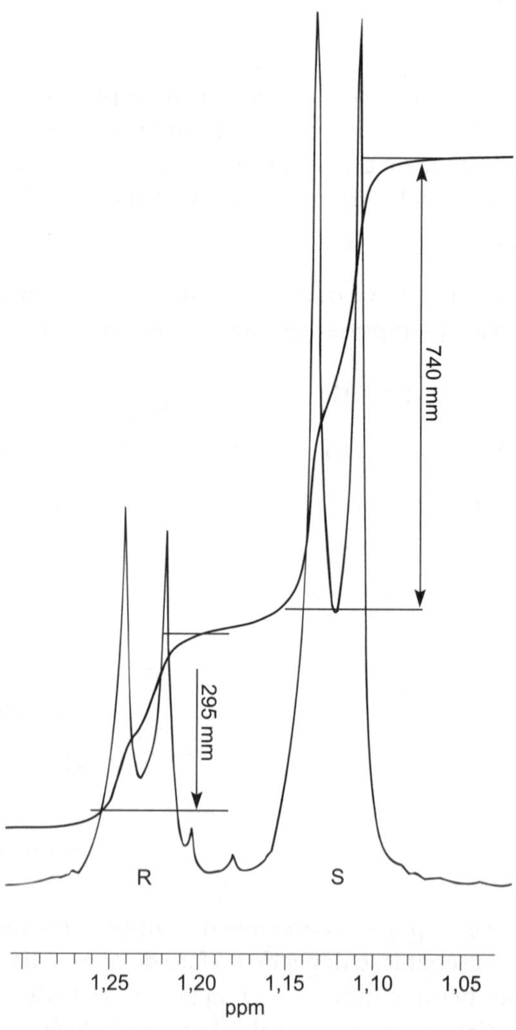

Espectro de 300 MHz de uma mistura na proporção 50:50 da α‴-feniletilamina resolvida e não resolvida, em $CDCl_3$. Foi adicionado o agente de resolução quiral ácido (S)-(+)-O-acetilmandélico.

Neste experimento, a amina parcialmente resolvida (contendo os enantiômeros *R* e *S*) é misturada com o ácido (*S*)-(+)-O-acetilmandélico oticamente puro em um tubo de RMN contendo $CDCl_3$. São formados dois diastereômeros:

$$\underset{\alpha\text{-feniletilamina}}{\overset{(R/S)}{CH_3\text{—}\underset{\text{Ph}}{\underset{|}{CH}}\text{—}NH_2}} + \underset{\text{Ácido (S)-(+)-O-acetilmandélico}}{\overset{(S)}{Ph\text{—}\underset{\text{OAc}}{\underset{|}{CH}}\text{—}COOH}} \longrightarrow \left[\overset{(R)}{CH_3\text{—}\underset{\text{Ph}}{\underset{|}{CH}}\text{—}NH_3^+} + \overset{(S)}{Ph\text{—}\underset{\text{OAc}}{\underset{|}{CH}}\text{—}COO^-}\right] + \left[\underset{(S)}{CH_3\text{—}\underset{\text{Ph}}{\underset{|}{CH}}\text{—}NH_3^+} + \underset{(S)}{Ph\text{—}\underset{\text{OAc}}{\underset{|}{CH}}\text{—}COO^-}\right]$$

Diastereômeros

Os grupos metila nas porções de amina dos dois sais diastereoméricos estão ligados a um estereocentro, (*S*), em um caso, e (*R*), no outro caso. Como resultado, os próprios grupos metila se tornam diastereoméricos e têm diferentes deslocamentos químicos. Neste caso, o isômero (*R*) está em campo baixo, e o isômero (*S*) está em campo alto. Esses grupos metila aparecem aproximadamente (varia) em 1,1 e 1,2 ppm, respectivamente, no espectro de RMN de hidrogênio da mistura. Uma vez que os grupos metila são adjacentes a um grupo metino (CH), eles aparecem como dupletos. Esses dupletos podem ser integrados, a fim de determinar a porcentagem das aminas (*R*) e (*S*) na α-feniletilamina resolvida. No exemplo, o espectro de RMN foi determinado com uma mistura composta pela dissolução de quantidades iguais (mistura de 50:50) da (±)-α-feniletilamina original não resolvida e o produto de um aluno, resolvido, que continha, predominantemente, (*S*)-(+)-α-feniletilamina.

Experimento

Resolução da (±)-α-feniletilamina

Neste procedimento, você irá resolver a (±)-α-feniletilamina racêmica, utilizando ácido(+)-tartárico como o agente de resolução.

LEITURA EXIGIDA

Revisão:	Técnica 8	Seção 8.3
	Técnica 12	Seções 12.4, 12.8, 12.9
	Técnica 23	
	Técnica 22 (opcional)	

INSTRUÇÕES ESPECIAIS

A α-feniletilamina reage rapidamente com o dióxido de carbono na presença de ar para formar um derivado branco sólido, da amina, o *N*-carboxila. É preciso tomar todo cuidado para evitar a exposição prolongada da amina ao ar. Certifique-se de fechar firmemente o frasco depois de ter medido a rotação de sua amina e de se assegurar de colocar sua amostra rapidamente no frasco em que será efetuada a resolução. Esse frasco também deverá ser tampado. Utilize uma rolha de cortiça, porque uma tampa de borracha irá se dissolver, até certo ponto, e descolorir sua solução. O sal cristalino não reagirá com o dióxido de carbono até que você o decomponha para recuperar a amina resolvida. Então, mais uma vez, você deve ser cuidadoso.

A rotação observada para uma amostra isolada por um único aluno pode ser apenas de alguns graus, o que limita a precisão da determinação da pureza ótica. É possível obter melhores resultados se quatro alunos combinarem seus produtos da amina resolvida para a análise polarimétrica. Caso você tenha deixado sua amina excessivamente exposta ao ar, a solução da polarimetria poderá ficar turva. Isso dificultará a obtenção de uma determinação precisa da rotação ótica.

MEIO SUGERIDO PARA O DESCARTE DE REJEITOS

Coloque a solução da água-mãe da cristalização, que contém (+)-α-feniletilamina, ácido (+)-tartárico e metanol, em um recipiente especial, fornecido para esse propósito. Os extratos aquosos irão conter ácido tartárico, base diluída e água; eles deverão ser colocados no recipiente designado para rejeitos aquosos. Quando tiver terminado a polarimetria, dependendo da proposta de seu professor, você deverá colocar sua (*S*)-(–)-α-feniletilamina resolvida em um recipiente especial, identificado para esse propósito, ou encaminhá-la para seu professor em um recipiente adequadamente rotulado, incluindo os nomes das pessoas que combinaram suas amostras.

PROCEDIMENTO

NOTA PARA O PROFESSOR

Este experimento é designado a alunos que trabalham individualmente, mas você pode combinar seus produtos com os de outros três alunos, para a polarimetria.

Preparações. Coloque 7,8 g de ácido L-(+)-tartárico e 125 mL de metanol em um Erlenmeyer de 250 mL. Aqueça essa mistura em uma placa de aquecimento até que a solução esteja quase em ebulição. Adicione lentamente 6,25 g de α-feniletilamina (α-metilbenzilamina) racêmica a essa solução quente.

⇨ ADVERTÊNCIA

Nesta etapa, a mistura provavelmente irá formar espuma e transbordar. 

Cristalização. Tampe o frasco e deixe-o em repouso durante a noite. Os cristais formados devem ser prismáticos. Se ocorrer a formação de agulhas, elas não serão oticamente puras o suficiente para resultar em uma resolução completa dos enantiômeros; *deverão se formar prismas.* As agulhas se dissolverão (por meio de aquecimento cuidadoso) e se resfriarão lentamente, para então se cristalizar mais uma vez. Quando ocorrer a recristalização, você poderá "semear" a mistura com um cristal prismático, se houver algum disponível. Se parecer que você tem prismas, mas que eles estão recobertos com agulhas, a mistura pode ser aquecida até que a maior parte do sólido tenha se dissolvido. Os cristais em formato de agulha se dissolvem facilmente e, geralmente, uma pequena quantidade dos cristais prismáticos irá "semear" a solução. Depois de dissolver as agulhas, deixe a solução esfriar lentamente e formar cristais prismáticos a partir das "sementes".

Prosseguimento. Filtre os cristais, utilizando um funil de Büchner (veja a Técnica 8, Seção 8.3 e Figura 8.5), e lave-os com algumas porções de metanol frio. Dissolva parcialmente o sal tartarato da amina cristalina em 25 mL de água, adicione 4 mL de hidróxido de sódio 50% e extraia essa mistura com três porções de 10 mL de cloreto de metileno utilizando um funil de separação (veja a Técnica 12, Seção 12.4). Combine as camadas orgânicas de cada extração em um frasco tampado e seque-os sobre aproximadamente 1 g de sulfato de sódio anidro, por cerca de 10 minutos.

Dois diferentes métodos deverão ser considerados para a remoção do solvente. Pergunte ao seu professor qual método deve ser empregado. O **método 1** envolve o uso de um evaporador rotatório para remover o solvente. Se estiver utilizando esse método, faça a pesagem prévia de um balão de fundo redondo de 100 mL e decante a solução de cloreto de metileno contendo a amina no frasco. Peça ao seu professor para demonstrar o uso do evaporador rotatório. Um líquido irá permanecer depois que o solvente tiver sido removido. Talvez, seja preciso aumentar a temperatura do banho de água para garantir que todo o solvente tenha sido removido. Deverão permanecer cerca de 2 ou 3 mL da amina líquida. Prossiga com a seção Cálculo de Rendimento e Armazenamento, a seguir.

Caso seu professor peça para utilizar o **método 2**, proceda da seguinte maneira: enquanto a solução estiver secando sobre o sulfato de sódio anidro, faça a pesagem prévia de um Erlenmeyer limpo, seco, de 50 mL. Decante a solução seca no frasco e evapore o cloreto de metileno em uma placa de aquecimento (cerca de 60 °C) em uma capela. Um fluxo de nitrogênio ou ar deverá ser dirigido para o frasco, para aumentar a taxa de evaporação. Quando o volume de líquido atingir cerca de um total de 2 ou 3 mL, insira cuidadosamente uma mangueira conectada ao sistema de vácuo ou aspirador para remover qualquer cloreto de metileno restante. A mangueira deverá ser inserida no gargalo do frasco. Note que o produto desejado é um **líquido**. Parte do carbonato de amina sólido pode começar a se formar nas laterais do frasco durante o curso da evaporação. É mais provável que esse sólido indesejado se forme você prolongar a operação de aquecimento. Tenha o cuidado de evitar a formação desse sólido branco, se possível. Caso obtenha uma solução turva ou se houver sólidos presentes, transfira o material para um tubo de centrífuga e centrifugue a amostra. Em seguida, remova o líquido claro para a parte de polarimetria deste experimento.

Cálculo de rendimento e armazenamento. Tampe o frasco e, então, pese-o para determinar o rendimento. Calcule também o rendimento percentual da (S)-(–)-amina, com base na quantidade de amina racêmica com que você começou.

Polarimetria. Combine seu produto com os produtos obtidos pelos três outros alunos. Se o produto de algum dos alunos estiver altamente colorido ou se houver uma grande quantidade de sólido presente, não o utilize. Se a amina estiver um pouco turva ou se houver apenas uma pequena quantidade de sólido presente, transfira a amostra para um pequeno tubo de centrífuga (microtubos de centrífuga funcionam bem, neste caso) e centrifugue a amostra por aproximadamente 5 minutos. Remova o líquido **claro** com uma pipeta de Pasteur para evitar a formação de qualquer sólido na pipeta e preencha um balão volumétrico de 10 mL previamente pesado. Você não conseguirá obter bons resultados com o polarímetro se a amina estiver turva ou se houver sólidos suspensos presentes em sua amina, portanto, tenha o cuidado de evitar transferir qualquer sólido.

Pese o frasco para determinar a massa da amina e calcule a densidade (concentração) em gramas por mililitro. Você deverá obter um valor de aproximadamente 0,94 g mL^{-1}. Isso deverá proporcionar uma quantidade suficiente de material para prosseguir com as medições de polarimetria que se seguem sem diluir sua amostra. Entretanto, se os seus produtos combinados não resultarem em mais de 10 mL de amina, será necessário diluir sua amostra com metanol (verifique com seu professor).

Se você tiver menos de 10 mL de produto, pese o frasco para determinar a quantidade de amina presente. Então, preencha o balão volumétrico até a marca, com metanol absoluto e misture a solução completamente, invertendo-o 10 vezes. A concentração de sua solução em gramas por mililitro é facilmente calculada.

Transfira a solução para um tubo de polarímetro de 0,5 dm e determine sua rotação observada. Seu professor irá mostrar a você como utilizar o polarímetro. Relate os valores da rotação observada, rotação específica e pureza ótica (excesso enantiomérico) para o professor. O valor publicado para a rotação específica é de $[\alpha]_D^{22} = -40{,}3°$. Calcule a porcentagem de cada um dos enantiômeros na amostra (veja a Técnica 23, Seção 23.5) e inclua as figuras em seu relatório.

Em decorrência da presença de algum cloreto de metileno na amostra da amina quiral, é possível que você obtenha baixos valores de rotação da polarimetria. Por causa disso, seu valor calculado da pureza ótica (excesso enantiomérico) e as porcentagens dos enantiômeros estarão erradas. As porcentagens dos enantiômeros obtidos do experimento opcional de cromatografia em fase gasosa quiral, a seguir, deverão proporcionar porcentagens mais precisas de cada um dos estereoisômeros.

Cromatografia em fase gasosa quiral (opcional). A cromatografia em fase gasosa quiral fornecerá uma medida direta das quantidades de cada estereoisômero presente em sua amostra de α-feniletilamina resolvida. Um aparelho Varian CP-3800 equipado com uma coluna capilar J & P (Agilent) Cyclosil B (30 m, ID 0,25 mm ID, 0,25 μm) proporciona uma excelente separação dos enantiômeros (*R*) e (*S*).

Defina o detector de FID em 270°C, e a temperatura do injetor, em 250 °C. A proporção inicial da divisão deverá ser especificada em 150:1 e, então, modificada para 10:1 depois de 1,5 minuto. Estabeleça a temperatura do forno em 100°C e mantenha essa temperatura por 25 minutos. A taxa de fluxo de hélio é de 1 mL min^{-1}. Os compostos eluem na seguinte ordem: (*R*)-α-feniletilamina (17,5 min) e enantiômero (*S*) (18,1 min). Seus tempos de retenção observados podem variar dos que foram dados aqui, mas a ordem de eluição será a mesma. Como os picos se sobrepõem ligeiramente, é possível que você não observe um pico distinto para o enantiômero (*R*). Em vez disso, você poderá observar um "ombro" para o pico do enantiômero (*R*) no lado do pico grande para o enantiômero (*S*). Se você tiver condições de verificar o enantiômero (*R*), integre a área sob os picos para obter as porcentagens de cada um dos enantiômeros em sua amostra e comparar seus resultados com os que foram obtidos com o polarímetro. Observe que o processo de resolução utilizado neste experimento é altamente seletivo para o enantiômero (*S*). Essa é a boa notícia; a má notícia é que talvez a amostra de (*S*)-α-feniletilamina seja tão pura que você não consiga obter porcentagens da análise na coluna quiral.

Experimento 

Determinação da pureza ótica utilizando RMN e um agente de resolução quiral

Neste procedimento, você utilizará a espectroscopia de RMN com o agente de resolução ácido (S)-(+)-O-acetilmandélico quiral para determinar a pureza ótica da (–)-(*S*)-α-feniletilamina que você isolou no Experimento 30A.

LEITURA EXIGIDA

Novo: Técnica 26 Espectroscopia de Ressonância Magnética Nuclear

INSTRUÇÕES ESPECIAIS

Certifique-se de utilizar uma pipeta de Pasteur limpa sempre que você remover o $CDCl_3$ de sua garrafa de abastecimento. Evite contaminar o estoque de solvente de RMN. Além disso, certifique-se de preencher e esvaziar a pipeta diversas vezes, antes de tentar remover o solvente da garrafa. Se você ignorar essa técnica de equilíbrio, o solvente volátil poderá esguichar fora da pipeta antes que você possa transferi-lo com sucesso para outro recipiente.

MEIO SUGERIDO PARA O DESCARTE DE REJEITOS

Ao descartar sua amostra de RMN, que contém $CDCl_3$, coloque-a no recipiente designado para rejeitos halogenados.

PROCEDIMENTO

Utilizando um pequeno tubo de ensaio, pese aproximadamente 0,05 mmol (0,006 g, *MM* = 121) de sua amina resolvida adicionando-a com uma pipeta de Pasteur. Coloque uma rolha no tubo de ensaio para protegê-lo do dióxido de carbono da atmosfera. O dióxido de carbono reage com a amina para formar um carbonato de amina (sólido branco). Utilizando um papel de pesagem, pese aproximadamente 0,06 mmol (0,012 g, *MM* = 194) de ácido (*S*)-(+)-O-acetilmandélico e adicione-o à amina no tubo de ensaio. Utilizando uma pipeta de Pasteur limpa, adicione aproximadamente 0,25 mL de $CDCl_3$ para dissolver tudo. Se o sólido não se dissolver completamente, você pode misturar a solução retirando-a diversas vezes de sua pipeta Pasteur e recolocando-a novamente no tubo de ensaio. Quando tudo estiver dissolvido, transfira a mistura para um tubo de RMN, utilizando uma pipeta de Pasteur. Com uma pipeta de Pasteur limpa, adicione uma quantidade suficiente de $CDCl_3$ para que a altura total da solução no tubo de RMN chegue a 50 mm.

Determine o espectro de RMN de hidrogênio, preferencialmente de 300 MHz, recorrendo a um método que expande e integra os picos de interesse. Aplicando as integrais, calcule as porcentagens dos isômeros *R* e *S* na amostra e também sua pureza ótica.[1] Compare seus resultados dessa determinação de RMN com os que foram obtidos pela polarimetria (Experimento 40A).

REFERÊNCIAS

Ault, A. Resolution of D, L-α-Phenylethylamina. *J. Chem. Educ.* 1965, *42*, 269.

Jacobus, J.; Raban, M. An RMN Determination of Optical Purity. *J. Chem. Educ.* 1969, *46*, 351.

Parker, D.; Taylor, R. J. Direct ^{1}H RMN Assay of the Enantiomeric Composition of Aminas and β-Amino Alcohols Using O-Acetyl Mandelic Acid as a Chiral Solvating Agent. *Tetrahedron* 1987, *43* (22), 5451.

■ QUESTÕES ■

1. Utilizando um livro de consulta, encontre exemplos de reagentes utilizados na realização de resoluções químicas de compostos racêmicos ácidos, básicos e neutros.
2. Proponha métodos de resolução de cada um dos seguintes compostos racêmicos.

   a. $CH_3—CH(Br)—C(=O)—OH$

   b. CH_3 / N / CH_3

3. Explique como você procederia para isolar a (+)-(*R*)-α-feniletilamina da *água-mãe* que permaneceu depois da cristalização da (–)-(*S*)-α-feniletilamina.

---

[1] *Nota para o professor:* em alguns casos, a resolução é tão boa que é muito difícil detectar o dupleto surgindo da (*R*)-(+)-α‴ -feniletilamina + o diastereômero ácido (*S*)-(+)-O-acetilmandélico. Se isso ocorrer, é útil que os alunos adicionem uma única gota de α-feniletilamina *racêmica* ao tubo de RMN e determinem novamente o espectro. Dessa maneira, ambos os diastereômeros podem ser vistos claramente.

4. Qual é o sólido branco que se forma quando a α-feniletilamina entra em contato com o dióxido de carbono? Escreva uma equação para sua formulação.
5. Qual método, polarimetria ou espectroscopia de RMN, fornece resultados mais precisos nesse experimento? Explique.
6. Desenhe a estrutura tridimensional da (–)-(*S*)-α-feniletilamina.
7. Desenhe uma estrutura tridimensional do diastereômero formado quando a (–)-(*S*)-α-feniletilamina reage com o ácido (+)-O-(*S*)-acetilmandélico.

Experimento 31

Um esquema de oxidação–redução: borneol, cânfora, isoborneol

Química verde

Oxidação do hipoclorito de sódio (alvejante)

Monitoramento de reações por cromatografia em camada fina (TLC)

Redução do borohidreto de sódio

Sublimação (opcional)

Estereoquímica

Cromatografia em fase gasosa

Espectroscopia (no infravermelho, de RMN de hidrogênio, de RMN de carbono 13)

Química computacional (opcional)

CH_3 CH_3 ... H, CH_3, OH — **Borneol** $\xrightarrow[\text{Oxidação}]{NaOCl,\ CH_3COOH}$ CH_3 CH_3 ... CH_3, O — **Cânfora** $\xrightarrow[\text{Redução}]{NaBH_4}$ CH_3 CH_3 ... OH, CH_3, H — **Isoborneol**

Este experimento irá ilustrar o uso de um agente oxidante "verde", o hipoclorito de sódio (alvejante) em ácido acético, para a conversão de um álcool secundário (borneol) em uma cetona (cânfora). A reação será seguida por TLC para monitorar o progresso da oxidação. A cânfora é reduzida pelo borohidreto de sódio para resultar no *álcool isomérico*, isoborneol. Os espectros de borneol, cânfora e isoborneol serão comparados para detectar diferenças estruturais e determinar até que ponto a etapa final produz um álcool isomérico com o material inicial, o borneol.

Oxidação do borneol com hipoclorito

O hipoclorito de sódio, alvejante, pode ser utilizado para oxidar álcoois secundários em cetonas. Uma vez que essa reação ocorre mais rapidamente em um ambiente ácido, é provável que o verdadeiro agente oxidante seja o ácido hipocloroso, HOCl. Esse ácido é gerado pela reação entre o hipoclorito de sódio e o ácido acético.

$$NaOCl + CH_3COOH \longrightarrow HOCl + CH_3COONa$$

Embora o mecanismo não seja totalmente compreendido, existem evidências de que o hipoclorito de alquila intermediário é produzido, e que, então, fornece o produto por meio de uma eliminação E2:

$$\xrightarrow[CH_4COOH]{NaOCl} \qquad \xrightarrow{\text{lento}} \qquad + H_3O^+ + Cl^-$$

Redução da cânfora com borohidreto de sódio

Hidretos de metais (fontes de H:⁻) dos elementos do Grupo III, como o hidreto de lítio e alumínio, $LiAlH_4$, e o borohidreto de sódio, $NaBH_4$, são amplamente utilizados na redução de grupos carbonila. O hidreto de lítio e alumínio, por exemplo, reduz muitos compostos contendo grupos carbonila, tais como aldeídos, cetonas, ácidos carboxílicos, ésteres ou amidas, ao passo que o borohidreto de sódio reduz somente aldeídos e cetonas. A reatividade reduzida do borohidreto permite que ele seja utilizado até mesmo nos solventes álcool e água, ao passo que o hidreto de lítio e alumínio reage violentamente com esses solventes para produzir o gás hidrogênio e deve ser utilizado em solventes não hidroxílicos. No presente experimento, é empregado o borohidreto de sódio porque ele pode ser manipulado facilmente, e os resultados das reduções, utilizando qualquer um desses dois reagentes, são essencialmente os mesmos. O mesmo cuidado no sentido de manter o hidreto de lítio e alumínio longe da água não precisa ser observado para o borohidreto de sódio.

O mecanismo de ação do borohidreto de sódio na redução de uma cetona é o que se segue:

Estado de transição

3 $R_2C{=}O$ (repete três vezes)

(1)

Note neste mecanismo que todos os quatro átomos de hidrogênio estão disponíveis como hidretos (H:⁻) e, portanto, um mol de borohidreto pode reduzir quatro mols de cetonas. Todas as etapas são irreversíveis. Geralmente, o excesso de borohidreto é utilizado porque existe incerteza com relação à sua pureza e porque parte dele reage com o solvente.

Assim que o composto final, tetraalcoxiboro (1), é produzido, ele pode ser decomposto (com o excesso de borohidreto) a temperaturas elevadas, como é mostrado a seguir:

$$\underset{(1)}{(R_2CH-O)_4B^-Na^+} + 4\,R'OH \longrightarrow 4\,R_2CHOH + (R'O)_4B^-Na^+$$

A estereoquímica da redução é muito interessante. O hidreto pode aproximar a molécula de cânfora da parte inferior mais facilmente (aproximação **endo**) que a parte superior (aproximação **exo**). Se o ataque ocorrer na parte superior, será criada uma grande repulsão estérica por um dos dois grupos metila **geminais**, os quais são conectados ao mesmo carbono. O ataque na parte inferior evita essa interação estérica.

CH3 CH3 (exo) H⊖ CH3 O H⊖ (endo) — ataque exo (bloqueado) → CH3 CH3 CH3 H O⊖ → (bloqueado) CH3 CH3 CH3 H OH **borneol**

ataque endo → CH3 CH3 CH3 O⊖ H → CH3 CH3 CH3 OH H **isoborneol**

Portanto, é esperado que o álcool **isoborneol**, produzido do ataque na posição *menos* impedida, *irá predominar, mas não será o produto exclusivo* no final da mistura da reação. A composição percentual da mistura pode ser determinada por espectroscopia.

É interessante observar que quando os grupos metila são removidos (como na 2-norbornanona), a parte superior (aproximação **exo**) é favorecida e se obtém o resultado estereoquímico oposto. Mais uma vez, a reação não fornece exclusivamente um produto.

(exo) H⊖ O H⊖ (endo) 2-Norbornanona — ataque exo → H O⊖ — 86% ($NaBH_4$) 89% ($LiAlH_4$)

ataque endo (bloqueado) → O⊖ H — 14% ($NaBH_4$) 11% ($LiAlH_4$)

Sistemas bicíclicos, como a cânfora e a 2-norbornanona reagem de modo previsível, de acordo com influências estéricas. O efeito é denominado **controle da aproximação estérica**. Contudo, na redução de cetonas acíclicas e monocíclicas simples, a reação parece ser influenciada principalmente por fatores termodinâmicos. Esse efeito é chamado **controle de desenvolvimento do produto**. Na redução da 4-*t*--butilciclohexanona, o produto mais termodinamicamente estável é gerado pelo controle de desenvolvimento do produto.

$(CH_3)_3C$ — $O^{\ominus}$ — H ⟶ $(CH_3)_3C$ — OH — H 10%

ataque equatorial

$H^{\ominus}$

$(CH_3)_3C$ — O — $H^{\ominus}$

4-*t*-Butil ciclohexanona

ataque axial

$(CH_3)_3C$ — H — $O^{\ominus}$ ⟶ $(CH_3)_3C$ — H — OH 90%

produto equatorial favorecido; controle de desenvolvimento do produto

LEITURA EXIGIDA

Revisão:	Técnica 6	Métodos de aquecimento e resfriamento, Seções 6.1–6.3
	Técnica 7	Métodos de reação, Seções 7.1–7.4 e 7.10
	Técnica 8	Filtração, Seção 8.3
	Técnica 9	Constantes físicas dos sólidos: o ponto de fusão, Seções 9.7 e 9.8
	Técnica 12	Extrações, separações e agentes secantes, Seção 12.4
	Técnicas 20, 22, 25, 26 e 27	
Novo:	Técnica 17	Sublimação (opcional)
	Ensaio 15	Química verde
	Ensaio 11	Química computacional – métodos *ab initio* e semiempíricos (opcional)
	Experimento 18	Química computacional (opcional)

INSTRUÇÕES ESPECIAIS

Os reagentes e produtos são todos altamente voláteis e devem ser armazenados em recipientes firmemente fechados. A reação deve ocorrer em um local bem ventilado ou sob uma capela de exaustão, porque uma pequena quantidade de gás de cloro será liberada da mistura da reação.

MEIO SUGERIDO PARA O DESCARTE DE REJEITOS

As soluções aquosas obtidas das etapas de extração deverão ser colocadas no recipiente para rejeitos aquosos. Qualquer metanol restante pode ser colocado no recipiente para rejeitos orgânicos não halogenados. O cloreto de metileno pode ser posto no recipiente para rejeitos halogenados.

NOTAS PARA O PROFESSOR

Utilizamos uma solução comercial de hipoclorito de sódio a 6% (VWR Scientific Products, n° VW3248-1) para esta reação porque ela oxida o borneol para a cânfora, de forma mais confiável. Contudo, mesmo com essa solução, alguns alunos podem não oxidar o borneol completamente. É recomendável acompanhar o progresso da reação por meio de TLC. Se restar algum borneol depois do período normal de reação, será preciso adicionar mais hipoclorito de sódio. Alguns alunos obterão um produto líquido. Nesse caso, é provável que o borneol não tenha sido oxidado completamente. Se o espectro de infravermelho mostrar a presença de borneol (estiramento OH), então, é recomendável utilizar uma fonte comercial de cânfora para a Parte B. Um procedimento opcional é proporcionado para que os alunos sublimem a cânfora. É aconselhável utilizar os dois sublimadores mostrados na Técnica 17, Figuras 17.2A e B.

O borohidreto de sódio deverá ser verificado para constatar se está ativo. Coloque uma pequena quantidade de material em pó em um pouco de metanol e aqueça-o levemente. A solução deverá borbulhar intensamente, se o hidreto estiver ativo.

As porcentagens de borneol e isoborneol podem ser determinadas pela cromatografia em fase gasosa. Qualquer cromatógrafo de fase gasosa deve ser adequado para essa determinação. Por exemplo, um instrumento Gow-Mac 69-930 com uma coluna de 2,4 m, Carbowax 20M a 10%, a 180°C, e com uma taxa de fluxo de hélio igual a 40 mL min^{-1}, proporcionará uma separação adequada. Os compostos eluem na seguinte ordem: cânfora (8 min.), isoborneol (10 min.) e borneol (11 min.). Um equipamento Varian CP-3800, com coletor automático de amostras equipado com uma coluna capilar J & W DB-5 ou Varian CP-Sil 5CB (30 m, ID de 0,25 mm, 0,25 μm), também permite uma boa separação. Defina a temperatura do injetor em 250 °C. As condições do forno da coluna são as seguintes: iniciar a 75 °C (manter por dez minutos.), aumentar para 200 °C a 35 °C min. e, então, manter a 200 °C (um minuto.). Cada etapa leva aproximadamente quinze minutos. A taxa de fluxo de hélio é de 1 mL min^{-1}. Os compostos eluem na seguinte ordem: cânfora (12,9 minutos), isoborneol (13,1 minutos) e borneol (13,2 minutos). É fornecido um procedimento opcional que envolve química computacional.

PROCEDIMENTO

Montagem do aparelho. Em um balão de fundo redondo de 50 mL, adicione 1,0 g de borneol racêmico, 3 mL de acetona e 0,8 mL de ácido acético. Depois de adicionar uma barra magnética de agitação ao frasco, conecte um condensador de água e coloque o balão de fundo redondo em um banho de água quente a 50 °C, como mostra a Técnica 6, Figura 6.4. O aparelho deverá ser configurado em uma boa capela de exaustão ou em uma sala bem ventilada, por causa do potencial para a evolução do gás de cloro. É importante que a temperatura do banho de água permaneça próxima a 50 °C, durante todo o período da reação. Agite a mistura até que o borneol seja dissolvido. Caso ele não se dissolva, adicione cerca de 1 mL de acetona.

Adição de hipoclorito de sódio. Meça 18 mL de solução de hipoclorito de sódio a 6% em uma proveta.[1] Adicione, com conta-gotas, 1,5 mL da solução de hipoclorito a cada quatro minutos através do topo do condensador de água resfriada. A adição levará aproximadamente quarenta e oito minutos para ser concluída. Continue a agitar e aquecer a mistura durante o período de quarenta e oito minutos. Após a adição, aqueça e

[1] Utilizamos solução comercial de hipoclorito de sódio a 6% (VWR Scientific Products, n° VW3248-1).

agite a mistura por mais quinze minutos. Deixe a mistura da reação esfriar à temperatura ambiente. Remova o condensador.

Monitoramento da oxidação com cromatografia em camada fina (TLC). O progresso da reação pode ser monitorado por TLC (veja a Técnica 20, Seção 20.10 e Figura 20.7). Remova cerca de 1 mL da mistura da reação com uma pipeta de Pasteur e coloque-a em um tubo de centrífuga. Adicione aproximadamente 1 mL de cloreto de metileno, tampe o tubo e agite-o por alguns minutos. Remova a camada inferior, de cloreto de metileno, com uma pipeta de Pasteur de maneira a evitar qualquer vestígio da camada aquosa. Coloque o extrato de cloreto de metileno em um tubo de ensaio.

Prepare uma placa de TLC de sílica-gel de 30 × 70 mm (placa Whatman Silica Gel, com suporte de alumínio, n° 4420-222), que será marcada com três soluções utilizando micropipetas (veja a Técnica 20, Seção 20.4). O borneol (2% em cloreto de metileno) é colocado na linha 1, a cânfora (2% no cloreto de metileno), na linha 2, e a mistura da reação dissolvida em cloreto de metileno, na linha 3. Marque cada solução cinco ou seis vezes, fazendo isso, a cada vez, no topo da marca anterior (deixe a marca anterior secar, antes de aplicar a marca seguinte). Prepare uma câmara de desenvolvimento de uma jarra com tampa de rosca e boca larga, com capacidade de aproximadamente 113 gramas (conforme descrito na Técnica 20, Seção 20.5), utilizando cloreto de metileno como solvente. Coloque a placa na câmara de desenvolvimento. Quando a parte superior do solvente tiver percorrido cerca de 5 cm, remova a placa, evapore o solvente e coloque a placa em outra jarra contendo alguns cristais de iodo (veja a Técnica 20, Seção 20.7). Aqueça a jarra em uma placa de aquecimento. Os vapores de iodo tornarão as marcas visíveis. A cânfora terá um valor de R_f maior que o do borneol. Infelizmente, a cânfora e o borneol não possibilitam manchas intensas com o iodo, mas será possível vê-las. As quantidades relativas de borneol e cânfora podem ser determinadas pela intensidade relativa das manchas nas placas. A reação será considerada completa se a mancha de borneol na linha 3 não estiver visível. Se restar algum borneol, conforme determinado pelo método de TLC, reconecte o condensador de água, reaqueça a mistura da reação no balão de fundo redondo e, então, adicione mais 3 mL da solução de hipoclorito de sódio, com conta-gotas, à mistura da reação, durante um período de quinze minutos. Verifique a mistura novamente utilizando o procedimento anterior e uma nova placa de TLC. Como ideal, o borneol não deverá estar visível na placa e a cânfora deverá estar visível.

Extração da cânfora. Quando a reação estiver completa, deixe a mistura esfriar à temperatura ambiente. Remova o condensador de água e transfira a mistura para um funil de separação utilizando 10 mL de cloreto de metileno para ajudar na transferência. Agite o funil de separação da maneira usual (veja a Técnica 12, Seção 12.4). Drene a camada orgânica inferior do funil. Extraia a camada aquosa restante no funil de separação com outra porção de 10 mL de cloreto de metileno. Combine as duas camadas orgânicas. Extraia as camadas de cloreto de metileno combinadas, com 6 mL de bicarbonato de sódio saturado, tendo o cuidado de ventilar o funil constantemente para liberar o gás dióxido de carbono formado da reação com ácido acético. Drene a camada orgânica inferior e descarte a camada aquosa. Devolva a camada orgânica para o funil de separação e extraia-a com 6 mL de solução de bissulfito de sódio a 5%. Drene a camada orgânica inferior e descarte a camada aquosa. Devolva a camada orgânica para o funil de separação e extraia-a com 6 mL de água. Drene a camada orgânica em um frasco de Erlenmeyer seco e adicione cerca de 2 g de sulfato de sódio anidro granular para secar a solução. Agite levemente até que toda turbidez na solução tenha sido removida. Se todo o sulfato de sódio se aglomerar quando a mistura for agitada com uma espátula, adicione mais um pouco de agente secante. Tampe o frasco e deixe a solução secar por aproximadamente quinze minutos.

Isolamento do produto. Transfira os extratos de cloreto de metileno secos para um frasco de Erlenmeyer de 50 mL previamente pesado. Evapore o solvente na capela de exaustão, com um suave fluxo de ar seco ou gás nitrogênio, enquanto aquece o frasco de Erlenmeyer em um banho de água a 40–50 °C (veja a Figura 7.17A). Quando todo o líquido tiver evaporado e surgir um sólido, remova o frasco da fonte de calor. Se os cristais surgirem e estiverem molhados com solvente, aplique um vácuo por alguns minutos para remover qualquer solvente residual.

Análise da cânfora. Pese o frasco para determinar a massa de seu produto e calcule o rendimento percentual. Caso seu professor solicite, determine o ponto de fusão de seu produto. O ponto de fusão da cânfora pura é 174 °C, mas é provável que o ponto de fusão obtido seja menor que esse valor porque as impurezas afetam drasticamente o comportamento de fusão da cânfora (veja a Questão 4). Talvez, seu professor peça para você purificar a cânfora por volatização. Se for o caso, é recomendável obter o ponto de fusão após a volatização.

Espectro no infravermelho. Antes de prosseguir para a Parte B, verifique se a oxidação foi bem-sucedida. Isso pode ser feito determinando-se o espectro no infravermelho do produto da cânfora. O espectro é mais bem obtido empregando-se o método de filme seco (veja a Técnica 25, Seção 25.4). Examinando os picos no infravermelho, determine se o borneol (um estiramento OH do álcool) está ausente, ou quase ausente, e se o borneol foi oxidado para a cânfora (um estiramento C = O de cetona). Para efeito de comparação, um espectro no infravermelho da cânfora é mostrado a seguir. Se sua oxidação não for totalmente bem-sucedida, consulte seu professor quanto às opções existentes. A cânfora é reduzida, na Parte B, para o isoborneol. Armazene a cânfora em um frasco firmemente fechado.

Exercício opcional: volatização. Caso seu professor solicite, purifique sua cânfora por volatização a vácuo utilizando um aspirador ou sistema a vácuo doméstico, assim como o procedimento e o aparelho mostrados na Técnica 17, Seções 17.5 e 17.6. Um bico de Bunsen é uma fonte de calor conveniente para a volatização, mas é preciso tomar muito cuidado para evitar incêndios. Certifique-se de que ninguém esteja utilizando éter perto de sua bancada. Peça autorização para seu professor. É necessário volatizar a cânfora em porções. Com uma espátula, raspe o material purificado do condensador tipo dedo frio em um pedaço de papel liso, previamente pesado; faça a repesagem do papel e determine a quantidade de material recuperado da sublimação. Calcule o rendimento percentual da cânfora purificada, tendo como base a quantidade original de borneol que você utilizou. Determine o ponto de fusão de sua cânfora purificada. O espectro no infravermelho da cânfora purificada também pode ser determinado.

Parte B. Redução da cânfora para isoborneol

Reduções. A cânfora obtida na Parte A não deverá conter borneol. Se isso acontecer, mostre seu espectro no infravermelho para seu professor e peça instruções a ele. Caso a quantidade de cânfora obtida na Parte A, ou após a volatização, se esta tiver sido efetuada, for menor de 0,25 g, obtenha alguma cânfora da prateleira para suplementar seu rendimento. Se a quantidade for maior que 0,25 g, faça uma escala apropriada dos reagentes das seguintes quantidades. Adicione 1,5 mL de metanol à cânfora contida em um frasco de 50 mL. Agite com uma bagueta de vidro até que a cânfora tenha se dissolvido. Em porções, adicione, com cuidado e de maneira intermitente, 0,25 g de borohidreto de sódio à solução, utilizando uma espátula. Quando todo o borohidreto tiver sido adicionado, ferva o conteúdo do frasco em uma placa de aquecimento aquecida (à temperatura baixa) por dois minutos.

Isolamento e análise do produto. Deixe a mistura da reação esfriar por vários minutos e, cuidadosamente, adicione 10 mL de água gelada. Colete o sólido branco filtrando-o em um funil de Hirsch e, por meio de sucção, deixe o sólido secar por alguns minutos. Transfira o sólido para um frasco de Erlenmeyer seco. Adicione cerca de 10 mL de cloreto de metileno para dissolver o produto. Uma vez que o produto tiver se dissolvido (adicione mais solvente, se necessário), acrescente aproximadamente 0,5 g de sulfato de sódio anidro granular para secar a solução. Quando estiver seca, a solução não deverá estar turva. Caso a solução ainda esteja turva, adicione mais sulfato de sódio anidro granular. Transfira a solução do agente secante para um frasco seco, previamente pesado. Evapore o solvente em uma capela de exaustão, conforme descrito anteriormente.

Determine a massa do produto e calcule o rendimento percentual. Caso seu professor solicite, determine o ponto de fusão; o isoborneol puro se funde a 212 °C.

Determine o espectro no infravermelho do produto, pelo método de filme seco, utilizado anteriormente com a cânfora. Compare o espectro obtido com os espectros no infravermelho para borneol e isoborneol, mostrados nas figuras.

Parte C. Porcentagens de isoborneol e borneol obtidas a partir da redução da cânfora

Determinação de RMN. A porcentagem de cada um dos álcoois isoméricos na mistura de borohidreto pode ser determinada por meio do espectro de RMN (veja a Técnica 26, Seção 26.1). São mostrados os espectros de RMN dos álcoois. O átomo de hidrogênio no átomo de carbono que contém o grupo hidroxila aparece em 4,0 ppm para o borneol e a 3,6 ppm, para o isoborneol. Para obter a proporção do produto, integre esses picos (utilizando a apresentação expandida) no espectro de RMN da amostra obtida da redução do borohidreto. No espectro mostrado na página 265, foi verificada a proporção de 6:1 entre isoborneol–borneol. As porcentagens registradas são de 85% de isoborneol e 15% de borneol.

Cromatografia em fase gasosa. A proporção do isômero e as porcentagens também podem ser obtidas por cromatografia em fase gasosa. Seu professor fornecerá instruções sobre como preparar sua amostra. Um instrumento Gow-Mac 69-360 equipado com uma coluna de 2,4 m, de Carbowax 20M 10%, em um forno com temperatura definida em 180 °C e com uma taxa de fluxo de hélio equivalente a 40 mL min^{-1}, irá separar completamente o isoborneol do borneol. Além disso, é possível observar qualquer cânfora residual. Os tempos de retenção para cânfora, isoborneol e borneol são de oito, dez e onze minutos, respectivamente. Outras condições do instrumento são fornecidas nas "Notas para o professor".

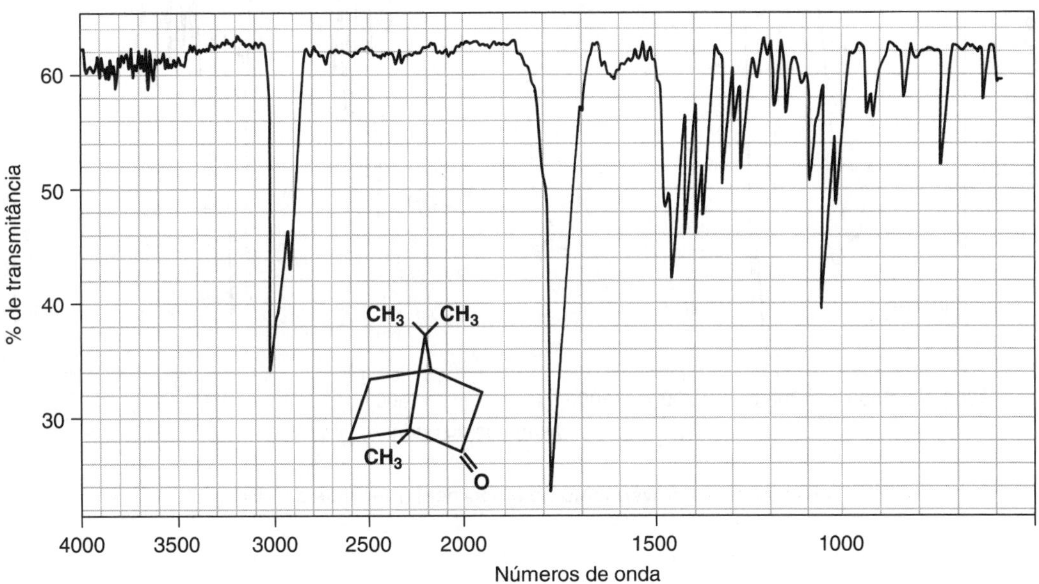

Espectro no infravermelho da cânfora (pastilha de KBr).

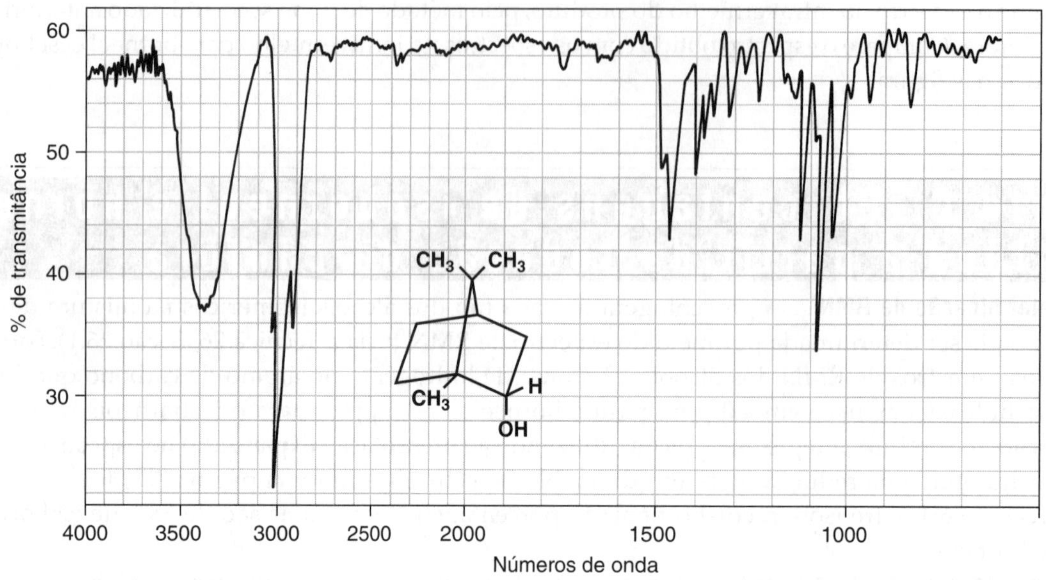

Espectro no infravermelho do borneol (pastilha de KBr).

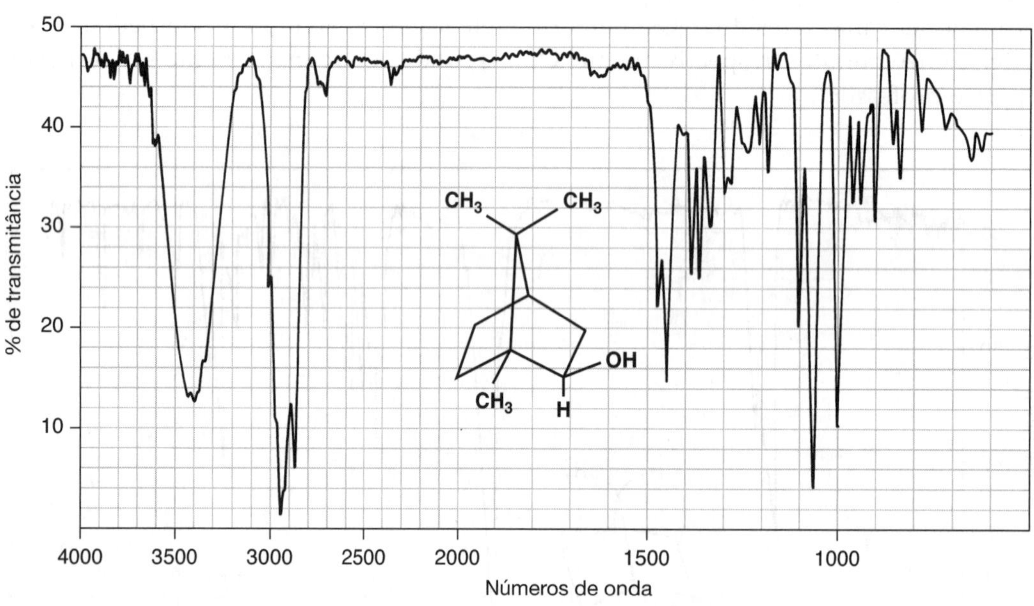

Espectro no infravermelho do isoborneol (pastilhas de KBr).

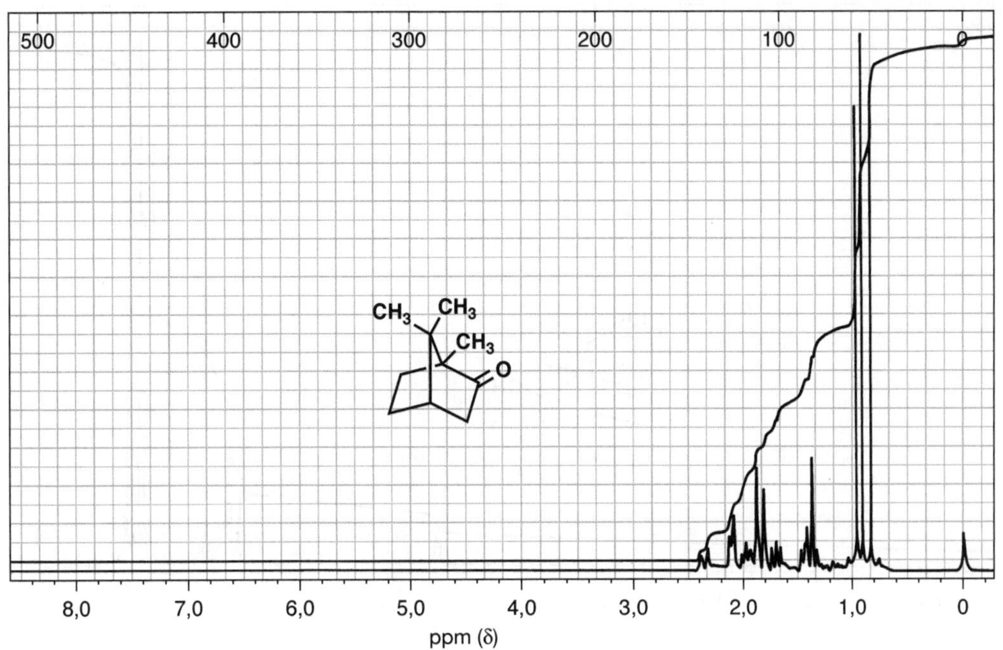

Espectro de RMN, de 300 MHz, da cânfora, $CDCl_3$.

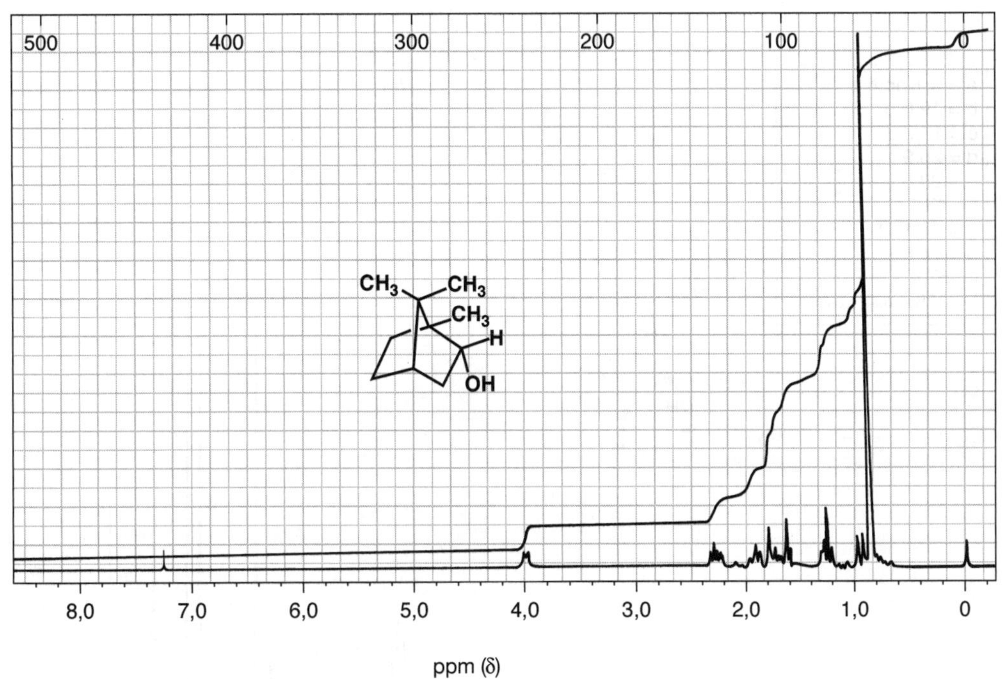

Espectro de RMN, de 300 MHz, do borneol, $CDCl_3$.

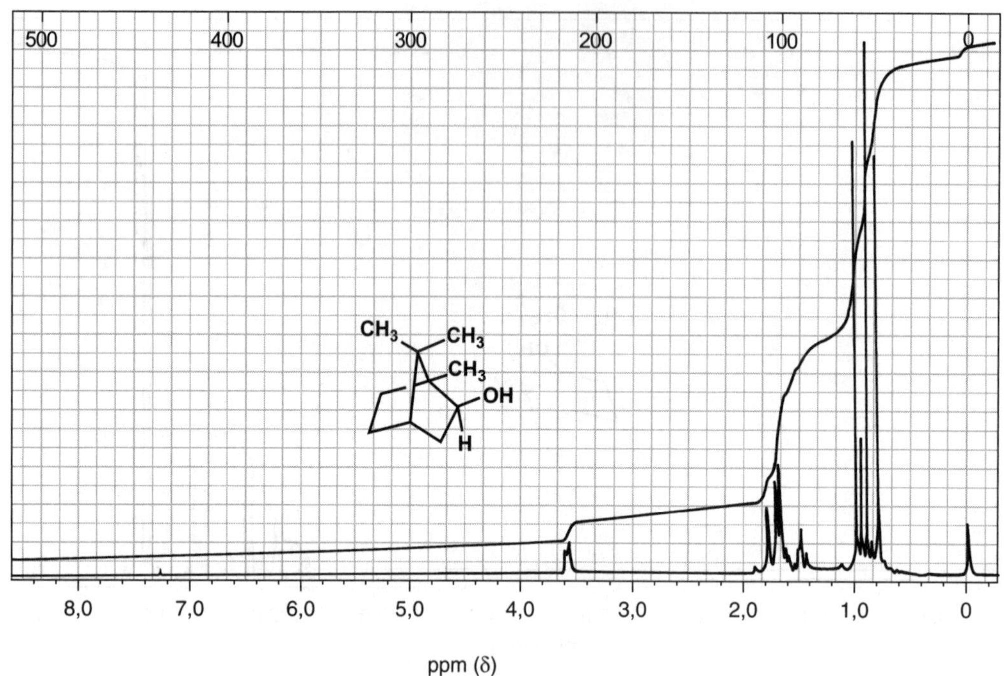

Espectro de RMN, de 300 MHz, do isoborneol, $CDCl_3$.

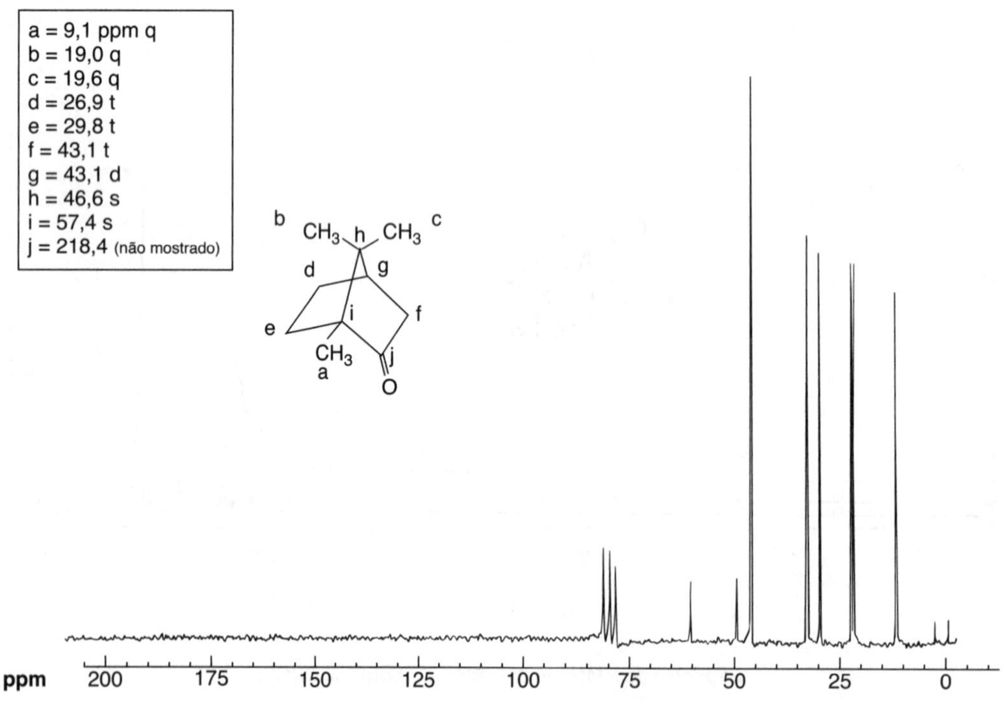

Espectro da cânfora, de carbono 13, $CDCl_3$.

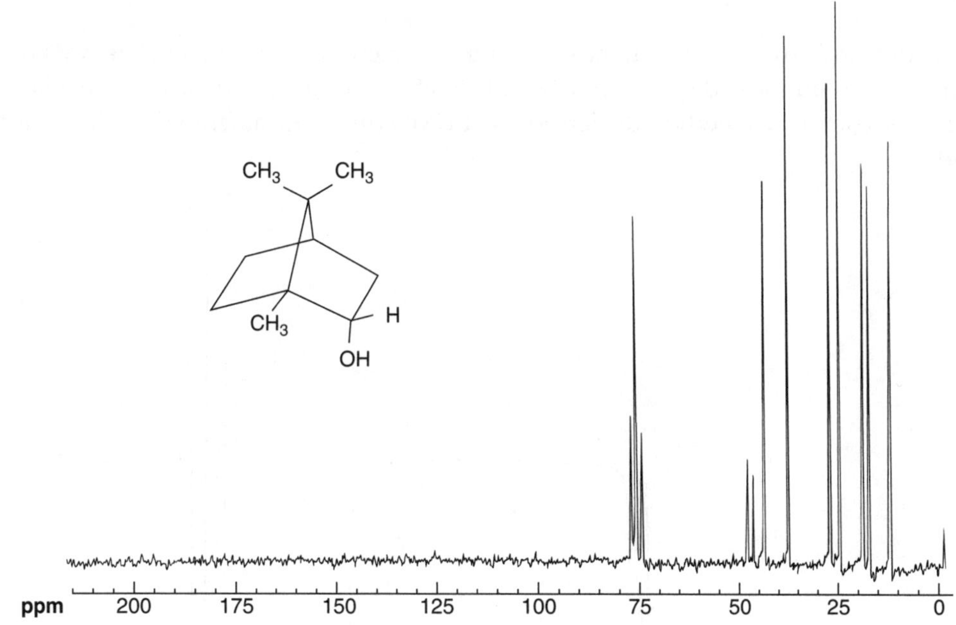

Espectro do borneol, de carbono 13, $CDCl_3$.

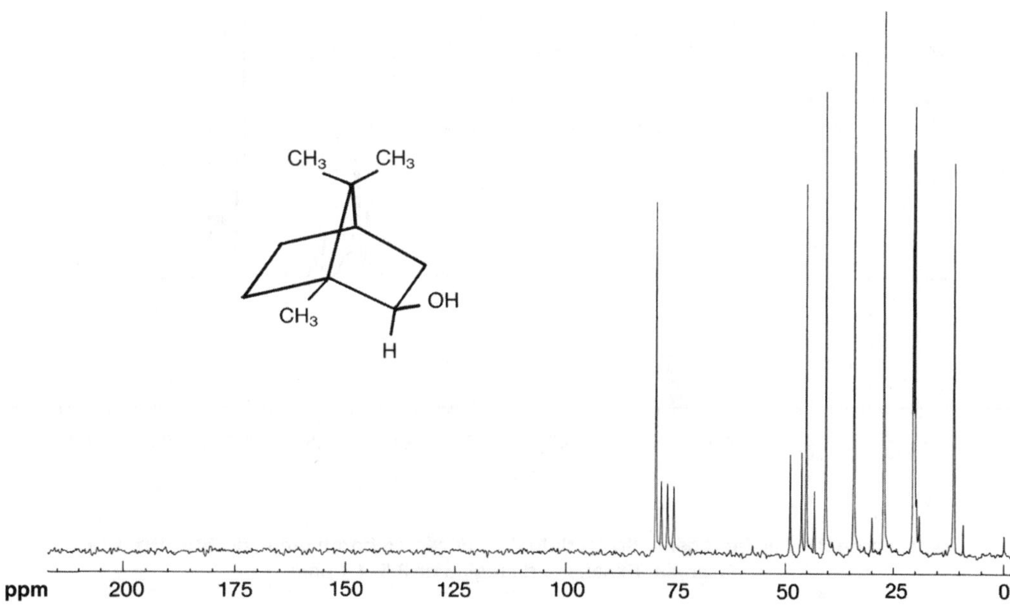

Espectro do isoborneol, de carbono 13, $CDCl_3$. (Pequenos picos em 9, 19, 30 e 43 são em decorrência das impurezas.)

Modelagem molecular (opcional)

Neste exercício, procuraremos entender os resultados experimentais verificados na redução da cânfora com borohidreto e compará-los aos resultados do sistema mais simples, com norbornanona (sem grupos metila). Como o íon hidreto é um doador de elétrons, ele deve colocar seus elétrons em um orbital vazio de substrato para formar uma nova ligação. O orbital mais lógico para essa ação é o LUMO (lowest unoccupied molecular orbital, ou orbital molecular desocupado de menor energia). De acordo com isso, o foco de nossos cálculos será o formato e a localização do LUMO.

Parte A

Construa um modelo da norbornanona e encaminhe-o para o cálculo em nível de AM1 de sua energia, utilizando uma otimização de geometria. Solicite também que as superficies de densidade e LUMO sejam calculadas, com uma superfície de densidade–LUMO (um mapeamento do LUMO na superfície de densidade).

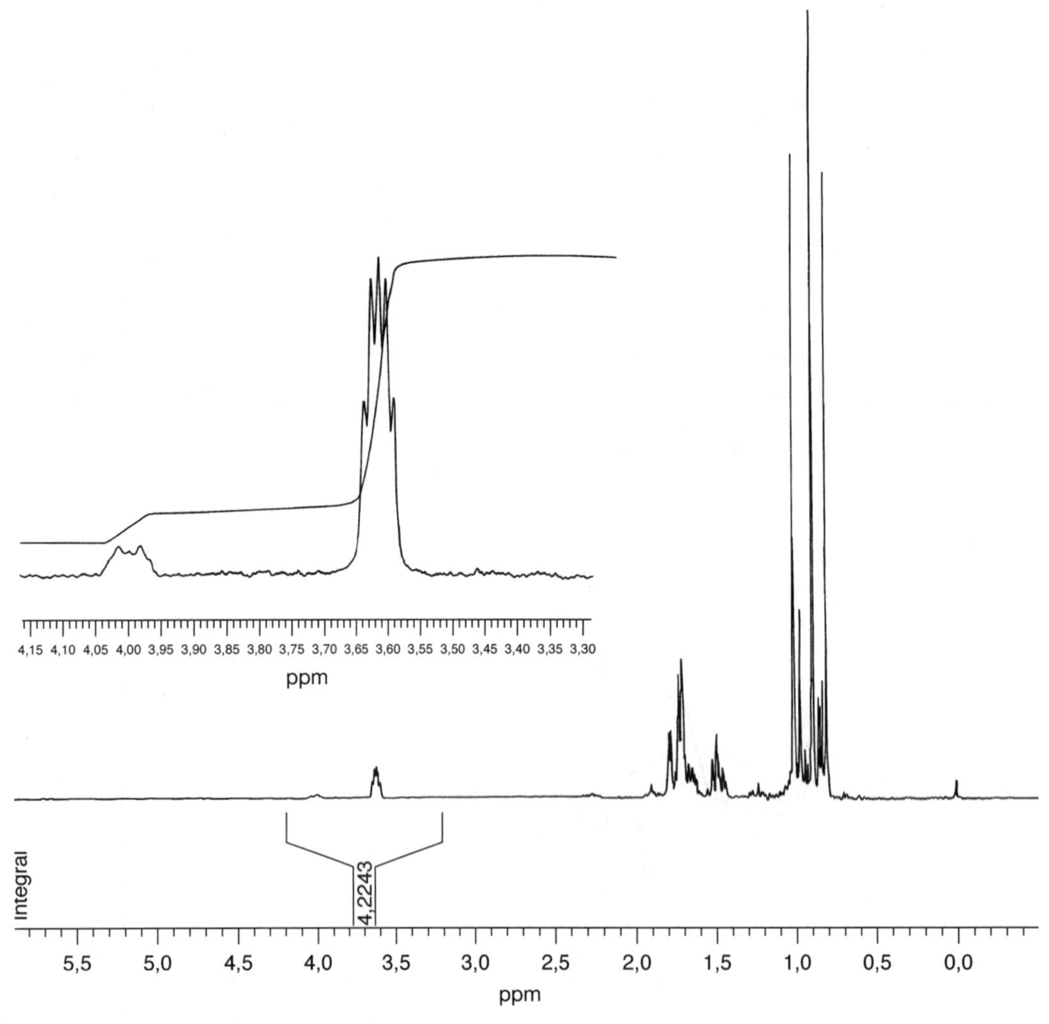

Espectro de RMN de hidrogênio do produto da redução do borohidreto, de 300 MHz, $CDCl_3$.
***Inserção*: Expansão da região de 3,5–4,1 ppm.**

Quando o cálculo estiver completo, exiba o LUMO no esqueleto da norbornanona. Onde o tamanho do LUMO (sua densidade) é o maior? Que átomo é esse? Esse é o local esperado da adição. Agora, mapeie uma superfície de densidade na mesma superfície da norbornanona. Ao considerar a aproximação do íon borohidreto, que face é menos impedida? Trata-se de uma aproximação exo ou endo favorecida? Uma maneira mais fácil de decidir é visualizar a superfície de densidade–LUMO. Nessa superfície, a interseção do LUMO com a superfície de densidade é codificada por cores. A marca onde o acesso à LUMO é mais fácil (a localização de seu maior valor) será codificada com azul. Essa marca está na face endo ou exo? Os resultados de sua modelagem concordam com as porcentagens de reação observadas (veja a Parte C, completada anteriormente)?

Parte B

Siga as mesmas instruções fornecidas anteriormente para a norbornanona utilizando cânfora – isto é, calcule e visualize as superfícies de densidade, LUMO e densidade–LUMO. Você chegou às mesmas conclusões que para a norbornanona? Existem novas considerações estereoquímicas? Suas conclusões concordam com os resultados experimentais (a proporção borneol/isoborneol) obtidos neste experimento? Em seu relatório, discuta seus resultados da modelagem e como eles se relacionam a seus resultados experimentais.

REFERÊNCIAS

Brown, H. C.; Muzzio, J. Rates of Reaction of Sodium Borohydride with Bicyclic Ketones. *J. Am. Chem. Soc.* 1966, 88, 2811.

Dauben, W. G.; Fonken, G. J.; Noyce, D. S. Stereochemistry of Hydride Reductions. *J. Am. Chem. Soc.* 1956, 78, 2579.

Markgraf, J. H. Stereochemical Correlations in the Camphor Series. *J. Chem. Educ.* 1967, 44, 36.

■ QUESTÕES ■

1. Interprete as principais faixas de absorção nos espectros no infravermelho da cânfora, do borneol e isoborneol.
2. Explique por que os grupos *gem*-dimetila aparecem como picos separados no espectro de RMN de hidrogênio do isoborneol, embora eles quase se sobreponham no borneol.
3. Uma amostra de isoborneol preparada pela redução da cânfora foi analisada por espectroscopia no infravermelho e mostrou um banda em 1750 cm^{-1}. Esse resultado era inesperado. Por quê?
4. O ponto de fusão observado da cânfora geralmente é baixo. Procure o ponto de congelamento molal–constante de diminuição K para a cânfora e calcule a depressão esperada para o ponto de fusão de uma quantidade de cânfora que contém 0,5 molal de impureza. (*Dica:* pesquise em um livro de química geral sob os títulos "diminuição do ponto de congelamento" ou "propriedades coligativas das soluções".)
5. Por que a camada de cloreto de metileno foi lavada com bicarbonato de sódio no procedimento para a preparação da cânfora?
6. Por que a camada de cloreto de metileno foi lavada com bissulfito de sódio no procedimento para a preparação da cânfora?
7. As atribuições de pico são mostradas no espectro de RMN de carbono 13 para a cânfora. Utilizando essas atribuições como guia, atribua tantos picos quanto for possível nos espectros de carbono 13 do borneol e isoborneol.

Experimento 32

Sequências de reação em várias etapas: a conversão de benzaldeído para ácido benzílico

Química verde

Reações em várias etapas

Reação catalisada pela tiamina

Oxidação com ácido nítrico

Rearranjo

Cristalização

Química computacional (opcional)

Este experimento demonstra a síntese do ácido benzílico em várias etapas, começando pelo benzaldeído. No Experimento 32A, o benzaldeído é convertido em benzoína utilizando a reação catalisada pela tiamina. Esta parte do experimento ilustra como um reagente "verde" pode ser utilizado na química orgânica. No Experimento 32B, o ácido nítrico oxida a benzoína para o benzil. Por fim, no Experimento 32C, o benzil é rearranjado para o ácido benzílico. O esquema a seguir mostra as reações.

LEITURA EXIGIDA

Revisão:	Técnica 6	Métodos de aquecimento e resfriamento, Seções 6.1–6.3
	Técnica 7	Métodos de reação, Seções 7.1–7.4
	Técnica 8	Filtração, Seção 8.3
	Técnica 9	Constantes físicas dos sólidos: o ponto de fusão, Seções 9.7 e 9.8
	Técnica 11	Cristalização: purificação de sólidos, Seção 11.3
	Técnica 12	Extrações, separações e agentes secantes, Seção 12.4
	Técnica 25	Espectroscopia no infravermelho, Seção 25.4
Novo:	Ensaio 11	Química computacional – métodos *ab initio* e semiempíricos (opcional)
	Experimento 18	Química computacional (opcional)

NOTAS PARA O PROFESSOR

Embora este experimento tenha a finalidade de ilustrar para os alunos uma síntese com diversas etapas, cada parte pode ser feita separadamente, ou duas das três reações podem ser vinculadas. As seções "Instruções especiais" e "Meio sugerido para o descarte de rejeitos" são incluídas em cada parte deste experimento. Você também pode criar outra síntese em diversas etapas vinculando outra benzoína (Experimento 32A) e outro benzil (Experimento 32B).

2 Benzaldeído —Tiamina / Experimento 32A→ Benzoína —HNO_3 / Experimento 32B→ Benzil

Benzil —(1) KOH em álcool / (2) H_3O^+ / Experimento 32C→ Ácido benzílico

Experimento 32A

Preparação da benzoína pela catálise da tiamina

Neste experimento, duas moléculas de benzaldeído serão convertidas em benzoína utilizando o catalisador cloridrato de tiamina. Esta reação é conhecida como uma reação de condensação da benzoína.

2 **Benzaldeído** —Cloridrato de tiamina / Experimento 32A→ **Benzoína**

O cloridrato de tiamina é estruturalmente similar ao pirofosfato de tiamina (TPP). O TPP é uma coenzima universalmente presente em todos os sistemas vivos. Ele catalisa diversas reações bioquímicas em sistemas naturais. Originalmente, foi descoberto como um fator nutricional necessário (vitamina) nos seres humanos por causa de seu vínculo com a **beribéri**, que é uma doença do sistema nervoso periférico, causada por uma deficiência da Vitamina B1 na alimentação. Os sintomas incluem dor e paralisia das extremidades, emagrecimento e inchaço do corpo. A doença é mais comum na Ásia.

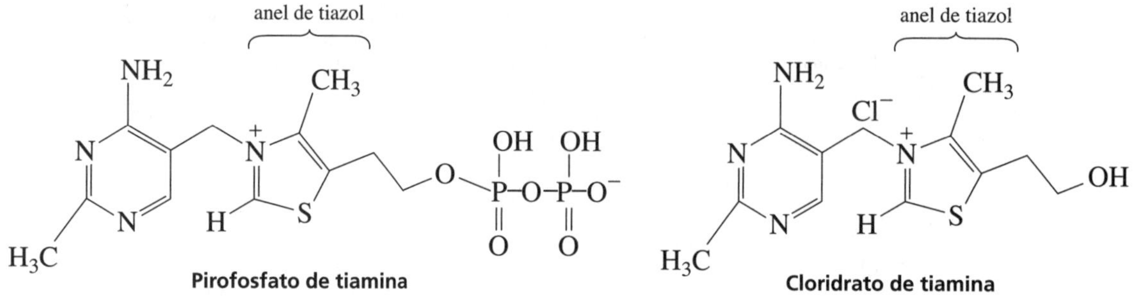

anel de tiazol

NH_2 CH_3 N $\overset{+}{N}$ OH OH N H S O P O P O^- O O H_3C

Pirofosfato de tiamina

anel de tiazol

NH_2 Cl^- CH_3 N $\overset{+}{N}$ OH N H S H_3C

Cloridrato de tiamina

A tiamina se liga a uma enzima antes que esta seja ativada. A enzima também se liga ao substrato (uma grande proteína). Sem a coenzima tiamina, não ocorrerá nenhuma reação química. A coenzima é o *reagente químico.* A molécula de proteína (a enzima) ajuda e medeia a reação controlando fatores estereoquímicos, energéticos e entrópicos, mas não é essencial ao curso geral das reações que ela catalisa. Um nome especial, vitaminas, é dado às coenzimas que são essenciais à nutrição do organismo.

A parte mais importante de toda a molécula de tiamina é o anel central, o anel de tiazol, que contém nitrogênio e enxofre. Esse anel constitui a porção *reagente* da coenzima. Experimentos com o composto-modelo, brometo de 3,4-dimetiltiazólio explicam como funcionam as reações catalisadas com tiamina. Foi descoberto que esse composto-modelo, de tiazólio, trocou rapidamente o próton C-2 pelo deutério, na solução de D_2O. A um pD de 7 (aqui, sem pH), este próton foi completamente trocado em segundos!

Isso indica que o próton C-2 é mais ácido do que se poderia esperar. Aparentemente, ele é removido facilmente, porque a base conjugada é um ilídeo altamente estabilizado. Um **ilídeo** é um composto ou intermediário com cargas formais positivas e negativas nos átomos adjacentes.

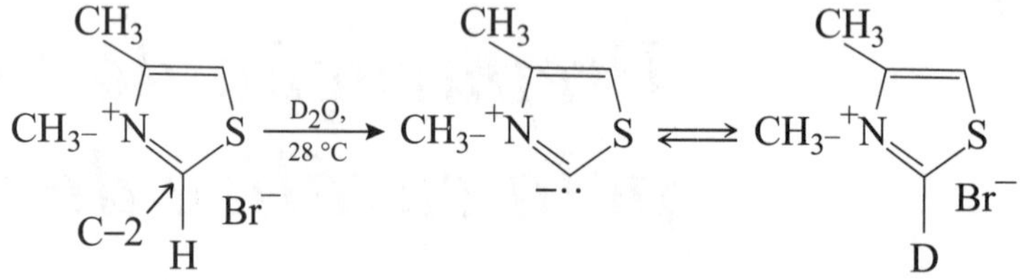

CH_3 $CH_3-\overset{+}{N}$ S $\xrightarrow[28\ °C]{D_2O,}$ CH_3 $CH_3-\overset{+}{N}$ S $\rightleftharpoons$ CH_3 $CH_3-\overset{+}{N}$ S

C–2 H Br^- Br^- D

Brometo de 3,4 dimetiltiazólio

Ilídeo

O átomo de enxofre representa um importante papel na estabilização do ilídeo. Isso foi exposto pela comparação da velocidade de troca do íon 1,3-dimetiltiazólio com a velocidade para o composto tiazólio, mostrada na equação anterior. O composto dinitrogênio trocou seu próton C-2 mais lentamente do que o íon contendo enxofre. O enxofre, que está na terceira coluna da Tabela Periódica, tem orbitais *d* disponíveis para ligação com átomos adjacentes. Portanto, ele tem menos restrições geométricas do que os átomos de carbono e nitrogênio e pode formar diversas ligações carbono–enxofre, em situações nas quais o carbono e o nitrogênio normalmente não poderiam.

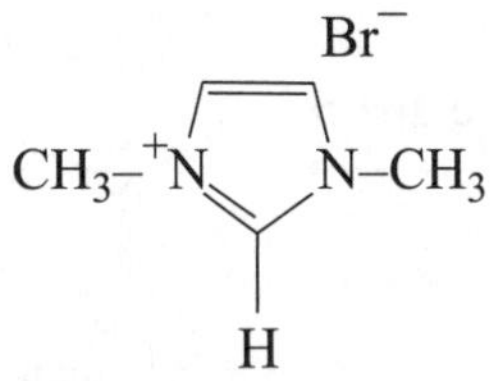

Br⁻ / $CH_3-{}^+N$ / $N-CH_3$ / H

Brometo de 1,3 dimetiltiazólio

No Experimento 32A, utilizaremos o cloridrato de tiamina, em vez do pirofosfato de tiamina (TPP), para catalisar a condensação da benzoína. O mecanismo é exposto a seguir. Por questões de simplicidade, é mostrado somente o anel de tiazol.

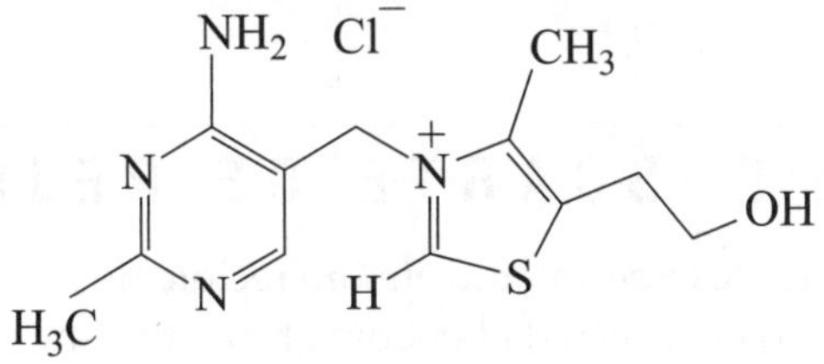

Cloridrato de tiamina

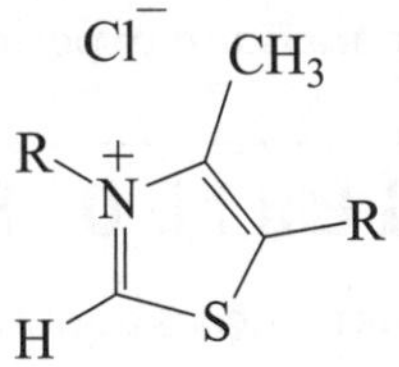

Anel de tiazol no cloridrato de tiamina

O mecanismo envolve a remoção do próton em C-2 do anel de tiazol, com uma base fraca, para gerar o ilídeo (etapa 1). O ilídeo atua como um nucleófilo que adiciona o grupo carbonila de benzaldeído formando um intermediário (etapa 2). Um próton é removido para gerar um novo intermediário com uma ligação dupla (etapa 3). Observe que o átomo de nitrogênio ajuda a aumentar a acidez daquele próton. O intermediário, agora, pode reagir com uma segunda molécula de benzaldeído para gerar um novo intermediário (etapa 4). Uma base remove um próton para produzir benzoína e também regenera o ilídeo (etapa 5). O ilídeo entra novamente no mecanismo para formar mais benzoína pela condensação de mais duas moléculas de benzaldeído.

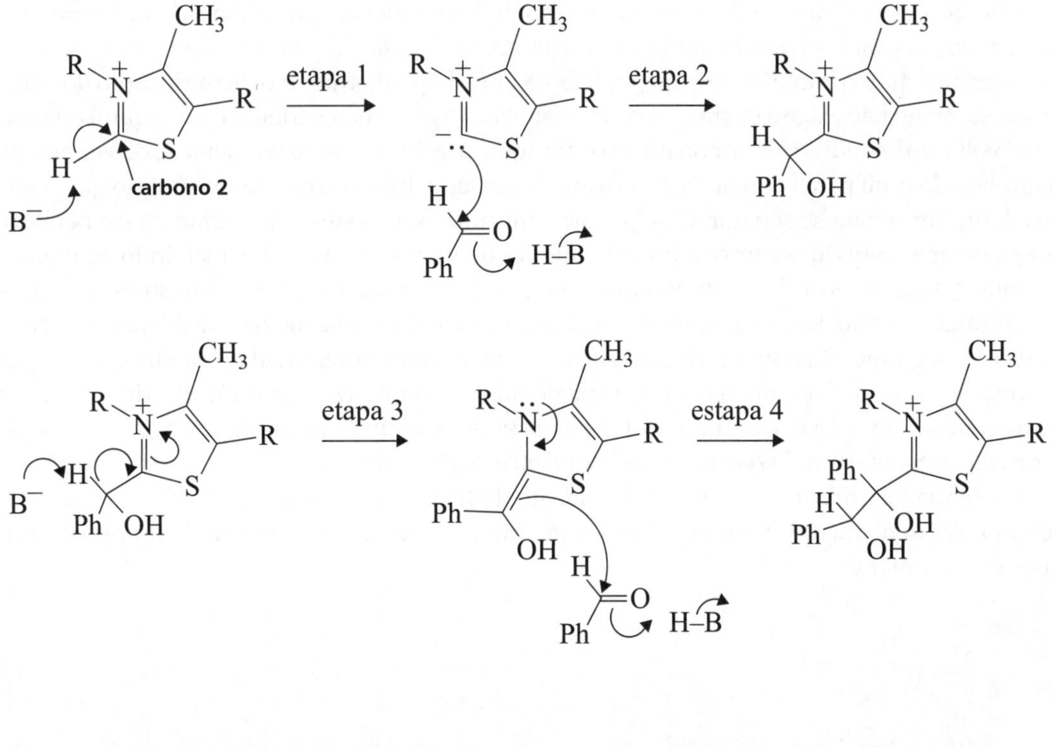

etapa 1 — etapa 2 — carbono 2

etapa 3 — estapa 4

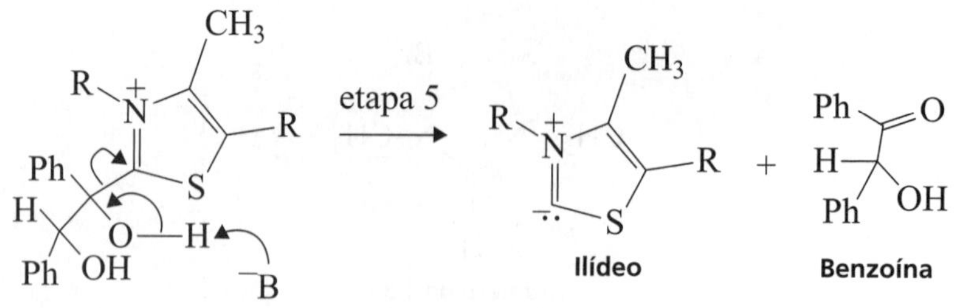

etapa 5

Ilídeo

Benzoína

INSTRUÇÕES ESPECIAIS

Este experimento pode ser conduzido simultaneamente com outro. Ele envolve alguns minutos no início de um período de atividade no laboratório para misturar reagentes. A parte restante do período pode ser utilizada para outro experimento.

MEIO SUGERIDO PARA O DESCARTE DE REJEITOS

Despeje todas as soluções aquosas produzidas neste experimento em um recipiente designado para rejeitos aquosos. As misturas etanólicas obtidas da cristalização da benzoína bruta devem ser descartadas em um recipiente específico, destinado a rejeitos não halogenados.

NOTAS PARA O PROFESSOR

É essencial que o benzaldeído utilizado neste experimento seja *puro.* O benzaldeído, na presença de ar, é facilmente oxidado para o ácido benzoico. Mesmo quando o benzaldeído *aparecer* livre do ácido benzoico pela espectroscopia no infravermelho, verifique a pureza de seu benzaldeído e tiamina, seguindo as instruções apresentadas no primeiro parágrafo do Procedimento ("Mistura da reação"). Quando o benzaldeído é puro, a solução será quase totalmente preenchida com benzoína sólida, depois de dois dias (talvez, seja necessário raspar a parte interna do frasco para induzir a cristalização). Se não aparecer nenhum sólido, ou se aparecer muito pouco, então, existe um problema com a pureza do benzaldeído. Se possível, utilize um frasco que acabou de ser aberto, que tenha sido adquirido recentemente. *Contudo, é essencial verificar o antigo e o novo benzaldeído, antes de realizar o experimento no laboratório.*

Descobrimos que o procedimento a seguir efetua um adequado trabalho de purificação do benzaldeído. O procedimento não exige a destilação do benzaldeído. Agite o benzaldeído em um funil de separação com igual volume de solução de carbonato de sódio aquoso, a 5%. Agite suavemente e, de vez em quando, abra a torneira do funil para ventilar o gás dióxido de carbono. Irá se formar uma emulsão que pode levar de duas a três horas para se separar. É útil agitar a mistura, ocasionalmente, durante esse período, para ajudar a quebrar a emulsão. Remova a camada inferior do carbonato de sódio, incluindo qualquer emulsão restante. Adicione cerca de 1/4 do volume de água ao benzaldeído e agite a mistura delicadamente para evitar uma emulsão. Remova a camada orgânica turva *inferior* e seque o benzaldeído com cloreto de cálcio até o dia seguinte. Qualquer turbidez remanescente deverá ser removida pela filtração por gravidade, por meio do papel de filtro pregueado. O benzaldeído resultante, *claro* e purificado, deve ser adequado a este experimento, sem destilação a vácuo. *Observe o benzaldeído purificado, a fim de verificar se ele é adequado ao experimento, seguindo as instruções no primeiro parágrafo do Procedimento.*

É recomendável utilizar um frasco de cloridrato de tiamina fresco, que deverá ser armazenado no refrigerador. Aparentemente, a tiamina fresca é tão importante quanto o benzaldeído puro, para o sucesso neste experimento.

PROCEDIMENTO

Mistura da reação. Adicione 1,5 g de cloridrato de tiamina a um frasco de Erlenmeyer de 50 mL. Dissolva o sólido em 2 mL de água, agitando o frasco. Acrescente 15 mL de etanol 95% e agite a solução até que esteja homogênea. Adicione a essa solução 4,5 mL de uma solução aquosa de hidróxido de sódio e agite o frasco até que a cor amarelo brilhante se transforme em uma cor amarelo pálido.[1] Meça cuidadosamente 4,5 mL de benzaldeído puro (densidade = 1,04 g mL^{-1}) e acrescente-o ao frasco. Agite o conteúdo do frasco até que esteja homogêneo. Tampe o frasco e deixe-o em repouso em um local escuro por, pelo menos, dois dias.

Isolamento da benzoína bruta. Se, depois de dois dias, não houver se formado nenhum cristal, inicie a cristalização raspando a parte interna do frasco com um bastão de vidro. Espere cerca de cinco minutos, para que os cristais de benzoína se formem completamente. Coloque o frasco, com os cristais, em um banho de gelo, por cinco a dez minutos.

Se, por alguma razão, o produto se separar como um óleo, pode ser útil raspar o frasco com um bastão de vidro ou espalhar a mistura, deixando uma pequena quantidade de solução para secar na extremidade de um bastão de vidro e, então, colocando-a na mistura. Esfrie a mistura em um banho de gelo, antes de filtrar.

Quebre a massa cristalina com uma espátula, agite o frasco rapidamente e transfira, também rapidamente, a benzoína para um funil de Büchner sob o vácuo (veja a Técnica 8, Seção 8.3 e Figura 8.5). Lave os cristais com duas porções de 5 mL de água gelada. Deixe a benzoína secar no funil de Büchner, retirando o ar por meio de cristais, por cerca de cinco minutos. Transfira a benzoína para um vidro de relógio e deixe secar no ar até o próximo período de atividade no laboratório. O produto também pode ser seco em alguns minutos, em um forno, com a temperatura definida em aproximadamente 100 °C.

Cálculo de rendimento e determinação do ponto de fusão. Pese a benzoína e calcule o rendimento percentual, com base na quantidade de benzaldeído utilizada inicialmente. Determine o ponto de fusão (a benzoína pura se funde a uma temperatura entre 134 °C e 135 °C). Como a benzoína bruta normalmente se funde entre 129 °C e 132 °C, a benzoína deve ser cristalizada antes da conversão para o benzil (Experimento 32B).

Cristalização da benzoína. Purifique a benzoína crua pela cristalização em etanol quente a 95% (empregue 8 mL de álcool/g de benzoína bruta), utilizando um frasco de Erlenmeyer para a cristalização (veja a Técnica 11, Seção 11.3; omita a etapa 2, mostrada na Figura 11.4). Depois que os cristais tiverem esfriado em um banho de gelo, colete-os em um funil de Büchner. O produto pode ser seco em alguns minutos, em um forno com a temperatura definida em 100 °C. Determine o ponto de fusão da benzoína purificada. Se você não tiver agendado para realizar o Experimento 32B, encaminhe para o professor as amostras de benzoína, com seu relatório.

Espectroscopia. Determine o espectro no infravermelho da benzoína, por meio do método de filme seco (veja a Técnica 25, Seção 25.4). Aqui, é mostrado um espectro, para fins de comparação.

[1] Dissolva 40 g de NaOH em 500 mL de água.

■ QUESTÕES ■

1. Os espectros no infravermelho da benzoína e do benzaldeído são dados neste experimento. Interprete os principais picos nos espectros.

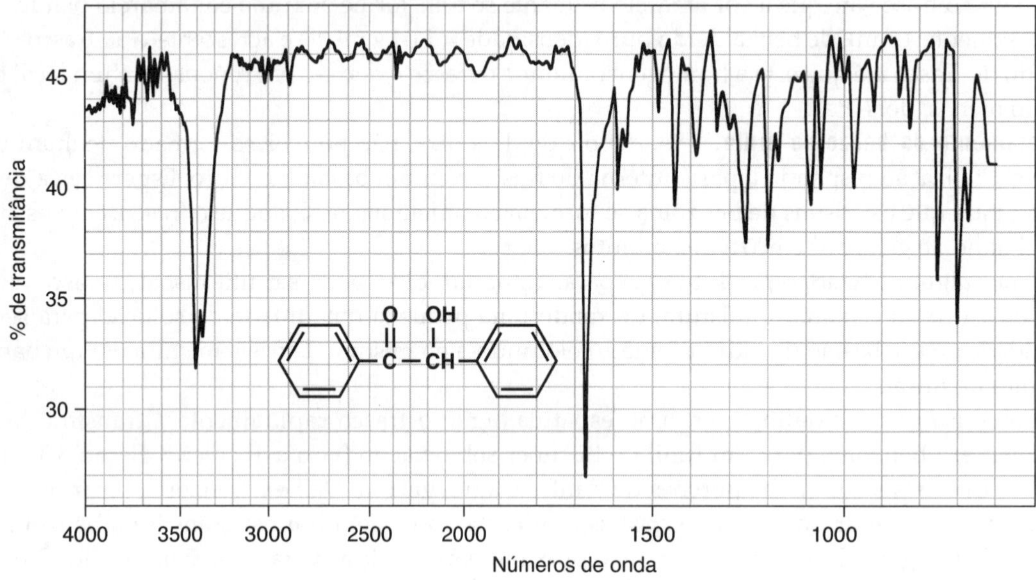

ESPECTRO NO INFRAVERMELHO DA BENZOÍNA, KBr.

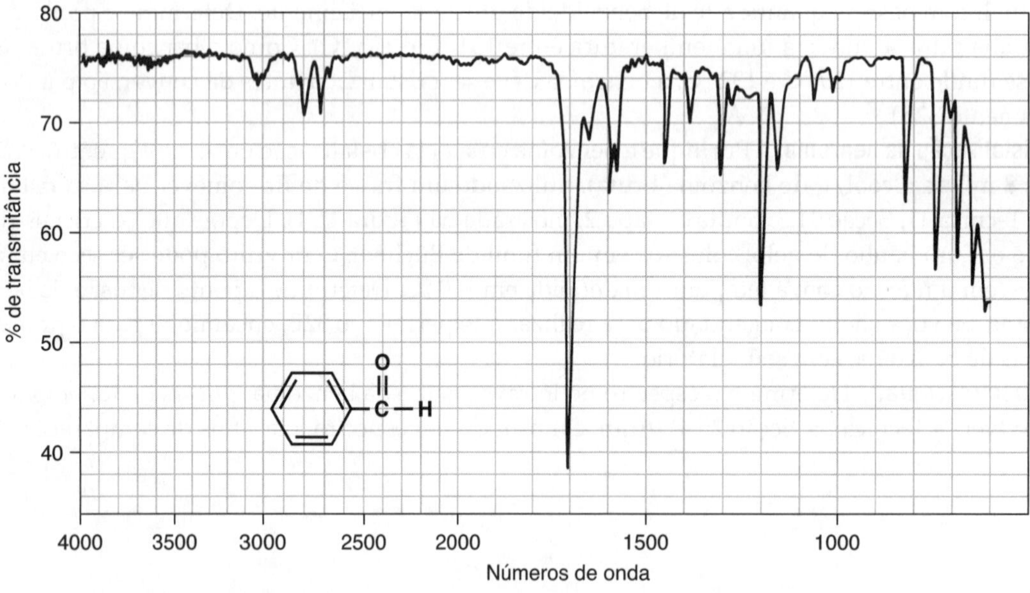

ESPECTRO NO INFRAVERMELHO DO BENZALDEÍDO (PURO).

2. Como você acredita que a enzima apropriada teria afetado a reação (grau de conclusão, rendimento, estereoquímica)?

3. Quais mudanças nas condições seriam apropriadas, se a enzima tivesse de ser utilizada?

4. Desenhe um mecanismo para a conversão do benzaldeído em benzoína, catalisada pelo cianeto. Acredita-se que o intermediário, mostrado entre colchetes, esteja envolvido no mecanismo.

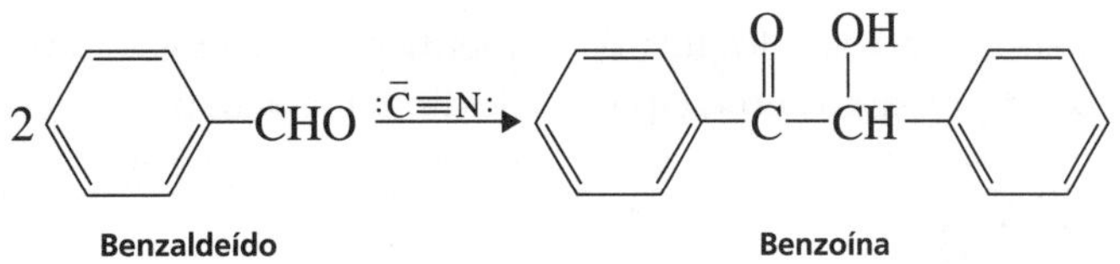

2 C_6H_5—CHO $\xrightarrow{:\bar{C}\equiv N:}$ C_6H_5—C(=O)—CH(OH)—C_6H_5

Benzaldeído Benzoína

[C_6H_5—C:⁻(OH)(C≡N)]

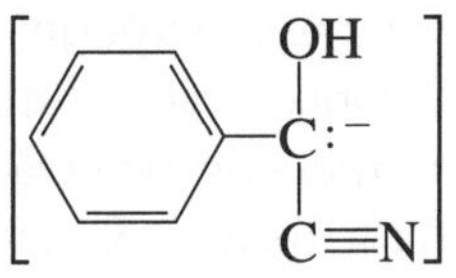

Experimento 32B

Preparação do benzil

Neste experimento, o benzil é preparado pela oxidação de uma α-hidroxicetona, a benzoína. Este experimento utiliza a benzoína preparada no Experimento 32A e é a segunda etapa na síntese com várias etapas. A oxidação pode ser efetuada facilmente com agentes oxidantes suaves, como a solução de Fehling (complexo alcalino de tartarato cúprico) ou sulfato de cobre em piridina. Neste experimento, a oxidação é realizada com ácido nítrico.

Parte C. Porcentagens de isoborneol e borneol, obtidas a partir da redução da cânfora

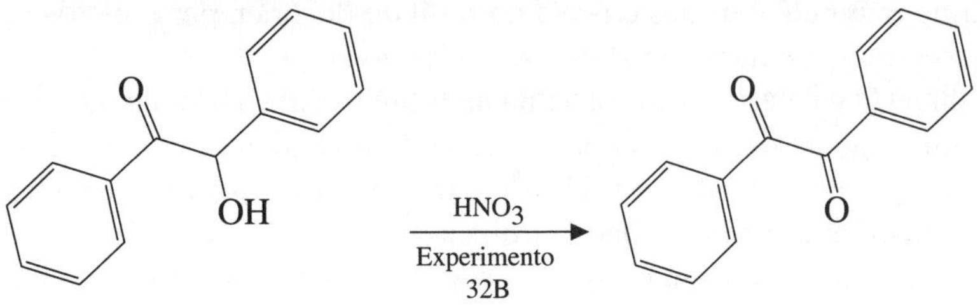

Benzoína $\xrightarrow[\text{Experimento 32B}]{HNO_3}$ Benzil

Benzoína Benzil

INSTRUÇÕES ESPECIAIS

O ácido nítrico deverá ser dispensado em uma capela de exaustão eficiente para evitar o odor asfixiante desta substância. Os vapores irritam os olhos. Evite o contato com sua pele. Durante a reação, são liberadas quantidades consideráveis do nocivo gás óxido de nitrogênio. Certifique-se de desenvolver a reação em uma capela de exaustão eficiente.

MEIO SUGERIDO PARA O DESCARTE DE REJEITOS

Os rejeitos aquosos de ácido nítrico devem ser despejados em um recipiente especificamente designado para este tipo de rejeitos. Não os coloque no recipiente para rejeitos aquosos. Os rejeitos etanólicos da cristalização devem ser descartados no recipiente destinado aos não halogenados.

PROCEDIMENTO

Mistura da reação. Coloque 2,5 g de benzoína (Experimento 32A) em um balão de fundo redondo de 25 mL e adicione 12 mL de ácido nítrico concentrado. Adicione uma barra magnética de agitação e conecte um condensador de água. Em uma capela de exaustão, configure o aparelho para aquecimento em um banho de água quente, como mostra a Técnica 6, Figura 6.4). Aqueça a mistura em um banho de água quente, com temperatura de aproximadamente 70 °C, por 1 hora, recorrendo à agitação. Evite aquecer a mistura acima desta temperatura, a fim de diminuir a possibilidade de formar um subproduto.[2] Durante o período de aquecimento de uma hora, serão liberados gases de óxido de nitrogênio (vermelhos). Se, aparentemente, esses gases ainda estiverem sendo liberados depois de uma hora, continue a aquecer por mais quinze minutos, mas depois desse período adicional, interrompa o aquecimento.

Isolamento do benzil cru. Despeje a mistura da reação em 40 mL de água fria e agite a mistura intensamente até que o óleo se cristalize completamente como um sólido amarelo. Será necessário fazer a raspagem ou disseminação, a fim de induzir a cristalização. Filtre a vácuo o benzil cru em um funil de Büchner e lave-o bem, com água fria, para remover o ácido nítrico. Deixe o sólido secar completamente, retirando o ar através do filtro. Pese o benzil cru e calcule seu rendimento percentual.

Cristalização do produto. Purifique o sólido dissolvendo-o em etanol quente 95%, em um frasco de Erlenmeyer (cerca de 5 mL por 0,5 g do produto), utilizando uma placa de aquecimento como fonte de calor. Tenha cuidado para não fundir o sólido na placa de aquecimento. Evite fundir o benzil levantando o frasco da placa de aquecimento, de vez em quando, e agitando o conteúdo do frasco. O ideal é que o sólido se dissolva no solvente quente, em vez de fundir. Você obterá cristais melhores se acrescentar um pouco de solvente extra, antes que o sólido se dissolva completamente. Remova o frasco da placa de aquecimento e deixe que a solução esfrie lentamente. Assim que a solução esfriar, espalhe-a, com o produto sólido que se formar, utilizando uma espátula, após ser mergulhada na solução. A menos que isso seja feito, a solução poderá se tornar supersaturada, e a cristalização irá ocorrer rápido demais. Irão se formar cristais amarelos. Esfrie a mistura em um banho de gelo para completar a cristalização. Colete o produto em um funil de Büchner, sob o vácuo. Lave o frasco com pequenas quantidades (total de aproximadamente 3 mL) de etanol gelado 95%, para completar a transferência do produto para o funil de Büchner. Continue retirando o ar dos cristais no funil de Büchner, por meio de sucção, por cerca de cinco minutos. Em seguida, remova os cristais e seque-os ao ar.

Cálculo de rendimento e determinação do ponto de fusão. Pese o benzil seco e calcule o rendimento percentual. Determine o ponto de fusão. O ponto de fusão do benzil puro é 95 °C. Encaminhe o benzil ao professor, a menos que ele tenha de ser utilizado para preparar o ácido benzílico (Experimento 32C). Obtenha o espectro no infravermelho do benzil utilizando o método de filme seco. Compare o espectro ao que foi mostrado. Compare também o espectro com o da benzoína, mostrada no Experimento 32A. Quais diferenças você observa?

[2] A temperaturas mais elevadas, parte do 4-nitrobenzil será formada com o benzil.

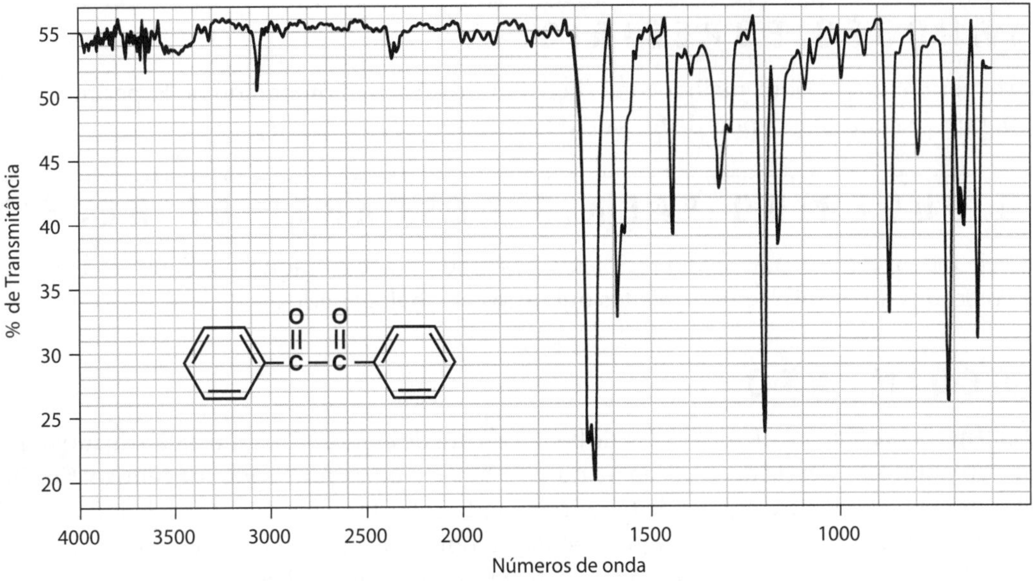

Espectro no infravermelho do benzil, KBr.

Experimento

Preparação do ácido benzílico

Neste experimento, o ácido benzílico será preparado para causar o rearranjo da α-dicetona benzil. A preparação do benzil é descrita no Experimento 32B. O rearranjo do benzil ocorre da seguinte maneira:

$$\underset{\substack{\textbf{Benzil}\\ \textbf{(uma } \alpha\textbf{-dicetona)}}}{Ph-\overset{O}{\overset{\|}{C}}-\overset{O}{\overset{\|}{C}}-Ph} \xrightleftharpoons{(1)\ KOH} Ph-\overset{O}{\overset{\|}{C}}-\underset{Ph}{\overset{O^- \ K^+}{C}}-OH \longrightarrow Ph-\underset{Ph}{\overset{O^-\ K^+}{C}}-\overset{O}{\overset{\|}{C}}-OH \longrightarrow$$

$$\underset{\substack{\textbf{Benzilato}\\ \textbf{de potássio}}}{Ph-\underset{Ph}{\overset{OH}{C}}-\overset{O}{\overset{\|}{C}}-O^-K^+} \xrightarrow{(2)\ H_3O^+} \underset{\substack{\textbf{Ácido benzílico}\\ \textbf{(um } \alpha\textbf{-hidroxiácido)}}}{Ph-\underset{Ph}{\overset{OH}{C}}-\overset{O}{\overset{\|}{C}}-OH}$$

A força motriz para a reação é fornecida pela formação do sal carboxilato estável (benzilato de potássio). Assim que este sal é produzido, a acidificação gera o ácido benzílico. A reação geralmente pode ser utilizada para converter α-dicetonas em α-hidroxiácidos aromáticos. No entanto, outros compostos também irão passar de um tipo de rearranjo semelhante ao do ácido benzílico (veja as questões).

INSTRUÇÕES ESPECIAIS

Este experimento funciona melhor com o benzil puro. O benzil preparado no Experimento 32B, em geral, tem pureza suficiente depois de ter sido cristalizado.

MEIO SUGERIDO PARA O DESCARTE DE REJEITOS

Despeje todo o filtrado aquoso no recipiente destinado a rejeitos aquosos. Filtrados etanólicos devem ser colocados no recipiente para rejeitos orgânicos não halogenados.

PROCEDIMENTO

Executando a reação. Adicione 2,00 g de benzil e 6 mL de etanol 95% a um balão de fundo redondo de 25 mL. Coloque uma pérola de ebulição no frasco e conecte um condensador de refluxo. Certifique-se de utilizar uma fina película de graxa de torneira quando conectar o condensador de refluxo ao frasco. Aqueça a mistura com uma manta de aquecimento ou uma placa de aquecimento, até que o benzil tenha se dissolvido (veja a Técnica 6, Figura 6.2). Utilizando uma pipeta Pasteur, acrescente, gota a gota, 5 mL de uma solução aquosa de hidróxido de potássio, de cima para baixo, no condensador de refluxo, em direção ao frasco.[3] Ferva suavemente a mistura, agitando o conteúdo do frasco, de vez em quando. Aqueça a mistura sob o refluxo, por 15 minutos. A mistura irá ganhar uma cor azul-escura. À medida que a reação prossegue, a cor se tornará marrom e o sólido deverá se dissolver completamente. É possível ocorrer a formação de benzilato de potássio sólido, durante o período de reação. Ao final da etapa de aquecimento, remova a montagem do dispositivo de aquecimento e deixe-a esfriar por alguns minutos.

Cristalização do benzilato de potássio. Remova o condensador de refluxo quando o aparelho estiver suficientemente frio para ser tocado. Transfira a mistura da reação, que poderá conter algum sólido, com uma pipeta Pasteur, para um pequeno béquer. Deixe a mistura esfriar à temperatura ambiente e, então, coloque-a em um banho de água gelada por quinze minutos, até que a cristalização esteja completa. Poderá ser necessário raspar o interior do béquer com um bastão de vidro para agitação, a fim de induzir a cristalização. A cristalização é concluída quando praticamente toda a mistura tiver se solidificado. Colete os cristais em um funil de Büchner, por meio de filtração a vácuo, e lave completamente os cristais com três porções de 4 mL de etanol gelado 95%. O solvente deverá remover a maior parte da cor dos cristais.

Transfira o sólido, que é principalmente o benzilato de potássio, para um frasco de Erlenmeyer de 100 mL contendo 60 mL de água quente (à temperatura de 70 °C). Agite a mistura até que todo o sólido tenha se dissolvido ou até parecer que o sólido remanescente não irá se dissolver. Qualquer sólido restante provavelmente irá formar uma fina suspensão. *Se restar algum sólido no frasco*, filtre por gravidade a solução quente, através de um papel de filtro pregueado, até que o filtrado se torne claro (veja a Técnica 8, Seção 8.1). *Se não restar nenhum sólido no frasco*, a etapa de filtração por gravidade pode ser omitida. De qualquer modo, prossiga para as etapas seguintes.

Formação do ácido benzílico. Agitando o frasco, acrescente lentamente, gota a gota, 1,3 mL de ácido clorídrico concentrado para aquecer a solução de benzilato de potássio. À medida que a solução se torna ácida, o ácido benzílico sólido começará a se precipitar. Continue adicionando o ácido clorídrico até que o sólido fique permanentemente e, então, comece a monitorar o pH. O pH ideal deve ser de aproximadamente 2; caso seja maior que isso, adicione mais ácido e verifique o pH novamente. Deixe a mistura esfriar à temperatura ambiente e, então, complete o resfriamento em um banho de gelo. Colete o ácido benzílico por filtração a vácuo, utilizando um funil de Büchner. Lave os cristais com duas porções

[3] A solução aquosa de hidróxido de potássio deve ser preparada pela classe, dissolvendo-se 55,0 g de hidróxido de potássio em 120 mL de água. Isso fornecerá solução suficiente para 20 alunos, considerando que ocorra pouco desperdício da solução.

de 30 mL de água gelada, para remover o sal cloreto de potássio, que, às vezes, coprecipita com o ácido benzílico, durante a neutralização com o ácido clorídrico. Remova a água utilizada para lavar, extraindo o ar através do filtro. Seque o produto completamente, deixando-o em repouso até o próximo período de atividade no laboratório.

Ponto de fusão e cristalização do ácido benzílico. Pese o ácido benzílico seco e determine o rendimento percentual. Identifique o ponto de fusão do produto seco. O ácido benzílico puro se funde a 150 °C. Se necessário, cristalize o produto utilizando uma quantidade mínima de água quente, necessária para dissolver o sólido (veja a Técnica 11, Seção 11.3 e Figura 11.4). Se algumas impurezas permanecerem sem ser dissolvidas, filtre por gravidade a mistura quente, através de um papel de filtro pregueado (veja a Técnica 8, Seção 8.1). Será necessário manter a mistura quente durante a etapa de filtração por gravidade. Esfrie a solução e induza a cristalização (veja a Técnica 11, Seção 11.8), se for preciso, quando a mistura tiver atingido a temperatura ambiente. Deixe a mistura em repouso, à temperatura ambiente, até que a cristalização esteja completa (aproximadamente quinze minutos). Esfrie a mistura em um banho de gelo e colete os cristais por filtração a vácuo, em um funil de Büchner. Determine o ponto de fusão do produto cristalizado, depois que ele estiver completamente seco.

Caso seu professor solicite, determine o espectro no infravermelho do ácido benzílico em brometo de potássio (veja a Técnica 25, Seção 25.5). Calcule o rendimento percentual. Encaminhe as amostras para seu professor de laboratório em um frasco devidamente rotulado.

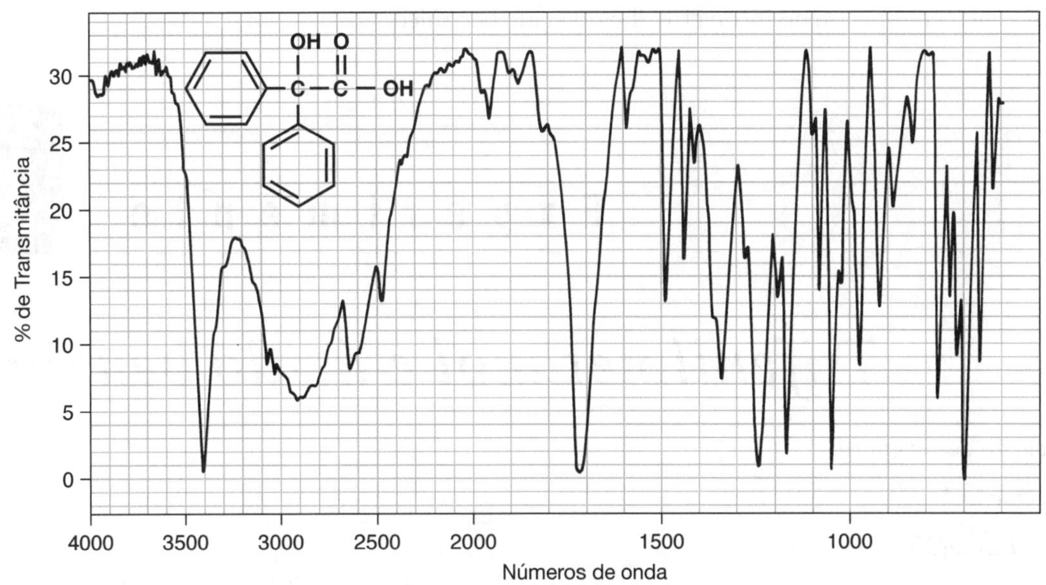

Espectro no infravermelho do ácido benzílico, KBr.

QUESTÕES

1. Mostre como preparar os seguintes compostos, começando do aldeído apropriado.

(a) CH_3O–C_6H_4–C(OH)(C_6H_4–OCH_3)–CO_2H

(b) (2-furil)–C(OH)(2-furil)–CO_2H

2. Dê os mecanismos para as seguintes transformações:

(a) [9,10-fenantrenoquinona] $\xrightarrow[\text{(2) } H^+]{\text{(1) KOH, álcool}}$ [ácido 9-hidroxifluoreno-9-carboxílico: HO, CO_2H]

(b) $HO{-}\overset{O}{\overset{\|}{C}}{-}CH_2{-}\overset{O}{\overset{\|}{C}}{-}\overset{O}{\overset{\|}{C}}{-}CH_2{-}\overset{O}{\overset{\|}{C}}{-}OH \xrightarrow[\text{(2) } H^+]{\text{(1) KOH, } H_2O} HO{-}\overset{O}{\overset{\|}{C}}{-}CH_2{-}\underset{CO_2H}{\overset{OH}{C}}{-}CH_2{-}\overset{O}{\overset{\|}{C}}{-}OH$

ácido cítrico

(c) $Ph{-}\overset{O}{\overset{\|}{C}}{-}\overset{O}{\overset{\|}{C}}{-}Ph \xrightarrow[CH_3OH]{^{-}OCH_3} Ph{-}\underset{Ph}{\overset{OH}{C}}{-}\underset{O}{\underset{\|}{C}}OCH_3$

3. Interprete o espectro no infravermelho do ácido benzílico.

Experimento 33

Trifenilmetanol e ácido benzoico

Reação de Grignard

Extração

Cristalização

Neste experimento, você irá preparar um reagente de Grignard ou reagente organomagnésio. O reagente é o brometo de fenilmagnésio.

$$C_6H_5{-}Br + Mg \xrightarrow{\text{éter}} C_6H_5{-}MgBr$$

Bromobenzeno → **Brometo de fenilmagnésio**

Esse reagente será convertido em um álcool terciário ou um ácido carboxílico, dependendo do experimento selecionado.

EXPERIMENTO 33A

$$C_6H_5MgBr + (C_6H_5)_2C{=}O \xrightarrow{\text{éter}} (C_6H_5)_3C{-}\overset{-}{O}\overset{+}{M}gBr \xrightarrow{H_3O^+} (C_6H_5)_3C{-}OH + MgBr(OH)$$

Benzofenona

Trifenilmetanol

EXPERIMENTO 33B

$$C_6H_5MgBr + CO_2 \xrightarrow{\text{éter}} C_6H_5C(=O){-}\overset{-}{O}\overset{+}{M}gBr^+ \xrightarrow{H_3O^+} C_6H_5C(=O){-}OH + MgBr(OH)$$

Ácido benzoico

A porção alquila do reagente de Grignard se comporta como se tivesse as características de um **carbânion**. Podemos escrever a estrutura do reagente como um composto parcialmente iônico:

$$\overset{\delta-}{R}\cdots\overset{\delta+}{MgX}$$

Esse carbânion parcialmente ligado é uma base de Lewis. Ele reage com ácidos fortes, como era de se esperar, para formar um alcano.

$$\overset{\delta-}{R}\cdots\overset{\delta+}{MgX} + HX \longrightarrow R-H + MgX_2$$

Qualquer composto com um hidrogênio ácido adequado irá doar um próton para destruir o reagente. Água, álcoois, acetilenos terminais, fenóis e ácidos carboxílicos são, todos, suficientemente ácidos para provocar essa reação.

O reagente de Grignard também funciona como um bom nucleófilo, em reações de adição nucleofílicas do grupo carbonila. O grupo carbonila tem um caráter eletrofílico em seu átomo de carbono (devido a ressonância), e um bom nucleófilo procura este centro para a adição.

$$\left[\; >C{=}\ddot{\underset{\cdot\cdot}{O}} \longleftrightarrow >\overset{+}{C}{-}\ddot{\underset{\cdot\cdot}{O}}{:}^- \;\right] \qquad >\overset{\delta+}{C}{=}\overset{\delta-}{\ddot{\underset{\cdot\cdot}{O}}}$$

Os sais de magnésio produzidos formam um complexo com o produto da adição, um sal alcóxido. Na segunda etapa da reação, esses sais devem ser hidrolisados (protonados) pela adição de ácido aquoso diluído.

$$\text{>C=O} + \text{RMgX} \longrightarrow -\underset{\text{R}}{\overset{\text{O—MgX}}{\text{C}}}- \xrightarrow[\text{H}_2\text{O}]{\text{HX}} -\underset{\text{R}}{\overset{\text{OH}}{\text{C}}}- + \text{MgX}_2$$

Etapa 1 **Etapa 2**

A reação de Grignard é utilizada sinteticamente para preparar álcoois secundários por meio de aldeídos, e álcoois terciários, de cetonas. O reagente de Grignard irá reagir com ésteres duas vezes, para formar álcoois terciários. Sinteticamente, também pode ser permitido que ele reaja com dióxido de carbono para formar ácidos carboxílicos, e com o oxigênio, para formar hidroperóxidos.

$$\text{RMgX} + \text{O=C=O} \longrightarrow \text{R—}\overset{\text{O}}{\overset{\|}{\text{C}}}\text{—OMgX} \xrightarrow[\text{H}_2\text{O}]{\text{HX}} \text{R—}\overset{\text{O}}{\overset{\|}{\text{C}}}\text{—OH}$$

ácido carboxílico

$$\text{RMgX} + \text{O}_2 \longrightarrow \text{ROOMgX} \xrightarrow[\text{H}_2\text{O}]{\text{HX}} \text{ROOH}$$

hidroperóxido

Como o reagente de Grignard reage com água, dióxido de carbono e oxigênio, ele deve ser protegido do ar e da umidade, quando for utilizado. O aparelho no qual a reação deve ser conduzida precisa estar bem seco (lembre-se de que 18 mL de H_2O é igual a 1 mol), e o solvente tem de estar livre de água e umidade. Durante a reação, o frasco tem de ser protegido por um tubo de secagem com cloreto de cálcio. O oxigênio também deve ser purgado. Na prática, isso pode ser feito deixando o solvente éter dietílico em refluxo. O manto de vapores de solvente mantém o ar da superfície da mistura da reação.

No experimento descrito aqui, a principal impureza é o **bifenil**, formado por uma reação de acoplamento, catalisada por calor ou luz, do reagente de Grignard e do bromobenzeno que não reagiu. Uma reação com temperatura elevada favorece a formação desse produto. O bifenil é altamente solúvel em éter de petróleo e é facilmente separado do trifenilmetanol, além de também poder ser separado do ácido benzoico, por meio de extração.

$$\text{C}_6\text{H}_5\text{MgBr} + \text{C}_6\text{H}_5\text{Br} \longrightarrow \text{C}_6\text{H}_5\text{—C}_6\text{H}_5 + \text{MgBr}_2$$

LEITURA EXIGIDA

Revisão:	Técnica 8	Filtração, Seção 8.3
	Técnica 11	Cristalização: purificação de sólidos, Seção 11.3
	Técnica 12	Extrações, separações e agentes secantes, Seções 12.4, 12.5, 12.8 e 12.10
	Técnica 25	Espectroscopia no infravermelho, Seção 25.5

INSTRUÇÕES ESPECIAIS

Este experimento deve ser conduzido durante um período de atividade em laboratório, seja no momento, após a benzofenona ser adicionada (Experimento 33A) ou depois que o reagente de Grignard é despejado sobre gelo seco (Experimento 33B). O reagente de Grignard não pode ser armazenado; ele deve reagir antes de ocorrer interrupção. Este experimento utiliza éter dietílico, que é extremamente inflamável. Certifique-se de que não existam chamas acesas nas proximidades, quando você estiver utilizando éter dietílico.

Durante o experimento, será necessário utilizar éter dietílico *anidro*, que geralmente é mantido em latas de metal com tampa de rosca. Para o experimento, você é instruído a transferir uma pequena porção do solvente para um frasco de Erlenmeyer tampado. Durante a transferência, minimize a exposição à água da atmosfera. Após o uso, sempre tampe novamente o recipiente de éter dietílico. Não utilize éter dietílico de grau de solvente, porque ele pode conter água.

Todos os alunos devem preparar o mesmo reagente de Grignard, o brometo de fenilmagnésio. Caso seu professor solicite, prossiga para o Experimento 33A (trifenilmetanol) ou o Experimento 33B (ácido benzoico), quando seu reagente estiver pronto.

MEIO SUGERIDO PARA O DESCARTE DE REJEITOS

Todas as soluções aquosas devem ser colocadas em um recipiente destinado a rejeitos aquosos. Certifique-se de decantar essas soluções longe de quaisquer fragmentos de magnésio, antes de colocá-las no recipiente para rejeitos. Os fragmentos de magnésio separados, que não reagiram, têm de ser colocados em um recipiente para rejeitos sólidos, destinado a esse propósito. Coloque todas as soluções de éter dietílico no recipiente para rejeitos líquidos não halogenados. Do mesmo modo, a água-mãe obtida da cristalização, utilizando álcool isopropílico (Experimento 33A), também deve ser colocada no recipiente para rejeitos líquidos não halogenados.

NOTAS PARA O PROFESSOR

Sempre que possível, exija que sua turma lave e seque os objetos de vidro, necessários *no período anterior para o qual este experimento foi agendado.* Não é bom utilizar objetos de vidro que tenham sido lavados antes, no período em que será realizado o experimento, mesmo que sejam secados no forno. Depois da secagem, verifique se não foram colocados no forno clipes de plástico, torneiras de Teflon ou tampas plásticas.

PROCEDIMENTO

$$C_6H_5\text{—Br} + Mg \xrightarrow{\text{éter}} C_6H_5\text{—MgBr}$$

PREPARAÇÃO DO REAGENTE DE GRIGNARD: BROMETO DE FENILMAGNÉSIO

Objetos de vidro. São utilizados as seguintes objetos:

Balão de fundo redondo de 100 mL
Funil de separação de 125 mL
Tubos de secagem com $CaCl_2$ (2)
Proveta de 10 mL
Cabeça de Claisen
Condensador de água revestido
Frasco de Erlenmeyer de 50 mL (2)

Preparação dos objetos de vidro. Se necessário, seque todas os objetos de vidro (não as peças plásticas), relacionados na lista, em um forno a 110 °C por, pelo menos, trinta minutos. Essa etapa pode ser omitida, se os vidros estiverem limpos e não tiverem sidos utilizados durante, ao menos, dois ou três dias. Do contrário, todos os objetos de vidro, utilizados em sua reação de Grignard, devem ser cuidadosamente secos. Surpreendentemente, grandes quantidades de água aderem às paredes dos vidros, mesmo quando eles estão aparentemente secos. Os objetos de vidro lavados e secos no mesmo dia, se tiverem de ser utilizados, poderão causar problemas ao iniciar uma reação de Grignard.

Aparelho. Acrescente uma barra de agitação limpa e seca ao balão de fundo redondo de 100 mL e, então, monte o aparelho conforme mostra a figura. Coloque tubos de secagem (preenchidos com cloreto de cálcio fresco) no funil de separação e no topo do condensador. Será utilizada uma placa de aquecimento com agitação para agitar e aquecer a reação.[1] Certifique-se de que o aparelho pode ser movido para cima e para baixo facilmente, no suporte universal. O movimento para cima e para baixo relativamente à placa de aquecimento é utilizado para controlar a quantidade de calor aplicada à reação.

⇨ ADVERTÊNCIA

Não coloque no forno nenhum recipiente de plástico, conectores plásticos ou tampas de Teflon, pois eles podem derreter, queimar ou amolecer. Em caso de dúvida, verifique com seu professor.

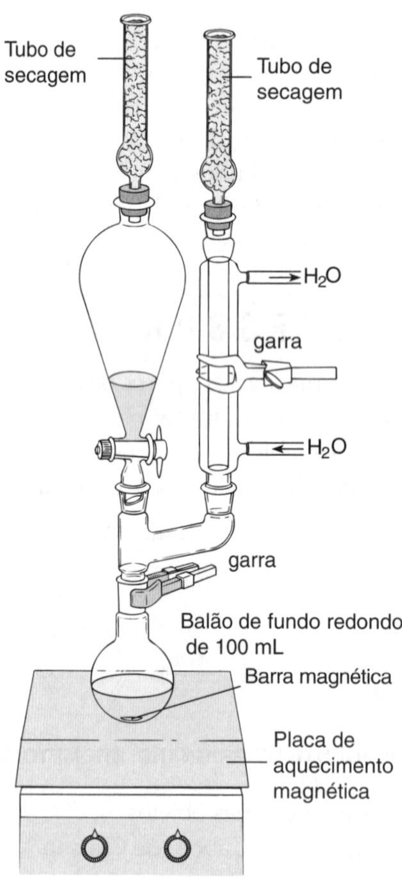

[1] Pode ser utilizado um banho de vapor ou um cone de vapor, mas provavelmente você terá de esquecer qualquer movimento de agitação e utilizar uma pérola de ebulição, em vez de uma barra de agitação. É possível utilizar uma manta de aquecimento para aquecer a reação. Com uma manta de aquecimento, provavelmente, é melhor prender seguramente o aparelho e apoiar a manta de aquecimento sob o frasco de reação, recorrendo a blocos de madeira que podem ser adicionados ou removidos. Quando os blocos são removidos, a manta de aquecimento poderá ser retirada do frasco.

Formação do reagente de Grignard. Utilizando um papel liso ou um pequeno béquer, pese aproximadamente 0,5 g de aparas de magnésio (MA = 24,3) e coloque-as no balão de fundo redondo de 100 mL. Utilizando uma proveta de 10 mL pesada previamente, meça aproximadamente 2,1 mL de bromobenzeno (*MM* = 157,0) e refaça a pesagem da proveta para determinar a massa exata do bromobenzeno. Transfira o bromobenzeno para um frasco de Erlenmeyer de 50 mL, tampado. Sem limpar a proveta, meça uma porção de 10 mL de éter dietílico anidro e transfira-a para o mesmo frasco de Erlenmeyer de 50 mL, contendo o bromobenzeno. Misture a solução (agite) e, então, utilizando uma pipeta Pasteur seca, descartável, transfira cerca de metade do total para o balão de fundo redondo contendo as aparas de magnésio. Adicione o restante da solução ao funil de separação de 125 mL. Em seguida, acrescente mais 7,0 mL de éter dietílico anidro à solução de bromobenzeno, no funil de separação. Nesse momento, certifique-se de que todas as articulações estão vedadas e que os tubos de secagem estão no local.

Posicione o aparelho logo acima da placa de aquecimento e agite a mistura delicadamente, a fim de evitar jogar o magnésio fora da solução e na lateral do frasco. Comece a observar a evolução de bolhas na superfície do metal, verificando que a reação está iniciando. Provavelmente, será necessário aquecer a mistura, utilizando sua placa de aquecimento, para iniciar a reação. A placa de aquecimento deverá ser ajustada à menor temperatura. Uma vez que o éter dietílico tem um baixo ponto de ebulição (35 °C), deve ser suficiente aquecer a reação colocando o balão de fundo redondo logo acima da placa de aquecimento. Assim que o éter dietílico estiver em ebulição, verifique se a ação de borbulhar continua depois que o aparelho é levantado da placa de aquecimento. Se a reação continuar borbulhando mesmo sem o aquecimento, o magnésio estará reagindo. Talvez, seja preciso repetir o aquecimento diversas vezes para que a reação inicie com sucesso. Depois de várias tentativas de aquecimento, a reação deverá começar, mas se você ainda estiver encontrando dificuldade, prossiga para o parágrafo seguinte.

Etapas opcionais. É possível que você tenha de empregar um ou mais dos seguintes procedimentos, caso o aquecimento falhe em iniciar a reação. Caso esteja encontrando dificuldade, remova o funil de separação. Coloque um longo bastão de vidro, seco, no frasco e gire suavemente o bastão para esmagar o magnésio contra a superfície de vidro. Tenha cuidado para não fazer um buraco no fundo do frasco; faça isso delicadamente! Reconecte o funil de separação e aqueça a mistura novamente. Repita várias vezes o procedimento de esmagamento, se necessário, para iniciar a reação. Se o procedimento falhar em iniciar a reação, então, adicione um pequeno cristal de iodo ao frasco. Mais uma vez, aqueça levemente a mistura. A ação mais drástica, que não seja iniciar o experimento mais uma vez, é preparar uma pequena amostra do reagente de Grignard externamente, em um tubo de ensaio. Quando a reação externa iniciar, acrescente-a à principal mistura da reação. Esse "reforço" irá reagir com qualquer água que esteja presente na mistura, e deixe a reação iniciar.

Completando a preparação de Grignard. Quando a reação tiver começado, você deverá observar a formação de uma solução turva, de cor cinza-acastanhado. Adicione a solução restante de bromobenzeno lentamente, durante um período de cinco minutos, a uma taxa que mantenha a solução fervendo suavemente. Caso a ebulição seja interrompida, adicione mais bromobenzeno. Talvez, seja necessário aquecer a mistura ocasionalmente, com a placa de aquecimento, durante a adição. Se a reação se tornar muito intensa, reduza a adição da solução de bromobenzeno e levante o aparelho mais acima da placa de aquecimento. O ideal é que a mistura ferva sem a aplicação externa de calor. É importante aquecer a mistura, se o refluxo diminuir ou for interrompido. À medida que a reação continua, observe a desintegração gradual do magnésio metálico. Quando todo o bromobenzeno tiver sido adicionado, coloque mais 1,0 mL de éter dietílico anidro no funil de separação para lavá-lo, e adicione-o à mistura da reação. Remova o funil de separação depois dessa adição e substitua-o por uma tampa. Aqueça a solução sob um suave refluxo, até que a maior parte do magnésio restante se dissolva (não se preocupe com alguns pedaços pequenos). Essa etapa deverá requerer aproximadamente quinze minutos. Note o nível da solução no frasco. Adicione mais éter anidro para substituir o que possa ter se perdido durante o período de refluxo, no qual você pode preparar qualquer solução necessária para o Experimento 33A ou o Experimento 33B. Quando o refluxo estiver completo, deixe a mistura esfriar à temperatura ambiente. Conforme seu professor determinar, prossiga para o Experimento 33A ou Experimento 33B.

Experimento 

Trifenilmetanol

$$C_6H_5MgBr + C_6H_5COC_6H_5 \xrightarrow{\text{éter}} (C_6H_5)_3C{-}\overset{-}{O}\overset{+}{M}gBr \xrightarrow{H_3O^+} (C_6H_5)_3C{-}OH + MgBr(OH)$$

Aduto

PROCEDIMENTO

Adição de benzofenona. Embora a solução de brometo de fenilmagnésio esteja sendo aquecida e agitada sob o refluxo, faça uma solução de 2,4 g benzofenona em 9,0 mL de éter dietílico anidro em um frasco de Erlenmeyer de 50 mL. Tampe o frasco até que o período de refluxo tenha encerrado. Assim que o reagente de Grignard tiver esfriado à temperatura ambiente, reconecte o funil de separação e transfira para ele a solução de benzofenona. Adicione a solução o mais rápido possível ao reagente de Grignard sob a agitação, mas a uma taxa na qual a solução não entre em refluxo com muita intensidade. Lave o frasco de Erlenmeyer contendo a solução de benzofenona utilizando cerca de 5,0 mL de éter dietílico anidro, e adicione-o à mistura. Assim que a adição estiver concluída, deixe a mistura esfriar à temperatura ambiente. A cor da solução deverá adquirir uma coloração rosa e, então, irá se solidificar gradualmente, à medida que o aduto é formado. Quando a agitação magnética não mais estiver fazendo efeito, agite a mistura com uma espátula. Remova o frasco de reação do aparelho e tampe-o. Ocasionalmente, agite o conteúdo do frasco. O aduto deverá estar completamente formado depois de aproximadamente quinze minutos. Você pode interromper o procedimento aqui.

Hidrólise. Adicione ácido clorídrico 6 mol L^{-1} suficiente (primeiramente, gota a gota) para neutralizar a mistura da reação (cerca de 7,0 mL). Quando a camada inferior aquosa fizer o papel de tornassol vermelho ficar azul, é porque foi adicionado ácido suficiente. O ácido converte o aduto em trifenilmetanol e compostos inorgânicos (MgX_2). Eventualmente, você obterá duas fases distintas: a camada superior, de éter dietílico, irá conter trifenilmetanol; a camada aquosa inferior, de ácido clorídrico, irá conter os compostos inorgânicos. Utilize uma espátula para quebrar o sólido durante a adição de ácido clorídrico. Agite o frasco ocasionalmente para assegurar uma mistura completa. Como o procedimento de neutralização libera calor, parte do éter dietílico será perdida por causa da evaporação. Adicione éter dietílico suficiente para manter um volume de 5 a 10 mL, em uma fase orgânica superior. Certifique-se de que você tenha duas fases líquidas distintas, antes de prosseguir para separar as camadas. Pode ser adicionado mais éter dietílico ou ácido clorídrico, se for necessário, para dissolver qualquer sólido restante.[2]

Caso algum material ainda permaneça sem ser dissolvido ou se houver três camadas presentes, transfira todos os líquidos para um frasco de Erlenmeyer de 250 mL. Adicione mais éter dietílico e mais ácido clorídrico ao frasco, e então o agite para misturar o conteúdo. Continue adicionando pequenas porções de éter dietílico e ácido clorídrico ao frasco e, então, agite até que tudo esteja dissolvido. Nesse momento, você deverá ter duas camadas claras.

Separação e secagem. Transfira sua mistura para um funil de separação de 125 mL, mas evite transferir a barra de agitação (ou pérola de ebulição). Agite e ventile a mistura e, então, deixe as camadas se separarem. Se houver qualquer metal de magnésio presente, sem ter reagido, você irá observar bolhas de hidrogênio sendo formadas. É possível remover a camada aquosa mesmo se o magnésio ainda estiver produzindo hidrogênio. Drene a fase aquosa inferior e coloque-a em um béquer, para armazenamento. Em seguida, reserve a camada superior de éter dietílico em um frasco de Erlenmeyer; ele contém o produto trifenilmetanol. Extraia novamente a fase aquosa que foi reservada, com 5,0 mL de éter dietílico. Remova a fase aquosa inferior e descarte-a. Combine a fase de éter dietílico restante com o primeiro extrato de éter dietílico. Transfira as camadas de éter dietílico combinadas para um frasco de Erlenmeyer seco e acrescente cerca de 1,0 g de sulfato de sódio granular anidro para secar a solução. Adicione mais agente secante, se necessário.

Evaporação. Decante a solução de éter dietílico seca, por meio do agente secante, em um pequeno frasco de Erlenmeyer, e lave o agente secante com mais éter dietílico. Evapore o solvente éter dietílico em uma capela de exaustão, aquecendo o frasco em um banho de água quente. A evaporação irá ocorrer mais rapidamente se um fluxo de nitrogênio ou ar for direcionado ao frasco. Deverá restar uma mistura que varia de um óleo marrom a um sólido colorido misturado com um óleo. Essa mistura bruta contém o trifenilmetanol desejado e o subproduto bifenil. A maior parte do bifenil pode ser removida acrescentando cerca de 10 mL de éter de petróleo (pe 30–60 °C). O éter de petróleo é uma mistura de hidrocarbonetos que dissolve facilmente o do hidrocarboneto bifenil e deixa para trás o álcool trifenilmetanol. Não confunda esse solvente com o éter dietílico ("éter"). Aqueça levemente a mistura, agite-a e, então, esfrie a mistura à temperatura ambiente. Colete o trifenilmetanol por filtração a vácuo em um pequeno funil de Büchner e lave-o com pequenas porções de éter de petróleo (veja a Técnica 8, Seção 8.3 e Figure 8.5). Seque o sólido com ar, pese-o e calcule o resultado percentual do trifenilmetanol bruto (*MM* = 260,3).

Cristalização. Cristalize todo o seu produto do álcool isopropílico quente e colete os cristais utilizando um funil de Büchner (veja a Técnica 11, Seção 11.3 e Figura 11.4). A Etapa 2, na Figura 11.4 (remoção de impurezas insolúveis), não deverá ser requerida nesta cristalização. Deixe os cristais de lado para secar ao ar. Relate o ponto de fusão do trifenilmetanol purificado (valor definido na literatura, 162 °C) e o rendimento recuperado, em gramas. Encaminhe a amostra para o professor.

Espectroscopia. Caso seu professor solicite, determine o espectro no infravermelho do material purificado em uma pastilha de KBr (veja a Técnica 25, Seção 25.5). Seu professor poderá designar determinados testes no produto que você preparou. Esses testes são descritos no *Instructor's Manual* (material disponível em inglês, na página do livro, em www.cengage.com.br).

[2] Em alguns casos, pode ser preciso adicionar mais água, em vez de mais ácido clorídrico.

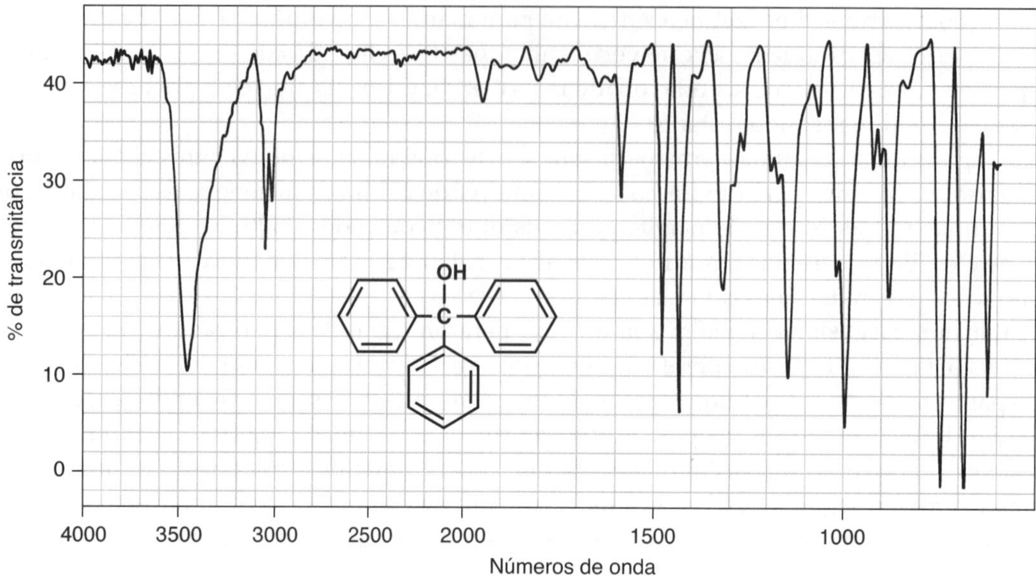

Espectro no infravermelho do trifenilmetanol, KBr.

Experimento 33B

Ácido benzoico

$$C_6H_5MgBr + CO_2 \xrightarrow{\text{éter}} C_6H_5\text{–}\overset{\overset{\displaystyle O}{\|}}{C}\text{–}\overset{-}{O}\overset{+}{M}gBr \xrightarrow{H_3O^+} C_6H_5\text{–}\overset{\overset{\displaystyle O}{\|}}{C}\text{–}OH + MgBr(OH)$$

ácido benzoico

PROCEDIMENTO

Adição de gelo seco. Quando a solução de brometo de fenilmagnésio tiver esfriado à temperatura ambiente, despeje-a o mais rápido possível em 10 g de gelo seco esmagado, contido em um béquer de 250 mL. O gelo seco deve ser pesado tão rapidamente quanto possível, a fim de evitar o contato com a umidade atmosférica. Não é necessário que a pesagem seja exata. Lave o frasco, no qual o brometo de fenilmagnésio foi preparado, com 2 mL de éter dietílico anidro e adicione-o ao béquer.

⇨ ADVERTÊNCIA

Tenha cuidado ao manipular o gelo seco. O contato com a pele pode provocar grave ulceração por frio. Sempre utilize luvas ou pinças. O gelo seco é melhor esmagado quando embrulhado, em grandes pedaços, em uma toalha limpa e seca para, depois, ser batido com um martelo ou um bloco de madeira. O gelo esmagado deve ser usado o mais cedo possível, para evitar o contato com a umidade atmosférica. 

Cubra a mistura da reação com um vidro de relógio e deixe-a em repouso até que o gelo seco em excesso tenha sublimado completamente. A adição do composto de Grignard parecerá uma massa viscosa, vítrea.

Hidrólise. Promova a hidrólise do aduto de Grignard adicionando lentamente cerca de 8 mL de ácido clorídrico 6 mol L^{-1} em um béquer e agitando a mistura com um bastão de vidro ou espátula. Quaisquer fragmentos de magnésio restantes irão reagir com o ácido para liberar hidrogênio. Nesse momento, você deverá ter duas fases líquidas distintas no béquer. Se houver sólido presente (que não seja o magnésio), tente adicionar um pouco mais de éter dietílico. Se o sólido estiver insolúvel no éter dietílico, tente adicionar um pouco mais de solução de ácido clorídrico 6 mol L^{-1} ou água. O ácido benzoico é solúvel no éter dietílico, e compostos inorgânicos (MgX_2) são solúveis na solução ácida aquosa. Transfira as fases líquidas para um frasco de Erlenmeyer, deixando para trás qualquer magnésio residual. Adicione mais éter dietílico ao béquer para lavá-lo e adicione mais desse éter dietílico ao frasco de Erlenmeyer. O procedimento pode ser interrompido aqui. Tampe o frasco com uma rolha e continue com o experimento durante o próximo período de atividade no laboratório.

Isolamento do produto. Se você tiver armazenado seu produto e a camada de éter dietílico tiver evaporado, acrescente vários mililitros de éter dietílico. Se os sólidos não se dissolverem depois de serem agitados ou se não houver nenhuma camada de água aparente, tente adicionar um pouco de água. Transfira sua mistura para um funil de separação de 125 mL. Caso permaneça algum material sem ser dissolvido ou se houver três camadas, adicione mais éter dietílico e ácido clorídrico ao funil de separação, tampe-o e agite-o, deixando que as camadas se separem. Continue acrescentando pequenas porções de éter dietílico e ácido clorídrico ao funil de separação, e agite-o até que tudo se dissolva. Depois que as camadas tiverem se separado, remova a camada aquosa inferior. A fase aquosa contém sais inorgânicos e pode ser descartada. A camada de éter dietílico contém o produto ácido benzoico e o subproduto bifenil. Adicione 5,0 mL de solução de hidróxido de sódio 5%, tampe novamente o funil e agite-o. Deixe as camadas se separarem, *remova a camada aquosa inferior e reserve esta camada em um béquer*. Esta extração remove o ácido benzoico da camada de éter dietílico convertendo-a em benzoato de sódio solúvel em água. O subproduto bifenil permanece na camada de éter dietílico com parte do ácido benzoico restante. Mais uma vez, agite a fase de éter dietílico restante no funil de separação, com uma segunda porção de 5,0 mL de hidróxido de sódio 5%, e transfira a camada aquosa inferior no béquer com o primeiro extrato. Repita o processo de extração com uma terceira porção (5,0 mL) de hidróxido de sódio 5% e reserve a camada aquosa, como foi feito antes. Descarte a camada de éter dietílico, que contém a impureza bifenil, no recipiente específico destinado a rejeitos orgânicos não halogenados.

Aqueça os extratos básicos combinados enquanto promove a agitação em uma placa de aquecimento (100 °C–120 °C) por cerca de cinco minutos para remover qualquer éter dietílico que possa ser dissolvido na fase aquosa. O éter dietílico é solúvel em água até 7%. Durante esse período de aquecimento, é possível observar um leve borbulhamento, mas o volume do líquido não irá diminuir muito. A menos que o éter dietílico seja removido antes que o ácido benzoico se precipite, o produto poderá se parecer com um sólido ceroso, em vez de com cristais.

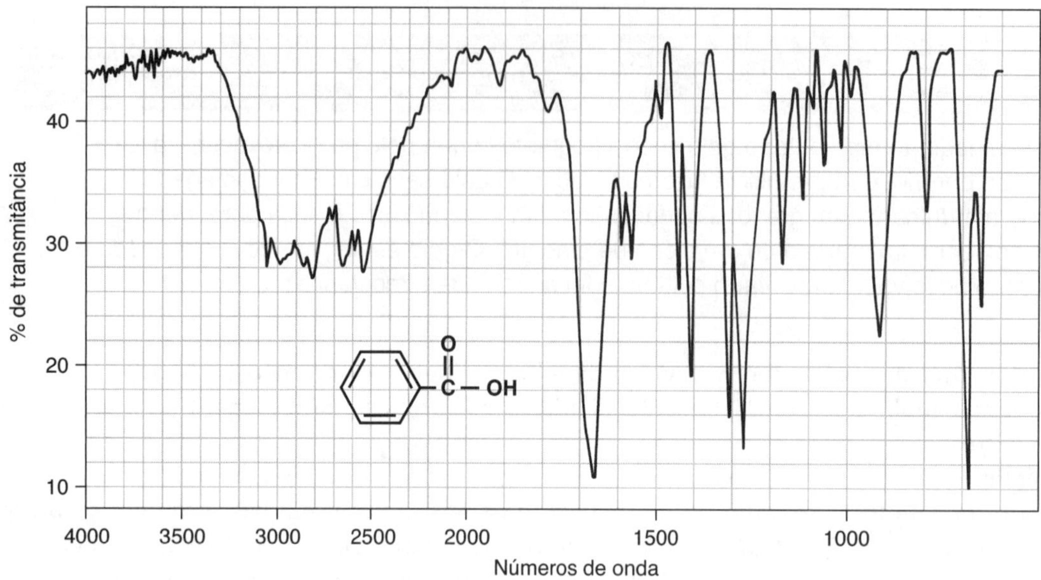

Espectro no infravermelho do ácido benzoico, KBr.

Esfrie a solução alcalina e precipite o ácido benzoico adicionando 10,0 mL de ácido clorídrico 6,0 mol L^{-1}, durante a agitação. Esfrie a mistura em um banho de gelo. Colete o sólido por filtração a vácuo em um funil de Büchner (veja a Técnica 8, Seção 8.3 e Figura 8.5). A transferência pode ser auxiliada, e o sólido, lavado com várias pequenas porções de água fria. Deixe os cristais secarem completamente à temperatura ambiente, pelo menos, durante uma noite. Pese o sólido e calcule o rendimento percentual do ácido benzoico (*MM* = 122,1).

Cristalização. Cristalize seu produto em água quente, utilizando um funil de Büchner para coletar o produto por filtração a vácuo (veja a Técnica 11, Seção 11.3 e Figura 11.4). A Etapa 2, Figura 11.4 (remoção de impurezas insolúveis), não deverá ser necessária nesta cristalização. Deixe os cristais de lado para secar ao ar, à temperatura ambiente, antes de determinar o ponto de fusão do ácido benzoico purificado (valor definido na literatura, 122 °C) e o rendimento recuperado, em gramas[3]. Encaminhe a amostra para o professor em um frasco adequadamente rotulado.

Espectroscopia. Caso seu professor solicite, determine o espectro no infravermelho do material purificado em uma pastilha de KBr (veja a Técnica 25, Seção 25.5). Seu professor poderá designar determinados testes no produto que você preparou. Esses testes são descritos no *Instructor's Manual* (material disponível em inglês, na página do livro, em www.cengage.com.br).

■ QUESTÕES ■

1. O benzeno geralmente é produzido como um produto lateral, durante a reação de Grignard, utilizando o brometo de fenilmagnésio. Como essa formação pode ser explicada? Apresente uma equação balanceada para sua formação.

---

[3] Se necessário, os cristais podem ser secos em um forno à baixa temperatura (cerca de 50 °C), por um curto período. Fique ciente de que o ácido benzoico volatiza, e aquecê-lo por muito tempo a temperaturas elevadas poderá resultar na perda de seu produto.

2. Escreva uma equação balanceada para a reação do ácido benzoico com o íon hidróxido. Por que é necessário extrair a camada de éter dietílico com hidróxido de sódio?

3. Interprete os picos principais no espectro no infravermelho do trifenilmetanol ou do ácido benzoico, dependendo do procedimento utilizado neste experimento.

4. Descreva um esquema de separação para isolar o trifenilmetanol ou o ácido benzoico da mistura da reação, dependendo do procedimento utilizado neste experimento.

5. Apresente métodos para a preparação dos seguintes compostos, de acordo com o método de Grignard:

a) $CH_3CH_2CH(OH)CH_2CH_3$

b) $CH_3CH_2—C(CH_3)(OH)—CH_2CH_3$

c) $CH_3CH_2CH_2CH_2CH_2—C(=O)—OH$

d) $C_6H_5—CH(OH)—CH_2CH_3$

Experimento 34

Reações de organozinco baseadas em solução aquosa

Reações organometálicas

Química verde

Extrações

Uso de um funil de separação

Cromatografia em fase gasosa

Espectroscopia

Uma das mais importantes categorias de reações em sínteses orgânicas é a classe de reações que resulta na formação de uma ligação carbono-carbono. Entre essas, uma das reações mais bem conhecidas é a reação de Grignard, em que um reagente organomagnésio é formado de haleto de alquila e, então, pode reagir com uma variedade de substâncias para formar novas moléculas. A natureza nucleofílica do reagente organomagnésio é utilizada na formação de novas ligações carbono-carbono. A equação mostrada a seguir ilustra esse tipo de síntese. A reação de Grignard é introduzida no Experimento 33.

$$\text{R—Br} + \text{Mg} \xrightarrow{\text{éter}} \text{R—MgBr}$$

$$\text{R—MgBr} + \text{R}'\text{—C(=O)—R}'' \longrightarrow \text{R}'\text{—C(R)(O}^{\ominus}\,\text{MgBr}^{\oplus}\text{)—R}''$$

$$\text{R}'\text{—C(R)(O}^{\ominus}\,\text{MgBr}^{\oplus}\text{)—R}'' + H_2O \xrightarrow{H^+} \text{R}'\text{—C(R)(OH)—R}'' + \text{MgBr(OH)}$$

Uma vez que o reagente organomagnésio reage com água, dióxido de carbono e oxigênio, ele deve ser protegido do ar e da umidade, quando for utilizado. O aparelho no qual a reação tem de ser conduzida deve ser cuidadosamente seco, e o solvente precisa ser totalmente anidro. Além disso, o éter dietílico é necessário como solvente; sem a presença de um éter, o reagente organomagnésio não irá se formar.

Este experimento apresenta uma variação da ideia básica de uma síntese de Grignard, mas que não utiliza magnésio e pode ser realizada em uma solução orgânica aquosa mista. A reação apresentada neste experimento é uma variação da reação de Barbier-Grignard, na qual o zinco é utilizado como o metal. Uma pequena quantidade de éter, neste caso, o tetrahidrofurano (THF), ainda é necessário para esta reação. Mas o principal componente do sistema solvente é a água. Eliminando grande parte do solvente orgânico, esse método pode ser empregado para ilustrar alguns dos princípios da "Química Verde", pelos quais, as reações são conduzidas sob as condições menos prejudiciais ao ambiente que os métodos químicos.

$$\text{R—Br} + \text{Zn} \xrightarrow{\text{éter}} \text{R—ZnBr}$$

$$\text{R—ZnBr} + \text{R}'\text{—C(=O)—R}'' \longrightarrow \text{R}'\text{—C(R)(O}^{\ominus}\,\text{ZnBr}^{\oplus}\text{)—R}''$$

$$\text{R}'\text{—C(R)(O}^{\ominus}\,\text{ZnBr}^{\oplus}\text{)—R}'' + H_2O \xrightarrow{H^+} \text{R}'\text{—C(R)(OH)—R}'' + \text{ZnBr(OH)}$$

Embora o método de organozinco de síntese seja muito similar à reação de Grignard, também existem algumas diferenças interessantes. O reagente organozinco é muito mais seletivo que o reagente organomagnésio, e os rearranjos do grupo alquila ligado ao metal também são possíveis. Apesar de a formação de reagentes de Grignard por meio de haletos alílicos ser notoriamente difícil, a formação de reagentes organozinco parece exigir que se comece com um haleto alílico. Uma comparação da estrutura dos produtos dessa reação com a estrutura do haleto de alquila inicial pode revelar algo dessa química interessante.

LEITURA EXIGIDA

Revisão:		
	Técnica 8	Seção 8.3
	Técnica 7	Seção 7.10
	Técnica 12	Seções 12.5, 12.8, 12.9, 12.11
	Técnica 22	
	Técnica 25	Seções 25.2, 25.4
	Técnica 26	Seção 26.1
	Técnica 27	Seção 27.1

INSTRUÇÕES ESPECIAIS

Esta reação envolve o uso de brometo de alila, uma substância que é volátil e também pode ser um **lacrimejante**. Certifique-se de descartar o material sob a capela de exaustão. Não tente pesar a substância; determine o volume aproximado do brometo de alila necessário, utilizando a densidade específica fornecida neste experimento, e dispense o brometo de alila por volume, utilizando uma pipeta calibrada. Os alunos deverão trabalhar em duplas, para realizar este experimento.

MEIO SUGERIDO PARA O DESCARTE DE REJEITOS

Todas as soluções aquosas devem ser colocadas em um recipiente destinado ao descarte de rejeitos aquosos.

PROCEDIMENTO

Zinco ativado

Pese cuidadosamente 1,31 g (0,02 mol) de pó de zinco e adicione-o a um pequeno frasco de Erlenmeyer (10 mL) ou um béquer. Acrescente 1 mL de ácido clorídrico aquoso 5% e deixe a mistura em repouso por um a dois minutos. Ocorrerá uma notável evolução de gás hidrogênio durante esse período e, no final, você deve despejar toda a mistura em um funil de Hirsch e isolar o zinco por filtração a vácuo. Lave o zinco com 1 mL de água, seguido de 1 mL de etanol e 1 mL de éter dietílico. Para esse procedimento, o zinco deverá estar pronto para uso, conforme descrito a seguir.

Preparação e reação do reagente organozinco

Adicione 10 mL de solução de cloreto de amônio aquoso saturado em um balão de fundo redondo de 25 mL. Acrescente 1,31 g de pó de zinco (0,02 mol) e uma barra de agitação ao frasco. Conecte um condensador de ar ao frasco e comece a agitar continuamente enquanto acrescenta os reagentes restantes. Pese cuidadosamente 0,86 g (0,01 mol) de 3-pentanona. Adicione a cetona e 1,6 mL de tetrahidrofurano ao tubo de ensaio e acrescente-a, gota a gota, à solução de zinco/NH_4Cl. A velocidade de adição deve ser de aproximadamente uma gota por segundo. Observe que a adição pode ser feita gotejando a solução cuidadosamente na abertura do condensador de ar; utilize uma pipeta Pasteur para adicionar a solução. Deixe a solução agitar por dez a quinze minutos, dando tempo para que o composto de carbonila forme um complexo com o zinco. Acrescente 2,4 g (0,02 mol – utilize a densidade específica de 1,398 g mL^{-1} para estimar o volume exigido) de brometo de alila (3-bromopropeno) para solução em agitação. Dispense o reagente na capela de exaustão! A velocidade de adição deverá ser de aproximadamente uma gota por segundo. Adicione o haleto cuidadosamente gotejando-o na abertura do condensador de ar. Deixe a mistura da reação para agitar durante uma hora.

Configure um aparelho de filtração a vácuo com um funil de Hirsch. Decante o líquido da mistura da reação através do funil de Hirsch. Lave o balão de fundo redondo com aproximadamente 1 mL de éter dietílico e despeje o líquido no funil de Hirsch. Utilizando uma segunda porção de 1 mL de éter dietílico, lave o sólido que foi coletado no funil de Hirsch. Descarte o sólido. Prepare uma pipeta com ponta de filtro e transfira o líquido que foi coletado na filtração a vácuo para um funil de separação. Utilize 1 mL de éter dietílico para lavar o interior do frasco de filtro e empregue a pipeta com ponta de filtro para transferir o líquido para o funil de separação. Agite delicadamente o funil de separação para extrair o material orgânico da camada aquosa para a camada de éter. Drene a camada inferior (aquosa) em um Erlenmeyer de 50 mL. Não descarte a camada aquosa. Colete a camada superior (orgânica) do funil de separação em um frasco de Erlenmeyer de 25 mL (lembre-se de coletar a camada superior despejando-a da parte de cima do funil de separação). Substitua a camada aquosa no funil de separação e lave-a com uma porção de 2 mL de éter. Separe as camadas, reserve a camada aquosa no mesmo frasco de Erlenmeyer de 50 mL utilizado antes, e combine a camada de éter com a solução de éter coletada na extração anterior. Repita mais uma vez o processo de extração da fase aquosa utilizando uma porção de 2 mL de éter fresco. Seque os extratos de éter combinados com três a quatro microespátulas cheias de sulfato de sódio anidro (veja a Técnica 12, Seção 12.9). Tampe o frasco de Erlenmeyer com uma rolha e deixe-o em repouso por, pelo menos, quinze minutos (ou durante a noite).

Utilize uma pipeta com ponta de filtro para transferir o líquido seco para um frasco de Erlenmeyer limpo, previamente pesado. Utilize uma pequena quantidade de éter para lavar a parte interna do frasco original e adicione o éter ao líquido seco. Evapore o éter com um evaporador rotatório ou sob uma suave corrente de ar. Quando o éter tiver evaporado completamente, refaça a pesagem do frasco para determinar o rendimento do produto. Se for necessário armazenar seu produto final, utilize Parafilm® para vedar o recipiente.

Prepare uma amostra de seu produto final para análise por cromatografia em fase gasosa. Determine o espectro no infravermelho e o espectro de RMN de hidrogênio e de ^{13}C, de seu produto. Utilize o espectro para determinar a estrutura de seu produto. Em seu relatório de laboratório, inclua uma interpretação de cada espectro, identificando as principais bandas de absorção e demonstrando como o espectro corresponde à estrutura de seu composto. Encaminhe sua amostra em um frasco rotulado, com seu relatório de atividade no laboratório.

■ QUESTÕES ■

1. Escreva equações químicas *balanceadas* para a formação de uma substância que você preparou neste experimento.
2. Descreva uma série de equações químicas para mostrar como seu produto poderia ter sido preparado utilizando uma reação de Grignard. Certifique-se de mostrar as estruturas de todos os materiais iniciais e intermediários.
3. Desenhe a estrutura do produto que teria se formado caso o benzaldeído tivesse sido utilizado no lugar da 3-pentanona, neste experimento.
4. Quando o benzaldeído é utilizado como o composto de carbonila neste experimento, o pico do CH_2 no espectro de RMN de hidrogênio aparece como *duas* ressonâncias separadas, complexas. Explique por que isso é observado.

Experimento 35

Acoplamento de Sonogashira de compostos aromáticos substituídos por iodo com alcinos utilizando um catalisador de paládio

Química verde

Química organometálica

Reação catalisada pelo paládio

Neste experimento, iremos recorrer a um pouco de química orgânica moderna utilizando um catalisador de paládio. É uma rara oportunidade para os alunos em laboratórios de graduação experimentar essa poderosa química. Realizaremos a reação de compostos aromáticos substituídos por iodo, mostrados a seguir, com 1-pentino, 1-hexino ou 1-heptino na presença dos catalisadores acetato de paládio e iodeto cuproso, para gerar os compostos aromáticos 4-substituído-1-pentinil, 4-substituído-1-hexinil, ou 4- substituído-1-heptinil. Esta é chamada reação de acoplamento de Sonogashira[1], e será realizada em etanol 95% em refluxo, como o solvente. Além disso, a piperazina será empregada como uma base ou como um doador de hidreto.

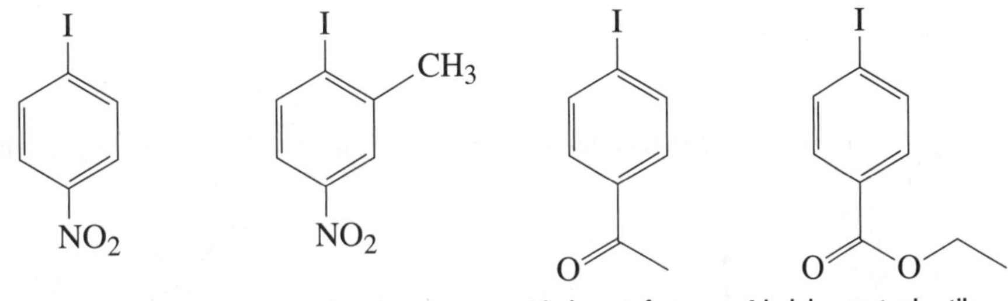

Princípios básicos

Reações catalisadas por paládio podem ser utilizadas para conectar a extremidade terminal de um alcino e um iodeto aromático, como mostra a reação a seguir.[2] Elas são úteis na indústria e são amplamente empregadas no setor acadêmico. O experimento apresentado aqui foi adaptado de um artigo de Goodwin, Hurst e Ross.[3] O mecanismo mostrado é destinado ao acoplamento do 1-iodo-4-nitrobenzeno

---

1 a) Takahashi, S., Kuroyama, Y., Sonogashira, K., Hagihara, N. *Synthesis*, 1980, 627–630. b) Thorand, S. e Krause, N. *J. Org. Chem.*, 1998, *63*, 8551–8553.

2 Brisbois, R. G., Batterman, W. G. e Kragerud, S. R. *J. Chem. Ed.* 1997, *74*, 832–833.

3 Goodwin, T. E., Hurst, E. M. e Ross, A. S. *J. Chem. Ed.* 1999, 76, 74–75. Experimento desenvolvido por Brogan, H., Engles, C.,

com o 1-pentino. Pequenas quantidades de um dímero obtido do acoplamento dos 1-alcinos também são formadas nessas reações. É provável que os dímeros resultem da formação do cobre intermediário (etapa 3 do mecanismo). Desse modo, as reações envolvendo o 1-pentino geram algum 4,6-decadieno.

1-iodo-4-nitrobenzeno + H—C≡C—R $\xrightarrow[\text{piperazina, CuI, etanol}]{Pd(OAc)_2}$ 4-nitrofenil—C≡C—R

R = $-CH_2-CH_2-CH_3$ Pentino

R = $-CH_2-CH_2-CH_2-CH_3$ Hexino

R = $-CH_2-CH_2-CH_2-CH_2-CH_3$ Heptino

O mecanismo é projetado para passar por cinco etapas, conforme mostrado a seguir.

Etapa 1: Transferência do hidreto da piperazina para o paládio

piperazina + acetato de paládio (II) ⟶ $H-Pd^{II}-OAc$ + piperazínio (imínio) $^{\ominus}OAc$

Etapa 2: Redução do Pd(II) para Pd⁰ pela remoção de HOAc com piperazina

piperazina + $H-Pd^{II}-OAc$ ⟶ Pd^0 + piperazínio $^{\ominus}OAc$

O Pd⁰ provavelmente é complexado com ligantes (L) piperazina.

$L-Pd^0-L$

Hanson, H., Phillips, S., Rumberger, S. e Lampman, G. M., Western Washington University, Bellingham, WA.

Etapa 3: Preparação do cuprato

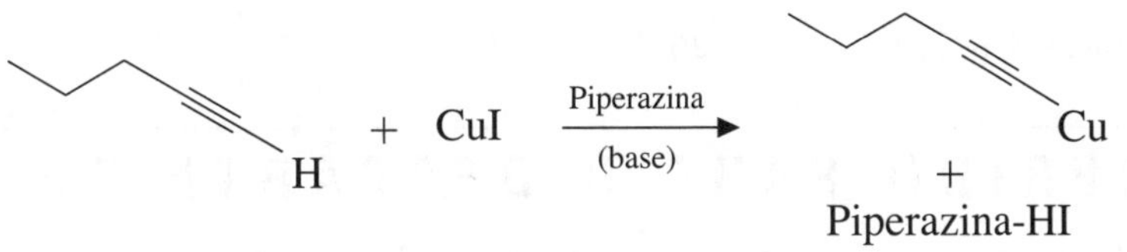

Piperazina (base)

Cu

+ CuI

H

+

Piperazina-HI

Etapa 4: Adição oxidativa

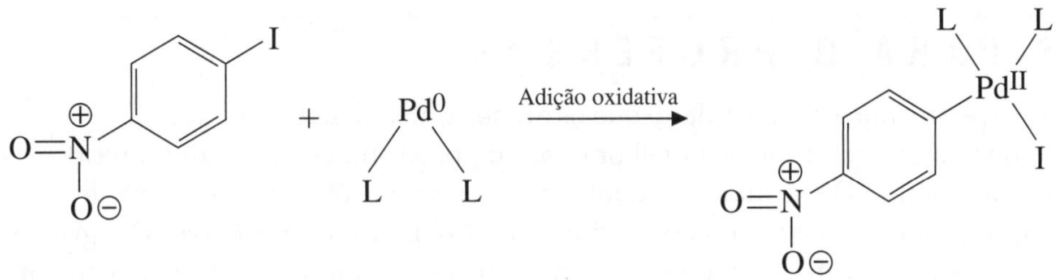

I

Pd^0

Adição oxidativa

Pd^{II}

L L

I

Etapa 5: Acoplamento do cuprato ao complexo do paládio

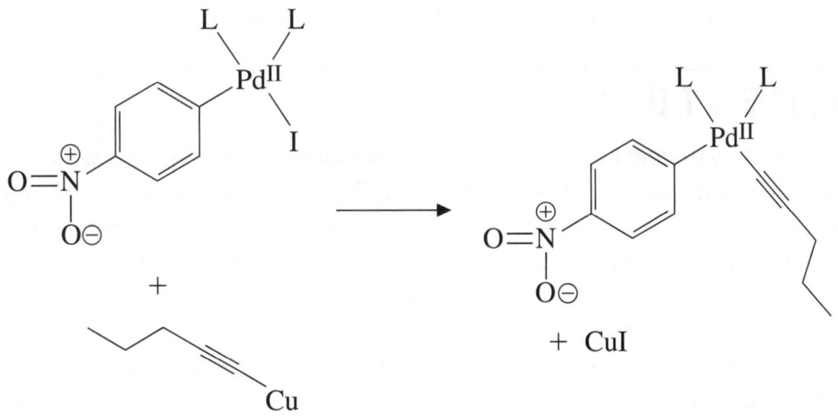

Pd^{II}

+ CuI

Cu

Etapa 6: A eliminação redutiva forma o produto e regenera o Pd^0

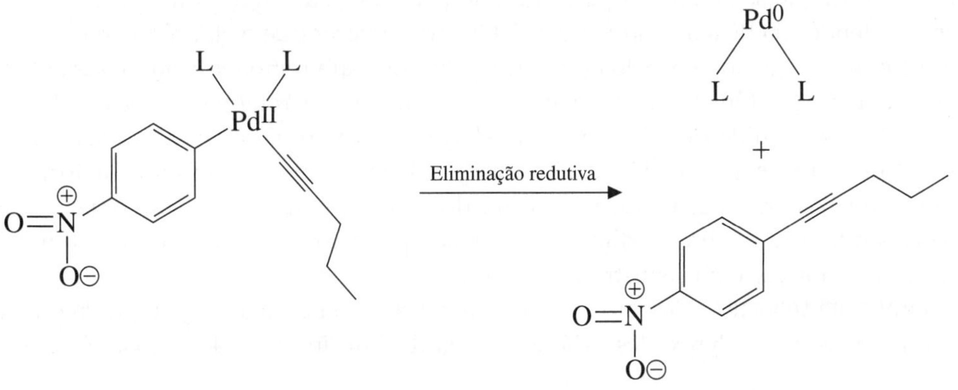

Pd^0

Eliminação redutiva

Pd^{II}

LEITURA EXIGIDA

Revisão: Técnicas 5, 6, 7, 12, 19, 25 e 26

MEIO SUGERIDO PARA O DESCARTE DE REJEITOS

Descarte todos os rejeitos aquosos no recipiente especialmente destinado a rejeitos. Coloque os rejeitos orgânicos no recipiente para rejeitos orgânicos não halogenados. Coloque os rejeitos halogenados no recipiente apropriado.

NOTAS PARA O PROFESSOR

Para este experimento é recomendado que os alunos trabalhem em duplas.

A reação de Sonogashira funciona melhor quando grupos funcionais retiradores de elétrons estão ligados ao anel aromático. Desse modo, os quatro compostos mostrados anteriormente funcionam bem quando se emprega um período de reação de trinta minutos. Esses compostos contêm grupos funcionais nitro, acetila e carboetoxi, com o grupo iodo. Quando grupos doadores de elétrons, como metoxi, estão ligados ao anel, a reação é muito mais lenta e exige tempos de reação mais longos. Obtivemos sucesso com os compostos menos reativos que aplicam a tecnologia de micro-ondas. Caso seu laboratório inclua um reator de micro-ondas comercial, como o CEM Explorer, você pode conseguir excelente sucesso com o 4-iodoanisol (1-iodo-4-metoxibenzeno) utilizando o procedimento opcional.

PROCEDIMENTO

Preparação da mistura da reação. Adicione 0,200 mmol de um dos quatro substratos de iodo mostrados na página 285 em um balão de fundo redondo de 25 mL. Utilize uma balança analítica de quatro casas para pesar os substratos e todos os materiais relacionados a seguir. Agora, adicione ao frasco 55 mg de piperazina e uma barra magnética de agitação. Adicione 1,25 ml de etanol 95% ao frasco para dissolver os materiais. Agora, adicione 16,5 mg de acetato paládio (II) e 10 mg de iodeto de cobre (I) ao frasco. Por fim, utilize uma pipeta automática para medir 70 μL de 1-pentino, 1-hexino ou 1-heptino, dependendo de qual alcino lhe foi designado, no balão de fundo redondo. Conecte ao frasco um condensador refrigerado à água. Aqueça o conteúdo em refluxo por trinta minutos em uma placa de aquecimento, mantendo a agitação.

Depois que a solução tiver sido submetida a refluxo por trinta minutos, deixe a mistura esfriar por alguns minutos. Remova o frasco e retire o etanol em um evaporador rotatório.[4] Ao utilizar o evaporador rotatório, certifique-se de girar o frasco rapidamente e de não aquecer a água do banho de água. Pode haver uma tendência de a amostra "pular". Quando parecer que o etanol foi removido, conecte o frasco em uma bomba a vácuo, por pelo menos três minutos, para remover o etanol restante e qualquer dímero formado na reação. Quando o etanol tiver sido efetivamente removido, adicione 1 mL de cloreto de metileno ao frasco, seguido de 0,2 g de sílica-gel. Agite o frasco para garantir que a maior parte do líquido seja adsorvida na sílica-gel. Coloque o frasco novamente no evaporador rotatório e remova o cloreto de metileno. Seu produto, agora, está adsorvido na sílica, gerando um sólido seco, de fluxo livre. Utilize uma espátula para quebrar a sílica contendo seu produto. Despeje o sólido em um pedaço de papel e mantenha-o até que tenha construído a coluna.

Cromatografia em colunas. Prepare uma coluna de sílica-gel para a cromatografia utilizando uma coluna de limpeza/secagem Pyrex, descartável, de 10 mL (Corning n° 214210, disponível na Fisher n°

[4] Um procedimento alternativo para a remoção do solvente etanol consiste em soprar ar na amostra. Deixe pelo menos de dez a quinze minutos, a 50 °C, para a remoção do etanol.

05-722-13; a coluna mede cerca de 30 cm de comprimento e 1 cm de diâmetro). Coloque um pouco de algodão e empurre-o para baixo com uma bastão de vidro, mas sem apertar demais. O algodão deverá estar firme o suficiente para evitar que a sílica-gel vaze pelo fundo da coluna, mas sem apertar demais, a ponto de reduzir o fluxo do solvente. Adicione sílica-gel[5] até chegar a quase 5 cm do topo da coluna.

Agora, será construído um funil com uma pipeta Pasteur plástica descartável, a fim de acrescentar a amostra ao topo da coluna de cromatografia. Para fazer o funil, primeiro, corte o topo de uma pipeta plástica de 1 mL e, também, remova a maior parte da ponta para fazer um pequeno funil (seu professor irá demonstrar isso). Utilizando seu funil, despeja a amostra de sílica, contendo seu produto adsorvido do papel de pesagem, no topo da coluna de sílica-gel. Agora, o sólido está no topo de sua coluna de cromatografia. Obtenha 10 mL de hexano e 20 mL de CH_2Cl_2. Primeiro, passe os 10 mL de hexano pela coluna, em porções, para umedecer a sílica, e colete o eluente em um balão de fundo redondo de 100 mL previamente pesado (obtenha o frasco com seu professor e utilize uma balança de quatro casas). Em seguida, passe o solvente CH_2Cl_2 através da coluna em porções, enquanto coleta o eluente no mesmo frasco de 100 mL. A coluna remove o catalisador de paládio, que continua sendo uma substância negra no topo da coluna de cromatografia.

Isolamento do produto. Depois que todos os eluentes tiverem sido coletados no balão de fundo redondo, conecte o frasco ao evaporador rotatório e remova o solvente, sob o vácuo. (Tenha cuidado para o solvente não pular no captador!) Após remover o hexano e o CH_2Cl_2, conecte o frasco a uma bomba a vácuo[6] por cerca de três minutos, para garantir que todo o solvente e o dímero[7] foram removidos do produto. Remova o frasco e pese-o na balança de quatro casas, a fim de determinar a quantidade do produto obtido. Calcule o rendimento percentual.

Análise do produto. Determine o espectro de RMN da amostra restante no frasco de 100 mL no $CDCl_3$. Adicione algumas gotas de $CDCl_3$ diretamente no frasco. Transfira a solução para o tubo de RMN, com uma pipeta de Pasteur. Coloque mais gotas de $CDCl_3$ no frasco e transfira para o tubo de RMN. Repita o processo até que você esteja razoavelmente certo de ter transferido a maior parte de seu produto para o tubo de RMN. Por fim, se necessário, acrescente $CDCl_3$ suficiente até que a altura atinja aproximadamente 50 mm. Execute o espectro de RMN e interprete os padrões. Quatro espectros de referência são mostrados nas Figuras 1, 2, 3 e 4. A Figura 1 apresenta o espectro para o produto obtido do 1-iodo-4-nitrobenzeno e do 1-hexino. Observe que o espectro mostra um tripleto em 0,96 ppm; um sexteto, em 1,50 ppm; um quinteto, em 1,60 ppm; outro tripleto, em 2,45 ppm; e 2 dupletos – um em 7,50 ppm e outro em 8,15 ppm. Um rastro de 5,7-dodecadieno é observado aproximadamente em 0,9, 1,4 e 2,2 ppm no espectro de RMN. Fique atento a um simpleto intenso que pode aparecer próximo de 7,25 ppm para o clorofórmio ($CHCl_3$) presente no solvente $CDCl_3$. Outros espectros de RMN são mostrados nas Figuras 2, 3 e 4. Quando fizer as atribuições de sua amostra, compare seus resultados aos apresentados nas figuras.

A ideia é executar o RMN de hidrogênio e, então, utilizar sua amostra para obter o espectro no infravermelho. Despeje o conteúdo do tubo de RMN em um pequeno tubo de ensaio. Transfira uma pequena quantidade da solução de $CDCl_3$ para uma janela de sal, utilizando uma pipeta Pasteur, ventile a placa para evaporar o solvente e, então, determine o espectro no infravermelho. Certifique-se de que o $CDCl_3$ tenha evaporado, antes de determinar o espectro no infravermelho, que, para o produto obtido do 1-iodo-2-metil-4-nitrobenzeno e 1-hexino, é mostrado na Figura 5, para efeito de comparação. Um pico intenso aproximadamente em 2227 cm^{-1} é observado para a ligação tripla, assim como dois picos intensos em 1518 e 1343 cm^{-1}, para o grupo NO_2. Atribua picos para o seu composto.

[5] Sílica-gel cromatográfica de Fisher, malha de 60-200, n° S818-1, Davisil® Grade 62, tipo 150A°.

[6] A bomba a vácuo é necessária para remover todos os resíduos de hexano e cloreto de metileno. No espectro de RMN, esses picos aparecem a 0,9 ppm (tripleto) e 1,3 ppm (multipleto). Qualquer CH_2Cl_2 remanescente aparece a cerca de 5,3 ppm (simpleto).

[7] A bomba a vácuo ajuda a remover qualquer dímero presente na amostra. Certifique-se de utilizar uma bomba a vácuo de boa qualidade para remover o dímero do produto.

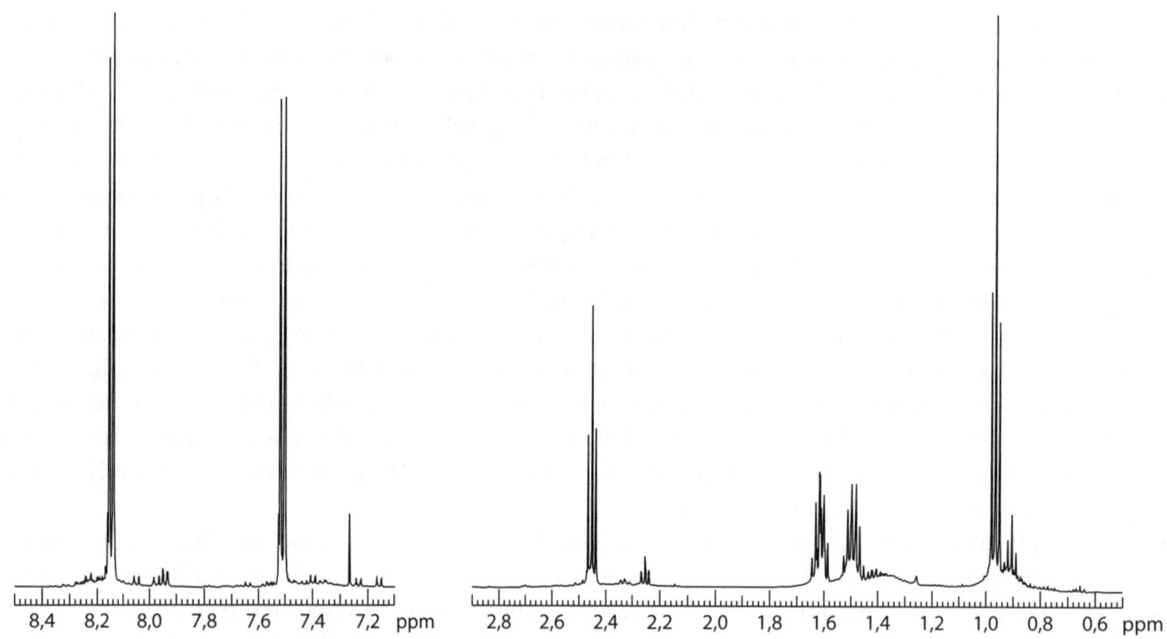

Figura 1. Espectro de RMN, de 500 MHz, do produto do 1-iodo-4-nitrobenzeno e 1-hexino. É observado um rastro de um dímero, 5,7-dode-cadieno, formado do 1-hexino, aproximadamente em 0,9 ppm (3H), 1,4 ppm (4H) e 2,2 ppm (2H), no espectro de RMN. Rastros de outras impurezas também são encontrados no espectro. O CHCl3 aparece a cerca de 7,25 ppm.

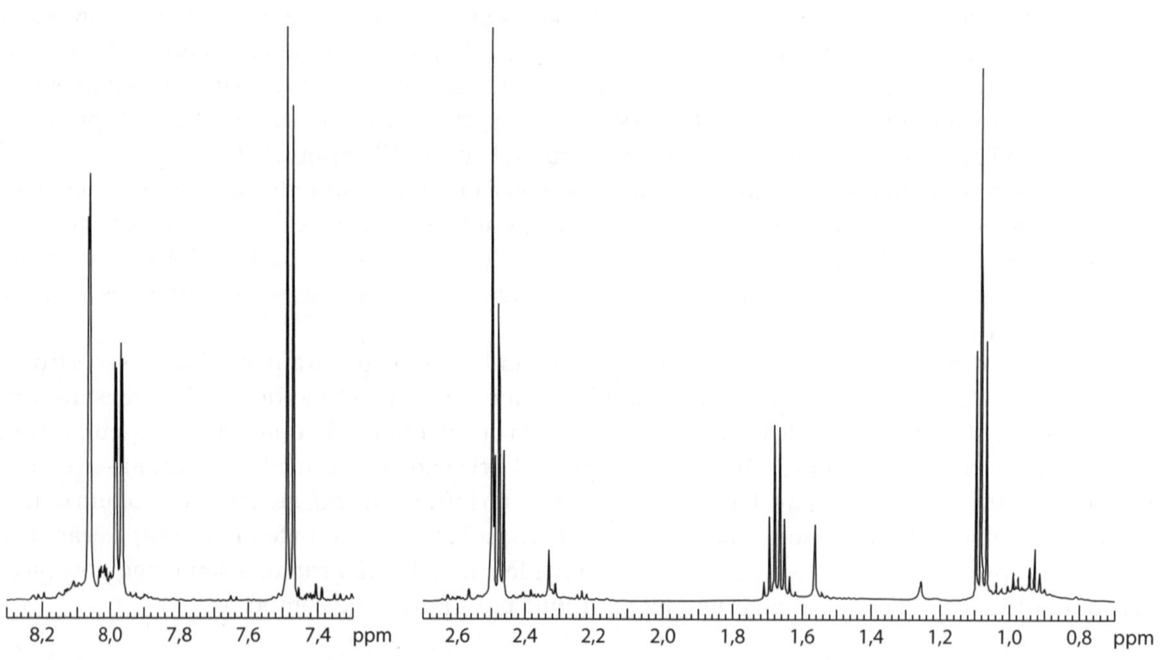

Figura 2. Espectro de RMN, de 500 MHz, do 1-iodo-2-metil-4-nitrobenzeno e 1-pentino. Observe que o simpleto para o grupo metila se sobrepõe parcialmente com o tripleto em 2,5 ppm.

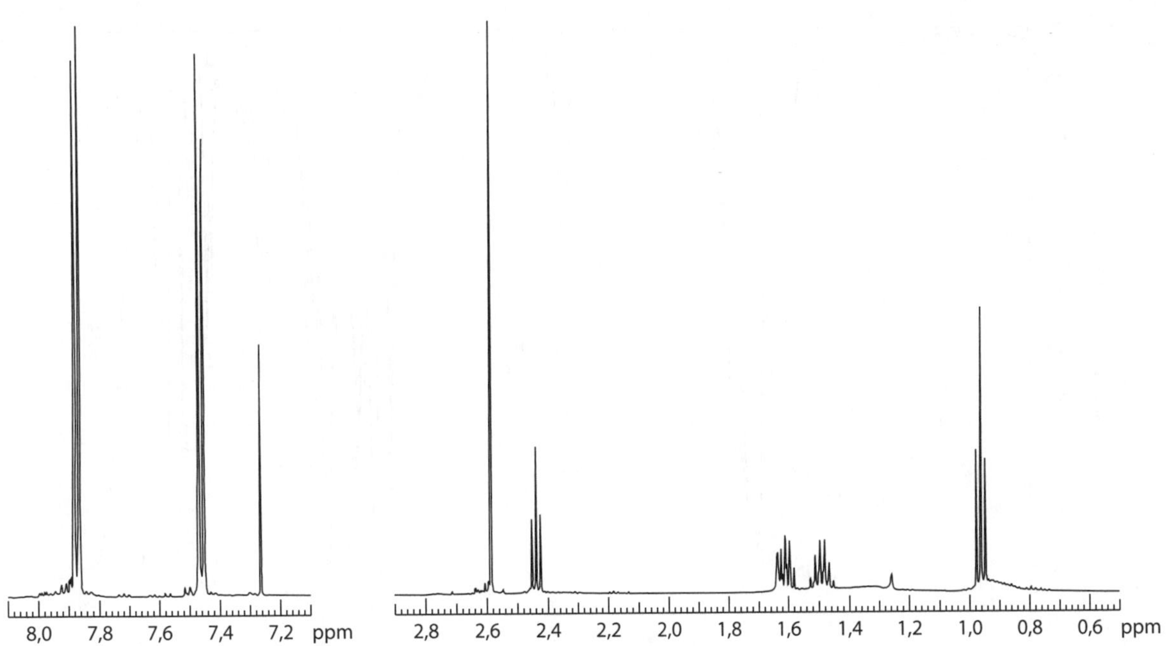

Figura 3. Espectro de RMN, de 500 MHz, do 4-iodoacetofenona e 1-hexino. O $CHCl_3$ aparece aproximadamente em 7,25 ppm.

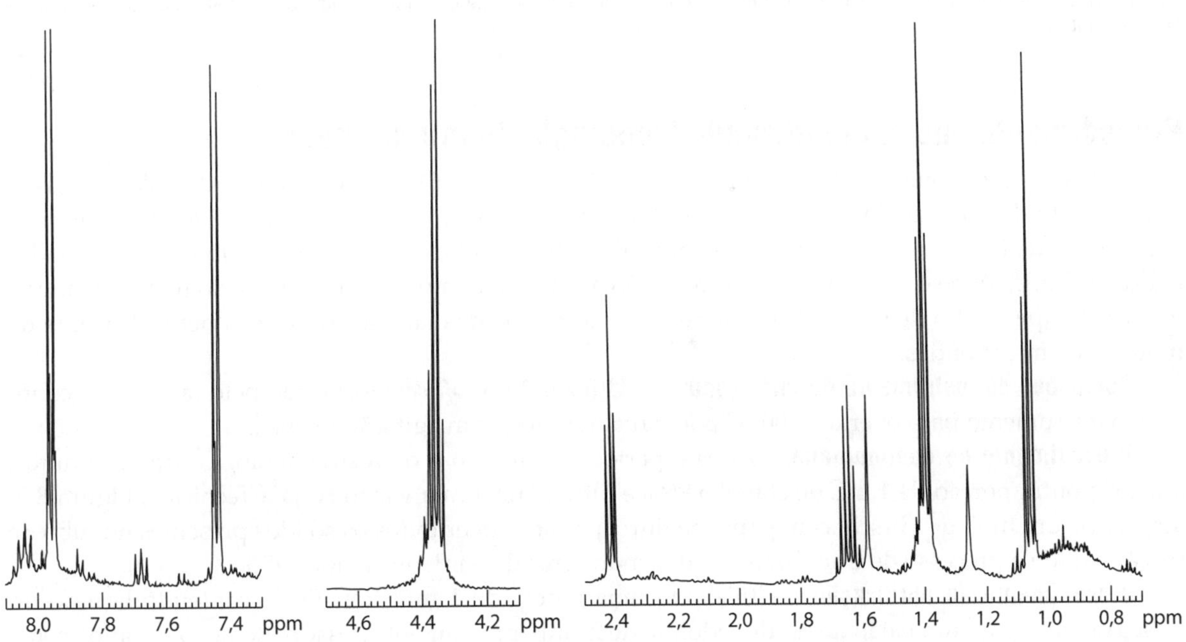

Figura 4. Espectro de RMN, de 500 MHz, do 4-iodobenzoato etílico e 1-pentino. O $-CH_2-$ do grupo etila aparece como um quarteto em 4,4 ppm, enquanto o grupo CH_3 do grupo etila aparece como um tripleto em 1,4 ppm. O tripleto em 1,05 ppm, o sexteto em 1,65 ppm e o tripleto em 2,40 ppm são atribuídos à cadeia $-CH_2$-CH_2-CH_3. O par de dupletos em 7,45 e 7,95 ppm é atribuído ao anel de benzeno *para*-dissubstituído. Os picos de impurezas aparecem em 0,95 ppm (largura), 1,25 ppm e 1,60 ppm, e com algumas diversas pequenas impurezas que aparecem na região do anel aromático.

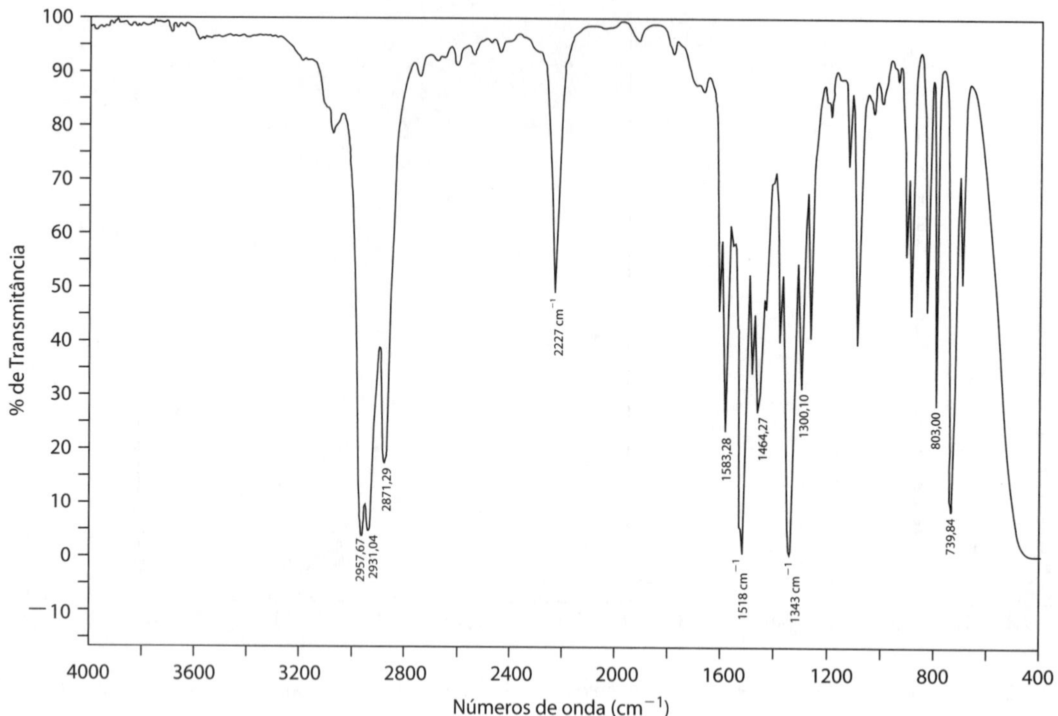

Figure 5. O espectro no infravermelho do produto do 1-iodo-2-metil-4-nitrobenzeno e 1-hexino. O pico intenso em 2227 cm^{-1} é atribuído à ligação tripla no 1-hexini1–2-metil-4-nitrobenzeno, e os dois picos intensos em 1518 e 1343 cm^{-1} são atribuídos ao grupo nitro.

Procedimento opcional utilizando tecnologia de micro-ondas[8]

Reação.[9] Adicione 0,0573 g (0,24 mmol) de 4-iodoanisol, 0,0120 g de pó negro de paládio, 0,1460 g de fluoreto de potássio 40% em alumina (Aldrich Chemical Co., n° 316385), 0,0317 g de trifenilfosfina, 0,0410 g de iodeto cuproso, 1 mL de etanol 95% e 70 μL de 1-pentino para um tubo de micro-ondas padrão (12 mL). Acrescente uma barra de agitação, recomendada pelos fabricantes, do reator de micro--ondas. Tampe o tubo de micro-ondas firmemente com uma das tampas fornecidas pelo fabricante da unidade de micro-ondas.

Condições do instrumento de micro-ondas. Utilizando o *software* fornecido pelo fabricante, configure o instrumento para operar a 100 °C por trinta minutos, com agitação intensa.

Procedimento de continuidade. Após o período de reação e de resfriamento, de trinta minutos, adicione outra porção de 1 mL de etanol a 95% e filtre a mistura a vácuo (veja a Técnica 8, Figura 8.5) através de um funil de Hirsch, com papel de filtro, para remover todos os sólidos presentes no tubo de reação. Ajude o processo de transferência utilizando cerca de 3 mL de etanol a 95%.

Procedimento de purificação. Utilizando uma pipeta de 1 mL, transfira o conteúdo líquido do frasco de filtro para um balão de fundo redondo de 25 mL, previamente pesado. Remova o etanol, sob o vácuo, com um evaporador rotatório. Quando, aparentemente, o etanol tiver sido removido no evaporador rotatório, remova o frasco e conecte-o a uma boa fonte de bomba a vácuo para remover o etanol restante e qualquer dímero (4,6-decadieno) que possa ter se formado na reação do 1-pentino. Continue

[8] Micro-ondas apparatus: CEM Explorer, CEM Corp, 3100 Smith Farm Road, Mathews, NC 28106-0200.

[9] Kabalka, G. W., Wang, L., Namboodiri, V. e Pagni, R. M. "Rapid microondas-enhanced, solventless Sonogashira coupling reaction on alumina", *Tetrahedron Letters*, 2000, 41, 5151–5154.

bombeando o frasco por pelo menos três minutos. Libere o vácuo, remova o frasco e refaça a pesagem do frasco para determinar a quantidade do produto obtido. Calcule o rendimento teórico para a reação.

Espectroscopia de RMN. Acrescente aproximadamente 0,7 mL de $CDCl_3$ à amostra no frasco. Na maioria dos casos, você encontrará uma pequena quantidade de sólido indesejado presente que não se dissolve no $CDCl_3$. Prepare uma pipeta de filtração (veja a Técnica 8, Seção 8.1C), retire a solução de $CDCl_3$ com uma pipeta Pasteur e adicione-a à pipeta de filtração. Colete a solução em um pequeno tubo de ensaio. O processo de filtração deverá remover todo o sólido, ou a maior parte dele, que poderá ser descartada com a pipeta de filtração. Retire o filtrado com uma pipeta Pasteur e adicione-o ao tubo de RMN. Acrescente mais solvente $CDCl_3$ ao tubo de RMN até que o nível do líquido atinja 50 mm. Determine e interprete o espectro de RMN de ^1H. Esse procedimento pode ser aplicado a outros compostos que liberem elétrons ou que sejam não reativos, como o iodobenzeno, 4-iodotolueno, 1-bromo-2-iodobenzeno e 1-bromo-3-iodobenzeno. Um resultado interessante é obtido com o 2-iodobenzoato de metila, no qual o éster metílico é convertido para o éster etílico por uma reação de transesterificação no etanol durante o curso da reação de acoplamento de Sonogashira.

■ QUESTÕES ■

1. Desenhe a estrutura do produto esperado nas seguintes reações de Sonogashira:

2 (1-iodo-4-nitrobenzeno: I, NO_2) + H—C≡C—H ⟶

(4-iodoacetofenona: I, O, CH_3) + H—C≡C—CH_2CH_2—OH ⟶

(2-iodofenol: I, O—H) + H—C≡C—Ph ⟶ $\xrightarrow{H^+}$ Anel com cinco membros fundido ao anel de benzeno

(2-iodonaftaleno: I) H—C≡C—Ph ⟶

2. Desenhe as estruturas dos intermediários e do produto da seguinte reação.

1) LiN(i-propil)$_2$
2) Br

$Pd(OAc)_2$
CuI
piperazina
etanol

Cl
Cl

$Pd(OAc)_2$
CuI
piperazina
etanol

Ph

3. Uma pequena quantidade de 4,6-decadieno é formada nas reações envolvendo 1-pentino. Em que ponto no mecanismo esse composto se forma?
4. Desenhe um mecanismo para a formação de seu produto.

Experimento 36

Metátese do eugenol com 1,4-butenodiol, catalisada pelo método de Grubbs para preparar um produto natural

Química verde

Química organometálica

Reações catalisadas por rutênio

O catalisador de Grubbs é útil na química organometálica em decorrência da sua estabilidade relativa ao ar e da sua tolerância a uma variedade de solventes. Esse é um catalisador organometálico baseado no rutênio, utilizado na metátese de acoplamento cruzado, metátese de abertura de anel, metátese de fechamento de anel e polimerização com metátese de abertura de anel (ROMP, na sigla em inglês). Os quatro processos são mostrados a seguir. A linha pontilhada indica como é possível visualizar o processo de metátese. O desenvolvimento da reação de metátese na síntese orgânica deu a Yves Chauvin, Robert H. Grubbs e Richard R. Schrock o Prêmio Nobel de Química, em 2005.

R, CH_2 + H_2C, R' —Catalisador→ R, R' + $H_2C{=}CH_2$ Metátese de acoplamento cruzado

CH_2 CH_2, $(CH_2)_n$ —Catalisador→ H, C=C, H, $(CH_2)_n$ + $H_2C{=}CH_2$ Metátese de fechamento de anel

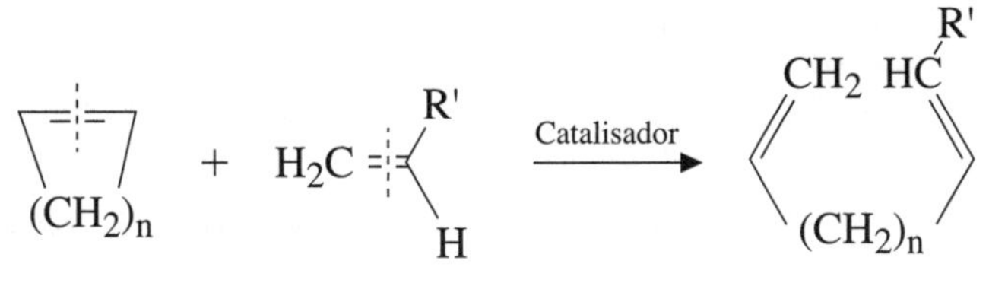

Catalisador

Metátese de abertura de anel

Catalisador

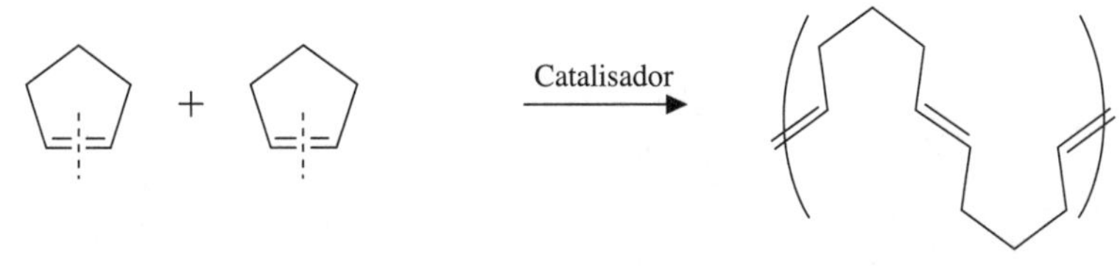

Polimerização com metátese de abertura de anel (ROMP)

O catalisador de Grubbs que utilizaremos neste experimento é chamado de catalisador de Grubbs de 2ª geração. O nome IUPAC (International Union of Pure and Applied Chemistry ou União Internacional para Química Pura e Aplicada), é tão complicado que os pesquisadores não deram ao composto um nome IUPAC formal! Esse catalisador tem uma atividade maior que o Catalisador de Grubbs de 1ª Geração, que será utilizado no Experimento 48 para o experimento de polimerização ROMP. O mecanismo da reação de metátese cruzada é mostrado na página 655. O experimento atual ilustra uma reação muito importante, amplamente utilizada em pesquisas e na indústria, que é chamada metátese cruzada de olefina.

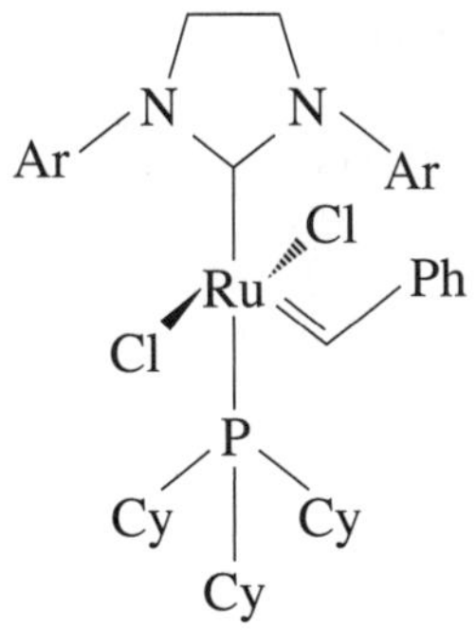

Cy = ciclohexil
Ph = fenil
Ar = 2,4,6-trimetilfenil

2ª Geração de Grubbs

Neste experimento, o catalisador de Grubb será utilizado na metátese cruzada do eugenol com *cis*-1,4-butenodiol[1] para formar um produto natural conhecido por suas qualidades medicinais. O produto da reação, (*E*)-4-(4-hidroxi-3-metoxifenil)-2-buteno-1-ol, foi isolado, pela primeira vez, das raízes de uma planta sul-asiática, chamada *Zingiber cassumunar*, que é conhecida por suas propriedades anti-inflamatórias e antioxidantes. Você reconhecerá a agradável fragrância do eugenol, que é isolado de cravos (veja o Experimento 13). As reações são mostradas a seguir. Produtos naturais, como o eugenol, são muito valiosos para a produção de medicamentos. O mecanismo é mostrado a seguir.

[1] Taber, D. F. e Frankowski, K. J."Grubbs Cross Metathesis of Eugenol with *cis*-1,4-butene-1, 4-diol to Make a Natural Product", *Journal of Chemical Education*, 2006, 83, 283–284. Experimento desenvolvido por Conrardy, D. e Lampman, G. M., Western Washington University, Bellingham, WA.

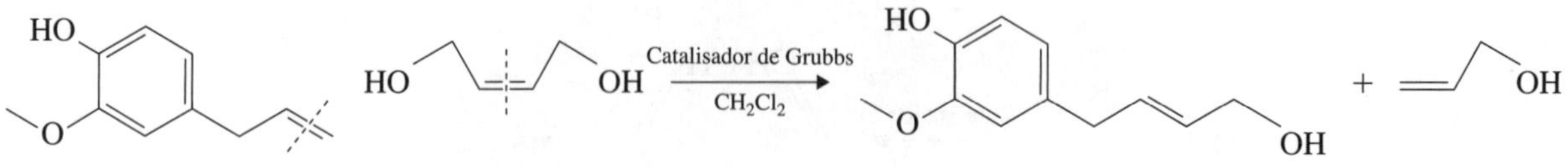

Eugenol + *cis*-1,4-butenodiol → (Catalisador de Grubbs, CH_2Cl_2) → (E)-4-(4-hidroxi-3-metoxifenil)-2-buteno-1-ol + 2-propeno-l-ol

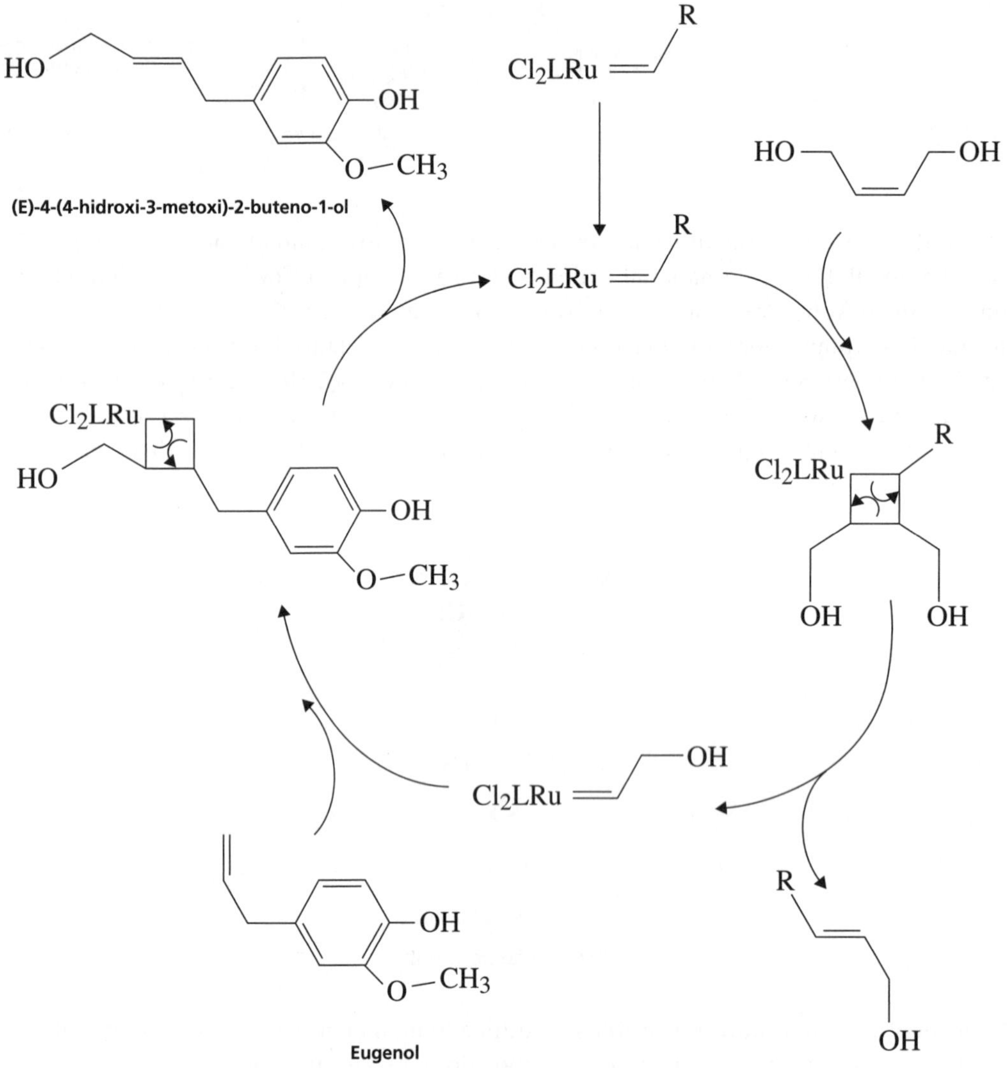

(E)-4-(4-hidroxi-3-metoxi)-2-buteno-1-ol

Eugenol

LEITURA EXIGIDA

Revisão: Técnicas 5, 6, 7, 12, 19, 26

INSTRUÇÕES ESPECIAIS

O catalisador de Grubbs é caro e sensível ao ar. Tome cuidado ao utilizá-lo, para evitar desperdícios.

MEIO SUGERIDO PARA O DESCARTE DE REJEITOS

Descarte todos os dejetos aquosos no recipiente especificamente designado a rejeitos aquosos. Coloque os rejeitos orgânicos no recipiente para rejeitos orgânicos não halogenados. Coloque os rejeitos halogenados no recipiente apropriado.

NOTAS PARA O PROFESSOR

Recomenda-se que os alunos trabalhem em duplas para realizar este experimento.

PROCEDIMENTO

Preparação da mistura da reação. Transfira o líquido, eugenol, gota a gota, para um balão de fundo redondo de 50 mL, utilizando uma pipeta Pasteur até conseguir a obtenção de 0,135 g de eugenol. Pese o material em uma balança analítica de quatro casas. Tare a balança e adicione 0,490 g de cis-1,4-butenodiol diretamente no mesmo balão de fundo redondo.

Acrescente 6 mL de cloreto de metileno ao balão de fundo redondo. Rapidamente, pese 0,022 g do catalisador de Grubb de 2ª geração em um pedaço de papel de pesagem, utilizando a balança analítica. Pese o catalisador rapidamente e adicione-o ao balão de fundo redondo. O catalisador é sensível ao ar e também é muito caro! Trabalhe rapidamente, e lembre-se de que não é importante obter a quantidade exata do catalisador. Acrescente mais 1 mL de cloreto de metileno e uma pequena barra de agitação à mistura, no balão de fundo redondo.

Com uma tampa plástica, tampe o frasco firmemente para evitar a evaporação do solvente. Agite a mistura com um agitador magnético a uma velocidade média, para a evitar respingos. Se você estiver utilizando um agitador/unidade de chapa de aquecimento, certifique-se de que a fonte de calor esteja desligada. Essa reação ocorre à temperatura ambiente. Agite a mistura por, pelo menos, uma hora. Cubra a tampa com Parafilm para reduzir a possibilidade de evaporação do solvente. Deixe a mistura em repouso à temperatura ambiente, em seu armário, com a tampa firmemente fixada, até o próximo período de atividade no laboratório. Espere, pelo menos, vinte e quatro horas. Maiores tempos de reação também são aceitáveis.

Isolamento do produto. Remova o solvente da mistura da reação com um evaporador rotatório, sob o vácuo. Continue o processo de evaporação até que se forme um líquido espesso amarronzado, no fundo do balão. Remova o balão e adicione cerca de 1 mL de cloreto de metileno e cerca de 0,2 g de sílica-gel. Gire o balão, de modo que o máximo de líquido possível seja absorvido na sílica. Em seguida, reconecte o balão de fundo redondo ao evaporador rotatório e evapore por mais um ou dois minutos, sob o vácuo, para garantir que todo o solvente foi removido. Um material sólido, de fluxo livre irá resultar com o produto adsorvido na sílica. Despeje o sólido seco em um pedaço de papel de pesagem e cubra a amostra com um béquer invertido.

Cromatografia em colunas. Prepare uma coluna de sílica-gel para a cromatografia utilizando uma coluna de limpeza/secagem de 10 mL, Pyrex, descartável (Corning n° 214210, disponível em Fisher n° 05-722-13; a coluna tem cerca de 30 cm de comprimento e 1 cm de diâmetro). Coloque um pouco de algodão na ponta, utilizando seu termômetro. Não force demais o algodão na ponta da coluna. Ele deverá ficar suficientemente firme para evitar que a sílica-gel vaze no fundo da coluna, mas não firme demais, a ponto de diminuir o fluxo do solvente. Adicione sílica-gel de grau cromatográfico[2] suficiente para preparar uma coluna de 15 cm.

[2] Sílica-gel cromatográfica, da Fisher, com malha de 60-200, n° S818-1, Davisil® Grau 62, tipo 150Å.

Faça um funil com uma pipeta Pasteur plástica descartável, a fim de adicionar a amostra ao topo da coluna de cromatografia. Primeiro, corte a parte de cima de uma pipeta plástica de 1 mL e remova também a maior parte da ponta, para fazer um pequeno funil (seu professor deverá lhe mostrar isso). Despeje a amostra de sílica contendo seu produto absorvido do papel de pesagem no topo da coluna de sílica-gel, através do funil. Agora, o sólido está no topo da coluna de cromatografia.

Adicione, em porções, 10 mL de éter de petróleo (grau 30 a 60 °C) através da coluna. Certifique-se de manter, todas às vezes, uma pequena quantidade de líquido no topo da coluna para evitar que a coluna seque. Deixe o éter de petróleo fluir pela coluna para molhar a sílica gel e iniciar o processo de eluição. Colete o eluente em um frasco de Erlenmeyer. Assim que o éter de petróleo tiver passado pela coluna, adicione lentamente porções de 30 mL de cloreto de metileno à coluna. Deixe a coluna eluir por meio da gravidade; não utilize bulbo de borracha para empurrar o líquido pela coluna, empregando pressão. Provavelmente, não será possível ver uma faixa distinta se movendo para baixo na coluna; em vez disso, por causa da dispersão, o material colorido irá se espalhar pela coluna, tornando difícil observar o movimento do produto colorido. O material que passa pela coluna tem sido descrito, de forma variada, como um "rastro" de luz verde-clara ou uma luz verde-menta, ou ainda, em alguns casos, como um material cinzento/amarelo, se movendo para baixo, na coluna. Por causa da cor clara, geralmente, é difícil ver o material se movendo para baixo, na coluna. Normalmente, o material colorido se moverá abaixo de uma faixa de cor preta (a faixa preta é indesejável). Continue a coletar o eluente no frasco de Erlenmeyer até que o produto colorido atinja a ponta da coluna de cromatografia. Quando o produto colorido começar a eluir, passe do frasco de Erlenmeyer para um balão de fundo redondo de 50 mL. Talvez, você queria iniciar antes a coleta do eluente porque, na verdade, não é possível ver o material colorido saindo pela ponta, uma vez que a cor é tão clara. Se for necessário, você poderá solicitar mais cloreto de metileno para remover o produto colorido. O líquido no frasco de Erlenmeyer é, em grande parte, o material de partida incolor (eugenol), que elui antes do produto. O produto desejado deve ser coletado no balão de fundo redondo. Depois que todo o produto colorido tiver eluído da coluna, remova o solvente no balão de fundo redondo de 50 mL, no evaporador rotatório, a vácuo.

Isolamento e análise do produto. Quando todo o solvente tiver sido removido, deverá restar no frasco um sólido marrom-amarelado; esse é o produto bruto. Adicione 6 mL de hexano e 1 mL de éter dietílico (*não o éter de petróleo*) ao frasco e gire-o para garantir que todo o produto tenha entrado em contato com a mistura de solventes. Talvez, seja preciso raspar o fundo do frasco com uma espátula para remover o produto que está grudado no fundo. Transfira o produto para um funil de Hirsch, a vácuo, para isolar o produto sólido purificado. Utilize hexano para remover o produto restante no frasco. Continue a extrair o ar pelo funil de Hirsch até que o produto esteja completamente seco. Descarte o filtrado. O produto deverá ser um sólido cuja cor varia do amarelo ao amarronzado ou, talvez, dourado, ou mesmo, cinzento. Obtenha o ponto de fusão do produto. Geralmente, se pode esperar o ponto de fusão variar de 91 a 94 °C, mas você precisa relatar o ponto de fusão efetivamente obtido. Determine o espectro de RMN de ^1H em $CDCl_3$. Para efeito de comparação, veja o espectro de RMN do produto da reação (E)-4-(4-hidroxi-3-metoxifenil)-2-buteno-1-ol, a seguir.

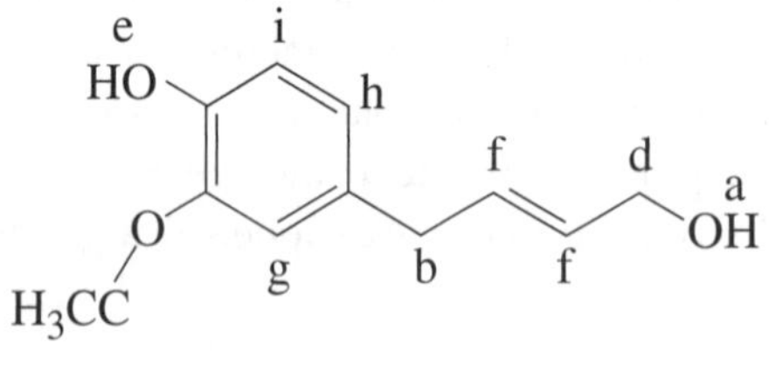

e i
HO h
f d
a
O OH
g b f
H_3CC

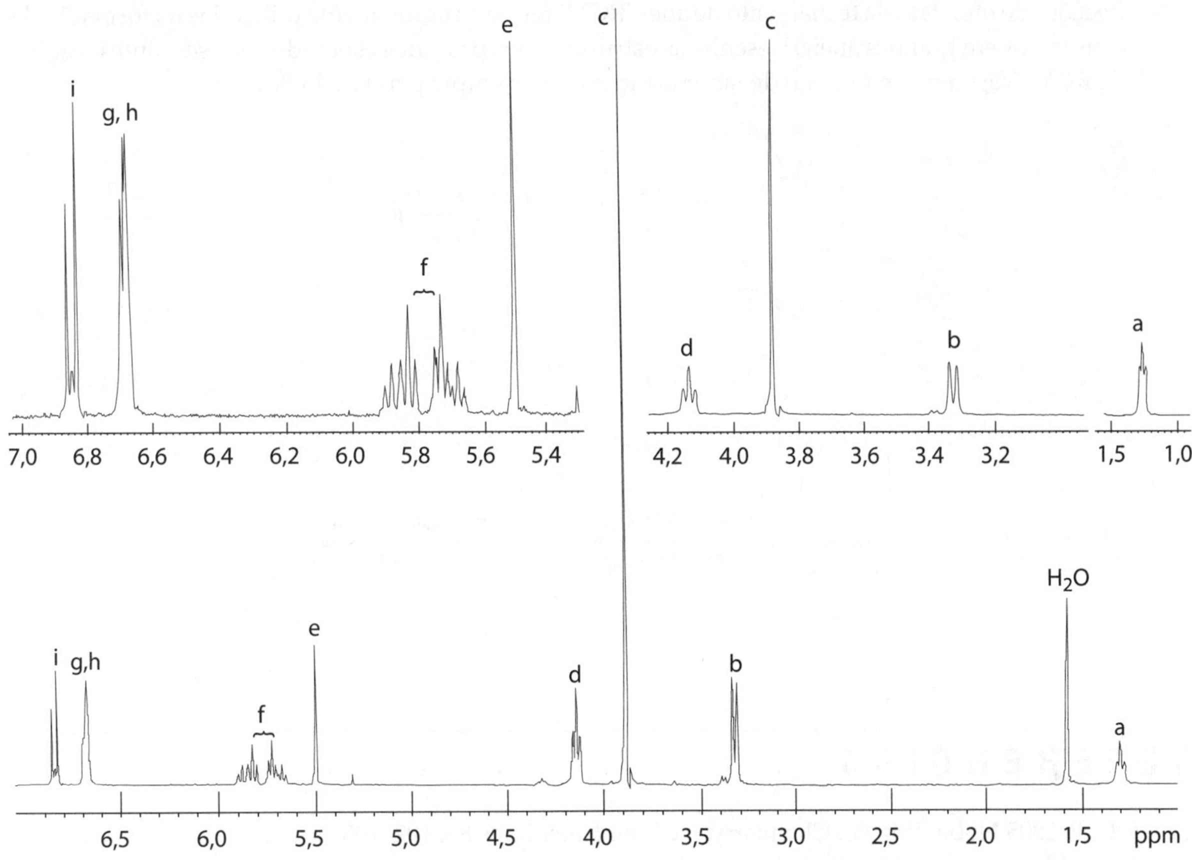

O espectro de RMN, do (b1-4-(4-hidro 3-metoxifenil)-2-buteno-1-ol, de 500 MHz, em $CDCl_3$. Os picos destacados mostram expansões para os hidrogênios no produto da metátase. O rótulo corresponde à estrutura mostrada anteriormente. Um pico para a água aparece em 1,6 ppm.

■ QUESTÕES ■

1. A cromatografia em colunas é utilizada, neste experimento, para separar os compostos uns dos outros na mistura. Sugira em que ordem você espera que os compostos a seguir eluam da coluna. Utilize 1 para o primeiro e 4 para o último:

eugenol que não reagiu
1,4-butenodiol que não reagiu
subprodutos do metal rutênio
seu produto após a metátese

2. Desenhe um mecanismo para a seguinte reação de metátese de fechamento de anel.

EtO_2C CO_2Et → (Ph(H)C=M, CH_2Cl_2) → EtO_2C CO_2Et

3. Reações de metátese de fechamento de anel (RCM) têm sido amplamente utilizadas na formação de compostos em grandes anéis. Desenhe as estruturas dos produtos esperados das seguintes reações de RCM. Veja o procedimento de laboratório para o exemplo geral de RCM.

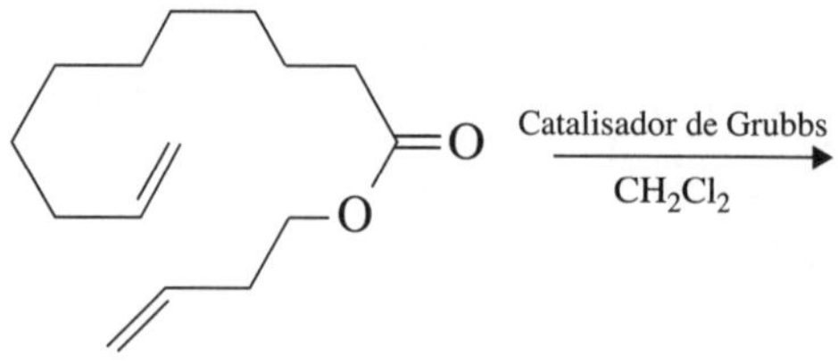

=O Catalisador de Grubbs

O CH_2Cl_2

O

O O

$Ph_3P{=}CH_2$ Reação Wittig

Catalisador de Grubbs CH_2Cl_2

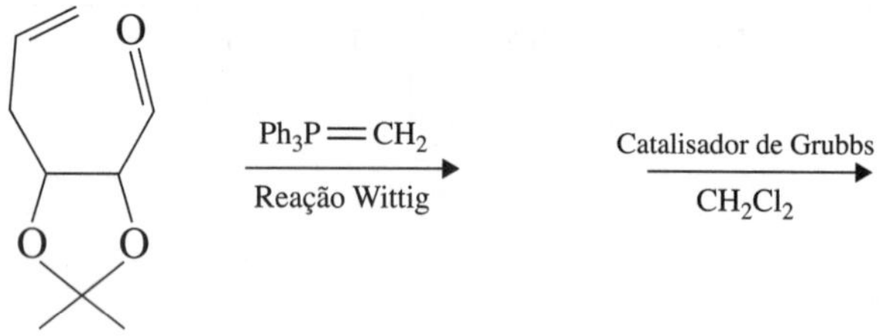

REFERÊNCIAS

Casey, C. P. 2005 Nobel Prize in Chemistry. *J. Chem. Educ.* 2006, 83, 192–195.

France, M. B.; Uffelman, E. S. Ring-Opening Metathesis Polymerization with a Well-Defined Ruthenium Carbene Complex. *J. Chem. Educ.* 1999, 76, 661–665.

Greco, G. E. Nobel Chemistry in the Laboratory: Synthesis of a Ruthenium Catalyst for Ring-Closing Olefin Metathesis. *J. Chem. Educ.* 2007, 84, 1995–1997.

Pappenfus, T. M.; Hermanson, D. L; Ekerholm, D. P.; Lilliquist, S. L.; Mekoli, M. L. Synthesis and Catalytic Activity of Ruthenium-Indenylidene Complexes for Olefin Methathesis. *J. Chem. Educ.* 2007, 84, 1998–2000.

Scheiper, B.; Glorius, F.; Leitner, A.; Fürstner, A. Catalysis-based enantioselective total synthesis of the macrocyclic spermidine alkaloid isooncinotin. *Proc. Natl. Acad. Sci.* 2004, 101, 11960–11965.

Scholl, M., Ding, S., Lee, C. W. e Grubbs, R. H. "Synthesis and Activity of a New Generation of Ruthenium-Based Olefin Metathesis Catalysts Coordinated with 1,3-dimethyl-4,5-dihydroimidazol-2-ylidene Ligands," *Organic Letters*, 1999, 953–956.

Schrock, R. R. "Living Ring-Opening Metathesis Polymerization Catalyzed by Well-Characterized Transition-Metal Alkylidene Complexes," *Accounts of Chemical Research*, 1990, 23, 158–165.

Taber, D. F. e Frankowski, K. J. "Grubbs Cross Metathesis of Eugenol with *cis*-1,4-butene-1, 4-diol to Make a Natural Product," *Journal of Chemical Education*, 2006, 83, 283–284.

Trnka, T. M. e Grubbs, R. H. "Development of L2X2Ru=CHR Olefin Metathesis Catalysts: An Organometallic Success Story," *Accounts of Chemical Research*, 2001, 34, 18–29.

Experimento 37

A reação de condensação aldólica: preparação de benzalacetofenonas (chalconas)

Condensação aldólica

Cristalização

Modelagem molecular (opcional)

O benzaldeído reage com uma cetona na presença de uma base para resultar em cetonas α, β-insaturadas. A reação é um exemplo de condensação aldólica cruzada, em que o intermediário se desidrata para produzir a cetona insaturada estabilizada por ressonância.

$$C_6H_5-CHO + CH_3-\overset{O}{\overset{\|}{C}}-R \xrightarrow{OH^-} C_6H_5-\underset{OH}{\underset{|}{\overset{H}{\overset{|}{C}}}}-CH_2-\overset{O}{\overset{\|}{C}}-R \xrightarrow{-H_2O} (H)(C_6H_5)C{=}C(H)-\overset{O}{\overset{\|}{C}}-R$$

intermediário

Condensações aldólicas cruzadas, deste tipo, ocorrem com alto rendimento, uma vez que o benzaldeído não pode reagir com ele mesmo através de uma reação de condensação aldólica porque não tem nenhum hidrogênio α. Do mesmo modo, as cetonas não reagem facilmente com elas próprias em base aquosa. Portanto, a única possibilidade é que uma cetona reaja com o benzaldeído.

Neste experimento, são dados procedimentos para a preparação de benzalacetofenonas (chalconas). É preciso escolher um dos benzaldeídos substituídos e fazê-lo reagir com a cetona, acetofenona. Todos os produtos são sólidos, de modo que podem facilmente ser recristalizados.

As benzalacetofenonas (chalconas) são preparadas pela reação de um benzaldeído substituído com acetofenona em base aquosa. São utilizados: piperonaldeído, *p*-anisaldeído e 3-nitrobenzaldeído.

$$(Ar)(H)C{=}O + CH_3-\overset{O}{\overset{\|}{C}}-C_6H_5 \xrightarrow{OH^-} (Ar)(H)C{=}C(H)-\underset{O}{\underset{\|}{C}}-C_6H_5 + H_2O$$

Um benzaldeído **Acetofenona** **Uma benzalacetofenona *(trans)***

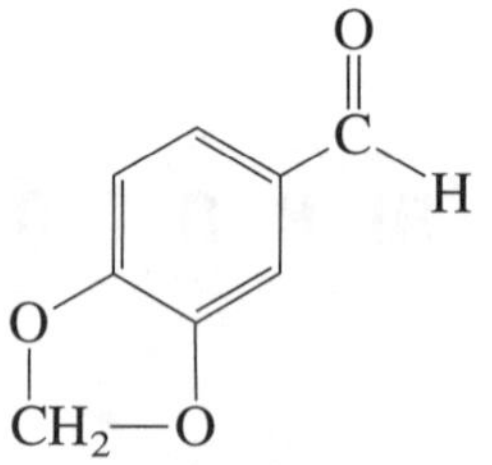

Piperonaldeído 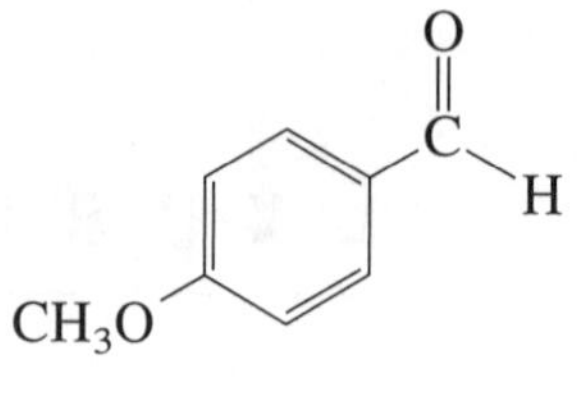　　*p*-Anisaldeído 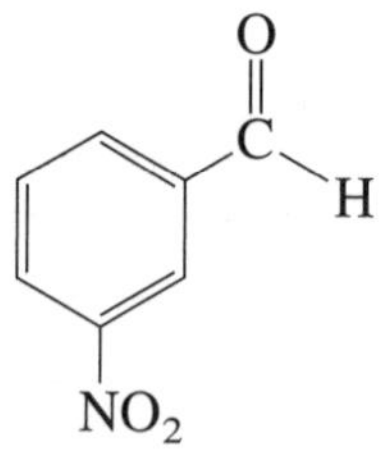　　3-Nitrobenzaldeído

Um exercício opcional de modelagem molecular é apresentado neste experimento. Examinaremos a reatividade do íon enolato de uma cetona para verificar qual átomo, de oxigênio ou de carbono, é mais nucleofílico. A parte que se refere à modelagem molecular ajudará a racionalizar os resultados deste experimento. Será útil observar o Experimento 18E, além do material apresentado aqui.

LEITURA EXIGIDA

Revisão:	*Técnica 8	Filtração, Seção 8.3
	*Técnica 11	Cristalização: purificação de sólidos, Seção 11.3
	Experimento 2	Cristalização
Novo:	Ensaio 11	Química computacional – os métodos *ab initio* e semiempíricos (opcional)
	Experimento 18	Química computacional (opcional)

INSTRUÇÕES ESPECIAIS

Antes de iniciar este experimento, será necessário selecionar um dos benzaldeídos substituídos. Como alternativa, seu professor pode designar a você um composto específico.

MEIO SUGERIDO PARA O DESCARTE DE REJEITOS

Todos os filtrados deverão ser descartados no recipiente designado para rejeitos orgânicos não halogenados.

PROCEDIMENTO

Execução da reação. Escolha um dos três aldeídos para este experimento: piperonaldeído (sólido), 3-nitrobenzaldeído (sólido) ou p-anisaldeído (líquido). Coloque 0,75 g de piperonaldeído (3,4-metilenodioxibenzaldeído, MM = 150,1) ou 0,75 g de 3-nitrobenzaldeído (*MM* = 151,1) em um frasco de Erlenmeyer de 50 mL. Ou então, transfira 0,65 mL do p-anisaldeído (4-metoxibenzaldeído, *MM* = 136,2) para um frasco de Erlenmeyer de 50 mL devidamente tarado e refaça a pesagem do frasco para determinar a massa do material transferido.

Adicione 0,60 mL de acetofenona (*MM* = 120,2, d = 1,03 g mL^{-1}) e 4,0 mL de etanol 95% ao frasco contendo o aldeído que você escolheu. Agite o frasco para misturar os reagentes e dissolver quaisquer sólidos que estiverem presentes. Talvez, seja preciso aquecer a mistura em um banho de vapor ou placa de aquecimento, a fim de dissolver os sólidos. Caso seja necessário, a solução deverá ser resfriada à temperatura ambiente, antes de prosseguir para a próxima etapa.

Adicione 0,5 mL de solução de hidróxido de sódio à mistura benzaldeído/acetofenona.[1] Adicione uma barra magnética e agite a mistura. Antes que a mistura se solidifique, você poderá observar alguma turbidez. *Espere até que a turbidez seja substituída por um precipitado óbvio que se deposita no fundo do frasco, antes de prosseguir para o parágrafo seguinte.* Continue a agitar, até que se forme um sólido (aproximadamente de três a cinco minutos).[2] Raspar o interior do frasco com sua microespátula ou bastão de agitação de vidro pode ajudar a cristalizar a chalcona.

Isolamento do produto bruto. Adicione 10 mL de água gelada ao frasco depois que um sólido tiver se formado, conforme indica o parágrafo anterior. Agite o sólido na mistura com uma espátula para quebrar a massa sólida. Transfira a mistura para um pequeno béquer com 5 mL de água gelada. Agite o precipitado para quebrá-lo e, então, colete o sólido em um funil de Hirsch ou funil de Büchner, sob o vácuo. Lave o produto com água fria. Deixe o sólido para secar ao ar por cerca de trinta minutos. Pese o sólido e determine o rendimento percentual.

Cristalização da chalcona. Você deverá utilizar o procedimento de cristalização introduzido no Experimento 2 (Parte A, "Cristalização em macroescala") para cristalizar a chalcona. Assim que os cristais tiverem sido deixados para secar completamente, pese o sólido, determine o rendimento percentual e defina o ponto de fusão. Cristalize a chalcona parcial ou totalmente, como se segue:

3,4-metilenodioxichalcona (a partir do piperonaldeído). Cristalize toda a amostra em etanol 95% quente. Utilize aproximadamente 12,5 mL de etanol por grama de sólido. O ponto de fusão especificado na literatura é 122 °C.

4-metoxichalcona (a partir do *p*-anisaldeído). Cristalize toda a amostra em etanol 95% quente. Utilize cerca de 4 mL de etanol por grama de sólido. Raspe o frasco para induzir a cristalização, durante o resfriamento. O ponto de fusão especificado na literatura é 74 °C.

3-nitrochalcona (a partir do 3-nitrobenzaldeído). Cristalize uma amostra de 0,50 g de aproximadamente 20 mL de metanol quente. Raspe o frasco delicadamente para induzir a cristalização, durante o resfriamento. O ponto de fusão especificado na literatura é 146 °C.

Relatório de laboratório. Determine o ponto de fusão de seu produto purificado. Conforme a opção de seu professor, obtenha o espectro de RMN de hidrogênio e/ou de carbono 13. Inclua em seu relatório uma equação balanceada para a reação. Encaminhe para o professor as amostras brutas e purificadas, em frascos rotulados.

Modelagem molecular (opcional)

Neste exercício, iremos examinar o íon enolato da acetona e determinar qual átomo, do oxigênio ou do carbono, é o local mais nucleofílico. Duas estruturas de ressonância podem ser obtidas para o íon enolato da acetona, uma delas, com a carga negativa no oxigênio, estrutura A, e a outra com a carga negativa no carbono, estrutura B.

$$\underset{\text{A}}{H_2C{=}\overset{\overset{:\ddot{O}:^-}{|}}{C}{-}CH_3} \longleftrightarrow \underset{\text{B}}{H_2\overset{\cdot\cdot -}{C}{-}\overset{\overset{\ddot{O}}{\|}}{C}{-}CH_3}$$

O íon enolato é um **nucleófilo ambidentado** – um nucleófilo que tem dois possíveis locais nucleofílicos. A teoria da ressonância indica que a estrutura A deve ser a principal estrutura que contribui, porque a carga negativa é mais bem acomodada pelo oxigênio, um átomo mais eletronegativo do que

[1] Esse reagente deve ser preparado antecipadamente pelo professor, na proporção de 6,0 g de hidróxido de sódio para 10 mL de água.

[2] Em alguns casos, é possível que a chalcona não se precipite. Se esse for o caso, tampe o frasco e deixe-o em repouso até o próximo período de atividade no laboratório. Algumas vezes, é útil adicionar mais uma porção de base. Geralmente, a chalcona se precipitará durante esse período.

pelo carbono. Contudo, o local reativo do íon é o carbono, não o oxigênio. As condensações, bromações e alquilações aldólicas ocorrem no carbono, não no oxigênio. Em termos de orbital molecular de fronteira (veja o Ensaio 11: "Química computacional – métodos *ab initio* e semiempíricos"), o íon enolato é um doador de par de elétrons, e espera-se que o par de elétrons doados seja o do orbital molecular ocupado de mais alta energia (na sigla em inglês, HOMO, referente a highest occupied molecular orbital).

No editor de construção de estrutura, de seu programa de modelagem, construa a estrutura A. Certifique-se de excluir uma valência não preenchida do oxigênio e de colocar uma carga −1 na molécula. Solicite uma otimização de geometria no nível semiempírico AM1. Além disso, solicite a superfície do HOMO e mapeie o HOMO e o potencial eletrostático na superfície de densidade eletrônica. Encaminhe o que foi selecionado para o cálculo. Represente graficamente o HOMO na tela. Onde estão os maiores lóbulos do HOMO, no carbono ou no oxigênio? Agora, mapeie o HOMO na superfície de densidade eletrônica. O "ponto principal", o local onde o HOMO tem a mais elevada densidade no ponto em que intersecta a superfície, terá uma cor azul brilhante. O que você conclui desse mapeamento? Por fim, mapeie o potencial eletrostático na densidade eletrônica. Isso mostra a distribuição eletrônica na molécula. Onde está, em geral, a maior densidade eletrônica, no oxigênio ou no carbono?

Por fim, construa a estrutura B e calcule as mesmas superficies, como foi solicitado para a estrutura A. Foram obtidas as mesmas superfícies que para a estrutura A, ou elas são diferentes? O que você conclui? Inclua seus resultados, com suas conclusões, no relatório sobre este experimento.

■ QUESTÕES ■

1. Apresente um mecanismo para a preparação da benzalacetofenona apropriada, utilizando o aldeído que você selecionou neste experimento.
2. Desenhe a estrutura dos isômeros *cis* e *trans* do composto que você preparou. Por que você obteve o isômero *trans*?
3. Utilizando um RMN de hidrogênio, como seria possível determinar experimentalmente que você tem o isômero *trans* em vez de o isômero *cis*? (*Dica:* Considere utilizar constantes de acoplamento para os hidrogênios do vinil.)
4. Forneça os materiais iniciais necessários para preparar os seguintes compostos:

(a) $CH_3CH_2CH{=}C(CH_3){-}C({=}O){-}H$

(b) $(CH_3)_2C{=}CHC({=}O){-}CH_3$

(c) $(Ph)(CH_3)C{=}CH{-}C({=}O){-}Ph$

(d) $CH_3O{-}C_6H_4{-}CH{=}CH{-}C({=}O){-}CH{=}CH{-}C_6H_4{-}OCH_3$

(e) 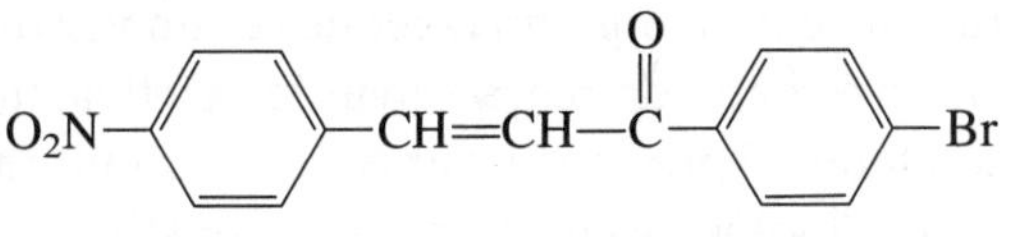 $O_2N-C_6H_4-CH{=}CH-C(=O)-C_6H_4-Br$

(f) 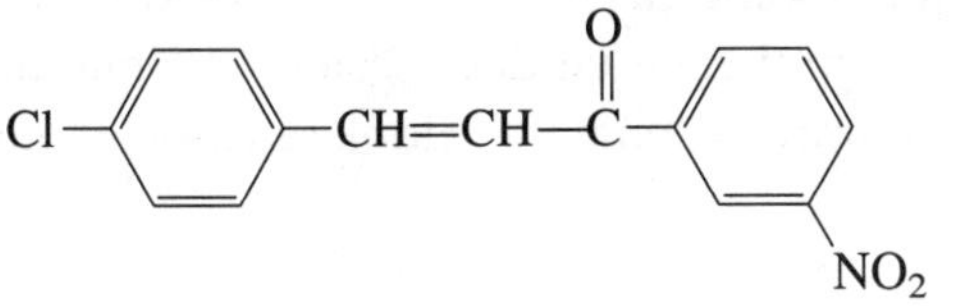 $Cl-C_6H_4-CH{=}CH-C(=O)-C_6H_4-NO_2$

5. Prepare os seguintes compostos, iniciando com o benzaldeído e uma cetona apropriada. Forneça as reações para a preparação das cetonas, iniciando com compostos hidrocarbonetos aromáticos (veja o Experimento 59).

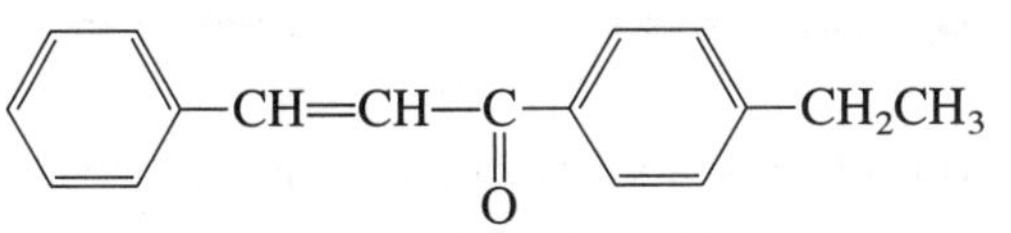

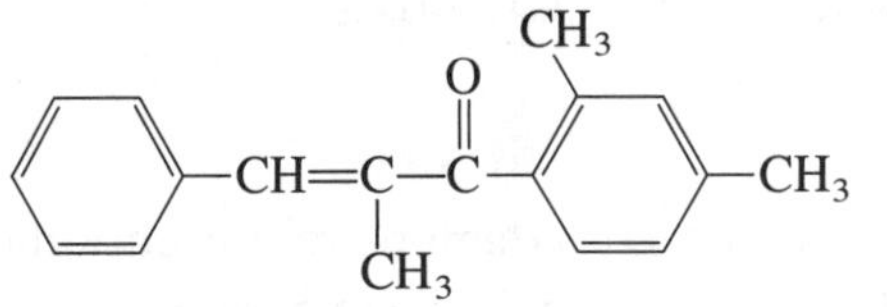

$C_6H_5-CH{=}CH-C(=O)-C_6H_4-CH_2CH_3$ $\quad$ $C_6H_5-CH{=}C(CH_3)-C(=O)-C_6H_3(CH_3)-CH_3$

Experimento 38

Uma reação verde, enantiosseletiva, de condensação adólica

Química verde

Indução assimétrica catalisada pela prolina

A condensação aldólica é uma reação fundamental na química e na biologia. Em sua forma mais comum, uma cetona reage com um aldeído para formar uma 3-hidroxi cetona (algumas vezes, chamada β-hidroxi cetona). Uma nova ligação C-C é formada na reação, e também é formado um novo estereocentro na posição do grupo hidroxila. O mais comum dos catalisadores utilizados nas reações de condensação aldólica é o hidróxido de sódio. Nessas condições, é formada uma mistura racêmica quando se permite que a acetona reaja com um aldeído. No exemplo mostrado, a acetona reage com o isobutiraldeído.

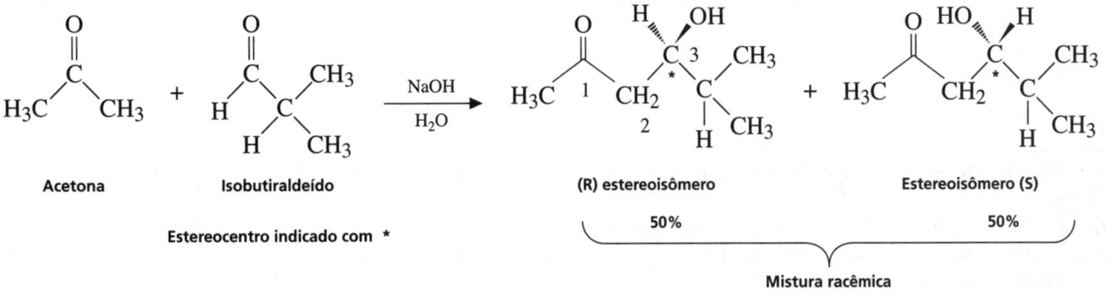

$$H_3C-C(=O)-CH_3 + H-C(=O)-CH(CH_3)_2 \xrightarrow[H_2O]{NaOH} H_3C-C(=O)-CH_2-C^{*}H(OH)-CH(CH_3)_2 + H_3C-C(=O)-CH_2-C^{*}H(OH)-CH(CH_3)_2$$

Acetona | Isobutiraldeído | (R) estereoisômero 50% | Estereoisômero (S) 50%

Estereocentro indicado com *

Mistura racêmica

O sonho de todo químico orgânico é evitar a criação de uma mistura racêmica e, em vez disso, obter um único estereoisômero! Em geral, esse tipo de reação é chamado reação enantiosseletiva, na qual um estereoisômero é, inicialmente, criado na reação. Para tanto, é preciso iniciar com um catalisador quiral; neste caso, a L-prolina, um aminoácido natural. Reações biológicas formam um estereoisômero porque as enzimas em sistemas naturais são, em si mesmas, quirais. Na verdade, estamos tentando imitar o processo que ocorre em sistemas naturais. A L-prolina imita as enzimas aldolase classe I, em sistemas naturais.[1, 2]

Acetona + Isobutiraldeído $\xrightarrow[H_2O]{\text{L-prolina}}$ Estereoisômero (R) + Estereoisômero (S)

Estereoisômero principal — Estereoisômero secundário

Este experimento demonstra um importante conceito que tem amplo uso na indústria farmacêutica, pelo qual a formação de enantiômeros únicos é fundamental. Em muitos casos, um enantiômero provoca a resposta biológica correta, ao passo que o outro enantiômero pode ter efeitos prejudiciais.

Geralmente, o produto da reação de condensação aldólica sofre outra reação pela eliminação dos elementos da água. Isto é especialmente comum quando uma acetofenona substituída reage com benzaldeído substituído. Neste livro, são incluídos dois experimentos para demonstrar esse caminho (veja os Experimentos 37 e 63). Nesses tipos de experimentos, a β-hidroxicetona intermediária perde água para formar uma cetona conjugada. A força motriz para a reação é a formação da cetona altamente estabilizada por ressonância. Os compostos formados nessa reação são dados no nome trivial da chalcona ou no nome IUPAC, que é 1,3-difenil–2-propeno-1-ona. A chalcona que é formada perde os estereocentros e se torna aquiral (não quiral). Devemos esperar que em determinadas reações, o produto aldólico irá dar origem a alguma eliminação do subproduto. Felizmente, a eliminação não é o principal caminho para a reação da acetona com isobutiraldeído.

Acetofenona + Benzaldeído $\xrightarrow[H_2O]{NaOH}$ Estereoisômero (R) + Estereoisômero (S)

Estereoisômero (R) + Estereoisômero (S) $\xrightarrow[H_2O]{NaOH}$ 1,3-difenil-2-propeno-1-ona (chalcona)

[1] Este reagente deverá ser preparado antecipadamente pelo professor na proporção de 6,0 g de hidróxido de sódio para 10 mL de água.

[2] Em alguns casos, a chalcona pode não se precipitar. Se for esse o caso, tampe o frasco e deixe-o em repouso até o próximo período de atividade no laboratório. Algumas vezes, é útil adicionar mais uma porção de base. Geralmente, a chalcona se precipitará durante esse período.

As quantidades relativas do produto da condensação aldólica e os produtos de eliminação (desidratação) podem ser determinados por RMN. Iremos empregar um polarímetro para determinar o grau de estereoespecificidade para a reação da acione com isobutiraldeído para resultar no aduto aldólico. A fim de determinarmos os excessos enantioméricos (ee), precisamos especificar o valor de rotação para um dos enantiômeros puros; neste caso, o enantiômero (R). Infelizmente, às vezes, é difícil encontrar os valores de rotação específicos para outras reações na literatura química.[3] Podem ser empregados outros métodos nos laboratórios de pesquisa para determinar a enantiosseletividade dos produtos da condensação aldólica. Métodos frequentemente utilizados em pesquisas são a cromatografia na fase gasosa quiral e HPLC quiral.

O mecanismo para a reação de condensação aldólica catalisada pela *L*-prolina é mostrado no Esquema 1. As etapas 3A e 3B mostram as duas possíveis estruturas em cadeira para os estados de transição que levam aos produtos *(R)* e *(S)*. Observe que o grupo isopropila está em uma posição axial em 3A, ao passo que esse grupo está ligado a uma posição equatorial em 3B. Portanto, devemos esperar que a barreira de menor energia deverá prosseguir através de 3B e gerar o aduto *(R)* como o principal produto da condensação aldólica.

LEITURA EXIGIDA

Revisão: Técnicas 5, 6, 7, 8, 12, 25 e 26
Novo: Técnica 23

INSTRUÇÕES ESPECIAIS

O isobutiraldeído causa irritação, e alguns dos seus produtos podem provocar reações alérgicas. Recomenda-se utilizar luvas para este experimento.

MEIO SUGERIDO PARA O DESCARTE DE REJEITOS

Descarte todos os rejeitos aquosos no recipiente especificamente designado para eles. Coloque os rejeitos orgânicos no recipiente destinado a dejetos orgânicos não halogenados.

NOTAS PARA O PROFESSOR

Embora seja designado como um experimento Verde, a acetona é utilizada em grande excesso – tornando o experimento bastante insatisfatório em termos de economia de átomos, apesar de a reação de adição, propriamente dita, ter um alto grau de economia de átomos. O excesso é necessário para evitar reações colaterais desfavoráveis. O uso da *L*-prolina, um aminoácido natural, em quantidades catalisadoras ajuda a tornar este experimento "verde". Uma vez que a reação ocorre lentamente, seria difícil aplicá-la em um ambiente industrial. O éter dietílico é utilizado como um solvente para a extração, evitando o uso do cloreto de metileno.

Outros substratos podem ser utilizados neste experimento, incluindo a reação da acetona com pivaldeído (2,2-dimetilpropanal) e a reação da acetona com acetofenona. No último caso, se observa uma quantidade significativa de eliminação. O RMN revela facilmente quando a eliminação é uma importante reação colateral. O RMN, por si mesmo, não pode ser utilizado para determinar as quantidades relativas dos enantiômeros, mas este é o melhor meio de analisar a quantidade de eliminação que ocorre nessas reações. Por exemplo, pode-se esperar cerca de 3% a 6% de eliminação (desidratação) nas reações de ace-

[3] Ramachandran, P.V., Xu, Wei-chu e Brown, H. C."Contrasting Steric Effects of the Ketones and Aldehydes in the Reactions of the Diisopinocampheyl Enolborinates of Methyl Ketones with Aldehydes."*Tetrahedron Letters*, 1996, *37*, 4911–4914.

tona/isobutiraldeído e ou acetona/pivaldeído. A reação de acetona/benzaldeído resulta em mais de 60% do produto da eliminação.

Infelizmente, quando os adutos são analisados por GC-MS, se formam ainda mais dos produtos da eliminação (desidratação) na abertura aquecida da cromatografia em fase gasosa. Portanto, recomenda-se que o RMN seja utilizado para determinar as quantidades relativas do aduto aldólico e dos produtos da desidratação. O polarímetro é utilizado para determinar o ee na reação catalisada pela *L*-prolina.

Utilizando a polarimetria, você pode descobrir que a classe obterá um valor de +34° para o aduto formado por acetona e isobutiraldeído. Esse valor é comparado à rotação específica para os enantiômeros (*S*) puros de 61,7° para resultar um valor de excesso enantiomérico de 55%. Foi sugerido que valores menores ocorrem quando resíduos de água estão presentes durante o curso da reação catalisada pela *L*-prolina. A reação entre acetona/pivaldeído forma um aduto que tem uma rotação específica de 56,9°, que gera um valor calculado de 69% para o excesso enantiomérico.[4]

PROCEDIMENTO

Transfira 1,0 mL de isobutiraldeído para um balão de fundo redondo de 25 mL, previamente pesado, utilizando uma pipeta automática de 1000 μL, e refaça a pesagem do frasco para determinar a massa exata do isobutiraldeído transferida para o frasco. Adicione 14 mL de acetona e 0,23 g (2 mmol) de L-prolina ao frasco. Acrescente uma barra magnética de agitação e insira um tampão de vidro ou uma tampa plástica no gargalo do frasco. Agite a mistura por uma semana à temperatura ambiente.

Despeje o conteúdo do balão de fundo redondo em um béquer. Adicione 20 mL de éter dietílico ao béquer. Acrescente mais 5 mL de éter dietílico para lavar o balão de fundo redondo. Parte do sólido não dissolvido poderá estar presente (descarte-o). Despeje no béquer 50 mL de solução saturada de cloreto de sódio aquoso. Transfira todo o éter dietílico e a solução de sal saturada em um funil de separação, evitando adicionar a barra de agitação ao funil de separação. Agite o funil para garantir que o produto seja extraído no éter dietiílico Drene a camada aquosa inferior e descarte-a. Despeje em um frasco de Erlenmeyer o extrato de éter dietílico do topo do funil de separação e adicione sulfato de magnésio anidro para secar o extrato. Remova o agente secante utilizando filtração por gravidade, através de um filtro pregueado, em um balão de fundo redondo previamente pesado. Remova o solvente com um evaporador rotatório, sob o vácuo. Conecte o frasco a uma bomba de vácuo para remover qualquer acetona e éter dietílico ainda remanescentes. Pese o frasco para determinar o rendimento do produto da condensação aldólica e calcular o rendimento percentual para a reação.

Adicione o produto a um balão volumétrico de 5 mL previamente pesado e refaça a pesagem do frasco depois da adição Dissolva a amostra em clorofórmio até atingir a marca do balão volumétrico. Calcule a densidade em g mL^{-1} para a solução de clorofórmio. Adicione a solução de clorofórmio a uma célula de polarímetro de 0,5 dm e obtenha a rotação ótica para a amostra. Calcule a rotação específica utilizando a equação mostrada na Técnica 23, Seção 23.2. O enantiômero (R) oticamente puro tem um valor de rotação específico relatado igual a +61,7°.[5] O ee é obtido utilizando a equação mostrada na Técnica 23, Seção 23.5.[6] Utilize o valor de ee para calcular as porcentagens dos enantiômeros (*S*) e (*R*) na mistura (veja a Técnica 23, Seção 23.5).

[4] Ramachandran, P.V., Xu, Wei-chu e Brown, H. C."Contrasting Steric Effects of the Ketones and Aldehydes in the Reactions of the Diisopinocampheyl Enolborinates of Methyl Ketones with Aldehydes," *Tetrahedron Letters*, 1996, *37*, 4911–4914.

[5] List, B., Lerner, R. A. e Barbas III, C. F."Proline-Catalyzed Direct Asymmetric Aldol Reações", *Journal of the American Chemical Society*, 2000, *122*, 2395–2396. Estes pesquisadores relataram um ee igual a 96% para a reação do isobutiraldeído e acetona com a L-prolina.

[6] Um valor típico de 60% de ee pode ser obtido produzindo-se uma mistura de 80% do enantiômero (R) e 20% do enantiômero (S). Outros métodos foram testados, numa iniciativa de obter o ee: coluna de GC quiral e reagentes de deslocamento químico quirais (veja a Técnica 26, Seção 26.15), mas sem sucesso. Melhores resultados podem ser verificados utilizando-se amostras mais concentradas e uma célula menor, de modo que possam ser obtidos maiores valores de rotação.

De acordo com a opção de seu professor, determine o espectro no infravermelho e o espectro de RMN de ^{1}H de campo alto (500 MHz) para seu produto da condensação aldólica, (*R*)-4-hidroxi-5-metil-2-hexanona. A Figura 1 mostra o espectro de RMN de ^{1}H do produto. Todos os picos são atribuídos à estrutura mostrada, exceto para o grupo OH. O estereocentro no produto introduz algumas características muito interessantes ao espectro de RMN mostrado na Figura 1! Particularmente importante no espectro de RMN é a área entre 2,50 e 2,65 ppm no produto. Essa área revela a presença dos dois hidrogênios diastereotópicos não equivalentes no grupo metileno, Ha e Hb, mostrados na expansão na Figura 1. Os picos nessa expansão são identificados com valores de Hz, de modo que as constantes de acoplamento podem ser calculadas.

Os centros H_a em 2,62 ppm e seu dupleto de dupletos, gerando uma constante de acoplamento, $^{2}J_{ab}$ = 17,5 Hz (1317,38 – 1299,80 Hz). Além disso, o H_a está acoplado ao H_c, gerando um valor para $3J_{ac}$ = 2,4 Hz (1302,25 – 1299,80 Hz). O outro próton diastereotópico, H_b, centrado aproximadamente em 2,54 ppm e também é um dupleto de dupletos, com $^{2}J_{ab}$ = 17,5 Hz (1281,25 – 1263,67 Hz) e $^{3}J_{bc}$ = 9,7 Hz (1281,25 – 1271,48 Hz). Observe que os hidrogênios diastereotópicos, H_a e H_b, têm valores de ^{2}J idênticos, iguais a 17,5 Hz. Os valores de ^{3}J são diferentes porque os ângulos diedros não são os mesmos. O ângulo diedro para os hidrogênios H_a e H_c = 60°, ao passo que o ângulo para os hidrogênios H_b e H_c = 180°. Resumindo, $^{2}J_{ab}$ = 17,5 Hz, $^{3}J_{bc}$ = 9,7 Hz e $^{3}J_{ac}$ = 2,4 Hz.

A outra área de interesse no espectro de RMN de ^{1}H é o par de dupletos, identificado como **f** na estrutura e no espectro, que aparecem em 0,916 e 0,942 ppm na expansão na Figura 1. Acontece que os dois grupos metílicos também não são equivalentes por causa da presença do estereocentro, e também são diastereotópicos. Em virtude da presença do estereocentro, os grupos metílicos aparecem em diferentes locais no espectro de RMN.

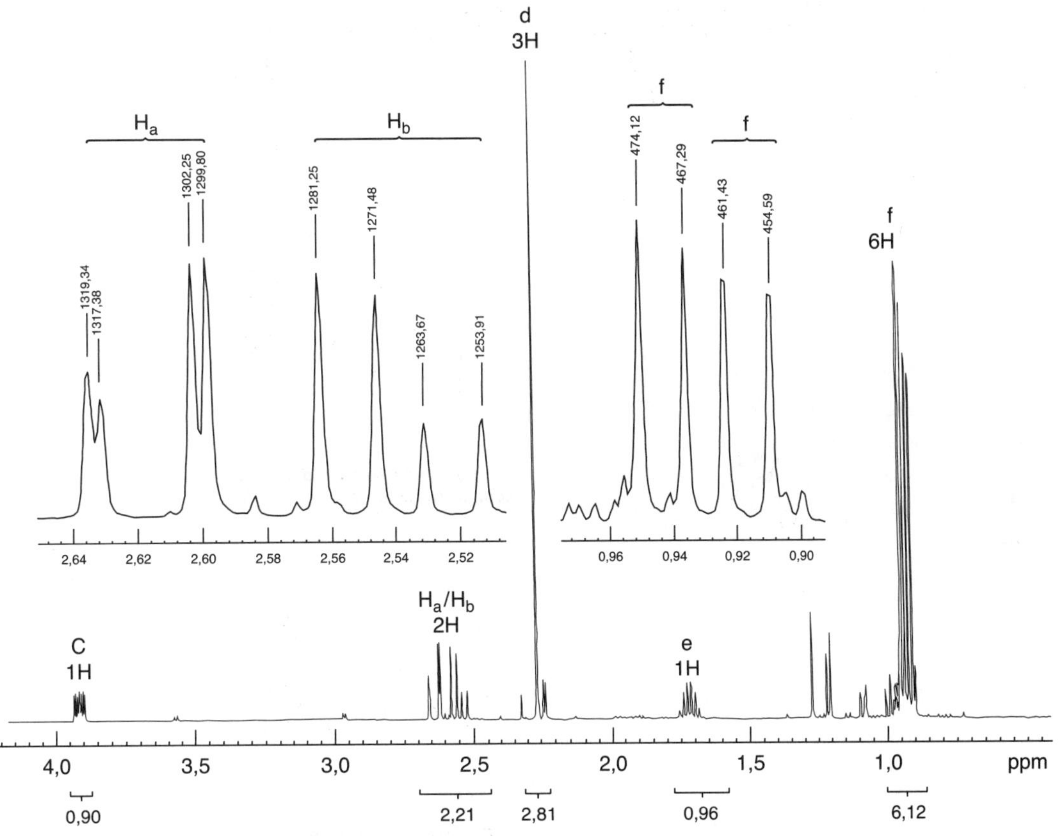

Figura 1. Espectro de RMN de ^{1}H, de 500 MHz, da condensação aldólica catalisada pela L-prolina, para o isobutiraldeído e a acetona. As inserções mostram expansões do grupo metileno diastereotópico, H_a e H_b, aparecendo entre 2,50 e 2,65 ppm. Também mostram como expansões são os dois grupos metila diastereotópicos, identificados como f no espectro. Picos de impureza aparecem entre 0,96 e 1,3 ppm.

Não podemos determinar as porcentagens dos dois enantiômeros possíveis no espectro de RMN mostrado aqui. Devemos afirmar com veemência que os enantiômeros (R) e (S) terão espectros de RMN idênticos! *Somente se forem colocados em um ambiente quiral é que os dois enantiômeros terão diferentes espectros de RMN!* Um polarímetro mostrará diferente comportamento para os dois enantiômeros porque existe um ambiente quiral presente!

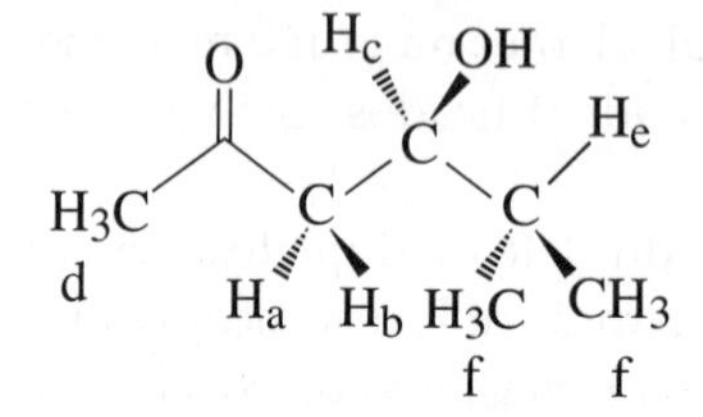

O H$_c$ OH H$_e$ H$_3$C C C C d H$_a$ H$_b$ H$_3$C CH$_3$ f f

L-Prolina Acetona (1)

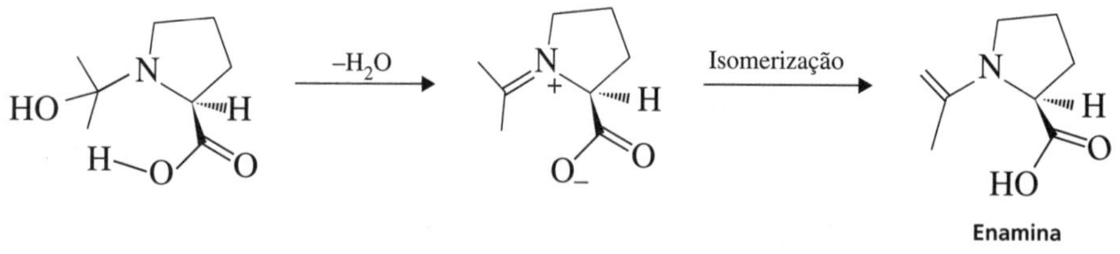

–H$_2$O Isomerização

Enamina (2)

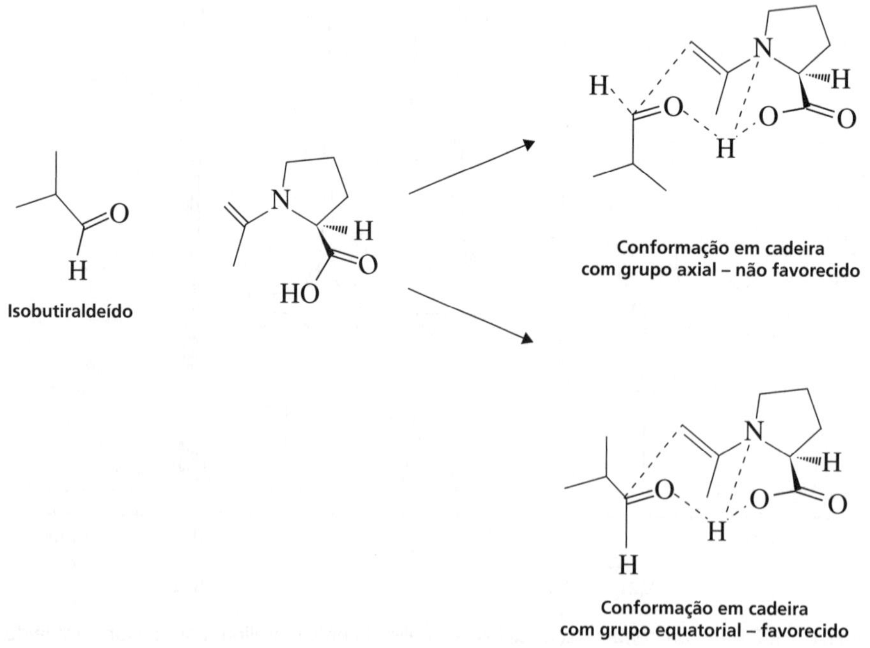

(3A)

Isobutiraldeído

Conformação em cadeira com grupo axial – não favorecido

(3B)

Conformação em cadeira com grupo equatorial – favorecido

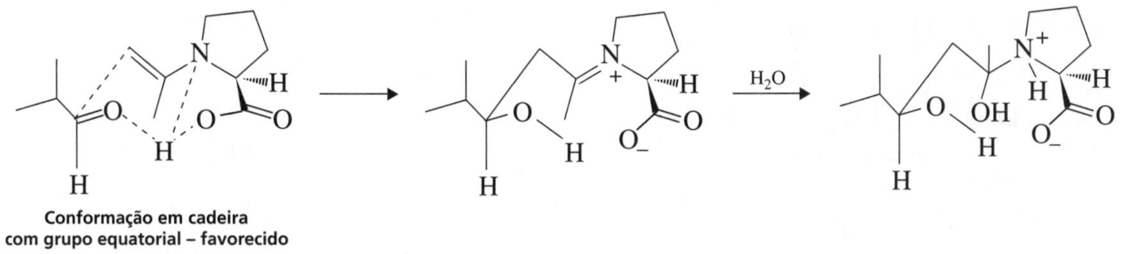

H_2O (4)

Conformação em cadeira com grupo equatorial – favorecido

(5)

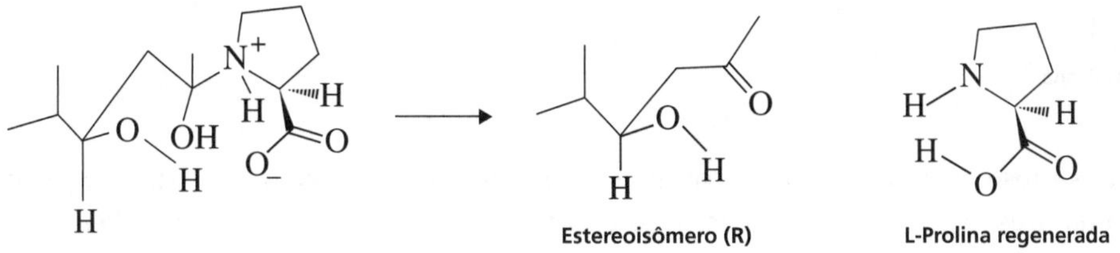

Estereoisômero (R)

L-Prolina regenerada

Esquema 1. Mecanismo da condensação aldólica, catalisada pela L-prolina, para o isobutiraldeído e a acetona.

Experimento 39

Preparação de uma cetona α, β-insaturada, por meio de reações de condensação de Michael e aldólica

Cristalização

Reação de Michael (adição conjugada)

Reação de condensação aldólica

Este experimento ilustra como duas importantes reações sintéticas podem ser combinadas para preparar uma cetona α, β-insaturada, 6-etoxicarbonil-3,5-difenil-2-ciclohexenona. A primeira etapa nessa síntese é uma adição conjugada do acetoacetato de etila à *trans*-chalcona (uma reação de adição de Michael), catalisada pelo hidróxido de sódio, que atua como uma fonte de íon hidróxido para catalisar a reação.[1] Nas reações que se seguem, Et e Ph são abreviações para os grupos fenila e etila, respectivamente.

[1] O hidróxido de bário também tem sido utilizado como um catalisador (veja Referências).

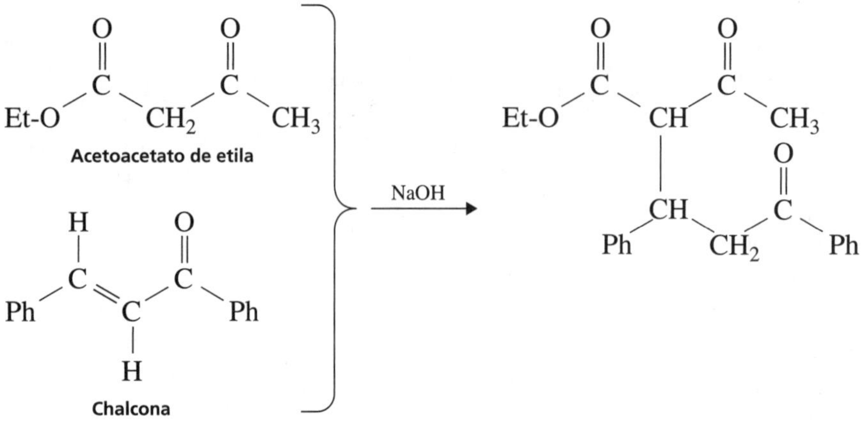

Acetoacetato de etila

Chalcona

NaOH

A segunda etapa da síntese é uma reação de condensação aldólica, catalisada por base. O grupo metila perde um próton na presença da base, e o carbânion metileno resultante ataca nucleofilicamente o grupo carbonila. Forma-se um anel de seis membros estável. O etanol fornece um próton para gerar o intermediário aldol.

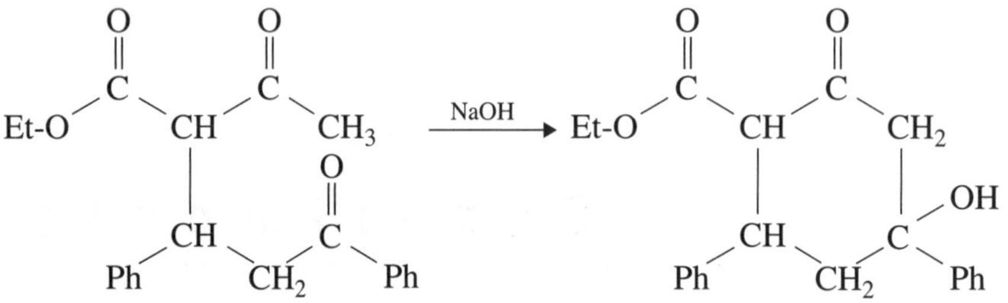

NaOH

Por fim, o intermediário aldol é desidratado para formar o produto final, 6-etoxicarbonil-3,5-difenil-2-ciclohexenona. A cetona α, β-insaturada que é formada é muito estável por causa da conjugação da ligação dupla com o grupo carbonila e um grupo fenila.

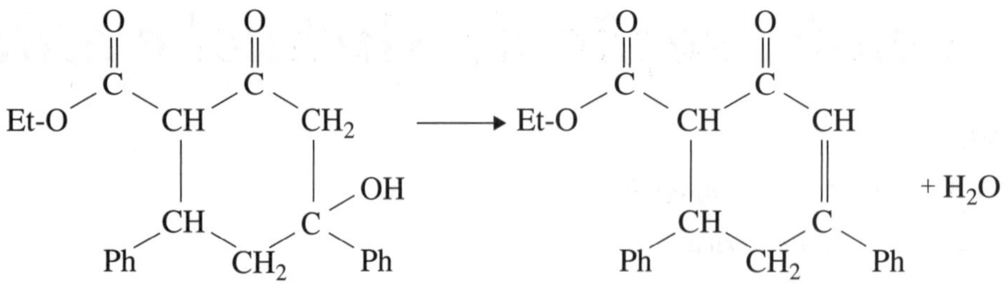

$+ H_2O$

6-etoxicarbonil-3,5-difenil-2-ciclohexenona

LEITURA EXIGIDA

Revisão: Técnicas 7, 8, 11 e 12

INSTRUÇÕES ESPECIAIS

O catalisador hidróxido de sódio utilizado neste experimento deve ser mantido seco. Certifique-se de manter a rolha no frasco quando não estiver em uso.

MEIO SUGERIDO PARA O DESCARTE DE REJEITOS

Descarte todos os rejeitos aquosos contendo etanol no frasco designado para rejeitos aquosos. Os filtrados etanólicos da cristalização do produto devem ser despejados no recipiente para dejetos orgânicos não halogenados.

NOTAS PARA O PROFESSOR

A *trans*-chalcona (Aldrich Chemical Co., n° 13.612-3) deve ser finamente moída para uso. O etanol 95% empregado neste experimento contém 5% de água.

PROCEDIMENTO

Montagem do aparelho. Em um balão de fundo de 50 mL, adicione 1,2 g de *trans*-chalcona finamente moída, 0,75 g de acetoacetato de etila e 25 mL de etanol 95%. Agite o frasco até que o sólido se dissolva e coloque uma pérola de ebulição no frasco. Adicione 1 pastilha de hidróxido de sódio (entre 0,090 e 0,120 g). Pese rapidamente a pastilha antes que ela comece a absorver água. Conecte um condensador de refluxo ao balão de fundo redondo e aqueça a mistura sob o refluxo, utilizando uma placa de aquecimento ou manta de aquecimento. Assim que a mistura tiver iniciado uma suave fervura, continue o refluxo da mistura por pelo menos uma hora. Durante o refluxo, a mistura se tornará muito turva e talvez tenha início uma precipitação de sólido. Poderá eclodir uma mistura durante o refluxo. Se isso acontecer, o sólido no frasco de reação vai começar a entrar em "erupção" e despejar o sólido no condensador de refluxo. Será necessário reduzir a temperatura da placa de aquecimento ou manta de aquecimento para evitar o problema.

Isolamento do produto bruto. Depois de terminar o período de refluxo, deixe a mistura esfriar à temperatura ambiente. Adicione 10 mL de água e raspe a parte interna do frasco com um bastão de vidro para induzir a cristalização (é possível que se forme um óleo; raspe com força). Coloque o frasco em um banho de gelo por, no mínimo, trinta minutos. É essencial esfriar totalmente a mistura, a fim de cristalizar completamente o produto. Uma vez que o produto pode se precipitar lentamente, também é preciso raspar a parte interna do frasco, de vez em quando, durante o período de trinta minutos e resfriá-lo em um banho de gelo.

Filtre os cristais a vácuo em um funil de Büchner, utilizando 4 mL de água gelada para ajudar na transferência. Em seguida, lave o balão de fundo redondo com 3 mL de etanol 95%, gelado, para completar a transferência do sólido restante do frasco para o funil de Büchner. Deixe os cristais secarem naturalmente durante a noite. Como alternativa, os cristais podem ser secos por trinta minutos em um forno, à temperatura de 75 a 80 °C. Pese o produto seco. O sólido contém um pouco de hidróxido de sódio e carbonato de sódio, que são removidos na etapa seguinte.

Remoção do catalisador. Coloque o produto sólido em um béquer de 100 mL. Adicione 7 mL de acetona em grau de reagente e agite a mistura com uma espátula.[2] A maior parte do sólido se dissolve em acetona, mas não espere que todo o sólido se dissolva. Utilizando uma pipeta Pasteur, remova o

[2] Talvez, você precise adicionar mais acetona que o indicado no procedimento, porque é possível que seja obtido um maior rendimento do produto. Podem ser necessários aproximadamente 15 a 20 mL de acetona para dissolver seu produto. Acetona em excesso não afetará os resultados.

líquido e transfira-o para um ou mais tubos para centrifugação de vidro, deixando no béquer tanto sólido quanto for possível. É impossível evitar que algum sólido passe para a pipeta, de modo que o líquido transferido irá conter sólidos suspensos e a solução estará muito turva. Não se preocupe com os sólidos suspensos no extrato de acetona turvo, pois a etapa de centrifugação irá clarear completamente o líquido. Centrifugue o extrato de acetona por aproximadamente dois a três minutos ou até que o líquido fique claro. Com uma pipeta Pasteur seca e limpa, transfira o extrato de acetona *claro* do tubo de centrifugação para um frasco de Erlenmeyer de 50 mL *seco, previamente* pesado. Se a operação de transferência for realizada cuidadosamente, você conseguirá deixar o sólido no tubo para centrifugação. Os sólidos deixados no béquer e no tubo são materiais inorgânicos relacionados ao hidróxido de sódio originalmente utilizado como catalisador.

Evapore o solvente acetona aquecendo cuidadosamente o frasco em um banho de água quente ao mesmo tempo em que direciona um suave fluxo de ar seco ou nitrogênio para o frasco. Utilize um lento fluxo de gás para evitar que seu produto saia do frasco. Quando a acetona tiver evaporado, poderá restar um sólido oleoso no fundo do frasco. Raspe o produto oleoso com uma espátula para induzir a cristalização. Talvez, seja preciso redirecionar o ar ou o nitrogênio para o frasco, a fim de remover todos os vestígios da acetona. Refaça a pesagem do frasco para determinar o rendimento desse produto parcialmente purificado.

Cristalização do produto. Cristalize o produto utilizando uma quantidade mínima (aproximadamente 9 mL) de etanol 95%, em ebulição.[3] Depois que todo o sólido tiver se dissolvido, deixe o frasco esfriar um pouco. Raspe a parte interna do frasco com um bastão de vidro até que os cristais apareçam. Deixe o frasco em repouso, à temperatura ambiente, por alguns minutos. Em seguida, coloque o frasco em um banho de água gelada por, pelo menos, quinze minutos.

Colete os cristais por filtração a vácuo em um funil de Büchner. Utilize três porções de 1 mL de etanol 95%, gelado, para ajudar na transferência. Deixe os cristais secarem até o próximo período de atividade no laboratório ou seque-os por trinta minutos em um forno, à temperatura de 75 a 80 °C. Pese o 6-etoxicarbonil-3,5-difenil-2-ciclohexenona seco e calcule o rendimento percentual. Determine o ponto de fusão do produto (valor definido na literatura, 111 a 112 °C). Encaminhe a amostra ao professor em um frasco rotulado.

Espectroscopia. Segundo a opção do professor, obtenha o espectro no infravermelho utilizando o método de película seca (veja a Técnica 25, Seção 25.4) ou em KBr (veja a Técnica 25, Seção 25.5A). Você deve observar absorbâncias em 1734 e 1660 cm^{-1} para a carbonila do éster e os grupos enona, respectivamente. Compare seu espectro com o que é mostrado na Figura 1. Talvez seu professor também queira que você determine os espectros de ^{1}H e ^{13}C. Os espectros podem ser desenvolvidos em $CDCl_3$ ou DMSO-d_6. O espectro de ^{1}H ($CDCl_3$, a 500 MHz) é mostrado na Figura 2. Atribuições sobre o espectro têm sido feitas utilizando-se dados de um documento elaborado por Delaude, Grandjean e Noels (veja as referências a seguir). Não houve nenhuma tentativa de analisar as ressonâncias da fenila, além daquela que mostra o valor da integral (10 H) para os dois anéis de benzeno monossubstituídos. Para fins de consulta, o espectro de ^{13}C ($CDCl_3$, 75 MHz) mostra 17 picos: 14,1; 36,3; 44,3; 59,8; 61,1; 124,3; 126,4; 127,5; 127,7; 129,0; 129,1; 130,7; 137,9; 141,2; 158,8; 169,5 e 194,3.

[3] Os 9 mL de etanol indicados neste procedimento são uma aproximação. Pode ser preciso adicionar etanol 95%, *mais quente ou menos quente*, para dissolver o sólido. Adicione etanol em ebulição até que o sólido se dissolva.

REFERÊNCIAS

García-Raso, A.; García-Raso, J.; Campaner, B.; Mestres, R.; Sinisterra, J. V. An Improved Procedure for the Michael Reaction of Chalcones. *Synthesis* 1982, 1037.

García-Raso, A.; García-Raso, J.; Sinisterra, J. V.; Mestres, R. Michael Addition and Aldol Condensation: A Simple Teaching Model for Organic Laboratory. *J. Chem. Educ.* 1986, 63, 443.

Delaude, L.; Grandjean, J.; Noels, A. F. The Step-by-Step Robinson Annulation of Chalcone and Ethyl Acetoacetate.

J. Chem. Educ. 2006, 83, 1225–1228 e materiais suplementares encaminhados com este artigo.

■ QUESTÕES ■

1. Por que foi possível separar o produto do hidróxido de sódio utilizando acetona?
2. O sólido branco permanece no tubo para centrifugação depois que a extração entra em efervescência quando o ácido clorídrico é adicionado, sugerindo que existe carbonato de sódio presente. Como essa substância se formou? Apresente uma equação balanceada para sua formação. Forneça também uma equação para reação entre o bicarbonato de sódio e o ácido clorídrico.
3. Desenhe um mecanismo para cada uma das três etapas na preparação do 6-etoxicarbonil-3,5-difenil-2-ciclohexenona. Você pode presumir que o hidróxido de sódio funciona como uma base, e o etanol serve como uma fonte de prótons.
4. Indique como poderia sintetizar a *trans*-chalcona. (*Dica:* veja o Experimento 37).

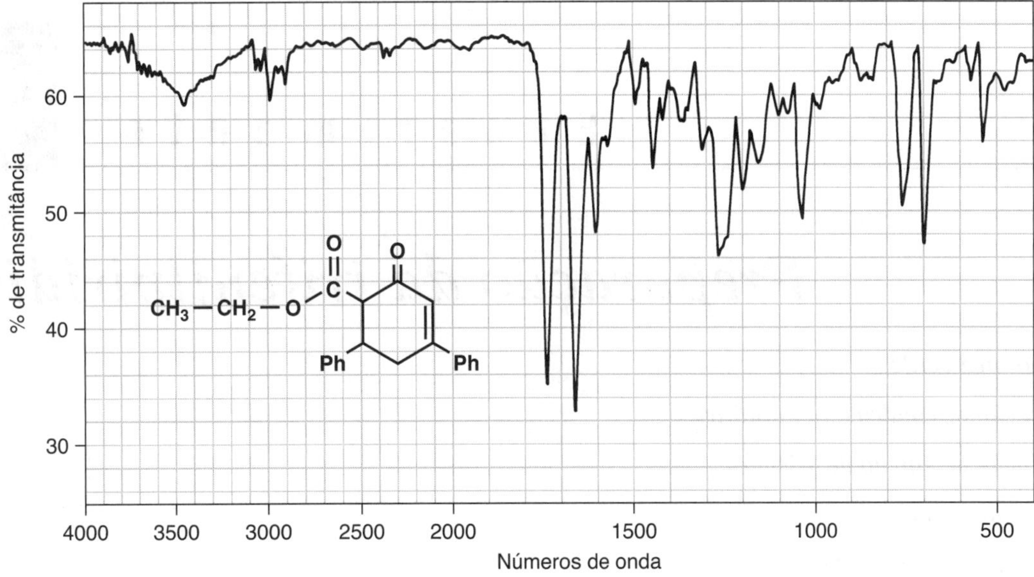

Figura 1 Espectro de infravermelho da 6-etoxicarbonil-3,5-difenil-2-ciclohexenona, KBr.

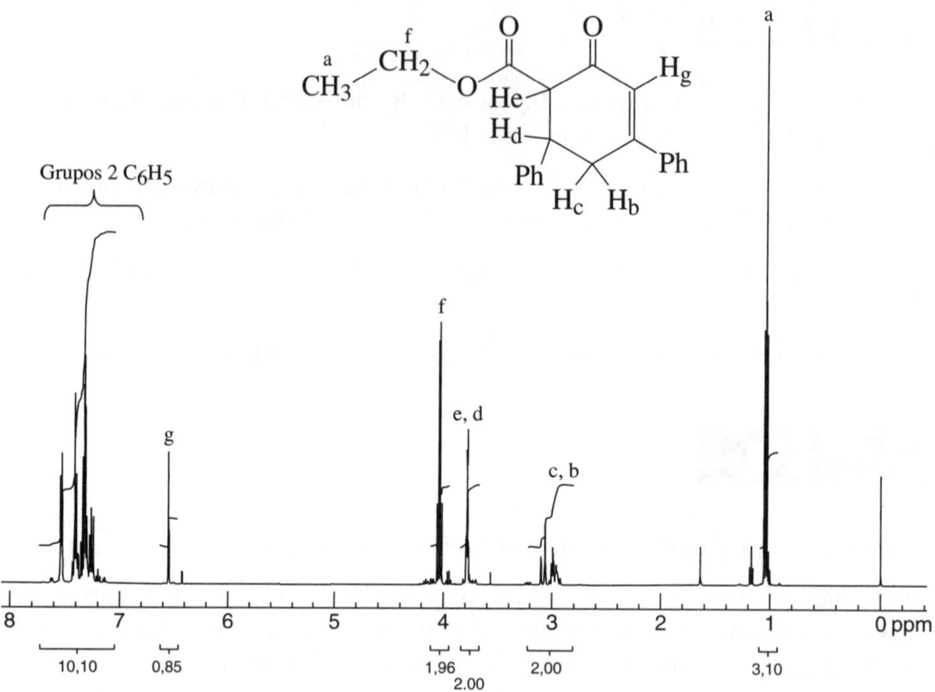

Figura 2 Espectro de RMN do ¹H, a 500 MHz, do 6-etoxicarbonil-3,5-difenil-2-ciclohexenona, $CDCl_3$. Valores integrais para cada um dos padrões são inseridos sob os picos para atribuir o número de prótons em cada padrão. Os prótons H_d e H_e se sobrepõem em 3,8 ppm, no $CDCl_3$, integrando para 2H. No DMSO-d_6, os prótons H_d e H_e são totalmente resolvidos e aparecem individualmente em 3,6 e 4,1 ppm, respectivamente. Os outros prótons aparecem praticamente nos mesmos valores em ambos os solventes. Os pequenos picos de impurezas que aparecem no espectro podem ser ignorados.

Experimento 40

Preparação da trifenilpiridina

Química verde

Reação de condensação aldólica

Reação de adição de Michael

Cristalização

Reação sem solvente

Este experimento é outra demonstração de uma série de reações sintéticas, especificamente a condensação aldólica, seguida pela adição de Michael, que foi ilustrada no Experimento 39. Neste caso, contudo, o método é designado para seguir os princípios da Química Verde. Por outro lado, o procedimento no Experimento 39 inclui o uso de solventes orgânicos (etanol e acetona).

Além disso, o experimento incorpora uma reação de condensação aldólica, seguida de uma condensação de Michael, para fornecer um produto que tem uma estrutura interessante. A característica "verde" neste experimento é que toda a sequência da reação é conduzida sem o uso de nenhum solvente. Evitar o uso de solventes está totalmente de acordo com o Princípio 5 dos Doze Princípios da Química Verde (veja o Ensaio 15: "Química verde"): o uso de substâncias auxiliares (solventes, agentes de separação etc.) deve ser evitado sempre que possível e inócuo, quando necessário.

2 equivalentes 1 equivalente

dopo de NaOH

Acetato de amônia ácido acético

Trifenilpiridina

MEIO SUGERIDO PARA O DESCARTE DE REJEITOS

Todos os rejeitos aquosos podem ser descartados em um recipiente destinado a rejeitos aquosos não halogenados. O almofariz com pistilo deve ser lavado com acetona, e esse rejeito precisa ser colocado em um recipiente específico para rejeitos orgânicos.

NOTAS PARA O PROFESSOR

Este procedimento funciona melhor se as pastilhas de hidróxido de sódio forem frescas. A qualidade do produto e a facilidade com que os alunos poderão moer os reagentes no almofariz com pistilo serão maiores. Também se recomenda que os alunos trabalhem em duplas para este procedimento, a fim de dividir a carga de trabalho do longo período de moagem.

PRECAUÇÕES QUANTO À SEGURANÇA

As pastilhas de hidróxido de sódio são corrosivas; elas devem ser manipuladas com cuidado. Utilize luvas durante a primeira etapa desta reação.

PROCEDIMENTO

Parte 1. Reação de condensação aldólica de Michael

Em um almofariz com pistilo, limpo e seco, adicione 1 pastilha de hidróxido de sódio (de 0,075 a 0,095 g), moendo-a até que se transforme em pó. Adicione 0,24 g de acetofenona e moa a mistura até que ela esteja homogênea. Em seguida, adicione 0,11 g de benzaldeído e continue a moer.

A mistura irá passar por diversos estágios, através de intermediários que se assemelham a uma pasta pegajosa, até se transformar em um sólido. A moagem completa deverá demorar quinze minutos. Se necessário, utilize uma espátula de metal para raspar o produto das laterais do almofariz, para que se possa continuar moendo a mistura. Trabalhe em duplas, a fim de dividir a tarefa de moagem, assegurando que esta seja completa e contínua durante quinze minutos. Além disso, deixe a amostra em repouso por quinze a vinte minutos, dando tempo para que ela endureça. Quando o processo de mistura ficar muito difícil, geralmente, o material irá endurecer muito, com o passar do tempo, podendo se quebrar e esfarelar. Então, faça o melhor que puder, durante quinze minutos e, então, deixe a mistura em repouso por vinte minutos. A mistura da reação deve ser muito bem moída ao longo desses quinze minutos; como no início a mistura é um pouco difícil, comece mais suavemente até que o material fique mais sólido ou se esfarele e, então, comece a moer com mais força.

Parte 2. Síntese da trifenilpiridina

Adicione 0,15 g de acetato de amônia a um balão de fundo redondo de 25 mL equipado com uma barra de agitação. Meça 10 mL de ácido acético glacial e acrescente-o cuidadosamente ao balão de fundo redondo. Agite a mistura por cinco minutos. Prepare um condensador resfriado com água e, depois de transferir o produto da Parte 1 à suspensão no balão de fundo redondo, conecte o condensador ao frasco. Aqueça a mistura até chegar ao ponto de ebulição e deixe a mistura em refluxo por duas horas. Esfrie a mistura da reação à temperatura ambiente, com o condensador ainda conectado. Quando os objetos de vidro estiverem frios, adicione 10 mL de água, remova o frasco do condensador, coloque o frasco em um béquer rotulado e coloque o aparelho no freezer.

Isolamento do produto. Depois de preparar um funil de Hirsch para a filtração a vácuo, retire 1 ou 2 mL de água através do funil para garantir uma vedação adequada entre o papel de filtro e o funil. Em seguida, filtre a vácuo o precipitado do balão de fundo redondo. Lave o frasco três vezes com porções de 1 mL de água e também passe essas porções através do filtro a vácuo. Transfira o produto para um frasco de Erlenmeyer de 25 mL e adicione 10 mL de uma solução de bicarbonato de sódio 5%. Agite a mistura por cinco minutos. Transfira o produto cuidadosamente, porque o papel de filtro, quando molhado, se rasga muito facilmente. Filtre a vácuo novamente e, então, lave o precipitado isolado duas vezes, com porções de 1 mL de água.

Deixe o produto em repouso sob o vácuo por dez minutos para secá-lo mais completamente e transfira-o para um vidro de relógio, para secar. Cristalize novamente o produto do acetato de etila. Pese a trifenilpiridina seca e calcule o rendimento percentual. Determine o ponto de fusão do produto (valor definido na literatura = 137 a 138°C). Determine os espectros de RMN de hidrogênio e de ^{13}C RMN para o produto e inclua-os, junto com suas interpretações, em seu relatório de laboratório.

REFERÊNCIAS

Palleros, D. R. Solvent-Free Synthesis of Chalcones. *J. Chem. Educ.* 2004, 81, 1345–1347.

Cave, G.W.V.; Raston, C.L. Efficient Synthesis of Pyridines *via* a Sequential Solventless Aldol Condensation and Michael Addition. *J. Chem. Soc. Perkin Trans. I* 2001, 24, 3258–3264.

Experimento 41

1,4-difenil-1,3-butadieno

Reação de Wittig

Trabalhando com etóxido de sódio

Cromatografia em camada fina

Espectroscopia no UV/RMN (opcional)

Química verde

A reação de Wittig é frequentemente utilizada para formar alcenos dos compostos de carbonila. Neste experimento, os dienos isoméricos *cis,trans* e *trans,trans*-1,4-difenil-1,3-butadieno serão formados do cinamaldeído e do reagente de Wittig cloreto de benziltrifenilfosfônio. Somente o isômero *trans,trans* será isolado.

$$Ph_3\overset{+}{P}-CH_2Ph\;Cl^- \xrightarrow{Na^+\,{}^-O-CH_2-CH_3} Ph_3\overset{+}{P}-\overset{-}{C}HPh \xrightarrow{PhCH=CHCHO}$$

$$\text{PhCH=CH–CH=CHPh } (\textit{trans,trans}) + \text{PhCH=CH–CH=CHPh } (\textit{cis,trans})$$

trans,trans *cis,trans*

A reação é realizada em duas etapas. Primeiro, o sal fosfônio é formado pela reação da trifenilfosfina com cloreto de benzila. A reação é um simples deslocamento nucleofílico do íon cloreto pela trifenilfosfina. O sal formado é chamado "reagente de Wittig" ou "sal de Wittig".

$$(C_6H_5)_3P: + C_6H_5-CH_2Cl \longrightarrow \left[(C_6H_5)_3\overset{+}{P}-CH_2-C_6H_5\right]Cl^-$$

"Sal de Wittig"
cloreto de benziltrifenilfosfônio

Quando tratado com uma base, o sal de Wittig forma um **ilídeo**, uma espécie que tem átomos adjacentes com cargas opostas. O ilídeo é estabilizado em decorrência da capacidade do fósforo de aceitar mais de oito elétrons em seu nível de valência. O fósforo utiliza seus orbitais $3d$ para formar a superposição com o orbital $2p$ do carbono, que é necessária para a estabilização por ressonância. A ressonância estabiliza o carbânion.

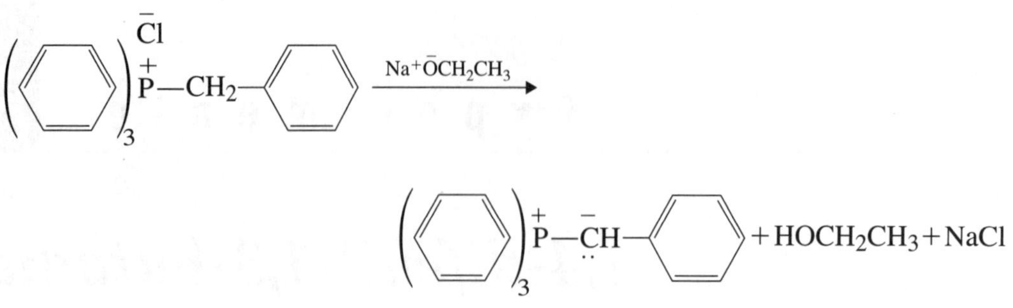

$Na^+\bar{O}CH_2CH_3$

$+ HOCH_2CH_3 + NaCl$

Um ilídeo

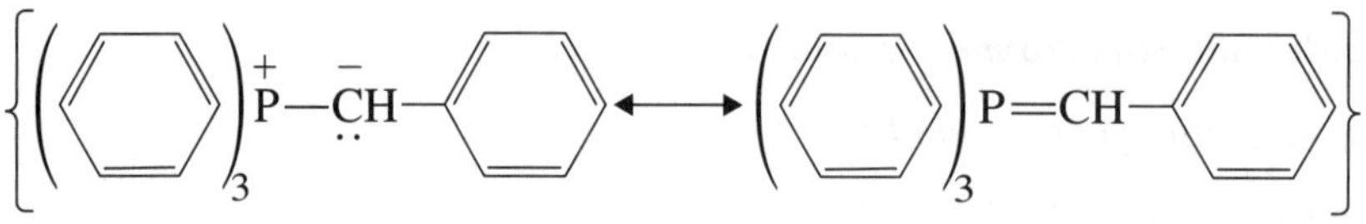

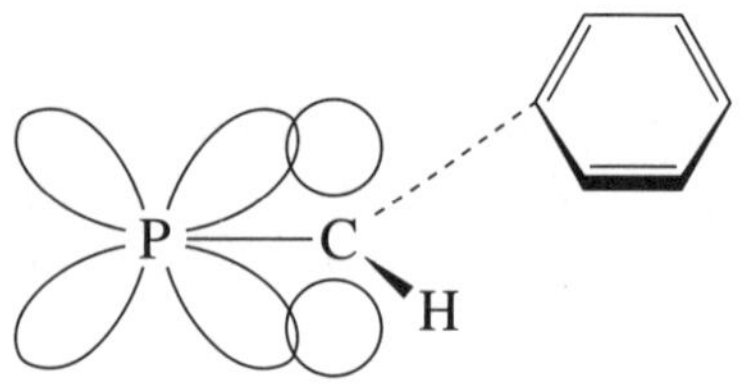

O ilídeo é um carbânion que atua como um nucleófilo e é adicionado ao grupo carbonila na primeira etapa do mecanismo. Depois da adição nucleofílica inicial, ocorre uma notável sequência de eventos, conforme descrito no mecanismo a seguir:

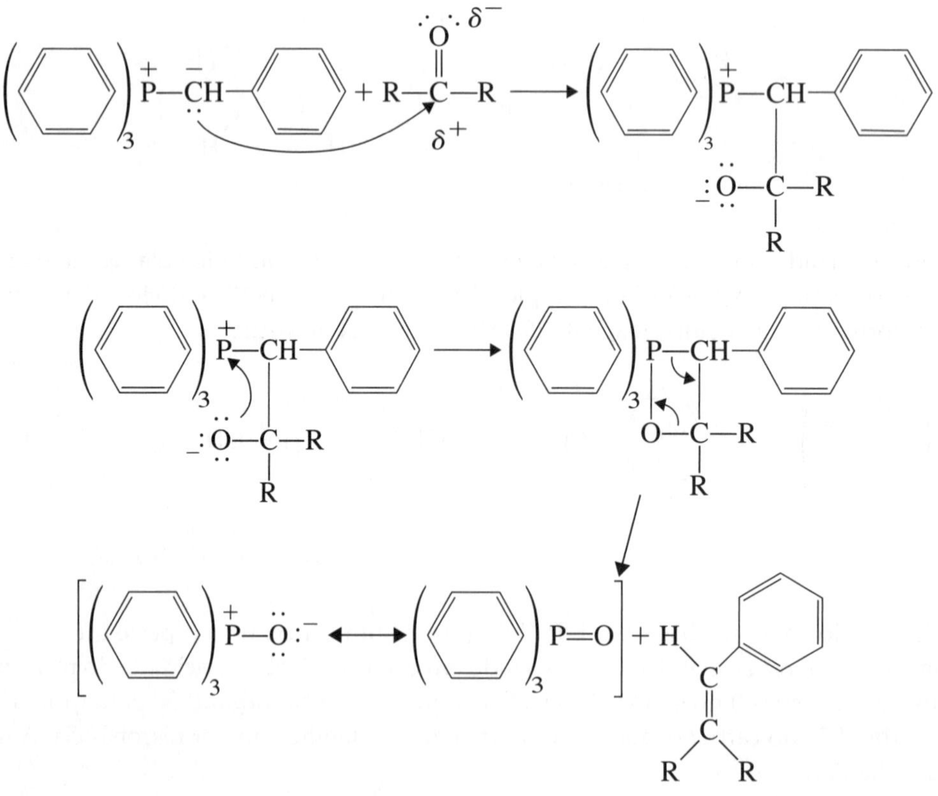

Óxido de trifenilfosfina

Um alceno

O intermediário da adição, formado a partir do ilídeo e do composto de carbonila, cicliza para formar um anel intermediário com quatro membros. Esse novo intermediário é instável e se fragmenta em um alceno e no óxido de trifenilfosfina. Observe que o anel se abre de uma maneira diferente da qual foi formado. A força motriz para o processo de abertura do anel é a formação de uma substância muito estável, o óxido de trifenilfosfina. Ocorre uma grande diminuição da energia potencial mediante a formação desse composto termodinamicamente estável.

Neste experimento, o cinamaldeído é utilizado como o composto de carbonila e gera principalmente o *trans,trans*-1,4-difenil-1,3-butadieno, que é obtido como um sólido. O isômero *cis,trans* é formado em menores quantidades, mas é um óleo que não é isolado neste experimento. O isômero *trans,trans* é o mais estável e formado preferencialmente.

$$(C_6H_5)_3\overset{+}{P}-\overset{-}{C}H-C_6H_5 \; + \; C_6H_5-CH{=}CH-\overset{O}{\overset{\|}{C}}-H$$

Cinamaldeído

$$\downarrow$$

$$C_6H_5-CH{=}CH-CH{=}CH-C_6H_5 \; + \; cis,trans \; + \; (C_6H_5)_3\overset{+}{P}-\ddot{\underset{\cdot\cdot}{O}}:^{-}$$

***trans,trans*-1,4-Difenil-1,3-butadieno**

Óxido de trifenilfosfina

O Experimento 41C oferece um método alternativo de química verde para a preparação do 1,4-difenil-1,3-butadieno pela reação de Wittig. Nenhum solvente é utilizado neste experimento. Em vez disso, as matérias-primas são moídas com fosfato de potássio em um almofariz com pistilo. Este experimento irá demonstrar aos alunos um método que é mais ecologicamente correto para desenvolver uma reação que pode ser realizada em maior escala na indústria.

A reação será concluída pela moagem do cinamaldeído com cloreto de benziltrifenilfosfônio e fosfato de potássio (tribásico, K_3PO_4), utilizando um almofariz com pistilo. A TLC será utilizada para analisar o produto *trans, trans*-1,4-difenil–1,3-butadieno cristalizado, assim como o filtrado do procedimento de cristalização, que contém os isômeros *cis,trans* e *trans,trans*-1,4-difenil-1,3,-butadieno.

LEITURA EXIGIDA

Revisão: Técnica 8 — Filtração, Seção 8.3
Técnica 20 — Cromatografia em camada delgada

INSTRUÇÕES ESPECIAIS

Seu professor poderá lhe pedir para preparar 1,4-difenil-1,3-butadieno, começando com cloreto de benziltrifenilfosfônio comercialmente disponível. Nesse caso, inicie com a Parte B deste experimento. A solução preparada com etóxido do sódio deve ser firmemente tampada e armazenada quando não estiver em uso, pois ela reage prontamente com a água da atmosfera. ***Importante:*** neste experimento, deve ser utilizado cinamaldeído fresco. Cinamaldeído velho deve ser verificado por espectroscopia no infravermelho para assegurar que ele não contém nenhum ácido cinâmico.

Caso seu professor peça para preparar cloreto de benziltrifenilfosfônio na primeira parte deste experimento, você pode conduzir outro experimento simultaneamente durante o período de uma hora e meia de refluxo. A trifenilfosfina é muito tóxica. Tenha cuidado para não inalar o pó. O cloreto de benzila é um lacrimejante e causa irritação da pele; ele deve ser manipulado cuidadosamente, sob uma capela de exaustão.

MEIO SUGERIDO PARA O DESCARTE DE REJEITOS

Coloque os rejeitos do álcool, éter de petróleo e xileno no recipiente destinado a rejeitos de solventes orgânicos não halogenados. As misturas aquosas devem ser despejadas no frasco designado para rejeitos aquosos.

PROCEDIMENTO

Parte A. Cloreto de benziltrifenilfosfônio (sal de Wittig)

Coloque 2,2 g de trifenilfosfina (*MM* = 262,3) em balão de fundo redondo de 100 mL. Sob uma capela de exaustão, transfira 1,44 mL de cloreto de benzila (*MM* = 126,6, *d* = 1,10 g mL^{-1}) para o balão e acrescente 8 mL de xileno (mistura dos isômeros *o*, *m* e *p*).

⇨ ADVERTÊNCIA

O cloreto de benzila é uma substância lacrimejante, que faz produzir lágrimas. 

Adicione uma barra magnética de agitação ao balão e conecte um condensador com água resfriada. Utilizando uma manta de aquecimento colocada no topo de um agitador magnético, ferva a mistura por, pelo menos, uma hora e meia. Pode-se esperar um maior rendimento quando a mistura é aquecida por períodos mais longos. No início, a solução será homogênea e, então, o sal começará a se precipitar. Mantenha a agitação durante todo o período de aquecimento ou poderá ocorrer colisão. Seguindo o refluxo, remova o aparelho da manta de aquecimento e deixe esfriar por alguns minutos. Remova o balão e resfrie-o totalmente em um banho de gelo por cerca de cinco minutos.

Colete o sal de Wittig por filtração a vácuo, por meio de um funil de Büchner. Utilize três porções de 4 mL de éter de petróleo frio (pe 60 a 90 °C) para ajudar a transferir e lavar os cristais sem o solvente xileno. Seque os cristais, pese-os e calcule o rendimento percentual do sal de Wittig. Conforme a opção do professor, obtenha o espectro de RMN de hidrogênio do sal em $CDCl_3$. O grupo metileno aparece como um dupleto (J = 14 Hz) em 5,5 ppm, por causa do acoplamento de ^{1}H-^{31}P.

Parte B. 1,4-difenil-1, 3-butadieno

Nas operações a seguir, tampe o balão de fundo redondo sempre que possível para evitar contato com a umidade da atmosfera. Se você preparou seu próprio cloreto de benziltrifenilfosfônio na Parte A, talvez seja preciso suplementar seu rendimento nesta parte do experimento.

Preparação do ilídeo. Coloque 1,92 g de cloreto de benziltrifenilfosfônio (*MM* = 388,9) em um balão de fundo redondo de 50 mL, seco. Acrescente uma barra magnética. Transfira 8,0 mL de etanol absoluto (anidro) ao balão e agite a mistura para dissolver o sal fosfônio (sal de Wittig). Adicione 3,0 mL de solução de etóxido de sódio ao balão, utilizando uma pipeta seca, enquanto agita continuamente.[1] Tampe o balão e agite a mistura por quinze minutos. Durante esse período, a solução turva adquire a cor amarela característica do ilídeo.

Reação do ilídeo com cinamaldeído. Meça 0,60 mL de cinamaldeído puro (*MM* = 132.2, *d* = 1,11 g mL^{-1}) e coloque-o em um pequeno tubo de ensaio.[2] Ao cinamaldeído, acrescente 2,0 mL de etanol absoluto. Tampe o tubo de ensaio até que ele seja necessário. Depois do período de quinze minutos, utilize uma pipeta Pasteur para misturar o cinamaldeído com o etanol e adicione esta solução ao ilídeo no balão de fundo redondo. Deverá ser observada uma mudança de cor à medida que o ilídeo reage com o aldeído e o produto se precipita. Agite a mistura por dez minutos.

Separação dos isômeros do 1,4-difenil-1,3-butadieno. Resfrie o balão completamente em um banho de água gelada, por dez minutos, agite a mistura com uma espátula e transfira o material do balão para um pequeno funil de Büchner, a vácuo. Utilize duas porções de 4 mL de etanol absoluto gelado para ajudar a transferir e lavar o produto. Seque o *trans,trans*-1, 4-difenil-1,3-butadieno cristalino, extraindo ar através do sólido. O produto contém uma pequena quantidade de cloreto de sódio que é removido conforme descreve o parágrafo a seguir. O material turvo no balão com filtro contém óxido de trifenilfosfina, o isômero *cis,trans,* e algum produto *trans,trans.* Despeje o filtrado em um béquer e reserve-o para o experimento de cromatografia em camada fina, descrito na próxima seção.

Remova o *trans,trans*-1,4-difenil-1,3-butadieno do papel de filtro, coloque o sólido em um béquer e adicione 12 mL de água. Agite a mistura e filtre em um funil de Büchner, sob o vácuo, para coletar o produto *trans,trans* cristalino praticamente incolor. Utilize o mínimo de água para ajudar na transferência. Deixe o sólido secar completamente.

Análise do filtrado. Utilize a cromatografia em camada fina para analisar o filtrado que você reservou na seção anterior. Essa mistura precisa ser analisada o mais rápido possível, de modo que o isômero *cis,trans* não será fotoquimicamente convertido para o composto *trans,trans.* Utilize uma placa de TLC de sílica-gel, de 2 × 8 cm, que tenha um indicador fluorescente (Eastman Chromatogram Sheet, n° 13181). Em uma posição na placa de TLC, coloque o filtrado, como ele está, sem diluição. Dissolva alguns cristais do *trans,trans*-1,4-difenil-1,3-butadieno em algumas gotas de acetona e coloque-o em outra posição na placa. Utilize éter de petróleo (pe de 60 a 90 °C) como um solvente para correr a placa.

Visualize as manchas com uma lâmpada UV utilizando as duas configurações de comprimento de onda, longo e curto. A ordem de valores crescentes de *Rf* é a seguinte: óxido de trifenilfosfina, *trans,trans*-dieno, *cis,trans*-dieno. É fácil identificar a mancha para o isômero *trans,trans* porque ele tem um brilho fluorescente. A que conclusão você pode chegar sobre o conteúdo do filtrado e a pureza do produto *trans,trans*? Relate os resultados que você obteve, incluindo valores de *Rf* e o surgimento de manchas sob a iluminação. Descarte o filtrado no recipiente designado para dejetos não halogenados.

Cálculo de rendimento e determinação do ponto de fusão. Quando o *trans,trans*-1,4-difenil-1,3-butadieno é seco, determine o ponto de fusão (literatura, 152 °C). Pese o sólido e determine o rendimento percentual. Se o ponto de fusão for menor que 145 °C, recristalize uma porção do composto do etanol 95% quente. Redetermine o ponto de fusão.

---

[1] Este reagente é preparado antecipadamente pelo professor e irá servir para até 12 alunos. Seque cuidadosamente um frasco de Erlenmeyer de 250 mL e insira um tubo de secagem preenchido com cloreto de cálcio em uma tampa de borracha com um orifício central. Obtenha um grande pedaço de sódio, limpe-o cortando a superfície oxidada, pese um pedaço de 2,30 g, corte-o em 20 pedaços menores e armazene-o sob o xileno. Com uma pinça, remova cada pedaço, limpe o xileno e adicione o sódio lentamente, ao longo de um período de cerca de trinta minutos, a 40 mL de etanol absoluto (anidro) no frasco de Erlenmeyer de 250 mL. Depois da adição de cada pedaço, substitua a tampa. O etanol irá aquecer à medida que o sódio reagir, mas não resfrie o frasco. Após o sódio ter sido acrescentado, aqueça a solução e agite-a *suavemente* até que todo o sódio reaja. Resfrie a solução de etóxido de sódio à temperatura ambiente. Esse reagente pode ser preparado antecipadamente ao período de atividade no laboratório, mas deve ser armazenado em uma geladeira, entre os períodos no laboratório. Quando mantido em uma geladeira, pode ser preservado por cerca de três dias. Antes de utilizar o reagente, coloque-o à temperatura ambiente e agite-o suavemente a fim de redissolver qualquer etóxido de sódio precipitado. Mantenha o frasco tampado entre cada uso.

[2] O cinamaldeído deve estar livre de ácido cinâmico. Utilize material fresco e obtenha o espectro no infravermelho para verificar a pureza.

Exercício opcional: espectroscopia. Obtenha o espectro de RMN de hidrogênio em $CDCl_3$ ou o espectro no UV em hexano. Para o espectro no UV do produto, dissolva uma amostra de 10 mg em 100 mL de hexano em um balão volumétrico. Remova 10 mL dessa solução e dilua-a até atingir 100 mL, em outro balão volumétrico. A concentração deverá ser adequada para análise. O isômero *trans,trans* absorve em 328 nm e tem uma estrutura fina, e o isômero *cis,trans* absorve a 313 nm e tem uma curva suave. Verifique se seu espectro é consistente com essas observações. Encaminhe os dados espectrais com seu relatório de laboratório.

Parte C. Preparação sem solvente, do 1,4-difenil-1,3-butadieno

Reação. Utilizando uma balança analítica, pese aproximadamente 309 mg de cloreto de benziltrifenilfosfônio e 656 mg de fosfato de potássio (tribásico, K_3PO_4) e coloque os sólidos em um almofariz de porcelana, com bico, de 6 cm (diâmetro interno), limpo e seco. Com uma pipeta automática, meça e adicione 100 μL de cinamaldeído à mistura no almofariz. Moa a mistura por um total de vinte minutos. É muito mais fácil utilizar pistilo suficientemente longo para aderir firmemente à sua mão, evitando, desse modo, que os dedos fiquem doloridos ou cansados. No início da operação de moagem, a mistura irá agir como massa de vidro e terá uma cor amarela definida. Depois de alguns minutos de moagem, a mistura começará a se transformar em uma pasta espessa que adere à parte interna do almofariz e às bordas do pistilo. Dobre a extremidade de uma espátula, como mostra a figura. A espátula dobrada é útil para raspar o material dentro do almofariz com pistilo e direcionar a massa para o centro do almofariz. Repita a operação de raspagem após cada um a dois minutos de moagem. Inclua esse tempo no total de vinte minutos de moagem.

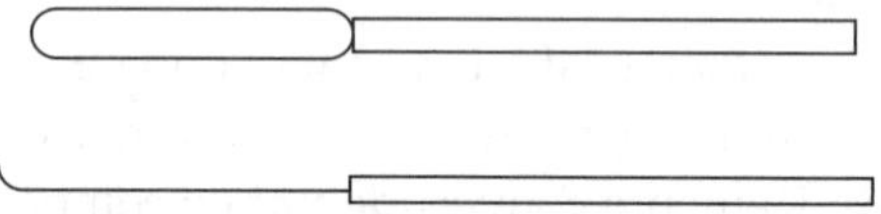

Isolamento do 1,4-difenil-1,3-butadieno bruto. Após vinte minutos, adicione alguns mililitros de água desionizada ao material no almofariz. Raspe o almofariz e o pistilo, uma última vez, para retirar todo o produto do almofariz. Despeje a mistura em um funil de Hirsch inserido em um frasco a vácuo. Utilize uma garrafa pisseta com água desionizada para transferir qualquer produto amarelado remanescente no funil de Hirsch. Descarte o filtrado que contém fosfato de potássio e um pouco de óxido de trifenilfosfina. O sólido amarelado consiste principalmente no isômero *trans,trans*, mas também haverá algum isômero *cis,trans* presente.

Cristalização. Purifique o sólido amarelado por cristalização em etanol absoluto em um pequeno tubo de ensaio utilizando a técnica padrão que consiste em adicionar solvente quente até que o sólido se dissolva. Talvez reste uma pequena quantidade de impureza sem se dissolver. Nesse caso, utilize uma pipeta Pasteur para remover rapidamente a solução quente da impureza e transferir a solução quente para outro tubo de ensaio. Tampe o tubo de ensaio e coloque-o em um frasco de Erlenmeyer de 25 mL aquecido. Deixe a solução esfriar lentamente. Assim que o tubo de ensaio tiver esfriado e os cristais tiverem se formado, coloque o tubo de ensaio em um banho de gelo por pelo menos dez minutos para completar o processo de cristalização. Coloque 2 mL de etanol absoluto em outro tubo de ensaio e esfrie o solvente no banho de gelo (o solvente será utilizado para ajudar na transferência do produto). Solte os cristais no tubo de ensaio com uma microespátula e despeje o conteúdo do tubo de ensaio em um funil de Hirsch a vácuo. Remova os cristais restantes do tubo de ensaio utilizando o etanol frio e uma espátula. Coloque as (placas) cristalinas incolores de *trans,trans* 1,4-difenil-1,3-butadieno no funil de Hirsch por cerca de cinco minutos para secá-las completamente. Reserve o filtrado da cristalização para análise por cromatografia em camada fina. O *cis,trans*-1,4-difenil-1,3-butadieno, que também é formado na reação de Wittig, é um líquido, e a cristalização remove efetivamente o isômero do produto sólido *trans,trans*.

Cálculo de rendimento e determinação do ponto de fusão. Pese o produto *trans,trans* purificado e calcule o rendimento percentual. Determine o ponto de fusão do produto (valor registrado na literatura: 151 °C).

Cromatografia em camada fina. Seguindo o procedimento no Experimento 41B, analise o filtrado da cristalização e o produto sólido purificado, por meio da cromatografia em camada fina. Corra a placa com hexano. O solvente irá separar o *cis,trans*-dieno do isômero *trans,trans*. A ordem crescente de valores de R*f* é a que se segue: óxido de trifenilfosfina, *trans, trans-dieno* e *cis-trans-dieno*. O óxido de trifenilfosfina é tão polar que o valor de R*f* será praticamente zero. Depois de correr a placa em hexano, conforme indicado no Experimento 41B, utilize as configurações de comprimento de onda curto e longo, com uma lâmpada de UV para visualizar as manchas. Calcule os valores de R*f* e registre-os em seu caderno de laboratório.

■ QUESTÕES ■

1. Existe mais um isômero do 1,4-difenil-1,3-butadieno (pf 70 °C), que não está presente neste experimento. Desenhe a estrutura e dê seu nome. Por que ele não é produzido neste experimento?
2. Por que o isômero *trans,trans* deveria ser o mais estável termodinamicamente?
3. É obtido um menor rendimento do sal fosfônio no benzeno em refluxo que no xileno. Identifique os pontos de ebulição desses solventes e explique por que a diferença nos pontos de ebulição pode influenciar no rendimento.
4. Elabore uma síntese para o estilbeno *cis* e *trans* (os 1,2-difeniletenos) utilizando a reação de Wittig.
5. O feromônio da mosca doméstica (*Musca domestica*) fêmea é chamado **muscalure,** e sua estrutura é dada a seguir. Descreva uma síntese do muscalure, utilizando a reação de Wittig. Sua síntese levará ao isômero *cis* requerido?

$$\begin{array}{ccc} CH_3(CH_2)_7 & & (CH_2)_{12}CH_3 \\ & C=C & \\ H & & H \end{array}$$

Muscalure

Experimento 42

Reatividades relativas de diversos compostos aromáticos

Substituição aromática

Capacidade de ativação relativa de aromáticos substituidos

Cristalização

Quando benzenos substituidos passam por reações de substituição aromáticas eletrofílicas, tanto a reatividade como a orientação do ataque eletrofílico são afetadas pela natureza do grupo original conectado ao anel de benzeno. Grupos substituintes que tornam o anel mais reativo que o benzeno são chamados

ativadores. Tais grupos também são denominados diretores **orto, para**, porque os produtos formados são aqueles nos quais ocorre substituição orto ou para, para o grupo de ativação. Diversos produtos podem ser formados, dependendo de se a substituição ocorre na posição orto ou para e do número de vezes que a substituição ocorre na mesma molécula. Alguns grupos podem ativar o anel de benzeno tão intensamente, que a substituição múltipla ocorre consistentemente, ao passo que outros grupos podem ser ativadores moderados, e os anéis de benzeno contendo esses grupos podem sofrer uma única substituição. A finalidade deste experimento é determinar os efeitos de ativação relativos de diversos grupos substituintes.

Neste experimento, você estudará a bromação da acetanilida, anilina e do anisol:

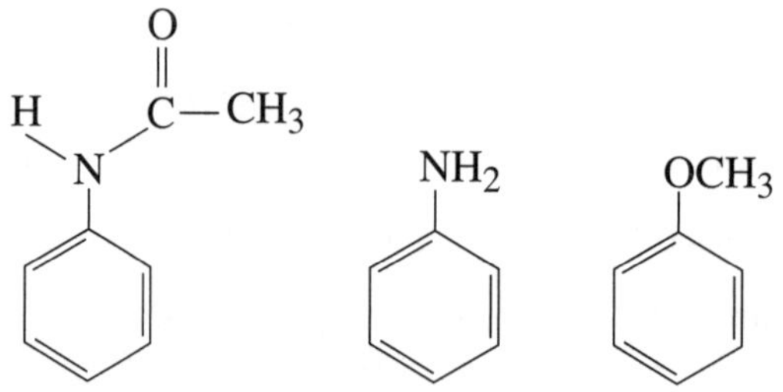

O, H, C—CH_3, N, NH_2, OCH_3

Acetanilida **Anilina** **Anisol**

O grupo acetamido, —$NHCOCH_3$; o grupo amino, —NH_2; e o grupo metoxi —OCH_3 são, todos, ativadores e diretores orto, para. Cada aluno irá realizar a bromação desses compostos e determinar seu ponto de fusão. Compartilhando seus dados, você terá informações sobre os pontos de fusão dos produtos bromados para acetanilida, anilina e anisol. Utilizando a tabela de compostos mostrada a seguir, você pode, então, classificar os três substituintes na ordem da força de ativação.

O método clássico de bromação de um composto aromático consiste em utilizar Br_2 e um catalisador, como o $FeBr_3$, que atua como ácido de Lewis. A primeira etapa é a reação entre o bromo e o ácido de Lewis:

$$Br_2 + FeBr_3 \rightarrow [FeBr_4^- \; Br^+]$$

O íon positivo do bromo, então, reage com anel de benzeno em uma reação de substituição eletrofílica aromática:

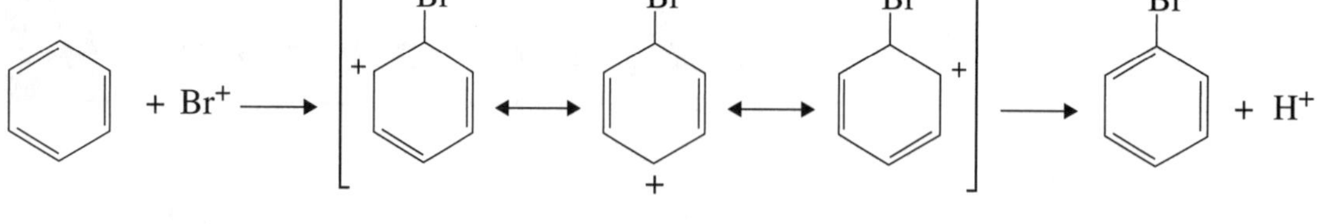

$+ Br^+ \longrightarrow$ [Br, +, ⟷, Br, +, ⟷, Br, +] $\longrightarrow$ Br $+ H^+$

Compostos aromáticos que contêm grupos de ativação podem ser bromados sem o uso do catalisador ácido de Lewis, porque os elétrons π no anel de benzeno estão mais disponíveis e polariza suficientemente a molécula de bromo para produzir o eletrófilo Br+ requerido. Isso é ilustrado pela primeira etapa na reação entre anisol e bromo:

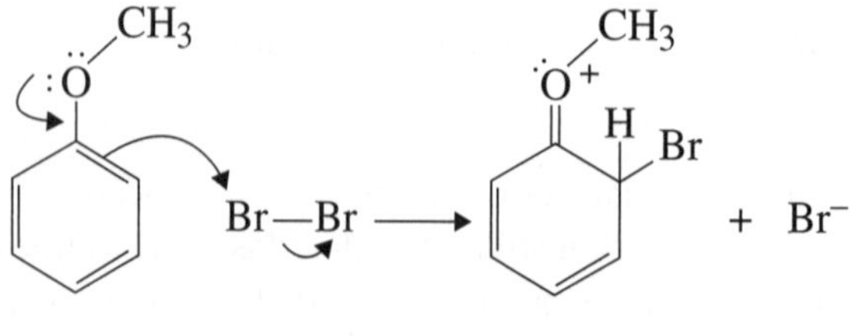

CH_3, :Ö:, Br—Br $\longrightarrow$ CH_3, O^+, H, Br $+ Br^-$

Neste experimento, a mistura da bromação consiste em bromo, ácido bromídrico (HBr) e ácido acético. A presença do íon brometo do ácido bromídrico ajuda a solubilizar o bromo e aumentar a concentração do eletrófilo.

Pontos de fusão de compostos relevantes

Composto	Pontos de fusão (°C)
o-Bromoacetanilida	99
p-Bromoacetanilida	168
2,4-Dibromoacetanilida	145
2,6-Dibromoacetanilida	208
2,4,6-Tribromoacetanilida	232
o-Bromoanilina	32
p-Bromoanilina	66
2,4-Dibromoanilina	80
2,6-Dibromoanilina	87
2,4,6-Tribromoanilina	122
o-Bromoanisol	3
p-Bromoanisol	13
2,4-Dibromoanisol	60
2,6-Dibromoanisol	13
2,4,6-Tribromoanisol	87

LEITURA EXIGIDA

Revisão: Técnica 11 Cristalização

Você deve revisar os capítulos em seu livro que trata da substituição aromática eletrofílica. Preste muita atenção nas reações de halogenação e no efeito dos grupos de ativação.

INSTRUÇÕES ESPECIAIS

O bromo irrita a pele e seus vapores provocam grave irritação do trato respiratório, e também oxidam muitas peças de joias. O ácido bromídrico pode provocar irritação da pele ou dos olhos. A anilina é altamente tóxica, e existe a suspeita de que seja um teratógeno. Todas as bromoanilinas são tóxicas. Este experimento deve ser realizado sob uma capela de exaustão ou em um laboratório bem ventilado.

Cada pessoa irá realizar a bromação de um dos compostos aromáticos, de acordo com as orientações de seu professor. Os procedimentos são idênticos, exceto quanto ao composto inicial utilizado e pela etapa de recristalização final.

MEIO SUGERIDO PARA O DESCARTE DE REJEITOS

Descarte o filtrado da filtração, pelo funil de Hirsch, do produto bruto em um recipiente especificamente designado para esta mistura. Coloque todos os outros filtrados no recipiente para solventes orgânicos halogenados.

NOTAS PARA O PROFESSOR

Prepare antecipadamente a mistura da bromação.

PROCEDIMENTO

Desenvolvendo a reação. Em um balão de fundo redondo de 25 mL, devidamente aferido, adicione a quantidade especificada de um dos seguintes compostos: 0,45 g de acetanilida, 0,30 mL de anilina ou 0,35 mL de anisol. Refaça a pesagem do balão para determinar a massa real do composto aromático. Acrescente 2,5 mL de ácido acético glacial e uma barra magnética de agitação ao balão de fundo redondo. Monte o aparelho mostrado na figura. Empacote suavemente o tubo de secagem, utilizando lã de vidro. Adicione aproximadamente 2,5 mL de bissulfito de sódio 1,0 $mol\ L^{-1}$, gota a gota, à lã de vidro, até que ela esteja umedecida, mas não encharcada. O aparelho irá capturar qualquer bromo liberado durante a seguinte reação. Agite a mistura até que o composto aromático esteja completamente dissolvido.

⇨ ADVERTÊNCIA

O procedimento no próximo parágrafo deve ser realizado sob uma capela de exaustão. Desprenda o aparelho mostrado na figura e leve-o para a capela de exaustão. 

Sob a capela de exaustão, obtenha 5,0 mL da mistura bromo/ácido bromídrico em uma proveta de 10 mL.[1] Remova a tampa de vidro da cabeça de Claisen. Despeje a mistura bromo/ácido bromídrico através da cabeça de Claisen no balão de fundo redondo. Coloque a tampa na cabeça de Claisen antes de voltar à sua bancada de laboratório. Prenda o aparelho acima do agitador magnético e agite a mistura da reação à temperatura ambiente por vinte minutos.

⇨ ADVERTÊNCIA

Tenha cuidado para não derramar a mistura do bromo. 

Cristalização e isolamento do produto. Quando a reação estiver completa, transfira a mistura para um frasco de Erlenmeyer de 125 mL contendo 25 mL de água e 2,5 mL de solução de bissulfato de sódio saturado. Agite a mistura com um bastão de vidro, até que a cor vermelha do bromo desapareça.[2] Se

[1] Nota para o professor: a mistura da bromação é preparada adicionando 13,0 mL de bromo a 87,0 mL de ácido bromídrico 48%. Isto proporcionará solução suficiente para 20 alunos, assumindo que não haja rejeitos de nenhum tipo. Essa solução deverá ser armazenada sob a capela de exaustão.

[2] Se a cor do bromo ainda estiver presente, adicione mais algumas gotas de bissulfito de sódio saturado e agite a mistura por mais alguns minutos. A mistura por inteiro, incluindo líquido e sólido (ou óleo), deverá ser incolor.

tiver se formado um óleo, pode ser necessário agitar a mistura por vários minutos para remover toda a cor. Coloque o frasco de Erlenmeyer em um banho de gelo por dez minutos. Se o produto não se solidificar, raspe o fundo do balão com um bastão de vidro para induzir a cristalização. Pode demorar de dez a quinze minutos para induzir a cristalização do produto anisol bromado.[3] Filtre o produto em um funil de Hirsch com sucção e lave com várias porções de 5 mL de água fria. Deixe o produto secar naturalmente, no funil, por cerca de dez minutos, com o vácuo acionado.

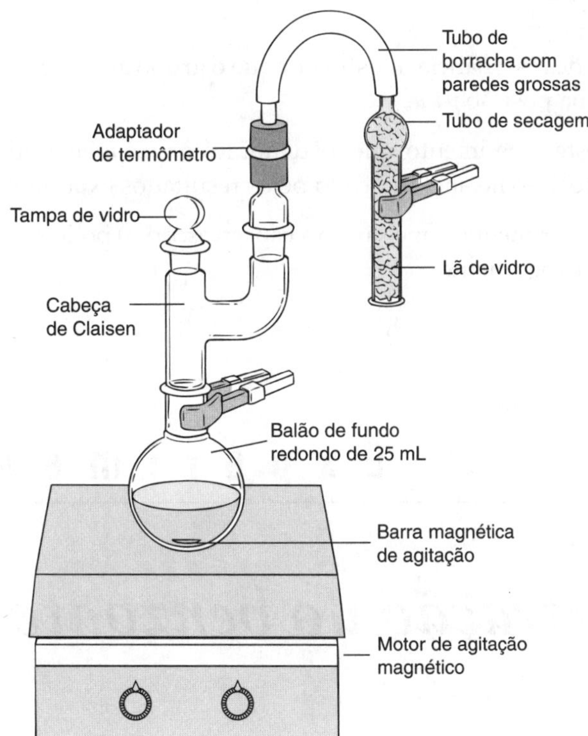

Recristalização e ponto de fusão do produto. Recristalize seu produto a partir da quantidade mínima de solvente quente (veja a Técnica 11, Seção 11.3 e Figura 11.4). Utilize etanol 95% para recristalizar a anilina bromada ou a acetanilida bromada; utilize hexano para recristalizar o produto anisol bromado. Deixe os cristais secarem naturalmente e determine a massa e o ponto de fusão.

Com base no ponto de fusão e na tabela anterior, você deverá ser capaz de identificar seu produto. Calcule o rendimento percentual e encaminhe o produto, com o relatório, para seu professor.

Relatório

Coletando dados de outros alunos, você deverá ser capaz de determinar qual produto foi obtido da bromação de cada um dos três compostos aromáticos. Utilizando esta informação, organize os três grupos substituintes (acetamido, amino e metoxi), a fim de diminuir a capacidade de ativar o anel de benzeno.

---

[3] Se não se formarem cristais depois de quinze minutos, pode ser necessário disseminar a mistura com um pequeno cristal de produto.

REFERÊNCIA

Zaczek, N. M.; Tyszklewicz, R. B. Relative Activating Ability of Various Ortho, Para-Directors. *J. Chem. Educ.* 1986, 63, 510.

■ QUESTÕES ■

1. Utilizando estruturas de ressonância, mostre por que o grupo amino é ativador. Considere um ataque pelo eletrófilo E^+ na posição *para*.
2. Para o substituinte neste experimento, que foi definido como o menos ativador, explique por que a bromação ocorre na posição no anel indicado pelos resultados experimentais.
3. Que outras técnicas experimentais (incluindo a espectroscopia) podem ser utilizadas para identificar os produtos neste experimento?

Experimento 43

Nitração do benzoato de metila

Substituição aromática

Cristalização

A nitração do benzoato de metila para preparar o *m*-nitrobenzoato de metila é um exemplo de uma reação de substituição aromática eletrofílica, na qual um próton do anel aromático é substituído por um grupo nitro:

$$C_6H_5COOCH_3 + HONO_2 \xrightarrow{H_2SO_4} m\text{-}NO_2C_6H_4COOCH_3 + H_2O$$

Benzoato de metila — ***m*-Nitrobenzoato de metila**

Muitas dessas reações de substituição aromática são conhecidas por ocorrerem quando se permite que um substrato aromático reaja com um reagente eletrofílico adequado, e muitos outros grupos, além do nitro, podem ser introduzidos no anel.

Você pode se lembrar de que alcenos (que são ricos em elétrons em decorrência de um excesso de elétrons no sistema π) podem reagir com um reagente eletrofílico. O intermediário formado é deficiente em elétrons. Ele reage com o nucleófilo para completar a reação. A sequência geral é chamada **adição eletrofílica**. A adição de HX ao ciclohexeno é um exemplo.

Nucleófilo

Eletrófilo

Ciclohexeno

Ataque de alceno no eletrófilo (H^+)

Carbocátion intermediário

Adição líquida de HX

Os compostos aromáticos não são fundamentalmente diferentes do ciclohexeno. Eles também podem reagir com eletrófilos. Contudo, por causa da ressonância no anel, os elétrons do sistema π geralmente estão menos disponíveis para reações de adição porque uma adição significaria a perda da estabilização que a ressonância proporciona. Na prática, isso significa que compostos aromáticos reagem somente com *reagentes poderosamente eletrofílicos*, geralmente, a temperaturas um pouco elevadas.

O benzeno, for exemplo, pode ser nitrado a 50 °C com uma mistura de ácido nítrico e ácido sulfúrico, concentrados; o eletrófilo é NO_2^+ (íon nitrônio), cuja formação é promovida pela ação do ácido sulfúrico concentrado no ácido nítrico:

Ácido nítrico

Íon nitrônio

O íon nitrônio que, então, se forma é suficientemente eletrofílico para se adicionar ao anel de benzeno, interrompendo *temporariamente* a ressonância do anel:

O intermediário inicialmente formado é ligeiramente estabilizado por ressonância e não passa rapidamente pela reação com um nucleófilo; neste comportamento, ele é diferente do carbocátion instabilizado formado do ciclohexeno somado a um eletrófilo. De fato, a aromaticidade pode ser restaurada para o anel se, em vez disso, ocorrer *eliminação*. (Lembre-se de que a eliminação, frequentemente é uma reação de carbocátions.) A remoção de um próton, provavelmente, pelo HSO_4^-, do carbono sp^3 do anel, *restaura o sistema aromático* e gera uma *substituição* líquida, na qual um hidrogênio foi substituído por um grupo nitro. Muitas reações similares são conhecidas, e são denominadas **reações de substituição aromática eletrofílicas**.

A substituição de um grupo nitro por um hidrogênio no anel ocorre com o benzoato de metila da mesma maneira que ocorre com o benzeno. Em princípio, é possível esperar que qualquer hidrogênio no anel poderá ser substituído por um grupo nitro. Todavia, por razões que estão além de nosso foco aqui (veja seu livro), o grupo carbometoxi dirige a substituição aromática preferencialmente para aquelas posições que são *meta* para ele. Como resultado, o m-nitrobenzoato de metila é o principal produto formado. Além disso, se pode esperar que a nitração ocorra mais de uma vez no anel. Porém, o grupo carbometoxi e o grupo nitro que acabou de ser conectado ao anel *desativa-o* contra mais uma substituição. Consequentemente, a formação de um produto do metil dinitrobenzoato é muito menos favorável que a formação do produto da mononitração.

Apesar de os produtos descritos anteriormente serem os principais formados na reação, é possível obter como impurezas nas pequenas quantidades da reação dos isômeros orto e para do m-nitrobenzoato de metila e dos produtos da dinitração. Esses produtos laterais são removidos quando o produto desejado é lavado com metanol e purificado por cristalização.

A água tem um efeito retardatário na nitração porque interfere com o equilíbrio entre o ácido nítrico–ácido sulfúrico que forma os íons nitrônio. Quanto menor quantidade de água presente, mais ativa é a mistura nitrante. Além disso, a reatividade da mistura nitrante pode ser controlada pela variação da quantidade de ácido sulfúrico utilizado. O ácido deve protonar o ácido nítrico, que é uma base *fraca*, e quanto maior a quantidade de ácido disponível, mais numerosas são as espécies protonadas (e, desse modo, NO_2^+) na solução. A água interfere porque é uma base mais forte que H_2SO_4 ou HNO_3. A temperatura é também um fator na determinação da extensão da nitração. Quanto maior a temperatura, maiores serão as quantidades de produtos da dinitração formados na reação.

O Experimento 28 ilustra uma alternativa da Química Verde para a nitração de hidrocarbonetos aromáticos. Nesta versão, um catalisador reciclável (o triflato de itérbio) é utilizado para gerar o íon nitrônio. O catalisador é recuperado no final do experimento.

LEITURA EXIGIDA

Revisão:	Técnicas 11	Cristalização: purificação de sólidos
	Técnica 25	Espectroscopia no infravermelho, Seções 25.4 e 25.5

INSTRUÇÕES ESPECIAIS

É importante que a temperatura da mistura da reação seja mantida igual ou inferior a 15 °C. O ácido nítrico e o ácido sulfúrico, especialmente quando misturados, são substâncias muito corrosivas. Tenha cuidado para que esses ácidos não entrem em contato com sua pele, e se isso acontecer, lave a região afetada com água em abundância.

MEIO SUGERIDO PARA O DESCARTE DE REJEITOS

Todas as soluções aquosas devem ser colocadas em um recipiente especialmente designado para rejeitos aquosos. Coloque o metanol utilizado para recristalizar o nitrobenzoato de metila no recipiente destinado a rejeitos orgânicos não halogenados.

PROCEDIMENTO

Em um béquer de 100 mL, esfrie 6 mL de ácido sulfúrico concentrado a cerca de 0 °C e acrescente 3,05 g de benzoato de metila. Utilizando um banho de gelo–sal (veja a Técnica 6, Seção 6.9), esfrie a mistura a 0 °C ou menos e adicione muito lentamente, com uma pipeta Pasteur, uma mistura fria de 2 mL de ácido sulfúrico concentrado e 2 mL de ácido nítrico concentrado. Durante a adição dos ácidos, agite a mistura continuamente e mantenha a temperatura da reação abaixo de 15 °C. Se a mistura atingir uma temperatura acima dessa, a formação do subproduto aumenta rapidamente, provocando uma diminuição no rendimento do produto desejado.

Depois de ter adicionado todo o ácido, aqueça a mistura à temperatura ambiente. Após quinze minutos, despeje a mistura ácida sobre 25 g de gelo triturado em um béquer de 150 mL. Depois que o gelo derreter, isole o produto por filtração a vácuo através de um funil de Büchner e lave-o com duas porções de 12 mL de água fria e, então, com duas porções de 5 mL de metanol gelado. Pese o produto e recristalize-o com uma massa igual de metanol (veja a Técnica 11, Seção 11.3). O ponto de fusão do produto recristalizado deve ser 78 °C. Obtenha o espectro no infravermelho utilizando o método da película seca (veja a Técnica 25, Seção 25.4) ou uma pastilha de KBr (veja a Técnica 25, Seção 25.5). Compare seu espectro no infravermelho com o que é reproduzido aqui. Calcule o rendimento percentual e encaminhe o produto ao professor em um frasco rotulado.

Modelagem molecular (opcional)

Se você estiver trabalhando sozinho, complete a Parte A. Se estiver em dupla, um dos dois deve completar a Parte A, e o outro, a Parte B; e no fim do experimento, combinem os resultados obtidos.

Parte A. Nitração do benzoato de metila

Neste exercício, você tentará explicar o resultado observado da nitração do benzoato de metila. O principal produto desta reação é o m-nitrobenzoato de metila, em que o grupo nitro foi adicionado à posição *meta* do anel. A etapa de determinante da velocidade nesta reação é o ataque do íon nitrônio no anel de benzeno. Três diferentes íons benzênio intermediários (*orto, meta* e *para*) são possíveis:

COOMe + O=N⁺=O ⟶ 1, 2, 3

Você irá calcular os calores de formação para que esses intermediários determinem qual dos três tem a menor energia. Suponha que as energias de ativação sejam similares às energias dos próprios intermediários. Essa é uma aplicação do Postulado de Hammond, que define que a energia de ativação que leva a um intermediário de maior energia será maior que a energia de ativação que leva a um intermediário de menor energia, e vice-versa. Embora existam exceções proeminentes, em geral, o postulado é verdadeiro.

Faça modelos de cada um dos três íons benzênio intermediários (separadamente) e calcule seus calores de formação utilizando um cálculo no nível AM1, com otimização de geometria. Não se esqueça de especificar uma carga positiva quando encaminhar seu cálculo. O que você concluiu?

Agora, em um pedaço de papel, desenhe as estruturas de ressonância que são possíveis para cada intermediário. Não se preocupe com as estruturas que envolvem o grupo nitro; considere apenas onde a carga no anel pode ser deslocalizada. Observe também a polaridade do grupo carbonila colocando um símbolo $\delta+$ no carbono e um símbolo $\delta-$ no oxigênio. O que você concluiu de sua análise de ressonância?

Parte B. Nitração do anisol

Para este cálculo, você irá analisar os três íons benzênio formados do anisol (metoxibenzeno) e o íon nitrônio (veja a Parte A). Calcule os calores de formação utilizando os cálculos no nível AM1, com otimização da geometria. Não se esqueça de especificar uma carga positiva. Qual é sua conclusão para o anisol? Como os resultados se comparam com aqueles para o benzoato de metila?

Agora, em um pedaço de papel, desenhe as estruturas de ressonância que são possíveis para cada intermediário. Não se preocupe com as estruturas envolvendo o grupo nitro; considere somente onde a carga no anel pode ser deslocalizada. Não se esqueça de que os elétrons no oxigênio podem participar na ressonância. O que você conclui de sua análise de ressonância?

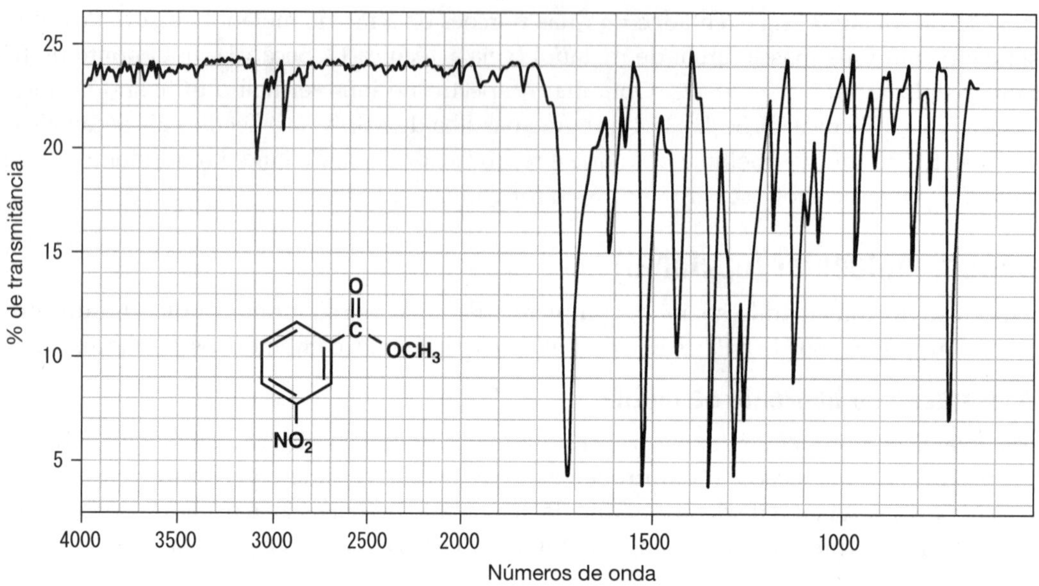

Espectro no infravermelho do *m*-nitrobenzoato de metila, KBr.

■ QUESTÕES ■

1. Por que o *m*-nitrobenzoato de metila é formado nesta reação, em vez dos isômeros *orto* ou *para*?
2. Por que a quantidade de dinitração aumenta a temperaturas elevadas?
3. Por que é importante adicionar a mistura de ácido nítrico–ácido sulfúrico lentamente, ao longo de um período de quinze minutos?
4. Interprete o espectro no infravermelho do *m*-nitrobenzoato de metila.
5. Indique o produto formado na nitração de cada um dos seguintes compostos: benzeno, tolueno, clorobenzeno e ácido benzoico.

Experimento

Benzocaína

Para obter mais informações sobre este experimento, consulte o Ensaio "Anestésicos locais", na página 927.

Esterificação

Cristalização (método da mistura de solventes)

Neste experimento, é dado um procedimento para a preparação de um anestésico local, a benzocaína, pela esterificação direta do ácido *p*-aminobenzoico com etanol. De acordo com a opção do professor, você pode testar o anestésico preparado no músculo da perna de um sapo.

$$H_2N\text{-}C_6H_4\text{-}COOH + CH_3CH_2OH \underset{}{\overset{H^+}{\rightleftharpoons}} H_2N\text{-}C_6H_4\text{-}C(=O)\text{-}OCH_2CH_3$$

Ácido *p*-aminobenzoico — **Etil *p*-aminobenzoato (benzocaína)**

LEITURA EXIGIDA

Revisão:	Técnica 8	Filtração, Seção 8.3
	Técnica 11	Cristalização: purificação de sólidos, Seções 11.3 e 11.10
Novo:	Ensaio 16	Anestésicos locais

INSTRUÇÕES ESPECIAIS

O ácido sulfúrico é muito corrosivo. Não deixe que entre em contato com sua pele. Utilize uma pipeta Pasteur calibrada para transferir o líquido.

NOTA PARA O PROFESSOR

A benzocaína pode ser testada quanto ao seu efeito no músculo da perna de um sapo. Veja o *Instructor's Manual* (material disponível em inglês, na página do livro, em www.cengage.com.br), para obter orientações.

MEIO SUGERIDO PARA O DESCARTE DE REJEITOS

Descarte todo o filtrado no recipiente destinado a solventes orgânicos não halogenados.

PROCEDIMENTO

Desenvolvendo a reação. Coloque 1,2 g de ácido p-aminobenzoico e 12 mL de etanol absoluto em um balão de fundo redondo de 100 mL. Agite a mistura até que o sólido se dissolva completamente. Enquanto agita suavemente, adicione gota a gota 1,0 mL de ácido sulfúrico concentrado de uma pipeta Pasteur calibrada. Uma grande quantidade de precipitado se forma quando você adiciona o ácido sulfúrico, mas este sólido se dissolverá lentamente durante o refluxo que se segue. Adicione pérolas de ebulição ao balão, conecte um condensador de refluxo e aqueça a mistura em um suave refluxo por sessenta a setenta e cinco minutos, utilizando uma manta de aquecimento. De vez em quando, agite a mistura da reação durante esse período para ajudar a evitar que a mistura seja expelida para o condensador.

Precipitação da benzocaína. No final do período de reação, remova o aparelho da manta de aquecimento e deixe a mistura da reação esfriar por vários minutos. Utilizando uma pipeta Pasteur, transfira o conteúdo do balão para um béquer contendo 30 mL de água. Quando o líquido tiver resfriado à temperatura ambiente, adicione uma solução de carbonato de sódio a 10% (são necessários cerca de 10 mL), gota a gota, para neutralizar a mistura. Agite o conteúdo do béquer com um bastão de agitação ou espátula. Depois de cada adição da solução de carbonato de sódio, a extensiva evolução do gás (espumação) será perceptível até que a mistura esteja quase neutralizada. À medida que o pH aumenta, é produzido um precipitado branco de benzocaína. Quando o gás já não evoluir enquanto você adiciona uma gota de carbonato de sódio, verifique o pH da solução e acrescente mais porções de carbonato de sódio até que o pH esteja em cerca de 8.

Colete a benzocaína por filtração a vácuo utilizando um funil de Büchner. Utilize três porções de 10 mL de água para ajudar na transferência e para lavar o produto no funil. Certifique-se de que o sólido foi totalmente enxaguado com água, de modo que qualquer sulfato de sódio que tenha se formado durante a neutralização seja lavado de seu produto. Depois que o produto tiver secado durante a noite, pese-o, calcule o rendimento percentual e determine seu ponto de fusão. O ponto de fusão da benzocaína pura é 92 °C.

Recristalização e caracterização da benzocaína. Embora o produto deva ser bastante puro, ele pode ser recristalizado pelo método da mistura de solventes, utilizando metanol e água (veja a Técnica 11, Seção 11.10). Coloque o produto em um pequeno frasco de Erlenmeyer e adicione metanol quente até que o sólido se dissolva; agite a mistura para ajudar a dissolver o sólido. Depois que o sólido tiver se dissolvido, acrescente água quente gota a gota até que a mistura fique turva ou, então, se formará um precipitado branco. Adicione mais algumas gotas de metanol quente até que o sólido ou óleo redissolva completamente. Deixe a solução esfriar lentamente à temperatura ambiente. Raspe o interior do frasco enquanto o conteúdo esfria para ajudar a cristalizar a benzocaína; do contrário, poderá se formar um óleo. Complete a cristalização resfriando a mistura em um banho de gelo e colete os cristais por filtração a vácuo. Utilize uma quantidade mínima de metanol gelado para ajudar a transferir o sólido do frasco para o filtro. Quando a benzocaína estiver completamente seca, pese a benzocaína purificada. Mais uma vez, calcule o rendimento percentual da benzocaína e determine seu ponto de fusão.

Conforme a opção do professor, obtenha o espectro no infravermelho utilizando o método de pastilha seca (veja a Técnica 25, Seção 25.4) ou uma pastilha de KBr (veja a Técnica 25, Seção 25.5) e o espectro de RMN no $CDCl_3$ (veja a Técnica 26, Seção 26.1).[1] Encaminhe a amostra para o professor, em um frasco rotulado.

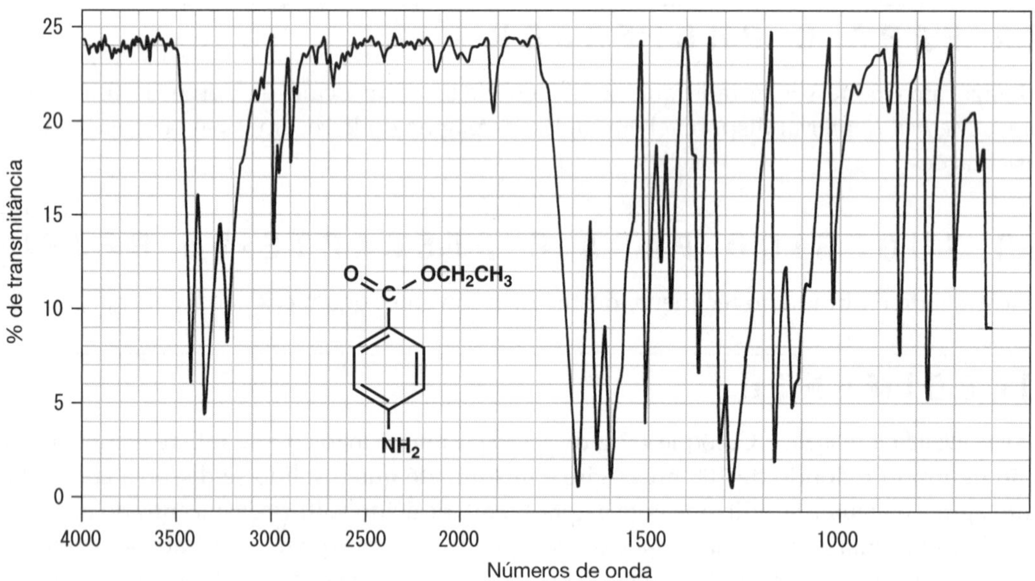

Espectro no infravermelho da benzocaína, KBr.

[1] Se for utilizado um espectrômetro de RMN de 60 MHz para determinar o RMN de hidrogênio da benzocaína, os hidrogênios do amino poderão sobrepor parcialmente ao quarteto do grupo etila. Nesse caso, pode ser adicionada uma pequena quantidade de benzeno deuterado para deslocar o pico amplo do grupo $-NH_2$ para longe do quarteto: Carpenter, S. B.; R. H. Wallace. A Quick and Easy Simplification of Benzocaine's NMR Spectrum. *J. Chem. Educ.* 2006, *83* (Apr), 637. Um espectrômetro de RMN com maior campo de abrangência, como o obtido em um instrumento de 300 MHz, também evita o problema de sobreposição.

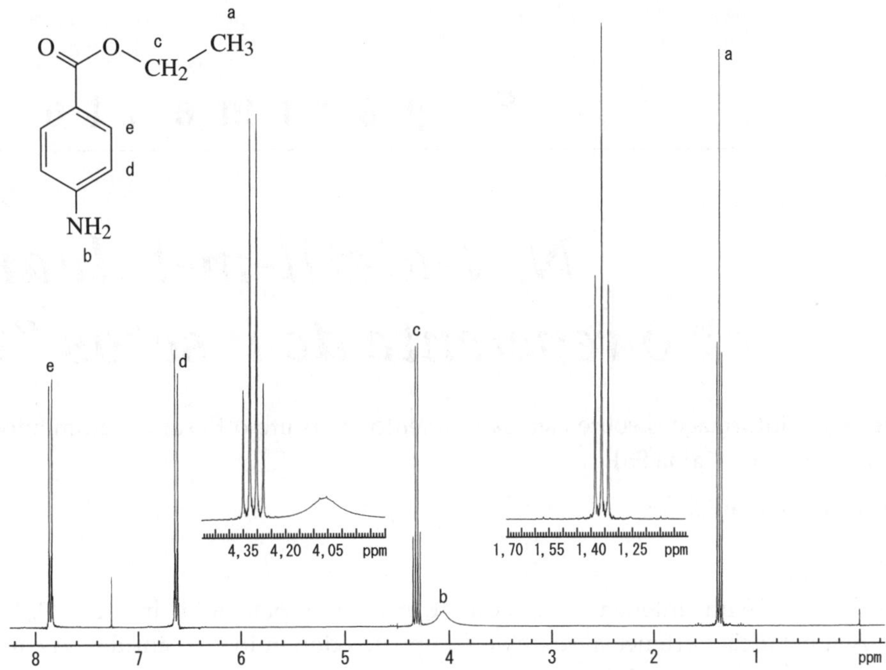

Espectro de RMN da benzocaína do ^{1}H, $CDCl_3$, a 300 mHz. As inserções mostram as expansões dos grupos metila (tripleto) e metileno (quarteto), do grupo etila.

■ QUESTÕES ■

1. Interprete os espectros no infravermelho e de RMN da benzocaína.
2. Qual é a estrutura do precipitado que se forma depois que o ácido sulfúrico é adicionado?
3. Quando a solução de carbonato de sódio a 10% é adicionada, um gás evolui. Qual é esse gás? Apresente uma equação balanceada para esta reação.
4. Explique por que a benzocaína se precipita durante a neutralização.
5. Consulte a estrutura da procaína na tabela no Ensaio 16: "Anestésicos locais". Utilizando o ácido *p*-aminobenzóico, apresente equações mostrando como o monocloridrato de procaína pode ser preparado. Qual dos dois possíveis grupos funcionais amino na procaína será protonado em primeiro lugar? Justifique sua escolha. (*Dica:* considere a ressonância.)

Experimento 45

N,N-dietil-m-toluamida: o repelente de insetos "OFF"

Para obter mais informações sobre este experimento, consulte o Ensaio "Feromônios: atrativos e repelentes de insetos", na página 931.

Preparação de uma amida

Extração

Neste experimento, você irá sintetizar o ingrediente ativo do repelente de insetos "OFF", *N,N*-dietil-*m*-toluamida. A substância pertence à classe de compostos denominados **amidas**. As amidas têm estrutura generalizada

$$R-\overset{\overset{\displaystyle O}{\|}}{C}-NH_2$$

A amida a ser preparada neste experimento é dissubstituída. Isto é, dois dos hidrogênios no grupo amida $—NH_2$ foram substituídos por grupos etílicos. As amidas não podem ser preparadas diretamente pela mistura de um ácido carboxílico com uma amina. Se um ácido e uma amina forem misturados, ocorrerá uma reação ácido–base, dando a base conjugada do ácido, que não vai reagir, ainda mais quando está em solução:

$$RCOOH + R_2NH \rightarrow [RCOO^-R_2NH_2^+]$$

Contudo, se o sal da amina for isolado como um sólido cristalino e muito aquecido, a amida pode ser preparada:

$$[RCOO^-R_2NH_2^+] \xrightarrow{\text{calor}} [RCONR_2 + H_2O]$$

Em virtude da elevada temperatura exigida para esta reação, esse não é um método de laboratório conveniente.

As amidas geralmente são preparadas através do cloreto de ácido, como neste experimento. Na etapa 1, o ácido *m*-toluico é convertido para seu derivado cloreto de ácido, utilizando cloreto de tionila ($SOC1_2$).

Etapa 1: Ácido *m*-toluico (anel benzênico com $-\overset{O}{\overset{\|}{C}}-OH$ e CH_3 em meta) $+ SOCl_2$ (Cloreto de tionila) $\longrightarrow$ Cloreto de ácido (anel benzênico com $-\overset{O}{\overset{\|}{C}}-Cl$ e CH_3 em meta) $+ SO_2 + HCl$

O cloreto de ácido não é isolado nem purificado, e pode reagir diretamente com a dietilamina, na etapa 2. Um excesso de dietilamina é utilizado neste experimento para reagir com o cloreto de hidrogênio produzido na etapa 2.

Etapa 2

$$m\text{-}CH_3C_6H_4COCl + (CH_3CH_2)_2\ddot{N}H \longrightarrow m\text{-}CH_3C_6H_4CON(CH_2CH_3)_2 + HCl$$

Dietilamina — *N,N*-Dietil-m-toluamida "OFF"

$$(CH_3{-}CH_2)_2NH + HCl \longrightarrow (CH_3{-}CH_2)_2NH_2^+\ Cl^-$$

Cloridrato de dietilamina

LEITURA EXIGIDA

Revisão:	Técnica 7	Métodos de reação, Seções 7.3 e 7.10
	Técnica 12	Extrações, separações e agentes secantes, Seções 12.4, 12.8, 12.9, 12.11
Novo:	Ensaio 17	Feromônios: atrativos e repelentes de insetos

INSTRUÇÕES ESPECIAIS

Todo equipamento utilizado neste experimento deve ser seco, porque o cloreto de tionila reage com a água para liberar HCl e SO_2. Do mesmo modo, deve ser utilizado éter *anidro*, porque a água reage com o cloreto de tionila e com o cloreto de ácido intermediário. O cloreto de tionila é um produto químico nocivo e corrosivo, e tem de ser manipulado com cuidado. Se entrar em contato com a pele, ocorrerão queimaduras graves.

O cloreto de tionila e a dietilamina devem ser descartados *na capela de exaustão*, utilizando-se garrafas que devem ser mantidas firmemente fechadas quando não estiverem em uso. A dietilamina também é nociva e corrosiva. Além disso, é bastante volátil (pe 56 °C) e tem de ser resfriada em uma capela de exaustão, antes de ser utilizada.

MEIO SUGERIDO PARA O DESCARTE DE REJEITOS

Todos os extratos aquosos devem ser despejados no frasco especificamente designado para rejeitos aquosos.

PROCEDIMENTO

Preparação do cloreto de ácido. Coloque 1,81 g (0,0133 mol) de ácido m-toluico (ácido 3-metibenzoico, MM = 136,1) em um balão de fundo redondo seco, de 25 mL. Adicione 1 mL de éter dietílico anidro para umedecer o sólido (ele não irá se dissolver) e coloque uma barra de agitação no frasco. Em uma capela, adicione cuidadosamente 2,0 mL de cloreto de tionila (0,0275 mol, densidade = 1,64 g mL^{-1}, MM = 118,9) em uma pipeta Pasteur plástica.

O cloreto de tionila é uma substância nociva, por isso, tenha cuidado para não respirar seus vapores! Adicione cinco gotas de piridina. Nesse momento, você deverá observar uma rápida reação com evolução de gases. ***Tampe suavemente o frasco.*** A reação irá liberar dióxido de enxofre e cloreto de hidrogênio, por isso, certifique-se de que o frasco é mantido em uma capela de exaustão bem ventilada. Agite a mistura por aproximadamente dez minutos. Durante o curso do período de reação, o ácido m-toluico sólido irá se dissolver lentamente (reagir) com o cloreto de tionila. Continue a agitar até que o sólido tenha se dissolvido.

ADVERTÊNCIA

O cloreto de tionila é mantido em uma capela de exaustão. Não respire os vapores desse produto químico nocivo e corrosivo. Utilize equipamento seco quando manipular o material, pois ele reage violentamente com a água. Não deixe entrar em contato com sua pele.

Insira um pedaço de tubo de vidro através do pedaço de borracha no adaptador do termômetro e insira-o no gargalo do balão de fundo redondo de 25 mL. Remova o cloreto de tionila em excesso, sob vácuo, utilizando um aspirador (com captador de água!) ou com o sistema de vácuo. A melhor forma de remover o cloreto de tionila em excesso é agitar o frasco, em vez de utilizar a unidade de agitação magnética. Não aqueça a mistura. A mistura mostrará sinais óbvios na ebulição a vácuo. Será perceptível uma ação de ebulição em torno da barra de agitação, acompanhada de uma pequena espumação. Continue a retirar vácuo do frasco, até cessar, ou praticamente cessar, a ação de ebulição. Nesse momento, o volume deverá ter sido reduzido. Pode demorar cerca de meia hora para remover o excesso de cloreto de tionila. Agite a mistura continuamente durante o período para ajudar no processo de evaporação.

Preparação da amida. Prepare uma solução de dietilamina em uma solução aquosa de hidróxido de sódio, adicionando 4 mL de dietilamina (0,430 mol, densidade = 0,71 g mL^{-1}, MM = 73,1), com uma pipeta Pasteur de plástico, descartável, a 15 mL de solução de hidróxido de sódio aquoso 10% em um frasco de Erlenmeyer de 50 mL. Resfrie a mistura a 0 °C em um banho de água gelada. ***Lentamente***, adicione a mistura de cloreto de ácido com uma pipeta Pasteur de plástico à mistura resfriada de dietilamina/hidróxido de sódio, agitando o frasco. ***A reação é violenta, e se pode observar muita fumaça.*** Acrescente o cloreto de ácido em pequenas porções, durante cerca de cinco minutos. Depois da adição, agite a mistura no frasco, de vez em quando, durante um período de dez minutos, para completar a reação.

Isolamento da amida. Despeje a mistura em um funil de separação utilizando porções de 20 mL de éter dietílico para ajudar na transferência. Adicione o restante do éter dietílico e agite o funil de separação para extrair o produto da mistura aquosa. Remova a camada aquosa inferior e reserve-a. Despeje a camada de éter na parte externa do topo do funil em um frasco de Erlenmeyer para armazenamento temporário. Devolva a camada aquosa para o funil de separação e extraia-a com uma porção fresca, de 20 mL, de éter. Remova a camada aquosa e descarte-a. Despeje a camada de éter do topo do funil de separação no frasco contendo o primeiro extrato de éter. Devolva as camadas de éter combinadas no funil de separação e agite-o com uma porção de 20 mL de solução de NaCl aquoso saturada, para fazer uma secagem preliminar da camada de éter. Remova a camada aquosa inferior e descarte-a. Despeje a solução de éter do topo do funil de separação em um frasco de Erlenmeyer seco. Seque a camada de éter com sulfato de magnésio anidro. Decante a solução longe do agente secante através de um pedaço de papel de filtro pregueado, em um balão de fundo redondo de 100 mL previamente pesado. Remova o éter em um evaporador rotatório ou sob vácuo (veja a Técnica 7, Figura 7.7C). Refaça a pesagem do frasco para determinar o rendimento do produto de cor marrom avermelhado. Os rendimentos geralmente são razoáveis e excedem 80%.

Análise do produto. Determine o espectro no infravermelho do seu produto. O espectro pode ser comparado àquele reproduzido na Figura 1. É possível ver uma pequena quantidade de dietilamina que não reagiu aparecendo próximo de 3400 cm^{-1} em seu espectro, que pode ser ignorada.

De acordo com a opção de seu professor, determine o espectro de RMN de ^{1}H (hidrogênio), de seu produto. O espectro de 500 MHz determinado a 20 °C mostra um interessante padrão para os grupos etílicos liagdos a um nitrogênio (Figura 2). Os dois átomos de carbono metileno nos grupos etílicos aparecem como um par de picos amplos entre 3,2 e 3,6 ppm, indicando não equivalência. Observe que os picos são amplos e não aparecem como quartetos. Da mesma maneira, os dois átomos de carbono metílico nos grupos etílicos aparecem como um par de picos amplos entre 1,0 e 1,3 ppm, e não aparecem como tripletos. Existe rotação restrita em amidas, resultante da ressonância, levando à não equivalência dos dois grupos etílicos:

Quando a temperatura é reduzida a 0 °C, o espectro mostra um par de quartetos e um par de tripletos. Veja as estruturas inseridas no espectro de RMN (Figura 45.2) para os grupos metileno e metila, respectivamente.

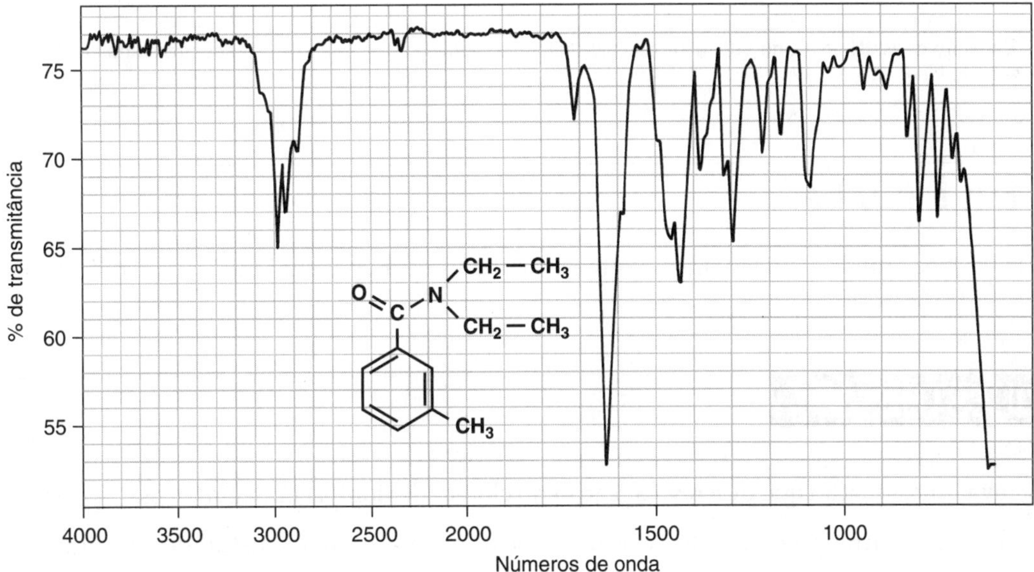

Figura 1 Espectro no infravermelho da *N,N*-dietil-*m*-toluamida (pura).

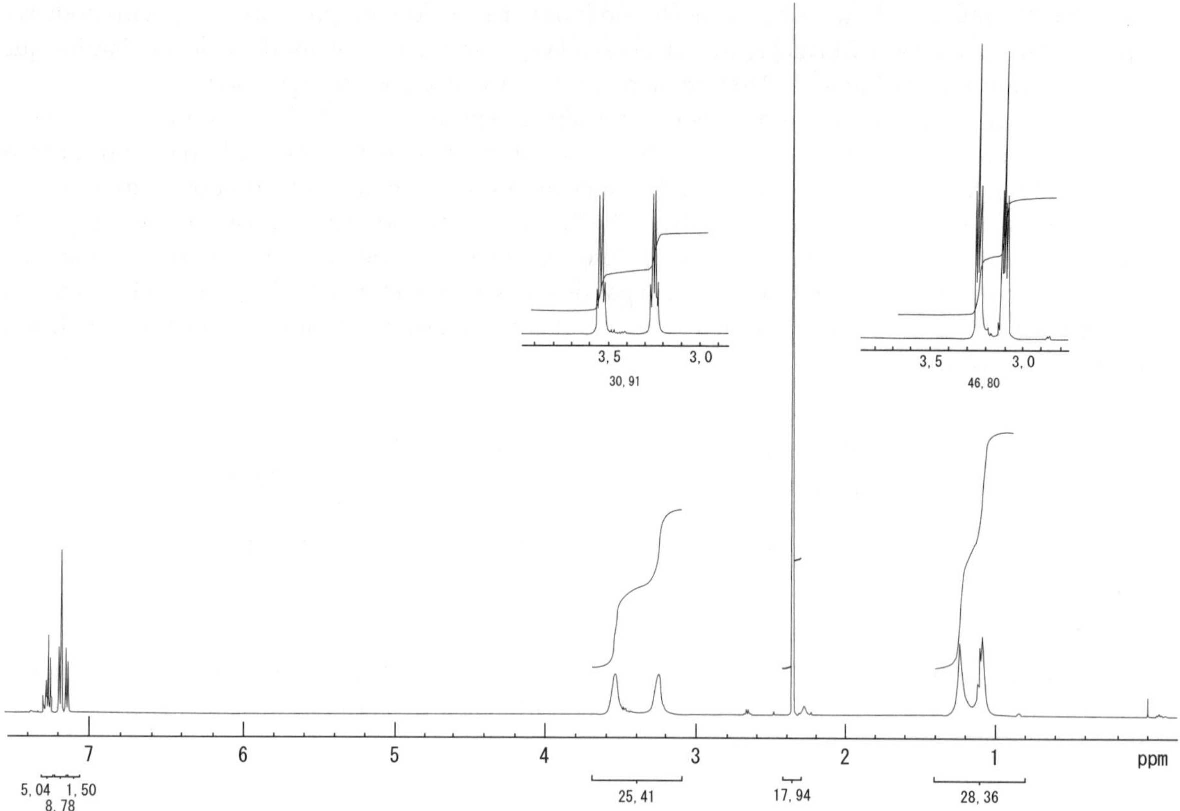

Figura 2 Espectro de RMN de ^{1}H, de 500 MHz, da *N-N*-dietil-*m*-toluamida ($CDCl_3$) a 20 °C (espectro completo, traço menor) e a 0 °C (espectro inserido).

REFERÊNCIA

Knoess, H. P.; Neeland, E. G. A Modified Synthesis of the Insect Repellent DEET. *J. Chem. Educ.* 1998, *75* (Oct), 1267–78.

■ QUESTÕES ■

1. Escreva uma equação que descreva a reação do cloreto de tionila com água.
2. Qual reação ocorreria se o cloreto de ácido do ácido *m*-toluico fosse misturado com água?
3. Pode ser possível que algum ácido *m*-toluico permaneça sem reagir ou que tenha se formado da hidrólise do cloreto de ácido, durante o curso da reação. Explique como a mistura de hidróxido de sódio remove da mistura o ácido carboxílico que não reagiu. Apresente uma equação com sua resposta.
4. Escreva um mecanismo para cada etapa na preparação da *N,N*-diethyl-*m*-toluamida.
5. Interprete cada um dos principais picos do espectro no infravermelho da *N-N*-dietil-*m* toluamida.

Experimento 46

Medicamentos à base de sulfa: preparação da sulfanilamida

Para obter mais informações sobre este experimento, consulte o Ensaio "Sulfas", na página 939.

Cristalização

Grupos protetores

Testando a ação de medicamentos sobre bactérias

Preparação de uma sulfonamida

Substituição aromática

Neste experimento, você irá preparar o medicamento à base de sulfa sulfanilamida, pelo seguinte esquema de síntese, que envolve converter acetanilida para o cloreto de *p*-acetamidobenzenossulfonila, intermediário, na etapa 1. O intermediário é convertido em sulfanilamida por meio da *p*-acetamidobenzenossulfonamida, na etapa 2.

Acetanilida $\xrightarrow{HOSO_2Cl}$ Cloreto de *p*-acetamidobenzenosulfonila (SO_2Cl)

SO_2Cl $\xrightarrow[\text{amônia}]{NH_3}$ *p*-Acetamidobenzenossulfonamida (SO_2NH_2) $\xrightarrow[(2)\ NaHCO_3]{(1)\ HCl,\ H_2O}$ Sulfanilamida (NH_2, SO_2NH_2)

A acetanilida, que pode facilmente ser preparada por meio da anilina, reage com o ácido clorossulfônico para gerar o cloreto de *p*-acetamidobenzenossulfonila. O grupo acetamido dirige a substituição quase totalmente para a posição *para*. A reação é um exemplo de substituição aromática eletrofílica. Dois problemas resultariam se a anilina, propriamente dita, fosse utilizada na reação. Primeiro, o grupo amino na anilina seria protonado em ácido forte para se tornar um diretor *meta*; e, em segundo lugar, o ácido clorossulfônico reagiria com o grupo amino, em vez de com o anel, para resultar em C_6H_5 — $NHSO_3H$. Por essas razões, o grupo amino é "protegido" por acetilação. O grupo acetílico será removido na etapa final, depois que não for mais necessário, para regenerar o grupo amino livre presente na sulfanilamida.

O cloreto de *p*-acetamidobenzenossulfonila é isolado adicionando-se a mistura da reação à água gelada, que decompõe o excesso de ácido clorossulfônico. Esse intermediário é bastante estável na água; no entanto, ele é convertido lentamente para o ácido sulfônico correspondente (Ar — SO_3H). Desse modo, deverá ser isolado do meio aquoso, assim que possível, por meio de filtração.

H O | || N—CCH3 (para) SO2Cl → (H_2O) H O | || N—CCH3 (para) SO3H + HCl

Cloreto de *p*-acetamidobenzenossulfonila — Ácido *p*-acetamidobenzenossulfônico

O cloreto de sulfonila intermediário é convertido para a *p*-acetamidobenzenossulfonamida por uma reação com a amônia aquosa (etapa 2). A amônia em excesso neutraliza o cloreto de hidrogênio produzido. A única reação lateral é a hidrólise do cloreto de sulfonila para o ácido *p*-acetamidobenzenossulfônico.

O grupo protetor acetila é removido pela hidrólise catalisada por ácido para gerar o sal cloridrato do produto, a sulfanilamida. Observe que das duas ligações amida presentes, somente a amida do ácido carboxílico (gruo acetamido) foi quebrada, não a amida do ácido sulfúrico (sulfonamida). O sal do medicamento à base de sulfa é convertido para sulfanilamida quando a base, bicarbonato de sódio, é adicionada.

H O | || N—C—CH3 (para) SO2NH2 → (HCl, H_2O) $^+NH_3Cl^-$ (para) SO2NH2 + CH_3—C(=O)—OH → ($NaHCO_3$) NH2 (para) SO2NH2 + $CH_3C(=O)$—O^-

p-acetamidobenzenossulfonamida — Sulfanilamida

LEITURA EXIGIDA

Revisão:	Técnica 7	Métodos de reação, Seções 7.2 e 7.8A
	Técnica 8	Filtração, Seção 8.3
	Técnica 11	Cristalização: purificação de sólidos, Seção 11.3
	Técnica 25	Espectroscopia no infravermelho, Seções 25.4 e 25.5
Novo:	Ensaio 18	Sulfas

INSTRUÇÕES ESPECIAIS

Se possível, todo este experimento deverá ser concluído em uma capela de exaustão. Caso contrário, deve ser empregada uma capela de exaustão onde for indicado no procedimento.

O ácido clorossulfônico precisa ser manipulado com cuidado, porque é um líquido corrosivo que reage violentamente com água. Tenha muita cautela quando lavar qualquer objeto de vidro que tenha entrado em contato com o ácido clorossulfônico. Mesmo uma pequena quantidade do ácido reagirá intensamente com água.

O cloreto de *p*-acetamidobenzenossulfonila deve ser utilizado durante o mesmo período de atividade no laboratório em que for preparado. Ele é instável e não sobreviverá a um longo período de armazenamento. O medicamento à base de sulfa pode ser testado em vários tipos de bactérias (veja o *Instructor's Manual* disponível em inglês, na página do livro, em www.cengage.com.br).

MEIO SUGERIDO PARA O DESCARTE DE REJEITOS

Descarte todos os filtrados aquosos no recipiente para rejeitos aquosos. Coloque os rejeitos orgânicos no recipiente para rejeitos orgânicos não halogenados. Coloque a lã de vidro que foi umedecida com hidróxido de sódio 0,1 *mol* L^{-1} no recipiente designado para este material.

PROCEDIMENTO

Parte A. Cloreto de *p*-acetamidobenzenossulfonila

O aparelho da reação. Monte o aparelho conforme mostra a figura da página 704. Prepare o tubo de ensaio com saída lateral para utilizar como um captador de gás, empacotando levemente a coluna com lã de vidro seca em torno do tubo de vidro. Adicione aproximadamente 2,5 mL de hidróxido de sódio 0,1 *mol* L^{-1} gota a gota, à lã de vidro, até que ela esteja umedecida, mas não encharcada. Esse aparelho irá capturar qualquer cloreto de hidrogênio que seja desenvolvido na reação. Conecte o frasco de Erlenmeyer depois de ter adicionado a acetanilida e o ácido clorossulfônico, conforme explica o parágrafo a seguir.

Reação da acetanilida com ácido clorossulfônico. Coloque 1,80 g de acetanilida no frasco de Erlenmeyer de 50 mL, seco. Derreta a acetanilida (pf 113 °C) aquecendo suavemente o frasco com uma chama. Remova o frasco do calor e agite o óleo, que é pesado, até que ele se deposite uniformemente na parede inferior e no fundo. Deixe o frasco esfriar à temperatura ambiente e, então, esfrie ainda mais em um banho de água gelada. Mantenha o frasco no banho de gelo até receber instruções para removê-lo.

⇨ ADVERTÊNCIA

O ácido clorossulfônico é um produto químico extremamente nocivo e corrosivo, e deve ser manipulado com cuidado. Utilize somente objetos de vidro secos com esse reagente. Caso o ácido clorossulfônico entre em contato com sua pele, lave o local imediatamente com água. Tenha muita cautela quando lavar qualquer objeto de vidro que tenha entrado em contato com o ácido clorossulfônico. Mesmo uma pequena quantidade desse ácido reagirá intensamente com água e poderá espirrar. Use óculos de segurança.

Em uma capela de exaustão, transfira 5,0 mL de ácido clorossulfônico, $ClSO_2OH$ (*MM* = 116,5, *d* =1,77 g mL^{-1}), para a acetanilida no frasco. Conecte o captador ao frasco em sua bancada de laboratório, remova o frasco do banho de gelo e agite-o. O gás cloreto de hidrogênio se desenvolve vigorosamente, por isso, certifique-se de que a tampa de borracha esteja firmemente colocada no gargalo do frasco. Geralmente, a mistura da reação não terá de ser resfriada. Contudo, se a reação se tornar muito intensa, poderá ser necessário um leve resfriamento. Depois de dez minutos, a reação deverá ter se abrandado, e apenas uma pequena quantidade de acetanilida deverá permanecer. Aqueça o frasco por mais dez minutos no banho de vapor ou em um banho de água quente a 70 °C para completar a reação (continue a utilizar o captador). Depois desse período, remova o conjunto do captador e resfrie o frasco em um banho de gelo.

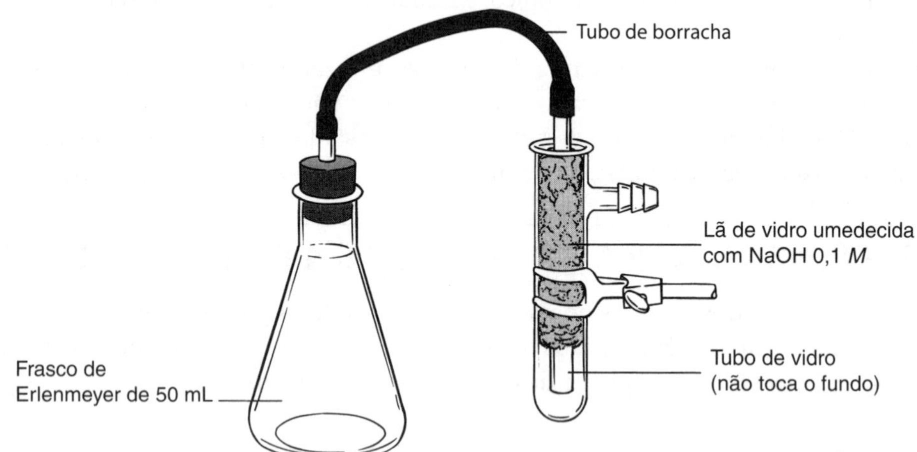

Aparelhagem para a obtenção do cloreto de *p*-acetamidobenzenossulfonila.

Isolamento do cloreto de *p*-acetamidobenzenossulfonila. As operações descritas neste parágrafo devem ser conduzidas o mais rapidamente possível porque o cloreto de *p*-acetamidobenzenossulfonila reage com água. Adicione 30 g de gelo triturado em um béquer de 250 mL. Em uma capela de exaustão transfira lentamente a mistura da reação resfriada (ela poderá se agitar um pouco) com uma pipeta Pasteur para o gelo, enquanto agita a mistura com um bastão de vidro. (As operações restantes neste parágrafo podem ser concluídas em sua bancada de laboratório.) Lave o frasco com 5 mL de água fria e transfira o conteúdo para o béquer contendo o gelo. Agite o precipitado para quebrar os grumos e, então, filtre o cloreto de *p*-acetamidobenzenossulfonila em um funil de Büchner (veja a Técnica 8, Seção 8.3 e Figura 8.5). Lave o frasco e o béquer com duas porções de 5 mL de água gelada. Utilize a água do enxague para lavar o produto bruto no funil. Não pare por aqui. Converta o sólido em *p*-acetamidobenzenosulfonamida no mesmo período de atividade no laboratório.

Parte B. Sulfanilamida

Preparação da *p*-acetamidobenzenossulfonamida. Em uma capela de exaustão, prepare um banho de água quente a 70 °C utilizando um béquer de 250 mL. Coloque o cloreto de *p*-acetamidobenzenossulfonila bruto em um frasco de Erlenmeyer de 50 mL e adicione 11 mL de solução de hidróxido de amônia diluída.[1] Agite bem a mistura com um bastão de vidro para quebrar os grumos. Aqueça a mistura no banho de água quente por dez minutos, agitando de vez em quando. Deixe o frasco esfriar ao toque e coloque-o em um banho de água gelada por vários minutos. O restante deste experimento pode ser concluído em sua bancada de laboratório. Colete a *p*-acetamidobenzenossulfonamida em um funil de Büchner e lave o frasco e o produto com cerca de 10 mL de água gelada. Você pode parar por aqui.

Hidrólise da *p*-acetamidobenzenossulfonamida. Transfira o sólido para um balão de fundo redondo de 25 mL e adicione 5,3 mL de solução de ácido clorídrico e uma pérola de ebulição.[2] Conecte um condensador de refluxo ao balão. Utilizando uma manta de aquecimento, aqueça a mistura sob refluxo até que o sólido tenha se dissolvido (cerca de dez minutos) e, então, aplique o refluxo por mais cinco

[1] Solução preparada pela mistura de 110 mL de hidróxido de amônia concentrado com 110 mL de água.
[2] Solução preparada pela mistura de 70 mL de água com 36 mL de ácido clorídrico concentrado.

minutos. Deixe a mistura esfriar à temperatura ambiente. Se aparecer um sólido (material de partida que não reagiu), faça a mistura ferver novamente por vários minutos. Quando o frasco tiver resfriado à temperatura ambiente, não deverão aparecer mais sólidos.

Isolamento da sulfanilamida. Com uma pipeta Pasteur, transfira a solução para um béquer de 100 mL. Enquanto agita com um bastão de vidro, adicione cuidadosamente gota a gota uma suspensão de 5 g de bicarbonato de sódio em cerca de 10 mL de água à mistura no béquer. Ocorrerá espumação depois de cada adição da mistura de bicarbonato por causa da evolução do dióxido de carbono. Deixe a evolução do gás cessar, antes de fazer a próxima adição. Eventualmente, a sulfanilamida começará a se precipitar. Nesse momento, comece a verificar o pH da solução. Adicione o bicarbonato de sódio aquoso até que o pH da solução esteja entre 4 e 6. Resfrie a mistura completamente em um banho de água gelada. Colete a sulfanilamida em um funil de Büchner e lave o béquer e o sólido com aproximadamente 5 mL de água fria. Deixe o sólido secar naturalmente no funil de Büchner por vários minutos, utilizando sucção.

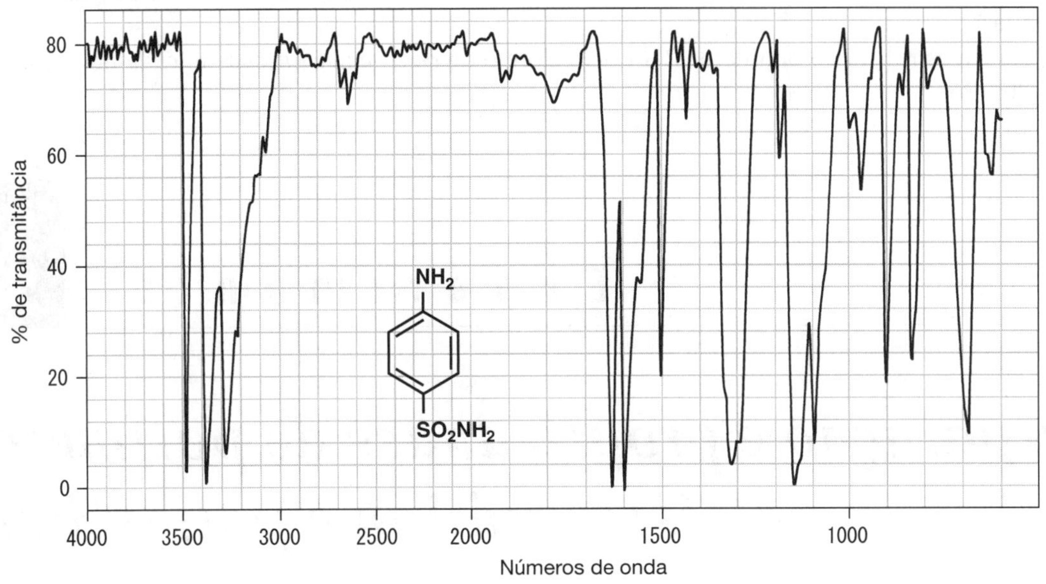

Espectro no infravermelho da sulfanilamida, KBr.

Cristalização da sulfanilamida. Pese o produto bruto e cristalize-o com água quente, utilizando cerca de 10–12 mL de água por grama do produto bruto. Deixe o produto purificado secar até o próximo período de atividade em laboratório.

Cálculo de rendimento, ponto de fusão e espectro no infravermelho. Pese a sulfanilamida seca e calcule o rendimento percentual (*MM* = 172,2). Determine o ponto de fusão (a sulfanilamida pura se funde a 163–164 °C). Conforme a opção do professor, obtenha o espectro no infravermelho utilizando o método da pastilha seca (veja a Técnica 25, Seção 25.4) ou uma pastilha de KBr (veja a Técnica 25, Seção 25.5). Compare seu espectro no infravermelho com aquele reproduzido aqui. Encaminhe a sulfanilamida para o professor em um frasco rotulado ou reserve-o para os testes com bactérias (veja o *Instructor's Manual*, disponível em inglês, na página do livro, em www.cengage.com.br).

■ QUESTÕES ■

1. Escreva uma equação mostrando como o excesso de ácido clorossulfônico é decomposto em água.

2. Na preparação da sulfanilamida, por que o bicarbonato de sódio aquoso, em vez do hidróxido de sódio aquoso, foi utilizado para neutralizar a solução na etapa final?
3. À primeira vista, pode parecer possível preparar a sulfanilamida por meio do ácido sulfanílico pelo conjunto de reações mostrado aqui.

$$H_2N\text{-}C_6H_4\text{-}SO_3H \xrightarrow{PCl_5} H_2N\text{-}C_6H_4\text{-}SO_2Cl \xrightarrow{NH_3} H_2N\text{-}C_6H_4\text{-}SO_2NH_2$$

Todavia, quando a reação é conduzida desta maneira, um produto polimérico é produzido após a etapa 1.
Qual é a estrutura do polímero? Por que o cloreto de *p-acetamidobenzenossulfonila* não produz um polímero?

Experimento 

Preparação e propriedades de polímeros: poliéster, náilon e poliestireno

Para obter mais informações sobre este experimento, consulte o Ensaio "Polímeros e plásticos", na página 942.

Polímeros de condensação

Polímeros de adição

Polímeros com ligação cruzada

Espectroscopia no infravermelho

Neste experimento, serão descritas as sínteses de dois poliésteres (Experimento 47A), do náilon (Experimento 47B) e do poliestireno (Experimento 47C). Esses polímeros representam importantes plásticos comerciais e também representam as principais classes deles: de condensação (poliéster linear, náilon), adição (poliestireno) e com ligação cruzada (poliéster gliptal). A espectroscopia no infravermelho é utilizada no Experimento 47D para determinar a estrutura de polímeros.

LEITURA EXIGIDA

Revisão:	Técnica 25	Espectroscopia no infravermelho, Seção 25B
Novo:	Ensaio 19	Polímeros e plásticos

INSTRUÇÕES ESPECIAIS

Os Experimentos 47A, 47B e 47C envolvem vapores tóxicos. Cada um deles deverá ser conduzido em uma capela de exaustão bem ventilada. O estireno utilizado no Experimento 47C causa irritação na pele e nos olhos. Evite inalar seus vapores. O estireno deve ser descartado e armazenado em uma capela de exaustão. O peróxido de benzoíla é inflamável e pode detonar mediante impacto ou aquecimento.

MEIO SUGERIDO PARA O DESCARTE DE REJEITOS

Os tubos de ensaio contendo os polímeros poliéster, no Experimento 47A, devem ser colocados em uma caixa destinada ao descarte dessas amostras. O náilon, no Experimento 47B, tem de ser totalmente lavado com água e colocado em um recipiente para rejeitos. Os rejeitos líquidos do Experimento 47B (náilon) precisam ser despejados em um recipiente especificamente designado para eles. O poliestireno preparado no Experimento 47C deve ser colocado no recipiente para rejeitos sólidos.

Experimento 

Poliésteres

Neste experimento, serão preparados poliésteres lineares e com ligação cruzada. Ambos são exemplos de polímeros de condensação. O poliéster linear é preparado da seguinte maneira:

$$\text{Anidrido ftálico} + HOCH_2CH_2OH \longrightarrow HO{-}\overset{O}{\overset{\|}{C}}{-}C_6H_4{-}\overset{O}{\overset{\|}{C}}{-}OCH_2CH_2OH$$

Anidrido ftálico

Etileno glicol (um diol)

$$HOCH_2CH_2OH + HO{-}\overset{O}{\overset{\|}{C}}{-}C_6H_4{-}\overset{O}{\overset{\|}{C}}{-}OCH_2CH_2OH \longrightarrow \longrightarrow$$

$$-O{-}CH_2CH_2O{-}\overset{O}{\overset{\|}{C}}{-}C_6H_4{-}\overset{O}{\overset{\|}{C}}{-}OCH_2CH_2{-}O{-} + H_2O$$

Poliéster linear

Esse poliéster linear é isomérico com o Dacron, que é preparado por meio do ácido tereftálico e do etileno glicol (veja o Ensaio 19, "Polímeros e plásticos"). O Dacron e o poliéster linear feitos neste experimento são termoplásticos.

Se houver mais de dois grupos funcionais presentes em um dos monômeros, as cadeias de polímeros poderão ser ligadas entre si (com ligação cruzada) para formar uma rede tridimensional. Tais estruturas geralmente são mais rígidas do que as lineares e são úteis para fazer pinturas e revestimentos. Elas podem ser classificadas como plásticos termofixos. O poliéster gliptal é preparado da seguinte maneira:

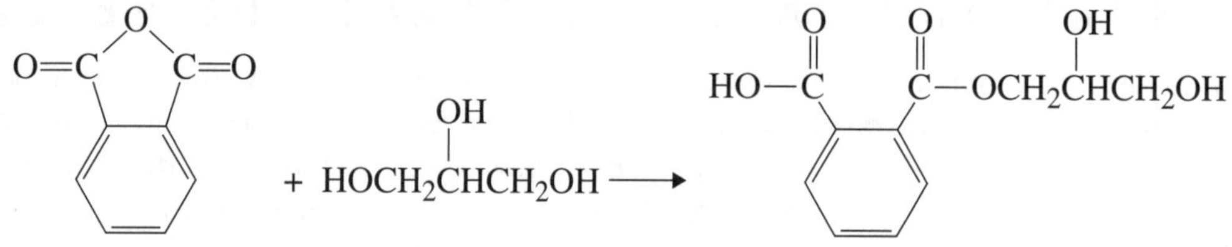

O=C–O–C=O (anel) + $HOCH_2CH(OH)CH_2OH$ ⟶ $HO{-}C(=O){-}C_6H_4{-}C(=O){-}OCH_2CH(OH)CH_2OH$

Anidrido ftálico

Glicerol (um triol)

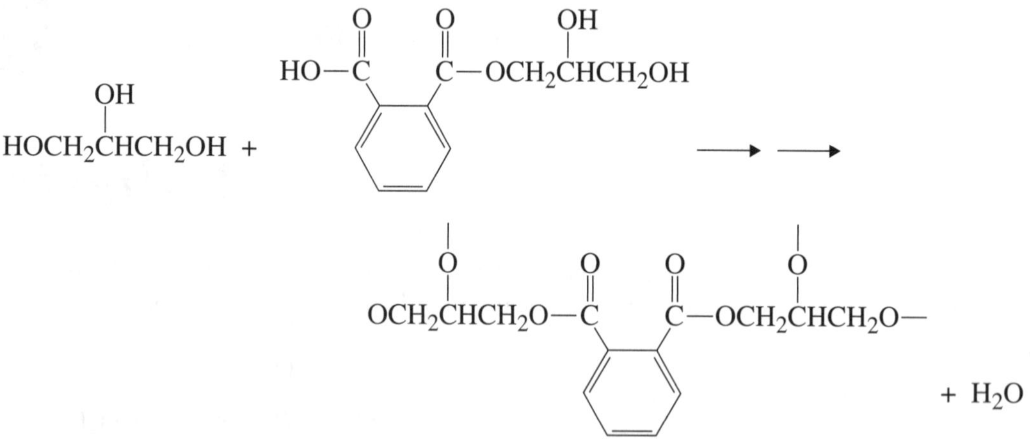

$HOCH_2CH(OH)CH_2OH$ + $HO{-}C(=O){-}C_6H_4{-}C(=O){-}OCH_2CH(OH)CH_2OH$ ⟶ ⟶

$OCH_2CH(O{-})CH_2O{-}C(=O){-}C_6H_4{-}C(=O){-}OCH_2CH(O{-})CH_2O{-}$ + H_2O

Poliéster com ligação cruzada (resina gliptal)

A reação do anidrido ftálico com um diol (etileno glicol) é descrita no procedimento. Esse poliéster linear é comparado com o poliéster de ligação cruzada (gliptal), preparado por meio do anidrido ftálico e de um triol (o glicerol).

PROCEDIMENTO

Coloque 1 g de anidrido ftálico e 0,05 g de acetato de sódio em cada um dos dois tubos de ensaio. Em um tubo, adicione 0,4 mL de etileno glicol, e no outro, acrescente 0,4 mL de glicerol. Prenda os dois tubos, de modo que possam ser aquecidos simultaneamente com uma chama. Aqueça levemente os tubos até parecer que as soluções estejam em ebulição (a água é eliminada durante a esterificação); e então, continue a aquecer por cinco minutos.

Se você estiver realizando a análise no infravermelho, opcional, do polímero, reserve imediatamente a amostra do polímero formado somente por meio do etileno glicol. Após remover uma amostra para espectroscopia no infravermelho, deixe os dois tubos de ensaio esfriarem e compare a viscosidade e fragilidade dos dois polímeros. Os tubos de ensaio não podem ser limpos.

Exercício opcional: espectroscopia no infravermelho. Passe uma fina camada de graxa de torneira em um vidro de relógio. Despeje um pouco do polímero quente do tubo que contém etileno glicol; utilize uma vareta de madeira aplicadora para espalhar o polímero na superfície, a fim de criar uma fina película do polímero. Remova o polímero do vidro de relógio e reserve-o para o Experimento 47D.

Experimento

Poliamida (náilon)

A reação de um ácido dicarboxílico, ou um de seus derivados, com uma diamina leva a uma poliamida linear através de uma reação de condensação. Comercialmente, o náilon 6–6 (assim denominado, porque cada monômero tem seis carbonos) é produzido por meio do ácido adípico e da hexametilenodiamina. Neste experimento, você utilizará o cloreto de ácido, em vez do ácido adípico. O cloreto de ácido é dissolvido no ciclohexano, e este é *cuidadosamente* adicionado à hexametilenodiamina dissolvida em água. Esses líquidos não se misturam, portanto, irão se formar duas camadas. O polímero pode, então, ser retirado continuamente para formar uma longa fita de náilon. Imagine quantas moléculas foram ligadas nessa longa fita! É um número fantástico.

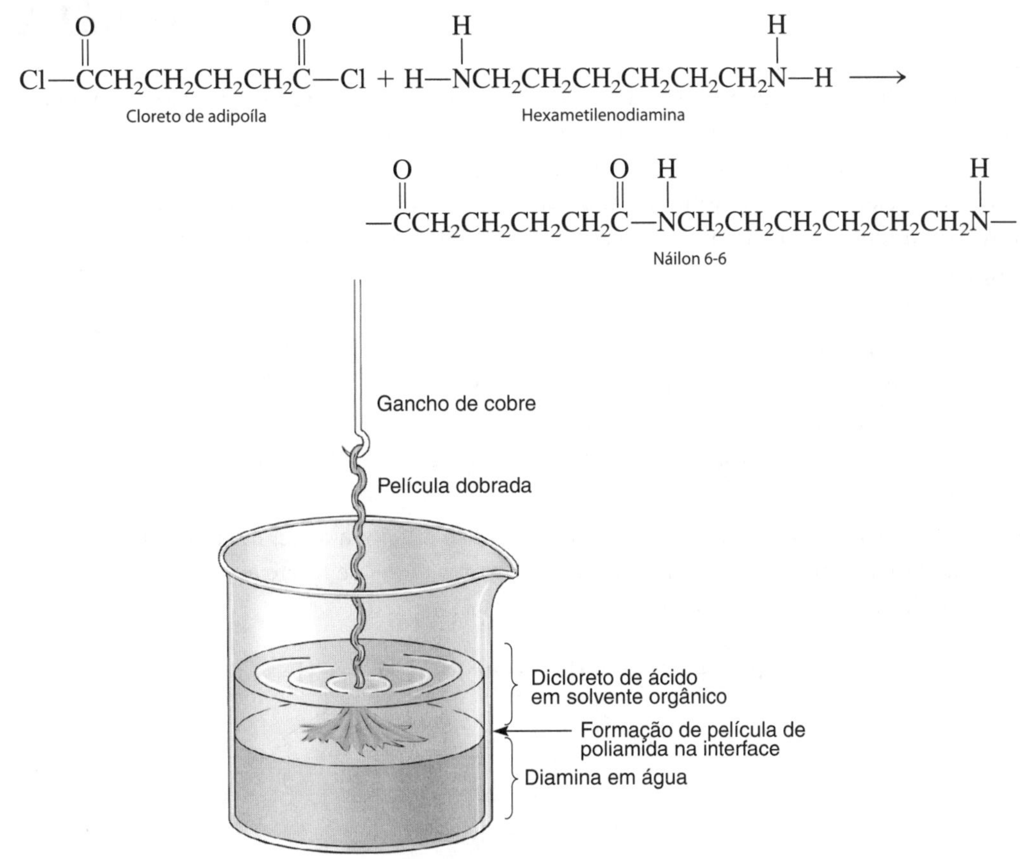

Preparação do náilon.

PROCEDIMENTO

Despeje 10 mL de uma solução aquosa de hexametilenodiamina a 5% (1,6-hexanodiamina) em um béquer de 50 mL. Adicione 10 gotas de solução de hidróxido de sódio 20%. Cuidadosamente, adicione 10 mL de uma solução de cloreto de adipoíla 5% em ciclohexano à solução, derramando-a na parede do béquer ligeiramente inclinado. Irão se formar duas camadas (veja a figura da página 710), e ocorrerá a formação imediata de uma película de polímero na interface líquido–líquido. Utilizando um gancho de fio de cobre (um pedaço de arame de 6 polegadas, dobrado em uma das extremidades), com delicadeza, libere as paredes do béquer dos filamentos de polímero. Em seguida, fixe a massa no centro e, lentamente, levante o fio, de modo que a poliamida se forme continuamente, produzindo uma corda que pode ser prolongada por vários metros. O fio pode ser quebrado, puxando-o mais rapidamente. Lave a corda com água diversas vezes e, depois, coloque-o em uma toalha de papel para secar. Com um pedaço de arame, agite com força o restante do sistema de duas fases para formar mais polímero. Decante o líquido e lave totalmente o polímero com água. Deixe o polímero secar. Não descarte o náilon na canaleta de drenagem; utilize um recipiente para rejeitos.

Experimento

Poliestireno

Um polímero de adição, poliestireno, será preparado neste experimento. A reação pode ser provocada por catalisadores radicais livres, catiônicos ou aniônicos (iniciadores), sendo o primeiro deles o mais comum. Neste experimento, o poliestireno é preparado pela polimerização iniciada por radical livre.

A reação é iniciada por uma fonte de radical livre. O iniciador será o peróxido de benzoíla, uma molécula relativamente instável, que se decompõe a 80–90 °C com clivagem homolítica da ligação oxigênio–oxigênio:

$$C_6H_5-\overset{O}{\overset{\|}{C}}-O-O-\overset{O}{\overset{\|}{C}}-C_6H_5 \xrightarrow{\text{calor}} 2\ C_6H_5-\overset{O}{\overset{\|}{C}}-O\cdot$$

Peróxido de benzoíla — Radical benzoíla

Se um monômero insaturado estiver presente, o radical se adiciona a ele, iniciando uma reação em cadeia pela produção de um novo radical livre. Se definirmos que R se refere ao radical iniciador, a reação com estireno pode ser representada como

$$R\cdot + CH_2{=}CH(C_6H_5) \longrightarrow R{-}CH_2{-}CH(C_6H_5)\cdot$$

A cadeia continua a crescer:

$$R{-}CH_2{-}CH\cdot \; + \; CH_2{=}CH \longrightarrow R{-}CH_2{-}CH{-}CH_2{-}CH\cdot\text{, etc.}$$

A cadeia pode ser terminada fazendo com que dois radicais se combinem (sejam ambos radicais polímeros ou um radical polímero e um radical iniciador) ou fazendo com que o átomo de hidrogênio seja abstraído de outra molécula.

PROCEDIMENTO

Uma vez que é difícil limpar os objetos de vidro, este experimento é mais bem realizado pelo instrutor de laboratório. Pode ser obtido um grande lote de poliestireno, para a classe inteira (pelo menos, dez vezes as quantidades dadas). Depois que o poliestireno é preparado, uma pequena quantidade será entregue para cada aluno. Os alunos fornecerão seu próprio vidro de relógio para esse propósito. Realize o experimento em uma capela de exaustão. Coloque diversas camadas de jornal na capela.

⇨ ADVERTÊNCIA

O vapor do estireno provoca muita irritação nos olhos, nas membranas mucosas e no trato respiratório superior. Não respire esse vapor e não deixe que entre em contato com sua pele. A exposição pode causar náuseas e dores de cabeça. Todas as operações com o estireno devem ser conduzidas em uma capela de exaustão.

O peróxido de benzoíla é inflamável e pode detonar com o impacto ou com o aquecimento (ou trituração). Ele deve ser pesado no papel glassine (esmaltado, não o comum). Limpe com água todo o material que for derramado. Lave com água o papel glassine, antes de descartá-lo.

Coloque 12–15 mL do monômero estireno em um béquer de 100-mL e acrescente 0,35 g de peróxido de benzoíla. Aqueça a mistura em uma placa de aquecimento até que a mistura fique amarela. Quando a cor desaparecer e começarem a se formar bolhas, retire imediatamente o béquer com estireno da placa de aquecimento, porque a reação é exotérmica (utilize uma pinça ou uma luva de isolamento). Depois que a reação diminuir, coloque o béquer com estireno de volta na placa de aquecimento e continue a aquecer, até que o líquido se transforme em uma espécie de calda. Com um bastão de vidro, retire um longo filamento de material do béquer. Se esse filamento puder ser fragmentado facilmente depois de alguns segundos de resfriamento, o poliestireno estará pronto para ser despejado. Se o filamento não se quebrar, continue aquecendo a mistura e repita o processo até que o filamento se quebre facilmente.

Se você estiver realizando a análise opcional, no infravermelho, do polímero, reserve imediatamente a amostra do polímero. Depois de remover uma amostra para a espectroscopia no infravermelho, despeje o restante da calda em um vidro de relógio que tenha sido levemente revestido com graxa de torneira. Depois de ser resfriado, o poliestireno pode ser levantado da superfície de vidro, separando-o suavemente com uma espátula.

Exercício opcional: espectroscopia no infravermelho. Despeje uma pequena quantidade de polímero quente do béquer em um vidro de relógio aquecido (sem lubrificante) e espalhe o polímero com uma vareta aplicadora de madeira, para criar uma fina película do polímero. Retire o polímero do vidro de relógio e reserve-o para o Experimento 47D.

Experimento 

Espectro no infravermelho de amostras de polímeros

A espectroscopia no infravermelho é uma excelente técnica para determinar a estrutura de um polímero. Por exemplo, o polietileno e o polipropileno têm espectros relativamente simples, porque são hidrocarbonos saturados. Os poliésteres têm frequências de estiramento associadas com os grupos C=O e C--O na cadeia de polímeros. As poliamidas (náilon) mostram absorções que são características para o estiramento de C=O e o alongamento de N--H. O poliestireno tem características específicas de um composto aromático monossubstituído (veja a Técnica 25, Figura 25.12). Você pode determinar os espectros no infravermelho do poliéster linear a partir do Procedimento 47A, e do poliestireno, a partir do Experimento 47C, nesta parte do experimento. Seu professor pode lhe pedir para analisar uma amostra que você mesmo tenha levado para o laboratório ou que lhe tenha sido entregue.

PROCEDIMENTO

Montagem das amostras. Prepare montagens de papelão para suas amostras de polímero. Corte cartões padrão de 3 × 5 polegadas, de modo que se encaixem no suporte da célula da amostra de seu espectrômetro de infravermelho. Em seguida, faça um orifício retangular, medindo 0,5 polegada de largura e 1 polegada de altura, no centro da cartolina. Fixe uma amostra de polímero na montagem de cartolina, utilizando fita adesiva.

Escolha de amostras de polímeros. Se tiver concluído os Experimentos 47A e 47C, você pode obter o espectro de seu poliéster ou poliestireno. Como alternativa, seu professor pode lhe fornecer amostras de polímeros conhecidos ou desconhecidos, para você analisar.

Seu professor pode lhe pedir para levar uma amostra de polímero de sua própria escolha. Se possível, essas amostras devem ser claras e tão finas quanto for possível (com espessura similar à de embalagens plásticas para lanches). Boas opções de materiais plásticos incluem janelas de envelopes, embalagens plásticas para lanches, sacos para lanches, garrafas de refrigerantes, recipientes para leite, frascos de xampus, papel de bala e embalagens compactadas. Se necessário, as amostras podem ser aquecidas em um forno e esticadas, a fim de obter amostras mais finas. Se você tiver escolhido uma amostra recortada de um recipiente plástico, obtenha o código de reciclagem no fundo do recipiente.

Correndo o espectro no infravermelho. Insira a montagem de cartolina no suporte da célula no espectrômetro, de modo que sua amostra de polímero esteja centralizada no raio infravermelho do instrumento. Encontre o ponto mais fino em sua amostra de polímero. Determine o espectro no infravermelho de sua amostra. Em virtude da espessura de sua amostra de polímero, muitas absorções serão tão fortes que você não conseguirá ver faixas individuais. Para obter um espectro melhor, tente mover a amostra para uma nova posição no raio e corra novamente o espectro.

Analisando o espectro no infravermelho. Você pode utilizar o Ensaio 19, "Polímeros e plásticos" e a Técnica 25, com seu espectro, para ajudar a determinar a estrutura do polímero. Mais provavelmente, os polímeros irão consistir em materiais plásticos relacionados na Tabela Três do ensaio. Essa tabela enumera os códigos de reciclagem para uma série de plásticos de uso doméstico, empregados em embalagens. Encaminhe o espectro de infravermelho com a estrutura do polímero, para seu professor. Seu espectro e estrutura estão de acordo com o código de reciclagem? Rotule o espectro com as importantes bandas de absorção consistentes com a estrutura do polímero.

Utilizando uma biblioteca de polímeros. Caso seu instrumento tenha uma biblioteca de polímeros, você poderá procurar por um polímero correspondente. Faça isto após ter dado um "bom palpite" preliminar, quanto à estrutura do polímero. A busca na biblioteca deverá ajudar a confirmar a estrutura que você determinou.

■ QUESTÕES ■

1. O dicloreto de etileno ($ClCH_2CH_2Cl$) e o polissulfeto de sódio (Na2S4) reagem para formar uma borracha quimicamente resistente, o Thiokol A. Desenhe a estrutura da borracha.
2. Desenhe a estrutura para o polímero produzido por meio do monômero cloreto de vinilideno (CH_2=CCl_2).
3. Desenhe a estrutura do copolímero produzido por meio do acetato de vinil e do cloreto de vinil. Esse copolímero é empregado em alguns adesivos, pinturas e revestimentos de papel.

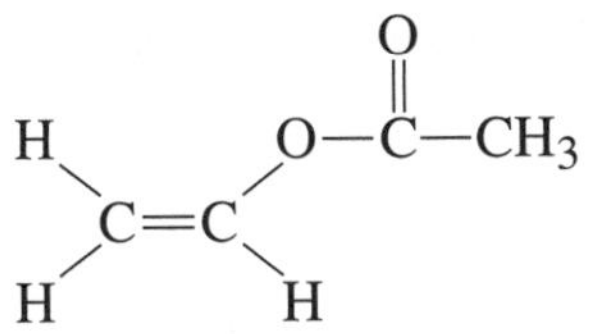

$H_2C{=}CH{-}O{-}C({=}O){-}CH_3$

Acetato de vinila

$H_2C{=}CHCl$

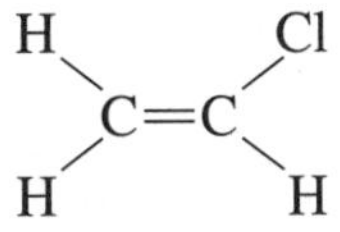

Cloreto de vinila

4. O isobutileno, CH_2=$C(CH_3)_2$, é utilizado para preparar borracha a fluxo frio. Desenhe uma estrutura para o polímero de adição formado por meio deste alceno.
5. O Kel-F é um polímero de adição com a seguinte estrutura parcial. Qual é o monômero utilizado para prepará-lo?

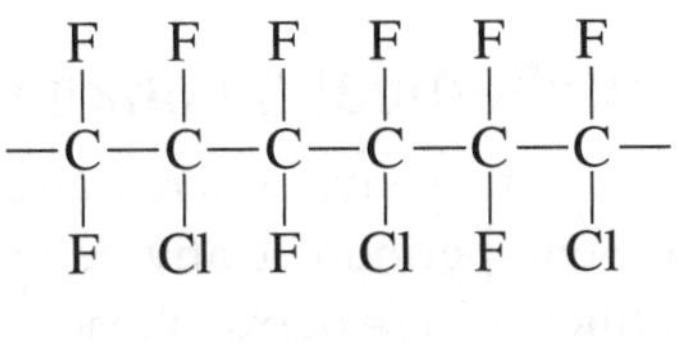

$-CF_2-CFCl-CF_2-CFCl-CF_2-CFCl-$

6. O anidrido maleico reage com o etileno glicol para produzir uma resina alquídicas. Desenhe a estrutura do polímero de condensação produzido.

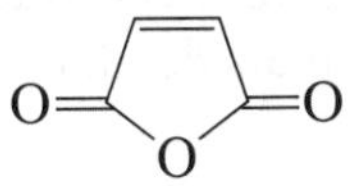

Anidrido maleico

7. O Kodel é um polímero de condensação feito por meio do ácido tereftálico e do 1,4-ciclohexanodimetanol. Escreva a estrutura do polímero resultante.

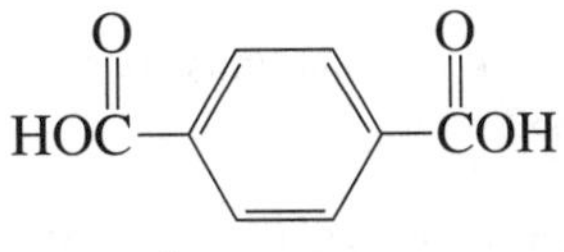

$HOOC-C_6H_4-COOH$ $\quad$ $HOCH_2-C_6H_{10}-CH_2OH$

Ácido tereftálico

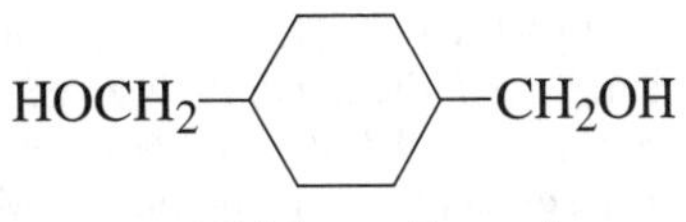

1,4-Ciclohexanodimetanol

Experimento 48

Polimerização de metátese com abertura de anel (ROMP), utilizando um catalisador de Grubbs: a síntese de um polímero, em três etapas

Química verde

Reações catalisadas por rutênio

Química organometálica

Reação de Diels-Alder

Síntese de um polímero

O objetivo deste experimento é preparar um polímero utilizando uma moderna reação de polimerização descrita pela primeira vez por Robert Grubbs.[1] O grupo de pesquisa de Grubbs desenvolveu um processo chamado Polimerização de Metátese com Abertura de Anel (ROMP, Ring-Opening Metathesis Polymeritation), utilizando catalisadores bem definidos. Os monômeros utilizados para esta reação geralmente são compostos bicíclicos que contêm alguma tensão no anel. Este experimento é baseado em um procedimento da literatura em química.[2] Ele foi adaptado para uso neste livro.[3]

Experimento 48A. Reação de Diels-Alder do furano e do anidrido maleico

A primeira etapa na síntese de um polímero envolve a reação de Diels-Alder, na qual o furano reage com o anidrido maleico. Durante o primeiro período de atividade em laboratório, você irá misturar furano com anidrido maleico em éter dietílico (éter) e deixar a reação prosseguir até o próximo período de atividade em laboratório. O aduto Diels-Alder se cristaliza do solvente. O aduto tem a estereoquímica *exo*, conforme foi mostrado (a estereoquímica exo tem o anidrido maleico do mesmo lado que o átomo de oxigênio do furano). A maioria das reações de Diels-Alder gera produtos com a estereoquímica *endo*. Consulte seu livro de estudos para conhecer mais detalhes do mecanismo nesta importante reação.

---

[1] Schwab, P.; France, M. B.; Ziller, J. W.; Grubbs, R. H. *Angew. Chem. Int. Ed. Engl.* 1995, *34*, 2039.

[2] a) France, M. B.; Alty, L. T.; Earl, T. M. *J. Chem. Ed.* 1999, *76*, 659–660.
b) France, M. B.; Uffelman, E. S. *J. Chem. Ed.* 1999, *76*, 661–665.

[3] Experimento desenvolvido por Rumberger, S.; Lampman, G. M. Department of Chemistry, Western Washington University: Bellingham, WA 98225.

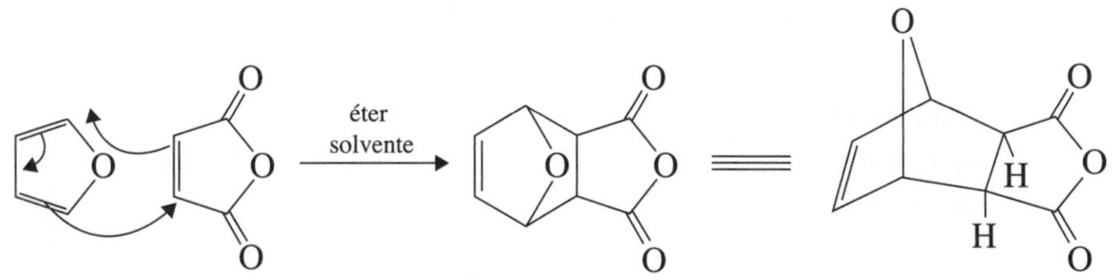

furano anidrido maleico — éter solvente → aduto de Diels-Alder ≡ produto de estereoquímica exo

Experimento 48B. Abertura do anel de anidrido no metanol

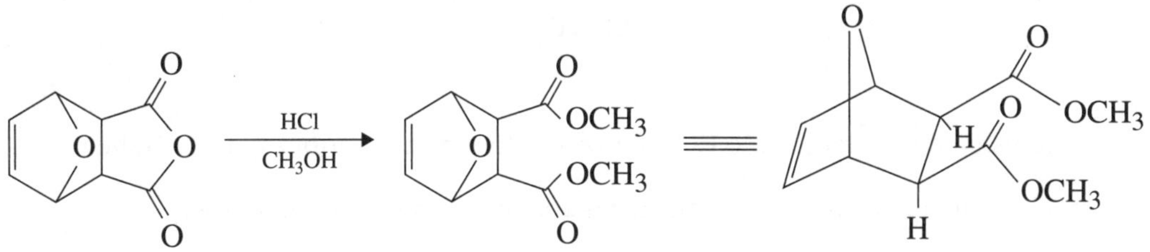

HCl / CH_3OH

Esta reação é uma conversão catalisada por ácido, de um anidrido em metanol para o éster dimetílico. O ácido clorídrico é utilizado como o catalisador ácido. Consulte, em seu livro-texto, o capítulo sobre a reação de derivados de ácidos carboxílicos para o mecanismo desta reação.

Experimento 48C. Polimerização de metátese com abertura de anel (ROMP)

Esta reação é um dos quarto principais tipos de reações de metátese descritas anteriormente no Experimento 36. A outras são metátese cruzada, metátese de fechamento de anel e metátese de abertura de anel. A reação de polimerização ROMP tem importantes aplicações na indústria. Produtos poliméricos com excelentes propriedades são preparados por esta reação. O catalisador de Grubbs é um dos muitos catalisadores que foram desenvolvidos.

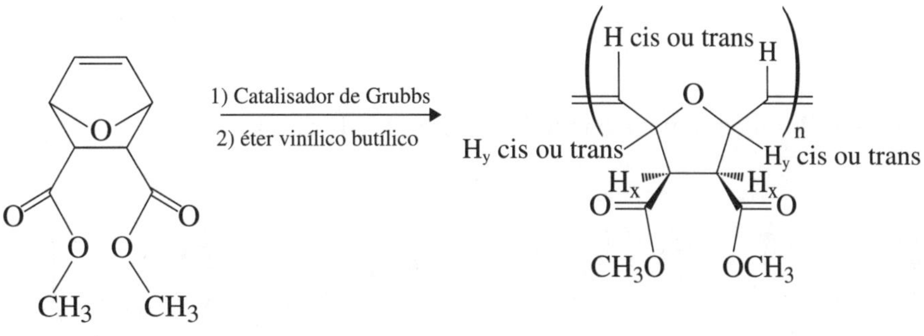

Monômero — 1) Catalisador de Grubbs 2) éter vinílico butílico →

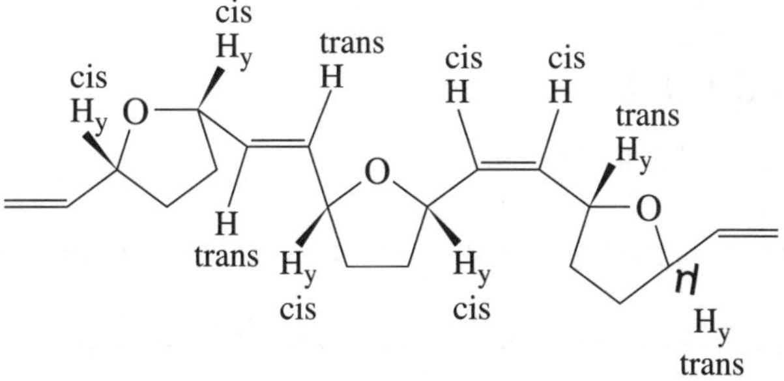

Grupos de ésteres foram omitidos

Catalisador de Grubbs de Geração 1

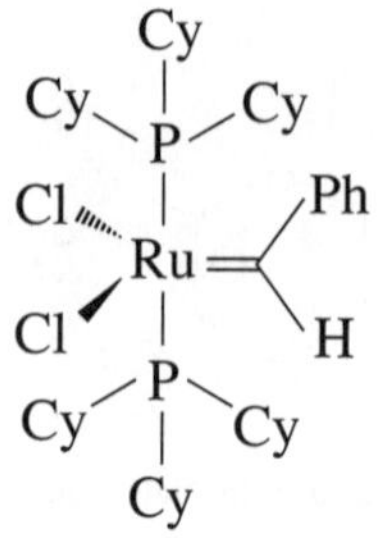

Cy = ciclohexil

No mecanismo a seguir, o catalisador é abreviado como:

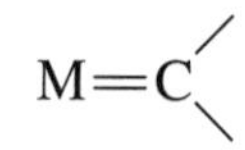

M=C

O mecanismo da polimerização ROMP utilizando um catalisador organometálico:

1. O anel intermediário com quatro membros abre o anel de cinco membros.

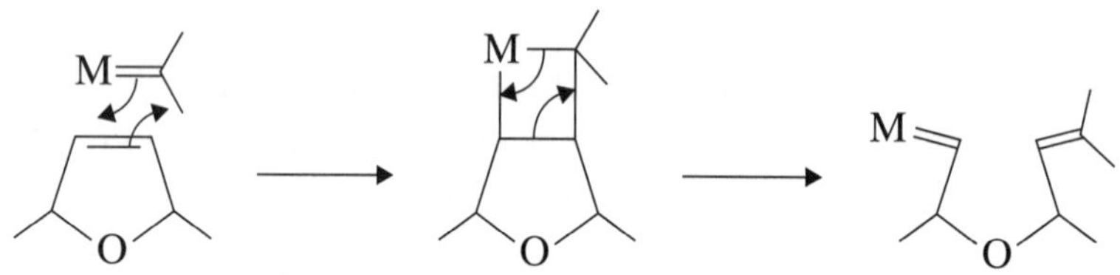

2. A reação prossegue com *n* moléculas do composto inicial e recebe o nome de polimerização de metátese com abertura de anel (ROMP).

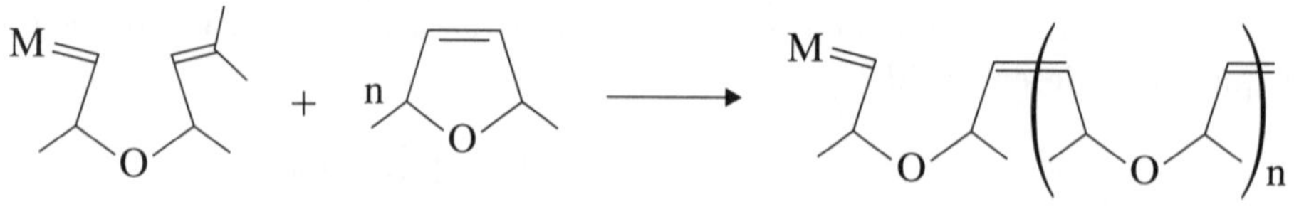

3. O éter vinílico butílico remove o metal da extremidade da cadeia.

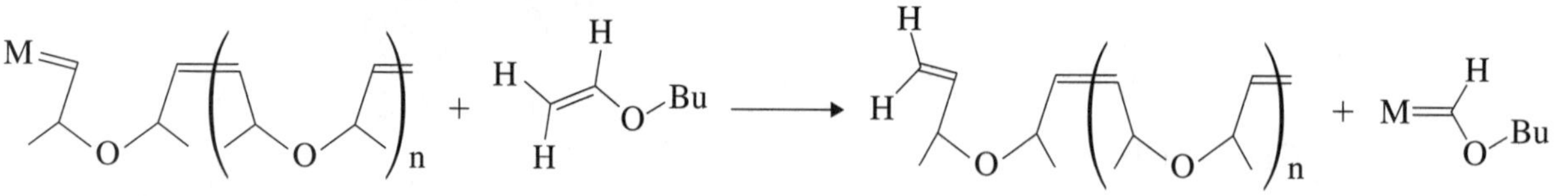

LEITURA EXIGIDA

Revisão: Técnicas 6, 7, 8, 11, 19, 25 e 26
Novo: Técnica 19, Seção 19.5 e Técnica 21
Experimento 36, para outros tipos de reações de metátese

Leia em seu livro de estudos sobre a reação de Diels-Alder e também a respeito das reações de derivados de ácidos carboxílicos.

INSTRUÇÕES ESPECIAIS

O catalisador de Grubbs é muito caro. Tome cuidado quando utilizá-lo, para evitar desperdícios.

MEIO SUGERIDO PARA O DESCARTE DE REJEITOS

Descarte todos os rejeitos aquosos no recipiente destinado a eles. Coloque os rejeitos orgânicos no recipiente para rejeitos orgânicos não halogenados. O cloreto de metileno deve ser colocado no recipiente destinado a rejeitos halogenados.

NOTAS PARA O PROFESSOR

É sugerido que os alunos trabalhem individualmente para preparar o aduto de Diels-Alder (Experimento 48A). Para os Experimentos 48B e 48C, recomenda-se que os alunos trabalhem em duplas. O cronograma sugerido é de quatro períodos de atividade em laboratório: a Parte A, requer dois períodos de atividade em laboratório; a Parte B, requer um período de atividade em laboratório, incluindo a Parte C, inicial. A Parte C, isolamento do polímero, requer um período. A determinação da massa molecular, na Parte C, requer uma coluna de exclusão por tamanho (SEC, Size-Exclusion) inserida em um instrumento de HPLC. Contudo, se esse instrumento não estiver disponível, a espectroscopia de RMN irá demonstrar que o polímero foi formado.

O professor pode resolver adquirir o aduto de Diels-Alder. Nesse caso, inicie com o Experimento 48B, que reduz o experimento em um período.

Experimento 

Reação de Diels-Alder

PROCEDIMENTO[4]

Adicione 1,2 g de anidrido maleico a um frasco de Erlenmeyer de 125 mL. Utilizando sua proveta de 10 mL, meça 10 mL de éter dietílico anidro e acrescente o solvente ao sólido. Dissolva o sólido aquecendo suavemente a mistura até atingir a ebulição, em uma placa de aquecimento (algumas partículas permanecerão sem ser dissolvidas). Deixe a mistura esfriar à temperatura ambiente e, então, adicione 1.000 μL de furano ao Erlenmeyer, utilizando uma pipeta automática.

Depois de adicionar o furano, tampe o frasco, envolva com Parafilm a rolha e o frasco, para reduzir a evaporação. Coloque o frasco em sua gaveta e deixe a mistura em repouso por dois dias inteiros, ou até o próximo período de atividade em laboratório. Você pode escolher conduzir algum outro trabalho para o restante do período de atividade em laboratório.

Os produtos de Diels-Alder devem se precipitar da solução de éter dietílico em repouso. Quebre o sólido com uma espátula e filtre a mistura a vácuo para coletar o sólido. Você deverá obter de 30

[4] Palmer, D. R. J. *J. Chem. Ed.* 2004, 81, 1633–35.

a 50% de rendimento do produto de Diels-Alder. Se necessário, poderá ser obtido mais do produto, despejando-se o filtrado em um balão de fundo redondo e, em seguida, removendo-se o solvente em um evaporador rotatório, ou pela evaporação do solvente em uma capela de exaustão.

Purifique o aduto de Diels-Alder pela cristalização do acetato de etila. Consulte a Técnica 11, Seção 11.3, para obter instruções sobre a cristalização do sólido, caso seja preciso revisar este procedimento. Deixe o produto sólido secar até o próximo período de atividade em laboratório, em um recipiente aberto, em sua gaveta. Quando o sólido estiver seco, determine o ponto de fusão e obtenha o espectro no infravermelho do aduto. Conforme a opção de seu professor, obtenha o espectro de RMN de ^1H (hidrogênio), ou, como alternativa, interprete o espectro mostrado na Figura 1, como parte de seu relatório de laboratório.

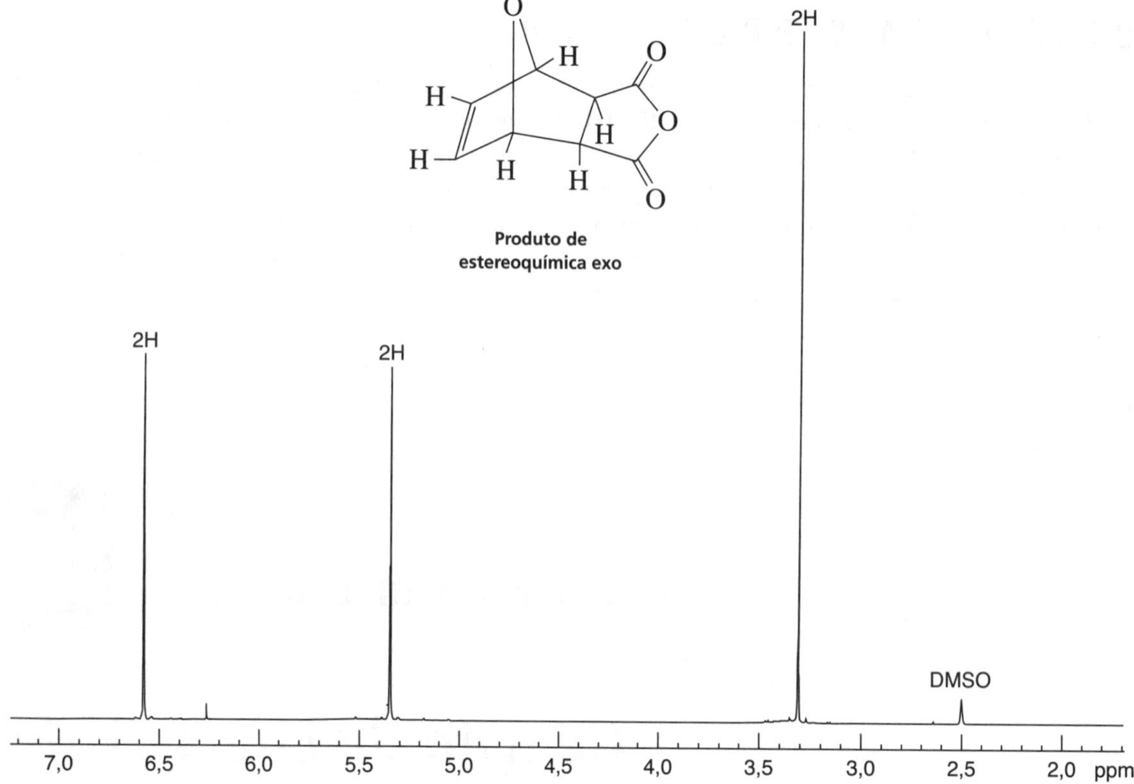

Figura 1 Espectro de RMN, de 500 MHz, de ^1H, do aduto de Diels-Adler, do Experimento 48A, em DMSO deuterado.

Experimento 48B

Conversão do aduto de Diels-Alder para o diéster

Converta parte do aduto de Diels-Alder, do Experimento 48A, para o diéster, ou utilize o material que lhe foi fornecido, se o Experimento 48A não tiver sido atribuído. Esta etapa envolve um refluxo de uma hora, portanto, inicie a reação o quanto antes. *Espere tempo suficiente para iniciar o Experimento 48C durante este período de atividade em laboratório.*

Coloque 0,50 g do aduto de Diels-Alder em um balão de fundo redondo de 25 mL e adicione 2 mL de metanol. Utilizando uma pipeta Pasteur, acrescente duas gotas de ácido clorídrico ao balão de fundo redondo. Agite a mistura da reação por alguns minutos. Adicione diversas pérolas de ebulição e conecte um condensador resfriado à água ao frasco. Aplique refluxo à mistura por uma hora. Durante o refluxo, o sólido irá se dissolver à medida que reagir.

Depois que a solução tiver passado por refluxo durante uma hora, deixe o conteúdo do frasco esfriar à temperatura ambiente; e, então, resfrie o frasco em um banho de gelo. Raspe o interior do frasco com um bastão de vidro para ajudar no processo de cristalização. Coloque o frasco novamente em um banho de gelo para resfriar um pouco mais. Certifique-se de que o produto cristalizou, antes de filtrar o sólido.

Configure um aparelho de filtração a vácuo utilizando um funil de Hirsch ou funil de Büchner (veja a Técnica 8, Figura 8.5) e despeje o conteúdo do balão de fundo redondo de 25 mL no funil, sob vácuo. Certifique-se de inserir um pedaço de papel de filtro no funil. Utilize sua espátula para remover o sólido deixado no frasco. O processo de transferência pode ser auxiliado utilizando-se 1 ou 2 mL de metanol gelado.

Seque a amostra em um forno com a temperatura a 90 °C, por cerca de cinco ou dez minutos.[5] Pese o produto e calcule o rendimento percentual. Determine o ponto de fusão (o valor definido na literatura é 120 °C, mas o ponto de fusão geralmente é baixo, de 105 °C, portanto, não se preocupe com o ponto de fusão). Conforme a opção de seu professor, determine o espectro de RMN ou interprete e rotule o espectro de RMN de hidrogênio que é mostrado na Figura 2, como parte de seu relatório de laboratório. Certifique-se de continuar com o Experimento 48C durante o mesmo período de atividade em laboratório.

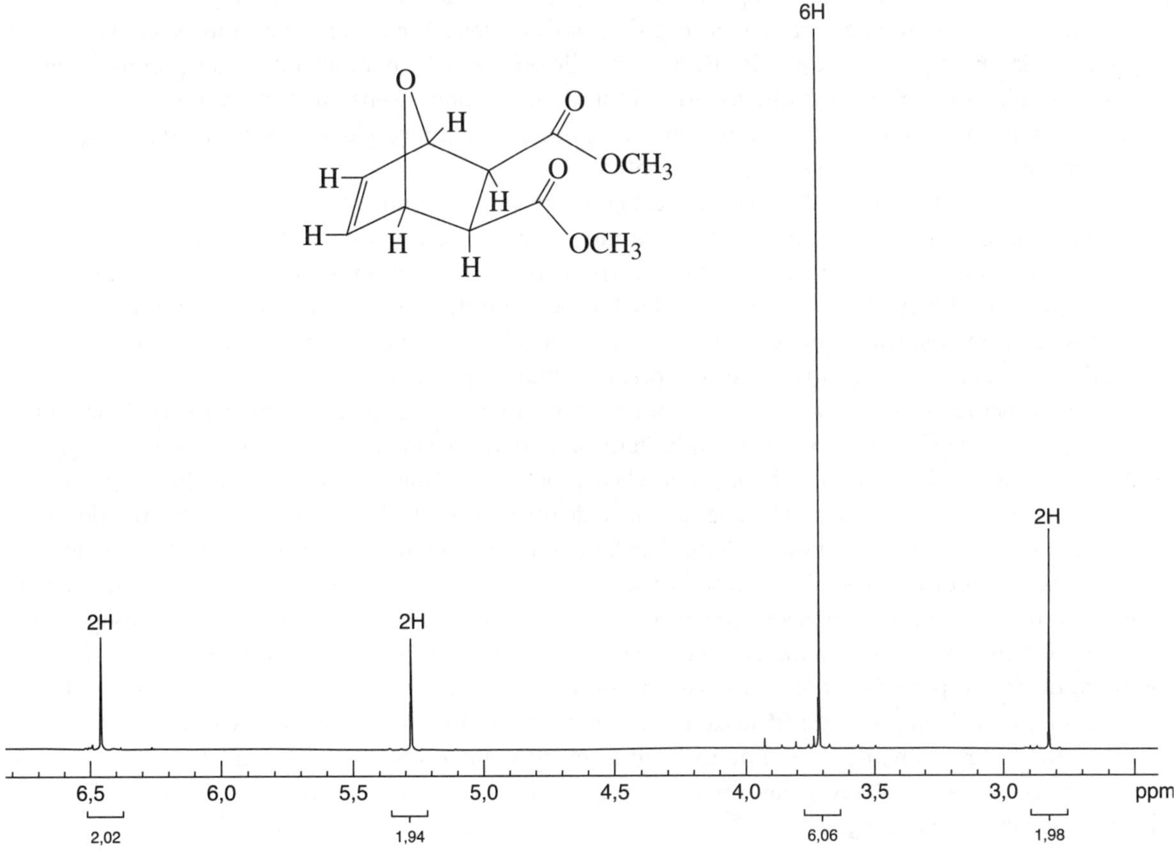

Figura 2 Espectro de RMN, de 500 MHz, de ^{1}H, diéster, do Experimento 48B.

[5] O sólido pode fundir no forno, se isso acontecer, não se preocupe, pois o material irá se solidificar novamente, quando resfriar!

Experimento 48C

Sintetização de um polímero pela polimerização de metátese com abertura de anel (ROMP)

Pese 60 mg do diéster seco do Experimento 48B em um pedaço de papel e adicione-o a um tubo de ensaio de 16 × 100 mm. Pese 4–5 mg do catalisador de Grubbs de "geração um" e acrescente ao tubo de ensaio. Para as duas operações de pesagem, utilize uma balança com quatro casas. Reserve o diéster restante. Seu professor deverá ajudá-lo a soprar um pouco de gás argônio ou nitrogênio no tubo para desoxigenar a mistura da reação e, então, vedar o conteúdo no tubo de ensaio com uma tampa com septo (fornecida pelo professor). Utilizando uma seringa, retire 1 mL de CH_2Cl_2 *anidro* e injete através da tampa com septo no tubo de ensaio. Cubra a tampa com septo com Parafilm. Coloque o tubo de ensaio em um béquer e deixe a mistura da reação em repouso por, pelo menos, dois dias (quanto mais tempo melhor), na posição vertical, em seu armário.

Depois que a mistura da reação tiver reagido por dois dias ou mais, remova a tampa com septo. Em seguida, utilize uma pipeta automática P200 para adicionar 75 μL de uma solução de cloreto de metileno, éter vinílico butílico e BHT (butilato hidróxi tolueno)[6] ao tubo de ensaio. Acrescente 1 mL de CH_2Cl_2 ao tubo de ensaio e, então, coloque uma barra magnética de agitação *limpa* no tubo e deixe agitar por uma hora. Tampe o tubo de ensaio com uma rolha.

Enquanto o conteúdo do tubo de ensaio está em agitação, prepare uma coluna de sílica-gel em uma pipeta Pasteur, conforme descrito a seguir: coloque um pequeno pedaço de algodão na pipeta e tampe o fundo da coluna com uma vareta de madeira (não aperte com muita força!). Utilizando uma régua, faça uma marca a 1,5 cm e 2,0 cm na pipeta Pasteur, utilizando uma caneta Sharpie, medindo a partir da extremidade exposta do algodão. Adicione sílica-gel até que o nível esteja entre essas duas marcas. A quantidade exata de sílica-gel que você adiciona não é tão importante.

Após a mistura ter ficado sob a agitação por uma hora, remova-a do agitador magnético e dilua a amostra com 1 mL de CH_2Cl_2. Utilize uma pipeta Pasteur para retirar o conteúdo da mistura da reação e, lenta e cuidadosamente, adicione o líquido à coluna de sílica. Colete os elutantes em um balão de fundo redondo de 25 mL, *previamente pesado* (com uma balança analítica de quatro casas). Elua o polímero com 2 mL de CH_2Cl_2 e colete o eluente no balão de fundo redondo. A coluna remove o rutênio metálico clivado do polímero.

Com um evaporador rotatório evapore o solvente e os elutantes. Como alternativa, remova o solvente com um suave fluxo de gás nitrogênio, ou argônio, até que todo o CH_2Cl_2 tenha desaparecido. Remova qualquer solvente remanescente utilizando uma bomba de vácuo de boa qualidade. Refaça a pesagem do frasco para determinar a massa do polímero na balança analítica de quatro casas. Utilize essa massa para calcular o rendimento do polímero. Geralmente, os rendimentos variam de 40 a 90 mg ou 65 a 150%! O rendimento do polímero deverá ser aproximadamente igual à quantidade de diéster com que você começou (60 mg), mas obviamente é possível obter um rendimento que exceda 100% por causa da presença de impurezas!

---

[6] A solução é preparada misturando-se 8 mL de CH_2Cl_2, 1600 L de éter vinílico butílico (utilize uma pipeta automática P1000) e 0,4 g de tolueno hidróxi butilado (BHT).

Purifique o polímero da seguinte maneira: dissolva o polímero em cerca de 20 gotas de CH_2Cl_2. Adicione 10 ml de metanol a outro balão de fundo Redondo de 25 mL, coloque uma barra magnética de agitação *limpa* no metanol e ponha o frasco no agitador magnético. Em seguida, comece a agitar a solução com força, para criar um vórtice. Acrescente a solução do polímero do primeiro frasco gota a gota, no vórtice do metanol no segundo frasco. Ocorrerá a formação de uma solução turva, com uma pequena (provavelmente, minúscula é uma descrição melhor!) quantidade de polímero aderindo ao fundo do frasco e à barra de agitação.

Decante o metanol do polímero. O polímero adere à barra de agitação e à lateral do frasco. Seque o conteúdo do frasco injetando argônio ou nitrogênio por cerca de dois ou três minutos para garantir que a maior parte do metanol evaporou. Remova todos os resíduos de metanol utilizando uma bomba de vácuo por alguns minutos. Em alguns casos, quase nada resta no frasco após a decantação do metanol. Se for esse o caso, despeje a solução decantada novamente no frasco e aplique o evaporador rotatório à solução de metanol ou utilize outro método adequado (veja a Técnica 7, Figura 7.17); então, prossiga para o parágrafo seguinte. É mais provável que seu professor não corra o espectro de RMN de cada amostra. Nesse caso, interprete o RMN mostrado na Figura 3 (na verdade, o espectro já foi interpretado). O metanol aparece a aproximadamente 3,5 ppm e o cloreto de metileno, a aproximadamente 5,3 ppm.

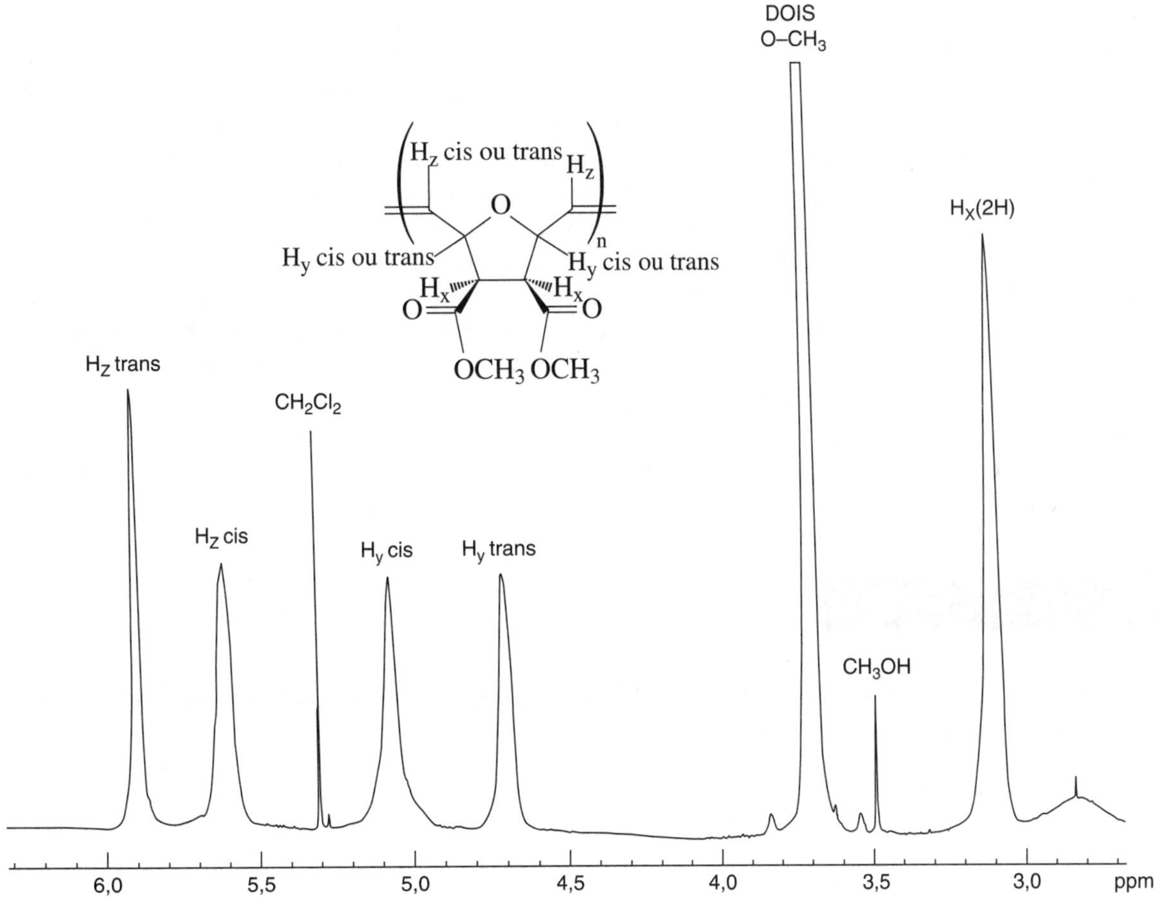

Figura 3 Espectro de RMN de 500 MHZ de ¹H, do polímero ROMP formado no Experimento 48C. São feitas atribuições para cada um dos picos. Pequenas quantidades de solventes, CH_2Cl_2 e CH_3OH, permanecem na amostra. O pico amplo centralizado em 2,8 ppm não é atribuído.

Dissolva o polímero no frasco em cerca de 10 ml de tetrahidrofurano (THF) e despeje-o em um recipiente adequado (frasco de vidro tampado ou outro recipiente fornecido por seu professor). Coloque os respectivos nomes em um rótulo. Armazene a amostra no compartimento do *freezer* em uma geladeira.

Uma coluna de exclusão por tamanho (coluna permeada com gel) inserida em uma unidade de HPLC deve ser utilizada para obter um cromatograma para cada uma das amostras de polímeros. Com essa técnica, as moléculas maiores vêm em primeiro lugar, seguidas pelas moléculas menores (veja a Técnica 19, Seção 19.5 e Técnica 21). Para determinar a(s) massa(s) molecular(es) de sua amostra de polímero, você também receberá um cromatograma de referência das amostras de poliestireno de massas moleculares conhecidas.

Uma planilha de dados amostrais é apresentada nas páginas 390 e 391, mas seu professor lhe fornecerá novos dados para representar em gráfico o log das massas moleculares (MM) para os padrões de poliestireno *versus* os volumes de retenção (os tempos de retenção × taxa de fluxo de 1,2 mL min^{-1}) para os padrões de poliestireno, utilizando o Excel. Os tempos de retenção (TR) em minutos serão rotulados no cromatograma. Utilize o Excel para fazer os cálculos necessários. Multiplique os tempos de retenção pela taxa de fluxo de volume através da coluna, a fim de obter os dados para a coluna 2 (multiplique por 1,2 mL min^{-1}). Os logs das massas moleculares (MM) dos padrões foram calculados utilizando o Excel no exemplo, e são dados na coluna 3 utilizando os valores de MM para cada um dos padrões de poliestireno mostrados na coluna 4. Utilizando o Excel, represente em gráfico os valores do log de MM *versus* os volumes de retenção (tempos de retenção × fluxo de volume, 1,2 mL min^{-1}) para cada um dos padrões do poliestireno. Veja a planilha de dados mostrada na página 390, para obter um exemplo do gráfico. Determine a equação para a reta.

Seu professor fornecerá a cada dupla de alunos um cromatograma de sua amostra de polímero ROMP. Mais provavelmente, você verá um pico principal e, possivelmente, um ombro no pico principal. Com uma equação para a reta, determine a(s) massa(s) molecular(es) do(s) polímero(s). Os baixos picos de MM mostrados nos dados do exemplo provavelmente são materiais não poliméricos diversificados, presentes na amostra (talvez, diéster que não tenha reagido e polímeros de baixa MM, chamados oligômeros). É preciso fazer os cálculos para as cadeias de polímeros de alta MM. A massa molecular para seu polímero ROMP irá variar, mas você pode esperar valores que vão de cerca de 8.000 (8 K) a 20.000 (20 K), algumas vezes, chegando até mesmo a 41.000 (41 K). Seus resultados obtidos do exemplo mostrado na planilha de dados (41K) são apresentados na página 391. Uma vez que os valores calculados não são tão precisos, é necessário arredondar as massas moleculares obtidas.

Encaminhe um relatório após o período de atividade no laboratório, para cada dupla de alunos. Envie o cromatograma para os padrões de poliestireno, o cromatograma de sua amostra de polímero ROMP e os valores de MM calculados que foram obtidos para as várias cadeias de polímeros. Encaminhe o relatório de cada dupla ou siga as instruções de seu professor de laboratório.

■ QUESTÕES ■

1. Desenhe as estruturas dos polímeros ROMP esperados, formados a partir do material de partida indicado. A primeira é dada como exemplo:

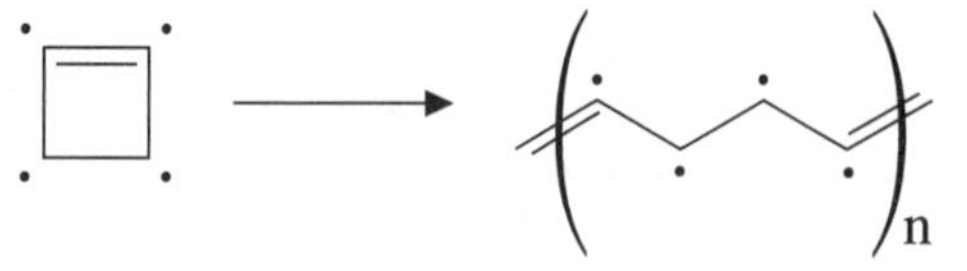

Os pontos indicam os átomos de carbono no monômero e os átomos de carbono no polímero.

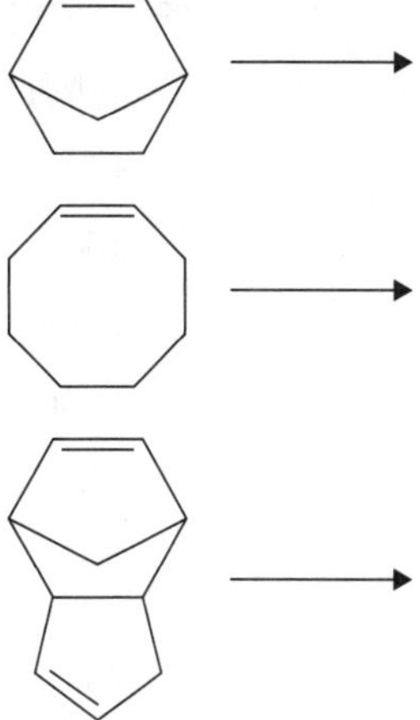

PLANILHA DE DATAS DE AMOSTRAS

Dados da curva de calibração			
TR	mL	log (MM)	MM
4,183	5,020	4,677	47.500
4,315	5,178	4,544	35.000
4,682	5,618	4,243	17.500
5,299	6,359	3,954	9.000
5,857	7,028	3,602	4.000
6,196	7,435	3,301	2.000

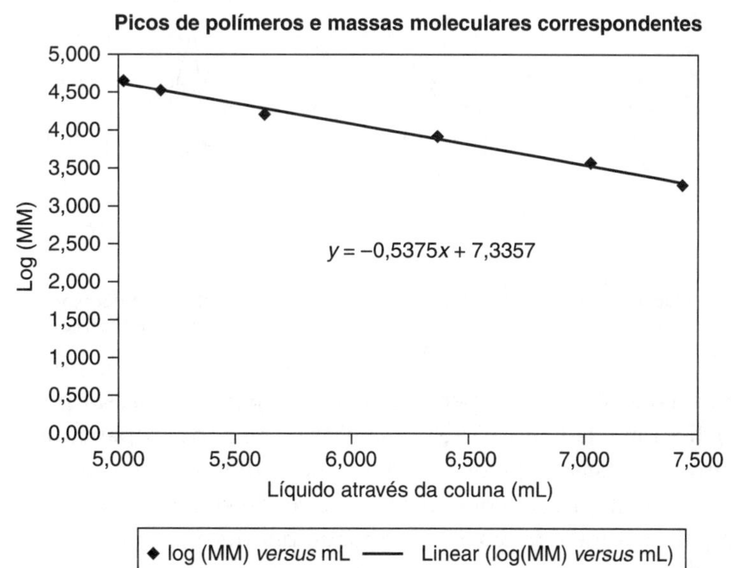

Picos de polímeros e massas moleculares correspondentes

TR	mL	log (MM)	MM
4,215	5,058	4,617	41402
8,002	9,602	2,174	149
8,420	10,104	1,905	80
8,806	10,567	1,656	45
9,215	11,058	1,392	25

Experimento 49

A reação de Diels–Alder do ciclopentadieno com anidrido maleico

Para obter mais informações sobre este experimento, consulte o Ensaio "Reação de Diels–Alder e inseticidas", na página 952.

Reação de Diels–Alder

Destilação fracionada

O ciclopentadieno e o anidrido maleico reagem prontamente, em uma reação de Diels–Alder, para formar o aduto, anidrido *cis*-norborneno-5,6-*endo*-dicarboxílico:

Ciclopentadieno + Anidrido maleico → Anidrido *cis*-norborneno-5,6-endodicarboxílico

Uma vez que duas moléculas de ciclopentadieno também podem passar por uma reação de Diels–Alder para formar o diciclopentadieno, não é possível armazenar o ciclopentadieno na forma monomérica. Portanto, primeiro é necessário "quebrar" o diciclopentadieno a fim de produzir o ciclopentadieno para utilizar neste experimento. Isso é conseguido aquecendo-se o diciclopentadieno até a ebulição e coletando o ciclopentadieno à medida que ele é formado por destilação fracionada. O ciclopentadieno precisa ser mantido frio e deve ser utilizado rapidamente para evitar sua dimerização.

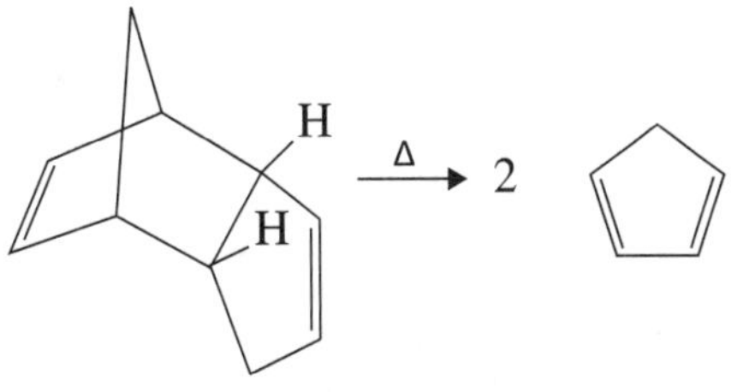

LEITURA EXIGIDA

Revisão: Técnica 11 Cristalização: purificação de sólidos, Seção 11.3
Novo: Ensaio 20 Reação de Diels–Alder e inseticidas

INSTRUÇÕES ESPECIAIS

A quebra do diciclopentadieno deve ser realizada pelo professor ou assistente de laboratório. Se for utilizada uma chama para essa finalidade, certifique-se de que não haja vazamentos no sistema, porque tanto o ciclopentadieno quanto o dímero são altamente inflamáveis.

MEIO SUGERIDO PARA O DESCARTE DE REJEITOS

Descarte a água-mãe da cristalização no recipiente designado para solventes orgânicos não halogenados.

NOTAS PARA O PROFESSOR

Trabalhando em uma capela de exaustão, monte o aparelho de destilação fracionada conforme mostra a figura. Embora o controle de temperatura necessário possa ser obtido de melhor forma com um bico de Bunsen, utilizar uma manta de aquecimento diminui a possibilidade de ocorrer um incêndio. Coloque diversas pérolas de ebulição e diciclopentadieno no balão de destilação. A quantidade de diciclopentadieno e o tamanho do balão de destilação devem ser determinados de acordo com a quantidade de ciclopentadieno necessária para a sua classe. O volume de ciclopentadieno recuperado será de 50–75% do volume inicial de diciclopentadieno, dependendo do volume destilado e do tamanho da coluna de fracionamento. Controle a fonte de calor, de modo que o ciclopentadieno destile a 40–43 °C. Se o ciclopentadieno estiver turvo, seque o líquido utilizando sulfato de sódio anidro granular. Armazene o produto em um recipiente vedado e mantenha-o resfriado em um banho de água gelada até que os alunos tenham coletado suas porções. Ele deve ser utilizado dentro de algumas horas, a fim de evitar sua dimerização.

PROCEDIMENTO

Preparação do aduto. Adicione 1,00 g de anidrido maleico e 4,0 mL de acetato de etila em um frasco de Erlenmeyer de 25 mL. Agite o frasco para dissolver o sólido (pode ser necessário aquecer levemente em uma placa de aquecimento). Acrescente 4,0 mL de ligroína (pe 60–90 °C) e agite o frasco para misturar totalmente os solventes e o reagente. Adicione 1,0 mL de ciclopentadieno e misture completamente até que não mais existam camadas visíveis do líquido. Como a reação é exotérmica, a temperatura da mistura provavelmente ficará suficientemente alta para manter o produto em solução. Contudo, se não se formar um sólido até esse ponto, é preciso aquecer a mistura em uma placa de aquecimento a fim de dissolver quaisquer sólidos que estejam presentes.

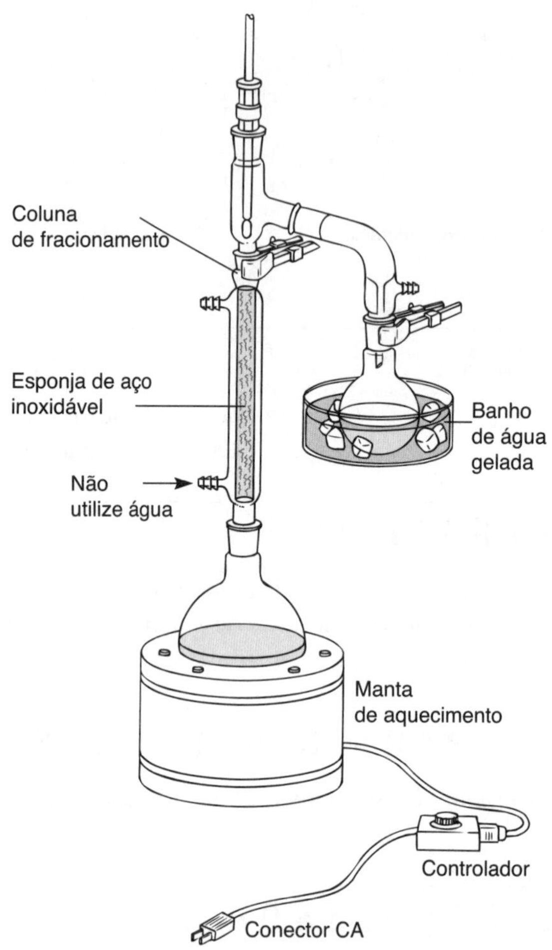

Aparelho de destilação fracionada para quebrar o diciclopentadieno.

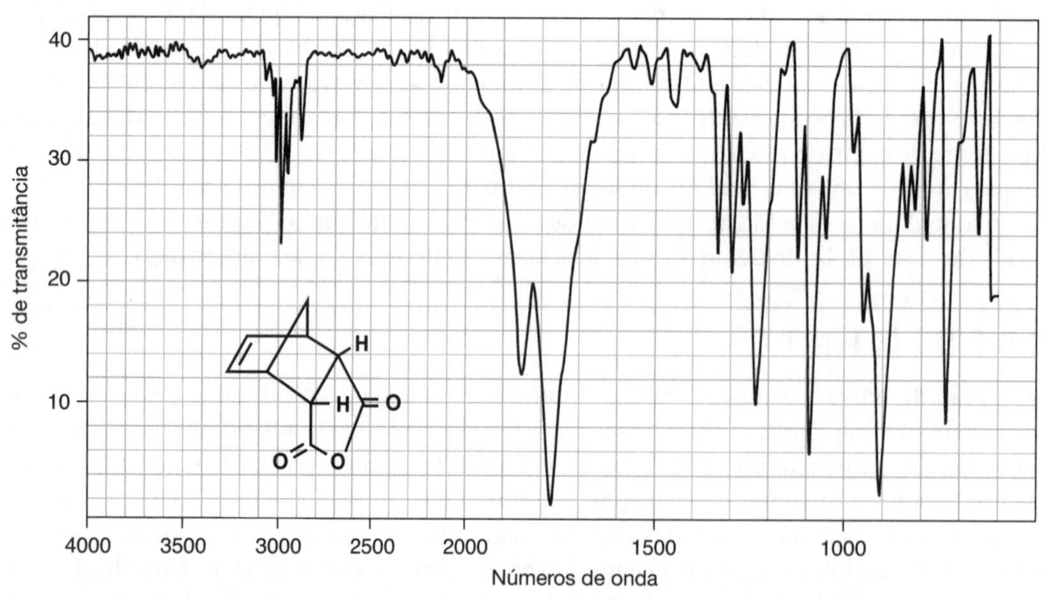

Espectro no infravermelho do anidrido cis-norborneno-5,6-endo-dicarboxílico, KBr.

Cristalização do produto. Deixe a mistura esfriar lentamente à temperatura ambiente. É possível obter melhor formação do cristal semeando a solução antes que ela esfrie à temperatura ambiente. Para semear a solução, mergulhe uma espátula ou bastão de agitação na solução, depois de tê-la resfriado por cerca de cinco minutos. Deixe o solvente evaporar, de modo que se forme uma pequena quantidade de sólido na superfície da espátula ou bastão de vidro. Coloque a espátula ou bastão de agitação na solução por alguns segundos, a fim de induzir a cristalização. Quando a cristalização estiver completa à temperatura ambiente, resfrie a mistura em um banho de gelo por vários minutos.

Isole os cristais por filtração em um funil de Hirsch ou um pequeno funil de Büchner e deixe os cristais secarem naturalmente. Determine a massa e o ponto de fusão (164 °C). Conforme a opção do professor, obtenha o espectro no infravermelho utilizando o método da pastilha seca (veja a Técnica 25, Seção 25.4) ou uma pastilha de KBr (veja a Técnica 25, Seção 25.5). Compare seu espectro no infravermelho com o que foi reproduzido aqui. Calcule o rendimento percentual e encaminhe o produto para o professor em um frasco rotulado.

Modelagem molecular (opcional)

Na reação do ciclopentadieno com o anidrido maleico, dois produtos são possíveis: o produto *endo* e o produto *exo*.

Calcule os calores de formação desses dois produtos para determinar qual é o **produto termodinâmico** (de menor energia) esperado. Realize os cálculos AM1, com uma otimização de geometria. O produto real da reação de Diels–Alder é o produto *endo*. Esse é o produto termodinâmico? Mostre um modelo de preenchimento de espaço para cada estrutura. Qual deles parece mais preenchido?

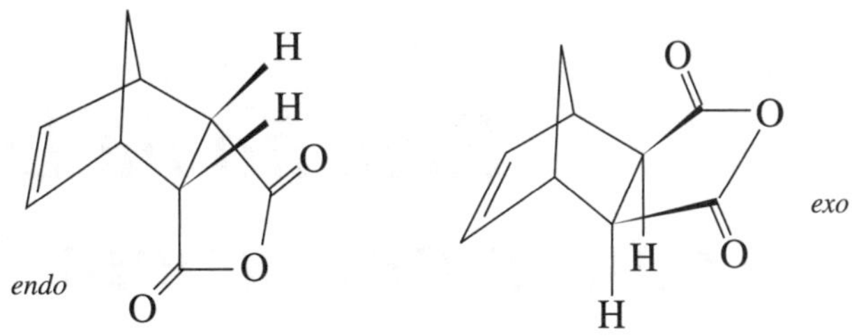

endo *exo*

Woodward e Hoffmann definiram que o dieno é o doador de elétrons, e o dienófilo, o receptor de elétrons nessa reação. De acordo com essa ideia, os dienos, que têm grupos doadores de elétrons, são mais reativos que aqueles que não têm, e os dienófilos, com grupos receptores de elétrons, são mais reativos. Utilizando o raciocínio da teoria do orbital molecular de fronteira (veja o Ensaio 11, "Química computacional — métodos *ab initio* e semiempíricos"), os elétrons no HOMO do dieno serão colocados no LUMO do dienófilo quando a reação ocorrer. Utilizando o nível AM1, calcule a superfície HOMO para o dieno (ciclopentadieno), e a superfície LUMO, para o dienófilo (anidrido maleico). Mostre os dois na tela, simultaneamente, nas orientações que levarão aos produtos *endo* e *exo*.

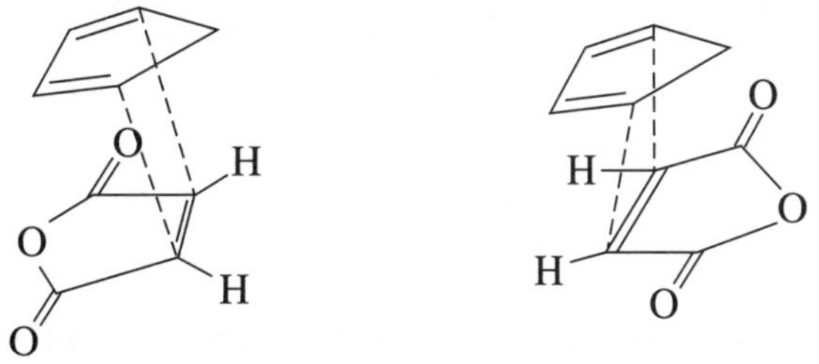

Woodward e Hoffmann sugeriram que a orientação que leva ao maior grau de superposição construtiva entre os dois orbitais (HOMO e LUMO) é a orientação que levará ao produto. Você concorda com isso?

Dependendo da capacidade de seu *software*, pode ser possível determinar a geometria (e energias) dos estados de transição que levam a cada produto. Seu professor deve lhe mostrar como fazer isso.

■ QUESTÕES ■

1. Desenhe uma estrutura para o produto *exo* formado por ciclopentadieno e anidrido maleico.
2. Como a forma *exo* é mais estável que a forma *endo*, por que o produto *endo* é o que se forma quase que exclusivamente nesta reação?
3. Além do produto principal, quais são as duas reações laterais que poderiam ocorrer neste experimento?
4. O espectro no infravermelho do aduto é dado neste experimento. Interprete os picos principais.

Experimento 50

Reação de Diels-Alder com o antraceno-9-metanol

Química verde

Reação de Diels-Alder

Efeito hidrofóbico

Espectroscopia

CH_2OH + CH_3 O N O $\xrightarrow{H_2O}$ O NCH_3 CH_2 OH O

Antraceno-9-metanol

N-metilmaleimida

Este experimento demonstra a Química Verde através da reação de Diels-Alder, que é uma importante reação na química orgânica por ser um significativo método de formação de anel. Os componentes "verdes" deste experimento incluem atenção à economia de átomos e à redução de desperdícios, mas o aspecto "verde" mais importante é o uso da água como solvente. Não somente a água é um solvente ambientalmente benigno, mas também realmente melhora outros aspectos desta reação em decorrência dos efeitos do solvente hidrofóbico.

O *efeito hidrofóbico* é a propriedade que as moléculas apolares têm de tender a se autoassociar na presença de solução aquosa. Duas razões se anteciparam em explicar por que o efeito hidrofóbico aumenta a velocidade de reação para reações de Diels-Alder selecionadas. A primeira delas é que o complexo ativado é relativamente polar; ele é estabilizado pela ligação de hidrogênio, que faz a reação prosseguir mais rapidamente. A segunda razão é que o efeito hidrofóbico atua para forçar os dois reagentes com uma concha de solvatação e para aumentar a interação entre eles.

MEIO SUGERIDO PARA O DESCARTE DE REJEITOS

Todos os dejetos aquosos podem ser descartados em um recipiente especificamente destinado para rejeitos aquosos não halogenados.

PRECAUÇÕES QUANTO À SEGURANÇA

A *N*-metilmaleimida é corrosiva e deve ser manipulada com cuidado, e você deve usar luvas.

PROCEDIMENTO

Reação. Em um balão de fundo redondo de 50 mL equipado com uma barra de agitação, adicione 0,066 g de antraceno-9-metanol. Utilizando uma pipeta de 25 mL, adicione 25 mL de água deionizada. Note que o antraceno-9-metanol é insolúvel em água. Acrescente 0,070 g de *N*-metilmaleimida à mistura e adapte o balão a um condensador resfriado à água. Aqueça a mistura até que ela ferva sob o refluxo e deixe a reação continuar em ebulição por noventa minutos enquanto agita.

Isolamento. Remova o calor e deixe a reação esfriar à temperatura ambiente (sem remover o condensador). Esfrie o balão em um banho de gelo por cinco minutos e colete o precipitado por filtração a vácuo utilizando um funil de Hirsch. Deixe o sólido secar no funil de Hirsch, sob vácuo, por quinze minutos. Colete os cristais em um vidro de relógio e deixe-os secar durante a noite.

Análise e relatório. Determine a massa de seu produto e obtenha o intervalo do ponto de fusão (valor definido na literatura = 232–235 °C). Determine o espectro de ressonância magnética nuclear de hidrogênio e de carbono do produto. Inclua o espectro de RMN em seu relatório e junte a interpretação dos picos e dos padrões de divisão. Certifique-se também de incluir em seu cálculo de recuperação o percentual em massa. Encaminhe sua amostra em um frasco apropriadamente rotulado.

REFERÊNCIAS

Engberts, J. B. F. N. Diels-Alder Reactions in Water: Enforced Hydrophobic Interaction and Hydrogen Bonding. *Pure Appl. Chem.* 1995, 67, 823–28.

Rideout, D. C.; Breslow, R. Hydrophobic Acceleration of Diels-Alder Reactions. *J. Am. Chem. Soc.* 1980, 102, 7817–18.

Experimento 51

Fotorredução da benzofenona e rearranjo do benzopinacol para benzopinacolona

Fotoquímica

Fotorredução

Transferência de energia

Rearranjo do pinacol

Este experimento consiste em duas partes. Na primeira (Experimento 51A), a benzofenona estará sujeita à **fotorredução**, a dimerização provocada pela exposição de uma solução de benzofenona em álcool isopropílico à luz solar. O produto da fotorreação é o benzopinacol. Na segunda parte (Experimento 51B), o benzopinacol será induzido a passar por um rearranjo catalisado por ácido, chamado **rearranjo do pinacol**. O produto do rearranjo é a benzopinacolona.

Experimento 51A

$$2\ (C_6H_5)_2C{=}O + (CH_3)_2CH{-}OH \xrightarrow{h\nu} (C_6H_5)_2C(OH){-}C(OH)(C_6H_5)_2$$

Benzofenona 2-Propanol Benzopinacol

Experimento 51B

$$(C_6H_5)_2C(OH){-}C(OH)(C_6H_5)_2 \xrightarrow[\text{ácido acético glacial}]{I_2} C_6H_5{-}C(=O){-}C(C_6H_5)_3 + H_2O$$

Benzopinacol Benzopinacolona

Experimento 51A

Fotorredução da benzofenona

A fotorredução da benzofenona é uma das mais antigas e a mais completamente estudada das reações fotoquímicas. No início da história da fotoquímica, foi descoberto que soluções de benzofenona são instáveis à luz, quando determinados solventes são utilizados. Se a benzofenona for dissolvida em um solvente "doador de hidrogênio", como o 2-propanol, e exposto à luz ultravioleta, hν, se formará um produto dimérico insolúvel, o benzopinacol.

$$2\ (C_6H_5)_2C{=}O + (CH_3)_2CH{-}OH \xrightarrow{h\nu} (C_6H_5)_2C(OH){-}C(OH)(C_6H_5)_2$$

Benzofenona **2-Propanol** **Benzopinacol**

Para compreender esta reação, vamos revisar alguns conceitos simples da fotoquímica, no que se refere a cetonas aromáticas. Na molécula orgânica típica, todos os elétrons estão emparelhados nos orbitais ocupados. Quando essa molécula absorve luz ultravioleta de comprimento de onda apropriado, um elétron de um dos orbitais ocupados, geralmente, o de maior energia, é excitado para um orbital molecular desocupado, normalmente, aquele de menor energia. Durante a transição, o elétron deve reter seu valor *spin*, porque durante uma transição eletrônica uma mudança de *spin* é proibida pelas leis da mecânica quântica. Portanto, assim como os dois elétrons no orbital ocupado de mais alta energia da molécula originalmente tinha seus *spins* emparelhados (opostos), eles irão reter *spins* emparelhados no primeiro estado da molécula eletronicamente excitado. Isso é verdadeiro mesmo que os dois elétrons estejam em orbitais *diferentes* após a transição. O primeiro estado excitado de uma molécula é chamado de **estado simpleto** (S_1) porque sua multiplicidade de *spin* (2S + 1) é igual a 1. O estado original da molécula, não excitado, é também um estado simpleto, porque seus elétrons estão emparelhados, e é chamado estado simpleto **no estado fundamental** (S_0) da molécula.

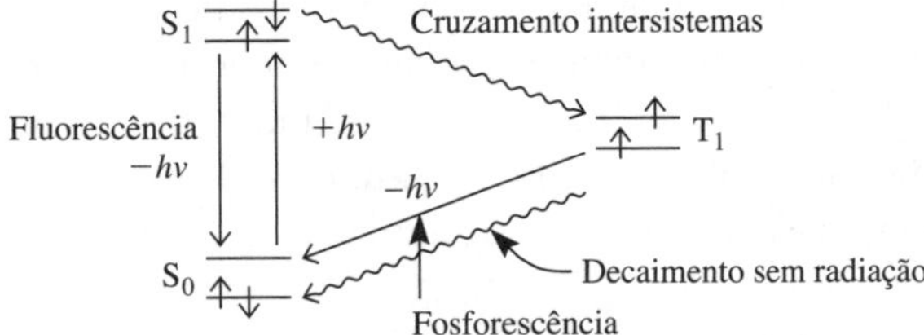

Estados eletrônicos de uma molécula típica e as possíveis interconversões. Em cada estado (S_0, S_1, T_1), a linha inferior representa o orbital ocupado de mais alta energia e a linha superior representa o orbital ocupado de mais baixa energia da molécula não excitada. As linhas retas representam processos em que um fóton é absorvido ou emitido. Linhas onduladas representam processos sem radiação – aqueles que ocorrem sem emissão ou absorçção de um fóton.

O simpleto no estado excitado, S_1, pode retornar ao estado fundamental, S_0, por reemissão do fóton de energia absorvido. Esse processo é chamado **fluorescência**. Como alternativa, o elétron excitado pode passar por uma mudança de *spin* para dar um estado de multiplicidade superior, o **estado tripleto** excitado, assim chamado porque sua multiplicidade de spin (2S + 1) é igual a 3. A conversão do primeiro estado simpleto excitado para o estado tripleto é denominado **cruzamento intersistemas**. Como o estado tripleto tem uma multiplicidade superior, inevitavelmente, ele tem um menor estado de energia que o simpleto excitado (Regra de Hund). Normalmente, essa mudança de *spin* (cruzamento intersistemas) é um processo proibido pela mecânica quântica, assim como uma excitação direta do estado fundamental (S_0) para o estado tripleto (T_1) é proibida. Contudo, naquelas moléculas em que os estados simpleto e tripleto estão próximos um do outro em energia, os dois estados inevitavelmente têm diversos estados vibracionais em sobreposição – isto é, estados em comum – uma situação que permite que a transição "proibida" ocorra. Em muitas moléculas nas quais S_1 e T_1 têm energia similar ($\Delta E < 10$ kcal mol^{-1}), o cruzamento intersistema ocorre mais rapidamente que a fluorescência, e a molécula é rapidamente convertida de seu estado simpleto excitado para seu estado tripleto. Na benzofenona, o S_1 passa por cruzamento intersistemas para T_1 com uma velocidade de $k_{isc} = 10^{10}$ seg^{-1}, significando que o tempo de duração de S_1 é apenas 10^{-10} segundos. A velocidade de fluorescência para a benzofenona é $k_f = 10^6$ seg^{-1}, o que quer dizer que o cruzamento intersistemas ocorre a uma taxa que é 10^4 mais rápida que a fluorescência. Assim, a conversão de S_1 para T_1 na benzofenona é essencialmente um processo quantitativo. Em moléculas que têm uma ampla lacuna de energia entre S_1 e T_1, essa situação seria revertida. Como você verá em breve, a molécula de naftalina apresenta uma situação invertida.

Uma vez que o estado tripleto excitado é menor em energia que o estado simpleto excitado, a molécula não pode facilmente retornar ao estado simpleto excitado; nem pode voltar facilmente ao estado fundamental, retornando o elétron excitado ao seu orbital original. Mais uma vez, a transição $T_1 \rightarrow S_0$ irá requerer uma mudança de *spin* para o elétron, e este é um processo proibido. O estado tripleto excitado geralmente tem uma longa duração (em relação a outros estados excitados) porque normalmente não há nenhum local para onde ele possa ir facilmente. Mesmo que o processo seja proibido, o tripleto T_1 pode, eventualmente, retornar ao estado fundamental (S_0) por um processo chamado **transição sem radiação**, no qual a energia em excesso do tripleto é perdida para a solução ao redor, na forma de calor e, desse modo, "relaxando" o tripleto volta novamente para o estado fundamental (S_0). Esse processo é objeto de estudo de muitas pesquisas atuais e ainda não foi totalmente compreendido. No segundo processo, no qual o estado tripleto pode ser revertido para o estado fundamental, **fosforescência**, o tripleto excitado emite um fóton para dissipar o excesso de energia e retorna diretamente para o estado fundamental. Embora esse processo seja "proibido", mesmo assim, ele ocorre quando não existe nenhum outro caminho aberto pelo qual a molécula possa dissipar sua energia em excesso. Na benzofenona, o decaimento sem radiação é o processo mais rápido, com a velocidade $k_d = 10^5$ seg^{-1}, e a fosforescência, que não é observada, tem uma velocidade menor, de $k_p = 10^2$ seg^{-1}.

A benzofenona é uma cetona. As cetonas têm *dois* possíveis estados simpletos excitados e, consequentemente, também tem dois estados tripletos excitados. Isso ocorre porque são possíveis duas transições com energia relativamente baixa, na benzofenona. É possível excitar um dos elétrons π na ligação π da carbonila para o orbital desocupado com menor energia, um orbital π^*. Também é possível excitar um dos elétrons não ligantes ou elétrons *n* no oxigênio para o mesmo orbital. O primeiro tipo de transição é chamado transição π–π^*, enquanto o segundo é denominado transição n–π^*. Na figura que mostra os estados de energia excitados da benzofenona e da naftalina, essas transições e os estados resultantes são ilustrados.

Estudos espectroscópicos demonstram que para a benzofenona e a maioria das outras cetonas, os n–π^* estados excitados S_1 e T_1 são menor em energia que os estados excitados π–π^*. É mostrado um diagrama de energia descrevendo os estados excitados da benzofenona (com aquele que descreve os estados excitados da naftalina).

Transições n–π * e π–π* para cetonas.

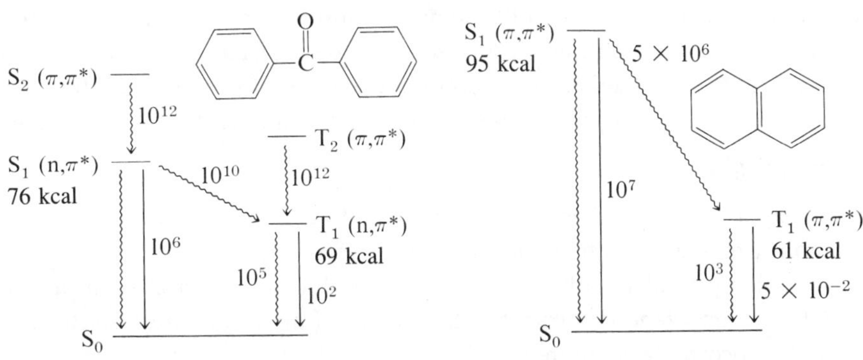

Estados de energia excitados da benzofenona e da naftalina.

Atualmente, se sabe que a fotorredução da benzofenona é uma reação do *n*–π* estado tripleto (T_1) da benzofenona. Os *n*–π*estados excitados têm caráter radical no átomo de oxigênio da carbonila, por causa do elétron não emparelhado do orbital não ligante. Desse modo, as espécies de estados excitados, T_1, energéticos e semelhantes a radicais, podem abstrair um átomo de hidrogênio de uma molécula doadora adequada para formar o radical difenilhidroximetil. Dois desses radicais, uma vez formados, podem se associar para formar o benzopinacol. O mecanismo completo para fotorredução é descrito nas etapas a seguir.

$$Ph_2C{=}O \xrightarrow{h\nu} Ph_2\dot{C}{-}O\cdot (S_1)$$

$$Ph_2\dot{C}{-}O\cdot (S_1) \xrightarrow{isc} Ph_2\dot{C}{-}O\cdot (T_1)$$

$$\underset{(T_1)}{Ph_2\dot{C}{-}O\cdot} \; H{-}C(CH_3)_2{-}OH \longrightarrow Ph_2\dot{C}{-}OH + \cdot C(CH_3)_2{-}OH$$

$$\underset{(T_1)}{Ph_2\dot{C}{-}O\cdot} \; HO{-}\dot{C}(CH_3)_2 \longrightarrow Ph_2\dot{C}{-}OH + O{=}C(CH_3)_2$$

$$2\,Ph_2\dot{C}{-}OH \longrightarrow Ph{-}C(OH)(Ph){-}C(OH)(Ph){-}Ph$$

Muitas reações fotoquímicas devem ser realizadas em um aparelho de quartzo porque requerem radiação ultravioleta de menor comprimento de ondas (maior energia) que o comprimento de ondas que pode passar através do Pyrex. Contudo, a benzofenona exige radiação de aproximadamente 350 nm, a fim de tornar excitado o seu estado *n*–π* simpleto S_1, um comprimento de onda que passa facilmente por Pyrex. Na figura mostrada a seguir, são dados os espectros da absorção ultravioleta da benzofenona e da naftalina. Superpostas em seus espectros estão duas curvas que mostram os comprimentos de onda que podem ser transmitidos por Pyrex e quartzo, respectivamente. O Pyrex não permite a passagem de nenhuma radiação de comprimento de onda menor que aproximadamente 300 nm, ao passo que o quartzo deixa passar comprimentos de onda de até 200 nm. Desse modo, quando a benzofenona é colocada em um frasco Pyrex a única transição eletrônica possível é a transição *n*–π*, que ocorre a 350 nm.

Contudo, mesmo se fosse possível fornecer benzofenona com radiação de comprimento de onda apropriado para produzir o segundo estado simpleto excitado da molécula, esse simpleto rapidamente se converteria para o menor estado simpleto (S_1). O estado S_2 tem uma duração de menos de 10^{-12} segundos. O processo de conversão $S_2 \rightarrow S_1$ é chamado **conversão interna**. As conversões internas são processos de conversão entre estados excitados de mesma multiplicidade (simpleto–simpleto ou tripleto–tripleto), e geralmente são muito rápidas. Assim, quando se forma um S_2 ou T_2, ele prontamente se converte para S_1 ou T_1, respectivamente. Como consequência de seus tempos de duração muito curtos, muito pouco se conhece sobre as propriedades ou as energias exatas de S_2 e T_2 da benzofenona.

Transferência de energia

Utilizando um experimento simples de **transferência de energia**, é possível mostrar que a fotorredução da benzofenona prossegue por meio do estado excitado T_1 da benzofenona em vez de pelo estado excitado S_1. Se a naftalina for adicionada à reação, a fotorredução é interrompida porque a energia de excitação do tripleto da benzofenona é transferida para a naftalina. Costuma-se dizer que a naftalina **extinguiu** a reação. Isso ocorre da seguinte maneira.

Quando os estados excitados das moléculas têm tempos de duração suficientemente longos, frequentemente, elas podem transferir sua energia de excitação para outra molécula. Os mecanismos dessas transferências são complexos e não podem ser explicados aqui; todavia, as exigências essenciais podem ser descritas. Primeiro, para que duas moléculas troquem seus respectivos estados de excitação, o processo deve ocorrer com uma diminuição geral de energia. Segundo, a multiplicidade de *spin* do sistema total não deve se modificar. Essas duas características podem ser ilustradas pelos dois exemplos mais comuns de transferência de energia – transferência de simpleto e transferência de tripleto. Nesses dois exemplos, o índice superior 1 denota um estado simpleto excitado, o índice inferior 3 denota um estado tripleto, e o índice inferior 0 denota uma molécula em estado fundamental. As designações A e B representam moléculas diferentes.

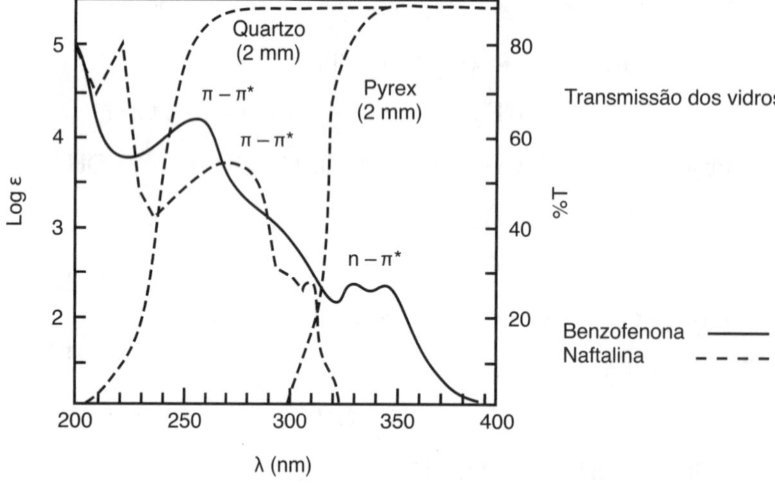

Espectros de absorção no ultravioleta para a benzofenona e a naftalina.

$A^1 + B_0 \rightarrow B^1 = A_0$ **Transferência de energia do simpleto**

$A^3 + B_0 \rightarrow B^3 + A_0$ **Transferência de energia do tripleto**

Na transferência de energia do simpleto, a energia de excitação é transferida do estado simpleto excitado de A para uma molécula em estado fundamental de B, convertendo B para seu estado simpleto excitado e retornando A para seu estado fundamental. Na transferência de energia do tripleto, existe uma interconversão similar do estado excitado e do estado fundamental. A energia do simpleto é transferida através do espaço por um mecanismo de acoplamento dipolo–dipolo, mas a transferência de energia do tripleto requer que as duas moléculas envolvidas na transferência colidam. No meio orgânico usual, ocorrem aproximadamente 10^9 colisões por segundo. Desse modo, se um estado tripleto A^3 tiver um tempo de duração maior que 10^{-9} segundos e se estiver disponível uma molécula receptora B_0, que tem uma energia de tripleto menor que a de A^3, pode-se esperar uma transferência de energia. Se o tripleto A^3 passar por uma reação (como a fotorredução) a uma velocidade menor que a velocidade de colisões na solução, e se uma molécula receptora for adicionada à solução, a reação pode ser *extinta.* A molécula receptora, que é chamada **extintor**, desativa, ou "extingue" o tripleto antes de ter oportunidade de reagir. A naftalina tem a capacidade de extinguir os tripletos da benzofenona, desta maneira, interrompe a fotorredução.

A naftalina não pode extinguir o simpleto S_1 do estado excitado da benzofenona porque seu próprio simpleto tem uma energia (95 kcal mol^{-1}) que é maior que a energia da benzofenona (76 kcal mol^{-1}). Além disso, a conversão $S_1 \rightarrow T_1$ é muito rápida (10^{-10} segundos) na benzofenona. Portanto, a naftalina pode interceptar somente o estado tripleto da benzofenona. A energia de excitação do tripleto da benzofenona (69 kcal mol^{-1}) é transferida para a naftalina (T_1 = 61 kcal mol^{-1}) em uma colisão exotérmica. Por fim, a molécula de naftalina não absorve luz dos comprimentos de onda transmitidos por Pyrex (veja os espectros de absorção no ultravioleta dados anteriormente); portanto, a benzofenona não é impedida de absorver energia quando a naftalina está presente na solução. Desse modo, uma vez que a naftalina extingue a reação de fotorredução da benzofenona, podemos inferir que esta reação prossegue por meio do estado tripleto T_1 da benzofenona. Se a naftalina não extinguisse a reação, o estado simpleto da benzofenona seria indicado como o intermediário reativo. No experimento a seguir, tenta-se a fotorredução da benzofenona tanto na presença como na ausência de naftalina adicionada.

LEITURA EXIGIDA

Revisão: Técnica 8 Filtração, Seção 8.3

INSTRUÇÕES ESPECIAIS

Este experimento pode ser realizado simultaneamente com outro. Ele requer apenas quinze minutos durante o primeiro período de atividade em laboratório e somente cerca de quinze minutos em um período de atividade em laboratório subsequente, realizado aproximadamente uma semana depois (ou no final do período de atividade em laboratório, se você utilizar uma lâmpada solar).

Utilizando luz solar direta. É importante que a mistura da reação seja deixada onde possa receber luz solar direta. Caso contrário, a reação se tornará lenta e poderá ser preciso mais de uma semana para que seja concluída. Também é importante que a temperatura ambiente não seja muito baixa, ou a benzofenona irá se precipitar. Se você realizar este experimento no inverno e o laboratório não estiver aquecido à noite, é preciso agitar as soluções a cada manhã para redissolver a benzofenona. O benzopinacol não deverá se redissolver facilmente.

Utilizando uma lâmpada solar. Se você quiser, poderá utilizar uma lâmpada solar de 275 W, em vez de a luz solar direta. Coloque a lâmpada em uma capela de exaustão que tenha a janela coberta com folha de alumínio (com a parte brilhante para dentro). A lâmpada (ou lâmpadas) deve ser colocada em um soquete de cerâmica conectado a um suporte universal com uma pinça de três pontas.

⇨ ADVERTÊNCIA

O propósito da folha de alumínio é proteger os olhos das pessoas no laboratório. Não se deve olhar diretamente para uma lâmpada solar, porque isso pode causar danos aos olhos. Tome todas as precauções possíveis quanto a esse risco. 

Conecte amostras a um suporte universal colocado pelo menos a 46 centímetros da lâmpada solar. Posicioná-las a essa distância evitará que sejam aquecidas pela lâmpada. O aquecimento pode causar perda do solvente. É uma boa ideia agitar as amostras a cada trinta minutos. Com uma lâmpada solar, a reação estará completa em três a quatro horas.

MEIO SUGERIDO PARA O DESCARTE DE REJEITOS

Descarte todo o filtrado do procedimento de filtração a vácuo no recipiente destinado a rejeitos orgânicos não halogenados.

PROCEDIMENTO

Rotule dois tubos de ensaio de 13 mm × 100 mm próximo de sua parte superior. Os rótulos devem ter seu nome e "N° 1" e "N° 2" escrito neles. Coloque 0,50 g de benzofenona no primeiro tubo. Coloque 0,50 g de benzofenona e 0,05 g de naftalina no segundo tubo. Adicione cerca de 2 mL de 2-propanol (álcool isopropílico) a cada tubo e aqueça-os em um béquer contendo água quente para dissolver os sólidos. Quando os sólidos tiverem se dissolvido, adicione uma pequena gota (pipeta Pasteur) de ácido acético glacial a cada tubo e então preencha-o quase até o topo com mais de 2-propanol. Tampe os tubos hermeticamente com rolhas de borracha, agite-os bem e coloque-os em um béquer, em uma janela, onde receberão luz solar direta.

NOTA

Seu professor pode orientá-lo a utilizar uma lâmpada solar em vez de luz solar direta (veja as Instruções Especiais).

A reação precisa de uma semana para ser concluída (três horas com uma lâmpada solar). Se a reação tiver ocorrido durante esse período, o produto terá se cristalizado na solução. Observe o resultado em cada tubo de ensaio. Colete o produto por filtração a vácuo utilizando um pequeno funil de Büchner ou de Hirsch (veja a Técnica 8, Seção 8.3), e deixe-o secar. Pese o produto e determine seu ponto de fusão e seu rendimento percentual. De acordo com a opção do professor, obtenha o espectro no infravermelho utilizando o método de película seca (veja a Técnica 25, Seção 25.4) ou uma pastilha de KBr (veja a Técnica 25, Seção 25.5). Encaminhe o produto para o professor em um frasco rotulado com o relatório.

REFERÊNCIA

Vogler, A.; Kunkely, H. Fotoquímica and Beer. *J. Chem. Educ.* 1982, 59, 25.

Experimento 

Síntese da β-benzopinacolona: o rearranjo do benzopinacol catalisado por ácido

A capacidade dos carbocátions de se rearranjarem representa um importante conceito na química orgânica. Neste experimento, o benzopinacol, preparado no Experimento 51A, irá se rearranjar para a **benzopinacolona (2,2,2-trifenilacetofenona)** sob a influência do iodo no ácido acético glacial.

$$\text{benzopinacol} \xrightarrow[\text{ácido acético glacial}]{I_2} \text{benzopinacolona} + H_2O$$

O produto é isolado como um sólido branco cristalino. A benzopinacolona é conhecida por se cristalizar em duas diferentes formas cristalinas, cada uma delas com um diferente ponto de fusão. A forma **alfa** tem um ponto de fusão de 206–207 °C, ao passo que a forma **beta** se funde a 182 °C. O produto formado neste experimento é a β-benzopinacolona.

LEITURA EXIGIDA

Revisão:	Técnica 7	Métodos de reação, Seção 7.2
	Técnica 11	Cristalização: purificação de sólidos, Seção 11.3
	Técnica 25	Espectroscopia no infravermelho, Parte B
	Técnica 26	Espectroscopia de ressonância magnética nuclear, Parte B

Antes de iniciar este experimento, você deve ler o material que trata de rearranjos de carbocátions em seu livro-texto.

INSTRUÇÕES ESPECIAIS

Este experimento requer muito pouco tempo e pode ser agendado simultaneamente com outro experimento curto.

MEIO SUGERIDO PARA O DESCARTE DE REJEITOS

Todos os resíduos orgânicos devem ser colocados no recipiente apropriado, destinado a rejeitos orgânicos não halogenados.

PROCEDIMENTO

Em um balão de fundo redondo de 25 mL, adicione 5 mL de uma solução de 0,015 $mol\ L^{-1}$ de iodo dissolvido em ácido acético glacial. Acrescente 1 g de benzopinacol e conecte um condensador refrigerado à água. Utilizando uma pequena manta de aquecimento, aqueça a solução sob refluxo por cinco minutos. Os cristais podem começar a aparecer na solução durante esse período de aquecimento.

Remova a fonte de calor e deixe a solução esfriar lentamente. O produto irá se cristalizar a partir da solução à medida que ela esfria. Quando a solução tiver resfriado à temperatura ambiente, colete os cristais por filtração a vácuo utilizando um pequeno funil de Büchner. Lave os cristais com três porções de 2 mL de ácido acético glacial frio. Deixe os cristais secarem naturalmente durante a noite. Pese o produto seco e determine seu ponto de fusão. A β-benzopinacolona pura se funde a 182 °C. Obtenha o espectro no infravermelho utilizando o método da pastilha seca (veja a Técnica 25, Seção 25.4) ou uma pastilha de KBr (veja a Técnica 25, Seção 25.5) e o espectro de RMN em $CDCl_3$ (veja a Técnica 26, Seção 26.1).

Calcule o rendimento percentual. Encaminhe o produto, em um frasco rotulado, e seus espectros para seu professor. Interprete seus espectros, mostrando como são consistentes com a estrutura rearranjada do produto.

■ QUESTÕES ■

1. Você consegue pensar em um meio de produzir o tripleto T_1 da benzofenona *n–π** *sem* que a benzofenona passe por seu primeiro estado simpleto? Explique.
2. Uma reação similar àquela descrita aqui ocorre quando a benzofenona é tratada com o magnésio metálico (redução do pinacol).

$$2\ Ph_2C{=}O \xrightarrow{Mg} Ph_2\underset{\large OH}{C}{-}\underset{\large OH}{C}Ph_2$$

   Compare o mecanismo desta reação com o mecanismo da fotorredução. Quais são as diferenças?

3. Quais das seguintes moléculas você espera que sejam úteis para extinguir a fotorredução da benzofenona? Explique.

Oxigênio	(S_1 = 22 kcal mol^{-1})
9,10-difenilantraceno	(T_1 = 42 kcal mol^{-1})
trans-1,3-pentadieno	(T_1 = 59 kcal mol^{-1})
Naftalina	(T_1 = 61 kcal mol^{-1})
Bifenil	(T_1 = 66 kcal mol^{-1})
Tolueno	(T_1 = 83 kcal mol^{-1})
Benzeno	(T_1 = 84 kcal mol^{-1})

Experimento 52

Luminol

Para obter mais informações sobre este experimento, consulte o Ensaio "Vaga-lumes e fotoquímica", na página 957.

Quimioluminescência

Transferência de energia

Redução de um grupo nitro

Formação do amido

Neste experimento, o composto quimioluminescente conhecido como **luminol**, ou **5-aminoftalhidrazida**, será sintetizado a partir do ácido 3-nitroftálico.

Ácido 3-nitroftálico + Hidrazina $\xrightarrow[-H_2O]{\Delta}$ 5-nitroftalhidrazida $\xrightarrow{Na_2S_2O_4}$ Luminol

Ácido 3-nitroftálico **Hidrazina** **5-nitroftalhidrazida** **Luminol**

A primeira etapa da síntese da formação simples de uma diamida, 5-nitroftalhidrazida cíclica, pela reação do ácido 3-nitroftálico com a hidrazina. A redução do grupo nitro com ditionito de sódio resulta no luminol.

Em solução neutra, o luminol existe amplamente como um ânion dipolar (zwitterion). Esse íon dipolar exibe uma fluorescência azul-clara depois de ser exposto à luz. Contudo, em solução alcalina, o luminol é convertido para seu diânion, que pode ser oxidado pelo oxigênio molecular para formar um intermediário que é quimioluminescente. A reação deve ter a seguinte sequência:

Luminol $\xrightarrow{2\ OH^-}$ Diânion $\xrightarrow{O_2}$ peróxido

Luminol **Diânion**

Peróxido ⟶ [Diânion do tripleto]^3 + N_2 $\xrightarrow{\text{Cruzamento intersistemas}}$ [Diânion do simpleto]^1

Diânion do tripleto do 3-aminoftalato (T_1) **Diânion do simpleto do 3-aminoftalato (S_1)**

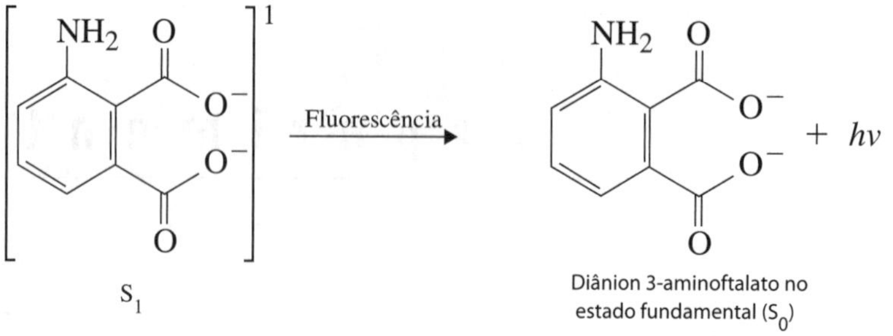

S_1 — Fluorescência → + $h\nu$

Diânion 3-aminoftalato no estado fundamental (S_0)

O diânion do luminol passa por uma reação com o oxigênio molecular para formar um peróxido de estrutura desconhecida. Esse peróxido é instável e se decompõe com a evolução do gás nitrogênio, produzindo o diânion do 3-aminoftalato em um estado eletronicamente excitado. O diânion excitado emite um fóton que é visível como a luz. Uma hipótese bastante interessante para a estrutura do peróxido postula um endoperóxido cíclico que se decompõe pelo seguinte mecanismo:

Um postulado

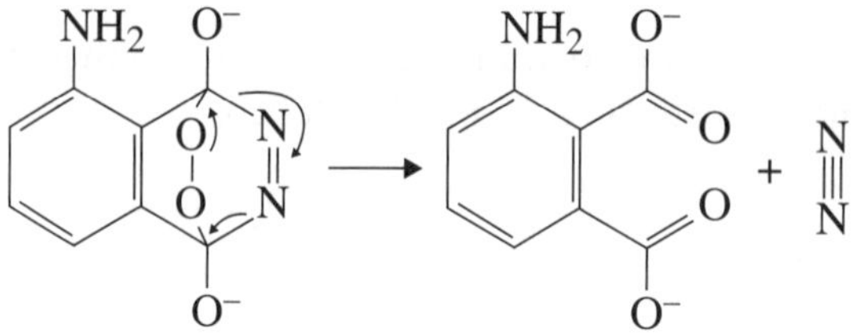

Contudo, certos fatos experimentais argumentam contra esse intermediário. Por exemplo, foi descoberto que determinadas hidrazidas acíclicas, que não podem formar um intermediário similar, são quimioluminescentes.

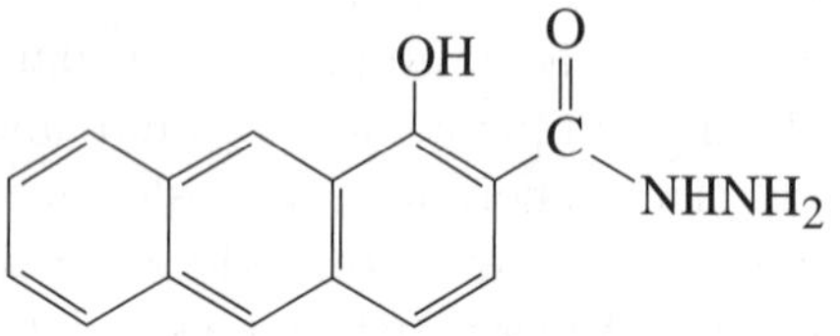

Hidrazida do ácido1-hidróxi-2-antroico (quimioluminescente)

Embora a natureza do peróxido ainda seja discutível, o restante da reação é bem compreendido. Os produtos químicos da reação demonstraram ser o diânion do 3-aminoftalato e o nitrogênio molecular. O intermediário que emite luz foi definitivamente identificado como o *simpleto em estado excitado* do diânion do 3-aminoftalato.[1] Desse modo, o espectro de emissão da fluorescência do diânion do 3-aminoftalato (produzido pela absorção do fóton) é idêntico ao espectro da luz emitida pela reação quimioluminescente. Todavia, por inúmeras razões complicadas, acredita-se que o diânion do 3-aminoftalato é formado primeiramente como uma molécula em estado tripleto vibracionalmente excitada, que efetua o cruzamento intersistemas para o estado simpleto, antes da emissão de um fóton.

[1] Os termos *simpleto, tripleto, cruzamento intersistemas, transferência de energia* e *extinção* são explicados no Experimento 51.

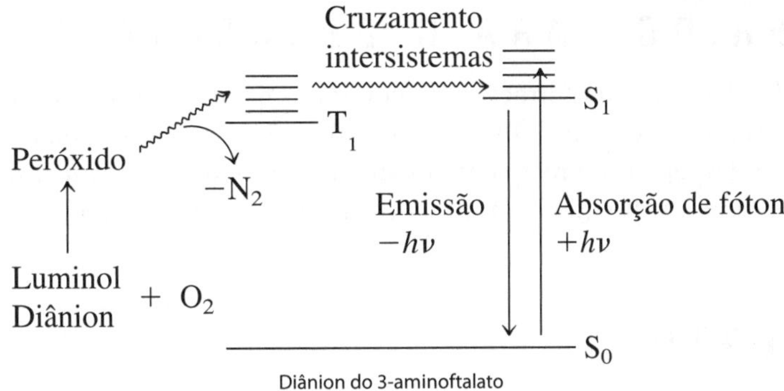

Espectro de emissão de fluorescência do diânion do 3-aminoftalato.

O estado excitado do diânion do 3-aminoftalato pode ser extinto por moléculas receptoras adequadas, ou a energia (cerca de 50–80 kcal mol^{-1}) pode ser transferida para possibilitar a emissão das moléculas receptoras. Vários desses experimentos são descritos no procedimento a seguir.

O sistema escolhido para os estudos de quimioluminescência do luminol neste experimento utiliza dimetilsulfóxido [$(CH_3)_2SO$], como solvente, hidróxido de potássio, como a base necessária para a formação do diânion do luminol, e oxigênio molecular. Diversos sistemas alternativos têm sido utilizados, substituindo-se o peróxido de hidrogênio e um agente oxidante por oxigênio molecular. Um sistema aquoso utilizando ferricianeto de potássio e peróxido de hidrogênio é um sistema alternativo empregado com frequência.

REFERÊNCIAS

Rahaut, M. M. Chemiluminescence from Concerted Peroxide Decomposition Reactions. *Acc. Chem. Res.* 1969, 2, 80.

White, E. H.; Rosewell, D. F. The Chemiluminescence of Organic Hydrazides. *Acc. Chem. Res.* 1970, 3, 54.

LEITURA EXIGIDA

Revisão:	Técnica 7	Métodos de reação, Seção 7.9
Novo:	Ensaio 21	Vaga-lumes e fotoquímica

INSTRUÇÕES ESPECIAIS

O experimento completo pode ser concluído em cerca de uma hora. Quando estiver trabalhando com hidrazina, você deve se lembrar de que ela é tóxica e não pode entrar em contato com a pele, e também se suspeita que seja carcinogênica. O dimetilsulfóxido também pode ser tóxico; evite respirar seus vapores e não deixe que entre em contato com sua pele.

É necessária uma sala escura para observar adequadamente a quimioluminescência do luminol. Uma capela de exaustão escurecida, que tenha sua janela coberta por papel pardo ou papel alumínio também é uma boa opção. Outros corantes fluorescentes, além dos que já foram mencionados (por exemplo, 9,10-difenilantraceno), também podem ser utilizados para experimentos de transferência de energia. Os corantes selecionados podem depender do que estiver imediatamente disponível. Talvez o professor oriente para cada aluno utilizar um corante para os experimentos de transferência de energia, com um aluno fazendo um experimento de comparação, sem o uso de corante.

MEIO SUGERIDO PARA O DESCARTE DE REJEITOS

Descarte o filtrado resultante da filtração a vácuo da 5-nitroftalhidrazida no recipiente destinado a solventes orgânicos não halogenados. O filtrado da filtração a vácuo da 5-aminoftalhidrazida pode ser diluído com água e despejado no recipiente designado para rejeitos aquosos. A mistura contendo hidróxido de potássio, dimetilsulfóxido e luminol deverá ser colocada no recipiente especial destinado a este material.

PROCEDIMENTO

Parte A. 3-nitroftalhidrazida

Coloque 0,60 g de ácido 3-nitroftálico e 0,8 mL de uma solução aquosa de hidrazina a 10% (utilize luvas) em um pequeno tubo de ensaio (15 mm × 125 mm) com saída lateral.[2] Ao mesmo tempo, aqueça 8 mL de água em um béquer em uma placa de aquecimento, a cerca de 80 °C. Aqueça o tubo de ensaio em um bico de Bunsen até que o sólido se dissolva. Adicione 1,6 mL de trietileno glicol e prenda o tubo de ensaio na posição vertical em um suporte universal. Coloque um termômetro (não vede o sistema) e uma pérola de ebulição no tubo de ensaio, e conecte um pedaço de tubo de pressão à saída lateral. Este tubo deve ser conectado a um aspirador (utilize um captador). O bulbo do termômetro precisa ficar imerso no líquido tanto quanto for possível. Aqueça a solução com um bico de Bunsen até que o líquido ferva intensamente e o vapor da água em refluxo seja retirado com o aspirador a vácuo (a temperatura aumentará para aproximadamente 120 °C). Continue a aquecer e deixe a temperatura aumentar rapidamente até ficar um pouco acima de 200 °C. Esse aquecimento requer dois a três minutos, e você deve observar de perto a temperatura, a fim de evitar o aquecimento da mistura muito acima de 200 °C. Remova brevemente o bico de Bunsen quando esta temperatura for atingida e, então, volte a aquecer levemente para manter uma temperatura relativamente constante, de 220–230 °C, por aproximadamente três minutos. Deixe o tubo de ensaio esfriar a aproximadamente 100 °C, adicione os 8 mL de água quente que foram preparados anteriormente, e resfrie o tubo de ensaio à temperatura ambiente, deixando a água de torneira fluir sobre o exterior do tubo de ensaio. Colete os cristais marrons de 5-nitroftalhidrazida por filtração a vácuo utilizando um pequeno funil de Hirsch. Não é necessário secar o produto antes de prosseguir para a próxima etapa da reação.

Parte B. Luminol (5-aminoftalohidrazina)

Transfira a 5-nitroftalhidrazida úmida para um tubo de ensaio de 20 mm × 150 mm. Acrescente 2,6 mL de uma solução de hidróxido de sódio 10% e agite a mistura até que a hidrazida se dissolva. Adicione 1,6 g de ditionito de sódio dihidratado (hidrossulfito de sódio dihidratado, $Na_2S_2O_4 \cdot 2H_2O$). Utilizando uma pipeta Pasteur, adicione 2–4 mL de água para lavar o sólido das paredes do tubo de ensaio. Acrescente uma pedra de ebulição ao tubo de ensaio. Aqueça o tubo de ensaio até que a solução ferva. Agite a solução e mantenha-a em ebulição, e continue a agitar por, pelo menos, cinco minutos. Adicione 1,0 mL de ácido acético glacial e esfrie o tubo de ensaio à temperatura ambiente, deixando a água de torneira fluir sobre a parte externa dele. Agite a mistura durante a etapa de resfriamento. Colete os cristais amarelo-claros ou dourados do luminol por meio de filtração a vácuo, utilizando um pequeno funil de Hirsch. Reserve uma pequena amostra desse produto, deixe-o secar durante a noite e determine seu ponto de fusão (pf 319–320 °C). O restante do luminol pode ser utilizado sem secar para os experimentos de quimioluminescência. Ao secar o luminol, é melhor utilizar um dessecador a vácuo carregado com o agente secante sulfato de cálcio.

---

[2] Uma solução aquosa de hidrazina 10% pode ser preparada pela diluição de 15,6 g de uma solução comercial de hidrazina a 64% em um volume de 100 mL, utilizando água.

Parte C. Experimentos de quimioluminescência

ADVERTÊNCIA

Tenha o cuidado de não deixar nada da mistura tocar sua pele quando agitar o frasco. Segure a tampa firmemente.

Cubra o fundo de um frasco de Erlenmeyer de 10 mL com uma camada de pastilhas de hidróxido de potássio. Acrescente dimetilssulfóxido para cobrir as pastilhas. Adicione aproximadamente 0,025 g de luminol úmido ao frasco, tampe-o e agite-o intensamente para misturar ar na solução.[3] Em uma sala escura, poderá ser vista uma luz branco-azulada levemente brilhante. A intensidade do brilho aumentará com a agitação contínua do frasco e a remoção ocasional da tampa para a entrada de mais ar.

A fim de observar a transferência de energia para um corante fluorescente, dissolva um ou dois cristais ao corante indicador em aproximadamente 0,25 mL de água. Adicione a solução corante à solução dimetilssulfóxido de luminol, tampe o frasco e agite a mistura intensamente. Observe a intensidade e a cor da luz produzida.

A seguir, está uma tabela com alguns corantes e as cores produzidas quando eles são misturados com luminol. Outros corantes não incluídos nesta lista também podem ser testados neste experimento.

Corante fluorescente	Cor
Sem corante	Branco-azulado-claro
2,6-dicloroindofenol	Azul
9-aminoacridina	Verde-azulado
Eosina	Rosa-salmão
Fluoresceína	Verde amarelado
Diclorofluoresceína	Amarelo alaranjado
Rodamina B	Verde
Fenolfaleína	Roxo

[3] Um método alternativo para demonstrar a quimioluminescência, utilizando ferricianeto de potássio e peróxido de hidrogênio como agentes oxidantes, é descrito em E. H. Huntress, L. N. Stanley e A. S. Parker, *Journal of Chemical Education, 11* (1934): 142.

Experimento 53

Carbo-hidratos

Para obter mais informações sobre este experimento, consulte o Ensaio "A química dos adoçantes", na página 960.

Neste experimento, você realizará testes que distinguem entre vários carbo-hidratos. Os carbo-hidratos incluídos e as classes que eles representam são as seguintes:

Aldo-pentoses: xilose e arabinose

Aldo-hexoses: glicose e galactose

Ceto-hexoses: frutose

Dissacarídeos: lactose e sacarose

Polissacarídeos: amido e glicogênio

As estruturas desses carbo-hidratos podem ser encontradas em seu livro de estudos. Os testes são classificados nos seguintes grupos:

A. Testes baseados na produção de furfural ou um derivado de furfural: teste de Molisch, teste de Bial e teste de Seliwanoff.
B. Testes baseados na propriedade de redução de um carbo-hidratos (açúcar): teste de Benedict e teste de Barfoed.
C. Formação da osazona.
D. Teste de iodo para o amido.
E. Hidrólise da sacarose.
F. Teste do ácido múcico para galactose e lactose.
G. Testes com substâncias desconhecidas.

LEITURA EXIGIDA

Novo: Leia as seções em seu livro de estudos que forneçam as estruturas e descrevam a química das aldopentoses, aldo-hexoses, ceto-hexoses, dissacarídeos e polissacarídeos.

INSTRUÇÕES ESPECIAIS

Todos os procedimentos neste experimento envolvem reações simples em tubos de ensaio. A maior parte dos testes é breve; contudo, o teste de Seliwanoff, formação da osazona, e o teste com ácido múcico demoram um pouco mais para serem concluídos. Serão necessários, no mínimo, 10 tubos de ensaio (15 mm × 125 mm) numerados em ordem. Limpe-os cuidadosamente cada vez que forem utilizados. O professor de laboratório irá preparar antecipadamente as soluções de carbo-hidratos a 1% e os reagentes necessários para os testes. Certifique-se de agitar a solução de amido antes de utilizá-la.

A fenilhidrazina, que é utilizada para o procedimento de formação da osazona, é considerada um potencial carcinogênico. É importante colocar luvas protetoras quando utilizar esse reagente. Lave muito bem suas mãos caso a substância acidentalmente entre em contato com sua pele.

MEIO SUGERIDO PARA O DESCARTE DE REJEITOS

Os reagentes empregados neste experimento são soluções aquosas relativamente inofensivas. Elas podem ser descartadas com segurança diluindo-as e despejando-as na canaleta de drenagem. Resíduos que contêm cobre devem ser colocados em um recipiente específico para rejeitos. A fenil-hidrazina, que é empregada para o procedimento de formação da osazona, deve ser dissolvida em ácido clorídrico 6 mol L^{-1}. A solução resultante pode então ser diluída com água e despejada em um recipiente para rejeitos, marcado especificamente para o descarte da fenil-hidrazina.

NOTAS PARA O PROFESSOR

Existe a suspeita de que a fenil-hidrazina seja um carcinogênico. Os alunos precisam utilizar luvas quando manipularem essa substância.

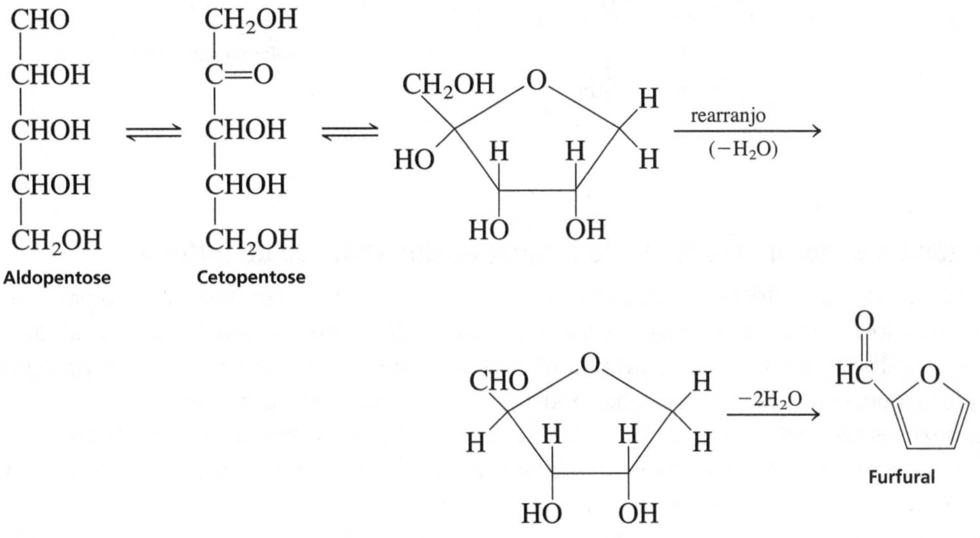

Aldopentose ⇌ Cetopentose ⇌ (forma cíclica) $\xrightarrow[(-H_2O)]{\text{rearranjo}}$ (1)

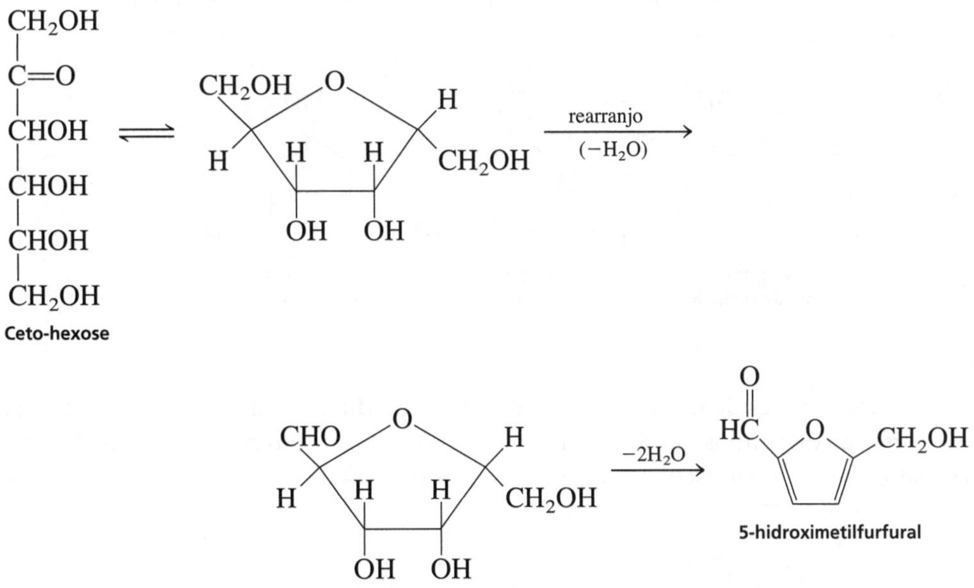

$\xrightarrow{-2H_2O}$ Furfural

Ceto-hexose ⇌ (forma cíclica) $\xrightarrow[(-H_2O)]{\text{rearranjo}}$ (2)

$\xrightarrow{-2H_2O}$ 5-hidroximetilfurfural

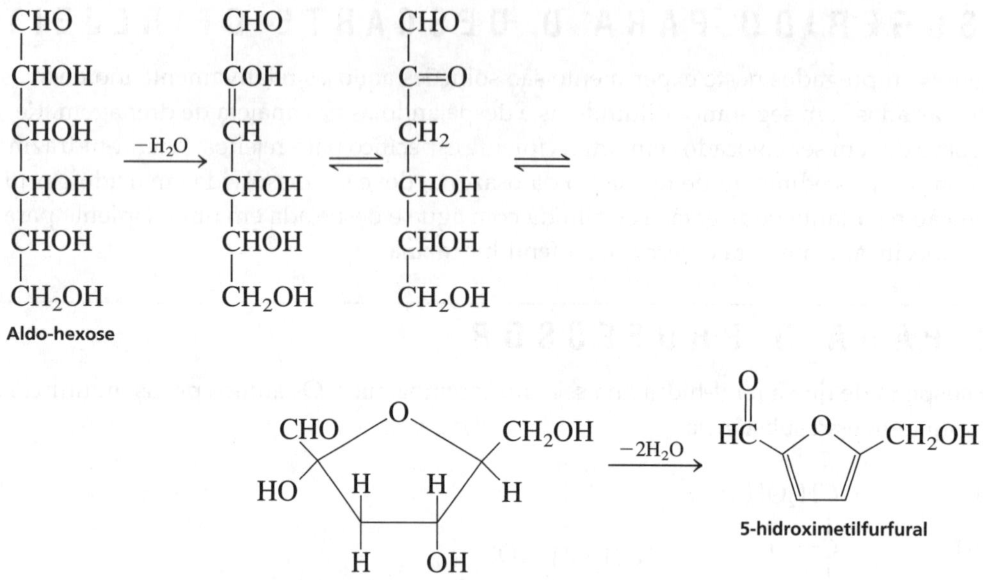

CHO — CHOH — CHOH — CHOH — CHOH — CH_2OH (Aldo-hexose) $\xrightarrow{-H_2O}$ CHO — COH = CH — CHOH — CHOH — CH_2OH $\rightleftharpoons$ CHO — C=O — CH_2 — CHOH — CHOH — CH_2OH $\rightleftharpoons$ (3)

Aldo-hexose

$\xrightarrow{-2H_2O}$ 5-hidroximetilfurfural

Parte A. Testes baseados na produção de furfural ou um derivado de furfural

Em condições ácidas, as aldopentoses e cetopentoses *rapidamente* sofrem desidratação para dar o furfural (veja a equação 1). As ceto-hexoses *rapidamente* geram o 5-hidroximetilfurfural (veja a equação 2). Dissacarídeos e polissacarídeos podem, primeiramente, ser hidrolisados em meio ácido para produzir monossacarídeos, que, então, reagem para dar o furfural ou o 5-hidroximetilfurfural.

As aldo-hexoses são *lentamente* desidratadas para o 5-hidroximetilfurfural. Um possível mecanismo é mostrado na equação 3. O mecanismo é diferente daquele apresentado nas equações 1 e 2, em que a desidratação ocorre em uma etapa inicial e a etapa de rearranjo não ocorre.

Uma vez que o furfural ou o 5-hidroximetilfurfural é produzido pelas equações 1, 2 ou 3, ele então reage com um fenol para produzir um produto de condensação colorido. A substância α-naftol é utilizada no teste de Molisch; o orcinol, no teste de Bial, e o resorcinol, no teste de Seliwanoff.

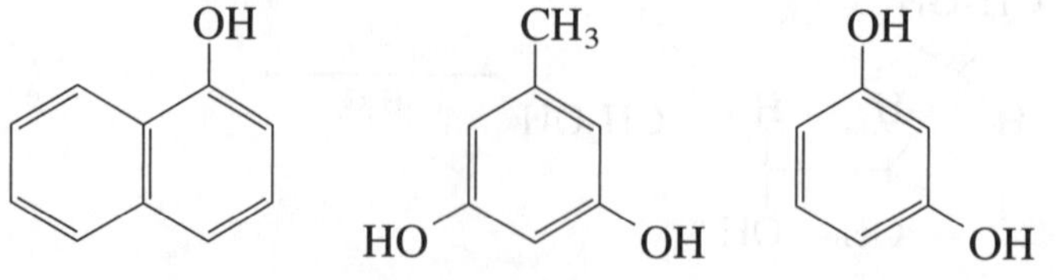

α-naftol (teste de Molisch) — Orcinol (teste de Bial) — Resorcinol (teste de Seliwanoff)

As cores e suas velocidades de formação são utilizadas para diferenciar entre os carbo-hidratos. Os vários testes de cores são discutidos nas Seções 1, 2 e 3. Um típico produto colorido formado a partir do furfural e do α-naftol (teste de Molisch) é o que se segue (equação 4):

OH OH O

2 $\xrightarrow{H^+}$ $\xrightarrow{[O]}$ R = (4)

+

RCHO H—C—R C—R

OH OH

Violeta

1. Teste de Molisch para carbo-hidratos

O teste de Molisch é um teste *geral* para carbo-hidratos. A maioria dos carbo-hidratos é desidratada com ácido sulfúrico concentrado para formar furfural ou 5-hidroximetilfurfural. Os furfurais reagem com o α-naftol no reagente do teste para resultar em um produto violeta. Compostos diferentes dos carbo-hidratos podem reagir com o reagente para dar um teste positivo. Um teste negativo geralmente indica que não existe carbo-hidratos.

Procedimento para o teste de Molisch. Coloque 1 mL de cada uma das seguintes soluções de carbo-hidrato a 1% em nove tubos de ensaio separados: xilose, arabinose, glicose, galactose, frutose, lactose, sacarose, amido (deve ser agitado) e glicogênio. Adicione também 1 mL de água destilada a outro tubo, para servir como controle.

Acrescente duas gotas de reagente de Molisch a cada tubo de ensaio e misture completamente o conteúdo do tubo.[1] Incline levemente cada tubo de ensaio e, cuidadosamente, adicione 1 mL de ácido sulfúrico concentrado às laterais dos tubos. Uma camada de ácido se forma no fundo dos tubos. Anote e registre as cores na interface entre as duas camadas em cada tubo. Uma cor violeta constitui um teste positivo.

2. Teste de Bial para pentoses

O teste de Bial é utilizado para diferenciar açúcares pentose de açúcares hexose. Os açúcares pentose produzem furfural na desidratação em solução ácida. O furfural reage com orcinol e cloreto férrico para resultar um produto de condensação verde azulado. Os açúcares hexose dão o 5-hidróxi-metilfurfural, que reage com o reagente para gerar cores como verde, marrom e marrom avermelhado.

Procedimento para o teste de Bial. Coloque 1 mL de cada uma das seguintes soluções de carbo-hidratos a 1% em tubos de ensaio separados: xilose, arabinose, glicose, galactose, frutose, lactose, sacarose, amido (agite-o) e glicogênio. Adicione também 1 mL de água destilada a outro tubo para servir como controle.

Acrescente 1 mL do reagente de Bial a cada tubo de ensaio.[2] Aqueça cuidadosamente cada tubo sobre a chama de um bico de Bunsen até que a mistura comece a ferver. Anote e registre a cor produzida em cada tubo de ensaio. Se a cor não estiver distinta, adicione 2,5 mL de água e 0,5 mL de 1-pentanol ao tubo de ensaio. Depois de agitar os tubos de ensaio, mais uma vez, observe e registre a cor. O produto colorido da condensação será concentrado na camada de 1-pentanol.

[1] Para o reagente de Molisch, dissolva 2,5 g de α-naftol em 50 mL de etanol 95%.

[2] Dissolva 3 g de orcinol em 1 L de ácido clorídrico concentrado e adicione 3 mL de cloreto férrico aquoso a 10%.

3. Teste de Seliwanoff para ceto-hexoses

O teste de Seliwanoff depende das velocidades relativas de desidratação de carbo-hidratos. Uma ceto-hexose reage rapidamente pela equação 2 para produzir o 5-hidroximetilfurfural, ao passo que uma aldo-hexose reage mais lentamente pela equação 3 para formar o mesmo o produto. Uma vez que o 5-hidróxi-metilfurfural é produzido, ele reage com o resorcinol para formar um produto de condensação vermelho-escuro. Se a reação for acompanhada durante algum tempo, você observará que a sacarose é hidrolisada para dar a frutose, que eventualmente reage para produzir uma cor vermelho-escuro.

Procedimento para o teste de Seliwanoff. Prepare um banho de água fervente para este experimento. Coloque 0,5 mL de cada uma das seguintes soluções de carbo-hidratos a 1% em tubos de ensaio separados: xilose, arabinose, glicose, galactose, frutose, lactose, sacarose, amido (agite-o) e glicogênio.

Adicione 0,5 mL de água destilada a outro tubo para atuar como um controle. Adicione 2 mL de reagente de Seliwanoff a cada tubo de ensaio.[3] Coloque todos os dez tubos em um béquer de água fervente por sessenta segundos. Remova-os e então anote os resultados em um caderno de laboratório.

Para o restante do teste de Seliwanoff, é conveniente colocar um grupo de três ou quatro tubos no banho de água fervente e completar as observações antes de passar para o próximo grupo de tubos. Coloque três ou quatro tubos no banho de água fervente. Observe a cor em cada um dos tubos em intervalos de um minuto, durante cinco minutos além do primeiro minuto. Registre os resultados a cada intervalo de um minuto. Deixe os tubos no banho de água fervente durante todo o período de cinco minutos. Após o primeiro grupo ter sido observado, remova esse conjunto de tubos de ensaio e coloque o próximo grupo de três ou quatro tubos no banho. Acompanhe as mudanças de cor, do modo como fez antes. Por fim, coloque o último grupo de tubos no banho e acompanhe as mudanças de cor ao longo do período de cinco minutos.

Parte B. Testes baseados na propriedade de redução de um carbo-hidratos (açúcar)

Monossacarídeos e aqueles dissacarídeos que têm um grupo aldeído em potencial irão reduzir reagentes como a solução de Benedict para produzir um precipitado vermelho de óxido de cobre (I):

$$\text{RCHO} + 2\text{Cu}^{2+} + 4\,\text{OH}^- \rightarrow \text{RCOOH} + \underset{\substack{\text{Precipitado}\\ \text{vermelho}}}{\text{Cu}_2\text{O}} + 2\text{H}_2\text{O}$$

A glicose, por exemplo, é uma aldo-hexose típica, mostrando propriedades de redução. As duas D-glicoses diastereômicas α e β estão em equilíbrio entre si em solução aquosa. A α-D-glicose se abre no átomo de carbono anomérico (hemiacetal) para produzir o aldeído livre. Esse aldeído rapidamente se fecha para dar a β-D-glicose, e um novo hemiacetal é produzido. É a presença do aldeído livre que torna a glicose um carbo-hidrato de redução (açúcar). Ele reage com o reagente de Benedict para produzir um precipitado vermelho, a base do teste. Carbo-hidratos que têm o grupo hemiacetal funcional mostram propriedades de redução.

Se o hemiacetal for convertido para um acetal por metilação, o carbo-hidrato (açúcar) não mais irá reduzir o reagente de Benedict.

[3] Dissolva 0,5 g de resorcinol em 1 L de ácido clorídrico diluído (um volume de ácido clorídrico concentrado e dois volumes de água destilada).

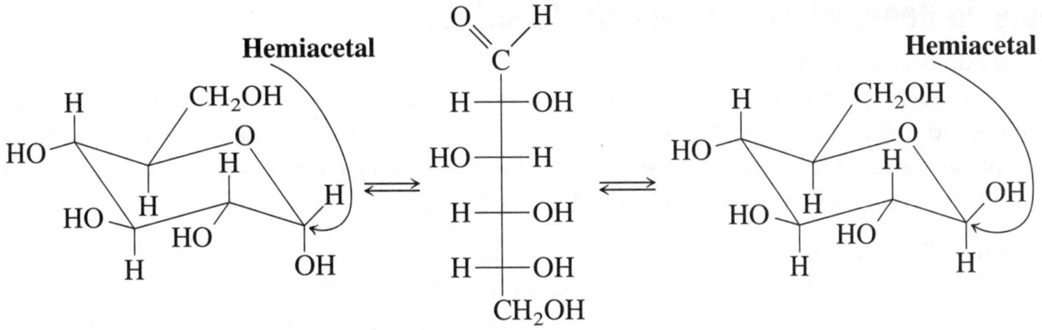

Hemiacetal Hemiacetal

α-D-Glicose D-Glicose β-D-Glicose

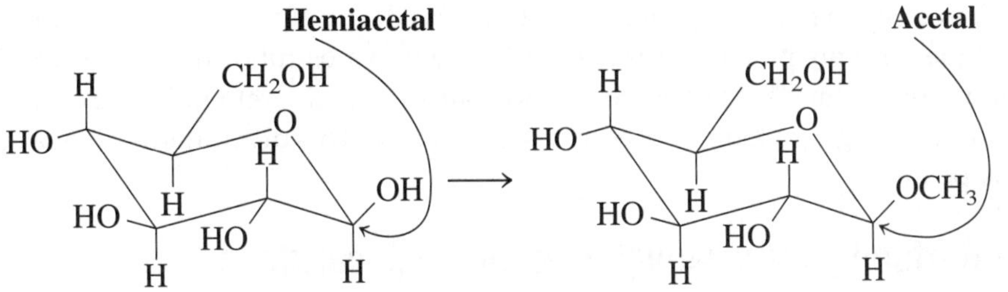

Hemiacetal Acetal

Com dissacarídeos, duas situações podem ocorrer. Se os átomos de carbono anoméricos estiverem ligados (cabeça com cabeça) para dar um acetal, então o açúcar não irá reduzir o reagente de Benedict. Se, no entanto, as moléculas de açúcar estiverem conectadas cabeça com cauda, então, uma extremidade ainda terá condições de se equilibrar por meio da forma livre do aldeído (hemiacetal). A seguir, estão exemplos de um dissacarídeo de redução e um de não redução.

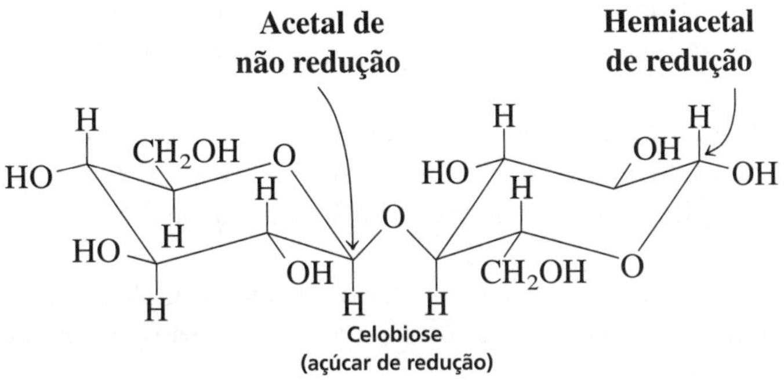

Acetal de não redução Hemiacetal de redução

Celobiose
(açúcar de redução)

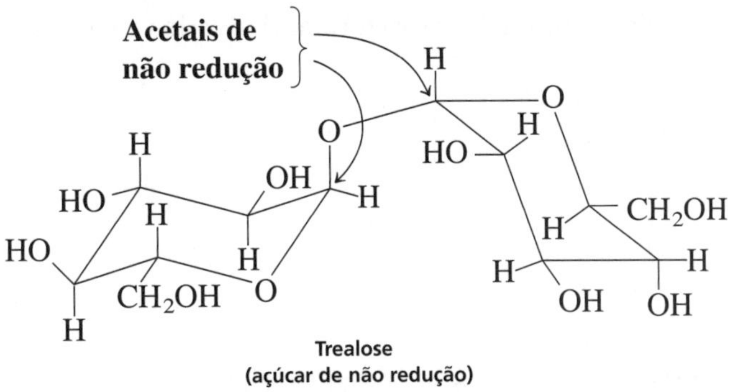

Acetais de não redução

Trealose
(açúcar de não redução)

1. Teste de Benedict para a redução de açúcares

O teste de Benedict é realizado sob as condições levemente básicas. O reagente reage com todos os açúcares de redução para produzir o precipitado vermelho, óxido de cobre (I), como mostra a reação a seguir, na Seção 2. Ele também reage com aldeídos solúveis em água que não sejam açúcares. Cetoses, como a frutose, também reagem com o reagente de Benedict. O teste de Benedict é considerado um dos testes clássicos para se determinar a presença de um grupo aldeído funcional.

Procedimento para o teste de Benedict. Prepare um banho de água fervente para este experimento. Coloque 0,5 mL de cada uma das seguintes soluções de carbo-hidrato a 1% em tubos de ensaio separados: xilose, arabinose, glicose, galactose, frutose, lactose, sacarose, amido (agite-o) e glicogênio. Adicione 0,5 mL de água destilada a outro tubo para servir como controle.

Adicione 2 mL de reagente de Benedict a cada tubo de ensaio.[4] Coloque os tubos de ensaio em um banho de água fervente por dois a três minutos. Remova os tubos e anote os resultados em um caderno de laboratório. Um precipitado vermelho, marrom ou amarelo indica um teste positivo para um açúcar de redução. Ignore a mudança na cor da solução. Um precipitado deverá se formar, para que o teste seja positivo.

2. Teste de Barfoed para a redução de monossacarídeos

O teste de Barfoed distingue os monossacarídeos de redução dos dissacarídeos de redução por uma diferença na velocidade de reação. O reagente consiste em íons de cobre (II), como o reagente de Benedict. Todavia, neste teste o reagente de Barfoed reage com monossacarídeos de redução para produzir óxido de cobre (II) mais rapidamente que com dissacarídeos de redução.

Açúcar de redução

$$\underset{\text{Açúcar de redução}}{\text{RCHO}} + 2Cu^{2+} + 2H_2O \rightarrow \text{RCOOH} + \underset{\text{Precipitado vermelho}}{Cu_2O} + 4H^+$$

Procedimento para o teste de Barfoed. Coloque 0,5 mL de cada uma das seguintes soluções de carbo-hidrato a 1% em tubos de ensaio separados: xilose, arabinose, glicose, galactose, frutose, lactose, sacarose, amido (agite-o) e glicogênio. Acrescente 0,5 mL de água destilada a outro tubo para funcionar como controle.

Adicione 2 mL de reagente de Barfoed a cada tubo de ensaio.[5] Coloque os tubos em um banho de água fervente por dez minutos. Remova os tubos e anote os resultados em um caderno de laboratório.

Parte C. Formação da osazona

Carbo-hidratos reagem com a fenil-hidrazina para formar derivados cristalinos, chamados **osazonas**.

[4] Dissolva 173 g de citrato de sódio hidratado e 100 g de carbonato de sódio anidro em 800 mL de água destilada, durante o aquecimento. Filtre a solução. Adicione uma solução de 17,3 g de sulfato de cobre (II) ($CuSO_4 \cdot 5H_2O$) dissolvido em 100 mL de água destilada. Dilua as soluções combinadas em 1 L.

[5] Dissolva 66,6 g de acetato de cobre (II) em 1 L de água destilada. Filtre a solução, se necessário, e adicione 9 mL de ácido acético glacial.

$$\begin{array}{c} CHO \\ | \\ CHOH \\ | \\ CHOH \\ | \\ CHOH \\ | \\ CHOH \\ | \\ CH_2OH \end{array} \xrightarrow{PhNHNH_2} \begin{array}{c} HC{=}NNHPh \\ | \\ CHOH \\ | \\ CHOH \\ | \\ CHOH \\ | \\ CHOH \\ | \\ CH_2OH \end{array} \xrightarrow{2PhNHNH_2} \underset{\textbf{Osazonas}}{\begin{array}{c} HC{=}NNHPh \\ | \\ C{=}NNHPh \\ | \\ CHOH \\ | \\ CHOH \\ | \\ CHOH \\ | \\ CH_2OH \end{array}} + NH_3 + PhNH_2$$

Uma osazona pode ser isolada como um derivado, e seu ponto de fusão pode ser determinado. Contudo, alguns dos monossacarídeos dão osazonas **idênticas** (glicose, frutose e manose). Além disso, os pontos de fusão de diferentes osazonas frequentemente estão no mesmo intervalo. Isso limita a utilidade de um isolamento do derivado da osazona.

Um bom uso experimental para a osazona consiste em observar sua velocidade de formação. As velocidades de reação variam muito, mesmo considerando que a mesma osazona possa ser produzida por meio de diferentes açúcares. Por exemplo, a frutose forma um precipitado em aproximadamente dois minutos, ao passo que a glicose forma um precipitado cinco minutos depois. Em cada um dos casos, a osazona é a mesma. A estrutura do cristal da osazona geralmente é distinta. A arabinose, por exemplo, produz um precipitado fino; a glicose produz um precipitado grosseiro.

⇨ ADVERTÊNCIA

Existe a suspeita de que a fenil-hidrazina seja carcinogênica. Manipule-a com luvas.

Procedimento para a formação da osazona. Um banho de água fervente é necessário para este experimento. Coloque 0,5 mL de cada uma das seguintes soluções de carbo-hidrato a 10% em tubos de ensaio separados: xilose, arabinose, glicose, galactose, frutose, lactose, sacarose, amido (agite-o) glicogênio. Adicione 2 mL do reagente fenil-hidrazina a cada tubo.[6] Coloque-os em um banho de água fervente simultaneamente. Observe a formação de um precipitado ou, em alguns casos, turbidez. Anote o momento em que o precipitado começa a se formar. Depois de trinta minutos, resfrie os tubos e registre a forma cristalina dos precipitados. Os dissacarídeos de redução não irão se precipitar até que os tubos sejam esfriados. Os dissacarídeos de não redução irão hidrolisar primeiro e, então, as osazonas irão se precipitar.

Parte D. Teste de iodo para o amido

O amido forma uma típica cor azul com o iodo. Essa cor se deve à absorção do iodo nos espaços abertos das moléculas de amilose (hélices) presentes no amido. As amilopectinas, que são os outros tipos de moléculas presentes no amido, formam uma cor de vermelho a violeta, com o iodo.

Procedimento para o teste de iodo. Coloque 1 mL de cada uma das seguintes soluções de carbo-hidrato a 1% em três tubos de ensaio separados: glicose, amido (agite-o) e glicogênio. Adicione 1 mL de água destilada a outro tubo, para agir como controle.

[6] Dissolva 50 g de cloridrato de fenil-hidrazina e 75 g de acetato de sódio trihidratado em 500 mL de água destilada. O reagente se deteriora com o passar do tempo, e deve ser preparado fresco.

Adicione uma gota de solução de iodo a cada tubo de ensaio e observe os resultados.[7] Acrescente algumas gotas de tiossulfato de sódio às soluções e anote os resultados.[8]

Parte E. Hidrólise da sacarose

A sacarose pode ser hidrolisada em solução ácida para suas partes componentes, frutose e glicose. As partes componentes podem, então, ser testadas com o reagente de Benedict.

Procedimento para a hidrólise da sacarose. Coloque 1 mL de uma solução de sacarose a 1% em um tubo de ensaio. Adicione duas gotas de ácido clorídrico concentrado e aqueça o tubo em um banho de água fervente por dez minutos. Esfrie o tubo e neutralize o conteúdo com solução de hidróxido de sódio a 10%, até que a mistura esteja apenas básica para o litmo (são necessárias aproximadamente 12 gotas). Teste a mistura com o reagente de Benedict (Parte B). Anote os resultados e compare-os com os que foram obtidos para a sacarose que não foi hidrolisada.

Parte F. Teste do ácido múcico para galactose e lactose

Uma reação de lactose e galactose é a oxidação da galactose pelo teste de ácido múcico, no qual a ligação acetal entre unidades de galactose e glicose da lactose é clivada pelo meio ácido para dar galactose e glicose livres. A galactose é oxidada com ácido nítrico para formar ácido dicarboxílico e ácido galactárico (ácido múcico). O ácido múcico é um sólido insolúvel, com elevado ponto de fusão, que se precipita da mistura da reação. Por outro lado, a glicose é oxidada para um diácido (ácido glucárico), que é mais solúvel no meio oxidante e não se precipita.

Lactose $\xrightarrow{H^+}$ D-Galactose + D-Glicose

D-Galactose: CHO; H—C—OH; HO—C—H; HO—C—H; H—C—OH; CH_2OH $\xrightarrow{HNO_3}$ Ácido múcico (insolúvel): COOH; H—C—OH; HO—C—H; HO—C—H; H—C—OH; COOH

D-Glicose: CHO; H—C—OH; HO—C—H; H—C—OH; H—C—OH; CH_2OH $\xrightarrow{HNO_3}$ Ácido D-glucárico (solúvel): COOH; H—C—OH; HO—C—H; H—C—OH; H—C—OH; COOH

Procedimento: Prepare um banho de água quente (acima de 90 °C) para este experimento ou utilize o que foi preparado para o teste de Benedict. Coloque 0,1 g da lactose isolada, 0,05 g de glicose (dextrose) e 0,05 g de galactose em 3 tubos de ensaio separados. Adicione 1 mL de água a cada tubo e dissolva os sólidos, com aquecimento, se for necessário. A solução de lactose pode ficar um pouco tur-

[7] A solução de iodo é preparada como é demonstrado a seguir. Dissolva 1 g de iodeto de potássio em 25 mL de água destilada. Adicione 0,5 g de iodo e agite a solução até que o iodo se dissolva. Dilua a solução até 50 mL.

[8] A solução de tiossulfato de sódio é preparada dissolvendo-se 1,25 g de tiossulfato de sódio em 50 mL de água.

va, mas irá clarear quando for adicionado ácido nítrico. Acrescente 1 mL de ácido nítrico concentrado a cada tubo. Aqueça os tubos no banho de água quente por uma hora, em uma capela de exaustão (serão liberados gases de óxido de nitrogênio). Remova os tubos e deixe-os esfriar lentamente após o período de aquecimento. Raspe os tubos de ensaio com bastões de agitação limpos para induzir a cristalização. Depois que os tubos de ensaio tiverem sido esfriados à temperatura ambiente, coloque-os em um banho de gelo. Um fino precipitado de ácido múcico deverá começar a se formar nos tubos contendo galactose e lactose, cerca de trinta minutos após os tubos serem removidos do banho de água. Deixe os tubos de ensaio em repouso até o próximo período de atividade em laboratório para completar a cristalização. Confirme a insolubilidade do sólido formado pela adição de aproximadamente 1 mL de água e, então, agite a mistura resultante. Se o sólido permanecer, isto é ácido múcico.

Parte G. Testes com substâncias desconhecidas

Procedimento. Obtenha um carbo-hidrato sólido desconhecido com seu professor ou assistente de laboratório. A substância desconhecida será um dos seguintes carbo-hidratos: xilose, arabinose, glicose, galactose, frutose, lactose, sacarose, amido ou glicogênio. Dissolva cuidadosamente parte da substância desconhecida em água destilada para preparar uma solução de 1% (0,060 g de carbo-hidrato em 6 mL de água). Prepare também uma solução a 10% dissolvendo 0,1 g de carbo-hidrato em 1 mL de água. Reserve o restante do sólido para o teste de ácido múcico. Aplique os testes que forem necessários para identificar a substância desconhecida.

De acordo com a opção de seu professor, a rotação ótica pode ser determinada como parte do experimento. Detalhes experimentais são dados na Técnica 23. Os dados sobre a rotação ótica e os pontos de decomposição para carbo-hidratos e osazonas são dadas nos trabalhos de referência padrão sobre a identificação de compostos orgânicos (Experimento 55).

■ QUESTÕES ■

1. Encontre as estruturas para os seguintes carbo-hidratos (açúcares) em um trabalho de referência ou um livro de consulta, e decida se eles são carbo-hidratos (açúcares) de redução ou de não redução: sorbose, manose, ribose, maltose, rafinose e celulose.
2. A manose fornece a mesma osazona que a glicose. Explique.
3. Preveja os resultados dos seguintes testes com os carbo-hidratos enumerados na questão 1: testes de Molisch, Bial, Seliwanoff (depois de um minuto e de seis minutos), Barfoed, e com ácido múcico.
4. Apresente um mecanismo para a hidrólise da ligação do acetal na sacarose.
5. Os rearranjos nas equações 1 e 2 podem ser considerados um tipo de rearranjo do pinacol. Dê um mecanismo para esta etapa.
6. Apresente um mecanismo para a condensação, catalisada por ácido, do furfural com dois mols de um a-naftol, mostrada na equação 4.
7. Um aluno decidiu determinar a rotação óptica do ácido múcico. O que deve ser esperado como valor? Por quê?

Experimento 54

Análise de um refrigerante diet, por HPLC

Cromatografia de alto desempenho em líquidos

Neste experimento, a HPLC (high-performance liquid chromatography, ou cromatografia de alto desempenho em líquidos) será utilizada para identificar os aditivos artificiais presentes em uma amostra de refrigerante *diet* comercial. O experimento emprega a HPLC como ferramenta analítica para a separação e identificação das substâncias aditivas. O método utiliza coluna de fase reversa e sistema eluente, com eluição isocrática. A detecção é realizada pela medição da absorbância da radiação no ultravioleta a 254 nm, pela solução, à medida que é eluída da coluna. A fase móvel que será utilizada é uma mistura de 80% de ácido acético 1 mol L^{-1} e 20% de acetonitrila, tamponada até o pH 4,2.

Refrigerantes *diet* contêm muitos aditivos químicos, incluindo diversas substâncias que podem ser utilizadas como adoçantes artificiais. Entre esses aditivos, estão quatro substâncias que iremos detectar neste experimento: cafeína, sacarina, ácido benzoico e aspartame. As estruturas desses compostos são mostradas a seguir.

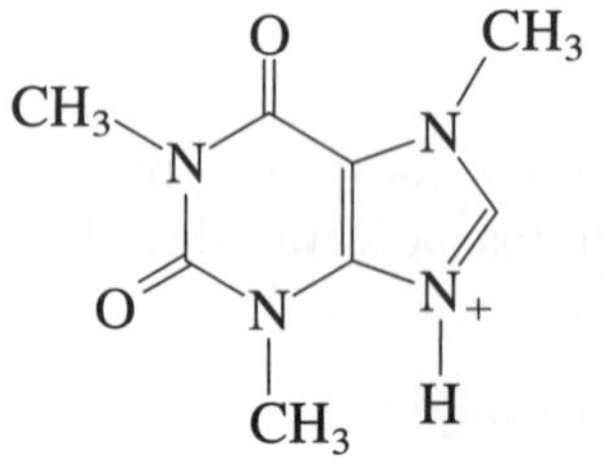

Cafeína

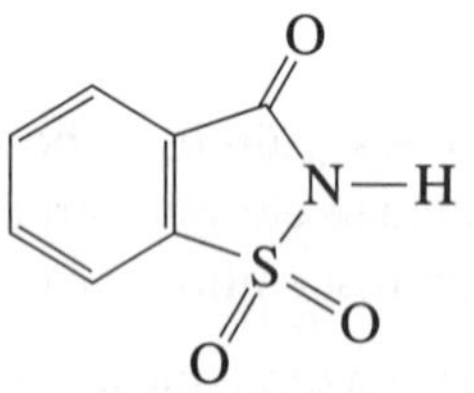

Sacarina

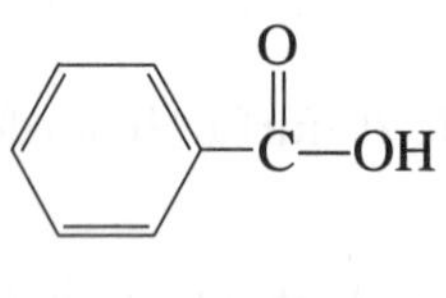

Ácido benzoico

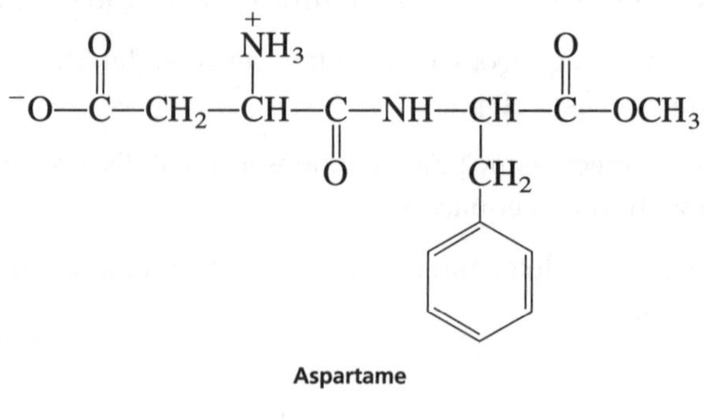

Aspartame

Cada composto deverá ser identificado em uma amostra de refrigerante *diet* por seu tempo de retenção na coluna de HPLC. Você receberá dados relativos a uma mistura de referência de cada substância, em uma mistura para testes, a fim de comparar os tempos de retenção em sua amostra para teste com um conjunto de padrões.

LEITURA EXIGIDA

Novo: Ensaio 21 Vaga-lumes e fotoquímica

INSTRUÇÕES ESPECIAIS

O professor fornecerá instruções destinadas para a operação específica do instrumento de HPLC, que está sendo utilizado em seu laboratório. As instruções a seguir indicam o procedimento geral.

MEIO SUGERIDO PARA O DESCARTE DE REJEITOS

Descarte o excesso do solvente ácido acético–metanol no recipiente designado para rejeitos orgânicos específicos para a eliminação de rejeitos orgânicos não halogenados. A mistura de acetonitrila–ácido acético deverá ser coletada em um recipiente especialmente designado, de modo que possa ser seguramente descartado ou reutilizado.

PROCEDIMENTO

De acordo com as orientações de seu professor, forme um pequeno grupo de alunos para realizar este experimento. Cada pequeno grupo irá analisar um determinado refrigerante *diet*, e os resultados obtidos por cada grupo serão compartilhados entre todos os alunos na classe.

O professor irá preparar um padrão misto dos quatro componentes, consistindo em 200 mg de aspartame, 40 mg de ácido benzoico, 40 mg de sacarina e 20 mg de cafeína em 100 mL de solvente. O solvente para esses padrões é uma mistura de 80% de ácido acético e 20% de metanol, tamponada até o pH 4,2, com 50% de hidróxido de sódio. O professor de laboratório também realizará antecipadamente um HPLC desta mistura padrão, e você deverá obter uma cópia dos resultados. Algumas das etapas descritas nos dois parágrafos seguintes podem ser concluídas antecipadamente por seu professor.

Você pode selecionar diversos refrigerantes *diet* com diferentes composições químicas.[1] Selecione um refrigerante na estante de suprimentos e descarte aproximadamente 50 mL em um pequeno frasco.

Remova completamente o gás dióxido de carbono, que provoca a formação de bolhas no refrigerante, antes de examinar a amostra por meio de HPLC. As bolhas afetam os tempos de retenção dos compostos e podem causar danos às colunas de HPLC, que têm um custo alto. A maior parte do gás pode ser eliminada deixando-se que os recipientes de refrigerantes fiquem abertos durante a noite. Para remover os resíduos finais dos gases dissolvidos, prepare um frasco de filtração com um funil de Büchner e conecte-o a uma linha de vácuo. Coloque um filtro de 4 μm no funil de Büchner. (Nota: certifique-se de utilizar um pedaço de papel de filtro, não aqueles espaçadores coloridos que são colocados entre os pedaços de papel de filtro. Normalmente, os espaçadores são azuis.) Filtre a amostra de refrigerante por filtração a vácuo através do filtro de 4 μm e coloque a amostra filtrada em um frasco de rosca limpo.

Antes de utilizar o instrumento de HPLC, certifique-se de obter instruções específicas sobre a operação do instrumento em seu laboratório. Como alternativa, seu professor pode definir que alguém opere o instrumento para você. Antes que sua amostra seja analisada no instrumento de HPLC, ela deve ser filtrada mais uma vez; dessa vez, através de um filtro de 0,2 μm. O tamanho de amostra recomendado para análise é 10 μL. O sistema de solvente utilizado para esta análise é uma mistura de 80% de ácido acético 1 mol L^{-1} e 20% de acetonitrila, tamponada até o pH 4,2. O instrumento será operado no modo isocrático.

[1] Nota para o professor: o experimento será mais interessante se o refrigerante *diet* TAB estiver incluído entre as opções. TAB é um dos poucos refrigerantes *diet* prontamente disponíveis que contêm quantidades substanciais de sacarina.

Ao examinar o gráfico obtido por meio da análise, você pode descobrir que o pico correspondente ao aspartame parece ser bem menor. O pico é pequeno porque o aspartame absorve radiação no ultravioleta de maneira mais eficiente a 220 nm, ao passo que o detector é configurado para medir a absorção de uma luz a 254 nm. No entanto, o tempo de retenção observado para o aspartame não dependerá da configuração no detector e, desse modo, a interpretação dos resultados não deverá ser afetada. A ordem de eluição esperada é sacarina (primeiro), cafeína, aspartame e ácido benzoico. Outro aspecto interessante é que embora o pico da cafeína pareça ser muito grande nesta análise, na verdade, ele é muito pequeno quando comparado com o pico que seria obtido se você injetasse café no HPLC. Para que um pico de cafeína obtido do café se ajuste em seu gráfico, você deverá diluir o café mo mínimo dez vezes. Até mesmo o café descafeinado geralmente tem mais cafeína que a maioria dos refrigerantes (é necessário que o café seja somente 95–96% descafeinado).

Quando você tiver concluído seu experimento, relate seus resultados preparando uma tabela que mostre os tempos de retenção de cada uma das quatro substâncias padrão. Em seu relatório, certifique-se de especificar o refrigerante *diet* que você utilizou para identificar as substâncias que foram encontradas na amostra. Relate também as substâncias encontradas em cada uma das outras amostras de refrigerantes que foram testadas por outros grupos em sua classe.

REFERÊNCIA

Bidlingmeyer, B. A.; Schmitz, S. The Analysis of Artificial Sweeteners and Additives in Beverages by HPLC. *J. Chem. Educ.* 1991, 68 (A), 195.

PARTE 5

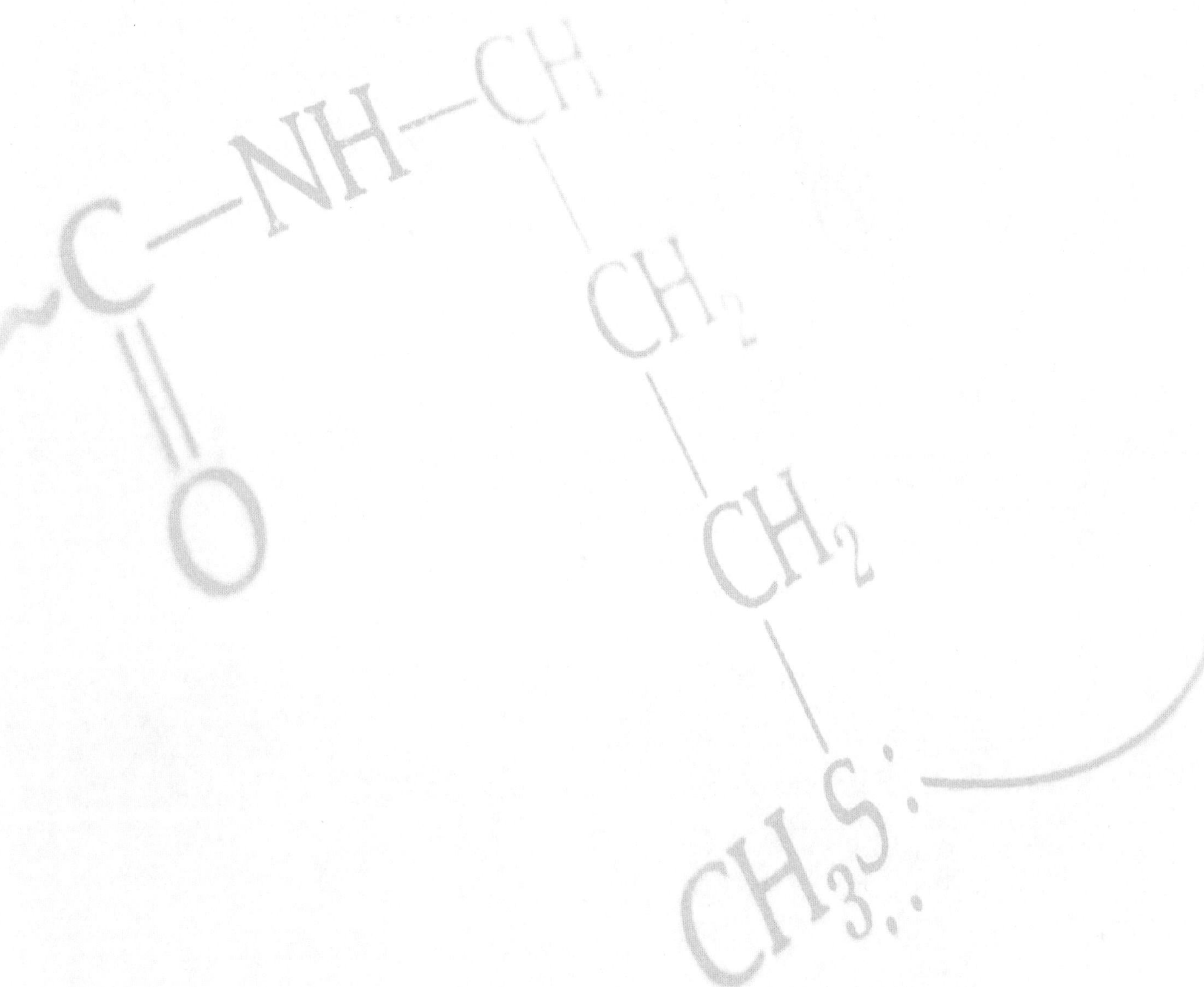

Identificação de substâncias orgânicas

Experimento 55

Identificação de substâncias desconhecidas

A análise orgânica qualitativa, a identificação e caracterização de compostos desconhecidos, é uma importante parte da química orgânica. Cada químico precisa aprender os métodos apropriados para estabelecer a identidade de um composto. Neste experimento, você receberá um composto desconhecido e deverá identificá-lo através de métodos químicos e espectroscópicos. Seu professor pode lhe fornecer uma substância desconhecida genérica ou uma substância específica desconhecida. Com uma **substância desconhecida genérica**, você deve, primeiramente, determinar a classe de compostos à qual a substância desconhecida pertence, isto é, identificar seu grupo funcional principal; em seguida, é necessário determinar o composto específico nessa classe, que corresponde à substância desconhecida. Com uma **substância desconhecida específica**, você saberá antecipadamente a classe do composto (cetona, álcool, amina e assim por diante), e será necessário determinar apenas qualquer membro específico dessa classe que foi entregue a você como uma substância desconhecida. Este experimento é elaborado de modo que o professor possa fornecer diversas substâncias desconhecidas genéricas ou seis substâncias desconhecidas específicas sucessivas, cada uma tendo um grupo funcional principal diferente.

Apesar de existir milhões de compostos orgânicos que um químico orgânico tenha de identificar, o enfoque deste experimento é necessariamente limitado. Neste livro, cerca de 500 compostos são incluídos nas tabelas de possíveis substâncias desconhecidas dadas para o experimento (veja o Apêndice 1). Contudo, talvez, seu professor queira expandir esta lista. Nesse caso, você terá de consultar tabelas mais amplas, como aquelas encontradas no trabalho compilado por Rappoport (veja Referências). Além disso, o experimento é restrito a incluir somente sete importantes grupos funcionais:

Aldeídos	Aminas
Cetonas	Álcoois
Ácidos carboxílicos	Ésteres
Fenóis	

Mesmo essa lista de grupos funcionais, omitindo alguns dos importantes tipos de compostos (haletos de alquila, alcenos, alcinos, aromáticos, éteres, amidas, mercaptanos, nitrilas, cloretos de ácidos, anidridos de ácidos, compostos nitro e assim por diante), os métodos introduzidos aqui podem ser igualmente bem aplicados a outras classes de compostos. A lista é suficientemente ampla para ilustrar todos os princípios envolvidos na identificação de compostos desconhecidos.

Além disso, embora muitos dos grupos funcionais relacionados como excluídos não apareçam como o principal grupo funcional em um composto, diversos deles frequentemente aparecerão como grupos funcionais secundários ou subsidiários. Aqui, são apresentados três exemplos disso.

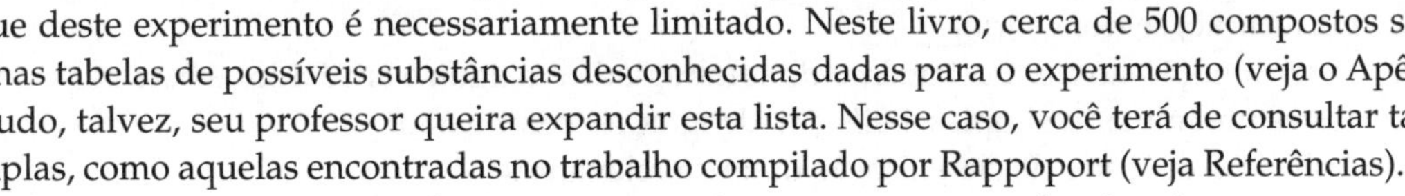

	Br—C₆H₄—C(=O)—CH₃	O₂N—C₆H₄—OH	CH₃O—C₆H₄—CH=CH—CHO
PRINCIPAL:	**CETONA**	**FENOL**	**ALDEÍDO**
SUBSIDIÁRIO:	**Haleto** **Aromático**	**Nitro** **Aromático**	**Alceno Aromático** **Éter**

Os grupos incluídos que têm *status* de subsidiários são

—Cl	Cloro	$—NO_2$	Nitro	C=C	Ligação dupla
—Br	Bromo	—C≡N	Ciano	C≡C	Ligação tripla
—I	Iodo	—OR	Alcóxi	⌬	Aromático

O experimento apresenta os mais importantes métodos químicos e espectroscópicos de determinação dos principais grupos funcionais, e também inclui métodos para verificar a presença dos grupos funcionais subsidiários. Geralmente, não é necessário determinar a presença dos grupos funcionais subsidiários para identificar corretamente o composto desconhecido. No entanto, cada informação ajuda na identificação, e se esses grupos puderem ser detectados facilmente, não hesite em determiná-los. Por fim, compostos bifuncionais complexos geralmente são evitados neste experimento; somente alguns são incluídos.

Como proceder – Opção 1

Felizmente, podemos detalhar um procedimento bastante simples para determinar todas as informações necessárias. Este procedimento consiste nas seguintes etapas:

Parte Um: classificação química

1. Classificação preliminar por estado físico, cor e odor.
2. Determinação do ponto de fusão ou ponto de ebulição; outros dados físicos.
3. Purificação, se necessário.
4. Determinação do comportamento de solubilidade em água e em ácidos e bases.
5. Testes preliminares simples: Beilstein, de ignição (combustão).
6. Aplicação de testes de classificação química relevantes.
7. Inspeção de tabelas quanto a possível(is) estrutura(s) de substâncias desconhecidas; eliminação de compostos improváveis

Parte Dois: espectroscopia

8. Determinação dos espectros no infravermelho e de RMN.

Parte três: Procedimentos opcionais

9. Análise elementar, se necessário.
10. Preparação de derivados, se solicitado.
11. Confirmação de identidade.

Cada uma dessas etapas é discutida brevemente na página 441.

Método da química verde: como proceder – Opção 2

Conforme a opção de seu professor, pode ser adotada outra abordagem na determinação da estrutura de substâncias desconhecidas no laboratório orgânico. Esta abordagem faz uso mínimo de testes de classificação, mas mantém os testes de solubilidade como a principal maneira de determinar grupos funcionais e a espectroscopia como uma forma de definir a estrutura detalhada de uma substância desconhecida. A eliminação de testes de classificação, descrita na Parte Um, número 6, reduz enormemente os dejetos gerados no laboratório e também elimina o uso de muitos dos reagentes tóxicos e potencialmente perigosos, que são uma parte padrão dos tradicionais testes de classificação. Esta é, portanto, uma abordagem "verde" para solucionar estruturas de compostos orgânicos.

Embora os testes de classificação possam ser úteis para se determinar a identidade de um composto desconhecido, os métodos espectroscópicos se tornaram o principal meio pelo qual um químico orgânico identifica substâncias desconhecidas. A tecnologia e instrumentação disponíveis têm praticamente evitado a necessidade de testes de classificação, uma vez que é possível descobrir informações valiosas simplesmente através da obtenção dos espectros no infravermelho e de RMN. A Opção 2 depende principalmente dos resultados espectroscópicos; se for utilizada acetona-d_6 ou DMSO-d_6 como solventes na espectroscopia de RMN, esta se torna uma abordagem mais ambientalmente adequada.

A capacidade de utilizar a espectroscopia no IV e de RMN e de avaliar espectros requer, inerentemente, uma sequência lógica de etapas na identificação de uma substância desconhecida. Com o uso dessas técnicas, os alunos aprendem métodos e habilidades de raciocínio superiores, que eles deverão conhecer e utilizar para uma carreira na área de química. Esta abordagem simula mais exatamente os tipos de métodos de comprovação de estrutura que podem ser encontrados em um moderno laboratório industrial ou de pesquisa. Os alunos ainda podem aprender como passar pelas etapas lógicas utilizadas nos testes de classificação praticando esses métodos em um cenário mais ambientalmente correto, através de simulações em computadores.

O procedimento para determinar a estrutura de um composto, utilizando uma abordagem ambientalmente correta, é bastante simples e consiste nas seguintes etapas:

Parte Um: classificação química

1. Classificação preliminar por estado físico, cor e odor.
2. Determinação do ponto de fusão ou ponto de ebulição; outros dados físicos.
3. Purificação, se necessário.
4. Determinação do comportamento de solubilidade em água e em ácidos e bases.
5. Testes preliminares simples: Beilstein, ignição (combustão).
6. Inspeção de tabelas quanto a possível(is) estrutura(s) de substâncias desconhecidas.

Parte Dois: espectroscopia

7. Determinação dos espectros no infravermelho e de RMN (hidrogênio e ^{13}C, se possível).
8. Confirmação da estrutura.

Em muitos casos, o tipo de composto e grupo funcional deverá ser definido depois da conclusão da Parte Um. A espectroscopia (Parte Dois) será empregada *principalmente* para confirmar a atribuição estrutural e fornecer mais informações referentes à identificação das substâncias desconhecidas. Talvez, seu professor não permita a obtenção de informações espectroscópicas (relativas a infravermelho ou RMN) até que a Parte Um tenha sido concluída. Mostre os resultados de seu teste para o professor, para que sejam aprovados. Assim que essa parte tiver sido completada, a lista de possíveis compostos deverá ter sido reduzida a alguns prováveis candidatos, *todos eles contendo o mesmo grupo funcional.* Em outras palavras, você deverá ter determinado o principal grupo funcional. *É preciso* obter aprovação do professor para efetuar a espectroscopia.

Os grupos funcionais que podem ser incluídos nas substâncias desconhecidas estão enumerados na primeira página deste experimento. Tabelas de possíveis compostos são apresentadas no Apêndice 1 deste livro.

1. Classificação preliminar

Anote as características físicas das substâncias desconhecidas, incluindo sua cor, odor e estado físico (líquido, sólido, forma cristalina). Muitos compostos têm cores ou odores característicos, ou eles se cristalizam com uma estrutura cristalina específica. Essas informações, em geral, podem ser encontradas em um manual e podem ser verificadas posteriormente. Compostos com alto grau de conjugação, frequentemente, são de cor que varia de amarelo a vermelho. As aminas geralmente têm um odor que se parece com o de peixe. Os ésteres têm um agradável odor de frutas ou floral. Os ácidos têm um odor intenso e pungente. A parte que se refere a treinar todo bom químico inclui desenvolver a capacidade de reconhecer odores familiares ou típicos. Como advertência, você precisa saber que muitos compostos têm odores distintamente desagradáveis ou nauseantes. Alguns apresentam vapores corrosivos. Quaisquer substâncias desconhecidas devem ser aspiradas com a maior cautela. Como uma primeira etapa, abra o recipiente, segure-o longe de você e, utilizando sua mão, abane cuidadosamente os vapores em direção ao seu nariz. Se você ultrapassar esse estágio, será possível realizar uma inspeção mais detalhada.

2. Determinação do ponto de fusão ou ponto de ebulição

A única informação mais útil que se deve ter sobre um composto desconhecido é seu ponto de fusão ou ponto de ebulição. Cada informação irá limitar drasticamente os compostos possíveis. O aparelho elétrico de ponto de fusão proporciona uma medição rápida e precisa (veja a Técnica 9, Seções 9.5 e 9.7). Para poupar tempo, geralmente, é possível determinar dois pontos de fusão separados. A primeira determinação pode ser feita rapidamente para se obter um valor aproximado. Em seguida, você pode fazer uma segunda determinação do ponto de fusão mais cuidadosamente. Uma vez que algumas das substâncias sólidas desconhecidas contêm resíduos de impurezas, você pode verificar se seu ponto de fusão observado é menor que os valores encontrados nas tabelas no Apêndice 1. Isso é especialmente verdadeiro para compostos com baixo ponto de fusão (<50 °C). Para tais compostos, é uma boa ideia observar os compostos nas tabelas no Apêndice 1, que têm pontos de fusão acima de seu intervalo de ponto de fusão observado. A mesma recomendação pode ser aplicada a outros compostos sólidos fornecidos a você como substâncias desconhecidas.

O ponto de ebulição é facilmente obtido por uma destilação simples das substâncias desconhecidas (veja a Técnica 14, Seção 14.3) por refluxo (veja a Técnica 13, Seção 13.2), por meio da determinação de um microponto de ebulição (veja a Técnica 13, Seção 13.2), ou pelo método de interface Vernier LabPro (veja a Técnica 13, Seção 13.5). A destilação simples tem a vantagem de também purificar o composto. É preciso utilizar o menor frasco de destilação disponível se uma destilação simples for realizada, e você deve se certificar de que a ampola do termômetro esteja totalmente imersa no vapor do líquido da destilação. Esse líquido tem de ser destilado rapidamente a fim de determinar um valor preciso do ponto de ebulição. O método do microponto de ebulição requer a menor quantidade de substâncias desconhecidas, mas o método de refluxo é mais confiável e exige muito menos líquido que o necessário para a destilação.

Ao inspecionar as tabelas de substâncias desconhecidas no Apêndice 1, é possível verificar se o ponto de ebulição observado que você determinou é menor que o valor para o composto correspondente relacionado nas tabelas. Isso é especialmente verdadeiro para compostos que entram em ebulição com temperatura acima de 200 °C. É menos provável, mas não impossível, que o ponto de ebulição observado de suas substâncias desconhecidas seja maior que o valor apresentado na tabela. Portanto, sua estratégia deve ser procurar pontos de ebulição de compostos nas tabelas que sejam quase iguais ou acima do valor que você obteve, dentro de um intervalo de cerca de ±5 °C. Para compostos líquidos com elevado ponto de ebulição (>200 °C), talvez seja preciso aplicar correção de termômetro (veja a Técnica 13, Seção 13.3).

3. Purificação

Se o ponto de fusão de um sólido tiver um intervalo amplo (aproximadamente 5 °C), o sólido deverá ser recristalizado e o ponto de fusão, redeterminado.

Se um líquido tiver sido muito colorido antes da destilação, se tiver sido gerado um amplo intervalo de ponto de ebulição, ou se a temperatura não tiver se mantido constante durante a destilação, ele deverá ser redistilado para determinar um novo intervalo de temperatura. Uma destilação com pressão reduzida é destinada a líquidos com elevado ponto de ebulição ou para aqueles que mostram qualquer sinal de decomposição quando em aquecimento.

Ocasionalmente, a cromatografia em colunas pode ser necessária para purificar sólidos que apresentem grandes quantidades de impurezas e não gerem resultados satisfatórios mediante a cristalização.

Impurezas ácidas ou básicas que contaminam um composto neutro geralmente podem ser removidas pela dissolução do composto em um solvente com baixo ponto de ebulição, como CH_2Cl_2 ou éter, e pela extração com $NaHCO_3$ a 5% ou HCl a 5%, respectivamente. Por outro lado, compostos ácidos ou básicos podem ser purificados dissolvendo-os em $NaHCO_3$ a 5% ou HCl a 5%, respectivamente, e extraindo-os com um solvente orgânico com baixo ponto de ebulição para remover as impurezas. Depois que a solução aquosa tiver sido neutralizada, o composto desejado pode ser recuperado por extração.

4. Comportamento de solubilidade

Testes de solubilidade são totalmente descritos no Experimento 55A. Eles são extremamente importantes. Determine a solubilidade de pequenas quantidades das substâncias desconhecidas em água, HCl a 5%, $NaHCO_3$ a 5%, NaOH a 5%, H_2SO_4 concentrado e solventes orgânicos. Essa informação revela se um composto é um ácido, uma base ou uma substância neutra. O teste do ácido sulfúrico revela se um composto neutro tem um grupo funcional que contém um átomo de oxigênio, nitrogênio ou enxofre, que possa ser protonado. Essa informação permite eliminar ou escolher várias possibilidades de grupos funcionais. Os testes de solubilidade devem ser realizados em *todas* as substâncias desconhecidas.

5. Testes preliminares

Os dois testes de combustão, o Teste de Beilstein (Experimento 55B) e o teste de ignição (Experimento 55C), podem ser realizados rápida e facilmente, e geralmente, fornecem informações valiosas. Recomenda-se que sejam efetuados em todas as substâncias desconhecidas.

6. Testes químicos de classificação

Os testes de solubilidade, em geral, sugerem ou eliminam vários possíveis grupos funcionais. Os testes químicos de classificação relacionados nos Experimentos 55D a 55I permitem distinguir entre as possíveis opções. Escolha somente aqueles que os testes de solubilidade sugerem que possam ser significativos. A realização de testes desnecessários é uma perda de tempo. Não existe substituto para um conhecimento completo, em primeira mão, desses testes. Estude cuidadosamente cada uma das seções até entender a importância de cada teste. Além disso, na realidade, é essencial experimentar os testes em substâncias conhecidas. Dessa maneira, será mais fácil reconhecer um teste positivo. Para muitos dos testes, os compostos apropriados para sua realização estão relacionados. Ao efetuar um teste é novo para você, sempre é bom praticá-lo separadamente em uma substância conhecida e em uma desconhecida, *ao mesmo tempo.* Essa prática permite a comparação de resultados diretamente.

Não faça os testes químicos casualmente nem em uma sequência metódica, abrangente. Em vez disso, aplique-os seletivamente. Os testes de solubilidade eliminam automaticamente a necessidade de alguns testes químicos. Cada teste sucessivo eliminará a necessidade de outro ou definirá seu uso. Você também deve examinar cuidadosamente as tabelas de substâncias desconhecidas no Apêndice 1. O ponto de ebulição ou ponto de fusão das substâncias desconhecidas pode eliminar a necessidade de muitos testes. Por exemplo, os possíveis compostos podem simplesmente não incluir um composto com uma ligação dupla. Aqui, a *eficiência* é a palavra-chave. Não desperdice tempo fazendo testes sem sentido ou desnecessários. Muitas possibilidades podem ser eliminadas apenas com base na lógica.

O modo como prosseguir com as etapas seguintes pode ser limitado pela decisão de seu professor. Muitos professores podem restringir seu acesso aos espectros no infravermelho e de RMN até que suas opções sejam reduzidas a poucos compostos, *todos pertencentes à mesma classe.* Outros professores podem querer que você determine esses dados rotineiramente. Alguns professores podem querer que os alunos realizem análises elementares em todas as substâncias desconhecidas; outros podem restringi-las somente às situações mais essenciais. Mais uma vez, alguns professores podem exigir derivados como uma confirmação final da identidade do composto; outros talvez não queiram utilizá-los de nenhuma forma.

7. Inspeção de tabelas quanto a possíveis estruturas

Assim que a definição do ponto de fusão ou ponto de ebulição, das solubilidades e os principais testes químicos de classificação tiverem sido efetuados, você será capaz de identificar a classe do composto (aldeído, cetona e assim por diante). Nesse estágio, tendo o ponto de fusão ou ponto de ebulição como diretriz, é possível compilar uma lista de possíveis compostos por meio de uma das tabelas apropriadas, no Apêndice 1. É muito importante desenhar as estruturas de compostos que se ajustam à solubilidade, aos testes de classificação e ao ponto de fusão ou ponto de ebulição que foram determinados. Se necessário, você pode procurar as estruturas no *CRC Handbook, The Merck Index* ou *Aldrich Handbook.* Lembre-se de que o ponto de ebulição ou ponto de fusão registrado na tabela pode ser maior que aquele obtido no laboratório (veja a Seção 2, apresentada anteriormente).

A pequena lista que você desenvolveu pela inspeção das tabelas no Apêndice 1 e as estruturas desenhadas devem sugerir alguns testes adicionais que podem ser necessários para distinguir entre as possibilidades. Por exemplo, um composto pode ser uma metil cetona, e o outro pode não ser. O teste de iodofórmio é requerido para distinguir as duas possibilidades. Os testes para os grupos funcionais subsidiários também podem ser necessários. Esses são descritos nos Experimentos 55B e 55C e precisam ser estudados cuidadosamente; não existe substituto para um conhecimento completo, em primeira mão, desses testes.

8. Espectroscopia

A espectroscopia provavelmente é a mais moderna e poderosa ferramenta disponível para o químico com a finalidade de determinar a estrutura de um composto desconhecido. Em geral, é possível determinar a estrutura através apenas da espectroscopia. Por outro lado, também existem situações para as quais a espectroscopia pode não ser muito útil, e os métodos tradicionais devem ser levados em consideração. Por essa razão, você não deve utilizar a espectroscopia para a exclusão dos testes mais tradicionais, mas, sim, como uma confirmação desses resultados. No entanto, os principais grupos funcionais e suas características ambientais imediatas podem ser determinados rápida e precisamente com a espectroscopia.

9. Análise elementar

A análise elementar – que possibilita determinar a presença de um átomo de nitrogênio, enxofre ou um halogênio específico (Cl, Br, I) em um composto – frequentemente, é útil; contudo, outras informações podem tornar esses testes desnecessários. Um composto identificado como uma amina pelos testes de solubilidade obviamente contém nitrogênio. Muitos grupos contendo nitrogênio (por exemplo, grupos nitro) podem ser definidos pela espectroscopia no infravermelho. Por fim, não é preciso, geralmente, identificar um halogênio específico. A simples informação de que o composto contém um halogênio (qualquer halogênio) pode ser suficiente para distinguir entre dois compostos. Um simples teste de Beilstein fornece essa informação.

10. Derivados

Um dos principais testes para a correta identificação de um composto desconhecido consiste em convertê-lo, por meio de uma reação química, para outro composto conhecido. O segundo composto é chamado **derivado**. Os melhores derivados são compostos sólidos, porque o ponto de fusão de um sólido fornece uma identificação precisa e confiável da maioria dos compostos. Os sólidos também são facilmente purificados por meio da cristalização. O derivado fornece uma maneira de distinguir dois compostos que, de outra forma, são muito similares. Geralmente, eles têm derivados (ambos, preparados pela mesma reação) que apresentam diferentes pontos de fusão. As tabelas de substâncias e derivados desconhecidos estão relacionadas no Apêndice 1. Os procedimentos para a preparação de derivados são dados no Apêndice 2.

11. Confirmação de identidade

Um teste rígido e final para a identificação de uma substância desconhecida pode ser feito se uma "autêntica" amostra do composto estiver disponível para comparação. É possível comparar espectros no infravermelho e de RMN do composto desconhecido com os espectros do composto conhecido. Se os espectros forem correspondentes, pico por pico, então a identidade provavelmente é uma certeza. Outras propriedades físicas e químicas também podem ser comparadas. Se o composto for um sólido, um teste conveniente é o do ponto de fusão da mistura (veja a Técnica 9, Seção 9.4). Comparações por cromatografia em camada fina ou em fase gasosa também podem ser úteis. Contudo, para a análise em camada fina, pode ser necessário fazer o experimento com diferentes solventes de desenvolvimento para se chegar a uma conclusão satisfatória sobre a identidade da substância em questão.

Embora não seja possível completar este experimento em termos dos grupos funcionais abordados ou dos testes descritos, o experimento deve fornecer uma boa introdução aos métodos e técnicas que os químicos utilizam para identificar compostos desconhecidos. Os livros que abordam este assunto mais completamente estão enumerados nas Referências. Você deve consultá-los para obter mais informações, incluindo métodos e testes de classificação específicos.

REFERÊNCIAS

LIVROS ABRANGENTES

Cheronis, N. D.; Entrikin, J. B. *Identification of Organic Compounds;* Wiley-Interscience: New York, 1963.

Pasto, D. J.; Johnson, C. R. *Laboratory Text for Organic Chemistry;* Prentice-Hall: Englewood Cliffs, NJ, 1979.

Shriner, R. L.; Hermann, C. K. F.; Morrill, T. C.; Curtin, D. Y.; Fuson, R. C. *The Systematic Identification of Organic Compounds,* 8th ed.; Wiley: New York, 2003.

ESPECTROSCOPIA

Bellamy, L. J. *The Infrared Spectra Complex Molecules,* 3rd ed.; Methuen: New York, 1975.

Colthup, N. B.; Daly, L. H.; Wiberly, S. E. *Introduction to Infrared and Raman Spectroscopy,* 3rd ed.; Academic Press: San Diego, CA, 1990.

Lin-Vien, D.; Colthup, N. B.; Fateley, W. B.; Grasselli, J. G. *The Handbook of Infrared and Raman Characteristic Frequencies of Organic Molecules;* Academic Press: San Diego, CA, 1991.

Nakanishi, K. *Infrared Absorption Spectroscopy,* 2nd ed.; Holden-Day: San Francisco, 1977.

Pavia, D. L.; Lampman, G. M.; Kriz, G. S.; Vyryan, J. R. *Introduction to Spectroscopy: A Guide for Students of Organic Chemistry,* 4th ed.; Brooks/Cole: Belmont, CA, 2009.

Silverstein, R. M.; Webster, F. X.; Kiemle. *Spectrometric Identification of Organic Compounds,* 7th ed.; Wiley: New York, 2004.

AMPLAS TABELAS DE COMPOSTOS E DERIVADOS

Rappoport, Z., Ed. *Handbook de Tables for Organic Compound Identification,* 3rd ed.; CRC Press: Boca Raton, FL, 1967.

Experimento 55A

Testes de solubilidade

Os testes de solubilidade têm de ser efetuados em *todas as substâncias desconhecidas.* Eles são extremamente importantes para se determinar a natureza do principal grupo funcional do composto desconhecido. Os testes são muito simples e exigem somente pequenas quantidades das substâncias desconhecidas. Além disso, os testes de solubilidade revelam se o composto é uma base forte (amina), um ácido fraco (fenol), um ácido forte (ácido carboxílico) ou uma substância neutra (aldeído, cetona, álcool, éster). Os solventes comuns utilizados para determinar os tipos de solubilidade são

HCl 5%	H_2SO_4 concentrado
$NaHCO_3$ 5%	Água
NaOH 5%	Solventes orgânicos

O gráfico de solubilidade apresentado a seguir indica solventes nos quais os compostos, que contêm os vários grupos funcionais, são susceptíveis de se dissolverem. Os gráficos em resumo, nos Experimentos 55D até 55I repetem estas informações para cada grupo funcional incluído neste experimento. Nesta seção, é dado o procedimento correto para determinar se um composto é solúvel em um solvente de teste. Além disso, também é dada uma série de explicações detalhando as razões do porquê os compostos, tendo grupos funcionais específicos, são solúveis somente em determinados solventes. Isso é obtido pela indicação do tipo de química ou do tipo de interação química possível em cada solvente.

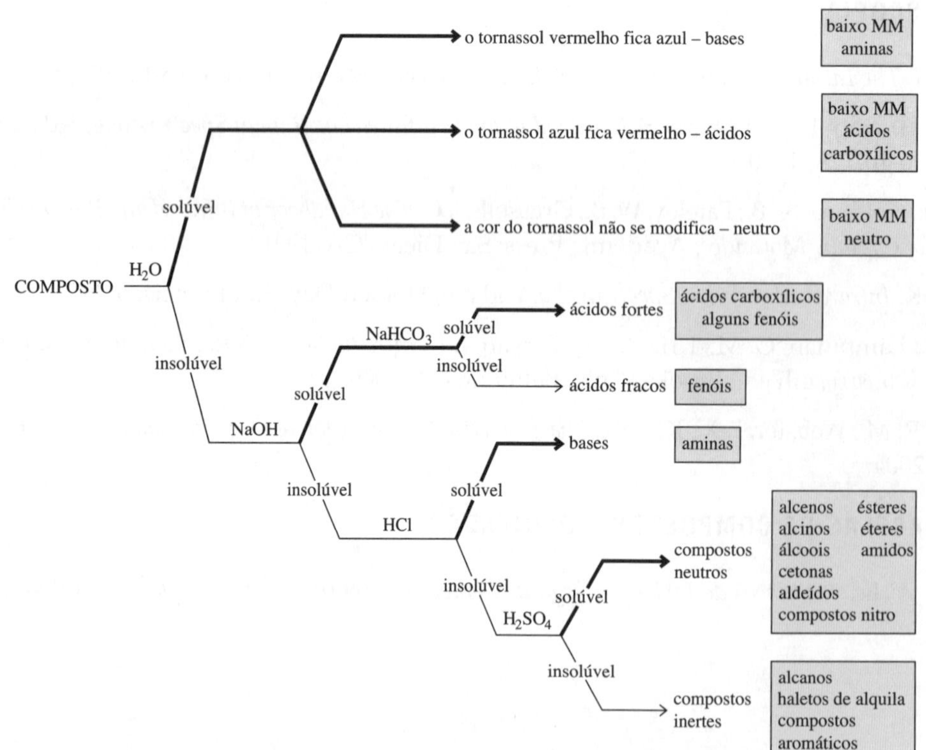

Gráfico de solubilidade para compostos contendo vários grupos funcionais

MEIO SUGERIDO PARA O DESCARTE DE REJEITOS

Descarte todas as soluções aquosas no recipiente destinado a rejeitos aquosos. Quaisquer compostos orgânicos restantes devem ser descartados no recipiente apropriado para rejeitos orgânicos.

TESTES DE SOLUBILIDADE

Procedimento. Coloque cerca de 2 mL do solvente em um pequeno tubo de ensaio. Adicione uma gota de um líquido desconhecido de uma pipeta Pasteur ou alguns cristais de um sólido desconhecido utilizando a extremidade de uma espátula diretamente no solvente. Tampe delicadamente o tubo de ensaio com seu dedo para garantir a mistura e, então, observe se todas as linhas da mistura aparecem na solução. O desaparecimento do líquido ou sólido ou a aparição das linhas da mistura indica que a solução está ocorrendo. Adicione mais gotas do líquido ou mais alguns cristais do sólido para determinar a extensão da solubilidade do composto. Um erro comum, ao se determinar a solubilidade de um composto, é fazer testes com uma quantidade grande demais de substâncias desconhecidas para se dissolver no solvente escolhido. Utilize somente pequenas quantidades das substâncias desconhecidas. Pode demorar alguns minutos até que os sólidos se dissolvam. Compostos na forma de grandes cristais precisam de mais tempo para se dissolver que pós ou cristais muito pequenos. Em alguns casos, é útil empregar um almofariz com pistilo para pulverizar um composto que tenha cristais grandes. Algumas vezes, aquecer levemente também ajuda, mas não é recomendado aquecer muito porque isso em geral conduz a uma reação. Quando compostos coloridos se dissolvem, frequentemente, a solução assume a cor.

Utilizando o procedimento anterior, determine a solubilidade das substâncias desconhecidas em cada um dos seguintes solventes: água, HCl a 5%, $NaHCO_3$ a 5%, NaOH a 5% e H_2SO_4 concentrado. Pode-se observar uma mudança de cor com o ácido sulfúrico em vez da dissolução. Uma mudança de cor deve ser considerada um teste de solubilidade positivo. Os sólidos desconhecidos que não se dissolvem em nenhum dos solventes de teste podem ser substâncias inorgânicas. Para eliminar essa possibilidade, determine a solubilidade das substâncias desconhecidas em diversos solventes orgânicos, como o éter. Se o composto for orgânico, em geral, pode ser encontrado um solvente que o dissolverá.

Se for detectado um composto que se dissolve em água, o pH da solução aquosa deverá ser estimado com papel de pH ou tornassol. Compostos solúveis em água, em geral, são solúveis em todos os solventes aquosos. Se um composto for apenas levemente solúvel em água, ele pode ser mais solúvel em outro solvente aquoso. Por exemplo, o ácido carboxílico pode apenas ser levemente solúvel em água, mas é muito solúvel em base diluída. Geralmente, não será necessário determinar a solubilidade das substâncias desconhecidas em cada solvente.

Compostos para teste. Cinco substâncias com solubilidades desconhecidas podem ser encontradas na prateleira de fornecimentos, incluindo uma base, um ácido fraco, um ácido forte, um substância neutra com um grupo funcional contendo oxigênio, e uma substância neutra que é inerte. Utilizando testes de solubilidade, faça a distinção dessas substâncias desconhecidas por tipo. Verifique sua resposta com o professor. Uma discussão geral sobre o comportamento de solubilidade é apresentada na Técnica 10, Seção 10.2.

Discussão

Solubilidade em água

Compostos que contêm quatro carbonos ou menos e também contêm oxigênio, nitrogênio ou enxofre, geralmente, são solúveis em água. Quase todos os grupos funcionais contendo esses elementos levam à solubilidade em água para compostos com baixa massa molecular (C_4). Compostos que têm cinco ou seis carbonos e qualquer um desses elementos normalmente são insolúveis em água ou apresentam uma solubilidade indefinida. A ramificação da cadeia alquila em um composto reduz as forças intermoleculares entre suas moléculas. Em geral, isso se reflete em um menor ponto de ebulição ou ponto de fusão e em uma maior solubilidade em água para o composto ramificado que para o composto de cadeia linear correspondente. Isso ocorre porque as moléculas do composto ramificado são mais facilmente separadas uma da outra. Desse modo, se espera que o álcool *t*-butílico seja mais solúvel em água que o álcool *n*-butílico.

Quando aumenta a proporção de átomos de oxigênio, nitrogênio ou enxofre em um composto em relação aos átomos de carbono, a solubilidade desse composto em água, em geral, aumenta. Isso se deve ao maior número de grupos funcionais polares. Portanto, se espera que o 1,5-pentanodiol seja mais solúvel em água que o 1-pentanol.

À medida que o tamanho da cadeia alquila de um composto aumenta além de aproximadamente quatro carbonos, a influência de um grupo funcional polar é reduzida, e a solubilidade em água começa a diminuir. Alguns exemplos dessas generalizações são dados aqui.

Solúvel	Indefinido	Insolúvel
$CH_3-C(CH_3)_2-C(=O)-OH$	$CH_3-CH(CH_3)-CH_2-C(=O)-OH$	$CH_3CH_2CH_2CH_2-C(=O)-OH$
$CH_3-C(CH_3)_2-CH_2-OH$	$CH_3-CH(OH)-CH(CH_3)-CH_3$	$CH_3CH_2CH_2CH_2CH_2-OH$
C_6H_5-OH	$C_6H_4(CH_3)-OH$	$CH_3-CH(CH_3)-C_6H_3(CH_3)-OH$

Solubilidade em HCl 5%

A possibilidade de uma amina deve ser considerada imediatamente se um composto for solúvel em ácido diluído (HCl 5%). Aminas alfáticas (RNH_2, R_2NH, R_3N) são compostos básicos que se dissolvem prontamente em ácido porque formam sais de cloridrato solúveis em meio aquoso:

$$R-\ddot{N}H_2 + HCl \rightarrow R-NH_3^+ + Cl^-$$

A substituição de um anel aromático (benzeno), Ar, por um grupo alquila, R, reduz um pouco a basicidade de uma amina, mas a amina ainda irá protonar, e também será geralmente solúvel em ácido diluído. A redução na basicidade em uma amina aromática se deve à ressonância de deslocalização dos elétrons não compartilhados no nitrogênio do amino da base livre. A deslocalização se perde na protonação, um problema que não existe para aminas alifáticas. A substituição de dois ou três anéis aromáticos em um nitrogênio da amina reduz ainda mais a basicidade da amina. Aminas diarilas e triarilas não se dissolvem em HCl diluído porque não são protonadas facilmente. Portanto, Ar_2NH e Ar_3N são insolúveis em ácido diluído. Algumas aminas de massa molecular muito alta, como a tribromoanilina (*MM* = 330), também podem ser insolúveis em ácido diluído.

AMINA AROMÁTICA

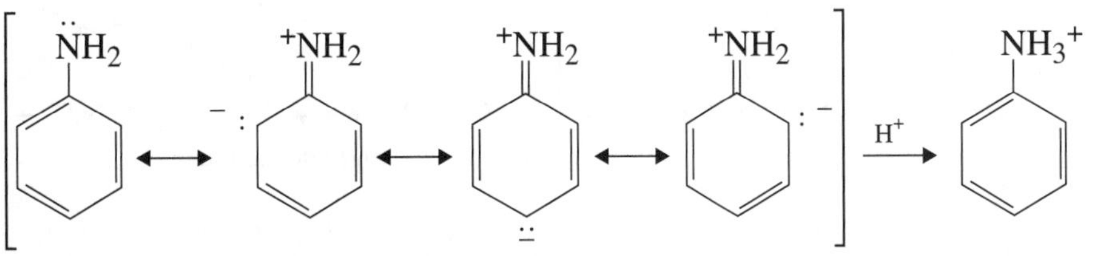

[$\ddot{N}H_2$ ⟷ $^+NH_2$ ⟷ $^+NH_2$ ⟷ $^+NH_2$] $\xrightarrow{H^+}$ NH_3^+

Deslocalização — Sem deslocalização

AMINA ALIFÁTICA

$R—\ddot{N}H_2$ ⟶ $R—NH_3^+$

Sem deslocalização — Sem deslocalização

Solubilidade no $NaHCO_3$ a 5% e no NaOH a 5%

Compostos que se dissolvem em bicarbonato de sódio, uma base fraca, são ácidos fortes. Compostos que se dissolvem em hidróxido de sódio, uma base forte, podem ser ácidos fortes ou fracos. Portanto, é possível distinguir ácidos fracos de ácidos fortes determinando sua solubilidade em base forte (NaOH) e em base fraca ($NaHCO_3$). A classificação de alguns grupos funcionais como ácidos fortes ou fracos é dada na tabela a seguir.

Neste experimento, os ácidos carboxílicos (p*K*a ~ 5) geralmente são indicados quando um composto é solúvel em ambas as bases, e os fenóis (p*K*a ~ 10) são indicados quando um composto for solúvel somente em NaOH.

Os compostos se dissolvem em base porque eles formam sais sódicos que são solúveis em meio aquoso. Todavia, os sais de alguns compostos com elevada massa molecular não são solúveis e se precipitam. Os sais de ácidos carboxílicos de cadeia longa, como o ácido mirístico, C_{14}, ácido palmítico, C_{16}, e ácido esteárico, C_{18}, que formam sabões, pertencem a essa categoria. Alguns fenóis também produzem sais sódicos insolúveis e, frequentemente, são coloridos, por causa da ressonância no ânion.

Ácidos fortes (Solúvel em NaOH e $NaHCO_3$)		Ácidos fracos (Solúvel em NaOH, mas não em $NaHCO_3$)	
Ácidos sulfônicos	RSO_3H	**Fenóis**	ArOH
Ácidos carboxílicos	RCOOH	**Nitroalcanos**	RCH_2NO_2 R_2CHNO_2
***orto e para* substituídos di e trinitrofenóis**		**β-Dicetonas**	$R—\overset{O}{\overset{\parallel}{C}}—CH_2—\overset{O}{\overset{\parallel}{C}}—R$
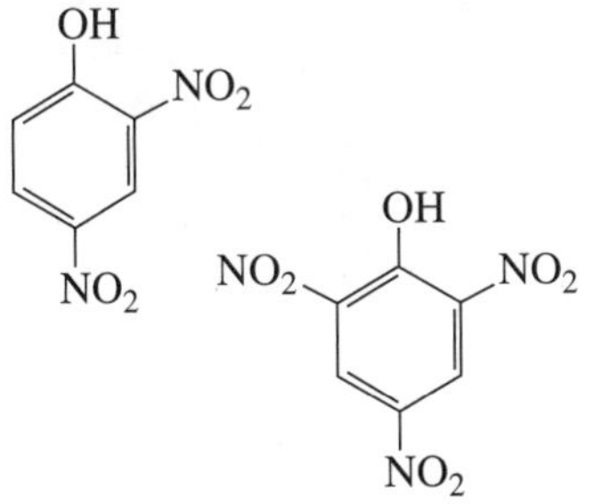 2,4-dinitrofenol (OH, NO_2, NO_2)		**β -Diésteres**	$RO—\overset{O}{\overset{\parallel}{C}}—CH_2—\overset{O}{\overset{\parallel}{C}}—OR$
2,4,6-trinitrofenol (OH, NO_2, NO_2, NO_2)		**Imidas**	$R—\overset{O}{\overset{\parallel}{C}}—NH—\overset{O}{\overset{\parallel}{C}}—R$
		Sulfonamidas	$ArSO_2NH_2$ $ArSO_2NHR$

Fenóis e ácidos carboxílicos produzem bases conjugadas estabilizadas por ressonância. Desse modo, bases de força apropriada podem facilmente remover seus prótons ácidos para formar os sais sódicos.

$$R{-}\overset{\overset{\displaystyle O}{\|}}{C}{-}O{-}H + NaOH \longrightarrow \left[R{-}\overset{\overset{\displaystyle O}{\|}}{C}{-}O^- \longleftrightarrow R{-}\overset{\overset{\displaystyle O^-}{|}}{C}{=}O\right]Na^+ + H_2O$$

Ânion deslocalizado

Fenol + NaOH ⟶ [fenóxido ⟷ estruturas de ressonância com carga negativa nas posições orto e para] Na^+ + H_2O

Ânion deslocalizado

Em fenóis, a substituição de grupos nitro nas posições *orto* e *para* do anel aumenta a acidez. Os grupos nitro nessas posições oferecem deslocalização adicional no ânion conjugado. Fenóis que têm dois ou três grupos nitro nas posições *orto* e *para*, frequentemente, se dissolvem em *ambas* as soluções de hidróxido de sódio e bicarbonato de sódio.

Solubilidade em ácido sulfúrico concentrado

Muitos compostos são solúveis em ácido sulfúrico concentrado frio. Dos compostos incluídos neste experimento, álcoois, cetonas, aldeídos e ésteres pertencem a essa categoria. Esses compostos são descritos como "neutros". Outros que também se dissolvem incluem alcenos, alcinos, éteres, nitroaromáticos e amidas. Como vários diferentes tipos de compostos são solúveis em ácido sulfúrico, serão necessários mais testes químicos e espectroscopia para diferenciar entre eles.

Compostos solúveis em ácido sulfúrico concentrado, mas não em ácido diluído são bases extremamente fracas. Quase qualquer composto contendo um átomo de nitrogênio, oxigênio ou enxofre pode ser protonado em ácido sulfúrico concentrado. Os íons produzidos são solúveis nesse meio.

$$R{-}\ddot{O}{-}H + H_2SO_4 \longrightarrow R{-}\underset{\underset{\displaystyle H}{|}}{\overset{+}{\ddot{O}}}{-}H + HSO_4^- \longrightarrow R^+ + H_2O + HSO_4^-$$

$$R{-}\overset{\overset{\displaystyle :O:}{\|}}{C}{-}R + H_2SO_4 \longrightarrow R{-}\overset{\overset{\displaystyle ^+\ddot{O}{-}H}{\|}}{C}{-}R + HSO_4^-$$

$$R{-}\overset{\overset{\displaystyle :O:}{\|}}{C}{-}OR + H_2SO_4 \longrightarrow R{-}\overset{\overset{\displaystyle ^+\ddot{O}{-}H}{\|}}{C}{-}OR + HSO_4^-$$

$$R_2C{=}CR_2 + H_2SO_4 \longrightarrow R{-}\underset{\underset{\displaystyle H}{|}}{\overset{\overset{\displaystyle R}{|}}{C}}{-}\underset{+}{\overset{\overset{\displaystyle R}{|}}{C}}{-}R + HSO_4^-$$

Compostos inertes

Compostos insolúveis em ácido sulfúrico concentrado ou qualquer um dos outros solventes são chamados **inertes**. Compostos insolúveis em ácido sulfúrico concentrado incluem os alcanos, os aromáticos mais simples e os haletos de alquila. Alguns exemplos de compostos inertes são hexano, benzeno, clorobenzeno, cloro-hexano e tolueno.

Experimento 

Testes para os elementos (N, S, X)

—Br

—N— —C≡N

—NO_2

—Cl —I

S

Exceto para aminas (Experimento 55G), que são facilmente detectadas por seu comportamento de solubilidade, todos os compostos apresentados neste experimento irão conter heteroelementos (N, S, Cl, Br ou I) somente como grupos funcionais *secundários*. Estes serão subsidiários a alguns outros importantes grupos funcionais. Desse modo, não serão apresentados haletos de alquila ou arila, compostos nitro, tióis ou tioéteres. Contudo, algumas das substâncias desconhecidas podem conter um halogênio ou um grupo nitro. Menos frequentemente, podem conter um átomo de enxofre ou um grupo ciano.

Considere como um exemplo o *p*-bromobenzaldeído, um **aldeído** que contém bromo como um substituinte do anel. A identificação desse composto vai depender se o investigador poderá identificá-lo como um aldeído. Provavelmente, ele será identificado *sem* provar a existência do bromo na molécula. Essas informações, no entanto, podem tornar a identificação mais fácil. Neste experimento, são dados métodos para identificar a presença de um halogênio ou um grupo nitro em um composto desconhecido. Também é dado um método geral (fusão do sódio) para detectar os principais heteroelementos que podem existir nas moléculas orgânicas.

TESTES DE CLASSIFICAÇÃO

Haletos	Grupos nitro	N, S, X (Cl, Br, I)
Teste de Beilstein	Hidróxido ferroso	Fusão de sódio
Nitrato de prata		
Iodeto de sódio/acetona		

MEIO SUGERIDO PARA O DESCARTE DE REJEITOS

Descarte todas as soluções contendo prata em um recipiente para rejeitos designados para este fim. Quaisquer outras soluções aquosas deverão ser descartadas no recipiente designado para rejeitos aquosos. Quaisquer compostos orgânicos restantes devem ser descartados no recipiente apropriado para rejeitos orgânicos, em uma capela de exaustão. Isso é particularmente verdadeiro para qualquer solução contendo brometo de benzila, que é um lacrimejante.

TESTES PARA UM HALETO

Teste de Beilstein

Procedimento. Ajuste a mistura de ar e gás, de modo que a chama de um bico de Bunsen fique azul. Dobre a extremidade de um pedaço de fio de cobre, para criar um pequeno círculo fechado. Aqueça a extremidade dobrada do fio na chama, até que ela adquira um brilho intenso. Depois que o fio tiver esfriado, mergulhe-o diretamente em uma amostra da substância desconhecida. Se esta for um sólido e não aderir ao fio de cobre, coloque uma pequena quantidade da substância em um vidro de relógio, molhe o fio de cobre em água destilada e coloque o fio na amostra no vidro de relógio. O sólido deverá aderir ao fio. Mais uma vez, aqueça o fio na chama do bico de Bunsen. O composto irá queimar primeiro e, depois disso, será produzida uma chama verde, se houver um halogênio presente. Segure o fio logo acima da ponta da chama ou em sua lateral externa, perto da base da chama. Verifique qual é a melhor posição para segurar o fio de cobre, a fim de obter o melhor resultado.

Discussão

Compostos para teste. Experimente este teste no bromobenzeno e no ácido benzoico.

Os halogênios podem ser detectados facilmente e de modo confiável pelo teste de Beilstein, que é o método mais simples para determinar a presença de um halogênio, mas não diferencia entre cloro, bromo e iodo, que vão resultar, todos eles, em um teste positivo. Contudo, quando a identidade das substâncias desconhecidas for reduzida a duas opções, das quais, uma tem um halogênio e a outra não, o teste de Beilstein, em geral, será suficiente para distinguir entre as duas.

Um teste de Beilstein positivo resulta da produção de um haleto de cobre volátil quando um haleto orgânico é aquecido com óxido de cobre. O haleto de cobre dá uma cor verde azulada à chama.

Este teste pode ser muito sensível a pequenas quantidades de impurezas de haleto em alguns compostos. Portanto, tenha cuidado ao interpretar seus resultados, se obtiver somente uma cor fraca.

Teste com nitrato de prata

Procedimento. Adicione uma gota de solução etanólica líquida ou cinco gotas de solução etanólica concentrada das substâncias sólidas desconhecidas a 2 mL de uma solução etanólica de nitrato de prata a 2%. Se não for observada nenhuma reação após cinco minutos à temperatura ambiente, aqueça a solução em um banho de água quente a aproximadamente de 100 °C e verifique se ocorre a formação de um precipitado. Em caso positivo, adicione duas gotas de ácido nítrico a 5% e observe se o precipitado se dissolve. Ácidos carboxílicos produzem um teste falso pela precipitação no nitrato de prata, mas se dissolvem quando o ácido nítrico é adicionado. Haletos de prata, por outro lado, não se dissolvem em ácido nítrico.

Compostos para teste. Aplique este teste ao brometo de benzila (α-bromotolueno) e bromobenzeno. Descarte todos os rejeitos de reagentes em um recipiente adequado para rejeitos, em uma capela de exaustão, porque o brometo de benzila é um lacrimejante.

Discussão

Este teste depende da formação de um precipitado branco, ou quase branco, de haleto de prata quando o nitrato de prata puder reagir com um haleto suficientemente reativo.

$$\text{RX} + \text{Ag}^+\text{NO}_3^- \rightarrow \underset{\text{Precipitado}}{\text{AgX}} + \text{R}^+\text{NO}_3^- \xrightarrow{\text{CH}_3\text{CH}_2\text{OH}} \text{R-O-CH}_2\text{CH}_3$$

O teste não distingue entre cloretos, brometos e iodetos, mas distingue haletos **instáveis** (reativos) de haletos que não são reativos. Os haletos substituídos em um anel aromático geralmente não fornecem um teste de nitrato de prata positivo; contudo, haletos de alquila de muitos tipos darão um teste positivo.

Os compostos mais reativos são aqueles capazes de formar carbocátions estáveis em solução e aqueles equipados com bons grupos abandonadores (X = I, Br, Cl). Haletos de benzila, de alila e também haletos terciários reagem imediatamente com nitrato de prata. Haletos secundários e primários não reagem à temperatura ambiente, mas prontamente quando são aquecidos. Os haletos de arila e vinila não reagem de modo algum, mesmo a temperaturas elevadas. Esse padrão de reatividade se ajusta muito bem à ordem de estabilidade para vários carbocátions. Compostos que produzem carbocátions estáveis reagem a velocidades maiores que os que não produzem carbocátions.

$$C_6H_5CH_2^+,\ RCH{=}CH{-}CH_2^+ \approx R_3C^+ > R_2CH^+ > R{-}CH_2^+ > CH_3^+ > C_6H_5^+,\ RCH{=}CH^+$$

Benzila e Alila | 3° | 2° | 1° | Metila | Arila e Vinila

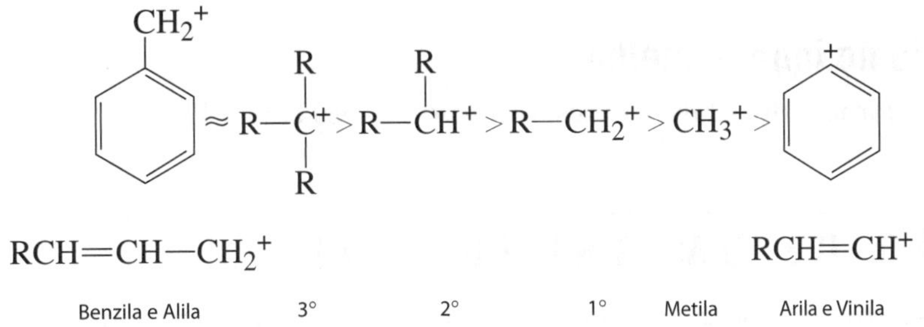

A rápida reação de haletos benzílicos e alílicos é um resultado da estabilização por ressonância, que está disponível para os carbocátions intermediários que são formados. Os haletos terciários são mais reativos que os secundários, que, por sua vez, são mais reativos que os primários ou metílicos, porque os substituintes alquila são capazes de estabilizar os carbocátions intermediários por um efeito de liberação de elétrons. Os carbocátions metílicos não têm grupos alquila e são os menos estáveis de todos os mencionados até agora. Os carbocátions vinílicos e arílicos são extremamente instáveis porque a carga está localizada em um carbono hibridizado sp^2 (carbono de ligação dupla), em vez de naquele que é hibridizado sp^3.

Iodeto de sódio em acetona

Procedimento. Este teste é descrito no Experimento 19.

Compostos para teste. Aplique este teste ao brometo de benzila (α-bromotolueno), bromobenzeno e 2-cloro-2-metilpropano (cloreto de *tert*-butila).

DETECÇÃO DE GRUPOS NITRO

Apesar de os compostos nitro não serem definidos como substâncias desconhecidas distintas, muitas dessas substâncias desconhecidas podem ter um grupo nitro como um grupo funcional secundário. A presença de um grupo nitro e, portanto, de nitrogênio, em um composto desconhecido é determinada mais facilmente pela espectroscopia no infravermelho. Contudo, muitos compostos nitro dão um resultado positivo no teste a seguir. Infelizmente, grupos funcionais diferentes do grupo nitro também podem apresentar resultado positivo. Você deve interpretar os resultados deste teste com cautela.

Teste com hidróxido ferroso

Procedimento. Coloque 1,5 mL de sulfato de amônio ferroso aquoso a 5%, preparado na hora, em um pequeno tubo de ensaio e adicione cerca de 10 mg de um composto sólido ou cinco gotas de um composto líquido. Misture bem a solução e, então, acrescente primeiro uma gota de ácido sulfúrico 2 mol L^{-1} e, depois, 1 mL de de hidróxido de potássio 2 mol L^{-1} em metanol. Tampe o tubo de ensaio e agite-o intensamente. Um teste positivo é indicado pela formação de um precipitado castanho avermelhado, geralmente, em um minuto.

Composto para teste. Aplique este teste ao 2-nitrotolueno.

Discussão

A maioria dos compostos nitro oxida hidróxido ferroso para hidróxido férrico, que é um sólido castanho avermelhado. Um precipitado indica um teste positivo.

$$R\text{—}NO_2 + 4H_2O + 6Fe(OH)_2 \longrightarrow R\text{—}NH_2 + 6Fe(OH)_3$$

Espectroscopia no infravermelho

O grupo nitro fornece duas faixas fortes, próximo de 1560 cm^{-1} e 1350 cm^{-1}. Veja a Técnica 25 para obter mais detalhes.

DETECÇÃO DE UM GRUPO CIANO

Apesar de as nitrilas não serem consideradas substâncias desconhecidas neste experimento, o grupo ciano pode ser um grupo funcional subsidiário, cuja presença ou ausência é importante para a identificação final de um composto desconhecido. O grupo ciano pode ser hidrolisado em uma base forte ao aquecê-lo intensamente para resultar em um ácido carboxílico e gás amônia:

$$R\text{—}C{\equiv}N + 2\,H_2O \xrightarrow[\Delta]{NaOH} R\text{—}COOH + NH_3$$

O gás amônia pode ser detectado por seu odor ou utilizando papel indicador de pH úmido. Contudo, esse método é um pouco difícil e a presença de um grupo nitrila é confirmada mais facilmente pela espectroscopia no infravermelho. Nenhum outro grupo funcional (exceto algum $C{\equiv}C$) absorve na mesma região do espectro que o $C{\equiv}N$.

Espectroscopia no infravermelho

O estiramento $C{\equiv}N$ é uma banda estreita de intensidade média perto de 2250 cm^{-1}. Veja a Técnica 25 para saber mais detalhes.

Testes de fusão de sódio (detecção de N, S e X) (opcional)

Quando um composto orgânico contendo átomos de nitrogênio, enxofre ou haleto se funde com sódio metálico, existe uma decomposição redutiva do composto, que converte esses átomos nos sais sódicos dos íons inorgânicos CN^-, S^{2-} e X^-.

$$[N, S, X] \xrightarrow[\Delta]{Na} NaCN, Na_2S, NaX$$

Quando a mistura em fusão é dissolvida em água destilada, os íons cianeto, sulfeto e haleto podem ser detectados por testes inorgânicos qualitativos padrão.

ADVERTÊNCIA

Lembre-se sempre de manipular o sódio metálico com uma faca ou uma pinça. Não toque nele com seus dedos. Mantenha o sódio distante da água. Elimine todos os rejeitos de sódio com 1-butanol ou etanol. Use óculos de segurança. 

PREPARAÇÃO DE SOLUÇÃO DE ESTOQUE

Método geral

Procedimento. Utilizando uma pinça ou faca, utilize um pouco de sódio do recipiente de armazenamento, corte um pequeno pedaço, com o tamanho aproximado de uma pequena ervilha (com 3 mm em um lado) e seque-o com uma toalha de papel. Coloque esse pequeno pedaço de sódio em um pequeno tubo de ensaio limpo e seco (medindo 10 mm × 75 mm). Prenda o tubo de ensaio a um suporte universal e aqueça o fundo do tubo com um bico de Bunsen até que o sódio se derreta e que seja possível ver seu vapor metálico subir a cerca de um terço do tamanho do tubo. O fundo do tubo provavelmente terá um brilho vermelho-escuro. Remova o bico de Bunsen e imediatamente despeje a amostra diretamente no tubo. Utilize cerca de 10 mg de um sólido colocado na extremidade de uma espátula ou de duas a três gotas de um líquido. Certifique-se de colocar a amostra diretamente no centro do tubo, de modo que ele toque o sódio metálico quente e não venha a aderir à lateral do tubo de ensaio. Se a fusão for bem-sucedida, normalmente, haverá um *flash* ou uma pequena explosão. Se a reação não for bem-sucedida, aqueça o tubo até ficar vermelho por alguns segundos, a fim de garantir que a reação se complete.

Deixe o tubo de ensaio esfriar à temperatura ambiente e, então, cuidadosamente adicione dez gotas de metanol, uma gota de cada vez, até obter a mistura em fusão. Coloque uma espátula ou um bastão de vidro longo dentro do tubo de ensaio e agite a mistura para assegurar a completa reação de qualquer excesso de sódio metálico. A fusão destruirá o tubo de ensaio para outros usos. Portanto, a maneira mais fácil de recuperar a mistura em fusão é triturar o tubo de ensaio em um pequeno béquer contendo 5–10 mL de água destilada. O tubo é facilmente triturado se for colocado no ângulo de uma garramufa. Aperte a garramufa até que o tubo esteja firmemente preso próximo de seu fundo e então – se afastando do béquer e segurando a garramufa em sua extremidade oposta – continue apertando a garramufa até que o tubo de ensaio se quebre e os pedaços caiam no béquer. Agite bem a solução, aqueça até entrar em ebulição e, então, filtre-a por gravidade através de um filtro pregueado (veja a Técnica 8, Figura 8.3). Porções desta solução serão utilizadas nos testes para detectar o nitrogênio, o enxofre e os halogênios.

Método alternativo

Procedimento. Com alguns líquidos voláteis, o método anterior não irá funcionar. Os compostos evaporam antes de atingir os vapores de sódio. Para esses compostos, coloque quatro ou cinco gotas do líquido puro em um tubo de ensaio limpo e seco, fixe-o e, cuidadosamente, adicione o pequeno pedaço de sódio metálico. Se houver qualquer reação, espere até que ela termine. Então, aqueça o tubo de ensaio até ficar vermelho, e prossiga de acordo com as instruções do segundo parágrafo do procedimento anterior.

Teste com nitrogênio

Procedimento. Utilizando papel de pH e uma solução de hidróxido de sódio a 10%, ajuste o pH a cerca de 1 mL da solução de estoque para o pH 13. Adicione duas gotas de solução de sulfato de amônio ferroso saturada e duas gotas de solução de fluoreto de potássio a 30%. Ferva a solução por cerca de trinta segundos. Em seguida, acidifique a solução quente, adicionando ácido sulfúrico a 30% gota a gota até que o hidróxido de ferro se dissolva. Evite utilizar ácido em excesso. Se houver nitrogênio presente, haverá a formação de um precipitado azul-escuro (não verde) de azul da Prússia, $NaFe_2(CN)_6$, ou a solução assumirá uma cor azul-escura.

Reagentes. Dissolva 5 g de sulfato de amônio ferroso em 100 mL de água. Dissolva 30 g de fluoreto de potássio em 100 mL de água.

Teste com enxofre

Procedimento. Acidifique cerca de 1 mL de solução para teste com ácido acético e adicione algumas gotas de uma solução de acetato de chumbo a 1%. A presença de enxofre é indicada por um precipitado preto ao sulfeto de chumbo (PbS).

⇨ ADVERTÊNCIA

Existe a suspeita de que muitos compostos de chumbo (II) sejam carcinogênicos (veja a Técnica 1, Seção 1.4), portanto devem ser manipulados com cuidado. Evite o contato. 

Testes com haleto

Procedimento. Os íons cianeto e sulfeto interferem com o teste para haletos. Se esses íons estiverem presentes, eles deverão ser removidos. Para tanto, acidifique a solução com ácido nítrico diluído e ferva por cerca de dois minutos. Isso irá expulsar qualquer HCN ou H_2S que seja formado. Quando a solução esfriar, adicione algumas gotas de uma solução de nitrato de prata a 5%. Um precipitado *volumoso* indica um haleto. Uma turvação fraca não significa um teste positivo. O cloreto de prata é branco. O brometo de prata é quase branco. O iodeto de prata é amarelo. O cloreto de prata irá se dissolver prontamente em hidróxido de amônio concentrado, ao passo que o brometo de prata é apenas levemente solúvel.

Diferenciação entre os testes com haleto de cloreto, brometo e iodeto

Procedimento. Acidifique 2 mL da solução de teste com ácido sulfúrico a 10% e ferva por aproximadamente dois minutos. Resfrie a solução e adicione aproximadamente 0,5 mL de cloreto de metileno. Acrescente algumas gotas de cloro ou 2–4 mg de hipoclorito de cálcio.[1] Certifique-se de que a solução ainda seja ácida. Então, tampe o tubo, agite-o intensamente e deixe em repouso para permitir que as camadas se separem. Uma cor variando de laranja ao marrom na camada de cloreto de metileno indica bromo. O violeta indica iodo. A ausência de cor ou amarelo-claro indica cloro.

[1] O Clorox, um alvejante comercial, é um substituto permitido para o cloro, assim como qualquer outra marca de alvejante, desde que tenha como base o hipoclorito de sódio.

Experimento 

Testes quanto à insaturação

$R_2C{=}CR_2$

$R{-}C{\equiv}C{-}R$

As substâncias desconhecidas a serem entregues para este experimento não têm uma ligação dupla nem tripla como seu *único* grupo funcional. Desse modo, alcenos e alcinos simples podem ser descartados como possíveis compostos. Algumas das substâncias desconhecidas podem ter uma ligação dupla ou tripla, *além de* outro grupo funcional mais importante. Os testes descritos permitem que você determine a presença de uma ligação dupla ou tripla (insaturação) nesses compostos.

Testes de classificação

Insaturação	Aromaticidade
Brometo–cloreto de metileno	Teste de ignição
Permanganato de potássio	

MEIO SUGERIDO PARA O DESCARTE DE REJEITOS

Reagentes de teste que contêm bromo devem ser descartados em um recipiente para rejeitos especialmente designado para este propósito. O cloreto de metileno tem de ser colocado no recipiente para rejeitos orgânicos destinados ao descarte de orgânicos halogenados. Descarte todas as outras soluções aquosas no recipiente designado para rejeitos aquosos. Quaisquer compostos orgânicos restantes precisam ser eliminados no recipiente apropriado para rejeitos orgânicos.

TESTE PARA LIGAÇÕES MÚLTIPLAS SIMPLES

Bromo em cloreto de metileno

Procedimento. Dissolva 50 mg dos sólidos desconhecidos ou quatro gotas dos líquidos desconhecidos em 1 mL de cloreto de metileno (diclorometano) ou em 1,2-dimetoxietano. Adicione uma solução de bromo em cloreto de metileno a 2% (por volume) gota a gota e agite. Se você verificar que a cor vermelha permanece depois de adicionar uma ou duas gotas da solução de bromo, o teste é negativo. Se a cor vermelha desaparecer, continue adicionando o bromo em cloreto de metileno até que a cor vermelha permaneça no bromo. O teste é positivo se tiverem sido adicionadas mais de cinco gotas da solução de bromo, com desaparecimento da cor vermelha do bromo. Se a cor vermelha desaparecer, tente adicionar mais gotas da solução de bromo para ver quantas gotas são necessárias, antes que a cor vermelha persista. Normalmente, muitas gotas da solução de bromo serão descoloridas quando uma ligação dupla isolada estiver presente. Não deverá ocorrer a formação de brometo de hidrogênio. Se isso ocorrer, você observará um "nevoeiro" quando soprar pela boca do tubo de ensaio. O HBr também pode ser detectado por um pedaço de papel de tornassol ou papel de pH umedecido. Se ocorrer a formação do brometo de hidrogênio, esta é uma **reação de substituição** (veja a discussão a seguir), e não uma **reação de adição** e, provavelmente, não haverá a presença de uma ligação dupla ou tripla.

Reagente. O método clássico para realizar este teste é utilizar bromo dissolvido em tetracloreto de carbono. Por causa da natureza tóxica desse solvente, o cloreto de metileno foi substituído por tetracloreto de carbono. O professor deve preparar este reagente em virtude do perigo associado com o vapor do bromo, que é muito tóxico. Certifique-se de trabalhar em uma capela de exaustão eficiente. Dissolva 2 mL de bromo em 100 mL de cloreto de metileno (diclorometano). O solvente irá passar por uma substituição de radical livre do brometo de hidrogênio, induzida pela luz, produzindo brometo de hidrogênio durante algum tempo. Após cerca de uma semana, a cor da solução de bromo em cloreto de metileno a 2% esmaece visivelmente, e o odor do HBr pode ser detectado no reagente. Apesar de os testes de descoloração ainda funcionarem satisfatoriamente, a presença do HBr torna difícil distinguir entre as reações de adição e substituição. Uma solução de bromo em cloreto de metileno, preparada na hora, deve ser utilizada para fazer a distinção. A deterioração do reagente pode ser antecipada armazenando-o em um frasco de vidro marrom.

Compostos para teste. Aplique este teste com ciclo-hexeno, ciclo-hexano, tolueno e acetona.

Discussão

A obtenção de um teste bem-sucedido depende da adição do bromo, um líquido vermelho, a uma ligação dupla ou tripla para formar um dibrometo incolor:

$$\mathrm{>C{=}C<} + Br_2 \longrightarrow \mathrm{>C(Br){-}C(Br)<}$$

Vermelho Incolor

Nem todas as ligações duplas reagem com a solução de bromo. Somente aquelas ricas em elétrons são nucleófilos suficientemente reativos para iniciar a reação. A ligação dupla que é substituída por grupos retiradores de elétrons, frequentemente, falha em reagir ou reage lentamente. O ácido fumárico é exemplo de um composto que falha em dar a reação.

$$\mathrm{(H)(HOOC)C{=}C(COOH)(H)}$$

Ácido fumárico

Compostos aromáticos não reagem com o reagente bromo ou reagem por **substituição**. Somente os anéis aromáticos que têm grupos ativadores como substitutos (—OH, —OR ou —NR2) dão a reação de substituição.

$$C_6H_5OH + Br_2 \longrightarrow p\text{-}BrC_6H_4OH + \text{isômeros orto} + HBr \text{ etc.}$$

Algumas cetonas e aldeídos reagem com o bromo para dar um **produto de substituição**, mas esta reação é lenta, exceto para cetonas que apresentem um elevado conteúdo de enol. Quando a substituição ocorre, não apenas a cor do brometo é descolorida, mas o gás brometo de hidrogênio também é produzido.

Permanganato de potássio (teste de Baeyer)

Procedimento. Dissolva 25 mg do sólido desconhecido ou duas gotas do líquido desconhecido em 2 mL de etanol (pode ser utilizado o 1,2-dimetoxietano) a 95%. Adicione lentamente uma solução aquosa (massa/volume) de permanganato de potássio a 1%, gota a gota, mantendo a agitação, à substância desconhecida. Em um teste positivo, a cor violeta do reagente é descolorida, e ocorre a formação de um precipitado marrom de dióxido de manganês, geralmente, no período de um minuto. Se o solvente for o álcool, a solução não deverá ficar em repouso por mais de cinco minutos, porque a oxidação do álcool irá começar lentamente. Uma vez que soluções de permanganato passam por alguma decomposição para o dióxido de manganês, durante o repouso, qualquer pequena quantidade de precipitado deve ser interpretada com cautela.

Compostos para teste. Aplique este teste ao ciclo-hexeno e ao tolueno.

Discussão

Este teste é positivo para ligações duplas e triplas, mas não para anéis aromáticos. Isso depende da conversão do íon violeta de MnO_4^- em um precipitado marrom, de MnO_2, seguida pela oxidação de um composto insaturado.

$$>C=C< + MnO_4^- \longrightarrow >C(OH)-C(OH)< + MnO_2$$

Violeta Marrom

Outros compostos facilmente oxidados também apresentam um teste positivo com a solução de permanganato de potássio. Essas substâncias incluem aldeídos, alguns álcoois, fenóis e aminas aromáticas. Se você suspeitar de que qualquer um desses grupos funcionais esteja presente, então, interprete o teste com cautela.

Espectroscopia

Infravermelho

Ligação duplas (C=C)	Ligações triplas (C≡C)
O estiramento C=C normalmente ocorre perto de 1680–1620 cm^{-1}. Alcenos simétricos podem não ter absorção.	O estiramento C≡C geralmente ocorre perto de 2250–2100 cm^{-1}. O pico em geral é acentuado. Alcinos simétricos não mostram absorção.
O estiramento C—H dos hidrogênios vinílicos ocorre > 3000 cm^{-1}, mas geralmentenão mais que 3150 cm^{-1}.	O estiramento C—H de acetilenos terminais ocorre próximo de 3310–3200 cm^{-1}.
Deformação C—H fora do plano ocorre próximo a 1000–700 cm^{-1}.	

Veja a Técnica 25 para saber mais detalhes.

Ressonância magnética nuclear

Hidrogênios vinílicos têm ressonância perto de 5–7 ppm e apresentam os seguintes valores de acoplamento: J_{trans} = 11–18 Hz, J_{cis} = 6–15 Hz, $J_{geminal}$ = 0–5 Hz. Hidrogênios alílicos apresentam ressonância próximo de 2 ppm. A ressonância dos hidrogênios acetilênicos ocorre perto de 2,8–3,0 ppm. Veja a Técnica 26 para saber mais detalhes sobre a RMN de hidrogênio. A RMN de carbono é descrita na Técnica 27.

TESTES QUANTO À AROMATICIDADE

Nenhuma das substâncias desconhecidas a serem fornecidas para este experimento serão hidrocarbonetos aromáticos simples. Todos os compostos aromáticos terão um grupo funcional principal como parte de sua estrutura. No entanto, em muitos casos, ele será útil para reconhecer a presença de um anel aromático. Embora a espectroscopia no infravermelho e a espectroscopia de ressonânica magnética nuclear forneçam os métodos mais confiáveis para se determinar compostos aromáticos, em geral, eles podem ser detectados por um simples teste de ignição.

Teste de ignição

Procedimento. Trabalhando em uma capela de exaustão, deposite uma pequena quantidade do composto em uma espátula e coloque-a na chama de um bico de Bunsen. Observe se ocorre a formação de uma chama fuliginosa. Compostos que produzem uma chama amarela fuliginosa têm um elevado grau de insaturação e podem ser aromáticos. Este teste deve ser interpretado com cuidado porque alguns compostos não aromáticos podem produzir fuligem. Se ficar em dúvida, utilize a espectroscopia para determinar, de modo mais confiável, a presença ou ausência de um anel aromático.

Compostos para teste. Aplique este teste com benzoato de etila e benzoína.

Discussão

A presença de um anel aromático geralmente leva à produção de uma chama amarela fuliginosa neste teste. Além disso, alcanos halogenados e compostos alifáticos com elevada massa podem produzir uma chama amarela fuliginosa. Compostos aromáticos com alto conteúdo de oxigênio podem queimar de forma mais limpa e produzir menos fuligem, mesmo que o composto contenha um anel aromático.

Este, na realidade, é um teste para determinar a proporção de carbono para o hidrogênio e o oxigênio em uma substância desconhecida. Se a proporção de carbono para o hidrogênio for alta e se houver pouco ou nenhum oxigênio presente, você observará uma chama fuliginosa. Por exemplo, o acetileno, C_2H_2 (um gás), irá queimar com uma chama fuliginosa, a menos que seja misturado com oxigênio. Quando a proporção entre carbono e hidrogênio for quase igual a um, é muito provável que você veja uma chama fuliginosa.

Espectroscopia

Infravermelho

Ligações duplas com anéis aromáticos C=C aparecem na região 1600–1450 cm^{-1}. Frequentemente, existem quatro absorções agudas que ocorrem em pares perto de 1600 cm^{-1} e 1450 cm^{-1}, que são características de um anel aromático.

Absorções especiais em anel: geralmente, existem fracas absorções em anel em torno de 2000–1600 cm^{-1}. Estas normalmente são obscuras, mas quando elas podem ser observadas, as formas e os números relativos desses picos, frequentemente, podem ser utilizados para verificar o tipo de substituição do anel.

Estiramento =C—H, anel aromático: o estiramento aromático C—H sempre ocorre a uma frequência maior que 3000 cm^{-1}.

Picos de deformação fora do plano =C—H aparecem na região 900–690 cm^{-1}. O número e a posição desses picos podem ser utilizados para determinar o padrão de substituição do anel.

Veja a Técnica 25 para saber mais detalhes.

Ressonância magnética nuclear

Hidrogênios conectados a um anel aromático geralmente têm ressonância perto de 7 ppm. Anéis monossubstituídos não substituídos por grupos anisotrópicos ou eletronegativos geralmente apresentam uma ressonância simples para todos os hidrogênios no anel. Anéis monossubstituídos com grupos anisotrópicos ou eletronegativos normalmente têm as ressonâncias aromáticas divididas em dois grupos integrando 3:2 ou 2:3. Um anel não simétrico, *para*-dissubstituído, tem um padrão de desdobramento característico, de quatro picos (veja a Técnica 26). A RMN de carbono é descrita na Técnica 27.

Experimento 

Aldeídos e Cetonas

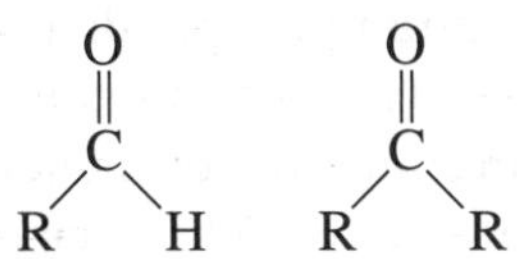

Compostos contendo o grupo funcional carbonila >C=O, que têm somente átomos de hidrogênio ou grupos alquila como substitutos, são chamados aldeídos, RCHO ou cetonas, RCOR′. A química desses compostos se deve principalmente à química dos grupos funcionais carbonila. Tais compostos são identificados pelas reações distintivas da função carbonila.

Características de solubilidade					Testes de classificação	
HCl	$NaHCO_3$	NaOH	H_2SO_4	Éter	**Aldeídos e cetonas**	
(–)	(–)	(–)	(+)	(+)	2,4-Dinitrofenilhidrazina	
Água:	< C5 e um pouco de C6(+)				**Somente aldeídos**	**Cetonas metila**
	> C5(–)				Reagente de Tollens	Teste com iodofórmio
					Ácido crômico	
					Compostos com alto conteúdo de enol	
					Teste com cloreto férrico	

MEIO SUGERIDO PARA O DESCARTE DE REJEITOS

Soluções contendo 2,4-dinitrofenilhidrazina ou derivados formados a partir dela devem ser colocadas em um recipiente para rejeitos designados para estes compostos. Qualquer solução contendo cromo precisa ser descartada em recipiente para rejeitos especificamente identificados para esta finalidade. Descarte todas as soluções contendo prata, acidificando-as com ácido clorídrico a 5% e, em seguida, coloque-as em um recipiente para rejeitos designados para esta finalidade. Descarte todas as outras soluções aquosas no recipiente destinado a rejeitos aquosos. Quaisquer compostos orgânicos restantes têm de ser descartados no recipiente apropriado para rejeitos orgânicos.

TESTES DE CLASSIFICAÇÃO

A maioria dos aldeídos e cetonas fornece um precipitado sólido, com cor que varia do amarelo ao vermelho, quando misturada com 2,4-dinitrofenilhidrazina. Contudo, somente aldeídos irão reduzir cromo (VI) ou prata (I). Em decorrência dessa diferença de comportamento, você pode diferenciar entre aldeídos e cetonas.

2, 4-Dinitrofenilhidrazina

Procedimento. Coloque uma gota do líquido desconhecido em um pequeno tubo de ensaio e adicione 1 mL do reagente 2,4-dinitrofenilhidrazina. Se a substância desconhecida for um sólido, dissolva aproximadamente 10 mg (uma estimativa) e uma quantidade mínima de etanol ou éter di(etileno glicol) dietílico a 95%, antes de adicionar o reagente. Agite a mistura intensamente. A maior parte dos aldeídos e cetonas resultará imediatamente em um precipitado com cor variando de amarelo a vermelho. Contudo, alguns compostos irão requerer até quinze minutos ou, até mesmo, um leve aquecimento, para que se forme um precipitado. Um precipitado indica um teste positivo.

Compostos para teste. Aplique este teste em ciclo-hexanona, benzaldeído e benzofenona.

⇨ ADVERTÊNCIA

Existe a suspeita de que muitos derivados de fenil-hidrazina são carcinogênicos (veja a Técnica 1, Seção 1.4) e devem ser manipulados com cuidado. Evite o contato.

Reagente. Dissolva 3,0 g de 2,4-dinitrofenilhidrazina em 15 mL de ácido sulfúrico concentrado. Em um béquer, adicione lentamente, sempre misturando, 23 mL de água até que o sólido se dissolva. Adicione 75 mL de etanol a 95% à solução aquecida, enquanto continua a agitar. Após ter misturado completamente, filtre a solução, se algum sólido permanecer. Esse reagente precisa ser preparado na hora, cada vez que tiver de ser utilizado.

Discussão

A maioria dos aldeídos e cetonas forma um precipitado, mas os ésteres geralmente não dão este resultado. Assim, um éster normalmente pode ser eliminado por este teste. A cor da 2,4-dinitrofenilhidrazona (o precipitado) formada, frequentemente, é uma orientação referente à quantidade de conjugação no aldeído ou cetona original. Cetonas não conjugadas, como a ciclo-hexanona, fornecem precipitados amarelos, ao passo que cetonas conjugadas, como a benzofenona, dão precipitados de cor laranja a vermelho. Compostos que são altamente conjugados fornecem precipitados vermelhos. Contudo, o reagente 2,4-dinitrofenilhidrazina tem uma cor laranja avermelhada, e a cor de qualquer precipitado deve ser julgada cautelosamente. Ocasionalmente, compostos que são fortemente básicos ou fortemente ácidos precipitam o reagente que não reagiu.

$$\underset{\text{Aldeído ou Cetona}}{\text{RR'C=O}} + \underset{\text{2,4-Dinitrofenilhidrazina}}{H_2N\text{—}NH\text{—}C_6H_3(NO_2)_2} \xrightarrow{H^+} \underset{\textbf{2,4-Dinitrofenilhidrazona}}{\text{RR'C=N—NH—}C_6H_3(NO_2)_2} + H_2O$$

Alguns álcoois alílicos e benzílicos dão esse resultado de teste porque o reagente pode oxidá-los para aldeídos e cetonas, que, subsequentemente, reagem. Alguns álcoois podem ser contaminados com impurezas da carbonila, seja como resultado de seu método de síntese (redução) ou como resultado de sua oxidação pelo ar. Um precipitado formado a partir de pequenas quantidades de impurezas na solução será formado também em pequenas quantidades. Com cuidado, um teste que forneça apenas uma leve quantidade de precipitado normalmente pode ser ignorado. O espectro no infravermelho do composto deverá estabelecer sua identidade e identificar quaisquer impurezas presentes.

Teste de Tollens

Procedimento. O reagente deve ser preparado imediatamente antes de seu uso. Para preparar o reagente, misture 1 mL de solução de Tollens A com 1 mL de solução de Tollens B. Ocorrerá a formação de um precipitado de óxido de prata. Adicione uma solução (10%) de amônia diluída (gota a gota) à mistura, o suficiente para dissolver um pouco o óxido de prata. O reagente preparado desse modo pode ser utilizado imediatamente para o teste seguinte.

Dissolva uma gota de aldeído líquido ou 10 mg (aproximado) de um aldeído sólido na quantidade mínima de éter dietílico di(etileno glicol). Adicione essa solução, um pouco de cada vez, a 2–3 mL do reagente contido em um pequeno tubo de ensaio. Agite bem a solução. Se um espelho de prata for depositado nas paredes internas do tubo de ensaio, o teste será positivo. Em alguns casos, pode ser necessário aquecer o tubo de ensaio em um banho de água morna.

Compostos para teste. Aplique este teste em benzaldeído, butanal (butiraldeído) e ciclo-hexanona.

ADVERTÊNCIA

O reagente deve ser preparado imediatamente antes do uso e todos os resíduos precisam ser descartados imediatamente após o uso. Descarte quaisquer resíduos acidificando-os com ácido clorídrico a 5% e, então, colocando-os em um recipiente para rejeitos destinados a este propósito. Em repouso, o reagente tende a formar fulminato de prata, uma substância muito explosiva. Soluções contendo o reagente de Tollens misturado nunca devem ser armazenadas.

Reagentes. *Solução A*: dissolva 3,0 g de nitrato de prata em 30 mL de água. *Solução B*: prepare uma solução de 10% de hidróxido de sódio.

Discussão

A maioria dos aldeídos reduz a solução amoniacal de nitrato de prata para dar um precipitado de prata metálica. O aldeído é oxidado para um ácido carboxílico:

$$RCHO + 2\,Ag(NH_3)_2OH \longrightarrow 2\,Ag + RCOO^-NH_4^+ + H_2O + NH_3$$

Cetonas comuns não fornecem um resultado positivo neste teste, que deve ser utilizado somente se já houver sido demonstrado que o composto desconhecido é um aldeído ou uma cetona.

Teste do ácido crômico: teste alternativo

⇨ ADVERTÊNCIA

Existe a suspeita de que muitos compostos com cromo (VI) são carcinogênicos. Se você quiser executar este teste, primeiro, fale com seu professor. Frequentemente, o teste de Tollens irá distinguir facilmente entre aldeídos e cetonas, e você deve fazer o teste em primeiro lugar. Se você realizar o teste com ácido crômico, certifique-se de utilizar luvas para evitar o contato com este reagente. 

Procedimento. Dissolva uma gota de um aldeído líquido ou 10 mg (aproximado) de um aldeído sólido em 1 mL de acetona com grau reagente. Adicione várias gotas do reagente ácido crômico, uma gota de cada vez, enquanto agita a mistura. Um teste positivo é indicado por um precipitado verde e uma perda da cor laranja do reagente. Com aldeídos alifáticos, RCHO, a solução fica turva em cinco segundos, e um precipitado aparece em trinta segundos. Com aldeídos aromáticos, ArCHO, normalmente, leva de trinta a cento e vinte segundos para se formar um precipitado, mas com alguns deles, pode demorar ainda mais. Em alguns casos, contudo, é possível descobrir que parte da cor laranja original pode permanecer com um precipitado verde ou marrom. Isso deve ser interpretado como um teste positivo. Em um teste negativo, poderá se formar um precipitado de cor diferente do verde, em uma solução laranja.

Ao realizar o teste, certifique-se de que a acetona utilizada para o solvente não dá um teste positivo com o reagente. Adicione várias gotas do reagente ácido crômico a algumas gotas da acetona reagente contida em um pequeno tubo de ensaio. Deixe a mistura em repouso por três ou cinco minutos. Se nenhuma reação tiver ocorrido até esse momento, a acetona é suficientemente pura para se utilizar como solvente para o teste. Se o resultado for um teste positivo, tente com outro frasco de acetona.

Compostos para teste. Aplique este teste em benzaldeído, butanal (butiraldeído) e ciclo-hexanona.

Reagente. Dissolva 20 g de trióxido de cromo (CrO_3) em 60 mL de água fria em um béquer. Agitando, adicione lenta e cuidadosamente 20 mL de ácido sulfúrico concentrado à solução. O reagente deverá ser preparado na hora, sempre que necessário.

Discussão

Este teste tem como base o fato de que os aldeídos são facilmente oxidados para o ácido carboxílico correspondente, pelo ácido crômico. O precipitado verde é em razão do sulfato de cromo.

$$2\,CrO_3 + 2\,H_2O \xrightleftharpoons{H^+} 2\,H_2CrO_4 \xrightleftharpoons{H^+} H_2Cr_2O_7 + H_2O$$

$$3\,RCHO + \underset{\text{Laranja}}{H_2Cr_2O_7} + 3\,H_2SO_4 \longrightarrow 3\,RCOOH + \underset{\text{Verde}}{Cr_2(SO_4)_3} + 4\,H_2O$$

Álcoois primários e secundários também são oxidados por esse reagente (veja o Experimento 55H). Desse modo, este teste não é útil na identificação de aldeídos *a menos* que já tenha sido efetuada uma identificação positiva do grupo carbonila. Aldeídos fornecem um resultado de teste para a 2,4-dinitrofenilhidrazina, ao passo que os álcoois não o fazem.

Existem inúmeros outros testes utilizados para detectar o grupo funcional aldeído. A maior parte se baseia em uma oxidação facilmente detectável do aldeído para um ácido carboxílico. Os testes mais comuns são os de Tollens, de Fehling e de Benedict. Somente o teste de Tollens é descrito neste livro e, em geral, é considerado mais confiável que o teste com ácido crômico para aldeídos.

Teste com iodofórmio

Procedimento. Prepare um banho com água a 60–70 °C, em um béquer. Utilizando uma pipeta Pasteur, adicione seis gotas de um líquido desconhecido em um tubo de ensaio de 15 mm × 100 mm ou 15 mm × 125 mm. Como alternativa, é possível utilizar 0,06 g do sólido desconhecido. Dissolva o composto líquido ou sólido desconhecido em 2 mL de 1,2-dimetoxietano. Adicione 2 mL de solução aquosa de hidróxido de sódio a 10% e coloque o tubo de ensaio no banho de água quente. Em seguida, adicione 4 mL de solução de iodo–iodeto de potássio em porções de 1 mL ao tubo de ensaio. Tampe o tubo de ensaio e agite-o depois de adicionar cada porção do reagente iodo. Aqueça a mistura em um banho de água quente por cerca de cinco minutos, agitando o tubo de ensaio ocasionalmente. É provável que parte ou toda a cor escura do reagente de iodo seja descolorida.

Se a cor escura do reagente iodo ainda estiver aparente após o aquecimento, adicione uma solução de hidróxido de sódio a 10% até que a cor escura do reagente de iodo tenha sido eliminada. Agite a mistura no tubo de ensaio (tampado) durante a adição de hidróxido de sódio. Não é necessário tomar cuidado para evitar a adição de hidróxido de sódio em excesso.

Depois que a cor escura do iodo tiver sido descolorida, preencha o tubo de ensaio com água até atingir 2 cm do topo. Tampe o tubo de ensaio e agite-o com bastante força. Deixe o tubo em repouso por, pelo menos, quinze minutos à temperatura ambiente. O surgimento de um precipitado de iodofórmio amarelo-claro, CHI_3, constitui um teste positivo, indicando que a substância desconhecida é uma metil cetona ou um composto que é facilmente oxidado para uma metil cetona, como o 2-alcanol. Outras cetonas também irão descolorir a solução de iodo, mas elas não darão um precipitado de iodofórmio, a menos que exista uma impureza de uma metil cetona presente na substância desconhecida.

O precipitado amarelo normalmente se deposita lentamente no fundo do tubo de ensaio. Algumas vezes, a cor amarela do iodofórmio é encoberta por uma substância preta. Nesse caso, tampe o tubo de ensaio e agite-o com bastante força. Se a cor escura persistir, adicione mais solução de hidróxido de sódio e agite novamente o tubo de ensaio. Em seguida, deixe o tubo em repouso por, pelo menos, quinze minutos. Se houver alguma dúvida se o sólido é iodofórmio, colete o precipitado em um funil de Hirsch e seque-o. O iodofórmio se funde a 119–121 °C.

Você pode verificar, em algumas ocasiões, que a metilcetona dá somente uma coloração amarela à solução, em vez de um precipitado amarelo distinto. Tenha cuidado ao tirar qualquer conclusão deste resultado. Portanto, é melhor depender da RMN de hidrogênio para confirmar a presença de um grupo metila conectado diretamente ao grupo carbonila (simpleto a cerca de 2 ppm).

Compostos para teste. Aplique este teste em 2-heptanona, 4-heptanona (dipropil cetona) e 2-pentanol.

Reagentes. O reagente de iodo é preparado pela dissolução de 20 g de iodeto de potássio e 10 g de iodo em 100 mL de água. A solução aquosa de hidróxido de sódio é preparada dissolvendo-se 10 g de hidróxido de sódio em 100 mL de água.

Discussão

A base deste teste é a capacidade que determinados compostos têm de formar um precipitado de iodofórmio quando tratados com uma solução básica de iodo. As metilcetonas são os tipos mais comuns de compostos que dão um resultado positivo neste teste. Contudo, um acetaldeído, CH_3CHO, e álcoois com o grupo hidroxila na 2ª posição da cadeia também dão um precipitado de iodofórmio. Os 2-alcanóis do tipo descrito são facilmente oxidados para metilcetonas sob as condições da reação. O outro produto da reação, além do iodofórmio, é o sal sódico ou potássico de um ácido carboxílico.

$$\underset{\text{Um 2-alcanol}}{R-\underset{|}{\overset{OH}{C}}H-CH_3} \xrightarrow[NaOH]{I_2} \underset{\text{Uma metilcetona}}{R-\overset{O}{\overset{\|}{C}}-CH_3} \xrightarrow[NaOH]{I_2} R-\overset{O}{\overset{\|}{C}}-CI_3 \xrightarrow{OH^-} R-\overset{O}{\overset{\|}{C}}-O^- + \underset{\text{Iodofórmio (precipitado amarelo)}}{HCI_3}$$

Um 2-alcanol | Uma metilcetona | Iodofórmio (precipitado amarelo)

Teste com cloreto férrico

Procedimento. Alguns aldeídos e cetonas, aqueles que têm um elevado **conteúdo de enol**, fornecem um teste com cloreto férrico positivo, conforme descrito para os fenóis, no Experimento 55F.

Espectroscopia

Infravermelho

O grupo carbonila, normalmente, é um dos grupos de absorção mais fortes no espectro no infravermelho, com um intervalo muito amplo: 1800–1650 cm^{-1}. O grupo funcional aldeído tem absorções de estiramento C—H, que são *muito características*: dois picos agudos que estão muito *distantes* da região comum para —C—H, =C—H ou ≡C—H.

Aldeídos	Cetonas
Estiramento C=O em aproximadamente	Estiramento C=O em aproximadamente
1725 cm^{-1} é normal.	1715 cm^{-1} é normal.
1725–1685 cm^{-1}.*	1780–1665 cm^{-1}.*
O estiramento C—H (aldeído–CHO) tem duas bandas fracas em aproximadamente 2750 cm^{-1} e 2850 cm^{-1}.	

Veja a Técnica 25 para saber mais detalhes.

Ressonância magnética nuclear

Os hidrogênios alfa para um grupo carbonila têm ressonância na região entre 2 ppm e 3 ppm. O hidrogênio de um grupo aldeído tem uma ressonância característica entre 9 ppm e 10 ppm. Em aldeídos, existe acoplamento entre o hidrogênio do aldeído e quaisquer hidrogênios alfa (J = 1–3 Hz).

Veja a Técnica 26 para saber mais detalhes sobre a RMN de hidrogênios. O RMN de carbono é descrito na Técnica 27.

Derivados

Os derivados de aldeídos e cetonas mais comuns são as 2,4-dinitrofenilhidrazonas, oximas e semicarbazonas. Os procedimentos para a preparação desses derivados são dados no Apêndice 2.

$$R_2C=O + H_2N-NH-C_6H_3(NO_2)_2 \longrightarrow R_2C=N-NH-C_6H_3(NO_2)_2 + H_2O$$

2,4-Dinitrofenil-hidrazina | 2,4-Dinitrofenil-hidrazona

*A **conjugação** move a absorção para frequências menores. A **tensão do anel** (cetonas cíclicas) move a absorção para frequências maiores.

$$R_2C{=}O + H_2N{-}OH \longrightarrow R_2C{=}N{-}OH + H_2O$$

Hidroxilamina Oxima

$$R_2C{=}O + H_2N{-}NH{-}C({=}O){-}NH_2 \longrightarrow R_2C{=}N{-}NH{-}C({=}O){-}NH_2 + H_2O$$

Semicarbazida Semicarbazona

Experimento 

Ácidos carboxílicos

$$R{-}C({=}O){-}OH$$

Os ácidos carboxílicos são detectáveis principalmente por suas características de solubilidade. Eles são solúveis em *ambas* as soluções, a de hidróxido de sódio e de bicarbonato de sódio diluído.

Características de solubilidade					Testes de classificação
HCl	$NaHCO_3$	NaOH	H_2SO_4	Éter	pH de uma solução aquosa
(–)	(+)	(+)	(+)	(+)	Bicarbonato de sódio
Água:	< C6(+)				Nitrato de prata
	> C6(–)				Equivalente de neutralização

MEIO SUGERIDO PARA O DESCARTE DE REJEITOS

Descarte todas as soluções aquosas no recipiente designado para rejeitos aquosos. Quaisquer compostos orgânicos restantes devem ser descartados no recipiente apropriado para rejeitos orgânicos.

TESTES DE CLASSIFICAÇÃO

pH de uma solução aquosa

Procedimento. Se o composto for solúvel em água, simplesmente prepare uma solução aquosa e verifique o pH com o papel de pH. Se o composto for um ácido, a solução terá um pH baixo. Compostos que são insolúveis em água podem ser dissolvidos em etanol (ou metanol) e água. Primeiro, dissolva o composto no álcool e, então, adicione água apenas até que a solução fique turva. Clareie a solução adicionando algumas gotas do álcool e, então, determine seu pH utilizando papel de pH.

Bicarbonato de sódio

Procedimento. Dissolva uma pequena quantidade do composto em uma solução aquosa de bicarbonato de sódio a 5%. Observe a solução cuidadosamente. Se o composto for um ácido, é possível ver bolhas de dióxido de carbono se formarem. Em alguns casos com sólidos, a evolução de dióxido de carbono pode não ser tão óbvia.

$$\mathbf{RCOOH + NaHCO_3 \longrightarrow RCOO^-Na^+ + H_2CO_3\ (instável)}$$

$$\mathbf{H_2CO_3 \longrightarrow CO_2 + H_2O}$$

Nitrato de prata

Procedimento. Os ácidos podem dar um teste falso com nitrato de prata, conforme descrito no Experimento 55B.

Equivalente de neutralização (opcional)

Procedimento. Pese com precisão (com até três algarismos significativos) aproximadamente 0,2 g do ácido e coloque em um frasco de Erlenmeyer de 125 mL. Dissolva o ácido em cerca de 50 mL de água ou etanol aquoso (não é preciso que o ácido se dissolva completamente, porque ele irá se dissolver quando for titulado). Titule o ácido utilizando uma solução de hidróxido de sódio de concentração em quantidade de matéria conhecida (aproximadamente 0,1 mol L^{-1}) e um indicador fenolftaleína.

Calcule o equivalente de neutralização (EN) por meio da equação a seguir

$$\mathrm{EN} = \frac{\textbf{ácido em mg}}{\textbf{concentração em quantidade de matéria de NaOH} \times \textbf{mL de NaOH adicionado}}$$

O EN é idêntico à massa equivalente do ácido. Se o ácido tiver somente um grupo carboxila, o equivalente de neutralização e a massa molecular do ácido são idênticos. Se o ácido tiver mais que um grupo carboxila, o equivalente de neutralização é igual à massa molecular do ácido dividida pelo número de grupos carboxila, isto é, a massa equivalente. O EN pode ser utilizado de modo muito semelhante a um derivado para identificar um ácido específico.

Alguns fenóis são suficientemente ácidos para se comportarem como ácidos carboxílicos. Isso é especialmente verdadeiro para aqueles que são substituídos com grupos retiradores de elétrons, nas posições *orto* e *para* de um anel. Esses fenóis, contudo, geralmente, podem ser eliminados pelo teste com cloreto férrico (veja o Experimento 55F) ou pela espectroscopia (os fenóis não têm grupo carbonil).

Espectroscopia

Infravermelho

O estiramento C=O é muito forte e, frequentemente, amplo, na região entre 1725 cm^{-1} e 1690 cm^{-1}.

O estiramento O—H apresenta uma absorção muito larga na região entre 3300 cm^{-1} e 2500 cm^{-1}; ele geralmente se sobrepõe à região de estiramento CH.

Veja a Técnica 25 para saber mais detalhes.

Ressonância magnética nuclear

O próton de um ácido de um grupo —COOH normalmente tem ressonância perto de 12,0 ppm. Veja a Técnica 26 para saber mais detalhes. A RMN de carbono é descrita na Técnica 27.

Derivados

Os derivados de ácidos, em geral, são amidas e são preparadas por meio do cloreto de ácido correspondente:

$$R-\overset{O}{\overset{\|}{C}}-OH + SOCl_2 \longrightarrow R-\overset{O}{\overset{\|}{C}}-Cl + SO_2 + HCl$$

Os derivados mais comuns são as amidas, as anilidas e *p*-toluididas.

$$R-\overset{O}{\overset{\|}{C}}-Cl + \underset{\text{Amônia (aq.)}}{2\,NH_4OH} \longrightarrow \underset{\text{Amida}}{R-\overset{O}{\overset{\|}{C}}-NH_2} + 2\,H_2O + NH_4Cl$$

$$R-\overset{O}{\overset{\|}{C}}-Cl + \underset{\text{Anilina}}{C_6H_5-NH_2} \longrightarrow \underset{\text{Anilida}}{R-\overset{O}{\overset{\|}{C}}-NH-C_6H_5} + HCl$$

$$R-\overset{O}{\overset{\|}{C}}-Cl + \underset{p\text{-Toluidina}}{CH_3-C_6H_4-NH_2} \longrightarrow \underset{p\text{-Toluidina}}{R-\overset{O}{\overset{\|}{C}}-NH-C_6H_4-CH_3} + HCl$$

Os procedimentos para a preparação desses derivados são dados no Apêndice 2.

Experimento 

Fenóis

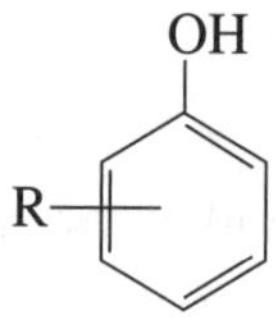

Assim como os ácidos carboxílicos, os fenóis são compostos ácidos. Contudo, exceto para os fenóis nitrossubstituídos (discutidos na seção que trata de solubilidades), eles não são tão ácidos como os ácidos carboxílicos. O p*Ka* de um fenol típico é 10, ao passo que o pK_a de um ácido carboxílico normalmente é próximo de 5. Assim, em geral, os fenóis não são solúveis na solução pouco básica de bicarbonato de sódio, mas se dissolvem na solução de hidróxido de sódio, que é mais fortemente básica.

Características de solubilidade					Testes de classificação
HCl	$NaHCO_3$	NaOH	H_2SO_4	Éter	Ânion de fenolato colorido
(–)	(–)	(+)	(+)	(+)	Cloreto férrico
Água: a maioria é insolúvel, embora o próprio fenol e os nitrofenóis sejam solúveis.					Teste com Ce(IV) Bromo/água

MEIO SUGERIDO PARA O DESCARTE DE REJEITOS

Descarte todas as soluções aquosas no recipiente designado para rejeitos aquosos. Quaisquer compostos orgânicos restantes precisam ser descartados no recipiente apropriado para rejeitos orgânicos.

TESTES DE CLASSIFICAÇÃO

Solução de hidróxido de sódio

Com fenóis que apresentam um alto grau de conjugação possível em sua base conjugada (o íon fenolato), em geral, o ânion é colorido. Para observar a cor, dissolva uma pequena quantidade do fenol em solução aquosa de hidróxido de sódio a 10%. Alguns fenóis não produzem cor. Outros têm um ânion insolúvel e fornecem um precipitado. Os fenóis mais ácidos, como os nitrofenóis, tendem mais para ânions coloridos.

Cloreto férrico

Procedimento. Adicione cerca de 50 mg do sólido desconhecido (2 mm ou 3 mm distante da extremidade de uma espátula) ou cinco gotas do líquido desconhecido a 1 mL de água. Agite a mistura com uma espátula, de modo que o máximo possível da substância desconhecida se dissolva em água.

Adicione à mistura várias gotas de uma solução aquosa de cloreto férrico a 2,5%. A maior parte dos fenóis solúveis em água produz uma cor vermelha intensa, azul, violeta ou verde. Algumas cores são transitórias e pode ser necessário observar a solução cuidadosamente à medida que as soluções são misturadas. A formação de uma cor geralmente é imediata, mas a cor pode não durar um grande período. Alguns fenóis não fornecem um resultado positivo neste teste, por isso, um teste negativo não deve ser considerado tão significativo sem outra evidência adequada.

Composto para teste. Aplique este teste em fenol.

Discussão

As cores observadas neste teste resultam da formação de um complexo dos fenóis com o íon Fe (III). Os compostos de carbonila que têm um alto conteúdo de enol também fornecem um resultado positivo neste teste. O teste com cloreto férrico funciona melhor com fenóis solúveis em água. Um teste mais confiável, especialmente para fenóis insolúveis em água, é o teste com Ce (IV).

Teste com Cério (IV)

Adicione 3 mL de 1,2-dimetoxietano a 0,5 mL do reagente Cério (IV) em um tubo de ensaio seco. Agite suavemente a solução para que seja misturada completamente e, então, adicione quatro gotas de um composto líquido para ser testado. Se você tiver um sólido, pode adicionar diretamente alguns miligramas do sólido à solução. Ocorrerá a dissolução suficiente para testar se um grupo —OH está presente. Agite suavemente a mistura e observe uma mudança de cor imediata, de uma solução amarelo alaranjado a um vermelho alaranjado ou um vermelho-escuro, indicando a presença de um fenol. O fenol não substituído, C_6H_5-OH, forma um precipitado marrom-escuro. Outros fenóis devem produzir uma solução vermelho escuro.

Compostos para teste. Aplique este teste ao β-naftol (2-naftol).

Reagente. Prepare uma solução de ácido nítrico 2 mol L^{-1} diluindo 12,8 mL de ácido nítrico concentrado até chegar a 100 mL, com água. Dissolva 8 g de nitrato de amônio cérico $[Ce(NH_4)_2(NO_3)_6]$ em 20 mL da solução de ácido nítrico.

Discussão

O teste com Ce (IV) oferece um modo mais confiável para se detectar a presença do grupo hidroxila em fenóis insolúveis em água do que o teste com cloreto férrico. Uma vez que os álcoois também produzem uma mudança de cor com este reagente, primeiro, é preciso distinguir entre álcoois e fenóis determinando-se o comportamento de solubilidade de seu composto. Os fenóis devem ser solúveis em hidróxido de sódio, ao passo que os álcoois não se dissolvem em hidróxido de sódio aquoso.

Água de bromo

Procedimento. Prepare uma solução aquosa 1% da substância desconhecida e, em seguida, adicione uma solução saturada de bromo em água, gota a gota, enquanto agita, até que a cor do bromo não mais seja descolorida. Um teste positivo é indicado pela precipitação de um produto de substituição, ao mesmo tempo em que a cor de bromo do reagente é descolorida.

Composto para teste. Aplique este teste em uma solução aquosa de fenol a 1%.

Discussão

Compostos aromáticos com substituintes ativadores do anel produzem um teste positivo com bromo em água. Esta é uma reação de substituição aromática que introduz átomos de bromo no anel aromático, nas posições *orto* e *para* ao grupo hidroxila. Todas as posições disponíveis geralmente são substituídas. O precipitado é o fenol bromado, que, normalmente, é insolúvel por causa de sua grande massa molecular.

$$\text{4-metilfenol} + 2\,Br_2 \longrightarrow \text{2,6-dibromo-4-metilfenol} + 2\,HBr$$

Outros compostos que geram um resultado positivo com este teste incluem os aromáticos, que têm substituintes ativadores diferentes da hidroxila. Estes compostos incluem anilinas e alcóxi-aromáticos.

Espectroscopia

Infravermelho

O estiramento O—H é observado próximo de 3400 cm^{-1}.

O estiramento C—O é observado próximo de 1200 cm^{-1}.

As típicas absorções do anel aromático entre 1600 cm^{-1} e 1450 cm^{-1} também são encontradas. O C—H aromático é observado perto de 3100 cm^{-1}.

Veja a Técnica 25 para saber mais detalhes.

Ressonância magnética nuclear

Prótons aromáticos são observados próximo de 7 ppm. O próton da hidroxila tem uma posição de ressonância que depende da concentração.

Veja a Técnica 26 para saber mais detalhes. A RMN de carbono é descrita na Técnica 27.

Derivados

Os fenóis formam os mesmos derivados que os álcoois (veja o Experimento 55H). Eles formam uretanos na reação com isocianatos. Os feniluretanos são utilizados por álcoois e os α-naftiluretanos são mais úteis para os fenóis. Assim como os álcoois, os fenóis produzem 3,5-dinitrobenzoatos.

$$C_{10}H_7{-}N{=}C{=}O + C_6H_5{-}OH \longrightarrow C_{10}H_7{-}NH{-}C(=O){-}O{-}C_6H_5$$

Isocianato de α-naftila **Um α-naftiluretano**

$$(O_2N)_2C_6H_3{-}C(=O){-}Cl + C_6H_5{-}OH \longrightarrow (O_2N)_2C_6H_3{-}C(=O){-}O{-}C_6H_5$$

Cloreto de 3,5-dinitrobenzoíla **Um 3,5-dinitrobenzoato**

Em vários casos, o reagente água de bromo produz bromo sólido derivado de fenóis. Estes derivados sólidos podem ser utilizados para caracterizar um fenol desconhecido. Os procedimentos para a preparação desses derivados são dados no Apêndice 2.

Experimento

Aminas

(1°) $R{-}\ddot{N}H_2$

(3°) $R{-}N(R)_2{:}$

(2°) $R_2\ddot{N}H$

As aminas são mais bem detectadas por seu comportamento de solubilidade e sua basicidade. Elas são os únicos compostos básicos fornecidos para este experimento. Portanto, assim que o composto tiver sido identificado como uma amina, o principal problema é decidir se ela é primária (1°), secundária (2°) ou terciária (3°). Em geral, isso pode ser decidido por testes com ácido nitroso ou por espectroscopia no infravermelho.

Características de solubilidade					Testes de classificação
HCl	$NaHCO_3$	NaOH	H_2SO_4	Éter	pH de uma solução aquosa
(+)	(–)	(–)	(+)	(+)	Teste de Hinsberg
Água:	< C6(+)				Teste com ácido nitroso
	> C6(–)				Cloreto de acetila

MEIO SUGERIDO PARA O DESCARTE DE REJEITOS

Os resíduos do teste com ácido nitroso devem ser despejados em um recipiente para dejetos contendo ácido clorídrico 6 mol L^{-1}. Descarte todas as soluções aquosas no recipiente destinado a dejetos aquosos. Quaisquer compostos orgânicos restantes devem ser descartados no recipiente apropriado para dejetos orgânicos.

TESTES DE CLASSIFICAÇÃO

Teste com ácido nitroso

Procedimento. Dissolva 0,1 g de uma amina em 2 mL de água, ao qual foram adicionadas oito gotas de ácido sulfúrico concentrado. Utilize um tubo de ensaio grande. Em geral, é formada uma quantidade considerável de sólido na reação de uma amina com ácido sulfúrico. É provável que esse sólido seja o sal sulfato de amina. Adicione cerca de 4 mL de água para ajudar a dissolver o sal. Nenhum sólido restante irá interferir com os resultados deste teste. Esfrie a solução a 5 °C ou menos, em um banho de gelo. Além disso, esfrie 2 mL de nitrito de sódio aquoso a 10% em outro tubo de ensaio. Em um terceiro tubo de ensaio, prepare uma solução de 0,1 g de β-naftol a 10% em 2 mL de hidróxido de sódio aquoso, e coloque em um banho de gelo para esfriar. Adicione a solução de nitrito de sódio frio, gota a gota, mantendo a agitação, à solução de amina resfriada. Observe se há bolhas de gás nitrogênio. Tenha cuidado para não confundir a evolução do gás nitrogênio incolor com a evolução do gás óxido de nitrogênio, de cor *marrom*. A substancial evolução de gás a 5 °C ou menos indica uma amina alifática primária, RNH_2. A formação de um óleo amarelo ou de um sólido, geralmente, indica uma amina secundária, R_2NH. Ou as aminas terciárias não reagem ou elas se comportam como aminas secundárias.

Se não houver nenhuma ou se houver pouca formação de gás a 5 °C, pegue *metade* da solução e aqueça-a lentamente, à temperatura ambiente. As bolhas de gás nitrogênio a essa temperatura elevada indicam que o composto original era um **aromático primário**, $ArNH_2$. Pegue a outra metade da solução e, gota a gota, adicione a solução de β-naftol em base. Se ocorrer a precipitação de um corante vermelho, foi demonstrado conclusivamente que as substâncias desconhecidas são um aromático primário, $ArNH_2$.

Compostos para teste. Aplique este teste com anilina, *N*-metilanilina e butilamina.

ADVERTÊNCIA

Os produtos desta reação podem incluir as nitrosaminas, as quais se suspeita que sejam carcinogênicas. Evite o contato e descarte todos os resíduos despejando-os em um recipiente para rejeitos contendo ácido clorídrico 6 mol L^{-1}.

Discussão

Antes de fazer este teste, você precisa provar definitivamente, por algum outro método, que a substância desconhecida é uma amina. Muitos outros compostos reagem com o ácido nitroso (fenóis, cetonas, tióis, amidas), e um resultado positivo com um deles pode levar a uma interpretação incorreta.

O teste é mais bem utilizado para distinguir aminas aromáticas *primárias* e aminas alifáticas *primárias* de aminas secundárias e terciárias, e também diferencia aminas primárias aromáticas e alifáticas. Mas ele não pode distinguir entre aminas secundárias e terciárias. Será necessário utilizar a espectroscopia no infravermelho para fazer a distinção entre aminas secundárias e terciárias. As aminas alifáticas primárias perdem gás nitrogênio em baixas temperaturas, sob as condições deste teste. As aminas aromáticas produzem um sal de diazônio mais estável e não perdem nitrogênio até que a temperatura aumente. Além disso, sais de diazônio aromáticos produzem um corante vermelho azo quando o β-naftol é adicionado. Aminas secundárias e terciárias produzem compostos nitrosos amarelos, que podem ser solúveis ou podem ser óleos ou sólidos. Muitos compostos nitrosos têm demonstrado ser carcinogênicos. Evite o contato e descarte imediatamente todas essas soluções em um recipiente para rejeitos que seja apropriado.

$$\underset{\text{Alifático}}{R{-}NH_2} \xrightarrow{HNO_2} \underset{\substack{\text{Íon diazônio}\\ \text{(instável a 5 °C)}}}{R{-}\overset{+}{N}{\equiv}N:} \longrightarrow R^+ + \underset{\text{Gás nitrogênio}}{:N{\equiv}N:}$$

$$Ar{-}NH_2 \xrightarrow{HNO_2} Ar{-}\overset{+}{N}{\equiv}N: \xrightarrow{\Delta} Ar^+ + :N{\equiv}N:$$

Aromático — Íon diazônio (estável a 5 °C)

$\xrightarrow{\beta\text{-naftol}}$ Corante azo

$$R_2N{-}H \xrightarrow{HNO_2} R_2N{-}N{=}O$$

Qualquer amina secundária — Derivado nitroso

Teste de Hinsberg

Um tradicional método para classificar aminas é o **teste de Hinsberg**. Uma discussão sobre este teste pode ser encontrada nos livros abrangentes relacionados antes do Experimento 55A. Descobrimos que a espectroscopia no infravermelho é um método mais confiável para distinguir entre aminas primárias, secundárias e terciárias.

pH de uma solução aquosa

Procedimento. Se o composto for solúvel em água, simplesmente prepare uma solução aquosa e verifique o pH com papel de pH. Se o composto for uma amina, ela será básica e a solução terá um pH elevado. Compostos que são insolúveis em água podem ser dissolvidos em etanol–água ou 1,2-dimetoxietano–água.

Cloreto de acetila

Procedimento. Aminas primárias e secundárias fornecem um resultado positivo para o teste com cloreto de acetila (liberação de calor). Este teste é descrito para álcoois no Experimento 55H. Cuidadosamente, adicione gota a gota o cloreto de acetila à amina líquida. Essa reação pode ser muito exotérmica e violenta! Quando a mistura de teste for diluída em água, aminas primárias e secundárias geralmente dão um derivado sólido da acetamida; as aminas terciárias não.

Compostos para teste. Aplique este teste com anilina e butilamina.

Espectroscopia

Infravermelho

Estiramento N—H. As aminas primárias alifáticas e aromáticas mostram duas absorções (dupleto em razão de estiramentos simétricos e assimétricos) na região 3500–3300 cm^{-1}. Aminas secundárias mostram uma única absorção nessa região. Aminas terciárias não têm ligações N—H.

Deformação N—H. As aminas primárias têm uma forte absorção em 1640–1560 cm^{-1}. As aminas secundárias apresentam uma absorção em 1580–1490 cm^{-1}. As aminas aromáticas mostram faixas típicas para o anel aromático na região 1600–1450 cm^{-1}.

O C—H aromático é observado perto de 3100 cm^{-1}.

Veja a Técnica 25 para saber mais detalhes.

Ressonância magnética nuclear

A posição de ressonância de hidrogênios da amina é extremamente variável. A ressonância também pode ser muito larga (acoplamento quadripolar). As aminas aromáticas dão ressonâncias perto de 7 ppm por causa dos hidrogênios do anel aromático.

Veja a Técnica 26 para saber mais detalhes. A RMN de carbono é descrita na Técnica 27.

Derivados

Os derivados de aminas mais facilmente preparados são as acetamidas e as benzamidas. Esses derivados funcionam bem para as aminas primárias e secundárias, mas não para as aminas terciárias.

$$CH_3—\overset{O}{\overset{\|}{C}}—Cl + RNH_2 \longrightarrow CH_3—\overset{O}{\overset{\|}{C}}—NH—R + HCl$$

Cloreto de acetila — Uma acetamida

$$C_6H_5—\overset{O}{\overset{\|}{C}}—Cl + RNH_2 \longrightarrow C_6H_5—\overset{O}{\overset{\|}{C}}—NH—R + HCl$$

Cloreto de benzoila — Uma benzamida

O derivado mais geral que pode ser preparado é o sal de ácido pícrico, ou picrato, de uma amina. Esse derivado pode ser utilizado para aminas primárias, secundárias e terciárias.

Tome muito cuidado quando trabalhar com soluções saturadas de ácido pícrico, pois ele pode detonar quando aquecido acima de 300 °C! Também se sabe que ele explode quando é aquecido rapidamente. Por essa razão, recomenda-se, com veemência, que você fale com seu professor antes de preparar esse derivado.

$$C_6H_2(NO_2)_3OH + R_3N: \longrightarrow C_6H_2(NO_2)_3O^- \quad R_3NH^+$$

Ácido pícrico — Um picrato

Para aminas terciárias, o sal metiodeto, em geral, é útil.

$$CH_3I + R_3N: \longrightarrow CH_3—NR_3{}^+I^-$$

Um metiodeto

Os procedimentos para a preparação de derivados a partir de aminas podem ser encontrados no Apêndice 2.

Experimento 

Álcoois

Álcoois são compostos neutros. As únicas outras classes de compostos neutros utilizadas neste experimento são os aldeídos, cetonas e ésteres. Os álcoois e ésteres geralmente não produzem um teste positivo para a 2,4-dinitrofenilhidrazina; os aldeídos e cetonas sim. Os ésteres não reagem com o CE (IV) ou cloreto de acetila, ou com o reagente de Lucas, como os álcoois fazem, e eles são facilmente distinguidos dos álcoois, tendo isso como base. Álcoois primários e secundários são facilmente oxidados; os ésteres e álcoois terciários não são. Uma combinação do teste de Lucas e do teste com ácido crômico irá diferenciar entre os álcoois primários, secundários e terciários.

(1°) RCH_2OH

(3°) $R_3C—OH$

(2°) $R_2CH—OH$

Características de solubilidade					Testes de classificação
HCl	$NaHCO_3$	NaOH	H_2SO_4	Éter	Teste com cério (IV)
(–)	(–)	(–)	(+)	(+)	Cloreto de acetila
Água:	< C6(+)				Teste de Lucas
	> C6(–)				Teste com ácido crômico
					Teste com iodofórmio

MEIO SUGERIDO PARA O DESCARTE DE REJEITOS

Qualquer solução contendo cromo precisa ser descartada colocando-a em um recipiente especificamente identificado para o descarte de rejeitos de cromo. Descarte todas as outras soluções aquosas no recipiente designado para rejeitos aquosos. Quaisquer compostos orgânicos restantes têm de ser descartados no recipiente apropriado para rejeitos orgânicos.

TESTES DE CLASSIFICAÇÃO

Teste com cério (IV)

Procedimento para compostos solúveis ou parcialmente solúveis em água. Adicione 3 mL de água a 0,5 mL do reagente cério (IV) em um tubo de ensaio. Agite delicadamente a solução para que seja completamente misturada e, então, adicione quatro gotas do composto a ser testado. Agite delicadamente a mistura e observe uma imediata mudança de cor de uma solução amarelo alaranjado para uma cor vermelho alaranjado ou vermelho escuro, indicando a presença de um grupo —OH em um álcool ou um fenol. O fenol forma um precipitado marrom-escuro.

Compostos para teste. Aplique este teste em 1-butanol, 2-pentanol, 2-metil-2-butanol, fenol, butanal, ciclohexanona e acetato de etila.

Procedimento para compostos insolúveis em água. Adicione 3 mL de 1,2-dimetoxietano a 0,5 mL do reagente cério (IV) em um tubo de ensaio seco. Agite delicadamente a solução para que seja misturada completamente e, então, adicione quatro gotas de um composto líquido a ser testado. Se você tiver um sólido, pode adicionar diretamente alguns miligramas do sólido à solução. Uma quantidade suficiente será dissolvida para testar se um grupo—OH está presente. Agite delicadamente a mistura e observe uma imediata mudança de cor de uma solução amarelo alaranjado para um marrom avermelhado, indicando a presença de um álcool ou fenol.

Compostos para teste. Aplique este teste em 1-octanol β-naftol (2-naftol) e ácido benzoico.

Reagente. Prepare uma solução de ácido nítrico 2 mol L^{-1} diluindo 12,8 mL de ácido nítrico concentrado com 100 mL de água. Dissolva 8 g de nitrato de amônio cérico $[Ce(NH_4)_2(NO_3)_6]$ em 20 mL da solução de ácido nítrico diluído.

Discussão

Os álcoois e fenóis primários, secundários e terciários formam complexos coloridos na proporção de 1:1, com CE (IV) e constitui uma excelente maneira de detectar grupos hidroxila. Contudo, isso é limitado a compostos a não mais do que dez átomos de carbono. Infelizmente, o teste não pode distinguir entre álcoois primários, secundários e terciários. O teste de Lucas ou o teste com óxido de cromo tem de ser utilizado para esse propósito. Ésteres, cetonas, ácidos carboxílicos e aldeídos simples não modificam a cor do reagente e dão um teste negativo com o reagente CE (IV). Desse modo, ésteres e outros compostos neutros podem ser distinguidos dos álcoois por meio deste teste. As aminas produzem um precipitado branco floculento, com esse reagente. As soluções de cério podem oxidar álcoois, mas isso geralmente ocorre quando a solução é aquecida ou quando o álcool está em contato com o reagente por longos períodos.

Cloreto de acetila

Procedimento. Adicione cuidadosamente cerca de cinco a dez gotas de cloreto de acetila, gota a gota, a aproximadamente 0,25 mL do álcool líquido contido em um pequeno tubo de ensaio. A evolução do calor e do gás cloreto de hidrogênio indica uma reação positiva. Verifique a evolução de HCl com um pedaço de papel úmido de tornassol azul. O cloreto de hidrogênio fará o papel de tornassol ficar vermelho. Às vezes, adicionar água fará precipitar o acetato.

Compostos para teste. Aplique este teste com o 1-butanol.

Discussão

Cloretos de ácidos reagem com álcoois para formar ésteres. O cloreto de acetila forma ésteres de acetato.

$$CH_3-\overset{\overset{\displaystyle O}{\|}}{C}-Cl + ROH \longrightarrow CH_3-\overset{\overset{\displaystyle O}{\|}}{C}-O-R + HCl$$

Normalmente, a reação é exotérmica e o calor produzido é facilmente detectado. Os fenóis reagem com cloretos de ácidos da mesma forma que os álcoois reagem. Assim, os fenóis devem ser eliminados como possibilidade, antes de se tentar fazer este teste. As aminas também reagem com o cloreto de acetila para produzir calor (veja a Experimento 55G). Este teste não funciona bem com álcoois sólidos.

Teste de Lucas

Procedimento. Coloque 2 mL do reagente de Lucas em um pequeno tubo de ensaio e acrescente três a quatro gotas do álcool. Tampe o tubo de ensaio e agite-o com bastante força. Álcoois terciários (3°), benzílicos e alílicos formam uma turvação imediata na solução à medida que o haleto de alquila insolúvel se separa da solução aquosa. Depois de um curto período, o haleto de alquila imiscível pode formar uma camada separada. Álcoois secundários (2°) produzem uma turvação após dois a cinco minutos. Álcoois primários (1°) se dissolvem no reagente para formar uma solução clara (sem turvação). Talvez seja necessário aquecer levemente alguns álcoois secundários para estimular a reação com o reagente.

NOTA

Este teste funciona somente para álcoois que são solúveis no reagente. Geralmente, isso significa que álcoois com mais de seis átomos de carbono não podem ser testados.

Compostos para teste. Aplique este teste com 1-butanol (álcool n-butílico), 2-butanol (álcool *sec*-butílico) e 2-metil-2-propanal (álcool *t*-butílico).

Reagente. Resfrie 10 mL de ácido clorídrico concentrado em um béquer, utilizando um banho de gelo. Enquanto continua a resfriar e agitar, dissolva no ácido 16 g de cloreto de zinco anidro.

Este teste depende do surgimento de um cloreto de alquila como uma segunda camada insolúvel quando um álcool é tratado com uma mistura de ácido clorídrico e cloreto de zinco (reagente de Lucas):

$$R{-}OH + HCl \xrightarrow{ZnCl_2} R{-}Cl + H_2O$$

Os álcoois primários não reagem à temperatura ambiente; portanto, o álcool é visto simplesmente como um meio para dissolver. Os álcoois secundários reagem lentamente, ao passo que os álcoois terciários, benzílicos e alílicos reagem instantaneamente. Essas reatividades relativas são explicadas na mesma base que a reação de nitrato de prata, que é discutida no Experimento 55B. Carbocátions primários são instáveis e não se formam sob as condições deste teste; assim, não são observados resultados para os álcoois primários.

$$R_3C{-}OH + ZnCl_2 \longrightarrow R_3C{-}\overset{\delta^+}{O}(H){\cdots}\overset{\delta^-}{Z}nCl_2 \longrightarrow \left[R_3C^+\right] \xrightarrow{Cl^-} R_3C{-}Cl$$

O teste de Lucas não funciona bem com álcoois sólidos ou álcoois líquidos contendo seis ou mais átomos de carbono.

Teste com ácido crômico: teste alternativo

⇨ ADVERTÊNCIA

Existe a suspeita de muitos compostos de cromo (VI) serem carcinogênicos. Se você quiser realizar este teste, primeiro, fale com seu professor. O teste de Lucas irá distinguir entre os álcoois 1°, 2° e 3°, e deve ser feito em primeiro lugar. Se você efetuar o teste com ácido crômico, certifique-se de usar luvas para evitar o contato com este reagente.

Procedimento. Dissolva uma gota de um álcool líquido ou cerca de 10 mg de um álcool sólido em 1 mL de acetona com grau reagente. Adicione uma gota do reagente ácido crômico, e anote o resultado que ocorre dentro de dois segundos. Um teste positivo para um álcool primário ou secundário é o surgimento de uma cor azul esverdeada. Álcoois terciários não produzem o resultado do teste em dois segundos, e a solução permanece com a cor laranja. Para garantir que o solvente acetona seja puro e não produza um teste com resultado positivo, adicione uma gota de ácido crômico a 1 mL de acetona que não tenha uma substância desconhecida dissolvida nela. A cor laranja do reagente deverá persistir por, pelo menos, três segundos. Caso contrário, deverá ser utilizado um novo frasco de acetona.

Compostos para teste. Aplique este teste com 1-butanol (álcool n-butílico), 2-butanol (álcool *sec*-butílico) e 2-metil-2-propanol (álcool *t*-butílico).

Reagente. Dissolva 20 g de trióxido de cromo (CrO_3) em 60 mL de água fria em um béquer. Adicione uma barra magnética de agitação à solução. Enquanto mantém a agitação, adicione, lenta e cuidadosamente, 20 mL de ácido sulfúrico concentrado à solução. Este reagente deve ser preparado na hora, cada vez que for necessário.

Discussão

Este teste tem como base a redução do cromo (VI), que tem cor laranja, para o cromo(III), que é verde, quando um álcool é oxidado pelo reagente. A mudança de cor do reagente, do laranja para o verde, representa um teste positivo. Álcoois primários são oxidados pelo reagente para ácidos carboxílicos; álcoois secundários são oxidados para cetonas.

$$2\,CrO_3 + 2\,H_2O \xrightarrow{H^+} 2\,H_2CrO_4 \xrightarrow{H^+} H_2Cr_2O_7 + H_2O$$

$$R-\underset{OH}{\overset{H}{\underset{|}{\overset{|}{C}}}}-H \xrightarrow{Cr_2O_7^{2-}} R-\underset{O}{\underset{\|}{C}}-H \xrightarrow{Cr_2O_7^{2-}} R-\underset{O}{\underset{\|}{C}}-OH$$

Álcoois primários

$$R-\underset{OH}{\overset{H}{\underset{|}{\overset{|}{C}}}}-R \xrightarrow{Cr_2O_7^{2-}} R-\underset{O}{\underset{\|}{C}}-R$$

Álcoois secundários

Embora os álcoois primários sejam, primeiramente, oxidados para aldeídos, os aldeídos são ainda mais oxidados para ácidos carboxílicos. A capacidade do ácido crômico de oxidar aldeídos, mas não cetonas, é considerada como vantagem em um teste que utiliza ácido crômico para distinguir entre aldeídos e cetonas (veja o Experimento 55D). Álcoois secundários são oxidados para cetonas, mas não além disso. Álcoois terciários, efetivamente, não são oxidados pelo reagente; portanto, este teste pode ser utilizado para distinguir álcoois primários e secundários de álcoois terciários. Diferentemente do teste de Lucas, este teste pode ser utilizado com álcoois, independentemente da massa molecular e da solubilidade.

Teste com iodofórmio

Os álcoois com o grupo hidroxila na 2ª posição da cadeia resultam em um teste de iodofórmio positivo. Veja a discussão no Experimento 55D.

Espectroscopia

Infravermelho

Estiramento O–H. De média a forte e, geralmente, larga, a absorção ocorre na região 3600–3200 cm^{-1}. Em soluções diluídas ou com pequena ligação de hidrogênio, existe uma intensa absorção perto de 3600 cm^{-1}. Em soluções mais concentradas, ou com uma considerável ligação de hidrogênio, existe uma ampla absorção perto de 3400 cm^{-1}. Algumas vezes, as duas faixas aparecem.

Estiramento C–O. Existe uma forte absorção na região 1200–1500 cm^{-1}. Álcoois primários absorvem mais perto de 1050 cm^{-1}; álcoois terciários e fenóis absorvem perto de 1200 cm^{-1}. Álcoois secundários absorvem no meio desse intervalo.

Veja a Técnica 25 para saber mais detalhes.

Ressonância magnética nuclear

A ressonância da hidroxila é extremamente dependente da concentração, mas geralmente é encontrada entre 1 ppm e 5 ppm. Sob condições normais, o hidrogênio da hidroxila não se acopla com os hidrogênios nos átomos de carbono adjacentes.

Veja a Técnica 26 para saber mais detalhes. A RMN de carbono é descrita na Técnica 27.

Derivados

Os derivados mais comuns para os álcoois são os ésteres de 3,5-dinitrobenzoato e os feniluretanos. Ocasionalmente, os α-naftiluretanos (Experimento 55F) também são preparados, mas esses últimos derivados são mais frequentemente utilizados para fenóis.

$$3,5\text{-}(O_2N)_2C_6H_3\text{-}C(=O)\text{-}Cl + ROH \longrightarrow 3,5\text{-}(O_2N)_2C_6H_3\text{-}C(=O)\text{-}O\text{-}R + HCl$$

Cloreto de 3,5 - dinitrobenzoila — Um 3,5 - dinitrobenzoato

$$C_6H_5\text{-}N{=}C{=}O + ROH \longrightarrow C_6H_5\text{-}NH\text{-}C(=O)\text{-}O\text{-}R$$

Isocianato de fenila — **Um feniluretano**

Os procedimentos para preparar esses derivados são apresentados no Apêndice 2.

Experimento 55I

Ésteres

$$R-\overset{\overset{\displaystyle O}{\|}}{C}-O-R'$$

Os ésteres são formalmente considerados "derivados" do ácido carboxílico correspondente. Frequentemente, eles são sintetizados a partir do ácido carboxílico e do álcool apropriados:

$$R\text{—COOH} + R'\text{—OH} \overset{H^+}{\rightleftharpoons} R\text{—COOR}' + H_2O$$

Desse modo, os ésteres, algumas vezes, são considerados compostos de uma parte ácido e uma parte álcool.

Apesar de os ésteres, assim como os aldeídos e cetonas, serem compostos neutros que têm um grupo carbonila, em geral, não fornecem um resultado de teste positivo para a 2,4-dinitrofenilhidrazina. Os dois testes mais comuns para a identificação de ésteres são o teste de hidrólise básica e o teste com hidroxamato férrico.

Características de solubilidade					Testes de classificação
HCl	$NaHCO_3$	NaOH	H_2SO_4	Éter	Teste com hidroxamato férrico
(–)	(–)	(–)	(+)	(+)	Hidrólise básica
Água:	< C4(+)				
	> C5(–)				

MEIO SUGERIDO PARA O DESCARTE DE REJEITOS

Soluções contendo hidroxilamina ou seus derivados devem ser colocados em um béquer contendo ácido clorídrico 6 mol L^{-1}. Descarte quaisquer outras soluções aquosas no recipiente designado para rejeitos aquosos. Quaisquer compostos orgânicos remanescentes devem ser descartados no recipiente apropriado para rejeitos orgânicos.

TESTES DE CLASSIFICAÇÃO

Teste com hidroxamato férrico

Procedimento. Antes de iniciar, é necessário determinar se o composto a ser testado já tem caráter enólico suficiente em solução ácida para dar um teste positivo com o cloreto férrico. Dissolva uma ou duas gotas do líquido desconhecido ou alguns cristais do sólido desconhecido em 1 mL de etanol a 95%, e adicione 1 mL de ácido clorídrico 1 mol L^{-1}. Adicione uma ou duas gotas de solução de cloreto férrico a 5%. Caso se forme uma cor de vinho, carmim ou marrom avermelhado, o teste com hidroxamato férrico não pode ser utilizado. Ele contém caráter enólico (veja o Experimento 55F).

Se o composto não mostrar caráter enólico, continue conforme descrito a seguir. Dissolva cinco ou seis gotas de um éster líquido, ou cerca de 40 mg de um éster sólido, em uma mistura de 1 mL de cloridrato de hidroxilamina 0,5 mol L^{-1} (dissolvida em etanol a 95%) e 0,4 mL de hidróxido de sódio 6 mol L^{-1}. Aqueça a mistura até que entre em ebulição por alguns minutos. Esfrie a solução e, então, adicione 2 mL de ácido clorídrico 1 mol L^{-1}. Se a solução ficar turva, adicione 2 mL de etanol a 95% para clareá-la. Adicione uma gota de solução de cloreto férrico a 5% e observe se alguma cor é produzida. Se a cor desaparecer, continue a adicionar cloreto férrico até que a cor persista. Um teste positivo deverá produzir uma cor de vinho, carmim ou marrom avermelhado.

Composto para teste. Aplique este teste com o butanoato de etila.

Discussão

Ao serem aquecidos com a hidroxilamina, os ésteres são convertidos para os ácidos hidroxâmicos correspondentes.

$$R\text{—}\overset{\overset{\displaystyle O}{\|}}{C}\text{—}O\text{—}R' + \underset{\text{Hidroxilamina}}{H_2N\text{—}OH} \longrightarrow \underset{\text{Um ácido hidroxâmico}}{R\text{—}\overset{\overset{\displaystyle O}{\|}}{C}\text{—}NH\text{—}OH} + R'\text{—}OH$$

Os ácidos hidroxâmicos formam complexos fortes e coloridos, com o íon férrico.

$$3\,R\text{—}\overset{\overset{\displaystyle O}{\|}}{C}\text{—}NH\text{—}OH + FeCl_3 \longrightarrow \left(\begin{matrix} R\diagdown\;\;\overset{}{C}{=}O \\ | \\ NH\text{—}O \end{matrix}\right)_3 Fe + 3\,HCl$$

Hidrólise básica (opcional)

Procedimento. Coloque 0,7 g do éster em um balão de fundo redondo de 10 mL, com 7 mL de hidróxido de sódio aquoso a 25%. Adicione uma pérola de ebulição e conecte um condensador a água. Utilize uma pequena quantidade de graxa de torneira para lubrificar a junta de vidro esmerilhado. Ferva a mistura por cerca de trinta minutos. Interrompa o aquecimento e observe a solução para determinar se a camada de éster oleoso desapareceu ou se o odor do éster (que geralmente é desagradável) desapareceu. Ésteres com baixo ponto de ebulição (abaixo de 110 °C) normalmente se dissolvem em trinta minutos, se a parte alcoólica tiver uma baixa massa molecular. Se o éster não tiver se dissolvido, reaqueça a mistura em refluxo por uma ou duas horas. Depois desse período, a camada de éster oleoso deverá ter desaparecido, com o odor característico. Os ésteres com pontos de ebulição de até 200 °C deverão se hidrolisar nesse período. Os compostos que permanecerem, após esse período maior de aquecimento, são ésteres não reativos ou nem mesmo são ésteres.

Para os ésteres derivados de ácidos sólidos, a parte ácida, se for desejado, pode ser recuperada depois da hidrólise. Extraia a solução básica com éter para remover qualquer éster que não tenha reagido (mesmo que pareça ter sumido), acidifique a solução básica com ácido clorídrico e extraia a fase ácida com éter para remover o ácido. Seque a camada de éter sobre sulfato de sódio anidro, decante e evapore o solvente para obter o ácido original a partir do éster original. O ponto de fusão do ácido original pode fornecer valiosas informações no processo de identificação.

Discussão

Este procedimento converte o éster para sua parte ácida e parte alcoólica separada. O éster se dissolve porque a parte alcoólica (se for pequena) normalmente é solúvel em meio aquoso, assim como o sal sódico do ácido. A acidificação produz o ácido original.

$$\underset{\text{Éster}}{R{-}\overset{\overset{\displaystyle O}{\|}}{C}{-}O{-}R'} \xrightarrow{NaOH} \underset{\text{Sal da parte ácida}}{R{-}\overset{\overset{\displaystyle O}{\|}}{C}{-}O^{-}Na^{+}} + \underset{\text{Parte alcoólica}}{R'OH} \xrightarrow{HCl} R{-}\overset{\overset{\displaystyle O}{\|}}{C}{-}O{-}H + R'OH$$

Todos os derivados de ácidos carboxílicos são convertidos para o ácido original, na hidrólise básica. Portanto, as amidas, que não são analisadas neste experimento, também deverão se dissolver neste teste, liberando a amina livre e o sal sódico do ácido carboxílico.

Espectroscopia

Infravermelho

O pico do grupo carbonila (C=O) do éster normalmente indica uma forte absorção, assim como a absorção da ligação carbonila–oxigênio (C—O) para a parte alcoólica. O estiramento C=O aproximadamente a 1735 cm^{-1} é normal.[2] O estiramento C—O geralmente produz duas ou mais absorções, uma mais forte que as outras, na região 1280–1051 cm^{-1}.

Veja a Técnica 25 para saber mais detalhes.

Ressonância magnética nuclear

Hidrogênios que são alfa a um grupo carbonila de um éster têm ressonância na região 2–3 ppm. Hidrogênios alfa ao oxigênio do álcool de um éster têm ressonância na região 3–5 ppm.

Veja a Técnica 26 para saber mais detalhes. A RMN de carbono é descrita na Técnica 27.

Derivados

Os ésteres apresentam um duplo problema quando se tenta preparar derivados. Para caracterizar um éster completamente, é preciso preparar derivados de *ambas* as partes, a parte ácida e a parte alcoólica.

Parte ácida

O mais comum derivado do ácido é o derivado *N*-benzilamida.

---

[2] A conjugação com o grupo carbonila move a absorção da carbonila para frequências menores. A conjugação com o oxigênio do álcool aumenta a absorção da carbonila para frequências maiores. A tensão no anel (lactonas) move a absorção da carbonila para frequências maiores.

$$R-\overset{\overset{\displaystyle O}{\|}}{C}-O-R' + C_6H_5-CH_2-NH_2 \longrightarrow R-\overset{\overset{\displaystyle O}{\|}}{C}-NH-CH_2-C_6H_5 + R'OH$$

Uma *N*-benzilamida

A reação não prossegue bem a menos que R^+ seja metila ou etila. Para porções alcoólicas que são maiores, o éster precisa ser transesterificado para um éster metila ou etila, antes de preparar o derivado.

$$R-\overset{\overset{\displaystyle O}{\|}}{C}-OR' + CH_3OH \xrightarrow{H^+} R-\overset{\overset{\displaystyle O}{\|}}{C}-O-CH_3 + R'OH$$

A hidrazina também reage bem com os ésteres metila e etila para formar hidrazidas ácidas.

$$R-\overset{\overset{\displaystyle O}{\|}}{C}-OR' + NH_2NH_2 \longrightarrow R-\overset{\overset{\displaystyle O}{\|}}{C}-NHNH_2 + R'OH$$

Uma hidrazida ácida

Parte alcoólica

O melhor derivado da parte alcoólica de um éster é o éster 3,5-dinitrobenzoato, que é preparado por uma reação de intercâmbio com acila.

$$(NO_2)_2C_6H_3-\overset{\overset{\displaystyle O}{\|}}{C}-OH + R-\overset{\overset{\displaystyle O}{\|}}{C}-OR' \xrightarrow{H_2SO_4} (NO_2)_2C_6H_3-\overset{\overset{\displaystyle O}{\|}}{C}-OR' + RCOOH$$

Um éster 3,5-dinitrobenzoato

A maioria dos ésteres são compostas de porções muito simples de ácidos e alquilas. Por essa razão, a espectroscopia geralmente é um melhor método de identificação que a preparação de derivados. Não somente é necessário preparar dois derivados com um éster, mas todos os ésteres com a mesma porção de ácido ou todos aqueles com a mesma porção alcoólica produzirão derivados idênticos dessas porções.

PARTE 6

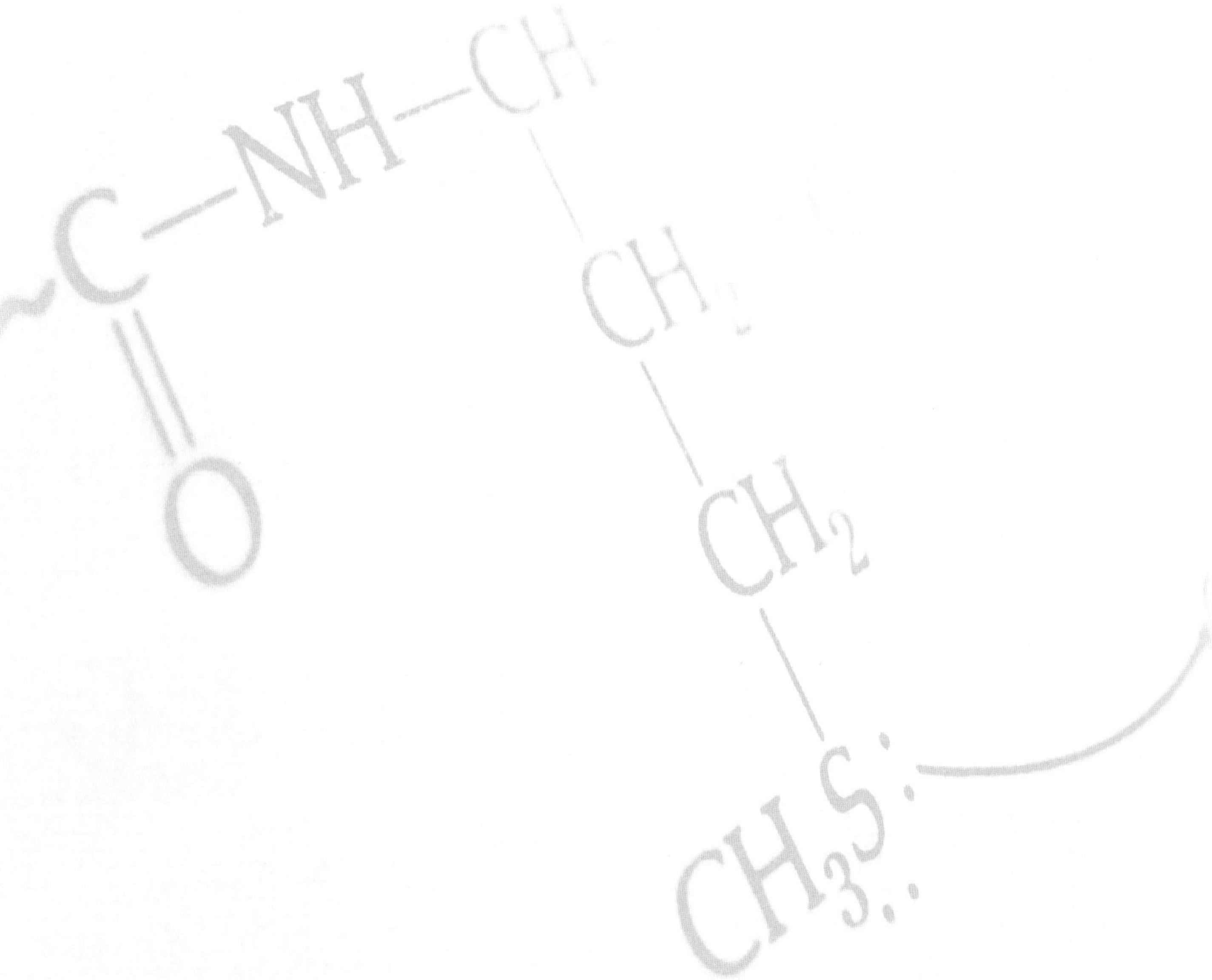

Experimentos com base em projetos

Experimento 56

Preparação de um éster acetato C-4 ou C-5

Esterificação

Funil de separação

Destilação simples

Química auxiliada por micro-ondas

Neste experimento, preparamos um éster a partir de ácido acético e de um álcool C-4 ou um C-5. Este experimento é similar à preparação de acetato de isopentila, descrito no Experimento 12. Contudo, agora, seu professor irá determinar ou você escolherá um dos seguintes álcoois C-4 ou C-5 para reação com o ácido acético:

1-butanol (álcool *n*-butílico)	1-pentanol (álcool *n*-pentílico)
2-butanol (álcool *sec*-butílico)	2-pentanol
2-metil-1-propanol (álcool isobutílico)	3-pentanol
3-metil-1-butanol (álcool isopentílico)	ciclopentanol

Se houver um espectrômetro de RMN disponível, talvez, seu professor queira lhe fornecer um desses álcoois como uma substância desconhecida, permitindo que você determine qual álcool é fornecido. Para este propósito, é possível utilizar os espectros no infravermelho e de RMN, assim como os pontos de ebulição do álcool e de seu éster.

Como opção, se sua classe estiver equipada com um sistema de reação em micro-ondas, você pode utilizá-lo para preparar ésteres de qualquer um dos álcoois enumerados aqui.

LEITURA EXIGIDA

Revisão:	Técnicas 12, 13 e 14	
	Experimento 12	
	Ensaio 5	Ésteres – sabores e fragrâncias
	Técnica 7	Seção 7.2 (opcional)

INSTRUÇÕES ESPECIAIS

Tenha cuidado quando descartar os ácidos sulfúrico e acético. Eles são muito corrosivos e atacarão sua pele, se entrarem em contato com ela. Caso isso aconteça, lave a área afetada com água corrente em abundância durante dez a quinze minutos.

Se você escolher o 2-butanol como seu material de partida, reduza a quantidade de ácido sulfúrico concentrado para 0,5 mL. Diminua também o tempo de aquecimento para sessenta minutos ou menos. Os álcoois secundários têm a tendência de produzir uma porcentagem significativa de eliminação em soluções fortemente ácidas. Certos álcoois podem passar por eliminação, levando à formação de algum material com baixo ponto de ebulição (alcenos). Além disso, o ciclopentanol forma um pouco de éter diciclopentílico, um sólido.

NOTAS PARA O PROFESSOR

Foi incluída uma opção neste experimento, que envolve o uso de um sistema de reação em micro-ondas. Para esses laboratórios onde este dispositivo está disponível, recomendamos que o professor carregue e execute as amostras dos alunos ou forneça instruções para os alunos sobre o uso desse sistema específico. Neste procedimento, não foram incluídos comandos específicos para o instrumento.

MEIO SUGERIDO PARA O DESCARTE DE REJEITOS

Quaisquer soluções aquosas devem ser colocadas no recipiente designado para rejeitos aquosos diluídos. Coloque qualquer éster em excesso no recipiente para rejeitos não halogenados. Observe que seu professor pode estabelecer um método diferente de coleta de rejeitos para este experimento.

PROCEDIMENTO

Aparelho. Monte um aparelho de refluxo utilizando um balão de fundo redondo de 25 mL e um condensador resfriado à água (veja a Técnica 7, Figura 7.6). A fim de controlar vapores, coloque um tubo de secagem empacotado com cloreto de cálcio na parte superior do condensador. Utilize uma manta de aquecimento para aquecer a reação.

Mistura da reação. Pese (com tara) uma proveta de 10 mL, vazia, e registre sua massa. Coloque aproximadamente 5,0 mL de seu álcool selecionado na proveta e refaça a pesagem para determinar a massa do álcool. Desconecte o balão de fundo redondo do aparelho de refluxo e transfira o álcool para ele. Não limpe nem lave a proveta. Utilizando a mesma proveta, meça aproximadamente 7,0 mL de ácido acético glacial (MM = 60,1, d = 1,06 g mL^{-1}), e adicione ao álcool que já está no frasco. Utilizando uma pipeta Pasteur calibrada, acrescente 1 mL de ácido sulfúrico concentrado (0,5 mL, se você tiver optado por 2-butanol), misturando imediatamente (agite à mistura da reação contida no frasco. Adicione uma pérola de ebulição de corindo e reconecte o frasco. Não utilize uma pérola de ebulição de carbonato de cálcio (mármore), porque ela se dissolverá no meio ácido.

Refluxo. Inicie a circulação da água no condensador e deixe a mistura ferver. Continue aquecendo sob refluxo por sessenta a setenta e cinco minutos. Em seguida, desconecte ou remova a fonte de aquecimento e deixe a mistura esfriar à temperatura ambiente.

Extrações. Desmonte o aparelho e transfira a mistura da reação para um funil de separação (de 125 mL) colocado em um anel conectado a um suporte universal. Certifique-se de que a torneira está fechada e, utilizando um funil, despeje a mistura no topo do funil de separação. Tenha também o cuidado de evitar transferir a pérola de ebulição, ou você precisará removê-la após a transferência. Adicione 10 mL de água, tampe o funil e misture as fases, agitando e ventilando cuidadosamente (veja a Técnica 12, Seção 12.4 e Figura 12.6). Deixe as fases se separarem e, então, destampe o funil e drene a camada aquosa inferior através da torneira em um béquer ou outro recipiente apropriado. Em seguida, extraia a camada orgânica com 5 mL de bicarbonato de sódio aquoso a 5%, assim como foi feito anteriormente com água. Extraia a camada orgânica novamente, desta vez, com 5 mL de cloreto de sódio aquoso saturado.

Secagem. Transfira o éster cru para um frasco de Erlenmeyer limpo e seco, de 25 mL, e adicione aproximadamente 1,0 g de sulfato de sódio anidro granular. Tampe a mistura e deixe-a em repouso por dez a quinze minutos enquanto prepara o aparelho para a destilação. Se a mistura não parecer seca (o agente de secagem se aglutina e não "flui", a solução fica turva, ou gotas de água são óbvias), transfira o éster para um novo frasco de Erlenmeyer, limpo e seco, de 25 mL, e adicione uma nova porção de 0,5 g de sulfato de sódio anidro granular para completar a secagem.

Destilação. Monte um aparelho de destilação utilizando seu menor balão de fundo redondo para destilar (veja a Técnica 14, Figura 14.1). Como alternativa, seu professor pode pedir que você monte um aparelho de destilação que funcione como "atalho" (veja a Técnica 14, Figura 14.5). Utilize uma manta de aquecimento para aquecer. Faça a pesagem prévia (tara) e utilize um balão de fundo redondo de 50 mL ou um pequeno frasco de Erlenmeyer para coletar o produto. À medida que a destilação começa, colete as duas ou três primeiras gotas de líquido em um recipiente separado. Esse é o material "precursor", que será uma mistura de água, álcool que não reagiu, e éster. Descarte o material. Conecte o balão de fundo redondo previamente pesado e continue a destilação. Mergulhe o frasco de coleta em um béquer de gelo para assegurar a condensação e diminuir odores. Se seu álcool não for desconhecido, você pode procurar seu ponto de ebulição em um manual; do contrário, é possível esperar que seu éster tenha um ponto de ebulição entre 95 °C e 150 °C. Continue a destilação até restar apenas 1 ou 2 gotas de líquido no balão de destilação. Registre o intervalo de ponto de ebulição observado em seu caderno de laboratório. Certifique-se de descartar o "precursor" em um recipiente específico para rejeitos.

Determinação de rendimento. Pese o produto e calcule o rendimento percentual do éster. Conforme a opção de seu professor, determine o ponto de ebulição utilizando um dos métodos descritos na Técnica 13, Seções 13.2 e 13.3.

Espectroscopia. Mais uma vez, de acordo com a opção de seu professor, obtenha um espectro no infravermelho empregando pastilhas de sal (veja a Técnica 25, Seção 25.2). Compare este espectro com aquele reproduzido no Experimento 12. O espectro de seu éster deverá ter características similares às que foram mostradas. Interprete o espectro e inclua-o em seu relatório para o professor. Talvez, também seja preciso determinar e interpretar os espectros de RMN de hidrogênio e de carbono 13 (veja a Técnica 26, Seções 26.1 e 26.2, e Técnica 27, Seção 27.1). Encaminhe sua amostra em um frasco apropriadamente rotulado, com seu relatório.

Exercício opcional: cromatografia em fase gasosa. Segundo a opção de seu professor, faça uma análise cromatográfica na fase gasosa de seu éster. Ou seu professor lhe fornecerá um cromatograma na fase gasosa de seu álcool inicial ou você é quem deverá determinar um cromatograma, ao mesmo tempo em que faz a análise de seu éster. Utilizando os dois cromatogramas, identifique os picos do álcool e do éster, e calcule a porcentagem do álcool que não reagiu (se houver algum) e ainda restar em sua amostra. Existe evidência de algum produto resultante de uma reação de eliminação simultânea? Anexe os cromatogramas ao seu caderno de laboratório ou ao seu relatório final e certifique-se de incluir uma avaliação dos resultados obtidos em seu relatório.

Procedimento opcional: esterificação com o auxilio de micro-ondas. Adicione 1,4 ml do álcool que você selecionou, uma esfera de vidro, 2 ml de ácido acético glacial e 6 gotas de ácido sulfúrico concentrado em um tubo de reação para micro-ondas. Coloque uma barra magnética de agitação no tubo para micro-ondas e feche o tubo com a respectiva tampa. Encaminhe o seu tubo de reação preparado para o professor, que irá carregá-lo no sistema de reações em micro-ondas ou lhe fornecerá instruções operacionais específicas para seu sistema. Deixe as amostras reagirem por quinze minutos a 130 °C.

Quando a reação estiver concluída, transfira a mistura da reação do tubo de micro-ondas para um tubo para centrifugação de vidro, com capacidade de 15 mL. Adicione 2 mL de bicarbonato de sódio a 10%, tampe o tubo para centrifugação e agite-o com bastante força. Deixe que as duas camadas se separem e remova a camada aquosa inferior utilizando uma pipeta Pasteur. Repita mais uma vez a extração do bicarbonato de sódio e remova a camada aquosa inferior. Acrescente 2 mL de cloreto de sódio saturado à camada orgânica no tubo para centrifugação e agite-o com bastante força. Utilizando uma pipeta Pasteur, remova a camada orgânica superior e coloque-a em um frasco de Erlenmeyer. Seque o líquido orgânico sobre o sulfato de sódio anidro por aproximadamente dez minutos. Transfira o éster bruto para um balão de fundo redondo de 10 mL. Coloque uma barra magnética de agitação no frasco e configure o aparelho de destilação conforme descrito na Técnica 14, Figura 14.1. Prossiga com a destilação, utilizando o método explicado na seção "Destilação".

■ QUESTÕES ■

1. Um método de favorecer a formação de um éster é adicionar ácido acético em excesso. Sugira outro método, envolvendo o lado direito da equação, que favorecerá a formação do éster.

2. Por que a mistura é extraída com bicarbonato de sódio? Apresente uma equação e explique sua relevância.

3. Por que são observadas bolhas de gás?

4. Utilizando seu álcool, determine qual material de partida é o reagente limitante neste procedimento. Qual reagente é utilizado em excesso? De quanto é o excesso molar (quantas vezes é maior)?

5. Descreva um esquema de separação para isolar seu éster puro da mistura da reação.

6. Interprete as principais faixas de absorção no espectro no infravermelho de seu éster, ou se você não tiver determinado o espectro no infravermelho de seu éster, faça-o para o espectro de acetato de isopentila, mostrado no Experimento 12. (A Técnica 25 pode ser de grande ajuda.)

7. Escreva um mecanismo para a esterificação catalisada por ácido que utilize seu álcool e ácido acético. Talvez, seja preciso consultar o capítulo sobre ácidos carboxílicos, em seu livro.

8. Álcoois terciários não funcionam bem no procedimento descrito para este experimento; eles dão um produto diferente daquele que é esperado. Explique isso e obtenha o produto esperado do álcool *t*-butílico (2-metil-2-propanol).

9. Por que o ácido acético glacial é denominado "glacial"? (Dica: consulte um manual de propriedades físicas.)

Experimento 57

Isolamento de óleos essenciais de pimenta-da-jamaica, cominho-armênio, canela, cravo, cominho, erva-doce ou anis-estrelado

Destilação a vapor

Extração

Cromatografia de alta performance na fase líquida

Espectroscopia no infravermelho

Cromatografia na fase gasosa – espectrometria de massas

Projeto de minipesquisa

No Experimento 57A, você irá destilar a vapor o óleo essencial de uma especiaria. Você escolherá, ou seu professor irá designar, uma especiaria da lista a seguir: pimenta-da-amaica, cominho-armênio, canela, cravo, cominho, erva-doce ou anis-estrelado. Cada uma delas produz um óleo essencial relativamente puro. As estruturas para os principais componentes dos óleos especiais das especiarias são mostradas aqui. Sua especiaria vai produzir um desses compostos, e você precisará determinar qual estrutura representa o óleo essencial que foi destilado de sua especiaria.

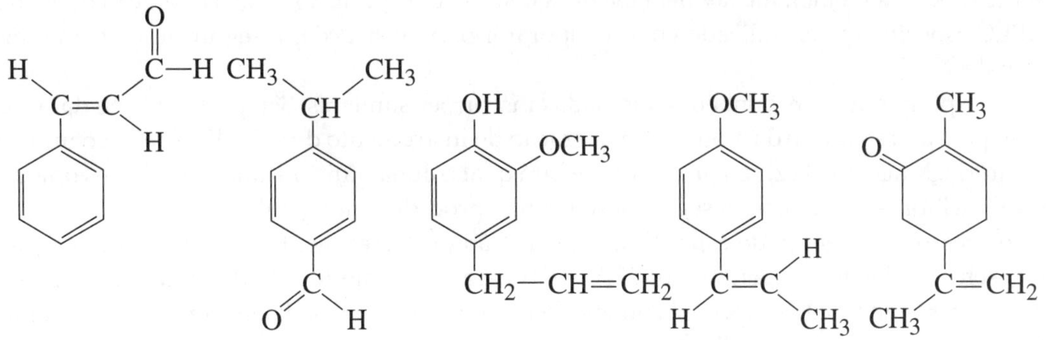

A *B* *C* *D* *E*

Ao tentar determinar sua estrutura, certifique-se de procurar pelas seguintes características (frequências de estiramento) no espectro de infravermelho: C=O (cetona ou aldeído), C—H (aldeído), O—H (fenol), C—O (éter), anel de benzeno e C=C (alceno). Além disso, procure por frequências de deformação, fora do plano, no anel aromático, que podem ajudar a determinar os padrões de substituição dos anéis de benzeno (veja a Técnica 25, Seção 25.14 C). A região de deformação fora do plano também pode ser útil para definir o grau de substituição na dupla ligação de alceno onde ela existe (veja a Técnica 25, Seção 25.14 B). Há diferenças suficientes nos espectros de infravermelho dos cinco possíveis compostos, que possibilitarão que você identifique seu óleo essencial.

Se houver espectroscopia de RMN disponível, ela fornecerá uma boa confirmação de suas conclusões. A espectroscopia de RMN de carbono 13 disponibilizará ainda mais informações que a ressonância magnética de hidrogênios. Contudo, nenhuma dessas técnicas é necessária para se chegar a uma solução. Sua amostra de óleo essencial também pode ser analisada pela cromatografia de alta performance na fase líquida.

No Experimento 57B, você irá identificar as partes constituintes do óleo essencial por meio de cromatografia na fase gasosa–espectrometria de massas. No Experimento 57C, as técnicas descritas nos Experimentos 57A e 57B são utilizadas em um miniprojeto de pesquisa. Seu professor designará uma determinada especiaria ou erva para ser analisada, ou você mesmo escolherá seu material vegetal. Neste projeto, você não receberá informações antecipadas sobre os componentes do material vegetal que está sendo investigado.

LEITURA EXIGIDA

Revisão:	Técnica 12	Extrações, separações e agentes secantes
Novo:	Técnica 18	Destilação a vapor
	Técnica 21	Cromatografia líquida de alta eficiência (CLAE)
	Técnica 22	Cromatografia gasosa, Seção 22.13.
	Técnica 28	Espectrometria de massas
	Ensaio 6	Terpenos e fenilpropanoides

INSTRUÇÕES ESPECIAIS

A formação de espuma pode ser um problema grave se você utilizar especiarias finamente moídas. Recomenda-se utilizar botões de cravo, pimenta-da-jamaica inteira, anis-estrelado inteiro ou canela em pau, em vez de especiarias moídas. No entanto, é preciso cortar ou quebrar os pedaços maiores ou, então, esmagá-los em um almofariz com pistilo.

Caso seu professor especifique opção de HPLC (High-performance liquid chromatography, ou cromatografia de alta performance na fase líquida), será necessário determinar as melhores condições operacionais para seu instrumento e situação específica. Seu professor deverá testar este experimento antecipadamente, para que você tenha uma boa ideia de qual coluna utilizar e qual velocidade de fluxo de solvente funciona melhor. Ele também lhe dará instruções específicas para a operação do instrumento de HPLC específico a ser utilizado em seu laboratório. As instruções a seguir descrevem o procedimento geral.

Para o Experimento 57B, também serão dadas instruções similares. Seu professor lhe dará a devida orientação para a preparação da amostra e a operação do instrumento de GC-MS específico utilizado em seu laboratório. Mais uma vez, seu professor lhe dirá qual coluna utilizar e quais condições operacionais funcionam melhor. As instruções a seguir descrevem o procedimento geral.

Seu professor também pode especificar a realização do Experimento 57C, que amplia as técnicas básicas desenvolvidas nos Experimentos 57A e 57B para uma grande lista de materiais vegetais. Para essa tarefa, ele designará uma especiaria ou erva específica a ser analisada ou, então, você escolherá seu próprio material vegetal a ser analisado.

MEIO SUGERIDO PARA O DESCARTE DE REJEITOS

Quaisquer soluções aquosas devem ser colocadas no recipiente destinado a rejeitos aquosos. Certifique-se de colocar quaisquer resíduos sólidos de especiarias na lata de lixo, porque estes resíduos irão entupir as canaletas de drenagem. Soluções aquosas orgânicas misturadas devem ser descartadas no recipiente designado para rejeitos aquosos. Note que seu professor pode estabelecer um diferente método de coleta de rejeitos para este experimento.

NOTAS PARA O PROFESSOR

Se forem utilizadas especiarias moídas (que não são recomendadas), pode ser preferível que os alunos insiram uma cabeça de Claisen entre o balão de fundo redondo e a cabeça de destilação, a fim de permitir volume extra, caso a mistura forme espuma. Problemas com formação de espuma podem ser reduzidos com a aplicação de um aspirador de vácuo à mistura de especiaria–água, antes que a destilação a vapor inicie.

Para a opção de HPLC no Experimento 57A, você precisa determinar as melhores condições operacionais antes do experimento. Também será necessário preparar instruções para operar seu instrumento específico. Você deve testar os Experimentos 57B e 57C antecipadamente, de modo similar ao utilizado com seu instrumento de GC-MS, e preparar instruções operacionais.

Experimento 57A

Isolamento de óleos essenciais por destilação a vapor

PROCEDIMENTO

Aparelho. Utilizando um balão de fundo redondo de 100 mL para destilar e um balão de fundo redondo de 50 mL para coletar, monte um aparelho de destilação similar ao mostrado na Técnica 14, Figura 14.1. Utilize uma manta de aquecimento para aquecer. O frasco de coleta pode ser mergulhado em gelo para garantir a condensação do destilado.

Preparando a especiaria. Pese aproximadamente 3,0 g de sua especiaria em um papel de pesagem e registre a massa exata. Caso sua especiaria já esteja moída, você pode prosseguir sem moê-la; do contrário, quebre as sementes utilizando um almofariz com pistilo, ou corte-as em pedaços menores utilizando uma tesoura. Misture a especiaria com 35–40 mL de água no balão de fundo redondo de 100 mL, adicione uma pérola de ebulição e reconecte-o ao seu aparelho de destilação. Deixe a especiaria imersa em água por aproximadamente quinze minutos antes de começar a aquecer. Certifique-se de que toda a especiaria fique totalmente molhada. Se necessário, agite o frasco suavemente.

Destilação a vapor. Ligue a água de resfriamento no condensador e comece a aquecer a mistura para proporcionar uma velocidade de destilação constante. Se ocorrer a aproximação do ponto de ebulição muito rapidamente, pode haver dificuldade, com formação de espuma ou erupção. Será preciso descobrir a quantidade de calor que propicia uma velocidade de destilação constante, mas evita a formação de espuma e/ou a erupção. Uma boa velocidade de destilação seria ter uma gota de líquido coletada a cada dois a cinco segundos. Continue a destilação até que, pelo menos, 15 mL do destilado tenha sido coletado.

Normalmente, em uma destilação a vapor, o destilado ficará um pouco turvo em decorrência da separação do óleo essencial, à medida que o vapor esfria. Contudo, você pode notar este aspecto, mas, ainda assim, obter resultados satisfatórios.

Extração do óleo essencial. Transfira o destilado para um funil de separação e adicione 5,0 mL de cloreto de metileno (diclorometano) para extrair o destilado. Agite o funil com bastante força, ventilando com frequência. Deixe que as camadas se separem.

A mistura pode ser girada em uma centrífuga se as camadas não se separarem bem. Agitar levemente com uma espátula, às vezes, ajuda a resolver uma emulsão. Adicionar cerca de 1 mL de uma solução de cloreto de sódio saturada também irá ajudar. No entanto, para as seguintes instruções, esteja ciente de que a solução de sal saturada é muito densa e que a camada aquosa pode trocar de lugar com a camada de cloreto de metileno, que normalmente fica no fundo.

Transfira a camada de cloreto de metileno inferior para um frasco de Erlenmeyer limpo e seco. Repita o procedimento de extração com uma porção fresca de 5,0 mL de cloreto de metileno e coloque-a no mesmo frasco de Erlenmeyer, no qual você colocou a primeira extração. Se houver gotas de água visíveis, é necessário transferir a solução de cloreto de metileno cuidadosamente para um frasco limpo e seco, deixando para trás as gotas de água.

Secagem. Seque a solução de cloreto de metileno adicionando sulfato de sódio anidro granular ao frasco de Erlenmeyer (veja a Técnica 12, Seção 12.9). Deixe a solução em repouso por dez a quinze minutos e agite-a ocasionalmente.

Evaporação. Enquanto a solução orgânica estiver secando, pegue um tubo de ensaio limpo e seco, de tamanho médio e pese-o (defina a tara) precisamente. Decante uma porção (cerca de um terço) da camada orgânica seca para esse tubo de ensaio, deixando para trás o agente secante. Adicione uma pérola de ebulição e em uma capela de exaustão evapore o cloreto de metileno da solução utilizando um suave fluxo de ar ou nitrogênio e aquecendo a aproximadamente 40 °C com um banho de água (veja a Técnica 7, Seção 7.10). Quando a primeira porção estiver reduzida a um pequeno volume de líquido, acrescente uma segunda porção da solução de cloreto de metileno e evapore, como fez antes. Ao adicionar a porção final, utilize pequenas quantidades de cloreto de metileno limpo para lavar o agente secante, possibilitando transferir toda a solução restante para o tubo de ensaio do qual foi especificada a tara. Tenha o devido cuidado para evitar que qualquer sulfato de sódio seja transferido.

⇨ ADVERTÊNCIA

O fluxo de ar ou nitrogênio deve ser muito suave, ou sua solução sairá do tubo de ensaio. Além disso, não aqueça demais a amostra, ou ela pode se projetar para fora do tubo. Não continue a evaporação além do ponto em que todo o cloreto de metileno tenha evaporado. Seu produto é um óleo volátil (isto é, um líquido). Se você continuar a aquecer e evaporar, ele desaparecerá. É melhor deixar algum cloreto de metileno do que perder sua amostra.

Determinação de rendimento. Quando o solvente tiver sido removido, refaça a pesagem do tubo de ensaio. Calcule o percentual de massa recuperada do óleo com base na quantidade original de especiaria utilizada.

ESPECTROSCOPIA

Infravermelho. Obtenha o espectro de infravermelho do óleo como uma amostra líquida pura (veja a Técnica 25, Seção 25.2). Poderá ser necessário utilizar uma pipeta Pasteur com uma ponta estreita para transferir uma quantidade suficiente de óleo para as pastilhas de sal. Se até mesmo isso falhar, você pode adicionar uma ou duas gotas de tetracloreto de carbono (tetraclorometano) para ajudar na transferência. Esse solvente não irá interferir com o espectro de infravermelho. Inclua o espectro de infravermelho em seu relatório de laboratório, com uma interpretação dos principais picos.

Ressonância magnética nuclear. Conforme a opção do professor, determine o espectro de ressonância magnética nuclear do óleo (veja a Técnica 26, Seção 26.1).

RELATÓRIO

Com base no espectro de infravermelho (e em quaisquer outros dados que tenham sido utilizados), você deverá determinar a estrutura (A–E) que melhor corresponde ao óleo essencial isolado de sua especiaria. Identifique os principais picos no espectro de infravermelho e forneça um argumento que apoie sua escolha da estrutura. Além disso, certifique-se de incluir seu cálculo do percentual de massa recuperada.

Cromatografia de alta performance na fase líquida (exercício opcional)

Seguindo as orientações de seu professor, forme um pequeno grupo de alunos para realizar este experimento. Cada pequeno grupo receberá a mesma especiaria para ser analisada, e os resultados obtidos serão compartilhados entre todos os alunos no grupo.

Dissolva sua amostra de óleo essencial em metanol. Uma concentração razoável pode ser obtida dissolvendo-se 25 mg de sua amostra em 10 mL de metanol. Para remover todos os resíduos de gases dissolvidos e impurezas sólidas, monte um frasco de filtragem com um funil de Büchner e conecte-o à linha de vácuo. Coloque um filtro de 4 μm no funil de Büchner. (Nota: certifique-se de utilizar um pedaço de papel de filtro, não um daqueles espaçadores coloridos que são colocados entre o papel de filtro. Os espaçadores normalmente são azuis.) Filtre a solução de óleo essencial por filtração a vácuo através de um filtro de 4 μm e coloque a amostra filtrada em um frasco 4 drams limpo.

Antes de utilizar o instrumento de HPLC, certifique-se de receber instruções específicas para a sua operação guia em seu laboratório. Como alternativa, seu professor pode solicitar que alguém opere o instrumento para você. Antes que sua amostra seja analisada no instrumento de HPLC, a amostra deverá ser filtrada novamente, desta vez, através de um filtro de 0,2 μm. O tamanho da amostra recomendada para análise é 10 μL. O sistema de solvente utilizado para esta análise é uma mistura de 80% de metanol e 20% de água. O instrumento será operado de um modo isocrático.

Ao completar seu experimento, relate seus resultados preparando uma tabela que mostre os tempos de retenção de cada substância identificada na análise. Determine a porcentagem relativa de cada componente e registre esses valores em sua tabela, com o nome de cada substância identificada.

REFERÊNCIA

McKone, H. T. High Performance Liquid Chromatography of Essential Oils. *J. Chem. Educ.* 1979, *56*, 698.

Experimento 

57B

Identificação dos elementos constituintes de óleos essenciais por cromatografia na fase gasosa–espectrometria de massas

PROCEDIMENTO

Preparação da amostra. Obtenha uma amostra de óleo essencial pela destilação a vapor da especiaria, de acordo com o método mostrado no Experimento 57A.

Análise por GC-MS. Seu professor lhe dará instruções específicas sobre como preparar a amostra para análise por GC-MS. As instruções dadas deverão funcionar com muitos instrumentos de GC-MS.

Para a análise por GC-MS, recomenda-se uma solução muito diluída (cerca de 500 ppm) para preparar esta solução, mergulhe uma extremidade de um pedaço de tubo capilar (diâmetro interior de cerca de 1,8 mm, aberto em ambas as extremidades) na amostra do óleo essencial. Transfira o conteúdo do tubo capilar para um tubo para centrifugação calibrado e limpo, de 15 mL, lavando o cloreto de metileno através do tubo capilar. Note que para evitar que o solvente fique em seus dedos, utilize pinças para segurar o tubo capilar. Adicione mais cloreto de metileno ao tubo de centrifugação para obter um volume total de 6 mL. Acrescente uma ou duas microespátulas de sulfato de sódio anidro granular ao tubo para centrifugação, coloque em cima um pedaço de papel de alumínio e rosqueie a tampa por sobre o papel de alumínio.

Antes de injetar a solução na coluna de GC-MS, é preciso filtrá-la. Retire uma porção da solução com uma seringa hipodérmica limpa (sem a agulha). Conecte um cartucho de filtro de 0,45 μm à ponta da seringa e force a solução através do cartucho de filtro para um frasco de amostra limpo. Cubra a amostra com um papel de alumínio até que a solução seja utilizada.

Injete a solução na coluna do instrumento de GC-MS. À medida que cada componente na solução aparece no gráfico, utilize a biblioteca integrada do computador para identificar cada um deles. Recorra aos indicadores de "qualidade" ou "confiança" nas listas impressas, a fim de determinar se os compostos sugeridos são ou não plausíveis. Em seu relatório de laboratório, identifique cada componente do óleo essencial fornecendo seu nome e fórmula estrutural.

Experimento 

57C

Investigação dos óleos essenciais de ervas e especiarias – um projeto de minipesquisa

PROCEDIMENTO

Obtenha uma amostra de óleo essencial por destilação a vapor da especiaria ou erva, de acordo com o método mostrado no Experimento 57A. Prepare a amostra para análise por cromatografia na fase gasosa–espectrometria de massas, conforme o método descrito no Experimento 57B. O procedimento no Experimento 60 fornece mais algumas diretrizes que podem ser úteis na identificação dos compostos.

Utilizando os resultados de sua análise de GC-MS, prepare um breve relatório descrevendo seu método experimental e apresentando os resultados de sua análise. Em seu relatório, certifique-se de identificar cada componente importante do óleo essencial que você analisou, desenhe sua fórmula estrutural completa e indique a porcentagem relativa dessa substância na mistura do óleo essencial.

QUESTÕES (EXPERIMENTO 57A)

1. Utilize uma folha de papel para criar uma matriz desenhando cada um dos cinco possíveis compostos de óleos essenciais dados anteriormente na parte inferior esquerda da folha e enumerando cada uma das possíveis características dos espectros de infravermelho apresentados antes, junto com a parte superior da folha. Desenhe linhas para formar caixas. Dentro das caixas opostas a cada composto, note a observação esperada para o infravermelho. Espera-se que o pico esteja presente ou ausente? Se estiver presente, forneça o número esperado de picos e as prováveis frequências. Um bom conjunto de gráficos e tabelas de correlação vai ajudá-lo com isso.
2. Por que o vapor destilado que acaba de ser condensado parece turvo?
3. Depois da etapa de secagem, que observações podem ajudar a determinar se a solução extraída está "seca" (isto é, sem água)?

Experimento 58

Nucleófilos concorrentes nas reações S_N1 e S_N2: investigações utilizando 2-pentanol e 3-pentanol

Substituição nucleofílica

Aquecimento sob refluxo

Extração

Cromatografia na fase gasosa

Espectroscopia de RMN

Este experimento é baseado no procedimento descrito no Experimento 20 e seu propósito é examinar os produtos formados quando nucleófilos concorrentes, concentrações equimolares de íons cloreto e íons brometo podem reagir com 2-pentanol ou 3-pentanol. Com base nos produtos formados em cada reação, os alunos podem avançar em diversas hipóteses que se referem ao número e às proporções dos produtos formados.

Uma vez que os álcoois iniciais são álcoois secundários, é possível esperar que as reações de substituição ocorram por uma combinação dos caminhos S_N1 e S_N2. Você analisará os produtos das três reações neste experimento recorrendo a diversas técnicas para determinar as quantidades relativas de cloreto de alquila e brometo de alquila formadas em cada reação e identificar todos os produtos observados.

LEITURA EXIGIDA

Experimento 21	Reações de substituição nucleofílicas: nucleófilos concorrentes
*Técnica 7	Métodos de reação, Seções 7.2, 7.4, 7.5 e 7.7
*Técnica 12	Extrações, separações e agentes secantes, Seções 12.5, 12.9 e 12.11
Técnica 22	Cromatografia gasosa
Técnica 26	Espectroscopia de ressonância magnética nuclear de carbono-13

Antes de iniciar este experimento, reveja os capítulos apropriados sobre substituição nucleofílica em seu livro.

INSTRUÇÕES ESPECIAIS

Seu professor também designará a você o 2-pentanol ou 3-pentanol. Compartilhando seus resultados com outros alunos, você terá condições de coletar dados para ambos os álcoois. Para analisar os resultados dos dois experimentos, seu professor definirá procedimentos de análise específicos que a classe terá de realizar.

O meio solvente–nucleófilo contém uma elevada concentração de ácido sulfúrico, que é corrosivo; tenha cuidado ao manipulá-lo.

Durante as extrações, quanto mais tempo seu produto permanecer em contato com água ou bicarbonato de sódio aquoso, maior o risco de se decompor, levando a erros em seus resultados analíticos. Prepare-se antes de ir para a aula, de modo que você saiba exatamente o que deverá fazer durante o estágio de purificação do experimento.

MEIO SUGERIDO PARA O DESCARTE DE REJEITOS

Quando tiver terminado os dois experimentos e todas as análises houverem sido concluídas, descarte qualquer mistura de haleto de alquila remanescente no recipiente para rejeitos orgânicos destinado ao descarte de substâncias halogenadas. Todas as soluções aquosas produzidas neste experimento deverão ser descartadas no recipiente para rejeitos aquosos.

NOTAS PARA O PROFESSOR

O meio solvente–nucleófilo deve ser preparado antecipadamente para a classe inteira. Utilize o procedimento a seguir para preparar o meio, pois ele fornecerá meio solvente-nucleófilo suficiente para cerca de dez alunos (considerando que não ocorra nenhum derramamento ou outro tipo de desperdício). Coloque 100 g de gelo em um frasco de Erlenmeyer de 500 mL e, cuidadosamente, adicione 76 mL de ácido sulfúrico concentrado. Com cautela, pese 19,0 g de cloreto de amônia e 35,0 g de brometo de amônia em um béquer. Esmague qualquer aglomerado de reagente até que fique em pó e, então, utilizando um funil de pó, transfira os haletos para um frasco de Erlenmeyer. Cuidadosamente, acrescente a mistura de ácido sulfúrico aos sais de amônio, um pouco de cada vez. Agite a mistura com bastante força para dissolver os sais. Provavelmente, será necessário aquecer a mistura em um banho de vapor ou uma placa de aquecimento para obter solução total. Mantenha um termômetro na mistura e certifique-se de não exceder 45 °C. Se for preciso, você pode adicionar até 10 mL de água neste estágio. Não se preocupe se alguns pequenos grânulos não se dissolverem. Quando a solução tiver sido obtida, despeje-a em um recipiente que possa ser mantido aquecido até que todos os alunos peguem suas porções. A temperatura da mistura deve ser mantida a cerca de 45 °C para evitar a precipitação dos sais. Entretanto, tenha cuidado para que a temperatura da solução não exceda 45 °C. Coloque na mistura uma pipeta calibrada de 20 mL equipada com uma pipeta auxiliar. A pipeta sempre é deixada na mistura, a fim de mantê-la aquecida.

A cromatografia na fase gasosa deve ser preparada da seguinte maneira: coluna capilar Agilent (J & W) DB5, medindo 30 m, 0,32 mm ID, 0,25 μm). Defina a temperatura do injetor a 260 °C. A temperatura do detector FID é de 280 °C. As condições do forno da coluna devem ser conforme as instruções a seguir: inicie a 40 °C (mantenha por dois minutos), aumente para 140 °C a 20 °C/min. (cinco minutos). A velocidade de fluxo de hélio é de 1,0 mL min^{-1}. O fluxo de composição de gás hidrogênio do FID é de 35 mL min^{-1}.

PROCEDIMENTO

⇨ ADVERTÊNCIA

O meio solvente–nucleófilo contém uma elevada concentração de ácido sulfúrico. Esse líquido irá causar graves queimaduras se ENTRAR EM CONTATO com sua pele. ⇦

Aparelho. Monte um aparelho para refluxo utilizando um balão de fundo redondo de 20 mL, um condensador de refluxo e um tubo de secagem, como mostra a figura no Experimento 20. Insira levemente lã de vidro seca no tubo de secagem e, então, adicione água gota a gota na lã de vidro, até que ela fique parcialmente umedecida. A lã de vidro umedecida irá capturar os gases de cloreto de hidrogênio e brometo de hidrogênio produzidos durante a reação. Como alternativa, você pode utilizar um captador de gás externo, conforme descrito na Técnica 7, Seção 7.8, parte B. Não coloque o balão de fundo redondo na manta de aquecimento até que a mistura da reação tenha sido adicionada ao frasco. Seis pipetas de Pasteur, dois frascos cônicos de 3 mL com tampa de Teflon e um frasco cônico de 5 mL com tampa de Teflon também deverão ser montados. Todas as pipetas e os frascos devem estar limpos e secos.

Preparação de reagentes. Se for disponibilizada uma pipeta calibrada equipada com uma pera, você pode ajustar a pipeta para 10 mL e colocar o meio solvente-nucleófilo diretamente em seu balão de fundo redondo de 20 mL (temporariamente colocado em um béquer, para obter estabilidade). Como alternativa, você pode utilizar uma proveta morna, com capacidade de 10 mL, para obter 10,0 mL do meio solvente–nucleófilo. A proveta deve estar morna, a fim de evitar a precipitação dos sais. Aqueça-a deixando correr água quente sobre a parte externa da proveta ou colocando-a no forno por alguns minutos. Despeje a mistura imediatamente no balão de fundo redondo. Com um dos métodos, uma pequena porção dos sais no frasco poderá precipitar, à medida que a solução esfria. Não se preocupe com isso; os sais irão redissolver durante a reação.

Refluxo. Monte o aparelho mostrado na figura "Aparelho para refluxo", no Experimento 20. Utilizando o procedimento a seguir, adicione 0,75 mL de 2-pentanol ou 3-pentanol – dependendo de qual álcool lhe foi designado – à mistura de solvente e nucleófilo contida no aparelho de refluxo. Descarte o álcool da pipeta automática ou bomba doseadora em um béquer de 10 mL. Remova o tubo de secagem e, com uma pipeta Pasteur de 23 centímetros, descarte o álcool diretamente no balão de fundo redondo, inserindo a pipeta Pasteur na abertura do condensador. Adicione também uma pérola de ebulição inerte.[1] Recoloque o tubo de secagem e comece a fazer circular a água de resfriamento. Abaixe o aparelho de refluxo para que o balão de fundo redondo fique na manta de aquecimento. Ajuste o calor para que a mistura mantenha uma *leve* ebulição. A temperatura do bloco de alumínio deve ser de aproximadamente 140 °C. Tenha cuidado ao ajustar o anel de refluxo, se houver algum visível, para que ele permaneça no quarto inferior do condensador. Uma ebulição intensa provocará perda do produto. Aqueça a mistura por quarenta e cinco minutos.

[1] Não utilize pérolas com base em carbonato de cálcio ou ebulidores, porque eles se dissolvem parcialmente na mistura de reação altamente ácida.

Purificação. Quando o período de refluxo tiver sido concluído, interrompa o aquecimento, levantando o aparelho da manta de aquecimento e deixe a mistura da reação esfriar. Não remova o condensador até que o frasco esteja frio. Tenha cuidado para não agitar a solução quente quando a levantar da manta de aquecimento; do contrário, ocorrerá uma violenta ação de borbulhamento e ebulição; isso pode fazer com que algum material se perca na parte de cima do condensador. Depois que a mistura tiver esfriado por cerca de cinco minutos, mergulhe o balão de fundo redondo (com o condensador conectado) em um béquer contendo água de torneira gelada (não gelo) e espere até que a mistura resfrie até atingir a temperatura ambiente.

Uma camada orgânica deverá estar presente na parte superior da mistura da reação. Adicione 0,75 mL de pentano à mistura e gire o frasco *suavemente*. A finalidade do pentano é aumentar o volume da camada orgânica, de modo que as operações a seguir fiquem mais fáceis de serem realizadas. Utilizando uma pipeta Pasteur, transfira a maior parte (cerca de 7 mL) da camada do fundo (aquosa) para outro recipiente. Cuide para que toda a camada orgânica superior permaneça no frasco de ebulição. Transfira a camada aquosa restante e a camada orgânica para um frasco cônico de 3 mL, tomando o cuidado de deixar para trás quaisquer sólidos que possam ter se precipitado. Deixe que as fases se separem e remova a camada inferior (aquosa) utilizando uma pipeta Pasteur.

NOTA

Para a sequência de etapas a seguir, certifique-se, antes de tudo, de estar bem preparado. Se perceber que está demorando mais que cinco minutos para completar toda a sequência de extração, provavelmente você terá afetado negativamente seus resultados!

Adicione 1,0 mL de água ao frasco e agite levemente esta mistura. Deixe que as camadas se separem e remova a camada aquosa, que ainda está no fundo. Extraia a camada orgânica com 1–2 mL de solução de bicarbonato de sódio saturada e remova a camada aquosa inferior.

Secagem. Utilizando uma pipeta Pasteur limpa e seca, transfira a camada orgânica restante para um pequeno tubo de ensaio (10×75 mm) contendo de três a quatro microespátulas cheias (com a extremidade em formato de V) de sulfato de sódio granular anidro. Agite a mistura com uma microespátula, coloque uma rolha no tubo e deixe-o em repouso por dez a quinze minutos ou até que a solução esteja clara. Se isso não ocorrer, adicione mais sulfato de sódio anidro. Transfira a solução de haleto, com uma pipeta Pasteur limpa e seca, para um pequeno frasco com uma tampa à prova de vazamento. Os frascos GE-MS são ideais para esse propósito. Se possível, analise sua amostra no mesmo dia. Caso contrário, cubra a tampa com Parafilm e armazene o frasco à temperatura ambiente. É útil cobrir a rolha e a tampa com Parafilm (na parte externa da rolha e da tampa). Como alternativa, você pode utilizar um frasco com tampa de rosca, com forro de Teflon. *Certifique-se de apertar a tampa firmemente.* Mais uma vez, é uma boa ideia cobrir a tampa com Parafilm. Não armazene o líquido em um recipiente com uma rolha de borracha ou de cortiça, porque esses materiais absorvem os haletos. Se for necessário armazenar a amostra durante a noite, coloque-a em uma geladeira. Essa amostra pode, agora, ser analisada por todos os métodos que seu professor indicar.

Análise

PROCEDIMENTO

A proporção de cloretos e brometos de pentila secundários deve ser determinada. De acordo com a opção de seu professor, você pode fazer isso com cromatografia na fase gasosa, espectroscopia de RMN ou ambos os métodos.

Cromatografia na fase gasosa[2]

O professor ou um assistente de laboratório pode fazer as injeções de amostras ou deixar que você as faça. No segundo caso, seu professor lhe fornecerá antecipadamente as instruções adequadas. Um tamanho de amostra razoável é 2,5 µL. Injete a amostra no cromatógrafo de fase gasosa e registre o cromatograma na fase gasosa. Os cloretos de alquila, por causa de sua grande volatilidade, têm um menor tempo de retenção que os brometos de alquila.

Assim que o cromatograma na fase gasosa tiver sido obtido, determine as áreas relativas dos picos (veja a Técnica 22, Seção 22.12). Se o cromatógrafo na fase gasosa tiver um integrador, ele irá relatar as áreas. Se um integrador não estiver disponível, a triangulação é o método preferido para determinar áreas. Registre as porcentagens de todos os produtos do cloreto de alquila e brometo de alquila, na mistura da reação.

Espectroscopia de ressonância magnética nuclear

O professor ou um assistente de laboratório irá registrar o espectro de RMN da mistura da reação.[3] Encaminhe um frasco com amostra contendo a mistura para esta determinação espectroscópica. O espectro também irá conter a integração dos picos importantes (veja a Técnica 26, "Espectroscopia de ressonância magnética nuclear"). Compare as integrais dos *picos inferiores* dos multipletos de haleto de alquila. As alturas relativas dessas integrais correspondem às quantidades relativas de cada haleto na mistura.

RELATÓRIO

Registre as porcentagens de todos os produtos do cloreto de alquila e do brometo de alquila na mistura da reação para cada um dos substratos do pentanol isomérico. Você precisará compartilhar seus dados com resultados obtidos por alguém na classe que tenha utilizado o outro álcool inicial. Seu relatório de laboratório deverá incluir as porcentagens de cada haleto de alquila, determinadas por cada método utilizado neste experimento, para os dois álcoois que foram estudados. Com base nos produtos identificados e em suas porcentagens relativas, desenvolva um argumento para um mecanismo que é responsável por todos os resultados obtidos. Todos os cromatogramas na fase gasosa e os espectros deverão ser anexados ao relatório.

[2] *Nota para o professor*: para obter resultados razoáveis para a análise cromatográfica na fase gasosa dos haletos de pentila, poderá ser necessário fornecer aos alunos as correções do fator de resposta (veja a Técnica 22, Seção 22.13). Se amostras puras de cada produto estiverem disponíveis, verifique se o cromatógrafo na fase gasosa responde igualmente à cada substância, o que é assumido aqui. Os fatores de resposta (sensilibidades relativas) são facilmente determinados pela injeção de uma mistura equimolar de produtos e comparando áreas de pico.

[3] É difícil determinar a proporção dos cloretos de pentila e brometos de pentila utilizando ressonância magnética nuclear. Esse método requer, pelo menos, um instrumento de 90 MHz. A 300 MHz, os picos são completamente resolvidos.

Experimento 59

Acilação de Friedel–Crafts

Substituição aromática

Grupos diretores

Destilação a vácuo

Espectroscopia no infravermelho

Espectroscopia de RMN (hidrogênio/carbono 13)

Prova de estrutura

Cromatografia na fase gasosa (opcional)

Neste experimento, é realizada uma acilação de Friedel–Crafts de um composto aromático, utilizando cloreto de acetila.

$$\text{R-}C_6H_5 + CH_3\text{—}\overset{O}{\overset{\|}{C}}\text{—Cl} \xrightarrow[CH_2Cl_2]{AlCl_3} \text{R-}C_6H_4\text{—}\overset{O}{\overset{\|}{C}}\text{—}CH_3$$

Substrato aromático — Cloreto de acetila — Um derivado da acetofenona

Se for utilizado o benzeno (R=H) como substrato, o produto será uma cetona, acetofenona. Contudo, em vez de utilizar benzeno, você realizará a acilação em um dos seguintes compostos:

Tolueno	Anisol (metoxibenzeno)
Etilbenzeno	1,2-Dimetoxibenzeno
o-xileno (1,2-dimetilbenzeno)	1,3-Dimetoxibenzeno
m-xileno (1,3-dimetilbenzeno)	1,4-Dimetoxibenzeno
p-xileno (1,4-dimetilbenzeno)	Mesitileno (1,3,5-trimetilbenzeno)
Pseudocumeno (1,2,4-trimetilbenzeno)	Hemelitol (1,2,3-trimetilbenzeno, dá dois produtos)

Exceto para o último que está relacionado, cada um desses substratos dará um único produto, uma acetofenona *substituída*. Você irá isolar esse produto por destilação a vácuo e determinar sua estrutura por meio de espectroscopia no infravermelho e de RMN. Ou seja, será preciso determinar em qual posição do composto original o novo grupo acetila ficou conectado.

Este experimento é muito semelhante ao tipo que os químicos profissionais realizam todos os dias. Um procedimento padrão, a acilação de Friedel–Crafts, é aplicada a um novo composto para o qual os resultados não são conhecidos (pelo menos, não por você). Um químico que conheça bem a teoria da reação deve estar apto a prever o resultado em cada caso. Contudo, assim que a reação estiver concluída, o químico deverá provar que o produto esperado foi realmente obtido. Caso contrário, e se algumas surpresas ocorrerem, então, a estrutura do produto inesperado deve ser determinada.

Para determinar a posição de substituição, várias características dos espectros do produto precisam ser examinadas cuidadosamente, incluindo as que se seguem.

Espectro no infravermelho

- **Os modos de deformação C—H fora do plano encontrados entre 900 e 690 cm^{-1}.** As absorções C—H fora do plano (veja a Técnica 25, Figura 25.19A) geralmente nos permitem determinar o tipo de substituição no anel por seus números, intensidades e posições.
- **A combinação fraca e absorções de superposição que ocorrem entre 2000 e 1667 cm^{-1}.** Este conjunto de bandas de combinação (veja a Figura 25.19B) pode não ser tão útil como o primeiro conjunto apresentado aqui, porque as amostras espectrais devem estar muito concentradas para serem visíveis. Mas normalmente elas são fracas. Além disso, uma larga absorção de carbonila pode se sobrepor e obscurecer esta região, tornando-a inútil.

Espectro de RMN de hidrogênios

- **A proporção integral dos picos inferiores nas ressonâncias de anéis aromáticos encontrados entre 6 ppm e 8 ppm.** O grupo acetila tem um efeito anisotrópico significativo, e os hidrogênios *orto* a este grupo em um anel aromático geralmente têm um maior deslocamento químico que os outros hidrogênios no anel (veja a Técnica 26, Seção 26.8 e Seção 26.13).
- **Uma análise dos padrões de desdobramento encontrados na região 6–8 ppm do espectro de RMN.** As constantes de acoplamento para hidrogênios em um anel aromático diferem de acordo com suas relações de posição:
  orto J = 6–10 Hz
  meta J = 1–4 Hz
  para J = 0–2 Hz

Se a interação complexa de desdobramento de segunda ordem não ocorrer, um simples diagrama de desdobramento, em geral, será suficiente para determinar as posições de substituição para os hidrogênios no anel. Todavia, para vários desses produtos, tal análise será difícil. Em outros casos, será encontrado um dos padrões facilmente interpretável como aqueles descritos na Seção 26.13.

Espectro de RMN de carbono 13

- Nos espectros de carbono 13 *desacoplado de hidrogênios*, o número de ressonâncias para os carbonos no anel aromático (a cerca de 120–130 ppm) ajudará a decidir sobre os padrões de substituição do anel. Os carbonos no anel que são equivalentes por simetria vão dar origem a um único pico, fazendo, assim, com que o número de picos de carbono aromático caiam abaixo do máximo de seis. Um anel *p*-dissubstituído, por exemplo, mostrará somente quatro ressonâncias. Carbonos que têm um hidrogênio geralmente apresentam maior intensidade que carbonos "quaternários". (Veja a Técnica 27, Seção 27.6.)
- Nos espectros de carbono 13 *acoplado a hidrogênios*, os carbonos do anel que têm átomos de hidrogênio serão desdobrados em dupletos, permitindo que eles sejam facilmente reconhecidos.[1]

Como observação final, utilize a biblioteca. A Técnica 29 descreve como encontrar diversos tipos de informações importantes. Assim que acreditar que conhece a identidade de seu composto, você pode muito bem tentar descobrir se ele já foi relatado anteriormente na literatura e, em caso positivo, verificar se os dados relatados correspondem ou não a suas próprias descobertas. Você também pode

[1] Nota para o professor: para quem não estiver equipado para realizar a espectroscopia de RMN de carbono 13, espectros de RMN de carbono 13 podem ser encontrados no *Instructor's Manual*, em inglês, no site da editora em www.cengage.com.br.

consultar alguns livros de espectroscopia, como o livro de Pavia, Lampman, Kriz e Vyryan, *Introduction to Spectroscopy*, ou um dos outros livros relacionados no final da Técnica 25 ou da Técnica 26, para obter mais ajuda na interpretação de seus espectros.

LEITURA EXIGIDA

Revisão:	Técnicas 5, 6, 12, 25, 26 e 27	
	Técnica 7	Métodos de reação, Seções 7.5 e 7.8
	Técnica 13	Constantes físicas de líquidos: o ponto de ebulição e a densidade
Novo:	Técnica 16	Destilação a vácuo, manômetros, Seções 16.1, 16.2 e 16.8
Opcional:	Técnica 22	Cromatografia gasosa

Antes de começar este experimento, é preciso rever os capítulos em seu livro que abordam a substituição aromática eletrofílica. Preste atenção especialmente à acilação de Friedel–Crafts e às explanações dos grupos diretores. Também deve ser revisto o que foi aprendido sobre espectro de infravermelho e de RMN, de compostos aromáticos.

INSTRUÇÕES ESPECIAIS

O cloreto de acetila e o cloreto de alumínio são reagentes corrosivos. Não deixe que entrem em contato com sua pele, nem inale-os, porque geram HCl na hidrólise. Eles podem até mesmo reagir explosivamente em contato com a água. Ao trabalhar com cloreto de alumínio, tenha o cuidado especial de observar o pó produzido. As operações de pesagem e descarte deverão ser efetuadas em uma capela de exaustão. O procedimento no qual o cloreto de alumínio em excesso é decomposto com água gelada também deverá ser realizado na capela de exaustão.

Seu professor irá lhe designar um composto ou você mesmo escolherá um na lista apresentada no início deste experimento. Embora você vá acetilar somente um desses compostos, será preciso aprender muito mais com este experimento, comparando seus resultados com os de outros alunos.

Observe que os detalhes da destilação a vácuo devem ser descobertos por você mesmo. No entanto, veja algumas dicas. Primeiro, todos os produtos entram em ebulição entre 100 °C e150 °C, à pressão de 20 mm. Em segundo lugar, se o substrato escolhido for o anisol, o produto será um *sólido* com baixo ponto de fusão e irá se solidificar logo após a destilação a vácuo ter sido concluída. O sólido pode ser destilado, mas você não deve deixar correr água de resfriamento através do condensador. Também é importante fazer a pesagem prévia do frasco receptor, porque será difícil transferir todo o produto solidificado para outro recipiente, a fim de determinar o rendimento.

MEIO SUGERIDO PARA O DESCARTE DE REJEITOS

Todas as soluções aquosas devem ser coletadas em um recipiente especialmente designado para rejeitos aquosos. Coloque líquidos orgânicos no recipiente destinado a rejeitos orgânicos não halogenados, a menos que eles contenham cloreto de metileno, pois estes devem ser colocados no recipiente específico para rejeitos orgânicos não halogenados. Note que seu professor pode definir um método diferente de coleta de rejeitos para este experimento.

NOTAS PARA O PROFESSOR

É sugerido que você considere caracterizar os produtos de Friedel–Crafts acrescentando a cromatografia na fase gasosa/espectrometria de massas às outras técnicas espectroscópicas descritas neste experimento. Uma vez que a maioria dos produtos mostra íons moleculares, é possível fazer a confirmação da massa molecular do produto acilado. O componente da cromatografia na fase gasosa também ajudará a confirmar que apenas um produto acilado foi obtido. Se o banco de dados do NIST (National Institute of Standards and Technology, ou Instituto Nacional de Padrões e Tecnologia) estiver disponível, é possível obter a confirmação da estrutura.

Você pode considerar omitir a destilação a vácuo neste experimento. Praticamente, em todos os casos, um único produto é formado, e destilação a vácuo não melhora materialmente a qualidade do produto. Entretanto, você pode observar o material de partida que não reagiu no espectro de RMN e na análise cromatográfica na fase gasosa.

Pode ser considerada uma síntese em quatro etapas, vinculando a reação de Friedel–Crafts com a síntese de uma chalcona (Experimento 63) e, em seguida, preparando um epóxido (Experimento 64) a partir da chalcona e/ou de uma chalcona ciclopropanada (Experimento 65). É provável que a reação de Friedel–Crafts forme produto acilado suficiente para as reações que se seguem. Se você escolher vincular a síntese da chalcona, seguida pela epoxidação e ciclopropanação, sugere-se que você prefira preparar os derivados de acetila do tolueno, *p*-xileno, mesitileno ou anisol, e utilize um dos aldeídos recomendados, mostrados na tabela a seguir, para produzir a chalcona no Experimento 63.

Substrato	Aldeído (Experimento 63)
Tolueno	4-metilbenzaldeído 4-nitrobenzaldeído 4-metoxibenzaldeído piperonal
p-xileno	4-clorobenzaldeído 4-fluorobenzaldeído 4-metoxibenzaldeído
mesitileno	4-clorobenzaldeído 4-metoxibenzaldeído
anisol	4-clorobenzaldeído 4-fluorobenzaldeído 4-metilbenzaldeído piperonal

PROCEDIMENTO

Aparelho. Monte o aparelho da reação, conforme mostra a figura da página seguinte. Todos os objetos de vidro devem estar secos, porque o cloreto de alumínio e o cloreto de acetila reagem com água. Utilizando um balão de fundo redondo de 500 mL, conecte um condensador de refluxo no gargalo central, um funil de separação em um gargalo lateral e uma rolha no terceiro gargalo, que não é utilizado. Coloque um tubo de secagem preenchido com cloreto de cálcio no topo do funil de adição (funil de separação). Todo o aparelho, com exceção dos captadores, deve ser montado em um único suporte universal, de modo que seja possível agitá-lo, de vez em quando. Conecte um captador de gás no topo do condensador de refluxo, conectando um pedaço de tubo de borracha flexível que vai da saída até o captador de seu aspirador. Conecte o outro lado do captador do aspirador a um funil invertido e colocado a cerca de 2 mm acima da superfície de uma quantidade de água em um béquer de 250 mL. O funil invertido, que é um captador para gases ácidos, pode ser apoiado colocando-se uma rolha de borracha com um orifício central em sua haste, permitindo que ele seja fixado a um suporte universal.

ADVERTÊNCIA

O cloreto de alumínio e o cloreto de acetila são corrosivos e nocivos. Evite o contato e conduza todas as pesagens em uma capela de exaustão. Em contato com a água, ambos os compostos podem reagir violentamente. 

Iniciando a reação. Meça 25 mL de diclorometano (cloreto de metileno) em uma proveta e tenha-o à mão. Trabalhando rapidamente em uma capela de exaustão para evitar a reação do cloreto de alumínio com a umidade no ar, pese 14,0 g de cloreto de alumínio anidro em um béquer de 125 mL. Utilizando um funil de pó e uma espátula grande, transfira o cloreto de alumínio para o frasco com três gargalos através da abertura não utilizada.

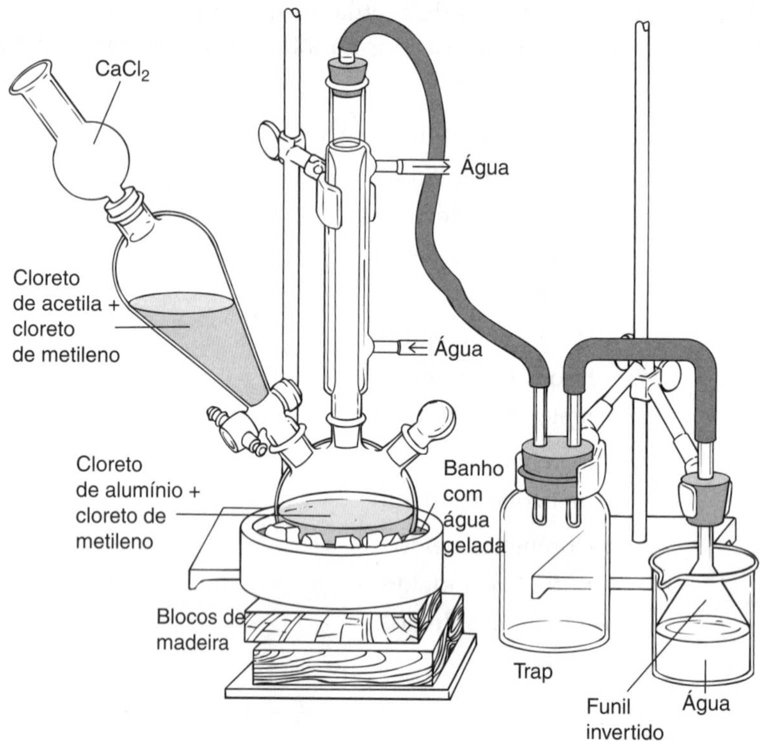

Aparelho para acilação de Friedel–Crafts.

Utilize o diclorometano para transferir quaisquer vestígios de pó restantes para o frasco e lave o gargalo do frasco. Depois de adicionar todo o diclorometano, recoloque a tampa e comece a resfriar a água no condensador. Coloque um banho de água gelada sob o frasco com três gargalos e apoie-o com blocos de madeira. Misture e resfrie a suspensão de cloreto de alumínio no frasco de reação, girando cuidadosamente todo o suporte universal, a fim de induzir o conteúdo do frasco a se homogeneizar levemente.

Mais uma vez trabalhando em uma capela de exaustão, utilize uma pipeta para transferir 8,0 g de cloreto de acetila para um frasco de Erlenmeyer de 125 mL. Com uma proveta, adicione 15 mL de diclorometano a esse frasco e, então, transfira a mistura para o funil de adição, conectado ao aparelho de reação. Depois de aproximadamente quinze minutos, adicione lentamente a solução de cloreto de acetila à suspensão de cloreto de alumínio no frasco inferior. (Isso não deve ser feito às pressas, porque a reação é muito exotérmica; a mistura poderá ferver com grande intensidade.) Durante o período de adição, gire frequentemente o suporte universal para misturar e esfriar o conteúdo do frasco, que deverá continuar imerso no banho de água gelada.

Depois que a adição estiver concluída, dissolva 0,075 mol de seu composto aromático escolhido em 10 mL de diclorometano. Coloque a solução no funil de adição e, lentamente, adicione-o à mistura de acilação refrigerada durante aproximadamente trinta minutos. Mexa a mistura de vez em quando, à medida que observa o borbulhamento excessivo decorrente da liberação do gás cloreto de hidrogênio. Depois que uma segunda adição tiver sido concluída, remova o banho de água gelada e deixe a mistura em repouso à temperatura ambiente por mais trinta minutos. Durante esse período, mexa a mistura da reação com frequência.

Isolamento do produto. Desconecte o captador de gás, o condensador e o funil de separação, e leve o frasco com três gargalos para uma capela de exaustão. Despeje toda a mistura da reação em uma mistura de 50 g de gelo e 25 mL de ácido clorídrico concentrado, colocado em um béquer de 400 mL. Agite a mistura completamente por dez a quinze minutos. Utilizando um funil de separação, separe a camada orgânica e reserve-a. Extraia a camada aquosa com 30 mL de diclorometano e adicione o extrato da camada orgânica reservada anteriormente. Lave as camadas orgânicas combinadas com 50 mL de solução de bicarbonato de sódio saturada. Se uma quantidade significativa de ácido estiver presente, ocorrerá uma intensa formação de espuma neste estágio, em consequência da evolução do CO_2. Continue misturando e ventilando até cessar a emissão de dióxido de carbono. Extraia com uma segunda porção de bicarbonato de sódio, se for necessário. Separe a camada orgânica e seque-a sobre o sulfato de sódio granular anidro por dez a quinze minutos. Decante ou filtre para remover o agente secante da solução. Você pode parar o procedimento aqui e armazenar sua solução em um frasco hermeticamente fechado.

Remoção do diclorometano. Monte um aparelho para destilação simples (veja a Técnica 14, Figura 14.1). Adicione uma pérola de ebulição e remova o diclorometano por destilação. O diclorometano ferve a uma temperatura bastante baixa (pe 40 °C). Coloque o diclorometano recuperado em um recipiente designado para esta finalidade. Deixe que o diclorometano seja eliminado completamente, do contrário, ele provocará a formação de espuma durante a destilação a vácuo. Monitore a evaporação periodicamente, verificando o nível no frasco e a quantidade de ebulição. O cloreto de metileno é removido quando o volume se tornar constante.

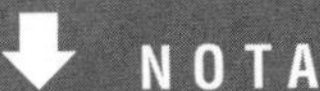

NOTA

Reveja a Técnica 16, Seções 16.1 e 16.2, antes de prosseguir.

Destilação a vácuo. Monte um aparelho para destilação a vácuo utilizando um aspirador, como mostra a Técnica 16, Figura 16.1, e conecte um manômetro, como demonstra a Técnica 16, Figura 16.12. Utilizando o manômetro, verifique se o aparelho está firmemente fechado e se atingirá um bom vácuo (menos de 30–40 mm Hg), antes de continuar. Se não houver vácuo suficiente, verifique novamente todas as juntas e conexões de tubos até localizar onde está a dificuldade. Quando todos os problemas estiverem resolvidos, você pode destilar sua mistura de produto à pressão reduzida para gerar a cetona aromática, que é seu produto final.

Determinação de rendimento. Transfira o produto para um recipiente de armazenamento previamente pesado e determine sua massa. Calcule o rendimento percentual. Determine o ponto de ebulição de seu produto utilizando o método de macroescala (veja a Técnica 13, Seção 13.2).

Espectroscopia. Determine os espectros no infravermelho e de RMN (hidrogênio e carbono 13). Os espectros de infravermelho podem ser determinados puros, utilizando pastilhas de sal (veja a Técnica 25, Seção 25.2), exceto para o produto do anisol, que é sólido. Para este produto, deve ser utilizada uma das técnicas de espectro em solução (veja a Técnica 25, Seção 25.6). Os espectros de RMN de hidrogênio podem ser determinados conforme descreve a Técnica 26, Seção 26.1. Os espectros de carbono 13 podem ser executados de acordo com a Técnica 27, Seção 27.1.

O relatório. Da maneira usual, você deve relatar o ponto de ebulição (ou ponto de fusão) de seu produto, calcular o rendimento percentual e construir um diagrama do esquema de desdobramento.

Também será preciso fornecer a real estrutura de seu produto. Inclua os espectros de infravermelho e de RMN e analise cuidadosamente o que você aprendeu com cada espectro. Se eles não ajudarem a determinar a estrutura, explique a razão. É necessário designar tantos picos quanto for possível em cada espectro e todas as características importantes têm de ser explicadas, incluindo os padrões de desdobramento da RMN, se possível. Consulte um manual para o ponto de ebulição (ou ponto de fusão) dos possíveis produtos. Discuta a literatura que você consultou e compare os resultados relatados com seus próprios resultados. Explique, em termos da teoria da substituição aromática, por que a substituição ocorreu na posição observada e por que foi obtido um único produto da substituição. Seria possível ter previsto esse resultado antecipadamente?

REFERÊNCIA

Schatz, Paul F. Friedel–Crafts Acylation. *J.Chem. Educ.* 1979, *56*, 480.

■ QUESTÕES ■

1. Os compostos aromáticos a seguir são relativamente baratos e poderiam ter sido utilizados como substratos nesta reação. Preveja o produto ou produtos, se houver algum, que poderia ter sido obtido na acilação de cada um deles, utilizando cloreto de acetila.

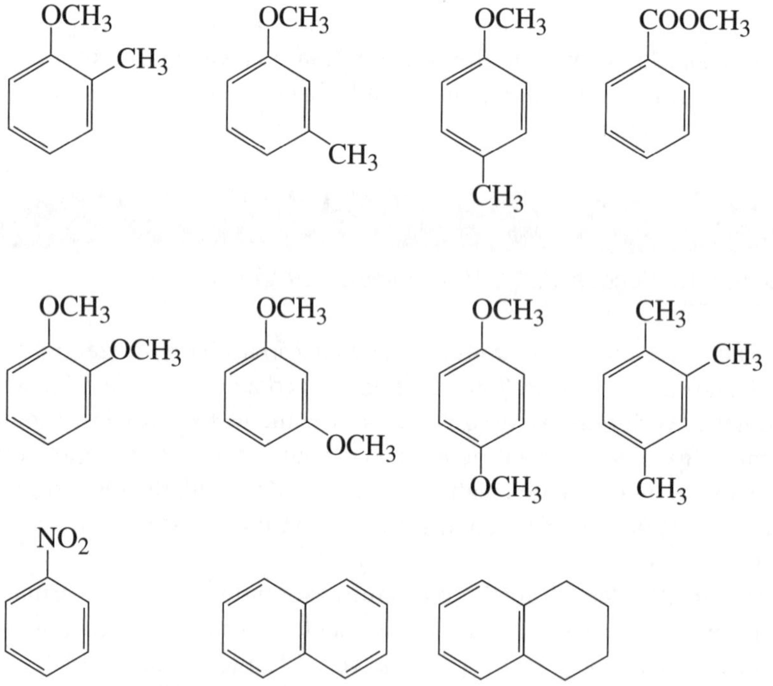

OCH_3 / CH_3 OCH_3 / CH_3 OCH_3 / CH_3 $COOCH_3$

OCH_3 / OCH_3 OCH_3 / OCH_3 OCH_3 / OCH_3 CH_3 / CH_3 / CH_3

NO_2

2. Por que somente produtos de monossubstituição são obtidos na acilação dos compostos de substratos escolhidos para este experimento?

3. Desenhe um mecanismo completo para a acilação do composto escolhido para este experimento. Preste atenção a quaisquer efeitos diretores relevantes.

4. Por que nenhum dos substratos dados como opções neste experimento inclui algum com grupos metadiretores?

5. A acilação de um *n*-propilbenzeno fornece um produto lateral inesperado (?). Explique essa ocorrência e apresente um mecanismo.
6. Escreva equações para o que acontece quando o cloreto de alumínio é hidrolisado em água. Faça o mesmo para o cloreto de acetila.
7. Explique cuidadosamente, com um desenho, por que o *orto* substituído por hidrogênios para um grupo acetila, normalmente, tem um maior deslocamento químico que os outros hidrogênios no anel.
8. Os compostos mostrados são possíveis produtos de acilação do 1,2,4-trimetilbenzeno (pseudocumeno). Explique a única maneira pela qual você poderia distinguir esses dois produtos por espectroscopia de RMN.

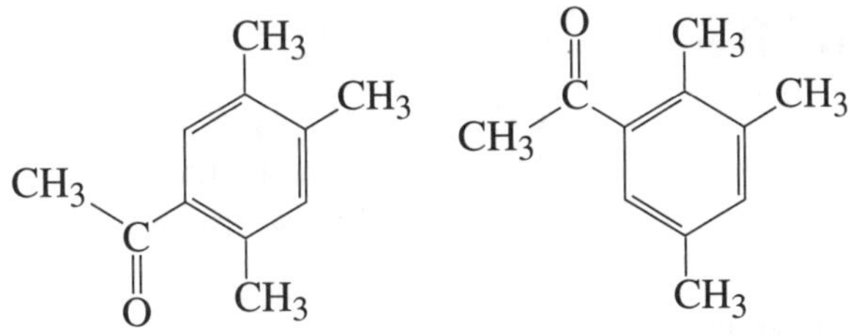

CH_3 CH_3 CH_3 C O CH_3 | O CH_3 CH_3 CH_3 C CH_3

Experimento 60

A análise de medicamentos anti-histamínicos por cromatografia na fase gasosa – espectrometria de massas

Cromatografia na fase gasosa – espectrometria de massa

Aplicação de pensamento crítico

O uso da **cromatografia na fase gasosa – espectrometria de massas (GC-MS, gas chromatography – mass spectromatry)** como uma técnica analítica está crescendo em importância. A GC-MS é uma técnica muito importante, na qual um cromatógrafo na fase gasosa é acoplado a um espectrômetro de massas que funciona como o detector. Se uma amostra for suficientemente volátil para ser injetada em um cromatógrafo na fase gasosa, o espectrômetro de massas pode detectar cada componente na amostra e exibir seu espectro de massas. O usuário pode identificar a substância comparando seu espectro de massas com o espectro de massas de uma substância conhecida. O instrumento também pode fazer essa comparação internamente, relacionando esse espectro com os espectros armazenados na memória de seu computador.

Os **anti-histamínicos** são uma classe de agentes farmacêuticos comumente utilizados para combater os sintomas de alergias e resfriados. Eles reduzem os efeitos fisiológicos da produção de histaminas. A histamina, uma proteína, é normalmente liberada na corrente sanguínea como parte da reação do corpo às intrusões por pólen, poeira, mofo, pelos de animais e outros **alérgenos** (substâncias que causam uma reação alérgica). Até mesmo determinados alimentos podem causar uma resposta alérgica em algumas pessoas. Quantidades excessivas de histamina podem provocar diversas doenças, incluindo asma, febre do feno, espirros, secreção nasal, irritação da pele e inchaço, urticária, distúrbios digestivos e olhos lacrimejantes. As pessoas tomam anti-histamínicos para reduzir esses sintomas. Infelizmente, os anti-histamínicos também apresentam alguns efeitos colaterais, dos quais o mais importante é a sonolência. Na verdade, determinados anti-histamínicos também são vendidos como remédios para dormir.

Neste experimento, você irá preparar soluções de anti-histamínicas comuns e de remédios para resfriados vendidos sem receita médica. As amostras, depois de preparadas, serão analisadas utilizando um instrumento de GC-MS, e você usará os resultados para identificar as substâncias anti-histamínicas importantes que compõem o comprimido original.

LEITURA EXIGIDA

Novo:	Técnica 22	Cromatografia gasosa, Seção 22.13.
	Técnica 28	Espectrometria de massas
	Técnica 29	Guia para Literatura Química

INSTRUÇÕES ESPECIAIS

Este experimento requer o uso de um instrumento de GC-MS. Antes de utilizar o instrumento, obtenha instruções sobre sua operação. Seu professor pode optar por ele mesmo aplicar as injeções.

MEIO SUGERIDO PARA O DESCARTE DE REJEITOS

Descarte todas soluções jogando-as no recipiente especificado para solventes orgânicos não halogenados. Caso seu anti-histamínico contenha bromofeniramina ou clorofeniramina, descarte as soluções no recipiente destinado a rejeitos orgânicos halogenados.

PROCEDIMENTO

Antes de iniciar este experimento, será preciso lavar dois béqueres de 50 mL, uma seringa e um frasco de amostra com tampa de pressão contendo etanol com graduação de HPLC ou graduação de espectro. Os objetos de vidro devem estar limpos e secos; é recomendado lavar duas vezes cada item.

Se o seu comprimido tiver um revestimento colorido, remova-a com uma microespátula. Moa o comprimido até obter um pó fino utilizando um almofariz com pistilo. Pese aproximadamente 0,100 g do comprimido em pó em um béquer de 50 mL que tenha sido previamente lavado com etanol. Adicione 10 mL de etanol com graduação de HPLC ao béquer e deixe a solução em repouso, coberta, por alguns minutos. Filtre a solução por gravidade através de um filtro pregueado, em um segundo béquer de 50 mL, previamente lavado.

Extraia a solução filtrada com uma seringa de 5 mL (sem a agulha) previamente lavada, conecte à seringa um cartucho de filtro de 0,45 μm e elimine a solução, através do cartucho de filtro, em um frasco de amostra previamente lavado. Repita o processo com uma seringa preenchida com solução. Cubra o gargalo do frasco de amostra com um pedaço quadrado de papel de alumínio e conecte a tampa de pressão ao frasco, por sobre o papel de alumínio. Rotule o frasco e armazene-o em uma geladeira.

Analise a amostra por meio de cromatografia na fase gasosa–espectrometria de massas. Seu professor ou o assistente de laboratório pode fazer as injeções de amostra ou deixar que você as faça. No segundo caso, seu professor lhe dará as instruções adequadas antecipadamente. Um tamanho de amostra razoável é 2 μL. Injete a amostra no cromatógrafo na fase gasosa e obtenha a impressão do cromatograma total de íons, juntamente com o espectro de massas de cada componente. Para cada componente, obtenha também os resultados de uma pesquisa em biblioteca.

A pesquisa de biblioteca lhe fornecerá uma lista de componentes detectados em sua amostra, além do tempo de retenção e da área relativa para cada componente. Os resultados também irão enumerar possíveis substâncias que o computador tentou comparar em relação ao espectro de massas de cada componente. Essa lista – geralmente, chamada "lista de possíveis" – incluirá o nome de cada possível composto, seu número no CAS (Chemical Abstracts Registry, ou Registro de Substâncias Químicas) e uma medida de "qualidade" ("confiança"), expressa em porcentagem. O parâmetro de "qualidade" estima com que proximidade o espectro de massas da substância na "lista de possíveis" se ajusta ao espectro observado daquele componente no cromatograma na fase gasosa.

Em seu relatório, você deverá identificar cada componente significativo na amostra e fornecer seu nome e sua fórmula estrutural. Talvez, seja preciso utilizar o número do CAS como uma chave para procurar o nome completo e estrutura do composto (veja a Técnica 29, Seção 29.11). Pode ser preciso procurar em um banco de dados computadorizado para obter as informações necessárias ou você poderá encontrá-lo no *Aldrich Handbook of Fine Chemicals*, editado pela Aldrich Chemical Company. As edições atuais desse catálogo incluem listagens de substâncias, de acordo com o número CAS. Em seu relatório, você também deve registrar a porcentagem relativa da substância no extrato do comprimido. Por fim, seu professor também pode pedir que você inclua o parâmetro de "qualidade" da "lista de possíveis". Se puder, determine quais componentes têm atividade anti-histamínica e quais estão presentes para outra finalidade. O *Merck Index* pode fornecer essas informações.

Experimento 61

Carbonatação de um haleto aromático desconhecido

Reação de Grignard

Cristalização e ponto de fusão

Projeto designado ao aluno

Identificação de uma substância desconhecida

RMN de carbono 13 e de hidrogênio (opcional)

Neste experimento, você receberá um haleto aromático desconhecido. Seu projeto consiste em convertê-lo para um ácido carboxílico utilizando a reação de Grignard.

Converta o haleto desconhecido em um ácido carboxílico, purifique o ácido bruto por cristalização, determine seu ponto de fusão e identifique o composto inicial tendo como base o ponto de fusão de seu derivado de ácido. Conforme opção de seu professor, talvez lhe seja solicitado para utilizar a espectroscopia de RMN em seu produto ou em seu material inicial.

Substituintes —Br → (Produza o reagente de Grignard e adicione CO_2) → Substituintes —C(=O)—OH

Você receberá um dos materiais de partida desconhecido mostrados nas duas listas a seguir. Os compostos na Lista A podem ser identificados utilizando-se o ponto de fusão do ácido carboxílico que você obteve, e não por meio de outros dados. Se você tiver a RMN disponível (especialmente, a RMN de carbono 13), talvez, seu professor queira expandir a lista de possíveis substâncias desconhecidas, para incluir a Lista B.

Lista A[1]		Lista B[1,2]	
Composto de bromo	Mp do ácido	Composto de bromo	Mp do ácido
2-bromoanisol	98–100	1-bromo-4-butilbenzeno	100–113
3-bromoanisol	106–108	2-bromotolueno	103–105
1-bromo-2,4-dimetilbenzeno	124–126	3-bromotolueno	108–110
1-bromo-2,5-dimetilbenzeno	132–134	1-bromo-2,6-dimetilbenzeno	114–116
1-bromo-4-propilbenzeno	142–144	1-bromo-2,3-dimetilbenzeno	145–147
1-bromo-2,4,6-trimetilbenzeno	154–155	4-bromotolueno	180–182
1-bromo-4-*t*-butilbenzeno	165–167		
1-bromo-3,5-dimetilbenzeno	172–174		
4-bromoanisol	182–185		

[1]Exceto para os haletos com base no anisol e no tolueno, os compostos nas duas listas são consistentemente nomeados de modo que o grupo bromo receba a mesma prioridade que o grupo carboxila, que irá substituí-lo. Em diversos casos, portanto, o nome dado não é necessariamente o nome correto de acordo com a IUPAC.
[2]Esses compostos podem ser utilizados somente se a RMN estiver disponível. Eles não podem ser distinguidos dos que estão na coluna A apenas pelo ponto de fusão.

LEITURA EXIGIDA

Revisão:	Técnica 11	Cristalização: purificação de sólidos
	Técnica 25	Espectroscopia de infravermelho, Seções 25.4, 25.5 e 25.14.
	Técnica 26	Espectroscopia de ressonância magnética nuclear, Seções 26.1, 26.2 e 26.13.
	Técnica 27	Espectroscopia de ressonância magnética nuclear de carbono-13, Seções 27.1 e 27.7.

INSTRUÇÕES ESPECIAIS

Se você não conseguir identificar seu produto com base em seu ponto de fusão, talvez, seja preciso utilizar a espectroscopia de RMN.

NOTAS PARA O PROFESSOR

Este experimento exigirá que você ajude bastante cada aluno. Como resultado, pode ser muito difícil utilizá-lo em uma classe grande. É uma boa ideia que os alunos preparem e apresentem seus procedimentos para aprovação antes que sejam encaminhados para o trabalho experimental. Este experimento poderá requerer três ou quatro períodos.

Certifique-se de que quaisquer haletos utilizados tenham, pelo menos, 90% de pureza. Evite produtos químicos com elevado grau técnico, do contrário, será difícil para os alunos obterem um bom ponto de fusão. Esses compostos têm um tipo de nomenclatura muito estranha, no catálogo de Aldrich (por exemplo, 3-bromo-*o*-xileno). Consulte o *Instructor's Manual*, para obter informações corretas, o material está disponível (em inglês) no site da editora em www.cengage.com.br.

PROCEDIMENTO

Você deverá planejar todo o procedimento experimental com as quantidades dos reagentes e, também, preparar um esquema de separação. Antes de começar a trabalhar, apresente seu plano para o professor, para obter aprovação. Pode ser útil consultar o Experimento 33B, que está proximamente relacionado a este.

Considere que sua substância desconhecida tem uma massa molecular de aproximadamente 200 unidades de massa, e você terá de utilizar cerca de 3 g de seu haleto inicial. Contudo, verifique a estequiometria e empregue uma quantidade razoável de magnésio. Para determinar um ponto de fusão exato, certifique-se de que o composto seja puro e esteja seco. Pode ser necessário cristalizar seu produto mais de uma vez. A maioria dos ácidos carboxílicos pode ser cristalizada com água ou solvente, misturando etanol–água. Recomenda-se consultar *The Merck Index, o Handbook of Chemistry and Physics*, ou algum outro manual para determinar o melhor solvente para suas cristalizações finais.

ESPECTROSCOPIA

Espectroscopia no infravermelho. Para verificar se o produto é um ácido carboxílico, deverá ser determinado um espectro no infravermelho. Os produtos são todos sólidos, portanto, o melhor método de estabelecer o espectro de infravermelho é utilizar uma pastilha de KBr (veja a Técnica 25, Seção 25.5) ou o método da pastilha seca (veja a Técnica 25, Seção 25.4).

Espectro de RMN. Caso seu professor peça para você determinar espectros de RMN de seu produto, verifique sua solubilidade em $CHCl_3$. Se ele se dissolver em $CHCl_3$, provavelmente, se dissolverá em CDCl3, o solvente comum de RMN. Entretanto, muitos ácidos não se dissolvem em $CDCl_3$. O solvente comercial denominado Unisol[1] (uma mistura de $CDCl_3$ e DMSO-d_6) se dissolverá na maior parte, mas não totalmente, em ácidos carboxílicos. Caso seu produto não se dissolva em Unisol, pode ser utilizada uma solução de D2O-NaOD (veja a Técnica 26, Seção 26.2). Se possível, determine a RMN de carbono 13 e também o espectro de hidrogênios.

RELATÓRIO

O relatório deve incluir uma equação balanceada para a preparação de seu ácido. Calcule o rendimento teórico e o percentual. Escreva o procedimento completo, da maneira como foi realizado. Inclua os resultados reais de sua determinação de ponto(s) de fusão e compare-o(os) ao resultado esperado.

Inclua o espectro de infravermelho de seu produto e interprete os picos de absorção principais. Tente utilizar as faixas de absorção de sobretom, e fora do plano, para explicar o padrão de substituição de seu anel. Se você tiver determinado os espetros de RMN, inclua-os com uma interpretação dos picos e padrões de desdobramento. Verifique se você consegue elaborar um diagrama em árvore completo para o anel aromático.

[1] Unisol é uma mistura de clorofórmio-d e DMSO-d_6 disponível em Norell, Inc., 120 Marlin Lane, Mays Landing, NJ 08330.

Experimento 62

O enigma do aldeído

Química dos aldeídos

Extração

Cristalização

Espectroscopia

Criando um procedimento

Aplicação de pensamento crítico

A mistura da reação neste experimento contém 4-clorobenzaldeído, metanol e hidróxido de potássio aquoso. Ocorre uma reação que produz dois compostos orgânicos, o composto 1 e o composto 2. Ambos são sólidos à temperatura ambiente. Sua tarefa é isolar, purificar e identificar os dois compostos. É dado um procedimento específico para a preparação dos compostos, mas você precisará desenvolver os procedimentos para a maior parte deste experimento.

INSTRUÇÕES ESPECIAIS

Se este experimento for realizado em duplas, faça um verdadeiro trabalho em equipe, dividindo-o igualmente. Uma divisão lógica de trabalho consiste em um aluno trabalhando com o composto 1, e o outro, com o composto 2. Em dupla ou não, você precisará planejar cuidadosamente seu trabalho antes de ir para o laboratório, a fim de fazer um uso mais eficiente do período de aula.

MEIO SUGERIDO PARA O DESCARTE DE REJEITOS

Descarte todos os filtrados no recipiente destinado a rejeitos orgânicos halogenados.

PROCEDIMENTO

Este procedimento deverá produzir o suficiente de cada composto para completar o experimento; contudo, em alguns casos, pode ser necessário desenvolver a reação uma segunda vez. Embora este experimento possa ser efetuado individualmente, ele funciona especialmente bem para dois alunos trabalhando em conjunto.

⇨ ADVERTÊNCIA

Certifique-se de não haver acetona presente em nenhum dos objetos de vidro, pois a acetona irá interferir com a reação desejada. 

Desenvolvendo a reação. Adicione 1,50 g de 4-clorobenzaldeído e 4,0 mL de metanol a um balão de fundo redondo de 25 mL. Agitando suavemente, adicione 4,0 mL de uma solução aquosa de hidróxido de potássio com uma pipeta Pasteur.[1] *Evite deixar solução de hidróxido de potássio na junta de vidro esmerilhado!* Adicione uma barra de agitação ao frasco e conecte um condensador resfriado à água. Utilizando um banho de água quente, aqueça a mistura da reação a cerca de 65 °C, agitando durante uma hora. Resfrie a mistura à temperatura ambiente e adicione 10 mL de água ao frasco. Despeje a mistura em um béquer e utilize mais 10 mL de água para ajudar a transferir para o béquer. Utilizando um funil de separação, extraia a mistura da reação com 10 mL de cloreto de metileno. Drene a camada orgânica (inferior) para outro recipiente. Extraia a camada aquosa com outra porção de 10 mL de cloreto de metileno. Combine as camadas orgânicas. A camada orgânica contém o composto 1, e a camada aquosa contém o composto 2.

Camada orgânica. Lave a camada orgânica duas vezes com porções de 10 mL de solução aquosa de bicarbonato de sódio a 5%. Em seguida, lave a camada orgânica com igual volume de água. Caso se forme uma emulsão, use um pouco de solução de cloreto de sódio saturada para quebrá-la. Seque a camada orgânica sobre sulfato de sódio granular anidro por dez ou quinze minutos. Depois que a solução seca for removida do agente secante, a camada orgânica deverá conter somente o composto 1 e cloreto de metileno. Isole o composto 1 removendo o cloreto de metileno.

Purifique o composto 1 por cristalização. Veja "Testando solventes para cristalização", Técnica 11, Seção 11.6, para obter instruções de como determinar um solvente apropriado. Experimente etanol 95% e xileno. Depois de determinar o melhor solvente, cristalize o composto utilizando um banho de água quente a cerca de 70 °C, para evitar a fusão do sólido. Identifique o composto 1 utilizando algumas ou todas as outras técnicas dadas na seção seguinte, "Identificação de compostos".

Camada aquosa. Para precipitar o composto 2, adicione 10 mL de água fria e acidifique com HCl 6 mol L^{-1}. À medida que o ácido é adicionado, agite a mistura. Não acidifique demais a solução; um pH igual a 3 ou 4 está muito bom. Se não for formado nenhum precipitado com a acidificação, adicione NaCl saturado para ajudar no processo. Esse método é chamado "salting out", ou "fracionamento com sal". Isole o composto 2 e seque-o em um forno a cerca de 110 °C. Purifique-o por cristalização (veja a Técnica 11, Seção 11.6). Tente utilizar metanol e etanol 95%. Após ter determinado o melhor solvente, purifique o composto por cristalização e identifique o sólido purificado utilizando algumas ou todas as técnicas dadas na seção a seguir.

Identificação de compostos

Identifique o composto 1 e o composto 2 utilizando uma das técnicas a seguir:

1. *Ponto de fusão*: consulte um manual quanto a valores definidos na literatura.
2. *Espectroscopia no infravermelho*: a pastilha de KBr é preferida.
3. *RMN de hidrogênio e/ou de carbono*: o composto 1 se dissolve facilmente em $CDCl_3$; utilize DMSO deuterado ou Unisol para dissolver o composto 2.[2]
4. *Testes químicos "úmidos"*: alguns dos testes relacionados no Experimento 55 podem ajudar, como os de solubilidade, o de Beilstein para haletos e outros que você considere adequados.
5. *Propriedades físicas*: a cor e o formato dos cristais também podem ser útil.

[1] Dissolva 61,7 g de hidróxido de potássio em 100 mL de água.

[2] Unisol é uma mistura de clorofórmio-d e DMSO-d_6 disponível em Norell, Inc., 120 Marlin Lane, Mays Landing, NJ 08330.

RELATÓRIO

Escreva um procedimento completo, pelo qual você sintetizou e isolou os compostos 1 e 2. Descreva os resultados de seus experimentos para determinar um bom solvente de cristalização para os dois compostos. Desenhe as estruturas dos compostos 1 e 2. Forneça todos os dados sobre os pontos de fusão e os resultados dos outros testes utilizados a fim de identificar os dois compostos. Identifique os picos significativos no espectro do infravermelho e nos espectros de hidrogênio/carbono. Mostre claramente como todos esses resultados confirmam a identidade dos dois compostos. Escreva uma equação balanceada para a síntese dos compostos 1 e 2. Que tipo de reação é esta? Proponha um mecanismo para a reação. Determine o rendimento percentual de cada um dos compostos.

Experimento 63

Síntese de chalconas substituídas: uma experiência orientada pela investigação

Cristalização

Condensação aldólica

Uso da literatura química

Experimento com base em projeto

No Experimento 37, você conheceu a **reação de condensação aldólica**, que foi utilizada para preparar uma variedade de **benzalacetofenonas** ou **chalconas**. Neste experimento, mais uma vez, você irá preparar chalconas, mas trabalhará orientado pela investigação, que simula algumas das metodologias que provavelmente serão utilizadas na pesquisa.

Escolha entre diversos benzaldeídos substituídos (1) e acetofenona substituída (2) para preparar a benzalacetofenona (chalconas) (3) que apresentam uma combinação de substituintes em cada um dos anéis aromáticos (veja a figura).

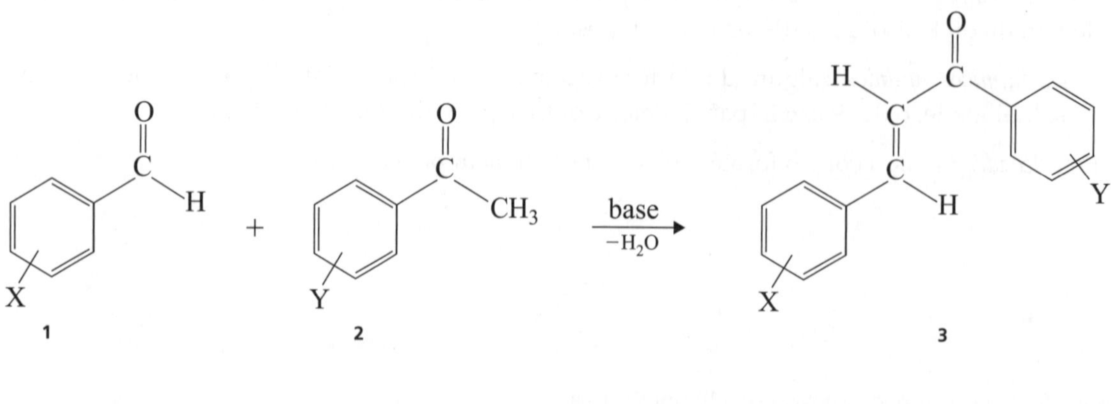

Assim que você tiver selecionado seus materiais de partida, irá determinar a estrutura completa do produto da condensação que se espera que seja formado em sua reação, e também determinar a fórmula molecular. Com essas informações, será possível conduzir uma pesquisa da literatura *on-line* de *Chemical Abstracts* utilizando **STN Easy** ou *SciFinder Scholar*. Com base na pesquisa da literatura, você poderá obter o nome completo de sua chalcona-alvo, seu número de Registro no CAS e as citações encontradas na principal literatura química, as quais devem ser capazes de lhe fornecer informações sobre a caracterização de sua chalcona-alvo, incluindo pontos de fusão, espectros no infravermelho e espectros de RMN.

Depois que tiver realizado a pesquisa na literatura, a etapa final será preparar sua chalcona e comparar suas propriedades com as que você encontrou na literatura.

A finalidade deste experimento é apresentar muitas das atividades que você provavelmente encontrará na pesquisa, incluindo um exame da molécula-alvo, a seleção dos materiais de partida apropriados, uma busca completa da principal literatura química, síntese de laboratório do composto desejado e a caracterização (incluindo uma comparação das propriedades físicas do produto, com valores publicados, encontrados em artigos de periódicos ou outras tabelas de dados).

LEITURA EXIGIDA

Revisão:	Técnica 8	Filtração, Seção 8.3
	Técnica 11	Cristalização: purificação de sólidos, Seção 11.3
	Experimento 2	Cristalização
Novo:	Técnica 29	Guia para a Literatura Química

INSTRUÇÕES ESPECIAIS

Antes de iniciar este experimento, escolha um benzaldeído substituído e uma acetofenona substituída. Seu professor determinará o método de designação desses reagentes. Você também poderá se inscrever para uma sessão do *STN Easy* ou *SciFinder Scholar*, em um computador. Seu professor lhe dará orientações sobre como conduzir uma pesquisa *on-line*. Antes de prosseguir para a sessão no computador, defina a estrutura de seu composto-alvo e determine sua fórmula molecular.

Note que as soluções de hidróxido de sódio são cáusticas. Tenha cuidado ao manipular os benzaldeídos e a acetofenona substituídos. Use equipamento de proteção pessoal e trabalhe em uma área bem ventilada.

MEIO SUGERIDO PARA O DESCARTE DE REJEITOS

Todos os filtrados devem ser despejados em um recipiente especificamente designado para rejeitos orgânicos não halogenados. Observe que seu professor pode estabelecer um método diferente para a coleta de rejeitos neste experimento.

NOTAS PARA O PROFESSOR

É melhor apresentar este projeto duas ou três semanas antes da data da verdadeira síntese da chalcona, a fim de disponibilizar tempo para a pesquisa na literatura. Será preciso desenvolver um método para designar um composto-alvo para cada aluno. Também será preciso agendar tempo no computador para a pesquisa *on-line* no *Chemical Abstracts*. Recomendamos que você prepare um roteiro descrevendo como procurar no *Chemical Abstracts* utilizando *STN Easy* ou *SciFinder Scholar*. O roteiro deverá guiar os alunos no processo de localização do número de registro para o composto-alvo e para a descoberta de referências pertinentes, com atenção especial a referencias que descrevem a preparação do composto. Por fim, será preciso determinar se é necessário exigir um relatório de laboratório formal e qual terá de ser o formato esperado.

Você pode escolher criar uma síntese em várias etapas vinculando este experimento à reação de acilação de Friedel–Crafts (Experimento 59) para a preparação da acetofenona substituída. O Experimento 59 contém sugestões para a acetofenona de Friedel–Crafts, que funcionam bem quando convertidas em chalconas. Seguindo a síntese da chalcona neste experimento, então, você desenvolverá a reação de ciclopropanação (Experimento 65) e/ou a epoxidação da chalcona (Experimento 64). Se o esquema em diversas etapas tiver de ser seguido, peça à classe para escalonar a preparação da chalcona, visando ter material suficiente para completar os Experimentos 64 e 65.

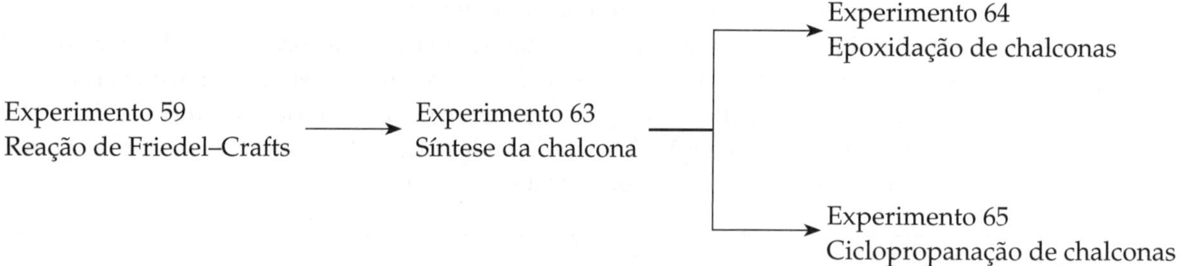

Outra síntese em várias etapas, mostrada a seguir, envolve vincular a síntese de uma chalcona, no Experimento 63, com a epoxidação da chalcona (Experimento 64) e/ou a ciclopropanação da chalcona (Experimento 65). Se você planeja criar uma síntese em várias etapas, conforme descrito aqui, pode ser uma boa ideia fazer uma quantidade maior de chalcona escalonando por quantidades de acetofenona substituída e do benzaldeído substituído, utilizados para preparar a chalcona.

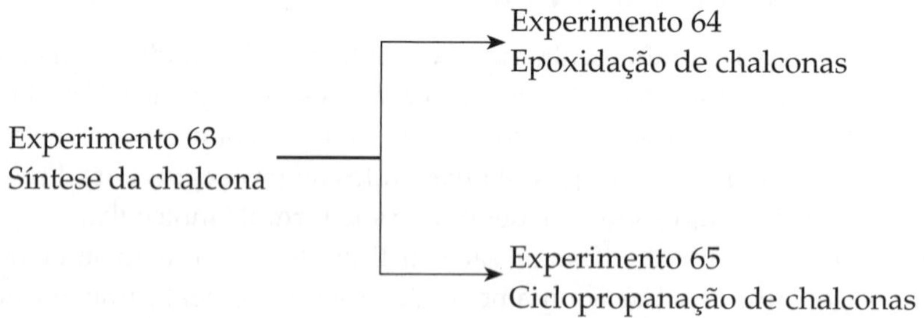

PROCEDIMENTO

Antes de iniciar a síntese de sua chalcona, determine sua estrutura e fórmula molecular e faça a pesquisa *on-line* no *Chemical Abstracts*, seguindo as instruções dadas por seu professor.

Desenvolvendo a reação. Coloque 0,005 mol de seu benzaldeído substituído em um frasco de Erlenmeyer de 50 mL e refaça a pesagem do frasco para determinar a massa de material transferido.

Adicione 0,005 mol da acetofenona substituída e 4,0 mL de etanol a 95% para o frasco que contém o benzaldeído substituído. Adicione uma barra magnética de agitação ao frasco. Agite o frasco para misturar os reagentes e dissolver quaisquer sólidos presentes. Poderá ser necessário aquecer a mistura em um banho de vapor ou uma placa de aquecimento para dissolver os sólidos. Nesse caso, a solução deverá ser resfriada à temperatura ambiente, antes de prosseguir para a etapa seguinte.

Adicione 0,5 mL de solução de hidróxido de sódio à mistura benzaldeído/acetofenona.[1] Adicione uma barra magnética de agitação e agite a mistura. *Antes que a mistura se solidifique, você pode observar alguma turvação. Espere até que a turvação tenha sido substituída por um precipitado óbvio que se sedimenta no*

[1] Esse reagente deve ser preparado antecipadamente pelo professor na proporção de 6,0 g de hidróxido de sódio em 10 mL de água.

fundo do frasco, antes de prosseguir para o próximo parágrafo. Continue agitando até se formar um sólido (aproximadamente de três a cinco minutos).[2] Raspar o interior do frasco com sua microespátula ou um bastão de vidro pode ajudar a cristalizar a chalcona.[3]

Isolamento do produto bruto. Adicione 10 mL de água gelada ao frasco, depois que um sólido tiver se formado, conforme indicado no parágrafo anterior. Com uma espátula, agite o sólido na mistura para quebrar a massa sólida. Transfira a mistura para um béquer pequeno com 5 mL de água gelada. Agite o precipitado para quebrá-lo e, então, colete o sólido, sob o vácuo, em um funil de Hirsch ou Büchner. Lave o produto com água fria. Deixe o sólido secar naturalmente por cerca de trinta minutos. Pese o sólido.

Cristalização. Cristalize toda a sua amostra a partir do etanol a 95% quente. Será preciso utilizar as técnicas de cristalização apresentadas no Experimento 2 para cristalizar a chalcona. Assim que os cristais tiverem secado completamente, pese o sólido, determine o rendimento percentual e defina o ponto de fusão.

Espectroscopia. Determine o espectro no infravermelho de seu produto. Dissolva parte de sua chalcona em $CDCl_3$ (em alguns casos, o DMSO-d_6 pode ser necessário para compostos pouco solúveis) para análise do RMN de ^{1}H. O espectro da chalcona mostrará um par de dupletos ($^3J \approx 16$ Hz aparecendo perto de 7,7 e 7,3 ppm) para os dois hidrogênios vinílicos na chalcona inicial. Esses hidrogênios vinílicos na chalcona aparecem na mesma região que os hidrogênios aromáticos nos anéis de benzeno. Entretanto, os dupletos para os hidrogênios do anel de benzeno são mais estreitamente espaçados ($^3J = 7$ Hz) que os dupletos para os hidrogênios vinílicos. Em geral, veremos um simpleto em 7,25 ppm para o $CHCl_3$ presente no solvente $CDCl_3$. Além disso, um pico de água pode surgir perto de 1,5 ppm. Se o DMSO deuterado tiver sido utilizado como solvente, será possível ver um padrão a cerca de 2,6 ppm para o DMSO não deuterado. Segundo a opção de seu professor, determine o espectro de RMN de ^{13}C.

Relatório de laboratório. Conforme a escolha de seu professor, talvez, seja preciso escrever um relatório de laboratório formal. Nesse caso, utilize o formato fornecido por seu professor ou fundamente seu relatório no estilo encontrado no *Journal of Organic Chemistry* (veja a Técnica 29). Se for preciso pesquisar na literatura, recorra ao *SciFinder Scholar* para procurar o ponto de fusão de sua chalcona para compará-la com o valor que você obteve. Observe, aqui, que ao pesquisar na literatura química no *SciFinder Scholar*, você descobrirá que o *Chemical Abstracts* geralmente não utiliza "chalcona" como o nome de seu composto. Como exemplo, veja que o nome é atribuído à seguinte estrutura.

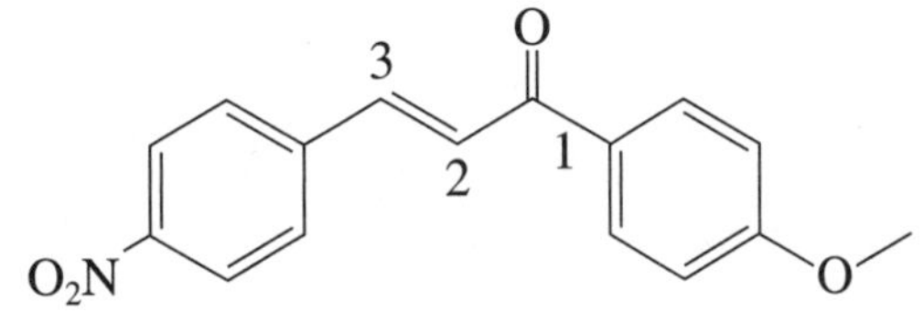

(E)-1-(4-metoxifenil)-3-(4-nitrofenil)-2-propeno-1-ona

Encaminhe para o professor a amostra purificada de sua chalcona, em um frasco rotulado, a menos que ela seja utilizada nos Experimentos 64 e 65.

[2] Em alguns casos, a chalcona pode não se precipitar. Desse modo, tampe o frasco e deixe-o em repouso até o próximo período de atividade em laboratório. Algumas vezes, é útil adicionar mais uma porção de base. Geralmente, a chalcona se precipitará durante esse período.

[3] Em alguns casos, o aldol intermediário não elimina a forma chalcona, levando a um grupo OH no espectro no infravermelho. Além disso, a chalcona pode passar por uma adição de Michael do enolado da acetofenona na chalcona. Se ocorrer uma dessas reações, o espectro de RMN de ^{1}H mostrará picos no intervalo entre 2,0–4,2 ppm.

REFERÊNCIAS

Vyvyan, J. R.; Pavia, D. L.; Lampman, G. M.; Kriz, G. S. Preparing Students for Research: Synthesis of Substituted Chalcones as a Comprehensive Guided-Inquiry Experience. *J. Chem. Educ.* 2002, *79*, 1119–1121.

Crouch, R. D.; Richardson, A.; Howard, J. L.; Harker, R. L.; Barker, K. H. The Aldol Addition and Condensation: The Effect of Conditions on Reaction Pathway.

J. Chem. Educ. 2007, *84*, 475–476.

■ QUESTÕES ■

1. Mostre como você começou com o material de partida recomendado e a reação de Friedel–Crafts para preparar os produtos da chalcona indicados. Serão necessários aldeídos e cetonas, além do material de partida recomendado.

O O → O O O NO_2

O → O O

→ O

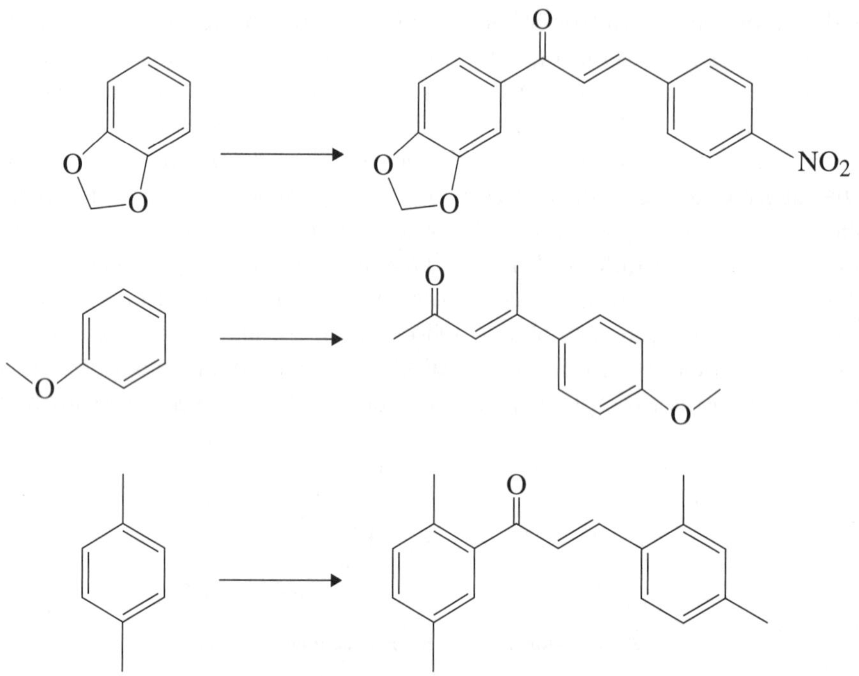

Experimento 64

Epoxidação verde de chalconas

Química verde

Reações de chalconas

Os epóxidos são intermediários importantes, amplamente utilizados em sínteses compostas de várias etapas, e você já os viu, ou ainda verá, sendo empregados como intermediários em síntese orgânica, em suas disciplinas de Química Orgânica. O reagente de epoxidação comum, denominado ácido *m*-cloroperoxibenzóico (*m*-CPBA), sobre o qual você aprendeu em outras disciplinas, não funciona bem em acetonas conjugadas, com poucos elétrons, como as chalconas empregadas neste experimento. Em vez disso, utilizaremos o peróxido de hidrogênio em hidróxido de sódio aquoso para preparar o epóxido. Uma epoxidação "verde" de chalconas utilizando esses reagentes foi descrita na literatura, e esta técnica será aplicada neste experimento.[1] A reação é conduzida em uma mistura não tão verde, composta de metanol, água e dimetilsulfóxido (DMSO). O DMSO é necessário para aumentar a solubilidade de chalconas altamente polares. A mistura de reação é agitada em um banho de gelo a 0 °C por uma hora para produzir um razoável rendimento de epóxidos. Por exemplo, a *trans*-chalcona (1,3-difenil-2-propeno-l-ona) produz um rendimento de 95% do epóxido. Com outras chalconas, os rendimentos geralmente variam de cerca de 60 a 95%. Para confirmar que preparou o epóxido, você analisará seu produto com a RMN de ^{1}H.

$\xrightarrow[\text{DMSO}]{H_2O_2,\ \text{NaOH}}$

O mecanismo segue esta rota:

$$H{-}O{-}O{-}H \quad {}^{-}O{-}H \; {}^{+}Na \longrightarrow H{-}O{-}\ddot{O}:^{-} \; {}^{+}Na \quad H_2O$$

$$H{-}O{-}\ddot{O}:^{-} + Ar{-}CO{-}CH{=}CH{-}Ar \longrightarrow Ar{-}C(O^{-}){=}CH{-}CH(Ar){-}O{-}O{-}H \longrightarrow \text{epóxido} + {}^{-}O{-}H$$

Adição conjugada

[1] Fioroni, G.; Fringuelli, F.; Pizzo, F.; Vaccaro, L. Epoxidation of α, β-Unsaturated Ketones in Water. An Environmentally Benign Protocol. *Green Chemistry* 2003, 5, 425–428. Experiment developed by Butler, G., and Lampman, G.M., Western Washington University, Bellingham, WA.

LEITURA EXIGIDA

Revisão: Técnicas 6, 7, 8, 11, 25 e 26
Leitura: Leia sobre preparação e reações de epóxidos em seu livro.

MEIO SUGERIDO PARA O DESCARTE DE REJEITOS

Descarte todos os rejeitos aquosos no recipiente especificamente designado a eles. Coloque os rejeitos orgânicos no recipiente para rejeitos orgânicos não halogenados.

NOTAS PARA O PROFESSOR

Grupos fortemente doadores de elétrons, como os grupos metoxi e metilenodioxi tendem a retardar a reação de formação do epóxido em chalconas, deixando alguma chalcona residual restante no produto. Os grupos alquila também são doadores de elétrons e retardam a formação do epóxido. Contudo, grupos retiradores de elétrons, como os grupos nitro e halogênios, aumentam a reatividade da chalcona. Quando átomos de halogênios estão presentes, com grupos metoxi, metilenodioxi ou alquila, a maior parte da chalcona é convertida no epóxido.

Os alunos podem determinar a conversão percentual da chalcona para o epóxido, integrando um dos hidrogênios vinílicos remanescentes na região aromática para o material de partida da chalcona e comparando essa integral com o valor da integral para um dos hidrogênios do anel epóxido. Veja a seção "Espectroscopia", a seguir, para saber mais detalhes.

PROCEDIMENTO

Iniciando a reação. Adicione 0,50 mmol de sua chalcona selecionada no Experimento 63, 3,5 mL de metanol e uma barra de agitação em um balão de fundo redondo de 50 mL. Agite e aqueça levemente a mistura por alguns minutos para verificar se a chalcona se dissolverá em metanol. Se a chalcona se dissolver, prossiga para o parágrafo seguinte. A maioria das chalconas requer um pouco de dimetilsulfóxido (DMSO), além do metanol, para se dissolver. Gradualmente, adicione DMSO em porções de 0,5 mL utilizando uma pipeta Pasteur plástica, até que a chalcona se dissolva com leve aquecimento e agitação. Pode ser necessário utilizar de 1 a 3 mL de DMSO para dissolver completamente a chalcona. Agora, resfrie o balão de fundo redondo à temperatura ambiente. Parte da chalcona poderá se precipitar à medida que a temperatura é reduzida para a temperatura ambiente, mas a maioria da chalcona permanecerá na solução. Prossiga para a etapa seguinte, mesmo se algum sólido permanecer.

Adicione 0,25 mL de hidróxido de sódio aquoso 2 mol L^{-1} utilizando uma pipeta plástica descartável. Agora, acrescente 65 μL de peróxido de hidrogênio a 30%, utilizando uma pipeta automática. Apoie o frasco em um banho de gelo, com uma garra, mas não tampe o frasco. Agite a mistura em um banho de gelo por uma hora. Adicione mais gelo, quando necessário, para manter a mistura entre 0 e 2 °C. Parte da chalcona se precipita quando o frasco for resfriado no banho de gelo, mas isso não deve ser motivo de preocupação, porque a chalcona será convertida para o epóxido, mesmo se algum sólido permanecer. Não acrescente mais DMSO.

Extração com éter dietílico. Após o período de reação de uma hora, interrompa a agitação e adicione 5 mL de água gelada. Ocorrerá a formação de um sólido ou, possivelmente, um óleo. Para extrair o epóxido da camada aquosa, adicione 10 mL de éter dietílico ao frasco. Agite o frasco para ajudar o epóxido a se dissolver no éter dietílico. Se for preciso, acrescente mais éter dietílico para ajudar a dissolver o epóxido. A ideia é criar duas camadas relativamente claras, uma aquosa e uma orgânica. A quantidade de éter dietílico adicionado não é importante.

Cuidadosamente, transfira a mistura do balão de fundo redondo para um funil de separação. Ao despejar do frasco, utilize um funil e um bastão de vidro para direcionar o líquido no funil, de modo que o líquido se deposite no funil, em vez de na superfície de sua capela de exaustão! (É difícil despejar de um frasco que não tem bico!). Agite o funil com bastante força para extrair a mistura, remova a camada aquosa inferior e despeje a camada de éter do topo do funil em um frasco de Erlenmeyer. Agora, reintroduza a camada aquosa novamente no funil de separação e remova-a mais uma vez, com outra porção de 10 mL de éter dietílico. Depois de agitar, remova a camada aquosa inferior e, novamente, despeje o extrato de éter do topo do funil de separação para o frasco de Erlenmeyer contendo o primeiro extrato de éter.

Secagem e remoção do éter dietílico. Adicione sulfato de magnésio anidro ao frasco de Erlenmeyer para secar os extratos de éter. Coloque uma rolha no frasco e, de vez em quando, agite-o durante um período de cinco a dez minutos, para secar a solução. Filtre por gravidade a solução, através de um papel de filtro pregueado, em um balão de fundo redondo de 50 ou 100 mL previamente pesado (fornecido pelo professor, se for necessário). Remova o éter no evaporador rotatório, a vácuo. Se não houver um evaporador rotatório disponível, seu professor recomendará um método alternativo para a remoção do solvente. Quando o éter for removido, se formará um sólido ou um óleo. Após a remoção do éter no evaporador rotatório, utilize uma bomba de vácuo para remover o solvente remanescente.

Isolamento do epóxido. Refaça a pesagem do frasco para determinar o rendimento do epóxido. O ideal é que o epóxido isolado seja um sólido, mas frequentemente você isolará um semissólido oleoso (neste caso, prossiga para o parágrafo seguinte). Se for obtido um sólido de boa qualidade (peça orientação ao seu professor), adicione 8 mL de água ao sólido para remover o DMSO que pode ter sido extraído do éter. Dobre a maior das duas espátulas que você tem em sua gaveta e tente remover tanto sólido quanto for possível das laterais e do fundo do balão de fundo redondo. Despeje a solução contendo o sólido em um funil de Hirsch ou Büchner conectado a um frasco de filtro, a vácuo, para coletar o epóxido sólido no papel de filtro. Você pode utilizar mais água fria para ajudar no processo de transferência. Deixe o sólido secar em um recipiente aberto. Quando estiver seco, pese o sólido e calcule o rendimento percentual. Determine também o ponto de fusão.

Se o epóxido for um semissólido oleoso, não será possível coletar o material em um funil de Hirsch ou Büchner. Pese o material e calcule o rendimento percentual. Dissolva a amostra em $CDCl_3$ e obtenha o espectro de RMN de ^1H, conforme descreve a seção seguinte.

Espectroscopia. Determine o espectro no infravermelho de seu produto. Dissolva parte de seu epóxido em $CDCl_3$ para a análise de RMN de ^1H. Compare o espectro de RMN de ^1H da chalcona inicial com o espectro do epóxido. O espectro da chalcona inicial mostrará um par de dupletos ($^3J \approx 16$ Hz aparecendo perto de 7,7 e 7,3 ppm) para os dois hidrogênios vinílicos na chalcona inicial. Tais hidrogênios surgem na mesma região que os hidrogênios aromáticos nos anéis de benzeno. entretanto, os dupletos para os hidrogênios do anel de benzeno são mais estreitamente espaçados ($^3J = 7$ Hz) que os dupletos para os hidrogênios vinílicos, os quais, na chalcona inicial, serão substituídos por dois picos (na verdade, um par de dupletos, quando expandidos) próximo de 4,0 a 4,4 ppm. Os hidrogênios do anel de epóxido se parecem com simpletos na RMN, mas na realidade, são dois dupletos muito pouco espaçados (3J = 1,5 a 2Hz). Lembre-se de que você pode ver picos no espectro para qualquer DMSO restante em cerca de 2,6 ppm. Além disso, é comum observar um simpleto para a água que aparece em aproximadamente 1,5 ppm. Conforme a opção de seu professor, determine o espectro de ^{13}C.

Determine a conversão percentual da chalcona para o epóxido, integrando um dos hidrogênios vinílicos que restam na região aromática para o material de partida da chalcona e comparando essa integral com o valor da integral para um dos hidrogênios no anel de epóxido.

REFERÊNCIAS

Dixon, C. E.; Pyne, S. G. Synthesis of Epoxidated Chalcone Derivatives. *J. Chem. Educ.* 1992, *69*, 1032–1033.

Fiorini, G.; Fringuelli, F.; Pizzo, F.; Vaccaro, L. Epoxidation of α, β-Unsaturated Ketones in Water: An Environmentally Benign Protocol. *Green Chem.* 2003, *5*, 425–428.

Fraile, J. M.; Garcia, J. I. Mayoral, J. A.; Sebti, S. Tahir, R. Modified Natural Phosphates: Easily Accessible Basic Catalyst for the Epoxidação of Electron-Deficient Alkenes. *Green Chem.* 2001, *3*, 27–274.

Maloney, G. P. Synthesis of 3-(2'-methoxy, 5'-bromophenyl)-2, 3-epoxyphenyl Propanone, a Novel Epoxidated Chalcone Derivative. *J. Chem. Educ.* 1990, *67*, 617–618.

QUESTÕES

1. Resuma as mudanças que você espera observar nos espectros de IV e de RMN de ^1H de seu produto epóxido em relação ao material de partida da chalcona.
2. Desenhe as estruturas dos produtos esperados, nas reações a seguir.

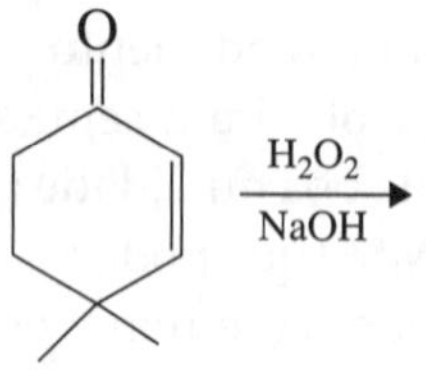

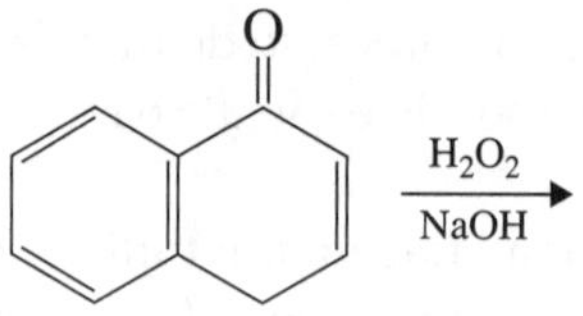

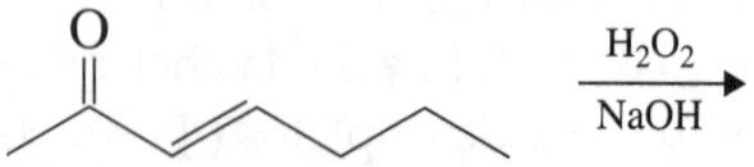

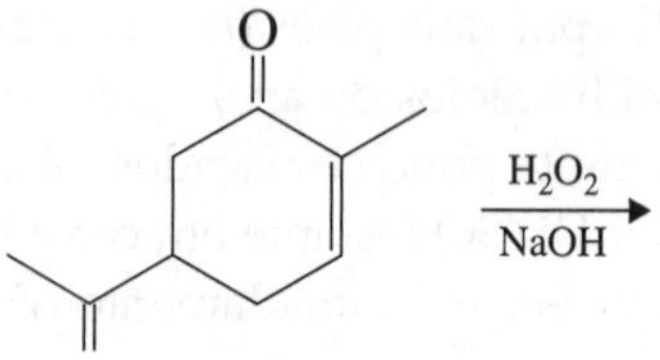

O

$\xrightarrow[NaOH]{H_2O_2}$

O

$\xrightarrow[NaOH]{H_2O_2}$

O

$\xrightarrow[NaOH]{H_2O_2}$

O

$\xrightarrow[NaOH]{H_2O_2}$

Existem duas ligações duplas C=C, mas somente uma reage. Por quê?

3. Desenhe a estrutura do produto esperado na reação a seguir.

O

Ph Ph

O

$\xrightarrow[H_2O]{H^+}$

Experimento 65

Ciclopropanação de chalconas

Reação das chalconas

A reação de Corey–Chaykovsky será utilizada para ciclopropanar sua chalcona do Experimento 63. A reação envolve a reação do iodeto de trimetilsulfônico e o *tert*-butóxido de potássio em dimetilsulfóxido anidro (DMSO)[1], sendo agitada à temperatura ambiente durante uma hora. Por exemplo, a *trans*-chalcona (1,3-difenil-2-propeno-1-ona) produz um rendimento de 88% do produto ciclopropanado. Analise seu produto por espectroscopia de RMN de ^1H e espectroscopia no infravermelho.

DMSO/ metilida

trans-chalcona → Produto ciclopropanado

O mecanismo segue este caminho:

iodeto de trimetilsulfônico + ^-O— *tert*-butila ^+K → ilídio (metilida) + HO— *tert*-butila + KI

Adição conjugada

Produto ciclopropanado

---

[1] Ciaccio, J. A.; Aman, C. E. Instant Methylide Modification of the Corey-Chaykovsky Cyclopropanation Reaction. *Synthetic Communications* 2006, *36*, 1333–1341. Este experimento foi desenvolvido por Truong, T. e Lampman, G. M., Western Washington University, Bellingham, WA.

LEITURA EXIGIDA

Revisão: Técnicas 5, 6, 7, 8, 12, 20, 25 e 26

MEIO SUGERIDO PARA O DESCARTE DE REJEITOS

Descarte todos os rejeitos aquosos no recipiente especificamente designado para isso. Coloque os rejeitos orgânicos no recipiente para rejeitos orgânicos não halogenados. O cloreto de metileno deverá ser colocado no recipiente para rejeitos halogenados.

NOTAS PARA O PROFESSOR

As chalconas geralmente reagem completamente na reação de ciclopropanação, deixando pouca ou nenhuma chalcona inicial no produto.

PROCEDIMENTO

Iniciando a reação. Dissolva 0,50 mmol da chalcona do Experimento 63 em 2,0 mL de dimetilsufóxido anidro (DMSO)[2] em um balão de fundo redondo de 25 mL. Deixe o sólido se dissolver.[3] Adicione uma barra de agitação. Acrescente à solução uma mistura seca de $Me_3S(O)I$ e KO-*tert*-butóxido (0,20 g, 0,6 mmol)[4] de uma só vez. Agora, acrescente um tubo de secagem preenchido com $CaCl_2$ ao frasco. Agite a solução por uma hora à temperatura ambiente.

Extração com éter dietílico. Transfira a mistura para um funil de separação e adicione 25 mL de solução aquosa saturada de cloreto de sódio, utilizando parte da solução de cloreto de sódio para ajudar a transferir a mistura da reação para o funil. Extraia a mistura com uma porção de 15 mL de éter dietílico. Remova a camada aquosa inferior e despeje a camada de éter do topo do funil de separação em um béquer. Devolva a camada aquosa para o funil e extraia-a novamente com outra porção de 15 mL de éter dietílico. Combine as duas camadas de éter no mesmo béquer. Despeje os extratos de éter novamente no funil de separação e reextraia a camada de éter com duas porções de água de 25 mL e, em seguida extraia com 25 mL de cloreto de sódio saturado; a cada vez, drenando a camada aquosa inferior e reservando a camada de éter.

Secagem e remoção do éter dietílico. Despeje a camada de éter dietílico do topo do funil para um frasco de Erlenmeyer seco e seque o éter com sulfato de magnésio anidro. Ocasionalmente, agite a solução com o agente secante por um período de aproximadamente dez minutos. Filtre por gravidade a solução, através de um pedaço de papel de filtro pregueado, para um balão de fundo redondo de 50 ou 100 mL previamente pesado (fornecido pelo professor, se necessário). Remova o éter no evaporador rotatório, a vácuo. Depois que o éter for removido, utilize uma bomba de vácuo para retirar todo o éter que possa ter restado na amostra. O produto provavelmente será um óleo. Pese-o e determine o rendimento percentual.

Cromatografia em camada fina (opcional). Verifique a pureza do produto por meio de TLC. Dissolva uma pequena quantidade do produto em cloreto de metileno e marque-o na placa. Marque também uma solução diluída da chalcona inicial na placa. Desenvolva a placa em cloreto de metileno e

---

[2] Alfa Aesar, dimetil sulfóxido, anidro, empacotado sob argônio, Estoque n° 43998, CAS n° 67-68-5

[3] Talvez, seja preciso adicionar mais DMSO *anidro* para dissolver completamente a chalcona.

[4] O assistente de laboratório deverá preparar a mistura combinando o iodeto de timetilsulfônico ($Me_3S(O)I$, 5,90 g; 26,8 mmol) com *tert*-butóxido de potássio (KO-*tert*-Bu, 3,00 g; 26,7 mmol). Moa a mistura de modo que os dois compostos sejam igualmente distribuídos e misturados um com o outro. Um grama dessa mistura fornece 3,0 mmol de metililídio/g ou 0,6 mmol/0,2 g. Armazene a mistura em um dessecador.

utilize a lâmpada de UV para visualizar as manchas e verificar se existe algum subproduto ou chalcona inicial no produto ciclopropanado.

Espectroscopia. Determine o espectro no infravermelho de seu produto. Prepare uma amostra de RMN para análise de ^{1}H em $CDCl_3$. Quando o espectro de hidrogênio lhe for entregue, verifique o desaparecimento de um par de dupletos ($^{3}J \approx 15$ Hz aparecendo próximo a 7,7 e 7,3 ppm) para os hidrogênios vinílicos na chalcona inicial (a expectativa normal é de que a chalcona irá reagir completamente). Esses dupletos podem ser distinguidos facilmente dos dupletos dos hidrogênios aromáticos, que são mais estreitamente espaçados ($^{3}J = 7$ Hz). Os hidrogênios vinílicos aparecem na mesma região que os hidrogênios aromáticos. Os hidrogênios vinílicos na chalcona inicial devem ser substituídos por dois hidrogênios ciclopropílicos aparecendo aproximadamente em 1,5 e em 1,9 ppm para os hidrogênios diastereotópicos no grupo CH_2. Os dois hidrogênios ciclopropílicos remanescentes surgem em cerca de 2,6 e 2,88 ppm.[5] Conforme a opção de seu professor, determine o espectro de ^{13}C.

REFERÊNCIAS

Ciaccio, J. A.; Aman, C. E. Instant Methylide Modification of the Corey-Chaykovsky Cyclopropanation Reaction. *Synthetic Comm.* 2006, *36*, 1333–1341.

Corey, E. J.; Chaykovsky, M. Dimethyloxosulfonium Methylide and Dimethylsulfonium Methylide, Formation and Application to Organic Synthesis. *J. Am. Chem. Soc.* 1965, *87*, 1353–1364.

Lampman, G. M.; Koops, R. W.; Olden, C. C. Phosphorus and Sulfur Ylide Formation *J. Chem. Educ.* 1985, *62*, 267–268.

Paxton, R. J.; Taylor, R. J. K. Improved Dimethylsulfoxonium Methylide Cyclopropanation Procedures, including a Tandem Oxidation Variant. *Synlett* 2007, 633–637.

Yanovskaya, L. A.; Dombrovsky, V. A.; Chizhov, O. S.; Zolotarev, B. M.; Subbotin, O. A.; Kucherov, V. F. Synthesis and Properties of *trans*-1-Aryl-2-Benzoylcyclopropanes and their Vinylogues. *Tetrahedron* 1972, *28*, 1565–1573.

■ QUESTÕES ■

1. Resuma as mudanças que você espera observar nos espectros no IV e de RMN de ^{1}H, de seu produto ciclopropano em relação ao material de partida da chalcona.
2. Desenhe as estruturas dos produtos esperados nas seguintes reações.

[5] Se a instrumentação estiver disponível, realize um experimento de RMN gHSQC para confirmar a atribuição dos hidrogênios diastereotópicos. Este experimento heteronuclear de RMN 2 D (bidimensional) representa o espectro de carbono em relação ao espectro de hidrogênios. Os hidrogênios diastereotópicos estarão correlacionados com somente um pico de ^{13}C em aproximadamente 19 ppm. Os outros dois hidrogênios do anel ciclopropílico aparecem em torno de 29 e 30 ppm no espectro de ^{13}C.

$+ \ (CH_3)_3\overset{+}{S}{=}O \ I^- \ + \ K^+ \ \bar{O}\text{-}t\text{-butila} \longrightarrow$

$+ \ (CH_3)_3\overset{+}{S}{=}O \ I^- \ + \ K^+ \ \bar{O}\text{-}t\text{-butila} \longrightarrow$

$+ \ (CH_3)_3\overset{+}{S}{=}O \ I^- \ + \ K^+ \ \bar{O}\text{-}t\text{-butila} \longrightarrow$

2 mols 2 mols

$+ \ (CH_3)_3\overset{+}{S}{=}O \ I^- \ + \ K^+ \ \bar{O}\text{-}t\text{-butila} \longrightarrow$

$+ \ (CH_3)_3\overset{+}{S}{=}O \ I^- \ + \ K^+ \ \bar{O}\text{-}t\text{-butila} \longrightarrow$

Existem duas ligações duplas C=C, mas somente uma reage. Por quê?

Experimento 66

Reação de Michael e reação de condensação aldólica

Condensação aldólica

Reação de Michael (adição conjugada)

Cristalização

Elaboração de um procedimento

Aplicação de pensamento crítico

No Experimento 37 ("A reação de condensação aldólica: preparação de benzalacetofenonas"), os benzaldeídos substituídos reagem com acetofenona em uma condensação aldólica cruzada para preparar benzalacetofenonas (chalconas). Isso é ilustrado pela seguinte reação, em que Ar e Ph são utilizados como abreviação para um anel de benzeno substituído e grupo fenila, respectivamente.

OH^-

Um benzaldeído **Acetofenona** **Uma *trans*-chalcona**

O Experimento 39 envolve a reação entre o acetocetato de etila e a *trans*-chalcona na presença de base. Sob as condições deste experimento, ocorre uma sequência de três reações: uma adição de Michael seguida por uma reação interna com o aldol e uma desidratação.

***trans*-chalcona**

acetoacetato de etila

NaOH
Adição de Michael

Reação com o aldol NaOH

Desidratação

H_2O +

O propósito deste experimento é combinar as reações introduzidas nos Experimentos 37 e 39, na forma de um projeto. Iniciando com um dos quatro possíveis benzaldeídos substituídos, você sintetizará uma chalcona utilizando o procedimento apresentado no Experimento 37. Depois de determinar um ponto de fusão para verificar se essa etapa foi concluída com sucesso, desenvolva uma reação aldólica de Michael com a chalcona e o acetoacetato de etila recorrendo ao procedimento dado no Experimento 39. A identidade do produto final será confirmada por seu ponto de fusão e, possivelmente, pela espectroscopia no infravermelho e de RMN.

Você receberá um dos aldeídos aromáticos mostrados na lista que se segue. Para cada aldeído, são fornecidos os pontos de fusão da chalcona correspondente e do produto aldólico de Michael.

Aldeído	Chalcona (mp, °C)	Produto aldólico de Michael (mp, °C)
4-Clorobenzaldeído	114–115	141–143
4-Metoxibenzaldeído	73–74	106–108
4-Metilbenzaldeído	92–94	139–142
Piperonaldeído	121–122	146–147

LEITURA EXIGIDA

Revisão: Técnica 11 Cristalização: purificação de sólidos

MEIO SUGERIDO PARA O DESCARTE DE REJEITOS

Se o seu composto inicial for o 4-clorobenzaldeído, todos os filtrados deverão ser despejados em um recipiente destinado a rejeitos orgânicos halogenados. Se for utilizado um dos outros três aldeídos, descarte todos os filtrados no recipiente designado para rejeitos orgânicos não halogenados.

NOTAS PARA O PROFESSOR

Alguns alunos podem solicitar ajuda individual para este experimento. Como resultado, pode ser difícil utilizá-lo com uma classe grande. É uma boa ideia que os alunos preparem e apresentem seu procedimento para aprovação, antes de iniciarem o trabalho experimental. As chalconas devem ser finamente moídas antes de serem utilizadas na segunda parte do experimento.

Você pode preferir que os alunos façam a reação do acetoacetato de etila com uma das chalconas sintetizadas no Experimento 63. Uma vez que o produto da reação pode gerar um produto desconhecido da reação aldólica de Michael, os alunos terão a oportunidade de conduzir a pesquisa original. Uma pesquisa na literatura pode ser incluída neste exercício para determinar se o composto foi sintetizado anteriormente.

PROCEDIMENTO

Seu professor entregará a você um dos benzaldeídos substituídos, apresentados na tabela anterior, para utilizar neste experimento. A fim de preparar a chalcona, consulte o procedimento no Experimento 37. Para converter a chalcona para o produto aldólico de Michael, recorra ao Experimento 39. Utilizando esses procedimentos como orientação, elabore todo o procedimento experimental com quantidades de reagentes. A chalcona que você preparar precisa ser finamente moída antes de utilizá-la na segunda parte deste experimento.

Inicialmente, siga os procedimentos nos Experimentos 37 e 39 tão precisamente quanto for possível, com os ajustes apropriados na escala da reação. Outra parte do procedimento no Experimento 39 também precisa ser modificada (veja "Remoção de catalisador", no Experimento 39). O propósito de adicionar acetona nesta etapa é dissolver seu produto, deixando para trás o catalisador sólido. Dependendo de com qual benzaldeído substituído você começou, poderão ser exigidos diferentes volumes de acetona. Em vez de seguir as instruções para adicionar 7 mL de acetona, acrescente uma porção menor e, então, agite com uma espátula para verificar se a maior parte do sólido se dissolve. Se isso não ocorrer, continue a adicionar mais acetona em pequenas porções enquanto agita a mistura. Quando estiver claro que a maior parte do sólido se dissolveu, então, você pode parar de adicionar acetona. É provável que seja necessário acrescentar mais que 7 mL de acetona, considerando a mesma escala utilizada no Experimento 39.

Se nem o procedimento no Experimento 37 ou no Experimento 39 funcionar, poderá ser necessário modificar o procedimento e realizar o experimento novamente. Um procedimento malsucedido será indicado, mais provavelmente, pelo ponto de fusão ou pelos dados espectrais. O problema mais provável de ser encontrado na preparação da chalcona é a dificuldade de conseguir que o produto se solidifique da mistura da reação. A reação aldólica de Michael é mais complicada, porque existem dois compostos intermediários que podem estar presentes em uma quantidade significativa na amostra final. Se isso ocorrer, o ponto de fusão e o espectro no infravermelho podem fornecer dicas sobre o que aconteceu. Talvez, seja preciso aumentar o tempo de reação para esta parte do experimento.

Você deve prestar atenção à escala, a fim de preparar chalcona suficiente para utilizar na próxima etapa e obter uma quantidade razoável do produto final, cerca de 0,3–0,6g. Portanto, é possível que as quantidades dos reagentes dados nos Experimentos 37 e 39 precisem ser ajustadas. Se for necessário modificar a escala nos dois experimentos, certifique-se de adequar as quantidades de todos os reagentes proporcionalmente e de fazer quaisquer adaptações necessárias nos objetos de vidro. Ao tomar sua decisão inicial sobre a escala, assuma que o rendimento percentual da chalcona após a cristalização será de aproximadamente 50%. Da mesma maneira, assuma que o procedimento no Experimento 39 resultará em um rendimento de cerca de 50%.

Para determinar um ponto de fusão exato da chalcona ou do produto final, a amostra deve ser pura e seca. Na maioria dos casos, o etanol 95% pode ser utilizado para cristalizar esses compostos. Se esse solvente não funcionar, você pode utilizar o procedimento na Técnica 11, Seção 11.6, para encontrar um solvente apropriado. Outros solventes a serem experimentados incluem o metanol ou uma mistura de etanol e água. Se você não obtiver sucesso em encontrar um solvente apropriado, consulte seu professor.

É particularmente importante que a chalcona seja altamente pura antes de seguir para a próxima etapa. Ao determinar a quantidade de solvente quente a ser adicionada quando a chalcona se cristalizar, é melhor acrescentar mais que a quantidade mínima exigida para dissolver o sólido. Do contrário, a quantidade de água-mãe pode ser tão pequena que muitas das impurezas não serão removidas durante a etapa de filtração a vácuo. Se o ponto de fusão após a cristalização não estiver entre 3–4 °C do ponto de fusão dado na tabela no início deste experimento, talvez, seja preciso cristalizar o material uma segunda vez.

ESPECTROSCOPIA

Espectro no infravermelho. Obtenha um espectro no infravermelho da chalcona e do produto final para verificar a identidade de cada produto na sequência da reação. Obtenha o espectro no infravermelho pelo método da pastilha seca (veja a Técnica 25, Seção 25.4) ou uma pastilha de KBr (veja a Técnica 25, Seção 25.5). Para o produto aldólico de Michael, você deverá observar absorbâncias em aproximadamente 1735 e 1660 cm^{-1} para a carbonila do éster e os grupos enona, respectivamente.

Espectro de RMN. Talvez, seu professor também queira que você determine os espectros de RMN de hidrogênio e de carbono, de cada produto, que podem ser obtidos no solvente $CDCl_3$. Alguns dos sinais esperados podem ser determinados consultando-se o espectro de RMN mostrado na Figura 2, no Experimento 39. Embora este espectro seja para um composto ligeiramente diferente, muitos dos sinais terão padrões de desdobramento similares e deslocamentos químicos similares.

RELATÓRIO

O relatório deverá incluir equações balanceadas para a preparação da chalcona e do produto aldólico de Michael. Você deverá calcular o rendimento teórico e percentual para cada etapa. Descreva seu procedimento completo, do modo como efetivamente o realizou.

Inclua os resultados reais de suas determinações de ponto de fusão e compare-as com os resultados esperados. Inclua quaisquer espectros no infravermelho obtidos e interprete os principais picos de absorção. Se você determinou os espectros de RMN, inclua-os, com uma interpretação dos picos e dos padrões de desdobramento.

REFERÊNCIA

Garcia-Raso, A.; Garcia-Raso, J.; Campaner, B.; Maestres, R; Sinisterra, J. V. An Improved Procedure for the Michael Reaction of Chalconas. *Synthesis* 1982, 1037.

Experimento 67[1]

Reações de esterificação da vanilina: o uso da RMN para determinar uma estrutura

Esterificação

Cristalização

Ressonância magnética nuclear

Aplicação do pensamento crítico

A reação da vanilina com anidrido acético na presença de base é um exemplo da esterificação de um fenol. O produto, que é um sólido branco, pode ser caracterizado facilmente por seus espectros no infravermelho e de RMN.

$$\text{HO}-\text{C}_6\text{H}_3(\text{OCH}_3)-\overset{\overset{\text{O}}{\|}}{\text{C}}-\text{H} + \text{CH}_3-\overset{\overset{\text{O}}{\|}}{\text{C}}-\text{O}-\overset{\overset{\text{O}}{\|}}{\text{C}}-\text{CH}_3 \; \begin{cases} \xrightarrow{\text{NaOH}} \text{Resultado A} \\ \xrightarrow{H_2SO_4} \text{Resultado B} \end{cases}$$

Vanilina

Contudo, quando a vanilina é esterificada com anidrido acético em condições ácidas, o produto que é isolado tem um diferente ponto de fusão e diferentes espectros. O objetivo deste experimento é identificar os produtos formados em cada uma dessas reações e propor mecanismos que explicarão por que a reação prossegue diferentemente sob as condições básicas e ácidas.

LEITURA EXIGIDA

Revisão: Técnicas 8, 11, 25 e 26

Você deve ler também as seções em seu livro de estudos, que tratam da formação de ésteres e reações de adição nucleofílicas de aldeídos.

[1] O Experimento 67 é baseado em um artigo apresentado na 12th Biennial Conference on Chemical Education (2ª Conferência Bienal sobre Educação Química), Davis, Califórnia, de 2–7 de agosto de 1992, pela professora Rosemary Fowler, Cottey College, Nevada, Missouri. Os autores agradecem à professora Fowler por sua generosidade em compartilhar suas ideias.

INSTRUÇÕES ESPECIAIS

O ácido sulfúrico é muito corrosivo. Evite o contato com sua pele.

MEIO SUGERIDO PARA O DESCARTE DE REJEITOS

Todos os filtrados e resíduos orgânicos devem ser descartados no recipiente designado para rejeitos orgânicos não halogenados. Descarte as soluções utilizadas para a espectroscopia de RMN no recipiente específico para o descarte de materiais halogenados.

PROCEDIMENTO

Preparação do 4-acetoxi-3-metoxibenzaldeído (acetato de vanilina). Dissolva 1,50 g de vanilina em 25 mL de hidróxido de sódio a 10% em um frasco de Erlenmeyer de 250 mL. Adicione 30 g de gelo triturado e 4,0 mL de anidrido acético. Tampe o frasco com uma rolha de borracha limpa e agite diversas vezes durante um período de vinte minutos. Ao adicionar anidrido acético, imediatamente se formará um precipitado branco leitoso e turvo. Filtre o precipitado utilizando um funil de Hirsch ou um pequeno funil de Büchner e lave o sólido com três porções de 5 mL de água gelada.

Recristalize o sólido por meio de álcool etílico 95%. Aqueça a mistura em um banho de água quente a cerca de 60 °C para evitar a fusão do sólido. Quando os cristais estiverem secos, pese-os e calcule o rendimento percentual. Obtenha o ponto de fusão (o valor definido na literatura é de 77–79 °C). Determine o espectro no infravermelho do produto utilizando o método de pastilha. Determine o espectro de RMN de hidrogênio do produto em solução de $CDCl_3$. Recorrendo aos dados espectrais, confirme se a estrutura do produto é consistente com o resultado previsto.

Esterificação da vanilina na presença de ácido. Dissolva 1,50 g de vanilina em 10 mL de anidrido acético em um frasco de Erlenmeyer de 125 mL. Coloque uma barra magnética de agitação no frasco e agite a mistura à temperatura ambiente até que o sólido se dissolva. Enquanto continua a agitar a mistura, adicione dez gotas de ácido sulfúrico 1,0 mol L^{-1} à mistura de reação. Tampe o frasco e agite à temperatura ambiente por uma hora. Durante esse período, a cor da solução se tornará roxa ou alaranjado.

No final do período de reação, resfrie o frasco em um banho de água gelada por quatro a cinco minutos. Adicione 35 mL de água gelada à mistura no frasco. Tampe firmemente o frasco com uma tampa de borracha limpa e, enquanto segura a tampa com seu polegar, agite o frasco com bastante força – com toda a força que você puder utilizar! Continue a resfriar e agitar o frasco para induzir a cristalização. A cristalização terá ocorrido quando você puder ver pequenos pedaços sólidos se separando do líquido turvo e se depositando no fundo do frasco. (Se a cristalização não ocorrer após um período de dez a quinze minutos, pode ser necessário dispersar a mistura com um pequeno cristal do produto.) Filtre o produto em um funil de Hirsch ou um pequeno funil de Büchner, e lave o sólido com três porções de 5 mL de água gelada.

Recristalize o produto bruto do etanol a 95% quente. Deixe os cristais secarem. Pese os cristais secos, calcule o rendimento percentual e determine o ponto de fusão (o valor definido na literatura é de 90–91 °C). Determine o espectro no infravermelho do produto utilizando o método de pastilha seca. Determine o espectro de RMN de hidrogênio, do produto, em solução de $CDCl_3$.

RELATÓRIO

Compare os dois conjuntos de espectros obtidos para as reações promovidas por bases e ácidos. Utilizando os espectros, identifique as estruturas dos compostos formados em cada reação. Registre os pontos de fusão e compare-os aos valores definidos na literatura. Escreva equações balanceadas para ambas as reações e calcule o rendimento percentual. Descreva rotas de mecanismos para explicar a formação dos dois produtos isolados.

Experimento 68[1]

Um quebra-cabeça de oxidação

Oxidação de álcoois

Espectroscopia no infravermelho

Aplicação do pensamento crítico

O hipoclorito de sódio em ácido acético é um agente oxidante capaz de oxidar álcoois para os aldeídos ou cetonas correspondentes. Neste experimento, você oxidará um diol, 2-etil-1,3-hexanodiol (1) e, então, utilizará a espectroscopia no infravermelho para determinar qual dos grupos funcionais do álcool foi oxidado.

Você determinará se a oxidação ocorreu seletivamente (e qual grupo funcional foi oxidado) ou se ambos os grupos funcionais foram oxidados ao mesmo tempo. Os possíveis resultados da oxidação são mostrados na figura. Se apenas o álcool primário for oxidado, será formado um aldeído (2); se somente o álcool secundário for oxidado, o produto será uma cetona (3). Se os dois grupos funcionais de álcool forem oxidados, será observado o composto (4). Sua tarefa será utilizar a espectroscopia no infravermelho para determinar a estrutura do produto e decidir qual desses três possíveis resultados realmente ocorre.

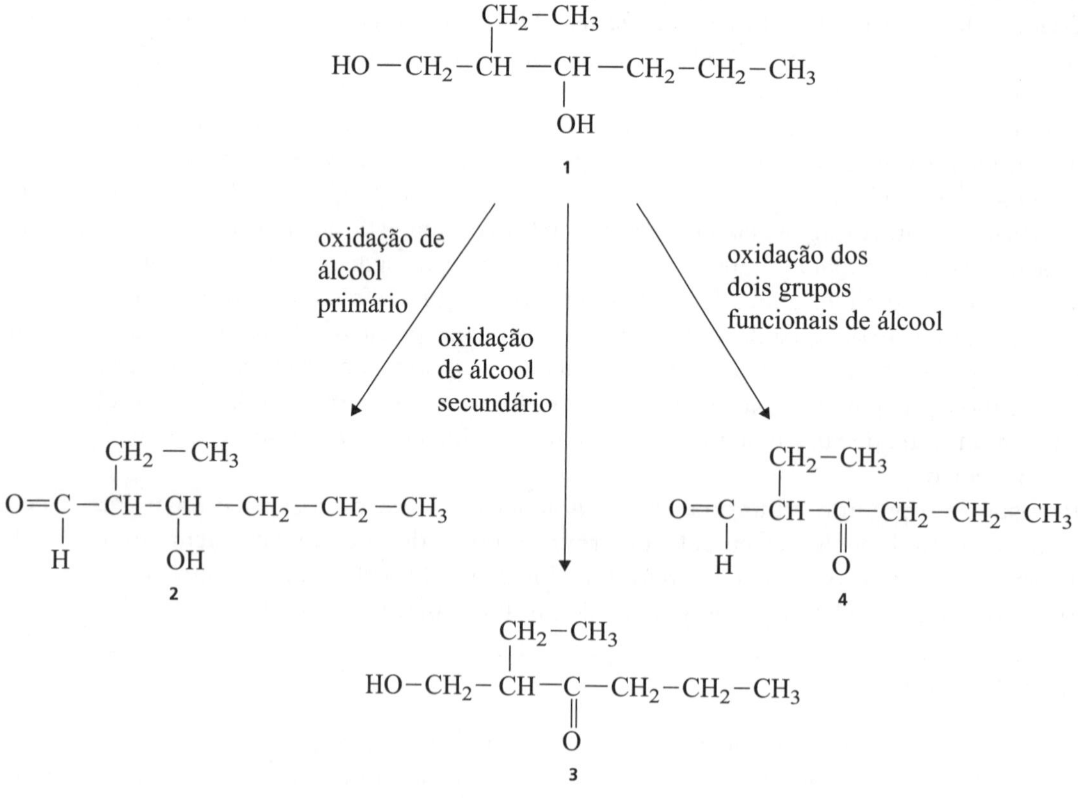

$$HO-CH_2-CH(CH_2-CH_3)-CH(OH)-CH_2-CH_2-CH_3$$

1

oxidação de álcool primário

oxidação de álcool secundário

oxidação dos dois grupos funcionais de álcool

$$O{=}CH-CH(CH_2-CH_3)-CH(OH)-CH_2-CH_2-CH_3$$

2

$$O{=}CH-CH(CH_2-CH_3)-C({=}O)-CH_2-CH_2-CH_3$$

4

$$HO-CH_2-CH(CH_2-CH_3)-C({=}O)-CH_2-CH_2-CH_3$$

3

[1] O Experimento 68 é adaptado de Pelter, M. W.; Macudzinski, R. M.; Passarelli, M. E. A Microscale Oxidation Puzzle, *Journal of Chemical Education*, 2000, *77*, 1481.

LEITURA EXIGIDA

Revisão: Técnicas 12 e 25

INSTRUÇÕES ESPECIAIS

O ácido acético glacial é corrosivo; ele pode causar queimaduras na pele e nas membranas mucosas do nariz e da boca. Seus vapores também são perigosos. Descarte o material na capela de exaustão e utilize equipamento para proteção pessoal. Evite o contato com a pele, os olhos e a roupa. O hipoclorito de sódio emite gás cloro, que causa irritação no aparelho respiratório e nos olhos. Descarte o material em uma capela de exaustão.

MEIO SUGERIDO PARA O DESCARTE DE REJEITOS

Todas as soluções aquosas deverão ser coletadas em um recipiente especialmente marcado para rejeitos aquosos. Coloque os líquidos orgânicos no recipiente especificado para rejeitos orgânicos não halogenados. Note que seu professor pode estabelecer um método diferente de coleta de rejeitos para este experimento.

PROCEDIMENTO

Coloque 0,5 mL de 2-etil-1,3-hexanodiol em um frasco de Erlenmeyer de 10 mL devidamente aferido. Uma pipeta automática é um dispositivo útil para despejar essa quantidade de diol. Refaça a pesagem do frasco para determinar o peso do diol adicionado. Acrescente 3 mL de ácido acético glacial; adicione também uma barra magnética de agitação. Tenha um termômetro disponível para monitorar a temperatura da reação.

Coloque a mistura em um banho de gelo em um agitador magnético. Enquanto a mistura está agitando, adicione lentamente à mistura 3 mL de uma solução aquosa de hipoclorito de sódio a 6%.[2] Tenha cuidado para não deixar a temperatura da reação aumentar acima de 30 °C controlando a velocidade de adição. Deixe a solução sendo agitada por uma hora. Para determinar se existe hipoclorito em excesso, teste a solução periodicamente colocando uma gota da mistura da reação em uma tira de papel de teste de iodeto de potássio–amido. Uma cor azul-escura indica que existe um excesso de hipoclorito. Se não houver nenhuma mudança de cor, acrescente mais 0,5 mL de solução de hipoclorito de sódio, agite por vários minutos e repita o teste de amido–iodeto. Continue o processo até que o papel fique com uma cor azul-escura.

Quando a reação estiver completa, despeje a mistura em 10–15 mL de uma mistura de gelo-sal. Extraia a mistura com três porções de 5 mL de éter dietílico. Pode ser conveniente efetuar a extração em um tubo para centrifugação de 15 mL, em vez de em um funil de separação (veja a Técnica 12, Seção 12.7, para obter uma descrição deste método). Colete os extratos de éter e lave-os com duas porções de 3 mL de solução de carbonato de sódio aquoso saturado, seguida por duas porções de 3 mL de hidróxido de sódio aquoso 5%. A camada de éter deverá parecer básica quando testada com um pedaço umedecido de papel de tornassol vermelho. Caso contrário, lave a camada de éter com mais uma porção de 3 mL de hidróxido de sódio aquoso 5%.

Seque a camada de éter sobre sulfato de magnésio. Decante ou filtre a solução seca em um frasco de vidro de 25 mL devidamente aferido, e remova o solvente sob a pressão reduzida (veja a Técnica 7, Seção 7.10). Determine o espectro no infravermelho do resíduo como uma amostra de líquido pura (veja a Técnica 25, Seção 25.2).

[2] Seu professor terá preparado esta solução antecipadamente.

RELATÓRIO

Utilizando seu espectro no infravermelho, determine a estrutura do produto da oxidação (veja as estruturas dos possíveis produtos no início deste experimento). A oxidação é seletiva? O hipoclorito oxida os dois grupos funcionais de álcool? Se a oxidação foi seletiva, que grupo funcional foi transformado?

PARTE 7

Ensaios

Ensaio 1

Aspirina

A aspirina é uma das mais populares panaceias disponíveis atualmente. Trata-se de um poderoso **analgésico** (alivia a dor), **antipirético** (reduz a febre), **anti-inflamatório** (reduz inchaços) e **antiplaquetário** (retarda a coagulação do sangue). Embora sua história como uma medicação moderna tenha começado somente há pouco mais de um século, suas origens medicinais, na realidade, estão nos remédios populares, alguns dos quais foram reconhecidos em 3.000 a.C. Os primeiros tratados médicos gregos, romanos, egípcios, babilônicos e chineses reconheceram a capacidade dos extratos de salgueiro e de outras plantas contendo salicilato, tais como ulmeiro e murta, para aliviar febre, dores e inflamações. O uso de extratos de ulmeiro era comum na Idade Média. A aspirina surgiu primeiramente como um comprimido comercialmente disponível, em 1899. No final da década de 1950, mais de 15 bilhões de comprimidos eram consumidos a cada ano. A introdução comercial do acetaminofeno (Tylenol), em 1956, e do ibuprofeno, em 1962, causaram um declínio temporário no uso da aspirina. Contudo, novos usos têm sido descobertos para este medicamento no tratamento de doenças cardíacas ("aspirina infantil"), e sua popularidade continua forte. Desde que foi disponibilizada para o público em geral, estima-se que mais de um trilhão de comprimidos de aspirina tenham sido consumidos por pacientes procurando alívio.

A história moderna da aspirina teve início em 2 de junho de 1763, quando Edward Stone, um clérigo, leu um documento para a Royal Society of London, intitulado "Uma história do sucesso da casca de salgueiro na cura de febres". Aqui, ao mencionar *febres*, Stone estava se referindo ao que atualmente denominamos malária, mas seu uso da palavra *cura* foi otimista; o que o extrato da casca de salgueiro realmente fazia era reduzir drasticamente os sintomas de febre dessa doença. Ele estava promovendo sua nova cura da malária como um substituto para a "casca-peruana", um remédio caro e importado, o qual, agora, sabemos que contém a droga quinino. Quase um século depois, um médico escocês descobriu que o extrato de Stone também podia aliviar os sintomas de reumatismo agudo.

Logo em seguida, químicos orgânicos trabalhando com extrato de casca de salgueiro e flores da planta de ulmeiro (que dá um composto similar) isolaram e identificaram o ingrediente ativo como ácido salicílico (de *salix*, o nome em latim para salgueiro). A substância, então, poderia ser quimicamente produzida em grandes quantidades para uso médico. Logo, ficou evidente que o uso do ácido salicílico como remédio era limitado, em virtude de suas propriedades ácidas. A substância irritava as membranas mucosas que revestem a boca, o esôfago e o estômago. As primeiras tentativas de contornar esse problema utilizando o sal de sódio menos ácido (salicilato de sódio) foram apenas parcialmente bem-sucedidas. Essa substância era menos irritante, mas tinha um gosto adocicado tão questionável, que a maioria das pessoas não poderia ser induzida a tomá-la. O avanço ocorreu na virada do século (1893) quando Felix Hofmann, um jovem cientista trabalhando para a companhia alemã Bayer, elaborou um roteiro prático para a síntese do ácido acetilsalicílico, que, segundo se descobriu, tinha todas as mesmas propriedades medicinais, sem apresentar aquele gosto bastante duvidoso nem provocar um elevado grau de irritação na membrana mucosa. A Bayer chamou o novo produto de "aspirina", um nome derivado de *a-* referente a acetil e da raiz *-spir*, do nome em latim para a planta do ulmeiro, a *spirea*.

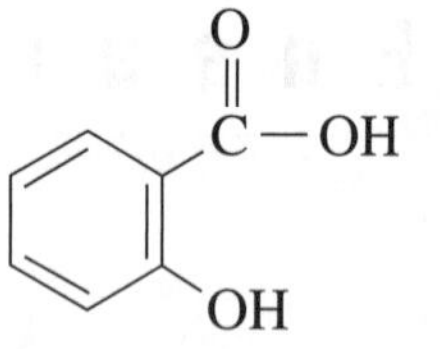

Ácido salicílico

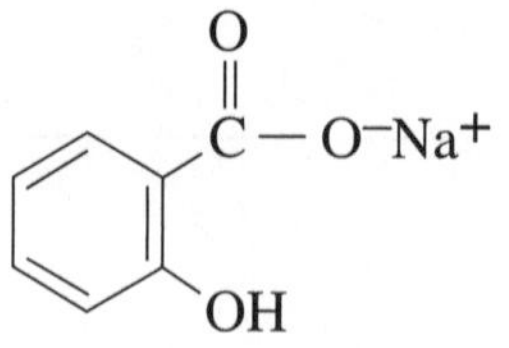

Salicilato de sódio

Ácido acetilsalicílico (aspirina)

A história da aspirina é típica de muitas das substâncias medicinais atualmente em uso. Muitas delas começaram como extratos vegetais em estado bruto ou remédios populares, os ingredientes ativos dos quais foram isolados e sua estrutura foram determinados por químicos, que, então, aperfeiçoaram o original.

Por meio da pesquisa realizada por J. R. Vane e outros, na década de 1970, o modo de ação da aspirina foi explicado detalhadamente. Descobriu-se que toda uma classe nova de compostos, chamada **prostaglandinas**, está envolvida nas respostas imunes do corpo. Sua síntese é provocada pela interferência de substâncias estranhas ou estímulos incomuns no funcionamento normal do corpo.

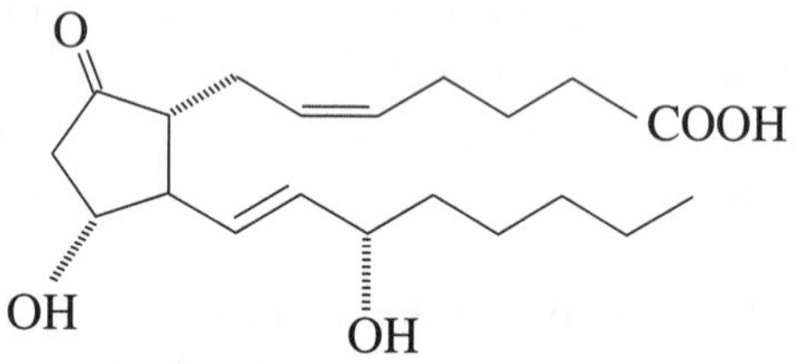

Prostaglandina E_2

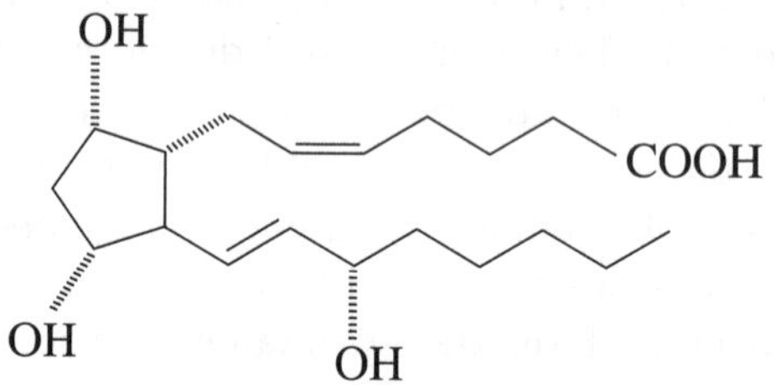

Prostaglandina F_{2a}

Essas substâncias estão envolvidas em uma ampla variedade de processos fisiológicos e são consideradas responsáveis por provocarem dores, febre e inflamação local. Recentemente, foi demonstrado que a aspirina evita a síntese corporal de prostaglandinas e, desse modo, alivia a parte sintomática (febre, dores, inflamação, cólicas menstruais) das respostas imunes do corpo (isto é, aquelas que fazem você saber que algo está errado). Pesquisas sugerem que a aspirina pode inativar uma das enzimas responsáveis pela síntese de prostaglandinas. O precursor natural da prostaglandina é o **ácido araquidônico**. Essa substância é convertida em um peróxido intermediário por uma enzima chamada **ciclo-oxigenase**, ou sintase da prostaglandina. Esse intermediário ainda é convertido em prostaglandina. A aparente função da aspirina é conectar um grupo acetila ao local ativo da ciclo-oxigenase, tornando-a incapaz de converter o ácido araquidônico para o peróxido intermediário. Dessa maneira, a síntese da prostaglandina é bloqueada.

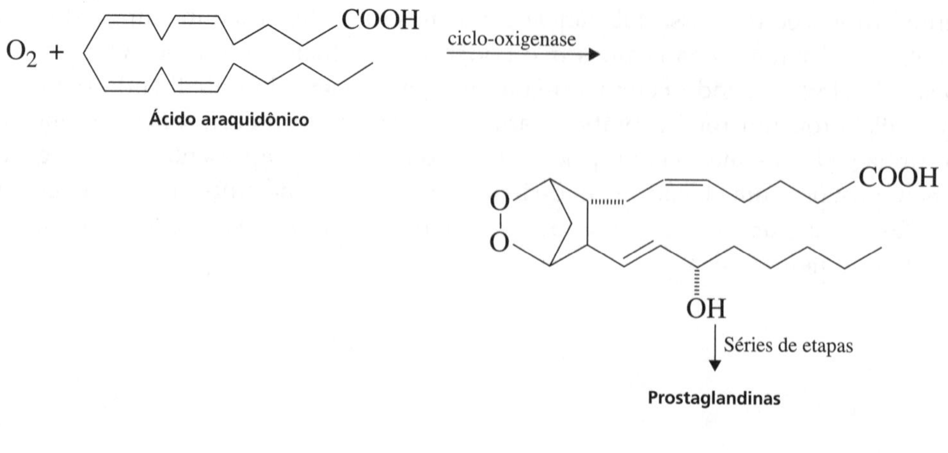

O_2 + COOH —ciclo-oxigenase→

Ácido araquidônico

Séries de etapas

Prostaglandinas

Os comprimidos de aspirina (com tamanho de cinco grãos) geralmente são compostos de cerca de 0,32 g de ácido acetilsalicílico pressionados com uma pequena quantidade de amido, que aglomera os ingredientes. A aspirina tamponada normalmente contém um agente tamponante básico para reduzir a irritação ácida das membranas mucosas no estômago, porque o produto acetilado não é totalmente livre deste efeito irritante. O Bufferin contém 0,325 g de aspirina, juntamente com carbonato de cálcio, óxido de magnésio e carbonato de magnésio como agentes tamponantes. A combinação de analgésicos normalmente contém aspirina, acetaminofeno e cafeína. O medicamento Extra-Strength Excedrin, por exemplo, contém 0,250 g aspirina, 0,250 g de acetaminofeno e 0,065 g de cafeína.

No final da década de 1980, cientistas descobriram que pequenas doses diárias de aspirina eram efetivas na redução do risco de doenças relacionadas à coagulação do sangue. Comprimidos de "aspirina infantil" contêm aproximadamente 25% (0,082 g) da quantidade de ácido acetilsalicílico existente em um comprimido de aspirina comum. Esses pequenos comprimidos, geralmente, são prescritos para pessoas que sofreram ataques cardíacos e derrames, a fim de evitar uma nova ocorrência. Como um medicamento antiplaquetário, a aspirina impede que as minúsculas células vermelhas do sangue (plaquetas) se aglomerem ou coagulem. A ocorrência de coagulação em artérias pode iniciar os eventos que levam à arteriosclerose. Se coágulos de sangue bloquearem as artérias ou se eles se soltarem e percorrerem para o coração ou o cérebro, poderão ocorrer ataques cardíacos e derrames.

Algumas pessoas são alérgicas à aspirina e não podem tolerá-la nem a outros medicamentos à base de salicilato. Em outras pessoas, a aspirina pode causar irritação gástrica ou úlceras e sangramento no estômago. Por essa razão, os médicos geralmente preferem prescrever acetaminofeno (Tylenol). No tratamento de crianças, deve-se evitar a aspirina utilizando-se Tylenol em seu lugar, em decorrência da conhecida ligação entre o consumo de aspirina e a síndrome de Reye, uma doença que pode ser fatal, entretanto, o acetaminofeno não tem nenhuma atividade antiplaquetária e não pode prevenir nem deter doenças relacionadas à coagulação, em adultos susceptíveis. Por fim, com algumas doenças, a aspirina simplesmente proporciona maior alívio de dores e inflamações, e é preferida a qualquer um dos analgésicos mais novos. Depois de seu declínio no século XX, a aspirina passou por um ressurgimento, e novamente é o medicamento mais vendido no mercado de analgésicos.

REFERÊNCIAS

Aspirin Cuts Deaths after Heart Attacks. *New Sci.* 1988, *188* (Apr 7), 22.

Collier, H. O. J. Aspirin. *Sci. Am.* 1963, *209* (Nov.), 96.

Collier, H. O. J. Prostaglandins and Aspirin. *Nature* 1971, *232* (Jul 2), 17.

Disla, E.; Rhim, H. R.; Reddy, A.; Taranta, A. Aspirin on Trial as HIV Treatment. *Nature 1993, 366* (Nov 18), 198.

Jeffreys, D. *Aspirin: The Remarkable Story of a Wonder Drug;* Bloomsbury Publishing: New York, 2005.

Kingman, S. Will an Aspirin a Day Keep the Doctor Away? *New Sci.* 1988, *117* (Feb.), 26.

Kolata, G. Study of Reye's-Aspirin Link Raises Concerns. *Science* 1985, *227* (25), 391.

Macilwain, C. Aspirin on Trial as HIV Treatment. *Nature* 1993, *364* (Jul 29), 369.

Nelson, N. A.; Kelly, R. C.; Johnson, R. A. Prostaglandins and the Arachidonic Acid Cascade. *Chem. Eng. News* 1982, (Ago 16), 30.

Pike, J. E. Prostaglandins. *Sci. Am.* 1971, *225* (Nov.), 84.

Roth, G. J.; Stanford, N.; Majerus, P. W. Acetylation of Prostaglandin Synthase by Aspirin. *Proc. Natl. Acad. Sci. USA* 1975, *72*, 3073.

Street, K. W. Method Development for Analysis of Aspirin Tablets. *J. Chem. Educ.* 1988, *65* (Oct), 914.

Vane, J. R. Inhibition of Prostaglandin Synthesis as a Mechanism of Action for Aspirin-Like Drugs. *Nat. New Biol.* 1971, *231* (Jun 23), 232.

Weissmann, G. Aspirin. *Sci. Am.* 1991, *264* (Jan), 84.

Ensaio 2

Analgésicos

As aminas aromáticas aciladas (aquelas que têm um grupo acila, $R{-}\overset{O}{\overset{\|}{C}}{-}$, substituída no nitrogênio) são importantes entre os remédios para dor de cabeça vendidos sem receita médica. Acetanilida, fenacetina e acetaminofeno são analgésicos leves (aliviam dores) e antipiréticos (reduzem febres) e importantes, juntamente com a aspirina, entre os muitos medicamentos vendidos sem prescrição.

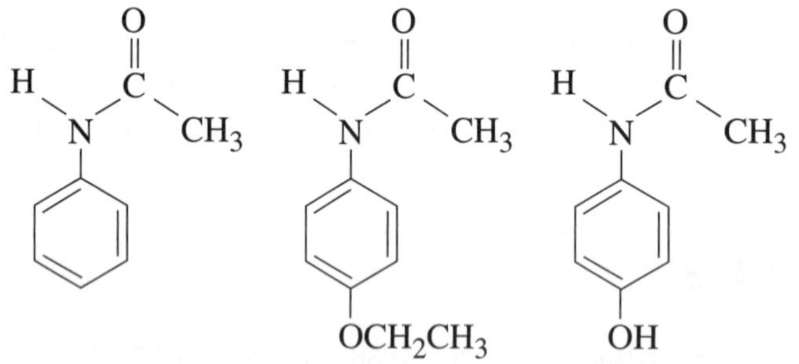

O H C N CH3 — Acetanilida

O H C N CH3 OCH2CH3 — Fenacetina

O H C N CH3 OH — Acetaminofeno

A descoberta de que a acetanilida era um antipirético efetivo ocorreu por acidente em 1886. Dois médicos, Cahn e Hepp, haviam testado a naftaleno como um possível **vermífugo** (um agente que expele vermes). Seus primeiros resultados em casos simples de vermes foram muito desencorajadores, por isso, o dr. Hepp decidiu testar o composto em um paciente com uma maior variedade de queixas, incluindo a presença de vermes – fazendo uma abordagem o mais ampla possível. Pouco tempo depois, o dr. Hepp, muito empolgado, relatou para seu colega, o dr. Cahn, que a naftaleno tinha propriedades milagrosas para a redução de febre.

Na tentativa de verificar essa observação, os médicos descobriram que o frasco que eles pensavam conter naftaleno, aparentemente, não tinha. Na verdade, o frasco que foi entregue a eles por seu assistente tinha um rótulo tão claro que era ilegível. Eles estavam certos de que a amostra não era naftaleno, porque não tinha odor. O naftaleno tem um odor forte, que lembra naftalina. Tão perto de uma descoberta importante, os médicos, no entanto, ficaram frustrados. Eles recorreram ao primo de Hepp, que trabalhava como químico em uma fábrica de corantes, localizada nas proximidades, para ajudá-los a identificar o composto desconhecido. Esse composto revelou ser a acetanilida, que tem uma estrutura nada semelhante à do naftaleno. Certamente, a abordagem arriscada e não científica de Hepp iria ser desdenhada pelos médicos de hoje; e, com certeza, o FDA (Food and Drug Administration) nunca permitiria testes em seres humanos, antes da realização de extensivos testes em animais (a proteção aos consumidores tem progredido muito). No entanto, Cahn e Hepp fizeram uma importante descoberta.

Naftaleno

Em outro exemplo de acaso, a publicação de Cahn e Hepp, descrevendo seus experimentos com a acetanilida, chamou a atenção de Carl Duisberg, diretor de pesquisas na empresa Bayer, na Alemanha. Duisberg se deparou com o problema de como se livrar de quase 50 toneladas de *p*-aminofenol de maneira rentável, um subproduto da síntese de um dos outros produtos comerciais da Bayer. Imediatamente, ele viu a possibilidade de converter o *p*-aminofenol em um composto similar, em estrutura, à acetanilida, colocando um grupo acila no nitrogênio. No entanto, se acreditava que todos os compostos tendo um grupo hidroxila em um anel de benzeno (isto é, fenóis) eram tóxicos. Duisberg criou um esquema de modificação estrutural do *p*-aminofenol para sintetizar o composto fenacetina. O esquema da reação é mostrado a seguir.

NH_2 / OH — desativação da suposta toxidade do fenol → NH_2 / OCH_2CH_3 — acilação → H–N–C(=O)–CH_3 / OCH_2CH_3

p-Aminofenol

Naftaleno

Analgésicos e cafeína em algumas preparações comuns			
	Aspirina	Acetaminofeno	Cafeína
Aspirina*	0,325 g	—	—
Anacin	0,400 g	—	0,032 g
Bufferin	0,325 g	—	—
Cope	0,421 g	—	0,032 g
Excedrin (Extra-Strength)	0,250 g	0,250 g	0,065 g
Tylenol	—	0,325 g	—
Comprimidos B. C.	0,325 g	—	0,016 g
Advil	—	—	—
Aleve	—	—	—
Orudis	—	—	—

Nota: Ingredientes não analgésicos (por exemplo, tamponantes) não estão relacionados.
*Comprimidos de 5 grãos (1 grão = 0,0648 g).

A fenacetina demonstrou ser um analgésico e antipirético altamente efetivo. Uma forma comum de combinação de analgésicos, chamada comprimido de APC, já esteve disponível. Um comprimido de APC continha **A**spirin (aspirina), **P**henacetin (fenacetina) e **C**affeine (cafeína), formando a sigla **APC**. A fenacetina não mais é utilizada em preparações analgésicas comerciais, uma vez que se descobriu que nem todos os grupos aromáticos hidroxila levam a compostos tóxicos. Atualmente, o acetominofeno composto é muito amplamente utilizado como analgésico, no lugar da fenacetina.

Outro analgésico, estruturalmente similar à aspirina, para o qual se descobriu alguma aplicação, é a **salicilamida**. A salicilamida é um ingrediente em algumas preparações analgésicas, embora seu uso esteja diminuindo.

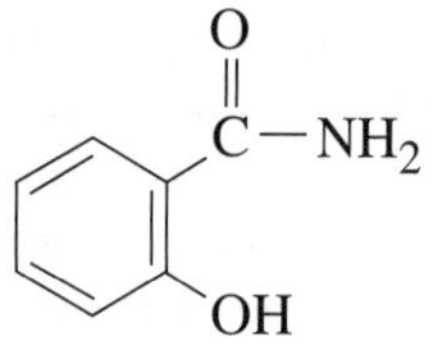

Salicilamida

Mediante o uso contínuo ou excessivo, a acetanilida pode causar uma séria doença sanguínea, chamada **metemoglobinemia**. Nessa doença, o átomo central de ferro é convertido de Fe(II) para Fe(III), para resultar a metemoglobina. A metemoglobina não irá funcionar como um transportador de oxigênio na corrente sanguínea. O resultado é um tipo de anemia (deficiência de hemoglobina ou ausência de glóbulos vermelhos). A fenacetina e o acetaminofeno causam a mesma doença, mas em menor grau. Uma vez que também são mais efetivos como medicamentos antipiréticos e analgésicos que a acetanilida, são remédios preferidos. O acetaminofeno é comercializado pelos diversos nomes comerciais, incluindo Tylenol, Datril e Panadol, e geralmente são utilizados com sucesso por pessoas alérgicas à aspirina.

Mais recentemente, surgiu um novo medicamento em preparações vendidas sem receita médica. É o **ibuprofeno**, que inicialmente foi comercializado como um remédio vendido com prescrição médica, nos Estados Unidos, com o nome Motrin. O ibuprofeno foi desenvolvido primeiramente na Inglaterra, em 1964. Os Estados Unidos obtiveram os direitos de comercialização em 1974. Atualmente, o ibuprofeno é vendido sem receita médica por vários nomes comerciais, que incluem Advil, Motrin e Nuprin.

Salicilamida	Ibuprofeno	Cetoprofeno	Naproxeno
—	—	—	—
—	—	—	—
—	—	—	—
—	—	—	—
—	—	—	—
—	—	—	—
0,095 g	—	—	—
—	0,200 g	—	—
—	—	—	0,220 g
—	—	0,0125 g	—

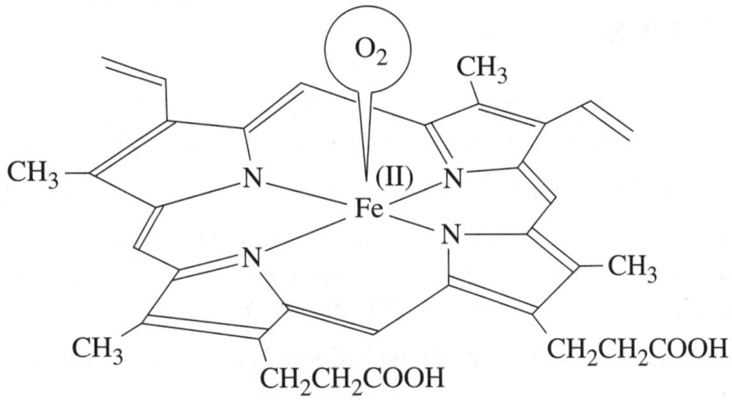

Porção hemo do transportador de oxigênio no sangue, hemoglobina

O ibuprofeno é principalmente um medicamento anti-inflamatório, mas também é efetivo como analgésico e antipirético. Ele é particularmente indicado no tratamento dos sintomas de artrite reumatoide e cólicas menstruais. O ibuprofeno surgiu para controlar a produção de prostaglandinas, cujo modo de ação se assemelha ao da aspirina. Uma importante vantagem do ibuprofeno é que é um analgésico muito potente. Um comprimido de 200 mg é tão efetivo como dois comprimidos (650 mg) de aspirina. Além do mais, o ibuprofeno tem uma curva de resposta à dose que é mais vantajosa, o que significa que tomar dois comprimidos deste remédio é aproximadamente duas vezes tão efetivo quanto um comprimido, para determinados tipos de dores. A aspirina e o acetaminofeno atingem sua dose máxima efetiva com dois comprimidos. Com doses maiores que essa pode ser obtido apenas pouco alívio adicional. Contudo, o ibuprofeno continua a aumentar sua efetividade até uma dose de 400 mg (o equivalente a quatro comprimidos de aspirina ou acetaminofeno). O ibuprofeno é um medicamento relativamente seguro, mas seu uso deve ser evitado em casos de alergia à aspirina, problemas nos rins, úlceras, asma, hipertensão ou doença cardíaca.

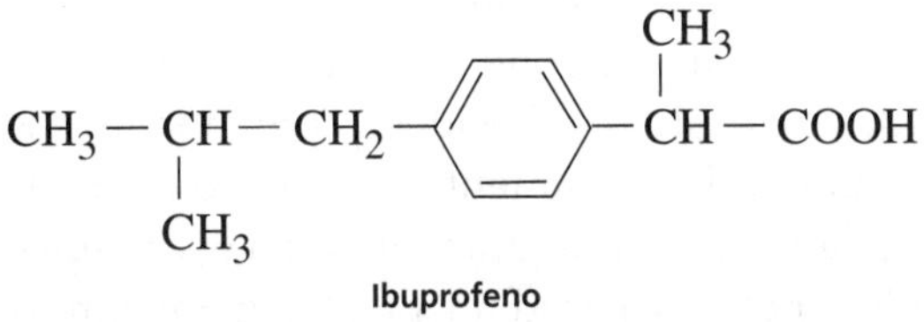

Ibuprofeno

O Food and Drug Administration também aprovou dois outros medicamentos com estruturas similares à do ibuprofeno para uso como analgésicos, sendo vendidos sem receita médica. Esses novos medicamentos são conhecidos por seus nomes genéricos, **naproxeno** e **cetoprofeno**. O naproxeno frequentemente é administrado na forma de seu sal de sódio. O naproxeno e o cetoprofeno podem ser utilizados para aliviar dores de cabeça, dores de dente, dores musculares, dores nas costas, artrites e cólicas menstruais, e também podem ser utilizados para reduzir febres. Aparentemente, têm uma ação de maior duração que os analgésicos mais antigos.

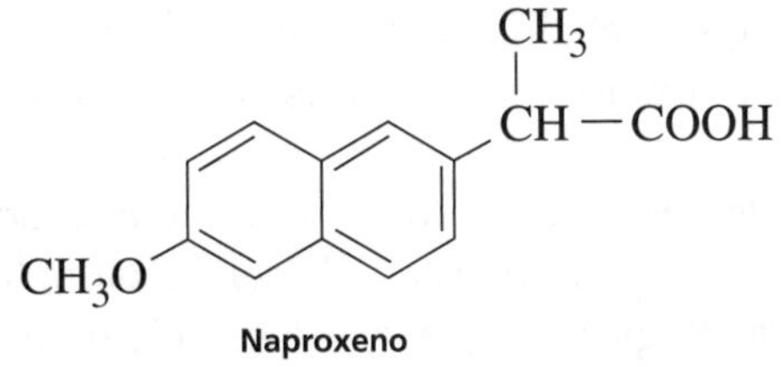

Naproxeno

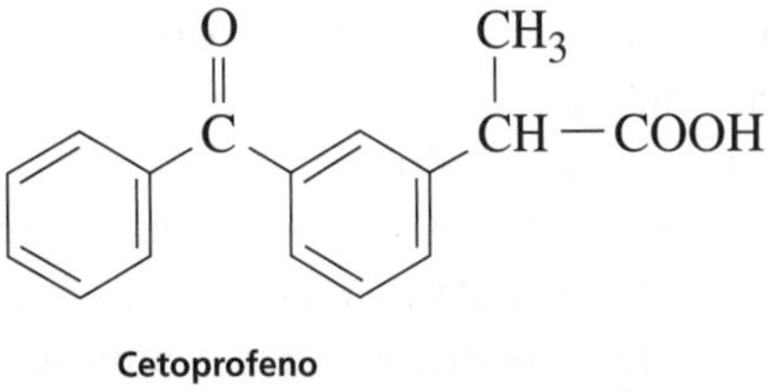

Cetoprofeno

REFERÊNCIAS

Barr, W. H.; Penna, R. P. O-T-C Internal Analgesics. In *Handbook of Non-Prescription Drugs,* 7th ed.; Griffenhagen, G. B., Ed.; American Pharmaceutical Association: Washington, DC, 1982.

Bugg, C. E.; Carson, W. M.; Montgomery, J. A. Drugs by Design. *Sci. Am.* 1993, *269* (Dez.), 92.

Flower, R. J.; Moncada, S.; Vane, J. R. Analgesic-Antipyretics and Anti-inflammatory Agents; Drugs Employed in the Treatment of Gout. In *The Pharmacological Basis of Therapeutics,* 7th ed.; Gilman, A. G., Goodman, L. S., Rall, T. W., Murad, F., Eds.; Macmillan: New York, 1985.

Hansch, C. Drug Research or the Luck of the Draw. *J. Chem. Educ.* 1974, *51,* 360.

The New Pain Relievers. *Consum. Rep.* 1984, *49* (Nov.), 636–638.

Ray, O. S. Internal Analgesics. *Drugs, Society, and Human Behavior,* 2nd ed.; C. V. Mosby: St. Louis, 1978.

Senozan, N. M. Methemoglobinemia: An Illness Caused by the Ferric State. *J. Chem. Educ.* 1985, *62* (Mar.), 181.

Ensaio 3

Identificação de medicamentos

Frequentemente um químico tem de identificar uma substância desconhecida em particular. Se não houver informações prévias com as quais ele pode trabalhar, essa poderá ser uma tarefa muito complicada. Existem vários milhões de compostos conhecidos, tanto inorgânicos quanto orgânicos. Para uma substância completamente desconhecida, geralmente, o químico deve utilizar algum método disponível. Se a substância desconhecida for uma mistura, então deve ser separada em seus componentes, e cada componente tem de ser identificado separadamente. Em geral, um composto puro pode ser identificado pelas suas propriedades físicas (ponto de fusão, ponto de ebulição, densidade, índice de refração e assim por diante) e de um conhecimento de seus grupos funcionais. Esses grupos podem ser identificados pela observação das reações pelas quais o composto passa ou por espectroscopia (infravermelho, ultravioleta, ressonância magnética nuclear e espectrometria de massas). As técnicas necessárias para esse tipo de identificação são introduzidas na última seção.

Uma situação um pouco mais simples, muitas vezes ocorre na identificação de medicamentos. O enfoque da identificação de medicamentos é mais limitado, por exemplo, o químico que trabalha em um hospital e precisa definir o medicamento utilizado em um caso de overdose, ou o oficial da lei que precisa identificar um medicamento suspeito de ser ilícito ou venenoso; nesses casos, os químicos normalmente recebem indicações prévias com as quais deve trabalhar. O mesmo acontece com o químico na área de medicina, que trabalha para uma empresa farmacêutica, e precisa descobrir por que o produto de um concorrente é melhor.

Considere um caso de overdose de medicamento como exemplo. O paciente é levado para a ala de emergência de um hospital, ele pode estar em coma ou em um estado hiperexcitado, ter uma erupção alérgica ou sofrer alucinações. Esses sintomas fisiológicos são, por si mesmos, uma indicação da natureza do medicamento, e amostras desse remédio poderão ser encontradas com o paciente. O tratamento médico correto pode requerer uma identificação rápida e exata de um medicamento em pó ou em cápsula. Se o paciente estiver consciente, ele mesmo pode fornecer as informações necessárias; caso contrário, o medicamento precisa ser examinado. Se o remédio estiver na forma de comprimido ou cápsula, em geral, o processo é simples, porque muitos medicamentos são codificados pela marca ou pelo logotipo de um fabricante, pelo formato (redondo, oval ou formato de bala de revólver), pela formulação (comprimidos, cápsulas de gelatina ou microcápsulas de liberação com o tempo) e pela cor. Alguns remédios também apresentam um número ou código impresso.

É mais difícil identificar um pó, mas esta identificação pode ser fácil mediante algumas circunstâncias. Frequentemente, medicamentos à base de ervas são facilmente identificados porque contêm partes e pedaços microscópicos da planta da qual são obtidas. Os resíduos celulares geralmente são característicos para determinados tipos de medicamentos, e podem ser identificados somente com base nisso. É necessário apenas um microscópio; às vezes, testes de cores químicas podem ser utilizados como confirmação. Determinados medicamentos dão origem a cores características quando tratados com reagentes especiais. Outros formam precipitados cristalinos com cor e estrutura de cristal específica quando são tratados com os reagentes apropriados.

Se o medicamento em si não estiver disponível e o paciente estiver inconsciente (ou morto), a identificação pode ser mais difícil. Poderá ser necessário bombear o conteúdo do estômago ou da bexiga do paciente (ou cadáver), ou obter uma amostra de sangue. Essas amostras de fluido estomacal, urina ou sangue devem ser extraídas com um solvente orgânico apropriado e o extrato precisa ser analisado.

A identificação final de um medicamento, com base em uma amostra extraída do fluido estomacal, urina ou sangue, geralmente depende de algum tipo de **cromatografia**. Muitas vezes se utiliza a cromatografia em camada fina (TLC). Sob as condições especificadas, muitas substâncias medicinais podem ser identificadas por seus valores de *Rf* e pelas cores que suas manchas de TLC apresentam quando tratadas com diversos reagentes ou quando observadas por meio de determinados métodos de visualização. No experimento a seguir, a TLC é aplicada para análise de um medicamento analgésico desconhecido.

REFERÊNCIAS

Keller, E. Origin of Modern Criminology. *Chemistry* 1969, *42*, 8.

Keller, E. Forensic Toxicology: Poison Detection and Homicide. *Chemistry* 1970, *43*, 14.

Lieu, V. T. Analysis of APC Tablets. *J. Chem. Educ.* 1971, *48*, 478.

Neman, R. L. Thin Layer Chromatography of Drugs. *J. Chem. Educ.* 1972, *49*, 834.

Rodgers, S. S. Some Analytical Methods Used in Crime Laboratories. *Chemistry* 1969, *42*, 29.

Tietz, N. W. *Fundamentals of Clinical Chemistry;* W. B. Saunders: Philadelphia, 1970.

Walls, H. J. *Forensic Science;* Praeger: New York, 1968.

A collection of articles on forensic chemistry can be found in Berry, K., Outlaw, H. E., Eds. Forensic Chemistry – A Symposium Collection. *J. Chem. Educ.* 1985, *62* (Dez.), 1043–1065.

Ensaio 4

Cafeína

As origens do café e do chá como bebidas são tão antigas que se perdem em lendas. Conta-se que o café foi descoberto por um pastor de cabras da Abissínia, que notou uma euforia incomum em suas cabras quando elas comiam uma certa plantinha com bagas vermelhas. Ele decidiu ele mesmo experimentá-las e, então, descobriu o café. Logo, os árabes começaram a cultivar a planta do café, e uma das primeiras descrições de seu uso foi encontrada em um livro de medicina árabe, datado por volta do ano 900 d.C. O grande botânico sistemático, Linnaeus, deu à planta o nome *Coffea arabica.*

Uma lenda sobre a descoberta do chá – que vem do Oriente, como era de esperar – atribui a descoberta a Daruma, o fundador de Zen. Diz a lenda que, um dia, ele inadvertidamente dormiu, durante sua habitual meditação. Para garantir que essa indiscrição não iria ocorrer novamente, ele cortou as duas pálpebras. Quando elas caíram no chão, surgiu uma nova planta, que criou raiz e que tinha a capacidade de manter uma pessoa acordada. Embora alguns especialistas afirmem que o uso medicamentoso do chá foi relatado desde 2.737 a.C. na farmacopeia de Shen Nung – um imperador da China –, a primeira referência incontestável é do dicionário de chinês de Kuo P'o, que tem o registro no ano 350 d.C. Aparentemente, o uso do chá fora da medicina, ou seja, o uso popular, foi disseminado lentamente. Não foi antes de 700 d.C. que o chá passou a ser amplamente cultivado na China. O chá é nativo da Indochina superior e da Índia superior, portanto, deve ter sido cultivado nesses locais, antes de sua introdução na China. Linnaeus batizou o arbusto de chá como *Thea sinensis;* contudo, o chá é, mais propriamente, um parente da camélia, e os botânicos renomearam esse arbusto como *Camellia thea.*

O ingrediente ativo que torna o chá e o café tão valiosos para os seres humanos é a **cafeína**. A cafeína é um **alcaloide**, uma classe de compostos naturais contendo nitrogênio e que têm as propriedades de uma base amina orgânica (alcalina, portanto, *alcaloide*). O chá e o café não são as únicas fontes vegetais de cafeína. Outras fontes incluem noz-de-cola, folhas de mate, sementes de guaraná e, em pequenas quantidades, cacau em amêndoas. O alcaloide puro foi isolado primeiramente do café, em 1821, pelo químico francês Pierre Jean Robiquet.

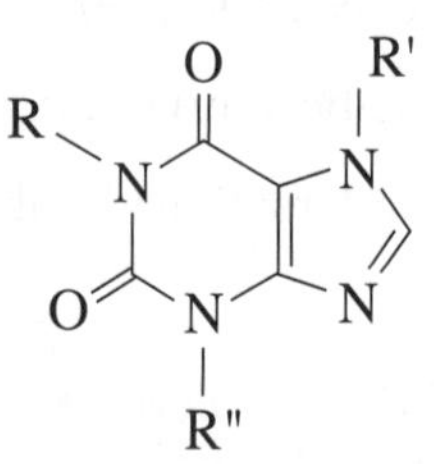

XANTINAS
Xantina R = R' = R" = H
Cafeína R = R' = R" = CH_3
Teofilina R = R" = CH_3, R' = H
Teobromina R = H, R' = R" = CH_3

A cafeína pertence a uma família de compostos naturais chamados **xantinas**. As xantinas, na forma de suas plantas originais, possivelmente, são os mais antigos dos estimulantes conhecidos. Todas elas, em diferentes graus, estimulam o sistema nervoso central e os músculos esqueléticos. Essa estimulação resulta em um aumento da vigilância, a capacidade de retardar o sono e aumentar a capacidade de raciocínio. Nesse sentido, a cafeína é a xantina mais poderosa, sendo o principal ingrediente dos populares comprimidos No-Doz, para manter alerta. Apesar de a cafeína ter um poderoso efeito no sistema nervoso central, nem todas as xantinas são tão efetivas. Desse modo, a teobromina, que é a xantina encontrada no coco, apresenta menos efeitos no sistema nervoso central. Contudo, trata-se de um forte **diurético** (induz à urinação), que também é útil para os médicos no tratamento de pacientes com graves problemas de retenção de água. A teofilina, uma segunda xantina encontrada no chá, também tem menor efeito no sistema nervoso central, mas é um forte estimulante do **miocárdio** (músculo cardíaco); ele **dilata** (relaxa) a artéria coronária que fornece sangue ao coração. Seu mais importante uso é no tratamento de asma brônquica, porque tem as propriedades de um **broncodilatador** (relaxa os bronquíolos dos pulmões). Por ser também um **vasodilatador** (relaxa os vasos sanguíneos), geralmente é utilizada no tratamento de dores de cabeça em hipertensos, e também para aliviar e reduzir a frequência de ataques de **angina no peito** (intensa dor no peito). Além disso, é um diurético mais poderoso que a teobromina.

É possível desenvolver tolerância a xantinas e também dependência delas, particularmente, a cafeína. A dependência é real, e um uso intenso (mais de cinco xícaras de café por dia) pode provocar letargia, dor de cabeça e, talvez, náusea, depois de aproximadamente 18 horas de abstinência. O consumo excessivo de cafeína pode levar a um estado de agitação, irritabilidade, insônia e tremor muscular. A cafeína pode ser tóxica, mas para que a dose de cafeína seja letal, ela deve ser de aproximadamente 100 xícaras em um período relativamente curto.

A cafeína é um elemento natural do café, do chá e de nozes de cola (*Kola nitida*). A teofilina é encontrada como um menor componente do chá. O principal componente do café é a teobromina. A quantidade de cafeína no chá varia de 2% a 5%. Em uma análise do chá preto, foram encontrados os seguintes componentes: cafeína, 2,5%; teobromina, 0,17%; teofilina, 0,013%; adenina, 0,014%; e guanina e xantina, resíduos. Grãos de café podem conter até 5% de cafeína, em massa, e o cacau contém cerca de 5% de teobromina. A cola comercial é uma bebida feita com base em um extrato de noz-de-cola. Nos Estados Unidos não é possível obter nozes-de-cola facilmente, mas se pode conseguir o extrato como um xarope, que está amplamente disponível comercialmente. O xarope pode ser convertido em "cola", ele contém cafeína, taninos, pigmentos e açúcar. O ácido fosfórico é adicionado, e também é acrescentado caramelo, para dar uma cor escura ao xarope. A bebida final é preparada com a adição de água e dióxido de carbono sob pressão, a fim de resultar uma mistura borbulhante. Antes da descafeinação, o Food and Drug Administration (FDA) exigiu que uma "cola" contenha alguma cafeína (cerca de 0,2 mg por cerca de 28,5 gramas, que equivalem à medida de uma onça). Em 1990, quando foram adotados novos rótulos nutricionais, a exigência foi eliminada. Atualmente, o FDA, mais uma vez, passou a exigir que uma "cola" contenha *alguma* cafeína, mas limita a quantidade a um máximo de 5 miligramas em cada cerca de 28,5 gramas. Para obter um nível regulamentado de cafeína, a maioria dos fabricantes remove toda a cafeína do extrato de cola e, então, volta a acrescentar a quantidade correta ao xarope. O teor de cafeína de diferentes bebidas está relacionado na tabela apresentada adiante.

Levando em conta a recente popularidade das máquinas de café expresso e dos grãos de café gourmet, é interessante considerar o teor de cafeína dessas bebidas especiais. O café gourmet certamente tem mais sabor que o típico café moído, que pode ser encontrado em qualquer supermercado, e a concentração de café gourmet fermentado tende a ser maior que a do café comum, que é moído e coado. O café gourmet fermentado, provavelmente, contém algo da ordem de 20–25 mg de cafeína em cada 28,5 gramas de líquido. O café expresso é muito concentrado, café preto fermentado. Embora os grãos torrados mais escuros, utilizados para café expresso, contenham, na verdade, menos cafeína por grama que os grãos comumente torrados, o método de preparar café expresso (extração utilizando vapor pressurizado) é mais eficiente, portanto é extraída uma maior porcentagem do total de cafeína nos grãos. Assim, o teor de cafeína em cada 28,5 gramas de líquido é substancialmente maior que na maioria dos cafés torrados. Contudo, o tamanho da dose do café expresso é muito menor que a do café comum (aproximadamente 42,8–57 gramas por dose), por isso, o total de cafeína disponível em uma dose de café expresso é o mesmo de uma dose de café comum.

Quantidade de cafeína (mg/28,5 g) encontrada em bebidas			
Café torrado	12–30	Chá	4–20
Café instantâneo	8–20	Cacau (mas 20 mg/28,5 g de teobromina)	0,5–2
Café expresso (1 dose = 42,8–57 g)	50–70	Coca-Cola	3,75
Café descafeinado	0,4–1,0		

Nota: uma xícara média de café ou de chá contém cerca de 142,5–199,5 gramas de líquido. Uma garrafa média de cola contém aproximadamente 340 gramas de líquido.

Por causa dos efeitos da cafeína no sistema nervoso central, muitas pessoas preferem café **descafeinado**. A cafeína é removida do café por meio da extração de todos os grãos com um solvente orgânico. Em seguida, o solvente é extraído e os grãos são cozidos a vapor para remover qualquer solvente residual. Os grãos são secos e torrados, a fim de adquirirem sabor. A descafeinação reduz o teor de cafeína do café ao intervalo entre 0,03% e 1,2%. A cafeína extraída é utilizada em diversos produtos farmacêuticos, como comprimidos de APC.

Entre os amantes de café existe alguma controvérsia quanto ao melhor método para remover a cafeína dos grãos de café. A descafeinação por **contato direto** utiliza um solvente orgânico (geralmente, cloreto de metileno) para remover a cafeína dos grãos. Quando, posteriormente, os grãos forem torrados a 200 °C, praticamente todos os resíduos do solvente são removidos, porque o cloreto de metileno ferve a 40 °C. A vantagem da descafeinação por contato direto é que o método remove somente a cafeína (e algumas ceras), mas deixa intactas nos grãos as substâncias responsáveis pelo sabor de café. Uma desvantagem desse método é que todos os solventes orgânicos são tóxicos, em algum grau.

A descafeinação pelo **processo com água** é preferida entre muitos consumidores de café porque não utiliza solventes orgânicos. Neste método, água quente e vapor são utilizados para remover do café a cafeína e outras substâncias solúveis. Em seguida, a solução resultante passa através de filtros de carvão ativados para remover a cafeína. Apesar de este método não utilizar solventes orgânicos, a desvantagem é que a água não é um agente descafeinante muito seletivo. Muitos dos óleos flavorizantes no café são removidos ao mesmo tempo, resultando em um café com um sabor um pouco mais suave.

Um terceiro método, o **processo de descafeinação por dióxido de carbono**, está sendo cada vez mais utilizado. Os grãos de café crus são umedecidos com vapor e água e, depois, são colocados em um extrator onde são tratados com gás de dióxido de carbono sob temperatura e pressão muito altas. Nessas condições, o gás do dióxido de carbono está em um estado **supercrítico**, o que significa que ele assume as características tanto de um líquido como de um gás. O dióxido de carbono supercrítico atua como um solvente seletivo para a cafeína e, assim, a extrai dos grãos.

Entretanto, existem benefícios em se consumir cafeína. Pequenas quantidades de cafeína podem ser úteis no controle de peso, para aliviar as dores e reduzir os sintomas da asma e de outros problemas respiratórios. Recentemente, estudos em ratos indicam que a cafeína pode ajudar a reverter ou retardar o desenvolvimento do mal de Alzheimer em ratos. Outros estudos em seres humanos indicam que a cafeína pode reduzir a probabilidade de que se desenvolva o mal de Parkinson e diminui o risco de câncer no cólon.

Outro problema, provocado por chá líquido é que, em alguns casos, as pessoas que consomem grandes quantidades de chá podem demonstrar sintomas de deficiência de Vitamina B1 (tiamina). Sugere-se que os taninos no chá podem se tornar mais complexos com a tiamina, tornando-os indisponíveis para o uso. Uma sugestão alternativa é que a cafeína pode reduzir os níveis da enzima transcetolase, que depende da presença da tiamina para sua atividade. Níveis reduzidos de transcetolase produziriam os mesmos sintomas que os níveis reduzidos da tiamina.

REFERÊNCIAS

Arendash, G. W.; Mori, T.; Cao, C.; Mamcarz, M.; Runfeldt, M.; Dickson, A.; Rezai-Zadeh, K.; Tan, J.; Citron, B. A.; Lin, X.; et al. Caffeine Reverses Cognitive Impairment and Decreases Brain Amyloid-β, Levels in Aged Alzheimer's Disease. Micc. *J. Alzheim. Dis.* 2009, *17*, 661–680.

Emboden, W. The Stimulants. *Narcotic Plants*, rev. ed.; Macmillan: New York, 1979.

Hart, C.; Ksir, C.; Ray, O. Caffeine. *Drugs, Society, and Human Behavior*, 13th ed.; C. V. Mosby: St. Louis, 2008.

Ray, O. S. Caffeine. *Drugs, Society, and Human Behavior*, 7th ed.; C. V. Mosby: St. Louis, 1996.

Ritchie, J. M. Central Nervous System Stimulants. II: The Xanthines. In The *Pharmacological Basis of Therapeutics*, 8th ed.; Goodman L. S., Gilman, A., Eds.; Macmillan: New York, 1990.

Ross, G. W.; Abbott, R. D.; Petrovich, H.; Morens, D. M.; Grandinetti, A.; Tung, K-H.; Tanner, C. M.; Masaki, K. H.; Blanchette, P. L.; Curb J. D.; et al. Association of Coffee and Caffeine Intake with the Risk of Parkinson Disease. *J. Am. Med. Assoc.* 2000, *283* (May 24), 2674–2679.

Taylor, N. *Plant Drugs That Changed the World;* Dodd Mead: New York, 1965; 54–56.

Taylor, N. Three Habit-Forming Nondangerous Beverages. In *Narcotics—Nature's Dangerous Gifts;* Dell: New York, 1970. (revisão da publicação Flight from Reality.)

Ensaio 

Ésteres – sabores e fragrâncias

Os **ésteres** são uma classe de compostos amplamente distribuídos na natureza. Eles têm a seguinte fórmula geral

$$R-\overset{\overset{\displaystyle O}{\|}}{C}-OR'$$

Os ésteres simples tendem a apresentar odores agradáveis. Em muitas, mas não todas as classes, os sabores e fragrâncias característicos de flores e frutas se devem a compostos com o grupo funcional éster. Uma exceção é o caso dos óleos essenciais. As qualidades **organolépticas** (odores e sabores) de frutas e flores geralmente podem ser em decorrência de um único éster, porém, mais frequentemente, o sabor ou o aroma é atribuído a uma mistura complexa na qual um único éster predomina. Alguns princípios comuns aos sabores estão relacionados na Tabela 1. Os fabricantes de alimentos e bebidas estão familiarizados com esses ésteres e normalmente os utilizam como aditivos para melhorar a fragrância ou o aroma de uma sobremesa ou bebida.

TABELA 1 ■ Sabores e fragrâncias de ésteres

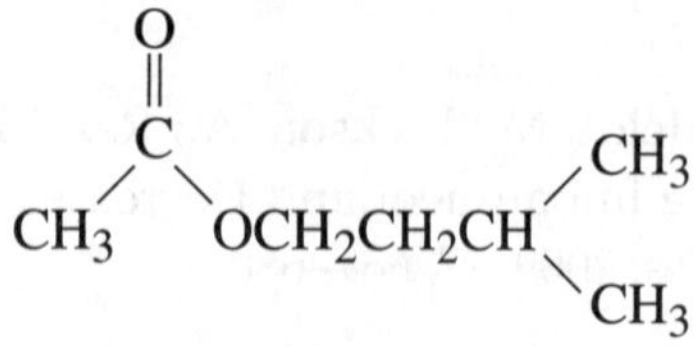

$CH_3-C(=O)-OCH_2CH_2CH(CH_3)_2$

Acetato de isoamila
(banana)
(feromônio de alarme da abelha)

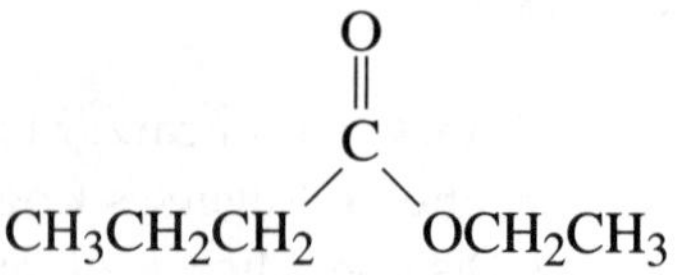

$CH_3CH_2CH_2-C(=O)-OCH_2CH_3$

Butirato de etila
(abacaxi)

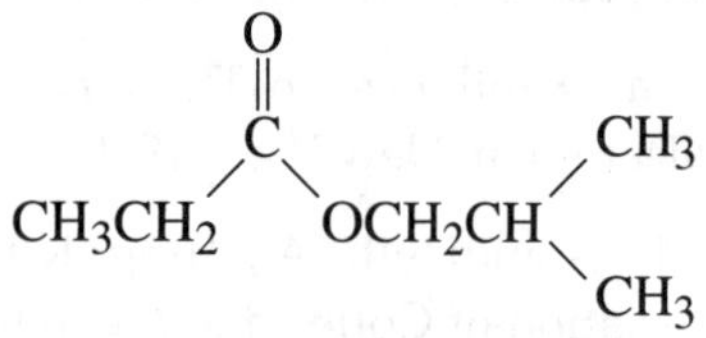

$CH_3CH_2-C(=O)-OCH_2CH(CH_3)_2$

Propionato de isobutila
(rum)

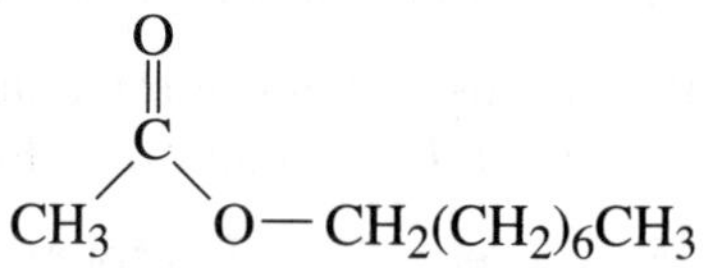

$CH_3-C(=O)-O-CH_2(CH_2)_6CH_3$

Acetato de octila
(laranjas)

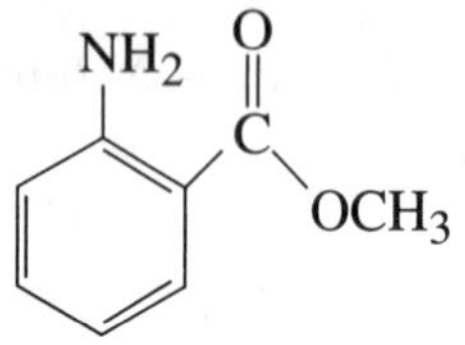

$2-NH_2-C_6H_4-C(=O)-OCH_3$

Antranilato de metila
(uvas)

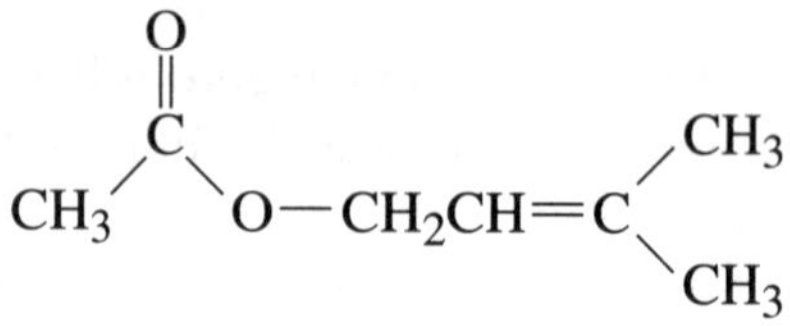

$CH_3-C(=O)-O-CH_2CH=C(CH_3)_2$

Acetato de isopentenila
(frutas suculentas)

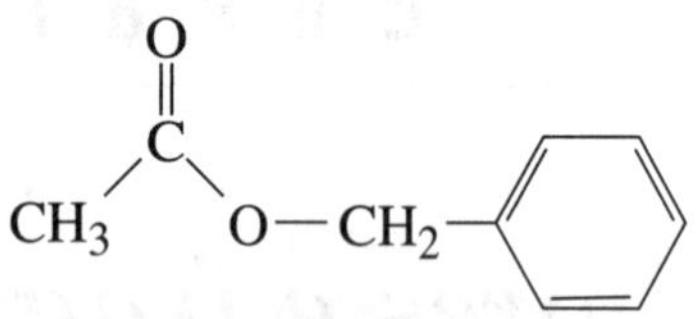

$CH_3-C(=O)-O-CH_2-C_6H_5$

Acetato de benzila
(pêssego)

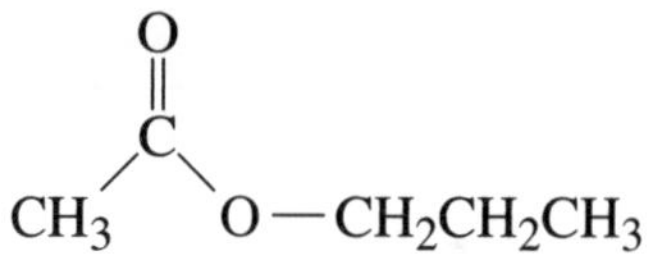

$CH_3-C(=O)-O-CH_2CH_2CH_3$

Acetato de *n*-propila
(pêra)

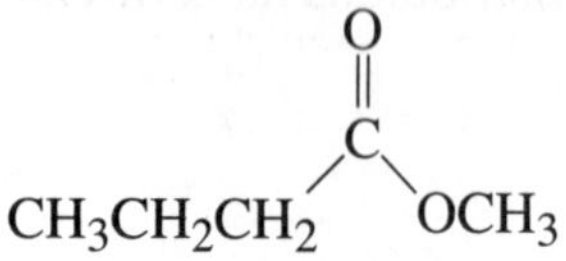

$CH_3CH_2CH_2-C(=O)-OCH_3$

Butirato de metila
(maçã)

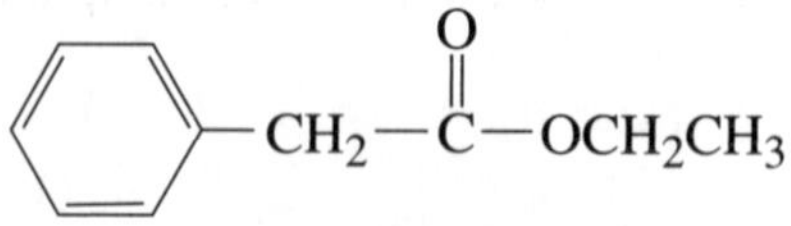

$C_6H_5-CH_2-C(=O)-OCH_2CH_3$

Fenilacetato de etila
(mel)

Muitas vezes, esses sabores ou odores não têm nem mesmo uma base natural, como é o caso do princípio das "frutas suculentas", o acetato de isopentenila. Um pudim instantâneo com sabor de rum pode nunca ter "passado perto" de seu homônimo alcoólico; esse sabor pode ser duplicado pela mistura apropriada com outros componentes de menor importância, de formato de etila e propionato de isobutila. O sabor e aroma naturais não são exatamente duplicados, mas a maioria das pessoas pode ser enganada. Em geral, somente um provador profissional, uma pessoa treinada e que tem um elevado grau de percepção gustativa, pode identificar a diferença.

Raramente é utilizado um único composto em agentes aromatizantes de boa qualidade. Uma fórmula para um sabor imitando abacaxi, que pode enganar um perito, está enumerada na Tabela 2. A fórmula inclui 10 ésteres e ácidos carboxílicos que podem facilmente ser sintetizados no laboratório. Os sete óleos restantes são isolados a partir de fontes naturais.

Tabela 2 ■ Sabor artificial de abacaxi

Compostos puros	%	Óleos essenciais	%
Caproato de alila	5	Óleo de bétula doce	1
Acetato de isoamila	3	Óleo de abeto	2
Isovalerato de isoamila	3	Bálsamo-do-Peru	4
Acetato de etila	15	Essência volátil de mostarda	1
Butirato de etila	22	Óleo de conhaque	5
Propionate de terpinila	3	Óleo de laranja concentrado	4
Crotonato de etila	5	Óleo destilado de limão galego	2
Ácido caproico	8		19
Ácido butírico	12		
Ácido acético	5		
	81		

O sabor é uma combinação de gosto, sensação e odor, transmitidos por receptores na boca (papilas gustativas) e nariz (receptores olfativos). A teoria estereoquímica do odor é discutida no Ensaio 8: "A química da visão". Os quatro sabores básicos (doce, azedo, salgado e amargo) são percebidos em áreas específicas da língua. As laterais da língua percebem os gostos azedo e salgado, a ponta é mais sensível a sabores doces, e a parte de trás da língua detecta gostos amargos. Contudo, a percepção de sabor não é tão simples. Se fosse tão simples, seria necessária apenas a formulação de várias combinações de quatro substâncias básicas – uma substância amarga (uma base), uma substância azeda (um ácido), uma substância salgada (cloreto de sódio) e uma substância doce (açúcar) – para duplicar qualquer sabor! Na verdade, não é possível duplicar sabores dessa maneira. Os seres humanos têm aproximadamente 9 mil papilas gustativas. A resposta combinada dessas papilas gustativas é o que permite a percepção de um determinado sabor.

Embora os sabores e odores de "fruta" dos ésteres sejam agradáveis, raramente são utilizados em perfumes ou essências aplicados no corpo. A razão para isso é química, pois o grupo éster não é tão estável sob a transpiração quanto os ingredientes dos perfumes de óleos essenciais mais caros. Estes últimos geralmente são hidrocarbonetos (terpenos), cetonas e éteres extraídos de fontes naturais. Contudo, os ésteres são utilizados somente para as águas de colônia mais baratas, porque em contato com suor, sofrem hidrólise, liberando ácidos orgânicos. Esses ácidos, diferentemente dos ésteres precursores, geralmente não têm um odor agradável.

$$R-\overset{\overset{\displaystyle O}{\|}}{C}-OR' + H_2O \longrightarrow R-\overset{\overset{\displaystyle O}{\|}}{C}-OH + R'OH$$

O ácido butírico, por exemplo, tem um forte odor de manteiga rançosa (da qual é um ingrediente) e é um componente do que normalmente chamamos odor corporal. Essa é a substância que faz com que o mau cheiro nos seres seja tão fácil de ser detectado por um animal, quando se está a favor do vento. Também é de grande ajuda para os cães de caça, que são treinados para seguir pequenos rastros desse odor.

O butirato de etila e o butirato de metila, entretanto, que são *ésteres* de ácido butírico, têm cheiro de abacaxi e de maçã, respectivamente. Um odor doce, de fruta, também tem a desvantagem de poder atrair moscas-das-frutas e outros insetos, em busca de comida. O acetato de isoamila, o conhecido solvente denominado óleo de banana, é particularmente interessante. Ele é idêntico a um componente do **feromônio** de alarme da abelha. Feromônio é o nome aplicado ao produto químico secretado por um organismo, que evoca uma resposta específica em outro membro da mesma espécie. Esse tipo de comunicação é comum entre insetos que, de outro modo, não teriam meios de trocar informações. Quando uma abelha operária pica um intruso, um alarme de feromônio, composto parcialmente de acetato de isoamila, é secretado com o veneno da picada. Esse produto químico provoca um ataque agressivo de outras abelhas contra esse intruso, formando um enxame em torno dele. Obviamente, não é aconselhável usar um perfume composto de acetato de isoamila perto de uma colmeia. Os feromônios serão discutidos mais detalhadamente no Ensaio 17: "Feromônios: atrativos e repelentes de insetos".

REFERÊNCIAS

Bauer, K.; Garbe, D. *Common Fragrance and Flavor Materials;* VCH Publishers: Weinheim, 1985.

The Givaudan Index; Givaudan-Delawanna: New York, 1949. (Gives specifications of synthetics and isolates for perfumery.)

Gould, R. F., Ed. *Flavor Chemistry, Advances in Chemistry Series* 56; American Chemical Society: Washington, DC, 1966.

Layman, P. L. Flavors and Fragrances Industry Taking on New Look. *Chem. Eng. News* 1987, (Jul 20), 35.

Moyler, D. Natural Ingredients for Flavours and Fragrances. *Chem. Ind.* 1991, (Jan. 7), 11.

Rasmussen, P. W. Qualitative Analysis by Gas Chromatography – G.C. versus the Nose in Formulation of Artificial Fruit Flavors. *J. Chem. Educ.* 1984, *61* (Jan.), 62.

Shreve, R. N.; Brink, J. *Chemical Process Industries,* 4th ed.; McGraw-Hill: New York, 1977.

Welsh, F. W.; Williams, R. E. Lipase Mediated Production of Flavor and Fragrance Esters from Fusel Oil. *J. Food Sci.* 1989, *54* (Nov./Dec.), 1565.

Ensaio 6

Terpenos e fenilpropanoides

Qualquer pessoa que já tenha caminhado através de uma floresta de pinho ou cedro, ou que goste muito de flores e temperos, sabe que muitas plantas e árvores têm odores distintamente agradáveis. As essências ou aromas de plantas se devem a óleos voláteis ou a **óleos essenciais**, muitos dos quais são considerados valiosos desde a antiguidade, por causa de seus odores característicos (franquincenso e mirra, por exemplo). Uma lista dos óleos essenciais comercialmente importantes soma mais de 200 registros. Pimenta-da-jamaica, amêndoa, anis, manjericão, louro, cominho-armênio, canela, cravo, cominho, endro, eucalipto, alho, jasmim, zimbro, laranja, hortelã-pimenta, rosa, sândalo, sassafrás, hortelã, tomilho, violeta e gaultéria são apenas alguns exemplos familiares desses valiosos óleos essenciais. Os óleos essenciais são utilizados por causa de seus agradáveis aromas em perfumes e incensos, e também são empregados em virtude do seu gosto atraente como temperos e agentes aromatizantes em alimentos. Alguns são considerados valiosos por sua ação antibacteriana e antifúngica. Alguns são utilizados com fins medicinais (cânfora e eucalipto), e outros, como repelentes de insetos (citronela). O óleo de chaulmoogra é um dos poucos agentes curativos da lepra que são conhecidos. A terebintina é utilizada como um solvente para muitos produtos de pintura.

Os componentes de óleos essenciais são frequentemente encontrados nas glândulas ou em espaços intercelulares em tecidos vegetais. Eles podem existir em todas as partes da planta, mas em geral estão concentrados nas sementes ou nas flores. Muitos componentes de óleos essenciais são voláteis quando na forma de vapor e podem ser isolados por destilação a vapor. Outros métodos para isolar óleos essenciais incluem extrair e pressionar (espremer) o solvente. Os ésteres (veja o Ensaio 5: "Ésteres – Sabores e fragrâncias") geralmente são responsáveis pelos odores característicos de frutas e flores, mas outros tipos de substâncias também podem ser componentes importantes de princípios de odor ou sabor. Além dos ésteres, os ingredientes de óleos essenciais podem ser misturas complexas de compostos de hidrocarbonetos, álcoois e carbonila. Esses outros componentes normalmente pertencem a um dos dois grupos de produtos naturais, chamados **terpenos** ou **fenilpropanoides**.

TERPENOS

As investigações químicas de óleos essenciais no século XIX descobriram que muitos dos compostos responsáveis pelos aromas agradáveis continham exatamente 10 átomos de carbono. Esses compostos com 10 carbonos passaram a ser conhecidos como terpenos, se fossem hidrocarbonetos, e como **terpenoides**, se contivessem oxigênio e fossem álcoois, cetonas ou aldeídos.

Eventualmente, se verificou que também existem constituintes de plantas menores e menos voláteis que contém 15, 20, 30 e 40 átomos de carbono. Uma vez que os compostos com 10 carbonos foram originalmente denominados terpenos, eles passaram a ser chamados **monoterpenos**. Os outros terpenos foram classificados da seguinte maneira.

Classe	n° de carbonos	Classe	n° de carbonos
Hemiterpenos	5	Diterpenos	20
Monoterpenos	10	Triterpenos	30
Sesquiterpenos	15	Tetraterpenos	40

Outras investigações químicas dos terpenos, todos eles contendo múltiplos de cinco carbonos, mostraram que esses têm uma unidade estrutural repetida, baseada em um padrão de cinco carbonos. O padrão estrutural corresponde ao arranjo de átomos no composto isopreno simples, contendo cinco carbonos. O isopreno foi obtido primeiramente pelo "craqueamento" térmico da borracha natural.

Calor

n

Borracha natural

Isopreno

Como resultado dessa similaridade estrutural, foi formulada uma regra de diagnóstico para terpenos, chamada **regra do isopreno**. Ela estabelece que um terpeno deve ser divisível, pelo menos, formalmente, em **unidades de isopreno**. As estruturas de uma série de terpenos, com uma divisão diagramática de suas estruturas em unidades de isopreno, são mostradas na ilustração da página 878. Muitos desses compostos representam aromas ou sabores que devem ser muito familiares para você.

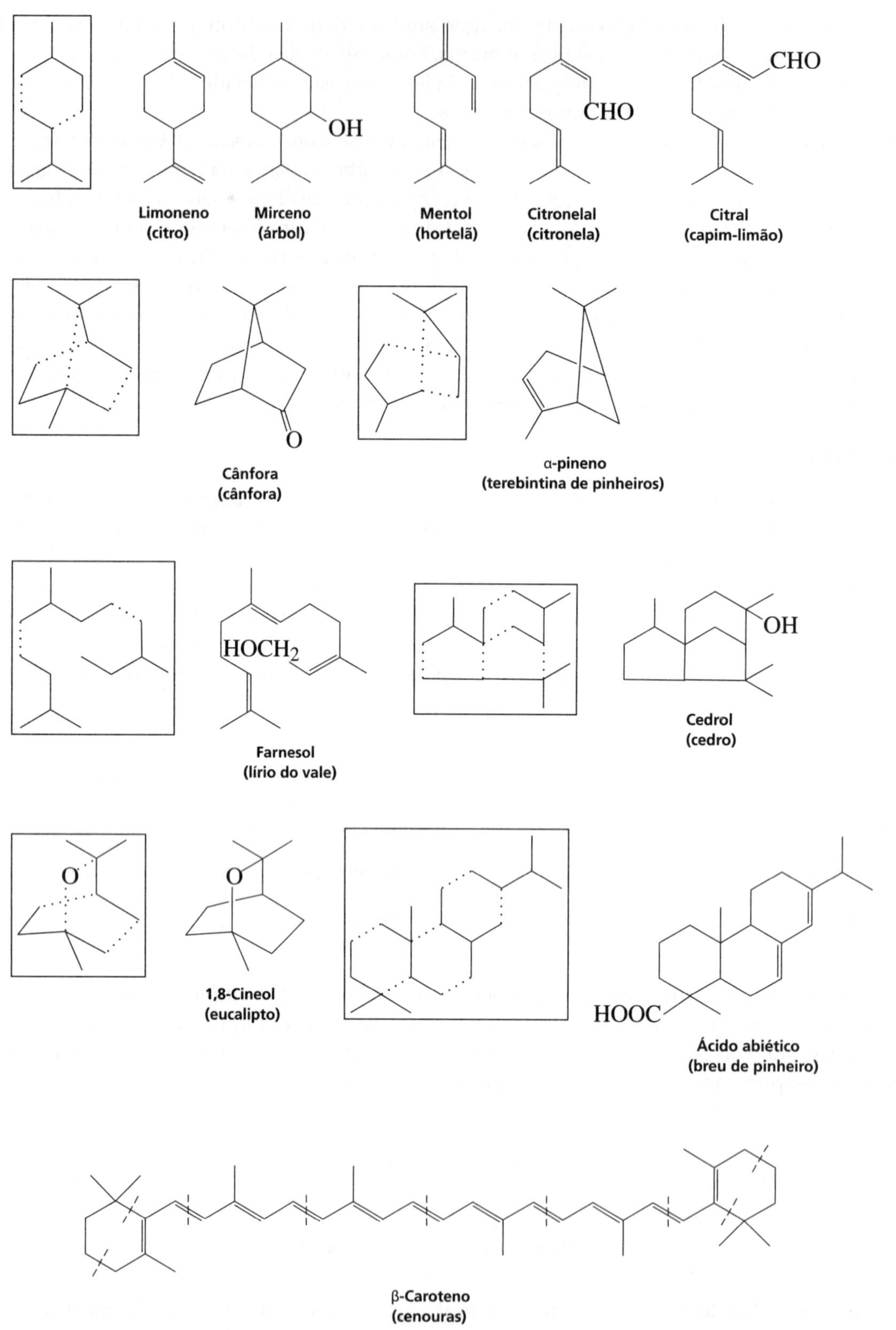

Terpenos selecionados.

Pesquisas modernas têm demonstrado que terpenos não surgem do isopreno; eles nunca foram detectados como um produto natural. Em vez disso, os terpenos surgem de um importante composto bioquímico precursor, denominado **ácido mevalônico** (veja o esquema bioquímico que se segue). Este composto surge a partir da coenzima acetila A, um produto da degradação biológica da glicose (glicólise), e é convertido em um composto chamado pirofostato de isopentila. O pirofostato de isopentila e seu isômero pirofosfato de 3, 3-dimetilalil (ligação dupla movida para a segunda posição) são os blocos fundamentais de cinco carbonos, utilizados pela natureza para construir todos os compostos de terpeno.

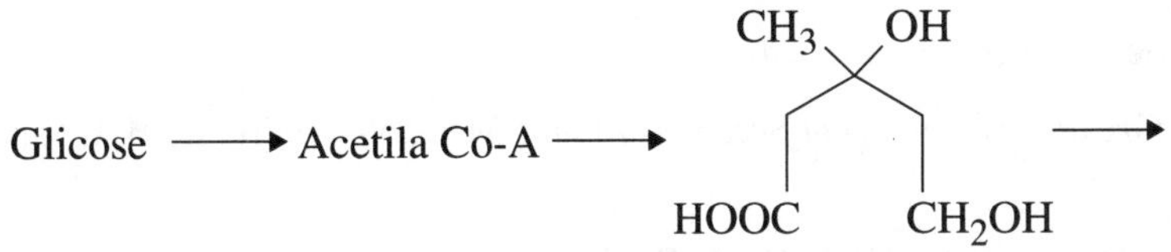

Glicose ⟶ Acetila Co-A ⟶ [CH_3, OH, HOOC, CH_2OH] ⟶

Ácido Mevalônico

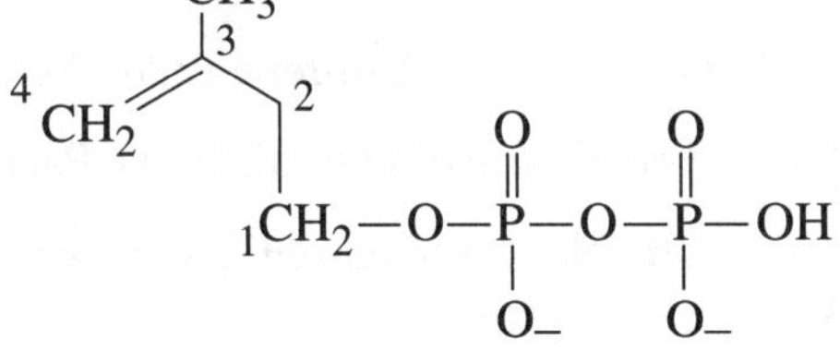

CH_3 3 4 CH_2 2 ${}_1CH_2-O-P(=O)(O^-)-O-P(=O)(O^-)-OH$

Pirofosfato de isopentila

Fenilpropanoides

Os compostos aromáticos, aqueles que contêm um anel de benzeno, também são um tipo importante de composto encontrado em óleos essenciais. Alguns desses compostos, como o *p*-cimeno, na verdade, são terpenos cíclicos que foram aromatizados (têm seu anel convertido para um anel de benzeno), mas sua maioria é de uma origem diferente.

CH_3 / CH_3 CH_3 — $CH_2CH_2CH_3$ — NH_2, $CH_2-CH-COOH$, R

Benzeno 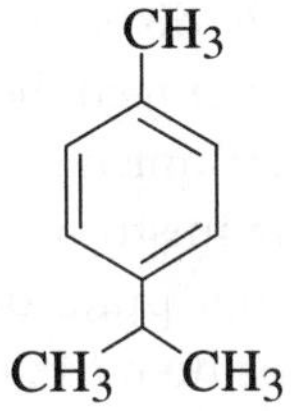 **p-Cimeno** 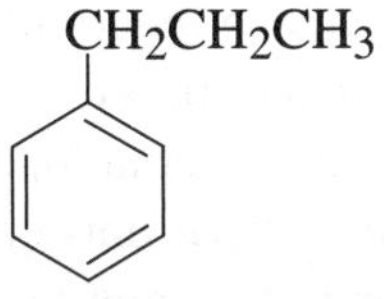 **Fenilpropano** 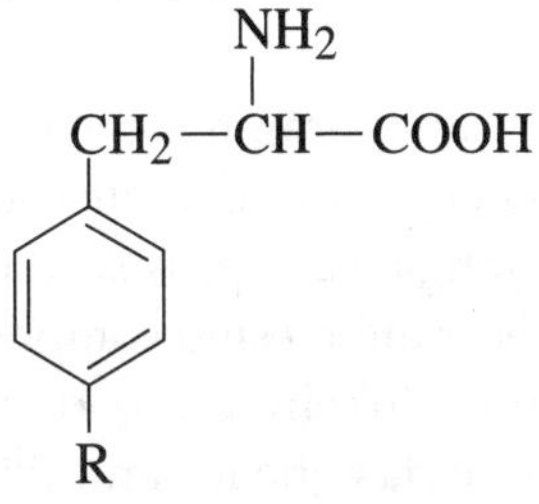 **Fenilalanina e tirosina (R = H) (R = OH)**

Muitos desses compostos aromáticos são **fenilpropanoides**, compostos baseados em um esqueleto de fenilpropano. Os fenilpropanoides estão relacionados em estrutura aos aminoácidos comuns, fenilalanina e tirosina, e muitos são derivados de uma rota bioquímica chamada **rota do ácido chiquímico**.

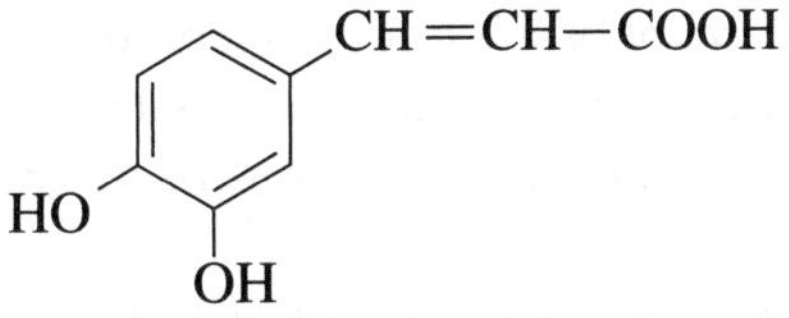

$CH=CH-COOH$, HO, OH — $CH_2CH=CH_2$, HO, OCH_3 — Quebra da cadeia lateral ⟶ — O, H, HO, OCH_3

Ácido cafeico (café) 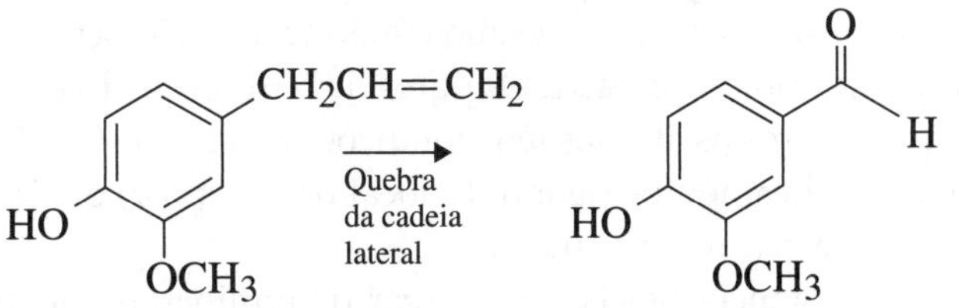 **Eugenol (cravos)** **Vanilina (baunilha)**

Também é comum encontrar compostos de origem fenilpropanoide que têm cadeias laterais quebradas, com três carbonos. Como resultado disso, derivados de fenilmetano, como a vanilina, também são bastante comuns em plantas.

REFERÊNCIAS

Cornforth, J. W. Terpeno Biosynthesis. *Chem. Br.* 1968, *4*, 102.

Geissman, T. A.; Crout, D. H. G. *Organic Chemistry of Secondary Plant Metabolism;* Freeman, Cooper and Co.: San Francisco, 1969.

Hendrickson, J. B. *The Molecules of Nature;* New York: W. A. Benjamin, 1965.

Pinder, A. R. *The Terpenos;* John Wiley & Sons: New York, 1960.

Ruzicka, L. History of the Isoprene Rule. *Proc. Chem. Soc. Lond.* 1959, 341.

Sterret, F. S. The Nature of Essential Oils, Part I. Production. *J. Chem. Educ.* 1962, *39*, 203.

Sterret, F. S. The Nature of Essential Oils, Part II. Chemical Constituents. Analysis. *J. Chem. Educ.* 1962, *39*, 246.

Ensaio 7

Teoria estereoquímica do odor

O nariz humano tem uma capacidade quase inacreditável de distinguir odores. Basta considerar por alguns momentos as diferentes substâncias que você consegue reconhecer apenas pelo odor. Sua lista deverá ser longa. Uma pessoa com um nariz treinado, um perfumista, por exemplo, frequentemente pode reconhecer até mesmo componentes individuais em uma mistura. Quem ainda não encontrou pelo menos um cozinheiro capaz de farejar praticamente qualquer prato da culinária e identificar os temperos e especiarias que foram utilizados? Os centros olfativos no nariz podem identificar substâncias odoríferas mesmo em pequenas quantidades. Estudos têm demonstrado que com algumas substâncias, é possível perceber quantidades tão pequenas quanto um milionésimo de décimo de um grama (10^{-7} g). Muitos animais, por exemplo, cães e insetos, têm um limite ainda menor de captação de odores que os humanos têm (veja o Ensaio 17: "Feromônios: atrativos e repelentes de insetos").

Muitas teorias do odor já foram propostas, mas poucas persistiram por muito tempo. Estranhamente, uma das mais antigas, embora em roupagem moderna, ainda é a mais atual. Lucrécio, um dos primeiros atomistas gregos, sugeriu que substâncias que têm odor exalam um vapor de minúsculos "átomos", todos com a mesma forma e o mesmo tamanho, e que esses átomos dão origem à percepção de odor quando entram nos poros no nariz. Os poros devem ser de diversos tamanhos, e o odor percebido dependerá de em quais poros os átomos têm condições de entrar. Atualmente, temos muitas teorias similares sobre a ação de medicamentos (teoria do local do receptor) e a interação de enzimas com seus substratos (a hipótese da fechadura e a chave).

Uma substância precisa apresentar determinadas características físicas para ter a propriedade do odor. Primeiramente, ela deve ser volátil o suficiente para exalar um vapor que pode atingir as narinas. Em segundo lugar, ao atingir as narinas, deve ser algo solúvel em água, mesmo que apenas em pequeno grau, para que consiga passar através da camada de umidade (muco) que cobre as terminações nervosas na área olfativa. Em terceiro lugar, deve ter lipossolubilidade para permitir penetrar as camadas de lipídio (gordura) que formam as membranas de superfície das terminações de células nervosas.

Depois de considerarmos esses critérios, chegamos ao cerne da questão. Por que as substâncias têm diferentes odores? Em 1949, R. W. Moncrieff, um escocês, resgatou a hipótese de Lucrécio. Ele propôs que na área olfativa do nariz existe um sistema de células receptoras com vários tipos e formatos, e também sugeriu que cada local receptor correspondia a um diferente tipo de odor primário. Moléculas que se encaixam nesses locais receptores exibiriam as características desse odor primário. Não seria necessário que toda a molécula se encaixasse no receptor, portanto, para moléculas maiores, qualquer porção pode se encaixar no receptor e ativá-la. Moléculas tendo odores complexos, presumivelmente, seriam capazes de ativar diversos diferentes tipos de receptores.

A hipótese de Moncrieff foi substancialmente reforçada pelo trabalho de J. E. Amoore, que começou a estudar a matéria como um aluno de graduação na Universidade de Oxford, em 1952. Depois de uma ampla pesquisa na literatura de química, Amoore concluiu que haviam apenas sete odores primários básicos. Classificando moléculas com tipos de odores similares, ele chegou até mesmo a formular possíveis formatos para os sete receptores necessários. Por exemplo, da literatura, ele coletou mais de 100 compostos que foram descritos como tendo um odor "canforado". Comparando os tamanhos e formatos de todas essas moléculas, postulou um formato tridimensional para um local receptor canforado. De maneira similar, ele derivou formatos para os outros seis locais receptores. Os sete locais receptores primários que formulou são mostrados na figura abaixo, com uma típica molécula-protótipo tendo o formato apropriado para se encaixar no receptor. Os formatos dos locais estão em perspectiva. Não se considerou que odores picantes e pútridos exigissem um formato específico nas moléculas odoríferas, mas, em vez disso, que precisavam de um tipo específico de distribuição de carga.

É possível verificar rapidamente que compostos com moléculas de formatos relativamente semelhantes têm odores similares, se você comparar nitrobenzeno e acetofenona com benzaldeído ou *d*-cânfora e hexacloroetano com ciclo-octano. Cada grupo de substâncias tem o mesmo *tipo* (primário) de odor básico, mas as moléculas individuais diferem na *qualidade* do odor. Alguns dos odores são nítidos, outros são picantes, outros doces e assim por diante. Todo o segundo grupo de substâncias tem um odor canforado, e as moléculas desses substancias têm, todas elas, aproximadamente, o mesmo formato.

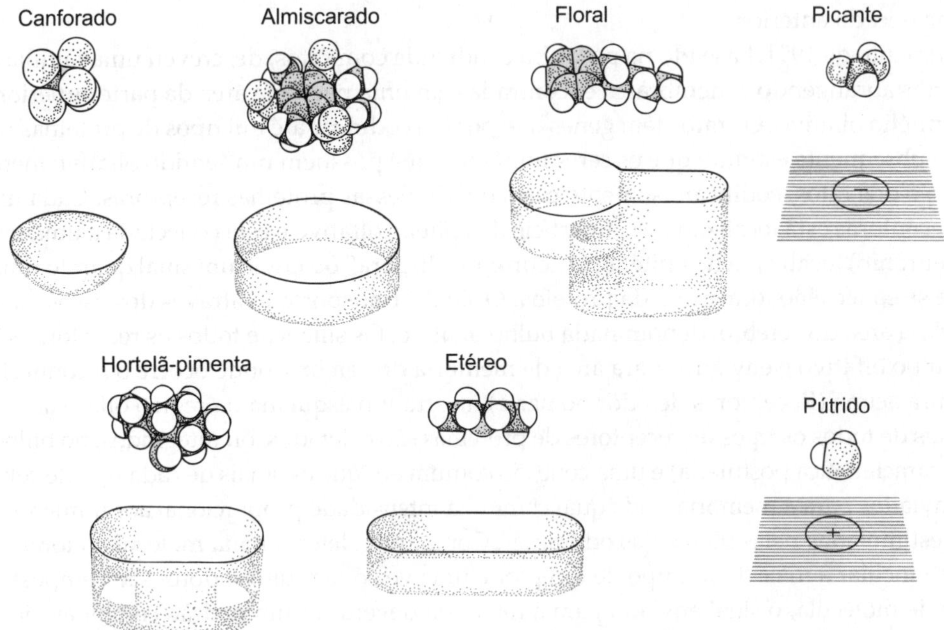

De "The Stereochemical Theory of Odor", por J. E. Amoore, J. W. Johnston Jr. e M. Rubin.

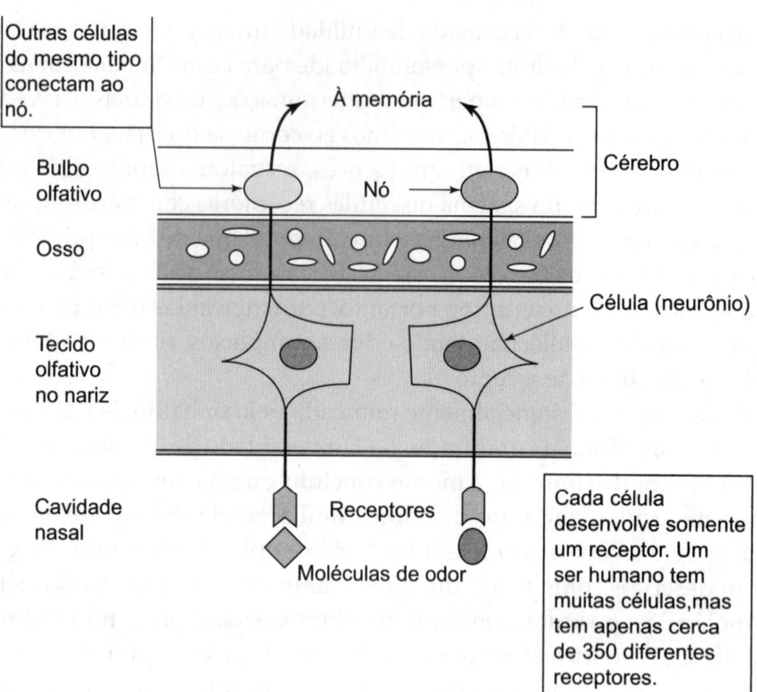

Receptores de odor no nariz.

Um interessante corolário da teoria de Amoore é o postulado que diz que se os locais receptores são quirais, então, isômeros ópticos (enantiômeros) de uma determinada substância podem ter *diferentes* odores. Essa circunstância prova ser verdadeira em diversos casos. Ela é verdadeira para a carvona (–) e (+); investigamos a ideia no Experimento 14, neste livro.

A teoria do odor foi modificada drasticamente em 1991, como resultado da pesquisa bioquímica feita por Richard Axel e Linda Buck, aluna de pós-doutorado no grupo de pesquisas de Axel. Posteriormente, Buck fundou seu próprio grupo, que continuou a investigação sobre a natureza do sentido do olfato. Em 2004, Axel e Buck receberam o Prêmio Nobel em Fisiologia ou Medicina por seu trabalho conjunto realizado na década anterior.

O documento de 1991, baseado na pesquisa conduzida com ratos, descreveu uma família de proteínas receptoras abrangendo a membrana, encontradas em uma pequena área da parte superior do nariz, chamada epitélio olfativo. Os ratos têm genes que podem codificar até mil tipos de proteínas receptoras. O trabalho subsequente estimou que os seres humanos, que possuem um sentido olfativo menos desenvolvido que o dos ratos, codificam somente cerca de 350 dessas proteínas receptoras. Cada uma dessas proteínas receptoras está localizada na superfície do epitélio olfativo e está conectada a uma única célula nervosa (neurônio) localizada no epitélio. O neurônio "dispara" ou envia um sinal quando uma molécula odorante se conecta ao local ativo da proteína. O sinal é transportado através dos ossos para o crânio e em um nó na área do cérebro, denominada bulbo olfativo. Os sinais de todos os receptores são processados no bulbo olfativo e enviados para área de memória do cérebro, onde ocorre o reconhecimento do odor. A figura acima (Receptores de odor no nariz) mostra um esquema da região olfativa.

Os sinais de todos os tipos de receptores de proteínas são coletados, ou integrados, no bulbo olfativo. O nó (uma característica postulada) é uma conexão comum em que os sinais de cada tipo de célula são coletados e enviados para a memória, cada qual com uma intensidade proporcional aos números de células que foram estimuladas pelas moléculas odorantes. Como uma determinada molécula odorante deve ser capaz de se vincular a mais de um tipo de receptor e uma vez que muitos odores são compostos de mais de um tipo de molécula, o sinal enviado para a memória deverá ser um padrão combinatório complexo consistindo em contribuições de diversos nós, cada um deles com um diferente valor de intensidade. Esse sistema deverá permitir que um ser humano reconheça até 10 mil odores e que os ratos reconheçam

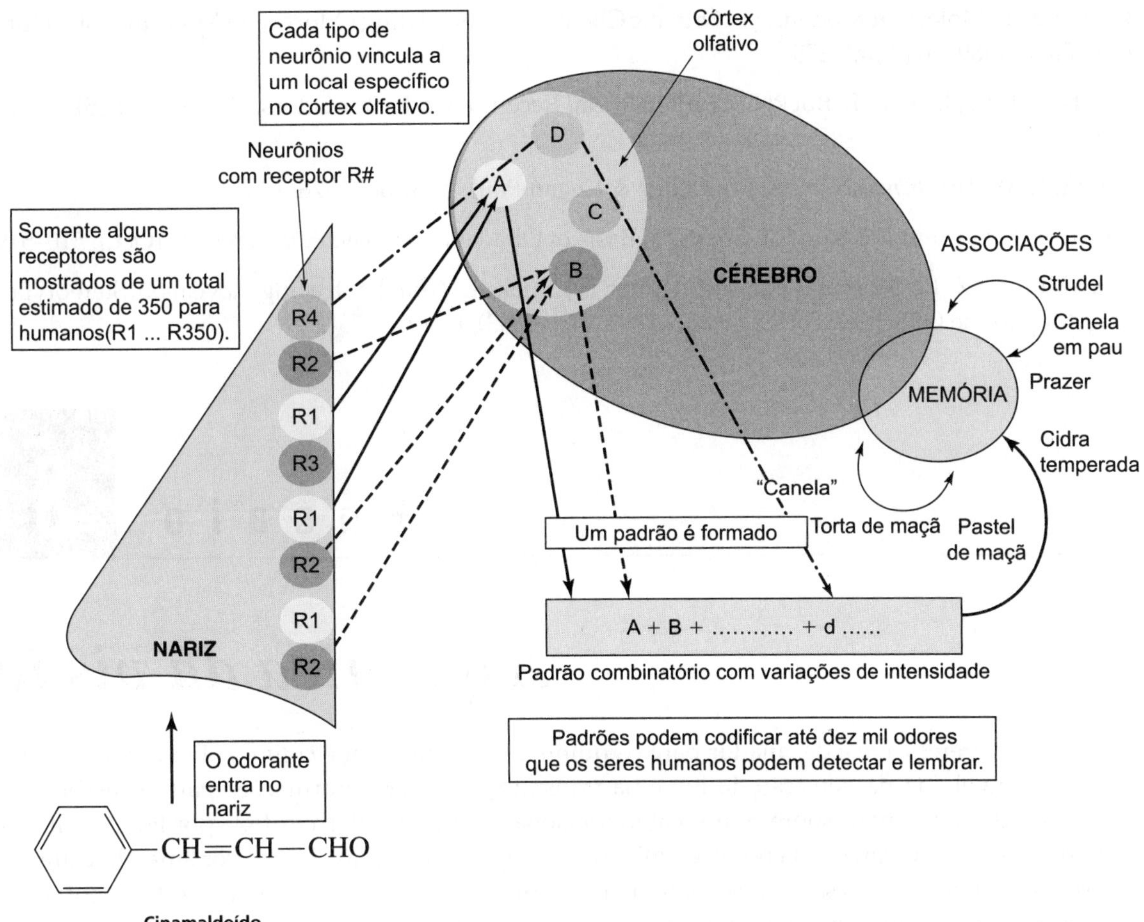

Prêmio Nobel para a teoria da detecção de odores (Axel e Buck, 2004).

muitos mais. A região da memória no cérebro também pode fazer associações baseadas em um determinado padrão. Por exemplo, o cinamaldeído pode ser reconhecido como o odor da canela, mas também pode ser associado com outros itens, como torta de maçã, canela em pau, *strudel* de maçã, cidra temperada e, naturalmente, prazer. Uma figura mostrando essas associações, mas limitada, na qual só uns poucos receptores estão representados, é mostrada acima.

Embora nossa moderna compreensão da detecção de odores tenha evoluído para se tornar uma teoria muito mais detalhada que aquela proposta por Lucrécio, aparentemente, sua hipótese fundamental estava correta e continua resistindo ao exame minucioso da ciência moderna.

REFERÊNCIAS

Amoore, J. E.; Johnson, J. W., Jr.; Rubin, M. The Stereochemical Theory of Odor. *Sci. Am.* 1964, *210* (Feb.), 1.

Amoore, J. E.; Johnson, J. W., Jr.; Rubin, M. The Stereochemical Theory of Olfaction. *Proceedings of the Scientific Section of the Toilet Goods Association* 1962 (Special Suppl. 37), (Out.), 1–47.

Buck, L. The Molecular Architecture of Odor and Pheromone Sensing in Mammals. *Cell* 2000, *100* (6), (Mar.), 611–618.

Buck, L.; Axel, R. A Novel Multigene Family May Encode Odorant Receptors: A Molecular Basis for Odor Recognition. *Cell* 1991, *65* (1), (Apr.), 175–187.

Lipkowitz, K. B. Molecular Modeling in Organic Chemistry: Correlating Odors with Molecular Structure. *J. Chem. Educ.* 1989, *66* (Apr.), 275.

Malnic, B.; Hirono, J.; Sato, T.; Buck, L. Combinatorial Receptor Codes for Odors. *Cell* 1999, *96* (5), (Mar.), 713–723.

Moncrieff, R. W. *The chemical Senses;* Routledge & Kegan Paul: London, 1976.

Roderick, W. R. Current Ideas on the Chemical Basis of Olfaction. *J. Chem. Educ.* 1966, *43* (Oct.), 510–519.

Zou, Z.; Horowitz, L.; Montmayeur, J.; Snapper, S.; Buck, L. Genetic Tracing Reveals a Stereotyped Sensory Map in the Olfactory Cortex. *Nature* 2001, *414* (6843), (Nov.), 173–179.

Ensaio 8

A química da visão

Um tópico interessante e desafiador para os químicos investigarem é como o olho funciona. Qual química está envolvida na detecção da luz e na transmissão dessas informações para o cérebro? Os primeiros estudos definitivos sobre como o olho funciona foram iniciados em 1877 por Franz Boll, que demonstrou que a cor vermelha da retina do olho de um sapo podia adquirir uma cor amarelo-clara sob a luz forte. Se, depois disso, o sapo fosse mantido no escuro, a cor vermelha da retina voltava lentamente. Boll reconheceu que uma substância que se tornava branca tinha de estar conectada de algum modo à capacidade do sapo de perceber a luz.

A maior parte do que atualmente é conhecido sobre a química da visão é resultado do refinado trabalho de George Wald, na Harvard University; seus estudos, que tiveram início em 1933, possibilitaram que ele recebesse o Prêmio Nobel em biologia. Wald identificou a sequência de eventos químicos durante os quais a luz é convertida em alguma forma de informação elétrica que pode ser transmitida para o cérebro. Veja aqui uma breve descrição desse processo.

A retina do olho é composta de dois tipos de células fotorreceptoras: **bastonetes** e **cones**. Os bastonetes são responsáveis pela visão mediante pouca iluminação, e os cones são responsáveis pela visão de cores na luz brilhante. Os mesmos princípios se aplicam ao funcionamento químico dos bastonetes e dos cones; contudo, os detalhes desse funcionamento são menos bem compreendidos para os cones que para os bastonetes.

Cada bastonete contém vários milhões de moléculas de **rodopsina**. A rodopsina é um complexo de uma proteína, a **opsina**, e de uma molécula derivada da Vitamina A, *cis*-retinal 11 (algumas vezes, chamada **retineno**). Pouco se sabe sobre a estrutura da opsina. A estrutura do *cis*-retinal 11 é mostrada aqui.

A detecção da luz envolve a conversão inicial de *cis*-retinal 11 para seu isômero totalmente *trans*. Essa é a única função óbvia da luz no processo. A elevada energia de um quantum de luz visível promove a quebra na ligação π entre os carbonos 11 e 12. Quando a ligação π se rompe, se torna possível a rotação livre em torno da ligação σ no radical resultante. Quando a ligação π se forma novamente após essa rotação, o resultado é o retinal totalmente *trans*. O retinal totalmente *trans* é mais estável que o *cis*-retinal 11, e é por isso que a isomerização prossegue espontaneamente na direção mostrada.

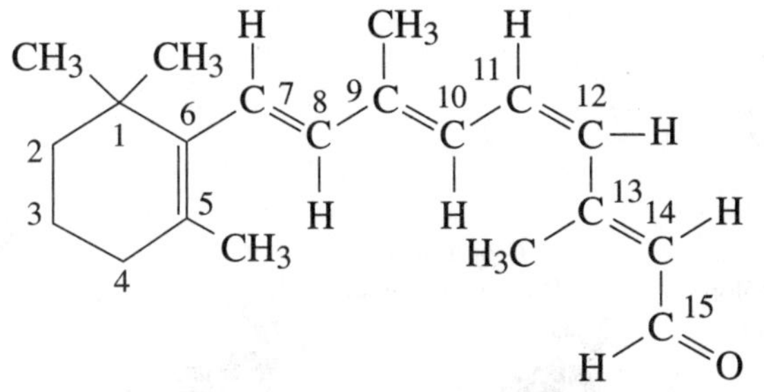

11-*cis*-retinal

As duas moléculas têm diferentes formatos por causa de suas diferentes estruturas. O *cis*-retinal 11 tem um formato bastante curvo, e as partes da molécula nos lados da dupla ligação *cis* tendem a ficar em diferentes planos. Como as proteínas têm formatos tridimensionais complexos e específicos (estruturas terciárias), o *cis*-retinal 11 se associa com a proteína opsina de uma determinada maneira. O retinal totalmente *trans* tem um formato alongado, e a molécula inteira tende a permanecer em um único plano. Esse formato diferente para a molécula, em comparação com o formato do isômero *cis* 11, significa que o retinal totalmente *trans* terá uma diferente associação com a proteína opsina.

Na verdade, o retinal totalmente *trans* se associa muito fracamente com a opsina porque seu formato não se ajusta à proteína. Consequentemente, a etapa seguinte depois da isomerização do retinal é a dissociação do retinal totalmente *trans* a partir da opsina. A proteína opsina passa por uma modificação simultânea na conformação à medida que o retinal totalmente *trans* se dissocia.

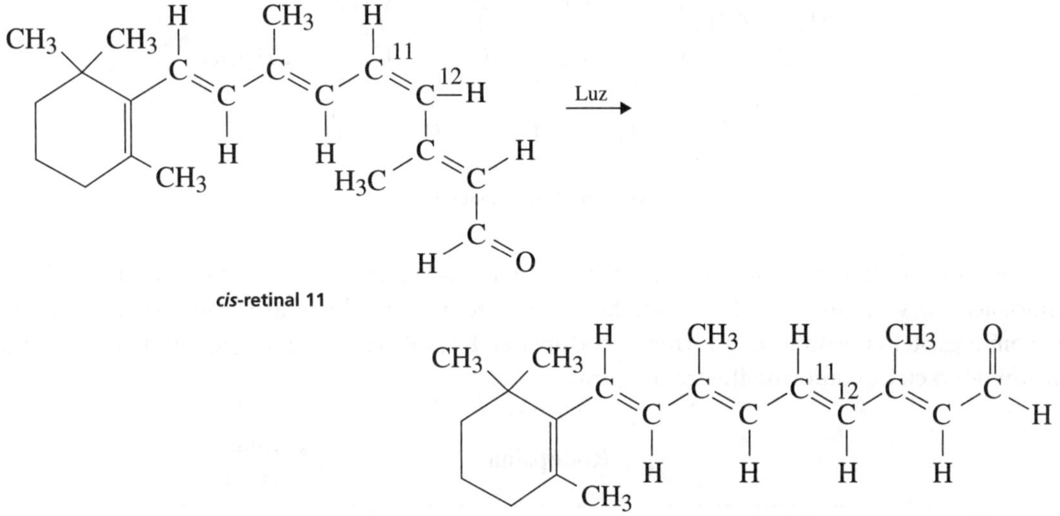

Luz →

***cis*-retinal 11**

Retinal totalmente *trans*

Em algum momento depois que o complexo *cis*-retinal 11–opsina recebe um fóton, uma mensagem é recebida pelo cérebro. Originalmente, se acreditava que a isomerização do *cis*-retinal 11 para o retinal totalmente *trans* ou a mudança de conformação da proteína opsina era um evento que gerava a mensagem elétrica enviada para o cérebro. Entretanto, as pesquisas atuais indicam que ambos os eventos ocorrem muito lentamente em relação à velocidade com que o cérebro recebe a mensagem. A hipótese atual recorre a relevantes explicações de mecânica quântica, que consideram significativo o fato de que os cromóforos (grupos de absorção de luz) são arranjados em um padrão geométrico muito preciso nos bastonetes e cones, permitindo que o sinal seja rapidamente transmitido através do espaço. Os principais eventos físicos e químicos descobertos por Wald são ilustrados na figura a seguir, para permitir fácil visualização. A questão de como o sinal elétrico é transmitido ainda continua sem solução.

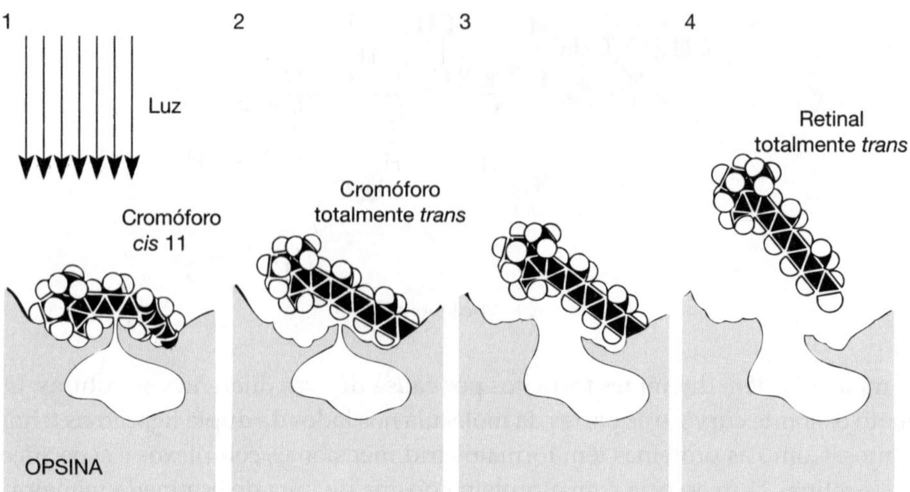

Obtido de "Molecular Isomers in Vision", por Ruth Hubbard e Allen Kropf. Copyright © 1967 da Scientific American, Inc. Todos os direitos reservados.

Wald também foi capaz de explicar a sequência de eventos pelos quais as moléculas de rodopsina são regeneradas. Depois da dissociação do retinal totalmente *trans* a partir da proteína, ocorrem as seguintes mudanças mediadas por enzimas. O retinal totalmente *trans* é reduzido ao álcool no retinol totalmente *trans*, também chamado Vitamina A totalmente *trans*.

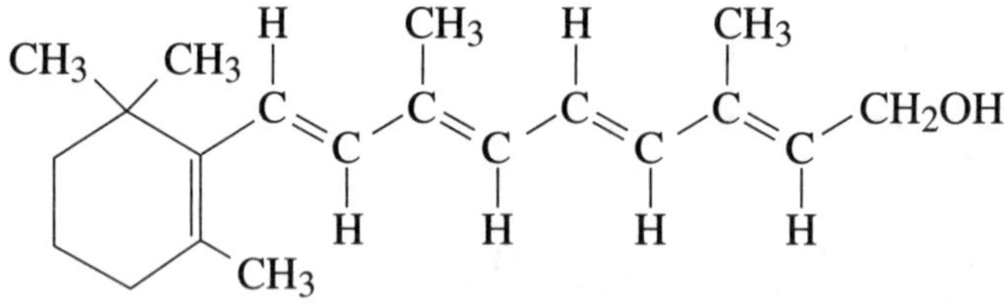

Vitamina A totalmente *trans*

Em seguida, a Vitamina A totalmente *trans* é isomerizada para seu isômero Vitamina A *cis* 11. Após a isomerização, a Vitamina A *cis* 11 é oxidada novamente para o *cis*-retinal 11, que recombina imediatamente com a proteína opsina para formar a rodopsina. Então a rodopsina regenerada está pronta para iniciar um novo ciclo, conforme ilustra a figura.

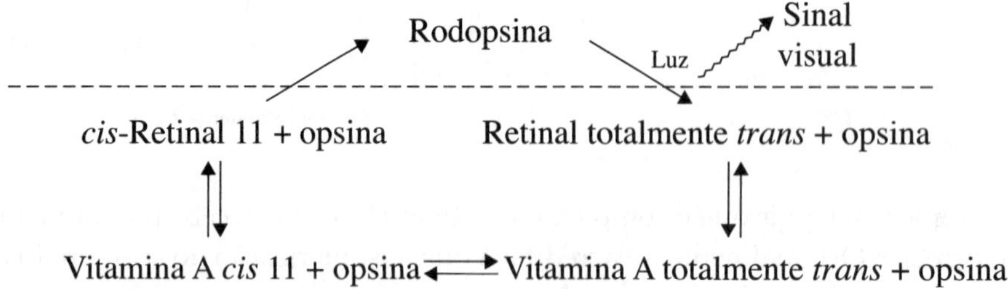

Por meio desse processo, pode ser detectada uma quantia tão pequena quanto 10^{-14} do número de prótons emitidos de uma típica lâmpada de lanterna. A conversão da luz na retina isomerizada exibe uma eficiência do quantum extraordinariamente alta. Praticamente todo quantum de luz absorvida por uma molécula de rodopsina causa a isomerização do *cis*-retinal 11 para o retinal totalmente *trans*.

Como é possível ver por meio do esquema da reação, o retinal deriva da Vitamina A, que requer meramente que a oxidação do grupo a—CH_2OH para o grupo a—CHO seja convertido ao retinal. O precursor na dieta que é transformado para a Vitamina A é o β-caroteno. O β-caroteno é o pigmento amarelo das cenouras e é um exemplo de uma família de polienos de cadeia longa, chamados **carotenoides**.

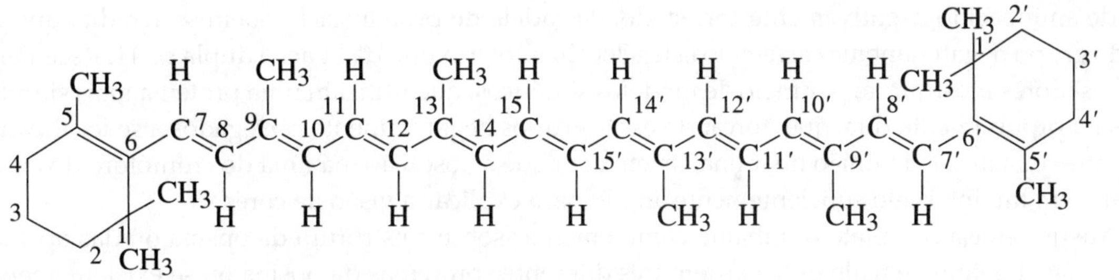

β-Caroteno

Em 1907, Willstätter estabeleceu a estrutura do caroteno, mas não foi antes de 1931–1933 que havia praticamente três isômeros de caroteno. O α-caroteno difere do β-caroteno no sentido de que o isômero α tem uma ligação entre C_4 e $C_{5'}$, em vez de entre C_5 e $C_{6'}$, como no isômero β. O isômero γ tem somente um anel, idêntico ao anel no isômero β, ao passo que o outro anel é aberto na forma γ entre C_1' e C_6'. O isômero β é, de longe, o mais comum dos três.

No fígado, a substância β-caroteno é convertida para vitamina A. Teoricamente, uma molécula de β-caroteno deve dar origem a duas moléculas dessa vitamina pela uqebra da ligação dupla C_{15}–C_{15}', mas, na verdade, somente uma molécula de vitamina A é produzida a partir de cada molécula de caroteno. A vitamina A assim produzida é convertida para o *cis*-retinal 11, dentro do olho.

Juntamente com o problema de como o sinal elétrico é transmitido, atualmente, a percepção de cores também está sendo estudada. No olho humano, existem três tipos de células cone, que absorvem luz a 440, 535 e 575 nm, respectivamente. Essas células diferenciam entre as cores primárias. Quando combinações delas são estimuladas, a visão em cores é a mensagem recebida no cérebro.

Como todas essas células cone utilizam o *cis*-retinal 11 como um gatilho do substrato, há muito tempo se suspeita de que devem existir três diferentes proteínas opsinas. Um trabalho recente começou a estabelecer como as opsinas variam quanto à sensibilidade espectral das células cone, apesar de todas elas terem o mesmo tipo de cromóforo de absorção de luz.

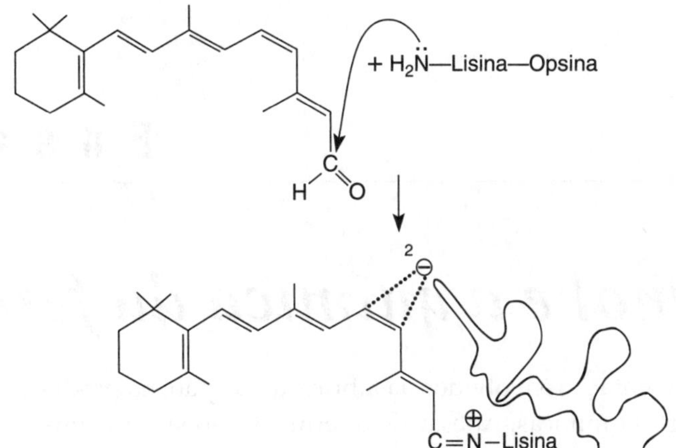

Rodopsina

O retinal é um aldeído e ele se vincula ao grupo amino terminal de um resíduo de lisina na proteína opsina para formar uma base de Schiff, ou a união de imina (=C=N—). Acredita-se que a união de imina seja protonada (com uma carga adicional) e seja estabilizada ao ser localizada perto de um resíduo de aminoácido negativamente carregado, da cadeia de proteínas. Também se acredita que um segundo grupo negativamente carregado esteja localizado próximo da ligação dupla *cis* 11. Recentemente, pesquisadores mostraram, por meio de modelos sintéticos, que utilizam uma proteína mais simples que a opsina propriamente dita, que, forçando esses grupos negativamente carregados a se localizarem em diferentes distâncias da união de imina, fazem com que a absorção máxima do cromóforo do *cis*-retinal 11 varie em um intervalo suficientemente amplo para explicar a visão de cores.

Até que esteja completo o trabalho complementar sobre a estrutura da opsina ou das opsinas não será possível definir se realmente existem três diferentes proteínas da opsina ou se existem apenas três diferentes conformações da mesma proteína nos três tipos de células cone.

REFERÊNCIAS

Borman, S. New Light Shed on Mechanism of Human Color Vision. *Chem. Eng. News* 1992, (Apr. 6), 27.

Fox, J. L. Chemical Model for Color Vision Resolved. *Chem. Eng. News* 1979, *57* (46), (Nov. 12), 25. A review of articles by Honig and Nakanishi in the *J. Am. Chem. Soc.* 1979, *101*, 7082, 7084, 7086.

Hubbard, R.; Kropf, A. Molecular Isomers in Vision. *Sci. Am.* 1967, *216* (Jun.), 64.

Hubbard, R.; Wald, G. Pauling and Carotenoid Stereochemistry. In *Structural Chemistry and Molecular Biology;* Rich A., Davidson N., Eds.; W. H. Freeman: San Francisco, 1968.

MacNichol, E. F., Jr. Three Pigment Color Vision. *Sci. Am.* 1964, *211* (Dec.), 48.

Model Mechanism May Detail Chemistry of Vision. *Chem. Eng. News* 1985, (Jan. 7), 40.

Rushton,W. A. H. Visual Pigments in Man. *Sci. Am.* 1962, *207* (Nov.), 120.

Wald, G. Life and Light. *Sci. Am. 201* 1959, (Out.), 92.

Zurer, P. S. The Chemistry of Vision. *Chem. Eng. News* 1983, *61* (Nov. 28), 24.

Ensaio 9

Etanol e a química da fermentação

Os processos de fermentação envolvidos na fabricação de pão, na produção de vinho e cerveja estão entre as mais antigas artes químicas. Apesar de a fermentação já ser conhecida como arte há séculos, não foi antes do século XIX que os químicos compreenderam este processo do ponto de vista da ciência. Em 1810, Gay-Lussac descobriu a equação geral da química para a desagregação do açúcar em etanol e dióxido de carbono. A maneira pela qual o processo ocorre foi assunto de muita conjectura até que Louis Pasteur iniciou seu exame completo da fermentação. Pasteur demonstrou que a levedura era necessária para a fermentação. Ele também foi capaz de identificar outros fatores que controlavam a ação das células de levedura. Seus resultados foram publicados em 1857 e 1866.

Durante muitos anos, os cientistas acreditaram que a transformação de açúcar em etanol e dióxido de carbono por leveduras estava inseparavelmente conectada com o processo vital da célula de levedura. Essa visão foi abandonada em 1897, quando Büchner demonstrou que o extrato de levedura provocaria a fermentação alcoólica, na ausência de quaisquer células de levedura. A atividade de fermentação da levedura é por causa de um catalisador notavelmente ativo, de origem bioquímica, a enzima zimase. Atualmente, é reconhecido que a maioria das transformações químicas que ocorrem em células vivas de vegetais e animais é provocada por enzimas. "Essas enzimas" são compostos orgânicos, geralmente, proteínas, e o estabelecimento das estruturas e dos mecanismos de reação desses compostos é um campo de atividade nas pesquisas atuais. Hoje em dia, a zimase é conhecida como um complexo de, pelo menos, 22 enzimas separadas, cada uma das quais catalisa uma etapa específica na sequência de reação da fermentação.

As enzimas exibem uma extraordinária especificidade – uma determinada enzima atua em um composto específico ou em um grupo de compostos estreitamente relacionado. Desse modo, a zimase atua somente em alguns poucos açúcares selecionados, e não em todos os carbo-hidratos; as enzimas digestivas do trato alimentar são igualmente específicas em sua atividade.

As principais fontes de açúcares para a fermentação são os vários amidos resíduos de melaço obtidos por meio do açúcar refinado. Nos Estados Unidos, o milho é a principal fonte de amido, e o álcool etílico feito de milho é comumente conhecido como **álcool de cereais**. Ao preparar álcool do milho, o cereal, com ou sem o germe, é moído e cozido para formar a **mistura**. A enzima diástase é adicionada na forma de **malte** (cevada germinada que foi seca naturalmente e moída até se tornar pó) ou de um bolor, como o *Aspergillus oryzae*. A mistura é mantida até que todo o amido tenha sido convertido ao açúcar **maltose** pela hidrólise das ligações de éter e de acetal. Essa solução é conhecida como **bolor**.

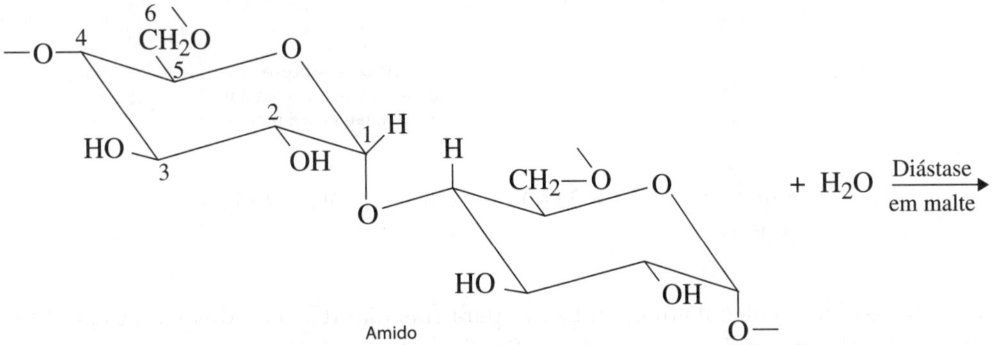

$+ H_2O \xrightarrow[\text{em malte}]{\text{Diástase}}$

Amido

Este é um polímero da glicose com as ligações glicosídicas 1,4 e 1,6. As ligações em C-1 são α.

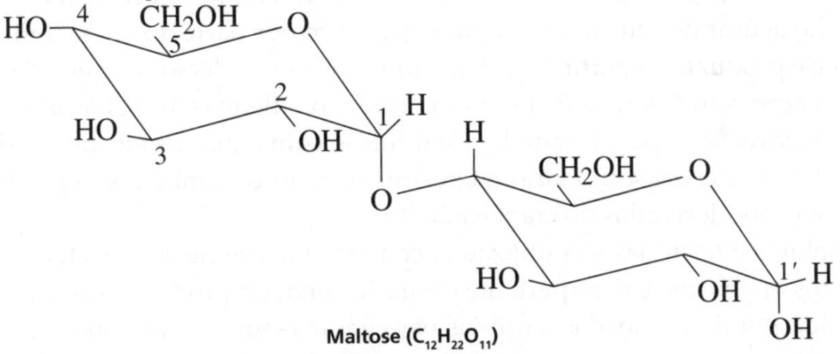

Maltose ($C_{12}H_{22}O_{11}$)

A ligação α ainda existe em C-1. O —OH é mostrado em α na posição 1′ (axial), mas também pode ser ß (equatorial).

O **bolor** é resfriado a 20 °C e diluído com água para maltose a 10% e, então, se adiciona a cultura de levedura pura. A cultura de levedura geralmente é uma cepa de *Saccharomyces cerevisiae* (ou *ellipsoidus*). As células de levedura segregam dois sistemas de enzimas: a maltase, que converte a maltose em glicose, e a zimase, que converte a glicose em dióxido de carbono e álcool. Ocorre a liberação de calor e a temperatura deve ser mantida abaixo de 35 °C, por resfriamento, a fim de evitar a destruição das enzimas. Inicialmente, é necessário oxigênio em grandes quantidades para a produção ótima de células de levedura, mas a verdadeira produção de álcool é anaeróbica. Durante a fermentação, a evolução de dióxido de carbono logo estabelece condições anaeróbicas. Se houver oxigênio disponível livremente, somente serão produzidos dióxido de carbono e água.

Depois de quarenta a sessenta horas, a fermentação está completa, e o produto é destilado para remover o álcool da matéria sólida. O destilado é fracionado por meio de uma coluna eficiente. Uma pequena quantidade de acetaldeído (pf 21 °C) destila primeiro e é seguida pelo álcool a 95%. O óleo fúsel está contido nas frações de ebulição maiores, ele consiste em uma mistura de álcoois superiores, principalmente, 1-propanol, 2-metil-1-propanol, 3-metil-1-butanol e 2-metil-1-butanol. A composição exata do óleo fúsel varia muito; ela depende particularmente do tipo de matéria-prima que é fermentada. Esses álcoois superiores não são formados pela fermentação da glicose. Eles surgem de determinados aminoácidos derivados das proteínas presentes na matéria-prima e no fermento. Os óleos fúseis causam dores de cabeça associadas à ingestão de bebidas alcoólicas.

$$\text{Maltose} + H_2O \xrightarrow{\text{maltase}} 2$$

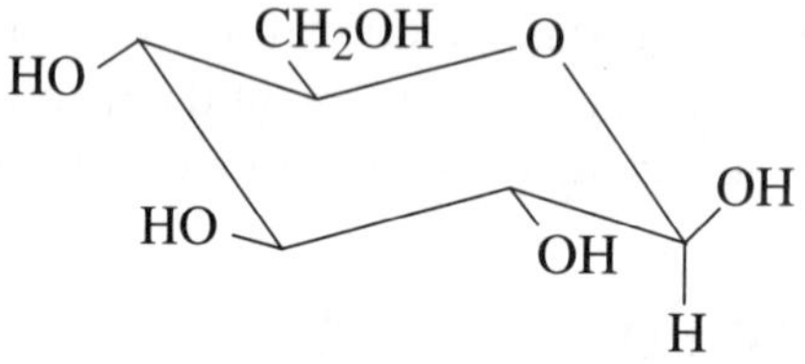

HO, CH_2OH, O, OH, HO, OH, H

B-D-(+)-Glicose
(α-D-(+)-Glicose, com um —OH axial, também é produzido.)

$$\underset{C_6H_{12}O_6}{\text{Glicose}} \xrightarrow{\text{zimase}} 2\,CO_2 + 2\,CH_3CH_2OH + 26\text{ kcal}$$

O álcool industrial é o álcool etílico utilizado para fins não relacionados à ingestão de bebidas. A maior parte do álcool comercial é desnaturada, a fim de evitar o pagamento de impostos, que é o maior custo no preço de um licor. Os desnaturantes tornam o álcool inadequado para o consumo. O metanol, combustível de avião e outras substâncias são utilizados para essa finalidade. A diferença de preço entre os álcoois taxados e os não taxados é de mais de U$ 20 por galão. Antes que eficientes processos sintéticos fossem desenvolvidos, a principal fonte de álcool industrial foi o melaço de fermentado, os resíduos não cristalizáveis do açúcar de cana refinado (sacarose). A maior parte do etanol industrial nos Estados Unidos atualmente é produzida a partir do etileno, um produto do "craqueamento" de hidrocarbonetos de petróleo. Pela reação com ácido sulfúrico concentrado, o etileno se transforma em sulfato de hidrogênio etílico, que é hidrolisado para o etanol, pela diluição com água. Os álcoois 2-propanol, 2-butanol, 2-metil-2-propanol, e os álcoois secundário e terciário superiores também são produzidos em grande escala, a partir de alcenos derivados do craqueamento.

Leveduras, bolores e bactérias são utilizados comercialmente para a produção em grande escala de vários compostos orgânicos. Um importante exemplo, além da produção do etanol, é a fermentação anaeróbica do amido por determinadas bactérias para gerar 1-butanol, acetona, etanol, dióxido de carbono e hidrogênio.

Para obter mais informações sobre a produção de etanol, veja o Ensaio 14: "Biocombustíveis". Nesse ensaio, se discute a produção de etanol por meio do milho para uso em automóveis, juntamente com a produção de etanol a partir de outras fontes, como a celulose de vegetais.

REFERÊNCIAS

Amerine, M. A. Wine. *Sci. Am.* 1964, *211* (Aug.), 46.

Hallberg, D. E. Fermentation Ethanol. *ChemTech* 1984, *14* (May), 308.

Ough, C. S. Chemicals Used in Making Wine. *Chem. Eng. News* 1987, *65* (Jan. 5), 19.

Van Koevering, T. E.; Morgan, M. D.; Younk, T. J. The Energy Relationships of Corn Production and Alcohol Fermentation. *J. Chem. Educ.* 1987, *64* (Jan.), 11.

Webb, A. D. The Science of Making Wine. *Am. Sci.* 1984, *72* (Jul.–Aug.), 360.

Alunos que queiram investigar sobre alcoolismo e possíveis explicações químicas para o vício de consumo de álcool podem consultar as seguintes referências:

Cohen, G.; Collins, M. Alkaloids from Catecholamines in Adrenal Tissue: Possible Role in Alcoholism. *Science* 1970, *167*, 1749.

Davis, V. E.; Walsh, M. J. Alcohol Addiction and Tetrahydropapaveroline. *Science* 1970, *169*, 1105.

Davis, V. E.; Walsh, M. J. Alcohols, Amines, and Alkaloids: A Possible Biochemical Basis for Alcohol Addiction. *Science* 1970, *167*, 1005.

Seevers, M. H.; Davis, V. E.; Walsh, M. J. Morphine and Ethanol Physical Dependence: A Critique of a Hypothesis. *Science* 1970, *170*, 1113.

Yamanaka, Y.; Walsh, M. J.; Davis, V. E. Salsolinol, an Alkaloid Derivative of Dopamine Formed in Vitro during Alcohol Metabolism. *Nature* 1970, *227*, 1143.

Ensaio 10

Modelagem molecular e mecânica molecular

Desde o princípio da química orgânica, em meados do século XIX, os químicos procuraram visualizar as características tridimensionais de todas as moléculas, exceto as invisíveis, que participam nas reações químicas. Foram desenvolvidos modelos concretos que podiam ser segurados nas mãos. Muitos tipos de conjuntos de modelos, como quadros, bolas e bastões, e modelos de preenchimento de espaço foram planejados para permitir que as pessoas visualizassem as relações espaciais e direcionais no interior das moléculas. Tais modelos eram interativos e podiam ser prontamente manipulados espacialmente.

Atualmente, também podemos utilizar o computador para nos ajudar a visualizar essas moléculas. As imagens por computador são também completamente interativas, permitindo rotacionar, escalonar e modificar o tipo de modelo visualizado apenas pressionando um botão ou clicando um mouse. Além disso, o computador pode rapidamente calcular muitas propriedades das moléculas que são visualizadas. A combinação de visualização e cálculo geralmente é chamada **química computacional** ou, mais coloquialmente, **modelagem molecular**.

Atualmente, dois métodos distintos de modelagem molecular são comumente utilizados pelos químicos orgânicos. O primeiro deles é a **mecânica quântica**, que envolve o cálculo de orbitais e suas energias utilizando soluções da equação de Schrödinger. O segundo método não é, de forma alguma, baseado em orbitais, mas é fundamentado em nosso conhecimento quanto à maneira como se comportam as ligações e os ângulos em uma molécula. São utilizadas as equações clássicas que descrevem o alongamento e a curvatura dos ângulos. A segunda abordagem é denominada **mecânica molecular**. Os dois tipos de cálculos são utilizados para diferentes propósitos e não calculam os mesmos tipos de propriedades moleculares. Neste ensaio, será discutida a mecânica molecular.

Mecânica molecular

A mecânica molecular (MM) foi, primeiramente, desenvolvida no início da década de 1970 por dois grupos de pesquisadores químicos: o grupo Engler, Andose e Schleyer, e o grupo Allinger. Na mecânica molecular, é definido um **campo de força** mecânico que é utilizado para calcular uma energia para a molécula em estudo. A energia calculada frequentemente é chamada **energia de deformação** ou **energia estérica** da molécula. O campo de força é formado por diversos componentes, como a energia de ligação-alongamento, energia de ângulo-curvatura e energia de ligação-torção. Uma expressão de um campo de força típico pode ser representada pela seguinte expressão composta:[1]

$$E_{\text{deformação}} = E_{\text{alongamento}} + E_{\text{ângulo}} + E_{\text{torção}} + E_{\text{oop}} + E_{\text{vdW}} + E_{\text{dipolo}}$$

Para calcular a energia de alongamento final para uma molécula, o computador modifica sistematicamente cada comprimento de ligação, ângulo de ligação e ângulo de torção na molécula, recalculando, a cada vez, a energia de deformação, mantendo cada alteração que minimiza a energia total e rejeitando os que aumentam a energia. Em outras palavras, todos os comprimentos e ângulos de ligação são modificados até que a energia da molécula seja *minimizada*.

Cada termo contido na expressão composta ($E_{\text{deformação}}$) é definido na Tabela 1. Todos esses termos se originam da física clássica, não da mecânica quântica. Não discutiremos todos os termos, mas tomaremos $E_{\text{alongamento}}$ como um exemplo ilustrativo. A mecânica clássica afirma que uma ligação se comporta como uma mola. Cada tipo de ligação em uma molécula pode ser atribuído ao comprimento da ligação normal, x_0. Se a ligação for alongada ou comprimida, sua energia potencial irá aumentar, e haverá uma força de recuperação que tenta restaurar a ligação para seu comprimento normal. De acordo com a Lei de Hooke, a força de recuperação é proporcional ao tamanho do deslocamento

$$F = -\text{k}_i\,(x_1 - x_0) \text{ ou } F = -\text{k}_i(\Delta x)$$

em que k_i é a **constante de força** da ligação que está sendo estudada (isto é, a "rigidez" da mola) e Δx é a modificação no tamanho da ligação em relação ao tamanho normal da ligação (x_0). A Tabela 1 fornece o verdadeiro termo da energia que é minimizada. Essa equação indica que todas as ligações na molécula contribuem para a deformação; trata-se de uma soma (Σ) iniciando com a primeira contribuição da ligação (n = 1) e prosseguindo através das contribuições de todas as outras ligações (n_ligações).

Os cálculos são baseados em dados empíricos. Para realizá-los, o sistema precisa ser **parametrizado** com dados experimentais. Para tal parametrização, é necessário criar uma tabela dos comprimentos

[1] É possível encontrar outros campos de força que incluem mais termos que esse e que contenham métodos de cálculo mais sofisticados que os que são mostrados aqui.

normais de ligação (x_0) e as constantes de força (k_i) para cada tipo de ligação na molécula. O programa utiliza estes parâmetros experimentais para efetuar seus cálculos. A qualidade dos resultados de qualquer abordagem da mecânica molecular depende diretamente de como a eficiência da parametrização foi realizada para cada tipo de átomo e da ligação que deve ser considerada. O procedimento de MM requer que cada um dos fatores na Tabela 1 tenha sua própria tabela de parâmetros.

Cada um dos primeiros quatro termos na Tabela 1 é tratado como uma mola, da mesma maneira que foi discutida para o alongamento da ligação. Por exemplo, um ângulo também tem uma força constante *k*, que resiste à mudança no tamanho do ângulo θ. Na verdade, nos primeiros quatro termos, a molécula é tratada como um conjunto de molas interagindo, e a energia deste conjunto de molas precisa ser minimizada. Por outro lado, os últimos dois termos são baseados em repulsões eletrostáticas ou repulsões de "coulomb". Sem descrever esses termos em detalhes, é necessário compreender que elas também devem ser minimizadas.

TABELA 1 ■ Alguns dos fatores que contribuem para um campo de força molecular

Tipo de contribuição	Ilustração	Equação típica
$E_{alongamento}$ (alongamento de ligação)	x_0	$E_{alongamento} = \sum_{i=1}^{n\_ligações} (k_i/2)(x_i - x_0)^2$
$E_{ângulo}$ (curvatura do ângulo)	θ_0	$E_{ângulo} = \sum_{j=1}^{n\_ângulos} (k_j/2)(\theta_j - \theta_0)^2$
$E_{torção}$ (torção de ligação)	θ_0	$E_{torção} = \sum_{k=1}^{n\_torções} (k_k/2)[1 + sp_k(\cos p_k\theta)]$
E_{oop} (curvatura fora do plano)	d_m	$E_{oop} = \sum_{m=1}^{n\_oops} (k_m/2)d_m^2$
E_{vdW} (repulsão de van der Waals)	R_i R_j i j r_{ij}	$E_{vdW} = \sum_{i=1}^{n\_átomos} \sum_{j=1}^{n\_átomos} (E_iE_j)^{1/2}\left[\frac{1}{a_{ij}^{12}} - \frac{2}{a_{ij}^{6}}\right]$ $a_{ij} = r_{ij}/(R_i + R_j)$
E_{dipolo} (repulsão ou atração dipolo elétrica)	δ+ r_{ij} δ+ ou δ− r_{ij} δ+	$E_{vdW} = K\sum_{i=1}^{n\_átomos} \sum_{j=i+1}^{n\_átomos} Q_iQ_j/r_{ij}^2$

Nota: Os fatores selecionados são similares aos de "campo de força tripos" utilizados no programa de modelagem molecular conhecido como Alchemy III.

Minimização e conformação

O objetivo de minimizar a energia de deformação é encontrar a menor energia de *conformação* de uma molécula. A mecânica molecular faz um bom trabalho no sentido de encontrar conformações, porque ela varia distâncias de ligação, ângulos de ligação, ângulos de torção e posições de átomos no espaço. Contudo, a maioria dos minimizadores tem algumas limitações, das quais os usuários precisam estar cientes. Muitos dos programas utilizam um procedimento de minimização que identificará um mínimo local na energia, mas, não, necessariamente, irá encontrar um mínimo global. A figura "Energia mínima global e local", que é mostrada a seguir, ilustra o problema.

Na figura, a molécula considerada tem duas conformações que representam energia mínima para a molécula. Muitos minimizadores não encontram automaticamente a menor conformação de energia, o **mínimo global**. O mínimo global será encontrado somente quando a estrutura da molécula inicial já estiver perto da conformação do mínimo global. Por exemplo, se a estrutura inicial corresponde ao ponto B na curva na figura, então, o mínimo global será encontrado. Contudo, se a molécula inicial não estiver perto do mínimo global na estrutura, um **mínimo local** (que esteja próximo) pode ser encontrado. Na figura, se a estrutura inicial corresponde ao ponto A, então, será encontrado um mínimo local, em vez de um mínimo global. Alguns dos programas mais caros sempre encontram o mínimo global, porque utilizam procedimentos de minimização mais sofisticados, que dependem de mudanças aleatórias (Monte Carlo), em vez de mudanças sequenciais. Entretanto, a menos que o programa tenha, especificamente, que lidar com esse problema, o usuário precisa ter cuidado para evitar encontrar um mínimo local falso quando se espera o mínimo global. Pode ser necessário utilizar diversas estruturas iniciais diferentes para se descobrir o mínimo global para uma determinada molécula.

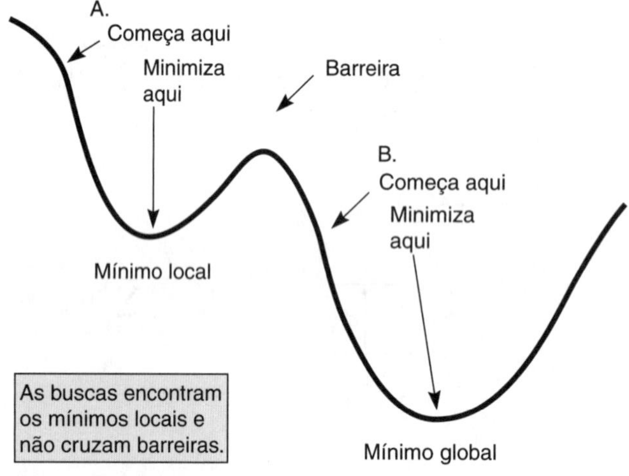

Mínimos de energia global e local

Limitações da mecânica molecular

Do que foi analisado até o momento, deve ficar óbvio que a mecânica molecular foi desenvolvida para encontrar a menor conformação de energia de uma determinada molécula ou para comparar as energias de diversas conformações da mesma molécula. A mecânica molecular calcula uma "energia de deformação", não uma energia termodinâmica, como um calor de formação.

Procedimentos baseados em mecânica quântica e em mecânica estatística são necessários para calcular energias termodinâmicas. Portanto, é muito perigoso comparar as energias de deformação de duas moléculas *diferentes*. Por exemplo, a mecânica molecular pode fazer uma boa avaliação das energias relativas de conformações do butano *anti* e *gauche*, mas não pode comparar, com sucesso, o butano e o ciclobutano. Os isômeros podem ser comparados somente se estiverem muito proximamente relacionados. Os isômeros *cis* e *trans* do 1,2-dimetilciclohexano ou do 2-buteno podem ser comparados. Todavia, não é possível comparar os isômeros 1-buteno e 2-buteno; um deles é um alceno monossubstituído, ao passo que o outro é dissubstituído.

A mecânica molecular irá realizar muito bem as seguintes tarefas:

1. Fornecerá boas estimativas para os comprimentos e ângulos de ligação reais em uma molécula.
2. Encontrará a melhor conformação para uma molécula, mas é preciso estar atento aos mínimos locais!

A mecânica molecular não irá calcular as seguintes propriedades:

1. Não calculará as propriedades termodinâmicas, como o calor de formação de uma molécula.[2]
2. Não calculará as distribuições eletrônicas, cargas eletrônicas ou momentos dipolo.
3. Não calculará os orbitais moleculares ou suas energias.
4. Não calculará os espectros de infravermelho, RMN ou ultravioleta.

Atuais implementações

Com o tempo, a versão da mecânica molecular que se tornou mais popular foi aquela desenvolvida por Norman Allinger e seu grupo de pesquisas. O programa original desse grupo foi denominado MM1. O programa tem passado por constantes revisões e aperfeiçoamentos, e as atuais versões de Allinger são designadas como MM2 e MM3. Contudo, muitas outras versões da mecânica molecular, hoje em dia, estão disponíveis por meio de fontes particulares e comerciais. Alguns programas comerciais populares que atualmente incorporam seus próprios campos de força e parâmetros incluem Alchemy III, Alchemy 2000, CAChe, Personal CAChe, HyperChem, Insight II, PC Model, MacroModel, Spartan, PC Spartan, MacSpartan e Sybyl. Entretanto, perceba que muitos programas de modelagem não têm mecânica molecular nem minimização. Esses programes irão "limpar" uma estrutura que você cria na tentativa de tornar "perfeito" cada comprimento e ângulo de ligação. Com esses programas, cada carbono sp^3 terá ângulos de 109°, e cada carbono sp^2 terá ângulos de 120° perfeitos. Utilizar um desses programas equivale a utilizar um modelo padrão que tem conectores e ligações com ângulos e comprimentos perfeitos. Se você pretende encontrar uma conformação de molécula que seja preferida, certifique-se de utilizar um programa que tem um campo de força e de efetuar um verdadeiro procedimento de minimização. Lembre-se também de que talvez seja necessário controlar a geometria da estrutura inicial, a fim de encontrar o resultado correto.

REFERÊNCIAS

Casanova, J. Computador-Based Modelagem molecular in the Curriculum. Computador Series 155. *J. Chem. Educ.* 1993, *70* (Nov.), 904.

Clark, T. *A Handbook of Computational Chemistry – A Practical Guide to Chemical Structure and Energy Calculations;* John Wiley & Sons: New York, 1985.

Lipkowitz, K. B. Modelagem molecular in Organic Chemistry – Correlating Odors with Molecular Structure. *J. Chem. Educ.* 1989, *66* (Apr), 275.

Tripos Associates. *Alchemy III – User's Guide;* Tripos Associates: St. Louis, 1992.

Ulrich, B.; Allinger, N. L. *Mecânica molecular, ACS Monograph 177;* American Chemical

[2] Algumas das mais recentes versões, atualmente, são parametrizadas para fornecer os calores de formação.

Ensaio 11

Química computacional – métodos ab initio e semiempíricos

No Ensaio 10: "Modelagem molecular e mecânica molecular", foi discutida a aplicação da **mecânica molecular** para solucionar problemas químicos. A mecânica molecular é muito boa em fornecer estimativas dos comprimentos e ângulos de ligação em uma molécula, e também possibilita encontrar a melhor geometria ou conformação de uma molécula. Contudo, ela requer a aplicação da **mecânica quântica** para encontrar boas estimativas das propriedades termodinâmicas, espectroscópicas e eletrônicas de uma molécula. Neste ensaio, discutiremos a aplicação da mecânica quântica a moléculas orgânicas.

Os programas de mecânica quântica para computador podem calcular calores de formação e os estados das energias de transição. Os formatos dos orbitais podem ser exibidos em três dimensões. É possível mapear propriedades importantes na superfície de uma molécula. Com esses programas, o químico é capaz de visualizar conceitos e propriedades de uma maneira que a mente não poderia imaginar facilmente. Em geral, essa visualização é a chave para compreender ou solucionar um problema.

Introdução a termos e métodos

Para resolver a questão da estrutura e energia eletrônica de uma molécula, a mecânica quântica exige que seja formulada uma função de onda Ψ (psi) que descreve a distribuição de todos os elétrons dentro do sistema. Considera-se que os núcleos têm movimentos relativamente pequenos e que, essencialmente, são fixos em suas posições de equilíbrio (aproximação de Born–Oppenheimer). A energia média do sistema é calculada utilizando as equações de Schrödinger, como

$$E = \int \Psi^* \mathrm{H} \Psi d\tau / \int \Psi^* \Psi d\tau$$

em que H, o operador hamiltoniano, é uma função com vários termos, que avalia todas as contribuições de energia potencial (repulsões entre elétrons e atrações entre núcleo e elétrons) e os termos de energia cinética para cada elétron no sistema.

Uma vez que nunca é possível conhecer a verdadeira função de onda Ψ para a molécula, é preciso adivinhar a natureza desta função. De acordo com o **Princípio da Variação**, uma ideia fundamental na mecânica quântica, podemos continuar adivinhando essa função para sempre e nunca definir a verdadeira energia do sistema, que sempre será menor que nosso melhor palpite. Por causa do Princípio da Variação, é possível formular uma função de onda aproximada e, então, variar consistentemente, até minimizar a energia do sistema (conforme foi calculado utilizando a equação de Schrödinger). Quando atingimos o mínimo variacional, e função de onda resultante, em geral, é uma boa aproximação do sistema que estamos estudando. Naturalmente, você não pode apenas dar um palpite qualquer e obter bons resultados. Os químicos teóricos levaram poucos anos para aprender a formular funções de onda e operadores hamiltonianos que geram resultados que concordam muito proximamente com os dados experimentais. Contudo, atualmente, a maior parte dos métodos para a realização desses cálculos já foi estabelecida, e os químicos computacionais projetaram programas de computador fáceis de utilizar, que podem ser usados por qualquer químico para calcular funções de onda moleculares.

Os cálculos de mecânica quântica molecular podem ser divididos em duas classes: *ab initio* (que no latim significa "desde o princípio" ou "dos primeiros princípios") e *semiempíricos*.

1. Os **cálculos *ab initio*** utilizam o operador hamiltoniano totalmente correto, e tentam uma solução completa sem utilizar quaisquer parâmetros experimentais.
2. **Os cálculos semiempíricos** geralmente utilizam um operador hamiltoniano simplificado e incorporam dados experimentais ou um conjunto de parâmetros que pode ser ajustado para se adequar aos dados experimentais.

Os cálculos *ab initio* requerem muito tempo e memória no computador, porque cada termo nos cálculos é avaliado explicitamente. Cálculos semiempíricos exigem menos recursos do computador, permitindo que os cálculos sejam concluídos em menos tempo e tornando possível tratar moléculas maiores. Em geral os químicos utilizam métodos semiempíricos sempre que possível, mas é útil compreender os dois métodos ao resolver um problema.

Resolvendo a equação de Schrödinger

O operador hamiltoniano. Atualmente, a forma exata do operador hamiltoniano, que é um conjunto de termos de energia potencial (termos de atração e repulsão eletrostática) e termos de energia cinética, é padronizada e não deve nos preocupar agora. Porém, todos os programas requerem as **coordenadas cartesianas** (localizações no espaço tridimensional) de todos os átomos e uma **matriz de conectividade** que especifica que átomos estão ligados e como isso ocorre (ligação simples, dupla, tripla, H e assim por diante). Em programas modernos, o usuário desenha ou constrói a molécula na mesma tela de computador, e o programa automaticamente constrói as matrizes de coordenadas atômicas e de conectividade.

A função de onda. Não é necessário que o usuário construa ou adivinhe uma função de onda experimental – o programa irá fazer isso. Todavia, é importante entender como as funções de ondas são formuladas, porque o usuário frequentemente tem uma escolha de métodos. A função de onda molecular completa é composta de um determinante de orbitais moleculares:

$$\Psi = \begin{vmatrix} \phi_1(1) & \phi_2(1) & \phi_3(1) & \ldots\ldots\ \phi_n(1) \\ \phi_1(2) & \phi_2(2) & \phi_3(2) & \ldots\ldots\ \phi_n(2) \\ \phi_1(\mathrm{n}) & \phi_2(\mathrm{n}) & \phi_3(\mathrm{n}) & \ldots\ldots\ \phi_n(\mathrm{n}) \end{vmatrix}$$

Os orbitais moleculares $\phi_i(n)$ devem ser formulados por meio de algum tipo de função matemática. Em geral, eles são compostos de uma **combinação linear de orbitais atômicos** χ_j (CLOA) de cada um dos átomos que compõem a molécula.

$$\phi_i(n) = \Sigma_j\, c_{ji}\, \chi_j = c_1\, \chi_1 + c_2\, \chi_2 + c_3\, \chi_3 \ldots$$

Essa combinação inclui todos os orbitais no *núcleo* e na *camada de valência* de cada átomo na molécula. O conjunto completo de orbitais χ_j é chamado de **conjunto-base** para o cálculo. Quando o cálculo *ab initio* é realizado, a maioria dos programas requer que o usuário escolha o conjunto-base.

Orbitais do conjunto-base

Deve ser aparente que o conjunto-base mais óbvio a ser utilizado para um cálculo *ab initio* é o conjunto de orbitais atômicos 1*s*, 2*s*, 2*p* como os do hidrogênio, e assim por diante, com os quais estamos familiarizados por meio da teoria da estrutura e da ligação atômica. Infelizmente, esses orbitais "reais" apresentam dificuldades computacionais porque têm nós radiais quando estão associados com as camadas superiores de um átomo. Como resultado, um conjunto de funções mais conveniente foi elaborado por Slater. Os **orbitais de Slater (STOs)** diferem dos orbitais como os do hidrogênio, no sentido de que eles não têm nós radiais, mas apresentam os mesmos termos angulares e o mesmo formato geral. E o mais importante, proporcionam bons resultados (que estão de acordo com os dados experimentais) quando utilizados em cálculos semiempíricos e *ab initio*.

Orbitais de Slater. O termo radial de um STO é uma função exponencial com a forma $R_n = r^{(n-1)} e^{[-(Z-s)r/n]}$, em que Z é a carga nuclear do átomo e *s* é uma "constante de triagem" que reduz a carga nuclear Z que é "vista" por um elétron. Slater formulou um conjunto de regras para determinar os valores de *s* que são exigidos para produzir orbitais que concordam em formato com os orbitais costumeiros, como os do hidrogênio.

Expansão e contração radial. Um problema com STOs simples é que eles não têm a capacidade de variar seu tamanho radial. Atualmente, é comum utilizar dois ou mais STOs mais simples, de modo que a expansão e contração dos orbitais podem ocorrer durante o cálculo. Por exemplo, se considerarmos duas funções, como $R(r) = r\, e^{(-\zeta r)}$ com diferentes valores de ζ, o valor maior de ζ fornece um orbital mais contraído em torno do núcleo (um STO interno), e o valor menor de ζ resulta em um orbital expandido para fora do núcleo (um STO externo). Utilizando essas duas funções em diferentes combinações pode ser gerado um STO de qualquer tamanho.

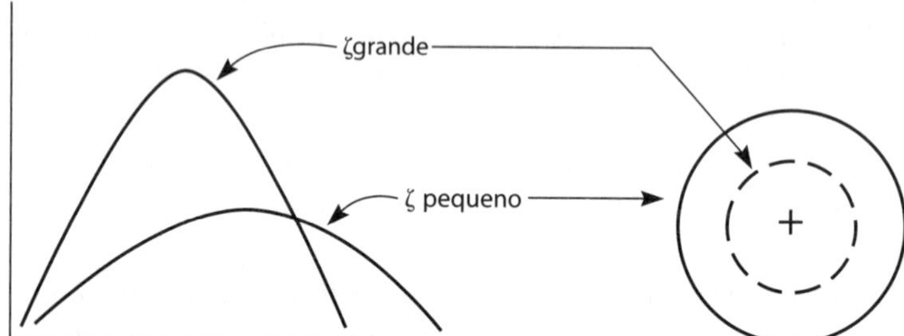

Variação do tamanho radial de um STO com o valor do expoente ζ (zeta).

Orbitais de Gaussian. Os orbitais de Slater originais terminaram sendo abandonados e, então, passaram a ser utilizados STOs *simulados*, construídos a partir de funções de Gaussian. O conjunto-base mais comum desse tipo é o **conjunto-base STO-3G**, que utiliza três funções gaussianas (3G) para simular cada orbital com um elétron. Uma função gaussiana é do tipo $R(r) = re^{(-\alpha r^2)}$.

No conjunto-base STO-3G, os coeficientes das funções gaussianas são selecionados para proporcionar o melhor ajuste aos orbitais de Slater correspondentes. Nessa formulação, por exemplo, um elétron no hidrogênio é representado por um STO simples (um orbital do tipo 1*s*) que é simulado por uma combinação de três funções gaussianas. Um elétron em qualquer elemento do 2° período (do Li ao Ne) será representado por cinco STOs (1*s*, 2*s*, $2p_x$, $2p_y$, $2p_z$), cada um deles, simulado por três funções gaussianas. Cada elétron em uma determinada molécula terá seu próprio STO. (A molécula é literalmente construída por uma série de orbitais com um elétron. Uma função spin também é incluída, de modo que nenhum dos dois orbitais com um elétron seja exatamente o mesmo.)

Conjuntos-base com valência dividida. Adiantando na evolução, atualmente, se tornou comum abandonar tentativas de simular orbitais como do hidrogênio, com STOs. Em vez disso, uma combinação otimizada das funções gaussianas propriamente ditas foi utilizada para o conjunto-base. O conjunto-base 3-21G substituiu, em grande parte, o conjunto-base STO-3G para todas as moléculas, exceto as maiores. O simbolismo 3-21G significa que três funções gaussianas são utilizadas para a função de onda de cada elétron central, mas as funções de onda dos elétrons de valência são "divididas" na proporção de dois para um (21) entre funções gaussianas mais internas e mais externas, permitindo à camada de valência expandir ou contrair em seu tamanho.

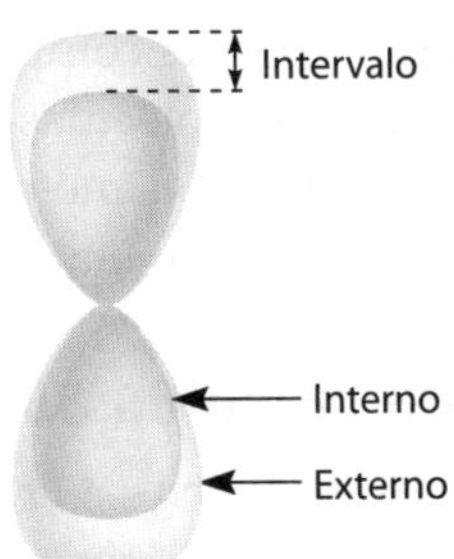

Orbitais com valência dividida.

Um conjunto-base maior (e que requer maior tempo de cálculo) é o 6-31G, que utiliza seis gaussianos "primitivos" e uma divisão de três para um nos orbitais da camada de valência.

Conjuntos-base de polarização. Os conjuntos-base 3-21G e 6-31G podem ser expandidos para 3-21G* e 6-31G*. O asterisco (*) indica que esses são **conjuntos de polarização**, nos quais está incluído o próximo tipo de orbital mais elevado (por exemplo, um orbital *p* pode ser polarizado pela adição de uma função de orbital *d*). A polarização possibilita a deformação do orbital em direção à ligação de um lado do átomo.

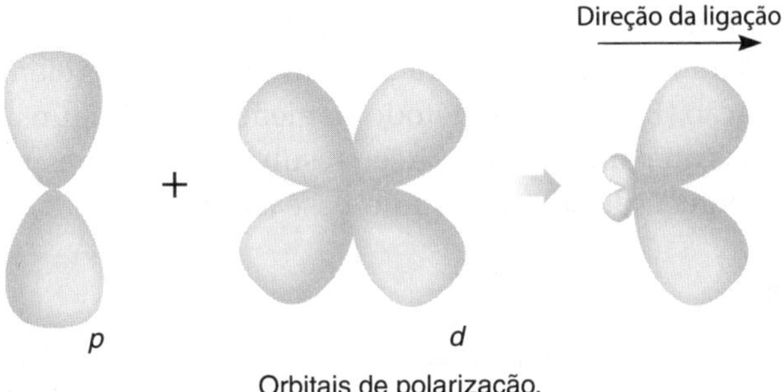

Orbitais de polarização.

O maior conjunto-base atualmente em uso é o 6-311G*. Por ser intensivo, em termos computacionais, é utilizado somente para **cálculos de ponto único** (um cálculo em uma geometria fixa – não é realizada minimização). Outros conjuntos-base incluem o 6-31G** (que apresenta seis orbitais *d* por átomo, em vez dos cinco, que são comuns) e os conjuntos 6-31+ G* ou 6-31++ G*, incluindo funções *s* (elétrons a uma maior distância do núcleo) para lidar melhor com ânions.

Métodos semiempíricos

Seria totalmente impossível apresentar uma visão geral breve e completa dos vários métodos semiempíricos que evoluíram com o passar do tempo. É preciso realmente se aprofundar em detalhes matemáticos do método para entender que aproximações foram feitas em cada caso e que tipos de dados empíricos foram incluídos. Em muitos desses métodos, é comum omitir integrais que se espera que tenham (seja em função da experiência ou por razões teóricas) valores insignificantes. Determinadas integrais são armazenadas em uma tabela e não são calculadas a cada vez que o programa é aplicado. Por exemplo, frequentemente, é utilizada a **aproximação de núcleo congelado**. Essa aproximação considera que as *camadas completas* do átomo não diferem de um átomo para outro no mesmo período. Todos os cálculos centrais são armazenados em uma tabela, e basta procurar por eles quando necessário. Isso torna a computação muito mais fácil de ser realizada.

Um dos métodos semiempíricos mais populares atualmente em uso é denominado AM-1. Os parâmetros nesse método funcionam especialmente bem para moléculas orgânicas. Na verdade, sempre que possível, você deve tentar resolver seu problema utilizando um método semiempírico, como o AM-1, antes de recorrer a um cálculo *ab initio*. Também são populares os métodos MINDO/3 e MNDO, que geralmente são encontrados juntos em um pacote computacional denominado MOPAC. Se estiver realizando cálculos semiempíricos com base em moléculas orgânicas, certifique-se de que o método utilizado seja otimizado para metais de transição. Dois métodos populares, empregados por químicos, utilizando química inorgânica, que querem envolver metais em seus cálculos são PM-3 e ZINDO.

Escolha de um conjunto-base para cálculos *ab initio*

Ao realizar um cálculo *ab initio*, nem sempre é fácil saber qual conjunto-base utilizar. Normalmente, não se deve utilizar maior complexidade que o necessário para responder à sua pergunta ou resolver o problema. Na realidade, você pode querer determinar a geometria aproximada da molécula utilizando *mecânica molecular*. Muitos programas permitirão usar o resultado de uma **otimização de energia** por mecânica molecular, como um ponto de partida para um cálculo *ab initio*. Se possível, faça isso, a fim de poupar tempo de trabalho no computador.

Em geral, o 3-21G é um bom ponto de partida para um cálculo *ab initio*, mas se a molécula for muito grande, talvez, você prefira utilizar o STO-3G, que é um conjunto-base mais simples. Evite fazer otimizações de geometria com os conjuntos-base maiores. Frequentemente, é possível a otimização de geometria primeiramente, com o 3-21G (ou um método semiempírico) e, então, aprimorar o resultado com um cálculo de **energia de ponto único** utilizando um conjunto-base maior, tal como 6-31G. Você precisa "subir a escada": de AM1 para STO-3G para 3-21G para 6-31G e assim por diante. Em geral, se você não perceber qualquer mudança nos resultados à medida que avançar para conjuntos-base sucessivamente mais complexos, não vale a pena continuar. Se forem incluídos elementos além do 2° período, utilize conjuntos de polarização (PM3 para o método semiempírico). Alguns programas têm conjuntos especiais para cátions e ânions ou para radicais. Se seu resultado não corresponder aos resultados experimentais, talvez, você não tenha utilizado o conjunto-base correto.

Calores de formação

Na termodinâmica clássica, o **calor de formação**, ΔH_f, é definido como a energia consumida (reação endotérmica) ou liberada (reação exotérmica) quando uma molécula é formada a partir de seus elementos, em condições padrão de pressão e temperatura. Os elementos são considerados como estando em seus estados padrão.

$$2\,\text{C (grafite)} + 3\,\text{H}_2\,(\text{g}) \rightarrow \text{C}_2\text{H}_6\,(\text{g}) + \Delta H_f \qquad (25\ °\text{C})$$

Os programas *ab initio* e semiempíricos calculam a energia de uma molécula como seu "calor de formação". Esse calor de formação, contudo não é idêntico ao da função termodinâmica, e nem sempre é possível fazer comparações diretas.

Os calores de formação em cálculos semiempíricos geralmente são calculados em kcal mol^{-1} (1 kcal = 4,18 kJ) e são similares, mas não idênticos, à função termodinâmica. Os métodos AM1, PM3 e MNDO são parametrizados ajustando-os a um conjunto de entalpias experimentalmente determinadas. Elas são calculadas por meio da energia de ligação do sistema. A **energia de ligação** é a energia liberada quando moléculas são formadas a partir de seus elétrons e núcleos separados. O calor de formação semiempírico é calculado subtraindo-se calores de formação atômicos da energia de ligação. Para a maioria das moléculas orgânicas, AM1 irá calcular corretamente o calor de formação dentro de algumas quilocalorias por mol.

Nos cálculos *ab initio*, o calor de formação é dado em **hartrees** (1 hartree = 62715 kcal mol^{-1} = 2625 $kJmol^{-1}$). No cálculo *ab initio*, o calor de formação é melhor definido como energia total. Assim como a energia de ligação, a **energia total** é a energia liberada quando moléculas são formadas a partir de seus elétrons e núcleos separados. Esse "calor de formação" sempre tem um grande valor negativo e não se relaciona bem à função termodinâmica.

Apesar de esses valores não estarem diretamente relacionados aos valores termodinâmicos, eles podem ser utilizados para comparar as energias de isômeros (moléculas com a mesma fórmula), como *cis-* e *trans*-2-buteno, ou de tautômeros, como acetona em suas formas enol e ceto.

$$\Delta E = \Delta H_f\,(\text{isômero 2}) - \Delta H_f\,(\text{isômero 1})$$

Também é possível comparar as energias de equações químicas balanceadas subtraindo-se as energias dos produtos a partir dos reagentes.

$$\Delta E = [\Delta H_f(\text{produto 1}) + \Delta H_f(\text{produto 2})] - [\Delta H_f(\text{reagente 1}) + \Delta H_f(\text{reagente 2})]$$

Modelos gráficos e visualização

Embora a solução da equação de Schrödinger minimize a *energia* do sistema e forneça um calor de formação, ela também calcula os formatos e energias de todos os orbitais moleculares no sistema. Uma grande vantagem dos cálculos semiempíricos *ab initio*, portanto, é a capacidade de determinar as energias dos orbitais moleculares individuais e representar em gráfico seus formatos em três dimensões. Para os químicos que investigam reações químicas, dois orbitais moleculares são de interesse primordial: HOMO e LUMO.

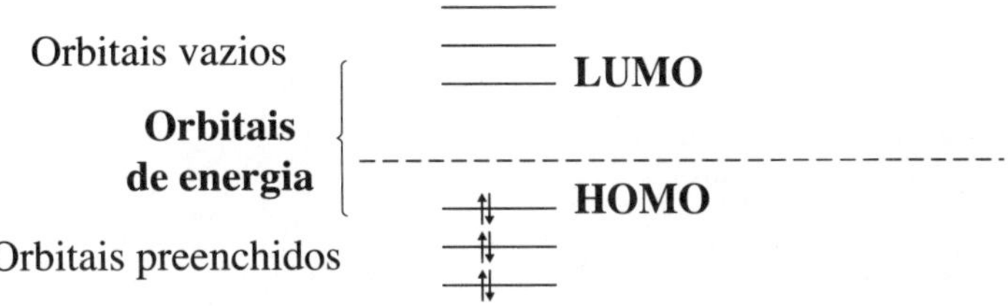

O **HOMO**, o orbital molecular ocupado de mais alta energia, é o último orbital em uma molécula a ser preenchido com elétrons. O **LUMO**, orbital molecular ocupado de mais baixa energia, é o primeiro orbital vazio em uma molécula. Esses dois orbitais geralmente são chamados **orbitais de energia**.

Os orbitais de energia são similares à camada de valência da molécula. Eles estão onde a maioria das reações químicas ocorre. Por exemplo, se um reagente estiver para reagir com uma base de Lewis, o par de elétrons da base deve ser colocado em um orbital vazio da molécula receptora. O orbital mais disponível é o LUMO. Examinando a estrutura do LUMO, é possível determinar o ponto mais provável onde a adição irá ocorrer – geralmente, o átomo onde o LUMO tem seu maior lobo. Reciprocamente, se um ácido de Lewis atacar uma molécula, ela se ligará a elétrons que já existem na molécula sob o ataque. O ponto mais provável para esse ataque será o átomo onde o HOMO tem seu maior lobo (a densidade do elétron deverá ser maior naquele local). Quando não for óbvio qual molécula é a doadora do par de elétrons, o HOMO que tiver o orbital com maior energia, em geral, será o doador do par de elétrons, colocando elétrons no LUMO da outra molécula. Os orbitais de energia, HOMO e LUMO, são onde ocorrem a maior parte das reações químicas.

A. LUMO :Nu

NUCLEÓFILO
Coloca elétrons em LUMO

B. HOMO E^+

ELETRÓFILO
Recebe elétrons de HOMO

C. HOMO LUMO

HOMO
Doa elétrons para LUMO

Superfícies

Os químicos utilizam muitos tipos de modelos que podem ser segurados na mão para visualizar moléculas. Um modelo em formato de quadro representa melhor os ângulos, comprimentos e direções das ligações. O tamanho e formato de uma molécula, provavelmente, são mais bem representados por um modelo de preenchimento de espaço. Em mecânica quântica, um modelo similar ao modelo de preenchimento de espaço pode ser gerado demonstrando em gráfico uma superfície que representa todos os pontos em que a densidade do elétron da função de onda da molécula tem um valor constante. Se esse valor for escolhido corretamente, a superfície resultante lembrará a superfície de um modelo de preenchimento de espaço. Esse tipo de superfície é chamado **superfície de densidade eletrônica**. A superfície de densidade eletrônica é útil para visualizar o tamanho e o formato da molécula, mas não revela a posição dos núcleos, os tamanhos de ligação ou ângulos, porque não se pode ver dentro da superfície. O valor de densidade eletrônica, utilizado para definir essa superfície será muito baixo porque a densidade eletrônica cai com o aumento da distância do núcleo. Se você escolher um valor superior de densidade eletrônica, quando representar em gráfico a superfície, uma **superfície de densidade da ligação** será obtida. Essa superfície não dará uma ideia do tamanho ou formato da molécula, mas irá revelar onde as ligações estão localizadas, porque a densidade eletrônica será maior onde a ligação estiver ocorrendo.

Ciclopentano

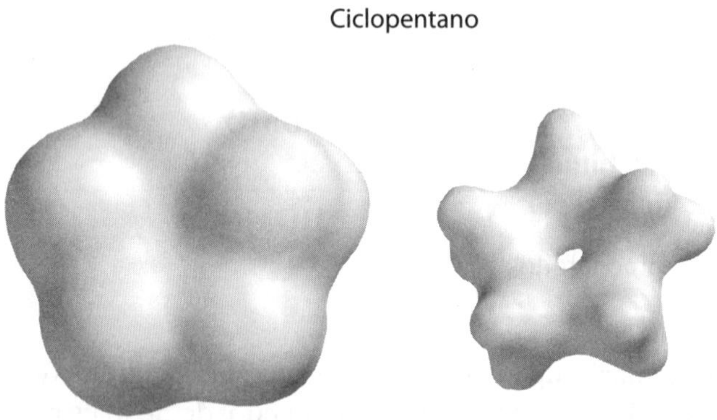

A. Superfície de densidade eletrônica B. Superfície de densidade da ligação

Mapeamento de propriedades em uma superfície de densidade

Também é possível mapear uma propriedade calculada em uma superfície de densidade eletrônica. Como todas as três coordenadas cartesianas são utilizadas para definir os pontos na superfície, a propriedade precisa ser mapeada em cores, com as cores do espectro vermelho–laranja–amarelo–verde–azul, representando um intervalo de valores. Na verdade, esse é um gráfico tetradimensional (x, y, z, + propriedade mapeada). Um dos mais comuns entre os gráficos desse tipo é o gráfico **potencial eletrostático de densidade**, ou **densidade de potencial eletrostático**. O potencial eletrostático é determinado colocando-se uma unidade de carga positiva em cada ponto na superfície e medindo a energia de interação desta carga com os núcleos e elétrons na molécula. Dependendo da magnitude da interação, esse ponto na superfície é pintado com uma das cores do espectro. No programa Spartan, as áreas de alta densidade eletrônica são pintadas de vermelho ou laranja, e as áreas de menor densidade eletrônica são representadas em azul ou vermelho. Ao ver um gráfico como esse, a polaridade da molécula se torna imediatamente aparente.

O segundo tipo comum de mapeamento representa valores de um dos orbitais de energia (o HOMO ou o LUMO) em cores, na superfície de densidade. Os valores em cores, aqui representados, correspondem ao valor do orbital onde ele intersepta a superfície. Para um gráfico densidade–LUMO, por exemplo, o "ponto crucial" será onde o LUMO tem seu maior lobo. Uma vez que o LUMO está vazio, esta seria uma área de cor azul-clara. Em um gráfico densidade–HOMO, uma área vermelho-clara seria o "ponto crucial".

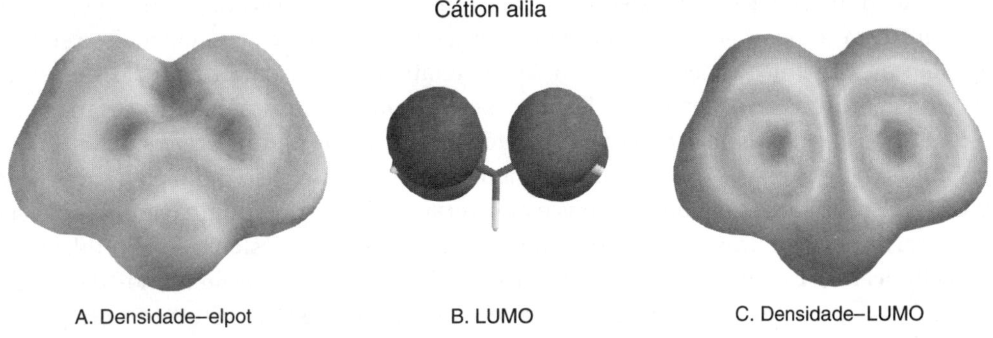

REFERÊNCIAS

INTRODUTÓRIO

Hehre, W. J.; Burke, L. D.; Shusterman, A. J.; Pietro, W. J. *Experiments in Computational Organic Chemistry;* Wavefunction Inc.: Irvine, CA, 1993.

Hehre, W. J.; Shusterman, A. J.; Nelson, J. E. *The Molecular Modeling Workbook for Organic Chemistry;* Wavefunction, Inc.: Irvine, CA 1998.

Hypercube, Inc. *HyperChem Computational Chemistry;* HyperCube, Inc.: Waterloo, Ontario, Canada, 1996.

Shusterman, G. P.; Shusterman, A. J. Teaching Chemistry with Electron Density Models. *J. Chem. Educ.* 1997, *74* (Jul.), 771.

Wavefunction, Inc. *PC-Spartan—Tutorial and User's Guide;* Wavefunction, Inc.: Irvine, CA, 1996.

AVANÇADO

Clark, T. *Computational Chemistry;* Wiley-Interscience: New York, 1985.

Fleming, I. *Energy orbitals and Organic Chemical Reactions;* John Wiley & Sons: New York, 1976.

Fukui, K. *Accounts Chem. Res.* 1971, *4*, 57.

Hehre, W. J.; Random, L.; Schleyer, P. v. R.; Pople, J. A. *Ab Initio Molecular Orbital Theory;* Wiley--Interscience: New York, 1986.

Woodward, R. B.; Hoffmann, R. *Accounts Chem. Res.* 1968, *1*, 17.

Woodward, R. B.; Hoffmann, R. *The Conservation of Orbital Symmetry;* Verlag Chemie: Weinheim, 1970.

Ensaio 12

Gorduras e óleos

Na dieta humana normal, cerca de 25% a 50% da ingestão calórica consiste em gorduras e óleos. Essas substâncias são a forma mais concentrada de energia alimentar em nossa dieta. Quando metabolizadas, as gorduras produzem aproximadamente 9,5 kcal de energia por grama. Carbo-hidratos e proteínas produzem menos da metade dessa quantidade. Por essa razão, os animais tendem a criar depósitos de gordura como uma fonte-reserva de energia. Naturalmente, eles fazem isso somente quando sua ingestão de alimentos excede suas exigências relativas à energia. Em épocas de fome, o corpo metaboliza essas gorduras armazenadas. Mesmo assim, algumas gorduras são necessárias aos animais para o isolamento corporal e como uma capa protetora em torno de alguns órgãos vitais.

A constituição de gorduras e óleos foi investigada, primeiramente, pelo químico francês Chevreul, de 1810 a 1820. Ele descobriu que quando gorduras e óleos eram hidrolisados, originavam-se diversos "ácidos graxos" e glicerol álcool tri-hidroxílico. Desse modo, gorduras e óleos são **ésteres** de glicerol, chamados **glicerídeos** ou **acilgliceróis**. Como o glicerol tem três grupos hidroxila, é possível ter mono-, di- e triglicerídeos. Gorduras e óleos são, predominantemente, triglicerídeos (triacilgliceróis), constituídos da seguinte maneira:

$$\begin{array}{lcl}
R_1-\overset{\overset{O}{\|}}{C}-OH \quad H-O-CH_2 & & R_1-\overset{\overset{O}{\|}}{C}-O-CH_2 \\
R_2-\overset{\overset{O}{\|}}{C}-OH \quad H-O-CH & \longrightarrow & R_2-\overset{\overset{O}{\|}}{C}-O-CH \\
R_3-\overset{\overset{O}{\|}}{C}-OH \quad H-O-CH_2 & & R_3-\overset{\overset{O}{\|}}{C}-O-CH_2 \\
\textbf{3 ácidos graxos + glicerol} & = & \textbf{triglicerídeo A}
\end{array}$$

TABELA 1 ■ Ácidos graxos comuns

Ácidos C_{12}	Láuricos	$CH_3(CH_2)_{10}COOH$
Ácidos C_{14}	Mirísticos	$CH_3(CH_2)_{12}COOH$
Ácidos C_{16}	Palmíticos	$CH_3(CH_2)_{14}COOH$
	Palmitoleico	$CH_3(CH_2)_5CH{=}CH\text{-}CH_2(CH_2)_6COOH$
Ácidos C_{18}	Esteáricos	$CH_3(CH_2)_{16}COOH$
	Oleicos	$CH_3(CH_2)_7CH{=}CH\text{-}CH_2(CH2)_6COOH$
	Linoleico	$CH_3(CH_2)_4(CH{=}CH\text{-}CH_2)_2(CH_2)_6COOH$
	Linolênico	$CH_3CH_2(CH{=}CH\text{-}CH_2)_3(CH_2)_6COOH$
	Ricinoleico	$CH_3(CH_2)_5CH(OH){=}CH(CH_2)_7COOH$

Desse modo, a maioria dos óleos e gorduras consiste em ésteres de glicerol, e suas diferenças resultam das diferenças nos ácidos graxos com os quais o glicerol pode ser combinado. Os ácidos graxos mais comuns têm 12, 14, 16 ou 18 carbonos, embora ácidos com menor ou maior número de carbonos sejam encontrados em diversos óleos e gorduras. Os ácidos graxos comuns estão relacionados na Tabela 1, com suas estruturas. Como se pode ver, são ácidos saturados e insaturados. Os saturados tendem a ser sólidos, ao passo que os ácidos insaturados geralmente são líquidos. Essa circunstância também se expande aos óleos e gorduras. As gorduras são compostas de ácidos graxos que são mais saturados, enquanto os óleos são principalmente compostos de porções de ácidos graxos que têm maior número de ligações duplas. Em outras palavras, a insaturação diminui o ponto de fusão. As gorduras (sólidas) geralmente são obtidas de fontes animais, ao passo que os óleos (líquidos) são comumente obtidos de fontes vegetais. Portanto, os óleos vegetais normalmente apresentam um maior grau de insaturação.

Aproximadamente de 20 a 30 ácidos graxos são encontrados em gorduras e óleos, não é incomum que um determinado óleo ou gordura seja composto de 10 a 12 (ou mais) ácidos graxos. Em geral, são ácidos graxos distribuídos aleatoriamente entre as moléculas de triglicerídeos, e o químico não pode identificar nada além de uma composição média para um determinado óleo ou gordura. A composição média de ácido graxo de alguns óleos e gorduras selecionados é dada na Tabela 2. Conforme indicado, todos os valores na tabela podem variar em porcentagem, dependendo, por exemplo, da região em que a planta foi cultivada ou da dieta específica com que o animal subsiste. Assim, talvez exista uma base para a afirmação de que a carne de porco ou de gado alimentados com milho tenha um gosto melhor que a de animais mantidos com outras dietas.

Óleos e gorduras vegetais geralmente são encontrados em frutas e sementes, e obtidos por meio de três principais métodos. No primeiro método, de **prensagem a frio,** a parte apropriada da planta seca é prensada em uma prensa hidráulica para extrair o óleo. O segundo método é a **prensagem a quente**, que é igual ao primeiro método, mas é efetuado a uma temperatura maior. Dos dois métodos, a prensagem a frio, em geral, proporciona um produto de melhor qualidade (mais suave); o método de prensagem a quente possibilita um maior rendimento, mas com componentes mais indesejáveis (com odor e sabor mais forte). O terceiro método é o de **extração de solventes**. Dos três métodos, a extração de solventes possibilita a maior obtenção e, atualmente, pode ser regulado para obter óleos comestíveis suaves, de alta qualidade.

Gorduras de origem animal geralmente são obtidas por **derretimento**, o que envolve o cozimento da gordura para que saia do tecido, aquecendo-o a uma temperatura elevada. Um método alternativo envolve colocar o tecido adiposo em água fervendo. A gordura flutua na superfície, e assim pode ser facilmente retirada. As gorduras de origem animal mais comuns, como banha (de porco) e sebo (de gado), podem ser preparadas por qualquer um desses métodos.

Muitos óleos e gorduras de triglicerídeos são utilizados para cozinhar, por exemplo, para fritar carnes e outros alimentos, e fazer recheios de sanduíches. Quase todos os óleos e gorduras para uso comercial em cozinhas, exceto a banha, são preparados a partir de fontes vegetais. Os óleos vegetais são líquidos, à temperatura ambiente. Se as ligações duplas em um óleo vegetal forem hidrogenadas, o produto resultante se torna sólido. Na fabricação de gorduras de cozinha comerciais (Crisco, Spry, Fluffo etc.), os fabricantes hidrogenam um óleo vegetal líquido até que seja obtido o grau de consistência desejado. Isso resulta em um produto que ainda tem um elevado grau de insaturação (ligações duplas). A mesma técnica é utilizada para a margarina. A margarina de óleo "poli-insaturado" é produzida pela hidrogenação parcial de óleos de fontes como milho, caroço de algodão, amendoim e soja. O produto final tem um corante amarelo (β-caroteno) adicionado para fazê-lo se parecer com manteiga; leite, cerca de 15% por volume, é misturado para formar a emulsão final. Comumente, as vitaminas A e D também são adicionadas. Como o produto final é insípido (experimente Crisco), em geral, são acrescentados sal, acetoína e biacetil. Os dois últimos aditivos imitam o sabor característico da manteiga.

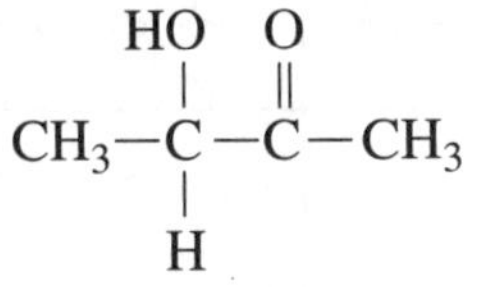

$$CH_3-\underset{\displaystyle H}{\overset{\displaystyle HO}{C}}-\overset{\displaystyle O}{\overset{\|}{C}}-CH_3 \qquad\qquad CH_3-\overset{\displaystyle O}{\overset{\|}{C}}-\overset{\displaystyle O}{\overset{\|}{C}}-CH_3$$

Acetoína 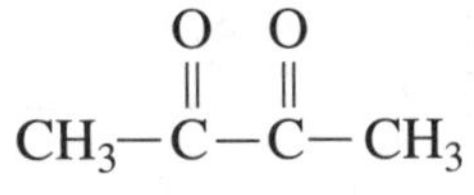 **Biacetil**

Muitos fabricantes de margarina afirmam que ela é mais benéfica à saúde porque tem "muitos poli-insaturados". As gorduras de origem animal têm pouco conteúdo de ácido graxo insaturado e geralmente são excluídas das dietas de pessoas que têm elevados níveis de colesterol. Essas pessoas têm dificuldade em metabolizar corretamente gorduras saturadas e, portanto, devem evitá-las porque incentivam a formação de depósitos de colesterol nas artérias. Em última análise, leva à pressão sanguínea elevada e a problemas cardíacos. As pessoas que prestam muita atenção ao seu consumo de gorduras tendem a evitar a ingestão de grandes quantidades de gorduras saturadas, sabendo que sua ingestão aumenta o risco de doenças cardíacas. As pessoas conscientes de suas dietas tentam limitar o consumo a gorduras insaturadas, e utilizam a atual rotulagem obrigatória dos alimentos para obter informações sobre o conteúdo da gordura dos alimentos que ingerem.

TABELA 2 ■ Composição média de ácido graxo (por porcentagem) de óleos e gorduras selecionados

	C_{10} C_8 C_6 C_4	C_{12} Láurico	C_{14} Mirístico	C_{16} Palmítico	C_{18} Esteárico	C_{20} C_{22} C_{24}	C_{16} Palmitoleico	C_{18} Oleico	C_{18} Ricinoleico	C_{18} Linoleico	C_{18} Linolênico	C_{18} Eleosteárico	C_{20} C_{22} C_{24}
	Ácidos graxos saturados (sem ligações duplas)						**Insaturados (1 ligação dupla)**			**Insaturados (>1 ligação dupla)** (2)	(3)	(3)	**Insaturados**
Gorduras animais													
Sebo			2–3	24–32	14–32		1–3	35–48		2–4			
Manteiga	7–10	2–3	7–9	23–26	10–13		5	30–40		4–5			2
Banha de porco			1–2	28–30	12–18		1–3	41–48		6–7			2
Óleos animais													
Pé de boi				17–18	2–3			74–77					
Baleia			4–5	11–18	2–4		13–18	33–38					17–31
Sardinha			6–8	10–16	1–2		6–15	←		24–30		→	12–19
Óleos vegetais													
Milho			0–2	7–11	3–4		0–2	43–49		34–42			
Oliva			0–1	5–15	1–4		0–1	69–84		4–12			
Amendoim				6–9	2–6	3–10	0–1	50–70		13–26			
Soja			0–1	6–10	2–6			21–29		50–59	4–8		
Cártamo				6–10	1–4			8–18		70–80	2–4		
Mamona				0–1				0–9	80–92	3–7			
Caroço de algodão			0–2	19–24	1–2		0–2	23–33		40–48			
Linhaça				4–7	2–5			9–38		3–43	25–58		
Coco	10–22	45–51	17–20	4–10	1–5			2–10		0–2			
Palma			1–3	34–43	3–6			38–40		5–11			
Tungue				← 2–6	→			4–16		0–1		74–91	

Infelizmente, nem todas as gorduras insaturadas parecem ser igualmente seguras. Quando comemos gorduras parcialmente hidrogenadas, aumentamos nosso consumo de **ácidos graxos *trans***. Esses ácidos, que são isômeros dos ácidos graxos *cis* naturais, têm sido relacionados a diversos problemas de saúde, incluindo doenças cardíacas, câncer e diabetes. A mais forte evidência de que os ácidos graxos *trans* podem ser perigosos originam de estudos da incidência de doenças coronarianas. A ingestão de ácidos graxos *trans* parece aumentar os níveis de colesterol no sangue, em particular, a proporção entre as lipoproteínas de baixa densidade (LDL, ou o conhecido colesterol "ruim") e as lipoproteínas de alta densidade (HDL, ou colesterol "bom"). Os ácidos graxos *trans* parecem exibir efeitos prejudiciais no coração, que são similares àqueles mostrados pelos ácidos graxos saturados.

Os ácidos graxos *trans* não são naturais em nenhuma quantidade significativa. Em vez disso, eles são formados durante a hidrogenação parcial de óleos vegetais para produzir margarina e formas reduzidas sólidas. Para uma pequena porcentagem de ácidos graxos *cis* sujeitos à hidrogenação, somente um átomo de hidrogênio é adicionado à cadeia de carbono. Esse processo forma um radical livre intermediário, que é capaz de girar sua conformação em 180 graus, antes de liberar o átomo de hidrogênio extra de volta para o meio de reação. O resultado é uma isomerização da ligação dupla.

$$\underset{\text{cis}}{\mathrm{(R)(H)C{=}C(R)(H)}} \xrightarrow{+H\cdot} \mathrm{\cdot C(R)(H){-}C(R)(H)(H)} \xrightarrow{\text{Girar}} \mathrm{\cdot C(R)(H){-}C(H)(H)(R)} \xrightarrow{-H\cdot} \underset{\text{trans}}{\mathrm{(R)(H)C{=}C(H)(R)}}$$

A preocupação com a saúde e a nutrição do público, particularmente, em relação ao consumo médio de gordura pela maioria da população, levou os químicos e tecnólogos do setor alimentício a desenvolver uma variedade de **substitutos de gordura**. O objetivo tem sido descobrir substâncias que tenham o gosto e a sensação bucal de uma gordura verdadeira, mas não provoquem efeitos deletérios no sistema cardiovascular. Um produto que, recentemente, tem sido utilizado em alguns salgadinhos é denominado **olestra** (comercializado sob o nome comercial **Olean,** pela Procter and Gamble Company). Olestra não é um acilglicerol; em vez disso, ele é composto de uma molécula de **sacarose**, que foi substituída por resíduos de ácidos graxos de cadeia longa. Trata-se de um **poliéster**, e os sistemas de enzima do corpo não são capazes de atacá-lo e de catalisar sua quebra em moléculas menores.

Uma vez que os sistemas de enzima do corpo são incapazes de quebrar essa molécula, eles não contêm quaisquer calorias utilizáveis na dieta. Além disso, são estáveis na presença de calor, o que os torna ideais para frituras e outras formas de cozimento. Infelizmente, para algumas pessoas pode haver efeitos colaterais nocivos ou desagradáveis. Tem sido relatado que o uso de olestra esgota certas vitaminas lipossolúveis, particularmente, vitaminas A, D, E e K. Por essa razão, produtos preparados com olestra têm essas vitaminas adicionadas para compensar o efeito. Além disso, algumas pessoas têm relatado diarreia e cólicas abdominais.

O desenvolvimento de substitutos de gordura, como olestra, é parte da tendência para o futuro? Uma vez que continua a crescer o apetite do americano médio em relação ao consumo de salgadinhos e como também estão aumentando os problemas de saúde decorrentes da obesidade, sempre será grande a demanda por alimentos satisfatórios que engordem menos. No entanto, em longo prazo, provavelmente será melhor se todos aprendermos a diminuir nosso apetite por alimentos gordurosos e, em vez disso, tentar aumentar nossa ingestão de frutas, vegetais e outros alimentos saudáveis. Ao mesmo tempo, a mudança de um estilo de vida sedentário para um que inclua exercícios físicos regulares também seria muito mais benéfico para nossa saúde.

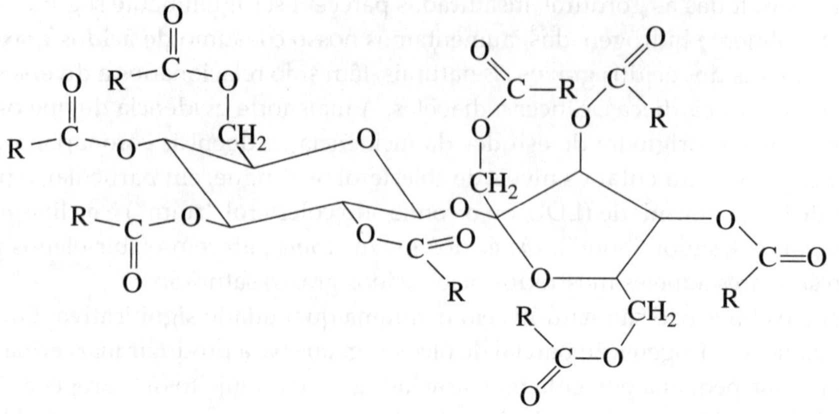

Olestra

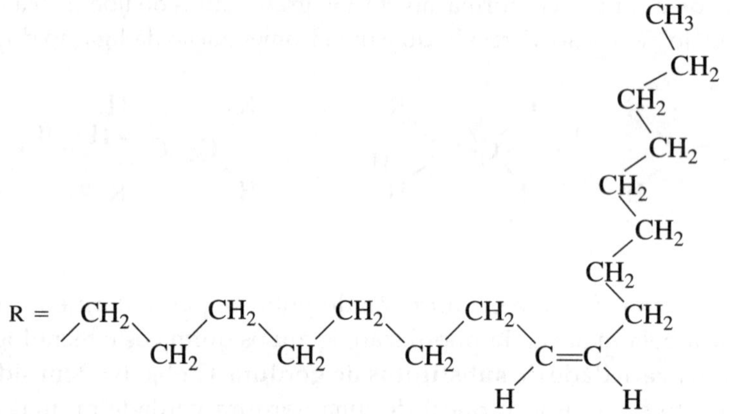

REFERÊNCIAS

Dawkins, M. J. R.; Hull, D. The Production of Heat by Fat. *Sci. Am.* 1965, *213* (Aug.), 62.

Dolye, E. Olestra? The Jury's Still Out. *J. Chem. Educ.* 1997, *74* (Apr.), 370.

Eckey, E. W.; Miller, L. P. *Vegetable Fats and Oils;* ACS Monograph 123; Reinhold: New York, 1954.

Farines, M.; Soulier, F.; Soulier, J. Analysis of the Triglycerides of Some Vegetable Oils. *J. Chem. Educ.* 1988, *65* (May), 464.

Gunstone, F. D. The Composition of Hydrogenated Fats Determined by High Resolution 13C NMR Spectroscopy. *Chem. Ind.* 1991, (Nov. 4) 802.

Heinzen, H.; Moyna, P.; Grompone, A. Gas Chromatographic Determination of Fatty Acid Compositions. *J. Chem. Educ.* 1985, *62* (May), 449.

Jandacek, R. J. The Development of Olestra, a Noncaloric Substitute for Dietary Fat. *J. Chem. Educ.* 1991, *68* (Jun.), 476.

Kalbus, G. E.; Lieu, V. T. Dietary Fat and Health: An Experiment on the Determination of Iodine Number of Fats and Oils by Coulometric Titration. *J. Chem. Educ.* 1991, *68* (Jan.), 64.

Lemonick, M. D. Are We Ready for Fat-Free Fat? *Time* 1996, *147* (Jan. 8), 52.

Martin, C. TFA's—a Fat Lot of Good? *Chem. Brit.* 1996, *32* (Oct.), 34.

Nawar, W. W. Chemical Changes in Lipids Produced by Thermal Processing. *J. Chem. Educ.* 1984, *61* (Apr.), 299.

Shreve, R. N.; Brink, J. Oils, Fats, and Waxes. *The Chemical Process Industries,* 4th ed.; McGraw-Hill: New York, 1977.

Thayer, A. M. Food Additives. *Chem. Eng. News* 1992, *70* (Jun. 15), 26.

Wootan, M.; Liebman, B.; Rosofsky, W. *Trans: The Phantom Fat. Nutr. Action Health Lett.* 1996, 23 (Sept.), 10.

Ensaio 13

Petróleo e combustíveis fósseis

O petróleo bruto é um líquido que consiste em hidrocarbonetos, assim como de alguns compostos de enxofre, oxigênio e nitrogênio, que estão relacionados. Outros elementos, incluindo metais, podem estar presentes em quantidades residuais. O petróleo bruto é formado pela decomposição de organismos marinhos animais e vegetais que viveram há milhões de anos. Com o passar de muitos milhões de anos, sob a influência de temperatura, pressão, catalisadores, radioatividade e bactérias, a matéria decomposta foi convertida no que atualmente conhecemos como petróleo bruto, que está preso em piscinas abaixo do solo, por várias formações geológicas.

A maior parte do petróleo bruto tem uma densidade específica entre 0,78 e 1,00 g mL^{-1}. Como um líquido, o petróleo bruto pode ser tão espesso e negro como alcatrão derretido, ou tão fino e incolor como a água. Suas características dependem do campo de petróleo específico, do qual ele provém. O petróleo bruto da Pensilvânia é rico em compostos de cadeia linear alcano (chamados **parafinas**, na indústria de petróleo); esse petróleo bruto, portanto, é útil na produção de óleos lubrificantes. Os campos de petróleo na Califórnia e no Texas produzem petróleo bruto com uma porcentagem maior de cicloalcanos (chamados **naftenos**, pela indústria de petróleo). Alguns campos de petróleo no Oriente Médio produzem petróleo bruto contendo até 90% de hidrocarbonetos cíclicos. O petróleo contém moléculas nas quais o número de carbonos varia de 1 a 60.

Quando o petróleo é refinado a fim de ser convertido em uma variedade de produtos utilizáveis, inicialmente, ele é submetido à destilação fracionada. A Tabela 1 enumera as várias frações obtidas da destilação fracionada. Cada uma dessas frações tem suas próprias aplicações específicas. Cada fração pode ser submetida à purificação adicional, dependendo de qual é a aplicação desejada.

TABELA 1 ■ Frações obtidas da destilação do petróleo bruto

Fração de petróleo	Composição	Uso comercial
Gás natural	C_1 a C_4	Combustível para aquecimento e motores
Gasolina	C_5 a C_{10}	Combustível para motores
Querosene	C_{11} a C_{12}	Combustível de aquecimento e para aviação
Gasóleo leve	C_{13} a C_{17}	Fornos, motores a diesel
Gasóleo pesado	C_{18} a C_{25}	Óleo de motor, cera de parafina, vaselina
Resíduo	C_{26} a C_{60}	Óleos residuais de asfalto, ceras

A fração de gasolina obtida diretamente da destilação de petróleo bruto é chamada **gasolina pura**. Um barril médio de petróleo bruto renderá cerca de 19% de gasolina pura. Esse rendimento apresenta dois problemas imediatos. Primeiro, não existe gasolina suficiente contida no petróleo bruto para satisfazer as atuais necessidades de combustíveis para o funcionamento de motores de automóveis. Segundo, a gasolina pura obtida do petróleo bruto é um combustível pobre para os motores modernos. Ela deve ser "refinada" em uma refinaria química.

O problema inicial, quanto à pequena quantidade de gasolina disponível a partir do petróleo bruto, pode ser resolvido por meio do **craqueamento** e da **polimerização**. O craqueamento é um processo de refinaria pelo qual grandes moléculas de hidrocarboneto são quebradas em moléculas menores. Calor e pressão são necessários para o craqueamento, e deve ser utilizado um catalisador. Sílica–alumina e sílica–magnésia estão entre os mais efetivos catalisadores de craqueamento. Uma mistura de hidrocarbonetos saturados e insaturados é produzida no processo de craqueamento. Se também houver hidrogênio gasoso presente durante o craqueamento, serão produzidos somente hidrocarbonetos saturados. As misturas de hidrocarbonetos produzidas por esses processos de craqueamento tendem a apresentar uma proporção bem alta de isômeros de cadeia ramificada. Os isômeros ramificados melhoram a qualidade do combustível.

$$C_{16}H_{34} + H_2 \xrightarrow[\text{calor}]{\text{Catalisador}} 2\ C_8H_{18} \qquad \text{Craqueamento}$$

No processo de polimerização, também realizado em uma refinaria, pequenas moléculas de alcenos são levadas a reagir entre si para formar moléculas maiores, que também são alcenos.

$$2\ CH_2{=}C(CH_3)_2 \xrightarrow[\text{calor}]{\text{catalisador}} CH_3{-}C(CH_3)_2{-}CH{=}C(CH_3)_2 \qquad \text{Polimerização}$$

2-Metilpropeno (isobutileno) → 2,4,4-Trimetil-2-penteno

Os alcenos recém-formados podem ser hidrogenados para formar alcanos. A sequência de reação mostrada aqui é muito comum e importante no refinamento de petróleo porque o produto, 2,2,4-trimetilpentano (ou "iso-octano"), forma a base para determinar a qualidade da gasolina. Por esses métodos de refinamento, a porcentagem de gasolina, que pode ser obtida a partir de um barril de petróleo bruto, pode aumentar para até 45% ou 50%.

$$CH_3{-}C(CH_3)_2{-}CH{=}C(CH_3)_2 + H_2 \xrightarrow{\text{catalisador}} CH_3{-}C(CH_3)_2{-}CH_2{-}CH(CH_3){-}CH_3$$

2,2,4-Trimetilpentano (iso-octano)

O motor de combustão interna, como se encontra na maioria dos automóveis, opera em quatro ciclos ou **explosões**. Eles são ilustrados na figura a seguir. A explosão de energia é de maior interesse, do ponto de vista químico, porque a combustão ocorre durante a explosão.

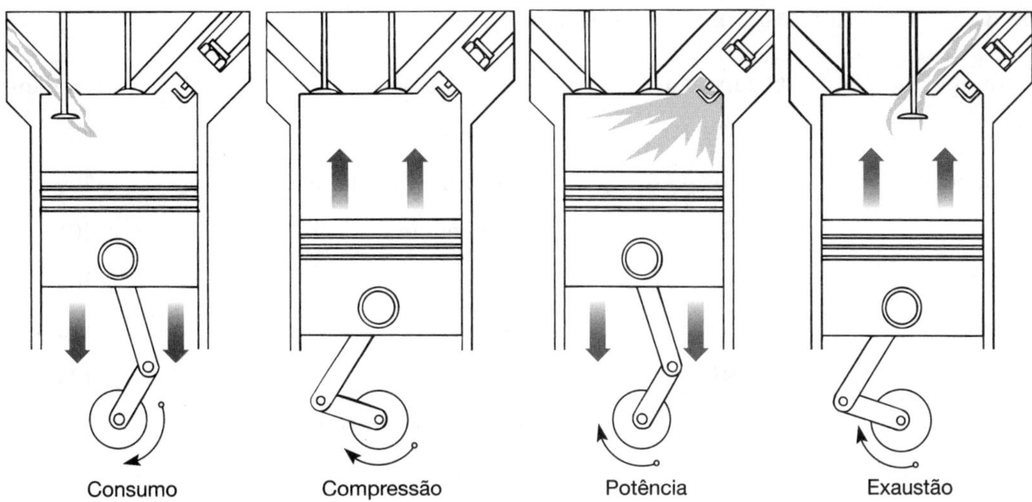

Quando ocorre a ignição da mistura ar–combustível, ela não explode. Em vez disso, ela queima a uma taxa uniforme, controlada. Os gases mais próximos da faísca sofrem ignição primeiro; em seguida, ocorre a ignição das moléculas mais distantes da faísca e assim por diante. A combustão prossegue em uma onda de fogo, ou **frente de fogo**, que começa na vela de ignição e continua uniformemente se distanciando desse ponto até que todos os gases no cilindro tenham sofrido ignição. Como é necessário certo tempo para a queima, a faísca inicial é programada para a ignição imediatamente antes de o pistão atingir o topo de seu percurso. Dessa maneira, o pistão estará no extremo superior de seu percurso no exato instante em que a frente de fogo e a pressão elevada que a acompanha atingirem o pistão. O resultado é uma força suave aplicada ao pistão, dirigindo-o para baixo.

Se o calor e a compressão fizerem com que parte da mistura ar–combustível sofra ignição, antes de a frente de fogo atingi-la ou queimar mais rapidamente que o esperado, a sincronia da sequência de combustão é afetada. A frente de fogo chega ao pistão antes de o pistão ter atingido o topo de seu percurso. Quando a combustão não é perfeitamente coordenada com o movimento do pistão, observamos **batida de pino**, ou **detonação** (algumas vezes, chamado "pinging"). A transferência de potência para o pistão sob essas condições é muito menos efetiva que em combustão normal. A energia gasta é meramente transferida para o bloco do motor, na forma de calor adicional. Eventualmente, as forças opostas que ocorrem na batida de pino podem danificar o motor.

A tendência de um combustível bater é uma função das estruturas das moléculas que compõem o combustível. Hidrocarbonetos normais, aqueles com cadeias de carbono lineares, têm uma maior tendência de levar à batida de pino que os alcanos com cadeias altamente ramificadas. Um combustível pode ser classificado de acordo com suas características antibatida de pino. O mais importante sistema de classificação é a da gasolina em relação ao octano. Nesse método de classificação, as propriedades antibatida de pino de um combustível são comparadas em um motor de teste com as propriedades antibatida de pino de uma mistura padrão de heptano e 2,2,4-trimetilpentano. Este último composto é chamado "iso-octano", por isso, o nome *classificação pela octanagem*. Um combustível que tem as mesmas propriedades antibatida de pino que as de uma determinada mistura de heptano e iso-octano apresenta uma classificação de octanagem numericamente igual à porcentagem de iso-octano na mistura de referência. A atual gasolina sem chumbo, com octanagem 87, é uma mistura de compostos que têm, juntos, as mesmas características antibatida de pino que um combustível de teste composto de 13% de heptano e 87% de iso-octano. Outras substâncias, além dos hidrocarbonetos, também podem apresentar alta resistência à batida de pino. A Tabela 2 mostra uma lista de compostos orgânicos com suas classificações pela octanagem.

TABELA 2 ■ Classificações de compostos orgânicos pela octanagem

Composto	Octanagem	Composto	Octanagem
Octano	–19	1-Buteno	97
Heptano	0	2,2,4-Trimetilpentano	100
Hexano	25	Ciclopentano	101
Pentano	62	Etanol	105
Ciclo-hexano	83	Benzeno	106
1-Penteno	91	Metanol	106
2-Hexeno	93	Éter metílico *tert*-butílico	116
Butano	94	*m*-Xileno	118
Propano	97	Tolueno	120

Nota: Os valores de octanagem nesta tabela são determinados pelo **método de pesquisa**.

Diversos processos de refinamento químico são utilizados para melhorar a classificação da gasolina pela octanagem e para aumentar a porcentagem de gasolina que pode ser obtida a partir do petróleo. Algumas dessas reações, coletivamente conhecidas como **reforma**, são de-hidrogenação, de-alquilação, ciclização e isomerização. Os produtos dessas reações, às vezes, denominados **reformados**, contêm muitos alcanos ramificados e compostos aromáticos. Vários exemplos de reações de reforma são:

$$CH_3(CH_2)_6CH_3 \xrightarrow{\text{catalisador}} CH_3\text{—}C(CH_3)_2\text{—}CH_2\text{—}CH(CH_3)\text{—}CH_3 \qquad \textbf{Reforma}$$

$$CH_3(CH_2)_5CH_3 \xrightarrow{\text{catalisador}} C_6H_5CH_3 \text{ (tolueno)} \qquad \textbf{Reforma}$$

$$CH_3\text{—}CH_2\text{—}CH_2\text{—}CH_2\text{—}CH_3 \xrightarrow{AlBr_3} CH_3\text{—}CH(CH_3)\text{—}CH_2\text{—}CH_3 \qquad \textbf{Reforma}$$

Outras reações químicas, conhecidas como **alquilação**, também podem ser utilizadas para melhorar a classificação pela octanagem. A alquilação envolve a adição catalítica de um alcano ao alceno, como 2-metilpropano ao propeno ou butano. Os produtos dessas reações, algumas vezes, são chamados **alquilados**. Outro processo de refinamento, denominado **hidrocraqueamento** (quebra na presença de gás hidrogênio), também produz hidrocarbonetos que reduzem a batida de pino.

Nenhum desses processos converte todos os hidrocarbonetos normais em isômeros de cadeia ramificada; consequentemente, aditivos também são colocados na gasolina para melhorar a classificação do combustível pela octanagem. Antes de 1996, o aditivo mais comum utilizado para reduzir a batida de pino era o **tetraetilchumbo**. A gasolina que contém tetraetilchumbo é chamada **gasolina com chumbo**, ao passo que a gasolina produzida sem tetraetilchumbo, às vezes, é denominada gasolina **sem chumbo**. Em virtude da preocupação quanto ao possível perigo para a saúde, associado com a emissão de chumbo na atmosfera, a Environmental Protection Agency (Agência de Proteção Ambiental) começou, em 1973, a limitar a quantidade de tetraetilchumbo na gasolina. Em 1996, a Clean Air Act (Lei para o Ar Limpo) proibiu totalmente a venda de gasolina com chumbo para uso em todos os veículos rodoviários. Muitos outros países têm feito proibições similares; no entanto, alguns países no leste da Europa, no Oriente Médio e na África continuam a utilizar gasolina com chumbo.

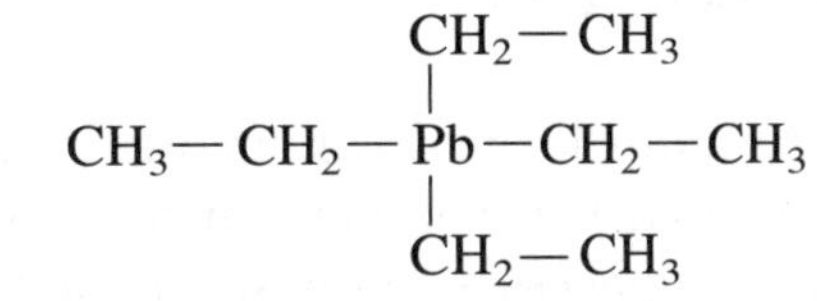

$$\begin{array}{c} CH_2-CH_3 \\ | \\ CH_3-CH_2-Pb-CH_2-CH_3 \\ | \\ CH_2-CH_3 \end{array}$$

Tetraetilchumbo

Para substituir o tetraetilchumbo, as companhias de petróleo desenvolveram outros aditivos e estratégias que irão melhorar a classificação da gasolina pela octanagem, sem produzir emissões nocivas. Uma abordagem consiste em aumentar as quantidades de hidrocarbonetos que apresentam propriedades antibatida de pino muito elevadas. Os hidrocarbonetos aromáticos são típicos, incluindo benzeno, tolueno e xileno. Tais compostos são componentes naturais da maior parte do petróleo bruto, e compostos aromáticos adicionais podem ser adicionados à gasolina para melhorar a qualidade. Entretanto, aumentar a proporção de hidrocarbonetos aromáticos resulta em alguns perigos. Essas substâncias são tóxicas, e o benzeno é considerado um sério risco carcinogênico. É grande o risco de que a doença seja contraída por trabalhadores em refinarias e, especialmente, por pessoas que trabalham em postos de gasolina. Uma abordagem mais segura consiste em aumentar a quantidade de alquilados.

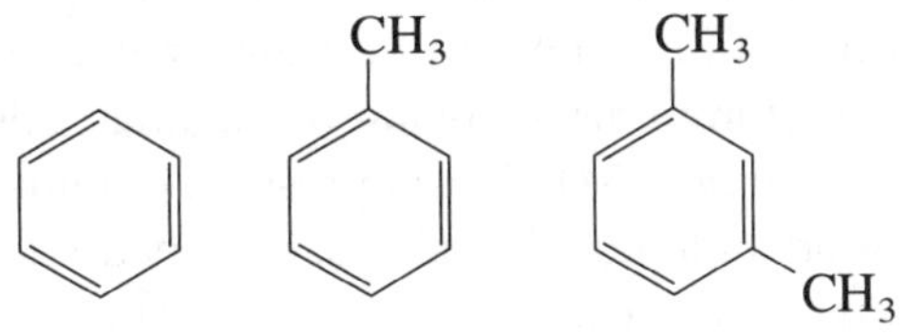

CH_3 CH_3 CH_3

Benzeno **Tolueno** **Xileno (1,3-dimetilbenzeno)**

Existem pesquisas dirigidas ao desenvolvimento de compostos diferentes dos hidrocarbonetos, que podem melhorar a qualidade da gasolina sem chumbo. Com essa finalidade, compostos como éter metílico *tert*-butílico (MTBE), etanol e outros **oxigenados** (compostos contendo oxigênio) são adicionados para melhorar a classificação de combustíveis pela octanagem. O etanol é interessante porque é formado pela fermentação de matéria viva, uma fonte renovável (veja o Ensaio 14, "Biocombustíveis", e o Ensaio 9, "Etanol e a química da fermentação"). O etanol não somente irá melhorar as propriedades antibatida de pino das gasolinas, mas também poderá ajudar os Estados Unidos a reduzir sua dependência do petróleo importado. A substituição de hidrocarbonetos no petróleo pelo etanol levará ao aumento do "rendimento" do combustível produzido a partir de um barril de petróleo bruto. Assim como acontece em muitas histórias boas demais para serem verdade, não se sabe ao certo se a energia necessária para produzir o etanol por fermentação e destilação é muito menor que a quantidade de energia produzida quando o etanol é queimado em um motor![1]

[1] N. R.T.: É importante ressaltar que este é um livro produzido nos Estados Unidos e que naquele país existe uma grande resistência em relação ao uso do etanol como combustível de motores. O Brasil está bem mais avançado nessa tecnologia.

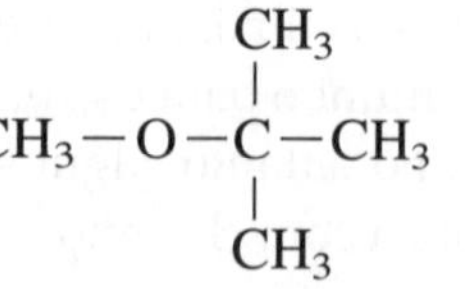

$$CH_3-O-\underset{\displaystyle CH_3}{\overset{\displaystyle CH_3}{\underset{|}{\overset{|}{C}}}}-CH_3 \qquad CH_3-CH_2-OH$$

Éter metílico *tert*-butílico 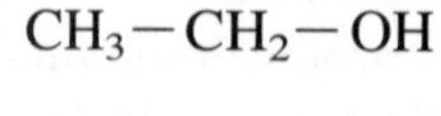 **Etanol**

Em uma iniciativa para melhorar a qualidade do ar em áreas urbanas, a Clean Air Act, de 1990, exigiu a adição de compostos contendo oxigênio em muitas áreas urbanas, durante o período de inverno (de novembro a fevereiro). Espera-se que esses compostos reduzam as emissões do monóxido de carbono produzido quando a gasolina queima em motores frios, ajudando a oxidar o monóxido para o dióxido de carbono. Eles também ajudam a diminuir a quantidade do ozônio criado pela emissão de produtos que reagem à luz solar; e melhoram a classificação pela octanagem. As refinarias adicionam "oxigenados", como o etanol ou o éter metílico *tert*-butílico, à gasolina vendida nas áreas de contenção de monóxido de carbono. De acordo com a lei, a gasolina deve conter, pelo menos, 2,7% de oxigênio em massa, e as áreas têm de utilizá-la, no mínimo, durante os quatro meses do inverno. Em 1995, a Clean Air Act também exigiu que a **gasolina reformulada** (RFG) fosse vendida, durante o ano todo, em locais com as piores concentrações de ozônio troposférico. A RFG deve conter o mínimo de 2% de oxigênio em massa.

Embora o éter metílico *tert*-butílico ainda seja utilizado em alguns Estados, o uso do etanol é muito mais comun. Existem diversas razões para a preferência pelo etanol. Primeiro, o etanol é mais barato que o MTBE, por causa dos incentivos fiscais especiais e dos subsídios que foram concedidos aos produtores de etanol formado por fermentação. Segundo, existe muita preocupação no sentido de que o MTBE pode causar problemas de saúde, e tem havido algumas ocorrências de contaminação de águas subterrâneas por MTBE, que foram amplamente divulgadas. Além disso, as pessoas notam o odor de gasolina mais facilmente quando o MTBE está presente em um combustível. Por causa dessas preocupações, o uso do MTBE foi proibido pela Califórnia, em janeiro de 2004, e muitos outros Estados impuseram proibições similares ou parciais. É possível que ocorra uma completa proibição ao MTBE nos Estados Unidos. Desse modo, o etanol se tornou o oxigenado preferido para a gasolina. Contudo, também há desvantagens no uso do etanol. Existem algumas evidências disso porque o etanol é mais volátil que o MTBE, portanto ele pode aumentar a emissão de produtos químicos, como compostos orgânicos voláteis (COVs) que contribuem para a poluição. Isso é uma preocupação, especialmente durante os meses mais quentes. Além disso, estudos sugerem que o combustível com etanol aumenta a formação do acetaldeído atmosférico. Uma vez que o acetaldeído é um precursor do nitrato de peroxiacetila, é possível que o *aumento* da poluição do ar resulte do uso de etanol como um oxigenado. Outros oxigenados, como o éter etílico *tert*-butílico e o metanol, também estão sendo considerados.

O número de gramas de ar necessário para a completa combustão de um mol de gasolina (assumindo a fórmula C_8H_{18}) é 1,735 grama. Isso dá origem a uma proporção teórica ar–combustível, de 15.1:1, para a combustão completa. Todavia, por várias razões, não é fácil nem recomendável preencher cada cilindro com uma mistura teoricamente correta de ar–combustível. A potência e o desempenho de motor melhoram com uma mistura levemente mais rica (menor proporção ar–combustível). A potência máxima é obtida de um motor quando a proporção ar–combustível estiver perto de 12,5:1, e a economia é atingida quando a proporção ar–combustível estiver perto de 16:1. Sob condições de marcha lenta ou carga total (em aceleração), a proporção ar–combustível é menor do que seria quando teoricamente correta. Como resultado, a combustão completa não ocorre em um motor de combustão interna, e o monóxido de carbono (CO) é produzido nos gases em exaustão. Outros tipos de comportamento de combustão não ideal dão origem à presença de hidrocarbonetos não queimados na exaustão. As elevadas temperaturas da combustão fazem com que o nitrogênio e o oxigênio do ar reajam, formando uma variedade de óxidos de nitrogênio em exaustão. Cada um desses materiais contribui para a poluição do ar. Sob a influência da luz do Sol, que tem energia suficiente para quebrar ligações covalentes, esses materiais podem reagir uns com os outros e com o ar para produzir **poluição**, que contribui para muitos problemas de saúde. A poluição consiste em **ozônio**, que deteriora a borracha e danifica a vida vegetal; **matéria particulada**, que produz neblina; **óxidos de nitrogênio**, que produzem uma cor amarronzada na atmosfera; e diversos materiais que causam irritação nos olhos, como o **nitrato de peroxiacetila** (PAN). Compostos de enxofre na gasolina podem levar à produção de gases nocivos contendo enxofre, durante a exaustão.

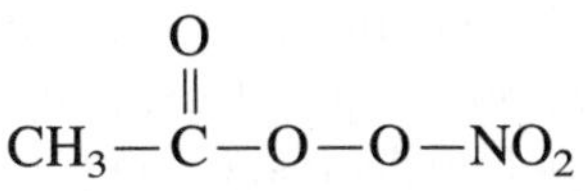

$$CH_3-\overset{\overset{\displaystyle O}{\|}}{C}-O-O-NO_2$$

(PAN)
nitrato de peroxiacetila

Os esforços para reverter a tendência de deterioração da qualidade do ar, causada pela exaustão automotiva, têm assumido muitas formas. O advento de conversores catalíticos, que são dispositivos semelhantes a silenciadores, contendo catalisadores que podem converter monóxido de carbono, hidrocarbonetos não queimados e óxidos de nitrogênio em gases inofensivos, é resultado desses esforços. Algum sucesso na redução de emissões de exaustão já foi obtido pela modificação do *design* das câmeras de combustão dos motores de combustão interna. Além disso, o uso de controle computadorizado de sistemas de ignição tem conseguido resultados positivos.

Com base nessa discussão, deve ficar óbvio que existem muitos fatores considerados na formulação da gasolina. A gasolina produzida atualmente consiste em várias centenas de compostos! Há uma substancial variação na real composição, dependendo do clima local e das regulamentações ambientais regionais. A composição aproximada é de 15% de alcanos C_4–C_8 em cadeia linear, 25% de alcanos C_4–C_{10} ramificados, 10% de cicloalcanos, menos de 25% de compostos aromáticos e 10% de alcenos em cadeia linear e cíclicos.

Embora já se tenha conseguido muito em termos de tornar mais seguro o uso de gasolina, existe outro problema iminente, que tem a ver com o fornecimento de petróleo. No mundo, a quantidade de petróleo e outros combustíveis fósseis é finita. Em 1956, Marion King Hubbert, um geofísico da Shell Oil, previu que a produção de petróleo pelos Estados Unidos atingiria um pico por volta de 1970, e que a partir de então, a quantidade extraída iria declinar muito. Apesar de a maior parte das pessoas ter ignorado sua advertência, em 1970, foi atingido o pico de 9 milhões de barris por dia e, a partir daí, essa quantidade tem declinado, sendo que, em 2004, o total era de aproximadamente 6 milhões de barris por dia. Muitos especialistas utilizaram métodos similares de análise para fazer previsões sobre quando o fornecimento de petróleo mundial atingiria seu máximo; e embora existam muitas variações quanto ao ano real previsto, a maioria dos especialistas concorda que o pico já ocorreu. Uma vez que a demanda por petróleo continua a aumentar a cada ano, é óbvio que o declínio da produção de petróleo terá um efeito drástico em nosso modo de vida. Não somente o petróleo é a principal fonte do combustível utilizado para os transportes, mas ele também fornece a matéria-prima para uma ampla variedade de outros produtos, incluindo plásticos, medicamentos e pesticidas. Apesar de ser possível que a diminuição na produção de petróleo possa ser compensada por uma maior dependência do gás natural e do carvão, a quantidade desses combustíveis fósseis também é finita, e parece inevitável que será necessário fazer importantes ajustes à medida que diminuir a disponibilidade de combustíveis fósseis.

Nos últimos anos, muitos desenvolvimentos têm resolvido alguns dos problemas de emissão associados à queima de gasolina e à necessidade de prolongar o fornecimento de combustíveis fósseis. Esses desenvolvimentos envolvem mudanças no projeto de motores automotivos e o uso de diferentes combustíveis.

Parte do sucesso na redução de emissões de escape foi atingida pela modificação das câmeras de combustão dos motores de combustão interna. Além disso, o uso do controle computadorizado de sistemas de ignição tem ajudado a reduzir o nível de poluentes emitidos. Outra estratégia que poderia ser implementada sem quaisquer mudanças tecnológicas consiste em aumentar o padrão de exigência para os combustíveis, melhorando, assim, a média de quilômetros por litro. Como isso resultaria em menor consumo de gasolina, ocorreria também menor emissão de poluentes.

Os motores a diesel têm sido utilizados em automóveis há mais de 20 anos. Esses motores exigem uma fração do petróleo bruto (veja a Tabela 1, no início deste ensaio) diferente da gasolina, e foram muito aperfeiçoados desde os primeiros veículos a diesel, que eram altamente poluentes. O motor a diesel tem a vantagem de produzir somente pequenas quantidades de monóxido de carbono e hidrocarbonetos não queimados. Entretanto, ele produz grandes quantidades de óxidos de nitrogênio, fuligem (contendo hidrocarbonetos aromáticos polinucleares) e compostos causadores de odores. Atualmente, os padrões de emissão para automóveis a diesel são mais tolerantes que os padrões para a queima de gasolina. Padrões mais restritivos foram implementados em 2006 e 2009. Os automóveis a diesel rendem maior consumo de combustível que os motores a gasolina de tamanho similar; contudo, é preciso refinar mais petróleo para produzir combustível a diesel, em comparação com a gasolina. Nos Estados Unidos, cerca de 3% de todos os novos automóveis têm motores a diesel, ao passo que na Europa, cerca de 40% dos novos automóveis vendidos são a diesel. O biodiesel, que é um óleo vegetal quimicamente alterado e pode ser produzido até mesmo na garagem de uma casa utilizando óleo de cozinha descartado, também pode ser utilizado nos motores a diesel atuais e resulta em poluentes menos nocivos, em comparação com o combustível a diesel regular. No entanto, a quilometragem é ligeiramente menor, e não seria possível produzir o suficiente desse combustível para mais do que uma pequena porcentagem dos carros em uso nos dias de hoje.

Outro combustível possível é o metanol, que é produzido a partir de gás natural, carvão ou biomassa. Estudos indicam que a quantidade dos principais poluentes em automóveis é reduzida quando se utiliza metanol, em vez de gasolina, mas o metanol é mais corrosivo, e amplas modificações precisam ser realizadas no motor. Outros combustíveis que se mostram promissores são hidrogênio, metano (gás natural) e propano; entretanto, o armazenamento e o fornecimento desses combustíveis, que são gases em temperatura ambiente, são mais difíceis, e também existe a necessidade de resolver outros importantes problemas técnicos.

Atualmente, é claro que o problema mais significativo relacionado à combustão de combustíveis fósseis é o aquecimento global, em decorrência do aumento da concentração de dióxido de carbono na atmosfera. A maior parte da energia que irradia do Sol passa através da atmosfera da Terra e atinge a Terra, onde grande parte da energia é convertida em calor. A maior parte desse calor, na forma de radiação infravermelho, é irradiada para longe da Terra. O dióxido de carbono e outros compostos atmosféricos, como água e metano, podem absorver essa radiação infravermelho. Quando a energia na forma de calor é liberada por essas moléculas, ela irradia em todas as direções – incluindo o percurso de volta à Terra. A retenção de parte desse calor é chamada de **efeito estufa**, que é extremamente valioso em termos de manter a temperatura da Terra em um intervalo no qual a vida pode existir. Porém, a temperatura da Terra aumentou, durante o século passado, provavelmente, por causa da elevação da quantidade de dióxido de carbono na atmosfera. A maior parte desse dióxido de carbono adicional é produzida pela combinação de combustíveis fósseis. Existe uma grande preocupação no sentido de que se a temperatura continuar a aumentar, as implicações para a vida na Terra poderão ser devastadoras. Os níveis do mar poderão aumentar o suficiente a ponto de forçar a migração de milhões de pessoas que vivem em áreas costeiras, e o efeito negativo na agricultura e nas fontes de água doce poderão causar sério impacto na população de todas as partes do mundo.

Os automóveis elétricos híbridos estão se tornando uma alternativa atraente para os automóveis padrão nos Estados Unidos. Os carros híbridos combinam um pequeno motor à combustão, eficiente no uso de combustível, com um motor elétrico e à bateria. O motor elétrico pode auxiliar o motor à gasolina quando é necessário ter maior potência, e a bateria é recarregada enquanto o carro está em velocidade reduzida ou no acostamento. Isso resulta em maior eficiência do combustível, assim como em uma redução drástica na quantidade de dióxido de carbono liberada e de poluentes que formam a poluição.

É possível uma eficiência ainda maior do combustível com veículos a diesel híbridos, que agora estão sendo desenvolvidos. Nos últimos anos, tem havido um crescente interesse no desenvolvimento de carros elétricos que funcionam com uma bateria com grande capacidade de armazenamento. Essas baterias podem ser carregadas durante a noite, quando é pequena a demanda geral por energia elétrica, e os carros podem ser dirigidos por cerca de 45–180 quilômetros com uma carga, dependendo do tipo de bateria. Se a eletricidade fosse gerada por uma fonte de energia renovável, como a energia solar, eólica ou geotérmica, então, a contribuição para o efeito estufa ao se dirigir carros elétricos seria mínima.

Outro recente desenvolvimento promissor é o uso de células de combustível que podem produzir energia elétrica a partir do hidrogênio. Essa energia elétrica, então, é utilizada por um motor elétrico para a propulsão do automóvel. Embora existam muitos proponentes do uso de células de combustível à base de hidrogênio, que acreditam que esta tecnologia pode representar um importante papel na redução de nossa dependência em relação aos combustíveis fósseis, primeiramente, importantes desafios tecnológicos precisam ser superados. A tarefa de desenvolver uma infraestrutura de energia à base de hidrogênio também seria dispendiosa. Além do mais, a maior parte do hidrogênio produzido atualmente vem do gás natural ou do carvão, e este processo também requer energia.

Também deve ficar claro que o uso de combustíveis fósseis representa muitos desafios e oportunidades. O modo como utilizaremos os combustíveis fósseis nas próximas décadas e, também, a química representarão uma importante mudança de papel.

REFERÊNCIAS

Ashley, S. On the Road to Fuel-Cell Cars. *Sci. Am.* 2005, *292* (Mar.), 62.

Chen, C. T. Understanding the Fate of Petroleum Hydrocarbons in the Subsurface Environment. *J. Chem. Educ.* 1992, *69* (May), 357.

Goodstein, D. *Out of Gas: The End of the Age of Oil;* W. W. Norton & Company Inc.: New York, 2004.

Hogue, C. Rethinking Ethanol. *Chem. Eng. News* 2003, *81* (Jul. 28), 28.

Illman, D. Oxygenated Fuel Cost May Outweigh Effectiveness. *Chem. Eng. News* 1993, *71* (Apr. 12), 28.

Jacoby, M. Fuel Cells Move Closer to Market. *Chem. Eng. News* 2003, *81* (Jan. 20), 328.

Kimmel, H. S.; Tomkins, R. P. T. A Course on Synthetic Fuels. *J. Chem. Educ.* 1985, *62* (Mar.), 249.

Mielke, H. W. Lead in the Inner Cities. *Am. Sci.* 1999, *87* (Jan.), 63–73.

Monahan, P.; Friedman, D. Diesel or Gasoline? Fuel for Thought. *Catalyst* 2004, *3* (primavera), 1.

Ritter, S. Gasoline. *Chem. Eng. News* 2005, *83* (Feb. 21), 37.

Schriescheim, A.; Kirschenbaum, I. The Chemistry and Technology of Synthetic Fuels. *Am. Sci.* 1981, *69* (Sept.–Oct.), 536.

Seyferth, D. The Rise and Fail of Tetraethyllead. 1. Discovery and slow Development in European Universities, 1853–1920. *Organometallics* 2003p. 22 (Jun. 9), 2346–2357.

Seyferth, D. The Rise and Fail of Tetraethyllead. 2. *Organometallics* 2003, 22 (Dec. 8), 5154–5178.

Shreve, R. N.; Brink, J. Petrochemicals. *The Chemical Process Industries,* 4th ed.; McGraw-Hill: New York, 1977.

Shreve, R. N.; Brink, J. Petroleum Refining. *The Chemical Process Industries,* 4th ed.; McGraw-Hill: New York, 1977.

U.S. Environmental Protection Agency. EPA Takes Final Step in Phaseout of Leaded Gasoline. http://www.epa.gov/history/topics/lead/0.2.htm (acessed Jan. 29, 1996).

U.S. Environmental Protection Agency. MTBE in Fuels. http://www.epa.gov/mtbe/gas.htm (acessed Jun. 26, 2005).

Vartanian, P. F. The Chemistry of Modern Petroleum Product Additives. *J. Chem. Educ.* 1991, *68* (Dec.), 1015.

Wald, M. L. Questions About a Hydrogen Economy. *Sci. Am.* 2004, *291* (May), 62.

Ensaio 14

Biocombustíveis

Nos últimos anos tem havido um crescente interesse nos **biocombustíveis,** combustíveis que são produzidos a partir de materiais biológicos, como milho ou óleo vegetal. Essas fontes de biocombustíveis são consideradas renováveis porque podem ser produzidas em um período relativamente curto. Por outro lado, os **combustíveis fósseis** são formados pela lenta decomposição de animais marinhos e organismos vegetais que viveram há milhões de anos. Os combustíveis fósseis, que incluem petróleo, gás natural e carvão, são considerados não renováveis.

A crescente ênfase nos biocombustíveis se deve principalmente ao aumento no custo e à demanda por combustíveis líquidos, como gasolina e diesel, e ao nosso intuito de sermos menos dependentes do petróleo estrangeiro. Além da demanda crescente, os custos mais elevados do petróleo podem estar relacionados à teoria do pico da produção de petróleo, discutida no ensaio sobre petróleo e combustíveis fósseis. De acordo com essa teoria, a quantidade de petróleo na Terra é finita; e, em algum momento, a quantidade total produzida a cada ano começará a diminuir. Muitos especialistas acreditam que já atingimos o pico da produção de petróleo ou que o atingiremos dentro de poucos anos.

Além dos biocombustíveis, o uso de muitos outros tipos de fontes de energia alternativa vem aumentando nos últimos anos. As fontes alternativas de energia, como a solar, eólica e geotérmica, são utilizadas principalmente para produzir eletricidade, e elas não podem substituir combustíveis líquidos, como gasolina e diesel. Enquanto continuarmos a depender de automóveis e outros veículos que utilizam a tecnologia atual, precisaremos produzir mais combustíveis líquidos. Por causa disso, a demanda para produzir mais biocombustíveis é muito grande. Neste ensaio, iremos nos focar nos biocombustíveis etanol e biodiesel.

Etanol

O conhecimento de como produzir etanol a partir de grãos já existe há muitos séculos (veja o Ensaio 9, "Etanol e a química da fermentação"). Até recentemente, a maior parte do etanol produzido por fermentação era produzida principalmente em bebidas alcoólicas. Em 1978, o Congresso dos Estados Unidos aprovou a National Energy Act (Lei Nacional sobre Energia), que incentivou o uso de combustíveis como o Gasohol, uma mistura de gasolina com, pelo menos, 10% de etanol produzido a partir de recursos renováveis. O etanol pode ser gerado pela fermentação de açúcares, como a sacarose, que é encontrada na cana-de-açúcar ou na beterraba. Nos Estados Unidos, é mais comum utilizar grãos de milho como matéria-prima para produzir etanol. O milho contém amido, um polímero da glicose que deve ser fragmentado em unidades de glicose. Em geral, isso é conseguido pela adição de uma mistura de enzimas que catalisa a hidrólise do amido em glicose. Em seguida, outras enzimas são adicionadas para promover a fermentação da glicose para o etanol:

$$\underset{\text{Glicose}}{C_6H_{12}O_6} \xrightarrow{\text{Enzimas}} \underset{\text{Etanol}}{2CH_3CH_2OH} + 2CO_2$$

Após a fermentação, a destilação fracionada é empregada para separar o etanol da mistura da fermentação. No Experimento 26, você irá produzir e isolar o etanol a partir de grãos de milho congelados.

O uso de milho para produzir etanol como um biocombustível tem sido muito incentivado nos Estados Unidos. Os subsídios do governo estão resultando em uma maior produção de milho na região Centro-Oeste, e também estão sendo construídas muitas novas refinarias de etanol. Contudo, agora, está claro que o uso de etanol como um biocombustível tem algumas desvantagens significativas. Primeiro, à medida que mais milho é plantado e utilizado para a produção de combustível, menos milho e outras culturas estão disponíveis como fonte de alimentos[1]. Isso levou à escassez de alimentos e a preços mais altos, o que é especialmente difícil para pessoas que já lutam para conseguir comida suficiente. Em segundo lugar, atualmente, parece que a quantidade total de energia despendida para cultivar milho e produzir etanol é quase igual à quantidade de energia liberada pela queima do etanol. Em terceiro lugar, estudos recentes têm indicado que o cultivo do milho para produzir etanol, a fim de ser utilizado como combustível, resulta na produção de mais gases do efeito estufa que o uso de quantidades similares de combustíveis fósseis. Assim, o uso do etanol do milho pode, na realidade, aumentar o aquecimento global, em comparação com o uso de combustíveis fósseis. Apesar dessas desvantagens, considerando que já foram feitos tantos investimentos no etanol de milho, é provável que o milho continue a ser uma fonte de etanol, nos Estados Unidos, ainda por algum tempo.

Uma alternativa para o etanol de milho é o **etanol celulósico**. As fontes de celulose que podem ser utilizadas para produzir etanol incluem gramíneas de rápido crescimento, como o capim-pânico, resíduos agrícolas, como talos de milho e os resíduos resultantes da moagem de madeira. Assim como o amido, a celulose é um polímero da glicose, mas a estrutura é ligeiramente diferente da do amido e é muito mais difícil de ser quebrada. A celulose pode ser quebrada pelo tratamento com ácido ou à base de temperatura elevada e pelas reações de hidrólise com enzimas. Assim que a celulose é quebrada em glicose, ela pode ser fermentada para produzir etanol, assim como ocorre com o amido de milho. O etanol celulósico resolve alguns dos problemas com o etanol de milho, que foram mencionados no parágrafo anterior. Muitas das fontes de etanol celulósico podem ser cultivadas em terras não aráveis, que normalmente não seriam utilizadas para produzir alimentos. Aparentemente, também, a produção geral de energia, com o etanol celulósico, é mais favorável que com o etanol de milho. Por fim, a contribuição para os gases de efeito estufa não é tão grande. Todavia, em virtude da dificuldade de quebrar a celulose, ainda não existe nenhuma fábrica comercial em operação que produza o etanol celulósico.

É difícil avaliar os biocombustíveis em termos de contribuição para o aquecimento global. Inicialmente, se acreditava que todos os biocombustíveis produziam menos gases de efeito estufa que os combustíveis fósseis. Isso porque o dióxido de carbono é absorvido pelas plantas, à medida que elas crescem, o que ajuda a compensar o dióxido de carbono que é liberado quando os biocombustíveis são queimados. Entretanto, estudos recentes sugerem que a situação é mais complicada. A fim de cultivar as colheitas necessárias para a produção de biocombustíveis e para substituir o cultivo de alimentos que atualmente são utilizados para fabricar biocombustíveis, em geral, é preciso destruir florestas. As florestas são muito mais eficazes que a terra na absorção de dióxido de carbono no ar. Quando a perda de florestas também é levada em conta, parece que a produção de etanol a partir do milho ou mesmo

[1] N. R.T.: A produção de etanol no Brasil é feita a partir da cana-de-açúcar que não é uma fonte de alimentos tão importante quanto o milho.

de outras fontes, como o capim-pânico, pode contribuir mais para o efeito estufa que a queima de combustíveis fósseis.

Existe outra opção para a produção de etanol que pode ter vantagens em relação aos métodos descritos anteriormente. Esta última opção envolve a conversão de matéria contendo carbono em **syngas (gás de síntese)**. Pode ser utilizado praticamente qualquer material que contenha carbono, como resíduos sólidos urbanos, pneus velhos ou resíduos agrícolas. A matéria-prima é gaseificada em uma mistura de monóxido de carbono e hidrogênio, que é conhecida como syngas, que pode ser cataliticamente convertida em etanol. Esse processo é muito mais eficiente energeticamente que os métodos descritos anteriormente, e também são criados menos gases de efeito estufa, especialmente quando a matéria-prima é algum tipo de resíduo. Além do mais, essas matérias-primas não competem com as culturas alimentícias.

Biodiesel

Outro biocombustível amplamente utilizado nos Estados Unidos é o **biodiesel.** O biodiesel é produzido a partir de gorduras e óleos em uma reação de transesterificação catalisada por uma base:

$$
\begin{array}{c}
\mathrm{H{-}\overset{\displaystyle H}{\overset{|}{C}}{-}O{-}\overset{\displaystyle O}{\overset{\|}{C}}{-}R} \\
| \\
\mathrm{H{-}C{-}O{-}\overset{\displaystyle O}{\overset{\|}{C}}{-}R'} \\
| \\
\mathrm{H{-}\underset{\displaystyle H}{\underset{|}{C}}{-}O{-}\overset{\displaystyle O}{\overset{\|}{C}}{-}R''}
\end{array}
+ \; 3\,\mathrm{CH_3OH} \xrightarrow{\mathrm{NaOH}}
\begin{array}{c}
\mathrm{CH_3O{-}\overset{\displaystyle O}{\overset{\|}{C}}{-}R} \\
\mathrm{CH_3O{-}\overset{\displaystyle O}{\overset{\|}{C}}{-}R'} \\
\mathrm{CH_3O{-}\overset{\displaystyle O}{\overset{\|}{C}}{-}R''}
\end{array}
+
\begin{array}{c}
\mathrm{H} \\
| \\
\mathrm{H{-}C{-}OH} \\
| \\
\mathrm{H{-}C{-}OH} \\
| \\
\mathrm{H{-}C{-}OH} \\
| \\
\mathrm{H}
\end{array}
$$

Gordura ou Óleo **Metanol** **Biodiesel** **Glicerol**

Uma vez que os grupos R podem ter diferentes números de carbonos e ligações duplas, o biodiesel é uma mistura de diferentes moléculas, sendo todas elas ésteres metílicos de ácidos gordurosos. A maior parte dos grupos R tem entre 12–18 carbonos arranjados em cadeias lineares. Qualquer tipo de óleo vegetal pode ser utilizado para produzir biodiesel, mas os mais comuns utilizados são os óleos de soja, canola e palma. No Experimento 25, o biodiesel é produzido a partir do óleo de coco e de outros óleos vegetais.

O biodiesel tem propriedades similares às do combustível diesel que é produzido a partir do petróleo e pode ser queimado em qualquer veículo com um motor a diesel ou em fornos que queimam combustível diesel. É preciso notar que o óleo vegetal também pode ser queimado como um combustível, mas como a viscosidade do óleo vegetal é um pouco maior que a do combustível diesel, os motores devem ser modificados para queimarem óleo vegetal.

Como o biodiesel se compara ao etanol? Assim como o etanol de milho, o cultivo de vegetais exigidos para produzir a matéria-prima do óleo resulta em direcionar as terras do cultivo de alimentos para a produção de combustíveis. Na verdade, esse é mais um problema com o biodiesel porque mais terra é necessária para produzir uma quantidade de combustível equivalente em comparação com o etanol de milho. A energia líquida produzida pelo biodiesel é maior que para o etanol de milho, mas é menor para o etanol celulósico. Por fim, aparentemente, a produção de biodiesel, como o etanol, produz mais gases de efeito estufa que os combustíveis fósseis, mais uma vez, porque terras com florestas devem ser destruídas para cultivar os vegetais exigidos para a produção do biodiesel.

Existem algumas abordagens alternativas para a produção de biodiesel que podem resolver algumas dessas questões. As algas podem produzir óleos para serem utilizados para a fabricação de biodiesel e também podem ser cultivadas em lagoas ou mesmo em águas residuais, e não necessitam do uso terras agrícolas. O óleo de algas pode ser convertido em biodiesel da mesma maneira que o óleo vegetal é convertido. Recentemente, foi desenvolvido um método químico diferente para a fabricação de biodiesel a partir de óleo vegetal. Esse método utiliza zircônia sulfatada como catalisador, que é colocado em uma coluna, similar à cromatografia em colunas. À medida que a mistura de óleo e álcool passa através da coluna à pressão e à temperatura elevadas, o biodiesel é produzido e elui do fundo da coluna. O processo é muito mais eficiente que os métodos atuais utilizados para produzir biodiesel. Uma história interessante, relacionada a esse processo, é que a ideia original para o método foi baseada no trabalho que um estudante realizou para seu projeto de pesquisa para graduação em química!

Por causa da importância dos combustíveis líquidos, nos Estados Unidos, combustíveis diferentes do etanol e do biodiesel também estão sendo pesquisados. Existe também um grande interesse no uso de carros elétricos que não exigiriam quaisquer combustíveis líquidos. Se a energia elétrica utilizada para carregar as baterias em carros elétricos vier de fontes renováveis de eletricidade, como a energia eólica, solar ou geotérmica, então a necessidade por combustíveis líquidos poderá ser bastante reduzida.

Em 2007, os Estados Unidos consumiram um total combinado de cerca de 7,5 bilhões de galões de etanol e biodiesel. Por comparação, foram consumidos aproximadamente 140 bilhões de galões de gasolina e 40 bilhões de galões de combustível diesel. Portanto, os biocombustíveis atualmente representam uma pequena porcentagem de nosso consumo total de combustível. Recentemente, o Congresso norte-americano aprovou uma lei exigindo que fossem produzidos anualmente 36 bilhões de galões de biocombustível, até 2022. Mesmo se essa meta for atingida, é provável que ainda iremos depender principalmente dos combustíveis fósseis e do biocombustível, em um futuro próximo.

REFERÊNCIAS

Biello, D. Grass Makes Better Ethanol than Corn Does. *Sci. Am.* [Online] 2008, (Jan.).

Dale, B. E.; Pimentel, D. Point/Counterpoint: The costs of Biofuels. *Chem. Eng. News* 2007, *85* (Dec. 17), 12.

Fargione, J.; Hill, J.; Tilman, D.; Polasky, S.; Hawthorne, P. Land Clearing and Biofuel Carbon Debt. *Science* 2008, *319* (Feb. 29), 1235.

Grunwald, M. The Clean Energy Scam. *Time* 2008, *171* (Apr. 7), 40.

Heywood, J. B. Fueling our Transportation Future. *Sci. Am.* 2006, *295* (Sept.), 60.

Kammen, D. M. The Rise of Renewable Energy. *Sci. Am.* 2006, *295* (Sept.), 84.

Kram, J. W. Minnesota Scientists Create New Biodiesel Manufacturing Process. *Biodiesel Magazine*, (Apr. 7, 2008).

Searchinger, T. Use of U.S. Croplands, for Biofuels Increases Greenhouse Gases Through Emissions from Land-Use Change. *Science* 2008, *319* (Feb. 29), 1238–1248.

Ensaio 15

Química verde

A prosperidade econômica dos Estados Unidos exige que o país continue a ter uma sólida indústria química. Entretanto, nesta era de consciência ambiental, não podemos mais nos dar ao luxo de permitir que o tipo de indústria que tem sido característica de práticas anteriores continue operando do mesmo modo que sempre operou. Existe uma necessidade real de desenvolver uma tecnologia ambientalmente benigna, ou "verde". Os químicos não somente devem criar novos produtos, mas também projetar a síntese química de uma maneira que considere cuidadosamente suas ramificações ambientais.

Começando com a primeira celebração do Dia da Terra, em 1970, os cientistas e o público em geral começaram a compreender que a Terra é um sistema fechado, no qual o consumo de recursos e o descarte indiscriminado de resíduos certamente provocarão efeitos profundos e duradouros no ambiente em todo o mundo. Na década passada, o interesse em uma iniciativa conhecida como *química verde* começou a aumentar.

A **Química Verde** pode ser definida como a invenção, o projeto e a aplicação de produtos e processos químicos para reduzir ou eliminar o uso e a geração de substâncias perigosas. Os praticantes da química verde se esforçam para proteger o meio ambiente através da limpeza de depósitos de resíduos tóxicos e inventando novos métodos químicos que não poluam e que minimizem o consumo de energia e de recursos naturais. Diretrizes para o desenvolvimento de tecnologias para a química verde estão resumidas nos Doze Princípios da Química Verde, mostrados na tabela.

OS DOZE PRINCÍPIOS DA QUÍMICA VERDE

1. É melhor evitar o desperdício que tratar ou limpar resíduos depois que estes são formados.
2. Métodos sintéticos devem ser elaborados para maximizar a incorporação de todos os materiais utilizados no processo até chegar ao produto final.
3. Sempre que possível, metodologias sintéticas devem ser projetadas para utilizar e gerar substâncias que apresentem pouca ou nenhuma toxicidade para a saúde humana e o meio ambiente.
4. Os produtos químicos devem ser elaborados para preservar a eficiência da função, ao mesmo tempo em que reduz a toxicidade.
5. O uso de substâncias auxiliares (solventes, agentes de separação etc.) deve ser considerado desnecessário sempre que possível e tem de ser inócuo quando utilizado.
6. As exigências quanto à energia deverão ser reconhecidas quanto ao seu impacto ambiental e econômico, que deve ser minimizado. Métodos sintéticos têm de ser conduzidos à temperatura e pressão ambiente.
7. Um material bruto ou matéria-prima deve ser renovável, em vez de esgotável, sempre que técnica e economicamente praticável.
8. A privatização desnecessária (grupo de bloqueio, proteção/desproteção, modificação temporária de processos físicos/químicos) deve ser evitada sempre que possível.
9. Reagentes catalíticos (tão seletivos quanto possível) são superiores a reagentes estequiométricos.
10. Produtos químicos devem ser elaborados de modo que, ao final de sua função, eles não permaneçam no ambiente e se decomponham em produtos de degradação inócua.
11. As metodologias analíticas precisam ser desenvolvidas para permitir o monitoramento e controle, em tempo real, durante o processo, antes da formação de substâncias perigosas.

12. As substâncias e a forma de uma substância utilizada em um processo químico devem ser escolhidas para minimizar o potencial de acidentes químicos, incluindo emissões, explosões e incêndios.

Fonte: P. T. Anastas e J. C. Warner, *Green Chemistry: Theory and Practice.* New York: Oxford University Press, 1998. Reimpresso mediante permissão do editor.

O programa de química verde foi iniciado logo após a aprovação da Pollution Prevention Act (Lei de Prevenção contra Poluição), de 1990, e é o foco central do Environmental Prevention Agency's Design for the Environment Program (Projeto da Agência de Prevenção Ambiental para o Programa de Meio Ambiente). Como um estímulo às pesquisas na área de redução do impacto da indústria química no meio ambiente, o Presidential Green Chemistry Challenge Award (Prêmio Presidencial Desafio em Químicas Verde) teve início em 1995. O tema do Green Chemistry Challenge é "A química não é o problema; é a solução". Desde 1995, os ganhadores do prêmio têm sido responsáveis pela eliminação de mais de 460 milhões de quilos de produtos químicos e economizaram mais de 440 milhões de galões de água e 26 milhões de barris de petróleo.

Os ganhadores do Green Chemistry Challenge Award desenvolveram retardadores de fogo à base de espuma que não utilizam halons, ou hidrocarbonetos halogenados (compostos contendo flúor, cloro ou bromo), agentes de limpeza que não utilizam tetracloroetileno, métodos que facilitam a reciclagem de garrafas de refrigerante feitas de tereftalato de polietileno, um método de sintetização de ibuprofeno que minimiza o uso de solventes e a geração de resíduos, e uma formulação que promove a liberação eficiente de amônia a partir de fertilizantes à base de ureia. Essa última contribuição permite um meio mais ambientalmente amigável de aplicar fertilizantes sem a necessidade de lavrar ou revolver (e perder) precioso solo de superfície.

A síntese verde do futuro exigirá fazer escolhas sobre reagentes, solventes e as condições de reação que são projetadas para reduzir o consumo de recursos e a produção de resíduos. Precisamos pensar sobre a realização de uma síntese, de uma maneira que não consuma quantidades excessivas de recursos (e, desse modo, utilize menos energia e seja mais econômica), que não produza quantidades excessivas de subprodutos tóxicos ou nocivos, e que exija condições de reação mais amenas.

A aplicação dos princípios da química verde em uma síntese orgânica começa com a seleção dos materiais iniciais, chamados **matéria-prima**. A maioria dos compostos orgânicos utilizados como matéria-prima é de derivados de petróleo, um recurso não renovável (veja o Ensaio 13, "Petróleo e combustíveis fósseis"). Uma abordagem verde é a substituição desses produtos petroquímicos por produtos químicos derivados de fontes biológicas, tais como árvores, milho ou soja. Não somente essa abordagem é mais sustentável, como também o refinamento de compostos orgânicos a partir desses materiais derivados de plantas, às vezes, chamado **biomassa**, é menos poluente que o processo de refinamento de produtos petroquímicos. Muitos produtos farmacêuticos, plásticos, químicos agrícolas e, até mesmo, combustíveis para o setor de transportes podem, atualmente, ser produzidos a partir de produtos químicos derivados da biomassa. Um bom exemplo disso é o ácido adípico, um produto químico orgânico amplamente utilizado na produção de náilon e lubrificantes. O ácido adípico pode ser produzido a partir do benzeno, um produto fotoquímico tóxico, ou a partir da glicose, que é encontrada em fontes vegetais.

Processos industriais estão sendo elaborados com base no conceito de **economia de átomos**, que significa muita atenção direcionada ao projeto de reações químicas, de modo que a maioria ou todos os átomos, que são matéria-prima no processo, são convertidos em moléculas do produto desejado, em vez de subprodutos residuais. A economia de átomos no mundo industrial é o equivalente a assegurar que uma reação química ocorra com um elevado rendimento percentual em um experimento de laboratório realizado em sala de aula.

A economia de átomos para uma reação pode ser calculada utilizando a seguinte equação:

$$\text{Economia percentual de átomos} = \frac{\text{Massa molecular do produto desejado}}{\text{Massas moleculares de todos os reagentes}} \times 100\%$$

Por exemplo, considere a reação para a síntese da aspirina (Experimento 8, "Ácido acetilsalicílico"):

$$\text{Ácido salicílico (MM 138,1)} + \text{Anidrido ácido (MM 102,1)} \xrightleftharpoons{H^+} \text{Ácido acetilsalicílico (MM 180,2)} + CH_3COOH \text{ (Ácido acético)}$$

$$\text{Economia percentual de átomos} = \frac{180{,}2}{138{,}1 + 102{,}1} \times 100\% = 75{,}0\%$$

Esse cálculo assume a completa conversão de reagentes em produtos e 100% de recuperação do produto, que não é possível. Além disso, o cálculo não leva em conta que, geralmente, se utiliza um excesso de um reagente para conduzir a reação até sua conclusão. Nessa reação, o anidrido acético é utilizado em grande excesso para garantir a produção de mais ácido acetilsalicílico. No entanto, o cálculo da economia de átomos é uma boa maneira de comparar diferentes caminhos possíveis para um determinado produto.

Para ilustrar os benefícios da economia de átomos, considere a síntese do ibuprofeno, mencionada anteriormente, que foi premiada com o Prêmio Presidencial de Desafio da Química Verde, em 1997. No processo anterior, desenvolvido na década de 1960, somente 40% dos átomos de reagentes eram incorporados ao produto ibuprofeno desejado; e os 60% restantes dos átomos do reagente encontraram seu caminho para subprodutos indesejáveis ou resíduos que exijam descarte. O novo método requer menos etapas de reação e recupera 77% dos átomos de reagente no produto desejado. O processo "verde" elimina milhões de quilos de resíduos de subprodutos químicos a cada ano, e reduz em milhões de quilos a quantidade de reagentes necessários para preparar esse analgésico amplamente utilizado.

Outra abordagem da química verde consiste em selecionar reagentes mais seguros que são utilizados para efetuar a síntese de um determinado composto orgânico. Em um exemplo disso, reagentes oxidantes mais brandos ou menos tóxicos podem ser selecionados para realizar uma conversão que normalmente é feita de uma maneira menos verde. Por exemplo, o hipoclorito de sódio (alvejante) pode ser utilizado em algumas reações de oxidação, em vez da mistura dicromato/ácido sulfúrico, que é altamente tóxica. Em algumas reações, é possível utilizar reagentes biológicos, tais como enzimas, para realizar uma transformação. Mais outra abordagem na química verde se refere a utilizar um reagente que pode promover a formação de um produto específico em menos tempo e com maior rendimento. Por fim, alguns reagentes, especialmente os catalisadores, podem ser recuperados ao final do período de reação e reciclados, para serem utilizados novamente, na mesma conversão.

Muitos solventes utilizados na síntese orgânica tradicional são altamente tóxicos. A abordagem da química verde para a seleção de solventes resultou em diversas estratégias. Um método que foi desenvolvido consiste em utilizar dióxido de carbono supercrítico como solvente. O dióxido de carbono supercrítico é formado sob as condições de alta pressão, nas quais as fases gasosa e líquida do dióxido de carbono se combinam para um fluído compressível, de fase única, que se transforma em um solvente ambientalmente benigno (temperatura de 31 °C; pressão de 7280 kPa, ou 72 atmosferas). O CO_2 supercrítico tem propriedades notáveis. Ele se comporta como um material cujas propriedades são intermediárias entre as de um sólido e as de um líquido. As propriedades podem ser controladas pela manipulação da temperatura e da pressão. O CO_2 supercrítico é ambientalmente benigno por causa de sua baixa toxicidade e fácil reciclabilidade. O dióxido de carbono não é adicionado à atmosfera; em vez disso, é removido da atmosfera para uso em processos químicos. Ele é utilizado como um meio de realizar um grande número de reações que, de outro modo, teriam muitas consequências ambientais negativas. É possível até mesmo efetuar a síntese estereosseletiva no CO_2 supercrítico.

Algumas reações podem ser realizadas em água comum, o solvente mais verde possível. Recentemente, tem havido muito sucesso na utilização de água quase crítica, a temperaturas mais elevadas, em que a água se comporta mais como um solvente orgânico. Dois dos ganhadores do Prêmio de Química Verde de 2004, Charles Eckert e Charles Liotta, fizeram progredir nosso entendimento do CO_2 supercrítico e da água quase crítica como solventes. Um exemplo de seu trabalho tira vantagem da dissociação da água que ocorre sob as condições quase críticas, levando a uma alta concentração de íons hidrônio e hidróxido. Esses íons podem servir como catalisadores autoneutralizadores, e podem substituir catalisadores que normalmente devem ser adicionados à mistura da reação. Eckert e Liotta foram capazes de desenvolver reações de Friedel-Crafts (Experimento 60, "Acilação de Friedel-Crafts") em água quase crítica, sem a necessidade do catalisador ácido $AlCl_3$, que normalmente é utilizado em grandes quantidades nessas reações.

As pesquisas também focalizaram os **líquidos iônicos**, sais que são líquidos à temperatura ambiente e não evaporam. Líquidos iônicos são excelentes solventes para muitos materiais e podem ser reciclados. Um exemplo de líquido iônico é

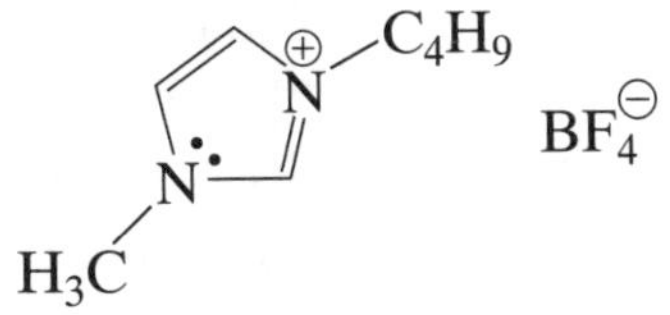

C_4H_9 N BF_4^- N H_3C

Apesar de muitos dos líquidos iônicos serem caros, seu elevado custo inicial é reduzido porque, através da reciclagem, eles não são consumidos nem descartados. Além disso, a recuperação do produto geralmente é mais fácil do que com os solventes tradicionais. Nos últimos cinco anos, muitos dos novos líquidos iônicos foram desenvolvidos com uma ampla variedade de propriedades. Ao selecionar um líquido iônico apropriado, atualmente, é possível realizar muitos tipos de reações orgânicas nesses solventes. Em algumas reações, um solvente iônico bem elaborado pode levar a melhores rendimentos sob as condições mais brandas do que é possível com solventes tradicionais. Recentemente, pesquisadores desenvolveram líquidos iônicos feitos a partir de "adoçantes" artificiais que não são tóxicos e ampliam ainda mais o conceito de química verde.

É possível, em algumas sínteses orgânicas, eliminar completamente a necessidade de qualquer solvente! Algumas reações que são tradicionalmente realizadas em solventes podem ser efetuadas na fase sólida ou gasosa, sem a presença de nenhum solvente.

Outra abordagem para tornar a química orgânica mais verde envolve a maneira pela qual a reação se desenvolve, em vez de a seleção da matéria-prima, dos reagentes ou dos solventes. A tecnologia de micro-ondas (veja a Técnica 7, Seção 7) pode ser utilizada em algumas reações a fim de fornecer a energia térmica necessária para que a transformação seja concluída. Com a tecnologia de micro-ondas, as reações podem ocorrer com reagentes menos tóxicos, em menor tempo e com menos reações colaterais – todos os objetivos da química verde. A tecnologia de micro-ondas também tem sido utilizada para criar água supercrítica, que se comporta mais como um solvente orgânico e pode substituir solventes mais tóxicos na realização de reações orgânicas.

Mais uma abordagem verde envolvendo a tecnologia é o uso de colunas de extração da fase sólida (SPE) (veja a Técnica 12, Seção 12.14). Utilizando colunas de SPE, as extrações, como a remoção de cafeína do chá podem ser realizadas mais rapidamente e com solventes menos tóxicos. Em outras aplicações, as colunas de SPE podem ser empregadas para efetuar a síntese de compostos orgânicos de modo mais eficiente com menor uso de reagentes tóxicos.

A indústria descobriu que a administração ambiental faz sentido, do ponto de vista econômico, e existe um renovado interesse na limpeza de processos de fabricação e produtos. Apesar da natureza sempre contraditória das relações entre a indústria e os ambientalistas, as companhias estão descobrindo que a prevenção da poluição, em primeiro lugar, utilizando menos energia, e o desenvolvimento de métodos que recorrem à economia de átomos faz tanto sentido quanto gastar menos dinheiro em matérias-primas ou capturar uma maior participação do mercado para seu produto. Apesar de as indústrias químicas dos Estados Unidos não estarem, de modo algum, próximo de seu objetivo estabelecido para a redução da emissão de substâncias tóxicas a níveis zero ou perto de zero, está ocorrendo um progresso significativo.

O ensino dos princípios da química verde está começando a encontrar seu espaço nas salas de aula. Neste livro, tentamos aperfeiçoar as qualidades verdes de alguns dos experimentos e acrescentamos diversos experimentos verdes. A tabela a seguir relaciona os experimentos neste livro, que têm um importante componente verde, com o principal aspecto do experimento que o torna verde.

Experimento	Aspecto verde
Exp. 24, "Análise cromatográfica em fase gasosa aplicada a gasolinas"	Discussão sobre aditivos para controle da poluição
Exp. 25, "Biodiesel"	Combustível para transporte utilizando materiais reciclados
Exp. 26, "Etanol de milho"	Combustível para transporte feito de recursos renováveis
Exp. 27, "Redução quiral do acetoacetato etílico"	Reagente biológico, fermento de padaria
Exp. 28, "Nitração de compostos aromáticos utilizando um catalisador reciclável"	Uso de um catalisador reciclável para aumentar a eficiência da reação
Exp. 29, "Redução de cetonas utilizando cenouras como agentes de redução biológicos"	Reagente biológico
Exp. 30, "Resolução da (±)-α-feniletilamina e determinação da pureza ótica"	Agentes oxidantes menos tóxicos
Exp. 34, "Reações organozinco baseadas em solução aquosa"	Água utilizada como solvente
Exp. 35, "Acoplamento de Sonogashira de compostos aromáticos substituídos por iodo com alcinos utilizando catalisador de paládio"	Uso de um catalisador reciclável para aumentar a eficiência da reação
Exp. 36, "Metátese do eugenol com 1,4-butenodiol, catalisada pelo método de Grubb para preparar um produto natural"	Uso de um catalisador reciclável para aumentar a eficiência da reação
Exp. 38, "Uma reação verde, enantiosseletiva de condensação aldólica"	Uso de reagentes menos tóxicos
Exp. 40, "Preparação de trifenilpiridina"	Reação sem solvente
Exp. 41, "1,4-difenil1-1,3-butadieno"	Reação sem solvente
Exp. 48, "Polimerização de metátese com abertura de anel (ROMP), utilizando um catalisador de Grubbs: a síntese de um polímero, em três etapas"	Uso de um catalisador reciclável para aumentar a eficiência da reação
Exp. 50, "Reação de Diels-Alder com antraceno-9--metanol"	Água utilizada como solvente
Exp. 64, "Epoxidação verde de chalconas"	Uso de reagentes menos tóxicos
Exp. 65, "Ciclopropanação de chalconas"	Uso de reagentes menos tóxicos

Além disso, o Experimento 55 (Identificação de substâncias desconhecidas) oferece um procedimento "verde" alternativo. Esse procedimento evita o uso de produtos químicos tóxicos para testes de classificação e substitui o uso da espectroscopia, que não exige quaisquer reagentes químicos (exceto uma pequena quantidade de solvente orgânico).

Certamente, permanecem enormes desafios. Deve ser ensinado às gerações de novos cientistas que é importante considerar o impacto ambiental de quaisquer novos métodos que sejam introduzidos. Os líderes da indústria e da área de negócios precisam aprender a apreciar o fato de que a adoção de uma abordagem que envolva a economia de átomos, para o desenvolvimento de processos químicos, faz sentido economicamente, em longo prazo, e é uma maneira responsável de conduzir os negócios. Também é necessário que os líderes políticos desenvolvam uma compreensão de quais podem ser os benefícios de uma tecnologia verde e por que ela é responsável por encorajar tais iniciativas

REFERÊNCIAS

Amato, I. Química verde Proves It Pays companies to Find New Ways to Show That Preventing Pollution Makes More Sense Than Cleaning Up Afterward. *Fortune* [Online], Jul. 24, 2000. www.fortune.com/fortune/articles/0.15114.368198.00.html

Freemantle, M. Ionic Liquids in Organic Synthesis. *Chem. Eng. News* 2004, *82* (Nov. 8), 44.

Jacoby, M. Making Olefins from Soybeans. *Chem. Eng. News* 2005, *83* (Jan. 3), 10.

Mark, V. Riding the Microwave. *Chem. Eng. News* 2004, *82* (Dec. 13), 14.

Matlack, A. Some Recent Trends and Problems in Química verde. *Green Chem.* 2003 (Feb.), G7–G11.

Mullin, R. Sustainable Specialties. *Chem. Eng. News* 2004, *82* (Nov 8), 29.

Oakes, R. S.; Clifford, A. A.; Bartle, K. D.; Pett, M. T.; Rayner, C. M. Sulfur Oxidation in Supercritical Corbon Dioxide: Dramatic Pressure Dependent Enhancement of Diastereo-selectivity for Sulfoxidation of Cysteine Derivatives. *Chem. Comm.* 1999, 247–248.

Ritter, S. K. Green Innovations. *Chem. Eng. News* 2004, *82* (Jul. 12), 25.

Ensaio 16

Anestésicos locais

Anestésicos locais, ou "analgésicos", formam uma classe de compostos bem estudada. Os químicos têm mostrado sua capacidade de estudar as características essenciais de um medicamento que ocorre na natureza e de aperfeiçoá-lo substituindo-o por produtos sintéticos, totalmente novos. Em geral, tais substitutos são superiores nos efeitos médicos desejados e apresentam menos perigos e efeitos colaterais indesejados.

O arbusto de coca (*Erythroxylon coca*) cresce nas selvas no Peru, especificamente, na Cordilheira dos Andes, em elevações de aproximadamente 450 a 1.800 metros acima do nível do mar. Há muito tempo, os nativos da América do Sul costumam mastigar essas folhas, por causa de seus efeitos estimulantes. As folhas do arbusto de coca chegaram a ser encontradas até mesmo em urnas funerárias peruanas, do período pré-Inca. Mascar essas folhas proporciona uma sensação nítida de bem-estar físico e mental, e também possui a capacidade de aumentar a resistência.

Para a mastigação, os índios esfregam as folhas de coca com cal e as enrolam. O cal, $Ca(OH)_2$, aparentemente, libera os componentes alcaloides livres da coca; é notável que os índios tenham aprendido esta sutileza, há muito tempo, recorrendo a alguns métodos empíricos. O alcaloide puro, responsável pelas propriedades das folhas de coca, é a **cocaína**.

As quantidades de cocaína que os índios consomem dessa maneira são extremamente pequenas. Sem esse recurso como estímulo ao sistema nervoso central, os nativos dos Andes provavelmente iriam considerar mais difícil realizar as tarefas quase hercúleas de suas vidas diárias, como transportar pesadas cargas por terrenos montanhosos irregulares. Infelizmente, o abuso pode levar à deterioração física e mental e, eventualmente, a uma morte sofrida.

O alcaloide puro em grandes quantidades é uma droga viciante comum. Sigmund Freud fez o primeiro estudo detalhado da cocaína em 1884. Ele ficou particularmente impressionado pela capacidade da droga de estimular o sistema nervoso central, e a utilizou como um medicamento substituto para livrar da morfina um de seus colegas viciados neste medicamento. A tentativa foi bem-sucedida, mas, infelizmente, seu colega acabou se tornando o primeiro viciado em cocaína conhecido no mundo.

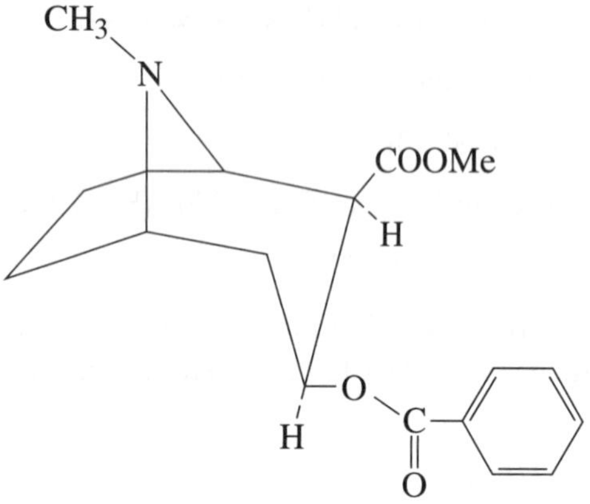

Cocaína

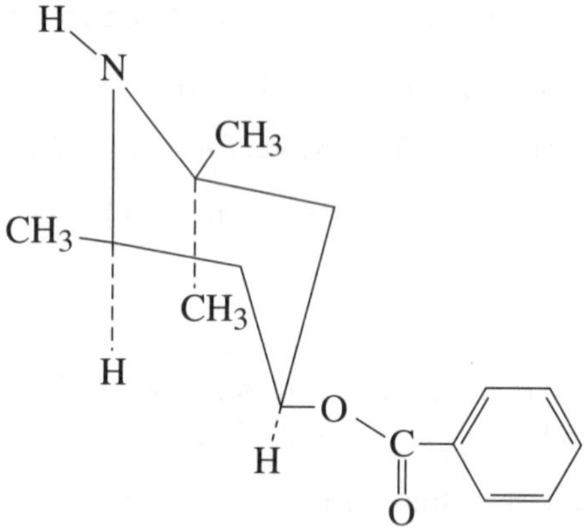

Eucaína

Um extrato de folhas de coca era um dos ingredientes originais na Coca-Cola. Contudo, no início do século passado, membros do governo, com muita dificuldade legal, forçaram o fabricante a eliminar a coca de sua bebida. Até hoje, a companhia vem conseguindo manter a palavra *coca* em seu título registrado, mesmo não contendo nenhuma "coca".

Nosso interesse na cocaína está em suas propriedades anestésicas. O alcaloide puro foi isolado em 1862, por Niemann, que notou que ela tinha um gosto amargo e que produzia uma estranha sensação entorpecente na língua, tornando-a quase desprovida de sensação. (Oh, esses químicos corajosos, mas tolos, de outrora, que costumavam provar tudo!) Em 1880, Von Anrep descobriu que a pele ficava dormente e insensível à picada de uma agulha, quando se injetava cocaína sob a pele. Freud e seu assistente, Karl Koller, que falharam em suas tentativas de reabilitar viciados em morfina, recorreram a um estudo das propriedades anestésicas da cocaína. As cirurgias nos olhos se tornavam difíceis pelos movimentos de reflexos involuntários dos olhos, em resposta até mesmo ao mais leve toque. Koller descobriu que algumas gotas de uma solução de cocaína solucionavam esse problema. Não somente a cocaína serve como um anestésico local, mas também pode ser utilizada para produzir a **midríase** (dilatação da pupila). A capacidade da cocaína de bloquear a condução de sinais nos nervos (particularmente, da dor) levou à sua rápida utilização médica, apesar de seus perigos. Logo, foi descoberto seu uso como um anestésico "local", tanto na odontologia (1884) como em cirurgias (1885). Nesse tipo de aplicação, ela era injetada diretamente nos nervos específicos, os quais deveria amortecer.

Logo depois de a estrutura da cocaína ter sido estabelecida, os químicos começaram a procurar um substituto. A cocaína apresenta várias desvantagens para o amplo uso médico como anestésico. Na cirurgia dos olhos, ela também produz midríase, e também pode se tornar uma droga viciante. Por fim, ela tem um efeito perigoso no sistema nervoso central.

O primeiro substituto totalmente sintético foi a eucaína, que foi sintetizada por Harries, em 1918, e mantém muitas das características essenciais da estrutura da molécula de cocaína. O desenvolvimento desse novo anestésico confirmou parcialmente a porção da estrutura essencial da cocaína para a ação anestésica local. A vantagem da eucaína em relação à cocaína é que ela não produz midríase e não é viciante. Infelizmente, ela é altamente tóxica.

Outra tentativa na simplificação levou à piperocaína. A porção molecular comum da cocaína e da eucaína é representada pelas linhas pontilhadas, na estrutura mostrada a seguir. A piperocaína tem somente um terço da toxicidade da eucaína.

O produto sintético mais bem-sucedido, durante muitos anos, foi a droga chamada procaína, conhecida mais comumente por seu nome comercial, Novocaína (veja a tabela). A novocaína apresenta apenas um quarto da toxicidade da eucaína, proporcionando uma maior margem de segurança em seu uso. A dose tóxica é quase 10 vezes maior que a quantidade efetiva e não é uma droga viciante.

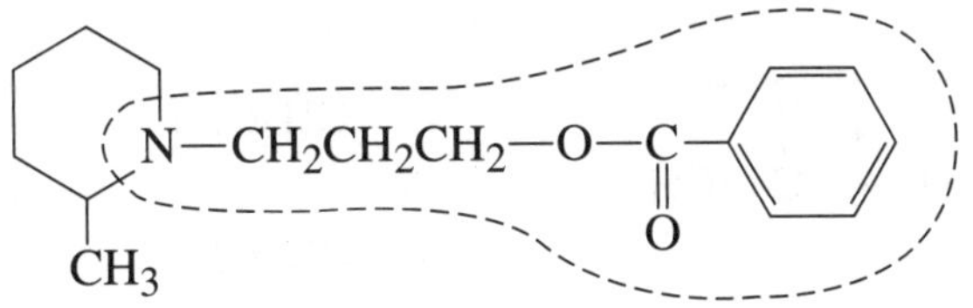

$$N-CH_2CH_2CH_2-O-\overset{\displaystyle O}{\overset{\|}{C}}-C_6H_5 \quad (\text{anel piperidínico com } CH_3)$$

Piperocaína

Com o passar dos anos, centenas de novos anestésicos locais têm sido sintetizados e testados. Por uma razão ou por outra, a maior parte deles não foi adotada para uso geral. Ainda prossegue a procura pelo anestésico local perfeito. Todos os medicamentos que foram definidos como ativos têm determinadas características estruturais em comum. Em uma das extremidades da molécula está um anel aromático, e na outra extremidade, está uma amina secundária ou terciária. Essas duas características essenciais são separadas por uma cadeia central de átomos que geralmente tem um comprimento de uma a quatro unidades. A parte aromática, em geral, é um éster de um ácido aromático. O grupo éster é importante para a desintoxicação corporal desses compostos. A primeira etapa para desativá-los é uma hidrólise dessa união de éster, um processo que ocorre na corrente sanguínea. Compostos que não têm a união de éster são mais duradouros em seus efeitos e, geralmente, são mais tóxicos. Uma exceção é a lidocaína, que é um amido. O grupo amina terciária, aparentemente, é necessário para aumentar a solubilidade dos compostos na injeção de solvente. A maioria desses compostos é utilizada em suas formas de sal de cloridrato, que podem ser dissolvidas em água, para injeção.

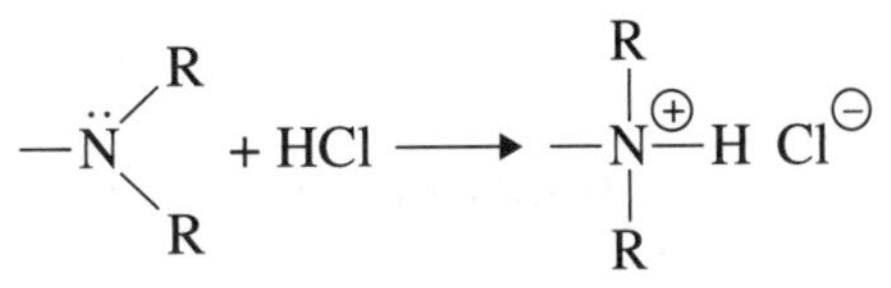

$$-\ddot{N}R_2 + HCl \longrightarrow -\overset{\oplus}{N}R_2-H \; Cl^{\ominus}$$

A benzocaína, por outro lado, é ativa como anestésico local, mas não é utilizada para injeção. Ela não penetra bem nos tecidos e não é solúvel em água. Ela é utilizada principalmente em preparações para a pele, nas quais pode ser incluído uma pomada ou bálsamo para aplicação direta. Trata-se de um ingrediente de muitas preparações para o alívio de queimaduras causadas pelo sol.

Ainda não foi bem compreendido como essas drogas impedem a condução da dor. Seu principal local de ação está na membrana nervosa. Elas parecem competir com o cálcio em algum local receptor, alterando a permeabilidade da membrana e mantendo o nervo ligeiramente despolarizado eletricamente.

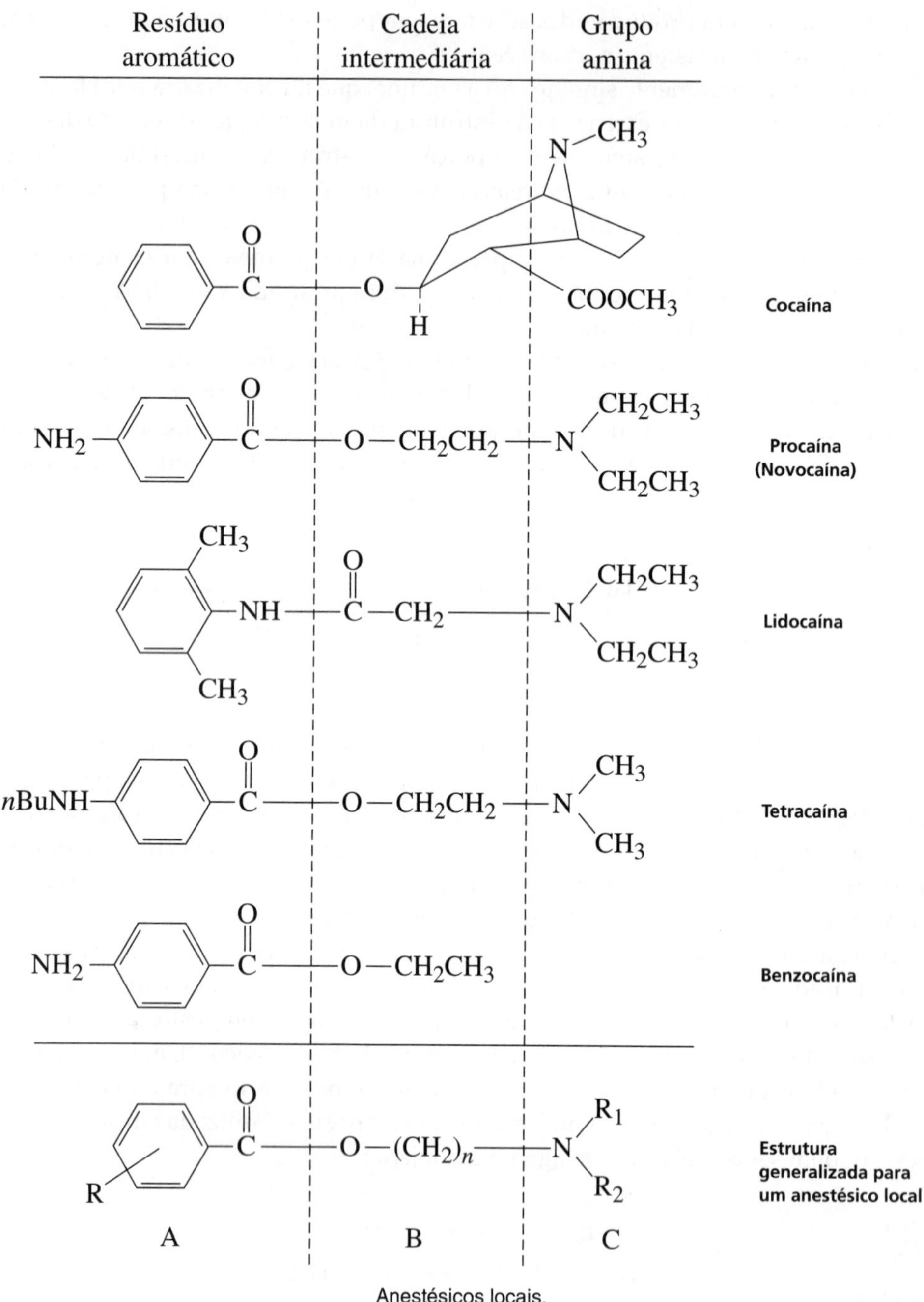

Anestésicos locais.

REFERÊNCIAS

Block, J. H.; Beale, J. M. *Wilson and Gisvold's Textbook of Organic Medicinal and Pharmaceutical Chemistry*, 11th ed.; Lippincott, Williams, and Wilkins: Philadelphia, 2003.

Catterall, W. A.; Mackie, K. *Local anesthetics. In Goodman and Gilman's, The Pharmacological Basis of Therapeutics*, 11th ed.; McGraw-Hill: New York, 2006.

Lemke, T. L.; Williams, D. A. *Foye's Principles of Medicinal Chemistry*, 6th ed.; Lippincott, Williams, and Wilkins: Philadelphia, 2008.

Nagle, H.; Nagle, B. *Pharmacology: An Introduction*, 5th ed.; McGraw-Hill: Boston, 2005.

Rang, H. P.; Dale, M. M.; Ritter J. M.; Flower, R.J. *Rang and Dale's Pharmacology;* Elsevier: China, 2007.

Ray, O. S. Stimulants and Depressants. In *Drugs, Society, and Human Behavior,* 3rd ed.; C. V. Mosby: St. Louis, 1983.

Snyder, S. H. The Brain's Own Opiates. *Chem. Eng. News* 1977, (Nov. 28), 26–35.

Taylor, N. *Plant Drugs That Changed the World;* Dodd, Mead: New York, 1965; 14–18.

Taylor, N. The Divine Plant of the Incas. In *Narcotics: Nature's Dangerous Gifts.* Dell: New York, 1970. (Paperbound revision of *Flight from Reality.*)

Ensaio 17

Feromônios: atrativos e repelentes de insetos

É difícil para os seres humanos, que se comunicam principalmente de formas visuais e verbais, imaginar que algumas formas de vida dependem principalmente da liberação e percepção de *odores* para se comunicarem entre si. Contudo, entre os insetos, talvez essa seja a mais importante forma de comunicação. Muitas espécies de insetos desenvolveram uma "linguagem" virtual com base na troca de odores. Esses insetos têm glândulas odoríferas bem desenvolvidas, geralmente, de vários tipos, que têm como único propósito a síntese e liberação de substâncias químicas. Quando essas substâncias químicas, conhecidas como **feromônios**, são secretadas por insetos e detectadas por outros membros da mesma espécie, elas induzem a uma resposta específica e característica.

Tipos de feromônios

Feromônios liberadores: este tipo de feromônio produz uma resposta comportamental imediata, mas é rapidamente dissipado. Moléculas liberadoras podem atrair parceiros a distâncias consideráveis, mas seu efeito é de curta duração.

Feromônios pré-ativadores: os feromônios pré-ativadores desencadeiam uma série de alterações fisiológicas no receptor. Ao contrário de um feromônio liberador, um feromônio pré-ativador tem um princípio mais lento e uma duração mais longa.

Feromônios de recrutamento ou agregação: este tipo de feromônio pode atrair indivíduos de ambos o sexos, da mesma espécie.

Feromônios de reconhecimento: este tipo de feromônio permite que membros da mesma espécie reconheçam uns aos outros. Este tipo de feromônio apresenta uma função similar à dos feromônios de recrutamento.

Feromônios de alarme: este tipo de substância é liberada quando o ocorre ataque por um predador. Ele pode alertar outros para escaparem, ou pode provocar uma resposta agressiva aos membros da mesma espécie.

Feromônios territoriais: estes feromônios marcam os limites do território de um organismo. Em cachorros, estes feromônios estão presentes na urina. Desse modo, os cães podem demarcar seu território.

Feromônios de trilha: as formigas depositam uma trilha de feromônios à medida que elas retornam da fonte de alimento para seu formigueiro. A trilha atrai outras formigas e serve como um guia para a fonte de alimento. O feromônio precisa ser continuamente renovado, porque os compostos com baixa massa molecular se evaporam rapidamente.

Feromônios sexuais: os feromônios sexuais indicam a disponibilidade da fêmea para fins de reprodução. Os animais machos emitem feromônios que transmitem informações sobre sua espécie. Não ocorre nenhuma confusão!

É preciso mencionar que existe uma sobreposição de funções nos feromônios, que podem assumir múltiplas respostas, apesar de serem classificados separadamente.

Atrativos sexuais

Entre os mais importantes tipos de feromônios liberadores estão os atrativos sexuais. Os **atrativos sexuais** são feromônios secretados pela fêmea ou, menos comumente, pelo macho da espécie, para atrair o sexo oposto, com o propósito de acasalamento. Em grandes concentrações, os feromônios sexuais também induzem uma resposta fisiológica no receptor (por exemplo, as transformações necessárias para o ato de acasalamento) e, portanto, têm um efeito pré-ativador, e não apenas de atração sexual, o que causa erro de denominação.

Qualquer pessoa que já tenha tido uma gata ou cadela de estimação sabe que os feromônios sexuais não são limitados aos insetos. As gatas ou cadelas anunciam amplamente, pelo odor, sua disponibilidade sexual quando estão no cio. Esse tipo de feromônio não é incomum aos mamíferos. Algumas pessoas até mesmo acreditam que os feromônios humanos são responsáveis por atrair certos homens e mulheres que são sensíveis uns aos outros. Essa ideia, naturalmente, é responsável por muitos dos perfumes que, hoje em dia, estão amplamente disponíveis. Ainda não se pode estabelecer se a ideia é correta ou não, mas existem diferenças sexuais comprovadas na capacidade dos seres humanos de identificar determinadas substâncias pelo cheiro. Por exemplo, o exaltolídeo, uma lactona sintética do ácido 14-hidroxitetradecanóico, pode ser percebido somente por fêmeas ou machos depois que estes receberam uma injeção de estrogênio. O exaltolídeo é muito similar, em sua estrutura geral, à civetona (gato-de-algália) e muscona (veado-almiscarado), que são dois compostos que ocorrem na natureza, os quais se acredita que sejam feromônios sexuais de mamíferos.

Ainda não ficou totalmente estabelecido se os seres humanos utilizam ou não feromônios como um meio de atrair o sexo oposto, embora esta seja uma importante área de pesquisa. Os seres humanos, assim como outros animais, emitem odores de muitas partes de seus corpos. O odor corporal consiste em secreções de diversos tipos de glândulas da pele, a maioria das quais são concentradas na região das axilas. Será que essas secreções contêm substâncias que podem atuar como feromônios humanos?

As pesquisas têm demonstrado que uma mãe é capaz de identificar corretamente o odor de um filho seu recém-nascido ou de um filho com mais idade cheirando uma roupa que tenha sido utilizada pela criança, e que também pode distinguir entre roupas que tenham sido usadas por seu filho e por outra criança da mesma idade. Estudos conduzidos há mais de 30 anos mostraram que o ciclo menstrual de mulheres que são colegas de quarto ou amigas próximas tendem a convergir, com o passar do tempo. Essas e outras investigações similares sugerem que algumas formas de comunicação, como a realizada através de feromônios, são possíveis nos humanos.

Estudos recentes têm identificado claramente uma estrutura especializada, chamada órgão **vomeronasal**, no nariz. Esse órgão parece responder a uma variedade de estímulos químicos. Em um artigo recente, pesquisadores da Universidade de Chicago relataram que quando eles esfregaram bolinhas de algodão nas secreções odoríferas do corpo humano de um grupo de mulheres e as colocaram sob os narizes de outras mulheres, o segundo grupo demonstrou mudanças em seus ciclos menstruais. Os ciclos ficaram mais longos ou mais curtos, dependendo de onde as doadoras estavam em seu próprio ciclo menstrual. As mulheres afetadas afirmaram que não conseguiam sentir nenhum cheiro, exceto do álcool nas bolinhas de algodão. O álcool, por si só, não tem nenhum efeito no ciclo menstrual das mulheres. O momento da ovulação das mulheres sujeitas ao teste foi afetado de maneira similar. Apesar de a natureza das substâncias responsáveis por esses efeitos ainda não ter sido identificada, claramente, o potencial para a comunicação química regulando a função sexual já foi determinada nos seres humanos.

Esse efeito foi descrito como efeito McClintock, e recebeu este nome em homenagem à sua principal investigadora, Martha McClintock, da Universidade de Chicago (veja referências: McClintock e Stern, 1971 e 1998). O efeito McClintock, no entanto, ainda não foi seguramente definido, e estudos e revisões mais recentes da pesquisa feita pela cientista puseram em dúvida o resultado do trabalho (veja referências: Yang e Schank, 2006).

Um dos primeiros atrativos de insetos que foram identificados pertence à mariposa-cigana, *Lymantria dispar.* Essa mariposa é uma peste agrícola comum, e espera-se que o atrativo sexual que as fêmeas emitem possa ser utilizado para atrair e capturar machos. O método de controle de insetos é preferível a inundar grandes áreas com inseticidas, e seria específico de cada espécie. Quase 50 anos de trabalho foram dedicados à identificação da substância química responsável pelo poder da atração. No começo desse período, pesquisadores descobriram que um extrato obtido a partir de cortes da cauda de mariposas-ciganas fêmeas atrairiam os machos, mesmo em grandes distâncias. Experimentos com o feromônio mariposa-cigana isolado demonstraram que a mariposa-cigana macho tem uma capacidade quase inacreditável de detectar quantidades extremamente pequenas da substância. Por exemplo, em concentrações menores que algumas centenas de *moléculas* por centímetro cúbico (cerca de 10^{-19}–10^{-20} g/cc)! Quando uma mariposa macho encontra uma pequena concentração de feromônio, ele imediatamente se dirige contra o vento e voa para cima em busca de concentrações maiores e da fêmea. Com apenas uma brisa leve, uma fêmea emitindo continuamente pode ativar um espaço de aproximadamente 90 metros de altura, 210 metros de largura e cerca de 4.200 metros (mais de 4 quilômetros) de comprimento!

Em trabalho subsequente, pesquisadores isolaram 20 mg de uma substância química pura de extratos de solvente dos dois segmentos extremos da cauda, coletados de cada uma das 500 mil mariposas-ciganas fêmeas (cerca de 0,1 μg/mariposa). Isso enfatiza que os feromônios são efetivos em quantidades muito pequenas e que os químicos precisam trabalhar com quantidades muito pequenas para isolá-los e provar suas estruturas. Não é incomum processar milhares de insetos para conseguir uma amostra minúscula dessas substâncias. Métodos analíticos e instrumentais extremamente sofisticados, como a espectroscopia, devem ser utilizados para determinar a estrutura de um feromônio.

Apesar dessas técnicas, os pesquisadores originais atribuíram uma estrutura incorreta ao feromônio da mariposa-cigana e propuseram o nome **giplure**. Por causa de sua grande promessa como um método de controle de insetos, logo, o giplure foi sintetizado. O material sintético revelou ser totalmente inativo. Depois de alguma controvérsia quanto ao porquê de o material sintético ser incapaz de atrair mariposas-ciganas machos (veja as Referências, para conhecer a história completa), finalmente, foi demonstrado que a estrutura proposta para o feromônio (isto é, a estrutura giplure) estava incorreta. Foi descoberto que o verdadeiro feromônio era *cis*-7,8-epoxi-2-metiloctadecano, também denominado (7R,8S)-epoxi-2-metiloctadecano. O material logo foi sintetizado, demonstrando ser ativo, e recebeu o nome **disparlure**. Nos últimos anos, verificou-se que armadilhas com disparlure consistem em um método conveniente e econômico de controle da mariposa-cigana.

Uma história similar de erro de identidade pode ser relatada para a estrutura do feromônio da lagarta-rosada, *Pectinophora gossypiella.* A estrutura proposta originalmente foi chamada **propilure**. O propilure sintético mostrou ser inativo. Posteriormente, foi demonstrado que o feromônio é uma mistura de dois isômeros de acetato de 7,11-hexadecadieno-1-il, o isômero *cis,cis* (7Z,11Z) e o isômero *cis,trans* (7Z,11E). Ficou demonstrado ser muito fácil sintetizar uma mistura, na proporção de 1:1, desses dois isômeros, e a mistura, na proporção de 1:1, foi denominada **gossiplure**. Curiosamente, adicionar apenas 10% de um dos outros dois possíveis isômeros, *trans,cis* (7E,11Z) ou *trans,trans* (7E,11E), à mistura, de

1:1, diminui muito sua atividade, aparentemente, mascarando-a. O isomerismo geométrico pode ser importante! Os detalhes da história do gossiplure também podem ser encontrados nas Referências.

Essas duas histórias vêm sendo parcialmente repetidas aqui para indicar as dificuldades da pesquisa com feromônios. O método usual é propor a estrutura determinada pelo trabalho com quantidades *muito pequeninas* do material natural. A margem de erro é grande. Essas propostas geralmente não são consideradas "provadas" até ser demonstrado que o material sintético é tão efetivo biologicamente como o feromônio natural.

Outros feromônios

O exemplo mais importante de um feromônio pré-ativador é encontrado nas abelhas. Uma colmeia de abelhas consiste em uma abelha-rainha, várias centenas de zangões e milhares de abelhas-operárias, ou fêmeas em desenvolvimento. Recentemente, foi descoberto que a abelha-rainha, a única fêmea que atinge pleno desenvolvimento e capacidade reprodutiva, secreta um feromônio pré-ativador, chamado **geleia real**. As fêmeas operárias, enquanto cuidam da abelha-rainha, ingerem continuamente quantidades de geleia real. Esse feromônio, que é uma mistura de compostos, evita que as operárias criem quaisquer rainhas concorrentes e evita o desenvolvimento de ovários em todas as outras fêmeas na colmeia. A substância também é ativa como um atrativo sexual; ela atrai zangões para a rainha durante seu "voo nupcial". O principal componente da geleia real é mostrado na figura da página 935.

As abelhas também produzem vários outros importantes tipos de feromônios. Há muito, se sabe que as abelhas formarão um enxame que perseguirá um intruso. Também é conhecido que o acetate de isopentila induz um comportamento similar em abelhas. O acetato de isopentila (Experimento 12) é um **feromônio de alarme**. Quando uma abelha-operária irritada sente o cheiro de um intruso, ela descarrega, junto com o veneno do ferrão, uma mistura de feromônios que incita as outras abelhas a formar um enxame e atacar o intruso. O acetato de isopentila é um componente importante da mistura do feromônio de alarme. Os feromônios de alarme também foram identificados em muitos outros insetos. Em insetos menos agressivos que as abelhas ou formigas, o feromônio de alarme pode assumir a forma de um **repelente**, que induz os insetos a se esconderem ou deixar a vizinhança imediata.

As abelhas também liberam **feromônios de recrutamento** ou **de trilha**. Esses feromônios atraem outros para uma fonte de alimento. As abelhas secretam feromônios de recrutamento quando localizam flores nas quais estão disponíveis grandes quantidades de xarope de açúcar. Apesar de o feromônio de recrutamento ser uma mistura complexa, o geraniol e o citral foram identificados como componentes. De uma maneira similar, quando formigas localizam uma fonte de alimento, elas arrastam suas traseiras ao longo de todo o seu caminho de volta para o formigueiro, secretando continuamente um feromônio de trilha. Outras formigas seguem a trilha até a fonte de alimento.

Em algumas espécies de insetos, têm sido identificados **feromônios de reconhecimento**. Nas formigas-carpinteiras, uma secreção específica da casta foi encontrada nas glândulas mandibulares dos machos de diferentes espécies. Essas secreções têm diversas funções, uma das quais é permitir que membros da mesma espécie reconheçam uns aos outros. Insetos que não têm o odor de reconhecimento correto são imediatamente atacados e expelidos do **formigueiro**. Em uma espécie de formiga-carpinteira, foi demonstrado que o metil antranilato é um componente importante do feromônio de reconhecimento.

Ainda não conhecemos todos os tipos de feromônios que uma determinada espécie de inseto pode utilizar, mas aparentemente, apenas 10 ou 12 feromônios seriam suficientes para constituir uma "linguagem" capaz de regular adequadamente o ciclo de vida completo de uma colônia de insetos sociais.

Repelentes de insetos

Atualmente, o **repelente de insetos** mais amplamente utilizado é a substância sintética *N*, *N*-dietil-*m*-toluamida (veja o Experimento 45), também chamada Deet. Ele é efetivo contra moscas, mosquitos, ácaro-de-colheita, carrapatos, mosca-do-cervo, flebotomíneos e pernilongos. Um repelente específico é conhecido para cada um desses tipos de insetos, mas nenhum tem o amplo espectro de atividade que esse repelente tem. Ainda não foi exatamente compreendido por que essas substâncias repelem insetos. As investigações mais extensivas têm conduzido ao mosquito.

Originalmente, muitos investigadores pensavam que os repelentes podiam simplesmente ser compostos que liberavam odores considerados desagradáveis ou com gosto ruim para uma ampla variedade de insetos. Outros pensavam que poderiam ser feromônios de alarme para a espécie afetada, ou que eles podiam ser feromônios de alarme de uma espécie hostil. A pesquisa inicial com o mosquito indica que, pelo menos para diversas variedades de mosquitos, nenhuma dessas é a resposta correta.

Aparentemente, os mosquitos têm pelos em suas antenas, que são receptores que os habilitam a encontrar um hospedeiro de sangue quente. Tais receptores detectam as correntes de convecção resultantes de um animal vivo, quente e úmido. Quando um mosquito encontra uma corrente de convecção quente e úmida, ele se move continuamente para a frente. Se ele sair dessa corrente e ir para o ar seco, terminará voltando até encontrar a corrente novamente. Eventualmente, ele encontrará um hospedeiro e pousará. Os repelentes fazem com que um mosquito comece a voar e fique confuso. Mesmo se ele pousar, ficará confuso e voará novamente.

Pesquisadores descobriram que o repelente impede que os receptores de umidade do mosquito respondam normalmente à umidade elevada do hospedeiro. Pelo menos dois sensores estão envolvidos, um que responde ao dióxido de carbono e outro que reage ao vapor de água. O sensor ao dióxido de carbono é ativado pelo repelente, mas se a exposição ao produto químico continuar, ocorrerá adaptação, e o sensor voltará à sua usual baixa saída de sinal. O sensor de umidade, por outro lado, simplesmente parece ser amortecido, ou desligado, pelo repelente. Desse modo, os mosquitos têm uma grande dificuldade de encontrar e interpretar um hospedeiro quando estão em um ambiente saturado com repelente. Eles voam diretamente através de correntes de convecção quentes e úmidas, como se as correntes não existissem. Somente o tempo dirá se outros insetos que mordem respondem da mesma maneira.

Até o momento, o mecanismo de ação dos repelentes de inseto nos alvos moleculares continua desconhecido. Contudo, Leslie Vooshall e colegas na Rockefeller University relataram, na edição de março de 2008 de *Science*, que haviam identificado alvos moleculares para o repelente, *N,N*-dietil-*meta*-toluamida (DEET). Eles declararam que o DEET inibe os receptores olfativos do mosquito e da mosca-da-fruta, que formam um complexo com um correceptor olfativo necessário, o OR83b. Na verdade, o DEET inibe a atração comportamental mascarando o odor de hospedeiro em seres humanos. Agora que se conhece como o DEET afeta os receptores, poderão ser desenvolvidos novos repelentes de insetos, que sejam mais seguros e mais efetivos, especialmente para crianças pequenas.

ATRATIVOS SEXUAIS DE INSETOS

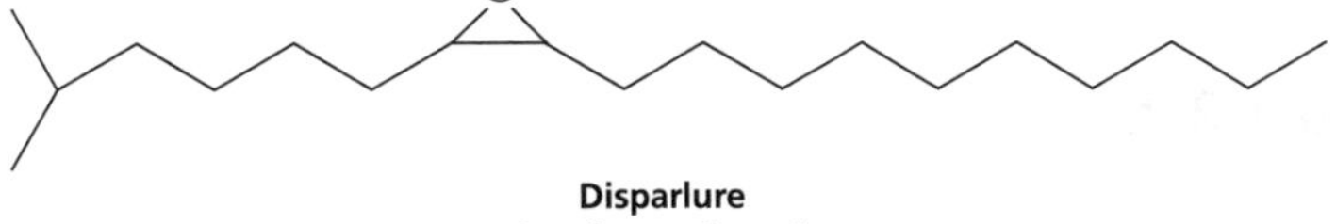

O

Disparlure
(mariposa-cigana)

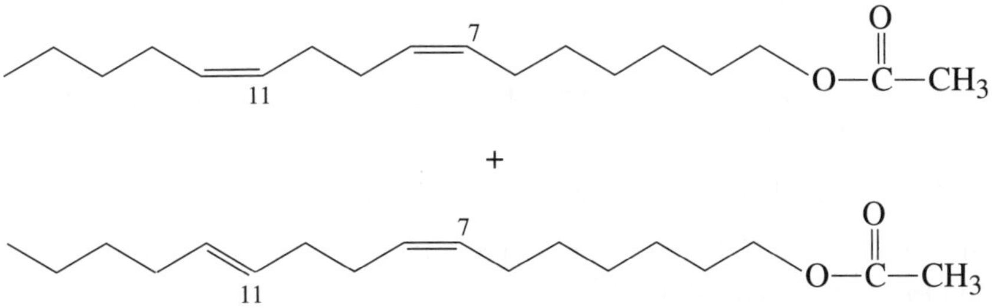

7 O
11 O—C—CH₃

+

7 O
11 O—C—CH₃

Gossiplure
(lagarta-rosada)

FEROMÔNIOS DE RECRUTAMENTO **FEROMÔNIOS PRÉ-ATIVADORES**

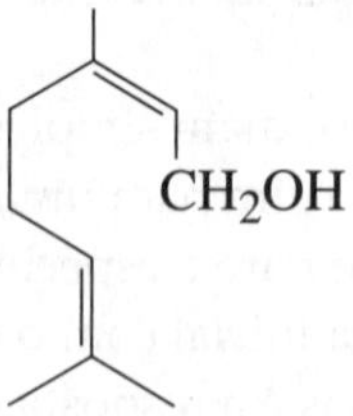

CH_2OH CHO $CH_3-\overset{O}{\overset{\|}{C}}-(CH_2)_5$ H H COOH

Geraniol (abelha)

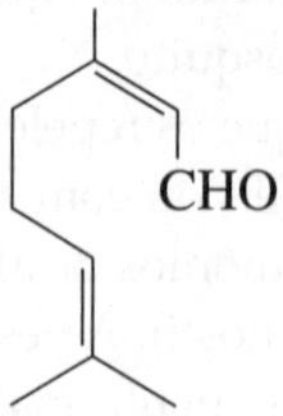

Citral (abelha)

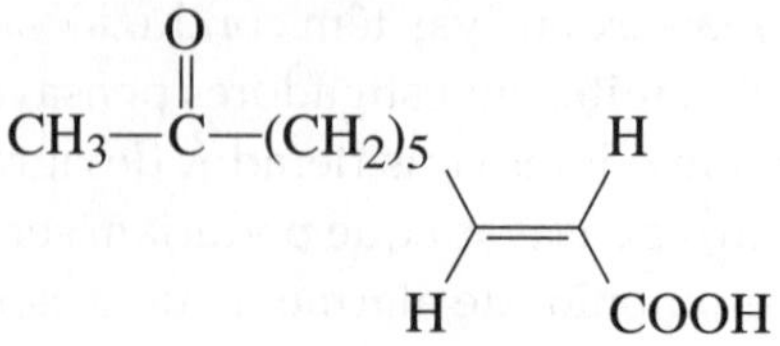

Substância da rainha (abelha)

FEROMÔNIOS DE ALARME

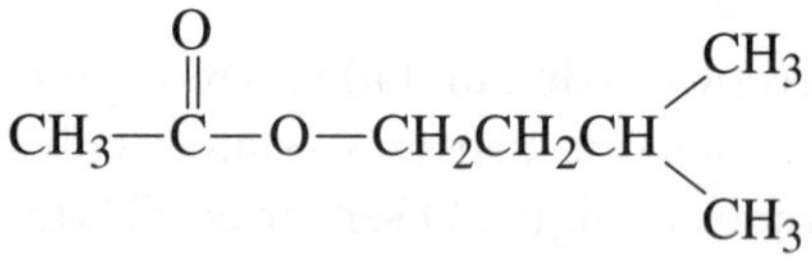

$CH_3-\overset{O}{\overset{\|}{C}}-O-CH_2CH_2CH(CH_3)_2$ CHO CHO O O H H O H CH_2

Acetato de isopentila (mel)

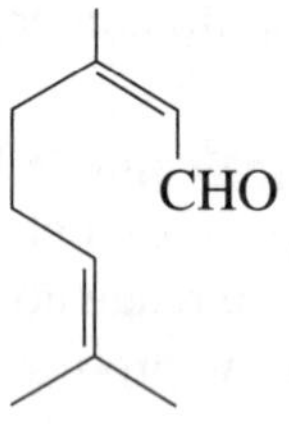

Citral (espécies de formigas)

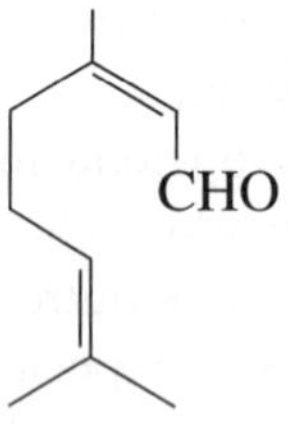

Citronelal

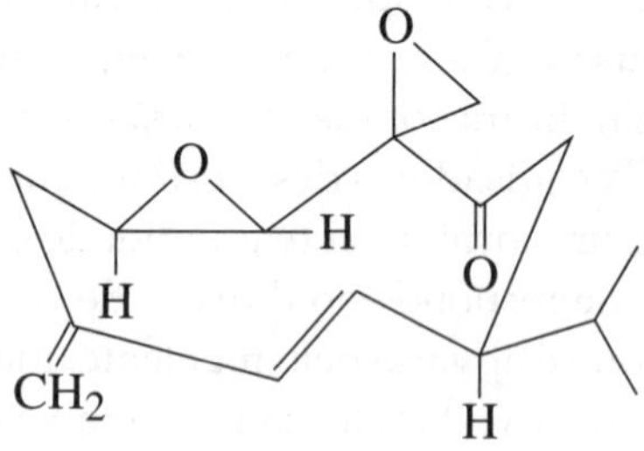

Periplanona B (barata americana)

FEROMÔNIOS DE MAMÍFEROS (?)

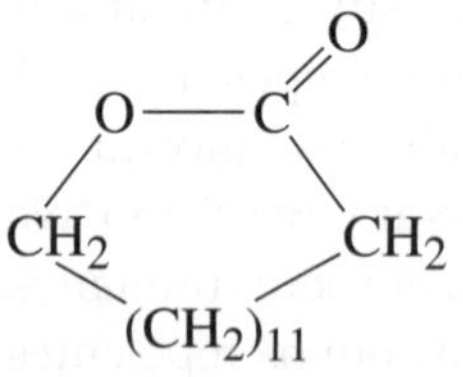

O—C(=O) CH_2 CH_2 $(CH_2)_{11}$ $CH_2-C(=O)$ $(CH_2)_6$ $(CH_2)_7$ CH=CH $CH_2-C(=O)$ CH_3-CH CH_2 $(CH_2)_{11}$

Exaltolídeo (sintético)

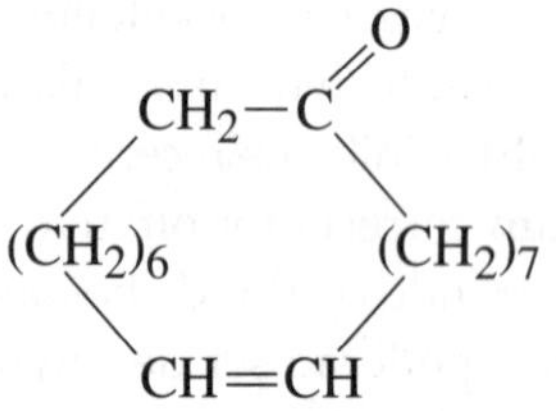

Civetona (gato-de-algália)

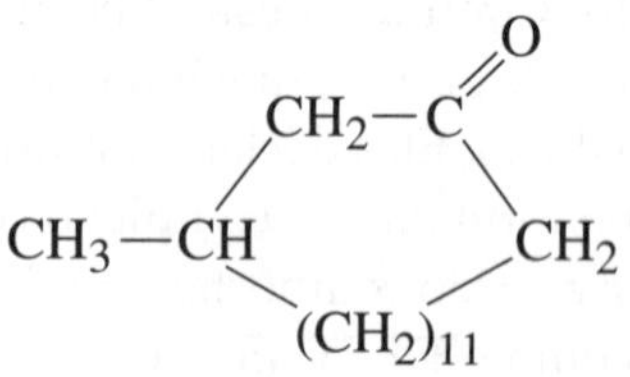

Muscona (veado-almiscarado)

REFERÊNCIAS

Agosta, W. C. Using Chemicals to Communicate. *J. Chem. Educ.* 1994, *71* (Mar.), 242.

Batra, S. W. T. Polyester-Making Bees and Other Innovative Insect Chemists. *J. Chem. Educ.* 1985, *62* (Feb.), 121.

Ditzen, M.; Pellegrino, M.; Vosshall, L. B. Insect Odorant Receptors Are Molecular Targets of the Insect Repellent DEET. *Science* 2008, *319*, 1838–42.

Katzenellenbogen, J. A. Insect Pheromone Synthesis: New Methodology. *Science* 1976, *194* (Oct. 8), 139.

Kohl, J. V.; Atzmueller, M.; Fink, B.; Grammer, K. Human Pheromones: Integrating Neuroendocrinology and Ethology. *Neuroendocrinol. Lett.* 2001, *22* (5), 319–31.

Leonhardt, B. A. Pheromones. *CHEMTECH* 1985, *15* (Jun.), 368.

Liberles, S. D.; Buck, L. B. A Second Class of Chemosensory Receptors in the Olfactory Epithelium. *Nature* 2006, *442*, 645–650.

Prestwick, G. D. The Chemical Defenses of Termites. *Sci. Am.* 1983, *249* (Aug.), 78.

Silverstein, R. M. Pheromones: Background and Potential Use for Insect Control. *Science* 1981, *213* (Sept. 18), 1326.

Stine, W. R. Pheromones: Chemical Communication by Insects. *J. Chem. Educ.* 1986, *63* (Jul.), 603.

Villemin, D. Olefin Oxidation: A Synthesis of Queen Bee Pheromone. *Chem. Ind.* 1986 (Jan. 20), 69.

Wilson, E. O. Pheromones. 1963, *208* (May), 100.

Wilson, E. O.; Bossert, W. H. Chemical Communication Among Animals. *Recent Progr. Horm. Res.* 1963, *19*, 673–716.

Winston, M. L.; Slessor, K. N. The Essence of Royalty: Honey Bee Queen Pheromone. *Am. Sci.* 1992, *80* (Jul.–Aug.), 374.

Wood, W. F. Chemical Ecology: Chemical Communication in Nature. *J. Chem. Educ.* 1983, *60* (Jul.), 531.

Wright, R. H. Why Mosquito Repellents Repel. *Sci. Am.* 1975, *233* (Jul.), 105.

Wyatt, Tristram D. *Pheromones and Animal Behaviour: Communication by Smell and Taste* Cambridge University Press: Cambridge, 2003.

Yu, H.; Becker, H.; Mangold, H. K. Preparation of Some Pheromone Bouquets. *Chem. Ind.* 1989, (Jan. 16), 39.

MARIPOSA-CIGANA

Beroza, M.; Knipling, E. F. Gypsy Moth Control with the Sex Attractant Pheromone. *Science* 1972, *177*, 19.

Bierl, B. A.; Beroza, M.; Collier, C. W. Potent Sex Attractant of the Gypsy Moth: Its Isolation, Identification, and Synthesis. *Science* 1970, *170* (3953), 87.

LAGARTA-ROSADA

Anderson, R. J.; Henrick, C. A. Preparation of the Pink Bollworm Sex Pheromone Mixture, Gossyplure. *J. Am. Chem. Soc.* 1975, *97* (15), 4327.

Hummel, H. E.; Gaston, L. K.; Shorey, H. H.; Kaae, R. S.; Byrne, K. J.; Silverstein, R. M. Clarification of the Chemical Status of the Pink Bollworm Sex Pheromone. *Science* 1973, *181* (4102), 873.

BARATA-AMERICANA

Adams, M. A.; Nakanishi, K.; Still, W. C.; Arnold, E. V.; Clardy, J.; Persoon, C. J. Sex Pheromone of the American Cockroach: Absolute Configuration of Periplanone-B. *J. Am. Chem. Soc.* 1979, *101*, 2495.

Still, W. C. (±)-Periplanone-B: Total Synthesis and Structure of the Sex Excitant Pheromone of the American Cockroach. *J. Am. Chem. Soc.* 1979, *101*, 2493.

Stinson, S. C. Scientists Synthesize Roach Sex Excitant. *Chem. Eng. News* 1979, *57* (Apr. 30), 24.

ARANHAS

Schulz, S.; Toft, S. Identification of a Sex Pheromone from a Spider. *Science* 1993, *260* (Jun 11), 1635.

BICHO-DA-SEDA

Emsley, J. Sex and the Discerning Silkworm. *Foodweek* 1992, *135* (Jul. 11), 18.

PULGÕES

Coghlan, A. Aphids Fall for Siren Scent of Pheromones. *Foodweek* 1990, *127* (Jul. 21), 32.

COBRAS

Mason, R. T.; Fales, H. M.; Jones, T. H.; Pannell, L. K.; Chinn, J. W.; Crews, D. Sex Pheromones in Snakes. *Science* 1989, *245* (Jul. 21), 290.

GRAFOLITA

Mithran, S.; Mamdapur, V. R. A Facile Synthesis of the Oriental Fruit Moth Sex Pheromone. *Chem. Ind.* 1986, (Oct. 20), 711.

SERES HUMANOS

McClintock, M. K. Menstrual Synchrony and Suppression. *Nature* 1971, *229*, 244–45.

Stern, K.; McClintock, M. K. Regulation of Ovulation by Human Pheromones. *Nature* 1998, *392*,177–79.

Weller, A. Communication through Body Odour. *Nature* 1998, *392* (Mar. 12), 126.

Yang, Z. J. C. Women Do Not Synchronize Their Menstrual Cycles. *Hum. Nat.* 2006, *17* (4), 434–47.

SITES NA INTERNET

Wikipedia, disponível em <http://en.wikipedia.org/wiki/Pheromone>. Este *site* descreve os vários tipos de feromônios.

Orientação sexual, no cérebro, disponível em <http://www.cbsnews.com/stories/2005/05/09/tech/main694078.shtml>.

Ferobase, o banco de dados de feromônios de insetos, disponível em < http://www.pheobase.com/>. O banco de dados Ferobase é uma ampla compilação dos compostos modificadores de comportamento relacionados nas várias categorias de feromônios: de agregação, de alarme, liberador, pré-ativador, territorial, de trilha, sexuais e outros. O banco de dados contém mais de 30 mil registros e são apresentadas imagens de moléculas em Jmol. As moléculas podem ser projetadas como modelos de preenchimento de espaço ou em estrutura de arame, que podem ser girados no espaço tridimensional. Além disso, o banco de dados inclui dados espectrais de massa, de RMN e de síntese para mais de 2.500 compostos. É um *site* muito interessante!

Ensaio 18

Sulfas

A história da quimioterapia data de 1909, quando Paul Ehrlich utilizou o termo pela primeira vez. Embora a definição original de quimioterapia, por Ehrlich, fosse limitada, ele é reconhecido como um dos gigantes da química médica. A **quimioterapia** pode ser definida como "o tratamento de uma doença por reagentes químicos". É preferível que esses reagentes químicos apresentem uma toxicidade direcionada somente ao organismo patogênico, e não ao organismo e também ao hospedeiro. Um agente quimioterapêutico é mais útil se não envenenar o paciente ao mesmo tempo em que cura sua doença!

Em 1932, a empresa alemã fabricante de corantes, I. G. Farbenindustrie, patenteou um novo medicamento, o Prontosil, que é um corante vermelho-azo, e que foi preparado, primeiramente, em virtude de suas propriedades como corante. Foi notável a descoberta de que o Prontosil mostrava ação antibacteriana quando utilizado para tingir lã. Essa descoberta levou a estudos do Prontosil como um medicamento capaz de inibir o crescimento de bactérias. No ano seguinte, o Prontosil obteve sucesso ao ser utilizado contra a septicemia por estafilococos, uma infecção no sangue. Em 1935, Gerhard Domagk publicou os resultados de sua pesquisa, que indicou que o Prontosil era capaz de curar infecções por estreptococos em ratos e coelhos. Em um trabalho posterior, foi demonstrado que o Prontosil era ativo contra uma ampla variedade de bactérias. Essa importante descoberta, que abriu caminho para a imensa quantidade de pesquisas sobre a quimioterapia de infecções bacterianas, deu a Domagk o Prêmio Nobel de Medicina, em 1939, mas uma ordem dada por Hitler impediu que Domagk aceitasse a honra.

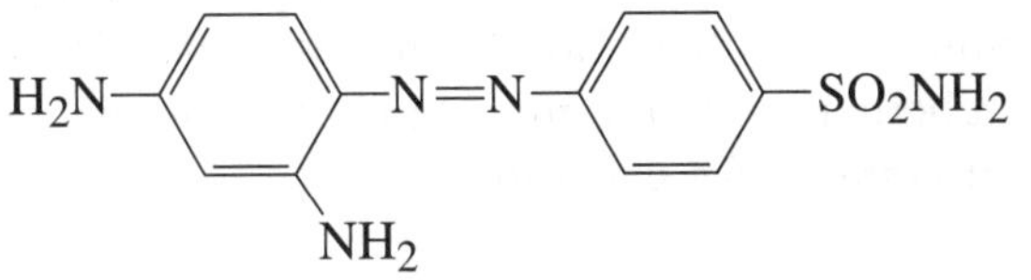

H_2N—(anel benzênico, com NH_2)—N=N—(anel benzênico)—SO_2NH_2

Prontosil

H_2N—(anel benzênico)—SO_2NH_2

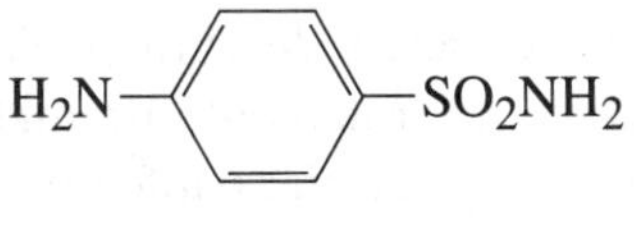

Sulfanilamida

O Prontosil é uma substância antibacteriana efetiva, ***in vivo***, isto é, quando injetada em um animal vivo. O Prontosil não é medicinalmente ativo quando é testado ***in vitro***, ou seja, em uma cultura de bactérias cultivada em laboratório. Em 1935, o grupo de pesquisas no Instituto Pasteur, em Paris, liderado por J. Tréfouël, verificou que o Prontosil é metabolizado, em animais, para a **sulfanilamida**. A sulfanilamida é conhecida desde 1908. Experimentos com a sulfanilamida demonstraram que ela tinha a mesma ação que o Prontosil *in vivo* e que também era ativa *in vitro*, quando o Prontosil era conhecido por ser inativo. Foi concluído que a parte ativa da molécula do Prontosil era o segmento sulfanilamida. A descoberta levou a uma explosão de interesse em derivados da sulfonamida. Poucos anos após essas descobertas, mais de mil substâncias da sulfonamida foram preparadas.

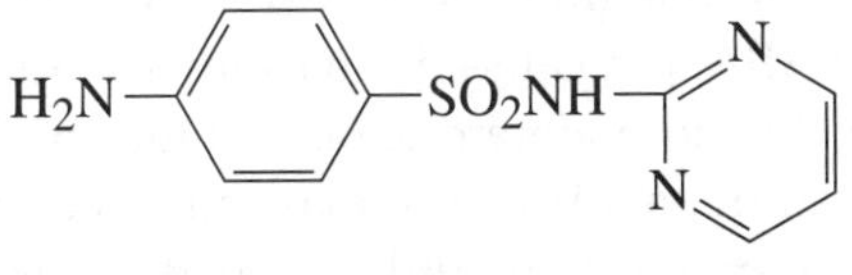

H_2N—(anel benzênico)—SO_2NH—(anel pirimidínico, N, N)

Sulfadiazina

H_2N—(anel benzênico)—$SO_2NH—C(=NH)—NH_2$

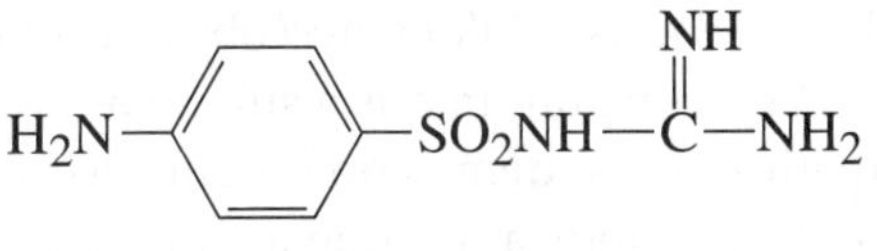

Sulfaguanidina

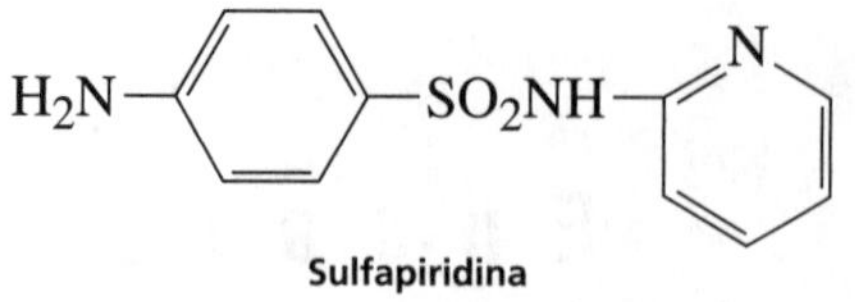

H_2N–C₆H₄–SO_2NH–(piridin-2-il)

Sulfapiridina

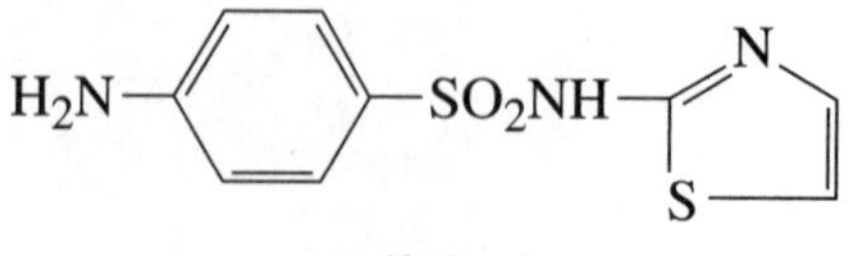

H_2N–C₆H₄–SO_2NH–(tiazol-2-il)

Sulfatiazol

H_2N–C₆H₄–SO_2NH–(isoxazol; H_3C, CH_3)

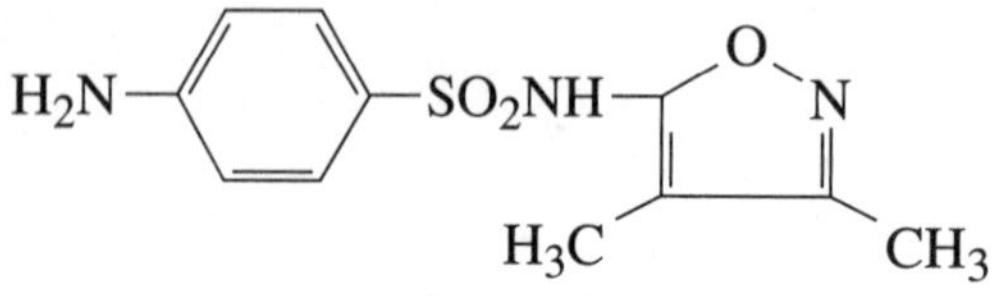

Sulfisoxazol

Apesar de muitos compostos da sulfonamida terem sido preparados, apenas relativamente poucos demonstraram propriedades antibacterianas úteis. Como os primeiros medicamentos antibacterianos úteis, essas poucas sulfonamidas medicinalmente ativas, ou **sulfas**, se tornaram os medicamentos maravilhosos do seu dia a dia. Um medicamento antibacteriano pode ser **bacteriostático** ou **bactericida**. Um medicamento bacteriostático suprime o crescimento da bactéria; um medicamento bactericida mata a bactéria. Estritamente falando, as sulfas são bacteriostáticas. As estruturas de algumas das sulfas mais comuns são mostradas aqui. As sulfas mais complexas têm várias aplicações importantes. Embora não tenham a estrutura simples, característica da sulfanilamida, tendem a ser menos tóxicas que o composto mais simples.

As sulfas começaram a perder sua importância como agentes bacterianos generalizados quando teve início a produção de antibióticos em grande quantidade. Em 1929, Sir Alexander Fleming fez sua famosa descoberta da **penicilina**. Em 1941, a penicilina foi utilizada primeiramente para tratar seres humanos. Desde essa época, o estudo de antibióticos se expandiu para as moléculas que apresentam pouca ou nenhuma similaridade estrutural com as sulfonamidas. Além dos derivados da penicilina, os antibióticos que são derivados da **tetraciclina**, incluindo a Aureomicina e a Terramicina, também foram descobertos. Esses antibióticos mais recentes são ativos contra bactérias e, em geral, não apresentam os severos efeitos colaterais desagradáveis de muitas das sulfas. No entanto, as sulfas ainda são amplamente utilizadas no tratamento de malária, tuberculose, lepra, meningite, pneumonia, escarlatina, a peste, infecções respiratórias e infecções do trato intestinal e urinário.

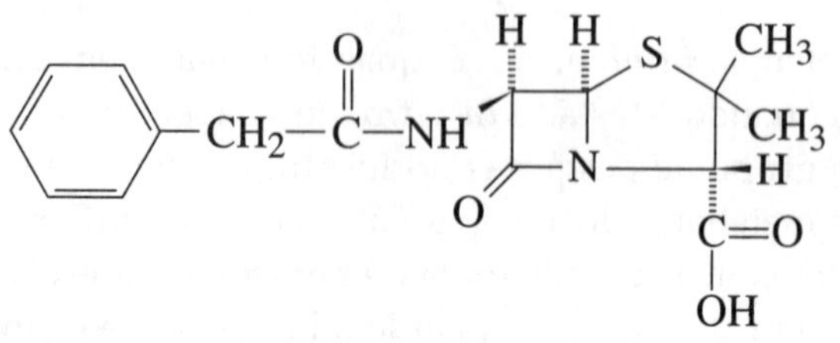

Penicilina G

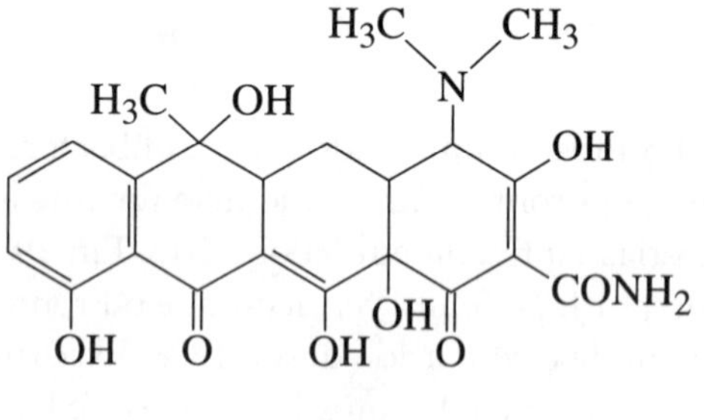

Tetraciclina

Apesar de a importância das sulfas ter diminuído, os estudos de como estes materiais atuam fornecem percepções muito interessantes do modo como as substâncias quimioterapêuticas podem se comportar. Em 1940, Woods e Fildes descobriram que o ácido *p*-aminobenzoico (PABA) inibe a ação da sulfanilamida. Eles concluíram que a sulfanilamida e o PABA, por causa de sua similaridade estrutural, deviam competir entre si dentro do organismo, apesar de não poderem realizar a mesma função química. Outros estudos indicaram que a sulfanilamida não mata a bactéria, mas inibe seu crescimento. Para crescer, a bactéria requer uma reação catalisada por enzimas que utiliza o **ácido fólico** como um cofator. A bactéria sintetiza o ácido fólico utilizando o PABA como um dos componentes. Quando a sulfanilamida é introduzida na célula bacteriana, ela compete com o PABA pelo local ativo da enzima, que efetua a incorporação do PABA na molécula de ácido fólico. Uma vez que a sulfanilamida e o PABA competem por um local ativo em decorrência de sua similaridade estrutural e porque a sulfanilamida não pode realizar as transformações químicas características do PABA, quando ele forma um complexo com a enzima, a sulfanilamida é chamada **inibidor competitivo** da enzima. A enzima, assim que tiver formado um complexo com a sulfanilamida, é incapaz de catalisar a reação necessária para a síntese do ácido fólico. Sem o ácido fólico, a bactéria não consegue sintetizar os ácidos nucleicos exigidos para o crescimento. Como resultado, o crescimento bacteriano é impedido até que o sistema imunológico do organismo possa responder e matar a bactéria.

Pode-se perguntar: "Por que, quando alguém ingere a sulfanilamida como medicamento, ela não inibe o crescimento de todas as células, as bacterianas e as dos seres humanos?". A resposta é simples. As células animais não podem sintetizar o ácido fólico, o qual deve ser uma parte da dieta de animais e, portanto, é uma vitamina essencial. Como as células animais recebem suas moléculas de ácido fólico totalmente sintetizadas através da dieta, somente as células bacterianas são afetadas pela sulfanilamida e apenas seu crescimento é inibido.

Para a maior parte dos medicamentos, não existe uma explicação detalhada de seu mecanismo de ação. As sulfas, entretanto, fornecem um raro exemplo com base no qual podemos teorizar como outros agentes terapêuticos desempenham sua atividade medicinal.

$H_2N-C_6H_4-C(=O)-OH$

Ácido *p*-aminobenzoico (PABA)

H$_2$N, N, N, N, N, OH, CH$_2$ | NH—C$_6$H$_4$—C(=O) | NH—CH(COOH)—CH$_2$CH$_2$—C(=O)—OH

Resíduo PABA (Ácido fólico)

REFERÊNCIAS

Amundsen, L. H. Sulfanilamide and Related Chemotherapeutic Agents. *J. Chem. Educ.* 1942, *19*, 167.

Evans, R. M. *The Chemistry of Antibiotics Used in Medicine*; Pergamon Press: London, 1965.

Fieser, L. F.; Fieser, M. Chemotherapy. *In Topics in Organic Chemistry*; Reinhold: New York, 1963.

Garrod, L. P.; O'Grady, F. *Antibiotics and Chemotherapy*; E. and S. Livingstone, Ltd.: Edinburgh, 1968.

Mandell, G. L.; Sande, M. A. The Sulfonamides. In *The Pharmacological Basis of Therapeutics*, 8th ed.; Gilman, A. G., Rall, T. W., Nies, A. S., Taylor, P., Eds.; Pergamon Press: New York, 1990.

Sementsov, A. The Medical Heritage from Dyes. *Chemistry* 1966, *39* (Nov.), 20.

Zahner, H.; Mass, W. K. *Biology of Antibiotics*; Springer-Verlag: Berlin, 1972.

Ensaio 19

Polímeros e plásticos

Quimicamente, os plásticos são compostos de moléculas encadeadas de elevada massa molecular, chamadas **polímeros**, que são formados a partir de produtos químicos mais simples, denominados **monômeros**. A palavra *poli* significa "muito", *mono* quer dizer "um" e *mer* indica "unidades". Desse modo, muitos monômeros são combinados para resultar em um polímero. Um monômero diferente ou uma combinação de monômeros é utilizada para produzir cada tipo ou família de polímeros. Existem duas amplas classes de polímeros: de adição e de condensação, os quais são descritos aqui.

Muitos polímeros (plásticos) produzidos no passado eram de tão má qualidade que terminaram ganhando uma reputação ruim. A indústria de plásticos atualmente produz materiais de alta qualidade, que estão cada vez mais substituindo os metais em muitas aplicações. Eles são utilizados em diversos produtos, como roupas, brinquedos, mobília, componentes de máquinas, pinturas, barcos, peças de automóveis e, até mesmo, órgãos artificiais. Na indústria automobilística, os metais vêm sendo substituídos por plásticos para ajudar a reduzir o peso geral de carros e para diminuir a corrosão. Esta redução de peso ajuda a aumentar a quilometragem da gasolina. As resinas de epóxi podem, até mesmo, substituir metais em peças de motores.

Estruturas químicas de polímeros

Basicamente, um polímero é composto de muitas unidades moleculares repetidas, formadas pela adição sequencial de moléculas de monômeros umas às outras. Muitas moléculas de monômeros de A, digamos, de 1.000 a 1 milhão, podem ser ligadas para formar uma molécula polimérica gigantesca:

$$\underset{\text{Moléculas de monômeros}}{\textbf{Muitas de A}} \longrightarrow \underset{\text{Molécula de polímero}}{\textbf{etc.—A-A-A-A-A—etc.}} \quad \text{ou} \quad \left(\!-\text{A}-\!\right)_n$$

Os monômeros que são diferentes também podem ser ligados para formar um polímero com uma estrutura alternativa. Esse tipo de polímero é chamado **copolímero**.

$$\underset{\text{Moléculas de monômero}}{\textbf{Muitas de A + Muitas de B}} \longrightarrow \underset{\text{Molécula de polímero}}{\textbf{etc.—A-B-A-B-A-B—etc.}} \quad \text{ou} \quad \left(\!-\text{A-B}-\!\right)_n$$

Tipos de polímeros

Por questão de conveniência, os químicos classificam os polímeros em diversos grupos principais, dependendo do método de síntese.

1. Os **polímeros de adição** são formados pela reação na qual as unidades de monômero simplesmente se adicionam umas às outras para formar um polímero de cadeia longa (geralmente, linear ou ramificada). Os monômeros, em geral, contêm ligações duplas carbono–carbono. Exemplos de polímeros de adição sintéticos incluem poliestireno (isopor), politetrafluoroetileno (Teflon), polietileno, polipropileno, poliacrilonitrila (Orlon, Acrilan, Creslan), poli (cloreto de vinila) (PVC) e poli (metacrilato de metila) (Lucite, Plexiglas). O processo pode ser representado da seguinte maneira:

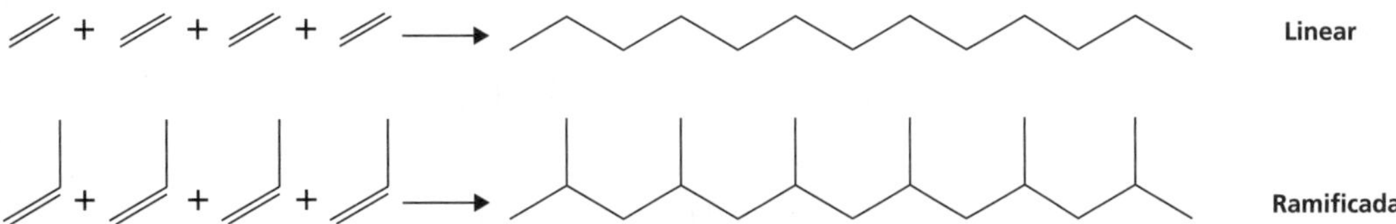

2. Os **polímeros de condensação** são formados pela reação de moléculas bifuncionais ou polifuncionais, com a eliminação de algumas pequenas moléculas (de água, amônia ou cloreto de hidrogênio) como um subproduto. Exemplos familiares de polímeros de condensação sintéticos incluem poliésteres (Dacron, Mylar), poliamidas (náilon), poliuretanos e resina de epóxi. Os polímeros de condensação naturais incluem ácidos poliaminos (proteína), celulose e amido. O processo é representado a seguir:

$$H{-}\square{-}X + H{-}\square{-}X \longrightarrow H{-}\square{-}\square{-}X + HX$$

3. Os **polímeros com ligação cruzada** são formados quando cadeias longas são ligadas em uma estrutura gigantesca, tridimensional, apresentando enorme rigidez. Os polímeros de adição e de condensação podem existir com uma rede em ligação cruzada, dependendo dos monômeros utilizados na síntese. Exemplos familiares de polímeros com ligação cruzada são baquelite, borracha e resina de fundição (barcos). Veja a seguir a representação do processo:

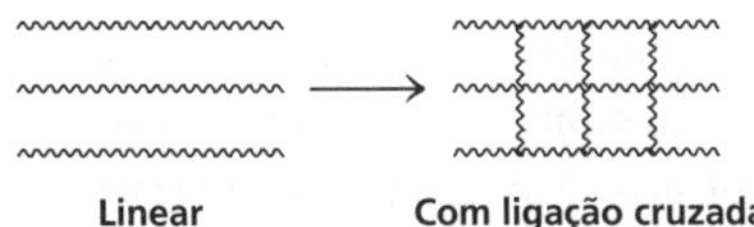

Polímeros lineares e com ligação cruzada.

Classificação térmica de polímeros

Frequentemente, industriais e tecnólogos classificam polímeros como termoplásticos ou plásticos termofixos, em vez de polímeros de adição ou de condensação. Essa classificação leva em conta suas propriedades térmicas.

1. **Propriedades térmicas dos termoplásticos.** A maioria dos polímeros de adição e muitos polímeros de condensação podem ser amolecidos (derretidos) pelo calor e redefinidos novamente (moldados), assumindo outros formatos. Geralmente, os industriais e tecnólogos se referem a esses tipos de polímeros como **termoplásticos**. Ligações mais fracas, não covalentes (ligação dipolo–dipolo e dispersão de London) são quebradas durante o aquecimento. Tecnicamente, os termoplásticos são os materiais que chamamos de plásticos. Os termoplásticos podem ser derretidos repetidamente e remodelados em novos formatos. Eles podem ser reciclados desde que a degradação não ocorra durante o reprocessamento.

Alguns polímeros de adição, como o cloreto de poli (vinila), são difíceis de derreter e processar. Líquidos com elevado ponto de ebulição, como o ftalato de dibutila, são adicionados ao polímero para separar as cadeias umas das outras. Esses compostos são chamados **plastificantes**. Na verdade, eles agem como lubrificantes que neutralizam as atrações que existem entre cadeias. Como resultado, o polímero pode ser derretido a uma temperatura menor para auxiliar no processamento. Além disso, o polímero se torna mais flexível à temperatura ambiente. Variando a quantidade de plastificante, o policloreto (de vinila) pode ir de uma substância muito flexível, um material semelhante à borracha, a uma substância muito rígida.

$$\text{C}_6\text{H}_4(\text{COOCH}_2\text{CH}_2\text{CH}_2\text{CH}_3)_2$$

Ftalato
de dibutila

Os plastificantes à base de ftalato são compostos voláteis com pouca massa molecular. Parte do "cheiro de carro novo" vem do odor desses materiais, à medida que eles evaporam dos estofados em vinila. Frequentemente, o vapor se condensa no para-brisa, como uma película oleosa. Depois de algum tempo, o material em vinila pode perder plastificante o suficiente para provocar rachadura.

2. **Propriedades térmicas dos plásticos termofixos.** Os industriais empregam o termo plásticos **termofixos** para descrever materiais que se derretem inicialmente, mas ao serem mais aquecidos se tornam permanentemente endurecidos. Depois de formados, os materiais termofixos não podem ser amolecidos e remodelados sem destruir o polímero, porque as ligações covalentes são quebradas. Os plásticos termofixos não podem ser reciclados. Quimicamente, os plásticos termofixos são polímeros com ligações cruzadas que são formadas quando cadeias longas são ligadas em uma estrutura gigantesca, tridimensional, com enorme rigidez.

Os polímeros também podem ser classificados de outras maneiras; por exemplo, muitas variedades de borracha, em geral, são chamadas *elastômeros*, Dacron é uma *fibra* e o acetato de poli (vinila) é um *adesivo*. As classificações adição e condensação são utilizadas neste ensaio.

Polímeros de adição

Em volume, a maior parte dos polímeros preparados na indústria é do tipo polímero de adição. Os monômeros geralmente contêm uma ligação dupla carbono–carbono. O exemplo mais importante de um polímero de adição é o tão conhecido polietileno, do qual, o monômero é o etileno. Incontáveis números (n) de moléculas de etileno são ligadas em moléculas poliméricas de cadeia longa, quebrando a ligação *pi* e criando duas novas ligações simples entre as unidades de monômeros. O número de unidades recorrentes pode ser grande ou pequeno, dependendo das condições de polimerização.

$$\text{Muitas}\ \text{H}_2\text{C}{=}\text{CH}_2 \longrightarrow \text{etc.}{-}\text{CH}_2{-}\text{CH}_2{-}\text{CH}_2{-}\text{CH}_2{-}\text{etc.}\quad \text{ou}\quad \left({-}\text{CH}_2{-}\text{CH}_2{-}\right)_n$$

Monômero
de etileno

Polímero
de polietileno

Essa reação pode ser promovida por calor, pressão e por um catalisador químico. As moléculas produzidas em uma reação típica variam no número de átomos de carbono em suas cadeias. Em outras palavras é produzida uma mistura de polímeros de comprimento variado, em vez de um composto puro.

Polietilenos com estruturas lineares podem se encaixar facilmente e são denominadas polietilenos de alta densidade. Eles são materiais bastante rígidos. Os polietilenos de baixa densidade consistem em moléculas em cadeia ramificada, com algumas ligações cruzadas nas cadeias. Eles são mais flexíveis que os polietilenos de alta densidade. As condições de reação e os catalisadores que produzem polietilenos de baixa e alta densidade são bastante diferentes. Contudo, o monômero é o mesmo, em cada um dos casos.

Outro exemplo de um polímero de adição é o polipropileno. Nesse caso, o monômero é o propileno. O polímero que resulta tem uma ramificação de metila em átomos alternados de carbono na cadeia.

$$\text{Muitas}\quad \underset{\substack{\textbf{Monômero}\\ \textbf{de etileno}}}{\mathrm{H_2C{=}CH(CH_3)}} \longrightarrow \underset{\substack{\textbf{Polímero}\\ \textbf{de polietileno}}}{\mathrm{etc.{-}CH_2{-}CH(CH_3){-}CH_2{-}CH(CH_3){-}etc.}} \quad \text{ou} \quad \left(\mathrm{{-}CH_2{-}CH(CH_3){-}}\right)_n$$

Uma série de polímeros de adição comuns é mostrada na Tabela 1. Alguns de seus usos principais também estão relacionados. Todos os últimos três registros na tabela têm uma ligação dupla carbono–carbono que permanece depois que o polímero é formado. As ligações ativam ou participam em outra reação para formar polímeros com ligação cruzada, chamados *elastômeros*; esse termo é quase um sinônimo de *borracha*, porque os elastômeros são materiais com características comuns.

Polímeros de condensação

Os polímeros de condensação, para os quais os monômeros contêm mais de um tipo de grupo funcional, são mais complexos que os polímeros de adição. Além disso, a maioria dos polímeros de condensação consiste em copolímeros feitos de mais de um tipo de monômero. Lembre-se de que os polímeros de adição, por outro lado, são, todos, preparados a partir de moléculas de etileno substituídas. O único grupo funcional em cada caso tem uma ou mais ligações duplas, e geralmente é utilizado um único tipo de monômero.

Dacron, um poliéster, pode ser preparado ao se fazer um ácido dicarboxílico reagir com um álcool bifuncional (um diol):

$$\underset{\substack{\textbf{Ácido}\\ \textbf{tereftálico}}}{\mathrm{HO{-}C({=}O){-}C_6H_4{-}C({=}O){-}\boxed{OH\ H}}}\underset{\substack{\textbf{Etileno}\\ \textbf{glicol}}}{\mathrm{{-}OCH_2CH_2OH}} \longrightarrow \underset{\textbf{Dacron}}{\mathrm{{-}C({=}O){-}C_6H_4{-}C({=}O){-}OCH_2CH_2{-}O{-}}} + H_2O$$

Náilon 6-6, uma poliamida, pode ser preparado a partir da reação de um ácido dicarboxílico com uma amina bifuncional.

$$\underset{\substack{\textbf{Ácido}\\ \textbf{adípico}}}{\mathrm{HO{-}C({=}O)(CH_2)_4C({=}O){-}\boxed{OH\ H}}}\underset{\textbf{Hexametilenodiamina}}{\mathrm{{-}N(H)(CH_2)_6NH}} \longrightarrow \underset{\textbf{Náilon}}{\mathrm{{-}C({=}O)(CH_2)_4C({=}O){-}N(H)(CH_2)_6N(H){-}}} + H_2O$$

Observe, em cada caso, que uma molécula pequena, de água, é eliminada como um produto da reação. Vários outros polímeros de condensação são enumerados na Tabela 2. Polímeros de cadeia linear (ou ramificada), assim como polímeros de ligação cruzada, são produzidos em reações de condensação.

TABELA 1 ■ Polímeros de adição

Exemplo	Monômero(s)	Polímero	Usos
Polietileno	$CH_2{=}CH_2$	$-CH_2-CH_2-$	Polímero mais comum e importante; sacos, isolamento de fios, garrafas tipo *squeeze*.
Polipropileno	$CH_2{=}CH$ $\vert$ CH_3	$-CH_2-CH-$ $\vert$ CH_3	Fibras, tapetes internos–externos, garrafas.
Poliestireno	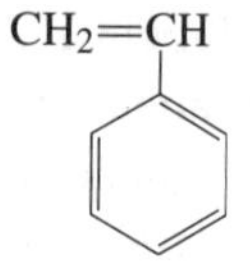 $CH_2{=}CH$	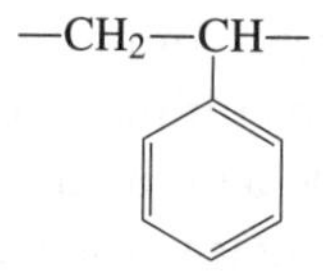 $-CH_2-CH-$	Isopor, produtos domésticos de baixo custo, objetos moldados de baixo custo.
Cloreto de poli (vinila) (PVC)	$CH_2{=}CH$ $\vert$ Cl	$-CH_2-CH-$ $\vert$ Cl	Couro sintético, garrafas transparentes, revestimento de pavimentos, discos fonográficos, encanamentos.
Politetrafluoroetileno (Teflon)	$CF_2{=}CF_2$	$-CF_2{=}CF_2-$	Superfícies antiaderentes, películas quimicamente resistentes.
Poli (metil metacrilato) (Lucite, Plexiglas)	CO_2CH_3 $\vert$ $CH_2{=}C$ $\vert$ CH_3	CO_2Cl $\vert$ $-CH_2-C-$ $\vert$ CH_3	"Vidro" inquebrável, pinturas em látex.
Poliacrilonitrila (Orlon, Acrilan, Creslan)	$CH_2{=}CH$ $\vert$ CN	$-CH_2-CH-$ $\vert$ CN	Fibra utilizada em blusas, cobertores, tapetes.
Acetato de poli (vinila) (PVA)	$CH_2{=}CH$ $\vert$ $OCCH_3$ $\Vert$ O	$-CH_2-CH-$ $\vert$ $OCCH_3$ $\Vert$ O	Adesivos, pinturas em látex, goma de mascar, revestimentos têxteis.
Borracha natural	CH_3 $\vert$ $CH_2{=}CCH{=}CH_2$	CH_3 $\vert$ $-CH_2-C{=}CH-CH_2-$	Polímero de ligação cruzada com enxofre (vulcanização).
Policloropreno (borracha de neoprene)	Cl $\vert$ $CH_2{=}CCH{=}CH_2$	Cl $\vert$ $-CH_2-C{=}CH-CH_2-$	Ligação cruzada com ZnO; resistente a óleo e gasolina.
Borracha de estireno butadieno (SBR)	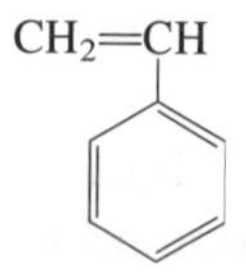 $CH_2{=}CH$ $CH_2{=}CHCH{=}CH_2$	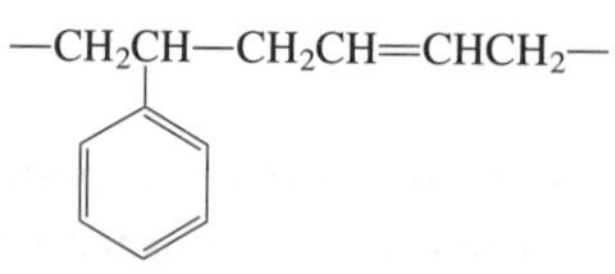 $-CH_2CH-CH_2CH{=}CHCH_2-$	Ligação cruzada com peróxidos; borracha mais comum; utilizada em pneus; 25% de estireno, 75% de butadieno.

TABELA 2 ■ Polímeros de condensação

Exemplo	Monômeros	Polímero	Usos
Poliamidas (náilon)	$HO\overset{O}{\overset{\|}{C}}(CH_2)_n\overset{O}{\overset{\|}{C}}OH$ $H_2N(CH_2)_nNH_2$	$-\overset{O}{\overset{\|}{C}}(CH_2)_n\overset{O}{\overset{\|}{C}}-NH(CH_2)_nNH-$	Fibras, objetos moldados.
Poliésteres (Dacron, Mylar, Fortrel)	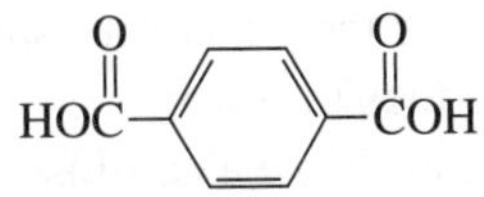 $HO\overset{O}{\overset{\|}{C}}-C_6H_4-\overset{O}{\overset{\|}{C}}OH$ $HO(CH_2)_nOH$	$-\overset{O}{\overset{\|}{C}}-C_6H_4-\overset{O}{\overset{\|}{C}}-O(CH_2)_nO-$	Poliésteres lineares, fibras, fita de gravação.
Poliésteres (resina de Gliptal)	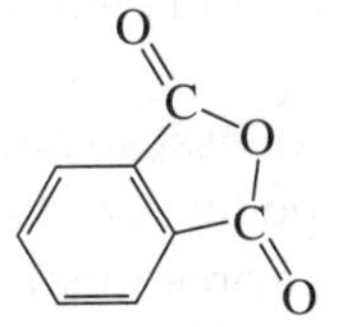 $C_6H_4(CO)_2O$ (anidrido ftálico) $HOCH_2\underset{\underset{OH}{\|}}{C}HCH_2OH$	$C_6H_4(\overset{O}{\overset{\backslash\!\!\!/}{C}}-)-\underset{\underset{O}{\|}}{C}OCH_2\underset{\underset{\underset{\|}{O}}{\|}}{C}HCH_2O-$	Poliéster com ligação cruzada, pinturas.
Poliésteres (resina de fundição)	$HO\overset{O}{\overset{\|}{C}}CH=CH\overset{O}{\overset{\|}{C}}OH$ $HO(CH_2)_nOH$	$-\overset{O}{\overset{\|}{C}}CH=CH\overset{O}{\overset{\|}{C}}-O(CH_2)_nO-$	Ligação cruzada com estireno e peróxido; resina de fibra de vidro para barcos.
Resina de fenol-formaldeído (baquelite)	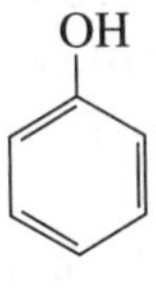 C_6H_5OH (OH) $CH_2=O$	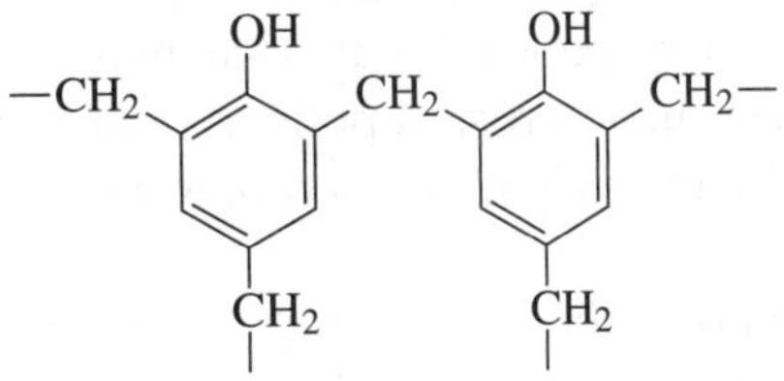 $-CH_2-C_6H_2(OH)(CH_2-)-CH_2-C_6H_2(OH)(CH_2-)-CH_2-$ (OH, CH_2, OH, CH_2)	Misturado com enchimentos; produtos elétricos moldados, adesivos, laminados, vernizes.
Acetato de celulose*	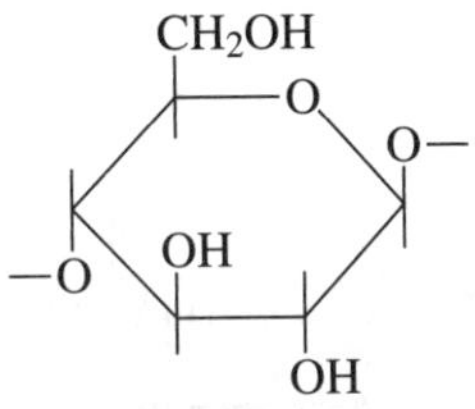 CH_2OH, O, O—, —O, OH, OH (anel de glicose) CH_3COOH	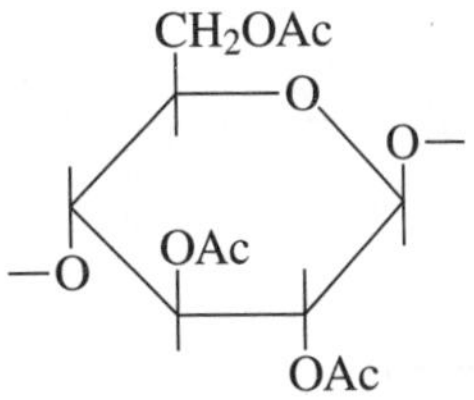 CH_2OAc, O, O—, —O, OAc, OAc (anel)	Filme fotográfico.
Silicones	$Cl-\underset{\underset{CH_3}{\|}}{\overset{\overset{CH_3}{\|}}{Si}}-Cl$ H_2O	$-O-\underset{\underset{CH_3}{\|}}{\overset{\overset{CH_3}{\|}}{Si}}-O-$	Revestimentos à prova d'água, fluidos e borrachas resistentes à temperatura (ligações cruzadas do CH_3SiCl_3 em água).
Poliuretanos	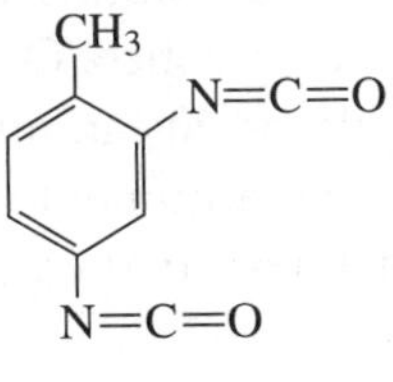 $CH_3C_6H_3(N=C=O)_2$ (CH_3, $N=C=O$, $N=C=O$) $HO(CH_2)_nOH$	$CH_3C_6H_3$ com $NH\overset{O}{\overset{\|}{C}}-O(CH_2)_nO-$ e $NH\underset{\underset{O}{\|}}{C}-O(CH_2)_nO-$	Espumas rígidas e flexíveis, fibras.

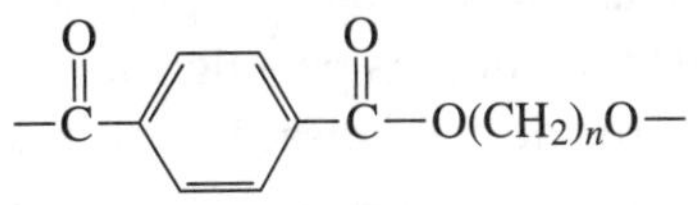

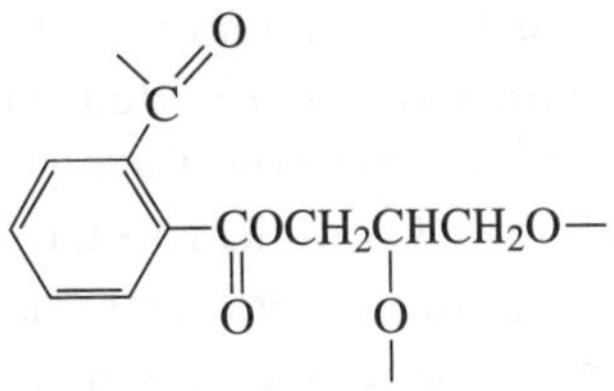

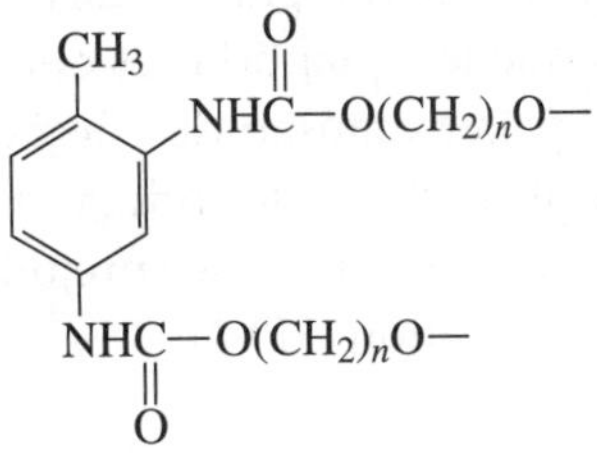

*Celulose, um polímero de glicose, é usado como o monômero.

A estrutura do náilon contém a ligação de amida em intervalos regulares:

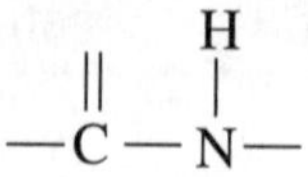

Esse tipo de ligação é extremamente importante na natureza por causa de sua presença em proteínas e polipeptídeos. As proteínas são substâncias poliméricas gigantescas, compostas de unidades de monômero de aminoácidos. Elas são unidas pela ligação de peptídeos (amido).

Outros importantes polímeros de condensação naturais são o amido e a celulose. Trata-se de materiais poliméricos compostos do açúcar glicose, que é um monômero. Outro importante polímero de condensação natural é a molécula de DNA. Uma molécula de DNA é composta pelo açúcar desoxirribose, ligado com fosfatos para formar a estrutura da molécula.

Os policarbonatos são outro importante tipo de polímero de condensação amplamente utilizado comercialmente. Uma vez que são um material termoplástico, eles podem ser facilmente moldados em uma série de produtos diferentes. Os policarbonatos têm uma surpreendente resistência ao alto impacto, o que os tornam ideais para uso em garrafas de água "inquebráveis" e recipientes para guardar alimentos. Eles também apresentam excelentes propriedades ópticas, tornando-os altamente desejáveis para lentes em produtos visuais de alto impacto. Uma vez que os policarbonatos têm pouca resistência a ranhuras, geralmente, se aplica um revestimento rígido sobre a superfície das lentes. Os policarbonatos vêm substituindo o vidro em muitas aplicações por causa de sua durabilidade, clareza, resistência à quebra e por seu peso leve. Os policarbonatos têm algumas características em comum com o metacrilato de poli (metila) mais antigo e bem conhecido; a estrutura desse material é mostrada na Tabela 1. Todavia, os policarbonatos são mais fortes e mais duráveis que o metacrilato de poli (metila), apesar de serem mais caros; os policarbonatos podem ser identificados procurando-se o número 7 impresso no fundo dos recipientes. A categoria 7 é o código de caixa para "outros" plásticos (veja a Tabela 3).

O tipo mais comum de policarbonato é composto de bisfenol-A (BPA). Uma maneira de preparar esse plástico envolve a reação entre o bisfenol-A e o fosgênio na presença de hidróxido de sódio.

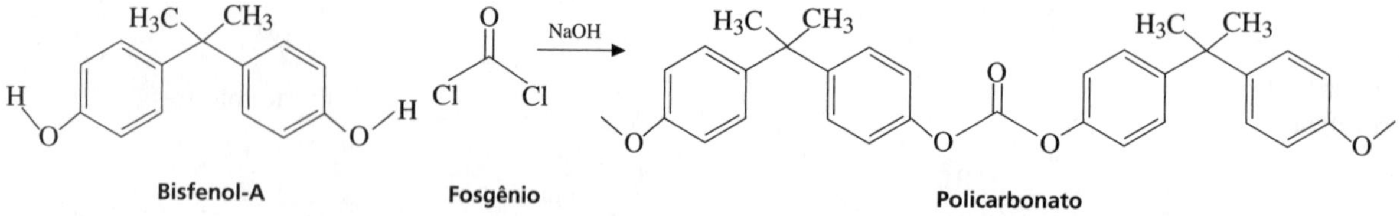

O bisfenol-A é muito mais popular atualmente. Existe o receio de que alguns desses monômeros possam afetar os alimentos. A principal preocupação é quanto à possível contaminação de mamadeiras feitas de policarbonato. O problema é que o bisfenol-A pode ser formado a partir da quebra do policarbonato utilizado em mamadeiras. Se isso acontecer, então, o bisfenol-A irá contaminar alimentos infantis e o leite nas mamadeiras, e, portanto, ele será ingerido pelos bebês. No ambiente de laboratório, o bisfenol-A também parece ser liberado das gaiolas de animais, feitas de resíduos de policarbonato. Ele aparece quando a água libera pequenas quantidades dele para fora do plástico. O estudo sugere que o bisfenol-A pode ser responsável pela expansão dos órgãos reprodutivos de camundongos fêmeas. No passado, esses estudos foram contestados pela indústria química, que argumentou que a dose média de bisfenol-A é, de longe, pequena demais para ser prejudicial – uma descoberta que, desde o início, foi apoiada pela Federal Drug Administration (FDA).

No entanto, estudos recentes, realizados em animais, sugerem que a exposição a doses ainda menores de bisfenol-A pode causar uma série de riscos à saúde e está sujeito também a imitar o hormônio feminino estrogênio. O estudo indica que os efeitos feminizantes podem se desenvolver em fetos e em recém-nascidos. Estudos relatados no *Journal of the American Medical Society* revelaram que níveis maiores de bisfenol-A em adultos estavam associados à maior incidência de diabetes e problemas cardiovasculares. Em outubro de 2008, a FDA descobriu que sua declaração original estava errada. Nesse meio-tempo, a maioria dos fabricantes de garrafas de água modificou sua formulação. Em 18 de abril de 2008, a Health Canada anunciou que o bisfenol-A é "tóxico para a saúde humana". O Canadá é o primeiro país a fazer essa designação. Em agosto de 2008, a marca Triton®, da Eastman, foi aceita como uma alternativa adequada, pela Health Canada. Esse material é descrito como um "copoliéster" pelo fabricante. Os componentes do álcool nos poliésteres Triton, em geral, são misturas de 2,2,4,4-tetrametilciclobutano-1,4-diol e 1,4-ciclohexanodimetanol. Frequentemente, o componente do ácido dicarboxílico é o ácido tereftálico. Outros fabricantes podem utilizar algum 1,3-propanodiol em suas formulações de poliéster, juntamente com tetrametilciclobutanodiol.

Tetrametilciclobutanodiol **Ácido tereftálico** **1-4-ciclohexanodimetanol**

Poliéster

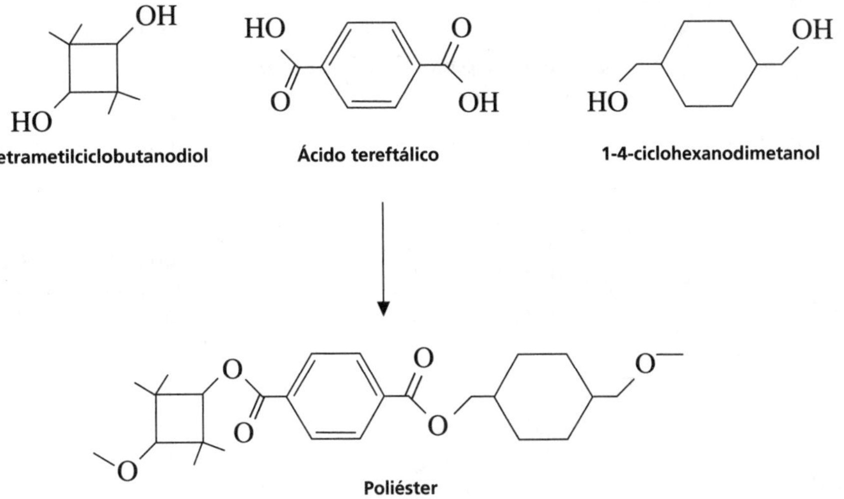

Infelizmente, o bisfenol-A (BPA) também é um dos componentes nos tipos mais comuns de resina epóxi. Resinas epóxi com base em BPA geralmente são aplicadas na parte interna de latas de alimentos e de refrigerantes, para formar um revestimento protetor entre a lata de metal e o alimento em seu interior. Acontece que as resinas epóxi aderem facilmente a recipientes de metal, e parece que outros possíveis substitutos não são tão apropriados para ficar em contato com os alimentos. A Food and Drug Administration não recomendou interromper o uso de epóxi com base em BPA, pelo menos, até o momento.

Como ideal, deveríamos reciclar todos os nossos resíduos ou não produzir resíduo nenhum. O lixo plástico consiste em cerca de 55% de polietileno e polipropileno, 20% de poliestireno e 11% de PVC. Todos esses polímeros são termoplásticos e podem ser reciclados. Podem ser amolecidos novamente e remodelados em novos produtos. Infelizmente, os plásticos termofixos (polímeros com ligação cruzada) não podem ser derretidos novamente. Eles se decompõem quando aquecidos em altas temperaturas. Desse modo, os plásticos termofixos não devem ser utilizados em produtos "descartáveis". Para reciclar plásticos efetivamente, devemos classificar os materiais de acordo com seus vários tipos. A indústria de plásticos introduziu um sistema de códigos que consiste em sete categorias para os plásticos comuns utilizados em embalagens. O código é convenientemente impresso no fundo dos recipientes. Utilizando esses códigos, os consumidores podem separar os plásticos em grupos, para fins de reciclagem. Os códigos estão relacionados na Tabela 3, junto com seus usos domésticos mais comuns. Observe que a sétima categoria é uma coletânea, denominada "Outros".

TABELA 3 ■ Sistema de códigos para materiais plásticos

Código	Polímero	Usos
1 PETE	Tereftalato de poli(etileno) (PET) —O—CH_2—CH_2—O—C(=O)—C_6H_4—C(=O)—	Garrafas de refrigerantes.
2 HDPE	Polietileno de alta densidade —CH_2—CH_2—CH_2—CH_2—	Garrafas de leite e outras bebidas, produtos em garrafas *squeeze*.
3 V	Cloreto de vinila/poli(vinila) (PVC) —CH_2—CH(Cl)—CH_2—CH(Cl)—	Alguns frascos de xampu, garrafas de material de limpeza
4 LDPE	Polietileno de baixa densidade, com algumas ramificações —CH_2—CH_2—CH_2—CH_2—	Sacos plásticos finos, algumas embalagens plásticas.
5 PP	Polipropileno —CH_2—CH(CH_3)—CH_2—CH(CH_3)—	Recipientes resistentes, para micro-ondas, utilizados em cozinhas
6 PS	Poliestireno —CH_2—CH(C_6H_5)—CH_2—CH(C_6H_5)—	Copos de bebida, janelas em envelopes.
7 Outros	Todas as outras resinas, diversos materiais em camadas, recipientes feitos de diferentes materiais.	Alguns frascos de *ketchup*, pacotes de salgadinho, misturas em que a parte superior difere da parte inferior.

É muito surpreendente que tão poucos plásticos diferentes são utilizados em embalagens. Os mais comuns são o polietileno (com baixa e alta densidade), o polipropileno, poliestireno e o tereftalato de poli(etileno). Todos esses materiais podem facilmente ser reciclados porque são termoplásticos. Ocasionalmente, os vinis (cloreto de polivinila) estão se tornando menos comuns em embalagens.

REFERÊNCIAS

Ainsworth, S. J. Plastics Additives. *Chem. Eng. News* 1992, (Aug. 31), 34–55.

Burfield, D. R. Polymer Glass Transition Temperatures. *J. Chem. Educ.* 1987, *64*, 875.

Carraher, C. E., Jr.; Hess, G.; Sperling, L. H. Polymer Nomenclature—or What's in a Name? *J. Chem. Educ.* 1987, *64*, 36.

Carraher, C. E., Jr.; Seymour, R. B. Physical Aspects of Polymer Structure: A Dictionary of Terms. *J. Chem. Educ.* 1986, *63*, 418.

Carraher, C. E., Jr.; Seymour, R. B. Polymer Properties and Testing—Definitions. *J. Chem. Educ.* 1987, *64*, 866.

Carraher, C. E., Jr.; Seymour, R. B. Polymer Structure—Organic Aspects (Definitions). *J. Chem. Educ.* 1988, *65*, 314.

Fried, J. R. The Polymers of Commercial Plastics. *Plast. Eng.* 1982, (Jun.), 49–55.

Fried, J. R. Polymer Properties in the Solid State. *Plast. Eng.* 1982, (Jul.), 27–37.

Fried, J. R. Molecular Weight and Its Relation to Properties. *Plast. Eng.* 1982, (Aug.), 27–33.

Fried, J. R. Elastomers and Thermosets. *Plast. Eng.* 1983, (Mar.), 67–73.

Fried, J. R.; Yeh, E. B. Polymers and Computer Alchemy. *Chemtech* 1993, *23*, (Mar.), 35–40.

Goodall, B. L. The History and Current State of the Art of Propylene Polymerization Catalysts. *J. Chem. Educ.* 1986, *63*, 191.

Harris, F. W.; et al. State of the Art: Polymer Chemistry. *J. Chem. Educ.* 1981, *58*, (Nov.).

(Esta edição contém 17 documentos sobre a química de polímeros. A série abrange estruturas, propriedades, mecanismos de formação, métodos de preparação, estereoquímica, distribuição de massa molecular, comportamento reológico de polímeros fundidos, propriedades mecânicas, elasticidade da borracha, copolímeros em bloco e enxertados, polímeros organometálicos, fibras, polímeros iônicos e compatibilidade de polímeros.)

Hileman, B. Bisphenol A may trigger human breast cancer; study in rats provides strongest case yet against common environmental chemical. *Chem. Eng. News* [Online] 2006, *84* (Dec. 6), http://pubs.acs.org/cen/news/84/i50/8450bisphenol.html

Howdeshell, K. L.; Peterman, P. H.; Judy, B. M.; Taylor, J. A.; Orazio, C. E.; Ruhlen, R. L.; Vom Saal, F. S.; Welshons. W.V. Bisphenol A is released from used polycarbonate animal cages into water at room temperature. *Environ. Health Perspect.* 2003, (Jul), 1180–87.

Jacoby, M. Trading Places with Bisphenol A, BPA-based Polymers' Useful Properties Make Them Though Materials to Replace. *Chem. Eng. News* 2008, *86* (50), (Dec. 15), 31–33.

Jordan, R. F. Cationic Metal–Alkyl Olefin Polymerization Catalysts. *J. Chem. Educ.* 1988, *65*, 285.

Kauffman, G. B. Wallace Hume Carothers and Nylon, the First Completely Synthetic Fiber. *J. Chem. Educ.* 1988, *65*, 803.

Kauffman, G. B. Rayon: The First Semi-Synthetic Fiber Product. *J. Chem. Educ.* 1993, *70*, 887.

Kauffman, G. B.; Seymour, R. B. Elastomers I. Natural Rubber. *J. Chem. Educ.* 1990, 67, 422.

Kauffman, G. B.; Seymour, R. B. Elastomers II. Synthetic Rubbers. *J. Chem. Educ.* 1991, *68*, 217.

Lang, I. A.; Galloway, T. S.; Scarlett, A.; Henley, W. E.; Depledge, M.; Wallace, R. B.; Melzer, D. Association of Urinary Bisphenol A Concentration with Medical Disorders and Laboratory Abnormalities in Adults. *J. Am. Med. Assoc. 300* (1), 1303–1310.

Morse, P. M. New Catalysts Renew Polyolefins. *Chem. Eng. News* 1998, *76*, (Jul. 6), 11–16.

Seymour, R. B. Polymers Are Everywhere. *J. Chem. Educ.* 1988, *65*, 327.

Seymour, R. B. Alkenes and Their Derivatives: The Alchemists' Dream Come True. *J. Chem. Educ.* 1989, *66*, 670.

Seymour, R. B.; Kauffman, G. B. Polymer Blends: Superior Products from Inferior Materials. *J. Chem. Educ.* 1992, *69*, 646.

Seymour, R. B.; Kauffman, G. B. Polyurethanes: A Class of Modern Versatile Materials. *J. Chem. Educ.* 1992, *69*, 909.

Seymour, R. B.; Kauffman, G. B. The Rise and Fall of Celluloid. *J. Chem. Educ.* 1992, *69*, 311.

Seymour, R. B.; Kauffman, G. B. Thermoplastic Elastomers. *J. Chem. Educ.* 1992, *69*, 967.

Stevens, M. P. Polymer Additives: Chemical and Aesthetic Property Modifiers. *J. Chem. Educ.* 1993, *70*, 535.

Stevens, M. P. Polymer Additives: Mechanical Property Modifiers. *J. Chem. Educ.* 1993, *70*, 444.

Stevens, M. P. Polymer Additives: Surface Property and Processing Modifiers. *J. Chem. Educ.* 1993, *70*, 713.

Thayer, A. M. Metallocene Catalysts Initiate New Era in Polymer Synthesis. *Chem. Eng. News* 1995, *73* (Sept. 11), 15–20.

Waller, F. J. Fluoropolymers. *J. Chem. Educ.* 1989, *66*, 487.

Webster, O. W. Living Polymerization Methods. *Science* 1991, *251*, 887.

Ensaio 20

Reação de Diels–Alder e inseticidas

Desde a década de 1930, sabe-se que a adição de uma molécula insaturada através de um sistema de dieno forma um ciclo-hexeno substituído. A pesquisa original, lidando com esse tipo de reação, foi realizada por Otto Diels e Kurt Alder, na Alemanha, e a reação atualmente é conhecida como **reação de Diels–Alder**, aquela que ocorre entre um **dieno** e uma espécie capaz de reagir com o dieno, o **dienófilo**.

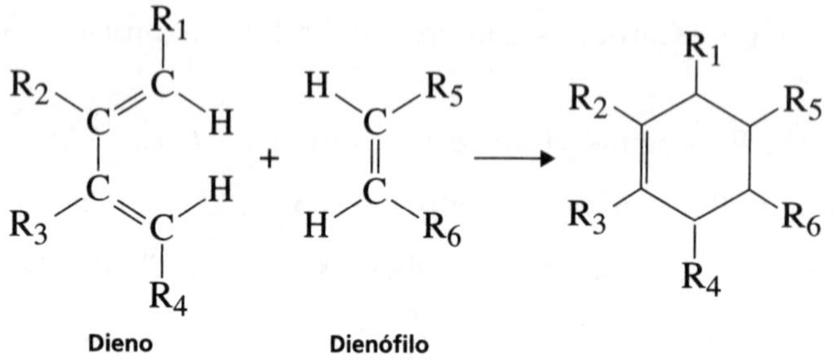

O produto da reação de Diels–Alder geralmente é uma estrutura que contém um sistema de anel de ciclo-hexeno. Se os substitutos, conforme mostrado, forem simplesmente grupos alquila ou átomos de hidrogênio, a reação prosseguirá somente sob extremas condições de temperatura e pressão. No entanto, com substitutos mais complexos, a reação de Diels–Alder pode prosseguir a baixas temperaturas e sob as condições mais amenas. A reação do ciclopentadieno com o anidrido maleico (Experimento 49) é um exemplo de uma reação de Diels–Alder realizada sob condições razoavelmente amenas.

No passado, um uso comercialmente importante da reação de Diels–Alder envolvia o emprego de hexaclorociclopentadieno como o dieno. Dependendo do dienófilo, é possível sintetizar uma variedade de produtos de adição contendo cloro. Quase todos esses produtos eram **inseticidas** poderosos. Três inseticidas sintetizados pela reação de Diels–Alder são mostrados a seguir.

A dieldrina e a aldrina receberam estes nomes em homenagem a Diels e Alder. Esses inseticidas eram utilizados contra pragas de insetos de frutas, vegetais e algodão; contra insetos do solo, térmitas e mariposas; e no tratamento de sementes. O clordano era utilizado na medicina veterinária contra pragas de insetos de animais, incluindo pulgas, carrapatos e piolhos. Hoje em dia, esses inseticidas raramente são utilizados.

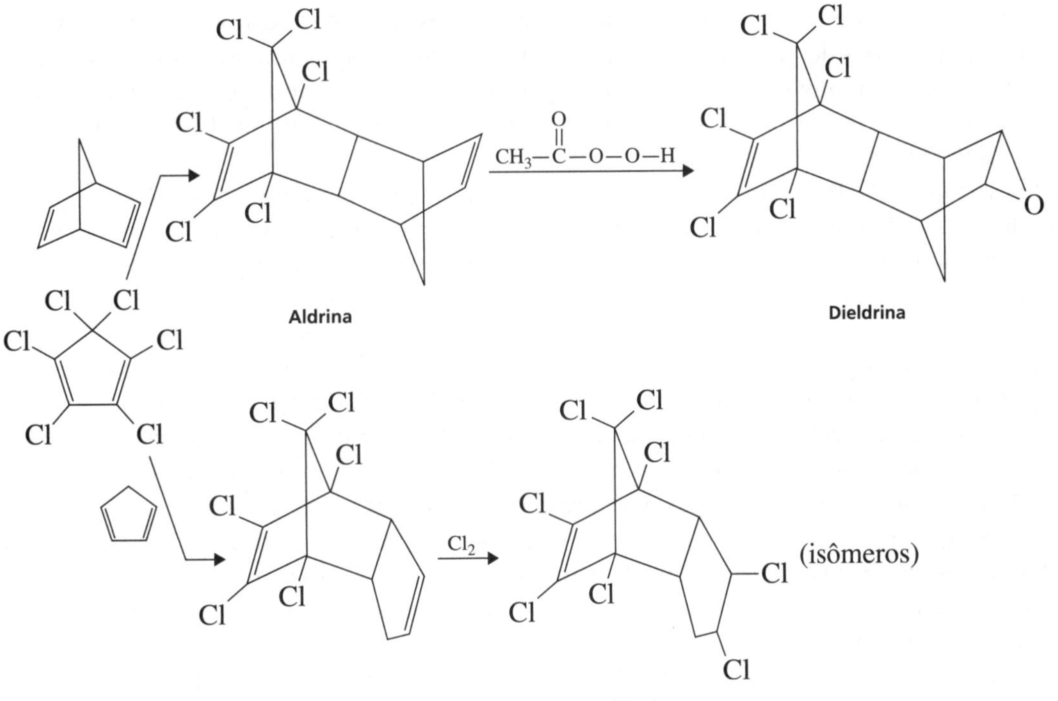

$CH_3-\overset{O}{\overset{\|}{C}}-O-O-H$

Aldrina

Dieldrina

Cl_2

(isômeros)

Clordano

O inseticida mais conhecido, o DDT, não é preparado pela reação de Diels–Alder, porém é a melhor ilustração das dificuldades que foram experimentadas quando os inseticidas clorados eram utilizados indiscriminadamente. O DDT foi sintetizado, pela primeira vez, em 1874, e suas propriedades inseticidas foram demonstradas primeiramente em 1939. Ele é facilmente sintetizado comercialmente, com reagentes de baixo custo.

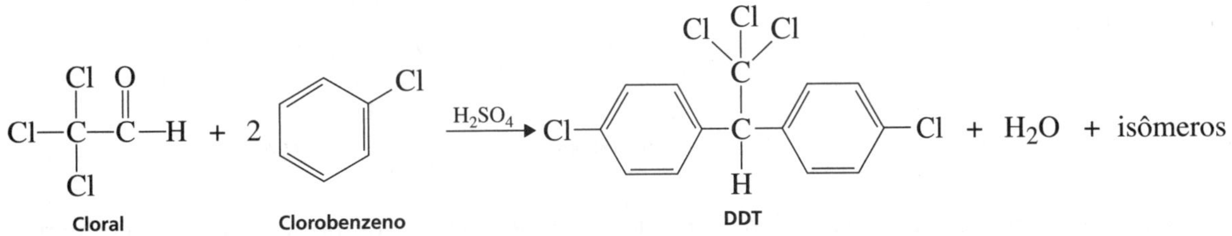

$CCl_3-CHO + 2\ C_6H_5Cl \xrightarrow{H_2SO_4} Cl-C_6H_4-CH(CCl_3)-C_6H_4-Cl + H_2O + \text{isômeros}$

Cloral — Clorobenzeno — DDT

Na época em que o DDT foi lançado, isso foi uma importante benção para a humanidade. Ele era efetivo no controle de piolhos, pulgas e mosquitos causadores de malária e, assim, ajudou a controlar doenças em humanos e animais. O uso de DDT se expandiu rapidamente para o controle de centenas de insetos que causam danos a frutas, vegetais e lavouras de grãos.

Pesticidas que persistem no ambiente por um longo período após a aplicação são chamados **pesticidas fortes**. No início da década de 1960, alguns dos efeitos prejudiciais desses pesticidas fortes, como o DDT e os outros materiais à base de clorocarboneto, se tornaram conhecidos. O DDT é um material solúvel em gordura e, portanto, é provável que possa ser coletado nos tecidos gordurosos, nervosos e cerebrais dos animais. A concentração de DDT em tecidos aumenta em animais que estão no alto da cadeia alimentar. Assim, pássaros que comem insetos envenenados acumulam grandes quantidades de DDT. Os animais que se alimentam desses pássaros acumulam ainda mais DDT. Nos pássaros, foram reconhecidos pelo menos dois efeitos indesejáveis do DDT. Em primeiro lugar, se observou que as aves cujos tecidos contêm grandes quantidades de DDT depositam ovos com casca fina demais para se manter até que os filhotes estejam prontos para fazer eclodir os ovos. Em segundo lugar, aparentemente, grandes quantidades de DDT nos tecidos interferem com os ciclos reprodutivos normais. A destruição massiva de populações de pássaros, que algumas vezes ocorreu após intensa pulverização com DDT, se tornou um grande motivo de preocupação. O pelicano-marrom e a águia-careca foram colocados em perigo de extinção. O uso de inseticidas à base de clorocarboneto foi identificado como a principal razão para o declínio no número dessas aves.

Uma vez que o DDT é quimicamente inerte, ele persiste no ambiente, sem se decompor em materiais inofensivos. Ele pode se decompor muito lentamente, mas os produtos da decomposição são tão prejudiciais quanto o DDT propriamente dito. Consequentemente, cada aplicação de DDT significa que ainda mais DDT irá passar de uma espécie para outra – da fonte de alimento para o predador – até se concentrar nos animais que estão no topo da cadeia alimentar; possivelmente, colocando sua existência em risco. Até mesmo os seres humanos podem ser ameaçados. Como resultado da comprovação dos efeitos nocivos do DDT, a EPA (Environmental Protection Agency, ou Agência de Proteção Ambiental) proibiu o uso geral do DDT, no começo da década de 1970; ele ainda pode ser utilizado, para determinados fins, mas para isso é necessária a permissão da EPA. Em 1974, a EPA concedeu permissão para o uso de DDT contra a mariposa tussock, nas florestas de Washington e Oregon.

Uma vez que os ciclos de vida de insetos são curtos, eles podem desenvolver uma imunidade a inseticidas em um pequeno período. Já em 1948, foram identificadas várias linhagens de insetos resistentes ao DDT. Atualmente, os mosquitos transmissores da malária são quase completamente resistentes ao DDT, um desenvolvimento irônico. Foram elaborados outros inseticidas à base de clorocarboneto para utilização como alternativa ao DDT no combate a insetos resistentes. Exemplos desses materiais contendo clorocarboneto incluem Dieldrina, Aldrina, Clordano e as substâncias cujas estruturas são mostradas aqui. O Heptacloro e o Mirex são preparados utilizando reações de Diels–Alder.

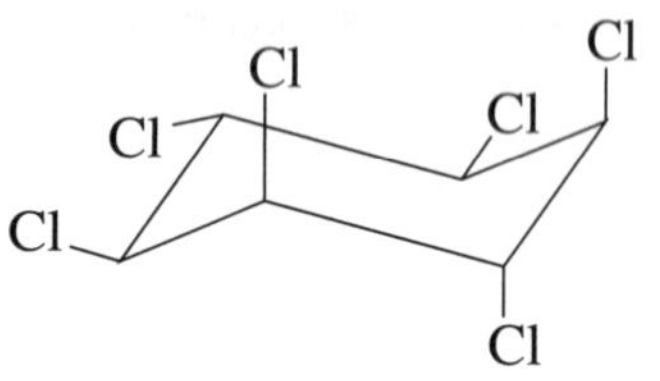

Lindano 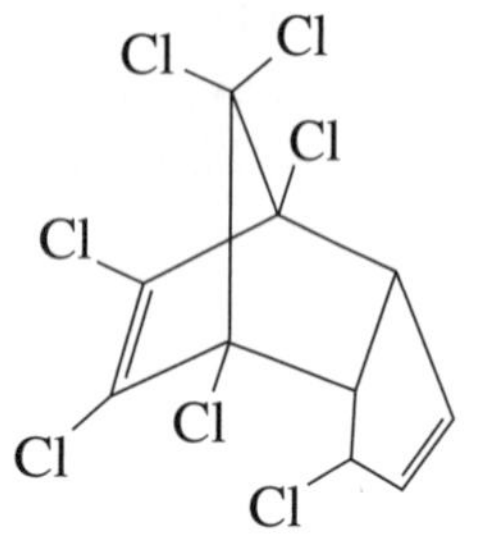 **Heptacloro** 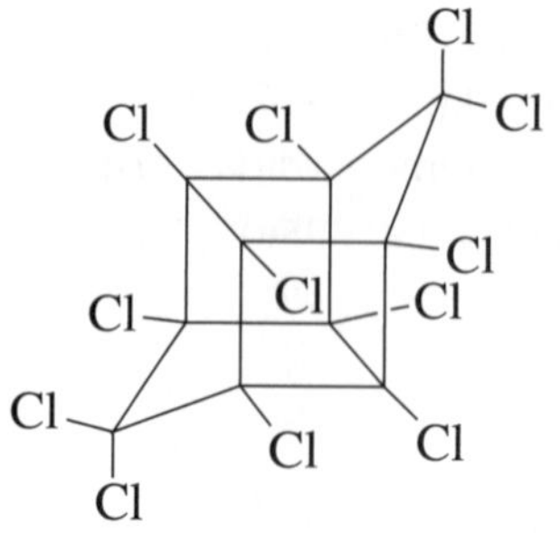 **Mirex**

Apesar da similaridade estrutural, o Clordano e o Heptacloro se comportam de maneira diferente do DDT, Dieldrina e Aldrina. O Clordano, por exemplo, é de curta duração e também menos tóxico para os mamíferos. Contudo, todos os inseticidas à base de clorocarboneto são objetos de muita suspeita. A proibição do uso de Dieldrina e Aldrina também foi estabelecida pela EPA. Além disso, têm sido observadas linhagens de insetos resistentes à Dieldrina, Aldrina e a outros materiais. Alguns insetos se tornam viciados em um inseticida à base de clorocarboneto e se propagam nele!

Os problemas associados a materiais com clorocarboneto levaram ao desenvolvimento de inseticidas "suaves", que, em geral, são derivados de organofosforados ou carbamato, e são caracterizados por sua curta duração, antes de serem decompostos em materiais inofensivos ao meio ambiente.

As estruturas orgânicas de alguns inseticidas organofosforados são mostradas aqui.

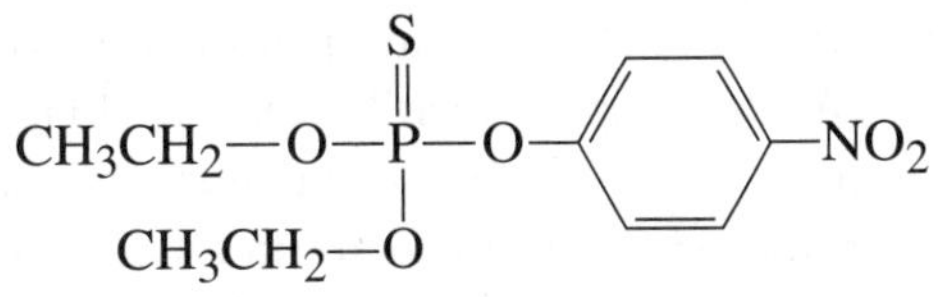

$$(CH_3CH_2-O)_2P(=S)-O-C_6H_4-NO_2$$

Parathion

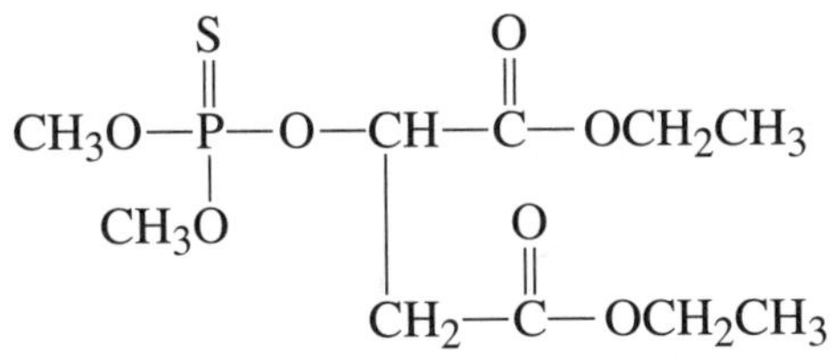

$$(CH_3O)_2P(=S)-O-CH(-C(=O)-OCH_2CH_3)-CH_2-C(=O)-OCH_2CH_3$$

Malathion

$$(CH_3O)_2P(=O)-O-CH=CCl_2$$

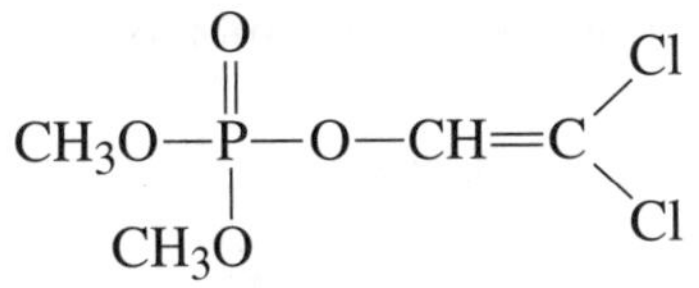

DDVP ou diclorvos

O Parathion e o Malathion são amplamente utilizados para a agricultura. O DDVP está contido nos "repelentes em tiras", que são utilizados para combater pragas de insetos domésticos. Os materiais organofosforados não persistem no meio ambiente, por isso, eles não são transmitidos entre as espécies até o topo da cadeia alimentar, como ocorre com os compostos à base de clorocarboneto. Contudo, os compostos organofosforados são altamente tóxicos para os seres humanos. Alguns migrantes e outros operários agrícolas perderam suas vidas por causa de acidentes envolvendo esses materiais. Rigorosas precauções quanto à segurança devem ser aplicadas quando são utilizados inseticidas organofosforados.

Os derivados do carbamato, incluindo o Carbaril, tendem a ser menos tóxicos que os compostos organofosforados, e também se degradam prontamente para materiais inofensivos. Porém, os insetos resistentes a inseticidas mais amenos também têm sido observados. Além do mais, os organofosforados e derivados do carbamato destroem muito mais pragas que não são seu alvo que os compostos à base de clorocarbono. É muito grande o perigo para as minhocas, os mamíferos e as aves.

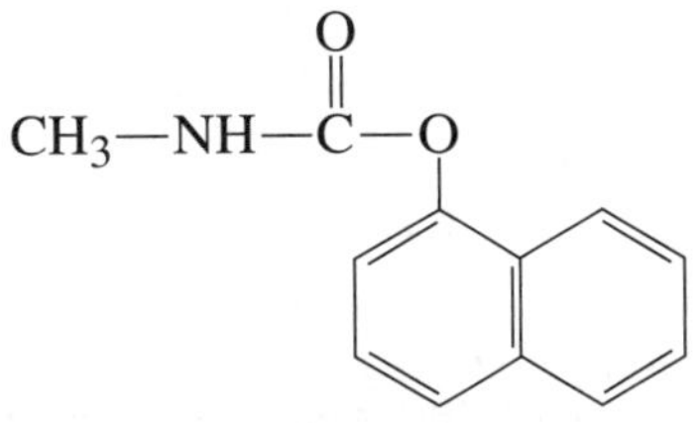

$$CH_3-NH-C(=O)-O-C_{10}H_7$$

Carbaril

Alternativas para os inseticidas

Recentemente, têm sido exploradas diversas alternativas à aplicação massiva de inseticidas. Atrativos de insetos, incluindo os feromônios (veja o Ensaio 17, "Feromônios: atrativos e repelentes de insetos"), vêm sendo empregados em armadilhas localizadas. Tais métodos vêm sendo efetivos contra a mariposa-cigana. Está sendo estudada uma "técnica para causar confusão", pela qual um feromônio é pulverizado no ar em concentrações tão altas, que os insetos machos não conseguem mais localizar as fêmeas. Esses métodos são específicos para a praga-alvo e não provocam repercussões no meio ambiente em geral.

Pesquisas recentes estão focadas na utilização dos próprios processos bioquímicos de um inseto para controlar pragas. Experimentos com o **hormônio juvenil** têm se mostrado promissores. O hormônio juvenil é uma das três secreções internas utilizadas pelos insetos para regular o crescimento e a metamorfose da larva para a pupa e, então, para o estágio adulto. Em determinados estágios na metamorfose da larva para a pupa, o hormônio juvenil precisa ser secretado; em outros estágios, ele tem de estar ausente, do contrário, o inseto se desenvolverá anormalmente ou não irá amadurecer. O hormônio juvenil é importante na manutenção do estágio juvenil ou larval do inseto em crescimento. A mariposa cecropia macho, que é a forma amadurecida do bicho-da-seda, tem sido utilizada como fonte do hormônio juvenil. A estrutura do hormônio juvenil da cecropia é ilustrada a seguir. Descobriu-se que esse material impede a maturação do mosquito da febre-amarela e do piolho que ataca o corpo humano. Como não se espera que os insetos desenvolvam resistência aos seus próprios hormônios, é improvável que eles criem resistência ao hormônio juvenil.

Hormônio juvenil da cecropia

Fator-papel

Embora seja muito difícil obter o suficiente da substância natural para uso na agricultura, estão sendo preparados análogos sintéticos que demonstram ser similares em suas propriedades e em sua efetividade em relação à substância natural. Foi descoberta uma substância, no abeto de bálsamo americano (*Abies balsamea*), conhecida como **fator-papel**. O fator-papel é ativo contra o inseto da tília, *Pyrrhocoris apterus*, uma praga do algodão, de origem europeia. Essa substância é apenas uma entre os milhares de materiais terpenoides sintetizados pela árvore de abeto. Outras substâncias terpenoides estão sendo investigadas como análogas potenciais do hormônio juvenil.

Piretrina

R = CH_3 ou $COOCH_3$
R' = $CH_2CH{=}CHCH{=}CH_2$ ou $CH_2CH{=}CHCH_3$ ou $CH_2CH{=}CHCH_2CH_3$

Determinadas plantas são capazes de sintetizar substâncias que as protegem contra insetos. Incluídos entre esses inseticidas naturais, estão as **piretrinas** e derivados da **nicotina**.

A busca por métodos de controle de pragas agrícolas que sejam ambientalmente adequadas continua com um grande sentido de urgência. A cada ano, os insetos causam às colheitas danos que atingem a casa dos bilhões de dólares. Com os alimentos se tornando cada vez mais escassos e com a população do mundo crescendo a uma taxa exponencial, impedir essas perdas nas colheitas de alimentos é absolutamente essencial.

REFERÊNCIAS

Berkoff, C. E. Insect Hormones and Insect Control. *J. Chem. Educ.* 1971, *48,* 577.

Bowers, W. S; Nishida, R. Juvocimenes: Potent Juvenile Hormone Mimics from Sweet Basil. *Science* 1980, *209,* 1030.

Carson, R. *Silent Spring;* Houghton Mifflin: Boston, 1962.

Keller, E. The DDT Story. *Chemistry* 1970, *43* (Feb.), 8.

O'Brien, R. D. *Insecticides: Action and Metabolism;* Academic Press: New York, 1967.

Peakall, D. B. Pesticides and the Reproduction of Birds. *Sci. Am.* 1970, *222* (Apr.), 72.

Saunders, H. J. New Weapons against Insects. *Chem. Eng. News* 1975, *53* (Jul. 28), 18.

Williams, C. M. Third-Generation Pesticides. *Sci. Am.* 1967, *217* (Jul.), 13.

Williams, W. G.; Kennedy, G. G.; Yamamoto, R. T.; Thacker, J. D.; Bordner, J. 2-Tridecanone: A Naturally Occurring Insecticide from the Wild Tomato. *Science* 1980, *207,* 888.

Ensaio 21

Vaga-lumes e fotoquímica

A produção de luz como resultado de uma reação química é chamada **quimioluminescência**. A reação quimioluminescente geralmente produz uma das moléculas do produto em um estado eletronicamente excitado. O estado excitado emite um fóton, e uma luz é produzida. Se a reação que produz luz for bioquímica, ocorrendo em um organismo vivo, o fenômeno é chamado **bioluminescência**.

A luz produzida por vagalumes e outros organismos bioluminescentes tem fascinado os observadores há muitos anos. Vários diferentes organismos desenvolveram a capacidade de emitir luz, incluindo bactérias, fungos, protozoários, hidras, vermes marinhos, esponjas, corais, medusas, crustáceos, moluscos, caramujos, lulas, peixes e insetos. Curiosamente, dentre as formas de vida superiores, somente os peixes estão incluídos na lista. Anfíbios, répteis, aves, mamíferos, assim como as plantas superiores, estão excluídos. Entre as espécies marinhas, nenhuma delas é um organismo de água doce. O excelente artigo da revista *Scientific American*, escrito por McElroy e Seliger (veja Referências), delineia a história natural, as características e os hábitos de muitos organismos bioluminescentes.

Os primeiros estudos significativos de um organismo bioluminescente foram realizados pelo fisiologista francês Raphael Dubois, em 1887. Ele estudou o molusco *Pholas dactylis,* que é bioluminescente e nativo do Mar Mediterrâneo. Dubois descobriu que um extrato de água fria do molusco era capaz de emitir luz durante vários minutos após a extração. Quando a emissão de luz cessou, Dubois verificou que ela poderia ser restaurada, por meio de um material extraído do molusco, com água quente. Um extrato de água quente do molusco, sozinho, não produz a luminescência. Raciocinando cuidadosamente, Dubois concluiu que havia uma enzima no extrato de água fria que era destruída na água quente. Contudo, o composto luminescente podia ser extraído sem destruir água quente ou fria. Ele chamou o material luminescente de **luciferina**, e a enzima que o induzia a emitir luz, de **luciferase**; ambos os nomes eram derivados de *Lucifer,* um nome em latim, que significa "portador de luz". Atualmente, os materiais luminescentes de todos os organismos são chamados *luciferinas,* e as enzimas associadas são denominadas *luciferases.*

O organismo bioluminescente mais extensivamente estudado é o vagalume, que é encontrado em muitas partes do mundo e, provavelmente, representa o mais familiar exemplo de bioluminescência. Nessas áreas, em uma típica tarde de verão, os pirilampos, ou "vagalumes", podem, frequentemente, ser vistos emitindo *flashes* de luz enquanto circulam pelo gramado ou jardim. Hoje em dia, é universalmente aceito que a luminescência de vagalumes é uma estratégia de acasalamento. O vagalume macho voa a cerca de 60 centímetros acima do chão e emite luz em intervalos regulares. A fêmea, que fica parada no chão, espera, durante um intervalo característico, e, então, emite uma luz em resposta. O macho, por sua vez, reorienta a direção de seu voo para a fêmea e, mais uma vez, emite um sinal. Raramente, o ciclo completo é repetido mais de uma vez, antes de o macho alcançar a fêmea. Vagalumes de diferentes espécies podem se reconhecer entre si, por seus *flashes* de luz padrão, que variam em número, frequência e duração, entre as espécies.

Embora a estrutura total da enzima luciferase do vagalume americano, *Photinus pyralis*, seja desconhecida, a estrutura da luciferina já foi estabelecida. No entanto, apesar da grande quantidade de trabalho experimental, a natureza completa das reações químicas que produzem a luz ainda está sujeita a alguma controvérsia. Porém, é possível descrever os detalhes mais importantes da reação.

Luciferase + ATP ⟶ luciferase – ATP

Vagalume Luciferina $\xrightarrow{\text{luciferase – ATP}}$ Luciferina–C(=O)–AMP + $P_2O_7^{2-}$ $\xrightarrow{O_2}$ Hidroperóxido ⟶ Endoperóxido ⟶ [Descarboxicetoluciferina]* + CO_2 ⟶ Descarboxicetoluciferina + $h\nu$

Vagalume Luciferina

Hidroperóxido

Endoperóxido

Descarboxicetoluciferina

Além da luciferina e da luciferase, outras substâncias – magnésio (II), ATP (trifosfato de adenosina) e oxigênio molecular – são necessárias para produzir a luminescência. Na primeira etapa postulada da reação, a luciferase se complexa com uma molécula de ATP. Na segunda etapa, a luciferina se liga à luciferase e reage com a molécula de ATP que já está ligada, para ficar "preparado". Nessa reação, o íon do pirofosfato é expelido, e o AMP (monofosfato de adenosina) fica conectado ao grupo carboxila da luciferina. Na terceira etapa, o complexo luciferina–AMP é oxidado pelo oxigênio molecular para formar um hidroperóxido; este forma um ciclo com o grupo carboxila, expelindo o AMP e formando o endoperóxido cíclico. Essa reação seria difícil, se o grupo carboxila da luciferina não tivesse preparado com o ATP. O endoperóxido é instável e se descarboxila prontamente, produzindo a descarboxicetoluciferina em um *estado eletronicamente excitado*, que é desativado pela emissão de um fóton (fluorescência). Portanto, essa é a clivagem do endoperóxido com anel de quatro membros, que leva à molécula eletronicamente excitada e, consequentemente, à bioluminescência.

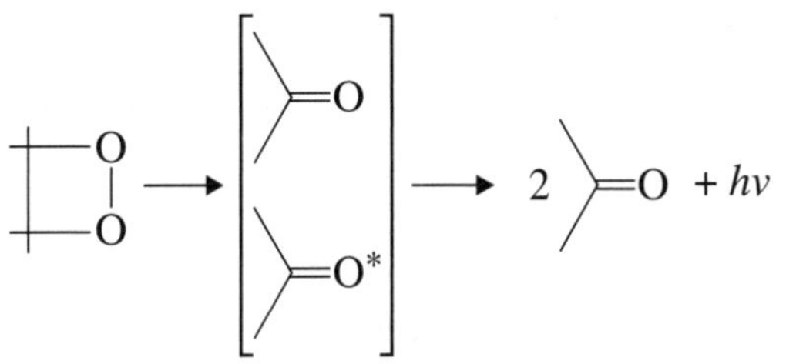

Aquele dos dois grupos carbonila, seja o da descarboxicetoluciferina ou o do dióxido de carbono, que deve ser formado em um estado excitado, pode prontamente ser previsto a partir dos princípios de conservação de simetria do orbital, de Woodward e Hoffmann. Formalmente, essa reação é como a decomposição de um anel ciclobutano e gera duas moléculas de etileno. Ao analisar o curso da reação adiante, isto é, 2 etileno → ciclobutano, é possível, facilmente, demonstrar que a reação, que envolve quatro elétrons π, é proibida para dois etilenos em estado fundamental, mas é permitida por apenas um etileno no estado fundamental, e outro, no estado excitado. Isso sugere que, no processo reverso, uma das moléculas de etileno deverá ser formada em um estado excitado. A expansão desses argumentos para o endoperóxido também sugere que um dos dois grupos carbonila deverão ser formados em seu estado excitado.

A molécula de emissão, descarboxicetoluciferina, foi isolada e sintetizada. Quando ela é excitada fotoquimicamente pela absorção de fóton em solução básica (pH > 7,5–8,0), ela fluoresce, formando um espectro de emissão de fluorescência que é idêntico ao espectro de emissão produzido pela interação da luciferina do vagalume com a luciferase do vagalume. Desse modo, a forma de emissão da descarboxicetoluciferina foi identificada como o **diânion de enol**. Em solução neutra ou ácida, o espectro de emissão da descarboxicetoluciferina não corresponde ao espectro de emissão do sistema bioluminescente.

Ainda não se conhece a função exata da enzima luciferase, do vagalume, mas está claro que todas essas reações ocorrem enquanto a luciferina é ligada à enzima como um substrato. Além disso, uma vez que a enzima, sem dúvida, tem vários grupos básicos (—COO^-, —NH^2, e assim por diante), a ação-tampão desses grupos explicaria facilmente por que o diânion de enol também é a forma de emissão de descarboxicetoluciferina no sistema biológico.

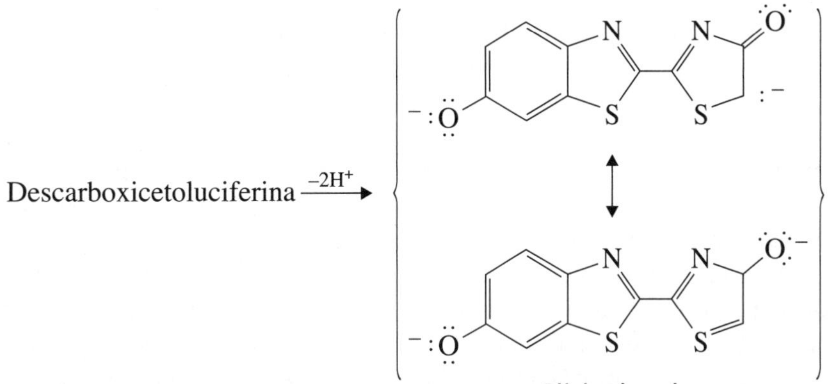

Descarboxicetoluciferina $\xrightarrow{-2H^+}$

Diânion de enol

A maioria das reações quimioluminescentes e bioluminescentes exige oxigênio. Da mesma maneira, a maior parte produz uma espécie de emissão eletronicamente excitada através da decomposição de um **peróxido** de um tipo ou de outro. No experimento que se segue, é descrita uma reação **quimioluminescente** que envolve a decomposição de um peróxido intermediário.

REFERÊNCIAS

Clayton, R. K. The Luminescence of Fireflies and Other Living Things. In *Light and Living Matter. The Biological Part;* McGraw Hill: New York, 1971; Vol. 2.

Fox, J. L. Theory May Explain Firefly Luminescense. *Chem. Eng. News.* 1978, *56*, 17.

Harvey, E. N. Bioluminescence; Academic Press: New York, 1952.

Hastings, J. W. Bioluminescence. *Annu. Rev. Biochem.* 1968, *37*, 597.

McCapra, F. Chemical Mechanisms in Bioluminescence. *Acc. Chem. Res.* 1976, *9*, 201.

McElroy, W. D.; Seliger, H. H. Biological Luminescence. *Sci. Am.* 1962, *207*, 76.

McElroy, W. D.; Seliger, H. H.; White, E. H. Mechanism of Bioluminescence, Chemiluminescence and Enzyme Function in the Oxidation of Firefly Luciferin. *Photochem. Photobiol.* 1969, *10*, 153.

Seliger, H. H.; McElroy, W. D. *Light: Physical and Biological Action;* Academic Press: New York, 1965.

Ensaio 22

A química dos adoçantes

Os norte-americanos, como nenhuma outra nacionalidade no mundo, têm um apetite particularmente exigente, pois sua vontade de consumir açúcar, seja adicionado aos alimentos ou incluído em doces e sobremesas, é surpreendente. Mesmo quando escolhem um alimento que não é considerado doce, ingerem grandes quantidades de açúcar. Um exame casual do rótulo *Nutrition Facts* (*Fatos sobre nutrição*) e da lista de ingredientes de praticamente qualquer alimento processado revelará que o açúcar, em geral, é um dos principais ingredientes.

Paradoxalmente, os norte-americanos também são obcecados pela necessidade de dietas. Como resultado disso, a procura por substitutos não calóricos para o açúcar natural representa um empreendimento de vários milhões de dólares, nesse país. Existe um mercado pronto para alimentos doces, mas que não contêm açúcar.

Para que uma molécula cause o gosto doce, ela deve estar em uma papila gustativa em que um impulso nervoso é capaz de transmitir a mensagem de doçura da língua para o cérebro. Contudo, nem todos os açúcares acionam uma resposta neural equivalente. Alguns açúcares, como a glicose, têm um gosto relativamente suave, e outras, como a frutose, têm gosto muito doce. Na verdade, a frutose tem um gosto mais doce que o açúcar de mesa comum ou a sacarose. Além do mais, os indivíduos variam quanto à sua capacidade de perceber substâncias doces. A relação entre a doçura percebida e a estrutura molecular é muito complicada e, até este momento, ela tem sido muito mal compreendida.

O adoçante mais comum, naturalmente, é o açúcar de mesa tradicional, ou **sacarose**. A sacarose é um dissacarídeo, consistindo em uma unidade de glicose e uma unidade de frutose, conectadas por uma ligação 1,2-glicosídica. A sacarose é purificada e cristalizada a partir de xaropes que são extraídos de plantas como cana-de-açúcar e beterraba.

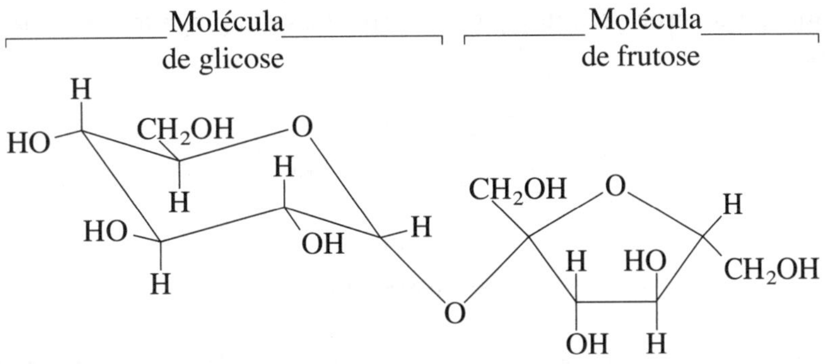

Molécula de glicose

Molécula de frutose

Sacarose

Quando a sacarose é hidrolisada, ela gera uma molécula de D-frutose e uma molécula de D-glicose. Essa hidrólise é catalisada por uma enzima, a **invertase**, e produz uma mistura conhecida como **açúcar invertido**, cujo nome deriva do fato de que a mistura é levógira, ao passo que a sacarose é dextrógira. Assim, o sinal de rotação é "invertido", no curso da hidrólise. O "açúcar invertido" é um pouco mais doce que a sacarose, por causa da presença da frutose livre. O **mel** é composto principalmente de açúcar invertido, que é o motivo pelo qual ele tem um gosto doce.

Pessoas que sofrem de diabetes são orientadas a evitar açúcar em suas dietas. Contudo, esses indivíduos também gostam de consumir alimentos doces. Um adoçante substituto que é utilizado para alimentos específicos para diabéticos é o **sorbitol**, que é um álcool formado pela hidrogenação catalítica da glicose. O sorbitol tem aproximadamente 60% da doçura da sacarose. Ele é um ingrediente comum em produtos como goma de mascar sem açúcar. Apesar de o sorbitol ser uma substância diferente da sacarose, ela ainda apresenta aproximadamente o mesmo número de calorias por grama. Portanto, o sorbitol não é um adoçante adequado para bebidas ou alimentos dietéticos.

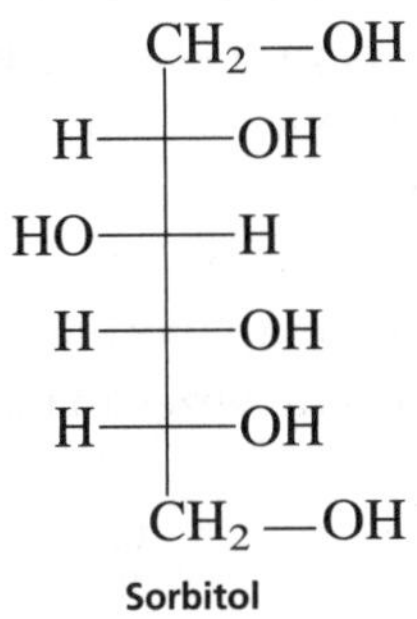

Sorbitol

Como a sacarose e o mel estão implicados em problemas com cáries dentárias e também são considerados culpados na contínua batalha contra a obesidade, a busca por novos adoçantes que não sejam calóricos e não tenham carbo-hidratos é um ativo campo de estudos. Mesmo que um adoçante não seja nutritivo, e ainda tenha algumas calorias, se ele fosse muito doce, não seria necessário utilizar muito do adoçante, portanto, desse modo, o impacto negativo sobre a higiene dental e a dieta seria menor.

O primeiro adoçante artificial a ser amplamente utilizado foi a **sacarina**, que é empregada geralmente como seu sal de sódio mais solúvel. A sacarina é cerca de 300 vezes mais doce que a sacarose. A descoberta da sacarina foi comemorada como um grande benefício para os diabéticos, porque pode ser utilizada como uma alternativa para o açúcar. Como uma substância pura, o sal de sódio da sacarina tem um sabor doce muito intenso, com um toque de sabor um pouco amargo. Como apresenta um gosto tão intenso, ela pode ser utilizada em quantidades muito pequenas para atingir o efeito desejado. Em algumas preparações, o sorbitol é adicionado para melhorar o gosto amargo. Estudos prolongados em animais de laboratório têm demonstrado que a sacarina é um possível agente carcinogênico. Apesar de seu risco para a saúde, o governo permitiu que a sacarina fosse empregada em alimentos destinados ao uso por diabéticos.

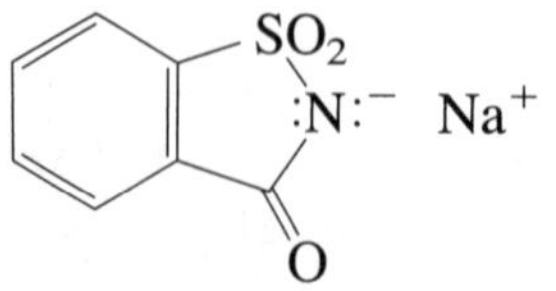

Sacarina (sal de sódio)

Outro adoçante artificial, que passou a ser amplamente utilizado nas décadas de 1960 e 1970, é o **ciclamato de sódio**, que é 33 vezes mais doce que a sacarose, pertence à classe dos compostos conhecidos como **sulfamatos**. O gosto doce de muitos sulfamatos é conhecido desde 1937, quando Sveda, acidentalmente, descobriu que o ciclamato de sódio tinha um gosto excessivamente doce. A disponibilidade do ciclamato de sódio estimulou a popularidade dos refrigerantes *diet*. Infelizmente, na década de 1970, pesquisas revelaram que um metabólito do ciclamato de sódio, a ciclo-hexilamina, representava um risco potencialmente grave para a saúde, incluindo o risco de câncer. Em virtude disso, esse adoçante foi retirado do mercado.

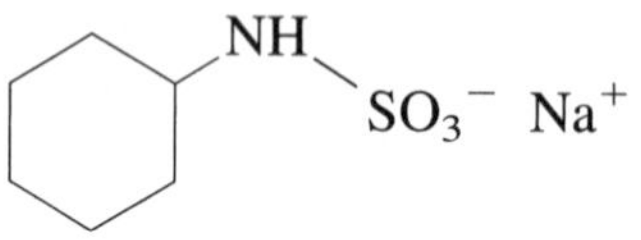

Ciclamato de sódio

O adoçante artificial mais amplamente utilizado, atualmente disponível, é um dipeptídeo, consistindo em uma unidade de ácido aspártico ligada a uma unidade de fenilalanina. O grupo carboxila da molécula de fenilalanina foi convertido para o éster de metila. Essa substância é conhecida comercialmente como **aspartame**, mas também é vendida sob os nomes comerciais **NutraSweet** e **Equal**. O aspartame é aproximadamente 200 vezes mais doce que a sacarose. Ela é encontrada em refrigerantes, pudins, sucos e muitos outros alimentos. Infelizmente, o aspartame não é estável quando aquecido, por isso, ele não é adequado como um ingrediente na culinária. Outros dipeptídeos que têm estruturas similares à do aspartame são muitos milhares de vezes mais doces que a sacarose.

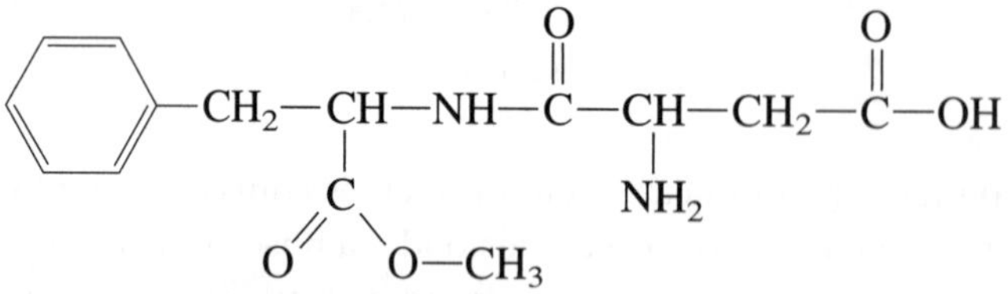

Aspartame

Quando o aspartame estava sendo desenvolvido como um produto comercial, aumentou a preocupação sobre os potenciais riscos à saúde associados ao seu uso. Foram considerados os potenciais efeitos causadores de câncer, do aspartame, com outros efeitos colaterais adversos, em potencial. Os extensivos testes desse produto demonstraram que ele atende aos critérios estabelecidos com relação aos riscos para a saúde, pela Food and Drug Administration, que aprovou a venda do aspartame como um aditivo para alimentos, em 1974.

Ainda continua a procura por novas substâncias que possam servir como adoçantes. Existe um grande interesse em substâncias que ocorrem na natureza e podem ser isoladas a partir de várias plantas. Além disso, pesquisas, incluindo estudos sobre modelagem molecular e investigações espectroscópicas, estão sendo conduzidas para esclarecer exatamente quais características estruturais são necessárias para um sabor doce. Munidos com essas informações, os químicos, então, terão condições de sintetizar moléculas que serão projetadas especificamente para apresentar sabor doce.

REFERÊNCIAS

Barker, S. A.; Garegg, P. J.; Bucke, C.; Rastall, R. A.; Sharon, N.; Lis, H.; Hounsell, E. F. Contemporary Carbohydrate Chemistry. *Chem. Br.* 1990, *26*, 663. (Esta é uma série de cinco artigos, cada um deles, escrito por um ou dois dos autores, compilado como parte de uma série de artigos sobre a química do carbo-hidrato.)

Bragg, R. W.; Chow, Y.; Dennis, L.; Ferguson, L. N.; Howell, S.; Morga, G.; Ogino, C.; Pugh, H.; Winters, M. Sweet Organic Chemistry. *J. Chem. Educ.* 1978, *55*, 281.

Crammer, B.; Ikan, R. Sweet Glycosides from the Stevia Plant. *Chem. Br.* 1986, *22*, 915.

Sharon, N. Carbohydrates. *Sci. Am.* 1980, *243*, 90.

Apêndices

Apêndice 1

Tabelas de substâncias desconhecidas e derivados

Tabelas mais abrangentes de substâncias desconhecidas podem ser encontradas em Z. Rappoport, ed. *Handbook of Tables for Organic Compound Identification,* 3rd ed., CRC Press: Boca Raton FL, 1967.

Aldeídos

Composto	PE	PF	Semi-carbazona*.	2,4-Dinitro-fenil hidrazona*
Etanal (acetaldeído)	21	—	162	168
Propanal (propionaldeído)	48	—	89	148
Propenal (acroleína)	52	—	171	165
2-Metilpropanal (isobutiraldeído)	64	—	125	187
Butanal (butiraldeído)	75	—	95	123
3-Metilbutanal (isovaleraldeído)	92	—	107	123
Pentanal (valeraldeído)	102	—	—	106
2-Butenal (crotonaldeído)	104	—	199	190
2-Etilbutanal (dietilacetaldeído)	117	—	99	95
Hexanal (caproaldeído)	130	—	106	104
Heptanal (heptaldeído)	153	—	109	108
2-Furaldeído (furfural)	162	—	202	212
2-Etil-hexanal	163	—	254	114
Octanal (caprilaldeído)	171	—	101	106
Benzaldeído	179	—	222	237
Nonanal (nonil aldeído)	185	—	100	100
Feniletanal (fenilacetaldeído)	195	33	153	121
2-Hidroxibenzaldeído (salicilaldeído)	197	—	231	248
4-Metilbenzaldeído (*p*-tolualdeído)	204	—	234	234
3,7-Dimetil-6-octenal (citronelal)	207	—	82	77
Decanal (decil aldeído)	207	—	102	104
2-Clorobenzaldeído	213	11	229	213

Continua

Aldeídos (Continuação)

Composto	PE	PF	Semi-carbazona*.	2,4-Dinitro-fenil hidrazona*
3-Clorobenzaldeído	214	18	228	248
3-Metoxibenzaldeído (*m*-anisaldeído)	230	—	233 d.	—
3-Bromobenzaldeído	235	—	205	—
4-Metoxibenzaldeído (*p*-anisaldeído)	248	2,5	210	253
trans-Cinamaldeído	250 d.	—	215	255
3,4-Metilenedioxibenzaldeído (piperonal)	263	37	230	266 d.
2-Metoxibenzaldeído (*o*-anisaldeído)	245	38	215 d.	254
3,4-Dimetoxibenzaldeído	—	44	177	261
2-Nitrobenzaldeído	—	44	256	265
4-Clorobenzaldeído	—	48	230	254
4-Bromobenzaldeído	—	57	228	257
3-Nitrobenzaldeído	—	58	246	293
2,4-Dimetoxibenzaldeído	—	71	—	—
2,4-Diclorobenzaldeído	—	72	—	—
4-Dimetilaminobenzaldeído	—	74	222	325
4-Hidroxi-3-metoxibenzaldeído (vanilina)	—	82	230	271
3-Hidroxibenzaldeído	—	104	198	259
5-Bromo-2-hidroxibenzaldeído (5-bromossalicilaldeído)	—	106	297 d.	—
4-Nitrobenzaldeído	—	106	221	320 d.
4-Hidroxibenzaldeído	—	116	224	280 d.
(±)-Gliceraldeído	—	142	160 d.	167

Nota: "d" indica "decomposição".
*Veja o Apêndice 2, "Procedimentos para a preparação de derivados".

Cetonas

Composto	PE	PF	Semi-carbazona*	2,4-Dinitro-fenil-hidrazona*
2-Propanona (acetona)	56	—	187	126
2-Butanona (metil etil cetona)	80	—	146	117
3-Buten-2-ona (metil vinil cetona)	81	—	140	—
3-Metil-2-butanona (isopropil metil cetona)	94	—	112	120

Continua

Cetonas (Continuação)

Composto	PE	PF	Semi-carbazona*	2,4-Dinitro-fenil-hidrazona*
2-Pentanona (metil propil cetona)	102	—	112	143
3-Pentanona (dietil cetona)	102	—	138	156
3,3-Dimetil-2-butanona (pinacolona)	106	—	157	125
4-Metil-2-pentanona (isobutil metil cetona)	117	—	132	95
2,4-Dimetil-3-pentanona (di-isopropil cetona)	124	—	160	86
3-Hexanona	125	—	113	130
2-Hexanona (metil butil cetona)	128	—	121	106
4-Metil-3-penteno-2-ona (óxido mesitila)	130	—	164	200
Ciclopentanona	131	—	210	146
5-Hexeno-2-ona	131	—	102	108
2,3-Pentanediona	134	—	122 (mono) 209 (di)	209
5-Metil-3-hexanona	136	—	—	—
2,4-Pentanediona (acetilacetona)	139	—	122 (mono) 209 (di)	209
4-Heptanona (dipropil cetona)	144	—	132	75
5-Metil-2-hexanona	145	—	—	—
1-Hidroxi-2-propanona (hidroxiacetona, acetol)	146	—	196	129
3-Heptanona	148	—	101	—
2-Heptanona (metil amil cetona)	151	—	123	89
Ciclo-hexanona	156	—	166	162
2-Metilciclo-hexanona	165	—	191	136
3-Octanona	167	—	—	—
2,6-Dimetil-4-heptanona (di-isobutil cetona)	168	—	122	66
2-Octanona	173	—	122	92
Ciclo-heptanona	181	—	163	148
Etil acetoacetato	181	—	129 d.	93
5-Nonanona	186	—	90	—
3-Nonanona	187	—	112	—
2,5-Hexanediona (acetonilacetona)	191	−9	185 (mono) 224 (di)	257 (di)

Continua

Cetonas (Continuação)

Composto	PE	PF	Semi-carbazona*	2,4-Dinitro-fenil-hidrazona*
2-Nonanona	195	−8	118	—
Acetofenona (metil fenil cetona)	202	20	198	238
2-Hidroxiacetofenona	215	28	210	212
1-Fenil-2-propanona (fenilacetona)	216	27	198	156
Propiofenona (1-fenil-1-propanona)	218	21	173	191
Isobutirofenona (2-metil-1-fenil-1-propanona)	222	—	181	163
1-Fenil-2-butanona	226	—	135	—
4-Metilacetofenona	226	28	205	258
3-Cloroacetofenona	228	—	232	—
2-Cloroacetofenona	229	—	160	—
Butirofenona (1-fenil-1-butanona)	230	12	187	190
2-Undecanona	231	12	122	63
4-Cloroacetofenona	232	12	204	231
4-Fenil-2-butanona (benzilacetona)	235	—	142	127
2-Metoxiacetofenona	239	—	183	—
3-Metoxiacetofenona	240	—	196	—
Valerofenona (1-fenil-1-pentanona)	248	—	160	166
4-Cloropropiofenona	—	36	176	—
4-Fenil-3-buteno-2-ona (benzalacetona)	—	37	187	227
4-Metoxiacetofenona	—	38	198	220
3-Bromopropiofenona	—	40	183	—
1-Indanona	—	41	233	258
Benzofenona	—	48	164	238
4-Bromoacetofenona	—	51	208	230
3,4-Dimetoxiacetofenona	—	51	218	207
2-Acetonaftona (metil 2-naftil cetona)	—	53	234	262 d.
Desoxibenzoína (benzil fenil cetona)	—	60	148	204
1,1-Difenilacetona	—	61	170	—
4-Clorobenzofenona	—	76	—	185
3-Nitroacetofenona	—	80	257	228

Continua

Cetonas (Continuação)

Composto	PE	PF	Semi-carbazona*	2,4-Dinitro-fenil-hidrazona*
4-Nitroacetofenona	—	80	—	—
4-Bromobenzofenona	—	82	350	230
Fluorenona	—	83	—	283
4-Hidroxiacetofenona	—	109	199	210
Benzoína	—	136	206	245
4-Hidroxipropiofenona	—	148	—	229
(±)-Cânfora	—	179	237	164

Nota: "d" indica "decomposição".

*Veja o Apêndice 2, "Procedimentos para a preparação de derivados".

Ácidos carboxílicos

Composto	PE	PF	**p-Toluidida***	Anilida*	Amida*
Ácido metanoico (ácido fórmico)	101	8	53	47	43
Ácido etanoico (ácido acético)	118	17	148	114	82
Ácido propenoico (ácido acrílico)	139	13	141	104	85
Ácido propanoico (ácido propiônico)	141	—	124	103	81
2-ácido metilpropanoico (ácido isobutírico)	154	—	104	105	128
Ácido butanoico (ácido butírico)	162	—	72	95	115
3-ácido butenoico (ácido vinilacético)	163	—	—	58	73
2-ácido metilpropenoico (ácido metacrílico)	163	16	—	87	102
Ácido pirúvico	165 d.	14	109	104	124
3-ácido metilbutanoico (ácido isovalérico)	176	—	106	109	135
Ácido 3,3-dimetilbutanoico	185	—	134	132	132
Ácido pentanoico (ácido valérico)	186	—	74	63	106
Ácido 2-cloropropanoico	186	—	124	92	80
Ácido dicloroacético	194	6	153	118	98
Ácido 2-metilpentanoico	195	—	80	95	79
Ácido hexanoico (ácido caproico)	205	—	75	95	101

Continua

Ácidos carboxílicos (Continuação)

Composto	PE	PF	***p*-Toluidida***	Anilida*	Amida*
Ácido 2-bromopropanoico	205 d.	24	125	99	123
Ácido heptanoico	223	—	81	70	96
Ácido 2-etil-hexanoico	228	—	—	—	102
Ácido ciclo-hexanocarboxílico	233	31	—	146	186
Ácido octanoico (ácido caprílico)	237	16	70	57	107
Ácido nonanoico	254	12	84	57	99
Ácido decanoico (ácido cáprico)	—	32	78	70	108
Ácido 4-oxopentanoico (ácido levulínico)	—	33	108	102	108 d.
Ácido trimetilacético (ácido piválico)	—	35	120	130	155
Ácido 3-cloropropanoico	—	40	—	—	101
Ácido dodecanoico (ácido láurico)	—	43	87	78	100
Ácido 3-fenilpropanoico (ácido hidrocinâmico)	—	48	135	98	105
Ácido bromoacético	—	50	—	131	91
Ácido 4-fenilbutanoico	—	52	—	—	84
Ácido tetradecanoico (ácido mirístico)	—	54	93	84	103
Ácido tricloroacético	—	57	113	97	141
Ácido 3-bromopropanoico	—	61	—	—	111
Ácido hexadecanoico (ácido palmítico)	—	62	98	90	106
Ácido cloroacético	—	63	162	137	121
Ácido cianoacético	—	66	—	198	120
Ácido octadecanoico (ácido esteárico)	—	69	102	95	109
Ácido *trans*-2-butenoico (ácido crotônico)	—	72	132	118	158
Ácido fenilacético	—	77	136	118	156
Ácido α-metil-*trans*-cinâmico	—	81	—	—	128
Ácido 4-metoxifenilacético	—	87	—	—	189
Ácido 3,4-dimetoxifenil acético	—	97	—	—	147
Ácido pentanodioico (ácido glutárico)	—	98	218 (di)	224 (di)	176 (di)
Ácido fenoxiacético	—	99	—	99	102
Ácido 2-metoxibenzoico (ácido *o*-anísico)	—	100	—	131	129
Ácido 2-metilbenzoico (ácido *o*-toluico)	—	104	144	125	142

Continua

Ácidos carboxílicos (Continuação)

Composto	PE	PF	*p*-Toluidida*	Anilida*	Amida*
Ácido nonanedioico (ácido azelaico)	—	106	201 (di)	107 (mono) 186 (di)	93 (mono) 175 (di)
Ácido 3-metoxibenzoico (ácido *m*-anísico)	—	107	—	—	136
Ácido 3-metilbenzoico (ácido *m*-toluico)	—	111	118	126	94
Ácido 4-bromofenilacético	—	117	—	—	194
Ácido (±)-fenilhidroxiacético (ácido mandélico)	—	118	172	151	133
Ácido benzoico	—	122	158	163	130
Ácido 2,4-dimetilbenzoico	—	126	—	141	180
Ácido 2-benzoilbenzoico	—	127	—	195	165
Ácido maleico	—	130	142 (di)	198 (mono) 187 (di)	172 (mono) 260 (di)
Ácido decanodioico (ácido sebácico)	—	133	201 (di)	122 (mono) 200 (di)	170 (mono) 210 (di)
Ácido 3-clorocinâmico	—	133	142	135	76
Ácido 2-furoico	—	133	170	124	143
Ácido *trans*-cinâmico	—	133	168	153	147
Ácido 2-acetilsalicílico (aspirina)	—	138	—	136	138
Ácido 5-cloro-2-nitrobenzoico	—	139	—	164	154
Ácido 2-clorobenzoico	—	140	131	118	139
Ácido 3-nitrobenzoico	—	140	162	155	143
Ácido 4-cloro-2-nitrobenzoico	—	142	—	—	172
Ácido 2-nitrobenzoico	—	146	—	155	176
Ácido 2-aminobenzoico (ácido antranílico)	—	146	151	131	109
Ácido difenilacético	—	148	172	180	167
Ácido 2-bromobenzoico	—	150	—	141	155
Ácido benzílico	—	150	190	175	154
Ácido hexanodioico (ácido adípico)	—	152	239	151 (mono) 241 (di)	125 (mono) 220 (di)
Ácido cítrico	—	153	189 (tri)	198 (tri)	210 (tri)
Ácido 4-nitrofenilacético	—	153	—	198	198

Continua

Ácidos carboxílicos (Continuação)

Composto	PE	PF	*p*-Toluidida*	Anilida*	Amida*
Ácido 2,5-diclorobenzoico	—	153	—	—	155
Ácido 3-clorobenzoico	—	156	—	123	134
Ácido 2,4-diclorobenzoico	—	158	—	—	194
Ácido 4-clorofenoxiacético	—	158	—	125	133
Ácido 2-hidroxibenzoico (ácido salicílico)	—	158	156	136	142
Ácido 5-bromo-2-hidroxibenzoico (ácido 5-bromossalicílico)	—	165	—	222	232
Ácido 3,4-dimetilbenzoico	—	165	—	104	130
Ácido 2-cloro-5-nitrobenzoico	—	166	—	—	178
Ácido metilenossuccínico (ácido itacônico)	—	166 d.	—	152 (mono)	191 (di)
Ácido (+)-tartárico	—	169	—	180 (mono) 264 (di)	171 (mono) 196 (di)
Ácido 5-clorossalicílico	—	172	—	—	227
Ácido 4-metilbenzoico (ácido *p*-toluico)	—	180	160	145	160
Ácido 4-cloro-3-nitrobenzoico	—	182	—	131	156
Ácido 4-metoxibenzoico (ácido *p*-anísico)	—	184	186	169	167
Ácido butanodioico (ácido succínico)	—	188	180 (mono) 255 (di)	143 (mono) 230 (di)	157 (mono) 260 (di)
Ácido 4-etoxibenzoico	—	198	—	170	202
Ácido fumárico	—	200 s.	—	233 (mono) 314 (di)	270 (mono) 266 (di)
Ácido 3-hidroxibenzoico	—	201 s.	163	157	170
Ácido 3,5-dinitrobenzoico	—	202	—	234	183
Ácido 3,4-diclorobenzoico	—	209	—	—	133
Ácido ftálico	—	210 d.	150 (mono) 201 (di)	169 (mono) 253 (di)	144 (mono) 220 (di)
Ácido 4-hidroxibenzoico	—	214	204	197	162
Ácido 3-nitroftálico	—	215	226 (di)	234 (di)	201 (di)
Ácido piridino-3-carboxílico (ácido nicotínico)	—	236	150	132	128

Continua

Ácidos carboxílicos (Continuação)

Composto	PE	PF	**p-Toluidida***	Anilida*	Amida*
Ácido 4-nitrobenzoico	—	240	204	211	201
Ácido 4-clorobenzoico	—	242	—	194	179
Ácido 4-bromobenzoico	—	251	—	197	190

Nota: "d" indica "decomposição"; "s" indica "sublimação".

*Veja o Apêndice 2, "Procedimentos para a preparação de derivados".

Fenóis†

				Derivado de bromo *			
Composto	PE	PF	α-Naftil-uretano*	Mono	Di	Tri	Tetra
2-Clorofenol	176	7	120	48	76	—	—
3-Metilfenol (*m*-cresol)	203	12	128	—	—	84	—
2-Etilfenol	207	—	—	—	—	—	—
2,4-Dimetilfenol	212	23	135	—	—	—	—
2-Metilfenol (*o*-cresol)	191	32	142	—	56	—	—
2-Metoxifenol (guaiacol)	204	32	118	—	—	116	—
4-Metilfenol (*p*-cresol)	202	35	146	—	49	—	198
3-Clorofenol	214	35	158	—	—	—	—
4-Metil-2-nitrofenol	—	35	—	—	—	—	—
2,4-Dibromofenol	238	40	—	95	—	—	—
Fenol	181	42	133	—	—	95	—
4-Clorofenol	217	43	166	33	90	—	—
4-Etilfenol	219	45	128	—	—	—	—
2-Nitrofenol	216	45	113	—	117	—	—
2-Isopropil-5-metilfenol (timol)	234	51	160	55	—	—	—
4-Metoxifenol	243	56	—	—	—	—	—
3,4-Dimetilfenol	225	64	141	—	—	171	—
4-Bromofenol	238	64	169	—	—	—	—
4-Cloro-3-metilfenol	235	66	153	—	—	—	—
3,5-Dimetilfenol	220	68	—	—	—	166	—
2,6-Di-*tert*-butil-4-metilfenol	—	70	—	—	—	—	—
2,4,6-Trimetilfenol	232	72	—	—	—	—	—
2,5-Dimetilfenol	212	75	173	—	—	178	—
1-Naftol (α-naftol)	278	94	152	—	105	—	—

Continua

Fenóis† (Continuação)

Composto	PE	PF	α-Naftil-uretano*	Derivado de bromo *			
				Mono	Di	Tri	Tetra
2-Metil-4-nitrofenol	186	96	—	—	—	—	—
2-Hidroxifenol (catecol)	245	104	175	—	—	—	192
2-Cloro-4-nitrofenol	—	106	—	—	—	—	—
3-Hidroxifenol (resorcinol)	—	109	—	—	—	112	—
4-Nitrofenol	—	112	150	—	142	—	—
2-Naftol (β-naftol)	—	123	157	84	—	—	—
3-Metil-4-nitrofenol	—	129	—	—	—	—	—
1,2,3-Tri-hidroxibenzeno (pirogalol)	—	133	—	—	158	—	—
4-Fenilfenol	—	164	—	—	—	—	—

*Veja o Apêndice 2, "Procedimentos para a preparação de derivados".
†Verifique também:
Ácido salicílico (ácido 2-hidroxibenzoico)
Ésteres de ácido salicílico (salicilatos)
Salicilaldeído (2-hidroxibenzaldeído)
4-Hidroxibenzaldeído
4-Hidroxipropiofenona
Ácido 3-hidroxibenzoico
Ácido 4-hidroxibenzoico
4-Hidroxibenzofenona

Aminas primárias†

Composto	PE	PF	Benzamida*	Picrato*	Acetamida*
t-Butilamina	46	—	134	198	101
Propilamina	48	—	84	135	—
Alilamina	56	—	—	140	—
sec-Butilamina	63	—	76	139	—
Isobutilamina	69	—	57	150	—
Butilamina	78	—	42	151	—
Isopentilamina (ioamilamina)	96	—	—	138	—
Pentilamina (amilamina)	104	—	—	139	—
Etilenodiamina	118	—	244 (di)	233 (di)	172 (di)
Hexilamina	132	—	40	126	—
Ciclo-hexilamina	135	—	149	—	101
1,3-Diaminopropano	140	—	148 (di)	250	126 (di)
Furfurilamina	145	—	—	150	—

Continua

Aminas primárias† (Continuação)

Composto	PE	PF	Benzamida*	Picrato*	Acetamida*
Heptilamina	156	—	—	121	—
Octilamina	180	—	—	112	—
Benzilamina	184	—	105	194	65
Anilina	184	—	163	180	114
2-Metilanilina (*o*-toluidina)	200	—	144	213	110
3-Metilanilina (*m*-toluidina)	203	—	125	200	65
2-Cloroanilina	208	—	99	134	87
2,6-Dimetilanilina	216	11	168	180	177
2,5-Dimetilanilina	216	14	140	171	139
3,5-Dimetilanilina	220	—	144	225	—
4-Isopropilanilina	225	—	162	—	102
2-Metoxianilina (*o*-anisidina)	225	6	60	200	85
3-Cloroanilina	230	—	120	177	74
2-Etoxianilina (*o*-fenotidina)	231	—	104	—	79
4-Cloro-2-metilanilina	241	29	142	—	140
4-Etoxianilina (*p*-fenotidina)	250	2	173	69	137
3-Bromoanilina	251	18	120	180	87
2-Bromoanilina	250	31	116	129	99
2,6-Dicloroanilina	—	39	—	—	—
4-Metilanilina (*p*-toluidina)	200	43	158	182	147
2-Etilanilina	210	47	147	194	111
2,5-Dicloroanilina	251	50	120	86	132
4-Metoxianilina (*p*-anisidina)	—	58	154	170	130
2,4-Dicloroanilina	245	62	117	106	145
4-Bromoanilina	245	64	204	180	168
4-Cloroanilina	—	72	192	178	179
2-Nitroanilina	—	72	110	73	92
2,4,6-Tricloroanilina	262	75	174	83	204
p-aminobenzoato de etila	—	89	148	—	110
o-Fenilenodiamina	258	102	301 (di)	208	185 (di)
2-Metil-5-nitroanilina	—	106	186	—	151

Continua

Aminas primárias† (Continuação)

Composto	PE	PF	Benzamida*	Picrato*	Acetamida*
4-Aminoacetofenona	—	106	205	—	167
2-Cloro-4-nitroanilina	—	108	161	—	139
3-Nitroanilina	—	114	157	143	155
4-Metil-2-nitroanilina	—	116	148	—	99
4-Cloro-2-nitroanilina	—	118	133	—	104
2,4,6-Tribromoanilina	—	120	200	—	232
2-Metil-4-nitroanilina	—	130	—	—	202
2-Metoxi-4-nitroanilina	—	138	149	—	153
p-Fenilenodiamina	—	140	128 (mono) 300 (di)	—	162 (mono) 304 (di)
4-Nitroanilina	—	148	199	100	215
4-Aminoacetanilida	—	162	—	—	304
2,4-Dinitroanilina	—	180	202	—	120

*Veja o Apêndice 2, "Procedimentos para a preparação de derivados".

† Verifique também o ácido 4-aminobenzoico e seus ésteres.

Aminas secundárias

Composto	PE	PF	Benzamida*	Picrato*	Acetamida*
Dietilamina	56	—	42	155	—
Di-isopropilamina	84	—	—	140	—
Pirrolidina	88	—	óleo	112	—
Piperidina	106	—	48	152	—
Dipropilamina	110	—	—	75	—
Morfolina	129	—	75	146	—
Di-isobutilamina	139	—	—	121	86
N-Metilciclo-hexilamina	148	—	85	170	—
Dibutilamina	159	—	—	59	—
Benzilmetilamina	184	—	—	117	—
N-Metilanilina	196	—	63	145	102
N-Etilanilina	205	—	60	132	54
N-Etil-*m*-toluidina	221	—	72	—	—
Diciclo-hexilamina	256	—	153	173	103

Continua

Aminas secundárias (Continuação)

Composto	PE	PF	Benzamida*	Picrato*	Acetamida*
N-Benzilanilina	298	37	107	48	58
Indol	254	52	68	—	157
Difenilamina	302	52	180	182	101
N-Fenil-1-naftilamina	335	62	152	—	115

*Veja o Apêndice 2, "Procedimentos para a preparação de derivados".

Aminas terciárias†

Composto	PE	PF	Picrato*	Metiodeto*
Trietilamina	89	—	173	280
Piridina	115	—	167	117
2-Metilpiridina (α-picolina)	129	—	169	230
2,6-Dimetilpiridina (2,6-lutidina)	143	—	168	233
4-Metilpiridina (4-picolina)	143	—	167	—
3-Metilpiridina (β-picolina)	144	—	150	92
Tripropilamina	157	—	116	207
N,N-Dimetilbenzilamina	183	—	93	179
N,N-Dimetilanilina	193	—	163	228 d.
Tributilamina	216	—	105	186
N,N-Dietilanilina	217	—	142	102
Quinolina	237	—	203	72/133

Nota: "d" indica "decomposição".
*Veja o Apêndice 2, "Procedimentos para a preparação de derivados".
†Verifique também o ácido nicotínico e seus ésteres.

Álcoois

Composto	PE	PF	3,5-Di-nitrobenzoato*	Fenil-uretano*
Metanol	65	—	108	47
Etanol	78	—	93	52
2-Propanol (álcool isopropílico)	82	—	123	88
2-Metil-2-propanol (álcool *t*-butílico)	83	26	142	136
3-Buten-2-ol	96	—	54	—

Continua

Álcoois (Continuação)

Composto	PE	PF	3,5-Di-nitrobenzoato*	Fenil-uretano*
2-Propen-1-ol (álcool alílico)	97	—	49	70
1-Propanol	97	—	74	57
2-Butanol (álcool *sec*-butílico)	99	—	76	65
2-Metil-2-butanol (álcool *t*-pentílico)	102	–8,5	116	42
2-Metil-3-butino-2-ol	104	—	112	—
2-Metil-1-propanol (álcool isobutílico)	108	—	87	86
3-Buteno-1-ol	113	—	59	25
3-Metil-2-butanol	114	—	76	68
2-Propino-1-ol (álcool propargílico)	114	—	—	—
3-Pentanol	115	—	101	48
1-Butanol	118	—	64	61
2-Pentanol	119	—	62	—
3,3-Dimetil-2-butanol	120	—	107	77
2,3-Dimetil-2-butanol	121	—	111	65
2-Metil-2-pentanol	123	—	72	—
3-Metil-3-pentanol	123	—	96	43
2-Metoxietanol	124	—	—	(113)†
2-Metil-3-pentanol	128	—	85	50
2-Cloroetanol	129	—	95	51
3-Metil-1-butanol (álcool isoamílico)	132	—	61	56
4-Metil-2-pentanol	132	—	65	143
2-Etoxietanol	135	—	75	(67)†
3-Hexanol	136	—	97	—
1-Pentanol	138	—	46	46
2-Hexanol	139	—	39	(61)†
2,4-Dimetil-3-pentanol	140	—	—	95
Ciclopentanol	140	—	115	132
2-Etil-1-butanol	146	—	51	—
2,2,2-Tricloroetanol	151	—	142	87
1-Hexanol	157	—	58	42
2-Heptanol	159	—	49	(54)†
Ciclo-hexanol	160	—	113	82

Continua

Álcoois (Continuação)

Composto	PE	PF	3,5-Di-nitrobenzoato*	Fenil-uretano*
3-Cloro-1-propanol	161	—	77	38
(2-Furil)-metanol (álcool furfurílico) 170	170	—	80	45
1-Heptanol	176	—	47	60
2-Octanol	179	—	32	114
2-Etil-1-hexanol	185	—	—	(61)†
1-Octanol	195	—	61	74
3,7-Dimetil-1,6-octadieno-3-ol (linalool)	196	—	—	66
2-Nonanol	198	—	43	(56)†
Álcool benzílico	204	—	113	77
1-Feniletanol	204	20	92	95
1-Nonanol	214	—	52	62
1,3-Propanodiol	215	—	178 (di)	137 (di)
2-Feniletanol	219	—	108	78
1-Decanol	231	7	57	59
3-Fenilpropanol	236	—	45	92
1-Dodecanol (álcool laurílico)	—	24	60	74
3-Fenil-2-propeno-1-ol (álcool cinamílico)	250	34	121	90
α-Terpineol	221	36	78	112
1-Tetradecanol (álcool miristílico)	—	39	67	74
(–)-Mentol	212	41	158	111
1-Hexadecanol (álcool cetílico)	—	49	66	73
2,2-Dimetil-1-propanol (neopentílico)	113	56	—	144
Álcool 4-Metilbenzílico	217	59	117	79
1-Octadecanol (estearil)	—	59	77	79
Difenilmetanol (álcool benzidrol)	—	68	141	139
Álcool 4-Nitrobenzílico	—	93	157	—
Benzoína	—	136	—	165
Colesterol	—	147	—	168
Trifenilmetanol	—	161	—	—
(+)-Borneol	—	208	154	138

*Veja o Apêndice 2, "Procedimentos para a preparação de derivados".

†α-Naftiluretano.

Ésteres

Composto	PE	PF
Formato de metila	32	—
Formato de etila	54	—
Acetato de metila	57	—
Formato de isopropila	71	—
Acetato de vinila	72	—
Acetato de etila	77	—
Propionato de metila (propanoato de metila)	80	—
Acrilato de metila	80	—
Formato de propila	81	—
Acetato de isopropila	89	—
Cloroformato de etila	93	—
Isobutirato de metila (2-metilpropanoato de metila)	93	—
Acetato de 2-propenila (acetato de isopropenila)	94	—
Acetato de *tert*-butila (acetato de 1,1-dimetiletila)	98	—
Propionato de etila (propanoato de etila)	99	—
Metacrilato de metila (2-metilpropenoato de metila)	100	—
Pivalato de metila (acetato de metila trimetila)	101	—
Acrilato de etila (propenoato de etila)	101	—
Acetato de propila	102	—
Butirato de metila (butanoato de metila)	102	—
Isobutirato de etila (2-metilpropanoato de etila)	110	—
Propionato de isopropila (propanoato de isopropila)	110	—
Acetato de 2-butila (acetato de *sec*--butila)	111	—
isovalerato de metila (3-metilbutanoato de metila)	117	—

Composto	PE	PF
Acetato de isobutila (acetato de 2-metilpropila)	117	—
Pivalato de etila (2,2-dimetilpropanoato de etila)	118	—
Crotonato de metila (2-butenoato de metila)	119	—
Butirato de etila (butanoato de etila)	121	—
Propionato de propila (propanoato de propila)	123	—
Acetato de butila	126	—
Valerato de metila (pentanoato de metila)	128	—
Metoxiacetato de metila	130	—
Cloroacetato de metila	130	—
isovalerato de etila (3-metilbutanoato de etila)	134	—
Crotonato de etila (2-butenoato de etila)	138	—
Acetato de isopentila (acetato de 3-metilbutila)	142	—
acetato 2-metoxietila	145	—
cloroacetato de etila	145	—
valerato de etila (pentanoato de etila)	146	—
α-cloropropanoato de etila	146	—
acetato de pentila	147	—
Hexanoato de metila	151	—
Lactato de etila	154	—
Butirato de butila	167	—
Hexanoato de etila	168	—
Acetato de hexila	169	—
Acetoacetato de metila	170	—
Heptanoato de metila (enantlato de metila)	172	—
Acetato de furfurila	176	—
2-furoato de metila	181	—

Continua

Ésteres (Continuação)

Composto	PE	PF
Malonato de dimetila	181	—
Acetoacetato de etila	181	—
Oxalato de dietila	185	—
Heptanoato de etila	187	—
Acetato de heptila	192	—
Succinato de dimetila	196	—
Acetato de fenila	197	—
Malonato de dietila	199	—
benzoato de metila	199	—
maleato de dimetila	204	—
Levulinato de etila	206	—
Octanoato de etila	208	—
Cianoacetato de etila	208	—
Benzoato de etila	212	—
Acetato de benzila	217	—
Succinato de dietila	217	—
Fumarato de dietila	219	—
Fenilacetato de metila	220	—
Salicilato de metila	224	—
Maleato de dietila	224	—
Fenilacetato de etila	228	—
Benzoato de propila	231	—
Salicilato de etila	234	—

Composto	PE	PF
Suberato de dimetila	268	—
Cinamato de etila	271	—
Ftalato de dimetila	284	—
Ftalato de dietila	298	—
Cinamato de metila	—	36
2-furoato de etila	—	36
Estearato de metila	—	39
Itaconato de dimetila	—	39
Salicilato de fenila	—	42
Tereftalato de dietila	—	44
4-clorobenzoato de metila	—	44
3-nitrobenzoato de etila	—	47
Mandelato de metila	—	53
4-nitrobenzoato de etila	—	56
Isoftalato de dimetila	—	68
Benzoato de fenila	—	69
3-nitrobenzoato de metila	—	78
4-bromobenzoato de metila	—	81
4-aminobenzoato de etila	—	89
4-nitrobenzoato de metila	—	96
Fumarato de dimetila	—	102
Acetato de colesterol	—	114
4-hidroxibenzoato de etila	—	116

Apêndice 2

Procedimentos para a preparação de derivados

ADVERTÊNCIA

Alguns dos produtos químicos, utilizados na preparação de derivados, são suspeitos de serem carcinogênicos. Antes de iniciar quaisquer desses procedimentos, consulte a lista de carcinogênicos suspeitos, nas páginas 18 e 19. Tenha cuidado ao manipular essas substâncias.

Aldeídos e cetonas

Semicarbazonas

Coloque 0,5 mL de uma solução 2 mol L^{-1} de solução estoque de hidrocloreto de semicarbazida (ou 0,5 mL de uma solução preparada pela dissolução de 1,11 g de hidrocloreto de semicarbazida [*MM* = 111,5] em 5 mL de água) em um pequeno tubo de ensaio. Adicione 0,15 g do composto desconhecido ao tubo de ensaio. Se o composto não se dissolver na solução ou se a solução ficar turva, acrescente metanol suficiente (o máximo de 2 mL) para dissolver o sólido e produzir uma solução clara. Se um sólido permanecer ou se a turbidez continuar depois de adicionar 2 mL de metanol, não acrescente mais nenhum metanol e continue o procedimento com o sólido presente. Utilizando uma pipeta Pasteur, adicione dez gotas de piridina e aqueça a mistura em um banho de água quente (cerca de 60 °C) por aproximadamente dez a quinze minutos. Após esse período, o produto deve ter começado a se cristalizar. Colete o produto por filtração a vácuo. Se necessário, o produto pode ser recristalizado com etanol.

Semicarbazonas (método alternativo)

Dissolva 0,25 g de hidrocloreto de semicarbazida e 0,38 g de acetato de sódio em 1,3 mL de água. Em seguida, dissolva 0,25 g do composto desconhecido em 2,5 mL de etanol. Misture as duas soluções, juntas, em um frasco de Erlenmeyer de 25 mL e aqueça a mistura até ferver, por cerca de cinco minutos. Depois de aquecer a mistura, coloque o frasco de reação em um béquer com gelo e raspe as laterais do frasco com um bastão de vidro para induzir a cristalização do derivado. Colete o derivado por filtração a vácuo e recristalize-o com etanol.

2, 4-dinitrofenil-hidrazonas

Coloque 10 mL de uma solução de 2, 4-dinitrofenil-hidrazina (preparada conforme está descrito para o teste de classificação, no Experimento 54D), em um tubo de ensaio e acrescente 0,15 g do composto desconhecido. Se o composto for um sólido, ele deve ser dissolvido em uma quantidade mínima de etanol a 95% ou 1,2-dimetoxietano, antes de acrescentá-lo. Se a cristalização não for imediata, aqueça levemente a solução por um minuto, em um banho de água quente (90 °C) e, então, deixe-a em repouso para cristalizar. Colete o produto por filtração a vácuo.

Ácidos carboxílicos

Trabalhando em uma capela de exaustão, coloque 0,50 g do ácido e 2 mL de cloreto de tionila em um pequeno balão de fundo redondo. Adicione uma barra magnética de agitação e conecte ao frasco um condensador revestido com câmera de água e um tubo de secagem empacotado com cloreto de cálcio. Durante a agitação, aqueça a mistura da reação até entrar em ebulição, durante trinta minutos, em uma placa de aquecimento. Deixe a mistura esfriar à temperatura ambiente. Utilize essa mistura para preparar os derivados de amida, a anilida ou *p*-toluidida, conforme um dos três procedimentos a seguir.

Amidas

Trabalhando em uma capela de exaustão, adicione a mistura de cloreto de tionila/ácido carboxílico, gota a gota, utilizando uma pipeta Pasteur, em um béquer contendo 5 mL hidróxido de amônia concentrado, gelado. A reação é muito exotérmica. Após a adição, agite a mistura com bastante força, durante cerca de cinco minutos. Quando a reação estiver concluída, colete o produto por filtração a vácuo e recristalize-o com água ou água–etanol, utilizando o método dos solventes mistos (veja a Técnica 11, Seção 11.10).

Anilidas

Dissolva 0,5 g de anilina em 13 mL de cloreto de metileno em um frasco de Erlenmeyer de 50 mL. Com uma pipeta Pasteur, adicione cuidadosamente a mistura de cloreto de tionila/ácido carboxílico a esta solução. Aqueça a mistura por mais cinco minutos em uma placa de aquecimento, a menos que ocorra uma significativa mudança de cor. *Se houver uma mudança de cor,* interrompa o aquecimento, adicione uma barra magnética de agitação e agite a mistura por vinte minutos à temperatura ambiente. Em seguida, transfira a solução de cloreto de metileno a um pequeno funil de separação e lave-o sequencialmente com 2,5 mL de água, 2.5 mL ácido clorídrico a 5%, 2,5 mL de hidróxido de sódio a 5%, e uma segunda porção de 2,5 mL de água (a solução de cloreto de metileno deverá estar na camada inferior). Seque a camada de cloreto de metileno sobre uma pequena quantidade de sulfato de sódio anidro. Decante a camada de cloreto de metileno separadamente do agente secante, em um pequeno frasco e evapore o cloreto de metileno em uma placa de aquecimento aquecida na capela de exaustão. Utilize um fluxo de ar ou nitrogênio para acelerar a evaporação. Recristalize o produto com água ou com etanol–água, utilizando o método dos solventes mistos (veja a Técnica 11, Seção 11.10).

p-Toluididas

Utilize o mesmo procedimento que foi descrito na preparação de anilidas, mas substitua a *p*-toluidina por anilina.

Fenóis

α-Naftiluretanos

Siga o procedimento apresentado posteriormente para a preparação de feniluretanos a partir de álcoois, mas substitua o *p*-naftilisocianato por fenilisocianato.

Derivados de bromo

Primeiro, se não houver uma solução de estoque de bromação disponível, prepare uma dissolvendo 0,75 g de brometo de potássio em 5 mL de água e adicionando 0,5 g de bromo. Dissolva 0,1 g do fenol em 1 mL de metanol ou 1,2-dimetoxietano; em seguida, adicione 1 mL de água. Acrescente 1 mL da mistura de bromação à solução de fenol e agite a mistura com bastante força. Então, continue adicionando a solução de bromação, gota a gota, enquanto mantém a agitação, até que a cor do reagente bromo persista. Por fim, adicione 3–5 mL de água e agite a mistura vigorosamente. Colete o produto precipitado por filtração a vácuo e lave-o bem com água. Recristalize o derivado de metanol–água, utilizando o método dos solventes mistos (veja a Técnica 11, Seção 11.10).

Aminas

Acetamidas

Coloque 0,15 g da amina e 0,5 mL de anidrido acético em um pequeno frasco de Erlenmeyer. Aqueça a mistura por aproximadamente cinco minutos; em seguida, adicione 5 mL de água e agite a solução com bastante força para precipitar o produto e hidrolisar o excesso de anidrido acético. Se o produto não se cristalizar, pode ser necessário raspar as paredes do frasco com um bastão de vidro. Colete os cristais por filtração a vácuo e lave-os com diversas porções de ácido clorídrico a 5% frio. Recristalize o derivado de metanol–água, utilizando o método dos solventes mistos (veja a Técnica 11, Seção 11.10).

Aminas aromáticas, ou aquelas aminas que não são muito básicas, podem exigir piridina (2 mL) como um solvente e um catalisador para a reação. Se a piridina for utilizada, será preciso um maior período de aquecimento (até uma hora), e a reação deverá ser realizada em um aparelho equipado com um condensador com refluxo. Após o refluxo, é preciso extrair a mistura da reação com 5–10 mL de ácido sulfúrico a 5% para remover a piridina.

Benzamidas

Utilizando um tubo para centrifugação, suspenda 0,15 g da amina em 1 mL de solução de hidróxido de sódio a 10% e acrescente 0,5 g de cloreto de benzoíla. Tampe o tubo e agite a mistura vigorosamente por cerca de dez minutos. Depois de agitar a mistura, adicione ácido clorídrico diluído o suficiente para que o pH da solução atinja 7 ou 8. Colete o precipitado por filtração a vácuo, lave-o completamente com água fria e recristalize-o a partir de etanol–água, utilizando o método de solventes mistos (veja a Técnica 11, Seção 11.10).

Benzamidas (método alternativo)

Em um pequeno balão de fundo redondo, dissolva 0,25 g da amina em uma solução de 1,2 mL de piridina e 2,5 mL de tolueno. Acrescente 0,25 mL de cloreto de benzoíla à solução e aqueça a mistura sob o refluxo por cerca de trinta minutos. Despeje a mistura da reação resfriada em 25 mL de água e agite a mistura vigorosamente para hidrolisar o excesso de cloreto benzoíla. Separe a camada de tolueno e lave-a, primeiro, com 1,5 mL de água e, em seguida, com 1,5 mL de carbonato de sódio a 5%. Seque o tolueno sobre sulfato de sódio granular anidro, decante o tolueno em um pequeno frasco de Erlenmeyer e remova o tolueno por evaporação em uma placa de aquecimento, na capela de exaustão. Utilize um fluxo de ar ou nitrogênio para acelerar a evaporação. Recristalize a benzamida a partir de etanol ou etanol–água utilizando o método dos solventes mistos (veja a Técnica 11, Seção 11.10).

Picratos

Em um frasco de Erlenmeyer, dissolva 0,2 g do composto desconhecido em aproximadamente 5 mL de etanol e acrescente 5 mL de uma solução saturada de ácido pícrico em etanol. Aqueça a solução até atingir ebulição e, então, deixe-a esfriar lentamente. Colete o produto por filtração a vácuo e lave-o com uma pequena quantidade de etanol frio.

⇨ ADVERTÊNCIA

Tome muito cuidado quando trabalhar com soluções saturadas de ácido pícrico, pois ele pode detonar quando é aquecido acima de 300 °C. Também se sabe que ele explode quando aquecido rapidamente. Por essa razão, a recomendação de que você verifique com seu professor, antes de preparar esta derivação, é indispensável.

Metiodetos

Misture quantidades iguais da amina e do iodeto de metila em um pequeno balão de fundo redondo (cerca de 0,25 mL é suficiente) e deixe a mistura em repouso por vários minutos. Em seguida, aqueça a mistura suavemente sob o refluxo por aproximadamente cinco minutos. Ao ser resfriado, o metiodeto deverá se cristalizar. Caso contrário, é possível induzir a cristalização raspando as paredes do frasco com um bastão de vidro. Colete o produto por filtração a vácuo e recristalize-o com etanol ou acetato de etila.

Álcoois

3,5-Dinitrobenzoatos

Álcoois líquidos

Dissolva 0,25 g de cloreto de 3,5-dinitrobenzoila em 0,25 mL do álcool e aqueça a mistura por cerca de cinco minutos[1]. Deixe a mistura esfriar e adicione 1,5 mL de uma solução de carbonato de sódio a 5% e 1 mL de água. Agite a mistura vigorosamente e esmague qualquer sólido que se formar. Colete o produto por filtração a vácuo e lave-o com água fria. Recristalize o derivado a partir de etanol–água, utilizando o método dos solventes mistos (veja a Técnica 11, Seção 11.10).

Álcoois sólidos

Dissolva 0,25 g do álcool em 1,5 mL de piridina seca e adicione 0,25 g de cloreto de 3, 5-dinitrobenzoíla. Aqueça a mistura sob o refluxo por quinze minutos. Despeje a mistura da reação resfriada em uma mistura fria de 2,5 mL de carbonato de sódio a 5% e 2,5 mL de água. Mantenha a solução resfriada em um banho de gelo até que o produto se cristalize, e agite-a vigorosamente durante todo esse período. Colete o produto por filtração a vácuo, lave-o com água fria a recristalize-o a partir de etanol–água, utilizando o método de solventes (veja a Técnica 11, Seção 11.10).

Feniluretanos

Coloque 0,25 g do álcool *anidro* em um tubo de ensaio seco e adicione 0,25 mL de fenilissocianato (α-naftilissocianato para um fenol). Se o composto for um fenol, adicione uma gota de piridina para catalisar a reação. Se a reação não for espontânea, aqueça a mistura em um banho de água quente (90 °C) por cinco a dez minutos. Esfrie o tubo de ensaio em um béquer com gelo e raspe o tubo com um bastão de vidro para induzir a cristalização. Decante o líquido a partir do produto sólido ou, se necessário, colete o produto por filtração a vácuo. Dissolva o produto em 2,5–3 mL de ligroína ou hexano quente e filtre a mistura por gravidade (preaqueça o funil) para remover qualquer difenilureia indesejável e insolúvel, que esteja presente. Resfrie o filtrado para induzir a cristalização do uretano. Colete o produto por filtração a vácuo.

Ésteres

Recomendamos que ésteres sejam caracterizados por métodos espectroscópicos, sempre que possível. Um derivado da parte álcool de um éster pode ser preparado a seguir. Para outros derivados, consulte um livro abrangente. Vários deles estão relacionados no Experimento 55I.

[1] O cloreto de 3,5-dinitrobenzoila é um cloreto de ácido e se hidrolisa prontamente. A pureza desse reagente deve ser verificada antes de seu uso pela determinação de seu ponto de fusão (pf 69–71 °C). Quando o ácido carboxílico está presente, o ponto de fusão será alto.

3,5-Dinitrobenzoatos

Coloque 1,0 mL do éster e 0,75 g de ácido 3,5-dinitrobenzoico em um pequeno balão de fundo redondo. Adicione duas gotas de ácido sulfúrico concentrado e uma barra magnética de agitação ao frasco, e conecte um condensador. Se o ponto de ebulição do éster for superior a 150 °C, aqueça sob o refluxo enquanto mantém a agitação por 30–45 minutos. Resfrie a mistura e transfira-a para um pequeno funil de separação. Adicione 10 mL de éter. Extraia a camada de éter duas vezes, com 5 mL de carbonato de sódio aquoso a 5% (reserve a camada de éter). Lave a camada orgânica com 5 mL de água e seque a solução de éter sobre o sulfato de magnésio. Evapore o éter em um banho de água quente, na capela de exaustão. Utilize um fluxo de ar ou nitrogênio para acelerar a evaporação. Dissolva o resíduo, normalmente, em óleo, em 2 mL de etanol em ebulição e adicione água gota a gota, até que a mistura fique turva. Resfrie a solução para induzir a cristalização do derivado.

Preparação de um ácido carboxílico sólido a partir de um éster

Um excelente derivado de um éster pode ser preparado por uma hidrólise básica de um éster quando ele gera um ácido carboxílico sólido. No Experimento 55I, é apresentado um procedimento. Os pontos de fusão para ácidos carboxílicos sólidos são incluídos na Tabela de ácidos carboxílicos, no Apêndice 1.

Apêndice 3

Índice de espectros

Espectros de infravermelho

Espectros de RMN de ^1H

Espectros de RMN de ^{13}C

Espectros de massas

Espectros visíveis do ultravioleta

Misturas

Índice de Assuntos

A

B

C

D

E

F

G

H

I

J

L

M

N

O

P

Q

R

S

T

U

V

X

Z

Solventes orgânicos comuns		
Solvente	**Ponto de ebulição (°C)**	**Densidade (g mL^{-1})**
Acetato de etila	77	0,90
Acetona	56	0,79
Ácido acético	118	1,05
Anidrido acético	140	1,08
Benzeno*	80	0,88
Ciclo-hexano	81	0,78
Cloreto de metileno	40	1,32
Clorofórmio*	61	1,48
Dimetilformamida (DMF)	153	0,94
Dimetil sulfóxido (DMSO)	189	1,10
Etanol	78	0,80
Éter (dietílico)	35	0,71
Éter de petróleo	30–60	0,63
Heptano	98	0,68
Hexano	69	0,66
Ligroína	60–90	0,68
Metanol	65	0,79
Pentano	36	0,63
1-Propanol	98	0,80
2-Propanol	82	0,79
Piridina	115	0,98
Tetracloreto de carbono*	77	1,59
Tetra-hidrofurano (THF)	65	0,99
Tolueno	111	0,87
Xilenos	137–144	0,86

*Suspeito de ser carcinogênico.

Valores de massa atômica para elementos selecionados	
Alumínio	26,98
Boro	10,81
Bromo	79,90
Carbono	12,01
Cloro	35,45
Enxofre	32,07
Flúor	18,99
Fósforo	30,97
Hidrogênio	1,008
Iodo	126,9
Lítio	6,941
Magnésio	24,30
Nitrogênio	14,01
Oxigênio	15,99
Potássio	39,09
Silício	28,09
Sódio	22,99

Ácidos e bases concentrados

Reagente	**HCl**	**HNO_3**	**H_2SO_4**	**HCOOH**	**CH_3COOH**	**$NH_3(NH_4OH)$**
Densidade (g mL^{-1})	1,18	1,41	1,84	1,20	1,06	0,90
% de ácido ou base (em massa)	37,3	70,0	96,5	90,0	99,7	29,0
Massa molecular	36,47	63,02	98,08	46,03	60,05	17,03
Molaridade de ácido ou base concentrado	12	16	18	23,4	17,5	15,3
Normalidade de ácido ou base concentrado	12	16	36	23,4	17,5	15,3
Volume de reagente concentrado necessário para preparar 1 L de 1 mol L^{-1} de solução (ml)	83	64	56	42	58	65
Volume de reagente concentrado necessário para preparar 1 L de solução a 10% (ml)*	227	101	56	93	95	384
Concentração em quantidade de matéria de uma solução a 10%*	2,74	1,59	1,02	2,17	1,67	5,87

*Soluções em porcentagem em massa.

Faixas de absorção de infravermelho				
		Tipo de vibração	**Frequência (cm^{-1})**	**Intensidade**
C—H	Alcanos	(estiramento)	3000–2850	s
	$—CH_3$	(deformação)	1450 e 1375	m
	$—CH_2—$	(deformação)	1465	m
	Alcenos	(estiramento)	3100–3000	m
		(deformação fora do plano)	1000–650	s
	Aromáticos	(estiramento)	3150–3050	s
		(deformação fora do plano)	900–690	s
	Alcino	(estiramento)	ca. 3300	s
	Aldeído		2900–2800	w
			2800–2700	w
—OH	Álcool, fenóis			
	Livre		3650–3600	m
	Com ligação de H		3400–3200	m
	Ácidos carboxílicos		3400–2400	m
N—H	Aminas e amidos primários e secundários			
	(estiramento)		3500–3100	m
	(deformação)		1640–1550	m–s
C≡C	Alcino		2250–2100	m–w
C≡N	Nitrilas		2260–2240	m
C=C	Alceno		1680–1600	m–w
	Aromático		1600 e 1475	m–w
N=O	Nitro ($R–NO_2$)		1550 e 1350	s
C=O	Aldeído		1740–1720	s
	Cetona		1725–1705	s
	Ácido carboxílico		1725–1700	s
	Éster		1750–1730	s
	Amido		1680–1630	s
	Anidrido		1810 e 1760	s
	Cloreto de ácido		1800	s
C—O	Alcoóis, éteres, ésteres, ácidos carboxílicos, anidridos		1300–1000	s
C—N	Aminas		1350–1000	m–s
C—X	Flúor		1400–1000	s
	Cloro		785–540	s
	Bromo, iodo		< 667	s

Faixas de deslocamentos químicos RMN (ppm) para hidrogênios selecionados

$R-CH_3$		0,7–1,3
$R-CH_2-R$		1,2–1,4
R_3CH		1,4–1,7
$R-C=C-C-H$		1,6–2,6
$R-C(=O)-C-H$, $H-C(=O)-C-H$		2,1–2,4
$RO-C(=O)-C-H$, $HO-C(=O)-C-H$		2,1–2,5
$N\equiv C-C-H$		2,1–3,0
C_6H_5-C-H		2,3–2,7
$R-C\equiv C-H$		1,7–2,7
$R-S-H$	var	1,0–4,0[a]
$R-N-H$	var	0,5–4,0[a]
$R-O-H$	var	0,5–5,0[a]
C_6H_5-O-H	var	4,0–7,0[a]
C_6H_5-N-H	var	3,0–5,0[a]
$R-C(=O)-N-H$	var	5,0–9,0[a]
$R-N-C-H$		2,2–2,9
$R-S-C-H$		2,0–3,0
$I-C-H$		2,0–4,0
$Br-C-H$		2,7–4,1
$Cl-C-H$		3,1–4,1
$R-S(=O)_2-O-C-H$		ca. 3,0
$RO-C-H$, $HO-C-H$		3,2–3,8
$R-C(=O)-O-C-H$		3,5–4,8
O_2N-C-H		4,1–4,3
$F-C-H$		4,2–4,8
$R-C=C-H$		4,5–6,5
C_6H_5-H		6,5–8,0
$R-C(=O)-H$		9,0–10,0
$R-C(=O)-OH$		11,0–12,0

Nota: Para aqueles hidrogênios mostrados como —C—H, se o hidrogênio for parte de um grupo metila (CH_3), o deslocaamento geralmente ocorre na extremidade inferior do intervalo específico; se o hidrogênio estiver em um grupo metileno (—CH_2—), a mudança é intermediária; e se o hidrogênio estiver em um grupo metino (—CH—), a mudança normalmente se dá na extremidade inferior do referido intervalo.

[a]A mudança química desses grupos é variável, dependendo do ambiente químico na molécula e da concentração, da temperatura e do solvente.

A Cengage Learning Edições aderiu ao Programa Carbon Free, que, pela utilização de metodologias aprovadas pela ONU e ferramentas de Análise de Ciclo de Vida, calculou as emissões de gases de efeito estufa referentes à produção desta obra (expressas em CO_2 equivalente). Com base no resultado, será realizado um plantio de árvores, que visa compensar essas emissões e minimizar o impacto ambiental da atuação da empresa no meio ambiente.